Inhaltsverzeichnis.

	Seite
Pflanzenalkaloide. Von Prof. Dr. Julius Schmidt-Stuttgart	1
Einleitung	1
A. Alkaloide der Pyridingruppe	7
Die Coniumalkaloide	7
Alkaloide der Arecanuß	24
Trigonellin	28
Piperin	30
Nicotin	33
Chrysanthemin	43
B. Alkaloide der Pyrrolidingruppe und Verwandte	44
Hygrine	44
Tropanverbindungen	48
1. Gesättigte Verbindungen der Tropanreihe	49
2. Ungesättigte Verbindungen der Tropanreihe	75
C. Alkaloide der Tropanreihe	78
Alkaloide der Solanaceen	78
Alkaloide der Cocablätter	93
Alkaloide der Granatwurzelrinde	108
Alkaloide der Familie Papilionacae	114
D. Alkaloide der Chinolingruppe	120
Chinaalkaloide	120
Strychnosalkaloide	165
Curarealkaloide	188
a) Basen aus Tubocurare	188
b) Basen aus Calebassencurare	189
c) Basen aus Topfcurare	190
E. Alkaloide der Isochinolingruppe	190
Papaverin	190
Laudanosin	199
Laudanin und Laudanidin	202
Narcotin	203
Hydrokotarnin	215
Gnoskopin	219
Narcein	220
Hydrastin	224
Canadin	235
Berberisalkaloide	236
Corydalisalkaloide	246
F. Alkaloide der Phenanthrengruppe	251
Morphin	261
Pseudomorphin	273
Kodein	277
Thebain	296
Anhang: Opiumalkaloide von unbekannter Konstitution	310
G. Alkaloide der Puringruppe	316
Kaffein	316
Theobromin	328
Theophyllin	332
Pilocarpin	335
Pilocarpidin	340
Jaborin	341
Pseudojaborin	341
H. Oxyphenyl-alkylamin-Basen	341
p-Oxyphenyl-äthylamin	341
Hordenin	344

Inhaltsverzeichnis.

	Seite
...unbekannter Konstitution	346
... aus kryptogamen Pflanzen	346
...terkornalkaloide	346
Basen der Familie Lycopodiaceae	350
Alkaloide aus phanerogamen Pflanzen	351
Basen der Familie Coniferae und Gretaceae	351
Basen aus den Ephedraarten	352
Alkaloide der Familie Liliaceae	354
Alkaloide der Herbstzeitlose	354
Alkaloide der Veratrumarten	359
1. Basen aus Veratrum sabadilla	359
2. Alkaloide der weißen Nießwurz (Veratrum album)	365
Alkaloide der Familie Apocynaceae	368
a) Basen der Alstoniarinde	368
b) Alkaloide der Ditarinde	369
c) Alkaloide der Quebrachorinde	370
d) Alkaloide der weißen Paytarinde	372
e) Alkaloide der Pereirorinde	373
f) Alkaloide der Yohimbeherinde	374
Alkaloid aus Pseudo-Cinchona africana	378
g) Einzelne Apocyneenalkaloide	379
Alkaloide der Familie Aristolochiaceae	379
Alkaloide der Familie Buxaceae (Cactaceae)	380
Basen der Familie Lauraceae	385
Alkaloide der Familie Papilionaceae	387
Alkaloide der Lupinensamen	387
Alkaloide der Familie Loganiaceae	391
Gelsemiumalkaloide	391
Alkaloide der Familie Papaveraceae	393
Alkaloide des Schöllkrautes	393
Glaucin	399
Rhoeadin	400
Alkaloide der Familie Ranunculaceae	401
A. Alkaloide der Aconitumarten	401
B. Alkaloide aus Delphinium staphisagria	412
Damascenin	414
Alkaloide der Familie Rubiaceae	416
Basen der Familie Rutaceae	418
A. Alkaloide der Angosturarinde	418
B. Alkaloide der Steppenraute	422
Einzelne Alkaloide	425
Alrotin	425
Artarin	426
Atherospermin	426
Carpain	426
Dioscorin	428
Fumarin	428
Lobelin	429
Loxopterygin	429
Lycorin	430
Sekisanin	430
Menispermin	431
Nupharin	431
Piperovatin	431
Retamin	432
Ricinin	432
Senecionin	434
Senecifolin	434
Sinapin	435
Calycanthin	437
Cheirinin	439
Cheirolin	440
Ibogin (Ibogain)	442
Chloroxylonin	443
Glyko-Alkaloide	443

BIOCHEMISCHES HANDLEXIKON

BEARBEITET VON

H. ALTENBURG-BASEL, I. BANG-LUND, K. BARTELT-PEKING, FR. BAUM-BERLIN, C. BRAHM-BERLIN, W. CRAMER-EDINBURGH, K. DIETERICH-HELFENBERG, R. DITMAR-GRAZ, M. DOHRN-BERLIN, H. EINBECK-BERLIN, H. EULER-STOCKHOLM, E. ST. FAUST-WÜRZBURG, C. FUNK-BERLIN, O. v. FÜRTH-WIEN, O. GERNGROSS-BERLIN, V. GRAFE-WIEN, J. HELLE-BERLIN, O. HESSE-FEUERBACH, K. KAUTZSCH-BERLIN, FR. KNOOP-FREIBURG I. B., R. KOBERT-ROSTOCK, J. LUNDBERG-STOCKHOLM, C. NEUBERG-BERLIN, M. NIERENSTEIN-BRISTOL, O. A. OESTERLE-BERN, TH. B. OSBORNE-NEW HAVEN, CONNECT., L. PINCUSSOHN-BERLIN, H. PRINGSHEIM-BERLIN, K. RASKE-BERLIN, B. v. REINBOLD-KOLOZSVÁR, BR. REWALD-BERLIN, A. ROLLETT-BERLIN, P. RONA-BERLIN, H. RUPE-BASEL, FR. SAMUELY-FREIBURG I. B., H. SCHEIBLER-BERLIN, J. SCHMID-BRESLAU, J. SCHMIDT-STUTTGART, E. SCHMITZ-FRANKFURT A. M., M. SIEGFRIED-LEIPZIG, E. STRAUSS-FRANKFURT A. M., A. THIELE-BERLIN, G. TRIER-ZÜRICH, W. WEICHARDT-ERLANGEN, R. WILLSTÄTTER-ZÜRICH, A. WINDAUS-FREIBURG I. B., E. WINTERSTEIN-ZÜRICH, ED. WITTE-BERLIN, G. ZEMPLÉN-SELMECZBÁNYA, E. ZUNZ-BRÜSSEL

HERAUSGEGEBEN VON

PROFESSOR DR. EMIL ABDERHALDEN
DIREKTOR DES PHYSIOLOG. INSTITUTES DER TIERÄRZTLICHEN HOCHSCHULE IN BERLIN

V. BAND

ALKALOIDE, TIERISCHE GIFTE, PRODUKTE DER INNEREN SEKRETION, ANTIGENE, FERMENTE

SPRINGER-VERLAG BERLIN HEIDELBERG GMBH
1911

ISBN 978-3-642-51300-8   ISBN 978-3-642-51419-7 (eBook)
DOI 10.1007/978-3-642-51419-7

Softcover reprint of the hardcover 1st edition 1911

	Seite
Achillein	443
Moschatin	444
Solanin	444
Solanein	446
Vicin	446
Convicin	447
Casimirin	447
Nachträge	447
Zu Schierlingsalkaloide	447
Zu Strychnin	448
Zu Berberin (Berberrubin)	448
Corycavin	450
Alkaloide der Colombowurzel	451

Tierische Gifte. Von Prof. Dr. Edwin Stanton Faust-Würzburg. . . . 453

Systematik	453
Wirbeltiere, Vertebrata	453
Säugetiere	453
Schlangen, Ophidia	457
Natur der Schlangengifte	458
Eidechsen, Sauria	464
Amphibien, Lurche; Amphibia	465
1. Ordnung: Anura	465
2. Ordnung: Urodela	466
Fische, Pirces	469
I. Giftfische, Pisces venenati sive toxicophori	469
A. Ordnung: Physostomi, Edelfische	469
B. Ordnung: Acanthopteri, Stachelflosser	470
C. Cyclostomata, Rundmäuler	472
II. Giftige Fische	472
Ordnung: Plectognathi, Haftkiefer	473
Ordnung: Physostomi, Familie Muraenidae	474
Wirbellose Tiere, Avertebrata	475
Muscheltiere, Lamellibranchiata	475
Ordnung: Asiphoniata	475
Gliederfüßer, Arthropoda	477
1. Klasse: Spinnentiere, Arachnoidea	477
a) Ordnung: Scorpionina	477
b) Ordnung: Araneina	478
c) Acarina, Milben	480
2. Klasse: Tausendfüßer, Myriapoda	480
a) Ordnung: Chilopoda	480
b) Ordnung: Chilognatha s. Diplopoda	481
3. Klasse: Hexapoda, Insekten	481
a) Ordnung: Hymenoptera, Hautflügler	481
b) Ordnung: Lepidoptera, Schuppenflügler	484
c) Ordnung: Coleoptera, Käfer	485
Gift der Larven von Diamphidia locusta (Pfeilgift der Kalachari)	488
Vermes, Würmer	489
Klasse der Plathelminthes, Plattwürmer	489
Cestodes, Bandwürmer	489
Klasse der Nemathelminthes, Rundwürmer	491
Nematodes, Fadenwürmer	491
Klasse der Annelida, Ringelwürmer	492
Echinodermata, Stachelhäuter	493
Coelenterata (Zoophyta), Pflanzentiere	493

Produkte der inneren Sekretion tierischer Organe. Von Prof. Dr. O. v. Fürth-Wien 495

Suprarenin (Adrenalin)	495
Jodothyrin (Thyreojodin)	504
Hypophysenextrakt	507
Secretin	508

Antigene und Antikörper. Von Privatdozent Dr. Wolfgang Weichardt-Erlangen 510

Fermente. Von Privatdozent Dr. Edgar Zunz-Brüssel 538

I. Hydrolasen oder Hydratasen	539
A. Carbohydrasen	539
α) Biasen oder Disacharasen	539

		Seite
β) Triasen oder Trisaccharasen		549
γ) Polysaccharasen		551
B. Glykosidasen		564
C. Esterasen		572
D. Proteasen und Amidasen		580
Purindesamidasen		615
II. Koagulasen		618
III. Carboxylasen		631
IV. Oxydasen		631
V. Katalasen		646
VI. Reduktasen		650
VII. Gärungsenzyme		652
Anhang (Nachträge)		658

Pflanzenalkaloide.

Von

Julius Schmidt-Stuttgart.

Einleitung.

Geschichtliches. — Einiges über allgemeine Methoden zur Konstitutionserforschung von Alkaloiden. — Allgemeines über Gewinnung der Alkaloide aus den Pflanzen, über Eigenschaften und quantitative Bestimmung derselben. — Einteilung des Stoffes.

Die meisten Pflanzenalkaloide sind am Anfange vorigen Jahrhunderts isoliert worden; die giftigen und therapeutischen Eigenschaften, welche gewisse Pflanzen infolge des Gehaltes an Alkaloiden zeigen, waren freilich schon von alters her bekannt und benützt.

So sollen zum Beispiel, einer spanischen Überlieferung gemäß, die Indianer der Provinz Loxa, schon lange bevor die Spanier Peru eroberten (1526), die fieberstillende Eigenschaft der Fieberrinde gekannt haben[1].

Sehr lange Zeit erst nach dem ersten Bekanntwerden der Chinarinde in Europa wurden die chemischen Eigenschaften derselben erforscht. Fouroy, Berthollet im Jahre 1792 und Vauquelin im Jahre 1806 haben die Chinarinde untersucht, aber das wirksame Prinzip daraus nicht dargestellt. Doch hat Vauquelin[2] 1809 einen harzartigen Extraktivstoff der Chinarinde in reinerer Form erhalten und Gomes[3] hat denselben 1811 als Cinchonin bezeichnet.

Ziemlich gleichzeitig mit den Bestandteilen der Chinarinde wurden von verschiedenen Seiten auch diejenigen des Opiums näher untersucht. Die Kenntnis der eigentümlichen Wirkung des Opiums läßt sich allerdings bis weit in das Altertum zurück verfolgen.

Der Ruhm, das Morphin und damit das erste Alkaloid überhaupt als einheitlichen Körper dargestellt und beschrieben und als Pflanzenbase erkannt zu haben, gebührt dem Apotheker F. W. Sertürner[4], der im Jahre 1805 und 1806 eine Untersuchung über das Opium ausführte. Im Jahre 1817 erschien dann eine Abhandlung Sertürners, betitelt: „Über das Morphium, eine neue salzfähige Grundlage und die Meconsäure als Hauptbestandteile des Opiums"[5], in welcher er das Morphium für ein wahres Alkali erklärte, das sich dem Ammoniak zunächst anschließe.

Diese Arbeit Sertürners regte zu vielen neuen Untersuchungen über das Opium und andere arzneilich verwendete Pflanzenstoffe an; man war bestrebt, aus diesen die wirksamen Bestandteile zu gewinnen. Besonders sind es die beiden französischen Chemiker Pelletier und Caventou, denen ein hervorragendes Verdienst um die Förderung der Chemie der Pflanzenbasen gebührt.

Es wurde denn auch in rascher Aufeinanderfolge eine große Anzahl von wichtigen Alkaloiden entdeckt.

Noch im Jahre 1817 isolierte Robiquet das Narkotin, dann wurde von Pelletier und Caventou 1818 das Strychnin, 1819 das Brucin, 1820 das Chinin und Cinchonin entdeckt. Im gleichen Jahre beschrieb Runge das Coffein. Dann folgte 1827 die Entdeckung des Coniins von Giesecke, 1828 die des Nicotins durch Posselt und Reinmann, 1831

---

[1] Buchka, Die Chemie des Pyridins. Braunschweig 1889/91.
[2] Vauquelin, Annales de Chim. et de Phys. **59**, 130.
[3] Memorias da Academia Real das sciencias de Lisboa, Bd. III.
[4] F. W. Sertürner, Trommsdorfs Journ. d. Pharmazie **13**, I, 234, **14**, I, 47, **20**, I, 99.
[5] F. W. Sertürner u. Gilberts, Annales de Chim. et de Phys. **55**, 56.

die des Atropins durch Meißner, 1832 die des Kodeins von Robiquet, 1833 die des Atropins usw.

Dieses reichlich angesammelte Beobachtungsmaterial über die Alkaloide führte bald zur Aufstellung bestimmter Theorien über die Ursache des basischen Verhaltens dieser Verbindungen. Während schon Sertürner in der oben zitierten Abhandlung darauf hinwies, daß sich das Morphin dem Ammoniak zunächst anschließe, sprach Liebig es zuerst bestimmt aus, daß die basischen Eigenschaften der Alkaloide durch ihren Stickstoffgehalt bedingt seien[1]). Nach seiner Ansicht sollte in den organischen Basen das Amid, NH_2, mit einem organischen Radikal verbunden sein, während Berzelius lehrte, diese Basen enthielten Ammoniak, gepaart mit einem organischen Oxyde oder mit einem Kohlenwasserstoff.

Die Entscheidung, welche von beiden Ansichten die richtigere sei, wurde dann durch die klassischen Untersuchungen von A. Wurtz und A. W. Hofmann über die künstliche Darstellung organischer Basen erbracht. Von diesen Forschern wurde bekanntlich die Lehre begründet, daß alle organischen Basen, und also auch die natürlichen Alkaloide, Abkömmlinge des Ammoniaks seien, von welchem sich dieselben durch Vertretung eines oder mehrerer Wasserstoffatome durch Kohlenwasserstoffreste ableiten.

Es ist begreiflich, daß die Alkaloide durch die eigentümlichen physiologischen Wirkungen, welche viele derselben ausüben, frühzeitig zu eingehenderen chemischen Forschungen einluden. Doch die zahlreichen Chemiker, welche sich in den sechs Jahrzehnten, die auf die Entdeckung des Morphins (1806) folgten, mit diesen Körpern beschäftigten, mußten sich darauf beschränken, deren empirische Zusammensetzung festzustellen.

Den größten Fortschritt auf dem Gebiete der Alkaloidforschung brachte dann die Entdeckung des Pyridins und des Chinolins.

Bekanntlich hatte Anderson 1846 aus dem Produkt der trocknen Destillation der Knochen (Dippelsches Öl) das Pyridin isoliert. Einige Jahre vorher hatte Runge im Steinkohlenteer das Chinolin entdeckt. 1885 wurde von Hoogewerff und von Dorp ebenfalls im Steinkohlenteer das Isochinolin aufgefunden.

Nun führten die weiteren Untersuchungen über Alkaloide zu dem Resultat, daß sich diese Basen ihrer Konstitution nach dem Pyridin, Chinolin und Isochinolin direkt anschlössen.

So z. B. erhielt Gerhardt (1842) durch Erhitzen des Strychnins, des Cinchonins und des Chinins mit Ätzkali Chinolin.

Nicotin, Coniin, Brucin, Strychnin, verschiedene Chinabasen, Narkotinabkömmlinge lieferten beim Glühen mit Zinkstaub Pyridin, bzw. Homologe desselben.

So reifte denn die Überzeugung, daß die Alkaloide sich vom Pyridin und Chinolin in ähnlicher Weise ableiten wie die aromatischen Verbindungen vom Benzol. Königs gab (1880) folgende Definition:

„Unter Alkaloiden versteht man diejenigen in den Pflanzen vorkommenden organischen Basen, welche Pyridinderivate sind"[2]).

Diese Definition ist aber zu eng gefaßt. Sie schließt Verbindungen wie Coffein und Theobromin von den Alkaloiden aus, welche nach allen ihren Eigenschaften zu denselben gehören.

Besser ist es, wenn man als Alkaloide alle stickstoffhaltigen Pflanzenprodukte bezeichnet, welche den Stickstoff in ringförmiger Atomverkettung tragen[3]). Doch ist auch diese Definition eine willkürliche.

In den letzten 20 Jahren hat sich das Studium der Alkaloide immer mehr und mehr vertieft.

Es ist gelungen, bei verschiedenen Alkaloiden, bei denen lange Zeit alle Versuche zur Ermittelung der Konstitution erfolglos blieben, dieselbe ganz oder teilweise aufzuklären. Diese Aufklärungen wurden in erster Linie durch die Abbaureaktionen gegeben, über die wir deshalb der speziellen Betrachtung der einzelnen Alkaloide das Nachfolgende vorausschicken wollen.

Einiges über die Methodik zur Erforschung der chemischen Konstitution

---

[1]) F. W. Sertürner, Annalen d. Chemie **26**, 42.
[2]) Königs, Über Alkaloide, Habilitationsschrift München 1880, S. 31; Berichte d. Deutsch. chem. Gesellschaft **12**, 31.
[3]) M. Scholtz, Der künstliche Aufbau der Alkaloide, Sammlung chem. u. chem.-techn. Vorträge, herausg. v. Ahrens **2**, 36.

der Alkaloide[1]). Bezüglich der Reaktionen, welche zur Ermittlung der chemischen Konstitution der Alkaloide dienen können, sei folgendes hervorgehoben.

Eine der ersten Aufgaben bei der Ermittlung der Konstitution von Alkaloiden ist die Untersuchung der Verseifbarkeit. Beim Erhitzen mit Wasser, Säuren oder Alkalien zerfallen zahlreiche Pflanzenbasen in einen stickstoffhaltigen, den eigentlichen alkaloidischen Bestandteil, und in einen stickstofffreien. In dem letzteren liegt nur bei sehr wenigen sog. Glykoalkaloiden, zu welchen das Solanin zählt, ein Zucker vor, gewöhnlich eine Säure, deren Carboxyl entweder mit der basischen Gruppe oder einem alkoholischen Hydroxyl des stickstoffhaltigen Spaltungsstückes in Verbindung gestanden.

So zerfällt durch Hydrolyse das Piperin in das sauerstofffreie Piperidin und die Piperinsäure; die Bindung beider ist die eines Säureamids.

$$(C_5H_{10})N \dashv CO-C_{11}H_9O_2$$
$$H \ \vdots \ OH$$

Atropin läßt sich, wie wir später darlegen werden, in Tropasäure und das Alkamin-Tropin spalten.

Eine zweite Methode liegt im durchgreifenden Abbau mit Hilfe der Zinkstaubdestillation, der Alkalischmelze, der Erhitzung mit Brom und anderer ganz energischer Prozesse, bei denen oft unter Wasserstoffentziehung, mitunter auch unter Zertrümmerung des Moleküls, eine beständige Muttersubstanz herausgeschält wird.

Bei der Destillation mit Alkali gewann Gerhardt schon im Jahre 1842 aus Cinchonin das Chinolin. Als Hauptprodukt der Zinkstaubdestillation des Morphins isolierten Vongerichten und Schrötter das Phenanthren. Sauerstoffhaltigen Alkaloiden entzieht der Zinkstaub gewöhnlich den Sauerstoff, wasserstoffreiche werden dehydrogenisiert. So z. B. beruht die Konstitutionsaufklärung des Coniins auf Hofmanns Beobachtung, daß bei der Zinkstaubdestillation das um sechs Wasserstoffatome ärmere Conyrin (α-Propylpyridin) entsteht.

$$\begin{array}{c} CH_2 \\ H_2C \diagup \diagdown CH_2 \\ H_2C \diagdown \diagup CH-CH_2-CH_2-CH_2 \\ NH \end{array} \rightarrow \begin{array}{c} CH \\ HC \diagup \diagdown CH \\ HC \diagdown \diagup C-CH_2-CH_2-CH_2 \\ N \end{array}$$

Noch andere Dehydrogenisationsmethoden sind hier zu erwähnen; die Konstitution des Piperidins ergab sich aus einem Versuch von Königs, der dasselbe durch Erhitzen mit konz. Schwefelsäure in Pyridin überführte. Ähnliche Dienste leistet namentlich die Methode von Tafel, d. i. Erhitzen mit Silberacetat. Durch Erhitzen mit Salzsäure und Quecksilberchlorid erkannte Königs das Merochinen, ein Spaltungsprodukt des Cinchonins, als Pyridinderivat; es liefert β-Äthyl-γ-Methylpyridin.

Auf Dehydrogenisation beruht auch die Erscheinung, daß viele Substanzen der Tropingruppe (Hygrinsäure, Ekgonin, Tropinon) bei trocknem Erhitzen Dämpfe geben, welche die bekannte Pyrrolreaktion, Rötung des mit Salzsäure getränkten Fichtenspanes zeigen; diese Beobachtung hat bei der Aufklärung dieser Gruppe von Alkaloiden eine Rolle gespielt.

Neuerdings gewinnt die Bestimmung der Methylimidgruppe nach der Methode von J. Herzig und Hans Meyer[2]) für die Alkaloidforschung immer mehr an Bedeutung. Die Jodhydrate am Stickstoff methylierter Basen spalten beim Erhitzen auf 200—300° nach der Gleichung:

$$R:N \diagup^{CH_3}_{\diagdown H} = R:NH + \begin{array}{c} CH_3 \\ | \\ J \end{array}$$
$$J$$

Jodmethyl ab, welches nach Art der Zeiselschen Methode[3]) bestimmt wird, indem man das durch Umsetzung desselben mit alkoholischer Silbernitratlösung gebildete Jodsilber wägt.

---

[1]) R. Willstätter, Berichte d. Deutsch. pharmaz. Gesellschaft 13 [1903]. — Eingehende hierher gehörige Darlegungen findet man in nachfolgenden Werken von Julius Schmidt: „Über die Erforschung der Konstitution und die Versuche zur Synthese wichtiger Pflanzenalkaloide." Stuttgart 1900. — „Die Alkaloidchemie in den Jahren 1900—1904." Stuttgart 1904. — „Die Alkaloidchemie in den Jahren 1904—1907." Stuttgart 1907. Verlag von Ferdinand Enke.

[2]) J. Herzig u. Hans Meyer, Monatshefte f. Chemie 15, 613; 16, 599; 18, 379 [1897]. — M. Busch, Berichte d. Deutsch. chem. Gesellschaft 35, 1565 [1902]. — Herm. Decker, Berichte d. Deutsch. chem. Gesellschaft 36, 2895 [1903].

[3]) Bericht über den III. internat. Kongreß für angew. Chemie 2, 63 [1898].

Auf Grund der Beobachtung, daß die Methoxylgruppe in siedender Jodwasserstoffsäure verseift wird, während für die Abspaltung von an Stickstoff gebundenem Methyl Temperaturen von 200—300° erforderlich sind, haben Herzig und Meyer dann gleichzeitig das Verfahren für die Bestimmung von O-Methyl neben N-Methyl ausgearbeitet. Hinsichtlich der Brauchbarkeit dieser Methode für die Entscheidung zwischen Methoxyl und Methylimid ergibt sich aus Untersuchungen von M. Busch[1]) folgendes: Bei negativem Ausfall der Probe kann zwar die Abwesenheit von Methoxyl als bewiesen gelten, während im anderen Falle nicht ohne weiteres ein eindeutiges Resultat erlangt wird.

An vierter Stelle sei die Untersuchung der Funktion des Sauerstoffs in den Alkaloiden erwähnt, vor allem die Umwandlung der Alkaloide, welche ein alkoholisches Hydroxyl enthalten, in ihre Anhydroverbindungen durch Einwirkung wasserentziehender Mittel wie Eisessig-Schwefelsäure (Bildung von Tropidin aus Tropin) nach Ladenburg:

$$(C_6H_{11}N)\begin{vmatrix} -CHOH \\ -CH_2 \end{vmatrix} = (C_6H_{11}N)\begin{Vmatrix} -CH \\ -CH \end{Vmatrix} + H_2O$$

oder sukzessive Behandlung mit Phosphorchloriden und alkoholischem Kali (Cinchen und Chinen aus Cinchonin und Chinin nach Königs und seinen Mitarbeitern). Häufig sind die so entstehenden ungesättigten Verbindungen den ursprünglichen Alkaloiden an Reaktionsfähigkeit überlegen, so daß sie vorteilhaft dem weiteren Abbau zugrunde gelegt werden.

Für die Bestimmung von Alkohol- und Phenol-Hydroxyl dienen die allgemein üblichen Methoden der Acetylierung und Benzoylierung.

Für tiefgreifenden Abbau der Alkaloide kommt in Betracht die Methode der oxydierenden Spaltung. Der Oxydation bieten die Alkaloide eine Reihe verschiedener Angriffspunkte, wie Äthylenbindungen

$$>C=C<, \text{ Carbinolgruppen z. B. } >C<\begin{matrix}C\\OH\end{matrix},$$

Methylimidgruppen $—N—CH_3$ und andere.

Von den Oxydationsmitteln, welche verwendet werden können, sind Kaliumpermanganat, Chromsäure, Salpetersäure, Wasserstoffsuperoxyd die wichtigsten. Permanganat greift namentlich die doppelten Bindungen des Kohlenstoffs an, wobei es zunächst Hydroxyle addiert. Die Additionsprodukte, Glykole, werden am sichersten durch Chromsäure weiter oxydiert und an der Stelle der ursprünglichen Doppelbindung gesprengt.

$$\begin{matrix} H \\ R_1-C \\ \| \\ R_2-C \\ H \end{matrix} \xrightarrow{\text{mit } KMnO_4} \begin{matrix} H \\ R_1-C-OH \\ R_2-C-OH \\ H \end{matrix} \xrightarrow{\text{mit } CrO_3} \begin{matrix} R_1-COOH \\ R_2-COOH \end{matrix}$$

Wasserstoffsuperoxyd oxydiert nach Wolffensteins Untersuchungen am Stickstoff und öffnet den Ring. Permanganat hat bei gesättigten Verbindungen von aliphatischer Natur die eigentümliche Wirkung, welche man in der Tropinreihe öfters beobachtete, die Methylgruppe vom Stickstoff wegzuoxydieren.

Ein Beispiel für die Anwendung der Oxydationsmethoden werden wir am Nicotin kennen lernen.

Eine sehr elegante und häufig angewandte Abbaumethode für Alkaloide ist die „erschöpfende Methylierung", worunter wir im weitesten Sinne den Zerfall von Ammoniumoxydhydraten in der Hitze oder die Zerlegung quaternärer Ammoniumsalze durch Alkalien verstehen. Bei der erschöpfenden Methylierung der Alkaloide korrespondieren die Prozesse meistens genau mit dem Abbau des N-Methylpiperidins zum Piperylen, jener klassischen Grundlage, die A. W. Hofmann geschaffen hat. Die Alkaloide enthüllen somit dabei ihr Kohlenstoffgerüst in Form von ungesättigten Kohlenwasserstoffen.

Da diese Spaltungsmethode sich nun auf Alkaloide mit allen erdenklichen Funktionen im Molekül, und, was eine besonders wichtige Kombination bedeutet, auch auf die durch Oxydation der Alkaloide gebildeten Aminosäuren übertragen läßt, so führt sie zu einer Schar von stickstofffreien, mehrfach ungesättigten Abbauprodukten, Kohlenwasserstoffen, Ketonen,

---

[1]) M. Busch, Berichte d. Deutsch. chem. Gesellschaft **35**, 1565 [1902]. — H. Decker, Berichte d. Deutsch. chem. Gesellschaft **36**, 2895 [1903]. — Goldschmiedt, Monatshefte f. Chemie **27**, 849 [1906]; **28**, 1063 [1907]. — Kirpal, Berichte d. Deutsch. chem. Gesellschaft **41**, 819 [1908].

Aldehyden, Carbonsäuren u. a. Für die Ermittlung der Struktur von Alkaloiden ist die Methode deshalb von großem Nutzen, weil man häufig die ungesättigten Produkte der erschöpfenden Methylierung durch glatte Reaktionen, am einfachsten durch Reduktion, in Verbindungen von wohlbekannter Konstitution überführen kann.

So entstand aus Tropinsäure bei erschöpfender Methylierung eine Diolefindicarbonsäure von der Formel $C_7H_8O_4$ und rätselhafter Struktur, die sich aber weiterhin durch Hydrierung mit Natriumamalgam in die normale Dicarbonsäure mit sieben Kohlenstoffatomen, Pimelinsäure, umwandeln ließ.

Es folgt daraus, daß das Kohlenstoffskelett im Tropin und Ekgonin eine unverzweigte Reihe von sieben Kohlenstoffatomen aufweist und zwar in ringförmiger Anordnung, da die Tropinsäure ihre Entstehung einer Ringsprengung verdankt. Das nämliche Prinzip ermöglicht es auch, diesen Cycloheptanring in der Form seines Ketons, des Suberons, unversehrt aus dem Cocain und Atropin herauszuschälen.

Die Bedeutung dieser Methode der erschöpfenden Methylierung und der Reduktion der entstehenden Abbauprodukte zu gesättigten Verbindungen reicht über die Konstitutionsermittlung der Alkaloide weit hinaus, da häufig eine Verfolgung dieses Weges in umgekehrter Richtung zur Synthese der Alkaloide führt.

Große Bedeutung auf dem Gebiete der Alkaloidchemie scheint ferner zu erlangen die Aufspaltung cyclischer Basen mit Hilfe von Phosphorhaloiden. Diese neue Methode zur Aufspaltung cyclischer Basen mit Hilfe von Phosphorhaloiden hat J. v. Braun[1]) ausgearbeitet. Sie führt zu offenen halogenhaltigen Verbindungen. Man geht dabei von den Acidylverbindungen der sekundären cyclischen Amine aus, im allgemeinen von den am leichtesten zugänglichen und billigsten Benzoylderivaten dieser Basen. Es resultieren, indem das Stickstoffatom entweder einseitig von dem Kohlenstoffskelett des Ringes getrennt wird, Imidhaloide mit halogensubstituierten Alkylresten am Stickstoff $R_1 \cdot C(Hal.):N \cdot R \cdot Hal$, die weiterhin in Acidylverbindungen primärer, halogensubstituierter Amine, $R_1 \cdot CO \cdot NH \cdot R \cdot Hal$, und schließlich in die halogensubstituierten Amine $NH_2 \cdot R \cdot Hal$ übergehen, oder auch sie führt, indem der Stickstoff aus dem Ringe ganz herausgelöst wird, zu Dihalogenverbindungen $Hal \cdot R \cdot Hal$ mit offener Kette.

Die Reaktion, die, wie aus späteren Kapiteln zu ersehen ist, in der Alkaloidchemie schon mit Vorteil Verwendung gefunden hat, dürfte nicht nur bei der Lösung von Konstitutionsfragen gute Dienste leisten, sondern eröffnet auch den Weg zur leichten Synthese einer ganzen Schar von Körpern, die bisher teils nur schwer, teils überhaupt nicht zugänglich waren.

Wir begnügen uns damit, sie hier am Piperidin zu erörtern.

Die Acylderivate des Piperidins, z. B. Benzoylpiperidin, können mit Hilfe von Phosphorpentachlorid oder Phosphorpentabromid sehr leicht aufgespalten werden. Es entsteht dabei unter gewissen Versuchsbedingungen 1,5-Dichlorpentan bzw. 1,5-Dibrompentan in so glatter Ausbeute, daß diese Spaltungsreaktion als Darstellungsmethode für die genannten Halogenverbindungen benützt werden kann[2]).

$$\begin{array}{c} CH_2 \\ H_2C \diagup \diagdown CH_2 \\ H_2C \diagdown \diagup CH_2 \\ N \\ | \\ CO \cdot C_6H_5 \end{array} \rightarrow \begin{array}{c} CH_2 \\ H_2C \diagup \diagdown CH_2 \\ H_2C \diagdown \diagup CH_2 \\ N \\ | \\ CBr_2 \cdot C_6H_5 \end{array} \rightarrow \begin{array}{c} CH_2 \\ H_2C \diagup \diagdown CH_2 \\ H_2C \diagdown \diagup CH_2 \\ | \quad \quad | \\ Br \quad \quad Br \end{array} + NCC_6H_5 + POBr_3$$

Benzoylpiperidin   Zwischenprodukt   1,5-Dibrompentan   Benzonitril.

Beckurts und Frerichs haben gefunden, daß man bisweilen durch Schmelzen von Alkaloiden mit Harnstoff gute Aufschlüsse über die Einwirkung höherer Temperatur auf sie erzielen kann. Sie haben diesbezügliche Untersuchungen insbesondere am Berberin, Narkotin und Hydrastin ausgeführt[3]).

---

[1]) J. v. Braun, Berichte d. Deutsch. chem. Gesellschaft **37**, 2915, 3210, 3583, 3588 [1904]; **38**, 850, 2203, 2340, 3108 [1905]; **39**, 4110 [1906]; **40**, 3914 [1907]. Eine zusammenfassende Abhandlung „über die Entalkylierung und Aufspaltung organischer Basen mit Hilfe von Bromcyan und Halogenphosphor" hat J. v. Braun in der Wallach-Festschrift (Verlag von Vandenhoeck & Ruprecht, Göttingen 1909) veröffentlicht.

[2]) Auf die Amid- und Imidchloride bzw. Bromide, welche bei dieser Reaktion entstehen können, soll hier nicht eingegangen werden.

[3]) Beckurts u. Frerichs, Archiv d. Pharmazie **241**, 259 [1903].

Allgemeines über Gewinnung der Alkaloide aus den Pflanzen, über Eigenschaften und quantitative Bestimmung derselben. Die Alkaloide finden sich zumeist in Form von Salzen in der Pflanze — sei es an die gewöhnlichen Pflanzensäuren gebunden oder an ihnen eigentümliche Säuren, wie an die Chinasäure der Chinarinde, die Meconsäure des Opiums. Ihre Verteilung im Pflanzenkörper ist eine recht ungleichmäßige. Sie vermögen zwar in allen Pflanzenteilen vorzukommen, sind aber meistens in den Früchten und Samen, bei Baumpflanzen auch in der Rinde angehäuft[1]).

Die Gewinnung der Alkaloide aus den Pflanzen erfolgt meistens so, daß das zerkleinerte Pflanzenmaterial mit salzsäure- oder schwefelsäurehaltigem Wasser extrahiert wird. Die Salze von Alkaloiden mit organischen Säuren werden hierbei zersetzt und die Basen gehen als Chloride bzw. Sulfate in Lösung. Außerdem lösen sich dabei auch gleichzeitig Farbstoffe, Kohlehydrate usw. auf. Aus der so erhaltenen Lösung können die in Wasser unlöslichen oder schwer löslichen Alkaloide durch Zusatz von Alkali abgeschieden werden. Sind die Basen flüchtig, wie z. B. Nicotin, so wird die Lösung oder direkt das zerkleinerte Pflanzenmaterial mit Kali- oder Natronlauge im Dampfstrom destilliert. Für die Reindarstellung der so erhaltenen rohen Alkaloide existieren spezielle Methoden — häufiges Umkrystallisieren der freien Alkaloide oder ihrer Salze —, auf welche wir hier nicht näher eingehen können.

Die meisten Alkaloide sind feste, nicht destillierbare Körper, nur wenige, wie Coniin, sind flüssig und unzersetzt flüchtig. Daß sie auf den tierischen Organismus kräftige physiologische Wirkungen ausüben, wurde oben bereits erwähnt. In Wasser sind sie fast alle schwer löslich oder unlöslich, in Alkohol leicht, in Chloroform, Äther, Benzol mehr oder weniger schwer löslich. Die meisten Alkaloide sind optisch aktiv und zwar linksdrehend. Von vielen reagieren die Lösungen stark alkalisch.

Alle bilden mit Säuren Salze, unter denen besonders die Chlorhydrate, Sulfate und Oxalate durch gutes Krystallisationsvermögen ausgezeichnet sind. Die Salze haben wie diejenigen anderer Basen die Fähigkeit, sich mit verschiedenen Metallsalzen, wie Quecksilber-, Platin-, Goldchlorid usw., zu Doppelverbindungen zu vereinigen.

Von verschiedenen Substanzen, die man mit der Bezeichnung „Alkaloidreagenzien" zusammenfaßt, werden die Alkaloide aus wässeriger oder saurer Lösung gefällt. Es gehören hierher: Tannin, Pikrinsäure, Kaliumquecksilberjodid $KJ \cdot HgJ_2$, Kaliumwismutjodid, Phosphormolybdänsäure, Phosphorwolframsäure u. a. m. Allerdings sind diese Fällungsreagenzien für die Abscheidung der Alkaloide zu analytischen Zwecken nicht immer zuverlässig, einerseits, weil die entstehenden Alkaloidverbindungen meistens nicht unlöslich, sondern nur schwer löslich sind, anderseits, weil von denselben auch sonstige organische Stoffe gefällt werden. Neuerdings wird häufig die Pikrolonsäure, die an Stelle der Mayerschen Kalium-Quecksilberjodid- und Wagnerschen Jodlösung zu treten berufen ist, als Fällungsmittel bei der Alkaloidbestimmung benützt[2]).

Was die Einteilung des Stoffes anbetrifft, so werden wir die chemische Klassifikation der in manchen Lehr- und Handbüchern angewandten botanischen Einteilung vorziehen. Die Alkaloide sollen nach ihrer chemischen Konstitution, namentlich mit Bezug auf ihren basischen Bestandteil klassifiziert werden. Dabei ordnen sich meistens die von einer und derselben Pflanze erzeugten, also die einer und derselben natürlichen Gruppe angehörigen Basen auch in eine und dieselbe chemische Gruppe, weil eben die von einer und derselben Pflanze erzeugten Verbindungen meist eine analoge chemische Struktur haben.

Die Alkaloide sind also in folgende Gruppen eingeteilt:

  I. Alkaloide der Pyridingruppe;
  II. Alkaloide der Pyrrolidingruppe;
  III. Alkaloide der Chinolingruppe;
  IV. Alkaloide der Isochinolingruppe;
  V. Alkaloide der Phenanthrengruppe;
  VI. Alkaloide der Puringruppe;
  VII. Oxyphenyl-äthylaminbasen;
  VIII. Alkaloide von unbekannter Konstitution.

---

[1]) Betrachtungen über die Entstehung der Alkaloide in den Pflanzen siehe Pictet, Arch. Sc. phys. nat. Genève [4] **19**, 329 [1905]; Chem. Centralbl. **1905**, I, 1605.
[2]) Matthes u. Rammstedt, Archiv d. Pharmazie **245**, 112 [1907]; Zeitschr. f. analyt. Chemie **46**, 565 [1907].

Wie jeder Einteilung haftet auch dieser eine gewisse Willkür an. So läßt sich einwenden, daß die in der Pyrrolidingruppe behandelten Alkaloide Atropin und Cocain auch einen Pyridinkern enthalten und deshalb auch in die Pyridingruppe hätten eingereiht werden können. Indessen schien es mir zweckmäßiger, diese Verbindungen in eine Gruppe für sich zusammenzufassen. Die V. Gruppe ist als Phenanthrengruppe bezeichnet, weil in den hierhergehörigen Verbindungen Morphin, Kodein und Thebain die Struktur des basischen Komplexes noch nicht mit aller Sicherheit nachgewiesen ist. Doch steht zweifellos fest, daß sie einen Phenanthrenkern enthalten.

A. Alkaloide der Pyridingruppe.

Die Coniumalkaloide.

α-Coniin = d-, α-, n-Propylpiperidin.

Mol.-Gewicht 127,14.
Zusammensetzung: 75,51% C, 11,02% H, 13,47% N.

$$C_8H_{17}N.$$

$$\begin{array}{c} CH_2 \\ H_2C \diagup \diagdown CH_2 \\ H_2C \diagdown \diagup CH-CH_2 \cdot CH_2 \cdot CH_3 \\ N \\ | \\ H \end{array}$$

Das Coniin ist insbesondere von historischem Interesse, weil sein Aufbau die erste vollkommene Synthese eines natürlichen Alkaloides war. Daß seine Synthese frühzeitig versucht wurde, ist in seiner einfachen Zusammensetzung begründet. Denn unter den zahlreichen Alkaloiden, welche wir heute kennen, befinden sich sehr wenige, welche nur Kohlenstoff, Wasserstoff und Stickstoff enthalten, und von diesen besitzt wiederum das Coniin die einfachste Formel.

Vorkommen: Das Coniin findet sich neben N-Methylconiin und γ-Conicein, Conhydrin, Pseudoconhydrin im Fleckschierling, *Conium maculatum*, besonders in dem Samen.

Bildung des Coniins und Isoconiins:[1]) Die vor 18 Jahren von Ladenburg durchgeführte Synthese des Coniins, welche als die erste künstliche Darstellung eines Alkaloides großes historisches Interesse beansprucht, ist erst in allerjüngster Zeit von Ladenburg vollkommen zum Abschluß gebracht worden. Es hat sich nämlich gezeigt, daß in dem synthetischen Coniin das schon lange gesuchte Isoconiin vorliegt, welches durch Erhitzen auf etwa 300° in Coniin übergeführt werden kann.

Die Darstellung des synthetischen oder Isoconiins geschah in etwas anderer Weise, als früher angegeben wurde. Während früher Picolin und Paraldehyd auf 250—260° erhitzt und so direkt in **Allylpyridin** (besser Isoallylpyridin) $NC_5H_4 \cdot CH : CH \cdot CH_3$ verwandelt wurden, hat jetzt Ladenburg α-Picolin mit Aldehyd und Wasser nur auf 150° erhitzt und so das von ihm früher dargestellte **Methylpicolylalkin** (Siedep. 116—120° unter 13 mm Druck) $NC_5H_4 \cdot CH_2 \cdot CH(OH) \cdot CH_3$ gewonnen, dem dann durch Erhitzen mit konz. Salzsäure Wasser entzogen wurde. So entsteht **Allylpyridin**, gemengt mit **Chlorpropylpyridin** $NC_5H_4 \cdot CH_2 \cdot CHCl \cdot CH_3$, welches Gemenge durch Reduktion mit Natrium und Äthylalkohol inaktives (racemisches) Coniin vom Siedep. 166—168° liefert. Die Base wird durch Weinsäure gespalten. Man erhält das **d-Isoconiinbitartrat** in gut ausgebildeten Krystallen vom Fp. 56°.

Das daraus gewonnene **d-Isoconiin** hat das spezifische Drehungsvermögen $[\alpha]_D^{16} = 19{,}2°$, während reinstes d-Coniin das Drehungsvermögen 15,6° besitzt. Das Isoconiin siedet bei 163,5°, korr. bei 167° (d-Coniin bei 166—167°). Das spez. Gew. ist bei 17° = 0,8472, bei 20° = 0,8445 (das spez. Gew. des d-Coniins ist 0,845 bei 20°). Das **Bitartrat** schmilzt lufttrocken bei 54—55°, das **Chlorhydrat** bei 221—222°, das **Platindoppelsalz** nach dem Trocknen bei 174°, also fast genau wie bei d-Coniin. Auch die krystallographische Untersuchung des

---

[1]) A. Ladenburg, Berichte d. Deutsch. chem. Gesellschaft **39**, 2486 [1906].

Platindoppelsalzes und des Bitartrats ergab für diese Körper dieselben Formen und Winkel wie für die entsprechenden Salze des d-Coniins.

Der einzige Unterschied, der also zwischen Isoconiin und Coniin bisher festgestellt ist, besteht in dem höheren Drehungsvermögen des ersteren (etwa 4° Differenz).

Umwandlung von Isoconiin in d-Coniin. Zur Vervollständigung der Synthese des Isoconiins war es nötig, das Isoconiin in d-Coniin zu verwandeln. Es gelang dies leicht durch Erhitzen von Isoconiin mit festem Kali zum Sieden oder durch Erhitzen desselben für sich auf etwa 300°.

Dadurch ist also die vollständige Synthese des d-Coniins ausgeführt.

Darstellung: Der Schierling enthält die Base in allen Teilen, vornehmlich aber in den Früchten, vor der völligen Reife.

Um sie abzuscheiden, werden die Samen zerquetscht, durch Zusatz von Kali oder Soda die wahrscheinlich an Äpfelsäure gebundene Base freigemacht und mit Wasserdampf abdestilliert. Um sie von Ammoniak zu trennen, wird das Destillat mit Salzsäure oder Schwefelsäure angesäuert, die Lösung zur Trockne verdampft und die Salze der organischen Basen mit Alkohol oder Äther dem Rückstande entzogen. Die Salze werden mit Kali zerlegt und die Basen durch Ausschütteln mit Äther aufgenommen. Schließlich wird die Rohbase durch Destillation im Wasserstoffstrome fraktioniert.

Zur **Bestimmung** von Coniin kann man den mit Ammoniak versetzten Auszug mit leicht siedendem Petroleumäther ausschütteln. Die Quantität des Coniins läßt sich, wenn nicht auch Ammoniak zugegen ist, durch Titrieren mit Phosphormolybdänsäure bestimmen, und bei Lösungen, die keine oder wenig freie Säure enthalten, unter gewissen Vorsichtsmaßregeln auch mit Kalium-Quecksilberjodid[1]).

Physiologische Eigenschaften: d-Coniin ist ein sehr starkes Gift; 1 Tropfen in das Auge eines Kaninchens gebracht, tötete es in 9 Minuten; 3 Tropfen in das Auge gebracht, töteten eine Katze in $1\frac{1}{2}$ Minuten; 5 Tropfen in den Schlund gebracht, töteten einen kleinen Hund in einer Minute; 1 mg tötete einen Vogel in 8—9 Minuten. Die Coniinsalze sollen energischer wirken als freies Coniin. Doch sind die Angaben über die Wirkung kleiner Dosen von Coniin oder Coniinsalzen auf Tiere sehr voneinander abweichend, weil das käufliche Coniin häufig ein Gemenge ist[2]).

Coniin bewirkt rasch eine Lähmung der Muskeln und dadurch Asphyxie aus Erschlaffung.

Das Piperidin $C_5H_{11}N$ selbst bewirkt intensive Blutdrucksteigerung und hat schwach schädigenden Einfluß auf die Endplatten der motorischen Nerven (beginnende Curarewirkung) und auf die Herztätigkeit. α-Methylpiperidin oder Pipekolin zeigt schon vollständige Curarewirkung ohne Herzstillstand, α-Äthylpiperidin und α-Propylpiperidin ebenso, aber schon in ständig abnehmenden Mengen. Die Giftwirkung dieser Verbindungen, die zentrale Lähmung und später Lähmung der motorischen Nervenendigungen bedingen, steigt in geometrischer Reihe, von Piperidin : Pipekolin : Äthylpiperidin : Coniin wie 1 : 2 : 4 : 8. Bei sehr weitgehender Alkylierung kehrt sich das Verhältnis wieder um[3]). Die Stellung des Radikals am Piperidinkern ist für die Wirkung nicht ohne Bedeutung. β-Propylpiperidin hat eine fast doppelt so hohe letale Dosis wie Coniin, aber wieder um mehr als die Hälfte niedriger als β-Äthylpiperidin[4]).

Physikalische und chemische Eigenschaften des d-Coniins: Es ist in reinem Zustande eine farblose, fast geruchlose Flüssigkeit, die bei 165,7 bis 165,9° siedet. Das spez. Gew. beträgt bei 20° = 0,8440; das Brechungsvermögen $n_D = 1,4505$ [5]); hieraus ergibt sich die Molekularrefraktion = 40,51; aus obiger Formel berechnet sich 40,52; die spezifische Drehung $[\alpha]_D^{19°} = +15,7°$. In der Kälte erstarrt die Base zu einer bei —2° sich verflüssigenden Krystallmasse. Sie ist in Wasser nur wenig (1:90) löslich; ihre kaltgesättigte Lösung trübt sich beim Erwärmen. Dagegen löst Coniin bis zu 25% Wasser. Es reagiert alkalisch, ist, wie oben erwähnt, sehr giftig und oxydiert sich an der Luft unter Braunfärbung.

Das Alkaloid gibt keine für forensische Zwecke genügend scharfe und namentlich von Nicotin sicher zu unterscheidende Reaktionen. Man ist deshalb meistens auf die Beobach-

---

[1]) Dragendorff, Chemische Wertbestimmung von Drogen. Petersburg 1874, S. 40.
[2]) Vgl. A. u. Th. Husemann, Die Pflanzenstoffe usw. Berlin 1871, S. 264.
[3]) Gürber, Archiv f. d. ges. Physiol. **1890**, 401.
[4]) Ehrlich u. Granger, Berichte d. Deutsch. chem. Gesellschaft **30**, 1060 [1897]. — Günther, Berichte d. Deutsch. chem. Gesellschaft **31**, 2141 [1898].
[5]) F. W. Semmler, Berichte d. Deutsch. chem. Gesellschaft **37**, 2428 [1904].

tung der gesamten Eigenschaften der Base angewiesen. Durch konz. Schwefelsäure wird sie anfangs blutrot, dann grün gefärbt. Von dem sehr ähnlichen Nicotin unterscheidet sie sich darin, daß ihre verdünnte Lösung durch wässeriges Platinchlorid nicht gefällt wird. Auch ist der mit Kaliumcadmiumjodid entstehende Niederschlag nicht krystallinisch, sondern amorph.

Salze und sonstige Derivate des d-Coniins: Die Salze des Coniins sind in Wasser leicht, in Alkohol oder Ätheralkohol mäßig, in reinem Äther nicht löslich. Die wässerigen Lösungen können nur im Vakuum ohne Zersetzung eingedampft werden.

Das **Hydrochlorid** $C_8H_{17}N \cdot HCl$ wird aus der wässerigen Lösung in großen, rhombischen Krystallen erhalten, die luftbeständig sind und bei 220° schmelzen. — Das **Platindoppelsalz** $(C_8H_{17}N \cdot HCl)_2 PtCl_4 + H_2O$ scheidet sich beim Ausfällen konz. Lösungen zunächst ölig aus, geht aber sogleich in schöne orangegelbe Krystalle über, die wasserhaltig bei 78°, wasserfrei bei 175° schmelzen und aus heißem Alkohol in tiefroten, vierseitigen Säulen krystallisieren. — Das **Goldsalz** $(C_8H_{17}N \cdot HCl)AuCl_3$ fällt zuerst als Öl aus, das erst nach einigen Tagen zu Krystallen erstarrt, welche bei 77° schmelzen. — Das **Pikrat** $C_8H_{17}N \cdot C_6H_2(NO_2)_3OH$ bildet kleine, gelbe, bei 75° schmelzende Prismen. — **d-Coniin-d-bitartrat,** $C_8H_{17}N \cdot C_4H_6O_6 + 2H_2O$ scheidet sich beim Verdampfen der wässerigen Lösung in großen, rhombischen Krystallen aus, die bei 54° schmelzen.

Über Reaktionen des Coniins vergl. man die Zusammenstellung auf S. 21.

Über isomere Coniniumjodide.

Eine durch die sterische Natur des Stickstoffatoms hervorgerufene Isomerieerscheinung hat M. Scholtz bei den Coniniumjodiden aufgefunden. Es hat sich nämlich gezeigt, daß durch Addition von Halogenalkylen an am Stickstoff alkyliertes Coniin immer dann zwei isomere Verbindungen entstehen, wenn die fünf am Stickstoff gebundenen Radikale verschieden sind.

Physiologische Eigenschaften: Die isomeren Verbindungen unterscheiden sich durch Schmelzpunkt, Löslichkeit, Drehungsvermögen, Krystallform und auch durch verschiedene physiologische Wirkung. Hildebrandt[2]) unterzog die Äthyl-benzyl-, Propyl-benzyl-, Butyl-benzyl- und Isoamyl-benzyl-Coniniumjodide einer vergleichenden Untersuchung, und es hat sich herausgestellt, daß die niedriger schmelzenden Isomeren eine geringere Giftwirkung besitzen als die höher schmelzenden. Bei den Äthyl-, Propyl- und Butylverbindungen ergab sich mit steigendem Molekulargewicht eine Verminderung der Giftwirkung, indem die Dosen, welche eben ausreichen, um bei mittelgroßen Fröschen lähmende, curareartige Wirkungen zu erzeugen, bei Anwendung der niedriger schmelzenden α-Verbindungen betragen:

Äthylverbindung	Propylverbindung	Butylverbindung
2,6 mg	4,6 mg	7,2 mg

bei den höher schmelzenden (β-Verbindungen):

Äthylverbindung	Propylverbindung	Butylverbindung
1,5 mg	3,8 mg	6,4 mg

Ein abweichendes Verhalten zeigen die Isoamylderivate, indem hier die eben wirksamen Dosen 2,4 mg bzw. 2,0 mg, nahezu den bei den Äthylverbindungen ermittelten gleichkommen. Bei Kaninchen bewirken bereits Dosen von 0,1 g der Äthylderivate, inwendig gereicht, anhaltende Lähmung der hinteren Extremitäten, und zwar ist auch hier die höher schmelzende Verbindung die stärker wirksame. Die Körper zeigen eine erheblich größere Giftigkeit als Coniin und N-Äthylconiin.

Es liegen also hier interessante Beispiele vor für den Zusammenhang zwischen molekularer Konfiguration und physiologischer Tätigkeit organischer Verbindungen.

Umwandlung des Coniins in Dichloroctan und Dibromoctan.

Das Coniin läßt sich am besten in Form seiner Benzoylverbindung aus dem Gemenge der im Schierling enthaltenen Alkaloide isolieren[3]). Diese Benzoylverbindung ist also leicht zugänglich. J. v. Braun und E. Schmitz[4]) haben nun die von ersterem bei verschiedenen Piperidinbasen durchgeführte Aufspaltung mit Chlor- und Bromphosphor auch beim Coniin studiert. Es entsteht aus dem Benzoylpiperidin unter gewissen Versuchsbedingungen 1, 5-Dichlorpentan bzw. 1, 5-Dibrompentan entsprechend dem auf S. 5 angeführten Schema.

---

[1]) M. Scholtz, Berichte d. Deutsch. chem. Gesellschaft **37**, 3627 [1904]; **38**, 595 [1905].
[2]) Hildebrandt, Archiv f. experim. Pathol. u. Pharmakol. **53**, 76 [1905].
[3]) J. v. Braun, Berichte d. Deutsch. chem. Gesellschaft **38**, 3108 [1905].
[4]) J. v. Braun u. E. Schmitz, Berichte d. Deutsch. chem. Gesellschaft **39**, 4365 [1906].

Die beim Benzoylconiin erhaltenen Resultate bestehen im wesentlichen in der Isolierung der dem Dichlorpentan und Dibrompentan entsprechenden kohlenstoffreicheren Verbindungen: des **Dichloroctans** $Cl(H_2C)_4 \cdot CHCl \cdot C_3H_7$ und **Dibromoctans** $Br(CH_2)_4 \cdot CHBr \cdot C_3H_7$; ferner in dem Nachweis, daß, entgegengesetzt wie bei den genannten, aus Piperidin gewonnenen Verbindungen, in den aus Coniin erhaltenen die Halogenatome einander nicht gleichwertig sind, sondern sich bei chemischen Umsetzungen verschieden verhalten.

$$H_2C \underset{CH_2\ \ CH_2}{\overset{CH_2\ \ CH \cdot C_3H_7}{\diagup\diagdown}} N \cdot COC_6H_5 \ \xrightarrow{PBr_5} \ H_2C \underset{CH_2\ \ CH_2}{\overset{CH_2\ \ CH \cdot C_3H_7}{\diagup\diagdown}} N \cdot CBr_2 \cdot C_6H_5 \ \longrightarrow$$

Benzoylconiin   Zwischenprodukt

$$H_2C \underset{CH_2\ \ CH_2 \cdot Br}{\overset{CH_2\ \ CHBr \cdot C_3H_7}{\diagup\diagdown}} \ + \ NCC_6H_5 \ + \ POBr_3$$

1,5-Dibromoctan   Benzonitril

Methylconiin = N-Methyl-α, n-Propylpiperidin.

Mol.-Gewicht 141,16.
Zusammensetzung: 76,50% C, 13,50% H, 9,99% N.

$$C_9H_{19}N.$$

$$H_2C \underset{\underset{CH_3}{\overset{|}{N}}}{\overset{CH_2}{\diagup\diagdown}} CH_2 \ \ H_2C \diagdown \diagup CH-CH_2 \cdot CH_2 \cdot CH_3$$

Vorkommen: n-Methylconiin wurde im Jahre 1854 von Planta und Kekulé im Schierling entdeckt, wo es in kleiner Menge vorkommt.

Darstellung: Nach Wolffenstein[1]) bleibt es als weinsaures Salz in der nach Abscheidung des reinen Coniins vermittels des sauren weinsauren Salzes abfallenden Mutterlauge. Synthetisch stellte es Passon[2]) durch Erhitzen von Coniin mit methylschwefelsaurem Kali dar, wobei es in geringer Ausbeute erhalten wird.

In den **physiologischen Eigenschaften** hat es Ähnlichkeit mit dem Coniin.

Physikalische und chemische Eigenschaften: n-Methylconiin ist ölig. Sein Geruch erinnert an Coniin, ist aber mehr aminartig. Es siedet bei 173—174°, nach neueren Angaben[3]) bei 176°, und zeigt bei 24,3° das spez. Gew. 0,8318 und die spezifische Drehung $[\alpha]_D^{24,3} = +81,33°$.

Derivate: Das salzsaure Salz $C_9H_{19}N \cdot HCl$ bleibt beim Abdampfen der Base mit Salzsäure als weiße, bei 188—189° schmelzende Masse zurück. — Das **Goldsalz** $(C_9H_{19}N \cdot HCl)AuCl_3$ fällt zuerst als Öl aus, setzt sich aber bald in feinen, krystallinischen, gelben Körnern ab. Auch beim Umkrystallisieren aus heißem Wasser, worin es sehr schwer löslich ist, scheidet es sich zuerst als Öl ab, welches sich bald in lange, feine Nadeln verwandelt. — Das **Platinsalz** $(C_9H_{19}N \cdot HCl)_2PtCl_4$ ist dagegen leicht löslich, mit Ausnahme in Äther-Alkohol. Es schmilzt bei 158—160°[2].

Conhydrin = d-, α-Äthylpiperidylalkin.

Mol.-Gewicht 143,14.
Zusammensetzung: 67,07% C, 11,97% H, 9,79% N.

$$C_8H_{17}NO.$$

$$H_2C \underset{\overset{|}{NH}}{\overset{CH_2}{\diagup\diagdown}} CH_2 \ \ H_2C \diagdown \diagup CH \cdot CH(OH) \cdot CH_2 \cdot CH_3$$

---

[1]) Wolffenstein, Berichte d. Deutsch. chem. Gesellschaft **27**, II, 2614 [1894].
[2]) Passon, Berichte d. Deutsch. chem. Gesellschaft **24**, I, 1678 [1891]. — Wolffenstein, l. c.
[3]) J. v. Braun, Berichte d. Deutsch. chem. Gesellschaft **38**, 3110 [1905].

Vorkommen und physikalische und chemische Eigenschaften: Conhydrin wurde im Jahre 1856 von Wertheim im Schierling entdeckt. Es ist fest, krystallisiert in Blättchen, die alkalisch reagieren, bei 120,6° schmelzen und bei 226° ohne Zersetzung sieden. Sein Geruch ist coniinartig. Die Base ist optisch aktiv, rechtsdrehend und wirkt stark giftig.

Darstellung von Conhydrin und Trennung der Coniumalkaloide:[1]) Die im Schierling vorkommenden Alkaloide Coniin (in der d- und l-Form), Methylconiin (in der d- und l-Form), γ-Conicein, Conhydrin und Pseudoconhydrin konnten bis vor kurzem kaum oder doch nur in sehr umständlicher Weise quantitativ getrennt werden. Nachdem die größte Menge des Hauptalkaloids, des Coniins, herausfraktioniert ist, liegt ein an Nebenalkaloiden (Conicein, Methylconiin, Conhydrin, Pseudoconhydrin) reiches Gemenge vor. Aus ihm kann Methylconiin, da es unter diesen Basen die einzige tertiäre ist, und Conhydrin sowie Pseudoconhydrin wegen des hohen Siedepunktes (224—226°, resp. 229—231°) leicht isoliert werden. Dahingegen ist eine quantitative Isolierung des Coniceins und des noch vorhandenen Coniins durch fraktionierte Krystallisation ihrer Salze, wie sie bisher versucht worden ist, recht mühsam und läßt sich nicht vollständig erreichen[2]).

v. Braun fand nun, daß das schon seit längerer Zeit bekannte Benzoylconiin[3]) sich in charakteristischer Weise von dem Benzoylierungsprodukt des Coniceins, dem **Benzoyl-4-aminobutylpropylketon** (s. spätere Ausführungen beim γ-Conicein)

$$C_6H_5 \cdot CO \cdot NH(CH_2)_4 \cdot CO \cdot C_3H_7$$

unterscheidet. Während das letztere nicht destillierbar, in Äther schwer löslich, in Ligroin unlöslich ist, wird das Benzoylconiin von diesen beiden Lösungsmitteln sehr leicht aufgenommen und läßt sich unzersetzt destillieren. Es ist eine glycerinähnliche, farblose Flüssigkeit, welche unter 16 mm Druck bei 203—204° siedet. Da nun aus beiden Benzoylierungsprodukten durch Verseifung die zugehörigen Basen leicht wieder gewonnen werden können, so läßt sich die Benzoylierung zu einer Trennung der beiden Amine verwenden.

Die Trennung von Alkaloidgemengen, wie sie bei der Coniinfabrikation abfallen, gestaltet sich demnach folgendermaßen: Nachdem das hochsiedende Conhydrin bei der fraktionierten Destillation entfernt worden ist, benzoyliert man in alkalischer Lösung, schüttelt die vorhandene tertiäre Base mit verdünnter Säure aus, hat dann nur das Gemenge der beiden Benzoylverbindungen voneinander zu trennen und aus diesen die Basen durch Verseifung wieder zu regenerieren.

Oxydation des Conhydrins zur Pipecolinsäure[4]). Durch Oxydation von Conhydrin mit Chromsäure in schwefelsaurer Lösung läßt sich leicht zeigen, daß sich die Hydroxylgruppe des Alkaloids in dem Propylrest befindet.

Neben sirupösen Reaktionsprodukten entsteht eine leicht zu reinigende, gut krystallisierte Säure von der Zusammensetzung der Piperidinmonocarbonsäuren ($C_6H_{11}O_2N$), welches ein prächtiges Kupfersalz bildet. Es stimmte in seinen Eigenschaften mit der von A. Ladenburg[5]) dargestellten Pipecolinsäure überein.

Derivate: Das **Chlorhydrat** $C_8H_{17}NO \cdot HCl$ zerfließt an der Luft. Das **Goldsalz** $(C_8H_{17} \cdot NO \cdot HCl)AuCl_3$ krystallisiert in rhombischen, bei 133—134° schmelzenden Prismen.

Die **Benzoylverbindung** $C_8H_{16}ON \cdot CO \cdot C_6H_5$ bildet Krystalle, welche bei 132° schmelzen.

Pipecolinsäure = Piperidinmonocarbonsäure.

Mol.-Gewicht 129.
Zusammensetzung: 55,75% C, 8,60% H, 10,91% N.

$$C_6H_{11}O_2N.$$

Physikalische und chemische Eigenschaften: Die Säure ist in Wasser spielend leicht, auch in Weingeist sehr leicht löslich, dagegen schwer in völlig wasserfreiem Alkohol; in Aceton, Chloroform und Äther ist sie fast unlöslich. Beim vorsichtigen Zusatz von Äther zur

---

[1]) J. v. Braun, Berichte d. Deutsch. chem. Gesellschaft **38**, 3108 [1905].
[2]) A. W. Hofmann, Berichte d. Deutsch. chem. Gesellschaft **18**, 108 [1885]. — R. Wolffenstein, Berichte d. Deutsch. chem. Gesellschaft **28**, 302 [1895].
[3]) Schotten u. Baum, Berichte d. Deutsch. chem. Gesellschaft **17**, 2549 [1884]. — Ladenburg, Berichte d. Deutsch. chem. Gesellschaft **26**, 854 [1893].
[4]) R. Willstätter, Berichte d. Deutsch. chem. Gesellschaft **34**, 3166 [1901].
[5]) A. Ladenburg, Berichte d. Deutsch. chem. Gesellschaft **24**, 640 [1891].

weingeistigen Lösung krystallisiert die Verbindung wasserfrei aus in farblosen, feinen Prismen und Nädelchen, die sehr oft durch Zwillingsbildung paarweise gekreuzt sind.

Der Schmelzpunkt der Hexahydropicolinsäure wurde von Ladenburg[1]) bei 259°, von Willstätter[2]) bei 264° gefunden, bei der aktiven Säure von Mende[3]) bei 270°. Das Präparat der obigen Darstellung zeigt keinen scharfen Schmelzpunkt, sondern erweicht allmählich und sintert zusammen, während es sich zum Teil verflüchtigt, bei 264—265° tritt völliges Schmelzen unter Aufschäumen ein.

Mit Pikrinsäure, Phosphormolybdänsäure, Quecksilberchlorid gibt die Säure keinen Niederschlag, beim Erwärmen mit Silberoxyd nimmt sie Silber auf; von den Salzen ist besonders charakteristisch das **Kupfersalz**, das sich auch zur Abscheidung und Reinigung der Säure eignet.

Die Säure aus Conhydrin ist linksdrehend. 2,0984 g Substanz, in Wasser gelöst, zu 20 ccm, bewirken eine Ablenkung der Ebene des polarisierten Lichtes von — 5° 44'. Unter der Annahme, daß der Drehungswinkel der Konzentration proportional ist, berechnet sich die spezifische Drehung $[\alpha]_D^{24} = -24,7°$. Hingegen hat F. Mende am synthetischen Produkt bei ungefähr der gleichen Konzentration gefunden: $[\alpha]_D^{20} = -35,7°$.

Derivate: Chlorhydrat der Pipecolinsäure, $C_6H_{11}O_2N \cdot HCl$ (21,41% Cl). In Wasser sehr leicht, in Alkohol in der Hitze leicht, viel schwerer in der Kälte löslich, krystallisiert daraus in büschelförmig gruppierten, breiten Nädelchen und Blättchen, die unscharf unter Zersetzung bei 256—258° schmelzen. (Nach Ladenburg 259—261° bei der inaktiven Säure.)

Chloroplatinat, $C_{12}H_{24}N_2O_4Cl_6Pt \cdot 2 H_2O$ (27,68% Pt). Das von H. Ost[4]) sowie von Ladenburg genau beschriebene Salz wird in Form leicht (auch in Alkohol) löslicher Prismen erhalten, die ihr Krystallwasser bei 105° nicht verlieren.

Das **Kupfersalz** $C_{12}H_{20}O_4N_2Cu \cdot 3 H_2O \cdot$ (17,01% Cu) löst sich mit tiefviolettblauer Farbe in kaltem Wasser ziemlich schwer, in heißem etwas, aber nicht viel leichter und krystallisiert sowohl beim Eindunsten wie beim Umkrystallisieren aus wässeriger Lösung stets in rhombenförmigen Blättchen von tiefblauer Farbe. Das Salz enthält Krystallwasser; es gibt dasselbe weder im Vakuum, noch bei 105° ab; bei 120° aber erleidet es schon langsam Zersetzung.

Besonders charakteristisch ist das Verhalten des Salzes beim Digerieren mit Alkohol; in wenigen Augenblicken erleidet es eine vollständige Veränderung, indem sich das schwere, krystallinische Pulver unter Aufnahme von Krystallalkohol in einem sehr voluminösen, dichten Brei von hellblauen, seidenglänzenden feinen Nädelchen und Härchen umwandelt; es löst sich dann in siedendem Alkohol ziemlich schwer und krystallisiert beim Erkalten in langen Nadeln fast vollständig aus. Der Krystallalkohol entweicht langsam im Vakuum, rasch bei 105°, wodurch das Salz hygroskopisch wird.

Stereoisomerie bei Conhydriumjodiden. Bei den Derivaten des Conhydrins tritt nach Untersuchungen von Scholtz[5]) und Pawlicki dieselbe eigenartige Stereoisomerie auf wie bei denjenigen des Coniins (vgl. S. 9). Auch hier entstehen stets dann zwei verschiedene Ammoniumjodide, wenn die fünf an Stickstoff gebundenen Radikale verschieden sind. Die genannten Forscher führten die folgenden Kombinationen aus:

N-Äthylconhydrin + Benzyljodid;
N-Propylconhydrin + Benzyljodid;
N-Isoamylconhydrin + Benzyljodid;
N-Äthylconhydrin + Äthyljodid.

In den drei ersten Fällen, also bei Verschiedenheit der fünf Substituenten, entstanden zwei durch Schmelzpunkt, Löslichkeit, optisches Drehungsvermögen und physiologische Wirkung unterschiedene Isomere, während das Diäthylconhydriniumjodid nur in einer Form auftritt. Ganz analog wie bei den Coniinderivaten ist bei den N-Propyl-Benzylconhydriniumjodiden das Verhalten beim Erhitzen, indem die niedriger schmelzende Verbindung beim Erhitzen auf ihren Schmelzpunkt in die höher schmelzende übergeht, während die umgekehrte Umwandlung nicht stattfindet.

---

[1]) A. Ladenburg, Berichte d. Deutsch. chem. Gesellschaft **24**, 640 [1891].
[2]) R. Willstätter, Berichte d. Deutsch. chem. Gesellschaft **29**, 389 [1896].
[3]) F. Mende, Berichte d. Deutsch. chem. Gesellschaft **29**, 2887 [1896].
[4]) H. Ost, Journ. f. prakt. Chemie [2] **27**, 287.
[5]) Scholtz u. Pawlicki, Berichte d. Deutsch. chem. Gesellschaft **38**, 1289 [1905].

Ein Vergleich der **physiologischen Wirkung** der drei Paare stereoisomerer Conhydrinderivate wurde von H. Hildebrandt[1]) durchgeführt: „Bei den Äthyl- und Propylderivaten des Conhydrins ist in physiologischer Hinsicht nur bezüglich der hochschmelzenden Körper ein erheblicher Unterschied nachweisbar. Beide Isoamylderivate zeigen gegenüber den Äthylderivaten eine wesentliche Verminderung der Giftwirkung. Auffallend ist, daß im Gegensatz zu dem bei den Coniinabkömmlingen Beobachteten (vgl. S. 9) bei den Propylderivaten die geringere Giftigkeit den höher schmelzenden Isomeren (β-Verbindung) zukommt, und daß der Unterschied in der Wirkung der Isomeren auch bei den Äthylderivaten nur gering ist. Die geringere Giftigkeit des Conhydrins gegenüber dem Coniin kommt auch in den Ammoniumbasen zum Ausdruck, und zwar besonders bei den Isoamylderivaten."

Coniceine.

Mol.-Gewicht 125.
Zusammensetzung: 76,67%C, 12,00% H, 11,33% N.
Man kennt fünf Isomere der Formel $C_8H_{15}N$. Diese sog. Coniceine sind teils vom Coniin, teils vom Conhydrin ausgehend dargestellt worden.

1. α-Conicein.

Darstellung: Es wurde von A. W. v. Hofmann[2]) durch Erhitzen von Conhydrin mit rauchender Salzsäure auf 220° erhalten:

$$C_8H_{17}NO = C_8H_{15}N + H_2O.$$

Gleichzeitig konnte er feststellen, daß die so entstehende Base ein Gemisch von α-Conicein und dem unten zu behandelnden β-Conicein ist.

Physikalische und chemische Eigenschaften: α-Conicein ist eine Flüssigkeit vom Siedep. 158°, die in Wasser weniglöslich ist. Es stellt eine tertiäre Base vor und wirkt giftiger als Coniin. Seine Konstitution ist noch nicht ermittelt, doch hat Löffler[3]) diesbezügliche Untersuchungen in Aussicht gestellt.

2. β-Conicein = l-α-Allylpiperidin.

Bildung des β-Coniceins:[4]) α-Pipecolylmethylalkin, $C_5H_{10}N \cdot CH_2 \cdot CH(OH) \cdot CH_3$ läßt sich nach der von A. Ladenburg[5]) angegebenen Methode darstellen, indem man α-Picolin mit Acetaldehyd und Wasser im Autoklaven bei 150° kondensiert und das so gewonnene α-Picolylmethylalkin mit Natrium und Alkohol reduziert. Das so erhaltene Pipecolylmethylalkin siedet bei 222—228°; es stellt einen farblosen Sirup vor, der in kurzer Zeit Krystalle abscheidet. Diese, aus Ligroin umkrystallisiert, schmelzen bei 56—58°.

Das **Pikrat** erhält man leicht in krystallisierter Form, wenn man zu der konzentrierten alkoholischen Lösung der berechneten Mengen Pikrinsäure und Base Äther zufügt; aus Alkohol+Wasser fällt es in anscheinend rhomboedrischen Krystallen aus; Schmelzp. 111—112°.

Das **Platinsalz** bildet große, hyacinthrote Tafeln; es enthält 2 Mol. Krystallwasser, die so leicht weggehen, daß das Salz wie das wasserfreie bei 148—149° schmilzt.

Das **Goldsalz** krystallisiert in kleinen, verwachsenen Nadeln vom Schmelzp. 136—137°.

Beim Erhitzen des α-Pipecolylmethylalkins mit der 4—5fachen Menge Phosphorsäureanhydrid im Wasserstoffstrome auf 100° entstehen zwei ungesättigte, sekundäre Basen, von denen die eine fest ist und bei 18° schmilzt. Beide können leicht durch Überführung in die Pikrate getrennt werden. Die feste Base liefert nämlich ein krystallisiertes Pikrat, die flüssige ein öliges. Diese läßt sich durch das α-Bitartrat in die optisch aktiven Komponenten zerlegen, von denen die linksdrehende Verbindung identisch mit β-Conicein ist.

Darstellung: Durch Wasserabspaltung aus Conhydrin bei Einwirkung von Phosphorsäureanhydrid entstehen nebeneinander zwei optisch aktive sekundäre Basen, das β-Conicein und Iso-α-Allylpiperidin[6]). Sie sind cis- und trans-Isomere des α-Allylpiperidins, denn nur

---

[1]) Hildebrandt, Berichte d. Deutsch. chem. Gesellschaft **38**, 1294 [1905].
[2]) A. W. v. Hofmann, Berichte d. Deutsch. chem. Gesellschaft **18**, 9, 105 [1885].
[3]) K. Löffler, Berichte d. Deutsch. chem. Gesellschaft **42**, 107 [1909].
[4]) K. Löffler u. G. Friedrich, Berichte d. Deutsch. chem. Gesellschaft **42**, 107 [1909].
[5]) A. Ladenburg, Berichte d. Deutsch. chem. Gesellschaft **22**, 2588 [1889].
[6]) K. Löffler, Berichte d. Deutsch. chem. Gesellschaft **38**, 3326 [1905].

so ist die Bildung zweier linksdrehender Basen zu erklären, die sich in ihren Eigenschaften wesentlich unterscheiden. Sie sind isomer in folgendem Sinne:

$$\underset{NH}{\bigcirc}CH \cdot CH(OH) \cdot CH_2 \cdot CH_3 \rightarrow \underset{\underset{\beta\text{-Conicein}}{NH}}{\bigcirc}CH \cdot CH : CH \cdot CH_3$$

$$\underset{x}{\overset{H}{>}}C : C\underset{CH_3}{\overset{H}{<}} \quad \text{und} \quad \underset{x}{\overset{H}{>}}C : C\underset{H}{\overset{CH_3}{<}}$$

wo x den Piperidylrest bedeutet.

Zum Vergleich der **Eigenschaften** beider isomerer Basen diene nachfolgende Tabelle.

l-α-Allylpiperidin = β-Conicein		l-Iso-α-Allylpiperidin	
Schmelzp. der Base	40—41°		
Siedep. ,, ,,	168—169°	Siedep. der Base	169,5—170°
Spez. Gew. d_4^{50}	0,8519	Spez. Gew. d_4^{15}	0,8672
$[\alpha]_D^{43}$	—50,64°	$[\alpha]_D^{15}$	—29,02°
Bitartrat, Schmelzp.	62—63°		
Chlorhydrat, ,,	181—182°		
Goldsalz, ,,	123°		
Platinsalz, ,,	176°		
Pikrat	ölig		

Salze des β-Coniceins = l-α-Allylpiperidins. Dieselben unterscheiden sich zum Teil von den entsprechenden der inaktiven Base, stimmen jedoch vollkommen mit denen der d-Base überein. Das **Chlorhydrat** $C_8H_{15}N$, HCl (59,39% C, 9,96% H) bildet Nadeln aus Alkohol und Aceton. Es schmilzt bei 181—182°, während das der inaktiven Base bei 206—207° schmilzt. — Das **Goldsalz** $C_8H_{15}N$, HCl, $AuCl_3$ (42,39% Au) bildet kleine Nädelchen, die bei 123—124° schmelzen; das Salz der inaktiven Base schmilzt bei 107—108°. — Das **Platinsalz** $(C_8H_{15}N, HCl)_2 PtCl_4$ (29,57% Pt) bildet gleichfalls schöne Nadeln; es schmilzt bei 175—177°, das der inaktiven Base bei 184°.

Die Überführung des β-Coniceins in l-Coniin[1]) läßt sich nach der von Ladenburg bei der Überführung des Tropidins in Hydrotropidin benutzten Methode durchführen. Man erhitzt das β-Conicein zunächst mit Jodwasserstoffsäure auf 100° im geschlossenen Rohr und reduziert das so erhaltene jodwasserstoffsaure Jodconiin mit Zinkstaub in eiskalter Lösung. Das entstehende d-Coniin zeigt $[\alpha]_D^{15} = +15,6°$, das natürliche l-Coniin —15,3°.

Da das β-Conicein, wie oben erwähnt, durch Wasserabspaltung aus Conhydrin entsteht, so kann man nunmehr auf einfache Weise aus Conhydrin zum Antipoden des natürlichen d-Coniins gelangen.

3. γ-Conicein = α, n-Propyltetrahydropyridin.

$$\underset{NH}{\bigcirc}\overset{CH_2}{}C \cdot CH_2 \cdot CH_2 \cdot CH_3$$

Findet sich im rohen, käuflichen Coniin, aus Schierling, worin es bisweilen in bedeutender Menge, bis über 70%, vorkommt[2]).

Gewinnung von γ-Conicein bei der Wasserabspaltung aus Conhydrin: Die Wasserabspaltung kann beim Conhydrin, wie schon Wertheim[3]) und A. W. v. Hofmann[4]) zeigten, sowohl mit Phosphorsäureanhydrid, als auch mit konz. Salzsäure vorgenommen werden. In beiden Fällen entstehen zwei ungesättigte sekundäre Basen, das vorstehend behandelte β-Conicein und l-α-Iso-Allylpiperidin.

---

[1]) K. Löffler u. G. Friedrich, Berichte d. Deutsch. chem. Gesellschaft **42**, 115 [1909].
[2]) Wolffenstein, Berichte d. Deutsch. chem. Gesellschaft **27**, 1778 [1894].
[3]) Wertheim, Annalen d. Chemie **100**, 75.
[4]) A. W. v. Hofmann, Berichte d. Deutsch. chem. Gesellschaft **18**, 9, 105 [1885].

Neben diesen beiden sekundären Basen entsteht aber, wie K. Löffler und R. Tschunke[1]) zeigen konnten, stets eine dritte isomere Base, das γ-Conicein, und zwar in reichlicherer Menge bei der Wasserabspaltung mit rauchender Salzsäure bei 200—220°; doch entsteht sie auch bei der Wasserabspaltung mit Phosphorsäureanhydrid.

$$\underset{NH}{\bigcirc}CH \cdot CH(OH) \cdot CH_2 \cdot CH_3 \rightarrow \underset{NH}{\bigcirc}C \cdot CH_2 \cdot CH_2 \cdot CH_3$$

Ihre Reindarstellung gestaltet sich im letzteren Falle sehr einfach, weshalb wir sie beschreiben wollen.

Das beim Erhitzen von Conhydrin mit Phosphorsäureanhydrid erhaltene Reaktionsprodukt wird in Wasser gelöst und mit Alkali in die freien Basen zerlegt; diese werden mit Wasserdampf abgetrieben, das Destillat genau mit Salzsäure neutralisiert und zur Trockne verdampft. Der wenig zerfließliche Rückstand wird nun mit abs. Aceton ausgekocht, wobei das ganze zerfließliche γ-Coniceinchlorhydrat neben geringen Mengen der schwerer löslichen α-Allylpiperidinchlorhydrate in Lösung geht.

Dampft man diese Lösung ein, so erhält man einen rotbraun gefärbten, zerfließlichen Rückstand der Chlorhydrate, die man nun in die Cadmiumsalze überführt, um das schwer lösliche, für γ-Conicein äußerst charakteristische Cadmiumsalz zur Reindarstellung des letzteren zu benutzen.

Äquimolekulare Mengen von Jodkalium und Jodcadmium werden in konz. Lösung zu dem mit Wasser verdünnten Sirup zugefügt, wobei sich eine Trübung bildet, die sich als schweres Öl am Boden absetzt. Dieses wird zweimal mit viel Wasser ausgekocht und von dem ungelösten Öl abgegossen. Beim Erkalten scheiden sich aus der wässerigen Lösung lange Nadeln aus, die nach dem Umkrystallisieren aus Alkohol und wenig Wasser den Schmelzp. 146—147° zeigen. Das Jodcadmiumsalz des γ-Coniceins, als welches die aus diesem Salze gewonnene Base charakterisiert werden konnte, ist in kaltem Wasser sehr schwer löslich und bildet daraus höchst charakteristische, federartig verwachsene, lange Nadeln, während das Jodcadmiumsalz des β-Coniceins ölig, das des Iso-allylpiperidins zwar fest, aber bei weitem nicht so schön krystallisiert ist; auch scheidet sich das letztere zunächst immer ölig aus und erstarrt erst nach langem Stehen zu einem Krystallkuchen.

Genau dasselbe Jodcadmiumsalz erhält man, wenn man die Wasserabspaltung mittels rauchender Salzsäure vornimmt. Nur ist hier eine Modifikation notwendig, da neben den beiden Allylpiperidinen und dem γ-Conicein noch das bicyclische α-Conicein entsteht, das erst durch das schwer lösliche Pikrat von den übrigen drei Coniceinen getrennt werden muß. Aus den leicht löslichen Pikraten gewinnt man zunächst durch Zerlegung mit Salzsäure die Chlorhydrate, und diese werden dann genau so wie oben beschrieben zur Trockne gedampft, mit Aceton ausgekocht und so das leicht lösliche γ-Coniceinchlorhydrat von den schwer löslichen salzsauren Salzen der Allylpiperidine getrennt. Durch Fällen mit einer konz. Jodkalium-Jodcadmiumlösung erhält man das Jodcadmiumsalz des γ-Coniceins, das auch hier nach dem Umkrystallisieren aus Alkohol den Schmelzp. 146—147° zeigte und in denselben schönen Nadeln ausfällt.

	Conicein aus Conhydrin	γ-Conicein aus Coniin
Siedepunkt	172° bei 752 mm	171—172° bei 746 mm
Spez. Gew. bei 15° .	0,8753	0,8724
Optisches Drehungsvermögen	$\alpha_D = -0,2°$	inaktiv
Salzsaures Salz . . .	zerfließlich, Farbenreaktion	zerfließlich, Farbenreaktion
Platinsalz	Schmelz. 192°	Schmelzp. nicht angegeben
Goldzalz	Schmelzp. 67—69°	69—70°
Zinnsalz	Schmelzp. bei 215° unter beginnender Zersetzung	215° unter beginnender Zersetzung
Pikrat	Schmelzp. 78°, aus Alkohol 65°	Schmelzp. 62°
Jodcadmiumsalz . .	Schmelzp. 146—147°	noch nicht beschrieben

---

[1]) K. Löffler u. R. Tschunke, Berichte d. Deutsch. chem. Gesellschaft **42**, 929, 944 [1909].

S. Gabriel[1]) erhielt γ-Conicein synthetisch aus Brompropylphthalimid und Natriumbutyrylessigester gemäß dem Schema:

$$C_8H_4O_2:N\cdot(CH_2)_3\cdot Br + NaCH\cdot CO\cdot C_3H_7 \xrightarrow{I} C_8H_4O_2:N(CH_2)_3\cdot CH\cdot CO\cdot C_3H_7$$
$$CO_2C_2H_5 \qquad\qquad CO_2C_2H_5$$

$$\xrightarrow{II} C_8H_4O_2:N\cdot(CH_2)_3\cdot CH_2\cdot CO\cdot C_3H_7 \xrightarrow{III} NH\cdot CH_2\cdot CH_2\cdot CH_2\cdot CH:C\cdot C_3H_7$$

Das salzsaure Salz des γ-Coniceins zeigt eine auffallende Farbenreaktion: es ist im trocknen Zustande tiefgrün, im feuchten permanganatrot.

γ-Conicein und Benzoylchlorid. Aus Versuchen von Lipp[2]) über das **Tetrahydropicolin** von der Formel

$$\begin{array}{c} CH_2 \\ H_2C\diagup\diagdown CH \\ H_2C\diagdown\diagup C\cdot CH_3 \\ NH \end{array}$$

ergab sich, daß die in demselben vorkommende Gruppierung $N\cdot C:C$ einen labilen Charakter besitzt: die Bindung zwischen dem Stickstoff und dem die Äthylenbindung tragenden Kohlenstoffatom ist eine lockere und kann, wenn der Stickstoff entsprechend beladen worden ist, durch Anlagerung von Wasser aufgehoben werden. So entsteht aus ihm bei der Behandlung mit Benzoylchlorid statt der cyclischen Benzoylverbindung das Benzoylaminoketon $C_6H_5\cdot CO\cdot NH\cdot[CH_2]_4\cdot CO\cdot CH_3$, bei Einwirkung von salpetriger Säure erhält man neben der Nitrosoverbindung unter Stickstoffentwicklung den **Acetobutylalkohol** $HO\cdot[CH_2]_4\cdot CO\cdot CH_3$. Das N-methylierte Tetrahydropicolin wird schon durch Wasser zum Methylaminobutylmethylketon $CH_3\cdot NH[CH_2]_4\cdot CO\cdot CH_3$ hydrolysiert. Es ist in verdünnter wässeriger Lösung nicht als Tetrahydropyridinderivat, sondern als Keton enthalten. Beim Versetzen einer solchen Lösung mit Ätzkali, also beim Abscheiden und Entwässern geht das Keton wieder in das Pyridinderivat über, ebenso wie bei der Salzbildung. Man hat daher die folgenden wechselseitigen Beziehungen beider Verbindungen, wobei intermediär ein ungesättigter Alkohol auftritt[3]):

$$\begin{array}{c} CH_2 \\ H_2C\diagup\diagdown CH \\ H_2C\diagdown\diagup C\cdot CH_3 \\ N\cdot CH_3 \end{array} \rightleftarrows \begin{array}{c} CH_2 \\ H_2C\diagup\diagdown CH \\ H_2C\diagdown\diagup C\!\!-\!\!CH_3 \\ NH\cdot CH_3 \quad OH \end{array} \rightleftarrows \begin{array}{c} CH_2 \\ H_2C\diagup\diagdown CH_2 \\ H_2C\diagdown\diagup CO\cdot CH_3 \\ NH\cdot CH_3 \end{array}$$

Die Beobachtungen, welche von J. v. Braun und Steindorff[4]) beim γ-Conicein gemacht haben, zeigen, daß dasselbe ebenso leicht wie das Tetrahydropicolin aufgespalten wird.

Wird γ-Conicein nach dem Schotten-Baumannschen Verfahren mit Natronlauge und Benzoylchlorid geschüttelt, so geht es in **Benzoyl-4-aminobutyl-propyl-keton** $C_6H_5\cdot CO\cdot NH\cdot[CH_2]_4\cdot CO\cdot CH_2\cdot CH_2\cdot CH_3$ über, aus dem es durch Verseifung mit konz. Salzsäure leicht wieder regeneriert wird.

$$\begin{array}{c} CH_2 \\ H_2C\diagup\diagdown CH \\ H_2C\diagdown\diagup C\cdot C_3H_7 \\ N\cdot COC_6H_5 \end{array} \rightleftarrows \begin{array}{c} CH_2 \\ H_2C\diagup\diagdown CH \\ H_2C\diagdown\diagup C\!\!-\!\!C_3H_7 \\ NH\cdot COC_6H_5 \quad OH \end{array} \rightleftarrows \begin{array}{c} CH_2 \\ H_2C\diagup\diagdown CH_2 \\ H_2C\diagdown\diagup CO\cdot C_3H_7 \\ NH\cdot COC_6H_5 \end{array}$$

Benzoylconicein hypothetisches Zwischenprodukt Benzoyl-4-aminobutyl-propyl-keton

Ebenso wie mit Benzoylchlorid läßt sich γ-Conicein auch mit Hilfe von andern Säurechloriden in alkalisch-wässeriger Suspension unter Aufspaltung acylieren.

Das aus dem Benzoylderivat zurückgewonnene Chlorhydrat des γ-Coniceins zeigt beim Erwärmen nicht die für das Conicein als charakteristisch geltende Grünfärbung, die beim Stehen in Rot übergeht. Die aus ihm freigemachte Base siedet unter 14 mm Druck bei 64—65°, unter 752 mm bei 173—174° (F. g. i. D.), entsprechend der früheren Angabe von Hofmann, zeigt keine Spur von optischer Aktivität und färbt sich an der Luft allmählich braun.

---

[1]) S. Gabriel, Berichte d. Deutsch. chem. Gesellschaft **42**, 4059 [1909].
[2]) Lipp, Annalen d. Chemie **289**, 173 [1896].
[3]) Lipp u. Widmann, Berichte d. Deutsch. chem. Gesellschaft **38**, 2471 [1905].
[4]) J. v. Braun u. Steindorff, Berichte d. Deutsch. chem. Gesellschaft **38**, 3094 [1905].

Was nun die Färbung der Salze anbetrifft, so zeigte sich, daß die Angaben der früheren Beobachter insofern ganz richtig sind, als die durch Destillation bei gewöhnlichem Druck rektifizierte Base, wenn man sie in Salzsäure löst und die Lösung auf dem Wasserbade eindunstet, immer die erwähnte Grün-Rotfärbung zeigt. Dagegen kommt diese Eigenschaft dem γ-Conicein, wenn man es lediglich im Vakuum rektifiziert hat, nur im schwachen Grade zu, und nur mit Wasserdampf übergetriebenes γ-Conicein (aus der Benzoylverbindung) zeigt sie überhaupt nicht. Ganz ähnlich liegen die Verhältnisse, wenn man nach Hofmann aus Coniin mit Brom und Natronlauge Conicein darstellt. Das mit Wasserdampf aus der alkalischen Flüssigkeit isolierte Amin zeigt sie kaum, das durch Destillation gereinigte dagegen in sehr schöner Weise. Vielleicht sind diese Erscheinungen darauf zurückzuführen, daß bei der Destillation des Coniceins eine molekulare Veränderung (Verschiebung der Doppelbindung oder Polymerisierung?) erfolgt, durch welche erst die erwähnte, dem reinen Amin nicht zukommende Eigenschaft erzeugt wird.

Die Acylderivate des Benzoyl-4-aminobutyl-propyl-ketons eignen sich in ihrer Eigenschaft als monoalkylierte Säureamide einerseits, als Ketone andererseits zu sehr verschiedenen Umsetzungen, auf welche hier nicht eingegangen werden soll.

Conicein und Benzaldehyd. Eine von Wallach aus dem Methylheptenylamin erhaltene ungesättigte, cyclische, sekundäre Base vereinigt sich mit Benzaldehyd mit Leichtigkeit zu einer festen krystallisierten Verbindung[1]). Angeregt durch diese Beobachtung haben v. Braun und Steindorff[2]) auch Conicein auf sein Verhalten gegen Benzaldehyd geprüft. Dabei hat sich gezeigt, daß, wenn man die beiden Körper im molekularen Verhältnis mischt, eine direkte Addition der Elemente des Benzaldehyds an das Conicein stattfindet.

Conicein und salpetrige Säure. Die Einwirkung von salpetriger Säure auf Conicein führt zur Öffnung des Piperidinringes und es entsteht ein Körper, dem wahrscheinlich die Formel eines

zukommt. Vielleicht ist derselbe identisch mit der Verbindung, welche A. W. v. Hofmann[3]) bei der erschöpfenden Methylierung des Coniceins erhalten hat; denn auch diese ist von einer Ringsprengung der Base begleitet und etwa durch folgende Formeln zu interpretieren:

4. δ-Conicein = l-Piperolidin.

---

[1]) Wallach, Annalen d. Chemie **309**, 28 [1899]; **319**, 104 [1901].
[2]) J. v. Braun u. Steindorff, Berichte d. Deutsch. chem. Gesellschaft **38**, 3095 [1905].
[3]) A. W. Hofmann, Berichte d. Deutsch. chem. Gesellschaft **18**, 109 [1885].

Um die Konstitution endgültig zu entscheiden, haben K. Löffler und H. Kaim[1]) die Synthese eines derartigen bicyclischen Gebildes, welches gleichzeitig einen Fünf- und Sechsring enthält, durchgeführt. Die Synthese ergab das Resultat, daß die von Lellmann ausgesprochene Vermutung, dem δ-Conicein liege ein bicyclisches System zugrunde, richtig ist, so daß dieser Base obige Konstitution endgültig zukommt.

Bildung: Der Gang der Synthese ist folgender: Es wurde zunächst das von Einhorn[2]) zuerst gewonnene Trichlor-α-picolylmethylalkin

$$C_5H_4N \cdot CH_2 \cdot CH(OH) \cdot CCl_3,$$

durch Kondensation von α-Picolin und Chloral dargestellt. Aus diesem Kondensationsprodukt wurde durch Kochen mit alkoholischem Kali die von Einhorn und Liebrecht[3]) dargestellte Pyridylacrylsäure

$$C_5H_4N \cdot CH : CH \cdot COOH$$

gewonnen und diese vermittels der Ladenburgschen Reduktionsmethode in die bisher unbekannte Piperidylpropionsäure

$$C_5H_{10}N \cdot CH_2 \cdot CH_2 \cdot COOH$$

übergeführt.

Gemäß der großen Tendenz fünfgliedriger Ketten, sich zu cyclischen Systemen zu schließen, spaltete auch hier die Piperidylpropionsäure leicht Wasser ab und ging in ein inneres Anhydrid resp. Lactim über:

$$\begin{array}{c} \overset{7}{CH_2} \cdot \overset{6}{CH_2} \cdot \overset{5}{CH} - \overset{4}{CH_2} \\   \diagdown \overset{}{CH_2} \\ \underset{8}{CH_2} \cdot \underset{9}{CH_2} \cdot \underset{1}{N} - \underset{2}{CO} \diagup \underset{3}{} \\ H \quad OH \end{array}$$

In diesem bicyclischen System sollen die Glieder der beiden Ringe in der oben angegebenen Weise numeriert werden und dieses Lactim, das gleichzeitig einen Piperidin- und einen Pyrrolidinring enthält, den Namen 2-Piperolidon erhalten.

Aus diesem Piperolidon entsteht durch Reduktion mit Natrium und Alkohol eine bicyclische Base, die den Namen Piperolidin erhalten hat, und der obige Konstitutionsformel zukommt. Diese Base zeigte in der Tat die größte Ähnlichkeit mit dem von Hofmann resp. Lellmann beschriebenen δ-Conicein und erwies sich als die inaktive Form desselben.

Darstellung: A. W. Hofmann[4]) erhielt durch Einwirkung von Brom in alkalischer Lösung auf Coniin ein Bromconiin, welches das Brom in der Imidgruppe substituiert enthält. Durch Einwirkung von konz. Schwefelsäure bei 160° stellte er daraus unter Abspaltung von Bromwasserstoff ein Conicein dar, welches tertiär und gesättigt war. Er hielt diese Base für α-Conicein; Lellmann[5]) fand jedoch, daß diese Base mit α-Conicein nicht identisch ist und nannte sie zur Unterscheidung von diesem und den übrigen Coniceinen δ-Conicein. Er nahm für die Konstitution derselben obige Formel an.

Physikalische und chemische Eigenschaften des δ-Coniceins:

		δ-Conicein
Siedep.		161½°
Spez. Gew. d_4^{15}		0,9012
Schmelzp. des	Pikrats	226°
	Goldsalzes	192—197°
	Platinsalzes	214°
	Quecksilbersalzes	237°
	Platinsalzes des Chloräthylats	229—230°
		Vollkommen beständig gegen Permanganat tertiär.

---

[1]) K. Löffler u. H. Kaim, Berichte d. Deutsch. chem. Gesellschaft **42**, 94 [1909]. — K. Löffler u. M. Flügel, Berichte d. Deutsch. chem. Gesellschaft **42**, 3420 [1909].
[2]) A. Einhorn, Annalen d. Chemie **265**, 208 [1891].
[3]) Einhorn u. Liebrecht, Annalen d. Chemie **265**, 222 [1891].
[4]) A. W. Hofmann, Berichte d. Deutsch. chem. Gesellschaft **18**, 5, 109 [1885].
[5]) Lellmann, Annalen d. Chemie **259**, 193 [1890].

Da die Konstitution des Piperolidins durch den Gang der Synthese klargelegt ist, muß also die Bildung des δ-Coniceins aus dem Bromconiin in der bereits von Lellmann vermuteten Weise erfolgen.

$$\begin{array}{c} CH_2 \cdot CH_2 \cdot CH - CH_2 \\ | \qquad\qquad\qquad | \qquad\quad \rangle CH_2 \\ CH_2 \cdot CH_2 \cdot N\!\!-\!\!-\!\!CH_2 \\ \quad\;\; Br \quad\;\; H \end{array}$$

5. ε-Conicein = 2-Methyl-conidin und Iso-2-Methyl-conidin.

$$\begin{array}{c} H_2C - CH_2 - \overset{*}{C}H - CH_2 \\ | \qquad\qquad | \qquad\qquad | \\ H_2C - CH_2 - N\!\!-\!\!-\!\!\overset{*}{C}H - CH_3 \end{array}$$

Darstellung des ε-Coniceins und Trennung desselben in zwei optisch aktive diastereomere Formen: A. W. v. Hofmann[1]) erhielt durch Einwirkung von rauchender Jodwasserstoffsäure auf Conhydrin ein Jodconiin, welches beim Erwärmen mit Natronlauge Jodwasserstoff abspaltete und in eine gesättigte Base überging, die er für α-Conicein hielt. Lellmann[2]) konnte nachweisen, daß die aus Jodconiin gewonnene Base verschieden ist von dem durch Erhitzen mit rauchender Salzsäure gewonnenen α-Conicein, weshalb er sie zur Unterscheidung von letzterem ε-Conicein nannte. K. Löffler[3]) hat gezeigt, daß das auf diesem Wege entstehende ε-Conicein keine einheitliche Base ist, sondern ein Gemisch zweier stereoisomerer, tertiärer Basen. Die Bildung derselben ist leicht verständlich; das Conhydrin, dem die Formel I zukommt, spaltet beim Erhitzen mit Jodwasserstoff- oder Bromwasserstoffsäure Wasser im Sinne von

$$\underset{\text{I}}{\underset{NH}{\overset{CH_2}{\underset{H_2C}{\overset{H_2C\diagup\;\diagdown CH_2}{\diagdown\;\;\;\diagup}}}}CH \cdot CH(OH) \cdot CH_2 \cdot CH_3} \qquad \underset{\text{II}}{\underset{NH}{\bigcirc}CH \cdot CH : CH \cdot CH_3} \qquad \underset{\text{III}}{\underset{NH}{\bigcirc}CH \cdot CH_2 \cdot CHJ \cdot CH_3}$$

(II) ab und lagert die betreffenden Halogenwasserstoffsäuren im Sinne von (III) an.

Dabei entstehen aber durch Einführung eines zweiten asymmetrischen Kohlenstoffatoms zu einem bereits vorhandenen zwei diastereomere Formen, allerdings in verschiedener Menge, nämlich (— +) und (— —), wie es ja auch aus der Bildung zweier verschiedener Pipecolylmethylalkine hervorgeht[4]). Wenn man nun aus diesen beiden stereomeren Formen Jodwasserstoff mittels Kalilauge abspaltet, so sind auch zwei stereoisomere, bicyclische Coniceine zu erwarten; in der Tat ließen sich mit Hilfe der d-Bitartrate zwei Basen isolieren, von denen die eine starke Linksdrehung: $[\alpha]_D^{15} = -87{,}34°$, die andere Rechtsdrehung, und zwar $[\alpha]_D = +67{,}4°$ zeigte. Beiden kommt oben angeführte Konstitution zu.

Die linksdrehende Base stellt die (— —)-, die rechtsdrehende die (— +)-Form vor.

Beide Basen ließen sich auch synthetisch aus α-Pipecolylmethylalkin durch Einwirkung von Jod- und Bromwasserstoffsäure gewinnen in genau derselben Weise wie beim Conhydrin. Durch Spaltung mit d-Weinsäure konnte eine Trennung in die optischen Antipoden erzielt werden.

Da dem bicyclischen System

$$\begin{array}{c} CH_2 - CH_2 - CH - CH_2 \\ | \qquad\qquad | \qquad\qquad | \\ CH_2 - CH_2 - N\!\!-\!\!-\!\!CH_2 \end{array}$$

der Name „Conidin" beigelegt wurde, sind die beiden stereoisomeren, bicyclischen Basen, welche das ε-Conicein bilden, als „2-Methylconidine" zu bezeichnen. Löffler nennt die in weitaus größerer Menge entstehende rechtsdrehende Base vom höheren Siedepunkt „2-Methylconidin", dagegen die in geringerem Maße gebildete linksdrehende, diastereomere Form „Iso-2-Methyl-conidin".

---

[1]) A. W. Hofmann, Berichte d. Deutsch. chem. Gesellschaft **18**, 9, 105 [1885].
[2]) Lellmann, Annalen d. Chemie **259**, 193 [1890].
[3]) K. Löffler, Berichte d. Deutsch. chem. Gesellschaft **42**, 948 [1909].
[4]) K. Löffler u. Tschunke, Berichte d. Deutsch. chem. Gesellschaft **42**, 929, 934 [1909].
[5]) K. Löffler u. Ph. Plöcker, Berichte d. Deutsch. chem. Gesellschaft **40**, 1310 [1907].

Physikalische und chemische Eigenschaften:

		2-Methyl-conidin aus Conhydrin	Iso-2-Methyl-conidin aus Conhydrin
Siedepunkt		151—154°	143—145°
Spez. Gew. d_4^{15}		0,8856	0,8624
$[\alpha]_D^{15}$		+ 67,4°	— 87,34
Schmelzp. des	d-Bitartrates	72—73°	91—92°
	Platinsalzes	184—185°	184—185°
	Goldsalzes	167—168°	197—199°
	Jodäthylates	165° unter Aufschäumen	180—181°
		Vollkommen beständig gegen Kaliumpermanganat	Vollkommen beständig gegen Kaliumpermanganat

Pseudoconhydrin.

Mol.-Gewicht 143,14.
Zusammensetzung: 67,07% C, 11,97% H, 9,79 N.

$$C_8H_{17}NO.$$

$$\begin{array}{c} CH \cdot OH \\ H_2C \diagup \diagdown CH_2 \\ HC \diagdown \diagup CH \cdot CH_2 \cdot CH_2 \cdot CH_3 \\ NH \end{array} \quad ?$$

Vorkommen, Konstitution: Das Pseudoconhydrin wurde 1891 von E. Merck unter den Schierlingsalkaloiden entdeckt und zunächst von Ladenburg und Adam[1]) untersucht. Aus Untersuchungen von Engler[2]) und seinen Mitarbeitern wurde geschlossen, daß Pseudoconhydrin stereoisomer mit Conhydrin sei. Neuerdings hat Löffler[3]) gezeigt, daß das nicht zutreffen kann, daß vielmehr Conhydrin und Pseudoconhydrin strukturisomer sind und letzterem höchstwahrscheinlich die oben angeführte Formel zukommt.

Eigenschaften: Die Base scheidet sich aus Äther in haarfeinen Fäden aus, schmilzt bei 105—106° und siedet bei 236—236,5°; sie zeigt $\alpha = +10{,}98°$.

Derivate: Das **Hydrochlorid** $C_8H_{17}NOHCl$ (53,43% C, 10,12% H) kann dazu dienen, um das Pseudoconhydrin rein darzustellen und es von Conhydrin, das dem rohen Präparat beigemengt ist, zu trennen. Während nämlich das salzsaure Salz des Conhydrins in kürzester Zeit an der Luft zerfließt und in Alkohol spielend leicht löslich ist, löst sich das Pseudoconhydrinchlorhydrat nur schwer in abs. Alkohol und ist vollkommen luftbeständig. Es schmilzt bei 212—213°.

Das **Goldsalz** $C_8H_{17}NOHClAuCl_3$ (40,8% Au) scheidet sich zunächst in öligen Tröpfchen ab, die besonders beim starken Abkühlen bald krystallisieren. Schmelzp. 133—134°. — Das **Platinsalz** bildet orange gefärbte, verfilzte Nadeln, die äußerst leicht in Wasser löslich sind und bei 185—186° schmelzen.

b-Pseudoconhydrin erwies sich bei näherer Untersuchung[4]) als ein Monohydrat des Pseudoconhydrins $C_8H_{17}NO + H_2O$ (Mol.-Gew. 161. 59,54% C, 11,90% H, 8,69% N). Glimmerartige Lamellen, die bei 58—60° schmelzen.

Pseudoconicein[5]) $C_8H_{15}N$ (Mol.-Gew. 125. 76,8% C, 12,0% H, 11,2% N) entsteht beim Erhitzen von Pseudoconhydrin mit Phosphorpentoxyd auf 110—120°. Siedepunkt 171—172°, spez. Gew. $d_4^{15} = 0{,}8776$; $[\alpha]_D^{15} = +122{,}6°$. sein **Platinsalz** $(C_8H_{15}N, HCl)_2PtCl_4$ (29,52% Pt) bildet beim Verdunsten der wässerigen Lösung feine Nadeln, die bei 153—154° schmelzen.

---

[1]) Ladenburg u. Adam, Berichte d. Deutsch. chem. Gesellschaft **24**, 1671 [1891].
[2]) Engler, Bauer u. Kronstein, Berichte d. Deutsch. chem. Gesellschaft **27**, 1775, 1779 [1894].
[3]) K. Löffler, Berichte d. Deutsch. chem. Gesellschaft **42**, 116 [1909].
[4]) K. Löffler, Berichte d. Deutsch. chem. Gesellschaft **42**, 960 [1909].
[5]) K. Löffler, Berichte d. Deutsch. chem. Gesellschaft **42**, 122 [1909].

Pflanzenalkaloide.

Reaktionen des Coniins und seiner Verwandten:

Reagens	Coniin	Conhydrin	Pseudoconhydrin	γ-Conicein	Neues Isomeres
Konz. Schwefelsäure	—	—	—	orangerot bis grün	schwach braun beim Erwärmen
Konz. Schwefelsäure u. Ammoniummolybdat	—	—	—	—	braun, grün und farblos beim Erwärmen
Konz. Schwefelsäure und Formalin	—	—	—	—	grüngelblich, dann gelbbraun beim Erwärmen
Konz. Schwefelsäure u. Ammoniumvanadinat	grün, in d. Kälte blaugrün und braun in der Wärme	beim Erhitzen grün, blau, dann dunkelgrün u. braun beim Erhitzen	beim Erhitzen grün, blau, dann dunkelgrün u. braun beim Erhitzen	—	grüngelb in d. Kälte, grün bis farblos beim Erwärmen
Konz. Schwefelsäure u. Chromsäure	grün beim Erhitzen	grün beim Erhitzen	grün beim Erhitzen	—	grün in der Kälte
Konz. Schwefelsäure und Kaliumdichromat	bläulichgrün in der Kälte	blaugrün in der Kälte	blaugrün in der Kälte	—	
Konz. Schwefelsäure, Kaliumdichromat und Chlorkalk	erst braun, dann grün	erst braun, dann grün	erst braun, dann grün	—	
Konz. Schwefelsäure und selenige Säure	grün, dann rot beim Erwärmen	braun, grün, dann rot b. Erwärmen schneller als Coniin	braun, grün, dann rot b. Erwärmen schneller als Coniin	—	braun, grün und rot beim Erwärmen
Konz. Schwefelsäure u. Tellursäure	mattbraun b. Erwärmen	mattbraun b. Erwärmen	gelblichbraun b. Erwärmen	—	
Konz. Schwefelsäure und Kaliumpermanganat	grasgrün, dann purpur	grasgrün, dann purpur	grasgrün, dann purpur	—	purpur, dann gelb, dann farblos
Konz. Schwefelsäure und Furfurol	schwach braune Farbe	schwach braune Farbe	schwach braune Farbe	—	
Verdünnte Schwefelsäure u. Kaliumchlorat	Geruch von Buttersäure	Geruch von Buttersäure	Geruch von Buttersäure	—	Geruch von Buttersäure
Verdünnte Schwefelsäure u. Kaliumdichromat	keine Reaktion	—	—	orangerot bis grün grün	
Konz. Chlorwasserstoffsäure	—	—	—		
Trocknes Chlorwasserstoffgas	braun oder purpur oder brauner Niederschlag	gelber oder brauner Niederschlag	gelbe Farbe oder brauner Niederschlag	—	
Chlorwasserstoff und Kaliumjodid und Natriumnitrit	—	—	—	—	
Verdünnte Chlorwasserstoffsäure u. Bromwasser	—	—	—	—	
Verdünnte Chlorwasserstoffsäure u. Zinkchlorid	bräunliche Farbe	bräunliche Farbe	bräunliche Farbe	orange bis grün	
Konz. Salpetersäure	—	—	—	—	
Konz. Königswasser	keine Reaktion dasselbe	—	—	—	
Konz. Salpeter-Schwefelsäure	—	—	—	—	
Orthophosphorsäure	—	—	—	—	
Metaphosphorsäure	keine Reaktion	—	—	—	
Orthophosphorsäure und Metaphosphorsäure	Purpurfarbe b. Erwärmen	purpur, beim Erwärmen rödlichblau	purpur, beim Erwärmen rödlichblau	—	
Alloxanreaktion	rödlichblau			grasgrün	
Kobaltnitrat	indigoblau				
Wasserfreies Kupfersulfat	grün				hellgrün
Antimon-Trichloride		schwach gelb	schwach gelb	—	keine Farbenreaktion

Pflanzenalkaloide.

Reaktionen des Coniins und

Reagens	Coniin		Conhydrin
	Alkaloid	Hydrochlorat	Alkaloid
Mayers Reagens	—	1:100 amorph	—
Phosphorwolframsäure	—	1:10 000 krystallinisch	—
Phosphormolybdänsäure	—	1:1000 krystallinisch	—
Dragendorffs Reagens	—	1:10 000 amorph	—
Jod in Kaliumjodid	1:10 000 amorph	1:10 000 amorph	1:1000 amorph
Jodwasser	1:100 amorph	1:100 amorph	1:100 kein Niederschlag
Bromwasser	1:100 kein Niederschlag	1:500 amorph	1:100 ,, ,,
Pikrinsäure	1:100 ,, ,,	1:100 kein Niederschlag	1:100 ,, ,,
Silico-Wolframsäure	1:1000 krystallinisch	1:1000 krystallinisch	1:100 krystallinisch
Gerbsäure	1:1000 amorph	1:1000 amorph	1:100 amorph
Gallussäure	1:100 kein Niederschlag	1:100 kein Niederschlag	1:100 kein Niederschlag
Trichloressigsäure	1:100 amorph	1:100 amorph	1:50 amorph
Carbolsäure	1:50 amorph	—	1:20 kein Niederschlag
Pikrolonsäure	1:1000 krystallinisch	1:1000 krystallinisch	1:1000 krystallinisch
Ferricyankalium und Ferrichlorid	1:1000 Reduktion	1:100 Reduktion	1:100 Reduktion
Kaliumpermanganat	1:1000 Reduktion beim Erhitzen	1:1000 Reduktion beim Erhitzen	1:1000 Reduktion beim Erhitzen
Millons Reagens	1:100 amorph	1:100 amorph	1:100 amorph
Zinkchlorid	1:100 amorph	1:100 kein Niederschlag	1:1000 amorph
Bariumnitrat	1:100 krystallinisch	1:100 ,, ,,	1:100 krystallinisch
Bleiacetat	1:10 000 amorph	1:100 ,, ,, Geruch beim Erhitzen	1:1000 amorph
Basisches Bleiacetat	1:10 000 amorph	1:1000 amorph, Geruch beim Erhitzen	1:1000 amorph
Kalkwasser	1:1000 schwache Trübung	1:5000 kein Niederschlag, Geruch beim Erhitzen	1:1000 schwache Trübung
Goldchlorid	1:100 krystallinisch	1:100 kein Niederschlag	1:100 kein Niederschlag
Platinchlorid	1:100 kein Niederschlag	1:100 ,, ,,	1:100 ,, ,,
Quecksilberchlorid	1:100 amorph	1:100 ,, ,,	1:100 amorph
Silbernitrat	1:1000 amorph	—	1:1000 amorph
Zink-Kaliumjodid	1:1000 amorph	1:100 kein Niederschlag	1:100 amorph
Cadmium-Kaliumjodid	1:200 krystallinisch	1:200 krystallinisch	1:100 amorph
Barium-Quecksilberjodid	—	1:10 000 amorph	—
Phenolphthalein	1:800 rosenfarbig	—	1:1000 rosenfarbig
Nitroprussidnatrium	1:800 blau mit Acetaldehyd / 1:1000 zweifelhaft rot	—	1:500 blau mit Acetaldehyd / 1:100 zweifelhaft rot
Ligninreaktion	—	1:1000 gelbe Farbe	—
Nesslers Reagens	1:10 000 amorph	1:10 000 amorph	—
Mercuronitrat	1:1000 amorph	1:100 kein Niederschlag	1:1000 amorph
Mercurinitrat	1:1000 amorph	1:100 ,, ,,	1:1000 amorph

Unterscheidung des Coniins von den ihm verwandten und anderen Alkaloiden. W. J. Dilling[1]) hat mit dem reinen Coniin, Conhydrin, Pseudoconhydrin, γ-Conicein und dem isomeren Coniin (γ, α', α'-Trimethylpiperidin)[2]) und dann mit Lösungen dieser Alkaloide und ihrer Hydrochloride eine große Zahl von Reaktionen ausgeführt, die er in zwei Tabellen zusammengestellt hat. Er gibt ein Verfahren zur Unterscheidung des Coniins von seinen verwandten und anderen Alkaloiden an. In einer salzsauren Lösung lassen sich diese Alkaloide folgendermaßen erkennen: 1. Zu der neutralen Lösung gibt man zuerst 1—2 Tropfen Sodalösung, dann einige Tropfen Alkohol und Schwefelkohlenstoff, kocht, fügt Wasser im

---

[1]) W. J. Dilling, Pharmaceutical Journal [4] **29**, 34 [1909].
[2]) Guareschi, Atti della R. Accad. de Scienze d. Torino **43**, 14 [1908].

seiner Verwandten in Lösung[1]):

Conhydrin Hydrochlorat	Pseudoconhydrin Alkaloid	Pseudoconhydrin Hydrochlorat	Iso-Coniin Hydrochlorat
1:100 amorph	—	1:100 amorph	1:100 krystallinisch
1:1000 krystallinisch	—	1:1000 krystallinisch	1:1000 amorph
1:500 amorph	—	1:500 krystallinisch	1:1000 amorph, später krystallinisch
1:5000 amorph	—	1:1000 amorph	1:1000 krystallinisch
1:1000 amorph	1:1000 amorph	1:1000 amorph	—
1:100 kein Niederschlag	1:100 kein Niederschlag	1:100 kein Niederschlag	—
1:100 amorph	1:100 ,, ,,	1:100 schwache Trübung	1:100 gelbe Trübung
—	1:100 ,, ,,	1:100 kein Niederschlag	—
1:500 krystallinisch	1:100 krystallinisch	1:100 krystallinisch	1:1000 amorph
1:1000 amorph	1:100 amorph	1:1000 amorph	—
1:100 kein Niederschlag	1:100 kein Niederschlag	1:100 kein Niederschlag	—
1:100 ,, ,,	1:100 amorph	1:100 ,, ,,	—
—	1:10 schwacher Niederschlag	—	—
1:1000 krystallinisch	1:1000 krystallinisch	1:100 krystallinisch	1:1000 krystallinisch
1:100 Reduktion	1:100 Reduktion	1:100 langsame Reduktion	1:1000 schnelle Reduktion
1:1000 Reduktion beim Erhitzen	1:1000 Reduktion beim Erhitzen	1:1000 Reduktion beim Erwärmen	1:1000 Reduktion beim Erhitzen
1:100 amorph	1:100 amorph	1:100 amorph	—
1:100 kein Niederschlag	1:1000 amorph	1:100 kein Niederschlag	—
1:100 ,, ,,	1:100 krystallinisch	1:100 ,, ,,	—
1:100 kein Niederschlag kein Geruch beim Erhitzen	1:1000 amorph	1:100 ,, ,, kein Geruch beim Erhitzen	—
1:100 amorph, kein Geruch beim Erhitzen	1:1000 amorph	1:100 amorph, kein Geruch beim Erhitzen	—
1:100 kein Niederschlag kein Geruch beim Erhitzen	1:1000 schwache Trübung	1:100 kein Niederschlag kein Geruch beim Erhitzen	—
1:100 kein Niederschlag	1:100 kein Niederschlag	1:100 kein Niederschlag	—
1:100 ,, ,,	1:100 ,, ,,	1:100 ,, ,,	—
1:100 ,, ,,	1:100 amorph	—	—
—	1:1000 amorph	—	1:100 amorphes Alkaloid
1:100	1:100 amorph	1:100 kein Niederschlag	1:100 amorphes Alkaloid
1:100 amorph	1:100 amorph	1:100 ,, ,,	1:1000 krystallinisch
1:500 amorph	—	1:1000 amorph	1:100 rosagefärbtes Alkaloid
—	1:1000 rosenfarbig	—	—
—	1:500 blau mit Acetaldehyd	—	1:100 rotgefärbtes Alkaloid
—	1:100 zweifelhaft rot	—	—
1:1000 gelbe Farbe	—	1:1000 gelbe Farbe	—
1:10000 Niederschlag im Kochen	—	1:10000 Niederschlag beim Erhitzen	—
1:100 kein Niederschlag	1:1000 amorph	1:100 kein Niederschlag	—
1:100 amorph	1:1000 amorph	1:100 ,, ,,	—

Überschuß und wenige Tropfen Kupfersulfatlösung zu: Coniin, Conhydrin, Pseudoconhydrin, γ-Conicein erzeugen eine braune Färbung. Spartein, Lobelin, Nicotin und das isomere Coniin geben eine grünlichgelbe oder keine Färbung. Letztere Alkaloide lassen sich dann mit Hilfe des Geruches, des Fröhdes-, des Mandelinsreagens und durch alkoholische Phenolphthaleinlösung unterscheiden.

2. Man fügt Natriumhydroxyd zur Lösung, schüttelt mit Äther aus und verdampft die ätherische Lösung; Coniin, γ-Conicein bleiben als Flüssigkeit zurück, letzteres färbt sich mit konz. Salzsäure grün, Conhydrin krystallisiert in flachen Platten, Pseudoconhydrin in Nadeln.

---

[1]) Diese und die Zusammenstellung auf S. 21 sind der Abhandlung von W. J. Dilling (Pharmac. Journ.) entnommen.

3. Es wird wie bei 1. verfahren, nur nimmt man an Stelle des Kupfersulfats Uraniumnitrat und schüttelt zum Schluß mit Toluol aus: eine Rotfärbung des Toluols zeigt Coniin an, eine schwache Gelbfärbung oder keine Färbung Conhydrin oder Pseudoconhydrin.
4. Das Coniin wird mittels des Neßlerschen Reagens isoliert.
5. Bei der Sublimation der nach 2. erhaltenen Krystalle bei Wasserbadtemperatur gibt Conhydrin cholesterinähnliche Krystalle, Pseudoconhydrin Nadeln.

Die **physiologische Untersuchung einiger** im vorhergehenden behandelten **Schierlingsalkaloide** ergab folgendes[1]): Die Stereoisomerie der Coniceine ruft keinerlei Unterschiede in der physiologischen Wirkung hervor. Das durch Reduktion von Pseudoconhydrin erhältliche Pseudoconicein besitzt dagegen eine von seinen Isomeren abweichende, physiologische Wirkung insofern, als es bedeutend weniger giftig ist. Alle untersuchten Coniceine rufen eine Temperatursteigerung hervor. Aus der Wirkung der beiden Coniceine geht hervor, daß die Umwandlung eines gesättigten Alkaloids in sein ungesättigtes Isologes die physiologische Wirkung steigert, während der Eintritt einer OH-Gruppe in das Molekül, wie aus der Wirkung des Conhydrins und Pseudoconhydrins hervorgeht, das Gegenteil, eine sehr beträchtliche Verminderung der Giftigkeit — in diesem Falle verbunden mit einer deutlichen Temperaturerniedrigung — hervorruft.

Isolierung der Coniumalkaloide aus tierischen Geweben und die Wirkung lebender Zellen und zersetzter Organe auf diese Alkaloide. W. J. Dilling[2]) faßt die Resultate seiner Untersuchungen wie folgt zusammen: 1. Am besten läßt sich Coniin durch Destillation aus tierischen Geweben isolieren. 2. Coniin scheint zersetzt zu werden durch die Wirkung sowohl lebender Zellen, als auch zersetzter Gewebe. 3. Conhydrin und Pseudoconhydrin können aus tierischen Geweben sowohl durch Extraktion mit Alkohol, als auch durch Fällung mit Phosphorwolframsäure isoliert werden. Aber diese Methoden geben nicht genügend konstante Resultate, um einen endgültigen Schluß auf die Wirkung sowohl der lebenden Zellen als auch zersetzter Gewebe auf diese Gifte ziehen zu können.

Alkaloide der Arecanuß.

Vorkommen: Die Areca- oder Betelnüsse, die Samen der Arecapalme *(Areca Catechu)*, ursprünglich auf den Sundainseln einheimisch, jetzt allgemein in Vorder- und Hinterindien kultiviert, werden von den Eingeborenen als Genußmittel gebraucht; zu dem Ende werden die Nüsse mit etwas Kalk und den Blättern des Betelpfeffers gekaut. In China und Indien werden sie gelegentlich auch als wurmabtreibendes Mittel gebraucht.

Jahns[3]) fand vier verschiedene Alkaloide in der Arecanuß auf, welche darin zusammen mit Cholin vorkommen, nämlich:

Arecolin $C_8H_{13}NO_2$,
Arecaidin $C_7H_{11}NO_2 + H_2O$,
Arecain $C_7H_{11}NO_2 + H_2O$,
Guvacin $C_6H_9NO_2$.

Ihm verdankt man auch die Aufklärung der Konstitution, sowie die Synthese einiger von diesen Basen.

Darstellung: Zur Isolierung der Basen wird das Gemenge derselben mit Wasser, dem man auf 1 kg Samen 2 g konz. Schwefelsäure zugesetzt hat, dreimal kalt ausgezogen, die abgepreßten und filtrierten Auszüge bis etwa auf das Gewicht des angewandten Rohmaterials eingedampft und nach dem Erkalten und abermaligen Filtrieren mit Kaliumwismutjodid und Schwefelsäure gefällt; hierbei ist ein Überschuß des Fällungsmittels, welches lösend auf die abgeschiedenen Doppelsalze wirkt, zu vermeiden. Der rote, krystallinische Niederschlag wird nach einigen Tagen abfiltriert, ausgewaschen und durch Kochen mit Bariumcarbonat und Wasser zerlegt, wobei die Alkaloide in Lösung gehen. Die Flüssigkeit wird auf ein kleines Volumen eingedampft und mit genügend Bariumhydroxyd versetzt. Durch wiederholtes Ausschütteln mit Äther wird dann Arecolin ausgezogen.

Die rückständige Flüssigkeit wird hiernach mit Schwefelsäure neutralisiert und die Alkaloide durch aufeinander folgende Behandlung derselben mit Silbersulfat, Bariumhydroxyd

---

[1]) J. M. Albahary u. K. Löffler, Compt. rend. de l'Acad. des Sc. **147**, 996 [1909].
[2]) W. J. Dilling, Bio-Chemical Journ. **4**, 286 [1909].
[3]) Jahns, Berichte d. Deutsch. chem. Gesellschaft **21**, II, 3404 [1888]; **23**, II, 2972 [1890]; **24**, II, 2615 [1891]; **25**, Ref. 198; Archiv d. Pharmazie **229**, 669 [1892].

und Kohlensäure freigemacht. Die zur Trockne verdampfte Lösung der reinen Alkaloide wird mit kaltem, absolutem Alkohol oder Chloroform ausgezogen. Cholin geht hierbei neben Farbstoffen und anderen Körpern in Lösung, während Arecain ungelöst bleibt.

Die Ausbeute an Arecolin beträgt 0,07—0,1%, die an Arecain etwa 0,1%. Außerdem enthält die Droge Arecaidin in kleinen Mengen, welches leichter durch Verseifen von Arecolin (s. unten) erhalten wird, und Guvacin. Das Arecaidin bleibt in den Mutterlaugen des Arecains zurück. Die beiden Basen lassen sich durch Behandlung mit Methylalkohol und Salzsäure trennen, wobei Arecaidin in Arecolin übergeht, während Arecain nur in das salzsaure Salz verwandelt wird.

Guvacin scheint das Arecain in manchen Sorten der Samen in wechselnden Mengen zu vertreten. Es ist in Wasser und verdünntem Alkohol etwas schwerer löslich als Arecain und Arecaidin und scheidet sich daher aus der Lösung des Gemenges zuerst aus. Salzsäure und Methylalkohol greifen es ebenfalls nicht an, wodurch es sich von Arecaidin trennen läßt.

Arecaidin = N-Methyl-Δ^3-tetrahydronicotinsäure.

Mol.-Gewicht 159,12.
Zusammensetzung: 52,79% C, 6,97% H, 8,80% N, 11,33% H_2O.

$$C_7H_{11}NO_2 + H_2O.$$

$$\begin{array}{c} CH \\ H_2C \diagup \diagdown C \cdot COOH \\ H_2C \diagdown \diagup CH_2 \\ N \cdot CH_3 \end{array}$$

Vorkommen und Darstellung wurden bereits oben behandelt.

Bildung: Die erste von Jahns[1]) durchgeführte Synthese des Arecaidins ist durch folgende Stufen gekennzeichnet: Getrocknetes nicotinsaures Kalium wurde durch Erhitzen mit einem Überschuß von Methyljodid auf 150° in das zuerst von Hantzsch dargestellte Jodmethylat des Nicotinsäuremethylesters, und letzteres mittels Chlorsilber in das Hydrochlorid übergeführt.

Die Reduktion desselben ergab gleichzeitig Methyltetrahydronicotinsäure und Methylhexahydronicotinsäure, erstere war identisch mit Arecaidin.

Die zweite von A. Wohl und A. Johnson[2]) durchgeführte Synthese geht aus vom Methylamido-β-dipropionaldehydtetraäthylacetal

$$CH_3 \cdot N \diagup \diagdown \begin{array}{c} CH_2 \cdot CH_2 \cdot CH(OC_2H_5)_2 \\ CH_2 \cdot CH_2 \cdot CH(OC_2H_5)_2 \end{array}$$

Es liefert bei der Einwirkung von konz. Salzsäure den N-Methyl-Δ^3-tetrahydropyridinaldehyd

$$\begin{array}{c} CH \\ H_2C \diagup \diagdown C \cdot CHO \\ H_2C \diagdown \diagup CH_2 \\ N \\ \cdot \\ CH_3 \end{array}$$

Das Hydrochlorid desselben läßt sich über das Oxim und Nitril in guter Ausbeute in die zugehörige Säure überführen, und diese erwies sich mit dem natürlichen Arecaidin in allen Punkten identisch.

Physikalische und chemische Eigenschaften: Arecaidin bildet schneeweiße, vier- und sechsseitige, dicke Tafeln, die luftbeständig sind. Es ist sehr leicht löslich im Wasser, leicht löslich in verdünntem Alkohol und ganz unlöslich in Äther, Benzol und Chloroform. Die wässerige Lösung reagiert neutral, die konzentrierte sehr schwach sauer und wird durch eine Spur Eisenchlorid rötlich gefärbt. Arecaidin krystallisiert mit einem Molekül Krystallwasser, das bei 100° fortgeht. Aus Wasser umkrystallisiertes, im Trockenschrank eine Stunde lang

---

[1]) Jahns, Archiv d. Pharmazie **229**, 669.
[2]) A. Wohl u. A. Johnson, Berichte d. Deutsch. chem. Gesellschaft **40**, 4712 [1907]. — Hans Meyer, Berichte d. Deutsch. chem. Gesellschaft **41**, 131 [1908].

erhitztes oder im Vakuumexsiccator getrocknetes Arecaidin schmilzt bei 222—223° (korr.) unter Aufschäumen und Verkohlen. Wird aber das Arecaidin aus abs. Alkohol umkrystallisiert, gleichgültig ob bei 100° eineStunde lang getrocknet oder im Vakuumexsiccator, so zeigt es konstant den Schmelzp. 232° (korr.).

Derivate: Arecaidinhydrochlorid $C_7H_{12}O_2NCl$ (20,00% Cl) krystallisiert in feinen, farblosen Nadeln, die in Wasser sehr leicht, in kaltem, abs. Alkohol schwer, in heißem leichter löslich sind, in Äther, Aceton und Benzol unlöslich. Bei langsamem Erhitzen tritt Dunkelfärbung bei 240—250° ein, und die Substanz schmilzt bei 257—258° (korr.) unter starkem Aufschäumen; erhitzt man dagegen schnell, so zersetzt sie sich bei 262—263° (korr.).

Arecaidin-platinchlorid $(C_7H_{11}NO_2 \cdot HCl)_2PtCl_4$ (28,16% Pt). Das Salz krystallisiert in prachtvollen gelben Oktaedern, ist wasserfrei und schmilzt unter Aufschäumen bei schnellem Erhitzen bei 225—226° (korr.).

Arecaidin-goldchlorid $C_7H_{11}NO_2 \cdot HCl \cdot AuCl_3$ (40,99% Au). Vierseitige Prismen, aus sehr verdünnter, heißer Salzsäure, in Wasser löslich. Beim Erhitzen der wässerigen Lösung scheidet sich metallisches Gold ab; diese Zersetzung wird jedoch durch freie Salzsäure verhindert. In abs. Alkohol leicht löslich. Schmelzp. 197—198° (korr.).

Arecolin = N-Methyl-Δ^3-tetrahydronicotinsäure-methylester.

Mol.-Gewicht 155,11.
Zusammensetzung: 61,89% C, 8,45% H, 9,03% N.

$$C_8H_{13}NO_2,$$

$$\begin{array}{c} CH \\ H_2C \diagup \diagdown C \cdot COOCH_3 \\ H_2C \diagdown \diagup CH_2 \\ N \cdot CH_3 \end{array}$$

Vorkommen und **Darstellung** wurden bereits auf S. 24 behandelt.

Bildung: Das Arecolin wird durch Methylierung des synthetischen, salzsauren Arecaidins dargestellt.

Physikalische und chemische Eigenschaften: Arecolin bildet eine farblose, ölige Flüssigkeit von stark alkalischer Reaktion, die in jedem Verhältnisse in Wasser, Alkohol, Äther und Chloroform löslich ist. Der Siedepunkt liegt gegen 220°. Die Base ist im Gegensatz zu den übrigen Arecanußalkaloiden stark giftig.

Derivate: Die Salze des Arecolins sind leicht löslich, zum Teil zerfließlich, aber meist krystallisierbar. Sie geben mit Kaliumwismutjodid einen aus mikroskopischen Krystallen bestehenden granatroten Niederschlag, dessen Bildung für die Base charakteristisch ist, mit Phosphormolybdänsäure eine weiße Fällung. Kaliumquecksilberjodid fällt aus nicht zu verdünnten Lösungen gelbe, ölige Tropfen, die nach mehreren Tagen krystallinisch erstarren, Pikrinsäure einen harzigen, später in Nadeln übergehenden Niederschlag. Goldchlorid fällt ebenfalls ölige Tropfen, welche nicht erstarren. Platinchlorid, Quecksilberchlorid und Gerbsäure geben keine Fällung.

Das **Platinsalz** $(C_8H_{13}NO_2 \cdot HCl)_2PtCl_4$ wird durch Vermischen der Komponenten in alkoholischer Lösung in klebrigen Flocken gefällt, die durch freiwilliges Verdunsten der wässerigen Lösung über Schwefelsäure in orangerote, rhombische Krystalle übergehen, welche bei 176° unter Aufschäumen schmelzen.

Bromwasserstoffsaures Arecolin krystallisiert in feinen Prismen, die im Gegensatz zu den andern Salzen luftbeständig sind. Es ist in Wasser sehr leicht löslich; in heißem Alkohol leicht, in kaltem schwer und in Äther unlöslich. Der Schmelzpunkt liegt bei 167—169° (korr.).

Das **Hydrochlorid** krystallisiert in feinen Nadeln, die in Wasser und Alkohol leicht löslich sind. Die Verbindung ist sehr zerfließlich und schmilzt bei 157—158° (korr.).

Arecolin-jodmethylat. Diese Verbindung erhielt zuerst Willstätter[1]) durch Einwirkung von Jodmethyl auf Arecolin. Das Arecolin wurde mit der doppelten Menge Methylalkohol verdünnt und das Jodmethyl unter Kühlung hinzugefügt; hierdurch wird die Reaktion gemäßigt. Die zuerst warm gewordene Lösung erstarrt plötzlich zu einem weißen Krystall-

---

[1]) R. Willstätter, Berichte d. Deutsch. chem. Gesellschaft **30**, 729 [1897].

brei, der nach dem Absaugen und Waschen mit abs. Alkohol aus heißem, abs. Alkohol umkrystallisiert wurde.

Farblose, glänzende Prismen, die bei 173—174° (korr.) schmelzen.

Das Jodmethylat wurde mit Silberchlorid in das sirupöse Arecolinchlormethylat übergeführt und daraus das charakteristische

Arecolinchlormethylat-goldchlorid $C_9H_{16}O_2NCl \cdot AuCl_3$ (38,70% Au) dargestellt; lichtgelbe Nadeln, in kaltem Wasser löslich, die aus heißem Methylalkohol umkrystallisiert, bei 134—135° (korr.) schmelzen.

Homarecolin = N-Methyl-Δ^3-tetrahydronicotinsäure-äthylester.

Mol.-Gewicht 169,14.
Zusammensetzung: 63,85% C, 8,94% H, 8,29% N.

$C_9H_{15}NO_2$.

$$\begin{array}{c} CH \\ H_2C \diagup \diagdown C \cdot COOC_2H_5 \\ H_2C \diagdown \diagup CH_2 \\ N \cdot CH_3 \end{array}$$

Es gleicht völlig dem Arecolin und stellt wie dieses eine stark alkalisch reagierende Flüssigkeit dar, welche heftige Giftwirkung zeigt und sich in jedem Verhältnis mit Wasser, Alkohol und Äther mischt[1]).

Arecain.

Mol.-Gewicht 159,12.
Zusammensetzung: 52,79% C, 6,97% H, 8,80% N, 11,33% H_2O.

$C_7H_{11}NO_2 + H_2O$.

Vorkommen und **Darstellung** siehe S. 24.

Physikalische und chemische Eigenschaften: Diese Base gleicht dem isomeren Arecaidin sehr und enthält wie dieses 1 Mol. Krystallwasser. Auch die Löslichkeitsverhältnisse sind für beide Körper nahezu dieselben, so daß es nicht möglich ist, dieselben durch Umkrystallisieren voneinander zu trennen. Nur der Umstand, daß Arecaidin in kleiner Menge in der Droge vorkommt, ermöglicht die Reindarstellung des Arecains. Man erhält es durch wiederholtes Umkrystallisieren aus 60 proz. Alkohol in farblosen, luftbeständigen Krystallen, die bei 100° krystallwasserfrei werden und bei 213° unter Aufschäumen schmelzen. Die wässerige Lösung reagiert neutral und besitzt einen wenig hervortretenden, schwach salzigen Geschmack.

Kaliumwismutjodid erzeugt in der mit Schwefelsäure angesäuerten Lösung eine amorphe, rote Fällung, die bald krystallinisch wird. Kaliumquecksilberjodid fällt die neutrale Lösung der Base nicht, beim Ansäuern krystallisiert das Doppelsalz in gelben Nadeln aus. Jodkalium erzeugt nach Ansäuern der neutralen Lösung dunkelgefärbte Nadeln. Phosphormolybdänsäure sowie Gerbsäure geben eine geringe Trübung, Pikrinsäure erzeugt keine Fällung, Gold- und Platinchlorid scheiden aus der nicht zu verdünnten Lösung krystallinische Niederschläge ab.

Derivate: Mit Säuren verbindet sich Arecain zu sauer reagierenden, krystallisierbaren Salzen, die in Wasser leicht, in Alkohol weniger löslich sind.

Das **Goldsalz** $(C_7H_{11}NO_2 \cdot HCl)AuCl_3$ bildet Prismen, die, aus sehr verdünnter, heißer Salzsäure krystallisiert, bei 186—187° schmelzen.

Das **Platinsalz** $(C_7H_{11}NO_2 \cdot HCl)_2PtCl_4$ krystallisiert in orangegelben, bei 213—214° schmelzenden Oktaedern[2]).

Die Base kann durch Einwirkung von Natriummethylat und methylschwefelsaurem Kali auf Guvacin künstlich dargestellt werden; zugleich entsteht eine isomere Verbindung.

Guvacin.

Mol.-Gewicht 127,09.
Zusammensetzung: 56,67% C, 7,14% H, 11,04% N.

$C_6H_9NO_2$.

---

[1]) Berichte d. Deutsch. chem. Gesellschaft **23**, II, 2977 [1890].
[2]) Berichte d. Deutsch. chem. Gesellschaft **21**, II, 3407 [1888].

Vorkommen: Dieses vierte Alkaloid der Arecanuß kommt nach Jahns[1]) in einigen Handelssorten vor, worin es das Arecain zu vertreten scheint.

Physikalische und chemische Eigenschaften: Es ist in Wasser und verdünntem Weingeist etwas schwerer löslich als Arecain und Arecaidin und scheidet sich daher aus dem Gemenge zuerst ab. Guvacin bildet meist kleine, glänzende Krystalle, die in Wasser und verdünntem Alkohol ziemlich leicht löslich sind. Die Lösungen reagieren neutral. In den übrigen Solvenzien ist es unlöslich. Es färbt sich beim Erhitzen gegen 265° dunkel und schmilzt bei 271—272° unter Zersetzung.

Mit Säuren bildet Guvacin schön krystallisierende Salze, welche saure Reaktion zeigen und in Wasser leicht, in Alkohol schwer löslich sind.

Derivate: Salzsaures Guvacin $C_6H_9NO_2 \cdot HCl$ bildet breite, flache Prismen, die in Salzsäure schwer löslich sind. Das **Sulfat** krystallisiert in zarten, silberglänzenden Blättchen, das **Nitrat** in glänzenden Prismen.

Das **Platinsalz** $(C_6H_9NO_2 \cdot HCl)_2PtCl_4 + 4 H_2O$ scheidet sich aus Wasser in übereinander geschobenen, sechsseitigen Tafeln aus, welche sich bei 210° dunkel färben und einige Grade höher unter Aufschäumen und Zersetzung schmelzen.

Das **Goldsalz** $(C_6H_9NO_2 \cdot HCl)AuCl_3$ bildet aus sehr verdünnter Salzsäure breite, flache Prismen, welche unscharf bei 194—195° schmelzen.

Trigonellin = Methylbetain der Nicotinsäure.

Mol.-Gewicht 137,07.
Zusammensetzung: 61,28% C, 5,15% H, 10,22% N.

$$C_7H_7NO_2.$$

Vorkommen: Trigonellin findet sich neben Cholin in den Bockhornsamen[2]) (von Trigonellum foenum graecum), in den Samen der Erbse[3]) (Pisum sativum) und den Samen von Strophantus hispidus und Strophantus Kombé[4]).

Kürzlich ist von K. Polstorff[5]) aus dem arabischen Kaffee eine stickstoffhaltige Substanz isoliert worden, welche er mit dem von Jahns aus den Bockshornsamen erhaltenen Trigonellin hat identifizieren können.

Zu deren Darstellung extrahierte er aus rohen Kaffeebohnen das Fett mittels Äther, zerkleinerte zu grobem Pulver und ließ darauf längere Zeit verdünnte Schwefelsäure einwirken. Der klaren Lösung wurde das Coffein durch Schütteln mit Chloroform entzogen und das Alkaloid durch Zusatz von Jodwismutjodkaliumlösung gefällt. In dieser Weise erhielt er aus $4^1/_2$ kg arabischem Kaffee $10^1/_2$ g Trigonellin.

Gorter[6]) isolierte die Base aus Liberiakaffee. Trigonellingoldsalze $(C_7H_7NO_2) \cdot 3 HCl \cdot AuCl_3$, Nädelchen. Schmelzp. 186°. $C_7H_7NO_2 \cdot HCl \cdot AuCl_3$. Glänzende Blättchen. Schmelzpunkt 198°.

Bildungsweisen: Hantzsch[7]) stellte Trigonellin aus Nicotinsäure entsprechend dem Schema dar:

---

[1]) Jahns, Berichte d. Deutsch. chem. Gesellschaft **24**, II, 2615 [1891].
[2]) Jahns, Berichte d. Deutsch. chem. Gesellschaft **18**, II, 2518 [1885].
[3]) E. Schulze u. S. Frankfurt, Berichte d. Deutsch. chem. Gesellschaft **27**, I, 769 [1894].
[4]) H. Thoms, Berichte d. Deutsch. chem. Gesellschaft **31**, I, 271, 404 [1898].
[5]) K. Polstorff, Chem. Centralbl. **1909**, II, 2015.
[6]) K. Gorter, Annalen d. Chemie u. Pharmazie **372**, 237 [1910].
[7]) Hantzsch, Berichte d. Deutsch. chem. Gesellschaft **19**, I, 31 [1886].

Außerdem entsteht Trigonellin durch Oxydation von Nicotinisomethylammoniumhydroxyd (siehe Nicotin) mit Kaliumpermanganat[1]).

Darstellung: Der zerkleinerte Bockhornsamen wird mit Alkohol extrahiert. Aus dem Extrakt werden nach Abdampfen des Alkohols und Fällen mit Bleiessig und Soda die Alkaloide durch Jodkaliumwismutjodid und Schwefelsäure abgeschieden. Der Niederschlag wird zur Entfernung von Eiweißstoffen mit Soda zerlegt, die filtrierte Flüssigkeit mit Schwefelsäure neutralisiert und mit Quecksilberchloridlösung gefällt, wobei sich aus der neutralen Lösung nur das Cholin ausscheidet. Erst beim Ansäuern der abfiltrierten Flüssigkeit mit Schwefelsäure kommt das Trigonellinquecksilberjodid zur Abscheidung. Aus ihm wird die Base durch Zerlegen mit Sulfiden oder einer alkalischen Lösung von Zinnoxydul erhalten.

Zur Darstellung von Cholin, Betain, Trigonellin aus Samen und Keimpflanzen, insbesondere auch aus den als Abfall des Müllereiprozesses erhältlichen „Weizenkeimen" empfiehlt E. Schulze[2]) folgendes Verfahren: Die wässerigen Extrakte werden zunächst von den durch Bleiessig fällbaren Bestandteilen befreit, dann entweder die von Blei befreite Flüssigkeit eingedunstet, der Verdampfungsrückstand mit heißem Alkohol behandelt und die Lösung mit Mercurichlorid versetzt. Aus der bei Zerlegung des Phosphorwolframsäureniederschlages erhaltenen, mit Salpetersäure neutralisierten Lösung werden durch Silbernitrat die Alloxurbasen, dann durch Silbernitrat und Barytwasser das Histidin und Arginin gefällt. Die im Filtrat vom Argininsilberniederschlage noch enthaltenen Basen werden wieder in Phosphorwolframsäureverbindungen übergeführt, die nach Zerlegen mit Baryt erhaltene eingedunstete Lösung nach Entfernung des Baryts unter Salzsäurezusatz zur Trockne eingedampft, die Basenchloride mit Alkohol behandelt, die Lösung mit Mercurichlorid versetzt. Die Quecksilberdoppelsalze von Cholin, Betain, Trigonellin werden durch Umkrystallisieren aus heißem Wasser unter Zusatz von etwas Mercurichlorid gereinigt, mit Schwefelwasserstoff zerlegt, das eingedunstete Filtrat im Vakuumexsiccator vollständig getrocknet, dann zur Extraktion des salzsauren Cholins mit kaltem, abs. Alkohol behandelt. Diese Prozedur wird noch einmal wiederholt. Der so gewonnene Rückstand besteht entweder aus dem Chlorid des Betains oder aus demjenigen des Trigonellins. Ein gleichzeitiges Vorkommen dieser beiden Basen in einer Pflanze wurde bisher niemals beobachtet. Um das Betainchlorid und das Trigonellinchlorid von Cholin vollständig zu befreien, werden diese aus Wasser oder verdünntem Alkohol umkrystallisiert; das Cholinchlorid geht dabei in die Mutterlauge über.

Bestimmung:[2]) Aus mit Schwefelsäure versetzten Lösungen des Trigonellins fällt Phosphorwolframsäure die Base fast vollständig, so daß nur 1—3% in das Filtrat übergehen. Man kann deshalb mittels Phosphorwolframsäure den Gehalt pflanzlicher Substanzen an Trigonellin approximativ bestimmen.

Physikalische und chemische Eigenschaften: Trigonellin krystallisiert mit 1 Mol. Krystallwasser aus 96 proz. Alkohol in farblosen, flachen Prismen von schwach salzigem Geschmack und neutraler Reaktion. Es ist hygroskopisch, sehr leicht in Wasser, leicht in heißem Alkohol löslich, unlöslich in Äther, Chloroform und Benzol. Beim Erhitzen verliert es erst Wasser und schmilzt dann etwa bei 130° in seinem Krystallwasser. Entwässert, färbt es sich bei 200° dunkel, schmilzt bei 218° unter Aufblähen und Braunfärbung und hinterläßt eine voluminöse, schwer verbrennliche Kohle. In der wässerigen Lösung erzeugt Jodkaliumwismutjodid und verdünnte Schwefelsäure einen krystallinischen, ziegelroten Niederschlag, Phosphormolybdänsäure eine reichliche Fällung, Gerbsäure eine schwache Trübung. Jodkaliumlösung fällt Lösungen des freien Alkaloids nicht, wohl aber entsteht beim Ansäuern ein krystallinischer, dunkelgefärbter Niederschlag.

Derivate: Das **salzsaure Salz** $C_7H_7NO_2 \cdot HCl$ krystallisiert wasserfrei in flachen Säulen oder Tafeln, die luftbeständig und in Wasser leicht, in Alkohol schwerer löslich sind. — Das **Platinsalz** $(C_7H_7NO_2 \cdot HCl)_2PtCl_4$ krystallisiert aus Wasser in derben, wasserfreien Prismen und ist in Alkohol kaum löslich. — Mit Goldchlorid bildet Trigonellin, je nach der Menge der vorhandenen Salzsäure, **verschiedene Doppelsalze**, die in kaltem Wasser schwer, in heißem Wasser leicht löslich sind. Der auf Zusatz von überschüssiger Goldchloridlösung zu dem salzsauren Salze entstehende und aus verdünnter Salzsäure umkrystallisierte Niederschlag hat die normale Zusammensetzung $(C_7H_7NO_2 \cdot HCl)AuCl_3$ und krystallisiert in vierseitigen Blättchen oder flachen Prismen, die bei 198° schmelzen. Aus schwach säurehaltigem

---

[1]) Pictet u. Genequand, Berichte d. Deutsch. chem. Gesellschaft **30**, II, 2122 [1897].
[2]) E. Schulze, Zeitschr. f. physiol. Chemie **60**, 155 [1909].

Wasser umkrystallisiert, geht das Salz in die feinen Nadeln der Verbindung $(C_7H_7NO_2)_4 \cdot 3\ HCl \cdot 3\ AuCl_3$ vom Schmelzp. 186° über, die auch stets entsteht, wenn die heiße, schwach angesäuerte Alkaloidlösung mit überschüssigem Goldchlorid versetzt wird.

Verhalten von Betain, Methylpyridylammoniumhydroxyd und Trigonellin im tierischen Organismus:[1]) An Hunde und Katzen verfüttertes Betain konnte zum Teil unverändert aus dem Harn isoliert werden. Neben ihm auch Trimethylamin. Methylpyridylammoniumhydroxyd wird im Organismus nicht verändert. Trigonellin wird nach subcutaner Eingabe von Kaninchen und Katzen nicht in Methylpyridylammoniumhydroxyd verwandelt.

Piperin = Piperinsäure-piperidid.

Mol.-Gewicht 285,16.
Zusammensetzung: 71,54% C, 6,72% H, 4,91% N.

$$C_{17}H_{19}NO_3$$

Vorkommen: Das Piperin ist in den verschiedenen Sorten Pfeffer enthalten, und zwar in dem schwarzen Pfeffer aus Ostindien, den nicht völlig reifen, getrockneten Beeren von *Piper nigrum* L. und in dem weißen Pfeffer von dort, den präparierten reifen oder reiferen Früchten der gleichen Pflanzenspezies, in dem schwarzen Pfeffer oder den Guineacubeben aus Westafrika[2]), den Früchten von *Cubeba Clusii* Miqu. s. *Piper Afzelianum* und in dem langen Pfeffer (*Piper longum*), den weiblichen Kolben von *Chavica officinarum* (holländische) und *Chavica Roxburghii* (bengalische oder englische lange Pfeffer).

Darstellung: Zur Darstellung des Piperins wird der schwarze Pfeffer mit Alkohol extrahiert, letzterer dann durch Destillation beseitigt und der Rückstand erst mit Wasser gewaschen, dann mit Äther behandelt, solange dieser sich noch färbt, wodurch hauptsächlich eine amorphe Substanz, das Chavicin, beseitigt wird, hierauf mit etwas Kalilauge abgespült und endlich aus Alkohol oder Petroläther umkrystallisiert[3]). Oder der zerkleinerte Pfeffer wird mit dem doppelten Gewicht Kalkhydrat und mit so viel Wasser, um die Masse gut kochen zu können, vermischt, dann, nachdem das Kochen kurze Zeit gedauert hat, die Masse zur Trockne verdampft und der Rückstand mit Äther extrahiert. Nachdem letzterer zum Teil abdestilliert ist, wird die restliche Lösung der freiwilligen Verdunstung überlassen, wobei sich das Piperin in Krystallen abscheidet und durch Umkrystallisieren aus heißem Alkohol rein erhalten werden kann. Das Chavicin bleibt hierbei in den betreffenden Mutterlaugen. Cazeneuve und Caillol[4]) fanden, indem sie das Ätherextrakt zur Trockne brachten, in dem Pfeffer von Sumatra im Mittel 8,10% Rohpiperin, in dem schwarzen Pfeffer von Singapore 7,15%, in dem weißen Pfeffer von ebendaher 9,15% und in dem Pfeffer von Penang 5,24%. Nach Buchheim soll das nach seinem Verfahren erhaltene Rohpiperin fast bis zur Hälfte aus Chavicin bestehen.

Synthetisch ist das Piperin, wie unten näher ausgeführt wird, durch Einwirkung von Piperinylchlorid auf Piperidin erhalten worden[5]).

Physikalische und chemische Eigenschaften: Das Piperin krystallisiert aus heißem Weingeist in großen farblosen Prismen, die bei 100° oder darüber zu einem blaßgelben Öl schmelzen, das beim Erkalten amorph erstarrt. Das spez. Gewicht dieser amorphen Masse ist bei 18° 1,1931 (Wackenroder). Nach Rügheimer schmilzt das Piperin bei 128—129,5° und erstarrt beim Erkalten krystallinisch. Für sich ist es fast geschmacklos, allein seine alkoholische Lösung schmeckt scharf pfefferartig. Es löst sich in 30 Teilen kaltem, gleichen Teilen kochendem Weingeist (Wittstein), in 100 Teilen kaltem Äther, leichter in warmem; ferner in Benzol und Petroläther.

---

[1]) A. Kohlrausch, Centralbl. f. Physiol. **23**, 143 [1909].
[2]) Stenhouse, Annalen d. Chemie **95**, 106 [1855].
[3]) Buchheim, Pharmac. Journ. Trans. [3] **7**, 315.
[4]) Cazeneuve u. Caillol, Bulletin de la Soc. chim. **27**, 290.
[5]) Rügheimer, Berichte d. Deutsch. chem. Gesellschaft **15**, 1391 [1882].

Derivate: Das Piperin löst sich nicht merklich in verdünnten Säuren und vermag daher in solcher Weise keine Salze zu bilden. Ein **Chlorhydrat** $C_{17}H_{19}NO_3 \cdot HCl$ wird jedoch erhalten, wenn die Substanz mit trocknem Salzsäuregas, zuletzt bei etwa 100°, behandelt wird. Die geschmolzene Masse erstarrt alsdann beim Erkalten[1]) krystallinisch; Wasser zersetzt indes diese Verbindung sofort in Piperin und Salzsäure. Piperin reagiert entsprechend anderen Amiden vollkommen neutral. Wie jene, so gibt auch das Piperin mit Metallchloriden Verbindungen, so mit **Chlorcadmium**[2]) in salzsaurer Lösung strohgelbe Nadeln $2(C_{17}H_{19}NO_3HCl) + 4\frac{1}{2} CdCl_2 + 3 H_2O$; mit **Quecksilberchlorid**[3]) gelbe glänzende Krystalle $(C_{17}H_{19}NO_3)_2 \cdot HCl, HgCl_2$ nicht in Wasser, schwer in konz. Salzsäure und kaltem Weingeist, leichter in heißem Weingeist löslich; mit Platinchlorid große, rote, rhombische Krystalle $(C_{17}H_{19}NO_3)_2, PtCl_6H_2$, die etwas über 100° schmelzen, sich wenig in Wasser lösen und damit teilweise in Piperin und Chlorplatinwasserstoffsäure zerfallen[4]).

Spaltung des Piperins durch Alkali: Durch Kochen mit alkoholischem Kali wird Piperin in Piperidin und Piperinsäure gespalten:

$$C_{17}H_{19}NO_3 + H_2O = C_5H_{11}N + C_{12}H_{10}O_4$$
$$\text{Piperin} \qquad \text{Piperidin} \quad \text{Piperinsäure}$$

Danach ist das Piperin als eine amidartige Verbindung von Piperidin und Piperinsäure aufzufassen. Diese Auffassung fand ihre Bestätigung in der partiellen Synthese des Piperins, welche Rügheimer im Jahre 1882 durch Erhitzen des Piperidins in Benzollösung mit Piperinsäurechlorid ausführte[1]).

$$C_5H_{10}NH + ClOC \cdot C_{11}H_6O_2 = C_5H_{10}N \cdot OC \cdot C_{11}H_9O_2 + HCl$$
$$\text{Piperidin} \qquad \text{Piperinsäurechlorid} \qquad \text{Piperin}$$

Es ist also hier nur die Piperinsäure zu behandeln.

Piperinsäure.

$$C_{12}H_{10}O_4\,{}^2) = C_6H_3 : (O_2CH_2) \cdot (CH : CH \cdot CH : CH \cdot CO_2H)$$

Darstellung: Von Babo und Keller zuerst dargestellt, entsteht sie beim Verseifen des Piperins in alkoholischer Lösung. Dabei verfährt man zweckmäßig in der Art, daß man 100 g Piperin und 100 g Kalihydrat mit der zur Lösung hinreichenden Menge Alkohol in geschlossenen Gefäßen 5—6 Stunden auf 100° erhitzt oder 1 T. feingeriebenes Piperin und 1 T. Kalihydrat mit der fünffachen Menge gewöhnlichen Alkohols 24 Stunden lang am Rückflußkühler kocht[5]).

Physikalische und chemische Eigenschaften: Die Piperinsäure bildet fast farblose, haarfeine, verfilzte Nadeln, ist in Wasser beinahe unlöslich, schwer löslich in kaltem Alkohol (1 T. Säure erfordert 275 T. abs. Alkohol zur Lösung), leicht in kochendem Alkohol, schwer löslich in Äther und Benzol, unlöslich in Schwefelkohlenstoff. Sie schmilzt bei 212—213°, sublimiert wenige Grade darüber erhitzt, wobei ein brauner Rückstand bleibt, während das Sublimat deutlich nach Piperonal riecht. Mit reinem Wasser läßt sie sich tagelang auf 230° erhitzen, ohne sich merklich zu zersetzen, bei 235—240° erleidet sie aber eine tiefgreifende Zersetzung, wobei Kohlensäure entsteht und sich ein dunkelbrauner, aus verschiedenen Substanzen bestehender Harzkuchen absetzt. Wasser, dem eine sehr geringe Menge Salzsäure beigefügt ist, bewirkt anscheinend diese Zersetzung schon unter 160°, konz. Salzsäure selbst unter 100°. Mit Salpetersäure in Berührung, auch wenn dieselbe sehr schwach ist, geht sie in einen orangefarbenen Körper über, welcher, mit Kaliumhydroxyd erhitzt, Piperonal entbindet. Durch konz. Schwefelsäure wird Piperinsäure zersetzt, wobei anfänglich blutrote Färbung der Lösung stattfindet, auf welche Verkohlung folgt. Durch Brom wird, je nach dem eingehaltenen Modus, Monobrompiperonal oder ein Derivat der Piperhydronsäure gebildet. Durch Phosphorpentachlorid wird die Säure alsbald zersetzt; nach kurzer Zeit wird die vorher feste Masse unter Bildung von Phosphoroxychlorid flüssig, während sich nun zinnoberrote Krystalle abscheiden. Nach Rügheimer entsteht bei der Einwirkung von Phosphorpentachlorid auf Piperinsäure unter

---

[1]) Varrentrapp u. Will, Annalen d. Chemie **39**, 283.
[2]) Galetly, Chem. Centralbl. **1856**, 606.
[3]) Hinterberger, Annalen d. Chemie **77**, 204.
[4]) Rügheimer, Berichte d. Deutsch. chem. Gesellschaft **15**, 1390 [1882]; Annalen d. Chemie **159**, 142 [1871].
[5]) Fittig u. Mielck, Annalen d. Chemie **152**, 25 [1869].

anderm etwas Piperinylchlorid. Piperinsäure (1 g) wird ferner beim Kochen mit chromsaurem Kalium (10 g) und konz. Schwefelsäure (15 g), die vor dem Zufügen mit dem vierfachen Volumen Wasser verdünnt wird, fast vollständig zu Kohlensäure verbrannt, beim Kochen des Kaliumsalzes mit Kaliumpermanganat zu Piperonal, Piperonyl-, Oxal- und Kohlensäure oxydiert.

Beim Schmelzen mit Kalihydrat bildet sich unter Wasserstoffentwicklung Protocatechusäure, Oxalsäure und Kohlensäure: $C_{12}H_{10}O_4 + 8 H_2O = C_7H_6O_4 + C_2H_4O_2 + C_2O_4H_2 + CO_2 + 14 H$ [1]). Durch Jodwasserstoffsäure wird sie beim Erhitzen zersetzt, keineswegs zu einer Hydrosäure reduziert; durch Natriumamalgam dagegen in α-Hydropiperinsäure übergeführt, unter Umständen auch in β-Hydropiperinsäure [2]).

Die Piperinsäure entwickelt mit 1 Mol. Natronlauge bei 16° 2,54 Cal. [3]); sie ist eine schwache einbasische Säure, die in ihrer alkoholischen Lösung Lackmus kaum rötet, gleichwohl mit den Basen meist gut krystallisierende Salze bildet.

Derivate: Piperinsaures Kalium $C_{12}H_9O_4K$ krystallisiert in rhombischen Blättchen, die sich leicht in kochendem, weniger in kaltem Wasser lösen, schwer in Alkohol, nicht in Äther. — Piperinsaures Natrium ist ein weißes Krystallpulver, schwer löslich in kaltem, leicht in heißem Wasser. — Piperinsaures Ammonium $C_{12}H_9O_4 \cdot NH_4$, prächtige, atlasglänzende, rhombische Schuppen. — Piperinsaures Barium $(C_{12}H_9O_4)_2Ba$, ein lockeres, aus mikroskopischen Nadeln bestehendes weißes Pulver, schwer löslich in heißem Wasser, jedoch leichter als in kaltem Wasser. — Piperinsaures Kupfer äußerst feine, sternförmig gruppierte, himmelblaue Nadeln, durch Vermischen von piperinsaurem Kalium, schwefelsaurem Kupfer und einigen Tropfen Ammoniak zu erhalten; anscheinend ein basisches Salz. — Piperinsaures Silber $C_{12}H_9O_4Ag$ ist ein farbloses, kaum krystallinisches Pulver. — Piperinsaures Äthyl $C_{12}H_9O_4 \cdot C_2H_5$, durch Einwirkung von Jodäthyl auf das Kaliumsalz zu erhalten, bildet farblose, bei 70—72° [4]), 77—78° [5]) schmelzende Krystallschuppen. Es zersetzt sich in der Hitze mit Acroleingeruch, scheint daher nicht flüchtig zu sein.

α- und β-Hydropiperinsäure. [6])

Darstellung: Beide Säuren bilden sich bei der Einwirkung von Natriumamalgam auf piperinsaures Kalium, jedoch die β-Säure nur dann, wenn die Lösung stark alkalisch geworden ist.

Die α-Hydropiperinsäure $C_{12}H_{12}O_4$ wurde zuerst von Foster dargestellt, dann namentlich von Fittig und seinen Mitarbeitern näher untersucht.

Physikalische und chemische Eigenschaften: Sie krystallisiert aus Alkohol in langen, bei 64° [6]), 70,5—71,5° [7]), 78° [8]) schmelzenden farblosen Nadeln, löst sich wenig in kaltem, etwas mehr in heißem Wasser, in letzterem Falle eine stark sauer reagierende Lösung gebend. In Alkohol löst sich die Säure in jedem Verhältnis, auch sehr leicht in Äther, woraus sie beim Verdunsten in derben, monoklinen Krystallen anschießt.

β-Hydropiperinsäure $C_{12}H_{12}O_4$ entsteht leicht aus der α-Säure, wenn ein Teil derselben in 10 T. 10 proz. Natronlauge gelöst und auf dem Wasserbade längere Zeit erwärmt wird.

Aus starkem Alkohol krystallisiert die β-Säure in farblosen, dünnen, bei 130—131° schmelzenden Nadeln; sie ist in allen üblichen Lösungsmitteln schwerer löslich als die α-Säure und bildet mit Calcium ein in kaltem und heißem Wasser schwer lösliches, in feinen farblosen Nadeln krystallisierendes Salz, mit Ammoniak sehr dünne Nadeln, die beträchtlich leichter löslich in Wasser sind als die des entsprechenden Salzes der α-Säure. Brom verwandelt die β-Säure leicht in Brom-β-hydropiperinsäure $C_{12}H_{11}BrO_4$, welche aus heißem Benzol in weißen gestreiften, bei 170—171° schmelzenden Blättchen krystallisiert, sich sehr leicht in kohlensaurem Natrium löst und bei der Behandlung mit Natriumamalgam in Piperhydronsäure übergeht.

Bildung der Piperinsäure. [9]) Ladenburg und Scholtz gingen dabei vom Piperonal aus, dessen Synthese aus Protocatechualdehyd, welcher ebenfalls synthetisch zu erhalten ist, und Methylenjodid Wegscheider [10]) ausgeführt hat.

Das Piperonal kondensiert mit Acetaldehyd beim Erwärmen in sehr verdünnter Natronlauge unter Bildung von Piperonylacrolein.

---

[1]) Strecker, Annalen d. Chemie **118**, 280 [1861].
[2]) Fittig u. Buri, Annalen d. Chemie **216**, 171 [1882].
[3]) Berthelot, Chem. Centralbl. **1885**, 854.
[4]) v. Babo u. Keller, Journ. f. prakt. Chemie **72**, 53.
[5]) Fittig u. Mielck, Annalen d. Chemie **152**, 25 [1869].
[6]) Foster, Annalen d. Chemie **124**, 115 [1862].
[7]) Weinstein, Annalen d. Chemie **227**, 41 [1885].
[8]) Regel, Berichte d. Deutsch. chem. Gesellschaft **20**, 414 [1887].
[9]) Ladenburg u. Scholtz, Berichte d. Deutsch. chem. Gesellschaft **27**, 2958 [1894].
[10]) Wegscheider, Wiener Monatshefte **14**, 382.

Dieser Aldehyd geht durch mehrstündiges Kochen mit Essigsäureanhydrid und essigsaurem Natron eine Kondensation mit Essigsäure ein unter Bildung von Piperinsäure.

$$CH_2\begin{matrix}O-C\\O-C\end{matrix}\begin{matrix}C\\C\\C\end{matrix}C-CHO \xrightarrow{CH_3-CHO} CH_2\begin{matrix}O-C\\O-C\end{matrix}\begin{matrix}C\\C\end{matrix}C-CH=CH-CHO \xrightarrow{CH_3-COOH}$$

Piperonal Piperonylacrolein

$$CH_2\begin{matrix}O-C\\O-C\end{matrix}\begin{matrix}C\\C\end{matrix}C-CH=CH-CH=CH\cdot COOH$$

Piperinsäure

Bildung des Piperins: Wie erwähnt, läßt sich das Piperin aus seinen Spaltungsprodukten Piperidin und Piperinsäure wieder aufbauen (s. S. 31).

Da nun Piperidin sowohl als auch Piperinsäure synthetisch dargestellt worden sind, so kann die Synthese des Piperins eine vollständige genannt werden.

Nicotin = 1-Methyl-2-β-Pyridylpyrrolidin.

Mol.-Gewicht 162.
Zusammensetzung: 74,08% C, 8,64% H, 17,28% N.

$$C_{10}H_{14}N_2.$$

Vorkommen: Das Nicotin findet sich, an Äpfelsäure und Citronensäure gebunden, in den Tabaksblättern (Nicotina Tabacum).

Obige Konstitutionsformel ist im Jahre 1893 von Pinner[1]) aufgestellt und 1904 von A. Pictet und Rotschy[2]) durch die vollständige Synthese des Alkaloids endgültig bewiesen worden.

Die wichtigsten Reaktionen, welche zur Ableitung der Konstitutionsformel des Nicotins dienten: Das Nicotin ist eine ditertiäre Base; es gibt ein Dijodmethylat und zwei isomere Monojodmethylate[3]). Durch Oxydation mit Salpetersäure, Chromsäure oder Kaliumpermanganat geht das Nicotin in Nicotinsäure oder β-Pyridincarbonsäure von der Formel I über[4]).

I

Es folgt daraus, daß das Nicotin eine β-Verbindung des Pyridins ist. Auch die von Laiblin[5]) studierte Zersetzung des Zinkchloriddoppelsalzes vom Nicotin mit Kalk wies auf die Verwandtschaft des Nicotins mit dem Pyridin hin. Hierbei bildet sich eine Menge homologer Pyridinbasen, außerdem aber auch Methylamin und Pyrrol. Durch Oxydation mit Ferricyankalium oder besser Silberchlorid gibt Nicotin das Nicotyrin oder 1-Methyl-2-β-Pyridylpyrrol vom Siedep. 272—274°. Durch Oxydation mit Wasserstoffsuperoxyd — die Reaktion

---

[1]) Pinner, Berichte d. Deutsch. chem. Gesellschaft **26**, 294 [1893].
[2]) Pictet u. Rotschy, Berichte d. Deutsch. chem. Gesellschaft **37**, 1225 [1904].
[3]) Planta u. Kekulé, Annalen d. Chemie **87**, 2. — Stahlschmidt, Annalen d. Chemie **90**, 222 [1854].
[4]) Pictet u. Genequand, Berichte d. Deutsch. chem. Gesellschaft **30**, 2117 [1897]; Annalen d. Chemie **196**, 130 [1879].
[5]) Laiblin, Annalen d. Chemie **196**, 172 [1879].

ist für die Konstitutionserforschung des Nicotins nicht von besonderer Bedeutung, sei aber des Zusammenhanges wegen hier angeführt — liefert das Nicotin eine Verbindung $C_{10}H_{14}N_2O$. Dieselbe wurde ursprünglich Oxynicotin genannt, ist aber jetzt, nachdem für sie die Konstitutionsformel

$$\begin{array}{c} CH_3 \\ | \\ N=O \\ HC\diagup\diagdown CH_2 \\ HC\diagup\diagdown C\text{---}H_2C\text{---}CH_2 \\ HC\diagdown\diagup CH \\ N \end{array}$$

erwiesen ist, richtiger als **Nicotinoxyd** zu bezeichnen[1]). Sie bildet eine feste, an der Luft zerfließliche, bei 150° sich zersetzende, schwache Base.

Bei der Einwirkung von Brom auf Nicotin[2]) entstehen zwei Bromderivate:

$C_{10}H_{10}Br_2N_2O$, genannt **Dibromcotinin**[3]), Schmelzp. 125°,
$C_{10}H_{10}Br_2N_2O_2$, genannt **Dibromticonin**,

kleine körnige Krystalle, welche bei 196° unter Zersetzung schmelzen.

Für die Aufklärung der Konstitution des Nicotinmoleküls ist die Zersetzung der beiden gebromten Verbindungen durch Basen entscheidend gewesen.

Hierbei entstehen aus dem **Dibromcotinin** $C_{10}H_{10}Br_2N_2O$:
1. Methylamin, 2. Oxalsäure, 3. die Verbindung C_7H_7NO, wahrscheinlich β-Methylpyridylketon.

Aus dem **Dibromticonin** $C_{10}H_8Br_2N_2O_2$ entstehen:
1. Methylamin, 2. Malonsäure, 3. Nicotinsäure.

Aus diesen Tatsachen läßt sich die Konstitution des Nicotins in folgender Weise ableiten[4]):
1. Das Nicotin muß, wie im vorhergehenden (Verhalten bei der Oxydation) erwähnt worden ist, ein Pyridinderivat sein; 2. das zweite Stickstoffatom im Nicotin muß mit Methyl verbunden sein; daraus folgte die Unhaltbarkeit der Annahme, daß das Nicotin von einem Dipyridin sich herleite.

Da drittens in dem einen Falle neben Methylamin Oxalsäure $C_2H_2O_4$ und die Verbindung C_7H_7NO entstehen, im anderen dagegen neben Methylamin Malonsäure $C_3H_4O_4$ und die Nicotinsäure $C_6H_5NO_2$, so folgt, daß die drei Bruchstücke

$$\begin{array}{c} C \\ C\diagup\diagdown C\cdot C\cdot C \\ C\diagdown\diagup C \\ N \end{array}, \quad -C\cdot C-, \quad -N\cdot CH_3$$

welche aus $C_{10}H_{10}Br_2N_2O$ sich bilden, so zusammengehören, daß der Kohlenstoff der Oxalsäure am letzten Kohlenstoff des C_7H_7NO sich befinden muß, denn sonst wäre es nicht möglich, daß aus $C_{10}H_8Br_2N_2O_2$ Nicotinsäure und Malonsäure sich bilden, also die Bruchstücke:

$$\begin{array}{c} C \\ C\diagup\diagdown C\cdot C- \\ C\diagdown\diagup C \\ N \end{array}, \quad -C\cdot C\cdot C-, \quad -N\cdot CH_3$$

Folglich haben wir im Nicotin die zusammenhängende Gruppe:

$$\langle\rangle C\cdot C\cdot C\diagdown_{C}\diagup C \quad \text{neben} \quad N\cdot CH_3$$

---

[1]) Pinner u. Wolffenstein, Berichte d. Deutsch. chem. Gesellschaft **24**, 63 [1891]; **25**, 1428 [1892]. — Wolffenstein u. Auerbach, Berichte d. Deutsch. chem. Gesellschaft **34**, 2411 [1901]
[2]) Pinner, Berichte d. Deutsch. chem. Gesellschaft **26**, 292 [1893].
[3]) Die Bezeichnungen Ticonin und Cotinin sind, wie leicht zu erkennen ist, durch Umstellung der Silben des Wortes Nicotin gebildet, aber allerdings nicht gerade glücklich gewählt.
[4]) Pinner, Berichte d. Deutsch. chem. Gesellschaft **26**, 293 [1893].

Berücksichtigt man nun ferner noch, daß das Nicotin eine bitertiäre Base ist, so ergibt sich, daß dasselbe ein Kondensationsprodukt von Pyridin mit Methylpyrrolidin darstellt, dem die angeführte Konstitutionsformel zukommt.

Für das **Dibromcotinin** hat Pinner (l. c.) mit ziemlicher Wahrscheinlichkeit die Formel I, für das **Dibromticonin** die Formel II abgeleitet, wonach beide Verbindungen ebenfalls Pyrrolidinderivate sind.

$$\underset{I}{\overset{Br}{\underset{H_2C}{\bigcirc}-\overset{N\cdot CH_3}{\underset{C}{C}}\overset{}{\underset{CHBr}{CO}}}} \qquad \underset{II}{\overset{Br}{\underset{OC}{\bigcirc}-\overset{N\cdot CH_3}{\underset{C}{C}}\overset{}{\underset{CHBr}{CO}}}}$$

Durch Reduktion des Dibromcotinins (I) mit Zinkstaub und verdünnter Salzsäure entsteht **Cotinin**[1]) $C_{10}H_{12}N_2O$. Dasselbe stellt eine krystallinische Masse dar vom Schmelzp. 50° und **Siedep.** 330° unter gewöhnlichem, 250° unter 150 mm Druck. Sein **Platinsalz** $(C_{10}H_{12}N_2O \cdot HCl)_2PtCl_4$ bildet gelbrote Prismen, die bei 220° unter Verkohlung schmelzen. — Durch Reduktion des Dibromcotinins mit Zink in alkalischer Lösung entsteht **Monobromcotinin** $C_5H_4N-C_5H_5BrNO_2$.

Darstellung: Das l-Nicotin ist das in der Natur sich findende Alkaloid, und zwar kommt es je nach der Art des Tabaks in Mengen von 0,6 bis 8% vor. In Pfeifentabaken variiert die Menge von 0,518—0,854%, in Zigarren von 0,801—2,887%[2]). Im allgemeinen enthalten die feinen Tabaksorten weniger Nicotin als die gewöhnlichen.

Um die Base aus der Pflanze zu isolieren, werden die Blätter mit Wasser, ev. unter Zusatz von wenig Salzsäure oder Schwefelsäure, ausgezogen, die Lösung wird auf ein Drittel eingedampft und der Rückstand nach Zugabe von Kalk (10%) destilliert. Die übergehende Base wird in das Oxalat verwandelt, mit Kali wieder abgeschieden, mit Äther aufgenommen und nach Verdunsten des Äthers im Wasserstoffstrome destilliert[3]). Noch einfacher erhält man das Alkaloid aus dem sog. Tabaksextrakt, welcher fabrikmäßig zur Imprägnierung von Kautabak durch Extraktion sehr nicotinreicher Rohtabake mit kaltem Wasser und Abdampfen der Lösung hergestellt wird. Derselbe enthält ca. 8—10% Nicotin. Er wird zunächst mit Wasser verdünnt, dann zur Entfernung von Kohlenwasserstoffen in saurer Lösung mit Äther extrahiert, mit Alkali übersättigt. Das freie Nicotin wird hierauf durch wiederholte Ätherextraktion gesammelt, der Ätherextrakt wird getrocknet und fraktioniert destilliert[4]).

Synthese des Nicotins:[5]) Sie geht aus vom **β-Aminopyridin**, welches nach Philips und Pollak[6]) aus Nicotinsäure durch Überführung in ihr Amid und Behandlung desselben mit Kaliumhypobromit erhalten wird. Das schleimsaure Salz des β-Aminopyridins geht bei der trocknen Destillation in **1-β-Pyridylpyrrol** (I) über. Letzteres ist eine hellgelbe, schwach blau fluorescierende Flüssigkeit, welche bei 10° erstarrt und unter 730 mm Druck bei 250,5 bis 251° siedet. Spez. Gew. $d_4^{24} = 1,1044$. Sein Pikrat krystallisiert aus Alkohol oder Wasser in gelben Nadeln vom Schmelzp. 178°.

$$\underset{I}{\bigcirc_N \cdot N{\overset{CH:CH}{\underset{CH:CH}{<}}}} \qquad \underset{II}{\underset{N}{\bigcirc}-\overset{CH-CH}{\underset{NH}{C\;\;CH}}} \qquad \underset{III}{\underset{\underset{J\;\;CH_3}{N}}{\bigcirc}-\overset{CH-CH}{\underset{N\cdot CH_3}{C\;\;CH}}}$$

Das 1-β-Pyridylpyrrol erleidet beim Durchleiten seiner Dämpfe durch ein auf Dunkelrotglut erhitztes Glasrohr Umlagerung in das iomere **2-β-Pyridylpyrrol** (II), das weiße Nadeln vom Schmelzp. 72° bildet Sein Pikrat $C_9H_8N_2 \cdot C_6H_2(NO_2)_3OH$ scheidet sich aus der warmen wässerigen oder alkoholischen Lösung in gelben Prismen ab, die bei 182° schmelzen. Durch Behandlung vom Kaliumsalz des 2-β-Pyridylpyrrols mit Methyljodid entsteht das **1-Methyl-2-β-Pyridylpyrrol-jodmethylat** (III) von Schmelzp. 207°. Es liefert bei der Destillation

---

[1]) Pinner, Berichte d. Deutsch. chem. Gesellschaft **26**, 297 [1893].
[2]) Sinnhold, Archiv d. Pharmazie **236**, 522 [1898].
[3]) Laiblin, Annalen d. Chemie **196**, 130 [1879].
[4]) Baumann, Archiv d. Pharmazie **231**, 378 [1893].
[5]) Pictet u. Rotschy, Berichte d. Deutsch. chem. Gesellschaft **38**, 1951 [1905].
[6]) Pollak, Monatshefte f. Chemie **16**, 45.

mit Kalk das **1-Methyl-2-β-Pyridylpyrrol** (IV) vom Siedep. 272—274°. Diese Base ist identisch mit dem **Nicotyrin,** das durch gemäßigte Oxydation von Nicotin erhalten wurde[1]). Die Base riecht eigentümlich nach Morcheln, ihr Platinsalz bildet orangerote Nadeln vom Schmelzp. 158°, ihr Pikrat krystallisiert aus Wasser in goldgelben Nadeln vom Schmelzp. 162°.

Um das Nicotyrin in Nicotin (VI) überzuführen, handelt es sich darum, den Pyrrolkern desselben zu hydrieren, ohne zu gleicher Zeit den Pyridinkern anzugreifen. Dies gelingt durch Darstellung des Jodnicotyrins (V) und Behandlung desselben mit Zinn und Salzsäure.

$$
\text{IV} \qquad \text{V} \qquad \text{VI}
$$

Jodnicotyrin oder **1-Methyl-4-Jod-2-β-Pyridylpyrrol** (V) wird erhalten durch Einwirkung von Jod, gelöst in Natronlauge, auf Nicotyrin. Es bildet lange, weiße Nadeln, die bei 110° schmelzen. Das Pikrat krystallisiert in gelben, zu Büscheln vereinigten Nadeln vom Schmelzp. 124°. Das Platinsalz wird aus kochendem Wasser in hellgelben Nadeln erhalten und schmilzt bei 171° unter Zersetzung. Durch Reduktion des Jodnicotyrins mit granuliertem Zinn und Salzsäure entsteht das **Dihydronicotyrin** oder **1-Methyl-2, β-pyridyl-pyrrolin,** eine farblose Flüssigkeit, die bei 248° siedet und in allen Eigenschaften große Ähnlichkeit mit dem Nicotin zeigt. Das Pikrat krystallisiert aus Wasser in kleinen, gelben, sternförmig gruppierten Nadeln vom Schmelzp. 156°. Das Platinsalz bildet einen ziegelroten Niederschlag, fängt bei ungefähr 210° an sich zu schwärzen, ist aber bei 300° noch nicht geschmolzen. Die Reduktion des Dihydronicotyrins zum **Tetrahydronicotyrin** (VI) geschieht durch Behandlung seines Perbromides mit Zinn und Salzsäure. Die so entstehende synthetische Base zeigt alle Eigenschaften des natürlichen Nicotins, nur ist sie nicht wie dieses linksdrehend, sondern optisch inaktiv, also **inaktives Nicotin.** Die Spaltung desselben in die optischen Antipoden gelingt mit Hilfe von Weinsäure.

Zur Gewinnung des l-Nicotins aus dl-Nicotin verfährt man folgendermaßen. Das dl-Nicotin (1 Mol.-Gew.) wird zu einer Lösung von Rechtsweinsäure (2 Mol.-Gew.) in möglichst wenig Wasser gegeben. Die sich ausscheidenden Krystalle werden so lange umkrystallisiert, bis sie den Schmelzp. 88—89° vom Bitartrat des l-Nicotins zeigen. Dann wird aus dem Salze die Base durch Natronlauge in Freiheit gesetzt, mit Äther extrahiert, über Kali getrocknet und destilliert.

Physikalische und chemische Eigenschaften des l-Nicotins: Das l-Nicotin ist, frisch bereitet, ein farbloses Öl, das sich in Wasser leicht löst und einen unangenehmen, betäubenden, in reinem Zustande nicht an Tabak erinnernden Geruch und brennenden Geschmack besitzt. Es ist nur im Wasserstoffstrome oder im Vakuum unzersetzt destillierbar; an der Luft bräunt es sich bald und verharzt. Der Siedepunkt[2]) liegt bei 246,1—246,2° unter 730,5 mm Druck. Das spez. Gew.[2]) $d_4^{10} = 1,0180$, $d_4^{20} = 1,0097$. Das spezifische Drehungsvermögen[1]) $[\alpha]_D^{20} = -166,39°$. Brechungsexponent bei 20° = 1,5280. Die Base ist außerordentlich giftig. Die Salze derselben sind zweisäurig, leicht löslich, schwer krystallisierend und drehen die Ebene des polarisierten Lichtes nach rechts.

Derivate des l-Nicotins: Saures d-weinsaures l-Nicotin[3]) $C_{10}H_{14}N_2 \cdot 2 C_4H_6O_6 \cdot 2 H_2O$. Es wird erhalten, wenn man zu einer möglichst konzentrierten, kalten Lösung von Rechtsweinsäure (2 Mol.) in Wasser unter Umrühren die berechnete Menge (1 Mol.) Nicotin zugibt. Kleine Prismen. An der Luft getrocknet, schmilzt das Salz bei 88—89°. Das spez. Drehungsvermögen $[\alpha]_D^{27}$ (auf das wasserfreie Salz bezogen) $= +26,60°$. — **Neutrales d-weinsaures l-Nicotin**[3]) $C_{10}H_{14}N_2 \cdot C_4H_6O_6 \cdot 2 H_2O$ entsteht neben dem Bitartrat beim Vermischen äquimolekularer Mengen von Nicotin und Rechtsweinsäure in alkoholischer Lösung. Lange zu Büscheln vereinigte Nadeln. Schmelzp. 68,5°. Spezifisches Drehungsvermögen $[\alpha]_D^{29,5}$ (auf das wasserfreie Salz bezogen) $= +25,99°$. — Das **Pikrat**[4]) des **Nicotins** $C_{10}H_{14}N_2 \cdot 2 C_{10}H_6(NO_2)_3 \cdot OH$ bildet gelbe, kurze Prismen, die bei 218° schmelzen und eignet sich be-

---

[1]) Blau, Berichte d. Deutsch. chem. Gesellschaft **27**, 2535 [1894].
[2]) Pictet u. Rotschy, Berichte d. Deutsch. chem. Gesellschaft **37**, 1231 [1904].
[3]) Berichte d. Deutsch. chem. Gesellschaft **37**, 1230 [1904].
[4]) Archiv d. Pharmazie **231**, 378 [1893].

sonders zur Identifizierung der Base. — **Chloroplatinat**[1]) $(C_{10}H_{14}N_2 \cdot 2\,HCl)PtCl_4$ krystallisiert aus verdünnten Lösungen in monoklinen, gelben Säulen, die sich bei 250° dunkler färben und bei ca. 275° unter Zersetzung schmelzen. — **Dijodhydrat** $C_{10}H_{14}N_2 \cdot 2\,HJ$, lange Nadeln (aus Alkohol), Schmelzp. 195°. — Das Nicotin bildet zwei **Monojodmethylate**[2]). Das eine dieser Isomeren entsteht beim direkten Zusammenbringen äquimolekularer Mengen Nicotin und Jodmethyl als sirupöse Masse; das zweite entsteht, wenn man zum Nicotin erst 1 Mol. Jodwasserstoffsäure hinzufügt und dann Jodmethyl; es wird dabei das Jodmethyl an das schwächer basische Stickstoffatom des Pyridinringes gebunden. Dieses Jodmethylat krystallisiert aus Äther-Alkohol in farblosen Blättern, die bei 164° schmelzen. Durch Umwandlung desselben in das Hydrat und Oxydation des letzteren mit Kaliumpermanganat erhielten Pictet und Genequand das **Trigonellin** (s. S. 28).

$$\underset{\text{Monomethylhydrat des Nicotins}}{\underset{H_3C-N-OH}{\bigcirc-C_5H_{10}N}} \rightarrow \underset{\text{Trigonellin}}{\underset{H_3C-N-O}{\bigcirc-CO}}$$

Nicotindijodmethylat $C_{10}H_{14}N_2 \cdot 2\,CH_3J$, farblose Krystalle (aus Methylalkohol), Schmelzpunkt 219°.

Umwandlung des l-Nicotins in inaktives Nicotin: Es ist bekanntlich gelungen, eine Anzahl optisch aktiver Körper durch anhaltendes Erhitzen ihrer Lösungen in die inaktiven Formen zu verwandeln.

Eine solche Erscheinung haben Pictet und A. Rotschy[3]) auch beim Nicotin beobachtet. Erhitzt man wässerige Lösungen des Monochlorhydrats oder Sulfats in zugeschmolzenen Röhren bei zwischen 180 und 250° liegenden Temperaturen, so wird ihr Drehungsvermögen allmählich kleiner und schließlich gleich Null.

Aus den erhitzten Salzlösungen läßt sich das inaktive Nicotin nach bekannten Verfahren isolieren. Es zeigt in seinen Eigenschaften, wie Siedepunkt, spez. Gew. ($d_4^{19,4} = 1,0109$), Brechungsexponent (bei 20° = 1,5280) vollkommene Identität mit dem natürlichen, linksdrehenden Alkaloid. Auch Geruch, sowie Löslichkeitsverhältnisse sind bei den beiden Basen dieselben; ebensowenig konnte bei den Salzen ein Unterschied gefunden werden.

d-Nicotin.[4])

Es wurde von Pictet und Rotschy als das zweite Produkt der Spaltung des synthetischen dl-Nicotins isoliert und durch Kombination mit Linksweinsäure gereinigt. Sein spezifisches Drehungsvermögen $[\alpha]_D^{20}$ ergab sich zu $+163,17°$, Siedepunkt und spez. Gew. stimmen mit denen des l-Nicotins völlig überein.

Nachweis und quantitative Bestimmung des Nicotins: Zur Erkennung des Nicotins dienen neben seiner Flüchtigkeit, dem charakteristischen Geruch und dem Siedepunkt noch folgende Reaktionen. Jodtinktur gibt einen gelben Niederschlag, welcher bald purpurfarbig oder kermesbraun wird. Eine wässerige Lösung von Nicotin gibt mit Bleiacetat, Quecksilberchlorid, Zinnchlorür und -chlorid, Zinkchlorid weiße Niederschläge, der letztere löst sich in überschüssigem Nicotin, Gerbsäure gibt gleichfalls einen weißen Niederschlag. Eisenchlorid erzeugt einen ockergelben, Platinchlorid einen gelben, Goldchlorid einen rotgelben, in überschüssigem Nicotin leicht löslichen Niederschlag. Kupfersalze geben einen blauen, gallertartigen, in überschüssigem Nicotin löslichen Niederschlag, Kobaltchlorid einen blauen, bald grün werdenden, nur wenig löslichen Niederschlag, Magnesiumsulfat einen weißen, gallertartigen, an der Luft rasch braun werdenden Niederschlag. Eine Lösung von Antimonperchlorid in Phosphorsäure erzeugt mit einer wässerigen, nur $1/250$ Nicotin enthaltenden Lösung noch eine Trübung[6]). Kaliumquecksilberjodid erzeugt einen sehr charakteristischen, in großer Verdünnung (1 : 25000) noch wahrnehmbaren Niederschlag. Auch Phosphormolybdänsäure[5]) und Phosphorwolframsäure geben in sehr großer Verdünnung noch deutliche Niederschläge. Antimonchlorür[6]) und Überchlorsäure[7]) geben keine Färbung.

---

[1]) Annalen d. Chemie u. Pharmazie **41**, 116 [1842].
[2]) Pictet u. Genequand, Berichte d. Deutsch. chem. Gesellschaft **30**, 2117 [1897].
[3]) Pictet u. Rotschy, Berichte d. Deutsch. chem. Gesellschaft **33**, 2353 [1900].
[4]) Pictet u. Rotschy, Berichte d. Deutsch. chem. Gesellschaft **37**, 1232 [1904].
[5]) Struve, Zeitschr. f. analyt. Chemie **1873**, 14, 164.
[6]) Smith, Berichte d. Deutsch. chem. Gesellschaft **11**, 1071 [1879].
[7]) Fraude, Berichte d. Deutsch. chem. Gesellschaft **11**, 1558 [1879].

Zur quantitativen Bestimmung fällt man das Nicotin zuerst durch Silicowolframsäure und zerlegt das gefällte Silicowolframat $12\ WO_3 SiO_2\ 2\ H_2O \cdot 2\ C_{10}H_{14}N_2 \cdot 5\ H_2O$ wieder durch Alkali oder Magnesiumoxyd und Wasser[1]). Die Empfindlichkeitsgrenze, bis zu welcher eine augenblickliche Trübung zu erkennen ist, liegt bei $3/100\,000$ in bezug auf Chlorwasserstoff, sie ist aber, wenn man der Bildung des Niederschlags Zeit läßt, eine noch größere.

Zur Ausführung der Bestimmung erhitzt man 10 g der zerkleinerten Substanz mit der zehnfachen Gewichtsmenge 5% Chlorwasserstoff 15—20 Minuten auf dem Wasserbade, zentrifugiert, dekantiert die Flüssigkeit und behandelt den Rückstand noch dreimal auf die gleiche Weise. In dieser stark sauren Flüssigkeit fällt man das Nicotin durch eine 10 oder 20 proz. Lösung von Silicowolframsäure oder Kaliumsilicowolframat aus, läßt das Ganze zweckmäßig 24—48 Stunden stehen, zentrifugiert den Niederschlag, verteilt ihn in Wasser, welches etwas Chlorwasserstoff und Reagens enthält, zentrifugiert von neuem, zersetzt ihn durch Magnesiumoxyd und Wasser, destilliert das abgespaltene Nicotin mit Hilfe von Wasserdampf über und titriert es in Gegenwart von Alizarinsulfosäure durch Schwefelsäure, die pro 1 l 3,024 g Schwefelsäure enthält; 1 ccm dieser Säure entspricht 10 mg Nicotin. — Eine vorherige Reinigung des salzsauren Auszuges durch Bleiacetat ist unzweckmäßig. — Man kann das Verfahren noch dadurch vereinfachen, daß man die viermalige Extraktion durch eine einmalige ersetzt. Man kocht z. B. 12 g Tabak 30 Minuten lang mit 300 ccm 5% Chlorwasserstoff am Rückflußkühler, kühlt ab, zentrifugiert oder filtriert und verarbeitet 250 ccm der Flüssigkeit = 10 g Tabak wie oben angegeben. — Der Silicowolframatniederschlag kann auch zur gravimetrischen Bestimmung dienen; der Glührückstand ist mit 0,1139 zu multiplizieren.

In den Weingegenden erhöht sich von Jahr zu Jahr das Interesse an der Bestimmung des Nicotins in konz. Tabaksäften, weil dieses Alkaloid als Kampfmittel gegen die Weinrebenschädlinge immer weitere Verbreitung findet. F. Porchet und F. Régis[2]) haben nun Vergleiche mit einer Anzahl Methoden angestellt, die zur Kontrolle derartiger Säfte bei genügend schneller Ausführbarkeit verwendet werden können, und zwar wurden geprüft:

1. Die Methode von Schloesing[3]) (Extraktion des Nicotins durch Äther in Gegenwart von Chlornatrium).
2. Methode Biel[4]) (Extraktion des Nicotins durch Wasserdampf und Abscheidung des Alkaloids vom Ammoniak in Form des Sulfats).
3. Methode Toth[5]) (Absorption des Ammoniaks durch Calciumsulfat und direkte Abscheidung des Nicotins durch ein Äther-Petrolätherbemisch).

Bei den untersuchten Tabaksäften hat die erstgenannte Methode merklich niedrigere Werte ergeben als die beiden anderen Verfahren. Je nach der Natur der Säfte stimmten aber auch die Ergebnisse der Methoden von Biel und Toth nicht ganz genau überein. Bei Doppelanalysen desselben Musters ergaben die Bestimmungen eine Höchstdifferenz von 1% nach der Bielschen Methode und von 0,8% nach dem Verfahren von Toth. Die untersuchten Säfte enthielten 4—10% Nicotin. Porchet und Régis empfehlen daher die Methode von Toth als besonders schnell ausführbar und für technische Zwecke genügend genau.

Physiologische Eigenschaften der beiden aktiven Nicotine: Das Linksnicotin ist sehr giftig und wirkt fast ebenso schnell wie Blausäure. 5 mg genügen, um einen mittelgroßen Hund in 3 Minuten zu töten. Innerlich genommen, verursacht es Würgen und Erweiterung der Pupille. Bringt man ein Tröpfchen in das Auge einer Katze, so findet Kontraktion der Pupille statt, gefolgt von narkotischen Symptomen, welche nach einer Stunde vorübergehen.

Durch das Nicotin werden die Ganglienzellen (nach kurzer vorhergehender Erregung) gelähmt, Reizung der Ganglien sowie der präganglionären Fasern ist nunmehr erfolglos, während Reizung der postganglionären Fasern nach wie vor wirksam ist[6]).

A. Mayor[7]) hat bei der physiologischen Prüfung der beiden aktiven Nicotine folgende Resultate erhalten:

Sowohl beim Meerschweinchen als beim Kaninchen sind die Wirkungen äußerst verschieden, je nachdem Rechts- oder Linksnicotin zur Anwendung kommt. Vor allem ist festzustellen, daß Linksnicotin eine zweimal stärkere allgemeine Giftigkeit besitzt als Rechtsnicotin, wenn man als Versuchstier das Meerschweinchen benützt und wässerige Lösungen

---

[1]) G. Bertrand u. M. Javillier, Bulletin des Sc. Pharmacol. **16**, 7 [1909].
[2]) F. Porchet u. F. Régis, Chem.-Ztg. **33**, 127 [1909].
[3]) Schloesing, Memorial des Manufact. de l'Etat, Paris 1895.
[4]) Biel, Zeitschr. f. analyt. Chemie **1882**, 75.
[5]) Toth, Chem.-Ztg. **25**, 610 [1901].
[6]) Langley u. Dickinson, Proc. Roy. Soc. London **46**, 423 [1889].
[7]) A. Mayor, Berichte d. Deutsch. chem. Gesellschaft **37**, 1233 [1904].

unter die Haut einspritzt, welche 1% durch Salzsäure genau neutralisiertes Alkaloid enthalten. Für das Linksnicotin beträgt die tödliche Dosis bei Meerschweinchen von nicht über 300 g Gewicht 1 mg pro 100 g. Beim Rechtsnicotin braucht es 2 mg pro 100 g Gewicht, um den Tod herbeizuführen.

Außerdem ist das Vergiftungsbild ganz bedeutend verschieden. Das Linksnicotin, und zwar sowohl das natürliche wie das künstliche, bewirkt beim Meerschweinchen sogleich nach der Einspritzung eine gewisse Erregung; das Tier stößt Schreie aus, was auf heftige Schmerzen schließen läßt. Die Einspritzung von Rechtsnicotin dagegen scheint schmerzlos zu sein. Nach Vergiftung mit Linksnicotin treten alsbald Lähmungserscheinungen auf; die hinteren Extremitäten sind zuerst ergriffen, die anderen folgen bald nach. Die Atmung verschnellert sich, sie wird tief, ausgezogen und mühsam. Bald darauf durchlaufen kleine Zuckungen den Rumpf und die Glieder, und schließlich tritt ein heftiger Krampfanfall auf. Wenn die verabreichte Dosis tödlich ist, lassen dann die Krampferscheinungen allmählich nach; die Atmungsbewegungen werden immer seltener, das Herz schlägt langsamer, und der Tod tritt durch Stillstand der Atmung ein. Ganz anders verhält es sich mit dem Rechtsnicotin. Die gleiche Dosis von 1 mg pro 100 g Versuchstier bewirkt nichts anderes als ein Sträuben des Felles und ein leichtes Zittern. Auch diese geringfügigen Symptome zeigen sich nur vorübergehend, und das Tier kehrt darauf ziemlich schnell in seinen Normalzustand zurück. Vergrößert man die Dosis bis zu 1,5 mg, so verstärkt sich nur das Zittern, nach und nach erholt sich aber das Tier. Nimmt man Kaninchen zu diesen Versuchen, und spritzt man das Gift in die hintere Randvene des Ohres ein, so findet man den gleichen Unterschied in der Wirkungsweise der zwei Nicotinarten.

Pictet und Rotschy machen darauf aufmerksam (l. c.), daß in der verschiedenen Wirkung der beiden Nicotine auf den tierischen Organismus wohl ähnliche Verhältnisse vorliegen, wie im Verhalten optischer Antipoden gegen organisierte und nicht organisierte Fermente, welche besonders durch die Arbeiten von Pasteur und von E. Fischer bekannt geworden sind.

Über das Dihydronicotin, dessen physiologische Wirkung derjenigen des l-Nicotins ähnlich ist, vgl. man S. 40.

Über den Antagonismus Nicotin-Curare[1]). Läßt man dieselbe möglichst neutrale Lösung von salzsaurem Nicotin auf Gastrocnemien von gleichgroßen Exemplaren von Rana fusca, R. esculenta, Bufo vulgaris einwirken, so beobachtet man, daß der Muskel von Rana fusca die schwächste, der von Bufo vulgaris die stärkste tonische Kontraktion zeigt. Diese Beobachtung deutet auf Beziehungen der Nicotinwirkung zu dem verschiedenen Gehalt der Muskeln an sarkoplasmareichen, trägen Fasern, der bei Bufo größer ist als bei den Froscharten. Der Antagonismus Nicotin-Curare ist auch an glatten Muskelgeweben (Ösophagus des Frosches) zu sehen. Der Verlauf der Nicotinwirkung wird durch Strychnin, Brucin und Methylgrün in gleicher Weise wie durch Curarin beeinflußt, während aliphatische Produkte mit Curarewirkung, wie Tetramethylammoniumchlorid und Muscarin, nach Böhm[2]) die tonische Muskelwirkung des Nicotins besitzen. Diese Nicotinwirkung findet auch in geringerem Maße bei Coniin und Piperidin, jedoch nicht bei Pyridin und Chinolin.

Die Wirkungsweise von Nicotin und Curare bestimmt durch die Gestalt der Kontraktionskurve und die Methode der Temperaturkoeffizienten[3]). Die Kontraktionskurve eines Rectus-abdominis-Muskels (Frosch) in verdünnter Nicotinlösung folgt einer Gleichung $y = k(1 - e^{-\lambda t})$, wo y die Größe der Kontraktion, t die Zeit, k und λ Konstanten für die spezielle Kurve bedeuten. Die Entspannungskurve eines in verdünnter Nicotinlösung kontrahierten Rectus-abdominis-Muskels in Ringerscher Lösung oder in Lösung von Curare folgt der Gleichung

$$y = k e^{-\lambda t}.$$

Zur Erklärung dieser Befunde werden zwei Hypothesen in Betracht gezogen: a) eine allmähliche Diffusion des Giftes in und aus dem Muskel, b) eine allmähliche Verbindung des Giftes mit den Muskelbestandteilen. Vergleichung der totalen Kontraktionsgrößen und der Kontraktionsgeschwindigkeit bei derselben Temperatur und verschiedener Nicotinkonzentration verweisen auf Hypothese b.

Der Temperaturkoeffizient μ der Kontraktionsgeschwindigkeit zeigt, daß die Verbindung zwischen Nicotin oder Curare und dem Muskelbestandteil rein chemischer Natur ist. Der Vor-

---

[1]) H. Fühner, Archiv f. d. ges. Physiol. **129**, 107 [1909].
[2]) Böhm, Archiv f. experim. Pathol. u. Pharmakol. **58**, 269 [1908].
[3]) A. V. Hill, Journ. of Physiol. **39**, 361 [1909].

gang ist reversibel, $N + A \rightleftarrows NA$ (N = Gift, A = Muskelbestandteil), und die Kontraktionsgröße ist in jedem Moment proportional $NA - M$, wo M das Minimum der zur Kontraktion nötigen Giftmenge bedeutet. In sehr verschieden konzentrierter Lösung von Nicotin (0,00003% bis 1%) sind die Werte von μ stets nahe bei 16 000 und bei den von Arrhenius für viele biologischen Reaktionen festgestellten Werten. Dies entspricht einer 2,8 mal so großen Kontraktionsgeschwindigkeit bei 17° als bei 7°. Das μ der Curarewirkung entspricht einer 1,5 mal so großen Geschwindigkeit bei 17° als bei 7°. Durch mathematische Analyse der Kontraktionskurven ergibt sich die Wahrscheinlichkeit der Existenz zweier verschiedener Typen von Muskelfasern. Die schneller reagierende Faser wird in verdünnter Nicotin- oder Curarelösung viel rascher zerstört als die langsamer reagierende.

Hydroderivate des Nicotins[1]): **Dihydronicotin**[1]) $C_{10}H_{16}N_2$ entsteht durch Einwirkung von Jodwasserstoffsäure und Phosphor auf Nicotin. Das Dihydronicotin bildet eine bei 263 bis 264° siedende Flüssigkeit, die optisch aktiv und zwar linksdrehend ist.

Hexahydronicotin[2]) 1-Methyl-2-piperidylpyrrolidin (I) $C_{10}H_{20}N_2$ bildet sich neben Octohydronicotin durch Behandlung von Nicotin mit Natrium und Alkohol. Es wird vermittels seines Platinsalzes gereinigt. Siedep. 244,5—245,5°.

Platinsalz $(C_{10}H_{20}N_2 \cdot 2\,HCl)PtCl_4$ ist in Wasser schwer löslich und krystallisiert häufig mit, bisweilen ohne Krystallwasser. Schmelzp. 226—228°.

Octohydronicotin[1]) $C_{10}H_{22}N_2$ ist ein Öl, das, sorgfältig getrocknet, bei 259—260° siedet. In ihm ist der Pyrrolidinring aufgespalten, so daß ihm wahrscheinlich Formel II zukommt.

Hydrochlorid $C_{10}H_{22}N_2 \cdot 2\,HCl$ ist luftbeständig und schmilzt bei 201—202°.

Platinsalz $(C_{10}N_{22}N_2 \cdot 2\,HCl)PtCl_4$ zeigt den Schmelzp. 202°.

Metanicotin. Pinner stellte fest, daß durch Erhitzen von Benzoylchlorid mit Nicotin der Pyrrolidinring des Nicotins aufgespalten wird und so eine neue Base in Form ihres Benzoylderivates entsteht.

Durch Einwirkung von Natriumäthylat auf vorstehende Verbindung wird 1 Mol. Chlorwasserstoff abgespalten, und beim Erhitzen der so entstehenden Verbindung mit konz. Salzsäure auf 100° entsteht das mit dem Nicotin strukturisomere Metanicotin. Es unterscheidet sich in seinen Eigenschaften deutlich vom Nicotin, siedet bei 275—278° und ist optisch inaktiv; $d_4^{16} = 1,006$.

Die Reduktion des Metanicotins mit Natrium und abs. Alkohol wurde von Maas[3]) und Hildebrandt studiert. Es entsteht dabei ein Gemisch von Hexa- und Octohydrometanicotin. Die Trennung beider Verbindungen gelingt durch fraktionierte Wasserdampfdestillation, da sich die letztere leichter mit Wasserdampf verflüchtigt wie die erstere.

Das Hexahydro-Metanicotin ist ein optisch inaktives, wasserhelles, bei 248—250° siedendes Öl; $d_4^{20} = 0,9578$.

Das Octohydro-Metanicotin bildet ebenfalls ein optisch inaktives, wasserhelles Öl und siedet bei 258,5—260°; $d_4^{20} = 0,9173$.

---

[1]) Blau, Berichte d. Deutsch. chem. Gesellschaft **26**, 628, 1029 [1893].
[2]) A. V. Hill. Journ. of Physiol. **39**, 361 (1909).
[3]) Maas, Berichte d. Deutsch. chem. Gesellschaft **38**, 1831 [1905]. — Maas u. Hildebrandt, Berichte d. Deutsch. chem. Gesellschaft **39**, 3697 [1906].

Was die Konstitution dieser beiden Körper anbetrifft, so sind die Doppelbindungen in dem Pyridinkern gelöst, und es kommen ihnen die nachstehenden Formeln zu:

Metanicotin   Hexahydrometanicotin   Octohydrometanicotin

Nicht uninteressant ist es, daß schließlich bei der Reduktion des Metanicotins derselbe Körper entsteht wie bei der Reduktion des Nicotins. Denn das Octohydrometanicotin erwies sich identisch mit der Verbindung, die Blau[1]) bei der Reduktion des Nicotins erhalten und Octohydronicotin genannt hat. Auch Blau hat bewiesen, daß der Pyrrolidinring seiner Octoverbindung aufgesprengt ist, und nunmehr steht sicher, daß dieselbe als Metanicotinderivat aufzufassen ist.

Das Dihydro-Metanicotin ist von Löffler und Kober durch Erhitzen des Metanicotins mit Jodwasserstoff und Phosphor im geschlossenen Rohr auf 100° erhalten worden. Es hat den Siedep. 258—259° und die Dichte $d_4^{15} = 0{,}959$. Das Pikrat bildet feine Nädelchen und schmilzt bei 161—162°. Bei der Einwirkung von unterbromigsaurem Natrium auf die Base erhält man am Stickstoff bromiertes Dihydrometanicotin, das beim Erhitzen mit konz. Schwefelsäure in Nicotin übergeht[2]):

Dihydro-metanicotin   N-Brom-Dihydro-metanicotin   Nicotin

Nicotein.

Vorkommen: Gelegentlich der Bereitung einer größeren Menge Nicotins fanden A. Pictet[3]) und Rotschy, daß auch der Tabak mehrere Nebenalkaloide enthält, von welchen bisher drei isoliert wurden: Nicotein, Nicotimin, Nicotellin.

Die vier nunmehr bekannten Alkaloide[4]) scheinen chemisch nahe verwandt zu sein. Sie sind alle sauerstofffrei, unzersetzt flüchtig und in Wasser löslich. Sie besitzen alle im Molekül 10 Atome Kohlenstoff und 2 Atome Stickstoff und unterscheiden sich nur durch ihren Gehalt an Wasserstoff:

Nicotin . . . . $C_{10}H_{14}N_2$
Nicotimin . . . . $C_{10}H_{14}N_2$
Nicotein . . . . $C_{10}H_{12}N_2$
Nicotellin . . . . $C_{10}H_8N_2$.

Was die Menge der drei letzteren Basen in den Tabaksblättern betrifft, so ist sie im Vergleich zu der des Hauptalkaloids sehr gering.

Über die Konstitution des Nicotimins und Nicotellins liegen noch keine Aufschlüsse vor, doch ist mit ziemlicher Sicherheit die Konstitution des Nicoteins erforscht.

Physikalische und chemische Eigenschaften: Gleich dem Nicotin ist das Nicotein, welches eine farblose Flüssigkeit vom Siedep. 226—227° (unkorr.), spez. Gew. $d_4^{15} = 1{,}0778$, Brechungsindex bei 14° = 1,56021 und spez. Drehungsvermögen $[\alpha]_D = -46{,}41°$ bildet, eine zweisäurige, bitertiäre Base.

Für die Beurteilung der Konstitution der Verbindung sind insbesondere folgende Tatsachen von Bedeutung:

1. Sie liefert durch Einwirkung starker Salpetersäure glatt Nicotinsäure. Sie enthält demnach, wie das Nicotin, einen in der β-Stellung substituierten Pyridinkern.

---

[1]) Blau, Berichte d. Deutsch. chem. Gesellschaft **26**, 629 [1893].
[2]) K. Löffler u. S. Kober, Berichte d. Deutsch. chem. Gesellschaft **42**, 3431 [1909].
[3]) Pictet u. Rotschy, Berichte d. Deutsch. chem. Gesellschaft **34**, 696 [1901]; Compt. rend. de l'Acad. des Sc. **132**, 971.
[4]) Ein weiteres fünftes Alkaloid haben vielleicht S. Fränkel und A. Wogrinz aus dem Tabak isoliert. Monatshefte f. Chemie **23**, 236 [1902].

2. Sie gibt verschiedene für Pyrrolderivate charakteristische Reaktionen (z. B. Rotfärbung eines mit Salzsäure befeuchteten Fichtenspans unter bestimmten Bedingungen), enthält also auch einen Pyrrolkern. Dieser Kern muß vollständig hydriert sein und eine doppelte Bindung enthalten, da das Nicotein Permanganat in schwefelsaurer Lösung sofort entfärbt.

3. In seinem ganzen Verhalten zeigt das Nicotein die größte Ähnlichkeit mit dem isomeren Dihydronicotyrin, welches Pictet und Crépieux bei der Reduktion des Jodnicotyrins mit Zinn und Salzsäure erhalten haben (s. S. 36).

Pictet und Rotschy schließen aus alledem, daß das Nicotein dieselbe Kombination des Pyridinkernes mit einem hydrierten Pyrrolkerne enthält wie das Nicotin, und daß es sich von demselben in gleicher Weise unterscheidet wie das Dihydronicotyrin, d. h. durch den Mindergehalt zweier Wasserstoffatome im Pyrrolkern und deren Ersatz durch eine doppelte Bindung. Es kommt ihm demnach wahrscheinlich die Formel

$$\underset{N}{\bigcirc}C - HC\underset{\underset{CH_3}{N}}{\overset{HC=CH_2}{\diagup}}CH_2$$

zu, nach welcher es als **1-Methyl-2 β-Pyridyl-Δ_3-pyrrolin**[1]) anzusprechen ist.

Physiologische Eigenschaften des Nicoteins. Das Nicotein ruft, wie die Untersuchungen von Veyrassat[2]) ergeben haben, im tierischen Organismus dieselben Erscheinungen hervor wie das Linksnicotin. Seine toxische Wirkung scheint aber eine noch größere zu sein wie die des Nicotins.

Toxikologische Studien über Tabakrauch und Tabakrauchen.[3])

Die vorstehend erwähnten Nebenalkaloide des Nicotins sind, soweit die bisherige Forschung reicht, in so geringen Mengen vorhanden, daß eine Berücksichtigung derselben bisher unmöglich und höchstwahrscheinlich unnötig ist. Bei der Untersuchung des Tabakrauches ist neben dem aus dem Saugende der Zigarre entweichenden Hauptstrom auch der aus dem brennenden Ende aufsteigende Nebenstrom berücksichtigt worden; dieser beträgt bis 20% des Gesamtrauches. Die Verteilung von Ammoniak auf Haupt- und Nebenstrom ist aus unbekannten Gründen oft ziemlich verschieden. Zur Bestimmung des Nicotins im Rauch ist die Trennung vom Pyridin nötig, wozu nach dem Vorgang von Thoms die Destillation in essigsaurer Lösung dienen kann. Gemische von Nicotin, Pyridin und Ammoniak lassen sich genau analysieren, wenn man von der Gesamtalkalität das Nicotin und Pyridin abzieht. Pyridin kann nach seiner Trennung durch Destillation bei essigsaurer Reaktion und nochmaliger alkalischer Destillation mit Carminsäure als Indicator titriert werden.

Aus Zigaretten gelangt das Nicotin in einer Menge von 98,7—80,2% in den Rauch und die Stummel im Durchschnitt, aus Zigarren 84—100%, in der Mehrzahl 92—97%, im Durchschnitt 95%. Die Pyridinmenge erreicht in beiden Fällen höchstens die Hälfte des Nicotins, meist bewegt sie sich zwischen $1/3$ und $1/4$ des letzteren. Der Gehalt an Ammoniak des Zigarrenrauchs scheint in der Regel erheblich größer zu sein als im Zigarettenrauch. Die Temperatur der Zigarre beträgt 1 mm hinter der Glimmstelle nur etwa 100°, an der Glimmstelle ca. 480°. Das gebundene Nicotin wird durch die Bildung des Ammoniaks in Freiheit gesetzt und destilliert weg; das Ammoniak entsteht beim Rauchen aus dem Eiweiß, nur in sehr geringer Menge aus dem Nitrat, das Pyridin nur zum kleinen Teil aus dem Nicotin. Eine Menge nicotinfreier Stoffe zeigen bei der trocknen Destillation einen Pyridingehalt im Destillat. Kastanienblätter liefern einen kleineren Alkaligehalt im Rauch als Tabak, Spanischrohr einen noch viel geringeren, letzteres bildet aber so reichliche Mengen von flüchtigen Säuren, Essigsäure, daß der Rauch sauer wird.

Unter den Alkalien des Kastanienblätterrauches fand sich ein mit Wismutkaliumjodid fällbares „**Pseudonicotin**", das sich durch Reaktion und Wirkungslosigkeit auf den erwachsenen Menschen sehr leicht vom Nicotin unterscheidet und wahrscheinlich gar nichts

---

[1]) Es sind also drei isomere 1-Methyl-2-β-Pyridylpyrroline bekannt, welche sich in ihrer Konstitution durch die Lage der Doppelbindung im Pyrrolring voneinander unterscheiden: Dihydronicotyrin, Nicotein und Dehydronicotin (s. S. 36).

[2]) Veyrassat, Berichte d. Deutsch. chem. Gesellschaft **34**, 704 [1901].

[3]) K. B. Lehmann u. Mitarbeiter, Archiv f. Hygiene **68**, 319 [1909]; Münch. med. Wochenschrift **55**, 723 [1908].

mit ihm zu tun hat. Das Pyrrol im Tabakrauch bedingt keine Schwierigkeiten für die Nicotinbestimmung, es stammt nicht sicher aus dem Nicotin. Pyrrolidin konnte im Nicotin nicht nachgewiesen werden. Der Rauch von Kastanienblättern ist etwa doppelt so reich an Kohlenoxyd, wie Zigarettenrauch.

Für die **Wirkung der Rauchgase** hat das Kohlenoxyd, der Schwefelwasserstoff und der Cyanwasserstoff, solange in üblicher Weise geraucht wird, keine Bedeutung. Auch beim Einsaugen von 6% Kohlenoxyd enthaltender Luft in die Mundhöhle und Ausblasen dieses Gemisches tritt keine Andeutung einer Kohlenoxydvergiftung ein, wie beim Lungenrauchen. Die schädliche Wirkung des Aufenthaltes in tabaksrauchhaltiger Luft ist zum Teil auf das Ammoniak zurückzuführen; inwieweit Kohlenoxyd, Nicotin und Teer an einer solchen Wirkung teilhaben können, wäre näher zu untersuchen. Die Absorption von Nicotin durch den Menschen aus dem Hauptstrom kann meist auf 25—36%, sogar bis 42% des Nicotingehalts von Zigaretten angenommen werden; bei diesen ist auch die Ammoniakabsorption aus dem Hauptstrom schwächer als bei reinem Ammoniak. Beim sog. „Lungenrauchen", wie es z. B. in Japan üblich ist, werden rund 43% des nicht verbrennenden Nicotins oder 36,5% des Gesamtnicotins (80% des Hauptstroms) absorbiert. Die aus dem Rauch absorbierten Nicotinmengen sind so groß, daß sie die akute Wirkung des Rauchens auf den Ungewohnten erklären. Pyridin und seine Homologen aus dem Haupt- und Nebenstrom von zwölf Zigarren sind beim Einnehmen binnen einer Stunde wirkungslos. Es gelang nicht, wesentliche Mengen nicht alkalischer, giftiger, kondensierbarer Stoffe aus kleineren Mengen Tabakrauch zu gewinnen. Zu dem Nicotingehalt der Zigarren steht die Giftigkeit des Rauches, resp. die Schwere der Zigarre vielfach in keinem direkten Verhältnis; immerhin sind die nicotinreichen Zigarren alle stark. K. B. Lehmann geht auf die Momente ein, die bei gleichem Nicotingehalt die Schwere oder Leichtigkeit einer Zigarre bedingen, unter anderem kommt dabei in Betracht, daß aus dem Rauch starker Zigarren mehr Nicotin absorbiert wird, als aus dem schwacher. Es gibt Rauchschutzmittel, welche erhebliche Nicotinmengen aus dem Rauche entfernen, ohne den Rauchgenuß zu beeinträchtigen. An der chronischen Wirkung des Rauches auf Mund und Rachen ist das Ammoniak jedenfalls mitbeteiligt. Das Nicotin ist bis jetzt das einzig genau bekannte, wichtige Gift des Rauches, auch die wichtigste Substanz für die Erklärung der Rauchgiftigkeit.

Chrysanthemin.

Mol.-Gewicht 272,24.

Zusammensetzung: 61,72% C, 10,37% H, 10,29% N.

$$C_{14}H_{28}N_2O_3$$

$$(CH_3)_3N\text{———}O\text{———}CO$$
$$\ \ \ \ \ \ \ \ \ \ |\ |$$
$$H_2C-CH-CH_2\cdot C_5H_8NH\ ^1)$$

Vorkommen: Die Base findet sich im Chrysanthemum cinerariefolium[2]), einer insbesondere im Balkan kultivierten Composite. Die Blütenköpfe derselben sind der wesentliche Bestandteil des sog. persischen Insektenpulvers.

Darstellung: Die Blüten der vorstehend genannten Composite werden wiederholt mit Wasser ausgekocht und die eingeengten wässerigen Auszüge mit Bleizucker gefällt. Das Filtrat vom entstehenden Niederschlag wird nach dem Neutralisieren mit Natronlauge mit Bleiessig gefällt, zuletzt unter Zugabe von etwas Natriumhydroxyd. Nachdem das überschüssige Blei mit Schwefelwasserstoff entfernt ist, dampft man das Filtrat ein und kocht den Rückstand längere Zeit mit Schwefelsäure. Die filtrierte Lösung wird jetzt mit Jodwismutkalium ausgefällt und der gereinigte Niederschlag mit Schwefelwasserstoff zerlegt. Im farblosen Filtrat setzt man die Base mit Silberoxyd in Freiheit. Nach Entfernung des Jodsilbers dampft man die stark alkalische Flüssigkeit auf dem Wasserbade zunächst bei gewöhnlichem Druck, schließlich im Vakuum ein, wobei die ganze Masse zu farblosen, zerfließlichen Krystallen erstarrt

---

[1]) C_5H_8NH bedeutet in obiger Formel den Rest des Piperidins

$$\begin{array}{c}CH_2\\H_2C\diagup\ \ \diagdown CH_2\\H_2C\diagdown\ \ \diagup CH_2\\NH\end{array}$$

[2]) F. Marino-Zuco, Chem. Centralbl. **1890**, II, 560.

Physikalische und chemische Eigenschaften: Chrysanthemin ist sehr leicht löslich in Wasser, unlöslich in Äther, Chloroform und Benzol. Von Kaliumwismutjodid wird die wässerige Lösung gelb, von Kaliumquecksilberjodid gelblichweiß gefällt. Chrysanthemin ist eine zweisäurige Base und bildet in Wasser leicht lösliche Salze. Sein Geruch erinnert an denjenigen des Trimethylamins, in mäßigen Dosen ist es nicht giftig.

Bei verschiedenen Spaltungsreaktionen liefert Chrysanthemin Abkömmlinge des Piperidins. So gibt es bei der Destillation mit konz. Kalilauge als Zersetzungsprodukte Kohlensäure, Trimethylamin, γ-Oxybuttersäure und **Piperidincarbonsäure** entsprechend der Gleichung:

$$C_{14}H_{28}N_2O_3 + 4\,KOH + H_2O = N(CH_3)_3 + 4\,H_2O + K_2CO_3 + C_4H_7O_3K + C_5H_9(CO_2K)NH\,.$$

Beim Erhitzen von Chrysanthemin mit Jodwasserstoffsäure auf 150° entstehen Methyl- und Äthyljodid, Tetramethylammoniumjodid und das Hydrojodid der **Methylpiperidincarbonsäure:**

$$C_{14}H_{28}N_2O_3 + 8\,HJ = CH_3J + C_2H_5J + N(CH_3)_4J + C_5H_8(CH_3)(CO_2H)NH \cdot HJ + H_2O + 2\,J_2\,.$$

Die Oxydation des Chrysanthemins mit Brom und Alkali liefert unter Verwandlung einer primären Alkoholgruppe in Carboxyl das sog. Oxychrysanthemin $C_{14}H_{26}N_2O_4$, einen langsam krystallisierenden Sirup. Diese Carbonsäure liefert beim Erhitzen mit starker Kalilauge Wasserstoff, Trimethylamin, Hexahydropyridincarbonsäure und Bernsteinsäure:

$$C_{14}H_{25}N_2O_4K + 4\,KOH = C_6H_4NO_2K + K_2CO_3 + N(CH_3)_3 + H_2 + 3\,H_2O\,.$$

Alle diese Abbaureaktionen beweisen also, daß Chrysanthemin einen Piperidinring enthält.

B. Alkaloide der Pyrrolidingruppe und Verwandte.

Das Vorhandensein des Pyrrolidinringes ist im Laufe der letzten 15 Jahre in mehreren wichtigen Pflanzenbasen nachgewiesen worden, die man bis dahin lediglich als Derivate des sechsgliedrigen Pyridinringes ansah.

Es gehören hierher die Nebenalkaloide des Cocains Hygrin und Cuskhygrin, ferner Atropin, Hyoscyamin, Cocain, Tropacocain u. a.

Da sich übrigens der fünfgliedrige Pyrrolidinring leichter bildet als die Sechsringe, so ist die Entstehung der Alkaloide vom Pyrrolidintypus im Pflanzenkörper nicht überraschend, und man wird nicht fehlgehen in der Annahme, daß sich noch weitere Pflanzenbasen, deren Konstitution bisher nicht aufgeklärt wurde, als Pyrrolidinderivate herausstellen werden.

Hygrine.

Vorkommen: Aus südamerikanischer Coca, und zwar aus Truxillo- und Cuscoblättern, gelang es Liebermann[1]), zwei Basen zu isolieren, **Hygrin** ($C_8H_{15}NO$) und **Cuskhygrin** ($C_{13}H_{24}N_2O$), Amidoketone, die durch Oxydation mit Chromsäure in Hygrinsäure übergehen.

Darstellung: Aus dem wässerigen, mit Soda schwach alkalisierten Extrakte der Cocablätter, dem das Cocain durch Ausschütteln mit Äther entzogen ist, erhält man durch Übersättigen mit Soda und wiederholtes Ausäthern eine ölige Flüssigkeit, welche neben neutralen Ölen flüssige Basen enthält. Letztere werden der Flüssigkeit mit Hilfe von Säuren entzogen und die entstehenden Salze mit Natronlauge zerlegt. Derartige aus den Coca- resp. Truxilloblättern gewonnene Rohbasen können durch Fraktionierung im Vakuum in zwei Hauptfraktionen zerlegt werden. Der niedriger siedende Anteil enthält das gewöhnliche oder α-Hygrin, der höher siedende das β-Hygrin. Aus den flüssigen Basen der peruanischen Cuscoblätter erhält man ebenfalls zwei Verbindungen, nämlich das α-Hygrin und das Cuskhygrin.

---

[1]) C. Liebermann, Berichte d. Deutsch. chem. Gesellschaft **22**, 675 [1899]. — C. Liebermann u. O. Kühling, Berichte d. Deutsch. chem. Gesellschaft **24**, 707 [1891]; **26**, 851 [1892]. — C. Liebermann u. G. Cybulski, Berichte d. Deutsch. chem. Gesellschaft **28**, 578 [1895]; **29**, 2050 [1896]. — C. Liebermann u. F. Giesel, Berichte d. Deutsch. chem. Gesellschaft **30**, 1113 [1897].

Hygrin.

Mol.-Gewicht 141.
Zusammensetzung: 68,08% C, 10,63% H, 9,93% N.

$$C_8H_{15}NO.$$

$$\begin{array}{c} CH_3 \\ | \\ N \\ H_2C \diagup \diagdown CH \cdot CH_2 \cdot CO \cdot CH_3 \\ H_2C \text{———} CH_2 \end{array}$$

Es besitzt höchstwahrscheinlich die vorstehende Formel, nach welcher es als **1-Methyl-2-acetonylpyrrolidin** anzusprechen ist. Dieselbe gründet sich außer auf die analytischen Daten insbesondere auf die Entstehung eines Monoximes aus dem Hygrin, den Abbau des Hygrins zu Hygrinsäure oder 1-Methylpyrrolidin-2-carbonsäure (s. S. 46) und läßt eine nahe Verwandtschaft des Hygrins mit den Tropinbasen erkennen[1]).

Vorkommen und physikalische und chemische Eigenschaften: Das Hygrin findet sich besonders in den peruanischen Cuscoblättern, in denen es bis zu 0,2% vorkommt. Es ist eine an der Luft sich bräunende Flüssigkeit, siedet bei 92—94° unter 20 mm, bei 111—113° unter 50 mm, bei 193—195° unter gewöhnlichem Druck. Spez. Gew. $d_4^{17} = 0,935$. Spez. Drehung $\alpha_D = -1,3°$[2]).

Derivate: Das **salzsaure Salz** $C_8H_{15}NO \cdot HCl$ und das **jodwasserstoffsaure Salz** $C_8H_{15}NO \cdot HJ$ entstehen in Form weißer Nadeln, wenn die wasserfreie, ätherische Lösung der Base mit den gasförmigen Säuren gesättigt wird[3]). Das **Pikrat**[4]) $C_8H_{15}NO \cdot C_6H_2(NO_2)_3OH$ krystallisiert aus Alkohol in gelben Nadeln vom Schmelzp. 148°. Das **Oxim** $C_8H_5(:NOH)N$, welches entsteht beim Erhitzen der Base mit Hydroxylamin auf dem Wasserbade, krystallisiert aus siedendem Äther in weißen Nadeln oder Blättchen, die bei 116—120° schmelzen. Es gibt ein bei 160° schmelzendes **Pikrat**. Durch die Entstehung dieses Oximes ist der Sauerstoff im Hygrin als Carbonylsauerstoff charakterisiert.

Cuskhygrin.

Mol.-Gewicht 224.
Zusammensetzung: 69,64% C, 10,71% H, 12,50% N.

$$C_{13}H_{24}N_2O.$$

Zu dem **Hygrin** $C_8H_{15}NO$ steht das **Cuskhygrin** $C_{13}H_{24}N_2O$ der Formel nach in dem einfachen Verhältnis, daß ein Wasserstoff des ersteren durch einen einwertigen 1-Methylpyrrolidinrest ersetzt ist. Es kommt ihm somit nach Liebermann höchstwahrscheinlich die folgende Konstitutionsformel[5]) zu:

$$\begin{array}{cc} CH_3 & CH_3 \\ | & | \\ N & N \\ H_2C \diagup \diagdown CH \cdot CH_2 \cdot CO \cdot CH_2 - CH \diagup \diagdown CH_2 \\ H_2C \text{——} CH_2 \qquad H_2C \text{——} CH_2 \end{array}$$

Vorkommen und physikalische und chemische Eigenschaften: Das Cuskhygrin findet sich, wie erwähnt, in dem aus den Cuscoblättern erhaltenen Rohhygrin und bildet die höher siedende Hauptfraktion desselben. Es ist nach den Untersuchungen von Liebermann[6]) und Cybulski ein farbloses, schwach riechendes Öl, welches unter 32 mm Druck bei 185° (Therm. ganz im Dampf) siedet; das spez. Gew. d_{17}^{17} beträgt 0,9767. Die Base ist optisch inaktiv und mit Wasser ohne Trübung mischbar. Aus der ätherischen Lösung fällt Salpetersäure (spez. Gew. 1,4) das in Wasser äußerst leicht lösliche **Nitrat**[6]) kry-

---

[1]) R. Willstätter, Berichte d. Deutsch. chem. Gesellschaft **33**, 1161 [1900]; Annalen d. Chemie **326**, 92 [1903].
[2]) Berichte d. Deutsch. chem. Gesellschaft **28**, 579 [1895].
[3]) Giesel, Berichte d. Deutsch. chem. Gesellschaft **24**, 408 [1891].
[4]) Berichte d. Deutsch. chem. Gesellschaft **22**, 677 [1889].
[5]) C. Liebermann, Berichte d. Deutsch. chem. Gesellschaft **33**, 1161 [1900].
[6]) C. Liebermann u. G. Cybulski, Berichte d. Deutsch. chem. Gesellschaft **28**, 579 [1895].

stallinisch aus. Mit 21,4 proz. Wasser versetzt, erstarrt Cuskhygrin vollständig zu einem **Hydrat**[1]) $C_{13}H_{24}N_2O + 3^1/_2 H_2O$, welches in farblosen, bei 40—41° schmelzenden Nadeln krystallisiert. Das **salzsaure Cuskhygrin**[1]) $C_{13}H_{24}N_2O \cdot 2\,HCl$ erhält man durch Zusatz alkoholischer Salzsäure zur Lösung der Base in abs. Alkohol als weißen, krystallinischen Niederschlag. Aus der wässerigen Lösung des salzsauren Salzes fällt Goldchlorid das **salzsaure Cuskhygringoldchlorid** $C_{13}H_{24}N_2O \cdot 2\,HCl \cdot 2\,AuCl_3$ als gelben Niederschlag. Das **Platindoppelsalz** $(C_{13}H_{24}N_2O \cdot 2\,HCl)PtCl_4$ wird aus der alkoholischen Lösung des salzsauren Salzes durch alkoholisches Platinchlorid gefällt.

Nicht unerwähnt mag bleiben, daß Liebermann[2]) aus dem Rohhygrin noch eine dritte Base isolieren konnte, das „hochsiedende" **β-Hygrin** $C_{14}H_{24}N_2O$. Es stellt eine unter 50 mm Druck bei ca. 215° siedende Flüssigkeit dar vom spez. Gew. $d_{18}^{18} = 0,982$. Seine Konstitution ist noch nicht aufgeklärt. Doch deutet der Umstand, daß es bei der Oxydation mit Chromsäure ebenfalls Hygrinsäure liefert, darauf hin, daß es zu den vorstehend besprochenen Basen in naher Beziehung steht.

Hygrinsäure, 1-Methylpyrrolidin-2-carbonsäure.

Mol.-Gewicht 129.
Zusammensetzung: 55,81% C, 8,53% H, 10,85% N.

$$\begin{array}{c} N \cdot CH_3 \\ H_2C \diagup \diagdown CH \cdot COOH \\ H_2C —— CH_2 \end{array}$$

Darstellung: Aus Nebenalkaloiden des Cocains der Truxillo- und Cuscoblätter, Hygrin und Cuskhygrin, hat C. Liebermann[3]) gemeinschaftlich mit O. Kühling und G. Cybulski die Hygrinsäure erhalten und für sie die Zusammensetzung $(C_5H_{10}N) \cdot COOH$ ermittelt. Auf Grund des Zerfalls beim trocknen Destillieren erkannte Liebermann in diesem Abbauprodukte eine Carbonsäure des 1-Methylpyrrolidins. Er ließ die Frage unentschieden, ob die α- oder β-Carbonsäure in der Hygrinsäure vorliege, gab aber in Anbetracht der leicht erfolgenden Abspaltung von Kohlensäure der obigen Formel den Vorzug.

Willstätter[4]) und Ettlinger haben dann die **Synthese der Säure** durchgeführt und damit die Konstitution derselben endgültig bewiesen. Allerdings hat Liebermann bei der Oxydation der optisch aktiven Alkaloide wahrscheinlich optisch aktive Hygrinsäure erhalten, während das synthetische Präparat racemisch ist. Die Synthese gestaltet sich folgendermaßen: Der α, δ-Dibrompropylmalonsäureester kondensiert sich mit Methylamin unter Bildung vom Dimethylamid der 1-Methylpyrrolidin-2,5-dicarbonsäure, welches beim Behandeln mit Salzsäure glatt neben salzsaurem Methylamin das Chlorhydrat der Hygrinsäure liefert.

$$\begin{array}{c} \text{Br} \quad \text{Br} \\ \overset{|}{CH_2} \quad \overset{|}{C}\!\!<\!\!\begin{array}{c} COOC_2H_5 \\ COOC_2H_5 \end{array} + H_2NCH_3 \end{array} \rightarrow \begin{array}{c} CH_3 \\ \overset{|}{N} \\ CH_2 \diagup \diagdown C\!\!<\!\!\begin{array}{c} CONHCH_3 \\ CONHCH_3 \end{array} \\ CH_2 —— CH_2 \end{array} \rightarrow \begin{array}{c} CH_3 \\ \overset{|}{N} \\ H_2C \diagup \diagdown CH \cdot COOH \\ H_2C —— CH_2 \end{array}$$

Physikalische und chemische Eigenschaften und Derivate der Hygrinsäure[5]): Die Hygrinsäure ist leicht löslich in Wasser und Alkohol, unlöslich in Äther und krystallisiert mit 1 Mol. Hydratwasser. Die wasserhaltige Säure schmilzt unregelmäßig, die wasserfreie nach Willstätter bei 169—170°, nach Liebermann bei 164°. Diese Abweichung erklärt sich dadurch, daß Liebermann aus dem optisch aktiven Alkaloide wahrscheinlich aktive Hygrinsäure bekommen hat, während Willstätter die racemische Substanz in Händen hatte.

Chlorhydrat[5]). Aus alkoholischer Lösung scheidet sich das Salz auf Zusatz von Äther in Rosetten rhombisch oder sechseckig begrenzter Blättchen aus. Es schmilzt bei 187—188°.

---

[1]) C. Liebermann u. Giesel, Berichte d. Deutsch. chem. Gesellschaft **30**, 1113 [1897].
[2]) C. Liebermann, Berichte d. Deutsch. chem. Gesellschaft **22**, 675 [1889].
[3]) C. Liebermann, O. Kühling u. G. Cybulski, Berichte d. Deutsch. chem. Gesellschaft **24**, 407 [1891]; **28**, 578 [1895]; **29**, 2050 [1896].
[4]) R. Willstätter u. Ettlinger, Berichte d. Deutsch. chem. Gesellschaft **33**, 1160 [1900]; **35**, 620 [1902]; Annalen d. Chemie **326**, 91 [1903].
[5]) R. Willstätter u. Ettlinger, Annalen d. Chemie **326**, 122 [1903].

Chloraurat[1]). Es wird hergestellt durch Versetzen der Lösung von Hygrinsäure in überschüssiger Salzsäure mit konz. Goldchloridlösung und schmilzt bei 190—195° unter Zersetzung.

Das **Kupfersalz**[1]) wird aus seiner Lösung in Chloroform durch Äther in wasserfreien, hellblauen Nadeln gefällt, die bei 209—210° unter Zersetzung schmelzen. Die Farbe der Chloroformlösung des Salzes schlägt beim Verdünnen von Tiefblau in Rotviolett um.

Hygrinsäureäthylester[1]) $(C_5H_{10}N)COOC_2H_5$, aus der Säure mittels äthylalkoholischer Salzsäure dargestellt, ist ein farbloses, stark alkalisch reagierendes und basisch riechendes Öl, welches bei 75—76° unter 12 mm Druck (Quecksilber im Dampfe) siedet. — **Golddoppelsalz**[4]). Es krystallisiert aus Wasser in Aggregaten rechteckig begrenzter Säulchen, welche wasserfrei sind und bei 110,5° schmelzen. — Das **Jodmethylat des Hygrinsäureesters**[2]) krystallisiert in farblosen Prismen, die bei 82° erweichen und bei 88—89° schmelzen. Es erleidet bei der Einwirkung von ätzenden und kohlensauren Alkalien nicht die eigentümliche Aufspaltung, welche für das Jodmethylat des Tropinsäureesters (siehe dieses) charakteristisch ist, weil es nicht wie dieses die Ammoniumgruppe in β-Stellung, sondern in α-Stellung zu einem Carboxyl trägt[3]). — Das **Natriumsalz des Hygrinsäurejodmethylats** entsteht beim Kochen der vorstehenden Verbindung mit Natronlauge, krystallisiert aus Alkohol in Büscheln weißer Nadeln und schmilzt bei 213—214°.

Hygrinsäuremethylamid[4]) $C_5H_{10}N(CONHCH_3)$ bildet sich als Nebenprodukt bei der oben beschriebenen Synthese der Hygrinsäure. Der glatteste Weg zur Darstellung desselben besteht im Erhitzen des Monomethylamids der 1-Methylpyrrolidin-2, 5-dicarbonsäure über den Schmelzpunkt. Es krystallisiert in farblosen Nadeln, welche bei 44—46° schmelzen. — Das **Pikrat** desselben schmilzt bei 214—216° unter Schwärzung. — Das **Chloraurat** krystallisiert aus Wasser in rhomboidischen Tafeln von dunkelgelber Farbe, die scharf bei 149—150° schmelzen. — Das **Platindoppelsalz** krystallisiert aus Wasser in orangeroten Prismen, die bei 197—198° unter Zersetzung schmelzen.

Aus der Konstitution der Hygrinsäure ergibt sich auch für die Hygrine, daß sie ihre Seitenkette in der α-Stellung enthalten, daß sie somit, wie die folgenden Formeln erkennen lassen, mit den später zu behandelnden Tropinbasen nahe verwandt sind, in welchen $\alpha_1 \alpha_2$-substituierte Methylpyrrolidine vorliegen:

$$\begin{array}{cc}
\begin{array}{c} CH_2-CH\!-\!-\!-CH_2 \\ | \quad\quad\quad\quad | \\ N\cdot CH_3 \quad CO \\ | \quad\quad\quad\quad | \\ CH_2-CH \quad CH_3 \\ \text{Hygrin} \end{array} &
\begin{array}{c} CH_2-CH\!-\!-\!-CH_2 \\ | \quad\quad\quad\quad | \\ N\cdot CH_3 \quad CO \\ | \quad\quad\quad\quad | \\ CH_2-CH\!-\!-\!-CH_2 \\ \text{Tropinon} \end{array}
\end{array}$$

Stachydrin, Methylbetain der Hygrinsäure (Dimethylbetain des α-Prolins)[5]).

Mol.-Gew. 143,10.
Zusammensetzung: 58,70% C, 9,15% H, 9,78% N.

$$C_7H_{13}NO_2.$$

$$\begin{array}{c} H_3C\diagdown \quad \diagup CH_3 \\ N\!-\!-\!-O \\ H_2C\diagup \quad \diagdown CH\cdot C\!:\!O \\ | \quad\quad\quad | \\ H_2C\!-\!-\!-CH_2 \end{array}$$

Vorkommen: In den Knollen von Stachys tuberifera, sowie in den Blättern von Citrus aurantium.

---

[1]) R. Willstätter u. Ettlinger, Annalen d. Chemie **326**, 122 [1903].
[2]) Annalen d. Chemie **326**, 126 [1903].
[3]) R. Willstätter, Berichte d. Deutsch. chem. Gesellschaft **35**, 2065 [1902].
[4]) Annalen d. Chemie **326**, 118.
[5]) R. Engeland, Berichte d. Deutsch. chem. Gesellschaft **42**, 2962 [1909]; Archiv d. Pharmazie **247**, 463 [1909]. — E. Schulze u. G. Tuer, Berichte d. Deutsch. chem. Gesellschaft **42**, 4654 [1909].

Physikalische und chemische Eigenschaften: Stachydrin ist optisch inaktiv und krystallisiert aus Alkohol-Äther in farblosen, an der Luft zerfließlichen Krystallen, welche 1 Mol. Krystallwasser enthalten; beim Erhitzen auf 100° werden die Krystalle undurchsichtig und wasserfrei. Durch Spaltung des salzsauren Stachydrinäthylesters mit getrocknetem Chlorwasserstoffgas entsteht Hygrinsäure, durch Spaltung mit Kalilauge Dimethylamin, und hieraus ergibt sich die oben angeführte Konstitutionsformel. Sie wird ferner dadurch bewiesen, daß Stachydrin synthetisch entsteht beim Behandeln des Hygrinsäureesters mit Jodmethyl und dann mit Silberoxyd.

Die bei Erforschung der Konstitution des Stachydrins erhaltenen Resultate führen zu der Vorstellung, daß die Bildung dieser Base in den Pflanzen mit dem Abbau der Eiweißstoffe im Zusammenhang steht. Eine Stütze für diese Annahme liegt in der Tatsache, daß im Saft der Stachysknollen neben Stachydrin Stickstoffverbindungen nachgewiesen sind, die mit Sicherheit für Produkte des Eiweißabbaues erklärt werden können, nämlich Glutamin, Tyrosin und Arginin.

Derivate: Das **Chlorhydrat** $C_7H_{13}NO_2 \cdot HCl$ bildet aus Wasser oder Alkohol wasserfreie Prismen, welche luftbeständig sind und sauer reagieren.

Das **Chloraurat** $(C_7H_{13}NO_2 \cdot HCl) \cdot AuCl_3$ krystallisiert aus heißer, verdünnter Salzsäure in rhombischen Blättchen, deren Schmelzpunkt ein wechselnder ist; gefunden wurden 217—218°, 209° und 205—206°.

Tropanverbindungen.

Das verschiedenen Alkaloiden zugrunde liegende Tropanringsystem ist nach den neueren Forschungen von Willstätter als eine eigenartige Kombination eines hydrierten Pyrrol- und eines hydrierten Pyridinringes aufzufassen, dessen Peripherie ein aus sieben Kohlenstoffatomen bestehender Ring bildet:

$$\begin{array}{cc}
\begin{array}{c} C_7 - C_1 \quad _2C \\ | \quad \quad | \\ N \cdot CH_3 \quad ^3C \\ | \quad \quad | \\ C^6 - C^5 \quad ^4C \end{array} & \begin{array}{c} H_2C - CH - CH_2 \\ | \quad \quad | \\ N \cdot CH_3 \quad CH_2 \\ | \quad \quad | \\ H_2C - CH - CH_2 \end{array} \\
I & II
\end{array}$$

Für die Bezeichnung der Tropanderivate wird nach dem Vorschlag von R. Willstätter[1]) zweckmäßig die in vorstehendem Schema I gebrauchte Numerierung der Ringglieder zugrunde gelegt, so daß man dieselbe von der Stammsubstanz Tropan, welcher die Formel II zukommt, bequem ableiten und nach den Prinzipien der Genfer Kommission benennen kann.

In der nachfolgenden Aufzählung sind für die wichtigeren Substanzen der Gruppe die älteren üblichen Bennenungen mit den von der Bezeichnung „Tropan" für die Grundsubstanz abgeleiteten zusammengestellt.

Hydrotropidin	$C_8H_{15}N$	heißt	Tropan
Tropin	$C_8H_{14}(OH)N$	„	Tropanol
Tropinon	$C_8H_{13}ON$	„	Tropanon
Tropigenin	$C_7H_{13}ON$	„	Nortropanol
Norhydrotropidin	$C_7H_{13}N$	„	Nortropan
Tropidin	$C_8H_{15}N$	„	Tropen.

Was die Anordnung des Stoffes anbetrifft, so scheint es aus mehreren Gründen zweckmäßig, zunächst die einfachen Verbindungen der Tropanreihe und dann die komplizierter gebauten, hierhergehörigen Alkaloide zu besprechen. Da viele der ersteren Spaltungsprodukte der letzteren sind, so lassen sich allerdings kleine Wiederholungen hierbei kaum vermeiden. Es ergibt sich somit die Gliederung des ganzen Abschnittes in die nachfolgenden drei Kapitel:

I. Gesättigte Verbindungen der Tropanreihe.
II. Ungesättigte Verbindungen der Tropanreihe.
III. Alkaloide der Tropanreihe.

Bezüglich der neuerdings von R. Willstätter ausgeführten Bildung von Tropan und Tropanderivaten sei folgende allgemeine Bemerkung[2]) der speziellen Behandlung vorausgeschickt. Ebenso wie Halogenalkyl auf eine primäre Base einwirkt und zunächst das halogen-

---

[1]) R. Willstätter, Berichte d. Deutsch. chem. Gesellschaft **30**, 2692 [1897].
[2]) R. Willstätter, Annalen d. Chemie **317**, 307 [1901].

wasserstoffsaure Salz einer sekundären Base liefert und ebenso wie Halogenalkyl und tertiäres Amin sich zum Ammoniumsalz vereinigen, so kann auch innerhalb des Moleküls einer halogenhaltigen Base der halogenierte Kohlenwasserstoff auf die basische Gruppe alkylierend einwirken. Dabei tritt an den Stickstoff Halogen, sowie das ursprünglich mit letzterem verbundene Kohlenstoffatom, und es entstehen cyclische Basen (in deren Molekül Stickstoff an der Ringbildung beteiligt ist), und zwar aus den primären Halogenaminen Salze von Iminen, aus den tertiären Halogenaminen Ammoniumhaloide. Für diese Reaktion hat Willstätter die Bezeichnung „intramolekulare Alkylierung" vorgeschlagen.

Die intramolekulare Alkylierung kann zu bicyclischen Basen führen, wenn die Additionsprodukte cyclischer Amine als Ausgangsmaterial dienen. (Man vergleiche als Beispiel die unten behandelte Synthese des Tropans.)

Die Basen, welche einen Ring von sieben Kohlenstoffatomen enthalten, liefern nämlich dann Derivate des Tropans, wenn sich in ihren Halogen- und Halogenwasserstoffadditionsprodukten ein Halogenatom zur Aminogruppe in einer der beiden δ-Stellungen:

$$\begin{array}{c} N(CH_3)_2 \\ | \\ C-C-C \\ | \\ C \\ | \\ C-C-C \\ \delta \quad \delta \end{array}$$

befindet, also an C_4 oder C_5 gebunden ist. Die Additionsprodukte der in Betracht kommenden ungesättigten Basen bestehen im allgemeinen aus Gemengen von cis-transisomeren Modifikationen. Ein Teil der Halogenamine, und zwar offenbar die cis-Verbindungen, in welchen Halogen und Stickstoff einander näher stehen, erfährt sehr leicht die intramolekulare Alkylierung, ein anderer Teil (cis-trans) viel schwieriger, erst bei höherer Temperatur. Diese Umwandlungstemperatur liegt für letzteren Anteil oft höher als die Temperatur, bei der bereits das empfindliche Molekül der halogenierten Base tiefgehende Zersetzung erleidet. Die in den nachstehenden Kapiteln beschriebenen Willstätterschen Synthesen von Tropanderivaten beruhen sämtlich auf der Halogen- und Halogenwasserstoffaddition von Basen mit Kohlenstoffsiebenring und intramolekularer Alkylierung der halogenhaltigen Verbindungen (Synthese des Isotropidins ausgenommen).

1. Gesättigte Verbindungen der Tropanreihe.
Tropan, Hydrotropidin.

Mol.-Gewicht 125,13.
Zusammensetzung: 76,72% C, 11,20% H, 10,08% N.

$C_8H_{15}N$ (siehe Formel II S. 48).

Bildungsweisen: Willstätter[1]) stellt Tropan synthetisch in zweierlei Weise her.

1. Das Salzsäureadditionsprodukt des Δ^4-Dimethylaminocycloheptens erleidet zum großen Teile die intramolekulare Ammoniumsalzbildung bei gelindem Erwärmen und liefert Tropanchlormethylat entsprechend folgenden Formeln:

$$\begin{array}{c} N(CH_3)_2 \\ | \\ H_2C-CH-CH_2 \\ | \\ CH_2 \\ | \\ H_2C-CH=CH \end{array} + HCl = \begin{array}{c} N(CH_3)_2 \\ | \\ H_2C-CH-CH_2 \\ | \\ CH_2 \\ | \\ H_2C-CHCl-CH_2 \end{array} \rightarrow$$

Δ^4-Dimethylaminocyclohepten

$$\begin{array}{c} H_2C-CH-\!\!-\!\!-CH_2 \\ \quad \diagdown CH_3 \\ N-CH_3 \\ \quad \diagup Cl \\ H_2C-CH-\!\!-\!\!-CH_2 \end{array}$$

Aus dem Ammoniumsalz entsteht durch trockne Destillation das Tropan.

---

[1]) R. Willstätter, Annalen d. Chemie **317**, 315 [1901].

2. Die zweite Synthese des Tropans[1]), ebenfalls ausgehend vom Δ^4-Dimethylaminocyclohepten wird durch folgende Formeln dargestellt:

$$\begin{array}{c} N(CH_3)_2 \\ | \\ H_2C-CH\text{———}CH_2 \\ | \\ CH_2 \\ | \\ H_2C-CH\text{====}CH \end{array} \xrightarrow{Br} \begin{array}{c} N(CH_3)_2 \\ | \\ H_2C-CH\text{———}CH_2 \\ | \\ CH_2 \\ | \\ H_2C-CHBr\text{—}CHBr \end{array} \xrightarrow{Erwärmen}$$

$$\begin{array}{c} H_2C-CH\text{———}CH_2 \\ |_{CH_3} | \\ N{<}CH_3 CH_2 \\ |_{Br} | \\ H_2C-CH\text{———}CHBr \end{array} \xrightarrow[\text{mit Zn + HJ}]{Reduktion} \begin{array}{c} H_2C-CH\text{———}CH_2 \\ |_{CH_3} | \\ N{<}CH_3 CH_2 \\ |_{J} | \\ H_2C-CH\text{———}CH_2 \end{array} + HBr$$

Bromtropanbrommethylat

Darstellung: Das Tropan, die Grundsubstanz der Tropinreihe, wurde zuerst von Ladenburg[2]) durch Einwirkung von Zinkstaub und Salzsäure auf das Tropinjodür erhalten:

$$C_8H_{14}JN \cdot HJ + 2H = C_8H_{15}N \cdot HJ + HJ.$$

Vorteilhafter gewinnt man es nach Merling[3]) durch Einwirkung von Zink und Schwefelsäure auf das bromwasserstoffsaure Tropidinhydrobromid. Nach Willstätter gewinnt man aus den Halogenwasserstoffadditionsprodukten des Tropidins das Tropan am besten durch Reduktion mit Zinkstaub und Jodwasserstoffsäure in der Kälte. Nach Willstätter und Iglauer entsteht es aus Tropinon mit Zinkstaubjodwasserstoffsäure[4]).

Physikalische und chemische Eigenschaften: Tropan hat den Siedep. 167° (korr.), das spez. Gew. $d_4^{15} = 0,934$, tropidinähnlichen Geruch, ist schwer löslich in kaltem und noch schwerer in heißem Wasser.

Derivate: Die Salze sind meist krystallinisch. — Das **Hydrochlorid** $C_8H_{15}N \cdot HCl$ bildet zerfließliche Nadeln und geht beim Erhitzen im Salzsäurestrom in Norhydrotropidin über. — Das **Goldsalz** $C_8H_{15}N \cdot HCl \cdot AuCl_3$ krystallisiert aus Alkohol in dünnen Krystallblättchen und schmilzt bei 234—235°. — Das **Platinsalz**[5]) $(C_8H_{15}N \cdot HCl)_2PtCl_4$ ist besonders charakteristisch; es zeigt nach den Angaben von R. Willstätter und F. Iglauer die Erscheinung der Dimorphie. Beim Umkrystallisieren aus konz. heißer Lösung scheiden sich rasch hellorangerote, lange Prismen und Nadeln aus, welche sich in der erkaltenden Flüssigkeit auf einmal in wenigen Augenblicken in kleine rote Täfelchen von annähernd quadratischem Umriß verwandeln. Das Platinat schmilzt bei 220—221° unter Zersetzung. — Das **Pikrat** krystallisiert aus Alkohol in feinen, goldgelben Prismen und schmilzt bei 280—281° unter Zersetzung. — **Tropanchlormethylat** $(C_7H_{12}N(CH_3)_2Cl$ entsteht, wie auf Seite 49 erwähnt, durch Erwärmen vom Salzsäureadditionsprodukt des Δ^4-Dimethylaminocycloheptens und krystallisiert aus Alkohol in vierseitigen, oft würfelförmigen Täfelchen. — **Golddoppelsalz des Tropanchlormethylats** $C_7H_{12}N(CH_3)_2Cl \cdot AuCl_3$ krystallisiert aus verdünntem Alkohol in goldgelben Nadeln, welche über 290° unter Zersetzung schmelzen. — **Tropanjodmethylat** $C_7H_{12}N(CH_3)_2J$ entsteht durch Umsetzung des Chlormethylates mit Jodkalium, durch Reduktion des 3-Bromtropanbrommethylats mit Zink und Schwefelsäure, des 2-Tropanbrommethylats mit Zink und Jodwasserstoff oder direkt aus Tropan und Jodmethyl, krystallisiert aus Wasser in kochsalzähnlichen Würfelchen und bleibt beim Erhitzen bis 300° unverändert.

Bei dem Abbau durch erschöpfende Methylierung nach der Hofmannschen Reaktion liefert Tropan das **Hydrotropiliden** oder **Cycloheptadien**[6]) C_7H_{10}:

$$C_7H_{11}N(CH_3)_3OH = C_7H_{10} + N(CH_3)_3 + H_2O.$$

---

[1]) R. Willstätter, Annalen d. Chemie **317**, 350 [1901].
[2]) Ladenburg, Berichte d. Deutsch. chem. Gesellschaft **16**, 1408 [1883].
[3]) Merling, Berichte d. Deutsch. chem. Gesellschaft **25**, 3124 [1892].
[4]) R. Willstätter u. Iglauer, Berichte d. Deutsch. chem. Gesellschaft **33**, 1170 [1900].
[5]) R. Willstätter, Annalen d. Chemie **317**, 326 [1901].
[6]) R. Willstätter, Berichte d. Deutsch. chem. Gesellschaft **30**, 721 [1897].

Nortropan (Norhydrotropidin) $C_7H_{13}N$ entsteht nach Ladenburg[1]) durch trockne Destillation des Tropans im Salzsäurestrom, wobei die N-Methylgruppe als Chlormethyl entweicht:

$$\begin{array}{c}H_2C-CH\!-\!\!-\!\!-\!CH_2\\ \quad\;\;|\quad\;\;\;CH_3\;\;\;|\\ \quad\;\;\;N\!\!\stackrel{H}{\underset{Cl}{\lessgtr}}\;\;CH_2\\ \quad\;\;|\quad\quad\quad\;\;|\\ H_2C-CH\!-\!\!-\!\!-\!CH_2\end{array} = \begin{array}{c}H_2C-CH-CH_2\\ |\quad\quad\quad\;\;|\\ NH\quad CH_2\\ |\quad\quad\quad\;\;|\\ H_2C-CH-CH_2\\ \text{Nortropan}\end{array} + CH_3Cl$$

Es bildet eine durchsichtige, krystallinische Masse, deren Siedepunkt bei etwa 161° und deren Schmelzpunkt bei etwa 60° liegt, besitzt einen an Tropidin erinnernden Geruch und zieht begierig Kohlensäure aus der Luft an. Beim Destillieren über Zinkstaub liefert die Base α-Äthylpyridin. Dieser Befund hat gezeigt, daß Tropin den Pyridinkern enthält. Als sekundäre Base liefert Nortropan eine Nitrosoverbindung, welche bei 139° schmilzt.

Halogensubstitutionsprodukte des Tropans.

2-Bromtropanmethylammoniumbromid[2]) $C_8H_{14}BrN \cdot CH_3Br$ entsteht aus dem Dibromid des Δ^4-Dimethylaminocycloheptens durch Umlagerung desselben beim Erwärmen (s. S. 49). Es krystallisiert in weißen Prismen, die bei 296° unter Aufschäumen schmelzen.

Bei der Reduktion verhält es sich analog den halogenierten Pyrrolidinderivaten aus Dimethylpiperidin. Mit Hilfe von Zinkstaub und Jodwasserstoffsäure gelingt, wie vorstehend erwähnt, die glatte Reduktion des Bromtropanbrommethylats zum Tropanjodmethylat. Die gewöhnlichen Reduktionsmittel aber entziehen auch dem Bromtropanmethylammoniumbromid die beiden Halogenatome, so verschiedenartig sie gebunden sind, ohne Wasserstoffsubstitution; dabei wird das bicyclische System wieder aufgespalten, und es entsteht eine monocyclische Tropinbase, das Δ^3-**Dimethylaminocyclohepten** oder Δ^3-Methyltropan, welche auch bei

$$\begin{array}{c}H_2C-CH\!-\!\!-\!\!-\!CHBr\\ \quad\;\;|\quad\;\;\;CH_3\;\;\;|\\ \quad\;\;\;N\!\!\stackrel{CH_3}{\underset{Br}{\lessgtr}}\;\;CH_2\\ \quad\;\;|\quad\quad\quad\;\;|\\ H_2C-CH\!-\!\!-\!\!-\!CH_2\end{array} \rightarrow \begin{array}{c}\quad\quad N(CH_3)_2\\ \quad\quad\;\;|\\ H_2C-CH-CH_2\\ |\quad\quad\quad\;\;|\\ \quad\quad\quad\;\;CH\\ |\quad\quad\quad\;\;\|\\ H_2C-CH_2-CH\end{array}$$

der erschöpfenden Methylierung des Tropans auftritt.

Platinsalz des 2-Bromtropanchlormethylats $(C_8H_{14}BrN \cdot CH_3Cl)_2PtCl_4$. Durch Digerieren der Lösung des vorstehenden Bromides mit frisch gefälltem Chlorsilber erhält man die Lösung des Chlormethylates, in der Platinchlorid die Abscheidung eines gelbroten, feinkrystallinischen Salzes bewirkt. Es schmilzt unter Zersetzung bei 246—247°. — **2-Bromtropanjodmethylat**[1]) $C_8H_{14}BrN \cdot CH_3J$, beim Vermischen konz. wässeriger Lösung des Ammoniumbromids mit Jodkalium entstehend, krystallisiert in langen Prismen und schmilzt bei ca. 262° unter Zersetzung. — **Jodtropanjodmethylat** $C_8H_{14}JN \cdot CH_3J$ bildet sich direkt bei Einwirkung von Jod auf Δ^4-Dimethylaminocyclohepten und krystallisiert aus Wasser in vierseitigen Blättchen, die bei 251—252° unter Zersetzung schmelzen.

3-Bromtropan.

Mol.-Gewicht 190,07.
Zusammensetzung: 50,50% C, 7,42% H, 42,07% Br.

$$C_8H_{14}Br\,.$$

$$\begin{array}{c}H_2C-CH\!-\!\!-\!CH_2\\ |\quad\quad\quad\;\;|\\ \;\;N\cdot CH_3\;CHBr\\ |\quad\quad\quad\;\;|\\ H_2C-CH\!-\!\!-\!CH_2\end{array}$$

Das 3-Bromtropan bzw. seine Methylammoniumsalze verdienen deshalb besonderes Interesse, weil sie die für Alkaloidsynthesen so bedeutungsvolle Umwandlung von Tropidin in

---

[1]) Ladenburg, Berichte d. Deutsch. chem. Gesellschaft **20**, 1648 [1887].
[2]) R. Willstätter, Annalen d. Chemie **317**, 353 [1901].

ψ-Tropin (vgl. den Abschnitt über Tropidin) vermitteln. Von den vorstehend beschriebenen 2-Bromtropanmethylammoniumsalzen unterscheiden sich die 3-Bromtropanmethylammoniumsalze insbesondere durch das Verhalten bei der Reduktion. Während, wie erwähnt, die ersteren durch die gewöhnlichen Reduktionsmittel unter Bildung von Δ^3-Methyltropan aufgespalten werden, liefern die letzteren unter denselben Bedingungen in beinahe ausschließlichem Betrage Tropanmethylammoniumsalze[1])

$$\begin{array}{c}H_2C-CH\underline{\quad\quad}CH_2\\ |\quad\;CH_3\;\;|\\ N{<}CH_3\;\;CHBr\\ |\;\;J\quad\;|\\ H_2C-CH\underline{\quad\quad}CH_2\end{array} \rightarrow \begin{array}{c}H_2C-CH\underline{\quad\quad}CH_2\\ |\quad\;CH_3\;\;|\\ N{<}CH_3\;\;CH_2\\ |\;\;J\quad\;|\\ H_2C-CH\underline{\quad\quad}CH_2\end{array}$$

Darstellung: Das 3-Bromtropan lehrte zuerst A. Einhorn[2]) in Gestalt seines bromwasserstoffsauren Salzes darstellen durch Einwirkung von Eisessigbromwasserstoffsäure auf Tropidin. Willstätter[3]) hat alsdann die freie Base gewonnen durch Zersetzung dieses Salzes mit Alkali.

Physikalische und chemische Eigenschaften: Sie bildet ein leicht bewegliches, stark lichtbrechendes Öl, das in konzentriertem Zustande fast geruchlos ist, in der Verdünnung aber stark narkotisch und süßlich riecht, besonders intensiv und widerlich bei der Verflüchtigung mit Wasserdampf. Sie siedet unter 17,5 mm Druck bei 109—109,5° (Quecksilber im Dampf bis 70°) und hat das spez. Gew. $d_4^{15^3/_4} = 1,3682$.

Derivate: 3-Bromtropanhydrobromid[2]) $C_8H_{14}NBr \cdot HBr$, wie oben erwähnt, zuerst von A. Einhorn dargestellt, krystallisiert aus konz. wässeriger Lösung in derben Prismen und schmilzt unter Zersetzung bei 213°. Durch Erhitzen mit Wasser auf 200°, noch besser durch Erhitzen mit verdünnten Mineralsäuren auf 200°, geht es in ψ-Tropin über. — **Chlorplatinat des 3-Bromtropans** krystallisiert aus Wasser in langen, dünnen, hellziegelroten Prismen und schmilzt bei 210—211° unter Zersetzung, das **Chloraurat** krystallisiert aus Alkohol in goldgelben Prismen und schmilzt bei 157—158°. — **3-Bromtropanjodmethylat** $C_7H_{11}BrN(CH_3)_2J$ wird zweckmäßig durch Einwirkung von Jodmethyl auf die ätherische Lösung der Base dargestellt, krystallisiert aus Wasser oder Alkohol in farblosen, derben Prismen. Es erleidet, wie erwähnt, zum Unterschiede vom 2-Bromtropanjodmethylat bei der Einwirkung von Reduktionsmitteln keine Aufspaltung des bicyclischen Systems, sondern wird beispielsweise durch Behandeln mit Zinkgranalien und Schwefelsäure in guter Ausbeute in Tropanmethylammoniumjodid übergeführt. — **3-Bromtropanbrommethylat** $C_7H_{11}BrN(CH_3)_2Br$ entsteht bei Einwirkung von Brommethyl auf die ätherische Lösung der Base, krystallisiert aus Alkohol in farblosen Prismen. Das Chlorplatinat desselben schmilzt bei 247—248° unter Aufschäumen.

3-Jodtropanhydrojodid $C_8H_{14}NJHJ$ erhielt Willstätter durch Anlagerung von Jodwasserstoff an Tropidin (Erhitzen mit Jodwasserstoffsäure im Einschmelzrohr auf 100°). Krystallisiert aus Wasser in farblosen Tafeln und schmilzt bei 197° unter Zersetzung.

Durch Erhitzen von Tropin mit rauchender Jodwasserstoffsäure und Phosphor auf 140° stellte A. Ladenburg[4]) ein Jodtropanhydrojodid vom Schmelzp. 115° dar, dem er zuerst die Zusammensetzung $C_8H_{17}NJ_2$ und später die Formel $C_8H_{14}NJHJ$ zuschrieb. A. F. P. van Son findet den Schmelzpunkt des so dargestellten Jodids bei 205—206°.

6-Bromtropanmethylammoniumbromid[5]) $C_8H_{14}BrN \cdot CH_3Br$ entsteht aus dem Dibromid des Δ_3-Dimethylaminocycloheptens durch Umlagerung beim Erwärmen (s. S. 49). Hat keinen Schmelzpunkt und bleibt beim Erhitzen bis 300° unzersetzt. — **Platinsalz des 6-Bromtropanchlormethylates**[5]) $(C_8H_{14}BrNCH_3Cl)_2PtCl_4$. Rötlichgelber Niederschlag, aus siedendem Wasser in länglichen Blättchen krystallisierend, die bei 250° unter Zersetzung schmelzen.

2, 3-Dibromtropan $C_8H_{13}Br_2N$ entsteht durch Addition von Brom an Tropidin beim Erwärmen der Komponenten in Eisessiglösung auf dem Wasserbade[6]).

---

[1]) R. Willstätter, Berichte d. Deutsch. chem. Gesellschaft **34**, 3164 [1901].
[2]) Einhorn, Berichte d. Deutsch. chem. Gesellschaft **33**, 2889 [1900].
[3]) R. Willstätter, Annalen d. Chemie **326**, 33 [1903].
[4]) Ladenburg, Annalen d. Chemie **217**, 123 [1883].
[5]) R. Willstätter, Annalen d. Chemie **317**, 365 [1901].
[6]) Einhorn, Berichte d. Deutsch. chem. Gesellschaft **23**, 2893 [1890].

$$\begin{array}{ccc}
H_2C-CH\text{------}CH & & H_2C-CH\text{------}CHBr \\
| \quad\; N\cdot CH_3 \;\; \| & \rightarrow & | \quad\; N\cdot CH_3 \;\; | \\
H_2C-CH\text{------}CH_2 & & H_2C-CH\text{------}CH_2
\end{array}$$

Es krystallisiert in glänzenden Blättchen, die bei 66—67,5° schmelzen.

Alkohole und Amidoderivate des Tropans.

Tropin (Tropanol).

Mol.-Gewicht: 141,13.
Zusammensetzung: 68,02% C, 10,71% H, 9,93% N.

$$C_8H_{15}NO.$$

$$\begin{array}{c}
CH_2-CH\text{------}CH_2 \\
| \quad\; N\cdot CH_3 \;\; CH\cdot OH \\
CH_2-CH\text{------}CH_2
\end{array}$$

Tropin, das basische Spaltungsprodukt der meisten Solanaceenalkaloide, z. B. des Atropins, ist eines der wichtigsten Tropanderivate. Es ist auch von allen am gründlichsten studiert worden, und auf Grund dieser am Tropin ausgeführten Studien ließ sich zuerst ein Einblick gewinnen in den Bau des Tropanringsystems.

Darstellung: Tropin wurde zuerst von Kraut (1863) beim Verseifen des Atropins mit Barythydrat beobachtet. Später erhielten es Ladenburg[1]) als Spaltungsprodukt des Hyoscyamins und Merling[2]) aus Belladonin, beim Erhitzen desselben mit Barythydrat. In der Neuzeit haben es Willstätter und Iglauer[3]) durch Reduktion von Tropinon und schließlich hat es, wie noch ausführlich dargelegt werden soll, Willstätter synthetisch dargestellt.

Physikalische und chemische Eigenschaften: Die Base ist optisch inaktiv, krystallisiert aus abs. Äther in großen, bei 63° schmelzenden Tafeln und siedet bei 229°. Sie ist in Wasser und Alkohol sehr leicht löslich, die Lösungen reagieren stark alkalisch. Spez. Gew. $d_4^{16} = 1,0392$.

Das **Platinsalz** $(C_8H_{15}NO\cdot HCl)_2PtCl_4$ krystallisiert aus Wasser in großen, orangegelben Tafeln oder Säulen des monoklinen Systems, die bei 198—200° schmelzen. — Das **Goldsalz** $(C_8H_{15}NO\cdot HCl)AuCl_3$ scheidet sich beim langsamen Verdunsten seiner Lösung in großen, gelben, tafelförmigen Krystallen ab, die bei 210—212° unter Zersetzung schmelzen. — Das **Pikrat** $C_8H_{15}NO\cdot C_6H_2(NO_2)_3OH$ ist ein gelber Niederschlag, der aus kochendem Wasser in länglichen, trapezförmigen Tafeln krystallisiert. Es färbt sich über 270° dunkel und zersetzt sich bei ca. 275°, ohne zu schmelzen. Das Salz wird zweckmäßig zur Trennung von Tropin und ψ-Tropin benützt.

Die Cocabase ψ-Tropin, die weiter unten eingehend behandelt wird, ist geometrisch isomer mit der Atropinbase Tropin.

2-Bromtropinbrommethylat[4]) $(C_8H_{14}BrON)CH_3Br$. Die Verbindung entsteht nach der wiederholt angeführten Methode zur Synthese von Tropanderivaten durch Addition von Brom an (1-)Dimethylamino-Δ^4-cycloheptenol(-3) oder Des-Methyltropin und Umlagerung des Additionsproduktes durch intramolekulare Alkylierung, welche in diesem Falle schon bei gewöhnlicher Temperatur vor sich geht.

$$\begin{array}{ccccc}
N(CH_3)_2 & & N(CH_3)_2 & & \\
| & & | & & \\
H_2C-CH-CH_2 & & H_2C-CH-CH_2 & & H_2C-CH\text{------}CH_2 \\
| \quad\quad\; | & & | \quad\quad\; | & & | \quad\; \overset{CH_3}{\underset{Br}{N{\scriptstyle\leftarrow} CH_3}} \;\; | \\
| \quad\quad\; CHOH & \rightarrow & | \quad\quad\; CH\cdot OH & \rightarrow & | \quad\quad\quad\quad\quad\; CHOH \\
H_2C-CH=CH & & H_2C-CH-CH & & H_2C-CH\text{------}CHBr \\
& & \quad\quad\quad\; Br\;\; Br & &
\end{array}$$

(1-)Dimethylamino-Δ^4-cycloheptenol(-3)   Dibromid   2-Bromtropinbrommethylat

---

[1]) Ladenburg, Annalen d. Chemie **206**, 292 [1881].
[2]) Merling, Berichte d. Deutsch. chem. Gesellschaft **17**, 381 [1884].
[3]) R. Willstätter u. Iglauer, Berichte d. Deutsch. chem. Gesellschaft **33**, 1170 [1900].
[4]) R. Willstätter, Annalen d. Chemie **326**, 12 [1903].

Das Brommethylat krystallisiert aus Alkohol in farblosen, glänzenden Blättchen und Nadeln, welche beim Erhitzen sich unter Abspaltung von Bromwasserstoff zersetzen und bei ca. 233° schmelzen. Gegen die meisten Reduktionsmittel verhält es sich wie die Bromtropanhalogenalkylate: die an Stickstoff und Kohlenstoff gebundenen Bromatome werden unter gleichzeitiger Öffnung des Tropanringes herausgenommen. Dahingegen gelingt es auch hier, durch Reduktion mit Zinkstaub und Jodwasserstoffsäure unter bestimmten Bedingungen zum halogenfreien Ammoniumsalz zu gelangen; da aber unter diesen Umständen mit dem Brom zugleich die Hydroxylgruppe austritt, besteht das Reduktionsprodukt aus Tropidinjodmethylat, welches an späterer Stelle näher besprochen wird.

2-Bromtropinjodmethylat ($C_8H_{14}BrON)CH_3J$ eignet sich zur Isolierung der Bromtropinammoniumverbindungen aus wässerigen Lösungen, bildet Aggregate farbloser Prismen und Nadeln und schmilzt bei 233—234° unter Zersetzung.

Additionsprodukt von Tropin und Bromacetonitril[1]). Tropin und Bromacetonitril erstarren auf dem Wasserbad zu einem zähen Brei, aus dem durch Zerreiben mit Alkohol das in letzterem schwer lösliche Additionsprodukt $[C_8H_{15}NO \cdot CH_2 \cdot CN]Br$ leicht rein isoliert werden kann. Es beginnt sich bei 215° zu schwärzen, schmilzt bei 225° und ist physiologisch unwirksam.

Die Kenntnis der Konstitution des Tropins verdanken wir den eingehenden Arbeiten von Ladenburg, Merling und Willstätter. Von einer genauen Besprechung derselben soll hier abgesehen werden.

Der Nachweis des Alkoholhydroxyls im Tropin gründete sich darauf, daß es durch einfache Wasserentziehung in Tropidin übergeführt werden kann. Da das Tropin eine tertiäre Base ist, also keinen mit dem Stickstoff verbundenen Wasserstoff enthält, muß es der Wasserstoff dieses Hydroxyls sein, der im Atropin durch ein Säureradikal ersetzt ist.

Daß das Tropin einen Pyridinring enthält, folgte aus der Umwandlung des Tropidins in Dibrompyridin[2]) und in α-Äthylpyridin[3]).

Das Vorhandensein des Kohlenstoffsiebenringes im Tropin ergab sich aus der Umwandlung des Tropidins in Tropiliden oder Cycloheptatrien durch erschöpfende Methylierung und insbesondere aus dem Abbau der Tropinsäure zur normalen Pimelinsäure[4]).

Den Pyrrolidinkern hat R. Willstätter[5]) mit Sicherheit im Tropin nachgewiesen, indem er den Abbau desselben durch Oxydation eingehend studierte. Er charakterisierte die Tropinsäure als 1-Methyl-pyrrolidin-2-carbon-5-essigsäure und führte sie durch energische Oxydation in N-Methylsuccinimid über (s. S. 60). Damit war der Pyrrolidinkern in einer einfachen, wohlbekannten Form aus dem Tropin isoliert.

Für die Aufstellung der obigen Formel des Tropins, welche die ältere Merlingsche Formel verdrängte, war auch von wesentlicher Bedeutung die Beobachtung, daß das erste Oxydationsprodukt des Tropins das Tropinon, glatt eine Dibenzal-, eine Diisonitrosoverbindung usw. liefert, daher die Gruppe -$CH_2 \cdot CO \cdot CH_2$- enthalten muß (s. Tropinon).

Neuerding hat Gadamer[6]) Untersuchungen über die optischen Funktionen der beiden asymmetrischen Kohlenstoffatome (in der Formel fett gedruckt) im Tropin ausgeführt. Es geht aus denselben hervor, daß die in der nachfolgenden Formel 1 und 2 bezeichneten Systeme einander entgegengesetzt drehen.

$$\begin{array}{c}
(d)\\
H_2C-CH\!-\!\!-\!\!-\!\!-CH_2\\
||(2)|\\
N\cdot CH_3\ \ CH\cdot OH\\
||(1)|\\
H_2C-CH\!-\!\!-\!\!-\!\!-CH_2\\
(1)
\end{array}$$

Synthese des Tropins: Die Synthese des Tropins, von Willstätter durchgeführt, gliedert sich in zwei Teile: in die Synthese des Tropidins und in die Umwandlung von Tropidin in Tropin.

---

[1]) J. v. Braun, Berichte d. Deutsch. chem. Gesellschaft **41**, 2122 [1908].
[2]) Ladenburg, Annalen d. Chemie **217**, 144 [1883].
[3]) Ladenburg, Berichte d. Deutsch. chem. Gesellschaft **20**, 1647 [1887].
[4]) Merling, Berichte d. Deutsch. chem. Gesellschaft **31**, 1534 [1898].
[5]) R. Willstätter, Berichte d. Deutsch. chem. Gesellschaft **31**, 1537 [1898].
[6]) Gadamer, Archiv d. Pharmazie **239**, 294, 663 [1901].

I. Synthese des Tropidins: R. Willstätter hat zwei Synthesen des Tropidins durchgeführt.

A. Im wesentlichen besteht die zunächst zu besprechende Synthese[1]) darin, daß der Weg des am gelindesten verlaufenden Abbaues der Tropinbasen, welcher zu den ungesättigten Kohlenwasserstoffen mit einem Ring von sieben Kohlenstoffatomen führt, in umgekehrter Folge beschritten wird. Korksäure lieferte als Ausgangsmaterial das Suberon, mit welchem sämtliche Umwandlungen bis zum reinen Tropidin durchgeführt wurden.

Die Synthese verläuft in folgenden drei Etappen:

1. Cyclohepten wird in Cycloheptadien und Cycloheptatrien übergeführt. 2. Cycloheptatrien liefert Dimethylaminocycloheptadien oder sog. α-Methyltropidin, das zu Dimethylaminocyclohepten oder Δ^4-Methyltropan reduziert wird. 3. Halogenwasserstoffadditionsprodukte der monocyclischen Tropinbasen wandeln sich in bicyclische Tropanmethylammoniumsalze um.

1. Bildung des Cycloheptatriens: Als Ausgangssubstanz diente das Suberon oder Cycloheptanon, welches nach den Untersuchungen von Dale und Schorlemmer, Spiegel, Markownikoff[2]) und anderen Forschern aus Korksäure bei der Destillation des Kalksalzes entsteht. Diese Säure läßt sich nach der Elektrolyse von Crum Brown und J. Walker[3]) aus Glutarsäure erhalten.

Das Suberon wurde zunächst in den Kohlenwasserstoff mit einer Doppelbindung, das Cyclohepten, übergeführt.

$$\begin{array}{c} CH_2-CH_2-CO \\ | \quad\quad\quad\quad CH_2 \\ CH_2-CH_2-CH_2 \\ \text{Suberon} \end{array} \rightarrow \begin{array}{c} CH_2-CH_2-CH \\ | \quad\quad\quad\quad CH \\ CH_2-CH_2-CH_2 \\ \text{Cyclohepten} \end{array}$$

Das kann geschehen entweder nach Markownikoff, indem man das Suberyljodid mit alkoholischem Kali behandelt, oder nach Willstätter, indem man das Reduktionsprodukt des Suberonoxims, das Suberylamin (Aminocycloheptan) erschöpfend methyliert.

Die Einführung der zweiten Doppelbindung in den Siebenring war mit großen Schwierigkeiten verknüpft. Sie gelang schließlich in glatter Weise mit Hilfe der Einwirkung von Dimethylamin in indifferenten Lösungsmitteln auf das Cycloheptendibromid. Dabei entsteht gemäß der Gleichung:

$$\begin{array}{c} CH_2-CH_2-CHBr \\ | \quad\quad\quad\quad CHBr \\ CH_2-CH_2-CH_2 \end{array} + 2\,NH(CH_3)_2 = \begin{array}{c} CH_2-CH_2-CH\cdot N(CH_3)_2\cdot HBr \\ | \quad\quad\quad\quad CH \\ CH_2-CH_2-CH \end{array} + NH(CH_3)_2\cdot HBr$$

eine ungesättigte Base **Δ^2-Dimethylaminocyclohepten**. Diese Base addiert Jodmethyl und liefert dann ein Ammoniumoxydhydrat, welches bei der Destillation in Trimethylamin und **Cycloheptadien** zerfällt.

$$\begin{array}{c} CH_2-CH_2-CH-N(CH_3)_3 OH \\ | \quad\quad\quad CH \\ CH_2-CH_2-CH \end{array} = H_2O + N(CH_3)_3 + \begin{array}{c} CH_2-CH-CH \\ | \quad\quad\quad CH \\ CH_2-CH_2-CH \end{array}$$

Das Dibromid des Cycloheptadiens läßt sich auf verschiedenen Wegen in das Cycloheptatrien C_7H_8 umwandeln.

Mit Dimethylamin reagiert es unter Bildung einer zweisäurigen Base (Tetramethyldiaminocyclohepten), die bei erschöpfender Methylierung **Cycloheptatrien** liefert:

$$\begin{array}{c} CH_2-CH_2-CH\cdot N(CH_3)_3\cdot OH \\ | \quad\quad\quad CH \\ CH_2-CH-CH \\ | \\ N(CH_3)_3 OH \end{array} = 2\,N(CH_3)_3 + 2\,H_2O + \begin{array}{c} CH_2-CH=CH \\ | \quad\quad\quad CH \\ CH=CH-CH \end{array}$$

---

[1]) R. Willstätter, Annalen d. Chemie **317**, 307 [1901].
[2]) Markownikoff, Journ. f. prakt. Chemie [2] **49**, 409.
[3]) Crum Brown u. Walker, Annalen d. Chemie **261**, 119 [1891].

Einfacher und glatter bewirkt man die Abspaltung von Bromwasserstoff mit Hilfe von Chinolin, wobei der ungesättigte Kohlenwasserstoff quantitativ entsteht:

$$\begin{array}{c}CH_2-CH_2-CHBr\\ |\qquad\qquad\quad CH\\ CH_2-CHBr=CH\end{array} + 2\,C_9H_7N = 2\,C_9H_7N\cdot HBr + \begin{array}{c}CH_2-CH=CH\\ |\qquad\qquad\quad CH\\ CH\;\;=\;\;CH-CH\end{array}$$

Das synthetische Cycloheptatrien aus Suberon stimmt in Eigenschaften und Verhalten mit dem Tropiliden vollständig überein.

2. **Überführung von Cycloheptatrien in Tropidin.** Das Monohydrobromid des Cycloheptatriens, in der Kälte bei Anwendung der molekularen Menge Bromwasserstoff entstehend, reagiert mit Dimethylamin in Benzollösung schon bei gewöhnlicher Temperatur unter glatter Bildung von **Dimethylaminocycloheptatrien**. Diese Base erwies sich als identisch mit dem sog. α-**Methyltropidin**, welches nach G. Merling[1]) bei der Destillation von Tropidinmethylammoniumhydroxyd gebildet wird.

Durch Reduktion von α-Methyltropidin mit Natrium in alkoholischer Lösung entsteht ganz glatt das Dimethylaminocyclohepten oder Δ^4-**Methyltropan**, indem die doppelt ungesättigte Base quantitativ zwei Atome Wasserstoff aufnimmt nach der Gleichung:

$$\underset{\alpha\text{-Methyltropidin}}{\begin{array}{c}\quad\;\;N(CH_3)_2\\ \quad\;\;|\\ CH_2-CH-CH\\ |\qquad\qquad CH\\ CH_2-CH=CH\end{array}}+H_2=\underset{\Delta^4\text{-Methyltropan}}{\begin{array}{c}\quad\;\;N(CH_3)_2\\ \quad\;\;|\\ CH_2-CH-CH_2\\ |\qquad\qquad CH_2\\ CH_2-CH=CH\end{array}}$$

Das Δ^4-Methyltropan addiert in saurer Lösung Brom und bildet ein Dibromid, das sich in der Kälte langsam, dagegen in der Wärme rasch zu 4-Bromtropanmethylammoniumbromid umlagert.

$$\begin{array}{c}\quad\;\;N(CH_3)_2\\ \quad\;\;|\\ CH_2-CH-CH_2\\ |\qquad\qquad CH_2\\ CH_2-CH=CH\end{array}+Br_2=\begin{array}{c}\quad\;\;N(CH_3)_2\\ \quad\;\;|\\ CH_2-CH\;-\;CH_2\\ |\qquad\qquad CHCl\\ CH_2-CHBr-CHBr\end{array}=\begin{array}{c}CH_2-CH\;-\;CH_2\\ \quad\quad\;\;N\!\!<\!\!\!\begin{array}{c}CH_3\\ CH_3\\ Br\end{array}CH_2\\ CH_2-CH\;-\;CHBr\end{array}$$

Dieses Bromtropanammoniumsalz geht bei der Einwirkung von Alkalilauge durch Abspaltung von Bromwasserstoff glatt in Tropidinmethylammoniumsalz über. Aus dem so dargestellten Ammoniumsalz entsteht bei der trocknen Destillation (des Chlorids) **Tropidin.**

B. Die zweite Synthese des Tropidins geht aus vom α-Methyltropidin, dessen synthetische Bildungsweise aus Suberon eben erörtert wurde. Läßt man auf das Salzsäureadditionsprodukt des α-Methyltropidins Natriumbicarbonat in wässeriger Lösung bei gewöhnlicher Temperatur einwirken, so wird das Chloratom gegen Hydroxyl ausgetauscht und es entsteht das **Des-ψ-Methyltropin** oder 1-Dimethylamino-Δ^4-cycloheptenol-3, in allen charakteristischen Derivaten mit dem Alkamin aus ψ-Tropin übereinstimmend.

$$\begin{array}{c}\quad\;\;N(CH_3)_2\\ \quad\;\;|\\ CH_2-CH-CH\\ |\qquad\qquad CH\\ CH_2-CH=CH\end{array}\xrightarrow{\text{mit HCl}}\begin{array}{c}\quad\;\;N(CH_3)_2\\ \quad\;\;|\\ CH_2-CH-CH_2\\ |\qquad\qquad CHCl\\ CH_2-CH=CH\end{array}\xrightarrow{\text{mit Na}_2\text{CO}_3}\begin{array}{c}\quad\;\;N(CH_3)_2\\ \quad\;\;|\\ CH_2-CH-CH_2\\ |\qquad\qquad CH\cdot OH\\ CH_2-CH=CH\end{array}$$

Das Des-ψ-Methyltropin liefert durch Anlagerung von Brom ein Dibromid, welches aus seinen Salzen in Freiheit gesetzt, schon bei gewöhnlicher Temperatur leicht durch intramole-

---

[1]) Merling, Berichte d. Deutsch. chem. Gesellschaft **24**, 3108 [1891].

kulare Alkylierung in das schön krystallisierende quaternäre Ammoniumbromid übergeht nach dem Schema:

$$\begin{array}{ccc} & N(CH_3)_2 & \\ CH_2-CH & \!\!\!\!\!\!-CH_2 & \\ & | & \\ & CH\cdot OH & \rightarrow \\ & | & \\ CH_2-CHBr & \!\!\!\!\!\!-CHBr & \end{array} \qquad \begin{array}{ccc} CH_2-CH & \!\!\!\!\!\!-CH_2 & \\ | & CH_3 & | \\ & N{\!\!<}^{CH_3}_{\,Br} & CH\cdot OH \\ | & & | \\ CH_2-CH & \!\!\!\!\!\!-CHBr & \end{array}$$

Bei der Behandlung mit Zinkstaub und konz. Jodwasserstoffsäure wird das bromierte Ammoniumsalz unter Erhaltung des Tropanringes reduziert. Dabei treten Brom und Hydroxylgruppe zugleich aus, und es entsteht **Tropidinjodmethylat**.

$$\begin{array}{ccc} CH_2-CH & \!\!\!\!\!-CHBr & \\ | & CH_3 & | \\ & N{\!\!<}^{CH_3}_{\,J} & CHOH + H_2 = \\ | & & | \\ CH_2-CH & \!\!\!\!\!-CH_2 & \end{array} \qquad \begin{array}{ccc} CH_2-CH & \!\!\!\!-CH & \\ | & CH_3 & | \\ & N{\!\!<}^{CH_3}_{\,J} & CH + HBr + H_2O \\ | & & | \\ CH_2-CH & \!\!\!\!-CH_2 & \end{array}$$

Das Jodmethylat wird in bekannter Weise in das Chlormethylat übergeführt. Das letztere liefert bei der Destillation unter vermindertem Druck das **Tropidin**.

II. Überführung des Tropidins in Tropin. Das Tropidin läßt sich in ψ-Tropin umwandeln. Der Weg von der ungesättigten Base zum Alkamin führt über ihre Halogenwasserstoffadditionsprodukte. Das Bromwasserstoffadditionsprodukt des Tropidins, das **3-Bromtropan**, liefert, wie Willstätter gefunden hat, am besten beim Erhitzen mit Schwefelsäure im Einschlußrohr auf 200° das ψ-Tropin. (Man vergleiche ausführlichere diesbezügliche Darlegungen in dem Kapitel über Tropidin.)

Dadurch ist die Synthese des ψ-Tropins und auch die des Tropins vollständig geworden, da ψ-Tropin sich in Tropin überführen läßt.

Die eben geschilderte Bildung der beiden Alkamine Tropin und ψ-Tropin bedeutet die totale Synthese der Solanaceenalkaloide Atropin, Atropamin, Belladonin und Hyoscyamin, des Cocaalkaloids Tropacocain und des racemischen Cocains. Ich werde hierauf bei der Besprechung der ebengenannten einzelnen Verbindungen zurückkommen.

Auch die Säureester des Tropins, die Tropeine, werden an späterer Stelle, nämlich beim Atropin, besprochen.

ψ-Tropin (ψ-Tropanol).

Mol.-Gewicht 141.
Zusammensetzung: 68,08% C, 10,63% H, 9,93% N.

$$C_8H_{15}NO.$$

Wie schon vorstehend erwähnt, ist das ψ-Tropin, welches Liebermann als Spaltungsprodukt des Cocaalkaloids Tropacocain entdeckt hat, isomer mit dem Tropin. Diesen beiden Verbindungen kommt die gleiche chemische Konstitution zu, und es liegt hier, wie noch bei anderen Verbindungen der Tropanreihe, Cistransisomerie im Sinne der v. Baeyerschen Theorie vor, welche durch die Raumformeln:

$$\begin{array}{ccc} H_2C-CH & \!\!\!\!-CH_2 & \\ | & | & \\ & N\cdot CH_3\;H\cdot C\cdot OH & \\ | & | & \\ H_2C-CH & \!\!\!\!-CH_2 & \end{array} \quad \text{und} \quad \begin{array}{ccc} H_2C-CH & \!\!\!\!-CH_2 & \\ | & | & \\ & N\cdot CH_3\;HO\cdot C\cdot H & \\ | & | & \\ H_2C-CH & \!\!\!\!-CH_2 & \end{array}$$

gut veranschaulicht werden kann.

Synthese: Die Synthese des ψ-Tropins ist im vorhergehenden ausführlich dargelegt. Über die Umwandlung von Tropidin bzw. (3)-Bromtropan in ψ-Tropin vgl. man auch die Ausführungen bei Tropidin.

Durch Erhitzen mit Eisessigschwefelsäure läßt sich das ψ-Tropin unter Wasserabspaltung in Tropidin zurückverwandeln. Ähnlich seinem Isomeren, dem Tropin, kombiniert es sich mit verschiedenen Säuren unter Bildung von Acyl-ψ-tropeinen, die an späterer Stelle besprochen werden sollen.

Darstellung: Das ψ-Tropin läßt sich nach Liebermann[1]) aus seinem Benzoylester Tropacocain (s. dieses) durch Kochen mit Salzsäure gewinnen.

$$C_8H_{14}NO(C_7H_5O) + H_2O = C_7H_6O_2 + C_8H_{15}NO.$$

Das leichter zugängliche und weit länger bekannte, alkalilabile Tropin hat sich auf zwei Wegen in sein Isomeres überführen lassen, nämlich direkt durch Erhitzen mit Natriumamylatlösung und indirekt durch Oxydation zu Tropinon und Reduktion des letzteren am besten mit Natrium und Äthylalkohol[2]). Umgekehrt läßt sich das ψ-Tropin in Tropin verwandeln, indem man es ebenfalls zu Tropinon oxydiert und dieses mit Zinkstaub und Jodwasserstoffsäure reduziert. Die letztere Reaktion ist, wie eben erwähnt, für die Synthese des Tropins und damit auch für diejenige wichtiger Alkaloide von großer Bedeutung geworden (vgl. die Ausführungen beim Tropinon).

Physikalische und chemische Eigenschaften und Derivate: Bei dem Abbau des ψ-Tropins durch erschöpfende Methylierung nach A. W. Hofmann entsteht zunächst ein mit dem entsprechenden Abbauprodukt des Tropins geometrisch isomeres Alkamin, das **Des-ψ-Methyltropin** oder **(1)-Dimethylamino-Δ^4-cycloheptenol(-3)**.

Das ψ-Tropin krystallisiert aus der Lösung in Benzol auf Zusatz von Ligroin in sternförmig gruppierten Nadeln, die bei 108° schmelzen und bei 240—241° sieden. Die Base ist inaktiv und in Alkohol und Wasser sehr leicht löslich; die Lösungen reagieren stark alkalisch.

Tropin und ψ-Tropin verhalten sich merkwürdig verschieden bei der Destillation mit Wasserdampf. Tropin verflüchtigt sich dabei, wenn auch langsam, ψ-Tropin hingegen, wenn es rein ist, nicht im mindesten. Liegen Gemische beider Alkamine vor, selbst mit geringen Anteilen von Tropin, so verflüchtigen sich beide gemengt, bis schließlich fast reines ψ-Tropin zurückbleibt.

ψ-Tropin-Chlorhydrat[3]) $C_8H_{15}NO \cdot HCl$ krystallisiert aus Alkohol in glänzenden Prismen, die sich beim Erhitzen von 250° an unter Braunfärbung zersetzen und bei 280—282° unter Aufschäumen schmelzen. — Das **Golddoppelsalz**[3]) $C_8H_{15}NO \cdot HCl \cdot AuCl_3$ fällt als eigelber, flockiger Niederschlag aus, welcher sich aus heißem Wasser in goldgelben, glänzenden Blättchen und Nädelchen abscheidet. — Das **Platinsalz**[3]) $(C_8H_{15}NO \cdot HCl)_2PtCl_4 + 4\,H_2O$ wird bei langsamer Krystallisation aus konz. wässeriger Lösung in glänzenden, orangeroten Täfelchen gewonnen, welche bei 105° 4 Mol. Wasser verlieren und bei 206—207° unter Zersetzung schmelzen. — Das Pikrat des ψ-**Tropins** $C_8H_{15}NO \cdot C_6H_2(NO_2)_3OH$ ist zur Erkennung der Base und Prüfung auf Reinheit, sowie zur Trennung derselben von Tropin besonders geeignet[4]).

Fügt man zu einem Gemenge von Tropin und ψ-Tropin die berechnete Menge Pikrinsäure in kalt gesättigter, wässeriger Lösung (1,16 Prozentgehalt), so scheidet sich zuerst ein großer Anteil Tropinpikrat in krystallinischen Flocken aus, darauf bei längerem Stehen noch eine geringere Menge desselben in derben Krystallen. Bei fraktioniertem Einengen gelangt man sodann zu einer unbedeutenden Quantität eines Pikratgemisches und schließlich zum reinen ψ-Tropinpikrat. Dasselbe zeigt eine charakteristische Dimorphie. Es krystallisiert zunächst in langen, feinen Nadeln, welche vielfach haar- oder federartig gebogen und gespalten sind; nach mehreren Stunden verschwinden die Nadeln in der Flüssigkeit, und man beobachtet nur noch undeutliche, kurze Prismen, schließlich, wenn die Umwandlung vollständig geworden ist, bildet die Verbindung matte, undurchsichtige Aggregate von schlecht ausgebildeten, rundlichen und säulenförmigen Kryställchen. Das Salz beginnt bei 245° sich dunkel zu färben und schmilzt bei 257—258° unter Zersetzung.

2-Brom-ψ-tropinmethylammoniumbromid[5]) wird in analoger Weise erhalten wie das entsprechende Tropinderivat durch Addition von Brom an das ψ-Alkamin(1)-Dimethylamino-Δ^4-cycloheptenol(-3) und Umwandlung des Additionsproduktes durch intramolekulare Alkylierung. Es krystallisiert aus Alkohol in weißen, vierseitigen Täfelchen, welche bei 237—238° unter Zersetzung schmelzen. — **2-Brom-ψ-tropin-methylammoniumjodid**[5]) krystallisiert aus Wasser in kurzen Prismen und schmilzt wie das Bromid bei 238° unter Zersetzung.

---

[1]) C. Liebermann, Berichte d. Deutsch. chem. Gesellschaft **24**, 2336, 2587 [1891].
[2]) R. Willstätter, Berichte d. Deutsch. chem. Gesellschaft **29**, 936 [1896].
[3]) R. Willstätter, Berichte d. Deutsch. chem. Gesellschaft **29**, 943 [1896].
[4]) R. Willstätter u. Iglauer, Berichte d. Deutsch. chem. Gesellschaft **33**, 1172 [1900].
[5]) R. Willstätter, Annalen d. Chemie **326**, 18 [1903].

Zur Frage nach der Konfiguration von Tropin und ψ-Tropin. Nach Willstätter und Iglauer[1]) unterscheiden sich, wie oben erwähnt wurde, Tropin und ψ-Tropin durch cis-trans-Isomerie. Da aber die von Willstätter aufgestellte Formel des Tropins asymmetrische Kohlenstoffatome enthält, mußte immerhin damit gerechnet werden, daß optische Isomerie vorliegt; allerdings müßte dann Tropinon ein Gemisch einer d, l- und einer intramolekular inaktiven Ketonbase sein. Eine Bestätigung der Willstätterschen Auffassung ist nun damit gefunden worden, daß eine Spaltung von Tropin oder ψ-Tropin durch Krystallisation ihrer Salze mit aktiven Säuren nicht möglich ist, und daß das später zu behandelnde Atropin nur in d- und l-Hyoscyamin zerlegt werden kann und daher nur das eine racemische C der Tropasäure enthält.

Tropin-d-camphersulfonat $C_8H_{15}ON \cdot C_{10}H_{16}O_4S$. Tafeln aus einem Gemisch von Alkohol und Essigester. Schmelzp. 236°. Sehr leicht löslich in Wasser, Alkohol. $[\alpha]_D = +32{,}1°$ (0,3761 g in 25 ccm der Lösung in Chloroform), $[\alpha]_D = +13{,}6°$ (0,4123 g in 25 ccm der wässerigen Lösung). — **Benzoyltropein**, aus Tropin beim Kochen mit Benzoylchlorid; Chlorhydrat, Krystalle aus Alkohol. Schmelzp. 267° (unkorr.) unter Zersetzung. — **Benzoyltropein-d-camphersulfonat** $C_{15}H_{19}O_2N \cdot C_{10}H_{16}O_4S$. Nadeln aus einem Gemisch von Alkohol und Essigester. Schmelzp. 240°. $[\alpha]_D = +10{,}8°$ (0,4012 g in 20 ccm der wässerigen Lösung). — **ψ-Tropin-d-camphersulfonat** $C_8H_{15}ON \cdot C_{10}H_{16}O_4S$, Prismen aus einem Gemisch von Alkohol und Essigester. Schmelzp. 224—226°. Sehr leicht löslich in Wasser, Alkohol, Amylalkohol, Chloroform, sehr schwer löslich in Essigester, Aceton, Benzol. $[\alpha]_D = +26{,}3°$ (0,4682 g in 25 ccm der alkoholischen Lösung). $[\alpha]_D = +13{,}7°$ (0,4119 g in 25 ccm der wässerigen Lösung). — **ψ-Tropin-d-bromcamphersulfonat** $C_8H_{15}ON \cdot C_{10}H_{15}O_4BrS$. Nadeln aus einem siedenden Gemisch von Alkohol und Essigester. Schmelzp. 180°, oder Nadeln mit 1 H_2O aus wasserhaltigen Flüssigkeiten. Schmelzp. 112°. $[\alpha]_D = +69{,}1°$ (0,4457 g wasserfreies Salz in 25 ccm der Lösung in Chloroform). $[\alpha]_D = +60{,}5°$ (0,5030 g in 25 ccm der wässerigen Lösung). — **Benzoyl-ψ-tropein**, Chlorhydrat. Schmelzp. 283° (unkorr.). Chloroaurat $C_{15}H_{19}O_2N \cdot HAuCl_4$. Schmelzp. 208°. — **Benzoyl-ψ-tropein-d-camphersulfonat** $C_{15}H_{19}O_2N \cdot C_{10}H_{16}O_4S$. Prismen aus Alkohol + Essigester. Schmelzp. 176—177°. $[\alpha]_D = +11{,}1°$ (0,5412 g in 20 ccm der wässerigen Lösung. — **Benzoyl-ψ-tropein-d-bromcamphersulfonat** $C_{15}H_{19}O_2N \cdot C_{10}H_{15}O_4BrS$. Nadeln mit 3 H_2O aus Wasser, Schmelzp. 73°, oder wasserfreie Prismen aus Alkohol + Essigester. Schmelzp. 190°. $[\alpha]_D = +47{,}3°$ (0,4827 g in 20 ccm der wässerigen Lösung). — **Tropinonpikrat** schmilzt je nach Art des Erhitzens, bei 210—250°. — **Tropinon-d-camphersulfonat** $C_8H_{13}ON \cdot C_{10}H_{16}O_4S$. Moosartige Krystalle aus trocknem Essigester, Schmelzp. 216° (Zersetzung) oder Blättchen mit 1 H_2O aus feuchtem Essigester, die bei 140° plötzlich Wasser verlieren, ohne völlig zu schmelzen; das Hydrat scheint dimorph zu sein.

Tropinsäure, 1-Methylpyrrolidin-2, 5-carbonessigsäure.

Mol.-Gewicht: 187,11.
Zusammensetzung: 51,31% C, 7,00% H, 74,88% N.

$$C_8H_{13}NO_4 \cdot$$

$$\text{HOOC} \cdot H_2C \cdot HC \overset{N \cdot CH_3}{\underset{H_2C\text{——}CH_2}{\diagup\diagdown}} CH \cdot COOH$$

Darstellung: Tropin und das später zu behandelnde Ekgonin liefern nach den Untersuchungen von G. Merling[2]) und C. Liebermann[3]) bei der Oxydation durch Chromsäure zweicarboxylige Verbindungen, Tropinsäuren ($C_8H_{13}NO_4$), welche sich allein durch ihr optisches Verhalten unterscheiden: das Oxydationsprodukt des Tropins ist inaktiv, dasjenige des Ekgonins ist rechtsdrehend.

Abbau der Tropinsäure:[4]) R. Willstätter hat die Tropinsäure in zweierlei Richtung weiter abgebaut und dadurch deren Konstitution bewiesen.

---

[1]) M. Barrowcliff u. F. Tutin, Journ. Chem. Soc. **95**, 1966 [1909].
[2]) G. Merling, Annalen d. Chemie **216**, 329 [1882].
[3]) C. Liebermann, Berichte d. Deutsch. chem. Gesellschaft **23**, 2518 [1890]; **24**, 606 [1891]. — Über die Darstellung von Tropinsäure aus Tropin und Ekgonin vgl. man auch R. Willstätter, Berichte d. Deutsch. chem. Gesellschaft **28**, 3278 Fußnote [1895]; **31**, 1547 [1898].
[4]) R. Willstätter, Berichte d. Deutsch. chem. Gesellschaft **31**, 1534 [1898].

60   Pflanzenalkaloide.

1. Aus den Tropinsäuren verschiedener Herkunft hat er durch erschöpfende Methylierung nach A. W. Hofmanns Methode ein und dieselbe Spaltungssäure gewonnen, welche die Zusammensetzung $C_5H_6(COOH)_2$ besitzt und sich durch die Fähigkeit, vier Atome Brom unter Bildung einer gesättigten Verbindung zu addieren, als eine Diolefindicarbonsäure erweist. Aus dieser ungesättigten Säure entsteht bei der Reduktion mit Natriumamalgam in ätzalkalischer Lösung neben einer teilweise reduzierten Säure ein gesättigtes Reduktionsprodukt, welches sich als identisch mit normaler Pimelinsäure erwies. Hieraus und in Berücksichtigung der Reaktionen des Tropinons (siehe unten) folgt die Konstitution der Tropinsäure. Für den eben geschilderten Abbau ergibt sich folgende Formulierung:

$CH_3OOC \cdot CH_2 \cdot HC\overset{\overset{H_3C\ J\ CH_3}{\diagdown N \diagup}}{\underset{H_2C \underline{\quad\quad} CH_2}{\diagdown \quad \diagup}}CH \cdot COOCH_3$ $\xrightarrow{\text{Ätznatron oder Alkalicarbonat}}$ $HOOC \cdot CH_2 \cdot CH\overset{\overset{H_3C\ CH_3}{\diagdown N \diagup}}{\underset{H_2C \underline{\quad\quad} CH_2}{\diagdown \quad \diagup}}CH \cdot COOCH_3 \longrightarrow$

Tropinsäureesterjodmethylat   Methyltropinsäureester

$CH_3OOC \cdot CH_2 \cdot CH : CH \cdot CH_2 \cdot CH \cdot COOCH_3$ $\xrightarrow{\text{Ätznatron}}$
$\underset{CH_3\ CH_3\ CH_3}{\overset{|}{N-J}}$

Methyltropinsäureesterjodmethylat

$CH_3OOC \cdot CH_2 \cdot CH : CH \cdot CH : CH \cdot COOH$ $\xrightarrow{\text{Reduktion}}$

$HOOC \cdot CH_2 \cdot CH_2 \cdot CH_2 \cdot CH_2 \cdot CH_2 \cdot COOH$
Pimelinsäure

2. Durch Einwirkung von konz. Chromsäuremischung auf Tropinsäure (und noch besser auf Ekgoninsäure) hat R. Willstätter[1]) das Methylsuccinimid erhalten. Damit ist aus dieser Säure und somit auch aus Tropin und Ekgonin der Pyrrolidinkern in einer einfachen, wohlbekannten Form isoliert. Dieser Abbau läßt sich durch folgende Formelreihe zum Ausdruck bringen:

$\begin{array}{c} CH_2-CH\underline{\quad\quad}CH_2 \\ | \quad\quad | \\ N\cdot CH_3 \quad CH\cdot OH \\ | \quad\quad | \\ CH_2-CH\underline{\quad\quad}CH_2 \\ \text{Tropin} \end{array} \rightarrow \begin{array}{c} CH_2-CH\underline{\quad\quad}CH_2 \\ | \quad\quad | \\ N\cdot CH_3 \quad C=O \\ | \quad\quad | \\ CH_2-CH\underline{\quad\quad}CH_2 \\ \text{Tropinon} \end{array} \leftarrow \begin{array}{c} CH_2-CH\underline{\quad\quad}CH-COOH \\ | \quad\quad | \\ N\cdot CH_3 \quad CH\cdot OH \\ | \quad\quad | \\ CH_2-CH\underline{\quad\quad}CH_2 \\ \text{Ekgonin} \end{array}$

$\begin{array}{c} CH_2-CH\underline{\quad\quad}CH_2 \\ | \quad\quad | \\ N\cdot CH_3 \quad COOH \\ | \quad\quad | \\ CH_2-CH\underline{\quad\quad}COOH \\ \text{Tropinsäure} \end{array} \rightarrow \begin{array}{c} CH_2-CH\underline{\quad\quad}CH_2 \\ | \quad\quad | \\ N\cdot CH_3 \quad COOH \\ | \quad\quad | \\ CH_2-C=O \\ \text{Ekgoninsäure} \end{array} \rightarrow \begin{array}{c} CH_2-C=O \\ | \quad\quad | \\ N\cdot CH_3 \\ | \quad\quad | \\ CH_2-C=O \\ \text{N-Methylsuccinimid} \end{array}$

Physikalische und chemische Eigenschaften und Derivate der Inaktiven Tropinsäure: [2])
Die i-Tropinsäure ist in Wasser sehr leicht, in Alkohol sehr schwer löslich, in Äther und Benzol unlöslich und schmilzt unter Zersetzung unscharf bei ca. 250°. Das Resultat der Titration (Indicator: Phenolphthalein) spricht für die Monobasizität der zweicarboxyligen Säure. Charakteristisch für dieselbe ist das Silbersalz[3]). Man erhält es durch Digestion wässeriger Lösungen der Säure mit Silberoxyd in der Kälte. Es ist in Wasser äußerst leicht löslich. Seine wässerige Lösung reduziert sich in der Kälte nur langsam, momentan unter Bildung eines prächtigen Silberspiegels aber beim Erwärmen. Das Golddoppelsalz ist löslich und krystallisiert erst allmählich in goldgelben, durchsichtigen Prismen. Das Platindoppelsalz ist äußerst leicht löslich und kann nur durch Abdampfen erhalten werden. Auch mit Säuren tritt Tropinsäure als einsäurige Base zu Salzen zusammen, die indes nicht weiter charakteristisch sind.

---

[1]) R. Willstätter, Berichte d. Deutsch. pharmaz. Gesellschaft 13 [1903], Heft 2.
[2]) C. Liebermann, Berichte d. Deutsch. chem. Gesellschaft 23, 2518 [1890]; 24, 607 [1891].
[3]) R. Willstätter, Berichte d. Deutsch. chem. Gesellschaft 28, 3278 [1895].

i-Tropinsäuredimethylester[1]) $C_8H_{11}NO_4(CH_3)_2$ wird in der üblichen Weise durch Einleiten von Chlorwasserstoff in die methylalkoholische Lösung der Säure dargestellt. Farb- und geruchloses Öl, welches in völlig reinem Zustande auf Lackmus und Curcuma neutral reagiert und unter gewöhnlichem Druck bei 268—272° nicht völlig unzersetzt siedet. — Das **Pikrat**[1]) desselben krystallisiert aus Alkohol in orangegelben Prismen und schmilzt bei 121°. — Das **Jodmethylat** krystallisiert aus Wasser und aus Alkohol mit einem halben Molekül Krystallwasser und schmilzt bei 171—172° unter Zersetzung. — **Golddoppelsalz des i-Tropinsäuredimethylesterchlormethylats**[1]). Digeriert man das Jodmethylat des Dimethylesters mit feuchtem Chlorsilber, so erhält man eine farblose Lösung des Chlormethylats, welche auf Zusatz von Goldchlorid sofort einen schwefelgelben Niederschlag des Goldsalzes gibt. Es krystallisiert aus Weingeist in goldglänzenden, dünnen, feinen Blättchen vom Schmelzp. 116—117°.

Golddoppelsalz des i-Tropinsäuremonomethylesterchlormethylats[1]) entsteht durch Digerieren des Tropinsäuredimethylesterjodmethylates mit gefälltem Silberoxyd und Fällen der Lösung mit Goldchlorid. Krystallisiert aus Wasser in orangegelben Nadeln, welche unscharf bei 182° unter Zersetzung schmelzen.

Golddoppelsalz des i-Tropinsäuredipropylesterchlormethylats krystallisiert in schwefelgelben, äußerst zarten Nadeln und Haaren vom Schmelzp. 103°.

Beim Erhitzen der i-Tropinsäure mit Jodwasserstoff und rotem Phosphor auf 200° wird eine Base (1-Methylpyrrolidin?) gebildet[2]).

Spaltung der i-Tropinsäure in die aktiven Komponenten: Es ist J. Gadamer[3]) gelungen, die aus Tropin entstehende i-Tropinsäure mit Hilfe der Cinchoninsalze in die l- und d-Komponente zu spalten. Allerdings konnte bis jetzt nur die

l-Tropinsäure

in völlig reinem Zustande isoliert werden. Sie schmilzt bei 243° unter Zersetzung. $[\alpha]_D$ bei $20° = -14,76$ (0,507 g gelöst in 24,9446 ccm Wasser) bis $-15,19$ (0,8344 gelöst in 24,9446 ccm Wasser). Die Salze der l-Tropinsäure sind rechtsdrehend — $[\alpha]_D$ des Ammoniumsalzes bei $20° = +16,46$ — die der d-Tropinsäure, wie es sich beim nicht völlig reinen Ammoniumsalze zeigte, linksdrehend.

Physikalische und chemische Eigenschaften und Derivate der d-Tropinsäure: Die d-Tropinsäure entsteht, wie erwähnt, nach Liebermann[4]) bei der Oxydation sowohl des gewöhnlichen l-Ekgonins wie des d-Ekgonins. Der Schmelzpunkt liegt bei 253°, das Drehungsvermögen $[\alpha]_D$ beträgt $+14,8°$.

Der **d-Tropinsäuredimethylester**[5]) zeigt die nämlichen Eigenschaften wie die inaktive Verbindung; sein **Pikrat**[5]) krystallisiert in langen, dünnen Nadeln vom Schmelzp. 120—121°; sein **Jodmethylat**[5]) krystallisiert aus Methylalkohol in farblosen Blättern und Nadeln vom Schmelzp. 176—177° unter Zersetzung. Das **Golddoppelsalz des d-Tropinsäuredimethylesterchlormethylats**[5]) bildet, aus verdünntem Alkohol umkrystallisiert, mikroskopisch kleine, vielverzweigte Blättchen und unscharfe Nadeln. Schmelzp. 114°.

Golddoppelsalz des d-Tropinsäuremonomethylesterchlormethylats[5]), ebenso dargestellt wie die entsprechende Verbindung der i-Säure krystallisiert aus Weingeist in dünnen Nädelchen vom Schmelzp. 195° unter Zersetzung.

Nortropin, Nortropanol (Tropigenin).

Mol.-Gewicht 127,11.
Zusammensetzung: 66,08% C, 10,31% H, 11,02% N.

$$C_7H_{13}NO.$$

Die Verbindung ist nichts anderes als entmethyliertes Tropin.

Darstellung: Sie wird nach der von Willstätter[6]) verbesserten Merlingschen Darstellungsweise erhalten durch Oxydation von Tropin mit Kaliumpermanganat in alkalischer Lösung bei 0°.

---

[1]) R. Willstätter, Berichte d. Deutsch. chem. Gesellschaft **28**, 3278 [1895].
[2]) Ciamician u. Silber, Berichte d. Deutsch. chem. Gesellschaft **29**, 1217 [1896].
[3]) J. Gadamer, Archiv d. Pharmazie **239**, 663 [1902].
[4]) C. Liebermann, Berichte d. Deutsch. chem. Gesellschaft **24**, 611 [1891]. — R. Willstätter, Berichte d. Deutsch. chem. Gesellschaft **28**, 3278 Fußnote [1895].
[5]) R. Willstätter, Berichte d. Deutsch. chem. Gesellschaft **28**, 3279 [1895].
[6]) R. Willstätter, Berichte d. Deutsch. chem. Gesellschaft **29**, 1579 [1896].

Physikalische und chemische Eigenschaften: Sie sublimiert, im Vakuum auf 100° erhitzt, in farblosen, harten Nadeln vom Schmelzp. 161°, löst sich leicht in Wasser und Alkohol, schwieriger in Äther und zieht begierig Kohlendioxyd aus der Luft an. — Das **Goldsalz** ($C_7H_{13}NO \cdot HCl)AuCl_3$ krystallisiert in goldgelben Blättchen oder Körnern, die bei 215—216° unter Zersetzung schmelzen. — **n-Benzoyltropigenin** $C_7H_{12}ON \cdot COC_6H_5$ bildet feine, bei 125° schmelzende Prismen, löst sich in warmem Wasser viel schwerer als in kaltem.

Beim Kochen der alkoholischen Lösung des Tropigenins mit Jodmethyl wird Tropin zurückgebildet. Es entsteht nämlich das Jodmethylat des Tropins nach der Gleichung:

$$C_7H_{13}NO + 2\,CH_3J = C_7H_{12}ON \cdot CH_3 \cdot CH_3J + HJ.$$

ψ-Nortropin, ψ-Nortropanol (ψ-Tropigenin). Im Tropigenin und ψ-Tropigenin liegt ein dem Tropin und ψ-Tropin analoges Paar von Stereoisomeren vor, die Natur des an den Stickstoff gebundenen Radikals scheint also ohne Einfluß zu sein bezüglich des Auftretens der zuerst bei Tropin und ψ-Tropin beobachteten Isomerie.

Darstellung: ψ-Tropigenin bildet sich nach Willstätter durch Reduktion des Nortropinons mit Natrium und Alkohol. Da Nortropinon durch Oxydation des Nortropanols (Tropigenins) gewonnen wird, vermittelt es den Übergang von Tropigenin zum ψ-Tropigenin ähnlich wie Tropinon denjenigen vom Tropin zum ψ-Tropin.

$$C_7H_{13}NO \xrightarrow{\text{Oxydation}} C_7H_{11}NO \xrightarrow{\text{Reduktion}} C_7H_{13}NO$$

Nortropanol   Nortropanon ψ-Nortropanol
(Tropigenin)   (Nortropinon)   (ψ-Tropigenin)

Physikalische und chemische Eigenschaften und Derivate: ψ-Tropigenin, das auch durch vorsichtige Oxydation von ψ-Tropin entsteht, bildet feine, leicht lösliche Nadeln und zieht mit großer Begierde Kohlensäure aus der Luft an. Mit Chromsäure oxydiert, geht es wieder in Nortropinon über. Es unterscheidet sich auch in seinen Derivaten vom Tropigenin, und zwar am deutlichsten in seinem n-Benzoylderivat. — Das **Goldsalz** des ψ-Tropigenins krystallisiert aus Wasser in farnkrautähnlichen, flachen Blättern, die bei 211—212° unter Zersetzung schmelzen. — **n-Benzoyl-ψ-tropigenin** bildet farblose, bei 165—166° schmelzende Prismen, löst sich in warmem Wasser viel leichter als in kaltem.

Dihydroxytropidin (Tropandiol).

Mol.-Gewicht 145,13.
Zusammensetzung: 57,88% C, 10,42% H, 9,65% N.

$$C_7H_{15}NO_2$$

$$\begin{array}{c} H_2C-CH-\!-\!-\!-CH\cdot OH \\ |\quad\; N\cdot CH_3 \quad| \\ H_2C-CH-\!-\!-\!-CH_2 \end{array} \quad \begin{array}{c} \\ CH\cdot OH \\ \\ \end{array}$$

Es stellt ein Glykol der Tropangruppe dar und entsteht durch Oxydation von Tropidin mit verdünnter Kaliumpermanganatlösung bei 0°[1]). Es scheidet sich aus Äther in großen, bei 105° schmelzenden Krystallen ab und wird in schwefelsaurer Lösung durch Chromsäure zu Tropinsäure oxydiert. — Das **Goldsalz** des Dihydroxytropidins $C_8H_{15}NO_2 \cdot HCl \cdot AuCl_3$ krystallisiert aus der heißen wässerigen Lösung in schwefelgelben Blättchen, die bei 235° unter Zersetzung schmelzen.

Tropylamine. Bei der Reduktion von dem später zu beschreibenden Tropanonoxim (Tropinonoxim) erhielten Willstätter und Müller[2]) zwei isomere Verbindungen von der Zusammensetzung $NC_8H_{14} \cdot NH_2$, **3-Amidotropane**, welche sie als **Tropylamin** und **ψ-Tropylamin** bezeichneten. Es liegt hier wie bei den Alkoholbasen Tropin und ψ-Tropin Cistransisomerie im Sinne der v. Baeyerschen Theorie vor, welche durch die Raumformeln

$$\begin{array}{c} H_2C-CH-\!-\!-\!-CH_2 \\ |\quad\; N\cdot CH_3 \;\; H-C-NH_2 \\ H_2C-CH-\!-\!-\!-CH_2 \end{array} \quad \text{und} \quad \begin{array}{c} H_2C-CH-\!-\!-\!-CH_2 \\ |\quad\; N\cdot CH_3 \;\; H_2N-C-H \\ H_2C-CH-\!-\!-\!-CH_2 \end{array}$$

veranschaulicht werden kann.

---

[1]) R. Willstätter, Berichte d. Deutsch. chem. Gesellschaft **28**, 2279 [1895].
[2]) R. Willstätter u. Müller, Berichte d. Deutsch. chem. Gesellschaft **31**, 1203 [1898].

Ein Stellungsisomeres dieser beiden Basen konnten Willstätter und Müller aus der 2-Carbonsäure des Tropans, dem Hydroekgonidin (s. dieses), gewinnen. Es gelingt leicht, in dieser Substanz das Carboxyl durch die Amidogruppe zu ersetzen, und zwar sowohl nach der Methode von A. W. Hofmann durch Einwirkung von unterbromigsaurem Kalium auf das Amid des Hydroekgonidins als auch nach der Methode von Curtius auf dem Wege über das Hydrazid, Azid und den Harnstoff.

Zum Unterschied von den vorgenannten Basen wurde die Verbindung, ein 2-Amidotropan, als **Isotropylamin** bezeichnet.

Die Eigenschaften und Derivate der drei isomeren Verbindungen sind aus der nachfolgenden Tabelle ersichtlich.

Die isomeren Tropylamine und deren Derivate:

	Tropylamin, $C_8H_{16}N_2$ (3-Amidotropan)	ψ-Tropylamin, $C_8H_{16}N_2$ (ψ-3-Amidotropan)	Isotropylamin, $C_8H_{16}N_2$ (2-Amidotropan)
Entstehung	Bei der Reduktion von Tropanonoxim mit Natrium in amylkoholischer Lösung	Bei der Reduktion von Tropanonoxim mit Natriumamalgam in essigsaurer Lösung. Beim Kochen von Tropylamin mit Natriumamylat in Amylalkohol	Durch Einwirkung von unterbromigsaurem Kalium auf Hydroekgonidinamid. Aus Hydroekgonidin auf dem Wege über das Hydrazid, Azid und den Harnstoff
Siedepunkt	91—92° bei ca. 12 mm Druck. 211° (korr.) bei ca. 760 mm Druck	98—100° bei 17,5 mm Druck. 107° bei 26 mm Druck. 213° (korr.) bei 760 mm Druck	206—207° bei 760 mm Druck
Pikrat $C_8H_{16}N_2$ $(C_6H_3N_3O_7)_2$	Krystallisiert aus heißem Wasser in zumeist vierseitigen rhombenähnlichen Blättchen, die bei 235° schmelzen und sich zersetzen	Bei langsamer Krystallisation aus heißem Wasser glänzende Spieße. Schmelzpunkt und Zersetzung unscharf bei 236—238°	Krystallisiert aus heißem Wasser in langen, glänzenden Prismen, die bei 236—237° unter Zersetzung schmelzen
Platindoppelsalz $C_8H_{16}N_2 H_2PtCl_6$	Schwer löslich in siedendem Wasser. Krystallisiert in derben, roten, prismatischen Krystallen, ohne Krystallwasser. Schmelzp. 257° unter Zersetzung	Leicht löslich in siedendem Wasser. Krystallisiert in orangegelben Blättchen, die 2 Moleküle H_2O enthalten. Bei 105° entwässert, schmelzen sie bei 257° unter Zersetzung	Sehr schwer löslich in kaltem Wasser, unlöslich in Alkohol. Krystallisiert in krystallwasserfreien, hellorangefarbenen, büschelförmig gruppierten Prismen und in Täfelchen
Dithiocarbamat $S:C{<}^{NH}_{S-}$ $(C_8H_{15}N)$	Krystallisiert aus Wasser in Form von beeren-, pilz- u. hantelförmigen Aggregaten. Schmilzt bei 194—195° unter Zersetzung	Krystallisiert in wohlausgebildeten durchsichtigen Prismen. Schmilzt, vorher zusammensinternd, bei 204—205° unter Zersetzung	
Phenylthioharnstoff C_6H_5 | $S:C{<}^{NH}_{NH}$ | $C_8H_{14}N$	Aus der Lösung der Base in Essigester mit Phenylsenföl entstehend. Ist in Essigester leichter löslich als die ψ-Tropylaminverbindung. Schmilzt bei 142 bis 143°	Aus der Lösung der Base in Methylalkohol mit Phenylsenföl entstehend. Schmilzt bei 172°	Aus der Lösung der Base in Essigester entstehend. Krystallisiert in großen, farblosen, glasglänzenden Zwillingsprismen. Schmilzt bei 138—139°

Pflanzenalkaloide.

Tropanketone und deren Abkömmlinge.
Tropinon (Tropanon).

Mol.-Gewicht 139,11.
Zusammensetzung: 69,01% C, 9,42% H, 10,07% N.

$$\begin{array}{c} H_2C-CH\text{———}CH_2 \\ |\quad\quad |\quad\quad | \\ \quad N\cdot CH_3\ \ CO \\ |\quad\quad |\quad\quad | \\ H_2C-CH\text{———}CH_2 \end{array}$$

ist das dem Alkohol Tropin entsprechende Keton.

Darstellung, physikalische und chemische Eigenschaften: Es wurde gleichzeitig von Willstätter[1]), sowie von Ciamician und Silber[2]) durch Oxydation des Tropins mit Chromtrioxyd in Eisessiglösung erhalten und entsteht in gleicher Weise aus dem isomeren ψ-Tropin, sowie aus dem Ekgonin. Bei weiterer Oxydation geht es in Tropinsäure über (s. S. 60). Es bildet lange, flache Spieße, schmilzt bei 41—42° und siedet bei 224—225°. Tropinon ist stark basisch, bildet mit Salzsäure Nebel und treibt Ammoniak aus seinen Salzen aus.

Derivate: Das **Chlorhydrat** $C_8H_{13}ON \cdot HCl$ krystallisiert aus Alkohol in prismatischen Krystallen, die bei 188—189° unter Zersetzung schmelzen. — Das **Tropinonpikrat** $C_8H_{13}ON \cdot C_6H_2(NO_2)_3OH$ krystallisiert aus heißer, wässeriger Lösung in gelben Nadeln, die bei 220° unter Zersetzung schmelzen. — Das **Platindoppelsalz** $(C_8H_{13}NO \cdot HCl)_2PtCl_4$ bildet orangerote, prismatische Krystalle vom Schmelzp. 191—192° (unter Zersetzung). — Das **Golddoppelsalz** $C_8H_{13}NO \cdot HCl \cdot AuCl_3$ bildet einen schwefelgelben, flockigen Niederschlag und schmilzt unscharf zwischen 160—170° unter Zersetzung. — Das **Jodmethylat** $C_8H_{13}ON \cdot CH_3J$ wird aus den Komponenten am besten in verdünnter alkoholischer Lösung dargestellt. Es scheidet sich aus der heißen, wässerigen Lösung in kochsalzähnlichen Krystallen ab, die bei 263—265° unter Zersetzung schmelzen. Beim Erwärmen seiner wässerigen Lösung mit Alkalien erleidet das Jodmethylat stürmische Zersetzung, wobei Dimethylamin und ein ungesättigter, sauerstoffhaltiger Körper entsteht:

$$C_8H_{13}ON \cdot CH_3J + KOH = C_7H_8O + (CH_3)_2NH + KJ + H_2O,$$

welcher allem Anschein nach identisch ist mit dem Dihydrobenzaldehyd und wohl aus einem intermediär entstehenden unbeständigen und ungesättigten Cycloheptankton gebildet wird. In derselben Weise erklärt sich auch das Auftreten des Dihydrobenzaldehyds bei vielen anderen Spaltungsreaktionen in der Tropingruppe resp. in der später zu behandelnden Ekgoningruppe.

Golddoppelsalz des Tropinonchlormethylats $C_8H_{13}NO \cdot CH_3Cl \cdot AuCl_3$. Das Jodmethylat wird durch Digerieren mit frisch gefälltem Chlorsilber in das entsprechende Chlormethylat übergeführt, das mit Goldchlorid einen eigelben Niederschlag des Goldsalzes gibt. Schmelzp. 205—206° unter Zersetzung. — **Tropinonoxim** $C_8H_{13}(:NOH)N$ krystallisiert aus Ligroin in feinen, bei 111—112° schmelzenden Prismen; das Jodmethylat desselben schmilzt bei 236°, das Golddoppelsalz des Chlormethylats bei 182° (unter Zersetzung). — **Tropinonsemicarbazon** $C_9H_{16}N_4O$ krystallisiert aus alkoholischer Lösung in länglichen, sechsseitigen Täfelchen, welche unscharf bei 212—213° schmelzen.

Tropinoncyanhydrin[3])

$$(NH_5C_5)\!\!\begin{array}{c}CH_2\\ | \\ C\!<\!\!{OH \atop CN}\\ | \\ CH_2\end{array}$$

entsteht durch Einwirkung von konz. Blausäure auf das Keton, krystallisiert aus Essigäther in farblosen Prismen, welche bei 145° schmelzen unter Zerfall in Tropinon und Cyanwasserstoff. Es läßt sich durch Verseifen in das später zu behandelnde Ekgonin überführen.

Oben (S. 54) wurde schon hervorgehoben, daß das Tropinon mehrere Derivate liefert, aus deren Entstehung hervorging, daß in ihm die Gruppe (-CH_2-CO-CH_2-) vorkommt. Daraus folgte dann, daß das Tropin die Gruppe (-CH_2-CH(OH)-CH_2-) enthält, was unter Berücksichtigung noch weiterer Tatsachen zur Annahme eines Pyrrolidinringes in demselben zwang. Das

---

[1]) R. Willstätter, Berichte d. Deutsch. chem. Gesellschaft **29**, 396 [1896].
[2]) Ciamician u. Silber, Berichte d. Deutsch. chem. Gesellschaft **29**, 490 [1896].
[3]) R. Willstätter, Berichte d. Deutsch. chem. Gesellschaft **29**, 1557 [1896].

von Willstätter durchgeführte Studium dieser Tropinonderivate, die sogleich näher beschrieben werden sollen, war also für die Konstitutionserforschung des Tropins und somit auch für diejenige des Atropins, Cocains usw. von großer Bedeutung.

Diisonitrosotropinon[1])

$$(NH_9C_5)\begin{cases} C = NOH \\ CO \\ C = NOH \end{cases}$$

wird in Gestalt seines Chlorhydrates erhalten bei Einwirkung von Amylnitrit und Salzsäure auf Tropinon und läßt sich aus dem Chlorhydrat mittels Natriumacetat in Freiheit setzen. Es bildet glänzende, gelbe Prismen und verpufft bei ca. 197°. Sein **Dibenzoylderivat** krystallisiert in gelben, feinen Nadeln vom Schmelzp. 172° (unter Zersetzung).

Diphenylhydrazon des Tropantrions[1])

$$(NH_9C_5)\begin{cases} C : N \cdot NHC_6H_5 \\ CO \\ C : N \cdot NHC_6H_5 \end{cases}$$

Bei der Kondensation von Diazobenzol mit Tropinon, welche in essigsaurer Lösung leicht stattfindet, entsteht das symmetrische Diphenylhydrazon des Tropantriketons in Form seines Acetats. Die Reaktion charakterisiert wiederum die Gruppe (-CH_2-CO-CH_2-). Das Diphenylhydrazon, aus dem essigsauren Salze durch Natronlauge in Freiheit gesetzt, krystallisiert in dunkelroten Rosetten vom Schmelzp. 130° (unter Zersetzung).

Dibenzaltropinon

$$(NH_9C_5)\begin{cases} C : CHC_6H_5 \\ CO \\ C : CHC_6H_5 \end{cases}$$

Die Kondensation von Tropinon mit Benzaldehyd läßt sich am besten mit Hilfe von Salzsäure ausführen. Aus dem Kondensationsprodukt wird das Dibenzaltropinon mit Natronlauge in Freiheit gesetzt. Es krystallisiert aus Alkohol in gelben Prismen, welche bei 152° schmelzen. Sein **Phenylhydrazon** bildet kleine Nadeln vom Schmelzp. 193°; sein **Jodmethylat** schmilzt bei 264—265° unter Zersetzung.

Difuraltropinon[2])

$$(NH_9C_5)\begin{cases} C : (C_5H_4O) \\ CO \\ C : (C_5H_4O) \end{cases}$$

entsteht durch Kondensation von Tropinon mit Furfurol, am besten unter Anwendung von Natriumäthylat als Kondensationsmittel. Krystallisiert aus Alkohol in Prismen und Spießen von kanariengelber Farbe. Schmelzp. 138°. Sein **Chlorhydrat** krystallisiert in Büscheln gelber Prismen, welche unter Zersetzung bei 237—238° schmelzen. Sein **Jodmethylat** bildet gelbe Täfelchen und schmilzt unter Zersetzung bei 281°.

Während bei der Einwirkung von Amylnitrit, von Diazobenzol sowie von Aldehyden auf Tropinon nur Derivate sich haben auffinden lassen, die durch Substitution zweier Methylengruppen entstehen, gelang die schrittweise, zweimalige Substitution mit Hilfe von Oxalester, also die Gewinnung von Tropinon-mono- und Di-oxalester.

Tropinonmonooxalsäureäthylester

$$(NH_9C_5)\begin{cases} CH \cdot CO \cdot COOC_2H_5 \\ CO \\ CH_2 \end{cases}$$

gewinnt man durch Kondensation von Tropin mit Oxalsäurediäthylester (1 Mol.) bei Gegenwart von Natriumäthylat. Krystallisiert in farblosen, meist sechsseitigen Täfelchen und

---

[1]) R. Willstätter, Berichte d. Deutsch. chem. Gesellschaft **30**, 2679 [1897].
[2]) R. Willstätter, Berichte d. Deutsch. chem. Gesellschaft **30**, 731, 2679 [1897].

schmilzt bei 169,5° unter Zersetzung. — Das **Platindoppelsalz** desselben $(C_{12}H_{17}NO_4 \cdot HCl)_2PtCl_4 + 3 H_2O$ bildet ziegelrote Blättchen und schmilzt unter Zersetzung bei 194—195°

Tropinondioxalsäureäthylester

$$(NH_9C_5){<}{\begin{array}{l}CH \cdot CO \cdot COOC_2H_5 \\ CO \\ CH \cdot CO \cdot COOC_2H_5\end{array}}$$

entsteht ebenfalls durch Kondensation von Tropinon mit Oxalsäurediäthylester (2 Mol.) bei Gegenwart von Natriumäthylat. Krystallisiert aus Äthylalkohol in gelben, durchsichtigen Prismen und schmilzt unter Zersetzung bei 176°.

Oxymethylentropinon

$$(NH_9C_5){<}{\begin{array}{l}C = CH \cdot OH \\ CO \\ CH_2\end{array}}$$

wird erhalten durch Kondensation von Tropinon mit Ameisensäureester sowohl mit Hilfe metallischen Natriums, wie auch von alkoholfreiem Natriumäthylat. Da die Verbindung neutrale Reaktion zeigt, ist wohl die Annahme gerechtfertigt, daß die saure Oxymethylengruppe mit dem Amidorest eine salzartige Bindung eingeht.

Die Verbindung krystallisiert in farblosen, harten Rosetten und schmilzt bei 128—128,5° unter Zersetzung. — **Anilid des Oxymethylentropinons** $(C_8H_{11}NO)$: $CH \cdot NH(C_6H_5)$, beim Erwärmen des Oxymethylentropinons mit Anilin entstehend, krystallisiert in Büscheln farbloser Nadeln vom Schmelzp. 158°.

Tropinonkalium und **Tropinonnatrium** $C_8H_{12}NONa$ erhält man bei der Einwirkung von Kalium und Natrium auf die Lösung des Tropinons in wasserfreiem Äther oder Benzol. Die Verbindungen haben, wie an späterer Stelle gezeigt werden soll, Verwendung zu wichtigen synthetischen Versuchen gefunden. Auch in schmelzendem Kali löst sich Tropinon bei nicht zu hoher Temperatur (130—160°) zu einer körnigen Salzmasse auf.

Verhalten des Tropinons bei der Reduktion[1]): Das wichtigste Resultat lieferte die Reduktion des Tropinons mit Zinkstaub und Jodwasserstoffsäure (spez. Gew. 1,7—196) in der Kälte. Es wird hierbei in guter Ausbeute Tropin neben einer geringeren Menge ψ-Tropin gebildet. Da nun das Tropinon, wie Seite 64 erwähnt ist, durch Oxydation des ψ-Tropins entsteht, so läßt sich unter Vermittlung von Tropinon das ψ-Tropin in Tropin überführen, eine Reaktion, welche auf andere Weise nicht durchführbar ist und für die Synthese des Tropins, also auch für die des Atropins usw. große Bedeutung hat.

Da das Tropinon auch als Oxydationsprodukt des Ekgonins erhalten worden ist (s. S. 68), so bedeutet die Reduktion des Ketons zu Tropin die vollständige Überführung von Tropacocain wie auch von Cocain in Atropin.

Cocain → Ekgonin → Tropinon → Tropin → Atropin.

Allerdings war der Zusammenhang zwischen Cocain und Atropin schon viel früher von A. Einhorn[2]) durch die Umwandlung des Anhydroekgonins in Tropidin nachgewiesen worden (s. Anhydroekgonin).

Die Reduktion des Tropinons mit Zinkstaub und Jodwasserstoffsäure geht selbst bei sehr niedriger Temperatur über die Bildung der Alkoholbasen hinaus und führt schließlich zum Tropan. Dasselbe läßt sich so, wenn man in verdünnter Lösung und unter Erwärmung arbeitet, bequemer in reinem Zustande erhalten als bei der Reduktion von Tropinjodür oder Tropidinhydrobromid.

Tropin entsteht ebenfalls, allerdings nur in geringer Menge, beim Kochen von Tropinon mit Zinn und konz. Salzsäure.

Die Reduktion des Tropinons mit Natrium in feuchter, ätherischer, sowie in alkoholischer Lösung und ferner mit Natriumamalgam in schwach salzsaurer Lösung führt zum ψ-Tropin.

Nortropinon[3]) (**Nortropanon**) $C_7H_{11}NO$ entsteht nach Willstätter durch Oxydation von Nortropanol oder Tropigenin (s. S. 61) mit Chromsäure.

---

[1]) R. Willstätter u. Iglauer, Berichte d. Deutsch. chem. Gesellschaft **33**, 1170 [1900].
[2]) A. Einhorn, Berichte d. Deutsch. chem. Gesellschaft **23**, 1338 [1890].
[3]) R. Willstätter, Berichte d. Deutsch. chem. Gesellschaft **29**, 399, 1581 [1896].

$$\begin{array}{ccc}
\mathrm{H_2C-CH-CH_2} & & \mathrm{H_2C-CH-CH_2} \\
\;|\quad\quad|\quad\quad| & & \;|\quad\quad|\quad\quad| \\
\mathrm{NH\quad CH\cdot OH} + \mathrm{O} = & & \mathrm{NH\quad CO} + \mathrm{H_2O} \\
\;|\quad\quad|\quad\quad| & & \;|\quad\quad|\quad\quad| \\
\mathrm{H_2C-CH-CH_2} & & \mathrm{H_2C-CH-CH_2} \\
\text{Nortropanol (Tropigenin)} & & \text{Nortropanon}
\end{array}$$

Es zeigt große Ähnlichkeit mit Tropinon, ist eine starke Base, stellt ein langsam krystallisierendes Öl dar, welches begierig Feuchtigkeit und Kohlensäure aus der Luft anzieht und dabei leicht zerfließt. Aus der Benzollösung erhält man es durch Zusatz von Ligroin in langen, bei etwa 69—70° schmelzenden Nadeln. Das **Chlorhydrat** schmilzt bei 201° unter Zersetzung; das **Pikrat** krystallisiert in hellgelben, feinen Prismen vom Schmelzp. 159—160°. — **Nitrosonortropinon** $C_7H_{10}ON \cdot NO$ bildet Nadeln von gelblicher Farbe und schmilzt unscharf bei 127°. — **Nortropinonoxim** $C_6H_{11}NC:NOH$ krystallisiert aus Wasser in dünnen Blättchen vom Schmelzp. 181—182°. — **n-Benzoylnortropinonoxim** schmilzt bei 175°.

Bei der Reduktion verhält sich Nortropinon analog dem Tropinon; es bildet nicht Tropigenin zurück, sondern liefert das demselben isomere ψ-Tropigenin. Letzteres gibt bei der Oxydation wieder Nortropinon.

Tropancarbonsäuren und deren Abkömmlinge.

Tropan-2-carbonsäure, Hydroekgonidin (Dihydroanhydroekgonin).

Mol.-Gewicht 169,13.
Zusammensetzung: 63,86% C, 8,94% H, 8,28% N.

$$\begin{array}{c}
\mathrm{H_2C-CH\!-\!\!-\!\!-CH-COOH} \\
\;|\quad\quad\quad|\quad\quad| \\
\quad\mathrm{N\cdot CH_3\quad CH_2} \\
\;|\quad\quad\quad|\quad\quad| \\
\mathrm{H_2C-CH\!-\!\!-\!\!-CH_2}
\end{array}$$

Die Verbindung wurde von Willstätter[1]) erhalten durch Reduktion des ungesättigten Anhydroekgonins resp. seiner Ester mit Natrium und Amylalkohol:

$$C_9H_{13}NO_2 + 2\,H = C_9H_{15}NO_2.$$

Sie hinterbleibt aus ihren Lösungen als Sirup, welcher beim Verreiben mit Essigäther unter Zusatz von wenig Alkohol zu einer aus mikroskopischen Nadeln bestehenden Krystallmasse erstarrt. Schmilzt wasserfrei bei 200°, ist äußerst hygroskopisch und optisch inaktiv. Hydroekgonidinesterjodmethylat erleidet leicht, schon bei gelindem Erwärmen mit kohlensaurem Alkali, Ringöffnung unter Bildung eines ungesättigten Aminosäureesters, der sich durch erschöpfende Methylierung weiter in **Hydrotropilidencarbonsäure** $C_7H_9\cdot CO_2H$ überführen läßt. Bei der Reduktion mit Natrium in äthylalkoholischer Lösung nimmt diese Säure vier Atome Wasserstoff auf unter Bildung der gesättigten **Cycloheptancarbonsäure** $C_7H_{13}\cdot CO_2H$. Es gelingt, im Hydroekgonidin das Carboxyl durch die Amidogruppe zu ersetzen, und man erhält hierbei das Isotropylamin. (Vgl. näheres S. 63.)

Salze und Derivate von Hydroekgonidin: Das **Chlorhydrat** $C_9H_{15}NO_2\cdot HCl$ krystallisiert aus Alkohol in glänzenden, rechteckigen Täfelchen, ist sehr hygroskopisch und schmilzt bei 234 bis 236°. — Das **Chloroplatinat** $(C_9H_{15}NO_2)_2H_2PtCl_6\cdot 1\frac{1}{2}H_2O$ ist in Wasser spielend leicht löslich und krystallisiert aus siedendem Weingeist in flächenreichen, orangeroten Täfelchen. — Das **Golddoppelsalz** $C_9H_{15}NO_2\cdot AuCl_4H$ krystallisiert aus Wasser in mattgelben, undeutlich ausgebildeten Blättern, welche 3 Mol. Krystallwasser enthalten. Schmilzt im wasserfreien Zustand bei 210—212°. — **Hydroekgonidinäthylester** $C_{11}H_{19}NO_2$, in gewöhnlicher Weise dargestellt, bildet ein farbloses Öl, welches bei 137—139° unter 20 mm Druck siedet. Das **Chloraurat** desselben krystallisiert aus heißem Alkohol in goldgelben, glänzenden Prismen vom Schmelzp. 121—122°. — **Hydroekgonidinäthylesterjodmethylat** $C_7H_{11}(CO_2C_2H_5)NCH_3\cdot CH_3J$, durch Einwirkung von Jodmethyl auf die Lösung des Esters in Äthylalkohol dargestellt, krystallisiert aus Alkohol in farblosen Nadeln, welche bei 156° schmelzen. — **Golddoppelsalz des Hydroekgonidinäthylesterchlormethylats** $C_{12}H_{22}NO_2AuCl_4$. Behandelt man die wässerige Lösung des Jodmethylats mit frisch gefälltem Chlorsilber und fügt zu der von Silberniederschlag abfiltrierten Lösung Goldchlorwasserstoffsäure, so scheidet sich das Goldsalz ab, welches beim Umkrystallisieren aus verdünntem Alkohol große flimmernde Blätter bildet, es schmilzt bei 168—169°. — **Golddoppelsalz des Hydroekgonidinchlormethylats** $C_{10}H_{18}NO_2$

---

[1]) R. Willstätter, Berichte d. Deutsch. chem. Gesellschaft **30**, 702 [1897].

$AuCl_4 \cdot 4 H_2O$ entsteht neben der vorstehenden Verbindung; bildet, aus Wasser umkrystallisiert, ein kanariengelbes, dichtes Krystallmehl, das 4 Mol. Wasser enthält. Schmilzt bei 255° unter Zersetzung.

Ekgonine, 3-Oxytropan-2-carbonsäuren.

Mol.-Gewicht 185,13.
Zusammensetzung: 58,34% C, 8,17% H, 7,57% N.

$$\begin{array}{c} H_2C-CH-\!\!-\!\!-CH-COOH \\ |\quad\quad |\quad\quad\quad | \\ \quad N\cdot CH_3\quad CH\cdot OH \\ |\quad\quad |\quad\quad\quad | \\ H_2C-CH-\!\!-\!\!-CH_2 \end{array}$$

Da das Ekgonin vier asymmetrische Kohlenstoffatome (in obiger Formel durch fetten Druck hervorgehoben) aufweist, so ist es in 16 aktiven Isomeren möglich. Nur zwei derselben sind bis jetzt bekannt, das gewöhnliche l-Ekgonin und das aus demselben durch Umlagerung mit Alkali entstehende d-Ekgonin. Dazu kommt noch eine synthetisch hergestellte, optisch inaktive Verbindung, das r-Ekgonin. l- und d-Ekgonin besitzen ganz verschiedene spezifische Drehung, sie sind nicht optische Antipoden. Berücksichtigt man das Verhalten der inaktiven Alkamine Tropin und ψ-Tropin gegen Alkalien, so erscheint es höchst wahrscheinlich, daß das l-Ekgonin dem alkalilabilen Tropin, das d-Ekgonin dem cistransisomeren alkalistabilen ψ-Tropin hinsichtlich der Lagerung des Hydroxyls in bezug auf die basische Gruppe entspricht. Nach einem Vorschlage von Willstätter[1]) dürfte es daher zweckmäßig sein, die bisherige Bezeichnungsweise derart zu ergänzen, daß man das Rechtsekgonin als d-ψ-Ekgonin vom gewöhnlichen oder l-Ekgonin unterscheidet oder allgemeiner, die möglichen Ekgonine und die von denselben sich herleitenden Cocaine nach der Orientierung des Hydroxyls in zwei Reihen: Ekgonin und ψ-Ekgoninreihe, einteilt.

Links- oder l-Ekgonin $C_9H_{15}NO_3 + H_2O$. Unter den vorstehend genannten, optisch isomeren Ekgoninen verdient das l-Ekgonin am meisten Interesse, weil sich von ihm das wichtige Alkaloid l-Cocain (Benzoylekgoninmethylester) ableitet.

Bezüglich der Konstitutionserforschung des Ekgonins sei in Kürze nur folgendes bemerkt: Daß das Ekgonin einen Pyridinring enthält, wurde durch die Beobachtung Stoehrs bewiesen, welcher bei der Destillation mit Zinkstaub unter anderem α-Äthylpyridin erhielt. Die analoge Konstitution des Tropins und Ekgonins, d. h. die Ableitung derselben von der gleichen Stammsubstanz, ergab sich dann aus der wichtigen Entdeckung von Einhorn[2]), daß Anhydroekgonin beim Erhitzen mit Salzsäure auf 280° in Kohlendioxyd und Tropidin zerfällt (vgl. Tropidin). Außerdem folgten die nahen Beziehungen zwischen Tropin und Ekgonin auch aus Untersuchungen von Liebermann, welcher zeigte, daß Ekgonin bei der Oxydation mit Chromsäure d-Tropinsäure und Ekgoninsäure liefert. Als Zwischenprodukt entsteht hierbei Tropinon. Die wechselnden Anschauungen über die Konstitution des Tropins sind deshalb auch für die Auffassung der Struktur des Ekgonins bestimmend gewesen. Die gesicherte Erkenntnis, daß im Ekgonin das Hydroxyl den nämlichen Ort einnimmt wie im Tropin, und daß sich die Carboxylgruppe am benachbarten Kohlenstoffatom befindet, gemäß der obigen Formel, verdankt man R. Willstätter und W. Müller[3]). Sie fanden, daß Ekgonin durch gelinde Oxydation mit Chromsäure in Tropinon übergeht, also in dasselbe Keton, welches auch das erste Oxydationsprodukt von Tropin und ψ-Tropin bildet; ferner, daß sein Verhalten weder mit dem einer α- noch einer γ-Oxysäure übereinstimmt, so daß nur noch die Annahme der β-Stellung von Carbohydroxyl und Hydroxyl übrigbleibt; das Ekgonin ist also eine β-Carbonsäure des Tropins. Es konnte zum N-Methylsuccinimid abgebaut werden.

Beim Erwärmen mit Alkalien geben l-, d- und r-Ekgoninesterjodmethylat die β-Cycloheptatriencarbonsäure.

Mit den **optischen Verhältnissen des Ekgonins** haben sich R. Willstätter, W. Müller und A. Bode sowie neuerdings eingehender J. Gadamer[4]) beschäftigt. Nachdem die Umwandlung von Ekgonin in inaktives Tropinon es wahrscheinlich gemacht hatte, daß die in der nebenstehenden Formel mit 1 und 2 bezeichneten Systeme einander entgegengesetzt drehen,

---

[1]) R. Willstätter, Annalen d. Chemie **326**, 47 [1903].
[2]) A. Einhorn, Berichte d. Deutsch. chem. Gesellschaft **22**, 399 [1889].
[3]) R. Willstätter u. W. Müller, Berichte d. Deutsch. chem. Gesellschaft **31**, 1203 [1898].
[4]) J. Gadamer, Archiv d. Pharmazie **239**, 294, 663 [1901].

$$\begin{array}{c}
\overset{(d)}{}\\
H_2C-\underset{(1)}{\overset{(2)}{CH}}\text{————}\overset{(3)}{CH}-COOH\\
||\\
N\cdot CH_3(4)CHOH\\
||\\
H_2C-\underset{(1)}{CH}\text{————}CH_2
\end{array}$$

hat Gadamer die Spaltung der r-Tropinsäure ausgeführt (s. S. 59) und die Funktionen der beiden Systeme gemäß der nebenstehenden Formel bestimmt. Hinsichtlich der beiden Kohlenstoffatome 3 und 4 führt Gadamer zwar einige Anhaltspunkte an, dieselben reichen aber zur Bestimmung der optischen Funktion dieser zwei Systeme nicht aus. Es ist nur sicher, daß d-ψ-Ekgonin mindestens zwei optisch aktive Systeme besitzt.

Die Ekgonine zeigen die Eigenschaften der α-Aminosäuren und verbinden sich sowohl mit Basen wie mit Säuren zu Salzen. Die Carboxylgruppe wird nicht durch eine saure Reaktion angezeigt, wohl aber dadurch, daß die Alkalisalze nicht durch Kohlensäure zerlegt werden und durch die Esterifizierbarkeit bei der Behandlung mit Alkoholen und Chlorwasserstoff. Die alkoholische Hydroxylgruppe gibt sich zu erkennen durch die Fähigkeit der Körper, mit Säurechloriden und Säureanhydriden Säureester zu bilden, sowie durch die leicht verlaufende Wasserabspaltung, wobei Anhydroekgonin entsteht (s. S. 77).

In der einen wie in der anderen Weise können eine Reihe von Derivaten gewonnen werden, welche in nachfolgender Tabelle zusammengestellt sind.

Die stereoisomeren Ekgonine und ihre Derivate:[1)]

	l-Ekgonin	d-Ekgonin (d-ψ-Ekgonin)	r-Ekgonin
Freies Ekgonin $C_9H_{15}O_3N$	Schmelzp. 198° unter Zersetzung. Monokline, hemimorphe Prismen. 1 Mol. Krystallwasser, über 120° entweichend	Schmelzp. 257 bzw. 264° unter Zersetzung. Monokline, sphenoidische Prismen und Tafeln. Kein Krystallwasser	Schmelzp. 251° unter Zersetzung. Monoklin, prismatisch, sechsseitige Tafeln. 3 Mol. Krystallwasser, über Schwefelsäure entweichend
Chlorhydrat $C_9H_{15}O_3N \cdot HCl$ [2)]	Schmelzp. 246°. Trikline, rhombenförmige Tafeln mit schiefen Seitenflächen. Wasserfrei. In abs. Alkohol sehr wenig löslich	Schmelzp. 233–234° (236°). Aus Alkohol: langgestreckte Prismen; aus Wasser: flächenreiche Krystalle, monoklin-hemimorph. Aus Alkohol wasserfrei, aus Wasser mit 1/2 Mol. H_2O, über H_2SO_4 entweichend. In absol. Alkohol sehr schwer löslich	Schmelzp. 193–194° (wasserfrei). Aus Weingeist: 4- und 6seitige Tafeln oder langgestreckte Prismen. Aus abs. Alkohol: feine, weiche Nadeln. Aus abs. Alkohol mit 1/2 Mol., aus Weingeist mit 1 Mol. H_2O, über 120° entweichend. In abs. Alkohol ziemlich leicht löslich
Chloraurat $C_9H_{15}O_3N \cdot HCl$ $AuCl_3$	Schmelzp. (wasserfrei) 202°, (wasserhaltig) 71°. Aus Alkohol: Würfel; aus Weingeist: monokline Prismen. 2 Mol. Krystallwasser	Schmelzp. 220°. Citronengelbe Nadeln oder rechteckig begrenzte Blättchen. Kein Krystallwasser	Schmelzp. 213°. Spießige, zu Büscheln vereinte Nadeln. Kein Krystallwasser
Chloroplatinat $(C_9H_{15}O_3N \cdot HCl)_2$ $PtCl_4$	Schmelzp. 226°. Orangerote Spieße	—	—
Jodmethylat $C_9H_{15}O_3N \cdot CH_3J$	Schmelzp. 238—239° unter Zersetzung. Prismen aus Alkohol	—	—

[1)] R. Willstätter, Annalen d. Chemie **326**, 76 [1903].
[2)] Es ist auch ein Chlorhydrat des l-Ekgonins von der Formel $(C_9H_{15}O_3N)_2$ HCl bekannt, das im wasserfreien Zustand bei 216—217° unter Zersetzung schmilzt. Annalen d. Chemie **326**, 60 [1903].

	l-Ekgonin	d-Ekgonin(d-ψ-Ekgonin)	r-Ekgonin
Methylbetain $C_{10}H_{17}O_3N$	Schmelzp. 278° unter Zersetzung. Feine, farblose Prismen[1])	—	—
Methylester $C_8H_{14}O$ $(CO_2CH_3)N$	Flüssig. Siedep. 177° unter 15 mm Druck	Langgestreckte Prismen. Schmelzp. 115°	Spieße und Prismen. Schmelzp. 125—126°
Esterjodmethylat $C_8H_{14}O(CO_2CH_3)$ $N \cdot CH_3J$	Krystallinisch.	Nadeln vom Schmelzp. 165°	Derbe Nadeln vom Schmelzp. 182°
	Liefern beim Kochen mit Alkalien β-Cycloheptatriencarbonsäure vom Schmelzp. 55°		
Amid $C_8H_{14}O$ $(CO \cdot NH_2)N$	Schmelzp. 198°. Aus Alkohol trikline Prismen, aus Chloroform verfilzte Nadeln[1])	—	—
Nitril $C_8H_{14}O(CN)N$	Schmelzp. 145,5°.[2])	—	—
Benzoylderivat $C_8H_{13}(O \cdot C_7H_5O)$ $(CO_2H)N$	Schmelzp. 86—87° (wasserhaltig). Schmelzp. 195° (wasserfrei). Aus Wasser: Rhombische Nadeln mit 4 Mol. Krystallwasser[3]).	Die freie Base ist nicht isoliert worden. Das Chlorhydrat schmilzt bei 244 bis 245°	—
Cinnamylderivat $C_8H_{13}(O \cdot CO \cdot CH : CH \cdot C_6H_5) \cdot$ $(CO_2H)N$	Schmelzp. 216° unter Zersetzung. Krystallisiert aus Alkohol auf Zusatz von Äther in glasglänzenden Spießen[4])	Allmählich erstarrendes Öl. Das Chlorhydrat schmilzt bei 236° unter Zersetzung	—
Isovalerylderivat $C_{14}H_{23}NO_4$	Säure nicht isoliert. Der Methylester ist ein Öl.	Schmelzp. 224° unter Zersetzung. Methylester ölig	—
Anisylderivat $C_{17}H_{21}O_5N$	Nadeln vom Schmelzp. 194°[5])	—	—
Cocain $C_8H_{13}(O \cdot COC_6H_5)$ $(CO_2CH_3)N$	Schmelzp. 98°. Monoklin, hemimorph, 4- und 6 seitige Prismen	Schmelzp. 43—45° (bzw. 46—47°). Strahlige, prismatische Krystalle.	Schmelzp. 80°. Monoklin, sphenoidisch, 6 seitige Blättchen

Darstellung des l-Ekgonins: Das l-Ekgonin wird durch Spaltung von l-Cocain vermittels Salzsäure, verdünnter Schwefelsäure oder Barythydrat erhalten[6]). Ähnlich läßt es sich aus dem unkrystallisierbaren, in großer Menge bei der Isolierung des Cocains aus Cocablättern auftretenden Gemisch anderer, teilweise amorpher Basen gewinnen. Bei der technischen Darstellung des l-Ekgonins nach Liebermann und Giesel werden die amorphen Cocainrückstände eine Stunde lang mit Salzsäure erhitzt und das Produkt in Wasser gegossen. Hierbei fallen Benzoesäure, Zimtsäure, Allozimtsäure usw. aus. Das Filtrat von diesen Zimtsäuren wird eingeengt, bis sich Krystalle von Ekgoninhydrochlorid abzuscheiden beginnen und letzteres durch Zusatz von Alkohol und Äther ausgefällt. Eine weitere Menge wird durch Abdestillieren der Mutterlauge gewonnen.

Diese Gewinnung des Ekgonins aus den Cocainrückständen hat, wie an späterer Stelle näher ausgeführt werden soll, für die technische Darstellung des Cocains Bedeutung, da sich das Ekgonin leicht wieder in Cocain überführen läßt.

Rechts- oder d-Ekgonin (d-ψ-Ekgonin).

Die Verbindung stellten zuerst Einhorn und Marquardt dar durch Erwärmen von gewöhnlichem l-Ekgonin mit konz. Kalilauge auf dem Wasserbade. Sie entsteht auch bei Be-

---

[1]) Berichte d. Deutsch. chem. Gesellschaft **32**, 1637 [1899].
[2]) Berichte d. Deutsch. chem. Gesellschaft **26**, 963 [1893].
[3]) Berichte d. Deutsch. chem. Gesellschaft **18**, 1594 [1885]; **21**, 47, 3196 [1888].
[4]) Berichte d. Deutsch. chem. Gesellschaft **21**, 3373 [1888].
[5]) Berichte d. Deutsch. chem. Gesellschaft **22**, 132 [1889].
[6]) Calmels u. Gossin, Compt. rend. de l'Acad. des Sc. **100**, 1143 [1885].

handlung des Cocains, Benzoylekgonins sowie der Nebenalkaloide des Cocains mit Kali, wobei das primär gebildete l-Ekgonin umgelagert wird. Liebermann und Giesel[1]) erhielten sie als Spaltungsprodukt des von ihnen unter den Nebenalkaloiden des Cocains aufgefundenen d-Cocains. d-Ekgonin entsteht ferner durch Einwirkung von Methyljodid auf das Nor-d-ekgonin (s. S. 73).

Die Eigenschaften und Derivate des d-Ekgonins sind aus der Tabelle auf Seite 69 ersichtlich.

Racemisches oder r-Ekgonin (ψ-Tropin-C-carbonsäure).

Die Verbindung ist erst in der Neuzeit von R. Willstätter und A. Bode[2]) erhalten worden, und zwar auf folgendem synthetischen Wege, der die vollständige Synthese eines racemischen Cocains bedeutet. Tropinonnatrium, in Äther suspendiert, verbindet sich bei gewöhnlicher Temperatur mit Kohlensäure zu einem Produkte, das glatter bei gleichzeitiger Einwirkung von Natrium und Kohlensäure auf das Aminoketon entsteht. Das rohe tropin-carbonsaure Natron liefert bei der Reduktion mit Natriumamalgam in kalt gehaltener, stets schwach saurer Lösung ein Gemenge zweier isomerer Verbindungen von der Zusammensetzung des Ekgonins, aber von wesentlich verschiedener Konstitution. Das eine Reaktionsprodukt, das gewöhnlich nur den fünften Teil des Gemenges ausmacht und mit Hilfe seines in Alkohol leichter löslichen Chlorhydrats isoliert werden kann, ist das r-Ekgonin. Das in besserer Ausbeute gebildete Ekgoninisomere ist die ψ-Tropin-O-carbonsäure, deren verhältnismäßig große Beständigkeit durch die Annahme der Absättigung der basischen Gruppen durch das Carboxyl einer betainartigen Bindung wohl erklärt wird, entsprechend der Formel:

$$\begin{array}{c} H_2C-CH-\!\!\!-\!\!\!-CH_2 \\ \big| CH_3 \big| \\ N\!\!\!<\!\!\!\!\!\!^{H} C\!\!\!<\!\!\!^{H}_{O-C=O} \\ \big| \\ H_2C-CH-\!\!\!-\!\!\!-CH_2 O \\ I \end{array}$$

Die Eigenschaften und Derivate des r-Ekgonins sind in der Tabelle auf Seite 69 zusammengestellt. Es ist gemäß seiner Herkunft inaktiv, in bezug auf seine vier asymmetrischen Systeme racemisch. Beim Erhitzen mit Alkali bleibt es unverändert, ist also alkalistabil.

Über die **physikalischen und chemischen Eigenschaften und Derivate der ψ-Tropin-O-carbonsäure** (Formel I) sei folgendes angeführt. Sie krystallisiert aus Wasser in glänzenden, unregelmäßig-sechsseitigen Tafeln. Dieselben enthalten 3 Mol. Krystallwasser, welches im Vakuum über Schwefelsäure vollständig abgegeben wird. Wasserfrei schmilzt die Verbindung bei 201—202° unter Zersetzung. Sie weist weder eine freie Hydroxylgruppe auf, noch läßt sie sich nach den gewöhnlichen Methoden esterifizieren. Durch Alkohol und Chlorwasserstoff und auch beim Kochen mit wässeriger Salzsäure wird sie unter Abspaltung von Kohlensäure in ψ-Tropin umgewandelt. Sie reagiert vollkommen neutral und ist gegen Kaliumpermanganat in schwefelsaurer Lösung beständig. Aus diesem Verhalten folgt die oben angeführte Formel. — Das **Chlorhydrat** $C_9H_{15}O_3N \cdot HCl$ krystallisiert aus Wasser in derben Prismen, aus alkoholischen Lösungen in rhombenförmigen Tafeln und schmilzt im wasserfreien Zustand bei 239° unter Zersetzung. Außer diesem normalen Chlorhydrat bildet die Verbindung noch ein zweites von der Zusammensetzung $(C_9H_{15}O_3N)_2HCl$. — Das **Chloraurat** krystallisiert aus Wasser in kleinen zu Büscheln vereinigten Nadeln und schmilzt bei 174—176° unter Zersetzung.

α-Ekgonin, 3-Oxytropan-3-carbonsäure.

Darstellung: Noch bevor in den Einzelheiten die Konstitution des l-Ekgonins klargelegt worden war, bot das Tropinon schon das Ausgangsmaterial für den ersten Versuch einer Ekgoninsynthese[3]). Entsprechend seinem Ketoncharakter ist das Tropinon imstande, Cyanwasserstoff zu addieren unter Bildung von **Tropinoncyanhydrin** (s. S. 64). Dieses liefert bei der Verseifung eine Verbindung, welche die Zusammensetzung des Ekgonins besitzt und im Gegensatz zu diesem das Carboxyl und Hydroxyl an das nämliche Kohlenstoffatom gebunden enthält. Für dieses Struktisomere des Ekgonins hat Willstätter (l. c.) die Bezeichnung α-Ekgonin eingeführt.

---

[1]) C. Liebermann u. Giesel, Berichte d. Deutsch. chem. Gesellschaft **23**, 508, 926 [1890].
[2]) R. Willstätter u. Bode, Annalen d. Chemie **326**, 42 [1903].
[3]) R. Willstätter, Berichte d. Deutsch. chem. Gesellschaft **29**, 2216 [1896].

Pflanzenalkaloide.

$$\begin{array}{c} H_2C-CH-CH_2 \\ | \quad\quad | \quad\quad | \\ N\cdot CH_3 \quad CO \\ | \quad\quad | \quad\quad | \\ H_2C-CH-CH_2 \\ \text{Tropinon} \end{array} \rightarrow \begin{array}{c} H_2C-CH-CH_2 \\ | \quad\quad | \quad\quad | \\ N\cdot CH_3 \quad C{<}^{OH}_{CN} \\ | \quad\quad | \quad\quad | \\ H_2C-CH-CH_2 \\ \text{Tropinoncyanhydrin} \end{array} \rightarrow \begin{array}{c} H_2C-CH-CH_2 \\ | \quad\quad | \quad\quad | \\ N\cdot CH_3 \quad C{<}^{OH}_{COOH} \\ | \quad\quad | \quad\quad | \\ H_2C-CH-CH_2 \\ \alpha\text{-Ekgonin} \end{array}$$

Durch Benzoylieren des α-Ekgoninmethylesters entsteht dann das α-Cocain, auf das ich später zurückkommen werde. Die Verbindungen verdienen insbesondere deshalb Interesse, weil sie zur Klarlegung der Konstitution des Ekgonins beigetragen haben. Da nämlich das α-Ekgonin mit dem gewöhnlichen Ekgonin nicht identisch war, konnte das Carboxyl des letzteren nicht die α-Stellung einnehmen, mußte sich vielmehr in β-Stellung befinden, nachdem nachgewiesen worden war, daß Tropin und Ekgonin die Hydroxyle am selben Kohlenstoffatom enthalten.

In ihrem chemischen Verhalten lassen α-Ekgonin und seine Derivate bemerkenswerte Unterschiede von den eigentlichen Ekgoninen erkennen. Im Gegensatz zu den Jodalkylaten der Ekgoningruppe, die als β-Betaine beim Erwärmen mit Alkalien leicht gespalten werden, zeigen die der α-Ekgoningruppe als γ-Betaine große Beständigkeit[1]).

Physikalische und chemische Eigenschaften und Derivate: Das α-Ekgonin krystallisiert aus heißer wässeriger Lösung in weißen Nadeln, die 1 Mol. Krystallwasser enthalten; die entwässerte Verbindung schmilzt bei 305° unter Zersetzung. — Das **Platindoppelsalz** $(C_9H_{15}O_3NHCl)_2PtCl_4$ schmilzt bei 223—224°, das **Golddoppelsalz** $(C_9H_{15}O_3 \cdot HCl)AuCl_3 + H_2O$ bei 183—184°. — Die **Benzoylverbindung** $C_8H_{13}(O\cdot COC_6H_5)(COOH)N$ entsteht aus dem Ekgonin vermittels Benzoesäure und wenig Wasser bei 100° und schmilzt bei 209° unter Zersetzung.

Der α-**Ekgoninmethylester** $C_8H_{13}(OH)(COOCH_3)N$, welcher beim Esterifizieren der methylalkoholischen Lösung des α-Ekgonins mit Salzsäuregas entsteht, krystallisiert in Bündeln farbloser Prismen, welche bei 114° schmelzen. Das **Pikrat** desselben, $C_{16}H_{20}N_4O_{10}$, bildet durchsichtige, hellgelbe Würfelchen vom Schmelzp. 189—191°. Das **Platindoppelsalz** desselben, $(C_{10}H_{17}NO_3 \cdot HCl)_2 PtCl_4 \cdot 2 H_2O$, krystallisiert in rhombischen Tafeln, verliert das Krystallwasser und schmilzt bei 204° unter Zersetzung. Das **Golddoppelsalz** desselben, $C_{10}H_{17}NO_3 \cdot HCl \cdot AuCl_3$, wird aus heißem Wasser in orangegelben Blättern vom Schmelzp. 95—96° erhalten. α-**Ekgoninmethylesterjodmethylat** $C_{10}H_{17}NO_3 \cdot CH_3J$ krystallisiert aus Methylalkohol in glänzenden Nädelchen vom Schmelzp. 201—202°. Beim Erhitzen mit wässerigen Alkalien entwickelt es im Gegensatz zu Ekgoninesterjodmethylat kein Amin, erfährt also keine Spaltung. Vielmehr wird es dabei nur verseift und in das **Jodmethylat** des α-Ekgonins übergeführt, das bei 225° unter Zersetzung schmilzt. **Golddoppelsalz des α-Ekgoninmethylesterchlormethylats** $C_{10}H_{17}NO_3 \cdot CH_3Cl \cdot AuCl_3$. Digeriert man das Jodmethylat mit gefälltem Chlorsilber, so entsteht die Lösung des Chlormethylats, aus welcher sich auf Zusatz von Goldchlorid das Golddoppelsalz abscheidet. Es krystallisiert aus Methylalkohol in goldgelben Nadeln vom Schmelzp. 201°. **Golddoppelsalz des α-Ekgoninchlormethylats** $C_9H_{15}NO_3 \cdot CH_3Cl \cdot AuCl_3$. Zur Darstellung dieses Salzes entjodet man das α-Ekgoninjodmethylat mit Chlorsilber oder das Esterjodmethylat mit frisch gefälltem Silberoxyd. Goldchlorid scheidet aus dieser Lösung ein aus flimmernden Blättchen bestehendes Krystallmehl aus. Schmelzp. 212° unter Zersetzung.

Über die **Benzoylverbindung des α-Ekgoninmethylesters** oder das α-**Cocain** vgl. man S. 95.

Norekgonine.

Mol.-Gewicht 171,11.
Zusammensetzung: 56,11% C, 7,66% H, 8,19% N.

$C_8H_{13}NO_3$.

$$\begin{array}{c} H_2C-CH-CH\cdot COOH \\ | \quad\quad | \quad\quad | \\ N\cdot H \quad CH\cdot OH \\ | \quad\quad | \quad\quad | \\ H_2C-CH-CH_2 \end{array}$$

Wie Tropin und ψ-Pseudotropin in Tropigenin bzw. ψ-Tropigenin so lassen sich auch l- und d-Ekgonin durch Oxydation mit Kaliumpermanganat in alkalischer Lösung unter Abspaltung des an Stickstoff gebundenen Methyls in die entsprechenden Norverbindungen überführen:

$$\underset{\text{Ekgonin}}{C_7H_{10}(OH)(CO_2H):N\cdot CH_3} + 3\,O = \underset{\text{Norekgonin}}{C_7H_{10}(OH)(CO_2H):NH} + CO_2 + H_2O\,.$$

---

[1]) R. Willstätter, Berichte d. Deutsch. chem. Gesellschaft **35**, 584 [1902].

Umgekehrt liefern die Norekgonine bei geeigneter Methylierung wieder die Ekgonine zurück. Die nachfolgende Tabelle gibt einen Überblick über die wesentlichen Eigenschaften der isomeren Norekgonine und ihrer Derivate.

Norekgonine und ihre Derivate:

	Nor-l-ekgonin	Nor-d-ekgonin[1])
	Entsteht durch Oxydation von l-Ekgonin mit Kaliumpermanganat in alkalischer Lösung. Scheidet sich aus der methylalkoholischen Lösung auf Ätherzusatz in langen Nadeln ab, die bei 233° schmelzen	Entsteht durch Oxydation von d-Ekgonin mit Kaliumpermanganat in alkalischer Lösung. Blätterige, in den gewöhnlichen Lösungsmitteln schwer lösliche Krystalle
Goldsalz $(C_8H_{13}NO_3 \cdot HCl)AuCl_3 + H_2O$	Krystallisiert aus Eisessig in monoklinen Prismen, aus Wasser in gelben Nadeln, die bei 211° schmelzen	—
Äthylester $C_8H_{12}NO_3(C_2H_5)$	—	Farblose Nadeln vom Schmelzp. 137°
Methylester	—	Schmilzt bei 160°
Benzoylderivat $C_7H_{10}(OCOC_6H_5)(CO_2H)NH$	Entsteht durch Oxydation von Benzoyl-l-ekgonin. Prismen, die bei 230° unter Zersetzung schmelzen	Aus dem unten folgenden Äthylester durch Kochen mit Wasser. Lange Nadeln
Benzoylderivat des Äthylesters $C_7H_{10}(OCOC_6H_5)(CO_2C_2H_5)NH$	Öl. Das Golddoppelsalz desselben bildet bernsteingelbe Krystalle vom Schmelzp. 160,5°. Nitrosoderivat gelbes Öl	Lange Nadeln, die bei 127° schmelzen. Das Platindoppelsalz bildet gelbe Krystalle, die bei 142° schmelzen
Nitrosoderivat des Äthylesters $C_7H_{10}(OH)(CO_2C_2H_5)N \cdot NO$	—	Gelbes dickflüssiges Öl
Jodmethylat des Äthylesters $C_7H_{10}(OH)(CO_2C_2H_5)N(CH_3)_2J$	—	Nadeln vom Schmelzp. 178°. Liefert beim Kochen mit Alkalien β-Cycloheptatriencarbonsäure vom Schmelzp. 55°
Benzoylderivat des Methylesters $C_7H_{10}(OCOC_6H_5)(CO_2CH_3)NH$	Öl. Das Golddoppelsalz desselben krystallisiert in langen Nadeln vom Schmelzp. 181 bis 182°	—
Benzoylderivat des Propylesters $C_7H_{10}(OCOC_6H_5)(CO_2C_3H_7)NH$	Nadeln, die bei 56—58° schmelzen	—

Dihydroxyanhydroekgonin, (3, 4) (?)-Dioxytropan-2-carbonsäure.

$$\begin{array}{c} H_2C-CH\!-\!\!-\!\!-CH \cdot COOH \\ |\quad\quad N \cdot CH_3 \quad\ |\ \\ |\quad\quad\quad\quad\quad\quad CH \cdot OH \\ H_2C-CH\!-\!\!-\!\!-CH \cdot OH \end{array}$$

In dieser Formel ist die Stellung der Hydroxylgruppen noch nicht sicher bewiesen, da sie von der gegenwärtig geltenden Anhydroekgoninformel abgeleitet ist, für welche der Ort der Doppelbindung noch nicht mit Sicherheit feststeht (vgl. S. 77).

Einhorn und Rassow[2]) gewannen die Verbindung durch vorsichtige Oxydation der schwach alkalischen Lösung des Anhydroekgonins bei 0° mit einer 1 proz. Lösung von Kaliumpermanganat. Sie bildet eine krystallinische Masse, die sich bei 280° zersetzt. — Das **Chlorhydrat** $C_9H_{15}NO_4 \cdot HCl$ krystallisiert aus verdünntem Alkohol in kleinen, weißen Kryställchen, die bei 251° schmelzen. — Der **Methylester** $C_{10}H_{17}NO_4$ wird auf dem gewöhnlichen Wege erhalten durch Sättigung der methyl-

---

[1]) Berichte d. Deutsch. chem. Gesellschaft **26**, 1482 [1893].
[2]) A. Einhorn u. Rassow, Berichte d. Deutsch. chem. Gesellschaft **25**, 1394 [1892].

alkoholischen Lösung des salzsauren Salzes der Dioxysäure mit trocknem Salzsäuregas. Er krystallisiert aus Äther in derben, prismatischen Täfelchen, die bei 138—139° schmelzen. Sein **Platindoppelsalz**, rötlich gelbe Nädelchen, schmilzt bei 210°. Beim Benzoylieren des Methylesters mit Benzoylchlorid im Wasserbade entsteht eine **Mono-** und eine **Dibenzoylverbindung**, welche bei 107—108° bzw. 99—100° schmelzen.

Hydrobromid des Anhydroekgonins, ?-Bromtropan-2-carbonsäure $C_9H_{14}BrNO_2$. Als ungesättigte Verbindung vermag das Anhydroekgonin Bromwasserstoff zu addieren. Das bromwasserstoffsaure Salz des Additionsproduktes $C_9H_{14}BrNO_2 \cdot HBr$ bildet sich beim Erhitzen des Anhydroekgonins mit Bromwasserstoffeisessig auf 100° und krystallisiert in Prismen, welche bei 250° schmelzen[1]).

Anhydroekgonindibromid, (3, 4) (?)-Dibromtropan-2-carbonsäure.

$$\begin{array}{c}H_2C-CH\underline{\quad\quad}CH\cdot COOH\\ |\quad\quad\quad |\quad\quad\quad |\\ \quad\quad N\cdot CH_3\ CH\cdot Br\\ |\quad\quad\quad |\quad\quad\quad |\\ H_2C-CH\underline{\quad\quad}CH\cdot Br\end{array}$$

In dieser Formel ist die Stellung der Bromatome noch nicht mit aller Sicherheit bewiesen. Das Anhydroekgonin addiert auch leicht Brom. Wenn das salzsaure Salz desselben mit der 5 Atomen entsprechenden Menge Brom versetzt und gekocht wird, so erhält man das **Perbromid des bromwasserstoffsauren Anhydroekgonindibromids** $C_9H_{14}NO_2Br_5$ in gut ausgebildeten roten Prismen, die bei 145° unter Zersetzung schmelzen:

$$C_9H_{13}NO_2 \cdot HCl + 5\ Br = C_9H_{13}Br_2NO_2 \cdot HBr \cdot Br_2 + HCl.$$

An der Luft oder beim Behandeln mit Alkohol, Eisessig und Essigäther gibt das Perbromid Brom ab und geht in das **bromwasserstoffsaure Salz des Anhydroekgonindibromids** $C_9H_{13}Br_2NO_2 \cdot HBr$ über, welches aus wenig Wasser in monoklinen Prismen vom Schmelzp. 187—188° krystallisiert. Aus verdünnter wässeriger Lösung bilden sich dagegen tetragonale Platten, welche 3 Mol. Wasser enthalten, bei 181—182° schmelzen und an der Luft verwittern. Das **salzsaure Anhydroekgonindibromid** $C_9H_{13}Br_2NO_2 \cdot HCl$ bildet ebenfalls zwei Modifikationen, nämlich monokline Prismen vom Schmelzp. 173—174° und wasserhaltige tetragonale Oktaeder, welche bei 169—170° schmelzen.

Bemerkenswert ist das **Verhalten des Anhydroekgonindibromids gegen Alkalien und Alkalicarbonate**. Es entstehen je nach der Temperatur, bei der sich die Einwirkung vollzieht, verschiedene Produkte. Beim Eintragen des fein gepulverten Dibromidsalzes in sehr konz. Kaliumcarbonatlösung entsteht das **Lacton eines Monobromekgonins**:

$$2\ C_8H_{12}Br_2(COOH)N + K_2CO_3 = 2\ C_8H_{12}Br(CO)N + 2\ KBr + CO_2 + H_2O.$$
$$\qquad\qquad\qquad\qquad\qquad\qquad\qquad\qquad |\underline{\quad\quad}O$$

Die Umsetzung findet auch statt bei Anwendung von eiskalter Natronlauge. Das Lacton krystallisiert aus Aceton in würfelähnlichen Krystallen, welche gegen 150° unter Kohlendioxydabgabe schmelzen. Auch beim Erhitzen mit Eisessig auf 170° spaltet das Lacton Kohlendioxyd ab und es entsteht die entsprechende ungesättigte Verbindung $C_8H_{12}NBr$:

$$C_8H_{12}Br(CO)N = CO_2 + C_6H_{11}N\!\!\begin{array}{c}\diagup CBr\\ \|\\ \diagdown CH\end{array}$$
$$|\underline{\quad\quad}O$$

Sie ist ölig und bildet ein bei 174° schmelzendes Goldsalz.

Trägt man das Ekgonindibromid in eine wässerige Lösung von Kaliumcarbonat ein und kocht, so scheidet sich ein gelbes Öl von intensivem Geruch ab, welches ein Gemisch von zwei Körpern darstellt. Der eine ist in Säuren löslich und stellt nach Einhorn und Eichengrün eine Verbindung mit dreifacher Bindung (?) dar, welche nach folgender Gleichung entstanden ist:

$$C_8H_{12}Br_2(COOH)N + K_2CO_3 = C_6H_{11}N\!\!\begin{array}{c}\diagup C\\ \|\\ \diagdown C\end{array} + 2\ KBr + 2\ CO_2 + H_2O.$$

Ihr Goldsalz schmilzt bei 177,5—178,5°. Die zweite beim Kochen des Ekgonindibromids mit Kaliumcarbonat entstehende Verbindung ist Dihydrobenzaldehyd und bildet sich nach der Gleichung:

$$CH_3 \cdot NC_7H_9Br(COOH) + Na_2CO_3 = CH_3 \cdot NH_2 + C_6H_7 \cdot CHO + 2\ CO_2 + 2\ NaBr.$$

---

[1]) A. Einhorn u. Eichengrün, Berichte d. Deutsch. chem. Gesellschaft **23**, 2888 [1890].

2. Ungesättigte Verbindungen der Tropanreihe.
Tropidin (Tropen).

Mol.-Gewicht 123,11.
Zusammensetzung: 77,98% C, 10,64% H, 11,38% N.

$$C_8H_{13}N.$$

$$\begin{array}{c} H_2C-CH\underline{\qquad}CH \\ |\quad\quad N\cdot CH_3\quad |\\ |\quad\quad\quad\quad\quad\quad CH \\ H_2C-CH\underline{\qquad}CH_2 \end{array}$$

Bildung: Die von Willstätter in der Neuzeit ausgeführten Synthesen des Tropidins sind schon im vorhergehenden behandelt worden (s. S. 55). Diese Synthesen sind von großer Wichtigkeit. Denn das Tropidin läßt sich, wie schon auf S. 57 kurz bemerkt ist, über das ψ-Tropin in Tropin und ferner, wie auf S. 71 behandelt ist, in r-Ekgonin überführen. Dadurch sind mehrere Alkaloide der Tropanreihe, insbesondere das wichtige Atropin, auf völlig synthetischem Wege zugänglich geworden.

Darstellung: Die Verbindung, die in den vorhergehenden Abschnitten wiederholt erwähnt ist, wurde zuerst von Ladenburg[1]) durch Erhitzen von Tropin mit rauchender Salzsäure und Eisessig auf 180° oder mit Schwefelsäure erhalten. Sie entsteht auch nach Einhorn[2]) durch Erhitzen von Anhydroekgonin (s. S. 77) mit konz. Salzsäure auf 280°, wobei Kohlendioxyd abgespalten wird.

$$\underset{\text{Anhydroekgonin}}{C_8H_{12}(CO_2H)N} = CO_2 + \underset{\text{Tropidin}}{C_8H_{13}N}$$

Durch diese Umwandlung des Anhydroekgonins ist zuerst der Zusammenhang zwischen Cocain und Atropin nachgewiesen worden:

Cocain ⟶ Ekgonin ⟶ Anhydroekgonin
⟶ Tropidin
Atropin ⟶ Tropin ⟵

Tropidin bildet sich ferner durch Erhitzen von ψ-Tropin (s. S. 58) mit Eisessig und Salzsäure oder mit Eisessig und Schwefelsäure.

Die Umwandlung von Tropidin in ψ-Tropin sei wegen ihrer Wichtigkeit hier etwas eingehender behandelt[3]). Der Weg von der ungesättigten Base zum Alkamin führt über ihre Halogenwasserstoffadditionsprodukte. In einer eingehenden Untersuchung hat schon im Jahre 1890 A. Einhorn gezeigt, daß Tropidin beim Erhitzen mit Bromwasserstoff in Eisessiglösung Bromtropanhydrobromid liefert, und zwar entsteht, abgesehen von einer kleinen Menge der nur vorübergehend gebildeten, leicht löslichen β-Verbindung, glatt das sog. α-Bromid (I). Aus der β-Verbindung erhielt Einhorn bei sukzessiver Behandlung mit essigsaurem Natron und Natronlauge eine ganz geringe Menge Tropin, die wichtigere α-Verbindung konnte er durch die nämliche Behandlung nicht in Tropin überführen. Auf Grund dieser Versuche bezweifelte Einhorn, daß in diesem Bromtropan das Bromatom den nämlichen Ort einnehme wie das Hydroxyl im Tropin. Erst in neuerer Zeit bewies Willstätter, daß dies dennoch der Fall ist und dem α-Bromid die Formel I eines (3)-Bromtropans zukommt.

$$\begin{array}{c} H_2C-CH\underline{\qquad}CH \\ |\quad N\cdot CH_3\quad | \\ |\quad\quad\quad\quad\quad CH \\ H_2C-CH\underline{\qquad}CH_2 \end{array} \rightarrow \begin{array}{c} H_2C-CH\underline{\qquad}CH_2 \\ |\quad N\cdot CH_3\quad | \\ |\quad\quad\quad\quad\quad CHBr \\ H_2C-CH\underline{\qquad}CH_2 \\ \text{I} \end{array} \rightarrow \begin{array}{c} H_2C-CH\underline{\qquad}CH_2 \\ |\quad N\cdot CH_3\quad | \\ |\quad\quad\quad\quad\quad CH\cdot OH \\ H_2C-CH\underline{\qquad}CH_2 \end{array}$$

Das (3-)Bromtropan (I) enthält das Halogen in fester und namentlich gegen Alkalien widerstandsfähiger Bindung. Während die Behandlung mit Alkalien, mit Silberoxyd, mit Silbersalzen, mit Acetaten, mit flüssigem Ammoniak zu keiner glatten Umsetzung führte,

---
[1]) Ladenburg, Annalen d. Chemie **217**, 117 [1883].
[2]) A. Einhorn, Berichte d. Deutsch. chem. Gesellschaft **23**, 1339 [1890].
[3]) R. Willstätter, Annalen d. Chemie **326**, 23 [1903].

gelang die Verseifung des Halogenwasserstoffesters, der Ersatz des Broms durch die Hydroxylgruppe, beim Erhitzen von (3-)Bromtropanhydrobromid mit Wasser, besser von (3-)Bromtropan mit verdünnten Mineralsäuren, und zwar am geeignetsten mit Schwefelsäure auf über 200°. Dabei entstand neben Tropidin Alkamin und zwar ausschließlich ψ-Tropin in einer Ausbeute von etwa 24% der Theorie. Die Überführung des Tropidins in ψ-Tropin findet also in vorstehendem Schema ihren Ausdruck.

Physikalische und chemische Eigenschaften, Salze und Derivate des Tropidins: Das Tropidin ist eine flüssige, nach Coniin betäubend riechende Base, die bei 162—163° (korr.) siedet und in heißem Wasser weniger als in kaltem löslich ist. Die wässerige Lösung bläut Lackmuspapier. Das spez. Gew. ist $d_4^{19} = 0,9467$.

Mit überschüssigem Brom bei 170—180° behandelt, bildet Tropidin Äthylenbromid und Dibrompyridin[1]) (s. S. 54). Diese Umwandlung war längere Zeit für die Auffassung des Tropins als Pyridinderivat entscheidend. Kaliumpermanganat liefert mit Tropidin in verdünnter Lösung **Dihydroxytropidin** (s. S. 62). Als ungesättigte Verbindung tritt Tropidin, wie es oben geschildert ist, mit Bromwasserstoff, ferner in ähnlicher Weise mit Jodwasserstoff, Brom und unterchloriger Säure zusammen. Bei der erschöpfenden Methylierung liefert Tropidin zunächst das sog. α-**Methyltropidin** und schließlich, nämlich bei der Destillation von α-Methyltropidinmethylammoniumhydroxyd, das im vorhergehenden wiederholt erwähnte **Tropiliden**[2]) oder **Cycloheptatrien**:

$$C_7H_9 \cdot N(CH_3)_3OH = C_7H_8 + N(CH_3)_3 + H_2O.$$

Das **Pikrat des Tropidins** $C_8H_{13}N \cdot C_6H_2(NO_2)_3OH$ fällt auf Zusatz von Pikrinsäure zur Lösung der Base als dichter, flockiger Niederschlag aus, krystallisiert aus heißem Wasser in hellgelben Prismen und schmilzt unter Aufschäumen bei ca. 285°. — Das **Goldsalz** $C_8H_{13}N \cdot HClAuCl_3$ bildet einen krystallinischen Niederschlag von schön gelber Farbe. Zeigt Dimorphie, krystallisiert in Prismen und Nädelchen, schmilzt unter Zersetzung bei 205°. — Das **Platinsalz** $(C_8H_{13}N)_2H_2PtCl_6$ krystallisiert in einer labilen (rhombischen) hellorangefarbenen und einer stabilen (monoklinen) dunkelorangeroten Modifikation; zersetzt sich bei ca. 217°.

Tropidinjodmethylat $C_8H_{13}N \cdot CH_3J$ entsteht direkt aus Tropidin mit Jodmethyl oder synthetisch durch Abspaltung von Bromwasserstoff aus 2-Bromtropanmethylammoniumbromid und Umsetzung des ungesättigten Ammoniumsalzes mit Jodkalium. Es ist in Wasser auch in der Kälte sehr leicht löslich, krystallisiert in Würfelchen, zersetzt sich bei 300° noch nicht. — **Platinsalz des Tropidinchlormethylats** $(C_8H_{13}N \cdot CH_3Cl)_2PtCl_4$. Das Jodmethylat gibt mit frisch gefälltem Chlorsilber die Lösung des Chlorids. Dasselbe entsteht auch durch Chlorwasserstoffaddition an α-Methyltropidin. Die wässerige Lösung des Chlorids scheidet auf Zusatz von Platinchlorid das Platinsalz in hellorangeroten, glänzenden Blättern aus. Schmilzt unter Zersetzung bei 237°. — **Goldsalz des Tropidinchlormethylats** $C_8H_{13}NCH_3Cl \cdot AuCl_3$ krystallisiert aus der heißen wässerigen Lösung in kleinen, glänzenden Täfelchen, schmilzt bei 253° (unter Zersetzung).

Isotropidin ist eine Base, die sich durch den Ort der Doppelbindung vom Tropidin unterscheidet. Dieselbe liegt bei ihr nicht im hydrierten Pyridinkern, sondern im Pyrrolring. Die Verbindung leitet sich also nicht vom Pyrrolidin, sondern vom Pyrrolin ab. Sie entsteht auf synthetischem Wege, nämlich durch Einwirkung von Methylamin auf Cycloheptadiendibromid[3]) nach der Gleichung:

$$\begin{array}{c} \text{Br} \\ | \\ HC-CH-CH_2 \\ \| \qquad \quad | \\ \qquad \quad CH_2 + NH_2CH_3 = \\ \| \qquad \quad | \\ HC-CH-CH_2 \\ | \\ \text{Br} \end{array} \quad \begin{array}{c} HC-CH\!-\!\!-\!\!-CH_2 \\ \| \qquad | \quad\quad | \\ \quad\; N\cdot CH_3\; CH_2 + 2\,HBr \\ \| \qquad | \quad\quad | \\ HC-CH\!-\!\!-\!\!-CH_2 \end{array}$$

Die in den voranstehenden Kapiteln beschriebenen Synthesen von Tropanderivaten beruhen sämtlich auf der Halogen- und Halogenwasserstoffaddition von Basen mit Kohlenstoffsiebenring und intramolekularer Alkylierung der halogenhaltigen Verbindungen; die Synthese des Isotropidins steht bis jetzt vereinzelt da, indem sie direkt vom halogenierten Kohlenwasserstoff zum bicyclischen Amin führt.

---

[1]) Ladenburg, Annalen d. Chemie **217**, 144 [1883].
[2]) G. Merling, Berichte d. Deutsch. chem. Gesellschaft **24**, 3109 [1891]. — R. Willstätter, Berichte d. Deutsch. chem. Gesellschaft **31**, 1534 [1898].
[3]) R. Willstätter, Annalen d. Chemie **317**, 338 [1901].

Die Base selbst ist bis jetzt, da sie sehr schwer zugänglich ist, noch nicht genügend bearbeitet worden; wohl aber wurden von Willstätter Salze derselben dargestellt. Sie zeigten weitgehende Ähnlichkeit mit den Tropidinsalzen.

Isotropidinjodmethylat $C_8H_{13}NCH_3J$ krystallisiert in farblosen, vierseitigen Tafeln, oft in kochsalzähnlichen Formen, schmilzt unter Zersetzung bei 293°. — **Goldsalz des Isotropidinchlormethylats** $C_8H_{13}NCH_3ClAuCl_3$ bildet einen dottergelben, flockigen Niederschlag. Krystallisiert aus der heißen wässerigen Lösung hauptsächlich in glänzenden, kleinen Täfelchen, aus Alkohol in goldgelben glänzenden Nadeln und sehr dünnen Prismen. Schmelz- und Zersetzungspunkt 255—257°. — **Platinsalz des Isotropidinchlormethylats** $(C_8H_{13}NCH_3Cl)_2PtCl_4$ fällt aus konz. Lösung rasch als rötlichgelber, fein krystallinischer Niederschlag aus; krystallisiert monoklin mit starker Annäherung an das rhombische System und mit großer Ähnlichkeit in Winkeln und Achsenverhältnis mit dem Tropidinderivat. Schmilzt bei 234—235° unter Zersetzung.

Anhydroekgonin [Tropen-(2)-carbonsäure].

Mol.-Gewicht 199,11.
Zusammensetzung: 54,24% C, 6,58% H, 7,03% N.

$$C_9H_{13}NO_2.$$

```
H2C—CH————CH · COOH       H2C—CH————C · COOH
 |    |      |              |    |      |
 |   N · CH3 CH             |   N · CH3 CH
 |    |      ||             |    |      |
H2C—CH——————CH             H2C—CH——————CH2
         I                           II
```

Darstellung: Die Verbindung entsteht leicht durch Wasserabspaltung aus Ekgonin[1]), $C_9H_{15}NO_3 = H_2O + C_9H_{13}NO_2$, und es ergeben sich hieraus für dieselbe die beiden möglichen Strukturformeln I und II. Zurzeit wird der mit I bezeichneten Formel der Vorzug gegeben, doch ist ein direkter und sicherer Beweis für den Ort der doppelten Bindung noch nicht erbracht. Entsprechend der eben angeführten Bildungsweise gelangt man nach Einhorn[2]) auch leicht zum Anhydroekgonin durch Erhitzen von Cocain mit Eisessigsalzsäure im Rohr auf 140°.

Physikalische und chemische Eigenschaften: Anhydroekgonin krystallisiert aus der methylalkoholischen Lösung bei Zugabe von Äther in farblosen, oftmals zu Drusen vereinigten Krystallen, welche bei 235° unter Zersetzung schmelzen. Die Doppelbindung im Molekül desselben gibt sich dadurch zu erkennen, daß es additionell mit Halogenen (s. S. 52) und mit Wasserstoff zusammentritt und alkalische Kaliumpermanganatlösung sofort entfärbt. Konz. Salzsäure spaltet Anhydroekgonin bei 280° in Kohlendioxyd und Tropidin. Durch diese Reaktion wurde, wie auf S. 75 näher erörtert ist, zuerst erwiesen, daß Atropin und Cocain sich von derselben Stammsubstanz, dem Tropan, herleiten.

Salze und Derivate des Anhydroekgonins[3]). Das **Hydrochlorid** $C_9H_{13}NO_2 \cdot HCl$ krystallisiert aus Alkohol in strahlenförmig gruppierten Nadeln, aus Wasser in rhombisch-hemimorphen Blättern. Es schmilzt bei 240—241°. Das **Hydrojodid** $C_9H_{13}NO_2 \cdot HJ$ scheidet sich aus der alkoholischen Lösung in gut ausgebildeten Krystallen ab. Das **Perjodid** der Verbindung, $C_9H_{13}NO_2 \cdot HJ \cdot J_2$, kann wegen seiner Unlöslichkeit in Wasser zur Isolierung des Anhydroekgonins dienen. Aus Eisessig krystallisiert, bildet es braunviolette Blättchen vom Schmelzp. 185—186°. Beim Kochen mit Wasser verflüchtigt sich das Jod und nur das Hydrojodid bleibt zurück. Das **Hydrobromid** $C_9H_{13}NO_2 \cdot HBr$ und das **Perbromid** $C_9H_{13}NO_2 \cdot HBr \cdot Br_2$ entstehen ähnlich und schmelzen beziehungsweise bei 222° und 154 bis 155°. Das **Platinsalz** $(C_9H_{13}NO_2 \cdot HCl)_2PtCl_4$ bildet gelbrote, kompakte Prismen, die bei 223° unter Zersetzung schmelzen. Der **Äthylester** $C_7H_9 \cdot (CO_2C_2H_5)NCH_3$ entsteht durch Einleiten von Chlorwasserstoff in die alkoholische Lösung des Hydrojodids. Das dabei gebildete salzsaure Salz des Esters krystallisiert in weißen Nadeln, welche bei 243—244° schmelzen, nachdem sie sich schon früher verändert haben. Der freie Ester ist ein farbloses, schwach basisch riechendes Öl und siedet unter 16 mm Druck bei 136,5—138,5° (korr.)

---

[1]) E. Merck, Berichte d. Deutsch. chem. Gesellschaft **19**, 3002 [1886]. — A. Einhorn, Berichte d. Deutsch. chem. Gesellschaft **20**, 1221 [1887].
[2]) A. Einhorn, Berichte d. Deutsch. chem. Gesellschaft **21**, 3035 [1888].
[3]) A. Einhorn, Berichte d. Deutsch. chem. Gesellschaft **20**, 1221 [1887]; **21**, 3033 [1888]. — R. Willstätter, Berichte d. Deutsch. chem. Gesellschaft **30**, 715 [1897].

Das **Jodmethylat des Anhydroekgoninäthylesters** $C_7H_9(CO_2C_2H_5)NCH_3 \cdot CH_3J + H_2O$ wird am besten erhalten, indem man die ätherische Lösung des Anhydroekgoninäthylesters unter Wasserkühlung mit der äquimolekularen Menge in Äther gelösten Jodmethyls vermischt. Es krystallisiert aus Alkohol in weißen, undeutlich ausgebildeten Blättchen, die bei 177° schmelzen. Da Anhydroekgonin eine β-Aminosäure ist, wird dieses Jodmethylat leicht, schon bei der Einwirkung von Silberoxyd, aufgespalten unter Bildung von **Dimethylamino-δ-cycloheptatriencarbonsäure**, die dann weiter die **δ-Cycloheptatriencarbonsäure** vom Schmelzp. 32° liefert[1]).

C. Alkaloide der Tropanreihe.

Es gehören in die Tropanreihe Alkaloide der Solanaceen und Cocaalkaloide.

Alkaloide der Solanaceen.

In manchen Solanumarten, wie *Atropa belladonna* (Tollkirsche), *Datura strammonium* (Stechapfel), *Hyoscyamus niger* (Bilsenkraut), finden sich mehrere in ihren Eigenschaften und ihrer chemischen Konstitution einander sehr nahestehende Alkaloide, von denen vor allem die beiden Isomeren:

das optisch inaktive Atropin $C_{17}H_{23}NO_3$ und
das linksdrehende Hyoscyamin   „

zu nennen sind. Es mag hier sogleich erwähnt werden, daß Atropin nichts anderes ist als die racemische Modifikation des Hyoscyamins, wie insbesondere aus den der Neuzeit entstammenden Untersuchungen von Gadamer und Amenomiya[2]) hervorgeht. Beide Alkaloide enthalten unzweifelhaft den Pyrrolidinring. Ihnen reihen sich die übrigen bisher nicht so eingehend untersuchten Solanumbasen an, nämlich:

Atropamin . . . . $C_{17}H_{21}NO_2$
Belladonnin . . . . „
Hyoscin . . . . $C_{17}H_{21}NO_4$
Scopolamin (Atroscin) . . . . „

Atropin = r-Tropasäure-i-tropinester.

Mol.-Gewicht 289,18.
Zusammensetzung: 70,54% C, 8,01% H, 4,84% N.

$$C_{17}H_{23}NO_3.$$

```
CH2—CH——CH2
    |    |    |
    N·CH3 CH·O·CO—CH—C6H5
    |    |    |
CH2—CH——CH2      CH2·OH
```

Vorkommen, Gewinnung und physikalische und chemische Eigenschaften: Die Base kommt in der Tollkirsche (Atropa belladonna), dem Stechapfel (Datura strammonium), sowie in der Wurzel von Scopolia japonica vor.

Zur Extraktion derselben aus Atropa belladonna wird folgendes Verfahren, das auf den Arbeiten von Rabourdin, Gerrard, Pesci, Procter u. a. beruht, empfohlen. Zwei- bis dreijährige, völlig trockene und fein gepulverte Belladonnawurzel wird zweimal mit 90 proz. Alkohol unter gelindem Erwärmen ausgezogen. Die filtrierten alkoholischen Extrakte versetzt man mit wenig — ungefähr 4% des in Arbeit genommenen Wurzelpulvers — gelöschtem Kalk, läßt 24 Stunden stehen und filtriert. Das Filtrat wird bis zur schwachsauren Reaktion mit verdünnter Schwefelsäure versetzt. Man läßt das Calciumsulfat absetzen, dekantiert und destilliert den Alkohol im Wasserbade ab. Nach Befreien des sauren Destillationsrück-

---

[1]) A. Einhorn u. Tahara, Berichte d. Deutsch. chem. Gesellschaft **26**, 324 [1893]. — R. Willstätter, Berichte d. Deutsch. chem. Gesellschaft **31**, 2498, 2660 [1898]. — Buchner u. Jacobi, Berichte d. Deutsch. chem. Gesellschaft **31**, 399 [1898].

[2]) J. Gadamer u. Amenomiya, Archiv d. Pharmazie **239**, 294, 321 [1901]; **240**, 498 [1902].

standes durch Schütteln mit Äther oder Petroläther von Harz und Fett versetzt man mit Kaliumcarbonatlösung bis zur schwach alkalischen Reaktion, d. h. bis zur beginnenden Trübung. Nach 24 stündigem Stehen haben sich die letzten Verunreinigungen als harzige aber atropinfreie Masse ausgeschieden. Aus dem Filtrate wird das Atropin durch Übersättigen mit Kaliumcarbonat ausgefällt. Die nach 24 stündigem Stehen vollständig abgeschiedene Rohbase wird abgepreßt, zwischen Filtrierpapier getrocknet, in wenig Wasser verteilt, nochmals abgepreßt, hierauf in Alkohol gelöst und mit Tierkohle entfärbt, die Lösung filtriert und eingeengt. Auf Zusatz von ca. dem sechsfachen Volumen Wasser scheidet sich das Atropin nach längerem Stehen in krystallinischen, konzentrisch gruppierten Krusten ab. Der Atropingehalt verschiedener Pflanzenteile wechselt je nach der Wachstumsperiode sehr beträchtlich. Nach Mein[1]) enthalten 1000 T. getrockneter Belladonnawurzel etwa 3,3 T. Atropin.

Das so gewonnene Atropin ist optisch inaktiv, krystallisiert aus Alkohol und Chloroform in Prismen vom Schmelzp. 115—116°. Seine Lösungen schmecken scharf und bitter, es ist ein starkes Gift und verdankt seine weitverbreitete medizinische Anwendung seiner Eigenschaft, die Pupille zu erweitern (Mydriasis). Es vermag den durch Muscarin hervorgerufenen Stillstand des Herzens zu heben.

Das inaktive Atropin entsteht auch, wie Will[2]) und Schmidt[3]) gefunden haben, aus seinem Stereoisomeren, dem Hyoscyamin, beim Erhitzen desselben unter Luftabschluß auf 110° oder aus seiner alkoholischen Lösung beim bloßen Stehen durch Zusatz einiger Tropfen Alkali, wie auch schon beim längeren Aufbewahren für sich[4]). Es ist dies, wie beim Hyoscyamin näher ausgeführt wird, nichts anderes als eine Racemisierung.

Beim Behandeln mit Salpetersäure[5]), sowie beim Erwärmen mit Essigsäure- resp. Benzoesäureanhydrid oder Phosphorpentoxyd auf 85°[6]) verliert Atropin ein Molekül Wasser und bildet **Apoatropin** $C_{17}H_{21}NO_2$, welches mit dem natürlichen **Atropamin** identisch befunden wurde. Dasselbe krystallisiert in Prismen vom Schmelzp. 60—62° und zeigt keine Mydriasis. Erhitzt man Atropin auf 130°, so erfährt dasselbe eine Wasserabspaltung in etwas anderer Richtung, indem sich ein gewisser Anteil in **Belladonnin**, eine unkrystallisierbare, firnisartige Masse, umwandelt.

Die **Atropinsalze** zeigen nur geringes Krystallisationsvermögen. Das in der Augenheilkunde verwendete **Atropinsulfat** $(C_{17}H_{23}NO_3)_2H_2SO_4 + H_2O$ wird krystallinisch erhalten, wenn man eine absolut alkoholische Lösung von Schwefelsäure (1 T. auf 10 T. Alkohol) in eine Lösung von 10 T. Atropin in trocknem Äther eintröpfelt. Das Sulfat scheidet sich hierbei in Nadeln aus. — Das **Platinsalz**[7]) $(C_{17}H_{23}NO_3 \cdot HCl)_2PtCl_4$ bildet, durch freiwilliges Verdunsten der verdünnten Lösung bereitet, monokline Tafeln, die bei 207—208° unter Zersetzung schmelzen. — Das **Goldsalz**[8]) $(C_{17}H_{23}NO_3 \cdot HCl)AuCl_3$ ist für das Alkaloid charakteristisch. Es fällt ölig aus, erstarrt aber bald und läßt sich aus heißem Wasser unter Zusatz von etwas Salzsäure umkrystallisieren. Beim Erkalten trübt sich die Lösung, und erst nach längerer Zeit beginnt die Ausscheidung kleiner, zu Warzen vereinigter Krystalle. Nach dem Trocknen bildet das Salz ein glanzloses Pulver, das bei 135—137° schmilzt.

Wichtige Spaltungen und Synthesen des Atropins: Im Jahre 1863 fand K. Kraut[9]), daß sich Atropin beim Kochen mit Barytwasser in **Tropin** und **Atropasäure** zersetzt.

Ein Jahr später ermittelte Lossen[10]), daß hierbei jedoch nicht zuerst Atropasäure $C_9H_8O_2$, sondern **Tropasäure** $C_9H_{10}O_3$ entsteht, und daß erstere sich dann erst aus letzterer unter Abspaltung von einem Molekül Wasser bildet. Mithin ist die Zerlegung des Atropins nichts anderes als die Verseifung eines Esters in Säure und Alkohol (basischen Alkohol), verläuft also nach folgender Gleichung:

$$C_{17}H_{23}NO_3 + H_2O = C_8H_{15}NO + C_9H_{10}O_3$$
$$\text{Atropin} \qquad \qquad \text{Tropin} \qquad \text{Tropasäure}$$

---

[1]) Mein, Annalen chem. Pharm. **6**, 67 [1833].
[2]) Will, Berichte d. Deutsch. chem. Gesellschaft **21**, 1717, 2777 [1888].
[3]) Schmidt, Berichte d. Deutsch. chem. Gesellschaft **21**, 1829 [1888].
[4]) Hesse, Annalen d. Chemie **309**, 75.
[5]) Pesci, Gazetta chimica ital. **11**, 538 [1881]; **12**, 60 [1882].
[6]) Hesse, Annalen d. Chemie **277**, 292 [1896].
[7]) Schmidt, Annalen d. Chemie **208**, 210 [1881].
[8]) Ladenburg, Annalen d. Chemie **206**, 278 [1881].
[9]) Kraut, Annalen d. Chemie **128**, 280 [1863]; **133**, 87 [1865]; **148**, 236 [1868].
[10]) Lossen, Annalen d. Chemie **131**, 43 [1864]; **138**, 230 [1866].

Die der Gleichung entgegengesetzte Reaktion führte Ladenburg[1]) 1879 zur partiellen Synthese des Atropins, er konnte durch Behandeln des tropasauren Tropins mit Salzsäure das Atropin regenerieren. Daraus ging hervor, daß das Atropin den Tropasäureester des Tropins darstellt.

Die Lösung der Frage nach der Konstitution des Atropins gliederte sich demgemäß in zwei Teile: in das Studium der Tropasäure und in dasjenige des Tropins.

Die Konstitution der Tropasäure wurde bald aufgeklärt und ihre Synthese, die aus nachstehender Formelreihe ersichtlich ist, von Ladenburg und Rügheimer durchgeführt[2]).

$$C_6H_5-CO-CH_3 \xrightarrow{PCl_5} C_6H_5-CCl_2-CH_3 \xrightarrow{\text{KCN in alkohol. Lösung}} C_6H_5-C(OC_2H_5)\begin{smallmatrix}CH_3\\CN\end{smallmatrix}$$

Acetophenon — Acetophenonchlorid — Nitril der Atrolactinäthyläthersäure

$$\xrightarrow{\text{Verseifung}} C_6H_5-C(OC_2H_5)\begin{smallmatrix}CH_3\\COOH\end{smallmatrix} \xrightarrow{HCl} C_6H_5-C\begin{smallmatrix}CH_2\\COOH\end{smallmatrix} \xrightarrow{HOCl} C_6H_5-CCl\begin{smallmatrix}CH_2OH\\COOH\end{smallmatrix}$$

Atrolactinäthyläthersäure — Atropasäure — Chlortropasäure

$$\xrightarrow{\text{Reduktion}} C_6H_5-CH\begin{smallmatrix}CH_2OH\\COOH\end{smallmatrix}$$

Tropasäure

Das Vorhandensein eines asymmetrischen Kohlenstoffatoms in der Tropasäure bot die Möglichkeit, die Säure in die aktiven Komponenten zu spalten und somit zu optisch aktiven Atropinen zu gelangen. Die Spaltung der Tropasäure ist von Ladenburg und Hundt[3]) vermittels des Chininsalzes ausgeführt worden. Aus den aktiven Komponenten wurden dann aktive Atropine dargestellt, wie ich beim Hyoscyamin weiter ausführen werde. Durch Anwendung anderer Säuren statt Tropasäure ist Ladenburg zu anderen Estern des Tropins gelangt, die er mit dem gemeinsamen Namen **Tropeïne** bezeichnete. Diese künstlichen Alkaloide werden unten näher beschrieben.

Viel später als die Konstitutionserforschung und Synthese der Tropasäure ist diejenige des zweiten Spaltungsproduktes des Atropins, des Alkohols Tropin, gelungen. Wir haben dieselbe im vorhergehenden (s. S. 54 ff.) bereits eingehend besprochen.

Die gesamte Atropinsynthese stellt sich nunmehr in folgender Weise[4]):

1. Synthese des Glycerins (Faraday, Kolbe, Melsens, Boerhave, Friedel und Silva).
2. Aus Glycerin: Glutarsäure (Berthelot und de Luca, Cahours und Hofmann, Erlenmeyer, Lermantoff und Markownikoff).
3. Glutarsäure in Suberon (C. Brown und Walker, Boussingault).
4. Suberon in Tropidin (Willstätter).
5. Tropidin in Tropin (Willstätter, Ladenburg).
6. Synthese der Tropasäure (Berthelot, Fittig und Tollens, Friedel, Ladenburg und Rügheimer).
7. Aus Tropin und Tropasäure: Atropin (Ladenburg).

Ein glatt verlaufendes Verfahren für die Kondensation von Tropasäure mit Tropin haben Wolffenstein[5]) und Mamlock gefunden. Es besteht darin, daß man Acetyl-tropasäure — erhalten aus der Tropasäure durch Behandeln mit Essigsäureanhydrid oder Acetylchlorid[6]) — zunächst durch Erwärmen mit Thionylchlorid in Acetyltropasäurechlorid überführt. Dieses Chlorid läßt sich mit salzsaurem Tropin bei Wasserbadtemperatur sehr leicht und vollständig zu dem salzsauren Acetylatropin kondensieren. Aus diesem Acetylatropin

---

[1]) Ladenburg, Berichte d. Deutsch. chem. Gesellschaft **12**, 941 [1879]; **13**, 104 [1880]; Annalen d. Chemie **217**, 78 [1883].

[2]) Ladenburg u. Rügheimer, Berichte d. Deutsch. chem. Gesellschaft **13**, 373 [1880]. — Spiegel, Berichte d. Deutsch. chem. Gesellschaft **14**, 236 [1881]. — Kraut u. Merling, Berichte d. Deutsch. chem. Gesellschaft **14**, 330 [1881]; Annalen d. Chemie **209**, 3 [1881].

[3]) Ladenburg u. Hundt, Berichte d. Deutsch. chem. Gesellschaft **22**, 2590 [1889].

[4]) Diese Zusammenstellung wurde von A. Ladenburg gegeben; man vgl. Berichte d. Deutsch. chem. Gesellschaft **35**, 1162 [1902].

[5]) Wolffenstein u. Mamlock, Berichte d. Deutsch. chem. Gesellschaft **41**, 723 [1908].

[6]) Hesse, Journ. f. prakt. Chemie [2] **64**, 286 [1901].

läßt sich die Acetylgruppe unter Regenerierung des betreffenden Hydroxyls leicht eliminieren. Es genügt, das salzsaure Acetylatropin in Wasser zu lösen und die so erhaltene saure Lösung sich selbst zu überlassen, um eine vollständige Abspaltung der Acetylgruppe unter Wiederherstellung des alkoholischen Hydroxyls der Tropasäure zu erzielen, ohne daß gleichzeitig eine Spaltung in Tropasäure und Tropin stattfindet.

Acetyl-tropasäure, dargestellt durch kurzes Erwärmen von Tropasäure mit überschüssigem Acetylchlorid, bildet zunächst ein gelbliches, zähes Öl, das bei tagelangem Stehen zu weißen Aggregaten erstarrt. Schmelzp. 88—90°. Ihr **Chlorid** ist ein gelbes, nicht unangenehm riechendes Öl.

In optischer Beziehung erweist sich das in eben beschriebener Weise synthetisierte Atropin als inaktiv, während das natürliche Atropin in der Regel eine schwache Linksdrehung zeigt, welche durch eine gewisse Verunreinigung mit Hyoscyamin verursacht wird.

Physiologische Eigenschaften: Atropin bewirkt, wie bereits erwähnt, Erweiterung der Pupille und ist eines der bekanntesten Mydriatica. Außer Atropin wirken noch folgende Alkaloide mydriatisch: Homatropin, Duboisin, Scopolamin, Daturin, Hyoscyamin, Hyoscin. Das Atropin wirkt lähmend auf die Endigungen der Nn. ciliaris breves im Sphincter pupillae (und Akkommodationsmuskel), nicht aber (wie man früher annahm) zugleich reizend auf den Dilatator[1]). Minimale Dosen Atropin verengern das Sehloch durch Reizung der pupillenverengernden Fasern, kolossale Dosen bewirken mittlere Pupillenweite infolge der Lähmung sowohl der dilatierenden als auch der verengernden Fasern. Das Atropin wirkt noch nach Zerstörung des Ggl. ciliare, ja sogar am ausgeschnittenen Auge[2]). Die Einwirkungen des Atropins auf die intrakardialen Vagusenden äußern sich in einer großen Steigerung des Pulses und der Herzschläge. Es hat auch einen Einfluß auf die Lungen, indem es die Atemfrequenz vergrößert.

Muscarin bewirkt diastolischen Stillstand des Herzens (einer Vagusreizung entsprechend), Atropin hebt diese Wirkung auf.

Atropin und Daturin vernichten die Tätigkeit der Sekretionsfasern in der Chorda tympani, nicht jedoch die der gefäßerweiternden Fasern[3]).

Atropin lähmt die cerebralen Speichelnerven, so daß eine Aufhebung der Speichelsekretion erfolgt. Verabreichung von Muscarin in diesem Zustande ruft die Sekretion wieder hervor[4]). Pilocarpin wirkt durch Reizung der Chorda; Verabreichung von Atropin während dieses Speichelflusses läßt ihn wieder aufhören. Umgekehrt wirkt im Zustande der Speichelsistierung nach Atropingaben die Verabreichung von Pilocarpin oder Physostigmin wieder speicheltreibend[5]). Hartnäckige Stuhlverstopfungen wurden mit Atropin geheilt.

Wird Atropin in eine Mesenterialvene oder in den Gallengang eines Hundes injiziert, so wird das Blut unkoagulierbar. In vitro und nach Injektion in eine Vene der Hauptzirkulation ist das Atropin ohne Wirkung auf das Blut. Der Einfluß der Leber wird ersichtlich bei einem Transfusionsversuch, wo die Leber eines vollständig entbluteten Hundes mit dem von der Carotis eines normalen Hundes entnommenen Blut durchströmt wird. Erhält der normale Hund eine Atropininjektion (10 ccm 10 proz. Lösung) in die Jugularis, so koaguliert das der Leber entströmende Blut nicht, während das vor der Transfusion entnommene Blut normalerweise koaguliert[6]).

M. Unger[7]) hat die **Wirkungsweise des Atropins auf den Dünndarm von Katzen** studiert. Er untersuchte die Wirkung desselben auf unmittelbar nach dem Tode exstirpierte Darmstücke, indem er der Ringerschen Lösung, in die die Darmstücke unter Sauerstoffdurchströmung gebracht wurden, verschiedene Mengen Atropin zusetzte. Die Wirkung des Atropins ist eine dreifache, je nachdem kleine, mittlere oder starke Gaben verabreicht werden. Sie äußert sich jedoch nur am intakten Darme und an plexushaltigen Präparaten der Längsmuskulatur, während sie bei plexusfreien nicht zum Ausdruck kommt. Man kann bei den Bewegungen des vergifteten Darmrohres eine Phase der relativen Ruhe ($1/10$ mg bis 5 cg Atropin), eine Phase der Erregung (0,06—0,164 g), eine Phase der absoluten Lähmung (1 g) unterscheiden (die Atropinmengen beziehen sich auf 2 l Ringersche Lösung).

---

[1]) P. Schultz, Archiv f. Anat. u. Physiol. **1898**, 47; Archiv f. Augenheilkunde **40** [1899].
[2]) Hensen u. Völckers, Experimentaluntersuchungen über den Mechanismus d. Akkommodat. Kiel 1868; Archiv f. Ophthalm. **19**, 1; **24**, 1.
[3]) Heidenhain, Archiv f. d. ges. Physiol. **5**, 309 [1872].
[4]) Prevost, Arch. de Physiol. norm. et pathol. **1877**, 801.
[5]) Beck, Centralbl. f. Physiol. **12**, 33 [1898].
[6]) Doyon, Compt. rend. de l'Acad. des Sc. **150**, 348 [1910].
[7]) M. Unger, Archiv f. d. ges. Physiol. **119**, 373 [1907].

Das **Physostigmin** wirkt auf den isolierten Darm, wie auf plexushaltige Präparate, erregend, auf plexusfreie auch bei hohen Dosen nicht erregend. Eine durch dieses Gift hervorgerufene Erregung kann durch sehr geringe Mengen Atropin behoben werden (auf 6¹/₄ mg Physostigmin ¹/₂ mg Atropin). Ein atropinisierter und ruhig gestellter Darm kann durch größere Mengen Physostigmin wieder in Tätigkeit versetzt werden (auf ¹/₂ mg Atropin 25 mg Physostigmin). Der Angriffspunkt beider Gifte liegt im Auerbachschen Plexus. Sie sind deshalb als Antagonisten im strengsten Sinne zu betrachten.

Kombinierte Wirkung von Atropin und Morphin auf den Magendarmkanal hungernder Kaninchen.[1]) Morphin hydrochlor. 0,005 g täglich einem hungernden Kaninchen subcutan injiziert, bringt nach 3—4tägigem Hunger keine Verlangsamung der Magenperistaltik hervor; die Verteilung des Magendarminhaltes ist ähnlich der ohne Morphin hungernden Maulkorbkaninchen. Letzteres ist auch der Fall bei der Verabreichung von Atropin. sulf. 0,05—0,1 g mehrmals täglich injiziert. Bei Kombination beider Mittel in den erwähnten Mengen tritt eine Verlangsamung der Magenperistaltik ein, wie sie bei den Morphin-Maulkorbkaninchen bei ca. zehnmal größerer Dosis beobachtet wird. Die Wirkung beruht wahrscheinlich auf einer unter Mitwirkung der Atropine vor sich gehenden Abschwächung der Vagusimpulse. Nachdem die Magenperistaltik herabgesetzt worden war, tritt bei kleinen Morphinmengen mit Atropin eine Erregung des Splanchnicuszentrums ein. Bei größeren Morphingaben, 0,02 pro dosi bis zu 0,255 g in viermal 24 Stunden, tritt eine Herabsetzung der Splanchnicuswirkung auf. Bei den Opiumalkaloiden scheint zwischen der narkotischen Wirkung und der Herabsetzung der Magenperistaltik eine Beziehung zu bestehen.

Veränderungen des Blutes nach Injektionen von Atropin oder Pepton durch den Gallengang.[2]) Bei Injektion von Atropin (0,01 g pro 1 kg Tiergewicht) in den Gallenkanal wird die Nichtkoagulierbarkeit des Blutes und eine Erniedrigung des arteriellen Blutdruckes veranlaßt. Bei venöser Injektion wirkt das Atropin erst in hohen Dosen (0,1 g pro 1 kg). Ähnlich wirkt Pepton (Witte) in sehr geringen Mengen (bis 0,005 pro 1 kg) auf Koagulierbarkeit und Blutdruck bei Einführung in den Gallenkanal.

Additionsprodukte von Bromacetonitril und von Halogenacetamiden an Atropin. Additionsprodukt von Atropin und Bromacetonitril.[3]) Atropin und Bromacetonitril liefern unter denselben Bedingungen eine rotgelbe zähflüssige Masse, aus der das Additionsprodukt $[C_{17}H_{23}NO_3 \cdot CH_2 \cdot CN]_2Cl_6Pt$ auch durch Alkohol isoliert werden kann. Das Präparat zieht aus der Luft Feuchtigkeit an und zeigt Curare, jedoch keine spezifischen Atropin- und Cyanwirkungen. Das zugehörige Platinsalz wird aus Wasser in kleinen, roten Kryställchen vom Schmelzp. 215° erhalten.

Im Gegensatz zu dieser Verbindung, in welcher die spezifischen Atropinwirkungen vollständig erloschen sind und nur Curarewirkung bemerkbar ist, haben die Additionsprodukte der Halogenacetamide an Atropin, welche A. Einhorn und M. Göttler[4]) hergestellt haben, wie die pharmakologische Prüfung des Atropinbromacetamids $C_{17}H_{23}O_3N$, $CH_3Br \cdot CO \cdot NH_2$ vom Schmelzp. 204—205° ergab, die Atropinwirkung keineswegs verloren. Da sich das Bromacetamid- vom Bromacetonitril-Additionsprodukt chemisch nur durch den Mehrgehalt eines Moleküls Wasser unterscheidet, ist es, wie Einhorn und Göttler betonen, bemerkenswert, daß die Elemente des Wassers in diesem Fall so total verschiedene physiologische Wirkungen veranlassen, und daß das Halogenacetamid, im Gegensatz zum entsprechenden Nitril, die Fähigkeit besitzt, als Transporteur des wirksamen Alkaloids zu dienen.

Atropin-chloracetamid $C_{17}H_{23}O_3N$, $CH_2Cl \cdot CO \cdot NH_2$. Kocht man Atropin und überschüssiges Chloracetamid in Acetonlösung 10—12 Stunden unter Rückfluß, so erhält man, freilich in geringer Menge, das Additionsprodukt als flockigen Niederschlag, der aus seideglänzenden Blättchen besteht. Die Verbindung schmilzt bei 204—205° unter Zersetzung und ist leicht in Wasser, Holzgeist und Alkohol löslich.

Atropin-bromacetamid $C_{17}H_{23}O_3N$, $CH_2Br \cdot CO \cdot NH_2$. Aus einer Lösung molekularer Mengen Atropin und Bromacetamid in Aceton beginnt die Ausscheidung des Additionsproduktes in Form eines flockigen Niederschlages schon nach ¹/₂ Stunde und ist in der Hauptsache nach 24 Stunden beendigt; filtriert man dann, so setzt sich aus dem Filtrat innerhalb mehrerer Tage nur noch ein geringer Rest der Verbindung ab. Sie krystallisiert aus Alkohol

---

[1]) G. Swirski, Archiv f. d. ges. Physiol. **121**, 211 [1908].
[2]) Doyon u. Gautier, Compt. rend. de l'Acad. des Sc. **146**, 191 [1908].
[3]) J. v. Braun, Berichte d. Deutsch. chem. Gesellschaft **41**, 2122 [1908].
[4]) A. Einhorn u. M. Göttler, Berichte d. Deutsch. chem. Gesellschaft **42**, 4853 [1909].

in kleinen, zu Büscheln verwachsenen Nadeln vom Schmelzp. 204—205° und ist in Wasser und Holzgeist leicht und in abs. Alkohol ziemlich schwer löslich.

Atropin-jodacetamid $C_{17}H_{23}O_3N$, $CH_2J \cdot CO \cdot NH_2$. Gibt man die gesondert dargestellten konzentrierten Lösungen von 1,5 g Jodacetamid und 2 g Atropin in kaltem Sprit zusammen, so scheidet sich nach etwa $1/2$ Stunde das Additionsprodukt als flockiger Niederschlag aus. Es läßt sich aus Methylalkohol umkrystallisieren und setzt sich daraus in undeutlichen, kugelförmigen Krystallaggregaten ab, die jedoch bald teilweise verharzen. Das Jodid ist leicht löslich in Wasser und Holzgeist, ziemlich schwer in Alkohol und fast unlöslich in Aceton, Äther, Essigäther, Benzol und Chloroform; es zersetzt sich bei 203—204° und wurde als Rohprodukt analysiert.

Die Tropeïne.[1])

Nach Ladenburg bezeichnet man als Tropeïne allgemein die Säureester des Tropins. Wir haben im vorhergehenden erwähnt, daß sich die Tropasäure mit diesem Alkohol leicht zu Atropin verbindet. Ähnlich reagieren andere Säuren. Im nachfolgenden seien die wichtigeren Tropeïne kurz beschrieben.

Homatropin oder **Phenylglykolyltropeïn**[1]) $C_{16}H_{21}NO_3$ ist wegen seiner physiologischen Wirkung neben Atropin und Hyoscyamin die wichtigste Verbindung der Tropeïngruppe. Sie entsteht aus Tropin und Mandelsäure, krystallisiert aus abs. Äther in glashellen Prismen, die mit Wasser zerfließlich sind und bei 95,5—98,5° schmelzen. — **Hydrobromid** des Homatropins $C_{16}H_{21}NO_3 \cdot HBr$ krystallisiert in rhombischen Platten und ist in kaltem Wasser nur mäßig löslich.

Nach Untersuchungen von Völkers[2]) und seinen Schülern wirkt das Homatropin in Gestalt seines Hydrobromides fast ebenso energisch erweiternd auf die menschliche Pupille ein wie das Atropin, doch verschwindet diese Wirkung verhältnismäßig sehr rasch wieder. Es zeigte sich, daß man bei Einträufelung eines Tropfens einer 1 proz. Homatropinlösung in das Auge nach fünf bis zehn Minuten Mydriasis bemerkt, welche nach einer Stunde etwa ihr Maximum (8 mm) erreicht und nach 20 Stunden verschwunden ist. Die Atropinwirkung, selbst einer sehr schwachen Lösung ($1/2$ Promille), dauert viel länger, etwa sechs bis neun Tage. Ähnlich verhält es sich mit der Akkommodationslähmung. Es kommt hinzu, daß das Homatropin ein weit schwächeres Gift ist als Atropin, und so hat denn das Homatropin Eingang in die Augenheilkunde gefunden.

Pseudoatropin oder **Atrolactyltropeïn**[1]) $C_{17}H_{23}NO_3$ mit Atropin isomer, bildet sich durch Behandlung von Atrolactinsäure $C_6H_5 \cdot C\begin{smallmatrix}CH_3\\OH\\CO_2H\end{smallmatrix}$ und Tropin mit verdünnter Salzsäure, glänzende, bei 119—120° schmelzende Nadeln, seine mydriatische Wirkung gleicht auffallend der des Atropins.

Benzoyltropeïn $C_{15}H_{19}NO_2 + 2\,H_2O$ bildet sich beim Eindampfen von Benzoesäure und Tropin mit verdünnter Salzsäure[1]) oder auch aus Tropin und Benzoylchlorid; seideglänzende Blättchen, Schmelzp. 58°. In wasserfreiem Zustande bildet der Körper eine krystallinische, narkotisch riechende Masse vom Schmelzp. 41—42°. Es ist giftig, aber ohne mydriatische Wirkung.

Phenylacettropeïn[1]) $C_{16}H_{21}NO_2$, dargestellt aus Phenylessigsäure und Tropin, narkotisch riechendes Öl.

Cinnamyltropeïn[1]) $C_{17}H_{21}NO_2$, erhalten aus Zimtsäure und Tropin, krystallisiert in kleinen, bei 70° schmelzenden Blättchen. Es wirkt kaum mydriatisch, ist aber ein starkes Gift.

Salicyltropeïn[3]) $C_{15}H_{19}NO_3$, aus Tropin und Salicylsäure entstehend, bildet weiße, glänzende Nadeln, Schmelzp. 58—60°; die Base ist ein schwaches Gift und wirkt auf die Pupille nicht ein.

m-Oxybenzoyltropeïn[3]) $C_{15}H_{19}NO_3$, zu Rosetten vereinigte Blättchen; Schmelzp. 226°; mydriatisch schwach aktiv.

p-Oxybenzoyltropeïn[3]) $C_{15}H_{19}NO_3$, rhombische Blättchen; Schmelzp. 227°.

---

[1]) Ladenburg, Annalen d. Chemie **217**, 82 [1883].
[2]) Völkers, Annalen d. Chemie **217**, 86 [1883].
[3]) Ladenburg, Annalen d. Chemie **217**, 82 [1883].

Acetyltropyltropein[1]), aus Acetyltropasäurechlorid und salzsaurem Tropin, bildet eine sirupöse, allmählich krystallinisch erstarrende Substanz, die sich in ihrer Konstitution dadurch charakterisiert, daß sie durch Abspaltung der Acylgruppe glatt in Atropin übergeht. Zeigt mydriatische Wirkung.

Bromhydratropyltropein[1]), aus Bromhydratropasäurebromid und Tropinbromhydrat, schmilzt bei 180°.

Acetyl-m-oxybenzoesäuretropein[1]), ein farbloses Öl, gibt ein krystallisiertes Platindoppelsalz.

Physiologische Eigenschaften verschiedener Tropeine: Jowett und Hann[2]) haben versucht, festzustellen, ob ein Unterschied in der physiologischen Eigenschaft vorhanden ist, zwischen einem Tropein, welches eine Lactongruppe enthält und der entsprechenden Oxysäure. Ein solcher ist nämlich zwischen Pilocarpin und Pilocarpsäure beobachtet worden. Aus diesem Grunde wurden von ihnen verschiedene neue Tropeine dargestellt und geprüft und wir heben von den Ergebnissen folgendes hervor. **Terebyltropein III** und **Phthalidcarboxyltropein IV** wirken atropinartig auf das Herz ein; diese Wirkung geht verloren, wenn man die molekulare Menge Alkali zur Lösung zusetzt, also den Lactonring aufspaltet.

Aus der Tatsache, daß Terebyltropein deutlich mydriatisch wirkt, konnte schon geschlossen werden, daß die Ladenburgsche Regel nicht streng zutrifft. Nach ihr muß ja ein Tropin, um mydriatisch wirken zu können, einen Benzolkern und ein fettes Hydroxyl an demselben Kohlenstoffatom enthalten, das die Carboxylgruppe trägt. Das ist aber beim Terebyltropein nicht der Fall.

Glykolltropein[3]) $CH_2(OH) \cdot CO \cdot C_8H_{14}ON$ entsteht, wenn man Tropin mit Glykollsäure neutralisiert und die Lösung mit verdünnter Salzsäure (1 : 40) 24 Stunden auf dem Wasserbade erhitzt. Zur Reinigung wird das Hydrojodid aus Methylalkohol umkrystallisiert. Die Base krystallisiert aus Benzol in Blättern vom Schmelzp. 113—114°; leicht löslich in Alkohol, ziemlich schwer löslich in Wasser, schwer löslich in Äther.

Chlorhydrat $C_{10}H_{17}O_3NHCl$. Zerfließliche Krystalle, Schmelzp. 171—172°. — **Jodhydrat** $(C_{10}H_{17}O_3NHJ)_2H_2O$. Kurze spitze Krystalle aus Methylalkohol, Schmelzp. 187—188°, leicht löslich in Wasser, schwer löslich in Alkohol, unlöslich in Äther. — **Nitrat** $C_{10}H_{17}O_3NHNO_3$. Längliche Blättchen aus abs. Alkohol, Schmelzp. 120—121°. — **Chloroaurat** $C_{10}H_{17}O_3NHAuCl_4$. Gelbe, spitze Krystalle aus Wasser; Schmelzp. 186—187°. — **Chloroplatinat** $(C_{10}H_{17}O_3N)_2H_2PtCl_6$. Orangefarbige Nadeln aus Wasser; Schmelzp. 225—226° unter Zersetzung.

Methylparakonyltropein[3]) (I). Durch eine mit Methylparakonsäure neutralisierte Tropeinlösung wird Chlorwasserstoff geleitet und 2—3 Stunden auf 120—125° erhitzt. Zur Reinigung wird das Hydrochlorid umkrystallisiert. Die Base bildet ein farbloses Öl.

$$\begin{array}{cc} CH_3 \cdot CH\!\!-\!\!\!-\!\!\!-\!\!CH \cdot CO \cdot C_8H_{14}ON & C(CH_3)_2\!\!-\!\!CH \cdot CO \cdot C_8H_{14}ON \\ |\qquad\qquad\qquad | & |\qquad\qquad\qquad | \\ O-CO-CH_2 & O-CO-CH_2 \\ \text{I} & \text{II} \end{array}$$

Bromhydrat $C_{14}H_{21}O_4NHBr$. Blätterige Krystalle aus Alkohol, Schmelzp. 196—197°, leicht löslich in Wasser, ziemlich schwer löslich in Alkohol. — **Jodhydrat** $C_{14}H_{21}O_4NHJ$. Dreieckige Gruppen von Krystallen aus Alkohol, Schmelzp. 177—178°, leicht löslich in Wasser, schwer löslich in Alkohol, unlöslich in Äther. — **Chloroaurat** $C_{14}H_{21}O_4NHAuCl_4H_2O$. Gelbe Blättchen aus Salzsäure + Alkohol, Schmelzp. 64—65°; ziemlich schwer löslich in Wasser und Alkohol. — **Chloroplatinat** $(C_{14}H_{21}O_4N)_2 \cdot H_2PtCl_6$. Gelbes Pulver aus verdünnter Salzsäure, Schmelzp. 233—234°. — **Pikrat**. Gelbe blätterige Krystalle aus Alkohol, Schmelzp. 190—191°.

Terebyltropein[4]) $C_{15}H_{23}O_4N$ (II). Wird analog dargestellt, jedoch bei 130—135°. Krystalle aus Aceton, Schmelzp. 66—67°, sehr leicht löslich in Wasser und Alkohol.

Chlorhydrat $C_{15}H_{23}O_4N$, HCl, 2 H_2O. Blättchen aus Aceton, Schmelzp. 80—82°; sehr leicht löslich in Wasser und Alkohol, unlöslich in Äther. — **Bromhydrat** $C_{15}H_{23}O_4N$, HBr. Blätterige Krystalle aus Alkohol, Schmelzp. 230—231°; leicht löslich in Wasser, ziemlich schwer löslich in

---

[1]) Chininfabrik Buchler & Co., Chem. Centralbl. **1904**, I, 1586.
[2]) Jowett u. Hann, Proc. Chem. Soc. **22**, 61 [1906]; Journ. Chem. Soc. **89**, 357 [1906]; Chem. Centralbl. **1906**, I, 1617. — Jowett u. Pyman, Journ. Chem. Soc. **95**, 1020; Chem. Centralblatt **1909**, II, 542.
[3]) Jowett u. Hann, Proc. Chem. Soc. **22**, 61 [1906].
[4]) Jowett u. Hann, Proc. Chem. Soc. **22**, 61 [1906]; Journ. Chem. Soc. **89**, 357 [1906]; Chem. Centralbl. **1906**, I, 1617.

Alkohol. — **Jodhydrat** $C_{15}H_{23}O_4N$, HJ. Blätterige Krystalle aus Alkohol, Schmelzp. 213—215°; ziemlich leicht löslich in Wasser. — **Chloroplatinat.** Gelatinöser Niederschlag. — **Pikrat.** Gelbe Blättchen aus verdünntem Alkohol. Schmelzp. 198—199°.

Phthalidcarboxyltropein[1]) $C_{17}H_{19}O_4N$ (III). Wird analog dargestellt und über das

$$\begin{array}{c} CH-CO\cdot C_8H_{14}ON \\ \diagup\quad\diagdown\;O \\ CO \\ \text{III} \end{array} \qquad \begin{array}{c} HO-\diagup\diagdown-CO\cdot C_8H_{14}ON \\ HO \\ \text{IV} \end{array}$$

Bromhydrat gereinigt. Blätterige Krystalle aus Essigester, Schmelzp. 79—80°, sehr leicht löslich in Alkohol, ziemlich leicht löslich in Wasser und Äther.

Chlorhydrat $C_{17}H_{19}O_4N$, HCl. Blätterige Krystalle aus verdünntem Alkohol, Schmelzp. 242—244° unter Zersetzung. — **Bromhydrat** $C_{17}H_{19}O_4N$, HBr, H_2O. Blättchen aus Alkohol; Schmelzp. 128—129°, leicht löslich in Wasser. — **Nitrat** $C_{17}H_{19}O_4N$, HNO_3, H_2O. Platten aus Wasser, Schmelzp. (nach dem Trocknen) 169—171°; leicht löslich in Wasser und Alkohol, unlöslich in Äther. — **Chloroaurat** $C_{17}H_{19}O_4N$, $HAuCl_4$. Goldgelbe Blättchen aus Alkohol, Schmelzp. 184 bis 185°. — **Chloroplatinat** $(C_{17}H_{19}O_4N)_2$, H_2PtCl_6. Gelbes amorphes Pulver, Schmelzp. 234—235°.

Protocatechyltropein[1]) $C_{15}H_{19}O_4N$ (IV). Wird analog dargestellt und die freie Base durch Umkrystallisieren aus abs. Alkohol gereinigt. Kurze spitze Krystalle, Schmelzp. 253—254° aus Wasser. **Chlorhydrat** Schmelzp. über 300°, ziemlich schwer löslich in Wasser, wenig löslich in Alkohol, unlöslich in Äther. — **Nitrat.** Sehr leicht oxydierbar. — **Chloroaurat.** Amorpher Niederschlag, der schnell Reduktion erleidet. — **Chloroplatinat** $(C_{15}H_{19}O_4N)_2$ H_2PtCl_6. Blättrige Krystalle aus Wasser, Schmelzp. 228—229° unter Schäumen, wenig löslich in Wasser, sehr schwer löslich in Alkohol. — **Pikrat.** Gelbe Platten aus Alkohol, die sich bei 255° dunkel färben und bei 260—262° zersetzen.

Jowett und Pyman[2]) haben das **Lacton des o-Carboxylphenylglyceryltropeins** (V) dargestellt. Es stand zu erwarten, daß dasselbe stark physiologisch wirksam sein würde, da es nicht nur ein Lacton ist, sondern auch der Ladenburgschen Regel entspricht. Ferner bereiteten sie das **Isocumarincarboxyltropein** (VI) und gewisse Alkylbromide dieser Tropeine, sowie des Homatropins. Die physiologische Prüfung zeigte, daß diese Tropeine nur schwach mydriatisch sind, und daß ihre physiologische Wirksamkeit verloren geht, wenn man sie in die entsprechenden Oxysäuren überführt.

Daraus schließen die genannten Autoren, daß die Ladenburgsche Regel sich nicht aufrechterhalten läßt, daß aber der Unterschied in der Aktivität zwischen einem Lacton und der zugehörigen Oxysäure von physiologischer Bedeutung ist. Immerhin darf man wohl sagen, daß die von Ladenburg angegebenen Bedingungen besonders günstig für das Zustandekommen der mydriatischen Wirkung zu sein scheinen

$$C_6H_4\diagdown\begin{array}{c}CO---O\\CH(OH)-CH\cdot CO\cdot C_8H_{14}ON\end{array} \qquad C_6H_4\diagdown\begin{array}{c}CO-O\\CH=C\cdot CO\cdot C_8H_{14}ON\end{array}$$
$$\text{V} \qquad\qquad\qquad \text{VI}$$

Lacton des o-Carboxylphenylglyceryltropeins[2]) $C_{18}H_{21}O_5N$ (V). Entsteht, wenn man in eine Tropeinlösung, die mit o-Carboxylphenylglycerinsäurelacton neutralisiert ist, bei 120—125° 2—3 Stunden Chlorwasserstoff einleitet. Die Base wird durch Ammoniak gefällt. Rosetten farbloser Krystalle aus Alkohol, Schmelzp. 172—173°, unlöslich in Wasser, ziemlich schwer löslich in Alkohol. — **Chlorhydrat** $C_{18}H_{21}O_5NHCl$. Undeutliche Krystalle aus Alkohol, Schmelzp. 228—229°, Zersetzung bei 235°, sehr leicht löslich in Wasser, ziemlich schwer in Alkohol. — **Bromhydrat** $C_{18}H_{21}O_5N$, HBr, H_2O. Rosetten aus Alkohol, Schmelzp. 212—213°, sehr leicht löslich in Wasser, ziemlich schwer löslich in Alkohol. — **Jodhydrat** $C_{18}H_{21}O_5N$, HJ. Mikroskopische Prismen aus Alkohol, Schmelzp. 204—205°, sehr leicht löslich in Wasser, wenig löslich in Alkohol. — **Nitrat** $C_{18}H_{21}O_5N$, HNO_3. Nadeln aus Alkohol, Schmelzp. 174—175°, sehr leicht löslich in Wasser, ziemlich schwer löslich in Alkohol. Zersetzt sich bei 130° unter Bildung von Isocumarincarboxyltropeinnitrat. —

---

[1]) Jowett u. Hann, Proc. Chem. Soc. **22**, 61 [1906]; Journ. Chem. Soc. **89**, 357 [1906]; Chem. Centralbl. **1906**, I, 1617.
[2]) Jowett u. Pyman, Proc. Chem. Soc. **22**, 317 [1907]; Journ. Chem. Soc. **91**, 92 [1907]; Chem. Centralbl. **1907**, I, 1136.

Chloroaurat $C_{18}H_{21}O_5N$, $HAuCl_4$. Gelbe Nadeln aus Wasser, Schmelzp. 215—216°, wenig löslich in Alkohol, ziemlich wenig löslich in heißem Wasser. — **Chloroplatinat** $(C_{18}H_{21}O_5N)_2$, H_2PtCl_6, $2\,H_2O$. Gelbe Nadeln aus verdünnter Salzsäure, Schmelzp. 193—194° unter Zersetzung. — **Pikrat.** Gelbe Nadeln aus heißem Wasser, Schmelzp. 218—220°. — **Brommethylat** $C_{18}H_{21}O_5N$, CH_3Br. Aus der Base und Brommethyl in Alkohol in der Kälte. Nadeln aus Alkohol, Schmelzp. 257—258°, leicht löslich in Wasser, sehr schwer löslich in Alkohol.

Isocumarincarboxyltropein[1]) $C_{18}H_{19}O_4N$ (VI). Entsteht, wenn man das Lacton des o-Carboxyphenylglyceryltropeins auf 120—125° erhitzt, bis keine Gewichtsabnahme mehr stattfindet. Farblose Blättchen aus Alkohol, Schmelzp. 179—180°, wenig löslich in Wasser, Äther und Alkohol.

Chlorhydrat $C_{18}H_{19}O_4N$, HCl. Nadeln aus Alkohol, Schmelzp. 287—288° unter Zersetzung; leicht löslich in Wasser, schwer löslich in Alkohol. — **Bromhydrat** $(C_{18}H_{19}O_4N, HBr)_2H_2O$. Nadeln aus Alkohol, Schmelzp. 252—253° unter Zersetzung; leicht löslich in Wasser, ziemlich schwer in Alkohol. — **Jodhydrat** $C_{18}H_{19}O_4N$, HJ, H_2O. Schuppen vom Schmelzp. 280—281°; wenig löslich in Wasser und Alkohol. — **Nitrat** $(C_{18}H_{20}O_7N_2)_2H_2O$. Schmelzp. 228—229° unter Zersetzung; leicht löslich in Wasser, wenig löslich in Alkohol, unlöslich in Äther. — **Chloroaurat** $C_{18}H_{19}O_4N$, $HAuCl_4$. Undeutliche gelbe Krystalle aus Alkohol, Schmelzp. 254—256° unter Zersetzung; sehr schwer löslich in Wasser und Alkohol. — **Chloroplatinat** $(C_{18}H_{19}O_4N)_2H_2PtCl_6$, H_2O. Gelber, amorpher Niederschlag aus verdünnter Salzsäure, Schmelzp. 264—265° unter Zersetzung; sehr schwer löslich in Wasser und Alkohol. — **Pikrat.** Gelbe Nadeln, Schmelzp. 265° unter Zersetzung. — **Brommethylat** $C_{18}H_{19}O_4N$, CH_3Br. Nadeln aus Alkohol, leicht löslich in Wasser, schwer löslich in Alkohol.

Über halogensubstituierte Tropeine.

Im vorhergehenden haben wir über den leichten Übergang des β-Chlorhydratropyltropeins in salzsaures Apoatropin berichtet, der durch eine intramolekulare Salzsäureabspaltung zustande kommt. Um zu studieren, ob ganz allgemein halogensubstituierte Alkaminester mit tertiärer Aminogruppe diesen Vorgang zeigen, wurden von Wolffenstein und Rolle Tropeine untersucht[2]), die statt der kompliziert zusammengesetzten Chlorhydratropasäure die Halogenderivate zweier einfacher Fettsäuren, der Propionsäure und der normalen Buttersäure, enthielten.

Die Heranziehung dieser Verbindungen bot außerdem den Vorteil, daß sich dabei die Wirkung der α-, β- und γ-Stellung des Halogenatoms auf die Halogenwasserstoffsäureabspaltung leicht überblicken ließ.

Dabei ergab sich, daß hier eine Reaktion von allgemeiner Gültigkeit vorliegt, daß aber die Leichtigkeit, mit der die Halogenwasserstoffsäureabspaltung vor sich geht, von der Stellung des Halogenatoms wesentlich beeinflußt wird, und zwar in der Weise, daß die β-Stellung des Halogenatoms die Halogenwasserstoffsäureabspaltung sehr erleichtert, während in der α- und γ-Stellung des Halogenatoms diese intramolekulare Säureabspaltung nicht so leicht vonstatten geht.

Wir führen von den so dargestellten Tropeinen die folgenden an:

Acryl-tropein entsteht aus **α-Chlorisopropionyltropein**, einem unbeständigen, basisch riechenden Öl, und bildet ein gut krystallisiertes Pikrat vom Schmelzp. 198°.

Entsprechend seiner Konstitution wird es bei Einwirkung von Bromwasser in **α, β-Dibrom-propionyl-tropein** übergeführt, dessen Pikrat bei 185° schmilzt.

β-Chlorpropionyl-tropein wird durch vierstündiges Erhitzen von β-Chlorpropionylchlorid mit Tropin erhalten. **Platindoppelsalz**, leicht löslich in Wasser, schwer löslich in Alkohol, Schmelzp. 205°. **Goldsalz**, Schmelzp. 135°. **Pikrat**, Schmelzp. 222°.

Crotonyl-tropein entsteht aus **α-Chlorbutyryl-tropein**. Sein Pikrat bildet gelbe Blättchen, die sich gegen 190° zersetzen.

β-Chlor-hydratropyl-tropein[3]) $C_{17}H_{22}NO_2Cl$ wird erhalten durch Erwärmen von β-Chlor-hydratropasäurechlorid mit Tropin auf dem Wasserbade und zwar in Form seines **Chlorhydrates** $C_{17}H_{23}NO_2Cl_2$.

Das Reaktionsprodukt stellt zunächst eine gelbe, glasige Masse dar, wird aber durch Auflösen in wenig absolutem Alkohol und Fällen mit Äther als weißer, krystallinischer Körper erhalten. Schmelzp. 167—170°. Ausbeute 75% der Theorie. Die Analyse stimmt auf das erwartete **salzsaure Chlorhydratropyl-tropein** $C_{17}H_{22}NO_2Cl_2$.

---

[1]) Jowett u. Pyman, Proc. Chem. Soc. **22**, 317 [1907]; Journ. Chem. Soc. **91**, 92 [1907]; Chem. Centralbl. **1907**, I, 1136.
[2]) R. Wolffenstein u. J. Rolle, Berichte d. Deutsch. chem. Gesellschaft **41**, 733 [1908].
[3]) Wolffenstein u. Mamlock, Berichte d. Deutsch. chem. Gesellschaft **42**, 728 [1909].

Beim Eindampfen einer kleinen Probe dieser Substanz mit einigen Tropfen rauchender Salpetersäure und Betupfen des Verdampfungsrückstandes mit alkoholischem Kali entsteht dieselbe violette Färbung wie sie Atropin selbst auch gibt[1]). Pikrinsäure ruft in der wässerigen Lösung des salzsauren Chlorhydratropyl-tropeins eine krystallinische Fällung vom Schmelzp. 204° hervor. Platinchlorid gibt ein orangegelbes Salz, das bei ca. 60° zu einer granatroten Masse zusammenzusintern beginnt; ein scharfer Schmelzpunkt läßt sich nicht beobachten.

Beim Versetzen der wässerigen Lösung des obigen salzsauren Salzes mit Alkalicarbonat wird die freie Base, das **β-Chlorhydratropyl-tropein**, als gelbliches Öl, das keine Neigung zum Erstarren zeigt, abgeschieden. In Äther ist die Base leicht löslich; sie erleidet hierbei zunächst keine Veränderung, was man daran erkennt, daß man aus der ätherischen Lösung durch Ausschütteln mit verdünnter Salzsäure die ursprüngliche Verbindung, das salzsaure Chlorhydratropyl-tropein, regenerieren kann.

Wird aber die ätherische Lösung der Base eingedunstet, so resultiert an Stelle des öligen β-Chlorhydratropyl-tropeins ein weißes, krystallinisches Salz, das **salzsaure Apoatropin**, das in Äther sehr wenig löslich ist. Mit dem Naturprodukt wurde das so erhaltene salzsaure Apoatropin durch seinen Schmelzpunkt (237° statt 237—239°) durch den des Platinsalzes (212° statt 212—214°), besonders aber auch durch die daraus abgeschiedene Base identifiziert. Schmelzp. 62° statt 60°.

β-Bromhydratropyl-tropein, aus β-Brom-hydratropasäure-bromid und Tropin, bildet zunächst eine braune, harzartige Masse; durch Umkrystallisieren aus Alkohol-Äther oder aus heißem Wasser gewinnt man es als ein schneeweißes krystallinisches Produkt vom Schmelzpunkt 180°.

Gleich der Chlorverbindung gibt auch dieses Bromhydratropyltropeinsalz die Vitalische Farbenreaktion.

Bei der Isolierung der freien Base, des β-Bromhydratropyl-tropeins, treten genau die analogen Erscheinungen zutage, wie bei der entsprechenden Chlorverbindung; es resultiert dabei bromwasserstoffsaures Apoatropin (Schmelzp. 230°).

Über das **Verhältnis der physiologischen Eigenschaften von Chlor- und Bromhydratropyl-tropein zu der des Atropins** sind folgende Angaben zu machen[2]). Beide Halogenverbindungen stehen dem Atropin qualitativ sehr nahe: sie rufen, gleich dem Atropin, Erweiterung der Pupille hervor; hinsichtlich der Stärke und Dauer dieser Wirkung aber bestehen deutliche Unterschiede.

Für Meerschweinchen ist die allgemeine Giftigkeit des Chlorhydratropyltropeins beträchtlich geringer als die des Atropins, die Reizwirkung an den Augenhäuten größer. Es erzeugt eine ausreichende Mydriasis für ophthalmoskopische Untersuchungen, wobei die geringe Wirkung auf die Akkommodation von Vorteil ist. Unangenehm sind die Reizerscheinungen. Die Wirkung des Bromhydratropyl-tropeins entwickelt sich viel langsamer und ist weniger intensiv als bei der gleichen Dosis der Chlorverbindung, trotz mindestens ebenso heftiger Reizerscheinungen[3]).

Auf Grund dieser Resultate ist nach Wolffenstein und Mamlock die bisher verbreitete Annahme, daß zum Zustandekommen der mydriatischen Wirkung eines Tropeins die Anwesenheit eines alkoholischen Hydroxyls im aromatischen Säureradikal erforderlich ist, dahin zu erweitern, daß dem alkoholischen Hydroxyl in dieser Beziehung die Halogenatome, wenigstens qualitativ, gleichkommen.

Verhalten des Atropins bei verschieden empfindlichen Tierarten. M. Cloetta[4]) versuchte, einen Beitrag zur Erklärung der ausgesprochenen Speziesimmunität des Atropins, von dem für Kaninchen 0,5 g pro kg subcutan, für Katzen schon 0,03 g pro kg, für Hunde etwas mehr, die minimal letale Dosis ist, zu geben. — Kaninchen, Hunde und Katzen wurden mit verschieden großen Dosen Atropin vergiftet; dabei ergab sich, daß sich in der Geschwindigkeit, mit der das Atropin aus dem Blute verschwindet, kein Unterschied erkennen läßt; vor allem aber ließ sich niemals eine Spur Atropin im Gehirn (eine Ausnahme 0,04 mg) mittels der Vitalschen Reaktion, deren Grenze bei 0,01 mg liegt, nachweisen.

---

[1]) Vitali u. Fresenius, Zeitschr. f. analyt. Chemie **20**, 563 [1881].
[2]) L. Lewin u. H. Guillery, Die Wirkungen von Arzneimitteln und Giften auf das Auge. Berlin 1905, S. 204.
[3]) L. Lewin u. H. Guillery, Die Wirkungen von Arzneimitteln und Giften auf das Auge. Berlin 1905, S. 205, 207, 208.
[4]) M. Cloetta, Archiv f. experim. Pathol. u. Pharmakol. **1908**, 119; Chem. Centralbl. **1908**, II, 2022.

In der Leber, im Harn und im Magendarminhalt ließ sich unter Umständen bei allen drei Tierarten Atropin nachweisen; im Harn von Katzen nur nach letaler Dosis; am schnellsten scheint die Ausscheidung beim Kaninchen vor sich zu gehen. Die Versuche zeigten keinen nennenswerten Unterschied bei den verschiedenen Tierarten, der eine Erklärung für die natürliche Immunität gestatten würde. — Aus weiteren Versuchen von Cloetta geht die Möglichkeit der Zerstörung des Atropins durch das Gehirn und die Leber hervor, und zwar am ausgeprägtesten beim Kaninchen — am geringsten beim Katzenhirn; dies kann aber nur scheinbar und nicht übereinstimmend mit dem vitalen Vorgang sein, indem das Kaninchenhirn vielleicht für überlebende Experimente ausdauernder ist. — Eine befriedigende Erklärung für die verschiedene angeborene Empfindlichkeit der Arten hat sich somit nicht ergeben. Das konstante Fehlen des Atropins im Gehirn ist aber jedenfalls durch die Zerstörung daselbst zu erklären, und die Ansicht, daß das Atropin am Orte seiner Einwirkung nicht chemisch verändert werde (katalytisch wirkend), zu korrigieren.

Hyoscyamin, l-Tropasäure-i-tropinester.

Mol.-Gewicht 289,18.
Zusammensetzung: 70,54% C, 8,01% H, 4,84% N.

$$C_{17}H_{23}NO_3.$$

$$\begin{array}{c}CH_2-CHCH_2\\ |N\cdot CH_3CH\cdot O\cdot CO-CH-C_6H_5\\ CH_2-CHCH_2CH_2\cdot OH\end{array}$$

Vorkommen: Das Hyoscyamin wurde 1833 von Geiger und Hesse[1]) aus dem Bilsenkraut erhalten. Außerdem kommt es noch in verschiedenen anderen Pflanzen vor. So wurde es von Dunstan und Brown[2]) im Hyoscyamus muticus, von Thoms und Wentzel[3]) in der Mandragorawurzel aufgefunden.

Darstellung:[3]) Zur Isolierung des Alkaloids aus der Mandragorawurzel wird dieselbe mit weinsäurehaltigem Alkohol extrahiert, und aus den vereinigten Auszügen der Alkohol abdestilliert. Der Rückstand wird zur Befreiung von einem Chrysatropasäure genannten Schillerstoff mit Petroleumbenzin, hierauf mit Äther mehrmals durchgeschüttelt. Die mit Kaliumcarbonat alkalisierte wässerige Lösung des Rückstandes gibt sodann beim Schütteln mit Äther das Alkaloid an diesen ab. Nach dem Abdunsten der ätherischen Lösung im Vakuum hinterbleibt ein nur schwach gelb gefärbter Sirup, der über Schwefelsäure zu einer glasartigen, festen Masse von schwach narkotischem Geruch eintrocknet. Aus trockner Triester Mandragorawurzel wurden so z. B. 0,32% Alkaloid erhalten.

Physikalische und chemische Eigenschaften und Derivate: Die Eigenschaften des Hyoscyamins sind denen des Atropins sehr ähnlich. Es krystallisiert aus Alkohol in Nadeln vom Schmelzp. 108,5°. In seinem scharfen und durchdringenden Geschmack gleicht es dem Atropin, auch seine Wirkung auf die Pupille ist dieselbe: Hyoscyamin bewirkt, wie Atropin, eine Erweiterung der Pupille. Der Hauptunterschied beider Alkaloide beruht in der optischen Aktivität des Hyoscyamins, welches linksdrehend ist im Gegensatz zu dem inaktiven Atropin; bei p = 3,22 und t = 15 ist $[\alpha]_D = -20,3$.

Von den Salzen des Hyoscyamins führe ich folgende an. Das **neutrale Sulfat** $(C_{17}H_{23}NO_3)_2H_2SO_4+2H_2O$ bildet weiße Nadeln, die bei 100° das Krystallwasser abgeben und bei 206° schmelzen. — Das **Goldsalz** $(C_{17}H_{23}NO_3\cdot HCl)AuCl_3$ ist für die Base charakteristisch. Es bildet goldglänzende Blättchen und schmilzt bei 162°. — Das **Platinsalz** $(C_{17}H_{23}NO_3\cdot HCl)_2PtCl_4$ wird beim Verdunsten der wässerigen Lösung in orangegefärbten, bei 206° schmelzenden Prismen erhalten. — Das **Pikrat** entsteht auf Zusatz von Pikrinsäure zur Lösung des salzsauren Salzes. Es schmilzt bei 161—163°.

Beziehungen des Hyoscyamins zu Atropin. Ladenburg[4]) zeigte, daß Hyoscyamin mit Atropin optisch isomer ist, demnach die Zusammensetzung $C_{17}H_{23}NO_3$ hat und daß es durch Barytwasser bei 60°, ebenso wie Atropin, in Tropasäure und Tropin gespalten

---

[1]) Geiger u. Hesse, Annalen d. Chemie **217**, 82 [1883].
[2]) Dunstan u. Brown, Journ. Chem. Soc. **75**, 72; Chem. Centralbl. **1899**, I, 293.
[3]) Thoms u. Wentzel, Berichte d. Deutsch. chem. Gesellschaft **31**, 2031 [1898].
[4]) Ladenburg, Berichte d. Deutsch. chem. Gesellschaft **13**, 109, 254, 607 [1880].

wird. Als er diese beiden durch Spaltung des Hyoscyamins erhaltenen Bruchstücke durch Abdampfen mit Salzsäure wieder vereinigte, entstand kein Hyoscyamin, sondern Atropin. Die Erklärung für dieses Verhalten wurde 1883 von Merck[1]) gegeben. Als er nämlich die Verseifung des Hyoscyamins mit heißem Wasser vornahm, erhielt er neben dem Tropin eine aktive, linksdrehende Tropasäure. Diese linksdrehende Tropasäure ist das direkte Verseifungsprodukt des Hyoscyamins; findet aber die Verseifung in saurer oder alkalischer Lösung statt, so racemisiert sich die aktive Säure und es ist danach verständlich, daß durch ihre Vereinigung mit Tropin nur Atropin entsteht.

Die Umwandlung von Hyoscyamin in Atropin (Racemisierung) läßt sich nach Will und E. Schmidt[2]) durch einfaches Schmelzen, sowie nach dem ersteren durch Zufügen kleiner Mengen Alkalien zur alkoholischen Lösung der Base bewerkstelligen. Als Nebenreaktion tritt hierbei hydrolytische Spaltung beider Alkaloide zu i-Tropin und Tropasäure ein. In der Neuzeit hat dann Gadamer[3]) gefunden, daß in alkoholischer Lösung Hyoscyamin schon von selbst langsam, fast ohne hydrolytische Spaltung, in Atropin umgewandelt wird, was sich durch Tropinzusatz beschleunigen läßt. Er stellte auch fest, daß Hyoscyamin allein schon mit Wasser bei gewöhnlicher Temperatur in l-Tropasäure und inaktives Tropin hydrolytisch gespalten wird. Da hiernach Tropin als inaktiv im Hyoscyamin vorhanden sein muß, so kann bei der Inversion des letzteren zu Atropin nur die Tropasäure in Frage kommen. Diese Inversion kann als „Racemisierung" aufgefaßt werden, indem die Racemnatur der aus Atropin dargestellten inaktiven Tropasäure von Schloßberg nachgewiesen ist.

Durch den von Gadamer erbrachten Nachweis, daß das Tropin im Hyoscyamin ebenso wie im Atropin inaktiv ist, daß also die Isomerie von Atropin und Hyoscyamin einzig und allein auf die Inaktivität bzw. Aktivität des in diesen Basen enthaltenen Tropasäurerestes zurückzuführen ist, war theoretisch die Überführbarkeit des Atropins in d- und l-Hyoscyamin gegeben. Experimentell ausgeführt wurde diese Umwandlung von Amenomiya[4]) dadurch, daß er zunächst käufliches Atropin in Tropin und r-Tropasäure verseifte, letztere nach dem Verfahren von Ladenburg und Hundt[5]) in d- und l-Tropasäure zerlegte und schließlich das Tropin wieder mit d- oder l-Tropasäure vereinigte.

Auch die vollständige Synthese des Hyoscyamins ist nunmehr durchführbar. Sie gestaltet sich analog derjenigen des Atropins, nur ist die Tropasäure vor der Vereinigung mit Tropin in die aktiven Komponenten zu spalten. Durch wasserentziehende Mittel wird das Hyoscyamin in Atropamin und Belladonnin übergeführt, welche Alkaloide auch bei der analogen Behandlung des Atropins entstehen.

Physiologische Eigenschaften: Die von Cushny[6]) ausgeführte Untersuchung über die pharmakologische Wirkung des Atropins, d- und l-Hyoscyamins hat nachfolgende Ergebnisse geliefert, welche in Einklang stehen mit der Annahme, daß Atropin racemisches Hyoscyamin ist.

Atropin und Hyoscyamin wirken in gleicher Richtung und gleich stark auf das Zentralnervensystem von Säugetieren (Maus) und auf das Herz und die motorischen Nervenendigungen von Fröschen, während erhebliche Unterschiede auftreten in ihrer Wirkung auf das Rückenmark des Frosches und auf die Nervenendigungen des Herzens, der Pupille und der Speicheldrüse von Säugetieren (Hund und Katze), und zwar übt Atropin eine bedeutend stärkere stimulierende Wirkung auf die Reflexe des Rückenmarkes aus, während Hyoscyamin kräftiger auf die Speicheldrüsen usw. wirkt. In Anbetracht dessen, daß das Atropin in seiner Wirkungsweise die Resultante der Wirkungen des natürlichen Hyoscyamins (l-Hyoscyamins) und des d-Hyoscyamins darstellen wird, war zu erwarten, daß d-Hyoscyamin noch stärker auf das Rückenmark des Frosches reagieren mußte als Atropin, während es in seiner Wirkung auf das Herz, die Pupille und die Speicheldrüsen hinter Atropin und noch mehr hinter l-Hyoscyamin zurückbleiben mußte. Tatsächlich erwies sich das d-Hyoscyamin in letzterer Beziehung nur etwa $1/12$ so stark wie l-Hyoscyamin. Aus diesen Untersuchungen ergibt sich die Tatsache, daß ebenso, wie es bei niederen Organismen bekannt ist, auch gewisse Zellen höherer Tiere zwischen zwei optisch isomeren Verbindungen unterscheiden können, ferner, daß die Wirkung des racemischen Körpers die Summe der Wirkungen der beiden optisch aktiven Komponenten ist.

---

[1]) Merck, Archiv d. Pharmazie **231**, 115 [1883].
[2]) Will u. E. Schmidt, Berichte d. Deutsch. chem. Gesellschaft **21**, 1717, 2797 [1888].
[3]) J. Gadamer, Archiv d. Pharmazie **239**, 294, 321 [1901].
[4]) Amenomiya, Archiv d. Pharmazie **240**, 498 [1902].
[5]) Ladenburg u. Hundt, Berichte d. Deutsch. chem. Gesellschaft **22**, 2590 [1889].
[6]) Cushny, Journ. of Physiol. **30**, 176; Chem. Centralbl. **1903**, II, 1458.

Spaltung des Atropins in d- und l-Hyoscyamin:[1]) Beim Krystallisieren von **Atropin-d-camphersulfonat** aus Essigester und wenig Alkohol scheidet sich zuerst **l-Hyoscyamin-d-camphersulfonat** $C_{17}H_{23}O_3N \cdot C_{10}H_{16}O_4S$ ab. Nadeln. Schmelzp. 159°. $[\alpha]_D = -8,0°$ (0,5072 g in 25 ccm der wässerigen Lösung), sehr leicht löslich in Wasser, Alkohol, Chloroform, sehr schwer löslich in Essigester, Benzol, Xylol. — **d-Hyoscyamin-d-camphersulfonat** $C_{17}H_{23}O_3N \cdot C_{10}H_{16}O_4S$. Nadeln. Schmelzp. 135°. $[\alpha]_D = +27,25°$ (0,5229 g in 20 ccm der wässerigen Lösung). — Für das basische Ion dieser beiden Salze berechnet sich $[\alpha]_D = \pm 32,1°$; die aus den Salzen freigemachten Basen zeigen aber nur $[\alpha]_D = \pm 20°$, da stets bei der Abscheidung der Base teilweise Racemisierung eintritt; durch Krystallisation aus Petroläther konnte in einem Fall $[\alpha]_D = -25,8°$ (0,4331 g in 20 ccm einer Lösung in 50 proz. Alkohol), Schmelzp. 107—108°, erhalten werden. — **l-Hyoscyaminchloroaurat** $C_{17}H_{23}O_3N \cdot HAuCl_4$. Goldgelbe, hexagonale Tafeln. Schmelzp. 165°. — **Bromaurat** $C_{17}H_{23}O_3N \cdot HAuBr_4$. Tiefrote Nadeln mit 1 H_2O aus Wasser, Schmelzp. 123—130°, schmilzt wasserfrei bei 160°, nach dem Sintern bei 155°, oder Krystalle mit 1 C_2H_6O aus abs. Alkohol; Pikrat. Nadeln. Schmelzp. 163°. — **d-Hyoscyaminchloroaurat** $C_{17}H_{23}O_3N \cdot HAuCl_4$. Schmelzp. 165°. — **Bromaurat** $C_{17}H_{23}O_3N \cdot HAuBr_4$. Krystalle mit 1 H_2O aus Wasser. Pikrat. Nadeln. Schmelzp. 163°. — **Atropinchloroaurat** $C_{17}H_{23}O_3N \cdot HAuCl_4$. Blättchen. Schmelzp. 134—139°. — **Bromaurat** $C_{17}H_{23}O_3N \cdot HAuBr_4$. Dunkelrote Nadeln mit 1 H_2O. Schmelzp. 110°. Schmilzt wasserfrei bei 120°; Pikrat. Rechtwinklige Tafeln. Schmelzp. 173—174°. Nach Versuchen von P. P. Laidlaw ist das Verhältnis der Stärke der **physiologischen Wirkung von l- und d-Hyoscyamin**, als d-Camphersulfonate angewendet, bezüglich der mydriatischen Wirkung 100 : 1, bezüglich der Paralyse des Vagus größer als 25 : 1.

Vorkommen von Tetramethyl-diaminobutan in Hyoscyamus muticus: R. Willstätter[2]) und W. Heubner untersuchten ein aus Hyoscyamus muticus neben dem Hyoscyamin usw. von E. Merck neu isoliertes Alkaloid. Es erwies sich als 1, 4-Tetramethyl-diaminobutan von der Formel $(CH_3)_2N \cdot CH_2 \cdot CH_2 \cdot CH_2 \cdot CH_2 \cdot N(CH_3)_2$, ist also eine Verbindung, in der man ein nur nicht vollständig gewordenes Pyrrolidinderivat erkennen kann. Die Base ist inaktiv, D^{15} 0,7941, farblose Flüssigkeit, mischbar mit Wasser unter Erwärmung in jedem Verhältnis, auch mit Alkohol und Äther, stark alkalisch, basischer und stechender Geruch, scharfer, kratzender Geschmack, mit Wasserdampf leicht flüchtig. Siedep. 169°. — **Chlorhydrat** $C_8H_{20}N_2$ 2 HCl. Neutral reagierend, wasserfrei dreiseitige Prismen, sehr leicht löslich in Wasser. Schmelzp. 273° unter Aufschäumen. — **Dipikrat.** Ziemlich löslich in heißem Wasser. Schmelzpunkt 198°. — **Chlorplatinat** $C_8H_{20}N_2 \cdot H_2PtCl_6 + 2 H_2O$. Sehr leicht löslich in Wasser. Schmelzp. 234° unter Zersetzung. — **Chloraurat** $C_8H_{20}N_2 \cdot 2 AuCl_4H$. Goldgelbe Prismen aus Wasser, sintert gegen 200° und zersetzt sich bei 206—207°.

Pseudohyoscyamin.

$$C_{17}H_{23}NO_3.$$

Dieses mit Atropin und Hyoscyamin isomere, bisher noch wenig bekannte Alkaloid wurde 1892 von E. Merck[3]) aus der *Duboisia myoporoides* gewonnen. Es krystallisiert in Nadeln, schmilzt bei 133—134° unter Zersetzung und dreht die Polarisationsebene nach links: $[\alpha]_D = -21,15°$. Barytwasser spaltet die Verbindung in Tropasäure und eine Base $C_8H_{15}NO$, die weder mit Tropin noch mit ψ-Tropin identisch ist, denselben aber in der Konstitution wohl sehr nahe steht.

Atropamin oder Apoatropin, Atropasäure-tropinester.

Mol.-Gewicht 271,17.
Zusammensetzung: 75,23% C, 7,80% H, 5,16% N.

$$C_{17}H_{21}NO_2.$$

$$\begin{array}{c} H_2C-CH\!\!-\!\!-\!\!-\!\!CH_2 \qquad\quad CH_2 \\ \big|\quad\ N\cdot CH_3\ \ \big|\quad\ \ \ \ \ \ \ \ \ \big\| \\ \big|\qquad\qquad\ \big|\ \ CH\cdot O\cdot CO\cdot C\cdot C_6H_5 \\ H_2C-CH\!\!-\!\!-\!\!-\!\!CH_2 \end{array}$$

---

[1]) M. Barrowcliff u. F. Tutin, Journ. Chem. Soc. **95**, 1966 [1909].
[2]) R. Willstätter u. W. Heubner, Berichte d. Deutsch. chem. Gesellschaft **40**, 1704 [1907].
[3]) E. Merck, Archiv d. Pharmazie **231**, 117 [1893].

Darstellung: Das Atropamin oder Apoatropin, welches 1 Mol. Wasser weniger enthält als Atropin, wurde zuerst von Pesci[1]) dargestellt durch Behandeln von Atropin mit Salpetersäure. Das Alkaloid entsteht stets aus dem Atropin oder Hyoscyamin bei der Einwirkung wasserentziehender Mittel wie Schwefelsäure, Anhydride der Phosphorsäure, Essigsäure usw.[2]). Es wird auch zeitweise in der Wurzel der Tollkirsche angetroffen, in welchem Falle es sich dann in den Mutterlaugen von der Atropindarstellung findet[3]).

Physikalische und chemische Eigenschaften: Es krystallisiert aus ätherischer Lösung in Prismen vom Schmelzp. 60—62°, besitzt keine mydriatischen Eigenschaften und ist optisch inaktiv.

Beim Erhitzen wird das Atropamin in sein Isomeres, das Belladonnin, umgelagert. Auch beim Erwärmen mit Salzsäure, beim Auflösen in konz. Schwefelsäure, beim Kochen mit Alkalien und Barytwasser tritt diese Umlagerung ein. Gleichzeitig spaltet sich dabei ein Teil des Alkaloids in Tropin und Atropasäure:

$$\underset{\text{Apoatropin}}{C_{17}H_{21}NO_2} + H_2O = \underset{\text{Tropin}}{C_8H_{15}NO} + \underset{\text{Atropasäure}}{C_9H_8O_2}$$

Durch Umkehrung dieser Reaktion konnte Ladenburg[4]) eine partielle Synthese des Atropamins erzielen, indem er ein Gemenge von Tropin und Atropasäure mit Salzsäure erhitzte. Nachdem nunmehr das Tropin (s. S. 54) und die Atropasäure synthetisch zugänglich sind, ist in der Neuzeit die vollständige Synthese des Apoatropins möglich geworden.

Das **Hydrochlorid des Apoatropins** $C_{17}H_{21}NO_2 \cdot HCl$ krystallisiert in Blättchen, die bei 237—239° schmelzen. — Das **Hydrobromid** $C_{17}H_{21}NO_2 \cdot HBr$ schmilzt bei 230—231°. — Das **Goldsalz** $(C_{17}H_{21}NO_2 \cdot HCl)AuCl_3$ bildet Nadeln, die bei 110—112° schmelzen. —. Das **Platinsalz** $(C_{17}H_{21}NO_2 \cdot HCl)_2PtCl_4$ krystallisiert in Schüppchen vom Schmelzp. 212—214°

Belladonnin.[5])

Dasselbe ist wahrscheinlich ein Stereoisomeres des Atropamins. Es findet sich in sehr geringer Menge in der Tollkirsche (0,01—0,04%) und entsteht, wie oben erwähnt, aus seinem Isomeren, dem Atropamin, durch Erhitzen sowie durch Einwirkung von Säuren oder Ätzbaryt. Man kann auch direkt vom Atropin zum Belladonnin gelangen, nämlich durch Erhitzen des Atropins auf 130° oder durch Auflösen desselben in konz. Schwefelsäure und kurzes Stehen der Lösung.

Bei der Hydrolyse liefert es schließlich dieselben Verbindungen wie das Atropamin, also Atropasäure und Tropin.

Das Belladonnin bildet eine unkrystallisierbare, firnisartige Masse, deren Einheitlichkeit von verschiedenen Forschern noch in Zweifel gezogen wird. Es löst sich leicht in Alkohol, Äther, Chloroform und Benzol, wenig in Wasser.

Das **Platinsalz** desselben $(C_{17}H_{21}NO_2 \cdot HCl)_2PtCl_4$ wird von Hesse als ein amorpher, weißgelber Niederschlag beschrieben, der entwässert bei 229° schmilzt. Das Goldsalz ist ein gelber, pulveriger Niederschlag, welcher etwas über 120° schmilzt.

Bellatropin $C_8H_{15}NO$ ist nach O. Hesse[6]) die primäre Spaltbase des Belladonnins. Es bildet sich durch längeres Erhitzen von Apoatropin mit rauchender Salzsäure auf 140°, wobei das Apoatropin zunächst in Belladonnin übergeht. Dieses Resultat scheint im Widerspruch zu stehen mit dem von Merling erhaltenen, wonach bei der Spaltung des Belladonnins Tropin entsteht. Der Widerspruch ist vielleicht damit zu erklären, daß Bellatropin ein Stereoisomeres des Tropins darstellt und beim anhaltenden Kochen mit Barytlösung in dieses übergeht. Indessen sind diese Verhältnisse noch nicht so weit geklärt, daß ein endgültiges Urteil darüber gefällt werden könnte. Das Bellatropin krystallisiert in Prismen, sein **Platinsalz** $(C_8H_{15}NO \cdot HCl)_2 \cdot PtCl_4$ bildet lange, goldglänzende Nadeln, die bei 212° schmelzen. Das Goldsalz stellt kleine, bei 163° schmelzende Prismen dar.

---

[1]) Pesci, Gazzetta chimica ital. **11**, 538 [1881]; **12**, 60 [1882].
[2]) Hesse, Annalen d. Chemie **277**, 290 [1893].
[3]) Hesse, Annalen d. Chemie **261**, 87 [1891].
[4]) Ladenburg, Annalen d. Chemie **217**, 290.
[5]) Hesse, Annalen d. Chemie **271**, 123 [1892]; **277**, 295 [1893].
[6]) Hesse, Annalen d. Chemie **277**, 297 [1893].

Hyoscin und Scopolamin.

Die beiden Solanaceenalkaloide Hyoscin und Scopolamin haben die Formel $C_{17}H_{21}NO_4$, ihre Konstitution ist noch nicht vollständig aufgeklärt. Beide sind optisch isomer, das Hyoscin läßt sich in Scopolamin überführen. Letzteres liefert bei der Hydrolyse Tropasäure und Scopolin, ist also Tropasäure-scopolinester. Das Scopolin $C_8H_{13}NO_2$ zeigt große Ähnlichkeit mit dem Tropin $C_8H_{15}NO$ (s. S. 53). Der wesentliche Unterschied beider besteht in dem Ersatz zweier Wasserstoffatome des Tropins gegen ein Sauerstoffatom im Scopolin. Dasselbe ist nicht in Form von Wasser abspaltbar und befindet sich wahrscheinlich in ätherartiger Bindung.

Man wird also nicht fehl gehen in der Annahme, daß Skopolin dem Tropin ähnlich konstituiert ist und wie dieses einen Pyrrolidinring enthält.

Physiologische Eigenschaften: Die physiologische Wirkung des Hyoscins und Scopolamins ist beruhigend, ohne schädliche Nebenreaktionen, wie beim Atropin; auch die mydriatische Wirkung übertrifft die des Atropins um das Mehrfache. Das Scopolamin ist dem Hyoscin vorzuziehen.

Die von Kircher[1]) und Feldhaus [2]) ausgeführte Untersuchung über den Alkaloidgehalt einiger Daturaarten hat als wichtigstes Ergebnis die Erkenntnis geliefert, daß Datura Metel eine typische Scopolaminpflanze ist. Sie enthält in ihren krautigen Teilen als Hauptalkaloid reines l-Scopolamin. E. Schmidt[3]) w ist besonders auf die praktische Bedeutung hin, welche demzufolge Datura Metel hat, da nach den Untersuchungen von R. Kobert reines l-Scopolamin den Augenärzten dringend zur Benutzung empfohlen wird.

Wirkung optisch isomerer Hyoscine:[4]) Das linksdrehende Hyoscin wirkt zweimal stärker als die racemische Base auf die Endigungen der sekretorischen Nervenfasern der Speicheldrüsen und die hemmenden Herznerven. Auf das zentrale Nervensystem des Menschen und der Säugetiere wirken die linksdrehende und die racemische Base gleich ein. Dasselbe ist der Fall bei den motorischen Nerven des Frosches.

Meteloidin.[5])

Mol.-Gewicht 255,17.

Zusammensetzung: 61,13% C, 8,30% H, 5,49% N.

$C_{13}H_{21}O_4N$.

Vorkommen: Bei der chemischen Untersuchung von Datura Meteloides wurde bei einem Gesamtgehalt an Alkaloiden von 0,4% neben Hyoscin und Atropin das Meteloidin in 0,07% Ausbeute isoliert.

Darstellung: Zur Isolierung des Alkaloids perkoliert man die zerkleinerte Droge mit 95 proz. Alkohol, konzentriert den Extrakt zu einer halbfesten Masse und entzieht dieser die Alkaloide durch Verrühren mit 1 proz. wässeriger Salzsäure; die erhaltene wässerige Lösung versetzt man mit Ammoniak, schüttelt sie mit Chloroform aus und extrahiert die chloroformische Lösung, fraktioniert mit verdünntem, wässerigem Bromwasserstoff. Aus dem ersten Auszug krystallisiert nach dem Einengen das Hydrobromid des Alkaloids, das man mit Natriumcarbonat zersetzt.

Physikalische und chemische Eigenschaften und Derivate: Meteloidin $C_{13}H_{21}O_4N$ = $CH_3 \cdot CH : C(CH_3) \cdot CO_2 \cdot C_8H_{14}O_2N$. Bildet breite Nadeln aus Benzol. Schmelzp. 141 bis 142° (korr.). Leicht löslich in Alkohol, Aceton, Chloroform, schwer löslich in Wasser, Äther, Essigester, Benzol. — **Hydrobromid** $C_{13}H_{21}O_4N \cdot HBr + 2 H_2O$. Nadeln aus Wasser. Schmilzt wasserfrei bei 250° (korr.) unter Färbung. Leicht löslich in Alkohol, Wasser; optisch inaktiv. — **Chloroaurat** $C_{13}H_{21}O_4N \cdot HAuCl_4 + \frac{1}{2} H_2O$. Gelbe Nadeln aus verdünntem Alkohol. Schmelzp. 149—150°. Schwer löslich in Wasser, leicht löslich in Alkohol. — **Pikrat.** Gelbe, hexagonale Tafeln aus Alkohol. Schmelzp. 177—180°. Wenig löslich in Wasser oder Alkohol. Meteloidin wird durch Hydrolyse in Tiglinsäure und Teloidin gespalten.

---

[1]) A. Kircher, Archiv d. Pharmazie **243**, 309 [1905].
[2]) J. Feldhaus, Archiv d. Pharmazie **243**, 328 [1905].
[3]) E. Schmidt, Archiv d. Pharmazie **243**, 303 [1905].
[4]) E. Schmidt, Apoth.-Ztg. **20**, 669 [1905]; Archiv d. Pharmazie **243**, 559 [1906].
[5]) F. L. Pyman u. W. C. Reynolds, Proc. Chem. Soc. **24**, 234 [1908]; Journ. Chem. Soc. **93**, 2077 [1908].

Alkaloide der Cocablätter.

Die Blätter von Erythroxylon Coca enthalten eine größere Anzahl von Alkaloiden. Es sind außer den bereits behandelten Hygrinen (s. S. 44) die folgenden:

$$\begin{array}{ll}
\text{Cocain} & C_{17}H_{21}NO_4 \\
\text{Cinnamylcocain} & C_{19}H_{23}NO_4 \\
\alpha\text{-Truxillin} & (C_{19}H_{23}NO_4)_2 \\
\beta\text{-Truxillin} & (C_{19}H_{23}NO_4)_2 \\
\text{Benzoylekgonin} & C_{16}H_{19}NO_4 \text{ (s. S. 70)} \\
\text{Tropacocain} & C_{15}H_{19}NO_2.
\end{array}$$

Alle diese Alkaloide sind Tropanderivate. Sie liefern mit Ausnahme von Tropacocain alle ein und dasselbe basische Spaltungsprodukt, nämlich Ekgonin, und stehen, wie schon mehrmals erwähnt, in naher Beziehung zu den Solanaceenalkaloiden. (Man vgl. die Überführung von Cocain in Atropin S. 75.)

Die Ausführungen über Ekgonine (s. S. 68 ff.) werden bei der nachfolgenden Behandlung der Cocaalkaloide als bekannt vorausgesetzt, und es sei deshalb auf diese Ausführungen noch einmal besonders verwiesen.

Von allen Cocaalkaloiden besitzt nur das l-Cocain therapeutischen Wert, die anderen sind ohne besondere physiologische Wirkung. Doch kann man diese unwirksamen Nebenalkaloide, da sich aus ihnen nach Liebermann l-Ekgonin gewinnen läßt, jetzt auch nutzbar machen.

Cocaine, Benzoylekgoninmethylester.

Mol.-Gewicht 303,18.

Zusammensetzung: 67,29% C, 6,98% H, 4,62% N.

$$C_{17}H_{21}NO_4 .$$

$$\begin{array}{c}
H_2C-CH\!\!-\!\!-\!\!-\!\!CH \cdot COOCH_3 \\
|\qquad\quad N \cdot CH_3 \quad |\\
|\qquad\qquad\qquad\; CH \cdot O \cdot COC_6H_5 \\
H_2C-CH\!\!-\!\!-\!\!-\!\!CH_2
\end{array}$$

Entsprechend den verschiedenen stereoisomeren Ekgoninen (s. S. 68) existieren auch drei stereoisomere Cocaine, nämlich l-Cocain, d-Cocain (d-ψ-Cocain) und r-Cocain; dazu kommt noch das vom α-Ekgonin (s. S. 71) sich ableitende strukturisomere α-Cocain.

Unter diesen stellt das l-Cocain das wertvollste und wichtigste dar. Es ist ein geschätztes lokales Anästhetikum[1]) und wird wegen der kurzen Dauer seiner Wirkungen namentlich in der Therapie der Augenkrankheiten und in der zahnärztlichen Praxis angewandt. Zu länger andauernder Anästhesie kann es wegen seiner Giftigkeit nicht benutzt werden. Es kommt als Hydrochlorid zur Verwendung.

Vorkommen, wichtige Spaltungen und Darstellung des l-Cocains: Das l-Cocain wurde im Jahre 1860 von Niemann[2]) aus den peruanischen Cocablättern aus Erythroxylon coca isoliert.

Schon durch Kochen mit Wasser wird es in Methylalkohol und Benzoylekgonin gespalten[3]).

$$\underset{\text{Cocain}}{C_{17}H_{21}NO_4} + H_2O = \underset{\text{Benzoylekgonin}}{C_{16}H_{19}NO_4} + CH_3OH$$

Bei kräftigerer Hydrolyse durch Mineralsäuren, Barytwasser oder Alkalilaugen entstehen, indem das Benzoylekgonin weiter zerlegt wird, l-Ekgonin, Benzoesäure und Methylalkohol[4]).

$$\underset{\text{Cocain}}{C_{17}H_{21}NO_4} + 2\,H_2O = \underset{\text{Ekgonin}}{C_9H_{15}NO_3} + \underset{\text{Benzoesäure}}{C_7H_6O_2} + \underset{\text{Methylalkohol}}{CH_3OH}$$

---

[1]) Über die Studien von A. Einhorn betreffend den Zusammenhang zwischen Konstitution und physiologischer Wirkung organischer Verbindungen, welche sich enge an die langjährigen Arbeiten Einhorns über das Cocain anschließen, vgl. man Annalen d. Chemie **311**, 26, 154 [1900] und spätere Ausführungen im vorliegenden Buche.

[2]) Niemann, Annalen d. Chemie **114**, 218 [1860].

[3]) Paul, Pharmac. Journ. **3**, 325. — A. Einhorn, Berichte d. Deutsch. chem. Gesellschaft **21**, 47 [1888].

[4]) Lossen, Annalen d. Chemie **133**, 351. — Calmels u. Gossin, Compt. rend. de l'Acad. des Sc. **132**, 971.

Aus diesen Spaltungen konnte geschlossen werden, daß das Cocain Benzoylekgoninmethylester ist, und es lag der Gedanke nahe, es aus dem Ekgonin darzustellen.

Die so angeregte partielle Synthese des l-Cocains wurde zuerst von Merck[1]) ausgeführt durch Erhitzen von l-Ekgonin mit Benzoesäureanhydrid und Jodmethyl.

$$C_8H_{13}N\begin{Bmatrix}COOH\\OH\end{Bmatrix} + (C_6H_5CO)_2O + CH_3J = C_8H_{13}N\begin{Bmatrix}COOCH_3\\O \cdot COC_6H_5\end{Bmatrix} + HJ + C_6H_5 \cdot COOH$$
Ekgonin Cocain

Auch nach anderen Methoden der Esterifizierung läßt sich die Überführung von Ekgonin in Cocain bewerkstelligen[2]). Nach Liebermann[3]) verläuft dieselbe in guter Ausbeute, wenn man l-Ekgonin durch Einwirkung von Benzoesäureanhydrid in konz. wässeriger Lösung zunächst in l-Benzoylekgonin überführt und letzteres mit Methylalkohol[4]) und Salzsäure oder Schwefelsäure methyliert. Dieses Verfahren gewinnt erhöhte Bedeutung dadurch, weil so das aus den medizinisch unbrauchbaren Cocanebenalkaloiden darzustellende l-Ekgonin (s. S. 70) nutzbar gemacht und in l-Cocain übergeführt werden kann. So gewinnt man eine größere Menge von reinem l-Cocain, als überhaupt ursprünglich in der Pflanze gebildet war.

Die Isolierung des l-Cocains aus den Cocablättern geschieht mit Hilfe von hochsiedendem Petroleumäther nach der Methode von Bignon. Die gepulverten Cocablätter werden unter mäßigem Erwärmen und beständigem Schütteln mit einem Gemisch von verdünnter Sodalösung und Petroleumäther (Siedep. 200—250°) behandelt, wobei der letztere die abgeschiedenen Basen aufnimmt. Die Masse wird alsdann abgepreßt und die geklärten Flüssigkeitsschichten werden getrennt. Man neutralisiert die Petroleumätherlösung mit verdünnter Salzsäure und erhält so das rohe Cocainchlorhydrat in Form eines weißen Niederschlages, der abgepreßt und getrocknet wird. Die letzten gelöst bleibenden Anteile der Base gewinnt man durch Verdampfen der wässerigen Flüssigkeit.

Die Isolierung der Rohbase aus der Droge wird an Ort und Stelle ausgeführt, und das Chlorhydrat der Rohbase gelangt aus Amerika in die europäischen Fabriken, in denen die weitere Verarbeitung auf reine Base resp. deren Salze vorgenommen wird. In den besten Qualitäten der Rohbase finden sich bis zu 94% reines l-Cocain, in den minderwertigen nur ca. 78—79%. Die Rohbase enthält Rechtscocain, Benzoylekgonin, Cinnamylcocain, Hygrin, Truxilline und noch unbekannte Säurederivate des Ekgoninesters.

Die **physikalischen und chemischen Eigenschaften und Derivate** der isomeren Cocaine sind aus der nachfolgenden Tabelle ersichtlich. Der Zusammenstellung sei noch folgendes vorausgeschickt.

d-Cocain (d-ψ-Cocain s. S. 70), welches, wie erwähnt, das gewöhnliche l-Cocain begleitet und in den bei dessen Darstellung abfallenden Nebenprodukten zu finden ist, kann in analoger Weise wie das l-Cocain aus dem auf S. 70 beschriebenen d-Ekgonin durch Esterifizierung mit Methylalkohol und darauffolgende Benzoylierung erhalten werden.

Durch Esterifizierung des d-Ekgonins mit anderen Alkoholen stellten Einhorn und Marquardt verschiedene andere Ekgoninester dar, und aus denselben durch Benzoylierung die entsprechenden homologen d-Cocaine. Mit Ausnahme des **Benzoyl-d-ekgoninäthylesters** $C_8H_{13}(O \cdot C_7H_5O)(CO_2 \cdot C_2H_5)N$, welcher bei 57° schmilzt, sind alle diese Körper Öle, die nicht krystallisiert erhalten werden konnten.

r-Cocain ist auf vollkommen synthetischem Wege von R. Willstätter[5]) hergestellt worden, und ich verweise bezüglich dieser Synthese auf die Ausführungen über die Synthese des r-Ekgonins auf S. 71 dieses Buches. Der Methylester des r-Ekgonins läßt sich glatt benzoylieren und so in r-Cocain überführen. Die Spaltung desselben in optische Antipoden ist bisher nicht gelungen. In Wasser ist das synthetische Cocain so gut wie unlöslich, in absolutem Alkohol und Äther auch in der Kälte leicht löslich. Es besitzt bitteren Geschmack.

---

[1]) E. Merck, Berichte d. Deutsch. chem. Gesellschaft **18**, 2264, 2952 [1885].

[2]) A. Einhorn, Berichte d. Deutsch. chem. Gesellschaft **21**, 47, 3335 [1888]; **22**, Ref. 619 [1889]; **27**, 1523, 2960, Ref. 953 [1894].

[3]) C. Liebermann, Berichte d. Deutsch. chem. Gesellschaft **21**, 3196 [1888]; **27**, 2051 [1894].

[4]) Unter Anwendung anderer Alkohole an Stelle von Methylalkohol entstehen die entsprechenden Ester des l-Benzoylekgonins, also Homologe des Cocains. Diese Verbindungen besitzen fast dieselben physiologischen Eigenschaften wie das l-Cocain. Sie weisen in therapeutischer Beziehung keine besonderen Vorteile gegen das natürliche Alkaloid auf. Der von Merck zuerst erhaltene l-Benzoylekgoninäthylester, das Cocäthylin, bildet Prismen vom Schmelzp. 190°. Es ist wahrscheinlich identisch mit dem Methylcocain von Günther.

[5]) R. Willstätter, Annalen d. Chemie **326**, 42 [1903].

und ruft auf der Zunge genau wie das gewöhnliche Alkaloid ein intensives pelziges Gefühl hervor. Es bewirkt ausgesprochene Anästhesie und besitzt (wie gewöhnliches Cocain) bei subcutaner Einverleibung toxische Eigenschaften.

α-Cocain ist mit den vorstehend beschriebenen Cocainen strukturisomer, indem es im Gegensatz zu diesen die Carboxymethyl- und Benzoylhydroxylgruppe am nämlichen Kohlenstoffatom 3 des Tropankernes gebunden enthält. Es leitet sich ab vom α-Ekgonin (s. S. 71) und wurde von Willstätter[1]) aus diesem durch Esterifizierung und Benzoylierung mit Hilfe der Methoden, welche zum Aufbau des l-Cocains aus seinen Spaltungsprodukten gedient haben, erhalten. Die anästhesierende Wirkung des l-Cocains fehlt diesem Isomeren völlig.

Die isomeren Cocaine und ihre wichtigsten Derivate.

	l-Cocain	d-Cocain	r-Cocain	α-Cocain
Freies Cocain	Schmelzp. 98°. Monoklin, hemimorph, 4- und 6-seitige Prismen	Schmelzp. 43—45° (bzw. 46—47°). Strahlige, prismatische Krystalle	Schmelzp. 80°. Monoklin, sphenöidisch, 6 seitige Blättchen	Schmelzp. 87—88°. 4- und 6 seitige Prismen mit rhombenförmigen Endflächen
Chlorhydrat	Schmelzp. 186°. Kurze, gerade, abgestumpfte Prismen oder breite Tafeln	Schmelzp. 205°. Nadeln und Säulen und langgezogene Blätter	Schmelzp. 205°. Rhombenförmige und 6 seitige Blättchen	Schmelzp. 180°(unter Zersetzung). Feine Nadeln und Prismen
Nitrat	Leicht löslich	Bei 20° in 66,7 T. Wasser löslich	Bei 20,5° in 37,7 T. Wasser löslich	—
Pikrat	—	—	—	Schmelzp. 195°. Goldgelbe, glänzende Säulen
Chloraurat	Schmelzp. 198°	Schmelzp. 149°. Nadeln	Schmelzp. 165°. Unscharfe Blätter mit 2 Mol. H_2O, wasserfrei in Nadeln	Schmelzp. 222°(unter Zersetzung). Glänzende dünne Blätter
Chloroplatinat	—	—	—	Schmelzp. 220°(unter Zersetzung). Feine Nadeln
Quecksilberdoppelsalz	Schmelzp. 122,5 bis 123°	—	—	—

Additionsprodukt von Cocain und Bromacetonitril:[2]) Cocain und Bromacetonitril liefern ein in Alkohol gleichfalls schwer lösliches Additionsprodukt $(C_{17}H_{21}NO_4 \cdot CH_2 \cdot CN)Br$, welches bei 169° unter Aufschäumen schmilzt. Physiologisch übt die Verbindung im wesentlichen nur Curarewirkung aus.

Cinnamylcocaine; Cinnamylekgoninmethylester.

Mol.-Gewicht 329,19.
Zusammensetzung: 69,26% C, 7,04% H, 4,26% N.

$$C_{19}H_{23}NO_4.$$

$$\begin{array}{c} H_2C-CH\!=\!=\!=\!CH \cdot COOCH_3 \\ |\quad\quad N \cdot CH_3\;\; CH \cdot O \cdot CO \cdot CH\!:\!CH \cdot C_6H_5 \\ H_2C-CH\!-\!\!-\!\!CH_2 \end{array}$$

---

[1]) R. Willstätter, Berichte d. Deutsch. chem. Gesellschaft **29**, 2216 [1896].
[2]) J. v. Braun, Berichte d. Deutsch. chem. Gesellschaft **41**, 2122 [1908].

Das l-Cinnamylcocain findet sich fast in allen Cocavarietäten, besonders in der von Java. Es wurde von Giesel[1]) im Rohcocain nachgewiesen, von Liebermann[2]) untersucht und aus dem l-Ekgonin dargestellt durch Einwirkung von Zimtsäureanhydrid und darauffolgende Esterifizierung des Cinnamylderivates mit Methylalkohol und Salzsäure. Es krystallisiert aus der heißen Benzol-Ligroinlösung in Nadeln, die bei 121° schmelzen. In Chloroformlösung zeigt es bei p = 10, t = 15, $[\alpha]_D = -4,7°$. — Das **Chlorhydrat** krystallisiert aus Wasser in glasglänzenden, langen Blättern, die 2 Mol. Krystallwasser enthalten und entwässert bei 176° schmelzen. Das **Platinsalz** schmilzt bei 217°.

Das **d-Cinnamylcocain** wurde von Einhorn und Deckers[3]) durch Erhitzen von d-Ekgoninmethylester (s. S. 70) mit Cinnamylchlorid auf 150—160° erhalten. Es bildet Prismen vom Schmelzp. 68°. — Sein **Chlorhydrat** krystallisiert aus heißem Wasser in Nadeln und schmilzt bei 186—188°. Sein **Platinsalz** schmilzt bei 208—210°.

Das **Allocinnamylcocain** wurde von Liebermann[4]) als Öl erhalten durch Erhitzen von Ekgonin mit Allozimtsäureanhydrid und Esterifizierung des gebildeten Allocinnamylekgonins mit Methylalkohol und Salzsäure.

Tropacocain, Benzoyl-ψ-tropein.

Mol.-Gewicht 245,16.
Zusammensetzung: 73,42% C, 7,81% H, 5,71% N.

$$C_{15}H_{19}NO_2.$$

$$\begin{array}{c} H_2C-CH-CH_2 \\ | \quad\quad\quad | \\ N\cdot CH_3 \quad CH\cdot O\cdot COC_6H_5 \\ | \quad\quad\quad | \\ H_2C-CH-CH_2 \end{array}$$

Darstellung und physikalische und chemische Eigenschaften: Das Tropacocain, welches 1891 von Giesel[5]) in einer auf Java kultivierten Cocapflanze aufgefunden und dann von Liebermann[6]) näher untersucht wurde, ist der Ester von dem im vorhergehenden (s. S. 57) ausführlich behandelten ψ-Tropin mit Benzoesäure. Es geht dies daraus hervor, daß es beim Erhitzen mit Salzsäure in ψ-Tropin und Benzoesäure gespalten wird. Da es sich nach Liebermann aus diesen Bestandteilen leicht zusammensetzen läßt, so ist es auf vollständig synthetischem Wege zugänglich. Auch folgt aus den Arbeiten von Willstätter über die Umwandlung von ψ-Tropin in Tropin, daß sich das Tropacocain in Atropin überführen läßt. Das bestätigt die schon früher durch andere Tatsachen ermittelten nahen Beziehungen der Solanaceen zu den Cocaalkaloiden.

Das Tropacocain krystallisiert aus Äther in Tafeln, schmilzt bei 49° und ist optisch inaktiv.

Physiologische Eigenschaften: Das Tropacocain wirkt bei geringerer Giftigkeit wie Cocain und völligem Fehlen von Mydriasis stärker anästhesierend wie Cocain[7]).

Derivate: Das **Hydrochlorid** $C_{15}H_{19}NO_2 \cdot HCl$ bildet weiße, in Wasser leicht lösliche Nadeln oder rhombische Krystalle, die bei 271° schmelzen. Das **Hydrobromid** $C_{15}H_{19}NO_2 \cdot HBr$, welches in langgestreckten Blättern krystallisiert, ist in Wasser schwer löslich und kann zur Isolierung der Base dienen. Das **Goldsalz** $(C_{15}H_{19}NO_2 \cdot HCl) \cdot AuCl_3$ schmilzt bei 208°.

ψ-Tropeine.

Wie Tropin bildet auch das ψ-Tropin außer mit Benzoesäure mit verschiedenen anderen Säuren Ester, die **ψ-Tropeine**. Sie entstehen beim Erhitzen des ψ-Tropins mit Säureanhydriden oder auch mit den Säuren selber in Gegenwart von Salzsäure[8]). Die Pseudotropeine der Mandel-

---

[1]) Giesel, Berichte d. Deutsch. chem. Gesellschaft **22**, 2661 [1889].
[2]) C. Liebermann, Berichte d. Deutsch. chem. Gesellschaft **21**, 3373 [1888].
[3]) A. Einhorn u. Deckers, Berichte d. Deutsch. chem. Gesellschaft **24**, 7 [1891].
[4]) C. Liebermann, Berichte d. Deutsch. chem. Gesellschaft **27**, 2046 [1894].
[5]) Giesel, Pharmaz. Ztg. **1891**, 419.
[6]) C. Liebermann, Berichte d. Deutsch. chem. Gesellschaft **24**, 374, 2336, 2587 [1891]; **25**, 927 [1892].
[7]) Chadbourne, Brit. med. Journ. **1892**, 402.
[8]) C. Liebermann u. Limpach, Berichte d. Deutsch. chem. Gesellschaft **25**, 927 [1892].

und Tropasäure haben im Gegensatz zu den entsprechenden Tropeinen (s. S. 83) keine mydriatischen Eigenschaften.

Mandelsäure-ψ-tropein[1]) oder **ψ-Homatropin** bildet ein zähes Öl, von dem keine krystallisierten Salze erhalten werden konnten.

Tropasäure-ψ-tropein[1]) oder **Tropyl-ψ-tropein**, Krystalle vom Schmelzp. 86—88°, reizt die Schleimhäute des Auges, ohne Pupillenerweiterung hervorzurufen, ist aber wie das isomere Atropin ein Herzgift. Sein **Chlorhydrat**, gelbe Krystallnadeln, schmilzt bei 135°.

Über den Zusammenhang zwischen Konstitution und physiologischen Eigenschaften in der Cocaingruppe:[2]) Wie sich aus den vorstehenden Ausführungen ergibt, stehen sich Atropin und Cocain chemisch recht nahe, da sie beide Abkömmlinge des basischen Alkohols Tropin sind.

Mit dieser chemischen Ähnlichkeit geht Hand in Hand eine solche in der physiologischen Wirkung. Beide Alkaloide wirken gleichmäßig auf das zentrale Nervensystem, erst erregend, dann lähmend. Ferner zeigen beide eine von vornherein lähmende Wirkung auf die Endigungen gewisser peripherer Nerven. Allerdings macht sich hier ein wesentlicher Unterschied bemerkbar. Während das Cocain diese Wirkung auf die Enden der sensiblen Nerven ausübt (lokale Anästhesie), gehören zum Wirkungsbereiche des Atropins alle diejenigen Organgebiete, auf welche Muscarin erregend wirkt: die Hemmungsvorrichtungen des Herzens, alle eigentlichen Drüsen, die motorischen Elemente in den Organen mit glatten Muskelfasern (Darm), besonders aber die Adaptations- und Akkommodationsorgane des Auges; die Pupille wird, wie wir bereits beim Atropin dargelegt haben, durch Lähmung der Endapparate des Nervus oculomotorius erweitert (Mydriasis) und die Möglichkeit des Akkommodierens für die Nähe ausgeschaltet. Diese Wirkung des Atropins ist, ebenso wie die des Cocains auf die sensiblen Nervenenden, eine lokale.

Von sonstigen Wirkungen des Cocains sind noch anzuführen: Erzeugung von Blutleere auf Schleimhäuten und eine schaumige Degeneration der Leber[3]), starke Temperaturerhöhung[4]) und die Eigenschaft, wegen derer die Coca in ihrem Heimatlande benutzt wird, die Steigerung der Arbeitsleistungsfähigkeit[5]).

Auch Atropin zeigt, allerdings nur schwache, Einwirkung auf die sensiblen Nervenenden[6]), und Cocain bewirkt am Auge eine zwar nicht sehr starke, aber langdauernde Mydriasis.

Bei den optischen Komponenten des Atropins, dem d- und l-Hyoscyamin, zeigt sich ein Einfluß der sterischen Anordnung derart, daß diese beiden Formen, jede selektiv bevorzugt von gewissen Organen, die Gesamtwirkung des racemischen Isomeren zu bedingen scheinen. Für die Pupillenwirkung erwies sich l-Hyoscyamin fast doppelt so stark wie Atropin und 12—18 mal so stark wie d-Hyoscyamin.

Überführung des Atropins in Alkylatropiniumsalze (Eumydrin) bedingt unter Erhaltung einer zwar schneller vorübergehenden, aber annähernd gleich starken mydriatischen Wirkung eine Verringerung der sonstigen Giftwirkungen, ist also für die therapeutische Verwendung von Vorteil.

Die Wirkung des Atropins bleibt im wesentlichen bestehen, wenn das alkoholische Hydroxyl des Tropasäurerestes durch Chlor ersetzt ist; die gleiche Substitution durch Brom beeinträchtigt die Wirkung schon in höherem Grade.

Interessante hierher gehörige Untersuchungen hat A. Einhorn[7]) im Anschluß an seine langjährigen Arbeiten über das Cocain durchgeführt.

Einhorn verfolgte das Ziel, festzustellen, welcher Atomkomplex des komplizierten Cocainmoleküls der Träger der anästhesierenden Wirkung des Alkaloids ist. Demzufolge war es notwendig, die physiologische Wirkung der zahlreichen Abbauprodukte und der synthetischen Verbindungen der Cocainreihe kennen zu lernen.

Darauf hinzielende Untersuchungen sind von Poulsson[8]), Einhorn und Ehrlich[9]),

---

[1]) C. Liebermann u. Limpach, Berichte d. Deutsch. chem. Gesellschaft **25**, 927 [1892].
[2]) L. Spiegel, Chemische Konstitution und physiologische Wirkung. Stuttgart 1909, S. 62. — Fourneau, Chem.-Ztg. **1909**, 614.
[3]) Ehrlich, Deutsche med. Wochenschr. **17**, 717 [1891].
[4]) Reichert, Centralbl. med. Wissensch. **1889**, 444.
[5]) Mosso, Archiv f. d. ges. Physiol. **47**, 553 [1890].
[6]) Filehne, Berl. klin. Wochenschr. **24**, 107 [1887].
[7]) A. Einhorn, Annalen d. Chemie **311**, 26, 154 [1900].
[8]) Poulsson, Archiv f. experim. Pathol. u. Pharmakol. **27**, 301 [1891].
[9]) A. Einhorn u. Ehrlich, Berichte d. Deutsch. chem. Gesellschaft **27**, 1870 [1894].

Stockmann[1]), Filehne[2]), Falk[3]), Liebreich[4]) durchgeführt worden. Die Ergebnisse dieser interessanten Arbeiten, von denen hier keine erschöpfende Übersicht gegeben werden soll, wiesen dann die Wege für die synthetischen Versuche.

Keines der Spaltungsprodukte des Cocains, weder Benzoylekgonin

$$\begin{array}{c} CH_2-CH-\!\!\!-\!\!\!-CH-COOH \\ |\quad\quad |\quad\quad\quad | \\ N\cdot CH_3\; CH\cdot O\cdot COC_6H_5 \\ |\quad\quad |\quad\quad\quad | \\ CH_2-CH-\!\!\!-\!\!\!-CH_2 \end{array}$$

noch Ekgoninester

$$\begin{array}{c} CH_2-CH-\!\!\!-\!\!\!-CH\cdot COO\cdot R \\ |\quad\quad |\quad\quad\quad | \\ N\cdot CH_3\; CH\cdot OH \\ |\quad\quad |\quad\quad\quad | \\ CH_2-CH-\!\!\!-\!\!\!-CH_2 \end{array}$$

oder Ekgonin vermögen Anästhesie zu erzeugen, eine Eigenschaft, welche dem gleichzeitig benzoylierten und methylierten Ekgonin, dem Cocain

$$\begin{array}{c} CH_2-CH-\!\!\!-\!\!\!-CH\cdot COOCH_3 \\ |\quad\quad |\quad\quad\quad | \\ N\cdot CH_3\; CH\cdot O\cdot COC_6H_5 \\ |\quad\quad |\quad\quad\quad | \\ CH_2-CH-\!\!\!-\!\!\!-CH_2 \end{array}$$

in so hohem Grade eigen ist.

Ersetzt man im Cocain das am Carboxyl haftende Methyl durch andere Alkyle, so bleibt den homologen Alkaloiden die anästhesierende Wirkung erhalten, was auch bei den Alkaloiden der Fall ist, welche statt des Methyls am Stickstoff ein Wasserstoffatom (Norcocain) oder andere Alkyle tragen. Tauscht man jedoch das Benzoyl des Cocains gegen andere Acyle aus, so bleibt je nach der Natur des Acyls die anästhesierende Kraft erhalten, oder sie erlischt vollständig.

Zu den Säureradikalen, welche hierbei zur Bildung anästhesierender Alkaloide Veranlassung geben, gehört außer dem Benzoyl das Phenacetyl und andere aromatische Säureradikale, während im Gegensatz zu diesen Acetyl, Valeryl usw. und auch eine große Reihe aromatischer Acyle zur Bildung unwirksamer Cocaine Veranlassung geben.

Aus diesen Untersuchungen ließ sich folgern, daß das Ekgonin sowohl am OH acyliert als am COOH alkyliert sein muß, wenn aus demselben anästhesierende Substanzen entstehen sollen und daß es für diese Zwecke gleichgültig ist, ob das am Stickstoff haftende Methyl durch Wasserstoff oder durch andere Alkyle ersetzt ist. Von wesentlicher Bedeutung für das Zustandekommen der Anästhesie erscheint jedoch die Natur des in einem Alkaloid der Cocainreihe enthaltenen Säureradikals.

Merling hat nun die Frage aufgeworfen, ob der im Cocain angenommene Doppelring zur Gewinnung einer Cocain ähnlich wirkenden Verbindung durchaus erforderlich ist und ob nicht etwa der aus dem Alkaloid herausgeschälte Piperidinring und die anhaftenden Atomgruppen, also der N-Methylbenzoyloxypiperidincarbonsäuremethylester Träger der anästhesierenden Wirkung sei.

Von diesem Gesichtspunkte aus hat derselbe den N-Methylbenzoyloxytetramethylpiperidincarbonsäuremethylester folgender Konstitution

$$\begin{array}{c} C{<}^{O\cdot COC_6H_5}_{COOCH_3} \\ H_2C\quad\quad CH_2 \\ CH_3{\diagdown}\quad\quad {\diagup}CH_3 \\ CH_3{\diagup}C\quad\quad C{\diagdown}CH_3 \\ N \\ | \\ CH_3 \end{array}$$

synthetisch dargestellt, der in der Tat vollkommene Anästhesie zu erzeugen vermag. Sein salzsaures Salz ist daher auch unter dem Namen **Eucain A**[5]) als Lokalanästheticum in die medizinische Praxis eingeführt worden.

---

[1]) Stockmann, The Pharmac. Journ. Trans. [3] **16**, 897.
[2]) Filehne, Berl. klin. Wochenschr. **1887**, 107.
[3]) Falk, Berichte d. Deutsch. chem. Gesellschaft **18**, 2955 [1885].
[4]) Liebreich, Therapeut. Monatshefte **2**, 510.
[5]) D. R. P. Nr. 90 245.

Einhorn ging zunächst von der entgegengesetzten Meinung wie Merling aus, daß nämlich der Kohlenstoffring des im Cocain angenommenen dicyclischen Systems in Kombination mit den Nebengruppen vielleicht die analgesierende Wirkung verursachen könnte.

Die Tatsache, daß einer ganzen Reihe aromatischer Verbindungen, z. B. dem Phenol, p-Chlorphenol, der Pikrinsäure, dem Salicylsäuremethylester, dem Phenacetin usw. anästhesierende resp. analgesierende Wirkungen zukommen, führte ihn schließlich dazu, Benzoyl-oxyamidobenzoesäureester

$$C_6H_3 \begin{cases} O \cdot COC_6H_5 \\ COOCH_3 \\ NH_2 \end{cases}$$

darzustellen und ihre salzsauren Salze prüfen zu lassen.

In der Tat ergab sich, daß diese Verbindungen Anästhesie, wenn auch keine vollständige, zu erzeugen vermögen.

Hierdurch war also festgestellt, daß zur Darstellung anästhesierender Verbindungen sowohl Ekgonin als auch die tetramethylierte Oxypiperidincarbonsäure und die Amido-oxybenzoesäuren dienen können, also Oxycarbonsäuren, die den verschiedensten Körperklassen angehören.

Da es nun erforderlich ist, diese an sich unwirksamen Substanzen am OH zu benzoylieren und sie zu verestern, um aus ihnen anästhesierend wirkende Verbindungen darzustellen, so lag der Schluß nahe, daß den Trägern des Benzoyls und Carboxymethyls in bezug auf das Anästhesierungsvermögen nur eine ganz untergeordnete Bedeutung zukommt, daß dieses vielmehr lediglich auf der geeigneten Kombination des Benzoyls mit dem Carboxymethyl beruht.

Das ließ sich leicht an der einfachsten Verbindung, welche diese Gruppen enthält, am Benzoesäureester feststellen, der in der Tat komplette Anästhesie zu erzeugen vermag.

Hierdurch war also die Ursache der Cocainwirkung auf die denkbar einfachsten Verhältnisse zurückgeführt worden und es lag nahe, die Ester der aromatischen Reihe auf ihre Fähigkeit, lokale Anästhesie zu erzeugen, zu prüfen. Dabei hat sich ergeben, daß diese Eigenschaft unter den Estern sehr verbreitet ist.

Sehr viele Ester der aromatischen Säuren, auch solche der zugehörigen ungesättigten und Alkoholsäuren und deren Substitutionsprodukte, ferner die Ester der Chinolincarbonsäuren usw., aber nicht die aliphatischen Ester, besitzen mehr oder minder die Fähigkeit, schmerzstillend zu wirken.

Freilich ist diese Eigenschaft bei den einzelnen Estern in sehr verschiedenem Grade ausgeprägt; manche sind nur eben noch imstande, das Empfindungsvermögen wahrnehmbar herabzusetzen, während andere eine komplette Anästhesie zu erzeugen vermögen. Die meisten dieser Ester besitzen jedoch störende Nebenwirkungen.

In der Hoffnung, unter den aromatischen Oxyamidoestern einen Repräsentanten zu finden, der nach Art des Cocains, in Form des salzsauren Salzes als Lokalanaestheticum verwendbar und zugleich ein Antisepticum wäre, hat dann Einhorn in Gemeinschaft mit Pfyl diese Substanzen einer systematischen Bearbeitung unterworfen.

Dabei hat sich ergeben, daß besonders der p-Amido-m-oxybenzoesäuremethylester und der m-Amido-p-oxybenzoesäuremethylester die Eigenschaft haben, in Kontakt mit freien Nervenendigungen eine außerordentlich lange, selbst bis zu mehreren Tagen anhaltende Anästhesie zu erzeugen und antiseptisch zu wirken.

Demzufolge hat man diese Substanzen, welche von den Farbwerken vormals Meister, Lucius & Brüning in Höchst a. M. fabrikmäßig dargestellt werden, unter dem Namen „**Orthoform**" und „**Orthoform neu**" in die Medizin eingeführt[1]).

$$\begin{array}{c} NH_2 \\ | \\ C \\ HO \cdot C \diagup \diagdown CH \\ HC \diagdown \diagup CH \\ C \\ | \\ COOCH_3 \end{array} \qquad \begin{array}{c} OH \\ | \\ C \\ H_2N \cdot C \diagup \diagdown CH \\ HC \diagdown \diagup CH \\ C \\ | \\ COOCH_3 \end{array}$$

Orthoform   Orthoform, neu

---

[1]) Münch. med. Wochenschr. **34** [1897].

Bei der Applikation auf Wunden und Geschwüre bewirken sie eine von 12 Stunden bis zu mehreren Tagen andauernde Anästhesie. Besonders geeignet haben sie sich erwiesen zur Bekämpfung des Schmerzes bei Verbrennungen und Verätzungen, bei tuberkulösen Larynx-, Krebs- und offenen Magengeschwüren und zur Stillung der durch cariöse Zähne verursachten Schmerzen usw.

Auch der Salicylsäure konnte Einhorn die in der Praxis hauptsächlich geschätzten Eigenschaften des Cocains fast vollständig verleihen. Denn er fand in der Diäthylglykokollverbindung des 5-Amido-2-oxybenzoesäuremethylesters eine Substanz, deren neutral reagierendes salzsaures Salz eine komplette Anästhesie erzeugt, die sogar von längerer Dauer ist als die Empfindungslosigkeit, die man durch Cocain zu bewirken vermag. Auch ist die Substanz, die den Namen „**Nirvanin**" erhalten hat, mehr als zehnmal weniger giftig als Cocain und besitzt antiseptische Eigenschaften.

$$C_6H_3 \begin{cases} NH-CO-CH_2-N(C_2H_5)_2(^5) \\ OH(_2) \\ COOCH_3(^1) \end{cases}$$
Nirvanin

Weitere Untersuchungen haben gelehrt, daß die Hydroxylgruppe für die anästhesierende Wirkung derartiger Verbindungen nicht von ausschlaggebender Bedeutung ist. Deshalb wurde auf den Vorschlag von Ritsert der p-Aminobenzoesäure-äthylester

$$C_6H_4 \begin{cases} NH_2 & [1] \\ COOC_2H_5 & [4] \end{cases}$$

als **Anästhesin**[1]) und **Subkutin**[2]) (p-Phenolsulfosäuresalz) zur Anwendung gebracht. Besser noch wirkt der Propylester, das **Propäsin**[3]).

Da aber allen diesen Verbindungen insbesondere die Tiefenwirkung abgeht, können sie nicht als wirkliche Ersatzmittel des Cocains betrachtet werden.

Mehr trifft das zu für eine Reihe von Verbindungen, welche Fourneau[4]) dargestellt hat und welche als Abkömmlinge von Aminoalkoholen aufzufassen sind. Von ihnen ist vor allem hervorzuheben das **Stovain**, das Chlorhydrat vom Benzoesäureester des Dimethylaminodimethyläthylcarbinols.

$$HCl \cdot (CH_3)_2N \cdot \begin{matrix} H_3C \\ H_2C \end{matrix} \!\!>\!\! \underset{\underset{C_2H_5}{|}}{C} - O \cdot COC_6H_5$$
Stovain

Es wirkt schwächer anästhesierend als das Cocain, ist aber weniger toxisch als dieses und besitzt außerdem antithermische und bactericide Eigenschaften. Fourneau erhielt es durch Benzoylierung des entsprechenden Alkohols, welcher durch Einwirkung von Äthylmagnesiumbromid auf Dimethylaminoaceton entsteht:

$$(CH_3)_2N \cdot \begin{matrix}H_3C \\ H_2C\end{matrix}\!\!>\!\!CO + C_2H_5MgBr \rightarrow (CH_3)_2N \cdot \begin{matrix}H_3C \\ H_2C\end{matrix}\!\!>\!\!C\!\!<\!\!\begin{matrix}OMgBr \\ C_2H_5\end{matrix} \rightarrow (CH_3)_2N \cdot \begin{matrix}H_3C \\ H_2C\end{matrix}\!\!>\!\!C\!\!<\!\!\begin{matrix}OH \\ C_2H_5\end{matrix}$$

Von dem Stovain leitet sich durch Ersatz eines Wasserstoffatoms der zweiten Methyldurch die Dimethylaminogruppe das **Alypin**[5]) ab, welches von den Farbenfabriken vorm. Friedr. Bayer & Co. hergestellt wird. Es unterscheidet sich von dem Stovain, dem es in der Wirkung sehr ähnlich ist, vorteilhaft dadurch, daß seine Salze neutral reagieren.

$$\begin{matrix}(CH_3)_2N \cdot H_2C \\ (CH_3)_2N \cdot H_2C\end{matrix}\!\!>\!\!\underset{\underset{C_2H_5}{|}}{C} - O \cdot COC_6H_5 \qquad C_6H_4\!\!<\!\!\begin{matrix}NH_2 \\ CO \cdot O \cdot CH_2 \cdot CH_2 \cdot N(C_2H_5)_2\end{matrix}$$
Alypin Novocain

Ein weiteres Anaestheticum, das nicht unerwähnt bleiben soll, ist das von den Farbwerken vorm. Meister, Lucius und Brüning in Höchst hergestellte **Novocain**[6]). Es

---

[1]) Ritsert, Pharmaz. Ztg. **47**, 356 [1902].
[2]) Ritsert, Pharmaz. Ztg. **48**, 405 [1903].
[3]) Stürmer u. Lüders, Deutsche med. Wochenschr. **34**, 2310 [1908].
[4]) Fourneau, Compt. rend. de l'Acad. des Sc. **138**, 766 [1904]; Journ. de Pharm. et de Chim. [6] **20**, 481 [1904].
[5]) Impens, Deutsche med. Wochenschr. **31**, 1154 [1905].
[6]) Braun, Deutsche med. Wochenschr. **31**, 1667 [1905].

leitet sich von dem oben angeführten Anästhesin ab durch Eintritt des Diäthylaminrestes für einen Wasserstoff der Äthylgruppe, ist also p-Aminobenzoesäurediäthylaminoäthylester.

Die drei eben genannten Substanzen stehen zwar in der Art und Weise, wie sie anästhesierend wirken, dem Cocain recht nahe und sind noch dazu weniger giftig wie dieses. Aber sie bewirken nicht, wie das Cocain, Verengerung der Blutgefäße, und diese Nebenwirkung des Cocains ist für gewisse Zwecke willkommen. Eine Substanz nun, welche diese Wirkung in hohem Grade aufweist, ist das **Adrenalin**, das wirksame Prinzip der Nebenniere. Es kommt ihm höchstwahrscheinlich die nachfolgende Formel zu[1]):

$$CH_3NH-CH_2-CH \cdot OH$$

$$\underset{OH}{\underset{|}{\bigcirc}}-OH$$

Adrenalin

Es ist gelungen, vom Brenzcatechin ausgehend, synthetisch Verbindungen herzustellen (F. Stolz, l. c.), die qualitativ in ihren physiologischen Eigenschaften dem Adrenalin gleichen. Schmilzt man Brenzcatechin mit Chloressigsäure bei Gegenwart von Phosphoroxychlorid zusammen, so erhält man Chloracetobrenzcatechin $C_6H_3(OH)_2-CO \cdot CH_2Cl$; es liefert mit Methylamin die Verbindung $C_6H_3(OH)_2-CO \cdot CH_2 \cdot NHCH_3$, aus der durch Reduktion der CO-Gruppe zur $CH \cdot OH$-Gruppe eine Substanz von der Zusammensetzung und Wirkung des Adrenalins entsteht. Ein geringer Zusatz von Adrenalin zu den eben behandelten Lokalanaesthetica hat nun einen überraschenden Einfluß. Er verleiht denselben nicht nur die ihnen fehlende Nebenwirkung des Cocains — Verengerung der Blutgefäße — sondern er verstärkt noch, sowohl bei ihnen als auch beim Cocain selbst, die anästhesierende Wirkung und setzt gleichzeitig die Giftigkeit herab[2]). Besondere Bedeutung hat das für ein neues Anwendungsgebiet des Cocains und seiner gleichwertigen Ersatzmittel. Es ist das die sog. Lumbalanästhesie: Injektion der Lösung in das Lendenmark bedingt völlige Empfindungslosigkeit der unteren Körperhälfte, so daß selbst größere Operationen in der Bauchhöhle ohne Allgemeinnarkose ausgeführt werden können.

Auch auf das wegen großer Giftigkeit bisher wenig benutzte **Holocain** von der Formel

$$CH_3 \cdot C \diagup\!\!\!\!\diagdown \begin{matrix} N-C_6H_4 \cdot OC_2H_5 \\ NH-C_6H_4 \cdot OC_2H_5 \end{matrix}$$

soll Zusatz von Adrenalin günstig wirken.

Nach Fourneau muß für praktisch verwendbare Cocainersatzmittel zwischen den beiden Estergruppen eine Kette von wenigstens zwei Kohlenstoffatomen vorhanden sein.

Versuche mit Cocain-Adrenalin und Andolin an überlebenden Blutgefäßen. O. B. Meyer[3]) konnte bei Adrenalin bei einer Verdünnung von 1 : 1000 Millionen (0,000015 mg Adrenalin auf 15 ccm Ringerlösung) noch merkliche Verkürzung überlebender Arterienwände (Subclavia vom Rind) mit dem Kymographion verzeichnen. Für das Cocain ergab sich mit dem gleichen Verfahren, daß es in hoher Konzentration (z. B. 1%) zweifellos gefäßlähmend wirkt. Bei gleichzeitiger Wirkung von Adrenalin und Cocain wurde bei einer 170fach stärkeren Cocainkonzentration wie die des Adrenalins nur geringe Beeinträchtigung der Verkürzung des Gefäßstreifens beobachtet, erst bei 1000facher Konzentration wird die Wirkung deutlicher, wenn auch hier keine totale Aufhebung der Adrenalinwirkung eintritt. Atropin ist etwa zweimal wirksamer als das Adrenalin. — β-Eucain und Stovain wirken auf die großen Arterien des Rindes gefäßerweiternd; ihre Wirkung ist kräftiger (ca. vier- bzw. zweimal) als die von Cocain und Atropin. Es ist möglich, die Adrenalinwirkung durch Eucain (und die anderen Stoffe dieser Gruppe) und umgekehrt die Eucainwirkung durch Adrenalin aufzuheben. Bei gleichzeitiger Einwirkung der antagonistischen Stoffe in geeigneten Konzentrationen findet aber nicht eine algebraische Summierung ihrer Wirkung zu dem Werte Null statt, sondern es kommen beide Wirkungen hintereinander, wenn auch in verringertem Ausmaß, zur Geltung.

---

[1]) Jowett, Journ. Chem. Soc. **85**, 197 [1904]. — Pauly, Berichte d. Deutsch. chem. Gesellschaft **37**, 1388 [1904]. — Stolz, Berichte d. Deutsch. chem. Gesellschaft **37**, 4149 [1904]. — E. Friedmann, Beiträge z. chem. Physiol. u. Pathol. **8**, 95 [1906].
[2]) Zeigan, Therapeut. Monatshefte **1904**.
[3]) O. B. Meyer, Zeitschr. f. Biol. **50**, 93 [1907].

Das **Benzoyl-β-hydroxy-tetramethyl-pyrrolidin** (II) steht in seiner Konstitution dem Tropacocain (I) nahe, wie ein Blick auf folgende Formeln ohne weiteres erkennen läßt. Es besitzt nun auch die Eigenschaft des Tropacocains, kräftig anästhesierend zu wirken.

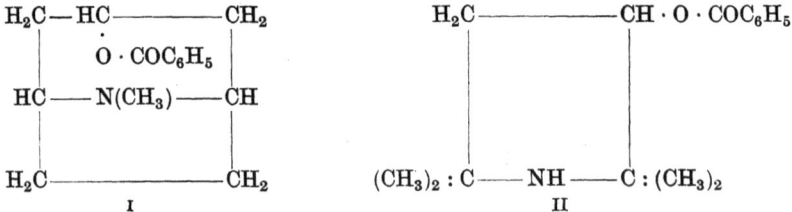

Das gesamte Tatsachenmaterial, das bisher in der Cocaingruppe über den Zusammenhang zwischen Konstitution und physiologischer Wirkung gesammelt wurde, führt zu folgenden Schlüssen[1]): 1. Von den verschiedenen Spaltungsprodukten des Cocains wirken nur Tropacocain und Norcocain anästhesierend. 2. Es ist gleichgültig, ob ein sekundäres oder tertiäres Amin vorhanden ist. 3. Es ist nicht notwendig, daß anästhesierend wirkende Moleküle die Gruppe CO_2CH_3 enthalten, aber wenn diese Gruppe vorhanden ist, kann sie nicht verseift werden, ohne daß das Molekül seine Wirksamkeit verliert. 4. Es ist unerläßlich die Gegenwart eines aromatischen Säureradikals. Von allen aromatischen Säureradikalen ist das Benzoyl das wirksamste. 5. Tropacocain und Benzoyltropin sind isomer. Trotz dieser nahen Beziehungen ist die Wirkung eine verschiedene. Tropacocain wirkt deutlich anästhesierend, Benzoyltropin mydriatisch. Es ist also die strukturchemische Verschiedenheit, die die Unterschiede in der physiologischen Wirkung bedingt. 6. Von allen Anaestheticis gehört ein einziges zum Cocain, das ist das Eucain; das Stovain, Alypin sind Aminoalkohole wie das Tropacocain; eine andere Gruppe ist ähnlich konstituiert wie das Orthoform und stellt Äther der Aminobenzoesäure oder Oxyaminobenzoesäure dar. In diese Gruppe gehören Orthoform, alt und neu, Anästhesin, Subcutin, Nirvanin, Propäsin, Dipropäsin. Das Novococain gehört zwischen die erste und die zweite Gruppe, weil es das Derivat eines Aminoalkohols und einer Aminobenzoesäure ist. In eine weitere Gruppe gehört Holocain.

Schließlich sei erwähnt, daß noch verschiedene Alkaloide, deren Konstitution bisher nicht bekannt ist, anästhesierend wirken. Es sind dies Yohimbin, Quebrachin, die in späteren Kapiteln näher behandelt werden sollen.

Truxilline, Truxillylekgoninmethylester.

Mol.-Gewicht 658,4.
Zusammensetzung: 69,26% C, 7,04% H, 4,25% N.

$$C_{38}H_{46}O_8N_2.$$

$$\left[\begin{array}{c} H_2C-CH\\ ||\\ N\cdot CH_3\\ ||\\ H_2C-CH \end{array}\begin{array}{c} CH\cdot COOCH_3\\ |\\ CH\cdot O-\\ |\\ CH_2 \end{array}\right]_2 : C_{18}H_{14}O_2.$$

Die Truxilline sind analog den Cocainen zusammengesetzt, nur enthalten sie an Stelle des Benzoesäurerestes den Truxillsäurerest. Da die Truxillsäuren in verschiedenen stereoisomeren Formen existieren, wie unten näher dargelegt werden soll, gibt es dementsprechend auch verschiedene stereoisomere Truxilline.

Sie finden sich in den amorphen Nebenalkaloiden des Cocains[2]). Wie Liebermann gezeigt hat, liefern sie bei der Verseifung mit Barythydrat als Spaltungsstücke Ekgonin, Methylalkohol und α- bzw. β-Truxillsäure. Es gelang ihm auch, die Alkaloide aus den Spaltungsstücken wieder aufzubauen, indem er Ekgonin mit den Truxillsäureanhydriden und Methylalkohol behandelte:

$$C_{38}H_{46}N_2O_8 + 4\,H_2O = C_{18}H_{16}O_4 + 2\,C_9H_{15}NO_3 + 2\,CH_3OH$$
$$\text{Truxillin} \qquad \text{Truxillsäure} \qquad \text{Ekgonin} \qquad \text{Methylalkohol}$$

---

[1]) E. Fourneau, Chem.-Ztg. **1909**, 614.
[2]) Hesse, Pharmaz. Ztg. **1887**, 407, 668; Berichte d. Deutsch. chem. Gesellschaft **22**, 665 [1889]; Annalen d. Chemie **271**, 180 [1890].

Das α-Truxillin[1]) ist amorph und schmilzt bei 80°; es ist linksdrehend, schmeckt ausgesprochen bitter, ist in Wasser und Ligroin wenig, in den anderen Lösungsmitteln leicht löslich.

Das β-Truxillin[2]) hat ähnliche Eigenschaften. Es ist ebenfalls amorph, fängt schon bei 45° zu sintern an, ohne einen bestimmten Schmelzpunkt zu zeigen und unterscheidet sich von seinen Isomeren durch seine geringe Löslichkeit in Alkohol.

γ-Truxillin[1]). Die vorstehend genannten, aus der Coca erhältlichen Truxillsäuren werden durch Alkalien in weitere stereoisomere Säuren umgelagert. Eine derselben, die γ-Truxillsäure, liefert bei Einwirkung auf Ekgonin und darauffolgende Esterifikation des Ekgoninderivates das γ-Truxillin. Es bildet ein kreideähnliches Pulver, welches den rohen Truxillinen der Cocapflanze sehr ähnelt und fängt bei 63° zu sintern an, ohne einen bestimmten Schmelzpunkt zu zeigen.

Truxillsäuren.

Mol.-Gewicht 296,13.
Zusammensetzung: 72,94% C, 5,44% H.

$$C_{18}H_{16}O_4.$$

Wie oben dargelegt wurde, sind die Truxilline analog den Cocainen zusammengesetzt, nur enthalten sie an Stelle des Benzoesäurerestes den Truxillsäurerest. Die Truxillsäuren, deren Konstitution von Liebermann[3]) und seinen Schülern aufgeklärt worden ist, existieren in verschiedenen, stereoisomeren Formen. Sie sind Abkömmlinge des Tetramethylens und man erteilt ihnen die Formeln:

$$\begin{array}{cc} C_6H_5-CH-CH-COOH & C_6H_5-CH-CH-COOH \\ | \quad\quad | & | \quad\quad | \\ COOH-CH-CH-C_6H_5 & C_6H_5-CH-CH-COOH \\ \alpha\text{-Truxillsäure} & \beta\text{-Truxillsäure} \end{array}$$

Historisches: Aus den amorphen Nebenalkaloiden des Cocains isolierte O. Hesse[4]) im Jahre 1887 zwei amorphe Basen, die er Cocamin und Cocaidin nannte. Alsbald nahm Liebermann die Untersuchung der Nebenalkaloide des Cocains auf. Aus der in Petroläther schwer löslichen Fraktion erhielt er ein kreideartiges Gemenge von Basen, welche beim Kochen mit Salzsäure in Ekgonin, Methylalkohol und zwei Säuren, die α- und β-Truxillsäure, gespalten wurden:

$$C_{38}H_{46}N_2O_8 + 4\,H_2O = C_{18}H_{16}O_4 + 2\,C_9H_{15}NO_3 + 2\,CH_3OH.$$
Truxillin $\quad\quad$ Truxillsäure $\quad$ Ekgonin $\quad$ Methylalkohol

Beide Säuren zeigten die Zusammensetzung der Zimtsäure $C_9H_8O_2$, waren aber weder mit ihr noch mit der isomeren Atropasäure identisch. Weitere Untersuchungen ergaben, daß diese Säuren, die Liebermann zunächst Isotropasäuren, aber später Truxillsäuren nannte, Polymere der Zimtsäure und Atropasäure sind. Da sie bei der Destillation in Zimtsäure übergehen, jedoch wegen ihrer Beständigkeit gegen Kaliumpermanganat in alkalischer Lösung keine Äthylen-Doppelbindung enthalten können, faßte Liebermann sie als Diphenyl-tetramethylen-dicarbonsäuren (s. obige Formel) auf. Diese Auffassung findet durch das gesamte Verhalten der Verbindungen ihre Bestätigung. Aus den direkt entstehenden beiden Isomeren, der α- und β-Truxillsäure, entstehen durch Umlagerung zwei weitere Isomere, die γ- und δ-Truxillsäure, so daß insgesamt vier isomere Truxillsäuren bekannt sind.

α-Truxillsäure.

$$C_{18}H_{16}O_4.$$

Bildung: Die α-Truxillsäure bildet sich auch durch einfaches Belichten der Zimtsäure (vom Schmelzp. 133°) und zwar in so reichlicher Menge, daß sich in dieser Photoreaktion, auf die vielleicht die Entstehung der α-Truxillsäure in den Blättern des Erythroxylon coca zurückzuführen ist, eine bequeme Darstellungsmethode größerer Mengen α-Truxillsäure bietet[5]). Man verfährt folgendermaßen: Auf der Glasscheibe eines Kopierrahmens, wie man sie in der Photographie und auch beim

---

[1]) C. Liebermann u. Drory, Berichte d. Deutsch. chem. Gesellschaft **22**, 126 [1889].
[2]) Berichte d. Deutsch. chem. Gesellschaft **22**, 680 [1889].
[3]) C. Liebermann u. Mitarbeiter, Berichte d. Deutsch. chem. Gesellschaft **21**, 2342 [1888]; **22**, 124, 130, 680, 782, 2240, 2256, 2261 [1889]; **23**, 317, 2516 [1890]; **24**, 2589 [1891]; **25**, 90 [1892]; **26**, 834 [1893]; **27**, 1410, 1416 [1894]; **31**, 2095 [1898]. — A. Michael, Berichte d. Deutsch. chem. Gesellschaft **39**, 1908 [1906].
[4]) O. Hesse, Pharmaz. Ztg. **1887**, 407, 668; Berichte d. Deutsch. chem. Gesellschaft **22**, 665 [1889].
[5]) C. N. Riiber, Berichte d. Deutsch. chem. Gesellschaft **35**, 2908 [1902].

Lichtpausverfahren benutzt, wird die fein gepulverte Zimtsäure mittels eines feinen Siebes ganz gleichmäßig verteilt, und zwar in solcher Menge, daß ca. 1,5 g Säure auf jeden Quadratzentimeter kommen. Das Pulver wird vorsichtig mit einem Bogen Glanzpapier bedeckt, die Glasscheibe in den Holzrahmen eingespannt und die Säure in die Sonne gestellt. Nachdem sie etwa 50 Stunden von der Sonne direkt belichtet ist, wird sie mit Äther maceriert und ausgewaschen, das Ungelöste in abs. Alkohol gelöst und durch Wasserzusatz gefällt. Es scheidet sich hierbei schon sehr reine α-Truxillsäure aus. Zur weiteren Reinigung wird sie in Alkohol gelöst und durch Wasserzusatz gefällt oder aus verdünntem Alkohol umkrystallisiert.

Die durch das Licht hervorgerufene Umwandlung der Zimtsäure ist von keiner Energieänderung begleitet, da die Verbrennungswärme ungeändert bleibt: für 1 g Zimtsäure 7,047 Cal., für 1 g α-Truxillsäure 7,039 Cal.[1]

Eine weitere Synthese der α-Truxillsäure hat zum Ausgangspunkt die gelbe Cinnamylidenmalonsäure (Formel I). Dieselbe geht beim Belichten in eine dimere farblose Modifikation über, die wahrscheinlich als Diphenyltetramethylenbismethylenmalonsäure (II) anzusprechen ist. Letztere liefert bei der Oxydation mit Kaliumpermanganat in Sodalösung die α-Truxillsäure.

$$C_6H_5 \cdot CH : CH \cdot CH : C\!\!<\!\!{}^{CO_2H}_{CO_2H} \qquad\qquad \begin{array}{c} C_6H_5 \cdot CH - CH \cdot CH : C\!\!<\!\!{}^{CO_2H}_{CO_2H} \\ {}^{CO_2H}_{CO_2H}\!\!>\!\!C : CH \cdot CH - CH \cdot C_6H_5 \end{array}$$
$$\text{I} \qquad\qquad\qquad\qquad\qquad \text{II}$$

Darstellung: α-Truxillsäure $C_{18}H_{16}O_4$. Wie eben ausgeführt wurde, spalten sich die in Petroläther schwer löslichen amorphen Nebenalkaloide des Cocains beim Kochen mit Salzsäure in Ekgonin sowie in die beiden Isomeren α- und β-Truxillsäure. Letztere können vermittels der Bariumsalze getrennt werden. Das Bariumsalz der α-Truxillsäure ist nämlich in Wasser löslich, dasjenige der β-Säure hingegen unlöslich. Die α-Truxillsäure entsteht bei der Spaltung der rohen Truxilline in etwa der doppelten Menge wie die β-Truxillsäure.

Physikalische und chemische Eigenschaften und Derivate: Die α-Truxillsäure krystallisiert aus 50 proz. Alkohol in kleinen, farblosen Nadeln, die bei 274° schmelzen. Elektrisches Leitvermögen $K = 0,00497$. Durch Destillation unter gewöhnlichem Druck wird sie wieder in 2 Mol. Zimtsäure (Schmelzp. 133°) gespalten, während sie sich im absoluten Vakuum unverändert sublimieren läßt. Die Säure ist in Äther, Benzol und Schwefelkohlenstoff sehr schwer, in Alkohol und Aceton schwer löslich, etwas löslicher in Eisessig. Das Barium-, Calcium- und Kupfersalz ist in Wasser löslich, die ammoniakalische Lösung der Säure wird von Bleiacetat flockig gefällt. Das Silbersalz wird aus der wässerigen Lösung des Bariumsalzes durch Silbernitrat in Flocken abgeschieden.

Die Säure wird sehr leicht, schon beim kurzen Stehen mit alkoholischer Salzsäure, esterifiziert. Der **Dimethylester** $C_{18}H_{14}O_4(CH_3)_2$, aus der Säure durch Einleiten von Salzsäure in die methylalkoholische Lösung erhalten, krystallisiert aus Methylalkohol in Blättchen oder Nadeln, die bei 174° schmelzen. Der **Diäthylester** $C_{18}H_{14}O_4(C_2H_5)_2$ krystallisiert aus Äthylalkohol in Nadeln, welche bei 146° schmelzen.

α-Truxill-methylestersäure[2] $C_{16}H_{14}(COOCH_3)(COOH)$. Zu ihrer Darstellung wird das saure Silbersalz, bereitet aus α-Truxillsäure und der äquivalenten Menge Silbernitrat in 90 proz. Alkohol, mit einem geringen Überschuß von Jodmethyl und etwa der 10fachen Menge Äther gemischt und die Mischung 24 Stunden lang an einem dunklen Orte aufbewahrt. Aus der vom abgeschiedenen Jodsilber getrennten ätherischen Lösung erhält man nach Verdunsten des Äthers die Säure in kleinen weißen Nadeln. Vom neutralen Ester unterscheidet sie sich durch ihre Löslichkeit in kalter Sodalösung, von der α-Truxillsäure durch ihre Löslichkeit in Benzol und den Schmelzp. 195°.

α-Truxillsäure-amylester[3] $C_{18}H_{14}O_4(C_5H_{11})_2$. Zu seiner Darstellung wird α-Truxillsäure in dem 8fachen Gewicht Gärungsamylalkohol gelöst, mit Salzsäuregas gesättigt und 5—6 Stunden im Einschmelzrohr im Wasserbade erhitzt. Durch Umkrystallisieren aus Aceton erhält man die Verbindung in zugespitzten Säulen, welche bei 83° schmelzen.

α-Truxillsäureanhydrid $C_{18}H_{14}O_3$ wird erhalten beim Kochen des Natriumsalzes der Säure mit einer benzolischen Lösung des bei 125° schmelzenden **α-Truxillsäurechlorids**. Es ist ein kreideartiges Pulver und regeneriert beim Behandeln mit Alkalien die ursprüngliche Säure. Dahingegen erhält man beim Erhitzen von α-Truxillsäure mit Essigsäureanhydrid ein bei 191° schmelzendes Anhydrid, welches bei Behandlung mit Basen nicht die ursprüngliche Truxillsäure bildet, sondern ein Isomeres derselben, die γ-Truxillsäure.

α-Truxillsäureamid[3] $C_{18}H_{14}O_2(NH_2)_2$ wird erhalten durch Sättigen der Lösung des α-Säurechlorids in Benzol mit Ammoniakgas. Krystallisiert aus Alkohol und Wasser in feinen, farblosen Nädelchen; schmilzt bei 265°.

α-Truxillpiperididsäure[4] $C_5H_{10}N \cdot CO \cdot C_{16}H_{14} \cdot CO_2H$ wird erhalten durch Vermischen von α-Truxillsäureanhydrid mit (2 Mol.) Piperidin, Lösen des Reaktionsproduktes in Wasser und Fällen

---

[1] C. N. Riiber, Berichte d. Deutsch. chem. Gesellschaft **35**, 2908 [1902].
[2] Lange, Berichte d. Deutsch. chem. Gesellschaft **27**, 1411 [1895].
[3] C. Liebermann, Berichte d. Deutsch. chem. Gesellschaft **22**, 2242 [1889].
[4] Herstein, Berichte d. Deutsch. chem. Gesellschaft **22**, 2263 [1889].

mit Salzsäure. Bildet ein in Alkohol ziemlich schwer lösliches Krystallpulver und schmilzt bei 250°.
— Der **Methylester** $C_{24}H_{27}NO_3$ krystallisiert aus Äther in Nadeln vom Schmelzp. 151°.

α-Truxillpiperidid[1]) $C_{16}H_{14}(CO \cdot N \cdot C_5H_{10})_2$ entsteht durch Kondensation von α-Truxillsäurechlorid mit (2 Mol.) Piperidin. Schmelzp. 259°.

α-Truxillsäure-Bisphenylhydrazid $C_{16}H_{14}(CO \cdot NH \cdot NH \cdot C_6H_5)_2$ krystallisiert aus Phenol in Nadeln vom Schmelzp. 320°. Ist unlöslich in den gewöhnlichen Lösungsmitteln.

α-Truxillin wird synthetisch erhalten durch Kochen von α-Truxillsäure-Chlorid oder -Anhydrid mit Ekgonin und Esterifizieren der entstehenden Ekgoninverbindung in methylalkoholischer Lösung mit Chlorwasserstoff[2]). Es stimmt in allen Eigenschaften überein mit der von Liebermann aus den amorphen Cocanebenalkaloiden isolierten Base.

β-Truxillsäure $C_{18}H_{16}O_4$ entsteht, wie oben dargelegt wurde, neben α-Truxillsäure bei der Spaltung der rohen Truxilline mit Säuren oder Alkalien. Sie kann von der α-Verbindung leicht getrennt werden, da sie ein in Wasser unlösliches Bariumsalz bildet. Ihr Schmelzpunkt liegt bei 206°. Sie ist in kochendem Wasser viel leichter löslich als die α-Säure. Durch Schmelzen mit Kali wird sie in δ-Truxillsäure umgelagert.

Für die Konstitutionsaufklärung der β-Truxillsäure ist insbesondere deren Verhalten bei der Oxydation von Bedeutung geworden. Man erhält nämlich hierbei Benzil neben Benzoesäure. Daraus ist zu schließen, daß die β-Truxillsäure die beiden Phenylgruppen und, da sie ein Polymerisationsprodukt der Zimtsäure ist, auch die beiden Carboxyle an benachbarten Kohlenstoffatomen enthält:

$$\begin{array}{ccc} C_6H_5 \cdot CH—CH \cdot CO_2H & C_6H_5 \cdot CO & C_6H_5 \cdot CO_2H \\ | \quad\quad | & \rightarrow \quad\quad \rightarrow & \\ C_6H_5 \cdot CH—CH \cdot CO_2H & C_6H_5 \cdot CO & C_6H_5 \cdot CO_2H \\ \beta\text{-Truxillsäure} & \text{Benzil} & \text{Benzoesäure} \end{array}$$

β-Truxillsäure-dimethylester[3]) $C_{18}H_{14}O_4(CH_3)_2$ entsteht in gewöhnlicher Weise und bildet eine zähe Masse, die nach längerem Stehen fest wird und dann bei 76° schmilzt. Der **Diäthylester**[3]) ist zunächst ein zähflüssiges Öl, das allmählich erstarrt. Sein Schmelzpunkt liegt bei 47°.

β-Truxillsäure-anhydrid $C_{18}H_{14}O_3$ wird durch Einwirkung von Essigsäureanhydrid auf die Säure erhalten und bildet rhombische, bei 116° schmelzende Kryställchen.

β-Truxillsäurechlorid $C_{18}H_{14}O_2Cl_2$, dargestellt durch Einwirkung von Phosphorpentachlorid auf die Säure, schmilzt bei 96°.

β-Truxillfluorescein(hydrat) $C_{16}H_{14}\!\!<\!\!\begin{array}{c}C(C_6H_3(OH)_2)\\O\end{array}$ wird erhalten beim Erhitzen von β-Truxillsäure oder besser deren Anhydrid mit dem gleichen bis anderthalbfachen Gewicht Resorcin auf 240°. Nach ½ Stunde läßt man erkalten, zieht mit kochendem Wasser überschüssiges Resorcin aus und behandelt die hinterbleibende Masse mit kochendem Barytwasser. In letzteres geht das gebildete Truxillfluorescein, welches ein in sehr leicht lösliches Bariumsalz bildet, über, während das unverändert gebliebene β-Truxillsäure wegen der Schwerlöslichkeit ihres Bariumsalzes zurückbleibt. Truxillfluorescein stellt ein amorphes, braunrotes, in Wasser unlösliches Pulver dar, das in alkoholischen Flüssigkeiten mit grüner Fluorescenz löslich ist.

β-Truxillsäureanil[3]) $C_{16}H_{14}\!\!<\!\!\begin{array}{c}CO\\CO\end{array}\!\!\!>\!NC_6H_5$, durch Kochen von β-Truxillsäureanhydrid mit etwa dem doppelten Gewicht Anilin dargestellt, krystallisiert aus Alkohol in feinen, farblosen Nädelchen und schmilzt bei 180°. In verdünnten wässerigen Alkali ist es unlöslich, beim längeren Kochen mit alkoholischem Kali wird es in β-Truxillsäure und Anilin zerlegt.

β-Truxillanilsäure[3]) $C_{16}H_{14}\!\!<\!\!\begin{array}{c}CO \cdot NHC_6H_5\\CO_2H\end{array}$. Fügt man zu einer kalten konz. Lösung des vorstehenden Anils in Alkohol alkoholisches Kali in der Kälte, so ist nach einiger Zeit alles in Wasser löslich geworden. Durch Salzsäure fällt aus der Lösung die Anilsäure in weißen, krystallinischen Flocken aus. Aus wässerigem Aceton umkrystallisiert, schmilzt sie bei 197°.

β-Truxillsäure-phenylhydrazid $C_{16}H_{14}\!\!<\!\!\begin{array}{c}CO\\CO\end{array}\!\!\!>\!N \cdot NHC_6H_5$ entsteht, wenn eine konz. Lösung von β-Truxillsäure (1 T.) in Eisessig mit (½ T.) Phenylhydrazin auf dem Sandbade erhitzt wird. Krystallisiert aus Eisessig in farblosen Prismen vom Schmelzp. 218°. Die β-Truxillsäure verhält sich bei dieser Reaktion ganz der Phthalsäure analog, zum Unterschied von ihren Stereoisomeren.

β-Truxillpiperididsäure, aus β-Truxillsäureanhydrid mit Piperidin entstehend, krystallisiert aus Alkohol in Nadeln und schmilzt bei 224°. Schwer löslich in kaltem Alkohol.

---

[1]) Herstein, Berichte d. Deutsch. chem. Gesellschaft **22**, 2263 [1889].
[2]) Lange, Berichte d. Deutsch. chem. Gesellschaft **27**, 1411 [1895].
[3]) C. Liebermann u. Sachse, Berichte d. Deustch. chem. Gesellschaft **26**, 834 [1893].

β-Truxillpiperidid $C_{16}H_{14}(CO \cdot N \cdot C_5H_{10})_2$ wird erhalten bei Einwirkung von Piperidin (2 Mol.) auf die alkoholische Lösung von β-Truxillsäurechlorid. Schmelzp. 180°; sehr leicht löslich in Alkohol.

β-Truxillsäureekgonin[1]) $C_{36}H_{42}N_2O_8$ entsteht beim Erhitzen von β-Truxillsäureanhydrid mit Ekgonin in Benzollösung. Krystallisiert aus Alkohol in farblosen Nadeln, die bei 202° unter Zersetzung schmelzen. Beim Esterifizieren mit Chlorwasserstoff in methylalkoholischer Lösung entsteht daraus

β-Truxillin, β-Truxillsäure-ekgonin-methylester[1]) $C_{38}H_{46}N_2O_8$. Es ist amorph und gleicht dem natürlichen β-Truxillin, das unter den Nebenalkaloiden des Cocains vorkommt. Fängt schon bei 45° zu sintern an, ohne einen bestimmten Schmelzpunkt zu zeigen.

γ-Truxillsäure $C_{18}H_{16}O_4$ bildet sich, wie erwähnt, aus seinem Anhydrid, welches durch Einwirkung von Essigsäureanhydrid auf α-Truxillsäure entsteht. Beim Erwärmen mit Alkali wird das Anhydrid leicht zu der Säure gelöst, die durch Salzsäure ausgefällt und, aus stark verdünntem Alkohol umkrystallisiert, Nadeln bildet, die bei 228° schmelzen. Elektrisches Leitvermögen $K = 0,0108$. Sie liefert ein leicht lösliches Bariumsalz und spaltet sich beim Destillieren in Zimtsäure. Essigsäureanhydrid erzeugt wieder das zu ihrer Darstellung angewandte

γ-Truxillsäureanhydrid $C_{18}H_{14}O_3$, welches weiße, bei 191° schmelzende Nadeln bildet.

γ-Truxill-methylestersäure $C_{16}H_{14}(COOCH_3)(COOH)$. Ihre Darstellung gelingt durch Einführung der Methylgruppe in das saure γ-truxillsaure Silber mittels Jodmethyl. Die Säure bildet kleine weiße Nadeln, die bei 180° schmelzen. Sie ist löslich in Soda und Benzol.

γ-Truxill-äthylestersäure $C_{16}H_{14}(CO_2C_2H_5)(CO_2H)$ findet sich in dem aus alkoholischer Lösungen von γ-Truxillsäure durch Einleiten von Salzsäuregas dargestellten rohen γ-Truxillsäureester und wird demselben durch Schütteln mit Sodalösung entzogen. Bildet bei 171—172° schmelzende, feine, glasglänzende Nadeln, die in Alkohol, Äther, Eisessig und Benzol leicht löslich sind.

γ-Truxillsäure-dimethylester $C_{18}H_{14}O_2(CH_3)_2$, dargestellt durch Esterifizieren der Säure mittels Methylalkohol und Salzsäure, krystallisiert aus verdünntem Methylalkohol in glänzenden Nadeln, die den Schmelzp. 126° zeigen.

γ-Truxillsäure-diäthylester $C_{16}H_{14}(CO_2C_2H_5)_2$ wird gewonnen durch Einleiten von Salzsäuregas in die konzentriert äthylalkoholische Lösung der γ-Säure. Weiße Nadeln vom Schmelzp. 98°.

γ-Truxillanilsäure $C_{16}H_{14}\diagdown^{CONHC_6H_5}_{CO_2H}$ entsteht beim Kochen von Truxillsäureanhydrid mit Anilin. Nach Entfernung des überschüssigen Anilins mit Salzsäure bleibt es als weißes Pulver zurück, das in kalter Soda löslich ist. Krystallisiert aus verdünntem Alkohol in Nadeln, die bei 220° schmelzen.

γ-Truxillsäureanilid $C_{16}H_{14}(CO \cdot NHC_6H_5)_2$ ist bisweilen der rohen γ-Truxilanilsäure beigemengt und kann aus ihr mittels Soda abgetrennt werden. Schmelzp. 255°.

γ-Truxilltoluididsäure $C_{16}H_{14}\diagdown^{CO \cdot NH \cdot C_6H_4 \cdot CH_3}_{COOH}$. γ-Truxillsäureanhydrid wird mit der berechneten Menge p-Toluidin bei 190—195° etwa 2—3 Stunden erhitzt und etwa unverändert gebliebenes p-Toluidin mittels Salzsäure entfernt. Weiße, nadelförmige Krystalle aus Alkohol, welche bei 268° schmelzen.

γ-Truxillsäure-ditoluidid $C_{16}H_{14}(CO \cdot NHC_6H_4 \cdot CH_3)_2$ bildet sich neben der vorstehenden Verbindung, wenn man beim Schmelzen von p-Toluidin mit γ-Truxillsäure ersteres in bedeutendem Überschuß anwendet und kann durch Soda von der Toluididsäure getrennt werden. Krystallisiert aus Alkohol oder Eisessig in weißen Nadeln, die bei 289° schmelzen.

γ-Truxillpiperididsäure $C_5H_{10}N \cdot CO \cdot C_{16}H_{14} \cdot CO_2H$ wird analog der entsprechenden α- und β-Verbindung dargestellt. Glänzende Blättchen. Schmelzp. 261°. Unlöslich in Wasser, Äther und Benzol, schwer löslich in kaltem Alkohol, unlöslich in Alkalicarbonaten. — Methylester $C_{24}H_{27}NO_3$, aus γ-Truxillpiperididsäure mit Methylalkohol und Salzsäuregas, bildet Nadeln oder Blättchen vom Schmelzp. 201°.

γ-Truxillpiperidid $C_{16}H_{14}(CO \cdot N \cdot C_5H_{10})_2$, aus γ-Truxillsäurechlorid und Piperidin, seidenglänzende Nadeln vom Schmelzp. 248°.

γ-Truxillsäure-phenylhydrazid $C_{16}H_{14}(CO)_2N \cdot NHC_6H_5$ entsteht beim Erhitzen von γ-Truxillsäureanhydrid mit wenig Phenylhydrazin, so daß die Temperatur nicht über 150° steigt. Krystallisiert aus Eisessig in weißen, prismatischen Krystallen. Schmelzp. 249°.

γ-Truxillsäure-diphenylhydrazid $C_{16}H_{14}(CO \cdot NH \cdot NHC_6H_5)_2$ wird durch längeres Erhitzen der γ-Truxillsäure mit Phenylhydrazin auf dem Sandbade erhalten. Ist in Alkohol, Eisessig und Benzol unlöslich und läßt sich durch Auskochen mit Alkohol reinigen. Schmelzp. 305°.

γ-Truxillin oder γ-Truxillsäureekgoninester $C_{38}H_{46}N_2O_8$ (s. S. 103) wurde von Liebermann[2]) aus dem Anhydrid, Ekgonin und Wasser im Wasserbade und darauffolgende Esterifikation des so gebildeten rohen γ-Truxillsäureekgonins mit Methylalkohol und Chlor-

---

[1]) C. Liebermann u. Drory, Berichte d. Deutsch. chem. Gesellschaft **22**, 680 [1888].
[2]) C. Liebermann, Berichte d. Deutsch. chem. Gesellschaft **22**, 124 [1889].

wasserstoff dargestellt. Es bildet ein kreideähnliches Pulver, welches den rohen Truxillinen der Cocapflanze sehr ähnlich ist und fängt bei 63° zu sintern an, ohne einen regelmäßigen Schmelzpunkt zu zeigen.

δ-Truxillsäure[1]) $C_{18}H_{16}O_4$ ist wieder ein Umwandlungsprodukt der β-Truxillsäure und entsteht, wie schon angegeben, durch Schmelzen derselben mit Kali. Sie scheidet sich aus heißem Wasser, worin sie ziemlich schwer löslich ist, in glänzenden, langen Nadeln, die bei 174° schmelzen, aus. Von den isomeren α- und β-Säuren unterscheidet sie sich durch ihre Löslichkeit in siedendem Wasser, von allen übrigen Truxillsäuren durch den viel niedrigeren Schmelzpunkt, sowie dadurch, daß sie in Barytwasser leicht löslich ist, aber doch ein sehr schwer lösliches, in schönen, wasserklaren Prismen krystallisierendes Bariumsalz bildet, welches sich nach einiger Zeit ausscheidet. Der **Dimethylester** $C_{18}H_{14}O_4(CH_3)_2$ bildet aus verdünntem Methylalkohol glasglänzende, bei 77° schmelzende Nadeln.

Halogensubstitutionsprodukte der α- und γ-Truxillsäuren[2]): Während die α-Truxillsäure selbst nicht glatt bromierbar ist, liefert ihr Dimethylester beim Übergießen mit Brom glatt den

p, p′-Dibrom-α-truxillsäure-dimethylester $C_{20}H_{18}O_4Br_2$ (s. Formel I). Weiße Nadeln aus Methylalkohol. Schmelzp. 172°. — **p, p′-Dibrom-α-truxillsäure-diäthylester** bildet sich analog der vorstehenden Verbindung. Nadeln aus Alkohol. Schmelzp. 124—126°. Durch ½stündiges Kochen mit alkoholischem Kali lassen sich diese Ester glatt verseifen zur

p, p′-Dibrom-α-truxillsäure $C_{18}H_{14}O_4Br_2$ von der Formel I. Nädelchen aus Eisessig. Schmelzpunkt 260—264°. Leicht löslich in Alkohol und Äther, wenig löslich in heißem Wasser. Entpolymerisiert sich bei der trocknen Destillation zur p-Bromzimtsäure $C_6H_4Br \cdot CH : CH \cdot COOH$ vom Schmelzp. 249—251°. — **Silbersalz der Dibrom-α-truxillsäure** $C_{18}H_{12}O_4Br_2Ag_2$, durch Fällen der neutralen Lösung des dibrom-α-truxillsauren Ammoniums mit Silbernitrat, weißer, lichtempfindlicher Niederschlag.

$$\text{(p)}BrC_6H_4 \cdot CH - CH \cdot CO_2H \qquad (2,4)Cl_2C_6H_3 \cdot CCl - CH \cdot CO_2H$$
$$\qquad\qquad | \quad\quad | \qquad\qquad\qquad\qquad\qquad\qquad | \quad\quad |$$
$$HO_2C \cdot CH - CH \cdot C_6H_4Br(p) \qquad\quad CH - CCl \cdot C_6H_3Cl_2(2,4)$$
$$\text{I} \qquad\qquad\qquad\qquad\qquad\qquad\qquad \text{II}$$

p, p′-Dichlor-α-truxillsäure[3]) $(C_6H_4Cl)_2C_4H_4(CO_2H)_2$ wurde aus diazotierter p, p′-Diamino-α-truxillsäure mittels der Sandmeyerschen Reaktion unter Anwendung von Kupferpulver erhalten, ist aber hiernach schwer rein darzustellen. Schmelzp. unscharf 278—280°. In Chloroform leicht, schwerer in Alkohol und Eisessig löslich.

Hexachlor-α-truxillsäure-diäthylester $C_{22}H_{18}O_4Cl_6$ (s. Formel II) wird erhalten beim Einleiten von Chlor in eine auf 50° erwärmte Lösung von α-Truxillsäure-äthylester in Tetrachlorkohlenstoff bei Gegenwart von Jod. Krystalle aus Chloroform; Schmelzp. 178°. Wenig löslich in heißem Alkohol. Auf ganz analoge Weise entsteht der **Dimethylester** $C_{20}H_{14}O_4Cl_6$; weiße Nadeln aus Eisessig, Schmelzp. 215°. Beide Ester gehen durch Verseifung mit alkoholischem Kali in der Wärme über in

Hexachlor-α-truxillsäure $C_{18}H_{10}O_4Cl_6$ (s. Formel II). Nadeln aus Alkohol und Wasser, Schmelzp. 316°; leicht löslich in heißem Alkohol. Wird bei der trocknen Destillation entpolymerisiert und liefert **2, 4-β-Trichlorzimtsäure** $Cl_2C_6H_3 \cdot CCl : CH \cdot CO_2H$ vom Schmelzp. 173°. Durch Erhitzen der Hexachlor-α-truxillsäure mit Kaliumpermanganat in sodaalkalischer Lösung erhält man 2, 4-Dichlorbenzoesäure vom Schmelzp. 156—158°.

Pentachlor-α-truxillsäure-diäthylester $C_{22}H_{19}O_4Cl_5$ entsteht beim Einleiten von Chlor in eine erwärmte Lösung von Truxillsäureäthylester in Tetrachlorkohlenstoff bei Gegenwart von Jod. Ist in Alkohol leichter löslich als die Hexachlorverbindung. Schmelzp. 142°. Der entsprechende Dimethylester, in analoger Weise dargestellt, schmilzt bei 176°. Durch Verseifen der beiden Ester mit alkoholischem Kali entsteht die

Pentachlor-α-truxillsäure $C_{18}H_{11}O_4Cl_5$. Nädelchen aus Alkohol, Schmelzp. 274°; leicht löslich in Alkohol. **Silbersalz** $C_{18}H_9O_4Cl_5Ag_2$, weißer, lichtempfindlicher Niederschlag. Das Destillationsprodukt der Säure — ein Gemisch von Di- und Trichlorzimtsäure — liefert bei der Oxydation mit Kaliumpermanganat die 2, 4-Dichlorbenzoesäure.

Dibrom-γ-truxillsäure-dimethylester $C_{20}H_{18}O_4Br_2$ entsteht durch Übergießen von γ-Truxillsäuremethylester mit Brom. Schmelzp. 163°. Liefert durch Verseifen mit alkoholischem Kali

Dibrom-γ-truxillsäure $C_{18}H_{14}O_4Br_2$. Nadeln aus Alkohol, Schmelzp. 280°. Sehr leicht löslich in Alkohol und Äther sowie in heißem Benzol. Liefert bei der Destillation p-Bromzimtsäure $C_9H_7O_2Br$, deren Methylester bei 79—80° schmilzt.

Hexachlor-γ-truxillsäure-dimethylester $C_{20}H_{14}O_4Cl_6$ wird in analoger Weise wie das oben behandelte entsprechende Derivat der α-Truxillsäure erhalten. Weiße Nadeln aus Alkohol, Schmelzpunkt 180—182°. Leicht löslich in heißen Alkoholen. Liefert durch Verseifung

---

[1]) C. Liebermann, Berichte d. Deutsch. chem. Gesellschaft **22**, 2250 [1889].
[2]) R. Kraus, Berichte d. Deutsch. chem. Gesellschaft **35**, 2931 [1902]; **37**, 216 [1904].
[3]) Jessen, Berichte d. Deutsch. chem. Gesellschaft **39**, 4086 [1906].

Hexachlor-γ-truxillsäure $C_{18}H_{10}O_4Cl_6$. Nadeln aus Alkohol, Schmelzp. 285°. Leicht löslich in Alkohol und Essigsäure, wenig löslich in Benzol. Liefert bei der Destillation 2,4-β-Trichlorzimtsäure.

Nitro-, Amido- und Oxyderivate der Truxillsäuren[1]: **p, p'-Dinitro-α-truxillsäure** $(C_6H_4 \cdot NO_2)_2C_4H_4(CO_2H)_2$. α-Truxillsäure, mit möglichst wenig rauchender Salpetersäure vom spez. Gew. 1,52 erwärmt, bildet zwei isomere Nitrosäuren. Die eine derselben, deren Konstitution noch nicht aufgeklärt ist, scheidet sich nach dem Erkalten allmählich als weißer, körniger Niederschlag aus. Sie wurde als β - Säure bezeichnet und schmilzt bei 290° unter Zersetzung. Die neben ihr entstehende p, p'-Dinitro-α-truxillsäure bleibt in der Nitriersäure gelöst und wird daraus durch Verdünnen mit Wasser gefällt. Sie krystallisiert aus Alkohol in kleinen Prismen, die bei 228—229° schmelzen. In Alkohol, Äther und Eisessig leicht, in Benzol schwer löslich.

p, p'-Dinitro-α-truxillsäure-diäthylester $(C_6H_4 \cdot NO_2)_2C_4H_4(CO_2C_2H_5)_2$, aus der Säure mit Alkohol und Salzsäure dargestellt, bildet feine Blättchen vom Schmelzp. 134°.

β- und γ-Truxillsäure geben beim Nitrieren nur je eine Dinitroverbindung.

Dinitro-β-truxillsäure $C_{18}H_{14}N_2O_8$ scheidet sich beim Eingießen der Reaktionsmasse in Wasser zuerst ölig aus und ist nur schwer durch Umkrystallisieren aus 90 proz. Alkohol zu reinigen. Schmelzpunkt 216°. Leicht löslich in Äther, Eisessig, Chloroform, schwer löslich in heißem Benzol.

Dinitro-γ-truxillsäure. Kleine Prismen vom Schmelzp. 293°. In Alkohol und Eisessig leicht, in Benzol unlöslich.

p, p'-Diamido-α-truxillsäure $(C_6H_4 \cdot NH_2)_2C_4H_4(CO_2H)_2$ wird aus der entsprechenden Nitroverbindung durch Reduktion mit Zinn und Salzsäure erhalten. Ihr Chlorhydrat bildet äußerst leicht lösliche Nadeln. Die freie Amidosäure ist in Wasser sehr leicht löslich und wird aus dem Chlorhydrat durch Fällen mit Natriumacetat in silberglänzenden Blättchen erhalten. Sie liefert bei der trocknen Destillation p-Amidozimtsäure vom Schmelzp. 178°.

p, p'-Diacetyldiamido-α-truxillsäure $(C_6H_4 \cdot NH \cdot C_2H_3O)_2C_4H_4(CO_2H)_2$ aus p-Diamido-α-truxillsäure mit Natriumacetat und Essigsäureanhydrid erhalten. Nadeln vom Schmelzp. 276°, die nur in Alkohol gut löslich sind.

p, p'-Diamido-α-truxillsäure-diäthylester $(C_6H_4 \cdot NH_2)_2C_4H_4(CO_2C_2H_5)_2$ wurde aus dem Silbersalz der Diaminotruxillsäure mit Jodäthyl dargestellt. Blättchen, löslich in Äther, Alkohol und Eisessig.

p, p'-Dioxy-α-truxillsäure $(C_6H_4 \cdot OH)_2C_4H_4(CO_2H)_2$ ist aus der eben angeführten Diamidotruxillsäure über die Diazoverbindung erhalten worden.

Aus ihr fällt beim Behandeln mit konz. Salpetersäure eine **p-Dioxydinitro-α-truxillsäure** $[C_6H_3(OH)(NO_2)]_2C_4H_4(CO_2H)_2$, die nicht krystallisiert zu erhalten ist. Sie löst sich nur in viel heißem Alkohol. Besser krystallisiert der durch Einleiten von Salzsäuregas in die alkoholische Lösung dieser Säure erhaltene Äthylester $C_{22}H_{22}O_{10}N_2$. Glänzende Nadeln, die in Alkohol oder Eisessig löslich sind und bei 294° schmelzen.

Tetranitro-α-truxillsäure $[C_6H_3(NO_2)_2]_2C_4H_4(CO_2H)_2$ kann dargestellt werden durch Lösen von p-Dinitro-α-truxillsäure in warmer, konz. Schwefelsäure und Eintragen der berechneten Menge Kaliumnitrat in diese Lösung unter Wasserkühlung. Der gut ausgewaschene Niederschlag wird zweimal aus Alkohol umkrystallisiert, wobei er in glänzenden, hellgelben Prismen erhalten wird. Schmelzp. 262°. Die Säure ist in Aceton und Alkohol ziemlich, in Eisessig schwerer löslich. Ihr **Äthylester**, durch Alkohol und Salzsäure dargestellt, krystallisiert aus Alkohol in flachen Prismen vom Schmelzp. 146°.

Die bei der Reduktion vorstehender Säure mittels Zinn und Salzsäure entstehende **Tetraamino-α-truxillsäure**[1]) konnte nur als salzsaures Salz $[C_6H_3(NH_2)_2HCl]C_4H_4(CO_2H)_2$ isoliert werden. Beim Einengen der vom Schwefelzinn abfiltrierten Lösung im Vakuum fällt es allmählich in weißen glänzenden Nadeln. Gereinigt wird es durch Lösen in Wasser und Ausfällen mit Salzsäuregas.

Tetraamino-α-truxillsäure-diäthylester-dichlorhydrat $[C_6H_4(NH_2)_2HCl]C_4H_4(CO_2C_2H_5)_2$ entsteht bei der Reduktion des Tetranitro-α-truxillsäureesters mit Zinn und Salzsäure. Krystallisiert in feinen, flachen Blättchen, die in allen organischen Lösungsmitteln fast unlöslich sind.

Alkaloide der Granatwurzelrinde.

Die Alkaloide der Granatwurzelrinde enthalten zwar keinen Pyrrolidinkern, wären also, wenn man streng systematisch verfahren wollte, nicht hier, sondern unter die Alkaloide der Pyridingruppe einzureihen. Es erscheint uns aber angezeigt, sie im Anschluß an die Alkaloide der Tropanreihe zu behandeln, weil die Analogie beider Alkaloidgruppen, die in den grundlegenden Untersuchungen von Ciamician und Silber so schön zutage tritt, eine sehr weitgehende ist.

---

[1]) Jessen, Berichte d. Deutsch. chem. Gesellschaft **39**, 4086 [1906]. — Homans, Stelzner u. Suckow, Berichte d. Deutsch. chem. Gesellschaft **24**, 2589 [1891].

Nach den Untersuchungsergebnissen von Tanret[1]) und Piccinini[2]) enthält die Granatwurzelrinde von Punica granatum 5 Alkaloidbasen, nämlich:

Pseudopelletierin . . . . . . $C_9H_{15}NO$,
Pelletierin . . . . $C_8H_{15}NO$,
Isopelletierin . . . . $C_8H_{15}NO$,
Methylpelletierin . . . . . $C_9H_{17}NO$,
Isomethylpelletierin . . . . $C_9H_{17}NO$.

Physiologische Eigenschaften dieser Alkaloide: Die bandwurmtreibende Wirkung der Granatwurzelrinde beruht auf ihrem Gehalt an vorstehend genannten Alkaloiden, welche in größeren Mengen ziemlich stark giftig sind. Die Sulfate und Tannate derselben werden statt der Granatrinde als Bandwurmmittel benützt. Die spezifische Wirkung auf die Eingeweidewürmer scheint nur dem Pelletierin und Isopelletierin zuzukommen. Dagegen sind alle angeführten Alkaloide ziemlich starke Nervengifte, weshalb bei der Verabreichung von Präparaten aus Granatbaumrinde große Vorsicht am Platze ist.

Pseudopelletierin = n-Methylgranatonin.

Mol.-Gewicht 153.
Zusammensetzung: 70,6% C, 9,8% H, 9,2% N.

$$C_9H_{15}NO.$$

$$\begin{array}{c} H_2C - CH \!-\!\!-\!\!- CH_2 \\ |\quad\quad |\quad\quad\quad | \\ H_2C \quad N\cdot CH_3 \quad CO \\ |\quad\quad |\quad\quad\quad | \\ H_2C - CH \!-\!\!-\!\!- CH_2 \end{array}$$

Vorkommen: In der Granatwurzelrinde; wurde im Jahre 1879 von Tanret[3]) entdeckt.

Darstellung: Die zerkleinerte Granatwurzelrinde wird mit dicker Kalkmilch vermischt und das Gemenge mit Chloroform ausgezogen. Die Chloroformlösung schüttelt man mit verdünnter Säure aus. Die saure Lösung versetzt man mit Natron und schüttelt mit Chloroform (oder Äther) aus. Beim Verdunsten des Chloroforms scheidet sich zuerst Pseudopelletierin aus.

Abbau und Konstitutionsbeweis: Den Beweis dafür, daß Pseudopelletierin ein Kernhomologes von Tropinon ist, haben Ciamician und Silber[4]) in einer Reihe von Untersuchungen erbracht und Piccinini[5]) hat ihn vervollständigt. Genau ebenso wie Tropin auf dem Wege über Tropinsäure zur normalen Pimelinsäure abgebaut worden ist, ließ sich Pseudopelletierin zur Granatsäure oxydieren und zur Korksäure aufspalten. Eine unverzweigte Kette von 8 Kohlenstoffatomen ist also im Granatwurzelalkaloid ringförmig geschlossen. Willstätter und Veraguth[6]) haben aus dem Pseudopelletierin ungesättigte Kohlenwasserstoffe mit Kohlenstoffachtring, Cyclooctene, erhalten, wie unten noch näher dargelegt werden soll. Der Abbau des Pseudopelletierins zur Suberin- oder Korksäure (Octandisäure) geht in folgenden Phasen vor sich. Zuerst bildet sich aus dem Pseudopelletierin durch Oxydation **Methylgranatsäure** $C_9H_{15}NO_4$:

$$\begin{array}{c} HOOC\cdot CH_2-CH-CH_2 \\ |\quad\quad\quad | \\ H_3C\cdot N \quad\quad CH_2 \\ |\quad\quad\quad | \\ HOOC-CH-CH_2 \end{array}$$

Sie krystallisiert in Prismen und schmilzt bei 240—245° unter Zersetzung. Das Jodmethylat des Methylgranatsäuredimethylesters wird mit Alkalicarbonat behandelt, wodurch der Stickstoff von einem Kohlenstoffatom gelöst wird und der Ester der **Dimethylgranatensäure** $C_{10}H_{17}NO_4$ entsteht:

$$H_3COOC-CH_2-CH-CH_2-CH_2-CH=CH-COOCH_3$$
$$|$$
$$N(CH_3)_2$$

---

[1]) Tanret, Compt. rend. de l'Acad. des Sc. **86**, 1270 [1878]; **88**, 716 [1879]; **90**, 696 [1880].
[2]) Piccinini, Chem. Centralbl. **1899**, II, 879.
[3]) Tanret, Bulletin de la Soc. chim. **32**, 466 [1879].
[4]) G. Ciamician u. P. Silber, Berichte d. Deutsch. chem. Gesellschaft **25**, 1601 [1892]; **26**, 156, 2738 [1893]; **27**, 2850 [1894]; **29**, 481, 490, 2970 [1896].
[5]) Piccinini, Gazzetta chimica ital. **29**, II, 104 [1899].
[6]) R. Willstätter u. Veraguth, Berichte d. Deutsch. chem. Gesellschaft **38**, 1975 [1905].
— Willstätter u. Waser, Berichte d. Deutsch. chem. Gesellschaft **43**, 1176 [1910].

Die Stelle der doppelten Bindung in der vorstehenden Formel ist noch nicht mit Sicherheit festgelegt.

Das Jodmethylat der Dimethylgranatensäure läßt sich weiterhin durch konz. Kali unter Abspaltung von Trimethylamin in die **Homopiperylendicarbonsäure** $C_8H_{10}O_4$

$$HOOC-CH=CH-CH_2-CH_2-CH=CH-COOH$$

überführen, die schließlich bei der Reduktion die Suberinsäure liefert.

Dieser Abbau des Pseudopelletierins zur Korksäure gleicht vollkommen demjenigen des Tropins zur Pimelinsäure. Ebenso wie sich das Tropin hierdurch als ein Cycloheptanderivat charakterisiert, führt der eben geschilderte Abbau des Pseudopelletierins zur Auffassung desselben als Derivat des Cyclooctans.

Physikalische und chemische Eigenschaften und Derivate: Die Base krystallisiert aus Wasser oder Petroleumäther in prismatischen Tafeln, die bei 48° schmelzen. Siedep. 246°. Sie ist sehr leicht löslich in Wasser, Alkohol, Äther und Chloroform, schwerer löslich in Petroläther. Optisch inaktiv. Sehr starke Base, welche Ammoniak aus ihren Salzen austreibt. Gibt mit Kaliumdichromat und Schwefelsäure eine intensiv grüne Färbung. Salpetrige Säure übt keine Wirkung aus.

Salzsaures Salz des Pseudopelletierins $C_9H_{15}NO \cdot HCl$ krystallisiert in Rhomboedern. — **Platinsalz** $(C_9H_{15}NO \cdot HCl)_2PtCl_4$ bildet rotgelbe, feine Nadeln. — Das **Goldsalz** ist eine hellgelbe, krystallinische Fällung, die in heißem Wasser leicht löslich ist. — **Schwefelsaures Salz** $(C_9H_{15}NO)_2 \cdot H_2SO_4 + 4 H_2O$, in weniger als 2 T. Wasser von 10° löslich. — **Pikrinsaures Salz** ist in heißem Wasser leicht löslich. — **Phosphormolybdänsäure** gibt mit der Base eine hellgelbe, **Tanninlösung** eine schmutzigweiße Fällung. — **Jodkaliumquecksilberjodid** erzeugt eine hellgelbe Fällung, die aus heißem Wasser in lichtgelben Blättchen abgeschieden wird. **Jodmethylat** $C_9H_{15}NO \cdot CH_3J$ krystallisiert aus verdünntem Alkohol in kleinen farblosen Würfeln, die bei 280° noch nicht geschmolzen sind.

Physiologische Eigenschaften: s. S. 109.

Mit Hydroxylamin bildet die Base ein **Oxim** $C_9H_{15}N:N \cdot OH$, welches aus Äther in rhombischen, bei 128—129° schmelzenden Tafeln krystallisiert.

Durch Behandlung mit Natriumamalgam, oder besser mit Natrium und Alkohol, bildet die Base den entsprechenden sekundären Alkohol, das **n-Methylgranatolin** $C_9H_{17}NO$ (entspricht dem **Tropin**). Es krystallisiert aus Petroläther in Form federförmiger Krystalle oder weißer, fischgrätenförmiger Gebilde, die bei 100° schmelzen. Siedep. 251°. Löslich in Alkohol, Äther und Wasser; die wässerige Lösung reagiert stark alkalisch.

Goldsalz des n-Methylgranatolins $(C_9H_{17}NO \cdot HCl)AuCl_3$ krystallisiert aus Wasser in goldgelben Nadeln, die bei 213° schmelzen. **Jodmethylat** $C_9H_{17}NO \cdot CH_3J$ krystallisiert aus Wasser in farblosen, würfelförmigen Krystallen. **Benzoylverbindung** $C_8H_{13}(O \cdot C_7H_5O)N \cdot CH_3$ wird nach der Methode von Schotten - Baumann erhalten.

Durch längere Einwirkung von Jodwasserstoffsäure und Phosphor auf n-Methylgranatolin bei 140° entsteht eine ungesättigte Base, das **n-Methylgranatenin** $C_8H_{12}N \cdot CH_3$ (dem **Tropidin** ähnlich konstituiert), welches leicht 2 Wasserstoffatome aufnimmt, unter Bildung des gesättigten **n-Methylgranatanins**.

n-Methylgranatenin stellt eine dicke Flüssigkeit von schwach unangenehmem Geruch dar, die bei 186° (751 mm Druck) siedet.

Goldsalz $(C_9H_{15}N \cdot HCl)AuCl_3$ ist eine gelbe, krystallinische Masse, die bei 220° schmilzt. — **Jodmethylat** $C_9H_{15}N \cdot CH_3J$ krystallisiert aus Wasser oder verdünntem Alkohol in würfelförmigen Krystallen, die bei 315° noch nicht geschmolzen sind.

Durch Destillation mit Kali wird das Jodmethylat des n-Methylgranatenins in Jodkalium, Wasser und **Dimethylgranatenin** $C_9H_{14}N \cdot CH_3$ zerlegt. Letzteres geht schon beim Auflösen in Salzsäure, leichter beim Kochen als Salz, in Dimethylamin und Granatal oder Tetrahydroacetophenon über. **Granatal** $C_8H_{12}O$ ist eine bei 200—201° siedende, leicht bewegliche Flüssigkeit von terpentinartigem Geruch. Es reduziert ammoniakalische Silberlösung, bildet mit Phenylhydrazin ein Hydrazon und verbindet sich mit Natriumbisulfit. Die ätherische Lösung addiert Brom zu einem **Dibromid** $C_8H_{12}Br_2O$ [1]).

n-Methylgranatanin, die sauerstofffreie Stammsubstanz des Pseudopelletierins, ist von Ciamician und Silber[2]) durch Reduktion des Ketons mit Jodwasserstoffsäure und

---

[1]) G. Ciamician u. P. Silber, Berichte d. Deutsch. chem. Gesellschaft **26**, 2740, 2749 [1893].
[2]) G. Ciamician u. P. Silber, Berichte d. Deutsch. chem. Gesellschaft **26**, 2750 [1893].

rotem Phosphor im Einschlußrohr bei 240° erhalten worden, einfacher von A. Piccinini[1]) durch elektrolytische Reduktion in stark schwefelsaurer Lösung. Die Base siedet unter 750 mm Druck bei 196—199° und schmilzt bei 55—58°. — Das **Platindoppelsalz** bildet in kaltem Wasser leicht, in heißem sehr leicht lösliche, kurze Prismen, die bei 220—221° unter Zersetzung schmelzen.

Das n-Methylgranatanin verhält sich analog dem Tropan und geht bei der Destillation seines Methylammoniumhydroxyds unter Sprengung der Stickstoffbrücke in eine monocyclische Base, das **Δ^4-des-Dimethyl-granatanin** über. Aus letzterem entsteht durch erneute Destillation des entsprechenden quaternären Hydroxyds der ungesättigte Kohlenwasserstoff **Cyclooctadien** gemäß den Formeln[2]):

$$\begin{array}{ccccc}
\text{H}_2\text{C}-\text{CH}-\text{CH}_2 & \text{H}_2\text{C}-\text{CH}-\text{CH}_2 & \text{H}_2\text{C}-\text{CH}-\text{CH}_2 & & \\
| \quad | \quad | & | \quad\quad | & | \quad\quad\quad | \text{N(CH}_3)_2 & & \\
\text{H}_2\text{C} \;\; \text{N}\cdot\text{CH}_3 \;\; \text{CH}_2 \to \text{H}_2\text{C} \;\; \text{N}{\small\begin{array}{l}\!\!\diagup\text{CH}_3\\\!\!-\text{CH}_3\\\!\!\diagdown\text{OH}\end{array}} \;\; \text{CH}_2 \to \text{H}_2\text{C} \quad\quad\quad \text{CH}_2 \to \text{C}_8\text{H}_{12} + \text{N(CH}_3)_3 + \text{H}_2\text{O} \\
| \quad | \quad | & | \quad\quad | & | \quad\quad\quad | & & \\
\text{H}_2\text{C}-\text{CH}-\text{CH}_2 & \text{H}_2\text{C}-\text{CH}-\text{CH}_2 & \text{H}_2\text{C}-\text{CH}=\text{CH} & & \\
\text{n-Methylgranatanin} & \text{Methyl-granatanin-} & \Delta^4\text{-des-Dimethyl-} & \text{Cyclooctadien.} & \\
& \text{methylammonium-} & \text{granatanin.} & \text{Siedepunkt unter 16,5 mm} & \\
& \text{hydroxyd.} & \text{Farbloses Öl von} & \text{Druck bei 39,5}° & \\
& \text{Krystallisiert aus Wasser in harten Tafeln} & \text{narkotischem Geruch. Siedepunkt unter 14,5 mm Druck 89,5—92}° & &
\end{array}$$

Von den Salzen des Methylgranatanins und der des-Base zeigen die Jodhydrate und Pikrate die größten Löslichkeitsunterschiede.

In 100 T. Wasser lösen sich bei 15° 13,9 T. Methylgranataninjodhydrat, aber 32,3 T. Dimethylgranataninjodhydrat.

Pikrat von	Methylgranatanin	des-Dimethylgranatanin
Schmelzpunkt	Zersetzung bei ca. 290°	165,5—166°
In Wasser	schwer löslich	schwer löslich
In Alkohol	ziemlich schwer löslich	schwer löslich
In Aceton	kalt schwer, warm ziemlich schwer löslich	leicht, warm sehr leicht löslich
In Chloroform	ziemlich schwer löslich	leicht, warm spielend löslich

Die Trennung der zwei Basen mittels ihrer Salze gelingt indessen nicht gut; es ist vorzuziehen, nach der exakteren, wenn auch umständlichen Methode von Willstätter und Veraguth das Gemisch mit Hilfe der Jodmethylate zu trennen. Das Derivat des bizyklischen Amins ist in Chloroform so gut wie unlöslich, das des monozyklischen spielend löslich.

Durch Erhitzen von n-Methylgranatolin resp. n-Methylgranatanin mit Jodwasserstoffsäure und Phosphor bis auf 260° wird eine Methylgruppe als Jodmethyl abgespalten, und es entsteht das **Granatanin** $C_8H_{15}N$ [3]), früher **Norgranatanin** genannt. Dasselbe krystallisiert in Form weißer, in Äther löslicher Nädelchen und riecht unangenehm. Es nimmt Kohlensäure und Wasser mit großer Begierde aus der Luft auf unter Carbonatbildung und schmilzt deshalb unscharf zwischen 50 und 60°.

Salzsaures Salz des Granatanins $C_8H_{15}N \cdot HCl$ ist krystallinisch und in Wasser leicht löslich. — **Goldsalz** $(C_8H_{15}N \cdot HCl)AuCl_3$ krystallisiert aus Wasser in gelben, bei 225° schmelzenden Blättchen. — **Platinsalz** $(C_8H_{15}N \cdot HCl)_2PtCl_4$ bildet gelbe Täfelchen, die bei 225° noch nicht schmelzen. — **Nitrosoverbindung** $C_8H_{14}N \cdot NO$ krystallisiert aus Petroläther in bei 148° schmelzenden Schuppen. Mit Zinn und Salzsäure entsteht wieder Norgranatanin. — **Benzoylverbindung** $C_8H_{14}N \cdot COC_6H_5$ bildet aus Petroläther farblose, bei 111° schmelzende Nadeln. — Durch Oxydation von Granatanin mit Kaliumpermanganat entsteht das **Oxygranatanin** $C_8H_{15}NO$ von bisher unbekannter Konstitution.

Durch Oxydation von n-Methylgranatolin mit 2 proz. alkalischer Kaliumpermanganatlösung entsteht das **Granatolin** $C_8H_{13}(OH)NH$. Es ist in Alkohol und Wasser ziemlich

---

[1]) A. Piccinini, Gazzetta chimica ital. **32**, I, 260 [1902].
[2]) R. Willstätter u. Veraguth, Berichte d. Deutsch. chem. Gesellschaft **38**, 1975, 1984 [1905].
[3]) G. Ciamician u. P. Silber, Berichte d. Deutsch. chem. Gesellschaft **27**, 2851 [1894].

löslich; aus Äther krystallisiert es in Nadeln oder farblosen Prismen, die bei 134° schmelzen und beim Stehen an der Luft unter Kohlensäureanziehung langsam zerfließen.

Das **Goldsalz** ($C_8H_{15}ON \cdot HCl)AuCl_3$ krystallisiert aus verdünnter Salzsäure in kleinen, hellgelben Prismen, welche bei 215° schmelzen.

Die **Nitrosoverbindung** $C_8H_{14}ON \cdot NO$ bildet farblose, in wasserfreiem Zustand bei 125° schmelzende Blättchen[1]).

Durch Oxydation von Granatolin mit geringen Mengen Chromsäure bei gelinder Temperatur entsteht das entsprechende Keton,

das **Granatonin** $C_8H_{13}ON$, nach der Formel:

$$\begin{array}{c} H_2C-CH-CH_2 \\ | \quad | \quad | \\ H_2C \quad NH \quad CHOH \\ | \quad | \quad | \\ H_2C-CH-CH_2 \end{array} + O = H_2O + \begin{array}{c} H_2C-CH-CH_2 \\ | \quad | \quad | \\ H_2C \quad NH \quad CO \\ | \quad | \quad | \\ H_2C-CH-CH_2 \end{array}$$

Granatonin ist eine dem Piperidin ähnliche sekundäre Base, welche ein Nitrosoderivat $C_8H_{12}ON \cdot NO$ vom Schmelzp. 199° liefert.

Durch Oxydation von Granatolin mit mehr Chromsäure bei höherer Temperatur erhält man eine zweibasische Säure,

die **Granatsäure** $C_8H_{13}O_4N$.

$$\begin{array}{c} H_2C-CH-CH_2 \\ | \quad | \quad | \\ H_2C \quad NH \quad CHOH \\ | \quad | \quad | \\ H_2C-CH-CH_2 \end{array} + 6\,O = \begin{array}{c} H_2C-CH \cdot COOH \\ | \quad | \\ H_2C \quad NH \\ | \quad | \\ H_2C \quad CH \cdot CH_2COOH \end{array} + 2\,H_2O$$

Die Säure krystallisiert in farblosen Prismen, die bei 270° schmelzen.

Durch Oxydation von n-Methylgranatolin mit Chromsäure entsteht, analog wie durch Oxydation von Tropin die Tropinsäure, die **n-Methylgranatsäure** $C_9H_{15}NO_4$. Sie ist in Alkohol und Äther fast unlöslich und krystallisiert aus Wasser in kleinen, weißen, kugelförmigen Aggregaten. Der Schmelzpunkt liegt zwischen 240 und 245° (unter starkem Aufschäumen).

Goldsalz ($C_9H_{15}NO_4 \cdot HCl)AuCl_3$ scheidet sich auf Zusatz von Goldchlorid zur konz. salzsauren Lösung der Säure in derben, bei 190° unter Zersetzung schmelzenden Rosetten ab.

Nach Piccinini[2]) stellt die n-Methylgranatsäure die n-Methyl-1,5-piperidincarbonessigsäure dar:

$$\begin{array}{c} CH_2-CH-CH_2 \\ | \quad | \quad | \\ CH_2 \quad N(CH_3) \quad CHOH \\ | \quad | \quad | \\ CH_2-CH-CH_2 \end{array} \rightarrow \begin{array}{c} CH_2-CH \cdot COOH \\ | \quad | \\ CH_2 \quad N(CH_3) \\ | \quad | \\ CH_2-CH \cdot CH_2 \cdot COOH \end{array}$$

Methylgranatolin   Methylgranatsäure

Beim Kochen seines Jodmethylats mit Kalilauge resp. Barytwasser[3]) zerfällt das Pseudopelletierin in Wasser, Dimethylamin und ein Keton,

das **Granaton** $C_8H_{10}O$. Es ist ein farbloses, bei 197—198° siedendes Öl, welches allem Anschein nach Dihydroacetophenon darstellt, da es bei der Oxydation mit Kaliumpermanganat in Phenylglyoxylsäure übergeht.

Das ganze Verhalten des Pseudopelletierins erinnert also sehr an dasjenige der Körper der Tropinreihe.

Pelletierin.

Mol.-Gewicht 141.
Zusammensetzung: 68,1% C, 10,6% H, 9,9% N.

$$C_8H_{15}NO.$$

Vorkommen: Insbesondere im Stengel des Granatbaumes und auch in der Granatwurzelrinde.

---

[1]) G. Ciamician u. P. Silber, Berichte d. Deutsch. chem. Gesellschaft **27**, 2855 [1894].
[2]) A. Piccinini, Chem. Centralbl. **1899**, II, 808.
[3]) G. Ciamician u. P. Silber, Berichte d. Deutsch. chem. Gesellschaft **25**, 1603 [1892]; **26**, 157 [1893].

Darstellung: Die feinpulverisierte Rinde der Granatwurzel wird mit überschüssiger Kalkmilch versetzt, die Alkaloide werden mit Chloroform extrahiert. Sie werden in Salzsäure aufgelöst, mit Natriumcarbonat versetzt und nochmals mit Chloroform ausgezogen. Mit verdünnter Schwefelsäure wird der Chloroformlösung Methylpelletierin und Pseudopelletierin (s. letzteres) entzogen. Aus diesem Gemisch wird Methylpelletierin durch fraktionierte Fällung oder Sättigung der Lösung der Salze mit Natriumbicarbonat und Ausschütteln mit Chloroform gewonnen. Es konzentriert sich in den zuerst erhaltenen Portionen, während die zuletzt abgeschiedenen Anteile Krystalle von Pseudopelletierin abscheiden. Außerdem können Methylpelletierin und Pseudopelletierin auch durch fraktionierte Destillation getrennt werden.

Durch Zusatz von Kali zu der ersten Flüssigkeit werden dann Pelletierin und Isopelletierin freigemacht und durch Ausschütteln mit Chloroform und Behandlung mit Schwefelsäure als Sulfate abgeschieden. Die Lösung der Sulfate wird über konz. Schwefelsäure eingedunstet und der Rückstand auf Papier gestrichen. Hierbei wird das Isopelletierinsulfat von dem Papier aufgesaugt, während das krystallisierte Pelletierinsulfat zurückbleibt. Aus den Sulfaten werden die Basen mit Alkali freigemacht und im Wasserstoffstrome destilliert.

Physikalische und chemische Eigenschaften: Pelletierin ist eine ölige Flüssigkeit, die unter teilweiser Zersetzung bei 195° siedet. Spez. Gew. bei 0° 0,988. Die Base absorbiert energisch Sauerstoff an der Luft und färbt sich dabei dunkel. Sie ist in Alkohol und Äther, besonders aber in Chloroform leicht löslich. Die wässerige Lösung reagiert stark alkalisch. Die Base gibt mit Platinchlorid keine Fällung, wohl aber mit Palladium- und Goldchlorid. Ebenso gibt sie mit Tannin, Jodjodkalium, Bromwasser, Kaliumquecksilberjodid und Phosphormolybdänsäure schwer lösliche Verbindungen. Optisches Drehungsvermögen $[\alpha]_D = -30°$.

Verhalten im Organismus s. S. 109.

Isopelletierin.

Mol.-Gewicht 141.
Zusammensetzung: 68,1% C, 10,6% H, 9,9% N.

$$C_8H_{13}NO.$$

Vorkommen: In der Granatwurzelrinde.
Darstellung: s. oben.
Physikalische und chemische Eigenschaften: Isopelletierin ist eine ölige Flüssigkeit und zeigt den gleichen Siedepunkt, die gleiche Löslichkeit und dieselben Eigenschaften wie das Pelletierin, ist aber optisch aktiv.
Verhalten im Organismus: s. S. 109.

Methylpelletierin.

Mol.-Gewicht 155.
Zusammensetzung: 69,7% C, 11,0% H, 9,0% N, 10,3% O.

$$C_9H_{17}NO.$$

Vorkommen: In der Granatwurzelrinde.
Darstellung: s. oben.
Physikalische und chemische Eigenschaften: Methylpelletierin ist flüssig, leicht löslich in Alkohol, Äther und Chloroform. Wasser von 12° löst 25 T. der Base. Siedep. 215°. Salzsaures Salz zeigt das optische Drehungsvermögen $[\alpha]_D = +22°$.

Isomethylpelletierin.

Mol.-Gewicht 155.
Zusammenstellung: 69,7% C, 11,0% H, 9,0% N.

$$C_9H_{17}NO.$$

Vorkommen: In der Granatwurzelrinde.
Darstellung: Nach Piccinini[1]) hinterbleibt beim Umkrystallisieren von Pseudopelletierin aus Petroläther ein Öl, aus dem sich das Isomethylpelletierin isolieren läßt. Es bildet bei 28 mm Druck den bei 100—120° siedenden Anteil des Öles.

---

[1]) A. Piccinini, Chem. Centralbl. **1899**, II, 879.

Physiologische Eigenschaften: s. S. 109.
Physikalische und chemische Eigenschaften: In gereinigter Form ist Isomethylpelletierin ein stark alkalisches, bei 114—117° (Druck 20 mm) siedendes Öl. Die wässerige Lösung gibt mit Phosphormolybdänsäure einen käsigen, gelben, mit Tannin einen weißen Niederschlag.
Goldsalz ($C_9H_{17}NO \cdot HCl)AuCl_3$ schmilzt bei 115—117°.
Pikrat ($C_9H_{17}NO \cdot C_6H_2(NO_2)_3OH$ schmilzt bei 152—153°.
Isomethylpelletierin ist ein Keton, weil es sowohl ein Semicarbazon als ein Oxim bildet.
Die Konstitution der Alkaloide Pelletierin, Isopelletierin, Methylpelletierin und Isomethylpelletierin ist bisher noch nicht aufgeklärt.

Alkaloide der Familie Papilionaceae.

Bei einer Untersuchung über die Ursache der Lupinenkrankheit der Schafe isolierte G. Liebscher[1]) aus dem Samen der gelben Lupine 2 Alkaloide: das sauerstoffhaltige, krystallisierende **Lupinin** und das sauerstofffreie flüssige **Lupinidin**. Mit diesem beschäftigte sich eine Reihe von Forschern in eingehenden Untersuchungen. Zunächst leitete G. Baumert[2]) für das Lupinidin die Formel $C_8H_{15}N$ ab, die später in den Untersuchungen von G. Campani und G. Grimaldi, ferner von E. Schmidt und L. Berend[3]) sowie von E. Schmidt und C. Gerhard[4]) Bestätigung fand.

Schließlich haben R. Willstätter und W. Marx[5]) die Untersuchung des Lupinidins wieder aufgenommen. Sie fanden bei der Analyse der Base — bei den älteren Untersuchungen war die Analyse der Salze vorgezogen worden — daß die Formel der Base nicht $C_8H_{15}N$, sondern $C_{15}H_{26}N_2$ ist, mit der auch der Siedepunkt der Base (ca. 311—314°) in Einklang steht. Die Formel fand Bestätigung bei der Bestimmung des Molekulargewichtes nach der kryoskopischen Methode. Und weiterhin erwies sich das **Lupinidin** als identisch mit dem ebenso zusammengesetzten **Spartein**, das J. Stenhouse[6]) im Jahre 1851 aus dem Besenginster, der ebenfalls zur Familie Papilionaceae gehört, gewonnen hat. Das gleichzeitige Vorkommen von Spartein und Lupinin in der gelben Lupine macht es wahrscheinlich, daß zwischen beiden Alkaloiden konstitutionelle Beziehungen bestehen.

Unsere Kenntnis von dem Alkaloidgehalt der verschiedenen Lupinenarten, den E. Schmidt[7]) und seine Schüler gründlich untersucht haben, ist nun wesentlich vereinfacht und geklärt. Es kommen vor:

1. Lupinin $C_{10}H_{19}ON$ in Lupinus luteus und Lupinus niger;
2. Spartein $C_{15}H_{26}N_2$ in Lupinus luteus, Lupinus niger;
3. Lupanin $C_{15}H_{24}ON_2$ und zwar in racemischer und linksdrehender Form, in Lupinus albus, Lupinus angustifolius, Lupinus perennis.

Die Auffindung des Sparteins in der gelben Lupine bietet auch praktisches Interesse im Hinblick auf die Lupinenkrankheit der Schafe, deren Ursachen noch nicht genügend aufgeklärt worden sind.

Spartein.

Mol.-Gewicht 234,2.
Zusammensetzung: 76,85% C, 11,19% H, 11,96% N.

$$C_{15}H_{26}N_2.$$

Vorkommen: Wie vorstehend erwähnt im Besenginster und in verschiedenen Lupinenarten.

Darstellung: Um Spartein zu gewinnen, werden die Pflanzenteile mit schwefelsäurehaltigem Wasser ausgezogen, die Lösung konzentriert und mit Natronlauge destilliert. Nach

---

[1]) G. Liebscher, Berichte d. landwirtschaftl. Instituts d. Univers. Halle a. S. I, 2. Heft, 53 [1880].
[2]) G. Baumert, Landwirtschaftl. Versuchsstationen **30**, 295; **31**, 139 [1884]; Annalen d. Chemie **224**, 321 [1884]; **225**, 365 [1884]; **227**, 207 [1885].
[3]) E. Schmidt u. L. Behrend, Archiv d. Pharmazie **235**, 262 [1897].
[4]) E. Schmidt u. C. Gerhard, Archiv d. Pharmazie **235**, 342 [1897].
[5]) R. Willstätter u. W. Marx, Berichte d. Deutsch. chem. Gesellschaft **37**, 2351 [1904].
[6]) Stenhouse, Annalen d. Chemie **78**, 1 [1851].
[7]) E. Schmidt u. Mitarbeiter, Archiv d. Pharmazie **235**, 192 [1897]; **242**, 409 [1904]. — Bergh, Archiv d. Pharmazie **242**, 416 [1904]. — E. Schulze, Zeitschr. f. physiol. Chemie **41**, 474 [1904].

dem Neutralisieren des Destillates mit Salzsäure wird die Lösung verdunstet und der Rückstand mit festem Kali destilliert. Zur Befreiung von den letzten Spuren Feuchtigkeit wird das übergegangene Öl mit Natrium erwärmt und alsdann im Wasserstoffstrome destilliert.

Physiologische Eigenschaften: Die Lösungen des Alkaloids wirken stark narkotisch. In seinen toxischen Wirkungen nähert es sich teils dem Coniin, teils dem Nicotin. A. Baldoni[1]) hat an einer Reihe von Tieren die Wirkung des Sparteins untersucht. Sie läßt sich nicht mit derjenigen des Kaffeins und der Digitalissubstanzen vergleichen, dennoch kann das Spartein in manchen Krankheitsfällen von Nutzen sein.

Physikalische und chemische Eigenschaften: Spartein ist ein farbloses Öl, siedet bei 311—311,5° unter 723 mm oder bei 180—181° unter 20 mm Druck. Das spez. Gew.[2]) $D^{20} = 1,0199$; $n_D = 1,5291$. Der Geruch erinnert an Anilin, der Geschmack ist äußerst bitter. Löst sich nur wenig in Wasser, leicht in Alkohol, Äther und Chloroform, ist dagegen in Benzol und Ligroin unlöslich. Das Drehungsvermögen in alkoholischer Lösung ergibt sich zu $[\alpha]_D = -14,6°$.

Salze und sonstige Derivate des Sparteins: Das **Hydrojodid** $C_{15}H_{26}N_2 \cdot HJ$, aus gleichen Molekülen der Komponenten dargestellt, bildet glänzende Tafeln, die in kaltem Wasser ziemlich schwer, in Alkohol leicht löslich sind. Beim Versetzen von Spartein mit wässeriger Jodwasserstoffsäure entsteht das **Dihydrojodid** $C_{15}H_{26}N_2 \cdot 2HJ$, welches in seideglänzenden Nadeln krystallisiert[3]). — Das **Pikrat** $C_{15}H_{26}N_2 \cdot 2C_6H_2(NO_2)_3OH$ bildet aus kochendem Alkohol lange, gelbe Nadeln, die in kochendem Wasser und Alkohol schwer löslich sind. — Das **Chloroplatinat** $C_{15}H_{26}N_2 \cdot 2HCl \cdot PtCl_4 + 2H_2O$ entsteht beim Mischen der Komponenten als gelber, in kaltem Wasser und Alkohol fast unlöslicher Niederschlag. Krystallisiert aus Salzsäure in rhombischen Prismen, färbt sich, im Capillarröhrchen erhitzt, bei 239° dunkel und schmilzt bei 243° unter Aufschäumen. — Das **Goldsalz** $C_{15}H_{26}N_2 \cdot 2HAuCl_4$ ist ein gelber, krystallinischer Niederschlag. — Das **saure Sulfat** $C_{15}H_{26}N_2 \cdot 2H_2SO_4$ wird erhalten durch Vermischen der Base mit 2 Mol.-Gew. 50 proz. Schwefelsäure. Beim Versetzen der konz. wässerigen Lösung mit viel Alkohol scheidet es sich in zugespitzten Prismen aus, die sich bei 232° unter Aufschäumen zersetzen.

Halogenalkyladditionsprodukte des Sparteins. Um Aufschluß darüber zu erhalten, ob die beiden Stickstoffatome des Sparteins gleiche oder verschiedene Funktionen besitzen, haben Scholtz[4]) und Pawlicki an das Spartein in abwechselnder Reihenfolge zwei ungleiche Halogenalkyle angelagert. Da hierbei nicht identische, sondern zwei isomere Verbindungen entstanden, so ist die Frage im letzteren Sinne entschieden. Verbindung $C_{15}H_{26}N_2 \cdot CH_3J \cdot HJ$, aus Jodmethyl und Spartein in methylalkoholischer Lösung bei 100° entstehend, farblose Prismen aus Alkohol oder Wasser vom Schmelzp. 226°. — **Sparteinmonomethylat** $C_{15}H_{26}N_2 \cdot CH_3J$, durch Fällen der wässerigen Lösung der vorhergehenden Verbindung mit starker Kalilauge, Schmelzp. 234°. — Verbindung $C_{15}H_{26}N_2(CH_3J) \cdot C_2H_5J$, durch vierstündiges Erhitzen des Monojodmethylats mit überschüssigem Jodäthyl auf 120°, Tafeln aus Alkohol vom Schmelzp. 239°. — **Sparteinmonojodbenzylat** $C_{15}H_{26}N_2 \cdot C_6H_5CH_2J$, aus den Komponenten bei Zimmertemperatur, farblose Blättchen aus Alkohol. Schmelzp. 230°. Leicht löslich in Alkohol, Chloroform und heißem Wasser. — **Sparteinmonojodessigsäuremethylester** $C_{15}H_{26}N_2 \cdot JCH_2COOCH_3$, dargestellt wie die vorhergehende Verbindung. Farblose Nadeln aus Alkohol vom Schmelzp. 230°. — Verbindung $C_{15}H_{26}N_2(C_6H_5CH_2J) \cdot CH_2J \cdot COOCH_3$, aus Sparteinjodbenzylat und Jodessigsäuremethylester bei 120°. Farblose Krystalle aus Alkohol, Schmelzp. 219°, bzw. aus Sparteinjodessigester und Benzyljodid in Chloroformlösung bei 120°. Farblose Blättchen aus Wasser vom Schmelzp. 245°. — Verbindung $C_{15}H_{26}N_2(CH_3J) \cdot CH_2JCOOCH_3$, aus Sparteinjodmethylat und Jodessigester bei 120°. Schwach rötliche Blättchen aus Alkohol, Schmelzp. 232°, bzw. aus Sparteinjodessigester und Jodmethyl bei 120°. Schmelzp. 249°. — Verbindung $C_{15}H_{26}N_2 \cdot C_5H_{11}J \cdot HJ$, aus Spartein und überschüssigem Isoamyljodid in alkoholischer Lösung auf dem Wasserbade. Farblose Tafeln aus Alkohol. Schmelzp. 227°. — **Sparteinmonojodamylat** $C_{15}H_{26}N_2 \cdot C_5H_{11}J$, aus äquimolekularen Mengen Amyljodid und Spartein bei Wasserbadtemperatur. Farblose Tafeln vom Schmelzp. 229°. — **Sparteindijodamylat** $C_{15}H_{26}N_2(C_5H_{11}J)_2$, aus 1 Mol. Spartein und 2 Mol. Amyljodid. Farblose Täfelchen vom Schmelzp. 230°. — Verbindung

---

[1]) A. Baldoni, Archivio di Farmacol. sperim. **7**, Heft 11 u. 12 [1908].
[2]) F. W. Semmler, Berichte d. Deutsch. chem. Gesellschaft **37**, 2429 [1904].
[3]) Bamberger, Annalen d. Chemie **235**, 369 [1886].
[4]) Scholtz u. Pawlicki, Archiv d. Pharmazie **242**, 513 [1904]. — Scholtz, Archiv d. Pharmazie **244**, 72 [1906].

$C_{15}H_{26}N_2 \cdot C_6H_4(CH_2Br)_2$, aus äquimolekularen Mengen Spartein und o-Xylylenbromid in Chloroformlösung. Farblose Nadeln aus Alkohol vom Schmelzp. 237°.

Die von Hildebrandt ausgeführte vergleichende Untersuchung der **physiologischen Wirkung des Sparteinjodmethylats und -jodbenzylats** einerseits und des Sparteinjodhydrats andererseits ergab, daß trotz der an sich günstigen Wirkung der Halogenalkylate auf das Herz ihre therapeutische Verwendung wegen der die Atmung schädigenden Wirkung in hohem Grade bedenklich erscheint. Das Sparteinjodhydrat ruft sehr bald eine beträchtliche Verlangsamung der Herzschläge hervor.

Über die Konstitution des Sparteins: Die Konstitution des Sparteins ist noch keineswegs aufgeklärt, obgleich sich verschiedene Forscher mit demselben eingehend beschäftigt haben.

Nach Wackernagel und Wolffenstein[1]) ergibt sich aus den bisherigen Untersuchungen für die Konstitution des Sparteins folgendes Gesamtbild.

Im Spartein liegt ein gesättigtes System vor. Das eine Stickstoffatom darin muß in einem Piperidinring, das andere in einem Pyrrolidinring enthalten sein. Die Stickstoffatome sind bitertiär, ohne daß eine freie Alkylgruppe an denselben haftet. Da nun das molekulare Verhältnis der Kohlenstoffatome zu den Wasserstoffatomen ein solches ist, daß das Sparteinmolekül keine offene Seitenkette haben kann, so müssen mindestens 4 Ringe im Sparteinmolekül vorliegen. Da ferner ein aromatischer Ring im Spartein ausgeschlossen ist, denn das Vorhandensein eines solchen hätte in den Oxydationsprodukten des Alkaloids in irgendeiner Form zum Ausdruck kommen müssen, da außerdem der Siedepunkt des Sparteins für ein 4-Ringsystem äußerst niedrig ist, so kommt dem Spartein sicherlich ein bicyclisches, gesättigtes Ringsystem zu.

So scheint es denn Wackernagel und Wolffenstein, daß der beste Ausdruck für die Konstitution des Sparteins, der allen bisherigen Reaktionen Rechnung trägt, eine Formel sei, in der zwei Norhydrotropidinringe durch eine Methylengruppe miteinander verknüpft sind.

Willstätter[2]) und Marx haben die Oxydation des Sparteins durch Chromsäure näher studiert. Aus der Tatsache, daß es sich in schwefelsaurer Lösung gegen Permanganat beständig erweist, leiteten sie den oben angeführten Schluß ab, daß es gesättigt ist. Auch gegen Chromsäure fanden sie das Alkaloid recht widerstandsfähig. Erst in stark schwefelsaurer Lösung und in der Hitze greift das Oxydationsmittel an und liefert ein Gemisch, aus dem drei Hauptprodukte isoliert werden konnten.

1. Eine schön krystallisierende Verbindung vom Schmelzp. 153—154°. Sie hat die Formel $C_{15}H_{24}N_2$ und wird **Spartyrin** genannt. Es unterscheidet sich charakteristisch vom Spartein, namentlich durch sein Verhalten gegen Permanganat. Gegen dieses ist es in schwefelsaurer Lösung unbeständig; das gesättigte Alkaloid ist also merkwürdigerweise zu einer ungesättigten Base oxydiert worden. Die Reaktion ist wohl so zu verstehen, daß das Spartein an einem tertiären Kohlenstoffatom hydroxyliert worden ist zu einem Alkohol, der beim Erhitzen in der stark schwefelsauren Lösung Wasser verloren hat, nach dem Schema:

$$\begin{array}{c} C \\ \diagdown \\ C \diagup \end{array} C - C \diagup \rightarrow \begin{array}{c} C \\ \diagdown \\ C \diagup \end{array} C - C \diagup \rightarrow \begin{array}{c} C \\ \diagdown \\ C \diagup \end{array} C = C \diagup$$
$$ H \quad H OH \quad H$$

2. Eine Base $C_{15}H_{24}ON_2$ vom Schmelzp. 87,5°, die sich als identisch erwies mit dem **Oxyspartein** von Ahrens[3]). Sie ist isomer mit **d-** und **r-Lupanin**, die in verschiedenen Lupinenarten vorkommen. Wahrscheinlich liegt im Oxyspartein ein (dem Pinol und Cineol ähnliches) Oxyd vor. Aus der Bildung von Oxyspartein läßt sich bezüglich der Struktur die Folgerung ableiten, daß im Spartein zwei tertiäre Kohlenstoffatome enthalten sein werden. Man versteht den Übergang in Oxyspartein am besten, wenn man an zwei solchen Kohlenstoffatomen Hydroxylierung annimmt und darauffolgende Wasserabspaltung aus dem ditertiären Glykol. Bei der Bildung von Oxyspartein ist Spartyrin kein Zwischenprodukt, es wird zwar von Chromsäure-Schwefelsäure sehr leicht oxydiert, aber nicht zu Oxyspartein.

3. Neben den Basen Spartyrin und Oxyspartein, aber nicht aus diesen, entstand eine Verbindung $C_{15}H_{24}O_4N_2$, die weder basisch reagiert noch saure Funktion aufweist. Bei weiterer Einwirkung von Chromsäure verwandelte sie sich in eine ähnlich indifferente Substanz von der Formel $C_{12}H_{22}O_4N_2$.

Willstätter und Marx halten es für verfrüht, nähere Ansichten über die Konstitution des Sparteins zu äußern. Sie bestreiten die Angabe von Wackernagel und Wolffenstein,

---

[1]) Wackernagel u. R. Wolffenstein, Berichte d. Deutsch. chem. Geseclslhaft **37**, 3238 [1904].
[2]) R. Willstätter u. W. Marx, Berichte d. Deutsch. chem. Gesellschaft **38**, 1772 [1905].
[3]) Ahrens, Berichte d. Deutsch. chem. Gesellschaft **24**, 1095 [1891]; **25**, 3607 [1892].

daß Spartein in leichtester Weise die intensive Pyrrolreaktion zeige und halten es für ausgeschlossen, daß Spartein ein Tropanderivat ist.

Eingehende Studien über Spartein, auf die wir hier nur kurz eingehen können, sind auch von Moureu und Valeur[1]) durchgeführt worden.

Ein Isomeres des Sparteins, das Isospartein:[2]) Wird **Methylsparteindijodhydrat** $C_{15}H_{25}(CH_3)N_2 \cdot 2$ HJ mit der doppelten Gewichtsmenge Wasser im Rohr auf 125° erhitzt und das Reaktionsprodukt mit Natronlauge zersetzt, so erhält man neben α-Methylspartein das **Isosparteinjodmethylat** $C_{15}H_{25}N_2 \cdot CH_3J$. Krystalle aus Wasser, löslich in Chloroform. $[\alpha]_D^{10} = -16°\,8'$. Zur Darstellung des **Isosparteins** selbst erhitzt man das Jodhydrat des Isosparteinjodmethylats oder das α-Methylsparteindijodhydrat auf 220—225° bzw. 225—230° und zieht das Reaktionsprodukt mit siedendem Wasser aus; beim Erkalten krystallisiert das Jodhydrat des Isosparteins aus. Das Isospartein $C_{15}H_{26}N_2$ ist, frisch destilliert, ein farbloses, völlig oder fast völlig geruchloses Öl, welches sich aber im Laufe einiger Tage trübt und alsdann einen spermaartigen Geruch annimmt. Siedep. bei 16,5 mm Druck 177,5—179°, unlöslich in Wasser, leicht löslich in Alkohol. $[\alpha]_D = -25°\,01'$ (in 10 proz. absolut alkoholischer Lösung). $D_4^{17} = 1,02793$, $n_D^{17} = 1,53319$. — **Dichlorhydrat**, sehr zerfließliche Krystalle. — **Chlorplatinat** $C_{15}H_{26}N_2 \cdot 2$ HCl $\cdot$ PtCl$_4$ + $1^1/_2$ H$_2$O. Krystallbüschel aus verdünnter Salzsäure, schwärzen sich bei 230°, zersetzen sich bei 257—260°. — **Pikrat** $C_{15}H_{26}N_2 \cdot 2\,C_6H_3O_7N_3$. Nadeln aus Aceton. Schmelzp. 178°. — **Jodmethylat** $C_{15}H_{26}N_2 \cdot CH_3J$. Krystalle vom Schmelzp. 232°, wenig löslich in Wasser, löslich in Chloroform. $[\alpha]_D = -18°\,39'$ (in 1,25 proz. wässeriger Lösung), $= -16°\,49'$ (in 6,2 proz. methylalkoholischer Lösung).

Läßt man etwas weniger als die berechnete Menge Jod in alkoholischer Lösung auf α-Methylspartein einwirken, so erhält man eine aus siedendem Alkohol krystallisierende Verbindung vom Schmelzp. 177—178°, welche das **Jodmethylat des Jodisosparteins** ist. Wird durch Zinkstaub und Wasser oder Zink und Essigsäure in α-Methylspartein, durch Jodwasserstoff und Phosphor in Isosparteinjodmethylat verwandelt.

Während gewisse Salze des α-Methylsparteins sich unter dem Einfluß der Hitze in Isosparteinderivate isomerisieren, ist auch Umkehrung der zur Bildung von Isospartein führenden Reaktionen möglich. So liefert das Isosparteinmethylhydrat beim Erhitzen im Vakuum im Wasserbade glatt α-Methylspartein. Andererseits fixiert, wie eben erwähnt, das α-Methylspartein Jod unter Bildung von Jodisosparteinjodmethylat, welches durch Natronlauge bei 125—130° wieder in α-Methylspartein verwandelt wird.

Dieselben Reaktionen, welche die gegenseitige Umwandlung von Dimethylpiperidin in Dimethylpyrrolidin ermöglichen, führen auch zur wechselseitigen Umwandlung des α-Methylsparteins in Isospartein. Valeur schließt daher, daß das Spartein einen Piperidin-, das Isospartein einen Pyrrolidinkern enthält, wie es nachfolgende Formeln, die keineswegs sicher erwiesen sind, zum Ausdruck bringen.

Isospartein

Spartein

α-Methylspartein

---

[1]) Moureu u. Valeur, Bulletin de la Soc. chim. [3] **33**, 1266 [1905]; Compt. rend. de l'Acad. des Sc. **145**, 815, 929, 1184, 1343 [1908]; **147**, 127, 864 [1909].

[2]) Moureu u. Valeur, Compt. rend. de l'Acad. des Sc. **145**, 1343 [1908]; **146**, 79 [1908]; **147**, 127, 864 [1908]; Bulletin de la Soc. chim. [4] **5**, 31, 37, 40, 43 [1909].

Lupinin.

Mol.-Gewicht 169.
Zusammensetzung: 71,00% C, 11,24% H, 8,28% N.

$C_{10}H_{19}ON$.

Vorkommen: In den Samen der als Futtermittel benützten gelben Lupine sowie der schwarzen Lupine[1]).
Darstellung: Die Lupinenkörner werden mit salzsäurehaltigem Alkohol extrahiert und die beim Verdampfen des Alkohols zurückbleibenden Chlorhydrate mit Natronlauge zerlegt. Da Lupinin in salzsaurer Lösung durch Quecksilberchlorid nicht gefällt wird, trennt man es mittels dieses Reagens von Spartein[1]).
Physiologische Eigenschaften: Das krystallisierte Lupinin wirkt, obwohl schwach, lähmend auf Gehirn und Medulla oblongata.
Physikalische und chemische Eigenschaften: Das aus Petroläther umkrystallisierte Lupinin bildet eine schön weiße Masse von Krystallen des rhombischen Systems. Es schmilzt bei 67—68°, siedet bei 255—257°, besitzt einen angenehm fruchtartigen Geruch und intensiv bitteren Geschmack. Die Base ist optisch aktiv und zwar linksdrehend. Sie ist eine tertiäre Base, enthält aber keine Alkylgruppe am Stickstoff. Als primärer Alkohol geht sie bei der Oxydation glatt in die entsprechende Monocarbonsäure, die Lupininsäure, über[2]).
Derivate: Das **Hydrochlorid** $C_{21}H_{40}N_2O_2 \cdot 2$ HCl bildet in Wasser und Alkohol leicht lösliche Krystalle des rhombischen Systems. — Das **Platinsalz** $C_{21}H_{40}N_2O_2 \cdot 2$ HClPtCll $+ H_2O$ krystallisiert in gipsähnlichen Krystallen, welche in Wasser und verdünntem Alkohol löslich sind.

Lupinin enthält zwei alkoholische Hydroxyle, liefert dementsprechend mit Essigsäureanhydrid ein **Diacetylderivat** $C_{21}H_{38}(O \cdot C_2H_3O)_2N_2$, mit Phosphorpentachlorid ein **Dichlorlupinid** $C_{21}H_{38}Cl_2N_2$.

Lupanin.

Mol.-Gewicht 248,2.
Zusammensetzung: 72,52% C, 9,75% H, 11,29% N.

$C_{15}H_{24}N_2O$.

Vorkommen: Im Samen der weißen und blauen Lupine, und zwar sowohl in der d, l- als auch in der d-Form.
Darstellung: Die Samen der weißen Lupine werden mit Alkohol, der 1% Chlorwasserstoff enthält, maceriert, wobei die Alkaloide als Chlorhydrate in Lösung gehen. Man zerlegt dieselben nach Abdampfen des Alkohols mit Natronlauge und schüttelt die Reaktionsmasse mit Chloroform aus. Nach Abdestillieren des letzteren hinterbleiben die Alkaloide als braune Flüssigkeit. Zur Trennung derselben wird diese Flüssigkeit mit Salzsäure schwach angesäuert und zu einem dicken Sirup eingedampft. Bei ruhigem Stehen scheidet sich das salzsaure Salz des d-Lupanins ab, von welchem noch mehr durch Eindampfen und Krystallisierenlassen erhalten wird. Die nicht weiter krystallisierende Mutterlauge enthält das Salz der inaktiven Base. Aus den Chlorhydraten werden dann die freien Alkaloide abgeschieden.
Physiologische Eigenschaften: Physiologisch wirkt das d, l- und d-Lupanin nach Soldaini[3]) ähnlich. Beim Frosch tritt Verringerung der Zahl der Herzschläge und Aufhebung der Beweglichkeit ein.
Physikalische und chemische Eigenschaften: d, l-Lupanin scheidet sich aus Petroläther in monoklinen Nadeln ab, welche bei 99° schmelzen. Ist leicht löslich in Wasser, Alkohol, Äther, Chloroform und Petroläther. Das **Jodmethylat** $C_{15}H_{24}N_2O \cdot CH_3J$ bildet in Wasser leicht lösliche Krystalle, die bei 239—240° unter Zersetzung schmelzen. — Das **Goldsalz** $C_{15}H_{24}N_2O \cdot HClAuCl_3$ zeigt den Schmelzp. 177—178°. Vermittels des Rhodanats läßt sich das dl-Lupanin eigentümlicherweise in die beiden optisch aktiven Komponenten spalten. Das **d-Lupaninrhodanid** bildet hellgelbe, bei 189—190° schmelzende Krystalle und ist rechtsdrehend ($[\alpha]_D = +47,1°$), das **l-Lupaninrhodanid** bildet farblose Krystalle, die bei 188 bis 189° schmelzen und linksdrehend sind ($[\alpha]_D = -47,1°$).

---

[1]) E. Schmidt, Chem. Centralbl. **1897**, I, 1232; **1897**, II, 554.
[2]) R. Willstätter u. Fourneau, Berichte d. Deutsch. chem. Gesellschaft **35**, 1910 [1902].
[3]) Soldaini, Chem. Centralbl. **1893**, II, 277.

d-Lupanin, das als einziges Alkaloid der blauen Lupine vorkommt und das d, l-Lupanin in den Samen von Lupinus albus begleitet, bildet weiße Nadeln vom Schmelzp. 44°. Das **Chlorhydrat** scheidet sich aus Wasser in langen rhombischen Krystallen ab, welche bei 127° schmelzen. Das **Jodmethylat** krystallisiert in glänzenden, bei 239—241° schmelzenden Krystallen.

l-Lupanin, die zweite Komponente des inaktiven Lupanins, wird aus dem l-Lupaninrhodanat (siehe oben) durch heiße, gesättigte Sodalösung abgeschieden. Es krystallisiert schwieriger als d-Lupanin aus Petroläther in weißen Krystallen, die bei 43—44° schmelzen. Sein **Goldsalz** $C_{15}H_{24}N_2O \cdot HAuCl_4$ schmilzt bei 188—189° unter Zersetzung.

Cytisin.

Mol.-Gewicht 190,13.
Zusammensetzung: 69,43% C, 7,42% H, 14,74% N.

$$C_{11}H_{14}N_2O.$$

Vorkommen: Cytisin findet sich besonders in den reifen Samen von Goldregen (Cytisus laburnum L.) und anderen Cytisusarten, in geringer Menge auch in den unreifen Schoten und Blüten und in der Rinde, in sehr geringer Menge auch in den Blättern von C. laburnum.

Darstellung: Die gröblich gepulverten Samen von Cytisus laburnum werden mit 60 proz. Alkohol, welcher mit Essigsäure angesäuert ist, extrahiert, der Alkohol abdestilliert und das Extrakt nach Fällen der Farbstoffe durch Bleiacetat mit Kalilauge alkalisch gemacht und mit Chloroform ausgeschüttelt[1]). Die Ausbeute an Alkaloid beträgt 1,5%. Buchka und Magalhaës[2]) erhielten eine Ausbeute von ca. 3% durch Ausziehen der gemahlenen Cytisussamen mit verdünnter Salzsäure und Extrahieren der durch Eindampfen konzentrierten und alkalisch gemachten Lösung mit Chloroform. Das Alkaloid bleibt beim Verdunsten des Chloroforms als ein beim Erkalten schnell krystallinisch erstarrendes Öl zurück.

Physiologische Eigenschaften: Das Cytisin wirkt brechenerregend und ist stark giftig. Bei subcutaner Anwendung genügen einige Dezigramme, um einen großen Hund und einige Zentigramme, um eine Katze zu töten. Der Tod erfolgt asphyktisch und kann durch künstliche Respiration verhütet werden.

Physikalische und chemische Eigenschaften: Cytisin krystallisiert aus Ligroin in großen, wasserklaren Krystallen vom Schmelzp. 152—153°. Es löst sich sehr leicht in Wasser, Alkohol, Benzol, Chloroform, ziemlich leicht in Äther, Amylalkohol, Aceton, sehr schwer in Schwefelkohlenstoff, kaltem Ligroin und Tetrachlorkohlenstoff. Cytisin ist optisch aktiv, und zwar zeigt eine 1,99 proz. Lösung bei 17° die Drehung $[\alpha]_D = -119° 57'$. Eine 1,985 proz. Lösung des Nitrates zeigt bei 17° $[\alpha]_D = -82° 37'$.

Nachweis: Ein empfindliches Reagens auf Cytisin ist Kaliumwismutjodid, welches damit einen braunroten Niederschlag liefert. Mit Ferrichlorid gibt die Base eine blutrote Färbung, die beim Verdünnen der Flüssigkeit mit Wasser oder beim Ansäuern wieder verschwindet. Bei Zusatz einiger Tropfen Wasserstoffsuperoxyd zur blutrot gefärbten Lösung verschwindet die Farbe ebenfalls, beim Erwärmen auf dem Wasserbade wird die farblose Lösung blau.

Derivate: Cytisin ist eine zweisäurige Base, die sich sowohl mit einem wie mit zwei Molekülen einer einbasischen Säure zu gut krystallisierenden Salzen verbindet. Eines der beiden Stickstoffatome ist in sekundärer Bindung, denn das Cytisin liefert eine bei 208° schmelzende **Acetylverbindung** $C_{11}H_{14}N_2(C_2H_3O)O$ sowie eine bei 174° schmelzende **Nitrosoverbindung** $C_{11}H_{14}N_2(NO)O$.

Durch Destillation mit Natronkalk liefert Cytisin Pyrrol resp. Pyrrolhomologe sowie Pyridinbasen. Auch beim Erwärmen mit Zinkstaub entstehen Pyrrole und Pyridin. Daraus ist zu schließen, daß Cytisin wahrscheinlich einen Pyrrol- und einen Pyridinkern enthält.

Cytisinchloraurat $C_{11}H_{14}N_2O \cdot HCl \cdot AuCl_3$ krystallisiert in rotbraunen Nadeln, die bei 212—213° unter Aufschäumen schmelzen. — **Methylcytisin** $C_{11}H_{13}ON_2(CH_3)$ krystallisiert aus Ligroin in farblosen Nädelchen vom Schmelzp. 134°. — **Dimethylcytisin** $C_{11}H_{12}ON_2(CH_3)_2$ ist eine gelbbraun gefärbte, stark alkalisch reagierende, sehr bitter schmeckende Masse.

---

[1]) Partheil, Berichte d. Deutsch. chem. Gesellschaft **24**, 634 [1901].
[2]) Buchka u. Magalhaës, Berichte d. Deutsch. chem. Gesellschaft **24**, 255 [1894].

D. Alkaloide der Chinolingruppe.
I. Chinaalkaloide.

Vorkommen: Die Chinaalkaloide finden sich in den echten Chinarinden. Man versteht unter denselben die Rinden der eigentlichen Cinchonen. Im Gegensatz bezeichnet man als falsche Chinarinden solche von verwandten Genera (Buena, Cascarilla, Ladenbergia), die früher zum Teil dem Genus Cinchona zugeteilt waren, oder solche, welche zufällig oder absichtlich den echten Chinarinden beigemischt sind oder sonstwie einige Ähnlichkeit damit haben. Demgemäß sind auch die chemischen Bestandteile dieser Rinden sehr verschieden.

Die Heilung einer spanischen Gräfin Cinchon hat im Jahre 1638 die Aufmerksamkeit der Ärzte auf die therapeutischen Eigenschaften der echten Rinden gelenkt, und Linné nannte 1742 die Pflanzengattung, von der die heilkräftigen Rinden stammen, Cinchona. Die Cinchonabäume sind in Südamerika einheimisch, und zwar kommen sie hier am Ostabhang der Anden zwischen 10° nördlicher und 20° südlicher Breite vor. Seit Mitte des 19. Jahrhunderts werden sie für die Gewinnung der Rinde auch auf Java und in Britisch-Ostindien kultiviert.

In der echten Chinarinde sind wie im Opium eine große Anzahl verschiedener Alkaloide enthalten, die als Chinabasen bezeichnet worden sind, weil die Rinde von den Eingeborenen quina-quina genannt wird.

Für keine einzige Cinchonaspezies kann eine zuverlässige Durchschnittszahl für den Alkaloidgehalt gegeben werden. Denn die Menge des Alkaloids ist von den von der Natur oder von Menschenhand gegebenen Bedingungen, unter denen sich die Cinchonen entwickeln, außerordentlich abhängig. Die reichsten Arten sind Cinchona officinalis, C. Calisaya, C. Ledgeriana und C. succirubra. Die Gesamtmenge der Alkaloide in der Cinchonarinde kann bei günstiger Kultur 10% übersteigen.

Die Chinabasen kommen in den Rinden in Form von Salzen vor, und zwar sind sie gebunden an Chinasäure, Chinagerbsäure und Chinovasäure. Bemerkenswert für die echten Chinarinden sind ferner noch folgende Bestandteile: Der Farbstoff Chinarot, welcher vorzugsweise die Farbe der Chinarinden bedingt, der Bitterstoff Chinovin und cholesterinartige Körper, Cinchol und Cupreol, von welchen der erste in allen echten Chinarinden, der letztere in Remijia pedunculata vorkommt.

Zur Erkennung der echten, chininführenden Chinarinden genügt die einfache Reaktion von Grahe[1]). Ein Stückchen der fraglichen Rinde wird in einem horizontal gehaltenen Reagensglas vorsichtig erhitzt, wobei sich carminrote Dämpfe entwickeln, wenn Chinin oder Cinchonin zugegen sind. Für den Fall aber, daß die Menge der vorhandenen Chinaalkaloide sehr gering ist, läßt sich die rote Farbe wegen der sich gleichzeitig entwickelnden braunen Dämpfe nur schwierig beobachten. Dann ist es gut, von der zu untersuchenden Rinde ein weingeistiges Extrakt zu bereiten, dasselbe mit einer kleinen Menge der fraglichen Rinde aufzutrocknen, also gewissermaßen die Alkaloide innerhalb der Rinde zu konzentrieren. Bleibt dann beim Erhitzen die erwähnte Reaktion aus, so spricht das für die Abwesenheit von Chinaalkaloiden.

Bestimmung der Alkaloidmengen in den Chinarinden: Die zahlreichen Methoden, die hierfür existieren, lassen sich nach den zur Verwendung kommenden Extraktionsmitteln in drei Gruppen ordnen, nämlich Säuremethoden, Kalkmethoden und Ammoniakmethoden. Nach der ersten Methode[2]) werden die Rinden mit verdünnten Mineralsäuren extrahiert und die Alkaloide nach Übersättigen der Auszüge mit starken Basen in Chloroform, Äther oder anderen passenden Lösungsmitteln aufgenommen. Nach der zweiten Methode wird die Rinde, um Gerbsäure, Chinarinde usw. zu beseitigen, mit Kalk behandelt und hierauf mit Lösungsmitteln ausgezogen oder mit Schwefelsäure versetzt und mit Pikrinsäure gefällt. So z. B. kocht man nach Hager gepulverte Chinarinde mit durch Kalilauge alkalisch gemachtem Wasser, fügt dann überschüssige, verdünnte Schwefelsäure hinzu und bringt die Mischung nach dem Erkalten durch Zusatz von Wasser auf ein bestimmtes Volum (bei 10 g Rinde auf 110 ccm) und fällt in einem Teil der Lösung (50 ccm) die Alkaloide durch Pikrinsäurelösung. 8,24 g des bei 100° getrockneten Niederschlages entsprechen dann ungefähr 3,5 g Alkaloid, da diese Alkaloidsalze bei fast gleichem Molekulargewicht auf je 1 Mol.

---
[1]) Grahe, Jahresber. über d. Fortschritte d. Chemie **1858**, 631.
[2]) Rabourdin, Compt. rend. de l'Acad. des Sc. **31**, 782.

Alkaloid 2 Mol. Pikrinsäure enthalten[1]). — Bei der Ammoniakmethode[2]) werden die Rinden mit einem Gemisch von Äther, Alkohol und Ammoniaklösung extrahiert. Aus einem bestimmten Teil dieser Lösung wird der Äther und Alkohol abdestilliert, der Rückstand mit Natronlauge versetzt und mit Chloroform ausgeschüttelt, welches beim Verdunsten die Alkaloide rein hinterläßt.

Die Trennung der verschiedenen Chinabasen voneinander basiert auf der verschiedenen Löslichkeit derselben in Äther, auf der verschiedenen Löslichkeit der Jodosulfate in Alkohol, der weinsauren Salze in Wasser und der Hydrojodide in Wasser und Alkohol. Eine andere Art der Bestimmung der Chinaalkaloide von de Vrij basiert darauf, daß diese Substanzen in ihren Lösungen verschieden stark auf das polarisierte Licht reagieren. Die Methode gewährt jedoch, auch wenn sie sich bloß auf die Ermittlung der Qualität der Alkaloide erstreckt, kein zuverlässiges Resultat, weil das Drehungsvermögen dieser Substanzen im hohen Grade veränderlich ist. Doch können die Bestimmungen mittels des Polariskopes die anderen oben angeführten einigermaßen kontrollieren[3]).

Die zuerst entdeckten und auch die bestuntersuchten unter den Chinaalkaloiden sind Chinin und Cinchonin. Insgesamt kennt man gegenwärtig 21 gut charakterisierte Chinaalkaloide. Sie lassen sich nach ihrer Zusammensetzung und nach der Natur ihrer Spaltungsprodukte, die sie unter der Einwirkung von Mineralsäuren ergeben, in 6 verschiedene Gruppen einteilen. Den ersten 3 Gruppen schließen sich noch 3 Untergruppen an, die sich nur durch den Mehrgehalt von Wasserstoff von den ersteren unterscheiden.

1. Gruppe . . . . $C_{19}H_{22}N_2O$ oder $C_{19}H_{21}N_2(OH)$.
   1. Cinchonin.
   2. Cinchonidin.
      Untergruppe: $C_{19}H_{24}N_2O$.
   3. Cinchotin.
   4. Cinchamidin.
   5. Cinchonamin.

2. Gruppe . . . . $C_{19}H_{22}N_2O_2$ oder $C_{19}H_{20}N_2(OH)_2$.
   6. Cuprein.
      Untergruppe: $C_{19}H_{24}N_2O_2$.
   7. Chinamin.
   8. Conchinamin.

3. Gruppe . . . . $C_{20}H_{24}N_2O_2$ oder $C_{19}H_{20}N_2(OH)(OCH_3)$.
   9. Chinin.
  10. Chinidin.
      Untergruppe: $C_{20}H_{26}N_2O_2$.
  11. Hydrochinin.
  12. Hydrochinidin.

4. Gruppe . . . . $C_{22}H_{26}N_2O_4$.
  13. Chairamin.
  14. Chairamidin.
  15. Conchairamin.
  16. Conchairamidin.

5. Gruppe . . . . $C_{23}H_{26}N_2O_4$.
  17. Aricin.
  18. Cusconin.
  19. Concusconin.

6. Gruppe:
  20. Homochinin . . . . $C_{39}H_{46}N_4O_4$.
  21. Diconchinin . . . . . $C_{40}H_{46}N_4O_3$.

Außerdem finden sich, wie bereits im vorhergehenden erwähnt, eine große Zahl von stickstofffreien Verbindungen in den Chinarinden.

---

[1]) Medin, Jahresber. d. Chemie **1872**, 925.
[2]) Prollius, Archiv d. Pharmazie [3] **19**, 85 [1881]. — de Vrij, The Pharm. Journ. Trans. **1882**, 765.
[3]) Hesse, Annalen d. Chemie **176**, 315.

Über die Konstitution des Chinins und Cinchonins: Bei der Aufgabe, die Konstitution der Chinabasen zu ermitteln, sind insbesondere Cinchonin und Chinin zum Gegenstande eingehender Untersuchungen gemacht worden, einerseits wegen ihrer großen praktischen Bedeutung, andererseits weil sie leichter und in größeren Mengen zugänglich sind als die übrigen Chinaalkaloide.

Der Unterschied in der empirischen Zusammensetzung zwischen Cinchonin $C_{19}H_{22}N_2O$ und Chinin $C_{20}H_{24}N_2O_2$ beträgt CH_2O, und es erhellt aus den Untersuchungen der Basen, daß Chinin in der Tat Methoxylcinchonin ist.

Ehe wir auf die nähere Betrachtung der einzelnen Chinaalkaloide eingehen, scheint es geboten, eine kurze Zusammenfassung der wichtigsten Ergebnisse aus den Arbeiten von W. Königs, W. v. Miller und Z. Skraup über das bei theoretischen Erörterungen mit Vorliebe benützte Cinchonin vorauszuschicken[1]).

Das Cinchonin, eine bitertiäre Base[2]), mit einem alkoholischen Hydroxyl[3]) und einer Vinylgruppe[4]), zerfällt bei der Oxydation mittels Chromsäure unter Aufnahme von 3 Atomen Sauerstoff

$$C_{19}H_{22}N_2O + O_3 = C_{10}H_7O_2N + C_9H_{15}O_2N$$

in Cinchoninsäure und Merochinen[5]). Die Konstitution der Cinchoninsäure

$$\begin{array}{c}
CH\quad C \cdot COOH \\
HC \diagup C \diagdown CH \\
HC \diagdown C \diagup CH \\
CH\quad N
\end{array}$$

ist seit langem bekannt. Den Beweis für die Struktur des Merochinens

$$\begin{array}{c}
HC-\!\!-CH-CH \cdot CH = CH_2 \\
|\qquad\quad |\qquad\quad\quad\quad \\
|\qquad\quad CH_2\qquad\quad \\
|\qquad\quad |\qquad\quad\quad\quad \\
|\qquad\quad CH_2\qquad\quad \\
|\qquad\quad |\qquad\quad\quad\quad \\
COOH\;\;NH-CH_2
\end{array}$$

des wichtigsten Spaltungsproduktes der Chinabasen, hat Königs[6]) auf analytischem wie synthetischem Wege erbracht.

Auch andere Chinaalkaloide zerfallen bei der energischen Einwirkung von Chromsäure in analoger Weise unter Aufnahme von 3 Atomen Sauerstoff je in eine Chinolincarbonsäure und Piperidincarbonsäure, wie nachfolgende Zusammenstellung zeigt:

Cinchonin
Cinchonidin → Cinchoninsäure und Merochinen.

Chinin
Chinidin → Chininsäure und Merochinen.

Hydrocinchonin → Cinchoninsäure und Cincholoipon.

Die Konstitution der vorstehend genannten Carbonsäuren ist namentlich durch die mühsamen Untersuchungen von Z. Skraup und ganz besonders von W. Königs vollständig aufgeklärt.

---

[1]) Es sei besonders verwiesen auf die zusammenfassenden Darlegungen von W. Königs, Annalen d. Chemie **347**, 143 [1906]. — P. Rabe, Annalen d. Chemie **350**, 180 [1906]; **365**, 354 [1909].

[2]) Skraup u. Konek de Norwall, Berichte d. Deutsch. chem. Gesellschaft **26**, 1968 [1893]; Wiener Monatshefte **15**, 41, 433 [1894].

[3]) Schützenberger, Compt. rend. de l'Acad. des Sc. **47**, 233 [1858]. — Hesse, Annalen d. Chemie **205**, 321 [1880]. — Königs, Berichte d. Deutsch. chem. Gesellschaft **13**, 285 [1880]; **29**, 374 [1896]. — Königs u. Höppner, Berichte d. Deutsch. chem. Gesellschaft **31**, 2358 [1898].

[4]) Laurent, Annalen d. Chemie **69**, 11 [1849]; **72**, 305 [1849]. — Skraup, Annalen d. Chemie **201**, 291 [1880]; Berichte d. Deutsch. chem. Gesellschaft **28**, 12 [1895]; Wiener Monatshefte **16**, 159 [1895]. — Comstock u. Königs, Berichte d. Deutsch. chem. Gesellschaft **17**, 1984 [1884]; **19**, 2853 [1886]; **25**, 1539 [1892].

[5]) Königs, Berichte d. Deutsch. chem. Gesellschaft **27**, 1501 [1894].

[6]) Königs, Berichte d. Deutsch. chem. Gesellschaft **27**, 900, 1501 [1894]; **28**, 1986, 3150 [1895]; **30**, 1326 [1897]; **35**, 1349 [1902]; **37**, 3244 [1904]; Annalen d. Chemie **347**, 143 [1906]. — Königs u. Bernhard, Berichte d. Deutsch. chem. Gesellschaft **38**, 3049 [1905]. — Skraup, Wiener Monatshefte **9**, 783 [1888]; **10**, 39 [1889]; **16**, 159 [1895]; **17**, 365 [1896]; **21**, 879 [1900]. — Skaup u. Piccoli, Wiener Monatshefte **23**, 269 [1902].

Aus dem Verlaufe der Oxydation ergibt sich, daß die beiden Kohlenstoffatome, die in Form von Carboxyl erscheinen, im Cinchonin direkt miteinander verknüpft sein müssen. Man kommt demgemäß zu folgendem Schema:

$$\begin{array}{c} H_2C-CH-CH-CH:CH_2 \\ | \\ CH_2 \\ | \\ CH_2 \\ | \\ N\underset{(1)}{\diagdown}-\underset{(2)}{C}-C-N-CH_2 \end{array}$$

Bei jener Oxydation verschwindet das im Cinchonin ursprünglich vorhandene Hydroxyl; zugleich verwandelt sich das eine der beiden tertiären Stickstoffatome in das sekundäre des Merochinens. Es muß daher nicht nur eine Kohlenstoff-Kohlenstoffbindung gelöst werden, sondern noch eine andere, tiefeingreifende Veränderung eintreten.

Einen sicheren Aufschluß über diese Veränderung haben die Untersuchungen von v. Miller und Rhode gebracht[1]). Sie haben gefunden, daß sich das Cinchonin beim Kochen mit verdünnter Essigsäure in ein Iminoketon, das sog. Cinchotoxin, unter Sprengung einer Kohlenstoff-Stickstoffbindung

$$\begin{array}{ccc} C & & C \\ | & & | \\ C(OH)-N & \rightarrow & CO \quad NH \\ | & & | \\ C & & C \end{array}$$

umlagert.

Damit klärt sich der merkwürdige Verlauf der Oxydation des Cinchonins zu Cinchoninsäure und Merochinen wie folgt auf: ein Kohlenstoffatom, welches das alkoholische Hydroxyl trägt und mit einem Stickstoffatom in direkter Bindung steht, wird zum Carboxyl der Cinchoninsäure oder des Merochinens oxydiert.

Man konnte demnach für das Cinchonin noch die folgenden 4 Formeln[2]) in Betracht ziehen:

$$\begin{array}{cc}
\begin{array}{c}
H_2C:CH\cdot CH-CH-CH_2 \\
| \quad\quad\quad | \\
CH_2 \quad\quad CH_2 \\
| \quad\quad\quad | \\
CH_2 \quad\quad CH_2 \\
| \quad\quad\quad | \\
CH_2-N-C(OH) \\
| \\
(C_9H_6N)-CH_2 \\
\text{I}
\end{array}
&
\begin{array}{c}
H_2C:CH\cdot CH-CH-CH_2 \\
| \quad\quad\quad | \\
CH_2 \quad\quad CH_2 \\
| \quad\quad\quad | \\
CH_2-N-C(OH) \\
| \\
(C_9H_6N) \\
\text{II}
\end{array} \\
\\
\begin{array}{c}
H_2C:CH\cdot CH-CH-CH_2 \\
| \quad\quad\quad | \\
CH_2 \quad\quad CH_2 \\
| \quad\quad\quad | \\
CH_2-N-CH \\
| \\
(C_9H_6N)-CH(OH) \\
\text{III}
\end{array}
&
\begin{array}{c}
H_2C:CH\cdot CH-CH-CH_2 \\
| \quad\quad\quad | \\
CH_2 \quad\quad CH\cdot OH \\
| \quad\quad\quad | \\
CH_2-N-CH \\
| \\
(C_9H_6N) \\
\text{IV}
\end{array}
\end{array}$$

die dem zunächst bekannten experimentellen Material mehr oder weniger gerecht wurden.

Von denselben schieden I und II aus, als die Versuche von P. Rabe[3]) und seinen Mitarbeitern über die gemäßigte Oxydation von Chinaalkaloiden ergaben, daß die 5 untersuchten Basen (Cinchonin und Cinchonidin, Chinin, Chinidin und Hydrocinchonin) ein sekundäres

---

[1]) v. Miller u. Rhode, Berichte d. Deutsch. chem. Gesellschaft **27**, 1187, 1279 [1894]; **28**, 1056 [1895]; **33**, 3214 [1900].

[2]) In denselben bedeutet C_9H_6N den Chinolinrest.

[3]) P. Rabe, W. Schneider, E. Ackermann, W. Naumann u. E. Kuliga, Berichte d. Deutsch. chem. Gesellschaft **40**, 3655 [1907]; **41**, 62 [1908]; Annalen d. Chemie **364**, 330 [1909]; **365**, 353 [1909].

124   Pflanzenalkaloide.

alkoholisches Hydroxyl enthalten. Sie gehen nämlich unter Verlust von 2 Wasserstoffatomen in Ketone

$$>\!\!CH(OH) \rightarrow \;>\!\!CO$$

über. Die im einzelnen gewonnenen Resultate sind der nachfolgenden Tabelle

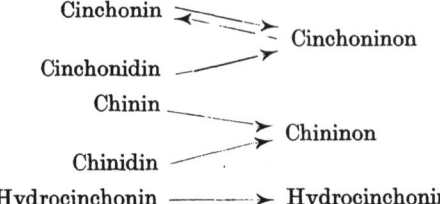

zu entnehmen. Es sei besonders darauf aufmerksam gemacht, daß die Reduktion des Cinchoninons wieder zum Cinchonin führt. Durch diese Rückverwandlung ist die unmittelbare Zusammengehörigkeit der Ketone mit den Mutteralkaloiden sichergestellt. Man darf also auch die Ergebnisse, die beim Abbau der Ketone erhalten worden sind, ohne weiteres auf die Chinabasen selbst übertragen.

Um nun eine Auswahl zwischen den noch bleibenden Strukturbildern III und IV zu treffen, behandelte Rabe[1]) die Ketone — Cinchoninon und Chininon — mit salpetriger Säure und zwar in Form ihres Amylesters. Entweder mußte sich in ihnen, entsprechend der Formel IV, der Rest $-CH_2-CO-CH<$ oder entsprechend der Formel III, der Rest $-CH_2-CH-CO-$
$\qquad\qquad\qquad\qquad\qquad\qquad\qquad\qquad\qquad\qquad\qquad\qquad\qquad\qquad\qquad\quad\;|$

finden, und nur bei der ersten Annahme wäre infolge der Nachbarstellung von Methylen zu Carbonyl die direkte Bildung eines Isonitrosoderivates

$$-CH_2-CO- \;\rightarrow\; -C(NOH)-CO-$$

möglich. Der Versuch hat nun ergeben, daß sich wohl eine Isonitrosoverbindung bildet, daß aber ihre Bildung unter gleichzeitigem Zerfall des Moleküls in zwei Stücke erfolgt. Das eine Bruchstück erwies sich als Cinchoninsäure bzw. Chininsäure, das andere als Base, die bei der Hydrolyse unter Aufnahme von 2 Mol. Wasser Hydroxylamin und Merochinen liefert. Damit ist also einerseits die Bindungsweise des Carbonyls im Cinchoninon bzw. Chininon erkannt, anderseits die Verknüpfung mit den obenerwähnten Arbeiten über die oxydative Spaltung des Cinchonins bzw. Chinins in Cinchoninsäure bzw. Chininsäure und Merochinen gewonnen.

Man gelangt somit für das Cinchonin zur Formel III.

1. Cinchonin = [γ-Chinolyl]-[α-β'-vinyl-chinuclidyl]-carbinol.

Mol.-Gewicht 294,20.
Zusammensetzung: 77,50% C, 7,54% H, 9,52% N.

$$C_{19}H_{22}N_2O.$$

```
CH₂:CH·ĊH — ĊH — CH₂
         |     |
         |    CH₂    |
         |    CH₂    |
         CH₂ — N — ĊH
                    |
                   ĊH·OH
                    |
                    C
              HC  ╱  ╲ CH
              HC ⟨C⟩  CH
              HC  ╲  ╱
               CH   N
```

---

[1]) P. Rabe, Annalen d. Chemie **365**, 353 [1909].

Vorkommen: Wie im vorhergehenden erwähnt, sind Chinin und Cinchonin die Hauptalkaloide der echten Chinarinden. Cinchonin kommt selten für sich in den Chinarinden vor, meist begleitet es darin das Chinin und wird daher in der Regel nur als Nebenprodukt bei der Chininbereitung gewonnen. Seitdem man die Chininrinden in Kulturen zieht, hat man es verstanden, die Bildung des Cinchonins gegen die des wertvolleren Chinins zurückzuhalten.

Darstellung: Bei der Chinindarstellung aus Chinarinde werden die in dieser enthaltenen Basen in Sulfate übergeführt. Das in Alkohol und Wasser schwer lösliche Chininsulfat scheidet sich zunächst aus, während Cinchoninsulfat in Lösung bleibt. Es ist also in den Mutterlaugen von der Chinindarstellung reichlich vorhanden, wird aus diesen mit Natronlauge gefällt und durch Behandeln mit heißem Alkohol, in dem es schwer löslich ist, von Chinin befreit. Zur Reindarstellung von Cinchonin aus Gemengen von Chinin und Cinchonin, in welchen das letztere in größerer Menge vorhanden ist, kann die Schwerlöslichkeit des Cinchonins in Alkohol und in Äther benützt werden.

Physiologische Eigenschaften[1])**:** Das Cinchonin soll viel unsicherer in der Wirkung sein als das Chinin und nur bei größeren Dosen die typische Chininwirkung auslösen. Cinchonin und das später zu behandelnde Cinchonidin haben die dem Chinin in schwacher Weise zukommende, krampferregende Wirkung in viel ausgesprochenerer Weise. Auf das Herz wirkt Cinchonin viel schädlicher und ist gegen Fieber weniger wirksam. Cinchonin ist giftiger als Cinchonidin, welch letzteres dem Chinin auch in chemischer und physikalischer Beziehung näher steht. Man hat aus diesen Versuchen geschlossen, daß die Methoxylgruppe des Chinins wesentlich beteiligt ist an der spezifischen Wirkung desselben, wie später näher dargelegt werden soll. Es ist wiederholt die Ansicht ausgesprochen worden, daß die geringe febrifuge Wirkung des Cinchonins überhaupt nicht diesem selbst zukommt, sondern dem später zu behandelnden Cuprein, dessen Bildung durch Hydroxylierung des Cinchonins in p-Stellung innerhalb des Organismus sich vollziehen könnte.

Physikalische und chemische Eigenschaften: Das Cinchonin bildet durchsichtige Prismen oder Nadeln, die bei 220° zu sublimieren beginnen und bei 255,4° schmelzen. Wie das Chinin schmeckt es stark bitter. In Wasser ist die Base sehr schwer löslich, 1 T. erfordert bei 20° zur Lösung 3670 T. Wasser. In Alkohol und Äther ist es bedeutend schwerer löslich als Chinin. Im Gegensatz zum Chinin und zu den meisten übrigen Alkaloiden ist das Cinchonin rechtsdrehend. Die absolut alkoholische Lösung (0,1—0,15 g in 20 ccm gelöst) zeigt $[\alpha]_D = +223,3°$. Die für Chinin charakteristische Grünfärbung bei Einwirkung von Chlorwasser und Ammoniak tritt bei Cinchonin nicht ein.

Umwandlung des Cinchonins in Isomere: Unter den verschiedensten chemischen Einflüssen erfährt das Cinchonin Umwandlung in isomere Verbindungen.

Durch 15stündiges Kochen mit einer ätzalkalischen Amylalkohollösung wird ein Teil des Cinchonins (ca. 5%) in das isomere Cinchonidin (s. dieses) übergeführt[2]).

Beim Erhitzen von schwefelsaurem oder weinsaurem Cinchonin entsteht ein anderes Isomeres, das Cinchonicin. Es bildet Krystalle vom Schmelzp. 49—50°, die sich leicht in Alkohol, Benzol und Chloroform, schwer in Äther und Wasser lösen[3]).

Das Cinchonidin und Cinchonicin sind aber keineswegs die beiden einzigen Isomeren, welche man vom Cinchonin kennt. Das Cinchonin enthält 4 asymmetrische Kohlenstoffatome, die in der Konstitutionsformel auf S. 124 mit einem * versehen worden sind. Nach den Vorstellungen von van't Hoff sind daher theoretisch $2^4 = 16$ stereoisomere optisch aktive Formen denkbar.

Tatsächlich sind auch etwa 15 isomere Verbindungen beschrieben worden, die aus dem Cinchonin durch Einwirkung von Alkalien, von Halogenwasserstoffsäuren, von Schwefelsäure verschiedener Konzentration und bei verschiedener Temperatur entstehen sollen. Wir nennen hiervon Pseudocinchonin (Cinchotin), Tautocinchonin, Isocinchonin, Apocinchonin (Allocinchonin), Cinchonigin, Cinchonilin, Homocinchonin, Dicinchonin. Es liegt nicht in unserer Absicht, alle diese Verbindungen zu beschreiben. Denn das Studium dieser Verbindungen ist noch keineswegs abgeschlossen und es steht zu erwarten, daß sich durch künftige Untersuchungen die Zahl derselben einschränken wird, insofern sich einige derselben als identisch erweisen werden.

---

[1]) Fränkel, Arzneimittelsynthese, II. Aufl., S. 225, 226.
[2]) Königs u. Husmann, Berichte d. Deutsch. chem. Gesellschaft **29**, 2185 [1896].
[3]) Hesse, Annalen d. Chemie **166**, 277 [1873]; **178**, 253 [1876].

Salze des Cinchonins: Die Cinchoninsalze enthalten 1 oder 2 Äquivalente Säure auf 1 Mol. der Base. Die erstgenannten, welche eigentlich basische Salze sind, werden als neutrale, die letzteren als saure Salze bezeichnet.

Neutrales Cinchoninhydrochlorid $C_{19}H_{22}N_2O \cdot HCl + 2 H_2O$ wird durch Neutralisieren der Base mit Schwefelsäure erhalten; krystallisiert in Prismen. **Saures Cinchoninhydrochlorid** $C_{19}H_{22}N_2O \cdot 2 HCl$ entsteht beim Eindampfen einer Lösung von Cinchonin in überschüssiger Salzsäure; krystallisiert aus der alkoholischen Lösung in rechtwinkligen Tafeln. **Cinchoninhydrojodid** $C_{19}H_{22}N_2O \cdot HJ + H_2O$ verbindet sich mit Jod zu Superjodiden. Von diesen ist das **Dijodid** $C_{19}H_{22}N_2O \cdot HJ \cdot J_2$, welches aus Alkohol in rotbraunen Nadeln krystallisiert, für Cinchonin charakteristisch. Das **neutrale Cinchoninsulfat** $2 C_{19}H_{22}N_2O \cdot H_2SO_4 + 2 H_2O$ bildet harte, durchsichtige Prismen von neutraler Reaktion, löst sich bei 13° in 65 T. Wasser und ist beträchtlich löslicher als das Chininsulfat. Das **saure Sulfat** $C_{19}H_{22}N_2O \cdot H_2SO_4 + 4 H_2O$ ist in Wasser leicht löslich. Wie das Chininsulfat liefert auch das Cinchoninsulfat, wenn seine Lösungen mit Jod versetzt werden, eigentümliche Verbindungen, sog. **Jodosulfate**, welche zugleich Superjodide, Hydrojodide und Sulfate sind. So wurden erhalten die Verbindungen $(C_{19}H_{22}N_2O)_2 \cdot H_2SO_4 \cdot 2 HJ \cdot J_6$, $C_{19}H_{22}N_2O \cdot 2 H_2SO_4 \cdot 4 HJ \cdot J_{10}$ und $(C_{19}H_{22}N_2O)_8 \cdot 6 H_2SO_4 \cdot 6 HJ \cdot J_{10} + 12 H_2O$, welche gut krystallisieren und braun oder schwarz gefärbt sind. — **Cinchoninpersulfate**[1]) zeigen beim Erhitzen interessante Pseudomorphie, indem sie intramolekulare Umlagerung ohne Änderung der atomaren Zusammensetzung erleiden. Erhitzt man z. B. das neutrale Cinchoninpersulfat im Luftbad längere Zeit, so färben sich die Krystalle gelb, dann rotgelb und schließlich rubinrot unter Beibehaltung ihrer Durchsichtigkeit und ihrer ursprünglichen schönen Krystallform. Auch das Gewicht der Krystalle bleibt dasselbe. Dabei ist aber eine durchgreifende Veränderung der Substanz eingetreten. Die ursprünglich schwer löslichen Persulfatkrystalle sind in Wasser leicht löslich geworden, und die oxydierende Wirkung der Persulfatsalze ist gänzlich verschwunden. **Saures Cinchoninpersulfat** $C_{19}H_{22}N_2O \cdot H_2S_2O_8 + 1/2 H_2O$, seidenglänzende Krystallnadeln, entsteht, wenn die Lösung von Cinchonin in überschüssiger verdünnter Schwefelsäure mit überschüssiger Ammoniumpersulfatlösung versetzt wird. **Neutrales Cinchoninpersulfat** $(C_{19}H_{22}N_2O)_2 \cdot H_2S_2O_8$ wird dargestellt, indem man neutrales Cinchoninsulfat in Wasser löst und die Lösung mit überschüssigem Kalium- oder Ammoniumpersulfat versetzt. Bildet lange, prismatische, fast farblose Krystalle.

Additionsprodukte des Cinchonins. Nachweis der Vinylgruppe: Die Chinaalkaloide sind, wie im vorhergehenden dargelegt wurde, ungesättigte Basen, die eine $C = C$-Bindung enthalten; denn sie addieren mit größter Leichtigkeit 2 Atome Brom oder 1 Mol. Chlor-, Brom- oder Jodwasserstoff an Kohlenstoff und ferner werden sie in eiskalter, verdünnter schwefelsaurer Lösung von Permanganat momentan angegriffen. Die Addition von Halogenwasserstoff und die Bildung der zweifach sauren Salze halogenhaltiger Basen erfolgt nicht nur beim Erhitzen[2]) der Chinabasen mit den sehr konzentrierten Säuren, sondern auch schon bei gewöhnlicher Temperatur bei längerem Stehen[3]). So addieren Cinchonin und Chinin Chlor-, Brom- und Jodwasserstoff schon bei gewöhnlicher Temperatur an Kohlenstoff und bilden die zweifach sauren Salze: $C_{19}H_{23}ClN_2O, 2 HCl$; $C_{20}H_{25}BrN_2O_2, 2 HBr$; $C_{19}H_{23}JN_2O \cdot 2 HJ$ usw. Durch Abspaltung von Halogenwasserstoff werden aus diesen halogenhaltigen Basen zum Teil die ursprünglichen Alkaloide regeneriert, zum Teil aber neue, mit den Muttersubstanzen isomere Basen gebildet.

Ebenso leicht wie die Halogenwasserstoffsäuren addieren sich auch 2 Atome Brom an die Äthylenbindung der Chinaalkaloide[4]). Die so entstehenden Dibromide, das Cinchonin- und Cinchonidindibromid $C_{19}H_{22}Br_2N_2O$ und das Chinindibromid $C_{20}H_{24}Br_2N_2O_2$ sind farblose, krystallisierte, zweisäurige Basen und spalten bei Behandlung mit alkoholischem Kali Bromwasserstoff ab unter Bildung der bromfreien, um 2 Wasserstoffatome ärmeren Basen Dehydrocinchonin und Dehydrocinchonidin $C_{19}H_{20}N_2O$ und Dehydrochinin $C_{19}H_{22}N_2O_2$.

---

[1]) R. Wolffenstein u. A. Wolff, Berichte d. Deutsch. chem. Gesellschaft **41**, 717 [1908].
[2]) Zorn, Journ. f. prakt. Chemie (neue Folge) **8**, 279. — Skraup, Annalen d. Chemie **201**, 324.
[3]) Comstock u. Königs, Berichte d. Deutsch. chem. Gesellschaft **20**, 2510 [1887]; **25**, 1539 [1892]. — Skraup, Wiener Monatshefte f. Chemie **12**, 431, 667 [1891]. — Lippmann u. Fleißner, Wiener Monatshefte **12**, 327, 661 [1891].
[4]) Comstock u. Königs, Berichte d. Deutsch. chem. Gesellschaft **17**, 1995 [1884]; **19**, 2853 [1886]; **25**, 1539 [1892]. — Christensen, Journ. f. prakt. Chemie (neue Folge) **63**, 330 [1900]; **68**, 430 [1903]; **69**, 193 [1904].

Tetrahydrocinchonin $C_{19}H_{26}N_2O$ entsteht bei Einwirkung von Natrium und Amylalkohol auf Cinchonin und ist ein in Äther leicht lösliches Öl. — **Hydrochlorcinchonin** $C_{19}H_{23}ClN_2O$, aus Cinchonin und Chlorwasserstoff in der oben angedeuteten Weise entstehend, krystallisiert aus Alkohol in Nadeln, die bei 212—213° schmelzen. Reagiert in alkoholischer Lösung alkalisch und bildet beständige, gut krystallisierende Salze. Beim Kochen mit Kalilauge in alkoholischer Lösung spaltet es Chlorwasserstoff ab und es bildet sich Cinchonin neben α-Isocinchonin. — **Hydrobromcinchonin** $C_{19}H_{23}BrN_2O$, aus Cinchonin und Bromwasserstoff entstehend, krystallisiert aus Alkohol in Schuppen und wird durch alkoholisches Kali in Cinchonin und α-Isocinchonin verwandelt. — **Hydrojodcinchonin** $C_{19}H_{23}JN_2O$. Beim Kochen von Cinchonin mit konz. Jodwasserstoffsäure entsteht das **Hydrojodcinchonindijodhydrat** $C_{19}H_{23}JN_2O \cdot 2\,HJ$, welches in glänzenden, hellgelben Prismen krystallisiert und durch wässeriges Ammoniak in das Hydrojodcinchonin übergeht, das weiße Krystalle bildet, bei 158—160° schmilzt und mit Jodwasserstoff wieder das Trijodid bildet.

Cinchonindichlorid $C_{19}H_{22}Cl_2N_2O$, schon von Laurent 1848 durch Einwirkung von Chlor auf Cinchonin dargestellt, schmilzt, langsam erhitzt, bei 202—204°, rascher erhitzt, zwischen 220—230°. Durch Kochen mit amylalkoholischem Kali entsteht daraus eine chlorfreie Base, wahrscheinlich Dehydrocinchonin. — **Cinchonindibromid** $C_{19}H_{22}Br_2N_2O$ wird am besten durch Einwirkung von Brom auf Cinchonin in Chloroformlösung gewonnen. Es entsteht hierbei in zwei Modifikationen, α- und β-Cinchonindibromid, die durch verschiedene Löslichkeit ihrer Salze getrennt werden können. Die α-**Verbindung** krystallisiert mit 1 Mol. H_2O in rhombischen Pyramiden. Die β-**Verbindung** bildet lange Blättchen und ist wasserfrei. Bei Einwirkung von Alkalihydroxyden entsteht aus beiden dasselbe Dehydrocinchonin $C_{19}H_{20}N_2O$.

Oxydation des Cinchonins: 1. Durch Oxydation von Cinchonin in eiskalter, verdünnter schwefelsaurer Lösung mit Kaliumpermanganat erhielt Skraup[1]) Ameisensäure und eine Verbindung $C_{18}H_{20}N_2O_3$, die schon früher von Caventou und Willm auf demselben Wege gewonnen und als „Cinchotenin" bezeichnet worden war. Dieselbe vereinigt sich sowohl mit Säuren wie mit Basen. Ihre Bildung erfolgt nach der Gleichung:

$$C_{19}H_{22}N_2O + O_4 = C_{18}H_{20}N_2O_3 + CH_2O_2.$$
Cinchonin Cinchotenin Ameisensäure

In derselben Weise entstehen unter gleichzeitiger Bildung von Ameisensäure aus dem Cinchonidin das „Cinchotenidin" $C_{18}H_{20}N_2O_3$ und aus dem Chinin und Conchinin (oder Chinidin) das „Chitenin" und „Chitenidin" $C_{19}H_{22}N_2O_4$. Diese „Tenine" enthalten also ein CH_2 weniger und zwei Sauerstoff mehr als die zugehörigen Chinaalkaloide. Das Cinchotenin und Chitenin sind nach den Untersuchungen von Skraup[2]) und seinen Mitarbeitern gesättigte Verbindungen und ihre Entstehung ist so zu erklären, daß die Vinylgruppe der Chinaalkaloide bei der Oxydation an der doppelten Bindung zerfällt unter Abspaltung von Ameisensäure:

$$C_{17}H_{18}N_2{<}{}^{CH=CH_2}_{OH} \;\rightarrow\; C_{17}H_{18}N_2{<}{}^{COOH}_{OH}$$
Cinchonin Cinchotenin

Das **Cinchotenin** krystallisiert mit 3 Mol. Wasser in Nadeln oder in Blättchen; es ist ziemlich löslich in Wasser, schmilzt bei 197—198° und lenkt die Polarisationsebene nach rechts ab. Es reagiert neutral, löst sich sowohl in Alkalien wie in Säuren und stellt eine bitertiäre Base vor. In ihm ist noch das alkoholische Hydroxyl des Cinchonins enthalten. Denn es bildet ein Acetylderivat, und bei der Oxydation des Benzoylcinchonins mit Kaliumpermanganat entsteht ein Benzoylcinchotenin, das bei der Hydrolyse in Benzoesäure und Cinchotenin zerfällt. Die Carboxylgruppe läßt sich in ihm durch Veresterung nachweisen. Bei energischer Oxydation ergibt das Cinchotenin dieselben Verbindungen wie das Cinchonin, nämlich Cincholoiponsäure und Cinchoninsäure (s. unten).

Bei der Darstellung von jedem der vier oben angeführten Tenine bleibt je eine gesättigte, permanganatbeständige Base unangegriffen, welche 2 Wasserstoffatome mehr enthält als das entsprechende Chinaalkaloid und welche demselben von vornherein schon beigemengt war. Die wasserstoffreicheren Begleiter des Chinins resp. Conchinins $C_{20}H_{26}N_2O_2$ bezeichnet man als „Hydrochinin" bzw. „Hydrochinidin", während man den Begleiter des Cinchonins $C_{19}H_{24}N_2O$ „Hydrocinchonin" oder auch „Cinchotin" und den mit diesem isomeren Begleiter des Cinchonidins „Hydrocinchonidin" oder „Cinchamidin" (Hesse) nennt. Diese Hydrobasen lassen

---
[1]) Skraup, Annalen d. Chemie **197**, 374.
[2]) Skraup, Wiener Monatshefte f. Chemie **16**, 159 [1894]; Berichte d. Deutsch. chem. Gesellschaft **28**, 12 [1895].

sich nur schwer von den gewöhnlichen Chinaalkaloiden trennen; sie enthalten höchstwahrscheinlich an Stelle der Vinylgruppe in den letzteren eine Äthylgruppe, wodurch sich der gesättigte Charakter dieser Basen erklärt.

2. Aus dem Cinchonin $C_{19}H_{22}N_2O$ lassen sich 2 Wasserstoffatome entziehen, wenn man das Cinchonindibromid (s. S. 127) mit alkoholischem Ätzkali behandelt; unter Austritt von 2 Mol. Bromwasserstoff entsteht so das **Dehydrocinchonin**[1]):

$$C_{19}H_{22}Br_2N_2O + 2\,KOH = C_{19}H_{20}N_2O + 2\,KBr + 2\,H_2O.$$
Cinchonindibromid   Dehydrocinchonin

Diese Verbindung schmilzt bei 202—203°; sie enthält wahrscheinlich eine Acetylenbindung —C≡C— statt der Äthylenbindung des Cinchonins, denn durch Einwirkung von Kaliumpermanganat entsteht aus beiden Basen ein und dasselbe Produkt, das obenerwähnte Cinchotenin.

3. Wie oben bereits angeführt wurde, führt die energische Oxydation der 4 Chinaalkaloide zu γ-Carbonsäuren des Chinolins resp. p-Methoxychinolins einerseits und zu Merochinen $C_9H_{15}NO_2$ andererseits.

Bei energischer Behandlung des Cinchonins mit Chromsäure entstehen etwa 50% Cinchoninsäure (γ-Chinolincarbonsäure)[2]). Letztere bildet sich auch beim Erhitzen einer sauren Cinchoninlösung mit Kaliumpermanganat und liefert bei weiterer Oxydation die α-Carbocinchomeronsäure, die Cinchomeronsäure und schließlich die Chinolinsäure.

Cinchoninsäure-
γ-Chinolincarbonsäure,
Schmelzpunkt 254°

α-Carbocinchomeronsäure-
1, 2, 3-Pyridintricarbonsäure,
Schmelzpunkt 250°

Cinchomeronsäure-
2, 3-Pyridindicarbonsäure,
Schmelzpunkt 266°
unter Zersetzung

Chinolinsäure-
1, 2-Pyridindicarbonsäure,
Schmelzpunkt 190°
unter Zersetzung

Die Cinchoninsäure bildet also stets das normale Einwirkungsprodukt aller starken Oxydationsmittel auf das Cinchonin. Daraus folgt, daß das Cinchonin ein Chinolinderivat ist, das in der γ-Stellung eine Seitenkette besitzt, welche bei der Oxydation in eine Carboxylgruppe übergeht.

Bei der Oxydation der 4 Chinaalkaloide mit Chromsäure entstehen nun außer den γ-Carbonsäuren des Chinolins resp. des p-Methoxychinolins noch beträchtliche Mengen sirupöser Produkte, deren Entwirrung große Mühe verursachte. Sie enthalten die Säuren der Loiponreihe, nämlich das Merochinen (I), die Cincholoiponsäure (II) und die Loiponsäure (III), deren Struktur von Skraup und Königs[3]) aus weiterem Abbau erschlossen worden ist.

Merochinen
I

Cincholoiponsäure
II

Loiponsäure
III

Cincholoipon
IV

---

[1]) Comstock u. Königs, Berichte d. Deutsch. chem. Gesellschaft **19**, 2853 [1886]; **20**, 2510 [1887]; **25**, 1539 [1892]; **28**, 1986 [1895].

[2]) Königs u. Lossow, Berichte d. Deutsch. chem. Gesellschaft **32**, 717 [1897].

[3]) Königs, Berichte d. Deutsch. chem. Gesellschaft **27**, 904, 1501 [1894]; **28**, 1986, 3150 [1895]; **30**. 1326, 1332 [1897]. — Skraup, Berichte d. Deutsch. chem. Gesellschaft **28**, 15 [1895]; Wiener Monatshefte f. Chemie **17**, 365 [1896].

Merochinen.

$C_9H_{15}NO_2$ (Formel I).

Es entsteht außer durch Oxydation des Cinchonins mit Chromsäure auch durch Spaltung des später zu behandelnden Chinens beim Erhitzen mit Phosphorsäure, krystallisiert aus Methylalkohol in Nadeln vom Schmelzp. 222° und ist rechtsdrehend. Als sekundäre Base liefert es ein Nitrosamin und eine Acetylverbindung, als Carbonsäure gibt es beim Erhitzen mit Salzsäure und Alkoholen Ester. Bei der Behandlung des Merochinens mit Salzsäure auf 250°, mit oder ohne Zusatz von Sublimat, erhielt Königs das β-Collidin (γ-Methyl-β-Äthylpyridin), bei der Oxydation des Merochinens mit Kaliumpermanganat erhielt er die Cincholoiponsäure (II) und Ameisensäure. Die Vinylgruppe des Merochinens läßt sich durch Reduktion mit rauchender Jodwasserstoffsäure und Zinkstaub in die Äthylgruppe überführen, so daß aus Merochinen das gesättigte Cincholoipon (IV) entsteht[1]). Man erhält letzteres auch durch Oxydation der die Chinaalkaloide begleitenden Dihydrobasen, sowie durch Spaltung der entsprechenden Anhydrobasen, z. B. des Dihydrocinchens, durch Phosphorsäure.

Cincholoiponsäure.

$C_8H_{13}NO_4$ (Formel II S. 128).

Außer durch oxydativen Abbau von Chinin und Cinchonin ist dieselbe auch durch Synthese von A. Wohl[2]) und Losanitsch erhalten worden.

Ausgangspunkt der Synthese bildet das salzsaure Oxim des 3-Tetrahydropyridinaldehyds. Das ungesättigte Nitril (V), das über das Oxim des Aldehyds erhalten wird, liefert bei der Einwirkung von Natriummalonester in alkoholischer Lösung ein öliges Additionsprodukt. Dieses verliert bei kurzem Verseifen mit wenig Baryt zunächst eine Carboxylgruppe und es werden dann, je nach der weiteren Behandlung der Nitrilsäuren, Säureamidcarbonsäure oder 2 Dicarbonsäuren (VI) erhalten, die letztere nämlich, wie die Theorie erwarten

$$\begin{array}{cc} \text{CH} & \text{CH} \cdot \text{CH}_2 \cdot \text{COOH} \\ \text{H}_2\text{C} \diagup \diagdown \text{C} \cdot \text{CN} & \text{H}_2\text{C} \diagup \diagdown \text{CH} \cdot \text{COOH} \\ \text{H}_2\text{C} \diagdown \diagup \text{CH}_2 & \text{H}_2\text{C} \diagdown \diagup \text{CH}_2 \\ \text{NH} & \text{NH} \\ \text{V} & \text{VI} \end{array}$$

läßt, in zwei stereoisomeren Formen. Zusammensetzung, Eigenschaften und Abbau zum γ-Methylpyridin zeigten, daß hier 4-Pipecolin-3-ω-dicarbonsäuren, das sind die beiden inaktiven Formen der racemischen Cincholoiponsäure, vorliegen, von denen sich die höher schmelzende nach dem von Königs an der aktiven Cincholoiponsäure erprobten Verfahren in die niedriger schmelzende umlagern läßt.

Die Trennung der racemischen β-Säure in die aktiven Formen ist mit Hilfe der Brucinsalze gelungen, und die Rechtsform der β-Säure erwies sich nach dem Schmelzpunkt, den polarimetrischen und krystallographischen Daten mit der Cincholoiponsäure aus Chinin durchaus übereinstimmend. Auf Grund dieser vollständigen Synthese kann die durch oxydativen Abbau aus Chinin oder Cinchonin entstehende d-Cincholoiponsäure für den weiteren Aufbau in diesem Gebiet als Ausgangspunkt dienen.

Physikalische und chemische Eigenschaften: Die Cincholoiponsäure scheidet sich aus wässeriger Lösung in Prismen ab, die 1 Mol. Krystallwasser enthalten und bei 126—127° schmelzen. Nach dem Trocknen schmilzt die wasserfreie Säure bei 221—222°. Sie ist rechtsdrehend und zeigt $[\alpha]_D = +30,1°$.

Die d-Acetylcincholoiponsäure schmilzt bei 167—168° und zeigt $[\alpha]_D^{20} = +19,86°$.

Loiponsäure.

$C_7H_{11}NO_3$ (Formel III S. 128).

Krystallisiert aus Wasser in Prismen, die unter Zersetzung bei 259—260° schmelzen.

4. **Oxydation des Cinchonins zu Cinchoninon**[3]). Wie auf S. 123 schon angedeutet wurde, verläuft die Einwirkung von Chromsäure auf Cinchonin unter bestimmten

---

[1]) Königs, Berichte d. Deutsch. chem. Gesellschaft **35**, 1350 [1902].
[2]) A. Wohl u. Losanitsch, Berichte d. Deutsch. chem. Gesellschaft **40**, 4698 [1907]. — A. Wohl u. R. Maag, Berichte d. Deutsch. chem. Gesellschaft **42**, 627 [1909].
[3]) P. Rabe, E. Ackermann u. W. Schneider, Berichte d. Deutsch. chem. Gesellschaft **40**, 3655 [1907]; Annalen d. Chemie **364**, 330 [1909].

Bedingungen nicht unter Spaltung des Moleküls und Bildung von Cinchoninsäure und Merochinen, sondern es läßt sich dabei ein Zwischenprodukt, das Keton Cinchoninon, fassen. Daraus ergibt sich, daß im Cinchonin ein sekundärer Alkohol vorliegt.

Cinchoninon[1]).

$C_{19}H_{20}ON_2$.

$$\begin{array}{c} CH_2-CH-CH \cdot CH:CH_2 \\ | \quad\quad | \\ \quad\quad CH_2 \\ \quad\quad | \\ \quad\quad CH_2 \\ | \quad\quad | \\ CH-N-CH_2 \\ | \\ CO \cdot C_9H_6N \end{array}$$

Wird am besten dargestellt, indem man Cinchonin mit Chromsäure in starker Schwefelsäure behandelt. In gleicher Weise entsteht es auch aus dem Cinchonidin. Ein großer Teil der angewendeten Pflanzenbase wird unverändert zurückgewonnen, etwa 5% werden in das Keton verwandelt, der Rest erfährt weitere Oxydation. Das Cinchoninon ist leicht löslich in Äther, Alkohol, Chloroform und Benzol, schwer löslich in Ligroin, fast unlöslich in Wasser. Es krystallisiert aus Äther oder 50-volumproz. Alkohol in rhombischen Prismen. Schmelzpunkt 126—127°. Optisches Drehungsvermögen Endwert $[\alpha]_D = +76{,}25°$. Das Monochlorhydrat schmilzt bei 245—247° und zeigt $[\alpha]_D = +175{,}9°$, das Monojodmethylat schmilzt bei 233° und zeigt $[\alpha]_D = +65{,}39°$. Bei weiterer Oxydation mit Chromsäure wird es gespalten in Cinchoninsäure und Merochinen, durch Reduktion wird es in Cinchonin zurückverwandelt.

5. Die Einwirkung von Salpetersäure auf Cinchonin hat vor vielen Jahren H. Weidel studiert. Als Oxydationsprodukt konnte er Cinchoninsäure, α-Carbocinchomeronsäure, Cinchomeronsäure und Nitrodioxychinolin (Chinolsäure) gewinnen. Rabe und Ackermann haben in neuerer Zeit die Untersuchung dieser Reaktion aufgenommen und beim Erhitzen von Cinchonin mit der achtfachen Menge Salpetersäure auf ca. 100—110° eine Verbindung $C_{19}H_{20}N_4O_6$ erhalten, die sich vom Cinchonin durch einen Mehrgehalt von N_2O_5 unterscheidet.

Die Verbindung $C_{19}H_{22}N_4O_6$ ist eine zweisäurige Base. Sie ist unlöslich in Wasser und in Alkalien, leicht löslich in Mineralsäuren. Sie krystallisiert aus Alkohol in fast weißen, wolligen Nädelchen, die bei ca. 238° unter lebhafter Gasentwicklung und Schwärzung schmelzen. Bei der Oxydation mit Chromsäure liefert sie Cinchoninsäure, durch Kaliumpermanganat wird sie im Gegensatz zum Cinchonin nur langsam angegriffen. Es ist daher die Annahme gerechtfertigt, daß bei ihrer Bildung die Vinylgruppe des Cinchonins in einer noch näher aufzuklärenden Weise beteiligt ist.

Quaternäre Verbindungen des Cinchonins: Bei Einwirkung von Alkylhalogen auf Cinchonin bei gewöhnlicher Temperatur bilden sich Monoalkylate, während die Dialkylverbindungen beim Erhitzen auf 150° entstehen. Die Theorie läßt vorhersehen, daß die Monoalkylderivate in zwei isomeren Formen auftreten können, je nachdem die Alkylgruppe an dem einen oder an dem anderen der beiden Stickstoffatome haftet. Skraup[2]) und Konek von Norwall konnten nun in der Tat die beiden zu erwartenden Monoäthylprodukte isolieren. Bringt man nämlich das Cinchonin direkt mit Jodäthyl zusammen, so entsteht das Cinchoninjod-äthylat $C_{19}H_{22}N_2O \cdot C_2H_5J$, farblose Krystalle vom Schmelzp. 259—260°. Wird aber das monojodwasserstoffsaure Salz des Alkaloids mit Jodäthyl im Überschuß erhitzt, so ist das Jodäthyl gezwungen, an das schwächer basische Stickstoffatom zu treten, da das stärker basische schon durch die Jodwasserstoffsäure gesättigt ist; so entsteht ein Salz: $C_{19}H_{22}N_2O \cdot HJ \cdot C_2H_5J$, das mit Ammoniak das Cinchoninisojodäthylat, gelbe Krystalle vom Schmelzpunkt 184°, bildet. Die durch die direkte Vereinigung erhaltenen Monoalkylate, bei denen die Alkylgruppe am Piperidinkern haftet, werden durch Alkalien zersetzt, unter Bildung von Alkylcinchoninen[3]), z. B.:

$$(C_{19}H_{22}NO) = N\!\!<^{CH_3}_{J} + KOH = (C_{19}H_{21}NO) = N-CH_3 + H_2O + KJ$$

Monojodmethylat des Cinchonins   Methylcinchonin

---

[1]) P. Rabe u. E. Ackermann, Berichte d. Deutsch. chem. Gesellschaft **40**, 2016 [1907].
[2]) Skraup u. Konek von Norwall, Berichte d. Deutsch. chem. Gesellschaft **26**, 1968 [1893].
[3]) Claus u. Müller, Berichte d. Deutsch. chem. Gesellschaft **13**, 2290 [1880].

Das Methylcinchonin krystallisiert aus Äther oder aus Aceton in Tafeln vom Schmelzpunkt 74—75°; unlöslich in Wasser. Diese Base ist kein eigentliches Cinchoninderivat mehr, sondern deriviert von dem isomeren Cinchotoxin oder Cinchonicin.

Bevor wir auf dasselbe eingehen, sei noch erwähnt, daß das Cinchonin durch Säurechloride und Anhydride esterifiziert wird. Das Acetylcinchonin $C_{19}H_{21}N_2(O \cdot C_2H_3O)$ ist amorph, in Äther und Alkohol leicht löslich und rechtsdrehend[1]). — Benzoylcinchonin $C_{19}H_{21}N_2(O \cdot COC_6H_5)$ wird am besten aus Cinchonin und Benzoylchlorid in Benzollösung erhalten. Das zunächst entstehende Hydrochlorid wird mit Soda oder Ammoniak zerlegt[2]). Die freie Base krystallisiert aus Ligroin in zarten Nadeln, die bei 105—106° schmelzen und verbindet sich mit Alkylhaloiden. Durch alkoholische Kalilauge wird das Benzoylcinchonin in normaler Weise verseift und durch Oxydation liefert es Benzoylcinchotenin.

Cinchotoxin.

v. Miller und Rohde[3]) untersuchten genauer die merkwürdigen Veränderungen, welche die Halogenalkylate der Chinabasen beim Erwärmen mit Alkalien erleiden. Sie fanden, daß das obenerwähnte Methylcinchonin sowie die analogen Basen aus Chinin usw. bei gelindem Erwärmen mit Phenylhydrazin in verdünnter essigsaurer Lösung Hydrazone liefern, daß dieselben demnach eine $C=O$-Gruppe enthalten müssen. Unter denselben Bedingungen reagierten die Chinabasen nicht. Der Sauerstoff ist ja auch in ihnen nicht in Form einer $C=O$-Gruppe, sondern als Hydroxyl gebunden, während das zweite Atom Sauerstoff im Chinin als Methoxyl vorkommt. Sie schlossen aus dieser Beobachtung, daß beim längeren Erwärmen der Chinaalkaloide mit Essigsäure eine Umlagerung stattfinden muß, unter Herausbildung einer $C=O$-Gruppe. In der Tat fanden sie diese Vermutung bestätigt, als sie die genannten Alkaloide etwa 24 Stunden lang mit verdünnter Essigsäure kochten. Dadurch war eine Umlagerung in neue, isomere Basen erfolgt, in welchen sie eine Ketongruppe und gleichzeitig auch eine Imidogruppe nachweisen konnten.

Diese Isomeren unterschieden sich ferner von den ursprünglichen Basen durch ihre größere Giftigkeit und den Mangel antipyretischer Eigenschaften; sie wurden daher als „Toxine" „Cinchotoxin" und „Chinotoxin" bezeichnet.

Die Umlagerung von Cinchonin in Cinchotoxin vollzieht sich in folgender Weise:

Cinchonin → Cinchotoxin

Das Cinchotoxin entsteht sowohl aus dem Cinchonin als aus dem Cinchonidin durch längeres Kochen mit verdünnter Essigsäure, und in derselben Weise bildet sich aus dem Chinin und aus dem Conchinin das Chinotoxin. Dieselbe Umlagerung wie bei längerem Kochen mit Essigsäure erleiden die Chinaalkaloide auch durch Erhitzen ihrer Bisulfate auf etwa 130°, wie Pasteur[4]) schon im Jahre 1853 beobachtet hat[4]). Pasteur hatte so aus dem Cinchonin und aus dem Cinchonidin ein und dieselbe amorphe, schwach rechtsdrehende Base erhalten, welche isomer mit diesen Alkaloiden war, und welche er „Cinchonicin" nannte. Ebenso entstand sowohl aus dem Chinin wie aus dem Conchinin das mit diesen isomere, amorphe und schwach rechtsdrehende „Chinicin".

---

[1]) Hesse, Annalen d. Chemie **205**, 321 [1880].
[2]) Skraup, Monatshefte f. Chemie **16**, 163 [1895].
[3]) v. Miller u. Rohde, Berichte d. Deutsch. chem. Gesellschaft **27**, 1187, 1279 [1894]; **28**, 1056 [1895]; **33**, 3214 [1900].
[4]) Pasteur, Jahresberichte d. Chemie **1853**, 474.

Das **Cinchotoxin** krystallisiert aus Äther; es schmilzt bei 58—59° und löst sich in den gewöhnlichen organischen Solvenzien leicht, mit Ausnahme von Ligroin; in Wasser ist es nur schwer löslich. Es ist eine starke Base, die Ammoniak aus seinen Salzen vertreibt und Kohlensäure anzieht. Von seinen Salzen krystallisieren das oxalsaure und das saure weinsaure Salz gut, das Pikrat schwieriger. Die Salze mit den gewöhnlichen Mineralsäuren können wegen ihrer großen Wasserlöslichkeit meist nur schwierig krystallisiert erhalten werden.

Nachweis des Cinchotoxins: In einigen Tropfen Alkohol gelöst und mit dinitrothiophenhaltigem Nitrobenzol versetzt, gibt Cinchotoxin eine prächtig purpurfarbene Lösung, die nach einiger Zeit verschwindet; reines Nitrobenzol gibt diese Reaktion nicht[1]). Auch das Eisendoppelsalz des Cinchotoxins kann zu dessen Nachweis dienen. Es entsteht sehr schnell in kleinen, orangegelben, schwer sich absetzenden Krystallen, auffallend langsam dagegen das des Chinotoxins.

Derivate des Cinchotoxins: Das **Phenylhydrazon** $C_{25}H_{28}N_4$, durch Erwärmen molekularer Mengen von Phenylhydrazin und Cinchotoxin in verdünnt-essigsaurer Lösung hergestellt, krystallisiert aus Äther in gelben Wärzchen, die bei 148° schmelzen. — Die **Nitrosierung des Cinchotoxins** führt zu 2 Produkten. Das **Isonitrosocinchotoxin** $C_{19}H_{21}N_3O_2$, welches entsteht, wenn man nur 1 Mol.-Gewicht Amylnitrit bei Gegenwart von Natriumäthylat auf Cinchotoxin einwirken läßt, ist eine gut krystallisierende Substanz vom Schmelzp. 169 bis 170°, welche aus ihren Lösungen in Säuren wohl durch ätzendes Alkali, nicht aber durch essigsaures Natrium, abgeschieden werden kann. — Das **Nitroso-isonitrosocinchotoxin** $C_{19}H_{20}N_4O_3$, bei Einwirkung der 2 Mol. entsprechenden Menge Amylnitrit auf die Lösung von Cinchotoxin in der zweifach theoretischen Menge Natriumalkoholat entstehend, krystallisiert aus Alkohol oder Aceton in dicken, klaren Prismen und schmilzt bei 198°.

Methylcinchotoxin entsteht beim Methylieren von Cinchotoxin mit Methyljodid und ist identisch mit dem von Claus und Müller aus Cinchoninjodmethylat erhaltenen „Methylcinchonin" (s. oben) und dem „Methylcinchonidin". Rabe[2]) hat das neuerdings mit aller Sicherheit nachgewiesen und es ist deshalb angezeigt, die beiden letztgenannten Basen aus der Literatur zu streichen und sie als Methylcinchotoxin zu registrieren. Das Methylcinchotoxin krystallisiert in Würfeln, schmilzt bei 74—75° und zeigt das spez. Drehungsvermögen $[\alpha]_D^{20} + 35{,}28$. Von seinen Derivaten seien die nachfolgenden angeführt. Das **Pikrat** schmilzt unter Sintern von 95° ab bei 120°. Das **Pikrolonat** schmilzt bei 152—153°. **Phenylhydrazon** Schmelzp. 150°, **Semicarbazon** Schmelzp. ca. 210°, **Jodmethylat** Schmelzp. 197°.

Physiologische Eigenschaften des Cinchotoxins:[3]) Daß die Chinatoxine starke Gifte sind, wurde bereits auf S. 125 erwähnt. Das Wesentliche in der Eigenart der Wirkung des Cinchotoxins besteht im Auftreten heftiger Krämpfe beim Warmblüter; injiziert man einer weißen Maus (13 g) 0,5 ccm einer 0,3 proz. Lösung von Cinchotoxin, so erfolgen bereits nach wenigen Minuten heftige Krampfanfälle; es kann später unter allmählichem Nachlassen der Krämpfe Erholung eintreten, doch gehen solche Tiere später in der Regel ein. Die toxische Dosis ist in diesem Falle 1,5 mg. Die entsprechende Dosis von Cinchonin und Cinchoninon zeigt keinerlei Wirkung. Für reines Cinchotoxin ergab sich in diesen Versuchen 0,15 mg per Gramm Tiergewicht als tödliche Dosis. R. Hunt[4]) hat Cinchotoxin bei der Maus ebenfalls untersucht und fand für Cinchotoxin bitartaricum ca. 0,31 mg per Gramm Tiergewicht. Die Art der Wirkung des Cinchotoxins erinnert lebhaft an die gewisser Piperidinderivate.

Gegenüber Infusorien, wie sie im gewöhnlichen Heuinfus enthalten sind, ist die Wirkung des Cinchotoxins eine erheblich schwächere im Vergleiche mit Chinin.

Dem **Cinchoninon** das ja auch eine C=O-Gruppe enthält (s. S. 130), fehlt die intensive Wirkung des Cinchotoxins. Es ähnelt in seinem physiologischen Verhalten durchaus dem Cinchonin. Am Frosche war subcutane Injektion von 9 mg Cinchonin ohne akute Wirkung, Injektion von 3 mg Cinchotoxin bewirkte völlige Lähmung und Injektion von 9 mg Cinchoninon bewirkte nur vorübergehende Schwäche.

Hildebrandt schließt aus den Ergebnissen seiner Versuche, daß die intensive Wirkung der Chinatoxine bedingt sei durch die freie Imidgruppe im Molekül.

Die von Cinchonin und Methylcinchonin sich ableitenden Ammoniumbasen zeigen eine relativ geringere Wirksamkeit als Cinchonin und Methylcinchonin.

---

[1]) v. Miller u. Rohde, Berichte d. Deutsch. chem. Gesellschaft **33**, 3223 [1900]. — M. Scholtz, Berichte d. Deutsch. pharmaz. Gesellschaft **18**, 44 [1908].
[2]) P. Rabe, Annalen d. Chemie **365**, 366 [1909].
[3]) Hildebrandt, Archiv f. experim. Pathol. u. Pharmakol. **59**, 129 [1908].
[4]) R. Hunt, Arch. Internat. de Pharmacol. **12**, 150 [1904].

Hildebrandt (l. c.) hat auch Versuche an Kaninchen angestellt, welche den Einfluß von Cinchonin und Cinchotoxin auf die Herztätigkeit und den Blutdruck festzustellen bezweckten. Er bediente sich neutraler Lösungen der Basen, welche je 3 mg pro Kubikzentimeter physiologischer Kochsalzlösung enthielten. Cinchotoxin und ebenso Chinotoxin verursachten in dieser Dosis eine geringfügige Erhöhung des Blutdruckes, die Pulsbewegung blieb unverändert, doch wurden die Elevationen größer. Cinchonin dagegen erzeugte in der Dosis deutliche Blutdrucksenkung und erhebliche Pulsbeschleunigung unter Verminderung der Elevationen. Die Injektionen fanden in diesen Versuchen durch die Jugularvene statt und zwar möglichst langsam.

Cinchen.

$C_{19}H_{20}N_2$.

$$CH_2 : CH \cdot CH - CH - CH_2$$

(Strukturformel des Cinchens)

Darstellung: Die 4 Chinaalkaloide tauschen beim Erwärmen ihrer trocknen, salzsauren Salze mit Phosphorpentachlorid in Chloroform ihr Hydroxyl gegen Chlor aus. So entstehen 2 Paare isomerer Chloride[1]): das Cinchonin- und Cinchonidinchlorid $C_{19}H_{21}ClN_2$, welches in Prismen vom Schmelzp. 72° krystallisiert und das Chinin- und Conchininchlorid $C_{20}H_{23}ClN_2O$. Behandelt man diese Chloride mit Eisenfeile und verdünnter Schwefelsäure in der Kälte, so wird das Chlor durch Wasserstoff ersetzt und man erhält 2 Paare isomerer Desoxybasen[2]), das Desoxycinchonin vom Schmelzp. 90—92° und das Desoxycinchonidin $C_{19}H_{22}N_2$, sowie das Desoxychinin und Desoxyconchinin $C_{20}H_{24}N_2O$. Kocht man die Chloride längere Zeit mit alkoholischem Kali, so wird Salzsäure abgespalten. Das Cinchoninchlorid sowie das isomere Cinchonidinchlorid gehen dabei in ein und dieselbe Base über, welche Königs Cinchen genannt hat. In derselben Weise entsteht sowohl aus dem Chininchlorid wie aus dem Conchininchlorid ein und dieselbe Base $C_{20}H_{22}N_2O$, das Chinen. Diese beiden chlorfreien Basen kann man auch als die Anhydrobasen der Chinaalkaloide bezeichnen, da sie ja die Elemente von 1 Mol. Wasser weniger enthalten. Die Namen Anhydrocinchonin und Anhydrochinin würden diese Beziehung ja deutlich ausdrücken, wenn nicht die Gefahr der Verwechslung bestände mit dem obenerwähnten Dehydrocinchonin und Dehydrochinin.

Physikalische und chemische Eigenschaften: Das Cinchen krystallisiert aus Äther oder aus Ligroin in Blättchen, deren Schmelzpunkt bei 123—125° liegt. Es ist rechtsdrehend, wie das Cinchonin eine bitertiäre Base und liefert bei der Oxydation mit Chromsäure Cinchoninsäure. Durch Erhitzen mit 20 proz. wässeriger Phosphorsäurelösung auf 170—180° wird das Cinchen gespalten in Lepidin und Merochinen:

$$C_{19}H_{20}N_2 + 2\,H_2O = C_{10}H_9N + C_9H_{15}NO_2.$$
Cinchen   Lepidin   Merochinen

Als gesättigte Verbindung addiert das Cinchen 2 Atome Brom oder 1 Mol. Bromwasserstoff. Das Cinchendibromid gibt bei der Behandlung mit alkoholischem Kali 2 Mol. Bromwasserstoffsäure ab und verwandelt sich in das Dehydrocinchen:

$$C_{19}H_{20}N_2Br_2 = C_{19}H_{18}N_2 + 2\,HBr.$$
Cinchendibromid   Dehydrocinchen

---

[1]) Königs, Berichte d. Deutsch. chem. Gesellschaft **13**, 285 [1880]. — Königs u. Comstock, Berichte d. Deutsch. chem. Gesellschaft **17**, 1986 [1884]; **18**, 1223 [1885]; **25**, 1545 [1892].
[2]) Königs, Berichte d. Deutsch. chem. Gesellschaft **28**, 3141 [1895]; **29**, 372 [1896].

Dieselbe Verbindung kann auch aus dem Dehydrocinchonin erhalten werden, wenn man dasselbe nacheinander mit Phosphorpentachlorid und alkoholischem Kali behandelt.

Das Dehydrocinchen krystallisiert aus verdünntem Alkohol in Nadeln mit anscheinend 3 Mol. Krystallwasser; Schmelzp. 60°, die wasserfreie Base bildet ein Harz.

Bei mehrstündigem Erhitzen des Cinchens mit 8—9 T. konz. Schwefelsäure entsteht neben Cinchensulfosäuren das Sulfocinchen $C_{19}H_{20}N_2SO_3$, farblose Krystalle, die sich beim Erhitzen zinnoberrot färben. Sie sind unlöslich in Wasser und Alkalien, löslich in Säuren.

Apocinchen[1] $= \gamma$-o-**Oxydiäthylphenyl-chinolin.**

Darstellung: Bei anhaltendem Kochen mit konz. Bromwasserstoffsäure verwandelt sich das Cinchen unter Aufnahme von 1 Mol. Wasser und Abspaltung von 1 Mol. Ammoniak in das Apocinchen $C_{19}H_{19}NO$ nach der Gleichung:

$$C_{19}H_{20}N_2 + H_2O = C_{19}H_{19}NO + NH_3.$$

Ebenso verhält sich das Chinen bei langem Kochen mit konz. Bromwasserstoffsäure; nur findet hier außerdem noch Abspaltung des Methyls aus dem p-Methoxy-Chinolinrest des Chinens statt; es entsteht das Apochinen $C_{19}H_{18}(OH)NO$.

$$C_{19}H_{19}(OCH_3)N_2, 2\,HBr + H_2O + HBr = C_{19}H_{18}(OH)NO, HBr + CH_3Br + NH_4Br.$$

Physikalische und chemische Eigenschaften und Derivate: Apocinchen scheidet sich aus heißem Alkohol als Krystallpulver ab, schmilzt bei 209—210°. Chromsäure oxydiert zu Cinchoninsäure, schmelzendes Alkali zu Oxyapocinchen $C_{19}H_{19}O_2N$. Liefert zwei verschiedene Mononitroderivate. **Nitroapocinchen** $C_{19}H_{18}O_3N_2$ entsteht durch Einwirkung von Natriumnitrit auf Apocinchen in kaltem Eisessig bei längerem Stehen. Farblose Nadeln aus verdünntem Alkohol, Schmelzpunkt ca. 228°. Sein Silbersalz gibt mit Jodäthyl den **Nitroapocinchen-äthyläther**, gelbe Täfelchen vom Schmelzp. 124°. **Amidoapocinchen** $C_{19}H_{18}(NH_2)ON$, aus der Nitroverbindung durch Zinnchlorür und Salzsäure entstehend, krystallisiert aus Alkohol in Nädelchen vom Schmelzp. 220°. Ein isomeres **Nitroapocinchen** $C_{19}H_{18}O_3N_2$ scheidet sich als Nitrat in Schuppen ab, wenn die Eisessiglösung mit Salpetersäure (spez. Gew. 1,38) in der Kälte steht; es schmilzt unscharf unter 100°. — **Tetrahydroapocinchen** $C_{19}H_{23}ON$ entsteht als in Äther lösliches Harz aus Apocinchen durch Zinn und Salzsäure. Liefert beim Kochen mit Essigsäureanhydrid **Diacetyl-tetrahydroapocinchen**, das aus Alkohol in farblosen Nädelchen vom Schmelzp. 133—135° krystallisiert.

Abbau des Apocinchens zu γ-, o-Oxyphenylchinolin: Das Apocinchen konnte Königs, wobei er von dessen Äthylester ausging, schrittweise oxydieren[1] zu

$C_9H_6N \cdot C_6H_3\!\!<\!\!\begin{array}{l}C_2H_5\\CO_2H\\OC_2H_5\end{array}$
Äthylapocinchensäure,
Nadeln vom Schmelzpunkt 163—164°

$C_9H_6N \cdot C_6H_2\!\!<\!\!\begin{array}{l}CH-CH_3\\CO \cdot O\\OC_2H_5\end{array}$
Lacton der Äthylapocinchen-
oxysäure,
Schmelzpunkt 212—213°

$C_9H_6N \cdot C_6H_2\!\!<\!\!\begin{array}{l}CO_2H\\CO_2H\\OC_2H_5\end{array}$
Chinolinphenetholdicarbonsäure,
schmilzt unter Gasentwicklung zwischen 230—240°

---

[1]) Königs, Berichte d. Deutsch. chem. Gesellschaft **26**, 713 [1893]; Journ. f. prakt. Chemie (neue Folge) **61**, 1 [1900].

Die letztgenannte Säure vermag leicht ein inneres Anhydrid zu bilden, enthält demnach die beiden Carboxyle in der Orthostellung. Da dieselben aus den beiden Äthylgruppen des Apocinchens hervorgegangen sind, so ergibt sich die Anwesenheit zweier direkt benachbarter Äthyle im Apocinchen, die dem außerhalb des Chinolinrestes befindlichen Benzolrest eingefügt sein müssen.

Die **Äthylapocinchensäure** spaltet, mit konz. Bromwasserstoffsäure gekocht, Kohlensäure und Bromäthyl ab, indem sie in **Homoapocinchen** (Krystalle vom Schmelzp. 184—185°) übergeht. **Äthylhomoapocinchen** wird mit Braunstein und Schwefelsäure zu **Äthylhomoapocinchensäure** (Schmelzp. 253—254°) oxidiert. Erhitzt man das Silbersalz derselben, so entsteht **γ-Chinolinphenetol** (Schmelzpunkt unscharf bei 80°), welches mit Bromwasserstoffsäure das **γ-Chinolinphenol** liefert. Dasselbe erwies sich identisch mit einem synthetisch dargestellten Oxychinolin[1])

$$C_9H_6N \cdot C_6H_2{<}^{C_2H_5}_{CO_2H}_{\;OC_2H_5} \rightarrow C_9H_6N \cdot C_6H_3{<}^{C_2H_5}_{OH} \rightarrow$$

$$C_9H_6N \cdot C_6H_3{<}^{C_2H_5}_{O \cdot C_2H_5} \rightarrow C_9H_6N \cdot C_6H_3{<}^{COOH}_{OC_2H_5} \rightarrow$$

$$C_9H_6N \cdot C_6H_4 \cdot OC_2H_5 \rightarrow C_9H_6N \cdot C_6H_4OH$$

Auf diese Weise ist der Zusammenhang des Apocinchens mit dem Phenylchinolin sicher nachgewiesen und zugleich festgestellt, daß das Hydroxyl sich in der Orthostellung zur Bindestelle des Phenolrestes mit dem Chinolinrest befinden muß.

Äthylapocinchen $C_{21}H_{23}NO$ wird leicht erhalten bei der Behandlung des Apocinchens mit Jodäthyl und Ätzkali, krystallisiert aus Alkohol in Prismen vom Schmelzp. 70—71°. Aus den Produkten der Oxydation des Äthylapocinchens mit verdünnter Salpetersäure läßt sich neben Äthylapocinchensäure durch Wasserdampfdestillation eine neutrale Substanz isolieren, nämlich **γ-Chinolinaldehyd** $C_9H_6N \cdot CHO$. Er krystallisiert aus Wasser in farblosen Nädelchen vom Schmelzp. 101—102°.

Durch Braunstein oder Bleisuperoxyd in schwefelsaurer Lösung wird Äthylapocinchen oxydiert zu Ketoäthylapocinchen, Äthylapocinchensäure und das Lacton der Äthylapocinchensäure. **Ketoäthylapocinchen** $C_9H_6N \cdot C_6H_2(OC_2H_5)(CO \cdot CH_3) \cdot C_2H_5$ krystallisiert aus Äther in farblosen Wärzchen, Schmelzp. 104—106°.

Das vorstehend erwähnte Lacton der Äthylapocinchenoxysäure liefert mit rauchender Jodwasserstoffsäure und Phosphor **Homoapocinchen** $C_9H_6N \cdot C_6H_3(OH) \cdot C_2H_5$. Letzteres läßt sich glatt veräthern zu **Äthylhomoapocinchen** $C_9H_6N \cdot C_6H_3(OC_2H_5) \cdot C_2H_5$, das bei der Oxydation mit Braunstein und Schwefelsäure Ketoäthylhomoapocinchen und Äthylhomoapocinchensäure liefert. **Ketoäthylhomoapocinchen** $C_9H_6N \cdot C_6H_3(OC_2H_5) \cdot CO \cdot CH_3$ scheidet sich aus Äther in farblosen Krystallen ab, Schmelzp. 107—109°. Liefert mit Jod in methylalkoholischer Lösung Jodoform und **Äthylhomoapocinchensäure** $C_9H_6N \cdot C_6H_3(OC_2H_5)CO_2H$, die fast quantitativ durch Bromnatronlauge erhalten wird. Krystalle aus Alkohol. Schmelzpunkt 253—254°. In Wasser sehr schwer löslich. In heißen verdünnten Mineralsäuren löslich. Die Salze krystallisieren gut. Ist in Natriumbicarbonat und kohlensaurem Ammonium leicht löslich. $C_{18}H_{14}O_3NAg$, schwer löslicher, beständiger Niederschlag. Die Säure spaltet, mit Bromwasserstoffsäure gekocht, Bromäthyl, aber nicht Kohlendioxyd ab unter Bildung von **Homoapocinchensäure** $C_{16}H_{11}O_3N = C_9H_6N \cdot C_6H_3(OH) \cdot CO_2H$, welche auch aus Chinolinphenetoldicarbonsäure durch siedenden Bromwasserstoff entsteht. Flockige Fällung aus der Sodalösung durch Essigsäure. Schmelzp. über 290°. Das fast unlösliche, farblose **Silbersalz** $C_{16}H_{10}O_3NAg + H_2O$ liefert bei der Destillation mit Zinkstaub neben etwas alkaliunlöslichem Produkt (γ-Phenylchinolin?) reichliche Mengen von **γ-Phenolchinolin.**

Chinolinphenetol $C_9H_6N \cdot C_6H_4 \cdot OC_2H_5$. Bildung: Aus äthylhomoapocinchensaurem Silber bei 280—290°. Reinigung durch das citronengelbe Nitrat, das mit Soda zersetzt wird. Farblose, zu Büscheln vereinigte Nadeln aus verdünntem Alkohol. Schmelzp. 80—81°. In Wasser sehr schwer löslich, in Alkohol, Äther und Ligroin leicht löslich. Pikrat Schmelzp. 201—202°. Bromwasserstoffsäure spaltet beim Kochen zu **γ-Phenol-chinolin** $C_{15}H_{11}ON = C_9H_6N \cdot C_6H_4 \cdot OH$. Abgeschieden durch Ammoniumcarbonat, Schmelzp. 207—208°. In Alkalien gelb löslich. Die Salze mit Säuren sind gelb, krystallisieren gut und sind in der Kälte

---

[1]) Über die Synthese des γ-Ortho-Oxyphenylchinolins s. Besthorn u. Jaeglé, Berichte d. Deutsch. chem. Gesellschaft **27**, 3035 [1894].

schwer löslich. $C_{15}H_{11}ON \cdot HCl$; Schmelzp. 260°. $C_{15}H_{11}ON \cdot HBr$, federartig angeordnete Krystalle; Schmelzp. 274°.

Die Existenzmöglichkeit einer Kohlenstoffbrücke, wie sie die Formeln der Chinaalkaloide zwischen dem p-Kohlenstoff- und dem Stickstoffatom enthalten, hat neuerdings Königs auf synthetischem Wege erwiesen.

Synthese des β-Äthylchinuclidins:[1] Als **Chinuclidin** bezeichnet Königs die nachfolgende hypothetische Base:

$$\begin{array}{c} CH \\ H_2C \diagup \diagdown CH_2 \\ | CH_2 | \\ H_2C \diagdown \diagup CH_2 \\ CH_2 \\ N \end{array}$$

welche eine Brücke von 2 Kohlenstoffatomen zwischen dem Stickstoff und dem γ-Kohlenstoffatom des Piperidins enthält.

Ein Derivat derselben, daß β-Äthylchinuclidin, haben Königs und Bernhardt (l. c.) auf zweierlei Weise dargestellt. Einerseits ausgehend vom γ-Methyl-β-äthylpyridin, andererseits aus dem durch Abbau der Chinaalkaloide erhaltenen Cincholoipon.

a) γ-Methyl-β-äthylpyridin wurde zunächst mit 1 Mol. Formaldehyd kondensiert zu dem Monomethylol-β-collidin $CH_2(OH) \cdot CH_2 \cdot C_5H_3(C_2H_5)N$. Bei der Reduktion desselben mit Natrium und Alkohol entsteht das Monomethylolhexahydro-β-collidin (Formel I) und aus diesem durch Kochen mit Jodwasserstoff und rotem Phosphor das Jodhydrat der jodhaltigen Base von der Formel II. Letzteres kann mit Leichtigkeit in das β-Äthylchinuclidin übergeführt werden, indem man die jodhaltige Base vorsichtig in Freiheit setzt und die ätherische Lösung einige Zeit stehen läßt. Dabei tritt das an dem Kohlenstoff gebundene Jodatom mit dem Imidwasserstoff aus unter Bildung des Jodhydrates des tertiären β-Äthylchinuclidins.

$$\begin{array}{ccc} CH \cdot CH_2 \cdot CH_2 \cdot OH & CH \cdot CH_2 \cdot CH_2 \cdot J & CH \\ H_2C \diagup \diagdown CH \cdot C_2H_5 & H_2C \diagup \diagdown CH \cdot C_2H_5 & H_2C \diagup \diagdown CH \cdot C_2H_5 \\ H_2C \diagdown \diagup CH_2 & \rightarrow \quad H_2C \diagdown \diagup CH_2 & \rightarrow \quad H_2C \diagdown \diagup CH_2 \\ NH & NH & N \\ I & II & \end{array}$$

b) Eine optische Form des β-Äthylchinuclidins bildet sich, wenn man das durch Abbau der Chinaalkaloide erhaltene Cincholoipon (III) esterifiziert, den Äthylester mit Natrium und Alkohol reduziert, das dabei gebildete mit dem Monomethylolhexahydro-β-collidin stereoisomere Alkin mit Jodwasserstoff und Phosphor kocht und die so entstandene jodhaltige Base $C_9H_{18}JN$ in ätherischer Lösung stehen läßt. Damit ist die Stellung des Carboxyls im Cincholoipon und im Merochinen, welch letzteres ja durch Reduktion in ersteres übergeführt werden kann, endgültig festgestellt.

$$\begin{array}{ccc} CH \cdot CH_2 \cdot CO_2H & CH \cdot CH_2 \cdot CH_2OH & CH \\ H_2C \diagup \diagdown CH \cdot C_2H_5 & H_2C \diagup \diagdown CH \cdot C_2H_5 & H_2C \diagup \diagdown CH \cdot C_2H_5 \\ H_2C \diagdown \diagup CH_2 & \rightarrow \quad H_2C \diagdown \diagup CH_2 & \rightarrow \quad H_2C \diagdown \diagup CH_2 \\ NH & NH & N \\ III & & \end{array}$$

Für die von Königs aufgestellten Konstitutionsformeln von Cincholoipon und Merochinen, den beiden wichtigen Abbauprodukten der Chinabasen, ist also der Beweis auf analytischem wie auf synthetischem Wege erbracht.

Physikalische und chemische Eigenschaften des β-Äthylchinuclidins: Es ist eine tertiäre Base vom Siedep. 190—192° bei 720 mm. Das Chlorhydrat ist sehr schwer löslich in heißem Essigester und schmilzt bei 208—211°; das Pikrat schmilzt bei 153—154°, das Hydrochloraurat bei 176—178°, das Hydrochloroplatinat bei 221° unter Zersetzung.

---

[1] Königs, Berichte d. Deutsch. chem. Gesellschaft **37**, 3244 [1904]. — Königs u. Bernhardt, Berichte d. Deutsch. chem. Gesellschaft **38**, 3049 [1905].

α-Oximido-β-vinylchinuclidin

$$\begin{array}{c} \text{CH} \\ \text{H}_2\text{C} \diagup \text{CH}_2 \diagdown \text{CH} \cdot \text{CH} : \text{CH}_2 \\ | \quad \text{CH}_2 \quad | \\ \text{HON} = \text{C} \diagdown \diagup \text{CH}_2 \\ \text{N} \end{array}$$

erhält man bei der Spaltung des Cinchoninons oder des Chininons mit Amylnitrit[1]). Es schmilzt bei 148—149° und zeigt $[\alpha]_D^{16} = +112{,}5°$ (in 99 proz. Alkohol, Konzentration 2,005 bei 20°).

Aus Cinchonin durch Umlagerung entstehende isomere Basen. Pasteur hat schon im Jahre 1853 auf die große Labilität der Chinaalkaloide hingewiesen. Diese Eigenschaft ist nicht nur auf die Kohlenstoffbrücke zwischen dem γ-Kohlenstoff- und dem Stickstoffatom des Piperidinrestes zurückzuführen, sondern zum Teil wohl auch auf die Kohlenstoffdoppelbindung in der Vinylgruppe und auf das Vorhandensein von vier asymmetrischen Kohlenstoffatomen im Molekül dieser Pflanzenbasen. Aus dem Cinchonin sind denn auch, abgesehen vom Cinchonicin und Cinchonidin, verschiedene Isomere dargestellt worden, deren Zahl im Jahre 1899 auf 15 gestiegen war. Skraup[2]) und seine Mitarbeiter haben sich dann der mühevollen und verdienstvollen Arbeit unterzogen, die Angaben über diese Isomeren einer gründlichen Revision zu unterwerfen. Dadurch wurde die Zahl der aus dem Cinchonin gewonnenen Isomeren, wenn man von Cinchonicin und Cinchonidin absieht, auf drei zurückgeführt: das **α-Isocinchonin**, das **β-Isocinchonin** und das **allo-Cinchonin**. Diese 3 Basen entstehen aus dem Cinchonin durch Einwirkung von Halogenwasserstoffsäuren oder Schwefelsäure sowie aus den Halogenwasserstoff-Additionsprodukten des Cinchonins durch Abspaltung von Halogenwasserstoff mittels alkoholischem Kali, Silbernitrat oder Wasser, wobei in einigen Fällen auch Cinchonin regeneriert wird. Zunächst scheint sich das Cinchonin in α, i-Cinchonin und dieses dann in β, i- und in allo-Cinchonin umzulagern. Aus der leichten Überführbarkeit des Cinchonins und der drei genannten Isomeren ineinander schließt Skraup[3]), daß dieselben struktur-identisch und nur stereoisomer sind. In der Tat konnte er die 3 Isobasen durch Behandeln mit konz. Jodwasserstoffsäure in dasselbe Hydrojodcinchonin überführen, welches auch aus dem Cinchonin direkt durch Anlagerung von Jodwasserstoff an Kohlenstoff entsteht. Das Cinchonin, das α, i-, β, i- und allo-Cinchonin sind bitertiäre Basen, da sie je zwei isomere quaternäre Jodmethylate geben. Alle 4 Basen liefern bei der Oxydation Ameisensäure und Cinchoninsäure. Das β, i- und das allo-Cinchonin geben neben der Cinchoninsäure eine dem Merochinen sehr ähnliche und mit demselben isomere Verbindung, das β, i- und das allo-Merochinen. Aus dem α-i-Cinchonin ließ sich weder Merochinen noch ein Isomeres erhalten. Aus jeder der 3 Isobasen entsteht durch Oxydation mit Chromsäure außerdem auch noch eine der Cincholoiponsäure ähnliche, aber nicht krystallisierende Säure. Im allgemeinen nähert sich das allo-Cinchonin in seinem chemischen Verhalten mehr dem Cinchonin und das α, i-Cinchonin mehr dem β, i-Cinchonin. Während das Cinchonin und das allo-Cinchonin sehr leicht mit Phenylisocyanat reagieren und einen Carbaminsäureäther, ein Acetat, Benzoat und Chlorid liefern, versagen die für die Anwesenheit von Hydroxyl charakteristischen Reaktionen beim α, i- und β, i-Cinchonin. Andererseits reagieren diese beiden Basen aber auch nicht mit Phenylhydrazin. Das Cinchonin und allo-Cinchonin addieren 2 Atome Chlor an Kohlenstoff, das α, i- und β-i-Cinchonin aber nicht; ebensowenig vermögen die beiden Basen 2 Atome Brom an Kohlenstoff anzulagern — eine Reaktion, die ja beim Cinchonin leicht gelingt.

Allerdings vermögen α, i- und β, i-Cinchonin Halogenwasserstoff zu addieren, aber bedeutend langsamer als das Cinchonin. Auch Permanganat wirkt in kalter, schwefelsaurer Lösung auf diese 2 Isobasen viel schwerer ein als auf Cinchonin und Allocinchonin. Dabei ließ sich die Bildung von Ameisensäure, nicht aber die Entstehung von Cinchotenin aus den 3 Isobasen nachweisen. Der Umstand, daß sich im α, i- und β, i-Cinchonin das Hydroxyl überhaupt nicht, und auch die Vinylgruppe durch Chlor und Brom nicht nachweisen läßt, setzt Skraup auf Rechnung einer „gegenseitigen sterischen Behinderung" des Hydroxyls und der Vinylgruppe, da er wegen der leichten Überführbarkeit des Cinchonins und seiner Isomeren ineinander an der Strukturidentität der 4 Basen festhält.

---

[1]) P. Rabe, Berichte d. Deutsch. chem. Gesellschaft **41**, 68 [1908]; Annalen d. Chemie u. Pharmazie **365**, 353 [1909]; **373**, 119 [1910].

[2]) Skraup, Wiener Monatshefte f. Chemie **20**, 571 [1899]. — Langer, Wiener Monatshefte f. Chemie **22**, 151 [1899].

[3]) Skraup, Wiener Monatshefte f. Chemie **22**, 171 [1899]; **24**, 291, 311 [1901].

Cinchonidin.

Mol.-Gewicht 294,20.
Zusammensetzung: 77,50% C, 7,54% H, 9,52% N.

$C_{19}H_{22}N_2O$.

```
H₂C:CH · CH ——— CH — CH₂
            |             |
            CH₂           |
            |             |
            CH₂           |
            |             |
            CH₂ — N ——— CH
                          |
                          CH · OH
                          |
                     CH   C
                   HC╱ ╲C╱ ╲CH
                    ‖    ‖
                   HC╲ ╱C╲ ╱CH
                     HC   N
```

Vorkommen: Das Cinchonidin, ein Isomeres des Cinchonins, begleitet das Chinin in den meisten Chinarinden und wird demgemäß in der Regel als Nebenprodukt bei der Chininbereitung erhalten. Derartige Präparate enthalten meistens geringe Mengen Chinin und werden im Handel häufig Chinidin genannt.

Darstellung: Das rohe Cinchonidin des Handels, dem, wie erwähnt, meistens Chinin und Homocinchonidin beigemengt ist, wird zur Reinigung wiederholt mit kaltem Äther extrahiert, wobei vorzugsweise Chinin in Lösung geht. Das ungelöste wird an Salzsäure gebunden, die Lösung des salzsauren Salzes mit Seignettesalzlösung gefällt, der Niederschlag in Salzsäure wieder gelöst und die Base von neuem mit Ammoniak niedergeschlagen. Das Fällen mit Seignettesalz wird, wenn nötig, wiederholt und dann das Cinchonidin aus Alkohol und sein Sulfat aus Wasser umkrystallisiert[1]).

Aus Cinchonin kann das Cinchonidin erhalten werden durch Umlagerung. Bei 15—16-stündigem Kochen mit amylalkoholischem Kali werden ca. 5% des Cinchonins umgewandelt[2]).

Physiologische Eigenschaften: Cinchonidin ist weniger giftig wie Cinchonin und steht dem Chinin nicht nur in chemischer und physikalischer, sondern auch in physiologischer Hinsicht näher wie Cinchonin.

Physikalische und chemische Eigenschaften: Das Cinchonidin krystallisiert in großen trimetrischen Prismen und schmilzt bei 202—203°. Löst sich sehr schwer in Wasser, schwer in Äther, leicht in Alkohol. Es ist linksdrehend, und zwar ist für die Lösung in einem Gemisch aus 2 Vol. Chloroform und 1 Vol. Alkohol bei $p = 1-2{,}1$ und $t = 17{,}8°$, $[\alpha]_D = -107{,}9°$. Die Lösungen fluorescieren nicht.

Umwandlung des Cinchonidins in Isomere: Das Cinchonidin wandelt sich beim Erhitzen mit Glycerin auf 200°, oder mit verdünnter Schwefelsäure auf 130°, in dasselbe Cinchonicin um, in welches das Cinchonin unter ähnlichen Bedingungen übergeht (s. S. 125). Andere Isomere, wie β-Cinchonidin, γ-Cinchonidin, Homocinchonidin, Isocinchonidin usw., entstehen durch Einwirkung von Mineralsäuren oder von Alkali auf Cinchonidin[3]).

Salze und sonstige Derivate des Cinchonidins: Wie das Cinchonin und Chinin bildet das Cinchonidin mit Säuren neutrale, saure und zweifach saure Salze, von denen nur die wichtigsten hier angeführt werden können. **Cinchonidinhydrochlorid** $C_{19}H_{22}N_2O \cdot HCl + H_2O$, durch Neutralisation von Cinchonidin mit Salzsäure gewonnen, krystallisiert monoklin, löst sich leicht in Wasser und in Alkohol. Aus übersättigter Lösung scheidet sich das Salz mit 2 Mol. Wasser in seideglänzenden Prismen ab. — Das **neutrale Cinchonidinsulfat** $2 C_{19}H_{22}N_2O$, $H_2SO_4 + 6 H_2O$ scheidet sich beim Erkalten seiner wässerigen Lösung in langen, glänzenden Nadeln aus, welche an der Luft unter Verlust von 1 Mol. Wasser verwittern. Aus Alkohol krystallisiert das Sulfat mit 2 Mol. Wasser. Das wasserfreie Salz löst sich bei 10° in 97,5 T. Wasser[4]). Das **saure Sulfat** $C_{19}H_{22}N_2O \cdot H_2SO_4 + 5 H_2O$ löst sich leicht in Wasser, während

---

[1]) Hesse, Annalen d. Chemie **135**, 333 [1865]; **205**, 196 [1880].
[2]) Königs u. Husmann, Berichte d. Deutsch. chem. Gesellschaft **29**, 373 [1896].
[3]) Hesse, Annalen d. Chemie **276**, 125 [1896]. — Skraup, Berichte d. Deutsch. chem. Gesellschaft **25**, 2909 [1892]. — Neumann, Wiener Monatshefte f. Chemie **13**, 651 [1893].
[4]) Hesse, Annalen d. Chemie **205**, 197 [1880].

das **zweifach saure Sulfat (Tetrasulfat)** $C_{19}H_{22}N_2O$, $2 H_2SO_4 + H_2O$ sich nur langsam in kaltem Wasser löst.

Cinchonidintartrat $2 C_{19}H_{22}N_2O \cdot C_4H_6O_4 + 2 H_2O$ wird durch Fällung mit Seignettesalz als weißer, krystallinischer Niederschlag erhalten, der, in siedendem Wasser gelöst, hübsche Krystallnadeln liefert. Es löst sich (wasserfrei) bei 10° in 1265 T. Wasser, ist aber nahezu unlöslich in Seignettesalz[1]). Wegen dieser Eigenschaft wird das Cinchonidin von anderen Chinabasen durch Seignettesalzlösung getrennt. — **Cinchonidinoxalat** $2 C_{19}H_{22}N_2O$, $C_2H_4O_4 + 6 H_2O$ krystallisiert in langen, asbestartigen Nadeln, die in Wasser ziemlich schwer löslich sind.

Verbindung von Cinchonidin mit Chinin. Aus einer Ätherlösung von Chinin und Cinchonidin krystallisiert eine Verbindung der beiden Basen aus im Verhältnis $C_{20}H_{24}N_2O_2$, $2 C_{19}H_{22}N_2O$ in Form glasglänzender, in Äther schwer löslicher Rhomboeder. Die Verbindung existiert auch in Salzen, so z. B. als Sulfat[2]).

Gegen Halogenalkyle zeigt das Cinchonidin das gleiche Verhalten, wie es beim Cinchonin eingehend dargelegt wurde (s. S. 130). **Cinchonidinmethyljodid** $C_{19}H_{22}N_2O \cdot CH_3J$ entsteht bei gewöhnlicher Temperatur beim Stehen einer alkoholischen Lösung der Komponenten. Krystallisiert in feinen, farblosen Nadeln vom Schmelzp. 248°. Beim Erhitzen der Base mit Methyljodid auf 100° resultiert **Dimethylcinchonidinjodid** $C_{19}H_{22}N_2O \cdot 2 CH_3J$ in Form bernsteingelber Prismen. Aus dem erstgenannten Jodid gewinnt man durch Erhitzen mit Kalilauge oder unter gemäßigteren Bedingungen durch Kochen mit Natriumacetat das auf S. 132 eingehend behandelte **Methylcinchotoxin**[3]), früher **Methylcinchonidin** genannt.

Wie bei Cinchonin sind auch hier 2 Jodäthylate erhalten worden, je nachdem das Äthyljodid sich an den einen oder den anderen stickstoffhaltigen Kern der Base anlagert. Das direkt aus den Komponenten gewonnene **α-Cinchonidinjodäthylat** $C_9H_6N \cdot C_{10}H_{16}ON \cdot C_2H_5J$ krystallisiert in hellgelben, monoklinen Tafeln vom Schmelzp. 249°. Wird Cinchonidinhydrojodid mit Äthyljodid und Alkohol auf 100° erhitzt und das Produkt mit Ammoniak zerlegt, so resultiert das **β-Cinchonidinjodäthylat** $C_9H_6N(C_2H_5J) \cdot C_{10}H_{16}ON$, welches in gelben Nadeln krystallisiert und bei 175° schmilzt[4]). Diese Verbindung reagiert im Gegensatz zu der vorgenannten alkalisch. Das **Cinchonidindijodäthylat** $C_{19}H_{22}N_2O \cdot 2 C_2H_5J$ bildet rotgelbe Krystalle. Aus dem α-Jodäthylat wird beim Kochen mit Kalilauge eine als **Äthylcinchonidin** $C_{19}H_{22}N_2O(C_2H_5)$ bezeichnete Base gebildet, welche bei 90° schmilzt, während der Schmelzpunkt des Äthylcinchonins (Äthylcinchonicins) zu 49—50° angegeben wird. Es ist vorerst unentschieden, ob tatsächlich diese 2 Verbindungen existieren, welches von beiden Äthylcinchotoxin ist und worin die Ursache für die Gewinnung zweier Abkömmlinge — ob in der Verwendung von unreinen Ausgangsmaterialien oder in der umlagernden Wirkung des bei der Spaltung benutzten Alkalis — zu sehen ist.

Essigsäureanhydrid führt das Cinchonidin in **Acetylcinchonidin** $C_{19}H_{21}N_2O(C_2H_3O)$ über, ein sprödes, bei 42° schmelzendes Pulver[5]).

Beim Eintragen von Brom in eine Lösung von Cinchonidin in Schwefelkohlenstoff entsteht das bromwasserstoffsaure Salz eines **Dibromcinchonidins** $C_{19}H_{20}Br_2N_2O$, welches durch Kochen mit Kalilauge in **Dioxycinchonidin** $C_{19}H_{20}(OH)_2N_2O$ übergeführt wird[6]).

Cinchonidinchlorid $C_{19}H_{21}ClN = C_9H_6N \cdot C_{10}H_{15}ClN$ wird ganz analog wie das Cinchoninchlorid dargestellt (s. S. 127). Die aus dem salzsauren Salze mit Ammoniak freigemachte Chlorbase schmilzt bei 108—109°. Durch Kochen mit alkoholischem Kali entsteht daraus das Cinchen (s. S. 133). Wird das Chlorid mit Eisenfeile und verdünnter Schwefelsäure reduziert, so resultiert das **Desoxycinchonidin** $C_{19}H_{22}N_2$, das aus Äther oder aus heißem Ligroin in farblosen Tafeln vom Schmelzp. 61° krystallisiert[7]).

Cinchotenidin $C_{18}H_{20}N_2O_3 + H_2O$ entsteht ganz analog dem Cinchotenin (s. S. 127) bei der Oxydation des Cinchonidins und auch des Homocinchonidins mit Kaliumpermanganat, krystallisiert aus Alkohol in fadenförmigen Krystallen, die unter Zersetzung bei 256° schmelzen und in kaltem Wasser schwer, in heißem leichter löslich sind. In verdünnten Säuren löst sich das Cinchotenidin unter Salzbildung, aber auch von Alkalien wird es leicht aufgenommen.

---

[1]) Hesse, Annalen d. Chemie **147**, 241 [1868].
[2]) Hesse, Annalen d. Chemie **243**, 136 [1888].
[3]) P. Rabe, Annalen d. Chemie **365**, 366 [1909].
[4]) Skraup u. Konek v. Norwall, Monatshefte f. Chemie **15**, 46 [1894].
[5]) Hesse, Annalen d. Chemie **205**, 319 [1880].
[6]) Skalweit, Annalen d. Chemie **172**, 103 [1874].
[7]) Königs, Berichte d. Deutsch. chem. Gesellschaft **29**, 373 [1896].

Bei der Oxydation mit Chromsäure sowohl unter gelinden als auch unter energischen Versuchsbedingungen liefert Cinchonidin die gleichen Produkte wie Cinchonin (s. S. 128).

Das gesamte Verhalten des Cinchonidins läßt schließen, daß als Ursache, welche die Verschiedenheit des Cinchonins vom Cinchonidin bedingt, die Asymmetrie desjenigen Kohlenstoffatomes aufzufassen ist, an dem die Hydroxylgruppe steht.

Durch Umlagerung gebildete Isomere des Cinchonidins. Das durch Anlagerung von Jodwasserstoff an Cinchonidin gebildete Hydrojodcinchonidin liefert bei Wiederabspaltung des Jodwasserstoffs nicht das ursprüngliche Cinchonidin, sondern Isomere desselben. Und je nachdem Ätzkali oder Silbernitrat einwirkt, ist das Abspaltungsprodukt wiederum verschieden.

β-Cinchonidin $C_{19}H_{22}N_2O$ entsteht bei der Behandlung des Hydrojodcinchonidins mit alkoholischem Kali. Die in Äther sehr schwer lösliche Base schmilzt bei 244° und liefert mit Jodwasserstoff wieder das ursprüngliche Hydrojodcinchonidin. Die Salze des β-Cinchonidins sind von denen des Cinchonidins völlig verschieden.

Wendet man bei der Zersetzung des Hydrojodids Silbernitrat an, so bildet sich eine mit der ebengenannten nicht identische Base, γ-Cinchonidin, deren Schmelzpunkt bei 238° liegt. Es unterscheidet sich von dem β-Cinchonidin auch durch verschiedene Löslichkeit des Pikrats und anderer analog zusammengesetzter Salze[1]).

Als Isocinchonidin $C_{19}H_{22}N_2O$ wird eine Base bezeichnet, die bei Behandlung des Cinchonidins mit konz. Schwefelsäure bei gewöhnlicher Temperatur entsteht. Es krystallisiert in Blättchen, die bei 235° schmelzen, löst sich schwer in Äther, leicht in Alkohol[2]).

Apocinchonidin $C_{19}H_{22}N_2O$ entsteht aus dem Cinchonidin und auch aus dem Homocinchonidin durch Umlagerung beim Erhitzen mit Salzsäure auf 140—150°, entspricht also dem Apocinchonin und Apochinin. Es krystallisiert aus Alkohol in glänzenden Blättchen und schmilzt bei 255°.

Homocinchonidin $C_{19}H_{22}N_2O$ begleitet das Cinchonidin in vielen Chinarinden, aber seine Menge ist meistens sehr gering. Am reichlichsten kommt es in einigen roten südamerikanischen Rinden vor. Bei der Darstellung des Cinchonidinsulfats bleibt es hauptsächlich in der Mutterlauge. Aus dieser scheidet sich ein gallertartiges Sulfat aus, welches das Homocinchonidinsulfat enthält und aus dem dieses durch weiteres Umkrystallisieren rein erhalten werden kann[3]). Auch durch Umlagerung des Cinchonidins kann das Homocinchonidin dargestellt werden, nämlich durch Erhitzen desselben mit verdünnter Schwefelsäure auf 140°[4]).

Das Homocinchonidin krystallisiert aus Alkohol in kurzen Prismen oder Blättchen, die bei 207—208° schmelzen. Es löst sich leicht in Wasser, schwieriger in Äther und ist wie das Cinchonidin linksdrehend. Die beiden Basen und ihre Salze zeigen in saurer Lösung ein verschieden großes Drehungsvermögen, in ihrem chemischen Verhalten stimmen sie überein.

Cinchotin = Hydrocinchonin.

Mol.-Gewicht 296,20.
Zusammensetzung: 76,97% C, 8,17% H, 9,46% N.

$$C_{19}H_{24}N_2O.$$

$$\begin{array}{c} H_3C \cdot CH_2 \cdot CH - CH - CH_2 \\ | \quad\quad\quad | \\ CH_2 \quad\quad | \\ | \quad\quad\quad | \\ CH_2 \quad\quad | \\ CH_2 - N - CH \\ CH \cdot OH \\ | \\ CH \quad C \\ HC \diagup C \diagdown CH \\ HC \diagdown C \diagup CH \\ HC \quad N \end{array}$$

---

[1]) Neumann, Monatshefte f. Chemie **13**, 655 [1892].
[2]) Hesse, Annalen d. Chemie **243**, 149 [1888].
[3]) Hesse, Berichte d. Deutsch. chem. Gesellschaft **14**, 1891 [1881].
[4]) Hesse, Annalen d. Chemie **205**, 337 [1880]; **258**, 142 [1890].

Vorkommen: Cinchotin begleitet das Cinchonin in den Chinarinden und ist deshalb im käuflichen Cinchoninsulfat enthalten. Die ergiebigste Ausbeute liefert das aus den Rinden von Remijia purdieana stammende Cinchonin[1]).

Darstellung: Man gewinnt das Cinchotin, indem man das Rohcinchonin in der Kälte mit Kaliumpermanganat behandelt. Hierbei wird das Cinchonin zerstört, während das Cinchotin nur sehr langsam angegriffen wird. Zur Trennung der beiden Alkaloide können auch die Hydrochloride der Basen in Salzsäure gelöst mit Kaliumjodid versetzt werden, wobei sich nur das Cinchotinhydrojodid abscheidet[2]). Wird die salzsaure Lösung beider Alkaloide mit Platinchlorid versetzt, so fällt das Cinchoninsalz körnig aus, während das Cinchotinsalz flockig in der Lösung aufgeschlämmt bleibt[3]).

Physikalische und chemische Eigenschaften: Das Cinchotin krystallisiert in Prismen vom Schmelzp. 286°. $[\alpha]_D = +204,5°$ bei $p = 0,6$ und $t = 15°$. Zum Unterschied vom Cinchonin ist es eine gesättigte Verbindung. Es erweist sich beständig gegen Kaliumpermanganat, seine Salze bilden keine Additionsprodukte mit Salzsäure und Jodwasserstoffsäure.

Derivate: Durch Einwirkung konz. Schwefelsäure bildet sich aus dem Cinchotin eine **Cinchotinsulfosäure** $C_{19}H_{23}N_2O \cdot SO_3H$. Nadeln, die je nach der Schnelligkeit des Erwärmens einen variablen Schmelzpunkt von 220—245° zeigen[7]). Essigsäureanhydrid bildet eine **Acetylverbindung.** Mit Chromsäure oxydiert, entsteht **Cinchoninsäure** und **Cincholoipon,** die beide im vorhergehenden behandelt wurden.

Bei vorsichtiger Oxydation liefert Hydrocinchonin das **Hydrocinchoninon.**[4]) Es scheidet sich aus seiner alkoholischen Lösung in hellgelben Prismen vom Schmelzp. 138° ab. Die Base zeigt Mutarotation; als Endwert des spezifischen Drehungsvermögens wurde gefunden $[\alpha]_D^{15} = +76,06°$ (c = 3,300), $[\alpha]_D^{19} = +76,22°$ (c = 2,296). — Das **Monojodmethylat des Hydrocinchoninons,** in der gebräuchlichen Weise dargestellt, scheidet sich aus seiner methylalkoholischen Lösung in Form kleiner hellgelber Krystalle aus, Schmelzp. 234—235°. — Das **Monochlorhydrat,** in alkoholischer Lösung bereitet und durch Äther ausgefällt, ist von rein weißer Farbe, schmilzt bei 265° und ist nicht hygroskopisch. Dagegen ist das **Dichlorhydrat** eine äußerst hygroskopische Substanz, die nicht im krystallisierten Zustande erhalten werden konnte. — Das **Monopikrat** $C_{25}H_{25}O_8N_5$ kommt aus alkoholischer Lösung zuerst ölig. Nach längerem Stehen bilden sich gelbe Krystalle vom Schmelzp. 186°. — Das **Monopikrolonat** $C_{29}H_{30}O_6N_6$, orangerot, schmilzt unscharf bei 90° unter starkem Aufblähen. — Das **Mono-** und **Disulfat,** durch Eindampfen der wässerigen Lösungen als glasige Masse erhalten, sind hygroskopisch und zeigen keinen scharfen Schmelzpunkt. — Das **Oxim des Hydrocinchoninons** $C_{19}H_{23}ON_3$ zeigt keine Neigung zur Krystallisation. Es ist ein amorphes, gelbliches Pulver, schmilzt sehr unscharf zwischen 88° und 100° zu einem dicken, zähen Öle und zersetzt sich bei weiterem Erhitzen unter Aufschäumen.

Durch Amylnitrit wird das Hydrocinchoninon gespalten unter Bildung von **Oximidoäthylchinuclidin** (I); letzteres liefert bei der Hydrolyse **Cincholoipon** (II), das von Königs auch aus dem Merochinen durch Reduktion gewonnen wurde.

$$
\begin{array}{cc}
\text{H}_3\text{C}\cdot\text{CH}_2\cdot\text{CH}-\text{CH}-\text{CH}_2 & \text{H}_3\text{C}\cdot\text{H}_2\text{C}\cdot\text{CH}-\text{CH}-\text{CH}_2 \\
\quad\quad\quad\quad\quad\quad\quad | \quad\quad | & \quad\quad\quad\quad\quad\quad\quad | \quad\quad | \\
\quad\quad\quad\quad\quad\quad\text{CH}_2 \quad \text{CH}_2 & \quad\quad\quad\quad\quad\quad\text{CH}_2 \quad \text{CH}_2 \\
\quad\quad\quad\quad\quad\quad\text{CH}_2 \quad \text{CH}_2 & \quad\quad\quad\quad\quad\quad\text{CH}_2 \quad \text{CH}_2 \\
\text{H}_2\text{C}-\text{N}-\text{C:NOH} & \text{H}_2\text{C}-\text{NH} \quad \text{COOH} \\
\text{I} & \text{II}
\end{array}
$$

Phosphorpentachlorid bildet unter Ersatz der Hydroxylgruppe das **Cinchotinchlorid** $C_{19}H_{23}ClN_2$ vom Schmelzp. 85—87°, das durch alkoholisches Kali in **Dihydrocinchen** $C_{19}H_{22}N_2$ verwandelt wird. Krystalle vom Schmelzp. 145°. Letzteres ist vom Desoxycinchonin (s. S. 128) verschieden und wird durch Phosphorsäure in Lepidin und Cincholoipon (s. S. 128) gespalten[5]).

Diese Reaktionen lassen erkennen, daß Cinchonin und Cinchotin vollkommenen Parallelismus im Verhalten aufweisen. Beide Verbindungen geben analoge Zersetzungsprodukte, nur unterscheiden sich diejenigen des Cinchotins durch den Mehrgehalt von 2 Wasserstoff-

---

[1]) Hesse, Berichte d. Deutsch. chem. Gesellschaft **28**, 1298 [1895].
[2]) Pum, Monatshefte f. Chemie **16**, 68 [1895].
[3]) Hesse, Annalen d. Chemie **300**, 44, [1898]. — Skraup, Annalen d. Chemie **300**, 357 [1898].
[4]) P. Rabe, Annalen d. Chemie u. Pharmazie **364**, 349 [1909]; **373**, 118 [1910].
[5]) Königs, Berichte d. Deutsch. chem. Gesellschaft **27**, 1501, 2290 [1894].

atomen von denen des Cinchonins. Das läßt sich am einfachsten erklären durch die Annahme, daß die Vinylgruppe —CH=CH$_2$ des Cinchonins beim Cinchotin durch die Äthylgruppe —CH$_2$—CH$_3$ ersetzt ist, wie es obige Formel zum Ausdruck bringt.

Cinchamidin.

Mol.-Gewicht 296,21.
Zusammensetzung: 76,97% C, 8,17% H, 9,46% N.

$$C_{19}H_{24}N_2O.$$

Das Cinchamidin oder Hydrocinchonidin steht wohl in derselben Beziehung zu Cinchonitin wie Cinchotin zu Cinchonin.

Darstellung: Die Mutterlauge des Homocinchonidinsulfats wird mit Ammoniak gefällt, der Niederschlag aus Alkohol umkrystallisiert, dann in Salzsäure gelöst und mit neutralem Natriumtartrat fraktioniert gefällt. Anfangs scheidet sich fast reines Homocinchonidintartrat aus; schließlich wird aber eine Fraktion erhalten, welche im wesentlichen aus Hydrocinchonidintartrat besteht. Wird die ausgeschiedene Base mit Kaliumpermanganat behandelt, so werden die Verunreinigungen zerstört und es bleibt reines Hydrocinchonidin zurück[1]).

Physikalische und chemische Eigenschaften: Hydrocinchonidin krystallisiert aus heißem verdünnten Alkohol in sechsseitigen Blättchen und schmilzt bei 229—230°. In Wasser ist es fast unlöslich, in Äther schwer löslich und in Alkohol schwieriger löslich als das Cinchonidin. Die Lösungen sind linksdrehend. Wie das Cinchotin ist es verhältnismäßig beständig, wird z. B. in saurer Lösung von Kaliumpermanganat erst bei längerer Einwirkung angegriffen und erleidet beim Erhitzen mit Salzsäure auf 160° keine sichtliche Veränderung. Seine Salze bieten nichts Charakteristisches. Chromsäure oxydiert es zur Cinchoninsäure.

Cinchonamin.

Mol.-Gewicht 296,21.
Zusammensetzung: 76,97% C, 8,17% H, 9,46% N.

$$C_{19}H_{24}N_2O.$$

Vorkommen: Cinchonamin, das isomer ist mit Cinchotin und Hydrocinchonidin, findet sich besonders in den Remijiarinden und vorzugsweise in der von Remijia purdieana Wedd.

Darstellung: Die Remijiarinden werden mit heißem Alkohol extrahiert, das beim Abdampfen des Alkohols zurückbleibende Extrakt mit Natronlauge übersättigt und mit Äther extrahiert. Die ätherische Lösung wird mit verdünnter Schwefelsäure durchgeschüttelt. Dabei scheiden sich die Sulfate des Concusconins, Chairamins, Conchairamins, Chairamidins und Conchairamidins ab, während Cinchonin und Cinchonamin in der wässerigen Lösung bleiben. Setzt man nun zu der Lösung verdünnte Salpetersäure, so fällt Cinchonamin als Nitrat aus, während Cinchonin in Lösung bleibt[2]).

Zur Darstellung der übrigen Alkaloide wird das obengenannte Sulfatgemisch mit Soda behandelt und das getrocknete Basengemenge in heißem Alkohol gelöst. Durch Zusatz von geringen Mengen Schwefelsäure (1 T. auf 8 T. Basengemisch) scheidet sich das Concusconinsulfat sofort aus, das man durch verdünnte Natronlauge zerlegt. Das freie Concusconin krystallisiert man aus kochendem Alkohol von 80% um. Aus dem Filtrat vom schwefelsauren Concusconin wird durch konz. Salzsäure salzsaures Chairamin gefällt, das man mit Ammoniak zerlegt. Die freie Chairaminbase krystallisiert man aus verdünntem Alkohol um.

Das Filtrat vom salzsauren Chairamin wird in der Wärme mit Rhodankalium versetzt, solange noch ein krystallinischer Niederschlag entsteht. Den Niederschlag von rhodanwasserstoffsaurem Conchairamin krystallisiert man aus kochendem Alkohol um, zerlegt ihn mit Natron und krystallisiert die freie Base wiederholt aus Alkohol um.

Das Filtrat vom Conchairaminrhodanid wird mit Rhodankalium versetzt, bis die Lösung hellbraun geworden ist, und die vom gefällten Harze abfiltrierte Lösung mit Ammoniak übersättigt und mit Benzol ausgeschüttelt. Die Benzollösung schüttelt man mit verdünnter Essigsäure und fällt, durch Zusatz von Ammonsulfat, ein Gemenge von Chairamidinsulfat und Conchairamidinsulfat, welches durch wiederholtes Umlösen aus heißem Wasser in seine Bestand-

---

[1]) Hesse, Annalen d. Chemie **214**, 1 [1882]. — Forst u. Böhringer, Berichte d. Deutsch. chem. Gesellschaft **15**, 520 [1882].
[2]) Hesse, Annalen d. Chemie **200**, 304 [1880]; **225**, 211 [1884].

teile getrennt werden kann. Das Conchairamidinsulfat bleibt ungelöst zurück; das Chairamidinsulfat scheidet sich gelatinös beim Erkalten der wässerigen Lösung aus. Beide Sulfate werden durch Ammoniak zerlegt.

Physikalische und chemische Eigenschaften: Cinchonamin krystallisiert aus Alkohol in glänzenden Nadeln, welche wasserfrei sind und bei 184—185° schmelzen. Es löst sich leicht in heißem Alkohol, kaum in Wasser. Die alkoholische Lösung reagiert basisch und ist rechtsdrehend. Bei $p = 2$ und $t = 15°$ ergibt die Lösung in 97 proz. Alkohol $[\alpha]_D = +121,1°$.

Nachweis und Isolierung: Wie oben erwähnt, scheidet sich das **Nitrat** $C_{19}H_{24}N_2O \cdot HNO_3$ aus heißer, wässeriger Lösung in Prismen ab, die schwer löslich in kaltem Wasser, fast unlöslich in salpetersäurehaltigem Wasser sind, weshalb das Salz zur Abscheidung des Cinchonamins benützt wird.

Physiologische Wirkung: Cinchonamin ist giftig und wirkt stärker fiebervertreibend als Chinin.

Derivate: Außer dem Nitrat krystallisieren auch die übrigen Salze des Cinchonamins, die in großer Zahl dargestellt sind, gut[1]).

Chlorcadmiumdoppelsalz $CdCl_2 \cdot 2(C_{19}H_{24}N_2O \cdot HCl)$, entsteht beim Vermischen von verdünnten wässerigen Lösungen von Cadmiumchlorid und Cinchonaminchlorhydrat als krystallisierter Niederschlag, ziemlich leicht löslich in heißem Wasser, 100 ccm Wasser von 22° lösen 0,76 g, bei Zusatz von einigen Tropfen Salzsäure wird auch diese geringe Menge ausgefällt. Die glänzenden, rechteckigen Platten, in welchen diese Verbindung krystallisiert, gleichen sehr den Krystallen des Cinchonaminnitrats. — **Zinkchloriddoppelsalz** $ZnCl_2 \cdot 2(C_{19}H_{24}N_2O \cdot HCl)$, orthorhombische Prismen, 100 ccm Wasser lösen bei 22° 1,1 g, in Gegenwart von Salzsäure ist das Salz in Wasser vollkommen unlöslich. — **Kupferchloriddoppelsalz** $CuCl_2 \cdot 2(C_{19}H_{24}N_2O \cdot HCl)$, rote Krystalle, welche durch heißes Wasser zersetzt werden. — Bei der Einwirkung von Lösungen von Ferrochlorid, Magnesium- und Calciumchlorid auf Lösungen von Cinchonaminchlorhydrat entstehen nur Fällungen von Cinchonaminchlorhydrat. In sehr verdünnter Lösung, welche mit Chlorwasserstoff angesäuert ist, wird Cinchonaminchlorhydrat durch Calcium- und Bariumsalz nicht gefällt.

Mit Jodmethyl verbindet sich das Cinchonamin zu einem **Jodmethylat** $C_{19}H_{24}N_2O \cdot CH_3J + H_2O$, welches in derben Prismen krystallisiert und von Silberoxyd in das entsprechende Hydroxyd übergeführt wird. Beim Kochen des Jodids mit alkoholischer Natronlauge entsteht **Methylcinchonamin** $C_{19}H_{23}N_2O(CH_3)$ als amorphes, bei 139° schmelzendes Pulver.

Mit Essigsäureanhydrid liefert die Base **Acetylcinchonamin** $C_{19}H_{23}N_2O(C_2H_3O)$, welches amorph ist und zwischen 80° und 90° schmilzt.

Cinchonamin wird schon in der Kälte von Kaliumpermanganat angegriffen und unterscheidet sich dadurch von den beiden isomeren, vorher besprochenen Alkaloiden. Durch konz. Salpetersäure wird es in **Dinitrocinchonamin** $C_{19}H_{22}(NO_2)_2N_2O$ übergeführt, das aus der Lösung in Ammoniak in gelben Flocken, die sich bei 118° verflüssigen, ausgefällt werden kann.

Cuprein.

Mol.-Gewicht 310,20.
Zusammensetzung: 73,50% C, 7,15% H, 9,03% N.

$$C_{19}H_{22}N_2O_2.$$

$$\begin{array}{c}
H_2C : CH \cdot CH —— CH — CH_2 \\
\qquad\qquad\quad | \qquad\qquad\; | \\
\qquad\qquad\; CH_2 \qquad\quad | \\
\qquad\qquad\; | \\
\qquad\qquad\; CH_2 \\
CH_2 — N —— CH \\
\qquad\qquad\qquad | \\
\qquad\qquad\; CH \cdot OH \\
\qquad\quad CH \;\; C \\
HO \cdot C \diagup\! \diagdown C \diagup\! \diagdown CH \\
\quad HC \diagdown\! \diagup C \diagdown\! \diagup CH \\
\qquad\quad HC \;\; N
\end{array}$$

---

[1]) Boutroux u. Genvresse, Compt. rend. de l'Acad. des Sc. **125**, 467 [1897].

Vorkommen: Das Cuprein, das entmethylierte Chinin, ist 1884 von Paul und Cownley in China cuprea, einer von Remijia pedunculata abstammenden Rinde, aufgefunden und als Cuprein bezeichnet worden[1]). Es findet sich darin in molekularer Verbindung mit dem Chinin.

Darstellung: Bei der Darstellung des Cupreins verfährt man zunächst wie bei derjenigen des Chinins (s. spätere Ausführungen), löst das Sulfatgemisch in verdünnter Schwefelsäure, übersättigt mit Alkali und zieht das Chinin mit Äther aus. Das Cuprein bleibt als Phenol in der alkalischen Flüssigkeit gelöst. Man säuert dieselbe mit Schwefelsäure an und zerlegt das ausgeschiedene Sulfat mit Ammoniak.

Physikalische und chemische Eigenschaften: Das Cuprein krystallisiert aus Äther und Alkohol in konzentrisch gruppierten Nadeln, die 2 Mol. H_2O enthalten, bei 120—125° wasserfrei werden und bei 198° schmelzen. Es ist in Äther und Chloroform schwer, in Alkohol leichter löslich. Die alkoholische Lösung reagiert stark basisch und färbt sich auf Zusatz von Eisenchlorid dunkel rotbraun, auf Zusatz von Chlor und Ammoniak intensiv dunkelgrün wie Chinin; seine schwefelsauren Lösungen fluorescieren aber im Gegensatz zu denjenigen des Chinins nicht. Die Base ist linksdrehend, und zwar beträgt für die Lösung von 0,2354 g in 19 ccm Alkohol bei 17° $[\alpha]_D = -175,5°$.

Derivate: Seinem Charakter als Phenol und als Base gemäß verbindet sich das Cuprein sowohl mit Basen als mit Säuren. Die neutral reagierenden, 1 Äquivalent Säure enthaltenden Salze lösen sich in heißem Wasser mit gelber Farbe. Die sog. sauren Salze enthalten 2 Äquivalent Säure und geben mit Wasser farblose Lösungen. Das **neutrale Sulfat** $(C_{19}H_{22}N_2O_2)_2 H_2SO_4 + 6 H_2O$ krystallisiert in farblosen Nadeln, die in kaltem Wasser schwer löslich sind. Das **saure Sulfat** $C_{19}H_{22}N_2O_2 \cdot H_2SO_4 + H_2O$ entsteht beim Erwärmen gleicher Moleküle Cuprein und Schwefelsäure in wenig Wasser und ist gleichfalls in kaltem Wasser nur schwer löslich. **Neutrales Cupreinhydrochlorid** $C_{19}H_{22}N_2O_2 \cdot HCl + H_2O$, durch Umsetzung des Sulfats mit Chlorbarium in heißer, wässeriger Lösung entstehend, löst sich ziemlich gut in kaltem Wasser[2]).

Cuprein verbindet sich in alkoholischer Lösung mit Methyljodid bei gewöhnlicher Temperatur zu **Cupreinmethyljodid** $C_{19}H_{22}N_2O_2 \cdot CH_3J$. Kleine Nadeln, die leicht in das entsprechende Chlorid, Jodid, Sulfat und Hydroxyd verwandelt werden können. Beim Erwärmen des Gemisches entsteht **Cupreindimethyljodid** $C_{19}H_{22}N_2O_2 \cdot 2 CH_3J$, welches mit 3 Mol. H_2O in rotgelben Blättern krystallisiert.

Cupreinalkyläther (Ätherhomologe des Chinins).

Grimaux und Arnaud haben das Cuprein durch Erhitzen mit Chlormethyl (oder besser mit Methylnitrat), Natriummethylat und Methylalkohol im Einschmelzrohre auf 100° in Chinin übergeführt[3]):

$$HO \cdot C_{19}H_{21}N_2O + 3 CH_3J + KOH = CH_3O \cdot C_{19}H_{21}N_2O \cdot 2 CH_3J + KJ + H_2O.$$
Cuprein — Chininjodmethylat

Hieraus ergibt sich mit aller Sicherheit, daß das Chinin der Methyläther des Cupreins ist; es steht also zu diesem in derselben Beziehung wie das Anisol zum Phenol und wie das Kodein zum Morphin. Vom Cinchonin unterscheidet sich also das Cuprein dadurch, daß es in der Parastellung des Chinolinringes noch eine Hydroxylgruppe enthält.

Indem Grimaux und Arnaud das Cuprein mit Äthyl-, Propyl- oder Isopropylnitrat oder mit Amylchlorid und den entsprechenden Natriumalkylaten und Alkoholen erhitzten, gewannen sie den Äthyl-, Propyl-, Amyläther des Cupreins: das „Chinäthylin", „Chinpropylin", „Chinamylin".

Chinäthylin $C_2H_5O \cdot C_{19}H_{21}N_2O$ wird gewonnen beim Erhitzen von Äthylnitrat, Natriumäthylat und Cuprein in Alkohollösung auf 95—100°. Von unverändertem Cuprein befreit und gereinigt, wird es aus seinem Sulfate als ein leichtes Pulver abgeschieden, welches Wasser enthält und bei 60° schmilzt. Der Schmelzpunkt der wasserfreien Base liegt bei 160°. In Äther und Alkohol ist das Chinäthylin leicht löslich. Es ist linksdrehend, und zwar dreht es etwas stärker als Chinin. Wie das Chinin gibt es 2 Reihen von Salzen.

---

[1]) Paul u. Cownley, Pharmaz. Journ. [3] **15**, 211. — Hesse, Annalen d. Chemie **226**, 240 [1884]; **230**, 55.
[2]) Hesse, Annalen d. Chemie **230**, 59 [1884]. — Oudemans, Recueil d. travaux chim. des Pays-Bas **9**, 171 [1890].
[3]) Grimaux u. Arnaud, Compt. rend. de l'Acad. des Sc. **112**, 374 [1881]; Bulletin de la Soc. chim. [3] **7**, 306.

Chinopropylin $C_3H_7O \cdot C_{19}H_{21}N_2O$ wird wie die vorgenannte Verbindung unter Anwendung von Propylnitrat und Propylalkohol gewonnen. Es fällt aus seinen Salzen in Gestalt eines weißen Pulvers hydratisch aus. Nach dem Trocknen schmilzt es bei 164°.
Chinoisopropylin $C_3H_7O \cdot C_{19}H_{21}N_2O$ schmilzt bei 154° und **Chinamylin** $C_5H_{11}O \cdot C_{19}H_{21}N_2O$ schmilzt bei 167°.

Diese sämtlichen Ätherbasen zeigen in schwefelsaurer Lösung starke Fluorescenz[1]). In bezug auf ihre **physiologischen Eigenschaften** ist zu bemerken, daß sie viel giftiger und fieberwidriger sind als Chinin[2]).

Durch Erwärmen mit Essigsäureanhydrid wird das Cuprein in **Diacetylcuprein** $C_{19}H_{20}N(O \cdot C_2H_3O)_2$ übergeführt. Dasselbe krystallisiert aus Äther in Tafeln, die bei 88° schmelzen. Aus der Entstehung des Diacetylderivates folgt, daß die beiden Sauerstoffatome des Cupreins als Hydroxyle in der Base enthalten sind. Das eine dieser Hydroxylgruppen hat Phenolcharakter, denn von allen Chinaalkaloiden ist das Cuprein das einzige, das sich in Alkalien löst und damit Salze bildet, die 1 Atom des Metalls enthalten und durch Kohlensäure zersetzt werden.

Beim Erhitzen mit Salzsäure auf 140° geht das Cuprein in ein Isomeres, das **Apochinin**, über. Dasselbe bildet sich auch aus dem Chinin bei der gleichen Behandlung; beim Chinin entwickelt sich daneben Chlormethyl.

Cuprein-Chinin, $C_{19}H_{22}N_2O_2 + C_{20}H_{24}N_2O_2 + 4H_2O$, welches, wie eingangs erwähnt, die Form ist, in der Cuprein in China cuprea vorkommt, läßt sich auch gewinnen durch Auflösen äquivalenter Mengen Chinin und Cuprein in verdünnter Schwefelsäure, Fällen der Lösung mit Ammoniak und Extrahieren des Niederschlages mit Äther. Aus wasserhaltigem Äther krystallisiert die Molekularverbindung in Nadeln, die an der Luft unter Wasserabgabe verwittern und bei 177° schmelzen. Das **Sulfat** $(C_{20}H_{24}N_2O_2, C_{19}H_{22}N_2O_2)H_2SO_4 + 6H_2O$ ist in kaltem Wasser schwer löslich.

Chinamin.

Mol.-Gewicht 313,21.
Zusammensetzung: 73,12% C, 7,72% H, 8,95% N.

$$C_{19}H_{24}N_2O_2.$$

Vorkommen: Es ist in den Chinarinden sehr verbreitet, wenn es auch meistens nur in geringen Mengen vorhanden ist. Am reichlichsten findet es sich in der Rinde von C. Calisaya.

Darstellung: Als Ausgangsmaterial dienen die Rohmutterlaugen des Chininsulfats. Die mit Seignettesalz fällbaren Alkaloide werden erst abgeschieden, die rückständigen, mit Ammoniak freigemachten Basen in Essigsäure gelöst und nach Neutralisation eine warme Lösung von Rhodankalium so lange zugesetzt, bis nach Erkalten in der Lösung kein Cinchonin mehr nachzuweisen ist. Die abfiltrierte Lösung wird dann mit Natronlauge versetzt und der Niederschlag in heißem Alkohol gelöst, worauf beim Erkalten das Chinamin auskrystallisiert[4]).

Physikalische und chemische Eigenschaften: Das Chinamin scheidet sich aus der heißen alkoholischen Lösung in langen Prismen ab, die bei 172° schmelzen. In Wasser ist es, wie die übrigen Chinaalkaloide, nur wenig löslich. Hervorzuheben ist seine ziemlich große Löslichkeit in Äther. Die Base ist rechtsdrehend. In Chloroformlösung beträgt bei 15° und 2 proz. Lösung $[\alpha]_D = +93,4°$. Gibt mit Chlorkalklösung und folgendem Zusatz von Ammoniak keine grüne Färbung wie das Chinin oder Conchinin, auch fluorescieren seine sauren Lösungen nicht. Die salzsaure Lösung des Chinamins erzeugt mit Goldchlorid eine purpurrote Färbung.

Das Chinamin wird von Oxydationsmitteln leicht angegriffen und durch Säuren leicht verändert. Es spaltet bei der Einwirkung von Salzsäure und Schwefelsäure Wasser ab und geht in **Apochinamin** $C_{19}H_{22}N_2O$ über, eine schwache Base, welche in Blättchen oder in Prismen krystallisiert und bei 114° schmilzt. Bei der Einwirkung von Salzsäure und Schwefelsäure spaltet das Chinamin Wasser ab und geht in **Apochinamin** $C_{19}H_{22}N_2O$ über, eine schwache Base vom Schmelzp. 114°. Auch mit Hilfe von Essigsäureanhydrid kann dem Chinamin Wasser entzogen werden, und es entsteht das Monoacetylderivat des Apochinamins.

---

1) Bulletin de la Soc. chim. [3] **7**, 304 [1892].
2) Grimaux, Compt. rend. de l'Acad. des Sc. **118**, 1303 [1894].
3) Hesse, Annalen d. Chemie **226**, 240 [1884].
4) Oudemans, Annalen d. Chemie **197**, 50 [1879]. — Hesse, Annalen d. Chemie **207**, 288 [1881].

Conchinamin.

Mol.-Gewicht 313,21.
Zusammensetzung: 73,12% C, 7,72% H, 8,95% N.

$$C_{19}H_{24}N_2O_2.$$

Vorkommen: Die Base begleitet das isomere Chinamin in der Rinde von Remijia pedunculata, aus der sie Hesse 1877 gewann.

Darstellung: Die Verbindung kann aus den eingedampften Mutterlaugen von der Darstellung des Chinamins mit Ligroin ausgezogen und durch Umkrystallisieren des Nitrats gereinigt werden. Die beiden Basen lassen sich auch als Oxalate trennen, da das Conchinaminoxalat in Wasser bedeutend schwerer löslich ist als das Chinaminoxalat[1]).

Physikalische und chemische Eigenschaften: Das in Wasser schwer, in starkem Alkohol leicht lösliche Conchinamin schmilzt bei 123°, ist rechtsdrehend und leicht oxydierbar. In seinem chemischen Verhalten ist es dem Chinamin sehr ähnlich und zeigt auch dieselbe Reaktion mit Goldchlorid wie dieses. Die Salze des Conchinamins krystallisieren leichter und sind beständiger als die des Chinamins.

Chinin = [γ-para-Methoxychinolyl]-[α-β'-vinyl-chinuclidyl]-carbinol.

Mol.-Gewicht 324,20.
Zusammensetzung: 74,03% C, 7,46% H, 8,64% N.

$$C_{20}H_{24}N_2O_2.$$

$$\begin{array}{c}
CH_2 : CH \cdot CH \text{---} CH \text{---} CH_2 \\
\phantom{CH_2 : CH \cdot CH \text{---}} | \\
\phantom{CH_2 : CH \cdot CH \text{---}} CH_2 \\
\phantom{CH_2 : CH \cdot CH \text{---}} | \\
\phantom{CH_2 : CH \cdot CH \text{---}} CH_2 \\
CH_2 \text{---} N \text{---} CH \\
\phantom{CH_2 \text{---} N \text{---}} CH \cdot OH \\
\phantom{CH_2 \text{---} N \text{---}} CH \quad C \\
CH_3O \text{---} C \diagup C \diagdown CH \\
HC \diagdown C \diagup CH \\
 CH \quad N
\end{array}$$

Über die Ableitung der vorstehenden Konstitutionsformel des Chinins vgl. man S. 122.

Vorkommen: Nachdem die Chinarinden in Europa schon seit der Mitte des 17. Jahrhunderts als fieberstillendes Mittel Anwendung gefunden hatten, gelang es im Jahre 1820 den französischen Chemikern Pelletier und Caventou, aus diesen Rinden als Hauptträger der Heilwirkung das Chinin zu isolieren. Das Chinin findet sich, wie schon im vorhergehenden erwähnt wurde, in mehreren echten Chinarinden, sowie in einer falschen Chinarinde, der China cuprea, vor, begleitet von anderen Alkaloiden. Chininreiche Rinden sind meist die von Cinch. Calisaya, C. lancifolia, C. Pitayensis, C. officinalis, C. Tucujensis. Ein bestimmter Gehalt von Chinin für die eine oder andere Rinde läßt sich nicht angeben.

Darstellung: Das Chinin ist in den Chinarinden in Form von Salzen und salzartigen Verbindungen enthalten, welche zum Teil der Extraktion erhebliche Schwierigkeiten entgegenstellen. Behufs seiner Extraktion muß es also in geeigneter Weise erst freigemacht werden. Es geschieht dies sowohl durch Säuren, die stärker als die vorhandenen (Chinasäure, Chinagerbsäure, Chinarot, Chinovin usw.) sind, als auch durch Basen, wie Kalihydrat, Natronhydrat, Kalk, Magnesia.

Wohl in den meisten Fällen, namentlich wenn es sich um die Extraktion geringer Rinden handelt, wird zur Zersetzung dieser Verbindungen verdünnte Salz- oder Schwefelsäure verwendet. Die hiermit durch Kochen der zerkleinerten Rinden erhaltenen Auszüge werden dann mit Natronhydrat oder mit Ätzkalk gefällt. Der Niederschlag wird in 75—80 proz. Weingeist gelöst, mit verdünnter Schwefelsäure neutralisiert und der Alkohol abdestilliert. Das aus-

---

[1]) Hesse, Annalen d. Chemie **209**, 62 [1881]. — Oudemans, Annalen d. Chemie **209**, 38 [1881].

geschiedene Sulfat wird von der Mutterlauge getrennt und wiederholt aus Wasser umkrystallisiert, wobei sich das Chininsulfat zunächst ausscheidet, während die Sulfate der übrigen Chinabasen in Lösung bleiben. Ist die Rinde stark cinchoninhaltig, so wird der durch Alkali erhaltene Niederschlag mit 85—90 proz. Alkohol ausgekocht. Beim Erkalten des alkoholischen Extraktes scheidet sich das in Alkohol schwer lösliche Cinchonin zum Teil aus. Erst dann wird mit Schwefelsäure neutralisiert. Die Trennung kleinerer Mengen Chinin und Cinchonin kann auch mit Hilfe von Äther, in dem das letztere schwer löslich ist, durchgeführt werden. Aus der Lösung des schwefelsauren Chinins fällt Ammoniak amorphes, wasserfreies Chinin aus. Ein sehr reines Chinin wird durch Zerlegen des Jodsulfats (Herapathits) mit Schwefelwasserstoff erhalten.

Physikalische und chemische Eigenschaften: Das Chinin fällt aus seinen Salzlösungen durch Alkali amorph und wasserfrei aus, aber es geht bald in den krystallisierten Zustand über und bildet ein Hydrat mit 3 Mol. Krystallwasser. Unter bestimmten Bedingungen kann es auch Hydrate mit 1 oder 2, wie auch mit 8 oder 9 Mol. Wasser bilden[1]). Das krystallinische **Chininhydrat** $C_{20}H_{24}N_2O_2 + 3 H_2O$ ist farblos, schmeckt intensiv bitter und schmilzt bei 57° und verliert das Wasser beim Stehen über Schwefelsäure oder beim Erwärmen auf 120°. Dieses wasserfreie Chinin schmilzt bei 173°. In Form seideglänzender Nadeln wird das Chinin erhalten, wenn eine Lösung des Hydrats in verdünntem Alkohol längere Zeit auf 30° erhitzt wird. Dieses krystallisierte wasserfreie Chinin schmilzt bei 174—175°[2]). Die Löslichkeit des Chinins in Wasser ist eine geringe. Die wasserfreie Base erfordert zu ihrer Lösung 1960 Teile, das Hydrat 1670 Teile Wasser von 15°. In heißem Wasser ist die Löslichkeit etwas größer. Alkohol, Äther, Chloroform und Schwefelkohlenstoff lösen das Chinin leicht, dagegen weniger gut Benzol. Aus heißem Benzol läßt es sich mit Vorteil umkrystallisieren. Die Krystalle besitzen die Zusammensetzung $C_{20}H_{24}N_2O_2 + C_6H_6$. Die Lösungen des Chinins lenken die Ebene des polarisierten Lichtes nach links ab, jedoch verschieden stark, je nach der Konzentration, dem Lösungsmittel usw. Für eine Lösung von p Gramm Chininhydrat in 100 g 97 proz. Alkohol bei 15° ist $[\alpha]_D = 0{,}657 \, p - 145{,}2°$, woraus für das Chinin selbst folgt $[\alpha]_D = 0{,}894 \, p - 169{,}38°$. Über das Drehungsvermögen des Chinins und seiner Salze in verschiedenen neutralen Lösungsmitteln bei wechselnder Konzentration und Temperatur liegen Messungen von Oudemans vor[3]).

P. Rabe[4]) ermittelte neuerdings für die Lösung des entwässerten Chinins in 99 proz. Alkohol $[\alpha]_D^{15} = -158{,}2°$ (c = 2,136 bei 15°).

Das Chinin fluoresciert blau in der sauren Lösung in Schwefelsäure, Ameisensäure, Essigsäure usw. Die Fluorescenz wird durch Halogenwasserstoffsäuren, durch Hyposulfite und einige andere Körper aufgehoben.

Nachweis: Als empfindliche Reaktion auf Chinin dient die smaragdgrüne Färbung, welche entsteht, wenn eine Lösung der Base mit Chlorwasser und dann mit Ammoniak versetzt wird, die sog. Thalleiochinreaktion[5]). Bei genauem Neutralisieren mit einer Säure geht die Färbung in eine himmelblaue und durch Überschuß der Säure in eine violette bis rote über. Wenn anstatt des Ammoniaks bei der Chlorprobe des Chinins Ätzkali, Baryt oder Kalkwasser genommen wird, so entsteht anfänglich rote Färbung, dann eine gelbe Fällung. Bei sehr kleinen Mengen Chinin wendet man vorteilhaft Bromwasser statt Chlorwasser an. Es läßt sich in dieser Weise noch $1/20\,000$ Chinin nachweisen[6]). Wird neutrales Chininsulfat mit etwas Wasser übergossen und hierzu starkes, salzsäurefreies Chlorwasser gebracht, bis eine gelbliche Lösung entsteht, so zeigt sich auf Zusatz von gepulvertem Ferrocyankalium zuerst eine hellrosenrote Färbung, welche auf Zusatz von mehr Blutlaugensalz tief dunkelrot wird. Weiter ist für Chinin die blaue Fluorescenz seiner sauren Lösungen charakteristisch, die noch bei 0,01 g im Liter deutlich erkennbar ist.

Die sämtlichen Methoden zur Prüfung des Chinins auf seine Reinheit sind von Lenz eingehend und kritisch untersucht worden[7]). Am besten überzeugt man sich von der Reinheit des Chinins durch Prüfen des Sulfates im polarisierten Licht. Eine 5 proz. Lösung von 20 mm Länge dreht —22°.

---

[1]) Hesse, Annalen d. Chemie **135**, 325.
[2]) Hesse, Annalen d. Chemie **258**, 135 [1890].
[3]) Oudemans, Annalen d. Chemie **182**, 44 [1876].
[4]) P. Rabe, Annalen d. Chemie u. Pharmazie **373**, 100 [1910].
[5]) Brandes u. Leber, Annalen d. Chemie **32**, 270 [1839].
[6]) Flückiger, Zeitschr. f. analyt. Chemie **11**, 318 [1872].
[7]) Lenz, Zeitschr. f. analyt. Chemie **27**, 549 [1888].

Quantitative Bestimmung: Eine gute Methode beruht auf der Bestimmung des Chinins als saures Chinincitrat[1] $C_{20}H_{24}N_2O_2 \cdot C_6H_8O_7$. Es entsteht aus wasserfreiem Chinin und wasserfreier Citronensäure in ätherischer Lösung, krystallisiert aus heißem Wasser in weißen Nadeln vom Schmelzp. 204° und schmeckt stark bitter. Es ist wenig löslich in kaltem Wasser, etwas leichter in heißem, wenig löslich in Alkohol, unlöslich in Äther. Zur Bestimmung von Chinin im Harn nach dieser Methode wird der Harn sehr stark alkalisch gemacht, um bei der Extraktion des Chinins den Übergang von harz- oder farbstoffartigen Harnbestandteilen in den Äther zu verhindern, und die alkalische Flüssigkeit 25—30 Stunden lang mit Äther bei ca. 80° extrahiert unter Verwendung eines Ätherextraktionsapparates. Das Chinin wird aus der Ätherlösung mit wasserfreier Citronensäure gefällt und der getrocknete Niederschlag von saurem Chinincitrat gewogen.

Um Chinin in pharmazeutischen Präparaten (Pillen usw.) zu bestimmen, digeriert man dieselben mit Schwefelsäure, macht die schwefelsaure Lösung alkalisch und entzieht der alkalischen Flüssigkeit das Chinin durch Extraktion mit Äther. Von der so erhaltenen ätherischen Lösung wird der Äther abdestilliert und das zurückbleibende Chinin bei 100° bis zum konstant bleibenden Gewicht getrocknet[2]).

Physiologische Eigenschaften des Chinins.[3]) Nach Schmiedeberg[4]) dürfte der allgemeine Charakter der Chininwirkung wahrscheinlich an allen Organen so zu deuten sein, daß das Alkaloid bei voller Wirkung die Organelemente zum Absterben bringt, wobei die Funktionen oder die Funktionsfähigkeit und die Ernährungsvorgänge derselben, wie beim Absterben aus anderen Ursachen, zuerst erhöht, dann vermindert und schließlich ganz vernichtet werden.

Bei Menschen und anderen Säugetieren bewirken kleinere Gaben zunächst eine Abnahme der Pulsfrequenz und Steigerung des Blutdrucks, größere (beim Menschen von 1 g ab) Abnahme der Pulsfrequenz und Sinken des Blutdruckes; zugleich macht sich schwache Morphinwirkung gegenüber der sensiblen Gehirnsphäre geltend (Chininrausch). Durch kleinere Dosen wird anfangs auch eine Steigerung der Körpertemperatur bewirkt, und die Temperaturabnahme nach größeren, noch nicht vergiftenden Gaben ist auch bei normalen Menschen nur unbedeutend, größer bei fiebernden Individuen. In dem Grade dieser Wirkung wird das Chinin von den Körpern der Antipyrin- und Salicylsäuregruppe erheblich übertroffen. Es ist aber vor ihnen ausgezeichnet und von keiner anderen bisher bekannten Substanz erreicht als Specificum gegen Malaria.

Der Stoffwechsel erscheint, gemessen an der Stickstoffausscheidung, anfangs zuweilen gesteigert, dann aber, häufig erheblich und nach größeren Gaben stets in sehr bedeutendem Maße, herabgesetzt. Das Chinin selbst wird im Organismus, soweit nicht zu große Mengen gegeben werden, zum größeren Teile zerstört. Nach Giemsa[5]) und Schaumann soll das Zerstörungsvermögen des Organismus durch wiederholte Chininzuführung gesteigert werden, Schmitz[6]) konnte dies aber nicht bestätigen.

Die Wirkung von Chininsulfat auf das menschliche Blut hat Th. M. Wilson[7]) studiert. Die Versuche haben unter anderem ergeben, daß Chininsulfat in vitro in höheren Konzentrationen einen hemmenden Einfluß auf die Phagocytose ausübt, in Verdünnungen von 1 : 15000 bis 1 : 1 000 000 hingegen anscheinend einen fördernden.

P. Grosser[8]) konnte von dem per os oder subcutan dem Organismus eingeführten Chinin in allen Fällen nur Bruchteile desselben, die zwischen 8—46% schwankten, wiederfinden. Die Schwankungen sind nicht durch die mehr oder weniger größere Löslichkeit des betreffenden Chininsalzes bedingt; auch hat die Füllung des Magens keinen Einfluß auf die Resorption. Im Gegensatz zu Kleine konnte Grosser nicht einen steilen Anstieg und langsamen Abfall der Ausscheidungskurve beobachten, vielmehr war die Ausscheidung durchaus inkonstant. Dieselben Verhältnisse sind auch bei der Eingabe in refracta dosi vorhanden. Bei intramuskulärer Injektion und bei der Verabreichung per os war in der Ausscheidung kein wesentlicher Unterschied festzustellen. Bei Durchblutungsversuchen konnte eine hohe chininzerstörende Fähigkeit der Leber nachgewiesen werden.

---

[1]) M. Nishi, Archiv f. experim. Pathol. u. Pharmakol. **60**, 312 [1909].
[2]) W. Lenz, Apoth.-Ztg. **24**, 366 [1909].
[3]) L. Spiegel, Chemische Konstitution und physiologische Wirkung. Stuttgart 1909, S. 78.
[4]) Schmiedeberg, Grundriß der Pharmakologie **1902**, S. 179.
[5]) Giemsa u. Schaumann, Archiv f. Schiffs- u. Tropenhygiene **11**, Beiheft 3 [1907].
[6]) Schmitz, Archiv f. experim. Pathol. u. Pharmakol. **56**, 301 [1907].
[7]) Th. M. Wilson, Amer. Journ. of Physiol. **19**, 445 [1907].
[8]) P. Grosser, Biochem. Zeitschr. **8**, 98 [1908].

Beeinflussung der Giftwirkung des Chinins auf Elodea canadensis durch Salze: Aus Versuchen von M. v. Eisler und L. v. Portheim[1]) ergibt sich eine auffallende Verzögerung der Chininwirkung bei Zusatz von Calcium-, Mangan- und Aluminiumsalzen, während Kalium-, Natrium- und Ammoniumsalze nur einen geringeren Einfluß auf den Ablauf der Vergiftung ausüben. Magnesium nimmt eine Mittelstellung ein.

Umwandlung des Chinins in Isomere (vgl. S. 125): Wie aus Cinchonin so entstehen auch aus Chinin unter verschiedenen chemischen Einflüssen isomere Basen. Doch sind dieselben nicht so zahlreich und auch nicht so eingehend studiert wie die isomeren Cinchonine. Man kennt außer dem Chinidin, welches weiter unten behandelt wird, ein Pseudochinin, ein Isochinin und das dem Cinchonicin entsprechende Chinicin.

Pseudochinin $C_{20}H_{24}N_2O_2$ bildet sich nach Skraup[2]) neben dem Nichin beim Erwärmen von Chininhydrojodid mit Alkalien oder beim Kochen desselben mit Wasser. Krystallisiert in Prismen vom Schmelzp. 190—191°, ist stark linksdrehend und löst sich nur schwer in Äther.

Isochinin $C_{20}H_{24}N_2O_2$ soll nach Lippmann und Fleißner beim Kochen von Hydrojodchininhydrojodid mit alkoholischem Kali entstehen und bei 186° schmelzen. Doch ist die so entstehende Verbindung nach Skraup[3]) nicht einheitlich.

Chinicin $C_{20}H_{24}N_2O_2$ entsteht analog dem Cinchonicin (s. dieses) durch Erhitzen von Chininbisulfat auf Schmelztemperatur (135°). Es ist identisch mit dem Cinchotoxin, das weiter unten besprochen werden soll.

Salze des Chinins: Das Chinin ist eine starke Base und bildet mit Säuren drei Arten von Salzen, nämlich neutrale, einfach- und zweifachsaure. Die meisten Chininsalze sind in wässeriger Schwefel- oder Salzsäure mehr oder weniger leicht löslich. Die Lösungen der Chininsalze werden durch Phosphormolybdän- und Phosphorwolframsäure gefällt. Gerbsäure erzeugt in der sauren Lösung des Alkaloids einen gelblich-weißen Niederschlag. Verdünnte wässerige Lösungen von Chininsalzen geben ferner mit Kaliumwismutjodid orangeroten, amorphen Niederschlag, mit Kaliumquecksilberjodid und Kaliumcadmiumjodid weiße, flockige Fällungen.

Neutrales Chininhydrochlorid $C_{20}H_{24}N_2O_2 \cdot HCl + 2 H_2O$, ein beliebtes Arzneimittel, kann durch Wechselwirkung von Chlorbarium und neutralem Chininsulfat oder durch Sättigen der alkoholischen Chininlösung mit Salzsäure erhalten werden. Es krystallisiert in langen, asbestartigen, zu Büscheln vereinigten Nadeln, die sich bei 10° in 39 T. Wasser lösen und in heißem Wasser sehr leicht löslich sind.

Chinindihydrojodid $C_{20}H_{24}N_2O_2 \cdot 2 HJ + 5 H_2O$ krystallisiert in goldgelben Prismen und Blättchen, welche leicht etwas Krystallwasser verlieren. Es liefert verschiedene Superjodide. So z. B. entsteht eine Verbindung von der Zusammensetzung $4 C_{20}H_{24}N_2O_2 \cdot 3 HCl \cdot 5 HJ \cdot J_4$, wenn die alkoholische Chininlösung, mit 3 Mol. HCl und 3 Mol. KJ vermischt, einige Zeit sich selbst überlassen wird; alsdann scheidet sich die Verbindung in braunen Blättern und Prismen ab[4]).

Neutrales Chininsulfat $2 C_{20}H_{24}N_2O_2 \cdot H_2SO_4 + 8 H_2O$ ist eines der wichtigsten Arzneimittel, also das wichtigste unter den Chininsalzen, wird gewonnen durch Neutralisation der Base mit Schwefelsäure und gereinigt durch Umkrystallisieren aus kochendem Wasser. Krystallisiert in seideglänzenden Nadeln oder monoklinen Prismen, welche an der Luft leicht verwittern. Löst sich in etwa 30 T. kochendem Wasser, braucht dagegen bei 15° ca. 700 T. Wasser zur Lösung.

Schwefelsaures Jodchinin oder **Herapathit** $4 C_{20}H_{24}N_2O_2 \cdot 3 H_2SO_4 \cdot 2 HJ \cdot J_4$ ist von den Jodosulfaten, welche sich bei Einwirkung von Jod auf Chininsulfatlösungen bilden, das bekannteste. Wird durch Vermischen von 100 T. neutralem Chininsulfat in 1920 T. Essigsäure (d = 1,042) und 480 T. Weingeist gelöst und 60 T. gesättigter alkoholischer Jodlösung erhalten. Krystallisiert in metallglänzenden Blättchen, die ausgezeichnet sind durch merkwürdige optische Eigenschaften. Im durchfallenden Licht erscheinen sie ganz blaß olivengrün, im reflektierten aber metallglänzend, schön cantharidengrün. Sie polarisieren fünfmal so stark als der Turmalin und erscheinen je nach der Stellung der Achse bald grün, bald rot. Mit Wasser zersetzt sich der Herapathit in Chinindisulfat, Chininhydrojodid und jodreichere Jodosulfate. Solche werden auch durch Einwirkung von Jod auf heiße alkoholische Lösungen von neutralem

---

[1]) M. v. Eisler u. L. v. Portheim, Biochem. Zeitschr. **21**, 59 [1909].
[2]) Skraup, Monatshefte f. Chemie **14**, 446 [1893].
[3]) Skraup, Monatshefte f. Chemie **14**, 452 [1893].
[4]) Jörgensen, Journ. f. prakt. Chemie (neue Folge) **15**, 79 [1877].

oder saurem Chininsulfat erhalten, z. B. $2\,C_{20}H_{24}N_2O_2 \cdot H_2SO_4 \cdot 2\,HJ \cdot J_8$. Auch andere Säuren als Schwefelsäure, wie Selensäure, Phosphorsäure usw. können derartige „Aciperjodide" bilden[1]).

Chininchromat $C_{20}H_{24}N_2O_2 \cdot H_2CrO_4 + 2\,H_2O$ fällt als in Wasser sehr schwer löslicher Niederschlag aus beim Versetzen von Chininsulfatlösung mit Kaliumchromat. Noch von einer großen Anzahl anderer Säuren sind Chininsalze dargestellt worden, auf welche hier nur hingewiesen werden kann[2]).

Chinin und seine Salze verbinden sich additionell mit Phenolen. So scheidet sich beim Mischen wässeriger oder alkoholischer Lösungen von Chinin und Phenol das **Phenolchinin** $C_{20}H_{24}N_2O_2 \cdot C_6H_6O$ aus. Neutrale Lösungen von Chininhydrochlorid und Chininsulfat liefern mit Phenollösung die krystallisierenden Verbindungen: $2\,C_{20}H_{24}N_2O_2 \cdot 2\,HCl \cdot C_6H_6O + 2\,H_2O$ und $2\,C_{20}H_{24}N_2O_2 \cdot H_2SO_4 \cdot C_6H_6O + H_2O$. Durch verdünnte Säuren und Alkalien wird aus ihnen wieder Phenol abgeschieden. Ähnliche Produkte sind auch beim Versetzen von Chininsulfatlösungen mit anderen Phenolen, wie Brenzcatechin usw., erhalten worden. Hierher gehören auch die Additionsverbindungen des Chinins mit anderen Chinaalkaloiden.

Von den Aldehydverbindungen des Chinins sei das **Chloralchinin** $C_{20}H_{24}N_2O_2 \cdot CCl_3CHO$ angeführt, welches bei 149° schmilzt und in angesäuerten Lösungen die den Chininlösungen eigene Fluorescenz aufweist.

Salzsaurer Chininharnstoff $C_{20}H_{24}N_2O_2 \cdot HCl + CO(NH_2)_2HCl + 5\,H_2O$ entsteht beim Auflösen äquivalenter Mengen Harnstoff und Chininhydrochlorid in Salzsäure und krystallisiert in Prismen.

Diese für die Lokalanästhesie wichtige Verbindung[3]) enthält meist 2—3% weniger Wasser und dementsprechend mehr von den beiden anderen Komponenten. Fast farblose Prismen aus Wasser, in nadelförmigen Krystallen aus Alkohol. Bei längerem Aufbewahren färbt sich das krystallinische Pulver des Handels schwach gelb. Das Produkt ist in der gleichen Menge Wasser löslich, 2 T. davon lösen sich in 4—5 T. Alkohol, 1 T. löst sich in 800 T. Chloroform. Das getrocknete Salz ist in Alkohol weniger löslich, in Äther ist es fast unlöslich. Das Salz schmilzt unter Zersetzung, und zwar wird das wasserhaltige bei ca. 65° weich, je weniger Krystallwasser es enthält, bei desto höherer Temperatur beginnt es zu schmelzen; das wasserfreie, tiefgelbe Salz schmilzt bei 180—190°. Um das Produkt auf seine richtige Zusammensetzung zu prüfen, scheidet man das Chinin mittels Alkali oder Alkalicarbonaten ab und bringt es zur Wägung, 1 g soll nicht weniger als 0,592 g Chinin enthalten. Für den Harnstoffnachweis löst man 2 g in 4 ccm Wasser, gibt 4 ccm Salpetersäure zu und kühlt ab. Es krystallisiert das Harnstoffnitrat aus, das abfiltriert und mit verdünnter Salpetersäure ausgewaschen wird. Identifiziert wird es mit Quecksilbernitrat und auch mit unterchlorigsaurem Natrium. Beim Trocknen bei 125° darf das Salz nicht mehr als 16,5% seines Gewichts verlieren. Eine wässerige Lösung 1 : 20 zeigt keine Fluorescenz, aber es tritt eine solche auf beim Verdünnen eines Tropfens dieser Lösung mit 10 ccm Wasser.

Additionsprodukte des Chinins (man vgl. S. 126). **Tetrahydrochinin** $C_{20}H_{28}N_2O_2$ erhielten Lippmann und Fleißner durch anhaltende Hydrierung des Alkaloids mit Natrium und Alkohol in der Wärme[4]). Es ist auch hier vorteilhaft, Amylalkohol anzuwenden[5]). Die rohe Hydrobase wird in Äther aufgenommen, in Hydrochlorid übergeführt und wieder mit Ammoniak ausgeschieden. Das Tetrahydrochinin ist ein Öl, das amorph erstarrt. Sein Hydrochlorid ist auch amorph. Es besitzt einen schwach chinolinartigen Geruch und fluoresciert in verdünnter, saurer Lösung blau. Mit Chlorwasser und Ammoniak gibt es die Chininreaktion. Eisenchlorid erzeugt eine intensiv grüne Färbung, welche selbst Spuren des Hydrokörpers erkennen läßt. Beim Erhitzen mit Salzsäure auf 150° wird das Tetrahydrochinin, analog dem Chinin, in Methylchlorid und Apotetrahydrochinin gespalten[4]). Salpetrige Säure führt die Base in Tetrahydrochininnitrosonitrit $C_{20}H_{27}N_2O_2(NO) \cdot HNO_2$ über, aus welchem die Nitrobase, als rötliches Öl, welches die Liebermannsche Reaktion zeigt, durch Alkalien abgeschieden wird[5]).

Chinin erweist sich als ungesättigte Verbindung nicht nur durch die Fähigkeit Wasserstoff zu addieren, auch Halogenwasserstoffsäuren und Brom werden von der Base additionell

---

[1]) Jörgensen, Journ. f. prakt. Chemie (neue Folge) **15**, 65, 418 [1877].
[2]) Husemann u. Hilger, Pflanzenstoffe, S. 1424ff.
[3]) G. L. Schaefer, Pharmac. Journ. [4] **30**, 324 [1910]; Chem. Centralbl. **1910**, I, 1725.
[4]) Lippmann u. Fleißner, Monatshefte f. Chemie **16**, 630 [1895].
[5]) Konek von Norwall, Berichte d. Deutsch. chem. Gesellschaft **29**, I, 803 [1896].

aufgenommen. Während das Chinin beim Erhitzen mit Salzsäure auf höhere Temperatur eine Spaltung in Methylchlorid und Apochinin erleidet, findet Addition statt, wenn salzsaures Chinin mit höchst konz. Salzsäure längere Zeit bei Kellertemperatur stehen gelassen wird. Die durch Übersättigen mit Soda ausgeschiedene und in Äther aufgenommene Base ist **Hydrochlorchinin** $C_{20}H_{25}ClN_2O_2$, welches krystallinisch und in Wasser schwer löslich ist und bei 186—187° schmilzt. Durch alkoholisches Kali wird Chinin regeneriert. Rascher als Chlorwasserstoff wird Bromwasserstoff von Chinin addiert. Das **Hydrobromchinin** $C_{20}H_{25}BrN_2O_2$ bildet ein schön krystallisiertes, bromwasserstoffsaures Salz $C_{20}H_{25}BrN_2O_2 \cdot 2\,HBr$ [1]).

Hydrojodchinin $C_{20}H_{25}JN_2O_2$ wird noch leichter als die vorgenannten Additionsprodukte gebildet. Man erhält das Hydrojodid dieser Base $C_{20}H_{25}JN_2O_2 \cdot 2\,HJ$ beim Erwärmen von Chinin mit Jodwasserstoffsäure vom spez. Gew. 1,7 auf dem Wasserbade. Aus dem ausgeschiedenen gelben, krystallinischen Salze macht Ammoniak die Base frei. Die aus Äther in Krystallen erhaltene Base schmilzt bei 155—160°. Ihre Lösung in verdünnter Schwefelsäure fluoresciert blau [2]). Von dem Hydrochlor- und dem Hydrobromchinin unterscheidet sich das Hydrojodchinin durch sein Verhalten zu alkoholischem Kali. Hierbei wird zwar etwas Chinin zurückgebildet, daneben entsteht aber eine isomere, auch mit Chinicin nicht identische Base, **Isochinin** [3]) (Pseudochinin), sowie eine kohlenstoffärmere Base, **Nichin** $C_{19}H_{24}N_2O_2$, indem Formaldehyd gleichzeitig auszutreten scheint [4]).

Die physiologischen Eigenschaften des Tetrahydrochinins lassen erkennen, daß durch Anlagerung von Wasserstoff an die Doppelbindung der Vinylgruppe die Giftwirkung gegenüber Säugetieren wie Infusorien kaum geändert wird. Das durch Anlagerung von Salzsäure entstehende Hydrochlorchinin soll dagegen für Säugetiere weniger giftig, für gewisse Infusorien aber giftiger als Chinin sein [5]).

Chinindibromid $C_{20}H_{24}Br_2N_2O_2$ wird erhalten durch Zufügen von Brom zu einer Lösung von salzsaurem Chinin in Chloroform, dem etwas Alkohol zugesetzt ist. Zur Reinigung wird es in das schön krystallisierende Nitrat übergeführt und dieses in der Kälte mit Ammoniak zersetzt, wobei die Base als weißer Niederschlag erhalten wird. Aus Benzol krystallisiert sie mit 1 Mol. Krystallbenzol [6]).

Wird Chinin in Eisessiglösung mit 50 proz. Bromwasserstofflösung versetzt und unter Erwärmen auf 60° die berechnete Menge Brom zugefügt, so resultiert das Hydrobromid des **Chinindibromidsuperbromids** $C_{20}H_{24}Br_2N_2O_2 \cdot 2\,HBr \cdot Br_2$, welches also Brom in drei verschiedenen Verbindungsformen enthält. Die Substanz bildet ein grob krystallinisches, orangerotes Pulver, das von schwefliger Säure in Chinindibromid verwandelt wird. Ein ähnliches Superbromid liefert auch Cinchonindibromid. Das Sulfat des Chinindibromids gibt unter ähnlichen Umständen wie Chininsulfat ein Superjodid: **Dibromherapathit** $4\,C_{20}H_{24}Br_2N_2O_2 \cdot 3\,H_2SO_4 \cdot 2\,HJ \cdot J_4$, welcher dem gewöhnlichen Herapathit sehr ähnlich ist [7]).

Oxydation des Chinins (man vgl. S. 127): 1. Bei der Oxydation von Chinin in eiskalter, verdünnt schwefelsaurer Lösung mit Kaliumpermanganat entsteht analog dem Cinchotenin gemäß dem Schema

$$C_{17}H_{18}N_2\genfrac{<}{>}{0pt}{}{CH=CH_2}{O \cdot CH_3} \rightarrow C_{17}H_{18}N_2\genfrac{<}{>}{0pt}{}{COOH}{OCH_3}$$
$$\text{Chinin} \qquad\qquad \text{Chitenin}$$

Chitenin $C_{19}H_{22}N_2O_4 + 4\,H_2O$. Dieses krystallisiert in Prismen, die bei 110° ihr Krystallwasser verlieren und beim raschen Erhitzen bei 286° schmelzen. Schwache Base, linksdrehend, löslich in Alkali; durch Alkohol und Salzsäure esterifizierbar. In Äther ist es unlöslich, von kochendem Wasser wird es nur wenig, von Säuren und Alkalien aber leicht aufgenommen. Die alkoholische und die schwefelsaure Lösung fluorescieren blau und zeigen die Chininreaktion. Beim Erhitzen mit Jodwasserstoff entsteht unter Abspaltung der Methylgruppe des Methoxyls das **Chitenol** $C_{18}H_{20}N_2O_4 + H_2O$:

$$CH_3O \cdot C_{18}H_{19}N_2O_3 + HJ = HO \cdot C_{18}H_{19}N_2O_3 + CH_3J.$$

---

[1]) Comstock u. Königs, Berichte d. Deutsch. chem. Gesellschaft **20**, II, 2517 [1887].

[2]) Lippmann u. Fleißner, Monatshefte f. Chemie **12**, 328 [1891]. — Schubert u. Skraup, Monatshefte f. Chemie **12**, 679 [1891].

[3]) Lippmann u. Fleißner, Monatshefte f. Chemie **12**, 328 [1891].

[4]) Skraup, Monatshefte f. Chemie **14**, 431 [1893].

[5]) Arch. Internat. de Pharmacodyn. **12**, 497 [1904].

[6]) Comstock u. Königs, Berichte d. Deutsch. chem. Gesellschaft **25**, I, 1550 [1892].

[7]) Christensen, Mem. Acad. sciences de Danemark [6] IX, Nr. 5 [1900].

Die Reaktion ist also in Parallele zu stellen mit dem Übergang des Chinins in Apochinin. Das in feinen Nadeln krystallisierende Chitenol schmilzt oberhalb 270° und ist fast unlöslich in kaltem Wasser, Alkohol und Äther, leicht löslich in Säuren und Alkalien[1]).

Physiologische Eigenschaften des Chitenins: Kerner beobachtete, daß das Chinin beim Übergang in das Chitenin, also bei der Oxydation der Vinylgruppe zum Carboxyl seine physiologische Wirkung einbüßt. Möglicherweise ist das Chitenin aber bloß unwirksam wegen der freien Carboxylgruppe. Man müßte also den von Bucher[1]) dargestellten Chiteninäthyläther prüfen.

2. Die energische Oxydation des Chinins (Salpetersäure, Kaliumpermanganat in der Hitze, Chromsäure) liefert Chininsäure bzw. deren Abbauprodukte α-Carbocinchomeronsäure, Cinchomeronsäure einerseits und Merochinen bzw. dessen Abbauprodukte andererseits (man vgl. S. 129).

$$CH_3O-\overset{COOH}{\underset{N}{\bigcirc\bigcirc}}$$

Chininsäure, Prismen, Schmelzp. 280° unter Zersetzung

3. Oxydation des Chinins zum Chininon: Wie auf Seite 124 bereits ausgeführt wurde, führt Chromsäure unter gemäßigten Reaktionsbedingungen sowohl Chinin als auch Chinidin in das Keton Chininon über[2]).

Chininon
$C_{20}H_{22}N_2O_2$

$$\begin{array}{c}CH_2 : CH \cdot CH - CH - CH_2 \\ | \quad\quad\quad | \\ \quad\quad CH_2 \\ \quad\quad | \\ \quad\quad CH_2 \\ | \quad\quad\quad | \\ CH_2 - N - CH \\ | \\ CO \\ | \\ CH \quad C \\ H_3CO - C \diagdown C \diagup CH \\ HC \diagup C \diagdown CH \\ CH \quad N \end{array}$$

wird analog dargestellt wie das Cinchoninon durch Oxydation von Chinin oder von Chinidin mit Chromsäure in stark schwefelsaurer Lösung bei 35—40°.

Physikalische und chemische Eigenschaften: Das Chininon ist leicht löslich in Äther, Alkohol, Chloroform und Benzol; schwer löslich in Ligroin; fast unlöslich in Wasser. Aus Äther krystallisiert es in federförmig angeordneten Nadeln oder Blättchen. In reinem Zustande ist die Base fast farblos, aber schon beim Aufbewahren über Schwefelsäure färbt sie sich gelblich. Ihre Lösungen, auch die wässerigen, sind gelb. Der Schmelzpunkt hängt sehr von der Art des Erhitzens ab, bei sehr langsamem Erhitzen liegt er bei 101°, bei sehr raschem Erhitzen bei 108°. Die Base ist rechtsdrehend, und zwar beobachtet man bei ihr Mutarotation. Endwert in abs. Alkohol

$$[\alpha]_D^{23} = 73{,}79° \quad (c = 2{,}141).$$

Das Chininon hat amphotere Eigenschaften: einerseits ist es eine starke Base, die Lackmus bläut; andererseits löst es sich, wenn auch in geringer Menge, in wässerigen Alkalien.

Derivate des Chininons:[3]) Das **Monochlorhydrat** $C_{20}H_{23}O_2N_2Cl$ erhält man beim Abkühlen der konz. Auflösung in heißem Alkohol als krystallinischen Niederschlag. Das frisch bereitete Salz ist ganz schwach gelb gefärbt, nimmt aber beim Aufbewahren einen intensiveren

---

[1]) v. Bucher, Monatshefte f. Chemie **14**, 598 [1893].
[2]) P. Rabe, Annalen d. Chemie **364**, 346 [1909]; **365**, 361 [1909].
[3]) P. Rabe, Annalen d. Chemie **364**, 347 [1909].

Farbenton an. Es ist sehr hygroskopisch. Schmelzp. 210—212°. $[\alpha]_D^{14} = +58{,}67°$. — Das **Monopikrat** $C_{26}H_{25}O_9N_5$ erscheint aus konz. alkoholischer Lösung in Form kanariengelber Krystalle vom Schmelzp. 232—233°. — Das **Monopikrolonat** $C_{30}H_{30}O_7N_6$ kommt aus Alkohol in gelben, prismatischen Nädelchen vom Schmelzp. 197—198°. — Das **Monojodmethylat** $C_{20}H_{22}O_2N_2 \cdot CH_3J$ fällt beim Zusammenbringen der Komponenten in wenig Methylalkohol in Gestalt von federförmigen, fast farblosen Krystallen aus. Schmelzp. 213—214° unter vorhergehender Bräunung. — **Oxim des Chininons** $C_{20}H_{23}O_2N_3$ ist eine glasartige Substanz, die unscharf bei 113° schmilzt.

Spaltung des Chininons: Unter der Einwirkung von Amylnitrit zerfällt Chininon in Chininsäure und das Oxim des β'-vinyl-α-chinuclidons von der Formel

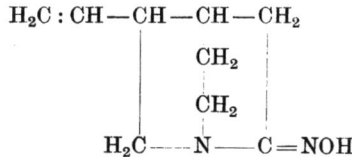

Dasselbe krystallisiert aus einem Gemisch von Äther und Ligroin in feinen, weißen Nädelchen, die bei 146—147° schmelzen.

Halogenalkylate, Alkyl- und Acylverbindungen des Chinins (man vgl. S. 130): Chinin und Jodmethyl vereinigen sich beim Vermischen äquimolekularer Mengen in alkoholischer oder ätherischer Lösung zum **Chininjodmethylat** $C_{20}H_{24}N_2O_2 \cdot CH_3J + 1$ oder $2\,H_2O$, das in farblosen, glänzenden Nadeln krystallisiert. Beim Erhitzen von Chinin mit 2 Mol. Methyljodid im Einschlußrohr entsteht **Chinindijodmethylat** $C_{20}H_{24}N_2O_2 \cdot 2\,CH_3J + 3\,H_2O$, welches rein gelbe, glänzende Tafeln bildet.

Ähnlich wie bei Methyljodid gestalten sich die Verhältnisse bei Einwirkung von Äthyljodid auf Chinin. Doch sind hier, wie bei Cinchonin, zwei Monojodäthylate bekannt, deren Isomerie darauf zurückzuführen ist, daß in einem Falle die Addition an dem einen stickstoffhaltigen Kern stattgefunden hat, im anderen Falle an dem zweiten Kerne. Das **α-Chininjodäthylat** $C_{20}H_{24}N_2O_2 \cdot C_2H_5J$ vom Schmelzp. 211° entsteht direkt aus Chinin und Äthyljodid, während das **β-Chininjodäthylat** $C_{20}H_{24}N_2O_2 \cdot C_2H_5J + 3\,H_2O$ vom Schmelzp. 93° aus Chininhydrojodid beim Erhitzen mit Äthyljodid und Zersetzen des entstandenen Hydrojodids mit Ammoniak erhalten wird.

Dichinin-bromäthylenat $(C_{20}H_{24}N_2O_2)_2C_2H_4Br_2$, beim Kochen von Chinin mit Äthylenbromid in ätherischer Lösung entstehend, wird von Kalilauge in eine bei 145° schmelzende Base übergeführt, die Claus als **Dichinindimethin** $C_{20}H_{24}N_2O_2(CH \cdot CH)C_{20}H_{24}N_2O_2$ betrachtet.

Mit Säurechloriden und Säureanhydriden erhitzt, tauscht das Chinin den Hydroxylwasserstoff gegen Säureradikale aus und bildet Monoacylprodukte. **Acetylchinin**[1]) $C_{20}H_{23}N_2O(O \cdot C_2H_3O)$, aus Essigsäureanhydrid und Chinin, krystallisiert aus ätherischer Lösung in glänzenden Prismen vom Schmelzp. 108°. — **Propionylchinin** $C_{20}H_{23}N_2O(O \cdot C_3H_5)$ schmilzt bei 129°. — **Benzoylchinin** $C_{20}H_{23}N_2O(O \cdot C_7H_5O)$, aus Chinin und Benzoylchlorid, bildet monokline Prismen, welche bei 139° schmelzen. Alle diese Ester bilden Salze mit Säuren.

Euchinin, der Chlorkohlensäureäther des Chinins $C_2H_5O \cdot CO \cdot OC_{20}H_{23}N_2O$, wird dargestellt durch Einwirkung von Chlorkohlensäureäthylester auf Chinin. Es krystallisiert in Nadeln vom Schmelzp. 187—188° und ist im Gegensatz zum Chinin frei von bitterem Geschmack.

Substitutionsprodukte des Chinins: Dinitrochinin $C_{20}H_{22}(NO_2)_2N_2O_2$ entsteht beim Eintragen von Chinin in ein abgekühltes Gemisch von gleichem Volumen konz. Schwefelsäure und Salpetersäure. Es ist amorph, ebenso seine Salze[2]).

Chininsulfonsäure $C_{20}H_{23}N_2O_2(SO_3H) + H_2O$; ihr Sulfat entsteht beim Befeuchten von Chinintetrasulfat mit Essigsäureanhydrid. Sie ist krystallinisch und in Wasser schwer löslich. Beim Auflösen von Chinin in rauchender Schwefelsäure entsteht Isochininsulfonsäure $C_{20}H_{23}N_2O_2(SO_3H)$. Sie ist in Wasser leicht löslich, die Lösung zeigt blaue Fluorescenz[3]).

---

[1]) Hesse, Annalen d. Chemie **205**, 317 [1880].
[2]) Rennie, Journ. Chem. Soc. **39**, 470 [1881].
[3]) Hesse, Annalen d. Chemie **267**, 138 [1892].

Chinotoxin.

$$H_2C : CH \cdot CH - CH - CH_2$$
$$| \qquad \qquad |$$
$$\qquad CH_2$$
$$\qquad |$$
$$\qquad CH_2$$
$$CH_2 - NH - CH_2$$
$$\qquad \qquad |$$
$$\qquad \qquad CO$$
$$H_3CO - \text{(quinoline ring)} - N$$

Das Chinotoxin ist das dem Cinchotoxin (s. S. 131) entsprechende Aufspaltungsprodukt des Chinins. W. v. Müller und Rohde erhielten dasselbe, als sie, entsprechend der Darstellung des Cinchotoxins, eine verdünnt essigsaure Lösung des Chinins andauernd kochten[1]). Es ist identisch mit Chinicin, das Pasteur durch Schmelzen von Chininbisulfat erhielt.

Es ist ein gelblichbraunes Öl, das auch nach sorgfältiger Reinigung mittels seines gut krystallisierenden oxalsauren oder weinsauren Salzes bisher nicht krystallisiert erhalten werden könnte. In allen übrigen Punkten bildet es jedoch das vollständige Analogon des Cinchotoxins, so hinsichtlich seiner physiologischen Wirkung, hinsichtlich der in ihm enthaltenen Iminogruppe, seiner Fähigkeit zur Bildung basischer, durch eine intensiv rotgelbe Farbe ihrer Salze ausgezeichneter Hydrazone, durch sein Vermögen, im Gegensatz zu Chinin und Cinchonin, mit Natrium und Amylnitrit eine Isonitrosoverbindung zu geben, sowie bezüglich gewisser Farbenerscheinungen, von denen die mit alkalischer Diazobenzolsulfosäure eintretende Purpurfärbung und die nicht minder charakteristische Farbenreaktion mit nitrothiophenhaltigem Nitrobenzol, die ebenfalls in einer Purpurfärbung besteht, schon beim Cinchotoxin hervorgehoben wurde.

Derivate des Chinotoxins:[2]) Das **p-Bromphenylhydrazon** $C_{26}H_{29}N_4OBr$ bildet gelbe Wärzchen, die bei 141° schmelzen. Es scheint in verschiedenen, geometrisch isomeren Modifikationen zu existieren. — **Isonitrosochinotoxin** $C_{20}H_{23}N_3O_3$ entsteht bei Einwirkung von Amylnitrit auf die Lösung von Chinotoxin in Natriumäthylat. Krystallisiert aus einem Gemisch von Benzol und Alkohol in gelblichen Wärzchen, die bei 168—170° schmelzen. — Die Methylierung des Chinotoxins ergibt in erster Phase eine ölige Substanz, das von Claus und Mallmann[3]) beschriebene sog. Methylchinin, das bei weiterer Behandlung mit Jodmethyl in das bei 180° schmelzende Jodmethylat übergeht.

Chinen.

$$C_{20}H_{22}N_2O .$$

$$CH_2 : CH \cdot CH - CH - CH_2$$
$$| \qquad \qquad |$$
$$\qquad CH_2$$
$$\qquad |$$
$$\qquad CH_2$$
$$H_2C - N - C$$
$$\qquad \qquad |$$
$$\qquad \qquad CH$$
$$\qquad HC \quad C$$
$$CH_3OC \diagup C \diagdown CH$$
$$HC \diagdown C \diagup CH$$
$$\qquad CH \quad N$$

Das Chinen entspricht in seiner Bildungsweise und seinem Verhalten ganz dem Cinchen (s. S. 133).

---

[1]) W. v. Miller u. Rohde, Berichte d. Deutsch. chem. Gesellschaft **28**, 1058 [1895]; **33**, 3227 [1900].
[2]) E. Fussenegger, Berichte d. Deutsch. chem. Gesellschaft **33**, 3230 [1900].
[3]) Claus u. Mallmann, Berichte d. Deutsch. chem. Gesellschaft **14**, 79 [1881].

Darstellung: Durch Behandlung von salzsaurem Chinin mit Phosphorpentachlorid in Chloroformlösung entsteht Chininchlorid $CH_3O \cdot C_9H_5N \cdot C_{10}H_{15}ClN$ vom Schmelzp. 151°, $[\alpha]_D^{15} = +60,36°$ (c = 1,9465 bei 15°), das durch Reduktion mit Eisenfeile und verdünnter Schwefelsäure in Desoxychinin $C_{20}H_{24}N_2O = CH_3O \cdot C_9H_5N \cdot C_{10}H_{16}N$ übergeht. Die Base krystallisiert aus Äther oder verdünntem Alkohol in feinen Nädelchen mit $2\frac{1}{2}$ Mol. Wasser und schmilzt bei 52°. Kocht man das Chininchlorid oder auch das Chinidinchlorid (Conchininchlorid) mit alkoholischem Kali, so entsteht das Chinen.

Physikalische und chemische Eigenschaften: Chinen krystallisiert aus Ligroin in rhombischen Krystallen vom Schmelzpunkt 81—82° und bildet ein leicht lösliches Sulfat. Mit Chlorwasser und Ammoniak tritt Grünfärbung auf, jedoch ist diese weniger intensiv als bei Chinin. Mit Brom vereinigt sich das Chinen in Chloroformlösung zu Chinendibromid $C_{20}H_{22}Br_2N_2O$, dessen bromwasserstoffsaures Salz $C_{20}H_{22}Br_2N_2O \cdot 2\,HBr$ citronengelbe Krystalle bildet. Das Dibromid verliert beim Kochen mit alkoholischem Kali 2 Mol. Bromwasserstoff unter Bildung von Dehydrochinen $CH_3O \cdot C_9H_5N \cdot C_{10}H_{12}N$, eine ölige Base, die langsam erstarrt.

Beim Erhitzen mit verdünnter Salzsäure auf 190—200° oder mit 25 proz. Phosphorsäurelösung auf 170—180° wird das Chinen ähnlich dem Cinchen hydrolytisch gespalten in p-Methoxylepidin und Merochinen:

$$\underset{\text{Chinen}}{C_{19}H_{19}(OCH_3)N_2} + 2\,H_2O = \underset{\text{p-Methoxylepidin}}{CH_3O \cdot C_{10}H_8N} + \underset{\text{Merochinen}}{C_9H_{15}NO_2}.$$

Beim Erhitzen von Chinen mit konz. Bromwasserstoffsäure auf 190° entsteht unter Abspaltung von Ammoniak und Brommethyl das **Apochinen** $C_{19}H_{19}NO_2$

$$\underset{\text{Chinen}}{CH_3O \cdot C_9H_5N \cdot C_{10}H_{14}N} + HBr + H_2O = \underset{\text{Apochinen}}{HO \cdot C_9H_5N \cdot C_{10}H_{13}O} + NH_3 + CH_3Br$$

Physiologische Wirkung von Desoxychinin und Desoxycinchonin: Die im vorhergehenden angeführten Desoxybasen der Chinaalkaloide, Desoxycinchonin, Desoxychinin und Desoxyconchinin erwiesen sich gegen Frösche, Mäuse, Meerschweinchen etwa zehnmal so stark giftig, als wie die zugehörigen Muttersubstanzen[1]).

Apochinen, Oxyapocinchen (s. S. 134).

Wie oben erwähnt, entsteht es beim Erhitzen des Chinins mit Bromwasserstoffsäure auf etwa 190°. Die aus Alkohol umkrystallisierte Base schmilzt bei 246°. Sie löst sich schwer in Wasser, Alkohol und Äther, leicht in verdünnten Säuren und in Natronlauge. Beim Schmelzen mit Chlorzinkammoniak und Chlorammonium geht sie in **Aminoapocinchen** $H_2N \cdot C_9H_5N \cdot C_{10}H_{12} \cdot OH$ vom Schmelzp. 226—228° über; in letzterem kann unter Vermittelung der Diazoverbindung die Aminogruppe durch Wasserstoff ersetzt werden, wobei Apocinchen entsteht. Daraus folgt mit Sicherheit, daß das Apochinen als Oxyapocinchen aufzufassen ist.

Einwirkung von Organomagnesiumverbindungen auf β-Cinchonin- und β-Chininjodäthylat: Cinchonin bildet bekanntlich zwei isomere Monohalogenalkyl-Additionsprodukte:

α-Verbindung   β-Verbindung

---

[1]) Königs u. Trappeiner, Berichte d. Deutsch. chem. Gesellschaft **31**, 2358 [1898].

von welchen die β-Verbindung als Derivat des Chinolinjodmethylats zu betrachten ist. Da letzteres, wie Freund gezeigt hat, in folgender Weise mit Grignard-Lösungen unter Bildung von Abkömmlingen des 1,2-Dihydrochinolins zu reagieren vermag:

$$\text{Chinolinjodmethylat} + R \cdot Mg \cdot Hlg \rightarrow \text{1-Methyl-2-R-1,2-dihydrochinolin}$$

so haben M. Freund und F. Mayer[1]) das β-Jodäthylat des Cinchonins geprüft, ob es sich analog verhält und dies, wie zu erwarten, bestätigt gefunden. Es wurden auf diesem Wege die Äthyl- und die Phenylgruppe in das Molekül des am Stickstoff äthylierten Cinchonins eingeführt und wohlcharakterisierte Basen von der Konstitution

$$\underset{N \cdot C_2H_5}{\text{Chinolingerüst}}\ \text{mit Substituenten}\ C \cdot C_{10}H_{16}ON,\ CH,\ C\underset{C_2H_5(C_6H_5)}{H}$$

erhalten, die man zweckmäßig als 1,2-Diäthyl-1,2-dihydrocinchonin resp. 1-Äthyl-2-phenyl-1,2-dihydrocinchonin bezeichnen kann, indem man die beim Chinolin übliche Zählung der Ringglieder auf den entsprechenden Komplex des Alkaloids überträgt.

Im Anschluß daran wurde auch das Chinin-β-jodäthylat in den Kreis der Versuche gezogen und mit Äthyl-Grignard-Lösungen die Einführung einer Äthylgruppe versucht. Es scheint, daß auch das erwartete Produkt von der Konstitution

$$CH_3 \cdot O-\underset{N \cdot C_2H_5}{\text{Chinolingerüst}}\ \text{mit}\ C_{10}H_{16}ON,\ C\underset{C_2H_5}{H}$$

entsteht, doch konnte es nicht krystallisiert gewonnen werden.

1,2-Diäthyl-1,2-dihydrocinchonin $C_{23}H_{32}N_2O$. Die Base bildet gelbe Krystallnadeln, sintert bei 173° und ist bei ca. 187° geschmolzen. In Säuren ist sie leicht löslich, in Alkohol sehr leicht, ebenso in Benzol, Ligroin und Chloroform, etwas schwerer in Äther.

1-Äthyl-2-phenyl-1,2-dihydrocinchonin $C_{27}H_{28}N_2O$. Die Base wird bei 120° weich und ist bei 135° geschmolzen. Sie ist in Wasser unlöslich, in Alkohol, Ligroin, Chloroform, Benzol leicht, in Äther schwer löslich. Sie krystallisiert in feinen Nadeln. Das Jodhydrat der Base ist ein weißer Körper mit gelbem Stich, in Wasser, Ligroin und Äther unlöslich, in Alkohol und Eisessig leicht löslich und bildet flache Krystallblättchen. Zersetzungsp. 263°.

Das **Chlorhydrat**, dargestellt durch Lösen der Base in Alkohol und Fällen mit alkoholischer Salzsäure, bildet rein weiße Blättchen, löslich in Alkohol und Essigsäure, sehr schwer in Wasser. — Das **Bromhydrat** ist ebenfalls rein weiß, in Wasser unlöslich, in Alkohol und Eisessig leicht löslich.

Physiologische Eigenschaften: Die Untersuchung des 1-Äthyl-2-phenyl-1,2-dihydrocinchonins ist durch die Unlöslichkeit der Salze sehr erschwert. Heinz hat Aufschwemmungen der in Essigsäure unvollständig gelösten Base verwandt. Die Dosierung ist deshalb nicht genau. Die physiologischen Wirkungen sind sehr wenig ausgesprochen. Beim Frosch führt allerdings ca. 0,01 g Lähmung des Zentralnervensystems und des Herzens (keine Lähmung der motorischen Nervenendigungen und der Muskeln) herbei. Beim Kaninchen war aber sogar 1 g subcutan ohne irgendwelche deutliche Wirkung, ebensowenig 1 g innerlich. Es scheint die schlechte Resorbierbarkeit die Ursache der Wirkungslosigkeit beim Kaninchen zu sein.

A. Pittini berichtet über die Untersuchung des Diäthyldihydrochinins folgendes:

Alle Versuche sind mit Chlorhydratlösung vorgenommen worden. Bei Fröschen tritt die Wirkung zuerst auf die Atmung, auf die willkürlichen Bewegungen und dann auf die Reflexbewegungen ein. Die tödliche Dosis wird zu 2 mg (Lebendgewicht 20 g) gefunden.

---

[1]) M. Freund u. F. Mayer, Berichte d. Deutsch. chem. Gesellschaft **42**, 4726 [1909].

Auf Säugetiere wirkt das Diäthyldihydrochinin eine paralysierende Wirkung aus; von da erstreckt sie sich auf die Atmung. Die tödliche Dosis liegt bei etwa 0,055 g für 5 kg Gewicht. Die alkoholische Gärung, die Milchsäuregärung, die Gärung des Harns wird durch Zusatz von Diäthyldihydrochinin stark beeinträchtigt, ebenso ist die Wirkung auf andere Bakterien sehr ausgesprochen, stets aber nicht in dem Maße wie beim Chinin. Im ganzen zeigt das Diäthyldihydrochinin eine stärkere Giftigkeit gegenüber Säugetieren als das Chinin, eine schwächere in antifermentativer Beziehung. Eine curareartige Wirkung, wie sie der Eintritt von zwei Äthylresten wahrscheinlich machte, wurde nicht beobachtet.

Chinidin oder Conchinin.

Mol.-Gewicht 324,20.
Zusammensetzung: 74,03% C, 7,46% H, 8,64% N.

$$C_{20}H_{24}N_2O_2$$

$$CH_2 : CH \cdot CH \text{----} CH \text{---} CH_2$$
$$| \quad\quad\quad\quad\quad\quad CH_2$$
$$\quad\quad\quad\quad\quad\quad CH_2$$
$$CH_2 \text{---} N \text{---} CH$$
$$\quad\quad\quad\quad\quad CH \cdot OH$$

Vorkommen: Dieses Stereoisomere des Chinins findet sich in mehreren Chinarinden, insbesondere aber in den Rinden von Cinchona pitayensis, und einer auf Java unter dem Namen C. Calisaya kultivierten Cinchone, die bis zu 3,2% davon enthält.

Darstellung: Das Conchinin bleibt bei der Darstellung des Chininsulfats in dessen Mutterlauge und geht schließlich in das Chinoidin über, falls von seiner Gewinnung abgesehen wurde. Das Chinoidin bildet daher ein geeignetes Material zur Darstellung des Chinidins. Zu diesem Zweck wird das Chinoidin mit Äther erschöpfend extrahiert, der Äther verdunstet, der Rückstand in verdünnter Schwefelsäure gelöst, die Lösung mit Ammoniak neutralisiert und mit Seignettesalz gefällt. Hierbei scheiden sich Chinin und Cinchonidin als weinsaure Salze aus. Das Filtrat wird dann mit Wasser verdünnt und das Chinidin mit Jodkalium niedergeschlagen[1]).

Physikalische und chemische Eigenschaften: Das Chinidin krystallisiert aus Wasser, Alkohol oder Äther in Verbindung mit diesen Lösungsmitteln. Aus Benzol scheidet es sich wasserfrei ab. Schmelzp. 171,5°.

Die Lösungen des Chinidins drehen nach rechts. Die schwefelsaure Lösung fluoresciert blau. Mit Chlor und Ammoniak gibt das Chinidin die Chininreaktion.

Derivate: Mit Säuren bildet das Chinidin meist gut krystallisierende Verbindungen, welche den entsprechenden Cinchoninsalzen näher stehen als den Chininsalzen. Da die Base eine Äthylenbindung enthält, bildet sie Additionsprodukte mit Halogenwasserstoffsäuren usw. So z. B. liefert sie mit Jodwasserstoff das **Hydrojodchinidin** $C_{20}H_{25}JN_2O_2$, das aus Alkohol in Prismen krystallisiert und bei 205—206° schmilzt. **Apochinidin** entsteht in analoger Weise wie Apochinin durch Erhitzen von Chinidin mit Salzsäure auf 140—150°, wobei Chlormethyl abgespalten wird. Es stellt ein amorphes Pulver dar, welches 2 Mol. H_2O enthält und bei 120° wasserfrei wird. Die getrocknete Base schmilzt bei 137°. Verdünnte Schwefelsäure oder Glycerin verwandeln das Chinidin bei 180° in Chinicin, Phosphorpentachlorid und alkoholisches Kali in Chinen, Chromsäure in Chininsäure und Cincholoiponsäure. Alle diese Verbindungen sind mit jenen identisch, die das Chinin auch liefert.

T. Kozniewski[2]) hat durch Einwirkung von Schwefelkohlenstoffjodlösung auf alkoholische Lösungen von Cinchonin und Chinidin Dijodderivate derselben erhalten, das **Dijodcinchonin** $C_{19}H_{22}N_2OJ_2$, orangegelbe, schwere Kryställchen und mikroskopisch kurze Pris-

---

[1]) Hesse, Annalen d. Chemie **166**, 236 [1873].
[2]) T. Kozniewski, Anzeiger Akad. Wiss. Krakau **1909**, 734.

men, Schmelzp. 147—149° (Zersetzung) und das **Dijodchinidin** $C_{20}H_{24}N_2O_2J_2$, Schmelzpunkt 157—159° (Zersetzung). Die Bildung dieser Körper ist ihrer chemischen Eigenschaften wegen durch Addition, nicht durch Substitution zu erklären. Die Dijodverbindungen der Chinaalkaloide sind unlöslich in nicht allzu konz. Alkalien, Ammoniak und Mineralsäuren, werden durch konz. Säuren allmählich zersetzt.

Physiologische Eigenschaften: Das Chinidin wirkt fiebervertreibend, und es liegen über seine Wirkung Beobachtungen vor aus der Zeit, als der Preis des Chinins sehr hoch war. Man suchte daher nach einem Ersatz für dasselbe, und Jobst in Stuttgart machte auf das damals wesentlich billigere Conchinin für diesen Zweck aufmerksam. Macchiavelli hatte 1878 in italienischen Militärhospitälern bei der Behandlung von Malaria mit Conchinin sehr günstige Resultate erhalten. v. Ziemssen und Freudenberger[1]) wandten Chinidin in der Münchener Klinik in den Jahren 1875—1880 gegen Malaria und Abdominaltyphus an und fanden dasselbe ebenso wirksam wie das Chinin. A. Strümpell[2]) hatte in der Leipziger Klinik ebenfalls günstige Erfahrungen mit dem Chinidin gemacht. Nur berichten Freudenberger sowie Strümpell, daß sich bei den Patienten häufig — etwa $1/2$ Stunde nach Darreichung des Chinindisulfats — Erbrechen einstellte.

Konfiguration der Chinaalkaloide:[3]) Wie im vorhergehenden dargelegt wurde, besitzen Cinchonin und Cinchonidin die Konstitutionsformel I. Von ihnen unterscheiden sich Chinin und Chinidin (II) durch den Mehrgehalt eines Methoxylrestes im Chinolinkern, Hydrochinin (III) durch den Mehrgehalt zweier Wasserstoffatome in der Seitenkette.

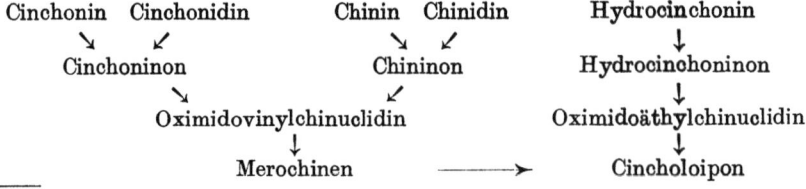

Das Molekül jeder der 5 Pflanzenbasen enthält demnach 4 asymmetrische Kohlenstoffatome. Dieselben werden in der Folge entsprechend der Formel I als (1)—(4) bezeichnet.

Die auf optischem Wege zu verfolgenden chemischen Reaktionen werden zur besseren Übersicht in dem folgenden Schema zusammengestellt:

    Cinchonin Cinchonidin   Chinin Chinidin   Hydrocinchonin
      ↘ ↙   ↘ ↙   ↓
    Cinchoninon   Chininon   Hydrocinchoninon
  ↙   ↙   ↓
Oximidovinylchinuclidin   Oximidoäthylchinuclidin
        ↓   ↓
    Merochinen ⟶ Cincholoipon

---

[1]) Freudenberger, Deutsches Archiv f. klin. Medizin **27**, 577 [1880].
[2]) A. Strümpell, Berl. klin. Wochenschr. **1878**, 679.
[3]) Rabe, Annalen d. Chemie u. Pharmazie **373**, 85 [1910].

Die Alkaloide gehen, wie im vorhergehenden dargelegt wurde, bei vorsichtiger Oxydation in Ketone über, und zwar erhält man aus Cinchonin und Cinchonidin das Cinchoninon, aus Chinin und Chinidin das Chininon, endlich aus Hydrocinchonin das Hydrocinchoninon. Diese 3 Ketone werden durch Amylnitrit gespalten unter Bildung von Chinolincarbonsäuren und Amidoximen. Oximidovinylchinuclidin (IV) entsteht sowohl aus Cinchoninon wie aus Chininon, Oximidoäthylchinuclidin (V) aus Hydrocinchoninon. Das erste Amidoxim liefert bei der Hydrolyse das Merochinen (VI) von Königs, das zweite das Cincholoipon (VII) von Skraup. Dieses Cincholoipon hat Königs auch aus dem Merochinen durch Reduktion gewonnen.

$$\begin{array}{cc}
CH_2:CH\cdot\overset{*}{C}H-\overset{*}{C}H-CH_2 & CH_3\cdot CH_2\cdot\overset{*}{C}H-\overset{*}{C}H-CH_2 \\
\qquad\qquad |\ CH_2\ \ | & \qquad\qquad |\ CH_2\ \ | \\
\qquad\qquad |\ CH_2\ \ | & \qquad\qquad |\ CH_2\ \ | \\
CH_2-N\!\!-\!\!C=NOH & CH_2-N\!\!-\!\!C:NOH \\
IV & V
\end{array}$$

$$\begin{array}{cc}
CH_2:CH\cdot\overset{*}{C}H-\overset{*}{C}H-CH_2 & CH_3\cdot CH_2\cdot\overset{*}{C}H-\overset{*}{C}H-CH_2 \\
\qquad\qquad |\ CH_2\ \ | & \qquad\qquad |\ CH_2\ \ | \\
\qquad\qquad |\ CH_2\ \ | & \qquad\qquad |\ CH_2\ \ | \\
CH_2-NH\ \ COOH & CH_2-NH\ \ COOH \\
VI & VII
\end{array}$$

Nun haben sich die vier Präparate von Oximidovinylchinuclidin auch optisch als völlig identisch erwiesen. Dieses Oxim verdankt aber seine optische Aktivität der Anwesenheit von zwei asymmetrischen Kohlenstoffatomen, die auch in den Mutteralkaloiden vorkommen. Mithin haben Cinchonin, Cinchonidin, Chinin und Chinidin in bezug auf die beiden Kohlenstoffatome (1) und (2) dieselbe räumliche Anordnung.

Die gleiche Anordnung findet sich höchstwahrscheinlich auch im Hydrocinchonin. Weitere Auskunft geben die von den Alkaloiden sich ableitenden Desoxybasen:

$$>CH(OH) \ \rightarrow\ >CHCl \ \rightarrow\ >CH_2.$$

Die Isomerie der beiden Paare Cinchonin—Cinchonidin und Chinin—Chinidin bleibt in ihren Desoxyverbindungen erhalten.

Die paarweis zueinander gehörenden Verbindungen unterschieden sich auch im Drehungsvermögen.

Im Molekül der struktur-identischen Basen Desoxycinchonin und Desoxycinchonidin, bzw. Desoxychinin und Desoxychinidin (Formel VIII)

$$\begin{array}{c}
CH_2:CH\cdot\overset{*}{C}H-\overset{*}{C}H-CH_2 \\
\qquad\qquad |\ CH_2\ \ | \\
\qquad\qquad |\ CH_2\ \ | \\
CH_2-N-\overset{*}{C}H \\
\qquad\qquad |\ R-CH_2 \\
VIII
\end{array}$$

sind je drei asymmetrische Kohlenstoffatome vorhanden. Da nun nach den obigen Ausführungen die räumliche Anordnung an (1) und (2) die gleiche ist und da an diesen beiden Kohlenstoffatomen beim Ersatz von Hydroxyl durch Wasserstoff keine Eingriffe geschehen, so beruht die Isomerie der Desoxybasen auf der verschiedenen räumlichen Anordnung der Substituenten an (3). Daraus folgt für die Muttersubstanzen selbst: Die Stereoisomerie des Paares Cinchonin—Cinchonidin wie des Paares Chinin-Chinidin wird durch die spiegelbildliche Anordnung an (3) verursacht. Über die Anordnung an dem vierten noch bleibenden asymmetrischen Kohlenstoffatom (4), an dem das Hydroxyl haftet, läßt sich nichts mit Bestimmtheit aussagen, da es zurzeit noch an verwertbaren experimentellen Daten fehlt.

Hydrochinin.

Mol.-Gewicht 326,2.
Zusammensetzung: 73,74% C, 8,03% H, 8,59% N.

$$C_{20}H_{26}N_2O_2.$$

Vorkommen: Das Hydrochinin kommt in der Chinarinde vor und ist im käuflichen Chininsulfat enthalten.

Darstellung: Das Hydrochinin kann von dem Chinin auf Grund der leichteren Löslichkeit seines Monosulfates oder mit Hilfe von Kaliumpermanganat getrennt werden. Durch letzteres wird nur das Chinin zerstört, das Hydrochinin aber nicht angegriffen.

Physiologische Eigenschaften: Die physiologische Wirkung des Hydrochinins ist ganz gleich derjenigen des Chinins, so daß es als ein nützlicher Begleiter des letzteren betrachtet werden muß. Es ist allerdings giftiger wie Chinin.

Physikalische und chemische Eigenschaften: Das Hydrochinin krystallisiert mit 2 Mol. Krystallwasser und schmilzt wasserfrei bei 172°. In Wasser ist es schwer, in den sonstigen gebräuchlichen Lösungsmitteln leicht löslich. Die Lösung in verdünnter Schwefelsäure zeigt dieselbe blaue Fluorescenz wie die des Chinins. Auch gibt es die charakteristische grüne Chininreaktion mit Chlor- oder Bromwasser und überschüssigem Ammoniak. Seine Salze sind im allgemeinen leichter löslich als die entsprechenden Salze des Chinins. Mit Essigsäureanhydrid liefert es das amorphe, gegen 40° schmelzende **Acetylhydrochinin** $C_{20}H_{25}N_2O(OC_2H_3O)$. Wird das Hydrochinin mit Salzsäure auf 140—150° erhitzt, so findet Abspaltung des Methyls statt und man erhält **Hydro-cuprein** $C_{19}H_{22}N_2(OH)_2$, eine Base vom Schmelzp. 168—170°

Hydrochinidin.

Mol.-Gewicht 326,2.
Zusammensetzung: 73,74% C, 8,03% H, 8,59% N.

$$C_{20}H_{26}N_2O_2.$$

Vorkommen: Das Hydrochinidin ist ein Begleiter des Chinidins in den Chinarinden.

Darstellung: Es kann aus den Mutterlaugen des Chinidinsulfats isoliert und durch wiederholtes Umkrystallisieren des neutralen Hydrochlorids oder sauren Sulfats vom Chinidin getrennt werden[1]). Nach Forst und Böhringer erhält man es aus dem käuflichen Chinidin durch Oxydation mit Kaliumpermanganat[2]).

Physikalische und chemische Eigenschaften: Die Base krystallisiert in Tafeln oder in prismatischen Nädelchen mit $2^1/_2$ Mol. Krystallwasser und schmilzt bei 166—167° und ist rechtsdrehend. Die schwefelsaure Lösung fluoresciert blau, die salzsaure Lösung zeigt keine Fluorescenz. Bei der Oxydation mit Chromsäure bildet das Hydrochinidin Chininsäure, während es von Kaliumpermanganat in saurer Lösung nicht angegriffen wird. Salzsäure wirkt bei 150° unter Abspaltung von Chlormethyl auf dasselbe ein.

Chairamin.

Mol.-Gewicht 382.
Zusammensetzung: 69,1% C, 6,8% H, 7,3% N.

$$C_{22}H_{26}N_2O_4.$$

Vorkommen: In der Rinde von Remijia purdieana, s. Cinchonamin.
Darstellung: s. Cinchonamin.

Physikalische und chemische Eigenschaften und Salze: Chairamin krystallisiert aus Alkohol in zarten Nadeln oder derben Prismen, die 1 Mol. H_2O enthalten, gegen 140° wasserfrei werden und bei 233° schmelzen. Es löst sich leicht in Äther und Chloroform. 1 T. löst sich bei 11° in 540 T. Alkohol von 97%. Reagiert neutral. Die alkoholische Lösung ist stark rechtsdrehend. Die salzsaure Lösung wird durch konz. Salpetersäure dunkelgrün gefärbt.

Salzsaures Salz $C_{22}H_{26}N_2O_4 \cdot HCl + H_2O$ krystallisiert in Nadeln. Es löst sich schwer in Wasser und Alkohol und ist unlöslich in verdünnter Salzsäure.

---

[1]) Hesse, Berichte d. Deutsch. chem. Gesellschaft **15**, 3010 [1882].
[2]) Forst u. Böhringer, Berichte d. Deutsch. chem. Gesellschaft **15**, 520 [1882].

Platinsalz $(C_{22}H_{26}N_2O_4 \cdot HCl)PtCl_4 + 2 H_2O$ bildet gelbe Nadeln, die in Wasser und Alkohol unlöslich sind.

Schwefelsaures Salz $(C_{22}H_{26}N_2O_4)_2H_2SO_4 + 8 H_2O$ bildet Nadeln, die in kaltem Wasser und Alkohol wenig löslich sind.

Conchairamin.

Mol.-Gewicht 382.
Zusammensetzung: 69,1% C, 6,8% H, 7,3% N.

$$C_{22}H_{26}N_2O_4.$$

Vorkommen: In der Rinde von Remijia purdieana, s. Cinchonamin.
Darstellung: s. Cinchonamin.
Physikalische und chemische Eigenschaften und Salze: Conchairamin ist isomer mit dem Chairamin und krystallisiert aus kochendem Alkohol mit 1 Mol. H_2O und 1 Mol. Alkohol in glänzenden Prismen, die bei 100° Alkohol verlieren und bei 115° wasserfrei werden. Die ursprünglichen Krystalle schmelzen bei 82—86°, das alkoholfreie Hydrat bei 108—110° und das wasserfreie Alkaloid bei etwa 120°. Conchairamin löst sich leicht in heißem Alkohol und Äther, wenig in kaltem Alkohol. Die alkoholische Lösung reagiert schwach basisch und ist rechtsdrehend. Es löst sich in konz. Schwefelsäure mit bräunlicher Farbe, die bald tief dunkelgrün wird. Die Lösung in Salz- oder Essigsäure wird durch etwas konz. Salpetersäure dunkelgrün gefärbt.

Salzsaures Salz $C_{22}H_{26}N_2O_4 \cdot HCl + 2 H_2O$, langgestreckte, glänzende Blättchen, die in Alkohol sich leicht, in kaltem Wasser wenig und in verdünnter Salzsäure sich fast gar nicht lösen.

Platinsalz $(C_{22}H_{26}N_2O_4 \cdot HCl)PtCl_4 + 5 H_2O$, dunkelgelber, flockiger Niederschlag; fast unlöslich in kaltem Wasser.

Jodwasserstoffsaures Salz $C_{22}H_{26}N_2O_4 \cdot HJ + H_2O$ bildet Nadeln, die in kaltem Wasser sich sehr wenig lösen; unlöslich in Chlornatrium- und Jodkaliumlösung.

Schwefelsaures Salz $(C_{22}H_{26}N_2O_4)_2H_2SO_4 + 9 H_2O$ bildet lange, glasglänzende Prismen, die in kochendem Wasser ziemlich leicht löslich sind.

Conchairaminjodmethylat $C_{22}H_{26}N_2O_4 \cdot CH_3J + 3 H_2O$ u. $+ H_2O$ krystallisiert aus Alkohol in der Kälte mit 3 H_2O in farblosen Krystallen und in der Wärme mit 1 H_2O in gelblichen Krystallen, die an der Luft orangerot werden.

Conchairaminmethylhydroxyd $C_{22}H_{26}N_2O_4 \cdot CH_3OH$ entsteht aus dem Jodmethylat mit Silberoxyd, ist amorph und leicht löslich in Wasser.

Chairamidin.

Mol.-Gewicht 400.
Zusammensetzung: 66,0% C, 7,0% H, 7,0% N, 20,0% O.

$$C_{22}H_{26}N_2O_4 + H_2O.$$

Vorkommen: In der Rinde von Remijia purdieana, vgl. Cinchonamin.
Darstellung: vgl. Cinchonamin.
Physikalische und chemische Eigenschaften und Salze: Chairamidin ist ein amorphes Pulver, das das Krystallwasser über Schwefelsäure verliert und dann bei 126—128° zu einer dunklen Masse schmilzt. Es ist unlöslich in Wasser, leicht löslich in Alkohol, Äther, Chloroform und Benzol. Die alkoholische Lösung reagiert neutral. Für die Lösung in Alkohol von 97% und bei p = 3 und t = 15° ist $[\alpha]_D = +7,3°$. Die Lösung in konz. Schwefelsäure wird beim Stehen dunkelgrün. Die salzsaure Lösung wird durch etwas konz. Salpetersäure dunkelgrün gefärbt.

Die Salze bilden Gallerten.

Conchairamidin.

Mol.-Gewicht 400.
Zusammensetzung: 66,0% C, 7,0% H, 7,0% N, 20,0% O.

$$C_{22}H_{26}N_2O_4 + H_2O.$$

Vorkommen: In der Rinde von Remijia purdieana, vgl. Cinchonamin.
Darstellung: vgl. Cinchonamin.

Physikalische und chemische Eigenschaften und Salze: Conchairamidin ist mit den vorgenannten Alkaloiden isomer. Es scheidet sich aus seinen Lösungen meist als Öl ab, das allmählich krystallinisch erstarrt. Es verliert das Krystallwasser im Exsiccator und schmilzt bei 114—115°. In Alkohol, Äther, Chloroform, Benzol und Aceton ist es sehr leicht löslich. Die alkoholische Lösung reagiert neutral. Für die Lösung in Alkohol von 97% und bei p = 3 und t = 15° ist $[\alpha]_D = -60°$. Es löst sich in konz. Schwefelsäure mit intensiv dunkelgrüner Farbe.

Salzsaures Salz ($C_{22}H_{26}N_2O_4 \cdot HCl$) + $3 H_2O$ bildet lange Nadeln.

Platinsalz ($C_{22}H_{26}N_2O_4HCl)PtCl_4$ + $5 H_2O$ bildet einen gelben, flockigen Niederschlag.

Schwefelsaures Salz ($C_{22}H_{26}N_2O_4)_2H_2SO_4$ + $14 H_2O$ bildet lange Nadeln, die in kochendem Wasser ziemlich leicht löslich sind.

Aricin.

Mol.-Gewicht 394.
Zusammensetzung: 70,1% C, 6,6% H, 7,1% N, 16,2% O.

$$C_{23}H_{26}N_2O_4.$$

Vorkommen: Neben Cusconin und Cusconidin in der Cuscorinde. Aricin, dessen Name vom Hafen Arica in der Provinz Peru hergeleitet ist, wurde schon 1829 von Pelletier und Coriol[1]) in der Cuscorinde aufgefunden.

Darstellung: Die zerkleinerte Rinde wird mit Alkohol ausgezogen, der alkoholische Extrakt mit Soda übersättigt und mit Äther ausgeschüttelt. Die Ätherschicht wird mit starker Essigsäure geschüttelt und die saure Lösung mit Ammoniak neutralisiert. Es scheidet sich Aricinacetat aus. Aus dem Filtrat wird mit Ammoniumsulfat Cusconinsulfat niedergeschlagen.

Physikalische und chemische Eigenschaften und Salze: Aricin krystallisiert aus wässerigem Alkohol in Prismen, welche bei 188° unter Bräunung schmelzen. Es löst sich ziemlich leicht in Äther, wenig in Alkohol, gar nicht in Wasser. Die alkoholische Lösung reagiert kaum alkalisch; die sauren Lösungen fluorescieren nicht. Wird von konz. Salpetersäure dunkelgrün gefärbt und löst sich mit grünlichgelber Farbe. Ist in alkoholischer oder ätherischer Lösung linksdrehend, in salzsaurer inaktiv. Für die Lösung in Äther (spez. Gew. 0,72) ist $[\alpha]_D = -94,7°$; für die alkoholische Lösung ist $[\alpha]_D = -58°18'$. Schmeckt nicht bitter. Charakteristisch für Aricin sind die Eigenschaften des Dioxalates und Acetates.

Salzsaures Salz $C_{23}H_{26}N_2O_4 \cdot HCl + 2 H_2O$ bildet zarte Prismen, schwer löslich in kaltem Wasser, etwas leichter in Alkohol und Chloroform. Lauwarmes Wasser scheidet aus dem Salz amorphes Aricin ab.

Platinsalz ($C_{23}H_{26}N_2O_4 \cdot HCl)PtCl_4 + 5 H_2O$, orangefarbener, amorpher Niederschlag.

Jodwasserstoffsaures Salz $C_{23}H_{26}N_2O_4 \cdot HJ$, zarte Prismen, sehr schwer löslich in kaltem Wasser, unlöslich in Jodkaliumlösung.

Salpetersaures Salz $C_{23}H_{26}N_2O_4 \cdot HNO_3$, zarte Prismen, fast unlöslich in kalter verdünnter Salpetersäure, ziemlich leicht löslich in Alkohol.

Schwefelsaures Salz ($C_{23}H_{26}N_2O_4)_2H_2SO_4$, gallertartig, aus zarten Nadeln bestehend; ziemlich leicht löslich in kaltem Wasser.

Acetat $C_{23}H_{26}N_2O_4 \cdot C_2H_4O_2 + 3 H_2O$, kleine Krystallkörner; äußerst schwer löslich in kaltem Wasser.

Dioxalat $C_{23}H_{26}N_2O_4 \cdot C_2H_2O_4 + 2 H_2O$, krystallinischer Niederschlag, der sich später in Rhomboeder umwandelt; löst sich bei 18° in 2025 T. Wasser.

Cusconin.

Mol.-Gewicht 430.
Zusammensetzung: 64,2% C, 7,0% H, 6,5% N.

$$C_{23}H_{26}N_2O_4 + 2 H_2O.$$

Vorkommen: Neben Aricin und Cusconidin in der Cuscorinde.

Darstellung: Das Cusconin wird als Sulfat aus der Mutterlauge des Aricins abgeschieden. Das Cusconinsulfat wird mit Ammoniak zerlegt und die freie Base wiederholt aus Äther umkrystallisiert.

---

[1]) Pelletier u. Coriol, Journ. d. Pharmazie [2] **15**, 565 [1829].

Physikalische und chemische Eigenschaften und Salze: Cusconin krystallisiert aus Äther in mattglänzenden Blättchen, welche 2 Mol. Wasser enthalten, dieses bei 100° verlieren und dann bei 110° schmelzen. Es ist fast unlöslich in Wasser, leichter löslich in Äther, Alkohol und Aceton, sehr leicht löslich in Chloroform, sehr schwer löslich in Benzol und Ligroin. Die alkoholische Lösung reagiert sehr schwach alkalisch. Die sauren Lösungen fluorescieren nicht. Linksdrehend. Wird von konz. Salpetersäure dunkelgrün gefärbt und löst sich darin mit grünlichgelber Farbe. Die Salze des Cusconins reagieren meist sauer und scheiden sich häufig als Gallerten ab, besonders gilt dies für das charakteristische Sulfat.

Salzsaures Salz $C_{23}H_{26}N_2O_4 \cdot HCl + 2 H_2O$ ist ein gallertartiger Niederschlag.

Platinsalz $(C_{23}H_{26}N_2O_4 \cdot HCl)PtCl_4 + 5 H_2O$ bildet einen dunkelgelben, amorphen Niederschlag.

Schwefelsaures Salz $(C_{23}H_{26}N_2O_4)_2 H_2SO_4$ ist eine Gallerte, die bei 100° zu einer gelben, hornartigen Masse austrocknet. Leicht löslich in starkem Alkohol; beim Verdunsten dieser Lösung an der Luft scheidet sich das Salz in blätterig krystallinischen, dann in gallertartigen Massen ab.

Concusconin.

Mol.-Gewicht 394.
Zusammensetzung: 70,1% C, 6,6% H, 7,1% N.

$$C_{23}H_{26}N_2O_4.$$

Vorkommen: In der Rinde von Remijia purdieana, vgl. Cinchonamin.
Darstellung: vgl. Cinchonamin.
Physikalische und chemische Eigenschaften und Salze: Concusconin krystallisiert in monoklinen Krystallen und enthält 1 Mol. Wasser. Es schmilzt bei 144°, wird bei höherer Temperatur wieder fest und schmilzt zum zweiten Male bei 206—208°. Unlöslich in Wasser, sehr schwer löslich in kaltem Alkohol, leicht in Benzol, sehr leicht löslich in Äther und Chloroform. Rechtsdrehend. Für die alkoholische Lösung von 97% und bei p = 2, t = 15° ist $[\alpha]_D = +40,8°$. Wandelt sich bei 140—150° und auch beim Stehen der Lösung in Chloroform zu einem kleinen Teile in amorphes Concusconin um. Die Lösung in Essigsäure oder Salzsäure färbt sich auf Zusatz von etwas konz. Salpetersäure dunkelgrün. Die Lösung in konz. Schwefelsäure ist blaugrün und wird beim Erwärmen olivengrün. Die Salze scheiden sich meist gallertig ab.

Platinsalz $(C_{23}H_{26}N_2O_4 \cdot HCl)_2 PtCl_4 + 5 H_2O$ bildet einen gelben, voluminösen Niederschlag.

Schwefelsaures Salz $(C_{23}H_{26}N_2O_4)_2 \cdot H_2SO_4$ bildet kleine Prismen, die in kaltem Wasser und Alkohol fast unlöslich sind.

Oxalat $(C_{23}H_{26}N_2O_4)_2 \cdot C_2H_2O_4$, Gallerte, die beim Trocknen an der Luft hornartig wird.

Versetzt man eine alkoholische Lösung von Concusconin mit Jodmethyl, läßt 24 Stunden stehen und erwärmt dann, so scheiden sich Krystalle von α-Concusconinjodmethylat aus, während beim Erkalten das Filtrat zu einer gelatinösen Masse, zu β-Concusconinjodmethylat, erstarrt.

α-Concusconinjodmethylat $C_{23}H_{26}N_2O_4 \cdot CH_3J$ bildet ein Pulver, das aus mikroskopischen Prismen besteht. Es löst sich kaum in Alkohol, mäßig in kochendem Wasser und krystallisiert daraus in derben, kurzen Prismen.

α-Concusconinmethylhydroxyd $C_{23}H_{26}N_2O_4 \cdot CH_3(OH) + 5 H_2O$ entsteht beim Behandeln des Jodmethylats mit Silberoxyd. Es krystallisiert aus Wasser in glasglänzenden Würfeln und schmilzt bei 202°. Es löst sich leicht in Alkohol und kochendem Wasser, nicht in Äther. Reagiert neutral.

β-Concusconinjodmethylat $C_{23}H_{26}N_2O_4 \cdot CH_3J$ bildet eine Gallerte, die beim Trocknen hornartig wird. Es löst sich leicht in Alkohol, schwer in kochendem Wasser.

β-Concusconinmethylhydroxyd $C_{23}H_{26}N_2O_4 \cdot CH_3(OH) + 2^1/_2 H_2O$ entsteht durch Behandeln des Jodmethylats mit Silberoxyd. Es bildet eine braune Masse, welche nach dem Trocknen im Exsiccator $2^1/_2$ Mol. H_2O enthält. Es ist leicht löslich in kaltem Alkohol und Wasser.

Homochinin.

$$C_{39}H_{46}N_4O_4.$$

Findet sich in der Rinde von Remijia pedunculata. Hesse wies nach, daß es eine molekulare Verbindung von **Chinin** $C_{20}H_{24}N_2O_2$ und **Cuprein** $C_{19}H_{22}N_2O_2$ sei (s. S. 163). Tatsächlich wird es durch Alkali in beide Basen gespalten und läßt sich auch aus ihnen synthetisieren, indem man ihr molekulares Gemenge mit verdünnter Schwefelsäure behandelt. Es krystallisiert aus Äther entweder mit 2 oder mit 4 Mol. Wasser, ist linksdrehend und schmilzt wasserfrei bei 177°.

Diconchinin.

$C_{40}H_{46}N_4O_3$.

Die Base kommt in allen Chinaarten vor und bildet die Hauptmenge des Chinoidins, jenes Gemisches der amorphen Chinaalkaloide, die sich nach Abscheidung der krystallisierten Sulfate im Rückstande anreichern. Die Base und ihre Salze sind rechtsdrehend und krystallisieren nicht.

Im nachfolgenden führen wir noch das Paricin an, das sich von den anderen Chinaalkaloiden durch eine ganz abweichende chemische Zusammensetzung unterscheidet, ferner einige Basen, deren Zusammensetzung noch nicht bekannt und deren Existenz überhaupt fraglich ist.

Paricin.

Mol.-Gewicht 254.
Zusammensetzung: 75,6 % C, 7,1 % H, 11,0 % N.

$C_{16}H_{18}N_2O$.

Vorkommen: Neben Chinin, Cinchonin, Chinamin usw. in den Rinden der Cinchona succirubra[1]).

Darstellung: Die aus der Succirubrarinde dargestellten Chinabasen werden in verdünnter Schwefelsäure gelöst und die Lösung mit Soda oder Natriumbicarbonat bis zur schwach alkalischen Reaktion versetzt. Hierdurch wird das Paricin ausgefällt, das man mit überschüssiger Schwefelsäure behandelt. Dabei bleibt Paricinsulfat ungelöst, während die begleitenden Basen in Lösung gehen. Man zerlegt es mit Soda, löst die freie Base in Äther und fällt durch wenig Ligroin die Verunreinigungen, und dann durch mehr Ligroin Paricin aus[2]).

Physikalische und chemische Eigenschaften und Salze: Das Alkaloid stellt ein gelbes Pulver dar, welches $1/2$ Mol. Wasser enthält und bei 130° schmilzt. Leicht löslich in Alkohol und Äther, schwer löslich in Wasser und Ligroin. Die alkoholische Lösung schmeckt bitter, reagiert schwach alkalisch und ist optisch inaktiv. Die Salze sind amorph.

Platinsalz $(C_{16}H_{18}N_2O \cdot HCl)_2 PtCl_4 + 4 H_2O$ bildet einen gelblichen, amorphen Niederschlag.

Die Konstitution des Paricins ist noch nicht aufgeklärt.

Javanin.

Die empirische Zusammensetzung desselben ist nicht bekannt.

Vorkommen: In der Rinde von Cinchona Calisaya var. javanica[3]).

Physikalische und chemische Eigenschaften und Salze: Aus Wasser krystallisiert Javanin in rhombischen Blättchen. Es ist in Äther sehr leicht löslich und löst sich in verdünnter Schwefelsäure mit intensiv gelber Farbe.

Neutrales Oxalat krystallisiert in Blättchen.

Cusconidin.

Die empirische Zusammensetzung desselben ist nicht bekannt.

Vorkommen: Neben Aricin und Cusconin in der Cuscorinde[4]).

Darstellung: Cusconidin bleibt in der Mutterlauge von der Darstellung des Cusconinsulfates und wird daraus durch Ammoniak gefällt[5]).

Physikalische und chemische Eigenschaften und Salze: Cusconidin bildet blaßgelbe, amorphe Flocken, welche in Alkohol und Äther leicht löslich sind. Die Salze der Base sind amorph.

---

[1]) Hesse, Annalen d. Chemie **166**, 263; Jahresberichte f. Chemie **1879**, 793.
[2]) Hesse, Jahresberichte f. Chemie **1879**, 793.
[3]) Hesse, Berichte d. Deutsch. chem. Gesellschaft **10**, 2162 [1877].
[4]) Hesse, Berichte d. Deutsch. chem. Gesellschaft **10**, 2162; Annalen d. Chemie **200**, 303 [1877].
[5]) Hesse, Annalen d. Chemie **185**, 301.

Cuscamin.

Die empirische Zusammensetzung des Alkaloids ist nicht bekannt.

Vorkommen: In einer der Cuscorinde ähnlichen, angeblich aus Cinchona Pelletieriana stammenden falschen Chinarinde neben Aricin, Cusconidin und Cuscamidin.

Darstellung: Man verfährt wie bei der Darstellung des Aricins, entfernt das Aricin durch Essigsäure und fällt dann mit sehr wenig Salpetersäure in der Kälte. Der nach 24 Stunden gesammelte Niederschlag wird mit Natronlauge zerlegt, die freien Alkaloide, Cuscamin und Cuscamidin, in Äther aufgenommen, der Äther verdunstet und der Rückstand in wenig kochendem Alkohol gelöst. Beim Erkalten krystallisiert Cuscamin, während Cuscamidin gelöst bleibt.

Physikalische und chemische Eigenschaften und Salze: Cuscamin krystallisiert aus kochendem Alkohol in platten Prismen, die sich in Äther und heißem Alkohol leicht, in kaltem Alkohol mäßig lösen. Es schmilzt unter Bräunung bei 218°. Die alkoholische Lösung des Alkaloids reagiert nicht sofort auf rotes Lackmuspapier; läßt man aber das mit dieser Lösung durchtränkte Papier trocknen, so nimmt es eine deutlich erkennbare blaue Färbung an. In konz. Schwefelsäure löst es sich mit gelber Farbe, welche beim Erwärmen in Braun übergeht. Es fluoresciert in saurer Lösung nicht. Das freie Alkaloid schmeckt schwach beißend, in seiner Verbindung mit Säuren aber anfänglich schwach zusammenziehend, später schwach bitter. Mit Säuren bildet es zwar Salze, doch neutralisiert es die Säuren nicht vollständig. Einige dieser Salze unterscheiden sich wesentlich von den entsprechenden Aricinsalzen.

Salzsaures Cuscamin bildet eine durchscheinende, in Wasser leicht lösliche Gallerte.
Cuscamingoldsalz ist ein schmutziggelber, amorpher Niederschlag.
Cuscaminplatinsalz ist ein gelber, amorpher, flockiger Niederschlag, schwer löslich in Wasser.
Bromwasserstoffsaures Cuscamin, große, farblose Krystallblätter.
Jodwasserstoffsaures Cuscamin, ein weißer, flockiger, bald krystallinisch werdender Niederschlag. Das Salz krystallisiert aus kochendem Wasser in mikroskopisch kleinen, weißen Blättchen.
Salpetersaures Cuscamin bildet weiße, zarte, sternförmige Nadeln, welche in Wasser fast unlöslich sind.
Essigsaures Cuscamin bildet bei langsamem Verdunsten der konz. essigsauren Lösung Krystalle, die auf Zusatz von Wasser unter Abscheidung von etwas Alkaloid verschwinden.
Neutrales schwefelsaures Cuscamin bildet zarte, weiße Nadeln.
Oxalsaures Cuscamin, a) **neutrales,** krystallisiert in zarten weißen Nadeln, die sich leicht in kochendem Wasser, wenig in kaltem Wasser lösen; b) **saures,** krystallisiert in derben, sternförmigen Prismen.

Cuscamidin.

Die empirische Zusammensetzung des Alkaloids ist nicht bekannt.
Vorkommen: s. Cuscamin.
Darstellung: s. Cuscamin.
Physikalische und chemische Eigenschaften und Salze: Cuscamidin ist amorph und gleicht sehr dem Cusconidin. Der einzige Unterschied von Bedeutung zwischen beiden Alkaloiden würde in der Fällbarkeit derselben durch Salpetersäure bestehen, indem das Cuscamidin schon in sehr verdünnter Lösung gefällt wird, das Cusconidin dagegen erst in konz. Lösung. Es ist vielleicht nur ein Umwandlungsprodukt des Cuscamins.

II. Strychnosalkaloide.

In den ostindischen und afrikanischen Arten der Gattung Strychnos kommen hauptsächlich zwei Alkaloide vor, nämlich Strychnin und Brucin, in den südamerikanischen Strychnosarten sind die Curarealkaloide Curarin, Tubocurarin und Curin enthalten.

Strychnin.

Mol.-Gewicht 334.
Zusammensetzung: 75,4% C, 6,6% H, 8,4% N.
$$C_{21}H_{22}N_2O_2.$$

Vorkommen: Strychnin, von Pelletier und Caventou im Jahre 1818 entdeckt, findet sich in den St. Ignatiusbohnen, den Früchten von Strychnos Ignatii Bergius, in den Brechnüssen oder Krähenaugen, den reifen Samen der Früchte von Strychnos nux vomica, in dem Schlangenholze, dem Wurzelholze von Strychnos colubrina, in der Wurzelrinde des Strychnos

Tieuté, sowie in dem Upas Tieuté oder Upas Radja (dient den Eingeborenen der Inseln im ostindischen Archipel als Pfeilgift).

Das Strychnin ist in diesen Strychnosarten, sowie in dem genannten Pfeilgifte an Säuren gebunden, welche je nach dem betreffenden Materiale verschieden zu sein scheinen. In den Brechnüssen findet sich Strychnin an Igasursäure gebunden in Öltröpfchen gelöst vor. Es wird in den meisten oben genannten Pflanzen mehr oder weniger von Brucin und anscheinend auch von andern Alkaloiden begleitet, die unter dem Namen Igasurin zusammengefaßt werden. Seine Menge beträgt in den Brechnüssen von 0,28—3,13% und in den St. Ignatiusbohnen von 1,4—3,22%.

Darstellung: Die Krähenaugen werden mit wässerigem Alkohol ausgekocht, die Lösung abdestilliert und der Rückstand mit Bleizucker gefällt. Das Filtrat vom Bleiniederschlag wird durch Schwefelwasserstoff entbleit, dann mit Magnesia vermischt und stehen gelassen. Den Niederschlag kocht man mit Alkohol aus und erhält zunächst Krystalle von Strychnin, während Brucin gelöst bleibt. Zur Reinigung wird das Strychnin an Salpetersäure gebunden.

Oder man zieht die Krähenaugen mit $1/2$ proz. Schwefelsäure aus, konzentriert den Auszug stark, vermischt ihn mit dem 6fachen Volumen Alkohol und etwas Bleizucker, destilliert aus dem Filtrate den Alkohol ab und fällt Strychnin und Brucin durch Magnesia oder Kalk.

Zur Darstellung des Strychnins im großen dienen nur die Krähenaugen; und zwar gibt es verschiedene Verfahren:

Die Krähenaugen werden bis zum Erweichen mit Wasser oder besser mit schwefelsäurehaltigem Wasser gekocht, gemahlen, in feuchtem Zustande gepreßt, nochmals mit Wasser gekocht und abermals gepreßt. Die vereinigten Flüssigkeiten werden dann mit Kalk gefällt. Der abgepreßte und getrocknete Niederschlag wird mit 85 proz. Weingeist ausgekocht, dieser wieder abdestilliert und mit kaltem 54 proz. Weingeist behandelt, welcher das Brucin und den Farbstoff löst und das Strychnin zurückläßt.

Nach Polenske werden die Brechnüsse in ganzer Form mit 3 proz. Schwefelsäure anhaltend gekocht. Nach drei Tagen sind dieselben vollkommen erweicht und geben einen klaren, tiefbraunen Auszug, der mit heißer Kalkmilch und etwas Ätznatron gefällt wird. Aus dem Niederschlage selbst gewinnt man die Alkaloide durch drei- oder viermalige Extraktion mit Fuselöl, dem sie durch verdünnte Schwefelsäure entzogen werden, aus welcher Lösung dann durch weiteren Zusatz von Schwefelsäure das Strychninbisulfat gefällt wird, das durch Umkrystallisieren von Brucin vollkommen befreit, durch Kohle gereinigt und durch Ammoniak zersetzt wird.

Bestimmung des Strychnins: Keller[1]) empfiehlt folgendes Verfahren: Die gepulverte Droge wird behufs Entfettung mit Äther und Chloroform übergossen. Nach $1/2$ Stunde fügt man Ammoniak hinzu und schüttelt die Mischung während einer Stunde wiederholt kräftig durch. Man versetzt hierauf die Flüssigkeit mit der nötigen Menge Wasser. Die Mischung wird so lange kräftig durchgeschüttelt, bis die Chloroform-Ätherlösung klar geworden ist. Letztere wird dann mehrere Male mit 0,5 proz. Salzsäure ausgeschüttelt. Die vereinigten Auszüge werden filtriert und nach dem Übersättigen mit Ammoniak so oft mit einer Chloroform-Äthermischung ausgeschüttelt, bis einige Tropfen der wässerigen Flüssigkeit nach dem Ansäuern mit verdünnter Schwefelsäure durch Kaliummercurijodid nicht mehr getrübt werden. Nach dem Abdestillieren der Chloroform-Ätherlösungen bleiben die Alkaloide in Form eines farblosen oder schwach gelblichen Firnisses zurück. Durch mehrmaliges Übergießen mit Äther und Wegkochen desselben läßt sich der Firnis in ein weißes, krystallinisches, zur Wägung geeignetes Pulver verwandeln. Zur Kontrolle der gewichtsanalytisch gewonnenen Werte löst man die Alkaloide in $1/100$ Normalsalzsäure auf, und titriert den Säureüberschuß mit $1/100$ Normalnatronlauge, unter Anwendung von Jodeosin als Indicator, zurück. Unter der den tatsächlichen Verhältnissen entsprechenden Annahme, daß Strychnin und Brucin in der Brechnuß in gleichen Gewichtsmengen vorhanden sind, entspricht 1 ccm $1/100$ Normalsalzsäure 0,00364 g Strychnin + Brucin, oder 0,00334 g Strychnin. Zur Ermittelung des absoluten Gehaltes an einem jeden der beiden Alkaloide operiert man am besten nach der Methode von Beckurts und Holst[2]). Dieselbe beruht auf der Unlöslichkeit des Ferrocyanstrychnins in stark salzsaurer Lösung; dieses Salz entsteht nach der Gleichung

$$C_{21}H_{22}N_2O_2 + 4\,HCl + K_4Fe(CN)_6 = C_{21}H_{22}N_2O_2 \cdot H_4Fe(CN)_6 + 4\,KCl.$$

---

[1]) Keller, Zeitschr. f. analyt. Chemie **33**, 491 [1895]. — Guareschi, Einführung in das Studium der Alkaloide 1896, S. 504.

[2]) Beckurts u. Holst, Pharmaz. Centralbl. **28**, 119 [1887]; **30**, 574 [1889].

Da nach derselben 244 T. krystallisiertes Ferrocyankalium 334 T. Strychnin als saures Ferrocyanat ausfällen, so läßt sich, da die entsprechende Brucinverbindung weit löslicher ist, das Strychnin mittels einer Ferrocyankaliumlösung von bekanntem Gehalte (0,5 : 100) titrieren.

Nachdem der Gesamtalkaloidgehalt ermittelt wurde, säuert man die erhaltene neutrale Lösung mit Salzsäure stark an, konzentriert auf einen Alkaloidgehalt von 0,5—1,0% und fügt solange von der Ferrocyankaliumlösung hinzu, bis eine Probe der Flüssigkeit mit verdünntem Eisenchlorid die Berlinerblaureaktion gibt.

Physiologische Eigenschaften: Das Strychnin, das heftigste, Reflexkrämpfe erregende Gift, wirkt direkt auf die Ganglien des Rückenmarksgraues. Es treten daher auch dieselben Reflexkrämpfe auf, wenn man das Gift beim (Frosche nach Unterbindung des Herzens) direkt auf das bloßgelegte Rückenmark bringt. Nach Verworn[1]) und Baglioni[2]) wirkt das Strychnin nur auf die sensiblen Elemente des Rückenmarks erregbarkeitssteigernd, nicht auf die motorischen (Karbolsäure dagegen steigert die Erregbarkeit der motorischen). Auf einen einmaligen Reiz entsteht bei der Strychninvergiftung ein einer Reihe von Impulsen entsprechender Tetanus (mit zahlreichen Schwankungen des Muskelstromes). Baglioni[3]) nimmt an, daß die erste durch den einmaligen Reiz reflektorisch hervorgerufene Muskelzuckung durch Reizung der sensiblen Nervenenden hauptsächlich in den Sehnen und Gelenken sekundäre, immer wiederholte Reizungen auslöst (von Bourdon-Sanderson und Buchanan[3]) bestritten).

In größeren Dosen lähmt Strychnin die motorischen Endapparate (nicht die Muskelsubstanz selbst) und schließlich auch das Rückenmark, so daß der Tod unter Nachlassen der Krämpfe eintritt. Nach Verworn kommt die Rückenmarkslähmung indirekt zustande, indem das Strychnin in großen Dosen diastolischen Stillstand des Herzens bewirkt (durch direkte Wirkung auf das Herz, nicht durch Vagusreizung), die eintretende Asphyxie ist die Ursache der zentralen Lähmung [bestritten von Biberfeld[4]), Igersheimer[5]), Jacoby[6])]. — Hühner sind gegen ziemlich große Dosen Strychnin immun.

Die tödliche Dosis beim Menschen variiert nach Alter, Konstitution usw. des Individuums. Als niedrigste tödliche Gabe wurde beim Erwachsenen 0,015—0,03 g Strychninsulfat beobachtet, beim Kinde 0,004 g Strychninnitrat. Innerlich genommen gelangt es vom Magen aus ins Blut und wird hier zum Teil in Strychninsäure verwandelt, zum Teil unverändert durch die Nieren abgeschieden. Das Strychnin und seine Salze finden erfolgreiche therapeutische Anwendung, so namentlich gegen motorische Lähmungen verschiedener Art, bei Dyspepsie und chronischem Magenkatarrh. Die größte Einzelgabe von Strychninnitrat darf nach dem deutschen Arzneibuch 0,01 g, die größte Tagesgabe 0,02 g nicht überschreiten. Als Gegengift bei Strychninvergiftung werden Morphin, Chloroform oder Chloralhydrat angewendet.

Bei dem chemischen Nachweis in Vergiftungsfällen empfiehlt es sich, speziell den Inhalt des Magens, den Dünndarm und die Leber zu untersuchen. Die gebräuchlichste Methode zur Ermittelung dieses Giftes ist die von Uslar und Erdmann[7]). Es gelingt nach P. Pellacani und Folli[8]) aus verschiedenen Organen zugesetztes Strychnin annähernd quantitativ wieder zu isolieren. Eine Entgiftung oder Zersetzung des Strychnins findet demnach nicht statt.

Wirkungsweise der Antitetanussera und einiger chemischer Präparate bei Strychninvergiftung: Die Resultate der Untersuchungen von C. Raimondi[9]) sind folgende: Es gibt Substanzen, welche infolge ihrer antagonistischen physiologischen Wirkung dem Strychnin gegenüber oder durch eine biochemische Einwirkung auf das Strychninmolekül imstande sind, die Widerstandsfähigkeit der Tiere gegen dieses Gift zu vermehren und sie auf kurze Zeit zu immunisieren. Auf die erste Weise dürften die **Antitetanussera**, auf die zweite **Cholesterin, Lecithin** und **Neuroprin** wirken.

---

[1]) Verworn, Archiv f. Anat. u. Physiol., physiol. Abt. 385 [1900].
[2]) Baglioni, Archiv f. Anat. u. Physiol., physiol. Abt., Suppl. 193 [1900]; Zeitschr. f. allgem. Physiol. **2**, 556 [1903]; **5**, 43 [1905].
[3]) Bourdon-Sanderson u. Buchanan, Centralbl. f. Physiol. **16**, 313 [1902].
[4]) Biberfeld, Archiv f. d. ges. Physiol. **83**, 397 [1901].
[5]) Igersheimer, Archiv f. experim. Pathol. u. Pharmakol. **54**, 73 [1906].
[6]) Jacoby, Archiv f. experim. Pathol. u. Pharmakol. **57**, 399 [1906].
[7]) Uslar u. Erdmann, Annalen d. Chemie **122**, 360 [1862].
[8]) P. Pellacani u. Folli, Archiv f. experim. Pathol. u. Pharmakol. **1908**, Suppl. 419.
[9]) C. Raimondi, Archiv f. experim. Pathol. u. Pharmakol. **1908**, Suppl. 449.

Strychnin und Reflexbehinderung der Skelettmuskeln[1]). Nach den Darlegungen von Sherrington ist der Beugungsreflex die Summe einer Reflexerregung (+) und einer Reflexhemmung (—). Der hemmende (—) Teil der Reflexbewegung zeigt sich an den Streckmuskeln. Eingabe von Strychnin ändert den Beugungsreflex derart, daß die hemmende Phase des Streckmuskels in eine erregende umgewandelt wird und so der des Beugungsmuskels gleicht. Chloroform- und Äthernarkose können dem Streckmuskel seine normale hemmende Funktion am Beugungsreflex zurückgeben.

Nach Untersuchungen von Varrier-Jones[2]) wird bei Einnahme von Strychninlösungen (1,8 und 4,2 mg von Strychninchlorhydrat) ein unmittelbarer Einfluß auf die Arbeitsfähigkeit der Muskeln ausgeübt. Sie wird erhöht und erreicht ein Maximum bei der kleineren Dose 3 Stunden, bei der größeren $1/_2$ Stunde nach der Einnahme. Neben dieser unmittelbaren Wirkung macht sich noch eine kumulative geltend. Diese erreicht ihr Maximum nach der dritten starken Dosis und zeigt sich in einer großen Verminderung der Arbeitsleistungsfähigkeit des Muskels. Sie ist durch eine Verkürzung der Kontraktionen bedingt. Das Strychnin, das wesentlich auf das Rückenmark und die Medulla wirkt, reagiert nach der Ansicht von Varrier-Jones primär durch Verminderung des Widerstandes in den zuleitenden Nerven (Erhöhung der Leistungsfähigkeit), während die sekundäre, akumulative Wirkung (Verminderung der Leistungsfähigkeit) entweder auf Vergiftung oder reiner Ermüdung beruht.

Studien von Torata Sano[3]) führten zu dem Schluß, daß das Strychnin neben seiner, die Reflexerregbarkeit erhöhenden Wirkung auch eine anästhesierende Wirkung entfaltet, und die Unwirksamkeit der chemischen Reize oder ihre Abschwächung bei strychninvergifteten Fröschen erklärt sich damit, daß diese als Schmerzreize nicht oder nicht zur vollen Wirkung gelangen können.

Kombinierte Einwirkung von Strychnin und Cocain auf das Rückenmark[4]). Um über die Verwendbarkeit des Strychnins als tonussteigerndes Mittel bei den Hypotonien des Tabes Aufklärung zu erhalten, schädigten H. Aron und M. Rothmann zunächst die sensible Leitung des Rückenmarks durch intradurale Injektion von Cocain und prüften dann die Strychninwirkung. In anderen Versuchen ließen sie die Cocaininjektion der Strychninwirkung folgen. Bei beiden Versuchsanordnungen ließ sich ein gewisser Antagonismus zwischen Strychnin- und Cocainwirkung erkennen. Da die krampferregende Wirkung mäßiger Strychnindosen normalerweise eine geringe und beim Tabetiker mit geschädigtem Rückenmark überdies abgeschwächt ist, dürfte nach der Ansicht von Aron und Rothmann im pseudoparalytischem Stadium des Tabes eine vorsichtige intradurale Injektion von Strychninum nitricum gute Effekte erzielen.

Schnelligkeit der Absorption des Strychnins in Gegenwart von Kolloiden:[5]) Die Kolloide Gummi arabicum, Gelatine, Eialbumin, lösliche Stärke verzögern in kleinen Mengen unbedeutend die peritoneale und subcutane Absorption des Strychnins. Mit der Quantitätsabnahme des Kolloids in der Lösung (falls dies möglich ist) wird die Verzögerung in der peritonealen und subcutanen Adsorption des Strychnins meßbar und zuweilen scheint im Verhältnis zu der Quantität des Kolloids zu stehen.

Physikalische und chemische Eigenschaften und Salze: Strychnin scheidet sich aus Alkohol in kleinen Prismen des rhombischen Systems aus. Der Schmelzpunkt liegt zwischen 265 und 266°. Unter 5 mm Druck destilliert es bei 270° unzersetzt. Es ist linksdrehend; das spezifische Drehungsvermögen beträgt in den Neutralsalzen 132—136°; weit schwächer ist dasselbe in den sauren Lösungen.

Strychnin löst sich in etwa 7000 T. kaltem Wasser. Nach Crespi, welcher die Löslichkeit der Base genau bestimmt hat, lösen 100 T. der folgenden Lösungsmittel nachstehende Mengen der krystallisierten Base: Benzol 0,607 T., Alkohol (95 proz.) 0,936 T., abs. Alkohol bei 8,25° 0,302 T., bei 56° 0,975 T. und bei 78° 1,846 T., Äther 0,08 T., Isoamylalkohol (aus Fuselöl) bei 11,75° 0,525 T. und bei 98,5° 4,262 T. Die wässerige Lösung reagiert alkalisch, die der Salze mit 1 Äquivalent von Säuren neutral. In verdünnten Säuren löst sich Strychnin leicht.

---

[1]) Sherrington, Journ. of Physiol. **36**, 185 [1908].
[2]) Varrier-Jones, Journ. of Physiol. **36**, 435 [1908].
[3]) Torata Sano, Archiv f. d. ges. Physiol. **124**, 381 [1908].
[4]) H. Aron u. M. Rothmann, Zeitschr. f. experim. Pathol. u. Ther. **7**, 94 [1909].
[5]) J. Simon, Biochem. Zeitschr. **22**, 394 [1909].

Das Strychnin zeichnet sich vor anderen Alkaloiden durch gewisse Farbenreaktionen aus, die es leicht auffinden lassen:

Wird nach Sonnenschein[1]) zu der schwefelsauren Lösung von Strychnin eine Spur Ceriumoxydoxydulhydrat gebracht, so entsteht eine prächtig blaue Farbe, die jedoch bald einer beständigen kirschroten Farbe weicht. Hiernach läßt sich noch 0,001 mg Strychnin nachweisen.

Sehr charakteristisch und scharf ist auch die Farbenreaktion auf Strychnin mit Kaliumdichromat und Schwefelsäure.

Bringt man in die Lösung des Alkaloids in konzentrierter Schwefelsäure ein stecknadelkopfgroßes Stück eines Krystalls von Kaliumdichromat und bewegt diese Lösung von Zeit zu Zeit etwas, so entstehen von dem Kaliumdichromat ausgehende violette oder blaue Streifen, bis die Lösung eine violette, oder bei etwas mehr Kaliumdichromat eine blaue Färbung angenommen hat. Bei Anwendung einer größeren Menge von Kaliumdichromat geht die blaue Färbung rasch in ein schmutziges Grün über. Mittels der genannten Reaktion kann noch 0,001 mg Strychnin erkannt werden.

In der Neuzeit wurde nachfolgende Farbenreaktion in Vorschlag gebracht[2]). Man bringt 1 ccm einer höchstens $1^0/_{00}$igen Strychninlösung und 1 ccm konz. Salzsäure in ein Reagensrohr, setzt 1 g chemisch reines Zinn hinzu, läßt 2—4 Minuten einwirken, erhitzt dann rasch zum Sieden, kühlt ab und gießt die Flüssigkeit auf 2 ccm konz. Schwefelsäure, worauf an der Berührungsstelle der beiden Flüssigkeiten ein rosafarbener Ring erscheint. Mit der Zeit nimmt die gesamte Flüssigkeit die rosa Färbung an; man erhitzt alsdann einige Sekunden zum Sieden. Rascher tritt die Färbung auf, wenn man die beiden Flüssigkeiten sogleich mischt. Längeres Kochen verändert die Färbung nicht, ebensowenig Natriumsulfit oder Schwefligsäuregas, dagegen wird die Färbung völlig vernichtet durch einige Tropfen einer 10 proz. Rhodankaliumlösung, überschüssigen Ammoniaks und überschüssigen Natriumdisulfits. Die Färbung ist noch in einer Verdünnung von 1 : 100 000 wahrnehmbar.

Strychninsalze: Chlorwasserstoffsaures Strychnin $C_{21}H_{22}N_2O_2 \cdot HCl + 1\frac{1}{2} H_2O$, krystallisiert in farblosen, seidenglänzenden Nadeln, welche aus der wässerigen Lösung durch Salzsäure ausgefällt werden. Die Lösung dieses Salzes gibt mit mehreren Metallchloriden hübsch krystallisierende Verbindungen, z. B. mit Chlorcadmium die Verbindung $(C_{21}H_{22}N_2O_2)_2 \cdot HCl \cdot CdCl_2$.

Mit Platinchlorid entsteht ein gelblichweißer, in Wasser fast unlöslicher Niederschlag des **Platinzalzes** $(C_{21}H_{22}N_2O_2 \cdot HCl)_2 PtCl_4$. Dasselbe scheidet sich aus der heißen, verdünnten, alkoholischen Lösung in massiv goldglänzenden Krystallen aus, die 1 oder $1\frac{1}{2}$ Mol. Krystallwasser enthalten.

Das **Goldsalz** $(C_{21}H_{22}N_2O_2 \cdot HCl) \cdot AuCl_3$ fällt aus Strychninsalzlösungen auf Zusatz von Goldchlorid als citronengelber Niederschlag, welcher aus Weingeist in hell orangefarbenen Nadeln krystallisiert.

Chromsaures Strychnin, neutrales, $(C_{21}H_{22}N_2O_2)_2 \cdot H_2CrO_4$, orangegelbe Nadeln. **Saures,** orangerote Prismen, wenig löslich in Wasser.

Salpetersaures Strychnin $C_{21}H_{22}N_2O_2 \cdot HNO_3$; bildet seidenglänzende, lange biegsame Nadeln. Dieselben lösen sich in 50 T. kaltem Wasser, in 80 T. Wasser von 18—19° und in 2 T. siedendem Wasser, in 70 T. kaltem und 5 T. siedendem Alkohol sowie in 26 T. Glycerin.

Jodwasserstoffsaures Strychnin $C_{21}H_{22}N_2O_2 \cdot HJ$ wird aus Strychninsalzen durch Jodkalium gefällt. Aus Alkohol krystallisiert das Salz in weißen, kleinen Blättchen, die in Wasser wenig löslich sind. Es verbindet sich mit Jod zu dem

Perjodid $C_{21}H_{22}N_2O_2 \cdot HJ \cdot J_2$, welches aus Alkohol in rötlichbraunen Prismen krystallisiert, die dem rhombischen System angehören und in kaltem Wasser äußerst schwer, in heißem Alkohol leicht löslich sind.

Beim Vermischen einer alkoholischen Strychninlösung mit einer alkoholischen Ammoniumpolysulfidlösung[3]) oder beim Stehen einer mit Schwefelwasserstoff gesättigten alkoholischen Strychninlösung bilden sich orangerote Nadeln von der Zusammensetzung $(C_{21}H_{22}N_2O_2)_2 \cdot H_2S_6$, die in Wasser, Alkohol, Äther und Schwefelkohlenstoff unlöslich sind.

Schwefelsaures Strychnin, neutrales, $(C_{21}H_{22}N_2O_2)_2 H_2SO_4$, durch Sättigen von verdünnter Schwefelsäure mit Strychnin erhalten, krystallisiert in großen, vierseitigen Prismen.

---

[1]) Sonnenschein, Berichte d. Deutsch. chem. Gesellschaft **3**, 633 [1870].
[2]) P. Malaquin, Journ. de Pharm. et de Chim. [6] **30**, 546 [1909].
[3]) Berichte d. Deutsch. chem. Gesellschaft **1**, 81 [1868]; **10**, 1087 [1877].

Saures Salz $(C_{21}H_{22}N_2O_2)H_2SO_4 + 2 H_2O$, krystallisiert in feinen Nadeln, ist schwer löslich in überschüssiger Säure und wird deshalb aus seiner wässerigen Lösung durch Schwefelsäure ausgefällt, was zur Trennung des Strychnins von anderen Strychnobasen dienen kann.

Als tertiäres Amin verbindet sich Strychnin leicht mit Alkylhalogeniden zu Ammoniumsalzen, z. B.:

Zum **Jodmethylat** $C_{21}H_{22}N_2O_2 \cdot CH_3J$, **Jodäthylat** $C_{21}H_{22}N_2O_2 \cdot C_2H_5J$, und **Chlorbenzylat** $C_{21}H_{22}N_2O_2 \cdot C_7H_7Cl$.

Die aus diesen Körpern freigemachten Ammoniumbasen erleiden, wie Tafel[1]), sowie Tafel und Moufang[2]) gezeigt haben, leicht eine Umwandlung in dem Betain ähnliche Körper, wie unten weiter ausgeführt werden soll.

Da das Strychnin keine Hydroxylgruppen enthält, so vermag es weder Säure- noch Alkylester zu bilden. Dagegen läßt es die Substitution von Wasserstoff durch Cl, Br und NO_2 zu.

Additionsprodukt von Strychnin und Bromacetonitril[3]). Strychnin wird, falls man es fein gepulvert hat, beim Erwärmen mit Bromacetonitril schnell in eine homogene harte Masse verwandelt, die man, um das Additionsprodukt von Spuren unveränderter Ausgangsbase zu befreien, mit wenig heißem Wasser auskocht. Beim Erkalten scheidet sich das quartäre Produkt, $(C_{21}H_{22}N_2O_2 \cdot CH_2 \cdot CN)Br$, in weißen Kryställchen ab, die bei 275° schmelzen und wie fast alle Bromacetonitrilverbindungen der Alkaloidreihe, schwer in Äthyl-, leichter in Methylalkohol löslich ist. Das wässerige Filtrat liefert beim Eindunsten dieselbe Verbindung. Das Präparat zeigt weder Blausäurewirkung, noch ruft es die typischen Strychninkrämpfe hervor.

Strychninsulfosäuren $C_{21}H_{22}O_5N_2S$. Bei der Einwirkung von Braunstein und schwefliger Säure auf Strychnin erhielten H. Leuchs und W. Schneider[4]) drei isomere Monosulfosäuren, die sich zufolge ihrer verschiedenen Löslichkeit in Wasser gut voneinander trennen lassen.

Strychninsulfosäure I ist von den drei isomeren Säuren die in Wasser am schwersten lösliche; sie schmilzt bei 350—360° unter Zersetzung. In organischen Mitteln ist sie sehr schwer oder nicht löslich. Aus Alkohol krystallisiert sie in Prismen. Sie löst sich in der Hitze in etwa 30 T. 50 proz. Essigsäure und krystallisiert in dünnen Prismen aus, die 9,5% Wasser enthalten. Ein wasserärmeres Hydrat bildet sich auch, wenn man die Säure längere Zeit unter Wasser kocht. Es entstehen massive, klare Prismen mit dachförmigen Enden. Beim Abkühlen werden sie undurchsichtig, bekommen Längsriefen und zerfallen in die langen Nadeln, die man gewöhnlich erhält.

Die Sulfosäure löst sich nicht in 20 proz. Salzsäure, leicht aber in überschüssiger Soda und Lauge. Sie wird aus dieser Lösung durch Kohlensäure wieder ausgefällt.

Für die Bestimmung der optischen Aktivität wurde die Substanz in 2 Mol. $^n/_{10}$-Natronlauge gelöst:

0,1990 g Substanz: in 9,6 ccm $^n/_{10}$-NaOH; Gesamtgewicht der Lösung 9,75 g, Prozentgehalt 2,04; spez. Gew. 1,01; Drehung im 1-dcm-Rohr — 4,8°, $\alpha_D^{20} = -233°$.

Strychninsulfosäure II ist ziemlich schwer löslich in heißem Eisessig, sehr schwer in heißem Alkohol. Sie löst sich leicht in Soda und Laugen, nicht in verdünnter Salzsäure, gibt die Strychninreaktion mit Chromsäure. Im Capillarrohr erhitzt, färbt sie sich über 300° braun, dann schwarz und schmilzt gegen 370° zu einem schwarzen Harz. $\alpha_D^{20} = -138°$.

Strychninsulfosäure III färbt sich von 250° an und schmilzt bei 268—269° unter Zersetzung, gibt gleichfalls die Ottosche Strychninreaktion. In heißem Alkohol ist sie sehr schwer löslich; sie krystallisiert daraus in Nadeln oder dünnen Prismen, die sich in Wasser spielend leicht lösen, aber damit bald das schwerer lösliche Hydrat bilden, das sich in 3—4 T. heißem Wasser löst. Eine noch schwerer lösliche, in langen breiten Nadeln krystallisierte Form erhält man, wenn man die Krystallisation aus einer warmen konzentrierten Lösung erfolgen läßt. In der Kälte findet unter Wasser die Rückverwandlung in die polyedrischen Krystalle statt. $\alpha_D^{20} = +163,3°$.

---

[1]) Tafel, Annalen d. Chemie u. Pharmazie **264**, 40 [1891].
[2]) Tafel u. Moufang, Annalen d. Chemie u. Pharmazie **304**, 49 [1899].
[3]) J. v. Braun, Berichte d. Deutsch. chem. Gesellschaft **41**, 2122 [1908].
[4]) H. Leuchs u. W. Schneider, Berichte d. Deutsch. chem. Gesellschaft **41**, 4393 [1908]; **42**, 2681 [1909].

Einwirkung von Salpetersäure auf Strychnin und seine Derivate. Die Einwirkung von Salpetersäure unter Ausschluß von Wasser führte zu einfachen Nitroderivaten des Strychnins[1]).

Bei kurzdauernder Behandlung von Strychnin mit verdünnter Salpetersäure entsteht ein gut krystallisierender Körper von der Zusammensetzung $C_{21}H_{23}N_5O_{10}$, der sich als das Nitrat einer Base $C_{21}H_{22}N_4O_7$ erwies.

$$C_{21}H_{22}N_2O_2 + 3\,HNO_3 = C_{21}H_{22}N_2O_3(NO_2)_2 \cdot HNO_3 + H_2O.$$

Wahrscheinlich ist dieser Körper als ein Nitrat der Dinitrostrychninsäure aufzufassen:

$$(C_{21}H_{20}O(NO_2)_2)\diagdown\mathrm{\underset{NH}{\overset{N}{C}-COOH}}$$

Das Produkt ist von Tafel **Dinitrostrychninhydrat**[2]) genannt worden und ist nach den Angaben von Tafel[3]) identisch mit dem von Claus und Glassner aus Strychnin und Salpetersäure hergestellten sog. **Kakostrychnin**.

Bei längerer Einwirkung von kochender 20 proz. Salpetersäure[4]) auf Strychnin erhält man nach Tafel neben Oxalsäure und Pikrinsäure eine größere Anzahl nitrierter Säuren, von denen besonders eine gut krystallisiert und beständig ist. Sie hat die Zusammensetzung $C_{10}H_5N_3O_8$ und enthält zwei Nitrogruppen; denn sie liefert bei der Reduktion mit Zinn und Salzsäure das Chlorhydrat einer Diaminosäure. Beim Erhitzen geht sie unter Kohlensäureabspaltung in die Verbindung $C_9H_5NO_2(NO_2)_2$ über, welche **Dinitrostrychol** genannt wurde, so daß also die Carbonsäure den Namen **Dinitrostrycholcarbonsäure** $C_9H_4NO_2(NO_2)_2(COOH)$ erhält. Nach Tafel stellt das Dinitrostrychol wahrscheinlich ein Dinitrodioxychinolin oder ein Dinitrodioxyisochinolin vor.

Bromierung des Strychnins. J. Buraczewski und M. Dziurzyński[5]) haben Strychnin in alkoholischer Lösung der Einwirkung von Brom unterworfen, so daß dabei bromwasserstoffsaures Salz nicht zustande kommen konnte. — Während beim Versetzen einer heißen Lösung von Strychnin in Alkohol mit Brom in Schwefelkohlenstoff zwar Entfärbung eintritt, ein Niederschlag aber nicht erhalten werden kann, entsteht mit einer kalten, gesättigten Strychninlösung zuerst eine Gelbfärbung, dann ein gelber Niederschlag; die Flüssigkeit entfärbt sich auch bei großem Überschuß von Brom nach längerem Stehen vollständig; doch führt das allmählich zur vollständigen Auflösung des Niederschlags, der dann aus der Flüssigkeit nicht mehr erhalten werden kann. Der Niederschlag ist ein **Dibromderivat des Strychnins** $C_{21}H_{22}N_2O_2Br_2$, das mit dem Dibromstrychnin von Beckurts[6]) nicht identisch ist; es verkohlt, ohne zu schmelzen; bei gewöhnlicher Temperatur in gewöhnlichen organischen Lösungsmitteln fast unlöslich; beim Kochen mit Silbernitrat und Salpetersäure wird das Brom vollständig als Bromsilber abgeschieden; der Körper wird beim Kochen mit Alkohol oder Methylalkohol vollständig verändert, indem die gelbe Färbung verschwindet; unlöslich in kaltem Wasser; erleidet beim Erwärmen damit eine Veränderung, indem ein ziemlich kleiner, in siedendem Wasser unlöslicher Niederschlag zurückbleibt. Aus dem Filtrat desselben wird durch Alkalien ein **Bromstrychnin** $C_{21}H_{21}N_2O_2Br$ gefällt; feine, seidenglänzende, weiße Fäden aus Alkohol; Schmelzpunkt 250°; sehr leicht löslich in Alkohol und in Säuren unter Bildung von Salzen. Beim Zufügen einer Schwefelkohlenstoff-Bromlösung zu dieser Verbindung entsteht sofort ein hellgelber Niederschlag, der bei weiterem Bromzusatz zuerst immer reichlicher, dann aber dunkelgelb wird und sich auflöst; die Flüssigkeit entfärbt sich aber auch bei großem Bromüberschuß in einigen Stunden vollständig. Ein mit geringem Bromüberschuß erhaltenes Präparat zeigte einen etwas größeren Gehalt an Brom, als einem **Tribromstrychnin** $C_{21}H_{21}N_2O_2Br_3$ entspricht, das bei Anwendung eines großen Bromüberschusses erhaltene die einem **Tetrabromstrychnin** $C_{21}H_{21}N_2O_2Br_4$ entsprechende Zusammensetzung; letzteres ist also wohl dem Tribromprodukt in geringer Menge beigemischt. Beim Kochen der helleren Bromierungsprodukte des Monobromstrychnins mit Wasser entsteht wie beim Dibromstrychnin, aber reichlicher, ein in Wasser unlöslicher weißer Körper, aus dessen Filtrat Alkalien eben solchen weißen, in Wasser unlöslichen, in Alkohol sehr leicht löslichen Niederschlag fällen.

---

[1]) Claus u. Glassner, Berichte d. Deutsch. chem. Gesellschaft **14**, 774 [1881].
[2]) Tafel, Annalen d. Chemie **301**, 332 [1898].
[3]) Tafel, Annalen d. Chemie **301**, 299 [1898].
[4]) Tafel, Berichte d. Deutsch. chem. Gesellschaft **26**, 333 [1893]; Annalen d. Chemie **301**, 336 [1898].
[5]) J. Buraczewski u. M. Dziurzyński, Anzeiger d. Akad. d. Wissensch. Krakau **1909**, 632.
— J. Buraczewski u. Koźniewski, Anzeiger d. Akad. d. Wissensch. Krakau **1908**, 644.
[6]) Beckurts, Berichte d. Deutsch. chem. Gesellschaft **18**, 1237 [1885].

Abbaureaktionen: Der Abbau des atomreichen Strychninmoleküls ist mehrfach in Angriff genommen worden, sowohl durch Oxydation als durch Reduktion, wie z. B. durch Erhitzen mit Zinkstaub und durch Destillation mit Alkalien und alkalischen Erden. Indessen haben die dabei erzielten Resultate bis jetzt keinen sicheren Aufschluß gegeben, weder über die Art der Kohlenstoffverkettung noch über die Rolle der Sauerstoff- und Stickstoffpaare des Moleküls. Nur die nächsten Umwandlungsprodukte des Strychnins sprechen dafür, daß das eine Stickstoffatom einem hydrierten Chinolin- oder Indolring angehört.

Durch Destillation mit Zinkstaub, Kali, Natronkalk und Kalk gelangt man zu einigen wohl charakterisierten Produkten bekannter Konstitution, wie β-Methylpyridin[1]), Skatol[2]), Carbazol[3]), Äthylamin[4]). Aber diese Substanzen entstehen meist in so geringer Menge, daß sich aus ihrem Entstehen kein bindender Schluß ziehen läßt für die Konstitution des Strychnins.

In neuerer Zeit ist das Strychnin eingehend von J. Tafel untersucht worden. Er studierte insbesondere die Einwirkung von Jodmethyl auf Strychnin und seine Derivate[5]), die Reduktion des Strychnins und seiner Derivate[6]), sowie das Verhalten des Strychnins gegen Salpetersäure[7]).

Diese Untersuchungen haben über die Konstitution des Strychnins viele bemerkenswerte Aufschlüsse gegeben, die im Nachfolgenden zusammengefaßt werden sollen.

Methylierungsprodukte des Strychnins und seiner Derivate. Das Strychnin ist eine tertiäre Base und bildet deshalb mit Jodmethyl:

Strychninjodmethylat $C_{21}H_{22}N_2O_2 \cdot JCH_3$. Durch Behandlung desselben mit Silberoxyd entsteht

Strychninmethylhydroxyd $C_{21}H_{22}N_2O_2 \cdot CH_3(OH)$. Dieses lagert sich in seiner Lösung leicht um in

Methylstrychnin $C_{22}H_{26}N_2O_3 + 4 H_2O$. Letzteres ist, im Gegensatz zum tertiären Strychnin, eine sekundäre Base. Es ist das Methylbetain der Strychninsäure und krystallisiert in gelblichen, langen Prismen, welche bei 130° ihr Krystallwasser verlieren. Es löst sich leicht in Wasser und Alkohol, sehr wenig in Äther. Mit Kaliumbichromat und Schwefelsäure färbt es sich braun und löst sich nun in Wasser mit schön violetter Farbe. Es ist geschmacklos und wirkt auf kleine Tiere nicht im mindesten giftig. Lenkt die Polarisationsebene nach links ab. Die Natur desselben ist durch Untersuchung der Hydrate des Strychnins, insbesondere des Strychnols, aufgeklärt worden.

Strychnol $C_{21}H_{24} \cdot N_2O_3 \cdot 4 H_2O$, entsteht bei der Behandlung des Strychnins mit alkoholischem Natron, indem dabei 1 Mol. Wasser in das Strychninmolekül aufgenommen wird, so daß ihm die Formel $C_{21}H_{24}N_2O_3$ zukommt. Strychnol ist in kaltem Wasser schwer, in heißem Wasser etwas leichter löslich, unlöslich in Äther und in kaltem, absolutem Alkohol. Aus Methylalkohol oder essigsaurem Ammoniak krystallisiert es gut, in verdünnten Säuren löst es sich leicht. Wird die Lösung desselben in verdünnter Salzsäure gekocht, so entsteht unter Wasserabspaltung Strychnin. Beim allmählichen Erhitzen im Wasserstoffstrome verliert es schon bei 170° Wasser, vollständig erst bei 190° und geht ohne Färbung in Strychnin über. Strychnol enthält eine Imidogruppe und ein Carboxyl, ist also eine Imidosäure. Dann stehen Strychnin und Strychnol in ähnlichem Verhältnis zueinander wie Isatin und Isatinsäure. Tafel nannte deshalb das Strychnol auch **Strychninsäure**.

$$C_6H_4\diagup\!\!\begin{matrix}CO-CO\\|\\NH\end{matrix} \qquad C_6H_4\diagup\!\!\begin{matrix}CO-COOH\\NH_2\end{matrix}$$

Isatin   Isatinsäure

$$(C_{20}H_{22}NO)\diagup\!\!\begin{matrix}CO\\|\\N\end{matrix} \qquad (C_{20}H_{22}NO)\diagup\!\!\begin{matrix}COOH\\NH\end{matrix}$$

Strychnin   Strychninsäure

---

[1]) Stöhr, Journ. f. prakt. Chemie **42**, 405 [1890].
[2]) Loebisch u. Schoop, Wiener Monatshefte **9**, 629 [1888]. — Stöhr, Berichte d. Deutsch. chem. Gesellschaft **20**, 1108 [1887].
[3]) Loebisch u. Schoop, Wiener Monatshefte **7**, 611 [1886]; **9**, 630 [1888].
[4]) Stöhr, Journ. f. prakt. Chemie **42**, 405 [1890].
[5]) Tafel, Annalen d. Chemie **264**, 33 [1891].
[6]) Tafel, Annalen d. Chemie **268**, 229 [1891]; **301**, 285 [1898].
[7]) Tafel, Berichte d. Deutsch. chem. Gesellschaft **26**, 333 [1893].

Pflanzenalkaloide.

Das Vorhandensein der Imidogruppe in der Strychninsäure wird bewiesen durch den Verlauf der Methylierung, welcher auch zugleich den Beweis für das Vorhandensein eines Carboxyls in der Verbindung lieferte.

Aber noch in anderer Beziehung hat die Methylierung der Strychninsäure Aufklärung gebracht. Wird die Jodmethylstrychninsäure mit Silberoxyd behandelt, so bildet sich ein Silbersalz, das sich beim Erwärmen mit Wasser in Jodsilber und **Methylstrychnin** zersetzt.

Nach seiner Entstehung aus dem Silbersalz

muß man demselben die Formel

$$(C_{20}H_{22}O) \begin{array}{c} N{<}^{CH_3}_{J} \\ -COOAg \\ NH \end{array}$$

$$(C_{20}H_{22}O) \begin{array}{c} N{<}^{CH_3}_{O} \\ -CO \\ NH \end{array}$$

zuschreiben. Die bereits erwähnte Umlagerung des Methylstrychniniumhydroxyds in Methylstrychnin ist dann so zu erklären, daß zuerst durch Aufnahme von Wasser Strychninsäuremethylhydroxyd entsteht, das dann wieder Wasser abspaltet.

$$(C_{20}H_{22}O) \begin{array}{c} N{<}^{CH_3}_{OH} \\ -CO \\ | \\ N \end{array} \rightarrow (C_{20}H_{22}O) \begin{array}{c} N{<}^{CH_3}_{OH} \\ -COOH \\ NH \end{array} \rightarrow (C_{20}H_{22}O) \begin{array}{c} N{<}^{CH_3}_{O} \\ -CO \\ NH \end{array}$$

Methylstrychniniumhydroxyd   Strychninsäuremethylhydroxyd   Methylstrychnin

Dimethylstrychnin

$$(C_{20}H_{22}O) \begin{array}{c} N{<}^{CH_3}_{O} \\ -CO \\ N-CH_3 \end{array}$$

wird am besten durch Einwirkung von Silberoxyd auf das Methylstrychninsäuremethylestermethyljodid oder von Barytwasser auf das entsprechende Sulfat erhalten[1]). Dasselbe ist in heißem Wasser und Alkohol leicht, in kaltem Wasser viel schwerer löslich; mit Jodwasserstoffsäure bildet es Jodmethylmethylstrychninsäure.

Das Dimethylstrychnin ist ein einfaches Methylsubstitutionsprodukt des Methylstrychnins. Letzteres enthält eine Imidogruppe, welche in ersterem methyliert ist.

Dem entspricht auch das Verhalten der beiden Körper gegen salpetrige Säure. Methylstrychnin bildet damit ein Nitrosamin, Dimethylstrychnin einen im Kern substituierten Nitrosokörper, der ganz dem Nitrosodimethylanilin entspricht. Die Analogie zwischen Dimethylstrychnin und Dimethylanilin erstreckt sich dann auf die Bildung der Leukobase eines grünen Farbstoffes beim Erwärmen mit Benzaldehyd und Chlorzink und auf die Bildung eines gelben Azofarbstoffes bei Einwirkung von Diazobenzolsulfosäure.

Durch diese Beobachtungen ist erwiesen, daß die Gruppe ($=$ N—CH$_3$) im Dimethylstrychnin, also auch die Imidogruppe im Methylstrychnin und schließlich das Stickstoffatom der Gruppe ($=$ N—CO) im Strychnin durch eine Valenz direkt mit einem Benzolkern verbunden sind.

Das Vorhandensein eines durch eine Valenz am Stickstoffatom gebundenen Benzolkernes folgt ferner aus dem Verhalten eines anderen Strychninderivates, der **Methylisostrychninsäure**

$$(C_{20}H_{22}O) \begin{array}{c} N \\ -COOH \\ NCH_3 \end{array}$$

Dieselbe wird leicht erhalten durch Erhitzen des wasserfreien Jodhydrats der Isostrychninsäure mit Jodmethyl bei 100°. Sie krystallisiert in kleinen farblosen Prismen und zeigt ganz

---

[1]) Tafel, Berichte d. Deutsch. chem. Gesellschaft **23**, 2835 [1890].

dieselben äußeren Eigenschaften wie die Isostrychninsäure; mit der Ausnahme, daß sich ihre alkalischen Lösungen an der Luft nicht färben. Die Methylisostrychninsäure verhält sich in vielen Reaktionen analog dem Dimethylstrychnin und analog den dialkylierten Anilinen[1].

Beim Erhitzen mit Benzaldehyd und Chlorzink bildet sich der Leukokörper eines grünen Farbstoffes. Bei der Einwirkung von Diazobenzolsalzen auf die Säure entsteht ein Azofarbstoff, ähnlich dem Helianthin. Salpetrige Säure erzeugt eine grüne Nitrosoverbindung.

Durch Erhitzen von Strychnin mit Barythydrat und Wasser unter Druck bei 135—140° entsteht die **Isostrychninsäure** $C_{21}H_{24}N_2O_3 + H_2O$. Dieselbe enthält 1 Mol. Krystallwasser, das bei 135° entweicht. Die Isostrychninsäure ist der Strychninsäure sehr ähnlich, jedoch schwerer löslich in Wasser als jene. Wie die Methylisostrychninsäure den tertiären Anilinen, so entspricht die Isostrychninsäure den Monoalkylanilinen: Aus dem Nitrosamin der Isostrychninsäure entsteht beim Behandeln mit alkoholischer Salzsäure Nitrosoisostrychninsäure, analog dem Übergang von Methylphenylnitrosamin zu Nitrosophenylmethylamin:

$$(C_{20}H_{22}NO){<}{COOH \atop N-NO} \rightarrow NO-(C_{20}H_{21}NO){<}{COOH \atop NH}$$

$$C_6H_5-\underset{NO}{N}-CH_3 \rightarrow NO-C_6H_4-NH-CH_3$$

Diese **Nitrosoisostrychninsäure** ähnelt in ihrem Verhalten vielfach Nitrosoverbindungen des Tetrahydrochinolins[2].

Es findet sich noch in verschiedenen anderen Richtungen Übereinstimmung zwischen Derivaten des Strychnins mit solchen des Tetrahydrochinolins. So z. B. soll nach Tafel die blaue Farbenreaktion, welche auftritt, wenn Strychnin in konz. Schwefelsäure gelöst mit Oxydationsmitteln behandelt wird, eine allgemeine Reaktion auf Acyltetrahydrochinoline sein. Nach alledem wird man im Molekül des Strychnins einen Anilinrest, wahrscheinlich in Form einer Tetrahydrochinolingruppe, anzunehmen haben, an deren Stickstoffatom ein im übrigen noch ringförmig verkettetes Carbonyl gebunden ist, so daß das Strychnin als ein kompliziertes Säureanilid erscheint.

Durch Oxydation von Strychninderivaten einen sicher als Chinolinabkömmling charakterisierten Körper zu erhalten, ist bis heute noch nicht gelungen.

Strychninoxyd.

$${CO \atop N}{>}(C_{20}H_{22}O) : N : O$$

Bei der Behandlung des Strychnins mit Wasserstoffsuperoxyd erhält man nach Pictet und Mattisson[3] eine Reihe von Oxydationsprodukten, teils basischer, teils saurer Natur. Unter denselben ist besonders eines wichtig. Dasselbe krystallisiert in großen, farblosen Prismen und seine Zusammensetzung entspricht der Formel: $C_{21}H_{22}N_2O_3 + 3H_2O$. Der Schmelzpunkt der wasserhaltigen Verbindung liegt bei 207, derjenige der wasserfreien bei 216—217°.

Der Körper enthält ein Atom Sauerstoff mehr als das Strychnin und ist deshalb **Strychninoxyd** genannt worden. Er gehört zu den Aminoxyden mit der Gruppe : N : O; und gibt wie diese den Sauerstoff leicht wieder ab.

Die physiologische Wirkung des Strychnoxydes ist eine ganz ähnliche wie die des Strychnins; nur wirkt es weniger krampferregend als vielmehr paralysierend. Die Giftigkeit ist erheblich geringer als die des Strychnins. Die letale Dosis beträgt, auf 100 g Körpergewicht berechnet, beim Frosch 0,016—0,020 g, beim Meerschweinchen 0,006—0,0072 g.

Aus der Existenz des Strychninoxydes darf man den Schluß ziehen, daß das basische Stickstoffatom im Strychninmolekül an drei verschiedene Kohlenstoffatome gebunden ist. Sehr wahrscheinlich gehört der Stickstoff gleichzeitig zwei Ringsystemen an.

Isostrychnin. Nach Bacovescu und Pictet[4] wird Strychnin durch Erhitzen mit Wasser im zugeschmolzenen Rohr auf 160—180° in **Isostrychnin** umgewandelt.

Dasselbe krystallisiert aus Benzol in kleinen, glänzenden Nadeln und schmilzt bei 214 bis 215°. Sein Geschmack ist ebenso intensiv bitter wie der des Strychnins.

---

[1] Tafel, Annalen d. Chemie **268**, 230 [1892].
[2] Tafel, Annalen d. Chemie **268**, 231 [1892].
[3] Pictet u. Mattisson, Berichte d. Deutsch. chem. Gesellschaft **38**, 2782 [1905].
[4] Bacovescu u. Pictet, Berichte d. Deutsch. chem. Gesellschaft **38**, 2787 [1905].

In der physiologischen Wirkung besteht ein ganz gewaltiger Unterschied zwischen Strychnin und Isostrychnin. Letzteres ist ein dem Curare ähnlich wirkendes Gift. Man kann es viel besser mit dem Brucin als mit dem Strychnin vergleichen.

Strychnin—Brucin—Isostrychnin—Curare bilden eine fortlaufende Reihe, in welcher die krampferregende Wirkung vom ersten zum letzten Gliede abnimmt, während die die motorischen Nervenendigungen lähmende Wirkung in der gleichen Reihenfolge zunimmt.

Der Zusammenhang des Isostrychnins mit dem Strychnin und dessen Umwandlungs-produkten wird durch nachfolgendes Schema erläutert:

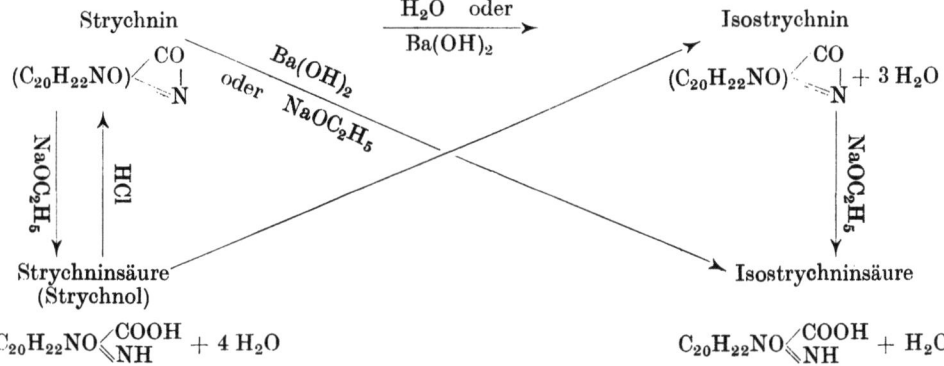

Die Chlorhydrate von **Tetrachlorstrychnin** sind nach den Versuchen von G. Coronedi ungiftige und für Versuchstiere (Hunde) ganz unschädliche Substanzen[1]).

Reduktionsprodukte des Strychnins und seiner Derivate:[2]) Beim Kochen des Strychnins mit konz. Jodwasserstoffsäure und amorphem Phosphor entsteht neben andern, nicht kry-stallisierenden Produkten ein gut krystallisierender Körper von der Formel $C_{21}H_{26}N_2O$.

$$C_{21}H_{22}N_2O_2 + 3 H_2 = C_{21}H_{26}N_2O + H_2O.$$
$$\text{Strychnin} \qquad \text{Desoxystrychnin}$$

Die Verbindung wurde von Tafel **Desoxystrychnin** genannt. Dasselbe ist in Wasser fast unlöslich, in Äther und Benzol schwer löslich, leicht löslich in kaltem Äthyl- und Methyl-alkohol und unter Wasserabscheidung auch in Chloroform. Schmilzt wasserfrei bei 172° und läßt sich in völlig reinem Zustande unzersetzt destillieren. Wirkt giftig, wie Strychnin; ist optisch aktiv und zwar linksdrehend. Mit konz. Schwefelsäure und Kaliumdichromat färbt es sich blauviolett. Die Salze des Desoxystrychnins sind im allgemeinen leichter löslich als die des Strychnins.

Es enthält noch die Carboxylgruppe des Strychnins, somit ist bei der Reduktion nicht das Sauerstoffatom der genannten Gruppe eliminiert worden. Ferner ist festgestellt, daß keines der vier bei der Reduktion eingetretenen Wasserstoffatome an Stickstoff gebunden ist.

$(C_{20}H_{26})\diagdown\!\!\!\diagup\begin{smallmatrix}N\\CO\\|\\N\end{smallmatrix}$ $(C_{20}H_{26})\diagdown\!\!\!\diagup\begin{smallmatrix}N\\COOH\\NH\end{smallmatrix}$ $(C_{20}H_{26})\diagdown\!\!\!\diagup\begin{smallmatrix}N\diagdown J\\CO\quad CH_3\\NH\end{smallmatrix}$

Desoxystrychnin Desoxystrychninsäure Desoxystrychninjodmethylat

Die weitere Reduktion des Desoxystrychnins gelingt am besten auf elektro-lytischem Wege. Sie verläuft dann glatt nach der Gleichung:

$$C_{21}H_{26}N_2O + 4 H = C_{21}H_{28}N_2 + H_2O.$$

Das Produkt unterscheidet sich in verschiedenen Eigenschaften vom Desoxystrychnin und wurde von Tafel **Dihydrostrychnolin** genannt. Salpetrige Säure erzeugt ein gelb-grünes Nitrosoprodukt, Diazobenzolsalz einen gelben Azofarbstoff, Bittermandelöl bei Gegen-wart von Zinkchlorid die Leukobase eines grünen Farbstoffes.

---

[1]) G. Coronedi, Gazzetta chimica ital. **34**, II, 361 [1904]; Chem. Centralbl. **1905**, I, 103
[2]) Tafel, Annalen d. Chemie **268**, 229 [1892]; **301**, 285 [1898].

Die Reaktionen bestätigen die Annahme, daß die Strychninderivate einen methylierten Tetrahydrochinolinring oder einen methylierten Dihydroindolring enthalten dürften.

Auch die dem Strychnin zugrunde liegende sauerstoffreie Base hat Tafel dargestellt; er nannte sie **Strychnolin.**

$$(C_{20}H_{22}O) \diagdown \substack{N \\ N} \diagup CO \qquad (C_{20}H_{24}) \diagdown \substack{N \\ N} \diagup CH_2 \qquad (C_{20}H_{26}) \diagdown \substack{N \\ N} \diagup CO \qquad (C_{20}H_{26}) \diagdown \substack{N \\ N} \diagup CH_2$$

Strychnin   Strychnolin   Desoxystrychnin   Dihydrostrychnolin

Das Strychnolin und Dihydrostrychnolin zeigt im Unterschied von dem Desoxystrychnin und Strychnin keine krampferregende Wirkung. Es geht also mit dem Übergang der Atomgruppierung

$$\underset{\text{}}{\overset{CO}{\underset{N}{\diagup}}} \qquad \text{in} \qquad \underset{\text{}}{\overset{CH_2}{\underset{N}{\diagup}}}$$

die spezifische Strychninwirkung verloren.

Nun ist aber die Strychninwirkung derjenigen des Oxypiperidins (Piperidons) sehr ähnlich. Unter Berücksichtigung der Tatsachen, daß Strychnin in Strychninsäure sowie Desoxystrychnin in Desoxystrychninsäure überführbar ist, daß also in beiden Basen das Carbonyl das Glied eines Ringes und zwar, wie verschiedene Versuche beweisen, eines ungesättigten Ringes bilden muß, nimmt man im Strychnin eine **piperidonartige Gruppierung**

$$\overset{CO}{\underset{N}{\diagdown}} \qquad \text{oder} \qquad \overset{CO}{\underset{N}{\diagup}}$$

an.

Nach den Untersuchungen von J. Tafel ist das Strychnin als ein cyclisches Säureanilid aufzufassen, in welches das mit der Carbonylgruppe verbundene Stickstoffatom direkt mit einem Benzolkern verknüpft anzunehmen ist.

Bei der elektrolytischen Reduktion des Strychnins in schwefelsaurer Lösung an Bleikathoden erhält man zwei Reduktionsprodukte von der Formel $C_{21}H_{26}N_2O_2$ und $C_{21}H_{24}N_2O$, von denen das erstere **Tetrahydrostrychnin** (II) und das letztere **Strychnidin** (III) genannt wird.

$$(C_{20}H_{22}O) \diagdown \substack{N \\ N} \diagup CO \qquad (C_{20}H_{22}O) \diagdown \substack{N \\ NH} \diagup CH_2 \cdot OH \qquad (C_{20}H_{22}O) \diagdown \substack{N \\ N} \diagup CH_2$$

Strychnin   Tetrahydrostrychnin   Strychnidin
I   II   III

Das **Strychnidin** hat sich zum Unterschied von Strychnolin und Dihydrostrychnolin als ein heftiges, im Grade der Wirksamkeit zwischen Desoxystrychnin und Strychnin stehendes Krampfgift erwiesen. Vergleicht man die Formeln

$$(C_{20}H_{22}O) \diagdown \substack{N \\ N} \diagup CO \qquad\qquad (C_{20}H_{22}O) \diagdown \substack{N \\ N} \diagup CH_2$$

Strychnin   Strychnidin

$$(C_{20}H_{26}) \diagdown \substack{N \\ N} \diagup CO \qquad (C_{20}H_{24}) \diagdown \substack{N \\ N} \diagup CH_2 \qquad (C_{20}H_{26}) \diagdown \substack{N \\ N} \diagup CH_2$$

Desoxystrychnin   Strychnolin   Dihydrostrychnolin

so läßt sich der Schluß ziehen, daß die spezifische Giftwirkung des Strychnins nicht der piperidonartigen Gruppe seines Moleküls allein, sondern zum Teil der zweiten sauerstoffhaltigen Gruppe desselben zuzuschreiben ist. Wird eine dieser Gruppen durch Reduktion verändert, so tritt nur eine Schwächung der Krampfwirkung ein; erst wenn beide reduziert sind, hört die krampferregende Wirkung auf. Vielleicht ist die eminente Wirkung des Strychnins als Rückenmarks- oder Krampfgift gerade dem Zusammentreffen zweier in demselben Sinne wirksamer Gruppen in seinem Molekül zuzuschreiben[1]).

In der zweiten sauerstoffhaltigen Atomgruppe ist das Sauerstoffatom höchstwahrscheinlich in ätherartiger Bindung anzunehmen als Glied einer weiteren, ringförmigen Atomgruppe. Auch das tertiäre Stickstoffatom des Strychnins muß mindestens einem Ringe angehören.

Somit weisen alle gelegentlich der Reduktion des Strychnins und seiner Derivate erzielten Resultate darauf hin, daß im Strychnin eine große Anzahl ringförmiger, zum größten Teil hydrierter Gruppen ineinander gegliedert sind.

Strychninonsäure[2]), $C_{21}H_{20}O_6N_2$, und Abbau des Strychninmoleküls mittels derselben. H. Leuchs hat durch Oxydation mit Kaliumpermanganat in Acetonlösung aus Brucin und Strychnin in einer Ausbeute von 25% schön krystallisierte, einheitliche Säuren erhalten. Durch eine etwas schwächere Oxydation gelang es, aus dem Brucin daneben eine zweite Säure in einer Menge von 5% zu gewinnen; und auch beim Strychnin wurde das Auftreten (Menge 1%) einer analog zusammengesetzten zweiten Säure beobachtet, die in gleicher Weise mit größerer Ausbeute darzustellen bisher wegen technischer Schwierigkeiten nicht möglich war.

Die Formel der ersten Säure aus Brucin, die **Brucinonsäure** genannt wurde, ergab sich zu $C_{23}H_{24}O_8N_2$, die der Strychninonsäure aus Strychnin zu $C_{21}H_{20}O_6N_2$ und beide unterscheiden sich von der Formel des zugehörigen Alkaloids durch einen Mehrgehalt von O_4 und ein Minus von H_2. Die wasserfreie Brucinonsäure schmilzt bei 260°, die wasserfreie Strychninonsäure bei 259—261°.

Der eingetretene Sauerstoff ist dazu verwendet worden, zwei Carboxylgruppen zu bilden, vermutlich unter Sprengung einer Kohlenstoffdoppelbindung

$$-\overset{H}{C}=\overset{H}{C}-$$

Denn in den Säuren müssen zwei Carboxylgruppen vorhanden sein, die eine wird durch den basischen Stickstoff neutralisiert, während die andere den stark sauren Charakter der Verbindung bedingt. Die Säuren geben deshalb auch zweierlei Ester: neutrale Monoester und basische Diester, welche mit Säuren Salze bilden.

Was den wegoxydierten Wasserstoff betrifft, so ist bei den Versuchsbedingungen wohl kaum eine andere Annahme zulässig, als die, daß eine

$$>C{\overset{H}{\underset{OH}{}}}\text{-Gruppe}$$

in eine Ketogruppe umgewandelt worden ist. Man weiß durch die vorstehend besprochenen Untersuchungen von J. Tafel, daß im Brucin und Strychnin ein Sauerstoffatom in Form einer Säureamidgruppe $>N-CO$, ferner im Brucin zwei Sauerstoffatome als Methoxyle vorhanden sind. Aber es bleibt noch ein Sauerstoffatom, dessen Funktion unbekannt ist und für das Tafel eine ätherartige Bindung als wahrscheinlich annahm. Dieses muß nach der Ansicht von Leuchs in Form einer sekundären Alkoholgruppe vorliegen und die durch Oxydation entstandenen Säuren müssen Ketosäuren sein, was auch die für sie gewählte Bezeichnung ausdrücken soll. Nun geben dieselben in der Tat mit Salzsäure und Alkohol Monoester, mit Semicarbazid das entsprechende Semicarbazon, mit Hydroxylamin das Oxim. Ferner liefert die Reduktion mit Natriumamalgam unter Anlagerung von zwei Atomen Wasserstoff Säuren, die Strychninol- bzw. Brucinolsäuren genannt werden und in denen sich ein alkoholisches Hydroxyl nachweisen ließ.

Strychninonsäure-monoäthylester $C_{23}H_{24}O_6N_2$ schmilzt bei 205—206°, ist in heißem Alkohol ziemlich leicht löslich und krystallisiert beim Abkühlen in farblosen Prismen. — **Semicarbazon der**

---

[1]) Tafel, Annalen d. Chemie **301**, 292 [1898].
[2]) H. Leuchs, Berichte d. Deutsch. chem. Gesellschaft **41**, 1711 [1908]. — H. Leuchs u. W. Schneider, Berichte d. Deutsch. chem. Gesellschaft **42**, 2494 [1909].

Strychninonsäure $C_{22}H_{23}N_3O_6$ krystallisiert aus Wasser in langen, feinen Nadeln vom Schmelzpunkt 250—251°. — **Oxim der Strychninonsäure** $C_{21}H_{21}O_6N_3 + H_2O$ schmilzt unter Zersetzung bei 268—271°.

Strychninolsäure $C_{21}H_{22}O_6N_2$ wird durch Reduktion von Strychninonsäure mit Natriumamalgam erhalten und schmilzt bei 238°. Die Säure ist kaum löslich in Äther, Benzol, ziemlich leicht in Alkohol, Aceton, Essigester, leicht in Eisessig. — **Acetylstrychninolsäure** krystallisiert aus 50 proz. Essigsäure in langen Nadeln und schmilzt unter Zersetzung gegen 274°,

Durch die Wirkung einer geringen Menge überschüssigen, verdünnten Alkalis zerfällt die Strychninolsäure schon in der Kälte in Glykolsäure und Strychninolon:

$$C_{21}H_{22}O_6N_2 + H_2O = C_2H_4O_2 + C_{19}H_{18}O_3N_2 + H_2O.$$
Strychninolsäure   Glykolsäure   Strychninolon

Strychninolon $C_{19}H_{18}O_3N_2$ schmilzt bei 228—231°, krystallisiert aus Wasser in farblosen, sechsseitigen Blättchen, aus Alkohol in glänzenden prismatischen Säulen und zeigt $[\alpha]_D^{20} = -112,4°$.

Brucin.

Mol.-Gewicht 394.
Zusammensetzung: 70,1% C, 6,6% H, 7,1% N, 16,2% O.

$$C_{23}H_{26}N_2O_4.$$

Vorkommen: Brucin wurde 1819 von Pelletier und Caventou[1]) in der falschen Angusturarinde (von Strychnos nux vomica stammend) aufgefunden. Es kommt vor neben Strychnin in der Rinde und den Früchten von Strychnos nux vomica und in der Ignatiusbohne, in dem Holz von St. Colubrina, in dem als „Upas tieuté" und dem als „Caba longa" bezeichneten Pfeilgift der Indianer.

Darstellung: Zur Darstellung von Brucin wird die falsche Angusturarinde, nach Entfernung des Fettes durch Ausziehen mit Äther, wiederholt mit Alkohol ausgekocht; die Auszüge werden abgedampft und der Rückstand mit Wasser ausgezogen, die wässerige Lösung mit Bleiessig gefällt, das Filtrat wird mit Schwefelwasserstoff behandelt, und die vom Schwefelblei abfiltrierte Flüssigkeit mit Magnesia gekocht, um Strychnin abzuscheiden; aus dem Filtrat krystallisiert beim Verdampfen das Brucin aus. Zwecks Reinigung wird es in oxalsaures Salz übergeführt, dieses wird getrocknet und bei 0° mit abs. Alkohol behandelt, wobei reines Brucinsalz zurückbleibt; aus ihm wird durch Magnesia die freie Base abgeschieden.

Brucin wird auch als Nebenprodukt bei der Strychnindarstellung aus den Krähenaugen und den Ignatiusbohnen erhalten und zwar aus der Mutterlauge und den Waschflüssigkeiten. Letztere werden zur Sirupdicke eingedampft und dann kalt mit verdünnter Schwefelsäure versetzt. Die Masse (das schwefelsaure Brucin) erstarrt krystallinisch und wird abgepreßt. Das schwefelsaure Salz wird dann durch Umkrystallisieren aus Wasser gereinigt und mit Ammoniak die Base frei gemacht.

Bestimmung: Zuerst wird der Gesamtalkaloidgehalt in der Brechnuß nach der Methode von Keller bestimmt.

Man übergießt 12,0 g der gepulverten Droge mit 80,0 g Äther und 40,0 g Chloroform, fügt nach einer halben Stunde 10 ccm Ammoniak hinzu und schüttelt die Mischung während einer Stunde kräftig durch. Man versetzt hierauf mit der nötigen Menge (ca. 15—20 ccm) Wasser. Die Flüssigkeit wird solange kräftig geschüttelt, bis die Chloroformätherlösung klar geworden ist. Von dieser werden dann 100,0 g abgegossen und in einem Scheidetrichter zuerst mit 50, dann mit 25 ccm 0,5 proz. Salzsäure ausgeschüttelt. Die vereinigten Auszüge werden durch ein kleines Filter filtriert, in den Scheidetrichter zurückgebracht und nach dem Übersättigen mit Ammoniak so lange mit einer Mischung von je 30,0 g Chloroform und 10,0 g Äther ausgeschüttelt, bis einige Tropfen der wässerigen Flüssigkeit nach dem Ansäuern mit verdünnter Schwefelsäure durch Kaliummercurijodid nicht mehr getrübt werden. Die Chloroformätherlösungen werden abdestilliert, wobei die Alkaloide (Strychnin + Brucin) in Form eines farblosen oder schwach gelblich gefärbten Firnisses zurückbleiben. Durch mehrmaliges Übergießen mit Äther und Abdunsten desselben läßt sich der Firnis in ein weißes, krystallinisches, zur Wägung geeignetes Pulver verwandeln.

---

[1]) Pelletier u. Caventou, Annales de Chim. et de Phys. [2] **10**, 142 [1819]; **12**, 113 [1819]; **26**, 44 [1824].

Hat man so den Gesamtalkaloidgehalt bestimmt, dann verfährt man weiter nach der Methode von Beckurts und Holst[1]).

Man säuert die erhaltene neutrale Lösung mit Salzsäure stark an, konzentriert auf einen Alkaloidgehalt von 0,5—1,0% und fügt so lange von einer Ferrocyankalilösung hinzu, von bekanntem Gehalt (0,5 : 100), bis eine Probe der Flüssigkeit mit verdünntem Eisenchlorid die Berlinerblaureaktion gibt. Die Differenz zwischen dem so ermittelten Strychningehalt und der Gesamtalkaloidmenge ergibt den Brucingehalt.

Trennung des Brucins vom Strychnin: Wenn Salpetersäure unter geeigneten Bedingungen auf ein Gemisch von Strychnin und Brucin einwirkt, wird das Brucin in nicht basische, stark gefärbte Substanzen zersetzt, während Strychnin unverändert bleibt. Auf diese Weise können beide Alkaloide voneinander getrennt werden. Reine salpetrige Säure scheint ohne Einwirkung auf Brucin zu sein, bei Gegenwart von Salpetersäure beschleunigt sie dagegen dessen Oxydation.

Auf eine Gesamtmenge von 0,4 g Alkaloiden soll die einwirkende Lösung wenigstens 7% Salpetersäure enthalten. Die Reaktion muß nach 10 Minuten unterbrochen werden. Die Temperatur soll 25° nicht übersteigen. Zum Ausfällen des Strychnins wird Natron- oder Kalilauge benutzt. Die Salpetersäure soll ein spez. Gew. von 1,42 haben.

Physiologische Eigenschaften: Brucin ist giftig und übt auf Warmblüter eine ähnliche Wirkung wie das Strychnin, aber eine bedeutend schwächere. Es erzeugt in größeren Dosen tetanischen Krampf, welcher durch Erstickung oder Erschöpfung den Tod veranlassen kann. 0,25 g Brucin töteten ein Kaninchen; 0,20 g bewirkten bei einem Hunde heftige Krämpfe, ohne ihn zu töten. Außer der Eigenschaft Tetanus zu erzeugen tritt beim Brucin auch die dem Curare zu so hohem Maße eigene lähmende Wirkung auf. Wenn Brucin innerlich oder subcutan beigebracht wird, so läßt es sich bald in allen Organen nachweisen, am reichlichsten in der Leber. Wie Strychnin bewirkt es eine Verminderung der Sauerstoffaufnahme und der Kohlensäureabgabe durch das Blut. In der Therapie hat Brucin fast keine Anwendung.

Physikalische und chemische Eigenschaften und Salze des Brucins: Brucin krystallisiert in wasserhellen monoklinen Prismen oder in perlmutterglänzenden Blättchen oder in blumenkohlähnlichen Massen. Es enthält 4 Mol. Krystallwasser. Das Brucin schmeckt stark und anhaltend bitter. In Wasser und Alkohol ist es leichter löslich als das Strychnin und bleibt deshalb in den Mutterlaugen bei der Strychnindarstellung. Die Krystalle verwittern an der Luft und schmelzen wenig über 100° in ihrem Krystallwasser. Das wasserfreie Brucin schmilzt bei 178°. Die Base ist linksdrehend; ihre Chloroformlösung zeigt, je nach der Konzentration, die Drehung —119—127°[2]).

Unter den Reaktionen des Brucins ist die rote Färbung, welche beim Versetzen der Base mit Salpetersäure eintritt, die wichtigste; beim Erwärmen schlägt die Farbe von Rot in Gelb um. Umgekehrt ist diese Reaktion, auf deren theoretische Deutung unten näher eingegangen werden soll, zum qualitativen Nachweise von Salpetersäure geeignet, selbst wenn diese in sehr geringen Mengen wie z. B. im Trinkwasser vorhanden ist.

Brucin ist eine einsäurige, tertiäre Base und bildet als solche mit Jodalkylen Additionsprodukte, so z. B. das **Jodmethylat** des Brucins, $C_{23}H_{26}N_2O_4$, vom Schmelzp. 270°.

Salzsaures Brucin $C_{23}H_{26}N_2O_4 \cdot HCl$, ist in Wasser leicht löslich und krystallisiert daraus in kleinen vierseitigen Prismen. — Das **Platindoppelsalz** $(C_{23}H_{26}N_2O_4 \cdot HCl)_2 \cdot PtCl_4$, bildet gelbe Krystalle. — **Jodwasserstoffsaures Brucin** $C_{23}H_{26}N_2O_4 \cdot HJ$, ist in kaltem Wasser wenig löslich, leichter in Alkohol. Es bildet viereckige Blättchen oder kurze Prismen. — **Jodid des jodwasserstoffsauren Brucins** $C_{23}H_{26}N_2O_4 \cdot HJ_2$, scheidet sich aus einer mit Jodkalium versetzten Lösung von Brucin in Salzsäure beim Stehen an der Luft in rotgelben Nadeln ab. — **Salpetersaures Brucin** $C_{23}H_{26}N_2O_4 \cdot HNO_3 + 2 H_2O$, krystallisiert in großen, farblosen Prismen, die bei 230° unter Zersetzung schmelzen.

Schwefelsaures Brucin, neutrales, $(C_{23}H_{26}N_2O_4)_2 \cdot H_2SO_4 + 7 H_2O$, bildet lange Nadeln, ist leicht löslich in Wasser, wenig löslich in Alkohol. — Leitet man Schwefelwasserstoff in eine alkoholische Lösung von Brucin bei Luftzutritt, so bilden sich gelbe Prismen der **Verbindung** $(C_{23}H_{26}N_2O_4)_3H_2S_6 + 6 H_2O$. Dieselben schmelzen bei 125° und sind in den gewöhnlichen Lösungsmitteln unlöslich. — Auch ein **Wasserstoffoctosulfid** des Brucins, $(C_{23}H_{26}N_2O_4)_2H_2S_8 + 2 H_2O$, ist bekannt. Es bildet sich nach Doebner[3]) beim Eintragen einer absolut alkoholischen Lösung der Base in einen Überschuß einer Lösung von Schwefel

---

[1]) Beckurts u. Holst, Pharmaz. Centralbl. **28**, 119 [1887]; **30**, 574 [1889].
[2]) Oudemans, Annalen d. Chemie u. Pharmazie **304**, 37 [1899].
[3]) Doebner, Chem. Centralbl. **1895**, I, 544.

in alkoholischem Schwefelammonium. Es krystallisiert in großen, orangeroten Krystallen, die mit Säuren ein in Schwefelwasserstoff und Schwefel zerfallendes Öl abscheiden.

Abbaureaktionen und synthetische Reaktionen: Das Brucin enthält zwei Methoxylgruppen, was durch die Zeiselsche Methode der Methoxylbestimmung erwiesen wurde. Shenstone konnte durch Einwirkung von konzentrierter Salzsäure auf Brucin Chlormethyl abspalten, während Strychnin bei gleicher Behandlung kein Chlormethyl lieferte[1]). Es wird daraus geschlossen, daß Brucin nichts anderes als ein Dimethoxylstrychnin ist.

Bei der Behandlung mit alkoholischem Ätznatron geht Brucin analog wie das Strychnin in Strychninsäure, in **Brucinsäure**[2]) über.

$$[C_{20}H_{20}(OCH_3)_2O]\diagup^{N}_{N}\diagdown CO \rightleftarrows [C_{20}H_{20}(OCH_3)_2O]\diagup^{N}_{NH}\diagdown COOH$$

Brucin   Brucinsäure

Brucinsäure, $C_{23}H_{28}N_2O_5 + H_2O$, bildet ein nur wenig gefärbtes Krystallpulver, das bei 245° unter Zersetzung schmilzt. Natriumcarbonat nimmt sie auf, und auch verdünnte Mineralsäuren lösen sie leicht, verwandeln sie aber rasch wieder in Brucin zurück. Die gleiche Wasserabspaltung erleidet die Säure auch schon beim Kochen ihrer wässerigen Lösung.

Das **Nitrosamin der Brucinsäure** $NO \cdot N : C_{20}H_{20}(OCH_3)_2ON \cdot CO \cdot OH$, entsteht in Form seines **Hydrochlorids** durch Einwirkung von Natriumnitrit und Salzsäure auf die Säure. Nädelchen vom Schmelzp. 236°.

Mit Jodmethyl gibt die Brucinsäure **Jodmethylbrucinsäure** $C_{23}H_{22}N_2O_5 \cdot CH_3J + H_2O$. Nadeln vom Schmelzp. 218°, in kaltem Wasser fast unlöslich. Die wässerige Lösung reagiert stark sauer. Beim Kochen derselben bildet sich Brucinjodmethylat:

$$C_{20}H_{20}(OCH_3)_2O\diagup^{N \cdot CH_3J}_{NH}\diagdown CO \cdot OH \rightarrow C_{20}H_{20}(OCH_3)_2O\diagup^{N \cdot CH_3J}_{N}\diagdown CO + H_2O.$$

Beim Behandeln von Jodmethylbrucinsäure mit frisch gefälltem Silberoxyd entsteht:
Methylbrucin $C_{24}H_{30}N_2O_5 \cdot 4 H_2O$:

$$C_{20}H_{20}(OCH_3)_2O\diagup^{N\diagdown^{CH_3}_{J}}_{NH}\diagdown CO \cdot OAg \rightarrow AgJ + C_{20}H_{20}(OCH_3)_2O\diagup^{N\diagdown^{CH_3}_{O}}_{NH}\diagdown CO$$

Dasselbe bildet sich auch durch Umlagerung von Methylbruciniumhydroxyd. Methylbrucin bildet aus Wasser farblose Krystalle, welche bei 276° unter Zersetzung schmelzen.

Diese Reaktionen zeigen, daß eine Reihe von chemischen Veränderungen des Strychnins, welche von Tafel auf die Atomgruppe (= N—CO—) zurückgeführt worden sind, sich auch beim Brucin durchführen lassen.

Einwirkung von Salpetersäure auf Brucin. Mit 5 proz. Salpetersäure bildet Brucin das krystallisierte Nitrat einer Base $C_{23}H_{27}N_3O_7$, welches durch Eintritt einer Nitrogruppe gebildet wird:

$$C_{23}H_{26}N_2O_4 + HNO_3 = C_{23}H_{27}(NO_2)N_2O_5.$$

Diese Base heißt **Nitrobrucinhydrat**[3]).

Bei der Einwirkung von 10 proz. Salpetersäure auf Brucin entsteht nach Tafel und Moufang das **Bidesmethylnitrobrucinhydrat** $C_{21}H_{23}(NO_2)N_2O_5 \cdot HNO_3$.

$$C_{21}H_{20}(OCH_3)_2N_2O_2 + 4 HNO_3 = C_{21}H_{21}(OH)_2(NO_2)N_2O_3 \cdot HNO_3 + 2 CH_3NO_3.$$

Hier sind also beide Methoxyle verseift worden.

Das Nitrat stellt wahrscheinlich das schon längere Zeit bekannte, von Laurent und Strecker untersuchte **Kakothelin** vor. Die freie Nitrobase erhält man vermittels Natriumacetat in Form rotgelber Blättchen. Sie ist in kochendem Wasser schwer löslich und scheidet sich daraus in mikroskopischen Blättchen ab.

---

[1]) Shenstone, Journ. Chem. Soc. **43**, 101 [1878].
[2]) Moufang u. Tafel, Annalen d. Chemie **304**, 38 [1898].
[3]) Moufang u. Tafel, Annalen d. Chemie **304**, 33 [1898].

Kakothelin. Als Kakothelin wurde von Laurent eine krystallisierte Substanz bezeichnet, die Gerhardt im Jahre 1844 durch Einwirkung starker Salpetersäure auf Brucin erhalten hatte.

Aber erst J. Tafel und N. Moufang[1]) haben ihre Formel im wesentlichen richtig als die eines Nitrats $C_{21}H_{23}O_7N_3 \cdot HNO_3$ bestimmt. Das Kakothelin ist nach ihnen das Salz einer Base, die sich vom Brucin durch einen Mindergehalt von 2 CH_2 unterscheidet und statt Wasserstoff eine Nitrogruppe, sowie 1 Mol. Wasser mehr enthält, welche Beziehung in der Bezeichnung als Bis-desmethyl-nitrobrucinhydrat zum Ausdruck kommt.

Nach Ansicht von H. Leuchs und F. Leuchs[2]) ist die Formel der Base $C_{21}H_{21}O_7N_3$, diese ist also um 2 Wasserstoffatome ärmer.

Das Kakothelin dürfte erst durch sekundäre Umwandlung eines zuerst vorhandenen roten Orthochinons $C_{21}H_{20}O_4N_2$ oder $C_{21}H_{18}O_4N_2$ entstanden sein. H. und F. Leuchs vermuten nun, daß die rötliche Färbung, die das rohe Kakothelin zeigt, einer Verunreinigung mit diesem Chinon zuzuschreiben sei.

Die gelben Salze der Kakothelinbase gehen durch Einwirkung von Schwefeldioxyd in isomere dunkelgrüne, diese weiter in violette Verbindungen über. In kalter wässeriger Lösung geht die Reaktion rückwärts über die grünen Verbindungen zu den gelben Salzen.

Die Rolle der schwefligen Säure scheint lediglich eine katalytische zu sein, denn die Reaktion tritt, wenn schon in geringem Maße, auch ohne ihre Gegenwart ein.

Durch eine solche teilweise Umwandlung ist auch die in der Literatur[3]) angegebene Tatsache zu erklären, daß das Kakothelin in heißem Wasser sich mit lichtbraungelber, das Chlorid sich mit noch dunklerer Farbe löst; vielleicht auch die Erscheinung, daß sich Kakothelin am Licht oberflächlich grünlich färbt.

Der Endeffekt der Reaktion von Brucin mit Salpetersäure ist die Verseifung der Methoxyle, die Einführung der Nitrogruppe und die Aufnahme von einem Atom Sauerstoff.

Bei der Behandlung von Brucin mit Wasserstoffsuperoxyd erhält man ein schön krystallisiertes **Brucinoxyd** $C_{23}H_{26}N_2O_5 + 4\frac{1}{2} H_2O$ [4]).

Es schmilzt in wasserhaltigem Zustande bei 124—125°, wasserfrei bei 199° unter Zersetzung. Das spezifische Drehungsvermögen $[\alpha]_D = -1,63°$. Die Farbreaktionen des Brucinoxyds (mit Salzsäure, Zinnchlorür, Schwefelammonium, schwefliger Säure, Kaliumbichromat) sind dieselben wie diejenigen des Brucins selbst. Von schwefliger Säure wird das Brucinoxyd in Brucin zurückverwandelt. Es ist, ebenso wie das Strychninoxyd, eine paralysierende curareähnlich wirkende Substanz. Die von Strychnin und Brucin hervorgerufenen Krampferscheinungen fehlen hier vollständig. Auch ist der Giftigkeitsgrad bedeutend herabgedrückt. Die letale Dosis bewegt sich für Meerschweinchen, auf 100 g Körpergewicht berechnet, zwischen 0,065 und 0,070 g, während sie beim Brucin (für Kaninchen) 0,0012 g beträgt.

Die **Salze des Brucinoxyds** sind in Wasser löslicher als diejenigen des Strychninoxyds und daraus im Gegensatz zu denselben wasserhaltig krystallisierend, schwach linksdrehend, durch Reduktionsmittel, wie schweflige Säure, werden sie in Brucinsalze zurückverwandelt. — Das **Chlorhydrat** $C_{23}H_{26}N_2O_5 \cdot HCl$, aus der alkoholischen Lösung des Brucinoxyds mit Salzsäure erhalten, krystallisiert aus Wasser mit 1 Mol. Krystallwasser und ist in demselben sowie in Alkohol ziemlich leicht löslich. $[\alpha]_D = -11,17°$. — Das **Chlorplatinat** bildet orangerote Krystalle vom Schmelzp. über 300°. — Das **Nitrat** $C_{23}H_{26}N_2O_5 \cdot HNO_3$, entsteht aus der alkoholischen Lösung des Brucinoxyds mit wenig Salpetersäure, krystallisiert aus Wasser in farblosen Prismen mit 1 Mol. Krystallwasser vom Zersetzungspunkt 240°. $[\alpha]_D = -11,36°$. — Das **saure Sulfat** ist eine krystallinische Masse, über 300° schmelzend.

Brucinonsäure[5]) $C_{23}H_{24}O_8N_2$, entsteht als Hauptprodukt bei der Oxydation des Brucins in Acetonlösung mit Kaliumpermanganat bei einer Temperatur von 0°, wobei die Säure in Form ihres Kaliumsalzes neben Mangandioxyd ausfällt. Der mit Aceton gewaschene Niederschlag wird mit Wasser gekocht, filtriert und die alkalisch reagierende Flüssigkeit angesäuert, wobei die Säure in öliger Form sich abscheidet, die mit Chloroform extrahiert und aus einem Gemisch von Wasser und Essigester umkrystallisiert wird; man erhält so farblose Krystalle vom Schmelzp. 175°.

---

[1]) J. Tafel u. N. Moufang, Annalen d. Chemie u. Pharmazie **304**, 30 [1899].
[2]) H. Leuchs u. F. Leuchs, Berichte d. Deutsch. chem. Gesellschaft **43**, 1042 [1910].
[3]) J. Tafel u. N. Moufang, Annalen d. Chemie u. Pharmazie **304**, 48 [1899].
[4]) A. Pictet u. G. Jenny, Berichte d. Deutsch. chem. Gesellschaft **40**, 1172 [1907].
[5]) H. Leuchs, Berichte d. Deutsch. chem. Gesellschaft **41**, 1711 [1908].

Die Brucinonsäure unterscheidet sich vom Brucin durch einen Mehrgehalt von O_4 und einen Mindergehalt von H_2, und zwar enthält sie 2 Carboxylgruppen; die eine wird durch den basischen Stickstoff centralisiert, während die andere den stark sauren Charakter der Säure bedingt. Sie bildet deshalb auch zweierlei Ester. Ferner hat sie Ketocharakter, denn sie bildet ein Oxim und ein Semicarbazon.

Durch Reduktion mit Natriumamalgam in schwach saurer Lösung wird sie in die um 2 Wasserstoffatome reichere **Brucinolsäure** übergeführt, eine Alkoholsäure, die als solche mit Acetylchlorid in Eisessig ein Monoacetylderivat liefert. Demnach kann man die Formel der Brucinonsäure auflösen in: $C_{17}H_{16}(:N \cdot CO)(OCH_3)_2(COOH)_2(CO)(:N)$.

Durch den Nachweis einer Ketongruppe im Oxydationsprodukt des Brucins ($C_{23}H_{26}O_4N_2$) ist auch die noch unbekannte Funktion des vierten Sauerstoffatoms in diesem selbst ziemlich aufgeklärt. Es ist sehr wahrscheinlich, daß es gleichfalls als Ketonsauerstoff vorhanden ist.

Die Brucinonsäure braucht zur Lösung fast genau 1 Äquivalent $^1/_{10}$-n-Natronlauge und läßt sich als einbasische Säure titrieren. Diese alkalische Lösung gibt mit Kupfersulfat, Eisenchlorid, Silbernitrat und Bleiacetat, nicht aber mit Barium- und Quecksilberchlorid Niederschläge, von denen das **Bleisalz** aus heißem Wasser in kleinen, glänzenden, farblosen Prismen krystallisiert.

Die wasserhaltige Brucinonsäure schmilzt unscharf bei 175—178°, die getrocknete oder aus Alkohol umkrystallisierte Säure sintert schwach bei 225° und schmilzt unter Gasentwicklung bei 266°. Die Säure löst sich in Natriumcarbonat leicht, nicht aber in verdünnten Säuren. Mit konz. Schwefelsäure gibt sie dieselbe rote Lösung wie das Brucin selbst. Sie ist schwer löslich in Petroläther, sehr wenig in Äther, Toluol, Benzol, ziemlich schwer in Essigester, ziemlich leicht in Aceton, Chloroform und Eisessig. Das Drehungsvermögen beträgt $[\alpha]_D^{20} = -48,50°$, ferner hat die Säure bitteren Geschmack und ist völlig ungiftig.

Brucinonsäuremonoäthylester $C_{25}H_{28}O_8N_2$, aus Brucinonsäure und 3 proz. alkoholischer Salzsäure, krystallisiert aus Alkohol in schief abgeschnittenen Prismen, welche bei 130—132° unter Dampfentwicklung schmelzen. Die aus Eisessig abgeschiedene Substanz hat den Schmelzpunkt 161—162°.

Der Ester ist sehr leicht löslich in Chloroform, leicht in Aceton, ziemlich leicht in heißem Benzol, Eisessig, Essigester und Wasser. Er wird nicht von Natriumcarbonat und Lauge in der Kälte gelöst.

Dihydrobrucinonsäure, $C_{23}H_{26}O_8N_2$, entsteht neben Brucinonsäure bei der Oxydation von Brucin mit Kaliumpermanganat, in besserer Ausbeute noch, wenn man bei dieser Oxydation eine verringerte Menge Permanganat verwendet[1]). Sie ist in Wasser und den meisten organischen Lösungsmitteln äußerst schwer löslich. Aus Alkohol krystallisiert sie in winzigen, kurzen Prismen, aus heißem Eisessig in Form mikroskopischer Nadeln. Von den schwer löslichen Salzen krystallisiert das Kupfersalz gut in kleinen Prismen.

Die Dihydrosäure löst sich auch in Natriumcarbonat, in verdünnten Säuren jedoch nicht. Mit konz. Salpetersäure gibt sie eine rotgelbe Lösung. Bei 300° färbt sie sich gelb und schmilzt gegen 315° unter Zersetzung. $[\alpha]_D^{20} = -14,6°$.

Das **Oxim der Brucinonsäure**[2]) $C_{23}H_{25}O_8N_3$, aus der Suspension von Brucinonsäure in abs. Alkohol mit Hydroxylamin durch Erwärmen erhalten, färbt sich von 270° an gelb und schmilzt unter Zersetzung gegen 285—293°. Es ist sehr schwer löslich in Wasser, Essigester, Aceton, schwer in Chloroform und Alkohol, leicht in Eisessig, ebenso in Alkalien. $[\alpha]_D^{20} = +128,2°$.
— Das **Semicarbazon der Brucinonsäure**[2]) $C_{24}H_{27}O_8N_5$, krystallisiert aus heißem Wasser in farblosen, dünnen Prismen, welche sich von 240° an gelb färben und unter Gasentwicklung bei 250—251° schmelzen. Es ist nicht löslich in Äther, Benzol, Aceton, sehr schwer in Essigester, Chloroform, Alkohol, leicht in Eisessig. $[\alpha]_D^{20} = +252°$. — **Anilid der Brucinonsäure**[3]) $C_{29}H_{29}O_7N_3$, erhält man durch Kochen der Säure mit Anilin. Aus heißer 50 proz. Essigsäure umkrystallisiert, bildet das Anilid dreikantige, farblose Prismen vom Schmelzpunkt 239—240°. Es ist kaum löslich in Wasser, Benzol, Äther, schwer in Alkohol, Aceton, sehr leicht in Chloroform und Eisessig. Es löst sich in der Kälte nicht in Säuren und Alkalien, gibt beim Kochen mit diesen Anilin. — **Brucinonsäurehydrat**[3]) $C_{23}H_{26}O_9N_2$. Durch Kochen mit starkem Alkali geht die Brucinonsäure, ähnlich wie die Brucinolsäure (s. dort), in eine stickstofffreie Säure, die **Glykolsäure** und ein dem Brucinolon entsprechendes Produkt

---

[1]) H. Leuchs, Berichte d. Deutsch. chem. Gesellschaft **41**, 1714 [1908].
[2]) H. Leuchs u. L. E. Weber, Berichte d. Deutsch. chem. Gesellschaft **42**, 770 [1909].
[3]) H. Leuchs u. L. E. Weber, Berichte d. Deutsch. chem. Gesellschaft **42**, 3703 [1909].

über, das aber bis jetzt noch nicht krystallisiert erhalten werden konnte. Bei Verwendung von 1,5 Mol. Lauge dagegen bleibt der größte Teil der Säure unverändert, während 1 T. in eine Säure, das Brucinonsäurehydrat, übergeht unter einfacher Wasseranlagerung, unter Verwandlung der : N · CO-Gruppe in : NH/COOH, wie es bei der Entstehung der Brucinsäure aus Brucin der Fall ist. Sie ist jedoch viel beständiger wie diese und kann auch durch Einwirkung von verdünnter Salzsäure auf Brucinonsäure dargestellt werden.

Aus Wasser umkrystallisiert schmilzt die Säure bei 245°; sie ist kaum löslich in organischen Lösungsmitteln mit Ausnahme von Eisessig. Das Natriumsalz ist in Wasser ziemlich schwer löslich.

Brucinolsäure[1]) $C_{23}H_{26}O_8N_2$, entsteht aus der Brucinonsäure durch Reduktion mit Natriumamalgam in schwach saurer Lösung. Sie ist isomer mit der Dihydrobrucinsäure, unterscheidet sich aber von ihr sehr durch ihre physikalischen und chemischen Eigenschaften, so daß hier nicht bloße Stereoisomerie vorliegen kann. Die Säure schmilzt bei 244—255° unter Zersetzung, ist unlöslich in Äther, sehr schwer in Chloroform, Aceton, Alkohol, ziemlich löslich in Eisessig, reagiert sauer und schmeckt ganz schwach bitter. Mit Salpetersäure gibt sie eine rote Lösung. $[\alpha]_D^{20} = -22°$. — **Acetylbrucinolsäure**, $C_{25}H_{28}O_9N_2$, krystallisiert in rechtwinkligen Prismen, welche rasch erhitzt unter Zersetzung gegen 295° schmelzen. Löst sich leicht in Chloroform, Eisessig, wie in Sodalösung, ziemlich leicht in Aceton, sehr schwer in Alkohol, Wasser und Essigester.

Brucinolon[1]) $C_{21}H_{22}O_5N_2$, entsteht durch Lösen der Brucinolsäure in 1,5 Mol.-Gew. normaler Natronlauge neben Glykolsäure:

$$C_{23}H_{26}O_8N_2 + H_2O = C_2H_4O_3 + C_{21}H_{22}O_5N_2 + H_2O.$$
Brucinolsäure   Glykolsäure   Brucinolon

Es ist dies die erste verfolgbare Aufspaltung des im Brucin enthaltenen Atomgerüstes.

Den Verlauf der Reaktion kann man sich so vorstellen, daß der Rest $> N \cdot CH_2 \cdot CO_2H$ unter Wasseranlagerung zerfällt, und daß sich Glykolsäure bildet, während gleichzeitig der tertiäre Stickstoff in sekundären übergeht, und dieser mit dem im ursprünglichen Molekül noch vorhandenen zweiten Carboxyl unter Wasserabspaltung einen neuen, piperidonartigen Ring schließt.

Aus Eisessig umkrystallisiert bildet das Brucinolon massive prismatische Säulen vom Schmelzp. 282°. Es ist in Wasser sehr wenig löslich, ebenso in verdünnten Laugen und Säuren, leicht löslich in Chloroform, sehr schwer in Essigester, Aceton, unlöslich in Äther. $[\alpha]_D^{20} = -32,12°$.

Brucinolonhydrat[2]) $C_{21}H_{24}O_6N_2$. Wird Brucinolon in konz. Salzsäure gelöst und auf 100° erwärmt, so entsteht das Chlorhydrat von Brucinolonhydrat vom Schmelzp. 245°. Die freie Base entsteht aus dem Hydrochlorid durch Zerlegen mit n-Natronlauge. Aus Wasser umkrystallisiert, sintert die Base von 200° an und schmilzt bei 267—268°; sie ist leicht löslich in Alkohol, sehr leicht in Eisessig und Sodalösung; in Chloroform löst sie sich zuerst leicht und dann sehr schwer; ebenso sehr schwer in Aceton, Äther und Benzol.

Das **Brucinolon** gibt die bekannte rote Farbenreaktion des Brucins mit verdünnter Salpetersäure und es entsteht dabei wie bei der unten zu besprechenden Brucinsulfosäure I ein **Chinonderivat** des neutralen Brucinolons, indem aus den beiden Methoxylgruppen $(CH_3)_2$ entfernt worden ist unter Bildung eines **Chinons** $C_{19}H_{16}O_5N_2$.

Das Chinon verfärbt sich beim Erhitzen im Capillarrohr von 220° an und schmilzt unter Gasentwicklung gegen 295°. Es ist kaum löslich in Alkohol, Chloroform, sehr wenig in heißem Wasser, etwas mehr in verdünnter, kalter Salpetersäure, woraus Wasser wieder rote Prismen abscheidet. Von Natronlauge wird es sofort, ebenso von Ammoniak und Soda allmählich zersetzt.

Bei der Behandlung mit schwefliger Säure geht das Chinon unter Anlagerung von 2 Wasserstoffatomen über in **Bis-Desmethylbrucinolon** $C_{19}H_{18}O_5N_2$, gelbe glänzende Krystalle aus Eisessig vom Schmelzp. 300°. Die Substanz ist in allen Lösungsmitteln sehr schwer löslich, ebenso in verdünnter Salzsäure, leicht in konzentrierter. In Soda, Lauge und Ammoniak löst sie sich zu einer gelben Flüssigkeit, die an der Luft rasch braun, dann wieder gelb wird.

Von verdünnter und konz. Salpetersäure wird das Hydrochinon in das Chinon zurückverwandelt, das beim Abkühlen bzw. Verdünnen in kleinen Prismen ausfällt.

---

[1]) H. Leuchs u. L. E. Weber, Berichte d. Deutsch. chem. Gesellschaft **42**, 770 [1909].
[2]) H. Leuchs u. L. E. Weber, Berichte d. Deutsch. chem. Gesellschaft **42**, 3708 [1909].

Brucinsulfosäuren.[1]) Brucin reagiert wie das Strychnin mit Braunstein und schwefliger Säure unter Bildung von Sulfosäuren und zwar gelingt es, deren drei zu isolieren. Sie sind in Alkalien leicht löslich und sehr beständig, dagegen schwer löslich in sehr verdünnten Säuren und organischen Lösungsmitteln. Sie sind teils als stereoisomere, teils als strukturisomere Verbindungen anzusehen.

Die Darstellung der Säuren geschieht durch Einleiten von Schwefeldioxyd in Brucin, das in Wasser von 80° suspendiert ist und unter allmählichem Zufügen von Mangansuperoxyd. Beim Abkühlen auf 0° scheiden sich die Säuren I und II zum größten Teile aus, die Mutterlauge ergibt nach mehrwöchentlichem Stehen noch geringe Mengen einer Säure III.

Die Säuren I und II werden durch fraktionierte Krystallisation aus Wasser getrennt.

Brucinsulfosäure I $C_{23}H_{26}O_7N_2S$, krystallisiert aus Wasser in langen, farblosen Nadeln, die sich von 280° an färben und bei 300° noch nicht schmelzen. $[\alpha]_D^{20} = -241,3°$. Sie ist unlöslich in Äther, kaum löslich in heißem Alkohol und Aceton, etwas in heißem Eisessig. Von Natronlauge und Sodalösung wird sie leicht aufgenommen, ebenso von 20 proz. Salzsäure, aus der sie beim Verdünnen wieder unverändert ausfällt.

Brucinsulfosäure II $C_{23}H_{26}O_7N_2S$, färbt sich von 200° an und schmilzt gegen 260°. $[\alpha]_D^{20} = +29,2°$. Sie gleicht sonst der Sulfosäure I.

Brucinsulfosäure III $C_{23}H_{26}O_7N_2S$, bildet zugespitzte, breite Prismen, färbt sich von 180° an braun und zersetzt sich bei 245°. $[\alpha]_D^{20} = +156,9°$.

Wenn die Brucinsulfosäuren auch nur schwache Säuren sind, bei denen selbst die Alkalisalze schon durch Kohlensäure zerlegt werden, so ist doch andererseits der basische Charakter des Brucins in ihnen so vollständig verschwunden, daß sie mit Säuren überhaupt keine Salze mehr bilden. Von dieser Eigenschaft haben Leuchs und Geiger Gebrauch gemacht bei ihrer Untersuchung der Entstehungsprodukte bei der Einwirkung von Salpetersäure auf Brucinsulfosäure I. Sie isolierten dabei, indem sie auf die Säure in der Kälte verdünnte Salpetersäure einwirken ließen, einen schön krystallisierten sofort reinen Körper von charakteristischer leuchtend roter Farbe, der sich von der ursprünglichen Substanz durch einen Mindergehalt von $2(CH_3)$ unterscheidet. Diese Gruppen entstammen den beiden Methoxylresten und die mit Methyl verbundene Gruppierung ist in eine chinonartige umgewandelt worden.

Das **Chinon aus Brucinsulfosäure I** $C_{21}H_{20}O_7N_2S$, ist in fast allen organischen Lösungsmitteln unlöslich; es löst sich leicht in überschüssiger Soda, Lauge und Ammoniak. Durch Salzsäure wird es aus dieser Lösung nur teilweise und in unreiner Form wieder abgeschieden. Verdünnte Salzsäure löst es nicht in der Kälte, wohl aber beim Kochen. Verdünnte Salpetersäure löst es allmählich und führt es in das unten beschriebene Nitroderivat über. Bei hoher Temperatur verkohlt es ohne zu schmelzen.

Außer diesem Chinon erhält man bei der Einwirkung von Salpetersäure auf die Brucinsulfosäure I noch einen zweiten krystallisierten Körper, die

Bi-desmethyl-nitrobrucinhydrat-sulfosäure I von der Zusammensetzung $C_{21}H_{19}O_5N_2 S(OH)_2(NO_2)(H_2O)$, entstanden durch einfache Anlagerung von salpetriger Säure an das Chinon. Die Substanz ist so gut wie unlöslich in Aceton, Alkohol und Eisessig, sie löst sich leicht in Soda und Laugen mit gelber Farbe. Sie zersetzt sich unter schwacher Verpuffung bei hoher Temperatur.

Das Chinon aus Brucinsulfosäure geht bei der Behandlung mit schwefliger Säure schon in der Kälte quantitativ in ein völlig farbloses, krystallisiertes Produkt über, das 2 Wasserstoffatome mehr enthält wie das Chinon.

Dieses **Hydrochinon,** $C_{21}H_{22}O_7N_2S$, krystallisiert aus Wasser in farblosen Nadeln, welche bei hoher Temperatur verkohlen. Es ist in Alkohol, Eisessig kaum löslich. In Alkali, Soda, Ammoniak löst es sich zuerst mit hellgelber Farbe, beim Schütteln mit Luft wird die Lösung braunrot. Das Hydrochinon läßt sich wieder mit verdünnter kalter Salpetersäure in das Chinon zurückverwandeln; doch verläuft die Reaktion nicht quantitativ in diesem Sinne.

Einwirkung von Brom und Jod auf Brucin. Die Bromierung von Brucin[2]) verläuft vollkommen verschieden von der des Strychnins. Auf Zusatz einer Lösung von Brom in Schwefelkohlenstoff zu einer alkoholischen Lösung von Brucin entsteht zuerst ein farbloser, gallertartiger Niederschlag, der in Alkohol fast unlöslich ist, der sich aber bei weiterem

---

[1]) H Leuchs u. W. Geiger, Berichte d. Deutsch. chem. Gesellschaft **42**, 3069 [1909].
[2]) Buraczewski u. Dziurzyński, Anzeiger d. Akad. d. Wissensch. Krakau **1909**, 641; Chem. Centralbl. **1909** II, 188.

Zusatz von Brom allmählich löst. Aus dieser Lösung fällt allmählich ein dunkelgelber Niederschlag aus, bei großem Überschuß von Brom entsteht dieser Niederschlag jedoch nicht, sondern die Flüssigkeit wird nach einigen Tagen dunkelrotviolett. — **Monobrombrucin**, $C_{23}H_{25}BrN_2O_4$, ist der oben erwähnte gallertartige Niederschlag, welcher nach dem Waschen mit Alkohol und Äther einen weißen, pulverigen Körper bildet und in kaltem Wasser und den gewöhnlichen organischen Lösungsmitteln beinahe unlöslich ist; er ist nicht identisch mit dem Laurentschen Monobrombrucin. Das Monobrombrucin ist löslich in Wasser, auf Zusatz von starken Mineralsäuren mit reiner kirschroter Farbe, die beim Kochen der Lösung intensiver wird; ebenso in Alkohol beim Einleiten von Salzsäuregas; nach dem Verdunsten des Alkohols bleibt ein kirschroter, nicht hygroskopischer Körper zurück. — **Brucintribromid**, $C_{23}H_{25}N_2O_4Br_3$, ist der bei der Bromierung entstehende gelbe Niederschlag und löst sich beim Kochen mit Wasser mit roter Farbe wie das Brucintribromid von Beckurts, ist aber nicht hygroskopisch wie dieses.

Dijodbrucin,[1]) $C_{28}H_{26}O_4N_2J_2$ oder $C_{28}H_{24}O_4N_2J_2$, entsteht durch Einwirkung einer konz. Schwefelkohlenstoff-Jodlösung auf Brucin in 96 proz. Alkohol und bildet leichte zimtfarbene, seidenglänzende Kryställchen, welche bei 222,5° schmelzen und fast unlöslich in Wasser, Alkalien und den gewöhnlichen organischen Lösungsmitteln sind. Getrocknet und gepulvert zieht es begierig Feuchtigkeit an. Beim Kochen von Dijodbrucin mit Alkohol erleidet es eine teilweise Zersetzung und es scheiden sich rubinähnliche Kryställchen vom Schmelzp. 251 bis 252° aus.

Elektrolytische Reduktion des Brucins[2]). Bei der elektrolytischen Reduktion des Brucins (I) in schwefelsaurer Lösung an Bleikathoden sind zwei Reduktionsprodukte, Tetrahydrobrucin (II) und Brucidin (III) erhalten worden. Das Brucin reduziert sich um so leichter, je höher die Temperatur ist. Unterhalb 15° bildet sich ausschließlich Tetrahydrobrucin; über 15° werden gleichzeitig die Methoxylgruppen verseift, und man erhält dann nicht krystallisierende, äußerst luftempfindliche Substanzen. Durch Erhitzen über 200° spaltet Tetrahydrobrucin Wasser ab und geht in Brucidin über.

$$[C_{20}H_{20}(OCH_3)_2]\!\!<\!\!{\overset{CO}{\underset{N}{|}}} \qquad [C_{20}H_{20}(OCH_3)_2]\!\!<\!\!{\overset{CH_2\cdot OH}{\underset{NH}{}}} \qquad [C_{20}H_{20}(OCH_3)_2]\!\!<\!\!{\overset{CH_2}{\underset{N}{|}}}$$

I II III

Tetrahydrobrucin (II). Im evakuierten Capillarrohr erhitzt, beginnt das Tetrahydrobrucin bei 185° unter Wasserabspaltung sich zu zersetzen, und schmilzt bei 200—201° zu einer klaren, gelblich gefärbten Flüssigkeit.

In Wasser ist die Base sehr schwer löslich; sie wird daher aus der Lösung ihrer Salze durch Alkalien oder Ammoniak als weiße, amorphe Masse abgeschieden. Immerhin reagiert die wässerige Lösung auf Lackmus stark und auf Curcuma deutlich alkalisch. Leicht löst sich die Base in kaltem Benzol und Chloroform, etwas schwerer in kaltem Alkohol, noch schwerer in Methylalkohol, Essigester und Aceton, sehr schwer in Äther. Von kochendem Methylalkohol, der sich zum Umkrystallisieren am besten eignet, sind etwa 10 T. zur Lösung nötig, und beim Erkalten krystallisieren zu Drusen vereinigte Nädelchen, welche unter dem Mikroskop als dünne prismatische Blättchen erscheinen.

Gleich dem Tetrahydrostrychnin bildet das Tetrahydrobrucin zwei Reihen von Salzen. Diejenigen mit einem Äquivalent Säure sind ziemlich beständig und reagieren neutral, während die mit zwei Äquivalenten stark sauer reagieren und leicht einen Teil Säure verlieren. Fast alle Salze aber zeichnen sich durch ihre große Löslichkeit in Wasser aus, so daß sie besser in alkoholischer Lösung gewonnen werden.

Monochlorhydrat. Wird die Base in wenig Alkohol gelöst und mit der auf ein Äquivalent berechneten Menge alkoholischer Salzsäure versetzt, so färbt sich die Lösung grün, während farbloses, krystallinisches Hydrochlorat ausfällt. Dasselbe ist auch in kochendem Alkohol ziemlich schwer löslich (1 T. in 20 T.) und krystallisiert daraus in farblosen, dünnen, langgestreckten Blättchen.

Die verdünnte wässerige Lösung des Hydrochlorats liefert mit Platinchlorid einen schwach gelben, mit Quecksilberchlorid einen farblosen Niederschlag. Beide sind nicht krystallinisch. Das **Chloroplatinat** zersetzt sich beim Erwärmen, die **Quecksilberverbindung** schmilzt

---

[1]) Buraczewski, Anzeiger d. Akad. d. Wissensch. Krakau **1908**, 644; Chem. Centralbl. **1908** II, 1872.
[2]) J. Tafel u. K. Naumann, Berichte d. Deutsch. chem. Gesellschaft **34**, 3295 [1901].

dabei zu einem Harz zusammen. Auch Pikrinsäure liefert selbst bei großer Verdünnung einen ebenfalls amorphen, beim Erwärmen harzigen Niederschlag. — **Sulfat.** Die Base löst sich in einem Äquivalent 20 proz. Schwefelsäure beim Erwärmen auf, und beim Erkalten krystallisiert das Sulfat in feinen Nädelchen. Es ist in warmem Alkohol und auch schon in kaltem Wasser leicht löslich. — **Dichlorhydrat.** Das Salz fällt aus, wenn in die methylalkoholische Lösung des Tetrahydrobrucins überschüssiger trockner Chlorwasserstoff geleitet wird. Es wird durch Umkrystallisieren aus heißem Alkohol farblos erhalten, färbt sich aber an der Luft, besonders in feuchtem Zustande, rasch grünlich.

Brucidin $[C_{20}H_{20}(OCH_3)_2ON]\diagdown_N^{CH_2}$. Im evakuierten Capillarrohr erhitzt, färbt sich das Brucidin gegen 195° etwas braun und schmilzt bei 198° zu einer gelbbraunen klaren Flüssigkeit.

In kochendem Wasser ist das Brucidin schwer, doch merklich löslich, und es krystallisiert aus dieser Lösung beim Erkalten in geringer Menge wieder aus. Die wässerige Lösung reagiert auf Lackmus noch eben merklich, auf Curcuma nicht mehr alkalisch. Organischen Lösungsmitteln gegenüber verhält sich das Brucidin ganz ähnlich dem Tetrahydrobrucin. Die Krystallisationsfähigkeit des Brucidins ist jedoch etwas größer als die des Tetrahydrobrucins. Am besten läßt es sich aus siedendem Essigester umkrystallisieren, von welchem etwa 20 T. zur Lösung nötig sind. Beim Erkalten krystallisiert die Base in warzenförmig vereinigten, seidenglänzenden Nädelchen aus. Ähnlich läßt sie sich aus Alkohol, Methylalkohol und Aceton gewinnen.

Monochlorhydrat des Brucidins. Das Salz wurde wie das entsprechende des Tetrahydrobrucins in alkoholischer Lösung dargestellt und ist in seinen Eigenschaften diesem sehr ähnlich.

Allobrucin, ein Isomeres des Brucins.[1]) Bei der Einwirkung von Bromcyan auf Brucin in Chloroform entsteht ein in Chloroform unlösliches Bromid einer quaternären Base, die offenbar durch Addition eines durch Aufspaltung entstandenen Cyanbrucins an Brucin entstanden ist und das doppelte Molekül besitzt und außerdem ein in Chloroform sehr leicht lösliches Bromwasserstoffsalz einer dem Brucin isomeren Base, $C_{23}H_{26}N_2O_4 \cdot HBr + 4 H_2O$, aus dem man mit Sodalösung die freie Base erhält, die G. Mossler Allobrucin $C_{23}H_{26}N_2O_4$ nennt; spießige, zu Drusen vereinigte Krystalle, aus heißem konz. Alkohol und Wasser, enthält 5 Mol. Krystallwasser, die es im Vakuum abgibt; schmilzt (wasserhaltig) bei 69,5°, erstarrt wieder bei 75—80° und erweicht dann gegen 120—130°, doch tritt Schmelzen des später wieder hart gewordenen Körpers erst unscharf unter Bräunung gegen 182° ein; die wasserfreie Base beginnt bei 120° zu erweichen, wird bei 126—128° durchsichtig, ohne einen Meniscus zu bilden, wird dann wieder fest und undurchsichtig und schmilzt unter Bräunung gegen 182°; doch wird es beim Erhitzen bis auf 190° nicht verändert; durch längeres Kochen in Wasser oder verdünntem Weingeist wird es in das Brucin zurückverwandelt; die Salze dagegen lassen sich ohne Rückbildung kochen. $[\alpha]_D = -112,2-113°$ (in Chloroform). Das Chlorhydrat krystallisiert auch mit 14 Mol. Wasser. Die Base gibt dieselben Farbenreaktionen wie das Brucin. Sie enthält zwei Methoxylgruppen, ist eine einsäurige Base und enthält dieselben N—C-Bindungen wie Brucin, so daß also keine Aufspaltung erfolgte.

Jodmethylat $C_{24}H_{29}N_2O_4J + 1\frac{1}{2}$ Mol. H_2O, Schmelzp. 265° (Zersetzung). — **Allobrucinperoxyd** $C_{23}H_{26}N_2O_6 + 5 H_2O$, Bildung aus Allobrucin durch Erwärmen mit 3 proz. Wasserstoffsuperoxyd; die Krystalle verlieren im Vakuum 4 Mol. Wasser; Schmelzp. (mit 5 oder 1 Mol. Wasser) 182° unter Zersetzung; das Präparat mit 5 Mol Wasser schäumt bei 115—120°, das vakuumtrockene bei 150—152° auf; es enthält 2 aktive Atome Sauerstoff; die wässerige Lösung ist optisch inaktiv; reagiert neutral, bleicht Lackmus, macht aus Jodalkali Jod frei und gibt nach dem Ansäuern mit Schwefelsäure Wasserstoffsuperoxydreaktion; auf Zusatz von Chlorwasserstoff färbt sich die Lösung unter Bildung von Chlor intensiv rot; beim Versuch, durch Erhitzen in Glycerinlösung den Sauerstoff abzuspalten, tritt starke Rotfärbung und Verharzung ein. — Beim Erhitzen des Peroxyds auf 110° oder Erwärmen der wässerigen Lösung mit Platinmohr entsteht unter Abspaltung von 1 Atom Sauerstoff das **Allobrucinoxyd** $C_{23}H_{26}N_2O_5 + H_2O$; Schmelzp. 182°; gibt keine Wasserstoffsuperoxydreaktion und Jodabscheidung; sehr leicht löslich in Wasser, Chloroform; krystallisiert aus Essigäther mit 6 Mol. Wasser, von denen es bei 110° 5 Mol. abgibt.

---

[1]) G. Mossler, Zeitschr. d. allgem. österr. Apoth.-Vereins **47**, 417 [1909]; Apoth.-Ztg. **24**, 750 [1909]; Pharmaz. Post **42**, 822 [1909].

Auch das Brucin gibt, ebenso wie das Allobrucin, wenn man langes Erwärmen und Umkrystallisieren vermeidet, ein **Brucinperoxyd** $C_{23}H_{26}N_2O_6 + 4\,H_2O$, von denen es im Vakuum 2 Mol. abgibt; Krystalle, Schmelzp. 124° (lufttrocken), 194—196° (vakuumtrocken); gibt dieselben Reaktionen wie das Allobrucinperoxyd und geht beim Erhitzen auf 110° in das schon früher von Pictet und Jenny beschriebene **Brucinoxyd** $C_{23}H_{26}N_2O_5$ über. — Durch Einwirkung von Natriumäthylat entsteht aus der im Allobrucin ebenso wie im Brucin vorhandenen, an ein Stickstoffatom gebundenen Carbonylgruppe eine Carboxylgruppe, während der Stickstoff in eine Imidbindung übergeht unter Bildung der **Allobrucinsäure** $C_{23}H_{28}N_2O_5$ + 7 H_2O, schmilzt wasserfrei bei 165—166°; sie läßt sich im Gegensatz zu der Brucinsäure ohne Zersetzung mit Wasser kochen, bildet aber bei Einwirkung schon von kalter Säure das innere Anilid zurück, wobei aber nicht Allobrucin, sondern Brucin entsteht. — Für die Bezeichnung der Base als Allobrucin war maßgebend, daß sie sich nicht dem Isostrychnin analog verhält, und daß andererseits Bromcyan nicht analog auf Strychnin einwirkt.

Über die Konstitution von Strychnin und Brucin: W. H. Perkin jun. und R. Robinson[1]) gaben eine Zusammenstellung der gesamten Literatur über Strychnin und Brucin und versuchen, aus dem darin enthaltenen Beobachtungsmaterial eine Konstitutionsformel herzuleiten. Der Kern derselben besteht aus einem Chinolin- und einem Carbazolkomplexe, deren Anwesenheit aus den Eigenschaften des Dinitrostrychnols, das nach Tafel[2]) ein Dinitrodioxychinolin ist und der Methyl- und Dimethylstrychnine[3]), sowie der Säure $C_{15}H_{17}O_2N_2$ · CO_2H, die Hanssen[4]) aus Strychnin durch Oxydation mit Chromsäure erhielt, und die bei der Destillation mit Zinkstaub Carbazol liefert, folgt. Die Verknüpfung der beiden Komplexe muß so bewirkt werden, daß der Stickstoff der Chinolingruppe wegen der Bildung der Strychninsäure säureamidartig gebunden ist, und der Stickstoff des Carbazols tertiär ist. Unter den hiernach möglichen Kombinationen ist das Schema I zu bevorzugen, da es die in Frage stehenden Reaktionen zu erklären vermag.

Für das Strychnin gelangen die genannten Autoren so zur Formel II, in welcher nur die Stellung des HO etwas unsicher zu sein scheint. Dem Brucin käme dann die Formel III zu, weil das Oxydationsprodukt des Brucinolons[5]) wahrscheinlich ein p-Chinon ist (IV).

---

[1]) W. H. Perkin jun. u. R. Robinson, Journ. Chem. Soc. London **97**, 305 [1910]; Chem. Centralbl. **1910**, I, 1363.
[2]) J. Tafel, Annalen d. Chemie u. Pharmazie **301**, 336 [1898].
[3]) Annalen d. Chemie u. Pharmazie **264**, 43 [1891].
[4]) Hanssen, Berichte d. Deutsch. chem. Gesellschaft **20**, 451 [1887].
[5]) Leuchs u. Weber, Berichte d. Deutsch. chem. Gesellschaft **42**, 3709 [1909].

III. Curarealkaloide.

Vorkommen: Curare kommt vor in verschiedenen Strychnosarten wie Strychnos toxifera, Str. Schomburghii, Str. cogens, Str. Castelnereana, Str. Gubleri und Str. Crevauxii. Es wird aus diesen Pflanzen, und zwar aus dem eingekochten wässerigen Extrakte derselben, seit Jahrhunderten von den Eingeborenen Südamerikas als Pfeilgift und Arzneimittel bereitet.

Man unterscheidet, je nach Art der Verpackung, drei verschiedene Sorten, nämlich **Tubocurare**, in Bambusröhren versandt, **Calebassencurare**, in Flaschenkürbissen versandt und **Topfcurare,** welches in kleinen, aus ungebranntem grauen Ton gemachten Töpfchen verpackt ist.

a) Basen aus Tubocurare.

Das **Tubocurare**, auch **Paracurare** genannt, ist die jetzt noch im Handel befindliche Droge und stammt aus der brasilianischen Provinz Amazonas. Es findet sich in 25 cm langen Bambusröhren eingeschlossen und stellt eine dunkelbraune Masse dar. Löslichkeit in Wasser ca. 85%.

Darstellung: Zur Isolierung der wirksamen Basen wird entweder die wässerige Lösung zunächst mit Ammoniak gefällt oder die Lösung des Curare in 50 proz. Alkohol wird mit Äther extrahiert. Im ersteren Falle wird eine gelatinöse Base, das **Curin,** ausgefällt; im letzteren Falle geht die Base in den Äther über. Die restierenden curinfreien Lösungen werden zum dünnen Sirup eingedampft, wobei krystallisierte Calcium- und Magnesiumsalze organischer Säuren abgeschieden werden. Die von diesen Krystallen getrennte, mit Alkohol vermischte Mutterlauge wird mit alkoholischer Sublimatlösung versetzt, wobei ein gelber Niederschlag ausfällt, welcher die wirksame Base, das **Tubocurarin,** enthält. Durch Einwirkung von Schwefelwasserstoff auf die alkoholische Lösung des Sublimatniederschlages und Zusatz von Äther zum Filtrate wird das Tubocurarin als salzsaures Salz gefällt.

Physikalische und chemische Eigenschaften und Salze des Curins, $C_{18}H_{19}NO_3$. Es ist in abs. Alkohol, Methylalkohol und Benzol nur wenig löslich, leicht löslich in verdünntem Alkohol und Chloroform. Es scheidet sich beim langsamen Verdampfen seiner Lösungen in weißen, vierseitigen Prismen aus. Das aus Methylalkohol krystallisierte reine Curin schmilzt bei 212°. Curin ist optisch aktiv; seine schwefelsaure Lösung dreht die Polarisationsebene des Lichtes nach links. Die Lösungen der Base in verdünnten Säuren schmecken anfangs süß, dann bitter. Mit einem Tropfen Vanadinschwefelsäure gibt eine Spur Curin eine Schwarzfärbung, die nach einiger Zeit in eine hellzwiebelrote übergeht. Konz. Salpetersäure färbt die Base dunkelbraun. Außer mit den gewöhnlichen Alkaloidreagenzien geben die Salzlösungen des Curins mit vielen Neutralsalzen, wie Brom- und Jodkalium, Chlorcalcium, Alkaliphosphaten, voluminöse Niederschläge.

Curin ist ein tertiäres Amin, verbindet sich als solches mit Jodmethyl zum **Curinjodmethylat** $C_{18}H_{19}NO_3 \cdot CH_3J$, Schmelzp. 252—253°. Es bewirkt ebenso wie die daraus dargestellte Ammoniumbase die typische Nervenendenlähmung des Curare und ist wie Tubocurarin ein starkes Gift. — **Platinsalz des Curins** $(C_{18}H_{19}NO_3 \cdot HCl)_2 \cdot PtCl_4$, ist ein gelbes, amorphes Pulver, das in Wasser und Alkohol unlöslich ist. — **Goldsalz des Curins** $(C_{18}H_{19}NO_3 \cdot HCl)AuCl_3$, ist ebenfalls amorph.

Abbau- und synthetische Reaktionen des Curins: Curin enthält eine Methoxylgruppe, es bildet einen Methyläther. Schmelzendes Ätzkali zerlegt Curin in Aminbasen und Protocatechusäure. Durch Destillation über Zinkstaub, wobei ein intensiver Chinolingeruch bemerkbar ist, bildet sich Trimethylamin und ein hellgelbes, dickes Öl; Salzsäure entzieht demselben eine Base, deren wässerige, salzsaure Lösung mit Chlorwasser und Ammoniak die Thalleiochinreaktion gibt, welche auch dem p-Chinanisol eigen ist[1]). Dies scheint das Vorhandensein eines methoxylierten Chinolinkernes im Curin anzuzeigen.

Durch Einwirkung von Kaliumpermanganat auf Curin entsteht Ameisensäure, sowie braune amorphe Körper, welche die Giftwirkung des Tubocurarins zeigen.

Physikalische und chemische Eigenschaften des Tubocurarins: Tubocurarin $C_{19}H_{21}NO_4$ ist eine amorphe, braunrote Masse, welche durch mehrmaliges Lösen in Alkohol und Fällen mit Äther gereinigt wird. Seine Lösungen schmecken intensiv bitter.

Tubocurarin ist sehr giftig, die letale Dosis beträgt, auf 1 kg Kaninchen, 0,001 g.

Seine Reaktionen gleichen denen des Curins, nur wird es nicht von Alkaliphosphaten gefällt. Wie Curin, enthält Tubocurarin eine Methylgruppe, besitzt den Charakter einer Ammoniumbase. Von Curin unterscheidet es sich nur durch den Atomkomplex CH_2O.

---

[1]) Skraup, Monatshefte f. Chemie **3**, 544 [1882].

b) Basen aus Calebassencurare.

Diese Sorte wird hauptsächlich aus Strychnos toxifera dargestellt. Aus dem Calebassencurare gelang es Boehm, eine Base, **Curarin** $C_{19}H_{26}N_2O$, abzuscheiden, während ein anderes in Äther leicht lösliches Alkaloid in den Mutterlaugen verbleibt.

Darstellung des Curarins: Die wässerige Lösung der Droge wird mit Platinchlorid gefällt, das Platinsalz in Alkohol suspendiert und mit Schwefelwasserstoff zerlegt. Nach Zusatz von alkoholischem Ammoniak fällt man mit Äther, reinigt die abgeschiedene Base durch Auflösen in einem Gemisch von Chloroform und abs. Alkohol (4 : 1) und Verdunsten der Lösung an der Luft. Der zurückbleibende rote Lack wird in Alkohol gelöst und mit Äther gefällt.

Physikalische und chemische Eigenschaften des Curarins: Curarin ist amorph, in Wasser, Alkohol und Methylalkohol leicht löslich, unlöslich in Äther, Benzol, Chloroform, Aceton usw. Der Geschmack ist intensiv bitter. Die wässerige Lösung ist optisch inaktiv.

Beim Erhitzen zersetzt es sich oberhalb 150° unter Trimethylaminbildung. Es hat die Eigenschaften einer quaternären Base.

Mit konz. Schwefelsäure bildet die wässerige Lösung eine purpurviolette Färbung an der Berührungszone.

Platinchlorid erzeugt einen voluminösen Niederschlag. Mit Goldchlorid läßt sich keine Verbindung erhalten.

In der Pflanze findet sich Curarin als Chlorid bezw. Succinat vor. Durch Erhitzen mit Wasser oder Mineralsäuren wird Curarin zersetzt.

Physiologische Eigenschaften des Curarins: Es bewirkt, wenn es in das Blut gebracht oder subcutan einverleibt wird (bei kleineren Dosen nach anfänglicher Reizung) zuerst Lähmung der intramuskulären Enden der motorischen Nerven (die Muskeln selbst bleiben reizbar); in der physiologischen Methodik dient daher das Curare dazu, die Wirkung der Nerven auf den Muskel auszuschalten: „entnervter Muskel", während noch die sensiblen, die der Zentralorgane und der Eingeweide (Herz, Darm und Gefäße) zunächst unversehrt bleiben[1]). Bei Warmblütlern erzeugt die Lähmung der Atemmuskeln (das Zwerchfell wird zuletzt von allen Muskeln gelähmt) natürlich baldigst Erstickung, die ohne Krämpfe erfolgen muß. Frösche, bei denen die Haut das wichtigste Respirationsorgan ist, können bei passender Dosis sich nach tagelanger Regungslosigkeit (während welcher das Gift durch den Harn eliminiert wird) völlig wieder erholen[2]). Stärkere Dosen lähmen auch die Herzhemmungs- und vasomotorischen Nerven. Bei Fröschen werden auch die Lymphherzen gelähmt. Werden die subcutan bereits tödlich wirkenden Dosen vom Magen aus verabfolgt, so erfolgt keine Vergiftung[1]), weil in demselben Maße, als das Gift durch die Magenschleimhaut resorbiert wird, seine Ausscheidung durch die Niere stattfindet. (Aus diesem Grunde ist auch das Fleisch der mit den vergifteten Pfeilen erlegten Tiere unschädlich.) Werden jedoch die Harnleiter unterbunden, so sammelt sich das Gift im Blute und die Vergiftung erfolgt[3]). Starke Dosen töten aber auch unverletzte Tiere vom Darm aus. — Einen wirklichen Antagonismus gegenüber der Curarewirkung zeigt das später zu behandelnde Physostigmin: man kann einem curaresierten Muskel durch Physostigmin seine Erregbarkeit vom Nerven aus wiedergeben und ihn dann neuerdings durch Curare lähmen, worauf er durch Physostigmin wieder erregbar gemacht werden kann. Ein durch Curare vollständig gelähmtes Tier erlangt durch Physostigmininjektion seine volle Bewegungsfreiheit zurück. Das Physostigmin hat denselben Angriffspunkt wie das Curare: es erregt die intramuskulären Nervenendigungen, welche das Curare lähmt[4]).

Besondere Beachtung verdient noch die Erregbarkeit der Muskeln nach Läsionen der Nerven: nach 3—4 Tagen ist die Erregbarkeit des gelähmten Muskels für direkte oder indirekte (Nerven-) Reize gesunken, dann folgt ein Stadium, in welchem konstante Ströme über die

---

[1]) Kölliker, Virchows Archiv. — Cl. Bernard, Lecons sur les effets des substance toxiques. Paris 1857, p. 237.

[2]) Kühne, Archiv f. Anat., Physiol. u. wissensch. Medizin von Joh. Müller, Reichert und du Bois-Reymond **1860**, 447. — Bidder, Archiv f. Anat., Physiol. u. wissensch. Medizin von Joh. Müller, Reichert und du Bois-Reymond **1868**.

[3]) Hermann, Archiv f. Anat., Physiol. u. wissensch. Medizin von Joh. Müller, Reichert u. du Bois-Reymond **1867**.

[4]) Pâl, Centralbl. f. Physiol. **14**, 255 [1900]. — Rothberger, Archiv f. d. ges. Physiol. **87**, 117 [1901].

Norm wirksam, während induzierte fast völlig unwirksam sind (Entartungsreaktion), auch beobachtet man nun erhöhte Reizbarkeit für direkte mechanische Reize. Diese erhöhte Erregbarkeit findet sich gegen die 7. Woche; dann sinkt sie mehr und mehr bis zum völligen Untergange gegen den 6.—7. Monat. Im Muskel zeigt sich von der 2. Woche an fortschreitende fettige Entartung bis zur völligen Atrophie. Therapeutisch verwertet man das Curarin, um die verschiedenen Formen des Starrkrampfes zu paralysieren.

c) Basen aus dem Topfcurare.

Aus dem Topfcurare isolierte Boehm[1]) drei Basen:

Protocurin $C_{20}H_{23}NO_3$
Protocuridin $C_{19}H_{21}NO_3$
Protocurarin $C_{19}H_{25}NO_2$ (?).

Protocurin krystallisiert aus Methylalkohol in feinen, glänzenden Nadeln und ist in Wasser unlöslich, in Äther, Chloroform, Alkohol, Methylalkohol wenig löslich, während verdünnte Säuren es leicht aufnehmen. Die Base schmilzt bei 306° unter Zersetzung und Bildung von Trimethylamin. Sie besitzt eine schwache Curaregiftwirkung.

Protocuridin krystallisiert in Prismen, ist in allen Lösungsmitteln unlöslich und schmilzt bei 274—276°; ist ungiftig.

Platinsalz des Protocuridins ($C_{19}H_{21}NO_3 \cdot HCl) \cdot PtCl_4$, krystallisiert in gelben Oktaedern.

Protocurarin. Das Chlorid desselben ist ein mattrotes Pulver, in Wasser, Alkohol und Methylalkohol leicht löslich. Es färbt sich mit Kaliumbichromat und konz. Schwefelsäure violett. Konz. Salpetersäure erzeugt eine kirschrote Färbung.

Es ist sehr stark giftig. Dosen von 0,24 mg pro Kilogramm Kaninchen wirken schon tödlich.

E. Alkaloide der Isochinolingruppe.

Zu dieser Gruppe gehören vier von den Opiumalkaloiden, nämlich **Papaverin**, **Laudanosin**, **Narkotin** und **Narcein**, ferner die in der Wurzel von Hydrastis canadensis auftretenden Alkaloide **Hydrastin** und **Berberin**. Außer Narcein sind sämtliche angeführte Alkaloide direkte Abkömmlinge des Isochinolins, Narcein selbst steht in gewisser Beziehung zu demselben.

Papaverin, Tetramethoxybenzylisochinolin.

Mol.-Gewicht 339,2.
Zusammensetzung: 70,8% C, 6,24% H, 4,13% N.

$C_{20}H_{21}NO_4$.

Synthese: A. Pictet und A. Gams[2]) fanden, daß das **Homoveratroyl-oxy-homoveratrylamin** (so dürfte der Körper am kürzesten bezeichnet werden) von der Formel I mit Phosphorpentoxyd unter den von Pictet und Kay festgestellten Bedingungen mit großer Leichtigkeit reagiert und mit befriedigender Ausbeute eine krystallisierte Base liefert, die mit dem Opiumpapaverin (II) identisch ist.

---

[1]) Boehms, Chem. Centralbl. **1897** II, 1079.
[2]) A. Pictet u. A. Gams, Berichte d. Deutsch. chem. Gesellschaft **42**, 2943 [1909].

Pflanzenalkaloide.

$$\underset{I}{\underset{\underset{\underset{OCH_3}{OCH_3}}{\bigcirc}}{\underset{CH_2}{\underset{CO}{\overset{CH\cdot OH}{\underset{CH_3O}{\overset{CH_3O}{\bigcirc}}\underset{NH}{\overset{CH_2}{\diagdown}}}}}}} = \underset{II}{\underset{\underset{\underset{OCH_3}{OCH_3}}{\bigcirc}}{\underset{CH_2}{\underset{C}{\overset{CH}{\underset{CH_3O}{\overset{CH_3O}{\bigcirc}}\underset{N}{\overset{CH}{\diagdown}}}}}}} + 2\,H_2O$$

Zur Darstellung des Homoveratroyl-oxy-homoveratrylamins wurde folgendermaßen verfahren: Vom Veratrol ausgehend, wurde zuerst mittels Acetylchlorid und Aluminiumchlorid das bereits von Neitzel und von Bouveault beschriebene Acetoveratron (III) dargestellt.

$$\underset{III}{\underset{CH_3O}{\overset{CH_3O}{\bigcirc}}\cdot CO\cdot CH_3} \qquad \underset{IV}{\underset{CH_3O}{\overset{CH_3O}{\bigcirc}}\cdot CO\cdot CH_2\cdot NH_3Cl}$$

Dieses wurde durch Amylnitrit und Natriumäthylat in sein ω-Isonitrosoderivat übergeführt, welches durch Zinnchlorür und Salzsäure zum Chlorhydrat des ω-Aminoacetoveratrons IV reduziert wurde. Die entsprechende Base ist unbeständig, braucht aber nicht isoliert zu werden, indem das Chlorhydrat direkt zur weiteren Kondensation mit Homoveratrumsäure verwendet werden kann.

Letztere Säure wurde aus Vanillin bereitet nach der Vorschrift, welche Czaplicki, v. Kostanecki und Lampe[1]) für die Darstellung von o-Oxyphenylessigsäure aus Methylsalicylaldehyd gegeben haben. Vanillin wurde durch Methylierung und Behandlung mit Cyanwasserstoffsäure in Dimethoxy-mandelsäurenitril V übergeführt und dieses mit Jodwasserstoffsäure gekocht. Es findet dann zu gleicher Zeit Reduktion, Verseifung und Entmethylierung statt, man erhält mit guter Ausbeute Homoprotocatechusäure VI.

$$\underset{V}{\underset{CH_3O}{\overset{CH_3O}{\bigcirc}}\cdot CH(OH)\cdot CN} \rightarrow \underset{VI}{\underset{HO}{\overset{HO}{\bigcirc}}\cdot CH_2\cdot COOH}$$

Durch Methylierung mittels Jodmethyl oder Dimethylsulfat wird alsdann die Homoprotocatechusäure in Homoveratrumsäure $(CH_3O)_2C_6H_3\cdot CH_2\cdot COOH$, und diese durch Phosphorpentachlorid in ihr Chlorid verwandelt.

Das so gewonnene Homoveratroylchlorid wurde mit der wässerigen Lösung des salzsauren Amino-acetoveratrons in Gegenwart von Kalilauge geschüttelt, wobei Homoveratroyl-ω-amino-acetoveratron VII

$$\underset{VII}{\underset{CH_3O}{\overset{CH_3O}{\bigcirc}}\cdot CO\cdot CH_2\cdot NH\cdot CO\cdot CH_2\cdot \underset{OCH_3}{\overset{OCH_3}{\bigcirc}}}$$

entstand. Letzteres wurde durch Natriumamalgam bei 40—50° in neutral gehaltener, alkoholischer Lösung reduziert. Von den beiden Carbonylgruppen, die im Molekül vorhanden sind, wird unter diesen Bedingungen nur die eine, nämlich die Ketoncharakter tragende, angegriffen und in eine sekundäre Carbinolgruppe verwandelt. Dabei findet keine Abspaltung der Homoveratroylgruppe statt, und das einzige Produkt der Operation ist das gesuchte Homoveratroyl-oxy-homoveratrylamin (I).

Durch kurze Behandlung mit Phosphorpentoxyd in kochender Xylollösung wird diese Verbindung zuletzt nach der oben angeführten Gleichung in Papaverin verwandelt.

---

[1]) Czalipcki, v. Kostanecki u. Lampe, Berichte d. Deutsch. chem. Gesellschaft **42**, 828 [1909].

Pictet und Gams fassen die bei dieser Synthese ausgeführten Reaktionen in nachfolgender Tabelle zusammen:

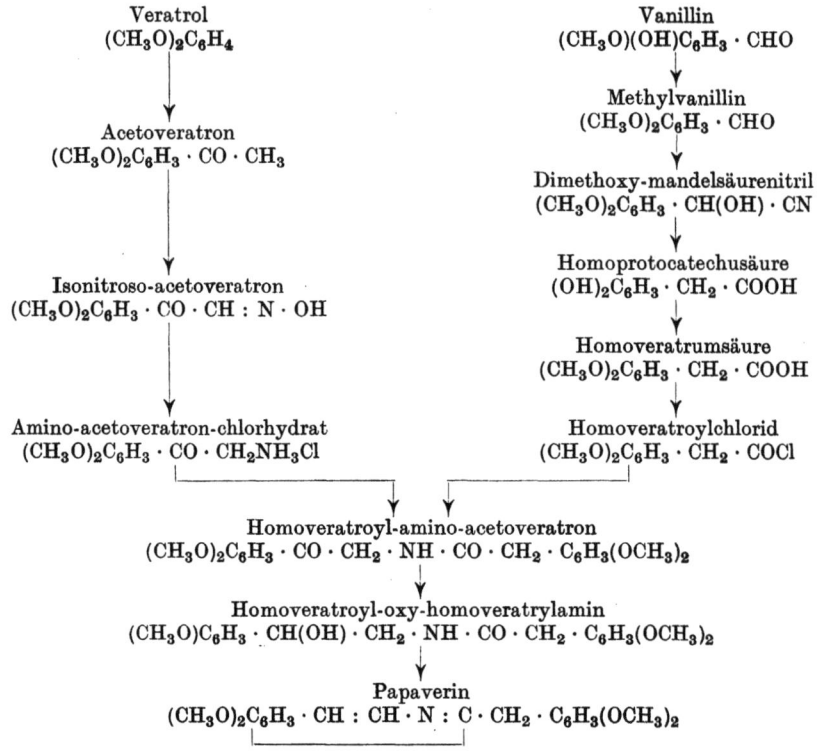

Vorkommen: Das Papaverin wurde im Jahre 1848 von Merck[1]) aus dem Opium, in dem es in geringer Menge (0,8—1%) enthalten ist, abgeschieden. Es findet sich neben Narkotin, Narcein und Thebain in der Mutterlauge des aus dem Opiumauszuge ausgeschiedenen Morphins und kann von Narkotin durch Oxalsäure getrennt werden.

Darstellung und Nachweis: Das Papaverin kann nach verschiedenen Verfahren dargestellt werden. Nach Anderson[2]) wird die bei der Gewinnung des Morphins erhaltene Mutterlauge verdünnt und mit Ammoniak gefällt, der Niederschlag mit Alkohol ausgekocht, wobei sich beim Verdunsten der alkoholischen Lösung Krystalle von Narkotin und Papaverin absetzen, deren Trennung mittels Oxalsäure geschehen kann. Das Papaverin gibt ein schwer lösliches Dioxalat, während Narkotin in Lösung bleibt. In der alkoholischen Mutterlauge des Papaverins und Narkotins befindet sich außer letzteren noch Thebain neben Harzen. Wird sie zur Trockne verdampft und der Rückstand in Essigsäure aufgenommen, so können Papaverin und Narkotin durch Bleiessig niedergeschlagen werden. Der Niederschlag wird mit Alkohol ausgekocht, und man löst den beim Verdunsten bleibenden Rückstand in Salzsäure, wobei Narkotin und Papaverin als Chlorhydrate in Lösung gehen. Man trennt sie dann in der oben angegebenen Weise.

Eine für Papaverin charakteristische Farbenreaktion ist folgende: Bringt man zur Auflösung von Papaverin in konz. Schwefelsäure eine kleine Menge arsensaures Natrium und erwärmt die Lösung, so färbt sie sich dunkelblauviolett. Wird dann die erkaltete Lösung mit kaltem Wasser vermischt und mit Natronlauge stark alkalisch gemacht, so resultiert eine fast schwarze Flüssigkeit.

Physiologische Eigenschaften: Das Papaverin wirkt zwar hypnotisch, aber in weit geringerem Grade als das Morphin. Es zeichnet sich nach Albers durch eine große Steigerung der Empfindlichkeit aus.

---

[1]) Merck, Annalen d. Chemie **66**, 125 [1848]; **73**, 50 [1850].
[2]) Anderson, Annalen d. Chemie u. Pharmazie **86**, 180 [1853].

In ausgedehnten Versuchen prüfte W. Hale[1]) die Wirkung von nachstehenden Papaveraceenalkaloiden: Chelidonin, Chelerythrin, Kodein, Kryptopin, Heroin, Morphin, Narcein, Narkotin, Papaverin, Protopin, Sanguinarin, Thebain auf das Froschherz. Die Alkaloide wurden in Ringerscher Lösung aufgelöst und die Perfusionsversuche am ausgeschnittenen Froschherzen ausgeführt. Nach der giftigen Wirkung auf den Herzmuskel lassen sich die Alkaloide schwer in eine Tabelle einordnen, dagegen stellte Hale dieselben auf Grund ihrer Depressionswirkung auf den Herzschlag in nachstehender Reihenfolge zusammen:

Chelerythrin $1/4000\%$, Protopin $1/4000\%$, Kryptopin $1/2000\%$, Sanguinarin $1/700\%$, Heroin $1/400\%$, Papaverin $1/300\%$, Narkotin $1/200\%$, Chelidonin $1/150\%$, Thebain $1/150\%$, Narcein $1/80\%$, Kodein $1/40\%$, Morphin $1/40\%$.

Hale[2]) untersuchte auch die Einwirkung der Papaveraceenalkaloide auf die motorischen Nerven. Er stellte die für den Eintritt der totalen Relaxation benötigte Zeit fest und konnte die Alkaloide in die Reihenfolge: Narcein, Morphin, Chelidonin, Sanguinarin, Kodein, Narkotin, Heroin, Protopin, Chelerythrin, Kryptopin, Thebain und Papaverin einordnen.

Physikalische und chemische Eigenschaften: Aus einem Gemisch von Alkohol und Äther krystallisiert das Alkaloid in Prismen vom Schmelzp. 147°. In Wasser ist es beinahe unlöslich, während es von heißem Alkohol und von Chloroform leicht aufgenommen wird. Im Gegensatz zu den meisten anderen Alkaloiden ist das Papaverin optisch inaktiv. Das käufliche Alkaloid löst sich in reiner kalter konz. Schwefelsäure ohne Färbung auf, beim Erwärmen wird die Lösung zuerst hellrosa (bei 110°), dann immer dunkler. Bei 200° ist sie dunkelviolett. Diese Farbe bleibt beim Abkühlen bestehen, verschwindet aber bei Zusatz von Wasser. Das synthetische Papaverin gibt diese Reaktion nicht. Pictet und Kramers konnten nachweisen, daß dieselbe auf einen Gehalt des käuflichen Papaverins an Kryptopin (vgl. dieses) beruht[3]).

Das Papaverin verhält sich als tertiäre Base, indem es sich mit einem Molekül Alkyljodid vereinigt. Essigsäureanhydrid löst Papaverin rasch, bildet aber kein Acetylderivat, woraus zu schließen ist, daß es keine freie Hydroxylgruppe enthält. Salpetersäure verwandelt es in Nitropapaverin. Das Verhalten gegen schmelzendes Alkali, Jodwasserstoffsäure, Kaliumpermanganat und konz. Salzsäure wurde schon beim Konstitutionsbeweis des Papaverins behandelt. Das Vorhandensein der CH_2-Gruppe in α-Stellung im Papaverin wird auch durch die Kondensationsfähigkeit dieser Base mit Formaldehyd bestätigt.

Salze und Derivate des Papaverins: Das Papaverin bildet mit den Säuren, ohne diese zu neutralisieren, Salze, welche meistens in kaltem Wasser schwer löslich sind und wasserfrei krystallisieren.

Das **Hydrochlorid** $C_{20}H_{21}NO_4HCl$, erhalten aus der alkoholischen Lösung der Base durch Versetzen mit Salzsäure oder durch Umsetzung von Papaverinoxalat mit Chlorcalcium, krystallisiert aus Wasser oder Alkohol in großen rhombischen Prismen. Schmelzp. 210—211°.

Wird das Hydrochlorid mit einer Auflösung von Jod in Jodkalium versetzt, so bildet sich das **Perjodid**, $C_{20}H_{21}NO_4, HJ, J_2$, Krystalle von schöner purpurroter Farbe. — Das **Nitrat** $C_{20}H_{21}NO_4, HNO_3$, fällt aus konzentrierten Lösungen zuerst als farbloses Harz aus, welches allmählich krystallisiert; leicht löslich in warmem Wasser. — Das **saure Oxalat** $C_{20}H_{21}NO_4, C_2H_2O_4$, erhalten durch Lösen äquimolekularer Mengen Papaverin und Oxalsäure in heißem Wasser, krystallisiert in Prismen, die sehr schwer in kaltem Alkohol löslich sind und deshalb zur Trennung von Papaverin und Narkotin dienen können.

Das **Chloroplatinat** schmilzt bei 196°. — Das **Pikrat** bildet gelbe Tafeln (aus Alkohol), die bei 179° schmelzen. — Das **Pikrolonat** wird durch Vermischen der verdünnten alkoholischen Lösungen beider Komponenten als blaßgelber Niederschlag erhalten. Sehr wenig löslich in Alkohol, selbst in kochendem. Scheidet sich daraus in fast weißen, haarfeinen Nadeln ab, die bei 220° schmelzen.

Additionsprodukt von Papaverin und Bromacetonitril.[4]) Papaverin gibt mit Bromacetonitril ein nicht merklich hygroskopisches Pulver, $(C_{20}H_{21}NO_4 \cdot CH_2 \cdot CN)Br$, das in Alkohol schwer löslich ist, bei 204° schmilzt und infolge einer geringen Verunreinigung, die auch durch wiederholtes Umkrystallisieren aus Alkohol nicht entfernt wird, schwach grünlich gefärbt erscheint. Physiologisch übt die Verbindung im wesentlichen nur Curarewirkung aus.

---

[1]) W. Hale, Amer. Journ. of Physiol. **23**, 389 [1909].
[2]) W. Hale, Amer. Journ. of Physiol. **23**, 408 [1909].
[3]) Pictet u. Kramers, Berichte d. Deutsch. chem. Gesellschaft **43**, 1329 [1910].
[4]) J. v. Braun, Berichte d. Deutsch. chem. Gesellschaft **41**, 2122 [1908].

Das **Pikrat** des Brompapaverins schmilzt bei 125° unter Zersetzung.

Das **normale Brombutylat des Papaverins**[1] $C_{24}H_{30}NO_4Br + 2 H_2O$, wird durch Erhitzen von molekularen Mengen der Komponenten im Rohr (12 Stunden auf 100°) erhalten. Es scheidet sich beim Umkrystallisieren aus Alkohol als feines Krystallmehl aus, das zuerst bei 109° schmilzt, dann wieder fest wird und nochmals bei 217° unter Zersetzung schmilzt. Mit Alkalien behandelt, geben die Lösungen des Brombutylats eine Fällung des gelben Butylisopapaverins. — Das entsprechende **Pikrat** fällt beim Versetzen einer alkoholischen Lösung der Isobase mit Pikrinsäure ölig aus und krystallisiert erst nach einigen Stunden. Es schmilzt bei 151—152°.

Das **Jodisobutylat des Papaverins** $C_{24}H_{30}NO_4J$, erhält man nach Erhitzen der Komponenten (12 Stunden auf 100°) und Krystallisation aus Alkohol in glänzenden gelben Prismen vom Schmelzp. 171—172°.

Das **p-Nitrochlorobenzylat des Papaverins** $C_{27}H_{27}N_2O_6Cl$, krystallisiert aus Alkohol in Form eines gelben, mikrokrystallinischen, in Wasser schwer löslichen Pulvers vom Schmelzpunkt 132° unter Gasentwicklung.

Monobrompapaverin $C_{20}H_{20}NO_4Br$, von untenstehender Konstitutionsformel wird folgendermaßen erhalten[2]:

$$\begin{array}{c} CH_3O \\ CH_3O \end{array}\bigotimes N \\ \mid \\ CH_2 \\ \mid \\ Br\bigotimes OCH_3 \\ OCH_3$$

10 g Papaverin werden in 35 proz. Salzsäure gelöst, so weit mit Wasser an der Turbine versetzt, daß ein dünner Brei des Hydrochlorids ausfällt, und nun langsam 1 Mol.-Gew. Brom, in Wasser gelöst, zugesetzt. Es entsteht eine klare Lösung, welche die bromierte Base in einer Ausbeute von 12 g (97% der Theorie) enthält. Schmelzp. 144—145°.

Das **Hydrochlorid** $C_{20}H_{20}NO_4Br \cdot HCl$, das in Wasser leicht löslich ist, krystallisiert aus Alkohol in langen, filzigen, seidenen Nadeln. Es zeigt den scharfen Schmelzp. 197° (unkorr.). Das **Pikrat** des Brompapaverins schmilzt schon bei 125° unter Zersetzung.

Brompapaverin addiert Jodmethyl (100°, 4 Stunden in Benzollösung) und gibt direkt ein in honiggelben Würfeln krystallisierendes **Jodmethylat** vom Zersetzungspunkte ca. 225°.

N-Methyl-Bromisopapaverin

$$\begin{array}{c} CH_3O \cdot \\ CH_3O \cdot \end{array}\bigotimes N \cdot CH_3 \\ \mid \\ CH \cdot C_6H_2Br(OCH_3)_2 \\ C_{21}H_{22}NO_4Br.$$

Eine konz. Lösung des Brompapaverindimethylsulfats wird mit Natronlauge im Überschuß versetzt. Die Methylenbase fällt in gelben Flocken aus. Sie werden abgesaugt, auf der Tonplatte schnell im Vakuum getrocknet, und aus möglichst wenig heißem, absolutem Alkohol umkrystallisiert. Man erhält gelbe Krystalle vom Schmelzp. 122°.

Brompapaverin-chlorobenzylat. Dieses quartäre Salz gewinnt man durch 3—4 stündiges Erhitzen molekularer Mengen der Komponenten auf 120—130°. Die erhaltene Schmelze erstarrt nach dem Erkalten zu einem bernsteingelben, leicht zu pulverisierenden Harze, das reines Salz ist.

N-Benzyl-bromisopapaverin $C_{27}H_{26}NO_4Br$. Eine warme, wässerige Lösung des Chlorbenzylates gibt mit Natronlauge die recht beständige gelbe, krystallinische Isobase, die sich aus Alkohol leicht umkrystallisieren läßt und in gelben Nadeln vom Schmelzp. 113° erscheint.

Die Oxydation des N-Benzyl-bromisopapaverins führt zu **6-Bromveratrumsäure** $C_6H_9O_4Br$, vom Schmelzp. 186°.

---

[1] H. Decker u. O. Klauser, Berichte d. Deutsch. chem. Gesellschaft **37**, 3810 [1904].
[2] H. Decker u. M. Girard, Berichte d. Deutsch. chem. Gesellschaft **37**, 3812 [1904].

Tetrahydropapaverin[1]) $C_{20}H_{25}NO_4$, erhielt Goldschmiedt beim Behandeln des Papaverins mit Zinn und Salzsäure, Schmelzp. 200—201°. Es ist, wie Papaverin, inaktiv, läßt sich aber im Gegensatz zu diesem in aktive Komponenten spalten, da das α-Kohlenstoffatom im Isochinolinkern durch Aufnahme von 4 Wasserstoffatomen asymmetrisch wird. Als sekundäre Base gibt die hydrierte Base ein **Nitrosamin** $C_{20}H_{24}N(NO)O_4$.

N-Äthyltetrahydropapaverin[2]) $C_{22}H_{29}O_4N$ entsteht, wenn man 100 g Papaverin und 50 g C_2H_5J mit 250 g abs. Alkohol 10 Stunden kocht, die Lösung eindampft, das Jodäthyl, in 1,7 l siedendem Wasser gelöst, mit 47 g frischem Chlorsilber behandelt, die Lösung filtriert, zum Sirup eindampft und nach Zusatz von 400 ccm konz. Salzsäure und 400 ccm Alkohol 16 Stunden mit 200 g Zinn digeriert; nach dem Verjagen des Alkohols zersetzt man das Zinndoppelsalz, in siedendem Wasser gelöst, mit Schwefelwasserstoff und macht die filtrierte Lösung alkalisch; weiße Nadeln aus Alkohol. Schmelzp. 89° (korr.), unlöslich in Wasser, ziemlich schwer löslich in kaltem Alkohol. — **Pikrat** $C_{22}H_{29}O_4N \cdot C_6H_3O_7N_3$, gelbe, monokline Prismen aus Alkohol. Schmelzp. 167—170° (korr.); schwer löslich in Wasser, kaltem Alkohol. — **4, 5-Dimethoxy-2-β-äthylaminoäthylbenzaldehyd**, aus N-Äthyltetrahydropapaverin durch Oxydation mit Braunstein entstehend, ist amorph; bildet Salze des isomeren **6, 7-Dimethoxy-2-äthyl-3, 4-dihydroisochinoliniumhydroxyds**. — **Chlorid** $C_{13}H_{18}O_2N \cdot Cl$, gelbe Nadeln mit 2 H_2O aus einem Gemisch von 1 T. Alkohol und 9 T. Essigester. Schmelzp. 91—92° (korr.), zersetzt sich nach dem Trocknen bei ca. 190° (korr.), leicht löslich in Wasser, Alkohol; die gelben neutralen Lösungen fluorescieren blau bei hinreichender Verdünnung. — **Goldsalz** $C_{13}H_{18}O_2N \cdot AuCl_4$, braune Nadeln aus Alkohol. Schmelzp. 138—139° (korr.), sehr schwer löslich in Wasser, kaltem Alkohol. — **Pikrat**, gelbe Stäbchen aus Alkohol. Schmelzpunkt 139—140° (korr.).

N-Propyltetrahydropapaverin $C_{23}H_{31}O_4N$, durch Reduktion von Papaverinchlorpropylat erhalten, ist amorph. **Pikrat** $C_{23}H_{31}O_4N \cdot C_6H_3O_7N_3$, gelbe Prismen aus Alkohol. Schmelzp. 122—125° (korr.), schwer löslich in Wasser, kaltem Alkohol.

4, 5-Dimethoxy-2-β-propylaminoäthylbenzaldehyd, entsteht bei der Oxydation von N-Propyltetrahydropapaverin; konnte nur amorph erhalten werden; bildet Salze des **6, 7-Dimethoxy-2-propyl-3, 4-dihydroisochinoliniumhydroxyds** $C_{14}H_{20}O_2N \cdot Cl$, gelbe Nadeln mit 2 H_2O aus einem Gemisch von 1 T. Alkohol und 9 T. Essigester. Schmelzp. 78—79° (korr.), leicht löslich in Wasser, geht beim Trocknen in ein zerfließliches Harz über; die verdünnte wässerige Lösung fluoresciert blau. — **Pikrat** $C_{20}H_{22}O_9N_4$, gelbe Nadeln aus Alkohol. Schmelzpunkt 148—149° (korr.), nach dem Sintern bei 146°, sehr schwer löslich in Wasser, schwer löslich in Alkohol.

Tetrahydropapaverin geht bei der Oxydation in 6, 7-Dimethoxy-3, 4-dihydroisochinoliniumsalz über, 1, 2-Dihydropapaverin bleibt fast unverändert, ohne ein krystallisiertes Abbauprodukt zu liefern.

Papaverolin[3]) $C_{16}H_{13}NO_4$, bildet sich beim Kochen des Alkaloids mit Jodwasserstoffsäure und Phosphor (s. Konstitutionsnachweis S. 196).

Papaveraldin[3]) $C_{20}H_{19}NO_5$, durch gemäßigte Kaliumpermanganateinwirkung in saurer Lösung aus dem Papaverin entstehend, feine, bei 210° schmelzende Krystalle, unlöslich in Wasser und in Alkalien, löslich in Säuren, ist ein Keton.

Papaverinsäure[3]) $C_{16}H_{13}NO_7$, durch Oxydation des Alkaloids mit Kaliumpermanganat in neutraler, wässeriger Lösung entstanden, krystallisiert in Täfelchen vom Schmelzp. 233°, wenig löslich in Wasser, aber löslich in Säuren und Alkalien. Sie ist eine zweibasische Säure und enthält eine Ketogruppe.

Elektrolytische Reduktion des Papaveraldins:[4]) Wenn das Sulfat des Papaveraldins von der Formel

$$\text{Ar}-CO-\text{Ar'}$$

(Struktur: 3,4-Dimethoxyphenyl—CO—6,7-Dimethoxyisochinolin)

in 80—90° warmer, 10 volumproz. Schwefelsäure mit einem Strom von 10 Ampères $1^1/_2$ Stunden elektrolytisch reduziert wird, so nimmt es unter Eliminierung des Ketosauerstoffs 6 Atome

---

[1]) Goldschmiedt, Monatshefte f. Chemie **7**, 495 [1886].
[2]) F. L. Pyman, Journ. Chem. Soc. **95**, 1738 [1909]; Chem. Centralbl. **1910**, I, 185.
[3]) Goldschmiedt, Monatshefte f. Chemie **6**, 956, 967 [1885].
[4]) M. Freund u. H. Beck, Berichte d. Deutsch. chem. Gesellschaft **37**, 3321 [1904].

Wasserstoff auf. Es entsteht eine sekundäre Base von der Formel $C_{20}H_{25}O_4N$. Das ist die Zusammensetzung des Tetrahydropapaverins, mit dem sich jedoch die neue Base nicht identisch erweist. Es könnte demnach Isomerie vorliegen, wenngleich die Möglichkeit einer solchen aus der Goldschmiedtschen Papaverinformel nicht ersichtlich ist.

Deshalb wurde die Base vorläufig als „**Isotetrahydropapaverin**" bezeichnet. Um Verwirrungen vorzubeugen, sei besonders betont, daß keinerlei Beziehung derselben zu den Isopapaverinbasen nachgewiesen ist. Sie liefert eine Nitroso-Verbindung vom Schmelzp. 138°, welche sich mit alkoholischer Salzsäure wieder in das Chlorhydrat der Base spalten läßt. Das Jodhydrat der Base bildet kleine, weiße Säulen, welche von 245° ab unter Gelbfärbung etwas sintern und bei 255° schmelzen. Aus den Salzen läßt sich die Base mit Ammoniak, Natriumcarbonat oder Natronlauge abscheiden; sie wurde stets nur als zähflüssige Masse erhalten.

Physiologische Eigenschaften: Nach Heinz besitzt das Isotetrahydropapaverinchlorhydrat cocainähnliche Wirkungen, ohne jedoch Vorzüge vor anderen Anästheticis aufzuweisen. 0,005 g töten einen Frosch, wobei zunächst sehr erhebliche Steigerungen der Reflexerregbarkeit und schließlich, wie beim Thebain, strychninartige Krämpfe auftreten. Bei Warmblütern wird durch Dosen von etwa 0,01 g die Atmung beschleunigt, während die 10fache Menge des Giftes eine lähmungsartige Schwäche herbeiführt; betäubende Wirkungen wie beim Morphin waren nicht zu bemerken.

Abbau des Papaverins: Die Konstitution des Papaverins folgte aus den umfassenden Arbeiten von Guido Goldschmiedt[1].

Er gelangte zur obigen Formel durch das Studium der Zersetzungsprodukte, welche die Halogensäuren, Kaliumpermanganat und schmelzendes Alkali aus dem Papaverin bilden.

Jodwasserstoffsäure spaltet aus dem Papaverin 4 Mol. Jodmethyl ab und es entsteht Papaverolin

$$\underset{\text{Papaverolin}}{\text{HO}\diagup\text{N}\diagdown\text{CH}_2\diagup\diagdown\text{OH}\diagdown\text{OH}\text{HO}} \qquad \underset{\text{Dimethoxylisochinolin}}{\text{CH}_3\cdot\text{O}\diagup\diagdown\text{N}\diagdown\text{CH}_3\cdot\text{O}\diagup}$$

Durch diese Reaktion sind also 4 Methoxylgruppen im Papaverin nachgewiesen.

Zerlegung des Papaverins durch schmelzendes Alkali. Schmelzendes Alkali zerlegt das Papaverin in zwei Atomkomplexe, in einen stickstoffhaltigen und einen stickstofffreien.

Die stickstoffhaltige Verbindung erwies sich als Dimethoxylisochinolin.

Die andere durch Spaltung mit Kali entstehende Atomgruppe, der stickstofffreie Bestandteil des Papaverinmoleküls, hat die Konstitution des Dimethylhomobrenzcatechins, denn sie geht bei energischerer Einwirkung von Ätzkali in Protocatechusäure über. Überdies liefert die Oxydation des Alkaloids, gleichviel unter welchen Bedingungen sie vor sich geht, immer beträchtliche Mengen Veratrumsäure. Allen drei Verbindungen kommt die gleiche Stellung der Seitenketten zu.

$$\underset{\text{Dimethylhomobrenzcatechin}}{\text{CH}_3-\diagup\diagdown-\text{OCH}_3/-\text{OCH}_3} \qquad \underset{\text{Protocatechusäure}}{\text{COOH}-\diagup\diagdown-\text{OH}/-\text{OH}} \qquad \underset{\text{Veratrumsäure}}{\text{COOH}-\diagup\diagdown-\text{OCH}_3/-\text{OCH}_3}$$

Das Papaverin kann daher durch Aneinanderlagerung des Dimethoxylisochinolins mit Dimethylhomobrenzcatechin entstanden gedacht werden:

$$\underset{\substack{\text{Dimethoxyl-}\\\text{isochinolin}}}{C_{11}H_{11}NO_2} + \underset{\substack{\text{Dimethylhomo-}\\\text{brenzcatechin}}}{C_9H_{12}O_2} = \underset{\text{Papaverin}}{C_{20}H_{21}NO_4} + H_2$$

In welcher Weise die in Betracht kommenden Atomgruppen miteinander verknüpft sind, hat Goldschmiedt folgendermaßen aufgeklärt:

Da das Papaverin, wie nach der Zeiselschen Methode nachgewiesen ist, vier Methoxylgruppen besitzt, die beiden Spaltungsprodukte aber noch je zwei intakt enthalten, so können die Methoxylgruppen nicht zur Verknüpfung verwandt worden sein; es bleibt somit nur die

---

[1] Goldschmiedt, Monatshefte f. Chemie **4**, 704 [1883]; **6**, 372, 667, 954 [1888]; **7**, 485 [1889]; **8**, 510 [1890]; **9**, 42, 327, 349, 679, 762, 778 [1891]; **10**, 673, 692 [1892].

Verkettung vermittels eines Kohlenstoffs vom Benzolkern, oder durch die an Kohlenstoff stehende Methylgruppe des Dimethylhomobrenzcatechins übrig. Das ganze Verhalten des Papaverins, insbesondere die so leicht erfolgende Trennung der beiden Gruppen voneinander, spricht für die letztere Bindungsweise, so daß das Alkaloid ein substituiertes Phenylisochinolinmethan ist.

Mit welchem Kohlenstoffatom des Isochinolinringes findet aber diese Verknüpfung statt? Die Antwort auf diese Frage wird durch die Tatsache ergeben, daß das Papaverin bei der Oxydation mit Kaliumpermanganat die α-Carbocinchomeronsäure (1, 2, 3-Pyridintricarbonsäure)

liefert.

Durch diese Tatsachen ist die obige Formel für das Papaverin mit aller Sicherheit bewiesen.

Bildung eines Naphtholderivates aus Papaverin: H. Decker[1]) hat gezeigt, daß bei der Einwirkung von Alkalien auf Halogenalkylate des Papaverins eine stickstofffreie phenolartige Verbindung vom Schmelzp. 180°, ein α-Naphtholderivat, von folgender Konstitution entsteht:

6, 7, 3′, 4′-Tetramethoxyl-2-phenyl-1-naphthol

Es handelt sich also hier um die merkwürdige intramolekulare Umlagerung eines Isochinolinderivates in ein Naphtholderivat von gleichem Kohlenstoffskelett. Die Reaktion dürfte so zu deuten sein, daß in der alkalischen Reaktionsmasse neben dem Methyl-isopapaverin und Papaveriniummethylhydroxyd auch die Carbinolform (I) (Oxydihydrobase) auftritt. Sie wird aufgespalten zu dem Aminoketon (II), das in Methylamin und das Keton (III) zerfällt. Nun vollzieht sich eine intramolekulare Naphtholsynthese (IV):

Die Reaktion beschränkt sich nicht auf Papaverinderivate, sondern ist ein spezieller Fall einer allgemeineren Synthese von Naphtholderivaten aus Isochinolinabkömmlingen. So läßt sich das Jodmethylat des 1-Benzylisochinolins, der Muttersubstanz des Papaverins, unter denselben Bedingungen in das β-Phenyl-α-naphthol verwandeln, wie die beistehenden Formeln unter Hinweglassung der Zwischenprodukte illustrieren:

---

[1]) H. Decker, Annalen d. Chemie **362**, 305 [1908].

Dieser Übergang aus der Isochinolinreihe in die Naphthalinreihe ist gewissermaßen die Umkehrung der von Bamberger und Frew[1]) ausgeführten Synthese von Isochinolinderivaten aus Naphthalinderivaten. Die Öffnung von heterocyclischen Ringen mit darauffolgender Schließung zu neuen sechsgliedrigen Ringen ist übrigens keineswegs ein vereinzelt dastehender Prozeß. Es muß dies hervorgehoben werden, da auf dem Gebiete der Alkaloidchemie die Bedingungen für einen derartigen „Ringwechsel" oft gegeben sind und bei der Konstitutionserforschung mehr Beachtung als bisher verdienen.

Überführung des Papaverins in eine vom Phenanthren sich ableitende Isochinolinbase[2]). Als Ausgangsmaterial hierfür diente das von Hesse[3]) beschriebene o-Nitropapaverin (I) vom Schmelzp. 186—187°, welches durch Reduktion das entsprechende o-Aminopapaverin vom Schmelzp. 143° liefert. Reduziert man das o-Nitropapaverinchlormethylat mit Zinn und Salzsäure, so entsteht o-Aminotetrahydro-N-Methylpapaverin (II) vom Schmelzp. 145°, und die aus dieser Base entstehende Diazoverbindung gibt beim Behandeln mit Kupferpulver das Phenanthro-N-Methyltetrahydropapaverin (III). Sie bildet einen zähen, braunen Sirup und liefert ein in gelblichen Prismen krystallisierendes Jodmethylat vom Schmelzp. 215°.

Da, wie A. Pictet und Athanasescu gezeigt haben, durch Reduktion von Papaverinchlormethylat das (d + l) Laudanosin entsteht, läßt sich die Base II (S. 199) auch als (d + l) Amino-laudanosin bezeichnen.

Durch Nitrieren von Papaveraldin oder Oxydieren von o-Nitropapaverin (I) entsteht das o-Nitropapaveraldin (IV) vom Schmelzp. 199—200°, das bei Reduktion mit Schwefelammonium das o-Aminopapaveraldin vom Schmelzp. 171—172° liefert.

---

[1]) Bamberger u. Frew, Berichte d. Deutsch. chem. Gesellschaft **27**, 297 [1894].
[2]) Pschorr, Berichte d. Deutsch. chem. Gesellt chaft **37**, 1926 [1904].
[3]) Hesse, Annalen d. Chemie, Suppl. **8**, 292 [1893].

Laudanosin, d-N-Methyltetrahydropapaverin.

Mol.-Gewicht 357,2.
Zusammensetzung: 70,6% C, 7,6% H, 3,9% N.

$$C_{21}H_{27}NO_4.$$

Vorkommen: Unter den Alkaloiden des Opiums finden sich verschiedene, die in der Droge in ganz untergeordneter Menge enthalten und deswegen bis jetzt verhältnismäßig wenig untersucht worden sind. Die meisten dieser Basen, wie Codamin, Laudanosin, Laudanin, Laudanidin, Lanthopin, Chryptopin usw. sind von Hesse dargestellt worden und können durch eine von ihm ausgearbeitete Methode von den übrigen Opiumbasen und voneinander getrennt werden[1]). Unter diesen Alkaloiden tritt das Laudanosin in den Vordergrund, da von ihm die Konstitution erforscht und eine Synthese ausgearbeitet wurde.

Synthese: Vergleicht man die für das Laudanosin von seinem Entdecker O. Hesse ermittelte empirische Formel $C_{21}H_{27}NO_4$ mit der des Papaverins $C_{20}H_{21}NO_4$, so ersieht man, daß ersteres die Zusammensetzung eines Methyltetrahydroderivates des letzteren besitzt. Pictet und Athanasescu[2]) stellten nun durch Reduktion des Papaverinchlormethylates mittels Zinn und Salzsäure das N-Methyltetrahydropapaverin dar. Dasselbe zeigte in der Tat in seinen chemischen Eigenschaften die größte Ähnlichkeit mit dem natürlichen Laudanosin, unterschied sich aber von diesem dadurch, daß es optisch inaktiv war. Es stellte eben die racemische Modifikation desselben dar. Durch Überführung in das chinasaure Salz gelang es, das Methyltetrahydropapaverin in seine optischen Antipoden zu spalten. Die rechtsdrehende Modifikation erwies sich als mit dem Laudanosin des Opiums in allen Punkten identisch. Diese partielle Synthese stellte die Konstitution des Laudanosins fest, dessen Formel sich von der des Papaverins in folgender Weise ableitet:

Papaverin   Laudanosin

Es ist jetzt A. Pictet[3]) in Gemeinschaft mit Frl. M. Finkelstein gelungen, die **Totalsynthese des Laudanosins** zu bewerkstelligen. Die lange Reihe der Operationen, die zu diesem Resultat führte, kann wie folgt zusammengefaßt werden.

1. Man stellt einerseits **Homoveratrylamin** $(CH_3O)_2C_6H_3 \cdot CH_2 \cdot CH_2 \cdot NH_2$ durch Einwirkung von unterbromigsaurem Natron auf Dimethylhydrokaffeesäureamid $(CH_3O)_2C_6H_3 \cdot CH_2 \cdot CH_2 \cdot CONH_2$ dar, welch letzteres aus Methylvanillin gewonnen werden kann.

---

[1]) Hesse, Annalen d. Chemie **153**, 53 [1870]; Suppl. **8**, 280 [1872].
[2]) A. Pictet u. B. Athanasescu, Berichte d. Deutsch. chem. Gesellschaft **33**, 2346 [1900].
[3]) A. Pictet u. Frl. M. Finkelstein, Berichte d. Deutsch. chem. Gesellschaft **42**, 1979 [1909].

2. **Homoveratrumsäure** wird aus Eugenol nach Vorschrift von Tiemann bereitet und in ihr Chlorid: $(CH_3O)_2C_6H_3 \cdot CH_2 \cdot COCl$ übergeführt.

3. Kondensation des Homoveratrylamins mit Homoveratrumsäurechlorid in Gegenwart von Natronlauge, wobei **Homoveratroyl-homoveratrumsäure** entsteht: $(CH_3O)_2C_6H_3 \cdot CH_2 \cdot CH_2 \cdot NH \cdot CO \cdot CH_2 \cdot C_6H_3(OCH_3)_2$.

4. Behandlung dieser letzten Verbindung mit Phosphorpentoxyd. Hierbei tritt Wasserentziehung unter Ringschließung ein und man erhält **Dihydropapaverin** nach folgender Gleichung:

5. Überführung des Dihydropapaverins in sein Chlormethylat und Reduktion desselben mit Zinn und Salzsäure. Das Produkt dieser Operation erwies sich als identisch mit dem Methyltetrahydropapaverin aus Papaverin. Da das Methyltetrahydropapaverin mittels des chinasauren Salzes in die rechts- und linksdrehende Modifikation gespalten werden kann, und erstere sich mit dem natürlichen Laudanosin als identisch erwiesen hat, so kann nunmehr die Synthese dieser Base eine vollständige genannt werden.

Es liegt hier die erste künstliche Darstellung eines Opiumalkaloids vor.

Darstellung aus Opium: Laudanosin ist in der essigsauren Lösung nach der Narkotin-Papaverinkrystallisation (s. S. 192) neben Thebain und Cryptopin vorhanden und kann von diesen getrennt werden, indem die Lösung nach vorheriger Behandlung mit Natriumbicarbonat, wodurch ein braunes Harz gefällt wird, mit Ammoniak übersättigt wird. Dabei resultiert ein harziger Niederschlag, aus welchem heißes Benzin Laudanosin aufnimmt und es beim Erkalten alsbald abscheidet. Von Spuren anderer Alkaloide wird es dann noch mit Äther getrennt, die ätherische Lösung wird verdunstet, der Rückstand in Essigsäure gelöst und diese Lösung mit Jodkalium versetzt, wobei das Laudanosinjodhydrat ausfällt. Das aus diesem Salz durch Ammoniak abgeschiedene Alkaloid wird dann durch Umkrystallisieren aus Alkohol gereinigt.

Nachweis:[1]) Das Laudanosin gibt mit reiner konz. Schwefelsäure in der Kälte eine hellrosa Färbung, welche beim Erwärmen immer schwächer wird und bei 100° ganz verschwindet, um bald darauf einem hellen, etwas grünlichen Grau Platz zu machen. Bei 130° findet ein Übergang ins Violette statt, welches allmählich dunkler wird. Mit Eisenchlorid gibt es keine Färbung. Von den Alkaloidreagenzien gibt Fröhdes Reagens eine rosaviolette Färbung, die an der Luft allmählich violett, dann braun wird; Mandelins Reagens violette Färbung, die in Granatrot und Hellbraun übergeht und Lafons Reagens purpurrote, dann braunrote Färbung.

Bezüglich der **physiologischen Eigenschaften des Laudanosins** fand A. Babel[2]), daß das inaktive Laudanosin weit giftiger ist als das Papaverin. In Bezug auf die toxische Wirkung kann es unter den Opiumalkaloiden nur dem Thebain an die Seite gestellt werden. Dagegen sind die narkotischen Eigenschaften, welche das Papaverin, obgleich in wenig hohem Grade, besitzt, beim Laudanosin völlig verschwunden. Die anderen Erscheinungen der physiologischen Aktion sind bei den beiden Alkaloiden sehr ähnlich.

Physikalische und chemische Eigenschaften: Aus Petroleumäther oder aus wässerigem Alkohol krystallisiert das Alkaloid in schönen seidenglänzenden Nadeln vom Schmelzp. 115°. Es löst sich leicht in Alkohol, Aceton und Chloroform, nicht in Wasser und Alkalien, schmeckt für sich schwach bitter, stark bitter dagegen in saurer Lösung, reagiert basisch und neutrali-

---

[1]) A. Pictet u. Marie Finkelstein, Berichte d. Deutsch. chem. Gesellschaft **42**, 1989 [1909].

[2]) A. Babel, Revue médicale de la Suisse romande **19**, 657 [1900]; Berichte d. Deutsch. chem. Gesellschaft **33**, 2353 [1900].

siert die Säuren. Die Base ist rechtsdrehend. Eine salzsaure wässerige Lösung zeigt bei $p = 2$ und $t = 22{,}5°$ $[\alpha]_D = +108{,}41$.

Von den **Salzen des Laudanosins** ist das **Chlorhydrat** amorph, in Wasser leicht löslich.

Das **Jodhydrat** $C_{21}H_{27}NO_4$, $HJ + \frac{1}{2}H_2O$, bildet kleine farblose Prismen, schwer löslich in kaltem, leicht löslich in kochendem Wasser und in Alkohol.

Das **Pikrat** bildet, aus Alkohol umkrystallisiert, schöne breite Tafeln, welche bei 175° schmelzen. — Das **Chloraurat** schmilzt bei 164°.

Darstellung des N-Methyltetrahydropapaverins ([d + l]-Laudanosins)[1]) $C_{21}H_{27}NO_4$. Durch 2—3 stündiges Kochen von gereinigtem Papaverin mit Jodmethyl in methylalkoholischer Lösung und Umkrystallisieren des Produktes aus wenig heißem Wasser wird das Papaverinjodmethylat bereitet. Es bildet kleine, weiße Prismen, die Krystallwasser enthalten und bei 65° schmelzen[2]). Dieses Salz wird in Wasser gelöst und mit frisch dargestelltem Chlorsilber geschüttelt. Nach Abfiltrieren von Jodsilber wird die Lösung des Chlormethylats zur Trockne eingedampft, der Rückstand in konz. Salzsäure aufgelöst und mit granuliertem Zinn eine halbe Stunde auf dem Wasserbade erwärmt. Beim Erkalten scheidet sich das Zinndoppelsalz der reduzierten Base in weißen Nadeln aus. Dieselben werden in heißem Wasser gelöst und durch Schwefelwasserstoff zersetzt. Aus der vom Schwefelzinn abfiltrierten Lösung fällt alsdann Natronlauge das freie Methylhydropapaverin in Form eines voluminösen, flockigen, weißen oder schwach gelblichen Niederschlages, welcher durch Umkrystallisieren aus verdünntem Alkohol gereinigt wird. Die Ausbeute an reiner Base beträgt 50—60% der Theorie.

Physikalische und chemische Eigenschaften: Das N-Methyltetrahydropapaverin ([d + l]-Laudanosin) bildet, aus verdünntem Alkohol oder aus Petroleumäther umkrystallisiert, lange, blendendweiße Nadeln. Es schmilzt bei 115° wie das natürliche Laudanosin und löst sich nicht in kaltem, etwas aber in kochendem Wasser, woraus es sich beim Erkalten in Nadeln abscheidet. In kaltem Alkohol ist es ziemlich leicht, in heißem sehr leicht löslich. Von Chloroform wird es außerordentlich leicht, von Benzol, Aceton, Methylalkohol, Essigester leicht, von Amylalkohol weniger, von Petroleumäther in der Kälte fast nicht, in der Wärme ziemlich schwer aufgenommen. In Alkalien ist es unlöslich. Seine alkoholische Lösung besitzt bitteren Geschmack und stark alkalische Reaktion; sie ist ohne Wirkung auf das polarisierte Licht.

Mit einigen Alkaloidreagenzien gibt das Methyltetrahydropapaverin charakteristische Färbungen, die sich von denen des reinen Papaverins scharf unterscheiden, mit denen des natürlichen Laudanosins aber vollständig identisch sind.

Salze: Die einfachen Salze des Methyltetrahydropapaverins sind in Wasser sehr leicht löslich und krystallisieren schwer. Dampft man eine Lösung der Base in Salzsäure zur Trockne ein, so bleibt ein firnisartiger, hygroskopischer Rückstand, welcher über Schwefelsäure sich langsam in ein weißes Pulver verwandelt. Dieses **Chlorhydrat** schmilzt bei ca. 123°. Es löst sich außerordentlich leicht in Alkohol und Chloroform, konnte aber aus diesen Lösungen in krystallisiertem Zustande nicht wieder abgeschieden werden. Durch Einleiten von trockenem Chlorwasserstoffgas in die ätherische Lösung der Base fällt das salzsaure Salz in weißen Flocken aus; dieselben zerfließen aber, sobald sie an die Luft kommen.

Ebenso verhalten sich **Sulfat** und **Nitrat**.

Das **Platinsalz** $(C_{21}H_{27}NO_4 \cdot HCl)_2 PtCl_4$, wird durch Zusatz von Platinchlorid zur Lösung des Chlorhydrats in Form eines gelben, flockigen Niederschlags erhalten. Nach Krystallisation aus heißem Wasser bildet es ein gelbes Pulver, welches unter dem Mikroskop als Aggregat kleiner, abgerundeter, kettenartig angeordneter Kryställchen erscheint. Dieses Salz ist wasserfrei und schmilzt unter Zersetzung bei 160°.

Das **Quecksilbersalz** krystallisiert aus heißem Wasser in kleinen weißen Kügelchen; Schmelzp. 172°.

Das **Pikrat** $C_{21}H_{27}NO_4 \cdot C_6H_2(OH)(NO_2)_3$ wird erhalten, indem die Base in einer kochenden, gesättigten alkoholischen Pikrinsäurelösung gelöst wird; beim Erkalten scheiden sich breite, durchsichtige, gelbe Tafeln aus, die bei 174° schmelzen. — Das **Jodmethylat** des Methyltetrahydropapaverins wird durch 3stündiges Kochen einer methylalkoholischen Lösung der Base mit der berechneten Menge Methyljodid dargestellt. Es scheidet sich beim Erkalten in großen farblosen Krystallen aus, die durch Umkrystallisieren aus Alkohol gereinigt werden können. Es schmilzt bei 215—217° und ist in heißem Wasser, Alkohol und

---

[1]) A. Pictet u. B. Athanasescu, Berichte d. Deutsch. chem. Gesellschaft **33**, 2347 [1900].
[2]) Goldschmiedt gibt als Schmelzp. 55—60° an; Monatshefte f. Chemie **6**, 692 [1885].

Chloroform löslich, in Benzol, Äther und Petroleumäther unlöslich. — Das **Jodäthylat** wurde auf analoge Weise erhalten. Es bildet, aus wenig Alkohol umkrystallisiert, schöne, bei 202 bis 203° schmelzende Krystalle, welche dieselben Löslichkeitsverhältnisse wie die Methylverbindung zeigen.

Die Spaltung des Methyltetrahydropapaverins gelang mit Hilfe des chinasauren Salzes.

Laudanin.

Mol.-Gewicht 343,2.
Zusammensetzung: 69,93% C, 7,34% H, 4,08% N.

$$C_{20}H_{25}NO_4.$$

Vorkommen und Darstellung: Laudanin kommt im Opium in sehr geringer Menge vor, befindet sich teils in der alkalischen Lösung, welche gewonnen wird, wenn der wässerige Opiumauszug mit Soda oder Kalk gefällt wird, und kann durch eine von Hesse[1]) ausgearbeitete Methode daraus erhalten werden.

Konstitution: O. Hesse hat schon vor längerer Zeit die Vermutung ausgesprochen, daß Laudanosin der Methyläther des Laudanins, $C_{20}H_{25}NO_4$, sei. Tatsächlich konnte er auch racemisches Laudanosin erhalten durch Methylierung von racemischem Laudanin[2]).

Demnach besitzt das Laudanin die gleiche Konstitution wie das Laudanosin, nur enthält es nicht wie dieses vier Methoxylgruppen, sondern drei Methoxylgruppen und eine Hydroxylgruppe.

Physikalische und chemische Eigenschaften: Aus Alkohol erhält man die Base in Form von Prismen oder großen Körnern vom Schmelzp. 166°. In Äther ist das Laudanin ziemlich schwer, in heißem Alkohol und Chloroform ziemlich leicht löslich. Reines Laudanin ist optisch inaktiv. Natronlauge scheidet es aus seinen Salzlösungen ab, löst es aber wieder im Überschuß. Es besitzt ziemlich stark alkalische Eigenschaften und bildet gut krystallisierende Salze. Reine, sowie eisenoxydhaltige konz. Schwefelsäure löst es mit schwach rosaroter Färbung, beim Erwärmen wird die Lösung dunkelviolett[1]).

Das Alkaloid oder sein Natriumsalz reagiert in kaltem Methylalkohol mit Methyljodid bei längerem Stehen. Der Verdunstungsrückstand gibt, in Salzsäure gelöst und mit Ammoniak und Äther geschüttelt, eine wässerige Schicht (scheidet mit Salzsäure und Salmiak Laudaninmethylchlorid ab) und eine ätherische Schicht, die neben unverändertem Laudanin racemisches Laudanosin enthält. Trennung durch Alkalien. Weiße Krystalle aus Äther. Ausbeute 4—6% des Laudanins.

Racemisches Äthyllaudanin[3]) $C_{22}H_{29}NO_4 = C_{20}H_{24}(C_2H_5)NO_4$. Es wird gebildet aus Laudanin und Jodäthyl in Alkohol. Amorphe firnisartige Masse. Wird bei 40—50° flüssig. In Äther, Alkohol, Chloroform, Benzol leicht löslich, in Petroläther schwer löslich. Reagiert in alkoholischer Lösung alkalisch, färbt sich nicht mit Eisenchlorid. Verhält sich zu Schwefelsäure wie Laudanin. Ließ sich bisher nicht in die aktiven Komponenten spalten. **Chlorhydrat** $C_{22}H_{29}O_4N \cdot HCl + 5H_2O$; farblose, derbe Prismen aus Wasser; in Alkohol leicht löslich, in kaltem Wasser schwer löslich, in Äther unlöslich. **Chloroplatinat** $(C_{22}H_{29}O_4N)_2 \cdot H_2PtCl_6 + 2H_2O$, gelber, krystallinischer Niederschlag.

Laudanidin.

$$C_{20}H_{25}NO_4.$$

Laudanidin, ein Isomeres des Laudanins, ist dem rohen Laudanin beigemengt.

Darstellung: Durch Salzsäure können die beiden Basen getrennt werden, indem das Laudaninhydrochlorid schwer löslich ist.

Physikalische und chemische Eigenschaften: Bezüglich der Krystallisation, Löslichkeit und Verhalten zu Reagenzien gleicht das Laudanidin dem Laudanin. Es schmilzt bei 177°, ist optisch aktiv und zwar linksdrehend. Bei $p = 5$ und $t = 15°$ in Chloroformlösung ist

---

[1]) Hesse, Annalen d. Chemie **153**, 47 [1870]; Suppl. **8**, 272 [1872]; Berichte d. Deutsch. chem. Gesellschaft **3**, 693 [1871].
[2]) Hesse, Journ. f. prakt. Chemie [2] **65**, 42 [1902].
[3]) Hesse, Journ. f. prakt. Chemie [2] **65**, 48 [1902].

$[\alpha]_D = -87{,}8°$. Die Salze sind den Laudaninsalzen ähnlich, nur das **Hydrochlorid** macht eine Ausnahme. Während das Laudaninsalz sich aus kochender wässeriger Lösung in kugeligen Aggregaten ausscheidet, bleibt das Laudanidinsalz beim Verdunsten der Lösung als amorphe Masse zurück, die allmählich strahlig-krystallinische Gestalt annimmt. Bei der Behandlung mit Jodwasserstoffsäure werden drei Methoxylgruppen abgespalten und Essigsäureanhydrid liefert eine **Monoacetylverbindung** $C_{20}H_{24}NO_4(C_2H_3O) + H_2O$, die bei 98° schmilzt und in Alkali löslich ist[1]).

Narkotin, Mekoninhydrokotarnin, Methoxyhydrastin.

Mol.-Gewicht 413,18.
Zusammensetzung: 63,99% C, 5,61% H, 3,40% N.

$$C_{22}H_{23}NO_7.$$

Vorkommen: Das **Narkotin**, früher auch **Opianin, Opian, Aconellin** genannt, gehört zu den längstbekannten unter den Alkaloiden und wurde 1803 von Derosne entdeckt, jedoch für ein besonderes Salz (sel d'opium) gehalten. Im Jahre 1817 gelang es Robiquet[2]), das Narkotin vom Morphin zu trennen und näher zu charakterisieren. Seine empirische Zusammensetzung $C_{22}H_{23}NO_7$ wurde von Mathiesen und Foster[3]) ermittelt. Außer im Opium ist es sowohl in den reifen wie in den offizinellen getrockneten Capita papaveris enthalten.

Das Narkotin findet sich im Opium in wechselnden Mengen vor (0,75—9,6%), und zwar zum größten Teile als freie Base, weshalb beim Ausziehen des Opiums mit Wasser nur wenig Narkotin in Lösung geht. Mit Äther kann es aber direkt aus Opium ausgezogen werden.

Physiologische Eigenschaften:[4]) Das Narkotin ist in seinen Wirkungen dem Morphin sehr ähnlich, aber erheblich schwächer und stellt gewissermaßen ein umgekehrtes Thebain vor. Sehr rasch erfolgt eine nur kurze Zeit währende geringe Erhöhung der Sensibilität und einiges Zucken, dann Empfindungslosigkeit, Betäubung und Lähmung. Die Empfindlichkeit des Auges scheint vermindert, ebenso die Empfänglichkeit des Auges, der Nerven für den elektrischen Reiz. Ein schlafsüchtiger Zustand herrscht vor.

Narkotin und Hydrastin rufen beide ein tetanisches Stadium hervor, das bei Kaltblütern in eine vollständige zentrale Lähmung übergeht, beide verlangsamen die Schlagfolge des Herzens, beide lähmen die Herzganglien.

Die aus dem Narkotin und dem Hydrastin durch Einführung der Gruppe CH_3NH_2 entstehenden analogen Verbindungen (Methylamidverbindungen) erzeugen bei Warm- und Kaltblütern Lähmung rein peripherischer Natur. Sie sind in kleinen Dosen ohne jede Einwirkung auf das Herz und wirken erst in größeren Dosen und nach längerer Zeit lähmend ein.

Beide bewirken — die Hydrastinverbindung jedoch wesentlich stärkeres — Sinken des Blutdruckes; der Tod erfolgt bei ihnen durch Atmungsstillstand.

Die aus diesen Verbindungen endlich durch Einwirken von Säuren unter Abspaltung eines Wasserstoffatoms entstehenden Imidverbindungen von der Zusammensetzung xCH_3NH

---

[1]) Hesse, Annalen d. Chemie **282**, 208 [1894].
[2]) Robiquet, Journ. d. Pharm. **17**, 67 [1817]; Annalen d. Chemie **5**, 83 [1817].
[3]) Mathiesen u. Foster, Annalen d. Chemie, Suppl. **1**, 330 [1862]; **2**, 377 [1863].
[4]) S. Fränkel, Arzneimittelsynthese. Berlin 1901, S. 313ff.

erzeugen bei Warm- und Kaltblütern zuerst ein Stadium einer unvollkommenen Lähmung, auf das alsdann ein mit der Steigerung der Reflexe beginnendes Krampfstadium folgt. Beide üben einen lähmenden Einfluß auf das Herz aus, sie bewirken Blutdrucksenkung, die Hydrastinverbindung eine wesentlich stärkere infolge starker Gefäßerschlaffung. Der Tod erfolgt durch Atmungsstillstand.

Darstellung: Zur Darstellung des Narkotins lassen sich die Rückstände des Opiums, welche nach der Extraktion desselben mit Wasser behufs Darstellung von Morphin verbleiben, gut verwenden. Zu diesem Zwecke zieht man diese Rückstände mit verdünnter Salzsäure aus, fällt den Auszug mit Natriumcarbonat, kocht den Niederschlag mit Weingeist aus, konzentriert die alkoholische Lösung und läßt krystallisieren.

Das bei erschöpfender Extraktion des Morphins mit warmem Wasser in Lösung gegangene Narkotin kann aus der Mutterlauge des salzsauren Morphins in schon bei der Darstellung des Papaverins angegebener Weise isoliert werden. Von Morphin selbst kann es übrigens leicht durch Kalilauge, in der die erstgenannte Base löslich ist, das Narkotin in der Kälte aber unlöslich ist, getrennt werden. Vom Papaverin wird es mittels Oxalsäure getrennt.

Nachweis des Narkotins: Von konz. Schwefelsäure wird das Alkaloid mit grünlichgelber Farbe aufgenommen, die beim Erwärmen in Rot und beim Kochen in Violett übergeht. Enthält die Schwefelsäure eine Spur Salpetersäure, so wird sie von Narkotin dunkelrot gefärbt.

Eine weitere Reaktion zum Nachweis von Narkotin und Hydrastin wurde von A. Labat[1]) ausgearbeitet. Zur Ausführung dieser Reaktion versetzt man 2 ccm Schwefelsäure D = 1,84 mit $^1/_{10}$ ccm der Alkaloidlösung und $^1/_{10}$ ccm der Phenollösung und erwärmt das Ganze auf dem Wasserbade. Verwendet man einerseits eine 1 proz. Narkotinlösung oder eine alkoholische Hydrastinlösung 1 : 300 in 10% H_2SO_4 und andererseits eine 5 proz. alkoholische Gallussäurelösung, so erscheint zuerst eine intensiv smaragdgrüne, später eine ähnlich der Fehlingschen Lösung blaue Färbung. Nach genügender Verdünnung mit H_2SO_4 zeigt die Flüssigkeit ein Absorptionsband in Rot und ein zweites zwischen Rot und Gelb.

Eine ähnliche Reaktion der **Opiansäure** kann ebenfalls zum Nachweis von Narkotin und Hydrastin dienen, wenn letztere durch vorherige Oxydation mit Kaliumpermanganat in dieselbe übergeführt wurden.

Physikalische und chemische Eigenschaften des Narkotins: Das in Wasser unlösliche Narkotin krystallisiert aus heißem Alkohol in langen platten Nadeln, die bei 176° schmelzen. Es ist geruch- und geschmacklos, in Äther ziemlich schwer löslich, dagegen leichter in Benzol und unterscheidet sich hierdurch von Morphin, welches in Benzol ganz unlöslich ist; leicht löslich ist es noch in Chloroform, Essigäther, Aceton, Schwefelkohlenstoff und Benzin. Narkotin ist optisch aktiv, und zwar ist es in neutraler Lösung linksdrehend, in saurer rechtsdrehend. Für die Lösung in Chloroform ist $[\alpha]_\gamma = -207,35$, und in 80 proz. Alkohollösung, der zwei Moleküle Salzsäure zugesetzt sind, beträgt $[\alpha]_\gamma = +104,54$. Es ist diese Aktivität bedingt durch eines der asymmetrischen Kohlenstoffatome, welche den Hydrokotarninrest mit dem der Opiansäure verknüpfen.

Von kalten Alkalilösungen wird Narkotin nicht aufgenommen, löst sich aber beim Kochen, auch in Kalk- und Barytwasser, indem lösliche Metallverbindungen entstehen.

Salze und Derivate: Das Narkotin ist eine schwache Base und löst sich mit wenig Ausnahmen (insbesondere Essigsäure) ziemlich leicht in Säuren, bildet indes damit Salze, welche leicht von Wasser zersetzt werden. Die Salze krystallisieren meist schlecht oder gar nicht, sind meist leicht löslich in Wasser und Alkohol und zum Teil auch in Äther. Kohlensaure Alkalien fällen die Base aus ihren Salzen in Form eines weißen, im Überschuß des Fällungsmittels unlöslichen krystallinen Pulvers.

Das **Hydrochlorid** $C_{22}H_{23}NO_7 \cdot HCl$, bildet eine strahlige Masse, die beim Umkrystallisieren aus heißem Wasser in basische Salze übergeht, wie $(C_{22}H_{23}NO_7)_5 \cdot HCl$. — Das **saure Oxalat** des Narkotins ist, im Gegensatze zu dem des Papaverins, in Wasser leicht löslich.

Als tertiäre Base vereinigt sich Narkotin, wie die meisten übrigen Alkaloide, mit Alkylhaloiden zu Additionsprodukten. Die Vereinigung mit Methyljodid erfolgt schon bei gewöhnlicher Temperatur, wird aber beim Erwärmen beschleunigt. — **Narkotinmethyljodid** $C_{22}H_{23}NO_7 \cdot CH_3J$, wird von Roser als ein dickflüssiges Öl, von Biermann als ein krystallinischer, bei 187° schmelzender Körper beschrieben. Beim Digerieren mit Chlorsilber oder

---

[1]) A. Labat, Chem. Centralbl. **1909** II, 759.

beim Behandeln mit Chlorwasser geht die Verbindung in das entsprechende Chlorid über, welches mit Natronlauge behandelt und erwärmt, sich nach folgender Gleichung umwandelt:

$$C_{22}H_{23}NO_7 \cdot CH_3Cl + NaOH = NaCl + C_{23}H_{27}NO_8.$$

Die so entstandene Base krystallisiert mit 3 Mol. Wasser und wurde als dem Narcein sehr ähnlich und gleich zusammengesetzt von Roser als **Pseudonarceïn**[1]) bezeichnet. Freund hat dieselbe als mit dem Narcein identisch erwiesen[2]).

Narkotinäthyljodid, $C_{22}H_{23}NO_7 \cdot C_2H_5J$, verhält sich der Methylverbindung ähnlich. Die durch Einwirkung von Alkali in der Wärme auf das entsprechende Chlorid erhaltene Base, $C_{24}H_{29}NO_8$, $3H_2O$, ist ein **Homonarceïn**[3]). Auch einige andere Halogenalkyladditionsprodukte des Narkotins wurden dargestellt[4]). Mit o-Xylilenbromid geht Narkotin eine additionelle Verbindung ein[5]).

Nornarkotin $C_{19}H_{17}NO_7$, entsteht aus dem Narkotin durch Abspaltung aller 3 Methylgruppen mit Jodwasserstoffsäure.

Wird Narkotin dagegen mit Salzsäure im geschlossenen Rohre auf 100° erwärmt, so spalten sich je nach der Einwirkungszeit nur eine oder zwei Methylgruppen ab und es entsteht **Dimethylnornarkotin** $C_{19}H_{14}NO_4(OCH_3)_2OH$, und **Methylnornarkotin** $C_{19}H_{14}NO_4$ $(OCH)_3(OH)_2$, amorphe Pulver, die sich im Gegensatz zu Narkotin in Natriumcarbonatlösung auflösen[6]).

Oxynarkotin $C_{22}H_{23}NO_8$, in geringer Menge im Opium vorkommend, wurde von Beckett und Wright isoliert, begleitet das Narcein bei der Darstellung dieses Alkaloids. Zur Abscheidung des Oxynarkotins wird das Gemenge in verdünnter Schwefelsäure gelöst, mit Natronlauge gefällt und der Niederschlag mit Wasser ausgekocht, wobei das Oxynarkotin zurückbleibt, da es in siedendem Wasser ganz wenig, Narcein leicht löslich ist. Durch Oxydation mit Eisenchlorid liefert das Oxynarkotin Hemipinsäure und Cotarnin und ist also dem Narkotin entsprechend zusammengesetzt. Das **Oxynarkotinhydrochlorid** besitzt die Zusammensetzung $C_{22}H_{23}NO_8 \cdot HCl + 2H_2O$.

Spaltungen des Narkotins in stickstofffreie und stickstoffhaltige Verbindungen:[7]) Beim Erhitzen mit Wasser auf 140°, durch verdünnte Schwefelsäure oder durch Barytwasser, erleidet das Alkaloid Spaltung in eine nicht stickstoffhaltige Säure, die **Opiansäure**, und in eine Base, das **Hydrokotarnin**, welche Produkte eventuell weiterer Umwandlung unterliegen:

$$\underset{\text{Narkotin}}{C_{22}H_{23}NO_7} + H_2O = \underset{\text{Opiansäure}}{C_{10}H_{10}O_5} + \underset{\text{Hydrokotarnin}}{C_{12}H_{15}NO_3}$$

Eine zweite wichtige Spaltung ist die des Narkotins beim Behandeln mit Oxydationsmitteln (Salpetersäure, Bleisuperoxyd, Eisenchlorid, Platinchlorid) in **Opiansäure** und **Kotarnin**:

$$\underset{\text{Narkotin}}{C_{22}H_{23}NO_7} + O + H_2O = \underset{\text{Opiansäure}}{C_{10}H_{10}O_5} + \underset{\text{Kotarnin}}{C_{12}H_{15}NO_4}$$

Durch reduzierende Agenzien (Zink und Salzsäure, Natriumamalgam) wird eine ähnliche Spaltung wie beim Erhitzen mit Wasser vollzogen; nur bildet sich dabei statt Opiansäure deren Reduktionsprodukt, so daß man **Mekonin** und **Hydrokotarnin** erhält:

$$\underset{\text{Narkotin}}{C_{22}H_{23}NO_7} + 2H = \underset{\text{Mekonin}}{C_{10}H_{10}O_4} + \underset{\text{Hydrokotarnin}}{C_{12}H_{15}NO_3}$$

Das Molekül des Narkotins enthält demnach 2 Atomgruppen: eine stickstoffhaltige, Hydrokotarnin und eine stickstofffreie, Opiansäure.

Die Opiansäure stellt nun, wie schon seit längerer Zeit zufolge der Untersuchungen von Beckett und Wright und derjenigen von Wegscheider bekannt ist, einen carboxylierten Dimethylprotocatechualdehyd von der Formel I dar.

---

[1]) Roser, Annalen d. Chemie **247**, 169 [1888].
[2]) Freund, Annalen d. Chemie **277**, 23 [1893].
[3]) Roser, Annalen d. Chemie, **247**, 173 [1888].
[4]) Biermann, Diss. Freiburg 1887.
[5]) Scholtz, Archiv d. Pharmazie **237**, 200 [1899].
[6]) Matthiesen, Annalen d. Chemie, Suppl. **7**, 63 [1870].
[7]) Roser, Annalen d. Chemie **245**, 311 [1888]; **247**, 167 [1888]; **254**, 334 [1889].

Opiansäure
I

Kotarnin
II

Die Konstitution des Kotarnins (siehe S. 207) hat vor allem Roser durch Untersuchung der Oxydationsprodukte und der Jodmethylverbindungen desselben fast völlig aufgeklärt. Neuerdings haben M. Freund und Becker[1]) bei ihren Arbeiten Resultate erhalten, durch welche die von Roser vorgeschlagene Formel II völlig bestätigt wurde.

Das Mekonin von der Formel III erwies sich als das Lakton von dem zur Opiansäure gehörigen Alkohol.

Die Umwandlung des Kotarnins in Hydrokotarnin durch reduzierende Mittel erfolgt unter Reduktion der Aldehydgruppe (—CH : O) des Kotarnins zur Alkoholgruppe (—CH$_2$·OH) und Herstellung des Isochinolinrings durch Abspaltung von Wasser zwischen den benachbarten Gruppen (—CH$_2$·OH) und (—NH·CH$_3$), so daß man für das Hydrokotarnin zu der Formel IV gelangt:

Mekonin
III

Hydrokotarnin
IV.

Nachdem man nun die Konstitution der Spaltungsprodukte, nämlich der Opiansäure bzw. des Mekonins und Kotarnins kennt, bleibt nur noch zu entscheiden, in welcher Weise sich diese zur Bildung des Narkotins verketten. Im Narkotin sind die Reste des Hydrokotarnins und der Opiansäure bzw. des Mekonins nicht durch eines der sieben Sauerstoffatome zusammengehalten, denn von diesen sind fünf an Alkyle, nämlich drei an Methyl und zwei an Methylen, die beiden übrigen aber in einer Laktongruppe gebunden; die Valenzen des Stickstoffs sind innerhalb des Isochinolinrings und zur Bindung von Methyl verwendet. Dann müssen es also Kohlenstoffatome sein, welche die obengenannten Reste verbinden; es kann keinem Zweifel unterliegen, daß es diejenigen beiden Kohlenstoffatome sind, welche bei der Einwirkung des spaltenden Oxydationsmittels den Sauerstoff aufnehmen, d. h. die Kohlenstoffatome, welche in den Spaltungsprodukten Opiansäure und Kotarnin die Aldehydgruppen bilden. Denn die Aldehydgruppen sind im Narkotin nicht nachweisbar, während sie sich in den Spaltungsprodukten scharf charakterisieren. Demnach kommt dem Narkotin die oben angeführte Konstitutionsformel zu. Nach derselben ist das Narkotin ein Mekoninhydrokotarnin und ebenso wie das gemeinschaftlich mit ihm im Opium vorkommende Papaverin das Derivat eines Benzylisochinolins.

Kotarnin.

Mol.-Gewicht 237,1.
Zusammensetzung: 60,73% C, 6,37% H, 5,91% N.

$$C_{12}H_{15}NO_4.$$

Vorkommen und Darstellung: Kotarnin $C_{17}H_{15}NO_4$, dessen Name durch Versetzung des Wortes Narkotin gebildet ist, kommt nicht wie das Hydrocotarnin als Alkaloidsalz im

---

[1]) M. Freund u. Becker, Berichte d. Deutsch. chem. Gesellschaft **36**, 1521 [1903].

Opium vor, sondern tritt nur als Spaltungsprodukt des Narkotins auf. Wöhler[1]), der es zuerst 1844 bei der Behandlung des Narkotins mit Mangansuperoxyd und Schwefelsäure erhielt, teilte ihm die Formel $C_{13}H_{13}NO_3$ zu, Matthiesen und Foster[2]) $C_{12}H_{13}NO_3 + H_2O$, während Rosers[3]) neuere Untersuchungen ergaben, daß die Formel nicht $C_{12}H_{13}NO_3 \cdot H_2O$, sondern $C_{12}H_{15}NO_4$ sei, daß also das sog. Krystallwasser zur Konstitution gehöre.

Zur Darstellung des Kotarnins trägt man Braunstein in eine siedende, wässerige, Schwefelsäure enthaltende Lösung von Narkotin ein, läßt erkalten, filtriert die ausgeschiedene Opiansäure ab, neutralisiert im Filtrate die Säure mit Ammoniak, setzt etwas Soda hinzu und fällt mit Natronlauge das Kotarnin aus, welches aus Benzol umkrystallisiert wird. Bequemer ist jedoch die Anwendung verdünnter Salpetersäure als Oxydationsmittel. Aus der filtrierten sauren Lösung wird das Kotarnin durch Kalilauge gefällt[4]).

Physiologische Eigenschaften des Cotarnins: Die chemische Ähnlichkeit des Kotarnins mit dem Hydrastinin gab Veranlassung, auch jenes auf blutstillende Eigenschaften, die das Anwendungsgebiet der Hydrastis bilden und im Hydrastinin gewissermaßen in reiner Form erscheinen, zu prüfen[5]). Das salzsaure Salz **(Stypticin)** wie später das phthalsaure **(Styptol)** erwiesen sich in der Tat als blutstillend, aber merkwürdigerweise auf ganz anderer Grundlage als die Hydrastininsalze. Denn sie bewirken weder Verengerung der Gefäße noch Blutgerinnung[6]). Die blutstillende Wirkung beruht vielleicht auf der Verlangsamung der Atmung und hierdurch bedingter Erniedrigung des arteriellen Blutdrucks. Stypticin macht bei Tieren zuerst eine Erregung des Zentralnervensystems und dann eine allgemeine Paralyse. Tod durch respiratorische Paralyse. Also ist die Wirkung des Kotarnins ähnlich der seiner Muttersubstanz, anfangs Erregung des Zentralnervensystems, dann allgemeine Lähmung[7]).

Hydrokotarnin hat die typische Wirkung der Kodeingruppe[8]).

Das Kotarnin[9]) hat nach Buchheim und Loos eine schwache Curarewirkung. Stockmann und Dott fanden, daß es in gewissem Grade paralysierend auf motorische Nerven wirkt, nicht mehr als andere Glieder der Morphingruppe. Es erinnert in seiner Wirkung sehr an das Hydrokotarnin.

Das Kotarnin und Hydrastinin zeigen beide keine krampferregenden Eigenschaften, sie erzeugen bei Warm- und Kaltblütern eine rein zentrale Lähmung (durch Einwirkung auf die motorische Sphäre des Rückenmarkes). Sie sind keine Herzgifte, der Exitus erfolgt bei ihnen durch Lähmung des Atmungszentrums und ist durch künstliche Respiration aufzuhalten.

Das Kotarnin wirkt schwächer als das nahe verwandte Hydrastinin in bezug auf die Blutstillung, es löst aber Wehentätigkeit aus, was Hydrastinin nicht tut und wirkt auch nicht narkotisch.

Die große Billigkeit des Kotarnins sichert ihm neben dem teuren Hydrastinin einen Platz in der Therapie.

Physikalische und chemische Eigenschaften: Das Kotarnin krystallisiert in farblosen Nadeln und schmilzt in reinem Zustande bei $125°$ [10]), reagiert schwach alkalisch, schmeckt sehr bitter und löst sich leicht in Alkohol und Äther.

Tautomerie des Kotarnins: Daß Kotarnin tautomer zu reagieren vermag im Sinne der beiden Formeln I und II, ist seit längerer Zeit bekannt und hat sich auch neuerdings bei verschiedenen Reaktionen gezeigt; das gleiche gilt für Hydrastinin.

$$\text{I} \qquad \qquad \text{II}$$

---

[1]) Wöhler, Annalen d. Chemie **50**, 1.
[2]) Matthiesen u. Foster, Annalen d. Chemie, Suppl. **1**, 330.
[3]) Roser, Annalen d. Chemie **249**, 163 [1888].
[4]) Roser, Annalen d. Chemie **249**, 157 [1888].
[5]) L. Spiegel, Chemische Konstitution und physiologische Wirkung. Stuttgart 1909, S. 76.
[6]) Marfori, Arch. ital. di biol. **1897**, Heft 2.
[7]) Falk, Therapeut. Monatshefte **27**, 646 [1895]; **28**, [1896].
[8]) Stockmann u. Dott, Brit. med. Journ. **1891**.
[9]) S. Fränkel, Arzneimittelsynthese. Berlin 1901, S. 313.
[10]) D. B. Dott, Chem. Centralbl. **1907** I, 741.

Trockenes Kotarnin löst sich sehr wenig und langsam in kalter Natriumcarbonatlösung, während die Lösung des salzsauren Kotarnins durch überschüssige Soda nicht gefällt wird[1]). Ebenso haben Studien von Dobbie und Tinkler[2]) der Absorptionsspektra von Lösungen des Kotarnins und Hydrastinins Ergebnisse geliefert, welche auf Tautomerieerscheinungen hinweisen.

Nach Formel II erscheint also das Kotarnin als ein Isochinolinderivat, wofür auch die Oxydation des Kotarnins in Apophyllensäure einerseits und Kotarnsäure andererseits sprechen würde, analog der Oxydation des Isochinolins zu Chinchomeronsäure und Phthalsäure oder des Papaverins zu Chinchomeronsäure und Metahemipinsäure. Indessen kann das freie Kotarnin selbst eine cyclische Kohlenstoff-Stickstoffverkettung nicht enthalten, denn es verhält sich einerseits als sekundäre Base, andererseits als Carbonylverbindung (Aldehyd). Wie bei anderen tautomeren Substanzen, so werden wohl auch hier die beiden Formen durch Lösungsmittel ineinander umgewandelt, so daß sich in Lösungen Gleichgewichtszustände herstellen, die je nach der Natur des Lösungsmittels verschieden sind.

Ebenso lagert sich, wenn das Kotarnin Salze bildet, die Säure nicht einfach an den Stickstoff an, sondern es tritt zugleich der Aldehydsauerstoff mit dem Wasserstoff des sekundären Amins und dem der angelagerten Säure, z. B. der Chlorwasserstoffsäure, aus, es schließt sich der Pyridinring; in den Salzen des Kotarnins liegen Derivate des Isochinolins vor. In ähnlicher Weise verläuft die Reaktion bei der Hydrierung des Kotarnins. Auch das Hydrokotarnin enthält einen geschlossenen Isochinolinring.

Kotarninhydrochlorid   Hydrokotarnin

Salze und Derivate des Kotarnins: Die Salze des Kotarnins, welche sich, wie eben erwähnt, unter Austritt von Wasser bilden, krystallisieren meist sehr gut. Das **Hydrochlorid** $C_{12}H_{13}NO_3$ · HCl + 2 H_2O, bildet lange, seideglänzende Krystalle[3]). — Das **Hydrojodid** $C_{12}H_{13}NO_3$, HJ, welches neben dem Kotarnmethinmethyljodid bei Einwirkung von Methyljodid auf Kotarnin in Form gelber Nadeln entsteht, ist wasserfrei[4]). — **Kotarnmethinmethyljodid** CHO · $C_8H_6O_3CH_2$ · CH_2 · $N(CH_3)_3J$, ist in Wasser schwer löslich, scheidet in langen schwefelgelben Nadeln oder flachprismatischen Kristallen aus, kann durch Natronlauge nach A. W. Hofmann in Trimethylamin und Kotarnon gespalten werden[5]). — **Cyankotarnin** $C_8H_6O_3$ · CH_2 · CH_2 · NCH_3 · CH · CN, erhält man durch Zusatz von Cyankalium zu einer wässerigen Kotarninlösung. Es liegt hier ein eigenartiger Fall von Tautomerie vor, welche unter Verschiebung der Cyangruppe zustande kommt. Formel I und II:

I   II

Nach den Arbeiten von Hantzsch[6]) und Kalb, sowie von M. Freund[7]) und Preuß kommt dem festen Cyankotarnin die Formel I zu, wogegen sich das Kotarnincyanid bei dem

---

[1]) Liebermann u. Kropf, Berichte d. Deutsch. chem. Gesellschaft **37**, 211, Fußnote 2 [1904].
[2]) Dobbie u. Tinkler, Proc. Chem. Soc. **20**, 162 [1904]; Chem. Centralbl. **1904** II, 455.
[3]) D. B. Dott, Chem. Centralbl. **1907** I, 741.
[4]) Blyth, Annalen d. Chemie **50**, 41 [1844].
[5]) Roser, Annalen d. Chemie **249**, 157 [1888]; **249**, 141 [1888].
[6]) Hantzsch u. Kalb, Berichte d. Deutsch. chem. Gesellschaft **32**, 3131 [1899]; **33**, 2203 [1900].
[7]) M. Freund, Preuß u. Bamberg, Berichte d. Deutsch. chem. Gesellschaft **33**, 2201 [1900]; **35**, 1739 [1902].

Prozeß der Lösung, sei es in Wasser oder Alkohol, in geringer Menge zu der Verbindung von der Formel II isomerisiert und gleichzeitig ionisiert.

Aus alkoholischer Lösung krystallisiert das Cyankotarnin in Säulen, die bei 95—96° schmelzen. In Benzol, Äther und Ligroin löst sich die Verbindung leicht, in Wasser ist sie unlöslich. Wässeriges Kali wirkt bei gewöhnlicher Temperatur nicht ein, durch Kochen mit alkoholischem Kali scheiden sich aber reichliche Mengen von Cyankalium aus. Wässerige Säuren bewirken sofort Abspaltung von Cyanwasserstoff. Mit Methyljodid verbindet sich das Cyankotarnin beim Erwärmen quantitativ zu einem gut krystallisierenden Jodmethylat, $C_{12}H_{14}NO_3 \cdot (CN) \cdot CH_3J$. — **Kotarninsulfid** $C_{24}H_{28}N_2O_6S$, entsteht, wenn man Schwefelwasserstoff in eine kaltgesättigte Lösung von Kotarnin leitet, schmilzt bei 146—148°, ist in Wasser unlöslich, in Äther kaum, in Alkohol und Benzol schwer löslich. Wird es mit Jodmethyl erwärmt, so tritt ein starker merkaptanartiger Geruch auf und es scheidet sich Kotarninjodid aus. Dieses Verhalten führt zur Annahme, daß der Schwefel nicht am Kohlenstoff, sondern am Stickstoff haftet.

$$C_8H_6O_3 \begin{matrix} CH:N\cdot CH_3 \\ | \\ CH_2\cdot CH_2 \end{matrix} - S - CH_3 \begin{matrix} N:CH \\ | \\ CH_2\cdot CH_2 \end{matrix} C_8H_6O_3$$

Kotarninsuperoxyd $C_{24}H_{28}N_2O_8$, entsteht, wenn man eine methylalkoholische Lösung von Kotarnin mit 3 proz. Wasserstoffsuperoxyd versetzt, schmilzt bei ungefähr 140°, ist in Wasser unlöslich, in Alkohol und Benzol leicht löslich.

Benzoylkotarnin $C_8H_6O_3 \cdot (CHO) \cdot CH_2 \cdot CH_2 \cdot N \cdot CH_3 \cdot C_7H_5O$, bildet sich beim Behandeln von Kotarnin mit Benzoylchlorid und Natronlauge; lange Nadeln v. Schmelzp. 122 bis 123°.

Kotarninoxim[1]) $C_8H_6O_3(CH:NOH)C_2H_4 \cdot NH \cdot CH_3$, entsteht aus Hydroxylamin und Kotarnin in alkoholischer Lösung, Schmelzp. 165—168°.

Acetylkotarninessigsäure[2]), $C_{16}H_{19}NO_6$. Wird Kotarnin mit Essigsäureanhydrid am Rückflußkühler gekocht, so bildet sich quantitativ eine Verbindung, die als Acetylkotarninessigsäure $CO_2H \cdot CH:CH \cdot C_8H_6O_3 \cdot CH \cdot CH_2 \cdot N \cdot (CH_3) \cdot C_2H_3O$ anzusehen ist; unlöslich in kaltem Wasser, löslich in Alkohol, schmilzt bei 201° und ist eine ausgesprochene Säure.

Kotarnaminsäure $C_{11}H_{13}NO_4$, wird die Verbindung genannt, welche unter Abspaltung einer Methylgruppe in Form von Chlormethyl aus Kotarnin beim Erhitzen desselben mit Salzsäure entsteht. Bei der Oxydation liefert sie Apophyllensäure[3]). Da sie eine freie Hydroxylgruppe enthält, löst sich die Kotarnaminsäure leicht in Kalilauge.

Kotarnon $C_{11}H_{10}O_4$, entsteht aus Kotarnmethinmethyljodid durch Erwärmen mit Natronlauge, krystallisiert aus Alkohol in rautenförmigen Blättchen vom Schmelzp. 78°, unlöslich in kaltem Wasser, wenig löslich in warmem Wasser. Das Kotarnon ist eine indifferente ungesättigte Verbindung. Mit Hydroxylamin setzt es sich zu dem **Kotarnonoxim** um, $C_8H_6O_3(CH:CH_2)CH:NHOH$.

Das **Kotarnlacton** $C_{11}H_{10}O_6$ vom Schmelzp. 154° und die **Kotarnsäure** $C_{10}H_8O_7$ vom Schmelzp. 178° bilden sich bei der Oxydation des Kotarnons mit Kaliumpermanganat.

Kotarnonitril[4]) $C_8H_6O_3(CN)CH:CH_2$. Wird Kotarnmethinmethylchlorid mit salzsaurem Hydroxylamin erwärmt, so entsteht aus dem unter diesen Bedingungen nicht beständigem Oxim durch Wasserabspaltung eine Verbindung, die als das Nitril des Kotarnmethinmethylchlorids, $C_8H_6O_3(CN) \cdot CH_2 \cdot CH_2N(CH_3)_3Cl$, angesehen werden kann und welche mit Natronlauge erwärmt in Trymethylamin und Kotarnonitril zerfällt.

$$C_8H_6O_3 \begin{matrix} CN \\ CH_2 \cdot CH_2 \cdot N \cdot (CH_3)_3Cl \end{matrix} + NaOH = C_8H_6O_3 \begin{matrix} CN \\ CH:CH_2 \end{matrix} + N(CH_3)_3 + NaCl + H_2O$$

Es ist ein in Wasser nicht löslicher, aus Alkohol krystallisierender Körper vom Schmelzpunkt 160°.

Bromkotarnin $C_{12}H_{14}BrNO_4$. Gießt man eine verdünnte salzsaure Lösung von Kotarnin in überschüssiges Bromwasser, so scheidet sich sofort bromwasserstoffsaures Brom-

---

[1]) Roser, Annalen d. Chemie **254**, 335 [1889].
[2]) Bowmann, Berichte d. Deutsch. chem. Gesellschaft **20 II**, 2431 [1887].
[3]) Matthiesen u. Foster, Annalen d. Chemie, Suppl. **2**, 379 [1863]. — Vongerichten, Berichte d. Deutsch. chem. Gesellschaft **14 I**, 310 [1881].
[4]) Roser, Annalen d. Chemie **249**, 163 [1888]; **254**, 338, 341 [1889].

kotarninsuperbromid, $C_8H_5BrO_3{<}{\genfrac{}{}{0pt}{}{CH:N(CH_3)Br\cdot Br_2}{CH_2\cdot CH_2}}$, als gelber Niederschlag aus. Derselbe wird unter Einleiten von Schwefelwasserstoff mit Wasser gekocht und nach Erkalten mit Natronlauge versetzt, wobei Bromkotarnin ausfällt. Dieses bildet feine Nadeln, bei 135° unter Zersetzung schmelzend. Beim Erhitzen des bromwasserstoffsauren Salzes oder des Superbromids auf 190—200° entsteht **Bromtarkonin.**

Das chemische Verhalten[1]) des Bromkotarnins ist dem des Kotarnins entsprechend. Es bildet ebenso wie dieses ein **Bromkotarnmethinmethyljodid**, das wieder in ein **Bromkotarnon** gespalten werden kann, von dem aus man zum **Bromkotarnonoxim** und **Bromkotarnonitril** gelangt.

Kotarnin-anil[2])

$${\genfrac{}{}{0pt}{}{CH_3O}{CH_2O_2}}{>}C_6H{<}{\genfrac{}{}{0pt}{}{CH:N\cdot C_6H_5}{CH_2\cdot CH_2\cdot NH\cdot CH_3}}$$

wird durch Verreiben berechneter Mengen der beiden Komponenten mit wenig Wasser bereitet, wobei zunächst ein öliges Gemisch entsteht, das bald zu einer harten Masse krystallinisch erstarrt. Das Anil ist unlöslich in Wasser. Aus Äther, Alkohol und Benzol krystallisiert es in feinen Nadeln, die bei 124° unter Zersetzung schmelzen. Längeres Kochen mit Alkohol wirkt zersetzend. Gegen Alkalien beständig, wird es durch Säuren in seine Komponenten gespalten. — **Kotarnin-p-äthoxyanil** $(C_{12}H_{15}NO_3):N\cdot C_6H_4(OC_2H_5)$, wird in derselben Weise wie das Anil aus Kotarnin und p-Phenetidin hergestellt. Aus Alkohol krystallisiert, schmilzt es bei 120°. — **Kotarnin-anil-p-carbonsäureester** $(C_{12}H_{15}NO_3):N\cdot C_6H_4\cdot CO_2C_2H_5$, dargestellt durch Zusammenreiben von Kotarnin mit p-Amidobenzoeester bei Gegenwart von etwas Wasser, krystallisiert aus Alkohol in weißen Nadeln vom Schmelzp. 147°.

Anil des Kotarninmethin-methyljodids

$${\genfrac{}{}{0pt}{}{CH_3O}{CH_2O_2}}{>}C_6H{<}{\genfrac{}{}{0pt}{}{CH:N\cdot C_6H_5}{CH_2\cdot CH_2\cdot N(CH_3)_3}}\cdot J$$

Kotarninanil (1 Mol.) wird in benzolischer Lösung unter Zusatz von Jodmethyl (1 Mol.) ca. 10 Minuten im Kochen erhalten, wobei sich gelbliche Krystalle ausscheiden, die aus Wasser krystallisiert, heller werden und bei 199° schmelzen.

Norkotarnin-methinmethyljodid

$${\genfrac{}{}{0pt}{}{HO}{CH_2O_2}}{>}C_6H{<}{\genfrac{}{}{0pt}{}{CHO}{CH_2\cdot CH_2\cdot N(CH_3)_3J}}$$

aus dem trockenen Anil und Jodmethyl, löst sich leicht in kochendem Wasser und wässerigem Alkohol und scheidet sich beim Erkalten in schönen, gelblichen Nadeln vom Schmelzp. 272° ab. Die Hydroxylgruppe befähigt den Körper zur Bildung von Alkalisalzen, die sich leicht in Wasser mit gelber Farbe lösen.

Norkotarnon

$${\genfrac{}{}{0pt}{}{HO}{CH_2O_2}}{>}C_6H{<}{\genfrac{}{}{0pt}{}{CHO}{CH:CH_2}}$$

entsteht beim Behandeln des Ammoniumjodids mit 30 proz. Natronlauge; krystallisiert aus Alkohol in schönen, gelbgrünlichen Krystallen vom Schmelzp. 89°.

Triacetylderivat

$${\genfrac{}{}{0pt}{}{CH_3CO\cdot O}{CH_2O_2}}{>}C_6H{<}{\genfrac{}{}{0pt}{}{CH(O\cdot COCH_3)_2}{CH:CH_2}}$$

Prismen, Schmelzp. 124°. Leicht löslich in Alkohol und Benzol.

Norkotarnon-oxim

$${\genfrac{}{}{0pt}{}{HO}{CH_2O_2}}{>}C_6H{<}{\genfrac{}{}{0pt}{}{CH:N\cdot OH}{CH:CH_2}}$$

Das Oxim ist in Wasser unlöslich, schwer löslich in kaltem Alkohol, leicht in heißem und in Äther. Aus Alkohol krystallisiert es in Blättchen, die bei 202—203° schmelzen.

Acetyl-norkotarnon

$${\genfrac{}{}{0pt}{}{CH_3CO\cdot O}{CH_2O_2}}{>}C_6H{<}{\genfrac{}{}{0pt}{}{CHO}{CH:CH_2}}\cdot$$

---

[1]) Roser, Annalen d. Chemie **249**, 163 [1888]; **254**, 338, 341 [1889].
[2]) M. Freund u. F. Becker, Berichte d. Deutsch. chem. Gesellschaft **36**, 1528 [1903].

Übergießt man das gut getrocknete Natriumsalz des Narkotarnons mit wenig überschüssigem Essigsäureanhydrid, so tritt unter energischer Reaktion Bildung des Acetylderivates ein. Das Acetylnorkotarnon ist unlöslich in Wasser, löst sich dagegen leicht in heißem Alkohol, aus dem es, wie aus Eisessig, in schönen, glänzenden Nadeln vom Schmelzp. 84—85° krystallisiert.

Bromkotarnin-anil

$$\begin{matrix} CH_3O \\ CH_2O_2 \end{matrix} \!\!>\!\! C_6Br \!\!<\!\! \begin{matrix} CH:N \cdot C_6H_5 \\ CH_2 \cdot CH_2 \cdot NH \cdot CH_3 \end{matrix}$$

Die Herstellung des Bromkotarnin-anils ist analog derjenigen des Kotarnin-anils. Bromkotarnin-anil ist unlöslich in Wasser, leicht löslich in Alkohol, Äther, Benzol, Aceton und Chloroform. Durch Lösen in Äther und Verdunstenlassen des Lösungsmittels erhält man es in feinen, weißen Nadeln vom Schmelzp. 127°.

Bromnorkotarninmethin-methyljodid

$$\begin{matrix} HO \\ CH_2O_2 \end{matrix} \!\!>\!\! C_6Br \!\!<\!\! \begin{matrix} CHO \\ CH_2 \cdot CH_2 \cdot N(CH_3)_3 \end{matrix} \cdot J$$

Läßt man überschüssiges Jodmethyl auf Bromkotarninanil einwirken, so tritt eine heftige Reaktion ein, ähnlich wie bei der Einwirkung von Jodmethyl auf Kotarnin-anil. Nach Beendigung der Reaktion erwärmt man das rotbraune, feste Reaktionsprodukt mit verdünnter Salzsäure, wodurch man das Ammoniumjodid in Form einer gelben Krystallmasse, die noch durch jodwasserstoffsaures Bromkotarnin verunreinigt ist, erhält. Die Trennung beider Salze bewirkt man durch mehrmaliges Umkrystallisieren aus Wasser, wobei das jodwasserstoffsaure Bromkotarnin, als der leichter lösliche Körper, in den Mutterlaugen zurückbleibt, aus denen man es, ebenso wie aus der salzsauren Lösung, durch Eindampfen gewinnen und durch Fällen seiner wässerigen Lösung mit Natronlauge als Bromkotarnin nachweisen kann. Das Ammoniumjodid krystallisiert aus der wässerigen Lösung in schwach gelb gefärbten, wolligen Nädelchen, die sich bei 264° zersetzen, ohne zu schmelzen.

Brom-norkotarnon

$$\begin{matrix} HO \\ CH_2O_2 \end{matrix} \!\!>\!\! C_6Br \!\!<\!\! \begin{matrix} CHO \\ CH:CH_2 \end{matrix}$$

Löst man das Ammoniumjodid in 30proz. Natronlauge, so entweicht beim Kochen Trimethylamin, und nach kurzer Zeit erstarrt die ganze Flüssigkeitsmenge zu einem dicken Brei von goldglänzenden Blättchen. Sie stellen das Natriumsalz des Bromnorkotarnons vor. Es ist in kaltem Wasser schwer löslich und krystallisiert aus heißem in glänzenden, gelben Schuppen.

Beim Zersetzen des in Wasser suspendierten Natriumsalzes mit verdünnter Salzsäure erhält man das Bromnorkotarnon als einen grauen Körper, unlöslich in Wasser, schwer löslich in kaltem, leichter in heißem Alkohol, woraus grauweiße Nadeln vom Schmelzp. 138° krystallisieren.

Mit Ketonen, z. B. Aceton, vereinigt sich Kotarnin unter Wasseraustritt[1] nach der Gleichung:

$$CH_2\!\!<\!\!\begin{matrix} O \\ O \end{matrix}\!\!\begin{matrix} OCH_3 \\ | \\ CHO \\ NH \cdot CH_3 \\ CH_2 \\ CH_2 \end{matrix} + CH_3 \cdot CO \cdot CH_3 = H_2O + CH_2\!\!<\!\!\begin{matrix} O \\ O \end{matrix}\!\!\begin{matrix} OCH_3 \\ | \\ CH:CH \cdot CO \cdot CH_3 \\ CH_2 \cdot CH_2 \cdot NH \cdot CH_3 \end{matrix}$$

Anhydro-kotarnin-aceton $C_{15}H_{19}NO_4$, bildet schöne, farblose bis schwach honigfarbene Prismen, die sich sehr leicht in Aceton, Alkohol, Äther und Benzol lösen. Der Schmelzp. liegt bei 83°. In überschüssiger Soda sind sie unlöslich (Unterschied von Kotarnin). In verdünnter Salzsäure spielend löslich.

Das **Platindoppelsalz** $(C_{15}H_{19}NO_4 \cdot HCl)_2 PtCl_4$, bildet einen eigelben Niederschlag. — **Anhydro-Kotarnin-Methylpropyl-keton** $C_{17}H_{23}NO_4$, aus Kotarnin, Methylpropylketon und Sodalösung unter gelindem Anwärmen dargestellt. Aus Alkohol, in welchem die Verbindung sehr leicht löslich ist, umkrystallisiert, schmilzt sie unscharf von 86—92°. — **Anhydro-Kotarnin-acetophenon** $C_{20}H_{21}NO_4$, farblose Prismen, Schmelzp. 126°. In Benzol leicht löslich.

---

[1] C. Liebermann u. F. Kropf, Berichte d. Deutsch. chem. Gesellschaft **37**, 211 [1904].

Anhydro-Kotarnin-phenylessigester[1]

$$C_6H(:O_2:CH_2)(OCH_3) \Big\langle \begin{matrix} CH:C\langle \begin{matrix} C_6H_5 \\ CO_2 \cdot C_2H_5 \end{matrix} \\ CH_2 \cdot CH_2 \cdot NH \cdot CH_3 \end{matrix}$$

Farblose Prismen. Schmelzp. 91—92°.

Das Platinsalz ($C_{22}H_{25}NO_5 \cdot HCl)_2PtCl_4$, fällt in gelben, amorphen Flocken.

Anhydro-Kotarnin-malonester

$$(CH_2:O_2:)(CH_3O)C_6H \Big\langle \begin{matrix} CH_2:C(CO_2C_2H_5)_2 \\ CH_2 \cdot CH_2 \cdot NH \cdot CH_3 \end{matrix}$$

Weißes Krystallpulver vom Schmelzp. 73°. In den üblichen organischen Lösungsmitteln leicht löslich.

Anhydro-Kotarnin-cumaron ($C_{12}H_{14}NO_3) \cdot (C_8H_5O)$. Gelbliche, amorphe Substanz vom Schmelzp. 66—71°. — **Anhydro-Kotarnin-resorcin** ($C_{12}H_{14}NO_3) \cdot (C_6H_3(OH)_2)$. Schmelzpunkt 220° (u. Z.). Die Verbindung ist in Wasser wenig, in Eisessig leicht, in Alkohol etwas schwerer und in Äther, Ligroin, Benzol, Chloroform sehr schwer löslich. Sie löst sich in verdünnten Säuren in der Kälte auf und wird durch Soda gefällt. Die Fällung durch Kalilauge löst sich in einem Überschuß von Kali wieder auf. — **Anhydro-Kotarnin-acetylaceton**[2] $C_{17}H_{21}O_5N$. Molekulare Mengen von Kotarnin und Acetylaceton werden mit wenig Alkohol und einigen Tropfen gesättigter Sodalösung versetzt und 15 Minuten auf dem Wasserbade erwärmt. Weiße Säulchen vom Schmelzp. 98—99°. — **Anhydro-Kotarnin-acetonylaceton** $C_{18}H_{23}O_5N$, leicht löslich in Alkohol und Äther, unlöslich in Wasser. Schmelzp. 147—149°. — **Anhydro-Kotarnin-acetessigäther** $C_{18}H_{23}O_6N$. Schmelzp. 59—60°. Nadeln, unlöslich in Wasser, leicht löslich in Alkohol und Äther. — **Anhydro-Kotarnin-benzoylessigäther** $C_{23}H_{24}O_6N$. Weiße Nadeln vom Schmelzp. 100—102°.

Das Platindoppelsalz ($C_{23}H_{24}O_6N \cdot HCl)_2PtCl_4$ fällt aus der salzsauren Lösung in gelben Flocken. Schmelzp. 116—117°.

Anhydro-Kotarnin-cyanessigäther $C_{17}H_{20}O_5N_2$. Aus Alkohol und Wasser gelblichweiße Nadeln vom Schmelzp. 95—96° (u. Z.).

Anhydro-Kotarnin-äthyl-acetessigäther

$$CH_2 \Big\langle \begin{matrix} O \\ O \end{matrix} \cdot \bigcirc \begin{matrix} CH_3O & C_2H_5 \searrow \diagup CO \cdot CH_3 \\ & CH \cdot C \cdot CO_2 \cdot C_2H_5 \\ & N \cdot CH_3 \\ & CH_2 \\ & CH_2 \end{matrix}$$

Aus Alkohol und Äther umkrystallisiert, bildet es schöne, weiße Nadeln.

Tarkoninverbindungen: Als Tarkoninverbindungen wird eine Reihe eigentümlicher gefärbter Körper bezeichnet, die als Umwandlungsprodukte der Kotarninverbindungen entstehen. Sie wurden zuerst von Wright und Jörgensen erhalten und später von Vongerichten und Roser näher untersucht[3]. Die Bildung des Bromtarkonins beim Erhitzen des Bromkotarninsuperbromids erfolgt nach folgender Gleichung:

$$C_{12}H_{13}BrNO_3Br \cdot Br_2 = C_{11}H_8NO_3Br + CH_3Br + 2HBr.$$

Es tritt offenbar ein an Stickstoff gebundenes Bromatom mit der Methylgruppe des Methoxyls aus. Das ungefärbte Bromkotarnin geht dabei in das gefärbte Bromtarkonin über. Nach eingehenden Untersuchungen über das Verhalten des Bromtarkonins wurde dasselbe von Roser und Heimann[4] als ein inneres Ammoniumsalz erkannt, als Analogon der von Claus dargestellten Anhydride von Oxyisochinolinalkylhydroxyden, denen es auch äußerlich sehr ähnlich ist. Für das Bromtarkonin ergibt sich hiernach die nachfolgende Formel, welche sowohl die Bildung des Bromtarkonins aus Bromkotarninsuperbromid als auch dessen Umwandlung in Brommethoxymethylendioxyisochinolinjodmethylat leicht verständlich macht.

---

[1] C. Liebermann u. A. Glawe, Berichte d. Deutsch. chem. Gesellschaft **37**, 2738 [1904].
[2] F. Kropf, Berichte d. Deutsch. chem. Gesellschaft **37**, 2745 [1904].
[3] Wright, Journ. Chem. Soc. **32**, 351 [1877]. — Vongerichten, Berichte d. Deutsch. chem. Gesellschaft **14**, 311 [1881].
[4] Heimann, Diss. Marburg 1892.

Bromkotarninsuperbromid → Bromtarkonin

Bromtarkonin + $CH_3 \cdot J$ = Brommethoxymethylendioxyisochinolinjodmethylat

Da auch solche Tarkoninverbindungen bekannt sind, die Äthyl statt Methyl am Stickstoff enthalten, wird das obengenannte Bromtarkonin richtiger **Methylbromtarkonin** genannt, wobei man sich unter Tarkonin die nicht bekannte sekundäre Base $(CH_2O_2)C_6H:C_3H_3NH$ vorstellt.

Tarkonin $C_{11}H_9NO_3$, oder richtiger **Methyltarkonin**, erhielt Wright[1]) durch Erhitzen von Bromkotarninhydrobromid auf 190—200°:

$$C_{12}H_{13}BrNO_3Br = C_{11}H_9NO_3 \cdot HBr + CH_3Br.$$

Wird[2]) eine alkoholische, etwas Salzsäure enthaltende Lösung von Narkotin mit Jod gekocht, so bildet sich unter Spaltung des Alkaloids die Opiansäure und ein Superjodid $C_{12}H_{12}NO_3J \cdot J_2$. Zugleich entsteht unter Substitution eines Wasserstoffatoms durch Jod ein Superjodid von der Zusammensetzung $C_{12}H_{11}JNO_3J \cdot J_2$. Werden diese Superjodide mit Wasser übergossen und mit Schwefelwasserstoff in der Wärme behandelt, so gehen sie in **Tarkoninmethyljodid** $C_{12}H_{12}NO_3J$, und **Jodtarkoninmethyljodid** $C_{12}H_{11}JNO_3J$, über, von denen das letztere in Wasser sehr schwer löslich ist und durch Krystallisation von dem ersteren getrennt werden kann. Durch Chlorsilber läßt sich das Tarkoninmethyljodid in das entsprechende Chlorid überführen, welches mit Salzsäure erhitzt in Methylchlorid und **Tarkonin** (Methyltarkonin) zersetzt wird.

Tarkoninmethylchlorid = Methyltarkonin + CH_3Cl

Diese Tarkoninhalogenalkylate setzen sich mit Silberoxyd zu einer stark alkalischen Ammoniumbase (**Tarkoniumhydrat**) um, welche beim Kochen mit Barytwasser in die Methyltarkoninsäure übergeht.

Methylbromtarkonin (Bromtarkonin) $C_{11}H_8BrNO_3$.

Die Bildung dieser Verbindung durch Erhitzen von bromwasserstoffsaurem Bromkotarnindibromid auf 160° wurde schon oben erwähnt. Die Schmelze wird mit Wasser ausgekocht und das aus der erkalteten Lösung ausgeschiedene Hydrobromid mit Soda zersetzt. Es scheidet sich das freie Methylbromtarkonin in langen, orangeroten Nadeln aus, die in Salzsäure gelöst und wieder ausgefällt hellgelb werden. Die Krystalle enthalten 2 Mol. H_2O und verlieren bei 100° das Krystallwasser, wobei die Verbindung eine carmoisinrote Farbe annimmt. Sie schmilzt bei 235—238°, löst sich in kochendem Wasser, nicht in Äther. Sie ist eine schwache Base, gibt mit Säuren Salze, verbindet sich mit Alkyljodiden beim Erwärmen. Durch Oxydation des Methylbromtarkonins mit Chromsäure entsteht Apophyllensäure und bei Einwirkung von Wasser und Brom bilden sich sukzessive Cuprin (siehe unten), Bromapophyllensäure und Bromapophyllin[3]).

---

[1]) Wright, Journ. Chem. Soc. **32**, 535 [1877].
[2]) Roser, Annalen d. Chemie **245**, 316, 321 [1888].
[3]) Vongerichten, Berichte d. Deutsch. chem. Gesellschaft **14** I, 311 [1881]; Annalen d. Chemie **212**, 171 [1882].

Methyljodtarkonin[1]) (Jodtarkonin) $C_{11}H_8JNO_3$, ist in ähnlicher Weise wie das Methyltarkonin aus Jodtarkoninmethyljodid durch Überführung in Chlorid und dessen Erhitzen mit Salzsäure erhalten worden. Es krystallisiert aus Wasser mit 1 Mol. Krystallwasser in gelbroten Nadeln.

Die **Tarkoninsäuren** entstehen durch Abspaltung von Formaldehyd aus den Ammoniumbasen der bisher als Tarkoninhalogenalkylate aufgefaßten Verbindungen, wenn man dieselben mit Wasser kocht oder noch besser mit Bariumhydroxyd. So bildet sich **Methyltarkoninsäure** $C_{11}H_{11}NO_3 + 2 H_2O$, Dimethyltarkonol, durch Kochen von Tarkoninmethylhydroxyd mit Bariumhydrat. Nach Roser findet hier eine Verseifung des Methylenäthers statt und zugleich bildet sich unter Wasserabspaltung ein inneres Ammoniumsalz, in welchem das Kohlenstoffatom des Benzolkerns, welches durch Sauerstoff mit dem Stickstoff verbunden ist, eine andere Stellung einnimmt, als in den bisher angeführten Tarkoninverbindungen.

$$CH_2\!\!<\!\!^O_O\!\!>\!\!C_6H\!\!<\!\!^{CH\,:\,NCH_3\cdot OH}_{CH\,:\,CH} \;=\; ^{\;O\!\!-\!\!-\!\!-\!\!-\!\!-\!\!-\!\!}_{CH_3O}\!\!>\!\!C_6H\!\!<\!\!^{CH\,:\,N\cdot CH_3}_{CH\,:\,CH} + CH_2O$$

Tarkoninmethylhydroxyd   Methyltarkoninsäure   Formaldehyd

Wahrscheinlich nimmt das anhydridisch gebundene Sauerstoffatom die Parastellung zum α-Kohlenstoffatom des Isochinolinrings ein und die Konstitution der Methyltarkoninsäure wäre durch die Formel

Dimethyltarkonol

auszudrücken. Sie krystallisiert in gelben flachen Nadeln, wird bei 100° wasserfrei und schmilzt bei 244°. In Wasser und Alkohol ist die Säure löslich. Das Hydrochlorid krystallisiert in weißen Prismen[2]).

In analoger Weise erhält man **Methylbromtarkoninsäure**[2]) $C_{11}H_{10}BrNO_3 + 2 H_2O$, Schmelzp. 223° und **Äthylbromtarkoninsäure** $C_{12}H_{12}BrNO_3 + 2 H_2O$.

Die **Tarkonsäure** $C_{10}H_7NO_3$, erhielt Vongerichten als salzsaures Salz beim Erhitzen der Methyl- und Äthyltarkoninsäure mit Salzsäure auf 150—160°.

Von Bromtarkonin ausgehend, hat Vongerichten eine Reihe von Verbindungen dargestellt, deren innere Zusammensetzung und Beziehungen zu den Tarkoninderivaten noch nicht klargestellt worden sind.

Wird das Bromtarkonin mit Wasser auf 130° erhitzt, so bilden sich die bromwasserstoffsauren Salze zweier bromfreien Basen, **Tarnin** $C_{11}H_9NO_4$, und **Cupronin** $C_{20}H_{18}N_2O_6$. Wird das Produkt mit Wasser übergossen, so löst sich das Tarninhydrobromid, während das Cuproninsalz ungelöst zurückbleibt. Natriumcarbonat macht die Basen aus den betreffenden Salzen frei.

Das **Tarnin** krystallisiert aus kochendem Wasser in feinen, orangeroten Nadeln, die $1^1/_2$ Mol. Wasser enthalten. Mit Säuren bildet es schön krystallisierende Salze. Das Hydrochlorid ist lichtgelb. Wird das Tarnin mit Salzsäure auf 160° erhitzt, so entsteht unter Kohlenoxydentwicklung Nartinsäure (s. unten).

Das freie **Cupronin** bildet ein schwarzes Pulver, welches in Natronlauge mit tiefbrauner und in Salzsäure mit schön fuchsinroter Farbe löslich ist. Beim Erhitzen mit Salzsäure bleibt es unverändert.

Cuprin $C_{11}H_7NO_3$ oder $C_{22}H_{14}N_2O_6$. Wird Bromkotarninhydrochlorid in wässeriger Lösung allmählich mit Bromwasser versetzt, so scheidet sich ein gelber Körper aus, der sich indessen beim Erwärmen der Lösung löst. Beim Kochen wird die Lösung zunächst tiefbraun, dann blau. Auf Zusatz von Natriumcarbonat scheidet sich eine aus feinen Nadeln bestehende kupferglänzende Masse, das **Cuprin**, aus. Es ist eine schwache Base, die sich in Wasser mit grüner Farbe und in Säuren mit tiefblauer Farbe löst. Durch weitere Einwirkung von Bromwasser geht das Cuprin in Dibromapophyllensäure und Dibromapophyllin über, welches letztere das Endprodukt bei der Einwirkung von Brom auf Bromtarkonin ist.

---

[1]) Roser, Annalen d. Chemie **245**, 319 [1888].
[2]) Roser, Annalen d. Chemie **212**, 177 [1882]; **245**, 326 [1888]; **254**, 367 [1889].

Nartinsäure (Nartin) $C_{10}H_9NO_3$ oder $C_{20}H_{16}N_2O_6$, entsteht als Hydrobromid bei der Einwirkung von Salzsäure bei 120—130° auf Bromtarkonin, indem Kohlenoxyd abgespalten wird:

$$C_{11}H_8BrNO_3 + H_2O = CO + C_{10}H_9NO_3 \cdot HBr.$$

Auch Tarnin liefert unter ähnlichen Bedingungen Nartinsäure. Die durch Natriumbicarbonat gefällte Verbindung bildet einen orangeroten Niederschlag, der sich an der Luft braun färbt. Die Nartinsäure gibt Salze, sowohl mit Basen als auch mit Säuren. Sie besitzt reduzierende Eigenschaften.

Hydrokotarnin,
Methoxy-methylendioxy-N-methyltetrahydroisochinolin.

Mol.-Gewicht 221,1.
Zusammensetzung: 65,12% C, 6,84% H, 6,34% N.

$$C_{12}H_{15}NO_3.$$

Vorkommen: Das Hydrokotarnin ist nicht nur als Spaltungsprodukt des Narkotins bekannt, sondern kommt, wie Hesse[1] fand, als Alkaloidsalz im Opium vor.

Darstellung: Es läßt sich aus Kotarnin durch Einwirkung von Zink und Salzsäure in der Kälte, sowie durch elektrolytische Reduktion gewinnen. Die Beziehung des Hydrokotarnins zum Kotarnin und die Umwandlung des Kotarnins in Hydrokotarnin durch reduzierende Mittel sind aus den Formeln ersichtlich[2]:

Kotarnin → Zwischenprodukt

Hydrokotarnin

Physiologische Eigenschaften: Hydrokotarnin hat die typische Wirkung der Kodeingruppe. Es macht tetanische und narkotische Symptome ähnlich wie das Kodein, ist aber weniger giftig als das Thebain und Kodein, giftiger als das Morphin.

Physikalische und chemische Eigenschaften: Das Hydrokotarnin, das in Alkohol, Äther und Benzol leicht löslich ist, krystallisiert in monoklinen Prismen, die $1/2$ Mol. H_2O enthalten, schmilzt bei 55°; beim Erkalten erstarrt die Schmelze krystallinisch. Es ist optisch inaktiv, löst sich mit gelber Farbe in konz. Schwefelsäure; beim Erwärmen wird diese Lösung erst karmoisinrot, dann bilden sich blauviolette Streifen in derselben, endlich wird sie violett. Durch Oxydationsmittel geht die Base wieder in Kotarnin über, Essigsäureanhydrid wirkt auf sie nicht ein.

---

[1] Hesse, Annalen d. Chemie, Suppl. **8**, 326 [1871].
[2] Roser, Annalen d. Chemie **249**, 171 [1888].

Salze und Derivate: Das **Hydrokotarninhydrobromid** $C_{12}H_{15}NO_3$, $HBr + 1^1/_2 H_2O$, ist ziemlich schwer löslich und kann zur Reinigung der Base benützt werden. — **Hydrokotarninäthyljodid** $C_{12}H_{15}NO_3 \cdot C_2H_5J$, entsteht durch Erwärmen von Hydrokotarnin und Jodäthyl, gibt mit Silberoxyd ein stark alkalisch reagierendes Hydrat. — **Bromhydrokotarnin**[1]) $C_{12}H_{14}BrNO_3$, entsteht sowohl beim Eintragen von Bromwasser in eine Lösung von Hydrokotarninhydrobromid, als auch aus Bromkotarnin beim Behandeln mit Zink und Salzsäure. Es schmilzt bei 76—78°.

Methoxylhydrokotarninmethyljodid[2])

$$C_8H_6O_5 \diagup\!\!\!\diagdown \begin{array}{c} CH{-}OCH_3 \\ | \\ CH{-}N(CH_3)_2 J \\ | \\ CH_2{-}CH_2 \end{array}$$

entsteht aus Methyljodid und Kotarnin in alkoholischer Lösung, in wässeriger Lösung entsteht Cotarnmethinmethyljodid.

Mit aromatischen Aldehyden und Aldehydsäuren kondensiert sich das Hydrokotarnin bei Behandlung mit konz. Salzsäure bei 60—70° oder mit Schwefelsäure in der Kälte. Liebermann[3]) erhielt auf diese Weise aus Hydrokotarnin und Opiansäure das **Isonarkotin** vom Schmelzp. 194°. Eine diesem ganz entsprechende Verbindung ist das **Hydrokotarninphthalid** aus Hydrokotarnin und Phthalaldehydsäure; schmilzt bei 193°.

Kersten[4]) hat unter Anwendung von Salzsäure als kondensierendes Mittel eine große Anzahl Aldehydderivate des Hydrokotarnins dargestellt. — Die **Benzaldehydverbindung** $C_6H_5 \cdot CH(C_{12}H_{14}NO_3)_2$, schmilzt bei 229—230°; die **Piperonalverbindung** $(CH_2O_2)C_6H_3 \cdot CH(C_{12}H_{14}NO_3)_2$, schmilzt bei 202°.

Hydrodikotarnin[5]) $C_{24}H_{28}N_2O_6$. Von einer Schwefelsäure, die etwa 82% H_2SO_4 enthält, wird das Hydrokotarnin bei Zimmertemperatur zu Hydrodikotarnin oxydiert.

$$2\,C_{12}H_{15}NO_3 + O = C_{24}H_{28}N_2O_6 + H_2O.$$

Die reine in hellgelben Nadeln krystallisierende Base schmilzt bei 211°.

α-Alkylhydrokotarnine[6]) entstehen durch Einwirkung von Organomagnesiumsalzen auf Kotarnin (welches ja als mehrfach substituiertes Benzaldehyd aufgefaßt werden kann). Die Vereinigung mit Methylmagnesiumjodid vollzieht sich nach dem Schema:

[Reaction scheme showing structures I (Kotarnin), II, III, and IV (α-Methylhydrokotarnin):

I: $C_8H_6O_3$ ring with $C{\cdot}H{=}O$, $N{\cdot}H{\cdot}CH_3$, CH_2, CH_2 — Kotarnin

$+ CH_3MgJ \longrightarrow$

II: $C_8H_6O_3$ ring with $CH{<}^{CH_3}_{O \cdot MgJ}$, $NH \cdot CH_3 \rightarrow$

III: $C_8H_6O_3$ ring with $CH{<}^{CH_3}_{OH}$, $NH \cdot CH_3$

$- H_2O \longrightarrow$

IV: $C_8H_6O_3$ ring with $\overset{*}{C}H \cdot CH_3$, $N \cdot CH_3$, CH_2, CH_2 — α-Methylhydrokotarnin]

---

[1]) Beckett u. Wright, Journ. Chem. Soc. **28**, 577 [1875].
[2]) Roser, Annalen d. Chemie **254**, 360 [1889].
[3]) Liebermann, Berichte d. Deutsch. chem. Gesellschaft **29**, 186 [1896].
[4]) Kersten, Berichte d. Deutsch. chem. Gesellschaft **31**, 2098 [1898].
[5]) Bandow, Berichte d. Deutsch. chem. Gesellschaft **30**, 1747 [1897].
[6]) M. Freund u. Reitz, Berichte d. Deutsch. chem. Gesellschaft **39**, 2219 [1906].

Es entsteht zunächst ein sekundärer Alkohol III, der unter spontaner Wasserabspaltung in α-**Methylhydrokotarnin** übergeht.

Vermittels der entsprechenden Organomagnesiumsalze wurden so das α-**Äthyl-, Propyl-, Isopropyl-, Butyl-, Isobutyl-, Benzyl-, Phenyl-, p-Methoxyphenyl-** und α-**Naphthyl-Hydrokotarnin** dargestellt.

Es sind meist schön krystallisierende, tertiäre Basen, welche mit Säuren gut krystallisierende Salze liefern, enthalten ein asymmetrisches Kohlenstoffatom (in Formel IV mit * bezeichnet) und vereinigen sich mit Jodmethyl zu Jodmethylaten.

Mit Jodmethyl vereinigen sich die neuen Basen zu Jodmethylaten (V), durch Wasserstoffsuperoxyd werden sie in Aminoxyde (VI) übergeführt.

$$\text{V} \qquad \text{VI}$$

Äthylhydrokotarnin $C_{14}H_{19}NO_3$. Die Base löst sich leicht in Methyl-, Butyl- und Amylalkohol, Aceton, Chloroform, Essigester, Toluol und Ligroin. Aus letztgenanntem Lösungsmittel kommt sie in zentimeterlangen, ausgezeichnet ausgebildeten Säulen mit Schiefendflächen heraus. Aus den Lösungen ihrer Salze wird die Base durch Natriumcarbonat in Öltröpfchen, die bald krystallinisch erstarren, abgeschieden. — Das **Bichromat** $C_{14}H_{19}NO_3 \cdot H_2Cr_2O_7$ fällt aus der schwefelsauren Lösung der Base auf Zusatz von Kaliumbichromat aus und krystallisiert in rhombischen Platten. — Das **Jodmethylat** $C_{14}H_{19}NO_3 \cdot CH_3J$ entsteht beim Digerieren der Base mit überschüssigem Jodmethyl und krystallisiert aus Alkohol in sechsseitigen Platten, die zwischen 188—189° schmelzen.

Propylhydrokotarnin $C_{15}H_{21}NO_3$, zentimeterlange, vierkantige Säulen mit abgestumpften Ecken. Schmelzp. 66—67°. — Das **Jodhydrat** $C_{15}H_{21}NO_3HJ$ wird aus der bei 67° schmelzenden Base durch Lösen in verdünnter Jodwasserstoffsäure in der Wärme und Auskrystallisierenlassen direkt analysenrein erhalten. Gedrungene, rhombische Platten. Schmelzp. 165—166°.

Isopropylhydrokotarnin $C_{15}H_{21}NO_3 \cdot HJ$. Die Base bildet, wenn man sie in verdünnter Jodwasserstoffsäure unter Erwärmen löst, prächtige Krystallblättchen. Diese lösen sich leicht in Alkohol und kommen in rhombischen Tafeln wieder heraus, die zwischen 196 bis 197° schmelzen.

α-**Isobutylhydrokotarnin** $H_{16}H_{23}NO_3$ liefert ein gut krystallisiertes Bromhydrat, welches mit Soda die Base zunächst wieder als Öl fallen läßt, das aber nunmehr bald erstarrt. Aus Ligroin scheidet sich der Körper in Form prachtvoller, vierkantiger Säulen ab, die zwischen 46—47° schmelzen. Auch in Alkohol, Chloroform, Schwefelkohlenstoff ist die Base löslich. — Das **Platindoppelsalz** $(C_{16}H_{23}NO_3)_2H_2PtCl_6$ löst sich leicht in Wasser und krystallisiert in großen gelben Rhomboedern, die bei 208—209° unter Zersetzung schmelzen.

Phenylhydrokotarnin $C_{18}H_{19}NO_3$ krystallisiert aus Ligroin in Säulen vom Schmelzp. 97—98°.

α-**Naphthylhydrokotarnin** $C_{22}H_{21}NO_3$; die freie Base, aus dem Bromid durch Ammoniak abgeschieden, schmilzt, aus Alkohol krystallisiert, bei 120—122°.

α-**Benzylhydrokotarnin** $C_{19}H_{21}NO_3$ bildet derbe, rhombische Tafeln vom Schmelzp. 70° und krystallisiert auch gut aus verdünntem Alkohol.

Dihydrokotarnin $C_{24}H_{28}N_2O_6$. Die Rohbase ist in allen organischen Lösungsmitteln leicht löslich, aus Alkohol läßt sie sich am besten umkrystallisieren. Sie bildet gedrungene Rhomboeder mit zugespitzten Ecken, die zwischen 163—164° schmelzen.

Dihydrokotarnin-Bromhydrat $C_{24}H_{28}N_2O_6 \cdot 2HBr + 2H_2O$. Dasselbe ist in heißem Wasser löslich und kommt beim Erkalten nahezu quantitativ wieder heraus in rhombischen Nadeln, deren Enden zugespitzt sind. Schmelzp. der bei 100° getrockneten Substanz 233—234°.

Die Methoxyderivate des α-Benzylhydrokotarnins erregen wegen ihrer nahen Beziehungen zum Papaverin, Laudanosin, Hydrastin, Narkotin und anderen Alkaloiden am meisten Interesse. Dieselben konnten jedoch nicht nach dem eben geschilderten Verfahren erhalten werden, da die methoxylierten Benzylchloride mit Magnesium nicht oder nur sehr langsam reagieren, und diejenigen, welche sich in geringer Menge darstellen lassen, auf das Kotarnin in anormaler Weise einwirken. Weitere Arbeiten hierüber wurden ausgeführt von E. E. Blaise[1]), M. Busch[2]), Bandow[3]).

Physiologische Eigenschaften der α-Alkylhydrokotarninsalze:[4]) Die 5proz. wässerige Lösung des α-**Äthylhydrokotarninchlorhydrats**, welche neutral reagiert, bewirkt am Auge geringe Reizung und starke Herabsetzung der Sensibilität. 0,002 g töten einen Frosch, wobei zunächst Krämpfe, dann Lähmungen und Herzschwäche auftreten. Auch für Warmblüter ist das Salz ein starkes Krampfgift. Der Blutdruck wird beim Äthyl- wie auch beim **Phenyl-** und **Benzylderivat** anfänglich etwas herabgesetzt und dann mäßig gesteigert; doch tritt die Gefäßverengung erst bei Mengen ein, die gleichzeitig Krämpfe hervorrufen. Während sich das **Propylderivat** ebenso verhält wie die Äthylverbindung, zeigen dagegen α-**Phenyl-** und α-**Benzylhydrokotarninchlorhydrat** eine auffallend schwächere Wirkung.

Das α-**Dihydrokotarninchlorhydrat** ist eine stark giftige Substanz: 0,01 g bewirken bei kleinen Kaninchen Aufregung, 0,02 g heftigste Krämpfe und Tod. Es äußert keine kräftige, blutdrucksteigernde Wirkung.

Im nachfolgenden seien noch einige Einzelheiten angeführt:.

Äthylhydrokotarninchlorhydrat. Es bewirkt nach wenigen Minuten auftretende Krampfanfälle, die später schwächer werden, indem gleichzeitig Lähmungserscheinungen auftreten. Die Lähmung ist zum Teil zentral, zum Teil peripher, curareähnlich: auf Reizung der motorischen Nerven erfolgt nur schwächere Zuckung, kein Tetanus, die Muskulatur selbst ist nicht angegriffen. Der Herzschlag ist stark verlangsamt, die Kontraktionen sind wenig kräftig, das Herz bleibt schließlich in Diastole (Stadium der Erschlaffung) stehen. Blutfarbstoff und rote Blutkörperchen zeigen keine Veränderungen.

Beim Warmblüter erweist sich das Äthylhydrokotarninchlorhydrat als heftiges Krampfgift. 0,01 g töten ein Meerschweinchen unter heftigen klonischen Krämpfen und späterer Lähmung erst der hinteren, dann der vorderen Extremitäten in ca. $^1/_4$ Stunde. Auch beim Kaninchen ruft 0,01 g heftige Krämpfe hervor.

Der Blutdruckversuch ergibt folgendes:

0,001 g ist ohne Wirkung (Injektion in die Vena jugularis, herzwärts). 0,0025 g (und mehr) bewirken eine ganz kurz vorübergehende Blutdrucksenkung (wahrscheinlich direkte Wirkung auf das Herz; sie findet sich bei allen Kotarninpräparaten) — keine (nachträgliche) Blutdrucksteigerung.

0,005 g bewirkt (nach kurzer Senkung) staffelweises Ansteigen; gleichzeitig aber heftigste Krämpfe (die den Blutdruck noch weiter in die Höhe treiben). Eine Dosis, die Drucksteigerung (Gefäßverengung) ohne Krämpfe macht, ist nicht zu finden.

Propylhydrokotarninchlorhydrat. Verhält sich ganz wie Äthylhydrokotarnin. Die Dosen sind ganz die gleichen:

0,002 g subcutan ist tödliche Dosis für den Frosch.

0,005 g intravenös bewirkt beim Kaninchen Krämpfe.

Phenylhydrokotarnin und Benzylhydrokotarnin sind in Form ihrer Chlorhydrate von auffallend schwächerer Wirkung als das Äthyl- und Propylhydrokotarnin. 0,0005 und 0,001 g sind für den Frosch ohne Wirkung, während sie bei Äthyl- und Propylhydrokotarnin die schwersten Erscheinungen machen. Erst 0,002 g ist wirksam; es wirkt aber weniger krampferregend und stärker betäubend. Auch beim Warmblüter zeigt sich die geringere Giftigkeit. Während 0,01 g Äthylhydrokotarnin und Propylhydrokotarnin beim Meerschweinchen heftige Krämpfe und Tod herbeiführen, bewirkt 0,01 g Phenylhydrokotarnin oder Benzylhydrokotarnin keinerlei Symptome.

Der Blutdruckversuch zeigt: **Phenylhydrokotarnin** (intravenös beim Kaninchen):

0,0025 g: ohne Wirkung;

0,005 g: vorübergehende Blutdrucksenkung, keine Erhöhung;

0,01 g: Senkung von 108 mm Hg auf 82 mm; dann kurze Krämpfe; der Blutdruck steigt; kurze Krampfstöße wiederholen sich noch einige Male, um dann zu sistieren; der Blutdruck bleibt auf 130 mm Hg. Auf Berührungen und ähnliches treten mehrmals Reflexkrämpfe auf, wobei der Blutdruck höher ansteigt.

---

[1]) E. E. Blaise, Compt. rend. de l'Acad. des Sc. **133**, 299 [1901].
[2]) M. Busch, Berichte d. Deutsch. chem. Gesellschaft **37**, 2691 [1904].
[3]) Bandow, Berichte d. Deutsch. chem. Gesellschaft **30**, 1745 [1897].
[4]) Heintz, Berichte d. Deutsch. chem. Gesellschaft **34**, 4257 [1903].

Benzylhydrokotarnin.
0,0025 g: ohne Wirkung;
0,005 g: geringe Blutdrucksenkung;
0,01 g: Blutdruck sinkt von 114 auf 84, steigt darauf unter heftigen, öfter sich wiederholenden Krämpfen und bleibt dann 128 mm. Auch später treten noch Reflexkrämpfe auf, wobei der Blutdruck steigt.

Auch beim Phenyl- und Benzylhydrokotarnin tritt also Blutdrucksteigerung erst in Dosen auf, die bereits Krämpfe machen.

Dihydrokotarnin-Chlorhydrat. Beim Kaninchen auf:

0,001 g intravenös Blutdruck von 98 bleibt 98
0,0025 g ,, ,, ,, 98 auf 104
0,005 g ,, ,, ,, 100 auf 94 später 102.

0,01 g sinkt der Blutdruck enorm; Zuckungen und Krämpfe treten auf; der Blutdruck hebt sich trotz der Krämpfe nicht, sondern sinkt weiter bis 0 (Tod).

Übergang von Hydrokotarninabkömmlingen in Kotarninsalze[1]). Während das Hydrokotarnin ein sehr beständiger Körper ist, gehen gewisse Derivate desselben, wie z. B. Cyanhydrokotarin und Äthoxyhydrokotarnin, unter der Einwirkung verdünnter Säuren außerordentlich leicht in Kotarninsalze über.

$$C_8H_6O_3\begin{matrix}CH\cdot CN-N\cdot CH_3\\ |\quad\quad\quad |\\ CH_2-\!\!-\!\!-\!\!-CH_2\end{matrix} + HCl = HCN + C_8H_6O_3\begin{matrix}CH=N{<}^{Cl}_{CH_3}\\ |\\ CH_2-CH_2\end{matrix}$$

Cyanhydrokotarnin   Kotarninchlorhydrat

Narkotin, ein an derselben Stelle substituiertes Derivat des Hydrokotarnins (s. S. 216), ist dagegen gegen Salzsäure beständig und es scheinen ganz allgemeine Basen von der Formel:

$$CH_2\!\!<\!\!\begin{matrix}O\\O\end{matrix}\!\!>\!\!\begin{matrix}CH_3\cdot O\\ \\ \\ \end{matrix}\!\!\begin{matrix}\\ \\ \end{matrix}\!\!\begin{matrix}CH\cdot R\\ N\cdot CH_3\\ CH_2\\ CH_2\end{matrix}$$

wo R einen beliebigen Kohlenwasserstoffrest bedeutet, durch Wasserstoffionen nicht verändert zu werden.

Gnoskopin.

$C_{22}H_{23}NO_7$.

Dieses mit dem Narkotin isomere Alkaloid wurde im Jahre 1878 von Smith im Opium aufgefunden, und zwar ist es in den Mutterlaugen von der Reindarstellung des Opiums vorhanden[2]).

Darstellung: Zur Darstellung des Gnoskopins erhitzt man zweckmäßig Narkotin mit abs. Alkohol unter Druck oder mit verdünntem Alkohol.

Daß die Base in naher Beziehung zum Narkotin steht, zeigt diese Umwandlung sowie die durch Erhitzen mit Essigsäure auf 130° in Gnoskopin, wobei außerdem noch Nornarcein, Kotarnin und Mekonin entstehen[3]) (siehe bei Nornarcein). Mit Schwefelsäure und Salpetersäure reagieren Gnoskopin und Narkotin gleich; ebenso gleich verhalten sie sich bei der Oxydation, auch Gnoskopin liefert nämlich hierbei Opiansäure bzw. Hemipinsäure und Kotarnin.

Physikalische und chemische Eigenschaften: Gnoskopin ist optisch inaktiv und wird zweckmäßig in der Weise umkrystallisiert, daß man seine Auflösung in der zureichenden Menge Chloroform mit dem mehrfachen Volumen Alkohol versetzt. Auf diese Weise erhält man ein Produkt, das bei 232—233° schmilzt. Es stellt, wie Narkotin, ein basisches Lacton dar und bläut, in verdünntem Alkohol suspendiert, rotes Lackmuspapier.

Gnoskopinhydrochlorid $C_{22}H_{23}NO_7 \cdot HCl + 3 H_2O$, krystallisiert in flachen glasglänzenden Prismen, die bei 238° unter Zersetzung schmelzen. — Das gelbe **Pikrat** schmilzt

---

[1]) M. Freund, Berichte d. Deutsch. chem. Gesellschaft **34**, 4257 [1903].
[2]) Smith, Pharmac. Journ. Trans. [3] **9**, 82 [1878]; **52**, 794 [1893]; Berichte d. Deutsch. chem. Gesellschaft **26**, 593 [1893].
[3]) Rabe, Berichte d. Deutsch. chem. Gesellschaft **40**, 3280 [1907].

bei 185°, das gelbbraune **Pikrolonat** bei 232° unter Zersetzung. — Das **Jodmethylat** schmilzt bei ca. 168° unter Zersetzung.

Die Spaltungen des Gnoskopins verlaufen in ganz der gleichen Weise wie die des Narkotins.

Gnoskopinmethyl-bromcamphersulfonat $C_{33}H_{40}O_{11}NBrS$ gewinnt man durch Umsetzung von Narkotinjodmethylat mit bromcamphersaurem Silber in wässerig-alkoholischer Lösung. Das Salz ist in Fraktionen von verschiedenem Drehungsvermögen zerlegbar. Die Drehungsrichtung dieser Fraktionen ist die nämliche wie beim Salz aus Narkotin.

Wenn man die Gesamtheit dieser Tatsachen überblickt, so ergibt sich aus der Gleichheit der prozentischen Zusammensetzung, aus dem gleichen Verhalten gegenüber Säuren und Alkalien, aus dem gleichen Verlauf einer ganzen Reihe chemischer Umwandlungen, endlich aus der Inaktivierung des Narkotins zu Gnoskopin und aus der Zerlegung des Gnoskopinmethylbromcamphersulfonats, daß das Gnoskopin als racemisches Narkotin aufzufassen ist.

Das Narkotin enthält zwei asymmetrische Kohlenstoffatome (*). Es sind daher vier optisch aktive und zwei racemische Formen möglich. Es ist bisher unentschieden, welche dieser Formen im linksdrehenden Narkotin und in dem optisch-inaktiven Gnoskopin vorliegt.

Höchstwahrscheinlich kommt das Gnoskopin nicht ursprünglich im Mohnsaft vor, sondern entsteht erst bei der Aufarbeitung des Opiums durch Racemisierung[1]).

Narcein.

Mol.-Gewicht 445,22.
Zusammensetzung: 61,99% C, 6,11% H, 3,15% N.

$$C_{23}H_{27}NO_8 + 3\,H_2O.$$

Vorkommen: Das Narcein (von ναρκη, Betäubung) wurde 1832 von Pelletier im Opium (0,1—0,2%) entdeckt, später auch von Winkler in den reifen Samenkapseln des blausamigen Mohns. Die von Pelletier und später von Couerbe angegebene empirische Formel erwies sich als unrichtig, erst Anderson gelangte auf Grund seiner Analysen der Base, ihres Chlorhydrates und Platindoppelsalzes dazu, die Zusammensetzung $C_{23}H_{29}NO_9 + 2\,H_2O$, welche von allen späteren Bearbeitern des Narceins, insbesondere von Hesse, Beckett und Wright, Claus und Meixner bestätigt worden ist.

Erneute Analysen von Freund und Frankforter[2]) führten jedoch zu dem Ergebnis, daß dem Narcein die Formel $C_{23}H_{27}NO_8 + 3\,H_2O$ zukommt.

---

[1]) P. Rabe u. A. McMillan, Berichte d. Deutsch. chem. Gesellschaft **43**, 800 [1910].
[2]) Freund u. Frankforter, Annalen d. Chemie **277**, 20 [1873].

Darstellung: Bei der Darstellung des Morphins bleibt das Narcein in der dunkelgefärbten Mutterlauge gelöst; diese wird mit Ammoniak übersättigt und mit Bleizucker ausgefällt. Nachdem die schließlich resultierende Lösung von dem überschüssig zugesetzten Blei durch Schwefelsäure befreit worden ist, wird sie konzentriert, wobei schließlich ein Gemenge von Narcein und Mekonin krystallisiert, das mittels Äther, in dem Narcein nicht löslich ist, getrennt werden kann. Narcein kann durch Umkrystallisieren aus kochendem Wasser gereinigt werden.

Als **Farbenreaktionen** können folgende dienen: Durch verdünnte Jodlösung wird das feste Narcein blau gefärbt. Mit Chlorwasser und Ammoniak gibt es eine blutrote Färbung. Nach Hesse löst konz. Schwefelsäure Narcein, wenn von letzterem erheblich genommen wurde, schwarz, dagegen erscheint die Lösung bei Anwendung von wenig Alkaloid dunkelbraunrot.

Physiologische Eigenschaften: Das Alkaloid hat sich, entgegen den ursprünglichen Angaben über seine physiologischen Eigenschaften, als toxisch unwirksam erwiesen[1]).

Kurze Zeit war unter dem Namen **Antspasmin** eine Doppelverbindung des Narceins, das Narceinnatrium-Natriumsalicylicum, in Benützung. Es hat eine morphinähnliche Wirkung, ist jedoch 40—50 mal schwächer als Morphin. Die ungemein schwache Wirkung des Narceins selbst schließt es aus, daß man von diesem Körper aus zu neuen wertvollen Körpern gelangen wird.

Physikalische und chemische Eigenschaften: Narcein krystallisiert aus Wasser und Alkohol in Prismen oder feinen Nadeln vom Schmelzp. 170°, das bei 100° vollkommen entwässerte Präparat schmilzt schon bei 140—145°, letzteres ist sehr hygroskopisch. In kaltem Wasser und Alkohol löst es sich nur wenig, leicht dagegen in heißem Wasser und kochendem Alkohol. In Ammoniak und verdünnter Kalilauge ist das Alkaloid etwas löslich, weshalb es auch durch das erste Agens nicht ausgefällt werden kann. Die Lösungen des Narceins sind inaktiv.

Salze und Derivate: Die Salze des Narceins mit Säuren krystallisieren gut und sind ziemlich beständig. — Das **Hydrochlorid** $C_{23}H_{27}NO_8 \cdot HCl$, durch Auflösen der Base in Salzsäure gewonnen, scheidet sich aus kalter Lösung mit $5^1/_2$ Mol., aus erwärmter Lösung mit 3 Mol. H_2O in Krystallen ab. — Das **Sulfat** $C_{23}H_{27}NO_8 \cdot H_2SO_4 + 2H_2O$, scheidet sich aus der Lösung des Narceins in heißer verdünnter Schwefelsäure in feinen Nadeln aus.

Narceinmethylesterhydrochlorid $C_{23}H_{26}(CH_3)NO_8 \cdot HCl$, erhalten durch Digerieren von Narcein mit methylalkoholischer Salzsäure, krystallisiert aus Wasser in Tafeln vom Schmelzpunkt 149°. — **Narceinäthylesterhydrochlorid** $C_{23}H_{26}(C_2H_5)NO_8 \cdot HCl$, analog dem Methylester erhalten, schmilzt bei 206—207°.

Die **Metallsalze** des Narceins. Narcein löst sich in Alkalien und es entstehen Metallsalze des Alkaloids, welche sich aus der alkoholischen Lösung beim Hinzufügen von Äther ausscheiden.

Narceinkalium $C_{23}H_{26}NOK + C_2H_6O$, rosettenförmige Krystalle. Durch Umsetzung mit Chlorbarium, Silbernitrat, Kupfersulfat können daraus die betreffenden schwer löslichen Metallverbindungen des Narceins gewonnen werden.

Narceinamid[2]) $C_{23}H_{28}N_2O_7 + H_2O$, wird direkt aus Narkotinjodmethylat und alkoholischem Ammoniak gewonnen und die Reaktion entspricht vollkommen der Narceinbildung bei Einwirkung von Kalilauge auf das genannte Jodmethylat. Es krystallisiert aus verdünntem Alkohol in Säulen und schmilzt wasserfrei bei 178°.

Narceinimid[2]) $C_{23}H_{26}N_2O_6$; durch Kochen der Lösung des Amids in Salzsäure tritt Wasserabspaltung ein und es bildet sich das Imid:

$$(CH_3O)_2C_6H_2 \diagdown \overset{CONH}{\underset{}{C}} = CH \diagup \overset{C_8H_6O_3}{\underset{(CH_2)_2N \cdot (CH_3)_2}{}}$$

Die aus dem Hydrochlorid freigemachte Base krystallisiert aus Alkohol in gelben Stäbchen vom Schmelzpunkt 150° und bildet mit Methyljodid ein Jodmethylat.

Narceinoxim $C_{23}H_{28}N_2O_8$, Schmelzp. 167°. Wird Narcein mit salzsaurem Hydroxylamin in Wasserlösung erwärmt, so resultiert nicht das Oxim selbst, sondern ein **Narceinoximanhydrid** $C_{23}H_{26}N_2O_7$, (Schmelzp. 172—173°), welches mit Kalilauge erwärmt in das Narceinoxim übergeht.

---

[1]) v. Schröder, Archiv f. experim. Pathol. u. Pharmakol. **1883**, 132.
[2]) Freund u. Michaelis, Annalen d. Chemie **286**, 248 [1895].

$$\underset{\text{Narceinoxim}}{H_3C \cdot O - \underset{H_3CO}{\overset{\overset{\displaystyle H_3CO}{|}}{\bigcirc}} - \overset{\overset{\displaystyle CO \cdot OH}{|}}{\underset{}{}} \overset{\overset{\displaystyle OHN}{\|}}{\underset{}{C}} - CH_2 \!\!<\!\!\! \begin{array}{l} C_8H_6O_3 \\ (CH_2)_2N(CH_3)_2 \end{array}}$$

$$\underset{\text{Narceinoximanhydrid}}{CH_3O - \underset{CH_3 \cdot O}{\overset{\overset{\displaystyle CH_3 \cdot O}{|}}{\bigcirc}} - \overset{\overset{\displaystyle CO}{|}}{\underset{}{C}}\!\!\overset{O}{\underset{}{\diagdown}}\!\!N\,CH_2 \!\!<\!\!\! \begin{array}{l} C_8H_6O_3 \\ (CH_2)_2N \end{array} \cdot (CH_3)_2}$$

Narceinsäure[1]) $C_{15}H_{15}NO_8 + 3\,H_2O$. Unter diesem Namen haben Claus und Meixner eine Säure beschrieben, die sie durch Behandeln des Narceins in neutraler Lösung mit Kaliumpermanganat erhalten haben. Sie schmilzt bei 184°, ist dreibasisch und zerfällt beim Erhitzen in Kohlensäure, Dimethylamin und Dioxynaphthalindicarbonsäure.

Narceonsäure[2]) $C_{21}H_{20}O_8$. Das Narcein vereinigt sich beim längeren Erhitzen mit Methyljodid zu einem amorphen, harzartigen Produkt, welches sich beim Kochen mit Kalilauge glatt in Trimethylamin und das Kaliumsalz der Narceonsäure spaltet. Die Reaktion ist der Spaltung des Kotarnmethinmethyljodids in Trimethylamin und Kotarnon (siehe S. 209) analog, und die Narceonsäure besitzt demnach folgende Konstitution

$$(CH_3O)_2C_6H_2 \!\!-\!\! \overset{\overset{\displaystyle COOH}{\diagup}}{\underset{}{}}\!\! CO \!-\! CH_2 \!-\! \overset{\overset{\displaystyle CH:CH_2}{\diagup}}{\underset{}{C_6H(O_2CH_2)(OCH_3)}}$$

Aus abs. Alkohol umkrystallisiert, schmilzt die in Wasser unlösliche Säure bei 208—209°. Das **Imid** der Narceonsäure wird ganz analog der Säure selbst aus dem Jodmethylat des Narceinimids durch Kochen mit verdünnter Kalilauge erhalten. Schmelzp. 177—178°.

Verhalten des Narceins gegen Halogenalkyle: Als tertiäre Base liefert Narcein mit Halogenalkylen normale Halogenalkylate. Beim Digerieren des Alkaloids mit Alkoholen und Salzsäure tritt Veresterung der Carboxylgruppe ein (s. oben).

Wird das Natriumsalz des Narceins in Äther suspendiert oder in Alkoholen gelöst und mit Halogenalkyl behandelt, so entstehen Körper, die Freund und Frankforter[3]) als Halogenalkylate von Narceinestern angesprochen und deren Entstehung sie folgendermaßen interpretiert haben:

$$(C_{20}H_{20}O_6)\!\!<\!\!\! \begin{array}{l} COONa \\ N \cdot (CH_3)_2 \end{array} + 2\,CH_3J = NaJ + C_{20}H_{20}O_6\!\!<\!\!\! \begin{array}{l} COOCH_3 \\ N \cdot (CH_3)_3J \end{array}$$

Diese Auffassung wurde von Tambach und Jäger[4]) angefochten, und zwar sollte sich die Alkylierung zuerst in der Methylengruppe des Narceins vollziehen, was aber durch erneute Versuche von Freund[5]) als irrig nachgewiesen wurde.

Danach lassen sich die Additionsprodukte des Narceins mit Halogenalkylen auf verschiedenen Wegen erhalten, sei es, daß man zuerst Halogenalkyl an den Stickstoff addiert und dann esterifiziert, oder erst verestert und dann Halogenalkyl anlagert, oder indem man dasselbe Radikal gleichzeitig in die Carboxylgruppe und in die Dimethylamidogruppe einführt[6]).

Einwirkung von Jodmethyl auf Narcein: Narcein vereinigt sich bei 100° mit Jodmethyl zu dem Jodmethylat

$$C_{20}H_{20}O_6\!\!<\!\!\! \begin{array}{l} COOH \\ N(CH_3)_3J \end{array}$$

welches sich in Wasserstoff, Trimethylamin und Narceonsäure spaltet. Durch öfteres Umkrystallisieren läßt sich dasselbe in asbestartigen, in Wasser schwer löslichen Nadeln, Schmelzpunkt 207°, erhalten.

Narcein-methylester-jodmethylat $C_{23}H_{26}(CH_3)NO_8$, CH_3J, schmilzt nach öfterem Krystallisieren bei 208—209°.

Äthylester-jodäthylat $C_{23}H_{26}(C_2H_5)NO_8$, C_2H_5J. Der Schmelzpunkt liegt bei 141°.

---

[1]) Claus u. Meixner, Journ. f. prakt. Chemie [2] **37**, 1 [1888].
[2]) Freund u. Frankforter, Annalen d. Chemie **277**, 28, 52, 55 [1893].
[3]) Freund u. Frankforter, Annalen d. Chemie **277**, 40 [1893].
[4]) Tambach u. Jäger, Annalen d. Chemie **349**, 185 [1906].
[5]) M. Freund, Berichte d. Deutsch. chem. Gesellschaft **40**, 194 [1907].
[6]) Knoll & Co., Ludwigshafen, Chem. Centralbl. **1907**, 1032.

Aponarcein[1]) $C_{23}H_{25}NO_7$, auch Narcindonin genannt, Schmelzp. 112—115°, entsteht durch Behandeln von Narcein mit Phosphoroxychlorid, wobei sich Wasser abspaltet. Tambach und Jäger formulierten die Entstehung desselben in folgender Weise:

$$\underset{\text{Narcein}}{\begin{array}{c}\text{—O·CH}_3\\\text{—O·CH}_3\\\text{—COOH}\\\text{H}_2\\\text{OC—C—C}_6\text{H(CH}_2\text{O}_2)\\\diagdown\text{O·CH}_3\\(\text{CH}_2\cdot\text{N}\cdot(\text{CH}_3)_2)\end{array}} \quad\xrightarrow[-H_2O]{POCl_3}\quad \underset{\text{Aponarcein nach Tambach und Jäger}}{\begin{array}{c}\text{O·CH}_3\\\text{—O·CH}_3\\\diagdown\text{CO}\\\text{OC—CH—(C}_{12}\text{H}_{16}\text{NO}_3)\end{array}}$$

Nach Freund[2]) ist jedoch diese Formel für Aponarcein nicht zutreffend, da dasselbe mit Alkali das Narcein regeneriert. Freund faßt es daher als ein Lacton von flogender Formel I auf:

$$\underset{\substack{\text{Aponarcein nach Freund}\\\text{I}}}{\begin{array}{c}\text{O·CH}_3\\\text{—O·CH}_3\\\text{—CO}\\\diagdown\text{O}\\\text{C}=\text{CH—(C}_{12}\text{H}_6\text{NO}_3)\end{array}} \qquad \underset{\substack{\text{Narcindonin von Freund}\\\text{II}}}{\begin{array}{c}\text{O·CH}_3\\\text{—O·CH}_3\\\diagdown\text{CO}\\\text{OC—CH—(C}_{12}\text{H}_{16}\text{NO}_3)\end{array}}$$

Dieser Auffassung zufolge ist das Aponarcein als substituiertes Benzylidenphthalid zu betrachten und läßt sich, ebenso wie das letztere, in eine isomere, durch intensiv rote Färbung ausgezeichnete Verbindung II verwandeln, die ihren Eigenschaften zufolge als ein Substitutionsprodukt des Phenylindandions zu betrachten ist. Freund gibt ihr — um ihre Beziehung zum Indan anzudeuten — den Namen **Narcindonin**.

Umwandlung des Narkotins in Nornarcein:[3]) Das Narkotinjodmethylat geht nach den Erfahrungen Rosers[4]) durch Erhitzen mit Alkalien in das Narcein über. Diese Reaktion ist ein Analogon zur Überführung des Cinchoninjodmethylats in Methylcinchotoxin: in beiden Fällen wird die Ringöffnung begleitet von dem Verschwinden eines alkoholischen Hydroxyls und dem gleichzeitigen Auftreten einer Ketongruppe; keim Narkotin geht dieser Ketonbildung natürlicherweise eine hydrolytische Aufspaltung des Lactonrings voraus.

Neben der Ketonbase treten noch andere Produkte auf, so daß hier verwickeltere Verhältnisse wie bei den Chinaalkaloiden vorliegen. Das Resultat der bisher angestellten Versuche läßt sich kurz durch folgendes Schema:

$$\text{Narkotin} \rightarrow \text{Gnoskopin} \begin{array}{c}\nearrow \text{Ketonbase (Nornarcein)}\\ \searrow \text{Kotarnin + Mekonin}\end{array}$$

veranschaulichen.

Als erstes Reaktionsprodukt erscheint das Gnoskopin.

$$\underset{\substack{\text{Narkotin}\\\text{I}}}{\begin{array}{c}\text{formula}\end{array}} \rightarrow \underset{\substack{\text{Nornarcein}\\\text{II}}}{\begin{array}{c}\text{formula}\end{array}}$$

---

[1]) Knoll & Co., Ludwigshafen, Chem. Centralbl. **1907**, 1033.
[2]) Freund, Berichte d. Deutsch. chem. Gesellschaft **40**, 198 [1907]; **42**, 1084 [1909].
[3]) Rabe, Berichte d. Deutsch. chem. Gesellschaft **40**, 3282 [1907].
[4]) Roser, Annalen d. Chemie **247**, 167 [1888]. — Freund u. Frankforter, Annalen d. Chemie **277**, 57 [1893].

Endlich treten unter den Reaktionsprodukten, wie man von vornherein erwarten mußte, die bekannten Bruchstücke des Narkotins, Kotarnin und Mekonin, auf.

Nornarcein $C_{22}H_{25}O_8N$. Diese Ketonbase (Formel II) ist optisch inaktiv. Sie gleicht vollkommen dem Narcein. Aus ihrer alkalischen Lösung wird sie durch Kohlensäure in farblosen, weichen, seideglänzenden, verfilzten Nädelchen abgeschieden, die lufttrocken 3 Mol. Krystallwasser enthalten und in diesem Zustande auffallenderweise keinen konstanten Schmelzpunkt zeigen. Sie schmelzen zwischen 205° und 222° unter Zersetzung. Beim Erhitzen auf 105° gibt die krystallwasserhaltige Verbindung 3 Mol. Wasser ab und dabei erniedrigt sich der Zersetzungspunkt auf 147°. Die Substanz ist dann äußerst hygroskopisch. Beide Substanzen lösen sich spielend in siedendem Alkohol, aber schon nach wenigen Sekunden scheidet sich eine höher schmelzende, wasser- und alkoholfreie Modifikation in Form prismatischer Krystalle ab, die scharf bei 229° ebenfalls unter Zersetzung schmelzen. Worauf diese merkwürdige Änderung der Eigenschaften beim Umlösen aus Alkohol beruht, läßt sich noch nicht sicher angeben. Auch das aus Alkohol gewonnene Präparat besitzt die Formel $C_{22}H_{25}O_8N$ löst sich in Alkalien und liefert beim Wiederausfällen mittels Kohlensäure die ursprüngliche krystallwasserhaltige Modifikation zurück. Diese Rückverwandlung kann auch durch einfaches Umkrystallisieren aus Wasser erreicht werden.

Das **Nornarceinchlorhydrat** $C_{22}H_{26}O_8NCl + H_2O$, scheidet sich aus 20 proz. Salzsäure in farblosen, prismatischen Stäbchen vom Schmelzp. 144° aus. Die über Schwefelsäure getrocknete Substanz enthält 1 Mol. Krystallwasser. Sie verliert dasselbe bei 105° und ist dann sehr hygroskopisch.

Das **Oxim des Nornarceins** $C_{22}H_{25}O_7N_2Cl + C_2H_5OH$, erhält man bei der Einwirkung von Hydroxylaminchlorhydrat auf beide Modifikationen der Ketonbase zunächst in Form des salzsauren Oximanhydrids. Dieses schmilzt, aus Alkohol umkrystallisiert, bei 138°, enthält 1 Mol. Krystallalkohol äußerst fest gebunden und färbt sich im direkten Lichte gelb. Die Reindarstellung des Oxims gelingt bei der Umsetzung des salzsauren Oximanhydrids mit der berechneten Menge Silbercarbonat. Das Oxim wird aus 80 proz. Alkohol in Form rhombischer Blättchen erhalten und schmilzt bei 171°.

Überführung des Nornarceins in das Jodmethylat des Narceïnmethylesters:[1]) 1 Mol. Nornarcein vom Schmelzp. 147°, 2 Mol. Natriummethylat und überschüssiges Jodmethyl werden in methylalkoholischer Lösung 3 Stunden erhitzt. Nach dem Eindampfen wird der Rückstand in heißem Wasser aufgenommen. Beim Erkalten scheidet sich das Jodmethylat zunächst in Form eines Öles aus, das bei längerem Stehen in den krystallinischen Zustand übergeht. Nach dem Umkrystallisieren aus Alkohol schmilzt das Jodmethylat bei 207—208°.

Hydrastin.

Mol.-Gewicht 383,2.

Zusammensetzung: 65,77% C, 5,52% H, 3,67% N.

$$C_{21}H_{21}NO_6.$$

$$\begin{array}{c}
CH_3 \cdot O \\
| \\
C \\
HC \diagup \diagdown C - O \cdot CH_3 \\
HC \diagdown \diagup C - C : O \\
C \\
| \\
HC \longrightarrow O \\
| \\
HC \quad CH \\
H_2C \diagup O - C \diagdown \diagup C \diagdown N \cdot CH_3 \\
\diagdown O - C \diagup \diagdown C \diagup CH_2 \\
CH \quad CH_2
\end{array}$$

Vorkommen: Das Hydrastin wurde im Jahre 1851 von Durant[2]) in der Wurzel von *Hydrastis Canadensis* L., einer zu den Ranunculaceen gehörigen, in Nordamerika einhei-

---

[1]) M. Freund, Berichte d. Deutsch. chem. Gesellschaft **40**, 200 [1907].
[2]) Durant, Amer. Pharm. Journ. **23**, 112 [1851].

mischen Pflanze, beobachtet. Zehn Jahre später hat sich Perrius[1]) eingehender mit dem Studium jener Droge befaßt und dabei das Hydrastin als neues Alkaloid charakterisiert. Einige Zeit darauf wurde es auch von Mahla[2]) und Power[3]) untersucht und beschrieben. Durch zahlreiche Analysen haben Freund und Will[4]) die richtige empirische Zusammensetzung der Base $C_{21}H_{21}NO_6$ ermittelt.

In dem Hydrastisrhizom ist das Hydrastin teils frei, teils gebunden zugegen[5]). Außer diesem Alkaloid kommt in dem Rhizom auch Berberin und in geringer Menge ein drittes Alkaloid Canadin vor. Kleine Mengen Mekonin sind auch bestimmt nachgewiesen worden[6]).

Den Gehalt der Wurzel an Hydrastin giebt Perrius zu 1,5% an, während andere Forscher etwas kleinere Mengen gefunden haben.

Darstellung: Die fein gepulverte Wurzel wird mit Äther extrahiert und der nach dem Verdunsten hinterbleibende Rückstand in heißem Alkohol gelöst. Das Filtrat scheidet dann nach dem Erkalten Krystalle von Hydrastin in fast reinem Zustande ab.

Qualitativer Nachweis: Hydrastin gibt beim Übergießen mit Schwefelsäure bei Gegenwart von Ammoniummolybdat eine charakteristische olivengrüne Färbung[7]). Durch Lösen des Alkaloids in Vanadinschwefelsäure entsteht eine schöne rote Färbung, welche bald in Orange übergeht und allmählich erblaßt[8]). A. Labat hat eine Farbenreaktion des Hydrastins und Narkotins (s. dort) beschrieben[9]), die bei letzterem bereits behandelt wurde.

Physiologische Eigenschaften:[10]) Das dem Narkotin so nahestehende Hydrastin ist ohne narkotische Wirkung (die hiernach bei dieser Gruppierung von der Existenz einer Methoxylgruppe abzuhängen scheint) ein allgemein lähmendes und tetanisierendes Gift. Seine strychninartig erregende Wirkung scheint unter den Funktionsgebieten des Zentralnervensystems die Gefäßnervenzentren am frühesten zu betreffen, so daß nach kleinen Mengen hauptsächlich Verengerung der Gefäße und demzufolge Steigerung des Blutdrucks in die Erscheinung treten.

Die Droge Hydrastis canadensis[11]) wirkt nach Fellner in erster Linie auf das Gefäßsystem und zwar vom Zentrum ein und bewirkt Gefäßverengerung bzw. Erweiterung.

Das reine Hydrastin macht keine lokale Anästhesie, hingegen aber, wie eben erwähnt, eine Steigerung des Blutdruckes.

Bei Warmblütern macht Hydrastin Tetanus und dann Lähmung. Durch Reizung der Medulla kommt es zu einer Gefäßkontraktion und Blutdrucksteigerung, dieselbe ist aber nach Falk gering und besonders während der tetanischen Anfälle tritt tiefes Sinken des Blutdruckes und Gefäßerschlaffung ein. Die Blutdrucksteigerung ist nicht andauernd. Der Tod tritt bei der Hydrastinvergiftung durch Herzlähmung ein.

Während man bei dem Hydrastin eine durch tiefes Sinken des Blutdruckes unterbrochene Steigerung des Druckes findet, besitzen die Additionsprodukte des Hydrastin, z. B. das später zu behandelnde **Methylamid**, nur gefäßerschlaffende Eigenschaften, sie erzeugen Blutdrucksenkung, hingegen ruft das durch Oxydation entstehende Spaltungsprodukt, das Hydrastinin, anhaltende Gefäßkontraktion und Blutdrucksteigerung hervor.

Methylhydrastamid ist weniger toxisch als das Imid, und wurde wegen seiner gefäßerschlaffenden Wirkung als Emmenagogum ohne Erfolg versucht, auch das Kotarnin steht weit hinter dem Hydrastinin zurück.

Physikalische und chemische Eigenschaften des Hydrastins: Das Alkaloid, welches großes Krystallisationsvermögen besitzt, scheidet sich aus der alkoholischen Lösung in rhombischen Prismen aus, deren Schmelzpunkt bei 132° liegt. In Wasser ist es fast unlöslich, in Chloro-

---

1) Perrius, Pharmac. Journ. Trans. **3**, 546 [1862].
2) Mahla, Jahresber. d. Chemie **1863**, 455.
3) Power, Jahresber. d. Chemie **1884**, 1396.
4) Freund u. Will, Berichte d. Deutsch. chem. Gesellschaft **20** I, 88 [1887]; **22** I, 459 [1889].
5) Linde, Archiv d. Pharmazie **236**, 696 [1898].
6) Freund u. Will, Berichte d. Deutsch. chem. Gesellschaft **19**, 2802 [1886].
7) Power, Archiv d. Pharmazie **222**, 910 [1884].
8) Hirschmann, Archiv d. Pharmazie **225**, 141 [1887]. — Maudelin, Russ. Zeitschr. f. Pharm. **22**, 361 [1883].
9) A. Labat, Chem. Centralbl. **1909** II, 759.
10) E. Falk, Virchows Archiv **190**, 399. — L. Spiegel, Chemische Konstitution und physiologische Wirkung. Stuttgart 1910, S. 75.
11) S. Fränkel, Arzneimittelsynthese. Berlin, S. 312.

form und Benzol leicht, in Äther und Alkohol schwerer löslich. Die Lösungen sind optisch aktiv. In Chloroformlösung (1,275 g in 50 ccm bei 17°) wurde $[\alpha]_D = -67{,}8°$ gefunden, während eine Auflösung in wässeriger Salzsäure rechtsdrehend ist[1]).

Das Hydrastin bildet nicht nur Salze mit Säuren, sondern besitzt, gleich dem Narkotin, die Eigenschaft, beim Schmelzen mit Kaliumhydroxyd eine wasserlösliche Metallverbindung zu liefern, aus der es durch Säuren unverändert wieder abgeschieden wird.

Salze und Derivate des Hydrastins: Die Salze des Hydrastins besitzen geringe Krystallisationsfähigkeit.

Das **Hydrochlorid** $C_{21}H_{21}NO_6$, HCl, aus Ätherlösung als mikrokrystallinisches Pulver erhalten, gibt mit Zinnchlorid, Platinchlorid und Goldchlorid Doppelsalze.

Das **Pikrat** $C_{21}H_{21}NO_6$, $C_6H_2(NO_2)_3OH + H_2O$, krystallisiert in schönen gelben Nadeln. — **Acetylhydrastin** $C_{21}H_{20}NO_6(C_2H_3O)$, aus Acetylchlorid und Hydrastin, schmilzt bei 198°. — **Hydrastinhexajodid** $C_{21}H_{21}NO_6 \cdot HJ \cdot J_5$, durch Versetzen einer Jod-Jodkaliumlösung mit einer Hydrastinlösung erhalten, fällt als dunkelbraunes amorphes Pulver aus.

Verhalten des Hydrastins gegen Jodalkyle:[2]) Das Hydrastin ist eine tertiäre Base und verbindet sich mit Alkylhaloiden zu schön krystallisierenden Halogenalkylaten, welche von Silberoxyd in die entsprechenden Hydroxyde in normaler Weise verwandelt werden.

Läßt man aber auf die Halogenalkylatlösungen Alkali einwirken, so werden dieselben unter Sprengung des Isochinolinringes und Abspaltung von Halogenwasserstoff in **Alkylhydrastine** gespalten. Die Alkylhydrastine scheiden sich bei jenem Prozeß in Form öliger, bald erstarrender Niederschläge aus, während die daneben gebildeten Alkylhydroxyde wasserlöslich sind.

$$C_{21}H_{21}NO_6 \cdot RJ + KOH = C_{21}H_{20}(R)NO_6 + KJ + H_2O.$$

Aus dem Hydrastinmethyljodid entsteht auf diese Weise **Methylhydrastin**; dasselbe addiert wieder Jodmethyl und das entstandene Methylhydrastinmethyljodid kann in Trimethylamin und einen stickstofffreien Körper zerlegt werden, analog der Aufspaltung des Piperidins nach A. W. Hofmann.

Hydrastinalkyljodid   Alkylhydrastin

Die Alkylhydrastine erscheinen nach dieser Formel als Abkömmlinge eines durch die Untersuchungen Gabriels[3]) wohlbekannten Körpers, nämlich als im Kern substituierte Derivate des **Benzylidenphthalids**.

In der Tat ist das Verhalten der Alkylhydrastine so analog demjenigen des Benzylidenphthalids, daß an einer nahen Verwandtschaft dieser Verbindungen nicht gezweifelt werden kann. Wie dieses beim Kochen mit Alkalien unter Aufspaltung des Lactonringes in das Kaliumsalz der Desoxybenzoincarbonsäure übergeht, so nehmen auch die Alkylhydrastine bei der gleichen Behandlung die Elemente von einem Molekül Alkali auf und es entstehen Kalisalze, aus denen man durch genaue Neutralisation eine neue Klasse von Körpern, die **Alkylhydrasteine**[4]) gewinnen kann.

---

[1]) Freund u. Will, Berichte d. Deutsch. chem. Gesellschaft **19**, 2797 [1886].
[2]) Freund, Annalen d. Chemie **271**, 347 ff. [1892].
[3]) Gabriel u. Michael, Berichte d. Deutsch. chem. Gesellschaft **11**, 1018 [1878].
[4]) Freund, Annalen d. Chemie **271**, 352 [1892].

Pflanzenalkaloide.

[Benzylidenphthalid + H₂O → Desoxybenzoincarbonsäure reaction scheme]

Benzylidenphthalid   Desoxybenzoincarbonsäure

[Alkylhydrastin + H₂O → intermediate reaction scheme]

Alkylhydrastin

[Alkylhydrastein structure]

Alkylhydrastein

Der Übergang des Hydrastins in Alkylhydrasteine entspricht vollkommen der Narceinbildung aus Narkotin, nur sind hier die Zwischenprodukte (Alkylnarkotine) nicht bekannt.

Die in den Alkylhydrasteinen vorhandene Ketogruppe ist sowohl durch Hydroxylamin, wie auch durch Phenylhydrazin leicht nachweisbar[1]).

Die Analogie zwischen dem Benzylidenphthalid einerseits und den Alkylhydrasteinen andererseits gibt sich auch in dem Verhalten jener Körper gegen Ammoniak und Amine zu erkennen. Es bilden sich aus den Alkylhydrasteinen Alkylhydrastamide und Alkylhydrastimide[2]).

Hydrastinmethyljodid $C_{21}H_{21}NO_6 CH_3J$, krystallisiert in weißen Nadeln, die sich in kochendem Wasser mit gelber Farbe lösen. Schmelzp. 209°. — **Hydrastinmethylchlorid** $C_{21}H_{21}NO_6 \cdot CH_3Cl$, aus dem Jodid durch Digerieren mit Chlorsilber. Fügt man zur Lösung des Chlorids konz. Kalilauge, so erhält man einen gelben, öligen Niederschlag, der beim Stehen krystallinisch erstarrt und aus **Methylhydrastin** $C_{22}H_{23}NO_6$, besteht. Aus Alkohol krystalli-

---
[1]) Freund, Annalen d. Chemie **271**, 356 [1892].
[2]) Freund, Berichte d. Deutsch. chem. Gesellschaft **23**, 3120 [1890].

siert es in gelben Nadeln vom Schmelzp. 156°. In Wasser ist es kaum, in starkem Alkohol ziemlich leicht löslich; die alkoholische Lösung zeigt schöne grüne Fluorescenz.

Als ungesättigte Verbindung nimmt das Methylhydrastin direkt Brom auf und wird von Kaliumpermanganat leicht zu Hemipinsäure oxydiert. Durch Lösen in warmer, starker Kalilauge wird es unter Aufnahme von Wasser in **Methylhydrastin**[1]) $C_{22}H_{25}NO_7 + 2H_2O$, übergeführt. Wenn das ausgeschiedene zähflüssige Reaktionsprodukt mit Essigsäure neutralisiert wird, so scheidet sich die freie Base in schönen Nadeln aus, die bei 150—151° schmelzen. Sie löst sich in heißem Wasser und Alkohol. Die Verbindung bildet mit salzsaurem Hydroxylamin **Methylhydrasteinoximanhydrid** $C_{22}H_{24}N_2O_6$, silberglänzende Blättchen vom Schmelzp. 158°.

Methylhydrastamid[2]) $C_{22}H_{26}N_2O_6$. Wird das Hydrastinmethyljodid mit wässerigem Ammoniak digeriert, so entsteht das gelbgefärbte Methylhydrastin. Verändert man aber die Reaktionsbedingungen in der Weise, daß man das Jodmethylat in Alkohol löst, hierzu einen sehr großen Überschuß von starkem, wässerigen Ammoniak fügt und kocht, so scheidet sich das Methylhydrastamid in weißen, in Wasser unlöslichen Blättchen vom Schmelzp. 180° aus. Von Säuren wird es durch Kochen verwandelt in **Methylhydrastimid**[3]), $C_{22}H_{24}N_2O_5$, das innere Anhydrid des Methylhydrastamids, welches in bezug auf Konstitution dem Benzalphthalamidin entspricht. Die salzsaure Lösung des Imids nimmt eine gelbe Farbe an und nach einiger Zeit krystallisieren schwach hellgelbe Nadeln vom Chlorhydrat des Imids aus. Aus den Salzlösungen fällt beim Zusatz von Alkali die freie Base aus, welche durch Umkrystallisieren aus Alkohol in hellgelben Nadeln vom Schmelzp. 192° erhalten wird.

Methylhydrastamid   Methylhydrastimid

Bei der Oxydation liefern Methylhydrastimid (wie auch das Amid) Hemipinimid; mit Methyljodid geben beide identische Produkte, nämlich **Methylhydrastimidjodmethylat** $C_{22}H_{24}N_2O_5$, CH_3J.

Methylhydrastmethylamid[4]) $CH_3O_2C_6H_2-CO-CH_2-C_6H_2(O_2CH_2)C_2H_4N\cdot(CH_3)_2$, mit Seitenkette $CO\cdot NH\cdot CH_3$, entstanden aus Hydrastinmethyljodid und Methylamin, krystallisiert aus Alkohol in Rhomboedern, bei 182° schmelzend; kann mit Alkali erhitzt werden, ohne Wasser zu verlieren.

In ähnlicher Weise sind noch die Äthyl-, Amyl- und Allylderivate des Methylhydrastamids bereitet worden.

Äthylhydrastamid $C_{23}H_{28}N_2O_6$, durch Einwirkung von starkem, wässerigem Ammoniak auf eine alkoholische Lösung des Hydrastinäthyljodids entstehend, ist in Alkohol leichter löslich als die Methylbase und krystallisiert in rhombischen Blättchen vom Schmelzp. 140°.

Abbau und Spaltung des Hydrastins: Die Aufklärung der Konstitution des Hydrastins, das dem Narkotin, wie beim Vergleich der Formeln sofort auffällt, sehr nahe steht, erfolgte durch die Arbeiten von E. Schmidt[5]) und insbesondere durch die von M. Freund[6]) und seinen Schülern.

---

[1]) Freund, Annalen d. Chemie **271**, 356 [1892].
[2]) Freund, Annalen d. Chemie **271**, 352ff. [1892].
[3]) Freund u. Heim, Berichte d. Deutsch. chem. Gesellschaft **23**, 2897 [1890].
[4]) Freund u. Heim, Berichte d. Deutsch. chem. Gesellschaft **23**, 2904 [1890].
[5]) E. Schmidt, Archiv d. Pharmazie **231**, 541 [1893].
[6]) Freund, Annalen d. Chemie **271**, 313 [1892].

Beziehungen des Hydrastins zum Narkotin: Bei der Oxydation des Hydrastins mit Kaliumpermanganat in saurer Lösung liefert das Hydrastin Opiansäure.

Beim Erwärmen mit verdünnter Salpetersäure auf 50—60° entsteht außer Opiansäure eine basische Verbindung von der Zusammensetzung $C_{11}H_{13}NO_3$, für welche der Name Hydrastinin eingeführt wurde.

$$C_{21}H_{21}NO_6 + H_2O + O = C_{10}H_{10}O_5 + C_{11}H_{13}NO_3.$$

Die Differenz von CH_2O in der Zusammensetzung von Kotarnin und Hydrastinin, den basischen Spaltungsprodukten von Narkotin und Hydrastin, ließ den Schluß zu, daß das Kotarnin als methoxyliertes Hydrastinin, das Narkotin als ein in seinem stickstoffhaltigen Komplex methoxyliertes Hydrastin aufzufassen sei, eine Folgerung, die auch E. Schmidt gezogen und die durch Methoxylbestimmungen nach Zeisels Methode erwiesen worden ist.

Das Hydrastinin $C_{11}H_{13}NO_3$ ist für die Lösung der Konstitutionsfrage des Hydrastins von großer Bedeutung gewesen. Es besitzt Aldehydnatur. Das folgt aus seiner Fähigkeit, ein Oxim zu bilden und aus seinem Verhalten gegen Alkali. Beim Kochen mit Alkali (Kalilauge) entstehen aus Hydrastinin das **Hydrohydrastinin** $C_{11}H_{13}NO_2$ und das **Oxyhydrastinin** $C_{11}H_{11}NO_3$ in etwa gleichen Teilen[1]).

$$2\ C_{11}H_{13}NO_3 + H_2O = C_{11}H_{13}NO_2 + C_{11}H_{11}NO_3 + 2\ H_2O.$$
Hydrastinin   Hydrohydrastinin   Oxyhydrastinin

Diese Umsetzung ist ganz analog derjenigen, welche die aromatischen Aldehyde unter dem Einfluß von Alkalien erleiden und bei welcher aus 2 Molekülen des Aldehyds 1 Mol. Alkohol und 1 Mol. Säure gebildet wird.

Die leichte Überführung des Hydrastinins in die Hydroverbindung durch Reduktionsmittel entspricht der Reduktion des Aldehyds zum Alkohol. Umgekehrt läßt sich das Hydrohydrastinin — der Alkohol — durch gelinde Oxydation in das Hydrastinin — den Aldehyd — verwandeln und letzterer geht bei weiterer Oxydation in das Oxyhydrastinin — die Säure — über[4]).

Aber nur der Aldehyd ist als solcher existenzfähig, während der Alkohol und die Säure sofort unter Wasserabspaltung in Isochinolinderivate übergehen.

Abbau des Hydrastinins durch Oxydation: Verdünnte Salpetersäure bewirkt bei längerem Kochen die Bildung von **Apophyllensäure** $C_8H_7NO_4$

$$\underset{HOOC-}{\overset{\underset{|}{O}}{OC-}}\!\!\bigcirc\!\!N\cdot CH_3$$

Kaliumpermanganat in alkalischer Lösung führt das Hydrastinin in das schon erwähnte **Oxyhydrastinin** $C_{11}H_{11}NO_3$ über. Dieses wird bei weiterer Oxydation[2]) glatt in eine einbasische Säure — die **Hydrastininsäure** $C_{11}H_9NO_6$ — verwandelt.

Letztere liefert beim Kochen mit Salpetersäure eine Verbindung der Zusammensetzung $C_{10}H_7NO_4$, welche durch Kochen mit Kalilauge in Methylamin und eine zweibasische Säure $C_9H_6O_6$, **Hydrastsäure**, gespalten wird.

$$C_{10}H_7NO_4 + 2\ KOH = NH_2\cdot CH_3 + C_9H_4O_6K_2.$$

Die Hydrastsäure wird durch Salpetersäure in den **Methylenäther des Dinitrobrenzcatechins** übergeführt.

$$CH_2\!\!\underset{O-}{\overset{O-}{\Big\langle}}\!\!\bigcirc(NO_2)_2$$

Die Entstehung dieser Verbindung gestattet nun einen Rückschluß auf den Verlauf der soeben besprochenen Reaktionen und die Natur der dabei entstehenden Substanzen.

Es bildet sich der Methylenäther des Dinitrobrenzcatechins unter ganz denselben Bedingungen wie aus Hydrastsäure, auch aus Piperonylsäure, $C_7H_5O_2(COOH)$.

---

[1]) Freund u. Will, Berichte d. Deutsch. chem. Gesellschaft **20**, 2400 [1887]; **22**, 457 [1889].
[2]) Freund u. Will, Berichte d. Deutsch. chem. Gesellschaft **22**, 1158, 1322 [1889].

Berücksichtigt man, daß die Hydrastsäure leicht ein Anhydrid liefert, so ergibt sich die Orthostellung der Carboxyle; die Hydrastsäure ist also der Methylenäther einer o-Dioxyphthalsäure und der Piperonylsäure analog konstruiert.

$$CH_2\!\!<\!\!^{O-}_{O-}\!\!\bigcirc\!\!-COOH \qquad CH_2\!\!<\!\!^{O-}_{O-}\!\!\bigcirc\!\!<\!\!^{-COOH}_{-COOH}$$
$$\text{Pyperonylsäure} \qquad\qquad \text{Hydrastsäure}$$

Die obige Verbindung $C_{10}H_7NO_4$, welche aus der Hydrastininsäure entsteht und durch Kalilauge in Methylamin und Hydrastsäure gespalten wird, ist dann das **Methylimid der Hydrastsäure** $CH_2\!<\!^O_O\!>\!C_6H_2\!<\!^{CO}_{CO}\!>\!N\cdot CH_3$. Für die Hydrastininsäure ergibt sich dann folgende Konstitution:

$$CH_2\!\!<\!\!^{O-}_{O-}\!\!\bigcirc\!\!<\!\!^{CO-NH\cdot CH_3}_{CO-COOH}$$

Aus der Konstitution der Hydrastininsäure läßt sich weiter auf die des Oxyhydrastinins schließen, durch dessen Oxydation jene entsteht:

$$CH_2\!<\!^O_O\!>\!C_6H_2\!<\!^{CO-N\cdot CH_3}_{\;\;|\;\;\;\;\;\;\;\;|}_{CH_2-CH_2} + 3\,O = CH_2\!<\!^O_O\!>\!C_6H_2\!<\!^{CO-NH\cdot CH_3}_{CO-COOH} + H_2O$$
$$\text{Oxyhydrastinin} \qquad\qquad\qquad \text{Hydrastininsäure}$$

Durch vorstehenden Abbau des Hydrastinins bis zur Hydrastsäure und durch das Vorhandensein einer am Benzolkern stehenden Aldehydgruppe dürfte die Formel des Hydrastinins in folgender Weise aufgelöst werden:

$$CH_2\!\!<\!\!^{O-}_{O-}\!\!\bigcirc\!\!<\!\!^{CHO}_{\;\;\;\;\;\;N\cdot H\cdot CH_3}_{\;\;\;\;\;\;CH_2}_{\;\;\;\;\;\;CH_2}$$
$$\text{Hydrastinin}$$

Die völlige Klärung und Bestätigung obiger Konstitutionsformel des Hydrastinins hat dann **der Abbau des Hydrastinins durch Methylierung** erbracht.

Digeriert man Hydrastinin mit Jodmethyl, so werden zwei Methylgruppen aufgenommen, und es entsteht das **Trimethylhydrastil-ammoniumjodid** $C_7H_4O_2\!<\!^{CHO}_{C_2H_4}\!\cdot N\cdot(CH_3)_3J$.

Dieses Jodalkylat entspricht vollkommen dem Kotarnmethinmethyljodid (S. 208) und zerfällt gleich diesem beim Kochen mit Alkalien in Trimethylamin und einen stickstofffreien Körper, **Hydrastal** genannt[1]). Die Konstitution desselben

$$CH_2\!\!<\!\!^{O-}_{O-}\!\!\bigcirc\!\!<\!\!^{CH:O}_{CH=CH_2}$$
$$\text{Hydrastal}$$

wurde durch die Darstellung des Hydrazons und die Ergebnisse der Oxydation bewiesen.

Versucht man nun die Konstitution des Hydrastinins aus all den erörterten Tatsachen zu entwickeln, so gibt die obige Formel in befriedigender Weise Auskunft über alle Erscheinungen, welche beim Studium dieser Verbindung beobachtet worden sind, insbesondere über deren Beziehungen zum Isochinolin.

So z. B. erklärt sich die eigentümliche Erscheinung, daß die Salze des Hydrastinins 1 Mol. Wasser weniger enthalten als die freie Base, durch die Annahme, daß bei der Salzbildung Ringschließung eintritt[2]).

$$H_2C\!<\!^{O-C}_{O-C}\!>\!\!<\!\!^{CH}_{\;\;\;\;\;C}\!\!<\!\!^{CH:O}_{\;\;\;\;\;C}\!\!<\!\!^{NH\cdot CH_3}_{CH_2} + HCl = H_2C\!<\!^{O-C}_{O-C}\!>\!\!<\!\!^{CH}_{\;\;\;\;\;C}\!\!<\!\!^{CH}_{\;\;\;\;\;C}\!\!<\!\!^{N<^{CH_3}_{Cl}}_{CH_2} + H_2O$$
$$\text{Hydrastinin} \qquad\qquad\qquad \text{salzsaures Hydrastinin}$$

---

[1]) Freund, Berichte d. Deutsch. chem. Gesellschaft **22**, 2329 [1889].
[2]) Vgl. das Kapitel über Narcotin S. 203 ff.

Was nun die Konstitution des Hydrastins selbst betrifft, so muß es einen Hydrastinin- und einen Opiansäurerest enthalten. Die Konstitution der **Opiansäure** wird durch die Formel[1])

$$\underset{O \cdot CH_3}{\overset{O \cdot CH_3}{\bigcirc}}\!\!\begin{array}{l}-O \cdot CH_3\\-COOH\end{array}$$

wiedergegeben. Die Struktur des Hydrastinins ist im vorhergehenden erörtert.

Der Umstand, daß jedes der Spaltungsprodukte eine Aldehydgruppe enthält, während eine solche in dem Hydrastin selbst nicht nachgewiesen werden kann, ließ vermuten, daß die Kohlenstoffatome dieser Gruppen an der Verbindung der beiden Komplexe beteiligt sind.

Das lactonartige Verhalten des Alkaloids und die weitgehende Analogie zwischen diesem und dem Narkotin führte Roser[2]) zur Aufstellung der oben angeführten Formel. Dieselbe ist dann durch eine ganze Reihe von Versuchen bestätigt worden[3]).

Hydrastinin.

Mol.-Gewicht 207,11.
Zusammensetzung: 63,73% C, 6,33% H, 6,76% N.
$C_{11}H_{13}NO_3$.

Wie vorstehend dargelegt wurde, ist es ein Spaltungsprodukt des Hydrastins.

Synthese: Es ist gelungen das Hydrohydrastinin, und damit auch das Hydrastinin künstlich darzustellen.

Synthese des Hydrohydrastinin:[4]) Fritsch hat gefunden, daß die Kondensationsprodukte aromatischer Aldehyde mit Acetalamin unter Einwirkung von Schwefelsäure Alkohol abspalten und in Isochinolinderivate übergehen. So entsteht aus Piperonal und Acetalamin Piperonalacetalamin, welches durch den kondensierenden Einfluß einer 72 proz. Schwefelsäure in Methylendioxyisochinolin übergeführt wird.

Piperonal + Acetalamin → Piperonalacetalamin →

Methylendioxyisochinolin

Das Jodmethylat dieser Verbindung bildet bei der Reduktion mit Zinn und Salzsäure Methylendioxy-N-methyltetrahydroisochinolin, welches mit dem Hydrohydrastinin in allen Eigenschaften identisch ist.

Methylendioxyisochinolin-jodmethylat → Methylendioxy-N-Methyltetrahydroisochinolin (Hydrohydrastinin)

---

[1]) Wegscheider, Wiener Monatshefte **3**, 348.
[2]) Roser, Annalen d. Chemie **254**, 357 [1889].
[3]) Freund, Annalen d. Chemie **271**, 343 [1892].
[4]) Fritsch, Annalen d. Chemie **286**, 18 [1895].

Das Hydrohydrastinin läßt sich nach Freund[1]) durch Oxydation mit Kaliumbichromat und Schwefelsäure in Hydrastinin überführen.

Mit dieser Synthese ist freilich nur der erste Schritt zu jener des Hydrastins getan, denn, ganz abgesehen davon, daß sich die Opiansäure bisher noch der Synthese entzogen hat, ist auch der Aufbau des Hydrastins aus seinen Spaltungsprodukten noch nicht gelungen.

Darstellung: Wie das Narkotin erleidet auch das Hydrastin bei Einwirkung oxydierender Mittel eine Spaltung in Opiansäure und eine Base, hier Hydrastinin:

$$C_{21}H_{21}NO_6 + H_2O + O = C_{11}H_{13}NO_3 + C_{10}H_{10}O_5.$$
Hydrastin   Hydrastinin   Opiansäure

Die Reaktion läßt sich mit verdünnter Salpetersäure, aber auch mit anderen Oxydationsmitteln, wie Platinchlorid, Braunstein und Schwefelsäure, sowie Kaliumpermanganat in saurer Lösung durchführen.

Aus der Mutterlauge der auskrystallisierenden Opiansäure wird das Hydrastinin durch Übersättigen mit Kalilauge gefällt.

Physiologische Eigenschaften: Von den Spaltprodukten des Hydrastins ist die Opiansäure bei Kaltblütern durch zentrale Lähmung von narkotischer, bei Warmblütern aber ohne Wirkung. Hydrastinin unterscheidet sich von der Muttersubstanz durch das Fehlen eines tetanischen Stadiums und schädlicher Herzwirkung. Es bewirkt Gefäßverengerung (und dadurch Blutdrucksteigerung und Pulsverlangsamung).

Die Gefäßkontraktion wird bewirkt zum Teil durch Erregung des vasomotorischen Zentrums, vor allem aber durch Einwirkung auf die Gefäße selbst, infolgedessen dann Blutdrucksteigerung eintritt. Die Blutdrucksteigerung ist anfangs periodisch, ist sehr bedeutend, andauernd und durch keine Erschlaffungszustände unterbrochen. Der Tod erfolgt durch Lähmung des Respirationszentrums.

Der Unterschied zwischen der Muttersubstanz und dem Spaltungsprodukte läßt sich daher folgendermaßen feststellen.

Beim Hydrastin ist die Wirkung auf den Blutdruck als Teilerscheinung der strychninartigen Wirkung auf das Zentralnervensystem anzusehen. Wahrscheinlich werden zuerst von den Funktionsgebieten des Zentralnervensystems die Gefäßzentren in Erregung versetzt. Das Hydrastin wirkt lähmend, dann tetanisch, macht auch Herzlähmung und ist daher ein Herzgift.

Die Gefäßspannung ist eine Teilerscheinung des tetanischen Stadiums. Hydrastinin dagegen macht kein tetanisches Stadium, es steigert die Kontraktilität des Herzmuskels, ist kein Herzgift, hat keine lokale Einwirkung auf die Muskulatur und bewirkt Gefäßkontraktion durch Einwirkung auf die Gefäße selbst und dadurch Blutdrucksteigerung und Pulsverlangsamung. Der Tod erfolgt durch Lähmung des Atemzentrums. Hydrastinin wirkt also in ganz anderer Weise, wenn auch mit demselben physiologischen Endeffekte und viel intensiver und andauernder als die Muttersubstanz, das Hydrastin.

Wenn man das Hydrastinin als einen Aldehyd auffaßt, so erscheint es zugleich als ein sekundäres Amin und vermag so zwei Methylgruppen aufzunehmen. Es entsteht so das **Hydrastininmethylmethinchlorid.** Dieses macht fast vollständige Lähmung, anfangs eine Blutdrucksteigerung, dann Senkung. Vor allem unterscheidet sich die Wirkung dieses Körpers von der des Hydrastinin dadurch, daß es periphere Lähmung der Atemmuskulatur erzeugt und so curareartig den Tod herbeiführt. Hierbei büßt es die gefäßkontrahierenden Eigenschaften des Hydrastinin zum größten Teil ein.

Hydrastinin ist für die Therapie wertvoller wegen der Stärke seiner gefäßkontrahierenden Wirkungen, andererseits wegen des Fehlens von Reizerscheinungen des Rückenmarks und wegen der günstigen Beeinflussung der Herzaktion[2]).

Physikalische und chemische Eigenschaften: Aus Ligroin krystallisiert es in kleinen, glänzenden Krystallen, die bei 116—117° schmelzen. In heißem Wasser ist es schwer, in Alkohol und Äther leicht löslich.

---

[1]) Freund, Berichte d. Deutsch. chem. Gesellschaft **20**, 2403 [1887].

[2]) Über das Hydrastinin als Heilmittel bei gewissen Arten uteriner Blutungen vgl. man: E. Falk, Therapeut. Monatshefte **1890**, 19; Archiv f. Gynäkol. **37**, 295; Centralbl. f. Gynäkol. **1891**, Nr. 49. — A. Czempin, Centralbl. f. Gynäkol. **1891**, Nr. 45. — P. Strassmann, Deutsche med. Wochenschr. **1891**, 1283. — P. Baumm, Therapeut. Monatshefte **1891**. — Abel, Berl. klin. Wochenschr. **1892**, Nr. 3.

Hydrastininhydrochlorid $C_{11}H_{11}NO_2 \cdot HCl$, ist leicht löslich in Wasser und krystallisiert in Nadeln.

Acetylhydrastinin $C_{11}H_{12}NO_3(C_2H_3O)$, aus Essigsäureanhydrid und Hydrastinin in Benzollösung, schmilzt bei 105°.

Benzoylhydrastinin $C_{11}H_{12}NO_3(COC_6H_5)$, schmilzt bei 99° und geht durch Oxydation mit Kaliumpermanganat in eine Säure, **Benzoyloxyhydrastininhydrat** $C_{11}H_{12}NO_4$ $(CO \cdot C_6H_5)$, über.

Hydrastininoxim $C_7H_4O_2\langle{}^{CH:NOH}_{(CH_2)_2NH} \cdot CH_3$, erhalten durch Kochen der Base mit Hydroxylaminhydrochlorid in abs. Alkohol, schmilzt bei 145° und liefert mit Essigsäureanhydrid ein Diacetylderivat.

Der Abbau des Hydrastinins zum **Hydrastal** $C_7H_4O_2\langle{}^{CH:O}_{CH_2:CH_2}$, Schmelzp. 78—79° und die Oxydation desselben zu **Hydrastsäure** $C_7H_4O_2(COOH)_2$, Schmelzp. 175°, wurde schon S. 230 behandelt.

Wird das Hydrastinin in verdünnt alkalischer Lösung mit Kaliumpermanganat behandelt, so resultiert als End- und Hauptprodukt der Reaktion **Hydrastininsäure** $C_{11}H_9NO_6$, welche durch verdünnte Salpetersäure weiter zu dem **Hydrastsäuremethylimid** oxydiert wird. Die Hydrastininsäure entsteht indessen nicht direkt aus Hydrastinin, sondern aus dem zunächst gebildeten Oxyhydrastinin (S. 230). Die Hydrastininsäure krystallisiert aus heißem Wasser in breiten Nadeln vom Schmelzp. 164°.

Analog dem Kotarnin vereinigt sich das Hydrastinin mit Ketonen unter Wasseraustritt.

Anhydro-Hydrastinin-aceton[1])

$$\underset{O}{\overset{O}{CH_2<}}\underset{CH_2 \cdot CH_2 \cdot NH \cdot CH_3}{\overset{CH:CH \cdot CO \cdot CH_3}{\bigcirc}} \quad \text{oder} \quad \underset{O}{\overset{O}{CH_2<}}\underset{CH_2}{\overset{CH \cdot CH_2 \cdot CO \cdot CH_3}{\bigcirc}}\underset{}{\overset{N \cdot CH_3}{\underset{CH_2}{}}}$$

Der Schmelzpunkt der Verbindung liegt bei 72°. Das salzsaure Salz wird durch Salzsäuregas aus der ätherischen Lösung der Base als weißer, krystallinischer Niederschlag ausgefällt. In wenig Alkohol gelöst, gibt es auf Zusatz von alkoholischer Platinchloridlösung eigelbe Flocken, die bei 196—198° schmelzen.

Anhydro-Hydrastinin-acetophenon $C_{19}H_{19}NO_3$. Hübsche Prismen, Schmelzp. 74°.

Anhydro-Hydrastinin-phenylessigester[2])

$$C_6H_2(:O_2:CH_2)\langle{}^{CH:C\langle{}^{C_6H_5}_{CO_2 \cdot C_2H_5}}_{CH_2 \cdot CH_2 \cdot NH \cdot CH_3}$$

Schmelzp. 85—86°.

Anhydro-Hydrastinin-malonester

$$(CH_2:O_2:)C_6H_2\langle{}^{CH:C(CO_2C_2H_5)_2}_{CH_2 \cdot CH_2 \cdot NHCH_3}$$

Weißes Krystallpulver, das sich am Licht schwach gelblich färbt. Schmelzp. 55—57°. Sehr leicht löslich in den üblichen Lösungsmitteln.

Anhydro-Hydrastinin-cumaron $(C_{11}H_{12}NO_2) \cdot (C_8H_5O)$. Gelbliche, amorphe Substanz vom Schmelzp. 68—70°. Löst sich in konz. Schwefelsäure mit violetter Farbe.

Hydrohydrastinin.

$C_{11}H_{13}NO_2$.

Darstellung: Das Hydrastinin läßt sich leicht hydrieren. Sowohl bei Einwirkung von Salzsäure und Zinkgranalien als von Natriumamalgam auf eine schwach sauer gehaltene Lösung der Base läßt sich das Hydrohydrastinin gewinnen. Auch bei den elektrolytischen Reduktionen des Hydrastinins ist es erhalten worden. Die Reaktion besteht nicht nur in

---

[1]) C. Liebermann u. F. Kropf, Berichte d. Deutsch. chem. Gesellschaft **37**, 214 [1907].
[2]) C. Liebermann u. A. Glawe, Berichte d. Deutsch. chem. Gesellschaft **37**, 2739 [1907].

einer einfachen Wasserstoffaufnahme, sondern es tritt zugleich Wasser aus unter Schließung des Kohlenstoffstickstoffringes:

$$CH_2\!<\!\!^{O-C}_{O-C}\!\!>\!\!^{CH}_{CH}\!\!\overset{CH:O}{\underset{C}{>}}\!\!N\!<\!\!^{H}_{CH_3}_{CH_2} + H_2 = H_2C\!<\!\!^{O-C}_{O-C}\!\!>\!\!^{CH}_{CH}\!\!\overset{CH_2}{\underset{C}{>}}\!\!N\cdot CH_3_{CH_2} + H_2O$$

Hydrastinin   Hydrohydrastinin

Der bei der Reduktion erhaltenen, alkalisch gemachten Reaktionsmasse entzieht Äther die hydrierte Base.

Physikalische und chemische Eigenschaften: Das Hydrohydrastinin krystallisiert gut und schmilzt bei 66°; es ist leicht löslich in Alkohol, Äther und Benzol. Mit den Halogenwasserstoffsäuren bildet das Hydrohydrastinin schwer lösliche Salze, welche zur Reinigung desselben benutzt werden können[1]).

Synthese des Hydrohydrastinins von Fritsch siehe S. 231.

Mit Methyljodid verbindet sich das Hydrastinin sehr leicht zum **Jodmethylat** $C_{11}H_{13}NO_2 \cdot CH_3J$, welches aus Alkohol in schön irisierenden Blättchen krystallisiert und gegen Alkali sehr beständig ist.

Dagegen wird das entsprechende Chlorid beim Digerieren mit konz. Kalilauge zersetzt unter Bildung von **Methylhydrohydrastinin** $C_7H_4O_2\!<\!\!^{CH_2\cdot N\cdot (CH_3)_2}_{CH:CH_2}$, einem dünnflüssigen, aminartig riechenden Öl von stark basischen Eigenschaften. Als tertiäre Base verbindet sich dieses mit Methyljodid zu **Methylhydrohydrastininmethyljodid** $C_7H_4O_2\!<\!\!^{CH_2\cdot N\cdot (CH_3)_3J}_{CH:CH_2}$.

Wird das Methylhydrohydrastinin in Schwefelkohlenstofflösung mit Brom behandelt, so gewinnt man nicht das erwartete Dibromid, sondern **Monobrommethylhydrohydrastinin** $C_7H_4O_2\!<\!\!^{CH_2\cdot N\cdot (CH_3)_2}_{C_2H_2\cdot Br}$.

Oxyhydrastinin.

$C_{11}H_{11}NO_3$.

Darstellung: Gegen Alkalien verhält sich das Hydrastinin wie ein aromatischer Aldehyd, indem es zur Hälfte in den entsprechenden Alkohol, zur Hälfte in die entsprechende Säure übergeht. Die betreffenden Verbindungen verlieren aber sofort Wasser unter Bildung von Hydrohydrastinin und Oxyhydrastinin.

$$2\,C_7H_4O_2\!<\!\!^{CH:O}_{(CH_2)_2N<\!^{H}_{CH_3}} = C_7H_4O_2\!<\!\!^{CH_2-N\cdot CH_3}_{CH_2-CH_2} + C_7H_4O_2\!<\!\!^{CO-N\cdot CH_3}_{CH_2-CH_2}$$

Hydrastinin   Hydrohydrastinin   Oxyhydrastinin

Zur Durchführung dieser Reaktion wird das Hydrastinin mit einer wässerigen Lösung von Kaliumhydroxyd (33%) erhitzt. Durch Äther wird das Hydrohydrastinin und nachher mit Alkohol das Oxyhydrastinin ausgezogen.

Auch durch vorsichtige Oxydation des Hydrastinins mit Kaliumpermanganat entsteht Oxyhydrastinin.

Physikalische und chemische Eigenschaften: Es schmilzt bei 97° und destilliert unzersetzt über 350°, ist leicht löslich in Alkohol, Benzol und wird beim Umkrystallisieren aus Petroleumäther in Form von fächerartig gruppierten Nadeln erhalten.

Das Oxyhydrastinin ist eine sehr schwache Base. Es löst sich in konz. Salzsäure auf, aber sowohl beim Verdünnen mit Wasser als beim Abdampfen der Lösung zersetzt sich das gebildete Salz unter Abscheidung der Base.

Das **Hydrochlorid** $C_{11}H_{11}NO_3 \cdot HCl$, wird gewonnen durch Einleiten von Salzsäure in die absolut alkoholische Lösung des Oxyhydrastinins.

Von verdünnter Salpetersäure wird es in der Kälte in **Nitrooxyhydrastinin** $C_{11}H_{10}NO_3$ (NO_2), übergeführt. Kaliumpermanganat oxydiert das Oxyhydrastinin zu Hydrastininsäure (s. oben).

---

[1]) Freund u. Will, Berichte d. Deutsch. chem. Gesellschaft **20**, 93 [1887]; **24**, 2734 [1891].

Canadin.

Mol.-Gewicht 339.
Zusammensetzung: 70,8% C, 6,2% H, 4,0% N, 19,0% O.

$C_{20}H_{21}NO_4$.

Vorkommen und Bildung: Zum Berberin, welches in der Natur sehr verbreitet ist und weiter unten behandelt werden soll, steht in nächster Beziehung das Canadin, welches sich neben Hydrastin in der Wurzel von Hydrastis canadensis vorfindet. Es ist Tetrahydroberberin und kann durch Reduktion von Berberin hergestellt werden[1]). Durch Oxydation läßt sich das Canadin in Berberin zurückverwandeln[2]), so daß die Beziehungen der beiden Alkaloide durch folgende Formeln veranschaulicht werden können[3]).

Berberinchlorhydrat   Canadinchlorhydrat

Darstellung: Man zieht die Wurzel mit essigsäurehaltigem Wasser aus, fällt die Lösung mit Ammoniak, löst die gefällten Basen in verdünnter Schwefelsäure und versetzt mit etwas Salpetersäure. Das ausgeschiedene Nitrat wird durch Ammoniak zerlegt und die freien Basen wiederholt in gleicher Weise mit verdünnter Schwefelsäure und etwas Salpetersäure behandelt. Man stellt endlich das Sulfat dar und krystallisiert es wiederholt aus kaltem Wasser um.

Physikalische und chemische Eigenschaften und Salze: Es bildet seideglänzende Nadeln vom Schmelzp. 132,5°, ist in Wasser unlöslich, in Alkohol ziemlich leicht, in Äther sehr leicht löslich. Die Lösungen sind stark linksdrehend. Reagiert neutral. Die Base enthält zwei Methoxyle und besitzt also die Zusammensetzung $C_{18}H_{15}NO_2(OCH_3)_2$. Beim Behandeln mit Jod entsteht unter Dehydrierung Berberin. Die Base kann somit als ein Tetrahydroberberin angesehen werden, ist jedoch nicht identisch mit dem durch Hydrierung des Berberins gebildeten Tetrahydroberberin[1]).

Salzsaures Salz $C_{20}H_{21}NO_4 \cdot HCl$. Krystallinischer Niederschlag. — **Platinsalz** $(C_{20}H_{21}NO_4 \cdot HCl)PtCl_4$. Gelber, amorpher Niederschlag. — **Goldsalz** $(C_{20}H_{21}NO_4 \cdot HCl)$ $AuCl_3$. Rotbrauner, flockiger Niederschlag. — **Salpetersaures Salz** $C_{20}H_{21}NO_4 \cdot HNO_3$. Glänzende Blättchen, sehr schwer löslich in kaltem Wasser. — **Schwefelsaures Salz** $(C_{20}H_{21}NO_4)_2 \cdot H_2SO_4$. Große, monokline Tafeln; ziemlich leicht löslich in kaltem Wasser.

Spaltung des Hydroberberins in d- und l-Canadin:[4]) Die beste Ausbeute an Canadin, nämlich 35%, wird bei folgender Arbeitsweise erzielt. Man löst 2 g Hydroberberin in 20 ccm heißer 30 proz. Essigsäure, trägt in die siedende Lösung 1 g feinverriebenes d-bromcamphersulfonsaures Ammonium auf einmal ein, erhitzt die Masse noch 15 Minuten unter fortwährendem Rühren auf einer Asbestplatte, läßt erkalten, filtriert den Niederschlag ab, suspendiert ihn in Wasser, macht mit Ammoniak stark alkalisch und schüttelt mit Chloroform aus, in welches das d-Canadin übergeht. Die vom Niederschlag abfiltrierte Mutterlauge, welche das l-Canadin enthält, behandelt man in der gleichen Weise. Zur Isolierung der beiden Canadine engt man die Chloroformlösungen auf ein kleines Volumen ein, versetzt den Rückstand mit abs. Alkohol und erwärmt das Ganze zur Entfernung der letzten Chloroformanteile auf dem Wasserbade; hierbei scheidet sich zunächst Hydroberberin aus, während die Canadine in der Mutterlauge bleiben und durch mehrfaches Umkrystallisieren aus einem Gemisch von 9 T. Alkohol und 1 T. Äther gereinigt werden. Fast weiße, seidenglänzende Nadeln, die sich allmählich gelb färben. Schmelzp. 132,5°. $[\alpha]_D = -$ bzw. $+297°$.

---

[1]) E. Schmidt, Archiv d. Pharmazie **232**, 136 [1894].
[2]) Schmidt, Archiv d. Pharmazie **232**, 148 [1894].
[3]) Freund u. Mayer, Berichte d. Deutsch. chem. Gesellschaft **40**, 2604 [1907].
[4]) Voß u. Gadamer, Archiv d. Pharmazie **248**, 43 [1910].

Einwirkung von Jodäthyl auf d- und l-Canadin: Die Einwirkung erfolgte am Rückflußkühler; das Reaktionsprodukt, ein Gemisch der isomeren α- und β-Verbindung wurde durch Abschlämmen und Umkrystallisieren aus Alkohol getrennt. Aus je 10 g d- bzw. l-Canadin wurden 8,5 g des in Alkohol leichter löslichen α-Salzes und 3,7 g des in Alkohol schwer löslichen β-Salzes erhalten. — Die **α-Canadinäthyljodide** $C_{20}H_{21}O_4N \cdot C_2H_5J$ bilden weiße, zu Drusen vereinigte Nadeln, die 1,5 Mol. Krystallwasser enthalten. Schmelzp. 187°. $[\alpha]_D^{20}$ in 1 proz. verdünnter alkoholischer Lösung = —91,5° bzw. +92,2°. — Die **β-Canadinäthyljodide** bilden wasserfreie, derbe Krystalle, zum Teil auch feine, gelbe Nadeln. Schmelzp. 225°. $[\alpha]_D^{20}$ = —115,3 bzw. +115°. — Durch Vereinigung molekularer Mengen der entsprechenden beiden α- und β-Verbindungen erhält man das **rac. α-Canadinäthyljodid**, feine, weiße, zu Drusen vereinigte, $1/2$ Mol. Krystallwasser enthaltende, optisch-inaktive Nadeln vom Schmelzp. 229—230°, die mit Hydroberberinäthyljodid identisch sind. — Die aus diesen Canadinäthyljodiden in üblicher Weise durch Umsetzung mit Silberchlorid bzw. Silbernitrat gewonnenen Canadinäthylchloride und Canadinäthylnitrate zeigen folgende Eigenschaften: **α-Canadinäthylchloride** $C_{20}H_{21}O_4N \cdot C_2H_5Cl + 2 H_2O$, kleine, gelbliche Krystalle. Schmelzp. 233°. $[\alpha]_D^{20}$ = —127,3° bzw. +128,3°. — **β-Canadinäthylchloride**, prachtvolle, teils mehr als zentimeterlange Nadeln oder kleine, derbe Krystalle aus Alkohol + Äther, Schmelzp. 236° lufttrocken, 245° wasserfrei. $[\alpha]_D^{20}$ = —138,8° bzw. +138,5°. — **rac. Canadinäthylchlorid**, schwach gelbliche Krystalle, deren Wassergehalt und Schmelzpunkt mit denen der optisch-aktiven α-Salze übereinstimmt. — **rac. β-Canadinäthylchlorid**, farblose, 2 Mol. Wasser enthaltende Krystalle. Schmelzp. lufttrocken und wasserfrei 260°. — **α-Canadinäthylnitrate** $C_{20}H_{21}O_4N \cdot C_2H_5NO_3 + 1,5 H_2O$, kleine, tafelförmige, etwas gelblich gefärbte Krystalle, die bei 145° in ihrem Krystallwasser schmelzen, dann wieder fest werden und bei 220° unter Zersetzung nochmals schmelzen. $[\alpha]_D^{20}$ = —119,6° bzw. +121°. — **β-Canadinäthylnitrate** $C_{20}H_{21}O_4N \cdot C_2H_5NO_3 + 1,5 H_2O$, große, tafelförmige, farblose Krystalle, die nach einiger Zeit in kleine, rhombische Krystalle übergehen; letztere schmelzen zuerst bei 135°, werden dann wieder fest und schmelzen bei 235° unter Zersetzung von neuem. $[\alpha]_D^{20}$ = —129,8° bzw. +130,7°. — **rac. α-Canadinäthylnitrat**, kleine, tafelförmige, gelbliche Krystalle, die sich im Schmelzp. und Wassergehalt nicht von den optisch-aktiven Salzen unterscheiden. — **rac. β-Canadinäthylnitrat**, gelbliche Krystalle, die denjenigen der optisch-aktiven Salze im Schmelzp. und Wassergehalt gleichen.

Umwandlung von α- in β-Verbindung: Der Übergang der α- in die β-Verbindung unter dem Einfluß der Hitze wurde dadurch nachgewiesen, daß zuvor geschmolzenes d-α-Canadinäthyljodid 1 Stunde in einer H-Atmosphäre auf 180—185° erhitzt wurde, wobei sich die Masse trübte, zähflüssig wurde und ihr Drehungsvermögen auf +104,8° erhöhte.

Berberisalkaloide.

Berberin.[1])

Mol.-Gewicht 335.
Zusammensetzung: 71,6% C, 5,1% H, 4,2% N, 19,1% O.

$C_{20}H_{17}NO_4$.

[1]) Man vgl. bezüglich der hier angeführten Konstitutionsformel auch W. H. Perkin jun. u. R. Robinson, Journ. Chem. Soc. London **97**, 305 [1910].

Vorkommen: Berberin wurde zuerst im Jahre 1824 von Hüttenschmidt[1]) in der Rinde von Geoffroya jamaicensis aufgefunden. Es erhielt erst den Namen Jamaicin und wurde im Jahre 1866 von Gastell mit Berberin identisch erkannt. Außerdem kommt Berberin vor in der Rinde von Xanthoxylon clara Herculis, in der Wurzel der sog. Berberitze (Berberis vulgaris), in welcher es im Jahre 1833 von Buchner und Herberger aufgefunden wurde; ferner kommt es vor in der Familie Menispermaceae: bei Coscinium fenestratum; in der Familie Anonaceae: bei Coelocline polycarpa; der Ranunculaceae bei Hydrastis canadensis; der Papaveraceae bei Leontica thalictroides und Joffersonia diphylla; der Rutaceae bei Orixa japonica.

Darstellung: Man kocht die Wurzel von Hydrastis canadensis mit Wasser aus und behandelt den verdampften Extrakt mit Alkohol. Die alkoholische Lösung wird mit $1/4$ Vol. Wasser vermischt, $5/6$ des Alkohols abdestilliert und der heiße Rückstand mit verdünnter Schwefelsäure angesäuert. Das auskrystallisierte Berberinsulfat zerlegt man mit frisch gefälltem Bleioxyd. Oder: Man kocht 3 Stunden lang 20 T. des fein zerteilten Holzes von Coscinium fenestratum mit einer Lösung von Bleiessig und dampft die Lösung ein. Es krystallisiert Berberin aus, und die Mutterlauge gibt auf Zusatz von Salpetersäure Berberinnitrat, das man durch Kalilauge zerlegt. Das freie Berberin löst man in siedendem Wasser, fällt die Lösung mit Bleiessig, reinigt das aus dem Filtrat auskrystallisierende Berberin durch Behandeln mit Schwefelwasserstoff und Umkrystallisieren aus Wasser[2]).

Zur Reindarstellung des Berberins bedient man sich der schwer löslichen Acetonverbindung, welche als citronengelbes Krystallpulver ausfällt, wenn man eine Lösung von Berberinsulfat in Wasser mit Aceton und Natronlauge bis zur alkalischen Reaktion versetzt. Aus der Acetonverbindung scheidet man das Berberin durch Kochen derselben mit abs. Alkohol und Chloroform und Verdunsten der Lösungsmittel ab.

Zum qualitativen Nachweis[3]) von Berberin dienen folgende Reaktionen: Fügt man zu 10 ccm einer wässerigen Berberinlösung 3 ccm Salpetersäure (spez. Gew. 1,185), so scheiden sich nach kurzer Zeit gelbe Nadeln des Nitrates aus. — Wird eine Lösung von ca. 0,01 g Berberin in 10 ccm Wasser mit 10 ccm verdünnter Schwefelsäure und 5 g Zink versetzt und vorsichtig erwärmt, so entfärbt sich die Lösung allmählich. Salpetersäure färbt nachher die Flüssigkeit wieder gelb bzw. rot[1]). Mit Jodäthyl verbindet sich Berberin zu $C_{20}H_{17}NO_4 \cdot C_2H_5J$, einem aus Alkohol in kleinen gelbbraunen Krystallen krystallisierenden Körper.

Bestimmung:[3]) I. Methode. Dieselbe beruht auf der Beobachtung, daß beim Fällen einer wässerigen Lösung von saurem Berberinsulfat mit überschüssiger Jodkaliumlösung ein farbloses Filtrat erhalten wird, in welchem für jedes Molekül Berberin ein Molekül einer einbasischen Säure frei wird nach der Gleichung:

$$C_{20}H_{17}NO_4 \cdot H_2SO_4 + KJ = C_{20}H_{17}NO_4 \cdot HJ + KHSO_4.$$

So läßt sich der Berberingehalt einer neutralen Lösung von Berberinsulfat durch einfache Titration des farblosen sauren Filtrats in Gegenwart von Phenolphthalein bestimmen. Liegt irgendein anderes Berberinsalz vor, so wird dieses erst in das saure Sulfat verwandelt, indem man es mit alkoholischer Schwefelsäure versetzt und das schwefelsaure Salz mit Äther-Alkohol (1:1) ausfällt. Es wird dann noch eine Korrektion angebracht für das im Äther-Alkohol gelöst bleibende Sulfat. Diese beträgt für 1 ccm Filtrat 0,0000526 g Berberin, welche Menge dem durch Titration ermittelten Resultat hinzuzuaddieren ist.

Diese Methode ist direkt anwendbar bei solchen Extrakten berberinhaltiger Drogen, bei denen das Lösungsmittel reiner Alkohol ist.

Für die Berberinbestimmung in wasserhaltigen Extrakten ist die II. Methode zu verwenden: Man fällt die neutrale oder schwach saure Berberinlösung mit 10—20 proz. Jodkaliumlösung. Dadurch wird Berberin gefällt und von allen das Alkaloid in der Pflanze begleitenden Körpern quantitativ getrennt. Das erhaltene Berberinhydrojodid wird nach sorgfältigem Auswaschen mit 2 proz. Jodkaliumlösung mit einer bekannten Menge Wasser in einen Erlenmeyerkolben gespritzt, 10 Minuten auf 60—70° erwärmt, mit dem halben Volumen Aceton versetzt und 10 Minuten lang geschüttelt. Darauf gibt man 10 proz. Natronlauge zu, schüttelt so lange, bis das gelbe Hydrojodid verschwunden ist, und die seidenglänzenden

---

[1]) Eine Zusammenstellung über die älteren Literaturangaben findet sich in der Dissertation v. C. Schilbach, Marburg 1886; Schmidt u. Schilbach, Archiv d. Pharmazie **225**, 158 [1887].

[2]) Merril, Jahresber. d. Chemie 1864, 452. — Stenhouse, Jahresber. d. Chemie 1867, 531. — Gaze, Inaug.-Diss. Marburg 1890. — Rüdel, Inaug.-Diss. Marburg 1891 usw.

[3]) Gordin, Archiv d. Pharmazie **239**, 638 [1901]; Chem. Centralbl. 1902, I, 226.

Krystalle der Berberin-Acetonverbindung erschienen sind, verdünnt nach dem Erkalten mit so viel Wasser, daß die Flüssigkeit etwa zu $1/_9$ aus Aceton besteht, läßt über Nacht stehen, filtriert den Niederschlag durch einen Goochtiegel ab, wäscht ihn mit Wasser aus und trocknet ihn bei 105°. Zu dem erhaltenen Resultat muß pro 1 ccm acetonhaltiger Mutterlauge 0,0000273 g Berberin hinzugerechnet werden.

Physiologische Eigenschaften: Berberin wirkt ähnlich dem Hydrastin, aber weit stärker[1]). Seine Wirkung erstreckt sich hauptsächlich auf das Zentralnervensystem. Kleine Dosen wirken auf den Blutdruck und die Gefäße gar nicht. Große Dosen erniedrigen den Blutdruck merklich.

H. Hildebrandt[2]) stellte die physiologische Prüfung reiner Präparate von Berberin in seiner rechtsdrehenden wie linksdrehenden Modifikation, der Racemverbindung, des Jodmethylats, der tertiären Verbindung und des schwefelsauren Salzes an. Versuche an Fröschen zeigten zunächst, daß dem Berberin an sich eine curareartige Wirkung zukommt, die durch den Übergang in die Ammoniumbase erheblich zunimmt, während gleichzeitig die Wirkung auf das Herz verschwindet. Bei Versuchen an weißen Mäusen war die Intensität der Wirkung erheblich verschieden, je nachdem die rechtsdrehende oder die linksdrehende Modifikation angewandt wurde. Die (amorphe) Racemverbindung wirkte nahezu so stark wie die rechtsdrehende krystallisierte Verbindung. Die beiderseitigen amorphen Modifikationen wirkten deutlich intensiver als die entsprechenden krystallisierten. Auch beim Kaninchen erwies sich die rechtsdrehende amorphe Modifikation als die am stärksten wirksame. 15 ccm der 3 proz. Lösung der amorphen rechtsdrehenden Modifikation rufen beim Kaninchen von 1400 g nach wenigen Minuten mühsames Atmen, schließlich Atemstillstand hervor. In der gleichen Dosis hatte die rechtsdrehende krystallisierte Base keine Wirkung. Bei innerlicher Darreichung erwies sich selbst 1,5 g des rechtsdrehenden amorphen Berberins als unwirksam.

Therapeutisch wird Berberin als Stomaticum, besonders in der Rekonvalescenz nach Fiebern, sowie gegen Malariamilzgeschwülste gebraucht.

Physikalische und chemische Eigenschaften: Berberin bildet gelbbraune Nadeln oder feine Prismen mit 6 Mol. Krystallwasser. Schmelzp. 145° unter Zersetzung. Es ist optisch inaktiv, löst sich bei 21° in 4,5 T. Wasser und ist in heißem Wasser und Alkohol leicht löslich. In Äther, Essigäther, Benzol und Ligroin ist es schwer löslich. In Chloroform löst sich Berberin schwer und krystallisiert wieder daraus in triklinen Tafeln, welche 1 Mol. Chloroform enthalten. Außer mit Chloroform und Aceton verbindet sich Berberin auch mit Alkohol, Schwefelwasserstoff usw.

Die **Salze des Berberins** haben eine goldgelbe Farbe und krystallisieren meist schön. **Salzsaures Salz** $C_{20}H_{17}NO_4 \cdot HCl + 4 H_2O$. Krystallisiert aus verdünntem Alkohol in hellorangerot gefärbten, kleinen Nadeln. — **Jodwasserstoffsaures Salz** $C_{20}H_{17}NO_4 \cdot HJ$. Bildet kleine, gelbe Krystalle, die in kaltem Wasser sehr schwer löslich sind. — **Salpetersaures Salz** $C_{20}H_{17}NO_4 \cdot HNO_3$. Krystallisiert in feinen, gelben Nadeln, die in Wasser und Alkohol sehr schwer löslich sind. — **Chromsaures Salz** $C_{20}H_{17}NO_4 \cdot H_2CrO_4$. Krystallisiert aus heißem Wasser in orangegelben, in Wasser sehr schwer löslichen Nadeln. — **Perjodid** $C_{20}H_{17}NO_4 \cdot HJ \cdot J_2$. Ist für das Berberin charakteristisch. Es entsteht durch Fällung des salzsauren Berberins mit Jodjodkaliumlösung und krystallisiert aus Alkohol in langen, braunen, diamantglänzenden Nadeln, die in Wasser und kaltem Alkohol unlöslich sind. — **Polysulfide** des Berberins. Die Verbindung $C_{20}H_{17}NO_4 \cdot H_2S_6$ entsteht durch Zusatz von braungelbem Schwefelammonium zu einer alkoholischen Berberinsulfatlösung und bildet braune, glänzende Krystalle. — **Hydropentasulfid** $C_{20}H_{17}NO_4 \cdot H_2S_5$. Aus gelbem Schwefelammonium und Berberinsulfat, bildet rotbraune, in Alkohol lösliche Nadeln.

Die wässerige Lösung von Berberin ist gelb; Alkalien oder Kalk färben es rot. Chlorwasser gibt mit salzsaurem Berberin eine blutrote Färbung.

Das **Dihydroberberin**[3]) $C_{20}H_{19}O_4N$ bildet kleine, goldgelbe Kryställchen oder ansehnliche gelbbraune Tafeln. Schmelzp. 162—164°. — **Chlorhydrat** $C_{20}H_{19}O_4N \cdot HCl \cdot 3 H_2O$. Goldgelbe Nadeln; verliert beim Trocknen außer Wasser auch etwas Chlorwasserstoff. — **Berberinaloxim**[3]) $C_{20}H_{20}O_5N_2$. Darstellbar nur durch Einwirkung von freiem Hydroxylamin in alkoholisch-ätherischer Lösung auf eine ätherische Lösung von Berberinal, harte Krystalldrusen. Schmelzp. 164°, resp. 168—169° unter Zersetzung. Das Oxim ist weniger beständig, geht bei der Einwirkung von Chlorwasserstoff in Berberinchlorid über und zersetzt

---

[1]) Williams, Journ. Amer. med. Ass. **50**, 26 [1908].
[2]) H. Hildebrandt, Archiv f. experim. Pathol. u. Pharmakol. **57**, 279 [1907].
[3]) J. Gadamer, Archiv d. Pharmazie **243**, 31 [1905].

sich bereits beim Erwärmen mit Benzol auf dem Wasserbade. Neben den harten Krystalldrusen scheiden sich lockere, gelbliche Flocken vom Schmelzp. 188—191° ab, die vorläufig nicht identifiziert werden konnten. — **Berberinaldimethylaminoanilid** $C_{28}H_{29}O_4N_3$. Aus den Komponenten in ätherischer Lösung, grünlich gefärbte Krystallmassen. Schmelzp. 122 bis 123° resp. 128°.

Tetrahydroberberin $C_{20}H_{21}NO_4$. Wird durch Reduktion von Berberin erhalten, z. B. durch Kochen einer wässerigen Lösung von Berberinsulfat mit Zinkstaub und Eisessig[1]).

Darstellung von Tetrahydroberberin: Je 40 g Berberinsulfat suspendiert man in 2000 g Wasser, versetzt das Gemisch mit 90 ccm Schwefelsäure und 120 ccm Eisessig, unterwirft es bei Wasserbadtemperatur 8—9 Stunden der Einwirkung von gekörntem Zinn, filtriert die hellgrünlichgelbe Flüssigkeit nach dem Erkalten ab und fällt das Hydroberberin unter Kühlen durch einen großen Überschuß von konz. reinen Ammoniak aus. Feines, weißliches Krystallpulver aus Alkohol. Schmelzp. 166,5°.

Physiologische Eigenschaften: Hydroberberin erhöht den Blutdruck durch Gefäßverengerung, die abhängt von der Erregung der Gefäßnerven im Bulbus. Die physiologische Wirkung des Hydroberberins ist soweit ganz verschieden von der des Berberins. Ersteres macht zuerst eine Erregung des Rückenmarkes und dann allgemeine Lähmung, letzteres sofort Lähmung. Hydroberberin macht Blutdrucksteigerung, Berberin eine starke Druckerniedrigung. Die Hydrierung bedingt also hier eine völlige Änderung der physiologischen Wirkung.

Physikalische und chemische Eigenschaften: Die Base fällt aus der weingelben essigsauren Lösung mit überschüssigem Ammoniak in dicken, bräunlichen Flocken aus. Durch Umkrystallisieren aus Alkohol erhält man sie in Form monokliner Nadeln oder gelblichweißer Prismen, die bei 167° schmelzen.

Hydroberberin ist in Wasser unlöslich, leicht löslich in Chloroform und Schwefelkohlenstoff. Salpetersäure und andere Oxydationsmittel verwandeln es leicht wieder in Berberin.

Mit überschüssigem Brom entsteht ein **Perbromid des Hydroberberinhydrobromids** $C_{20}H_{21}NO_4 \cdot HBr \cdot Br_4$, ein dunkelbraunes Pulver. Dieses gibt beim längeren Kochen mit Alkohol ein **Hydroberberindibromid** $C_{20}H_{21}NO_4 \cdot Br_2$ vom Schmelzp. 175—178°, und dieses wiederum beim Erhitzen auf 100° das **Hydrobromid des Dibromhydroberberins** $C_{20}H_{21}Br_2NO_4 \cdot HBr$.

Salpetersaures Hydroberberin $C_{20}H_{21}NO_4 \cdot HNO_3$ bildet glänzende Blättchen, die sehr schwer löslich sind. — **Platinsalz** $(C_{20}H_{21}NO_4 \cdot HCl)_2PtCl_4$. Amorphes Pulver. — **Jodmethylat** $C_{20}H_{21}NO_4 \cdot CH_3J + H_2O$ bildet gelbe Krystalle, die sich bei 212° zersetzen. — **Jodäthylat** $C_{20}H_{21}NO_4 \cdot C_2H_5J + H_2O$ krystallisiert nach Bernheimer[2]) in schwer löslichen gelblichweißen Prismen, die bei 225—226° schmelzen.

Die Alkyljodide gehen nach Gaze[3]) bei der Behandlung mit Silberoxyd in krystallisierte **Ammoniumhydroxyde** und diese beim Erhitzen im Wasserstoffstrome auf 100° unter Wasserabspaltung in **alkylierte Hydroberberine** über.

Hydroberberinmethylammoniumhydroxyd $C_{21}H_{24}NO_4 \cdot OH + 4H_2O$. Ein bei 162 bis 164° schmelzendes Krystallpulver. Daraus entsteht **Methylhydroberberin** $C_{20}H_{20}NO_4 \cdot (CH_3)$. Nadeln vom Schmelzp. 224—226°. — **Hydroberberinäthylammoniumhydroxyd** $C_{22}H_{26}NO_4 \cdot OH + 4H_2O$. Bitter schmeckendes, bei 163—165° schmelzendes Krystallpulver. Daraus entsteht **Äthylhydroberberin** $C_{20}H_{20}NO_4(C_2H_5)$. Weiße Nadeln vom Schmelzp. 240—245°.

Das Tetrahydroberberin geht als tertiäre Base durch Addition von 1 Mol. Jodalkyl in das Jodid einer quaternären Ammoniumbase über. Die aus diesem Jodid durch Silberoxyd freigemachte Ammoniumbase ist ein stark alkalisch reagierender, in Wasser leicht löslicher, Kohlendioxyd absorbierender, mit Äther nicht ausschüttelbarer Körper. Es wäre denkbar, daß sich aus dieser Ammoniumbase durch Wanderung der OH-Gruppe vom Stickstoff an ein benachbartes Kohlenstoffatom zunächst eine Carbinolbase (Pseudoammoniumbase) und weiter daraus durch Abspaltung von Wasser eine Anhydrobase bilden könnte gemäß dem Schema:

---

[1]) Hlasiwetz u. Gilm, Annalen d. Chemie u. Pharmazie, Suppl. **2**, 191 [1862].
[2]) Bernheimer, Gazzetta chimica ital. **13**, 343 [1884].
[3]) Gaze, Inaug.-Diss. Marburg 1890.

Ammoniumbase → Pseudobase → Anhydrobase

A. Voß und J. Gadamer[1]) haben daher die Jodalkyladditionsprodukte des Tetrahydroberberins in der Neuzeit einer kritischen Untersuchung unterzogen und dabei auch die Jodadditionsprodukte des d- und l-Canadins (s. S. 235), der beiden optisch aktiven Isomeren des Tetrahydroberberins, mit herangezogen. Die Ergebnisse dieser Untersuchung lassen sich wie folgt zusammenfassen: 1. Das Äthylhydroberberiniumhydroxyd existiert in zwei stereomeren Formen. Das direkte Jodäthyladditionsprodukt ist ein Gemisch der beiden racemischen Formen. 2. d- und l-Hydroberberin (d- und l-Canadin) liefern die entsprechenden optisch aktiven Formen. Die α-Verbindung geht beim Erhitzen in die β-Verbindung über. 3. Der durch Vereinigung von d- und l-β-Verbindung entstehende Racemkörper ist identisch mit der durch Erhitzen von Äthylhydroberberiniumhydroxyd entstehenden umgelagerten Base von der Formel

4. Äthylhydroberberiniumhydroxyd geht beim anhaltenden Trocknen, teilweise sogar schon beim Eindampfen der Lösung im Vakuum in eine Anhydrobase über, deren Konstitution mit Hilfe der Canadinverbindungen festgestellt werden konnte. 5. Die Existenz einer Carbinolform ist nicht sicher festgestellt.

Hydroberberinäthyljodid $C_{20}H_{21}O_4N \cdot C_2H_5J + \frac{1}{2}H_2O$, durch 2stündiges Erhitzen von Hydroberberin mit überschüssigem Jodäthyl im Rohr bei einer Atmosphäre Überdruck, gelbliche Prismen aus 50 proz. Alkohol. Schmelzp. lufttrocken 225—226°, wasserfrei 228—229°; feine gelbe Nadeln vom gleichen Schmelzp. aus stärkerem Alkohol. — **Hydroberberinäthyldisulfat** $C_{20}H_{21}O_4N \cdot C_2H_5HSO_4$, hellgelbe Nadeln aus Wasser. Schmelzp. 270°. Die freie Hydroberberinäthylammoniumbase ließ sich weder aus dem Äthyljodid noch aus dem Äthyldisulfat in kohlensäurefreiem Zustande gewinnen. Die Versuche, aus dem sauren Carbonat der Hydroberberinäthylammoniumbase durch Trocknen im Wasserstoffstrom zu dem Äthylhydroberberin von Link und Gaze vom Schmelzp. 240—245° zu gelangen, schlugen sämtlich fehl. In jedem Falle, wie auch das Trocknen geleitet wurde, entstand ein Umlagerungsprodukt, die Äthylanhydrobase des **Hydroberberins** $C_{20}H_{20}(C_2H_5)O_4N$, weiße, luftbeständige Krystalle. Schmelzp. 132,5°, und zwar um so reichlicher, je länger das Trocknen gedauert hatte. Die Anhydrobase wirkt auf befeuchtetes Lackmuspapier nur sehr schwach bläuend, sie ist in kaltem Wasser so gut wie unlöslich, in Alkohol wenig löslich, in heißem Wasser dagegen etwas löslicher und geht in wässeriger und alkoholischer Lösung allmählich wieder in die echte Ammoniumbase über. — **Chlorid der Anhydrobase** $C_{20}H_{20}(C_2H_5)O_4N \cdot HCl$, weißes Krystallpulver. Schmelzp. 185°. Schwer löslich in Wasser und Alkohol, leichter in heißem, verdünntem Alkohol und chlorwasserstoffhaltigem Wasser. — **Nitrat,** wasserfreie, etwas grünlich gefärbte Krystalle. Schmelzp. 165—166°. Löslich in Wasser und Alkohol, wie das Chlorid. — **Disulfat** $C_{20}H_{20}(C_2H_5)O_4N \cdot H_2SO_4$, schwach grünlich gefärbte Nadeln. Schmelzp. 260°.

Die Konstitution der Anhydrobase ergibt sich daraus, daß die aus Canadin hergestellte Anhydrobase optisch inaktiv und identisch ist mit der aus Hydroberberin gewonnenen.

---

[1]) A. Voß u. J. Gadamer, Archiv d. Pharmazie **248**, 43 [1910].

Pflanzenalkaloide.

Abbaureaktionen des Berberins: Durch gemäßigte Oxydation des Berberins mit Kaliumpermanganat gelangt man nach Perkin jun.[1]) zu einer Reihe von Oxydationsprodukten, nämlich:

Oxyberberin $C_{20}H_{17}NO_5$,
Dioxyberberin $C_{20}H_{17}NO_6$,
Berberal $C_{20}H_{17}NO_7$,
Berilsäure $C_{20}H_{15}NO_8$,
Anhydroberberilsäure $C_{20}H_{17}NO_8$,
Berberilsäure $C_{20}H_{19}NO_9$.

Von diesen sind einige, insbesondere die Berberilsäure und das Berberal, theoretisch wichtig, weil ihre Untersuchung die Konstitution des Berberins aufklärte.

Oxyberberin $C_{20}H_{17}NO_5$ krystallisiert aus Xylol in gelben glänzenden Tafeln, die bei 198—200° schmelzen. Der Körper ist in heißem Eisessig leicht löslich unter Bildung eines Acetates $C_{20}H_{17}NO_5 \cdot C_2H_4O_2$, welches in glänzenden gelben Krystallen sich ausscheidet. In Wasser ist Oxyberberin unlöslich. Löst man es in 50 proz. Schwefelsäure auf und gibt einen Tropfen Salpetersäure zu, so färbt es sich erst tiefbraun, dann violett.

Dioxyberberin $C_{20}H_{17}NO_6$ krystallisiert aus Anilin in gelben Nadeln, welche in den gewöhnlichen Lösungsmitteln fast unlöslich sind. Mit KOH bildet es ein Salz, $C_{20}H_{18}NO_7K$, aus welchem durch Säuren Dioxyberberin wieder abgeschieden wird. Es löst sich in konz. Schwefelsäure mit violettroter Farbe, die beim Erwärmen in Olivengrün umschlägt.

Berberal $C_{20}H_{17}NO_7$ krystallisiert aus Alkohol in perlmutterglänzenden, bei 148—150° schmelzenden Tafeln, die in kaltem Alkohol und heißem Wasser schwer löslich sind.

Beim Kochen mit verdünnter Schwefelsäure wird Berberal in das Anhydrid der **ω-Amidoäthylpiperonylcarbonsäure** und in eine einbasische Säure, die Pseudoopiansäure $C_{10}H_{10}O_5$, zerlegt.

Die **Pseudoopiansäure** (oder Hemipinaldehydsäure) enthält zwei Methoxylgruppen, gibt beim Kochen mit Kalilauge Veratrinsäure oder Dimethylprotocatechusäure, durch Schmelzen mit Kali Protocatechusäure, mit Hydroxylamin ein Oxim und durch Reduktion eine Alkoholsäure, welche sofort Wasser abspaltet unter Bildung eines Lactons. Es kommt ihr somit die Konstitutionsformel zu:

$$\begin{array}{c} COOH \\ | \\ \diagup \!\!\!\!\diagdown \!\!\!\!-CHO \\ | \quad | \\ \diagdown \!\!\!\!\diagup \!\!\!\!-OCH_3 \\ | \\ OCH_3 \end{array}$$

Die **ω-Aminoäthylpiperonylcarbonsäure** gibt durch Einwirkung von Kalilauge bei 180° oder durch längeres Kochen mit Wasser ein **Anhydrid**; dieses liefert mit salpetriger Säure eine Nitrosoverbindung, und letztere wiederum spaltet beim Kochen mit Natronlauge Stickstoff ab unter Bildung einer Oxysäure. Die Oxysäure geht durch Erhitzen auf 150° oder beim Kochen mit Wasser in ein Lacton über.

$$C_9H_8O_2\!\!\begin{array}{c}\diagup NH_2 \\ \diagdown COOH\end{array} \rightarrow C_9H_8O_2\!\!\begin{array}{c}\diagup NH \\ | \\ \diagdown CO\end{array} + H_2O \rightarrow C_9H_8O_2\!\!\begin{array}{c}\diagup N\cdot NO \\ | \\ \diagdown CO\end{array} \rightarrow C_9H_8O_2\!\!\begin{array}{c}\diagup OH \\ \diagdown COOH\end{array} + N_2$$

$$\rightarrow C_9H_8O_2\!\!\begin{array}{c}\diagup O \\ \diagdown \\ CO\end{array}$$

Dieses Lacton, mit Kalilauge erhitzt, gibt Brenzcatechin und Protocatechusäure; mit Salzsäure erhitzt, liefert es eine brenzcatechinartige Verbindung mit zwei Phenolhydroxylen in o-Stellung.

Die ω-Aminoäthylpiperonylcarbonsäure hat somit nach Perkin folgende Konstitutionsformel:

$$CH_2\!\!\begin{array}{c}\diagup O \\ \diagdown O\end{array}\!\!C_6H_2\!\!\begin{array}{c}\diagup CH_2 \cdot CH_2 \cdot NH_2 \\ \diagdown COOH\end{array}$$

---

[1]) Perkin jun., Journ. Chem. Soc. **55**, 63 [1889]; **57**, 991 [1890]; Berichte d. Deutsch. chem. Gesellschaft **22**, Ref. 194 [1889]; **24**, Ref. 157 [1891]; Chem. Centralbl. **1890**, II, 558.

Da sich Berberal durch Erhitzen von Pseudoopiansäure mit dem Anhydrid der ω-Aminoäthylpiperonylcarbonsäure bildet, so kommt dem Berberal die Konstitutionsformel zu:

$$\begin{matrix} CH_3O \\ CH_3O \end{matrix}\Big\rangle C_6H_2 \Big\langle \begin{matrix} CO-N-CO \\ | \\ CHO \; CH_2 \cdot CH_2 \end{matrix} \Big\rangle C_6H_2 \Big\langle \begin{matrix} O \\ O \end{matrix} \Big\rangle CH_2$$

Berilsäure $C_{20}H_{15}NO_8$ krystallisiert aus Eisessig in glänzenden, bei 198—200° unter Zersetzung schmelzenden Tafeln, welche in Wasser schwer, in siedendem Eisessig leicht löslich sind.
Nach Perkin soll der Berilsäure die Konstitutionsformel

$$\begin{matrix} CH_3O \\ CH_3O \end{matrix}\Big\rangle C_6H_2 \Big\langle \begin{matrix} CO \\ CO \end{matrix} \Big\rangle \underset{\underset{COOH}{|}}{N} \cdot CH : CH \cdot C_6H_2 \Big\langle \begin{matrix} O \\ O \end{matrix} \Big\rangle CH_2$$

zukommen.

Anhydroberberilsäure $C_{20}H_{17}NO_8$ krystallisiert aus Eisessig in flachen, glänzenden Tafeln, welche bei 236—237° schmelzen. Sie ist in heißem Eisessig leicht, in Alkohol, Aceton, Ligroin und Benzol schwer löslich. Alkalien und Ammoniak lösen sie zu den entsprechenden Salzen der Berberilsäure auf. Synthetisch wird sie nach Perkin gewonnen durch Erhitzen von Hemipinsäure mit ω-Aminoäthylpiperonylcarbonsäure.
Methylester $C_{20}H_{16}NO_8(CH_3)$. Schmelzp. 178—179°.
Berberilsäure $C_{20}H_{19}NO_9$ bildet Körner, die bei 177—182° unter Bildung des Anhydrids schmelzen und in Alkohol leicht löslich sind. — **Dimethylester** $C_{20}H_{17}NO_9(CH_3)_2$. Schmelzp. 173—174°.

Beim Kochen mit verdünnter Schwefelsäure wird Berberilsäure gespalten in ω-Aminoäthylpiperonylcarbonsäure und in eine stickstofffreie Säure, die sich mit der zuerst von Court aus Berberin direkt erhaltenen **Hemipinsäure** identisch erwies.

$$\begin{matrix} COOH \\ |-COOH \\ |-OCH_3 \\ OCH_3 \end{matrix}$$

Die Berberilsäure hat somit nach Perkin die Konstitutionsformel:

$$CH_2 \Big\langle \begin{matrix} O \\ O \end{matrix} \Big\rangle C_6H_2 \Big\langle \begin{matrix} CH_2 \cdot CH_2 \cdot NH \cdot CO \\ COOH \quad \cdot \quad HOOC \end{matrix} \Big\rangle C_6H_2 \Big\langle \begin{matrix} OCH_3 \\ OCH_3 \end{matrix}.$$

Die sämtlichen genannten Abbaureaktionen der Berberins ergeben eine große Ähnlichkeit mit denjenigen des Papaverins, Narkotins und Hydrastins und führten zu der eingangs angeführten Konstitutionsformel.

Tautomerieerscheinungen beim Berberin: Die von Perkin[1]) auf Grund seiner erschöpfenden Untersuchung für das Berberin aufgestellte Formel ist von Gadamer[2]) etwas modifiziert worden. Demzufolge sind die Berberinsalze als Isochinolin-Ammoniumverbindungen aufzufassen, welche — in derselben Weise wie beim Übergang der Kotarninsalze in Kotarnin — durch Alkali unter Öffnung des Isochinolinringes zerlegt werden. Das freie Alkaloid — von Gadamer als Berberinal bezeichnet — ist danach als Aldehyd zu betrachten, welcher mit Säuren unter Ringbildung wieder die ursprünglichen Salze zurückbildet:

---

[1]) Perkin, Journ. Chem. Soc. **55**, 63 [1889]; **57**, 991 [1890].
[2]) Gadamer, Archiv d. Pharmazie **239**, 657; **243**, 31 [1905].

Tatsächlich konnte Gadamer nachweisen, daß das Berberin als Aldehyd zu reagieren vermag, wenn auch die Aldehydabkömmlinge von geringer Beständigkeit sind. Das Berberiniumhydroxyd ist nur in Lösung bekannt, dagegen in fester Form nicht existenzfähig, da es beim Eindunsten der Lösungen unter gleichzeitiger tiefgehender Zersetzung in die Pseudoform übergeht; doch leiten sich von ihm verschiedene Berberinderivate ab.

Einwirkung von Organomagnesiumhaloiden auf Berberinal und Berberinsalze. Auch beim Berberin sind ähnlich wie beim Kotarnin und Hydrastin (s. S. 216) synthetische Versuche mit Organomagnesiumverbindungen zu verzeichnen.

Dem Kotarnin steht in seiner Konstitution nahe das Berberinal, welches ebenfalls eine Aldehydgruppe enthält. Es reagiert, wie M. Freund und H. Beck[1]) gefunden haben, mit Organomagnesiumverbindungen ähnlich wie Kotarnin, entsprechend dem Schema:

Die so entstehenden Basen sind Derivate des von Gadamer aufgefundenen und näher untersuchten Dihydroberberins[2]), und da die Substitution in der α-Stellung des Isochinolinkomplexes II stattfindet, so werden dieselben als **α-Dihydroberberine** bezeichnet.

Wie beim Kotarnin und Hydrastinin nicht nur die freien Basen, sondern auch deren Salze und Cyanide mit Organomagnesiumhaloiden unter Bildung von α-substituierten Hydrokotarnin- resp. Hydrohydrastininderivaten reagieren, so liefern auch die Berberinsalze Derivate des Dihydroberberins[3]):

Diese Reaktion, welche jedenfalls durch Addition der Organomagnesiumhaloide an die zwischen Stickstoff und α-Kohlenstoff bestehende Doppelbindung vermittelt wird, verläuft sehr glatt und ist am besten geeignet zur Darstellung der neuen Basen. Letztere stehen zu natürlich vorkommenden Alkaloiden, z. B. dem Corydalin, in Beziehung; es sind gut krystalli-

---

[1]) M. Freund u. H. Beck, Berichte d. Deutsch. chem. Gesellschaft **37**, 3336, 4673 [1904].
[2]) J. Gadamer, Archiv d. Pharmazie **243**, 31 [1905].
[3]) M. Freund u. Beck, Berichte d. Deutsch. chem. Gesellschaft **37**, 4673 [1904]. — E. Merck, D. R. P. Kl. 12 p, Nr. 179 212 v. 10. Nov. 1904; Chem. Centralbl. **1907**, I, 435.

sierende, gelb gefärbte Körper, welche krystallisierende Salze liefern, deren Lösungen durch Ammoniak und Soda, im Gegensatz zu den Berberinsalzen, gefällt werden.

Bei der Reduktion nehmen diese Basen zwei Wasserstoffatome auf und gehen in Homologe des Tetrahydroberberins (= Canadin) über.

Verdienen diese durch Reduktion entstehenden Basen als Homologe des Canadins und nahe Verwandte des Corydalins einiges Interesse, so gilt dies nicht weniger für die Substanzen, welche Freund und F. Mayer[1]), von den Alkyldihydroberberinen ausgehend, durch Entziehung von zwei Wasserstoffatomen erhalten haben, und welche als Homologe des Berberins zu betrachten sind:

$$\text{Structure diagrams showing conversion } -2\text{H}$$

Freund und F. Mayer haben nur die Salze, welche sich durch gutes Krystallisationsvermögen auszeichnen, näher untersucht. Die denselben zugrunde liegenden Basen kommen

$$\text{Structure diagram}$$

jedenfalls, analog der Bildung des Berberinals, durch Ringaufspaltung zustande, so daß sie als Ketone aufzufassen sind.

Alkaloide vom Typus des Berberins scheinen in der Natur ziemlich verbreitet zu sein, und es wäre nicht ausgeschlossen, daß die von Freund und F. Mayer gewonnenen synthetischen Produkte mit in der Natur vorkommenden Alkaloiden identisch befunden würden.

Bisher wurden mit Hilfe der eben geschilderten Reaktionen die nachfolgenden Verbindungen dargestellt[2]):

α-**Benzyldihydroberberin** bildet citronengelbe rhombische Täfelchen vom Schmelzpunkt 161—162°.

α-**Methyldihydroberberin** scheidet sich aus seinen Salzen zumeist ölig aus; kann gut aus verdünntem Alkohol umkrystallisiert werden. Die gelben Krystalle schmelzen bei 134—135°.

α-**Phenyldihydroberberin** bildet bräunlichgelbe, glänzende, zugespitzte Täfelchen vom Schmelzp. 195°.

α-**Methyl-tetrahydroberberin-hydrochlorid** $C_{21}H_{24}NO_4Cl$ schmilzt nach mehrfachem Umkrystallisieren aus verdünntem Alkohol bei 264° unter vorherigem Erweichen und besteht aus weißen Nadeln, die in heißem Alkohol leichter, in heißem Wasser schwerer löslich sind.

α-**Methyl-berberin-hydrojodid** $C_{21}H_{20}NO_4J$. Goldgelbe, fein verfilzte Nadeln, welche, bei 110° getrocknet, bei 255—260° sich zersetzen.

α-**Methyl-berberin-nitrat** $C_{21}H_{20}NO_4 \cdot NO_3$. Versetzt man die wässerig-alkoholische Lösung des Jodids mit Silbernitrat in wässeriger Lösung und filtriert vom entstandenen Silberjodid ab, so erhält man beim Erkalten das salpetersaure Salz des α-Methylberberins, welches leichter in Wasser löslich ist und bei 240—260° sich zersetzt. Es besteht aus hellgelben, feinen Nadeln.

α-**Äthyl-dihydroberberin** $C_{22}H_{23}NO_4$. Die Base, die schwach gelb gefärbt ist, läßt sich entweder durch Verreiben des jodwasserstoffsauren Salzes mit Ammoniak oder durch Fällen der alkoholischen Lösung des Jodids mit Ammoniak gewinnen; sie krystallisiert aus Alkohol in Blättern und schmilzt bei 164—165°.

---

[1]) Freund u. F. Mayer, Berichte d. Deutsch. chem. Gesellschaft **40**, 2607 [1907].
[2]) M. Freund u. Mayer, Berichte d. Deutsch. chem. Gesellschaft **40**, 2608 [1907].

α-Äthyl-tetrahydroberberin $C_{22}H_{25}NO_4$, durch elektrolytische Reduktion von α-Äthyldihydroberberin entstehend, bildet kleine Blättchen oder Säulen und schmilzt bei 151—152°.

α-Äthyl-berberin-hydrojodid $C_{22}H_{22}NO_4J$. Goldgelbe Nadeln, die sich bei 248° zersetzen, unter vorheriger Dunkelfärbung bei 230°.

α-Äthyl-berberin-nitrat $C_{22}H_{22}NO_4 \cdot NO_3$. Das Nitrat läßt sich, wie beim Methylkörper beschrieben, darstellen und wird in gelben Nadeln, deren Zersetzung bei 240° beginnt, erhalten. Es ist in Wasser leichter löslich als das Hydrojodid.

α-Propyl-dihydroberberin $C_{23}H_{25}NO_4$ krystallisiert aus Alkohol in Blättchen, die sich warzenförmig gruppieren, und ist von gelber Farbe. Schmelzp. 132°.

α-Propyl-tetrahydroberberin $C_{23}H_{27}NO_4$ schmilzt bei 111—114°. Die Base ist von schwach grüngelber Fluorescenz und krystallisiert in flachen Säulen.

Pseudo-α-Propyl-tetrahydroberberin $C_{23}H_{27}NO_4$ besteht aus rein weißen, flachen Tafeln und schmilzt bei 177—179°. — **α-Propyl-tetrahydroberberin-nitrat.** Weiße Nadeln, löslich in heißem, verdünntem Alkohol. Zersetzungsp. 203—212°. — **Pseudo-α-Prophyltetrahydroberberinnitrat.** Weiße, kleine Warzen, schwerer in heißem, verdünntem Alkohol löslich. Zersetzungsp. 200°. — Die Chloride entstehen, wenn man die Basen in etwas Alkohol und verdünnter Salzsäure in Lösung bringt. Sie krystallisieren dann beim Erkalten aus.

α-Propyl-tetrahydroberberin-chlorhydrat. Weiße Nadeln; leicht löslich in heißem, verdünntem Alkohol. Zersetzungsp. 230—240°. — **Pseudo - Propyl - tetrahydroberberinchlorhydrat.** Rechteckige Blättchen; etwas schwerer löslich in heißem, verdünntem Alkohol. Zersetzungsp. etwa 245°.

α-Propyl-berberin $C_{23}H_{23}NO_4$. — Das α-Propylberberinhydrojodid besteht aus goldgelben Nadeln, die sich bei 230° bräunen, bei 240° sintern und bei 246° sich zersetzen.

Physiologische Eigenschaften der Alkyl-dihydro- und Alkyl-tetrahydro-berberine: Hans Meyer hat das α-Methyl-tetrahydroberberin-hydrochlorid geprüft. Er teilt mit, daß weder bei Kalt- noch Warmblütern bemerkenswerte Wirkungen festgestellt wurden; er bezeichnet es als direkt indifferent.

Heintz hat sowohl das α-Methyltetrahydroberberinhydrochlorid wie auch das α-Methyldihydroberberinhydrochlorid untersucht.

α-Methyl-tetrahydroberberin-hydrochlorid. In Wasser wenig löslich. Ist offenbar wegen dieser Schwerlöslichkeit ohne ausgeprägte physiologische Wirkungen; 0,25 g, einem Kaninchen in den Magen gegeben, erwiesen sich als wirkungslos. Wirkungen auf die Gefäße waren nicht zu konstatieren. Lokal wirkt die Substanz wenig reizend, etwas die Sensibilität herabsetzend.

Äthyl-dihydroberberin-hydrochlorid. Die Substanz hat ausgeprägte lokalschädigende Wirkungen: 0,1 proz. Lösung tötet einzellige Lebewesen rasch ab, bringt Muskeln zur Erstarrung, lähmt weiße Blutkörperchen usw. Wird das Krystallpulver ins Auge eingestäubt, so erzeugt es sofort Verätzung; auch noch in 2 proz. Lösung erzeugt es Trübung der Cornea. (Auch andere lebende Gewebe macht 2 proz. Lösung trübe, undurchsichtig.) Am Frosch erzeugt es keine ausgesprochene resorptive Wirkungen, ebenso auch nicht beim Warmblüter. Es wurde speziell die Wirkung auf das Gefäßsystem (im Blutdruckversuch) untersucht. Das Äthyldihydroberberinhydrochlorid erzeugt, zu 0,01—0,025—0,05 direkt in das Gefäßsystem injiziert, ausgesprochene Pulsbeschleunigung und Atembeschleunigung — wie das Hydrastinin und Kotarnin in ähnlicher Weise tun —, aber es kommt nicht, wie bei diesen, zu Blutdrucksteigerung durch Gefäßverengung. Das Präparat kommt also als gefäßverengendes, blutstillendes Mittel nicht in Betracht, abgesehen davon, daß es auch wegen seiner lokalschädigenden Wirkung zu praktischer Verwendung nicht geeignet wäre.

Oxyacanthin.

Mol.-Gewicht 311.
Zusammensetzung: 73,3% C, 6,8% H, 4,5% N, 15,4% O.
$$C_{19}H_{21}NO_3.$$

Vorkommen: Findet sich neben Berberin in der Wurzelrinde von Berberis vulgaris[1]) und Berberis aquifolium[2]).

---

[1]) Polex, Archiv d. Pharmazie [2] **6**, 271 [1836]. — Wacker, Chem. Centralbl. **1861**, 321.
[2]) Hesse, Berichte d. Deutsch. chem. Gesellschaft **19**, II, 3190 [1886].

Darstellung: Die Mutterlauge vom salzsauren Berberin wird mit Soda gefällt, der Niederschlag mit Äther behandelt, der in Äther lösliche Teil in Essigsäure gelöst und die Acetatlösung mit Glaubersalz versetzt, wodurch Oxyacanthinsulfat gefällt wird. Aus dem Sulfat wird die freie Base vermittels Ammoniak als voluminöse, weiße flockige Masse isoliert, die unscharf bei 138—146° schmilzt.

Physikalische und chemische Eigenschaften und Salze: Oxyacanthin krystallisiert aus Äther oder Alkohol in nadelförmigen Krystallen, die bei 208—214° schmelzen. Es dreht die Polarisationsebene des Lichtes nach rechts. Löst sich in konz. Salpetersäure mit gelbbrauner Farbe, in konz. Schwefelsäure farblos. Vanadinschwefelsäure färbt die Base schmutzig violett, später rötlich violett. Bromwasser gibt eine gelbe Fällung. Mit einer verdünnten Lösung von Ferricyankalium in Ferrichlorid erzeugt es eine blaue Färbung.

Salzsaures Salz $C_{19}H_{21}NO_3 \cdot HCl + 2 H_2O$ krystallisiert in kleinen farblosen Nadeln. — **Salpetersaures Salz** $C_{19}H_{21}NO_3 \cdot HNO_3 + 2 H_2O$ krystallisiert aus Wasser in kleinen, glänzenden Nadeln oder Warzen, die bei 195—200° verkohlen, ohne zu schmelzen. — **Platinsalz** $(C_{19}H_{21}NO_3 \cdot HCl)_2PtCl_4 + 5 H_2O$ ist ein gelblichweißer Niederschlag. — **Jodmethylat** $C_{19}H_{21}NO_3 \cdot CH_3J + 2 H_2O$ krystallisiert aus Alkohol in kleinen harten Krystallen, welche bei 248—250° schmelzen.

Barbamin.

Mol.-Gewicht 301.
Zusammensetzung: 71,8% C, 7,6% H, 4,6% N, 16,0% O.
$$C_{18}H_{19}NO + 2 H_2O.$$

Vorkommen: Findet sich neben Berberin und Oxyacanthin in Berberis vulgaris und in Berberis aquifolium.

Darstellung: Die Mutterlauge von der Darstellung des Oxyacanthinsulfats wird durch Natriumnitrat gefällt und der Niederschlag durch Ammoniak zerlegt.

Physikalische und chemische Eigenschaften und Salze: Barbamin krystallisiert aus Alkohol in kleinen Blättchen, die wasserfrei bei 156° schmelzen. Nach Rüdel liegt der Schmelzpunkt bei 197—210° und zeigt es dieselben Farbenreaktionen wie Oxyacanthin.

Die Salze sind in Wasser leicht löslich und krystallisieren gut.

Salzsaures Salz $(C_{18}H_{19}NO \cdot HCl$. Krystallisiert in Blättchen.
Salpetersaures Salz $(C_{18}H_{19}NO) \cdot HNO_3$. Krystallisiert in Nadeln.
Schwefelsaures Salz $(C_{18}H_{19}NO)_2 \cdot H_2SO_4 + 4 H_2O$. Krystallisiert aus verdünntem Alkohol in kleinen Blättchen oder Nadeln.
Platinsalz $(C_{18}H_{19}NO \cdot HCl)_2PtCl_4 + 5 H_2O$. Ist ein gelber, krystallinischer Niederschlag, der in Wasser wenig löslich ist.
Goldsalz $(C_{18}H_{19}NO_3 \cdot HCl)AuCl_3 + 5 H_2O$. Bildet eine amorphe, goldgelbe Masse.

Corydalisalkaloide.

Es gehören hierher: Corydalin, Corybulbin, Corycarin, Bulbocapnin, Corytuberin, Isocorybulbin, Corycavamin und Corydin[1]).

Corydalin.

Mol.-Gewicht 369.
Zusammensetzung: 71,5% C, 7,3% H, 3,8% N.
$$C_{22}H_{27}NO_4.$$

---

[1]) Gadamer, Archiv d. Pharmazie **243**, 147 [1905].

Vorkommen: In der Radix aristolochiae cavae, der Wurzel von Corydalis cava, einer der Familie Fumariaceae angehörigen Pflanze, von Wackenroder[1]) im Jahre 1826 entdeckt.

Darstellung der Corydalisalkaloide:[2]) Die zerkleinerten Wurzelknollen werden in einem Lenzschen Apparat mit 94proz. Alkohol völlig extrahiert (Dauer 3—4 Wochen für 10 kg), der nach Abdestillieren des Alkohols mit Essigsäure stark angesäuerte Extrakt allmählich auf das doppelte Gewicht der angewandten Knollen mit Wasser verdünnt und filtriert. Das Filtrat wird mit dem halben Volumen Äther geschüttelt, dann mit Ammoniak alkalisiert und sofort von neuem bis zur Lösung der Alkaloide, welche sehr schnell erfolgt, geschüttelt. Hierbei scheiden sich nur geringe Mengen schwarzes Harz ab, aus denen durch Lösen in Chloroform und Schütteln mit salzsaurem Wasser usw. noch mechanisch eingeschlossenes Bulbocapnin gewonnen werden kann. Von der ammoniakalischen wässerigen Flüssigkeit wird die ätherische Alkaloidlösung möglichst rasch getrennt, weil die am schwersten löslichen Alkaloide nach kurzer Zeit aus dem Äther auskrystallisieren. Die wässerige Lösung enthält das in Äther unlösliche Corytuberin, welches man durch Eindampfen der Lösung zum Sirup, Schütteln mit etwas Ammoniak und Chloroform, wobei die Base sich zusammenballt, isoliert. Aus der Ätherlösung fällt teils direkt, teils durch Konzentration ein Alkaloidgemisch (Schmelzp. 160—180°) aus, welches durch Auskochen mit zur Lösung ungenügenden Mengen Alkohol in die krystallisierten Basen Corydalin, Bulbocapnin, Corycavin, Corybulbin zerlegt wird. Die sirupdicken Mutterlaugen dieser Ausscheidung scheiden bei freiwilligem Verdunsten fast reines Corydalin reichlich ab. Schließlich bleibt ein amorphes Basengemisch übrig (Corydin Merck?), aus welchem durch eine mühsame fraktionierte Salzbildung (Bromwasserstoff-, Chlorwasserstoff-Salze, zuletzt Rhodanverbindungen) außer den zuerst schon erhaltenen Basen noch gewonnen werden: Isocorybulbin, Corycavamin, Corydin, eine mit Corydalin nicht identische krystallisierte Base vom Schmelzp. 135°, und zwei amorphe Basen.

Physiologische Eigenschaften der Corydalisalkaloide:[3]) Die Versuche wurden an Fröschen, Meerschweinchen, Kaninchen, Katzen und Hunden ausgeführt. Die Corydalisalkaloide lassen sich nach ihrer pharmakologischen Wirkung in Gruppen einteilen, welche mit den chemischen Gruppen zusammenfallen. Corytuberin nimmt, wie chemisch, so auch pharmakologisch den anderen gegenüber eine Ausnahmestellung ein, indem es keine morphiumartige Narkose bei Fröschen hervorruft und das Herz nicht direkt angreift. Die anderen Alkaloide zeigen eine gewisse Verwandtschaft, da sie bei Fröschen morphiumartige Narkose und bei Warmblütern Schädigung der musculo-motorischen Apparate des Herzens hervorrufen. Andererseits unterscheiden sie sich und lassen 3 Gruppen erkennen: die Corydalingruppe (Corydalin, Corybulbin, Isocorybulbin) mit Lähmung des Rückenmarkes; die Corycavingruppe (Corycavin, Corycavamin) mit Erregung motorischer Zentren; die Bulbocapningruppe (Bulbocapnin, Corydin, Corytuberin) — wenigstens bei Fröschen — mit Steigerung der Reflexerregbarkeit. Durch die ihnen gemeinsamen Wirkungen stehen sie in naher Beziehung zu den Papaveraceenalkaloiden; denn dort bestehenden Gruppen kann man zwei von den hier vorhandenen anreihen, und zwar die Corydalingruppe der Morphingruppe und die Bulbocapningruppe der Codeingruppe, während die Corycavingruppe kein Analogon besitzt.

Physikalische und chemische Eigenschaften des Corydalins: Corydalin krystallisiert aus Alkohol in schön ausgebildeten, sechsseitigen Prismen vom Schmelzp. 134—135°. Beim Liegen an der Luft färbt es sich unter Bildung von Dehydrocorydalin gelb. In warmem Alkohol, Chloroform und Äther ist es leicht löslich, unlöslich in Wasser und Alkalien; optisch aktiv. $[\alpha]_D = +300,1°$ bei 16°. — **Hydrojodid** des Corydalins $C_{22}H_{27}NO_4 \cdot HJ$ erhält man durch Auflösen des Gemisches von Corydalin + Corycavin in verdünnter Salzsäure und Fällen mit Jodkalium. Es krystallisiert aus Wasser in gelben, rhombischen Tafeln, die bei 220° sich zersetzen, ohne zu schmelzen. — **Nitrat** $C_{22}H_{27}NO_4 \cdot HNO_3$ krystallisiert aus Alkohol in glänzenden, bei 198° schmelzenden Tafeln, die in heißem Wasser fast unlöslich sind.

Goldsalz $C_{22}H_{27}NO_4 \cdot HCl \cdot AuCl_3$ ist ein gelbes, amorphes Pulver. Aus salzsäurehaltigem Alkohol krystallisiert es in hellroten, bei 207° schmelzenden Nadeln von der Zusammensetzung $(C_{22}H_{27}NO_4 \cdot HCl)_2 AuCl_3$. — **Platinsalz** $(C_{22}H_{27}NO_4 \cdot HCl)PtCl_4$ bildet zuerst einen flockigen Niederschlag, der sich beim Kochen unter Zusatz von wenig Salzsäure auflöst und beim Erkalten krystallinisch erstarrt. Schmelzp. 227°. — **Jodmethylat** $C_{22}H_{27}NO_4 \cdot CH_3J$ krystalli-

---

[1]) Wackenroder, Berzelius' Jahresber. **7**, 220 [1826].
[2]) Gadamer, Archiv d. Pharmazie **240**, 19 [1902].
[3]) Peters, Archiv f. experim. Pathol. u. Pharmakol. **51**, 130 [1904]. — J. Gadamer, Archiv d. Pharmazie **243**, 147 [1905].

siert aus heißem Wasser in Prismen, die bei 217—218° schmelzen. Mit Silberchlorid und konz. Kalilauge erwärmt geht es über in

Methylcorydalin $C_{22}H_{26}NO_4 \cdot CH_3$ [1]). Dieses krystallisiert aus Alkohol in quadratischen Säulen vom Schmelzp. 112°.

Corydaldin[2]) entsteht bei der Oxydation von Corydalin mit Kaliumpermanganat, bildet monokline Prismen vom Schmelzp. 172°.

Dehydrocorydalin $C_{22}H_{25}NO_5$ bildet sich in Form des **Hydrojodids**[3]) $C_{22}H_{23}NO_4 \cdot HJ$ durch Erhitzen einer alkoholischen Lösung des Corydalins mit Jod. Das Hydrojodid krystallisiert in glänzenden, citronengelben Nadeln.

E. Schmidt[4]) hat aus den Knollen von Corydalis cava neben Bulbocapnin, Corytuberin, Corydalin und anderen Basen auch Dehydrocorydalin isolieren können, während er Protopin in diesen Knollen bis jetzt nicht mit Sicherheit nachzuweisen vermochte. Das Corytuberin ließ sich der sirupösen Dehydrocorydalinmutterlauge durch Aceton bequem entziehen.

Dehydrocorydalin bildet ein gelblichweißes Krystallpulver. Schmelzp. 112—113° unter Aufschäumen. Mit freiem Hydroxylamin reagiert das freie Dehydrocorydalin in alkoholisch-ätherischer Lösung unter Bildung des Oxims $C_{22}H_{26}O_5N_2$, hell- bis orangegelbe, spröde Rhomboeder, Schmelzp. 165° unter Aufschäumen; mit p-Aminodimethylanilin in ätherischer Lösung unter Bildung eines Kondensationsproduktes von der Zusammensetzung $C_{30}H_{35}O_4N_3$. Gelbbraune, warzenförmige Krystalle (nicht völlig rein), Schmelzp. 120—130°.

Das Dehydrocorydalin ist eine quartäre Base. Es reagiert in seinen Salzen und in wässeriger Lösung als echte quartäre Ammoniumbase von der Formel I, in gewissen Fällen als Pseudobase entsprechend der Ketonformel II, welche auch der isolierten festen Base zuzuschreiben sein dürfte[2]).

Bei der Reduktion des Dehydrocorydalins entstehen, wie Gadamer und Wagner gefunden haben, bisweilen zwei inaktive, mit dem natürlichen Corydalin isomere Basen, von denen die eine bei 135°, die andere bei 158—159° schmilzt. Erstere wurde stets, letztere nur in einzelnen Fällen erhalten. Die Base vom Schmelzp. 158—159° konnte durch Bromcamphersulfosäure in eine rechtsdrehende und eine linksdrehende Modifikation zerlegt werden. Sie hat die Bezeichnung **r-Mesocorydalin** erhalten, ihre Komponenten sind als **d-** und **l-Mesocorydalin** anzusprechen. Der Base vom Schmelzp. 135° fällt die Bezeichnung **r-Corydalin** zu.

Salze des Dehydrocorydalins: Hydrobromid $C_{22}H_{23}NO_4 \cdot HBr + 4H_2O$ bildet gelbbraune Nadeln, die bei 126° sintern und zu einem braunen Öle schmelzen. — **Goldsalz** $(C_{22}H_{23}NO_4 \cdot HCl)AuCl_3$ krystallisiert aus kochendem, mit Salzsäure angesäuertem abs. Alkohol in kleinen rotbraunen, bei 219° schmelzenden Nadeln. — Ähnlich wie Berberin gibt Dehydrocorydalin mit Aceton eine **Aceton-** und mit Chloroform eine **Chloroformverbindung.** Tafelförmige Krystalle vom Schmelzp. 162—163°. — **Polysulfid** des Dehydrocorydalins $(C_{22}H_{23}NO_4)_2H_2S_6$. Krystallisiert in rotbraunen Nadeln.

Corybulbin.

$C_{21}H_{25}O_4N$.

Darstellung: s. S. 246.

Physikalische und chemische Eigenschaften:[5]) Es schmilzt bei 237—238°, fast unlöslich in Alkohol, sehr schwer löslich in Äther und Essigäther, leichter in Chloroform, $[\alpha]_D = +303,3°$.

---

[1]) Freund u. Josephy, Annalen d. Chemie **277**, 9 [1893].
[2]) Feist, Archiv d. Pharmazie **245**, 586 [1908].
[3]) Gadamer, Archiv d. Pharmazie **243**, 12 [1905]; — Haars, Archiv d. Pharmazie **243**, 165 [1905].
[4]) E. Schmidt, Archiv d. Pharmazie **246**, 575 [1908].
[5]) D. Bruns, Archiv d. Pharmazie **241**, 634 [1903].

sehr lichtempfindlich. **Chlorhydrat** $C_{21}H_{25}O_4N \cdot HCl$. Farblose Prismen. Schmelzpunkt 245—250° unter Zersetzung. Sehr schwer löslich in Wasser, leichter in salzsäurehaltigem Wasser. Die Goldchlorid- und Platinchloriddoppelsalze ließen sich nur dadurch in unzersetzlicher Form erhalten, daß man eine kalte gesättigte wässerige Corybulbinchlorhydratlösung nach dem Ansäuern mit verdünnter Salzsäure in überschüssige Goldchlorid- bzw. Platinchloridlösung hineinfiltrierte, den Niederschlag sofort absaugte, mit wenig Wasser abwusch und trocknete. **Goldchloriddoppelsalz** $C_{21}H_{25}O_4N \cdot HCl \cdot AuCl_3$, bräunlich gelber, amorpher Niederschlag. — **Platinchloriddoppelsalz** $(C_{21}H_{25}O_4N \cdot HCl)_2PtCl_4$, weißlichgelber, amorpher Niederschlag.

Dehydrocorybulbinhydrojodid $C_{21}H_{21}O_4N \cdot HJ$, Schmelzp. 210—211°. **Chlorhydrat** $C_{21}H_{21}O_4N \cdot HCl$, gelbe Nadeln, Schmelzp. 225—227°. — **Platinsalz** $(C_{21}H_{21}O_4N \cdot HCl)_2 PtCl_4$, braune Nadeln, Schmelzp. 236°, unlöslich in Wasser, kaum löslich in abs., leichter in heißem verdünnten Alkohol. — **Freies Dehydrocorybulbin** $C_{21}H_{21}O_4N + 5 H_2O$, durch Zersetzen des Jodhydrates mit Natronlauge, dunkelrotviolette Nadeln aus Wasser, Schmelzp. 175—178°, unlöslich in Äther, sehr schwer löslich in kaltem Wasser, leicht löslich in Alkohol und heißem Wasser.

Benzoyldehydrocorybulbin, gelbe Nadeln, sintert bei 140°, schmilzt bei 173—174°, sehr leicht löslich in Alkohol mit grüner Fluorescenz. **Chlorhydrat** $C_{21}H_{20}O_4N \cdot COC_6H_5HCl + 2 H_2O$, gelbe Nadeln aus Alkohol, die sich bei 190° braun färben, bei 250° aber noch nicht schmelzen, leicht löslich in Alkohol, etwas schwerer in Wasser. **Nitrat**, gelbe Nadeln, Schmelzp. 230—231°. **Chloroformverbindung** $C_{21}H_{20}O_4N \cdot COC_6H_5 \cdot CHCl_3$, aus Benzoyldehydrocorybulbin, Chloroform und Natronlauge, gelbliche, rosettenförmig angeordnete Nadeln durch Überschichten der Chloroformlösung mit Alkohol, Schmelzp. 176° unter Braunfärbung. **Acetonverbindung** $C_{21}H_{20}O_4N \cdot COC_6H_5 \cdot CH_3COCH_3$, gelbbräunliche Nadeln aus Aceton, Schmelzp. 201—202°. Durch Einwirkung von gelbem Schwefelammonium auf eine alkoholische Lösung von Benzoyldehydrocorybulbinhydrochlorid entstehen rote Nadeln eines Polysulfids.

Durch Reduktion mittels Zinn und verdünnter Schwefelsäure geht das Dehydrocorybulbin in das **i-Corybulbin** über. Während aber beim Corydalin unter Umständen zwei verschiedene durch den Schmelzpunkt scharf unterschiedene i-Corydaline, von denen eines spaltbar ist, entstanden, hat D. Bruns beim Corybulbin stets nur das eine, nicht spaltbare i-Corybulbin vom Schmelzp. 220—222°, in Alkohol schwer, aber bedeutend leichter löslich als die natürliche Base, erhalten. **Chlorhydrat** $C_{21}H_{25}O_4N \cdot HCl$, farblose Prismen, sehr schwer löslich in kaltem Wasser, leicht löslich in warmem angesäuerten Wasser. **Nitrat**, farblose Nadeln, Schmelzp. 207—208°. **Goldsalz** $C_{21}H_{25}O_4N \cdot HCl \cdot AuCl_3$, amorphes, bräunlichgelbes Pulver. **Platinsalz** $(C_{21}H_{25}O_4N \cdot HCl)_2PtCl_4$, amorphes, gelbbräunliches Pulver, Schmelzp. 223°. Die Gold- und Platindoppelsalze des i-Corybulbins zeigen bei ihrer Darstellung das gleiche Verhalten wie die Salze des natürlichen Corybulbins.

Corycavingruppe. **Corycavin** $C_{23}H_{23}O_6N$, rhombische Tafeln aus Alkohol, Schmelzp. 215—216°, optisch inaktiv, indifferent gegen Jod. Hat keine Methoxylgruppen.

Salzsaures Salz $C_{23}H_{23}NO_5 \cdot HCl + H_2O$, krystallisiert aus heißer, verdünnter Salzsäure in schwerlöslichen, breiten Nadeln vom Schmelzp. 219° aus.

Jodwasserstoffsaures Salz $C_{23}H_{23}NO_5 \cdot HJ + H_2O$, krystallisiert aus abs. Alkohol in Blättchen vom Schmelzp. 236°.

Platinsalz $(C_{23}H_{23}NO_5 \cdot HCl)PtCl_4 + 5 H_2O$, krystallisiert in kleinen, gelblichweißen Krystallen, die in heißem Wasser löslich sind und sich bei 214° zersetzen, ohne zu schmelzen.

Jodmethylat $C_{23}H_{23}NO_5 \cdot CH_3J + 1\frac{1}{2} H_2O$, krystallisiert aus verdünntem Alkohol in mikroskopischen, rhombischen Tafeln, welche sich bei 218° zersetzen.

Corycavamin $C_{21}H_{21}O_5N$, wurde aus dem amorphen Basengemisch, aus dem die krystallisierbaren Alkaloide in Form freier Basen oder salzsaurer Salze entfernt worden waren, mit Hilfe seines sehr schwer löslichen Rhodanids isoliert. Die mit starkem Ammoniak aus dem Rhodanid abgeschiedene Base muß noch durch Überführung in ihr Nitrat und Umkrystallisieren des letzteren aus siedendem Wasser gereinigt werden (Abscheidung daraus mit Ammoniak und Äther) und krystallisiert in rhombischen Säulen, Schmelzp. 149°. $[\alpha]_D^{20°} = +166,6°$ (in Chloroformlösung bestimmt). Farbreaktionen[2]) sind denen des Corycavins sehr ähnlich.

---

[1]) J. Gadamer u. Mitarbeiter, Archiv d. Pharmazie **240**, 81 [1902].
[2]) H. Ziegenbein, Archiv d. Pharmazie **234**, 492 [1896].

Salze: Chlorwasserstoff-, Bromwasserstoff- und Jodwasserstoffsalze bilden ziemlich leicht lösliche bis sehr schwer lösliche Nadeln. **Sulfat** $(C_{21}H_{21}O_5N)_2H_2SO_4 + 6 H_2O$, Nadeln; **Nitrat** $C_{21}H_{21}O_5N \cdot HNO_3$, Nadeln. **Goldsalz** $C_{21}H_{21}O_5N \cdot HAuCl_4$, gelbliches Pulver, aus Alkohol vielleicht mit $2 H_2O$ krystallisierend. **Platinsalz** $(C_{21}H_{21}O_5N)_2 \cdot H_2PtCl_6$, amorphes, helles Pulver, enthält vielleicht Krystallwasser. Corycavamin hat keine Methoxylgruppen; es reagiert in noch nicht aufgeklärter Weise mit Jod und wird mit Essigsäureanhydrid nicht acetyliert, sondern nur inaktiviert. Dieses isomere **i-Corycavamin**, Schmelzp. 216—217°, entsteht am einfachsten durch kurzes Erhitzen des Rechts-Corycavamins auf 180°. Es zeigt Ähnlichkeit mit dem von Smith im Opium gefundenen und von Hesse näher untersuchten Cryptopin, $C_{21}H_{23}O_5N$, Schmelzp. 217°. Chlorhydrat, wasserfreie Tafeln aus Wasser (Cryptopinchlorhydrat = 6 Mol. Krystallwasser).

Bulbocapningruppe. Enthält —OH- und —OCH$_3$-Gruppen. Wird durch Jodlösung und Luftsauerstoff leicht oxydiert.

Bulbocapnin.

Mol.-Gewicht 325.
Zusammensetzung: 70,2% C, 5,8% H, 4,3% N.
$$C_{19}H_{19}NO_4 = C_{18}H_{13}N(OCH_3)(OH)_3.$$

Vorkommen: In den Corydalisknollen in ziemlich großer Menge. Darin wurde das Alkaloid zuerst von Freund und Josephy[1]) entdeckt.

Darstellung: Siehe Corydalin.

Physikalische und chemische Eigenschaften und Salze: Bulbocapnin krystallisiert aus abs. Alkohol in rhombischen Krystallen aus, die bei 199° schmelzen. Es löst sich in den üblichen Lösungsmitteln mit Ausnahme von Wasser leicht. Von Alkalien wird es ebenfalls gelöst. Natronlauge nimmt es mit grünlicher Farbe auf; durch Kohlensäure wird es aus der alkalischen Lösung wieder ausgefällt. Optisch aktiv, stark rechtsdrehend; $[\alpha]_D = +237,1°$; $[M]_D = +770,6°$.

Salzsaures Salz $C_{19}H_{19}NO_4 \cdot HCl$, krystallisiert in Nadeln. Es zersetzt sich bei 270°, ohne zu schmelzen. — **Bromwasserstoffsaures und jodwasserstoffsaures Salz** krystallisieren in Nadeln und zersetzen sich bei höherer Temperatur, ohne zu schmelzen. — **Platinsalz** $(C_{19}H_{19}NO_4 \cdot HCl)PtCl_4$, ist krystallinisch und zersetzt sich zwischen 200 und 230°. — **Nitrat** $C_{19}H_{19}NO_4 \cdot HNO_3$, krystallisiert aus heißem Wasser in schönen Nadeln und ist in kaltem Wasser sehr schwer löslich. — **Jodmethylat** $C_{19}H_{19}NO_4 \cdot CH_3J$, krystallisiert aus heißem Wasser, worin es schwer löslich ist, in glänzenden Nadeln vom Schmelzp. 257° aus.

Physiologische Eigenschaften: Wirkt wie Corydalin morphiumartig, greift das Herz an und ruft im Unterschied von diesem eine Steigerung der Reflexerregbarkeit hervor.

Corydin, wahrscheinlich $C_{18}H_{13}N(OH)(OCH_3)_3$ (oder $C_{21}H_{25}O_4N$); $[\alpha]_D^{20} = +204,35°$; $[M]_D = +721,4°$ (in Chloroformlösung bestimmt). Wird aus den am stärksten basischen Anteilen der amorphen Alkaloide durch Neutralisieren mit Chlorwasserstoff und Krystallisierenlassen des sirupösen Rückstands oder, falls die amorphen Basen nicht rein gewonnen waren, durch fraktioniertes Fällen des gelösten Hydrochlorids mit Ammoniak und Ausäthern gewonnen. Um es zu reinigen, ist das salzsaure Salz und dann das freie Corydin öfters umzukrystallisieren (letzteres aus abs. Äther), Schmelzp. 129—130°. Farbreaktionen: konz. Schwefelsäure fast farblos, konz. Salpetersäure blutrot, Erdmanns, Fröhdes und Mandelins Reagens grün.

Corytuberin $C_{19}H_{23}O_4N + 5 H_2O$ (nach Dobbie und Lauder $C_{19}H_{25}O_4N$). Man erhält es aus den durch Äther von den übrigen löslichen Corydalisalkaloiden befreiten, zum Sirup eingedampften Extrakten durch schwaches Alkalisieren derselben mit Ammoniak und Schütteln mit etwas Chloroform, wodurch eine anfangs harzige, dann krystallinisch werdende Abscheidung des rohen Corytuberins erfolgt. Dasselbe hat, aus heißem Wasser und Alkohol umkrystallisiert, obige Zusammensetzung; weiße Blättchen, Schmelzp. 240°, sehr leicht löslich in Alkalien $[\alpha]_D^{20} = +282,65°$ (in alkoholischer Lösung bestimmt). Das Corytuberin ist eine schwache, leicht oxydierbare Base, deren alkoholische Lösung violett fluoresciert. Farbenreaktionen: konz. Schwefelsäure farblos, schmutziggrün, rötlich, zuletzt schmutzigviolett; Fröhdes Reagens stahlblau bis indigblau, dann blaugrün mit gelbem Rand.

Chlorhydrat $C_{19}H_{23}O_4N \cdot HCl$, farblose Krystalle. $[\alpha]_D^{20} = +167,7°$ (in 1,99 proz. wässeriger Lösung bestimmt). **Bromwasserstoffsaures Salz** $C_{19}H_{23}O_4N \cdot HBr$, Krystalle. —

---

[1]) Freund u. Josephy, Annalen d. Chemie u. Pharmazie **277**, 10 [1893].

Sulfat $(C_{19}H_{23}O_4N)_2 \cdot H_2SO_4 + 4 H_2O$. **Platinsalz** $(C_{19}H_{23}O_4N \cdot HCl)_2PtCl_4 + 3 H_2O$, hellgelber, mikroskopisch krystallinischer Niederschlag. Alle diese Salze, außer dem salzsauren Salz, sind unbeständig. Das Alkaloid enthält zwei —OCH_3- und zwei —OH-Gruppen. Mit Essigsäureanhydrid entsteht ein **Diacetylcorytuberin** $C_{19}H_{21}O_4N \cdot (C_2H_3O)_2 + C_2H_5OH$ (aus abs. Alkohol), Schmelzp. 72°. **Platinsalz** desselben rotgelber Niederschlag. **Goldsalz**, gelbe Nadeln, Schmelzp. 195—196°. Das durch Einwirkung von 2 Mol. Kaliumhydroxyd auf Corytuberin entstandene Dikaliumsalz zeigt $[\alpha]_D^{20} = +174° \, 32'$ (in wässeriger Lösung bestimmt). Mit Jodmethyl und Methylalkohol (95°, Rohr) wird aus dem Alkaloid ein **Corytuberinmethyljodid**, Schmelzp. über 250°, erhalten; die daraus mit Silberoxyd oder Silbercarbonat abgeschiedene Base war wegen ihrer Zersetzlichkeit nicht faßbar.

Isocorybulbin $C_{21}H_{25}NO_4$ wird bei der fraktionierten Ausschüttelung der amorphen Basen als in Wasser sehr schwer lösliches salzsaures Salz erhalten. Das daraus durch Ammoniak abgeschiedene schwach basische Alkaloid krystallisiert aus Alkohol in weißen, voluminösen, sehr lichtempfindlichen Blättchen, Schmelzp. 179—180°, ziemlich schwer löslich in Alkohol. Das Isocorybulbin hat drei —OCH_3-Gruppen; bei der Zeiselschen Bestimmung entsteht durch die Einwirkung der Jodwasserstoffsäure eine krystallisierte Verbindung, $C_{19}H_{19}NO_4 \cdot HJ$ (?). Mit alkoholischer Jodlösung wird eine berberinartige gelbe Verbindung gebildet. Die bedeutende Ähnlichkeit der Isobase mit dem Corybulbin kommt in der fast gleichen Drehung (Isocorybulbin $[\alpha]_D^{20} = +299,8°$) und dem gleichen Verhalten beider Basen gegen konz. Schwefelsäure, konz. Salpetersäure, Fröhdes und Mandelins Reagens zum Ausdruck. Mit Erdmanns Reagens gibt die Isoverbindung dagegen eine schwach meergrüne Färbung.

Außer den eben behandelten existieren nach Untersuchungen von Makoshi noch zwei weitere Corydalisalkaloide.

Zur Abscheidung der in den chinesischen Corydalisknollen (Corydalis ambigna) enthaltenen Alkaloide wurde das Drogenpulver mit 96 proz. Alkohol erschöpft und das zum Sirup eingedampfte Extrakt (Ausbeute 10%) in geeigneter Weise weiter verarbeitet.

Es gelang K. Makoshi[1]), aus dem Extrakt Corydalin, Dehydrocorydalin, Corybulbin, Protopin und zwei neue Alkaloide zu isolieren.

Alkaloid I zeigt wie das Berberin den Charakter einer Ammoniumbase. Das **Chlorhydrat** $C_{20}H_{18}O_4NCl \cdot 2 H_2O$, Nadeln aus siedendem Alkohol, leicht löslich mit roter Farbe in heißem Wasser, sehr schwer löslich in salzsäurehaltigem Wasser, wird durch Ammoniak aus der wässerigen Lösung nicht gefällt, durch starke Natronlauge zwar in Form weißer Flocken gefällt, zugleich aber auch verändert. — **Goldsalz** $C_{20}H_{18}O_4NCl \cdot AuCl_3$, dunkelrotbraune Nadeln aus Alkohol, zersetzt sich oberhalb 280°, ohne zu schmelzen. Durch Zinn und Salzsäure wird die verdünnte alkoholische Lösung des Chlorids zur Verbindung $C_{20}H_{21}O_4N$, farblose Nadeln aus heißem Alkohol, Schmelzp. 218—219°, reduziert.

Alkaloid II, kompakte, grauweise Nadeln aus Alkohol-Chloroform, Schmelzp. 197—199°, wird durch Schwefelsäure graubraun bis rotviolett, durch Erdmanns Reagens grün bis schmutziggrün, durch Fröhdes Reagens tiefgrün, durch Mandelins Reagens grün bis blau gefärbt. — Das Chlorhydrat des Alkaloids krystallisierte entweder mit 6 Mol. Krystallwasser oder wasserfrei, das Platin-Doppelsalz mit 4 Mol. Krystallwasser. Das Golddoppelsalz enthielt im amorphen Zustande 1 Mol. Wasser und krystallisierte aus siedendem Alkohol in rotbraunen, warzenförmigen Kryställchen, denen etwas metallisches Gold beigemengt war.

F. Alkaloide der Phenanthrengruppe.

Es wird zurzeit allseitig die Annahme gemacht, daß die nunmehr zu besprechenden Alkaloide Morphin, Kodein und Thebain einen Phenanthrenkern enthalten[2]). Dahingegen herrschen noch Zweifel darüber, welcher Art der stickstoffhaltige Ring ist, der diesen Alkaloiden zugrunde liegt. Die von Knorr begründete und von vielen geteilte Ansicht, daß sich dieselben von der Morpholin genannten Base herleiten, hat in neuerer Zeit mit dem Anwachsen des experimentellen Materials immer mehr und mehr an Bedeutung verloren und ist schließlich von Knorr selbst vollständig aufgegeben worden. Es erscheint deshalb zweckmäßig, die Bezeichnungsweise nach dem basischen Komplex, der den Alkaloiden zugrunde liegt, zurzeit hier nicht anzuwenden, und wir haben dafür die in der Überschrift angeführte gewählt.

---

[1]) K. Makoshi, Archiv d. Pharmazie **246**, 381 [1908].
[2]) In Publikationen aus neuester Zeit betonen allerdings L. Knorr und Hörlein ausdrücklich, daß die gegenwärtig allseitig gemachte Annahme, Morphin, Kodein und Thebain seien Phenanthrenderivate, experimentell noch nicht vollkommen sicher bewiesen ist. Man vgl. L. Knorr und Hörlein, Berichte d. Deutsch. chem. Gesellschaft **40**, 2034, 2047 [1907].

Vergleicht man Thebain, Morphin und Kodein bezüglich ihrer Zusammensetzung, so drängt sich sogleich die Vermutung auf, daß sie nahe verwandt seien:

$$C_{17}H_{19}NO_3 \qquad C_{18}H_{21}NO_3 \qquad C_{19}H_{21}NO_3$$
$$\text{Morphin} \qquad \text{Kodein} \qquad \text{Thebain}$$

Auch das gemeinschaftliche Vorkommen der drei Basen im Opium legt diese Vermutung nahe. In der Tat hat ihre genaue Untersuchung dargetan, daß sie in naher Beziehung zueinander stehen.

Die Resultate, welche diese Untersuchung ergeben hat, haben sich in vielen Punkten gegenseitig ergänzt. Es erscheint deshalb vorteilhaft, die Reaktionen, welche zur Aufklärung der Konstitution von Morphin, Kodein und Thebain geführt haben, zunächst im Zusammenhang zu besprechen. Morphin und Kodein lassen wir hierbei, ihrer größeren Bedeutung gemäß, mehr in den Vordergrund treten. Der größte Teil des deskriptiven Materials wird alsdann, getrennt von dieser Besprechung, für jedes einzelne der drei genannten Alkaloide gesondert zusammengefaßt.

Ein Einblick in den Bau des Morphinmoleküls ist insbesondere durch die Untersuchungen von L. Knorr, von Vongerichten und von Pschorr erlangt worden.

Bindungsweise der drei Sauerstoffatome im Morphin — Beziehung zwischen Morphin und Kodein. Die drei Sauerstoffatome des Morphins besitzen verschiedene Funktionen.

Eines gehört einem Phenolhydroxyl $>\!C\cdot OH$ an, das dem Morphin den sauren Charakter verleiht. Der Wasserstoff dieses Hydroxyls ist durch Metalle, durch Säurereste und durch Alkyle substituierbar. Im Kodein ist dieses Wasserstoffatom durch ein Methyl ersetzt. Das Kodein stellt also einen Methylester des Morphins dar.

Diese Beziehung zwischen Morphin und Kodein wurde 1869 von Matthiessen und Wright erkannt und von ihnen durch die folgenden Formeln ausgedrückt:

$$C_{17}H_{17}NO(OH)_2 \qquad C_{17}H_{17}NO(OH)(OCH_3).$$
$$\text{Morphin} \qquad \text{Kodein}$$

Beide Forscher erhielten bei der Einwirkung von konz. Salzsäure auf Kodein bei 100° ein amorphes chloriertes Produkt, das sie **Chlorokodid** nannten.

$$C_{18}H_{21}NO_3 + HCl = C_{18}H_{20}ClNO_2 + H_2O.$$
$$\text{Kodein} \qquad\qquad \text{Chlorokodid}$$

Erhitzt man dieses mit Wasser auf 130°, so wird das Kodein zurückgebildet; indessen wird es durch Salzsäure bei 150° in Apomorphin und Chlormethyl gespalten.

$$C_{18}H_{20}ClNO = C_{17}H_{17}NO_2 + CH_3Cl.$$
$$\text{Chlorokodid} \qquad \text{Apomorphin}$$

Vereinigt man diese beiden letzten Gleichungen, so ersieht man, daß Salzsäure bei 150° vom Kodein eine Methylgruppe und ein Molekül Wasser abspaltet. Das Reaktionsprodukt ist dasselbe wie dasjenige, welches bei der einfachen Wasserentziehung aus dem Morphin entsteht. Man ist also zu der Annahme berechtigt, daß das Morphin und das Kodein sich nur dadurch voneinander unterscheiden, daß eines der Morphinhydroxyle beim Kodein durch eine Methoxylgruppe ersetzt ist.

Die Umwandlung des Morphins in Kodein, die 1881 von Grimaux ausgeführt wurde, bestätigte die Annahmen von Matthiessen und Wright und bewies endgültig, daß das Kodein der Monomethylester des Morphins ist. Grimaux erhielt das Kodein durch Behandlung des Morphins mit Jodmethyl in Gegenwart von Alkali:

$$C_{17}H_{17}NO(OH)_2 + CH_3J + KOH = KJ + H_2O + C_{17}H_{17}NO(OH)(OCH_3).$$
$$\text{Morphin} \qquad\qquad\qquad\qquad\qquad\qquad\qquad \text{Kodein}$$

Die Frage nach der Konstitution des Kodeins fiel von nun an mit der nach der Konstitution des Morphins zusammen.

Das zweite Sauerstoffatom des Morphins gehört einer Alkoholgruppe an, $>\!C\!<^H_{OH}$, was Hesse[1]) durch seine Untersuchungen bewiesen hat.

---

[1]) Hesse, Annalen d. Chemie **222**, 203 [1884].

Das dritte Sauerstoffatom verhält sich indifferent und ist nach Vongerichten[1]) wie in den Äthern $\equiv C-O-C\equiv$ zweifach mit Kohlenstoff verbunden. Somit lassen sich die Formeln des Morphins und des Kodeins zunächst in die nachfolgenden Ausdrücke auflösen.

Roser und Howard führten nach der Methode von Zeisel den Nachweis, daß das Thebain zwei an Sauerstoff gebundene Methylgruppen enthält, und wir fügen das entsprechende Schema für Thebain bei:

Morphin	C_{17}	H_{16}	N	[O]	[OH] [HOH]
				indiff. Sauerst.	Phenol- alkohol. Hydroxyl
Kodein	C_{17}	H_{16}	N	[O]	[OCH_3] [HOH]
Thebain	C_{17}	H_{14}	N	[O]	[OCH_3] [$HOCH_3$].

Bindungsweise des Stickstoffs im Morphin. Der Stickstoff des Morphins steht in einem Ringe; er ist dreifach an Kohlenstoff gebunden, also tertiär. Das wird bewiesen durch das

Verhalten des Morphins bei der erschöpfenden Methylierung[2]).

Das Morphin verbindet sich direkt nur mit einem Molekül Jodmethyl zum Salz der Ammoniumbase (Jodmethylat).

Das Methylmorphinjodmethylat (Kodeinjodmethylat) läßt sich leicht schon durch Kochen mit Natronlauge in eine tertiäre Base verwandeln, welche von Hesse **Methylmorphimethin** genannt wurde.

$$C_{17}H_{17}O(OH)(OCH_3) \equiv N\!<\!^{CH_3}_{OH} = H_2O + C_{17}H_{16}O(OH)(OCH_3)) = N \cdot CH_3.$$

Die Reaktion ist analog dem von A. W. Hofmann beobachteten Übergange des Dimethylpiperidinammoniumhydroxyds in Pentenyldimethylamin, der nur möglich ist unter Aufspaltung des Pyridinringes.

Daraus folgt, daß auch im Methylmorphimethin der stickstoffhaltige Ring des Morphins geöffnet ist.

Das Methylmorphimethin addiert nur noch einmal Jodmethyl unter Bildung des Jodmethylates, ist also eine tertiäre Base. Seine Konstitution wird noch des näheren erörtert werden.

Auch das Thebain ist, wie aus der Zusammensetzung $C_{19}H_{21}NO_3 \cdot CH_3J$ des Jodmethylates hervorgeht, eine tertiäre Base.

Bindungsweise der Kohlenstoffatome im Morphin. Von den 17 Kohlenstoffatomen des Morphins gehören 14 einem Phenanthrenkern an, was aus den gleich zu schildernden Spaltungsreaktionen des Morphins gefolgert werden muß. Die stickstofffreien Spaltungsprodukte sind stets Derivate des Phenanthrens.

Auch isolierten Schrötter und Vongerichten bei der Zinkstaubdestillation des Morphins, Knorr bei derjenigen des Methylmorphimethins das Phenanthren selbst.

Spaltungen des Morphins bzw. Kodeins und Thebains. Die Spaltung des Morphins und seiner Derivate in kohlenstoffarme, stickstoffhaltige Verbindungen und in kohlenstoffreiche, stickstofffreie Körper ist nach verschiedenen Methoden gelungen: I. durch Einwirkung von Salzsäure oder Essigsäureanhydrid auf die Methylhydroxyde des Morphins und Kodeins oder auf Methylmorphimethin, II. durch Zerlegung von Ammoniumbasen der Morphingruppe unter Anwendung von Hitze oder durch Alkalien.

Eine Zusammenstellung der wichtigsten bei den Morphiumalkaloiden und ihren Abkömmlingen durchgeführten Abbaureaktionen haben L. Knorr und R. Pschorr in der folgenden Tabelle gegeben.

Die stickstofffreien Spaltungsprodukte des Morphins. Die Stammsubstanz der nach I erhaltenen Gruppe von Spaltungsprodukten ist das **Morphol** $C_{14}H_8(OH)_2$.

Das Phenol, welches der nach II entstehenden Gruppe von stickstofffreien Spaltungskörpern zugrunde liegt, ist das **Morphenol.**

Die Konstitution dieser beiden wichtigen Spaltungsprodukte ist dank der analytischen Forschungen von Vongerichten und der synthetischen von R. Pschorr vollkommen aufgeklärt.

Das Morphol ist mit aller Sicherheit als 3, 4-Dioxyphenanthren charakterisiert.

---

[1]) Vongerichten, Annalen d. Chemie **210**, 105 [1885].
[2]) L. Knorr, Berichte d. Deutsch. chem. Gesellschaft **22**, 182 [1889].

Zusammenstellung der wichtigsten bei den Morphiumalkaloiden

	Zerlegt durch	a) Basisches Spaltungsprodukt
Morphin	Zinkstaubdestillation	Morphidinbasen
Morphin	Alkoholische Kalilauge	Äthylmethylamin
α-Methylmorphimethin	Essigsäureanhydrid	Oxäthyldimethylamin
β-Methymorphimethinmethylhydroxyd	Erhitzen	Trimethylamin
β-Methylmorphimethinjodmethylat	Alkoholisches Kali	—
α-Methylmorphimethin	Salzsäuregas	Chloräthyldimethylamin (resp. daraus Tetramethyläthylendiamin und Oxäthyldimethylamin
α-Methylmorphimethin	Natriumäthylat	Dimethylaminomethyläther
Kodeinon	Essigsäureanhydrid	Oxäthylmethylamin
Kodeinonjodmethylat	Alkohol	Dimethylaminoäthyläther
Dimethylapomorphimethinjodmethylat	Natronlauge	Trimethylamin
Thebain	Essigsäureanhydrid	Oxäthylmethylamin
Thebainjodmethylat	Natronlauge	Tetramethyläthylendiamin
Thebainjodmethylat	Alkohol	Dimethylaminoäthyläther
Thebainjodmethylat	Natronlauge	Trimethylamin
Dimethebainmethinjodmethylat	Natronlauge	Trimethylamin
Dimethylmorphothebainmethinjodmethylat	Natronlauge	Trimethylamin
Methylthebainonmethin	Essigsäureanhydrid	Oxäthyldimethylamin
Methylthebainonmethin	Natriumäthylat	Äthyldimethylamin
Methylthebainonmethinmethylhydroxyd	Erhitzen	Trimethylamin

Pschorr und Vogtherr[1]) stellten das Acetylderivat des 3-Methoxyphenanthrenchinons synthetisch her. Dasselbe erwies sich identisch mit dem Acetylmethylmorpholchinon, welches Vongerichten durch Erhitzen des Methylmorphimethins mit Essigsäureanhydrid erhielt.

Hieraus ergibt sich für das Methoxyl im Kodein, somit auch für das Phenolhydroxyl im Morphin, die Stellung 3 des Phenanthrenkerns. Die weitere Frage, ob das Hydroxyl in Stellung 4 am Phenanthrenkern dem indifferenten Sauerstoff oder dem alkoholischen Hydroxyl des Morphins entspricht, wurde von Knorr zugunsten der ersteren Annahme entschieden, indem er durch den Abbau des Kodeinons, eines Kodeinderivates, zu dem Methyläther des 3-, 4-,

---

[1]) Pschorr u. Vogtherr, Berichte d. Deutsch. chem. Gesellschaft **35**, 4412 [1902].

und ihren Abkömmlingen durchgeführten Abbaureaktionen[1]).

b) N-freies Spaltungsprodukt	Literatur
Phenanthren	Vongerichten, Annalen d. Chemie **210**, 396 [1885]; Berichte d. Deutsch. chem. Gesellschaft **34**, 767, 1162 [1901].
Nicht untersucht	Strauß u. Wiegmann, Wiener Monatsh. **10**, 101 [1889].
Methylmorphol (Oxymethoxy-phenanthren)	a) Knorr, Berichte d. Deutsch. chem. Gesellschaft **22**, 1113 [1889]; b) O. Fischer u. Vongerichten, Berichte d. Deutsch. chem. Gesellschaft **19**, 792 [1886].
Äthylen und Methylmorphenol	a) Hesse, Annalen d. Chemie **222**, 232 [1884]; Knorr, Berichte d. Deutsch. chem. Gesellschaft **22**, 183 [1889]; b) Vongerichten u. Schrötter, Berichte d. Deutsch. chem. Gesellschaft **15**, 1488 [1882]; Hesse, Annalen d. Chemie **222**, 232 [1884].
Morphenol	Vongerichten, Berichte d. Deutsch. chem. Gesellschaft **34**, 2722 [1901].
Morphol (Dioxy-phenanthren) oder Methylmorphol	a) Knorr, Berichte d. Deutsch. chem. Gesellschaft **37**, 3495 [1904]; b) Knorr, Berichte d. Deutsch. chem. Gesellschaft **27**, 1147 [1894].
Methylmorphol	Knorr, Berichte d. Deutsch. chem. Gesellschaft **37**, 3493 [1904].
Methoxy-dioxy-phenanthren	Knorr, Berichte d. Deutsch. chem. Gesellschaft **36**, 3074 [1903].
Methoxy-dioxy-phenanthren	Knorr, Berichte d. Deutsch. chem. Gesellschaft **37**, 3499 [1904].
Dimethoxy-vinyl-phenanthren	Pschorr, Berichte d. Deutsch. chem. Gesellschaft **35**, 4377 [1902].
Thebaol (Dimethyl-oxy-phenanthren)	Freund, Berichte d. Deutsch. chem. Gesellschaft **30**, 1357 [1897].
Nicht gefaßt	Freund, ebenda.
Thebaol	Knorr, Berichte d. Deutsch. chem. Gesellschaft **37**, 3499 [1904].
Thebenol	Freund, Berichte d. Deutsch. chem. Gesellschaft **30**, 1357 [1897].
Trimethoxy-vinyl-phenanthren	Pschorr u. Massaciu, Berichte d. Deutsch. chem. Gesellschaft **37**, 2780 [1904].
Trimethoxy-vinyl-phenanthren (von obigem verschieden)	Knorr u. Pschorr, Berichte d. Deutsch. chem. Gesellschaft **38**, 3153 [1905].
Dimethylmorphol Noch nicht untersucht Noch nicht untersucht	Knorr u. Pschorr, Berichte d. Deutsch. chem. Gesellschaft **38**, 3172 [1905].

6-Trioxyphenanthrens die Stellung des alkoholischen Hydroxyls als in „6" befindlich feststellen konnte.

Hiernach sind die Alkaloide Morphin, Kodein und, wie aus der Untersuchung des später zu behandelnden Thebaols folgt, auch das Thebain Abkömmlinge des 3-, 4-, 6-Trioxyphenanthrens

---

[1]) Die Tabelle ist einer Abhandlung von L. Knorr und R. Pschorr, Berichte d. Deutsch. chem. Gesellschaft **38**, 3172 [1905] entnommen.

und die Funktionen der drei Sauerstoffatome des Morphins entsprechen dem Schema:

(Alkohol-   (indifferent.   (Phenolhydroxyl)   Sauerstoff)   hydroxyl)
HO   —O   OH

Die stickstoffhaltigen Spaltungsprodukte des Morphins. Die stickstoffhaltigen Spaltungsprodukte sind insbesondere von Knorr[1]) studiert worden. Er ging bei diesen Untersuchungen vom Methylmorphimethin aus.

Die Spaltung des Methylmorphimethins hat so wichtige Resultate geliefert, daß „das Methylmorphimethin der Schlüssel zum Verständnis der Morphinkonstitution" geworden ist.

Bei der Spaltung des Methylmorphimethinmethylhydroxyds durch Wärme erhielt Knorr **Trimethylamin,** bei der Zersetzung mit Essigsäureanhydrid **Dimethylamin** als flüchtige, basische Spaltungsprodukte. Daraus folgt unzweideutig, daß von den drei Kohlenstoffatomen, welche außerhalb des Phenanthrenkernes im Morphin anzunehmen sind, eines als Methyl an den Stickstoff gebunden ist.

Die glattere Spaltung des Methylmorphimethins durch Essigsäureanhydrid lieferte als basische Produkte Dimethylamin und Oxäthyldimethylamin $HO \cdot CH_2 \cdot CH_2 \cdot N(CH_3)_2$ in Gestalt der Acetylderivate.

Die Isolierung des Oxäthyldimethylamins führte zu dem Trugschluß, daß im Methylmorphimethin die Bindung zwischen dem Phenanthrenderivat und dem Oxäthyldimethylamin durch den Sauerstoff des letzteren vermittelt sei, und Knorr stellte für das Morphin deshalb die sogenannte „Oxazin"- oder „Morpholinformel" auf

$$\begin{matrix} HO \\ HO \end{matrix} \rangle C_{14}H_{10} \begin{matrix} O \\ \diagup \quad \diagdown \\ CH_2 \\ CH_2 \\ \diagdown \quad \diagup \\ N \\ | \\ CH_3 \end{matrix}$$

„Morpholinformel" des Morphins
(erwies sich in der Neuzeit als nicht zutreffend)

Freund[2]) erhielt aus dem Thebain in analoger Weise **Acetylhebaol,** das von Pschorr[3]) als 3,6-Dimethoxy-4-acetoxyphenanthren erkannt wurde und **Acetyläthanolmethylamin** $H_3CH > N \cdot CH_2 \cdot CH_2 \cdot O \cdot COCH_3$.

Durch die Synthese des Acetylthebaols sind also für die beiden Methoxylgruppen im Thebain die Stellungen 3 und 6 erwiesen.

Um gegebenenfalls ein Zwischenprodukt dieser Spaltung zu isolieren, studierten neuerdings Pschorr und Haas[4]) die Einwirkung von Benzoylchlorid auf Thebain bei 0°. Es zeigte sich, daß unter diesen milden Bedingungen die gleiche Spaltung des Thebains eintritt und es resultieren die **Benzoylderivate des Thebaols** und **Äthanolmethylamins.**

Ein ähnlicher leichter Zerfall in Base und Phenanthrenderivat wurde von Knorr beim Erhitzen von Thebainjodmethylat mit Alkohol auf 160° festgestellt.

Die eben angeführte „Oxazinformel" oder „Morpholinformel" verlor ihre wichtigste Stütze und mußte vollständig aufgegeben werden, als es vor kurzem gelungen war, den Komplex $\cdot C \cdot CN$ durch Erhitzen des Methylmorphimethins mit Natriummethylat, sowie auch durch Erhitzen des Thebain- und Kodeinonjodmethylats mit Alkohol in Form des Dimethylamino-äthyläthers

$$\begin{matrix} H_3C \\ H_3C \end{matrix} \rangle N \cdot CH_2 \cdot CH_2 \cdot O \cdot CH_2 \cdot CH_3$$

aus den Morphinalkaloiden herauszuschälen[5]).

---
[1]) Knorr, Berichte d. Deutsch. chem. Gesellschaft **22**, 181, 1113 (2081) [1889]; **27**, 1144 [1894].
[2]) Freund, Berichte d. Deutsch. chem. Gesellschaft **30**, 1357 [1897].
[3]) Pschorr, Berichte d. Deutsch. chem. Gesellschaft **35**, 4401 [1902].
[4]) Pschorr u. Haas, Berichte d. Deutsch. chem. Gesellschaft **39**, 16 [1906].
[5]) L. Knorr, Berichte d. Deutsch. chem. Gesellschaft **37**, 3500, 3507 [1904].

Diese Ätherbase ist aber kein primäres Spaltungsprodukt. Vielmehr bleibt nach Knorr nur die Annahme übrig, daß die dreigliedrige Kette des Seitenringes in Form einer ungesättigten Verbindung, wahrscheinlich als Vinyldimethylamin:

$$(CH_3)_2N \cdot CH : CH_2$$

abgelöst wird, das sich in nascierendem Zustande mit Alkohol zur Ätherbase vereinigt:

$$(CH_3)_2N \cdot CH : CH_2 + C_2H_5OH = (CH_3)_2N \cdot CH_2 \cdot CH_2 \cdot OC_2H_5.$$

Sollte sie zutreffen, so würden also die bei den Essigsäureanhydridspaltungen des Methylmorphimethins, Thebains und Kodeinons auftretenden Acetylderivate der Alkoholbasen als sekundäre Anlagerungsprodukte von Essigsäure an ein sauerstofffreies Produkt aufgefaßt werden müssen. Die Bildung der Hydramine würde also nicht, wie dies bei früheren Formulierungen geschehen ist, als hydrolytische Aufspaltung zu deuten sein, bei der aus dem indifferenten Sauerstoffatom der genannten Alkaloide das Hydroxyl der Alkoholbasen hervorgegangen gedacht wird.

Der direkte Beweis für diese Annahme konnte zwar bisher nicht erbracht werden, weil es nicht geglückt ist, das Vinyldimethylamin darzustellen und auf seine Additionsfähigkeit zu prüfen. Aber L. Knorr konnte auf andere Weise weiteres experimentelles Material zur Lösung der Frage beibringen. Es gelang ihm nämlich, die Spaltungsstücke, welche aus dem Methylmorphimethin und Thebain bei der Essigsäureanhydridspaltung hervorgehen, durch ätherartige Verknüpfung wieder zu vereinigen; er konnte durch Einwirkung der Natriumsalze des Thebaols und Methylmorphols auf Chloräthyldimethylamin $Cl \cdot CH_2 \cdot CH_2 \cdot N(CH_3)_2$ die entsprechenden Phenantroläther (Formel I und II) gewinnen. Der Vergleich dieser synthetischen Alkaloide, namentlich des basischen Morpholäthers (II) mit dem Methylmorphimethin, dem auf Grund der Oxazinhypothese die Formel III hätte zukommen müssen, ergab nun wesentliche Unterschiede im Verhalten dieser Verbindungen.

Insbesondere zeigen die synthetischen Basen einerseits, das Methylmorphimethin andererseits im Grad der Festigkeit, mit welcher der Komplex $\cdot CH_2 \cdot CH_2 \cdot N(CH_3)_2$ an dem stickstofffreien Teil haftet, ganz erhebliche Unterschiede. Während z. B. das Methylmorphimethin durch Natriumäthylatlösung unter Bildung von Dimethylaminoäthyläther zerlegt wird, erwiesen sich die Phenantroläther I und II gegen Natriumäthylatlösung bei 150° vollkommen beständig. Dieser charakteristische Unterschied im Verhalten der synthetischen Basen, verglichen mit Methylmorphimethin, liefert den zweiten gewichtigen Beweis dafür, daß die Bindung des Komplexes

$$\cdot C_2H_4 \cdot N(CH_3)_2$$

im Methylmorphimethin nicht die gleiche sein kann wie bei den Phenantroläthern des Oxäthyl-dimethylamins, also nicht durch einen Äthersauerstoff vermittelt sein kann.

In Übereinstimmung mit diesem Ergebniss steht die von Knorr und Pschorr gemeinschaftlich gemachte Beobachtung, nach welcher das Thebainon[1]) in gleicher Weise wie Methylmorphimethin durch Essigsäureanhydrid unter Abspaltung von Oxäthyldimethylamin zerlegt wird, obschon diese Verbindung keinen indifferenten Sauerstoff mehr enthält.

Die Annahme eines Oxazinringes im Morphin und Thebain hat sich also aus den angeführten Gründen als unhaltbar erwiesen; es bleibt kein Zweifel, daß der indifferente Sauerstoff in den Morphinalkaloiden wie in dem von Vongerichten entdeckten Methylmorphenol,

dem Spaltungsprodukt des Methylmorphimethins, als Glied eines Furanringes, eine Brücke zwischen den Stellen 4 und 5 des Phenanthrenkernes bildend, angenommen werden muß. Der Komplex —$C_2H_4 \cdot NCH_3$ muß dementsprechend im Methylmorphimethin und den Morphinalkaloiden mit Kohlenstoffbindung am Phenanthrenkern haften.

Zu dem gleichen Schluß ist auch M. Freund[2]) gelangt, der die Einwirkung von Grignard-Lösungen auf Thebain studierte.

Thebain reagiert lebhaft mit magnesiummetallorganischen Verbindungen; mit einer aus Brombenzol und Magnesium bereiteten ätherischen Lösung von Phenylmagnesiumbromid zusammengebracht, verwandelt sich das Alkaloid glatt in eine Base von der Zusammensetzung $C_{25}H_{27}NO_3$, welche also aus Thebain $C_{19}H_{21}NO_3$ durch Aufnahme der Elemente von 1 Mol. Benzol entstanden ist und von Freund Phenyldihydrothebain genannt wird. Daß bei dieser Addition das dritte indifferente Sauerstoffatom des Thebains eine Rolle spielt, ergibt sich aus den Eigenschaften der neuen Base. Dieselbe enthält nämlich, außer zwei —OCH_3-, noch eine Hydroxylgruppe, welche ihr sauren Charakter verleiht, so daß sie nicht nur mit Basen, sondern auch mit Säuren Salze bildet. Daß jenes Sauerstoffatom nicht in Form einer Carbonylgruppe, mit welcher Organomagnesiumverbindungen bekanntlich sehr leicht reagieren, vorhanden ist, ergibt sich aus der Indifferenz des Thebains gegen Hydroxylamin sowohl wie gegen Phenylhydrazin. Organomagnesiumverbindungen addieren sich aber auch leicht an Sauerstoff in ringförmiger Bindung, unter Sprengung derselben z. B. an Äthylenoxyd.

Würde nun Thebain einen Oxazinring enthalten, so könnte die Bildung einer Base mit sauren Eigenschaften nur unter Sprengung der Sauerstoffbindung in folgender Weise sich vollzogen haben:

$$\begin{matrix} CH_3O \\ CH_3O \end{matrix} \rangle C_{14}H_8 \langle \begin{matrix} O-CH_2 \\ N(CH_3) \end{matrix} \rangle CH_2 \quad \rightarrow \quad \begin{matrix} CH_3O \\ CH_3O \end{matrix} \rangle C_{14}H_8 \langle \begin{matrix} OH \\ N(CH_3) \cdot CH_2 \cdot CH_2 \cdot C_6H_5 \end{matrix}$$

Daß die Reaktion aber nicht in dieser Weise verlaufen ist, ergibt sich aus dem Abbau der neuen Base durch erschöpfende Methylierung. Sie zerfällt nämlich dabei schließlich in Trimethylamin und einen stickstofffreien Körper vom Schmelzp. 148°, der nicht, wie man erwarten sollte, die Zusammensetzung $C_{24}H_{22}O_3$ besitzt, sondern um die Gruppe „CH_2" ärmer ist, also die Zusammensetzung $C_{23}H_{20}O_3$ hat. Diese Verbindung wird von Freund als Phenyldihydrothebenol bezeichnet.

Er schließt aus der eben geschilderten Reaktion, daß von den drei Sauerstoffatomen des Thebains, von welchen ja zwei als Methoxylgruppen vorhanden sind, das dritte einem Ring angehört, wie er im Diphenylenoxyd sich vorfindet, daß also somit nicht der Rest —$O \cdot CH_2 \cdot CH_2 \cdot N \cdot CH_3$, sondern der Komplex —$CH_2 \cdot CH_2 \cdot \underset{|}{N} \cdot (CH_3)$ mit dem Phenanthrengerüst verbunden sei. Gleichzeitig spricht er die Vermutung aus, daß dieser Rest als Brücke in einem reduzierten Benzolkern vorhanden sei und stellt demzufolge für Thebain die Formel

---

[1]) Thebainon ist ein durch Reduktion des Thebains mit Zinnchlorür und Salzsäure entstehendes Keton; näheres s. R. Pschorr, Berichte d. Deutsch. chem. Gesellschaft **38**, 3160 [1905]. L. Knorr konnte dasselbe auch bei der Reduktion des Kodeinons isolieren (Berichte d. Deutsch. chem. Gesellschaft **38**, 3171 [1905], und daraus ergibt sich für den Ketonsauerstoff die Stellung 6 im Phenanthrenkern.

[2]) M. Freund, Berichte d. Deutsch. chem. Gesellschaft **38**, 3234 [1905].

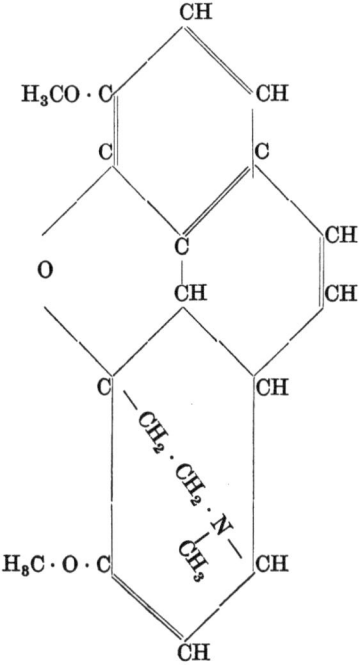

Thebain nach Freund

zur Diskussion, welche dem früher durchgeführten Abbau des Thebains zum Pyren gut Rechnung trägt.

L. Knorr und R. Pschorr fassen ihre Ansicht über die Konstitution der Morphiumalkaloide in folgenden Sätzen zusammen[1]):

1. Die drei Morphiumalkaloide sind Abkömmlinge des 3,6-Dioxyphenanthrylenoxyds,

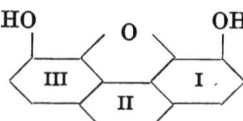

Im Kodein ist eines der beiden Hydroxyle, im Thebain sind beide methyliert.

2. An diese drei Kerne ist der zweiwertige Komplex

$$-C_2H_4 \cdot \overset{|}{N} \cdot CH_3$$

als Seitenring angegliedert. Es bleibt unbestimmt, ob das α- oder β-Kohlenstoffatom dieses Komplexes

$$\begin{array}{cc} -\overset{.}{N}-CH_3 & -\overset{.}{N}\cdot CH_3 \\ -CH\cdot CH_3 & -CH_2\cdot CH_2 \end{array} \quad \text{oder}$$

am Phenanthrenkern haftet.

Ebenso sind die Haftstellen dieses Komplexes noch nicht experimentell ermittelt.

3. Der Phenanthrenkern ist im Thebain tetrahydriert, im Morphin und Kodein hexahydriert. Die sechs additionellen Wasserstoffatome des Morphins sind auf die Benzolkerne II und III verteilt; der Kern I, an dem das Phenolhydroxyl des Morphins haftet, trägt den Charakter eines echten Benzolkernes. Der Komplex $-C_2H_4 \cdot \overset{.}{N} \cdot CH_3$ gehört dem reduzierten Teile des Phenanthrenkernes an, was sich mit Sicherheit aus dem Verlauf der Abbaureaktionen entnehmen läßt.

Die Hydrierungsstufe übt den größten Einfluß auf die Leichtigkeit aus, mit der die Ablösung dieses Komplexes vom Phenanthrenkern erfolgt.

---

[1]) L. Knorr u. R. Pschorr, Berichte d Deutsch. chem. Gesellschaft **38**, 3176 [1905].

Die drei Formeln der Morphiumalkaloide, so weit aufgelöst, als es auf Grund des experimentellen Materials mit Sicherheit heute möglich ist, sind folgende:

$$C_{14}H_4(H_6)\begin{cases}-OH & (3)\\ >O & (4\text{ u. }5)\\ -OH & (6)\\ -C_2H_4 & \\ -N\cdot CH_3 & (?)\end{cases} \quad C_{14}H_4(H_6)\begin{cases}-OCH_3 & (3)\\ >O & (4\text{ u. }5)\\ -OH & (6)\\ -C_2H_4 & \\ -N\cdot CH_3 & (?)\end{cases} \quad C_{14}H_4(H_4)\begin{cases}-OCH_3 & (3)\\ >O & (4\text{ u. }5)\\ -OCH_3 & (6)\\ -C_2H_4 & \\ -N\cdot CH_3 & (?)\end{cases}$$

Morphin   Kodein   Thebain

Bei diesen Formeln lassen die in Klammern gesetzten additionellen Wasserstoffe die Hydrierungsstufe der einzelnen Alkaloide erkennen. Die eingeklammerten Zahlen geben die Stellung der Substituenten im Phenanthrenkern an.

Wenn wir für das Morphin das bisher mit Sicherheit Feststehende noch einmal kurz hervorheben, so ist zu sagen: Im Morphin ist der Komplex

ringförmig an das System

angefügt.

Die Analogie mit der Konstitution des Papaverins (s. S. 190) macht es nach Pschorr wahrscheinlich, daß auch im Morphin der stickstoffhaltige Ring sich in ähnlicher Stellung befindet, wie es nachfolgende Formel zum Ausdruck bringt:

Papaverin   Morphin nach Pschorr (?)

M. Freund hingegen bringt in Analogie mit der oben für Thebain angeführten Formel für Morphin ein Formelbild in Vorschlag, in welcher der basische Rest als Brücke in einen Benzolring eingefügt ist.

Sie scheinen indessen mit den Resultaten, welche in jüngster Zeit Knorr und seine Mitarbeiter erhielten, doch nicht vereinbar zu sein.

Die Ergebnisse der Untersuchung des unten näher zu behandelnden **Pseudokodeins** und des aus diesem gewonnenen Ketons, des **Pseudokodeinons,** haben Knorr und Hörlein[1]) zu einer von der Pschorrschen abweichenden Auffassung über die Angliederung des stickstoffhaltigen Nebenringes geführt, nach welcher dieser eine „Brücke" bildet, welche die Stelle 5 mit einem der sogenannten Brückenkohlenstoffatome (9 oder 10) des Phenanthrenkerns verbindet, entsprechend dem Skelett:

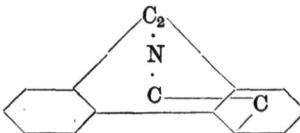

Das dem Kodeinon isomere Pseudokodeinon enthält nämlich den Carbonylsauerstoff in 8, und bei der Umwandlung von Kodein in Pseudokodein tritt eine Verschiebung des Alkoholhydroxyls von 6 nach 8 ein. Die Haftstellen des Nebenringes erleiden bei dieser interessanten Hydroxylwanderung keine Verschiebung, denn das Pseudokodein läßt sich, wie Knorr und

Hörlein festgestellt haben, in das gleiche Desoxykodein, Schmelzp. 126°, überführen, dessen Gewinnung aus dem Kodein sie[1]) durchgeführt haben.

Kodein → Chlorokodid → Desoxykodein ← Pseudochlorokodid ← Pseudokodein.

Beide Basen besitzen also das gleiche Kohlenstoffstickstoffskelett. Knorr folgert daraus: „Die Kohlenstoffkette des Nebenringes kann somit weder im Pseudokodein, noch in den Opiumalkaloiden Morphin, Kodein und Thebain, deren Beziehungen sicher festgestellt sind, an der Stelle 8 haften. Diese Stelle ist in den Morphiumalkaloiden nicht substituiert. Daraus ergibt sich, daß bei der Bildung des Apomorphins aus Morphin die Kohlenstoffkette des Nebenringes von ihrer ursprünglichen Haftstelle abgelöst wird und erst sekundär durch einen Kondensations- oder Additionsvorgang an der Stelle 8 substituierend eintritt."

Die Apomorphinbildung ist somit ein viel komplizierterer Prozeß, als Pschorr angenommen hat, und die von ihm und seinen Mitarbeitern beim Abbau des Apomorphins gewonnenen Ergebnisse und Schlußfolgerungen können demnach, soweit sie die Haftstelle der Kohlenstoffkette des Nebenringes betreffen, nicht auf das Mutteralkaloid Morphin übertragen werden.

Als Haftstelle für die Seitenkette · CH_2 · CH_2 · $N(CH_3)_2$ in den Methylmorphimethinen bleibt nach Knorr nur die Stelle 5 im tetrahydrierten Benzolkern übrig, und es ergibt sich somit für das Morphin mit viel Wahrscheinlichkeit die unten folgende „Brückenringformel", in der lediglich die Stellung des Stickstoffs in 9 oder 10 und die Lage der Doppelbindung in dem obenerwähnten Benzolkern noch unsicher ist.

Der Vergleich dieser Morphinformel mit den Formeln des Papaverins, Narkotins und Landanosins zeigt, daß die drei wichtigsten Opiumbasen Morphin, Kodein und Thebain nach einem andern Typus aufgebaut sind als die übrigen Alkaloide des Mohns.

Morphin.

Mol.-Gewicht 285,14.
Zusammensetzung: 71,54% C, 6,71% H, 4,91% N.

$C_{17}H_{19}NO_3 + H_2O$.

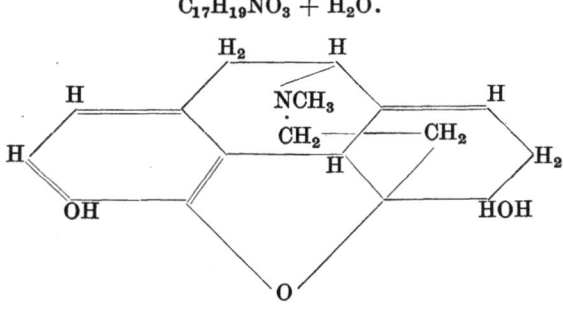

„Brückenringformel" des Morphins nach Knorr

Vorkommen: Im Jahre 1803 gelang es Derosne[2]) und beinahe gleichzeitig Sertüner und Séguin[3]) aus dem Opium krystallisierbare Substanzen abzuscheiden, die wohl zum Teil aus Morphin bestanden. Der Apotheker Sertüner[4]) stellte die reine Base im Jahre 1806 dar und erkannte den neuen Körper, den er **Morphium** (von μορφεύς, Sohn des Schlafes und Gott der Träume) nannte, als eine salzbildende, basische Substanz. Die Zusammensetzung des Morphins versuchte erst Liebig 1831 zu ermitteln, Laurent[5]) gab 1848 dem Morphin die jetzt feststehende Formel $C_{17}H_{19}NO_3$. Durch Studien über das kryoskopische Verhalten der Lösungen von Morphinverbindungen ist diese einfache Molekularformel endgültig bewiesen worden[6]).

---

[1]) Knorr u. Hörlein, Berichte d. Deutsch. chem. Gesellschaft **40**, 3341 [1907].
[2]) Derosne, Annales de Chim. et de Phys. **45**, 257 [1803].
[3]) Sertürner u. Séguin, Annales de Chim. et de Phys. **92**, 225 [1805].
[4]) Sertürner, Gilberts Annalen **55**, 61 [1817].
[5]) Laurent, Annales de Chim. et de Phys. **19**, 361 [1847].
[6]) v. Klobukow, Zeitschr. f. physiol. Chemie **3**, 476 [1889].

Der Gehalt an Morphin im Opium schwankt zwischen 3 und 23%. Die reichste Sorte ist die aus Smyrna, in der 11,7—21,5% Morphin vorhanden sind. Die reicheren Sorten werden zur Morphinbereitung benutzt, die geringeren von den Opiumrauchern konsumiert.

Außer in *Papaver somniferum* ist das Morphin auch in anderen Arten dieser Pflanzengattung, wie *P. Rhoeas* (*Floras Rhoeadas*) nachgewiesen worden.

Darstellung: Da die Alkaloide des Opiums in demselben nicht frei, sondern an Säuren gebunden sind, können sie mit warmem Wasser ausgezogen werden. Durch Zusatz von Chlorcalcium werden die Basen in Hydrochloride verwandelt.

Nachdem die Lösung durch verschiedene Manipulationen von harzartigen Körpern und von mekonsaurem Calcium befreit worden ist, wird sie zur Sirupsdicke eingedampft, wobei nach einiger Zeit Krystalle sich ausscheiden, die aus den salzsauren Salzen des Morphins und Kodeins bestehen, während die übrigen Alkaloide in der schwarzen Mutterlauge gelöst bleiben.

Die Krystalle werden aus Alkohol umkrystallisiert und aus ihrer wässerigen Lösung das Morphin durch Ammoniak gefällt, während aus der filtrierten Lösung das Kodein mit Kalilauge abgeschieden wird. Außer dieser Darstellungsmethode gibt es noch verschiedene andere, die sich aber prinzipiell von der angeführten wenig unterscheiden.

Nachweis: Es gibt eine große Anzahl von Farbenreaktionen auf Morphin, die zumeist auf den reduzierenden Eigenschaften desselben beruhen.

Eisenchlorid erzeugt in einer Lösung des Morphins oder einer seiner Salze eine blaue Färbung, welche beim Erwärmen und Zusatz von Säuren verschwindet.

Löst man 2—4 mg Morphin in 6—8 Tropfen konz. Schwefelsäure, vermischt mit einigen Tropfen Wasser und fügt einen Tropfen Salpetersäure hinzu, so tritt eine intensive Karmesinfärbung ein. Ist die Schwefelsäure nicht mit Wasser verdünnt, so ist die von Salpetersäure bewirkte Färbung dunkelviolett.

Erwärmt man Morphin mit konz. Schwefelsäure auf dem Wasserbade, zerrührt in der Masse einen Krystall von Eisenvitriol und gießt das Ganze in konz. Ammoniak, so entsteht an der Berührungsfläche der beiden Flüssigkeiten eine rote Färbung, während die Ammoniakschicht sich rein blau färbt.

Ammoniakalische Kupfersulfatlösung wird durch Morphinsalze smaragdgrün gefärbt.

Bestimmung des Morphins: Da der Wert des Opiums wesentlich von dessen Gehalt an Morphin bestimmt wird, so sind zur Ermittlung der Morphinmenge in demselben zahlreiche Methoden in Vorschlag gebracht worden. Als die zuverlässigste ist die von Dietrich auf Grund langjähriger Versuche ausgearbeitete Methode anzusehen, welche gestattet, das Alkaloid in reiner krystallisierter Form quantitativ abzuscheiden und zur Wägung zu bringen[1]).

6 g Opiumpulver verreibt man mit 6 g Wasser, verdünnt und spült das Ganze in ein tariertes Kölbchen, in welchem die Anreibung durch Zusatz von Wasser auf ein Gesamtgewicht von 54 g gebracht wird. Man läßt unter öfterem Schütteln eine Stunde lang stehen, filtriert, sammelt 42 g des Filtrats, versetzt dieselbe mit 2 ccm Normalammoniak, mischt gut, aber unter Vermeidung überflüssigen Schüttelns und filtriert sofort durch ein bereitgehaltenes Faltenfilter von 10 cm Durchmesser.

36 g dieses Filtrats, entsprechend 4 g Opium mischt man in einem genau tarierten Erlenmeyerschen Kolben mit 10 g Äther, fügt 4 ccm Normalammoniak hinzu und läßt stehen. Nach 5stündigem Stehen digeriert man mit Äther, filtriert und spült mit äthergesättigtem Wasser nach, trocknet den Filterinhalt bei 100°, bringt ihn ins Kölbchen zurück und setzt das Trocknen bis zur Gewichtskonstanz fort.

Diese Methode zur quantitativen Bestimmung des Morphins ist auch für Opiumextrakt und Opiumtinktur anwendbar[2]).

Zur Konstatierung einer Morphiumvergiftung werden die betreffenden Leichenteile (Lunge, Leber, Magen oder Speisenreste) mit verdünnter Salzsäure extrahiert, die kolierte Lösung mit einem geringen Überschuß von Ammoniak vermischt, zur Trockne verdampft und der Rückstand 3—4 mal mit heißem Amylalkohol ausgezogen. Den beim Verdunsten des Amylalkohols bleibenden Rückstand behandelt man sodann für den Fall, daß vermutet werden kann, die Vergiftung sei durch Opium anstatt durch Morphin selbst verursacht, mit heißer Sodalösung, um das Narcein zu beseitigen, dann das Ungelöste zur Entfernung von Narkotin, Papaverin und Thebain mit Benzol und reinigt das etwa rückständige Morphin durch Auflösen desselben in heißem Amylalkohol und Verdunsten desselben.

---

[1]) E. Dietrich, Zeitschr. f. analyt. Chemie **29**, 484 [1890].
[2]) M. Franke, Chem. Centralbl. **1908**, II, 914. — C. Pape, Chem. Centralbl. **1909**, I, 952.

Bei chronischer **Morphinvergiftung** hat man bei der gerichtlichen Analyse außer dem Morphin noch das **Dehydromorphin** (Oxydimorphin) $C_{34}H_{36}N_2O_6$ zu beachten, welches sich im Innern des Körpers durch Oxydation bildet. Als Hauptmerkmal der Gegenwart von Dehydromorphin dürfte das Verhalten des isolierten Alkaloidmaterials gegen verdünnte Säuren zu berücksichtigen sein, da Dehydromorphin darin wenig löslich ist und im ersten Augenblick beim Zusatz der Säure ein fast als Fällung auftretendes weißes Salz bildet[1]).

Physiologische Eigenschaften: Das Morphin ist dasjenige Alkaloid, auf welches vorzugsweise die Wirkung des Opiums zurückzuführen ist. Es ist ein heftiges Gift und wirkt in kleineren Dosen herabstimmend, in größeren ganz aufhebend auf die Tätigkeit der Nervencentra. Als schmerzstillendes und schlafbringendes Mittel findet es, namentlich in Form des Hydrochlorids, die ausgedehnteste Anwendung. Indes kann sich der Mensch, wie die Morphiophagen erkennen lassen, allmählich an größere Mengen Morphin gewöhnen. Unter normalen Verhältnissen können freilich oft geringe Mengen von Morphin schon letal wirken.

Morphin besitzt eine komplizierte Wirkung. Dieselbe besteht in erster Linie in Verminderung der Funktionen des Großhirns, besonders des Empfindungsvermögens, bis zur völligen Unterdrückung. Dadurch werden die hervorstechendsten Folgen der Morphindarreichung hervorgerufen: Schmerzstillung, Hypnose, Euphorie, Narkose. Nach größeren Dosen verbreitet sich die Lähmung auf die willkürlichen und die von Schmerz erzeugenden Reizen abhängigen reflektorischen Bewegungen, die ebenfalls vollständig unterdrückt werden. Schließlich bewirkt es bei einigen Tierarten in der Art des Strychnins eine Steigerung der von Sinnesreizen beherrschten Reflexempfindlichkeit und Tetanus. Die letzte Wirkung tritt bereits mehr in den Vordergrund beim Kodein und vollständig beim Thebain, das sich physiologisch der Strychningruppe eingliedert.

Das Morphin wird wesentlich vom Gehirn angezogen und hier auch zerstört. Dabei macht sich, einhergehend mit der „Angewöhnung" genannten Immunität, bei wiederholtem Gebrauch eine stärkere Anziehung und Zerstörung durch die Gehirnsubstanz geltend[2]).

Es war zunächst von Interesse, zu prüfen, wie weit der Phenanthrenkern an der Wirkung beteiligt ist[3]).

Bergell und Pschorr[4]) geben an, daß Phenanthren dem Organismus gegenüber sich völlig indifferent verhalte, fanden aber, daß es beim Übergange in das Hydroxylderivat (2-Phenanthrol, 3-Phenanthrol und 9-Phenanthrol) krampferregende Eigenschaften erhält, daß also das Verhalten dieser Derivate ganz analog ist dem des Phenols.

Nun ist Benzol selbst ein noch ziemlich wirksamer Körper: 0,1 g, in Öl zu 1 ccm gelöst, einem Frosche injiziert, ruft zunächst Steigerung der Reflexe hervor, dann Lähmung und in einigen Stunden Tod; die entsprechende Dosis Naphthalin bewirkt nur Lähmung, und Phenanthren und Anthracen sind in der entsprechenden Dosis noch unwirksam.

Auf den Warmblüter (Maus) wirken die genannten Kohlenwasserstoffe derart, daß Einatmung von Benzoldämpfen zum Auftreten von Krampferscheinungen führt, worin das Tier stirbt, ohne daß es zu einer Lähmung kommt; Einatmung von Naphthalindämpfen bewirkt bei der Maus Lähmung ohne Krampferscheinungen. Erhöht man im Falle des Phenanthrens die Dosis noch etwas, so gelingt es sowohl beim Frosche wie bei der Maus Wirkungen zu erzielen: durch subcutane Injektion von 0,3—0,4 g Phenanthren kann man beim Frosche einen tagelang anhaltenden Lähmungszustand hervorrufen, welcher sich als zentral bedingt erweist, da die peripheren Nerven kaum an Erregbarkeit durch den elektrischen Strom eingebüßt haben. Bei einer weißen Maus (15 g) erzeugte subcutane Injektion von 0,3 g Phenanthren einen stundenlang anhaltenden Betäubungszustand, in welchem nach 6 Stunden der Tod eintrat. Am Kaninchen konnte allerdings selbst nach Eingabe von 5 g Phenanthren innerlich keine Wirkung erzielt werden.

Bei Versuchen an Fröschen wurden außer dem Phenanthren die verschiedenen von J. Schmidt und R. Mezger[5]) dargestellten Hydrierungsprodukte nebeneinander geprüft. Es ergab sich, daß mit der Hydrierung die Intensität der Wirkung beim Phenanthren abnimmt, um am geringsten beim Dodekahydrophenanthren zu werden, d. h. bei demjenigen Hydroderivate, bei welchem nach den Untersuchungen von Schmidt und Mezger keine weitere Anlagerung von Wasserstoff mehr möglich ist.

---

[1]) C. Reichard, Pharmaz. Centralhalle **49**, 951 [1908].
[2]) Cloetta, Archiv f. experim. Pathol. u. Pharmakol. **50**, 453 [1903].
[3]) H. Hildebrandt, Archiv f. experim. Pathol. u. Pharmakol. **59**, 140 [1908].
[4]) Bergell u. Pschorr, Zeitschr. f. physiol. Chemie **38**, 44 [1903].
[5]) J. Schmidt u. R. Mezger, Berichte d. Deutsch. chem. Gesellschaft **40**, 4240 [1907].

Phenanthren und seine Hydroderivate wurden auch an kräftige Kaninchen in Dosen von 2 g pro die verfüttert. In allen Fällen erfolgte die Ausscheidung in Form gepaarter Glykuronsäuren mit dem Harne. In ihnen ist 9-Oxyphenanthren als Paarling enthalten.

Die Tatsache, daß auch Dodekahydrophenanthren eine gepaarte Glykuronsäure liefert, weist darauf hin, daß an irgendeiner hydrierten Stelle des Phenanthrenringes eine Oxydation stattgefunden hat, da wohl nicht anzunehmen ist, daß die Oxydation im Organismus an einer jener beiden Stellen erfolgt, wo eine Reduktion nicht mehr gelingt.

Es liegt wohl am nächsten, anzunehmen, daß die Oxydation an derjenigen Stelle stattgefunden hat, wo auch die Reduktion am leichtesten erfolgt, nämlich an den 9—10 C-Atomen der Brücke des Phenanthrens. Hierfür spricht ein Befund, der gelegentlich der Versuche am Frosche erhoben wurde: Während nach Darreichung von Phenanthren auch beim Frosche gepaarte Glykuronsäuren im Harne erscheinen, treten diese weder nach Darreichung von 9, 10-Dihydrophenanthren, noch nach Darreichung der höher hydrierten Derivate im Harn auf. Diese Tatsache ist wohl nur so zu deuten, daß der Organismus des Kaltblüters nicht fähig ist, in einer der Stellen 9—10 die Oxydation auszuführen, wenn bereits die Hydrierung an diesen Stellen erfolgt ist, während es dem Organismus des Warmblüters offenbar leicht gelingt, hier noch die Oxydation durchzuführen.

Phenanthren bedingt wohl die tetanische Wirkung des Morphins, da diese bei den Phenanthrolen stark hervortritt, auch in der Carbonsäure und selbst in der Sulfosäure sich äußert. **4-Methoxyphenanthren-9-carbonsäure** wirkt wie Phenanthrencarbonsäure, weitergehende Anhäufung alkylierter und acylierter Hydroxyle setzt die Krampfwirkung und Giftwirkung wesentlich herab. Narkotische Wirkung besitzt keines dieses Präparate[1]).

Phenanthrenchinonderivate scheinen sich etwas abweichend zu verhalten. Phenanthrenchinon-3-sulfosäure erzeugt keine Krampferscheinungen, ist aber ein ausgesprochener Methämoglobinbildner[1]), 2-Bromphenanthrenchinonsulfosäure verursacht schwere Vergiftungserscheinungen und Organdegenerationen und wirkt bei direkter Einführung in die Venen insofern morphinähnlich, als die Atemtätigkeit verlangsamt und vermindert wird[2]). An dieser Stelle ist auch das **Epiosin** von Vahlen[3]) (Methyldiphenylenimidazol) zu erwähnen. Es stumpft die Schmerzempfindlichkeit ab, wirkt in geringem Grade hypnotisch, in weit stärkerem krampferregend.

$$\text{Epiosin}$$

Es scheint, daß die narkotische Wirkung des Morphins durch Angliederung eines stickstoffhaltigen Ringes an den Phenanthrenkern bedingt ist. Um sie zu stärkerer Geltung zu bringen, muß das Phenolhydroxyl (in 3-Stellung) des Morphins, das die Bindung an die Nervensubstanz vermitteln dürfte, frei sein. **Kodein** in dem dieses Hydroxyl methyliert ist, ruft zwar in kleinen Dosen einen narkotischen Zustand hervor, aber viel kürzer und viel weniger tief als Morphin; nach großen Dosen ist dieser Zustand kaum noch wahrzunehmen, weil die tetanische Wirkung in den Vordergrund tritt[4]). Gleichartig wirken Äthylmorphin (**Dionin**), Amyl- und Benzylmorphin (**Peronin**). Ähnliche Veränderungen der Wirkung bedingt auch der Eintritt von Säureradikalen (Acetyl, Benzoyl usw.) in das Phenolhydroxyl[4])[5]); doch stehen die so erhaltenen Verbindungen, jedenfalls infolge der leichteren Abspaltbarkeit der hindernden Radikale, dem Morphin näher als das Kodein und seine Homologen. Praktische Verwendung findet das Diacetylderivat (**Heroin**). Wie organische Säurereste wirken auch anorganische. Je leichter abspaltbar der Säurerest ist, um so mehr nähert sich die Wirkung der des Morphins, z. B. bei Kohlensäuremorphinester und Morphinkohlensäurealkylester[2]).

---

[1]) Bergell u. Pschorr, Zeitschr. f. physiol. Chemie **38**, 17 [1903].
[2]) J. Schmidt, Berichte d. Deutsch. chem. Gesellschaft **37**, 3565 [1904].
[3]) Vahlen, Archiv f. experim. Pathol. u. Pharmakol. **47**, 368 [1902]. — Pschorr, Berichte d. Deutsch. chem. Gesellschaft **35**, 2729 [1902]. — Man vgl. L. Spiegel, Chemische Konstitution und physiologische Wirkung, Stuttgart 1909, S. 71 ff.
[4]) Stockmann u. Dott, Brit. med. Journ. **1890**, II, 189.
[5]) v. Mering, Mercks Jahresber. **1898**, 5.

Die Alkylierung schwächt nach Winternitz[1]) die Wirkung des Morphins auf die Atemtätigkeit ab, während Acylierung sie wesentlich verstärkt.

An Morphinderivaten zeigte sich auch, daß man aus Tierversuchen nicht ohne weiteres auf das Verhalten einer Verbindung beim Menschen schließen darf. So ist Kodein für Kaninchen viel giftiger als Morphin, für den Menschen aber viel weniger giftig[2]). Am ähnlichsten dem Menschen scheint sich, wenigstens für derartige, das Nervensystem vorwiegend affizierende Körper, die Katze zu verhalten.

Ausscheidung des Morphins unter dem Einfluß den Darm lokal reizender Stoffe. Aus den Versuchen von Mc Crudden[3]) geht hervor, daß das Morphin im Vergleich zu normalen Verhältnissen innerhalb derselben Zeit rascher ausgeschieden wird, wenn man durch Einverleibung auf die Darmschleimhaut lokal reizend wirkender Stoffe (*Cortex Quillajae*, *Radix Senegae*) in diesem Ausscheidungsgebiet Reizzustände verbunden mit Hyperämie und vermehrter Sekretion der Darmepithelien hervorruft, wodurch dann in der Zeiteinheit mehr Blut zugeführt wird und somit die Bedingung zur rascheren Ausscheidung des körperfremden Stoffes gegeben wird. Da nach Alt die Ausscheidung der Schlangengifte zum Teil durch die Darmschleimhaut erfolgt, dürfte die Einnahme konzentrierter alkoholischer Getränke und die von Eingeborenen innerlich verwendete Senegalwurzel bei der Therapie des Schlangenbisses auf rationellen Grundlagen beruhen.

Von den Abbauprodukten des Morphins ist das **Apomorphin** nur ein schwaches Narkoticum, wirkt aber stark brechenerregend. Diese Wirkung ist auf die freien Phenolhydroxyle zurückzuführen; denn sie ist bei halbseitiger Alkylierung nur noch andeutungsweise, nach völliger Alkylierung bzw. Acylierung gar nicht mehr vorhanden[4]). Dagegen wird die spezifische Wirkung durch Überführung in quaternäre Verbindungen, z. B. in das Brommethylat (**Euporphin**), nicht aufgehoben, während hierbei unerwünschte Nebenwirkungen (z. B. auf das Herz) verschwinden[5]).

Apokodein, das methylierte Derivat, soll als Sedativum und Abführmittel[6]) wirken. Nach Dixon[7]) wirkt es lähmend auf Nervenzellen (dadurch erweiternd auf die Gefäße, erniedrigend auf den Blutdruck, steigernd auf die Herzfrequenz und auf die automatischen Bewegungen der glatten Muskulatur), ferner reflexsteigernd bis zu strychninartigen Konvulsionen, schließlich curareartig.

Die **Methylmorphimethine**

$$CH_3O \cdot C_{10}H_5 \langle {CH(OH) \atop CH-CH} \rangle CH \cdot O \cdot CH_2 \cdot CH_2 \cdot N(CH_3)_2$$

wirken weder schmerzstillend noch schlaferregend, lähmen aber wie Morphin das Atemzentrum und setzen im Gegensatz zu ihm Blutdruck und Herztätigkeit herab.

Versuche über pharmakologische Wirkungen der isomeren Methylmorphimethine wurden von Kionka[8]) mit den Chlorhydraten an Kalt- und Warmblütern angestellt und haben ergeben, daß die Stärke, wie die Art der Wirkung von der Isomerie unabhängig ist; ferner haben sie beim Warmblüter sämtliche eine Wirkung auf Atmung und Herztätigkeit, ohne bei diesen Tieren irgendwelche narkotische Wirkung oder eine andere zentrale Nervenwirkung zu zeigen. Beim Frosch bewirken sie außerdem Narkose. Es zeigte sich, daß die Atmung zuerst angegriffen wurde, die Herztätigkeit später.

Beim Vergleiche der Opium- und Morphinwirkung zeigte sich, daß die schwachen Nebenalkaloide in Kombination miteinander weit stärker wirken, als den geringen Einzelwirkungen der bekannten Komponenten entspricht. Es müßten also im Opium entweder noch andere bisher unbekannte Alkaloide von narkotischer Wirkung vorhanden sein, oder die Gegenwart der Nebenalkaloide läßt die narkotische Wirkung kleinster Morphingaben stärker hervortreten[9]).

---

[1]) Winternitz, Therap. Monatshefte **1899**, Sept.
[2]) Mayor, Therap. Monatshefte **1903**, Mai/Juni. — Vinci, Arch. ital. di biol. **47**, 13 [1907].
[3]) F. H. Mc Crudden, Archiv f. experim. Pathol. u. Pharmakol. **62**, 374 [1910]; Chem. Centralbl. **1910**, I, 1936.
[4]) Michaelis, Klin.-therap. Wochenschr. **1904**, 660. — Kaminer, Festschrift f. Salkowski, S. 205.
[5]) Schütze, Berl. klin. Wochenschr. **43**, 349 [1906].
[6]) Guinard, Contribution à l'étude physiol. de l'apocodéine. Lyon 1893. — Toy u. Combemale, Mercks Jahresber. **1900**, 62.
[7]) Dixon, Journ. of Physiol. **30**, 98 [1900].
[8]) Kionka, Chem. Centralbl. **1908**, II, 1052.
[9]) R. Gottlieb u. A. v. d. Eeckhout, Chem. Centralbl. **1908**, II, 2023.

Die stopfende Wirkung des Morphins[1]) besteht in einer hochgradigen Verzögerung der Magenentleerung; eine direkte Darmwirkung tritt demgegenüber völlig zurück.

Über das Verhalten und Schicksal des Morphins bei der Morphinsucht hat Albanese[2]) Untersuchungen ausgeführt. Die normale Hundeleber zeigt in vitro keine besondere Wirkung auf das Morphin. Die Leber von morphingewöhnten Hunden verhält sich verschieden, wenn die Leber bald nach der letzten Gabe des Morphins auf ihr Verhalten untersucht wurde, oder wenn diese Prüfung erst einige Zeit nach dem Aussetzen der Morphineinspritzungen erfolgte. Im ersteren Falle ist die morphinzersetzende Wirkung ungefähr dieselbe wie bei einer normalen Leber. Während der Morphinhungerzeit jedoch zeigt die Leber von stark morphinisierten Hunden eine außerordentliche Fähigkeit, Morphin zu zersetzen. Die erworbene antimorphinische Wirkung der Leber morphinhungernder Tiere ist der Giftmenge proportional, welche das Tier vertragen kann. Andere Organe oder Gewebe, wie Nieren und Muskeln, zeigen eine ähnliche, wenn auch schwächere Wirkung wie die Leber[3]).

Physikalische und chemische Eigenschaften des Morphins: Das Alkaloid krystallisiert aus Alkohol in seideglänzenden Nadeln oder in derben, rhombischen Prismen, die 1 Mol. Krystallwasser enthalten, verliert dasselbe bei 128° und schmilzt unter Zersetzung gegen 230°, ist geruchlos und schmeckt stark bitter. Das Morphin löst sich in etwa 400 T. heißem Wasser, während die Löslichkeit in kaltem Wasser beträchtlich kleiner ist. 1000 T. Wasser lösen bei 10° nur 0,1 T. Morphin, 100 T. Alkohol lösen beim Kochen 7,5 und in der Kälte 5 T. der Base; die Löslichkeit des Äthers beträgt bei 5° 0,049% [3]). Warmer Amylalkohol nimmt es verhältnismäßig leicht auf und eignet sich zum Umkrystallisieren der Base.

Von Kalilauge, Natronlauge und Barytwasser wird das Alkaloid ziemlich leicht aufgenommen. In Ammoniak und Alkalicarbonaten löst es sich aber nur sehr wenig. Das Morphin ist linksdrehend, und zwar besitzt das an Salzsäure und Schwefelsäure gebundene Alkaloid nahezu das doppelte Drehungsvermögen gegenüber dem an Alkalien gebundenen. Für das Hydrochlorid bestimmte Hesse bei $p = 2$, $[\alpha]_\gamma = -98,41°$.

Das chemische Verhalten des Morphins, seine Derivate und Spaltungsprodukte sind Gegenstand zahlreicher Untersuchungen gewesen und haben, wie auf S. 254 ff. dargelegt wurde, zu wichtigen Ergebnissen in bezug auf den inneren Bau der Base geführt. Eine vollständige, sichere Klarstellung ihrer Konstitution ist noch nicht erreicht.

Das Morphin ist sehr oxydationsfähig; es reduziert in der Kälte die Gold- und Silbersalze, vom Sauerstoff der Luft wird es schon in alkalischer Lösung oxydiert, ebenso von salpetriger Säure, Kaliumpermanganat und Ferricyankalium. Bei allen diesen Reaktionen bildet sich ein ungiftiger, in Alkalien löslicher Körper. Hesse[4]) zeigte, daß derselbe die Formel $(C_{17}H_{18}NO_3)_2$ hat und mit dem aus dem Opium von Pelletier und Thiboumery gewonnenen **Pseudomorphin** identisch ist.

$$2\,C_{17}H_{19}NO_3 + O = H_2O + (C_{17}H_{18}NO_3)_2.$$

Eine energischere Oxydation des Morphins vermittels verdünnter Salpetersäure ergibt eine vierbasische Säure von der Formel $C_{20}H_9NO_{18}$, welche sich bei längerer Einwirkung des Reagens in Pikrinsäure umwandelt.

Wasserentziehende Mittel, wie Oxalsäure, Schwefelsäure, Salzsäure, Phosphorsäure, die Alkalien, eine konz. Chlorzinklösung, wirken in doppelter Weise auf Morphin ein. Bald führen sie es in verschiedenartige Kondensationsprodukte über (Trimorphin, Tetramorphin usw.), bald entziehen sie ihm 1 Mol. Wasser und bilden **Apomorphin**

$$\underset{\text{Morphin}}{C_{17}H_{19}NO_3} = H_2O + \underset{\text{Apomorphin}}{C_{17}H_{17}NO_2}.$$

Pseudo- und Apomorphin sollen weiter unten näher behandelt werden.

Salze und Derivate des Morphins: Das Morphin besitzt ziemlich stark basische Eigenschaften, weswegen seine Salze mit Säuren große Beständigkeit aufweisen. Sie sind allgemein krystallisierbar, lösen sich meistens ziemlich leicht in Wasser und Alkohol, nicht in Äther, besitzen einen bitteren Geschmack und sind durchaus giftig.

Morphinhydrochlorid $C_{17}H_{19}NO_3 \cdot HCl + 3\,H_2O$, durch Lösen des Morphins in warmer verdünnter Salzsäure und Auskrystallisieren gewonnen, ist das in der Medizin meist

---

[1]) R. Magnus, Chem. Centralbl. **1908**, I, 1721; Archiv f. d. ges. Physiol. **122**, 210 [1908].
[2]) M. Albanese, Centralbl. f. Physiol. **23**, 241 [1909].
[3]) M. Marchionneschi, Chem. Centralbl. **1907**, II, 411.
[4]) Hesse, Annalen d. Chemie **235**, 231 [1886].

angewandte Salz dieser Base. Es krystallisiert in seideartigen Fasern vom Schmelzp. 200° und verbindet sich mit verschiedenen Metallchloriden. Das Hydrochlorid löst sich in ungefähr 24 T. Wasser, sehr wenig in abs. Alkohol, nicht in Äther, dagegen nach Creß und Garot in 19 T. Glycerin. — Das **Sulfat** $C_{17}H_{19}NO_3 \cdot H_2SO_4 + 5 H_2O$ wird in zarten Nadeln erhalten, wenn Schwefelsäure genau mit Morphin neutralisiert wurde. Es besitzt ungefähr dieselbe Löslichkeit wie das Hydrochlorid. — Das neutrale **Morphintartrat** $(C_{17}H_{19}NO_3)_2 \cdot C_4H_6O_6 + 3 H_2O$ löst sich in 10 T. Wasser. Beim Aufbewahren verliert das Salz etwas an Säure. — **Morphinperjodid** $C_{17}H_{19}NO_3 \cdot HJ \cdot J_3$ krystallisiert in schwarzen, federförmigen Aggregaten und löst sich leicht in heißem Alkohol und Äther. — Das **mekonsaure Salz** $(C_{17}H_{19}NO_3)_2 C_7H_4O_7 + 5 H_2O$ wird durch Auflösen von 2 Mol. Morphin und 1 Mol. Mekonsäure in heißem Wasser erhalten, wobei es beim Erkalten in sternförmig gruppierten Nadeln auskrystallisiert.

Das einbasische Mekonat erhält man als eine zähe, amorphe, in Wasser äußerst leicht lösliche Masse.

Morphinkalium[1]), welches beim Auflösen des Morphins in Kalilauge entsteht, besitzt die Zusammensetzung $C_{17}H_{18}KNO_3 + 1\frac{1}{2} H_2O$.

Morphinmethyljodid $C_{17}H_{19}NO_3 \cdot CH_3J + H_2O$, erhalten durch Erhitzen von Morphin mit Jodmethyl im geschlossenen Rohr, krystallisiert gut und wird im Gegensatz zu Kodeinmethyljodid von Kalilauge nicht gespalten. Es läßt sich nicht direkt mit Silberoxyd, wohl aber durch Behandlung des entsprechenden Sulfats mit Barytwasser überführen in Methylmorphinhydroxyd.

Methylmorphinhydroxyd $C_{17}H_{19}NO_3 \cdot CH_3(OH)$ krystallisiert mit 5 Mol. Wasser in zarten Nadeln und löst sich leicht in Wasser. Nach Vongerichten[2]) muß diese Ammoniumbase als ein inneres Anhydrid, als ein Phenolbetain $C_{17}H_{18}NO_3(CH_3) \cdot O$, betrachtet werden, da es sich in Abwesenheit von Alkali mit Methyljodid glatt zu Kodeinmethyljodid verbindet:

$$C_{16}H_{15}O_2 \diagdown\!\!\diagdown \begin{matrix} O \\ | \\ N(CH_3)_2 \end{matrix} + JCH_3 = C_{16}H_{15}O_2 \diagdown\!\!\diagdown \begin{matrix} O \cdot CH_3 \\ N(CH_3)_2 \cdot J \end{matrix}$$

welches durch Alkali leicht in eine tertiäre Base (Methylmorphinmethin, s. unten) übergeführt wird.

Wie das Morphin selbst wird das Morphinmethyljodid von Ferricyankalium zu einem Dimorphinderivat, und zwar zu Methyloxydimorphinjodid $C_{34}H_{36}N_2O_6(CH_3J)(CH_3OH)$, oxydiert.

Morphinäthyljodid $C_{17}H_{19}NO_3 \cdot C_2H_5J + \frac{1}{2} H_2O$ krystallisiert aus Wasser in feinen Nadeln.

Die **Alkyläther** des Morphins bilden sich beim Erwärmen der Base mit Natriumäthylat und Alkyljodiden. In dieser Weise stellte Grimmaux den **Morphinmethyläther** $(CH_3O)(OH)C_{17}H_{17}NO$ dar, welcher sich mit dem Kodein identisch erwies. Bei Anwendung von Äthyljodid entsteht **Kodäthylin** $(C_2H_5O)(OH)C_{17}H_{17}NO$ (s. w. unten). Die Verbindungen werden indessen nur erhalten, wenn 1 Mol. Alkyljodid auf 1 Mol. Morphin einwirkt. Werden 2 Mol. des ersteren genommen, so bilden sich die Jodalkylate der Kodeine, z. B. Kodeinjodmethylat $(CH_3O)(OH)C_{17}H_{17}NO \cdot CH_3J$, welches mit dem aus Kodein und Methyljodid gewonnenen Additionsprodukte vollkommen identisch ist. — Ein **Morphinchinolinäther**[3]) $C_{17}H_{17}NO(OH)(OC_9H_6N)$ entsteht beim Eintragen von wasserfreiem Morphin in siedendes α-Chlorchinolin. Die Base schmilzt bei 158° und gibt mit Mineralsäuren bitterschmeckende Salze. Sie ist ein starkes, krampferzeugendes Gift.

Acetylmorphin[4]) $C_{17}H_{18}NO_2(O \cdot C_2H_3O)$, entstanden durch Erhitzen des Morphins mit Essigsäureanhydrid, tritt in zwei Modifikationen auf, einer α- und einer β-Verbindung, die sich dadurch unterscheiden, daß die erstere krystallisierbar ist und ein in Wasser sehr schwer lösliches Hydrochlorid bildet, während die letztere amorph ist und ihr Hydrochlorid in Wasser sehr leicht löslich ist. Die β-Verbindung wird bei dieser Reaktion in größerer Menge gebildet. Die α-Verbindung wird leichter erhalten beim Kochen des Diacetylderivates mit Wasser und schmilzt bei 187°.

---

[1]) Hesse, Annalen d. Chemie u. Pharmazie **222**, 230 [1884].
[2]) Vongerichten, Berichte d. Deutsch. chem. Gesellschaft **30**, I, 354 [1897].
[3]) Cohn, Monatshefte f. Chemie **19**, 106 [1898].
[4]) Wright, Journ. Chem. Soc. **27**, 1033 [1874]. — Dankwortt, Archiv d. Pharmazie **228**, 572 [1891].

Diacetylmorphin[1]) $C_{17}H_{17}NO(O \cdot C_2H_3O)_2$, auch **Heroin** genannt, wird erhalten durch längeres Erhitzen der Base mit überschüssigem Essigsäureanhydrid auf 85°, sowie beim Auflösen derselben in Acetylchlorid. Es krystallisiert aus Essigäther in kleinen glänzenden Prismen vom Schmelzp. 169° und wird von Wasser zu α-Monoacetylmorphin, von Kalilauge zu Morphin und Essigsäure verseift.

Alle diese Acetylverbindungen bilden Jodalkylate.

Dipropionylmorphin $C_{17}H_{17}NO(O \cdot C_3H_5O)_2$ entsteht aus Propionsäureanhydrid und Morphin und ist amorph. — **Butyrylmorphine** $C_{17}H_{18}NO_2(O \cdot C_4H_7O)$ entstehen durch Erhitzen von wasserfreiem Morphin mit Buttersäure bei 130°, von welchen das eine krystallisiert, das andere amorph ist. Wird die Erhitzungstemperatur etwas gesteigert, so resultiert **Dibutyrylmorphin** $C_{17}H_{17}NO(O \cdot C_4H_7O)_2$. — **Benzoylmorphin**[2]) $C_{17}H_{18}NO_2(O \cdot C_7H_5O)$ bildet sich bei Einwirkung von Benzoylchlorid auf Morphin in Gegenwart von Kalilauge, körniges Pulver, das bei 144—145° schmilzt. — **Dibenzoylmorphin** $C_{17}H_{17}NO \cdot (O \cdot C_7H_5O)_2$ entsteht beim Erhitzen von Morphin mit Benzoesäureanhydrid auf 130°, krystallisiert aus Alkohol in großen Säulen vom Schmelzp. 190°.

Morphinkohlensäureäthylester[3]) $C_{17}H_{18}NO_2(O \cdot CO_2C_2H_5)$ bildet sich beim Erwärmen einer benzolischen Lösung von Chlorameisensäureester mit Morphin in alkalischer Lösung. Die Verbindung schmilzt bei 113°. Durch Basen werden die Ester leicht wieder zu Morphin verseift. Sie wirken stärker schmerzstillend und schlafbringend als das Morphin selbst[4]).

Morphinschwefelsäure $C_{17}H_{18}NO_2 \cdot O \cdot SO_3H$ wird gewonnen, wenn eine Lösung von Morphin in verdünnter Kalilauge mit Kaliumpyrosulfat allmählich versetzt wird. Die mit Essigsäure ausgeschiedene, aus Wasser umkrystallisierte Säure bildet silberglänzende Nadeln, die 2 Mol. Wasser enthalten. In längerer Berührung mit verdünnten Säuren zerfällt sie wieder in Morphin und Schwefelsäure. Die physiologische Wirkung dieser Säure ist viel schwächer als die des Morphins. Im Harn, nach subcutanen Injektionen von Morphin, ist die Morphinschwefelsäure nicht gefunden worden.

(α-)Chloromorphid[5]) $C_{17}H_{18}NO_2Cl$ krystallisiert aus Methylalkohol in Prismen vom Schmelzp. 192°. Wasserfreie, flüssige Chlor- oder Bromwasserstoffsäure spaltet Morphin nicht, sondern führt zum Ersatz des alkoholischen Hydroxyls durch Halogen, und es entstehen die gleichen Produkte, wie sie von Schryver und Lees[6]) durch Einwirkung von Phosphorchloriden auf Morphin erhalten wurden.

β-Chlormorphid[7]) entsteht durch Erwärmen von Morphin im geschlossenen Gefäß auf 65° mit Salzsäure; bei weiterer Einwirkung liefert es Apomorphin. Aus Äther umkrystallisiert schmilzt es bei 188°. Es ist dem Chloromorphid von Schryver und Lees isomer, aus dem es sich, ähnlich wie aus Morphin, bei gelindem Erwärmen mit Salzsäure bildet.

α- und β-Chlormorphid unterscheiden sich noch durch ihr verschiedenes Verhalten gegen Schwefelsäure. β-Chlormorphid bildet mit Schwefelsäure ein schön krystallisierendes Sulfoprodukt $C_{17}H_{18}NO_5ClS$, α-Chloromorphid dagegen nicht.

Das Jodmethylat schmilzt bei 210° unter Zersetzung; das Acetylderivat schmilzt bei 163°. In methylalkoholischer Lösung beträgt $[\alpha]_D^{15} = -5°$ für das β-Chloromorphid, für das α-Chloromorphid ist $[\alpha]_D^{15} = -375°$.

Das **Bromomorphid** $C_{17}H_{18}NO_2Br$ krystallisiert in Nadeln vom Schmelzp. 170°. In beiden, dem Chloro- und Bromomorphid, wie auch im Chloro- und Bromokodid, läßt sich das Halogen leicht gegen schwefelhaltige Radikale ersetzen. Mit Kaliumsulfhydrat bildet sich unter gleichzeitiger Oxydation eine dimolekulare Verbindung, z. B. aus Chlorokodid das

Bisthiokodid (Schmelzp. 200°)

$$2\,C_{18}H_{20}NO_2Cl + 2\,KSH \to [2\,C_{18}H_{20}NO_2 \cdot SH] + O = (C_{18}H_{20}NO_2 \cdot S-)_2,$$

während mit Mercaptannatrium **Äthylthiokodid** (Schmelzp. 145°) entsteht

$$C_{18}H_{20}NO_2Cl + NaSC_2H_5 = C_{18}H_{20}NO_2 \cdot SC_2H_5 + NaCl.$$

---

[1]) Hesse, Annalen d. Chemie u. Pharmazie **222**, 205 [1884]. — Merk, Chem. Centralbl. **1899**, I, 705.

[2]) Polstorff, Berichte d. Deutsch. chem. Gesellschaft **13**, I, 98 [1880].

[3]) Knoll, Berichte d. Deutsch. chem. Gesellschaft **20**, III, 302 [1887].

[4]) v. Mering, Chem. Centralbl. **1899**, I, 697.

[5]) R. Pschorr, Berichte d. Deutsch. chem. Gesellschaft **39**, 3130 [1906].

[6]) Schryver u. Lees, Journ. Chem. Soc. **77**, 1092 [1900].

[7]) L. Ach u. H. Steinbock, Berichte d. Deutsch. chem. Gesellschaft **40**, 4281 [1907].

Isomere des Morphins: Schryver und Lees[1]) haben zuerst darauf aufmerksam gemacht, daß die Chlor- und Bromderivate des Morphins, Chloromorphid und Bromomorphid, bei der Hydrolyse mit Wasser nicht nur die ursprünglichen Basen regenerieren, sondern stets Gemische von isomeren Basen liefern, von denen sie (α)-**Isomorphin**, β-**Isomorphin** isolierten. Chloromorphid, Bromomorhpid und Isomorphin sind alle ohne narkotische Wirkung.

Zufolge weiterer Studien von Schryver und Lees[2]) einerseits, von Knorr[3]) und seinen Mitarbeitern andererseits sind nunmehr vier isomere Morphine und ebensoviel Kodeine (siehe dort) bekannt geworden. Die nähere Bezeichnung und den Zusammenhang mit den Isokodeinen siehe bei Tabelle I und II bei Isokodein.

Um den Überblick über den jetzigen Stand der 4 isomeren Morphine zu erleichtern, sind dieselben in folgendem tabellarisch zusammengestellt.

	Schmelzpunkt	$[\alpha]_D$	Jodmethylate	
			Schmelzpunkt	$[\alpha]_D$
Morphin	253°	—133°	279°	—73°
(α)-Isomorphin (Schryver u. Lees)	247°	—167°	279°	—95°
γ-Isomorphin (Knorr u. Oppé) .	278°	—94°	295°	—51°
β-Isomorphin + $\frac{1}{2}$ C$_2$H$_5$OH (Schryver u. Lees).	182°	—216°	250°	—146°

Brommorphin $C_{17}H_{18}BrNO_3$. Wird entwässertes Morphin Bromdämpfen ausgesetzt, so wird das Brom lebhaft absorbiert unter Entwicklung von Bromwasserstoff. Es findet aber nicht eine einfache Substitution statt, sondern Oxydation unter Bildung von Oxydimorphin $C_{34}H_{36}N_2O_6$ und bromierten Oxydimorphinverbindungen[4]).

Dagegen läßt sich das Diacetylmorphin direkt in Gegenwart von Wasser bromieren, die entstehende Bromdiacetylverbindung wird verseift und aus der alkoholischen Lösung das Brommorphin durch Kohlensäure gefällt. Aus Alkohol umkrystallisiert bildet es kleine Prismen von der Zusammensetzung $C_{17}H_{18}BrNO_3 + 1\frac{1}{2} H_2O$. Das salzsaure Salz ist schwer löslich in Wasser. Im Gegensatz zu Morphin wird das Brommorphin durch Oxydationsmittel nicht in eine Oxydimorphin-(Pseudomorphin-)Verbindung verwandelt, weshalb anzunehmen ist, daß das Bromatom an Stelle desjenigen Wasserstoffes sich befindet, durch dessen Austritt bei der Oxydation Oxydimorphin entsteht.

Mit Methyljodid verbindet sich Brommorphin erst beim längeren Kochen. Das Jodalkylat läßt sich unter Vermittlung des Sulfats in **Brommorphinmethylhydroxyd** überführen, welches sich mit Methyljodid bei gewöhnlicher Temperatur glatt zu **Bromkodeinmethyljodid** verbindet, weshalb auch hier für die Ammoniumbase eine betainartige Konstitution anzunehmen ist:

$$C_{16}H_{14}BrO_2 \diagdown_{N(CH_3)_2}^{O} \quad \rightarrow \quad C_{16}H_{14}BrO_2 \diagdown_{N \cdot (CH_3)_2 J}^{O \cdot CH_3}$$

Betain des Brommorphinmethylhydroxyds   Bromkodeinmethyljodid

Bromdiacetylmorphin $C_{17}H_{17}BrNO(O \cdot C_2H_3O)_2$, auf obengenannte Weise dargestellt (Schmelzp. 208°), liefert ein Jodmethylat und eine entsprechende Methylammoniumbase, welche indessen sehr unbeständig ist und in das Acetat des Brommonoacetylmorphinmethylhydroxyds übergeht. Das mit Methyljodid aus dieser Base erhaltene Jodid erweist sich als ein Kodeinderivat, indem es durch Kochen mit Alkali in **Brommethylmorphimethin** übergeht[5]).

Tetrabrommorphin $C_{17}H_{15}Br_4NO_3 + 2 H_2O$. Mit Bromwasserstoff und Brom behandelt, liefert das Morphin ein Hydrobromid des Tetrabrommorphins $C_{17}H_{15}Br_4NO_3HBr$, aus dem durch Soda die Base in Form eines unschmelzbaren Krystallpulvers freigemacht wird[6]).

---

[1]) Schryver u. Lees, Journ. Chem. Soc. **79**, 563 [1901]. — Lees u. Eutin, Proc. Chem. Soc. **22**, 253; Chem. Centralbl. **1900**, II, 340, 365; **1907**, I, 352.
[2]) Schryver u. Lees, Journ. Chem. Soc. **79**, 577 [1901].
[3]) L. Knorr u. Oppé, Berichte d. Deutsch. chem. Gesellschaft **40**, III, 3846, 3847 [1907].
[4]) Sonntag, Diss. Göttingen 1895.
[5]) Vongerichten, Annalen d. Chemie u. Pharmazie **297**, 204 [1897].
[6]) Causse, Compt. rend. de l'Acad. des Sc. **126**, 1799 [1898].

Dioxymorphin $C_{17}H_{19}NO_5$. Wird Morphin mit alkoholischer Kalilauge, Natriumäthylat oder Natriumamylat hoch erhitzt, so spalten sich flüchtige Basen ab, während zugleich eine phenolartige Substanz entsteht, die aus der Lösung durch verdünnte Schwefelsäure niedergeschlagen wird und die Zusammensetzung eines Dioxymorphins zu besitzen scheint. Nur ein Teil des Morphins wird nämlich bei der Reaktion gespalten, der andere unterliegt der Oxydation[1]).

Dimorphylmethan $(C_{17}H_{18}NO_3)_2CH_2$ bildet sich durch Kondensation von Formaldehyd und Morphin in saurer Lösung, ist eine amorphe, in Wasser schwer lösliche Base vom Schmelzp. 270°. Anzunehmen ist, daß der Formaldehyd in Parastellung zum Stickstoff in einen Benzolkern eingreift[2]).

Morphinviolett $C_{25}H_{29}N_3O_4$ wird ein von Cazeneuve durch Kondensation zwischen Morphin und Nitrosodimethylanilin in alkoholischer Lösung erhaltener Farbstoff genannt. Es krystallisiert in grünlichen Schuppen und löst sich in Wasser mit violetter Farbe.

Apomorphin.

Mol.-Gewicht 267,14.
Zusammensetzung: 76,67% C, 6,41% H, 52,45% N.

$$C_{17}H_{17}NO_2.$$

[Strukturformel]

Darstellung: Mathiessen und Wright[3]) haben diese Base erhalten beim Erhitzen von reinem Morphin mit 35 proz. Salzsäure im geschlossenen Rohr auf 140—150° und zugleich beobachtet, daß sie unter ähnlichen Bedingungen aus Kodein entsteht. Wasserentziehende Mittel, wie Oxalsäure, Schwefelsäure, Phosphorsäure und Chlorzink, wirken in gleicher Weise auf das Morphin ein. Bald führen sie es in verschiedene Kondensationsprodukte über (Trimorphin, Tetramorphin usw.), bald entziehen sie ihm 1 Mol. Wasser nach folgender Gleichung[4]):

$$C_{17}H_{19}NO_3 = H_2O + C_{17}H_{17}NO_2.$$
$$\text{Morphin} \qquad\qquad \text{Apomorphin}$$

Die Konstitution des Apomorphins wurde von Pschorr und seinen Mitarbeitern aufgeklärt[5]).

Physikalische und chemische Eigenschaften: Apomorphin ist ein schneeweißer, amorpher Körper, welcher an der Luft grün wird. In Wasser ist es wenig, in Alkohol und Äther leicht löslich, wodurch es sich scharf vom Morphin unterscheidet. Die alkalische Lösung des Apomorphins schwärzt sich an der Luft. Das **Hydrochlorid**[6]) **der Base** $C_{17}H_{17}NO_2 \cdot HCl$ krystallisiert in Prismen. Wird das Salz mit Kalilauge erwärmt und die dunkle Lösung mit Salzsäure versetzt, so entzieht Äther derselben einen blauen Farbstoff.

Physiologische Eigenschaften: Das Apomorphin ist mit ganz anderen physiologischen Eigenschaften ausgestattet als das Morphin. Es ist kein Narkoticum mehr, sondern ein sehr energisches Brechmittel. Nach Pschorr und Bergell bedingen die beiden Hydroxylgruppen die spezifisch emetische Wirkung des Apomorphins.

Durch Überführung des Apomorphins in die verschiedenen quaternären Salze wurden Präparate erhalten, die die spezifische Brechwirkung des Apomorphins besitzen, vor diesem

---

[1]) Skraup u. Wiegmann, Monatshefte f. Chemie **10**, 102 [1889].
[2]) Vongerichten, Berichte d. Deutsch. chem. Gesellschaft **29**, I, 65 [1896].
[3]) Mathiessen u. Wright, Annalen d. Chemie u. Pharmazie, Suppl. **7**, 172 [1870]. — Liebert, Jahresber. d. Chemie **1872**, 755.
[4]) Mayer, Berichte d. Deutsch. chem. Gesellschaft **4**, 121 [1871].
[5]) Pschorr, Jäckel u. Fecht, Berichte d. Deutsch. chem. Gesellschaft **35**, 4377 [1902].
[6]) Ernst Schmidt, Chem. Centralbl. **1908**, II, 1187. — B. D. Dott, Chem. Centralbl. **1909**, I, 1101.

indes den Vorzug haben, in Wasser äußerst leicht löslich zu sein und (mit Ausnahme des Jodmethylates) in Substanz wie in Lösung eine erhöhte Haltbarkeit zu zeigen[1]).

Am geeignetsten für therapeutische Zwecke erwies sich das **Apomorphinbrommethylat** welches unter dem Namen **Euporphin** in den Handel gebracht wurde. Es besitzt vor dem Apomorphin den Vorzug, in geringerem Grade Brechreiz hervorzurufen, auf das Herz bedeutend weniger einzuwirken und länger ohne Schaden für die Kranken gebraucht werden zu können. Die Darstellung des Apomorphinbrommethylats erfolgt nach Pschorrs Verfahren folgendermaßen:

Apomorphin wird mit Dimethylsulfat behandelt; das zuerst entstehende methylschwefelsaure Salz des Methylapomorphins wird sodann mit einer gesättigten Bromkaliumlösung umgesetzt und gleichzeitig ausgesalzen:

$$C_{17}H_{17}NO_2 + (CH_3)_2SO_4 = C_{17}H_{17}O_2N\!\!<\!\!^{CH_3}_{SO_4}\cdot CH_3$$

$$C_{17}H_{17}O_2N\!\!<\!\!^{CH_3}_{SO_4}\cdot CH_3 + KBr = C_{17}H_{17}O_2N\!\!<\!\!^{CH_3}_{Br} + CH_3SO_4K$$

E. Harnack und H. Hildebrandt[2]) haben mit verschiedenen Apomorphinpräparaten Versuche an Fröschen usw. angestellt. Das heutige Apomorphin wird, wenn seine Lösung unmittelbar in den lebenden Muskel des Frosches oder in dessen nächste Nähe gebracht wird, augenscheinlich sehr rasch entgiftet, so daß außer einer örtlich ganz beschränkten Affektion des betreffenden Muskels im übrigen jede Wirkung ausbleibt, was nach früheren Beobachtungen von Harnack[3]) bei dem damaligen Präparat keineswegs der Fall war; jetzt erhielten Harnack und Hildebrandt eine Wirkung nur dann, wenn sie entweder in den Kehllymphsack die Lösung brachten oder den ganzen Frosch in eine Lösung von 30—50 mg des Apomorphinsalzes setzten, so daß die Aufnahme von der gesamten Haut aus erfolgte[4]). Aus den Versuchen ergibt sich, daß es zweifellos mehrere Apomorphine gibt, die einander chemisch zwar sehr nahe verwandt sind, sich aber doch in einer vorläufig nicht näher festzustellenden Weise unterscheiden müssen, da beträchtliche Differenzen quantitativer Art in der Wirkung bei Fröschen vorhanden sind. Die neueren Präparate, die an Reinheit nichts zu wünschen übrig lassen, sind schwächer wirksam als die bei den alten Versuchen angewandten; augenscheinlich sind sie auch dem Froschmuskel gegenüber leichter zerstörbar, und bei Rana temporaria wirksamer als bei Rana esculenta. Ein amorphes Produkt wirkte weniger stark als ein krystallisiertes. Quantitativ sind die lähmenden Wirkungen auf das zentrale Nervensystem wie auf den quergestreiften Muskel selbst die gleichen. Bei den amorphen Apomorphinpräparaten scheinen auch bedeutende qualitative Unterschiede in der Wirkung auf Warmblüter vorhanden zu sein.

Aus einer eingehenden Diskussion über die Konstitution des Apomorphins sei mitgeteilt, daß Harnack und Hildebrandt nachstehende Formel der von Pschorr[5]) angenommenen vorziehen:

---

[1]) R. Pschorr, Verfahren zur Herstellung leicht löslicher, haltbarer Alkylapomorphiniumsalze. D. R. P. Kl. 12 p. Nr. 158 620 v. 30. Juli 1903; Chem. Centralbl. **1905**, I, 702. — J. D. Riedel, A. G. Berlin, Verfahren zur Herstellung leicht löslicher, haltbarer Alkylapomorphiniumsalze. Zus.-Pat. zu Nr. 158 620; Chem. Centralbl. **1906**, I, 1067.

[2]) E. Harnack u. H. Hildebrandt, Archiv f. experim. Pathol. u. Pharmakol. **61**, 343 [1909].

[3]) E. Harnack, Archiv f. experim. Pathol. u. Pharmakol. **2**, 254; **3**, 64.

[4]) Rieder, Archiv f. experim. Pathol. u. Pharmakol. **60**, 408 [1909].

[5]) R. Pschorr, Berichte d. Deutsch. chem. Gesellschaft **40**, 1987 [1907].

Es wäre denkbar, daß neben dem Hauptprodukt, für das Bergell und Pschorr die beiden Phenolhydroxyle in der o-Stellung annehmen, auch solche in der m- und p-Stellung entständen, was schon genügen könnte, um die Eigenschaften und die Wirkung auf irgendeinem Punkt etwas zu modifizieren.

Das von Bergell und Pschorr dargestellte **Dibenzoylapomorphin**, das die beiden dem Apomorphin eigenen Hydroxyle nicht mehr intakt enthält, wirkt gar nicht emetisch und besitzt überhaupt keine ausgesprochenen Wirkungen. Daß aber andererseits nicht jedes Apomorphinderivat emetisch wirken muß, wenn es die beiden Hydroxyle als solche noch enthält, zeigt das Verhalten des **Apomorphinmethylbromids (Euporphins)**; als Ammoniumbase besitzt es die für letztere typische Curarewirkung, während es entweder gar nicht oder nur überaus schwach emetisch wirkt. Auch die zentral erregenden Wirkungen des Apomorphins beim Kaninchen kommen der Ammoniumbase nicht zu. Kombiniert man die Ammonbase mit dem Apomorphin, und zwar ein jedes in an sich fast unwirksamer Dosis, so resultiert eine beträchtliche Steigerung der allgemein lähmenden Wirkung am Frosch. Das käufliche Euporphin ist mit Apomorphin etwa bis zu 8% verunreinigt und wirkt daher in entsprechenden Gaben emetisch. Daß es für die expektorierende Wirkung am Krankenbett vor dem Apomorphin Vorzüge besitzt, ist vorläufig nicht mit Bestimmtheit zu behaupten.

Derivate des Apomorphins: Dibenzoylapomorphin[1]) $C_{17}H_{15}(O \cdot COC_6H_5)_2N$, durch Benzoylierung von Apomorphinchlorhydrat in der Kälte nach Schotten-Baumann erhalten, bildet farblose, prismatische Krystalle vom Schmelzp. 156—158°, welche leicht löslich sind in Alkohol, Äther, Chloroform, Aceton und Benzol, schwer löslich in Ligroin und fast gar nicht löslich in Wasser. $[\alpha]_D^{17} = +43,44°$. — Sein **Jodmethylat** $C_{17}H_{15}(O \cdot COC_6H_5)_2N(CH_3J)$ schmilzt bei 229—230°, ist leicht löslich in Alkohol und Eisessig, schwerer löslich in Wasser und Aceton, fast unlöslich in Benzol, Ligroin, Äther und Chloroform.

Tribenzoylapomorphin[2]) $C_{17}H_{15}(O \cdot COC_6H_5)_2N(COC_6H_5)$, erhalten durch Erhitzen von Apomorphinchlorhydrat mit Benzoylchlorid oder Dibenzoylapomorphin mit Benzoylchlorid, krystallisiert aus Chloroform in feinen Nadeln vom Schmelzp. 217—218°, ist optisch inaktiv und leicht löslich in Chloroform, Aceton, Eisessig, Essigester. Wird das Tribenzoylapomorphin mit Chromsäure in Eisessiglösung oxydiert, so resultiert ein Phenanthrenchinonderivat, das sämtliche Substituenten der ursprünglichen Substanz noch enthält.

Tribenzoylapomorphinchinon[3]) $C_{38}H_{27}NO_7$, krystallisiert aus Essigester in gelbroten Stäbchen vom Schmelzp. 178—179°, löslich in heißem Alkohol und Aceton. Gibt man zur alkoholischen Lösung des Chinons einige Tropfen Natriumalkoholatlösung, so schlägt die Farbe sofort in ein intensives Karmesinrot um, das beim kurzen Erwärmen einem reinen, tiefblauen Ton weicht. Das **Tribenzoyl-apomorphinchinonphenylhydrazon** $C_{44}H_{33}N_3O_6$ krystallisiert in ziegelroten, glänzenden Blättchen vom Schmelzp. 235—236°. Das **Azin** $C_{44}H_{31}N_3O_5$ schmilzt bei 221—222°.

Durch Erwärmen mit Natriumalkoholat werden aus dem Tribenzoylapomorphin die an Sauerstoff gebundenen Säurereste abgespalten, und es entsteht das **N-Benzoyl-apomorphinchinon** $C_{14}H_{19}NO_5$ vom Schmelzp. 218°. Das **Phenylhydrazon** dieses Chinons krystallisiert aus Alkohol in roten Stäbchen vom Schmelzp. 228°.

Acetyldibenzoyl-apomorphin[2]) $C_{33}H_{27}NO_5$, durch Erhitzen von Dibenzoylapomorphin mit Essigsäureanhydrid erhalten, schmilzt, aus Benzol umkrystallisiert wie die Dibenzoylverbindung bei 156—158°, unterscheidet sich aber von dieser durch die Krystallform und die Schwerlöslichkeit in Äther. Es löst sich leicht in Alkohol, Aceton, Chloroform, Eisessig und Benzol, schwer in Äther und fast gar nicht in Wasser und Ligroin.

Monomethyl-apomorphin[4]) $C_{18}H_{19}O_2N$, durch Methylieren von Apomorphinchlorhydrat mit Diazomethan erhalten, krystallisiert aus Methyl- oder Äthylalkohol mit 1 Mol. Krystallalkohol, in welchem es bei 85° zu schmelzen beginnt. Es ist unlöslich in Wasser, ziemlich schwer löslich in Alkohol, leicht löslich in Äther, Ligroin und Benzol. $[\alpha]_D^{22} = +66,83°$. Sein **Jodmethylat** $C_{18}H_{19}O_2N \cdot CH_3J$ bildet farblose Nadeln, die in Wasser, Alkohol, Aceton schwer löslich sind und bei 229—230° unter Zersetzung schmelzen. $[\alpha]_D^{21} = +10,48°$. **Benzoylmethylapomorphin** $C_{25}H_{23}N$ krystallisiert mit 1 Mol. Krystallalkohol und schmilzt in diesem bei 85—90°.

---

[1]) Pschorr u. Caro, Berichte d. Deutsch. chem. Gesellschaft **39**, 3124 [1906].
[2]) Pschorr, Jaeckel u. Fecht, Berichte d. Deutsch. chem. Gesellschaft **35**, 4385 [1902].
[3]) Pschorr u. Spangenberg, Berichte d. Deutsch. chem. Gesellschaft **40**, 1995 [1908].
[4]) Pschorr, Jaeckel u. Fecht, Berichte d. Deutsch. chem. Gesellschaft **35**, 4387 [1902].

Methylacetylapomorphin-jodmethylat $C_{21}H_{24}O_3NJ$. Die Einwirkung von Essigsäureanhydrid in der Wärme auf Monomethylapomorphin führt nicht zu der Monoacetylverbindung, vielmehr treten unter Sprengung des stickstoffhaltigen Ringes zwei Säurereste in das Molekül ein. Dagegen gelingt die Einführung nur einer Acetylgruppe, wenn das Jodmethylat des Monomethylapomorphins mit Essigsäureanhydrid in Reaktion tritt. Aus Alkohol umkrystallisiert schmilzt das Methylacetylapomorphin-jodmethylat bei 241° unter Zersetzung, ist leicht löslich in Wasser, weniger löslich in Alkohol und Aceton, sehr schwer in Essigester, unlöslich in Benzol, Äther oder Ligroin.

Methyldiacetylapomorphin $C_{22}H_{23}O_4N$, aus Methylapomorphin durch Kochen mit Essigsäureanhydrid erhalten, krystallisiert mit 1 Mol. Krystallalkohol aus Alkohol und ist in den gebräuchlichen organischen Lösungsmitteln reichlich löslich, mit Ausnahme von Petroläther und Ligroin.

Dimethylapomorphin $C_{19}H_{21}O_2N$ erhält man durch Methylieren einer alkalischen Lösung von Apomorphinchlorhydrat mit Dimethylsulfat in der Wärme[1]). Es krystallisiert, wie das Monomethylapomorphin, aus Alkohol mit 1 Mol. Krystallalkohol, in welchem es bei ca. 85° zu schmelzen beginnt. Sein **Jodmethylat** $C_{20}H_{24}O_2NJ$ schmilzt bei 195°, löst sich in Wasser und Alkohol und ist unlöslich in Äther, Chloroform, Benzol und Ligroin. $[\alpha]_D^{21}$ = $-42,03°$. Wird dieses Jodmethylat mit 30 proz. Kalilauge erwärmt, so entsteht **Dimethylapomorphimethin** $C_{20}H_{23}O_2N$, ein Öl, dessen Chlorhydrat in farblosen Nadeln vom Schmelzp. 220—221° krystallisiert und optisch inaktiv ist.

Das Jodmethylat von **Dimethylapomorphimethin** $C_{21}H_{26}O_2NJ$, Schmelzp. 242 bis 244°, zersetzt sich beim Erhitzen mit 30 proz. Kalilauge in Trimethylamin und in ein stickstofffreies Phenanthrenderivat, **3, 4-Dimethoxy-vinyl-phenanthren** $C_{18}H_{16}O_2$, vom Schmelzpunkt 80°. Das **Pikrat** dieser Verbindung krystallisiert aus Alkohol in dunklen Nadeln, welche bei 128° schmelzen.

Bei der Oxydation des 3, 4-Dimethoxy-vinyl-phenanthrens mit Kaliumpermanganat erhält man die **3, 4-Dimethoxy-phenanthrencarbonsäure**, gelbe Nadeln vom Schmelzp. 196°, leicht löslich in Alkohol, Aceton, Essigester, schwerer in Eisessig, Chloroform, unlöslich in Ligroin oder Wasser.

Pseudomorphin, Dehydromorphin.

Mol.-Gewicht 600,30.
Zusammensetzung: 67,96% C, 6,04% H, 4,66% N.

$$C_{34}H_{36}N_2O_6.$$

Vorkommen: Schon im Jahre 1835 stellte Pelletier aus dem Opium eine Base dar, welche sich dem Morphin sehr ähnlich verhielt. Hesse[2]) erhielt diese Pseudomorphin genannte Base in größerer Menge, erkannte sie als ein oxydiertes Morphin und gab ihr die Formel $C_{17}H_{19}NO_4$.

Polstorff[3]) erwies, daß dasselbe Produkt bei der Behandlung des Morphins in alkalischer Lösung mit schwachen Oxydationsmitteln entsteht und stellte fest, daß je 2 Mol. Morphin je 1 Wasserstoffatom verlieren und die Reste zusammentreten. Schon in ammoniakalischer Lösung absorbiert das Morphin rasch Sauerstoff und liefert hierbei Pseudomorphin, so daß es wahrscheinlich ist, daß dieses nicht im Opium präexistiert, sondern sich erst bei der Darstellung des Morphins bildet. Donath bezeichnete die Base als **Dehydromorphin**[4]).

Darstellung: Bei der Trennung der Opiumalkaloide befindet sich das Pseudomorphin in dem Morphin- und Kodeinhydrochlorid. Wird die alkoholische Lösung dieser Salze mit einem kleinen Überschuß von Ammoniak versetzt, so wird Morphin gefällt, während das Pseudomorphin in Lösung bleibt. Die mit Salzsäure neutralisierte, von Alkohol befreite Lösung gibt nun mit Ammoniak einen voluminösen, vorzugsweise aus Pseudomorphin bestehenden Niederschlag. Zur Reinigung wird dieser in Essigsäure gelöst und mit Ammoniak versetzt, bis die Lösung nur noch ganz schwach sauer reagiert, wobei nur das Pseudomorphin gefällt wird.

---

[1]) Pschorr, Berichte d. Deutsch. chem. Gesellschaft **39**, 3126 [1906].
[2]) Hesse, Annalen d. Chemie u. Pharmazie **141**, 87 [1867]; Suppl. **8**, 267 [1871].
[3]) Polstorff, Berichte d. Deutsch. chem. Gesellschaft **13**, 86, 88, 91, 92 [1880].
[4]) Donath, Journ. f. prakt. Chemie [2] **33**, 559 [1886].

Physikalische und chemische Eigenschaften: Das Alkaloid krystallisiert aus verdünnter Ammoniaklösung, in der es sich bei mäßiger Wärme ziemlich leicht löst, in Krusten oder losen Krystallen, die 3 Mol. Wasser enthalten und sich bei höherer Temperatur, ohne zu schmelzen, zersetzen. In Wasser, Alkohol und Äther, sowie auch in verdünnter Schwefelsäure ist das Pseudomorphin unlöslich, löst sich aber leicht in Kalilauge. Das Pseudomorphin ist linksdrehend; und zwar ist seine Rotationskraft größer in alkalischer, als in saurer Lösung. In einer stark alkalischen Lösung fand Hesse bei $p = 2$ $[\alpha]_\gamma = -198{,}86°$. Das Pseudomorphin wirkt nicht giftig. Es zeigt vielfach die gleichen Reaktionen wie das Morphin, in anderen Fällen unterscheidet es sich aber davon[1]).

Das **Hydrochlorid des Pseudomorphins** $C_{34}H_{36}N_2O_6 \cdot 2\,HCl$ krystallisiert mit 2, 4 und 6 Mol. Wasser. In letztgenannter Form wird es erhalten, wenn eine essigsaure Lösung der Base mit Natriumchlorid versetzt wird. Erfolgt die Fällung in der Kälte, so enthält das Salz 8 Mol. Wasser. Es ist in Alkohol unlöslich, in Wasser schwer löslich. — Das **Sulfat** $C_{34}H_{36}N_2O_6 \cdot H_2SO_4 + 6\,H_2O$, aus dem Hydrochlorid mit Natriumsulfat gewonnen, läßt sich aus kochendem Wasser umkrystallisieren und enthält dann 8 Mol. Krystallwasser. — Wird Morphinmethyljodid mit Kaliumferricyanid oxydiert, so entsteht ein **Oxyjodür** $CH_3J \cdot C_{17}H_{18}NO_3 \cdot C_{17}H_{18}NO_3 \cdot CH_3OH$, welches durch Auflösen in Jodwasserstoffsäure in **Pseudomorphindimethyljodid** $C_{34}H_{36}N_2O_6(CH_3J)_2$ übergeht. Die entsprechende, aus dem Sulfat beim Behandeln mit Barytwasser erhaltene Base, **Pseudomorphindimethylhydroxyd** $C_{34}H_{36}N_2O_6(CH_3OH)_2 + 7\,H_2O$, ist ein in heißem Wasser lösliches krystallinisches Pulver.

Das Kodein läßt sich nicht zu einem Dimethylpseudomorphin oxydieren. Wird aber das Pseudomorphin mit Methyljodid in Gegenwart von Methylalkohol und Natronlauge behandelt, so findet Methylierung statt, bemerkenswerterweise bildet sich aber nur ein **Monomethylpseudomorphin** $C_{34}H_{35}N_2O_5(OCH_3) + 7\,H_2O$, eine in Wasser unlösliche Base, die bei 257—260° schmilzt. Sie ist im Gegensatz zu Pseudomorphin in verdünnter Natronlauge unlöslich und liefert mit Essigsäureanhydrid ein Triacetylderivat, während im Pseudomorphin 4 Wasserstoffatome durch Acetyl ersetzbar sind. Im Pseudomorphin sind also die 4 Hydroxylgruppen der 2 Morphinmoleküle noch vorhanden, obgleich eine von den sauren Hydroxylgruppen ihren Phenolhydroxylcharakter eingebüßt hat.

Die Bildung des Pseudomorphins ist der Oxydation der Naphthole zu Binaphtholen völlig analog. Auch hier werden nur die freien Phenole, nicht die Äther derselben, in angeführter Weise oxydiert[2]).

Gabriel Bertrand und V. J. Meyer[3]) haben das Molekulargewicht des Pseudomorphins, des Chlorhydrats und des Acetylderivates auf dem Wege der Gefrierpunktserniedrigung und Siedepunktserhöhung bestimmt und zum Vergleich dieselben Bestimmungen mit dem Morphin und dessen Chlorhydrat, dem Narkotin und Strychnin ausgeführt und fanden dabei, daß freie Pseudomorphin mit seinen Lösungsmitteln leicht Molekularverbindungen bildet. Dagegen lieferten das Chlorhydrat und Acetylderivat Werte, welche sehr gut mit der Formel $C_{34}H_{36}O_6N_2$ stimmten, entstanden aus 2 Mol. Morphin durch Austritt von je einem Atom Wasserstoff. Es würde demnach hier ein Oxydationsprozeß vorliegen, wie er auch beim Übergang des Vanillins in Dehydrodivanillin, des Thymols in Dithymol, des Eugenols in Dehydrodieugenol vor sich geht. Aus der optischen Aktivität des Pseudomorphins geht hervor, daß die beiden Morphinreste sich in der Transform befinden müssen.

Spaltungsprodukte des Morphins bzw. Kodeins. (Man vgl. auch S. 254.) Die Spaltung des Morphins und seiner Derivate in kohlenstoffarme, stickstoffhaltige Verbindungen und in kohlenstoffreiche, stickstofffreie Körper ist bis jetzt in zweierlei Art gelungen: einmal durch Einwirkung von Salzsäure[4]) oder Essigsäureanhydrid[5]) auf die Methylhydroxyde des Morphins und Kodeins oder auf Methylmorphimethin. zweitens durch Zerlegung von Ammoniumbasen der Morphingruppe unter Anwendung von Hitze und Alkalien[6]).

---

[1]) Hesse, Annalen d. Chemie u. Pharmazie **222**, 234 [1884]; **234**, 255 [1886].
[2]) Vongerichten, Annalen d. Chemie u. Pharmazie **294**, 206 [1897].
[3]) Gabriel Bertrand u. V. J. Meyer, Compt. rend. de l'Acad. des Sc. **148**, 1681 [1909]; Chem. Centralbl. **1909**, II, 455.
[4]) Knorr, Berichte d. Deutsch. chem. Gesellschaft **27**, 1147 [1894].
[5]) O. Fischer u. E. Vongerichten, Berichte d. Deutsch. chem. Gesellschaft **19**, 794 [1886].
[6]) H. Schrötter u. Vongerichten, Berichte d. Deutsch. chem. Gesellschaft **15**, 1487 [1882].

Die stickstoffhaltigen Spaltungsprodukte sind insbesondere von Knorr studiert worden (sie sind beim Kodein unter den Methylmorphimethinen behandelt).

Die stickstofffreien Produkte der Spaltung sind in beiden Fällen Derivate des Phenanthrens. Die Stammsubstanz der ersten Gruppe von Spaltungsprodukten ist ein Dioxyphenanthren von der Zusammensetzung $C_{14}H_8(OH)_2$, für welches Vongerichten[1]) den Namen **Morphol** eingeführt hat; die Stammsubstanz der zweiten Gruppe ist das Morphenol, das sich durch einen Mindergehalt von zwei Wasserstoffatomen von dem Morphol unterscheidet.

Morphol $C_{14}H_8(OH)_2$, 3, 4-Dioxyphenanthren, erhält man aus dem Morphinjodmethylat durch Erhitzen mit Essigsäureanhydrid, indem man das zuerst entstandene Diacetyldioxyphenanthren mit alkoholischem Ammoniak im Rohr unter Druck auf 100° erhitzt. Das Morphol zeigt die Eigenschaft vieler aromatischer Phenole zersetzlicher Natur in hervorragendem Maße. Die alkoholische Lösung färbt sich rasch grün, dann rot. Aus luftfreiem Wasser in Kohlensäureatmosphäre erhält man es in beinahe farblosen Krystallen vom Schmelzp. 143°. Durch Oxydationsmittel, wie Eisenchlorid, Fehlingsche Lösung, salpetersaures Silber. wird es außerordentlich leicht oxydiert.

Wird die Lösung des Morphols in konz. Schwefelsäure mit 1 Tropfen Salpetersäure versetzt, so färbt sie sich rot.

Das Morphol wurde von Vongerichten[2]) als **3, 4-Dioxyphenanthren** charakterisiert; ferner wurde ein unzweifelhafter Beweis für die 3, 4-Stellung der Hydroxylgruppen durch die Synthese des **Dimethylmorphols** von Pschorr und Sumuleanu[3]) erbracht.

Diacetylmorphol $C_{18}H_{14}O_4$ krystallisiert aus Äther in schönen, weißen Nadeln vom Schmelzp. 159°. Es ist unlöslich in Wasser, in Säuren und Alkalien und sublimiert unzersetzt.

Der **Monomethyläther des Morphols** $C_{14}H_8(OH)(OCH_3)$ läßt sich in Form seines Acetylderivates durch Erhitzen des Methylmorphimethins mit Essigsäureanhydrid erhalten. Dieses **Acetylmethylmorphol** $C_{17}H_{14}O_3$ (Schmelzp. 130°) krystallisiert aus Alkohol in langen Nadeln, welche sich weder in verdünnten Säuren noch in Alkalien und auch nur sehr wenig in Wasser lösen. In konz. Säure löst es sich mit intensiv gelber Farbe, die beim Erwärmen in Grün mit blauer Fluorescenz übergeht.

Durch Oxydation mit Chromsäure in Eisessiglösung geht das Acetylmorphol über in **Acetylmethylmorpholchinon** $C_{17}H_{12}O_5$, gelbe, glänzende Nadeln vom Schmelzp. 205—207°. Schwer löslich in Alkohol und Äther. In konz. Schwefelsäure löst es sich mit bläulichroter Farbe. Es zeigt sämtliche Reaktionen eines Phenanthrenchinons; bei weiterer Oxydation geht es in Phthalsäure über[4]). Eine Synthese des Acetylmorpholchinons haben Pschorr und Vogtherr[5]) ausgeführt.

Diacetylmorpholchinon $C_{18}H_{12}O_6$ entsteht aus dem Diacetylmorphol bei der Behandlung mit Chromsäure in Eisessiglösung; gelbe Nadeln vom Schmelzp. 196°. Mit o-Toluylendiamin bildet es ein Azin vom Schmelzp. 215—218°.

Beim Behandeln mit alkoholischem Natron und nachfolgendem Ausfällen mit verdünnter Mineralsäure fällt das freie **Dioxyphenanthrenchinon** aus in roten Flocken.

Das **Morpholchinon**[6]) $C_{14}H_8O_4$, **3, 4-Dioxyphenanthrenchinon**, löst sich in Alkali mit blauer Farbe und ist ein Beizenfarbstoff analog dem Alizarin, im Gegensatz zu seinem Monomethyläther. Bei der weiteren Oxydation liefert es Phthalsäure. Julius Schmidt und J. Söll[7]) stellten aus dem Phenanthren ein Dioxyphenanthrenchinon dar, das sich mit dem von Vongerichten beschriebenen Morpholchinon identisch erwies. **Diacetyl-morpholchinon** bildet gelbe Nadeln vom Schmelzp. 196°.

Dimethylmorphol[8]), **3, 4-Dimethoxyphenanthren** $C_{16}H_{14}O_2$ wurde von Vongerichten[8]) aus Methylmorphol durch Methylierung mit Jodmethyl erhalten und hat sich dentisch erwiesen mit dem von Pschorr und Sumuleanu[9]) auf synthetischem Wege er-

---

[1]) E. Vongerichten, Berichte d. Deutsch. chem. Gesellschaft **30**, 2439 [1897].
[2]) Vongerichten, Berichte d. Deutsch. chem. Gesellschaft **33**, 1824 [1900].
[3]) Pschorr u. Sumuleanu, Berichte d. Deutsch. chem. Gesellschaft **33**, 1811 [1900].
[4]) E. Vongerichten, Berichte d. Deutsch. chem. Gesellschaft **31**, 52, 2924 [1898].
[5]) Pschorr u. Vogtherr, Berichte d. Deutsch. chem. Gesellschaft **35**, 4412 [1902].
[6]) E. Vongerichten, Berichte d. Deutsch. chem. Gesellschaft **32**, 1521 [1899].
[7]) J. Schmidt u. J. Söll, Berichte d. Deutsch. chem. Gesellschaft **41**, 3696 [1908].
[8]) Vongerichten, Berichte d. Deutsch. chem. Gesellschaft **33**, 1824 [1900].
[9]) Pschorr u. Sumuleanu, Berichte d. Deutsch. chem. Gesellschaft **33**, 1811 [1900].

haltenen **3, 4-Dimethoxyphenanthren.** Es krystallisiert aus Alkohol in farblosen Blättchen vom Schmelzp. 44°. Mit Pikrinsäure vereinigt es sich zu einer Doppelverbindung, welche rubinrote Krystalle vom Schmelzp. 105—106° bildet.

In Chloroform mit der berechneten Menge Brom behandelt, liefert das Dimethylmorphol ein gut krystallisierendes Dibromderivat, **Dibromdimethylmorphol** $C_{16}H_{12}Br_2O_2$, welches scharf bei 105° schmilzt.

Bei der Oxydation liefert das Dimethylmorphol ein nicht krystallisierbares Chinon.

Morphenol[1]) $C_{14}H_7O \cdot OH$. Der **Methyläther** des Morphenols entsteht in geringer Menge beim Zerlegen des α-Methylmorphimethinmethylhydroxyds durch Erhitzen auf dem Wasserbade; das Methylhydroxyd des β-Methylmorphimethins dagegen liefert eine bessere Ausbeute.

$$C_{14}H_9(OH)(OCH_3) \cdot O \cdot C_2H_4 \cdot N(CH_3)_3OH = C_{14}H_7O(OCH_3) + 2\,H_2O + C_2H_4 + N(CH_3)_3\,.$$
Methylmorphimethinmethylhydroxyd   Morphenolmethyläther   Äthylen

Der Methyläther $C_{15}H_{10}O_2$ bildet farblose, glänzende Nadeln vom Schmelzp. 65°, löst sich weder in Säuren noch in Alkalien, ebenso in Wasser, ist löslich in Ligroin, leichter in Äther und in Alkohol.

Der **Brommorphenolmethyläter**[1]) $C_{15}H_9BrO_2$, aus Methyläthobromkodeinjodid, schmilzt bei 121—122°. Durch Erhitzen desselben mit Jodwasserstoffsäure auf 140—150° erhält man das **Morphenol** selbst.

Das **Morphenol** $C_{14}H_8O_2$ krystallisiert aus Alkohol und Äther in Nadeln vom Schmelzp. 145°. Es verhält sich wie ein sehr beständiges Phenol, löst sich sehr leicht mit gelber Farbe und blauer Fluorescenz in Natronlauge und wird aus dieser Lösung durch Säuren in weißen Flocken abgeschieden[2]).

Beim Erhitzen mit Zinkstaub liefert es Phenanthren. Durch Einwirkung reduzierender Mittel geht das Morphenol in Morphol über.

Acetylmorphenol $C_{14}H_7O_2 \cdot (COCH_3)$, durch Kochen von Morphenol mit Essigsäureanhydrid erhalten, krystallisiert aus Alkohol und Eisessig in Nadeln vom Schmelzp. 140°, ist unlöslich in kalter Natronlauge und wird beim Kochen damit verseift. Bei der Oxydation entsteht ein Produkt, das die Eigenschaften eines Phenanthrenchinonderivates vereinigt mit den Eigenschaften eines Phenols[3]).

Das Acetylmorphenol geht bei der Behandlung mit Brom in Chloroformlösung in **Bromacetylmorphenol** $C_{16}H_9BrO_3$ vom Schmelzp. 203° über. Dieses Bromacetylmorphenol gibt beim Verseifen mit Natriumäthylat und Behandeln mit Jodmethyl ein **Brommethylmorphenol** $C_{15}H_9BrO_2$ vom Schmelzp. 124°. Dieses Brommethylmorphenol ist nicht identisch mit dem Brommethylmorphenol aus Brommorphin, und Vongerichten unterscheidet sie als α- **und** β-**Brommethylmorphenol.**

α- und β-Brommethylmorphenol geben keine Pikrate, schmelzen bei 124° und zeigen nicht jene für die nichtbromierten Morphenole so charakteristische grüngelbe Fluorescenz beim Lösen in konz. Schwefelsäure. Die Mischung beider Körper zeigt einen um etwa 24° niedrigeren Schmelzpunkt als ihre Komponenten. Durchaus verschieden verhalten sich beide Körper bei der Oxydation und bei weiterem Behandeln mit Brom[4]).

Vongerichten und Dittmer[5]) gelang es, durch Schmelzen von Morphenol mit Kalihydrat ein 3, 4, 5-Trioxyphenanthren vom Schmelzp. 148° zu gewinnen. Durch Oxydation des acetylierten Trioxyphenanthrens erhielten sie ein Chinon, das verschieden vom Morpholchinon ist.

---

[1]) Vongerichten u. H. Schrötter, Berichte d. Deutsch. chem. Gesellschaft **15**, 1486, 1487 [1882].
[2]) Vongerichten, Berichte d. Deutsch. chem. Gesellschaft **30**, 2442 [1897].
[3]) Vongerichten, Berichte d. Deutsch. chem. Gesellschaft **31**, 55 [1898].
[4]) Vongerichten, Berichte d. Deutsch. chem. Gesellschaft **38**, 1851 [1905].
[5]) Vongerichten u. Dittmer, Berichte d. Deutsch. chem. Gesellschaft **39**, 1718 [1906].

Kodein.

Mol.-Gewicht 299,20.
Zusammensetzung: 72,19% C, 7,07% H, 4,69% N.

$C_{18}H_{21}NO_3$.

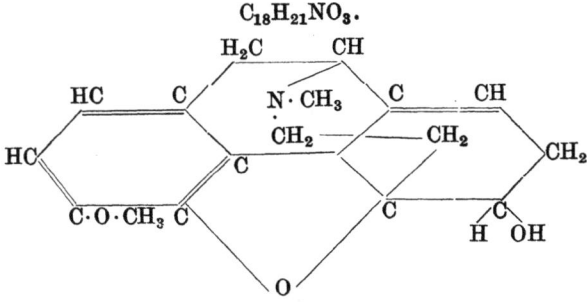

„Brückenringformel" des Kodeins nach Knorr

Vorkommen: Das mit dem Morphin so nahe verwandte Kodein, dessen Name von κώδη, Mohnkopf, abgeleitet ist, wurde im Jahre 1832 von Robiquet[1]) aus Opium isoliert, wo es zu 0,3—2% vorkommt. Gerhardt[2]) hat die Zusammensetzung richtig ermittelt. Nachdem es Grimaux und unabhängig davon auch Hesse gelungen war, das Morphinkalium durch Einwirkung von Methyljodid in Kodein überzuführen, und Knoll gefunden hatte, daß die gleiche Umwandlung durch Anwendung von methylschwefelsaurem Kalium für die technische Gewinnung des Kodeins zu realisieren war, zählt diese Base zu den leichter zugänglichen Opiumalkaloiden. Durch diese Synthese ist die schon längst vermutete Tatsache, daß das **Kodein Methylmorphin**, und zwar der Methyläther desselben ist, zur Gewißheit geworden (vgl. auch S. 252).

Darstellung: Bei der Gewinnung des Morphins (s. S. 262) erhält man das Kodein zunächst als Hydrochlorid mit dem Morphinhydrochlorid zusammen. Die Trennung der beiden Basen geschieht mittels Ammoniak, welches das Morphin ausfällt, während das Kodein in Lösung bleibt und durch Kalilauge abgeschieden werden kann. Zur Reinigung wird es wieder in das Hydrochlorid verwandelt, von neuem mit Kalilauge ausgefällt und mit Wasser und Äther gewaschen.

In genügend verdünnten Lösungen von Morphin und Kodein fällt Rhodankalium nur Kodein[3]). Auch durch Anisol, in dem Kodein ziemlich löslich, das Morphin unlöslich ist, können die beiden Basen voneinander getrennt werden[4]).

Die künstliche Darstellung des Kodeins besteht einfach in einer Methylierung des Morphins in alkalischer Lösung. Zu diesem Zwecke werden gleiche Moleküle Morphin, Natriummethylat und Methyljodid in methylalkoholischer Lösung auf 60° erhitzt und das Reaktionsprodukt mit Äther ausgezogen[5]).

Bei der technischen Gewinnung des künstlichen Kodeins wird (nach Knoll) Morphin in alkoholischer Lösung mit Kaliumhydroxyd und der berechneten Menge Kaliummethylsulfat versetzt und das Gemisch einige Zeit im Sieden gehalten. Der Alkohol wird abdestilliert, Wasser zugefügt, das unveränderte Morphin mit Ammoniak ausgefällt und das Kodein der Lösung mit Benzol entzogen. Auch Diazomethan bzw. Nitrosomethylurethan, welches mit Alkalien Diazomethan liefert, sind zur Methylierung des Morphins in Vorschlag gebracht worden[6]).

Nachweis: Zum Unterschiede von Morphin erzeugt Eisenchlorid, in eine Kodeinlösung gebracht, keine Blaufärbung. Mit eisenoxydhaltiger Schwefelsäure gibt Kodein eine blaue Lösung[7]).

Die **physiologischen Eigenschaften** des Kodeins sind bereits auf S. 264 behandelt worden.

Physikalische und chemische Eigenschaften des Kodeins: Aus wasserfreiem Äther krystallisiert das Kodein in kleinen, wasserfreien Krystallen, die gewöhnlichen Krystalle des Kodeins

---

[1]) Robiquet, Annalen d. Chemie u. Pharmazie **5**, 106 [1832].
[2]) Gerhardt, Rev. scient. **10**, 204.
[3]) Plugge, Recueil des travaux chim. des Pays-Bas **6**, 157 [1887].
[4]) Fugge, Chem. Centralbl. **1897**, I, 342.
[5]) Grimaux, Annales de Chim. et de Phys. [5] **26**, 274 [1882].
[6]) Farbenfabriken Fr. Bayer & Co., Chem. Centralbl. **1898** I, 812, 1224.
[7]) Lindo, Berichte d. Deutsch. chem. Gesellschaft **11**, 997 [1878].

enthalten 1 Mol. Krystallwasser; die erstgenannten schmelzen bei 155°, die letzteren bei 153°. In Wasser ist das Kodein leichter löslich als Morphin, ebenso in Alkohol und Äther, von denen es leicht aufgenommen wird. Im wässerigen Ammoniak ist das Kodein beträchtlich löslich, während Morphin sich darin nur spurenweise löst. Das Kodein ist linksdrehend. Für die Lösung in 80 proz. Alkohol fand Hesse[1]) $[\alpha]_\gamma = -137{,}75°$.

Das chemische Verhalten des Kodeins stimmt mit dem des Morphins im wesentlichen überein. Oxydationsmittel bewirken tiefgehende Zersetzungen, wobei ein Teil des Stickstoffs als Ammoniak abgespalten wird.

Beim Erwärmen mit Salzsäure oder Einwirkung von Phosphorpentachlorid entsteht durch Ersatz der Hydroxylgruppe durch Chlor Chlorkodid $CH_3O \cdot C_{17}H_{17}ClNO$, und beim stärkeren Erhitzen mit Salzsäure Apomorphin $HO \cdot C_{17}H_{16}NO$.

Durch Erwärmen mit Schwefelsäure oder Phosphorsäure bilden sich, wie es auch bei Morphin der Fall ist, polymere Basen (Dikodein, Trikodein, Tetrakodein).

Salze und Derivate: Das Kodein ist eine starke Base, die Lackmus bläut und beständige, wohl krystallisierende Salze bildet.

Das **Hydrochlorid** $C_{18}H_{21}NO_3, HCl + 2 H_2O$ krystallisiert in kurzen Nadeln, die sich in 20 T. Wasser lösen. — Das **Hydrojodid**[2]) $C_{18}H_{21}NO_3, HJ + H_2O$ (aus Alkohollösung) bzw. $2 H_2O$ (aus wässeriger Lösung) ist ziemlich schwer löslich. — Es gibt **Perjodide**[3]) von der Zusammensetzung $C_{18}H_{21}NO_3 \cdot HJ \cdot J_2$ und $C_{18}H_{21}NO_3 \cdot HJ \cdot J_4$. — Das **Sulfat**[4]) $(C_{18}H_{21}NO_3)_2 \cdot H_2SO_4 + 5 H_2O$ krystallisiert in glänzenden Nadeln. — Das **Acetat** $C_{18}H_{21}NO_3 \cdot C_2H_4O_2 + 2 H_2O$ ist äußerst leicht löslich in Wasser, Alkohol und Äther.

Kodeinmethyljodid $C_{18}H_{21}NO_3 \cdot CH_3J$, welches aus heißem Wasser mit $2 H_2O$ krystallisiert, bildet sich aus Kodein in alkoholischer Lösung mit Methyljodid[5]). Es entsteht auch direkt aus Morphin, wenn dieses in alkoholischer Lösung mit 2 Mol. Methyljodid erhitzt wird[6]).

Durch Silberoxyd oder durch Überführung des Jodids in das entsprechende Sulfat und dessen Behandlung mit Barytwasser entsteht das **Kodeinmethylhydroxyd** $C_{18}H_{21}NO_3 \cdot CH_3 \cdot OH$, welches indessen sehr unbeständig ist, indem es schon beim Verdunsten seiner Lösung und noch leichter beim Erwärmen unter Abgabe von Wasser in eine Base, $C_{18}H_{20}NO_3 \cdot CH_3$, **Methylmorphimethin** oder Methokodein übergeht.

Methylmorphimethin $C_{18}H_{20}NO_3(CH_3)$ bildet sich außer aus dem eben beschriebenen Kodeinmethylhydroxyd direkt leicht beim Erwärmen des Kodeinmethyljodids mit Kali- oder Natronlauge, wobei eine intermediäre Ammoniumbase anzunehmen ist[7]):

$$C_{18}H_{21}NO_3 \cdot CH_3 \cdot OH = C_{18}H_{20}NO_3 \cdot CH_3 + H_2O.$$

Diese Umwandlung der Ammoniumbase in Methylmorphimethin, welches ein tertiäres Amin ist, formuliert Knorr[8]) in folgender Weise:

$$CH_3O \cdot C_{14}H_{10} \cdot OH) \begin{array}{c} O \\ \big< \\ OH \cdot N(CH_3)_2 \end{array} \begin{array}{c} CH_2 \\ \big| \\ CH_2 \end{array} = (CH_3O \cdot C_{14}H_9OH) \cdot O \cdot CH_2 \cdot CH_2 \cdot N \cdot (CH_3)_2 + H_2O,$$

wonach die zyklische Stickstoffverkettung des Kodeins aufgespalten wird.

Es ist von Interesse, daß zufolge der neueren Forschungen von L. Knorr, sowie von Schryver und Lees das Methylmorphimethin nunmehr in sechs verschiedenen Isomeren bekannt geworden ist, die als α-, β-, γ-, δ-, ε- und ζ-Verbindung unterschieden werden.

Das **α-Methylmorphimethin** ist von Hesse und Grimaux durch Kochen des Kodeinjodmethylates mit Natronlauge erhalten werden.

Das **β-Methylmorphimethin** konnte Knorr[9]) durch Umlagerung aus der α-Verbindung gewinnen. Diese Umlagerung findet schon statt beim Kochen der α-Verbindung mit Essigsäureanhydrid oder mit Wasser, sowie beim längeren Erhitzen derselben mit 50 proz.

---

[1]) Hesse, Annalen d. Chemie u. Pharmazie **176**, 191 [1875].
[2]) Göhlich, Diss. Marburg 1892.
[3]) Jörgensen, Journ. f. prakt. Chemie **2**, 439 [1870].
[4]) How, Jahresber. d. Chemie **1855**, 571.
[5]) Hesse, Annalen d. Chemie u. Pharmazie **222**, 215 [1884].
[6]) Grimaux, Compt. rend. de l'Acad. des Sc. **92**, 1140 [1881].
[7]) Hesse, Annalen d. Chemie u. Pharmazie **222**, 218 [1884].
[8]) Knorr, Berichte d. Deutsch. chem. Gesellschaft **22**, I, 1118 [1889].
[9]) Knorr, Berichte d. Deutsch. chem. Gesellschaft **27**, 1144 [1894].

Alkohol auf 120°. Zur Darstellung des β-Isomeren wird die α-Verbindung zweckmäßig in weingeistiger Lösung durch Alkalihydroxyde umgelagert[1]).

Das **γ-Methylmorphimethin** haben Schryver und Lees[2]) aus dem von ihnen entdeckten Isokodein (man vergleiche die späteren Ausführungen) durch Kochen des Isokodeinjodmethylates mit Natronlauge erhalten.

Dieses γ-Methylmorphimethin läßt sich, wie Knorr und Hawthorne[3]) gefunden haben, durch Erwärmen mit einer weingeistigen Kaliumhydroxydlösung in das **δ-Methylmorphimethin** umlagern. Die Umwandlung ist also gans analog derjenigen der α- in die β-Verbindung.

Das **ε-Methylmorphimethin** gewannen Knorr und Hörlein[4]) durch Kochen des Pseudokodeinjodmethylates mit Natronlauge. Es ist linksdrehend und unterscheidet sich dadurch scharf von den isomeren β-, γ- und δ-Verbindungen.

Das **ζ-Methylmorphimethin** entsteht nach Knorr, Hörlein und Grimme[5]) durch Kochen des Allopseudokodeinjodmethylates mit Natronlauge und steht zum ε-Methylmorphimethin offenbar in derselben Beziehung der optischen Isomerie, wie das Allopseudokodein zum Pseudokodein. Es läßt sich, ebenso wie das ε-Isomere, durch Kochen mit alkoholischem Kali nicht isomerisieren.

Um den Vergleich der sechs isomeren Methylmorphimethine zu erleichtern, sind dieselben mit einigen charakteristischen Derivaten in folgender Tabelle zusammengefaßt.

Die **Spaltungen des α-Methylmorphimethins** in stickstofffreie und stickstoffhaltige Produkte wurden bereits auf S. 254 u. 274 behandelt.

Hier sei nur noch eine Spaltung des Chloromethyl-morphimethins angeführt.

Chloromethyl-morphimethin $C_{19}H_{22}NO_2Cl$. Wie Pschorr[6]) gezeigt hat, läßt sich im α-Methylmorphimethin das alkoholische Hydroxyl durch Chlor ersetzen, wenn man auf die getrocknete Lösung von α-Methylmorphimethin in Chloroform etwa die berechnete Menge Phosphorpentachlorid einwirken läßt. Es gelang nicht, die freie Base krystallisiert zu erhalten. — Das **Chlorhydrat** $C_{19}H_{22}NO_2Cl \cdot HCl$ krystallisiert in gut ausgebildeten, zu Büscheln gruppierten Nadeln und schmilzt bei 177—178°. — Das **Jodmethylat** $C_{19}H_{22}NO_2Cl \cdot CH_3J$ bildet feine Nadeln, die bei 163° schmelzen.

Bei mehrstündigem Erhitzen der konzentrierten ätherischen Lösung des Chloromethylmorphimethins mit Alkohol auf 100° erfolgt im wesentlichen die Spaltung in Methylmorphol und vermutlich Chloräthyldimethylamin.

Dieser Zerfall in Amin und Phenanthrenderivat tritt in den Hintergrund, wenn das Erhitzen der Base in Benzollösung erfolgt. Es scheidet sich bald, nachdem der Äther der zum Versuch verwandten Lösung der Base weggedampft ist, eine körnig werdende braune Substanz ab, die in erheblicher Menge eine Verbindung enthält, welche die Eigenschaften eines Phenols und das Verhalten des Salzes einer quaternären Base zeigt.

Dieses Produkt selbst konnte noch nicht krystallinisch erhalten werden, desgleichen mißlangen bisher die Versuche, das aus der nicht zu verdünnten wässerigen Lösung des Chlormethylates auf Jodkaliumzusatz sich ölig abscheidende Jodmethylat zum Krystallisieren zu bringen. Aus den wässerigen Lösungen erfolgt auf Zusatz von Ammoniak, Bicarbonat oder Carbonat keine Fällung oder Abgabe von Substanz beim Ausschütteln mit Äther.

---

[1]) Knorr u. Smiles, Berichte d. Deutsch. chem. Gesellschaft **27**, 1144 [1894].
[2]) Schryver u. Lees, Journ. Chem. Soc. Trans. **79**, I [1908].
[3]) Knorr u. Hawthorne, Berichte d. Deutsch. chem. Gesellschaft **35**, 3010 [1902].
[4]) Knorr u. Hörlein, Berichte d. Deutsch. chem. Gesellschaft **39**, 4412 [1906].
[5]) Knorr, Hörlein u. Grimme, Berichte d. Deutsch. chem. Gesellschaft **40**, III, 3850 [1907].
[6]) Pschorr, Berichte d. Deutsch. chem. Gesellschaft **39**, 3134 [1906]; Annalen der Chemie **373**, 80 [1910].

Isomere Methylmorphimethine.

	α-	β-	γ-	δ-Methylmorphimethin	ε-Methylmorphimethin	ζ-Methylmorphimethin
Krystallform und Schmelzpunkt	Nadeln vom Schmelzpunkt 118—119°	Prismen (aus Alkohol) Schmelzpunkt 134—135°	Tafeln (aus Methylalkohol). Schmelzpunkt 166—167°	Prismen (aus Äther). Schmelzpunkt 111 bis 113°	Würfel, mit 1 Mol. Krystallwasser. Schmelzpunkt ca. 150° Hydrochlorat	ölig
Spezifische Drehung	in 99 proz. Alkohol $[\alpha]_D^{17} = -212°$ (c = 2,13)	in 99 proz. Alkohol $[\alpha]_D^{17} = +438°$ (c = 1,0)	in Chloroform $[\alpha]_D^{20} = +64,6°$ (c = 3,094)	in abs. Methylalkohol $[\alpha]_D^{15} = +256,6°$ (c = 1,243)	$[\alpha]_D^{15} = -120°$	in abs. Alkohol $[\alpha]_D^{15} = -178°$ (c = 10,955)
Farbe der Lösung in konzentrierter Schwefelsäure	kirschrot	violett	rotviolett (ähnlich α)	weinrot (ähnlich β)		
Verändert sich bei vorsichtigem Vermischen mit Wasser unter Abkühlung in	Blaurot, Blau, dann Kirschrot	Blau, dann Smaragdgrün	Blauviolett, dann Violettrot	Blauviolett, Blau, dann Blaugrün		
Benzoat: Krystallform und Schmelzpunkt	Prismen. Schmelzpunkt 138°	Blättchen. Schmelzpunkt 157°	Prismen. Schmelzpunkt 99—103°. Leicht löslich in Wasser	Nadeln. Schmelzpunkt 98—108°. Schwer löslich in Wasser		
Spezifische Drehung der Benzoate	$[\alpha]_D^{16} = -112,8°$ in Wasser (c = 1,0)	$[\alpha]_D^{17} = +254°$ in Wasser (c = 1,0)	$[\alpha]_D^{15} = +41,3°$ in 99 proz. Alkohol (c = 0,8885)	$[\alpha]_D^{15} = +181,1°$ in 99 proz. Alkohol (c = 0,6315)		
Jodmethylat: Krystallform und Schmelzpunkt	Schmelzpunkt 245°. Scheidet sich aus heißem Wasser ölig ab; erstarrt zu sternförmig gruppierten Blättchen	Schmelzpunkt gegen 300°. Scheidet sich aus Wasser sofort krystallinisch in flachen Prismen ab, die makroskopisch als Blättchen oder Nadeln erscheinen	Schmelzpunkt 265°. Moosartig aggregierte Nädelchen	Schmelzpunkt 282°. Rechteckige Blättchen	Nadeln. Schmelzpunkt 195—200°	gallertähnliche Masse aus Alkohol. Schmelzpunkt 180°
Spezifische Drehung der Jodmethylate	$[\alpha]_D^{17} = -12,7°$ in Wasser (c = 1,0)	$[\alpha]_D^{17} = +233°$ in 90 proz. Alkohol (c = 0,6)	$[\alpha]_D^{17} = +34,7°$ in Wasser (c = 1,56)	$[\alpha]_D^{15} = +151°$ in absolutem Methylalkohol (c = 1,003)	$[\alpha]_D = -142°$	$[\alpha]_D^{15} = -148°$ in Wasser (c = 2,486)

Versetzt man die Suspension des öligen Jodmethylates mit Natronlauge, so erfolgt Lösung. Nach der Behandlung der alkalischen Lösung mit Dimethylmethylsulfat läßt sich durch Jodkaliumzusatz ein neues, zunächst ebenfalls öliges Jodmethylat fällen.

Man erhält es durch Lösen in sehr wenig 95 proz. Alkohol auf Zusatz von Essigäther in gut ausgebildeten Nadeln vom Schmelzp. 158°, die sich auch aus 10 T. Wasser umkrystallisieren lassen.

Dieses Jodmethylat ist unlöslich in Alkalien und enthält zum Unterschied vom Ausgangsprodukt zwei Methoxyle. Es krystallisiert mit Krystallwasser, die anfangs glänzenden Nadeln werden rasch durch teilweises Verwittern matt.

Aus dem Verhalten der Verbindungen geht hervor, daß durch Erhitzen von Chloromethylmorphimethin in Benzollösung der Ringschluß zu einer neuen quaternären Base und ferner gleichzeitig die Öffnung der Sauerstoffbrücke erfolgt ist.

<chemical structure diagram>

Der Ringschluß läßt sich dem von Freund[1]) beim Übergang von Phenyldihydrothebain in Phenyldihydrothebenol beobachteten an die Seite stellen.

Hydromethylmorphimethin $(CH_3O \cdot C_{14}H_{11} \cdot OH) \cdot O \cdot C_2H_4N \cdot (CH_3)_2$. Während Kodein sich nicht hydrieren läßt, nimmt Methylmorphimethin leicht 2 Atome Wasserstoff auf bei Einwirkung von Natrium auf die alkoholische Lösung; man erhält eine ölige Base, die ein gut krystallisierbares charakteristisches **Jodmethylat** $C_{17}H_{19}O_3 \cdot N(CH_3)_3J$ liefert. Bemerkenswert ist, daß das Dihydromethylmorphimethin unter den Bedingungen, bei welchen beim Methylmorphimethin Spaltung in stickstofffreie Produkte (Morphol oder Morphenol) erfolgt, keine Spaltung erleidet[2]).

Acetyl-α-Methylmorphimethin $CH_3O(C_{16}H_{13}O)(OC_2H_3O)N(CH_3)_2$ entsteht beim Erwärmen von Methylmorphimethin mit Essigsäureanhydrid auf 85°, während bei höherer Temperatur eine Spaltung in Methyldioxyphenanthren und Oxäthyldimethylamin stattfindet (s. oben). Bei dieser Reaktion wird ein Teil der Base isomerisiert (s. S. 278) und findet sich in dem Produkte als Acetylverbindung, **Acetyl-β-Methylmorphimethin** ist amorph und rechtsdrehend, während die isomere α-Verbindung linksdrehend ist[3]).

ε-Methylmorphimethin[4]) $C_{19}H_{23}NO_3$ entsteht durch Kochen von Pseudokodeinjodmethylat mit 25 proz. Natronlauge; es scheidet sich nach einiger Zeit als wasserhelles Öl ab, das durch Umschütteln beim Abkühlen zu harten Glasperlen erstarrt. Mit Äther aufgenommen, hinterbleibt es als helles, zähes Öl, welches aus einem Gemisch von Alkohol und Hexan oder auch Äther umkrystallisiert tetragonale reguläre Prismen bildet, die bei 129—130° schmelzen. Die Base ist linksdrehend $[\alpha]_D^{15} = -120,1°$.

Sein **Chlorhydrat** $C_{19}H_{23}NO_3 \cdot HCl$ sind Würfel, welche ein Molekül Krystallwasser enthalten und unter Aufschäumen bei 150° schmelzen. $[\alpha]_D^{15} = -154°$.

Das **Jodmethylat** $C_{19}H_{23}NO_3$, aus Wasser krystallisiert, Nadeln vom Schmelzp. 195 bis 200°. $[\alpha]_D^{15} = -111°$.

Der Versuch, das ε-Methylmorphimethin in ein sechstes Isomeres durch Erwärmen mit einer alkoholischen Kalilösung umzuwandeln, analog der Umwandlung des α-Methylmorphimethins in β-Methylmorphimethin, ist nicht gelungen; ebensowenig gelang eine Umlagerung des ε-Methylmorphimethinjodmethylats beim Erwärmen mit wässerigem Alkali.

Dagegen wird das ε-Methylmorphimethin beim Erhitzen mit Essigsäureanhydrid auf 180° in **Methylacetylmorphol** (Schmelzp. 131°) und **Äthanoldimethylamin** gespalten.

---

[1]) M. Freund, Berichte d. Deutsch. chem. Gesellschaft **38**, 3234 [1905].
[2]) Vongerichten, Berichte d. Deutsch. chem. Gesellschaft **32**, I, 1047 [1899].
[3]) L. Knorr, Berichte d. Deutsch. chem. Gesellschaft **27**, 1144 [1894].
[4]) Knorr u. Hörlein, Berichte d. Deutsch. chem. Gesellschaft **39**, 4412 [1906]. — Knorr, Butler u. Hörlein, Annalen d. Chemie **368**, 318 [1909].

Das ε-Methylmorphimethinjodmethylat wird durch Erhitzen mit alkoholischem Kali auf 160—180° in **Morphenol** und **Trimethylamin** zerlegt.

Acetyl-ε-Methylmorphimethin $C_{21}H_{25}NO_4$. Mit der 10fachen Menge Essigsäureanhydrid gekocht, liefert das ε-Methylmorphimethin ein Acetylderivat, als zähes Öl, das bis jetzt noch nicht zum Krystallisieren gebracht werden konnte.

Sein **Jodmethylat** krystallisiert gut in Nadeln vom Schmelzp. 205—210°. Es ist im Gegensatz zum Jodmethylat des ε-Methylmorphimethins sehr schwer löslich in Methylalkohol und Wasser; es ist linksdrehend $[\alpha]_D^{15} = -45°$ [1]).

Oxydihydro-brom-α-Methylmorphimethin[2]) $C_{19}H_{24}BrNO_4$ entsteht, wenn man α-Methylmorphimethin in Chloroformlösung der Einwirkung von Brom unterwirft durch Bromsubstitution und Eintritt von Wasser in das Molekül des Methylmorphimethins. Aus Methylalkohol umkrystallisiert, schmilzt es bei 170°; mit konz. Schwefelsäure gibt es eine braunrote Färbung, die auf Zusatz von Wasser in Blaugrün übergeht.

Sein **Jodmethylat** ist wasserlöslich und zersetzt sich bei 150°. Mit Essigsäureanhydrid 15 Stunden im geschlossenen Rohr auf 180° erhitzt, gibt das Oxydihydro-α-methylmorphimethin ein bei 165° schmelzendes **Brommorphol**.

Acetoxy-brom-dihydro-α-Methylmorphimethin[2]) $C_{21}H_{26}BrNO_5$. Die Bromierung des α-Methylmorphimethins in Eisessiglösung verläuft ganz anders als in Chloroformlösung. Man erhält das Acetoxybrom-dihydro-α-Methylmorphimethin durch Addition von Brom an die Brückenkohlenstoffe und darauffolgende Substitution eines Bromatoms durch den Acetylrest.

Die Base ist äußerst zersetzlich, schon nach dem Erwärmen auf 60—80° wird sie etwas in Wasser löslich; in dieser Lösung ruft Silbernitrat eine Fällung von Bromsilber hervor. Der leichten Zersetzlichkeit halber schwankt der Schmelzpunkt zwischen 118—138°.

Die Base gibt beim Erhitzen über den Schmelzpunkt Bromwasserstoff und Essigsäure ab. Das bei 100° entstehende Bromhydrat gibt in wässeriger Lösung auf vorsichtigen Zusatz von Ammoniak eine weiße, flockige Fällung einer tertiären Base.

Das Jodmethylat von Acetoxy-bromdihydro-α-Methylmorphimethin gibt bei der Spaltung mit Essigsäureanhydrid **Diacetyl-methylthebaol**, Schmelzp. 162°.

Brom-β-Methylmorphimethin $C_{19}H_{22}BrNO_3$, durch Erhitzen des Brom-α-Methylmorphimethins (aus Brommorphin) im Ölbad auf 180° im Wasserstoffstrom erhalten, schmilzt bei 184° und ist rechtsdrehend $[\alpha]_D^{15} = +128,22°$ in 99proz. Alkohol.

Bromdihydro-α-Methylmorphimethin $C_{19}H_{24}BrNO_2$, aus Dihydro-α-Methylmorphimethin durch Bromierung in Chloroform- oder Eisessiglösung, schmilzt bei 165°. Sein **Jodmethylat** schmilzt bei 264°. Beim Kochen mit starker Natronlauge geht dieses Jodmethylat in das Jodmethylat des Brom-dihydro-β-Methylmorphimethins über, welches bei 277° schmilzt.

Brom-dihydro-β-Methylmorphimethin schmilzt bei 169°, sein Jodmethylat bei 277°.

Kodeïnjodäthylat $C_{18}H_{21}NO_3 \cdot C_2H_5J$ entsteht beim Erhitzen der Komponenten in Alkohollösung auf 100° und krystallisiert in feinen Nadeln. Die bei Einwirkung von Silberoxyd erhaltene Base verwandelt sich beim Abdampfen der Lösung unter Wasserabspaltung in **Äthylmorphimethin** oder **Äthokodeïn** $CH_3O \cdot C_{14}H_{10}O \cdot O \cdot C_2H_4N \cdot (CH_3)(C_2H_5)$, welches sich wiederum mit Methyljodid verbindet. Die dem so entstandenen Jodmethylat entsprechende Ammoniumbase zerfällt beim Erhitzen auf 130° in Morphenolmethyläther $C_{15}H_{10}O_2$ und Dimethyläthylamin[3]). — **Dikodeïnäthylenbromid** $(C_{18}H_{21}NO_3)_2C_2H_4Br_2$, aus Kodeïn und Äthylenbromid beim Erhitzen auf 100° entstehend, krystallisiert in Prismen und schmilzt bei 177—179°[4]). — **Propionylkodeïn** $CH_3O \cdot C_{17}H_{17}NO(O \cdot C_3H_5O)$ aus Propionsäureanhydrid und Kodeïn ist, wie auch das **Butyrylkodeïn** $CH_3O \cdot C_{17}H_{17}NO(O \cdot C_4H_7O)$, amorph. Beide bilden aber krystallisierende Salze.

Acetylkodeïn $CH_3O(C_{17}H_{17}NO)O \cdot C_2H_3O$, aus Kodeïn und Essigsäureanhydrid, schöne Prismen vom Schmelzp. 135,5°[5]). — **Benzoylkodeïn** $CH_3O \cdot C_{17}H_{17}NO(O \cdot C_7H_5O)$ krystallisiert aus Ätherlösung. Auch Bernsteinsäure und Camphersäure bilden beim Erhitzen mit Kodeïn Acylderivate.

---

[1]) Knorr, Butler u. Hörlein, Annalen d. Chemie **368**, 320 [1909].
[2]) E. Vongerichten u. O. Hübner, Berichte d. Deutsch. chem. Gesellschaft **40**, 2827 [1907].
[3]) Vongerichten, Berichte d. Deutsch. chem. Gesellschaft **29**, I, 67 [1896].
[4]) Göhlich, Diss. Marburg 1892.
[5]) Hesse, Annalen d. Chemie u. Pharmazie **222**, 212 [1884].

Chlorkodein $C_{18}H_{20}ClNO_3$. Im Gegensatz zu Morphin läßt sich Kodein direkt chlorieren, bromieren und nitrieren. Wird Kaliumchlorat in eine erwärmte Lösung von Kodeinhydrochlorid eingetragen, so scheidet sich Chlorkodein in silberglänzenden Krystallen aus, die bei 170° schmelzen und in warmem Wasser schwer, in Alkohol leicht löslich sind[1]).

Bromkodein $C_{18}H_{20}BrNO_3$. Durch Bromwasser wird das Kodein zunächst in ein schwer lösliches Bromkodeindibromid übergeführt, welches aber allmählich wieder in Lösung geht, aus der sich beim Stehen das Hydrobromid des Bromkodeins ausscheidet. Es krystallisiert mit $1/2$ Mol. H_2O und schmilzt bei 161—162°. Überschüssiges Bromwasser führt das Kodein in ein amorphes **Tribromderivat** $C_{18}H_{18}Br_3NO_3$ über.

Dijodkodein $C_{18}H_{19}J_2NO_3$ entsteht beim Versetzen einer konz. Lösung von salzsaurem Kodein mit Chlorjod. Die Verbindung scheidet sich aus Alkohollösung in Krystallen ab.

Nitrokodein $C_{18}H_{20}(NO_2)NO_3$ läßt sich durch Behandeln von Kodein mit warmer verdünnter Salpetersäure gewinnen und bildet dünne, seidenglänzende Nadeln, die in Alkohol leicht löslich sind und bei 212—214° schmelzen.

Das Nitrokodein wurde von Vongerichten und Weilinger[2]) durch Reduktion mit Zinn und Eisessig in **Diacetylamino-kodein** vom Schmelzp. 120° übergeführt. Die Morpholspaltung des letzteren wurde durch Erhitzen seines Jodmethylats mit Essigsäureanhydrid auf 160—170° durchgeführt und liefert ein acetyliertes Aminomethylmorphol, Schmelzp. 178—179°.

α-Chlorokodid $C_{18}H_{20}ClNO_2$, wasserfreie, flüssige Chlor- oder Bromwasserstoffsäuren spalten Kodein nicht, sondern führen, wie beim Morphin, zum Ersatz des alkoholischen Hydroxyls durch Halogen, und es entsteht das gleiche Produkt, wie es von Vongerichten[3]) durch Einwirkung von Phosphoroxychlorid auf Kodein erhalten wurde. Chlorokodid krystallisiert aus Ligroin in perlmutterglänzenden Blättchen vom Schmelzp. 148°. In Wasser und Alkalien unlöslich, wird es von Alkohol und Äther leicht aufgenommen. Wird das Chlorokodid mit Wasser auf 150° erhitzt, so wird Kodein regeneriert, neben Isokodeinen (s. diese). Da Knorr und Hörlein[4]) ein Isomeres des eben beschriebenen Chlorokodids dargestellt haben, so bezeichneten sie die beiden isomeren Verbindungen als α-Chlorokodid und β-Chlorokodid, entsprechend dem α- und β-Chloromorphid.

Alkoholische Kalilauge bewirkt beim Erwärmen des α-Chlorokodids eine Abspaltung von Chlorwasserstoff, wobei **Apokodein** entsteht, während rauchende Salpetersäure bei 140° das Chlorokodid in **Apomorphin** überführt.

Eine chlorreichere Base, $C_{18}H_{19}Cl_2NO_2$, erhielt Vongerichten, wenn ein Überschuß von Phosphorpentachlorid auf Kodein einwirkte und für Abkühlung nicht gesorgt war. Sie krystallisiert aus Alkohol in Prismen vom Schmelzp. 196—197°[5]).

β-Chlorokodid[4]) entsteht aus Kodein durch Behandeln mit Salzsäure unter 100°, analog der Darstellung von β-Chloromorphin aus Morphin oder durch Methylierung von β-Chloromorphin. Es krystallisiert aus abs. Alkohol in derben Schuppen, aus Äther in rechteckigen Blättchen, schmilzt bei 152—153°. In abs. Alkohol ist $[\alpha]_D^{15} = -10°$ (c = 0,824). Bei der Hydrolyse des β-Chlorokodids entsteht zum größten Teil Isokodein und Allopseudokodein.

Bei der Reduktion des α- und β-Chlorokodids mit Zinkstaub und Salzsäure entsteht **Desoxykodein** $C_{18}H_{21}NO_2$, welches aus Äther in derben, sechsseitigen Blättchen mit $1/2$ Mol. Wasser krystallisiert. Schmelzp. 126—127°. Charakteristisch ist das in Alkohol schwer lösliche Hydrochlorat vom Schmelzp. 165°[6]).

Bromokodid $C_{18}H_{20}BrNO_2$ entsteht aus Kodein und Bromwasserstoffsäure, löslich in Äther. Schmelzp. 162°. $[\alpha]_D^{15} = +56°$. Beim Erwärmen mit Essigsäure liefert das von Schryver und Lees[7]) durch Einwirkung von Phosphortribromid auf Kodein erhaltene Bromokodid ein **Isokodein** vom Schmelzp. 144°. Das Chlorokodid liefert bei der gleichen Behandlung das **Pseudokodein** vom Schmelzp. 180°[8]).

---

[1]) Anderson, Annalen d. Chemie u. Pharmazie **77**, 368 [1851].
[2]) Vongerichten u. Weilinger, Berichte d. Deutsch. chem. Gesellschaft **38**, 1857 [1904].
[3]) Vongerichten, Annalen d. Chemie u. Pharmazie **210**, 107 [1881].
[4]) Knorr u. Hörlein, Berichte d. Deutsch. chem. Gesellschaft **40**, 4883 [1907].
[5]) Vongerichten, Annalen d. Chemie u. Pharmazie **210**, 109 [1881].
[6]) Knorr u. Hörlein, Berichte d. Deutsch. chem. Gesellschaft **40**, 376 [1907].
[7]) Schryver u. Lees, Journ. Chem. Soc. **79**, 4409 [1906].
[8]) Knorr, Hörlein u. Grimme, Berichte d. Deutsch. chem. Gesellschaft **40**, 3845 [1907].

Die folgende Zusammenstellung gewährt einen Überblick über die wichtigsten Konstanten der 6 Halogenderivate des Morphins und Kodeins:

α-Chloromorphid	Schmelzp.	204°	$[\alpha]_D = -375°$
β-Chloromorphid	„	188°	$[\alpha]_D = - 5°$
α-Chlorokodid	„	152—153°	$[\alpha]_D = -380°$
β-Chlorokodid	„	152—153°	$[\alpha]_D = - 10°$
Bromomorphid	„	169—170°	$[\alpha]_D = + 66°$
Bromokodid	„	162°	$[\alpha]_D = + 56°$

Isomere Kodeine und Morphine. Wie beim Morphin, so liefern auch die Chlor- und Bromderivate des Kodeins von dem Typus $C_{18}H_{20}O_2N \cdot Hal$ bei der Hydrolyse mit Wasser (Behandlung mit kochender Essigsäure) nicht nur die ursprünglichen Basen wieder, sondern stets ein Gemisch mit isomeren Basen, entsprechend dem Schema[1]):

$$\text{Kodein} \begin{array}{c} \xrightarrow{PBr_3} \text{Bromokodid} \xrightarrow{\text{Essigsäure}} \text{Isokodein, Schmelzp. } 172° \\ \xrightarrow{PCl_5} \text{Chlorokodid} \xrightarrow{\text{Essigsäure}} \text{Pseudokodein, Schmelzp. } 180°. \end{array}$$

Bei Versuchen, reines Isokodein darzustellen, haben Knorr, Hörlein und Grimme[2]) eine weitere, ebenfalls mit Kodein isomere Base isoliert, welche im rohen Isokodein neben diesem und Pseudokodein in relativ geringer Menge vorhanden ist, das **Allo-pseudokodein**, von Lees inzwischen auch unter dem Namen β-Isokodein beschrieben.

Die Beziehungen der verschiedenen Isomeren zueinander werden durch die Oxydation derselben mit Chromsäure aufgeklärt.

L. Knorr und H. Hörlein[3]) erhielten bei der Oxydation des Isokodeins mit Chromsäure in schwefelsaurer Lösung Kodeinon nach dem gleichen Verfahren und fast in gleicher Ausbeute wie aus Kodein.

Kodein und Isokodein sind strukturidentisch und unterscheiden sich lediglich durch die Konfiguration am asymmetrischen Kohlenstoffatom 6 des Phenanthrenkerns.

Da das Pseudokodein bei der Oxydation das dem Kodeinon strukturisomere Pseudokodeinon liefert, sind Kodein und Pseudokodein strukturisomer und unterscheiden sich durch die verschiedene Bindung des alkoholischen Hydroxyls an Stelle 6 und 8 des Phenanthrenkerns[4]).

Allopseudokodein ist dem Pseudokodein optisch isomer, denn es liefert bei der Oxydation mit Chromsäure in schwefelsaurer Lösung ebenfalls Pseudokodeinon, enthält also das Alkoholhydroxyl in Stellung 8. Die Isomerie beider Basen beruht demnach auf der verschiedenen räumlichen Anordnung von Wasserstoff und Hydroxyl an der Stelle 8.

Die Isomerie der vier verschiedenen Kodeine ist also völlig aufgeklärt, und das gleiche gilt für die vier isomeren Morphine, deren Zugehörigkeit zu den vier entsprechenden Kodeinen durch die Überführung in diese sicher festgestellt worden ist[5]).

Die genetischen Beziehungen dieser Basen sind ohne weiteres ersichtlich aus der von Knorr und Hörlein mitgeteilten Zusammenstellung, die im nachfolgenden als Tabelle I wiedergegeben ist.

Zur weiteren Erleichterung des Überblickes sei noch Tabelle II über die genetischen Beziehungen zwischen den isomeren Morphinen bzw. Kodeinen und Methylmorphimethinen angeschlossen.

---

[1]) L. Knorr u. Hörlein, Berichte d. Deutsch. chem. Gesellschaft **39**, 4409 [1906]. — Schryver u. Lees, Journ. Chem. Soc. **79**, 576 [1901].

[2]) Knorr, Hörlein u. Grimme, Berichte d. Deutsch. chem. Gesellschaft **40**, 3845 [1907].

[3]) L. Knorr u. H. Hörlein, Berichte d. Deutsch. chem. Gesellschaft **40**, 4889 [1907].

[4]) L. Knorr u. Hörlein, Berichte d. Deutsch. chem. Gesellschaft **40**, 2032, 3341 [1907].

[5]) Schryver u. Lees, Journ. Chem. Soc. **79**, 579 [1901]. — Lees u. Tutin, Proc. Chem. Soc. **22**, 253 [1906]; Chem. Centralbl. **1907**, I, 352. — Knorr, Berichte d. Deutsch. chem. Gesellschaft **40**, 2033, Fußnote 1, 3847 [1907]. — Lees, Proc. Chem. Soc. **23**, 200 [1907]; Journ. Chem. Soc. **91**, 1408 [1907]; Chem. Centralbl. **1907**, II, 1249.

Tabelle I.
Genetische Beziehungen zwischen den isomeren Morphinen und Kodeinen.

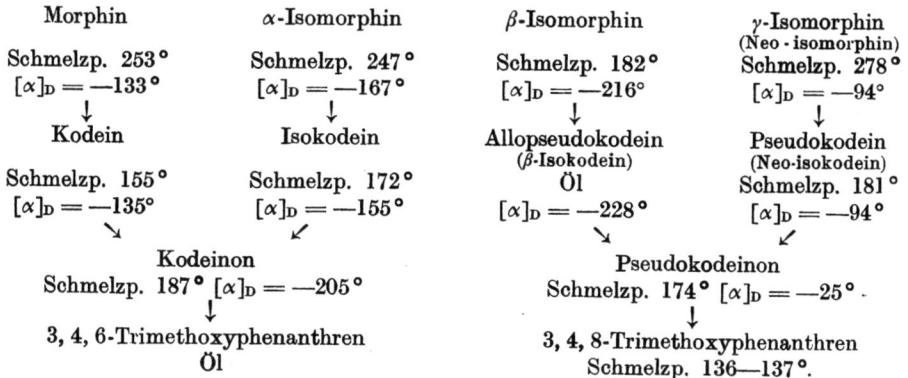

Tabelle II.
Genetische Beziehungen zwischen den isomeren Morphinen bzw. Kodeinen und Methylmorphimethinen.

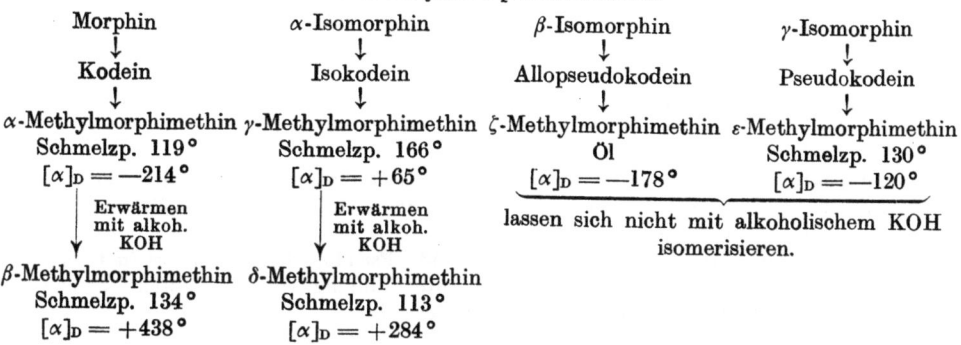

Pseudokodein[1]) $CH_3O \cdot C_{17}H_{18}NO_2$ nannte Merck[2]) einen mit dem Kodein gleich zusammengesetzten Körper, welcher als Nebenprodukt bei der Darstellung des Apokodeins erhalten wurde. Wie Göhlich nachgewiesen hat, ist er identisch mit dem von Anderson beschriebenen „amorphen" Kodein, welches durch Einwirkung verdünnter oder mäßig konzentrierter Schwefelsäure auf Kodein in der Wärme entsteht[3]). Knorr und Hörlein[4]) zeigten, daß das Pseudokodein in wechselnden Mengen neben Isokodein und Allopseudokodein unter den Produkten der Hydrolysierung des α- und β-Chlorokodids, sowie des Bromokodids auftritt. Knorr und Roth[5]) fanden diese Base neben Pseudoapokodein (3-Methylapomorphin) in dem durch Verschmelzen von Kodein mit Oxalsäure erhaltenen Produkt.

Darstellung: α-Chlorokodid (100 g) wird mit heißem Wasser (500 ccm) übergossen, durch Zutropfen von Eisessig zur Lösung gebracht und am Rückflußkühler gekocht (3 Std.). Die saure Lösung wird im Vakuum zum Sirup gedämpft, mit Alkohol digeriert, das nun abgeschiedenen Pseudokodeinchlorhydrat abgesaugt und letzteres durch Umkrystallisieren aus verdünntem Alkohol gereinigt. Die aus dem gereinigten Salze mit Ammoniak abgeschiedene Base schmilzt, aus Alkohol umkrystallisiert, bei 180—181°. In der alkoholischen Mutterlauge des Pseudokodeinchlorhydrats finden sich noch zwei weitere Kodeinisomere, das Isokodein und Allopseudokodein.

---

[1]) Knorr, Butler u. Hörlein, Annalen d. Chemie **368**, 305 [1909].
[2]) Merck, Archiv d. Pharmazie **229**, 161 [1891]; Berichte d. Deutsch. chem. Gesellschaft **24**, 643 [1891].
[3]) Anderson, Annalen d. Chemie u. Pharmazie **77**, 356 [1851].
[4]) Knorr u. Hörlein, Berichte d. Deutsch. chem. Gesellschaft **39**, 4409 [1906]; **41**, 969 [1908].
[5]) Knorr u. Roth, Berichte d. Deutsch. chem. Gesellschaft **40**, 3355 [1907].

Das Pseudokodein ist ein sekundärer Alkohol, was durch die Derivate sichergestellt wurde.

Eine Lösung des getrockneten Pseudokodeins in abs. Alkohol (c = 1,985) dreht 1,87° nach links, woraus sich berechnet $[\alpha]_D^{15} = -94°$.

Das **jodwasserstoffsaure Pseudokodein** $C_{18}H_{21}NO_3HJ$ erhält man auf Zusatz von Jodkalium zur essigsauren Lösung der Base in glänzenden Blättchen, die aus Wasser umkrystallisiert bei 260—265° unter Zersetzung schmelzen; $[\alpha]_D^{15} = -57°$. — **Pseudokodeinjodmethylat**[1]) $C_{18}H_{21}NO_3 \cdot CH_3J$ ist in kochendem Äthylalkohol schwer löslich und krystallisiert aus Methylalkohol oder Wasser in glänzenden krystallwasserfreien Blättchen vom Schmelzp. 270°.

Durch heiße Natronlauge wird das Pseudokodeinjodmethylat ganz ähnlich wie die quartären Salze des Kodeins in eine „Methinbase", das ε-Methylmorphimethin, verwandelt.

Acetylpseudokodein[1]) $C_{20}H_{23}NO_4$. Beim Kochen des Pseudokodeins mit der zehnfachen Menge Essigsäureanhydrid entsteht ein öliges Acetylderivat des Pseudokodeins, dessen Jodmethylat sich ebenfalls als ölig erwies und deshalb als jodwasserstoffsaures Salz charakterisiert wurde. Das **jodwasserstoffsaure Acetylpseudokodein** krystallisiert in derben, wasserfreien Krystallen vom Aussehen des Kochsalzes, welche bei 285° sich lebhaft zersetzen.

Bei der Oxydation des Pseudokodeins mit Chromsäure entsteht **Pseudokodeinon**[2]), $C_{18}H_{19}NO_3$ (Schmelzp. 174—175°), das Keton des Pseudokodeins, das zuerst fälschlicherweise mit dem durch Oxydation von Isokodein erhaltenen Isokodeinon als identisch angesehen wurde[3]). Das **Pseudokodeinonjodmethylat** vom Schmelzp. 220° zerfällt beim Erhitzen mit Alkohol auf 160—170° in flüchtige Basen und 3, 4, 8-Trimethoxyphenanthren vom Schmelzp. 136—137°.

Benzalpseudokodeinon[4]) $C_{25}H_{23}NO_3$ wird als Öl aus Benzaldehyd und Pseudokodeinon erhalten. Sein Jodmethylat krystallisiert aus Methylalkohol in Blättchen vom Zersetzungsp. 250°.

Isonitrosopseudokodeinon $C_{18}H_{18}N_2O_4$, aus Pseudokodeinon, Amylnitrit und gesättigtem Eisessig-Chlorwasserstoff, ein gelbes Pulver, das sich unter Schwarzfärbung allmählich von ca. 200° ab zersetzt.

Pseudokodeinon und Benzoldiazoniumchlorid. Pseudokodeinon reagiert im Gegensatz zum Pseudokodein mit Diazoniumsalzlösungen unter Bildung von Farbstoffen, welche als Hydrazone des Pseudokodein-7, 8-dions anzusprechen sind.

Benzoylpseudokodein $C_{25}H_{25}NO_4$. Durch Erwärmen von getrocknetem, fein pulverisiertem Pseudokodein mit Benzoylchlorid erhält man das Chlorhydrat des Benzoylpseudokodeins. Aus Wasser umkrystallisiert, bildet es weiße Nädelchen vom unscharfen Schmelzp. 174—188°. Die freie Base konnte bisher nicht rein erhalten werden.

Versetzt man die methylalkoholische Lösung der Base mit überschüssigem Jodmethyl, so krystallisiert das **Jodmethylat des Benzoylpseudokodeins** in seideglänzenden Nädelchen vom Schmelzp. 206—208°.

Carbanilidsäureester des Pseudokodeins. Die Base wird in thiophenfreiem Benzol gelöst und Phenylisocyanat zugegeben, wobei sich nach einigen Tagen etwas unverändertes Pseudokodein ausscheidet. Auf Zusatz von Ligroin zur filtrierten benzolischen Lösung fällt der Carbanilidsäureester als Öl aus, welches bis jetzt noch nicht krystallinisch erhalten werden konnte. Sein **Chlorhydrat** $C_{25}H_{26}N_2O_4 \cdot HCl$ krystallisiert aus heißem Alkohol in Prismen vom Schmelzp. 93—94°, welche 1 Mol. Krystallalkohol enthalten. Das **Jodmethylat** wird in methylalkoholischer Lösung dargestellt und zeigt aus Wasser umkrystallisiert den Schmelzp. 243—244°.

Chlorpseudokodein $C_{18}H_{20}ClNO_3$. In die Lösung des Pseudokodeins in einem größeren Überschuß von verdünnter Salzsäure wird unter Erwärmen auf 70—80° feingepulvertes Kaliumchlorat im Überschuß allmählich eingetragen. Durch Zusatz von Ammoniak fällt das Chlorpseudokodein als silberweißer Niederschlag, der aus 50 proz. Äthylalkohol umkrystallisiert, weiße, glänzende Nadeln vom Schmelzp. 203—204° bildet; $[\alpha]_D^{15} = -100,8°$.

Brompseudokodein $C_{18}H_{20}BrNO_3$. Auf fein gepulvertes, in Wasser suspendiertes Pseudokodein läßt man so lange Bromwasser einwirken, bis sich das Pseudokodein völlig gelöst

---

[1]) Knorr u. Hörlein, Berichte d. Deutsch. chem. Gesellschaft **39**, 4409 [1906].
[2]) Knorr u. Hörlein, Berichte d. Deutsch. chem. Gesellschaft **40**, 2032, 3341 [1907].
[3]) Lees u. Tutin, Proc. Chem. Soc. **22**, 253 [1906]; Chem. Centralbl. **1907**, I, 352.
[4]) Knorr u. Hörlein, Berichte d. Deutsch. chem. Gesellschaft **40**, 3353 [1907].

hat. Auf Zusatz von Ammoniak fällt das Brompseudokodein als weißer Niederschlag, der aus Äthylalkohol umkrystallisiert weiße, seideglänzende Nädelchen vom Schmelzp. 190—192° bildet; $[\alpha]_D^{15} = -75{,}2°$.

Nitropseudokodein $C_{18}H_{20}N_2O_5$. Pseudokodein, in Eisessig gelöst, wird unter Kühlen mit konz. Salpetersäure versetzt, nach einiger Zeit in Wasser gegossen, die Lösung unter Kühlen schwach alkalisch gemacht, der Niederschlag abgesaugt, mit Wasser gewaschen und aus abs. Alkohol umkrystallisiert. Das Nitropseudokodein krystallisiert aus Alkohol in rechteckigen Blättchen und schmilzt unter Zersetzung bei 235°. $[\alpha]_D^{15} = -49{,}9°$.

Einwirkung von Phosphorhalogenverbindungen auf Pseudokodein. Wie aus Kodein durch Einwirkung von Phosphorpentachlorid[1]) und durch Einwirkung von Salzsäure[2]) je nach den Versuchsbedingungen ein α- und β-Chlorokodid entsteht, so erhielten Knorr und Hörlein[3]) durch die Einwirkung von Phosphorpentachlorid auf Pseudokodein einen öligen Chlorkörper, den sie als **Pseudochlorokodid** bezeichneten und in Form des schön krystallisierenden Jodmethylates analysierten. Es zeigte sich aber, daß beim Aufnehmen in wenig Alkohol sich ca. $^1/_4$ des Gewichts α-Chlorokodid aus diesem Chlorderivat ausschied und in der Mutterlauge das ölige Pseudochlorokodid zurückblieb. Dasselbe konnte nicht krystallisiert erhalten werden, sondern nur durch sein **Jodmethylat**, $C_{19}H_{23}ClNO_2J$, charakterisiert werden[4]). Die Substanz krystallisiert aus Methylalkohol in glänzenden Blättchen und Würfeln und schmilzt bei 185—186° unter Zersetzung. Sie zerfällt ebenso wie das isomere α-Chlorokodidjodmethylat beim Erhitzen mit Wasser unter Abscheidung halogenfreier, amorpher Produkte. Doch unterscheidet es sich in seinen physikalischen Eigenschaften genügend von den isomeren Salzen, so daß mit Sicherheit die Existenz eines dritten öligen Chlorokodids behauptet werden kann. Die Lösung von 0,102 g Jodmethylat in 20 ccm eines Gemisches von 75 Volumproz. Wasser und 25 Volumproz. Alkohol drehte im 2-dcm-Rohr 2,32° nach links. $[\alpha]_D^{15} = -227{,}4°$.

Durch Einwirkung von Phosphortribromid auf Pseudokodein erhält man in schlechter Ausbeute das gleiche Bromokodid, das Schryver und Lees[5]) in gleicher Weise aus Kodein erhielten.

Das **Pseudochlorokodid** geht durch Reduktion mit Zinkstaub und Alkohol in das gleiche **Desoxykodein**[6]) über, das man aus dem Kodein über das Chlorokodid durch Reduktion erhält[7]).

Isokodeinon[8]) $C_{18}H_{19}NO_3$, ist dem Kodeinon isomer und entsteht durch Oxydation des Isokodeins mit Chromsäure. Es schmilzt bei 174—175°, krystallisiert aus Alkohol in derben, langen Spießen; in 99 proz. Alkohol beträgt $[\alpha]_D^{15} = -25°$ (c = 2,1125). Als Keton bildet es ein Oxim und ein Semicarbazon. Das **Oxim** $C_{18}H_{20}N_2O_3$ ist unlöslich in Wasser, dagegen leicht löslich in Alkohol, verdünnten Säuren und Alkalien. Das **Semicarbazon** $C_{19}H_{22}N_4O_3$ krystallisiert aus verdünntem Alkohol in feinen Nadeln, die unter Gasentwicklung unscharf bei 180° schmelzen.

Im Verhalten gegen Salzsäure unterscheidet sich das Isokodeinon sehr charakteristisch vom Kodeinon. Dieses wird beim Aufkochen mit verdünnter Salzsäure in Thebenin verwandelt, während Isokodeinon gegen verdünnte Salzsäure sehr beständig ist.

Beim Kochen mit Essigsäureanhydrid geht das Isokodeinon in **Methyläthanolamin** und in **Triacetylthebenin** $C_{24}H_{25}NO_6$ über.

Isokodeinonjodmethylat $C_{18}H_{19}NO_3 \cdot CH_3J$, erhalten durch Erwärmen der alkoholischen Lösung des Isokodeinons mit Jodmethyl, bildet flache Nadeln vom Zersetzungsp. 220°. In wässeriger Lösung ist $[\alpha]_D^{15} = -12°$ (c = 0,8930). Es ist erheblich beständiger als das isomere Derivat des Kodeinons und läßt sich aus Wasser umkrystallisieren. Beim Kochen mit Natronlauge wird das Isokodeinonjodmethylat in eine alkalilösliche Phenolbase von der Zusammensetzung einer Methinbase $C_{19}H_{21}NO_3$ verwandelt. Sie ist ein sandiges Pulver vom Zersetzungsp. 235°.

Durch Erhitzen mit Alkohol auf 160—170° erleidet das **Isokodeinonjodmethylat** eine ganz ähnliche Zersetzung wie das Kodeinonjodmethylat. Dieses wird in 3-Methoxy-4, 6-

---

[1]) Vongerichten, Annalen d. Chemie **210**, 105 [1881].
[2]) Knorr u. Hörlein, Berichte d. Deutsch. chem. Gesellschaft **40**, 4883 [1907].
[3]) Knorr u. Hörlein, Berichte d. Deutsch. chem. Gesellschaft **40**, 3352 [1907].
[4]) Knorr, Butler u. Hörlein, Annalen d. Chemie **368**, 316 [1909].
[5]) Schryver u. Lees, Journ. Chem. Soc. Trans. **79**, 575 [1901].
[6]) Knorr u. Hörlein, Berichte d. Deutsch. chem. Gesellschaft **40**, 3344, 3352 [1907].
[7]) Knorr u. Hörlein, Berichte d. Deutsch. chem. Gesellschaft **40**, 376 [1907].
[8]) L. Knorr u. H. Hörlein, Berichte d. Deutsch. chem. Gesellschaft **40**, 2035 [1907].

dioxyphenanthren und Dimethylaminoäthyläther zerlegt, das Isokodeinonjodmethylat in ein Methyltrioxyphenanthren und in Dimethylaminoäthyläther.

Allopseudokodein[1]) $C_{18}H_{21}NO_3$. Die Lösung des Roh-Isokodeins, welches man bei der Hydrolyse des Bromokodids nach dem Verfahren von Schryver und Lees erhält, wird mit Jodkalium versetzt, wobei sich ein Gemenge der jodwasserstoffsauren Salze des Pseudokodeins und Allopseudokodeins abscheidet. Die Salze werden mit kochendem Alkohol behandelt, wobei das jodwasserstoffsaure Pseudokodein in Lösung geht und das Salz des Allopseudokodeins in fast reinem Zustand zurückbleibt. Durch Zersetzung des Jodhydrats erhält man das Allopseudokodein als helles, schwach blau fluorescierendes Öl. Sein **Jodhydrat** krystallisiert aus Wasser in langen Spießen vom Zersetzungsp. 280—285°. $[\alpha]_D^{15} = -153°$.

Durch gemäßigte Oxydation mit Chromsäure erhält man aus Allopseudokodein das Pseudokodeinon vom Schmelzp. 174—175°.

Acetyl-allopseudokodein $C_{20}H_{23}NO_4$ erhält man aus dem Roh-Isokodein durch Kochen mit Natriumacetat und Essigsäureanhydrid, krystallisiert aus Alkohol in feinen Nädelchen vom Schmelzp. 194—195° und unterscheidet sich charakteristisch von seinen Isomeren, dem Acetylpseudokodein, welches als Öl erhalten wird und dem Acetylkodein, welches bei 133,5° schmilzt.

Allopseudokodeinjodmethylat $C_{18}H_{21}NO_3 \cdot CH_3J$, durch Digerieren der Base mit überschüssigem Jodmethyl in methylalkoholischer Lösung dargestellt, krystallisiert aus Methylalkohol in Blättchen vom Zersetzungsp. 215°. $[\alpha]_D^{15} = -142°$ (c = 1,728).

Durch Kochen mit Natronlauge liefert das Jodmethylat eine Methinbase, das ζ-Methylmorphimethin, $C_{19}H_{23}NO_3$ (siehe dieses).

Nitrokodeinsäure[2]) $C_{16}H_{18}N_2O_5$ enthält zwei Kohlenstoffatome weniger als das Nitrokodein und entsteht bei vorsichtiger Oxydation des Nitrokodeins mit Salpetersäure, in gleicher Weise läßt sie sich, aber in etwas geringerer Ausbeute, auch aus dem Pseudokodein, nicht aber aus dem Oxykodein[3]), gewinnen. Zur Darstellung löst man das Nitrokodein in Salpetersäure vom spez. Gew. 1,30 und erwärmt nach 4 Tagen noch 10 Stunden auf 60°. Nach dem Verdünnen mit Wasser fällt ein hellgelber, flockiger Niederschlag, welcher ein Nebenprodukt der Nitrokodeinsäure darstellt. Die von diesem Nebenprodukt getrennte saure Flüssigkeit wird mit konz. Natronlauge versetzt, zum Sieden erhitzt und die Nitrokodeinsäure als Bleisalz mit konz. Bleiacetatlösung gefällt. Dasselbe wird mit n-Schwefelsäure gekocht, das Bleisulfat abfiltriert, die als harzige Masse sich ausscheidende Nitrokodeinsäure durch Kochen mit 20proz. Salzsäure in das Chlorhydrat verwandelt; dasselbe wird mit der 10fachen Menge Wasser versetzt und unter Zusatz der berechneten Menge Natriumacetat eine halbe Stunde geschüttelt, wobei die Nitrokodeinsäure als schweres, sandiges Pulver erhalten wird. Zur Reinigung wird die Säure in heißem Wasser suspendiert, mit der erforderlichen Menge Ammoniak gelöst und mit Essigsäure wieder heiß ausgefällt. Aus der Lösung krystallisiert die Säure in feinen Nädelchen. Sie ist unlöslich in den gebräuchlichen organischen Lösungsmitteln, sehr wenig löslich in Alkohol. In Wasser löst sie sich ebenfalls sehr wenig und kommt beim Abkühlen nicht mehr heraus. Beim Erhitzen zersetzt sich die Nitrokodeinsäure, ohne zu schmelzen, unter allmählicher Verkohlung.

Die Salze der Nitrokodeinsäure mit Mineralsäuren dissoziieren schon in Berührung mit Wasser vollständig, während die noch sauer reagierenden Salze der Ester so beständig sind, daß sie aus Wasser umkrystallisiert werden können.

In ihren Metallsalzen erweist sich die Nitrokodeinsäure als zweibasisch. Bei der Veresterung der Säure mit Alkoholen und Salzsäure tritt dagegen nur ein Alkoholrest ein unter gleichzeitiger Abspaltung eines Moleküls Wasser, vielleicht unter Lactonbildung.

Das **Kaliumsalz** erhält man aus der alkalischen Lösung der Nitrokodeinsäure durch konz. Pottaschelösung in goldgelben, glänzenden, dünnen Blättchen. — Das **Bariumsalz**, durch Zusatz von Chlorbarium zur Lösung der Nitrokodeinsäure in verdünntem Ammoniak in feinen Nadeln erhalten, krystallisiert aus 300 T. Wasser mit 2 Mol. Krystallwasser.

Aminokodeinsäure $C_{16}H_{20}N_2O_7$, durch Reduktion von Nitrokodeinsäure mit granuliertem Zinn und Salzsäure erhalten, wurde als Monochlorhydrat $C_{16}H_{20}N_2O_7$ identifiziert.

---

[1]) Knorr, Hörlein u. Grimme, Berichte d. Deutsch. chem. Gesellschaft **40**, 3848 [1907].
[2]) F. Ach, L. Knorr, H. Lingenbrink u. H. Hörlein, Berichte d. Deutsch. chem. Gesellschaft **42**, 3503 [1909].
[3]) Ach u. Knorr, Berichte d. Deutsch. chem. Gesellschaft **36**, 3068 [1903].

Nor-nitrokodeinsäure $C_{15}H_{16}N_2O_9$ entsteht aus der Nitrokodeinsäure durch Verseifen der Methoxylgruppe, indem das Chlorhydrat derselben einige Stunden mit konz. Salzsäure auf 140—150° erhitzt wird.

Nor-aminokodeinsäure $C_{15}H_{18}N_2O_7$ entsteht durch Kochen der Nitrokodeinsäure mit Jodwasserstoffsäure, wobei sich zunächst das Jodhydrat bildet, welches mit schwefliger Säure entfärbt und heiß mit Essigsäure versetzt wird, wobei sich die Base abscheidet. Die so gewonnene, fast farblose Verbindung, die wohl eine Aminogruppe und zwei Phenolhydroxyle an einem Benzolkern enthält, ist gegen Luftsauerstoff sehr empfindlich und dürfte ein für weitere Oxydation der Nitrokodeinsäure geeignetes Material sein.

Nitrokodeinsäure-methylester $C_{17}H_{18}N_2O_8$ entsteht durch Kochen von Nitrokodeinsäure und 2 proz. absolut methylalkoholischer Salzsäure und Zerreiben des entstandenen Chlorhydrats mit Ammoniak. Der Ester krystallisiert aus Methylalkohol mit 2 Mol. Krystallmethylalkohol in flachen, lichtempfindlichen Blättchen und zeigt sehr merkwürdige Löslichkeitsverhältnisse, welche es wahrscheinlich machen, daß er als ein „Betain" aufzufassen ist. Er löst sich leicht in Wasser, dagegen sehr schwer in Alkoholen, nicht in Äther. Aus wässeriger Lösung wird er durch Zusatz von Alkoholen ausgefällt.

Die Veresterung geschieht unter Abspaltung eines Moleküls Wasser.

Der **Äthylester** entsteht analog dem Methylester aus Nitrokodeinsäure und alkoholicher Salzsäure unter gleichzeitiger Abspaltung eines Moleküls Wasser.

Veresterung der Nitrokodeinsäure mit Diazomethan. Fein zerriebenes Chlorhydrat der Nitrokodeinsäure, in absolutem Äther suspendiert, wird mit überschüssiger ätherischer Diazomethanlösung versetzt, wobei unter Stickstoffentwicklung die Säure größtenteils in Lösung geht. Nach dem Abdestillieren des Äthers wird der Rückstand aus Methylalkohol umkrystallisiert, wobei schwach gelbliche Prismen vom Schmelzp. 180° resultieren.

Die Analyse ergab, daß die Substanz drei nach Zeisel bestimmbare Methyle enthält. Es sind daher zwei solcher Gruppen eingeführt worden. Es ist jedoch noch unbestimmt, ob außer den beiden nach Zeisel bestimmbaren Methylgruppen noch ein drittes nach dieser Methode nicht bestimmbares Methyl in das Molekül, vielleicht an den Stickstoff, eingetreten ist. Die Zusammensetzung der Verbindung wäre dann $C_{18}H_{20}N_2O_8$ oder $C_{19}H_{22}N_2O_8$.

Aceto-acetylkodein[1]) $C_{22}H_{25}NO_5$ entsteht durch Einwirkung eines zuvor erhitzten Gemisches von konz. Schwefelsäure und Essigsäureanhydrid auf Kodein. Das aus Alkohol umkrystallisierte Präparat schmilzt bei 145—146°. In Chloroformlösung beträgt $[\alpha]_D^{17} = -207°$ (c = 5,716). Das **Oxim** des Acetoacetylkodeins $C_{22}H_{26}N_2O_5$ krystallisiert in rein weißen Nadeln vom Schmelzp. 176—178° und enthält ein halbes Molekül Krystallalkohol.

Aceto-Kodein $C_{20}H_{23}NO_4$ entsteht durch Verseifung des Acetoacetylkodeins mit alkoholischem Kali oder mit Natriumäthylatlösung. Es krystallisiert aus Essigester in rechteckigen Blättchen vom Schmelzp. 150°. In Chloroformlösung beträgt $[\alpha]_D^{21} = -141°$ (c = 4,579).

Das **Oxim** des Acetokodeins, $C_{20}H_{24}N_2O_4$, schmilzt bei 100° unter Aufschäumen und konnte bis jetzt noch nicht krystallisiert erhalten werden.

Das **Jodmethylat des Acetokodeins** $C_{20}H_{23}NO_4 \cdot CH_3J$, aus der alkoholischen Lösung des Acetokodeins beim Kochen mit Jodmethyl erhalten, krystallisiert aus Alkohol oder Wasser in rechteckigen Blättchen und Stäbchen, die bei 235° unter Gasentwicklung schmelzen. In Wasser beträgt $[\alpha]_D^{15} = -64°$ (c = 1,0302).

Durch kochende 25 proz. Natronlauge wird das Jodmethylat in eine Methinbase verwandelt, das

Aceto-methylmorphimethin $C_{21}H_{25}NO_4$. Dasselbe krystallisiert aus Essigester in sternförmig gruppierten Nadeln und rechteckigen Blättchen vom Schmelzp. 149°. In Chloroformlösung ist $[\alpha]_D^{21} = +150°$ (c = 5,6635). Durch alkoholisches Kali läßt sich das Acetomethylmorphimethin nicht umlagern. Es ähnelt also in diesem Verhalten dem ε- und ζ-Methylmorphimethin und unterscheidet sich scharf vom α- und γ-Methylmorphimethin. Dagegen wird es durch Erhitzen mit Natriumäthylatlösung analog dem α- und β-Methylmorphimethin in **Aceto-methylmorphol** u. **Dimethylamino-äthyläther** gespalten.

Aceto-methylmorphol $C_{17}H_{14}O_3$ (isomer mit Acetylmethylmorphol, Schmelzp. 130°) krystallisiert aus Alkohol in Nadeln vom Schmelzp. 161—162° unter vorhergehendem Sintern.

---

[1]) L. Knorr, H. Hörlein u. Fr. Staubach, Berichte d. Deutsch. chem. Gesellschaft **42**, 3511 [1909]. — Knoll & Co., Ludwigshafen, Chem. Centralbl. **1906**, II, 1539.

Es löst sich nicht in Wasser und verdünnten Säuren, in verdünnter Natronlauge ist es als Phenol löslich. Als Keton gibt es ein Semicarbazon vom Schmelzp. 220°.

Aceto-acetylpseudokodein $C_{22}H_{25}NO_5$. Ebenso wie das Kodein liefern auch die drei isomeren Kodeine bei der Behandlung mit einem vorher erhitzten Gemisch von konz. Schwefelsäure und Essigsäureanhydrid Diacetylprodukte. Das Aceto-acetylpseudokodein krystallisiert aus abs. Alkohol in radial gruppierten, prismatischen Stäbchen vom Schmelzp. 170°. In Chloroformlösung ist $[\alpha]_D^{18} = -126°$ (c = 5,487).

Aceto-acetylisokodein $C_{22}H_{25}NO_5$ krystallisiert aus Alkohol in atlasglänzenden Blättchen, die $^1/_2$ Mol. Alkohol enthalten, in demselben bei 80—85° schmelzen und bei 100° lebhaft aufschäumen. Die getrocknete Substanz zeigt dann den Schmelzp. 105°. $[\alpha]_D^{14} = -236°$ (c = 5,1535).

Die folgende Tabelle gewährt einen Überblick über die vier Kodeine und ihre Diacetylderivate:

	Schmelzpunkt	$[\alpha]_D$		Schmelzpunkt	$[\alpha]_D$
Kodein	155°	—135°	Diacetylkodein.	145—146°	—207°
Isokodein	171°	—155°	Diacetylisokodein . . .	m.$\frac{1}{2}C_2H_5OH$ 80—85° getrocknet 105°	—236°
Pseudokodein. . .	181°	—94°	Diacetylpseudokodein .	170°	—126°
Allopseudokodein .	Öl	—228°	Diacetylallopseudokodein	Öl	

Oxydationsprodukte des Kodeins: Fritz Ach und L. Knorr[1]) haben unter verschiedenen Bedingungen hauptsächlich zwei Oxydationsprodukte aus dem Kodein dargestellt, die sie mit den Namen **Oxykodein** und **Kodeinon** belegt haben.

Oxykodein $C_{18}H_{21}NO_4$ entsteht durch Oxydation von Kodein bei einer 5—10° nicht übersteigenden Temperatur mit Chromsäure in schwefelsaurer Lösung. Es besitzt die Formel $C_{18}H_{21}NO_4$ und bildet sich nach der Gleichung:

$$C_{18}H_{21}NO_3 + O = C_{18}H_{21}NO_4.$$

Das Oxykodein unterscheidet sich vom Kodein durch den höheren Schmelzpunkt (207 bis 208°) und durch eine sehr charakteristische Rotfärbung beim Auflösen in konz. Schwefelsäure. Es löst sich leicht in Chloroform, schwerer in Essigester und Benzol, sehr schwer in Alkohol, Aceton und Äther. In kochendem Wasser ist es etwas löslich. Die Lösung reagiert alkalisch auf Lackmus. Die Base löst sich leicht in verdünnten Säuren und wird daraus durch Soda in Nadeln abgeschieden.

Diacetyl-oxykodein $C_{22}H_{25}NO_6$ entsteht leicht beim Kochen der Base mit Essigsäureanhydrid. Aus Alkohol umkrystallisiert bildet es kurze glänzende Prismen vom Schmelzp. 160—161°. Sie sind leicht löslich in verdünnten Säuren. Mit Schwefelsäure zeigt das Diacetylderivat dieselbe Farbenreaktion wie das Oxykodein.

Oxykodein-jodmethylat $C_{18}H_{21}NO_4 \cdot CH_3J$ kann sehr leicht durch Vermischen der Komponenten in alkoholischer Lösung dargestellt werden. Es krystallisiert mit $^1/_2$ Mol. Krystallalkohol.

Fügt man zur kochenden wässerigen Lösung des Oxykodeinjodmethylats Natronlauge, so färbt sich die Lösung dunkel und es scheidet sich ein zähes Öl ab, das sich in Äther größtenteils aufnehmen läßt. Die Erscheinung erinnert an die Bildung von α-Methylmorphimethin aus Kodeinjodmethylat. Mit Jodmethyl vereinigt sich das Öl zu einem in prächtigen, langen Spießen krystallisierenden Jodmethylat vom Zersetzungsp. 223—225°.

Diacetyloxykodein-jodmethylat $C_{22}H_{25}NO_6 \cdot CH_3J$, aus der methylalkoholischen Lösung des Diacetyloxykodeins mit überschüssigem Jodmethyl erhalten, bildet farblose Krystalle vom Zersetzungsp. 248—255°.

Kodeinon $C_{18}H_{19}NO_3$ entsteht bei der Oxydation des Kodeins mit Kaliumpermanganat in Acetonlösung oder mit Chromsäure in schwefelsaurer Lösung, wenn man die Oxydation

---

[1]) Fr. Ach u. L. Knorr, Berichte d. Deutsch. chem. Gesellschaft **36**, 3068 [1903].

ohne Kühlung sich abspielen läßt. Die Verbindung schmilzt bei 185—186°, und ihre Entstehung aus dem Kodein erfolgt nach der Gleichung:

$$C_{18}H_{21}NO_3 + O = C_{18}H_{19}NO_3 + H_2O.$$

Das Kodeinon steht zum Kodein im Verhältnis von Keton zu Alkohol. Es liefert mit Hydroxylamin ein Oxim und läßt sich durch Reduktion in Kodein zurückverwandeln.

Das Kodeinon ist ziemlich löslich in Methylalkohol, Benzol und Chloroform, schwerer in Alkohol und Essigester und noch schwerer in Ligroin und Äther. In heißem Wasser löst es sich nicht unbeträchtlich. In 99 proz. Alkohol beträgt $[\alpha]_D^{15} = -205°$ (c = 1,007).

Das **Chlorhydrat** $C_{18}H_{19}NO_3 \cdot HCl$, aus wässeriger Lösung krystallisiert, enthält 1 Mol. Krystallwasser und schmilzt bei 179—180°.

Das **Pikrat** des Kodeinons $C_{24}H_{22}N_4O_{10}$ fällt als bald erstarrendes Öl und kommt, aus verdünntem Alkohol umkrystallisiert, in schimmernden Blättchen vom Zersetzungspunkt 205°.

Das **Pikrolonat** des Kodeins $C_{28}H_{27}N_5O_8$ zersetzt sich bei 228°.

Das Kodeinon äußert eine sehr eigentümliche physiologische Wirkung, wenn es mit der Haut in Berührung kommt. Es verursacht starke Anschwellung und Rötung, namentlich des Gesichts, seltener der Hände.

Oxim des Kodeinons $C_{18}H_{20}N_2O_3$, aus der wässerigen Lösung des Kodeinonchlorhydrats mit Hydroxylamin erhalten, krystallisiert aus Alkohol mit 1 Mol. Krystallalkohol und schmilzt unter Bräunung bei 212°. In 99 proz. Alkohol gelöst beträgt $[\alpha]_D^{15} = -499°$ (c = 0,1386). Es ist sehr schwer löslich in Wasser, in Äther, etwas mehr in heißem Alkohol, Benzol, Chloroform und Essigester. Es ist leicht löslich in Natronlauge sowie in verdünnten Säuren. Das **Hydrochlorat des Oxims** krystallisiert aus konzentrierter, wässeriger Lösung in Nadeln, die sich bei 260° zersetzen. — **Kodeinonsemicarbazon** $C_{19}H_{22}N_4O_3$ krystallisiert aus verdünntem Alkohol in Nädelchen und schmilzt zunächst unter Gasentwicklung bei 185°, dann erstarrt die Substanz wieder bei etwas höherer Temperatur, um sich bei 250° lebhaft zu zersetzen. — **Kodeinonjodmethylat** $C_{18}H_{19}NO_3 \cdot CH_3J$ krystallisiert aus wenig Wasser in Nädelchen mit 2 Mol. Krystallwasser; die getrocknete Substanz sintert bei 170° und schmilzt bei 180°. Es ist überaus zersetzlich. Seine wässerige Lösung färbt sich allmählich braunviolett bis schwarz. Beim Kochen mit verdünnter Natronlauge tritt völlige Zersetzung unter Abscheidung teeriger Produkte ein.

Desoxykodein $C_{18}H_{21}NO_2$ und **Desoxydihydrokodein** $C_{18}H_{23}NO_2$. Knorr und Hörlein[1]) erhielten das Desoxykodein durch Reduktion von Bromokodid oder Chlorokodid mit Zinkstaub und Salzsäure, Knorr und Waentig[2]) fanden, daß diese Base am besten durch Reduktion mit Zinkstaub und Alkohol, ohne Verwendung von Säure, erhalten wird. Ferner zeigte sich, daß mit Natrium und Alkohol ein Reduktionsprodukt entsteht, das um 2 Wasserstoffatome reicher ist als das Desoxykodein, und das als Desoxydihydrokodein bezeichnet wurde. Letzteres erhält man auch aus dem Desoxykodein mit Natrium und Alkohol.

Desoxykodein $C_{18}H_{21}NO_2$, durch Reduktion von Chlorokodid mit Zinkstaub und Alkohol erhalten, krystallisiert aus verdünntem Methylalkohol in derben sechsseitigen Blättchen, welche $^1/_2$ Mol. Krystallwasser enthalten und schmilzt unter vorhergehendem Sintern bei 126°. Es ist unlöslich in Wasser, leicht löslich in Alkohol, Methylalkohol, Aceton, Benzol, Chloroform und Essigester. Als Phenol bildet es ein Natriumsalz, das leicht dissoziiert, ebenso wird es acetyliert und methyliert. Charakteristisch ist das in Alkohol schwer lösliche **Hydrochlorid** vom Schmelzp. 165°. In alkoholischer Lösung zeigt das Desoxykodein ein Drehungsvermögen $[\alpha]_D^{15} = +119°$ (c = 4,9215), sein Hydrochlorid zeigt $[\alpha]_D^{15} = +86°$. — Das **jodwasserstoffsaure Desoxykodein** $C_{18}H_{21}NO_2 \cdot HJ$ krystallisiert aus Wasser in feinen Nadeln vom Zersetzungsp. 265°. — Das **benzoesaure Desoxykodein** krystallisiert beim Vermischen der ätherischen Lösungen beider Komponenten in Tetraedern aus. Schmelzp. 188°. $[\alpha]_D^{15}$ in abs. Alkohol $+106°$ (c = 5,53). — **Acetyl-desoxykodein** $C_{20}H_{23}NO_3$ entsteht durch Kochen der Base mit Essigsäureanhydrid als Öl (leicht löslich in Alkohol, Benzol, Aceton, schwer löslich in Wasser und Natronlauge), welches in Form des Jodhydrates identifiziert wurde. Letzteres krystallisiert aus Wasser in seideglänzenden Nadeln vom Schmelzp. 230°. Das **Jodmethylat** $C_{20}H_{23}NO_3 \cdot CH_3J$ krystallisiert mit 1 Mol. Alkohol aus abs. Alkohol in gelben Nadeln, die gegen 270° schmelzen. — **Desoxykodomethin** $C_{19}H_{23}NO_2$ erhält man aus dem

---

[1]) Knorr u. Hörlein, Berichte d. Deutsch. chem. Gesellschaft **40**, 376 [1907].
[2]) Knorr u. Waentig, Berichte d. Deutsch. chem. Gesellschaft **40**, 3860 [1907].

Jodmethylat des Desoxykodeins durch Kochen mit Natronlauge. Aus abs. Alkohol umkrystallisiert, bildet es gelbe Prismen vom Schmelzp. 162—164°. Es ist sehr empfindlich und färbt sich an der Luft unter Aufnahme von Sauerstoff rasch dunkel. Etwas beständiger ist das **Nitrat** $C_{19}H_{23}NO_2 \cdot HNO_3$, vom Schmelzp. 202°.

Methyl-desoxykodein-jodmethylat $C_{19}H_{23}NO_2 \cdot CH_3J$, erhalten durch Methylierung des Desoxykodeins in alkalischer Lösung mit Dimethylsulfat, krystallisiert in glänzenden Blättchen vom Schmelzp. 251—252° unter vorhergehendem Sintern. $[\alpha]_D^{15} = +108°$ in Alkohol (c = 2,290). Durch Kochen mit Natronlauge entsteht aus ihm das

Methyl-desoxykodomethin welches als Öl erhalten wird und sehr unbeständig ist. Es zersetzt sich in salzsaurer Lösung in Dimethylmorphol. Ebenso erweist sich das Jodmethylat der Methinbase als sehr unbeständig. Es zersetzt sich leicht in Trimethylamin und Dimethylmorphol.

Desoxydihydrokodein $C_{18}H_{23}NO_2$, sowohl aus Desoxykodein, wie aus Chlorokodid durch Reduktion mit der 5fachen Menge Natrium in siedender alkoholischer Lösung entstehend, krystallisiert, ebenso wie das Desoxykodein, aus wasserhaltigem Äther in derben Krystallen, aus verdünntem Methylalkohol in schimmernden Blättchen, die $1/2$ Mol. Krystallwasser enthalten und bei 132° ohne Aufschäumen schmelzen. $[\alpha]_D^{15} = -24°$ in abs. Alkohol (c = 5,171). — Das **Hydrochlorid** $C_{18}H_{23}NO_2 \cdot HCl$ krystallisiert mit 1 Mol. Krystallalkohol und schmilzt bei 155° unter Aufblähen; $[\alpha]_D^{15} = -17°$ in Wasser (c = 5,289). — Das **Benzoat** der Base krystallisiert ähnlich dem Desoxykodeinbenzoat aus Essigester in Tetraedern, die bei ca. 180° schmelzen und in Wasser und Alkohol etwas leichter löslich sind als jenes. $[\alpha]_D^{15} = -9°$ (c = 5,145).

Methyl-desoxydihydrokodein-jodmethylat $C_{19}H_{25}NO_2 \cdot CH_3J$ entsteht durch Methylierung des Desoxydihydrokodeins mit Dimethylsulfat und wird als krystallinisch erstarrendes Öl erhalten. Aus heißem Wasser oder Alkohol umkrystallisiert, schmilzt es unter vorhergehendem Sintern bei 248—249°. Die spezifische Drehung in 99 proz. Alkohol ist $[\alpha]_D^{15} = -12°$ (c = 2,773).

Durch Kochen mit Natronlauge erhält man die Methinbase

Methyl-desoxydihydrokodomethin als helles, ätherlösliches Öl, das nicht krystallisiert werden konnte. Es ist weit beständiger als die Methinbase des Desoxykodeins.

Das Jodmethylat der Base, das ebenfalls nicht krystallisiert erhalten wurde, ist selbst gegen konz. Natronlauge so beständig, daß bei halbstündigem Kochen nur 3% des Stickstoffes in Form einer flüchtigen Base abgespalten werden.

Einwirkung von Oxalsäure auf Kodein: L. Knorr und P. Roth[1]) erhielten bei der Einwirkung schmelzender Oxalsäure auf Kodein zwei gut charakterisierte basische Reaktionsprodukte, von denen das eine sich mit dem Pseudokodein identisch erwies, während das zweite die Zusammensetzung $C_{18}H_{19}NO_2$ (also Kodein-H_2O) besitzt und somit ein Apokodein darstellt.

Die nähere Untersuchung ergab, daß diese Base in besserer Ausbeute beim Schmelzen von Pseudokodein mit Oxalsäure erhalten werden kann. Sie dürfte demnach bei der Oxalsäureschmelze des Kodeins nicht direkt aus diesem, sondern wahrscheinlich erst sekundär aus primär gebildetem Pseudokodein hervorgehen und wurde deshalb **Pseudoapokodein** genannt.

Es krystallisiert aus Alkohol in Lamellen von der Zusammensetzung $C_{18}H_{19}NO_2 + C_2H_5OH$ und schmilzt unter Aufschäumen bei 100—110°. Unter den Salzen des Pseudoapokodeins mit Mineralsäuren ist das jodwasserstoffsaure Salz wegen seiner Schwerlöslichkeit in Wasser besonders charakteristisch und kann deshalb zur Erkennung und Isolierung der Base vorteilhaft dienen. Beim Kochen mit Essigsäureanhydrid nimmt das Pseudoapokodein zwei Acetylreste auf, so daß es wahrscheinlich der (3)-Methyläther des Apomorphins ist, also zu diesem in gleicher Beziehung steht wie Kodein zum Morphin. Die von L. Knorr und F. Raabe[2]) durchgeführte genauere Untersuchung des Pseudoapokodeins und einiger seiner Derivate hat diese Vermutung bestätigt. Sie stellten den **Monomethyläther des Apomorphins** nach Pschorr, Jäckel und Fecht[3]) dar und haben die Identität dieser Verbindung mit dem Pseudoapokodein durch den Vergleich beider Substanzen festgestellt. Beide Präparate krystallisieren mit 1 Mol. Alkohol, schmelzen bei 105° und zeigen in abs. Alkohol ein Drehungsvermögen $[\alpha]_D^{15} = -90°$ (c = 0,84) und $[\alpha]_D^{15} = -89°$ (c = 1,093).

---

[1]) L. Knorr u. P. Roth, Berichte d. Deutsch. chem. Gesellschaft **40**, 3355 [1907].
[2]) L. Knorr u. F. Raabe, Berichte d. Deutsch. chem. Gesellschaft **41**, 3050 [1908].
[3]) Pschorr, Jäckel u. Fecht, Berichte d. Deutsch. chem. Gesellschaft **35**, 4387 [1902].

Jodwasserstoffsaures Pseudoapokodein $C_{18}H_{19}NO_2 \cdot HJ$ wird aus der essigsauren Lösung des Pseudoapokodeins durch Zusatz von Jodkaliumlösung ausgefällt; aus Wasser umkrystallisiert bildet es feine Nädelchen, die bei 288° unter Zersetzung schmelzen.

Diacetylderivat des Pseudoapokodeins $C_{22}H_{23}NO_4$, durch Kochen von Pseudoapokodein mit Essigsäureanhydrid erhalten, krystallisiert aus Alkohol in Blättchen vom Schmelzp. 135°. Vermutlich ist das eine Acetyl an Sauerstoff, das andere an Stickstoff gebunden.

Um die Identifizierung von Pseudoapokodein und Monomethylapomorphin völlig sicherzustellen, haben L. Knorr und F. Raabe[1]) noch eine Anzahl von Derivaten beider Präparate dargestellt und verglichen. So wurde der

Dimethyläther des Apomorphins sowohl durch Methylieren des Pseudoapokodeins als auch des Monomethylapomorphins mit Diazomethan in Amylalkohol dargestellt und beide Produkte durch die Analyse als identisch erwiesen. $[\alpha]_D^{15} = -148°$ (c = 1,6395). Charakteristisch ist das **jodwasserstoffsaure Dimethylapomorphin** $C_{19}H_{22}O_2NJ$, das in kaltem Wasser schwer, in heißem leicht löslich ist und aus der wässerigen Lösung in schwach gelb gefärbten, derben Spießen auskrystallisiert, die unscharf bei 220° schmelzen. Drehungsvermögen in abs. Alkohol $[\alpha]_D^{15} = -49°$ (c = 1,3795).

Methylapomorphin-jodmethylat, sowohl aus Pseudoapokodein als auch aus Methylapomorphin dargestellt, schmilzt unter Zersetzung bei 230—233° und zeigt schwache Linksdrehung. $[\alpha]_D^{15} = -20°$ (c = 1,2573) für das Pseudoapokodeinmethylat und $[\alpha]_D^{15} = -17°$ (c = 1,208) für Methylapomorphinjodmethylat.

Dikodeylmethan $(C_{18}H_{20}NO_3)_2CH_2$. Wie das Morphin kondensiert sich auch das Kodein mit Formaldehyd zu Dikodeylmethan, einem firnisartigen Körper, der eine blau fluorescierende Lösung gibt[2]).

Kodeinviolett $C_{18}H_{21}NO_4 \cdot C_6H_4N \cdot (CH_3)_2$ entsteht durch Kondensation von Kodein und salzsaurem p-Nitrosodimethylanilin in Alkohollösung, eine amorphe, goldkäferfarbige Masse, die Seide und Wolle direkt färbt[3]).

Apokodein $CH_3O \cdot C_{17}H_{16}NO$ bildet sich aus salzsaurem Kodein durch Erhitzen mit Chlorzinklösung auf 170—180°[4]), sowie aus dem Chlorkodid durch Einwirkung alkoholischer Kalilauge unter Druck[5]). Es ist ein in Wasser fast unlöslicher amorpher Körper, dessen leicht lösliches Hydrochlorid auch amorph ist.

Das Apokodein aus Kodein wurde zunächst als das völlige Analogon des Apomorphins angesehen. Es müßte dann ebenfalls ein freies Hydroxyl enthalten. Dahin zielende Versuche von E. Vongerichten und Fritz Müller[6]) haben aber ein negatives Resultat ergeben. Als Ausgangsmaterial zur Darstellung des Apokodeins wurde von den genannten Autoren das von E. Vongerichten früher durch Einwirkung von Phosphorpentachlorid auf Kodein gewonnene Chlorokodid (s. dieses) benützt. Aus diesem läßt sich, wie Göhlich[2]) gezeigt, durch Einwirkung alkalischer Agenzien Chlorwasserstoff abspalten, und man gelangt zu einer amorphen Base, die sich vom Kodein durch den Mindergehalt der Elemente des Wassers unterscheidet. Sie enthält aber keine freie Hydroxylgruppe, gibt ebensowenig durch Spaltung ihres Jodmethylates ein dem Methylmorphimethin entsprechendes Produkt und ist nicht als das Analogon des Apomorphins zu betrachten. Das bisher als Apokodein bezeichnete Produkt dürfte als ein apomorphinhaltiges Gemenge von Körpern anzusehen sein.

Um die Rolle des alkoholischen Hydroxyls im Morphin bei Überführung desselben in Methylmorphimethin aufzuklären, haben E. Vongerichten und Fritz Müller[7]) aus dem Chlorokodid und Piperidin das Piperidokodid dargestellt und dieses näher untersucht.

Piperidokodid $C_{23}H_{30}N_2O_2$, durch Kochen des Chlorokodids mit Piperidin auf dem Wasserbade erhalten, krystallisiert aus Methylalkohol in farblosen, langen Prismen mit 1 Mol. Krystallalkohol. Bei 100° getrocknet, schmilzt es scharf bei 118°. Die Base ist ziemlich leicht löslich in Alkohol, unlöslich in Wasser. — Das **salzsaure Piperidokodid** $C_{23}H_{30}N_2O_2 \cdot 2\,HCl$ wird erhalten durch Fällen der ätherischen Lösung der Base mit ätherischer Salzsäure als

---

[1]) L. Knorr u. F. Raabe, Berichte d. Deutsch. chem. Gesellschaft **41**, 3052 [1908].
[2]) Farbwerke vorm. Meister, Lucius u. Brüning, Pat., Chem. Centralbl. **1897**, I, 352.
[3]) Cazeneuve, Bulletin de la Soc. chim. [3] **6**, 905 [1891].
[4]) Matthiessen u. Burnside, Annalen d. Chemie u. Pharmazie **158**, 131 [1871].
[5]) Göhlich, Diss. Marburg 1892.
[6]) E. Vongerichten u. Fritz Müller, Berichte d. Deutsch. chem. Gesellschaft **36**, 1590 [1903].
[7]) E. Vongerichten u. Fritz Müller, Berichte d. Deutsch. chem. Gesellschaft **36**, 1591 [1903].

weiße hygroskopische Masse, sehr leicht löslich in Wasser mit neutraler Reaktion. — Das Piperidokodid verbindet sich leicht mit Jodmethyl, und zwar liefert es ein Mono- und ein Di-Jodmethylat. — **Piperidokodid-monojodmethylat** $C_{23}H_{30}N_2O_2 \cdot CH_3J$, durch Erhitzen von Piperidokodid in Methylalkohol mit der berechneten Menge Jodmethyl erhalten, krystallisiert in weißen Krystallkrusten vom Schmelzp. 256°; es ist ziemlich schwer löslich in Wasser und Alkohol. — **Piperidokodid-dijodmethylat** $C_{23}H_{30}N_2O_2 \cdot 2\,CH_3J$, mit überschüssigem Jodmethyl erhalten, schmilzt gegen 250°. — **Piperido-methylmorphimethin** $C_{24}H_{32}N_2O_2$, durch Kochen des Piperidokodid-monojodmethylats mit Natronlauge erhalten, ist ein kaum gefärbtes basisches Öl. Mit Essigsäureanhydrid 12 Stunden auf 180° erhitzt, liefert es ein gelbes, nichtbasisches, allmählich erstarrendes Öl, das nicht identisch ist mit Acetylmorphol.

Piperidomethylmorphimethin - monojodmethylat $C_{24}H_{32}N_2O_2 \cdot CH_3J$ krystallisiert in weißen, zu Büscheln vereinigten Nadeln vom Schmelzp. 248° und ist ziemlich schwer löslich in Wasser. Das **Dijodmethylat** $C_{24}H_{32}N_2O_2 \cdot 2\,CH_3J$ wird mit überschüssigem Jodmethyl erhalten, ist ein gelblich gefärbtes Harz, das bei 110° glasig erstarrt; es ist etwas leichter löslich in Wasser als das Monojodhydrat.

Bei der Spaltung des Piperidomethylmorphimethinjodmethylats mit alkoholischer Kalilauge entsteht ein phenolartiger Körper, der aber nicht identisch mit Morphenol ist. An der Luft färbt sich seine alkalische Lösung intensiv rot.

Äthylthiokodide und Äthylthiomethylmorphimethine. Nach Untersuchungen von Pschorr[1]) gelingt es auch, das Halogen des Bromokodids durch Sulfäthyl zu ersetzen und somit diesen Rest an Stelle des alkoholischen Hydroxyls in das Kodeinmolekül einzuführen.

$$C_{18}H_{20}NO_2(OH) \rightarrow C_{18}H_{20}NO_2(Br) \rightarrow C_{18}H_{20}NO_2(SC_2H_5)$$
Kodein Bromkodid Äthylthiokodid

Auch hier entstehen, ähnlich wie beim Ersatz des Halogens durch Hydroxyl, verschiedene, nämlich vier isomere Äthylthiokodide.

Die α-Verbindung entsteht, wenn man α-Bromkodid mit wässeriger Natronlauge bei Gegenwart von Mercaptan unter Erhitzen auf 100° schüttelt; β-Äthylthiokodid bildet sich aus der α-Verbindung durch Erhitzen mit Natriumalkoholat und kann daher auch direkt aus Bromokodid erhalten werden, wenn dessen Umsetzung mit Mercaptan in alkoholischer Lösung bei einem Überschuß von Natriumalkoholat erfolgt.

Das dritte Isomere (γ) wurde in sehr geringer Ausbeute als Nebenprodukt bei der direkten Darstellung des β-Äthylthiokodids aus Bromokodid erhalten. Die δ-Verbindung resultierte bei der Umsetzung des α-Chlorokodids mit Mercaptan und Natriumalkoholat. Dagegen liefert das von Knorr aufgefundene β-Chlorokodid, das auch durch Erhitzen von α-Chlorokodid über den Schmelzpunkt erhalten werden kann, die gleichen Produkte wie Bromokodid. Diese Erscheinung steht im Einklang mit den Beobachtungen von Knorr und Hörlein bei der Hydrolyse der Halogenokodide. Auch hier ergaben Bromkodid und β-Chlorokodid das gleiche Hauptprodukt, Isokodein, während die Bearbeitung von α-Chlorokodid zum Pseudokodein führte (vgl. Tabelle I).

Von den vier Isomeren nimmt das β-Äthylthiokodid eine Ausnahmestellung ein. Es zeigt eine außergewöhnliche Reaktionsfähigkeit gegen Säuren sowie gegen Jodmethyl und wurde von Pschorr (loc. cit.) eingehend studiert.

Die drei übrigen Äthylthiokodide (α, γ, δ) verhalten sich gegen Jodmethyl normal und können durch Kochen der wässerigen Lösung ihrer Jodmethylate mit Alkalien in die entsprechenden **Äthylthiomethylmorphimethine** umgewandelt werden. Bei ihnen ergeben sich ähnliche Unterschiede wie bei den aus Kodein und seinen Isomeren stammenden Methinbasen.

Nach den im vorstehenden behandelten Untersuchungen von Knorr lassen sich die aus Kodein und Isokodein stammenden α- und γ-Methylmorphimethine durch alkoholisches Alkali zur β- bzw. δ-Verbindung isomerisieren, während die aus Pseudokodein erhaltenen ε- und ζ-Methylmorphimethine durch das gleiche Reagens keine Veränderung erleiden.

So ist denn auch bei den Äthylthiomethylmorphimethinen nur die aus α-Äthylthiokodidjodmethylat entstehende tertiäre Base (α-Äthylthiomethylmorphimethin) durch Natriumalkoholat zur β-Verbindung isomerisierbar, nicht aber γ- und δ-Äthylthiomethylmorphimethin. Diese Übereinstimmung im Zusammenhang mit der Bildungsweise aus Bromkodid bzw. aus α-Chlorokodid legt den Gedanken nahe, daß γ- und δ-Äthylthiokodid der Pseudokodeinreihe

---

[1]) Pschorr, Berichte d. Deutsch. chem. Gesellschaft **39**, 3130 [1906]; Annalen d. Chemie u. Pharmazie **373**, 1 [1910].

entsprechen, während α-Äthylthiokodid dem Kodein bzw. Isokodein an die Seite zu stellen ist. Ob die Isomerie der Äthylthiokodide — analog der Annahme von Knorr für die isomeren Kodeine — auf Stellungsisomerie beruht, oder ob sie auf optische Isomerie oder auf die Verschiebung von Doppelbindungen zurückzuführen ist, konnte bisher nicht ermittelt werden.

Tabelle I.
Genetische Beziehungen zwischen den Kodeinen und den Äthylthiokodiden:

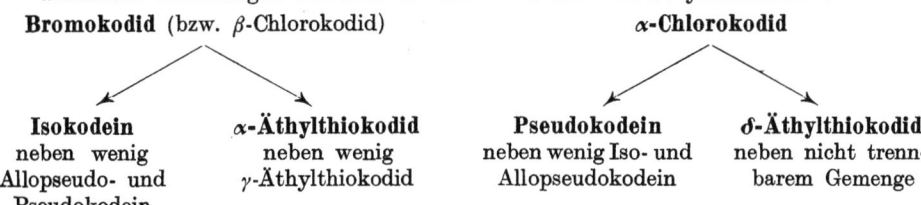

Tabelle II.
Vergleich der Methylmorphimethine mit den Äthylthiomethylmorphimethinen in ihrem Verhalten gegen alkoholische Kalilauge:

	Methylmorphimethin	isomerisierbar zu
Kodein	α-	β-
Isokodein	γ-	δ-
α-Äthylthiokodid	α-Äthylthio-	β-Äthylthio-
Pseudokodein	ε-	
Allopseudokodein	ζ-	nicht isomerisierbar
γ-}Äthylthiokodid . . . δ-}	δ-}Äthylthio- γ-}	

Zur Gewinnung von α- oder β-Äthylthiomethylmorphimethin ist es nicht nötig, zunächst den Abbau über das Äthylthiokodid und dessen Jodmethylat auszuführen, sie können vielmehr direkt aus Bromokodidmethylat erhalten werden. Behandelt man dieses in wässeriger Lösung mit Mercaptan und Natronlauge, so erfolgt außer der Substitution des Halogens durch Sulfäthyl auch die Aufspaltung des stickstoffhaltigen Ringes unter Bildung von α-Äthylthiomethylmorphimethin. Wird die Umsetzung in alkoholischer Lösung vorgenommen, so wird gleichzeitig die Isomerisierung der Verbindung in die β-Modifikation erzielt.

Bromokodidjodmethylat → Äthylthiomethylmorphimethin

Äthylthiomorphide.[1]) Soweit die Übertragung der eben beschriebenen Reaktionen auf die analogen Morphinderivate durchgeführt wurde, ergab sich völlige Übereinstimmung. So lassen sich ebenfalls aus Bromomorphid verschiedene Äthylthiomorphide gewinnen, von denen das eine, der Analogie nach als β-Verbindung bezeichnete, die gleiche Veränderlichkeit wie das β-Äthylthiokodid zeigt.

β-Äthylthiomorphid $C_{19}H_{23}NO_2S$ zersetzt sich bei 200—202°, ist leicht löslich in Alkohol, Chloroform, Benzol, schwerer in Äther. — **Diäthyldithiomorphid** $C_{21}H_{29}NO_2S_2$, bei Einwirkung der Salzsäure auf β-Äthylthiomorphid entstehend, bildet kleine Prismen vom Zersetzungsp. 252°, ist schwer löslich in den gebräuchlichen Lösungsmitteln.

---

[1]) Pschorr u. Hoppe, Annalen d. Chemie u. Pharmazie **373**, 45 [1910].

Eigenschaften der Äthylthiokodide und Äthylthiomethylmorphimethine:

	Äthylthiokodid	Äthylthiomethylmorphimethin	
Bromokodid oder β-Chlorokodid	α- Schmelzp. 88—89° $[\alpha]_D = -340°$ Jodhydrat Schmelzp. 217° Jodmethylat Schmelzp. 236—237° $[\alpha]_D = -232°$	α- Jodhydrat Schmelzp. 204—206° $[\alpha]_D = -218°$ Jodmethylat Schmelzp. 235—236° $[\alpha]_D = -183°$	Mit Natriumalkoholat ↘ β- gelb, Schmelzp. 174° Jodmethylat Zersetzp. 124—125°
	β- Schmelzp. 148° $[\alpha]_D$ ca. $= -35°$	⟶	β- gelb, Schmelzp. 174°
	γ-, Base, Öl Jodmethylat Schmelzp. 265—266° $[\alpha]_D = -119°$	γ- Jodhydrat Schmelzp. 179—180° $[\alpha]_D = -161°$ Jodmethylat nicht krystallisierend	nicht isomerisierbar
α-Chlorokodid	δ-, Base, Öl Jodhydrat Schmelzp. 235° $[\alpha]_D = +51°$ Jodmethylat Schmelzp. 230—234° $[\alpha]_D = +55°$	δ- Jodhydrat Schmelzp. 196—197° $[\alpha]_D = +49°$ Jodmethylat Schmelzp. 193—195° $[\alpha]_D = +39°$	nicht isomerisierbar
α-Chloromethyl-morphimethin			β- gelb, Schmelzp. 174°

Thebain.

Mol.-Gewicht 311,2.
Zusammensetzung: 73,26% C, 6,80% H, 4,51% N.

$C_{19}H_{21}NO_3$.

Vorkommen: Das Thebain wurde im Jahre 1835 von Thiboumery im Opium aufgefunden. Er nannte es **Paramorphin** und stellte für dasselbe die Formel $C_{17}H_{18}NO_3$ auf[1]). Kane[2]) führte die Benennung Thebain für die Base ein. Die jetzt als richtig erkannte Zusammensetzung $C_{19}H_{21}NO_3$ wurde zuerst von Anderson[3]) ermittelt, und Hesse bestätigte durch die Analyse einer Anzahl gut krystallisierender Salze des Thebains die Richtigkeit dieser Formel[4]).

Die Menge des Thebains im Opium beträgt etwa 0,15 bis 1,0%.

Darstellung: Bei der Verarbeitung des Opiums auf Alkaloide befindet sich das Thebain in der alkoholischen Mutterlauge des auskrystallisierten Narkotins und Papaverins. Die Lösung wird verdunstet, der Rückstand in heißer Essigsäure aufgenommen und die saure Lösung mit Bleiessig versetzt. Das Thebain bleibt hierbei in Lösung und kann, nach Entfernung des Bleis, durch Ammoniak gefällt werden. Aus Alkohol umkrystallisiert bildet es silberglänzende Blättchen.

---

[1]) Thiboumery, Annalen d. Chemie u. Pharmazie **16**, 38 [1835].
[2]) Kane, Annalen d. Chemie u. Pharmazie **19**, 9 [1836].
[3]) Anderson, Annalen d. Chemie u. Pharmazie **86**, 184 [1853].
[4]) Hesse, Annalen d. Chemie u. Pharmazie **153**, 61 [1870].

Thebainformel nach Pschorr   Thebainformel nach Freund

Nachweis: In konz. Schwefelsäure löst es sich mit tiefroter Farbe.

Wird eine freie Salzsäure enthaltende Lösung von Thebainhydrochlorid zum Kochen erhitzt, so wird es in kurzer Zeit zersetzt, was sich dadurch kundgibt, daß die gelbe Lösung mit Alkali eine im Überschuß desselben lösliche Fällung gibt.

Physiologische Eigenschaften des Thebains s. S. 263. Es ist ein ausgesprochenes Krampfgift. In kleinen Dosen vermag es noch narkotisch zu wirken, sonst gleicht es ganz dem Strychnin, so daß in ihm das giftigste Opiumalkaloid vorliegt.

Physikalische und chemische Eigenschaften und Derivate: Das Thebain krystallisiert aus Alkohol in silberglänzenden Blättchen vom Schmelzp. 193°. In Wasser ist es fast unlöslich, leicht löslich in Alkohol und Äther, namentlich beim Kochen. In Alkalien löst es sich nicht, in Ammoniak nur wenig. Die Lösungen des Thebains sind linksdrehend. Bei 15° und $p = 2$ beträgt in alkoholischer Lösung $[\alpha]_\gamma = -218,64°$.

Das Thebain ist eine starke Base und bildet leicht Salze, von denen mehrere gut krystallisieren; jedoch sind sie bei Gegenwart freier Säure leicht veränderlich.

Thebainhydrochlorid $C_{19}H_{21}NO_3 \cdot HCl + H_2O$. Wird Thebain mit kochendem Wasser übergossen und verdünnte Salzsäure zugesetzt, bis sich fast alles gelöst hat, so scheidet sich beim Verdunsten der Lösung das Thebainhydrochlorid in großen Prismen ab. Seine Lösung wird allmählich gelb, namentlich beim Kochen. Mit Platinchlorid gibt es das in orangefarbenen Prismen krystallisierende **Chloroplatinat** $C_{19}H_{21}NO_3 \cdot PtCl_6H_2 + 4 H_2O$. — **Thebainoxalat,** neutrales, $(C_{19}H_{21}NO_3)_2 \cdot C_2H_2O_4 + 6 H_2O$, wird durch Sättigung der Base in alkoholischer Lösung mit Oxalsäure erhalten. — **Thebaintartrat,** saures, $C_{19}H_{21}NO_3 \cdot C_4H_6O_4 + H_2O$, durch Auflösen der Base in Weinsäure gewonnen, ist in kaltem Wasser schwer, in kochendem Wasser leichter löslich.

Thebainmethyljodid $C_{19}H_{21}NO_3 \cdot CH_3J$ wird durch kurzes Erwärmen von Thebain in methylalkoholischer Lösung mit Methyljodid dargestellt. Aus Alkohol krystallisiert es in derben, alkoholhaltigen Prismen, die in Wasser ziemlich löslich sind. Durch Erhitzen mit Essigsäureanhydrid wird es in **Acetylthebaol** und **Dimethoxyäthylamin** gespalten.

Wird die Spaltung mit Kaliumhydroxyd vorgenommen, so bildet sich als basisches Spaltungsprodukt **Tetramethyläthylendiamin,** wahrscheinlich sekundär aus Dimethyloxyäthylamin entstanden[1]).

Die Spaltung des Thebainjodmethylates durch Erhitzen mit Alkohol auf 160—165° liefert als Spaltungsprodukte **Thebaol** und **Dimethylaminoäthyläther.** In geringer Menge scheint auch Dimethylamin gebildet zu werden[2]).

---

[1]) Freund, Berichte d. Deutsch. chem. Gesellschaft **30,** II, 1364, 1384 [1897].
[2]) L. Knorr, Berichte d. Deutsch. chem. Gesellschaft **37,** 3500 [1904]; **38,** 3143 [1905].

Thebaïnäthyljodid $C_{19}H_{21}NO_3 \cdot C_2H_5J$, in gleicher Weise wie die Methylverbindung erhalten, krystallisiert in feinen Nadeln.

Dihydrothebaïn $C_{19}H_{23}NO_3$. Wegen der leichten Zersetzbarkeit des Thebaïns in saurer Lösung kann die Hydrierung nur in alkalischer Lösung stattfinden, und zwar nimmt das Alkaloid bei Behandlung mit Natrium und Alkohol zwei Atome Wasserstoff auf. Das so erhaltene Dihydrothebaïn ist mit dem Dimethyläther des Morphins gleich zusammengesetzt

$$\begin{array}{cc} \underset{\text{Morphin}}{{\text{OH} \atop \text{OH}}\!\!>\!C_{16}H_{14}ON \cdot CH_3} & \underset{\text{Dihydrothebaïn}}{{\text{CH}_3\text{O} \atop \text{CH}_3\text{O}}\!\!>\!C_{16}H_{14}ON \cdot CH_3} \end{array}$$

ist aber mit völliger Sicherheit von einem solchen verschieden. Mit Wasser mehrmals verrieben und aus wenig Benzol krystallisiert, wird das Dihydrothebaïn in nierenförmigen Krystallaggregaten erhalten, die, nochmals aus Benzol-Ligroin umkrystallisiert, den Schmelzp. 154° zeigen. In Alkohol und Benzol ist die Substanz leicht löslich, in Wasser unlöslich. Von Alkali wird sie in geringer Menge unverändert aufgenommen.

In alkoholischer Lösung verbindet sich die hydrierte Base leicht mit Methyljodid zu **Dihydrothebaïnjodmethylat** $(CH_3O)_2C_{16}H_{14}ON(CH_3)_2 \cdot J$, das aus Wasser mit 3 Mol. H_2O und aus Alkohol mit 1 Mol. Krystallalkohol krystallisiert. Gegen Alkali ist das Jodmethylat verhältnismäßig beständig, von verdünnten Säuren wird es aber leicht verändert. Durch kurzes Aufkochen mit wässeriger schwefliger Säure wird es in das Hydrojodid einer mit Dihydrothebaïn isomeren Base, **Isodihydrothebaïn** ${\text{CH}_3\text{O} \atop \text{HO}}\!\!>\!C_{16}H_{13}ON(CH_3)_2$, umgewandelt.

Die aus dem Hydrojodid mit Ammoniak freigemachte Base schmilzt bei 138° und vereinigt sich wieder mit Methyljodid glatt zu einem Jodmethylat, ${\text{CH}_3\text{O} \atop \text{HO}}\!\!>\!C_{16}H_{13}ON \cdot (CH_3)_3J$, welches beim Kochen mit Alkali Trimethylamin abspaltet.

Von Säuren wird das Dihydrothebaïn schon in der Kälte tiefgehend zersetzt. Bei Anwendung ganz verdünnter kalter Salzsäure ist hierbei in geringer Menge eine Base erhalten worden, die nach der Formel ${\text{CH}_3\text{O} \atop \text{HO}}\!\!>\!C_{16}H_{14}ON \cdot CH_3$ zusammengesetzt zu sein scheint und dementsprechend **Isokodeïn** genannt worden ist[1]).

Dihydrothebaïn-methyläther-Jodmethylat $C_{21}H_{28}NO_3J$. Wird das nach Vorschrift von Freund und Holthoff[2]) dargestellte Dihydrothebaïnjodmethylat mit der molekularen Menge einer alkoholischen Natriumäthylatlösung übergossen, so löst es sich sofort auf. Nach kurzem Digerieren mit überschüssigem Jodmethyl ist die Reaktion beendet, und auf Zusatz von Äther krystallisiert das neue Jodmethylat, welches aus wenig abs. Alkohol in Blättchen vom Schmelzp. 192° erhalten wird. Zum Unterschied vom Ausgangsmaterial ist es in Alkali unlöslich.

Mit 30 proz. Kalilauge gekocht, geht es in das **des-N-Methyldihydrothebaïn**, eine ölige Masse, über. Das Jodmethylat des letzteren spaltet, mit Kalilauge geschmolzen, ein stickstoffreies Produkt ab, dessen Pikrat sich im Schmelzpunkt und sonstigen Eigenschaften mit dem Pikrat des **Methylthebaols** identisch erwiesen hat[3]).

Spaltungen des Thebaïns und seiner Derivate: Beim Kochen mit Essigsäureanhydrid zerfällt das Thebaïn in Acetylthebaol, welches sich in Krystallen abscheidet, und Methyloxäthylamin[4]):

$$(CH_3O)_2C_{16}H_{12}ON \cdot CH_3 + 2\,(CH_3CO)_2O$$
$$= (CH_3O)_2 \cdot C_{14}H_7 \cdot O \cdot COCH_3 + {\text{CH}_3 \cdot \text{CO} \atop \text{CH}_3}\!\!>\!N \cdot CH_2 \cdot CH_2 \cdot O \cdot COCH_3 + CH_3COOH$$
$$\underset{\text{Acetylthebaol}}{\phantom{(CH_3O)_2 \cdot C_{14}H_7 \cdot O \cdot COCH_3}} \qquad \underset{\text{Diacetylmethyloxäthylamin}}{\phantom{{\text{CH}_3 \cdot \text{CO} \atop \text{CH}_3}\!\!>\!N \cdot CH_2 \cdot CH_2 \cdot O \cdot COCH_3}}$$

In ganz ähnlicher Weise spaltet sich das **Thebaïnjodmethylat** beim Kochen mit Essigsäureanhydrid unter Zusatz von Silberacetat wieder in Acetylthebaol, während als Base Dimethyloxäthylamin auftritt:

$$\underset{\text{Thebaïnjodmethylat}}{(CH_3O)_2C_{16}H_{12}O \cdot N(CH_3)_2J} + (CH_3CO)_2O$$
$$= HJ + \underset{\text{Acetylthebaol}}{(CH_3O) \cdot C_{14}H_{17} \cdot O \cdot COCH_3} + \underset{\text{Acetyldimethyloxäthylamin}}{(CH_3)_2 \cdot N \cdot CH_2 \cdot CH_2 \cdot O \cdot CO \cdot CH_3}.$$

---

[1]) Freund u. Holthoff, Berichte d. Deutsch. chem. Gesellschaft **32**, I, 175, 192 [1899].
[2]) Freund u. Holtoff, Berichte d. Deutsch. chem. Gesellschaft **32**, 193 [1899].
[3]) Pschorr, Seydel u. Stöhrer, Berichte d. Deutsch. chem. Gesellschaft **35**, 4406, 4410 [1902].
[4]) Freund, Berichte d. Deutsch. chem. Gesellschaft **30**, 1364, 1386 [1897].

Durch Behandlung des Acetylthebaols mit Natriumäthylat in nicht zu großem Überschuß wird dasselbe zu **Thebaol** verseift.

Thebaol $C_{16}H_{14}O_3$ scheidet sich aus Eisessig in rhombischen Tafeln, zum Teil quadratischen Prismen ab, löst sich leicht in Äther, Alkohol, Benzol, Chloroform, schwerer in Eisessig und Ligroin und schmilzt ohne Zersetzung bei 94°. Es löst sich schwer in verdünnter heißer Natronlauge und wird dabei rasch zersetzt. Freund hat den Beweis erbracht, daß es als ein **trisubstituiertes Phenanthren** aufzufassen ist[1]). Beim Erhitzen mit Zinkstaub wird es in **Phenanthren**, durch Kaliumpermanganat dagegen in **o-Methoxylphthalsäure**, $CH_3O \cdot C_6H_3(COOH)_2$, übergeführt.

Die Stellung der drei Substituenten im Phenanthrenkern vermochte Freund nicht vollständig aufzuklären, dagegen wurde die Konstitution des Thebaols als **3,6-Dimethoxy-4-oxyphenanthren** aus dessen Synthese von Pschorr[2]) in Gemeinschaft mit Seydel und Störer abgeleitet.

Benzoylthebaol $C_{16}H_{13}O_3 \cdot C_6H_5CO$, erhalten durch Einwirkung von Benzoylchlorid auf Thebain bei 0°, bildet farblose Nadeln vom Schmelzp. 169°[3]). Es ist sehr bemerkenswert, daß schon bei 0° durch Benzoylchlorid im Thebain der Furanring, sowie der stickstoffhaltige Ring aufgespalten und eine C-C-Bindung gelöst wird entsprechend dem Schema:

Einen ähnlichen leichten Zerfall in Base und Phenanthrenderivat, Dimethylaminoäthyläther und Thebaol, beobachtete Knorr beim Erhitzen von Thebainjodmethylat mit Alkohol auf 160°[4]).

In beiden Fällen ist wohl als Grund für die leichte Spaltbarkeit der Übergang vom hydrierten zum aromatischen System anzusehen.

Dibrom-benzoylthebaol $C_{23}H_{16}O_4Br_2$ entsteht bei Einwirkung von Brom auf Benzoylthebaol, krystallisiert aus Eisessig in farblosen Nadeln vom Schmelzp. 229°; bei der Oxydation liefert es **Benzoylthebaolchinon** $C_{23}H_{16}O_6$, welches bei 216° schmilzt.

Acetylthebaol $C_{16}H_{13}(C_2H_3O)O_3$, erhalten durch Spaltung des Thebains nach oben angegebener Weise, oder direkt durch Einwirkung von Essigsäureanhydrid auf Thebaol, krystallisiert in weißen, glänzenden Blättchen vom Schmelzp. 118—122°, welche in Alkali und Wasser unlöslich, in Ligroin schwer löslich, in heißem Alkohol, Äther, Chloroform und Eisessig leicht löslich sind. Die alkoholische Lösung ist bräunlich gefärbt und blau fluoreszierend.

Bromacetylthebaol $C_{18}H_{14}Br_2O_4$ entsteht bei der Einwirkung von Brom auf Acetylthebaol in Chloroformlösung, weiße, glänzende, mikroskopische Blättchen vom Schmelzp. 179°.

Thebaolchinon[5]) $C_{16}H_{12}O_5$ wird aus dem Acetylthebaolchinon in alkoholischer Lösung mittels Natriumäthylat erhalten; es bildet sich zunächst ein dunkelbraunes Pulver, das Natriumsalz des Chinons, welches bisweilen in Nadeln krystallisiert, meist aber amorph erhalten wird, und aus welchem Salzsäure das Chinon selbst ausscheidet.

Das Chinon selbst bildet gelbbraune, quadratische, bei 233° schmelzende Tafeln, löst sich schwer in Eisessig, Alkohol und Benzol, schwieriger in Äther, leicht und mit tiefgrüner Farbe in konz. Schwefelsäure.

Acetylthebaolchinon $C_{16}H_{11}(C_2H_3O)O_5$. Acetylthebaol wird in Eisessig gelöst und dazu allmählich Chromsäure gegeben. Es bildet gelbe, filzige Nadeln, die bei 203° schmelzen und unlöslich in Wasser, schwer löslich in Alkohol und Äther sind. Konz. Schwefelsäure löst es mit tiefgrüner, konz. Salpetersäure mit brauner Farbe; Wasser scheidet hieraus die unveränderte Substanz ab. Beim Kochen mit Essigsäureanhydrid und Natriumacetat färbt es sich olivengrün und liefert in der Kälte mit Kaliumpermanganat Thebaolchinon. In

---

[1]) Freund, Berichte d. Deutsch. chem. Gesellschaft **30**, 1364, 1386 [1897].
[2]) Pschorr, Seydel u. Störer, Berichte d. Deutsch. chem. Gesellschaft **35**, 4400 [1902].
[3]) Pschorr u. Haas, Berichte d. Deutsch. chem. Gesellschaft **39**, 16 [1906].
[4]) L. Knorr, Berichte d. Deutsch. chem. Gesellschaft **37**, 3500 [1904].
[5]) Freund u. Michaelis, Berichte d. Deutsch. chem. Gesellschaft **30**, 1374 [1897].

chloroformischer Lösung mit Brom behandelt liefert das Chinon ein **Bromacetylthebaolchinon** $C_{18}H_{13}BrO_6$, lange Nadeln aus Nitrobenzol vom Schmelzp. 310°[1]).

Das Thebaolchinon, wie das Acetylthebaolchinon kondensiert sich mit o-Toluylendiamin. Im ersteren Falle fällt das entstehende Phenanthrazin aus der ätherischen Lösung in gelben Flocken aus, krystallisiert in Blättchen und schmilzt bei 192°. Von Salzsäure wird dieser Körper $C_{23}H_{18}N_2O_3$ purpurrot gefärbt, von konz. Schwefelsäure mit blauer Farbe gelöst. Besser krystallisiert das zweite Kondensationsprodukt aus Acetylthebaolchinon und o-Toluylendiamin von der Formel $C_{18}H_{14}O_4 \cdot C_7H_6N_2$, welches sich aus Eisessig in hellgelben, langen Nadeln abscheidet, die sich mit konz. Salzsäure purpurrot färben und von konz. Schwefelsäure mit prachtvoll blauer Farbe gelöst werden. Diese Substanz schmilzt bei 201—203°[1]).

Einwirkung von Ozon auf Thebain: Morphin, Kodein und Thebain werden, wie Pschorr und Einbeck[2]) gefunden haben, durch Ozon rasch verändert. Aus der wässerigen Lösung des Thebainchlorhydrates entsteht nach der Ozonisierung mit Soda ein Niederschlag, der im Gegensatz zum ursprünglichen Alkaloid löslich ist in Natronlauge. Diese als α-**Thebaizon** bezeichnete Verbindung krystallisiert aus Äther in glänzenden flachen Nadeln oder Blättchen vom Schmelzp. 125—126°. Sie unterscheidet sich vom Thebain durch einen Mehrgehalt von O_2, ferner konnte durch die Zeiselsche Methode nachgewiesen werden, daß die beiden Methoxyle des Thebains erhalten geblieben sind. Sie steht in der Art und Stärke der physiologischen Wirkung dem Morphin sehr nahe. — Mit Semicarbazid bildet das Thebaizon unter den üblichen Bedingungen ein **Monosemicarbazon.** Es sind flache, bei 202° schmelzende Stäbchen. — Mit p-Nitrobenzoylchlorid erhält man aus α-Thebaizon einen Ester der p-Nitrobenzoesäure vom Schmelzp. 96—97°.

Das α-Thebaizon kann in eine isomere Verbindung (β-Thebaizon) umgelagert werden.

Einwirkung von gemischten Organomagnesiumverbindungen auf Thebain:[3]) Thebain reagiert lebhaft mit magnesiummetallorganischen Verbindungen; mit einer aus Brombenzol und Magnesium bereiteten ätherischen Lösung von Phenylmagnesiumbromid zusammengebracht, verwandelt sich das Alkaloid glatt in eine Base von der Zusammensetzung $C_{25}H_{27}NO_3$, welche aus Thebain $C_{19}H_{21}NO_3$ durch Aufnahme der Elemente von 1 Mol. Benzol entstanden ist und von Freund als **Phenyldihydrothebain** bezeichnet wurde. Diese Base enthält außer zwei OCH_3- noch eine Hydroxylgruppe, welche ihr sauren Charakter verleiht, so daß sie nicht nur mit Säuren, sondern auch mit Basen Salze bildet. Die Base ist in fast allen organischen Solvenzien leicht löslich, aus sehr wenig Alkohol erhält man beim Stehen Säulen, die zwischen 60—65° zu einem durchsichtigen Firnis zusammenschmelzen. Das **Chlorhydrat,** aus der alkoholischen Lösung der Base durch Zusatz von alkoholischer Salzsäure erhalten, bildet Prismen, welche bei 145—147° aufschäumen und Krystallalkohol enthalten, der ziemlich fest gebunden ist. Aus Wasser krystallisiert schmilzt das Salz bei 165°. Eine 4proz. wässerige Lösung dreht 1,57° nach links. — Das **Bromhydrat,** aus Wasser krystallisiert, bildet Tafeln, die bei 190—195° aufschäumen. — **Phenyldihydrothebain-jodmethylat** $C_{26}H_{30}NO_3J$. Wird das Phenyldihydrothebain, in etwa der gleichen Gewichtsmenge Alkohol gelöst, mit Jodmethyl digeriert, so scheidet sich quantitativ das Jodmethylat ab. Aus 50 proz. Alkohol krystallisiert es in Stäbchen vom Schmelzp. 230—231°.

Des-N-Methylphenyldihydrothebain.[4]) Bei der Behandlung mit Kalilauge spaltet das Jodmethylat den Stickstoff nicht in Form einer Aminverbindung ab, sondern es entsteht eine neue tertiäre Base $C_{26}H_{29}NO_3$, welche bei 55° zu sintern beginnt und erst gegen 90° klargeschmolzen ist. Sie reagiert lebhaft mit Jodmethyl und liefert direkt das

des-N-Methyl-phenyldihydrothebain-jodmethylat $C_{27}H_{32}NO_3J$, welches durch konz. Kalilauge gespalten wird in Trimethylamin und

Phenyldihydrothebenol $C_{23}H_{20}O_3$. In heißem Alkohol ist letzteres ziemlich schwer löslich und krystallisiert daraus in langgestreckten, rechtwinkligen Nadeln vom Schmelzp. 148 bis 149°, ebenso ist es in Chloroform leicht löslich; auf Zusatz einer Lösung von Brom in Chloroform tritt Addition ein.

Phenyl-dihydrothebain-methyläther $C_{26}H_{29}NO_3$ entsteht durch Versetzen von Phenyldihydrothebain in alkoholischer Lösung mit der berechneten Menge Natriumäthylatlösung und p-Toluolsulfosäuremethylester, sintert bei 60° und ist gegen 70° zu einer zähflüssigen Masse zusammengeschmolzen. Sein **Jodmethylat** schmilzt bei 209—210° und liefert bei der

---

[1]) Freund u. Michaelis, Berichte d. Deutsch. chem. Gesellschaft **30**, 1374 [1897].
[2]) Pschorr u. Einbeck, Berichte d. Deutsch. chem. Gesellschaft **40**, 3652 [1907].
[3]) M. Freund, Berichte d. Deutsch. chem. Gesellschaft **38**, 3234 [1905].
[4]) In bezug auf das Präfixum „des" vgl. Wildstätter, Annalen d. Chemie **317**, 268 [1901].

Behandlung mit alkoholischem Natrium den **des-N-Methyl-phenyldihydrothebain-methyläther** vom Schmelzp. 125—135°. Durch erschöpfende Methylierung entsteht daraus der **α-Phenyl-dihydrothebenolmethyläther** $C_{24}H_{22}O_3$, welcher sich auch aus dem Phenyldihydrothebenol durch Behandeln mit Natriumäthylatlösung und Jodmethyl erhalten läßt. Aus Alkohol umkrystallisiert, bildet er sechsseitige säulenförmige Krystalle vom Schmelzp. 114—115°. Eine 1proz. Lösung in Chloroform erwies sich optisch inaktiv.

β-Phenyl-dihydrothebenol-methyläther $C_{24}H_{22}O_3$ entsteht durch Erhitzen der α-Verbindung über ihren Schmelzpunkt oder durch Kochen mit Amylalkohol oder Essigsäureanhydrid. Aus Alkohol umkrystallisiert, bildet er unregelmäßig ausgebildete, rhomboedrische Täfelchen vom Schmelzp. 123—124°. Die β-Verbindung ist optisch inaktiv.

Analog dem Methyläther des Phenyldihydrothebains erhält man mit Hilfe von Jodäthyl den **Phenyl-dihydrothebain-äthyläther**. Die Verbindung ist bei gewöhnlicher Temperatur ölig, ihr **Jodmethylat** $C_{28}H_{34}NO_3J$ schmilzt bei 209—210°. **Des-N-Methyl-phenyldihydrothebain-äthylätherjodmethylat** (Schmelzp. 247—248°) wird durch Alkali unter Aminentwicklung in den **Phenyl-dihydrothebenol-äthyläther** $C_{25}H_{24}O_3$ vom Schmelzp. 97° gespalten.

Acetyl-dihydrophenylthebain $C_{27}H_{29}NO_4$, aus Phenyldihydrothebain, Essigsäureanhydrid und Natriumacetat, sintert bei 65—70° und schmilzt bei 92°. Sein **Jodmethylat** ist in Wasser schwer löslich und schmilzt bei 202—203°.

Nor-phenyldihydrothebain. Wird Phenyldihydrothebainjodhydrat mit Jodwasserstoffsäure vom spez. Gew. 1,7 einige Zeit zum Kochen erhitzt, so entweicht Jodmethyl und beim Erkalten erstarrt der Gefäßinhalt zu einer Krystallmasse. Aus wenig Wasser erhält man verfilzte Nädelchen vom Schmelzp. 185—190°. Die Substanz ist das Jodhydrat einer Base, welche zwei an Sauerstoff gebundene Methylgruppen weniger enthält als die ursprüngliche Base. Das **Chlorhydrat** $C_{23}H_{23}NO_3 \cdot HCl$ sintert bei 190—199° und schmilzt zwischen 200—220°. Die mit Soda abgeschiedene freie Base ist in heißem Wasser löslich und krystallisiert daraus in verfilzten Nädelchen, welche bei 120—125° zusammensintern. Mit Schwefelsäure und Essigsäure bildet sie krystallisierende Salze. In Natronlauge löst sie sich auf, indem gleichzeitig der Geruch nach Benzaldehyd auftritt.

Thebenin.

$C_{18}H_{19}NO_3$.

$$H_3CO-\underset{OH}{\underset{|}{\bigcirc\bigcirc}}-OH$$
$$H_3C \cdot HN-H_2C-H_2C$$

Durch kurzes Erhitzen von Thebain mit verdünnter Salzsäure erhielt Hesse[1]) eine Base, die er Thebenin nannte und als Isomeres vom Thebain betrachtete. Freund[2]) hat später festgestellt, daß diese Auffassung irrtümlich war; die beiden Verbindungen sind nicht isomer, sondern es findet beim Übergang des Thebains in Thebenin Abspaltung einer Methylgruppe statt nach folgender Gleichung:

$$\underset{CH_3O}{CH_3O} \rangle C_{17}H_{15}NO + HCl = \underset{CH_3O}{HO} \rangle C_{17}H_{15}NO + CH_3Cl.$$

Dartsellung und physikalische und chemische Eigenschaften: Zur Darstellung der Base wird Thebain mit Salzsäure vom spez. Gew. 1,07 etwa 2 Minuten im Sieden erhalten und dann gut abgekühlt; die ausgeschiedene gelbe Masse wird aus heißem Wasser umkrystallisiert, wobei reines **Thebeninhydrochlorid** erhalten wird. Die aus dem Hydrochlorid mit Natriumsulfit abgeschiedene freie Base ist amorph, in Äther und Benzol unlöslich, in kochendem Alkohol schwer löslich.

Von Kalilauge wird Thebenin leicht aufgenommen und die Lösung färbt sich an der Luft bald dunkelbraun. Überhaupt wird das Thebenin bei Gegenwart von Alkali sehr leicht oxydiert, weshalb man die Base aus ihren Salzen durch Ammoniak, Soda usw. nicht farblos

---

[1]) Hesse, Annalen d. Chemie u. Pharmazie **153**, 69 [1870].
[2]) Freund, Berichte d. Deutsch. chem. Gesellschaft **30**, II, 1357 [1897].

ausfällen kann. In konz. Schwefelsäure löst sich das Thebenin mit blauer Farbe, während Thebain unter gleichen Umständen eine rote Färbung erzeugt.

Derivate: Thebeninhydrochlorid $C_{18}H_{19}NO_3$, $HCl + 3 H_2O$ bildet große, farblose Krystallblätter, welche sich leicht in kochendem Wasser und Alkohol, sehr wenig in kaltem Wasser lösen und entwässert bei 235° schmelzen, nachdem sie bei 231° zu sintern begonnen. Es scheint nicht giftig zu wirken. Es bildet ein bräunlichgelbes, amorphes Chloroplatinat, sowie ein Quecksilbersalz. — **Oxalsaures Thebenin**, saures, $C_{18}H_{19}NO_3$, $C_2O_4H_2 + H_2O$, bildet lange sternförmig gruppierte Nadeln, welche fast unlöslich sind in kaltem Alkohol und Wasser, etwas löslich in heißem Wasser. Es schmilzt, rasch erhitzt, bei 275—276°, langsam erhitzt 10° niedriger. — **Thebeninsulfat**, neutrales, $(C_{18}H_{19}NO_3)_2SO_4H_2 + 2 H_2O$, wird durch Zusatz von verdünnter Schwefelsäure zur wässerigen Lösung des Chlorhydrats als ein aus kleinen Prismen und Blättchen bestehender Niederschlag erhalten, schmilzt bei 210°, unlöslich in kaltem Wasser und Alkohol, wenig löslich in heißem Wasser. Das bei 100° getrocknete Salz enthält nach Freund und Michaelis noch 1 Mol. H_2O, welches selbst bei 130—140° nicht entweicht. — **Rhodanwasserstoffsaures Thebenin** ist ein weißes, glänzendes Krystallpulver, sehr schwer löslich in kaltem Wasser.

Thebeninmethinmethyljodid[1]) $C_{17}H_{15}O \cdot N(CH_3)_2 \cdot CH_3J$. Während Thebain eine tertiäre Base ist, geht aus dem Verhalten des Thebenins hervor, daß dieses sekundärer Natur ist. Wird es nämlich mit Methyljodid behandelt, so erhält man nicht ein durch einfache Addition entstandenes Jodmethylat, sondern es findet zugleich Ersatz eines Wasserstoffatoms statt nach der Gleichung:

$$C_{17}H_{15}O_3 \cdot NH \cdot CH_3 + 2 CH_3J = C_{17}H_{15}O_3 \cdot N(CH_3)_3J + C_{17}H_{15}O_3 \cdot NH \cdot CH_3 \cdot HJ.$$
Thebeninmethinmethyljodid.

Die Bildung des zweiten Körpers (des einfachen Thebeninjodhydrats) wird vermieden, wenn man bei der Reaktion die doppelte Menge Natrium und Jodmethyl anwendet.

Die aus Alkohol krystallisierte Substanz bildet graue Krusten, welche bei 206—208° schmelzen, während die aus wässeriger oder verdünnter, spirituöser Lösung fast weiß erhältlichen Schüppchen anscheinend wegen Krystallwassergehalt schon gegen 150° zu sintern anfangen und sich bei 170° in eine halbfeste Masse verwandeln.

Wird dieses Jodid mit 30 proz. Natronlauge gekocht, so entweicht Trimethylamin, und es verwandelt sich die auf der Natronlauge schwimmende ölige Masse plötzlich in eine feste Substanz, in Natriumthebenol, aus welchem das **Thebenol** durch Essigsäure abgeschieden werden kann.

Thebenol $C_{17}H_{14}O_3$ bildet meist bräunliche Rhomboeder, zuweilen betragen die Winkel 90°, so daß die Krystalle wie Würfel aussehen, schmilzt bei 186—188°, löst sich ziemlich leicht in Alkohol, Äther und Chloroform und kann aus letzterem, wie aus Benzol krystallisiert werden. In Ligroin, Wasser, Soda und Ammoniak ist es unlöslich, wenig löslich in verdünnter Natronlauge, mit der es eine Verbindung $C_{17}H_{13}ONa + C_{17}H_{14}O_3$, einen fein krystallinischen Niederschlag bildet.

Wird Thebenol in Mengen von 1—2 g über Zinkstaub destilliert, so bildet sich **Pyren** $C_{16}H_{10}$, ebenso, jedoch anscheinend neben höheren Hydrierungsprodukten, beim Erhitzen mit Jodwasserstoffsäure und rotem Phosphor[2]).

Pyren

Thebenol

---

[1]) Freund u. Michaelis, Berichte d. Deutsch. chem. Gesellschaft **30**, 1374 [1897].
[2]) M. Freund u. H. Michaelis, Berichte d. Deutsch. chem. Gesellschaft **30**, 1382 [1897].

Gegen Alkali ist das Thebenol sehr beständig und spaltet beim Schmelzen damit nur die Methylgruppe ab unter Bildung des **Northebenols** $(OH)_2C_{16}H_{10}O$, gelbbraune Blättchen, die bei 202—203° schmelzen.

Acetylthebenol $C_{17}H_{13}(C_2H_3O)O_3$, erhalten aus Thebenol und Essigsäureanhydrid, krystallisiert aus Ligroin in weißen, bei 102° schmelzenden, in Alkohol leicht löslichen Warzen.

Methylthebenol $C_{16}H_{10}O(OCH_3)_2$. Eine alkoholische Lösung von Thebenol, mit einem Überschuß von Jodmethyl behandelt, scheidet beim Erkalten das Methylthebenol in schwach bräunlichen Krystallen aus, während es aus Eisessig in rhomboedrischen Tafeln vom Schmelzp. 133—134° krystallisiert. Es löst sich leicht in Chloroform.

Northebenoljodhydrin $(OH)_2C_{16}H_{11}OJ$ bildet sich aus dem Northebenol beim Erhitzen mit Jodwasserstoffsäure von 1,7 spez. Gew., sowie auch aus dem Thebenol bei der Methylbestimmung nach Zeisel. Krystallisiert in schönen rotbraunen Säulen, welche schwer löslich sind in Eisessig und Benzol, leicht löslich in Alkohol. Alkali löst die Verbindung, aus der Lösung wird sie durch Säuren wieder gefällt.

Alkylierte Thebenine. Der Übergang des Thebains in Thebenin, also die Verwandlung der tertiären Aminbase in eine sekundäre, ist nach Freund folgendermaßen zu deuten:

$$\begin{array}{c}CH_3O\\CH_3O\end{array}\!\!>\!C_{16}H_{12}O = N \cdot CH_3 \rightarrow \begin{array}{c}CH_3O\\HO\end{array}\!\!>\!C_{16}H_{11} - NH \cdot CH_3.$$

Es zeigte sich, daß beim Erhitzen von Thebain mit alkoholischen Lösungen von Chlorwasserstoff die Reaktion in zwei Phasen verläuft[1]). Zunächst tritt, ebenso wie bei Anwendung von verdünnter, wässeriger Salzsäure Bildung von Thebenin ein, dessen Phenolhydroxyl hierauf durch die Einwirkung des Alkohols und Chlorwasserstoffs verestert wird.

Zum Beispiel wird bei der Einwirkung von methylalkoholischer Salzsäure ein mit dem Thebainchlorhydrat isomeres Salz $C_{19}H_{21}NO_3HCl$ erhalten. Die demselben zugrunde liegende Base erwies sich als ein **methyliertes Thebenin** und das durch erschöpfende Methylierung derselben gewonnene stickstofffreie Abbauprodukt als ein **Methylthebenol**. Das letztere kann auch durch Methylierung von Thebenol erhalten werden. Die neue Base von Freund, „**Methebenin**" genannt, kann durch Kochen mit Salzsäure in das Thebeninchlorhydrat und letzteres umgekehrt durch Erhitzen mit methylalkoholischer Salzsäure in Methebeninchlorhydrat übergeführt werden.

$$\begin{array}{c}CH_3O\\HO\end{array}\!\!>\!C_{16}H_{11}O - N\!<\!\!\begin{array}{c}CH_3\\H\end{array} \rightarrow \begin{array}{c}CH_3O\\HO\end{array}\!\!>\!C_{16}H_{10}O$$
$$\text{Thebenin} \qquad\qquad \text{Thebenol}$$
$$\downarrow \uparrow \qquad\qquad\qquad \downarrow$$
$$\begin{array}{c}CH_3O\\CH_3O\end{array}\!\!>\!C_{16}H_{11}O - N\!<\!\!\begin{array}{c}CH_3\\H\end{array} \rightarrow \begin{array}{c}CH_3O\\CH_3O\end{array}\!\!>\!C_{16}H_{10}O$$
$$\text{Methebenin} \qquad\qquad \text{Methebenol}$$

In analoger Weise hat Freund aus dem Thebain mittels äthylalkoholischer Salzsäure „Äthebenin" und aus diesem „Äthebenol" mittels propylalkoholischer Salzsäure „Prothebenin" und aus diesem „Prothebenol" dargestellt[2]).

Methebenin $C_{19}H_{21}NO_3$ wird aus dem Chlorhydrat (Schmelzp. 245°) durch Natronlauge, Soda oder Ammoniak gefällt, ist in Alkohol ziemlich schwer löslich und schmilzt bei 165—167°. Das **Jodhydrat** wird durch Vermischen der wässerigen Lösung des Chlorhydrates mit Jodkaliumlösung erhalten und bildet, aus Alkohol umkrystallisiert, feine, rhombische Täfelchen vom Schmelzp. 195—198°.

Diacetylmethebenin $C_{19}H_{19}NO_3(C_2H_3O)_2$ entsteht beim Erhitzen des Chlorhydrats mit Essigsäureanhydrid und Natriumacetat und bildet langgestreckte, mikroskopische, schneeweiße Blättchen vom Schmelzp. 176°, unlöslich in kalter, verdünnter Kalilauge. — **Methebeninmethinmethyljodid** $C_{21}H_{26}NO_3J$ entsteht aus dem Methebeninchlorhydrat in alkoholischer Lösung mit Natriumäthylat und überschüssigem Jodmethyl. Aus Alkohol umkrystallisiert, bildet es mikroskopische sechsseitige Prismen vom Schmelzp. 215°. Beim Kochen mit 15 proz. Kalilauge spaltet es sich in Trimethylamin und Methylthebenol (s. oben).

Äthebenin $C_{20}H_{23}NO_3$. Sein **Chlorhydrat** erhält man in der oben geschilderten Weise. Aus Alkohol umkrystallisiert schmilzt das Chlorhydrat bei 248° und gibt in wässeriger Lösung mit Ammoniak, Soda oder Natronlauge gelblich gefärbte Fällungen der Base, welche im Über-

---

[1]) Freund, Berichte d. Deutsch. chem. Gesellschaft **32**, 169 [1899].
[2]) Freund, Berichte d. Deutsch. chem. Gesellschaft **32**, 173 [1899].

schuß des Fällungsmittels unlöslich ist. — Das **Jodhydrat** krystallisiert aus Wasser oder Alkohol in rhombischen Täfelchen, die wasserfrei bei 206—207° schmelzen. — **Diacetyläthebenin** $C_{20}H_{21}NO_3(C_2H_3O)_2$ wird in analoger Art wie das Diacetylmethebenin gewonnen und schmilzt, aus Alkohol umkrystallisiert, bei 163°.

Äthebeninmethinmethyljodid $C_{22}H_{23}NO_3J$, in derselben Weise wie die entsprechende Methebeninverbindung erhalten, schmilzt bei 215° und wird durch Alkali gespalten in Trimethylamin und das

Äthebenol $\begin{matrix}CH_3O\\C_2H_5O\end{matrix}\!\!>\!\!C_6H_{10}O$, welches auch aus Thebenol erhältlich ist (s. oben); es krystallisiert aus Alkohol und Ligroin, gut namentlich aus Eisessig und schmilzt bei 103—105°.

Prothebenin $C_{21}H_{25}NO_3$, entsprechend der Methyl- und Äthylverbindung erhalten, schmilzt bei 172—173°; das **Protheboninmethinmethyljodid** vom Schmelzp. 202° spaltet sich durch Alkali in Trimethylamin und

Prothebenol $\begin{matrix}CH_3O\\C_3H_7O\end{matrix}\!\!>\!\!C_6H_{10}$ vom Schmelzp. 103—105°.

Thebenidin[1]) $C_{15}H_9N$ entsteht neben Pyren bei der Zinkstaubdestillation von Thebenin, ist unlöslich in Wasser, leicht löslich in Alkohol, sowie in Äther und Benzol mit blauer Fluorescenz. Aus Benzol krystallisiert, schmilzt es bei 144—148°. Mit Quecksilberchlorid gibt es in verdünnter, salzsaurer Lösung eine gelblichweiße, mit Platinchlorid eine gelbe Fällung. Das Thebenidin ist eine tertiäre Base, ziemlich widerstandsfähig gegen Chromsäure in Eisessiglösung; es lagert, mit Zinn und Salzsäure behandelt, Wasserstoff an.

Das **Jodmethylat** schmilzt bei 240°, löst sich in heißem Wasser mit intensiv gelber Farbe und grüner Fluorescenz, die auch in konz. Lösungen viel stärker hervortritt als bei den Salzen des Thebenidins. Es verhält sich gegen Natronlauge genau wie die Jodmethylate der Chinoline und Acridine, man erhält ein ätherlösliches, krystallinisches Hydroxyd.

Das Thebenidin gleicht in seinen Eigenschaften vollkommen dem Phenanthridin und den Chrysidinen.

Thebaicin[2]). Thebain sowohl wie Thebenin verwandelt sich beim Kochen mit verdünnter oder konz. Salzsäure im Verlaufe weniger Minuten in Thebaicin, das aus der Lösung durch Ammoniak als ein amorpher Niederschlag erhalten wird. Es ist in Äther, Benzol, Wasser und Ammoniak unlöslich, schwer löslich in heißem Alkohol, aus welchem es sich beim Erkalten wieder amorph abscheidet. Kalilauge löst die Base leicht, jedoch verändert sich die Lösung rasch an der Luft.

Mit konz. Salpetersäure gibt es eine dunkelrote, mit konz. Schwefelsäure eine dunkelblaue Lösung.

Das Chlorhydrat und Sulfat der Base sind amorph harzartig, das Quecksilberdoppelsalz ist ein weißer, amorpher, flockiger Niederschlag. Die Zusammensetzung der Base ist noch nicht ermittelt, vielleicht entspricht sie der Formel $C_{17}H_{17}NO_3$, also der des Northebenins.

Morphothebain.

$C_{18}H_{19}NO_3$.

Durch Einwirkung starker konz. Chlorwasserstoff- oder Bromwasserstoffsäure auf Thebain gewannen Roser und Howard[3]) eine neue Base, von der sie die Zusammensetzung $C_{17}H_{17}NO_3$

---

[1]) E. Vongerichten, Berichte d. Deutsch. chem. Gesellschaft **34**, 767 [1901].
[2]) Hesse, Annalen d. Chemie **153**, 74.
[3]) Howard, Inaug.-Diss. Marburg 1885; Berichte d. Deutsch. chem. Gesellschaft **17**, 527 [1884].

annahmen, und welche sie als die dem Thebain zugrunde liegende Dihydroxylverbindung ansprachen. Sie bezeichneten dieselbe als Morphothebain.

Freund[1]) hat diese Verbindung eingehend untersucht und nachgewiesen, daß derselben die um CH_2 reichere Formel $C_{18}H_{19}NO_3$ zukommt, und daß in ihr noch das eine der beiden im Thebain vorhandenen Methoxyle erhalten geblieben ist.

Knorr[2]) gelang es, das Kodeinon, ein Oxydationsprodukt des Kodeins, in Thebenin und Morphothebain zu verwandeln.

Darstellung: Zur Darstellung des Morphothebains wird Thebain mit reiner konz. Salzsäure oder mit starker Bromwasserstoffsäure im zugeschmolzenen Rohr auf dem Wasserbade erhitzt. Es werden hierbei die wohlkrystallisierten Salze der Base erhalten, aus deren Lösungen das freie Morphothebain mit Sodalösung gefällt wird.

Physikalische und chemische Eigenschaften: Die amorphe flockige Base ist graublau gefärbt, sie ist in Alkohol und Äther leicht löslich und kann namentlich aus Benzol in etwas bläulich gefärbten, rhombischen Krystallen erhalten werden, die bei 190—191° schmelzen; aus Nitrobenzol krystallisiert die Base in weißen Krystallen vom Schmelzp. 192—193°.

In konz. Salzsäure löst sie sich farblos. Die wässerige Lösung des Chlorhydrats gibt mit Platin- und Goldchlorid sehr unbeständige Fällungen, mit Ferrocyankalium, molybdänsaurem Ammoniak, Quecksilberchloridjodkalium und Kaliumchromat unlösliche Niederschläge. Die mit Pikrinsäure entstehende gelbe Fällung schmilzt unter Wasser und geht dann wieder in Lösung.

Das **Chlorhydrat** $C_{18}H_{19}NO_3$, HCl krystallisiert aus der Lösung in heißem Alkohol in farblosen Nadeln, welche bei 256—260° schmelzen. — Das **bromwasserstoffsaure Morphothebain** $C_{18}H_{19}NO_3HBr$ schmilzt bei 270—275°, das **jodwasserstoffsaure Morphothebain** $C_{18}H_{19}NO_3HJ$ schmilzt bei 243—244°.

Monacetylmorphothebain $C_{18}H_{19}(C_2H_3O)NO_3$ entsteht nach Howard[3]) bei der Behandlung von bromwasserstoffsaurem Morphothebain mit Essigsäureanhydrid unter Zusatz von Natriumacetat und krystallisiert aus verdünntem Alkohol in glänzenden, bei 183° schmelzenden Blättchen.

Triacetylmorphothebain $C_{24}H_{25}NO_6$ erhielt Freund[4]) aus dem Chlorhydrat des Thebains mit geschmolzenem Natriumacetat und Essigsäureanhydrid. Aus verdünntem Alkohol umkrystallisiert, schmilzt es bei 193—194°.

Morphothebainmethyljodid $C_{19}H_{22}NO_3J$, aus der alkoholischen Lösung der Base durch Kochen mit Jodmethyl erhalten, schmilzt bei 121—122°. Es löst sich in verdünntem Alkali leicht auf.

Dimethyl-morphothebainmethin-jodmethylat $C_{22}H_{28}O_3NJ$ stellten Knorr und Pschorr[5]) aus dem salzsauren Morphothebain durch Behandeln mit Natriummethylat und Jodmethyl dar. Aus 50 proz. Essigsäure umkrystallisiert schmilzt es bei 266—268°.

Beim Kochen mit Natronlauge geht diese Methinbase unter Abspaltung von Trimethylamin über in

Trimethoxy-vinyl-phenanthren $C_{19}H_{18}O_3$, das aus Alkohol in Prismen vom Schmelzp. 60—61° krystallisiert. Es ist in allen gebräuchlichen organischen Lösungsmitteln, wie Aceton, Methyl- und Äthylalkohol, Chloroform und Äther mit schwach blauvioletter Fluorescenz löslich, unlöslich in Wasser. — Das **Pikrat des Vinyltrimethoxyphenanthrens** $C_{19}H_{18}O_3 \cdot C_6H_3N_3O_7$ wurde in rotvioletten Nadeln vom Schmelzp. 125—126° erhalten. — Bei der Oxydation mit Kaliumpermanganat geht das Vinyltrimethoxyphenanthren über in eine

Trimethoxyphenanthrencarbonsäure vom Schmelzp. 201°, welche identisch ist mit der von Pschorr[6]) auf synthetischem Wege gewonnenen **3, 4, 6-Trimethoxy-phenanthren-9-carbonsäure**.

Tribenzoyl-morphothebain $C_{39}H_{31}NO_6$ erhielten Knorr und Pschorr[5]) durch Kochen des Chlorhydrates des Morphothebains mit der 4 fachen Menge Benzoylchlorid. Nach Lösen in Chloroform und Fällen mit Äther zeigt es den Schmelzp. 184°. Es ist unlöslich in Wasser und Ligroin, sehr schwer löslich in Alkohol und Äther, leicht löslich in Chloroform.

---

[1]) Freund, Berichte d. Deutsch. chem. Gesellschaft **32**, 173 [1899].
[2]) Knorr, Berichte d. Deutsch. chem. Gesellschaft **36**, 3074 [1903].
[3]) Howard, Berichte d. Deutsch. chem. Gesellschaft **17**, 527 [1884].
[4]) Freund, Berichte d. Deutsch. chem. Gesellschaft **32**, 188 [1899].
[5]) Knorr u. Pschorr, Berichte d. Deutsch. chem. Gesellschaft **38**, 3155 [1905].
[6]) Pschorr, Berichte d. Deutsch. chem. Gesellschaft **35**, 4406 [1902].

Tribenzoylmorphothebain läßt sich mit Chromsäure zum **Tribenzoylmorphothebainchinon** oxydieren, ohne daß die vorhandenen Substituenten abgespalten werden. Das Chinonderivat selbst konnte nicht in krystallinischer Form erhalten werden, doch lassen die daraus krystallisierenden Derivate, sowie das durch Verseifung erhaltene, gut krystallisierende N-Benzoylmorphothebainchinon und dessen Derivate keinen Zweifel über die Konstitution der Verbindung[1]).

Tribenzoylmorphothebainchinon-phenylhydrazon $C_{45}H_{35}N_3O_3$, aus Eisessig umkrystallisiert, schmilzt bei 227°.

Das **Azin** erhält man durch Erwärmen mit o-Phenylendiamin in gelben Prismen vom Schmelzp. 201°.

N-Benzoyl-morphothebainchinon $C_{25}H_{21}NO_6$ erhält man durch Erwärmen des bei der Oxydation von **Tribenzoylmorphothebain** entstandenen Reaktionsproduktes (Tribenzoylmorphothebainchinon) mit Natriumalkoholat. Bei dieser Verseifung werden die an den Phenolhydroxylen haftenden Benzoylreste abgespalten. Aus Alkohol umkrystallisiert schmilzt die Substanz bei 267°. Ihr **Phenylhydrazon** schmilzt bei 271°, das **Azin** hat den Schmelzp. 275°.

Der Hofmannsche Abbau des Thebenins, der von Pschorr und Massaciu[2]) studiert worden ist, hat ähnliche Ergebnisse geliefert wie der in vorstehenden Kapiteln behandelte Abbau des Apomorphins. Er führt nämlich schließlich zu einer Trimethoxyphenanthrencarbonsäure, wodurch bewiesen wird, daß der Komplex · C · C · N ·, dessen Haftstellen in den Morphiumalkaloiden noch nicht mit voller Sicherheit ermittelt sind, im Thebenin ebenso wie im Apomorphin mit Kohlenstoffbindung an den Phenanthrenkern angegliedert ist, also ohne Vermittlung von Sauerstoff.

Zusammenstellung der aus Morphothebain und aus Thebenin dargestellten Verbindungen[3]).

		Aus Morphothebain	Aus Thebenin
Hydrochlorat	$C_{18}H_{19}NO_3 \cdot HCl$	Schmelzp. 256 bis 260°[4])	Schmelzp. 235°[5])
Triacetylverbindung . .	$C_{24}H_{25}NO_6$	Schmelzp. 193 bis 194°[6])	Schmelzp. 160 bis 161°[7])
Dimethylmethinjodmethylat	$C_{22}H_{28}NO_3J$	Zersetzungsp. 266 bis 268°	Schmelzp. 247°
Trimethoxyvinylphenanthren	$C_{19}H_{18}O_3$	Schmelzp. 60—61°[8])	Schmelzp. 122,5°[9])
Trimethoxyvinylphenanthrenpikrat	$C_{19}H_{18}O_3 \cdot C_6H_3N_3O_7$	Schmelzp. 125 bis 126°[8])	Schmelzp. 110°[9])
Trimethoxyphenanthrencarbonsäure	$C_{18}H_{16}O_5$	Schmelzp. 201°[8])	Schmelzp. 219 bis 221°[9])

Bei der Untersuchung des Morphothebains sind Knorr und Pschorr[3]) durch die Methode der erschöpfenden Methylierung zu einem Trimethoxy-vinyl-phenanthren und von diesem durch Oxydation zu einer Trimethoxy-phenanthrencarbonsäure gelangt, welche Produkte von den entsprechenden Abbauprodukten des Thebenins verschieden sind, wie obige Zusammenstellung erkennen läßt.

Da Thebenin und Morphothebain beide aus dem Thebain (und in gleicher Weise aus dem Kodeinon) durch Einwirkung von Salzsäure unter nicht sehr verschiedenen Versuchsbedingungen (20 proz. und 38 proz. Salzsäure bei 100°) entstehen, so erscheint die Struktur-

---

[1]) Pschorr u. Halle, Berichte d. Deutsch. chem. Gesellschaft **40**, 2004 [1907].
[2]) Pschorr u. Massaciu, Berichte d. Deutsch. chem. Gesellschaft **37**, 2780 [1904].
[3]) L. Knorr u. R. Pschorr, Berichte d. Deutsch. chem. Gesellschaft **38**, 3153 [1905].
[4]) Berichte d. Deutsch. chem. Gesellschaft **32**, 189 [1899].
[5]) Berichte d. Deutsch. chem. Gesellschaft **30**, 1375 [1897].
[6]) Berichte d. Deutsch. chem. Gesellschaft **32**, 190 [1899].
[7]) Berichte d. Deutsch. chem. Gesellschaft **30**, 1376 [1897].
[8]) Berichte d. Deutsch. chem. Gesellschaft **38**, 3153 [1905].
[9]) Berichte d. Deutsch. chem. Gesellschaft **37**, 2789 [1904].

isomerie beider Reihen von Abbauprodukten, die in der vorstehenden Tabelle zusammengestellt sind, deshalb besonders interessant, weil sie beweist, daß bei der Bildung einer dieser Basen (wenn nicht gar in beiden Fällen) eine Verschiebung von Substituenten des Phenanthrenkernes stattgefunden hat.

Thebainon.
$C_{18}H_{21}NO_3$.

R. Pschorr[1]) erhielt durch Reduktion des Thebains mit Zinnchlorür und Salzsäure eine Verbindung, die die Zusammensetzung $C_{18}H_{21}NO_3$ besaß und sich somit vom Morphothebain durch einen Mehrgehalt von zwei Wasserstoffatomen unterschied. Das Reduktionsprodukt enthielt nur mehr ein Methoxyl, es mußte also ebenso wie beim Morphothebain ein Methoxyl verseift worden sein. Ferner ließ sich in der Verbindung ein Phenylhydroxyl durch die Löslichkeit in Alkalien, durch die Bildung eines Mononatriumsalzes und einer Monoacetylverbindung nachweisen. Der Ketoncharakter äußert sich in der Bildung gut charakterisierter Derivate mit Phenylhydrazin, Semicarbazid und Hydroxylamin. Auf Grund der Ketoneigenschaft wurde die Verbindung mit dem Namen „Thebainon" belegt.

Aus der wässerigen Lösung krystallisiert das Thebainon beim Eindunsten im Exsiccator in fast farblosen Schuppen oder Täfelchen aus, die bei 89—90° schmelzen. Durch wiederholtes Umkrystallisieren aus Methylalkohol erhält man schwach gelblich gefärbte, gut ausgeprägte, prismatische Krystalle, die 1 Mol. Methylalkohol enthalten und unscharf zwischen 115—118° schmelzen.

Das Thebainon ist leicht löslich in Methylalkohol, Chloroform, Benzol, Aceton, Essigester, Alkohol, schwer löslich in Äther und in kaltem oder heißem Wasser.

Nimmt man für das Thebain die auf S. 297 angeführte, aus den Untersuchungen von Pschorr abgeleitete Pyridinformel an, so würde die Umwandlung des Thebains in Thebainon auf folgendem Vorgang beruhen: Durch die Reduktion wird der indifferente Sauerstoff im Thebain aufgespalten und gleichzeitig das Methoxyl verseift. Das so entstehende Zwischenprodukt geht durch die Umwandlung der Enol- in die Ketoform in Thebainon über.

Thebain → Thebainon

Das **Natriumsalz** $C_{18}H_{20}NO_3Na$ bildet gelbrote, glänzende Täfelchen.

Das **Pikrat** des Thebainons krystallisiert aus Alkohol in gelben keilförmigen Prismen vom Schmelzp. 250—253°.

Das **Thebainonoxim** $C_{18}H_{22}N_2O_3$ entsteht durch Zugabe einer wässerigen Lösung von Hydroxylaminchlorhydrat und Natriumacetat zu einer Lösung von Thebainon in verdünnter Essigsäure. Aus Chloroform scheiden sich fast farblose Prismen ab, die bei 200—201° schmelzen.

Aus Methylalkohol werden schwach gelb gefärbte Nädelchen erhalten, die 1 Mol. Krystallalkohol enthalten. — **Thebainon-semicarbazon** $C_{19}H_{24}N_4O_3$ läßt sich in analoger Weise wie das Oxim darstellen und isolieren und schmilzt bei 227°. — Das **Phenylhydrazon** konnte nicht krystallinisch erhalten werden. — **Thebainonjodmethylat** $C_{19}H_{24}NO_3J$, aus einer alkoholischen Lösung von Thebainon mit einem Überschuß von Jodmethyl erhalten, farblose Prismen vom Schmelzp. 255—256°.

Acetyl-thebainon $C_{20}H_{23}NO_4$ erhält man aus Thebainon durch Kochen mit Essigsäureanhydrid. Es fällt als amorpher zusammenbackender Niederschlag, der in Äther gelöst nach dem Verdunsten kleine Prismen vom Schmelzp. 100—101° bildet. Sein **Jodmethylat** schmilzt bei 223—225°. Es bildet ferner ein **Semicarbazon** wie das Thebainon vom Schmelzp. 249°, sowie ein **Phenylhydrazon** vom Schmelzp. 226°. Dagegen gelingt es nicht unter den beim Thebainoxim angegebenen Bedingungen, das Oxim des acetylierten Thebainons zu erhalten,

---
[1]) R. Pschorr, Berichte d. Deutsch. chem. Gesellschaft **38**, 3160 [1905].

vielmehr erfolgt hier gleichzeitig die Abspaltung des Acetylrestes. Das entstehende Produkt schmilzt bei 200—201° und erweist sich identisch mit dem Thebainonoxim.

Thebainol $C_{18}H_{23}NO_3$. Die Reduktion des Ketons Thebainon zum Alkohol erfolgt sehr glatt durch Schütteln der Lösung des Thebainons in verdünnter Natronlauge mit Natriumamalgam. Aus dieser Lösung scheidet Kohlensäure ein farbloses, harziges Produkt ab, welches mit Äther aufgenommen und beim Anreiben mit Methylalkohol in farblosen prismatischen Nadeln vom Schmelzp. 54—55° auskrystallisiert. Nach dem Schmelzen im Vakuum zeigt die wieder erstarrte Masse den Schmelzp. 76—78°. Dabei tritt ein geringer Gewichtsverlust ein.

Methylthebainon $C_{19}H_{23}NO_3$ erhält man, wenn man die 20 proz. Lösung des Thebainons in Alkohol in der Kälte zur ätherischen Lösung eines Überschusses an Diazomethan hinzugibt. Es krystallisiert aus Methylalkohol in ganz schwach gelb gefärbten, tafelförmigen Prismen, die bei 156° schmelzen.

Methylthebainon-jodmethylat $C_{20}H_{26}NO_3J$. Thebainon in Natriummethylatlösung wird mit mehr als der doppelten molekularen Menge an Jodmethyl versetzt und erhitzt. Aus Alkohol umkrystallisiert erhält man das Jodmethylat in Blättchen vom Schmelzp. 256°. Das gleiche Jodmethylat erhält man auch durch Erhitzen der alkoholischen Lösung von Methylthebainon mit überschüssigem Jodmethyl.

Methylthebainonmethin $C_{20}H_{25}NO_3$. Versetzt man die wässerige Lösung des Methylthebainonjodmethylats mit 30 proz. Natronlauge und erwärmt, so scheidet sich ein gelbes Öl aus, das mit Äther gesammelt wird. Aus einem Gemisch von 8 T. Äther und 40 T. Petroläther krystallisiert die Verbindung in feinen, gelben Nadeln, die unscharf gegen 60° schmelzen, beim Schmelzen im Vakuum unter schwacher Blasenbildung an Gewicht verlieren und bei 65—66° schmelzen. Sein **Jodmethylat** schmilzt bei 171—172°. Das **Semicarbazon** $C_{21}H_{28}N_4O$ schmilzt bei 126—127°. Das **Oxim des Methyl-thebainonmethins** wird in Form des Chlorhydrats $C_{20}H_{26}N_2O_3 \cdot HCl$ erhalten und schmilzt bei 271°.

Beim Erhitzen mit Essigsäureanhydrid wird das Methylthebainonmethin in Oxäthyldimethylamin und Dimethyl-morphol zerlegt, also ganz analog wie das Methylmorphimethin, Thebain und Kodeinon zerlegt werden.

Beim Erhitzen mit Natriumalkoholatlösung erhält man als basisches Spaltungsprodukt Äthyldimethylamin und zwei Phenanthrenkörper, deren Trennung zwar durchgeführt wurde, die aber noch nicht identifiziert werden konnten[1]).

Thebainon aus Kodeinon. Unterwirft man das Kodeinon unter denselben Versuchsbedingungen, wie sie von Pschorr für die Thebainongewinnung aus Thebain festgestellt worden waren, der Einwirkung von Zinnchlorür und Salzsäure, so entsteht Thebainon[2]).

Das Thebainon aus Kodeinon krystallisiert aus Methylalkohol in derben, glänzenden Prismen, welche bei 115—118° schmelzen und Krystallmethylalkohol enthalten.

Das Thebainon ist dem Kodein isomer. Es entsteht aus dem Kodeinon nach der Gleichung:

$$C_{18}H_{19}NO_3 + H_2 = C_{18}H_{21}NO_3,$$

ist also ein **Dihydrokodeinon.**

Das interessanteste Ergebnis, welches das Studium des Thebainons geliefert hat, ist das Auftreten von Oxäthyldimethylamin bei der Spaltung des Thebainons, obgleich dasselbe keinen indifferenten Sauerstoff enthält, wie vorstehend abgeleitet wurde.

Es wird dadurch nämlich bewiesen, daß die Entstehung der Alkoholbasen, die Hydraminbildung, bei der Spaltung des α-Methylmorphimethins nicht, wie man vorher anzunehmen berechtigt war, eine ätherartige Verknüpfung des Komplexes $-C_2H_4 \cdot N \cdot CH_3$ mit dem Phenanthrenkern im Morphin und Thebain durch indifferenten Sauerstoff zur Voraussetzung hat. Vielmehr muß dieselbe durch die beim Abbau des Thebainons gewonnenen Resultate auf die Abspaltung der Seitenkette unter Lösung der Bindung von Kohlenstoff an Kohlenstoff zurückgeführt werden. Die bei der Spaltung auftretenden Hydramine sind also sekundär gebildete Additionsprodukte von primär entstehenden ungesättigten Basen; die „Oxazinformel" für Morphin und Thebain mußte mit dieser Erkenntnis aufgegeben und ein sauerstofffreier, stickstoffhaltiger Ring angenommen werden.

Zugunsten dieser Annahme sprechen auch die Ergebnisse anderer, zum Teil schon im vorhergehenden besprochener Arbeiten.

---

[1]) L. Knorr u. R. Pschorr, Berichte d. Deutsch. chem. Gesellschaft **38**, 3172 [1905].
[2]) L. Knorr, Berichte d. Deutsch. chem. Gesellschaft **38**, 3171 [1905].

So führten Pschorr und Massaciu für das Thebenin, Knorr und Pschorr für das Morphothebain den Nachweis, daß auch in diesen Morphinderivaten die Kohlenstoffkette des Seitenringes ohne Vermittlung von Sauerstoff an den Phenanthrenkern gebunden ist (s. S. 302). Ein gleiches wurde für das Morphin und Thebain von Knorr aus dem Verhalten synthetischer Basen aus Morphol und Thebaol gegen die methylmorphinspaltenden Reagenzien (s. S. 257) und von Freund aus der Art der Einwirkung magnesiumorganischer Verbindungen auf Thebain geschlossen.

Übergänge aus der Thebain- in die Morphin- und aus der Morphin- in die Thebainreihe.
Überführung von Thebain in Kodein. Wie im vorhergehenden dargelegt ist, stimmen Thebain einerseits, Morphin und Kodein andererseits in ihrem Aufbau überein, sind aber auf verschiedene Hydrierungsstufen des Phenanthrengerüstes zurückzuführen. Schon seit längerer Zeit sind deshalb Versuche angestellt worden, die Brücke zwischen diesen Alkaloiden zu schlagen. Vor kurzem ist das auch geglückt[1]) mit Hilfe des Kodeinons, welches Ach und Knorr[2]) aus Kodein durch Oxydation mit Chromsäure oder Permanganat erhalten haben. Die Umwandlungen sind in nachfolgendem Schema zusammengestellt, in welchem die hier in Betracht kommenden Teile der Formeln durch den Druck hervorgehoben sind.

$$C_{15}H_{14}NO \begin{cases} -OH \\ -C{<}^{H}_{OH} \\ -CH_2 \end{cases} \xrightarrow{\text{Behandeln mit } JCH_3 + KOH} C_{15}H_{14}NO \begin{cases} -OCH_3 \\ -C{<}^{H}_{OH} \\ -CH_2 \end{cases}$$

Morphin $\qquad\qquad\qquad\qquad$ Kodein

$$\xleftarrow[\text{Reduktion}]{\text{Oxydation}} C_{15}H_{14}NO \begin{cases} -OCH_3 \\ -C=O \\ -CH_2 \end{cases} \xrightarrow[\text{von Br, Abspalt. von } CH_3Br \text{ und Entbromung}]{\text{Verseifung oder aber Einwirkung}} C_{15}H_{14}NO \begin{cases} -OCH_3 \\ -C \cdot OCH_3 \\ \| \\ -CH \end{cases}$$

Kodeinon $\qquad\qquad\qquad\qquad$ Thebain

Wie aus vorstehenden Formeln ersichtlich ist, steht das Kodeinon zum Kodein in dem Verhältnis von Keton zu Alkohol. Andererseits steht es auch in naher Beziehung zum Thebain; Knorr hat den Beweis geführt, daß das Thebain der Methyläther der Enolform des Kodeinons ist, zu diesem also in ähnlicher Beziehung steht wie das Kodein zum Morphin. Es lag also hiernach nahe, die Umwandlung von Thebain in Kodeinon und umgekehrt von Kodeinon in Thebain zu versuchen.

Der erste Teil dieser Aufgabe ist, wie oben angedeutet, in zweifacher Weise gelöst worden. Knorr konnte Thebain durch einfache Verseifung mit kochenden oder kalten verdünnten Säuren in Kodeinon umwandeln, während M. Freund die Bildung von Kodeinon aus Bromverbindungen des Thebains beobachtet hat.

Dahingegen ist die Umwandlung von Kodeinen in Thebain bis jetzt nicht gelungen.

Über die Bildung von Kodeinon aus Bromverbindungen des Thebains sei folgendes angeführt. Wenn man Brom auf Thebain in Chloroform- oder Eisessiglösung einwirken läßt, so wird 1 Mol. des Halogens addiert. Das leicht veränderliche Additionsprodukt konnte nicht gefaßt werden. Unter den Zersetzungsprodukten desselben befindet sich ein gut krystallisierender Körper von der Zusammensetzung $C_{18}H_{21}NO_4Br_2$. Derselbe erwies sich als ein Bromhydrat $C_{18}H_{20}BrNO_4 \cdot HBr$, aus welchem eine Base von der Formel $C_{18}H_{18}BrNO_3$ abgeschieden werden konnte. Dieselbe enthält eine Methylgruppe am Stickstoff und ein Methoxyl. Wie beim Übergang in Thebenin und Morphothebain ist also auch hier eine der beiden im Thebain enthaltenen Methoxylgruppen abgespalten worden. In der neuen Base liegt ein durch Brom substituiertes Keton, nämlich ein Bromkodeinon vor, das sich bei der Entbromung durch nascierenden Wasserstoff in Kodeinon verwandelt.

$$C_{18}H_{18}BrNO_3 + 2H = HBr + C_{18}H_{19}NO_3.$$

Überführung von Kodein in Thebenin, Morphothebain und Thebainon. Das Methoxyl des Thebains in Stellung 6 des Phenanthrenkernes wird so leicht verseift, daß es in den Umwandlungsprodukten des Thebains, welche unter Verwendung von Säuren erhalten werden, z. B. im Thebenin und Morphothebain, als Phenolhydroxyl erscheint. Bei der Thebenin-

---

[1]) L. Knorr, Berichte d. Deutsch. chem. Gesellschaft **39**, 1409 [1906]. — M. Freund, Berichte d. Deutsch. chem. Gesellschaft **39**, 844 [1906].

[2]) Ach u. Knorr, Berichte d. Deutsch. chem. Gesellschaft **36**, 3067 [1903].

bildung wird diese Verseifung schon durch Aufkochen mit verdünnter Salzsäure bewirkt, ja sie erfolgt schon unter der Wirkung verdünnter Säuren in der Kälte allmählich[1]). Das überrascht nicht, wenn man berücksichtigt, daß die Atomgruppierung I, die auch für aliphatische Vinyläther charakteristisch ist, durch Säuren leicht zerlegt wird in Alkohol (II) und Aldehyd resp. Keton (III), wie viele Beispiele aus der aliphatischen Reihe zeigen:

$$C(R_1R_2) = C(R_3) - O - Alkyl \xrightarrow[\text{Säuren}]{\text{verdünnte}} \begin{cases} Alkyl \cdot OH \text{ (II)} \\ CH(R_1R_2) - C(R_3) = O \text{ (III)} \end{cases}$$
I

Es ist deshalb anzunehmen, daß bei der Umwandlung des Thebains in Thebenin und Morphothebain zunächst die Verseifung zum Kodeinon erfolgt, und daß sekundär aus diesem Zwischenprodukt erst Thebenin und Morphothebain entstehen.

In der Tat hat Knorr[2]) gefunden, daß das Kodeinon beim kurzen Kochen mit verdünnter Salzsäure Thebenin und beim Erhitzen mit rauchender Salzsäure Morphothebain ganz in gleicher Weise liefert wie das Thebain selbst.

Thebainon entsteht nach der Beobachtung von Pschorr, wie auf S. 307 ausgeführt wurde, bei der Reduktion des Thebains mit Zinnchlorür und Salzsäure. L. Knorr hat das Kodeinon unter denselben Versuchsbedingungen, wie sie von Pschorr für die Thebainongewinnung aus Thebain festgestellt worden sind, der Einwirkung von Zinnchlorür und Salzsäure unterworfen und konnte aus der Reaktionsmasse Thebainon isolieren[3]). Damit ist für den Ketonsauerstoff im Thebainon die Stellung 6 im Phenanthrenkern festgestellt. Das Thebainon ist dem Kodein isomer. Es entsteht aus dem Kodeinon nach der Gleichung:

$$C_{18}H_{19}NO_3 + H_2 = C_{18}H_{21}NO_3,$$

ist also ein Dihydrokodeinon.

Überführung von Isokodein und Pseudokodein in ein Thebeninderivat. Knorr und Hörlein[4]) ist es gelungen, Isokodein und Pseudokodein (s. S. 284) in ein Thebeninderivat überzuführen. Das Isokodeinon wird nämlich durch kochendes Essigsäureanhydrid nur zu geringem Betrage aufgespalten, der Hauptmenge nach aber in Triacetylthebenin umgewandelt. Da also die strukturisomeren Ketone Kodeinon und Isokodeinon beide in Thebenin resp. Thebeninderivat übergeführt werden können, muß bei einer dieser Reaktionen eine Wanderung von Sauerstoff angenommen werden. Knorr und Hörlein[4]) halten es für wahrscheinlich, daß bei der Bildung von Thebenin beim Aufkochen von Kodeinon oder Thebain mit verdünnter Salzsäure die gleiche Verschiebung des Hydroxyls aus der Stellung 6 nach 7 oder 8 erfolgt, wie sie bei der Entstehung von Pseudokodein aus Kodein unter dem Einflusse verdünnter Schwefelsäure angenommen werden muß.

Anhang: Opiumalkaloide von unbekannter Konstitution.

Es gehören hierher die seltenen, meist von Hesse aus dem Opium isolierten Basen Kodamin, Mekonidin, Lanthopin, Kryptopin, Protopin, Tritopin, Xanthalin.

Kodamin.

Mol.-Gewicht 343.
Zusammensetzung: 70,0% C, 7,3% H, 4,1% N, 18,6% O.

$$C_{20}H_{25}NO_4.$$

Vorkommen: Im Opium.

Darstellung: Kodamin bleibt in der alkalischen Lösung, wenn der wässerige Opiumauszug mit Soda oder Kalk gefällt wird. Man schüttelt die Lösung mit Äther aus, behandelt die Ätherlösung mit verdünnter Essigsäure und neutralisiert die essigsaure Lösung genau mit Ammoniak. Hierbei wird Lanthopin gefällt. Man filtriert letzteres ab und fällt durch mehr Ammoniak Kodamin, Laudanin usw. Wird der Niederschlag in Äther gelöst und zur Krystallisation gestellt, so scheidet sich zuerst Laudanin, dann Kodamin aus, welches durch Kochen mit verdünnter Schwefelsäure gereinigt wird.

---

[1]) L. Knorr u. H. Hörlein, Berichte d. Deutsch. chem. Gesellschaft **39**, 1409 [1906].
[2]) L. Knorr, Berichte d. Deutsch. chem. Gesellschaft **36**, 3074 [1903].
[3]) L. Knorr, Berichte d. Deutsch. chem. Gesellschaft **38**, 3171 [1905].
[4]) Knorr u. Hörlein, Berichte d. Deutsch. chem. Gesellschaft **40**, 2034 [1907].

Physikalische und chemische Eigenschaften: Kodamin krystallisiert aus Äther in großen, sechsseitigen Prismen vom Schmelzp. 121°. In kochendem Wasser ist es ziemlich leicht, in Äther, Benzol und Chloroform leicht, in Alkohol sehr leicht löslich. Es reagiert alkalisch. Frisch gefälltes Kodamin löst sich in Alkalien, besonders leicht in Kalilauge. In konz. Salpetersäure löst es sich mit dunkelgrüner Farbe. Mit Eisenchlorid färbt es sich dunkelgrün. Die Kodaminsalze sind amorph.

Platinsalz $(C_{20}H_{25}NO_4 \cdot HCl)_2 PtCl_4 + 2 H_2O$, gelber, amorpher Niederschlag; sehr schwer löslich in Wasser.

Jodwasserstoffsaures Salz $C_{20}H_{25}NO_4 \cdot HJ + 1\frac{1}{2} H_2O$, Krystallpulver; löst sich sehr schwer in kaltem Wasser, leicht in Alkohol.

Mekonidin.

Mol.-Gewicht 353.
Zusammensetzung: 71,4% C, 6,5% H, 4,0% N.
$$C_{21}H_{23}NO_4.$$

Vorkommen: Im Opium.

Darstellung: Mekonidin wird aus dem wässerigen Opiumauszug in der Art gewonnen, daß der mit Soda oder Kalk erhaltene Niederschlag in Äther gelöst, die Lösung mit Essigsäure geschüttelt und in Natronlauge gegossen wird, wobei Thebain, Papaverin usw. gefällt werden. Die mit Salzsäure neutralisierte und mit Ammoniak versetzte Lösung wird mit Chloroform ausgeschüttelt, wodurch Mekonin, neben Kodein und Lanthopin in Lösung gehen. Nach sukzessiver Behandlung mit Essigsäure und genauer Neutralisation mit Ammoniak, wodurch Lanthopin ausgefällt wird, nach Zusatz von Kalilauge und Behandlung mit Äther, wird die rückständige Lösung mit Essigsäure versetzt und mit Kochsalz das salzsaure Salz des Mekonidins niedergeschlagen. Das salzsaure Salz wird dann mit Natriumbicarbonat zerlegt.

Physikalische und chemische Eigenschaften und Salze: Mekonidin bildet eine bräunlichgelbe, amorphe Masse vom Schmelzp. 58°. Sehr leicht löslich in Alkohol, Äther, Chloroform und Benzol. Es löst sich schwer in Ammoniak, leicht in Natronlauge. Reagiert stark alkalisch. Von Säuren wird es sehr leicht unter Rotfärbung zersetzt.

Platinsalz $(C_{21}H_{23}NO_4 \cdot HCl)PtCl_4$, gelber, amorpher Niederschlag.

Lanthopin.

Mol.-Gewicht 379.
Zusammensetzung: 72,8% C, 6,6% H, 3,7% N, 16,9% O.
$$C_{23}H_{25}NO_4.$$

Vorkommen: Im Opium.

Darstellung: Vgl. Mekonidin. Das Lanthopin wird mit Alkohol ausgekocht, dann in verdünnter Salzsäure gelöst, die Lösung mit Chlornatrium gefällt, das salzsaure Salz durch Ammoniak gefällt und die freie Base aus Chloroform umkrystallisiert.

Physikalische und chemische Eigenschaften und Salze: Lanthopin krystallisiert in mikroskopischen Prismen und schmilzt gegen 200°. Es löst sich schwer in Alkohol, Äther und Benzol, leicht in Chloroform, sehr schwer in Essigsäure. In Kalilauge und Kalkmilch ist es löslich, nicht aber in Ammoniak. Die Lösung in Vitriolöl ist farblos und wird bei 150° bräunlichgelb. Gibt mit Eisenchlorid keine Färbung. Die Salze krystallisieren, scheiden sich aber gallertartig aus.

Salzsaures Salz: $C_{23}H_{25}NO_4 \cdot HCl + 6 H_2O$, äusserst dünne Krystalle.

Platinsalz $(C_{23}H_{25}NO_4 \cdot HCl)PtCl_4 + 2 H_2O$, citronengelbes, unlösliches Krystallpulver.

Kryptopin.

Mol.-Gewicht 369.
Zusammensetzung: 68,3% C, 6,2% H, 3,8% N, 21,7% O.
$$C_{21}H_{23}NO_5.$$

Vorkommen: Im Opium. Darin wurde es schon im Jahre 1867 von T. und H. Smith[1]) aufgefunden. Deshalb findet es sich auch im Handelspapaverin, und zwar bis zu etwa 4%.

---

[1]) T. u. H. Smith, Jahresber. d. Chemie **1867**, 523.

Darstellung: Kryptopin und Protopin finden sich im Filtrate nach Abscheidung des Thebains als Tartrat. Daraus werden sie nach Zusatz von Ammoniak mit Natriumbicarbonat gefällt. Der Niederschlag wird in verdünnter Salzsäure gelöst und mit konz. Salzsäure gefällt. Die gefällten salzsauren Salze zerlegt man durch Ammoniak und behandelt die freien Basen mit überschüssiger Oxalsäure. Dadurch wird Kryptopindioxalat gefällt, das man mit Ammoniak zerlegt.

Mit Vorteil benutzt man als Ausgangsmaterial zur Gewinnung von Kryptopin käufliches Papaverin.

Die Trennung vom Papaverin[1]) kann mit Hilfe verschiedener Salze (Pikrat, Bichromat, Nitrit) geschehen. Am geeignetsten erwies sich aber das saure Oxalat; dasjenige des Kryptopins ist leichter löslich als dasjenige des Papaverins und verbleibt deshalb in der Mutterlauge. 100 g käufliches Papaverin werden mit 250 ccm 95 proz. Alkohols bis zur vollständigen Auflösung erwärmt und dann eine konzentrierte wässerige Lösung von 37 g krystallisierter Oxalsäure zugegeben. Beim Erkalten erstarrt der ganze Kolbeninhalt zu einer Masse kleiner, sternförmig gruppierter Nadeln des sauren oxalsauren Papaverins $C_{20}H_{21}NO_4$, $H_2C_2O_4$. Dieselben werden abfiltriert; sie zeigen häufig noch eine schwache Färbung mit Schwefelsäure, in welchem Falle man sie ein- oder zweimal aus heißem Wasser umkrystallisiert. Das Salz ist dann rein und löst sich in Schwefelsäure vollkommen farblos. Es schmilzt bei 196° unter Aufschäumen; in kochendem Alkohol löst es sich schwer, etwas besser in heißem Wasser, sehr wenig in der Kälte in beiden Lösungsmitteln.

Das aus der warmen wässerigen Lösung des Oxalats durch Natronlauge abgeschiedene reine Papaverin gibt mit den meisten Alkaloidreagenzien keine Färbung mehr und verhält sich in dieser Beziehung dem synthetischen Papaverin vollkommen gleich.

Um das Nebenalkaloid des Papaverins, das Kryptopin, zu gewinnen, werden die bei der Krystallisation des Oxalats erhaltenen alkoholischen Mutterlaugen zur Trockne eingedampft, der Rückstand in möglichst wenig heißem Wasser wieder aufgenommen und die warme Lösung mit Natronlauge im Überschuß versetzt. Der dabei entstehende voluminöse Niederschlag wird abfiltriert und auf dem Wasserbade getrocknet. Er enthält das Kryptopin neben wechselnden Mengen von Papaverin und Natriumoxalat. Das Gemisch wird abgewogen und mit dem doppelten Gewicht Alkohol gekocht, einer Quantität, die reichlich genügen würde, die ganze Substanz zu lösen, wenn sie nur aus Papaverin bestände. Man bemerkt aber, daß nur ein Teil in Lösung geht. Es wird warm filtriert und das Ungelöste mit Chloroform gewaschen. Dabei wird das Alkaloid gelöst, während das Natriumoxalat auf dem Filter zurückbleibt. Durch Abdampfen des Chloroforms wird schließlich das Kryptopin in fast reinem Zustande gewonnen. Ca. 800 g Handelspapaverin liefern ungefähr 30 g reines Kryptopin.

Physikalische und chemische Eigenschaften und Salze: Kryptopin krystallisiert aus Alkohol in mikroskopischen Prismen oder Tafeln und schmilzt bei 217°. Es löst sich sehr schwer in kaltem Alkohol, Äther und Benzol, leichter in Chloroform. Die Base ist optisch inaktiv. Sie löst sich in eisenoxydhaltigem Vitriolöl mit dunkelvioletter Farbe, die bei 150° schmutziggrün wird. Die Lösung in einem Gemisch aus 3 Vol. Vitriolöl und 1 Vol. Wasser wird beim Erwärmen olivengrün. Die alkoholische Lösung reagiert stark alkalisch. Bei der Oxydation durch Kaliumpermanganat entsteht Metahemipinsäure. Die Salze des Kryptopins krystallisieren, scheiden sich aber anfangs gallertartig aus.

Nach Beobachtungen von Pictet und Kramers (loc. cit.) ist diesen Angaben folgendes beizufügen:

1 T. Kryptopin löst sich in ca. 80 T. 95 proz. Alkohols bei Siedehitze und in 455 T. bei 15°. Dieses Lösungsmittel eignet sich gut zum Umkrystallisieren der Base, die man so in kleinen, kurzen, durchsichtigen Prismen erhält. Aus kochendem Amylalkohol krystallisiert sie ebenfalls schön. Sie löst sich ziemlich leicht in Pyridin; versetzt man die Lösung mit kaltem Wasser, so scheidet sich die Base langsam in schönen, abgeplatteten, einzelnen Prismen aus. Das Kryptopin löst sich leicht in Eisessig und wird daraus durch Wasser nicht gefällt; setzt man Ammoniak zu, so fällt das Alkaloid in Form sternförmig gruppierter prismatischer Nadeln nieder.

Der Schmelzpunkt der auf diese verschiedenen Weisen erhaltenen Krystalle ist scharf und konstant 218° (unkorr.). Reines Kryptopin wird beim Schmelzen nicht braun. In alkoholischer Lösung zeigt es gegen Lackmus eine nur schwache alkalische Reaktion.

---

[1]) A. Pictet u. Kramers, Berichte d. Deutsch. chem. Gesellschaft **43**, 1329 [1910].

Über die Konstitution des Kryptopins war bis vor kurzem nur eine einzige Beobachtung in der Literatur zu finden. Brown und Perkin jun.[1]) geben an, daß das Kryptopin durch Oxydation mittels Kaliumpermanganat Metahemipinsäure liefert. Demnach enthält das Alkaloid wenigstens 2 Methoxyle, und es ist wahrscheinlich, daß es, wie die meisten Opiumalkaloide, ein Isochinolinderivat ist.

Pictet und Kramers haben einige weitere Versuche in dieser Richtung unternommen. Dieselben haben bisher folgendes ergeben:

1. Das Kryptopin ist eine gesättigte Base; von nascierendem Wasserstoff wird es nicht angegriffen. Es nähert sich also dem Typus des Laudanosins und nicht demjenigen des Papaverins.

2. Das Kryptopin enthält 2 Methoxyle und ein an Stickstoff gebundenes Methyl.

3. Höchstwahrscheinlich enthält Kryptopin daneben noch eine Methylendioxygruppe

$$CH_2{<}^{O-}_{O-}$$

Bei vielen seiner Zersetzungen entwickelt es nämlich den ausgesprochenen Geruch des Piperonals. Außerdem gibt es in schönster Weise mit Schwefelsäure und Gallussäure die grüne Farbreaktion und das Absorptionsspektrum, welche Labat[2]) als charakteristisch für diese Gruppe angegeben hat.

4. Über die Art der Bindung des fünften Sauerstoffatoms im Kryptopin läßt sich nur folgendes sagen: Da das Kryptopin in Alkalien unlöslich ist, enthält es kein Phenolhydroxyl. Durch Kochen mit Essigsäureanhydrid oder Acetylchlorid wird es nicht verändert, besitzt also auch kein alkoholisches Hydroxyl. Ebensowenig konnte die Base mit Hydroxylamin in Reaktion gebracht werden, woraus auf Abwesenheit einer Ketongruppe zu schließen ist. Vielleicht ist das fünfte Sauerstoffatom an 2 Kohlenstoffatome gebunden, in ähnlicher Weise wie im Narkotin und Hydrastin.

Farbreaktionen des Papaverins und Kryptopins. In der folgenden Tabelle stellen Pictet und Kramers die Farbreaktionen zusammen, die sie mit Kryptopin, käuflichem, gereinigten und synthetischen Papaverin beim Zusammenbringen mit den gebräuchlichsten Alkaloidreagenzien in der Kälte beobachtet haben.

	Kryptopin	Käufliches Papaverin	Gereinigtes, sowie synthetisches Papaverin
Reine, konz. Schwefelsäure	dunkelblauviolette Färbung, die an der Luft bald grün, später gelb wird	hellblauviolette, dann grüne und gelbe Färbung	keine Färbung
Schwefelsäure u. Arsensäure	gleiche, aber intensivere Färbungen	ebenfalls	keine Färbung
Reagens v. Erdmann	violettrosa Färbung, die ins Graue und später ins Gelbe umschlägt	rosa, dann gelb	keine Färbung
Reagens von Fröhde	intensive, violette Färbung, die später blaugrün, grün und endlich (nach 2 Stunden) gelb wird	violett, blaugrün, grün, dann gelb	keine Färbung
Reagens von Mandelin	lebhaft grün, dann gelb	hellgrün, dann gelb	keine Färbung
Reagens von Labat .	grün	grün	keine Färbung
Reagens von Lafon .	grünlichblau, später braun	grünlichblau, später braun	sehr helle, gelbgrüne Färbung, die bald gelb wird
Reagens von Marquis	violett, dann braun	rosaviolett, dann braun	langsam hellrosa, dann braun.

---
[1]) Brown u. Perkin jun., Proc. Chem. Soc. **1891**, 166.
[2]) Labat, Bulletin de la Soc. chim. [4] **5**, 745 [1909].

Salzsaures Salz $C_{21}H_{23}NO_5 \cdot HCl + 6 H_2O$, krystallisiert in zarten Prismen, die sich sehr leicht in Wasser und Alkohol, sehr wenig in Salzsäure oder Chlornatrium lösen. Wird die salzsaure Lösung des Salzes bei niedriger Temperatur mit Chlornatrium versetzt, so scheidet sich ein Salz mit 5 H_2O aus. Ist in Wasser leicht, in Salzsäure aber schwer, in Chloroform ziemlich leicht löslich.

Platinsalz $(C_{21}H_{23}NO_5 \cdot HCl)PtCl_4 + 6 H_2O$, wird beim Fällen in der Kälte in fast weißen Nadeln erhalten. Aus warmen, nicht zu konzentrierten Lösungen scheidet sich das Salz in blaßgelben, äußerst zarten Prismen ab, die nur 1 H_2O enthalten. Schmelzp. 204° unter Zersetzung.

Dioxalat $C_{21}H_{23}NO_5 \cdot C_2H_2O_4$, Krystallpulver, das sich bei 12° in 330 T. Wasser löst; fast unlöslich in Alkohol.

Ditartrat $C_{21}H_{23}NO_5 \cdot C_4H_6O_6 \cdot 4 H_2O$, kleine Prismen, die sich bei 10° in 167 T. Wasser lösen; sehr leicht löslich in heißem Wasser und Alkohol.

Pikrat $C_{21}H_{23}NO_5 \cdot C_6H_3(NO_2)_3OH + H_2O$, gelbe Prismen, die in heißem Wasser sehr schwer löslich sind. Schmelzp. 215°.

Das **Bichromat** bildet feine, gelbe Prismen, die in Wasser leicht löslich sind (nach Hesse wenig löslich). — Das **Quecksilbersalz** bildet kleine, farblose Krystalle. Schmelzp. ca. 185°. — Das **Goldsalz** krystallisiert in kleinen, braungelben Nadeln. Beim Erhitzen schwärzt es sich bei ca. 200° und schmilzt bei 205° unter Zersetzung.

Bei der Behandlung mit Salpetersäure wird das Kryptonin in

Nitrokryptopin $C_{21}H_{22}(NO_2)NO_5$, ein dunkelgelbes Pulver, übergeführt. Schmelzp. 185°. Es ist in kochendem Wasser und Äther leichter löslich als Kryptonin; leicht löslich in Chloroform. Unlöslich in kaltem Wasser und Kalilauge; löslich in Vitriolöl mit blutroter Farbe. Reagiert alkalisch.

Salzsaures Salz $C_{21}H_{22}N_2O_7 \cdot HCl + 3 H_2O$, scheidet sich gelatinös aus und trocknet zu einer gelben, hornartigen Masse aus; sehr leicht löslich in heißem Wasser.

Platinsalz $(C_{21}H_{22}N_2O_7 \cdot HCl)PtCl_4 + 10 H_2O$, krystallisiert als dunkelgelbes Krystallpulver aus; unlöslich in kaltem Wasser.

Oxalat $(C_{21}H_{22}N_2O_7)_2 \cdot C_2H_2O_4 \cdot 12 H_2O$, kleine, dunkelgelbe Prismen.

Dioxalat $(C_{21}H_{22}N_2O_7 \cdot C_2H_2O_4 + 3 H_2O$, kleine, dünne, blaßgelbe Prismen.

Protopin oder Macleyin.

Mol.-Gewicht 353.
Zusammensetzung: 68,00% C, 5,40% H, 4,00% N.

$$C_{20}H_{19}NO_5.$$

Vorkommen: Im Opium in kleiner Menge[1]. In der Wurzel von Macleya cordata[2]. In der Wurzel von Chelidonius majus[3] und Sanguinaria canadensis[4]. In Kraut und Wurzel von Glaucium luteum[5]; in Eschholtzia california[6]; in Adlumia cirrhosa[7]. In Dicentra formosa (Andr.) D. C.[8]. In Bocconia cordata[9]. In Argemone mexicana, Stachelmohn[10]. In Corydalis ambigna[11]. In Dicentra pusilla Sieb. et Zucc.[12]

---

[1]) Hesse, Annalen d. Chemie u. Pharmazie Suppl. **8**, 318 [1872].

[2]) Eykman, Recueil des travaux chim. des Pays-Bas **3**, 182 [1884]. — Hopfgarten, Monatshefte f. Chemie **19**, 179 [1898].

[3]) E. Schmidt u. Selle, Archiv d. Pharmazie **228**, 441 [1890]. — König, Archiv d. Pharmazie **231**, 174 [1893].

[4]) König u. Tietz, Archiv d. Pharmazie **231**, 145, 161 [1893].

[5]) R. Fischer, Archiv d. Pharmazie **239**, 426 [1901].

[6]) R. Fischer, Archiv d. Pharmazie **239**, 421 [1901]. — Fischer u. Tweeden, Pharmac. Archives **5**, 117 [1903]; Chem. Centralbl. **1903**, I, 345.

[7]) J. O. Schlotterbeck u. H. C. Watkins, Pharmac. Archives **6**, 17 [1903]. — Schlotterbeck, Amer. Chem. Journ. **24**, 249 [1900]; Chem.-Ztg. **1900**, II, 876.

[8]) G. Heyl, Archiv d. Pharmazie **241**, 313 [1903]; Chem. Centralbl. **1903**, II, 1284.

[9]) J. O. Schlotterbeck u. W. H. Blome, Pharmac. Review **23**, 310 [1905]; Chem. Centralbl. **1905**, II, 1682.

[10]) J. O. Schlotterbeck, Journ. Amer. Chem. Soc. **24**, 238 [1902]; Chem. Centralbl. **1902**, I, 1171.

[11]) K. Makoshi, Archiv d. Pharmazie **246**, 381, 401 [1908]; Chem. Centralbl. **1908**, II, 807, 1369.

[12]) Y. Asahina, Archiv d. Pharmazie **247**, 201 [1909]; Chem. Centralbl. **1909**, II, 548.

Darstellung: Gewinnung aus Opium s. Kryptopin. Zur Gewinnung des Alkaloids aus Macleya cordata werden die Stengel mit heißem, mit Salzsäure angesäuertem Wasser ausgezogen. Die Auszüge werden eingedampft, von den ausgeschiedenen zähen Massen abgegossen, mit dem mehrfachen Volum Alkohol versetzt und die filtrierte alkoholische Lösung abgedampft. Aus dem Rückstand werden die Alkaloide nach Zusatz von Kalilauge mit Chloroform aufgenommen, wieder in angesäuertem Wasser gelöst und nun mit Kalilauge und Äther isoliert. Die Alkaloide werden dann zur Trennung des Protopins, dessen Nitrat sehr wenig löslich in kaltem Wasser ist, von der zweiten Base in Nitrate verwandelt.

Physikalische und chemische Eigenschaften: Aus Alkohol umkrystallisiert, Schmelzp. 207°. Äther löst die krystallisierte Base nur 1:1000, die frischgefällte dagegen in größeren Mengen, die sich in Form von Nadeln oder Prismen wieder abscheiden; ziemlich leicht löslich in Chloroform (1:15). Unlöslich in Wasser, wenig löslich in Alkohol, Essigäther und Aceton, auch in der Hitze. In frisch gefälltem Zustand ist Protopin in Äther leichter löslich, krystallisiert aber bald in kleinen Warzen. Kali- und Natronlauge nimmt es nicht auf, dagegen ist es in Ammoniak etwas löslich. Die Base, deren Analyse die Formel $C_{20}H_{19}NO_5$ ergibt, ist monomolekular, optisch inaktiv und hat keine abspaltbare Methoxylgruppe. Schwefelsäure (spez. Gew. 1,84) löst das Protopin mit schön blauvioletter, später schmutzigvioletter und vom Rande her grüner Farbe. Von Erdmanns Reagens wird es erst gelb, dann blauviolett, blau, grün und gelb gefärbt. Fröhdes Reagens löst es mit schön blauer Farbe, die vom Rande her allmählich grün wird. Vanadinschwefelsäure färbt sich damit rotviolett, später tiefblau.

Derivate: Platinsalz $(C_{20}H_{19}NO_5 \cdot HCl)_2 PtCl_4$ fällt aus wässeriger Lösung als gelber, voluminöser Niederschlag aus und enthält wahrscheinlich 4 Mol. Wasser. Mit Goldchlorid entsteht das **Goldsalz** $(C_{20}H_{19}NO_5 \cdot HCl)AuCl_3$ als rotbraunes, amorphes Pulver, welches bei 198° schmilzt. — **Bichromat** $(C_{20}H_{19}NO_5)_2 H_2Cr_2O_7$ bildet dunkelgelbe Prismen. — **Nitrat** $C_{20}H_{19}NO_5 \cdot HNO_3$. Weißes, leichtes, mikrokrystallinisches Pulver, schwer löslich in kaltem Wasser, leichter in heißem Wasser, löslich in Alkohol. — **Chlorhydrat** $C_{20}H_{19}NO_5 HCl + \frac{1}{4} H_2O$. Derbe, sechsseitige Prismen; ziemlich schwer löslich in kaltem Wasser, löslich in Alkohol. Gibt bei 150° noch kein Wasser ab, bei 180° Braunfärbung. — **Jodmethylat** $C_{20}H_{19}NO_5 CH_3J$. Durch 2stündiges Erhitzen der Base mit Jodmethyl im Rohr auf 100°. Dicke, derbe Prismen aus Wasser. — Mit Silbernitrat entsteht das **Nitrat der Ammoniumbase** $C_{20}H_{19}NO_5 \cdot CH_3NO_3 + 4 H_2O$. Gelblich gefärbte, verfilzte Nadeln. Durch Reduktion des Alkaloids mit Natriumamalgam wurde eine in farblosen Täfelchen krystallisierende Substanz vom Schmelzp. 148° erhalten, der anscheinend die Formel $C_{18}H_{21}NO_4$ zukommt.

Tritopin.

Mol.-Gewicht 702.
Zusammensetzung: 71,8% C, 7,7% H, 4,0% N, 16,5% O.

$$C_{42}H_{54}N_2O_7.$$

Vorkommen: Wurde von Kauder im Opium entdeckt.

Darstellung: Tritopin wird vom Kryptopin und Protopin vermittels des sauren Oxalats, welches löslich ist, getrennt.

Physikalische und chemische Eigenschaften und Salze: Tritopin krystallisiert aus Alkohol in Prismen vom Schmelzp. 182°. Es ist in Chloroform leicht, in Äther schwer löslich. Aus seinen Salzlösungen ist das Alkaloid mit Ammoniak fällbar, der Niederschlag löst sich aber in Natronlauge. Die Base ist zweisäurig.

Jodwasserstoffsaures Salz $C_{42}H_{54}N_2O_7 \cdot 2 HJ + 4 H_2O$, krystallisiert gut. Tritopin ist vielleicht als ein Desoxylaudanosin aufzufassen in dem Sinne, daß durch Austritt von einem Atom Sauerstoff aus 2 Mol. Laudanosin Tritopin entsteht[1]).

Xanthalin.

Mol.-Gewicht 652.
Zusammensetzung: 68,1% C, 5,5% H, 4,3% N, 22,1% O.

$$C_{37}H_{36}N_2O_9.$$

Vorkommen: Im Opium[2]).

---

[1]) Archiv d. Pharmazie **228**, 119 [1890].
[2]) T. u. A. Smith, Berichte d. Deutsch. chem. Gesellschaft **26**, 2, 592 [1893].

Darstellung: Xanthalin findet sich in den Mutterlaugen, welche nach Krystallisation der salzsauren Salze von Morphin und Kodein bleiben, wird aus denselben mit Narkotin und Papaverin niedergeschlagen und durch eine umständliche Methode von T. und A. Smith von diesen getrennt. Aus dem salzsauren Salz wird die Base durch Kochen mit Wasser freigemacht.

Physikalische und chemische Eigenschaften und Salze: Xanthalin bildet ein krystallinisches Pulver vom Schmelzp. 206°. In Wasser und Alkalien ist es unlöslich, in kochendem Alkohol schwer löslich. Durch Auflösung in Säuren entstehen Salze, welche eine gelbe Farbe besitzen, weshalb das Alkaloid Xanthalin genannt wurde. In konz. Schwefelsäure löst sich die Base mit tiefroter Farbe, wie Thebain.

Salzsaures Salz $C_{37}H_{36}N_2O_9 \cdot 2\,HCl + 4\,H_2O$, bildet voluminöse, gelbe Nadeln.

Durch Reduktion mit Zink in schwefelsaurer Lösung entsteht **Hydroxanthalin** $C_{37}H_{38}N_2O_9$, welches krystallinisch ist, bei 137° schmilzt und farblose, wohl krystallisierende Salze liefert[1]).

G. Alkaloide der Puringruppe.

Wir werden in dieser Gruppe die Alkaloide Kaffein, Theobromin und Theophyllin behandeln. In allen findet sich ein und derselbe Kern, den Emil Fischer Purinkern genannt hat, und dessen einfachste Verbindung die Wasserstoffverbindung Purin[2]) ist, die allen anderen Purinderivaten zugrunde liegt. Man hat für das Purin die Wahl zwischen den beiden tautomeren Formen

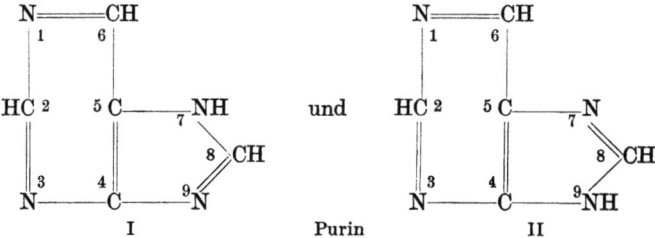

Wir benutzen für das freie Purin und seine Derivate nur die Formel I und die Bezeichnung der einzelnen Atome im Ring durch obige Zahlen.

Kaffein, 1, 3, 7-Trimethyl-2, 6-Dioxypurin (1, 3, 7-Trimethylxanthin).

Mol.-Gewicht 194,11.
Zusammensetzung: 49,45% C, 5,19% H, 28,87% N.

$$C_8H_{10}N_4O_2.$$

$$\begin{array}{c} CH_3 \cdot N \!-\!\!\!-\! CO \\ | \quad\quad\quad | \\ OC \quad C\!-\!\!\!-\!N \cdot H_3 \\ | \quad\quad\quad \|\!\!\searrow\!\! CH \\ CH_3 \cdot N \!-\!\!\!-\! C\!-\!\!\!-\!N \end{array}$$

Vorkommen: Das Kaffein, auch Coffein, Thein, Guaranin genannt, ist von den natürlich vorkommenden Methylderivaten des Xanthins das älteste und wichtigste. Es findet sich in den Blättern und Bohnen des Kaffeebaumes (0,5%), im Tee (2—4%), im Paraguaytee von Ilex paraguayensis, in der Guarana, einer aus den Früchten von Paulinia sorbilis gewonnenen Masse (gegen 5%) und in den Colanüssen (gegen 3%). In geringen Mengen kommt es auch im Kakao vor.

Die Entdeckung des Kaffeins im Kaffee wird gewöhnlich Robiquet und Pelletier und Caventou zugeschrieben (1821). In Wirklichkeit aber rührt die erste Mitteilung über dasselbe von Ferd. Runge her, welcher es unter dem Namen Kaffeebase in seinen 1820 erschienenen „Phytochemischen Entdeckungen" (Berlin 1820, S. 144) beschrieben, aber wie es scheint, nicht in ganz

---

[1]) A. Smith, Pharm. Journ. Trans. **52**, 793 [1893].
[2]) Der Name „Purin" ist aus den Worten Purum und uricum kombiniert.

reinem Zustand unter den Händen gehabt hat. Seine Identität mit dem aus dem Tee von Oudry isolierten Thein wurde 1883 durch die Analysen von Jobst[1]) erkannt.

Darstellung: Außer auf synthetischem Wege, den wir weiter unten besprechen wollen, wird das Kaffein aus grünem oder schwarzem, gemahlenem Tee (Teestaub) dargestellt. Die Blätter werden mit Wasser ausgekocht, die Flüssigkeit koliert, mit etwas überschüssigem Bleiessig gefällt oder mit Bleiglätte versetzt. Das Filtrat wird mit Schwefelwasserstoff behandelt und die vom Schwefelblei abfiltrierte Flüssigkeit verdampft, wobei die Base auskrystallisiert. Die unreine Base wird durch Umkrystallisieren aus Alkohol, Benzol oder Chloroform mit oder ohne Zusatz von Tierkohle gereinigt.

Nachweis: Kaffein hinterläßt beim Abdampfen mit konz. Salpetersäure einen gelben Fleck von Amalinsäure, der sich in Ammoniak mit Purpurfarbe löst (Murexidprobe). Kaffein, mit etwas Chlorwasser verdampft, hinterläßt einen purpurroten Rückstand, der bei stärkerem Erhitzen goldgelb, mit Ammoniak aber wieder rot wird.

Bestimmung: Zur Untersuchung von Kaffe, Tee usw. auf Kaffein werden 5—15 g Tee oder Kaffee (letzterer muß zuerst bei 100° getrocknet und fein gepulvert sein) mit heißem Wasser ausgekocht, das Filtrat wird mit 2 g Magnesia und 5 g Glaspulver versetzt und zur Trockne gedampft. Der Rückstand wird mit einem Gemenge von 1 T. Chloroform und 3 T. Äther digeriert. Die Auszüge hinterlassen, abgedampft, krystallisiertes Kaffein.

In neuester Zeit wurden noch verschiedene Verfahren ausgearbeitet. Nach K. Lendrich und E. Nottbohm[2]) werden 20 g feingemahlener Kaffee (1 mm Korngröße) mit 10 ccm Wasser versetzt und damit 1—2 Stunden stehen gelassen; dann wird das Pulver 3 Stunden mit Tetrachlorkohlenstoff extrahiert, dem Auszug 1 g Paraffin zugesetzt, der Tetrachlorkohlenstoff verdunstet und der Rückstand mit siedendem Wasser ausgezogen. Das abgekühlte Filtrat wird mit 10—15 ccm (bei Rohkaffee) oder 30 ccm (bei geröstetem Kaffee) 1 proz. Lösung von Kaliumpermanganat versetzt, nach ¼stündigem Einwirken das Mangan durch 3 proz. Wasserstoffsuperoxyd als Superoxyd gefällt und gekocht. Das Filtrat wird zur Trockne verdampft und wie üblich mit Chloroform weiter behandelt. Das hierbei resultierende Kaffein ist bei Rohkaffee rein weiß, bei geröstetem Kaffee hat es einen ganz geringen Stich ins Gelbliche.

Nach J. Burmann[3]) extrahiert man das zuvor getrocknete und mit Petroläther entfettete Material durch Chloroform in Gegenwart von 10 proz. Ammoniak, wobei pro 100 ccm Petroläther, D. 0,630—0,670, Siedep. <60°, 2,5 mg Kaffein als Korrektur hinzugerechnet werden. Die Reinigung des Rohkaffeins erfolgt durch Sublimation. — Man trocknet 5 g feingemahlenen Kaffees bis zum konstanten Gewicht, schüttelt den Rückstand in einem 100 ccm-Kolben 10 Minuten mit 50 ccm Petroläther, dekantiert die Flüssigkeit, wiederholt das Schütteln mit weiteren 25 ccm Petroläther, bringt alles auf das Filter und wäscht mit 25 ccm Petroläther nach. Das Lösungsmittel wird verdunstet, das zurückbleibende Fett bei 100° getrocknet und gewogen. Das fettfreie Kaffeepulver bringt man in eine 200 ccm-Flasche mit Glasstöpsel, gibt 150 g Chloroform hinzu, schüttelt einige Minuten, setzt 5 g 10 proz. Ammoniak zu, schüttelt ½ Stunde kräftig und häufig durch, filtriert, verdunstet das Lösungsmittel, trocknet und wägt.

Das so gewonnene Rohkaffein löst man in sehr wenig Chloroform wieder auf, gießt die Lösung in ein 150—180 mm langes, 15—18 mm weites, an zwei Stellen verengertes Reagensrohr, spült 2—3 mal nach, verdampft das Chloroform und trocknet das Rohr bei 100° oder im Vakuum. Man verschließt darauf die untere Verengerung des Reagensrohres nicht zu fest mit einem Pfropfen aus gewaschenem Asbest und die Öffnung des Reagensrohres mit etwas Watte, hängt den unteren Teil des Rohres, einschließlich der unteren Verengerung in flüssiges Paraffin und erhitzt dieses auf 210—240°. In etwa 3 Stunden ist die Sublimation des Kaffeins beendigt. Man schneidet die Röhre an der unteren Verengerung ab, löst das sublimierte Kaffein in etwas Chloroform, verdunstet letzteres in einem tarierten Kolben, trocknet und wägt, wobei 2,5 mg hinzuzurechnen sind. Eine zweite Sublimation liefert absolut reines Kaffein vom Schmelzp. 234°.

Die Konstitution des Kaffeins: Die erste Beobachtung, welche die Verwandtschaft der Base mit der Harnsäure anzeigte, rührt von Stenhouse her. Durch Oxydation mit Salpetersäure erhielt er nämlich daraus eine Substanz, welche mit Ammoniak eine Purpurfarbe lieferte, ähnlich der des Murexids, und außerdem das schön krystallisierte sog. Nitrothein,

---

[1]) Jobst, Annalen d. Chemie u. Pharmazie **225**, 63 [1883].
[2]) K. Lendrich u. E. Nottbohm, Chem. Centralbl. **1909**, I, 1359.
[3]) J. Burmann, Bulletin de la Soc. chim. [4] **7**, 239 [1910].

Pflanzenalkaloide.

das heutige Cholestrophan (Dimethylparabansäure). Die Resultate von Stenhouse sind von Rochleder und von A. Strecker[1] weiter verfolgt worden.

Anschließend an diese Versuche hat dann Emil Fischer die Konstitution des Kaffeins endgültig festgestellt und auch seine Synthese durchgeführt.

Er hat die Zerlegung des Kaffeins durch Chlor und Wasser in Dimethylalloxan und Monomethylharnstoff aufgefunden und dadurch die volle Analogie mit der Zerlegung der Harnsäure bewiesen[2]).

$$\begin{array}{c} CH_3 \cdot N{-}CO \\ | \quad\quad | \\ OC \quad C{-}N \cdot CH_3 \\ | \quad\quad \| \quad >CH \\ CH_3 \cdot N{-}C{-}N \\ \text{Kaffein} \end{array} + 2\,O + H_2O = \begin{array}{c} CH_3 \cdot N{-}CO \\ | \quad\quad | \\ OC \quad CO \\ | \quad\quad | \\ CH_3 \cdot N{-}CO \\ \text{Dimethylalloxan} \end{array} + \begin{array}{c} HN{<}^{CH_3}_{CO} \\ H_2N \\ \text{Monomethylharnstoff} \end{array}$$

Aus dieser Spaltung in Dimethylalloxan und Monomethylharnstoff ergibt sich ferner, daß von den 10 Wasserstoffatomen des Kaffeins 9 in Methylgruppen enthalten sind, während das 10. eine Sonderstellung einnimmt. Diese Sonderstellung läßt sich auch, wie Fischer zeigte, daran erkennen, daß man 1 Atom Wasserstoff des Kaffeins, und zwar nur eins durch Chlor oder Brom ersetzen kann. Die Verwandlung des so entstehenden Chlor- und Bromkaffeins in das Hydroxykaffein und der Nachweis, daß diese Verbindung eine ungesättigte Gruppe enthält, weil sie durch Brom und Alkohol in das Diäthoxyhydroxykaffein verwandelt wird, war für die Aufklärung der Konstitution des Kaffeins von Wichtigkeit. Durch den Abbau des Diäthoxyhydroxykaffeins erhielt Fischer ferner das Apokaffein, die Kaffursäure, die Hydrokaffursäure und das Methylhydantoin, das Hypokaffein und das Kaffolin. Schließlich gelang es Fischer, das Kaffein aus dem Xanthin durch Methylierung darzustellen und dadurch als Trimethylxanthin zu charakterisieren.

Er leitete dann, gestützt auf das eingehende Studium der Purinverbindungen[3]), folgende Strukturformeln ab:

$$\begin{array}{c} HN{-}CO \\ | \quad\quad | \\ OC \quad C{-}N \cdot H \\ | \quad\quad \| \quad >CH \\ HN{-}C{-}N \\ \text{Xanthin} \end{array} \qquad \begin{array}{c} CH_3 \cdot N{-}CO \\ | \quad\quad | \\ OC \quad C{-}N \cdot CH_3 \\ | \quad\quad \| \quad >CH \\ CH_3 \cdot N{-}C{-}N \\ \text{Kaffein} \end{array}$$

Zu dieser Auffassung des Kaffeins als 1, 3, 7-Trimethyl-2, 6-Dioxypurin führte insbesondere die Erkenntnis, daß das Hydroxykaffein eine Trimethylharnsäure von der Formel

$$\begin{array}{c} CH_3 \cdot N{-}CO \\ | \quad\quad | \\ OC \quad C{-}N \cdot CH_3 \\ | \quad\quad \| \quad >CO \\ CH_3 \cdot N{-}C{-}NH \end{array} \quad \text{oder} \quad \begin{array}{c} CH_3 \cdot N{-}CO \\ | \quad\quad | \\ OC \quad C{-}N \cdot CH_3 \\ | \quad\quad \| \quad >COH \\ CH_3 \cdot N{-}C{-}N \end{array}$$
$$\text{Hydroxykaffein}$$

ist. Den Beweis hierfür lieferten noch folgende Beobachtungen[4]):

Das Hydroxykaffein entsteht außerordentlich leicht, ähnlich der Harnsäure, aus der entsprechenden Pseudoharnsäure.

$$\begin{array}{c} CH_3 \cdot N{-}CO \\ | \quad\quad CH_3 \\ OC \quad HC \cdot N \cdot CO \cdot NH_2 \\ | \\ CH_3 \cdot N{-}CO \end{array} \xrightarrow{-H_2O} \begin{array}{c} CH_3 \cdot N{-}CO \\ | \quad\quad | \\ OC \quad C{-}N \cdot CH_3 \\ | \quad\quad \| \quad >C \cdot OH \\ CH_3 \cdot N{-}C{-}N \end{array}$$

Bei der Methylierung, bewirkt durch Schütteln der wässerig-alkalischen Lösung mit Jodmethyl, verwandelt sich das Hydroxykaffein fast vollständig in Tetramethylharnsäure.

---

[1]) Strecker, Annalen d. Chemie u. Pharmazie **118**, 173 [1861].
[2]) E. Fischer, Berichte d. Deutsch. chem. Gesellschaft **14**, 637, 1905 [1881]; Annalen d. Chemie u. Pharmazie **215**, 253 [1882].
[3]) E. Fischer, Berichte d. Deutsch. chem. Gesellschaft **32**, 435 [1899].
[4]) E. Fischer, Berichte d. Deutsch. chem. Gesellschaft **30**, 552 [1897].

Endlich läßt sich das Hydroxykaffein auch direkt aus der Harnsäure durch Methylierung in wässerig-alkalischer Lösung leicht gewinnen.

Damit ist zur Genüge bewiesen, daß sich im Kaffein dasselbe Kohlenstoffstickstoffgerüst wie in der Harnsäure findet, und bei Berücksichtigung der angeführten Spaltungen folgt für die Base die obige Strukturformel. Daß die Konstitution des Kaffeins auf diejenige der Harnsäure zurückgeführt wurde, ist leicht begreiflich, wenn man sich daran erinnert, daß von allen Purinderivaten die Harnsäure experimentell bei weitem am sorgfältigsten untersucht ist.

Synthesen des Kaffeins: Emil Fischer hat, zum Teil mit seinen Schülern, mehrere Synthesen des Kaffeins mit Hilfe von methylierten Harnsäuren durchgeführt.

1. Die **1, 3-Dimethylharnsäure** verwandelt sich beim Erhitzen mit Phosphoroxy- und Phosphorpentachlorid auf 140—150° in das Chlorderivat des Theophyllins. Dasselbe läßt sich durch Reduktion mit Jodwasserstoff leicht in Theophyllin überführen, und durch weitere Methylierung des letzeren entsteht Kaffein; oder es kann auch das Chlortheophyllin in Chlorkaffein übergeführt und dieses dann zu Kaffein reduziert werden[1]).

$$
\begin{array}{c}
CH_3 \cdot N\!\!-\!\!CO \\
|\qquad\quad| \\
OC\quad C\!\!-\!\!N\cdot H \\
|\qquad\|\quad\;\;\;\!\!\!>CO \\
CH_3 \cdot N\!\!-\!\!C\!\!-\!\!NH \\
\text{1, 3-Dimethylharnsäure}
\end{array}
\xrightarrow{POCl_3 + PCl_5}
\begin{array}{c}
CH_3 \cdot N\!\!-\!\!CO \\
|\qquad\quad| \\
OC\quad C\!\!-\!\!N\cdot H \\
|\qquad\|\quad\;\;\;\!\!\!>CCl \\
CH_3 \cdot N\!\!-\!\!C\!\!-\!\!N \\
\text{Chlortheophyllin}
\end{array}
\xrightarrow{HJ}
$$

$$
\begin{array}{c}
CH_3 \cdot N\!\!-\!\!CO \\
|\qquad\quad| \\
OC\quad C\!\!-\!\!N\cdot H \\
|\qquad\|\quad\;\;\;\!\!\!>CH \\
CH_3 \cdot N\!\!-\!\!C\!\!-\!\!N \\
\text{Theophyllin}
\end{array}
\xrightarrow{JCH_3}
\begin{array}{c}
CH_3 \cdot N\!\!-\!\!CO \\
|\qquad\quad| \\
OC\quad C\!\!-\!\!N\!\!-\!\!CH_3 \\
|\qquad\|\quad\;\;\;\!\!\!>CH \\
CH_3 \cdot N\!\!-\!\!C\!\!-\!\!N \\
\text{Kaffein}
\end{array}
$$

Da die 1, 3-Dimethylharnsäure aus Dimethylalloxan bzw. Dimethylmalonylharnstoff erhalten werden kann und letzterer aus Malonsäure und Dimethylharnstoff entsteht, so ist damit die totale Synthese des Kaffeins verwirklicht.

2. **Tetramethylharnsäure** entsteht bei der Methylierung der Harnsäure in wässerig-alkalischer Lösung. Sie geht beim Erhitzen mit Phosphoroxychlorid in **Chlorkaffein**[2]) über, indem das in Stellung 9 befindliche Methyl samt dem benachbarten Sauerstoff abgelöst wird.

$$
\begin{array}{c}
CH_3 \cdot N\!\!-\!\!CO \\
|\qquad\quad| \\
OC\quad C\!\!-\!\!N\cdot CH_3 \\
|\qquad\|\quad\;\;\;\!\!\!>CO \\
CH_3 \cdot N\!\!-\!\!C\!\!-\!\!N\cdot CH_3 \\
\text{Tetramethylharnsäure}
\end{array}
\xrightarrow{POCl_3}
\begin{array}{c}
CH_3 \cdot N\!\!-\!\!CO \\
|\qquad\quad| \\
OC\quad C\!\!-\!\!N\cdot CH_3 \\
|\qquad\|\quad\;\;\;\!\!\!>CCl \\
CH_3 \cdot N\!\!-\!\!C\!\!-\!\!N \\
\text{Chlorkaffein}
\end{array}
$$

3. Eine dritte, totale Synthese führt über das Hydroxykaffein, welches aus dem **Dimethylalloxan** über die **1, 3, 7-Trimethylpseudoharnsäure** gewonnen wurde[3]).

$$
\begin{array}{c}
CH_3 \cdot N\!\!-\!\!CO \\
|\qquad\quad| \\
OC\qquad CO \\
|\qquad\quad| \\
CH_3 \cdot N\!\!-\!\!CO \\
\text{Dimethylalloxan}
\end{array}
\xrightarrow[\text{sulfit}]{\text{Methylamin-}}
\begin{array}{c}
CH_3 \cdot N\!\!-\!\!CO \\
|\qquad\quad| \\
OC\qquad CH\cdot NH\cdot CH_3 \\
|\qquad\quad| \\
CH_3 \cdot N\!\!-\!\!CO \\
\text{1, 3, 7-Trimethyluramil}
\end{array}
\xrightarrow{\text{Kaliumcyanat}}
$$

$$
\begin{array}{c}
CH_3 \cdot N\!\!-\!\!CO \\
|\qquad\quad| \\
OC\quad CH\cdot N(CH_3)\cdot CO\cdot NH_2 \\
|\qquad\quad| \\
CH_3 \cdot N\!\!-\!\!CO \\
\text{1, 3, 7-Trimethylpseudoharnsäure}
\end{array}
\xrightarrow[\text{verdünnter HCl}]{\text{Erwärmen mit}}
\begin{array}{c}
CH_3 \cdot N\!\!-\!\!CO \\
|\qquad\quad| \\
OC\quad C\!\!-\!\!N\cdot CH_3 \\
|\qquad\|\quad\;\;\;\!\!\!>C\cdot OH \\
CH_3 \cdot N\!\!-\!\!C\!\!-\!\!N \\
\text{Hydroxykaffein}
\end{array}
$$

---

[1]) E. Fischer, Berichte d. Deutsch. chem. Gesellschaft **28**, 3135 [1895].
[2]) E. Fischer, Berichte d. Deutsch. chem. Gesellschaft **30**, 3010 [1897].
[3]) E. Fischer, Berichte d. Deutsch. chem. Gesellschaft **30**, 564 [1897].

Das Hydroxykaffein geht durch Behandeln mit $POCl_3$ in Chlorkaffein über, aus welchem man durch Reduktion mit Jodwasserstoff das Kaffein erhält.

4. Die **3-Methylharnsäure**[1]) geht durch Erhitzen mit $POCl_3$ auf 130° über in **3-Methylchlorxanthin**, dessen alkalische Lösung mit Jodmethyl behandelt das **Chlortheobromin** liefert. Letzteres, mit Jodmethyl behandelt, führt zum **Chlorkaffein**, und durch Reduktion desselben erhält man das Kaffein.

Eine 5. Synthese beruht auf der Verwandlung der **Harnsäure** in **Hydroxykaffein** durch direkte Methylierung in wässerig-alkalischer Lösung bei niedriger Temperatur.

6. Zu diesen Synthesen kommt schließlich noch die Bildung des Kaffeins durch Methylierung des Xanthins und seiner Monomethyl- und Dimethylderivate, welche selbst wieder synthetisch gewonnen werden können[2]).

Einige Jahre nach dem Erscheinen der E. Fischerschen Arbeiten hat W. Traube eine Methode gefunden, die Xanthinbasen **direkt**, d. h. ohne Vermittlung der Harnsäure, synthetisch aus einfachen Verbindungen aufzubauen:

7. W. Traube stellte das zu der Xanthingruppe zählende **Guanin** durch Synthese von der Cyanessigsäure aus her. Die **Cyanessigsäure** in Gestalt ihres Äthylesters kondensiert sich mit **Guanidin** zum Cyanacetylguanidin. Dieses lagert sich, besonders schnell in Gegenwart von Alkalien, in **Iminomalonylguanidin** (I) bzw. **2, 4-Diamino-6-oxypyrimidin** (II) um, dessen Isonitrosoverbindung (III) wird von Schwefelammonium fast quantitativ zum **2, 4, 5-Triamino-6-oxypyrimidin** (IV) reduziert.

$$\begin{array}{c}HN-CO\\ |\quad\quad|\\ HN:C\quad CH_2\\ |\quad\quad\\ H_2N\quad CN\\ \text{Cyanacetylguanidin}\end{array}\xrightarrow{KOH}\begin{array}{c}HN-CO\\ |\quad\quad|\\ HN:C\quad CH_2\\ |\quad\quad|\\ HN-C:NH\\ \text{I}\end{array}\rightarrow\begin{array}{c}N=C\cdot OH\\ |\quad\quad|\\ H_2N\cdot C\quad CH\\ ||\quad\quad|\\ N-C\cdot NH_2\\ \text{II}\end{array}\xrightarrow{\text{Salpetrige Säure}}$$

$$\begin{array}{c}N=C\cdot OH\\ |\quad\quad|\\ H_2N\cdot C\quad C:NOH\\ ||\quad\quad|\\ N-C:NH\\ \text{III}\end{array}\xrightarrow[(NH_4)_2S]{\text{Reduktion}}\begin{array}{c}N=C\cdot OH\\ |\quad\quad|\\ H_2N\cdot C\quad CH\cdot NH_2\\ ||\quad\quad|\\ N-C:NH\end{array}\rightarrow\begin{array}{c}N=C\cdot OH\\ |\quad\quad|\\ H_2N\cdot C\quad C\cdot NH_2\\ ||\quad\quad|\\ N-C\cdot NH_2\\ \text{IV}\end{array}$$

Diese sich leicht oxydierende Base gibt durch Kochen mit Ameisensäure, wie andere o-Diamine, die zugehörige Methylverbindung, das **Guanin**.

$$\begin{array}{c}N=C\cdot OH\\ |\quad\quad|\\ H_2N\cdot C\quad C\cdot NH_2\\ ||\quad\quad|\\ N-C\cdot NH_2\end{array}+CH_2O_2=\begin{array}{c}HN-CO\\ |\quad\quad|\\ NH_2\cdot C\quad C-NH\\ ||\quad\quad\quad\diagdown\\ N-C-N\quad\quad CH\\ \text{Guanin}\end{array}+2\,H_2O$$

Da weiterhin das **Guanin** sich leicht durch salpetrige Säure in **Xanthin** überführen läßt, so ist damit auch für dieses und für die aus ihm durch Methylierung direkt darstellbaren Alkaloide **Theobromin** und **Kaffein** eine wichtige Synthese durchgeführt.

8. Durch Einwirkung von **Cyanacetylchlorid** auf symmetrischen **Dimethylharnstoff** wurde von Mulder[3]) bereits der **Cyanacetyldimethylharnstoff** gewonnen. Wendet man bei dieser Reaktion noch Phosphoroxychlorid und Pyridin an, so geht die Reaktion gleich weiter und es entsteht die isomere Iminodimethylbarbitursäure, das **1, 3-Dimethyl-4-amino-2, 6-Dioxypirimidin** (V). Das Isonitrosoderivat dieser Verbindung liefert durch Reduktion beim Behandeln mit Schwefelammonium das **1, 3-Dimethyl-4, 5-diaminodioxy-pirimidin** (VI). Die letztere Verbindung gibt beim Kochen mit Ameisensäure unter Abspaltung von 1 Mol. Wasser eine **Formylverbindung** (VII), welche schon beim Erhitzen auf

---

[1]) E. Fischer u. F. Ach, Berichte d. Deutsch. chem. Gesellschaft **31**, 1980 [1898].
[2]) E. Fischer, Berichte d. Deutsch. chem. Gesellschaft **32**, 469 [1899].
[3]) Mulder, Berichte d. Deutsch. chem. Gesellschaft **12**, 466 [1879].

ihren bei 250° liegenden Schmelzpunkt 1 Mol. Wasser abspaltet und das 1, 3-Dimethylxanthin oder **Theophyllin** liefert.

$$\begin{array}{c}CH_3 \cdot N \cdot H \quad ClCO \\ | \qquad\qquad | \\ OC \quad + \quad CH_2 \\ | \qquad\qquad | \\ CH_3 \cdot NH \quad CN\end{array} \xrightarrow[+ \text{ Pyridin}]{+ POCl_3} \begin{array}{c}CH_3 \cdot N\!\!-\!\!CO \\ | \qquad\quad | \\ OC \quad CH_2 \\ | \qquad\quad | \\ CH_3 \cdot N\!\!-\!\!C:NH \\ V\end{array} \xrightarrow[\text{herige Reduktion}]{HNO_2 \text{ u. nach-}}$$

$$\begin{array}{c}CH_3 \cdot N\!\!-\!\!CO \\ | \qquad\quad | \\ OC \quad C \cdot NH_2 \\ | \qquad\quad | \\ CH_3 \cdot N\!\!-\!\!C \cdot NH_2 \\ VI\end{array} \xrightarrow{H \cdot COOH} \begin{array}{c}CH_3 \cdot N\!\!-\!\!CO \\ | \qquad\quad | \\ OC \quad C \cdot NH \cdot CHO \\ | \qquad\quad | \\ CH_3 \cdot N\!\!-\!\!C \cdot NH_2 \\ VII\end{array} \xrightarrow[-H_2O]{\text{Erhitzen } 250°}$$

$$\begin{array}{c}CH_3 \cdot N\!\!-\!\!CO \\ | \qquad\quad | \\ OC \quad C\!\!-\!\!N \cdot H \\ | \qquad\quad \| \quad\rangle \cdot CH \\ CH_3 \cdot N\!\!-\!\!C\!\!-\!\!N \\ \text{Theophyllin}\end{array}$$

Ersetzt man das einzige noch vorhandene saure Wasserstoffatom der Formylverbindung VII, nämlich das neben der Formylgruppe befindliche, ebenfalls durch Methyl, indem man sie mit Jodmethyl in Natriumäthylatlösung kocht, so erfolgt die Bildung von **1, 3, 7-Trimethylxanthin** oder **Kaffein**:

$$\begin{array}{c}CH_3 \cdot N\!\!-\!\!CO \\ | \qquad\quad | \\ OC \quad C \cdot NNa \cdot CHO \; + \; CH_3 \cdot J \; = \\ | \qquad\quad | \\ CH_3 \cdot N\!\!-\!\!C \cdot NH_2\end{array} \begin{array}{c}CH_3 \cdot N\!\!-\!\!CO \\ | \qquad\quad | \\ OC \quad C\!\!-\!\!N \cdot CH_3 \; + \; NaJ \; + \; H_2O \\ | \qquad\quad \| \quad\rangle CH \\ CH_3 \cdot N\!\!-\!\!C\!\!-\!\!N \\ \text{Kaffein}\end{array}$$

Die hier angeführten synthetischen Reaktionen entbehren nicht des praktischen Interesses, da sie es ermöglichen, technisch Kaffein aus Harnsäure darzustellen. Der Gang des Fabrikationsverfahrens für das Kaffein ist durch die folgenden Schritte gekennzeichnet: Harnsäure → 8-Methylxanthin → 1, 3, 7, 8-Tetramethylxanthin → 1, 3, 7-Trimethyl-8-trichlormethylxanthin → Kaffein.

Physiologische Eigenschaften: Die Verbindungen der Puringruppe sind wichtig wegen der diuretischen Wirkung, die die meisten derselben zeigen. Das Kaffein ist jener Bestandteil von Tee und Kaffee, welcher die belebende Wirkung dieser Getränke auf die Nerven- und Herztätigkeit ausübt. Es ist also ein gesuchtes und begehrtes Genußmittel und war früher das therapeutisch wichtigste Glied der Puringruppe. Vermehrte Herztätigkeit, Harndrang, Kopfschmerzen und das Zittern sind Wirkungen des Kaffeins.

Wenn es in größeren Mengen vorhanden ist, verursacht es Verlangsamung des Stoffwechsels.

Das Kaffein tötet in Gaben von 0,37—0,5 g Katzen und Kaninchen in $1/_2$—2 Stunden; nach Mulder treten bei Kaninchen schon nach Dosen von 0,03 g giftige Wirkungen ein. Nach D. Gurewitsch[1]) ist über das Verhalten des Kaffeins im Tierkörper mit Rücksicht auf die Angewöhnung folgendes anzuführen: Bei Prüfung der Frage, wie sich das Kaffein bei der chronischen Intoxikation im Organismus verhält, ergab es sich, daß jedenfalls eine Immunität erzielt werden kann, indem nach allmählicher Steigerung der Dosis die sicher letal wirkende Dosis (für Kaninchen von über 2000 g eine einmalige Injektion von 0,4—0,5 g, für Ratten, wie für Tauben 1—$1^1/_2$ ccm der 10 proz. Lösung) lange Zeit täglich eingespritzt werden konnte. In den Organen der mit Kaffein immunisierten Tiere werden ganz erhebliche Mengen von Kaffein wiedergefunden, die Ursache der Angewöhnung kann demnach nicht in einer vermehrten Zer-

---

[1]) D. Gurewitsch, Chem. Centralbl. **1907**, II, 1184.

störungsfähigkeit der Gewebe gegenüber dem Kaffein liegen. Gerade das Gehirn, ferner auch die Muskeln der immunisierten Tiere, beherbergen bedeutende Mengen Kaffein; es muß an eine aktiv erworbene Zellimmunität gedacht werden, wobei die Hauptmasse des Giftes gerade in dem Organ sich findet, das pharmakodynamisch am meisten auf die Wirkung desselben reagiert.

J. Kotake[1]) berichtet über den Abbau des Kaffeins durch den Auszug aus der Rinderleber, daß derselbe imstande ist, das zugefügte Kaffein in die durch ammoniakalische Silberlösung fällbaren Purinderivate überzuführen. Diese bestehen hauptsächlich aus Xanthin, Hypoxanthin, 1-Methylxanthin und Paraxanthin. Da die Entmethylierung des Kaffeins durch den Leberauszug bei Gegenwart von Protoplasmagiften, wie Toluol und Chloroform, stattfindet und diese Wirkung bei dem gekochten Leberauszug nicht zu beobachten ist, so dürfte anzunehmen sein, daß ein Ferment in der Rinderleber vorhanden ist, das das Kaffein abzubauen vermag.

Von Schmiedeberg war beobachtet worden, daß die Wirkung des Kaffeins auf Rana esculenta sich namentlich in einer Reflexsteigerung äußert, während bei Rana temporaria eine Beeinflussung des Muskels vorwiegt (Muskelstarre). C. Jacoby und Golowinski[2]) glauben, daß diese verschiedene Wirkungsweise durch eine Verschiedenheit des das Myoplasma einschließenden Sarcolemms veranlaßt wird. Für diese Ansicht spricht die Tatsache, daß die bei der Muskelwirkung auftretende Gerinnung des Myoplasmas bei beiden Froscharten gleich rasch erfolgt, wenn die Kaffeinlösung (bzw. Theobromin- und Theophyllinlösung) in die quer zerrissenen Fibrillen von den geöffneten Enden her eintritt. Die intakte Esculentafibrille zeigte sich hingegen dem Kaffein gegenüber 14 mal, dem Theobromin gegenüber 12 mal, dem Theophyllin 9,4 mal weniger empfindlich als die Temporariafibrille. Hingegen ist die Reflexsteigerung bei der Esculenta $2^{1}/_{2}$—3 mal größer, da bei ihr das Gift infolge der geringen Durchlässigkeit des Sarcolemms nicht wie bei der Temporaria vom Myoplasma fixiert wird und demnach auf das Rückenmark zu wirken vermag.

Physikalische und chemische Eigenschaften des Kaffeins: Das Kaffein krystallisiert mit 1 Mol. Wasser in seideglänzenden Nadeln, spez. Gew. 1,23, verliert das Krystallwasser teilweise an der Luft, vollständig bei 100°, schmilzt bei 234,5° und ist ohne Zersetzung sublimierbar. Es ist geruchlos, giftig, schmeckt etwas bitter und löst sich wenig in kaltem, reichlich aber in heißem Wasser. Leicht löslich ist es in Chloroform, Benzol und Schwefelkohlenstoff. Es bildet mit Säuren wohlcharakterisierte Salze, die durch viel Wasser zerlegt werden. Bei der Einwirkung von Chlor auf in Wasser verteiltes Kaffein entsteht zuerst Chlorkaffein, dann erfolgt Spaltung in Dimethylalloxan und Methylharnstoff. Beim Erhitzen mit PCl_5(+ $POCl_3$) auf 180° entsteht β-Trichlormethylpurin. Erhitzt man Kaffein mit (3 Atomen) Brom und Wasser auf 100°, so entstehen Bromkaffein, Amalinsäure und Cholestrophan. Bei Anwendung von 4 Atomen Brom erhält man Bromkaffein, Methylamin und Cholestrophan, und bei 6 Atomen Brom fehlt das Bromkaffein ganz. Salpetersäure erzeugt zunächst Amalinsäure und dann Kohlensäure, Methylamin und Dimethylparabansäure, aber kein Ammoniak.

Salze und Derivate des Kaffeins: Kaffein reagiert für sich nicht basisch, es bildet aber mit Säuren meistens lose Verbindungen, die zum Teil schon durch Wasser zersetzt werden.

$C_8H_{10}N_4O_2 \cdot HCl$. Monokline Krystalle. Hinterläßt an der Luft allmählich freies Kaffein. Gibt an Wasser oder Alkohol sofort alle Säure ab. Eine Lösung von Kaffein in Salzsäure wird durch Zinnoxydul-, Quecksilberoxydul-, Blei- und Kupferoxydsalze nicht gefällt; Eisenchlorid gibt einen rotbraunen, in kaltem Wasser löslichen Niederschlag.

$C_8H_{10}N_4O_2 \cdot HCl \cdot Br_4$. Rote, mikroskopische Krystalle, erhalten durch sehr langsames Einleiten von trocknem HCl in eine verdünnte Lösung von Kaffein und Brom in Chloroform. Schmelzp. 149°. Beim Stehen mit Alkohol und Äther entsteht $C_8H_{10}N_4O_2 \cdot HCl \cdot Br_2$.

$C_8H_{10}N_4O_2 \cdot HBr \cdot Br_4$. Kleine, orangerote Prismen, erhalten durch Einleiten von Bromdämpfen im Kohlensäurestrom durch eine bromwasserstoffhaltige Kaffeinlösung. Schmelzpunkt 170°.

$C_8H_{10}N_4O_2 \cdot HJ \cdot J_4$. Violettblauer Niederschlag, erhalten durch Fällen von Kaffein mit Jod-Jodkaliumlösung in Gegenwart von etwas verdünnter Schwefelsäure. Schmelzp. 215°. Unlöslich in Chloroform, Schwefelkohlenstoff und Benzol. Leicht löslich in Alkohol unter Zersetzung.

---

[1]) J. Kotake, Chem. Centralbl. **1908**, II, 1877.
[2]) C. Jacoby u. Golowinski, Archiv f. experim. Pathol. u. Pharmakol. **1908**, Suppl.; Chem. Centralbl. **1908**, II, 2022.

Salpetersaures Kaffein $C_8H_{10}N_4O_2 \cdot HNO_3$ wird durch Abdampfen des in Salpetersäure gelösten Kaffeins dargestellt.

Gerbsäure fällt Kaffeinlösung weiß, der Niederschlag löst sich in kochendem, nicht in kaltem Wasser. — **Phosphormolybdänsäure** fällt das Kaffein gelb, der Niederschlag gibt mit wässerigem Ammoniak eine farblose Lösung.

Das Kaffein verbindet sich ähnlich wie Ammoniak auch mit einigen Salzen zu Doppelsalzen.

Quecksilberchlorid-Kaffein $HgCl_2 \cdot C_8H_{10}N_4O_2$, lange, seideglänzende Nadeln, unlöslich in Äther, löslich in Wasser, Alkohol, Salzsäure und Oxalsäure. Schmelzp. 246°. — Das **Platindoppelsalz** $(C_8H_{10}N_4O_2 \cdot HCl)_2 \cdot PtCl_4$ bildet kleine, orangefarbene Krystalle. — Mit **metaphosphorsaurem Natrium** und andern **Alkalisalzen der Metaphosphorsäure** bildet Kaffein leicht wasserlösliche, schwach sauer reagierende Doppelsalze von der Formel $(C_8H_{10}N_4O_2)$ $(HO) \cdot PO\!\!<\!\!^O_O\!\!>\!\!PO(ONa)$. Sie fällen Eiweiß nicht und geben mit Silbernitrat einen weißen Niederschlag. Schwerer löslich sind die Doppelsalze in Alkalien.

Ein **Kaffeinlithiumbenzoat** erhält man nach P. Bergell[1]), wenn man 1 Mol. Kaffein auf 2 Mol. Lithiumbenzoat einwirken läßt. Es wurde die Beobachtung gemacht, daß diese Doppelverbindung aus Kaffein und Lithiumbenzoat eine besonders starke Wirkung auf die Niere ausübt. Diese Wirkung erklärt sich jedenfalls durch das besondere physiologische Verhalten des Lithiums, welches wahrscheinlich auf seinem niederen Molekulargewicht beruht. Durch Alkohol, ebenso wie durch Aceton wird die Verbindung zerlegt, ebenso durch Alkalien und anorganische Säuren. Kohlensäure scheidet dagegen kein Kaffein ab.

Kaffeinjodmethylat $C_8H_{10}N_4O_2 \cdot CH_3J + H_2O$ entsteht leicht aus Kaffein und Jodmethyl bei 130°, große, trikline Krystalle, wenig löslich in Alkohol, unlöslich in Äther. Wird bei 100° wasserfrei und zerfällt bei 190° in Kaffein und Jodmethyl.

Chlorkaffein $C_8H_9ClN_4O_2$. Erhalten durch Einleiten von Chlor in mit Wasser angerührtes Kaffein. Nadeln vom Schmelzp. 188°. Sehr schwer löslich in kaltem Wasser und Äther, leicht löslich in heißem Alkohol.

Bromkaffein $C_8H_9BrN_4O$, mikroskopische Nadeln vom Schmelzp. 206°. Liefert beim Erhitzen mit alkoholischem Ammoniak auf 130° Aminokaffein, beim Kochen mit alkoholischem Kali wird Äthoxykaffein gebildet. — **Aminokaffein** $C_8H_9 \cdot (NH_2) \cdot N_4O_2$ schmilzt oberhalb 360° zu einer bräunlichen Flüssigkeit und sublimiert bei stärkerem Erhitzen fast unzersetzt. Sehr schwer löslich in Wasser und Alkohol. — **Methylaminokaffein** $C_8H_9N_4O_2 \cdot NH \cdot (CH_3)$ wird erhalten aus Methylamin und Chlorkaffein. Nadeln vom Schmelzp. 310—315°. Schwer löslich in Wasser und Alkohol, unlöslich in Äther. — **Nitrokaffein** $C_8H_9(NO_2)N_4O_2$ entsteht durch Abdampfen von Kaffein mit konz. Salpetersäure. — **Hydroxykaffein** $C_8H_{10}N_4O_3$, erhalten durch Kochen von Äthoxykaffein mit 10 proz. Salzsäure oder durch Erwärmen von Chlorkaffein mit Normalkalilauge auf 100°. Feine Nadeln, schmilzt bei 345° und destilliert zum Teil unzersetzt. Schwer löslich in Wasser, Alkohol und Äther; beträchtlich löslich in konz. Mineralsäuren und wird daraus durch Wasser wieder gefällt. Es war für den Konstitutionsbeweis des Kaffeins von Wichtigkeit (s. Seite 318). Gibt mit Chlorwasser dieselbe Reaktion (Amalinsäure) wie Kaffein.

Physiologische Eigenschaften des Hydroxykaffeins und anderer Methylharnsäuren:
E. Starkenstein faßt die Resultate seiner Untersuchungen über die Wirkung des Hydroxykaffeins und anderer Methylharnsäuren folgendermaßen zusammen[2]):

Harnsäure (Formel I) wirkt beim Kaninchen diuretisch und in größeren Gaben leicht schädigend auf die Nieren. — **3- und 7-Monomethylharnsäure** (II und III) sind Erregungsgifte für das zentrale Nervensystem und haben vorübergehend Anurie, später Polyurie und den Tod zur Folge:

```
(1) HN——CO (6)          HN——CO              HN——CO
    |       |               |      |             |      |
(2) OC  (5) C——NH (7)       OC     C——NH         OC     C——N·CH₃
    |       ‖                |     ‖              |     ‖
    |       >CO (8)          |     >CO            |     >CO
(3) HN——C——NH            CH₃N——C——NH          HN——C——NH
       (4) (9)
        I                      II                   III
```

---

[1]) P. Bergell, Chem. Centralbl. **1908**, II, 121.
[2]) E. Starkenstein, Archiv f. experim. Pathol. u. Pharmakol. **57**, 27 [1907].

1, 3-Dimethylharnsäure (IV) wirkt leicht diuretisch ohne Schädigung des Organismus. — **1, 3, 7-Trimethylharnsäure** oder **Hydroxykaffein** (V) ruft eine bedeutende Diurese hervor und schädigt auch bei Verabreichung der nötigen großen Einzelgaben den Organismus nicht.

$$\begin{array}{cc}
CH_3 \cdot N\!-\!CO & CH_3 \cdot N\!-\!CO \\
| \quad | & | \quad | \\
OC \quad C\!-\!NH & OC \quad C\!-\!N \cdot CH_3 \\
| \quad \|\!\!>\!\!CO & | \quad \|\!\!>\!\!CO \\
CH_3 \cdot N\!-\!C\!-\!NH & CH_3 \cdot N\!-\!C\!-\!NH \\
IV & V
\end{array}$$

Ein unbedingter Parallelismus zwischen Nervmuskelwirkung und Diurese besteht in der Puringruppe nicht. Ferner zeigen die Untersuchungen, daß das Hydroxykaffein aus dem Tierkörper unverändert ausgeschieden wird.

Andere Derivate des Kaffeins wie **Kaffeincarbonsäure** $C_9H_{10}N_4O_4$, **Hypokaffein** $C_6H_7N_3O_3$, **Kaffursäure** $C_6H_9N_3O_4$ und **Kaffeidin** $C_7H_{12}N_4O$ und deren Abkömmlinge sind von untergeordneter Bedeutung und können hier nicht weiter behandelt werden. Dagegen sei noch angeführt die

Verwandlung des Kaffeins in Paraxanthin, Theophyllin und Xanthin. Nach Untersuchungen von E. Fischer[1]) und F. Ach ist es durch sukzessive Abspaltung von Methyl mit Hilfe von Chlorverbindungen möglich, aus dem Kaffein zwei Dimethylxanthine, nämlich Paraxanthin und Theophyllin, ein Monomethylxanthin, nämlich Heteroxanthin und das Xanthin selbst zu gewinnen.

Durch Einwirkung von Phosphorpentachlorid auf Kaffein bei 178—180° entstehen als Hauptprodukte Chlorderivate des Kaffeins, die das Chlor teilweise im Methyl enthalten. Zunächst bildet sich das **8-Chlor-Kaffein** (I), und dann erfolgt Eintritt des Chlors in die 3-Methylgruppe. Das Chlor in der Seitenkette dieser Dihalogenverbindung (II) ist leicht beweglich und wird beim Kochen mit Wasser als Chlorwasserstoff abgespalten; gleichzeitig zerfällt die so entstandene CH_2OH-Gruppe unter Entwicklung von Formaldehyd, und man gewinnt das **8-Chlorparaxanthin** (III), dessen Verwandlung in **Paraxanthin** längst bekannt ist.

$$\begin{array}{ccc}
CH_3 \cdot N\!-\!CO & CH_3 \cdot N\!-\!CO & CH_3 \cdot N\!-\!CO \\
| \quad | & | \quad | & | \quad | \\
OC \quad C\!-\!N \cdot CH_3 & OC \quad C\!-\!N \cdot CH_3 & OC \quad C\!-\!N \cdot CH_3 \\
| \quad \|\!\!>\!\!C \cdot Cl & | \quad \|\!\!>\!\!C \cdot Cl & | \quad \|\!\!>\!\!C \cdot Cl \\
CH_3 \cdot N\!-\!C\!-\!N & Cl \cdot CH_2 \cdot N\!-\!C\!-\!N & HN\!-\!C\!-\!N \\
I & II & III
\end{array}$$

Behandelt man das Kaffein direkt mit Chlor, so entsteht bei 160° vorzugsweise das schon erwähnte 3,8-Dichlorkaffein II, bei 100° dagegen das isomere 7,8-Dichlorkaffein IV. Beim Kochen mit Wasser verliert dieses ebenfalls die Gruppe ($ClCH_2$) als Salzsäure und Formaldehyd und verwandelt sich in **8-Chlortheophyllin**, das leicht zu Theophyllin reduziert werden kann.

$$\begin{array}{ccc}
CH_3 \cdot N\!-\!CO & Cl \cdot CH_2 \cdot N\!-\!CO & HN\!-\!CO \\
| \quad | & | \quad | & | \quad | \\
OC \quad C\!-\!N \cdot CH_2 \cdot Cl & OC \quad C\!-\!N \cdot CH_2 \cdot Cl & OC \quad C\!-\!NH \\
| \quad \|\!\!>\!\!C \cdot Cl & | \quad \|\!\!>\!\!C \cdot Cl & | \quad \|\!\!>\!\!C \cdot Cl \\
CH_3 \cdot N\!-\!C\!-\!N & Cl \cdot CH_2 \cdot N\!-\!C\!-\!N & HN\!-\!C\!-\!N \\
IV & V & VI
\end{array}$$

Überschüssiges Chlor, am besten in Phosphoroxychloridlösung bei 160° angewandt, erzeugt ein **Tetrachlorkaffein**, welches die Formel V besitzen dürfte, da es sich durch längeres Kochen mit Essigsäure in Chlorwasserstoff, Formaldehyd und 8-Chlorxanthin VI spalten läßt.

Man kann also nicht nur das Xanthin und seine Methylderivate, Heteroxanthin, Paraxanthin, Theophyllin und Theobromin durch weitere Methylierung in Kaffein überführen, sondern umgekehrt durch die Abspaltung von Methyl aus dem Kaffein alle diese Produkte zurückgewinnen.

---

[1]) E. Fischer u. F. Ach, Berichte d. Deutsch. chem. Gesellschaft **39**, 423 [1906].

Allokaffein.

Mol.-Gewicht 227.
Zusammensetzung: 42,3% C, 4,0% H, 18,50% N.

$$C_8H_9O_5N_3.$$

Darstellung: Es wurde von E. Fischer[1]) bei der Einwirkung von Brom und wasserhaltigem Alkohol auf die aus Kaffein gewonnene 1, 3, 7-Trimethylharnsäure aufgefunden, entsteht aber dabei neben dem das Hauptprodukt ausmachenden Äther des 1, 3, 7-Trimethylharnsäureglykols nur in kleiner Menge:

$$C_8H_{10}O_3N_4 + O + H_2O = C_8H_9O_5N_3 + NH_3.$$

Später wurde eine wirkliche Darstellungsmethode für Allokaffein von E. Fischer[2]) aufgefunden. Sie bildet sich, wie oben bereits erwähnt, als Hauptprodukt beim Einleiten von Chlor in eine verdünnte wässerige Lösung von Tetramethylharnsäure bei 25°:

$$C_9H_{12}O_3N_4 + O + H_2O = C_8H_9O_5N_3 + CH_3 \cdot NH_2.$$

Außerdem wurde Allokaffein von E. Schmidt[3]) und E. Schilling bei der Oxydation von Kaffeinmethylhydroxyd erhalten; als Oxydationsmittel dienten Kaliumchlorat und Salzsäure und besser noch Brom und Wasser.

Nach unserer jetzigen Kenntnis ist bei beiden E. Fischerschen Darstellungen als erstes Produkt der Umsetzung ein Glykol der entsprechenden methylierten Harnsäure anzunehmen, und die Bildung von Allokaffein aus Tetramethylharnsäure ist nach H. Biltz[4]) folgendermaßen zu formulieren

$$OC\diagdown\genfrac{}{}{0pt}{}{N(CH_3)\cdot CO}{N(CH_3)\cdot \ddot{C}\cdot N(CH_3)}\!\!\diagup\!\!\genfrac{}{}{0pt}{}{}{\!\!\diagdown\!\! CO}^{\!\!\ddot{C}\cdot N(CH_3)} \rightarrow OC\diagdown\genfrac{}{}{0pt}{}{N(CH_3)\cdot CO}{N(CH_3)\cdot C(OH)\cdot N(CH_3)}\!\!\diagup\!\!\genfrac{}{}{0pt}{}{}{\!\!\diagdown\!\! CO}^{C(OH)\cdot N(CH_3)} \rightarrow$$

Tetramethylharnsäure   Tetramethylharnsäureglykol

$$OC\diagdown\genfrac{}{}{0pt}{}{N(CH_3)\cdot CO}{\underset{\underset{CH_3}{|}}{NH}\quad OC\cdot N(CH_3)}\!\!\diagup\!\!\genfrac{}{}{0pt}{}{}{\!\!\diagdown\!\! CO}^{HO\cdot C\cdot N(CH_3)} \rightarrow OC\diagdown\genfrac{}{}{0pt}{}{N(CH_3)\cdot CO}{O\!-\!-\!-\!-\!OC\cdot N(CH_3)}\!\!\diagup\!\!\genfrac{}{}{0pt}{}{}{\!\!\diagdown\!\! CO}^{C\cdot N(CH_3)}$$

1, 3-Dimethyl-5-oxyhydantoyl-7, 9-dimethylharnstoff   Allokaffein

Synthetisch entsteht das Allokaffein nach H. Biltz (loc. cit.) bei Einwirkung von Dimethylalloxan auf symmetrischen Dimethylharnstoff

$$\underset{\substack{\text{Dimethyl-}\\ \text{alloxan}}}{C_6H_6O_4N_2} + \underset{\substack{\text{Dimethyl-}\\ \text{harnstoff}}}{C_3H_8ON_2} = \underset{\text{Allokaffein}}{C_8H_9O_5N_3} + \underset{\text{Methylamin}}{CH_3\cdot NH_2}.$$

Da die genannten Ausgangsmaterialien wohl meist bequemer zugänglich sind als Tetramethylharnsäure, ist diese Synthese als Weg zur Darstellung von Allokaffein zu empfehlen.

Physikalische und chemische Eigenschaften des Allokaffeins: Es schmilzt bei 205° und kleine Mengen desselben lassen sich unzersetzt destillieren. Löst sich leicht in heißem Eisessig, Aceton, Chloroform und Anilin, weniger in Alkohol; äußerst wenig in Äther und Ligroin.

---

[1]) E. Fischer, Annalen d. Chemie **215**, 275 [1882].
[2]) E. Fischer, Berichte d. Deutsch. chem. Gesellschaft **30**, 3011 [1897].
[3]) E. Schmidt u. E. Schilling, Annalen d. Chemie **228**, 159, 164 [1885].
[4]) H. Biltz, Berichte d. Deutsch. chem. Gesellschaft **43**, 1600 [1910].

Apokaffein.

Mol.-Gewicht 213.
Zusammensetzung: 39,4% C, 3,4% H, 19,5% N.

$$C_7H_7O_5N_3.$$

$$\begin{array}{c} N(CH_3)\cdot CO \\ | \quad\quad | \\ CO-O-C\cdot N(CH_3) \\ | \quad\quad\quad\quad\quad\quad\quad \searrow CO \\ OC\text{———}NH \nearrow \end{array}$$

Darstellung: Apokaffein entsteht bei Hydrolyse von 1, 3, 7-Trimethylharnsäureglykoläther[1]), bei der Oxydation von 1, 3, 7-Trimethylharnsäure mit Halogen und Wasser[2]), bei der Oxydation von Kaffein[3]) und synthetisch aus Dimethylalloxan und Methylharnstoff. Zur Darstellung von Apokaffein eignet sich am besten die Oxydation von Kaffein mit Kaliumchlorat und Salzsäure[3]).

In einem $^1/_2$ l-Kolben wird eine Lösung von 20 g Kaffeinmonohydrat in 60 ccm 5-n-Salzsäure mit 8,2 g Kaliumchlorat unter öfterem Umschütteln auf dem Wasserbade langsam erwärmt, wobei sich zunächst Chlorkaffein bildet und nach einiger Zeit ausscheidet. Dann wird unter Umschwenken bis eben zum Beginn einer Reaktion weiter erhitzt; sobald sie einsetzt, wird durch kaltes Wasser gekühlt, dabei geht alles Chlorkaffein in Lösung. Manchmal ist die bei der Bildung von Chlorkaffein freiwerdende Wärme so intensiv, daß die Apokaffeinbildung sofort einsetzt.

Wenn nun ein Luftstrom zur Entfernung freien Chlors durch die Lösung gesaugt wird, beginnt Apokaffein in Blättchen auszukrystallisieren; die Ausscheidung kann durch mehrstündiges Schütteln auf der Maschine vermehrt werden. Durch Absaugen, Waschen mit kaltem Wasser und Trocknen im Vakuumexsiccator werden so etwa 5 g Apokaffein gewonnen. Das Filtrat wird mit Äther 5 mal ausgeschüttelt, die Hauptmenge des Äthers aus den Auszügen abdestilliert und der Rückstand in flacher Schale im Vakuum zur Entfernung der Ätherreste stehen gelassen. Die zunächst ölige Masse gibt nach Zugabe von etwas Wasser in mehreren Stunden eine Abscheidung von 2,5 g Apokaffein. Das Filtrat gibt mit Schwefelwasserstoff eine schwefelhaltige Fällung von Amalinsäure, die durch Auskochen mit viel Wasser und Auskrystallisierenlassen der Filtrate leicht zu gewinnen ist.

Durch einmalige Krystallisation der gewonnenen 7,5 g Apokaffein (37% der berechneten Ausbeute) aus der 15fachen Menge Wasser unter Zugabe eines Tropfens Salzsäure wird reines Apokaffein erhalten.

Physikalische und chemische Eigenschaften: Aus konzentrierteren Lösungen scheidet es sich zuerst leicht ölig aus. Schmelzp. 154—155° (k. Th.) ohne merkliche Zersetzung. Sintern von etwa 148° ab.

Apokaffein löst sich reichlich in warmem, wenig in kaltem Wasser, ferner in Alkohol, Methylalkohol, Aceton, Eisessig; langsam und schwerer in Essigester, weniger in Chloroform, noch weniger in Äther (Löslichkeit 3,16) und Benzol und kaum in Ligroin, Schwefelkohlenstoff und Tetrachlorkohlenstoff. Auffallend ist, daß es sich aus wässeriger Lösung durch Äther ausschütteln läßt, während festes Apokaffein sich in Äther recht wenig löst[4]). Aus konzentrierter, wässeriger Lösung scheidet es sich ölig ab. Man krystallisiert es am besten aus 15 T. heißem Wasser unter Zugabe eines Tropfens Salzsäure um; auch aus Essigesterlösung kommen auf Ligroinzusatz schöne Kryställchen.

Die nahen Beziehungen zwischen Apokaffein und Allokaffein ließen sich dadurch nachweisen, daß Apokaffein eine Silberverbindung liefert,

$$\begin{array}{c} N(CH_3)\cdot CO \\ | \quad\quad | \\ CO-O-C\cdot N(CH_3) \\ | \quad\quad\quad\quad\quad\quad\quad \searrow CO \\ OC\text{———}NAg \nearrow \end{array}$$

Apokaffeinsilber

die sich mit Methyljodid zu Allokaffein umsetzt[5]).

---

[1]) E. Fischer, Annalen d. Chemie **215**, 253 [1882].
[2]) E. Fischer, Berichte d. Deutsch. chem. Gesellschaft **30**, 549, 559 [1897].
[3]) R. Maly u. R. Andreasch, Monatshefte f. Chemie **3**, 94, 96, 100 [1882]. — H. Biltz, Berichte d. Deutsch. chem. Gesellschaft **43**, 1623 [1910].
[4]) R. Maly u. R. Andreasch, Monatshefte f. Chemie **3**, 108 [1882] bemerken, daß Apokaffein sich in Äther noch leichter als in Alkohol löse.
[5]) H. Biltz, Berichte d. Deutsch. chem. Gesellschaft **43**, 1618 [1910].

1-Methyl-5-oxyhydantoyl-methylamid (Kaffursäure)

$$\begin{array}{c} CH_3 \cdot NH \cdot CO \\ | \\ HO \cdot C \cdot (CH_3) \\ | \qquad\qquad\qquad \diagdown CO \\ OC\!-\!\!-\!NH \diagup \end{array}$$

Apokaffein nimmt, wie E. Fischer[1]) fand, beim Kochen seiner wässerigen Lösung 1 Mol. Wasser auf, spaltet 1 Mol. Kohlendioxyd ab und geht quantitativ in Kaffursäure über. Kaffursäure bleibt beim Eindampfen auf dem Wasserbade meist als dickölige Masse zurück, die von selbst oder nach Befeuchten mit einigen Tropfen Essigester bald fest wird. Sie löst sich sehr reichlich in warmem Wasser, Alkohol, Methylalkohol, Eisessig; weniger in Aceton und Essigester, schwer in Chloroform und kaum in Äther, Benzol und Ligroin. Sie wird am besten krystallisiert aus Methylalkohol, Versetzen des Filtrats mit Essigester und mäßigem Konzentrieren; auch aus konz. Eisessiglösung kommen reichliche Krystalle. Im Schmelzpunktsröhrchen beginnt sie von 210° ab zu sintern und schmilzt bei 219—221° (k. Th.) unter Zersetzung; schon durch Spuren von Verunreinigungen werden Sinter- und Schmelzpunkt herabgedrückt.

Isoapokaffein.

Darstellung: Isoapokaffein bildet sich, wenn bei der Oxydation von Kaffein oder von Trimethylharnsäure mit Kaliumchlorat und Salzsäure verdünntere Salzsäure verwandt und ein Überschuß von Salzsäure vermieden wird. Es entsteht ein Gemisch, das rund $^4/_5$ Akokaffein und $^1/_5$ Isoapokaffein enthält.

Physikalische und chemische Eigenschaften: Isoapokaffein löst sich sehr leicht in Aceton, Methylalkohol und Eisessig, leicht in Essigester, etwas weniger in Wasser und Alkohol, schwer in Äther (Löslichkeit 0,67) und kaum in Benzol, Ligroin und Chloroform. Im Gegensatz zu Apokaffein scheidet es sich auch aus konzentrierteren Lösungen nicht ölig, sondern leicht in Krystallen ab. Meist wird es aus mit wenig Chlorwasserstoff angesäuertem Wasser krystallisiert, da auch in diesem Falle die Gegenwart von Säure einer weiteren Zersetzung vorbeugt. Seine Lösung in konz. Salzsäure kann auf dem Wasserbade ohne wesentliche Zersetzung eingedampft werden.

Es gelang auf keine Weise, Isoapokaffein und Apokaffein ineinander überzuführen.

Isoapokaffein zersetzt sich im Schmelzpunktsröhrchen unter starker Bläschenbildung bei etwa 176—177° (k. Th.) und verflüssigt sich erst nach vollendeter Zersetzung.

Zur Kenntnis des Kaffees: K. Gorter[2]) hat eingehende Untersuchungen über Kaffee durchgeführt. Die dabei erhaltenen Resultate lassen sich folgendermaßen zusammenfassen:

1. Der Hauptbestandteil des Kaffees ist das **chlorogensaure Coffein**

$$C_{32}H_{36}O_{19}K_2(C_8H_{10}N_4O_2)_2 + 2\,H_2O.$$

2. Die **Chlorogensäure** ($C_{32}H_{38}O_{19}$) ist eine zweibasische Säure vom Schmelzp. 206—207°. $[\alpha]_D = -33,1°$.

3. Alkalien spalten die Chlorogensäure in **Kaffeesäure** und **Chinasäure** nach der Gleichung: $C_{32}H_{38}O_{19} + H_2O = 2\,C_9H_8O_4 + 2\,C_7H_{12}O_6$.

4. Bei der Acetylierung entsteht die **Pentacetylhemichlorogensäure** $C_{16}H_{13}O_9(C_2H_3O)_5$. Schmelzp. 180,5—181°.

5. Die Hemichlorogensäure wurde als Anilinsalz isoliert vom Schmelzp. 173° und mit dem chlorogensauren Anilin verglichen.

6. Aus den Umwandlungen der Chlorogensäure leitet Gorter eine Strukturformel ab, nach welcher dieselbe ein kompliziert gebautes Derivat des Cyclohexans ist.

7. In den Kaffeebohnen ist ein Pektinstoff vorhanden, welcher bei der Oxydation mit Salpetersäure Schleimsäure und bei der Hydrolyse neben Galaktose eine Pentose liefert.

8. Es wurde eine weitere krystallisierte Säure aus Kaffee isoliert. Zusammensetzung: $C_{34}H_{54}O_{15}$, Schmelzp. 255°, welche Gorter mit dem Namen **Coffalsäure** belegt hat.

9. Die Coffalsäure spaltet mit Säuren und Alkalien Isovaleriansäure ab.

10. In den Liberiakaffeebohnen findet sich eine Oxydase, welche mit dem chlorogensauren Kalicoffein Färbung gibt.

11. Die **Kaffeegerbsäure** früherer Autoren ist kein chemisch einheitlicher Körper, sondern ein Gemisch von Chlorogensäure, Coffalsäure und anderen Substanzen.

---

[1]) E. Fischer, Annalen d. Chemie **215**, 280 [1882].
[2]) K. Gorter, Annalen d. Chemie u. Pharmazie **359**, 217 [1908].

Theobromin, 3,7-Dimethyl-2,6-Dioxypurin (3,7-Dimethylxanthin).

Mol.-Gewicht 180,1.
Zusammensetzung: 46,65% C, 4,47% H, 31,11% N.

$C_7H_8N_4O_2$.

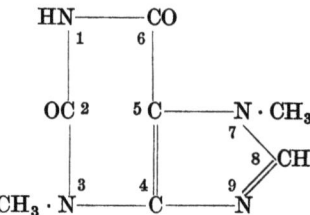

Vorkommen: Das Theobromin ist das am längsten bekannte und zugleich das wichtigste von den Dimethylderivaten des Xanthins. Es wurde 1842 von Woskrensky in den Kakaobohnen, und zwar in den Kotyledonen derselben entdeckt, dann von Bley in deren Schalen und später von Schlagdenhauffen in den Kotyledonen der Kolanüsse nachgewiesen.

Darstellung: Die entfettete oder durch Auspressen von Fett möglichst befreite Kakaomasse wird mit der Hälfte ihres Gewichtes an frisch bereitetem Kalkhydrat vermischt und diese Mischung mit 80 proz. Alkohol am Rückflußkühler extrahiert, wobei sich beim Erkalten der Lösung das Theobromin krystallinisch abscheidet.

Zur **Bestimmung** des Theobromins in dem Kakao, sowie in der Schokolade sind mehrere Verfahren angegeben worden. Nach Wolfram[1]) vermischt man die Massen mit Bleiessig, zieht mit Wasser aus, beseitigt das überschüssige Blei und fällt dann mit phosphorwolframsaurem Natron. Der Niederschlag wird mit Barytwasser behandelt, mit Schwefelsäure übersättigt, die überschüssige Schwefelsäure mit Bariumcarbonat weggenommen und das Ganze mit heißem Wasser gewaschen, verdunstet und der Rückstand gewogen. Durch Verbrennung wird dann der Gehalt an organischen Bestandteilen ermittelt. Maupy entfettet die Kakaomasse (5 g) durch Petroläther, nimmt hierauf die getrocknete Masse mit Wasser (2 g) auf und extrahiert den Rückstand am Rückflußkühler mit einem Gemisch von Phenol (15 g) und Chloroform (85 g). Hierauf wird das Chloroform abdestilliert, der Rückstand mit Äther versetzt (40 g), worauf sich das Theobromin abscheidet, während das Kaffein, der Farbstoff und die letzten Reste von Fett gelöst bleiben.

Konstitution des Theobromins: Nachdem Glasson bei der Oxydation des Theobromins mit Bleisuperoxyd und Schwefelsäure die Bildung einer alloxanähnlichen Substanz beobachtet hatte und Rochleder bei der Oxydation mit Chlor Amalinsäure erhalten zu haben glaubte, was sich später als ein Irrtum herausstellte, zeigte Strecker (1861) die Verwandlung des Theobromins in Kaffein durch Methylierung. 21 Jahre später hat E. Fischer das Xanthin durch Erhitzen seines Bleisalzes mit Jodmethyl im geschlossenen Rohr auf 100° in Theobromin übergeführt. Ferner zeigte Emil Fischer, daß Theobromin durch feuchtes Chlor in Monomethylharnstoff und Monomethylalloxan gespalten wird[2]) ganz analog der Spaltung des Kaffeins in Dimethylalloxan und Monomethylharnstoff:

$$C_7H_8N_4O_2 + 2O + H_2O = (CH_3) \cdot NH \cdot CONH_2 + C_4H(CH_3)N_2O_4.$$

Dagegen führt die Behandlung des Theobromins mit trocknem Chlor in Chloroformlösung nicht, wie bei dem homologen Kaffein, zu einem Chlorderivat, sondern das Theobromin erfährt eine komplizierte Zersetzung[3]). Es entsteht ein chlorreiches Produkt, welches aus der Chloroformlösung in prächtigen Krystallen ausfällt, aber so zersetzlich ist, daß seine Formel nicht festgestellt werden konnte. Durch Wasser wird dasselbe außerordentlich leicht angegriffen und in eine Säure $C_7H_8N_4O_5$ verwandelt, welche 3 Sauerstoffatome mehr als das Theobromin enthält und **Theobromursäure** genannt worden ist.

---

[1]) Wolfram, Journ. Amer. Chem. Soc. **22**, 52 [1881].
[2]) E. Fischer, Berichte d. Deutsch. chem. Gesellschaft **15**, 32 [1882].
[3]) E. Fischer u. F. Frank, Berichte d. Deutsch. chem. Gesellschaft **30**, 2604 [1897].

Pflanzenalkaloide.

Beim Erhitzen mit Phosphoroxychlorid auf 140° bildet es 7-Methyl-2,6-Dichlorpurin, beim Erhitzen mit Phosphoroxychlorid und Phosphorpentachlorid auf 150—155° 7-Methyltrichlorpurin[1]).

Die entscheidenden Daten für die Beurteilung der Struktur des Theobromins hat erst die Synthese desselben aus der 3,7-Dimethylharnsäure geliefert.

Synthese des Theobromins: 1. Die Synthese aus der 3,7-Dimethylharnsäure verläuft folgendermaßen[2]):

Bei der Behandlung mit einem Gemisch von Phosphoroxychlorid und -pentachlorid verliert dieselbe das Sauerstoffatom 6

$$\underset{\text{3,7-Dimethylharnsäure}}{\begin{array}{c} HN\!-\!CO \\ | \quad\quad | \\ OC \quad C\!-\!N\cdot CH_3 \\ | \quad\quad \|\quad\!\!>\!CO \\ CH_3\cdot N\!-\!C\!-\!NH \end{array}} \rightarrow \underset{\text{3,7-Dimethyl-2,8-Dioxy-6-Chlorpurin}}{\begin{array}{c} N\!=\!C\cdot Cl \\ | \quad\quad | \\ OC \quad C\!-\!N\cdot CH_3 \\ | \quad\quad \|\quad\!\!>\!CO \\ CH_3\cdot N\!-\!C\!-\!NH \end{array}}$$

und das hierbei entstehende Chlorid wird durch Erhitzen mit Ammoniak in die entsprechende Amidoverbindung

$$\begin{array}{c} N\!=\!C\cdot NH_2 \\ | \quad\quad | \\ OC \quad C\!-\!N\cdot CH_3 \\ | \quad\quad \|\quad\!\!>\!CO \\ CH_3\cdot N\!-\!C\!-\!N\cdot H \end{array}$$

verwandelt.

Bei abermaliger Behandlung mit Phosphoroxychlorid wird in dieser Aminoverbindung das in Stellung 8 befindliche Sauerstoffatom gegen Chlor ausgetauscht, durch Reduktion des so entstehenden Chlorids bildet sich dann das **3,7-Dimethyl-6-Amino-2-Oxypurin**. Diese Base verliert bei der Behandlung mit salpetriger Säure die Aminogruppe, und es entsteht das Theobromin.

$$\underset{\text{3,7-Dimethyl-6-Amino-2-Oxy-8-Chlorpurin}}{\begin{array}{c} N\!=\!C\cdot NH_2 \\ | \quad\quad | \\ OC \quad C\!-\!N\cdot CH_3 \\ | \quad\quad \|\quad\!\!>\!C\cdot Cl \\ CH_3\cdot N\!-\!C\!-\!N \end{array}} \rightarrow \underset{\text{3,7-Dimethyl-6-Amino-2-Oxypurin}}{\begin{array}{c} N\!=\!C\cdot NH_2 \\ | \quad\quad | \\ OC \quad C\!-\!N\cdot CH_3 \\ | \quad\quad \|\quad\!\!>\!CH \\ CH_3\cdot N\!-\!C\!-\!N \end{array}} \rightarrow$$

$$\underset{\text{3,7-Dimethyl-2,6-Dioxypurin (Theobromin)}}{\begin{array}{c} HN\!-\!CO \\ | \quad\quad | \\ OC \quad C\!-\!N\cdot CH_3 \\ | \quad\quad \|\quad\!\!>\!CH \\ CH_3\cdot N\!-\!C\!-\!N \end{array}}$$

Durch diese Stufenfolge von Reaktionen ist aber, wie oben erwähnt, nicht allein die erste Synthese des Theobromins möglich geworden, sondern auch das entscheidende tatsächliche Material für die Feststellung seiner Struktur gewonnen. Denn die eben erwähnten beiden Aminokörper geben bei der Oxydation mit Chlor kein Methylguanidin und unterscheiden sich dadurch scharf von isomeren Verbindungen mit anderer Stellung der Methylgruppe, welche unter denselben Bedingungen mit größter Leichtigkeit Guanidin bzw. Methylguanidin liefern. Durch diese Beobachtung war also die Stellung der Methylgruppen im Theobromin festgelegt.

2. und 3. Zwei andere, einfachere Synthesen des Theobromins sind später von E. Fischer und F. Ach[3]) beschrieben worden. Die eine beruht auf der Verwandlung der 3,7-Dimethylharnsäure in Chlortheobromin durch Kochen mit Phosphoroxychlorid.

---

[1]) E. Fischer, Berichte d. Deutsch. chem. Gesellschaft **28**, 2482 [1895].
[2]) E. Fischer, Berichte d. Deutsch. chem. Gesellschaft **30**, 1839 [1897].
[3]) E. Fischer u. F. Ach, Berichte d. Deutsch. chem. Gesellschaft **31**, 1980 [1898].

Die andere besteht darin, daß man von der 3-Methylharnsäure, welche durch direkte Methylierung der Harnsäure entsteht, ausgeht, diese in Methylchlorxanthin und letzteres durch Methylierung in Chlortheobromin verwandelt.

4. W. Traube hat, wie bei der Synthese des Kaffeins schon angeführt wurde, das Xanthin synthetisch aus der Cyanessigsäure und Guanidin hergestellt und damit auch für das aus ihm durch Methylierung darstellbare Theobromin eine neue Synthese durchgeführt.

5. Auf dem gleichen Wege, wie man zum Kaffein aus dem symmetrischen Dimethylharnstoff gelangte, erhält man das Theobromin aus Methylharnstoff und Cyanessigsäure. Läßt man nämlich Phosphoroxychlorid langsam zu einem Gemisch von Cyanessigsäure, Methylharnstoff und Pyridin (zur Bindung der freiwerdenden Salzsäure) tropfen, so entsteht **3-Methyliminobarbitursäure**, deren Isonitrosoderivat durch Reduktion in eine Verbindung übergeht, welche beim Kochen mit Ameisensäure unter Abspaltung von 1 Mol. Wasser eine Formylverbindung liefert. Erhitzt man das Natriumsalz derselben auf 220°, so entsteht 3-Methylxanthin, welches durch Behandeln mit Jodmethyl und Alkali bei 80° in Theobromin übergeht.

$$\begin{array}{c}\text{H·N—CO}\\|\quad\quad|\\\text{OC}\quad\text{C·NH·CHO}\\|\quad\quad\|\\\text{CH}_3\text{·N—C·NH}_2\end{array} \rightarrow \text{H}_2\text{O} + \begin{array}{c}\text{HN—CO}\\|\quad\quad|\\\text{OC}\quad\text{C—NH}\\|\quad\quad\|\quad\quad\diagdown\text{CH}\\\text{CH}_3\text{·N—C—N}\diagup\\\text{3-Methylxanthin}\end{array} \rightarrow$$

$$\begin{array}{c}\text{H·N—CO}\\|\quad\quad|\\\text{OC}\quad\text{C—N·CH}_3\\|\quad\quad\|\quad\quad\diagdown\text{CH}\\\text{CH}_3\text{·N—C—N}\diagup\\\text{Theobromin}\end{array}$$

Theobromin wird von den Farbenfabriken vormals F. Bayer & Co. in Elberfeld auf direktem, synthetischem Wege fabrikmäßig hergestellt, nachdem in dem wissenschaftlichen Laboratorium der genannten Fabrik die Traubeschen Methoden zur Darstellung desselben weiter ausgearbeitet und in wesentlichen Punkten verbessert worden sind.

Das Theobromin wird von F. Bayer & Co. in der Form von Agurin in den Handel gebracht, welches die Doppelverbindung des Theobrominnatriums mit Natriumacetat darstellt und als Diureticum Anwendung findet.

Physiologische Eigenschaften: Die Dimethylxanthine rufen Diurese hervor, und zwar stärker als Kaffein. Unter ihnen ist Theobromin das schwächst wirkende, Theophyllin und Paraxanthin stärker. Das Theobromin wird als Diureticum verwendet.

Bergell und Richter[1]) haben Untersuchungen durchgeführt über die **Beziehungen zwischen chemischer Konstitution und diuretischer Wirkung in der Puringruppe.** Versuche an nephritischen Kaninchen ergaben, daß Äthyltheobromin, Äthylparaxanthin und Äthyltheophyllin diuretisch wirken. Äthyltheophyllin wirkt schwächer als Äthyltheobromin. Auch die Doppelsalze der Äthyltheobromine haben diuretische Wirkung, ferner auch Propyl-, Butyl- und Amyltheobromin. Die Intensität der diuretischen Wirkung ist bei den Monoäthyldimethylxanthinen von der Isomerie, bei den homologen alkylierten Theobrominen von der Art des Alkylrestes abhängig.

Beim Durchgange durch den tierischen Organismus wird Theobromin partiell entmethyliert, und es entsteht teils 7-Methylxanthin (Heteroxanthin), teils 3-Methylxanthin, und zwar entsteht beim Kaninchen vorzugsweise 7-, beim Hunde dagegen vorzugsweise 3-Methylxanthin, die sich in dem Harn derselben vorfinden.

Physikalische und chemische Eigenschaften: Das Theobromin bildet ein weißes, aus kleinen rhombischen Prismen bestehendes Pulver, sublimiert unzersetzt bei etwa 290°, ohne vorher zu schmelzen. Es ist leicht löslich in heißem Wasser und Alkohol, fast unlöslich in Äther und Tetrachlorkohlenstoff von 18°, sowie in Petroläther. Seine Trennung von Kaffein wird daher am zweckmäßigsten durch Tetrachlorkohlenstoff bewerkstelligt, von anderen verwandten Körpern wie Theophyllin, Xanthin usw. durch ammoniakalische Silberlösung oder durch Kupferoxydulsalze, wodurch jene gefällt werden.

---

[1]) P. Bergell u. P. F. Richter, Zeitschr. f. experim. Pathol. u. Ther. **1**, 665 [1905].

Das Theobromin ist eine schwache Base, die sich aber gleichwohl mit Basen (Metallen) wie mit Säuren verbindet; jedoch werden die mit Säuren entstehenden Salze durch Wasser oder Alkohol zersetzt und verlieren die Säure vollständig bei 100°, wenn dieselbe flüchtig ist.

Von Kalilauge wird Theobromin weder in der Kälte noch beim Aufkochen verändert (Unterschied von Kaffein). Bei der Oxydation mit Chlorwasser entsteht neben Methylharnstoff, Methylalloxan, Methylparabansäure noch Amalinsäure, was zum Nachweis von Theobromin dienen kann.

Salze und Derivate: Das **Natriumsalz**, erhalten durch Verdunsten einer Lösung von Theobromin in Natronlauge im Vakuum, ist undeutlich krystallinisch, in Wasser äußerst löslich und wird durch Kohlensäure zerlegt[1]).

Eine Doppelverbindung des Natriumtheobromins mit Natriumacetat kommt, wie im vorhergehenden erwähnt wurde, als **Agurin** in den Handel.

Anisotheobromin (Theobrominnatrium-Natrium anisicum) $(C_7H_7O_2N_4) \cdot Na \cdot C_6H_4(OCH_3) \cdot COONa$, wird erhalten durch Vermischen der Lösung von Theobromin in alkoholischer Natronlauge mit einer Lösung von Natriumanisat. Es ist ein weißes, kaum hygroskopisches Pulver, wenig löslich in kaltem, leicht löslich in heißem Wasser. Die Lösungen reagieren alkalisch.

Verbindungen von **Theobrominnatrium** mit **Halogenalkalien** werden von den Vereinigten Chininfabriken Zimmer & Co.[2]) dargestellt, so z. B. Theobrominnatrium-Chlornatrium, Theobrominnatrium-Bromnatrium, Theobrominnatrium-Jodnatrium. Sie bilden weiße, alkalisch reagierende, bitter schmeckende Pulver von hohem Theobromingehalt, leicht löslich in Wasser und Alkalien und in Glycerin, unlöslich in Äther und Benzol und sind therapeutisch sehr wertvoll.

Theobrominbarium $(C_7H_7N_4O_2)_2Ba$, krystallisiert in farblosen Nadeln, schwer löslich in kaltem Wasser und dadurch zersetzbar.

Theobrominsilber $2 C_7H_7N_4O_2Ag + 3 H_2O$. Wird Theobromin in verdünntem Ammoniak gelöst und die Lösung mit Silbernitrat versetzt, so fällt zunächst ein gallertartiger Niederschlag, der sich aber beim Kochen löst, worauf sich die Verbindung in körnigen Massen abscheidet.

Chlorwasserstoffsaures Theobromin $C_7H_8N_4O_2 \cdot HCl$, krystallisiert in Nadeln. Das **Chloroplatinat** $(C_7H_8N_4O_2)_2PtCl_6H_2$ bildet gelbe, monokline Krystalle, welche 5 Mol. Wasser enthalten. — **Bromwasserstoffsaures Theobromin** $C_7H_8N_4O_2 \cdot HBr + H_2O$ bildet farblose, tafelförmige Krystalle. — **Jodwasserstoffsaures Theobrominjodid** $C_7H_8N_4O_2 \cdot HJ \cdot J_3$ bildet schwarze, glänzende, durch Wasser und namentlich durch Alkohol leicht zersetzliche Prismen. — **Salicylsaures Theobromin** $C_7H_8N_4O_2 \cdot C_7H_6O_3$, durch Vermischen von Lösungen der Komponenten in heißem Wasser erhalten, krystallisiert in hübschen Nadeln. Diese Verbindung soll das **Diuretin** vollständig ersetzen können. Letzteres wird durch Auflösen von Theobromin in einer schwach durch Salicylsäure angesäuerten Lösung von Natriumsalicylat und Abdampfen der Lösung erhalten. In ähnlicher Art wird auch das **Uropherin** oder **Theobrominlithiumsalicylat** gewonnen.

Bromtheobromin $C_7H_7BrN_4O_2$. Theobromin wird in trocknes Brom eingetragen, nach 12 Stunden das überschüssige Brom abdestilliert, der Rückstand in verdünnter Natronlauge gelöst und die Lösung mit Schwefelsäure ausgefällt. Weißes, krystallinisches Pulver, in Wasser fast unlöslich, ebenso in Ammoniak, leicht löslich in Alkalien und konz. Salzsäure. Wird es mit Normalkalilauge 8 Stunden lang bei möglichstem Luftabschluß auf dem Wasserbade gekocht, so fällt Salzsäure aus der gelbgefärbten Flüssigkeit Dimethylharnsäure.

Nitrotheobromin $C_7H_7(NO_2)N_4O_2$, beim Eindampfen von Theobromin mit Salpetersäure entstehend, ist ein hellgelbes, mikrokrystallinisches Pulver, bräunt sich stark bei 200°, schmilzt oberhalb 270° und sublimiert unzersetzt, wenn es vorsichtig erhitzt wird. Durch Natriumamalgam wird es in

Aminotheobromin $C_7H_7(NH_2)N_4O_2$ übergeführt, welches als ein weißer Niederschlag erhalten wird, wenig löslich in Wasser und Alkohol, leicht löslich in verdünnter Natronlauge und konz. Salzsäure und anscheinend unzersetzt sublimierbar.

Alkylderivate des Theobromins: Das Theobromin tauscht an Stelle 7 ein Atom Wasserstoff gegen Metall aus, welch letzteres wieder durch Alkyl ersetzbar ist.

Methyltheobromin = Kaffein (s. dieses).

---

[1]) Aba Sztankay, Chem. Centralbl. **1907**, II, 2071.
[2]) Vereinigte Chininfabriken Zimmer & Co., Chem. Centralbl. **1909**, I, 1282.

Äthyltheobromin $C_7H_7(C_2H_5)N_4O_2$, bildet kleine, weiße Krystalle, leicht löslich in heißem Wasser, schmilzt oberhalb 270° und sublimiert unzersetzt. — **Bromäthyltheobromin** $C_7H_6Br(C_2H_5)N_4O_2$, wird erhalten durch Erhitzen der Silberverbindung des Bromtheobromins mit der $1^1/_2$ fachen Menge Jodäthyl im geschlossenen Rohr auf 100°. Weiße, krystallinische Masse, in Wasser und Alkohol sehr schwer löslich. Beim Erhitzen mit alkoholischem Kali geht es über in **Äthoxyäthyltheobromin** $C_7H_6(C_2H_5)N_4O_2 \cdot OC_2H_5$. Schmelzp. 153°. — **n- und i-Propyltheobromin** $C_7H_7(C_3H_7)N_4O_2$, sowie **n-Butyltheobromin** und **i-Amyltheobromin** werden durch Einwirkung der betreffenden Alkyljodide auf Theobrominsilber erhalten, körnigkrystallinische Pulver, deren Schmelzpunkte oberhalb 270° liegen. Sie sind wenig löslich in kaltem Wasser, Alkohol und Äther, leicht dagegen in heißem Wasser sowie kochendem Alkohol und geben mit Silbernitrat Niederschläge, welche sich in Ammoniak leicht lösen.

Die Farbenfabriken vorm. Fr. Bayer & Co.[1]) stellen **oxalkylsubstituierte Derivate** von Xanthinbasen dar, welche zwar die diuretische Wirkung der Xanthinbasen noch vollständig aufweisen, aber die schädlichen Nebenwirkungen der freien Basen nicht mehr besitzen sollen. Ihre Darstellung geschieht in der Weise, daß man auf Xanthinbasen, die in den Imidgruppen vertretbare Wasserstoffatome besitzen, Halogenhydrine zweckmäßig in Gegenwart von salzsäurebindenden Mitteln einwirken läßt. Statt der Halogenhydrine verwendet man auch Alkylenoxyde oder Glykole. So erhält man

Dioxypropyltheobromin $C_7H_7(C_3H_5[OH]_2)N_4O_2$ aus Theobromin, Natronlauge und Monochlorhydrin; es krystallisiert in farblosen Nadeln vom Schmelzp. 153—155°, ist sehr leicht löslich in Wasser, schwer löslich in Äther und Benzol.

Theobromursäure $C_7H_8N_4O_5$, wird erhalten durch Einwirkung von trocknem Chlor auf in Chloroform suspendiertes Theobromin. Kleine, farblose Nadeln oder Prismen aus Aceton. Schmelzp. 178°. Wird durch die 5fache Menge Wasser von 80° unter Kohlensäureentwicklung fast vollständig in Methylparabansäure und Methylharnstoff gespalten.

Desoxytheobromin $C_7H_{10}N_4O + 2 H_2O$. Theobromin läßt sich elektrolytisch in schwefelsaurer Lösung ziemlich glatt reduzieren zu Desoxytheobromin oder 3,7-Dimethyl-2-oxy-1,6-dihydropurin, welches aus Wasser mit 2 Mol. H_2O krystallisiert[2]). Dünne Nadeln oder Prismen vom Schmelzp. 215°. — Das **Pikrat** $C_{13}H_{13}N_7O_8$ ist ein goldgelber, feinkrystallinischer Niederschlag, zersetzt sich bei etwa 205° unter Gasentwicklung.

Pseudotheobromin[3]) $C_7H_8N_4O_2$. Bei der Einwirkung von Jodmethyl oder von Dimethylsulfat auf Xanthinsilber entsteht neben Theobromin auch eine gewisse Menge Pseudotheobromin. Schmilzt noch nicht bei 280°, sublimiert aber beim starken Erhitzen. Es löst sich bedeutend schwerer in Chloroform als Theobromin, dagegen leichter in Wasser. Bei der Behandlung mit Kalihydrat und Jodmethyl geht es in Kaffein über. Bei der Oxydation mittels Chromsäure liefert das Pseudotheobromin wie das Theobromin Kohlendioxyd, Methylparabansäure, Ammoniak und Methylamin; das Pseudotheobromin enthält also, ebenso wie das Theobromin und Paraxanthin, nur eine Methylgruppe im Harnstoffrest. — Das **Chloraurat des Pseudotheobromins** $C_7H_8O_2N_4 \cdot HCl \cdot AuCl_3$ bildet gelbe Blättchen vom Schmelzp. 251° und ist ziemlich wenig löslich in salzsäurehaltigem Wasser (Schmelzp. des Theobromingoldchlorids 243°).

Theophyllin, 1,3-Dimethyl-2,6-Dioxypurin (1,3-Dimethylxanthin).

Mol.-Gewicht 180,1.

Zusammensetzung: 46,65% C, 4,47% H, 31,11% N.

$C_7H_8N_4O_2$.

```
    CH₃·N——CO
       |    |
      OC   C——NH
       |   ||   >CH
    CH₃·N——C——N
```

Vorkommen: Das dem Theobromin isomere Theophyllin wurde 1888 von Kossel im Tee-Extrakt gefunden, in welchem es außer von wenig Kaffein noch von kleinen Mengen von Xanthin und Adenin begleitet ist.

---

[1]) Farbenfabriken vorm. Fr. Bayer & Co., Chem. Centralbl. **1908**, I, 499, 1114.
[2]) J. Tafel, Berichte d. Deutsch. chem. Gesellschaft **32**, 3194 [1899].
[3]) W. Schwabe jun., Archiv d. Pharmazie **245**, 398 [1907].

Darstellung: Zur Gewinnung aus Tee wird der Tee-Extrakt zunächst mit verdünnter Schwefelsäure zur Ausfällung von harzigen Bestandteilen, dann mit Ammoniak übersättigt und mit ammoniakalischer Silberlösung ausgefällt. Der so entstehende Niederschlag wird mit warmer Salpetersäure digeriert, wobei Theophyllin und Xanthin in Lösung gehen. Nach Entfernung des Silbers durch Schwefelwasserstoff wird die mit Ammoniak schwach übersättigte Lösung verdunstet, wobei sich zuerst das Xanthin, dann das Theophyllin ausscheidet. Das in der letzten Mutterlauge vorhandene Theophyllin wird in Form der Quecksilberverbindung abgeschieden.

Das im Tee nur in Spuren vorkommende Theophyllin konnte wegen seines exorbitanten Preises (derselbe berechnete sich pro Kilogramm auf etwa 12 000 Mark!), solange man auf sein natürliches Vorkommen beschränkt war, für medizinische Zwecke nicht in Betracht kommen. Und doch war bereits (von Schmiedeberg und Ach auf Grund von Tierversuchen) festgestellt worden, daß diese Verbindung die vorstehend behandelten Purinbasen an Wirksamkeit erheblich übertraf.

Der therapeutische Versuch ist erst möglich geworden, seitdem die technische Darstellung des Theophyllins auf synthetischem Wege geglückt ist.

Das auf synthetischem Wege nach W. Traube im großen dargestellte Theophyllin ist von den Farbenfabriken vorm. Fr. Bayer & Co. im Jahre 1902 unter der Bezeichnung **Theocin** in den Arzneischatz eingeführt worden.

Synthetische Darstellung: Als Ausgangsprodukt dienen Cyanessigsäure und Dimethylharnstoff. Diese werden mit Hilfe von Phosphorchlorid kondensiert zu

$$\begin{array}{c} CH_3-N-CO \\ | \quad\quad | \\ CO \quad CH_2 \\ | \quad\quad | \\ CH_3-N-C=NH \end{array}$$

Durch Einwirkung von salpetriger Säure entsteht die Isonitrosoverbindung dieses Pyrimidins

$$\begin{array}{c} CH_3-N-CO \\ | \quad\quad | \\ CO \quad C=NOH \\ | \quad\quad | \\ CH_3-N-C=NH \end{array}$$

Diese wird reduziert, es entsteht die Diamidoverbindung des Pyrimidins

$$\begin{array}{c} CH_3-N-CO \\ | \quad\quad | \\ CO \quad C-NH_2 \\ | \quad\quad | \\ CH_3-N-C-NH_2 \end{array}$$

Durch Ameisensäure bildet sich die Formylverbindung

$$\begin{array}{c} CH_3-N-CO \\ | \quad\quad | \\ CO \quad C-NH-COH \\ | \quad\quad \| \\ CH_3-N-C-NH_2 \end{array}$$

und durch Wasserabspaltung daraus das Theobromin.

Physiologische Eigenschaften: Unter den methylierten Xanthinen wirkt das Theophyllin von allen momentan am stärksten diuretisch, die Wirkung läßt aber schnell nach[1]). Äthylmethylxanthin wirkt wie Theobromin. Auch Äthyltheobromin, Äthylparaxanthin und Äthyltheophyllin wirken diuretisch, Äthyltheophyllin schwächer als Äthyltheobromin[2]).

Versuche über die Ausscheidungsformen verfütterten Theobromins beim Hund zeigten, daß es besonders als 3-Monomethylxanthin im Harn erscheint; ein kleiner Teil Theobromin geht als solches durch und ein weiterer kleiner Teil als 1-Monomethylxanthin.

Die pharmakologische Vergleichung der bei den einzelnen Etappen der oben angeführten Synthese resultierenden Produkte lehrte, daß das Theobromin erst mit der Schließung des „Imidazolringes" seine medizinisch wertvolle Wirksamkeit erlangt. Solange der Imidazolring noch nicht geschlossen ist, wirkt das Produkt weder diuretisch noch erregend auf das Zentral-

---

[1]) Dreser, Archiv f. d. ges. Physiol. **102**, 1 [1904].
[2]) Bergell u. Richter, Zeitschr. f. experim. Pathol. u. Ther. **1**, 655 [1905].

nervensystem, noch auch in der spezifischen Art des Kaffeins auf die quergestreifte Skelettmuskulatur.

Der Grad der Giftigkeit des Theophyllins ist etwa der gleiche wie der des Kaffeins, und zwar beträgt für beide nach Versuchen an den zum Studium der krampferregenden Eigenschaften dieser Alkaloide ganz besonders geeigneten Katzen pro Kilo Körpergewicht die Dosis letalis 0,1 g des gelösten und in den Magen injizierten Alkaloids. Vom Theobromin — in Form des annähernd 60% enthaltenden Agurins — war dagegen die Dosis letalis größer, nämlich 0,18 g Theobromin pro 1 kg Körpergewicht der Katze.

Auch hinsichtlich der krampferregenden Eigenschaften nähert sich das Theobromin mehr dem Kaffein, das von den drei hier in Frage kommenden methylierten Xanthinen am stärksten Krämpfe erzeugt.

Die spezielle Untersuchung des Theophyllins am isolierten, künstlich durchbluteten Froschherzen mit Messung der vom Einzelpulse geleisteten mechanischen Arbeit ergab, daß dem Theophyllin ebenso wie dem Theobromin auch in kleinen Dosen die dem Kaffein eigene Erhöhung der absoluten Kraft des Herzmuskels und die Vergrößerung des Pulsvolumens abgehen. In denjenigen Zuständen, die eine Aufbesserung der Herztätigkeit erfordern, läßt sich somit das Theophyllin nicht als Ersatzmittel für Kaffein verwenden.

Am Menschen ist die wertvollste Theophyllinwirkung seine harntreibende Kraft. Sie übertrifft wesentlich die des Kaffeins und des Theobromins. Herztätigkeit, Pulsfrequenz und Blutdruck werden durch die therapeutischen Dosen des Theobromins nicht beeinflußt. Nach Versuchen von Widal und Javal steigert Theophyllin nicht nur die Wasserausscheidung, sondern auch die Ausscheidung der Chloride, deren Retention bekanntlich mit dem Auftreten der Ödeme in einem kausalen Zusammenhang steht.

Physikalische und chemische Eigenschaften: Das Theophyllin krystallisiert mit 1 Mol. Krystallwasser. Es bildet gut ausgebildete, makroskopische Krystalle, die wasserfrei bei 264° schmelzen, sich erheblich in Wasser und Alkohol und namentlich leicht in Ammoniak lösen. — Theophyllin bildet beständige Metallsalze, von denen das Ammonium- und Kaliumsalz sehr leicht, das Natriumsalz etwas schwerer löslich ist.

Theophyllin-Natrium $C_7H_7N_4O_2Na$, mit einem Gehalt von 81% Theophyllin, ist ein weißes, krystallinisches Pulver, in Alkohol und Äther unlöslich, in Wasser zu 6% löslich. Die wässerige Lösung reagiert alkalisch und wird durch die Kohlensäure der Luft getrübt. Die Doppelverbindung mit Natriumacetat, welche als **Theocin-Natriumaceticum** $C_7H_7N_4O_2Na \cdot CH_3COONa$ in den Handel kommt, ist nicht ganz so leicht in Wasser löslich (zu 4,5%) wie Theophyllinnatrium, zeigt ebenfalls alkalische Reaktion, sein Gehalt an Theophyllin (wasserfrei) beträgt 59,6%. Es wird mit Vorteil an Stelle von Theophyllin als Diureticum verwendet.

Das **Chlorhydrat** $C_7H_8N_4O_2 \cdot HCl + H_2O$ bildet hübsche, farblose, tafelförmige Krystalle, die sich leicht in Wasser lösen und bei 100° außer ihrem Wasser sämtliche Säure verlieren. — Das **Chloroplatinat** $(C_7H_8N_4O_2)_2PtCl_6H_2$ scheidet sich in lauem Wasser in wasserfreien Tafeln ab. — Die **Quecksilberchloridverbindung** krystallisiert gut.

Wird das Theophyllin mit Chlorwasser eingedampft, so bildet sich ein scharlachroter Rückstand, der sich mit Ammoniak violett färbt und mit Salzsäure und Kaliumchlorat Dimethylalloxan gibt.

Chlortheophyllin $C_7H_7ClN_4O_2$, durch Einwirkung eines Gemenges von Phosphorpentachlorid und Phosphoroxychlorid auf Dimethylharnsäure entstehend, krystallisiert aus Äther und Alkohol in feinen Nadeln und schmilzt bei 300° unter Zersetzung. Liefert beim Erwärmen mit Jodwasserstoff das Theophyllin. Beim Erhitzen mit Jodmethyl entsteht Chlorkaffein.

Bromtheophyllin $C_7H_7BrN_4O_2$ (bei 110°) entsteht bei 4 stündigem Erhitzen im Rohr auf 100° von 1 T. getrocknetem Theophyllin mit 5 T. Brom[1]). Kleine Spieße (aus Alkohol), schmilzt bei 315—320° unter Zersetzung. Ziemlich schwer löslich in Alkohol, sehr schwer in heißem Wasser, leicht in verdünnten Alkalien.

Alkylderivate des Theophyllins:[2]) Die Alkyltheophylline werden zum geringen Teil durch Einwirkung von Jodalkyl auf Theophyllinsilber, zum größeren Teil durch Alkylierung von Theophyllinkalium in Gegenwart von Alkalien dargestellt.

Äthyltheophyllin $C_7H_7(C_2H_5)N_4O_2$, weiße Nadeln, Schmelzp. 154°, leicht löslich in heißem, etwas schwerer in kaltem Wasser. Sein Chlorhydrat verliert bei 100° außer dem Krystallwasser noch seine Säure. Das Bromhydrat ist beständig.

---

1) E. Fischer u. F. Ach, Berichte d. Deutsch. chem. Gesellschaft **28**, 3142 [1895].
2) Ernst Schmidt, Chem. Centralbl. **1906**, I, 1241.

Propyltheophyllin $C_7H_7(C_3H_7)N_4O_2$, Nadeln, Schmelzp. 99—110°, leicht löslich in Wasser. — **Isopropyltheophyllin,** Nadeln vom Schmelzp. 140°, leicht löslich in Wasser.
Benzyltheophyllin $C_7H_7(C_7H_7)N_4O_2$, weiße, dem Kaffein sehr ähnliche Nadeln, Schmelzp. 158°, schwer löslich in Wasser.
Oxyäthyltheophyllin $C_7H_7(C_2H_4O)N_4O_2$ aus Theophyllin, Natronlauge und Glykolchlorhydrin, Schmelzp. 156°, leicht löslich in Wasser, schwer löslich in Alkohol, Äther und Benzol.

Reduktion von Theophyllin und Paraxanthin: Tafel hat die elektrolytische Reduktion amidartiger Körper zuerst am Kaffein studiert[1]). Später sind dann von ihm Xanthin[2]), 3-Methylxanthin, Heteroxanthin[3]) und Theobromin[4]) der Elektrolyse unterworfen worden, welche in allen Fällen zu den 6-Desoxyderivaten führte.

Neuerdings haben J. Tafel und J. Dodt[5]) auch Theophyllin und Paraxanthin reduziert. Die erhaltenen Desoxykörper sind in den äußeren Eigenschaften dem Desoxytheobromin sehr ähnlich. Doch unterscheiden sich das Theophyllinderivat von ihm durch Alkalilöslichkeit und beide durch ihr Verhalten bei der Bromierung.

Desoxytheophyllin (1, 3-Dimethyl-desoxyxanthin) $C_7H_{10}ON_4 \cdot 3 H_2O$ krystallisiert aus der heißen, wässerigen Lösung in feinen, farblosen Nadeln, die 3 Mol. Krystallwasser enthalten. Es zeigt keinen scharfen Schmelzpunkt; färbt sich beim Erhitzen im evakuierten Röhrchen gegen 200° dunkelgelb und schmilzt zwischen 215—225°.

Desoxyparaxanthin (1, 7-Dimethyl-desoxyxanthin) $C_7H_{10}ON_4 \cdot H_2O$ krystallisiert aus der heißen, wässerigen Lösung in farblosen, dünnen Tafeln, die 1 Mol. Krystallwasser enthalten. Fängt bei 200° an sich zu färben und zersetzt sich bei 250°, ohne zu schmelzen.

Anhang: Alkaloide der Jaborandiblätter: Die Jaborandiblätter (von Pilocarpus pennatifolius) enthalten 3 Alkaloide: Pilocarpin, Pilocarpidin und Jaborin, die untereinander nahe verwandt sind.

Pilocarpin.

Mol.-Gewicht 208,14.
Zusammensetzung: 63,42% C, 7,74% H, 13,46% N.

$$C_{11}H_{16}N_2O_2.$$

Die Konstitution des **Pilocarpins** $C_{11}H_{16}N_2O_2$ wird, wie aus den Untersuchungen von Pinner einerseits und Jowett andererseits zu schließen ist, höchstwahrscheinlich durch die Formel

$$\begin{array}{c} C_2H_5 \cdot CH\!\!-\!\!\!-\!\!CH\!\!-\!\!\!-\!\!CH_2 \\ OC\diagup CH_2 \quad C\!\!-\!\!N\!\!-\!\!CH_3 \\ O \qquad\qquad \diagdown CH \\ HC\!\!-\!\!N \end{array}$$

zum Ausdruck gebracht. Es steht zu den Alkaloiden Kaffein, Theophyllin und Theobromin insofern in Beziehung, als es gleich diesen einen Glyoxalinring enthält. Aus diesem Grunde scheint seine Einschaltung an dieser Stelle gerechtfertigt.

Vorkommen: Das Pilocarpin findet sich, wie oben erwähnt, neben dem ihm so nahe verwandten Pilocarpidin und Jaborin in den Jaborandiblättern (von Pilocarpus pennatifolius), wurde 1875 von Hardy entdeckt und später von Meyer[6]) und von Knudsen[7]) untersucht. In neuester Zeit ist es hauptsächlich von A. D. Jowett[8]) sowie von A. Pinner[9]) und seinen Mitarbeitern eingehend studiert worden.

Darstellung: Die Trennung des Pilocarpins vom Jaborin in Form ihrer Nitrate durch Alkohol liefert zwar ein von amorphen Jaborandibasen freies Pilocarpin, jedoch ist

---
[1]) Tafel u. Baillie, Berichte d. Deutsch. chem. Gesellschaft **32**, 75, 3206 [1899].
[2]) Tafel u. Ach, Berichte d. Deutsch. chem. Gesellschaft **34**, 1165 [1901].
[3]) Tafel u. Weinschenk, Berichte d. Deutsch. chem. Gesellschaft **33**, 3369 [1900].
[4]) Tafel, Berichte d. Deutsch. chem. Gesellschaft **32**, 3194 [1899].
[5]) Tafel u. Dodt, Berichte d. Deutsch. chem. Gesellschaft **40**, 3752 [1907].
[6]) Meyer, Annalen d. Chemie u. Pharmazie **204**, 67 [1880].
[7]) Knudsen, Berichte d. Deutsch. chem. Gesellschaft **28**, 1762 [1895].
[8]) Jowett, Proc. Chem. Soc. **21**, 172 [1905].
[9]) Pinner, Berichte d. Deutsch. chem. Gesellschaft **38**, 1510, 2560 [1905].

dieses nicht ganz rein. Dagegen bietet die Fähigkeit des Pilocarpins und Pilocarpidins, sich mit fixen Alkalien zu vereinigen und dabei basische, in Äther und Chloroform unlösliche Verbindungen zu liefern, die Möglichkeit dar, zunächst diese beiden Basen von den übrigen rein abzuscheiden[1]). Man fügt der Basenmischung einen Überschuß von Natronlauge zu und schüttelt die Lösung mit Chloroform aus. Letzteres löst alle anderen Basen. In wässeriger Lösung befindet sich das Pilocarpin und Pilocarpidin, die man durch Ansäuern regeneriert. Die Trennung des Pilocarpins und Pilocarpidins ist wegen ihres analogen chemischen Verhaltens mit Schwierigkeiten verbunden. Am besten läßt sie sich noch erreichen durch fraktionierte Krystallisation der Chlorhydrate aus Alkohol.

Zum **Nachweis** von Pilocarpin hat Et. Barral[2]) verschiedene Farbenreaktionen vorgeschlagen, und es seien hier nur folgende angeführt: Erhitzt man Pilocarpin mit Natriumpersulfat, so erhält man eine Gelbfärbung, und es entweicht gleichzeitig ein Gas von widerlichem, leicht ammoniakalischem Geruche. Die Dämpfe bläuen Lackmus und schwärzen Mercuronitrat. Formaldehyd enthaltende Schwefelsäure färbt das Alkaloid gelb, dann gelbbraun, hierauf blutrot und endlich braunrot.

Bestimmung: Um das Pilocarpin quantitativ zu bestimmen, zieht man die Blätter von Pilocarpus pennatifolius mit heißem Wasser, dem 1 Proz. HCl zugesetzt ist, aus, bewirkt die Reinigung der Flüssigkeit mittels Bleiessig, scheidet aus dem Filtrat den größten Teil des Bleis durch Salsäure ab, konzentriert die Flüssigkeit und schlägt das Pilocarpin mit Phosphormolybdänsäure nieder. Der mit Salzsäure ausgewaschene und getrocknete Niederschlag enthält 45,6% Pilocarpin. Das Pilocarpin wird mit Chloroform extrahiert, nach dessen Verdunsten erhält man es gewöhnlich als einen öligen Sirup, der im reinsten Zustande zwar krystallisiert, aber sehr zerfließlich ist. Die Trennung von dem ihm so nahe verwandten Jaborin geschieht mit Hilfe des Platindoppelsalzes $C_{11}H_{16}N_2O_2 \cdot PtCl_4$; dasselbe ist in Alkohol schwerer löslich als das des Jaborins[3]).

Physiologische Eigenschaften: C. R. Marschall[4]) hat die Bestandteile der Jaborandiblätter einer physiologischen Prüfung unterzogen. Die Giftigkeit des Pilocarpins ist nicht besonders hervortretend; die Base nähert sich in physiologischer Hinsicht dem Nicotin. Pilocarpin wirkt auf die sog. Nervenendigungen des Herzens; seine Wirkung ist fast in allen Punkten vergleichbar der elektrischen Reizung des Vagus.

Pilocarpin und Atropin sind physiologische Antagonisten; eine kleine Dosis Atropin hebt die Wirkung großer Mengen Pilocarpins auf. Isopilocarpin wirkt wie Pilocarpin, aber schwächer. Noch weniger wirksam, aber im gleichen Sinne wirkt Pilocarpidin. Der Homopilopsäurekern des Pilocarpinmoleküls wirkt wie eine haptophore Gruppe. Der Einfluß der Glyoxalingruppe ist noch unbekannt.

Physikalische und chemische Eigenschaften: Man erhält das Pilocarpin gewöhnlich als einen öligen Sirup, der im reinsten Zustande zwar krystallisiert, aber sehr zerfließlich ist. Es dreht die Polarisationsebene nach rechts; nach Poehl zeigt eine 7,24 proz. Lösung das Drehungsvermögen $[\alpha]_D = 101,6$. In Wasser und Alkohol ist es leicht, in Äther wenig löslich.

Salze und Derivate des Pilocarpins: Pilocarpin ist eine einsäurige Base, deren Salze gut krystallisieren. Dieselben wurden insbesondere von Petit und Polonowski[5]) sowie von Jowett[6]) untersucht.

Das **Nitrat** $C_{11}H_{16}N_2O_2 \cdot HNO_3$ krystallisiert aus Wasser in großen, durchsichtigen Prismen, aus Alkohol in Nadeln von prismatischer Struktur. Schmelzp. 177—178°. Drehungsvermögen in 2 proz. Lösung bei 18° $[\alpha]_D = +82,2°$. — Das **Chlorhydrat** $C_{11}H_{16}N_2O_2 \cdot HCl$ krystallisiert in Prismen, die in Wasser sehr leicht, in 95 proz. Alkohol schwieriger löslich sind und bei 200° schmelzen; $[\alpha]_D = +91°$ (2 proz. Lösung bei 18°). — Das **Bromhydrat** $C_{11}H_{16}N_2O_2 \cdot HBr$ schmilzt bei 178°, zeigt $[\alpha]_D = +76°$ (c = 2%, t = 18°). — **Sulfat** $(C_{11}H_{16}N_2O_2)_2H_2SO_4$ schmilzt bei 120°. $[\alpha]_D = +85°$. — Das **Pikrat** krystallisiert aus Alkohol in langen, bei 159—160° schmelzenden Nadeln. — Das **Goldsalz** $(C_{11}H_{16}N_2O_2 \cdot HCl)AuCl_3 + H_2O$ bildet kleine, citronengelbe Nädelchen, die bei 100° schmelzen. Beim Behandeln desselben mit siedendem Wasser entsteht die Verbindung $C_{11}H_{16}N_2O_2 \cdot AuCl_3$ vom Schmelzp. 167°.

---

[1]) A. Petit u. M. Polonowski, Journ. de Pharm. et de Chim. [6] **5**, 370, 475 [1897].
[2]) Et. Barral, Chem. Centralbl. **1904**, I, 1035.
[3]) Meyer, Annalen d. Chemie u. Pharmazie **204**, 67 [1880].
[4]) C. R. Marschall, Journ. of Physiol. **31**, 120 [1904].
[5]) Petit u. Polonowski, Journ. de Pharm. et de Chim. [6] **5**, 430 [1907].
[6]) Jowett, Pharmaz. Journ. [4] **9**, 91 [1899].

Pflanzenalkaloide.

Dichlorpilocarpin $C_{11}H_{14}Cl_2N_2O_2$ erhält man durch Einleiten von Chlor in eine abgekühlte Lösung von Pilocarpin in Chloroform bei Lichtabschluß.

Dibrompilocarpin $C_{11}H_{14}Br_2N_2O_2$. Versetzt man eine Lösung von Pilocarpin in Chloroform mit Brom, so bilden sich gelbe Krystalle des **Superbromids** $C_{11}H_{14}Br_2N_2O_2 \cdot HBr \cdot Br_2$, aus welchem Silberoxyd das Dibrompilocarpin als zähe Masse abscheidet.

Jodpilocarpin $C_{11}H_{15}JN_2O_2$ ist eine beinahe feste Masse.

Methylpilocarpin. Das Jodid $C_{11}H_{16}N_2O_2 \cdot CH_3J$ entsteht beim Erhitzen von Pilocarpin mit überschüssigem Methyljodid.

Abbau des Pilocarpins: Es sind vornehmlich zwei Abbaureaktionen, welche zur Aufklärung der Konstitution des Pilocarpins geführt haben: 1. die Oxydation des Alkaloids und 2. die Einwirkung von Alkalien auf dessen quaternäre Ammoniumsalze.

Oxydation des Pilocarpins: Bei der Oxydation des Pilocarpins mit Kaliumpermanganat und mit Wasserstoffsuperoxyd in der Kälte entstehen im wesentlichen eine Säure $C_8H_{14}O_5$, die **Homopilomalsäure**, Ammoniak, Methylamin und Kohlensäure, und zwar erfolgt der Angriff zunächst dort, wo Doppelbindung zwischen Kohlenstoff ist, d. h. im Glyoxalinring. Unter Lösung der Doppelbindung addieren sich zunächst zwei Hydroxylgruppen, so daß das Zwischenprodukt II entsteht. Dieses verwandelt sich in die Verbindung III, welche zerfällt in Kohlensäure, Ammoniak, Methylamin und **Homopilomalsäure** von der Formel IV bzw. IVa.

$$\underset{\text{I}\\\text{Pilocarpin}}{C_7H_{11}O_2 \cdot C{-}N \cdot CH_3 \atop HC{-}N{>}CH} \xrightarrow[H_2O_2]{KMnO_4} \underset{\text{II}}{\overset{OH}{C_7H_{11}O_2 \cdot C}{-}N \cdot CH_3 \atop \underset{OH}{HC}{-}N{>}CH} \rightarrow$$

$$\underset{\text{III}}{\overset{OH}{C_7H_{11}O_2 \cdot C}{-}N \cdot CH_3 \atop OC{-}NH{>}CO} \rightarrow \underset{\text{IV}}{C_2H_5 \cdot CH{-}CH{-}CH_2 \atop CO{-}O{-}CH_2 \quad COOH}$$

$$\underset{\text{IV a} \\ \text{Homopilomalsäure}}{C_2H_5 \cdot CH{-}CH{-}CH_2 \atop CO_2H \quad CH_2OH \quad CO_2H}$$

Dagegen wirkt die Chromsäure zunächst oxydierend auf den Lactonring in der stickstofffreien Gruppe des Pilocarpins:

$$\underset{\text{Pilocarpin}}{C_2H_5 \cdot CH{-}CH{-}C_5H_7N_2 \atop OC{\diagdown}O{\diagup}CH_2} \xrightarrow{CrO_3} C_2H_5 \cdot CH{-}CH{-}C_5H_7N_2 \atop CO{-}O{-}CO \rightarrow$$

$$C_2H_5 \cdot CH{-}CH{-}C_5H_7N_2 \atop CO_2H \quad CO_2H$$

Gleichzeitig wird noch das CH im Glyoxalinring oxydiert, so daß die **Pilocarpoesäure** die Konstitution V besitzt. Wird diese Säure mit Kaliumpermanganat oxydiert, so resultiert die Säure VI.

$$\underset{\text{V} \\ \text{Pilocarpoesäure}}{C_2H_5 \cdot CH{-}CH{-}CH_2 \atop CO_2H \quad CO_2H \quad C{-}N{\diagup}CH_3 \atop \quad \quad \quad \quad \quad \quad \quad \quad HC{-}NH{>}CO} \quad \underset{\text{VI}}{C_2H_5 \cdot CH{-}CH{-}CH_2 \atop CO_2H \quad CO_2H \quad CO_2H}$$

Biochemisches Handlexikon. V.

Da Pilocarpin $C_{11}H_{16}N_2O_2$ zusammengesetzt ist, so werden also bei der Oxydation außer Ammoniak und Methylamin noch 2 Kohlenstoffatome als Kohlensäure abgespalten. Ammoniak und Methylamin werden unter den Oxydationsprodukten stets in äquivalenten Mengen erhalten, folglich ist das eine der beiden Stickstoffatome in Form von $N \cdot CH_3$, das andere in für sich leicht abspaltbarer Form an Kohlenstoff gebunden; aber das Pilocarpin ist eine bitertiäre Base, denn es gelingt bei Acylierungsversuchen nicht, in das Molekül derselben einen Säurerest einzuführen.

Nun fanden Pinner und Schwarz unter den Oxydationsprodukten des Pilocarpins, wenn auch nur in kleiner Menge, Monomethylharnstoff. Dadurch war es recht wahrscheinlich geworden, daß in dem Alkaloid neben dem aus 8 Kohlenstoffatomen bestehenden und die Homopilomalsäure liefernden Kern noch die Gruppe

$$C\begin{matrix}N \cdot CH_3\\N\end{matrix}$$

enthalten sei, d. h. also zusammen 10 Kohlenstoff- und die beiden Stickstoffatome, so daß also nur noch ein C zu dem Gesamtgehalt der Base an Kohlenstoff fehlte, welches bei der Oxydation als Kohlensäure abgespalten wird.

Ferner ist aus der Oxydation des Pilocarpins zu schließen, daß es den in der Homopilomalsäure nachgewiesenen Komplex

$$\begin{matrix}C_2H_5 \cdot CH\text{---}CH\text{---}CH_2\\ |\quad\quad\quad\quad |\\ OC\quad\quad\,\,CH_2\quad C\\ \,\,\,\backslash O \diagup\end{matrix}$$

enthält.

An das $\begin{matrix}CH_2\\|\\C\end{matrix}$ muß sich dann entweder Kohlenstoff oder Stickstoff anschließen, und zwar im ganzen die Gruppe $C_3H_5N_2$, welche weiter aufzulösen ist in $C_2H_2N \cdot NCH_3$. Es muß deshalb nicht nur zwischen dem Kohlenstoff des $\begin{matrix}CH_2\\|\\C\end{matrix}$ und einem Stickstoff, sondern auch zwischen 2 Kohlenstoffatomen Doppelbindung angenommen werden.

Unter Berücksichtigung aller dieser Faktoren kommen für das Pilocarpin nur die Formeln

$$\begin{matrix}C_2H_5 \cdot CH\text{---}CH\text{---}CH_2\\|\quad\quad\quad\quad|\quad\quad\quad\quad|\\CO\quad\,\,CH_2\quad C\,\,\,\,\,\,\,N(CH_3)\text{---}CH\\\backslash O \diagup\quad\quad\backslash N\text{---------}CH\end{matrix}\quad\text{oder}\quad\begin{matrix}C_2H_5 \cdot CH\text{---}CH\text{---}CH_2\\|\quad\quad\quad\quad|\quad\quad\quad\quad|\\CO\quad\,\,CH_2\quad C\text{---}N \cdot (CH_3)\\\backslash O \diagup\quad\quad\parallel\quad\quad\quad\diagup\\\quad\quad\quad\quad\quad CH\text{---}N\end{matrix}$$

in Betracht.

Die erstere Formel hatte die geringere Wahrscheinlichkeit für sich, weil die Entstehung des Methylharnstoffs neben den übrigen erwähnten Produkten bei der Oxydation alsdann nur schwierig zu verstehen war.

In jedem Falle aber erschien das Pilocarpin bei dieser Auffassung als ein Derivat des Glyoxalins oder Imidazols

$$\begin{matrix}N\text{---}CH\\CH\diagup\quad\quad\parallel\\NH\text{---}CH\end{matrix}$$

und es war deshalb zu untersuchen, ob es die charakteristischen Eigenschaften der Glyoxalinderivate tatsächlich zeigte.

Dieser Vergleich wurde von Pinner und Schwarz[1]) durchgeführt und ergab: das Pilocarpin, welches nach obigen Formeln ein Glyoxalinderivat ist, verhält sich genau wie andere Methylglyoxalinderivate.

Insbesondere zeigt sich dies im

Verhalten der quaternären Ammoniumverbindungen des Pilocarpins gegen Alkali. Die auffallende Eigenschaft der alkylierten Glyoxaline, beim Kochen mit Kalilauge sehr beständig zu sein, dagegen nach Vereinigung mit einem weiteren Alkylhalogen mit Leichtigkeit durch Kalilauge zersetzt zu werden, besitzt auch das Pilocarpin.

---

[1]) Pinner u. Schwarz, Berichte d. Deutsch. chem. Gesellschaft **35**, 2444 [1902].

Während man Pilocarpin mit 25—30 proz. Kalilauge längere Zeit kochen, ja sogar mit Bariumhydrat auf 160° erhitzen kann, ohne daß die geringsten Spuren von Aminbasen entstehen, entwickeln Pilocarpin-Alkylsalze schon beim mäßigen Erwärmen mit gleich konz. Kalilauge deutlich den Geruch nach Aminbasen. Hierbei entsteht Methylamin und diejenige Aminbase, deren Alkylsalz angewendet wurde, außerdem Ameisensäure, in kleiner Menge Homopilomalsäure. Auch zeigt nach der Zersetzung die alkalische Flüssigkeit den charakteristischen Geruch nach Carbylaminen, eine Tatsache, welche in gleicher Weise bei den Glyoxalinderivaten beobachtet werden konnte.

Somit ist die Konstitution des Pilocarpins mit hoher Wahrscheinlichkeit entsprechend der eingangs angeführten Formel aufzufassen.

Zu dieser Formel gelangte auch Jowett[1]) auf Grund seiner Studien. Von den hierbei erhaltenen Resultaten sei noch hervorgehoben, daß er bei der Destillation des Pilocarpins mit Natronkalk 1-Methylglyoxalin, 1, 4- (oder 1, 5-) Dimethylglyoxalin, 1, 4 (oder 1, 5-) Methylamylglyoxalin neben Ammoniak und Methylamin erhielt.

Eine weitere Stütze der Auffassung des Pilocarpins als Glyoxalinderivat erblicken Pinner und Schwarz darin, daß das Pilocarpin sich mit Chloressigester zu einer in Wasser sehr leicht löslichen Verbindung vereinigt, geradeso wie Glyoxalin und Methylglyoxalin.

Isomere des Pilocarpins: Wie Petit und Polonowski[2]) gefunden haben, geht das Pilocarpin sowohl durch Schmelzen seines Chlorhydrates als auch durch Kochen mit alkalischer Kalilauge in Isopilocarpin über.

Isopilocarpin ist in rohem Zustande ein farbloser Sirup und kann nach dem Reinigen über das Nitrat krystallisiert erhalten werden. Löst sich leicht in Wasser und Alkohol, sehr leicht in Chloroform, wenig in Benzol und Äther, gar nicht in Ligroin. Eine 2 proz. Lösung zeigt bei 18° $[\alpha]_D = +50°$. — Das **Nitrat des Isopilocarpins** $C_{11}H_{16}N_2O_2 \cdot HNO_3$ bildet bei 158° schmelzende Lamellen, welche in 8 T. Wasser und 135 T. 95 proz. Alkohol löslich sind und $[\alpha]_D = +38,5°$ zeigen. — Das **Hydrochlorid** $C_{11}H_{16}N_2O_2 \cdot HCl$ krystallisiert in leicht löslichen Schuppen, die im wasserfreien Zustand bei 161° schmelzen und das Drehungsvermögen $[\alpha]_D = +37,3°$ besitzen. — Das **Pikrat** bildet seideglänzende Nadeln und schmilzt bei 160—161°. — Das **Goldsalz** $(C_{11}H_{16}N_2O_2 \cdot HCl)AuCl_3$ schmilzt bei 151—156° und liefert beim Kochen mit Wasser das Salz $C_{11}H_{16}N_2O_2 \cdot AuCl_3$ vom Schmelzp. 190°. — Das **Jodmethylat** $C_{11}H_{16}N_2O_2 \cdot CH_3J$ krystallisiert in Prismen, schmilzt bei 108° und zeigt $[\alpha]_D = +26°$.

A. Pinner[3]) hat die Beobachtung gemacht, daß, wenn man das Pilocarpin nicht, wie oben angegeben, nur eben zum Schmelzen erhitzt (auf etwas über 200°), sondern wenn man es nach dem Schmelzen noch etwa 1—2 Stunden auf 225—230° erhitzt, außer dem Isopilocarpin noch eine weitere Modifikation des Pilocarpins entsteht, die er als **Metaisopilocarpin** bezeichnet. Es unterscheidet sich von seinen Isomeren, Pilocarpin und Isopilocarpin, außer durch die physikalischen Eigenschaften vor allem dadurch, daß es beim Kochen mit Kalilauge schon in nicht alkyliertem Zustande unter Abspaltung von Aminbase ebenso leicht zersetzt wird, wie die beiden alkylierten anderen Modifikationen. Aber während beim Erhitzen von alkyliertem Pilocarpin oder Isopilocarpin mit starken Basen beide Stickstoffatome gleichzeitig als Amine abgespalten werden und stickstofffreie Säuren entstehen, spaltet das Metapilocarpin und ebenso sein alkyliertes Derivat überraschenderweise nur ein Stickstoffatom als Methylamin ab und liefert stickstoffhaltige Säuren.

In freiem Zustande hat das Metapilocarpin nicht die Formel seiner beiden Isomeren $C_{11}H_{16}N_2O_2$, sondern die Zusammensetzung $C_{11}H_{18}N_2O_3 = C_{11}H_{16}N_2O_2 + H_2O$.

Die **Salze** desselben, auch das Nitrat, sind bisher nicht zum Krystallisieren zu bringen gewesen, sie sind weit leichter löslich als die der beiden anderen Modifikationen. Das **Platinsalz** konnte zwar krystallisiert erhalten werden, aber in ganz anderen Formen und zersetzt sich schon bei 200°.

Der Übergang des Pilocarpins und seiner Derivate in die Isoform soll nach Pinner nicht lediglich eine sterische Umlagerung sein, sondern in einer Änderung der Anordnung der Atome zueinander bestehen. Denn sterische Isomerie ist nur bei der Atomgruppe

$$C_2H_5 \cdot CH \!\!-\!\!-\!\! CH \cdot CH_2-$$
$$||$$
$$CO \cdot O \cdot CH_2$$

---

[1]) Jowett, Proc. Chem. Soc. **19**, 54 [1903]; **21**, 172 [1905].
[2]) Petit u. Polonowski, Journ. de Pharm. et de Chim. [6] **5**, 475 [1897]; **6**, 8 [1897]; Bulletin de la Soc. chim. **17**, 553 [1897].
[3]) A. Pinner, Berichte d. Deutsch. chem. Gesellschaft **38**, 2560 [1905].

des Moleküls möglich. Tatsächlich erhält man aber stets isomere Verbindungen aus Pilocarpin und Isopilocarpin, solange die Glyoxalingruppe erhalten bleibt. Wenn Verbindungen sich bilden, bei denen diese Gruppe nicht mehr vorhanden ist, dann ist es gleichgültig, ob Pilocarpin oder Isopilocarpin als Ausgangsmaterial gewählt worden ist. Folglich, so schließt **Pinner**, dürfte die Isomerie nicht durch Änderungen in dem obengenannten Komplex, sondern im Glyoxalinring begründet sein. Hier ist eine sterische Isomerie nicht möglich, wohl aber können drei isomere Verbindungen entstehen, je nachdem im Komplex

$$\begin{array}{c} CH_3 \\ | \\ HC-N \\ \| \quad \diagdown CH \\ HC-N \end{array}$$

das eine oder das andere der drei CH sein Wasserstoffatom gegen die Gruppe $C_7H_{11}O_2$ ausgetauscht hat.

Nach Ansicht von Jowett[1]) sind Pilocarpin und Isopilocarpin Stereoisomere entgegen der eben angeführten Ansicht von Pinner. Wenn dies zutrifft, so müßte die Umwandlung von Isopilocarpin in Pilocarpin durch dasselbe Reagens gelingen, wie die umgekehrte Umwandlung. Tatsächlich erhält man beim Erhitzen von reinem Isopilocarpin mit alkoholischer Kalilauge ein Gemisch von viel Isopilocarpin mit wenig Pilocarpin. Daraus schließt Jowett, daß den beiden Alkaloiden die folgenden Formeln zukommen:

$$C_2H_5 \cdot \overset{+}{CH}-CH-CH_2 \cdot \overset{+}{C}-N \cdot CH_3$$

Pilocarpin

$$C_2H_5 \cdot \overset{-}{CH}-CH-CH_2 \cdot \overset{+}{C}-N \cdot CH_3$$

Isopilocarpin

Eine größere Reihe von Versuchen, die Konstitution der durch Einwirkung von Brom und Wasser bei 100° auf Pilocarpin entstehenden **Bromcarpinsäure** $C_{10}H_{15}BrN_2O_4$ und der analog aus Isopilocarpin sich bildenden **Dibrom-isopilocarpininsäure** $C_{11}H_{14}Br_2N_2O_4$ aufzuklären, führte bis jetzt zu keinem vollkommen entscheidenden Ergebnis.

Bei dem leichten Übergang des Pilocarpins in Isopilocarpin läßt sich bei allen Reaktionen wohl nur die Konstitution der Isoform feststellen.

Pilocarpidin.

Mol.-Gewicht 194,1.
Zusammensetzung: 61,82% C, 7,27% H, 14,43% N.

$$C_{10}H_{14}N_2O_2.$$

Vorkommen: Findet sich, wie oben erwähnt, neben Pilocarpin in den Jaborandiblättern.
Darstellung: Das aus den Jaborandiblättern erhaltene Gemenge von Pilocarpin und Pilocarpidin läßt sich durch fraktionierte Krystallisation der Nitrate in seine Bestandteile trennen, indem das leichter lösliche Pilocarpidinnitrat in der Mutterlauge bleibt. Zur Reinigung wird das Goldsalz hergestellt und aus Eisessig umkrystallisiert.
Physiologische Eigenschaften: Pilocarpidin zeigt die Wirkungen des Pilocarpins in abgeschwächtem Maße.
Physikalische und chemische Eigenschaften: Das aus Jaborandiblättern gewonnene Pilocarpidin ist nicht identisch mit dem durch Umwandlung von Pilocarpin entstehenden[2]).

---

[1]) Jowett, Proc. Chem. Soc. **21**, 172 [1905].
[2]) J. Herzig u. H. Meyer, Monatshefte f. Chemie **19**, 56 [1898].

Die freie Base ist flüssig und unterscheidet sich vom Pilocarpin insbesondere dadurch, daß ihre wässerige Lösung nicht von Goldchlorid gefällt wird. Ihre Salze sind fast alle leicht löslich.

Das **Hydrochlorid** zeigt in wässeriger Lösung (1,16 : 18,6) das Drehungsvermögen $[\alpha]_D = +72°$. — Das **Chloroplatinat** $(C_{10}H_{14}N_2O_2 \cdot HCl)_2PtCl_4 + 4\,H_2O$ krystallisiert aus Wasser in orangegelben Blättchen oder dunkelroten Pyramiden, ist in Alkohol unlöslich und schmilzt im entwässerten Zustand bei 186—190° unter Zersetzung. — Das **Chloraurat** $C_{10}H_{14}N_2O_2 \cdot HCl \cdot AuCl_3$ schmilzt nach dem Umkrystallisieren aus 15 proz. Salzsäure bei 120—124°, während das Golddoppelsalz des umgewandelten Pilocarpins bei 151—156° schmilzt.

Jaborin.

Mol.-Gewicht 416,29.
Zusammensetzung: 63,42% C, 7,74% H, 13,46% N.

$$C_{22}H_{32}N_4O_4.$$

Vorkommen: Kommt außer in Pilocarpus pennatifolius auch in falschem Jaborandi vor und bildet sich immer beim Eindampfen saurer Pilocarpinlösungen.

Physiologische Eigenschaften: Jaborin ist sehr giftig und kommt in physiologischer Hinsicht dem Atropin nahe.

Physikalische und chemische Eigenschaften: Jaborin ist ein farbloser Sirup und zeigt stark basische Eigenschaften.

Pseudojaborin.

Vorkommen und Darstellung: Dieses Isomere des Jaborins wurde aus Aracati Jaborandi, Pilocarpus spinatus isoliert[1]). Bei Behandlung der Blätter dieser Pflanze nach der für das Pilocarpin üblichen Methode wurden aus 1 kg Material 3 g eines Basengemenges gewonnen, das in die Nitrate übergeführt wurde. Die Trennung der Basen ließ sich durch Behandlung des Nitratgemenges mit kaustischem Alkali und Chloroform bewerkstelligen, wobei das eine Alkaloid, das Pseudojaborin, zurückbleibt, während das andere, das Pseudopilocarpin, in das Chloroform übergeht.

Physikalische und chemische Eigenschaften: Das Pseudojaborin ist ein farbloser Sirup von stark alkalischer Reaktion, leicht löslich in Wasser, Alkohol und Chloroform; weder die Base selbst, noch ihre Salze üben einen Einfluß auf das polarisierte Licht aus. Das **Nitrat** krystallisiert in zugespitzten Lamellen, ist leicht löslich in Wasser, wenig löslich in abs. Alkohol. Schmelzp. 158°. — Das **Chlorhydrat** schmilzt bei 222°.

H. Oxyphenyl-alkylamin-Basen.

In steigendem Maße gewinnen organische Basen, die gleichzeitig Phenolcharakter besitzen, infolge ihrer wertvollen pharmakologischen Wirkungen an Bedeutung. Nachdem das **Adrenalin** $(HO)_2^{(3,4)}C_6H_3 \cdot CH(OH) \cdot CH_2 \cdot NH \cdot CH_3$ in wenigen Jahren eines der wichtigsten Arzneimittel geworden ist, nachdem Léger auf die wertvollen Eigenschaften des aus Gerstenkeimlingen gewonnenen **Hordenins** $(HO)^{(4)} \cdot C_6H_4 \cdot CH_2 \cdot CH_2 \cdot N(CH_3)_2$ hingewiesen hat, ist neuerdings von Barger der lange gesuchte Träger der Hauptwirkung des Mutterkorns als p-Oxyphenyl-äthylamin $HO \cdot C_6H_4 \cdot NHC_2H_5$ angesprochen worden.

p-Oxyphenyl-äthylamin.

Mol.-Gewicht 137.
Zusammensetzung: 70,07% C, 8,03% H, 10,22% N.

$$C_8H_{11}NO.$$

$$\begin{array}{c} C{-}CH_2 \cdot CH_2 \cdot NH_2 \\ HC \diagup \diagdown CH \\ HC \diagdown \diagup CH \\ C \cdot OH \end{array}$$

---

[1]) Petit u. Polonowski, Journ. de Pharm. et de Chim. [6] **5**, 369 [1897].

Vorkommen: Findet sich, wie Barger[1]) neuerdings nachgewiesen hat, im Mutterkorn in einer Menge von 0,01—0,1%.

Darstellung: Aus dem Mutterkorn isolierte Barger (loc. cit.) das p-Oxyphenyl-äthylamin auf folgende Weise. Der im Vakuum auf 375 ccm konz. wässerige Extrakt von 1,5 kg Mutterkorn wurde nach Zusatz von Natriumcarbonat 10 mal mit 150 ccm Amylalkohol ausgezogen; nach dem Einengen auf 200° wurde die amylalkoholische Lösung 10 mal mit 30 ccm 1 proz. wässeriger Natronlauge extrahiert, die alkalische wässerige Lösung mit Salzsäure neutralisiert und eingedampft. Das beim Ausziehen des Rückstandes erhaltene absolut alkoholische Filtrat (250 ccm) wurde mit ca. 10 ccm einer gesättigten alkoholischen Lösung von Quecksilberchlorid versetzt, bis eine sofortige Bildung von Niederschlägen nicht mehr eintrat, worauf das abgesaugte Filtrat erst durch Einengen, dann durch Wasserdampfdestillation vom Alkohol befreit, die filtrierte wässerige Lösung mit Schwefelwasserstoff behandelt und auf 30 ccm eingeengt wurde. Diese Lösung wurde mit $^1/_2$ n-Natronlauge alkalisch gemacht, 10 mal mit $^1/_2$ Vol. Äther ausgezogen, neutralisiert, sodaalkalisch gemacht und wieder 10 mal mit $^1/_2$ Vol. Äther ausgeschüttelt. Beim Eindampfen der ätherischen Lösung hinterblieb das p-Oxyphenyl-äthylamin, das in Gestalt seines Dibenzoylderivates charakterisiert wurde.

Synthesen des p-Oxyphenyl-äthylamins: 1. Gleichzeitig mit der Isolierung aus dem Mutterkorn lehrte Barger die erste Synthese des Stoffes kennen. Dieselbe besteht in der Reduktion von p-Oxybenzylcyanid (p-Oxyphenylacetonitril) mit Natrium und Alkohol[2]).

$$HO-C_6H_4-CH_2 \cdot CN + 2 H_2 = HO-C_6H_4-CH_2 \cdot CH_2 \cdot NH_2.$$

G. Barger und G. Walpole[2]) haben über zwei weitere Synthesen berichtet. Dieselben ergeben sich aus folgendem Schema:

2. $C_6H_5 \cdot CH_2 \cdot CH_2 \cdot NH \cdot CO \cdot C_6H_5 \rightarrow NO_2 \cdot C_6H_4 \cdot CH_2 \cdot CH_2 \cdot NH \cdot CO \cdot C_6H_5$
$\rightarrow NH_2 \cdot C_6H_4 \cdot CH_2 \cdot CH_2 \cdot NH \cdot CO \cdot C_6H_5 \rightarrow OH \cdot C_6H_4 \cdot CH_2 \cdot CH_2 \cdot NH \cdot CO \cdot C_6H_5$
$\rightarrow OH \cdot C_6H_4 \cdot CH_2 \cdot CH_2 \cdot NH_2.$

3. p-Methoxy-phenylacrylsäure wird zu p-Methoxyphenyl-propionsäure reduziert, deren Amid nach Hofmann zum Amin abgebaut und die Methoxygruppe mit Bromwasserstoffsäure abgespalten.

Auch diese Synthese ist recht umständlich und unrationell einerseits wegen der schlechten Ausbeuten, andererseits wegen der Nebenprodukte, welche bei der Aufspaltung mit Bromwasserstoffsäure infolge partieller Zersetzung gebildet werden und eine weitere Reinigung des Endproduktes erforderlich machen.

4. K. W. Rosenmund[3]) gelangte auf folgendem einfachen Wege zum p-Oxyphenyläthylamin. Anisaldehyd kondensiert sich unter geeigneten Bedingungen mit Nitromethan leicht zum p-Methoxy-nitrostyrol

$$CH_3O \cdot C_6H_4 \cdot CHO + CH_3 \cdot NO_2 = CH_3O \cdot C_6H_4 \cdot CH : CH \cdot NO_2.$$

Dieses läßt sich direkt zum p-Methoxyphenyl-äthylamin reduzieren. Vorteilhaft leitet man jedoch die Reduktion in der Weise, daß erst das Oxim des p-Methoxyphenyl-acetaldehyds entsteht, welches dann für sich zum Amin reduziert wird:

$$CH_3O \cdot C_6H_4 \cdot CH : CH \cdot NO_2 \rightarrow CH_3O \cdot C_6H_4 \cdot CH_2 \cdot CH : N \cdot OH$$
$$\rightarrow CH_3O \cdot C_6H_4 \cdot CH_2 \cdot CH_2 \cdot NH_2.$$

Die auf die eine oder andere Art gewonnene Methoxybase spaltet man durch kurzes Kochen mit entfärbter Jodwasserstoffsäure. Das so erhaltene p-Oxyphenyl-äthylamin ist sofort völlig rein. Die Ausbeuten nach dieser Methode übertreffen die von Barger erhaltenen um das $2^1/_2$—3fache.

Physiologische Eigenschaften: p-Oxyphenyl-äthylamin besitzt starke, blutdrucksteigernde Wirkung.

Physikalische und chemische Eigenschaften: Das p-Oxyphenyl-äthylamin krystallisiert aus Benzol oder Xylol in weißen Nädelchen oder Blättchen vom Schmelzp. 160°. Es siedet unter 2 mm Druck bei 161—163°, unter 8 mm bei 179—181°, löst sich in ca. 10 T. siedenden Alkohols, weniger leicht in Wasser, ziemlich wenig in siedendem Xylol.

---

[1]) Barger, Journ. Chem. Soc. **95**, 1123 [1909].
[2]) G. Barger u. G. Walpole, Journ. Chem. Soc. **95**, 1123 [1909].
[3]) K. W. Rosenmund, Berichte d. Deutsch. chem. Gesellschaft **42**, 4778 [1909].

Derivate:[1]) Das **Pikrat** krystallisiert aus Wasser in Prismen vom Schmelzp. 200°. — Die **Dibenzoylverbindung** schmilzt bei 170°; bei Einwirkung von 1 Mol. Benzoylchlorid entsteht beim Benzoylieren **N-Monobenzoyl-p-oxyphenyl-äthylamin** $C_{15}H_{14}O_2N$ = HO · C_6H_4 · C_2H_4 · NH · COC_6H_5, das aus Alkohol in hexagonalen Tafeln krystallisiert und bei 162° schmilzt. — **p-Methoxyphenyl-äthylamin** CH_3O · C_6H_4 · CH_2 · CH_2NH_2, nach der oben angeführten Methode 4 dargestellt, destilliert bei 18 mm Druck zwischen 136—138°, hat ausgesprochen basische Eigenschaften, fischartigen Geruch und verwandelt sich beim Stehen an der Luft in das schwer lösliche Carbonat. Das **salzsaure Salz** schmilzt bei 207°.

Dem p-Oxyphenyl-äthylamin verwandte Basen: Die Oxyphenyl-alkylamin-Basen haben in den letzten Jahren das Interesse weiter Kreise erregt wegen der starken physiologischen Wirkung, welche schon sehr geringe Mengen dieser Verbindungen hervorzubringen vermögen. So wurden außer dem p-Oxyphenyl-äthylamin auch solche Basen studiert, welche mit demselben nahe verwandt sind.

C. Mannich und W. Jacobsohn[2]) haben eine Methode ausgearbeitet, die gestattet, nicht nur das p-Oxyphenyl-äthylamin, sondern auch verwandte Basen auf eine bequeme Art herzustellen.

Der Weg besteht darin, daß sie zunächst durch Reduktion von Aldoximen bzw. Ketoximen Basen vom Typus (CH_3O) · C_6H_4 · CH_2 · $CH(R)$ · NH_2 bzw. $(CH_3O)_2C_6H_3$ · CH_2 · $CH(R)$ · NH_2 darstellen und diese dann durch kurzes Kochen mit starker Jodwasserstoffsäure in die entsprechenden Amine mit freien Phenolhydroxylen überführen.

Die für die Synthese derartiger Basen nötigen Oxime sind aus den entsprechenden Ketonen bzw. Aldehyden ohne Schwierigkeiten erhältlich. Von Ketonen wurden p-Methoxyphenyl-aceton, 3, 4-Methylendioxyphenyl-aceton und 3, 4-Methoxyphenyl-aceton verwendet. Die genannten Ketone gewinnt man aus Anethol, Isosafrol und Isoeugenolmethyläther in der Weise, daß man die Dibromide dieser ungesättigten Phenoläther darstellt, in ihnen das leicht bewegliche α-Bromatom mit Hilfe von wässerigem Aceton durch Hydroxyl ersetzt, die entstehenden Bromhydrine durch Erwärmen mit alkoholischer Kalilauge in Oxyde überführt und letztere durch Erhitzen mit einer Spur Säure in Ketone umlagert. Folgendes Schema veranschaulicht die Reaktionsfolge:

$$CH_3 \cdot C_6H_4 \cdot CH : CH \cdot CH_3 \rightarrow CH_3O \cdot C_6H_4 \cdot CHBr \cdot CHBr \cdot CH_3$$

$$\rightarrow CH_3O \cdot C_6H_4 \cdot CH(OH) \cdot CHBr \cdot CH_3 \rightarrow CH_3O \cdot C_6H_4 \cdot \overset{\overset{O}{\diagup\ \diagdown}}{CH-HC} \cdot CH_3$$

$$\rightarrow CH_3O \cdot C_6H_4 \cdot CH_2 \cdot CO \cdot CH_3.$$

Von Aldehyden wurden Homoanisaldehyd (p-Methoxyphenyl-acetaldehyd) und Homoveratrylaldehyd (3, 4-Dimethoxyphenylacetaldehyd) in Betracht gezogen. Auf die Isolierung der reinen Aldehyde wurde verzichtet, vielmehr ihre Natriumbisulfitverbindungen in wässeriger Suspension durch Zugabe der annähernd berechneten Menge Soda und Hydroxylaminchlorhydrat direkt auf Oxime verarbeitet, ein Verfahren, das sich gut bewährt hat.

p-Methoxyphenyl-isopropylamin CH_3O · C_6H_4 · CH_2 · $CH(CH_3)$ · NH_2. Die aus dem salzsauren Salz abgeschiedene Base bildet ein farbloses, stark alkalisches Öl vom Siedep. 158° bei 25 mm Druck.

p-Oxyphenyl-isopropylamin HO · C_6H_4 · CH_2 · $CH(CH_3)$ · NH_2. Die Base ist in Alkohol, Wasser, Chloroform und Essigester löslich. Aus Benzol krystallisiert sie in weißen Rosetten vom Schmelzp. 125—126°. Mit Eisenchlorid tritt keine Färbung ein.

3, 4-Dimethoxyphenyl-isopropylamin $(CH_3O)_2C_6H_3$ · CH_2 · $CH(CH_3)$ · NH_2. Die aus dem salzsauren Salz abgeschiedene Base bildet ein fast farbloses Öl vom Siedep. 166—168° bei 20 mm Druck.

3, 4-Dioxyphenyl-isopropylamin $(HO)_2C_6H_3$ · CH_2 · $CH(CH_3)$ · NH_2. Das salzsaure Salz zeigt einen Stich ins Graue und schmilzt bei 190—192°. In Wasser und Alkohol ist es löslich, nicht aber in Aceton und Äther. Seine Lösungen geben noch in großer Verdünnung mit Eisenchlorid eine grüne Färbung (Brenzcatechinreaktion).

3, 4-Methylendioxyphenyl-isopropylamin $CH_2O_2 : C_6H_3$ · CH_2 · $CH(CH_3)$ · NH_2, ein fast farbloses Öl vom Siedep. 157° bei 22 mm Druck. Das salzsaure Salz dieser Base schmilzt bei 180—181°. Es ist in Wasser und Alkohol leicht löslich.

---

[1]) G. Barger u. G. S. Walpole, Journ. of Physiol. **38**, 343 [1909].
[2]) C. Mannich u. W. Jacobsohn, Berichte d. Deutsch. chem. Gesellschaft **43**, 189 [1910].

3, 4-Dimethoxyphenyl-äthylamin $(CH_3O)_2C_6H_3 \cdot CH_2 \cdot CH_2 \cdot NH_2$. Entsteht aus dem Oxim des Homoveratrumaldehyds bei der Reduktion mit Natriumamalgam und Eisessig. Die Base bildet ein schwach gelbliches Öl vom Siedep. 188° bei 15 mm Druck. Ihr salzsaures Salz krystallisiert gut aus einem Gemisch von Alkohol und Äther. Es schmilzt bei 154—155° und ist in Wasser und Alkohol leicht, in Aceton fast unlöslich.

3, 4-Dioxyphenyl-äthylamin $(HO)_2C_6H_3 \cdot CH_2 \cdot CH_2 \cdot NH_2$. Entsteht bei der Aufspaltung seines Dimethyläthers mit Jodwasserstoffsäure. Das Chlorhydrat scheidet sich beim Eingegen der Lösung in Krystallen aus, die nach dem Abspülen mit Aceton einen Stich ins Graue zeigen. In Wasser sind sie leicht, in Alkohol weniger, in Aceton fast gar nicht löslich. Ein Schmelzpunkt kann nicht beobachtet werden, da gegen 200° Zersetzung eintritt. Die sehr verdünnte wässerige Lösung färbt sich mit Eisenchlorid schön grün.

Hordenin = p-Oxyphenyl-dimethyläthylamin = Dimethylaminoäthyl-p-oxybenzol.

Mol.-Gewicht 151,12.
Zusammensetzung: 79,40% C, 10,01% H.

$$C_{10}H_{15}O.$$

$$HO-C\underset{HC\;\;CH}{\overset{HC\;\;CH}{\diagdown\diagup}}C-CH_2 \cdot CH_2 \cdot N(CH_3)_2$$

Vorkommen: Um das Jahr 1896 wurden Gerstenkeime im südlichen Frankreich und in einigen französischen Kolonien verwendet, um Diarrhöe, Dysenterie und Cholera zu bekämpfen. Diese Erfahrungen wurden dann von Roux geprüft, welcher fand, daß Cholerakeime sich in einer Abkochung von Gerstenkeimen nicht entwickeln. Untersuchungen der Gerstenkeime von Léger[1]) führten dann zur Auffindung eines neuen Alkaloids, welches er Hordenin nannte, und dem er obige Konstitutionsformel zuschrieb. Zu demselben Resultate gelangte Gäbel unabhängig von Léger. Es dürfte kein direktes stickstoffhaltiges Endprodukt der Zelltätigkeit der Pflanze sein, sondern aus den durch Eiweißabspaltung primär entstandenen Aminosäuren durch sekundäre Reaktionen sekundär gebildet werden.

Synthesen: Wie wir beim p-Oxyphenyl-äthylamin auf S. 342 dargelegt haben, hat K. W. Rosenmund[2]) die Synthese dieser Base durchgeführt. Die dort geschilderte Darstellung des p-Methoxyphenyl-äthylamins bildete zusammen mit dem Nachweis, daß diese Verbindung durch Jodwasserstoff glatt entmethyliert wird, die Grundlage für die Weiterführung der Synthese bis zum Hordenin[3]).

Namentlich die Erkenntnis, daß p-Methoxy-phenyläthylamin und das daraus entstehende p-Oxyphenyl-äthylamin gegen Jodwasserstoff stabil sind, war für diese von entscheidender Bedeutung.

Die Synthese des Hordenins schien durch die Methylierung des p-Methoxyphenyl-äthylamins gegeben. Jedoch brachte die praktische Durchführung dieser Reaktion beträchtliche Schwierigkeiten mit sich. Selbst bei Anwendung der berechneten Menge Jodmethyl geht die Methylierung zum größten Teil bis zur quartären Base vor sich, aus der sich auf keine Weise die tertiäre Base gewinnen läßt, denn jeder Eingriff bewirkt weitgehenden Abbau des Moleküls.

Die vom quartären Salz abgetrennten flüssigen Anteile stellen ein Gemisch von primärer, sekundärer und tertiärer Base dar. Letztere ist der Methyläther des Hordenins. Nach einigen Versuchen gelang die Reinabscheidung dieser Verbindung dadurch, daß das Gemenge mit Essigsäureanhydrid erhitzt wird, wodurch die primären und sekundären Ammoniumverbindungen acetyliert werden und ihren Basencharakter verlieren. Der unveränderte Hordeninmethyläther ist dann leicht zu isolieren.

Aus ihm entsteht durch Behandlung mit Jodwasserstoff das Hordenin. Das synthetische Produkt zeigt die gleichen Eigenschaften wie das natürliche. Schmelzpunkt, Löslichkeit und Reaktionen sind dieselben.

Von weiterer Beweiskraft dafür, daß tatsächlich p-Oxyphenyl-äthyl-dimethylamin vorlag, war die Darstellung des Hordenin-jodmethylats, welche auf zwei verschiedenen Wegen

---
[1]) Léger, Compt. rend. de l'Acad. des Sc. **142**, 108 [1906]; Chem.-Ztg. **30**, 1265 [1906].
[2]) K. W. Rosenmund, Berichte d. Deutsch. chem. Gesellschaft **42**, 4778 [1909].
[3]) K. W. Rosenmund, Berichte d. Deutsch. chem. Gesellschaft **43**, 406 [1910].

erfolgte; einmal aus Hordenin und Jodmethyl selbst, des weiteren durch Aufspaltung des p-Methoxyphenyl-äthyl-trimethyl-ammoniumjodids. Beide auf so verschiedenem Wege gewonnenen Produkte sind identisch.

Diese Resultate können auch insofern einige Bedeutung beanspruchen, als sie die Konstitutionsformel des Hordenins im Sinne von Léger und Gäbel bestätigen.

Für die Darstellung des Hordenins käme die Methode jedoch erst dann in Betracht, wenn es gelänge, die Methylierung der primären Base zur tertiären in befriedigender Weise durchzuführen.

2. Barger konnte Hordenin aus Phenyläthylalkohol darstellen, indem er das aus diesem gewonnene α-Chlor-β-phenyläthan[1]) mit Dimethylamin zu α-Dimethylamino-β-phenyläthan umsetzte, letzteres nitrierte und schließlich die Nitrogruppe durch Hydroxyl ersetzte[2]).

α-Chlor-β-phenyläthan $C_8H_9Cl = C_6H_5 \cdot CH_2 \cdot CH_2Cl$. Entsteht bei langsamem Zusatz von 24,4 g Phenyläthylalkohol zu 41,7 g PCl_5, das mit 100 ccm Chloroform überschichtet ist, und 2stündigem Erhitzen des Gemisches auf dem Wasserbade, Öl. Siedep. 190—200° (unter geringer Zersetzung). Siedep.$_{20}$ = 91—92°. — **α-Dimethylamino-β-phenyläthan** $C_6H_5 \cdot CH_2 \cdot CH_2 \cdot N(CH_3)_2$. Aus 3 g des Chlorids bei mehrstündigem Erhitzen mit 4 ccm 33proz. alkoholischem Dimethylamin auf 100°. Siedep. 198—202°. — **α-Dimethylamino-β-p-nitrophenyläthan** $O_2N \cdot C_6H_4 \cdot CH_2 \cdot CH_2 \cdot N(CH_3)_2$. Aus 2,5 g der tertiären Base beim Eintropfen in 10 ccm HNO_3 (D. 1,5) bei —10°; man verdünnt mit Eis, macht alkalisch, zieht mit Äther aus und fällt die ätherische Lösung mit ätherischer Oxalsäure; das so erhaltene Oxalat $C_{10}H_{14}O_2N_2 \cdot C_2H_2O_4$ bildet Blättchen aus 95proz. Alkohol. Schmelzp. 153—154°. Sehr schwer löslich in abs. Alkohol, leicht löslich in verdünntem Alkohol. — **α-Chlor-β-p-nitrophenyläthan** $C_8H_8O_2NCl = O_2N \cdot C_6H_4 \cdot CH_2 \cdot CH_2Cl$. Aus α-Chlor-β-phenyläthan beim Eintropfen in Salpetersäure (D. 1,5) unter Kühlung mit Kältemischung. Krystalle aus Petroläther. Schmelzp. 49°. Siedep.$_{18}$ 175—179°. Liefert mit Dimethylamin ebenfalls α-Dimethylamino-β-p-nitrophenyläthan. — Das Oxalat löst man in Alkohol, reduziert es mit Zinn und konz. Salzsäure, macht die Lösung alkalisch und zieht das Amin mit Äther aus, zur siedenden Lösung der Base in verdünnter Schwefelsäure fügt man Natriumnitrat und entzieht der kalten filtrierten Lösung nach Zusatz von Natriumcarbonat das entstandene Hordenin.

Darstellung: Nach Gäbel[3]) stellt man es in der Weise dar, daß man lufttrocknes Malz mit 96proz. Alkohol extrahiert, das Extrakt eindickt und nach dem Lösen in Wasser und Zusatz von Kaliumcarbonat oftmals mit Äther ausschüttelt. Die Ätherlösung hinterläßt beim Eindampfen das rohe Hordenin, das durch Umkrystallisieren aus abs. Äther sowie mit Hilfe von Tierkohle gereinigt wird.

Physiologische Eigenschaften: Das Hordeninsulfat ist physiologisch von Camus untersucht worden, welcher fand, daß es den Blutdruck erhöht und die Harnausscheidung vermehrt. Fortgesetzte Einnahme bewirkt Verstopfung. Es wirkt auch auf die Galle und ruft Erbrechen hervor. Das Hordeninsulfat ist ein gutes Mittel gegen folgende Krankheiten: Hypochlorhydrie, Asystolie, Diarrhöen in heißen Ländern, Säuglingsdiarrhöe und Dysenterie, kurz, es gibt überall dort gute Resultate, wo die Gerste mit Erfolg angewandt wurde. Auf die Herztätigkeit wirkt das Hordeninsulfat nicht mit der Energie von Digitalis u. a., es hat den Vorzug einer weit geringeren Giftigkeit. Die gefährliche Dosis ist beim Menschen etwa 60 g per os und 20 g bei Injektionen[4]).

Physikalische und chemische Eigenschaften und Abkömmlinge: Das Hordenin bildet weiße Krystalle vom Schmelzp. 117,5°, siedet unter 11 mm bei 173—174° und ist eine tertiäre Base mit ausgesprochenem Phenolcharakter. Es liefert mit Säuren krystallinische Salze (Sulfat, Chlorhydrat, Jodhydrat, Tartrat, Oxalat usw.).

Mit Hilfe der entsprechenden Säurechloride kann man acetylierte, benzoylierte, cinnamylierte Verbindungen erhalten, die alle gut krystallisieren und krystallisierte Chlorhydrate liefern.

Durch Methylieren mit Dimethylsulfat und darauffolgende Oxydation in alkalischer Lösung mit Kaliumpermanganat wurde das Hordenin in Anissäure übergeführt. Mit Hilfe der Hofmannschen Abbaumethode (Methylieren mit Jodmethyl, Zerlegen des Jodmethylates

---

[1]) Barger, Journ. Chem. Soc. **95**, 1123 [1909].
[2]) G. Barger, Journ. Chem. Soc. **95**, 2193 [1909].
[3]) Gäbel, Archiv d. Pharmazie **244**, 435 [1906].
[4]) J. Sabrazès u. G. Guérive, Therapeutischer Wert des schwefelsauren Hordenins. Compt. rend. de l'Acad. des Sc. **147**, 1076 [1908].

mit Silberoxyd und darauffolgende trockne Destillation) wurde aus dem Hordenin Trimethylamin erhalten. Aus diesen Versuchen ging mit hoher Wahrscheinlichkeit die oben angeführte Formel des Hordenins hervor, nach der es als ein Dimethylaminäthyl-p-oxybenzol oder p-Oxyphenyläthyl-dimethylamin erscheint, und die durch die Synthese volle Bestätigung fand. Die Base rötet Phenolphthalein, reduziert ammoniakalische Silberlösung und gibt Millons Reaktion. Sie ist löslich in Wasser, Äther und Alkohol, schwerer löslich in Benzol und fast unlöslich in Petroläther.

Jodmethylat des Hordenins $OH \cdot C_6H_4 \cdot CH_2 \cdot CH_2 \cdot N(CH_3)_3 \cdot J$. Behandelt man das synthetische Produkt mit Jodmethyl in der Kälte, so verwandelt es sich in eine weiße, in kaltem Wasser schwer lösliche Verbindung vom Schmelzp. 230—231°.

p-Oxyphenyläthyl-trimethyl-ammoniumhydroxyd $OH \cdot C_6H_4 \cdot CH_2 \cdot CH_2 \cdot N(CH_3)_3 \cdot OH$. Die Verbindung entsteht durch Behandeln des Jodmethylats mit Silberoxyd. Durch Eindampfen der wässerigen, klar filtrierten Reaktionsflüssigkeit scheidet sich die Base krystallinisch ab. Ihre Eigenschaften sind derart, daß sie nicht gereinigt werden kann, da sie sowohl in Wasser wie in Alkohol spielend leicht löslich ist und aus dieser Lösung nicht mehr krystallinisch erhalten werden kann. Die Verbindung zeigt ein eigenartiges Verhalten gegen Jodmethyl, indem sie mit diesem unter Wasseraustritt das Jodmethylat des Hordenin-methyläthers gibt. (Schmelzp. zu 204° gefunden.)

$$OH \cdot C_6H_4 \cdot CH_2 \cdot CH_2 \cdot N(CH_3)_3 \cdot OH + CH_3J = CH_3 \cdot O \cdot C_6H_4 \cdot CH_2 \cdot CH_2 \cdot N(CH_3)_3 \cdot J + H_2O.$$

p-Methoxyphenyläthyl-trimethyl-ammoniumjodid (Jodmethylat des Hordeninmethyläthers). Die auf vorstehende Weise erhaltene Verbindung ist identisch mit derjenigen, welche aus p-Methoxyphenyl-äthylamin und Jodmethyl entsteht. Die Verbindung wurde in großer Menge bei Darstellung des Hordenins erhalten, auch Léger hat sie dargestellt und nachgewiesen, daß sie 1½ Mol. Krystallwasser enthält. Die Verbindung schmilzt dann bei 96—97°. Es wurde nun gefunden, daß das Krystallwasser leicht entfernt werden kann, ohne die Krystallform der Substanz zu ändern. Die wasserfreie Verbindung zeigt den Schmelzp. 206°. Die Verbindung läßt sich ohne Schwierigkeiten durch siedende Jodwasserstoffsäure an der Methoxylgruppe aufspalten und gestattet so eine bequeme Darstellung des Hordeninjodmethylates.

Benzoylhordeninjodmethylat $C_6H_5 \cdot CO_2 \cdot C_6H_4 \cdot CH_2 \cdot CH_2 \cdot N(CH_3)_3 \cdot J$. Hexagonale Blättchen aus Wasser. Schmelzp. 252—254°.

Adrenalin, α-[3, 4-Dioxyphenyl]-α-oxy-β-methylamino-äthan $(HO)_2C_6H_3 \cdot CH(OH) \cdot CH_2 \cdot NH \cdot CH_3$ ist im Abschnitt „Phenole" näher behandelt.

J. Alkaloide von unbekannter Konstitution.

Von vielen Pflanzenalkaloiden ist die Konstitution bisher noch nicht aufgeklärt worden. Wir werden sie nach ihrem botanischen Vorkommen und nach den betreffenden Pflanzenordnungen bzw. -familien einreihen, mit Ausnahme einiger einzelnstehender Alkaloide, welche ohne Rücksicht auf dieses Einteilungsprinzip in ein gemeinsames Kapitel zusammengefaßt werden. In einem Schlußkapitel finden sich dann noch einige sog. Glucoalkaloide behandelt, welche den natürlichen Übergang zu den Glucosiden bilden.

A. Alkaloide aus kryptogamen Pflanzen.

Mutterkornalkaloide.

Das Extrakt des Mutterkorns (Secale cornutum), des parasitischen Pilzes Clapiceps purpurea (Fam. Fungi) wurde schon längere Zeit medizinisch angewandt. Die Beobachtung, daß dieses als **Ergotin** bezeichnete Extrakt basische Bestandteile enthält, rührt schon aus älterer Zeit her.

Nach den neuesten Untersuchungen von Barger und Dale[1]) wird die Wirksamkeit von Mutterkornpräparaten hauptsächlich durch 2 Substanzen bedingt, nämlich durch Ergotoxin und das auf S. 341 behandelte p-Oxyphenyläthylamin. Die aus dem Mutterkorn dar-

---

[1]) C. Barger u. H. H. Dale, Archiv f. experim. Pathol. u. Pharmakol. **61**, 113 [1909].

gestellten Präparate finden bekanntlich eine ausgedehnte Anwendung in der Geburtshilfe und Gynäkologie wegen der kräftig zusammenziehenden Wirkung auf die Gebärmutter und bei Blutungen der Gebärmutter.

Ergotinin.

Mol.-Gewicht 609,36.
Zusammensetzung: 68,92% C, 6,45% H, 11,50% N.

$$C_{35}H_{39}N_5O_5.$$

Vorkommen: Im Mutterkorn.

Darstellung: Nach Tanret[1]) wird das gepulverte Mutterkorn mit 95 proz. Alkohol extrahiert, der Alkohol nach Zusatz von Ätznatron bis zur schwach alkalischen Reaktion abdestilliert und der Rückstand mit viel Äther ausgeschüttelt. Man entzieht der ätherischen Lösung durch weinsäurehaltiges Wasser die Alkaloide, welche mittels überschüssigen Kaliumcarbonats wieder freigemacht und in Äther aufgenommen werden. Die ätherische Lösung wird mit Tierkohle entfärbt, konzentriert und der Äther im Dunkeln verdampfen gelassen, wobei sich Ergotinin ausscheidet. Außerdem wird die Base krystallisiert erhalten, wenn man die ätherische Lösung völlig zur Trockne verdampft, den Rückstand in wenig Alkohol aufnimmt und das 30—40 fache Volum Äther hinzufügt.

Nachweis: Ergotinin gibt, mit Essigäther übergossen und mit Schwefelsäure versetzt, eine orangerote Färbung, welche über Violett ins Blau übergeht und für das Alkaloid charakteristisch ist. Durch Einwirkung von Hitze oder Licht geht das krystallisierte Alkaloid in das amorphe Ergotinin über, welches auch im Mutterkorn vorhanden ist. Es zeichnet sich durch größere Löslichkeit aus und besitzt ein geringeres Drehungsvermögen: $[\alpha]_D = +192$ bis $195°$.

Das von Keller beschriebene **Curnutin** sowie das von Jakobi beschriebene **Secalin** erwiesen sich identisch mit Ergotinin.

Physiologische Eigenschaften: Ergotinin ist ein krampf- und gangränerzeugendes Gift, nicht aber der Träger der spezifischen, Uteruskontraktionen hervorrufenden Mutterkornwirkung.

Physikalische und chemische Eigenschaften:[2]) Das krystallisierte Ergotinin bildet lange, farblose Nadeln, welche lichtempfindlich sind. Es beginnt bei 210° sich zu bräunen und zu sintern und schmilzt bei 219°. Eine alkoholische Lösung nimmt an der Luft zuerst eine grüne, dann braune Färbung an, saure Lösungen fluorescieren violett und färben sich bald rot. Das Alkaloid zeigt keine alkalische Reaktion. Es ist nur schwach basisch, indem die Salze schon durch Wasser zerlegt werden und sauer reagieren. In Wasser ist es unlöslich, in kaltem Alkohol (95 proz.) schwer (1 : 200 bei 20°), in siedendem ziemlich schwer (1 : 50 bis 60) löslich. Das Drehungsvermögen ist ungewöhnlich groß, indem die alkoholische Lösung $[\alpha]_D = +334—336°$ zeigt. Alkalien und Säuren vermindern diese Drehung.

Hydroergotinin = Ergotoxin.

Mol.-Gewicht 627,38.
Zusammensetzung: 66,94% C, 6,59% H, 11,16% N.

$$C_{35}H_{41}O_6N_5.$$

Vorkommen: Im Mutterkorn.

Darstellung:[3]) Man extrahiert das pulverisierte Mutterkorn mit Äther, läßt den ersten Auszug unverändert, engt dagegen die anderen zusammen auf das gleiche Gewicht ein, mischt die beiden, schüttelt die Flüssigkeit bis zur Erschöpfung mit Mengen von je $1/2—1/4$ l 0,5 proz. Weinsäurelösung aus, übersättigt die klarfiltrierten Auszüge mit Soda, saugt den Niederschlag ab und trocknet ihn über Schwefelsäure. Ausbeute an Rohalkaloiden 2—2,5⁰/₀₀. 1 T. des trocknen Rohalkaloids löst man kalt in 3 T. Essigsäure, verdünnt die Lösung mit Wasser auf 300 T., filtriert sie unter Zusatz von etwas Kieselgur durch ein dichtes Filter, wäscht letzteres mit Wasser bis auf 400 T. Filtrat nach und versetzt die Flüssigkeit mit einer Lösung von 1 T. wasserfreiem Natriumsulfat in 100 T. Wasser. Hierdurch erfolgt Abscheidung des

---

[1]) Tanret, Compt. rend. de l'Acad. des Sc. **86**, 888 [1878].
[2]) Tanret, Compt. rend. de l'Acad. des Sc. **81**, 896 [1875]; **86**, 888 [1878]; Annales de Chim. et de Phys. [5] **17**, 493 [1879].
[3]) F. Kaft, Archiv d. Pharmazie **244**, 336 [1906].

Sulfates des amorphen Alkaloides, des Hydroergotinins, während dasjenige des Ergotinins in Lösung bleibt. Nach 2 stündigem Stehen filtriert man den Niederschlag ab, saugt ihn kräftig ab, rührt ihn wieder mit etwas Wasser an, setzt reichlich Äther hinzu und die eben zur Zersetzung notwendige Menge Soda hinzu, schüttelt, zieht die ätherische Lösung ab, trocknet sie durch Natriumsulfat und entfernt den Äther im Vakuum ohne Erwärmen. Bei sorgfältigem Arbeiten hinterbleibt das Hydroergotinin rein und farblos. Die vom Hydroergotininsulfat abfiltrierte Lauge fällt man mit Soda aus, trocknet das abgeschiedene und ausgewaschene Ergotinin über Schwefelsäure, schüttelt es mit 1,5 T. Holzgeist, worin es zum größten Teil unlöslich ist, läßt 1 Stunde kühl stehen, gießt die Lauge ab, wäscht etwas nach und krystallisiert das Ergotinin aus Holzgeist um.

Physiologische Eigenschaften des Hydroergotinins:[1]) Es erzeugt Gangrän des Hahnenkammes, Blutdrucksteigerung und Kontraktion des Uterus und die charakteristische Lähmung des Bauchsympathicus, welche sich am Blutdruck durch die „vasomotorische Umkehrung" offenbart. Diese Wirkung verusacht das Alkaloid selbst. Sie sind nicht, wie Vahlen vermutet, einer ihm anhaftenden Verunreinigung zuzuschreiben. Hydroergotinin oder Ergotoxin ist der wirksame Bestandteil von Präparaten wie Sphacelinsäure, Sphacelotoxin usw. In wässerigen Mutterkornauszügen jedoch kommt es nur in geringen Mengen vor. In den wässerigen Auszügen wird die Wirksamkeit hauptsächlich durch das in Wasser lösliche p-Oxyphenyläthylamin (s. S. 342) bedingt.

Physikalische und chemische Eigenschaften: Das Hydroergotinin ist ein farbloses, amorphes Pulver, löslich in kaltem Methyl- und Äthylalkohol in jedem Verhältnis, in 5 T. siedendem Benzol, in 25 T. Benzol von Handwärme. Zum Zeichen der Reinheit des Hydroergotinins darf die Lösung in 2 T. kaltem Holzgeist bei mehrtägigem Stehen keine Krystallausscheidung geben und sich nicht grün färben. Durch mehrstündiges Kochen der kalt bereiteten, methylalkoholischen Lösung des Hydroergotinins am Rückflußkühler wird dasselbe vollständig, durch einmaliges Aufkochen bereits teilweise in Ergotinin umgewandelt. Andererseits geht das Ergotinin in verdünnter essigsaurer Lösung (1 T. Ergotinin, 2 T. Essigsäure, 97 T. Wasser) innerhalb 10 Tagen zum größten Teil in Hydroergotinin (Niederschlag mit Natriumsulfatlösung) über.

Es sei noch erwähnt, daß F. Kraft (loc. cit.) aus dem mit Chloroform erschöpften Mutterkorn an in wasserlöslichen Produkten isolierte: Betain, Cholin, Mannit und **Secaleaminosulfosäure** $C_{15}H_{27}O_{15}(NH_2) \cdot SO_3H$. Letztere Säure krystallisiert aus wenig Wasser in farblosen, an der Luft zerfließlichen Prismen vom Schmelzp. 200°, leicht löslich in Wasser, gibt mit ammoniakalischer Silbernitratlösung einen weißen, beim Kochen sich nicht reduzierenden Niederschlag.

Verschiedene Mutterkornkörper sind auch von Kobert[2]) sowie von Jakobj[3]) beschrieben worden. Dieselben scheinen aber keine chemischen Individuen, sondern Gemenge veränderlicher Natur der vorstehend behandelten Reinsubstanzen zu sein, die ihre physiologische Wirksamkeit hauptsächlich dem Hydroergotinin verdanken.

Das vorstehend behandelte Ergotinin ist nach den neuesten Untersuchungen von Barger und Ewins[4]) ein Anhydrid des Ergotoxins $C_{35}H_{41}O_6N_5$, und zwar ein Lacton oder Lactam; denn Ergotoxin muß wegen seiner Löslichkeit in Natronlauge ein Carboxyl enthalten, während Ergotinin und der aus beiden darstellbare Äthylester in Natronlauge unlöslich sind.

Das **Phosphat des Ergotoxinäthylesters** $C_{37}H_{45}O_6N_5 \cdot H_3PO_4$ entsteht beim Erwärmen der Suspension von 1 g Ergotinin in 10 ccm abs. Alkohol mit 1,1 Mol. Phosphorsäure in 5 ccm Alkohol. Weiße Blättchen aus 95 proz. Alkohol. Schmelzp. 187—188°. $[\alpha]_D = +77.8°$ (c = 2,03 in 75 proz. Alkohol). — **Hydrochlorid** $C_{37}H_{45}O_6N_5 \cdot HCl$. Tafeln aus 90 proz. Alkohol. Schmelzp. 206—207°. — **Ergotoxinphosphat** bildet sehr feine Nadeln, das Hydrochlorid Nadeln. — **Pikrat** $C_{35}H_{41}O_6N_5 \cdot C_6H_3O_7N_3$. Gelbliche Prismen. Schmelzp. 214 bis 215°. — **Hydrobromid** $C_{35}H_{41}O_6N_5 \cdot HBr$. Prismen vom Schmelzp. 208°. — **Sulfat** $C_{35}H_{41}O_6N_5 \cdot H_2SO_4$. Prismen vom Schmelzp. 197°. — **Nitrat.** Prismen vom Schmelzp. 193—194°. — Der amorphe Ergotoxinmethylester bildet das amorphe **Jodmethylat** $C_{36}H_{42}O_6N_5 \cdot CH_3J$; ebenso vereinigen sich Ergotoxin und Ergotinin mit Jodmethyl zu amorphen Produkten.

---

[1]) Barger u. Dale, Archiv f. experim. Pathol. u. Pharmakol. **61**, 113 [1909].
[2]) Kobert, Archiv f. experim. Pathol. u. Pharmakol. **18**, 317 [1885].
[3]) Jakobj, Archiv f. experim. Pathol. u. Pharmakol. **39**, 85 [1897].
[4]) G. Barger u. A. J. Ewins, Journ. Chem. Soc. **97**, 284 [1910]; Chem. Centralbl. **1910,** I, 284.

Bei vorsichtiger trockner Destillation von Ergotoxin und Ergotinin bei 220—240° und 2 mm Druck erhält man **Isobutyrylformamid** $C_5H_9O_2N = (CH_3)_2CH \cdot CO \cdot CO \cdot NH_2$, als schönes Sublimat vom Schmelzp. 109°.

Ergothionin.

Mol.-Gewicht der wasserfreien Base: 197,15.
Zusammensetzung der wasserfreien Base: 54,78% C, 7,67% H, 21,32% N.

$$C_9H_{15}O_2N_3S \cdot 2\,H_2O.$$

Vorkommen: Im Mutterkorn, aus dem sie von Tanret isoliert wurde.

Darstellung:[1]) Zur Darstellung erschöpft man das Mutterkorn mit 90 proz. Alkohol, destilliert, filtriert von Schmieren und Harzen ab, gibt 20 proz. Schwefelsäure zu zur Ausfällung von Farbstoffen und Ergotinin (Sclererythin nach Dragendorff), schafft die Schwefelsäure durch Baryt weg, reinigt mit Bleisubacetat, filtriert, fällt gelöstes Blei mit Schwefelsäure, gibt Alkali zu, erschöpft mit Chloroform, um noch Alkaloide auszuziehen, säuert mit Essigsäure an, gibt dazu eine lauwarme 8 proz. Lösung von Quecksilberchlorid, bis sich kein Niederschlag mehr bildet, wäscht, zersetzt die in einer großen Menge Wasser verteilte Quecksilberchloridverbindung mit Schwefelwasserstoff, konzentriert das Filtrat zum klaren Sirup, wäscht das Chlorwasserstoffsalz mit Alkohol und krystallisiert es aus Wasser um. Aus 1 kg Mutterkorn erhält man 1 g Ergothioninchlorhydrat. Man löst das Salz in einigen Teilen heißen Wassers, fügt wenig überschüssiges Calciumcarbonat zu, kocht auf, filtriert, worauf sich beim Abkühlen und noch mehr nach Konzentration auf Zusatz des mehrfachen Volumens 95 proz. Alkohols die Base abscheidet, die aus 60 proz. heißen Alkohol umkrystallisiert werden kann. Man kann das Chlorwassterstoffsalz auch bei gelinder Wärme in 80 proz. Schwefelsäure lösen, Chlorwasserstoff durch Ausäthern entfernen, das Sulfat verdünnen und mit Bariumcarbonat fällen.

Physikalische und chemische Eigenschaften: Die Base krystallisiert aus Wasser in farblosen, nach Wyrouboff monoklinen Nadeln oder Lamellen mit $2\,H_2O$, verliert diese über Schwefelsäure und nimmt sie an der Luft wieder auf, ist sehr leicht löslich in heißem Wasser, löslich in 8,6 T. Wasser von 20°, ziemlich leicht löslich in verdünntem Alkohol, sehr wenig löslich in starkem Alkohol (löslich in 30 T. Alkohol von 60%, beim Kochen in 6—7 T., in 45,330 T. Alkohol und über 1000 T. Alkohol von 80, 90 und 95%), kaum löslich in heißem Methylalkohol und Aceton, unlöslich in Äther, Chloroform und Benzin; ist rechtsdrehend. $[\alpha]_D = +110°$; schmilzt im Maquenneschen Block gegen 290° in etwa 10 Sekunden unter Zersetzung; ist in frischem Zustand geruchlos, riecht aber unangenehm nach dem Aufbewahren. Ergothionin ist eine schwache Base, zeigt keine Reaktion gegenüber Lackmus. In den Salzen verhalten sich die Säuren gegenüber Farbindicatoren, als ob sie frei wären; Mineralsäuren lassen sich in Gegenwart von Helianthin und Lackmus titrieren. Die Salze sind krystallisiert. Nach dem Schmelzen mit Alkali entwickeln sie beim Ansäuern Schwefelwasserstoff. Ihre Lösungen färben sich beim Erwärmen mit Kalilauge und Chloroform grün, beim Ansäuern blau.

Derivate: Chlorhydrat $C_9H_{15}O_2N_3S \cdot HCl \cdot 2\,H_2O$. Rhombische Krystalle. Verliert das Krystallwasser bei 105°; schmilzt entwässert im Maquenneschen Block bei 250°. Sehr leicht löslich in kaltem Wasser und Methylalkohol; leicht löslich in verdünntem Alkohol. $[\alpha]_D = +88,5°$. Sehr beständig. Gibt mit wenig Silbernitrat einen käsigen Niederschlag von $(AgCl)_2[C_9H_{15}O_2(N_3S)_2Ag_2O]$. — **Sulfat** $(C_9H_{15}O_2N_3S)_2H_2SO_4 \cdot 2\,H_2O$. Löslich in 7 T. Wasser von 10°. $[\alpha]_D = +87,4°$. Schmilzt gegen 265° unter Zersetzung. — **Phosphat** $C_9H_{15}O_2N_3S \cdot H_3PO_4$. Ist wasserfrei. Löslich in 20 T. Wasser von 19°. $[\alpha]_D = +83,8°$. — **Jodwasserstoffsaures Salz** $(C_9H_{15}O_2N_3S)_2HJ \cdot 2\,H_2O$. Rhombische Krystalle (nach Wyrouboff), schmilzt gegen 100° unter Gelbfärbung und beginnender Zersetzung $[\alpha]_D = +77,7°$. — **Verbindung** $C_9H_{15}O_2N_3S \cdot HCl \cdot HgCl_2$. Krystalle, löslich in einigen Teilen heißen Wassers und in 180 T. kalten Wassers; kaum löslich in Gegenwart von Quecksilberchlorid. — **Chloroplatinat.** Orangerot, ziemlich leicht löslich in Wasser. — Goldchlorid färbt die Lösung blutrot.

Ergothionin gibt mit Jod mehrere Additionsverbindungen. Das jodreichste, das **Trijodid** $C_9H_{15}O_2N_3S \cdot J_3 \cdot 2\,H_2O$, entsteht aus der Lösung eines Salzes mit einem geringen

---

[1]) Ch. Tanret, Journ. de Pharm. et de Chim. [6] **30**, 145 [1909]; Annales de Chim. et de Phys. [8] **18**, 114 [1909]; Chem. Centralbl. **1909**, II, 1474.

Überschuß von Jodkalium; es ist ein schwarzbrauner, wenig löslicher Niederschlag (aus Alkohol von 80%). — Niedere Verbindungen entstehen bei allmählicher Zugabe von Jodjodkalilösung zu einer Chlorhydratlösung; 1 : 10; es bildet sich zuerst ein schwarzer Niederschlag, welcher sich wieder auflöst, dann gelbe Nadeln, welche, nach dem Filtrieren mit neuem Jod versetzt, einen orangegelben Niederschlag geben. Die vereinigten Niederschläge geben aus heißem, 60 proz. Alkohol beim Abkühlen orangegelbe, linksdrehende Nadeln, die leicht durch Wasser zersetzt werden und ein Gemisch der Verbindungen $(C_9H_{15}O_2N_3S)_2J \cdot 4 H_2O$ und $C_9H_{15}O_2N_3S \cdot J \cdot 2 H_2O$ vorstellen.

Basen der Familie Lycopodiaceae.
Lycopodin.[1])

Mol.-Gewicht 512,44.
Zusammensetzung: 74,93% C, 10,23% H, 5,47% N.

$$C_{32}H_{52}N_2O_3.$$

Vorkommen: In dem sowohl in Nord- wie in Mitteleuropa allgemein sich findenden Lycopodium complanatum. Es ist das erste Alkaloid, welches aus Gefäßkryptogamen erhalten wurde.

Darstellung: Das zerschnittene, trockne Kraut wird durch zweimaliges Auskochen mit Alkohol (90 proz.) erschöpft. Nach dem Erkalten werden die Auszüge filtriert und der Alkohol abgedampft. Man knetet den Rückstand wiederholt mit lauwarmem Wasser so lange durch, bis der letzte Auszug weder durch bitteren Geschmack, noch durch eine braunrote Trübung mit Jodwasser einen Alkaloidgehalt erkennen läßt. Die wässerigen Extrakte werden mit basischem Bleiacetat ausgefällt, das Filtrat von Blei befreit, stark konzentriert, mit Natronlauge stark alkalisch gemacht und mit viel Äther wiederholt ausgeschüttelt, bis kein Alkaloid mehr aufgenommen wird. Der Rückstand des Ätherextraktes wird in sehr verdünnter Salzsäure gelöst, die Harze abfiltriert und das salzsaure Salz durch Umkrystallisieren gereinigt. Wird die ganz konzentrierte wasserige Lösung des reinen Salzes mit konz. Natronlauge versetzt und festes Kalihydrat zugegeben, so scheidet sich die freie Base als farblose, klebrige, fadenziehende Masse ab, die beim Stehen unter der Flüssigkeit allmählich fest wird.

Physikalische und chemische Eigenschaften: Lycopodin bildet lange, monokline Prismen, welche bei 114—115° schmelzen. Es ist in Alkohol, Chloroform, Benzol und Amylalkohol sehr leicht, in Wasser und Äther reichlich löslich. Der Geschmack ist rein bitter.

Derivate: Das **Hydrochlorid** $C_{32}H_{52}N_2O_3 \cdot 2 HCl + H_2O$ krystallisiert aus Wasser in glashellen, monoklinen Krystallen, welche als dreiseitige Prismen erscheinen; sie werden bei 100° wasserfrei und schmelzen noch nicht bei 200°.

Das **Goldsalz** $(C_{32}H_{52}N_2O_3 \cdot 2 HCl) \cdot 2 AuCl_3 + H_2O$ bildet feine, glänzende Nädelchen.

Pillijanin.

$$C_{15}H_{24}N_2O \;(?).$$

Vorkommen: In dem als „Pillijau" bezeichneten, im tropischen Südamerika heimischen Lycopodium saururus.

Darstellung: Dieselbe gestaltet sich nach Arata und Canzoneri[2]) folgendermaßen. Die Pflanze wird zerkleinert und mit Wasser ausgekocht, die filtrierte Lösung schließlich unter Zusatz von Kalk zur Trockne verdampft, der Rückstand andauernd mit Alkohol ausgekocht und nachher mit Petroläther und mit Amylalkohol erschöpfend extrahiert. Die beim Verdampfen dieser Lösungen verbleibenden Rückstände nimmt man in Essigsäure auf, entfernt durch Bleiacetat harzige Substanzen und dampft die entbleiten Lösungen ein. Der Rückstand wird in Wasser aufgenommen, die wässerige Lösung mit Äther extrahiert, dann mit Soda alkalisch gemacht und die Base mittels Chloroform ausgezogen. Das aus dieser Lösung hinterbleibende rohe Alkaloid wird in das Sulfat übergeführt, aus diesem wieder mit Soda abgeschieden und mit Ligroin ausgeschüttelt.

---

[1]) Bödeker, Annalen d. Chemie u. Pharmazie **208**, 363 [1881].
[2]) Arata u. Canzoneri, Gazzetta chimica ital. **22**, I, 146 [1892]; Berichte d. Deutsch. chem. Gesellschaft **25**, Ref. 429 [1892].

Physikalische und chemische Eigenschaften: Pillijanin krystallisiert in federartig angeordneten Nädelchen vom Schmelzp. 64—65°, deren Geruch an den des Coniins erinnert.

Derivate: Das **Sulfat** krystallisiert beim freiwilligen Verdampfen der absolut-alkoholischen Lösung in rhombischen Prismen, welche $2^1/_2$ Mol. Wasser enthalten und zerfließlich sind.

Das **Platinsalz** löst sich leicht in Wasser und Alkohol und krystallisiert aus letzterem in gelben, glänzenden Blättchen. — Das **Goldsalz** scheidet sich ebenfalls aus der alkoholischen Lösung krystallinisch ab, ist aber leicht veränderlich.

B. Alkaloide aus phanerogamen Pflanzen.
Basen der Familie Coniferae und Gretaceae.
Taxin.

Mol.-Gewicht 670,42.
Zusammensetzung: 66,23% C, 7,82% H, 2,09% N.

$$C_{37}H_{52}NO_{10} \ (?).$$

Vorkommen: Die giftige Wirkung der Blätter, Sprossen und Früchte des Eibenbaumes (*Taccus baccata*) beruht nach den Untersuchungen von Dujardin, Schroff[1]) und Lucas[2]) auf der Gegenwart von Taxin. Die grünen Blätter von *Taccus baccata* enthalten davon ca. 0,18%.

Darstellung: Nach der Methode von Marmé verfährt man folgendermaßen[3]). Die Blätter und Früchte, von denen die ersteren das Alkaloid reichlicher enthalten, werden wiederholt mit Äther behandelt, der ätherische Auszug, von welchem das Lösungsmittel größtenteils abdestilliert worden ist, mit Schwefelsäure enthaltendem Wasser wiederholt behandelt, bis eine Probe der sauren Flüssigkeit mit Ammoniak keine Fällung mehr zeigt. Aus der gelbgefärbten Flüssigkeit wird der Äther unter Einleitung von Kohlendioxyd abgedampft und der Rückstand nach dem Erkalten mit Ammoniak ausgefällt. Die braungefärbte Fällung, welche rasch abfiltriert und mit Wasser völlig ausgewaschen werden muß, wird von neuem in schwefelsäurehaltigem Wasser aufgelöst, mit Ammoniak ausgefällt, nochmals in Äther aufgelöst und wie das erstemal mit saurem Wasser und Ammoniak behandelt.

Nach Thorpe[4]) und Stubbs werden die gepulverten lufttrocknen Blätter des **Taxus** mit 1 proz. Schwefelsäure 5—6 Tage digeriert, die Lösung wird koliert, ohne zu konzentrieren alkalisch gemacht und ausgeäthert. Aus dem Rückstand vom Ätherextrakt wird Taxin in feinen, glänzenden Partikeln gewonnen.

Physiologische Eigenschaften: Taxin bewirkt nach Borchers[2]) bei Fröschen, Kaninchen, Katzen und Hunden starkes Sinken der Atemfrequenz und Herzaktion. Der Tod erfolgt durch Erstickung in kurzer Zeit.

Physikalische und chemische Eigenschaften: Taxin krystallisiert nicht, schmilzt bei 82° unter schwacher Zersetzung, ist geruchlos und besitzt einen sehr bitteren Geschmack. Löslich in Äther, Aceton, Alkohol, Chloroform, Benzol, unlöslich in Wasser und Petroläther, löslich in schwachen Säuren; aus der Lösung wird es durch Alkalien als weiße, voluminöse Masse gefällt. In der salzsauren Lösung bringen Jod in Jodkalium eine schokoladenbraune, Mercurijodid in Jodkalium eine weiße, Phosphormolybdänsäure eine gelbe, Platinchlorid eine hellgelbe, Goldchlorid eine kanariengelbe, voluminöse, in Wasser sehr wenig lösliche, Jodkalium und Wismutjodid eine orangerote, Pikrinsäure eine gelbe und Quecksilberchlorid eine weiße Fällung hervor. Schwefelsäure allein gibt eine braune bis rötlichblaue, mit wenig Salpetersäure eine dunkelrosarote, mit Molybdänsäure eine dunkelviolette und mit Kaliumdichromat eine rotblaue Färbung; konz. Salpetersäure liefert eine hellbraune und konz. Salzsäure keine Färbung.

---

[1]) Husemann-Hilger, Pflanzenstoffe. 1882. S. 327.
[2]) Lucas, Jahresber. d. Chemie **1856**, 550; Archiv d. Pharmazie [2] **85**, 145 [1857].
[3]) Hilger u. Brande, Berichte d. Deutsch. chem. Gesellschaft **23**, I, 464 [1890].
[4]) J. E. Thorpe u. G. Stubbs, Proc. Chem. Soc. **18**, 123 [1902]; Journ. Chem. Soc. London **81**, 874 [1902].

Derivate: Die Salze sind entweder amorph oder undeutlich krystallinisch. Taxin liefert zwei Verbindungen mit **Goldchlorid**, $C_{37}H_{52}NO_{10} \cdot HAuCl_4$ vom Schmelzp. 72,5° und $C_{37}H_{52}NO_{10} \cdot AuCl_3$ vom Schmelzp. 132—134°. — Das **Jodmethylat** $C_{37}H_{52}NO_{10} \cdot CH_3J$ entsteht beim Mischen des Alkaloids in Benzol mit Jodmethyl. Weißes, amorphes Pulver. Schmilzt bei ca. 121°.

Basen aus den Ephedraarten.

Ephedrin.

Mol.-Gewicht 165,13.
Zusammensetzung: 72,66% C, 9,16% H, 8,48% N.

$$C_{10}H_{15}NO.$$

$C_6H_5 \cdot CH(NHCH_3) \cdot CHOH \cdot CH_3$ oder $C_6H_5 \cdot CHOH \cdot CH(NHCH_3)CH_3$ [1]).

Vorkommen: In Ephedra vulgaris.
Darstellung: Zur Isolierung der Base wird das Kraut der Pflanze mit Alkohol ausgezogen, der alkoholische Extrakt eingedampft und der Rückstand mit Chloroform extrahiert.
Physiologische Eigenschaften: Das Hydrochlorid der Base wirkt mydriatisch und wird daher allein oder in Verbindung mit dem ähnlich wirkenden Homatropin (s. S. 83) unter der Bezeichnung **Mydrin** bei Untersuchungen der Netzhaut angewandt.
Physikalische und chemische Eigenschaften: Ephedrin[3]) ist eine weiße, krystallinische Masse, welche bei etwa 225° unter Zersetzung siedet, bei 38—40° schmilzt und von Alkohol, Äther und Wasser — von letzterem unter Hydratbildung — gelöst wird. $[\alpha]_D^{20} = -6,3°$ (1,7914 g gelöst in abs. Alkohol zu 49,862 ccm).
Derivate: [2]) Das **Hydrochlorid** $C_{10}H_{15}NO \cdot HCl$ bildet weiße, in Wasser leicht lösliche Nadeln, welche bei 210° schmelzen. $[\alpha]_D = -36,66°$ (in Wasser; c = 5). Es findet, wie vorstehend erwähnt, unter dem Namen Mydrin Verwendung in der Augenheilkunde.
Das **Platinsalz** $(C_{10}H_{15}NO \cdot HCl)_2 PtCl_4$ krystallisiert aus der konz. wässerigen Lösung in langen, verfilzten, leicht löslichen Nadeln, welche bei 183—184° schmelzen.
Monoacetylephedrin, aus Ephedrin bei Einwirkung von Essigsäureanhydrid mit oder ohne Zusatz von Natriumacetat entstehend, bildet ein Chlorhydrat vom Schmelzp. 175—176° und ein Platinsalz vom Schmelzp. 185°. — **Dibenzoylephedrin** $C_{10}H_{13}(C_6H_5CO)_2ON$. Weiße, säulenförmige Krystalle aus Alkohol. Schmelzp. 115—116°. Mit salpetriger Säure entsteht ein in langen Nadeln krystallisierendes **Nitrosamin**. Mit Jodalkylen tritt Ephedrin zu Jodalkylaten zusammen. — **Methylephedrin** $C_{10}H_{14}ON(CH_3)$. Krystallmasse vom Schmelzp. 59—62°. — **Jodmethylat des Methylephedrins** $C_{10}H_{14}ON(CH_3) \cdot CH_3J$. Derbe Krystalle vom Schmelzp. 199°. — **Platinsalz** $[C_{10}H_{14}ON(CH_3) \cdot CH_3Cl]_2 PtCl_4$. Rötliche, lange Nadeln vom Schmelzp. 250°. — **Methylephedrinchloraurat** $C_{10}H_{14}ON(CH_3) \cdot HCl \cdot AuCl_3$. Gelbe Blättchen und Nadeln. Schmelzp. 126°. — **Platinsalz** $[C_{10}H_{14}ON(CH_3) \cdot HCl]_2 PtCl_4$. Blaßgelbe Nadeln oder Drusen vom Schmelzp. 155—160°. — **Thioharnstoff** $CH_3 \cdot CHOH \cdot CH(C_6H_5) \cdot N(CH_3) \cdot CS \cdot NH \cdot C_6H_5$. Derbe Prismen aus Alkohol. Schmelzp. 115° unter Zersetzung. $[\alpha]_D^{20} = -105,1°$ (0,9678 g gelöst in abs. Alkohol zu 24,9554 ccm.)
Verbindungen, welche dem Ephedrin sehr nahe verwandt sind und deshalb als **synthetische Ephedrine** bezeichnet wurden, hat E. Fourneau [3]) dargestellt.

Pseudoephedrin.

Mol.-Gewicht 156,13.
Zusammensetzung: 72,66% C, 9,16% H, 8,48% N.

$$C_{10}H_{15}NO.$$

$C_6H_5 \cdot CH(NHCH_3) \cdot CHOH \cdot CH_3$, oder $C_6H_5 \cdot CHOH \cdot CH(NHCH_3)CH_3$.

---

[1]) Man vgl. bezüglich der Konstitution des Ephedrins H. Emde, Archiv d. Pharmazie **244**, 269 [1906]. — Ernst Schmidt, Archiv d. Pharmazie **247**, 141 [1909].
[2]) E. R. Milller, Archiv d. Pharmazie **240**, 481 [1902]. — H. Emde, Archiv d. Pharmazie **244**, 241 [1906].
[3]) E. Fourneau, Journ. de Pharm. et de Chim. [6] **25**, 593 [1907]; Chem. Centralbl. **1907**, II, 1087. — Ernst Schmidt, Archiv d. Pharmazie **243**, 73 [1905]; Chem. Centralbl. **1905**, I, 931.

Die Verschiedenheit des Ephedrins und Pseudoephedrins, welche die gleiche Konstitutionsformel besitzen und ihre Überführbarkeit ineinander ist nach Emde[1]) auf die leichte Invertierbarkeit eines der beiden unsymmetrischen Kohlenstoffatome zurückzuführen. J. Gadamer[2]) ist der Ansicht, daß das die alkoholische Hydroxylgruppe führende Kohlenstoffatom der Racemisierung anheimfällt.

Vorkommen: In Ephedra vulgaris.

Darstellung: Zur Isolierung der Base wird das Kraut der Pflanze mit Alkohol ausgezogen, das Lösungsmittel abdestilliert, das Extrakt mit dem Ammoniak versetzt und mit Chloroform ausgezogen. Das nach dem Abdestillieren des letzteren zurückbleibende Pseudoephedrin wird in das salzsaure Salz übergeführt und dieses durch mehrmaliges Umkrystallisieren aus Äther-Alkohol gereinigt. Aus der Lösung des Salzes wird die Base mit Soda als käsiger Niederschlag ausgefällt, der, in Äther aufgenommen, beim langsamen Verdunsten in Krystallen zurückbleibt. Ephedrin und Pseudoephedrin können durch Erwärmen mit Salzsäure wechselseitig ineinander umgelagert werden.

Die Umlagerung des Ephedrins in Pseudoephedrin führte H. Emde[1]) durch Erhitzen des Ephedrinchlorhydrats mit 25 proz. Salzsäure auf dem Wasserbade durch.

Physiologische Eigenschaften: Pseudoephedrin ist giftig und wirkt, innerlich genommen, mydriatisch. Dagegen ruft eine 1 proz. Lösung, in die Augen gebracht, keine Erweiterung der Pupille hervor.

Physikalische und chemische Eigenschaften: Sowohl das aus Ephedra, als auch das durch Umlagerung erhaltene Pseudoephedrin schmilzt bei 117,5°. $[\alpha]_D^{20} = +51,24°$ (0,1250 g gelöst in abs. Alkohol zu 20,0670 g). Es besitzt einen schwachen, aber sehr angenehmen Geruch, ist in Äther und Alkohol leicht, in kaltem Wasser schwer, in heißem etwas leichter löslich.

Derivate: Das Pikrat, das Perjodid, die Jodcadmium- und Jodwismutsalze sind ölig. Das Platinsalz bleibt beim Eindampfen als Öl zurück, welches von Wasser zersetzt wird. Das Quecksilberchloriddoppelsalz ist sehr leicht löslich.

Das **Hydrochlorid** $C_{10}H_{15}NO \cdot HCl$, in obiger Weise hergestellt, krystallisiert aus Äther-Alkohol in farblosen, feinen Nadeln, die bei 176° schmelzen. Es ist in Alkohol und Wasser sehr leicht löslich.

Das **Hydrobromid** $C_{10}H_{15}NO \cdot HBr$ und das **Hydrojodid** $C_{10}H_{15}NO \cdot HJ$ krystallisieren aus abs. Alkohol und schmelzen bei 174—175° resp. 165°.

Das **Goldsalz** $(C_{10}H_{15}NO \cdot HCl)AuCl_3$ fällt sofort körnig aus. Es löst sich leicht in heißem Wasser und bildet beim langsamen Auskrystallisieren lange, verzweigte Nadeln. — Der **Thioharnstoff** bildet rechteckige Tafeln vom Schmelzp. 122°. $[\alpha]_D^{20} = +22,8°$ (1,0336 g gelöst in abs. Alkohol zu 24,9554 ccm).

Methylpseudoephedrin[1]), durch Erhitzen von Pseudoephedrin in methylalkoholischer Lösung mit Jodmethyl entstehend, ist in freiem Zustande ein dickflüssiges Öl von blumenartigem Geruch. — Das **Goldsalz** $C_{10}H_{14}(CH_3)ON \cdot HCl \cdot AuCl_3$ bildet goldgelbe Blättchen und schmilzt bei 123°. Durch 2stündiges Erhitzen mit überschüssigem Jodmethyl geht das Methylpseudoephedrin in **Methylpseudoephedrinmethyljodid** $C_{10}H_{14}(CH_3)ON \cdot CH_3J$ über. Krystalle vom Schmelzp. 205°.

Ebenso wie das Ephedrinhydrochlorid wird auch das Pseudoephedrinhydrochlorid bei der Destillation im Kohlensäurestrom in salzsaures Methylamin und die Verbindung $C_9H_{10}O$ gespalten, jedoch tritt hier, im Gegensatz zum Ephedrinhydrochlorid, neben Methylaminhydrochlorid auch Chlorammonium als Spaltungsprodukt auf. Die aus Ephedrin und Pseudoephedrin erhaltenen stickstofffreien Verbindungen sind identisch mit Propiophenon. Aus dem Umstand, daß das Ephedrin und Pseudoephedrin bei der direkten Destillation eine Ketonspaltung erleiden, folgt mit großer Wahrscheinlichkeit, daß im Ephedrin und Pseudoephedrin die OH-Gruppe an ein C-Atom gebunden ist, welches der Phenylgruppe benachbart ist[3]).

Ephedrin (Spehr).

Mol.-Gewicht 205,16.

Zusammensetzung: 76,04% C, 9,33% H, 6,83% N.

$C_{13}H_{19}NO$.

---

[1]) H. Emde, Archiv d. Pharmazie **244**, 241 [1906].
[2]) J. Gadamer, Archiv d. Pharmazie **245**, 662 [1908].
[3]) Ernst Schmidt, Archiv d. Pharmazie **247**, 141 [1909].

Vorkommen: Bei der Untersuchung von Ephedra monostachia nach dem bei Pseudoephedrin angegebenen Verfahren (wobei jedoch an Stelle von Ammoniak Natriumcarbonat, und Äther statt Chloroform zur Verwendung kam) entdeckte Spehr[1]) eine andere monoklin krystallisierende Base von obiger Zusammensetzung.

Physiologische Eigenschaften: Die Base zeigt brennenden Geschmack, sowie schwache physiologische Wirkung. Die Stengel und Wurzeln der Mutterpflanze werden in Bessarabien und der Walachei als Volksheilmittel gegen Gicht und Syphilis angewandt. Der schleimige Saft der Früchte wird bei Lungenaffektionen benutzt.

Physikalische und chemische Eigenschaften: Die Base schmilzt bei 112°, ist in Wasser und Alkohol leicht löslich, ziemlich leicht in Chloroform und Äther, schwer löslich in Benzol. Das **Hydrochlorid** krystallisiert hexagonal und schmilzt bei 207°.

Alkaloide der Familie Liliaceae.

Imperialin.

Mol.-Gewicht 558,49.
Zusammensetzung: 75,20% C, 10,83% H, 2,51% N.

$$C_{35}H_{60}NO_4 \; (?).$$

Vorkommen: In den Zwiebeln der zur Familie Liliaceae gehörenden Kaiserkrone (Fritillaria l. Coronaria imperialis), die sich durch scharf bitteren Geschmack und Giftigkeit auszeichnen.

Darstellung:[2]) Die Zwiebeln der Kaiserkrone werden mit Kalk zerrieben, das Gemenge auf dem Wasserbade vollständig getrocknet und mit heißem Chloroform wiederholt ausgezogen. Die Lösungen werden mit weinsäurehaltigem Wasser durchgeschüttelt, die Base aus den konz. Lösungen durch Soda gefällt und aus heißem Alkohol umkrystallisiert. Hierbei wird sie in einer Ausbeute von 0,08—0,12% erhalten.

Physiologische Eigenschaften: Imperialin übt eine Wirkung auf die Herztätigkeit aus.

Physikalische und chemische Eigenschaften: Imperialin krystallisiert in kurzen, farblosen Nadeln, welche oberhalb 240° gefärbt werden und bei 254° vollständig schmelzen. Es löst sich in Wasser, Äther, Benzol, Petroläther und Amylalkohol nur wenig, leichter in heißem Alkohol. Eine etwa 5 proz. Chloroformlösung zeigt $[\alpha]_D = -35,4°$. Mit Zucker verrieben und mit konz. Schwefelsäure benetzt, färbt es sich der Reihe nach gelbgrün, blaßbraun, fleischfarben, kirschrot und nach längerem Stehen dunkelviolett. Mit den gewöhnlichen Alkaloidreagenzien entstehen Niederschläge.

Das **Hydrochlorid** $C_{35}H_{60}NO_4 \cdot HCl$ bildet große milchige Krystalle, die in Wasser und Alkohol leicht löslich sind.

Alkaloide der Herbstzeitlose (Colchicum autumnale).

Es gehören hierher Colchicein $C_{21}H_{23}NO_6 + \frac{1}{2} H_2O$ und Colchicin $C_{22}H_{25}NO_6$. Sie stehen in einem sehr einfachen Verhältnis zueinander, indem Colchicein eine Carbonsäure und Colchicin der entsprechende Methylester ist.

Colchicin.

Mol.-Gewicht 399,21.
Zusammensetzung: 66,13% C, 6,31% H, 3,51% N.

$$C_{22}H_{25}NO_6.$$

Vorkommen: In der Herbstzeitlose (Colchicum autumnale). Nach Blau hat das Colchicin seinen Sitz nahezu ausschließlich in der Samenschale und zwar enthalten 100 T. Samen (Schale und Kern) 0,379 T. Colchicin[3]).

---

[1]) Spehr, Annali di Chim. e Farmacol. 15 [1892]. — Guareschi, Einführung in das Studium der Alkaloide. 1896. S. 480.
[2]) Fragner, Berichte d. Deutsch. chem. Gesellschaft 21, II, 3284 [1888].
[3]) Blau, Zeitschr. d. österr. Apoth.-Vereins 42, 187 [1903].

Darstellung: Zur Abscheidung des Colchicins hat Zeisel[1]) folgendes Verfahren empfohlen. Die unzerkleinerten Colchicumsamen (100 T.) werden mit 90 proz. Alkohol bis zur Erschöpfung extrahiert, der Alkohol abdestilliert, der Rückstand in Wasser (20 T.) gelöst und vom Ungelösten getrennt. Die klare, dunkelbraune Lösung schüttelt man mit salzsäurefreiem Chloroform viermal durch und destilliert das Lösungsmittel ab. Der Rückstand wird mit $1/7$ der früheren Wassermenge übergossen und wiederholt mit kleinen Mengen Chloroform ausgeschüttelt, die sich bildenden, mehr oder weniger harzigen resp. gefärbten Abscheidungen der für Colchicin charakteristischen Chloroformverbindung (s. unten) jede für sich in der gleichen Menge Alkohol gelöst, die nicht zu stark gefärbten Lösungen zusammengegossen, dann das Chloroform und der Alkohol abdestilliert. Der Rückstand wird abermals in Wasser aufgenommen und mit Chloroform ausgeschüttelt, die gelbe Lösung filtriert und auf dem Wasserbade eingeengt. Der dickliche Rückstand wird lauwarm mit Äther versetzt, bis sich nichts mehr auflöst und dann der Extrakt stehen gelassen. Die ausgeschiedene Base krystallisiert man zweimal aus wenig Chloroform unter Zusatz von Äther um. Sie besitzt dann die Zusammensetzung $C_{22}H_{25}NO_6 \cdot 2\,CHCl_3$. Um das Chloroform abzuscheiden, wird die Verbindung mit Wasserdampf behandelt und aus der konz., hellgelben Lösung das Colchicin durch vollständiges Abdampfen im Vakuum als amorphe Masse gewonnen.

Physiologische Eigenschaften: Colchicin bewirkt sowohl die gastrische wie die nervöse Form der Colchicinvergiftung. Es stellt ein heftiges Drasticum dar, das in größeren Dosen unter den Symptomen der Magendarmentzündung zu töten vermag und auch von Wunden aus oder selbst bei Einreibung in derselben Weise toxisch wirkt. Der Tod erfolgt durch allmähliche Lähmung des Atemzentrums, bisweilen nach vorgängigen, wahrscheinlich von Erstickung abhängigen Krämpfen. Als Heilmittel wird Colchicin bei rheumatischen und gichtischen Affektionen, sowie bei Morbus Brighti angewandt[2]).

Das Colchicin übt eine unmittelbare erregende Wirkung auf die Nervenendigungen der gewöhnlichen Muskeln aus, hat aber wenig oder keinen Einfluß auf das Herz. Neben dieser unmittelbaren peripheren Nebenwirkung zeigt sich, analog wie beim Tetanustoxin, eine verzögerte Wirkung (Lähmung) auf das Zentralnervensystem. Ferner erfolgen bei Colchicininjektionen im Blute und im Zusammenhang damit auch im Knochenmark tiefgehende Veränderungen (Leukocytosis, Lymphocytosis, reichliche Myelocyten- und Erythroblastenbildung). Mehrfach wiederholte geringere Injektionen verursachen Basophilie der Blutkörperchen[3]).

Physikalische und chemische Eigenschaften: Colchicin kommt in 2 Formen in den Handel, als Colchicin crystallisatum und als Colchicin purissimum amorph. Das Colchicin crystallisatum ist das mit Krystall-Chloroform krystallisierte Colchicin, das Colchicin purissimum amorph ist von Krystall-Chloroform befreit und besitzt kein Krystallisationsvermögen mehr. Colchicin ist in kaltem Wasser langsam, aber in jedem Verhältnis zu einer viscosen Flüssigkeit leicht löslich. In warmem Wasser löst es sich weniger als in kaltem. Bei 82° enthält die gesättigte Lösung ca. 12% der Substanz. Werden konz. Lösungen erhitzt, so scheidet sich ein Teil des Colchicins als Öl ab. Beim Erkalten verschwindet die scharfe Grenze zwischen der öligen und wässerigen Schicht, und beim Schütteln wird die Flüssigkeit wieder homogen. Alkohol und Chloroform lösen das Alkaloid in jedem Verhältnis, abs. Alkohol fast gar nicht, Benzol nur in der Hitze. Die heiße Benzollösung scheidet die Substanz beim Erkalten wieder amorph ab. Vollkommen trocknes Colchicin schmilzt in zugeschmolzener Capillare bei 143 bis 147°.

Colchicin schmeckt intensiv bitter; es riecht in feuchtem Zustande beim Erwärmen nach Heu. Es lenkt das polarisierte Licht nach links ab.

Von stärkeren Mineralsäuren und verdünnten Alkalien, besonders von ersteren, wird das Alkaloid intensiv gelb gefärbt.

Konz. Schwefelsäure gibt eine gelbe Lösung, die beim Erhitzen rot wird. Enthält die Säure eine Spur Salpetersäure, so entsteht eine gelbgrüne Färbung, die durch Grün, Blaugrün, Blau, Violett und Weinrot in Gelb übergeht. Ferrichlorid, der salzsauren Lösung zugesetzt, färbt sich beim Kochen grün bis schwarzgrau; beim Ausschütteln der erkalteten Lösung mit Chloroform färbt sich dieses nacheinander bräunlich, granatrot und undurchsichtig dunkel. Mit Platinchlorid entsteht keine Fällung, in der salzsauren Lösung wird dagegen von Goldchlorid ein anfangs amorpher, später krystallinischer Niederschlag erzeugt. Pikrinsäure be-

---

[1]) Zeisel, Monatshefte f. Chemie **7**, 568 [1886].
[2]) Ebstein, Über die Natur und Behandlung der Gicht. 2. Aufl. 1906. S. 363.
[3]) Dixon u. Malden, Journ. of Physiol. **37**, 50 [1908].

wirkt keine Fällung, wässerige Phenollösung eine starke, milchige Trübung, die nach einiger Zeit in gelbe, harzige Tafeln übergeht (empfindliche Reaktion).

Colchicin hat nur schwach basische Eigenschaften. Setzt man eine mit wenig Salzsäure versetzte Colchicinlösung zu überschüssiger Goldchloridlösung, so entsteht ein **Goldsalz** von der Formel $C_{22}H_{25}NO_6 \cdot HCl \cdot AuCl_3$, welches nach einiger Zeit krystallinisch wird. Eine Zugabe von wenig Goldchlorid erzeugt aber einen nicht krystallinischen Niederschlag, dessen Goldgehalt sich der Formel $(C_{22}H_{25}NO_6 \cdot HCl)_2 \cdot AuCl_3$ nähert.

Die **Bestimmung des Colchicins** wird am besten mit Hilfe von Kaliumquecksilberjodid durchgeführt[1]). Die schon oben erwähnte **Chloroformverbindung** $C_{22}H_{25}NO_6 \cdot 2\,CHCl_3$ krystallisiert in schwach gelblichen, nadelförmigen Krystallen, die allmählich Chloroform abgeben. In Gegenwart von Wasser entweicht dieses bei 100° schnell und vollständig.

Als Säureester reagiert Colchcin mit alkoholischem Ammoniak bei 100° unter Bildung des **Amids:**

$$C_{15}H_9\begin{cases}(OCH_3)_3\\CO\cdot OCH_3\\NH\cdot C_2H_3O\end{cases} + NH_3 = CH_3OH + C_{15}H_9\begin{cases}(OCH_3)_3\\CO\cdot NH_2\\NH\cdot C_2H_3O\end{cases}$$

Es scheidet sich aus Alkohol in Krystallen mit $1/2$ Mol. Krystallalkohol und gibt beim Verseifen mit Natronlauge Colchicin.

Beim Erhitzen von Colchicinnatrium mit Methyljodid und Methylalkohol auf 100° verestert sich nicht nur das Carboxyl, sondern es tritt auch eine Methylgruppe an den Stickstoff; so entsteht neben Colchicin das **n-Methylcolchicin,** nach der Gleichung:

$$C_{15}H_9\begin{cases}(OCH_3)_3\\COONa\\NH\cdot C_2H_3O\end{cases} + 2\,CH_3J = C_{15}H_9\begin{cases}(OCH_3)_3\\COOCH_3\\\underset{|}{N}\cdot C_2H_3O\\CH_3\end{cases} + HJ + NaJ$$

Es bildet eine gelbe, amorphe Masse und ist in Wasser leicht löslich. Beim Kochen mit sehr verdünnter Salzsäure verwandelt es sich in ein weißes, glänzendes Produkt, welches nach folgender Gleichung gebildet wird[2]):

$$C_{15}H_9\begin{cases}(OCH_3)_3\\CO\cdot OCH_3\\\underset{|}{N}\cdot C_2H_3O\\CH_3\end{cases} + H_2O = C_{15}H_9\begin{cases}(OCH_3)_3\\CO\cdot OH\\\underset{|}{N}\cdot C_2H_3O\\CH_3\end{cases} + CH_3OH$$

n-Methylcolchicin   n-Methylcolchicein

Über die **Konstitution des Colchicins** ist bisher wenig bekannt. Nach Zeisel kommt ihm die obige Formel $C_{22}H_{25}O_6N$ zu. Beim Kochen mit angesäuertem Wasser spaltet es Methylalkohol ab und liefert Colchicein.

$$\underset{\text{Colchicin}}{C_{20}H_{22}O_4NCOOCH_3} + H_2O = \underset{\text{Colchicein}}{C_{20}H_{22}O_4NCOOH} + CH_3OH.$$

Das Colchicein zerfällt beim Kochen mit verdünnten Säuren in Essigsäure und Trimethylcolchicinsäure.

$$\underset{\text{Colchicein}}{C_{18}H_{18}O_3{\displaystyle\diagup\!\!\diagdown}\begin{matrix}NHCOCH_3\\COOH\end{matrix}} + H_2O = \underset{\text{Trimethylcolchicinsäure}}{C_{18}H_{18}O_3{\displaystyle\diagup\!\!\diagdown}\begin{matrix}NH_2\\COOH\end{matrix}} + CH_3COOH$$

Die Trimethylcolchicinsäure enthält nach den Bestimmungen Zeisels 3 Methoxylgruppen[3]); ihre Formel kann also aufgelöst werden in

$$(CH_3O)_3C_{15}H_9{\displaystyle\diagup\!\!\diagdown}\begin{matrix}NH_2\\COOH\end{matrix}$$

Die Rückverwandlung der Trimethylcolchicinsäure in Colchicein und Colchicin ist geglückt. Durch diese Untersuchungen Zeisels ist die Anordnung der an Sauerstoff und Stickstoff gebundenen Seitenketten ziemlich sicher aufgeklärt worden; über den Bau des Kohlenstoffkernes im Colchicein ist vorerst nichts bekannt.

---

[1]) G. Heikel, Chem.-Ztg. **32**, 1149 [1909].
[2]) Zeisel u. Johanny, Monatshefte f. Chemie **9**, 870 [1888].
[3]) Zeisel, Monatshefte f. Chemie **4**, 162 [1883]; **7**, 557 [1886]; **9**, 1, 865 [1888].

Hier setzen Untersuchungen von A. Windaus[1]) aus jüngster Zeit ein; er hat zunächst versucht, ob es durch energische Oxydation mit Kaliumpermanganat gelingen könnte, einen widerstandsfähigen Komplex aus dem Colchicin abzuscheiden. Tatsächlich zeigte sich, daß bei energischer Oxydation des Colchicins eine Dicarbonsäure $C_{11}H_{12}O_7$ vom Schmelzp. 175 bis 176° (bei raschem Erhitzen) erhalten wird.

Da dieselbe bestimmt drei Methoxylgruppen enthält, kann ihre Formel aufgelöst werden in

$$(CH_3O)_3C_6H\!\!<\!\!{COOH \atop COOH}$$

Die Säure ist also eine Trimethoxyphthalsäure, und zwar, wie die leichte Anhydridbildung beweist, eine **Trimethoxy-o-phthalsäure.** Es sind nur zwei Trimethoxy-o-phthalsäuren möglich:

I und II

Die eine (I) ist ein Derivat des Pyrogallols und in der Literatur als Trimethyläthergallocarbonsäure beschrieben[2]). Die andere (II) ist ein Derivat des Oxyhydrochinons und noch nicht synthetisch bereitet worden. Die Säure aus Colchicin unterscheidet sich in ihrem Schmelzpunkt und in ihren Eigenschaften so deutlich von der Trimethyläthergallocarbonsäure, daß eine Identität ausgeschlossen ist; es muß ihr also die Formel II zukommen.

Colchicein.

Mol.-Gewicht der wasserfreien Verbindung: 383,19.
Zusammensetzung der wasserfreien Verbindung: 65,76% C, 5,53% H, 3,66% N.

$$C_{21}H_{23}NO_6 + 1/2\ H_2O.$$

Vorkommen: Die Verbindung wurde zuerst von Oberlin bei der Untersuchung des Extraktes von Colchicum autumnale beobachtet. Zeisel bestreitet, daß sie in der Pflanze fertig gebildet vorkommt, glaubt vielmehr, daß sie erst während der Extraktion mit sauren Mitteln entstehe.

Darstellung: Nach Zeisel[3]) erhält man Colchicein am bequemsten durch Kochen einer verdünnten Colchicinlösung (1:60), welcher 0,2% konz. Schwefelsäure oder 1% Salzsäure (1,15 spez. Gewicht) zugesetzt ist:

$$C_{22}H_{25}NO_6 + H_2O = C_{21}H_{23}NO_6 + CH_3OH.$$

Physikalische und chemische Eigenschaften: Es bildet, aus Wasser rasch krystallisiert, glänzende, fast weiße Nädelchen, welche krystallwasserhaltig bei 139—141°, krystallwasserfrei bei 161° erweichen und bei 172° schmelzen. In kaltem Wasser ist der Körper sehr wenig, in heißem leichter löslich; er löst sich sehr leicht in Alkohol und Chloroform, fast nicht in abs. Äther und Benzol. Mit Alkalien, Ammoniak und Alkalicarbonaten bildet er gelbe Lösungen. Auch Mineralsäuren lösen Colchicein auf, und da hierbei eine nicht unbeträchtliche Temperatursteigerung auftritt, so existieren wohl wahre Verbindungen des Colchiceins mit Säuren, obwohl sie leicht zersetzlich sind.

In einer mittels verdünnter Salzsäure hergestellten Colchiceinlösung erzeugen Bromwasser, Jodjodkalium, Quecksilberchlorid, Cadmiumjodid, Kaliumquecksilberjodid, Phosphorwolframsäure, Phosphormolybdänsäure, wässerige Phenollösungen und Gerbsäure starke Niederschläge, welche von den aus Colchicin erhältlichen nicht zu unterscheiden sind. Eisenchlorid färbt die Colchiceinlösung ebenso wie die des Colchicins grün bis schwarzgrau.

---

[1]) A. Windaus, Sitzungsber. d. Heidelberger Akad. d. Wissenschaften, mathematisch-naturwissenschaftl. Klasse, Jahrgang **1910**. 2. Abhandl.
[2]) Feist, Archiv d. Pharmazie **245**, 617 [1907].
[3]) Zeisel, Monatshefte f. Chemie **7**, 585 [1886].

Bleiacetat und Kupferacetat rufen in wässerigen Colchiceinlösungen eine weiße resp. gelbgrüne Fällung hervor. Versetzt man eine möglichst gesättigte Lösung des Alkaloids in Ammoniak mit verdünnter Salpetersäure solange der entstehende Niederschlag sich eben noch löst, so erhält man mit Silbernitrat eine leicht zersetzliche Silberverbindung als amorphen, gelben Niederschlag.

Derivate: Von den Metallverbindungen ist das **Kupfersalz** $(C_{21}H_{22}NO_6)_2Cu + 5\,H_2O$ hervorzuheben. Man erhält es in krystallinischem Zustande durch Einwirkung von Kupferhydroxyd auf eine alkoholische Lösung des Colchicins. Durch Esteriifikation mit Methylalkohol geht Colchicein in Colchicin über, welches in dieser Weise künstlich erhalten werden kann.

Trimethylcolchicinsäure $C_{29}H_{21}NO_5$ bildet sich durch Erhitzen von Colchicein und folglich auch von Colchicin mit Salzsäure (spez. Gew. 1,15) auf dem Wasserbade, bis die Flüssigkeit nach Versetzen mit Wasser klar bleibt[1]). Die Reaktion verläuft nach der Gleichung:

$$C_{15}H_9\begin{cases}(OCH_3)_3\\ COOH\\ NH\cdot C_2H_3O\end{cases} + H_2O = C_{15}H_9\begin{cases}(OCH_3)_3\\ COOH\\ NH_2\end{cases} + C_2H_4O_2$$

Zugleich entstehen Dimethylcolchicinsäure und Colchicinsäure. Die Trimethylcolchicinsäure schmilzt nach vorherigem Erweichen bei 159°.

Das **Platinsalz** $(C_{19}H_{21}NO_5\cdot HCl)_2PtCl_4 + 2\,H_2O$ bildet büschelig vereinigte, gelbe Nädelchen, die ihr Krystallwasser schon im Exsiccator verlieren.

Durch Einwirkung von Natriumäthylat und 1 Mol. Jodmethyl entsteht die **Trimethylcolchidimethinsäure**

$$C_{15}H_9\begin{cases}(OCH_3)_3\\ N(CH_3)_2\\ CO_2H\end{cases}$$

in Form säulenförmiger Krystalle, welche bei 124° erweichen und bei 126° schmelzen. Bei der Anwendung von überschüssigem Natriumäthylat und Jodmethyl wird außerdem das Carboxyl methyliert und noch das Jodmethylat des so entstandenen Körpers gebildet. Man gelangt so zum **Trimethylcolchidimethinsäureesterjodmethylat** von der Formel

$$C_{15}H_9\begin{cases}(OCH_3)_3\\ N(CH_3)_2\\ CO_2CH_3\end{cases}\cdot CH_3J$$

Dimethylcolchicinsäure $C_{18}H_{19}NO_5 + 4^1/_2\,H_2O$ entsteht, neben Trimethylcolchicinsäure und Colchicinsäure, beim kürzeren Erhitzen von Colchicin mit 30 proz. Salzsäure auf dem Wasserbade, oder besser, durch Erhitzen von Colchicein mit dieser Salzsäure auf 100°. Nach Entfernung des Colchiceins und der salzsauren Trimethylcolchicinsäure mit Chloroform krystallisiert aus der wässerigen Lösung des eingedampften Rückstandes das **salzsaure Salz** $C_{18}H_{19}NO_5\cdot HCl + H_2O$ in mikroskopischen Nädelchen aus. Die freie Säure wird durch Fällung einer verdünnten Lösung des Salzes mit eben der nötigen Menge Natronlauge in Krystallen erhalten, die in nicht entwässertem Zustande bei 141—142° schmelzen.

Colchicinsäure $C_{16}H_{15}NO_5$ wird erhalten durch Erhitzen der Mutterlaugen von der Dimethylcolchicinsäuredarstellung mit Salzsäure (spez. Gew. 1,15) auf 140° und Fällen des so erhaltenen salzsauren Salzes mit Kalilauge. Die amorphe Substanz gibt mit Ferrichlorid eine intensiv braunrote Färbung.

Die Formeln der Colchicinsäure und Dimethylcolchicinsäure können in folgender Weise aufgelöst werden[2]):

$$C_{15}H_9\begin{cases}(OH)_3\\ CO_2H\\ NH_2\end{cases} \qquad C_{15}H_9\begin{cases}OH\\ (OCH_3)_2\\ CO_2H\\ NH_2\end{cases}$$

Colchicinsäure   Dimethylcolchicinsäure

---

[1]) Zeisel, Monatshefte f. Chemie **9**, 8 [1888].
[2]) Zeisel, Monatshefte f. Chemie **9**, 1, 865 [1888].

Alkaloide der Veratrumarten.

Es sind bisher ingesamt 10 Veratrumbasen isoliert resp. untersucht worden.

1. *Basen aus Veratrum sabadilla.*
Veratrin oder Cevadin.

Mol.-Gewicht 591,4.
Zusammensetzung: 64,93% C, 8,35% H, 2,37% N.

$$C_{32}H_{49}NO_9.$$

Die in der Pharmazie als Veratrin bezeichnete Substanz zeigt in ihren Eigenschaften ziemlich große Verschiedenheiten, weil das Alkaloid schlecht krystallisiert und daher nur schwer rein erhalten werden kann. Auch haben verschiedene Forscher ganz verschiedene Alkaloide oder Alkaloidgemische mit Veratrin bezeichnet. Die nachfolgende Beschreibung bezieht sich auf das Präparat, welches von E. Merck in Darmstadt unter der Bezeichnung „Veratrinum purissimum crystallisatum (Cevadin)" in den Handel gebracht wird.

Vorkommen: 1855 gelang es Merck[1]), aus dem amorphen Basengemisch der Sabadillsamen ein krystallisiertes Alkaloid, Veratrin, abzuscheiden, von dem er die Zusammensetzung $C_{32}H_{52}NO_8$ angab Dieser Befund wurde später von anderen Forschern bestätigt. Das krystallisierte Alkaloid wurde von Schmidt und Köppen[2]) als Veratrin, von Wright und Luff[3]) als Cevadin, von Ahrens[4]) als krystallisiertes Veratrin bezeichnet. Zurzeit wird es allgemein Cevadin genannt.

Die eben zitierte Untersuchung von Wright und Luff hat die Kenntnis der Sabadillaalkaloide wesentlich gefördert. Außer Cevadin, für welches sie die Zusammensetzung $C_{32}H_{49}NO_9$ feststellen und dessen Spaltung in eine Methylcrotonsäure (später als Tiglinsäure erkannt) und eine neue Base, das Cevin

$$\underset{\text{Cevadin}}{C_{32}H_{49}NO_9} + H_2O = C_5H_8O_2 + \underset{\text{Cevin}}{C_{27}H_{43}NO_8},$$

sie kennen lehrten, isolierten sie aus dem Samen weitere amorphe Basen, wie Cevadillin $C_{34}H_{53}NO_8$. Später hat E. Merck[5]) noch zwei neue Alkaloide, Sabadin $C_{29}H_{51}NO_8$ und Sabadinin $C_{27}H_{45}NO_8$ (?) im selben Material aufgefunden, die einheitlich zu sein scheinen.

Darstellung:[6]) Die zu einem gelben Pulver zerkleinerten Samen werden mit Alkohol, welcher auf je 100 T. Samen 1 T. Weinsäure gelöst enthält, bei Siedetemperatur extrahiert und die eingeengten alkoholischen Auszüge durch Verdünnen mit Wasser vom Harz befreit. Dem mit Natriumcarbonat übersättigten Filtrate entzieht man die Basen durch Ausschütteln mit Äther und entnimmt sie hierauf der ätherischen Lösung durch Ausschütteln mit weinsäurehaltigem Wasser. Aus dieser Lösung werden die Basen nach Übersättigen mit Soda wieder in Äther übergeführt, welcher beim direkten Verdunsten jedoch keine Krystalle liefert. Versetzt man aber die Lösung mit einer zur Bildung eines bleibenden Niederschlages genügenden Menge Benzol, welches vorher mit etwas Äther verdünnt wurde, so beginnt nach einigem Stehen die Abscheidung der Basen in Form einer klebrigen Masse. Sind auf diese Weise $5/6$ der Alkaloide aus der Lösung entfernt, so beginnt die Krystallisation des Cevadins und dauert fort, bis die Lösung alkaloidfrei ist. Die mit wenig Alkohol auf dem Filter gewaschenen Krystalle können leicht durch Umkrystallisieren aus warmem Alkohol weiter gereinigt werden.

Die sich zuerst abscheidende klebrige und sirupartige Masse besteht aus dem amorphen, eigentlichen Veratrin und aus Cevadillin.

Aus 10 kg Samen erhält man nach obigem Verfahren 60—70 g Rohbasen und aus diesen 12—15 g reines Cevadin und 2—3 g Cevadillin.

---

[1]) E. Merck, Annalen d. Chemie u. Pharmazie **95**, 200 [1855].
[2]) Schmidt u. Köppen, Annalen d. Chemie u. Pharmazie **185**, 224 [1877]; Berichte d. Deutsch. chem. Gesellschaft **9**, 1115 [1876].
[3]) Wright u. Luff, Journ. Chem. Soc. **33**, 338 [1878]; **35**, 387 [1879]; Berichte d. Deutsch. chem. Gesellschaft **11**, I, 1267 [1878].
[4]) Ahrens, Berichte d. Deutsch. chem. Gesellschaft **23**, II, 2700 [1890].
[5]) E. Merck, Beilsteins Handbuch. 3. Aufl. **3**, 950.
[6]) Guareschi, Einleitung in das Studium der Alkaloide. 1896. S. 484. — Beilsteins Handbuch. 3. Aufl. **3**, 948. — Bosetti, Jahresber. d. Chemie **1883**, 1351.

Physiologische Eigenschaften des Cevadins und einiger seiner Derivate: Cevadin gehört zu den stärksten Giften und wirkt in den kleinsten Mengen, in die Nase gebracht, heftig niesenerregend. 1 mg, einem Frosch injiziert, erzeugt Lähmung, 10 mg den Tod. Beim Kaninchen bringen 20 mg pro Kilogramm Körpergewicht Lähmung hervor[1]).

Über die physiologischen Eigenschaften des Cevadins und seiner Abkömmlinge teilt Heinz[2]) folgendes mit:

Cevadin (Veratrin) hat ausgeprägt lokale Wirkungen. Es reizt ungemein heftig sensibel, dagegen verhältnismäßig wenig entzündlich. Veratrin in Substanz bringt am Auge keine Ätzung hervor, auch keine irgend erhebliche Rötung oder Schwellung; dagegen erregt es heftige Schmerzäußerungen (0,1–1 proz. Lösung). Dem Stadium der sensiblen Reizung folgt ein lange anhaltendes Stadium der Unempfindlichkeit: das Auge ist gegen Berührung, Stechen, Schneiden usw. unempfindlich. Die Base wirkt ferner am Auge ausgesprochen pupillenverengend.

Acetylcevadin-chlorhydrat, in Wasser gut löslich, schwach sauer reagierend, wirkt verdünnt viel weniger sensibel reizend als Veratrin (Cevadin), konzentriert dagegen entzündlich reizend. In Substanz verätzt es die Cornea und Conjunctiva des Auges; in 5 proz. Lösung bewirkt es starke entzündliche Rötung und Schwellung. 1 proz. Lösung wirkt schwach entzündlich reizend, wenig sensibel reizend; 0,1 proz. Lösung reizt nicht mehr deutlich. Der Reizung folgt nicht, wie bei Veratrin, ausgesprochene Unempfindlichkeit; nur das durch Acetylcevadin in Substanz verätzte Auge ist total unempfindlich. Das Acetylcevadin verengert die Pupille nicht.

Benzoylcevadin-chlorhydrat, in Wasser nur mäßig löslich (gibt in kaltem Wasser nur 1 proz., nicht 5 proz. Lösungen), neutral reagierend, wirkt ins Auge gebracht, an Stellen, an denen es längere Zeit haften bleibt, oberflächlich verätzend, dabei völlig unempfindlich machend. 1 proz. Lösung wirkt nur wenig (aber immerhin deutlich) reizend; sie setzt die Empfindlichkeit deutlich herab (wohl durch den Einfluß der Benzoylgruppe). Die Pupille wird nicht verengt.

Dibenzoylcevinacetat, in kaltem Wasser leicht löslich, schwach sauer reagierend. Es verhält sich bezüglich seiner Löslichkeit sehr eigentümlich: beim Erwärmen wird die Lösung zunehmend getrübt; beim Erkalten verschwindet die Trübung wieder. Dibenzoylcevinacetat wirkt stark entzündlich reizend; es bewirkt starke Rötung und Schwellung und Abscheidung katarrhalischen Sekretes (gleichzeitig trübt sich die ins Auge gebrachte Lösung). Die Empfindlichkeit wird herabgesetzt. Die Pupillenweite wird nicht verändert.

Auf **einzellige tierische Organismen** wirken alle 4 Substanzen in 1 proz. Lösung schädigend: die Bewegung von Flimmerzellen, Wimperinfusorien usw. wird sistiert. Bakterien (Bacillus pyocyaneus) werden dagegen (bei 1 proz. Zusatz) durch keine der 4 Substanzen in ihrer Eentwicklung gehemmt.

Wirkung auf den Frosch. Charakteristisch für die Wirkung des Cevadins (Veratrins) auf den Frosch ist die eigentümliche Veränderung der Muskelzuckung. Der Muskel verkürzt sich gleich rasch und kräftig wie normal, bleibt aber dann eine Zeitlang kontrahiert und erschlafft nur ganz allmählich wieder („Veratrinmuskelkurve"). Diese Veratrinwirkung zeigen das Acetylcevadin und das Benzoylcevadin in typischer Weise, dagegen nicht das Dibenzoylcevin.

Das Veratrin bewirkt ferner bei direkter Einwirkung auf den Muskel Abtötung und Gerinnung der Muskelsubstanz; dies tun Acetylcevadin und Benzoylcevadin auch, auch das Dibenzoylcevin bringt beim direkten Zusatz den Muskel rasch zum Absterben. Das Veratrin bewirkt ferner bei genügend lange währender Vergiftung curareartige Lähmung der motorischen Nervenendigungen; dasselbe ist bei Acetylcevadin und Benzoylcevadin zu konstatieren, dagegen nicht bei Dibenzoylcevin.

Das Veratrin verursacht schließlich beim Frosch eine eigentümliche Krampfform: es schließt sich an eine lebhafte Bewegung (Sprung usw.) ein kurz andauernder, tonisch klonischer Krampf an. Dasselbe Symptom bewirken Acetylcevadin und Benzoylcevadin, dagegen nicht das Dibenzoylcevin. Das Veratrin erweist sich als die weitaus giftigste Substanz. $1/20$ mg ist noch tödlich für den Frosch; von Acetylcevadin ist 1 mg tödlich, $1/2$ mg ist nicht tödlich, bewirkt aber die typische Muskelkurve. Benzoylcevadin wirkt erst in Dosen von über 10 mg tödlich. Dibenzoylcevin (das Betäubung und Muskelzuckungen verursacht) wirkt erst zu 20 mg tödlich für den Frosch.

---

[1]) Falk, Berichte d. Deutsch. chem. Gesellschaft **32**, 805 [1899].
[2]) Heinz, Berichte d. Deutsch. chem. Gesellschaft **37**, 1954 [1903].

Wirkung auf den Warmblüter. Veratrin ist die weitaus giftigste der untersuchten 4 Substanzen. Neben den heftigen lokalen sensiblen Reizerscheinungen bewirkt Veratrin als resorptive Wirkung Erbrechen, ausgeprägte Atemverlangsamung, Anfälle von kurzen Streckkrämpfen, schweren Kollaps, Atemnot, Cyanose (Blausucht), starke Unregelmäßigkeit des Herzschlages, Tod. Die Atmung sistiert vor dem Herzschlage. 1 mg ist für Kaninchen die tödliche Dosis; es kommen aber schon durch kleinere Dosen schwere Vergiftungen zustande. $^1/_2$ mg tötet Meerschweinchen in $^1/_2$ Stunde.

Bei Acetylcevadin und Benzoylcevadin ist, wie bei Veratrin, als Wirkung kleiner Dosen typische Atemverlangsamung zu beobachten. (Die Wirkung auf die Atmung, z. B. bei Pneumonie, scheint es auch wesentlich gewesen zu sein, weshalb man früher das Veratrin therapeutisch angewendet hat; es ist kaum anzunehmen, daß Veratrin — wie Schmiedeberg will — wegen seiner kollapserzeugenden Eigenschaften bei fieberhaften Erkrankungen gegeben worden ist.) In großen Dosen erzeugen Acetylcevadin und Benzoylcevadin, wie das Veratrin, kurze Streckkrampfanfälle, enorm verlangsamte Atmung, Pulsverlangsamung, Tod; die Atmung erlischt vor dem Herzschlage. Acetylcevadin und Benzoylcevadin sind viel weniger giftig als das Veratrin. Während Veratrin zu 1 mg ein Kaninchen tötet, sind von ersterem 0,01 und 0,02 g für Kaninchen nicht giftig. Erst 0,05 g subcutan ist für Kaninchen die tödliche Dosis. Der Kollaps, die Cyanose und die Pulsarythmie sind ferner nur bei Veratrin stark ausgesprochen. Es wäre denkbar, das Acetylcevadin oder Benzoylcevadin wegen der Wirkung auf die Atmung therapeutisch zu verwenden; jedoch scheint ein Bedürfnis hierfür nicht vorzuliegen, da wir im Dionin, Kodein, Heroin zuverlässigere und weniger bedenkliche Mittel gleicher Richtung besitzen.

Das Dibenzoylcevinacetat läßt auch beim Warmblüter nichts von Veratrinwirkung erkennen. Es wirkt selbst in Dosen von 0,1 g subcutan beim Kaninchen nicht toxisch; es erzeugt nur gelinde Betäubung, sonst keine bemerkenswerten physiologischen Wirkungen.

Physikalische und chemische Eigenschaften: Reines Cevadin krystallisiert aus Alkohol in rhombischen Prismen, welche häufig 2 Mol. Krystallalkohol enthalten. Dieser entweicht nicht beim schnellen Erhitzen; die Krystalle blähen sich schon bei 110° auf und gehen in ein durchsichtiges Harz über. Trocknet man sie zuerst bei 100° und steigert die Temperatur allmählich auf 130—140°, oder kocht man die gepulverte Verbindung mit Wasser, bis sie krystallinisch geworden ist, so gelangt man zu der alkoholfreien Verbindung, welche bei 205° schmilzt[1]). Cevadin löst sich leicht in Äther, sowie in heißem Alkohol, ist aber in Wasser unlöslich. Die Base ist inaktiv.

Die Lösung des Cevadins in rauchender Salzsäure wird beim Erwärmen intensiv violett, beim Kochen dunkelpurpurrot gefärbt. In konz. Schwefelsäure wird es in der Kälte mit gelber Farbe gelöst, welche beim Erwärmen in ein violettes Blutrot übergeht. Beim Zutropfen von konz. Schwefelsäure zu einem Gemisch von Cevadin und Zucker (1 : 2 bis 4) tritt beim Vermischen nach einiger Zeit eine grüne, später eine rein blaue Farbe auf. Mit Tanninschwefelsäure gibt es eine rote Farbenreaktion.

Salze und Derivate: Cevadin ist eine einsäurige, tertiäre Base, enthält keine Methoxylgruppen, auch keine n-Methylgruppe, dagegen eine Hydroxylgruppe, da es eine Benzoyl- und Acetylgruppe aufnimmt.

Das **Goldsalz** ($C_{32}H_{49}NO_9 \cdot HCl$) $AuCl_3 + 2 H_2O$ ist für die Base charakteristisch. Es krystallisiert aus Alkohol in leichten, glänzenden Nadeln, die bei 100° getrocknet, bei 178° sich dunkel färben und bei 182° unter Zersetzung schmelzen.

Das **Quecksilbersalz** ($C_{32}H_{49}NO_9 \cdot HCl$) $\cdot HgCl_2$ schmilzt, aus Alkohol umkrystallisiert, bei 172° unter Zersetzung.

Das **Jodmethylat** erhält man durch Versetzen der ätherischen Lösung der Base mit Jodmethyl in Form einer weißen, krystallinischen Masse; es schmilzt bei 230°. In viel heißem Wasser ist es löslich und scheidet sich beim Erkalten krystallinisch ab; in verdünnten Alkalien löst es sich leicht und fällt beim Neutralisieren wieder aus.

Veratrintetrajodid[2]) $C_{32}H_{49}NO_9J_4$, $3 H_2O$ entsteht, wenn man Veratrin mit einem großen Überschuß alkoholischer Jodlösung mehrere Tage lang stehen läßt. Schöner hellroter, krystallinischer Körper vom Schmelzp. 129—130°. — **Veratrintrijodid** $C_{32}H_{49}NO_9J_3$. Entsteht durch Erhitzen des Tetrajodids auf 110°. Dunkelbraunes, amorphes Pulver, unlöslich in Äther. In Methyl- und Äthylalkohol schwerer löslich als das Tetrajodid. Schmelzp. 136

---

[1]) Freund u. Schwarz, Berichte d. Deutsch. chem. Gesellschaft **32**, 800 [1899].
[2]) G. B. Frankforter, Amer. Chem. Journ. **20**, 359 [1898].

bis 138°. — **Veratrinmonojodid** $C_{32}H_{49}NO_9J$. Man läßt das Tetrajodid mehrere Stunden mit verdünntem Ammoniak an einem warmen Ort stehen. Hellgelbe, körnige Substanz. Unlöslich in Wasser, Äther und Chloroform, sehr leicht löslich in Methyl- und Äthylalkohol. Aus verdünnter alkoholischer Lösung als fein krystallinisches Pulver vom Schmelzp. 212—214° erhalten. Dasselbe enthält 2 Mol. Wasser, die bei 100° entweichen. Mit starkem Ammoniak entsteht dieselbe weiße Substanz vom Schmelzp. 189° wie aus dem Tetrajodid. — **Chloralhydroveratrin** $CCl_3 \cdot CH{-}(OC_{32}H_{48}NO_8)_2$. Das Alkaloid reagiert lebhaft mit Chloral. Es entsteht eine wachsartige Masse, welche bald in ein cremeweißes körniges Pulver übergeht. Dasselbe wird mit Äther ausgewaschen. Schmelzp. 220°, unlöslich in Äther und Chloroform, leicht löslich in Wasser und Alkohol. Es ähnelt in seinen physiologischen Eigenschaften dem freien Veratrin, ist hygroskopisch, nimmt hierbei 2 Mol. Wasser auf und wird durch Alkalien und Ammoniak leicht gespalten. — **Veratrinjodmethylat** $C_{32}H_{49}NO_9CH_3J$. Entsteht aus den Komponenten bei langem Stehenlassen oder durch einstündiges Erhitzen. Hellgelbes, krystallinisches Pulver, unlöslich in Äther und Chloroform, löslich in Methyl- und Äthylalkohol und in heißem Wasser. Schmelzp. 210—212°. — **Veratrinmethylhydroxyd** $C_{32}H_{49}NO_9 \cdot CH_3OH$ entsteht aus dem Jodmethylat durch Natron in wässeriger Lösung, besser durch frisch gefälltes Silberoxyd. Die vom Jodsilber abfiltrierte Flüssigkeit läßt man freiwillig verdunsten, da schon zwischen 40—65° Zersetzung eintritt. Unbeständiges, weißes, körniges Pulver. Löslich in Wasser, Methyl- und Äthylalkohol und Aceton, leicht löslich in Äther und Chloroform. Scheint physiologisch unwirksam zu sein. Es enthält 3 Mol. Krystallwasser, die im Vakuum über Schwefelsäure entweichen. — **Veratrinmethylhydroxychlorhydrat** $C_{32}H_{49}NO_9CH_3OH \cdot HCl$. Durch freiwilliges Verdunsten einer Lösung der vorhergehenden Verbindung in sehr verdünnter Salzsäure. Hellgraues, körniges Pulver, löslich in Wasser, Methyl- und Äthylalkohol. Sehr unbeständig. — **Golddoppelsalz** $(C_{32}H_{49}NO_9CH_3OHHCl)AuCl_3$. Aus dem freien Hydroxyd und einer schwach angesäuerten Chlorgoldlösung. Schönes citronengelbes krystallinisches Pulver. Schmelzp. 149°, löslich in Alkohol, schwer löslich in Wasser, Äther, Chloroform. — **Veratrinbromäthylat** $C_{32}H_{49}NO_9C_2H_5Br$. Durch 6stündiges Erhitzen der Komponenten auf dem Wasserbade. Hellgelbe, amorphe Masse, die beim Behandeln mit Wasser krystallinisch wird. Schwer löslich in Wasser, leicht löslich in Methyl- und Äthylalkohol. Zersetzlich. — **Veratrinjodallylat** $C_{32}H_{49}NO_9C_3H_5J$. Durch mehrstündiges Erhitzen der Komponenten auf dem Wasserbad. Wachsartige Masse, die durch Lösen in wenig Alkohol und Ausfällen mit Äther als weißes, krystallinisches Pulver erhalten wird. Schmelzp. 235—236°, löslich in Methyl- und Äthylalkohol und Aceton. Es enthält 1 Mol. Wasser, das bei 100° entweicht.

Cevadin enthält, wie erwähnt, eine freie Hydroxylgruppe und nimmt deshalb einen Acetyl- oder Benzoylrest auf.

Benzoesaures Benzoylcevadin[1]) $C_{39}H_{53}NO_{10} \cdot C_7H_6O_2$ erhält man durch Erhitzen von Cevadin mit Benzoesäureanhydrid auf 105—107°; es krystallisiert aus Alkohol in weißen Nadeln vom Schmelzp. 150—155°. In Äther ist es schwer, in Wasser weniger löslich, leicht löslich in Alkohol, Benzol und Aceton. Die alkoholische Lösung gibt mit wässerigem Ammoniak die freie Base, das

Benzoylcevadin $C_{32}H_{48}(COC_6H_5)NO_9$. Aus wenig Alkohol unter Zusatz einiger Tropfen Eisessig umkrystallisiert, bildet es dreiseitige Prismen vom Schmelzp. 257°. Beim Erwärmen mit Essigsäureanhydrid geht das Benzoylderivat in Lösung, ohne sich zu acetylieren. Sein **Chlorhydrat** $C_{39}H_{53}NO_{10}$ krystallisiert in weißen Nadeln mit 1 Mol. Krystallwasser. Das **Jodhydrat** $C_{39}H_{53}NO_{10}HJ$ krystallisiert in gelblichweißen Nadeln vom Schmelzp. 220—222°. Das **Nitrat** $C_{39}H_{53}NO_{10} \cdot HNO_3$ krystallisiert aus Alkohol in weißen Nadeln vom Schmelzp. 194—195°.

Acetylcevadin $C_{32}H_{48}(COCH_3)NO_9$ durch Erhitzen von Cevadin mit Essigsäureanhydrid und Zersetzen der Reaktionsmasse mit Wasser und Sodalösung erhalten, schmilzt bei 182° zu einer zähflüssigen Masse, erstarrt dann wieder und schmilzt hierauf bei 234° zu einer gelben Flüssigkeit. Die alkoholische Lösung gibt mit verdünnter Salzsäure ein Chlorhydrat, welches eine spröde Masse ist und in Wasser sehr leicht löslich ist.

Cevin $C_{27}H_{43}NO_8$ ist das basische Spaltungsprodukt, welches bei der hydrolytischen Spaltung von Cevadin mit alkoholischer Kalilauge neben Methylcrotonsäure (Tiglinsäure) entsteht. Die Tiglinsäure entsteht sekundär aus der zuerst gebildeten Angelicasäure[2]).

---

[1]) M. Freund, Berichte d. Deutsch. chem. Gesellschaft **37**, 1948 [1903].
[2]) Ahrens, Berichte d. Deutsch. chem. Gesellschaft **23**, 2702 [1890]. — Freund u. Schwarz, Berichte d. Deutsch. chem. Gesellschaft **32**, 801 [1899].

Die Reaktion erfolgt nach der Gleichung:

$$C_{32}H_{49}NO_9 + H_2O = C_5H_8O_2 + C_{27}H_{43}NO_8.$$
Cevadin   Methylcrotonsäure   Cevin

Das krystallisierte Cevin wird in der Weise erhalten, daß man Cevadin kurze Zeit mit absolut alkoholischer Kalilösung kocht, wobei zunächst beim Erkalten eine unbeständige Kaliumverbindung des Cevins auskrystallisiert, welche nach Behandlung mit Kohlensäure die freie Base liefert. Sie scheidet sich aus Wasser in triklinen, hemiedrischen Krystallen mit $3^1/_2$ Mol. Krystallwasser ab, welches bei 110° entweicht. Die getrocknete Substanz beginnt bei 155—160° zu sintern und verwandelt sich bei 165—167° in ein durchsichtiges Harz, welches bei 195—200° völlig durchgeschmolzen ist.

Cevin löst sich leicht in Säuren, und Ammoniak fällt es aus diesen Lösungen amorph, dagegen vermag Soda nicht die Base abzuscheiden. Die wässerige Lösung, welche stark alkalisch reagiert, trübt sich beim Erwärmen. Ammoniakalische Silberlösung, sowie Fehlingsche Lösung wird in der Wärme reduziert.

Das Cevin wirkt weniger toxisch als das Cevadin, und zwar beträgt die letale Dosis 0,1 g pro Kilogramm Kaninchen. Es bewirkt schwache lokale Anästhesie, ist aber beim Menschen in dieser Hinsicht unwirksam[1]).

Fügt man zur alkoholischen Lösung des Cevins etwas alkoholische Kalilösung, so scheidet sich die charakteristische, zum Nachweis der Base geeignete **Kaliumverbindung** $C_{27}H_{41}NO_8K_2$ in feinen Nadeln vom Zersetzungspunkt 246° ab. Die entsprechende Natriumverbindung bleibt beim Digerieren des Cevins mit starker Natronlauge unlöslich zurück.

Cevinchlorhydrat $C_{27}H_{43}NO_8 \cdot HCl$ wird erhalten, wenn man die Base kurze Zeit in einer Chlorwasserstoffatmosphäre beläßt und das Produkt in wenig Wasser oder Alkohol löst.

Cevinjodmethylat $C_{27}H_{43}NO_8 \cdot CH_3J$ krystallisiert aus der konz., absolut alkoholischen Lösung auf Zusatz von Äther und zersetzt sich bei 240—250°.

Dibenzoylcevin[2]) $C_{41}H_{51}NO_{10}$. Das Cevin enthält 2 Hydroxylgruppen, nimmt also 2 Acylreste auf, das Cevadin nur einen. Die Beziehungen der Basen und ihrer Acylverbindungen können folgendermaßen ausgedrückt werden[2]):

$$C_{27}H_{41}NO_6{<}^{O \cdot C_5H_7O}_{OH} \quad \rightarrow \quad C_{28}H_{11}NO_6{<}^{OH}_{OH}$$
Cevadin   Cevin

↓   ↓

$$C_{27}H_{41}NO_6{<}^{O \cdot C_5H_7O}_{O \cdot Acyl} \qquad C_{27}H_{41}NO_6{<}^{O \cdot Benzoyl}_{O \cdot Acyl}$$
Acylcevadin   Diacylcevin

Das Dibenzoylcevin erhält man aus seinem **Benzoat,** das durch Erhitzen von Cevin mit Benzoesäureanhydrid auf 105—107° entsteht und bei 195° schmilzt. Das Dibenzoylcevin bildet langgestreckte Tafeln, die ebenfalls bei 195—196° schmelzen. Sein **Chlorhydrat** $C_{41}H_{51}NO_{10} \cdot HCl$ entsteht aus dem Benzoat mit verdünnter Salzsäure und bildet säulenförmige Tafeln vom Schmelzp. 227°. Das **Nitrat** $C_{41}H_{51}NO_{10} \cdot HNO_3$ ist in Wasser schwer löslich und schmilzt bei 262°. Das amorphe **Acetat** löst sich leicht in Wasser und schmilzt bei 170°.

Diacetylcevin $C_{27}H_{21}NO_8 \cdot (CH_3 \cdot CO)_2$, durch kurzes Erwärmen von wasserfreiem Cevin mit Essigsäureanhydrid und Zersetzen des überschüssigen Essigsäureanhydrids mit Wasser erhalten, wobei die essigsaure Lösung mit Ammoniak gefällt und die Base direkt mit Äther aufgenommen wird. Nach dem Verdampfen des Äthers hinterbleibt ein amorphes Produkt, das, mit wenig Wasser gekocht, krystallinisches Aussehen erhält und bei 190° schmilzt.

Cevinoxyd $C_{27}H_{43}NO_9$. Das Cevin geht beim Erwärmen mit 30 proz. Wasserstoffsuperoxyd direkt in Cevinoxyd über, welches sich von dem Cevin durch einen Mehrgehalt von 1 Atom Sauerstoff unterscheidet und in die Klasse der Aminoxyde $R_3N : O$ gehört. Bei der Behandlung mit schwefliger Säure wird es in Cevin zurückverwandelt.

Das Cevinoxyd löst sich leicht in Alkohol, schwer dagegen in Wasser. Es krystallisiert in kleinen, weißen Stäbchen vom Schmelzp. 275—278°. In Natronlauge löst sich das Oxyd in der Kälte, ebenso in Salzsäure. Beim Übersättigen der salzsauren Lösung mit Ammoniak scheidet sich die Base auffälligerweise erst beim Erwärmen wieder ab. Sein **Chlorhydrat**

---

[1]) Falk, Berichte d. Deutsch. chem. Gesellschaft **32**, 806 [1899].
[2]) M. Freund, Berichte d. Deutsch. chem. Gesellschaft **37**, 1951 [1903].

$C_{27}H_{43}NO_9 \cdot HCl$ stellt eine gelblichweiße, amorphe Masse dar, die sich in Wasser und Alkohol sehr leicht löst und sich zwischen 208—210° zersetzt. Versetzt man die wässerige Lösung des Chlorhydrats mit Ammoniak oder Soda, so scheidet sich die Base erst beim Erwärmen wieder aus.

Das Cevinoxyd ist in mancher Beziehung von Wichtigkeit. Da es fast momentan aus dem Cevin beim Digerieren mit konz. Wasserstoffsuperoxyd entsteht, gut krystallisiert und scharf schmilzt, kann es zur Identifizierung des schwer krystallisierenden und unscharf schmelzenden Cevins verwendet werden.

Der Übergang in Cevinoxyd läßt ferner einige Schlüsse in bezug auf die Bindungsverhältnisse des Stickstoffatoms im Cevin zu. Da nur tertiäre Basen derartige Oxyde liefern, so folgt zunächst, daß auch Cevin tertiären Charakter besitzt, was auch auf anderem Wege, nämlich durch die Darstellung des Jodmethylates, von Freund erwiesen wurde. Sehr glatt reagieren Trimethylamin und seine Homologen, sowie alkylierte Piperidine C_5H_{10} : NR, alkylierte Pyrrolidine sowie Dimethylanilin mit Wasserstoffsuperoxyd, und man wird daher geneigt sein, das Cevin in bezug auf die Bindung des Stickstoffs diesen Basen zur Seite zu stellen. Nun enthalten ja sehr viele Alkaloide den Komplex $>N\ CH_3$ in ringförmiger Bindung. Zu diesen ist Cevin aber sicherlich deshalb nicht zu rechnen, weil es kein Methyl am Stickstoff enthält. Es ist daher zu vermuten, daß der Stickstoff im Cevin und im Cevadin einem Doppelringsystem angehört.

Cevadillin.

Mol.-Gewicht 603,42.
Zusammensetzung: 67,61% C, 8,85% H, 2,32% N.

$$C_{34}H_{53}NO_8.$$

Vorkommen: Im Sabadillasamen.

Darstellung: Der bei der Verarbeitung der amorphen Alkaloide der Sabadillasamen auf Veratrin in Äther unlösliche Anteil enthält das Cevadillin.

Er wird mit Weinsäure extrahiert, die Lösung mit Soda gefällt und die Base mit Äther behandelt, wobei Cevadillin ungelöst bleibt.

Physikalische und chemische Eigenschaften: Es ist eine harzige Masse, welche in Äther fast unlöslich, in Amylalkohol leicht, in siedendem Benzin schwer löslich ist. Seine Salze sind amorph und gelatinös. Von alkoholischem Natron scheint es unter Bildung einer Methylcrotonsäure zersetzt zu werden.

Sabadin.

Mol.-Gewicht 541,40.
Zusammensetzung: 64,28% C, 9,49% H, 2,58% N.

$$C_{29}H_{51}NO_8.$$

Vorkommen: Die Base wurde von E. Merck[1]) in dem Sabadillasamen aufgefunden.

Physikalische und chemische Eigenschaften: Sie bildet aus Äther Nadeln, welche bei 238—240° unter Zersetzung schmelzen. Frisch gefällt ist sie in Äther mäßig löslich. Die krystallisierte Base löst sich schwer darin. Alkohol und Aceton nehmen das Sabadin leicht auf, in Ligroin ist es schwer löslich.

Derivate: Das **Hydrochlorid** $C_{29}H_{51}NO_8 \cdot HCl + 2\,H_2O$ krystallisiert in Nadeln, welche bei 282—284° unter Zersetzung schmelzen. — Das **Nitrat** $C_{29}H_{51}NO_8 \cdot HNO_3$ ist in kaltem Wasser schwer löslich (1 : 131 bei 13°). Es krystallisiert aus heißem Wasser in kleinen, bei 308° schmelzenden Nadeln. — Das **Goldsalz** $(C_{29}H_{51}NO_8 \cdot HCl)AuCl_3$ bildet feine, gelbe Nadeln, die in Alkohol schwer löslich sind.

Sabadinin.

$$C_{27}H_{45}NO_8\ (?).$$

Vorkommen und physikalische und chemische Eigenschaften: Auch dieses Alkaloid findet sich in den Samen von Veratrum sabadilla (E. Merck[1])) und scheidet sich aus Äther in haarfeinen Nadeln aus, die in Alkohol sehr leicht, in Äther und Ligroin schwer löslich sind.

---

[1]) E. Merck, Mercks Jahresber. f. 1890, Januar **1891**.

Derivate: Das **Goldsalz** ($C_{27}H_{45}NO_8 \cdot$ HCl)AuCl$_3$ bildet glänzende, gelbe Blättchen. — Das **Sulfat** $C_{27}H_{45}NO_8 \cdot H_2SO_4 + 3 H_2O$ tritt in Nadeln auf, die in kaltem Wasser ziemlich schwer löslich sind (1 : 38,5 bei 12°).

2. Alkaloide der weißen Nieswurz (Veratrum album).

Die Rhizoma Veratri albi enthalten folgende Alkaloide: Jervin, Pseudojervin, Rubijervin, Protoveratrin, Protoveratridin.

Isolierung und Trennung der einzelnen Basen:[1]) 1. Das mittelfeine Pulver des in Scheiben zerschnittenen und bei gewöhnlicher Temperatur getrockneten Rhizoms wird pro Kilogramm mit 300 g gepulvertem Bariumhydrat innig gemischt und mit 500 g Wasser durchgearbeitet, das Gemisch mit Äther dreimal ausgeschüttelt und der Äther im Wasserstoffstrome bei möglichst niederer Temperatur abdestilliert. Aus dem dünnen, dunkelgrünen Sirup setzten sich nach längerem Stehen wetzsteinartige Krystalle ab, welche abgesaugt und mit Äther gewaschen werden, bis dieser farblos vom Filter abläuft. Sie stellen rohes Jervin dar. Durch Umkrystallisieren aus abs. Alkohol wird zunächst das in Alkohol fast unlösliche Protoveratridin abgetrennt und dann in der alkoholischen Krystallmasse das Jervin von dem Rubijervin getrennt. Zu dem Ende wird die Masse mit verdünnter Schwefelsäure bei mäßiger Wasserbadtemperatur digeriert, wobei das in Wasser fast unlösliche Jervinsulfat leicht von dem löslichen Sulfat der zweiten Base getrennt werden kann.

In der Mutterlauge des Ätherextraktes bleiben amorphe Alkaloide gelöst, welche sehr heftiges Niesen verursachen, aber aus welchen kein krystallisierter Körper abgeschieden werden kann.

2. Beim Arbeiten nach dem Metaphosphorsäureverfahren wird die Rohdrogue zunächst mittels Äther oder Petroleumbenzin von Fetten und Harzen möglichst befreit und dann mit 80 proz. Alkohol erschöpfend extrahiert. Das beim Abtreiben des Alkohols im Vakuum zurückbleibende dünnflüssige Extrakt wird in Portionen von 500 g mit 5 l essigsäurehaltigem Wasser angerührt, das Unlösliche schnell abfiltriert und die Flüssigkeit so lange mit fester Metaphosphorsäure behandelt, bis kein weiterer Niederschlag mehr entsteht. Dadurch werden große Mengen amorpher Stoffe, außerdem auch Jervin und Rubijervin in unlöslichen Verbindungen abgeschieden. Die Flüssigkeit wird nachher mit Ammoniak bis zur stark alkalischen Reaktion versetzt, von einem geringen, flockigen Niederschlag rasch abfiltriert und sofort mit Äther ausgeschüttelt. Beim Abdestillieren des Äthers scheidet sich gewöhnlich das Protoveratrin schon im Destillationsgefäß krystallinisch aus und wird, durch Umkrystallisieren aus starkem Alkohol von kleinen Mengen Rubijervin und Jervin befreit, leicht in reiner Form erhalten.

Die mit Äther erschöpfte Flüssigkeit gibt durch Ausschütteln mit Chloroform Pseudojervin ab, welches in dieser Weise isoliert werden kann. Beim Arbeiten nach dem Metaphosphorsäureverfahren erhält man dagegen kein Protoveratridin, woraus zu schließen ist, daß dieses ein Umwandlungsprodukt darstellt, welches nach dem Barythydratverfahren entsteht.

Die **Bestimmung des Alkaloidgehaltes der Rhizome** wird wie folgt ausgeführt[2]). 12 g Pulver schüttelt man mit 120 ccm eines Gemisches aus gleichen Volumen Äther und Chloroform durch, setzt 10 ccm Natronlauge hinzu, läßt 3 Stunden unter häufigem Umschütteln stehen, gibt so viel Wasser hinzu, bis das Pulver zusammenballt, gießt die Äther-Chloroformschicht ab, klärt sie mit gebrannter Magnesia und 3—4 Tropfen Wasser und filtriert 100 ccm ab. Das Filtrat schüttelt man dreimal mit je 10 ccm essigsaurem Wasser aus, verdunstet das Lösungsmittel, trocknet bei 100° und wägt. Auf diese Weise wurde in den Rhizomen von Veratrum album ein Gesamtalkaloidgehalt von 0,19928—0,93280% gefunden. Die Nebenwurzeln erwiesen sich in 2 Fällen als alkaloidreicher, in 2 weiteren Fällen als alkaloidärmer wie die Rhizome.

Jervin.

Mol.-Gewicht der wasserfreien Base: 411,30.
Zusammensetzung der wasserfreien Base: 75,85% C, 9,07% H, 3,40% N.

$$C_{26}H_{37}NO_3 \cdot 2 H_2O.$$

Vorkommen und Darstellung: Das Jervin ist die in Veratrum album am reichlichsten vorkommende Base und wird in guter Ausbeute nach beiden obigen Verfahren erhalten. Beim

---

[1]) Salzberger, Archiv d. Pharmazie **228**, 462 [1890].
[2]) G. Bredemann, Apoth.-Ztg. **21**, 41 [1906].

Arbeiten nach dem Metaphosphorsäureverfahren bleibt es zumeist in den mit Metaphosphorsäure erhaltenen Niederschlägen.

Das zur Trennung von Rubijervin dargestellte Sulfat liefert mit Soda die freie Base.

Physiologische Eigenschaften: Jervin bewirkt eine Herabsetzung der Zirkulation und hat vor Veratrin den für die therapeutische Anwendung wichtigen Vorteil, daß es nicht örtlich irritierend wirkt und weder Erbrechen noch Durchfall hervorbringt. Wie Veratrin ist es stark giftig.

Physikalische und chemische Eigenschaften: Jervin krystallisiert aus Alkohol in nadelförmigen Prismen vom Schmelzp. 241°. Es löst sich in Äthyl-, Methyl- und Amylalkohol, sowie in Chloroform und Aceton ziemlich leicht, ist aber in Äther sehr schwer löslich und in Benzol resp. Petroläther unlöslich. Es wird aus seinen Salzlösungen von Ammoniak in zarten Nädelchen niedergeschlagen.

In konz. Schwefelsäure löst sich Jervin anfangs gelblich; diese Farbe geht dann in Grün und schließlich in Schmutziggrün über. Beim Kochen mit alkoholischem Kali und konz. Salzsäure wird es anscheinend nicht verändert. Mit Schwefelsäure, Salzsäure und Salpetersäure bildet Jervin in Wasser schwer lösliche Salze, dagegen sind die Verbindungen mit Essigsäure und Phosphorsäure leicht löslich.

Durch Quecksilberjodidjodkalium wird Jervin weiß, durch Phosphormolybdänsäure, Kaliumcadmiumjodid, Phosphorwolframsäure und Bromwasser hellgelb, durch Jodjodkalium braun, durch Pikrinsäure stark gelb, durch Platinchlorid und Goldchlorid hellorangerot gefällt, durch Gerbsäure schwach getrübt, durch Kaliumchromat und Millons Reagens erst getrübt, dann hellgelb bzw. weiß gefällt. Bildet mit Säuren gut krystallisierende Salze.

Derivate: Sulfat krystallisiert aus Alkohol in vierseitigen, flachen Prismen, konz. Schwefelsäure färbt dasselbe nacheinander gelb, grüngelb, dunkelgrün und braun.

Das **Hydrochlorid** $C_{26}H_{37}NO_3 \cdot HCl + 2 H_2O$ fällt auf Zusatz von Salmiak zur essigsauren Lösung der Base aus. Beim Umkrystallisieren aus starkem Alkohol tritt es in vierseitigen, gedrungenen Prismen auf.

Das **Nitrat**, dem Hydrochlorid ähnlich dargestellt, hat die Zusammensetzung $C_{26}H_{37}NO_3 \cdot HNO_3$ und krystallisiert in schönen, sechsseitigen Prismen.

Acetat, vierseitige Prismen, bedeutend leichter löslich in Wasser als die vorhergehenden Salze.

Das **Goldsalz** $(C_{26}H_{37}NO_3 \cdot HCl)AuCl_3$ scheidet sich beim Versetzen der kochend heißen Lösung des salzsauren Salzes mit Goldchlorid in schön ausgebildeten Prismen aus. — Das **Platinsalz** $(C_{26}H_{37}NO_3 \cdot HCl)_2PtCl_4 + 1\frac{1}{2} H_2O$ ist ein blaßorangerotes, amorphes Pulver, sehr wenig löslich in Wasser.

Pseudojervin.

Mol.-Gewicht 513,34.
Zusammensetzung: 67,02% C, 8,44% H, 2,73% N.

$$C_{29}H_{43}NO_7.$$

Wurde von Salzberger nach der auf S. 365 beschriebenen Metaphosphorsäuremethode isoliert. Der zunächst amorphe, nach Vertreibung des zum Ausschütteln benutzten Chloroforms zurückbleibende Rückstand gibt, mit starkem Alkohol behandelt, kugelrunde Krystallgebilde von Pseudojervin, welche aus Alkohol in dünnen, breiten, sechsseitigen Tafeln krystallisieren. Der Schmelzpunkt liegt bei 304°. In Chloroform ist die Base leicht, in Alkohol und Benzol schwer löslich, in Petroläther, Äther und Toluol fast unlöslich. Die alkoholische Lösung bläut rotes Lackmuspapier.

Konz. Schwefelsäure löst Pseudojervin mit grüner Farbe auf, die bald in Schmutziggrün übergeht. Konz. Salzsäure färbt die Base in der Kälte gar nicht, in der Wärme hellgrünlich. Aus ihren Salzlösungen wird die Base käsig gefällt.

Derivate: Das **Hydrochlorid** $C_{29}H_{43}NO_7 + 2 H_2O$ scheidet sich in undeutlich ausgebildeten Krystallen ab, die selbst in heißem Wasser schwer löslich sind. Goldchlorid fällt aus der Lösung des Salzes das **Goldsalz** $(C_{29}H_{43}NO_7 \cdot HCl)AuCl_3$ in gelben Flocken aus.

Das **Sulfat**, lange Prismen, ist in Wasser leicht löslich und bildet wohlausgebildete, lange Prismen.

Rubijervin.

Mol.-Gewicht 401,34.
Zusammensetzung: 77,74% C, 10,80% H, 3,49% N.

$$C_{26}H_{43}NO_2 + H_2O.$$

Darstellung und physikalische und chemische Eigenschaften: Die Base scheidet sich zusammen mit Jervin ab und bleibt beim Digerieren der Rohbase mit verdünnter Schwefelsäure im Wasserbade in der Mutterlauge. Beim Übersättigen derselben mit Ammoniak scheidet sie sich gallertartig aus. Sie krystallisiert aus heißem Alkohol in kleinen bei 234° schmelzenden Prismen. Durch Bleiessig, Quecksilberchlorid, Platinchlorid und Kaliumchromat wird die Base nicht verändert, durch Quecksilberjodidjodkalium, Phosphormolybdänsäure, Phosphorwolframsäure, Pikrinsäure gelblichweiß bis gelb, durch Jodjodkalium braun, durch Goldchlorid rotgelb gefällt. Konz. Schwefelsäure färbt das Rubijervin nacheinander goldgelb, orangerot, dunkelrot, konz. Salzsäure in der Kälte gar nicht, in der Wärme rotviolett, dann gelblich unter Abscheidung eines amorphen Körpers, konz. Salpetersäure in der Kälte gar nicht, in der Wärme hellrosa, später gelblich. Es bildet mit Säuren gut krystallisierende Salze, die in Wasser ziemlich leicht löslich sind.

Das **Goldsalz** $(C_{26}H_{43}NO_2 \cdot HCl)AuCl_3$ ist ein unlöslicher, gelber Niederschlag.

Protoveratrin.

Mol.-Gewicht 625,4.
Zusammensetzung: 61,40% C, 8,22% H, 2,24% N.

$$C_{32}H_{51}NO_{11}.$$

Diese Base repräsentiert das eigentlich wirksame, giftige Prinzip der weißen Nieswurz. Sie wird nach dem auf S. 365 beschriebenen Metaphosphorsäureverfahren isoliert.

Physiologische Eigenschaften: Die Lösungen sind geschmacklos, bringen aber eine Lähmung oder „Vertaubung" der Schleimhaut hervor. Selbst minimale Spuren bewirken, in die Nase gebracht, ungemein heftiges Niesen. Die Base ist außerordentlich giftig; Dosen von 0,5 mg töten, subcutan injiziert, ausgewachsene Kaninchen.

Physikalische und chemische Eigenschaften: Aus absolut alkoholischen Lösungen scheidet sich das Alkaloid in sehr dünnen, vierseitigen Plättchen aus. Es ist ziemlich leicht löslich in Chloroform und heißem, abs. Alkohol, sehr wenig löslich in kaltem Äther, unlöslich in Benzol, Wasser und Petroläther. Konz. Schwefelsäure färbt das Protoveratrin nacheinander gelbgrün, grünlichblau, blau und blauviolett, konz. Salzsäure in der Kälte gar nicht, in der Wärme rosa, dann rot. Verdünnte Mineralsäuren lösen die Base ziemlich rasch.

Das **Goldsalz** $(C_{32}H_{51}NO_{11} \cdot HCl)AuCl_3$ krystallisiert wasserfrei. Es ist ein leicht zersetzlicher, goldgelber Niederschlag.

Protoveratridin.

Mol.-Gewicht 499,36.
Zusammensetzung: 62,48% C, 9,08% H, 2,80% N.

$$C_{26}H_{45}NO_8.$$

Darstellung: Diese Base kommt in den Sabadillasamen nicht fertig gebildet vor, sondern tritt als Spaltungsprodukt des Protoveratrins auf. Das kann daraus geschlossen werden, daß Protoveratridin nur bei dem Barytverfahren, nicht aber bei dem Metaphosphorsäureverfahren, welches letztere das Protoveratrin unzersetzt zurückläßt, aus der Drogue erhalten wird.

Das Protoveratridin wird aus dem Rohjervin durch Behandlung mit Alkohol, worin es fast unlöslich ist, abgeschieden und am besten nur aus großen Mengen Chloroform umkrystallisiert.

Physikalische und chemische Eigenschaften: Protoveratridin ist in den meisten organischen Solvenzien sehr schwer löslich. Es krystallisiert in farblosen, vierseitigen kleinen Platten, welche bei 265° schmelzen. Seine Salzlösungen schmecken intensiv bitter, doch wirkt die Base nicht niesenerregend und ist ungiftig.

Bei Berührung mit konz. Schwefelsäure tritt anfangs eine violette, dann eine kirschrote Färbung auf. Eine Lösung in konz. Salzsäure färbt sich beim Erwärmen hellrot, eine Lösung in konz. Schwefelsäure blutrot, später carminrot.

Die salzsaure Lösung des Protoveratridins gibt mit Platinchlorid keine Fällung, erst auf Zusatz von Alkohol scheidet sich das **Platinsalz** $(C_{26}H_{45}NO_8 \cdot HCl)_2PtCl_4 + 6\,H_2O$ in großen, sechsseitigen Platten aus, die bei $100°$ das Krystallwasser abgeben.

Alkaloide der Familie Apocynaceae.

Die Familie Apocynaceae ist besonders reich an Alkaloiden[1]). Außer den Alstoniabasen, wozu die Alkaloide der Alstonia- und Ditarinde gehören, rechnet man hierher die Alkaloide der Quebracho- und der Pereirorinde, sowie einige andere Basen.

a) Basen der Alstoniarinde.

Gewinnung: Hierher sind zu rechnen Alstonin, Porphyrin und Porphyrosin. Hesse hat folgendes Verfahren ausgearbeitet[2]). Das alkoholische Extrakt der Rinde wird in Wasser gelöst und diese Lösung mit Natriumbicarbonat übersättigt, wobei eine braune, flockige Substanz ausfällt. Die klar filtrierte Lösung wird so oft mit Petroläther und dieser mit kleinen Mengen verdünnter Essigsäure behandelt, bis eine lohnende Extraktion nicht mehr statthat. In dieser Art werden Porphyrin und andere in Petroläther lösliche Substanzen aus der Bicarbonatlösung entfernt, während Alstonin in derselben gelöst bleibt. Wird diese Bicarbonatlösung mit Natronlauge übersättigt und mit Chloroform ausgeschüttelt, so resultiert eine schwarzbraune Alstoninlösung. Sie wird filtriert, nach Zusatz von genügend Wasser und Essigsäure mit Chloroform ausgeschüttelt und das Chloroform abdestilliert.

Die saure Lösung wird filtriert, mit Tierkohle behandelt und mit Natronlauge Alstonin gefällt.

Die obengenannte Petrolätherlösung enthält Porphyrin und andere basische Substanzen welche mit Hilfe von Essigsäure in wässerige Lösung übergeführt werden. Diese nimmt eine prächtig blaue Fluorescenz an und wird von überschüssigem Ammoniak rötlichweiß gefällt. Der Niederschlag wird in Äther aufgenommen. Nachdem man mit Tierkohle der Lösung eine basische Substanz, das Porphyrosin, entzogen hat, wird die Lösung wieder mit Essigsäure behandelt und diese Lösung mit Ammoniak gefällt. Das in dem lufttrocknen Niederschlag vorhandene Porphyrin entzieht man mit wenig Ligroin und erhält die Base beim Verdunsten desselben. Den unlöslichen Teil des obengenannten Niederschlags löst man in kochendem Ligroin. Beim Erkalten scheiden sich anscheinend mehrere Substanzen krystallinisch aus. Durch Lösen der Krystalle in wenig kochendem Alkohol und Zusatz von verdünnter Schwefelsäure, bis Lackmuspapier deutlich rot gefärbt wird, erhält man beim Erkalten das Sulfat eines neuen Alkaloids, des Alstonidins, in Krystallen. Aus der heißen alkoholischen Lösung fällt Ammoniak Alstonidin krystallinisch aus.

Alstonin $C_{21}H_{20}N_2O_4 + 3\frac{1}{2}H_2O$ (?) ist ein braune, amorphe Masse, die allem Anschein nach nicht einheitlich ist. Das Hydrat schmilzt bei $100°$, während die wasserfreie Substanz erst gegen $195°$ schmilzt. Alstonin ist eine starke Base. Das Sulfat, Hydrochlorid, Tartrat und Oxalat sind in Wasser leicht löslich, werden aber durch einen Überschuß der Säuren als braune Flocken gefällt. Das **Platinsalz** $(C_{21}H_{20}N_2O_4 \cdot HCl)_2PtCl_4 + 4\,H_2O$ ist ein bräunlicher Niederschlag.

Porphyrin $C_{21}H_{25}N_3O_2$ (?) stellt eine amorphe, weiße, bei $97°$ schmelzende Masse dar und fluoresciert in saurer Lösung blau. Von konz. Salpetersäure resp. Schwefelsäure wird es mit Purpurfarbe gelöst; von Chromsäure wird die schwefelsaure Lösung grünlichblau und nachher allmählich gelbgrün gefärbt. Die Rinde enthält nur etwa 0,6% reines Porphyrin. — Das **Platinsalz** hat die Zusammensetzung $(C_{21}H_{25}N_3O_2 \cdot HCl)_2PtCl_4 + 4H_2O$.

Porphyrosin, welches einen fleischfarbigen Niederschlag darstellt, und **Alstonidin**, das aus heißem, verdünntem Alkohol in farblosen, bei $181°$ schmelzenden Nadeln krystallisiert, sind noch sehr wenig untersucht worden.

---

[1]) Greshoff, Berichte d. Deutsch. chem. Gesellschaft **23**, II, 3537 [1890].
[2]) Hesse, Annalen d. Chemie u. Pharmazie **205**, 362, 366 [1880]. — J. Sack u. B. Tollens, Berichte d. Deutsch. chem. Gesellschaft **37**, 4110 [1904].

b) Alkaloide der Ditarinde.

Die Eingeborenen auf den Philippinen bezeichnen die Rinde der dort wachsenden Echites scholaris l. Alstonia scholaris als Dita. Die Droge dient als Heilmittel insbesondere gegen Fieber. Sie enthält die Alkaloide Ditamin, Echitamin, Echitenin.

Darstellung der ebengenannten Alkaloide: Hesse[1]) hat für die Isolierung der Basen der Ditarinde folgendes Verfahren ausgearbeitet. Das alkoholische Extrakt der mit Petroläther entfetteten Rinde wird mit Soda übersättigt, mit Äther ausgeschüttelt und die ätherische Lösung mit Essigsäure behandelt. Die nach Behandlung der sauren Lösung mit Tierkohle entfärbte Flüssigkeit wird mit Soda oder Ammoniak übersättigt, wobei das Ditamin als amorphes Pulver ausfällt.

Die von Ditamin befreite Lösung wird mit Essigsäure oder Schwefelsäure neutralisiert und vorsichtig bis auf ein kleines Volumen, $^1/_{15}$—$^1/_{20}$ vom Gewichte der angewandten Rinde, eingeengt. Alsdann wird der noch warmen Lösung etwas Salzsäure hinzugefügt und Kochsalz eingetragen. Es fällt ein Harz aus, welches bald krystallinisch wird. Man fährt mit dem Eintragen fort, bis die gebildete Fällung beim Stehen ihre Form nicht mehr ändert. Die ausgeschiedene Masse reinigt man durch Auflösen in heißem Wasser, woraus das Hydrochlorid des Echitamins bei Zusatz von konz. Salzsäure als weißes, krystallinisches Pulver ausfällt. Aus der konz. wässerigen Lösung des Salzes erhält man die freie Base durch Zusatz von Stangenkali und Ausschütteln mit Äther oder Chloroform. Der Rückstand dieser Lösungen liefert durch Auflösen in starkem Alkohol oder einem Gemisch gleicher Teile Aceton und Wasser und freiwilligem Verdunsten der Lösungen in einer kohlensäurefreien Atmosphäre das freie Echitamin in Form dicker, glasglänzender Prismen.

In der ersten Mutterlauge bei der Darstellung des Echitaminhydrochlorids bleibt das Echitenin und wird daraus entweder mit Quecksilberchlorid ausgefällt oder nach Übersättigen mit Natronlauge vermittels Chloroform abgeschieden.

Ditamin.

Mol.-Gewicht 257,16.
Zusammensetzung: 74,66% C, 7,45% H, 5,45% N.

$$C_{16}H_{19}NO_2.$$

Vorkommen und **Darstellung** wurden im vorhergehenden geschildert.
Physikalische und chemische Eigenschaften: Amorphes Pulver, welches aus den Lösungen in verdünnten Säuren durch überschüssiges Ammoniak in weißen Flocken gefällt wird. Ditamin schmilzt bei 75°. Mit konz. Salpetersäure gibt es zunächst eine gelbe Lösung, welche beim Erwärmen vorübergehend dunkelgrün, später orangerot wird. Ditamin bläut in alkoholischer Lösung rotes Lackmuspapier. Die Lösungen seiner Salze schmecken äußerst bitter.

Echitamin.

Mol.-Gewicht der wasserfreien Base: 384,24.
Zusammensetzung: 68,70% C, 7,34% H, 7,29% N.

$$C_{22}H_{28}N_2O_4 + H_2O.$$

Vorkommen und **Darstellung** wurden bereits oben behandelt.
Physiologische Eigenschaften: Echitamin ist ein lähmendes Gift, welches bei Fröschen gleichzeitig das Rückenmark und die motorischen Nervenendigungen paralysiert; bei Warmblütern wird dagegen nur die Herzvagusendigung, nicht aber das Rückenmark gelähmt. Der Blutdruck wird weit mehr als nach Curare vermindert.
Physikalische und chemische Eigenschaften: Das mit 1 Mol. Wasser krystallisierende Echitamin schmilzt bei 206° unter Zersetzung, löst sich leicht in Wasser und in Alkohol. Die Lösungen zeigen stark alkalische Reaktion. Frisch gefällt, wird es ziemlich leicht von Äther und Chloroform gelöst, ist aber in Benzin und Petroläther fast unlöslich. Hat die Base jedoch Krystallform angenommen, löst sie sich auch schwer in Äther. Für eine Lösung der krystallisierten Base in 97 proz. Alkohol ist $[\alpha]_D = -28,8°$ bei $p = 2$ und $t = 15°$.

---

[1]) Hesse, Annalen d. Chemie u. Pharmazie **203**, 147 [1880].

Echitamin löst sich in konz. Schwefelsäure purpurrot, ebenso in konz. Salpetersäure, aber diese Farbe verblaßt bald und geht in ein intensives Grün über.

Derivate: Das **Chlorid** hat die Zusammensetzung $C_{22}H_{28}N_2O_4 \cdot HCl$, ist in heißem Wasser leicht, in kaltem schwer löslich. Mit Platinchlorid fällt das **Platinsalz** $(C_{22}H_{28}N_2O_4 \cdot HCl)_2 PtCl_4 + 3 H_2O$ als gelber, flockiger Niederschlag aus, welcher in kaltem Wasser sehr schwer löslich ist.

Beim Abdampfen der wässerigen Lösungen des Echitamins an der Luft oder durch Erhitzen der wasserfreien Substanz auf etwa 120° entsteht ein Körper, welchen Hesse[1]) **Oxyechitamin** nennt und dem er die Formel $C_{22}H_{28}N_2O_5$ beilegt. Es ist in heißem Wasser nur schwer löslich und löst sich, wie Echitamin, in Salpetersäure mit purpurroter Farbe auf.

Echitenin.

Mol.-Gewicht 345,20.
Zusammensetzung: 69,53% C, 7,88% H, 4,06% N.
$$C_{20}H_{27}NO_4.$$

Vorkommen und Darstellung s. S. 369.

Physikalische und chemische Eigenschaften: Es ist ein amorphes, stark bitter schmeckendes Pulver, welches über 120° schmilzt. Löst sich in konz. Schwefelsäure mit rötlichvioletter Farbe. Konz. Salpetersäure löst die Base mit Purpurfarbe, welche nach kurzer Zeit in Grün und endlich in Gelb übergeht. Es bildet mit Säuren Salze, welche amorph sind.

Das **Platinsalz** $(C_{20}H_{27}NO_4 \cdot HCl)_2 PtCl_4$ ist ein flockiger Niederschlag. Auch das **Quecksilberchloridsalz** $(C_{20}H_{27}NO_4 \cdot HCl)_2 \cdot HgCl_2 + 2 H_2O$ ist amorph[1]).

c) Alkaloide der Quebrachorinde.

Verschiedene Bäume der Gattung Aspidosperma sind alkaloidführend, und zwar ist insbesondere die Rinde, wie bei den Chinaarten, der Sitz der Alkaloide. Die Rinde verschiedener dieser Arten hat auch Anwendung als Fiebermittel gefunden.

O. Hesse hat aus der aus Argentinien stammenden Quebrachoblancorinde (von Aspidosperma Quebracho) 6 Alkaloide isoliert, nämlich: Aspidospermin, Aspidospermatin, Aspidosamin, Hypoquebrachin, Quebrachin, Quebrachamin.

Zur Abscheidung der Alkaloide wird die zerkleinerte Rinde mit Alkohol ausgekocht, der Alkohol verjagt und der Rückstand nach dem Übersättigen mit Natronlauge mit Äther oder Chloroform extrahiert. Der beim Verdunsten dieser Lösungen verbleibende bräunliche Rückstand wird von erwärmter verdünnter Schwefelsäure gelöst, die Lösung filtriert und die Basen vermittels überschüssiger Natronlauge gefällt[2]). Die junge Rinde enthält 1,4%, die ältere bisweilen nur 0,3% von Alkaloiden.

Physiologische Eigenschaften der Quebrachoalkaloide: Wie Penzoldt[3]) gefunden hat bewirken sämtliche Alkaloide in Dosen von 0,01—0,02 g beim Frosch Lähmung der motorischen Apparate und zunächst der Atmungsmuskulatur. Die motorische Lähmung beruht bei Aspidospermin, Aspidospermatin, Quebrachamin und Hypoquebrachin auf zentraler Ursache. Bei der Quebrachin und Aspidosamin bewirkten Lähmung scheint es, als ob eine curareähnliche Wirkung mitspielen würde.

Die bezüglich des Einflusses auf das Herz (beim Frosch) untersuchten Basen, Quebrachin, Aspidosamin, Aspidospermatin und Aspidospermin, rufen zunehmende, beträchtliche Verlangsamung der Schlagfolge und schließlich Herzstillstand hervor.

Aspidospermin.

Mol.-Gewicht 314,26.
Zusammensetzung: 76,38% C, 9,62% H, 8,92% N.
$$C_{22}H_{30}N_2O.$$

Darstellung: Zur Isolierung aus dem vorstehend erwähnten Basengemisch[2]) kann man nach Hesse zwei Verfahren einschlagen:

---

[1]) O. Hesse, Annalen d. Chemie u. Pharmazie **203**, 164 [1880].
[2]) O. Hesse, Annalen d. Chemie u. Pharmazie **211**, 249 [1882].
[3]) Penzoldt, Annalen d. Chemie u. Pharmazie **211**, 271 [1882].

1. Man löst das rohe Gemisch der Alkaloide in wenig Alkohol, worauf beim Erkalten ein Gemenge von Aspidospermin und Quebrachin krystallisiert. Dieses Gemenge wird in alkoholischer Lösung mit 1—2 Äquivalenten Salzsäure zusammengebracht. Beim Verdunsten krystallisiert dann das Hydrochlorid des Quebrachins aus, während das Aspidospermin gelöst bleibt. Letzteres wird mit Ammoniak gefällt und durch Umkrystallisieren aus kochendem Alkohol oder Ligroin gereinigt.

2. Man löst das Gemisch der Alkaloide in verdünnter Essigsäure und vermischt die warme Lösung mit kleinen Mengen Ammoniak, solange noch ein krystallinisch werdender Niederschlag entsteht, dabei muß die Lösung sauer bleiben. Das ausgefällte Aspidospermin wird sogleich abfiltriert und durch Umkrystallisieren gereinigt.

Physikalische und chemische Eigenschaften: Aspidospermin krystallisiert in farblosen Prismen oder zarten Nadeln, die bei 205—206° schmelzen. Es löst sich leicht in Benzin und Chloroform, ziemlich leicht in abs. Alkohol (1 : 48 bei 14°), weniger in Äther, Ligroin und Petroläther. In Wasser ist die Löslichkeit bei 14° 1 : 6000; die Lösung hat deutlich bitteren Geschmack. Die alkoholische Lösung reagiert nicht auf Lackmuspapier. Die Base ist linksdrehend. In 97 proz. alkoholischer Lösung ist $[\alpha]_D = -100,2°$, bei p = 2 und t = 15°, in Chloroform ist die Konstante = $-83,6$, bei derselben Konzentration und Temperatur.

Mit nicht vollkommen reiner Überchlorsäure gibt Aspidospermin eine intensiv rote Färbung. Die Reaktion ist völlig reiner Überchlorsäure, wie man sie z. B. beim Zerlegen des Silbersalzes mit Schwefelwasserstoff erhält, nicht eigen. Sie tritt nur mit dem Handelspräparat ein, welches Spuren oxydierend wirkender Substanzen zu enthalten pflegt. Die Rotfärbung läßt sich demzufolge auch hervorrufen, wenn man die Lösung des Aspidospermins in heißer reiner Überchlorsäure mit einigen Tropfen Chlorwasser, etwas Persulfat usw. versetzt[1]). In konz. Schwefelsäure löst sich Aspidospermin farblos auf. Bringt man zu der Lösung einen Tropfen Kaliumbichromatlösung, so zeigt sich eine braune Zone, die langsam in Olivgrün übergeht. Wird Bleisuperoxyd zu der Lösung hinzugesetzt, so färbt sich die Säure zuerst braun, später kirschrot.

Diese Reaktionen haben mit denen des Strychnins große Ähnlichkeit, die sich auch darin zeigt, daß Chlorwasser das Aspidospermin in eine weiße, flockige Masse überführt, welche sich nicht mehr in Salzsäure auflöst. Eine ähnliche Wirkung bringt Bromwasser hervor.

Aspidospermin ist eine einsäurige, schwache Base. Die einfachen Salze krystallisieren nicht. Das **Platinsalz** $(C_{22}H_{30}N_2O \cdot HCl)_2PtCl_4$ ist von Fraude in der Weise krystallisiert worden, daß die Base in sehr geringem Überschuß zugegeben wurde. Es scheidet sich ein krystallinischer Niederschlag aus.

Aspidospermatin.

Mol.-Gewicht 352,24.
Zusammensetzung: 74,94% C, 8,01% H, 7,95% N.

$$C_{22}H_{28}N_2O_2.$$

Darstellung: Die Base bleibt zur Hauptsache in der Mutterlauge gelöst, welche bei der Abscheidung von Aspidospermin nach der im vorstehenden unter 1. geschilderten Methode abfällt. Die in der Mutterlauge vorhandenen Basen werden an Essigsäure gebunden und daraus durch Natriumbicarbonat wieder abgeschieden. Die resultierende Lösung versetzt man nach und nach mit wenig Ammoniak, solange noch ein flockiger Niederschlag von Aspidosamin (s. dieses) entsteht, filtriert, vermischt mit Natron und schüttelt mit Äther aus. Die ätherische Lösung läßt beim Verdunsten einen Rückstand; diesem wird Aspidospermatin durch Kochen mit wenig Ligroin, welches das später zu erwähnende Hypoquebrachin ungelöst läßt, entzogen. Die beim Erkalten der Ligroinlösung abgeschiedenen, warzenförmig zusammengewachsenen Nadeln werden von Harzen, die zugleich ausfallen, mechanisch getrennt, mit wenig Alkohol abgespült und aus kochendem Ligroin umkrystallisiert.

Physikalische und chemische Eigenschaften: Aspidospermatin bildet Krystallwarzen, die in Alkohol, Äther und Chloroform leicht löslich sind und bei 162° schmelzen. Es ist stark basisch; die Lösung schmeckt bitter. Für eine Lösung in 97 proz. Alkohol wurde bei p = 2 und t = 15° $[\alpha]_D = -73,3°$ gefunden.

---

[1]) C. Häußermann u. A. Sigel, Berichte d. Deutsch. chem. Gesellschaft **33**, 3598 [1900].

Gegen Überchlorsäure verhält sich die Base dem Aspidospermin ähnlich, dagegen wird die Lösung in konz. Schwefelsäure nicht von Kaliumbichromat gefärbt.

In Säuren löst sich Aspidospermatin leicht unter Bildung neutral reagierender, amorpher Salze. Natron oder Ammoniak scheidet die Base aus diesen Lösungen als flockige, bald krystallinisch werdende Fällung ab.

Das **Platinsalz** $(C_{22}H_{28}N_2O_2 \cdot HCl)_2 PtCl_4 + 4 H_2O$ fällt beim Zusammenmischen der Komponenten als blaßgelber, voluminöser Niederschlag aus.

Aspidosamin.[1])

Mol.-Gewicht 352,24.
Zusammensetzung: 74,95% C, 8,01% H, 7,95% N.

$$C_{22}H_{28}N_2O_2.$$

Physikalische und chemische Eigenschaften: Apidosamin wird durch Ammoniak aus der Lösung in Essigsäure als voluminöser Niederschlag gefällt, welcher gegen 100° schmilzt und allmählich krystallinisch wird. Es ist in Wasser fast unlöslich, in Ligroin und Petroläther schwer, in Äther, Chloroform, Alkohol und Benzin leicht löslich.

Die Base reagiert in alkoholischer Lösung alkalisch und schmeckt bitter. Die wässerige Lösung des salzsauren Salzes wird von wenig Ferrichlorid braunrot gefärbt. Perchlorsäure gibt beim Kochen eine fuchsinrote Lösung. Konz. Schwefelsäure löst die Base mit bläulicher Farbe, welche auf Zusatz von Kaliumbichromat dunkelblau wird.

Das **Platinsalz** $(C_{22}H_{28}N_2O_2 \cdot HCl)_2 PtCl_4 + 3 H_2O$ ist ein blaßgelber, flockiger Niederschlag.

Quebrachin.

Mol.-Gewicht 354,23.
Zusammensetzung: 71,14% C, 7,40% H, 7,91% N.

$$C_{21}H_{26}N_2O_3.$$

Vorkommen und Darstellung der Base wurden bereits auf S. 370 u. 371 behandelt.

Physikalische und chemische Eigenschaften:[2]) Quebrachin krystallisiert in farblosen Nadeln, die sich mit der Zeit gelblich färben und bei 214—216° unter Zersetzung schmelzen. Es löst sich wenig in kaltem Alkohol, Äther und Ligroin, leicht in kochendem Alkohol und Chloroform, fast gar nicht in Wasser, Natronlauge und Ammoniak. Seine Lösung in Alkohol (97 proz.) und Chloroform ist rechtsdrehend; bei p = 2, t = 15° wurde $[\alpha]_D$ zu + 62,5 resp. +18,6° gefunden.

In konz. Schwefelsäure löst sich Quebrachin anfangs nahezu farblos, später mit bläulicher Farbe auf; Zusatz von Bleisuperoxyd oder Kaliumbichromat bedingt das Auftreten einer prächtig blauen Färbung, die jedoch bei Anwendung des letzteren Reagens bald in Rotbraun übergeht.

Die alkoholische Lösung des Quebrachins reagiert stark alkalisch und schmeckt intensiv bitter.

Vor den Salzen der übrigen Quebrachoalkaloide zeichnen sich die des Quebrachins dadurch aus, daß sie besser krystallisieren.

Derivate: Das **Sulfat** $(C_{21}H_{26}N_2O_3)_2 H_2SO_4 + 8 H_2O$ ist in kaltem Wasser wenig löslich. — Das **Hydrochlorid** $C_{21}H_{26}N_2O_3 \cdot HCl$ ist ebenfalls in kaltem Wasser schwer löslich und krystallisiert in platten Nadeln oder sechsseitigen Tafeln. Überschüssige Salzsäure oder Chlornatrium beschleunigen seine Abscheidung aus den Lösungen. Mit Natriumplatinchlorid entsteht das **Platinsalz** $(C_{21}H_{26}N_2O_3 \cdot HCl)_2 PtCl_4 + 5 H_2O$ als gelber, amorpher Niederschlag.

d) Alkaloide der weißen Paytarinde.

Nach Untersuchungen von Hesse[3]) enthält diese Rinde, die auch von einer Aspidospermaart stammen soll, die beiden Alkaloide Paytin und Paytamin, von denen das letztere als Umwandlungsprodukt des ersteren anzusehen ist.

---

[1]) Hesse, Annalen d. Chemie u. Pharmazie **211**, 261 [1882].
[2]) Hesse, Annalen d. Chemie u. Pharmazie **211**, 265 [1882].
[3]) Hesse, Annalen d. Chemie u. Pharmazie **154**, 287 [1870]; **166**, 272 [1873]; **211**, 280 [1882].

Paytin.

Mol.-Gewicht der wasserfreien Base 320,2.
Zusammensetzung der wasserfreien Base 78,70% C, 7,55% H, 8,75% N.

$$C_{21}H_{24}N_2O + H_2O.$$

Darstellung: Die weiße Paytarinde wird mit Alkohol extrahiert, der Extrakt mit Soda durchgemischt und mit Äther ausgezogen. Man entzieht der Ätherlösung durch Schütteln mit verdünnter Schwefelsäure die basischen Bestandteile, entfärbt die schwefelsaure Flüssigkeit mit Tierkohle, neutralisiert sie nahezu mit Ammoniak und versetzt so lange mit Jodkaliumlösung, bis kein Niederschlag mehr entsteht. Der Niederschlag wird mit Soda verrieben und dann mit Äther ausgeschüttelt. Beim Verdunsten der Ätherlösung bleibt das Paytin in farblosen Krystallen zurück.

Physikalische und chemische Eigenschaften: Paytin krystallisiert aus Alkohol mit 1 Mol. H_2O, das beim Erwärmen entweicht und schmilzt bei 156°. Löst sich leicht in den organischen Lösungsmitteln, wenig in Wasser und ist linksdrehend. Chlorkalklösung erzeugt, der sauren Lösung vorsichtig zugesetzt, eine dunkelrote bis blaue Färbung, welche fast augenblicklich verschwindet; die Lösung wird blaßgelb und scheidet einen amorphen weißen Niederschlag aus. Das **Chlorhydrat** der Base, $C_{21}H_{24}N_2O \cdot HCl$, krystallisiert aus Wasser in farblosen Prismen.

Paytamin $C_{21}H_{24}N_2O$, mit dem Paytin isomer, wird nach Hesse durch Umlagerung des Paytins erhalten, ist zum Unterschiede von diesem amorph und bildet amorphe Salze.

e) Alkaloide der Pereirorinde.

Man verwendet in Brasilien unter dem Namen „Pereirin" ein Fiebermittel, welches eine gelbbraune, amorphe Substanz darstellt und aus der Rinde eines Baumes, Geissospermum Vellosii, gewonnen wird, der der Familie Apocynaceae angehört.

O. Hesse[1]) nahm im Jahre 1880, nachdem sich bereits andere Forscher mit der Pereirorinde beschäftigt hatten, deren Untersuchung auf und isolierte daraus zwei Alkaloide, Geissospermin $C_{19}H_{24}N_2O_2 + H_2O$ und Pereirin $C_{19}H_{24}N_2O$. Später entdeckten Freund und Favet[2]) ein weiteres Alkaloid, das Vellosin $C_{23}H_{28}N_2O_4$, in einer Handelssorte der Pereirorinde.

Geissospermin.

Mol.-Gewicht der wasserfreien Base 312,21.
Zusammensetzung der wasserfreien Base: 73,03% C, 7,75% H, 8,98% N.

$$C_{19}H_{24}N_2O_2 + H_2O.$$

Darstellung: Zur Isolierung des Geissospermins und Pereirins wird die zerkleinerte Rinde mit Weingeist ausgekocht, das dunkelbraune Extrakt mit Soda übersättigt und mit viel Äther ausgeschüttelt. Die Alkaloide werden der ätherischen Lösung mit essigsäurehaltigem Wasser entzogen, die dunkelbraun gefärbte, saure Lösung mit Ammoniak und wenig reinem Äther geschüttelt, wobei sich Geissospermin krystallinisch abscheidet. Die ätherische Lösung enthält Pereirin und ein weiteres Alkaloid (wahrscheinlich Vellosin), welches letztere sich beim Verdunsten des Äthers in Körnern abscheidet. Pereirin wird aus der zähen Mutterlauge erhalten, welche durch Absaugen von den körnig-krystallinischen Partien getrennt worden ist.

Zur Reinigung wird Geissospermin entweder aus kochendem Alkohol umkrystallisiert oder in das Sulfat übergeführt.

Physiologische Eigenschaften: Geissospermin tötet in Dosen zu 2 mg Frösche und zu 10 mg Meerschweinchen, lähmt zu 0,14 g kleine Hunde, wirkt lokal nicht irritierend und setzt die Puls- und Atemzahl sowie den arteriellen Blutdruck herab. Es ist ohne Einfluß auf die sensiblen und motorischen Nerven sowie auf die Kontraktilität der Muskeln.

Physikalische und chemische Eigenschaften: Gleissospermin krystallisiert in weißen Prismen, enthält Krystallwasser, welches bei 100° entweicht und ist in Wasser und Äther

---

[1]) Hesse, Annalen d. Chemie u. Pharmazie **202**, 141 [1880].
[2]) Freund u. Favet, Annalen d. Chemie u. Pharmazie **282**, 247 [1894].

nahezu unlöslich, in kaltem Alkohol wenig, in heißem leicht löslich. Die alkoholische Lösung zeigt alkalische Reaktion. Beim Erhitzen färbt sich die Base allmählich dunkel und schmilzt gegen 160°. Sie ist optisch aktiv; ihr Hydrat zeigt p = 1,5 (in 97 proz. Alkohol) und t = 15°, $[\alpha]_D = -93,37°$.

In reiner konz. Schwefelsäure löst sich Geissospermin zunächst farblos, nach wenigen Sekunden tritt eine blaue, später wieder blaßwerdende Färbung auf. Konz. Salpetersäure gibt bei gewöhnlicher Temperatur eine purpurrote beständige Färbung, die beim Erhitzen verschwindet.

Derivate: Das **Sulfat** $(C_{19}H_{24}N_2O_2)_2H_2SO_4$ krystallisiert aus heißem Alkohol in sternförmig gruppierten weißen Nadeln. Das **Hydrochlorid** ist amorph. Es liefert mit Platinchlorid das **Platinsalz** $(C_{19}H_{24}N_2O_2 \cdot HCl)_2 PtCl_4$, einen flockigen, blaßgelben Niederschlag. Aus verdünnter Lösung abgeschieden, bildet es konzentrisch gruppierte Nadeln.

Pereirin.

$C_{19}H_{24}N_2O$ (?).

Die Base, die noch sehr wenig untersucht ist, wird aus dem amorphen, von der Darstellung des Geissospermins (s. S. 373) abfallenden Rückstand durch Auflösen in verdünnter Essigsäure, Entfärben der Lösung mit Tierkohle und Ausfällen mit Ammoniak als grauweißes, amorphes Pulver erhalten. Pereirin ist in Wasser nahezu unlöslich, leicht löslich in Alkohol, Äther und Chloroform. Es sintert bei 118° und schmilzt gegen 124° zu einer roten Masse. Von konz. Schwefelsäure wird es mit violettroter, von konz. Salpetersäure mit purpurroter Farbe aufgenommen. Die Salze sind amorph[1]).

Vellosin.

$C_{23}H_{28}N_2O_4$.

Vorkommen: In der Stammrinde des Geissospermum Vellosii[2]). Es ist wohl identisch mit den vorstehend erwähnten, von Hesse beobachteten körnigen Ausscheidungen aus der Mutterlauge des Geissospermins.

Physiologische Eigenschaften: Die Base erinnert an das um zwei Wasserstoffatome ärmere Brucin. Sie ist sehr giftig; 5 mg des Hydrochlorids erzeugen beim Frosch, 0,075 g pro Kilo Kaninchen schwere Vergiftungssymptome[3]).

Physikalische und chemische Eigenschaften: Vellosin bildet derbe Krystalle, welche bei 189° schmelzen. In Wasser nahezu unlöslich, löst es sich in der Wärme in Alkohol, Benzol und Ligroin, bei gewöhnlicher Temperatur auch in Chloroform und Äther. Es ist rechtsdrehend; bei 23° Temperatur und der Konzentration 2,7026 : 25 zeigt die Lösung in Chloroform den Drehungswinkel $[\alpha]_D = +22,8°$.

Vellosin ist eine einsäurige Base und enthält zwei Methoxylgruppen.

Derivate: Das **Jodmethylat** $C_{23}H_{28}N_2O_4 \cdot CH_3J$ krystallisiert aus heißem Wasser, worin es schwer löslich ist und schmilzt bei 264°.

Die Salze des Vellosins mit Halogenwasserstoffsäuren müssen wegen der Bildung von Apovellosin kalt bereitet werden, durch Zufügen der Säure zu dem in Wasser suspendierten Alkaloide, Abfiltrieren des Salzes und Umkrystallisieren desselben aus Wasser. Das **Hydrochlorid** $C_{23}H_{28}N_2O_4 \cdot HCl + H_2O$ sintert, bei 120° getrocknet, bei 178—180° und zersetzt sich allmählich, zuletzt unter Aufschäumen bei 245—248°. Das **Hydrobromid** und **Hydrojodid** krystallisieren auch mit 1 Mol. Wasser und schmelzen bei 194—195° resp. bei 217—218°.

f) Alkaloide der Yohimbeherinde.

Diese aus unseren westafrikanischen Kolonien stammende Droge, welche von einer Apocynacee der Gattung Tabermontana gewonnen wird und bei den Eingeborenen seit längerer Zeit als Aphrodisiacum dient, enthält, wie sich bei der Fabrikation des zuerst von Spiegel

---

[1]) O. Hesse, Annalen d. Chemie u. Pharmazie **202**, 147 [1880].
[2]) Freund u. Favet, Annalen d. Chemie u. Pharmazie **282**, 247 [1894].
[3]) Schultze, Annalen d. Chemie u. Pharmazie **282**, 266 [1894].

isolierten Yohimbins herausgestellt hat, mindestens vier Alkaloide[1]) und zwar: 1. das Yohimbin, sehr schwer löslich in Äther, leichter in abs. Alkohol, sehr leicht in Chloroform. — 2. das Yohimbenin, leicht löslich in Äther, sehr schwer löslich in abs. Alkohol und Chloroform. — 3. ein in Äther sehr schwer lösliches, in abs. Alkohol und Chloroform aber leichter lösliches und 4. ein in Äther unlösliches, in abs. Alkohol und Chloroform sehr schwer lösliches Alkaloid. Eine Trennung der verschiedenen Alkaloide läßt sich vielleicht mit Hilfe der verschieden löslichen Bisulfit- oder Rhodanverbindungen erreichen.

Yohimbin (Anhydroyohimbin).

Mol.-Gewicht 368,24.
Zusammensetzung: 71,69% C, 7,66% H, 7,61% N.

$$C_{22}H_{28}N_2O_3.$$

Für das krystallisierte Yohimbin, wie es Spiegel zuerst aus der Pflanze isolierte[2]), fand er Analysenwerte, welche ihn zwischen den Formeln $C_{22}H_{30}N_2O_4$ und $C_{23}H_{32}N_2O_4$ schwanken ließen. Später konnte er feststellen, daß Yohimbin $C_{22}H_{30}N_2O_4$ unter gewissen Umständen 1 Mol. Wasser verliert und in eine Anhydrobase übergeht, und daß es als solche auch in den Salzen enthalten ist[3]).

Vorkommen: Außer in der Yohimbeherinde ist es auch in den Blättern des Yohimbehoabaumes aufgefunden worden.

Darstellung: Es wird folgendermaßen isoliert[4]): Die Rinde wird mit chlorwasserstoffhaltigem starken Alkohol extrahiert und der vom Alkohol befreite Extrakt mit Wasser behandelt. Das wässerige Filtrat wird mit Soda übersättigt und mit Äther ausgeschüttelt. Die ätherischen Auszüge hinterlassen ein braunes, weiches Harz, welches in verdünnter Schwefelsäure gelöst, filtriert und zuerst wiederholt mit Chloroform, dann mit Äther geschüttelt wird. Aus der so gereinigten schwefelsauren Lösung scheidet Soda einen weißen, an der Luft braun werdenden Körper ab, welcher durch Chloroform ausgeschüttelt wird. Aus letzterem werden die Alkaloide wieder durch Schütteln mit verdünnter Schwefelsäure entfernt. Diese zweite schwefelsaure Lösung wird wieder mit Soda gefällt und mit Chloroform ausgeschüttelt. Nach Verdunstung des Chloroforms hinterbleibt ein brauner Sirup, welcher mit Petroläther verrieben, in ein mikrokrystallinisches gelbes Pulver übergeht. Dieses Alkaloidgemisch (Ausbeute 0,54%) läßt sich durch wiederholte Behandlung mit kaltem Benzol in zwei Fraktionen zerlegen, von denen die schwer lösliche, aus heißem Benzol krystallisiert, das Yohimbin ist. Das zweite Alkaloid, welches in Chloroformlösung grün fluoresciert, konnte nicht krystallisiert erhalten werden.

Physiologische Eigenschaften: Das salzsaure Yohimbin $C_{22}H_{28}N_2O_3HCl$ findet eine große Verwendung als Aphrodisacum. Das Salz bewirkt auf der Zunge einen pelzigen Geschmack und an Cocain erinnernde vorübergehende Anästhesie[5]). Yohimbin vermindert die Zahl der Kontraktionen aller drei Herzabschnitte (negativ chronotroper Effekt); ebenso verändert dasselbe die mechanische Leistungsfähigkeit der Kammer in inhibitorischem Sinne (negativ inotrope Wirkung). Es werden durch Yohimbin die vier Kardinalfunktionen des Herzmuskels „der Zeit und Stärke nach jeweilig verschieden und voneinander unabhängig" zeitweise in entgegengesetztem Sinne beeinflußt[6]).

Physikalische und chemische Eigenschaften: Das Yohimbin, wie es aus den Salzen durch Basen in Freiheit gesetzt wird, krystallisiert aus Alkohol in mattglänzenden weißen Nadeln, schmilzt bei 234—234,5°, zeigt $[\alpha]_D = +1,5°$ (in 1 proz. wässeriger Lösung) und ist eine tertiäre Base. Es ist sehr leicht löslich in Alkohol, Äther, Chloroform, Aceton, Essigäther, löslich in Benzol, sehr schwer löslich in Wasser. Konz. Schwefelsäure löst Yohimbin farblos; legt man in diese Lösung ein Kryställchen Kaliumdichromat, so entsteht ein Streifen mit blauviolettem Rande, der allmählich schmutziggrün wird. Es zeichnet sich auch noch durch sonstige empfindliche Farbenreaktionen aus. Am schönsten und wohl am schärfsten ist die Reaktion mit frischem Fröhdes Reagens, mit dem sich das Alkaloid sofort graublau, dann tief dunkelblau färbt;

---
[1]) P. Siedler, Pharmaz. Ztg. **47**, 797 [1902].
[2]) Spiegel, Chem.-Ztg. **20**, 970 [1896]; **21**, 833 [1897].
[3]) P. Spiegel, Berichte d. Deutsch. chem. Gesellschaft **37**, 1750 [1904].
[4]) H. Thoms, Berichte d. Deutsch. pharmaz. Gesellschaft **7**, 279 [1897].
[5]) Arnold u. Behrens, Chem.-Ztg. **25**, 1083 [1902].
[6]) F. Müller, Archiv f. Nat. u. Phys. (Waldeyer-Engelmann) **1906**, Suppl. II, 391.

letztere Färbung geht bald vom Rande her durch Gelbgrün in beständiges Grün über. Ferner ist charakteristisch das Verhalten gegen Mandelins Reagens (Vanadin-Schwefelsäure 1 : 200), mit dem sofort eine dunkelblaue Färbung mit einem Stich ins Violette eintritt, die allmählich in schmutziges Grün übergeht, während sich die gelbe Färbung des Reagens rasch durch Orange in Ziegelrot verwandelt. Die Nebenalkaloide scheinen die spezifischen Reaktionen des Yohimbins kaum zu stören[1]).

Derivate: Zur analytischen Bestimmung ist besonders das leicht krystallisierende **Nitrat** $C_{22}H_{28}O_3N_2 \cdot HNO_3$ geeignet. Es schmilzt bei 276° und löst sich zu etwa 0,9% in kaltem, zu etwa 5% in siedendem Wasser. — Das **Chlorhydrat** $C_{22}H_{28}N_2O_3 \cdot HCl$ schmilzt bei 298 bis 300° und zeigt $[\alpha]_D = 103,4°$.

Das sehr schwer lösliche **Yohimbinrhodanid** bildet rechteckige Krystalle aus heißem Wasser, Schmelzp. 233—234° unter Zersetzung. Durch die Zeiselsche Methode wurde die Gegenwart einer Methoxylgruppe im Yohimbin festgestellt. Die Bildung eines **Jodmethylats des Yohimbins** zeigt, daß Yohimbin eine tertiäre Base ist. **Acetylyohimbin**, durch $^1/_2$ stündiges Erhitzen von Yohimbin mit Acetylchlorid auf dem Wasserbade dargestellt, weißer, flockiger Niederschlag, Schmelzp. 133°. Im Yohimbin ist also eine OH-Gruppe vorhanden. Bei der Oxydation mit Salpetersäure entsteht aus Yohimbin ein schwer trennbares Gemisch von Säuren, mit Kaliumdichromat und Schwefelsäure entsteht Ameisensäure. Mit Kaliumpermanganat entstehen Yohimbinsäure $C_{20}H_{24}N_2O_6$, Noryohimbinsäure $C_{19}H_{20}N_2O_7$ und eine in Nadeln, Schmelzp. 85°, krystallisierende Säure. Bei der Reduktion des Yohimbins mit Alkohol und Natrium wird eine in seidenglänzenden Nadeln krystallisierende Substanz vom Schmelzp. 106—108° erhalten.

Eine Aldehydgruppe konnte bis jetzt im Yohimbin nicht nachgewiesen werden. Bei der Einwirkung von Hydroxylaminchlorhydrat auf Yohimbin entsteht das Chlorhydrat des Yohimbins.

Spaltung des Yohimbins durch Alkali[2]). Kocht man eine mit festem Kaliumhydroxyd versetzte Lösung von Yohimbin in verdünntem Alkohol 2 Stunden, oder unterwirft man die alkoholisch-alkalische Lösung direkt der Destillation, so entsteht das Kaliumsalz einer Yohimboasäure oder Noryohimbin $C_{10}H_{13}NO_2$ genannten Säure als krystallinische Masse. Die freie Säure wird aus heißem Wasser in glasglänzenden Prismen gewonnen, die an der Luft zerfallen.

Yohimboasäure $C_{10}H_{13}NO_2$, Schmelzp. 259—260° unter Zersetzung, wenig löslich in siedendem Wasser und den üblichen organischen Lösungsmitteln, mit Ausnahme von Alkohol, rechtsdrehend, licht- und luftbeständiger und weniger giftig als das Yohimbin. Geschmack anfangs süß, dann bitter und zusammenziehend. Konz. Schwefelsäure löst die Säure farblos, Kaliumdichromat erzeugt zunächst eine rote, dann blauviolette bis blaue Färbung. Die Säure bildet sowohl mit Säuren als auch mit Basen Salze. **Ammoniumsalz**, sehr schwer löslich in heißem Wasser, leicht löslich in ammoniakalischem Wasser, krystallisiert gut. **Silbersalz**, weißer, am Licht gelb werdender, schwer löslicher Niederschlag. Die Salze der Mineralsäuren sind im Gegensatz zum sehr schwer löslichen, neutral reagierenden Yohimbinchlorhydrat in Wasser und in warmem abs. Alkohol leicht und mit saurer Reaktion löslich.

Winzheimer[3]) hat durch Behandlung von Yohimboasäure mit Methylalkohol und gasförmiger Salzsäure Yohimbin dargestellt, bei Anwendung höherer Alkohole dessen höhere Homologe. Er erklärte auf Grund dieser Synthese das Yohimbin für den Methylester der Yohimbasäure. Mit diesem einfachen Verhältnis stehen aber die Beziehungen der Zusammensetzung von Yohimboasäure und Yohimbin, wie sie durch die Arbeiten von Spiegel[4]) festgesetzt wurden, nicht im Einklang. Zur weiteren Feststellung dieser Beziehungen hat er die Yohimboasäure auch mit einigen höheren Alkoholen verestert.

Yohimboasäure gibt beim Stehen mit Methylalkohol Ausscheidung von Krystallen. Schmelzp. 296°. Bei der Einwirkung von Diazomethan auf die methylalkoholische Lösung der Säure erhält man die gleiche Substanz; im Filtrat befindet sich Yohimbin. Bei Anwendung eines Überschusses von Diazomethan wird sämtliche Yohimboasäure in Yohimbin ver-

---

[1]) C. Griebel, Zeitschr. f. Unters. d. Nahr.- u. Genußm. 17, 74 [1909].
[2]) L. Spiegel, Berichte d. Deutsch. chem. Gesellschaft 36, 169 [1903]; Berichte d. Deutsch. pharmaz. Gesellschaft 12, 272 [1902]. — Siedler u. Winzheimer, Berichte d. Deutsch. pharmaz. Gesellschaft 12, 276 [1902].
[3]) E. Winzheimer, Berichte d. Deutsch. pharmaz. Gesellschaft 12, 391 [1902].
[4]) L. Spiegel, Berichte d. Deutsch. chem. Gesellschaft 37, 1759 [1904]; 38, 2825 [1905].

wandelt. Die bei 296° schmelzenden Krystalle erweisen sich als **Yohimboasäureanhydrid** $C_{20}H_{24}N_2O_3$, sind in Alkoholen, auch in der Siedehitze, schwer löslich und zerfallen bei längerem Verweilen an der Luft in ein krystallinisches Pulver; bei sehr langsamem Erhitzen tritt der Schmelzpunkt schon bei 249° ein. Mit Wasser oder Ammoniak geht das Anhydrid in die Säure über. Das durch Einwirkung von Methylalkohol auf Yohimboasäure gewonnene Anhydrid, mit Alkohol und Chlorwasserstoff behandelt, liefert ein Chlorhydrat, das mit Ammoniak **Yohimbäthylin** gibt. Esterifizierung mit Methylalkohol führt zum Yohimbin vom Schmelzp. 231° (unkorr.), ebenso die Veresterung des mit Hilfe von Alkohol gewonnenen Anhydrids.

Yohimboasäure, mit Dimethylsulfat und Normalkalilauge geschüttelt, geht über in **Methylyohimboasäure**[1]) $C_{21}H_{28}N_2O_4$. Farblose Krystalle, Schmelzp. 293—294°. Leicht löslich in Salzsäure oder Essigsäure; in dieser Lösung erzeugt Ammoniak keinen Niederschlag, Natronlauge im Überschuß eine Fällung, die in Wasser löslich ist; in der Lösung ist offenbar das Natriumsalz in stark dissoziiertem Zustande enthalten. In den ammoniakalischen Mutterlaugen scheint eine Verbindung von Yohimboasäure und Methylyohimboasäure (Schmelzp. 254°) vorhanden zu sein.

Einwirkung von Diäthylsulfat auf Yohimboasäure führte zu der **Äthylyohimboasäure** $C_{22}H_{30}N_2O_4$, Schmelzp. 250°. Die Behandlung mit Methylalkohol und Salzsäure bzw. mit Diazomethan bewirkte keine weitere Alkylierung. — Durch Einwirkung von Jodmethyl auf Yohimboasäure entsteht Methylyohimboasäure, die sich mit der durch Dimethylsulfat gewonnenen als identisch erweist.

Yohimboasäureäthylester (Äthylyohimbin). Weiße, über Schwefelsäure matt werdende Nadeln aus Äther oder 70proz. Alkohol. Schmelzp. 191,5—192°. **Chlorhydrat**, Schmelzp. ca. 297°, in Alkohol etwas leichter, in Wasser etwas schwerer löslich als das Yohimbinchlorhydrat. **Rhodanid**, quadratische Tafeln aus 50proz. Alkohol. Schmelzp. 136—137°.

Yohimboasäureisoamylester (Isoamylyohimbin). Weiße, an der Luft rötlich werdende Nadeln aus verdünntem Alkohol. Schmelzp. 143—145°. Chlorhydrat, weiße Blättchen. — Spiegel stellte einige weitere Ester der Säure dar, indem er 1 g derselben in 3—5 g des betreffenden Alkohols suspendierte, die nach 2—3 Tagen erhaltenen krystallinischen Nadeln in Wasser löste, die Salze mit Ammoniak zerlegte und die Basen aus 50—60proz. Alkohol umkrystallisierte. **Äthylverbindung** $C_{24}H_{32}O_3N_2$. Nadeln. Schmelzp. 189°. **Propylverbindung** $C_{26}H_{36}O_3N_2$. Nadeln. Schmelzp. 135—136°. **Isobutylverbindung** $C_{28}H_{42}O_3N_2$. Blättchen. Schmelzp. 137—138°. Die Yohimboasäure nimmt demnach bei der Veresterung stets zwei Alkylgruppen auf, wobei die niederen Glieder gleichzeitig 1 Mol. Wasser abspalten.

Die Säure gibt bei einmaliger Destillation mit Jodwasserstoff annähernd die einer NCH_3-Gruppe entsprechende Menge Jodsilber; ob jedoch diese NCH_3-Gruppe zur Erklärung der Differenz zwischen Yohimbin und dem Normalyohimboasäuremethylester herangezogen werden darf, erscheint Spiegel noch recht fraglich. Er bemühte sich deshalb, Zwischenprodukte der Esterifizierung festzuhalten. Mit Diazomethan lieferte die Yohimboasäure zwei Substanzen, von welchen die eine gut krystallisiert und bei 206° schmilzt (dieser Körper bildet sich auch bei der Einwirkung von kaltem Methylalkohol auf die Säure), während die andere (Schmelzp. ca. 125°) sehr leicht löslich ist und deshalb vielleicht noch nicht ganz rein erhalten wurde. Mit Methylalkohol + HCl geben beide Yohimbin, das auch bei Anwendung größerer Mengen Diazomethan entsteht.

Yohimbenin.

Mol.-Gewicht 603,4.
Zusammensetzung: 69,61% C, 7,52% H, 6,97% N.
$$C_{35}H_{45}N_3O_6.$$

Yohimbenin, das zweite Alkaloid der Yohimbeherinde, wird von Yohimbin und Nebenalkaloiden am besten durch Lösen in Essigäther und Einengen bis zur Sirupskonsistenz, wobei Yohimbenin auskrystallisiert, getrennt. L. Spiegel[2]) beschreibt eingehender eine Reinigungsmethode für Yohimbenin, welches schließlich als schwach gelblich gefärbte Masse, Schmelzp. 135°, nahezu farblos, löslich in Chloroform und Alkohol mit kaum wahrnehmbarer grüner Fluorescenz, löslich in konz. Schwefelsäure mit schwacher Gelbfärbung, erhalten wurde.

---

[1]) L. Spiegel, Berichte d. Deutsch. chem. Gesellschaft **36**, 169 [1903]; Chem. Centralbl. **1903**, I, 471.
[2]) L. Spiegel, Chem.-Ztg. **23**, 59, 81 [1899].

Alkaloid aus Pseudo-Cinchona africana.

Mol.-Gewicht 354,23.
Zusammensetzung: 71,14% C, 7,40% H, 7,91% N.

$$C_{21}H_{26}O_3N_2.$$

In der Rinde von Pseudo-Cinchona africana wurde vor kurzem ein Alkaloid aufgefunden, das große Ähnlichkeit mit dem Yohimbin zeigt[1]).

Zur **Darstellung** des krystallinischen Alkaloids erschöpft man die grob gepulverte Rinde mit der 5—6fachen Gewichtsmenge stark verdünnter kalter Schwefelsäure, sättigt die Auszüge durch Soda, trocknet den Niederschlag, kocht ihn mit Essigester aus, engt die filtrierte Lösung auf dem Wasserbade ein und fällt das Alkaloid durch Äther aus. Die Mutterlauge enthält das amorphe Alkaloid.

Physikalische und chemische Eigenschaften: Farblose, lichtempfindliche, hexagonale, wasserfreie Blättchen aus abs. Alkohol oder Holzgeist; krystallwasserhaltige Blättchen aus 60 proz. Alkohol, löslich in siedendem Chloroform, ziemlich löslich in siedendem Alkohol, Holzgeist und Essigester, schwer löslich in den kalten Flüssigkeiten, sehr schwer löslich in kaltem abs. Alkohol, Benzol, Äther und Aceton, unlöslich in Petroläther, Wasser und Alkalien, reagiert auf Lackmus alkalisch. Die krystallwasserhaltige Modifikation scheidet sich aus siedendem Benzol unverändert in feinen, leichten Nadeln, aus abs. Alkohol in wasserfreien, hexagonalen Tafeln ab. Schmilzt auf dem Maquenneschen Block zunächst unterhalb 200°, um dann wieder zu erstarren und sich bei 241—242° von neuem zu verflüssigen, $[\alpha]_D^{23} = -125°$ (in 97 proz. Alkohol). Das Alkaloid löst sich in konz. Schwefelsäure zunächst farblos auf; allmählich bräunt sich die Lösung etwas. Bringt man in diese Lösung ein Kryställchen von $K_2Cr_2O_7$, so bedeckt dasselbe sich mit einem schwarzen Überzug und hinterläßt, wenn es bewegt wird, dunkelblaue Streifen. In verdünnter schwefelsaurer Lösung reduziert das Alkaloid lebhaft Kaliumpermanganat.

Derivate: Chlorhydrat $C_{21}H_{26}O_3N_2 \cdot HCl$, krystallisiert aus abs. Alkohol oder verdünnter Salzsäure in hexagonalen Blättchen oder prismatischen Nadeln mit 2 oder 3 Mol. Krystallwasser, löslich in Wasser von 20° zu 2,53%, leicht löslich in heißem abs. Alkohol und Holzgeist, sehr schwer löslich in konz. Salzsäure, fast unlöslich in Aceton, Schmelzp. 285 bis 290°. (Maquennescher Block), $[\alpha]_D^{20} = -63°$ in 2 proz. Lösung. — **Neutrales Sulfat**, glänzende, prismatische, hexagonale Nadeln aus 80 proz. Alkohol, leicht löslich in Wasser, fast unlöslich in abs. Alkohol, ziemlich löslich in siedendem 90 proz. Alkohol. — **Tartrat**, aus gleichem Mol. Base und Säure in alkoholischer Lösung, rechtwinklige oder rautenförmige Tafeln aus abs. Alkohol, leicht löslich in Wasser und siedendem Alkohol, schwer löslich in kaltem Alkohol. — **Jodmethylat.** In warmer alkoholischer Lösung fixiert das Alkaloid 1 Mol. Jodmethyl; prismatische Nadeln aus 80 proz. Alkohol, Schmelzp. oberhalb 300°, fast unlöslich in siedendem Wasser, unlöslich in abs. Alkohol, löslich in siedendem 80 proz. Alkohol.

Wie das Yohimbin wird dieses Alkaloid durch Natrium-Äthylat zu einer **Säure**[2]) $C_{20}H_{24}O_3N_2 \cdot H_2O$ bzw. $C_{20}H_{24}O_3N_2$ verseift. Zur Darstellung dieser Säure erhitzt man 1 Mol. Alkaloid mit 2 Mol. Natrium-Äthylat in 10 proz. alkoholischer Lösung etwa 5 Stunden am Rückflußkühler, bis ein Tropfen der Lösung durch Wasser nicht mehr gefällt wird, dampft die Lösung im Vakuum zur Trockne, nimmt den Rückstand in wenig Wasser auf, entfärbt durch Tierkohle, filtriert und fällt durch 2 Mol. Salzsäure aus. Den sich abscheidenden dicken Leim löst man in möglichst wenig heißem Alkohol und löst die auskrystallisierte Säure rasch in abs. Holzgeist oder Alkohol auf. Aus diesen Lösungen scheidet sich die Säure gleich nach erfolgter Auflösung in wasserfreier Form wieder aus und ist dann in diesen Lösungsmitteln sehr schwer löslich. Krystallisiert man die Säure aus verdünntem Alkohol um oder fällt die alkoholische Lösung mit Essigsäure, so erhält man die wasserhaltige Säure, welche in Holzgeist leicht löslich ist, sich aus dieser Lösung aber sogleich in wasserfreier Form wieder abscheidet. Die Säure bildet glänzende Blättchen aus Holzgeist, die an der Luft matt werden, feine, glänzende Nadeln aus verdünntem Alkohol. Die wasserfreie Säure ist schwer löslich in

---

[1]) E. Perrot, Compt. rend. de l'Acad. des Sc. **148**, 1465 [1909]; Chem. Centralbl. **1909**, II, 303. — E. Fourneau, Compt. rend. de l'Acad. des Sc. **148**, 1770 [1909]; Chem. Centralbl. **1909**, II, 545.

[2]) E. Fourneau, Compt. rend. de l'Acad. des Sc. **150**, 976 [1910]; Chem. Centralbl. **1910**, I, 2022. — Vergl. ebenda **148**, 1770 [1909]; Chem. Centralbl. **1909**, II, 545.

Wasser, sehr schwer löslich in abs. Alkohol und Holzgeist, leicht in Mineralsäuren und Alkalien. Die alkoholische Lösung wird durch Mineralsäuren, wenn nicht gerade genau neutralisiert wird, nicht gefällt, wohl aber durch Essigsäure. Die wasserfreie Säure schmilzt auf dem Maquenneschen Block oberhalb 300°. Alle Salze krystallisieren im wasserhaltigen Zustande. Das **Natriumsalz** erscheint in Blättchen, die in Wasser ziemlich löslich, in Holzgeist löslich, in abs. Alkohol unlöslich sind. — Das **Silbersalz** $C_{20}H_{23}O_3N_2Ag \cdot H_2O$ bildet nach dem Waschen mit Wasser und Alkohol ein gelbes Pulver.

g) Einzelne Apocyneenalkaloide.
Conessin oder Wrightin.

Mol.-Gewicht 356,34.
Zusammensetzung: 80,82% C, 11,31% H, 7,86% N.

$$C_{24}H_{40}N_2.$$

Vorkommen: Dieses zu den wenigen sauerstofffreien Pflanzenbasen gehörige Alkaloid findet sich in der Rinde und dem Samen der ostindischen Apocynacee Wrightia antidysenterica[1]) sowie in der gegen Dysenterie angewandten Rinde eines im tropischen Afrika wachsenden Baumes, Holarrhena africana.

Darstellung: Das Alkaloid wird der Rinde durch wiederholte Extraktion mit salzsäurehaltigem Wasser entzogen, aus den eingedickten Auszügen werden zunächst durch vorsichtigen Ammoniakzusatz Farbstoffe, Calcium- und Aluminiumverbindungen niedergeschlagen und dann das Alkaloid durch einen starken Überschuß von Ammoniak in käsigen Flocken gefällt. Es wird in essigsaurer Lösung mit Tierkohle behandelt, durch Ammoniak wieder abgeschieden, in heißem Alkohol gelöst und die konz. alkoholische Lösung mit Wasser gefällt. Die Base wird durch Wiederholung der letzten Operation bis zum konstanten Schmelzpunkt weiter gereinigt.

Physiologische Eigenschaften: Conessin wirkt auf das Gehirn nacht Art des Morphins, jedoch in geringeren Dosen. Es tötet bei Warmblütern unter Erstickungskrämpfen durch Lähmung des respiratorischen Zentrums. Ferner setzt Conessin auch die Reflexaktion des Rückenmarks herab. Es scheint Erbrechen und Kontraktion der Harnblase zu bewirken[2]).

Physikalische und chemische Eigenschaften: Conessin krystallisiert in zarten, seideglänzenden Nadeln, welche bei 122° schmelzen, alkalisch reagieren, scharf und kratzend schmecken. Die Löslichkeit in Wasser ist gering, dagegen wird es von den organischen Solvenzien leicht aufgenommen. Es sublimiert teilweise unzersetzt. Die Lösung in konz. Schwefelsäure wird allmählich gelbgrün und zuletzt hellviolett gefärbt.

Derivate: Das **Hydrochlorid** $C_{24}H_{40} \cdot N_2 \cdot 2\,HCl + 2\,H_2O$ bildet sich auf Zusatz von Salzsäure zur ätheralkoholischen Lösung der Base und krystallisiert in kleinen Nadeln. — Das **Nitrat** $C_{24}H_{40}N_2 \cdot 2\,HNO_3$ bildet ebenfalls kleine Nadeln, das Sulfat zerfließt an der Luft. — Das **Platinsalz** $(C_{24}H_{40}N_2 \cdot 2\,HCl)PtCl_4 + \frac{1}{2}H_2O$ krystallisiert aus alkoholhaltiger Salzsäure in gelbroten Nadeln, das **Goldsalz** $(C_{24}H_{40}N_2 \cdot 2\,HCl)\,2\,AuCl_3 + 3\frac{1}{2}H_2O$ bildet aus mäßig verdünntem Alkohol große, goldgelbe Nadeln. Auch die Zusammensetzung des Jodalkyladditionsproduktes zeigt, daß im Conessin eine zweisäurige Base vorliegt, sowie daß die Stickstoffatome tertiär sind. Das **Jodmethylat** $C_{24}H_{40}N_2 \cdot 2\,CH_3J$ bildet aus Wasser große zusammengewachsene Täfelchen. Es wird durch Silberhydroxyd in die zugehörige Ammoniumbase übergeführt[3]).

Alkaloide der Familie Aristolochiaceae.
Aristolochin.

Mol.-Gewicht 642,19.
Zusammensetzung: 59,80% C, 3,45% H, 4,36% N.

$$C_{32}H_{22}N_2O_{13}.$$

---

[1]) Stenhouse, Jahresber. d. Chemie **1864**, 456.
[2]) Husemann-Hilger, Die Pflanzenstoffe **2**, 1330 [1884].
[3]) Polstorff u. Schirmer, Berichte d. Deutsch. chem. Gesellschaft **19**, I, 78 [1886].

Vorkommen: In den reifen Samen von Aristolochia clematis und den Wurzeln von Aristolochia rotunda[1]).

Darstellung: Pohl isolierte das Aristolochin in folgender Weise. Die grob zermahlenen Samen oder Wurzeln werden zuerst mittels Petroläther von einem Öl und einem physiologisch indifferenten Körper befreit. Sodann wird die Droge mit 96 proz. Alkohol extrahiert, welcher Farbstoffe und die bitteren Bestandteile aufnimmt. Die alkoholischen Extrakte werden verdampft, in Wasser aufgenommen und mit verdünnter Schwefelsäure behandelt. Der hierbei entstehende Niederschlag wird getrocknet, mit Petroläther im Soxhletschen Apparate behandelt und dann mit Äther oder Alkohol bis zur Erschöpfung extrahiert. Beim Verdunsten dieser Lösungen hinterbleibt das Aristolochin.

Physiologische Eigenschaften: Aristolochin stellt eines der heftigsten bisher bekannten Tiergifte dar. Subcutan beigebracht, ist es bei Hunden selbst in großen Dosen nur wenig toxisch. Intravenös erzeugt es eine Gefäßdilatation im Darmgebiet, welche eine bis zum tödlichen Grade fortschreitende Blutdrucksenkung sowie eine hämorrhagische Infarcierung der Darmschleimhaut zur Folge hat. Bei Kaninchen zeigt sich Aristolochin als nekrotisierendes Gift.

Physikalische und chemische Eigenschaften: Aristolochin bildet orangegelbe Krystallnadeln, welche sich bei 215° bräunen und in Benzol, Petroläther und Schwefelkohlenstoff unlöslich, in heißem Wasser, Äther und Alkohol löslich sind. Es löst sich auch in Alkalien und alkalischen Erden und wird aus den Lösungen wieder vermittels Kohlensäure abgeschieden. Das Bariumsalz läßt sich krystallisiert erhalten. Von konz. Schwefelsäure wird es mit dunkelgrüner Farbe gelöst, mit Kali geschmolzen färbt es sich purpurrot. Die Lösungen der neutralen Alkalisalze werden von Bleiacetat und Bleiessig gefällt. Zinkstaub und Essigsäure reduziert Aristolochin zu einem Körper, welcher in Benzol löslich, in Alkalien kaum löslich ist und dessen alkalische Lösung grün fluoresciert.

Alkaloide der Familie Buxaceae (Cactaceae).

Die Indios des nördlichen Mexikos benutzen manche Cacteen als narkotische Genußmittel[2]). Als wirksame Bestandteile verschiedener Arten der Gattung Anhalonium konnten nun folgende Alkaloide isoliert werden, die in der Pflanze an Apfelsäure gebunden sind: Anhalin, Mezcalin, Anhalonin, Anhalonidin, Lophophorin, Pellotin.

Wirkung der Cacteenalkaloide auf das Froschherz: A. Mogilewa[3]) hat in Versuchen, die teils am Frosch mit bloßgelegtem Herzen, teils am isolierten Froschherzen ausgeführt wurden, die Wirkung der sechs Alkaloide aus Anhalonium Lewini und der in Pilocercus sargentianus und Cercus pecten gefundenen Basen (Pilocerein und Pectenin) studiert. Die Herzwirkung ist beim Mezcalin eine geringe, beim Anhalonidin eine etwas stärkere, beim Anhalonin in den Versuchen am Frosch sehr unbedeutend, in den Versuchen am isolierten Herzen kräftig. Anhalamin und Pellotin wirken qualitativ und quantitativ ähnlich wie Mezcalin. Allen diesen Giften gemeinsam ist die Herabsetzung der Pulsfrequenz (Narkose der motorischen Herzganglien). Das Pectenin schließt sich in seiner Wirkung dem Anhalonin an, das Pilocerein bewirkt diastolischen Herzstillstand, resp. Erschlaffung des Herzmuskels.

Anhalin.

Mol.-Gewicht 167,14.
Zusammensetzung: 71,80% C, 10,25% H, 8,38% N.

$$C_{10}H_{17}NO.$$

Vorkommen und Darstellung: Diese Base wurde 1894 von Heffter[4]) aus Anhalonium fissuratum isoliert, und zwar durch Extraktion der getrockneten und in Scheiben zerschnittenen Pflanze mit ammoniakhaltigem Alkohol.

Physiologische Eigenschaften: Anhalin ruft beim Frosche ohne irgendwelche vorherige Erregung eine Lähmung des Zentralnervensystems hervor, die auf das Gehirn beschränkt zu bleiben scheint.

---

[1]) Pohl, Archiv f. experim. Pathol. u. Pharmakol. **29**, 282 [1891]. — O. Hesse, Archiv d. Pharmazie **233**, 684 [1895].
[2]) A. Heffter, Archiv f. experim. Pathol. u. Pharmakol. **34**, 1 [1894].
[3]) A. Mogilewa, Archiv f. experim. Pathol. u. Pharmakol. **49**, 137 [1903].
[4]) A. Heffter, Berichte d. Deutsch. chem. Gesellschaft **27**, 2976 [1894].

Physikalische und chemische Eigenschaften: Die freie Base bildet sternförmig gelagerte, weiße Prismen, welche bei 118° ohne Zersetzung schmelzen. Sie ist wenig löslich in kaltem Wasser, leichter in heißem, sehr leicht in Alkohol, Methylalkohol, Äther, Chloroform und Petroleumäther. Indes kann sie aus keinem dieser Lösungsmittel rein erhalten werden, da Braunfärbung sehr rasch eintritt. Die krystallisierte Base löst sich in konz. Schwefelsäure selbst beim Erwärmen farblos auf. Ein Tropfen Salpetersäure erzeugt Grünfärbung dieser Lösung. Beim Erwärmen mit wenig Salpetersäure löst sich das Alkaloid mit gelber Farbe auf, welche sich auf Zusatz von Kalilauge in ein schönes, längere Zeit bleibendes Orangerot verwandelt.

In mineralsauren, wässerigen Lösungen erzeugen die meisten Alkaloidreagenzien amorphe Fällungen. Platinchlorid, Goldchlorid und Sublimat rufen in wässerigen Lösungen keine Niederschläge hervor, in alkoholischen treten amorphe Fällungen auf.

Salze: Das **Sulfat** $(C_{10}H_{17}NO)_2 \cdot H_2SO_4 + 2\,H_2O$ bildet farblose, glänzende, in Wasser sehr leicht, in kaltem Alkohol schwer lösliche Tafeln, die bei 197° schmelzen. — Das **Hydrochlorid** $C_{10}H_{17}NO \cdot HCl$, feine, zerfließliche Täfelchen. — Das **Oxalat** $(C_{10}H_{17}NO)_2(COOH)_2$ gleicht dem Sulfat im Äußeren und in den Löslichkeitsverhältnissen gänzlich.

Mezcalin.

Mol.-Gewicht 211,15.
Zusammensetzung: 62,51% C, 8,12% H, 6,63% N.

$$C_{11}H_{17}NO_3.$$

Vorkommen: Auch diese Base erhielt zuerst Heffter[1]), und zwar aus der zu Berauschungszwecken angewandten mexikanischen Cactee Echinocactus Lewinii (im Handel unter dem Namen „Mescal Buttons"). Die Abscheidung derselben und der anderen Basen refolgt nach Kander gemäß nachfolgendem Verfahren.

Darstellung:[2]) Die von den Indianern als Pellote, Pejote, Mescal Buttons, Hikoli usw. bezeichnete Droge, welche die getrocknete Pflanze darstellt, wird gröblich gepulvert, mit 70 proz. Alkohol mehrmals digeriert, der Rückstand ausgepreßt und aus den vereinigten Auszügen der Alkohol abdestilliert. Aus dem Rückstande werden die Harze durch Filtrieren getrennt und das Filtrat nach Zusatz von Ammoniak wiederholt mit Chloroform ausgeschüttelt. Den Chloroformlösungen werden die Alkaloide mit Schwefelsäure entzogen und die aus den Sulfaten wieder abgeschiedenen Basen mit Äther behandelt, wobei sich die in Äther leicht löslichen Anhalonin, Pellotin und Lophophorin von den darin nur wenig, aber in Chloroform leicht löslichen Basen, Mezcalin, Anhalonidin und Anhalamin abscheiden lassen und weiter auf die einzelnen Alkaloide verarbeitet werden können. Die in Äther wenig löslichen Produkte werden in die Sulfate übergeführt und diese aus Wasser krystallisiert. Die erste Krystallisation besteht wesentlich aus Mezcalinsulfat.

Das freie Mezcalin wird erhalten durch Ausschütteln einer alkalisch gemachten wässerigen Sulfatlösung mit Chloroform. Es scheidet sich beim Versetzen des nach Abdestillieren des Chloroforms verbleibenden, gelatinösen Rückstandes mit wasserfreiem Äther als Öl in reinem Zustande aus.

Physiologische Eigenschaften: Mezcalin ist derjenige Bestandteil der Pflanze, dem sie wesentlich ihre eigentümlichen Wirkungen verdankt. 0,2 g Mezcalin, innerlich genommen, erzeugt beim Menschen schöne und rasch wechselnde Farbenvisionen (Teppichmuster, Architekturbilder, Landschaften u. dgl.).

Physikalische und chemische Eigenschaften:[3]) Mezcalin ist ein Öl, welches durch Anziehung von Kohlendioxyd aus der Luft rasch in das krystallinische, in Chloroform lösliche Carbonat verwandelt wird. Es enthält drei CH_3O-Gruppen; von Salpetersäure wird es rasch verbrannt. Mit verdünnter wässeriger Kaliumpermanganatlösung entsteht als Hauptprodukt der Oxydation eine einbasische Säure $C_{10}H_{12}O_5$ vom Schmelzp. 168°, welche drei Methoxylgruppen enthält und bei der Einwirkung von Jodwasserstoff unter anderem Gallussäure liefert. Neben dieser Säure, welche übrigens mit einer Mischung von Schwefel- und Salpetersäure die gleiche Farbenreaktion wie die Alkaloide aus Anhalonium Lewinii gibt, bildet sich bei

---

[1]) A. Heffter, Berichte d. Deutsch. chem. Gesellschaft **29**, 221 [1896]; **31**, 1194 [1898]; **34**, 3004 [1901].
[2]) Kander, Chem. Centralbl. **1899**, I, 1244; Archiv d. Pharmazie **237**, 190 [1899].
[3]) A. Heffter, Berichte d. Deutsch. chem. Gesellschaft **34**, 3004 [1901].

der Oxydation des Mezcalins mit Kaliumpermanganat in geringer Menge eine in Nädelchen krystallisierende, in Ätzalkalien und Soda unlösliche Substanz vom Schmelzp. 177°, in der **Trimethylgallamid** $(CH_3O)_3C_6H_2 \cdot CO \cdot NH_2$ vorwiegen dürfte.

Durch sein Verhalten gegen Jodmethyl charakterisiert sich das Mezcalin als sekundäre Base. Das primär entstehende **Methylmezcalin** $C_{11}H_{16}O_3N(CH_3)$ (Nadeln) nimmt noch 1 Mol. Jodmethyl auf unter Bildung des **Methylmezcalinjodmethylats** $C_{11}H_{16}O_3N(CH_3)_2J$, dicke Tafeln vom Schmelzp. 220°. Mit Benzoylchlorid und Natronlauge liefert Mezcalin die **Monobenzoylverbindung** $C_{11}H_{16}O_3N \cdot COC_6H_5$, Nadeln aus verdünntem Alkohol vom Schmelzp. 120,5°, sehr leicht löslich in Alkohol und Äther. Aus der Gesamtheit dieser Beobachtungen wurde für das Mezcalin die Formel

$$\begin{array}{c} CH_2 \cdot NH \cdot CH_3 \\ | \\ C \\ HC \diagup \diagdown CH \\ H_3CO-C C-OCH_3 \\ \diagdown \diagup \\ C \\ | \\ OCH_3 \end{array}$$

eines **N-Methyl-3, 4, 5-trimethoxybenzylamins** abgeleitet, die sich indes nicht bestätigt hat[1]). Die beiden Wasserstoffatome des Benzolkernes sind leicht durch Halogenatome ersetzbar. Mit Bromwasser entsteht das Bromhydrat des **Dibrommezcalins** $C_{11}H_{15}O_3NBr_2$, verfilzte Nädelchen vom Schmelzp. 95°. Die Oxydation der Bromverbindung mit Kaliumpermanganat erfolgt selbst in der Hitze nur langsam und ergibt neben kleinen Mengen einer in Nadeln krystallisierenden Substanz **Dibromtrimethyläthergallussäure** $(CH_3O)_3C_6Br_2$ (COOH), glänzende Nadeln vom Schmelzp. 145°. Beim Erhitzen mit Salzsäure auf 150° spaltet das Mezcalin Chlormethyl ab, aus der sich schnell dunkel färbenden Lösung läßt sich jedoch kein charakterisierbares Produkt isolieren.

Salze: Das **Hydrochlorid** $C_{11}H_{17}NO_3 \cdot HCl$ und **Hydrojodid** $C_{11}H_{17}NO_3 \cdot HJ$ bilden farblose Krystalle; letzteres Salz ist in kaltem Wasser schwer löslich. — Das **Sulfat** $(C_{11}H_{17}NO_3)H_2SO_4 + 2 H_2O$ krystallisiert aus heißem Wasser in dünnen, flachen, stark glänzenden Prismen, die bei 100° wasserfrei werden. — Das **Platinsalz** $(C_{11}H_{17}NO_3 \cdot HCl)_2PtCl_4$ bildet aus heißem Wasser hellgelbe Nadeln, die zu Rosetten zusammengewachsen sind.

Das **Jodmethylat** $C_{11}H_{17}O_3N \cdot CH_3J$, welches in methylalkoholischer Lösung im Wasserbade entsteht, krystallisiert aus heißem Wasser in farblosen, bei 174° schmelzenden Prismen.

Anhalamin.

Mol.-Gewicht 209,13.
Zusammensetzung: 63,12% C, 7,23% H, 6,70% N.

$$C_{11}H_{15}O_3N.$$

Vorkommen: Es ist in sehr geringer Menge in Echinocactus Lewinii Schumann enthalten, so daß aus 1 kg Droge nur etwa 1 g reines Anhalamin erhalten wird.

Physikalische und chemische Eigenschaften:[1]) Krystallisiert aus Alkohol in mikroskopischen Nädelchen vom Schmelzp. 185,5°, wenig löslich in Benzol, Chloroform, noch schwerer in Äther und Petroläther, leicht löslich in Aceton, heißem Alkohol, ziemlich leicht in heißem Wasser, leicht löslich in Ätzalkalien. Das Anhalamin ist optisch inaktiv.

Derivate:[2]) **Chlorhydrat** $C_{11}H_{15}O_3N \cdot HCl$, dünne, stark glänzende Blättchen mit $2 H_2O$ aus Wasser bei langsamer Abscheidung. — **Platinsalz** $(C_{11}H_{15}O_3N \cdot HCl)_2PtCl_4$, flache gelbe Nadeln, leicht löslich in heißem Wasser. — **Sulfat** $(C_{11}H_{15}O_3N)_2H_2SO_4$, Prismen, sehr leicht löslich in Wasser, etwas schwerer in Alkohol. — Die wässerigen Lösungen der Salze geben mit Eisenchlorid eine blaue Färbung, die beim Erwärmen der Flüssigkeit in Grün übergeht und dann verschwindet. (Die gleiche Reaktion zeigen Pellotin und Anhalonidin, nicht aber Mezcalin, Anhalonin und Lophophorin.) Bei der Benzoylierung nach Schotten-Baumann liefert das Anhalamin ein **Monobenzoylderivat** $C_{11}H_{14}O_3N(COC_6H_5)$, glashelle

---

[1]) A. Heffter u. R. Capellmann, Berichte d. Deutsch. chem. Gesellschaft **38**, 3634 [1905].
[2]) A. Heffter, Berichte d. Deutsch. chem. Gesellschaft **34**, 3004 [1901].

Prismen vom Schmelzp. 167,5° und eine **Dibenzoylverbindung** $C_{11}H_{13}O_3N(COC_6H_5)_2$, Prismen vom Schmelzp. 128—129°. Aus dem Gesamtverhalten kann geschlossen werden: das Anhalamin ist eine sekundäre Base der Zusammensetzung $C_9H_7(OCH_3)_2(OH){>}N$.

Anhalonin.

Mol.-Gewicht 221,13.
Zusammensetzung: 65,12% C, 6,84% H, 6,33% N.

$$C_{12}H_{15}NO_3.$$

Nach Kander scheidet sich das Hydrochlorid des Anhalonins zunächst aus, wenn die mit Salzsäure angesäuerte, abs. alkoholische Lösung der in Äther leicht löslichen Basen aus Anhalonium Lewinii (s. S. 380) neutralisiert wird. Das Hydrochlorid wird aus Wasser umkrystallisiert. Aus demselben wird die freie Base durch Ammoniak in schneeweißen, verfilzten Nadeln gefällt.

Physiologische Eigenschaften: Anhalonin ist stark giftig, und zwar erzeugt es reflektorischen Tetanus, dessen Stärke sich den Strychninkrämpfen nähert. Die tödliche Dosis des salzsauren Salzes beträgt 0,16—0,2 g pro Kilo Kaninchen.

Physikalische und chemische Eigenschaften: Anhalonin krystallisiert aus Petroläther in langen, bei 85,5° schmelzenden Nadeln. Die Lösung des salzsauren Salzes dreht nach links. Die Farbenreaktionen sind dieselben wie beim Mezcalin. Enthält ein Methoxyl und kein Hydroxyl.

Salze: Das **Hydrochlorid** $C_{12}H_{15}NO_3 \cdot HCl$ krystallisiert in langen, farblosen Prismen, die in kaltem Wasser und Alkohol ziemlich schwer löslich sind. — Das **Platindoppelsalz** $(C_{12}H_{15}NO_3 \cdot HCl)_2PtCl_4$, bildet goldgelbe, mikroskopische Prismen, schwer löslich in Wasser. — Das **Goldsalz** $(C_{12}H_{15}NO_3 \cdot HCl)AuCl_3$, ein schweres, hellgelbes Pulver, ist wenig beständig und färbt sich bald dunkelbraun. — Anhalonin ist eine sekundäre Base, da sie mit salpetriger Säure eine Nitrosoverbindung und mit Methyljodid ein tertiäres Methylderivat bildet. — **Nitrosoanhalonin** $C_{12}H_{14}O_3N \cdot NO$ bildet schöne farblose Krystalle, die nach vorherigem Sintern bei 59° schmelzen.

Anhalonidin.

Mol.-Gewicht 221,13.
Zusammensetzung: 65,12% C, 6,84% H, 6,33% N.

$$C_{12}H_{15}NO_3.$$

Vorkommen und Darstellung:[1]) Die Base wurde ebenfalls zuerst von Heffter aus Anhalonium Lewinii isoliert. Ihre Reindarstellung und Trennung von Mezcalin ist sehr schwierig. Sie gelingt aber entweder unter Benutzung des in Wasser schwer löslichen Platinsalzes oder durch Behandlung der Hydrochloride mit abs. Alkohol, in dem sich das Mezcalinsalz leicht löst.

Physikalische und chemische Eigenschaften: Nadeln vom Schmelzp. 160°. In Wasser leicht löslich. Enthält zwei Methoxyle, aber weder Hydroxyl noch N-Methylgruppen. Die wässerige Lösung reagiert stark alkalisch, fällt Kupfer-, Silber- und Bleilösungen und treibt Ammoniak aus seinen Salzen aus. Sowohl die freie Base wie ihre Salze sind optisch inaktiv.

Derivate: Die Salze, wie das **Hydrochlorid** $C_{12}H_{15}NO_3 \cdot HCl$, welches in durchsichtigen Prismen krystallisiert, lösen sich leicht in Wasser. Das **Platinsalz** $(C_{12}H_{15}NO_3 \cdot HCl)_2 PtCl_4$ und das **Goldsalz** $(C_{12}H_{15}NO_3 \cdot HCl)AuCl_3$ sind in Wasser schwer löslich. Letzteres schmilzt bei 152° und ist leicht zersetzlich. Bei der Benzoylierung des Anhalonidins in alkalischer Lösung fällt die **Dibenzoylverbindung** $C_{12}H_{13}O_3N(COC_6H_5)_2$ als weißer Niederschlag aus. Prismen aus Alkohol vom Schmelzp. 125—126°; aus dem Filtrat scheidet Salmiak das **Benzoylanhalonidin** $C_{12}H_{14}O_3N(COC_6H_5)$ ab. Glänzende Täfelchen vom Schmelzp. 189°. — Mit 1 Mol. Jodmethyl in siedendem Methylalkohol entsteht das Hydrat des **Methylanhalonidins** $C_{13}H_{17}O_3N \cdot CH_3J$, gelbliche Prismen vom Schmelzp. 125—130°. — **Methylanhalonidinjodmethylat** $C_{13}H_{17}O_3N \cdot CH_3J$ aus dem Alkaloid und 2 Mol. Jodmethyl; dicke, glashelle Tafeln oder Prismen mit 1 Mol. H_2O. Schmelzp. 199°, wenig löslich in kaltem Wasser.

Nach dem bisher vorliegenden experimentellen Material kann die Formel des Anhalonidins aufgelöst werden in $(CH_3O)_2(HO)C_{10}H_7{>}NH$.

---

[1]) A. Heffter, Berichte d. Deutsch. chem. Gesellschaft **29**, 224 [1896]; **31**, 1196 [1898]; **34**, 3004 [1901].

Pellotin.

Mol.-Gewicht 237,16.
Zusammensetzung: 65,78% C, 8,07% H, 5,91% N.

$$C_{13}H_{19}NO_3.$$

Dieses Alkaloid wurde zuerst von Heffter[1]) in Anhalonium Williamsii aufgefunden, worin es bis zu 0,74% der frischen Pflanze vorhanden ist. Ferner wurde Pellotin auch aus Anhalonium Lewinii von Kauder[2]) abgeschieden.

Ob das Pellotin jedoch zu den für Anhalonium Lewinii charakteristischen Alkaloiden zu zählen ist, hält Heffter aus folgendem Grunde für zweifelhaft. Das Pellotin kommt als einziges Alkaloid in reichlicher Menge (3,5% der getrockneten Droge) in Anhalonium Williamsii vor, welches von Anhalonium Lewinii nur schwer zu unterscheiden ist, so daß die käuflichen Mescal Buttons immer einige Exemplare der pellotinreichen Cactee beigemischt enthalten dürften[3]).

Physiologische Eigenschaften: Bei Fröschen erzeugen erst Gaben von mehr als 5 mg Trägheit der Bewegungen und eine Steigerung der Reflexerregbarkeit. Beim Menschen treten vorübergehende Müdigkeitserscheinungen resp. Schläfrigkeit ein.

Physikalische und chemische Eigenschaften: Die freie Base löst sich leicht in Alkohol, Aceton, Äther, Chloroform, schwerer in Petroläther, fast gar nicht in Wasser. Sie wird aus Alkohol in harten, wasserhellen Tafeln abgeschieden, die wasserfrei sind und bei 110° schmelzen, doch läßt sie sich durch Umkrystallisieren nicht völlig reinigen. Der Geschmack ist intensiv und anhaltend bitter. Sie löst sich, selbst beim Erwärmen, in konz. Schwefelsäure mit nur schwach gelblicher Farbe auf. Auf Zusatz einer kleinen Menge Salpetersäure tritt intensive Permanganatfärbung auf. Die wässerigen Lösungen der Salze geben mit den Alkaloidreagenzien amorphe Niederschläge, die sämtlich nach kurzer Zeit krystallinisch werden.

Derivate: Das **Hydrochlorid** $C_{13}H_{19}NO_3 \cdot HCl$ bildet harte, rhombische Prismen, die in Alkohol schwer löslich sind. — Das **Platinsalz** $(C_{13}H_{19}NO_3 \cdot HCl)_2PtCl_4$ tritt in goldgelben farnwedelartigen, in kaltem Wasser wenig löslichen Aggregaten auf.

Pellotin ist eine tertiäre Base. Es enthält eine Normalmethylgruppe, sowie zwei Methoxylgruppen, die sich nach dem Verfahren von Zeisel nachweisen lassen. Außerdem ist das dritte Sauerstoffatom in Form eines Phenolhydroxyls vorhanden, da sich Pellotin in Alkalien leicht löst und die alkalische Lösung, mit Benzoylchlorid geschüttelt, eine Benzoylverbindung liefert. Die Formel der Base läßt sich demnach $C_{10}H_9(OCH_3)_2(OH)N \cdot CH_3$ schreiben.

Das **Jodmethylat** $C_{13}H_{19}O_3N \cdot CH_3J$ bildet sich leicht beim Zusammenbringen berechneter Mengen der Komponenten in wenig Methylalkohol, woraus es mit 1 Mol. Krystallwasser in kleinen Prismen, aus Wasser in großen, 2 Mol. Wasser enthaltenden Krystallen herauskommt. Der Schmelzp. liegt bei 198°.

Lophophorin.

Mol.-Gewicht 235,14.
Zusammensetzung: 66,34% C, 7,29% H, 5,96% N.

$$C_{12}H_{17}NO_3.$$

Vorkommen und Darstellung: Diese ebenfalls von Heffter[4]) aufgefundene Base bleibt als Hydrochlorid in den letzten Mutterlaugen der salzsauren Salze aufgelöst, welche aus den in Äther leicht löslichen Alkaloiden von Anhalonium Lewinii erhalten werden[5]).

Physiologische Eigenschaften: Von allen diesen besitzt es die stärkste physiologische Wirkung; schon 0,27 mg rufen bei einem Frosch heftige Krämpfe hervor, und 1,1 mg vermag ihn zu töten.

Physikalische und chemische Eigenschaften: Es ist bisher nur in Form eines farblosen Sirups erhalten worden, der sich in den organischen Lösungsmitteln leicht, in Wasser wenig

---

[1]) A. Heffter, Berichte d. Deutsch. chem. Gesellschaft **27**, III, 2977 [1894]; **29**, I, 216 [1896]; **31**, I, 1193 [1898]; Chem. Centralbl. **1894**, II, 565.
[2]) Kauder, Chem. Centralbl. **1899**, I, 1245.
[3]) A. Heffter, Berichte d. Deutsch. chem. Gesellschaft **34**, 2974 [1901].
[4]) A. Heffter, Berichte d. Deutsch. chem. Gesellschaft **29**, I, 226 [1896]; **31**, I, 1199 [1898].
[5]) Kauder, Archiv d. Pharmazie **237**, 190 [1899]; Chem. Centralbl. **1899**, I, 1244.

löst. Lophophorin enthält nur eine Methoxylgruppe; ob es eine sekundäre oder tertiäre Base ist, wurde bisher nicht festgestellt.

Salze: Das **Hydrochlorid** $C_{13}H_{17}NO_3 \cdot HCl$ krystallisiert aus heißem Alkohol, worin es leicht löslich ist, in weißen mikroskopischen Nädelchen. — Das **Platinsalz** $(C_{13}H_{17}NO_3 \cdot HCl$ $PtCl_4$ scheidet sich beim Fällen konz. Lösungen amorph aus, wird aber allmählich krystallinisch; aus verdünnten Lösungen fällt es in kleinen, goldgelben Nadeln aus, die in Wasser und Alkohol etwas löslich sind.

Basen der Familie Lauraceae.
Bebeerin (Bebirin) oder Buxin.
$C_{18}H_{21}NO_3$.

Vorkommen: In der Rinde von Nectandra Rodiaei Schomb, in Cissampelos Pareira L., Hernandia sonora L.

Darstellung: Zur Abscheidung von Bebeerin (Bebirin, Pelosin) kann man das von Maclagan[1]) angewandte Verfahren benutzen. Die Rinde von Nectandra Rodiei wird mit schwefelsäurehaltigem Wasser ausgezogen und die konz. Lösung mit Ammoniak gefällt. Der erhaltene, getrocknete Niederschlag wird in verdünnter Schwefelsäure aufgelöst und wieder mit Ammoniak ausgefällt. Aus der getrockneten Rohbase zieht Äther Bebeerin aus, während Sepeerin zurückbleibt. Um jenes weiter zu reinigen und namentlich von Gerbstoffen zu befreien, bedient man sich der von Planta[2]) empfohlenen Fällung der essigsauren Lösung mit Bleiacetat.

Die Alkaloide der Pareirawurzel wurden von M. Scholtz[3]) näher studiert. Die durch Extraktion der gepulverten Pareirawurzel mit verdünnter Schwefelsäure und Versetzen des filtrierten Auszugs mit Sodalösung erhältliche Alkaloidmasse besteht, ebenso wie das käufliche Bebeerinum Merck, nur zu etwa 10% aus Bebeerin. Man erhält letzteres durch Erschöpfen der Alkaloidmasse mit Äther, als amorphes, gelbes Pulver, während die Hauptmenge eine in Äther völlig unlösliche, vorläufig noch undefinierbare, harzige Masse bildet.

Physiologische Eigenschaften: H. Hildebrandt[4]) stellte die physiologische Prüfung reiner Präparate von Bebeerin in seiner rechtsdrehenden wie linksdrehenden Modifikation, der Racemverbindung, des Jodmethylats der tertiären Verbindung und des schwefelsauren Salzes an. Versuche an Fröschen zeigen zunächst, daß dem Bebeerin an sich eine curareartige Wirkung zukommt, die durch den Übergang in die Ammoniumbase erheblich zunimmt, während gleichzeitig die Wirkung auf das Herz verschwindet. Bei Versuchen an weißen Mäusen war die Intensität der Wirkung erheblich verschieden, je nachdem die rechtsdrehende oder die linksdrehende Modifikation angewandt wurde. Die (amorphe) Racemverbindung wirkte nahezu so stark wie die rechtsdrehende krystallisierte Verbindung. Die beiderseitigen amorphen Modifikationen wirkten deutlich intensiver als die entsprechenden krystallisierten. Auch beim Kaninchen erwies sich die rechtsdrehende amorphe Modifikation als die am stärksten wirksame. 15 ccm der 3 proz. Lösung der amorphen rechtsdrehenden Modifikation rufen beim Kaninchen von 1400 g nach wenigen Minuten mühsames Atmen, schließlich Atemstillstand hervor. In der gleichen Dosis hatte die rechtsdrehende krystallisierte Base keine Wirkung. Bei innerlicher Darreichung erwies sich selbst 1,5 g des rechtsdrehenden amorphen Bebeerins als unwirksam.

Physikalische und chemische Eigenschaften:[5]) Das aus Methylalkohol krystallisierte Bebeerin bildet kleine, glasglänzende, farblose Prismen, welche bei 214° schmelzen. Aus Aceton und Chloroform scheidet sich die krystallisierte Base wieder amorph ab, in welchem Zustande sie bei 180° schmilzt, dagegen läßt sie sich aus Äthylalkohol umkrystallisieren. Bebeerin ist optisch aktiv. Eine 1,6 proz. Lösung zeigt bei 28° die Drehung $[\alpha]_D = 3,835°$, woraus die molekulare Drehung $[\alpha]_D = -298°$ berechnet wird. Die beiden optischen Antipoden besitzen die gleichen physikalischen und chemischen Eigenschaften. Löst man gleiche Mengen rechts- und linksdrehender Base in wenig Chloroform und gießt die beiden Lösungen zusammen, so scheidet sich die racemische Base vom Schmelzp. 300° ab, die sich auch gelegentlich der Iso-

---

[1]) Maclagan, Annalen d. Chemie u. Pharmazie **48**, 106 [1843].
[2]) v. Planta, Annalen d. Chemie u. Pharmazie **77**, 333 [1851].
[3]) M. Scholtz, Archiv d. Pharmazie **244**, 555 [1907].
[4]) H. Hildebrandt, Archiv f. experim. Pathol. u. Pharmakol. **57**, 214 [1907].
[5]) M. Scholtz, Archiv d. Pharmazie **244**, 555 [1907].

lierung des Alkaloids aus der Pareirawurzel aus der bei der Ätherextraktion zurückbleibenden, harzigen Alkaloidmasse durch Auskochen mit Pyridin und Fällen der Pyridinlösung mit Methylalkohol in geringer Menge isolieren ließ. Die Wurzel kann neben der racemischen Base, die in ihr präformiert ist, sowohl die rechts- wie die linksdrehende Modifikation enthalten. — 100 ccm Methylalkohol lösen bei 20° 0,092 g aktives, 0,024 g racemisches, 100 ccm Alkohol 0,415 g aktives, 0,023 g racemisches, 100 ccm Äther 0,058 g aktives, 0,00 g racemisches Bebeerin. In Chloroform und Aceton sind die aktiven Basen leicht löslich, die racemische ist dagegen in diesen Lösungsmitteln fast unlöslich.

Derivate:[1]) Bebeerin reagiert nicht mit salpetriger Säure, woraus folgt, daß der Stickstoff in tertiärer Bindung vorkommt. Dementsprechend liefert es ein **Jodmethylat** $C_{18}H_{21}NO_3 \cdot CH_3J$, welches bei 268—270° schmilzt. — **Jodbenzylat** $C_{18}H_{21}O_3N \cdot C_7H_7J$, aus Bebeerin und Benzyljodid in Chloroformlösung entstehend, wird aus Holzgeist als schwach gelbe Krystallmasse erhalten. Schmelzp. 225°, unlöslich in Äther, sehr wenig löslich in Wasser, leicht löslich in Äthyl- und Methylalkohol.

Das **Hydrochlorid** $C_{18}H_{21}NO_3 \cdot HCl$ bildet kleine Nadelbüschel, wenn die salzsaure Lösung der krystallisierten Base verdunstet wird. Der Schmelzp. liegt bei 259—260°. Mit konz. Salzsäure erhitzt, spaltet Bebeerin kein Chlormethyl ab. Es enthält eine Hydroxylgruppe, was aus der Existenz eines bei 147—148° schmelzenden **Acetylderivates** $C_{18}H_{20}NO_3 \cdot C_2H_3O$ und der bei 139—140° schmelzenden **Benzoylverbindung** $C_{18}H_{20}NO_3 \cdot C_7H_5O$ hervorgeht, welche beim vorsichtigen Erhitzen der Base mit Essigsäureanhydrid resp. Benzoesäureanhydrid entstehen. Dagegen konnte weder Aldehyd- noch Ketonsauerstoff nachgewiesen werden.

Gegen Oxydationsmittel ist Bebeerin äußerst empfindlich. Nur vermittels alkalischer Ferricyankaliumlösung ließ sich ein gelber basischer Körper erhalten, der nach folgender Gleichung entsteht:

$$C_{18}H_{21}NO_3 + 2\,O = H_2O + C_{18}H_{19}NO_4.$$

Laurotetanin.

Mol.-Gewicht 345,19.
Zusammensetzung: 66,05% C, 6,71% H, 4,06% N.

$$C_{19}H_{23}NO_5.$$

Vorkommen: Das Laurotetanin wurde von Grashoff als der giftige Bestandteil vieler indischer Lauraceen erkannt, welches schon in kleinen Dosen bei verschiedenen Tieren Tetanus hervorruft. Zu der Familie der Lauraceen, Reihe der Polycarpiceen, gehört auch Tetranthera citrata Nees. Sie ist in Indien bekannt unter dem Namen Ki-djerock oder Lemoh.

Darstellung:[2]) Als Material zu seiner Darstellung dient die Rinde von Tetranthera citrata (Ki-djeroock).

Laurotetanin wird der Rinde mit essigsäurehaltigem Alkohol entzogen, der Alkohol verdunstet, der Rückstand in angesäuertem Wasser aufgenommen, mit Soda versetzt und mit Äther extrahiert. Durch mehrmalige Wiederholung der letzteren Operation wird das Alkaloid gereinigt.

Physiologische Eigenschaften: Laurotetanin ist ein Starrkrampf erzeugendes Gift, dessen Wirkung der des Strychnins täuschend ähnlich, aber weniger heftig ist. Die Giftigkeit desselben ist zwar groß, aber die Sterblichkeit bei Intoxikationen selten.

Physikalische und chemische Eigenschaften: Es krystallisiert in fast farblosen, aus Nadeln bestehenden Rosetten vom Schmelzp. 134°, welche in Wasser, Äther, Benzol und Petroläther wenig, in Alkohol, Chloroform, Aceton und Essigäther leicht löslich sind. Frisch gefällt, löst sich die Base in allen Solvenzien leichter.

In alkalischer Lösung wird die Base leicht unter Braunfärbung und Oxydation zersetzt. Sie reduziert Fehlingsche Lösung und Silbernitratlösung. In konz. Schwefelsäure löst sie sich mit blauer Farbe, welche beim Erwärmen in Violett übergeht. Fröhdes Reagens gibt eine indigoblaue Lösung, welche durch einen Tropfen Wasser gelb wird. Erdmanns Reagens färbt das Alkaloid zuerst blau, dann braun.

---

[1]) M. Scholtz, Berichte d. Deutsch. chem. Gesellschaft **29**, 2054 [1896]; Archiv d. Pharmazie **244**, 555 [1907].
[2]) Filippo, Archiv d. Pharmazie **236**, 601 [1898]; Chem. Centralbl. **1899**, I, 121.

Laurotetanin ist eine sekundäre Base und reagiert mit 1 Mol. Jodäthyl zunächst unter Bildung des jodwasserstoffsauren Salzes einer äthylierten Base $C_{19}H_{22}O_5N \cdot C_2H_5 \cdot HJ$; durch Einwirkung von weiterem Jodäthyl auf die daraus isolierte Base konnte indes keine quaternäre Ammoniumverbindung in reinem Zustande erhalten werden. Laurotetanin reagiert mit Phenylsenföl unter Bildung eines Thioharnstoffes.

$$SC\begin{matrix}NH \cdot C_6H_5 \\ NO_5C_{19}H_{22}\end{matrix}$$

Das Alkaloid enthält drei Methoxylgruppen, aber keine Aldehyd- oder Ketongruppe. Mit Benzoylchlorid lassen sich zwei Benzoylgruppen einführen. Die gebildete Benzoylverbindung hat keine basischen Eigenschaften, woraus hervorgeht, daß das eine Benzoyl in die salzbildende Iminogruppe eingetreten ist. Der zweite Benzoylrest hat dann wahrscheinlich mit einer vorhandenen Hydroxylgruppe reagiert. Dem Laurotetanin kann daher die folgende Formel gegeben werden:

$$C_{16}H_{12}(OCH_3)_3(OH)O : NH.$$

Das **Hydrochlorid** $C_{19}H_{23}NO_5 \cdot HCl + 6 H_2O$ bildet lange Prismen, deren Lösung aktiv und zwar rechtsdrehend ist.

Das **Hydrobromid** $C_{19}H_{23}NO_5 \cdot HBr + 2 H_2O$ krystallisiert auch in prismatischen Krystallen, das **Hydrojodid** $C_{19}H_{23}NO_5 \cdot HJ + 2 H_2O$ in gelbbraunen Rosetten.

Das **Sulfat** $(C_{19}H_{23}NO_5)_2H_2SO_4 + 5 H_2O$ bildet beim Verdampfen der wässerigen Lösung kleine Prismen, das **Pikrat** tritt in haarfeinen Nadeln auf[1]).

Alkaloide der Familie Papilionaceae.

Alkaloide der Lupinensamen.

Die Samen der Lupinusarten enthalten die Alkaloide: Lupinin, Lupinidin und Lupanin. Dieselben wurden bereits auf S. 118 behandelt.

Eserin oder Physostigmin.

Mol.-Gewicht 275,20.
Zusammensetzung: 65,41% C, 7,69% H, 15,27% N.

$$C_{15}H_{21}N_3O_2.$$

Vorkommen: Nach Jobst und Hesse[2]) in der Calabar- oder Gottesgerichtsbohne (auch Esère oder Spaltnuß genannt), dem Samen der in Ober-Guinea wachsenden Physostigma venenosum. Sie tritt nur in den Kotyledonen der Pflanze auf. Nach Holmes[3]) kommt die Base auch in den Samen von Mucuna cylindrosperma, einer mehr zylinderförmigen Art der Calabarbohne, vor.

Darstellung: Zur Isolierung der Base wird der frisch bereitete alkoholische Extrakt der Bohnen mit überschüssiger Sodalösung vermischt und mit Äther ausgeschüttelt. Sehr verdünnte Schwefelsäure entnimmt der ätherischen Lösung das Alkaloid, welches wieder mit Natriumbicarbonat abgeschieden und in Äther aufgenommen wird[3]). Wird der daraus beim Verdunsten erhaltene Rückstand in verdünnter Säure aufgenommen, mit Bleiacetat gefällt und aus dem Filtrate das Alkaloid nach Übersättigung mit Natriumbicarbonat mit Äther ausgeschüttelt, so erhält man beim freiwilligen Verdunsten Krystallkrusten von Eserin, welche aus Benzol umkrystallisiert in reinem Zustande auftreten.

Physiologische Eigenschaften: Physostigmin ist ein stark giftiger Körper. Es wirkt direkt lähmend auf das zentrale Nervensystem, und zwar auf das Gehirn früher als auf das Rückenmark. Letale Dosen töten unter Lähmung des respiratorischen Zentrums. Außerdem bringt Physostigmin lokale Affektion der Iris in Form einer anhaltenden Verkleinerung der Pupille (Myosis) hervor, was zur Erkennung des Alkaloids dienen kann. Es findet in der Augenheilkunde Verwendung zur Bekämpfung von Glaukom. Außerdem benutzt man es als

---

[1]) Filippo, Archiv d. Pharmazie **236**, 601 [1898]; Chem. Centralbl. **1899**, I, 121.
[2]) Jobst u. Hesse, Annalen d. Chemie u. Pharmazie **129**, 115 [1864].
[3]) Holmes, Pharm. Journ. Trans. [3] **9**, 913.

schweißtreibendes Mittel und bei trockener Bronchitis als Expectorans. Es bedingt durch Verengerung der Gefäße im Auginnern eine Abnahme des intraoculären Druckes.

Durch Injektion von Physostigmin läßt sich die unter der Curarewirkung erloschene Atmung schnell wiederherstellen, so daß das Physostigmin als Gegengift des Curare zu bezeichnen ist[1]). Subcutane Einspritzung von Physostigmin (sulfur. und salicyl.) steigert bereits in Dosen von 0,0002—0,0003 pro Kilo Gewicht des Hundes die Magensaftsekretion lebhaft[2]).

Calciumchlorid hebt die durch Physostigmin hervorgerufenen Kontraktionen des Darmes, ferner das Zittern der quergestreiften Muskulatur auf und wirkt zugleich dem vermehrten Speichelflusse entgegen[3]).

Physostigmin bewirkt bei plexushaltigen und -freien Präparaten des Katzendarms Erregung. Dieselbe wird erst durch größere Atropindosen völlig aufgehoben[4]).

Nach Durchschneidung des Oculomotorius innerhalb des Schädels ruft Physostigmin schwächere Zusammenziehung der gelähmten Iris hervor als an der normalen. Nach Durchschneidung der kurzen Ciliarnerven mit Degeneration rief Pilocarpin eine erhöhte und abnorm verlängerte Kontraktion des entnervten Sphincters hervor, während Physostigmin ohne Wirkung war. Nach unvollständiger Degeneration des Oculomotorius ist Physostigmin im Gegensatz zu Pilocarpin befähigt, den Lichtreflex herzustellen. Einige Wochen oder Monate nach Entfernung des Ciliarganglions und der Ciliarnerven beginnt der entnervte Sphincter wieder auf Physostigmin zu reagieren[5]).

W. Heubner[6]) studierte die Wirkung des Physostigmins auf Frösche, Säugetiere und auf den Menschen. Eine Gewöhnung an Physostigmin konnte nicht beobachtet werden. Bei einem Hunde, der in 19 Tagen 60 mg Physostigmin erhalten hatte, konnten im Harn ca. 2 mg wieder isoliert werden. — Von den Spaltungsprodukten des Physostigmins hat Heubner die Wirkung des Rubreserins und des Physostigminblaus verfolgt. Letzteres ist für Säugetiere ungiftig in kleinen Dosen, wirkt dagegen lähmend auf das Froschherz und auch auf das Zentralnervensystem des Frosches. Rubreserin war unwirksam.

Gegenseitiges Verhältnis der Wirkung von Atropin und Physostigmin auf das Pankreas[7]): Die Versuche zeigen, daß Physostigmin unter bestimmten Bedingungen infolge Einwirkung auf die peripheren Nervenendigungen oder die Drüse selbst Pankreassekretion hervorruft. Es besteht ein gewisser Zusammenhang zwischen dem Blutdruck und der Physostigminwirkung auf das Pankreas. Durch Physostigmin bewirkte Pankreasabsonderung hat einen ganz anderen Charakter als die nach Salzsäureeinführung ins Duodenum hervorgerufene. Atropin hemmt nicht immer, sondern unterstützt manchmal gerade die Physostigminwirkung auf das Pankreas. Nach den Versuchen stellt 0,001 g Atropin pro Kilo Tier die „hemmende", 0,01 g pro Kilo Tier die Pankreassekretion bewirkende Dosis dar. Der Mechanismus der letzteren ist vollkommen anders als nach Physostigmin.

Das Physostigmin wirkt auf den isolierten Darm wie auf plexushaltige Präparate erregend, auf plexusfreie auch bei hohen Dosen nicht erregend. Eine durch dieses Gift hervorgerufene Erregung kann durch sehr geringe Mengen Atropin behoben werden (auf $6^1/_4$ mg Physostigmin $^1/_2$ mg Atropin). Ein atropinisierter und ruhig gestellter Darm kann durch größere Mengen Physostigmin wieder in Tätigkeit versetzt werden (auf $^1/_2$ mg Atropin 25 mg Physostigmin). Das gilt aber nur bis zu einer Maximaldosis Atropin, bei deren Überschreitung eine Gegenwirkung des Physostigmins ausbleibt. Der Angriffspunkt beider Gifte liegt im Auerbachschen Plexus; sie sind deshalb als Antagonisten im strengsten Sinne zu betrachten[8]).

H. Winterberg[9]) teilt nicht die Anschauung von Harnack und Witkowski[10]), wonach das Physostigmin ein die Erregbarkeit des Herzmuskels steigerndes Gift ist, das den

---

[1]) J. Pal, Centralbl. f. Physiol. **14**, 255 [1900].
[2]) M. Pewsner, Biochem. Zeitschr. **2**, 339 [1907].
[3]) S. A. Matthews u. O. H. Brown, Amer. Journ. of Physiol. **12**, 173 [1904].
[4]) R. Magnus, Archiv f. d. ges. Physiol. **108**, 1 [1905]. — K. Kreß, Archiv f. d. ges. Physiol. **109**, 608 [1905].
[5]) H. R. Anderson, Journ. of Physiol. **33**, 414 [1905].
[6]) W. Heubner, Archiv f. experim. Pathol. u. Pharmakol. **53**, 313 [1905].
[7]) G. Modrakowski, Archiv f. d. ges. Physiol. **118**, 52 [1907].
[8]) M. Unger, Archiv f. d. ges. Physiol. **119**, 373 [1907].
[9]) H. Winterberg, Zeitschr. f. experim. Pathol. u. Ther. **4**, 636 [1907].
[10]) Harnack u. Witkowski, Archiv f. experim. Pathol. u. Pharmakol. **5**, 418 [1907]. — E. Harnack, Zeitschr. f. experim. Pathol. u. Ther. **5**, 194 [1908].

Vagus selbst gänzlich unbeeinflußt läßt. Im Gegensatz hierzu findet Winterberg, daß das Physostigmin die Erregbarkeit des kardialen Hemmungsapparates (Vagus) in hohem Grade steigert. Die Steigerung ist innerhalb gewisser Grenzen der angewandten Giftmenge proportional und nimmt nach sehr großen Dosen wieder ab. Die Pulsverlangsamung bei Physostigminvergiftung ist im wesentlichen eine sekundäre, durch die gesteigerte Erregbarkeit des Vagus bedingte Erscheinung. Als Folge der Verlangsamung ergibt sich eine Vergrößerung des Schlagvolumens und der Pulswellen. Neben der gesteigerten Erregbarkeit des Vagus wird auch eine direkte Reizwirkung ausgeübt. Das Physostigmin hebt innerhalb gewisser Grenzen die Atropin-, Curare- und Nicotinwirkung (Lähmung des Vagus) auf. Winterberg hält es für möglich, das Physostigmin auf Grund seiner vaguserregenden Wirkungen therapeutisch bei vaguslähmenden Anfällen zu verwenden.

Ch. W. Edmunds und G. B. Roth beschreiben eingehende Versuche an Vögeln, bei denen ein direkter Antagonismus zwischen Physostigmin und Curare festgestellt wurde[1].

Veranlaßt durch die Versuche von Meltzer und Auer [2]) stellte D. R. Joseph [3]) Versuche an, welche die Wirkung der Magnesiumsalze auf den durch Eserin erzeugten Tremor aufklären sollten. Es gelang der Nachweis, daß Magnesiumsalze denselben aufheben. Magnesiumverbindungen können in gewisser Beziehung als Antidot gegen Eserin gelten. Dagegen haben Magnesiumsalze keinen Einfluß auf die durch Eserin erzeugte Myosis.

Physikalische und chemische Eigenschaften: Eserin krystallisiert aus Benzol in großen, bei 105—106° schmelzenden Krystallen. Die Base ist linksdrehend und reagiert stark alkalisch. Sie ist geschmacklos, löst sich etwas schwierig in Wasser, leicht in Alkohol, Äther, Chloroform, Benzol und Schwefelkohlenstoff.

Konz. Schwefelsäure löst die Base mit gelber, konz. Salpetersäure ebenfalls mit gelber Farbe, welche bald in Olivengrün übergeht. Wird die Base mit verdünnter Schwefelsäure neutralisiert und die Lösung nach Zusatz von überschüssigem Ammoniak auf dem Wasserbade erwärmt, so färbt sie sich sukzessive rot, rotgelb, grün und blau; beim Verdampfen bleibt ein krystallisierter blauer Farbstoff zurück.

Dem Physostigmin kommt nach Heubner folgendes Konstitutionsbild zu: $CH_3NH-CO-NH-C_{13}H_{15}N-OH$. Es zerfällt in **Eserolin** und **Rubreserin**. Reines Rubreserin ist in neutraler Lösung beständig, in alkalischer geht es leicht in **Physostigminblau** über. Über die chemische Natur des letzteren ist nichts bekannt. — Behandelt man eine Physostigminlösung längere Zeit mit Kalilauge, so wird allmählich alles Physostigmin zerstört, es bildet sich Eserolin, das in Äther leicht löslich und unwirksam ist. — Leitet man durch eine Lösung des reinen Alkaloids 3 Tage Luft und Sauerstoff, so entsteht bei gleichzeitigem Erwärmen auf 80—90° nur Rubreserin. Beim Eintrocknen, Eindampfen und längere Zeit fortgesetztem Kochen entstehen Physostigminblau und braune, amorphe Produkte. Schließlich versuchte Heubner, Physostigminblau mit Alkali zu spalten, auch hier wurden keine charakterisierbaren Abbauprodukte erhalten[4]).

Derivate: Das **Quecksilberjodiddoppelsalz** des Physostigmins $C_{15}H_{21}N_3O_2 \cdot HJ \cdot HgJ_2$ wird auf Zusatz von Kaliumquecksilberjodid als rötlichweißer Niederschlag erhalten, welcher aus Alkohol in kleinen Prismen krystallisiert und bei 70° schmilzt.

Das **Benzoat** $C_{15}H_{21}N_3O_2 \cdot C_7H_6O_2$ bildet aus Äther kleine Prismen, die bei 115—116° schmelzen und in 4 T. Wasser bei 18° löslich sind. Auch das **Salicylat** und **m-Kresotinat** (Schmelzp. 156—157°) sind bekannt.

Die Salze des Eserins sind wegen ihrer leichten Zersetzlichkeit im allgemeinen nicht krystallisiert erhalten worden.

Anagyrin.

Mol.-Gewicht 246,20.
Zusammensetzung: 73,11% C, 9,01% H, 11,38% N.

$$C_{15}H_{22}N_2O.$$

Vorkommen: Im Samen von Anagyris foetida neben Cytisin.

---

[1]) Edmunds u. Roth, Amer. Journ. of Physiol. **23**, 28]1908].
[2]) Meltzer u. Auer, Amer. Journ. of Physiol. **17**, 313 [1906].
[3]) D. R. Joseph, Amer. Journ. of Physiol. **23**, 215 [1909].
[4]) W. Heubner, Archiv f. experim. Pathol. u. Pharmakol. **53**, 313 [1905].

Darstellung: Nach dem von Partheil und Spasski[1]) angewandten und von Klostermann[2]) modifizierten Verfahren werden die Basen in der Art isoliert, daß die gepulverten Samen mit 60 proz. Alkohol, welcher Essigsäure enthält, extrahiert werden. Das Extrakt wird nach Abdestillieren des Alkohols in Wasser aufgenommen, die filtrierte Lösung mit Bleiessig gefällt, der Niederschlag mit Schwefelwasserstoff zerlegt und das so erhaltene Rohalkaloid in salzsäurehaltigem Wasser aufgenommen und mit Quecksilberchlorid gefällt. Der Niederschlag ist das Doppelsalz des Anagyrins, während die Lösung ein Quecksilberdoppelsalz des Cytisins enthält. Das Anagyrinquecksilberdoppelsalz gibt beim Zerlegen mit Schwefelwasserstoff, Versetzen mit Alkali und Ausschütteln mit Äther die freie Base.

Physikalische und chemische Eigenschaften: Anagyrin ist eine harzartige, amorphe Masse, welche nicht krystallisiert werden konnte und in Wasser, Alkohol und Äther löslich ist. Die wässerige Lösung zeigt Linksdrehung. Methylierungsversuche und andere von Klostermann ausgeführte Versuche zeigten, daß die Base bitertiär ist. Der genannte Forscher spricht die Vermutung aus, daß Anagyrin ein Butylcytisin sei. Bei Kaltblütern erzeugt es Curarelähmung, bei Warmblütern starke Vertiefung und Verlangsamung der Atmung.

Derivate: Durch Einwirkung von Brom auf das Hydrobromid des Anagyrins entsteht das **Hydrobromid des Dibromanagyrins** $C_{15}H_{20}Br_2N_2O \cdot HBr$, welches weiße, seidenglänzende, über 235° schmelzende Nadeln bildet. — Das **Hydrochlorid des Anagyrins** $C_{15}H_{22}N_2O \cdot HCl + H_2O$ krystallisiert in rhombischen Tafeln, welche die Drehung $[\alpha]_D = -142°\,28'$ bei $c = 1,814$ zeigen. — Das **Golddoppelsalz** $(C_{15}H_{22}N_2O \cdot HCl)AuCl_3$ ist ein flockiger, krystallinischer Niederschlag vom Schmelzp. 210—211°. — Das **Jodmethylat** $C_{15}H_{22}N_2O \cdot CH_3J$ krystallisiert aus Methylalkohol in schneeweißen Nadeln, welche oberhalb 235° schmelzen.

Vernin.

Mol.-Gewicht der wasserfreien Base 283.

Zusammensetzung der wasserfreien Base: 42,40% C, 4,59% H, 24,73% N.

$$C_{10}H_{13}N_5O_5 + 2\,H_2O.$$

Vorkommen: Neben Asparagin, Glutamin, Leucin, Guanin, Hypoxanthin und Adenin kommt Vernin vor in den jungen Pflanzenteilen von Wicken[3]) (Vicia sativa), des Rotklees (Trifolium pratense), in der Luzerne, in den Kotyledonen der Kürbiskeimlinge, im Mutterkorn, in den Blüten von Corylis avellana und Pinus sylvestris, im Malz und daher auch in der Bierwürze[4]), ferner in kleiner Menge im Runkelrübensaft[5])

Physikalische und chemische Eigenschaften: Vernin krystallisiert in feinen, glänzenden, kleinen Prismen, die in kaltem Wasser schwer, in siedendem leicht löslich, in Alkohol unlöslich sind. Verdünnte Mineralsäuren und Ammoniak lösen es leicht auf. Beim Kochen mit Salzsäure spaltet es Guanin ab. Es ist ein Guaninpentosid.

Die Base bildet mit Mercurinitrat eine unlösliche Verbindung, welche zur Abscheidung derselben dient. Wird eine konz. wässerige Verninlösung mit Silbernitrat gefällt, so scheidet sich die Verbindung $C_{16}H_{18}N_8O_8 \cdot Ag_2$ als gallertartiger, in Ammoniak löslicher Niederschlag ab.

Außer Vernin findet sich in den Wickensamen **Vicin** $C_{28}H_{51}N_{11}O_{21}$ (?) und **Convicin** $C_{10}H_{14}N_3O_7 + H_2O$ (?), welche von Ritthausen[6]) isoliert worden sind. Beide scheinen Glykoside zu sein und werden deshalb später unter den Glucoalkaloiden behandelt.

Das in den Kotyledonen etiolierter Lupinensamen von Schulze und Steiger[1]) entdeckte **Arginin** $C_{16}H_{14}N_4O_2$ wird im Kapitel Aminosäuren abgehandelt.

---

[1]) Partheil u. Spasski, Apoth.-Ztg. **10**, 903 [1895]; Chem. Centralbl. **1896**, I, 375. — Schmidt, Litterscheid u. Klostermann, Archiv d. Pharmazie **238**, 184 [1900]. — G. Goeßmann, Archiv d. Pharmazie **244**, 20 [1906].

[2]) Klostermann, Chem. Centralbl. **1899**, I, 1130.

[3]) Schulze, Zeitschr. f. physiol. Chemie **9**, 420 [1885]. — Schulze u. Bosshard, Zeitschr. f. physiol. Chemie **10**, 80 [1886]; **41**, 455 [1904]; **66**, 128 [1910]. — Schulze u. Planta, Zeitschr. f. physiol. Chemie **10**, 326 [1886]; Journ. f. prakt. Chemie [2] **32**, 433 [1885].

[4]) Ullik, Chem. Centralbl. **1887**, 828.

[5]) v. Lippmann, Berichte d. Deutsch. chem. Gesellschaft **29**, III, 2653 [1896].

[6]) Ritthausen, Journ. f. prakt. Chemie [2] **24**, 202 [1881]; **29**, 359 [1884].

Erythrophlein.

Mol.-Gewicht 505,35.
Zusammensetzung: 66,49% C, 8,58% H, 2,77% N.

$$C_{28}H_{43}NO_7 \;(?).$$

Vorkommen: In der Sassyrarinde von Erythrophleum guineense, welche die Eingeborenen zum Vergiften der Pfeile benutzen[1]).
Physikalische und chemische Eigenschaften: Das freie Erythrophlein ist ein hellgelbes, amorphes Pulver und zeigt starke, digitalinähnliche Giftwirkung. Es löst sich leicht in Alkohol und Äther, ist aber in Petroleumäther und Benzin unlöslich. Durch Erhitzen mit konz. Salzsäure im Rohre wird es unter Hydrolyse in Methylamin und eine stickstofffreie Säure, die **Erythrophleïnsäure,** gespalten, welche amorph ist und nach der Formel $C_{27}H_{40}O_8$ oder $C_{27}H_{42}O_8$ zusammengesetzt sein soll.

Paucin.[2])

Mol.-Gewicht 513,36.
Zusammensetzung: 63,12% C, 7,66% H, 13,64% N.

$$C_{27}H_{39}N_5O_5 + 6^{1}/_{2}\,H_2O.$$

Vorkommen: In den Pauconnüssen, den Früchten der im Kongogebiete einheimischen Pentaclethra macrophylla (Familie Minoseae), auch „la graine d'Owala" genannt.
Physikalische und chemische Eigenschaften: Paucin krystallisiert in gelben Blättchen, die in Wasser löslich, in Äther und Chloroform unlöslich sind und bei 126° schmelzen. Beim Kochen mit konz. Kalilauge oder beim Erhitzen mit Salzsäure im Rohre wird Dimethylamin abgespalten.
Derivate: Das **Hydrochlorid** $C_{27}H_{39}N_5O_5 \cdot 2\,HCl + 6\,H_2O$ schmilzt bei 245—247°. — Das **Platinsalz** $(C_{27}H_{39}N_5O_5 \cdot 2\,HCl)PtCl_4 + 6\,H_2O$ ist ein braunroter, krystallinischer Niederschlag vom Schmelzp. 145°. — Das **Pikrat** bildet granatrote Prismen, welche bei 220° schmelzen.

Matrin.

Mol.-Gewicht 248,21.
Zusammensetzung: 72,52% C, 9,75% H, 11,29% N.

$$C_{15}H_{24}N_2O.$$

Vorkommen: In der Wurzel von Saphora angustifolia, einer ostindischen Leguminose, welche in China Kusham oder Kuisin, in Japan Matari genannt wird.
Physikalische und chemische Eigenschaften: Matrin ist nach Plugge[3]) in Wasser leicht löslich und rechtsdrehend. Aus der Lösung des salzsauren Salzes fällen Bromwasser, Quecksilberchlorid, sowie Kaliumferrocyanid krystallisierende Verbindungen aus.

Alkaloide der Familie Loganiaceae.

Gelsemiumalkaloide.

Die Wurzel des gelben Jasmins (Gelsemium sempervirens), welcher in Nordamerika und besonders im Staate Virginien vorkommt, früher besonders als Antirheumaticum, Antipyreticum und Antineuralgicum angewandt, hat jetzt als Heilmittel nur noch untergeordnete Bedeutung. Sie enthält Gelsemin und Gelseminin.

---

[1]) Gallois u. Hardy, Bulletin de la Soc. chim. **26**, 39 [1876]. — Harnack, Chem. Centralbl. **1897**, I, 301; Archiv d. Pharmazie **243**, 561 [1896].
[2]) E. Merck, Jahresber. d. Chemie **1894**, 11; Chem. Centralbl. **1895**, I, 434.
[3]) Plugge, Archiv d. Pharmazie **233**, 441 [1895]; Chem. Centralbl. **1895**, II, 827.

Gelsemin.

Mol.-Gewicht 366,23.
Zusammensetzung: 72,08% C, 7,16% H, 7,65% N.

$$C_{22}H_{26}N_2O_3.$$

Physiologische Eigenschaften: Gelsemin bewirkt bei Fröschen nach der Art des Strychnins Krämpfe und später, wie das Curarin, eine Lähmung der Endigungen der motorischen Nerven. Vom Strychnin unterscheidet es sich dadurch, daß größere Dosen nötig sind, und daß die Curarinwirkung rascher eintritt. Gegen Warmblüter ist dagegen die Giftigkeit eine viel geringere, indem 0,5 g Gelsemin keine Wirkung bei Kaninchen ausübt. Gelsemin gehört zu der pharmakologischen Gruppe des Strychnins[1]).

Physikalische und chemische Eigenschaften: Die Base krystallisiert aus der Lösung in Benzol, wenn diese langsam verdunstet, in zarten, seidenglänzenden Nadeln, die rosettenförmig zusammengelagert sind und bei 160° schmelzen. Die durch Fällung erhaltene, im Exsiccator getrocknete Base enthält wahrscheinlich noch gebundenes Wasser, da sie zuerst gegen 100° schmilzt, bis 130—140° zähflüssig bleibt und dann erst bei ca. 160° klar geschmolzen ist[2]). Die Fällung aus den Lösungen der Salze erfolgt durch freie und kohlensaure Alkalien, sowie durch Ammoniak; dabei ist ein Überschuß des Fällungsmittels zu vermeiden, da die Base darin löslich ist[3]).

Aus seinen Lösungen wird das Gelsemin durch Kaliumquecksilberjodid, Pikrinsäure, Jodjodkalium, phosphorwolframsaures Natrium und Gerbsäure gefällt. Fehlingsche Lösung wird selbst beim Kochen nicht reduziert. In konz. Schwefelsäure löst sich Gelsemin farblos auf, durch ein Kryställchen Kaliumbichromat wird aber zuerst ein hellroter, dann ein braunroter und zuletzt in intensives Grün übergehender Streifen erzeugt. Seine Lösung in konz. Salpetersäure färbt sich beim Erwärmen rötlich, nach einiger Zeit dunkelgrün. Schwefelsäure und Mangansuperoxyd erzeugen zunächst eine schön weinrote Färbung, die an Intensität zunimmt und nach längerer Zeit einzelne, zerstreut liegende Punkte aufweist.

Derivate: Das **salzsaure Salz** $C_{22}H_{26}N_2O_3 \cdot HCl$ läßt sich aus der konz. alkoholischen Lösung durch Zusatz von konz. Salzsäure fast vollständig als weiße Fällung abscheiden. Zur Umkrystallisation löst man sie in möglichst wenig Wasser, setzt Alkohol (4 Vol.) und schließlich Äther (5 Vol.) hinzu. Beim Stehen scheidet sich das Salz in stark glänzenden Prismen aus, die oberhalb 330° schmelzen. Das **Platinsalz** ist leicht löslich und zersetzlich, das **Goldsalz** ein brauner amorpher Niederschlag. — Das **Nitrat** $C_{22}H_{26}N_2O_3 \cdot HNO_3$ ist schwer löslich in Wasser und leicht krystallisierbar. Es wird von heißem Alkohol schwierig aufgenommen. Die Lösung scheidet das Salz beim Erkalten nur langsam in schön ausgebildeten Oktaedern oder Tetraedern ab, die bei 188° unter Zersetzung schmelzen. — Das **Jodmethylat** $C_{22}H_{26}N_2O_3 \cdot CH_3J + 2 H_2O$ entsteht beim Erwärmen einer alkoholischen Lösung der Base mit Jodmethyl im Wasserbade. Aus Wasser umkrystallisiert, bildet es glänzende, tafelförmige, bei 286° schmelzende Krystalle. Kalilauge bewirkt bei gewöhnlicher Temperatur keine Zersetzung, woraus folgt, daß Gelsemin eine tertiäre Base ist. Beim Erhitzen tritt indes Spaltung ein, wobei verschiedene Basen entstehen. An Lösungen des Dichlorhydrates konnte keine Hydrolyse nachgewiesen werden[4]).

Gelseminin.

Mol.-Gewicht 817,41.
Zusammensetzung: 61,65% C, 5,80% H, 5,14% N.

$$C_{42}H_{47}N_3O_{14} \ (?).$$

Cushny hat für diese Base obige Formel angegeben, die indes noch nicht mit Sicherheit feststeht, da die Reinheit resp. Einheitlichkeit der untersuchten Substanz fraglich ist. Gelseminin wird von ihm als gänzlich amorphe, farblose, stark alkalisch reagierende, in Wasser unlösliche, in Alkohol, Äther und Chloroform lösliche Masse beschrieben. Die Salze sind leicht löslich und stellen gelbliche, amorphe Körper dar. Schwefelsäure gibt eine gelbliche, Salpeter-

---

[1]) Cushny, Berichte d. Deutsch. chem. Gesellschaft **26**, 1725 [1893].
[2]) Goeldner, Inaug.-Diss. Berlin 1895; Chem. Centralbl. **1896**, I, 111.
[3]) Spiegel, Berichte d. Deutsch. chem. Gesellschaft **26**, I, 1054 [1893].
[4]) V. H. Veley, Proc. Chem. Soc. **24**, 234 [1908]; Journ. Chem. Soc. **93**, 2114 [1908].

säure eine grüne Färbung. Schwefelsäure und Oxydationsmittel erzeugen violette Färbungen, die mit der Zeit grünlich werden.

Physiologische Eigenschaften:[1]) Die Base ist sehr giftig und übt im Gegensatz zu Gelsemin auch bei Warmblütern eine kräftige Wirkung aus, bei denen sie sehr bald Respirationsstillstand herbeiführt. Eine Dosis von 0,001 g genügt, um ein Kaninchen von 2 kg Körpergewicht zu töten. Die allgemeinen Vergiftungssymptome erstrecken sich auf Veränderungen der Atembewegungen, auf eine Lähmung des Zentralnervensystems, die ohne vorherige Erregung eintritt und vom Gehirn zum Rückenmark fortschreitet, und auf eine curarinähnliche Lähmung der Endigungen der motorischen Nerven. Gelseminin übt auch eine starke Wirkung auf die Pupille, die als eine Erweiterung und Akkommodationslähmung auftritt. Das Alkaloid gehört zu der pharmakologischen Gruppe des Coniins.

P. Ruth hat seine Versuche mit dem von L. Spiegel beschriebenen Präparat gemacht[2]). Das Chlorhydrat $C_{22}H_{26}N_2O_3HCl$ erzeugte bei einer gesteigerten Reflexerregbarkeit des Rückenmarks ein Aufhören der Kaltblütern willkürlichen Bewegungen. Weitere Versuche wurden mit dem Acetylgelsemininchlorhydrat, dem Benzoylgelseminin, dem Gelsemininjodmethylat und dem Gelsemininmethylammoniumhydrat angestellt. Diese 5 Verbindungen sind nach ihrer physiologischen Wirkung auf Frösche in zwei scharf gesonderte Gruppen zu teilen. In die erste gehören das Gelsemininchlorhydrat, die Acetyl- und Benzoylverbindungen mit den oben für erstgenannte Verbindung angegebenen Wirkungen. Die zweite Gruppe umfaßt das Jodmethylat und die Ammoniumhydratverbindung; diese setzen die Pulsfrequenz und Herzkraft herab und lähmen die peripherischen motorischen Nervenendigungen.

Alkaloide der Familie Papaveraceae.
A. Alkaloide des Schöllkrauts.

Von den fünf in der Wurzel von Chelidonium majus vorkommenden Basen: Chelidonin, α-Homochelidonin, β-Homochelidonin, Protopin, Chelerythrin finden sich Chelerythrin, β-Homochelidonin und Protopin auch in der Wurzel der Papaveracea Sanguinaria Canadensis. Deshalb werden noch zwei weitere, aus derselben Pflanze abgeschiedene Alkaloide zusammen mit den obigen Basen des Schöllkrauts abgehandelt, nämlich: Sanguinarin, γ-Homochelidonin. Das von Dana[3]) 1829 entdeckte Sanguinarin steht nämlich in naher Beziehung zu Chelerythrin, welches den Methyläther desselben darstellt. γ-Homochelidonin wurde von König[4]) entdeckt; es zeigt sich mit dem isomeren β-Homochelidonin nahe verwandt.

Auch die beiden wenig bekannten Alkaloide Stylopin und Glaucin sollen in diesem Abschnitt Platz finden.

Chelidonin.

Mol.-Gewicht der wasserfreien Base 353,16.
Zusammensetzung der wasserfreien Base: 67,96% C, 5,42% H, 3,97% N.

$$C_{20}H_{19}NO_5 + H_2O.$$

Vorkommen: Diese Base wurde zuerst von Godefroy 1824 in der Wurzel von Chelidonium majus aufgefunden.

Papaveracee Stylophorum diphyllum, in Nordamerika unter dem Trivialnamen „Yellow poppy" oder Celandine poppy" bekannt, ist eine perennierende, krautartige Pflanze mit tiefgelben Blüten und eiförmigen Früchten. Aus der Stylophorumwurzel schied J. U. Lloyd ein Gemisch von Alkaloiden ab, das er Stylophorin nannte; von Schmidt, Selle, Eykmann u. a., welche sich nach ihm mit den wirksamen Bestandteilen des Stylophorum beschäftigten, wird jedoch unter „Stylophorin" ausschließlich das Hauptalkaloid dieser Pflanze verstanden, welches Schmidt und Selle[5]) als identisch mit dem „Chelidonin" aus Chelidonium majus erkannten.

---

[1]) Cushny, Berichte d. Deutsch. chem. Gesellschaft **26**, II, 1725 [1893].
[2]) P. Ruth, Berichte d. Deutsch. chem. Gesellschaft **26**, 1054 [1893].
[3]) Dana, Mag. f. Pharm. **23**, 125 [1829].
[4]) König, Inaug.-Diss. Marburg 1891. S. 48. — König u. Tietz, Archiv f. Pharmazie **231**, 145, 174 [1893]; Chem. Centralbl. **1893**, I, 785, 983.
[5]) E. Schmidt u. Selle, Archiv d. Pharmazie **228**, 98 [1894].

Darstellung: J. O. Schlotterbeck und H. C. Watkins[1]) durchfeuchteten 50 Pfund fein gepulverte Stylophorumwurzel, welche aus den Wäldern nordöstlich von Cincinnati stammte, mit 5 proz. wässerigen Ammoniak und extrahierten die an der Luft getrocknete Masse mit Chloroform. Die Chloroformlösung hinterließ einen wachsartigen, dunklen Rückstand, dem durch heiße verdünnte Essigsäure die basischen Bestandteile entzogen wurden. Das mit Chloroform erschöpfte Mark der Wurzeln wurde mit heißem Wasser behandelt, wodurch die in der Droge vorhandenen Salze und Säuren — nunmehr an Ammoniak gebunden — in Lösung gingen. Aus der essigsauren Lösung schied Ammoniak die Alkaloide als dicken, grauweißen Niederschlag ab, welcher in Eisessig mit intensiv roter Farbe löslich war. Die durch wiederholtes Umlösen aus Eisessig und Fällen mit Ammoniak gereinigten Alkaloide ließen sich durch fraktioniertes, mehrere Monate hindurch fortgesetztes Umkrystallisieren aus Äther trennen.

Als Hauptalkaloid des Stylophorum wurde das Chelidonin erkannt.

Zur Isolierung der Basen aus Chelidonium majus benutzt man folgendes von E. Schmidt und Selle[2]) ausgearbeitete Verfahren. Die getrockneten und gepulverten Wurzeln werden mit essigsäurehaltigem Alkohol extrahiert, der Alkohol nach Zusatz von Wasser abdestilliert und eventuell ausgeschiedenes Harz entfernt. Die erhaltene Lösung wird mit Ammoniak versetzt, mit Chloroform ausgeschüttelt und die abgetrennte Chloroformlösung im Wasserbade eingedampft. Den Rückstand behandelt man mit möglichst wenig salzsäurehaltigem Alkohol, wobei die Hydrochloride des Protopins und Chelidonins ungelöst bleiben resp. aus der Flüssigkeit beim Erkalten auskrystallisieren. Die alkoholische Lösung wird mit Wasser versetzt, der Alkohol abdestilliert, mit salzsäurehaltigem Wasser stark verdünnt, filtriert und mit Ammoniak in Überschuß versetzt. Hierbei bleibt β-Homochelidonin in Lösung und wird durch Ausschütteln mit Chloroform gewonnen. Ausgefällt wird dagegen α-Homochelidonin und Chelerythrin. Letzteres kann nachher durch längeres Digerieren mit Äther gewonnen werden. Von Protopin läßt sich Chelidonin durch Behandlung mit Äther trennen, in welchem Chelidonin löslich ist; Protopin löst sich zwar auch, frisch gefällt, in Äther auf, scheidet sich aber bald in Warzen aus und ist dann in Äther sehr schwer löslich.

Das aus der ätherischen Lösung erhaltene rohe Chelidonin wird in möglichst wenig schwefelsäurehaltigem Wasser gelöst, die Lösung mit dem doppelten Volumen konz. Salzsäure gefällt und das abgeschiedene salzsaure Salz mit Ammoniak zerlegt. Die Behandlung mit Salzsäure und Ammoniak wird wiederholt und die Base aus Essigsäure umkrystallisiert.

Physiologische Eigenschaften: Chelidonin schmeckt bitter, ist schwach giftig und in physiologischer Hinsicht dem Morphin nahe verwandt.

Physikalische und chemische Eigenschaften:[3]) Chelidonin krystallisiert in glasglänzenden, monoklinen Tafeln oder in Nadeln, welche 1 Mol. Krystallwasser enthalten und in Wasser unlöslich, aber in Alkohol und Äther löslich sind. Schmelzp. 135—136°, verliert sein Krystallwasser vollständig erst oberhalb 100°, läßt sich in Gegenwart von Jodeosin als Indicator nicht titrieren. $[\alpha]_D$ bei 20° = $+115,24°$ in 96 proz. Alkohol (p = 2), $+117,21°$ in Chloroform (p = 2), $+150,59°$ in 96 proz. Alkohol (c = 1). Zeigt die Erscheinung der „Triboluminescenz" in besonders stark ausgeprägtem Maße. Zerdrückt man die Krystalle mit einem Glasstab, oder schüttelt man ein mit denselben gefülltes Gefäß, so läßt sich ein knisterndes Geräusch hören und gleichzeitig sprühen viele Hunderte von intensiv blauweißen Funken in der Flasche umher. Diese wohl durch Reibungselektrizität hervorgerufene Lichterscheinung ist so intensiv, daß sie zu photographischen Zwecken verwendet werden konnte. Als eine Flasche mit Chelidoninkrystallen dicht vor einer lichtempfindlichen, mit einem Negativ überdeckten Platte geschüttelt wurde, ließ sich in kurzer Zeit ein Positiv erhalten. Chelidonin enthält keine Methoxylgruppen und ist wahrscheinlich eine tertiäre Base, da sein durch vierstündiges Erhitzen mit Jodäthyl auf 130—140° erhaltenes **Jodäthylat** $C_{20}H_{19}O_5N \cdot C_2H_5J$ (seidenglänzende Nadeln aus Alkohol + Äther) von Kali nicht verändert wird. — Mit dem Wagnerschen Reagens entsteht ein schokoladenfarbiger Niederschlag, der sich durch Methylalkohol in hellrote Nadeln des Trijodids $C_{20}H_{19}O_5N \cdot HJ \cdot J_3$ und fast schwarze Prismen des Pentajodids $C_{20}H_{19}O_5N \cdot HJ \cdot J_5$ scheiden ließ. Chelidonin reagiert auf Lackmus alkalisch. Durch

---

[1]) Schlotterbeck u. Watkins, Berichte d. Deutsch. chem. Gesellschaft **35**, 7 [1902].
[2]) E. Schmidt u. Selle, Archiv d. Pharmazie **228**, 441 [1890]; Chem. Centralbl. **1890**, II, 706.
[3]) M. Wintgen, Archiv d. Pharmazie **239**, 438 [1901]. — Schlotterbeck u. Watkins, Berichte d. Deutsch. chem. Gesellschaft **35**, 7 [1902].

Oxydation mit Kaliumpermanganat wird es zu Oxalsäure und Methylamin oxydiert. Der Umstand, daß die Base zusammen mit Chelidonsäure, welche die Atomgruppierung:

$$-\underset{\mathrm{O}}{\mathrm{C}\diagdown\diagup\mathrm{C}}-$$

enthält, im Schöllkraut vorkommt, hat zu der wenig begründeten Annahme geführt, daß sie ein Oxazinderivat wäre, ähnlich wie Morphin und Mekonsäure, welche auch zusammen vorkommen, eine ähnliche Verwandtschaft im inneren Bau aufweisen.

Beim Übergießen des Alkaloids mit einem Tropfen Guajactinktur und 0,5 ccm konz. Schwefelsäure (1,84 spez. Gew.) entsteht eine carminrote Färbung[1].

Derivate: Das **Hydrochlorid** $C_{20}H_{19}NO_5 \cdot HCl$ bildet feine Krystalle, die sich in 325 T. Wasser von 18° lösen[2]). Das **Nitrat** $C_{20}H_{19}NO_5 \cdot HNO_3$ tritt in Säulen auf, die in Wasser schwer löslich sind. — Das **Platinsalz** $(C_{20}H_{19}NO_5 \cdot HCl)_2PtCl_4 + 2H_2O$ ist ein gelber flockiger Niederschlag, der allmählich körnig wird. — Das **Goldsalz** $(C_{20}H_{19}NO_5 \cdot HCl)AuCl_3$ krystallisiert aus Alkohol in dunkelpurpurroten Nädelchen. — Das **Jodhydrat** $C_{20}H_{19}O_5N \cdot HJ$ bildet farblose, lichtempfindliche Krystalle. — **Sulfat** $[\alpha]_D$ bei $20° = +90,56°$ in Wasser ($c = 2$). — Durch zweistündiges Erhitzen von Chelidonin mit Essigsäureanhydrid auf dem Wasserbade entsteht **Monoacetylchelidonin** $C_{20}H_{18}(C_2H_3O)O_5N$, Blättchen, Schmelzp. 160—161°. — **Goldsalz** $C_{20}H_{18}(C_2H_3O)O_5N \cdot HCl + AuCl_3$, gelber, amorpher Niederschalg, Schmelzp. 155°. — **Platinsalz** $[C_{20}H_{18}(C_2H_3O)O_5N \cdot HCl]_2PtCl_4$, gelblichweißer, amorpher Niederschlag, Schmelzp. 204°. — Durch einstündiges Erhitzen von Chelidonin mit der doppelten Menge Benzoesäureanhydrid entsteht das **Monobenzoylchelidonin**[3]) $C_{20}H_{18}(C_7H_5O)O_5N$, farblose Krystalle, Schmelzp. 217°.

Auf Zusatz von überschüssigem Bromwasser zu einer 1 proz. Lösung des Chelidonins in verdünnter Schwefelsäure entsteht ein Perbromid, welches in alkoholischer Lösung durch Reduktionsmittel oder durch längeres Erwärmen in **Monobromchelidonin** $C_{20}H_{18}O_5NBr$, schwach gelb gefärbte Krystalle aus Essigäther, Schmelzp. 230° unter Zersetzung, löslich in verdünnten Mineralsäuren, übergeführt wird. — **Platinsalz** $(C_{20}H_{18}O_5NBr \cdot HCl)_2PtCl_4 + 3H_2O$, amorpher, schwach gelb gefärbter Niederschlag; Schmelzp. des getrockneten Salzes 231°. — **Goldsalz** $C_{20}H_{18}O_5NBr \cdot HCl + AuCl_3$, gelber, amorpher Niederschlag; Schmelzp. 157—158°. — Bei der Einwirkung von Wasserstoffsuperoxyd auf eine konz. Lösung des Chelidonins in verdünnter Schwefelsäure nimmt dieses ein Atom Sauerstoff in peroxydartiger Bindung auf und geht in das **Oxychelidonin** $C_{20}H_{19}O_6N + H_2O$, tafelförmige Krystalle, Schmelzp. oberhalb 250°, sehr schwer löslich in Wasser, etwas leichter in verdünntem Alkohol und verdünnter Schwefelsäure, über. Das Oxychelidonin regeneriert bereits bei dem Versuch, das Goldchloriddoppelsatz darzustellen, die Ausgangsbase, ebenso bei der Einwirkung von schwefliger Säure und nascierendem Wasserstoff, setzt dagegen aus Jodkalium kein Jod in Freiheit[4]).

Durch 6stündiges Erhitzen mit Zinkstaub und Eisessig auf 100° wurde das Chelidonin kaum angegriffen, bei der Kalischmelze und Zinkstaubdestillation ließen sich nur CO_2, NH_3 und CH_3NH_2 fassen. Gegen Hydroxylamin und Phenylhydrazin verhielt sich das Chelidonin völlig indifferent. Oxydationsmittel waren entweder wirkungslos oder riefen einen völligen Zerfall des Moleküls hervor.

Stylopin.

Mol.-Gewicht 341,16.
Zusammensetzung: 66,83% C, 5,61% H, 4,11% N.

$$C_{19}H_{19}O_5N.$$

Vorkommen: Im Stylophorum diphyllum neben Chelidonin.
Darstellung: Von dem Chelidonin läßt sich die Base durch die geringe Löslichkeit ihres Chlorhydrates und Sulfates in verdünnten Säuren trennen.

---

[1]) Battandier, Bulletin de la Soc. chim. [3] **13**, 446 [1895]. — Kugelgen, Zeitschr. f. analyt. Chemie **24**, 165 [1885].
[2]) Probst, Annalen d. Chemie u. Pharmazie **29**, 123 [1839].
[3]) Schlotterbeck u. Watkins, Pharmac. Archives **6**, 141 [1904].
[4]) Vgl. das Oxycytisin von Freund u. Friedmann, Berichte d. Deutsch. chem. Gesellschaft **34**, 615 [1901]; Chem. Centralbl. **1901**, I, 837.

Physikalische und chemische Eigenschaften: Nadeln aus Äther. Schmelzp. 202°; sehr leicht löslich in Eisessig, viel schwerer in verdünnten Säuren. — **Chlorhydrat** $C_{19}H_{19}O_5N \cdot HCl$, Nadeln aus Wasser; fast unlöslich in Salzsäure. — **Platinsalz** $(C_{19}H_{19}O_5N \cdot HCl)_2 PtCl_4$, hellgelber, sich beim Umkrystallisieren dunkel färbender Niederschlag. — **Nitrat,** kleisterartig aussehende Büschel sehr feiner Nadeln.

α-Homochelidonin.

Mol.-Gewicht 367,18.
Zusammensetzung: 68,63% C, 5,77% H, 3,82% N.

$$C_{21}H_{21}NO_5.$$

Vorkommen: In der Wurzel von Chelidonium majus, in der Wurzel von Sanguinaria Canadensis.

Darstellung: Zur Isolierung der Base werden die durch Ausziehen der mit Natron versetzten Extrakte mit Äther gewonnenen Alkaloide in Alkohol gelöst und durch Salzsäure das Hydrochlorid des Chelidonins ausgefällt. Aus dem Filtrate werden die Basen wieder mit Alkali ausgeschieden und aus Alkohol umkrystallisiert. Hierbei krystallisiert zunächst β-Homochelidonin aus, während α-Homochelidonin in der Mutterlauge bleibt[1]).

Physikalische und chemische Eigenschaften: α-Homochelidonin krystallisiert aus Essigäther in trimetrischen Prismen, welche bei 182° schmelzen und in Chloroform leicht, in Essigäther und Alkohol weniger, in Äther sehr schwer löslich sind. Mit konz. Jodwasserstoffsäure werden zwei Methyle abgespalten, woraus sich ergibt, daß die Base zwei Methoxyle enthält. Sie wird aus saurer Lösung mit Ammoniak gefällt.

Derivate: Das **Hydrochlorid,** welches aus alkoholischer Lösung durch Äther in amorphen Flocken ausgefällt wird, hat die Formel $C_{21}N_{21}NO_5 \cdot HCl + 2 H_2O$. — Die **Platinverbindung** $(C_{21}H_{21}NO_5 \cdot HCl)_2 PtCl_4$ ist ein gelber, nicht krystallisierender Niederschlag, welcher 3 Mol. Wasser enthält. Dagegen krystallisiert das **Goldsalz** $(C_{21}H_{21}NO_5 \cdot HCl)AuCl_3$ in schönen, gelbroten Nadeln.

Von Schwefelsäure wird α-Homochelidonin farblos, in Salpetersäure mit gelber Farbe aufgenommen. Erdmanns Reagens und Vanadinschwefelsäure erzeugen eine rötlichgelbe Färbung.

β-Homochelidonin.

Mol.-Gewicht 366,17.
Zusammensetzung: 68,82% C, 5,51% H, 3,83% N.

$$C_{21}H_{23}NO_5.$$

Vorkommen: In Chelidonium majus[2]), in Sanguinaria Canadensis, in Maclaya cordata[3]), Eschholtzia californica[4]) und Adlumia Cirrhosa[5]).

Darstellung: Bei der Isolierung des γ-Homochelidonins (s. S. 397) aus der Sanguinariawurzel bleibt das β-Homochelidonin in der Essigäthermutterlauge, woraus es in glänzenden büscheligen Nadeln und Prismen krystallisiert.

Physikalische und chemische Eigenschaften: β-Homochelidonin krystallisiert aus Essigäther in kleinen Prismen, welche bei 159—160° schmelzen. Leicht löslich in Chloroform, weniger in Alkohol, Schwefelkohlenstoff, Benzol. Die Base enthält zwei Methoxylgruppen, wie α-Homochelidonin. Im Gegensatz zum letzteren wird sie aus saurer Lösung nicht von Ammoniak gefällt. Mit konz. Schwefelsäure gibt die Base gelbliche, dann rosa oder rotviolette Färbung. Mit Fröhdes Reagens violette, dann blaue, schließlich moosgrüne Färbung.

Derivate: Nitrat $C_{21}H_{23}NO_5 HNO_3 + 1\frac{1}{2} H_2O$. Farblose, büschelförmig vereinigte Nadeln, löslich in Alkohol, ziemlich schwer löslich in Wasser. Bei 100° entweicht ein Teil des Wassers.

---

[1]) E. Schmidt u. Selle, Archiv d. Pharmazie **228**, 441 [1890]; Berichte d. Deutsch. chem. Gesellschaft **23**, Ref. 697 [1890]; Chem. Centralbl. **1890**, I, 221; II, 706.

[2]) E. Schmidt u. Selle, Archiv d. Pharmazie **228**, 441 [1890].

[3]) Hopfgarten, Monatshefte f. Chemie **19**, 179 [1898].

[4]) R. Fischer, Archiv d. Pharmazie **239**, 421 [1901].

[5]) Schlotterbeck u. Watkins, Pharmac. Archives **6**, 17 [1903]; Chem. Centralbl. **1903**, I, 1142.

Chlorhydrat $C_{21}H_{23}NO_5HCl + 1\frac{1}{2} H_2O$. Feine, weiße, seidenartig glänzende Nadeln. Bei 100° entweicht 1 Mol. H_2O. — **Chloroplatinat** $(C_{21}H_{23}NO_5HCl)_2PtCl_4 + 2\frac{1}{2} H_2O$. Feinkörniges Pulver. Das Wasser entweicht bei 100°. — **Goldsalz** $C_{21}H_{23}O_5N \cdot HCl \cdot AuCl_3$, blutrot gefärbte Warzen aus Alkohol, Schmelzp. 187°. — **Bromhydrat** $C_{21}H_{23}NO_5HBr + 1\frac{1}{2} H_2O$. Dem Chlorhydrat sehr ähnlich. — **Jodhydrat** $C_{21}H_{23}NO_5HJ + H_2O$. Kleine weiße Nädelchen. Das Wasser entweicht bei 100°.

Erdmanns Reagens färbt die Base nacheinander gelb, violett und schmutzigviolett, Vanadinschwefelsäure gelb, violett und blauviolett bis grün.

Das **Jodmethylat** $C_{21}H_{23}O_5N \cdot CH_3J + 2\frac{1}{2} H_2O$, im Wasserbade unter Druck dargestellt, bildet, aus Alkohol umkrystallisiert, hellgelbe, bei 185° schmelzende Prismen.

γ-Homochelidonin.

Mol.-Gewicht 366,17.
Zusammensetzung: 68,82% C, 5,51% H, 3,83% N.

$$C_{21}H_{23}NO_5.$$

Vorkommen: Dieses dritte Homochelidonin wurde zuerst in der Wurzel Sanguinaria canadensis aufgefunden. Es findet sich außerdem in Eschholtzia californica[1]).

Darstellung: Zur Abscheidung des γ-Homochelidonins und der übrigen Basen wird die Sanguinariawurzel in folgender Weise bearbeitet[2]). Die zum groben Pulver gemahlene Wurzel zieht man mit essigsäurehaltigem Alkohol systematisch aus und gießt die durch Destillation von Alkohol möglichst befreiten Auszüge in heißes Wasser. Die von viel Harz abgeschiedene rotbraune Lösung wird mit Ammoniak gefällt, wobei sich ein voluminöser, dunkelvioletter Niederschlag (A) ausscheidet. Dieser wird durch wiederholtes Lösen in sehr verdünnter Essigsäure und Fällen mit Ammoniak gereinigt. Er stellt, in mäßiger Wärme getrocknet, ein hellviolettes, die Schleimhäute heftig reizendes Pulver dar, das mit Äther vielmals ausgekocht wird, wobei ein Rückstand (C) verbleibt. Von der ätherischen Lösung wird der Äther abdestilliert und der Rückstand mit Alkohol erwärmt. Hierbei geht ein Teil (D) in Lösung, während ein weißer, krystallinischer Rückstand zurückbleibt, welcher nach mehrmaligem Umkrystallisieren aus heißem Essigäther das Chelerythrin in reiner Form abscheidet. Daneben findet sich, besonders in den ersten Essigätherauszügen, Sanguinarin, welches darin etwas schwerer löslich ist und vermöge dieser Eigenschaft, wenn auch schwierig, vom Chelerythrin getrennt werden kann. Die rotbraune alkoholische Lösung (D) scheidet bei der freiwilligen Verdunstung allmählich einen dicken Krystallbrei (F) aus, der abgesaugt und mit Alkohol gewaschen wird. Mit heißem Wasser extrahiert, hinterläßt er einen grauen Rückstand, der wesentlich aus Sanguinarin besteht. Die wässerigen Auszüge werden mit Ammoniak gefällt und der getrocknete Niederschlag in Aceton gelöst, woraus sich Krystalle von Protopin abscheiden. Aus dem Rückstande C kann durch Lösen in Amylalkohol und Extrahieren mit salzsäurehaltigem Wasser noch mehr Sanguinarin und Protopin gewonnen werden. Die vom Niederschlag A abfiltrierten, ammoniakalischen Mutterlaugen werden eingedampft und unter Zusatz von etwas Ammoniak mit Chloroform ausgeschüttelt. Der Verdunstungsrückstand, aus alkoholhaltigem Essigäther mehrmals umkrystallisiert, liefert β- und γ-Homochelidonin und außerdem ein wenig Protopin.

Um γ-Homochelidonin aus dem Gemenge zu trennen, werden die Basen aus Essigäther krystallisiert und die großen durchsichtigen Krystalle des γ-Homochelidonins von den warzenförmigen weißen Gebilden des Protopins mechanisch ausgelesen. Das β-Homochelidonin bleibt in den Mutterlaugen und scheidet sich daraus in büschelig angeordneten, glänzenden Nadeln aus.

Physikalische und chemische Eigenschaften: Aus Essigäther umkrystallisiert, bildet γ-Homochelidonin große tafelförmige, farblose Krystalle, welche im Gegensatz zu β-Homochelidonin 1/2 Mol. Essigäther enthalten und scharf getrocknet den Schmelzp. 169° zeigen, lufttrocken aber schon bei 159—160° schmelzen. Der Krystallessigäther entweicht schon bei 100°. Sonst zeigt die Base ein mit dem β-Homochelidonin übereinstimmendes Verhalten. Wie letzteres enthält sie zwei Methoxylgruppen.

---

[1]) R. Fischer u. M. E. Tweeden, Pharmac. Archives **5**, 117 [1902]; Chem. Centralbl. **1903**, II, 345.
[2]) König u. Tietz, Archiv d. Pharmazie **231**, 145, 161 [1893]; Chem. Centralbl. **1893**, I, 785, 983.

Derivate: Das **Platinsalz** $(C_{21}H_{23}NO_5 \cdot HCl)_2PtCl_4$ bildet ein amorphes, hellgelbes Pulver, welches lufttrocken Krystallwasser enthält. — Das **Goldsalz** $(C_{21}H_{23}NO_5 \cdot HCl)AuCl_3$, blutrot gefärbte Warzen aus Alkohol, Schmelzp. 187°. — Mit Methyljodid tritt γ-Homochelidonin beim Erhitzen auf 100° unter Druck zu dem **Jodmethylat** $C_{21}H_{23}NO_5 \cdot CH_3J + 2\frac{1}{2} H_2O$ zusammen. Es stellt, aus Alkohol krystallisiert, blaßgelbe Prismen dar.

Sanguinarin.

Mol.-Gewicht der wasserfreien Base: 333,13.
Zusammensetzung der wasserfreien Base: 72,05% C, 4,54% H, 4,21% N.
$$C_{20}H_{15}NO_4 + H_2O.$$

Vorkommen: In Chelidonium majus, in Sanguinaria canadensis, in Eschholtzia californica[1]).

Darstellung: Zur Darstellung von Sanguinarin und Chelerythrin wird die zerkleinerte Wurzel von Sanguinaria canadensis mit essigsäurehaltigem Alkohol erschöpft, von der Lösung der Alkohol abdestilliert, der Rückstand in Wasser gegossen und die Lösung vom Harz abfiltriert. Das Filtrat wird mit Ammoniak übersättigt, wobei Sanguinarin, Chelerythrin und Protopin ausgefällt werden, während β- und γ-Homochelidonin gelöst bleiben. Der Niederschlag wird mit Äther erschöpft, welcher Sanguinarin und Protopin ungelöst zurückläßt. Man verdunstet die ätherische Lösung und erwärmt den Rückstand mit Alkohol, der Sanguinarin und Protopin aufnimmt. Das von Alkohol nicht gelöste Gemenge von Sanguinarin und Chelerythrin trennt man durch fraktionierte Krystallisation aus Essigäther, welcher Chelerythrin zunächst abscheidet[2]).

Physiologische Eigenschaften: Sanguinarin tötet Frösche zu 0,001 g subcutan unter den Erscheinungen der narkotisch scharfen Gifte, nach klonischen Krämpfen.

Physikalische und chemische Eigenschaften: Sanguinarin ist das typische Alkaloid der Sanguinaria canadensis (Blutwurz), dessen dunkelrote Farbe davon herrührt, obwohl es der Menge nach darin weniger stark vertreten ist als das Chelerythrin[3]). Wohl ist die Base, welche aus Essigäther in büschelig gruppierten Nadeln vom Schmelzp. 211° krystallisiert[4]), völlig farblos, aber ihre Salze sind tiefrot gefärbt. Aus Chloroform und aus Alkohol scheidet sich Sanguinarin in weißen Warzen aus. Auch in Methylalkohol, Aceton und Äther ist es löslich. An der Luft ist die Base wenig beständig, indem sie sich unter Salzbildung schnell mit einer roten Schicht überzieht. Ihre Lösungen zeigen, namentlich in nicht ganz reinem Zustande, blauviolette Fluorescenz.

Von konz. Schwefelsäure wird die Base dunkelrotgelb, von konz. Salpetersäure braungelb gelöst. Erdmanns Reagens färbt sie schön orangerot, welche Farbe nach einiger Zeit unter Trübwerden in Scharlachrot übergeht. Fröhdes Reagens färbt sich damit dunkelbraungelb, dann rotgelb, schließlich schmutzigbraun. Vanadinschwefelsäure erzeugt eine schöne dunkelrote Färbung, die über Violett schnell in Bordeauxrot und schließlich in Braun übergeht.

Derivate: Das **Hydrochlorid** $C_{20}H_{15}NO_4 \cdot HCl + 5 H_2O$ und das **Nitrat** $C_{20}H_{15}NO_4 \cdot HNO_3 + H_2O$ stellen rote Nadeln dar. — Das **Goldsalz** $(C_{20}H_{15}NO_4 \cdot HCl)AuCl_3$ ist ein braunroter, flockiger, schwerer Niederschlag, das **Platinsalz** $(C_{20}H_{15}NO_4 \cdot HCl)_2PtCl_4$ tritt dunkelgelb und flockig auf.

Chelerythrin.

Mol.-Gewicht der alkoholfreien Base 335,15.
Zusammensetzung der alkoholfreien Base: 71,61% C, 5,11% H, 4,18% N.
$$C_{20}H_{17}NO_4 + C_2H_5OH.$$

Vorkommen: In Sanguinaria canadensis[5]); in Eschholtzia californica[6]); in Bocconia cordata[7]); in Chelidonium majus[8]).

---

[1]) R. Fischer u. M. E. Tweeden, Pharmac. Arch. **5**, 117 [1902]; Chem. Centralbl. **1903**, I, 345.
[2]) König u. Tietz, Archiv d. Pharmazie **231**, 145, 161 [1893]; Chem. Centralbl. **1893**, I, 785, 983.
[3]) R. Fischer, Archiv d. Pharmazie **239**, 409 [1901]; Chem. Centralbl. **1904**, II, 781.
[4]) E. Schmidt, Archiv d. Pharmazie **239**, 395 [1901].
[5]) S. S. 396.
[6]) R. Fischer u. Tweeden, Pharmac. Archives **5**, 117 [1902]; Chem. Centralbl. **1903**, I, 345.
[7]) P. Murrill u. J. O. Schlotterbeck, Pharm. Journ. **65**, 34 [1900]; Chem. Centralbl. **1900**, II, 387.
[8]) M. Wintgen, Archiv d. Pharmazie **239**, 438 [1901]; Chem. Centralbl. **1901**, II, 783.

Darstellung: S. vorstehende Ausführungen bei Sanguinarin.

Physiologische Eigenschaften: Chelerythrin zeigt die Erscheinungen der narkotischen Gifte, indem es paralysierend und gleichzeitig die Reflexion herabsetzend, aber nicht krampferregend wirkt. Reizt zum Niesen.

Physikalische und chemische Eigenschaften: Das wiederholt aus Essigäther umkrystallisierte Alkaloid bildet kleine, farblose, zu Krusten vereinigte Krystalle, die 1 Mol. Krystallalkohol enthalten, bei 203° schmelzen und leicht in Chloroform, wenig in Alkohol, Äther, Aceton und Essigäther löslich sind. Die Lösungen, besonders die der unreinen resp. durch Liegen an der Luft etwas rötlich gefärbten Base, zeigen blaue Fluorescenz.

Die Salze des Chelerythrins sind intensiv eigelb gefärbt. Auf Zusatz von Ammoniak verschwindet diese Farbe, und die Base fällt wieder ungefärbt aus.

Konz. Schwefelsäure löst das Chelerythrin gelb mit einem Stich ins Grüne, später schmutziggelb, konz. Salpetersäure färbt sich damit bei der ersten Berührung hochgelb, welche Farbe schnell in ein dunkles Gelbbraun übergeht. Erdmanns Reagens erzeugt auch zunächst eine gelbe Färbung, welche bald über Dunkelolivengrün in Chlorophyllgrün, schließlich in Schmutzigdunkelgelb übergeht. Vanadinschwefelsäure färbt das Alkaloid violettrot; die Farbe geht allmählich über Dunkelbordeauxrot in Braunrot über.

Derivate: Das **salzsaure Salz** $C_{20}H_{17}NO_4 \cdot HCl + 5 H_2O$, dessen Staub die Schleimhäute heftig reizt, krystallisiert aus der mit etwas konz. Salzsäure versetzten wässerigen Lösung in dünnen, glänzenden, citronengelben Nadeln. Das aus Alkohol krystallisierte Salz enthält nur 4 Mol. Krystallwasser. Das **Sulfat** $C_{20}H_{17}NO_4 H_2SO_4 + 2 H_2O$ bildet goldgelbe, in kaltem Wasser schwer lösliche Nadeln. — Das **Hydrojodid** $C_{20}H_{17}NO_4 \cdot HJ$ wurde von Tietz bei einem Versuch, das Jodmethylat des Chelerythrins durch Erhitzen mit Jodmethyl in alkoholischer Lösung darzustellen, erhalten. Es bildet seideglänzende, braune Nadeln, welche, aus Alkohol umkrystallisiert, citronengelbe Farbe annehmen. — Das **Platinsalz** $(C_{20}H_{17}NO_4 \cdot HCl)_2 PtCl_4$, tiefgelbe, krystallinische, gelbe Nadeln. — Das **Goldsalz** $(C_{20}H_{17}NO_4 \cdot HCl) AuCl_3$ krystallisiert aus Alkohol, worin es schwer löslich ist, in langen, glänzenden, braunen Nadeln, die bei 233° unter Zersetzung schmelzen. — Ein Jodmethylat des Chelerythrins läßt sich nicht darstellen. Dagegen konnte Tietz nachweisen, daß die Base zwei Methoxylgruppen enthält; ihre Formel läßt sich demnach in $C_{18}H_{11}(OCH_3)_2NO_2$ auflösen. Da sie sich hiernach von demselben Stammkörper, $C_{18}H_{11}(OH)_2NO_2$, wie Sanguinarin herzuleiten scheint, faßt Tietz das Chelerythrin als den Methyläther des Sanguinarins auf.

Glaucin.

Mol.-Gewicht 355,21.
Zusammensetzung: 70,94% C, 7,09% H, 3,94% N.

$$C_{21}H_{25}O_4N.$$

Vorkommen: In Glaucium luteum.

Die Wurzel und das Kraut der zur Blütezeit gesammelten Pflanzen wurden getrennt untersucht. Im Kraut sind Glaucin und Protopin, in der Wurzel Protopin und wahrscheinlich auch geringe Mengen von Chelerythrin und Sanguinarin enthalten, dagegen ließ sich Homochelidonin weder in der Wurzel noch im Kraut nachweisen[1].

Physiologische Eigenschaften: Diese[1] äußern sich in einem Starr- und Unerregbarwerden der quergestreiften Muskeln und Erlöschen der Sensibilität, ferner in einer Lähmung des Herzens und wahrscheinlich auch der Gefäße und endlich in einer leichten Hirnnarkose, verbunden mit epileptiformen Krämpfen.

Physikalische und chemische Eigenschaften: Klare, schwach gelb gefärbte, stark lichtbrechende Prismen und Tafeln, Schmelzp. 119—120°. Schwer löslich in kaltem, etwas leichter in heißem Wasser, sehr schwer löslich in Benzol und Toluol, viel leichter in Äther, sehr leicht löslich in Alkohol, Essigäther, Aceton und Chloroform, erweicht in siedendem Wasser, ohne zu schmelzen, $[\alpha]_D = +113{,}3°$ (c = 5,0449), $+114{,}1°$, wenn die Lösung mit dem gleichen Volumen Alkohol verdünnt wurde, bildet mit Quecksilberchlorid ein in weißen, zwischen 130 und 140° schmelzenden Nadeln krystallisierendes Doppelsalz, mit Platin- und Goldchlorid rötliche, amorphe Niederschläge. Das freie Alkaloid ist in reinem Zustande geschmacklos, seine Salze schmecken schwach bitter. Das Chlorhydrat geht aus saurer Lösung in Chloroform

---

[1] R. Fischer, Archiv d. Pharmazie **239**, 395, 426 [1901].

über, wodurch das Glaucin von dem es begleitenden Protopin getrennt werden kann. Die Salze des Glaucins reagieren in wässeriger Lösung neutral, das Chlorhydrat in Chloroformlösung sauer.

Mit den Alkaloidreagenzien gibt Glaucin sehr empfindliche und charakteristische Farbenreaktionen. Von konz. Schwefelsäure wird es unter vorübergehender schwacher Gelbfärbung farblos gelöst; die Lösung wird in der Kälte allmählich, rascher bei 100° himmelblau, in letzterem Fall bald beständig dunkelblau bis violett. Wasserzusatz bewirkt einen Umschlag in Bräunlichrot, Ammoniak sodann einen blauen Niederschlag, welch letzterer durch verdünnte Säuren schmutzigbraun gefärbt, aber nicht gelöst wird. Eine Lösung des Alkaloids in konz. Schwefelsäure wird durch eine Spur Kaliumdichromat erst grün, dann schmutzigbraun. Konz. Salpetersäure färbt einen Krystall des Glaucins momentan grün und löst ihn dann zu einer tief rötlichbraunen Flüssigkeit; verdünnte Salpetersäure löst das Glaucin zunächst farblos, doch nimmt die Lösung bald ebenfalls eine beständige rotbraune Farbe an. Fröhdes Reagens erzeugt zunächst eine grüne, dann eine blaue bis indigoblaue Farbe, die an trockner Luft sich nach 15 Minuten vom Rande her charakteristisch verfärbt. Mit Mandelins Reagens tritt erst eine hell-, dann eine dunkelgrüne Färbung auf, die nach 15 Minuten in der Mitte blau und schließlich in der ganzen Masse violett wird. Erdmanns Reagens färbt das Glaucin zunächst hellblau, dann berlinerblau und schließlich grünlichblau.

Derivate:[1]) Das **Chlorhydrat** $C_{21}H_{25}O_4N \cdot HCl + 3 H_2O$, weiße, seidenglänzende Krystalle, leicht löslich in Wasser und Alkohol, werden bei 100° wasserfrei und schmelzen dann unscharf bei 232°; die Lösungen färben sich an der Luft und am Licht bald rötlichbraun. — **Bromhydrat** $C_{21}H_{25}O_4N \cdot HBr$, schwach rosa gefärbte Krystallnadeln, Schmelzp. 235° unter Grünfärbung, schwerer löslich als das Chlorhydrat; die heiße alkoholische Lösung färbt sich rasch rotbraun. — Das Glaucin ist eine tertiäre Base, die vier Methoxylgruppen enthält $C_{17}H_{13}(OCH_3)_4N$; sie bildet ein **Jodmethylat** von der Zusammensetzung $C_{21}H_{25}O_4N \cdot CH_3J$, fast farblose Krystalle; Schmelzp. 216° unter Bräunung; ziemlich löslich in heißem Wasser und heißem Alkohol, löslich in Chloroform; die letztere Lösung färbt sich an der Luft rasch gelb. — Bei der Ausführung der Methoxybestimmung nach Zeisel wurden weiße, glänzende, stark reduzierend wirkende Krystallnadeln des Jodhydrates, $C_{17}H_{13}(OH)_4N$, erhalten vom Schmelzp. 225—235° unter Zersetzung, leicht löslich in Wasser, weniger leicht in Alkohol.

Rhöadin.

Mol.-Gewicht 383,18.
Zusammensetzung: 65,77% C, 5,52% H, 3,66% N.

$$C_{21}H_{21}NO_6.$$

Vorkommen: In allen Teilen des Papaver Rhocas sowie in den reifen Samenkapseln von Papaver somniferum und im Opium[2]).

Darstellung: Zur Abscheidung der Base wird die zerkleinerte Pflanze mit warmem Wasser extrahiert, die Lösung vorsichtig auf ein kleines Volumen eingedampft, das schwach saure Extrakt mit Sodalösung übersättigt und mit Äther wiederholt extrahiert. Man entzieht die Base der ätherischen Lösung durch Schütteln mit einer wässerigen Natriumbitartratlösung. Die von Äther getrennte Lösung gibt mit Ammoniak einen grauweißen, amorphen, voluminösen Niederschlag, der bald dicht und krystallinisch wird. Der getrocknete Niederschlag wird mit Alkohol ausgekocht, wodurch färbende Substanzen und ein zweites Alkaloid (Thebain?) entfernt werden; das ungelöst gebliebene Rhöadin löst man in Essigsäure und fällt die Lösung nach Behandlung mit Tierkohle mit Ammoniak. Die Base scheidet sich hierbei als farbloser, voluminöser Niederschlag ab, welcher bald krystallinisch wird.

Physikalische und chemische Eigenschaften: Rhöadin bildet kleine, weiße Prismen, die bei 232° unter Bräunung schmelzen und in Äther, Benzin, Chloroform, Alkohol und Wasser fast unlöslich sind. Die alkoholische Lösung blaut rotes Lackmuspapier kaum. Weder die Base selbst, noch die Lösungen ihrer Salze zeigen bitteren Geschmack. Rhöadin läßt sich im Kohlendioxydstrom leicht sublimieren. Es ist nicht giftig.

Die Base löst sich in Säuren auf, wird aber durch dieselben leicht verändert. Schon mäßig konz. Salzsäure und Schwefelsäure sind nicht mehr fähig, das Alkaloid farblos aufzulösen, sondern färben sich damit purpurrot. Diese sehr empfindliche Färbung verschwindet auf Zusatz

---

[1]) R. Fischer, Archiv d. Pharmazie **239**, 395 [1901]; Chem. Centralbl. **1901**, II, 781.
[2]) O. Hesse, Annalen d. Chemie u. Pharmazie **140**, 145 [1866]; **149**, 35 [1869].

von Alkalien, aber Säuren stellen sie wieder her. Konz. Schwefelsäure und Salpetersäure lösen Rhöadin unter Zersetzung auf, erstere mit olivengrüner, letztere mit gelber Farbe.

Die farblose Lösung des Alkaloids in verdünnter Salzsäure wird von Gerbsäure weiß und amorph gefällt, Quecksilberchlorid erzeugt einen weißen, in Wasser leicht löslichen, Kaliumquecksilberchlorid einen blaßgelben, Goldchlorid und Platinchlorid einen gelben Niederschlag. Letztere Verbindung hat die Zusammensetzung $(C_{21}H_{21}NO_6 \cdot HCl)_2PtCl_4 + 2 H_2O$.

Rhöagenin.

Mol.-Gewicht 383,18.
Zusammensetzung: 65,77% C, 5,52% H, 3,66% N.

$$C_{21}H_{21}NO_6.$$

Wenn man die durch Behandlung des Rhöadins mit starken Säuren entstehende purpurrote Lösung (s. oben) mit Tierkohle behandelt, so enthält sie das Salz einer neuen isomeren Base, des Rhöagenins, welches durch Ammoniak abgeschieden und durch Umkrystallisieren aus Alkohol gereinigt wird. Sie krystallisiert in kleinen, weißen Prismen, die bei 223° schmelzen und in Wasser, Alkohol und Äther schwer löslich sind, aber von Säuren ohne Veränderung leicht aufgelöst werden. Sie ist geschmacklos, die Salze schmecken bitter.

Derivate: Das **Platinsalz** $(C_{21}H_{21}NO_6 \cdot HCl)_2PtCl_4$ ist ein gelber, amorpher Niederschlag, welcher in Wasser und Salzsäure ziemlich löslich ist. Das **Hydrojodid** $C_{21}H_{21}NO_6 \cdot HJ$ krystallisiert in kurzen, in Wasser schwer löslichen Prismen.

Alkaloide der Familie Ranunculaceae.
A. Alkaloide der Aconitumarten.

Die Giftigkeit der meisten zur Familie Ranunculaceae gehörenden Arten der Gattung Aconitum ist seit langer Zeit bekannt gewesen. Unter denselben sind, zum Teil schon während der ersten Hälfte des vorigen Jahrhunderts, hauptsächlich Aconitum napellus, A. ferox, A. Japonicum, A. lycoctonum, sowie A. septentrionale auf ihre wirksamen Bestandteile untersucht worden.

Die Alkaloide der Aconitumarten zerfallen chemisch und physiologisch in zwei Gruppen[1]). Die erste oder Aconitingruppe enthält die sehr giftigen Alkaloide: **Aconitin, Japaconitin, Pseudoaconitin, Bikhaconitin** und **Indaconitin;** die zweite oder Atisingruppe enthält die kaum giftigen Alkaloide **Atisin** und **Palmatisin.** Wahrscheinlich existieren zwei Aconitine, von denen aber bisher nur das eine genau bekannt ist. Die Alkaloide der Aconitingruppe liefern durch vollständige Verseifung die entsprechenden Aconine, von denen vielleicht einige identisch sind. Wahrscheinlich leiten sich alle Alkaloide der Aconitingruppe von einer gemeinschaftlichen Base $C_{21}H_{36}N$ oder $C_{21}H_{34}N$ folgendermaßen ab. Aconitin $C_{21}H_{27}O_3N(OAc)(OBz)(OMe)_4$. Japaconitin $C_{21}H_{29}O_3N(OAc)(OBz)(OMe)_4$. Indaconitin $C_{21}H_{27}O_2N \cdot (OAc)(OBz)(OMe)_4$. Pseudoaconitin $C_{21}H_{27}O_2N(OAc)(OCO \cdot C_6H_3[OMc]_2)(OMe)_4$. Bikhaconitin $C_{21}H_{27}ON(OAc)(OCO \cdot C_6H_3[OMe]_2)(OMe)_4$.

Aconitin.

Mol.-Gewicht 646,38.
Zusammensetzung: 63,12% C, 7,33% H, 2,17% N.

$$C_{34}H_{47}NO_{11}.$$

Vorkommen: Der durch seine außerordentliche Giftwirkung bekannte, im südlichen wie im nördlichen Europa verbreitete, im mitteleuropäischen und asiatischen Hochgebirge zwischen 1500—2000 m Höhe wild wachsende Sturmhut oder blaue Eisenhut (Aconitum napellus) hat schon frühzeitig das Interesse der Chemiker und Physiologen erregt. Zur arzneilichen Verwendung wurde fast ausschließlich die knollige Wurzel (Tubera aconiti) verwendet. Aus derselben isolierten zuerst Geiger und Hesse [2]) im Jahre 1833 den wirksamen Bestandteil in Form einer amorphen Base, welcher den Namen Aconitin erhielt. Es wurde in der inneren Heilpraxis angewandt. Dieses Aconitin stellte ein wechselndes, unkontrollierbares Gemisch von mehreren Basen dar, welches äußerst giftig war und selbst in Dosen von 0,1 mg noch häufig Vergiftungen mit letalem Ausgang verursachte.

---

[1]) Dunstan u. Henry, Proc. Chem. Soc. **21**, 235 [1905]; Journ. Chem. Soc. **87**, 1650 [1905].
[2]) Geiger u. Hesse, Annalen d. Chemie u. Pharmazie **7**, 276 [1883].

Darstellung: Die Basen werden aus der in gelinder Wärme getrockneten Wurzel mit Fuselölamylalkohol extrahiert und der Lösung vermittels verdünnter Schwefelsäure entzogen. Man fällt die verdünnte Lösung mit Soda und löst das abgeschiedene Aconitin in verdünnter Salzsäure. Vermittels vorsichtig hinzugesetzten Goldchlorids werden zunächst Beimengungen abgeschieden und dann das Aconitin durch mehr Goldchlorid ausgefällt. Das Goldsalz wird mit Schwefelwasserstoff zerlegt und die Base mittels Soda in Freiheit gesetzt[1]).

Unter Anwendung einer älteren Methode von Duquesnel[2]), resp. Wright und Luff[3]) ergibt sich folgendes Verfahren. Die gepulverte Droge wird 3—4 Tage mit dem vierfachen Gewicht Alkohol (90—95 proz.) digeriert, ausgepreßt und noch ein zweites und drittes Mal mit der gleichen Menge Alkohol behandelt. Der Alkohol der vereinigten Auszüge wird im Dampfbade bei 400—650 mm Druck abdestilliert, ohne daß die Temperatur über 70° steigt. Den Destillationsrückstand versetzt man mit Wasser und schüttelt die Flüssigkeit, ohne zu filtrieren, mit Äther mehrmals aus, bis dieser nichts aufnimmt. Die wässerige Flüssigkeit, welche die ganze Aconitinmenge in Form eines Salzes enthält, wird mit Soda alkalisiert und die Base mit Äther ausgeschüttelt. Aus dem nach Abdestillieren des Äthers verbleibenden Rest krystallisieren beim Stehen gelbliche Krystalle des Rohaconitins aus, welche mit einer amorphen Masse vermischt sind. Durch mehrmaliges Umkrystallisieren aus Alkohol erhält man die Base rein. Auch Alkoholäther kann zu gleichem Zwecke benutzt werden.

Physiologische Eigenschaften: Das Aconitin ist äußerst giftig. Als Gegenmittel dient Atropin. Die kleinste Menge auf die Zunge gebracht, erzeugt nach einigen Minuten ein eigentümliches, charakteristisches Gefühl des Juckens oder Prickelns. Aconitin erweitert die Pupille wie Atropin.

Physikalische und chemische Eigenschaften: Die reine Base krystallisiert aus Alkohol in rhombischen Prismen oder Tafeln, die häufig zu büschelförmigen oder radialfaserigen Gruppen angeordnet sind, aus Chloroform in flachgedrückten, warzenförmigen Drusen. Der Schmelzpunkt zeigt sich etwas verschieden, je nach der Schnelligkeit der Temperatursteigerung. Rasch erhitzt, schmilzt die Base bei 197—198°. Sie ist in Wasser fast unlöslich, schwer in abs. Alkohol und Benzol, leichter in Äther, unlöslich in Ligroin.

Aconitin ist rechtsdrehend und zeigt in 3 proz. Lösung bei 23° ein Drehungsvermögen von $+11°$. Dagegen drehen die Salze in wässeriger Lösung nach links. Die Base reagiert schwach alkalisch.

Reines, nur geringe Mengen amorpher Basen enthaltendes Aconitin gibt folgende charakteristische Reaktionen[4]): 0,0005—0,0002 g des Alkaloids werden in einer kleinen Porzellanschale mit 5—10 Tropfen reinen Broms versetzt, im Salzwasserbade etwas erwärmt, dann 1—2 ccm rauchende Salpetersäure hinzugefügt und im selben Bade wieder zur Trockne verdampft unter Zusatz von noch etwas Brom, wenn die Säure ihre Färbung verloren, wobei ein gelbes Oxydationsprodukt sich bildet. Man fügt dann 0,5—1 ccm einer gesättigten alkoholischen Kaliumhydroxydlösung (mit reinem Alkohol, D 0,796, bereitet) hinzu, verdampft zur Trockne, wobei eine rot- oder braungefärbte Masse je nach der Menge des betreffenden Alkaloids hinterbleibt, läßt abkühlen und gibt dann 5—6 Tropfen einer wässerigen 10 proz. Kupfersulfatlösung hinzu, die eine tiefgrüne Färbung annimmt.

Man behandelt 1,0002—1,001 g des Alkaloids in einer Porzellanschale mit 2—4 Tropfen Schwefelsäure vom spez. Gew. D = 1,75—1,76, erhitzt 5—6 Minuten auf dem siedenden Wasserbade, wobei sich Aconitin höchstens etwas gelb färben darf, fügt ein Kryställchen reines Resorcin (ungefähr so viel, wie das Alkaloid betrug) hinzu und erwärmt weiter. Die Flüssigkeit nimmt alsdann eine gelbrote Färbung an, die allmählich an Intensität zunimmt, nach etwa 20 Minuten Erhitzen ihr Maximum erreicht hat und sich im Exsiccator lange hält[5]).

Studien über Spaltungen des Aconitins wurden insbesondere von M. Freund[6]) und Beck durchgeführt, die auch die Zusammensetzung des Alkaloids, über welche sich zahlreiche

---

[1]) Dunstan u. Ince, Journ. Chem. Soc. **59**, 276 [1891]. — Dunstan u. Unmey, Journ. Chem. Soc. **61**, 385 [1892].
[2]) Duquesnel, Bulletin de la Soc. chim. **16**, 342 [1871].
[3]) Wright u. Luff, Journ. Chem. Soc. **33**, 325 [1878].
[4]) E. P. Alvarez, Chem. News **91**, 179 [1905].
[5]) N. Monti, Gazzetta chimica ital. **36**, II, 477 [1906].
[6]) Freund u. Beck, Berichte d. Deutsch. chem. Gesellschaft **27**, I, 433, 720 [1894]. — Freund, Berichte d. Deutsch. chem. Gesellschaft **28**, I, 192; III, 2537 [1895]. — Dunstan, Berichte d. Deutsch. chem. Gesellschaft **27**, I, 664 [1894]; **28**, II, 1379 [1895]. — H. Schulze, Apoth.-Ztg. **19**, 782 [1904].

widersprechende Angaben in der Literatur finden, gemäß der Formel $C_{34}H_{47}NO_{11}$ feststellten. Durch Kochen mit Wasser spaltet sich Aconitin nach der Formel:

$$C_{34}H_{47}NO_{11} + H_2O = CH_3 \cdot CO_2H + C_{32}H_{45}NO_{10}.$$
$$\text{Aconitin} \qquad\qquad\qquad\qquad \text{Pikroaconitin}$$

Das Pikroaconitin tritt hierbei in Form seines Benzoates auf; die für die Bildung dieses Salzes nötige Benzoesäure verdankt ihre Entstehung einem zweiten, gleichzeitig stattfindenden hydrolytischen Prozesse:

$$C_{34}H_{47}NO_{11} + H_2O = C_6H_5 \cdot COOH + C_{27}H_{43}NO_{10}.$$
$$\text{Aconitin}$$

Die hierbei gebildete Base $C_{27}H_{43}NO_{10}$ ist nicht isolierbar, da sie unter Aufnahme von Wasser in folgender Weise zerlegt wird:

$$C_{27}H_{43}NO_{10} + H_2O = CH_3 \cdot CO_2H + C_{25}H_{41}NO_3.$$
$$\text{Aconin}$$

Das Aconin bildet sich auch durch Kochen des Pikroaconitins mit alkoholischer Kalilauge. Die Entstehung des Aconins aus Aconitin läßt sich also in folgender Art veranschaulichen:

$$C_{34}H_{47}NO_{11} + 2 H_2O = CH_3 \cdot CO_2H + C_6H_5 \cdot CO_2H + C_{25}H_{41}NO_9.$$
$$\text{Aconitin} \qquad\qquad \text{Essigsäure} \qquad \text{Benzoesäure} \qquad \text{Aconin}$$

Hiernach erscheint Aconitin als Acetylbenzoylaconin:

$$C_{25}H_{39}NO_9 \begin{array}{l} \diagup CO \cdot CH_3 \\ \diagdown CO \cdot C_6H_5 \end{array}$$

Seine Formel kann unter Berücksichtigung des Umstandes, daß es vier Methoxylgruppen enthält, in folgender Weise geschrieben werden:

$$C_{21}H_{27}(OCH_3)_4NO_5 \begin{array}{l} \diagup CO \cdot C_6H_5 \\ \diagdown CO \cdot C_6H_5 \end{array}$$

Das Pikroaconitin ist demnach Benzoylaconin:

$$C_{21}H_{27}(OCH_3)_4(OH)NO_4 \cdot CO \cdot C_6H_5$$
$$\text{Pikroaconitin}$$

und Aconin hat die Zusammensetzung:

$$C_{21}H_{27}(OCH_3)_4(OH)_2NO_3.$$
$$\text{Aconin}$$

Nach Ehrenberg und Purfürst[1]) ist Aconin ein Methyläther eines mehrfach hydroxylierten Chinons, eine Ansicht, die weiterer Bestätigung bedarf.

Derivate des Aconitins: Das **Hydrochlorid** hat die Zusammensetzung $C_{34}H_{47}NO_{11}$ · HCl + 3 oder $3\frac{1}{2}$ H_2O, das **Hydrobromid** und **Hydrojodid** die Formeln $C_{34}H_{47}NO_{11}$ · HBr + $2\frac{1}{2}$ H_2O resp. $C_{34}H_{47}NO_{11}$ + $3\frac{1}{2}H_2O$. Schmelzpunkt des wasserfreien Hydrobromids 206—207°. — Das **Nitrat** $C_{34}H_{47}NO_{11} + 5\frac{1}{2}H_2O$ bildet aus warmem Wasser Krystalle. — Das **Goldsalz** ($C_{34}H_{47}NO_{11}$ · HCl)$AuCl_3$ fällt zunächst amorph aus und tritt beim Umkrystallisieren in drei Modifikationen auf[1]). Wird das amorphe Produkt in Aceton gelöst und die Lösung mit wenig Wasser versetzt, oder krystallisiert man es aus verdünntem Alkohol um, so erhält man feine Nadeln oder rektanguläre Platten der α-Verbindung, welche mit 3 Mol. Wasser krystallisiert und bei 135—136°, wasserfrei bei 145° schmilzt[2]). Die β-Verbindung, welche 1 Mol. Krystallalkohol enthält, wird durch Fällen einer ganz verdünnten Lösung mit Goldchlorid erhalten. Die abgeschiedene, exsiccatortrockne Substanz zerfließt, mit abs. Alkohol befeuchtet, zu einem Sirup, welcher bald zu einer Krystallmasse erstarrt und aus mehr Alkohol in der Wärme in goldgelben Nadeln abgeschieden wird. Diese schmelzen lufttrocken bei 134—135°, alkoholfrei bei 151—152°. Die γ-Verbindung soll entstehen, wenn man die β-Modifikation in Chloroform löst und mit Äther ausfällt. Sie bildet Prismen vom Schmelzp. 176°. Durch Umkrystallisieren aus wässerigem Aceton geht sie in die α-Verbindung, aus starkem Alkohol in die β-Verbindung über[3]).

---

[1]) Ehrenberg u. Purfürst, Journ. f. prakt. Chemie [2] **45**, 604 [1892].
[2]) Freund u. Beck, Berichte d. Deutsch. chem. Gesellschaft **27**, 724 [1894].
[3]) Dunstan u. Jowett, Journ. Chem. Soc. **63**, 995 [1893].

Das **Jodmethylat** hat die Zusammensetzung $C_{34}H_{47}NO_{11} \cdot CH_3J$ und schmilzt bei 219,5°.

Triacetylaconitin[1]) $C_{40}H_{53}O_{14}N$ aus Aconitin und Acetylchlorid bei gewöhnlicher Temperatur, zu kugelförmigen Aggregaten vereinigte, weiße Nädelchen aus Alkohol, Schmelzp. 207—208°. Goldsalz, kanariengelber, amorpher Niederschlag, sintert bei 140—145°, ohne einen scharfen Schmelzpunkt zu zeigen. In dem Aconitin sind also außer den beiden bereits durch Benzoe- und Essigsäure veresterten Hydroxylgruppen noch weitere drei OH-Gruppen vorhanden, und zwar sind dieselben, wie aus ihrem Verhalten gegen Methylsulfat hervorgeht, wahrscheinlich alkoholischer Natur. Die Natur der 9 O-Atome des Aconitinmoleküls ist also aufgeklärt.

Pikroaconitin

$C_{32}H_{45}NO_{10}$

haben, wie im vorhergehenden ausgeführt wurde, Freund und Beck[2]) eine Base genannt, deren benzoesaures Salz beim mehrstündigen Kochen des Aconitins mit Wasser entsteht, wobei unter Aufnahme von 1 Mol. Wasser Essigsäure aus letzterem abgespalten wird. Die Benennung Pikroaconitin wurde früher von Wright[3]) für eine amorphe Base benutzt, welche das Aconitin begleitet und für welche die Zusammensetzung $C_{31}H_{45}NO_{10}$ ermittelt wurde. Wahrscheinlich sind die beiden Körper identisch und das Pikroaconitin auch in diesem Falle als ein Zersetzungsprodukt des Aconitins anzusehen.

Darstellung: Zur Darstellung des freien Pikroaconitins wird das Benzoat mit Schwefelsäure zerlegt, die gelöste Benzoesäure mit Äther entfernt, die Lösung mit Soda alkalisiert und die Base in Äther aufgenommen. Beim Verdunsten desselben bleibt letztere als Firnis zurück, der sich im Vakuum in eine feste weiße, amorphe Masse verwandelt. Sie läßt sich nicht in krystallisierter Form erhalten. Der Schmelzpunkt der bei 105—110° getrockneten Substanz ist unscharf bei 150—163°. Von alkoholischem Kali wird es, wie oben dargelegt wurde, in Aconin und Benzoesäure zerlegt und stellt demnach Benzoylaconin dar:

$$C_{32}H_{45}NO_{10} + H_2O = C_{25}H_{41}NO_9 + C_6H_5 \cdot CO_2H.$$

Physiologische Eigenschaften: Schmeckt sehr bitter, ist nicht giftig. Wirkt dem Aconitin entgegen, da es den Herzschlag verlangsamt.

Derivate: Pikroaconitin bildet mit Säuren wohlcharakterisierte Salze. Das **Hydrobromid** $C_{32}H_{43}NO_{10} \cdot HBr$ schmilzt bei 282°, das **Hydrojodid** $C_{32}H_{43}NO_{10} \cdot HJ$ bei 204 bis 205°. — Das **Benzoat** $C_{32}H_{45}NO_{10} \cdot C_7H_6O_2$ krystallisiert aus heißem Wasser, besser aus verdünntem Alkohol oder Aceton in Nadeln, die bei 203—204° schmelzen.

Durch Einwirkung von Acetanhydrid auf Pikroaconitin entsteht wider Erwarten nicht Aconitin, sondern ein bei 255—256° schmelzendes **Acetylderivat** $C_{32}H_{44}NO_{10} \cdot CO \cdot CH_3$.

Beim Erhitzen mit Methylalkohol im Rohr auf 120—130° geht das Aconitin unter Abspaltung von Essigsäure und Ersatz derselben durch einen Methoxylrest in **Methylpikraconitin** $C_{33}H_{47}O_{10}N$ über. Farblose, rechtwinkelige, zu kugelförmigen Aggregaten vereinigte Täfelchen aus Äther + Petroläther, derbe, stark glänzende Prismen aus Holzgeist + Wasser, Schmelzp. 210—211°, löslich in Alkohol, Äther, Holzgeist, Chloroform, Essigester und Benzol, unlöslich in Petroläther und Wasser. **Chlorhydrat** $C_{33}H_{47}O_{10}N \cdot HCl \cdot 3 H_2O$, derbe, rechtwinkelige Täfelchen, die im Vakuum bei 100° wasserfrei werden und dann unter Zersetzung bei 190° unscharf schmelzen; schmeckt sehr bitter. **Bromhydrat** $C_{33}H_{47}O_{10}N \cdot HBr \cdot 3 H_2O$ bzw. $C_{33}H_{45}O_{10}N \cdot HBr \cdot 3 H_2O$, derbe, rechtwinkelige, mit dem Chlorhydrat isomorphe Täfelchen; Schmelzp. des wasserfreien Salzes 188—189° unscharf unter Zersetzung. Das **Goldsalz** ist ein in Aceton und Alkohol leicht lösliches, in Wasser sehr schwer lösliches hellgelbes, amorphes Pulver. Das **Platinsalz** ist in Wasser ziemlich leicht löslich. Durch 20stündiges Erhitzen in schwach essigsaurer Lösung wird das Methylpikraconitin in Benzoesäure, Methylalkohol und Aconin gespalten. — **Äthylpikraconitin** $C_{34}H_{49}O_{10}N$, dargestellt wie die korrespondierende Methylverbindung; derbe, farblose, stark glänzende Kryställchen aus Holzgeist; Schmelzp. 188°, leicht löslich in den üblichen Lösungsmitteln, unlöslich in Petroläther und Wasser.

---

[1]) H. Schulze, Apoth.-Ztg. **20**, 368 [1905].
[2]) Freund u. Beck, Berichte d. Deutsch. chem. Gesellschaft **27**, I, 727 [1894].
[3]) Wright, Journ. Chem. Soc. **31**, 146 [1877]. — Dunstan u. Harrison, Journ. Chem. Soc. **63**, 444 [1893]; **65**, 174 [1894].

Aconin

$C_{25}H_{41}NO_9$

durch Kochen von Aconitin mit Wasser, besser aus Aconitin oder Pikroaconitin mit alkoholischem Kali. Es ist ein amorpher Niederschlag oder ein zerfließlicher Firnis, welcher von Wasser und Alkohol sehr leicht, von Chloroform schwieriger gelöst wird, aber in abs. Äther und Ligroin unlöslich ist. Ammoniakalische Silberlösung und Fehlingsche Lösung wird in der Wärme von der Base reduziert. Sie ist rechtsdrehend, in saurer Lösung linksdrehend und schmeckt außerordentlich bitter.

Physiologische Eigenschaften: Der Eintritt von zwei Acetylgruppen in das Aconitin verändert dessen pharmakologische Wirkung in nicht ausgesprochener Weise. Durch Wegnahme der Acetylgruppe aus dem Aconitin wird hingegen der pharmakologische Charakter wesentlich verändert. Die letale Dosis des **Benzaconins** ist sowohl bei Kalt- als Warmblütern sehr viel niedriger als die des Aconitins. Die Wirkung des Benzaconins auf das Herz ist so verschieden von der des Aconitins, daß in vieler Beziehung das Benzaconin als Antagonist des Aconitins anzusehen ist. Das Aconin, bei welchem also die Benzoylgruppe des Benzaconins fehlt, ist ein ausgesprochener Antagonist des Aconitins.

Derivate:[1]) Das **Hydrochlorid** $C_{25}H_{41}NO_9 \cdot HCl + 2 H_2O$ krystallisiert aus wenig Wasser in Rhomboedern mit stark glänzenden Flächen und schmilzt nach vorherigem Erweichen unscharf gegen 190°. — **Aconinhydrobromid** $C_{25}H_{41}O_9N \cdot HBr \cdot 1,5 H_2O$, Schmelzp. unscharf gegen 225° unter Aufschäumen. — **Aconinaurochlorid**, gelber, amorpher Niederschlag, sehr schwer löslich in Wasser. Das korrespondierende ebenfalls amorphe **Platindoppelsalz** ist in Wasser ziemlich leicht löslich. — Durch Einwirkung gleicher Moleküle Aconin und Benzoesäureanhydrid in Chloroformlösung bei gewöhnlicher Temperatur entsteht **Dibenzoylaconin** $C_{25}H_{39}(O \cdot COC_6H_5)_2NO_7$, welches rosettenförmige Nadeln vom Schmelzp. 265° bildet. Hydroxylamin, Formaldehyd und Phenylhydrazin wirken auf das Aconin nicht ein. Phenylisocyanat liefert ein amorphes, uneinheitliches Reaktionsprodukt[2]). Das Aconin enthält 4 Methoxylgruppen und außerdem eine am N gebundene Methylgruppe; letztere konnte nach dem Verfahren von Herzig und Meyer abgespalten werden. Ein Nitrosamin ließ sich nicht darstellen. Das Aconin ist daher eine tertiäre Base, die eine Methylgruppe am N enthält. Eine Methylierung des Aconins gelang weder durch Jodmethyl, noch durch Methylsulfat; Phenolhydroxyle scheinen also im Aconin nicht vorhanden zu sein.

Durch Einwirkung von Acetylchlorid auf Aconinchlorhydrat bei gewöhnlicher Temperatur oder durch Einwirkung von Essigsäureanhydrid und Natriumacetat auf Aconin entsteht **Tetraacetylaconin** $C_{33}H_{40}O_{13}N$ oder $C_{33}H_{47}O_{13}N$, weiße Nadeln aus Alkohol, Schmelzp. 230—231° unter Zersetzung. Das Aconin ist in schwefelsaurer Lösung gegen Kaliumpermanganat im Sinne Willstätters beständig; Doppelbindungen scheint das Molekül also nicht zu enthalten.

Verhalten des Aconins bei der Oxydation:[3]) Bei der Oxydation des Aconins mittels Kaliumpermanganat in alkalischer Lösung entsteht neben reichlichen Mengen von Acetaldehyd und etwas Oxalsäure als Hauptprodukt ein amorpher Körper, welcher noch Alkaloidreaktionen gibt.

Die bei der Oxydation des Aconins mittels Chromsäure entstehende Base $C_{24}H_{37}O_8N$ bzw. $C_{24}H_{35}O_8N$, welcher nach neueren Untersuchungen von H. Schulze die letztere der beiden Formeln zukommt, enthält noch 3 CH_3O-Gruppen und die Methylimidgruppe des Aconins. Diese Base, genannt das Oxydationsprodukt Ia, bildet ein Tetraacetylderivat und ein Jodmethylat und reduziert in schwefelsaurer Lösung Kaliumpermanganat.

Außer dieser Base ließ sich noch eine Monocarbonsäure $C_{24}H_{33}O_9N$ (Oxydationsprodukt IIa) aus der Reaktionsmasse isolieren, welche ebenfalls 3 CH_3O-Gruppen und eine Methylimidgruppe enthält und zum Oxydationsprodukt Ia vielleicht im Verhältnis von Säure zum zugehörigen Alkohol steht.

Oxydationsprodukt Ia $C_{24}H_{35}O_8N$: **Chlorhydrat** $[\alpha]_D = +54,37°$ (1,8173 g gelöst in Wasser ad 49,8518 g). Die aus dem Chlorhydrat durch Soda in Freiheit gesetzte Base $C_{24}H_{35}O_8N$ wurde als fast farblose, amorphe Masse, Schmelzp. 157—160°, leicht löslich in Wasser, mit alkalischer Reaktion, das **Sulfat** als schwach gelblich gefärbte, hornartige Masse,

---

[1]) H. Schulze, Archiv d. Pharmazie **244**, 136 [1906].
[2]) H. Schulze, Apoth.-Ztg. **20**, 368 [1905].
[3]) H. Schulze, Archiv d. Pharmazie **246**, 281 [1908].

das **Golddoppelsalz** als gelbe, amorphe, in Wasser ziemlich leicht lösliche, sich beim Umkrystallisieren aus Alkohol-Äther zersetzende Masse erhalten. $C_{34}H_{35}O_8N \cdot HJ + 3 H_2O$, weiße Nädelchen aus Alkohol-Äther, Schmelzp. 220—230°, je nach der Schnelligkeit des Erhitzens. — **Tetraacetylderivat** $C_{32}H_{43}O_{12}N$, aus dem Chlorhydrat und Acetylchlorid bei gewöhnlicher Temperatur, farblose, aus derben mikroskopischen Prismen bestehende Nädelchen aus Alkohol, Schmelzp. 233° unter Zersetzung, leicht löslich in Chloroform und Alkohol, löslich in Äther, sehr schwer löslich in Wasser. $C_{32}H_{43}O_{12}N \cdot HCl \cdot AuCl_3$, amorphes, kanariengelbes Pulver, verfärbt sich bei 200°, zersetzt sich bei 209°, leicht löslich in Alkohol und Aceton. — **Jodmethylat** $C_{25}H_{38}O_8NJ$, fast farblose Nädelchen aus Alkohol. Schmelzp. 222° unter Zersetzung, leicht löslich in Wasser, sehr schwer löslich in Alkohol. Das korrespondierende Chlormethylat und Golddoppelsalz konnten nicht in krystallinischer Form erhalten werden. — Bei der Oxydation mittels Chromsäure lieferte das Oxydationsprodukt I a eine geringe Menge des Oxydationsproduktes II a.

Oxydationsprodukt II a $C_{24}H_{33}O_9N : C_{24}H_{33}O_9N \cdot HCl + \frac{1}{2} H_2O$, derbe, glasglänzende Platten oder kurze Prismen aus Wasser, beginnen sich bei 250° zu färben, ohne bis 300° zu schmelzen, ziemlich leicht löslich in Wasser, ziemlich schwer in abs. Alkohol, werden im Vakuum bei 100° wasserfrei, $[\alpha]_D^{20} = +53,12°$ (0,9272 g gelöst in Wasser ad 25,7794 g). Die in Wasser ziemlich leicht löslichen **Gold-** und **Platindoppelsalze** konnten nur als firnisartige Massen erhalten werden. Die Darstellung von Metallsalzen ist wegen der stark reduzierenden Eigenschaften der Säure und ihrer Empfindlichkeit gegen Ätzalkalien sehr schwierig. $C_{48}H_{66}O_{18}N_2 \cdot Ba + 10 H_2O$, weiße Nädelchen aus Wasser, in der Regel aber als gelbliche, amorphe Masse erhalten, löslich in Wasser und Alkohol mit alkalischer Reaktion. Der aus dem Chlorhydrat der Säure, Methylsulfat und Natronlauge dargestellte Methylester bildete einen farblosen Körper, in Wasser mit alkalischer Reaktion löslich, unscharf bei 215°, wasserfrei bei 220° unter Zersetzung schmelzend.

Japaconitin.

Mol.-Gewicht 647,40.
Zusammensetzung: 63,02% C, 7,63% H, 2,16% N.

$C_{34}H_{49}NO_{11}$.

Vorkommen: In den Knollen der japanischen Aconitumart (Aconitum japonicum), in den Kusanszuknollen von Hondo[1]).

Darstellung:[2]) Die Base, welche mit dem Aconitin aus Aconitum Napellus wahrscheinlich isomer ist, wurde von Dunstan und Read nach Ausziehen der feinpulverisierten Wurzel von Aconitum japonicum mit einer Mischung von Methylalkohol und Amylalkohol (1 : 5) isoliert. Die abgeschiedene Lösung wurde im Wasserbade unter vermindertem Druck bei höchstens 60° abdestilliert und die Alkaloide der rückständigen amylalkoholischen Lösung mittels 1/2 proz. Schwefelsäure entzogen, die Lösung mit Soda oder Ammoniak alkalisch gemacht und die Basen mittels Äthers resp. Chloroforms extrahiert. Nach Konzentrieren der Ätherlösung krystallisiert die Base in farblosen Rosetten prismatischer Nadeln aus. In der Mutterlauge bleibt eine unkrystallisierbare Base, welche sich als ein Zersetzungsprodukt des Japaconitins, das Japbenzaconin, erwiesen hat. Hat man Chloroform zur Extraktion angewandt, so wird dieses völlig verdampft und der rückständige Firnis mit Äther behandelt.

Zur endgültigen Reindarstellung der Base wird sie in das Hydrobromid verwandelt und aus diesem nach Umkrystallisieren aus Wasser oder einer Mischung von Alkohol und Äther wieder abgeschieden.

Physiologische Eigenschaften: Japaconitin gleicht in seinem physiologischen Verhalten dem Aconitin sehr. Es ist sehr giftig und erzeugt, auf die Lippen oder die Zunge gebracht, ein anhaltend prickelndes Gefühl.

Physikalische und chemische Eigenschaften: Die Base krystallisiert aus Alkohol, Äther oder Chloroform in farblosen Nadeln oder Rosetten, schmilzt bei 203,5—204,5° und ist rechtsdrehend. Die Drehung beträgt im Alkohol bei c = 0,605 $[\alpha]_D^{18,5} = +23,6°$, in Chloroform bei c = 1,42 $[\alpha]_D^{19} = 19,41°$; dagegen zeigt die wässerige Lösung des Hydrochlorids schwache Linksdrehung.

Derivate: Das **Hydrochlorid** $C_{34}H_{49}NO_{11} \cdot HCl + 3 H_2O$ bildet aus wässerigem Alkohol und Äther hexagonale Platten vom Schmelzp. 149—150°. — Das **Hydrobromid** $C_{34}H_{49}NO_{11}$

---

[1]) Makoshi, Archiv d. Pharmazie **247**, 243 [1909].
[2]) Dunstan u. Read, Journ. Chem. Soc. **77**, 45 [1900].

· HBr + 4 H_2O schmilzt bei 154—156°. — Das **Hydrojodid** $C_{34}H_{49}NO_{11}$ · HJ blaßgelbe Krystalle vom Schmelzp. 208—210°. — Das **Goldsalz** ($C_{34}H_{49}NO_{11}$ · HCl)AuCl$_3$ gleicht in seinem Verhalten der entsprechenden Aconitinverbindung. Beim Versetzen der Lösung des salzsauren Salzes mit Aurichloridlösung wird ein amorpher Niederschlag erhalten, welcher, in wenig Alkohol aufgelöst, in kurzer Zeit goldgelbe Krystalle abscheidet, die bei 231° schmelzen. Dieselbe α-Verbindung wird durch Ausfällen der alkoholischen resp. methylalkoholischen Lösung mit Äther oder Wasser, oder der Chloroformlösung mit Äther oder Petroläther erhalten. Eine isomere β-Verbindung scheidet sich aber durch spontanes Verdunsten einer Chloroformlösung oder durch Ausfällen einer alkoholischen Lösung mit Petroläther ab. Sie schmilzt bei 154—160°.

Durch Einwirkung von Methyljodid auf Japaconitin entsteht bei 110—112° ein bei 224—225° schmelzendes Hydrojodid des **Methyljapaconitins** $C_{34}H_{48}O_{11}N(CH_3)$ · HJ. Die freie Base krystallisiert aus Äther in farblosen Nadeln vom Schmelzp. 206°. **Triacetyljapaconitin**, durch 7tägige Einwirkung von überschüssigem Acetylchlorid im Rohr bei gewöhnlicher Temperatur. Farblose Nadeln aus Äther. Schmelzp. 189°. Das **Goldsalz** ist ein amorpher, gelblichweißer Niederschlag. — **Pyrojapaconitin** $C_{32}H_{48}O_9N$ oder $C_{32}H_{41}O_9N$, farblose Kryställchen aus Äther und Petroläther, sintern bei 135°, schmelzen bei 165—167°. Das **Hydrobromid** $C_{32}H_{43}O_9N$ · HBr + H_2O oder $C_{32}H_{41}O_9N$ · HBr + H_2O, farblose Prismen aus Wasser, schmilzt lufttrocken bei 240°, wird bei 100° wasserfrei. —

Nach den Untersuchungen von Dunstan und Read enthält Japaconitin, ebenso wie Aconitin, eine Acetyl- und eine Benzoylgruppe. Beim Kochen mit Wasser für sich oder in Gegenwart von Säuren oder Basen spaltet es zunächst Essigsäure ab:

$$C_{34}H_{49}NO_{11} + H_2O = C_2H_4O_2 + C_{32}H_{47}NO_{10},$$

unter Bildung von Japbenzaconin, das also dem Pikroaconitin entspricht. Das Japbenzaconin zerfällt beim Erhitzen mit Alkalien in Benzoesäure und Japaconin:

$$C_{32}H_{47}NO_{10} + H_2O = C_6H_5 \cdot CO_2H + C_{25}H_{43}NO_9.$$

Demzufolge läßt sich die Formel des Japaconitins auflösen in

$$C_{21}H_{26}(OCH_3)_4O_3NH\begin{smallmatrix}O \cdot C_2H_3O \\ O \cdot C_7H_5O\end{smallmatrix}$$

Japbenzaconin $C_{32}H_{47}NO_{10}$ wird am besten erhalten beim Erhitzen des Japaconitinsulfates mit Wasser auf 115—130°. Krystallisiert aus einer Mischung von Äther und Petroläther in Platten, welche bei 183° schmelzen und rechtsdrehend sind.

Die wässerige Lösung der Salze schmeckt bitter, ohne das Prickeln des Japaconitins und Aconitins zu erzeugen.

Japbenzaconinhydrochlorid $C_{32}H_{47}O_{10}N$ · HCl + 3,5 H_2O. Schmelzp. 244—245°. — **Tetraacetyljapaconin** $C_{25}H_{39}(C_2H_3O)_4O_9N$. Durch 7tägige Einwirkung von überschüssigem Acetylchlorid im Rohr bei gewöhnlicher Temperatur. Kompakte, durchsichtige, farblose Krystalle aus Alkohol. Schmelzp. 236—237°. Ziemlich schwer löslich in Alkohol. **Goldsalz**, gelbe Tafeln aus verdünntem Alkohol. Schmelzp. 253°.

Japaconin $C_{25}H_{43}NO_9$ ist ein farbloses, hygroskopisches Pulver, schmilzt zwischen 97 und 100°, reagiert alkalisch und reduziert Fehlingsche Lösung. Sein Hydrobromid schmilzt bei 221°.

Pyrojapaconitin $C_{32}H_{45}NO_9$ bildet sich beim kurzen Erhitzen von Japaconitin auf 200° nach der Gleichung

$$C_{34}H_{49}NO_{11} = C_2H_4O_2 + C_{32}H_{45}NO_9.$$

Bildet farblose, bei 167—168° schmelzende Nadeln. Beim Erhitzen mit Alkalien liefert es Benzoesäure und Pyrojapaconin $C_{25}H_{41}NO_8$, das aus Äther auf Zusatz von Petroläther in farblosen Platten krystallisiert und zwischen 123° und 128° schmilzt.

Jesaconitin.[1])

Vorkommen: In den Bushikknollen (Kusanzuknollen von Hokkaido, Jeso). Die Bushikknollen stammen nach Miyabe von der wirklichen Aconitum Fischeri, die Kusanzuknollen von Hondo aber von einer Varietät derselben ab.

---

[1]) Makoshi, Archiv d. Pharmazie **247**, 243 [1909].

Darstellung: Zur Isolierung des in den Bushikknollen enthaltenen Jesaconitins extrahierte Makoshi die grobgepulverten Knollen mit 96 proz. kalten Alkohol, zum Schluß unter Zusatz von etwas Weinsäure, entfernte den Alkohol durch Destillation, entzog dem Auszug Harz und Farbstoffe durch Petroläther und fällte das Alkaloid durch Sodalösung aus. Ein zweites, noch nicht näher untersuchtes Alkaloid wurde der mit Äther ausgeschüttelten Mutterlauge durch Chloroform entzogen.

Physiologische Eigenschaften: Das Jesaconitin ist ein sehr starkes Gift und zeigt die typische Wirkung des Aconitins.

Physikalische und chemische Eigenschaften: Das Jesaconitin bildet eine schwach gelblich gefärbte, firnisartige Masse, die weder selbst in krystallinische Form zu bringen war, noch krystallinische Salze lieferte. Beim mehrstündigen Erhitzen der Base mit Wasser unter einem Druck von 8—9 Atmosphären spaltete sich dieselbe in Anissäure, Benzoesäure und Aconin. Letzteres erwies sich als identisch mit dem Spaltungsprodukt des Aconitins aus Aconitum Napellus. Durch wochenlange Einwirkung von Acetylchlorid im Rohr bei gewöhnlicher Temperatur wurde das Jesaconitin in ein krystallinisches **Acetylderivat**, feine Nadeln aus Äther, Schmelzp. 213—213,5°, leicht löslich in Alkohol, ziemlich schwer in Äther, verwandelt, in dem möglicherweise ein Triacetyljesaconitin von der Zusammensetzung $C_{40}H_{48}(C_2H_3O)_3O_{12}N + 2 H_2O$ vorliegt. Die Gold- und Platinsalze des Acetylderivates sind amorph.

Pseudaconitin.

Mol.-Gewicht 687,40.
Zusammensetzung: 62,84% C, 7,18% H, 2,04% N.

$$C_{36}H_{49}NO_{12}.$$

Vorkommen: In der Wurzel von Aconitum ferox.

Darstellung: Zur Extraktion der Base aus den Wurzeln wenden Dunstan und Cash[1]) eine Mischung von Methyl- und Amylalkohol (5 : 1) an. Nach Abdestillieren des Methylalkohols scheidet sich ein Teil der Base ab, den Rest gewinnt man durch Umschütteln der amylalkoholischen Lösung mit sehr verdünnter Salzsäure. Die Lösung wird zur Entfernung des Amylalkohols mit Äther ausgeschüttelt, mit Ammoniak versetzt und die Base in Äther aufgenommen.

Physiologische Eigenschaften: Ihre Giftigkeit ist noch stärker als die des Aconitins. Das Pseudaconitin dürfte das stärkste derzeitig bekannte Gift sein. Es besitzt einen brennenden Geschmack. Wie Aconitin erzeugt es, auf die Zunge gebracht, ein prickelndes Gefühl und hinterläßt die nämliche Lähmung der Geschmacksorgane wie Cocain.

Die Art der Einwirkung auf den Organismus ist bei allen drei Alkaloiden, Aconitin, Pseudaconitin und Japaconitin, dieselbe, trotz ihrer konstitutionellen Verschiedenheiten, und es sind quantitative Unterschiede vorhanden[2]).

Physikalische und chemische Eigenschaften: Pseudaconitin krystallisiert aus Äther in farblosen Krystallen von rhombischem Aussehen. Sie enthalten Krystallwasser, welches schon bei 80° entweicht. Der Schmelzpunkt der reinen Verbindung liegt bei 210—212°. Die Base ist in Wasser unlöslich, in Äther schwer löslich, in Alkohol dagegen leicht löslich.

Derivate: Von den Salzen krystallisieren das **Hydrobromid** $C_{36}H_{49}NO_{12} \cdot HBr + 2 H_2O$ und das **Nitrat** $C_{36}H_{49}NO_{12} + 3 H_2O$ gut. Ersteres schmilzt bei 191° und ist in wässeriger Lösung linksdrehend. Das Nitrat ist schwer löslich in Wasser und schmilzt bei 185—186°. Das **Goldsalz** $(C_{36}H_{49}NO_{12} \cdot HCl)AuCl_3$ bildet gelbe Nadeln vom Schmelzp. 236—238°.

Pikropseudoaconitin oder Veratrylpseudoaconin $C_{34}H_{47}NO_{11} + H_2O$ wird am besten durch Kochen des Pseudoaconitins mit Wasser, bis alles gelöst ist, dargestellt. Die erkaltete Lösung wird mit Äther überschichtet und Sodalösung tropfenweise zugesetzt. Die jedesmal amorph ausfallende Base wird gleich in den Äther aufgenommen und krystallisiert daraus nach einiger Zeit in großen, bei 210° schmelzenden Krystallen, welche sehr bitter schmecken, keinen prickelnden Geschmack erzeugen und ungiftig zu sein scheinen. Die Base ist linksdrehend. Die Salze sind allgemein löslicher als die des Pseudoaconitins.

---

[1]) Dunstan u. Cash, Journ. Chem. Soc. **71**, 350 [1897]; Chem. News **72**, 59 [1895]; Chem. Centralbl. **1895**, II, 536; **1897**, I, 990.
[2]) Cash u. Dunstan, Proc. Roy. Soc. London **68**, 378 [1909].

Pseudaconin $C_{25}H_{39}NO_8$. Es ist das letzte Spaltungsprodukt des Pseudaconitins, entsteht aus dem letzteren oder aus dem Pikropseudaconitin durch Kochen mit alkoholischem Kali und ist amorph. Es bildet mit Aceton eine bei 86—87° schmelzende **Acetonverbindung** $C_{25}H_{39}NO_8 + C_3H_6O$, welche beim Erwärmen das Aceton wieder abgibt. Pseudaconin ist in den meisten Solvenzien leicht löslich, seine Lösung ist rechtsdrehend und reagiert alkalisch. Die Salze krystallisieren nicht.

Bikhaconitin.[1])

Mol.-Gewicht der wasserfreien Base 673,42.
Zusammensetzung: 64,15% C, 7,63% H, 2,08% N.

$$C_{36}H_{51}O_{11}N \cdot H_2O.$$

Vorkommen: In Aconitum spicatum.

Darstellung: Man extrahiert das Alkaloid aus der feingepulverten Wurzel mit einer Mischung von Methyl- und Amylalkohol (5 : 1).

Physikalische und chemische Eigenschaften: Es krystallisiert ziemlich schwierig aus verdünntem Alkohol oder Äther in weißen Körnern. Schmelzp. 113—116° (aus Alkohol) oder 118—123° (aus Äther); leicht löslich in Äther, Alkohol, Chloroform, unlöslich in Wasser und Petroläther. $[\alpha]_D^{20} = +12,21°$ (in Alkohol c = 2,6 für die wasserfreie Verbindung). Es enthält 6 Methoxylgruppen.

Derivate: Bromhydrat $C_{36}H_{51}O_{11}NHBr$ ($+5\,H_2O$ oder $+2\,C_2H_5OH$). Krystalle aus Wasser oder Alkohol + Äther. Schmelzp. (trocken) 173—175°. $[\alpha]_D^{15} = -12,42°$ (in Wasser c = 3—3,5, wasserfrei). — **Chlorhydrat** $C_{36}H_{51}O_{11}N$, HCl ($+5\,H_2O$ oder $2\,C_2H_5OH$). Krystalle aus Alkohol + Äther. Schmelzp. (wasserfrei) 159—161°. $[\alpha]_D^{20} = -8,86°$ (in Wasser c = 3,48, wasserfrei). — **Jodhydrat** $C_{36}H_{51}O_{11}N$, HJ, $2\frac{1}{2}\,H_2O$. Nadeln aus Wasser. Schmelzp. (wasserfrei) 193—194°. — **Nitrat.** Nadeln aus Alkohol. Schmelzp. 178—180°. — **Goldchloriddoppelsalz** $C_{36}H_{51}O_{11}N$, $HAuCl_4$. Gelbe Nadeln aus Chloroform + Alkohol. Schmelzp. 232—233°.

Die Hydrolyse des Bikhaconitins verläuft in zwei Phasen. Zuerst wird eine Acetylgruppe abgespalten und es entsteht Veratroylbikhaconin und dann unter Abscheidung von Veratrumsäure Bikhaconin. **Veratroylbikhaconin** $C_{34}H_{49}O_{10}N$ entsteht beim Erhitzen des Sulfats mit Wasser auf 130°. Wird durch das Golddoppelsalz gereinigt. Amorph. Schmelzp. 120 bis 125°. $[\alpha]_D^{20} = +29,9°$ (in Alkohol c = 2,787). — **Jodhydrat.** Nadeln aus Alkohol oder Wasser. Schmelzp. 187—190°. — **Nitrat** $C_{34}H_{49}O_{10}N$, HNO_3. Sechseckige Prismen aus Alkohol. Schmelzp. 175—178°. — **Goldchloriddoppelsalz** $C_{34}H_{49}O_{10}N$, $HAuCl_4$ ($+2\,C_2H_5OH$ oder $5\,H_2O$). Orangegelbe Prismen aus Alkohol oder aus Chloroform + Petroläther. Schmelzp. 145—148°. — **Bikhaconin** entsteht am besten mit alkoholischer Natronlauge bei gewöhnlicher Temperatur. Es ist amorph und löslich in Äther, Alkohol, Chloroform, Wasser; unlöslich in Petroläther. $[\alpha]_D^{22} = +33,85°$ (in Alkohol c = 2,3—2,5). — **Nitrat** $C_{25}H_{41}O_7N$, HNO_3, $2\,H_2O$. Tetragonale Prismen aus Alkohol + Äther oder Wasser. Schmelzp. 125—128°. $[\alpha]_D^{20} = +15,38°$ (in Wasser c = 1,9—2,1). — **Bromhydrat.** Tetragonale Prismen aus Alkohol + Äther oder Wasser. Schmelzp. 145—150°. — **Chlorhydrat.** Prismatische Krystalle aus Alkohol + Äther. Schmelzp. 125—130°. — **Goldchloriddoppelsalz** $C_{25}H_{41}O_7N$, $HAuCl_4$, $3\,H_2O$. Rhombische Platten aus Alkohol oder Wasser. Schmelzp. 129—132° oder 187—188° (wasserfrei). Bikhaconitin zersetzt sich beim Erhitzen auf 200° in Eisessig und eine neue Base: **Pyrobikhaconitin.** Amorph. Auch die Salze konnten nicht krystallisiert erhalten werden. Das Goldchloriddoppelsalz schmilzt bei 115—123°.

Indaconitin.[2])

Mol.-Gewicht 629,38.
Zusammensetzung: 64,83% C, 7,52% H, 2,23% N.

$$C_{34}H_{47}O_{10}N.$$

Vorkommen: In Aconitum Chasmanthum.

---

[1]) Dunstan u. Andrews, Proc. Chem. Soc. **21**, 234 [1905]; Journ. Chem. Soc. **21**, 234 [1905].
[2]) Dunstan u. Andrews, Proc. Chem. Soc. **21**, 233 [1905].

Darstellung: Die Extraktion des Alkaloids aus der feingepulverten Wurzel geschieht mit einer Mischung von Methyl- und Amylalkohol (5 : 1).

Physiologische Eigenschaften von Bikhaconitin und Indaconitin:[1]) Beide Verbindungen gleichen in ihren Wirkungen den anderen Substanzen dieser Gruppe, wie Aconitin, Japaconitin und Pseudaconitin. Die Giftigkeit, geprüft bei Warmblütern, des Indaconitins ist geringer als die des Bikhaconitins. Indaconitin steht dem Aconitin aus Ac. napellus nahe, Bikhaconitin steht zwischen Japaconitin und dem Pseudoaconitin aus Ac. ferox. Die Herabsetzung der Atmung ist beim Indaconitin geringer als beim Bikhaconitin. Gegenüber Fröschen sind beide Alkaloide gleich wirksam. Beide Alkaloide können an Stelle von Aconitin und Pseudoaconitin innerlich gebraucht werden. Aus Pseudoaconitin und Bikhaconitin gewonnenes Pseudoaconin zeigte auf Frösche gleiche Wirkung.

Physikalische und chemische Eigenschaften: Das Indaconitin ist löslich in Chloroform, Alkohol, Äther; unlöslich in Petroläther und Wasser. Es wird am besten durch das Bromhydrat gereinigt und krystallisiert aus obigen Lösungsmitteln beim Versetzen mit Petroläther in Nadeln oder hexagonalen Prismen. Schmelzp. 202—203°. $[\alpha]_D^{21} = +18°\,17'$ (in Alkohol c = 2,1—2,3). Es hat die Zusammensetzung $C_{34}H_{47}O_{10}N$ und besitzt 4 Methoxylgruppen.

Derivate: Bromhydrat. Krystallisiertes Pulver oder hexagonale Prismen aus Wasser. Schmelzp. 183—187°. Aus Alkohol und Äther krystallisiert, hat es den Schmelzp. 217—218°. $[\alpha]_D = +17°\,16'$ (in Wasser c = 2,991). — **Chlorhydrat** $C_{34}H_{47}O_{10}N$, HCl + 3 H_2O. Platten oder Nadeln aus Alkohol und Äther. Schmelzp. (wasserfrei) 166—171°. $[\alpha]_D^{20} = -15°\,50'$ (in Wasser c = 1,9206 berechnet für wasserfreies Salz). — **Nitrat.** Prismen aus Alkohol + Äther. Schmelzp. 202—203°. — $C_{34}H_{47}O_{10}N$, $HAuCl_4$, $CHCl_3$. Krystalle aus Chloroform + Äther. Schmelzp. unbestimmt 147—152°. Schwer löslich in Wasser und kaltem Alkohol; löslich in Chloroform. Die Hydrolyse des Indaconitins verläuft in 2 Phasen. Zuerst, beim Erhitzen einer wässerigen Lösung des Sulfats, wird eine Acetylgruppe abgespalten, dann zerfällt es in Benzoesäure und Indaconin. Das bei der ersten Hydrolyse entstehende **Indbenzaconin** $C_{32}H_{45}O_9N$ krystallisiert nur sehr schwierig aus Äther + Petroläther. Die Krystalle schmelzen bei 215—217°, die amorphe Base bei 130—133°. $[\alpha]_D^{22} = +33°\,35'$ (in Alkohol c = 2,7—2,8). — **Bromhydrat** $C_{32}H_{45}O_9N$, HBr + 2 H_2O. Rosetten aus Alkohol + Äther. Schmelzp. (wasserfrei) 247°. — **Chlorhydrat.** Nadeln oder Oktaeder aus Alkohol und Äther. Schmelzp. 242—244°. $[\alpha]_D^{25} = -8,08°$ (in Wasser c = 2,887). — **Golddoppelsalz.** Orangegelbe Rosetten aus Alkohol. Schmelzp. 180—182°. — **Chlorgoldverbindung.** Farblose Krystalle. Schmelzp. 234—235°. Zersetzt sich am Licht. Hydrolysiert man Indaconitin mit alkoholischem Kaliumhydroxyd in der Kälte, so entsteht Indaconin $C_{25}H_{41}O_8N$. Krystalle mit 1 Mol. Alkohol aus Alkohol. Schmelzp. 94—95°. Aus Aceton erhält man Krystalle vom Schmelzp. 86—87°. Leicht löslich in Alkohol, Chloroform und Wasser; schwer löslich in Äther und Petroläther. $[\alpha]_D^{22} = +38°\,11'$ (in Wasser c = 2,7975 oder in Alkohol c = 1,8233). Entfärbt Permanganat. Nach seinem ganzen Verhalten ist Indaconin identisch mit Pseudaconin.

Indaconitin sintert beim Erhitzen auf seinen Schmelzpunkt. Liefert beim Erhitzen eine neue Base, nämlich **Pyroindaconitin,** die sich nicht krystallinisch erhalten ließ. $[\alpha]_D^{20} = +91°\,55'$ (in Alkohol c = 1,618). — **Bromhydrat.** Krystalle aus Wasser oder Alkohol + Äther. Schmelzp. 194—198°. $[\alpha]_D^{20} = +54°\,43'$ (in Wasser c = 0,99). — **Goldchloriddoppelsalz.** Gelber Niederschlag; leicht löslich in Alkohol und Chloroform. Beim Erhitzen von Indaconitinchlorhydrat entsteht anscheinend ein isomeres (β-)Pyroindaconitin. Dasselbe läßt sich nicht krystallisieren. $[\alpha]_D^{20} = +58°\,55'$ (in Alkohol c = 0,9758). — **Bromhydrat** $C_{32}H_{43}O_8N$, HBr. Nädelchen aus Alkohol und Äther. $[\alpha]_D^{20} = +27°\,2'$ (in Wasser c = 1,48). Seinem ganzen Verhalten nach ist Indaconitin Acetylbenzoylpseudoaconitin.

Die Krystalle des Indaconitins sind wahrscheinlich denen des Aconitins isomorph. Bei der partiellen Hydrolyse entsteht 1 Mol. Essigsäure und eine Base, genannt **Benzoylpseudoaconin.** Bei weiterer Hydrolyse liefert diese Verbindung Benzoesäure und eine Base, welche mit dem **Pseudoaconin** identisch ist. Indaconitin enthält somit die Acetyl- und Benzoylgruppe, welche dem Aconin europäischen Ursprungs eigen ist, und daneben den basischen Kern des indischen Pseudoaconitins. — **Bikhaconitin** gleicht dem Pseudoaconitin, ebenso seine Salze. Bei der partiellen Hydrolyse entsteht 1 Mol. Essigsäure und Veratrylbikhaconin. Aus diesem geht bei weiterer Hydrolyse Veratrinsäure und Bikhaconin hervor.

---

[1]) Cash u. Dunstan, Proc. Roy. Soc., Ser. B, **76**, 468 [1905].

Lappaconitin.

Mol.-Gewicht 612,40.
Zusammensetzung: 66,62% C, 7,90% H, 4,57% N.
$$C_{34}H_{48}N_2O_8.$$
Vorkommen: In Aconitum septentrionale.
Darstellung:[1]) Man fällt den sauren wässerigen Auszug der Knollen von Aconitum septentrionale mit Kaliumquecksilberjodidlösung, zersetzt den Niederschlag mit einem Gemisch aus Stannooxalat und Kaliumhydroxydlösung, trocknet bei mäßiger Temperatur, extrahiert mit Äther, löst den Rückstand der Ätherlösung in schwacher Schwefelsäure und fällt mit Ammoniak. Hierbei fällt Lappaconitin aus, während Septentrionalin und Cynoctanin in Lösung bleiben.
Physiologische Eigenschaften: Lappaconitin erzeugt klonischen Krampf, motorische Lähmung und Abnahme der Empfindlichkeit. Die letale Dosis beträgt für jedes Kilo Körpergewicht bei Fröschen 8 mg, bei Hunden und Katzen 5—10 mg. Schmeckt bitter, aber nicht scharf.
Physikalische und chemische Eigenschaften: Lappaconitin krystallisiert in farblosen, hexagonalen Krystallen vom Schmelzp. 205°. Ist in Äther schwer löslich, rechtsdrehend und erteilt der ätherischen Lösung stark rotviolette Fluorescenz. Die Base wird von Vanadinschwefelsäure erst gelbrot, dann grün gefärbt.

Cynoctonin.

Mol.-Gewicht 723,46.
Zusammensetzung: 59,71% C, 7,66% H, 3,87% N.
$$C_{36}H_{55}N_2O_{13}.$$
Vorkommen: In Aconitum septentrionale.
Darstellung s. oben bei Lappaconitin.
Physiologische Eigenschaften: Das Alkaloid erzeugt tonisch-klonischen Krampf, meistens ohne nachfolgende Lähmung. Die tödliche Gabe beträgt pro Kilo Körpergewicht beim Frosch 85 mg.
Physikalische und chemische Eigenschaften: Die Verbindung krystallisiert nicht, ist in Äther äußerst schwer löslich und rechtsdrehend. Die Salze sind amorph. Konz. Schwefelsäure löst es mit rotbrauner Farbe, rauchende Salpetersäure und alkoholisches Kali erzeugen blutrote Färbung.

Septentrionalin.

Mol.-Gewicht 452,40.
Zusammensetzung: 82,23% C, 10,70% H, 6,19% N.
$$C_{31}H_{48}N_2O_4.$$
Vorkommen: In Aconitum septentrionale.
Darstellung: s. oben bei Lappaconitin.
Physiologische Eigenschaften: Die Substanz schmeckt bitter, erzeugt Lähmung, lokale und allgemeine Empfindungslosigkeit nebst starker Curarewirkung, ohne daß die Herztätigkeit herabgesetzt wird. Pro Kilo Körpergewicht beträgt die letale Dose für Frösche 8 mg, für Katzen und Hunde 8—16 mg.
Physikalische und chemische Eigenschaften: Septentrionalin ist amorph, schmilzt bei 129°, löst sich leicht in Äther und dreht die Ebene des polarisierten Lichtes nach rechts. Furfurolschwefelsäure färbt die Base kirschrot.

Lycaconitin.

Mol.-Gewicht der wasserfreien Base 482,29.
Zusammensetzung: 67,18% C, 7,11% H, 5,81% N.
$$C_{27}H_{34}N_2O_6 + 2\,H_2O.$$
Vorkommen: Im gelben Eisenhut (Aconitum lycoctonum).

---

[1]) N. A. Orloff, Pharmaz. Ztg. f. Rußland **36**, 213 [1897]; Chem. Centralbl. **1897**, I, 1214.

Darstellung: Die Rhizome und Wurzeln von Aconitum lycoctonum werden mit Alkohol extrahiert und der Alkohol abdestilliert. Der Rückstand wird mit Wasser versetzt und mit Äther ausgeschüttelt. Die wässerige Lösung enthält die Base in Form von Salzen. Man übersättigt sie mit Soda und schüttelt mit Äther durch, der das Lycaconitin aufnimmt. Chloroform entzieht nachher der Lösung das Myoctonin.

Physikalische und chemische Eigenschaften: Lycaconitin ist amorph, schmilzt bei 111 bis 114° und dreht die Ebene des polarisierten Lichtes nach rechts. Löst sich schwer in Wasser und Äther, leicht dagegen in Schwefelkohlenstoff, Benzol und Chloroform. Beim Kochen mit Wasser erleidet es Spaltung unter Bildung von **Lycoctoninsäure** $C_{17}H_{18}N_2O_7$, die bei 146 bis 148° schmilzt.

Myoctonin.

Mol.-Gewicht der wasserfreien Base: 510,26.
Zusammensetzung der wasserfreien Base: 63,50% C, 5,93% H, 5,49% N.

$$C_{27}H_{30}N_2O_8 + 5\,H_2O.$$

Vorkommen: Im gelben Eisenhut (Aconitum lycoctonum).
Darstellung: s. Lycaconitin.
Physikalische und chemische Eigenschaften: Die Verbindung ist amorph und schmilzt bei 143—144°.

Atisin.[1])

Mol.-Gewicht 353,26.
Zusammensetzung: 78,13% C, 8,48% H, 3,97% N.

$$C_{23}H_{31}NO_2.$$

Vorkommen: In der Wurzel des in Indien heimischen, nicht giftigen Aconitum heterophyllum.

Darstellung: Die feinpulverisierte Wurzel wird mit einer Mischung von 3 Mol. Methylalkohol und 1 Vol. Amylalkohol extrahiert und der Methylalkohol im Wasserbade unter vermindertem Druck abdestilliert. Die rückständige Lösung wird nach dem Filtrieren wiederholt mit 1 proz. Schwefelsäure ausgeschüttelt, die saure Lösung im Wasserbade im Vakuum eingedampft, alkalisch gemacht und das Alkaloid der alkalischen Flüssigkeit mit Äther oder Chloroform entzogen. Der beim Verdampfen des Lösungsmittels hinterbleibende Rückstand wird wieder in Schwefelsäure aufgelöst und die Lösung mit Natronlauge fraktioniert gefällt. Zuerst scheiden sich hierbei Verunreinigungen ab. Man nimmt die nach den Verunreinigungen erscheinenden Ausfällungen in Salzsäure auf, konzentriert die Lösung und krystallisiert das Chlorhydrat aus einer Mischung von Alkohol und Äther um. Aus der wässerigen Lösung des Salzes erhält man die freie Base als flockigen, amorphen Niederschlag.

Physiologische Eigenschaften: Atisin ist ungiftig.

Physikalische und chemische Eigenschaften: Die Base ist ein farbloser Firnis, welcher in Wasser wenig, in Alkohol, Äther und Chloroform leicht, in Ligroin unlöslich ist. Die alkoholische Lösung ist linksdrehend. $[\alpha]_D^{19} = -19,6°$ bei $p = 6,128$.

Derivate: Das **Hydrochlorid** $C_{23}H_{31}NO_2 \cdot HCl$ krystallisiert aus Äther-Alkohol in langen Prismen, welche bei ca. 296° unter Zersetzung schmelzen. — Das **Hydrojodid** $C_{23}H_{31}NO_2 \cdot HJ$ krystallisiert in Tafeln und schmilzt bei 279—281° unter Zersetzung. — Das **Platinsalz** $(C_{23}H_{31}NO_2 \cdot HCl)_2 PtCl_4$ ist ein gelbes Krystallpulver und schmilzt bei 229° unter Zersetzung.

B. Alkaloide aus Delphinium staphisagria.

In den Samen von Delphinium staphisagria, den sog. Stephanskörnern, finden sich Delphinin, Delphisin, Delphinoidin und Staphisagroin.

Darstellung der Alkaloide: Der gemahlene graue und kastanienbraune Samen wird mit 4—5 T. 90 proz. weinsäurehaltigen Alkohols erschöpfend extrahiert und aus der Lösung der Alkohol im Vakuum abdestilliert. Nach Abtrennung einer öligen Schicht wird der Rückstand,

---

[1]) Jowett, Journ. Chem. Soc. **69**, 1518 [1896].

zur Abscheidung weiterer Beimengungen, mit Petroläther ausgeschüttelt, mit Natriumbicarbonat schwach alkalisch gemacht und mit Hilfe von Äther Delphinin, Delphisin und Delphinoidin der Flüssigkeit entzogen. Später extrahiert man aus der Flüssigkeit das zurückgebliebene Staphisagrin mit Chloroform. Aus der Ätherlösung krystallisiert zuerst Delphinin.

Delphinin.

Mol.-Gewicht 547,40.
Zusammensetzung: 67,96% C, 9,02% H, 2,56% N.

$$C_{31}H_{49}NO_7.$$

Vorkommen: In Delphinium staphisagria.
Darstellung: s. oben.
Physiologische Eigenschaften: Delphinin ist eine intensiv giftige, als Heilmittel gegen schmerzhafte Affektionen (Neuralgie) nur selten angewandte Substanz. Wirkt besonders auf Respiration und Zirkulation (Herz, Gefäßnerven), nebenbei auch auf das Rückenmark, nur untergeordnet auf die peripherischen motorischen Nerven. Obgleich es den Herzmuskel und die Herznerven lähmt, ist es doch kein eigentliches Herzgift, sondern stellt ein asphyxierendes Gift dar, das in seiner Wirkung auf die Respiration dem Aconitin nahesteht. Die tödliche Gabe beträgt 1,5 mg pro 1 kg Körpergewicht von Katzen oder Hunden.
Physikalische und chemische Eigenschaften: Delphinin bildet rhombische Krystalle und zersetzt sich bei 120°, ohne zu schmelzen. Löst sich leicht in Benzol, Chloroform, Äther und Alkohol, schwer in Petroläther, fast nicht in Wasser, ist optisch inaktiv.

Delphisin.

$$C_{31}H_{49}NO_7.$$

Die Verbindung ist isomer mit dem eben behandelten Delphinin; leicht löslich in Benzol, Chloroform, Äther und Alkohol, fast unlöslich in Wasser.

Die tödliche Dosis beträgt 0,7 mg pro 1 kg Körpergewicht von Katzen oder Hunden.

Delphinoidin.

Mol.-Gewicht 712,56.
Zusammensetzung: 70,73% C, 9,63% H, 3,93% N.

$$C_{42}H_{68}N_2O_7 (?).$$

Vorkommen: In den Samen von Delphinium staphisagria.
Darstellung: Die Base bleibt in der Mutterlauge von der Delphinindarstellung (s. oben) zurück und wird aus ihr abgeschieden.
Physiologische Eigenschaften: Die Base ist giftig, und zwar beträgt die tödliche Dosis 5 mg pro 1 kg Körpergewicht von Katzen und Hunden.
Physikalische und chemische Eigenschaften: Delphinoidin ist amorph, löst sich in konz. Schwefelsäure mit rotbrauner Farbe und smaragdgrüner Fluorescenz. Die schwefelsaure Lösung gibt mit Bromwasser eine schwachviolette Färbung, welche bald in Gelb übergeht.

Staphisagroin.

Mol.-Gewicht 666,39.
Zusammensetzung: 72,04% C, 6,96% H, 4,20% N.

$$C_{40}H_{46}N_2O_7.$$

Vorkommen: Staphisagroin findet sich in sehr geringer Menge in den Stephanskörnern, den Samen von Delphinium staphisagria.
Darstellung: Beim Auflösen der Rohalkaloide der Stephanskörner in Chloroform bleibt das Staphisagroin als gelbliches Pulver ungelöst zurück, das nach dem Waschen mit Alkohol nahezu farblos wird.
Physikalische und chemische Eigenschaften: Die in den meisten Lösungsmitteln nahezu unlösliche Base schmilzt bei 275—277°.

Derivate: Das **Pikrat** $C_{40}H_{46}N_2O_7 \cdot 2\,C_6H_2(NO_2)_3OH$ bildet ein hellgelbes, bei 215° bis 216° unter Zersetzung schmelzendes Pulver. — Das **Goldsalz** $C_{40}H_{46}N_2O_7 \cdot 2\,HAuCl_4$ ist ein amorpher mattgelber Niederschlag. — Das **Platinsalz** $(C_{40}H_{46}N_2O_7 \cdot 2\,HCl)PtCl_4 + 7\,H_2O$ ist ein hellgelbes amorphes Pulver.

Damascenin.

Mol.-Gewicht 181,10.
Zusammensetzung: 59,64% C, 6,12% H, 7,74% N.

$$C_9H_{11}NO_3 + 3\,H_2O.$$

Vorkommen: In den Samenschalen von dem zur Familie Ranunculaceae gehörigen Nigella damascena.

Darstellung: Man behandelt die zerquetschten Samen in der Kälte mit verdünnter Salzsäure und schüttelt die mit Soda alkalisch gemachten Auszüge wiederholt mit Petroläther aus. Der blau fluorescierenden Lösung entzieht man die Base mit Salzsäure und verdampft die salzsaure Lösung bei gelinder Wärme. Das Hydrochlorid krystallisiert alsdann in Nadeln aus, die in Salzsäure gelöst und mit Tierkohle bei 80° entfärbt werden. Auf diese Weise erhält man sie fast rein weiß.

Physikalische und chemische Eigenschaften: Damascenin bildet gelbliche, schwach fluorescierende Krystalle von narkotischem Geruch, welche bei 27° schmelzen und bei 168° sieden. Leicht löslich in Alkohol, Äther und Chloroform, schwer löslich in Wasser. Die Lösungen zeigen alle stark blaue Fluorescenz. Mit den gebräuchlichen Alkaloidreagenzien bildet Damascenin ölige, später krystallisierende Fällungen.

Derivate: Die Salze krystallisieren meist gut. Das **Nitrat** schmilzt bei 98° und färbt sich in der Hitze dunkelblau. — Das **Sulfat** $C_9H_{11}NO_3 \cdot H_2SO_4$ krystallisiert in Nädelchen, welche bei 168—170° schmelzen.

Damasceninhydrochlorid $C_9H_{11}NO_3 \cdot HCl + H_2O$. Schmelzp. 193—197°. — **Damasceninhydrobromid** $C_9H_{11}NO_3 \cdot HBr + 2\,H_2O$. Schmelzp. 104—106°. Monoklin (prismatisch), meist schlecht tafelig ausgebildet. — **Damasceninhydrojodid** $C_9H_{11}NO_3 \cdot HJ + 2\,H_2O$. Dem Bromid isomorph. Schmelzp. 112—115°.

Bei der Oxydation mittels Bariumpermanganat[1]) in durch Barytwasser schwach alkalisch gemachter wässeriger Lösung liefert das Damasceninchlorhydrat Ammoniak, Methylamin und Oxalsäure. Bei der Oxydation mittels Chromsäuregemisch konnte außer Ammoniak kein charakterisierbares Produkt gewonnen werden, ebensowenig war dies bei der Destillation mit Natronkalk oder Zinkstaub der Fall.

Versetzt man eine absolut-alkoholische Lösung von Damasceninchlorhydrat $C_9H_{11}O_3N \cdot HCl + H_2O$, Schmelzpunkt bei raschem Erhitzen 193—197° unter Zersetzung, mit Brom, so scheidet sich das Bromhydrat einer **Dibromverbindung** $C_9H_{11}O_3NBr_2 \cdot HBr$ in weißen würfelähnlichen Krystallen, Schmelzp. 198—201° unter Zersetzung, ziemlich leicht in Wasser und verdünntem Alkohol, schwerer in abs. Alkohol, fast unlöslich in Äther, ab[2]). — **Monoacetylderivat des Damascenins** $C_9H_{10}O_3N \cdot COCH_3$. Durch Kochen von Damasceninchlorhydrat mit Acetylchlorid oder Essigsäureanhydrid (letzteres ist vorzuziehen) farblose, rechteckige Tafeln aus Alkohol, Nadeln aus Wasser. Schmelzp. 203—204°. Fast unlöslich in kaltem, löslich in heißem Wasser, leicht löslich in Alkohol, weniger in Äther.

Umlagerung des Damascenins in das isomere Damascenin S. Am schnellsten und vollständigsten gelingt die Umlagerung des Damascenins in das isomere Damascenin S, wenn das Damasceninchlorhydrat in etwa der 5fachen Menge Alkohol gelöst, Kalilauge bis zur alkalischen Reaktion zugesetzt und noch so viel Wasser zugegeben wird, daß das sich zunächst ausscheidende Kaliumchlorid gelöst bleibt. Dicke, an den Enden schräg abgeschnittene, ziemlich rasch verwitternde Prismen oder Tafeln mit rhombischer Grundfläche aus Wasser. Schmelzp. der lufttrocknen Verbindung 78° unter vorherigem Erweichen, der bei 90° getrockneten Verbindung (geringe Zersetzung) 143—144°. Leicht löslich in Wasser und Alkohol, weniger leicht in Essigäther und Chloroform, noch weniger in Äther. Die Lösungen in Alkohol, Essigäther, Chloroform und Äther fluorescieren schön blau; die wässerige Lösung reagiert sauer und zersetzt Carbonate. Aus einem Gemisch von abs. Alkohol und Chloroform kry-

---

[1]) Pommerehne, Archiv d. Pharmazie **242**, 295 [1904].
[2]) O. Keller, Archiv d. Pharmazie **242**, 299 [1904]; **246**, 1 [1908].

stallisiert das Damascenin-S wasserfrei in kleinen, sehr harten, durchsichtigen Tafeln vom Schmelzp. 144°. — **Hydrochlorid** $C_9H_{11}O_3N \cdot HCl + H_2O$. Schmelzp. bei schnellem Erhitzen 209—211°. — **Platinsalz** $(C_9H_{11}O_3N \cdot HCl)_2PtCl_4 + 4 H_2O$. Gelblich bis bräunlichgelbe Nadeln. Schmelzp. 202—203°. — **Hydrobromid** $C_9H_{11}O_3N \cdot HBr + H_2O$. Durchsichtige Tafeln oder Nadeln aus Wasser. Schmelzp. 204—206°. — **Sulfat** $C_9H_{11}O_3N \cdot H_2SO_4 + H_2O$. Durchsichtige, etwas hygroskopische Nadeln. Schmelzp. 209—210°. Sehr leicht löslich in Wasser. — **Silbersalz** $C_9H_{10}O_3NAg + H_2O$. Weißer, amorpher Niederschlag, fast unlöslich in kaltem Wasser, leicht löslich in Ammoniak und Salpetersäure, zersetzt sich mit heißem Wasser unter Spiegelbildung. Die Zusammensetzung und Eigenschaften des Kupfersalzes sind je nach den Darstellungsbedingungen verschieden. **Chlorhydrat des Methylesters** $C_9H_{10}O_3(CH_3)N \cdot HCl + H_2O$. Etwas hygroskopische Nadeln. Schmelzp. 199—200°. **Dibromverbindung des Damascenin-S** $C_9H_{11}O_3NBr_2$. Aus den Komponenten in absolut-alkoholischer Lösung. Nadeln. Schmelzp. 206—208°. Leicht löslich in Wasser und Alkohol, unlöslich in Äther. Aus der Verschiedenheit dieses Produktes von der Bromverbindung des Damascenins (s. oben) folgt, daß das Damascenin bei der Einwirkung von Brom nicht umgelagert wird. Einwirkung von Essigsäureanhydrid auf Damascenin-S führt jedoch zum gleichen Produkt wie die Einwirkung des Acetylchlorids und Essigsäureanhydrids auf Damasceninchlorhydrat, so daß bei dieser Reaktion eine Umlagerung des Damascenins in die isomere Verbindung eintritt. Jodmethyl wirkt auf das Acetylderivat nicht ein. — **Jodmethylat des Damascenin-S** $C_9H_{10}O_3N \cdot CH_3 \cdot HJ + H_2O$. Durch ½ stündiges Erhitzen von Damascenin-S oder Damascenin — es tritt also auch hierbei Umlagerung ein — mit überschüssigem Jodmethyl im Rohr auf 100°. Farblose Nadeln oder Blättchen. Schmelzp. 172 bis 173°. Sehr leicht löslich in Wasser, Alkohol und Äther. — **Verbindung** $C_9H_{10}O_3N \cdot CH_3$. Durch Zersetzung des Jodmethylats mit Sodalösung. Farblose Blättchen aus Essigäther + Petroläther. Schmelzp. 118—119°. Leicht löslich in Alkohol, Essigäther, Chloroform; etwas schwerer in Wasser; fast unlöslich in Petroläther. — **Verbindung** $C_9H_{10}O_3N(CH_3) \cdot CH_3J + H_2O$. Durch 1½ stündiges Erhitzen der Mutterlauge der Verbindung $C_9H_{10}O_3N \cdot CH_3$ mit Holzgeist und Jodmethyl im Rohr auf 100°. Weiße Kryställchen. Schmelzp. lufttrocken 175—176°; nach dem Trocknen über Schwefelsäure oder bei 50—60° 164—166°. Sehr leicht löslich in Wasser und Alkohol. — **Chlorid.** Leicht verwitternde Nadeln. Schmelzp. nach dem Trocknen über Calciumchlorid 185—186°. Das korrespondierende Hydroxyd spaltet bei der Destillation kein Amin ab. — Einwirkung von salpetriger Säure auf Damascenin-S oder Damascenin führt — im letzteren Fall unter gleichzeitiger Umlagerung — zur **Nitrosoverbindung** $C_9H_{10}O_3NNO$. Farblose Nadeln aus Wasser. Schmelzp. 150—152°. Leicht löslich in Alkohol, Äther, Essigäther; wenig löslich in kaltem, ziemlich löslich in heißem Wasser.

Methyldamascenin.[1)]

Mol.-Gewicht 195,11.
Zusammensetzung: 61,51% C, 6,71% H, 7,80% N.

$$C_{10}H_{13}O_3N.$$

Der salzsaure Auszug der Samen aus Nigella aristata gab nach dem Absättigen bis zur schwachsauren Reaktion an Petroläther ein Gemisch von Damascenin $C_9H_{11}O_3N$ und Methyldamascenin $C_{10}H_{13}O_3N$ ab, das sich durch fraktionierte Krystallisation der Chlorhydrate mühsam trennen ließ. — $C_{10}H_{13}O_3N \cdot HCl + H_2O$. Farblose, harte Prismen oder Nadeln. Schmelzp. 121°. Leicht löslich in Wasser und verdünntem Alkohol, unlöslich in Äther. Die alkoholische Lösung fluoresciert nicht. Die wässerige Lösung wird durch Alkali milchig getrübt. Bei 100° tritt unter Graufärbung Abspaltung von Chlorwasserstoff ein. — $(C_{10}H_{13}O_3N \cdot HCl)_2PtCl_4$. Derbkörnige, orangegelbe Krystalle aus Wasser. Schmelzp. 190—191°. Ein Goldsalz ließ sich nicht darstellen. Die freie Base, deren ätherische Lösung nicht fluoresciert, läßt sich aus dem Chlorhydrat durch Alkali abscheiden; sie ist, wie das Damascenin, eine sekundäre Base. — **Jodmethylat** $C_{10}H_{13}O_3N \cdot CH_3J$. Farblose, durchsichtige, breite Nadeln oder Tafeln aus Wasser. Schmelzp. 140°. Leicht löslich in Wasser; in wässeriger Lösung beständiger als das Damasceninjodmethylat. — **Nitrosoverbindung** $C_{10}H_{12}O_3N \cdot NO$. Strahligkrystallinische Masse aus verdünntem Alkohol. Schmelzp. 72° unter vorherigem (60°) Erweichen. — Neben Damascenin und Methyldamascenin enthalten die Samen von Nigella

---

[1)] O. Keller, Archiv d. Pharmazie **246**, 1 [1908].

aristata noch eine dritte Base (?), die durch Soda freigemacht wird. Ihr Platinsalz, gelbbraune, aus federartig aneinandergereihten Nadeln bestehende Blättchen, schmilzt bei 189°.

Über die Konstitution des Damascenin-S, des Damascenins und des Methyldamascenins. Beim Erhitzen von Damascenin oder Damascenin-S mit Jodwasserstoff, D 1,27 im Rohr auf 100°, wird zuerst eine Phenolsäure mit noch unveränderter $NHCH_3$-Gruppe, $C_8H_9O_3N$, und sodann Aminooxybenzoesäure COOH : NH_2 : OH = 1 : 2 : 3 neben o-Aminophenol und o-Methylanisidin gebildet. Da ferner bei der Reduktion der Phenolsäure $C_8H_9O_3N$ Methylamin abgespalten und m-Oxybenzoesäure gebildet wird, so kommt vielleicht dem Damascenin-S die Konstitution I zu. Dem isomeren Damascenin teilt Keller die Betainformel II zu. Eine Stütze für

$$\underset{I}{\begin{array}{c}COOH\\ \diagup NHCH_3\\ \diagdown OCH_3\end{array}} \qquad \underset{II}{\begin{array}{c}\diagup CO\\ \diagdown O\\ O\cdot CH_3\ NH_2\cdot CH_3\end{array}} \qquad \underset{III}{\begin{array}{c}COOCH_3\\ \diagup NHCH_3\\ \diagdown OCH_3\end{array}}$$

diese Betainformel erblickt er in folgendem Umstand. Stellt man den Methylester des Damascenin-S dar und verseift ihn wieder durch Erhitzen mit Wasser oder verdünntem Alkali, so erhält man nicht direkt Damascenin-S, sondern ein Gemisch von diesem mit Damascenin, bei vorsichtigem Arbeiten mit kleinen Mengen sogar die Base allein zurück. Bei dem Austritt der Methylgruppe aus dem Estermolekül tritt also zunächst Ringschluß ein. Erst durch längeres Erwärmen mit überschüssigem Alkali erfolgt Sprengung des Ringes und Rückbildung der Säure, wobei aber ein Gleichgewichtszustand zwischen den beiden Isomeren entsteht. Der Methylester des Damascenin-S ist das in den Samen von Nigella aristata neben dem Damascenin enthaltene Methyldamascenin.

Alkaloide der Familie Rubiaceae.

Hierher gehören die bereits behandelten zahlreichen Chinaalkaloide, außerdem Aribin, Emetin und Hymenodictin.

Aribin.

Mol.-Gewicht der wasserfreien Base 352,20.

Zusammensetzung der wasserfreien Base: 78,36% C, 5,72% H, 1,59% N.

$$C_{23}H_{20}N_4 \cdot 8\,H_2O.$$

Vorkommen: In der zum Rotfärben von Wolle benützten Rinde von Arariba rubra, einem in Brasilien heimischen Baume[1]).

Darstellung: Man behandelt die zerkleinerte Rinde mit schwefelsäurehaltigem Wasser, dampft die erhaltene Lösung nach dem Filtrieren auf $^1/_{10}$ ihres Volumens ein, sättigt nahezu mit Soda und fällt die Farbstoffe mit Bleiacetat. Aus der filtrierten und mit Schwefelwasserstoff entbleiten Flüssigkeit fällt beim Übersättigen mit Soda rohes Aribin als hellbrauner, gallertartiger Niederschlag aus. Das Aribin wird dieser Masse mit Äther entzogen und aus dem Äther in verdünnte Salzsäure übergeführt. Man versetzt die verdünnt salzsaure Flüssigkeit mit viel rauchender Salzsäure, wobei sich das Chlorhydrat der Base ausscheidet. Aus ihm wird die Base mit Soda in Freiheit gesetzt und dann wiederholt aus Äther umkrystallisiert.

Physikalische und chemische Eigenschaften: Aribin krystallisiert wasserfrei beim schnellen Verdampfen der Ätherlösung, mit 8 Mol. Wasser in langen Prismen beim langsamen Verdunsten der Ätherlösung an der Luft. Schmilzt wasserfrei bei 229° und verflüchtigt sich bei weiterem Erhitzen unzersetzt. Löst sich wenig in Wasser, leichter in Alkohol und Äther, besitzt einen sehr bitteren Geschmack und ist inaktiv.

Derivate: Das **Hydrochlorid** $C_{23}H_{20}N_4 \cdot 2\,HCl$ krystallisiert in glänzenden Prismen, löst sich leicht in Wasser, nicht in konz. Salzsäure. — Das **Platinsalz** $(C_{23}H_{20}N_4 \cdot 2\,HCl)PtCl_4$ ist ein aus hellgelben Nadeln bestehender Niederschlag.

---

[1]) Rieth u. Wöhler, Annalen d. Chemie u. Pharmazie **120**, 247 [1861].

Emetin.

Mol.-Gewicht 508,34.
Zusammensetzung: 70,82% C, 7,93% H, 5,51% N.

$$C_{30}H_{40}N_2O_5.$$

Vorkommen: In der offizinellen und viel angewandten, in Brasilien heimischen Brechwurzel, die wesentlich von Cephaelis Ipecacuanha stammt.

Darstellung:[1]) Das durch Äther entfettete und wieder getrocknete Rindenpulver wird mit Alkohol extrahiert und das vom Alkohol befreite Extrakt behufs Fällung der Gerbsäuren mit etwa 10—13% vom Gewicht des ursprünglichen Pulvers Eisenchlorid in konz. Lösung versetzt. Alsdann wird dem sauren Magma feste Soda oder sehr konz. Sodalösung zugegeben, die alkalische Masse im Wasserbade getrocknet, gepulvert und mit Alkohol heiß extrahiert. Das nach Abdestillieren des Alkohols zurückbleibende unreine Emetin wird in verdünnter Schwefelsäure gelöst, durch Ammoniak fraktioniert ausgefällt und in kochendem Petroläther aufgenommen. Beim Erkalten der Lösung scheidet sich das Emetin als weißes, amorphes Pulver ab.

Physiologische Eigenschaften: Die brechenerregende Wirkung des Emetins beruht bei interner Anwendung auf einer lokal irritierenden Wirkung. Große Dosen rufen bei Tieren Magen- und Darmentzündung, zentrale Lähmung und Kollaps mit nachfolgendem Tod hervor.

Physikalische und chemische Eigenschaften: Emetin stellt ein weißes, amorphes, am Licht sich dunkel färbendes Pulver dar, welches bei 68° schmilzt und bitter resp. kratzend schmeckt. Leicht löslich in Benzol, Chloroform, Methyl- und Äthylalkohol, Äther und Petroläther, schwer löslich in Wasser.

Der Verdampfungsrückstand einer Emetinlösung färbt sich mit wenigen Tropfen einer schwefelsauren Kaliumpermanganatlösung violett. — Mit einer schwefelsauren Lösung von Jodsäure entsteht eine Rotfärbung, die in Violett übergeht und langsam verschwindet. — Die geringste Menge Emetin gibt in einem Tropfen schwefelsaurer Natriumsuperoxydlösung eine gelbgrüne Färbung. Mit symmetrischem Diphenylcarbazid wird eine äußerst empfindliche beständige Rosafärbung erhalten. Geringe Mengen von Emetin liefern mit etwas Schwefelsäure und einem Silbernitratkryställchen eine grüne, in Braun übergehende Färbung, die schließlich rot wird. Mit etwas Wolframsäure bildet Emetin nach Zusatz von etwas Schwefelsäure eine Dunkelgrünfärbung, die beim Schütteln mit überschüssiger Wolframsäure eine dichte, blaue Masse entstehen läßt. Mit seleniger Säure — und ähnlich mit Selensäure — gibt Emetin bei Gegenwart konz. Schwefelsäure eine Grünfärbung, die durch Wasser violett und dann rosa wird[2]).

Derivate: Emetin ist bitertiär und tritt deshalb mit Alkyljodiden zu Jodalkylaten zusammen. Beim Erhitzen mit konz. Jodwasserstoffsäure spaltet es vier Methylgruppen ab, enthält also vier Methoxylgruppen entsprechend der Formel $C_{26}H_{28}(OCH_3)_4ON_2$. Weitere Abbauprodukte deuten darauf hin, daß es ein Pyridin- oder Chinolinderivat ist.

Mit Halogenwasserstoffsäuren und Salpetersäure bildet es krystallisierende Salze. Das **Platinsalz** $(C_{30}H_{40}N_2O_5\ 2\ HCl)PtCl_4$ stellt ein amorphes, lichtgelbes Pulver dar.

Cephaelin.

Mol.-Gewicht 234,17.
Zusammensetzung: 71,74% C, 8,61% H, 5,98% N.

$$C_{14}H_{20}NO_2\ (?).$$

Vorkommen: In Cephaelis Ipecacuanha.

Darstellung: Der alkoholische Auszug des Brechwurzelpulvers wird mit basischem Bleiacetat ausgefällt, das Filtrat entbleit, eingeengt, der Rückstand in verdünnter Säure aufgenommen und die Lösung mit Alkali und Äther versetzt. Hierbei geht nur Emetin in den Äther, während Cephaelin in der alkalischen Mutterlauge gelöst bleibt und daraus wieder freigemacht werden kann.

---

[1]) Kunz-Krause, Archiv d. Pharmazie **225**, 461 [1887]; **232**, 466 [1894].
[2]) B. Peroni, Bolletino di Chim. e Farm. **46**, 273 [1907].

Physikalische und chemische Eigenschaften: Die Base krystallisiert aus Äther in feinen weißen Nadeln, welche zwischen 96° und 102° schmelzen. Sie ist sehr unbeständig und färbt sich, auch bei Lichtabschluß, bald gelb.

A. H. Allen[1]) und G. E. Scott-Smith haben das Verhalten der einzelnen Alkaloide sowohl, wie auch der gesamten alkaloidartigen Bestandteile der Ipecacuanha gegen Eisenchlorid, Fröhdes Reagens, Stärke +HJ und gegen $FeCl_3 + K_3Fe(CN)_6$ untersucht. Am charakteristischsten ist das Verhalten der Alkaloide gegen das Fröhdesche Reagens: Emetin gibt eine schmutziggrüne Färbung, die auf Zusatz von Chlorwasserstoff in Hellgrasgrün übergeht; Cephaelin liefert eine purpurne Farbe, die durch Chlorwasserstoff in Preußischblau verwandelt wird. Die gemischten Ipecacuanhaalkaloide geben bei Zusatz von Chlorwasserstoff die Preußischblaureaktion des Cephaelins gleichfalls mit großer Deutlichkeit und sind hierdurch leicht von den Opiumalkaloiden zu unterscheiden.

Hymenodictin.

Mol.-Gewicht 344,34.

Zusammensetzung: 80,15% C, 11,71% H, 8,13% N.

$$C_{23}H_{40}N_2.$$

Vorkommen: In der in Ostindien bei Intermitteus geschätzten Rinde von Himenodictyon excelsum[2]).

Darstellung: Das Alkaloid wird isoliert durch Vermischen der feingepulverten Rinde mit Kalk, Trocknen des mit Wasser angerührten Gemenges und Extrahieren desselben mit Chloroform. Dem Extrakt wird die Base mit verdünnter Schwefelsäure entzogen, aus der sauren Lösung wird sie mit Natronlauge gefällt.

Physiologische Eigenschaften: Die Base erzeugt, innerlich genommen, Schwindel und Kopfweh.

Physikalische und chemische Eigenschaften: Hymenodictin krystallisiert beim langsamen Verdunsten der ätherischen Lösung in kleinen Nadeln, ist in den gewöhnlichen Lösungsmitteln, mit Ausnahme von Wasser und Petroläther, leicht löslich.

Derivate: Das **Hydrochlorid** $C_{23}H_{40}N_2 \cdot 2\,HCl$ und das **Platinsalz** $(C_{23}H_{40}N_2 \cdot 2\,HCl) PtCl_4$ sind amorphe Niederschläge. Das **Jodäthylat** $C_{23}H_{40}N_2 \cdot 2\,C_2H_5J$ krystallisiert in langen Nadeln.

Basen der Familie Rutaceae.

A. Alkaloide der Angosturarinde.

In der Rinde von Galipea cusparia (Cusparia arifoliasa), welche als Fiebermittel angewandt wird, finden sich außer den wenig untersuchten amorphen, auch vier eingehender studierte krystallinische Alkaloide, nämlich Cusparin, Galipin, Galipidin und Cusparidin. Die Rinde enthält die Alkaloide zum Teil in freiem Zustande, da sie durch Äther extrahierbar sind. Außerdem enthält die Rinde einen Bitterstoff, Angosturin, ein Glykosid und ein ätherisches Öl.

Isolierung der krystallinischen Alkaloide:[3]) Die vier krystallinischen Alkaloide der Angosturarinde, Cusparin, Galipin, Galipidin und Cusparidin, lassen sich, da sie einen stärker ausgeprägten basischen Charakter als die amorphen Basen besitzen, leicht von den letzteren dadurch trennen, daß man das ätherische Perkolat der Rinde zuerst mit Essigsäure oder Weinsäure schüttelt. Während die amorphen Basen mit diesen Säuren keine Salze zu bilden vermögen, sind die Acetate und Tartrate der krystallinischen Alkaloide, wenn auch nur in der Kälte, völlig beständig. Die aus den Tartraten durch Ammoniak in Gegenwart von etwas Äther freigemachten Basen, in der Hauptsache aus Cusparin und Galipidin bestehend, erstarren beim Abdunsten des Äthers zu einer Krystallmasse. Zur Abtrennung des größten Teils des Cusparins löst man diese Krystallmasse in Alkohol und überläßt die Lösung der freiwilligen Krystallisation. Auf Zusatz von Wasser zur Mutterlauge krystallisiert zuerst weniger reines Cusparin, auf weiteren Wasserzusatz ein Gemisch sämtlicher vier Alkaloide, das sehr

---

[1]) Allen u. Scott-Smith, Pharm. Journ. [4] **15**, 552 [1902].
[2]) Naylor, Berichte d. Deutsch. chem. Gesellschaft **16**, 2771 [1883].
[3]) Beckurts u. Fieriohs, Apoth.-Ztg. **18**, 697 [1903]; Archiv d. Pharmazie **243**, 470 [1905].

schwer zu trennen ist. Die Hauptmenge des Galipidins bleibt in der alkoholisch wässerigen Mutterlauge zurück und kann aus derselben durch Ansäuern mit Schwefelsäure und Zugabe eines großen Überschusses von rauchender Salzsäure in Form saurer Salze gewonnen werden.

Cusparin.

Mol.-Gewicht 321,16.
Zusammensetzung: 74,73% C, 5,96% H, 4,36% N.

$$C_{20}H_{19}NO_3.$$

Vorkommen und Darstellung: s. oben.

Physiologische Eigenschaften: Cusparin affiziert auch in ziemlich großen Mengen den Organismus nicht.

Physikalische und chemische Eigenschaften: Cusparin läßt sich, wie oben erwähnt, wegen der Schwerlöslichkeit seiner Salze leicht von den begleitenden Alkaloiden trennen. Die Base ist erst dann rein, wenn sie bei 90° schmilzt und mit Säuren farblose Salze bildet. Sie krystallisiert aus Ligroin je nach der Konzentration der Lösung in feinen oder warzenförmig zusammengelagerten Nadeln. Enthält eine Methoxylgruppe.

Cusparin löst sich leicht in Alkohol, Chloroform, Aceton, Benzol und Äther, schwerer in Ligroin. Von konz. Schwefelsäure wird es mit schmutzigroter, bald kirschrot werdender Farbe, von konz. Salpetersäure mit gelber, vom konz. Fröhdeschen Reagens mit tiefblauer Farbe aufgelöst.

Derivate: Die Salze des Cusparins sind farblos und in Wasser meistens schwer löslich. Das **Hydrochlorid** $C_{20}H_{19}NO_3 \cdot HCl + 3 H_2O$ krystallisiert in Nadeln. — Das **Nitrat** $C_{20}H_{19}NO_3 \cdot HNO_3 + 1,5 H_2O$, mikroskopische, gelbliche, an der Luft sich bald dunkler färbende, rechteckige Tafeln aus Wasser. — Das **Bichromat** $(C_{20}H_{19}NO_3)_2H_2Cr_2O_7$, goldgelbe, rechteckige, am Licht sich braun färbende Blättchen aus Wasser. — Das **Goldsalz** $(C_{20}H_{19}NO_3 \cdot HCl)AuCl_3$ schmilzt bei 190°, das **Platinsalz** $(C_{20}H_{19}NO_3 \cdot HCl)_2PtCl_4 + 6 H_2O$ bei 179°.

Das **Jodmethylat** $C_{20}H_{19}NO_3 \cdot CH_3J$ bildet sich beim Erhitzen der Komponenten unter Druck, krystallisiert in gelben Nadeln, die bei 186° schmelzen. Beim Behandeln mit Kalilauge liefert es **Methylcusparin** $C_{20}H_{18}O_3N \cdot CH_3 + \frac{1}{2} H_2O$ vom Schmelzp. 190°. — **Methylcusparinjodmethylat** $C_{20}H_{18}O_3N \cdot (CH_3)_2J$ schmilzt bei 185°.

Das **Acetat** ist sehr leicht löslich in Wasser; beim Eindunsten der wässerigen Lösung hinterbleibt die freie Base. — **Monobromcusparin** $C_{20}H_{18}O_3NBr$. Durch Auflösen von 5 g Cusparin in salzsäurehaltigem Wasser, Versetzen der kalten Flüssigkeit mit einer konz. wässerigen Lösung von 2,5 g Brom und Ausfällen mittels Ammoniak. Derbe, weiße monokline Säulen aus Petroläther oder Alkohol. Schmelzp. 91°. Leicht löslich in Alkohol, Äther, Chloroform, weniger in Petroläther. $C_{20}H_{18}O_3NBr \cdot HCl$. Mikroskopisch weiße Nadeln. $(C_{20}H_{18}O_3NBr \cdot HCl)_2PtCl_4$. Mattgelbe Krystalle. Schmelzp. 210—212°. $C_{20}H_{18}O_3NBr \cdot HCl \cdot AuCl_3$. Goldgelbe Nadeln vom Schmelp. 188—190°. — **Bromcusparintetrabromid** $C_{20}H_{18}O_3NBr \cdot Br_4$, entsteht durch Zusatz von überschüssigem Bromwasser zu einer bromwasserstoffhaltigen Cusparinlösung. Amorphes, gelbes Pulver. Schmelzp. 163—164° unter Zersetzung. Geht durch Verreiben mit kaltem abs. Alkohol in **Bromcusparintribromid** $C_{20}H_{18}O_3NBr \cdot Br_3$, gelbes, amorphes Pulver, Schmelzp. 163—165°, beim Erhitzen auf 105° bis zum konstanten Gewicht in **Bromcusparindibromid** $C_{20}H_{18}O_3NBr \cdot Br_2$, Schmelzp. 163—166°, beim Erwärmen mit 1 proz. alkoholischer Kalilauge sowie bei der Einwirkung von nascierendem Wasserstoff oder von Schwefelwasserstoff in **Bromcusparin** bzw. dessen Bromhydrat über. Beim Umkrystallisieren der Bromcusparintetra-, -tri- und -dibromids aus warmem Alkohol krystallisiert das **Bromhydrat des Bromcusparins** $C_{20}H_{18}O_3NBr \cdot HBr$ in harten, schwach gelblich gefärbten, prismatischen Nadeln vom Schmelzp. 239—241° aus. — Durch tropfenweißes Eintragen einer Lösung von Natriumhypochlorit in eine essigsaure Cusparinlösung bildet sich **Dichlorcusparin** $C_{20}H_{17}O_3NCl_2 \cdot 2 H_2O$, schmutziggelbes, amorphes Pulver. — **Cusparindijodidjodhydrat** $C_{20}H_{19}O_3NJ_2 \cdot HJ + 2 H_2O$. Durch Einwirkung überschüssiger Jodjodkaliumlösung auf eine salzsaure Cusparinlösung, mikroskopisch dunkelgraugrüne Nadeln aus Alkohol. — Durch Erhitzen mit verdünnter Salpetersäure wird Cusparin nicht verändert, beim Erhitzen mit 25 proz. Salpetersäure in **Nitrocusparin,** schwachgelb gefärbte Nadeln, verwandelt. — **Cusparinäthyljodid** $C_{20}H_{19}O_3N \cdot C_2H_5J$. Gelbe Nadeln. Schmelzp. 201°. Sehr schwer löslich in heißem Wasser, leicht löslich in Alkohol. — **Äthylcusparin** $C_{20}H_{18}(C_2H_5)O_3N$.

Weiße, durchsichtige, prismatische Nadeln. Schmelzp. 193—194°. Unlöslich in kaltem Benzol, Ligroin und Äther, leicht löslich in heißem Benzol, heißem Alkohol, kaltem Eisessig und kaltem Chloroform. Beim Umkrystallisieren des Rohproduktes aus Alkohol wurden neben diesen Nadeln schwach gelb gefärbte, tafel- oder säulenförmige Krystalle eines Alkoholats $C_{20}H_{18}(C_2H_5)O_3N \cdot C_2H_5OH$, Schmelzp. 116°, erhalten, zerfallen in Schwefelsäure zu einem grauweißen Pulver. $C_{20}H_{18}(C_2H_5)O_3N \cdot HCl + H_2O$. Durch Sättigen einer Lösung von Äthylcusparin in Chloroform mit Chlorwasserstoffgas, mikroskopisch grüngelbe Krystalle. $(C_{20}H_{18}[C_2H_5]O_3N \cdot HCl)_2PtCl_4$, mikroskopisch hellgelbe Nadeln, Schmelzp. 186° unter Zersetzung. Golddoppelsalz, rotbraune, mikroskopische Krystalle. — Verbindungen des Cusparins mit Methylenjodid, Äthylenjodid, Äthylenbromid, Chloroform, Jodoform oder Chloraceton ließen sich nicht erhalten, ebensowenig trat eine Reaktion mit Benzoylchlorid ein. — Bei der Kalischmelze liefert das Cusparin Protocatechusäure und **Pyrocusparin** $C_{18}H_{15}O_3N$. Letztere Base, weiße, an der Luft schwach bräunlich werdende Nadeln, Schmelzp. 250°, bildet mit Säuren farblose Salze und entsteht ebenfalls beim Erhitzen mit Cusparin mit der 3—4fachen Menge Harnstoff auf 220—250°. Als Nebenprodukt erhält man eine zweite Base, Schmelzp. 142°, anscheinend das erste Umwandlungsprodukt des Cusparins. Das Pyrocusparin liefert bei der Kalischmelze ebenfalls Protocatechusäure; letztere Säure entsteht bei der Kalischmelze des Cusparins erst als sekundäres Reaktionsprodukt. — Versuche, das Cusparin ähnlich wie Narkotin zu spalten, mißlangen.

Zinkstaubdestillation des Cusparins führte zu Pyridin. Verdünnte Schwefelsäure zersetzt das Cusparin im Rohr bei 150—170° unter Abscheidung von Kohle, verdünntes Alkali unter Druck ist wirkungslos. Bei der Kalischmelze scheint Protocatechusäure zu entstehen. Oxydation mittels Kaliumdichromat in schwefelsaurer Lösung versagte, solche mittels Kaliumpermanganat in fortwährend neutral erhaltener Sulfatlösung lieferte N-haltige Säuren vom Schmelzp. 212°, 261,5°, 242,5°, 224°, 273°, 267°, 244—246° und 201°. Für die bei 261,5° schmelzende Säure kommt vielleicht die Formel $C_{10}H_9O_3N$ in Betracht. Einwirkung von verdünnter Salpetersäure unter Druck führte zu einer nitrierten Säure, kurzes Erwärmen mit rauchender Salpetersäure unter Eisessiglösung zu dem Nitrat eines nitrierten Oxydationsproduktes $C_{16}H_{14}O_4N_2 + \frac{1}{2}H_2O$ bzw. $C_{17}H_{14}O_4N_2 + H_2O$. Gelbliche Krystalle vom Schmelzp. 144—146°. Dieses Nitroprodukt läßt sich unter besonderen Bedingungen zu einer Aminoverbindung reduzieren. — Das Cusparin scheint dimorph zu sein; neben filzigen Nadeln vom Schmelzp. 91—92° erhält man zuweilen bei 94—95° schmelzende Krystalle oder Gemische beider Formen[1]).

Cusparidin.

Mol.-Gewicht 307,15.
Zusammensetzung: 74,23% C, 5,57% H, 4,56% N.

$$C_{19}H_{17}NO_3.$$

Vorkommen und Darstellung: s. S. 418.

Physikalische und chemische Eigenschaften: Cusparidin stellt das niedere Homologe des Cusparins dar, krystallisiert aus Petroläther in mikroskopisch kleinen Nädelchen, schmilzt bei 79° und löst sich leicht in Alkohol, Äther, Chloroform und Essigäther. Die Verbindung ist eine tertiäre Base und gibt mit konz. Schwefelsäure eine ähnliche Reaktion wie Cusparin.

Derivate: Die Salze des Cusparidins sind farblos und lösen sich leichter wie die des Cusparins, schwerer wie die des Galipins und Galipidins. Das **Hydrochlorid** $C_{19}H_{17}NO_3 \cdot HCl + 3H_2O$ und das **Sulfat** $(C_{19}H_{17}NO_3)_2H_2SO_4 + 3H_2O$ krystallisieren in Nadeln. — Das **Goldsalz** $(C_{19}H_{17}NO_3 \cdot HCl)AuCl_3$ schmilzt bei 167°; die **Platinverbindung** $(C_{19}H_{17}NO_3 \cdot HCl)_2PtCl_4$ bei 182°. Das **Jodmethylat** $C_{19}H_{17}O_3N \cdot CH_3J$ bildet ein hellgelbes, krystallinisches Pulver vom Schmelzp. 149°.

Galipin.

Mol.-Gewicht 323,11.
Zusammensetzung: 74,28% C, 6,53% H, 4,34% N.

$$C_{20}H_{21}O_3N.$$

Vorkommen und Darstellung: s. S. 418.

---

[1]) J. Tröger u. O. Müller, Apoth.-Ztg. **24**, 678 [1909].

Bei der Aufarbeitung eines aus Angosturarinde hergestellten Extraktes wurde von Tröger und Müller[1]) festgestellt, daß Galipidin und Cusparidin völlig, bzw. nahezu völlig fehlten, daß vielmehr die Hauptmenge der Basen aus Cusparin bestand, und daß das Galipin in ziemlich reichlicher Menge vorhanden war. Ferner konnten 50 g reines Cusparein und 2 g eines neuen Alkaloids vom Schmelzp. 233° isoliert werden.

Physikalische und chemische Eigenschaften: Galipin krystallisiert aus Petroläther in seidenglänzenden Nadeln, welche bei 115,5° schmelzen. Es ist eine tertiäre Base. Seiner Zusammensetzung nach würde es ein Dihydrocusparin darstellen, doch sind die Beziehungen zu Cusparidin nicht festgestellt worden.

Derivate: Das **Hydrochlorid** $C_{20}H_{21}NO_3HCl + 4 H_2O$ bildet Blättchen, tritt mit Goldchlorid und Platinchlorid zu den Verbindungen $(C_{20}H_{21}NO_3 \cdot HCl)AuCl_3$ und $(C_{20}H_{21}NO_3 \cdot HCl)_2PtCl_4$ zusammen, welche bei 174—175° schmelzen. Das **Jodmethylat** $C_{20}H_{21}NO_3 \cdot CH_3J$ bildet sich beim Erhitzen der Komponenten im Rohr und krystallisiert aus Wasser in gelben, bei 146° schmelzenden Nadeln. Galipin enthält 3 Methoxylgruppen. Oxydation mit Kaliumbichromat in verdünnter schwefelsaurer Lösung führt zur Veratrumsäure; als Nebenprodukte entstehen ein Amin $C_3H_7NH_2$, Anissäure und eine N-haltige Säure vom Schmelzp. 241—247°. Die Oxydation mittels Kaliumpermanganat[2]) in neutraler Sulfatlösung ergab neben Spuren von Veratrumsäure eine Säure $C_8H_7O_6N$ vom Schmelzp. 244—246° und eine N-haltige Säure vom Schmelzp. 262—264°. Schließlich führte eine abgekürzte Oxydation, bei der Kaliumpermanganat nur solange zugesetzt wurde, bis unverändertes Alkaloid gerade nicht mehr nachgewiesen werden konnte, neben reichlichen Mengen von Veratrumsäure zu mindestens zwei N-haltigen Säuren vom Schmelzp. 165—166° bzw. 191,5°.

Galipidin.

Mol.-Gewicht 309,16.
Zusammensetzung: 73,75% C, 6,19% H, 4,53% N.

$$C_{19}H_{19}O_3N.$$

Vorkommen und Darstellung: s. S. 418.

Physikalische und chemische Eigenschaften: Weiße, zu Blättchen vereinigte rhombische Krystalle. Schmelzp. 113°. Leicht löslich in Alkohol, Äther, Chloroform, Benzol und Essigester. Bildet in reinem Zustande farblose Salze.

Derivate: **Hydrochlorid** $C_{19}H_{19}O_3N \cdot HCl + 2 H_2O$. Farblose Nadeln. — $C_{19}H_{19}O_3N \cdot HBr$. Weiße, mikroskopische Nadeln. — $C_{19}H_{19}O_3N \cdot HJ$. Zu Warzen vereinigte Nadeln. Schmelzp. 166—167°. Sehr schwer löslich in Wasser und Alkohol. — $C_{19}H_{19}O_3N \cdot H_2SO_4$. Durch Eindunsten einer alkoholischen, mit überschüssiger verdünnter Schwefelsäure versetzten Galipidinlösung. Blättchen, leicht löslich in Wasser und Alkohol. Auf Zusatz von überschüssiger Schwefelsäure zu einer Lösung des Galipidinchlorhydrates fällt ein Gemisch des neutralen und sauren Sulfats aus. — Das **Jodmethylat** $C_{19}H_{19}O_3N \cdot CH_3J$ ist ein gelbes, mikrokrystallinisches Pulver, welches bei 142° schmilzt. — Eine Lösung des Galipidins in konz. Schwefelsäure wird durch etwas Kaliumbichromat rotviolett, im auffallenden Licht blau, im durchfallenden Licht rot gefärbt. Durch einen Überschuß von Kaliumbichromat wird die Färbung zerstört. Durch Eingießen der Reaktionsmasse in Wasser, Aufnehmen des Niederschlags in Ammoniak und Ausfällen der Lösung durch Chlorwasserstoff erhält man das Oxydationsprodukt in Form farbloser, zu Büscheln vereinigter Nadeln. — Bei der Kalischmelze liefert Galipidin Protocatechusäure. — Eine hydrolytische Spaltung des Galipidins gelang nicht. Durch Einwirkung von überschüssigem Bromwasser auf eine bromwasserstoffhaltige Galipidinlösung entsteht **bromwasserstoffsaures Galipidinpentabromid** $C_{19}H_{19}O_3N \cdot Br_5 \cdot HBr$ in Form eines tiefgelb gefärbten Niederschlags, der beim Waschen mit kaltem abs. Alkohol 4 Bromatome, beim Trocknen bei 105° 3 Bromatome verliert. — **Galipidinmethylchlorid** $C_{19}H_{19}O_3N \cdot CH_3Cl$. Grünlichgelbe Nadeln. $(C_{19}H_{19}O_3N \cdot CH_3Cl)_2PtCl_4$. Gelbes, amorphes Pulver. Schmelzp. 187°. $C_{19}H_{19}O_3N \cdot CH_3Cl \cdot AuCl_3$. Rotbraunes, amorphes Pulver. Schmelzp. 119°. — **Methylgalipidin** $C_{19}H_{18}(CH_3)O_3N$. Weiße Nadeln aus Alkohol. Schmelzp. 166°. $C_{19}H_{18}(CH_3)O_3N \cdot HCl$. Zu Drusen vereinigte Krystalle; sehr schwer löslich in Wasser. — $C_{19}H_{18}[CH_3]O_3N \cdot HCl)_2PtCl_4$. Mikroskopisch, rötlichgelbe

---

[1]) J. Tröger u. O. Müller, Apoth.-Ztg. **24**, 678 [1909].
[2]) J. Tröger u. O. Müller, Archiv d. Pharmazie **248**, 1 [1910].

Nadeln. Schmelzp. 200° unter Zersetzung. — **Galipidinäthyljodid** $C_{19}H_{19}O_3N \cdot C_2H_5J \cdot H_2O$. Durch 12stündiges Erhitzen der Komponenten im Rohr auf 100°. Mikroskopische tiefgelb gefärbte Nadeln aus Wasser; beginnen bei 102° zu sintern und sind bei 140—142° klar geschmolzen. $C_{19}H_{19}O_3N \cdot C_2H_5Cl \cdot AuCl_3 + 2\,H_2O$. Gelbes, amorphes Pulver. Schmelzp. ca. 142°. Das entsprechende Platindoppelsalz besitzt dieselben physikalischen Eigenschaften.

Cusparein.[1)]

Mol.-Gewicht 546,34.
Zusammensetzung: 74,68% C, 6,64% H, 1,28% N.

$$C_{34}H_{36}N_5O_2\;(?).$$

Darstellung und physikalische und chemische Eigenschaften: Aus dem Gemisch der amorphen Basen, welches aus dem ätherischen Perkolat nach Entfernung der krystallinischen eben behandelten Alkaloide gewonnen wird, läßt sich durch Ausschütteln mit kaltem, niedrig siedendem Petroläther ein weiteres krystallinisches Alkaloid, das Cusparein $C_{34}H_{36}N_5O_2$ (?), isolieren. Ausbeute 7 g aus 100 kg Rinde. Ein zweiter Weg zur Abscheidung des Cuspareins besteht darin, die Lösung der flüssigen Basen in Ligroin mit einer Ligroinlösung von Pikrinsäure auszufällen, wobei das Cusparein, welches noch geringere basische Eigenschaften wie die amorphen Basen besitzt, in Lösung bleibt. Nadeln, Schmelzp. 54°, siedend bei etwa 300° fast unzersetzt. Vermag nicht mehr mit Säuren Salze zu bilden, wird durch oxydierende Agenzien tiefrot gefärbt, bildet mit Jodmethyl ein krystallinisches Jodmethylat. Das Cusparein siedet bei etwa 300° nahezu unzersetzt und geht unter dem Einfluß von Oxydationsmitteln in einen roten, teerartigen Farbstoff über. — Die vom Cusparein befreiten, flüssigen Basen destillieren ebenfalls bei höherer Temperatur unzersetzt. Krystallinische Salze konnten nicht erhalten werden.

B. Alkaloide der Steppenraute (Peganum Harmala).

Die Samen der in den Steppen des südlichen Rußland häufig wildwachsenden Steppenraute (Peganum harmala) enthalten hauptsächlich zwei Alkaloide, Harmalin und Harmin. Die Alkaloide geben zwar meistens charakteristische Färbungen mit chemischen Reagenzien, sind aber fast alle ungefärbt. Farbstoffe sind nur das Berberin und das Harmalin. Außer diesem gelben Farbstoff Harmalin ist in der Steppenraute in geringer Menge ein roter, von zugleich saurer und basischer Natur, das **Harmalol**, schon 1837 von Goebel im Samen dieser Pflanze entdeckt und von ihm **Harmalarot** genannt worden. Fritsche, der die drei Körper genauer charakterisierte, bezeichnete den letzteren als **Porphyrharmin.**

Die eingehende Untersuchung dieser Alkaloide wurde insbesondere von O. Fischer[2)], zum Teil gemeinsam mit seinen Schülern, durchgeführt.

Harmin.

Mol.-Gewicht 212,12.
Zusammensetzung: 73,55% C, 5,71% H, 13,21% N.

$$C_{13}H_{12}ON_2.$$

Vorkommen: s. oben.
Darstellung: Die obengenannten drei Alkaloide werden den Samen der Steppenraute durch sehr verdünnte Schwefelsäure in der Kälte, zuletzt in der Wärme entzogen, die Extrakte absitzen gelassen, auf $1/3$ ihres Volumens eingedampft und nochmals abfiltriert, dann mit Kali in geringem Überschuß versetzt, wobei Harmin und Harmalin sich abscheiden, während Harmalol in Lösung bleibt. Der Niederschlag wird nochmals in Schwefelsäure gelöst, mit Soda fast neutralisiert und durch Kochsalz die Basen als Chlorhydrate gefällt. Die Trennung der Alkaloide erfolgt durch Krystallisation aus Holzgeist mit $1/3$ Benzol. Harmalol $C_{12}H_{12}ON_2$ wird aus der alkalischen Flüssigkeit durch Essigsäure und Natriumacetat zum Teil gefällt, der Rest der Flüssigkeit durch Äther entzogen (Ausbeute 7 g aus 10 kg Samen).

[1)] Beckurts u. Frerichs, Archiv d. Pharmazie **243**, 470 [1905].
[2)] O. Fischer, Berichte d. Deutsch. chem. Gesellschaft **18**, 400 [1885]; **22**, 637 [1889]; **30**, 2481 [1897]; **38**, 329 [1905]; Chem. Centralbl. **1901**, I, 957.

Physiologische Eigenschaften: Harmin und Harmalin haben eine temperaturherabsetzende Wirkung.

Physikalische und chemische Eigenschaften: Harmin krystallisiert aus Methylalkohol in farblosen, rhombischen Prismen. Schmelzp. 257—259°. Sublimiert zum Teil unzersetzt und ist optisch inaktiv. Wasser nimmt es nur wenig auf, in Alkohol und Äther ist es ebenfalls schwer löslich. Die alkoholische Lösung schmeckt schwach bitter. Die Salze des Harmins sind farblos, aber fluorescieren in verdünnter Lösung rein indigoblau. Die Base ist in konz. Schwefelsäure mit grüner Fluorescenz gelb löslich. Einsäurige, sekundäre Base; liefert mit Jodmethyl Methylharminchlorhydrat.

Der Abbau der Harmalaalkaloide hat gezeigt, daß in denselben Derivate eines bizyklischen Kernes vorliegen, der aus der Kombination eines Benzolringes mit einem 2 N-Atome enthaltenden Komplex hervorgegangen ist.

Salze und Derivate: Das **Hydrochlorid** $C_{13}H_{12}N_2O \cdot HCl + 2 H_2O$ fällt auf Zusatz von überschüssiger Salzsäure fast vollständig aus, ist aber in Wasser sowie in Alkohol löslich. — Das **Platinsalz** $(C_{13}H_{12}N_2O \cdot HCl)_2 PtCl_4$ entsteht als flockiger Niederschlag, wird aber beim Erhitzen in der Flüssigkeit krystallinisch.

Mit Salzsäure bei 140—170° entsteht das gleichzeitig basische und phenolartige **Harmol** $C_{12}H_{10}ON_2$

$$C_{12}H_9(OCH_3)N_2 + HCl = C_{12}H_9(OH)N_2 + CH_3Cl.$$

Harmol, dessen Methyläther also Harmalin darstellt, krystallisiert aus Alkohol in graugefärbten Nädelchen vom Schmelzp. 321°. Der Sauerstoff läßt sich aus demselben nicht durch Jodwasserstoff oder Zinkstaubdestillation eliminieren, da hierbei fast nur Zersetzungsprodukte entstehen. Die Entfernung gelingt aber auf dem Umweg über die Aminoverbindung.

Derivate des Harmols: Aminoharman $C_{12}H_{11}N_3$, aus Harmol durch Chlorzinkammoniak und Salmiak bei 250° unter Druck und Auskochen des Produktes mit Ammoniak und Wasser entstehend. Silberglänzende, flache Nadeln oder Blättchen aus Wasser. Schmilzt bei 298° und sublimiert teilweise unzersetzt. — **Harman** $C_{12}H_{10}N_2$ entsteht aus Aminoharman durch Diazotieren und Verkochen der Diazoniumsalzlösung. Scheidet sich aus Benzol in derben Krystallen vom Schmelzp. 230° aus. Löst sich in konz. Schwefelsäure mit schwachblauer Fluorescenz. Ist dem Harmin sehr ähnlich. Die Salze fluorescieren stark blau.

Harminsäure $C_{10}H_8O_4N_2$ entsteht aus Harmol durch Oxydation mit Chromsäure. Sie ist eine o-Dicarbonsäure, deren eines Carboxyl in salzartiger Bindung sich befindet. Sekundäre Base. Spaltet beim Erhitzen 2 Mol. Kohlendioxyd ab und geht in **Apoharmin** $C_8H_8N_2$ über; dagegen spaltet sie unter Bildung von **Apoharmincarbonsäure**[1]) $C_9H_8O_2N_2$ nur eine Carboxylgruppe ab, wenn man sie mit konz. Salzsäure einige Stunden auf 190—200° erwärmt. Verfilzte Nadeln oder schmale Blättchen aus Wasser. — **Methylapoharmincarbonsäure** $C_{10}H_{10}O_2N_2$ kann (als Jodhydrat) durch 3—4stündiges Erwärmen von Apoharmincarbonsäure mit $CH_3J + CH_3 \cdot OH$ auf 100° sowie (als Chlorhydrat) durch 2stündiges Erhitzen von Methylharminsäure mit konz. Salzsäure auf 190° erhalten werden. Nadeln, leicht löslich in Wasser, ziemlich leicht in Alkohol, sehr schwer löslich in Äther, Chloroform und Benzol. Die ammoniakalische Lösung fluoresciert bläulich. — **Chlorhydrat** $C_{10}H_{10}O_2N_2 \cdot HCl + H_2O$. Tafeln aus Wasser, leicht löslich in Salzsäure. — **Jodhydrat** $C_{10}H_{12}O_2N_2 \cdot HJ$. Nadeln aus wenig Wasser. — **Nitroapoharmincarbonsäure** $C_9H_7O_4N_3$ entsteht bei 8—10stündigem Kochen von Apoharmincarbonsäure mit Salpetersäure der D 1,5 und Eindampfen unter wiederholtem Zusatz von konz. Salpetersäure. Prismen aus Wasser. Färbt sich bei 190° dunkel, bei 250—270° schwarz. — Das **Nitroapoharmin** $C_8H_7O_2N_3$ zeigt sowohl saure als basische Eigenschaften; es löst sich in Alkalien mit gelber Farbe. Die Nitrogruppe ist nicht, wie früher angenommen wurde, an Stickstoff, sondern an Kohlenstoff gebunden. — **Nitrat** $C_8H_7O_2N_3 \cdot HNO_3 + \frac{1}{2} H_2O$. Rötlichgelbe, warzenförmige Gebilde. Leicht löslich in heißem Wasser. — Geht durch 2stündiges Erhitzen mit $CH_3J + CH_3 \cdot OH$ auf 100° in Methylnitroapoharmin $C_9H_9O_2N_3$ über. Nadeln aus verdünntem Holzgeist; zersetzt sich gegen 225°. — Durch Zinn und Salzsäure wird die Nitroverbindung zum **Aminoapoharmin** $C_8H_9N_3$ reduziert, das sich durch Oxydation rasch dunkel färbt. — **Platinsalz** $C_8H_9N_3 \cdot H_2PtCl_6$. Goldgelbe kurze Prismen; schwärzt sich gegen 270°. Sehr schwer löslich in Wasser und Alkohol.

---

[1]) O. Fischer u. Buck, Berichte d. Deutsch. chem. Gesellschaft **38**, 329 [1905].

Apoharmin $C_8H_8N_2$. Dieser Körper wird, wie erwähnt, durch Kohlendioxydabspaltung aus der Harminsäure erhalten:

$$C_8H_6(CO_2H)_2N_2 = 2\,CO_2 + C_8H_8N_2,$$

wenn diese bis zum Schmelzen erhitzt wird. Er ist eine feste Verbindung mit ausgesprochen basischen Eigenschaften und ist in Alkohol und Chloroform leicht, in Wasser ziemlich, in Äther und Benzol schwerer löslich. Die Lösungen fluorescieren schwach bläulich. Der Schmelzp. liegt bei 186°. Von den Salzen sind das Gold- und Platinsalz sowie das bei 247° schmelzende **Pikrat** $C_8H_8N_2 \cdot C_6H_2(NO_2)_3OH$ charakteristisch. Das Chromat scheidet sich in gelben Nädelchen aus, die, an die Luft gebracht, braun gefärbt werden. Es ist sehr beständig und verändert sich sogar durch mehrstündiges Erhitzen mit Eisessig nicht.

n-Methylapoharmin $C_8H_7N(CH_3)$, mit Jodmethyl dargestellt, bildet feine Nadeln vom Schmelzp. 77—78°, deren Lösungen in Benzol oder Äther schön bläulich fluorescieren[1]).

Dihydroapoharmin $C_8H_{10}N_2$. Apoharmin nimmt beim Erhitzen mit konz. Jodwasserstoffsäure (1,75 spez. Gew.) und amorphem Phosphor auf 155—165° zwei Wasserstoffatome auf, unter Bildung dieses Körpers. Er krystallisiert aus Äther, worin er leicht löslich ist, auf Zusatz von Petroläther in schönen, glänzenden Tafeln, welche bei 48—49° schmelzen. Die verdünnte Lösung des schwefelsauren Salzes zeigt schön violette Fluorescenz. Die salzsaure Lösung färbt einen Fichtenspan in der Kälte tieforange.

Das **Goldsalz** $(C_8H_{10}N_2 \cdot HCl)AuCl_3$ bildet rotbraune, in Wasser schwer lösliche Nadeln, die sich beim Kochen der Lösung unter Goldabscheidung zersetzen und bei 149° unter Aufschäumen schmelzen.

Die **Nitrosoverbindung** $C_8H_9N_2 \cdot NO$ bildet, aus heißem Wasser krystallisiert, lockere Nadeln, die schon auf dem Wasserbade sublimieren. Schmelzp. liegt bei 134—135°[2]). — Zur Charakterisierung des Dihydroapoharmins ist das **Pikrat** $C_8H_{10}N_2 \cdot C_6H_3O_7N_3$ (gelbe Prismen, Schmelzp. 198°) geeignet.

Tetrahydroharmin oder **Dihydroharmalin** $C_{13}H_{16}N_2O$ entsteht sowohl aus Harmin als auch aus Harmalin bei der Reduktion mit Natrium und Äthyl- resp. Amylalkohol. Krystallisiert aus Alkohol in Nadeln vom Schmelzp. 199°. Die Lösungen zeigen eine schwach bläulichgrüne Fluorescenz, die durch Oxydationsmittel, wie Ferrichlorid oder Silbernitrat, stärker grün wird. Die Base färbt sich mit konz. Schwefelsäure grünlichgelb. Die kochende salzsaure Lösung färbt einen Fichtenspan grün. Die **Acetylverbindung des Tetrahydroharmins** $C_{13}H_{15}ON_2 \cdot C_2H_3O$ schmilzt bei 239°, die Benzoylverbindung $C_{13}H_{15}ON_2 \cdot C_7H_5O$ bei 158—159°.

Harmalin.

Mol.-Gewicht 214,13.
Zusammensetzung: 72,85% C, 6,59% H, 13,08% N.

$$C_{13}H_{14}ON_2.$$

Vorkommen und Darstellung: s. S. 422.

Physikalische und chemische Eigenschaften: Schöne, große, derbe, farblose Krystalle aus Alkohol-Benzol; in dickeren Schichten gelb bis honiggelb. Schmelzp. bei 238° unter Zersetzung. Schmeckt bitter. Die Lösung in konz. Schwefelsäure ist intensiv gelb ohne Fluorescenz, während die gelben Salze in Alkohol grün fluorescieren.

Harmalin ist als Dihydroharmin zu betrachten. Dies wurde nicht nur dadurch bewiesen, daß bei der Oxydation des Harmalins Harmin entsteht, sondern daß auch beide Alkaloide durch geeignete Reduktionsmittel in dasselbe Tetrahydroharmin (Dihydroharmalin) übergehen. Durch Oxydationsmittel wurden dann beide Alkaloide bis zu einer und derselben Base, dem Apoharmin, abgebaut.

Derivate: Harmalinchlorhydrat $C_{13}H_{14}N_2O \cdot HCl + 2\,H_2O$, bildet feine, gelbe Nadeln. — **Platinsalz** $(C_{13}H_{14}N_2O \cdot HCl)_2PtCl_4$ ist ein hellgelber, krystallinisch werdender Niederschlag. — **Acetylharmalin** $C_{13}H_{13}ON_2 \cdot C_2H_3O$ entsteht bei vorsichtiger Acetylierung des Harmalins (mit Acetylchlorid bei Gegenwart von Pyridin), krystallisiert in dicken Tafeln oder flachen Säulen, schmilzt bei 204—205°. Wird durch alkoholisches Kali rückwärts gespalten. — **Base** $C_{15}H_{18}O_3N_2$ entsteht aus Acetylharmalin durch Salzsäure in siedendem Alkohol, wobei die Lösung braun, grün, schmutzigblau wird. Ammoniak fällt dann fast farb-

---

[1]) Berichte d. Deutsch. chem. Gesellschaft **18**, I, 403 [1885]; **30**, III, 2487 [1897].
[2]) O. Fischer, Berichte d. Deutsch. chem. Gesellschaft **22**, 642 [1889].

lose Nadeln; bisweilen honiggelbe, derbe Krystalle aus Wasser. Schmelzp. 164—165°. In heißem Wasser leicht löslich. Starke Base; in Säuren mit gelber Farbe leicht löslich. $(C_{15}H_{18}O_3N_2)_2H_2PtCl_6$. Braune, glänzende Nadeln, Zersetzung bei 210°. Die sehr beständige Base wird erst durch langes Kochen mit alkoholischem Kali in Harmalin übergeführt. Salzsäure bei 150—160° liefert Harmalol.

n-Methylharmalin $C_{13}H_{13}ON_2 \cdot CH_3$ entsteht in Form des bei 260° schmelzenden Hydrojodids $C_{14}H_{16}N_2O \cdot HJ$, wenn Harmalin in methylalkoholischer Lösung mit Methyljodid gekocht wird. Die durch Bariumhydroxyd abgeschiedene Base bildet nahezu farblose Kryställchen, die bei 162° unter Zersetzung schmelzen. Es addiert, mit Jodmethyl unter Druck behandelt, nochmals Methyljodid.

Beim Digerieren von Harmalin mit rauchender Salzsäure bei 150° entsteht, wie beim Harmin, ein phenolartiger Körper, das **Harmalol**, gemäß der Gleichung:

$$C_{12}H_{11}(OCH_3)N_2 + HCl = C_{12}H_{11}(OH)N_2 + HCl.$$
$$\text{Harmalin} \qquad\qquad \text{Harmalol}$$

Harmalin liefert beim Kochen mit Salpetersäure (D = 1,48) neben etwas Harminsäure die **Nitroanissäure** (I) vom Schmelzp. 188—189°, die aus zuerst gebildeter Methoxynitrophthalsäure durch CO_2-Abspaltung entsteht. Die Harmalinalkaloide enthalten daher einen Komplex von 9 Kohlenstoffatomen in der Anordnung II oder III,

I, II, III

an den die übrigen 4 C-Atome und die 2 N-Atome in noch unbekannter Weise angelagert sind.

Harmalol.

Mol.-Gewicht: 200,12.
Zusammensetzung: 71,96% C, 6,04% H, 14,00% N.

$$C_{12}H_{12}ON_2.$$

Vorkommen und Darstellung: s. oben.

Physikalische und chemische Eigenschaften: Schöne, braune, grünlich schimmernde Prismen aus Alkohol. Färbt sich bei 180° dunkel und zersetzt sich bei 212°. In Wasser wenig löslich mit gelber Farbe und grüner Fluorescenz, die durch Säuren und Alkalien fast ganz verschwindet. Ist identisch mit dem Produkte der Spaltung des Harmalins durch konz. Salzsäure.

Einzelne Alkaloide.

Abrotin.

Mol.-Gewicht 318,20.
Zusammensetzung: 79,20% C, 6,97% H, 8,81% N.

$$C_{21}H_{22}N_2O.$$

Vorkommen: Dieses Alkaloid wurde von Giacosa[1]) in nicht näher angegebener Weise aus Artemisia abrotanum (Fam. Compositae) isoliert.

Physikalische und chemische Eigenschaften: Es stellt ein krystallinisches Pulver oder kleine weiße Nadeln dar, die in heißem Wasser wenig löslich sind und eigentümlich riechen. Die Lösungen fluorescieren blau. Als Base ist es teils zwei-, teils einsäurig. Abrotin hemmt nicht die Gärung, ist aber fäulniswidrig.

Derivate: Das **Platinsalz** $(C_{21}H_{22}N_2O \cdot 2\,HCl) \cdot PtCl_4$ ist schwer löslich. — Das **Sulfat** $(C_{21}H_{22}N_2O)_2 \cdot H_2SO_4 + 6\,H_2O$ krystallisiert in Nadeln.

---

[1]) Giacosa, Jahresber. d. Chemie **1883**, 1356.

Artarin.

Mol.-Gewicht 353,19.
Zusammensetzung: 71,35% C, 6,56% H, 3,97% N.

$$C_{21}H_{23}NO_4.$$

Vorkommen: Nachdem Giacosa und Monari[1]) 1887 aus der Rinde von Xanthoxylon senegalense (Artar-root) zwei Alkaloide extrahiert hatten, wurde die in größerer Menge enthaltene, Artarin genannte Base kurz darauf von Giacosa und Soave[2]) näher untersucht.

Darstellung: Zur Isolierung der Base wird die gepulverte Droge mit Alkohol (94%) ausgezogen, das von Alkohol befreite Extrakt mit Natron übersättigt und mit Äther ausgeschüttelt. Man destilliert den Äther ab und fällt den Rückstand mit Salzsäure. Das erhaltene Hydrochlorid wird mit Natronlauge zerlegt.

Physikalische und chemische Eigenschaften: Das Artarin ist ein graurotes, amorphes Pulver, das sich bei 210° bräunt und bei 240° unter Zersetzung schmilzt. Es ist in Wasser fast unlöslich, etwas löslich in kochendem Alkohol. Die Lösungen reagieren alkalisch. Mit Säuren tritt die Base zu krystallisierten Salzen zusammen.

Derivate: Das **Hydrochlorid** $C_{21}H_{23}NO_4 \cdot HCl + 4 H_2O$ bildet sehr feine Nadeln, welche wasserfrei bei 194° schmelzen und ist in Wasser sehr schwer löslich (0,514 : 100 bei 14°). — Das **Platinsalz** $(C_{21}H_{23}NO_4 \cdot HCl)_2 PtCl_4$ ist in Wasser und Alkohol unlöslich und bildet hellgelbe, bei 290° noch nicht schmelzende Nadeln. — Auch das **Nitrat** ist in Wasser nur wenig löslich (Schmelzp. 212°). — Das **Sulfat** $C_{21}H_{23}NO_4 \cdot H_2SO_4 + 2 H_2O$ ist dagegen löslicher und schmilzt bei 240°.

Eine zweite, in der Droge in sehr geringer Menge enthaltene Base, welche ein in hellgelben Nadeln krystallisierendes, bei 270° schmelzendes Hydrochlorid bildet, ist nicht analysiert worden.

Atherospermin.

Mol.-Gewicht 508,34.
Zusammensetzung: 70,82% C, 7,93% H, 5,51% N.

$$C_{30}H_{40}N_2O_5 (?).$$

Vorkommen: Diese Base wurde 1861 von Zeyer[3]) aus der als Teersurrogat dienenden und etwas purgierenden Rinde der in Südaustralien heimischen Atherospermum moschatum (Fam. Monimiaceae) isoliert.

Darstellung: Die Rinde wird mit schwefelsäurehaltigem Wasser ausgekocht, der Auszug mit Bleizucker gefällt, das Filtrat nach Entfernung des Bleis mit Ammoniak gefällt und der Niederschlag in Alkohol aufgelöst. Man nimmt den Verdampfungsrückstand dieser Lösung in verdünnter Salzsäure auf, löst den darin durch Ammoniak erzeugten getrockneten Niederschlag in Schwefelkohlenstoff und fällt, nach Verdunsten des letzteren, nochmals die salzsaure Lösung mit Ammoniak.

Physikalische und chemische Eigenschaften:[4]) Atherospermin ist ein amorphes, bitterschmeckendes Pulver von alkalischer Reaktion. Es ist in Wasser fast unlöslich, in Äther schwer löslich, in Alkohol und Chloroform leicht löslich. Die Base schmilzt bei 128°. Konz. Schwefelsäure nimmt Atherospermin farblos auf, die Lösung färbt sich mit Kaliumchromat grün. Die Base bildet amorphe Salze.

Carpain.[5])

Mol.-Gewicht 239,22.
Zusammensetzung: 70,23% C, 10,54% H, 5,86% N.

$$C_{14}H_{25}NO_2.$$

Vorkommen: In den Blättern, weniger in den Früchten und Samen des Melonenbaumes (Carica papaya).

---

[1]) Giacosa u. Monari, Gazzetta chimica ital. **17**, 362 [1887]; Berichte d. Deutsch. chem. Gesellschaft **21**, Ref. 137 [1888].
[2]) Giacosa u. Soave, Gazzetta chimica ital. **19**, 303 [1889]; Berichte d. Deutsch. chem. Gesellschaft **22**, Ref. 691 [1889].
[3]) Zeyer, Vierteljahrsschr. f. Pharmazie **10**, 504 [1861]; Jahresber. d. Chemie **1861**, 769.
[4]) Ladenburg, Handwörterbuch **1**, 243 [1882].
[5]) I. I. L. van Rijn, Archiv d. Pharmazie **231**, 184 [1893]; **235**, 332 [1897]; Chem. Centralbl. **1893**, I, 1023; **1897**, I, 985; II, 554.

Darstellung: Zur Isolierung der Base arbeitet man nach Merck am besten in der Weise, daß die grob pulverisierten Blätter mit so viel ammoniakalischem Alkohol übergossen werden, daß die Flüssigkeit über der Masse stehen bleibt, dann wird im Wasserbade 8—10 Stunden auf etwa 60° erwärmt. Nach zweitägigem weiterem Stehen wird die Flüssigkeit abgelassen und die Masse mit Alkohol nachgewaschen, der Alkohol bis zur Extraktdicke abdestilliert und der Rückstand mit säurehaltigem Wasser so lange erhitzt, als noch Alkohol abgeht. Von einer harzigen, harten Masse nach dem Erkalten geschieden, wird die saure, dunkelbraune Lösung zum Sirup eingedampft und dann mit Äther ausgeschüttelt, um Farbstoffe usw. zu entfernen. Hierauf macht man den Extrakt mit Natronlauge alkalisch und schüttelt einige Male mit Äther aus, bis dieser kein Alkaloid mehr aufnimmt. Die gelbgefärbte ätherische Lösung liefert beim Verdunsten gut ausgebildete, gelbgefärbte Krystalle des Alkaloides, die durch mehrmaliges Umkrystallisieren aus Äther und später aus Alkohol gereinigt, resp. entfärbt werden.

Physiologische Eigenschaften: Dem Tierkörper einverleibt, wirkt Carpain nach Versuchen von Plugge hauptsächlich auf das Herz, übt aber auch auf die Respirationsorgane und das Rückenmark, nicht aber auf die peripherischen Nerven und Muskeln eine Wirkung aus. Die letale Dosis ist eine ziemlich große. Nach v. Oefele ist Carpain bei subcutaner Injektion ein geeignetes Ersatzmittel für Digitalisstoffe bei Herzkrankheiten.

Physikalische und chemische Eigenschaften: Carpain bildet stark glänzende, farblose Prismen des monoklinen Systems, die bei 121° (korr.) schmelzen. Der Geschmack ist sehr bitter und läßt sich noch in einer Verdünnung 1 : 100 000 deutlich wahrnehmen. Die Base ist in Wasser unlöslich, in Chloroform in jedem Verhältnis, in Benzol zu 18,14% (t = 16°), in abs. Alkohol zu 10,77% (t = 12°), in Alkohol vom spez. Gew. 0,95 zu 0,17% (t = 11°), in Äther zu 3% (t = 12°), in Ligroin schwer, in Petroleumäther zu 1,0% (t = 13°) löslich. Auch in Schwefelkohlenstoff löst es sich leicht auf, wandelt sich aber hierbei als sekundäre Base (s. unten) chemisch um. Carpain dreht die Polarisationsebene nach rechts; bei p = 9,236, t = 20° ist $[\alpha]_D = +21°55'$. Die alkoholische Lösung reagiert mit Lackmus alkalisch, ist aber gegen Phenolphthalein indifferent.

Die Lösung des salzsauren Salzes gibt mit Kaliumquecksilberjodid und Phosphorwolframsäure einen amorphen, weißen, Phosphormolybdänsäure einen gelblichweißen, amorphen Niederschlag, während Ferrocyankalium und Gerbsäure keine Fällung erzeugt. Pikrinsäure fällt die Lösung amorph. Jodjodkalium gibt einen braunen, nicht krystallinischen Niederschlag, der bei einer Verdünnung von 1 : 250 000 noch entsteht.

Derivate: Das **Hydrochlorid** $C_{14}H_{25}NO_2 \cdot HCl$ krystallisiert aus Wasser in langen Krystallnadeln, die sich bei 225° bräunen und bei höherer Temperatur zersetzen. — Das **Hydrobromid** $C_{14}H_{25}NO_2 \cdot HBr$ ist in Wasser viel schwerer als das Hydrochlorid löslich und scheidet sich daraus in weißen Nadeln aus. — Auch das **Hydrojodid** $C_{14}H_{25}NO_2 \cdot HJ$ und **Nitrat** $C_{14}H_{25}NO_2 \cdot HNO_3 + H_2O$, und besonders das letztere, sind in Wasser schwer löslich. — Das **Platinsalz** $(C_{14}H_{25}NO_2 \cdot HCl)_2PtCl_4$ ist ein in Wasser und Alkohol unlöslicher, flockiger, ockergelber Niederschlag. — Das **Goldsalz** $(C_{14}H_{25}NO_2 \cdot HCl)AuCl_3 + 5 H_2O$ krystallisiert aus Alkohol in citronengelben Nadeln, die wasserfrei (bei 100° getrocknet) bei 205° schmelzen. Es löst sich beim Erwärmen mit Wasser unter teilweiser Zersetzung.

Methylcarpain $C_{14}H_{24}O_2N(CH_3)$ entsteht durch Einwirkung von überschüssigem Methyljodid auf die Base:

$$C_{14}H_{25}O_2N + CH_3J = C_{14}H_{24}O_2N(CH_3) \cdot HJ.$$

Es krystallisiert aus verdünntem Alkohol in farblosen, bei 71° schmelzenden Prismen.

Mit Äthyljodid tritt Carpain, in einer Druckflasche im Wasserbad erhitzt, zu folgendem Hydrojodid zusammen:

$$C_{14}H_{25}O_2N + C_2H_5J = C_{14}H_{24}O_2N(C_2H_5) \cdot HJ.$$

Der Körper schmilzt bei 235° unter Zersetzung. Basen scheiden daraus das

Äthylcarpain $C_{14}H_{24}O_2N \cdot C_2H_5$ aus, welches mit Chloroform isoliert, aus Alkohol bei Zusatz von Wasser in seideglänzenden Nadeln abgeschieden wird, die bei 91° schmelzen. Hieraus, sowie aus dem Umstande, daß sich Äthylcarpain mit noch 1 Mol. Äthyljodid zu einem Jodäthylat verbindet, geht hervor, daß Carpain eine sekundäre Base ist. Durch Einwirkung von überschüssigem Silberoxyd auf das Jodäthylat bei 100° entsteht indes kein Ammoniumhydroxyd, sondern es wird (unter Spaltung?) ein Körper von der Zusammensetzung eines Diäthylcarpains gebildet. Daß Carpain jedoch eine sekundäre Base ist, zeigt die Bildung der

Nitrosoverbindung $C_{14}H_{24}O_2N \cdot NO$, welche durch Versetzen des salzsauren Salzes mit Natriumnitrit entsteht und aus Alkohol kleine, prismatische Krystalle bildet, die bei 144 bis 145° schmelzen und die Liebermannsche Reaktion zeigen. Benzoylchlorid wirkt auf die Verbindung ein unter Bildung eines bei 100° schmelzenden Benzoylderivates, woraus auch die Gegenwart eines Hydroxyles hervorzugehen scheint. Dagegen erhält man durch Einwirkung von Benzoylchlorid und Essigsäureanhydrid auf das Carpain nicht die entsprechenden Acylderivate, sondern firnisartige Massen. Carpain spaltet beim Destillieren mit Jodwasserstoffsäure und Phosphor bei 150° kein Methoxyl ab. Bei der Oxydation mit Kaliumpermanganat in saurer Lösung entsteht außer Ammoniak eine aus Wasser in kleinen Krystallen herauskommende Säure, die stickstoffhaltig ist.

Dioscorin.

Mol.-Gewicht 221,16.
Zusammensetzung: 70,54% C, 8,66% H, 6,33% N.

$$C_{13}H_{19}NO_2\ [1]).$$

Vorkommen: In den Knollen von Dioscorea hirsuta, welche in Java mit dem Namen „Gadoeng" bezeichnet werden.

Darstellung: Zur Abscheidung der Base werden die in Scheiben geschnittenen, getrockneten und gepulverten Knollen mit salzsäurehaltigem Alkohol ausgezogen, aus dem Extrakt durch Wasserzusatz ein grünliches Pflanzenfett abgeschieden und die Flüssigkeit zum dünnen Sirup eingedampft. Man macht mit Kali stark alkalisch, zieht mit Chloroform aus und verdunstet das Lösungsmittel. Der Rückstand wird mit Salzsäure neutralisiert, zur Trockne verdampft und das salzsaure Salz aus abs. Alkohol wiederholt umkrystallisiert. Die hieraus abgeschiedene Base bleibt, mit Chloroform aufgenommen, nach Verdunsten desselben als allmählich erstarrender Sirup zurück.

Physiologische Eigenschaften: Die Wirkung des Dioscorins auf den tierischen Organismus gleicht der des Pikrotoxins, ist aber schwächer. Es ist ein heftiges Krampfgift und wirkt auf das zentrale Nervensystem ein, dessen Lähmung es schließlich bewirkt. Dagegen ist es auf die peripheren Nervenendigungen sowie auf die Muskeln ohne Einwirkung. Auch ist es kein Protoplasmagift und verändert die roten Blutkörperchen nicht.

Physikalische und chemische Eigenschaften: Dioscorin bildet gelbgrüne Krystalle vom Schmelzp. 43,5°, die bitter schmecken und hygroskopisch sind. Es ist in Wasser, Alkohol, Aceton und Chloroform leicht, in Äther, Benzol wenig löslich. Die wässerige Lösung bläut Lackmuspapier, und Ammoniak wird aus seinen Salzen durch die Base abgeschieden. Mit Schwefelsäure und Kaliumjodat gibt Dioscorin eine braungelbe, rasch blauviolett werdende Färbung. Von Nitroprussidnatrium in Gegenwart von Kaliumhydroxyd oder Natriumhydroxyd wird die Base rotviolett gefärbt, ebenso beim Erwärmen mit Schwefelsäure. Mit Pikrinsäure entsteht ein gelber, bei 184° schmelzender Niederschlag.

Derivate: Das salzsaure Salz $C_{13}H_{19}NO_2 \cdot HCl + 2 H_2O$ krystallisiert aus abs. Alkohol in sternförmig vereinigten Nadeln oder rautenförmigen Täfelchen, die bei 100° wasserfrei werden und bei 204° schmelzen. Es ist rechtsdrehend: $[\alpha]_D = +4°\,40'$. — Das **Platinsalz** $(C_{13}H_{19}NO_2 \cdot HCl)_2PtCl_4 + 3 H_2O$ bildet gut ausgebildete, orangegelbe Täfelchen, welche wasserfrei bei 199—200° unter Aufschäumen schmelzen. — Das **Goldsalz** $(C_{13}H_{19}NO_2 \cdot HCl)$ $AuCl_3 + \frac{1}{4} H_2O$ schmilzt wasserfrei bei 171°.

Fumarin.

Mol.-Gewicht 349,16.
Zusammensetzung: 72,17% C, 5,48% H, 4,01% N.

$$C_{21}H_{19}NO_4.$$

Vorkommen: Im Kraute von Fumarica officinalis und in der Rinde und dem Holze von Bocconia frutescens. Auch in der Papaveracee Glaucium corniculatum ist sie aufgefunden worden. Sie wurde von Hannon, Preuß und Reichwald[2]) näher untersucht, ist aber trotzdem nur wenig bekannt.

---

[1]) H. W. Schütte, Chem. Centralbl. **1897**, II, 130.
[2]) Reichwald, Jahresber. d. Chemie **1889**, 2010.

Physikalische und chemische Eigenschaften: Fumarin krystallisiert in sechsseitigen Prismen, welche bei 199° schmelzen, alkalisch reagieren und bitter schmecken. Die Löslichkeit beträgt bei 18,5° in Chloroform 1 : 11,2, in Benzol 1 : 78,7, in abs. Äther 1 : 822,9, in abs. Alkohol 1 : 829, in Wasser 1 : 3183. Konz. Schwefelsäure wird von der Base dunkelviolett gefärbt.

Derivate: Das **Hydrochlorid** und Sulfat treten in schwer löslichen Prismen auf, das **Acetat** in seideglänzenden Nadelbüscheln. Das **Platinsalz** ($C_{21}H_{19}NO_4 \cdot HCl)_2PtCl_4$ und **Goldsalz** ($C_{21}H_{19}NO_4 \cdot HCl)AuCl_3$ sind beide amorph.

Lobelin.

Mol.-Gewicht 285,2.
Zusammensetzung: 75,70% C, 8,13% H, 4,91% N.

$$C_{18}H_{23}NO_2\ ^1).$$

Vorkommen: In der in der ärztlichen Praxis angewandten Lobelia inflata, welche in Nordamerika wild wächst.

Darstellung: Zur Darstellung wird das feingepulverte Kraut oder der Samen mit möglichst wenig essigsäurehaltigem Wasser wiederholt durchfeuchtet und stehen gelassen, die entstandenen dunkelbraunen Flüssigkeiten durch Pressen abgetrennt, vereinigt und mit Natriumbicarbonat bis zur stark alkalischen Reaktion versetzt. Der Extrakt wird dann mit Äther durchgeschüttelt und das gelöste Alkaloid in möglichst wenig schwefelsäurehaltigem Wasser aufgenommen. Es wird nachher noch zweimal derselben Behandlung unterzogen. Beim Verdunsten des zum letztenmal angewandten Äthers bleibt das Lobelin als gelb gefärbtes, honigartiges Liquidum rein zurück.

Physiologische Eigenschaften: Der beim Pulvern der Salze erzeugte Staub wirkt sowohl auf die Lunge wie auf die Nasenschleimhäute heftig reizend ein. Lobelin ist ein auf das respiratorische Zentrum lähmend wirkendes Gift, welches bei Katzen die Temperatur herabsetzt und den Blutdruck unter Reizung des peripherischen vasomotorischen Nerven steigert.

Physikalische und chemische Eigenschaften: Lobelin zeigt stark alkalische Reaktion. Es löst sich in Alkohol leicht, schwerer in Chloroform, Äther und Petroläther und ist in Wasser schwer löslich. Beim Kochen mit Kalilauge tritt ein pyridinähnlicher Geruch auf. Mit Natronkalk erhitzt, wird ein stark pyridinartig riechendes, öliges Liquidum gebildet. Beim Erhitzen auf 100° verharzt Lobelin unter Gewichtsverlust, und indem es sich dunkel färbt, vollständig. Konz. Schwefelsäure bringt eine gelblichrötliche Färbung hervor, Vanadinschwefelsäure färbt die Base sofort schön violett, welche Farbe bald in Braun übergeht.

Derivate: Das **salzsaure Salz** $C_{18}H_{23}NO_2 \cdot HCl + H_2O$ krystallisiert, beim Auflösen von frisch bereitetem Lobelin in salzsäurehaltigem Wasser, nach einiger Zeit in schönen, bei 129° schmelzenden Nadeln. Hat die Base längere Zeit hindurch gestanden, so bildet sich nur ein amorphes Salz. — Das **Platinsalz** ($C_{18}H_{23}NO_2 \cdot HCl)_2PtCl_4 + 3 H_2O$ fällt aus der alkoholischen Lösung des salzsauren Salzes mit Platinchlorid krystallinisch aus. Auch das **Goldsalz** ist krystallisiert erhalten worden.

Loxopterygin.

Mol.-Gewicht 406,30.
Zusammensetzung: 76,79% C, 8,43% H, 6,90% N.

$$C_{26}H_{34}N_2O_2\ (?).$$

Vorkommen: In der roten Quebrachorinde (aus der zur Familie Anacardiaceae gehörenden Loxopterygium Lorentzii)[2].

Darstellung: Zur Isolierung der Base wird die zerkleinerte Rinde mit Alkohol ausgekocht, das Extrakt nach Verjagen des Alkohols mit Natronlauge übersättigt und mit Äther extrahiert. Wird der Ätherrückstand in verdünnter Essigsäure gelöst, so fällt Rhodankalium ein zweites, bisher nicht untersuchtes Alkaloid aus, während Loxopterygin fast vollständig gelöst bleibt und durch Ammoniak abgeschieden werden kann. Es wird durch Auflösen in Essigsäure, Kochen der Lösung mit Tierkohle und Ausfällen mit Ammoniak gereinigt.

---

[1]) Siebert, Inaug.-Diss. Marburg 1891.
[2]) O. Hesse, Annalen d. Chemie u. Pharmazie **211**, 274 [1882].

Physikalische und chemische Eigenschaften: Loxopterygin stellt amorphe Flocken dar, welche bei 81° schmelzen und sehr leicht in Äther, Alkohol, Chloroform, Benzin und Aceton, wenig in kaltem Wasser löslich sind. Es reagiert stark basisch und schmeckt intensiv bitter. In konz. Salpetersäure löst sich Loxopterygin mit blutroter Farbe, die bald heller wird. Konz. Schwefelsäure nimmt es mit gelblicher Farbe auf, die auf Zusatz von wenig Molybdänsäure erst violett, dann blau wird.

Die salzsaure Lösung des Alkaloids gibt mit Quecksilberchlorid einen amorphen, weißen Niederschlag, mit Goldchlorid eine flockige, gelbe Fällung. Das Platinsalz ist auch ein flockiger, gelber Niederschlag.

Lycorin.

Mol.-Gewicht 572,28.
Zusammensetzung: 67,10% C, 5,64% H, 4,90% N.

$$C_{32}H_{32}N_2O_8.$$

Vorkommen: In der in Japan heimischen Lycoris radiata (s. Nerine japonica), aus der sie von Morishima[1]) 1897 isoliert wurde.

Darstellung: Die entschälten, zerkleinerten und an der Luft getrockneten Zwiebeln werden längere Zeit mit 80 proz. Weingeist extrahiert. Zur Entfernung von fremden Substanzen wird der Rückstand mit Kalk versetzt und mit Alkohol ausgeschüttelt, die Lösung mit Essigsäure angesäuert und eingedampft. Der Rückstand wird später mit Kalkmilch alkalisiert und die Alkaloide mit Essigester ausgezogen. Man führt sie dann durch Schütteln dieser Lösung mit schwefelsäurehaltigem Wasser in Salze über und fällt das Lycorin mit Soda als krystallinischen Niederschlag aus. Man reinigt die Base durch wiederholtes Auflösen in einer Säure und Ausfällen mit Soda und krystallisiert sie aus verdünntem Alkohol um.

Physiologische Eigenschaften: Bei Warmblütern wirkt Lycorin zuerst brechenerregend, dann bewirkt es Durchfälle und schließlich den Tod unter Lähmung des Zentralnervensystems. Bei Fröschen führt die Base durch Lähmung der Herzmuskulatur Stillstand des Herzens herbei.

Physikalische und chemische Eigenschaften: Lycorin scheidet sich in ziemlich großen farblosen, polyedrischen Krystallen ab, die sich bei 250° zersetzen und in Wasser, Alkohol, Äther und Chloroform nur wenig löslich sind. Es wird von konz. Schwefelsäure zunächst farblos gelöst, die Lösung wird bald ockergelb. Konz. Salpetersäure nimmt es mit bräunlichgelber Farbe auf. Molybdänsaures Natrium und konz. Schwefelsäure erzeugen eine schmutziggrüne, später blaue Färbung.

Derivate: Das **salzsaure Salz** $C_{32}H_{32}N_2O_3 \cdot 2\,HCl + 2\,H_2O$ krystallisiert in feinen Nadeln, welche bei 208° schmelzen. Die anderen Salze krystallisieren nicht.

Sekisanin.

Mol.-Gewicht 616,30.
Zusammensetzung: 66,20% C, 5,89% H, 4,54% N.

$$C_{34}H_{36}N_2O_9\,(?).$$

Vorkommen: In der in Japan heimischen Lycoris radiata (s. Nerine japonica), aus der es von Morishima isoliert wurde.

Darstellung: Werden die Mutterlaugen von der Lycorindarstellung (s. oben) mit Äther ausgeschüttelt und der ölige Rückstand in Alkohol gelöst, so krystallisiert diese Base beim Stehen aus.

Physikalische und chemische Eigenschaften: Es bildet aus verdünntem Alkohol lange, farblose, vierseitige Säulen, die bei ca. 200° schmelzen. Das Alkaloid ist in Wasser, Äther, Chloroform, Benzol sehr wenig, in Alkohol ziemlich leicht löslich.

Sekisanin wird von allen Alkaloidreagenzien gefällt. Konz. Schwefelsäure sowie konz. Salpetersäure löst es mit gelber Farbe. Schwefelsäure und molybdänsaures Natron färbt es gelb.

Das **Platinsalz** schmilzt bei 194°.

---

[1]) Morishima, Archiv f. experim. Pathol. u. Pharmakol. **40**, 221 [1897]; Chem. Centralbl. **1898**, I, 254.

Menispermin.[1])

Mol.-Gewicht 300,21.
Zusammensetzung: 71,95% C, 8,06% H, 9,33% N.

$C_{18}H_{24}N_2O_2$ (?).

Vorkommen: In den Schalen von Kokkelskörnern (aus Anamirta cocculus), Familie Menispermaceae.

Darstellung: Die Schale wird zur Isolierung der Basen mit Alkohol extrahiert, das Extrakt nach Abdestillieren des Alkohols in heißem, angesäuertem Wasser gelöst, die basischen Produkte mit Ammoniak ausgefällt, abfiltriert und in verdünnter Essigsäure aufgelöst. Man fällt die Basen von neuem mit Ammoniak, löst dieselben nach dem Trocknen in Alkohol und läßt die Lösung an der Luft verdunsten. Die ausgeschiedenen Krystalle werden nach dem Waschen mit kaltem Alkohol mit Äther behandelt, welcher Menispermin auflöst, während Paramenispermin ungelöst bleibt.

Physikalische und chemische Eigenschaften: Menispermin bildet vierseitige, bei 120° schmelzende Prismen, welche in Wasser unlöslich, in kaltem Alkohol und in Äther löslich sind. Die Base ist geschmacklos und nicht giftig. Das Sulfat krystallisiert in Prismen.

Paramenispermin ist in Dosen bis 0,4 g auf Menschen ohne Wirkung. Es krystallisiert in vierseitigen Prismen vom Schmelzp. 250°, welche von kaltem Alkohol leicht, von Wasser und von Äther nur wenig gelöst werden.

Nupharin.

Mol.-Gewicht 300,21.
Zusammensetzung: 71,95% C, 8,06% H, 9,33% N.

$C_{18}H_{24}N_2O_2$.

Vorkommen: In Nuphar luteum oder Nymphea lutea (Familie Nymphaeaceae)[2]).

Darstellung: Zur Darstellung des Nupharins zogen A. Goris und L. Crété[3]) das in Scheiben zerschnittene frische Rhizom mit chlorwasserstoffhaltigem Wasser aus, versetzten den Auszug mit Silicowolframsäure, zerlegten den Niederschlag mit Barytwasser und extrahierten die Masse wiederholt mit Äther. Beim Verdunsten des ätherischen Auszuges hinterbleibt ein gelber Extrakt; die Lösung desselben in verdünnter Salzsäure gibt mit Bouchardatschem Reagens einen braunen, mit Dragendorfs Reagens einen orangeroten, mit Meyers Reagens einen milchweißen, mit Silicowolframsäure einen schmutzigweißen Niederschlag. Bei der Zersetzung des Silicowolframsäureniederschlags mit Barytwasser tritt leicht eine Abspaltung von Zimtaldehyd ein. Wird ein Überschuß von Bariumhydroxyd vermieden und sofort mit Äther ausgeschüttelt, so erhält man beim Verdunsten des Äthers neben einem öligen Produkt auch feine Krystalle.

Physikalische und chemische Eigenschaften: Nupharin ist eine zerreibliche, weiße Masse, die bei 40—45° zusammenbackt und bei 65° sirupös wird. Die salzsaure oder essigsaure Lösung des Alkaloids zersetzt sich im Vakuum über Schwefelsäure unter Bildung stark und eigenartig riechender Substanzen. Nupharin ist in den gewöhnlichen Solvenzien, mit Ausnahme von Ligroin löslich. Es ist inaktiv.

Piperovatin.

Mol.-Gewicht 259,18.
Zusammensetzung: 74,08% C, 8,17% H, 5,41% N.

$C_{16}H_{21}NO_2$.

Vorkommen: In Piper ovatum[4]), einer in Trinidad heimischen Piperacea.

Darstellung: Zur Isolierung des Piperovatins wird das dunkelgefärbte ätherische Extrakt von Äther und flüchtigen Ölen durch Verdunstung befreit und dann mit heißem 13 proz.

---

[1]) Pelletier u. Conerbe, Annalen d. Chemie u. Pharmazie **10**, 198 [1834].
[2]) Grüning, Berichte d. Deutsch. chem. Gesellschaft **16**, I, 969 [1883].
[3]) A. Goris u. L. Crété, Bulletin des Sc. Pharmacol. **17**, 13 [1910]; Chem. Centralbl. **1910**, I, 1266.
[4]) Dunstan u. Garnett, Chem. News **71**, 33 [1895]; Chem. Centralbl. **1895**, I, 492.

Alkohol ausgezogen. Die filtrierte Lösung scheidet beim Abkühlen Krystalle des Alkaloids ab, welche aus 4 proz. Alkohol oder Ätheralkohol umkrystallisiert werden[1]).

Physiologische Eigenschaften: Das Alkaloid lähmt die motorischen und sensiblen Nerven vorübergehend, ist ein Herzgift und ruft tonische Krämpfe hervor, die den durch Strychnin verursachten ähnlich sind.

Physikalische und chemische Eigenschaften: Piperovatin besitzt keine basischen Eigenschaften. Es ist in Wasser nahezu unlöslich, sehr schwer löslich in Äther und Ligroin, leicht löslich in Alkohol, Aceton, Chloroform und wird durch Wasserzusatz zur alkoholischen Lösung in Form dünner Krystalle abgeschieden. Verdünnte Säuren und Alkalien nehmen es nicht auf.

Derivate: Durch Erhitzen von Piperovatin mit Wasser auf 160° entsteht eine flüchtige Base, die wahrscheinlich ein Piperidinderivat ist, außerdem eine Säure und ein nach Anisol riechendes Öl, welches beim Behandeln mit Natron Phenol geben soll.

Retamin.

Mol.-Gewicht 250,23.
Zusammensetzung: 71,93% C, 10,47% H, 11,20% N.

$$C_{15}H_{26}N_2O.$$

Vorkommen: In den jungen Zweigen und der Rinde der zur Familie Retama sphaerocarpa gehörigen Pflanze[2]).

Bei seiner Isolierung erhält man aus 1 kg der frischen Pflanze 4 g der Base.

Physikalische und chemische Eigenschaften: Retamin krystallisiert aus Petroläther in Nadeln, aus Alkohol in Blättchen und schmilzt bei 162°. Es löst sich leicht in Wasser, Äther, leichter in Chloroform; 100 ccm abs. Alkohol lösen 1,964 g der Base. Sie ist rechtsdrehend, $[\alpha]_D = +43,11$ bis $43,15°$. Sie schmeckt bitter, ist aber physiologisch unwirksam.

Retamin ist eine starke, ein- oder zweisäurige Base, welche Ammoniaksalze besonders in der Wärme zerlegt und Phenolphthalein färbt. Es besitzt stark reduzierende Eigenschaften, wird von Wismutkaliumjodid, aber nicht von Platinchlorid gefällt. Die Salze, mit Ausnahme des Nitrates, krystallisieren schön. Mit Schwefelammonium gibt Retamin die Sparteinreaktion. Seiner Zusammensetzung nach ist es ein Oxyspartein, zeigt sich aber mit dem bekannten Oxyspartein (s. dieses) nicht identisch.

Derivate: Das Retamin bildet neutrale Salze, welche 2 Mol. einer einbasischen Säure pro Molekül enthalten und basische Salze, welche 1 Mol. der Säure enthalten. Die **Bromhydrate** haben die Formeln $C_{15}H_{26}ON_2 \cdot HBr$ und $C_{15}H_{26}N_2O \cdot 2\,HBr$. — Das **Jodhydrat** $C_{15}H_{26}ON_2 \cdot 2\,HJ$ krystallisiert in prächtigen Krystallen. — **Sulfat** $C_{15}H_{26}N_2O \cdot H_2SO_4 \cdot 5\,H_2O$ (aus Wasser krystallisiert). Bei Zusatz von Schwefelsäure zu einer konz. alkoholischen Lösung des Retamins entsteht ein Sulfat von der Formel $C_{15}H_{26}N_2O \cdot H_2SO_4 \cdot 2\,H_2O$. — Das mit einem Äquivalent Säure verbundene Retamin färbt Phenolphthalein nicht. Die Salze mit 2 Mol. Säure werden bei Zusatz von Natronlauge in Salze mit 1 Mol. Säure verwandelt.

$$R \cdot 2\,HBr + NaOH = RHBr + NaBr + H_2O.$$

Man kann also das Molekulargewicht des Retamins schnell bestimmen, indem man eine bestimmte Menge des Alkaloids mit einem bekannten Überschuß titrierter Säure und einigen Tropfen Phenolphthalein versetzt und dann titrierte Natronlauge bis zur Färbung hinzufügt.

Ricinin.

Mol.-Gewicht 164,08.
Zusammensetzung: 58,51% C, 4,91% H, 17,08% N.

$$C_8H_8N_2O_2.$$

Vorkommen: In den Samen von Ricinus communis (Familie Euphorbiaceae). Ungekeimter Ricinussamen enthält nur ca. 1,1%, junge grüne Pflanzen 0,7—1,0% und etiolierte Keimpflanzen in den lufttrocknen Kotyledonen bis 3,3%. Die Bildung von Ricinin scheint

---

[1]) Dunstan u. Carr, Chem. News **72**, 278 [1896]; Chem. Centralbl. **1896**, I, 208.
[2]) J. Battandier u. Th. Malosse, Compt. rend. de l'Acad. des Sc. **125**, 360, 450 [1897]; Chem. Centralbl. **1897**, II, 593, 844.

mit dem Eiweißumsatz zusammenzuhängen, denn sie erfährt mit der Entwicklung eine erhebliche Zunahme[1]).

Darstellung: Zur Gewinnung von Ricinin wird Ricinusölkuchen mit siedendem Wasser erschöpft, die Lösung bis zur Sirupkonsistenz eingeengt, der Rückstand mit Alkohol ausgezogen, die alkoholische Lösung im Vakuum eingedampft, der Rückstand mit siedendem Chloroform behandelt und das sich aus der Chloroformlösung krystallinisch abscheidende Ricinin durch Umlösen aus Chloroform + Alkohol und aus Wasser gereinigt. Aus 124 kg Ölkuchen werden so 250 g Ricinin vom Schmelzp. 201,5° (korr.) erhalten[2]).

Physikalische und chemische Eigenschaften: Ricinin bildet rektanguläre Prismen oder Tafeln, welche bei 201° schmelzen. Es sublimiert beim Erhitzen unzersetzt, schmeckt deutlich bitter, reagiert in wässeriger Lösung neutral und ist optisch inaktiv. Es löst sich leicht in Wasser und Weingeist; auch Chloroform, Benzol und Äther nehmen es leicht auf. Mit Kali geschmolzen, wird dem Ricinin Ammoniak entzogen.

Die farblose Lösung in konz. Schwefelsäure wird durch einige Krystalle von Kaliumdichromat erst gelbgrün, dann prachtvoll grün gefärbt, wodurch selbst Spuren von Ricinin nachgewiesen werden können. Von den Alkaloidreagenzien üben nur Quecksilberchlorid und Jodkalium eine Wirkung aus.

Derivate: Die Quecksilberchloridverbindung schmilzt bei 204°.

Nach Soave bildet Ricinin bei der Einwirkung von Chlor und Brom Substitutionsprodukte, welche bei 240 resp. 247° schmelzen[3]).

Die Verseifung des Ricinins mittels alkoholischer Kalilauge führt zur Spaltung in Methylalkohol und **Ricininsäure** $C_7H_6O_2N_2$, Nadeln aus heißem Wasser, zersetzt sich gegen 320°, ohne zu schmelzen; fast unlöslich in kaltem Wasser, löslich in 100 Teilen siedenden Wassers. Beim Erhitzen mit der 5fachen Menge rauchender Salzsäure im Rohr auf 150° spaltet sich die Ricininsäure in Kohlendioxyd, Ammoniak und eine Base $C_6H_7O_2N$, vermutlich ein **Methyldioxypyridin** oder Methyloxypyridin $C_5H_4(CH_3)O_2N$. Letztere Base krystallisiert aus Wasser in farblosen Nadeln, die 1 Mol. Krystallwasser enthalten. Schmelzp. des wasserhaltigen Produktes 80°, des wasserfreien Produktes 170—171°, leicht löslich in heißem Wasser und Alkohol; fast unlöslich in kaltem Wasser, wird durch Eisenchlorid intensiv rot gefärbt. **Chlorhydrat** $C_6H_7O_2N \cdot HCl + 2 H_2O$, farblose Prismen aus Wasser, Schmelzp. 65—70°, verwittern an der Luft, verlieren ihr Wasser und etwas Chlorwasserstoff bei 110° und schmelzen dann bei 155—160°.

Maquenne und Philippe betrachten das Ricinin und dessen Spaltungsprodukte als zyklische Verbindungen, welche sie in folgender Weise formulieren:

Methyloxypyridon   Ricininsäure

Ricinin   oder

Die Stellung der Substituenten ist noch unsicher.

---

[1]) Schulze u. Winter, Zeitschr. f. physiol. Chemie **43**, 211 [1904].
[2]) Maquenne u. Philippe, Compt. rend. de l'Acad. des Sc. **138**, 506 [1904]; Chem. Centralbl. **1904**, I, 896.
[3]) Evans, Journ. Amer. Chem. Soc. **22**, 39 [1899]; Chem. Centralbl. **1900**, I, 612.

Senecionin.

Mol.-Gewicht 351,21.
Zusammensetzung: 61,50% C, 7,17% H, 3,99% N.

$C_{18}H_{25}NO_6$.

Vorkommen: Die Base wurde 1895 von Grandval und Lajoux[1]) in dem zur Familie Compositae gehörenden Kranzkraute (Senecio vulgaris) aufgefunden, welches nach der Jahreszeit wechselnde Mengen davon und daneben ein anderes, nicht analysiertes Alkaloid, das Senecin, enthält.

Darstellung: Zur Isolierung der Base wird die feingepulverte Droge (5 T.) mit einem gut durchgeschüttelten Gemisch von Äther (5 T.) und Ammoniakflüssigkeit (1 T.) angefeuchtet und durchgearbeitet und die Masse mit Chloroform im Extraktionsapparate erschöpft. Nach Abdestillation des Chloroforms wird der Rückstand mit 10 proz. Schwefelsäure digeriert und die Fette, Harze usw. durch Filtrieren abgetrennt. Die mit Ammoniak abgeschiedene braun gefärbte Rohbase behandelt man mit 80 proz. Alkohol, wodurch das Alkaloid weiß wird. In heißem abs. Alkohol aufgelöst, krystallisiert das Senecionin beim Abkühlen rein aus, während Senecin in den Mutterlaugen gelöst bleibt.

Physikalische und chemische Eigenschaften: Es krystallisiert aus abs. Alkohol in rhombischen Tafeln, welche bitter schmecken, wenig in Äther, leicht in Chloroform löslich und linksdrehend sind; $[\alpha]_D = -80,49°$. 100 Teile Alkohol lösen von der Base bei 18° 0,64 Teile. Die Salze sind nicht krystallinisch erhalten. Senecionin hat reduzierende Eigenschaften, da es mit Ferrichlorid und Kaliumferricyanid Berlinerblau bildet. Durch Kaliumpermanganat und Schwefelsäure wird es gelb gefärbt.

Senicin wird aus den Mutterlaugen in der Weise dargestellt, daß der Verdampfungsrückstand derselben mit Äther behandelt, das gelöste Produkt in heißem Wasser gelöst und die Lösung mit Weinsäure angesäuert wird. Aus der filtrierten Lösung scheiden sich Nadeln des schwer löslichen, weinsauren Salzes aus. Die freie Base krystallisiert aus Äther in Schuppen die sich gegen Ferricyankalium und Kaliumpermanganat wie Senecionin verhalten. Schwefelsäure färbt es zuerst gelb, dann rotbraun; mit Salpeter wird es violettrot, mit Vanadinschwefelsäure violettbraun gefärbt.

Senecifolin.[2])

Mol.-Gewicht 385,23.
Zusammensetzung: 56,07% C, 7,07% H, 3,64% N.

$C_{18}H_{27}O_8N$.

Vorkommen: Die in Südafrika wachsende, giftige Komposite, Senecio latifolius, enthält zwei Alkaloide, Senecifolin und Senecifolidin, von denen die Pflanze vor der Blüte 1,2%, in der Reifezeit 0,49% enthält. Senecifolin zerfällt bei der alkalischen Hydrolyse in eine Base, Senecifolinin und Senecifolsäure.

Darstellung: Die grob zerkleinerte Pflanze wird durch Perkolation mit 95 proz. Alkohol erschöpfend ausgezogen, die alkoholische Lösung unter vermindertem Druck eingedampft, der Rückstand mit 2 proz. Salzsäure behandelt, die saure Lösung filtriert, mit Äther geschüttelt, ammoniakalisch gemacht und mit Chloroform ausgezogen; nun zieht man das Chloroform mit 2 proz. Salzsäure aus, macht wieder ammoniakalisch und zieht mit Chloroform aus; die mit Wasser gewaschene Lösung in Chloroform wird eingedampft, der Rückstand mit 1 proz. Salpetersäure neutralisiert, die Lösung filtriert und im Vakuum eingedunstet; aus der alkoholischen Lösung der Nitrate krystallisiert das Salz des Senecifolins, während das des Senecifolidins gelöst bleibt.

Physikalische und chemische Eigenschaften: Senecifolin, aus dem Nitrat durch Ammoniak freigemacht und mittels Äther isoliert, bildet rhombische Tafeln aus Chloroform und Petroläther, Schmelzp. 194—195° (nach geringem Dunkelwerden bei 190°), löslich in Chloroform, Äther, Alkohol; unlöslich in Petroläther, Wasser. $[\alpha]_D^{22} = +28° 8'$ (c = 3,85 in Alkohol); enthält kein Methoxyl, die Lösung des Nitrats wird durch Kaliumferricyanid in Gegenwart von Eisenchlorid grünlichblau gefärbt; enthält kein Phenolhydroxyl. Nitrat, rhombische Prismen

---

[1]) Grandval u. Lajoux, Compt. rend. de l'Acad. des Sc. **120**, 1120 [1895]; Bulletin de la Soc. chim. [3] **13**, 942 [1895]; Chem. Centralbl. **1895**, II, 136.
[2]) H. E. Watt, Journ. Chem. Soc. **95**, 466 [1909]; Chem. Centralbl. **1909**, I, 1763.

aus Alkohol. Schmelzp. 240°. Leicht löslich in Wasser, sehr schwer löslich in kaltem Alkohol, unlöslich in Äther, Chloroform, Petroläther. $[\alpha]_D^{20} = -15° 48'$ (c = 3,165 in Wasser).
Chlorhydrat, Nadeln aus Alkohol und Äther. Schmelzp. 260° (Zersetzung). Leicht löslich in Alkohol, Wasser, unlöslich in Äther. Schmelzp. 248° (Zersetzung), schwer löslich in Alkohol, Wasser.
Chloroaurat $C_{18}H_{27}O_8N \cdot HAuCl_4$, goldgelbe Krystalle aus Alkohol mit 1 Mol. Krystallalkohol, schmilzt bei 105°, getrocknet, bei 220° (Zersetzung). Das Alkaloid ist beim 6stündigen Erhitzen des neutralen Sulfats in wässeriger Lösung auf 125—130° beständig, wird aber beim Stehen in alkoholischer, alkalischer Lösung hydrolysiert; neutralisiert man die alkalische Lösung nach 24 Stunden mit Salzsäure, so erhält man nach dem Verjagen des Alkohols beim Ansäuern der wässerigen Lösung des Rückstandes mit Salzsäure und Ausziehen der sauren Lösung mit Äther
Senecifolsäure $C_{10}H_{16}O_6$, farblose, 6seitige rhombische Tafeln aus Äther. Schmelzp. 198—199°. Löslich in Chloroform, Äther, Alkohol, schwer löslich in Wasser, unlöslich in Petroläther. $[\alpha]_D^{20} = +28° 22'$ (c = 1,468 in Alkohol).
$Ag_2 \cdot C_{10}H_{14}O_6$, Nadeln aus heißem Wasser. Die ausgeätherte, salzsaure Lösung wird unter vermindertem Druck eingedampft, der Rückstand mit abs. Alkohol ausgezogen; aus dieser Lösung erhält man beim Einengen **Senecifolininchlorhydrat** $C_8H_{11}O_2N \cdot HCl$, farblose, rhombische Prismen aus Alkohol, Schmelzp. 168°. Leicht löslich in Wasser, Alkohol, unlöslich in Chloroform, Äther, Petroläther. $[\alpha]_D^{20} = -12° 36'$ (c = 1,455 in Wasser); aus der alkalisch gemachten Lösung des Chlorhydrats in Wasser läßt sich die Base nicht durch Chloroform ausziehen. Das Nitrat ist äußerst zerfließlich.
Chloroaurat $C_8H_{11}O_2N \cdot HAuCl_4$, rhombische Prismen aus Alkohol und Petroläther. Schmelzp. 150°. Leicht löslich in Alkohol, Wasser, unlöslich in Petroläther.
Senecifolidin $C_{18}H_{25}O_7N$, farblose, rhombische Tafeln aus Alkohol. Schmelzp. 212° (nach dem Dunkelwerden bei 200°). Löslich in Chloroform, Äther, Alkohol, unlöslich in Petroläther. $[\alpha]_D^{20} = -13° 56'$ (c = 2,87 in Alkohol). **Nitrat** $C_{18}H_{25}O_7N \cdot HNO_3$, rhombische Prismen aus Alkohol mit $\frac{1}{2} C_2H_6O$. Schmelzp. 145°. Sehr leicht löslich in Wasser, Alkohol, unlöslich in Äther, Chloroform, $[\alpha]_D = -24° 21'$ (c = 2,532 in Wasser). Das **Chlorhydrat** ist sehr zerfließlich. **Chloroaurat** $C_{18}H_{25}O_7N \cdot HAuCl_4$, gelbe Krystalle aus Alkohol.

Sinapin.

Mol.-Gewicht 327,2.
Zusammensetzung: 58,68% C, 7,70% H, 4,28% N.

$$C_{16}H_{25}NO_6.$$

Vorkommen: Diese Base findet sich als rhodanwasserstoffsaures Salz (Schwefelcyansinapin) in dem weißen Senf, den Samen der Cruciferae Sinapis alba.
Darstellung: Zur Isolierung des Sinapins verfährt man nach Remsen und Coale[1]) in der Weise, daß man den Senfsamen mit 95 proz. Alkohol auskocht und die eingeengten alkoholischen Auszüge mit alkoholischer Rhodankaliumlösung fällt. Das ausfallende rhodanwasserstoffsaure Salz wird aus Wasser umkrystallisiert, in Alkohol aufgelöst und durch Zusatz von konz. Schwefelsäure in das zweifach saure Sulfat übergeführt. Löst man dieses in Wasser und versetzt mit der zur Ausfällung der Schwefelsäure genau berechneten Menge Barytwasser, so enthält die resultierende, intensiv gelb gefärbte, alkalisch reagierende Lösung Sinapin.
Physikalische und chemische Eigenschaften: Die freie Base ist äußerst leicht veränderlich und läßt sich nicht aus der Lösung abscheiden. Wie v. Babo und Hirschbrunn[2]) nachgewiesen haben, ist dieselbe als ein Ester des Cholins zu betrachten, da sie beim Kochen mit Alkalien in Cholin und Sinapinsäure zerfällt:

$$C_{16}H_{25}NO_6 + H_2O = C_5H_{15}NO_2 + C_{11}H_{12}O_5$$
Sinapin   Cholin   Sinapinsäure

Derivate:[3]) Die Salzbildung geht unter Austritt von Wasser vor sich. **Sulfocyansinapin** krystallisiert aus siedendem Wasser (Zusatz von Tierkohle) in Nadeln mit 1 H_2O

---

[1]) Remsen u. Coale, Amer. Chem. Journ. **6**, 52 [1884].
[2]) v. Babo u. Hirschbrunn, Annalen d. Chemie u. Pharmazie **84**, 10 [1852].
[3]) J. Gadamer, Archiv d. Pharmazie **235**, 81 [1897]; Chem. Centralbl. **1897**, I, 820; Berichte d. Deutsch. chem. Gesellschaft **30**, 2328 [1897].

$= C_{16}H_{24}NO_5 \cdot SCN + H_2O$, Schmelzp. 178°; die bei 100° dargestellte wasserfreie Verbindung schmilzt bei 179°.

Saures Sinapinsulfat $C_{16}H_{24}NO_5 \cdot HSO_4 + 2 H_2O$, dargestellt durch Versetzen einer alkoholischen Lösung von Sulfocyansinapin mit konz. Schwefelsäure, ist leicht löslich in Wasser, schwer löslich in Alkohol, unlöslich in Äther. Das wasserfreie Salz schmilzt bei 186—188°, das wasserhaltige (rektanguläre Plättchen aus Alkohol) bei 126,5—127,5° (Zersetzung).— Das **Bisulfat** eignet sich gut zur Darstellung anderer Salze, indem man seine wässerige Lösung so lange mit Barytwasser versetzt, bis eine bleibende Gelbfärbung von freiem Sinapin auftritt, dann setzt man die Säure, deren Salz man darstellen will, hinzu und nochmals so viel Barytwasser, als zum Auftreten der Gelbfärbung erforderlich ist. — **Neutrales Sinapinsulfat** $(C_{16}H_{24}NO_5)_2SO_4 + 5 H_2O$, glänzende Blättchen aus siedendem Alkohol, leicht löslich in Wasser, schwer löslich in Alkohol, schmilzt wasserfrei bei 193° und ist wenig beständig. — **Sinapinjodid** $C_{16}H_{24}N_5J + 3 H_2O$, löslich in heißem Wasser, schwer löslich in kaltem Wasser, schmilzt wasserfrei bei 178—179°.

Bromid $C_{16}H_{24}NO_5Br + 3 H_2O$, fast farblos, in Wasser leicht löslich, Nadeln, Schmelzp. 90—92°, schmilzt wasserfrei bei 107—115°. — **Chlorid** $C_{16}H_{24}NO_5Cl$, leicht löslich in Wasser und Alkohol, konnte nicht krystallisiert erhalten werden. — **Nitrat** $C_{16}H_{24}NO_5NO_3 + 2 H_2O$, gelbliche Nadeln aus Alkohol. — Das Sinapin ist eine quaternäre Base und wie oben angeführt der Ester des Cholins und der Sinapinsäure, aus denen es sich unter Austritt von 1 H_2O bilden kann.

Sinapinsäure $C_{11}H_{12}O_5$, sehr schwer löslich in Äther. — **Äthylester** $C_{11}H_{11}O_5 \cdot C_2H_5$ $+ H_2O$, dargestellt durch Einleiten von Chlorwasserstoff in eine Lösung von Sinapinsäure und abs. Alkohol; weiße glänzende Schuppen aus verdünntem Alkohol, Schmelzp. 80—81°, schwer löslich in Wasser, leicht löslich in Alkohol und Äther. — **Acetylsinapinsäure** $C_{11}H_{11}O_5 \cdot CH_3CO$, Schmelzp. 181—187° (nach Remsen und Coale 281°), leicht löslich in Essigäther, verändert sich nicht mit $FeCl_3$ (Sinapinsäure gibt mit $FeCl_3$ zinnoberrote Färbung). Die Gegenwart von nur einer Acetylgruppe wurde, da die Analyse keinen Aufschluß darüber gibt, durch eine Essigsäurebestimmung bewiesen. Durch Einwirkung von Jodwasserstoff (D 1,7) und etwas amorphem Phosphor nach Zeisel konnte die Anwesenheit von zwei Methoxylgruppen in der Sinapinsäure nachgewiesen werden. — Eine Lösung der Sinapinsäure in abs. Alkohol nimmt Brom, in Chloroform gelöst, unter Entfärbung auf, wobei eine rotbraune, klebrige Substanz gewonnen wurde. Mit Bromwasserstoff wurde ein bräunlicher Sirup erhalten. — **Methylsinapinsäuremethylester** $C_{12}H_{13}O_5 \cdot CH_3$, entstand durch 8—10stündiges Erhitzen von Sinapinsäure (3 g), Natrium (0,6 g) in Methylalkohol gelöst mit überschüssigem Jodmethyl auf 100° (Rohr), gelbliche Blättchen, Schmelzp. 91—91,5°. Der Ester gab beim Verseifen mit alkoholischem Kaliumhydroxyd **Methylsinapinsäure** $C_{12}H_{14}O_5$, Nadeln, Schmelzp. 123,5—124°. Aus dieser Säure

$$\underset{I}{\begin{array}{c} COH \\ CH_3OC \diagup \diagdown COCH_3 \\ HC \diagdown \diagup CH \\ C \\ | \\ CH=CH \cdot COOH \end{array}} \qquad \underset{II}{\begin{array}{c} COCH_3 \\ HOC \diagup \diagdown COCH_3 \\ HC \diagdown \diagup CH \\ C \\ | \\ CH=CH \cdot COOH \end{array}}$$

wurde bei der Oxydation mit alkalischer Permanganatlösung Trimethylgallussäure, Schmelzp. 167°, gewonnen. Hiernach müßte der Sinapinsäure Formel I oder II zukommen. Eine Säure der Formel I würde bei der Oxydation Syringasäure liefern. Die Oxydation der Sinapinsäure selbst gab keine faßbaren Produkte.

Zur Aufklärung der Konstitution wurde die durch Acetylierung gewonnene Acetylsinapinsäure mit Permanganat oxydiert und hierbei Dimethylgallussäure vom Schmelzp. 202° (Syringasäure) erhalten. Demnach kommt der Sinapinsäure die obige Formel I und dem Sinapin die folgende Formel zu

$$N \equiv (CH_3)_3 \begin{cases} C_2H_4O \cdot C_{11}H_{11}O_4 \\ \\ OH \end{cases}$$

Bei Einwirkung von konz. Salpetersäure entstand aus Sinapinsäure eine Nitroverbindung vom Schmelzp. 132—133°. Kaliumdichromat und Schwefelsäure oder Essigsäure bewirkten dagegen Oxydation zu Dioxychinondimethyläther. Der korrespondierende Alkohol der Sinapinsäure ist das Syringinin.

Calycanthin.

Mol.-Gewicht der wasserfreien Base 174,3.
Zusammensetzung der wasserfreien Base: 75,81% C, 8,10% H, 16,09% N.

$C_{11}H_{14}N_2 \cdot \frac{1}{2} H_2O$.

Vorkommen: In den Samen von Calycanthus glaucus hat G. R. Eccles[1]) neben fettem Öl ein krystallisiertes Alkaloid aufgefunden, dem er den Namen Calycanthin erteilt hat. H. M. Gordin[2]) hat dieses Alkaloid einer eingehenden Untersuchung unterzogen.

Darstellung: Die durch Extraktion mittels Petroläther oder Benzol entölten Samen enthalten ca. 2% Alkaloid, von dem durch Extraktion mit heißem Alkohol ca. 75% gewonnen werden können. Der Rückstand des alkoholischen Extrakts wird in schwefelsäurehaltigem Wasser aufgenommen. Aus dieser Lösung wird das Alkaloid durch überschüssiges Kaliumhydroxyd gefällt und das rohe Calycanthin dadurch gereinigt, daß es aus der Lösung in Aceton oder Alkohol wiederholt als Sulfat gefällt wird.

Physikalische und chemische Eigenschaften: Das reine Calycanthin bildet farblose, orthorhombische Pyramiden (aus Acceton + Wasser), Schmelzp. 216—218°. Wird nach 3—4stündigem Trocknen wasserfrei bei 120° und schmilzt dann scharf bei 243—244°. An der Luft verliert es kein Krystallwasser, nimmt aber nach einiger Zeit einen gelblichen Ton an. Schmeckt bitter und reagiert gegen Lackmus schwach alkalisch; sehr schwer löslich in Wasser; schwer löslich in Benzol, löslich in Äther, Chloroform; leicht löslich in Aceton und Pyridin.

Derivate: Hydrochlorid $C_{14}H_{14}N_2 \cdot HCl \cdot H_2O$, große, rechtwinkelige Platten (aus Alkohol), die schon an der Luft ihr Krystallwasser abgeben. Schmelzp. (lufttrocken) 212—213°, (wasserfrei) 216—217° — **Hydrojodid** $C_{11}H_{14}N_2 \cdot HJ$, wurde erhalten durch Zusatz überschüssiger Jodkaliumlösung zu einer Lösung von 3 g Calycanthin in ca. 30 ccm verdünnter Schwefelsäure. Weiße, seidenglänzende Nadeln (aus jodwasserstoffhaltigem Alkohol). Schmelzp. 221—222°, schwer löslich in kaltem Wasser und heißem Alkohol. — **Chloroplatinat** $(C_{11}H_{14}N_2 \cdot HCl)_2 PtCl_4 \cdot H_2O$, große, orangerote Krystallaggregate, die stark doppelbrechend sind. Schmelzp. 222—237° (unter Zersetzung). Wird bei 4stündigem Erhitzen auf 110° krystallwasserfrei. Das wasserfreie Salz ist sehr hygroskopisch.

Nitrat $C_{11}H_{14}N_2 HNO_3$, gedrungene, weiße Prismen, die nur bei Gegenwart von etwas freier Salpetersäure umkrystallisiert werden können, wird bei 202° gelb und schmilzt bei 208 bis 209° zu einer roten, sich bald schwärzenden Flüssigkeit, leicht löslich in heißem Wasser und heißem Alkohol, sehr schwer löslich in der Kälte. — **Saures Sulfat** $C_{11}H_{14}N_2 \cdot H_2SO_4 \cdot 2 H_2O$, weiße, seidenglänzende Nadeln, schmilzt bei schnellem Erhitzen bei 76° in seinem Krystallwasser zu einer dicken, trüben Flüssigkeit, die bei ca. 186° klar wird. Das wasserfreie Salz bräunt sich bei 180° und schmilzt scharf bei 184°. — **Neutrales Sulfat** $(C_{11}H_{14}N_2)_2 H_2SO_4 \cdot 2\frac{1}{2} H_2O$, dem sauren Sulfat ähnliche Nadeln, die mehr Krystallwasser, aber bei 226—227° schmelzen. Das wasserfreie Salz schmilzt bei 229°. — **Chloroaurat**, wird leicht reduziert und kann deshalb nur bei Gegenwart von viel freier Salzsäure erhalten werden, und muß mit salzsäurehaltigem Wasser gewaschen werden. Es hat die außergewöhnliche Zusammensetzung $3 C_{11}H_{14}N_2 HCl \cdot AuCl_3 \cdot 2 C_{11}H_{14}N_2 HCl \cdot 2\frac{1}{2} H_2O$. Stark dichroitische (orange und gelbe), mikroskopische Nadeln, schmilzt bei 191—192° zu einer dicken, trüben Flüssigkeit, die auch beim Erhitzen auf 250° nicht klar wird. Im Vakuumexsiccator gibt es in wenigen Tagen alles Wasser ab und wird dunkelzimtbraun. Das wasserfreie Salz, das an der Luft wieder Wasser anzieht und orangefarbig wird, schmilzt bei 196°. — **Pikrat,** $C_{11}H_{14}N_2 \cdot C_6H_2(NO_2)_3OH \cdot \frac{1}{2} H_2O$, lange, gelbe, seidenglänzende Nadeln, die bei 185° zu einer schwarzen Flüssigkeit schmelzen, das wasserfreie Salz schmilzt bei 186—187°, sehr schwer löslich in Wasser und Alkohol. — Das **neutrale Oxalat** $(C_{11}H_{14}N_2)_2 \cdot H_2C_2O_4$ kann leicht durch Einwirkung von Oxalsäure auf eine Lösung von überschüssigem Calycanthin in Aceton erhalten werden. Kleine, weiße Nadeln, die sich bei 195° dunkel färben und bei 231° unter Aufbrausen schmelzen, löslich in heißem Wasser und Alkohol, schwer löslich in der Kälte. Ein saures Oxalat von normaler Zusammensetzung wurde nicht erhalten, dagegen das anormal zusammengesetzte **saure Oxalat** $(3 C_{11}H_{14}N_2 \cdot H_2C_2O_4) \cdot C_{11}H_{14}N_2 \cdot 2\frac{1}{2} O$, weiße Nadeln, die sich bei 165° zu bräunen beginnen und bei 205—206° unter Aufbrausen schmelzen, leicht löslich in Wasser, schwer

---

[1]) G. R. Eccles, Proc. Amer. Pharm. Assoc. **1888**, 84, 382.
[2]) H. M. Gordin, Journ. Amer. Chem. Soc. **27**, 144 [1905]; Chem. Centralbl. **1905**, I, 1029; Journ. Amer. Chem. Soc. **27**, 1418 [1905]; Chem. Centralbl. **1906**, I, 59.

löslich in Alkohol und Aceton. — **Quecksilberchlorid-Doppelsalz** $(C_{11}H_{14}N_2HCl)_3 \cdot 2\,HgCl_2 \cdot 1\frac{1}{2}H_2O$. Schmelzp. wasserhaltig 184°, wasserfrei 186—187°. Das neutrale Tartrat konnte in fester, aber nicht krystallinischer Form, ein saures Tartrat nur in halbfester Form erhalten werden.

Von den beiden Stickstoffatomen des Calycanthins ist eines sekundär, da bei Einwirkung von Natriumnitrit auf eine salzsaure Lösung des Alkaloids **Calycanthinnitrosamin** $C_{11}H_{13}N_2NO$ entsteht. Dunkelgelbe, federige Nadeln (aus Pyridin), bräunt sich bei 172° und schmilzt bei 175—176° unter Aufbrausen, gibt sehr deutlich die Liebermannsche Nitrosoreaktion. Nach der Methode von Herzig und Meyer konnte die Gegenwart einer CH_3N-Gruppe nachgewiesen werden.

Farbreaktionen, die zur Charakterisierung des Calycanthins verwendet werden können: 1. Wird eine Spur des Alkaloids in sehr verdünnter Salzsäure gelöst, 1—2 Tropfen Goldchloridlösung zugesetzt und die Flüssigkeit mit Soda alkalisch gemacht, so wird das Goldsalz sofort reduziert und die Flüssigkeit purpurn gefärbt. Goldsalze werden zwar durch viele Alkaloide in alkalischer Lösung reduziert, aber bei keinem anderen Alkaloid tritt die Reaktion so schnell und bei so starker Verdünnung ein. Calycanthin gibt die Reaktion bei einer Verdünnung von 1 : 1 000 000. — 2. Bromwasser wird durch eine Lösung des Hydrochlorids zuerst entfärbt. Wird es im Überschuß zugesetzt, so entsteht ein gelber, flockiger Niederschlag. Wird mit dem Zusatz von Bromwasser aufgehört, sobald der Niederschlag aufzuhören beginnt und filtriert, so wird ein farbloses, bläulich fluorescierendes Filtrat erhalten, aus dem durch Kaliumhydroxyd ein dicker weißer, in Wasser unlöslicher Niederschlag gefällt wird, der beim Trocknen an der Luft grau wird. — 3. Mayers Reagens gibt weißen, flockigen Niederschlag, Wagners Reagens harzigen Niederschlag, Gerbsäure verursacht weder in neutraler noch in saurer Lösung eine Fällung, Marmés Reagens gibt schöne, weiße Nadeln. — 4. Wird Mandelins Reagens in eine Porzellanschale gegossen und eine Spur Calycanthin auf die Flüssigkeit gebracht, so tritt eine schöne, blutrote Färbung auf. Nach einigen Minuten nimmt der Rand der Flüssigkeit eine grünliche Färbung an. — 5. Kaliumferricyanid gibt in konz. Calycanthinsalzlösungen weißen Niederschlag, der sich bei Zusatz von Wasser wieder löst. — 6. Ebenso wie das Ferricyanid verhält sich Kaliumferrocyanid. Eine verdünnte, mit Ferrocyankalium versetzte Lösung des Hydrochlorids wird beim Erwärmen trübe und nimmt eine grünliche Färbung an. Nach einigen Minuten scheidet sich ein schleimiger, in Wasser und Alkohol sehr schwer löslicher Niederschlag aus. — 7. Wird eine verdünnte Lösung des Hydrochlorids mit einigen Tropfen Ferrichlorid und etwas Kaliumferricyanid versetzt, so wird durch Reduktion des Ferrisalzes zum Ferrosalz Preußischblau gebildet. — 8. Schwefelsäure färbt Calycanthin schwach gelb. Wird das Gemisch mit einigen Zuckerkryställchen versetzt, so tritt Rosafärbung auf. — 9. Quecksilberchlorid gibt in kaltem Wasser schwer löslichen, in heißem Wasser leicht löslichen Niederschlag. Aus der wässerigen Lösung des Niederschlags scheiden sich beim Abkühlen lange, weiße Nadeln aus. — 10. Wird Calycanthin 1 Stunde lang mit verdünnter Salzsäure gekocht, so wird die Flüssigkeit bald gelb, bleibt aber geruchlos. Beim Stehen wird die saure Flüssigkeit immer dunkler und hat nach 10 Tagen eine tiefdunkelrote Färbung angenommen, ist aber immer noch geruchlos. Aus dieser dunklen Lösung wird durch Kaliumhydroxyd ein gelber, flockiger, in Wasser oder Alkalien unlöslicher, in verdünnten Säuren oder Alkohol leicht löslicher Niederschlag gefällt. Diese gelbe Substanz verbreitet beim Erwärmen mit Kaliumhydroxyd einen sehr angenehmen Geruch. Die Lösungen in Säuren sind geruchlos. — 11. Salpetersäure gibt mit Calycanthin schöne grüne Färbung. — 12. Fröhdes Reagens färbt Calycanthin zuerst gelb. Beim Stehen wird die Färbung dunkler und ist nach 1 Stunde fast rot geworden. — 13. Pikrinsäure gibt schlanke, in kaltem Wasser schwer lösliche, in heißem Wasser leicht lösliche Nadeln. — 14. Schwefelsäure und Kaliumbichromat geben rosenrote Färbung.

Die physiologische Wirksamkeit des Calycanthins ist von Cushny durch Tierversuche geprüft worden. Der Ausfall dieser Versuche beweist, daß Calycanthin das giftige Prinzip der Calycanthussamen darstellt.

Isocalycanthin.

Mol.-Gewicht 174,3.
Zusammensetzung: 75,81% C, 8,10% H, 16,09% N.

$$C_{11}H_{14}N_2 \cdot \tfrac{1}{2} H_2O.$$

Vorkommen und Darstellung: s. Calycanthin.

Beim Verarbeiten einer Portion Calycanthussamen erhielt H. M. Gordin[1]) ein bei anderer Temperatur als Calycanthin schmelzendes Alkaloid, das im Gegensatz zum Calycanthin sein Krystallwasser weder an der Luft noch im Vakuum ohne Zersetzung vollkommen abgibt. Um dieses Isocalycanthin genannte Alkaloid wasserfrei zu erhalten, krystallisiert man es aus Aceton + Wasser, löst das Hydrat in Chloroform, trocknet die durch Wasser getrübte Lösung mit Kaliumcarbonat und verdunstet dann im Vakuum oder versetzt mit viel Petroläther. Die Zusammensetzung entspricht der Formel $C_{11}H_{14}N_2$.

Physikalische und chemische Eigenschaften: Dicke Prismen, Schmelzp. 235—236°, klar löslich in Chloroform, $[\alpha]_D^{22} = 697,97°$ (?) (0,4779 g in 25 ccm Aceton). Die wasserhaltige Base, wahrscheinlich $C_{11}H_{14}N_2 \cdot \frac{1}{2} H_2O$, bildet bisphenoidale, orthorhombische Krystalle $a:b:c = 1,2557:1:1,3226$. Äußerst leicht löslich in Pyridin, löslich in ca. 8 Teilen Aceton, in 20 Volumteilen Chloroform (zu einer trüben Lösung) in ca 80 T. kaltem, ca. 25 T. heißem Alkohol und in ca. 6000 T. Wasser, schwer löslich in Äther, fast unlöslich in Benzol. Die gesättigte, wässerige Lösung gibt nur bei Zusatz von Säure eine Trübung mit Mayers Reagens, trübt sich aber auch bei Abwesenheit von Säure mit Wagners Reagens. Wird bei längerem Liegen an der Luft gelb.

Derivate: Die Salze des Isocalycanthins wurden ebenso wie die des Calycanthins dargestellt, von denen sie sich zum Teil durch Krystallwassergehalt und Schmelzpunkt unterscheiden. — **Hydrochlorid** $C_{11}H_{14}N_2 \cdot HCl \cdot H_2O$. Farblose, dicke Prismen werden bei 204° dunkel, Schmelzp. 208°. $[\alpha]_D^{23} = 414,14$ (0,6755 g wasserfreies Salz in 25 ccm Wasser). Verwittert nicht an der Luft, aber leicht im Vakuum über Schwefelsäure. — **Hydrobromid** $C_{11}H_{14}N_2 \cdot HBr \cdot H_2O$. Farblose, dicke Nadeln, Schmelzp. 210—211° (Bräunung bei 207°) bei raschem Erhitzen, Schmelzp. 202° bei langsamem Erhitzen. $[\alpha]_D^{19,5} = 345,36°$ (0,3576 g wasserfreies Salz in 25 ccm Wasser). Verwittert nicht an der Luft, leicht im Vakuum über Schwefelsäure. — **Hydrojodid** $C_{11}H_{14}N_2 \cdot HJ \cdot 1,5 H_2O$, gelbe flache Nadeln, Bräunung 211°, Schmelzp. 213°. Die gelbe Farbe verschwindet beim Trocknen über Schwefelsäure. $[\alpha]_D^{24} = 300,75°$ (0,3591 g wasserfreies Salz in 50 ccm Wasser). — **Saures Sulfat** $C_{11}H_{14}N_2 \cdot H_2SO_4 \cdot 1,5 H_2O$. Rosettenförmig gruppierte Nadeln, Schmelzp. 186—187° (unscharf). Das wasserfreie Salz bräunt sich und schmilzt bei 185—186°. $[\alpha]_D^{27} = 289,28°$ (0,4239 g wasserhaltiges Salz in 25 ccm Wasser). — **Neutrales Sulfat** $(C_{11}H_{14}N_2)_2 \cdot H_2SO_4$. Sehr feine Nadeln, bräunt sich bei 208°, Schmelzp. 218—219°. $[\alpha]_D^{28} = 360,89°$ (0,1943 g Substanz in 25,5 ccm Wasser). — **Nitrat** $C_{11}H_{14}N_2 \cdot HNO_3$. Aus einer Lösung von essigsaurem Isocalycanthin und Kaliumnitrat beim Stehen über Nacht. Schwere, farblose Platten. Wird bei 184,5° gelb, Schmelzp. 192—194° (im evakuierten Capillarrohr). $[\alpha]_D^{20} = 372,99°$ (0,3043 g in 100 ccm Wasser). — **Chloroplatinat** $(C_{11}H_{14}N_2)_2 \cdot H_2PtCl_6 \cdot 2 H_2O$. Dicke gelbe Stäbe, bräunt sich bei 213°, schmilzt nicht bis 310°. Verliert im Vakuum bei 150° 1 Mol. Wasser, das zweite erst bei 150°. Zersetzt sich bei höherem Erhitzen. — **Chloroaurat** $3 (C_{11}H_{14}N_2 \cdot HAuCl_4) \cdot 2 (C_{11}H_{14}N_2 \cdot HCl) \cdot 2 H_2O$. Braune Nadeln, wird dunkel bei 186,5°, schmilzt nicht bei 260°. — **Pikrat** $C_{11}H_{14}N_2 \cdot C_6H_3O_7N_3 \cdot \frac{3}{4} H_2O$. Lange, seidenglänzende gelbe Nadeln, Schmelzp. 175—180°. — **Pikrolonat** $C_{11}H_{14}N_2 \cdot C_{10}H_8O_5N_4$. Gelbbraune, seidenglänzende Nadeln, Schmelzp. 200°, fast unlöslich in Wasser, leicht löslich in Alkohol. — **Isocalycanthinnitrosamin** $C_{11}H_{13}N_2 \cdot NO$. Beim Behandeln des Hydrochlorids mit salpetriger Säure. Amorphes gelbes Pulver, dunkelt bei 99°, Schmelzp. 106—107° (aus Pyridin). — Es gelang nicht, eine Benzoyl- oder Acetylverbindung darzustellen. Mit Schwefelsäure scheint eine Sulfosäure zu entstehen.

Cheirinin.[2])

Mol.-Gewicht 565,27.
Zusammensetzung: 38,21% C, 6,23% H, 7,44% N.

$$C_{18}H_{35}N_3O_{17}.$$

Vorkommen: In Cheiranthus Cheiri L.

Darstellung: Die Samen wurden nach der Extraktion mit Petroläther mit Alkohol bei 60—65° extrahiert. Die wässerige Lösung des Rückstandes wurde mit Bleiacetat ausgefällt, das Filtrat vom Bleiniederschlag nach Ausfällen des Bleies mit Ammoniak neutralisiert und mit Äther ausgezogen. Der Rückstand der ätherischen Lösung wurde in Wasser aufgenommen,

---

[1]) H. M. Gordin, Journ. Amer. Chem. Soc. **31**, 1305 [1909]; vgl. auch **27**, 144, 1418 [1905].
[2]) M. Reeb, Archiv f. experim. Pathol. u. Pharmakol. **43**, 130 [1899].

mit Bleiessig und Ammoniak versetzt, das Filtrat nach Entbleien mit Schwefelsäure und Neutralisieren mit Natriumcarbonat mit Äther ausgeschüttelt. Der Rückstand wurde mit kaltem Wasser und Petroläther gewaschen, in Essigester gelöst und durch Petroläther gefällt. Die erhaltenen Krystalle wurden aus Wasser umkrystallisiert.

Physiologische Eigenschaften: Das Cheirinin ist kein Herzgift. Es hat in vieler Beziehung eine dem Chinin ähnliche Wirkung.

Physikalische und chemische Eigenschaften: Farblose kleine Nadeln, unlöslich in kaltem Wasser und Petroläther, löslich in warmem Wasser, Alkohol, Äther, Chloroform, Essigester. Schmelzp. 73—74°. Die wässerige Lösung reagiert neutral und wird durch Alkaloidreagenzien gefällt.

Cheirolin.

Mol.-Gewicht 179,20.
Zusammensetzung: 33,48% C, 5,06% H, 7,82% N, 35,79% S.

$$C_5H_9O_2NS_2.$$

Vorkommen: In den Samen von Cheranthus cheiri, bzw. Erysium nanum compactum aureum.

W. Schneider[1]) konnte durch Abbau und Aufbau des Cheirolins nachweisen, daß diese Verbindung, welche ursprünglich als Alkaloid des Goldlacksamens betrachtet wurde, aufzufassen ist als *γ*-**Thiocarbimidopropylmethylsulfon** von der Formel

$$CH_3-SO_2-CH_2-CH_2-CH_2-N=C=S.$$

Obwohl das Cheirolin einen chemisch neutralen Charakter besitzt, ist es nicht möglich, es direkt mit Äther dem fein zermahlenen Samen zu entziehen. Erst wenn man den Samen mit verdünnter Sodalösung oder auch nur mit Wasser angefeuchtet hat, läßt sich das Cheirolin mittels Äther aus dem Samen gewinnen. Diese Tatsache spricht sehr dafür, daß das Cheirolin im Samen in Form eines Glykosids gebunden ist, welches bei Gegenwart von Wasser durch ein im Samen offenbar enthaltenes Enzym gespalten wird.

Der strikte Beweis dafür, daß das Cheirolin ein Senföl ist, ergab sich aus der Tatsache, daß man durch Vereinigung von Cheirolin mit Anilin einerseits und von Phenylsenföl mit einer durch Spaltung des Cheirolins entstehenden Base $C_4H_{11}O_2NS$ andererseits identische Sulfoharnstoffe erhält:

$$(C_4H_9O_2S)-N=C=S + C_6H_5NH_2$$
$$(C_4H_9O_2S)-NH_2 + C_6H_5N-C=S \rightarrow \begin{matrix}(C_4H_9O_2S)NH\\C_6H_5NH\end{matrix}\!\!>\!\!CS.$$

Läßt man 1 Mol. Cheirolin und 1 Mol. der Aminbase $C_4H_{11}O_2NS$ in alkoholischer Lösung miteinander reagieren, so erhält man den Sulfoharnstoff

$$(C_4H_9O_2S)NH-CS-NH(C_4H_9O_2S).$$

Behandelt man nun diesen Sulfoharnstoff mit Quecksilberoxyd in der Wärme, so tauscht er seinen Sulfoharnstoffschwefel gegen Sauerstoff aus und man gewinnt den entsprechenden Harnstoff

$$(C_4H_9O_2S)NH-CO-NH \cdot (C_4H_9O_2S).$$

Diese Verbindung schmilzt bei 172° und stellt das **Cheirol** dar, welches Wagner aus dem Cheirolin durch Entschwefeln mit einem Überschuß von Quecksilberoxyd erhielt.

Einen weiteren Einblick in die Konstitution des Cheirolins lieferte der oxydative Abbau der obenerwähnten Base $(C_4H_9O_2S)-NH_2$. Durch kochende wässerige Kaliumpermanganatlösung ließ sie sich nämlich teilweise in **Methylsulfonpropionsäure** $CH_3-SO_2-CH_2-CH_2-COOH$ vom Schmelzp. 105° unter Abspaltung von Ammoniak überführen. Hierdurch war bewiesen, daß das Stickstoffatom der Base $(C_4H_9O_2S)-NH_2$ an einem Methylenkohlenstoff haftet. Bei Anwendung eines noch energischeren Oxydationsmittels läßt sich ein weitergehender Zerfall des Moleküls erzielen. Behandelt man das Amin mit roter rauchender Salpetersäure bei einer Temperatur von etwa 200°, so läßt sich aus dem Reaktionsprodukt das Bariumsalz der **Methylsulfonsäure** CH_3-SO_3H isolieren. Es geht daraus hervor, daß in der oxy-

---

[1]) W. Schneider, Habilitationsschrift Jena 1910; Annalen d. Chemie u. Pharmazie **375**, 207 [1910].

dierten Aminbase ein Methyl an Schwefel gebunden ist. Man kann nunmehr mit Sicherheit die Formel der Base $C_4H_9O_2S$—NH_2 in folgender Weise auflösen:

$$CH_3-S(C_2H_4O_2)-CH_2-NH_2$$

oder unter der Annahme, daß der Sauerstoff an Schwefel gebunden ist:

$$CH_3-SO_2-CH_2-CH_2-CH_2-NH_2.$$

Das Cheirolin ist demnach ein Abkömmling des normalen Propylamins, und die gleich zu behandelnde Synthese ergab dann für dasselbe die oben angeführte Formel.

Synthese des Cheirolins: Zunächst wurde das γ-Aminopropylmethylsulfon CH_3—SO_2—CH_2—CH_2—CH_2—NH_2 dargestellt, das mit dem aus Cheirolin gewonnenen, wiederholt erwähnten Amin $C_4H_{11}O_2NS$ identisch ist. Man geht aus von dem **γ-Brompropylphthalimid.** Das Bromatom dieser Verbindung läßt sich durch Einwirkung von Natriummethylmercaptid in alkoholischer Lösung leicht gegen die Methylsulfidgruppe austauschen.

$$CH_3SNa + Br \cdot CH_2 \cdot CH_2 \cdot CH_2 - N\langle^{CO}_{CO}\rangle C_6H_4 = NaBr + CH_3S \cdot CH_2 \cdot CH_2 \cdot CH_2 - N\langle^{CO}_{CO}\rangle C_6H_4.$$

Aus der Phthalimidverbindung erhält man durch aufeinanderfolgende Verseifung mit Alkali und mit verdünnter Säure das **γ-Aminopropylmethylsulfid**

$$CH_3S \cdot CH_2 \cdot CH_2 \cdot CH_2 - N\langle^{CO}_{CO}\rangle C_6H_4 \rightarrow CH_3S-CH_2 \cdot CH_2 \cdot CH_2 \cdot NH_2.$$

Durch Oxydation mit Kaliumpermanganat wird das Aminosulfid in **γ-Aminopropylmethylsulfon** $CH_3 \cdot SO_2 \cdot CH_2 \cdot CH_2 \cdot CH_2 \cdot NH_2$ verwandelt. Dasselbe destilliert unter einem Druck von 6 mm bei 165—168° als farbloses Öl, erstarrt zu einer strahlig krystallisierten, weißen Masse und schmilzt bei 44°.

Mit Hilfe der Hofmannschen Senfölreaktion konnte das synthetische Aminosulfon in das zugehörige Senföl übergeführt werden. Zu dem Zwecke wurde die Sulfonbase in alkoholischer Lösung mit Schwefelkohlenstoff zur Reaktion gebracht und aus der entstandenen dithiocarbaminsauren Ammoniumverbindung (I) durch Umsetzung mit 1 Mol. Quecksilberchlorid das entsprechende schwerlösliche Quecksilbersalz (II) hergestellt. Beim Aufkochen mit Wasser zerfällt dann dieses Quecksilbersalz zum Teil in Senföl, Quecksilbersulfid und Chlorwasserstoff.

$$2(CH_3-SO_2-CH_2-CH_2-CH_2-NH_2) + CS_2 \rightarrow {CH_3-SO_2-CH_2-CH_2-CH_2-NH \atop (CH_3-SO_2-CH_2-CH_2-CH_2-NH_3)-S}\rangle C=S$$

I

$$\xrightarrow{HgCl_2} CH_3-SO_2-CH_2-CH_2-CH_2-NH-CS-S-Hg-Cl$$

II

$$+ CH_3-SO_2-CH_2-CH_2-CH_2-NH_2 \cdot HCl$$

$$CH_3-SO_2-CH_2-CH_2-CH_2-NH-CS-SHgCl$$

$$= CH_3-SO_2-CH_2-CH_2-CH_2-N=C=S + HCl + HgS.$$

Das auf diese Weise erhaltene Senföl ist identisch mit dem natürlichen Cheirolin.

Von biochemischem Interesse ist die Tatsache, daß im Cheirolin zum ersten Male das Vorkommen der Sulfongruppe in einem Naturstoffe beobachtet wurde. Weiter dürfte der Nachweis biologisch interessant sein, daß auch im Goldlack und einigen mit ihm verwandten Pflanzen, z. B. Erysimum arkansanum, ebenso ein Senföl vorkommt, wie in anderen Cruciferen (Brassica, Sinapis). Auch das Cheirolin scheint in ähnlicher Weise wie die anderen Senföle in der Pflanze in Form eines Glykosids gebunden zu sein.

Darstellung: Das Cheirolin wird aus dem Samen des Goldlacks (Cheirantum cheiri) gewonnen. Die Extrakte dieser Pflanze wurden schon lange in der Medizin verwendet und das Streben der Forscher ging dahin, die wirksame Substanz dieses Extraktes zu isolieren. Zuerst gelang es Reeb[1]), aus dem Samen des Goldlacks das vorstehend behandelte Cheirinin vom Schmelzp. 73—74° C zu isolieren. Ph. Wagner[2]) verfuhr anfangs nach Reebs Angaben, konnte aber nur sehr geringe Mengen des von ihm beschriebenen Körpers gewinnen. Reeb extrahierte die Samen des Goldlacks zur Entfernung des darin enthaltenen Öles zuerst mit

---

[1]) Reeb, Archiv f. experim. Pathol. u. Pharmakol. **43**, 131 [1899].
[2]) Ph. Wagner, Chem.-Ztg. **32**, 76 [1908].

Benzin, zog den Rückstand mit Alkohol aus und isolierte daraus sein Cheirinin. Auf Grund verschiedener Beobachtungen schlug Wagner das im folgenden beschriebene Verfahren ein und erhielt dabei größere Mengen des neuen schwefelhaltigen Cheirolins. Die Samen des Goldlacks werden fein gestoßen, mit einer 5 proz. Sodalösung befeuchtet und direkt mit Äther erschöpft. Dieser nimmt das Öl der Samen mit dem Alkaloid auf. Letzteres wird der eingeengten ätherischen Lösung mittels 5 proz. Schwefelsäure entzogen. Nachdem sich die Säure von dem gelbgefärbten, stark ölhaltigen Äther getrennt hat, wird sie abgelassen, filtriert und nach Zusatz ca. 5 proz. Sodalösung mit wenig Äther geschüttelt. Das Alkaloid geht in den Äther über, der nach dem Abdestillieren einen klaren, beim Reiben mit dem Glasstab erstarrenden Sirup hinterläßt. Dieser wird unter Anwendung von Tierkohle aus Äther umkrystallisiert.

Physiologische Eigenschaften: Nach Schmiedeberg wirkt es antipyretisch und ähnlich wie Chinin.

Physikalische und chemische Eigenschaften:[1]) Wegen der Empfindlichkeit des Alkaloids gegen Ätzalkalien darf man die Lösungen des Rohproduktes in verdünnter Schwefelsäure nur mit 5 proz. Soda ausfällen; farb- und geruchlose Prismen aus Äther; Schmelzp. 47—48°; ziemlich leicht löslich in heißem Wasser; kaum basisch; optisch inaktiv; in der wässerigen Lösung entsteht in der Kälte langsam, beim Erwärmen rascher, mit Quecksilberchlorid ein weißer, auch in siedendem Wasser fast unlöslicher Niederschlag; die Lösungen des Alkaloids geben mit alkalischer Bleioxydlösung bereits bei gelindem Erwärmen Bleisulfid, mit ammoniakalischer Silberlösung Schwefelsilber unter gleichzeitiger Bildung eines Silberspiegels. In kalter verdünnter Natronlauge löst sich Cheirolin unter Abspaltung von Schwefelwasserstoff und Kohlendioxyd und Bildung einer Base $C_4H_{11}O_2NS$ bzw. $(C_4H_{11}O_2NS)_2$, die im Exsiccator langsam krystallinisch erstarrt, an der Luft aber sofort zerfließt; sehr leicht löslich in Wasser, schwer löslich in kaltem Alkohol, unlöslich in Äther; reduziert ammoniakalische Silberlösung und Fehlingsche Flüssigkeit auch beim Kochen nicht und liefert mit alkalischer Bleioxydlösung selbst beim Erhitzen kein Bleisulfid. Die Salze der Lackmus intensiv bläuenden Base krystallisieren gut; sie sind in Wasser sehr leicht löslich, in Alkohol meist ziemlich schwer löslich. In verdünnter wässeriger Lösung wird es durch Quecksilberoxyd entschwefelt und es entsteht **Cheirol** (von der Zusammensetzung: 36,61% C, 6,77% H, 9,33% N); Nadeln aus Alkohol, Schmelzp. 172,5°.

Derivate: $C_4H_{11}O_2NS \cdot HCl$, hygroskopische, prismatische Nadeln aus abs. Alkohol; Schmelzp. 145—146°. Mit Jodmethyl vereinigt sich die Base in Natriumäthylatlösung zu dem quartären **Jodmethylat** $C_7H_{18}O_2NSJ$; Schüppchen aus Alkohol; Schmelzp. 183°; sehr leicht löslich in Wasser, sehr schwer löslich in kaltem Alkohol. — Die Spaltung mit Natronlauge ist als eine Verseifung eines Senföles unter Abgabe von Kohlendioxyd und Schwefelwasserstoff zum entsprechenden primären Amin $C_4H_{11}O_2NS$ aufzufassen. Das Cheirolin dürfte danach nicht eigentlich als Alkaloid zu bezeichnen sein, obwohl es den Hauptträger der physiologischen Wirkung des Goldlacksamenextraktes darstellt, sondern es dürfte wie das gewöhnliche Allylsenföl in Form eines Glucosids im Samen gebunden sein, vielleicht in Form des Cheiranthins von Reeb.

Ibogin (Ibogain).[2])

$C_{26}H_{33}N_3O$ oder $C_{26}H_{32}N_2O_2$.

Vorkommen: In der Rinde, dem Holz und besonders in der Wurzel verschiedener Arten von Tabernanthe, welche am Kongo als Anregungsmittel unter dem Namen „Ibogo" oder „Abua" bekannt sind.

Physiologische Eigenschaften: Schmeckt ähnlich dem Cocain. Wirkt anregend und anästhesierend, in größeren Dosen berauschend.

Physikalische und chemische Eigenschaften: Es bildet Krystalle, die bei 152° schmelzen. Unlöslich in Wasser, löslich in organischen Lösungsmitteln. Reagiert stark alkalisch; linksdrehend.

---

[1]) W. Schneider, Berichte d. Deutsch. chem. Gesellschaft **41**, 4466 [1908]; **42**, 3416 [1909].
[2]) Dybowski u. Landrin, Compt. rend. de l'Acad. des Sc. **133**, 748 [1901]; Chem. Centralbl. **1901**, II, 1352. — Haller u. Heckel, Compt. rend. de l'Acad. des Sc. **133**, 850 [1901]; Chem. Centralbl. **1902**, I, 126.

Chloroxylonin.[1]

Mol.-Gewicht 413.
Zusammensetzung: 63,92% C, 5,57% H, 3,39% N.

$$C_{22}H_{23}NO_7.$$

Vorkommen: In dem deratitisch wirkenden ostindischen Seidenholz von Chloroxylon switenia.

Darstellung: Man entzieht es dem alkoholischen Extrakt des Holzes durch verdünnte Salzsäure, fällt es durch verdünntes Ammoniak aus der Lösung, nimmt es mit Äther auf und krystallisiert es aus Alkohol um.

Physikalische und chemische Eigenschaften: Monokline Krystalle, die bei 182—183° schmelzen. Schwache, einsäurige, neutral reagierende Base. Linksdrehend. Enthält vier Methoxylgruppen. Bildet kein Acetylderivat.

Derivate: Chlorhydrat $C_{22}H_{23}O_7N \cdot HCl$. Grünliche Nadeln aus der eindunstenden Lösung des Salzes in Chloroform. Schmelzp. ca. 95°. Wird durch Wasser zersetzt. — **Bromhydrat.** Nadeln aus Chloroform. Schmelzp. 125°. — **Nitrat** $C_{22}H_{23}O_7N \cdot HNO_3$. Aus je 1 Mol. des Chlorhydrats und Silbernitrat entstehend, scheidet sich aus der alkoholischen Lösung in mikroskopischen Krystallen ab. Zersetzt sich bei 150—160°. — **Chloraurat** $C_{22}H_{23}O_7N \cdot HAuCl_4$. Rötlichgelbe Nadeln aus verdünntem Alkohol. Schmelzp. 70°. Sehr leicht löslich in heißem Wasser, leicht löslich in Alkohol.

Glyko-Alkaloide.

Die Glyko-Alkaloide sind einerseits Alkaloide mit basischem Charakter und deutlich ausgeprägten physiologischen Wirkungen, andererseits zeigen sie die Natur der Glykoside und liefern bei der Hydrolyse Glykose neben anderen Produkten.

Es gehören hierher Achillein, Moschatin, Solanin, Vicin, Couricin.

Achillein.

Mol.-Gewicht 370,32.
Zusammensetzung: 64,82% C, 10,35% H, 7,57% N.

$$C_{20}H_{38}N_2O_{15}.$$

Vorkommen: In der Schafgarbe (Achillea millefolium), im Ira oder Wildfräuleinkraut (Achillea moschata), welches früher zur Bereitung des Irabitters und Iralikörs diente. Im Wildfräuleinkraut findet sich auch das unten zu behandelnde Moschatin.

Darstellung: Das gröblich gepulverte, vor der Blüte gesammelte und getrocknete Kraut von Achillea moschata wird mit Wasserdampf destilliert, bis kein ätherisches Öl mehr übergeht, der Destillationsrückstand eingedampft und so lange mit kaltem Alkohol behandelt, als noch bitter schmeckende Substanz von demselben aufgenommen wird. Nach Abdestillieren des Alkohols wird der Rückstand mit Wasser in kleinen Portionen versetzt. Hierbei scheidet sich Moschatin in Flocken ab. Das Filtrat von demselben wird in der Kälte zur Entfernung von gelösten Säuren mit Bleihydroxyd geschüttelt, bis Bleiessig keinen Niederschlag mehr erzeugt, die filtrierte Flüssigkeit mit Schwefelwasserstoff von Blei befreit und dann auf dem Wasserbade zum Sirup eingedampft. Der Sirup wird in abs. Alkohol gelöst, die Lösung wieder eingedampft und der Rückstand in Wasser gelöst. Beim Eindampfen der Lösung bleibt nunmehr das Achillein in verhältnismäßig reinem Zustande zurück.

Physikalische und chemische Eigenschaften: Achillein ist eine spröde, braunrote, hygroskopische Masse, die unter 100° schmilzt. Löst sich leicht in Wasser, schwer in abs. Alkohol, gar nicht in Äther, zeigt eigentümlichen Geruch und stark bitteren Geschmack.

Spaltung des Achilleins. Beim längeren Kochen des Achilleins mit verdünnter Schwefelsäure bildet sich außer Zucker, einem flüchtigen aromatischen Produkte und Ammoniak das **Achilletin** $C_{11}H_{17}NO_4$. Es ist ein dunkelbraunes Pulver, unlöslich in Wasser, schwer löslich in Alkohol.

---

[1] Auld, Journ. Chem. Soc. **95**, 964 [1909]; Chem. Centralbl. **1909**, II, 373.

Moschatin.

Mol.-Gewicht 405,23.
Zusammensetzung: 62,19% C, 6,72% H, 3,46% N.

$$C_{21}H_{27}NO_7.$$

Vorkommen und Darstellung: s. oben bei Achillein. Das rohe Moschatin wird in abs. Alkohol aufgelöst, der nach Abdampfen des Alkohols erhaltene Rückstand mit Wasser erwärmt und mit kaltem Wasser gewaschen, bis sich die Masse leicht pulvern läßt.

Physikalische und chemische Eigenschaften: Die Verbindung schmilzt unter heißem Wasser, ist unlöslich in kaltem, etwas löslich in heißem Wasser, leicht löslich in Alkohol.

Solanin.

Mol.-Gewicht der wasserfreien Base 999,75.
Zusammensetzung der wasserfreien Base: 62,41% C, 9,38% H, 1,40% N.

$$C_{52}H_{93}NO_{18} + 4\tfrac{1}{2}\,H_2O.$$

Die hier angeführte Formel steht keineswegs mit Sicherheit fest. So wurde von Hilger und Merkens[1] für Solanin die Formel $C_{52}H_{97}NO_{18}$, von Colombano[2] die Formel $C_{31}H_{51}O_{11}N$ abgeleitet.

Vorkommen: In den Beeren des Nachtschattens (Solanum nigrum), im Bittersüß (Solanum dulcamara), in den Beren von Solanum verbascifolium, in den Kartoffelkeimen, in den Stengeln und Blättern von Solanum lycopersicum und anderen Solanumarten[3]. Besonders die Tatsache, daß das giftig wirkende Solanin in der als Nahrungsmittel so wichtigen Kartoffel vorkommt, hat seine Untersuchung reizvoll gestaltet. R. Weil[4] ist zu dem Resultat gelangt, daß das Solanin in den Kartoffeln als das Produkt der Tätigkeit bestimmter Bakterien entsteht.

Darstellung: Frische und nicht zu lange Kartoffelkeime werden zu einem Brei zerstampft und dieser mit 2 proz. Essigsäure 12 Stunden lang digeriert. Die durch Abpressen gewonnene, auf 50° erwärmte Flüssigkeit wird mit Ammoniak bis zur deutlich alkalischen Reaktion versetzt, der entstehende Niederschlag abfiltriert und nach dem Trocknen mit 85 proz. Alkohol am Rückflußkühler extrahiert. Dem heiß filtrierten Alkohol gibt man Ammoniak zu, bis eben eine schwache Trübung auftritt. Beim Erkalten scheidet sich ein Gemenge von Solanin und Solanein aus. Man erhält aus ihm durch wiederholtes Umkrystallisieren aus 85 proz. heißen Alkohol das Solanin, während Solanein in der Mutterlauge bleibt.

Physiologische Eigenschaften: Die Base ist ein weder Magen und Darm noch das Unterhautzellgewebe irritierendes Gift, welches besonders zentral wirkt und, ohne direkte Narkose und Hypnose zu bewirken, in erster Linie die motorischen Zentren oder das Atemzentrum in ihrer Funktion beeinträchtigt und lähmt, woraus Kohlensäureanhäufung im Blute und Tod durch Erstickung erfolgt.

Durch Einleiten von Kohlensäure wird die hämolytische Wirkung des Solanins aufgehoben. Vertreiben der Kohlensäure durch Luft stellt die hämolytische Wirkung des Solanins wieder her. Solaninhydrochlorat und Solanincitrat verhalten sich gleich. Es ist also die Entgiftung des Solanins durch Kohlensäure nicht auf Sauerstoffmangel zurückzuführen. Sapotoxin wird durch Kohlensäure nicht entgiftet[5].

Solanin und Saponin rufen bei den unbefruchteten Eiern von Polynoe die Membranbildung hervor und veranlassen die Ausstoßung der Polkörperchen und die Entwicklung der Eier zu Larven[6].

Physikalische und chemische Eigenschaften: Solanin bildet Krystalle, die beim Erhitzen mit mittlerer Flamme bei 225° etwas gelb werden, bei 254° sich zusammenziehen und bei 258° sich zu zersetzen anfangen; bei 260—263° ist die Zersetzung eine vollständige; Versuche, Solanin

---

[1] Hilger u. Merkens, Berichte d. Deutsch. chem. Gesellschaft **36**, 3204 [1903].
[2] Colombano, Atti della R. Accad. dei Lincei Roma [5] **16**, 755 [1908].
[3] Peckolt, Berichte d. Deutsch. pharmaz. Gesellschaft **19**, 180 [1909].
[4] R. Weil, Archiv d. Pharmazie **245**, 70 [1907].
[5] Löb, Centralbl. f. Physiol. **20**, 304.
[6] Löb, Archiv f. d. ges. Physiol. **122**, 448 [1908].

mit Hydroxylamin, Semicarbazid und Phenylhydrazin in Reaktion zu bringen, waren ergebnislos[1]). Es ist leicht löslich in heißem 85proz. Alkohol, schwieriger in abs. Alkohol und Äther, fast unlöslich in Benzol, Chloroform, Petroläther und Essigäther. Solanin löst sich in einem warmen Gemisch gleicher Volumina konz. Schwefelsäure und Alkohol mit rosenroter Farbe. Übergießt man einen Solaninkrystall mit der warmen Mischung, so wird er selbst hellgrün, während die umgebende Flüssigkeit hellrosa gefärbt wird. Solanin ist eine schwache Base, deren Salze von Wasser teilweise zerlegt werden.

Für die Bestimmung des Solanins hat sich folgendes Verfahren als zuverlässig erwiesen[2]): Von Knollen zerreibt man 100—200 g zu einem feinen Brei und preßt sie mehrfach unter erneutem Wasserzusatz aus; eine zweimalige Wiederholung genügt. Aus den erhaltenen Flüssigkeiten scheidet man durch Zusatz von 0,5 ccm Essigsäure und 1stündiges Erwärmen auf dem Wasserbade die Eiweißstoffe aus. Andere Pflanzenteile, die durch Trocknen bei 100° und Verreiben in Pulverform zu bringen sind, zieht man durch Erhitzen mit essigsäurehaltigem Wasser bis zum Sieden mehrfach aus. Die jeweilig erhaltenen Filtrate dampft man auf dem Wasserbade zur Sirupdicke ein und setzt unter Umrühren allmählich heißen 96proz. Alkohol zu, bis keine weitere Trübung eintritt. Nach 12stündigem Stehen gießt man die Lösung ab, knetet den zucker- und dextrinhaltigen Rückstand noch zweimal mit heißem Alkohol aus, verdampft den Alkohol auf dem Wasserbade, erwärmt mit etwas essigsäurehaltigem Wasser, filtriert, erhitzt zum Sieden und fällt durch Zutropfen von Ammoniak das Solanin, das sich nach 5 Minuten langem Stehen im Wasserbade in leicht filtrierbaren Flocken abscheidet. Den mit ammoniakhaltigem Wasser gewaschenen Niederschlag löst man in siedendem Alkohol und verfährt nochmals wie angegeben. Die nun rein weißen Flocken des Solanins sammelt man auf einem bei genau 90° getrockneten und gewogenen Filter, wäscht mit 2proz. Ammoniak und trocknet bei 90° bis zur Gewichtskonstanz.

Die mit Hilfe dieses Verfahrens ausgeführten Versuche haben ergeben: Speisekartoffeln enthielten im Mittel 0,0125% Solanin, zu Futter- und Speisezwecken verwendete Knollen 0,0115% und Futterkartoffeln 0,0058%. Das Solanin tritt in größerer Menge erst beim Keimungsprozeß auf, wandert, ohne die Knollen zu erschöpfen, in die Sprosse, tritt hier in geringerer Menge in der Basis auf und nimmt nach den Vegetationspunkten hin zu. Aus der Verteilung des Solanins in den Pflanzenteilen beim Vorschreiten der Vegetation läßt sich die Neigung der Pflanze erkennen, das Solanin den älteren Sproßteilen zu entziehen und den jungen Organen zukommen zu lassen. Nach den bisherigen Untersuchungen kann man annehmen, daß das Solanin in erster Linie dem natürlichen Schutze der Pflanze und besonders der wachsenden Teile dient, dann aber auch die Bestimmung hat, der sofortigen Diosmose des bei der Assimilation gebildeten Zuckers vorzubeugen.

Bei der Hydrolyse des Solanins entsteht neben Solanidin und Galaktose bestimmt Rhamnose und wahrscheinlich vor dieser ein komplexer Zucker[3]). Die Bildung von Dextrose konnte nicht mit Sicherheit nachgewiesen werden.

Solanidin $C_{40}H_{61}O_2N$, enthält zwei Hydroxyle; zu seiner Darstellung kocht man 115 g Solanin mit der zehnfachen Menge Schwefelsäure von 2% unter Rückfluß, bis sich die Flüssigkeit gelblich färbt und das Filtrat beim neuerlichen Kochen kein Solanidinsulfat mehr abscheidet. Weiße Nadeln aus Äther, Schmelzp. 207°, zersetzt sich teilweise beim Erhitzen unter einem Druck von 2 mm.

$$C_{52}H_{93}NO_{18} = C_{40}H_{61}NO_2 + 2\,C_6H_{12}O_6 + 4\,H_2O$$
$$\text{Solanin} \qquad \text{Solanidin}$$

Solanidin ist in heißem Alkohol leicht, in Äther schwieriger, in kochendem Wasser sehr wenig löslich. Von den Salzen ist das **Hydrochlorid** $C_{40}H_{61}NO_2 \cdot 4\,HCl + H_2O$ charakteristisch, da es in überschüssiger Salzsäure fast unlöslich ist und deshalb zum Nachweis des Solanidins, auch in Gegenwart großer Mengen von Solanin, geeignet ist. **Diacetylsolanidin** $C_{40}H_{59}(OC_2H_3O)_2N$, beim Erhitzen von Solanidin mit Essigsäureanhydrid entstehend, krystallisiert aus Alkohol in langen, bei 203° schmelzenden Nadeln.

In seinen Farbenreaktionen gleicht Solanidin dem Solanin sehr. Von konz. Schwefelsäure wird es mit roter Farbe gelöst, wobei es in Solanicin $C_{26}H_{39}NO$ (?) übergeht, eine amorphe, wenig gut charakterisierte Verbindung.

---

[1]) Colombano, Atti della R. Accad. dei Lincei Roma [5] **16**, 755 [1908].
[2]) F. von Morgenstern, Landw. Versuchsstation **65**, 301 [1907].
[3]) J. Wittmann, Monatshefte f. Chemie **26**, 445 [1905].

Solanein.[1])

Mol.-Gewicht 933,70.
Zusammensetzung: 66,83% C, 9,39% H, 1,50% N.

$$C_{52}H_{87}NO_{13}.$$

Vorkommen und Darstellung: s. oben bei Solanin.
Physikalische und chemische Eigenschaften: Die Base bildet eine gelblich gefärbte, hornartige Masse vom Schmelzp. 208°. Sie löst sich in 85 proz. heißen Alkohol leichter als Solanin. Beim Übergießen mit vanadinsäurehaltiger Schwefelsäure tritt die Rotfärbung leichter und intensiver als beim Solanin auf.

Von 2 proz. Salzsäure wird Solanein leicht in einen Zucker und Solanidin gespalten, und zwar tritt die Spaltung leichter als beim Solanin ein. Sie erfolgt unter Wasseraufnahme nach der Gleichung:

$$C_{52}H_{83}NO_{13} + H_2O = C_{40}H_{61}NO_2 + 2\,C_6H_{12}O_6.$$

Vicin.[2])

Mol.-Gewicht $(249,15)_x$.
Zusammensetzung: 38,53% C, 6,07% H, 1,69% N.

$$(C_8H_{15}N_3O_6)_x.$$

Vorkommen: In den Wickensamen (von Vicia sativa), in den Saubohnen (Vicia faba), den Pferdebohnen (Vicia minoi) sowie in dem Runkelrübensafte.
Darstellung: Wickenpulver wird mit schwefelsäurehaltigem Wasser (20 g Schwefelsäure pro Liter) zu einem dünnen Brei angerührt, welcher bei gewöhnlicher Temperatur etwa 12 Stunden unter wiederholtem Umrühren stehenbleibt. Die klare Flüssigkeit wird abgehebert, der rückständige Brei gepreßt, die Gesamtlösung mit Kalkwasser übersättigt, der ausgeschiedene Gips abfiltriert, das Filtrat eingedampft und der Rückstand mit 88 proz. Weingeist ausgekocht. Aus dieser Lösung krystallisiert Vicin in einer Ausbeute von 0,237% (auf die angewandte Samenmenge berechnet) aus.
Physikalische und chemische Eigenschaften: Vicin krystallisiert aus siedendem Wasser oder verdünntem Alkohol in weißen Nadelbüscheln, die 2 Mol. Krystallwasser enthalten. Dasselbe entweicht bei 120°, die krystallwasserfreie Substanz schmilzt gegen 180° unter Zersetzung. Die Verbindung ist in abs. Alkohol unlöslich, in siedendem 85 proz. Weingeist etwas löslich, von Wasser wird sie bei 22,5° im Verhältnis 1 : 108 aufgenommen. Sie löst sich in Alkalien und verdünnten kalten Säuren. Beim Kochen mit letzteren tritt allmählich Abspaltung von Zucker unter Gelbfärbung ein. Die nach kurzem Kochen erhaltenen Lösungen geben, mit sehr wenig Ferrichlorid versetzt und dann mit Ammoniak übersättigt, einen violettblauen, beim Kochen sich entfärbenden Niederschlag. Durch Kochen mit Kalilauge wird Vicin unter schwacher Ammoniakentwicklung zerlegt, schmelzendes Kali spaltet unter tiefgreifender Zersetzung Cyanwasserstoff ab.

Vicinsulfat ist eine voluminöse, feinstrahlig krystallinische Fällung. **Vicinchlorhydrat** fällt allmählich in feinen Nadeln aus, wenn die Lösung in überschüssiger Salzsäure mit Alkohol langsam gefällt wird.

Divicin[3]) $C_4H_7N_4O_2$ bildet sich aus Vicin beim Erwärmen mit 20—25 proz. Schwefelsäure. Krystallisiert aus kochendem Wasser in gelb bis rötlich gefärbten Nadeln. Löst sich leicht in 10 proz. Kalilauge, ferner in 100 T. heißen Wassers und in 300—450 T. kalten Wassers. Bräunt sich beim Aufbewahren. Die wässerige Lösung wirkt stark reduzierend auf Silbernitrat-, Quecksilberchloridlösung, auf Phosphormolybdän- und Phosphorwolframsäure. Pikrinsäure gibt einen gelben, flockigen Niederschlag, Kaliumwismutjodid in der Hitze schnell eine rotbraune Fällung, Kaliumquecksilberjodid langsam einen grauen Niederschlag; Platinchlorid wird entfärbt ohne Niederschlag. Durch Salpetersäure (1,4) entsteht wahrscheinlich Allantoin $C_7H_6N_2O_3$.

---

[1]) A. Hilger u. W. Merkens, Berichte d. Deutsch. chem. Gesellschaft **36**, 3204 [1903].
[2]) H. Ritthausen, Journ. f. prakt. Chemie [2] **59**, 480 [1899].
[3]) H. Ritthausen, Journ. f. prakt. Chemie [2] **59**, 482 [1899].

Convicin.[1])

Mol.-Gewicht der wasserfreien Base 305,15.
Zusammensetzung der wasserfreien Base 39,33% C, 4,95% H, 1,38% N.

$$C_{10}H_{15}N_3O_8 + H_2O.$$

Vorkommen: In den Wickensamen.
Darstellung: Bleibt der Darstellung des Vicins in den letzten Mutterlaugen und wird aus diesen mit Alkali abgeschieden.
Physikalische und chemische Eigenschaften: Die Base krystallisiert aus kochendem Wasser in dünnen, rhombischen Blättchen, ist in kaltem Wasser und Alkohol schwer, in kochendem Wasser etwas mehr löslich. Die Lösung reagiert sauer. In der wässerigen Lösung erzeugt Mercurinitrat einen weißen, flockigen Niederschlag.

Casimirin.

Mol.-Gewicht 500.
Zusammensetzung: 72,00% C, 6,40% H, 5,60% N.

$$C_{30}H_{32}O_5N_2.$$

Vorkommen: In Casimiroa edulis. Die Früchte dieser zu der Familie der Rutaceae gehörenden, in Mexiko und Mittelamerika weit verbreiteten Pflanze besitzen angeblich eine schwache hypnotische Wirkung.
Darstellung: Das Casimirin wurde von Bickern aus den entfetteten Samen der Pflanze gewonnen.
Physikalische und chemische Eigenschaften: Nadeln aus Äther, Schmelzp. 106°. Ziemlich hygroskopisch, leicht löslich in Wasser und Alkohol; sehr wenig löslich in Äther, Chloroform und Essigäther; unlöslich in Petroläther und Benzol. Riecht nach Methylnonylketon; reduziert Fehlingsche Lösung, vor allem nach $1/2$ stündigem Kochen mit 30 proz. Salzsäure, wodurch es in Glucose und ein Alkaloid $C_{54}H_{54}O_5N_4$ (?) gespalten wird.

Nachträge.

Zu S. 24.
Physiologische Eigenschaften der Schierlingsalkaloide: α'-Methyl-α-äthylolpiperidin
von der Formel

$$\text{H}_3\text{C}\diagdown\underset{\text{NH}}{\text{C}}\diagup\overset{\overset{\displaystyle\text{CH}_2}{\text{H}_2\text{C}\diagup\diagdown\text{CH}_2}}{}\diagdown\underset{\text{CH}_2}{\text{C}}\diagup\text{H}\cdot\text{CH}_2\cdot\text{OH}$$

wurde von K. Löffler und H. Remmler[2]) durch Reduktion von α'-Methyl-α-äthylolpyridin mit Natrium und abs. Alkohol dargestellt. Scheidet sich aus der ätherischen Lösung in glänzend weißen Krystallen ab und schmilzt bei 95—96°.

Da die Verbindung den Schierlingsalkaloiden Conhydrin und Pseudoconhydrin isomer ist, war es von Interesse, festzustellen, welche Wirkung sie in physiologischer Hinsicht ausübt. Es zeigte sich, daß das Alkin relativ ungiftig ist; auch 0,2 g intravenös beigebracht, töten ein mittelgroßes Kaninchen noch nicht. Bei Fröschen ist eine zentrale, betäubende Wirkung zu

---

[1]) H. Ritthausen u. Preuß, Journ. f. prakt. Chemie [2] **59**, 487 [1899].
[2]) K. Löffler u. H. Remmler, Berichte d. Deutsch. chem. Gesellschaft **43**, 2048 [1910].

konstatieren. Die Base hat anscheinend auch einen gewissen Einfluß auf den Ablauf der Blutgerinnung.

Man erkennt daraus, daß auch hier die Einführung einer Hydroxylgruppe in das Piperidinmolekül die Wirkung dieser allgemein sehr starken Gifte bedeutend erniedrigt — eine Tatsache, die bereits von Albahary und Löffler beim Conhydrin und Pseudoconhydrin, die ja auch Oxyconiine sind, konstatiert worden ist. So zeigte das Conhydrin erst bei einer Dosis von 0,4 g auf 100 g Tiergewicht Vergiftungserscheinungen, welche noch nicht den Tod des Tieres herbeiführten. Pseudoconhydrin besaß bei gleicher Dosis überhaupt keine Giftwirkung, während bei Coniin das Tier schon durch 0,005 g nach 29 Minuten unter Asphyxie getötet wurde.

Zu S. 171.

Bromierung des Strychnins: Bei Einwirkung von Brom auf Strychnin in Eisessiglösung erhielten Ciusa[1]) und Scagliarini ein **Dibromid** $C_{21}H_{22}O_2N_2Br_2$, das in zwei Modifikationen auftritt. Die labile Form bildet farblose Nadeln vom Schmelzp. 122°. Sie geht beim Umkrystallisieren, besonders aus verdünntem Alkohol, in die stabilere Form über; farblose, monokline Krystalle vom Schmelzp. 260°. Beim Kochen mit Wasser verwandeln sich beide Formen des Dibromids in das Bromhydrat eines Monobromstrychnins, $C_{21}H_{21}O_2N_2Br \cdot HBr$, das in Nadeln krystallisiert. Aus der wässerigen Lösung desselben wird durch Kalilauge das von Beckurts und Martin bereits beschriebene **Monobromstrychnin** $C_{21}H_{21}O_2N_2Br$ vom Schmelzp. 222—223° abgeschieden. Dieses gibt mit Chloranil in ätherisch-alkoholischer Lösung eine violette, mit konz. Schwefelsäure und Kaliumbichromat eine rotviolette Färbung. Es addiert in Eisessig-Lösung seinerseits Brom, wobei als Hauptprodukt ein **Perbromid** wohl des **Bromhydrats des Monobromstrychnins** $C_{21}H_{21}O_2N_2Br, HBr, Br_4, H_2O$ erhalten wird, goldgelbe Nädelchen (aus Methylalkohol), bei 200° sich schwärzend. In den Mutterlaugen dieses Perbromids findet sich das Bromhydrat des **Dibromids vom Monobromstrychnin** $C_{21}H_{21}O_2N_2Br, Br_2, HBr, H_2O$. Krystallpulver aus Methylalkohol, beim Erhitzen sich schwärzend. Aus den methylalkoholischen Mutterlaugen wird durch Kalilauge das **Dibromid des Monobromstrychnins** $C_{21}H_{21}O_2N_2Br, Br_2$, weißer Niederschlag (aus Methylalkohol durch Wasser oder aus Chloroform durch Ligroin) abgeschieden, beim Erhitzen sich schwärzend, ohne zu schmelzen.

Entgegen Leuchs, der im Strychnin eine Doppelbindung des Typus $x\!\!<\!\!\genfrac{}{}{0pt}{}{CH}{CH}$ annimmt, legen Ciusa und Scagliarini den eben angeführten Umwandlungen folgende Formeln zugrunde:

$$C_{19}H_{21}O_2N_2\!\!<\!\!\genfrac{}{}{0pt}{}{CH}{C} \rightarrow C_{19}H_{21}O_2N_2\!\!<\!\!\genfrac{}{}{0pt}{}{CHBr}{CBr} \rightarrow C_{19}H_{21}O_2N_2\!\!<\!\!\genfrac{}{}{0pt}{}{CBr}{C}, HBr$$

Strychnin — Dibromid des Strychnins — Bromhydrat des Monobromstrychnins

$$\rightarrow C_{19}H_{21}O_2N_2\!\!<\!\!\genfrac{}{}{0pt}{}{CBr}{C} \rightarrow C_{19}H_{21}O_2N_2\!\!<\!\!\genfrac{}{}{0pt}{}{CBr_2}{CBr}$$

Monobromstrychnin — Dibromid des Monobromstrychnins

Zu S. 245.

Berberrubin.[2])

Das durch Erhitzen von Berberinhydrochlorid mit Harnstoff auf 200° entstehende Berberrubin $C_{19}H_{15}O_4N$ (I) leitet sich vom Berberin bzw. vom Hydrochlorid durch Austritt von 1 Mol. CH_3OH bzw. CH_3Cl ab. Das Berberrubin ist also das Phenolbetain einer quartären Oxybase. Man erhält mit Leichtigkeit aus dem Berberrubin durch Einwirkung von CH_3J das Berberin II (als Hydrojodid) zurück. Die Bildung von zwei isomeren Berberubinen ließ sich nicht feststellen.

---

[1]) Ciusa u. Scagliarini, Attia R. dell Accad. dei Lincei Roma [5] **19**, 555 [1910].
[2]) G. Frerichs, Archiv d. Pharmazie **248**, 276 [1910]; vgl. Apoth.-Ztg. **18**, 697 [1903].

Pflanzenalkaloide.

[Structures I, II, III of berberrubin-related compounds]

Im Gegensatz zu Berberin, welches eine sehr starke Base ist, zeigt das Berberrubin nur normale Basizität und bildet mit starken Säuren gelb gefärbte, gut krystallisierende Salze, in denen die Phenolbetainbindung aufgehoben ist. Mit Alkalien gibt das Berberrubin keine Phenolate. Durch Einwirkung von Essigsäureanhydrid entsteht anscheinend das Diacetat des Acetylberberrubins, gelbe Nadeln, welches durch Alkalien und auch bereits durch Wasser wieder verseift wird und beim Erhitzen wieder Essigsäureanhydrid abspaltet. Im Gegensatz zum Berberin gibt das Berberrubin keine Verbindung mit Kohlendioxyd, Chloroform, Aceton und Cyanwasserstoff, dagegen bildet es mit gelbem Schwefelammonium dunkelrote Polysulfide, anscheinend Di-, Tri- und Tetrasulfide. Durch Reduktion geht das Berberrubin in **Tetrahydroberberrubin** (III) über, welches in seinen Eigenschaften große Ähnlichkeit mit Hydroberberin zeigt, aus seinen Salzen durch Carbonate ausgeschieden, durch überschüssige Ätzkalien aber wieder gelöst wird. Mit Essigsäureanhydrid gibt das Tetrahydroberberrubin eine Acetylverbindung, die aber wie die des Berberrubins leicht verseift wird.

Berberrubin $C_{19}H_{15}O_4N$, durch $^1/_2$ stündiges Erhitzen von 50 g Berberinhydrochlorid mit 100 g Harnstoff auf etwa 200° dargestellt, bildet dunkelrote Blättchen und flache Nadeln aus Wasser, Schmelzp. ca. 285°, leicht löslich in heißem Alkohol und heißem Wasser, löslich in Chloroform, unlöslich in Äther. Enthält in lufttrocknem Zustande 3 Mol. Krystallwasser, welche es bei 100° verliert. Konz. Schwefelsäure löst das Berberrubin mit grünlichgelber Farbe, konz. Salpetersäure mit violetter, auf Zusatz von Wasser in Gelbrot übergehender Farbe. Fröhdes Reagens erzeugt eine blauviolette, Vanadinschwefelsäure eine gelbrote, später rotviolette, Formaldehydschwefelsäure allmählich eine dunkelgrüne Färbung.

Salzsaures Salz $C_{19}H_{15}O_4N \cdot HCl \cdot 2 H_2O$. Goldglänzende Blättchen, ziemlich schwer löslich in Wasser, leichter in Alkohol. Wird bei 100° wasserfrei. Aus viel Chlorwasserstoff enthaltenden Lösungen scheidet sich ein saures Hydrochlorid in gelben Nadeln ab, das beim Umkrystallisieren aus Wasser in das neutrale Salz übergeht. — **Schwefelsaures Salz** $C_{19}H_{15}O_4N \cdot H_2SO_4, 2 H_2O$. Dunkelgelbe Nadeln, in Wasser und Alkohol leichter löslich als das Berberinsulfat. Wird bei 100° wasserfrei.

Hydroberberrubin (III) $C_{19}H_{19}O_4N$. Durch Reduktion von Berberrubin mittels Zinn und verdünnter Schwefelsäure entstehend. Farblose, allmählich einen rötlichen Schimmer annehmende Blättchen aus verdünntem Alkohol. Schmelzp. 167—168°. Fast unlöslich in Wasser, ziemlich leicht löslich in Alkohol und Benzol. Färbt sich mit konz. Schwefelsäure erst gelb, dann grün und schließlich blaugrün. Bildet mit Salzsäure ein in Wasser und besonders in Kochsalzlösung sehr schwer lösliches, farbloses Salz.

Zu S. 249.

Corycavin. G. O. Gaebel[1]) hat das Corycavin eingehend studiert, um sich über die Ähnlichkeit desselben mit Protopin und Corycavamin zu orientieren. Die Ergebnisse der von den früheren Autoren und von Gaebel ausgeführten Elementaranalysen stehen nicht nur mit der Formel $C_{23}H_{23}O_6N$, sondern auch mit der Formel $C_{23}H_{21}O_6N$ im Einklang. Das benützte Corycavin schmolz bei 218—219°. Das **Corycavinchloraurat** $C_{23}H_{23}O_6N \cdot HCl \cdot AuCl_3$ bildet mikroskopische, dunkelbraune Krystalle. Schmilzt bei 178—179° unter Zersetzung. Fast unlöslich in Wasser, leicht löslich in heißem Alkohol. Hydroxyl- und Methoxylgruppen sind im Molekül des Corycavins nicht enthalten, dagegen ließ sich die Gegenwart von mindestens einer Methylenoxydgruppe und einer am N hängenden Methylgruppe nachweisen. Beim Kochen mit Jodmethyl in Acetonlösung bildet Corycavin das **Corycavinmethyljodid** $C_{23}H_{23}O_6N \cdot CH_3J$. Weiße, stark lichtbrechende, fast quadratische Tafeln aus verdünntem Alkohol. Schmelzp. 219—220° unter Zersetzung. Sehr wenig löslich in heißem Wasser. Färbt sich an der Luft gelb. Beim Kochen mit konz. Natronlauge geht das Jodmethylat in **Corycavinmethin** $C_{24}H_{25}O_6N$ über. Dieses krystallisiert in weißen, gewöhnlich knopfartig angeordneten Nädelchen aus Alkohol. Schmilzt bei 153—154°. Ist sehr leicht löslich in Chloroform, leicht löslich in Äther, wenig löslich in Alkohol, unlöslich in Wasser. Addiert augenblicklich Brom. Färbt sich beim Kochen mit konz. Salzsäure erst intensiv braun, dann grün und endlich tiefblau, mit konz. Schwefelsäure, Erdmanns und Fröhdes Reagens augenblicklich braunrot. **Corycavinmethinmethyljodid** $C_{24}H_{25}O_6N \cdot CH_3J$. Weiße, schiefwürfelförmige Krystalle. Schmilzt bei 218—219° unter Zersetzung. Färbt sich an der Luft leicht gelb. Gibt beim Kochen mit konz. Salzsäure dasselbe Farbenspiel wie die Muttersubstanz. Chlorid und Nitrat sind in kaltem Wasser sehr wenig löslich. Beim Kochen mit konz. Natronlauge spaltet es sich in Trimethylamin und eine stickstofffreie Substanz, die bisher noch nicht in analysenreiner Form erhalten werden konnte. Das N-Atom des Corycavins ist also tertiär, monocyclisch, gebunden und monomethyliert. Bei mehrtägiger Behandlung des Corycavins mit Zinkstaub und Salzsäure entstehen zwei basische Produkte, nämlich eine ausschüttelbare tertiäre Base, $C_{22}H_{25}O_4N$, und eine nicht ausschüttelbare, quartäre Base, die in freiem Zustande Phenolbetaincharakter trägt: $C_{21}H_{20}O_5N \cdot OH$ bzw. $C_{21}H_{19}O_5N$. **Tertiäre Base** $C_{22}H_{25}O_4N$ (?). Feine, zu Rosetten angeordnete Nadeln aus Alkohol. Schmelzp. 125°. Leicht löslich in Chloroform und heißem Alkohol, sehr wenig löslich in kaltem Alkohol, unlöslich in Wasser. Bildet mit starken Säuren gut krystallisierende Salze, mit Jodmethyl ein gut krystallisierendes Jodmethylat. Enthält keine Hydroxylgruppen und keine Imidgruppe, dagegen läßt sich eine Methylenoxydgruppe leicht nachweisen. — **Quartäre Base** $C_{21}H_{20}O_5N \cdot OH$ (?) oder als Phenolbetain $C_{21}H_{19}O_5N$ wird am besten in Form des sehr wenig löslichen Jodids abgeschieden und über das **Bromid**, kurze, gelbliche Stäbchen, die bei 250° noch nicht schmelzen, gereinigt. Das **Nitrat** bildet gelbliche, rhombische Tafeln, fast unlöslich in salpetersäurehaltigem Wasser, ziemlich leicht löslich in heißem Wasser und heißem Alkohol; schwärzt sich bei 270°, ohne zu schmelzen.

Die Oxydation des Corycavins mittels Salpetersäure und Kaliumpermanganat führte nicht zu faßbaren Produkten, dagegen lieferte die Einwirkung von Kaliumpermanganat auf Corycavinmethin in Acetonlösung neben einer Base vom Schmelzp. 195—196° eine **Säure** $C_{18}H_{15}O_7N$. Weiße, rhombische Nädelchen aus Äther. Schmelzp. 110—111° unter Zersetzung. Fast unlöslich in Wasser, Alkohol, Aceton, Chloroform, Eisessig; leicht löslich in Äther nur in amorphem Zustande.

Die innere Verwandtschaft des Corycavins mit dem Protopin ergibt sich aus folgenden Punkten: 1. Alkoholische Jodlösung wirkt auf beide Alkaloide nicht oxydierend. — 2. Hydroxyl- und Methoxylgruppen sind in beiden Alkaloiden nicht vorhanden. — 3. In beiden Alkaloiden ist mindestens eine Methylenoxydgruppe nachweisbar. — 4. Das N-Atom ist auch im Protopin tertiär und enthält eine Methylgruppe. — 5. Bei der erschöpfenden Methylierung entsteht aus beiden Alkaloiden zunächst eine Methinbase. — 6. Bei der Einwirkung von Zinkstaub und Salzsäure tritt bei beiden Alkaloiden eine ausschüttelbare Base und eine nicht ausschüttelbare, quartäre Base von Phenolbetaincharakter auf. — 7. Die Lösungen beider Alkaloide sind optisch inaktiv. Diese Inaktivität beruht in beiden Fällen wahrscheinlich auf Racemie.

---

[1]) G. O. Gaebel, Archiv d. Pharmazie **248**, 207 [1910].

Beim Umkrystallisieren von Rohcorycavin aus Chloroform-Alkohol konnte Gaebel aus der Mutterlauge des Corycavins ein **neues Alkaloid** $C_{25}H_{25}O_7N$ (?) gewinnen. Es bildet weiße Nadeln vom Schmelzp. 194°, ist sehr leicht löslich in Chloroform, sehr wenig löslich in Alkohol, $[\alpha]_D$ = ca. +100° (0,2 g gelöst in 10 ccm Chloroform). Das **Bromid** scheidet sich aus der wässerigen Lösung in weißen, schiefwürfelförmigen Krystallen vom Schmelzp. 224° unter Zersetzung aus.

Zu S. 251.

Alkaloide der Colombowurzel.

In der Colombowurzel (von Jateorrhiza palmata) wurden drei Alkaloide aufgefunden[1]), die dem Berberin sehr ähnlich sind und wahrscheinlich auch konstitutiv sehr nahe stehen, nämlich Jateorrhizin, Columbamin und Palmatin.

Darstellung:[2]) Ihre Darstellung besteht in Erschöpfung der Wurzel mit Alkohol, Aufnahme des Extraktes mit Wasser und nach Beseitigung der schleimigen Substanzen Fällen der Alkaloide mit Jodkalium.

Physiologische Eigenschaften:[3]) Die drei Alkaloide der Colombowurzel, das Jateorrhizin, Columbamin und Palmatin, besitzen im wesentlichen die gleichen, nur graduell verschiedenen pharmakodynamischen Eigenschaften. Sie lähmen alle bei Fröschen das Zentralnervensystem; beim Palmatin war diese Eigenschaft auch bei Säugetieren deutlich festzustellen. Charakteristisch ist die lähmende Wirkung auf die Atmung, die auf eine Lähmung des Respirationszentrums bezogen werden muß. Palmatin wirkt in dieser Hinsicht noch stärker als Morphin, da 0,03 g von dem ersteren bei einem Kaninchen zu einem definitiven Atemstillstand führten, wozu von Morphin 0,05 g nötig wären. Auffallend stark ist, besonders wieder beim Palmatin, die Blutdrucksenkung bei intravenöser Injektion. Im wesentlichen wird diese auf eine Minderung der Erregbarkeit des vasomotorischen Zentrums zurückgeführt. Für die hergebrachte therapeutische Verwertung der Colombowurzel gegen Darmkatarrh und besonders gegen Diarrhöe haben die Versuche von Biberfeld keine neuen Gesichtspunkte ergeben. Von der beim **Jateorrhizin** und **Columbamin** beobachteten Verstärkung des Darmtonus und der Pendelbewegungen kann man eher auf eine Beschleunigung der Peristaltik als auf eine Ruhigstellung des Darms schließen. Beim Palmatin erfolgt eine Ruhigstellung des Darms erst bei unverhältnismäßig hohen Dosen. Vielleicht liegt bei der Wirkung der Wurzel eine gemeinsame narkotische Wirkung der drei Alkaloide vor, vielleicht ein durch die Blutdrucksenkung bewirkter erhöhter Blutzufluß zu den Därmen.

Jateorrhizin $C_{20}H_{19}NO_5$ (oder $C_{20}H_{21}NO_6$?). Es enthält zwei Hydroxyl- und drei Methoxylgruppen. Quartärnäre Base, die durch Reduktion in das ungefärbte Tetrahydroderivat übergeht. Die gefärbte freie Base konnte nicht isoliert werden. Sie bildet gelbe Salze.

Columbamin $C_{21}H_{21}NO_5$ (oder $C_{21}H_{23}NO_6$?). Es enthält vier Methoxyl- und eine Hydroxylgruppe und ist als Methyläther des Jateorrhizins erkannt worden. Bei der Oxydation entstehen neben Corydaldin zwei Säuren, eine stickstoffhaltige und eine stickstoffreie, von nicht näher bekannter Konstitution. Columbamin ist nur in Form seines Methyläthers und seiner Salze bekannt. Diese Verbindungen sind gelb bis braun gefärbt.

Columbaminjodid[4]) $C_{21}H_{22}O_5NJ$. Orangefarbene Nadeln von durchdringendem bitteren Geschmack und intensivem Färbungsvermögen, Schmelzp. 224° unter vorheriger (180°) Schwärzung. Sehr schwer löslich in Wasser mit gelbbrauner Farbe, wenig löslich in kaltem Alkohol und kaltem Holzgeist, reichlicher in heißem Alkohol und Eisessig. Enthält vier Methoxylgruppen, aber keine Methylimidgruppe. — **Columbaminchlorid** $C_{21}H_{22}O_5NCl$. Krystallisiert aus Wasser in dunkelbraunen Säulen mit 4 und in gelben Nadeln mit $2^1/_2$ Mol. Krystallwasser. Schmelzp. der ersteren 184°, der letzteren 194—198°. In beiden Fällen unter vorheriger (160 und 170°) Schwärzung. — **Goldsalz**, amorpher, an Eisenhydroxyd erinnernder Niederschlag. Unlöslich in Wasser, sehr wenig löslich in heißem Alkohol. Scheidet sich aus der alkoholischen Lösung kleinkrystallinisch wieder ab. — **Platinsalz**, amorpher, gallertartiger Niederschlag, der beim Erwärmen krystallinisch wird. — **Nitrat**, hellbraune Krystalldrusen. —

---

[1]) J. Gadamer, Archiv d. Pharmazie **240**, 450 [1902]. — E. Günzel, Archiv d. Pharmazie **244**, 257 [1906].
[2]) K. Feist, Apoth.-Ztg. **22**, 823 [1907]; Archiv d. Pharmazie **245**, 586 [1907].
[3]) J. Biberfeld, Zeitschr. f. experim. Pathol. u. Ther. **7**, 569 [1910].
[4]) E. Günzel, Archiv d. Pharmazie **244**, 257 [1906].

Saures Sulfat $C_{21}H_{22}O_5NHSO_4$. Gelbe Täfelchen aus Alkohol. Schmelzp. 220—222°. —
Columbaminpentasulfid $(C_{21}H_{22}O_5N)_2S_5$. Durch Lösen des Jodids in Ammoniak und Versetzen der Lösung mit überschüssigem gelben Schwefelammonium grünschwarze Krystalle. Schmelzp. 139°. Zersetzt sich beim Umkrystallisieren aus Alkohol unter Bildung einer säure- und jodfreien, in gelben bis gelbroten Nadeln vom Schmelzp. 196° krystallisierenden Verbindung.

Palmatin $C_{21}H_{21}NO_6$ (oder $C_{21}H_{23}NO_7$?). Findet sich nur in geringer Menge in der Colombowurzel. Es enthält vier Methoxylgruppen. Schließt sich in seinen Eigenschaften den beiden vorhergehenden Basen vollständig an.

Die Unsicherheit in der Formulierung der freien Basen ist auf den Umstand zurückzuführen, daß sie noch nicht isoliert werden konnten. Die Salze entstehen offenbar unter Wasseraustritt.

Das Colombamin liegt als Nitrat und das Jateorrhizin als Chlorid in der Wurzel vor. Einen Körper von den Eigenschaften der Colombosäure, die Bödeker als Bestandteil der Colombowurzel bezeichnet, konnte Feist nicht auffinden. Die drei Colomboalkaloide stehen, wie erwähnt, in naher Beziehung zum Berberin. Dies zeigt sich in der Farbe und Form ihrer Salze, im quartären Basencharakter und in der Fähigkeit, unter dem Einfluß von nascierendem Wasserstoff in ungefärbte tertiäre Basen überzugehen.

Es entsteht **Tetrahydrojateorrhizin** $C_{20}H_{23}NO_5$, **Tetrahydrocolumbamin** $C_{21}H_{25}NO_5$, **Tetrahydropalmatin** $C_{21}H_{25}NO_6$. Tetrahydrocolumbamin, durch Reduktion von Columbaminjodid mit Zinn und Schwefelsäure dargestellt, krystallisiert in durchsichtigen, sehr licht- und luftempfindlichen Krystallschuppen aus Holzgeist. Schmelzp. 142°. Enthält ebenfalls vier Methoxylgruppen und anscheinend eine freie Phenolhydroxylgruppe. — **Chlorid**, weiße Nadeln, nahezu unlöslich in kaltem Wasser. — **Goldsalz**, tafelförmige Krystalle aus Alkohol. Schmelzp. 201°. Unlöslich in Wasser. Zersetzt sich beim Kochen mit Wasser unter Bildung eines Goldspiegels. — **Platinsalz** $(C_{21}H_{25}O_5N)_2H_2PtCl_6$. Orangefarbenes Krystallpulver. Schmelzp. 228°. Sehr schwer löslich in Alkohol.

Die Ähnlichkeit der Colomboalkaloide mit dem Berberin zeigt sich ferner in ihrer Fähigkeit, mit Aceton und Chloroform Verbindungen einzugehen. Columbamin und Jateorrhizin liefern diese Verbindungen jedoch ebenso wie Dehydrocorybulbin, nachdem die Phenolhydroxylgruppen verestert bzw. veräthert sind. Die Kernspaltung der methylierten Basen durch Oxydation mit Kaliumpermanganat ergab im wesentlichen Produkte, die dem unter gleichen Bedingungen aus Berberin und Corydalin erhaltenen ähnlich sind. Es ließen sich **Corydaldin** und außerdem eine Säure nachweisen, deren Konstitution aber noch nicht festgestellt werden konnte.

Tierische Gifte.

Von

Edwin Stanton Faust-Würzburg.

Tierische Gifte sind pharmakologisch wirksame Stoffe, die von Tieren direkt, d. h. physiologischerweise, produziert werden, nicht aber solche, welche durch Bakterien und andere Mikroorganismen im Tierkörper entstehen oder, von letzteren produziert, in fertigem Zustande von außen aufgenommen werden.

Systematik.

Eine Einteilung des Stoffes nach pharmakologischen Gesichtspunkten ist vorläufig nicht durchzuführen[1]). Ganz allgemein wird auch heute noch mit mehr oder weniger unreinen Gemischen und Extrakten experimentiert. Daher läßt sich nur in vereinzelten Fällen ein klares Bild der Giftwirkung eines gegebenen Stoffes gewinnen, weshalb eine Klassifizierung nach pharmakologischen Prinzipien untunlich erscheint.

Ebensowenig durchführbar ist aus denselben Gründen eine Einteilung nach chemischen Eigenschaften, abgesehen davon, daß eine Klassifikation auf chemischer Basis sehr verschiedenartig wirkende Stoffe in einer Gruppe vereinigen könnte.

Es ergibt sich daraus die Notwendigkeit, einer **Klassifikation der tierischen Gifte** vorläufig die **Stellung** des das Gift liefernden Tieres im **zoologischen System** zugrunde zu legen. Sie ist nach Lage der Dinge zurzeit die einzig durchführbare.

Säugetiere.

Ornithorhynchus paradoxus, Platypus, das Schnabeltier.

Das männliche Schnabeltier besitzt an beiden Hinterfüßen je einen an der Spitze durchlöcherten und von einem feinen Kanal von etwa 2 mm Durchmesser durchzogenen, beweglichen **Sporn**, welcher vermittels eines längeren (5 cm) Ausführungsganges mit einer, in der Hüftgegend gelegenen, etwa 3 cm langen und 2 cm breiten lobulären **Drüse** kommuniziert[2]). Die beiden Drüsen liefern ein eiweißreiches **Sekret**, welches durch den Ausführungsgang zum Sporn gelangt und durch den letzteren nach außen befördert werden kann. Seine Zusammensetzung und Wirkungen sind von C. J. Martin und Frank Tidswell[3]) und später von F. Noc[4]) untersucht worden.

P. Hill[5]) berichtet über Verwundungen von Menschen durch das Schnabeltier; von letalem Ausgang bei solchen Verwundungen hat Hill nichts erfahren.

---

[1]) Vgl. E. St. Faust, Die tierischen Gifte, Braunschweig 1906, S. 11.

[2]) Anatomisches bei Meckel, Deutsches Archiv f. Physiol. 8, [1823]; „Descriptio anatomica Ornithorhynchi paradoxi", Lips. 1826. — Martin u. Tidswell, a. a. O.

[3]) C. J. Martin u. Frank Tidswell, Observations on the femoral gland of Ornithorhynchus and its secretion etc. Proc. Linn. Soc. of New South Wales, July 1894.

[4]) F. Noc, Note sur la secretion venimeuse de l'Ornithorhynchus paradoxus. Compt. rend. de la Soc. de Biol. **56**, 451 [1904].

[5]) P. Hill, On the Ornithorhynchus paradoxus, its venomous spur and general structure. Trans. Linn. Soc. **13**, 622 [1822].

Für die Giftigkeit des Sekretes und die Verwendung des ganzen Apparates als Waffe sprechen neben den Erfahrungen von Hill die Angaben von Blainville[1]), Meckel, R. Knox[2]) Spicer[3]) und Anderson Stuart[4]).

C. J. Martin und Tidswell haben dann das Sekret der Glandula femoralis des Ornithorhynchus chemisch und pharmakologisch untersucht. Nach diesen Autoren charakterisiert sich das Sekret chemisch als eine **Lösung von Eiweißstoffen**; in größter Menge findet sich darin ein zur Klasse der **Albumine** gehöriger Eiweißkörper, daneben eine geringe Menge einer **Albumose**. Nucleoalbumine fehlen. Welchem der Bestandteile das Sekret seine pharmakologischen Wirkungen verdankt, ist unentschieden.

Für ihre Tierversuche verwendeten Martin und Tidswell Lösungen des durch Alkohol aus dem Sekret von drei Paar Drüsen gefällten Substanzgemisches, dessen Gewicht nach dem Trocknen bei 40° 0,4 g betrug. Die Substanz stellte ein in Wasser und verdünnten Salzlösungen zu einer opalescierenden neutral reagierenden Flüssigkeit lösliches, weißes Pulver dar.

Nach **subcutaner Injektion** von 0,05 g dieser Substanz entwickelte sich bei einem Kaninchen innerhalb 24 Stunden in der Umgebung der Injektionsstelle eine umfangreiche Geschwulst. Bald nach der Injektion und an dem darauffolgenden Tage verhielt sich das Tier sehr ruhig und fraß wenig. Geringe **Temperatursteigerung**. Eine Blutprobe gerann normal und schien auch mikroskopisch normal. Am fünften Tage nach der Injektion war die Geschwulst vollständig verschwunden und das Versuchstier scheinbar normal.

Bei **intravenöser Applikation** von 0,06 g sank der **Blutdruck** unmittelbar von 97 auf 60 mm, nach 90 Sekunden auf 27 mm Quecksilber. Die **Respiration** war zunächst sehr beschleunigt und vertieft und sistierte plötzlich um dieselbe Zeit, als der Blutdruck auf 27 mm gesunken war. Bei der sofortigen Öffnung des Tieres schlug das Herz noch schwach. Im rechten Herzen und im ganzen venösen System war das Blut geronnen. Bei der intravenösen Einverleibung sind die Wirkungen wohl als Folge **intravaskulärer Gerinnung des Blutes** aufzufassen. Darauf deuten u. a. die dyspnöischen Krämpfe und das anfangs sehr rasche, dann, insbesondere nach kleineren Gaben, aber langsame Sinken des Blutdruckes.

Das Adrenalin.[5])

Vorkommen: Das Adrenalin, auch Suprarenin (v. Fürth) und Epinephrin (Abel) genannt, findet sich in den **Nebennieren**.

Die Zusammensetzung des Adrenalins, 59,01% C, 7,10% H, 7,65% N, entspricht der empirischen Formel $C_9H_{13}NO_3$, Mol.-Gewicht 183, welche durch zahlreiche Elementaranalysen und Molekulargewichtsbestimmungen [Aldrich, Takamine, v. Fürth, Pauly[6]), Jowett[7]), Bertrand[8]), Stolz[9]), Abderhalden und Bergell[10])] begründet ist. Die Konstitution dieser Verbindung findet ihren Ausdruck in der Formel

$$\mathrm{HO\underset{HO}{\bigcirc}CH\cdot OH\cdot CH_2\cdot NH\cdot CH_3}$$

---

[1]) Blainville, Bull. Soc. Philomatique, Paris 1817, p. 82.

[2]) R. Knox, Observations on the Anatomy of the Duckbilled Animal of New South Wales Mem. Wernerian Soc. Nat. Hist. 1824.

[3]) Spicer, On the effects of wounds inflicted by the spurs of the Platypus. Papers and Proc. Roy. Soc. Tasmania **1876**, 162.

[4]) Anderson Stuart, Royal Society of New South Wales. Anniversary address by the President, T. P. Anderson Stuart. 1894.

[5]) Literatur bis 1899 in der ausführlichen Monographie von Hultgren u. Andersson, Studien über die Physiologie und Anatomie der Nebennieren. Skand. Archiv f. Physiol. **9**, 72—313 [1899]. — Literatur chemischen Inhalts bis Ende 1903 in dem Sammelreferat von O. v. Fürth, Biochem. Centralbl. **2**, Nr. 1 [1904]. — Literaturzusammenstellung bis August 1907 bei Albert C. Crawford, The use of suprarenal glands in the physiological testing of drug plants. U. S. Departement of Agriculture. Bureau of Plant Industry. Bulletin No. 112, Washington 1907. — S. Moeller, Kritischexperimentelle Beiträge zur Wirkung des Nebennierenextraktes (Adrenalin). Inaug.-Diss. Würzburg 1906.

[6]) Pauly, Berichte d. Deutsch. chem. Gesellschaft **36**, 2944 [1903]; **37**, 1388 [1904].

[7]) Jowett, Transactions of the Chem. Soc. London **20**, 18 [1904].

[8]) Bertrand, Compt. rend. de l'Acad. des Sc. **139**, 502 [1904].

[9]) Stolz, Berichte d. Deutsch. chem. Gesellschaft **37**, 4149 [1904].

[10]) Abderhalden u. Bergell, Berichte d. Deutsch. chem. Gesellschaft **37**, 2022 [1904].

Physikalische und chemische Eigenschaften, Vgl. Pharmakologische Wirkungen und Verhalten im Organismus, Vgl. diesen Band, S. 497 ff.

Nachweis und Bestimmung des Adrenalins. Farbenreaktionen: Mit Eisenchlorid grün, mit Jod rosarot, mit Jodsäure resp. Kaliumbijodat und verdünnter Phosphorsäure beim Anwärmen rosarot, bei sehr verdünnten Lösungen eosinrote Färbung. Bildung der Jodo- oder Jodosoverbindung (S. Fränkel)[1], mit $HgCl_2$ diffuse Rotfärbung (Comessati)[2].

Diese Reaktionen eignen sich nur dann zur **quantitativen colorimetrischen Bestimmung**, wenn die Substanz in reinem Zustande vorliegt bei annähernd neutraler Reaktion. Anwesenheit freier Säure und andere Umstände können den Ausfall der Reaktion mit Eisenchlorid stören[3]. Die bekannte Rotfärbung längere Zeit aufbewahrter Lösungen des Adrenalins stört bei der Jodreaktion ebenfalls; doch haben Abelous, Soulié und Toujan[4] diese Reaktion zur quantitativen Bestimmung des Adrenalins benützt, indem sie die Farbe der zu bestimmenden Lösung mit derjenigen einer frisch hergestellten Lösung von bekanntem Gehalt an reinem Adrenalin nach Jodzusatz verglichen.

Die Wertbestimmung von Adrenalinlösungen und der Nachweis des Adrenalins geschieht aber am sichersten durch den **Tierversuch**[5].

1. Durch **direkte Messung der Blutdrucksteigerung** nach intravenöser Injektion von Adrenalin oder eines Auszuges aus Nebennieren.

2. **Reaktionen am Auge.**

a) Verdünnte Lösungen von Adrenalin in den Conjunctivalsack geträufelt bewirken Blutleere und daher Blässe der Conjunctiva, später Pupillenerweiterung[6]. Die Wirkung auf die Conjunctiva tritt noch bei einer Verdünnung von 1—120 000 ein.

b) Am enucleierten Bulbus (Froschauge) sah Ehrmann[7] selbst bei intensiver Beleuchtung nach 0,000 025 mg Adrenalin regelmäßig Pupillenerweiterung; 0,00 001 mg bewirkten unter diesen Bedingungen noch deutliche Erweiterung der Pupille, während 0,000 005 mg keine wahrnehmbare Wirkung zeigten.

c) Bei normalen Menschen, Hunden und Katzen ist Adrenalininstillation in den Conjunctivalsack ohne Einfluß auf die Pupillenweite. Unter besonderen Verhältnissen tritt aber nach O. Loewi[8] Mydriasis ein, so z. B. nach Totalexstirpation des Pankreas (bei Hunden und Katzen), bei manchen diabetischen Menschen und bei manchen Fällen von Basedow.

---

[1] S. Fränkel u. R. Allers, Über eine neue charakteristische Adrenalinreaktion. Biochem. Zeitschr. **18**, 40 [1909].

[2] C. Comessati, Münch. med. Wochenschr. **37**, 1926 [1908].

[3] F. Batelli, Dosage colorimétrique de la substance active des capsules surrénales. Compt. rend. de la Soc. de Biol. **54**, 571 [1902]. — F. Boulud u. B. Fayol, Sur le dosage colorimétrique de l'adrenaline. Compt. rend. de la Soc. de Biol. **55**, 358 [1903]. — I. D. Cameron, On the methods of standarsising suprarenal preparations. Proc. Roy. Soc. Edinburgh **26**, 157 [1906]. — O. von Fürth, Zur Kenntnis der brenzcatechinähnlichen Substanz der Nebennieren. Zeitschr. f. physiol. Chemie **29**, 115 [1900]. Zur Kenntnis des Suprarenins. Beiträge z. chem. Physiol. u. Pathol. **1**, 244 [1902].

[4] J. E. Abelous, A. Soulié u. G. Toujan, Dosage colorimétrique par l'iode de l'adrenaline. Compt. rend. de la Soc. de Biol. **59**, 301 [1905]. Sur un procédé de controle des dosages chimique et physiologique de l'adrenaline. Compt. rend. de la Soc. de Biol. **60**, 174 [1906]. — C. E. Vandekleed, Method for the preparation of the active principle of the suprarenal gland. Pharmaceutical Era **36**, 478 [1906].

[5] W. H. Schultz, Quantitative pharmacological Studies: Adrenalin and adrenalinlike bodies. Bull. No. 55, Hyg. Lab., U. S. Pub. Health & Mar. Hosp. Serv. Washington 1909. Literatur!

[6] K. Wessely, Über die Wirkung des Suprarenins auf das Auge. Bericht über d. 28. Versamml. d. ophthalmol. Gesellschaft zu Heidelberg, S. 76 (1909); Zur Wirkung des Adrenalins auf das enucleierte Froschauge und die isolierte Warmblüteriris. Deutsche med. Wochenschr. **1909**, Nr. 23. — S. J. Meltzer u. K. M. Auer, Über den Einfluß des Nebennierenextraktes auf die Pupille des Frosches. Centralbl. f. Physiol. **18**, 317 [1904]. — R. H. Kahn, Über die Beeinflussung des Augendruckes durch Extrakte chromaffinen Gewebes (Adrenalin). Centralbl. f. Physiol. **20**, 33 [1906]. — M. Lewandowski, Über die Wirkungen des Nebennierenextraktes auf die glatten Muskeln, im besonderen des Auges. Archiv f. Anat. u. Physiol., physiol. Abt. 360 [1899].

[7] R. Ehrmann, Über eine physiologische Wertbestimmung des Adrenalins. Archiv f. experim. Pathol. u. Pharmakol. **53**, 97 [1905]. Zur Physiologie und experim. Pathologie der Adrenalinsekretion. Archiv f. experim. Pathol. u. Pharmakol. **55**, 39 [1906].

[8] O. Loewi, Über eine neue Funktion des Pankreas und ihre Beziehung zum Diabetes mellitus. Archiv f. experim. Pathol. u. Pharmakol. **59**, 83 [1908].

3. Direkte Messung der gefäßverengenden Wirkung.
a) Durchblutung von Fröschen mit Adrenalinlösungen nach Läwen[1]).
b) Wirkung auf in Ringerscher Lösung aufbewahrte Querschnitte (Ringe) der überlebenden Arteria subclavia von Rindern nach O. B. Meyer[2]), welcher bei Verdünnungen der Adrenalinlösungen von 1 : 100 000 000 an diesem Versuchsobjekt die gefäßverengende Wirkung noch eintreten sah.

4. Wirkungen des Adrenalins auf die Sekretionen.
Das Adrenalin verursacht eine Steigerung der Sekretion der Speicheldrüsen[3]) und der Hautdrüsen des Frosches[4]), nicht aber der Schweißdrüsen. Atropin unterdrückt diese Sekretionen nicht, so daß es sich, wie beim Physostigmin, um eine Wirkung auf das Drüsenparenchym handelt.

Die Gallensäuren.

Über Vorkommen, Bildung, Darstellung und die chemischen Eigenschaften der verschiedenen Gallensäuren vgl. Knoop: Bd. III dieses Werkes.

Pharmakologische Wirkungen der Gallensäuren. Die Wirkungen der Gallensäuren betreffen das Nervensystem, die Muskeln, den Zirkulationsapparat und das Blut. Die Galle sowohl als die reinen Gallensäuren und deren Natriumsalze wirken hämolysierend. Diese Wirkung ist zuerst von Hünefeld[5]) beobachtet und von Rywosch[6]) genauer untersucht worden. Letzterer führte vergleichende Untersuchungen über den Grad der hämolytischen Wirkungen der verschiedenen gallensauren Salze aus und fand dabei folgendes Verhältnis in der Intensität der hämolytischen Wirkung der verschiedenen Gallensäuren.

Glykocholsaures Natrium	= 1
Hyocholsaures Natrium	= 4
Cholsaures Natrium	= 4
Choloidinsaures Natrium	= 10
Taurocholsaures Natrium	= 12
Chenocholsaures Natrium	= 14

Demnach scheint für den Grad der hämolytischen Wirkung der Gallensäuren nicht allein der Cholsäurekomponent maßgebend zu sein; auch der Paarling und die Art der Bindung desselben an die Cholsäure scheinen dabei eine Rolle zu spielen.

Die hämolytische Wirkung der Gallensäuren scheint auch im lebenden Organismus, aber nur bei ihrer Injektion in das Blut zustande zu kommen und den Übergang von Hämoglobin in den Harn (Hämoglobinurie) zu verursachen, welch letzterer dann auch Harnzylinder und Eiweiß erhalten kann.

Die weißen Blutkörperchen, sowie ferner Amöben und Infusorien werden ebenfalls durch die Gallensäuren geschädigt.

Die Gerinnung des Blutes wird durch die Gallensäuren (tauro- und chenocholsaures Natrium), wenigstens im Reagensglasversuche, in der Konzentration von 1 : 500 beschleunigt, bei der Konzentration 1 : 250 dagegen vollständig aufgehoben (Rywosch).

Die Wirkung auf die Muskeln äußert sich zunächst in einer Verminderung der Reizbarkeit (Irritabilität), welche bis zur vollständigen Lähmung derselben fortschreiten kann.

Das Zentralnervensystem erleidet unter dem Einfluß der gallensauren Salze eine Herabsetzung seiner Funktionsfähigkeit bis zur vollständigen Lähmung.

---

[1]) A. Läwen, Quantitative Untersuchungen über die Gefäßwirkung von Suprarenin. Archiv f. experim. Pathol. u. Pharmakol. **51**, 422 [1904].

[2]) O. B. Meyer, Über einige Eigenschaften der Gefäßmuskulatur. Zeitschr. f. Biol. **48**, 365 [1906].

[3]) J. N. Langley, Observations on the physiological action of extracts of the suprarenal bodies. Journ. of Physiol. **27**, 237 [1901].

[4]) R. Ehrmann, Über die Wirkung des Adrenalins auf die Hautdrüsensekretion des Frosches. Archiv f. experim. Pathol. u. Pharmakol. **53**, 137 [1905].

[5]) Hünefeld, Der Chemismus in der tierischen Organisation. Leipzig 1840.

[6]) D. Rywosch, Vergleichende Versuche über die giftige Wirkung der Gallensäuren. Arbeiten des Pharmakol. Instituts zu Dorpat. Herausgegeben von R. Kobert, **2**, 102 [1888]. Daselbst auch die ältere Literatur ausführlich zusammengestellt.

Die Wirkungen der Gallensäuren auf die Zirkulationsapparate (Röhrig)[1]) äußern sich in einer Verkleinerung des Pulsvolumens und Verminderung der Pulsfrequenz, welch letztere besonders beim Ikterus häufig beobachtet wird, und von Frerichs zuerst als eine Folge der Gallenwirkung bei dieser Krankheit vermutet wurde. Das Sinken des Blutdruckes nach der Injektion von gallensauren Salzen ist eine Folge der Herzwirkungen. Vielleicht ist dabei auch eine Gefäßwirkung im Spiele.

Die an Tieren beobachteten Allgemeinerscheinungen nach der subcutanen Injektion von gallensauren Salzen bestehen in Durchfall, Mattigkeit, Somnolenz, verminderter Puls- und Atemfrequenz; Einverleibung von größeren Mengen bewirkt allgemeine Lähmung.

Nach intravenöser Injektion sind mehr oder weniger heftige Krämpfe, Erbrechen, verlangsamtes Atmen und Tod unter asphyktischen Erscheinungen und tetanischen Krämpfen beobachtet worden.

Bei intravenöser Injektion betragen die tödlichen Mengen pro Kilogramm Körpergewicht:

	Kaninchen	Hunde
Taurocholsaures Natrium	0,35 g	0,6 bis 0,7 g
Glykocholsaures Natrium	0,50 g	0,8 bis 1,0 g

Die Gallensäuren lassen sich nach ihren Wirkungen im pharmakologischen System am besten der Gruppe der „Saponinsubstanzen" anreihen. Mit diesen haben sie qualitativ die Wirkungen auf die Blutkörperchen, die Muskeln, den Zirkulationsapparat und auf das Nervensystem gemein.

Schlangen, Ophidia.

Die Giftorgane der Schlangen[2]) bestehen aus den **Giftzähnen** und den damit in Verbindung stehenden **Giftdrüsen.**

Die Stellung und die Größe der Giftzähne ist bei den verschiedenen Giftschlangen eine sehr verschiedene. Diese beiden für den Grad der Giftwirkung wichtigen Faktoren scheinen in einer gewissen Beziehung zu der Wirksamkeit des Giftes zu stehen[3]).

Die Giftdrüsen liegen in der Regel auf beiden Seiten des Oberkiefers hinter und unter den Augen und sind von sehr verschiedener Größe und Form, im allgemeinen aber der Größe des Tieres entsprechend. Bei manchen Schlangen erstrecken sie sich jedoch auch auf den Rücken und bei Callophis liegen sie innerhalb der Bauchhöhle, wo sie sich auf $1/4$—$1/2$ der Länge des ganzen Tieres als langgestreckte drüsige Organe ausdehnen. Ihr Bau charakterisiert sie als acinöse Drüsen und ist den Speicheldrüsen der höheren Tiere analog. Das von diesen Drüsen abgesonderte Gift häuft sich in den Acini und dem an der Basis des Giftzahnes ausmündenden Ausführungsgang an.

Die „ungiftigen" Schlangen besitzen ebenfalls eine Ohrspeicheldrüse (Parotis) und Oberlippendrüsen, deren Sekrete mehr oder weniger giftig sind; nur fehlen diesen die für die Einverleibung des Giftes nötigen Vorrichtungen, d. h. die Giftzähne.

Besondere Beachtung verdient auch hier die Tatsache, daß das Blut bzw. das Serum ungiftiger[4]) Schlangen qualitativ wie das Sekret ihrer Speicheldrüsen (Giftdrüsen) wirkt. Es drängt sich daher der Schluß auf, daß die im Blute vorhandene und somit im ganzen Organismus der Schlangen verteilte giftige Substanz von den Speicheldrüsen „selektiv" aus dem Blute aufgenommen und sezerniert wird, nicht aber infolge einer „inneren Sekretion" der betreffenden Drüsen von diesen aus in das Blut übergeht.

Die **Mengen des abgesonderten Giftes** stehen in einem gewissen Verhältnis zur Größe der Giftdrüsen, somit im allgemeinen zur Größe der betreffenden Schlange. Bei einem bestimmten Tiere ist die Menge des auf einmal bei einem Bisse gelieferten Giftes eine schwankende, je nachdem es längere oder kürzere Zeit nicht gebissen hat, doch sind auch andere, schwer zu bestimmende Einflüsse von Bedeutung für diese Verhältnisse, so vielleicht das Allgemeinbefinden der Schlange, nervöse Einflüsse, die Heftigkeit des Bisses, die Temperatur der Umgebung, Wasser und Nahrungsaufnahme und die Art der Nahrung, sowie die Gefangenschaft.

---

[1]) A. Röhrig, Über den Einfluß der Galle auf die Herztätigkeit. Leipzig 1863.
[2]) H. Noguchi, Snake Venoms; an investigation of venomous snakes, with special reference to the phenomena of their venoms. Published by the Carnegie Institution of Washington. Washington, D. C. [1909].
[3]) E. St. Faust, Die tierischen Gifte. Braunschweig 1906, S. 49 u. 50.
[4]) Über „giftige" und „ungiftige" Schlangen vgl. E. St. Faust, Die tierischen Gifte. Braunschweig 1906, S. 32.

Über die Natur der Schlangengifte.

Physikalische und chemische Eigenschaften. Das frische, der lebenden Schlange entnommene giftige Sekret stellt eine klare, etwas visköse Flüssigkeit von hell- bis dunkelgelber, manchmal auch grünlicher Farbe und neutraler oder schwach saurer Reaktion dar, deren spezifisches Gewicht zwischen 1,030 und 1,050 schwankt. Es löst sich in Wasser zu einer trüben, opalescierenden Flüssigkeit von sehr schwachem, fadem Geruch, die beim Stehen einen mehr oder weniger voluminösen Niederschlag fallen läßt. Dieser besteht aus Eiweiß oder eiweißartigen Stoffen, hauptsächlich Globulinen, Mucin, Epithelzellen oder deren Trümmern.

Die wässerigen Lösungen schäumen beim Schütteln stark und zersetzen sich unter der Einwirkung von Fäulnis- oder anderen Bakterien unter Entwicklung von Ammoniak und von höchst unangenehm riechenden, flüchtigen Fäulnisprodukten, je nach der Temperatur innerhalb längerer oder kürzerer Zeit, wobei die Wirksamkeit der Lösung allmählich abnimmt und schließlich ganz verloren gehen kann.

Beim Eintrocknen der Schlangengifte bei niederer Temperatur, am besten im Vakuumexsiccator über konz. Schwefelsäure oder geschmolzenem Chlorcalcium, hinterbleibt eine dem Gewichte nach sehr stark variierende Menge Trockensubstanz, deren quantitative Zusammensetzung außerordentlichen Schwankungen unterworfen ist. Die Hauptbestandteile eines derartigen Trockenrückstandes, welcher, ohne an Wirksamkeit einzubüßen, anscheinend lange Zeit aufbewahrt werden kann, sind: 1. durch Hitze koagulierbares Eiweiß (Albumin, Globulin), 2. durch Hitze nicht koagulierbare Eiweißderivate (Albumosen und sog. Peptone?), 3. Mucin oder mucinartige Körper, 4. Fermente, 5. Fette, 6. geformte Elemente; Epithel der Drüsen und der Mundhöhle und Epitheltrümmer, 7. Mikroorganismen, welche wohl Zufälligkeiten ihre Anwesenheit verdanken, 8. Salze, Chloride und Phosphate von Calcium, Magnesium und Ammonium.

Der Trockenrückstand hat etwa die Farbe des ursprünglichen frischen, nativen Giftsekretes und hinterbleibt gewöhnlich in Form von Schüppchen oder Lamellen, welche krystallinische Struktur des Rückstandes vortäuschen können.

Aus dem nativen Gifte oder aus einer Lösung des eingetrockneten Giftes in Wasser fällt Alkohol bei genügender Konzentration die wirksame Substanz aus. Der Niederschlag ist in Wasser löslich und hat, wenn der Alkohol nicht durch zu langes Einwirken Koagulation des Eiweißes und Einschluß eines Teiles der Giftsubstanz in dem geronnenen Eiweiß verursachte, an Wirksamkeit nicht eingebüßt.

Die Einwirkung der Wärme auf die Schlangengifte ist bei den von verschiedenen Schlangen stammenden Giften sehr verschieden.

Das Gift der Colubriden (Naja, Bungarus, Hoplocephalus, Pseudechis) kann Temperaturen bis 100° ausgesetzt werden und verträgt sogar kurz dauerndes Kochen, ohne daß seine Wirksamkeit abgeschwächt wird. Durch längeres Kochen oder Erhitzen auf Temperaturen über 100° wird die Wirksamkeit vermindert und schließlich bei 120° vernichtet.

Wenn man durch Erhitzen auf geeignete Temperaturen (75 bis 85°) die koagulierbaren Eiweißkörper des Colubridengiftes ausscheidet und das geronnene Eiweiß durch Filtration entfernt, so erhält man eine klare Flüssigkeit, welche die wirksame Substanz enthält und sich beim Kochen nicht mehr trübt. Der abfiltrierte und gewaschene Eiweißniederschlag ist nicht mehr giftig. Aus dem in den meisten Fallen noch Biuretreaktion gebenden Filtrate fällt Alkohol einen die wirksame Substanz enthaltenden Niederschlag, welcher sich auf Zusatz von Wasser wieder löst.

Das Viperngift (Bothrops, Crotalus, Vipern) ist gegen Temperatureinflüsse viel empfindlicher. Erwärmen bis zur Gerinnungstemperatur, etwa 70°, schwächt die Giftigkeit ab, und bei 80—85° wird diese vollkommen vernichtet. Das Bothropsgift verliert seine Wirksamkeit teilweise schon bei 65° (Calmette).

Die Schlangengifte dialysieren nicht. In diesem Verhalten schließen sie sich den Eiweißkörpern eng an, deren bekanntere Reaktionen ihnen ebenfalls zukommen. Alle bisher untersuchten Schlangengifte geben die Biuret-, Millon- und Xanthoproteinreaktion und werden durch Sättigung ihrer Lösungen mit Ammonium- und Magnesiumsulfat abgeschieden; auch durch Schwermetallsalze werden diese Gifte gefällt.

Alkalien und Säuren beeinflussen bei gewöhnlicher Temperatur und bei nicht zu lange dauernder Einwirkung und mäßiger Konzentration die Wirksamkeit der Schlangengifte nicht.

Gegen oxydierende chemische Agenzien scheinen dieselben jedoch sehr empfindlich zu sein. Die Wirksamkeit wird wesentlich herabgesetzt oder gänzlich aufgehoben durch Kaliumpermanganat (Lacerda), Chlor (Lenz, 1832), Chlorkalk oder schneller noch durch unterchlorigsaures Calcium (Calmette), Chromsäure (Kaufmann), Brom, Jod (Brainard) und Jodtrichlorid (Kanthack). Die genannten Körper hat man wegen dieser schädigenden oder zerstörenden Wirkungen auf das Gift auch therapeutisch zu verwenden gesucht.

Elektrolyse des Schlangengiftes vernichtet dessen Wirksamkeit, wahrscheinlich infolge der Bildung von freiem Chlor aus den Chloriden und von Ozon (Oxydation).

Bei Vermeidung jeglicher Temperatursteigerung wird das Schlangengift durch Wechselströme nicht verändert (Marmier)[1].

Der Einfluß des Lichtes, welcher beim trocknen Gifte gleich Null ist, macht sich nach Calmette beim nativen oder gelösten Gifte in der Weise bemerkbar, daß die Lösungen nach und nach weniger wirksam werden. Bei Luftzutritt bevölkern sich dieselben außerdem rasch mit den verschiedenartigsten Mikroorganismen, für welche das Schlangengift, wahrscheinlich wegen des Eiweißgehaltes und der darin enthaltenen Salze, ein guter Nährboden zu sein scheint, und welche dann ihrerseits vielleicht die Zersetzung der wirksamen Bestandteile beschleunigen.

Durch Chamberland- oder Berkefeldfilter filtriert und bei niedriger Temperatur in gutverschlossenen Gefäßen aufbewahrt, sollen sich dagegen Giftlösungen mehrere Monate lang unverändert aufbewahren lassen.

Die **Konservierung von Giftlösungen** kann auch in der Weise geschehen, daß man ihnen in konzentriertem Zustande das gleiche Volumen Glycerin zusetzt. Indessen wird man wohl, besonders wenn es sich um später mit dem Gifte vorzunehmende chemische Untersuchungen handelt, dem Eintrocknen des nativen flüssigen Giftes und der Aufbewahrung desselben im trocknen Zustande den Vorzug geben.

Unsere Kenntnisse über die **chemische Natur der wirksamen Bestandteile der giftigen Schlangensekrete** sind noch sehr unvollkommen.

Sicher ist, daß es sich nicht um fermentartig wirkende Körper handelt, weil die Wirksamkeit der Fermente durch Erhitzen ihrer Lösungen auf Temperaturen, die die Schlangengifte unter Erhaltung ihrer Wirksamkeit noch vertragen, vernichtet wird und weil die Intensität der Schlangengiftwirkungen in einem direkten Verhältnisse zur einverleibten Menge des Giftes steht. Mit Ausnahme der wirksamen Bestandteile des Kobragiftes werden die wirksamen giftigen Stoffe der Schlangengifte heute noch ganz allgemein als sog. „**Toxalbumine**" (?) aufgefaßt, weil es bisher nur beim Kobragift gelungen ist, die wirksamen Bestandteile in eiweißfreiem und wirksamem Zustande zu erhalten.

S. Weir Mitchell und Reichert[2]) fanden als wirksame Bestandteile des Klapperschlangengiftes verschiedene Globuline und ein „Pepton".

C. J. Martin und J. Mc Garvie Smith[3]) isolierten aus dem Gifte der australischen „black snake", **Pseudechis porphyriacus**, eine Heteroalbumose und eine Protalbumose, deren Wirkungen sie genauer untersuchten und mit denjenigen des nativen Giftes übereinstimmend fanden.

Die unter Ehrlichs Leitung ausgeführten Untersuchungen von Preston Kyes[4]) und von Kyes und Sachs[5]) erstrecken sich auf denjenigen Bestandteil des Kobragiftes, welcher seine Wirkungen auf das Blut und dessen geformte Elemente ausübt, und welcher von Kyes in Form einer Verbindung mit Lecithin, einem sog. „Lecithid", isoliert wurde. Die Zusammensetzung und die chemische Natur derartiger aus Kobragift und Lecithin dargestellten Verbindungen hat Kyes[6]) später genauer untersucht und dabei Verbindungen erhalten, welche bei der Elementaranalyse konstante prozentische Zusammensetzung und konstante physi-

---

[1]) Marmier, Ann. de l'Inst. Pasteur **10**, 469 [1906].
[2]) S. Weir Mitchell u. Reichert, Smithsonian „Contributions to Knowledge". Researches upon the Venoms of Poisonous serpents. Washington 1886.
[3]) C. J. Martin u. J. Mc Garvie Smith, Proc. Roy. Soc. New South Wales 1892 u. 1895; Journ. of Physiol. **15**, 380 [1895].
[4]) Preston Kyes, Berl. klin. Wochenschr. **1902**, Nr. 38 u. 39; **1903**, Nr. 42 u. 43; **1904**, Nr. 19; Zeitschr. f. physiol. Chemie **41**, 373 [1904].
[5]) Kyes u. Sachs, Berl. klin. Wochenschr. **1903**, Nr. 2—4.
[6]) Preston Kyes, Über die Lecithide des Schlangengiftes. Biochem. Zeitschr. **4**, 99—123 [1907]; **6**, 339 [1907].

kalische Eigenschaften zeigten. Die Existenz eines „Cobralecithid" im Sinne Kyes' wird von Bang[1]) bestritten.

Die Untersuchungen von P. Kyes und Kyes und Sachs haben ergeben, daß der Bestandteil des Kobragiftes, welchem die hämolytische Wirkung zukommt, nicht ein sog. „Toxalbumin" ist. Faust hat das auf das Zentralnervensystem wirkende Gift, in dessen Wirkungen bei dieser Vergiftung ohne Zweifel die Todesursache zu suchen ist, von den eiweißartigen Stoffen und anderen Bestandteilen des eingetrockneten Kobragiftes getrennt, chemisch und pharmakologisch genauer untersucht und ihm den Namen **Ophiotoxin** gegeben[2]). Empirische Formel $C_{17}H_{26}O_{10}$. Zusammensetzung: 52,30% C; 6,66% H.

Die aus stark wirksamen Lösungen des Ophiotoxins beim Einengen zur Trockne erhaltenen Rückstände sind **stickstofffrei**. Das Ophiotoxin ist nicht flüchtig und dialysiert nicht. Wässerige Lösungen des Ophiotoxins schäumen stark beim Schütteln. Der Rückstand aus solchen Lösungen ist in Alkohol schwer, in Wasser unvollkommen löslich; in den übrigen gewöhnlichen Lösungsmitteln unlöslich. Bei der subcutanen Injektion des Ophiotoxins sind bedeutend größere Mengen erforderlich, um den gleichen Grad der Wirkung wie bei der intravenösen Injektion zu erzielen, vielleicht weil es bei ersterer Art der Einverleibung an Gewebseiweiß gebunden oder fixiert wird. Bei seiner intravenösen Einverleibung kommen die charakteristischen Wirkungen sehr rasch zustande, wie sie nach einer subcutan oder intravenös injizierten Lösung der ganzen Trockenrückstandes des Giftsekretes beobachtet werden.

Aus dieser Tatsache geht hervor, daß der Eiweißkomponent des nativen Giftes auf die Resorptionsverhältnisse von Einfluß ist, d. h. die Resorption ermöglicht und begünstigt.

Im nativen Gifte ist das Ophiotoxin wahrscheinlich salz- oder esterartig an Eiweiß oder eiweißartige Stoffe gebunden und wird durch die Art der Bindung vor den in freiem oder ungebundenem Zustande leicht eintretenden und sein Unwirksamwerden herbeiführenden Veränderungen im Molekül geschützt.

Darstellung des Ophiotoxins. 10 g getrocknetes Kobragift werden mit 500 ccm Wasser übergossen und über Nacht stehen gelassen, morgens die Flüssigkeit von dem ungelöst gebliebenen Anteil abfiltriert. Das klare, hellgelb gefärbte Filtrat wird mit einer Lösung von neutralem Kupferacetat oder mit chemisch reinem, namentlich völlig eisenfreiem **Kupferchlorid** versetzt und dieser kupferhaltigen Lösung nach einiger Zeit verdünnte, etwa 5 proz. Kali- oder Natronlauge tropfenweise zugegeben bis zur bleibenden, schwachen, aber deutlich erkennbaren alkalischen Reaktion, wobei die Flüssigkeit eine intensive Biuretfärbung annimmt und ein Niederschlag ausfällt, welcher zum größten Teil aus Kupferoxydhydrat besteht.

Wenn bei eingetretener alkalischer Reaktion auf Zusatz von Natronlauge keine weitere Fällung erfolgt, läßt man absitzen und filtriert dann von dem Niederschlage ab. In dem tief violett gefärbten Filtrate entsteht auf Zusatz von verdünnter Essigsäure ein Niederschlag von Eiweiß oder eiweißartigen Stoffen, welcher pharmakologisch vollkommen wirkungslos ist.

Der erste Kupferniederschlag wird in schwach essigsäurehaltigem Wasser gelöst, die Lösung filtriert und das Filtrat durch vorsichtigen tropfenweisen Zusatz von Kali- oder Natronlauge alkalisch gemacht, wobei wiederum ein Niederschlag ausfällt, während die Flüssigkeit, in der Eiweißstoffe zurückbleiben, die Biuretfärbung zeigt. Man filtriert den Niederschlag nach dem Absitzen möglichst schnell ab. Das Filtrat hat nur noch eine sehr schwache Biuretfärbung, zuweilen auch keine mehr. Gegebenenfalls muß das Lösen in essigsäurehaltigem Wasser und die Fällung durch Alkali wiederholt werden.

Hat man auf diese Weise den Kupferkali- oder Kupfernatronniederschlag von biuretreaktiongebender Substanz und durch wiederholtes Waschen denselben von überschüssigem Alkali befreit und neutral gewaschen, so handelt es sich dann darum, den gesuchten wirksamen Körper vom Kupfer zu befreien. Dieses kann nach einem der folgenden Verfahren geschehen.

A. Man spült den klebrigen, gelatinösen Niederschlag mit Wasser vom Filter in ein geeignetes Kölbchen von passender Größe, verteilt ihn durch anhaltendes, kräftiges Schütteln in dem Wasser und leitet einen kräftigen Schwefelwasserstoffstrom in die den Niederschlag in möglichst feiner Suspension enthaltende Flüssigkeit. Durch einen kräftigen Luftstrom wird der Überschuß von Schwefelwasserstoff entfernt und nun vom gebildeten Schwefelkupfer abfiltriert.

---

[1]) Ivar Bang, Kobragift und Hämolyse, Biochem. Zeitschr. **11**, 521 [1908]; **18**, 441 [1909] und **23**, 463 [1910].

[2]) E. St. Faust, Über das Ophiotoxin aus dem Gifte der ostindischen Brillenschlange. Archiv f. experim. Pathol. u. Pharmakol. **56**, 236 [1907].

Das wasserhelle, klare, biuretfreie Filtrat erweist sich beim Versuch am Kaninchen und am Frosch bei intravenöser Injektion in demselben Sinne wirksam als die ursprüngliche, eiweißhaltige wässerige Lösung des nativen Giftes.

Die quantitativ verschiedene, qualitativ jedoch gleiche Wirkung des eiweißfreien Filtrates vom Schwefelkupfer im Vergleich zur ursprünglichen Giftlösung ist auf eine teilweise Veränderung der wirksamen Substanz, verursacht durch die angegebene Behandlung, zurückzuführen.

Einengen der wirksamen Lösung bei 0° im Vakuumexsiccator über Schwefelsäure ändert hierbei an dem Endresultat nichts.

Zur Vermeidung der durch Anhaften des Ophiotoxins am Schwefelkupfer[1]) oder durch Eindampfen der wässerigen Lösungen entstehenden Verluste an wirksamer Substanz habe ich weiter folgendes Verfahren eingeschlagen.

B. Der alkali- und biuretfreie, gewaschene Kupferniederschlag wird mit Alkohol vom Filter abgespült und zur vollständigen Entfernung von Wasser längere Zeit unter wiederholt gewechseltem Alkohol von 96% aufbewahrt. Durch vorsichtigen Zusatz alkoholischer Salzsäure zu dem überstehenden Alkohol und fleißiges Umschütteln des Alkohols wird der Kupferniederschlag zerlegt. Das hierbei gebildete Kupferchlorid löst sich im Alkohol, während das vorher an Kupfer gebundene Ophiotoxin, nunmehr in freiem Zustande, in Form von leichten, gelblichweißen Flocken im Alkohol ungelöst und suspendiert bleibt und sich dann allmählich absetzt. Die Ausscheidung des Ophiotoxins kann durch Zusatz von wasserfreiem, frisch destilliertem Äther beschleunigt und begünstigt werden, doch ist darauf zu achten, daß hierdurch nicht gleichzeitig Kupferchlorid ausgeschieden wird. Man läßt das ausgeschiedene Ophiotoxin absitzen, entfernt durch Dekantieren den kupferchloridhaltigen Alkohol und wiederholt diesen Vorgang, bis der abdekantierte Alkohol sich chlorfrei erweist oder durch die Ferrocyankaliumprobe die Abwesenheit von Kupfer erkennen läßt. Nach nochmaliger Behandlung mit Alkohol und Absitzenlassen des leichtflockigen Ophiotoxins löst man dasselbe in Wasser. Die auf das ursprüngliche Volumen der angewandten nativen Kobragiftlösung gebrachte Lösung erweist sich bei intravenöser Injektion als wirksam, ist aber jener an Wirksamkeit quantitativ nicht gleich.

Das freie, nicht mehr wie in dem nativen Kobragift an Eiweiß gebundene Ophiotoxin wird durch Einwirkung von Alkali, sowohl bei Zimmertemperatur als auch bei 0° verändert; schon länger dauernde Einwirkung von Wasser genügt, um Veränderungen des Ophiotoxins hervorzurufen. Es gelingt also auch nach diesem Verfahren, eiweißfreie und wirksame Lösungen des Ophiotoxins zu gewinnen, nicht aber letztere ohne Beimengung unwirksam gewordener Substanz zu erhalten.

Die biuretreaktiongebenden Bestandteile des Kobragiftes bestehen aus Eiweiß und aus albumose- oder peptonartigen Eiweißderivaten, welche durch Wärmewirkung nicht koaguliert werden. Ein Teil der in dem Giftsekret enthaltenen Eiweißstoffe kann also durch Erhitzen auf geeignete Temperatur und nachherige Filtration entfernt werden. Der auf das Nervensystem wirkende Bestandteil des Kobragiftes erleidet durch 15 Minuten langes Erhitzen auf 90° in wässeriger, nicht zu verdünnter Lösung keine Verminderung seiner Wirksamkeit.

10 g eingetrocknetes Kobragift werden in 100 ccm Wasser gelöst, mit Essigsäure sehr schwach angesäuert und dann auf dem Wasserbade 15 Minuten auf 90—95° erhitzt, während man gleichzeitig Kochsalz bis zur Sättigung einträgt. Hierbei scheidet sich die Hauptmenge des in dem nativen Kobragift enthaltenen Eiweißes in Form von groben Flocken aus, und die Flüssigkeit läßt sich nach dem Absitzen des ausgeschiedenen Eiweißes leicht und schnell abfiltrieren.

Das hellgelb gefärbte Filtrat vom geronnenen Eiweiß ist ebenso wirksam wie die ursprüngliche Giftlösung. Es enthält aber neben dem Ophiotoxin und anderen Stoffen noch biuretartig reagierende Substanzen. Kochsalz und andere in dem nativen Gift enthaltene anorganische Salze werden durch Dialyse entfernt. Das Ophiotoxin dialysiert nicht. Sobald die auf dem Dialysator befindliche Flüssigkeit chlorfrei ist, wird diese in den Vakuumexsiccator bei Zimmertemperatur über Schwefelsäure gebracht und auf etwa 50 ccm eingedampft.

Zur Entfernung der biuretartig reagierenden Substanzen wird die eingeengte und filtrierte Flüssigkeit vorsichtig mit einer 10 proz. Lösung von **Metaphosphorsäure** versetzt. Es entsteht ein grobflockiger Niederschlag, der sich rasch absetzt. Ein Überschuß des Fällungsmittels

---

[1]) Häufig beobachtete Erscheinung bei kolloidalen Stoffen.

ist sorgfältig zu vermeiden, doch muß nach vollständiger Ausfällung der die Biuretreaktion gebenden Stoffe in der überstehenden klaren Flüssigkeit so viel freie Metaphosphorsäure vorhanden sein, daß eben noch schwach saure Reaktion besteht.

Die von dem Metaphosphorsäureniederschlag abfiltrierte Flüssigkeit ist biuretfrei und äußerst wirksam bei **intravenöser Injektion**.

Aus den in schwach metaphosphorsaurer Lösung auf ein Volumen von etwa 10—15 ccm eingedampften eiweißfreien Lösungen des Ophiotoxins fällt Alkohol die wirksame Substanz in Form grober, weißer Flocken, die sich nur sehr langsam absetzen.

Die überstehende wässerig-alkoholische Flüssigkeit wird nun von dem Ophiotoxin getrennt, in möglichst wenig destilliertem Wasser gelöst und durch Zusatz von Alkohol wieder gefällt. Diese Manipulationen werden so oft wiederholt, bis in der überstehenden Flüssigkeit Phosphor nicht mehr nachzuweisen ist.

Getrocknet[1]) wird im Vakuum über Schwefelsäure bei einer Temperatur von 35—40°.

Die analysenfertige Substanz stellt ein leichtes, schwach gelblich gefärbtes, amorphes Pulver dar. Sie hinterläßt beim Glühen auf dem Platinblech zunächst eine voluminöse Kohle, welche ohne Hinterlassung eines Rückstandes verbrennt. Sie enthält keinen Stickstoff. Die Substanz löst sich nach scharfem Trocknen nur sehr langsam in Wasser. Die wässerige Lösung erweist sich beim Tierversuch bei intravenöser Einverleibung sehr wirksam.

Die wässerigen Lösungen des Ophiotoxins reagieren auf Lackmus sehr schwach sauer. Natriumcarbonat wird durch Ophiotoxin nicht zerlegt. Aus seinen wässerigen Lösungen wird das Ophiotoxin durch Sättigung der Flüssigkeit mit Ammoniumsufat abgeschieden; Kochsalz und Natriumsulfat fällen es dagegen nicht. Schwermetallsalze — Kupfer, Blei, Quecksilber — fällen dasselbe in alkalischer, nicht aber in saurer Lösung.

Pharmakologische Wirkungen und Nachweis des Ophiotoxins. In Ermangelung charakteristischer chemischer Reaktionen des Ophiotoxins ist man für dessen Nachweis auf den Tierversuch angewiesen.

Injiziert man einem **Kaninchen** 0,085—0,10 mg Ophiotoxin pro Kilogramm Körpergewicht in eine Ohrvene, so beobachtet man nach 15—20 Minuten zunächst Veränderungen in der **Respiration**, welche weniger frequent und zeitweise auffallend vertieft wird. Die Fortbewegung scheint erschwert und erfolgt nur langsam unter scheinbar mühsamem Anziehen der gestreckten Hinterextremitäten. Diese Lähmungserscheinungen machen sich dann auch bald an den vorderen Extremitäten und dem Vorderteil des Körpers bemerkbar, das Tier liegt mit gespreizten Beinen und zur Seite geneigtem oder auf die Unterlage gestütztem Kopf ganz ruhig, während die Frequenz und die Tiefe der Atmung allmählich abnehmen, bis schließlich etwa 45—60 Minuten nach der Injektion die **Respiration** zum **Stillstand** kommt und der Tod in soporösem Zustande erfolgt. Nach Eintritt des Respirationsstillstandes schlägt das Herz noch einige Zeit fort.

Die periphere Lähmung kommt beim **Hunde** nicht in dem Maße wie beim Kaninchen zustande. **Die kleinsten tödlichen Mengen** von Ophiotoxin sind beim **Hunde** etwas größer als beim Kaninchen; 0,10—0,15 mg Ophiotoxin pro Kilogramm Hund töten bei Einspritzung in das Blut in etwa 45—50 Minuten.

Beim **Frosche** genügen 0,05 mg Ophiotoxin, in die Vena abdominalis injiziert, um das Tier nach 10 Minuten vollkommen zu lähmen. Der Tod erfolgt in der Regel aber erst nach 12—16 Stunden. Das Herz schlägt noch kräftig, wenn die vollständige Lähmung des Tieres bereits eingetreten ist.

Die Vergiftungserscheinungen gleichen also sowohl beim Warmblüter als auch beim Kaltblüter denjenigen einer fortschreitenden allgemeinen Parese und schließlicher allgemeiner Paralyse.

Nach subcutaner Injektion geringerer Mengen Ophiotoxin, 2 mg beim Kaninchen, 4 mg beim Hund, erfolgte der Tod nach 36—72 Stunden, nachdem an der Injektionsstelle Rötung, Schmerzhaftigkeit, ödematöse Schwellung, in einzelnen Fällen mit hämorrhagischer Infiltration der Gewebe und aseptischer Abszeßbildung einhergehend, sich entwickelt hatten.

Das reine Ophiotoxin vermag bei genügend langer Wirkungsdauer die roten Blutkörperchen gewisser Tierarten, wenigstens im Reagensglase, zu lösen.

Ophiotoxin ist das wirksamste bis jetzt rein dargestellte tierische Gift. Die lokalen Wirkungen des Ophiotoxins, zu denen auch die blutkörperchenlösende Eigenschaft gehört,

---

[1]) E. St. Faust, Darstellung und Nachweis tierischer Gifte in Abderhalden, Handbuch d. Biochem. Arbeitsmethoden **2**, 837 [1909].

sind nur Begleiterscheinungen, sog. „Nebenwirkungen", und kommen als Todesursache nicht in Betracht.

Das Ophiotoxin ist ein **tierisches Sapotoxin.**

Wirkungen der „Schlangengifte" auf das Blut. Die Wirkungen der Schlangengifte[1]) auf das Blut sind höchst kompliziert und betreffen sowohl die geformten Elemente als auch das Plasma.

a) Einfluß auf die Gerinnbarkeit des Blutes. Hinsichtlich dieser Wirkung der Schlangengifte zerfallen diese in folgende Kategorien:

1. Koagulierende oder koagulationsfördernde Schlangengifte.
2. Koagulationshemmende oder -hindernde Schlangengifte.

1. Koagulationsfördernde Schlangengifte. Die Viperngifte wirken koagulierend. Diese Wirkung wird durch Erwärmen der Giftlösungen abgeschwächt oder ganz aufgehoben. Auch mit Oxal- oder Citronensäure versetztes Plasma wird durch die genannten Giftsekrete zur Gerinnung gebracht. Noc[2]) hat die quantitativen und zeitlichen Verhältnisse bei dieser Wirkung einiger Viperngifte genauer untersucht.

2. Koagulationshemmende Schlangengifte. In diese Gruppe gehören die Giftsekrete aller Colubriden und als Ausnahmen die Gifte einiger nordamerikanischer Crotaliden, Ancistrodon piscivorus und A. contortrix. Dieselben heben die Gerinnungsfähigkeit des Blutes auf[3]) sowohl in vitro als auch im Organismus, im letzteren Falle jedoch nur dann, wenn eine genügend große Menge des Giftes einverleibt wurde. Ein eigenartiges Verhalten in dieser Hinsicht zeigt nach C. J. Martin[4]) das Gift der australischen Colubridenspecies, Pseudechis porphyriacus, welches bei der intravenösen Injektion von großen Mengen im Tierexperiment oder nach dem Biß kleiner Tiere durch diese Schlange momentan intravaskuläre Gerinnung des Blutes bewirkt, dagegen bei der Injektion von kleinen Mengen in das Blut die Gerinnung vollkommen aufhebt. Die Injektion weiterer Mengen des Giftes bewirkt dann keine Gerinnung des Blutes. (Positive und negative Phase der Blutgerinnung.)

b) Wirkung der Schlangengifte auf die roten Blutkörperchen. **Hämolyse.** Die Schlangengifte haben mit einer ganzen Anzahl zum Teil chemisch genauer charakterisierter Stoffe (Sapotoxin, Gallensäuren, Solanin, Ölsäure, Helvellasäure) die Eigenschaft gemein, die roten Blutkörperchen „aufzulösen", d. h. das Hämoglobin tritt aus denselben (Hämolyse) aus.

Die hämolytische Wirkung eines bestimmten Schlangensekretes ist bei verschiedenen Blutarten eine quantitativ wechselnde.

c) Dasselbe gilt von der mit dem Namen **Agglutination** bezeichneten Wirkung mancher Schlangengifte. Diese Wirkung, welche auch gewissen Bakterientoxinen eigen ist, äußert sich in dem Zusammenkleben der roten Blutkörperchen.

d) Anders verhält es sich vielleicht mit dem von S. Flexner und H. Noguchi[5]) nachgewiesenen und mit dem Namen „**Hämorrhagin**" bezeichneten, aber nicht isolierten Bestandteile mancher Schlangengifte, welcher seine Wirkungen auf das Gefäßendothel entfalten soll. Flexner und Noguchi fassen das „Hämorrhagin" als ein spezifisch oder elektiv auf Endothelzellen wirkends „Cytolysin" auf.

e) Schließlich findet sich in verschiedenen darauf untersuchten Schlangengiften noch ein „Thrombokinase" genanntes Ferment, welches in eigenartiger Weise auf das Fibrinferment „aktivierend" wirken soll.

---

[1]) Unter „Schlangengift" ist hier das Sekret der Giftdrüsen und nicht ein einzelner wirksamer Bestandteil zu verstehen.

[2]) F. Noc, Sur quelques Propriétés physiologiques des differents Venins de Serpents. Ann. de l'Inst. Pasteur **18**, 387—406 [1904].

[3]) P. Morawitz, Über die gerinnungshemmende Wirkung des Kobragiftes. Deutsches Archiv f. klin. Medizin **80**, 340—355 [1904], Literatur.

[4]) C. J. Martin, On the physiological action of the Venom of the Australian Black Snake. Read before the Royal Society of New South Wales, July 3 [1895].

[5]) S. Flexner u. H. Noguchi, Snake venom in Relation to Hämolysis, Bacteriolysis and Toxicity. Univ. of Pennsylvania Med. Bulletin **14**, 438 [1902]; Journ. of Exp. Medicine **6**, 277 [1902]. Ferner: The Constitution of Snake Venom and Snake Sera. Univ. of Pennsylvania Med. Bulletin **15**, 345—362 [1902]; **16**, 163 [1903].

Eidechsen, Sauria.

Heloderma suspectum und H. horridum, die Krusteneidechse.

Die Zähne, sowohl des Unter- als auch des Oberkiefers des Heloderma, sind gefurcht. Die Unterkieferdrüsen des Heloderma erreichen eine relativ enorme Größe und Ausbildung. Sie liegen unter dem Unterkiefer und münden an der Basis der gefurchten Zähne. Die Unterkieferdrüsen bereiten ein **giftiges Sekret.**

Über die chemische Natur und die Zusammensetzung des wirksamen Bestandteiles des Helodermagiftes wissen wir nur, daß der Giftkörper Kochen in schwach essigsaurer Lösung ohne Abnahme der Wirksamkeit verträgt und deshalb nicht zu den Fermenten gezählt werden kann. Santesson glaubt sich auf Grund seiner orientierenden chemischen Untersuchung zu der Annahme berechtigt, daß toxisch wirkende Alkaloide in dem Giftsekrete wahrscheinlich nicht vorhanden sind, und daß die hauptsächlichen giftigen Bestandteile des Helodermaspeichels ihrer chemischen Natur nach teils zu den nucleinhaltigen Substanzen, teils zu den Albumosen gehören.

Um das Giftsekret zu sammeln, ließen S. Weir Mitchell und Reichert[1]) ein Heloderma in den Rand einer Untertasse beißen. Dabei träufelte ein klares Sekret in kleinen Mengen aus dem Maule. Die Flüssigkeit verbreitete einen schwachen, nicht unangenehmen aromatischen Geruch; die Reaktion derselben war deutlich alkalisch.

Mitchell und Reichert stellten ihre Versuche teils mit unverändertem, frischem (nativem), teils mit eingetrocknetem und in Wasser wieder aufgelöstem Sekret an Fröschen, Tauben und Kaninchen an.

Zwei Kaninchen, von welchen das eine vagotomiert war, erhielten je 10 mg des getrockneten Helodermagiftes in die Vena jugularis. Das vagotomierte Tier starb nach $1^1/_2$ Minuten, das nicht vagotomierte nach 19 Minuten; beide Tiere verendeten unter **Konvulsionen.**

Die Resultate von Mitchell und Reichert haben in bezug auf die Giftigkeit des Heloderma Sumichrast[2]), Boulenger[3]), A. Dugés[4]), Garman[5]) und Bocourt[6]) durch eigene Versuche an Tieren bestätigt.

Beim Menschen hat man nur starke Schmerzhaftigkeit und heftiges Anschwellen des betroffenen Gliedes oder Körperteiles nach Helodermabiß beobachtet.

Die Wirkungen des Giftsekrets von Heloderma suspectum haben dann noch C. G. Santesson[7]), J. van Denburgh und O. B. Wight[8]) untersucht.

Nach Santesson wirkt die aus einem, von einem Heloderma angebissenen Schwämmchen mit physiologischer Kochsalzlösung ausgelaugte Flüssigkeit, Fröschen, Mäusen oder Kaninchen subcutan beigebracht, immer tödlich. Die Wirkung besteht in einer sich schnell entwickelnden, wahrscheinlich zentralen Lähmung, die anfänglich den Charakter einer Narkose zeigt. Die Ursache der Lähmung ist nicht eine Folge der darniederliegenden Zirkulation; beim Frosch beobachtete Santesson totale Lähmung, während das Herz noch schlug. Die Wirkung des Giftes erstreckt sich jedoch nicht nur auf das Zentralnervensystem; früher oder später gesellt sich zu der zentralen Lähmung noch eine **curarinartige Wirkung.**

Bei der subcutanen Injektion des Giftes sah Santesson an Fröschen lokale Wirkungen des Giftes, bestehend in Schwellung, Ödem und Blutungen. Die Beobachtungen und Versuche, bei welchen Menschen und größere Tiere von Helodermen gebissen wurden, sprechen entschieden dafür, daß das Helodermagift, ähnlich wie das Gift mancher Schlangen, Lokalerscheinungen bewirkt.

Nach J. van Denburgh und O. B. Wight löst das Gift von Heloderma suspectum im Reagensglase die roten Blutkörperchen auf, macht das Blut ungerinnbar nach vorausge-

---

[1]) S. Weir Mitchell u. Reichert, Medical News **42**, 209 [1883]; Science **1**, 372 [1883]; American Naturalist **17**, 800 [1883]. — S. Weir Mitchell, Century Magazine **38**, 503 [1889].

[2]) Sumichrast, Note on the habits of some Mexican reptiles. Annals and Magazine of Natural History **13**, Ser. 3, 497 [1864].

[3]) Boulenger, Proc. Zoolog. Soc. London **1882**, 631.

[4]) A. Dugés, Cinquantenaire de la Soc. de Biol. Volume jubilaire publié par la Société Paris **1899**, 134.

[5]) Garman, Bulletin of the Essex Institute, Salem, Mass. **22**, 60—69 [1890].

[6]) Bocourt, Compt. rend. de l'Acad. des Sc. **80**, 676 [1875].

[7]) C. G. Santesson, Über das Gift von Heloderma suspectum Cope, einer giftigen Eidechse. Nordiskt Medicinskt Arkiv. Festband tillegnadt Axel Key **1896**, No. 5.

[8]) J. van Denburgh u. O. B. Wight, Amer. Journ. of Physiol. **4**, 209 [1900]; Centralbl. f. Physiol. **14**, 399 [1900].

gangener Thrombenbildung und wirkt zuerst erregend, dann lähmend auf das Zentralnervensystem. Atembewegungen und Herzschlag werden erst beschleunigt, dann zum Stillstande gebracht, das Herz auch durch lokale Giftwirkung gelähmt. Speichelfluß, Erbrechen, Abgang von Kot und Harn charakterisieren die ersten Stadien der Vergiftung: der Tod tritt nach diesen Autoren entweder infolge von Atemstillstand oder durch Thrombenbildung oder Herzlähmung ein.

Amphibien, Lurche; Amphibia.

Die **Hautdrüsensekrete** gewisser nackter Amphibien enthalten giftige Substanzen.

1. Ordnung: Anura, schwanzlose Amphibien.

Gattung Bufo.

Bufo vulgaris Lin., die gemeine Kröte, bereitet in gewissen Hautdrüsen[1]) ein rahmartiges **Sekret**, in welchem enthalten sind **Bufotalin, Bufonin** (Faust) und **Phrynolysin** (Pröscher)[2]). Bufotalin findet sich auch im Krötenblut[3]).

Das **Bufonin**, Zusammensetzung 82,59% C, 10,93% H, krystallisiert aus den alkoholischen Auszügen der Krötenhäute beim Einengen der ersteren in feinen Nadeln oder derberen Prismen, die nach wiederholtem Umkrystallisieren den Schmelzp. 152° zeigen und bei der Elementaranalyse für die Formel $C_{34}H_{54}O_2 = HO \cdot H_{26}C_{17} - C_{17}H_{26} \cdot OH$ gut stimmende Werte gaben. Mol.-Gewicht 494; Bestimmung nach Raoult-Beckmann.

Das Bufonin ist leicht löslich in Chloroform, Benzol und heißem Alkohol, schwerer löslich in Äther, sehr wenig löslich in kaltem Alkohol und Wasser. Es ist eine neutrale Verbindung, unlöslich in Säuren und Alkalien.

Farbenreaktionen: Löst man ein wenig des Bufonins in Chloroform und schichtet darunter konz. Schwefelsäure, so entsteht zunächst an der Berührungsfläche der beiden Flüssigkeiten eine dunkelrot gefärbte Zone, die an Ausdehnung allmählich zunimmt. Mischt man die beiden Flüssigkeiten, so färbt sich das Chloroform zuerst hell-, dann dunkelrot, schließlich purpurfarbig. Die Schwefelsäure zeigt eine grünliche Fluorescenz.

In Essigsäureanhydrid gelöst und mit konz. Schwefelsäure gemischt, zeigt das Bufonin ein ähnliches Farbenspiel wie das Cholesterin, mit welchem es chemisch nahe verwandt zu sein scheint.

Bufonylchlorid $C_{34}H_{52}Cl_2$, Mol.-Gewicht 531, Cl = 13,37% (Faust), entsteht bei der Einwirkung von PCl_5 auf Bufonin. Krystallisiert aus Alkohol in wohlausgebildeten, federartig gruppierten Nadeln, Schmelzp. 103°.

Das **Bufotalin** $C_{34}H_{46}O_{10}$, Mol.-Gewicht 614. Zusammensetzung: 66,45% C, 7,49% H. Geht bei der Behandlung der Rückstände alkoholischer Auszüge von Krötenhäuten mit Wasser in letzteres über und kann nach vorhergehender Reinigung solcher Lösungen mit Bleiessig, Entfernung des überschüssigen Bleies mittels Schwefelsäure usw. aus diesem durch Kaliumquecksilberjodid gefällt werden. Aus diesen Fällungen wird es dann in der üblichen Weise mit Silberoxyd freigemacht und hierauf mit Chloroform ausgeschüttelt. Aus seiner Lösung in Chloroform wird das Bufotalin durch Petroläther gefällt. Durch fraktionierte Fällungen mit Petroläther erhält man amorphe, aber in ihrer Zusammensetzung konstante Analysenpräparate.

Das Bufotalin ist leicht löslich in Chloroform, Alkohol, Eisessig und Aceton, unlöslich in Petroläther, ziemlich schwer löslich in Benzol und in Wasser. Die Löslichkeit des Bufotalins in Wasser ist etwa $2^1/_2$ pro Mille. Seine wässerige Lösung reagiert sauer.

In wässerigen Alkalien, Natronlauge, Kalilauge, Natriumcarbonat und Ammoniak ist das Bufotalin leicht löslich. Seiner sauren Natur gemäß verbindet es sich mit den oben genannten Basen zu Salzen. Die wässerigen Lösungen der Alkalisalze reagieren alkalisch, zeigen eine schwache Opalescenz und schmecken stark bitter.

---

[1]) E. St. Faust, Über Bufonin und Bufotalin, die wirksamen Bestandteile des Krötenhautdrüsensekretes. Archiv f. experim. Pathol. u. Pharmakol. **47**, 278 [1902]; daselbst ausführliche Literaturangaben.

[2]) Fr. Pröscher, Zur Kenntnis des Krötengiftes. Beiträge z. chem. Physiol. u. Pathol. **1**, 375 [1902].

[3]) Phisalix u. Bertrand, Sur le venin des Batraciens. Compt. rend. de l'Acad. des Sc. **98**, 436 [1884].

Das Bufotalin enthält keine Hydroxylgruppen. Acylierung gelang nicht (Faust). Beim Kochen mit konz. Salzsäure während 5 Minuten wird das Bufotalin nicht verändert. Auch tritt bei dieser Behandlung keine Farbenreaktion ein. Die nach dem Kochen mit Salzsäure alkalisch gemachte Flüssigkeit reduziert Kupferoxyd nicht. Das Bufotalin ist demnach kein Glycoid.

Pharmakologische Wirkungen des Bufotalins: Das Bufotalin entfaltet seine Wirkung, abgesehen von einer lokalen Reizung, ausschließlich auf das **Herz**, und diese Wirkung stimmt mit der **Digitalinwirkung** dem Charakter nach in allen Punkten überein.

Es vermindert die Zahl der Pulse, bewirkt eine Verstärkung der Systolen, welcher dann die unter dem Namen „Herzperistaltik" bekannten Unregelmäßigkeiten der Herzkontraktionen folgen und führt schließlich zu systolischem Stillstand des Herzens. Der ganze Verlauf dieser Erscheinungen am Herzen ist genau wie nach einem der Stoffe der Digitalingruppe.

Die Wirkung des Bufotalins auf das Herz ist maßgebend für das Zustandekommen des ganzen Symptomenkomplexes der Bufotalinvergiftung. Alle Erscheinungen, mit Ausnahme der lokalen Wirkungen dieses Giftes, sind auf das Darniederliegen der Zirkulation zurückzuführen, wodurch auch eine Abnahme der Funktionsfähigkeit des Zentralnervensystems bis zur Lähmung bedingt wird.

Schon 0,04—0,05 mg Bufotalin, in 50 ccm Nährflüssigkeit verteilt, bewirken am isolierten Froschherzen eine bedeutende Zunahme des Pulsvolumens und eine Abnahme der Pulsfrequenz.

Das Bufotalin hat keine Wirkung auf das Nervensystem. Eine Wirkung auf die Skelettmuskeln ist ebenfalls nicht nachzuweisen.

Nach der subcutanen Injektion von 5,2 mg traten bei einem **Kaninchen** von 2050 g Körpergewicht die Vergiftungserscheinungen nach 40 Minuten und der Tod nach 1 Stunde ein.

Bei einem Versuche an einer **Katze** von 2,3 kg Körpergewicht erfolgte der Tod nach subcutaner Injektion von 2,6 mg Bufotalin unter Konvulsionen (Erstickungskrämpfe!) in 4 Stunden. Erbrechen machte den Beginn der Vergiftung bemerkbar. Dasselbe dauerte während des ganzen Versuchs fort.

Die **letale Dosis** des Bufotalins für das Säugetier ist bei subcutaner Applikation annähernd $1/2$ mg pro Kilogramm Körpergewicht. Bei Fröschen tritt der systolische Herzstillstand nach Einverleibung von $1/2$ mg innerhalb 10 Minuten ein, doch genügt schon die Hälfte dieser Menge, um an dem Herzen in situ die Veränderungen im Rhythmus und im Pulsvolumen deutlich hervortreten zu lassen.

Das **Bufonin** hat qualitativ die gleiche Wirkung wie das Bufotalin. Die Wirkung ist aber eine sehr schwache.

2. Ordnung: Urodela, geschwänzte Amphibien.

Gattung Salamandra.

Salamandra maculosa Laur., der gewöhnliche Feuersalamander, bereitet in gewissen **Hautdrüsen** der Nacken-, Rücken- und Schwanzwurzelgegend ein rahmartiges, dickflüssiges **Sekret**, welches zwei pharmakologisch sehr wirksame Basen enthält, die zuerst von Faust[1]) in Form krystallinischer Sulfate rein dargestellt wurden. Aus den mit Chloroform getöteten und dann zerkleinerten Tieren werden durch Extraktion des Salamanderbreies mit schwach essigsaurem Wasser bei Siedehitze, Fällung des Auszuges mit Bleiessig, Entfernung des überschüssigen Bleies aus dem Filtrat durch Schwefelsäure, Fällung der Basen mit Phosphorwolframsäure, Zerlegung des Phosphorwolframsäureniederschlages mittels Barythydrat und Entfernung der noch vorhandenen, die Biuretreaktion gebenden Substanzen durch ein besonderes Verfahren (Faust l. c.) Lösungen der beiden Basen erhalten.

Diese biuretfreien Samandarinlösungen wurden mit Schwefelsäure angesäuert und nochmals mit chemisch reiner Phosphorwolframsäure gefällt, der Niederschlag auf dem Filter gesammelt, gut ausgewaschen, dann mit chemisch reinem Ätzbaryt in der üblichen Weise zerlegt, die Flüssigkeit abfiltriert und dann aus dem Filtrat das Barium mittels Kohlen- und Schwe-

---

[1]) E. St. Faust, Beiträge zur Kenntnis des Samandarins. Archiv f. experim. Pathol. u. Pharmakol. **41**, 229 [1898]. Beiträge zur Kenntnis der Salamanderalkaloide. Archiv f. experim. Pathol. u. Pharmakol. **43**, 84 [1899].

felsäure genau ausgefällt. Neutralisiert man die in dieser Weise erhaltene wässerige, alkalisch reagierende Lösung des Samandarins genau mit Schwefelsäure und dampft bei mäßiger Wärme bis zur Trockne ein, so hinterbleibt ein schwach gelblich gefärbter, amorpher Rückstand, der in Alkohol löslich ist. Als die alkoholische Lösung mit Äther bis zur eben bleibenden Trübung der Flüssigkeit versetzt wurde, schieden sich nach einigen Tagen bei niederer Temperatur sehr feine mikroskopische Krystallnädelchen des Sulfats der Base aus, welche meist zu Büscheln oder auch zu sternartigen Aggregaten vereinigt waren. Der krystallinische Niederschlag wird auf einem kleinen gehärteten Filter gesammelt, mit einem Gemisch von Alkohol-Äther gewaschen, dann getrocknet und aus Wasser, in welchem das Sulfat schwer löslich ist, umkrystallisiert.

Samandarinsulfat $(C_{26}H_{40}N_2O)_2 + H_2SO_4$. Mol.-Gewicht 890. Zusammensetzung: 70,11% C, 9,00% H, 6,30% N, 11,01% H_2SO_4.

Auf Zusatz von Platinchlorid zur salzsauren wässerigen Lösung des Samandarins fällt bei genügender Konzentration das Platindoppelsalz als voluminöser, amorpher, hellbrauner Niederschlag aus, welcher sich beim Erwärmen zersetzt. Der amorphe Niederschlag verliert beim Trocknen im Vakuumexsiccator über Schwefelsäure Salzsäure, so daß an Stelle der zu erwartenden Verbindung $(C_{26}H_{40}N_2O \cdot HCl)_2 \cdot PtCl_4$ die Verbindung $(C_{26}H_{40}N_2O)_2 \cdot PtCl_4$ entsteht.

Versetzt man die wässerige Lösung des Samandarinsulfats mit Soda oder Natronlauge, so fällt die freie Base als schwach gelblich gefärbtes Öl aus. Selbst nach zweiwöchentlichem Stehen im Eisschrank erstarrt dasselbe nicht.

Das Samandarinsulfat ist optisch aktiv. Es dreht die Ebene des polarisierten Lichtes nach links. 1,0886 g Substanz, gelöst in 20,94 g Wasser, gaben im 200 mm-Rohr eine Ablenkung von $-5,36°$ als Mittel der beobachteten Drehung in den vier Quadranten. Das spez. Gew. der Lösung bestimmte ich zu 1,01.

Aus diesen Daten berechnet sich die spezifische Drehung des Samandarinsulfats $\alpha_D = -53,69°$.

Übergießt man eine geringe Menge der Samandarinsulfatkrystalle im Reagensglase mit **konz. Salzsäure** und erhält die Flüssigkeit einige Minuten im Sieden, so färbt sich dieselbe zunächst violett, um dann bei längerem Erhitzen eine **tiefblaue Farbe** anzunehmen. Zum Zustandekommen dieser Blaufärbung scheint Luftzutritt erforderlich zu sein; charakteristische Reaktion des Samandarins.

Pharmakologische Wirkungen des Samandarins: Die Wirkungen des Samandarins betreffen das Zentralnervensystem und äußern sich zunächst in Steigerung der Reflexerregbarkeit, welche später vermindert ist und zuletzt gänzlich verschwindet. Das Samandarin wirkt zuerst erregend, dann lähmend auf die in der Medulla oblongata gelegenen automatischen Zentren, insbesondere auch auf das Respirationszentrum.

Die Folgen der Erregung des Zentralnervensystems sind zu erkennen in den heftigen Konvulsionen, die namentlich an Fröschen, schließlich mit Tetanus gepaart sein können. Die Erregung der in der Medulla gelegenen Zentren zeigt sich in beschleunigter Respiration, Erhöhung des Blutdrucks und Abnahme der Pulsfrequenz. Die Todesursache ist beim Warmblüter Lähmung des Respirationszentrums.

Die Dosis letalis des reinen Samandarins beträgt für den Hund bei subcutaner Applikation 0,0007—0,0009 g pro Kilogramm Körpergewicht.

Kaninchen erwiesen sich im Vergleich zum Körpergewicht relativ noch empfindlicher gegen das Gift.

Samandaridin $(C_{20}H_{31}NO)_2 + H_2SO_4$. Mol.-Gewicht 700. Zusammensetzung: 68,57% C, 8,85% H, 4,00% N, 14,00% H_2SO_4.

Außer dem Samandarin findet sich im Organismus des Feuersalamanders noch ein zweites Alkaloid, welches seiner Zusammensetzung sowohl als auch seiner pharmakologischen Wirkung nach zum Samandarin in naher Beziehung steht. Dieses Alkaloid wurde in Form seines sehr schwer löslichen schwefelsauren Salzes, nach der Fällung mit Phosphorwolframsäure und der Zersetzung des Phosphorwolframsäureniederschlages mittels Barythydrat erhalten. Das Samandaridinsulfat scheidet sich aus der heißen, noch die Biuretreaktion gebenden, mit H_2SO_4 neutralisierten Lösung krystallinisch aus.

Setzt man zu der wässerigen Lösung des Chlorhydrats dieses Alkaloids Goldchlorid hinzu, so fällt die Goldverbindung krystallinisch aus.

Aus 1000 Salamandern wurden erhalten 4 g reines Samandaridinsulfat, während die Ausbeute an reinem krystallisierten Samandarinsulfat nur etwa 1,8 g betrug.

Das Samandaridinsulfat krystallisiert in mikroskopischen rhombischen Plättchen oder Täfelchen. Es unterscheidet sich demnach vom Samandarinsulfat sowohl durch seine Krystallform als auch durch seine Schwerlöslichkeit in Wasser. Auch in Alkohol ist es schwer löslich. Das Samandaridin ist **optisch inaktiv.**

Beim **Kochen mit konz. Salzsäure** verhält sich dieser Körper wie das Samandarin; bei längerem Kochen wird die Flüssigkeit **tiefblau.**

Bei der trocknen Destillation mit Zinkstaub liefert das Samandaridin ein stark alkalisch reagierendes Destillat, dessen Geruch Pyridin oder Chinolin vermuten läßt. Bei der Behandlung des Destillats mit salzsäurehaltigem Wasser ging der größte Teil desselben leicht in Lösung. Die saure Lösung wurde mit Äther ausgeschüttelt, der Äther abgegossen und der wässerige Rückstand mit Tierkohle behandelt. Nach dem Abfiltrieren von der Kohle wurde dem noch heißen sauren Filtrat Platinchlorid zugesetzt. Beim Erkalten der Flüssigkeit schieden sich feine, dunkelgelbe, nadelförmige Krystalle aus, welche nach dem Umkrystallisieren aus Wasser den Schmelzp. 261° zeigten. 0,1622 g dieser Substanz hinterließen beim Glühen 0,0444 g Pt = 27,36%.

Der Schmelzpunkt und der Platingehalt des Doppelsalzes dieses Zersetzungsproduktes des Samandaridins charakterisieren dasselbe als **Isochinolin.** Für das Chloroplatinat des Isochinolins finden sich angegeben der Schmelzp. 263° und die Zusammensetzung $(C_9H_7N \cdot HCl)_2 \cdot PtCl_4 + 2 H_2O$. Diese Formel verlangt einen Platingehalt von 27,59%. Gefunden Pt = 27,36%.

Unter den flüchtigen Zersetzungsprodukten des Samandarins ließ sich durch die bekannte Fichtenspanreaktion die Anwesenheit von Pyrrol konstatieren.

Beziehungen des Samandarins zum Samandaridin.

Wenn man von der einen Formel die andere subtrahiert, so ergibt sich eine Differenz von C_6H_9N. Man darf wohl vermuten, daß es sich hier um eine Methylpyridingruppe — $C_5H_5(CH_3)N$ — handelt, die das Samandarin mehr besitzt als das Samandaridin.

Ob im Organismus das eine Alkaloid aus dem anderen entsteht, z. B. das Samandarin aus dem Samandaridin durch Synthese, das letztere aus jenem durch Spaltung, läßt sich zurzeit nicht entscheiden.

Die **Wirkungen des Samandaridins** unterscheiden sich von denjenigen des Samandarins nur in quantitativer Beziehung; es ist etwa die 7—8fache Menge des ersteren erforderlich, um die gleiche Wirkung hervorzurufen. Qualitativ ist die Wirkung die gleiche. Hier wie dort stellen sich allgemeine Konvulsionen ein.

Bei der Untersuchung des Giftes von **Salamandra atra Laur.**, Alpensalamander, fand Netolitzky[1]) eine von ihm „Samandatrin" genannte, in Form ihres schwefelsauren Salzes gut krystallisierende, in Wasser schwer lösliche Base, deren Zusammensetzung vielleicht der Formel $C_{21}H_{37}N_2O_3$ entspricht und welche sich von dem Samandarin und dem Samandaridin des Feuersalamanders hauptsächlich durch ihre Löslichkeit in Äther unterscheiden soll.

Die Wirkungen des „Samandatrins" stimmen mit denjenigen der Alkaloide von Salamandra maculosa überein.

Gattung Triton.

Triton cristatus Laur., der gewöhnliche Wassersalamander, Wassermolch oder Kammmolch, sondert in gewissen **Hautdrüsen** ebenfalls ein rahmartiges, dickflüssiges **Sekret** ab, welches nach den Untersuchungen von Vulpian[2]) und von Capparelli[3]) **giftige Stoffe** enthält. Das Sekret reagiert in frischem Zustande sauer. Von 300 Tritonen konnte Capparelli 40 g des Sekretes gewinnen. Dieser Forscher untersuchte das Sekret nach der Stas-Ottoschen Methode und fand: 1. daß der wirksame Bestandteil nur aus saurer Lösung in Äther überging, 2. daß derselbe stickstofffrei ist und 3. daß außerdem ein bei gewöhnlicher Temperatur flüchtiger, Lackmuspapier rötender Stoff in den Äther überging.

Über die chemische Natur des wirksamen Bestandteiles ist nichts Näheres bekannt.

Die **Wirkungen des Tritonengiftes** untersuchte Capparelli an Fröschen, Meerschweinchen, Kaninchen und Hunden. Warmblüter starben infolge von Zirkulations- und Respirationsstörungen schneller als Frösche.

---

[1]) F. Netolitzky, Untersuchungen über den giftigen Bestandteil des Alpensalamanders. Archiv f. experim. Pathol. u. Pharmakol. **51**, 118 [1904].

[2]) Vulpian, Compt. rend. et Mémoires de la Soc. de Biol. [3] **2**, 125 [1856].

[3]) Capparelli, Arch. ital. de Biol. **4**, 72 [1883].

Die Wirkung auf das Froschherz äußerte sich in Abnahme der Pulsfrequenz, Herzperistaltik und systolischem Stillstand. Beim Warmblüter erfolgt Steigerung des Blutdruckes mit nachfolgender Herzlähmung.

Auf die roten Blutkörperchen wirkt das Tritonengift hämolytisch und bietet hierin (vgl. Phrynolysin S. 465) eine weitere Ähnlichkeit mit den Wirkungen des Krötengiftes, mit welchem es auch in den Wirkungen auf die Zirkulation übereinstimmt. Vielleicht ist der für die letztgenannten Wirkungen verantwortliche Körper identisch oder chemisch nahe verwandt mit dem Bufotalin.

Fische, Pisces.

Den Arbeiten von Byerley[1]), Günther[2]), Gressin[3]) und Bottard[4]) verdanken wir in der Hauptsache unsere heutigen Kenntnisse über Giftfische und deren Giftapparate.

Es empfiehlt sich, die Begriffe „Giftfische" und „giftige Fische" scharf zu unterscheiden und auseinanderzuhalten.

I. Unter Giftfischen, Pisces venenati s. toxicophori, „Poissons venimeux" der französischen Autoren, sind nur diejenigen Fische zu klassifizieren, welche einen besonderen Apparat zur Erzeugung des Giftes und dessen Einverleibung besitzen.

II. Unter „giftige Fische", schlechtweg „Poissons vénéneux" der französischen Autoren, sind dagegen zu verstehen und einzureihen alle Fische, deren Genuß nachteilige oder gesundheitsschädliche Folgen haben kann.

Diese Kategorie zerfällt wiederum in zwei Unterabteilungen:
a) Fische, bei welchen das Gift auf ein bestimmtes Organ beschränkt ist (Barbe),
b) Fische, bei welchen das Gift im ganzen Körper verbreitet ist (Aalblut).

I. Giftfische, Pisces venenati sive toxicophori.

Bei den mit einem Giftapparate ausgestatteten Fischen unterscheidet man nach dem Vorgange Bottards und analog der Klassifikation der Giftschlangen zweckmäßig nach gewissen charakteristischen, morphologischen Kennzeichen der Giftapparate mehrere Unterklassen. Zunächst sind zu unterscheiden:

A. Fische, welche durch ihren **Biß** vergiften können.
B. Fische, welche durch **Stichwunden** (mit Giftdrüsen verbundene Stacheln) vergiften können.
C. Fische, welche ein giftiges **Hautsekret** in besonderen Hautdrüsen bereiten.

A. Ordnung Physostomi, Edelfische.

Familie Muraenidae. Gattung Muraena.

Muraena helena L., die gemeine Muräne, besitzt einen am Gaumen befindlichen wohl ausgebildeten Giftapparat[5]), welcher aus einer ziemlich großen Tasche oder Schleimhautfalte besteht, die bei einer etwa meterlangen Muräne $1/2$ ccm Gift enthalten kann und mt vier starken, konischen, leicht gebogenen, mit ihrer Konvexität nach vorn gerichteten, beweglichen und erektilen **Zähnen** versehen ist. Die Gaumenschleimhaut umschließt scheidenartig die Giftzähne und das Gift fließt zwischen den letzteren und jener in die Wunde.

Über die **Natur des Giftes** und seine chemische Zusammensetzung ist nichts bekannt.

---

[1]) Byerley, Proc. of the Literary and Philos. Soc. of Liverpool, No. 5, p. 156 [1849].

[2]) A. Günther, Catalogue of Fishes in the British Museum. London 1859—1870. The Study of Fishes, Edinburgh 1880. Artikel „Ichthyology" in dem Encyclopaedia Britannica 1881. On a poison organ in a genus of Batrachoid Fishes. Proc. Zoolog. Soc. **1864**, 458.

[3]) L. Gressin, Contribution à l'étude de l'appareil a venin chez les poissons du Genre „Vive" (Trachinus). Thèse de Paris 1884.

[4]) A. Bottard, Les poissons venimeux. Thèse de Paris 1889. — J. Pellegrin, Les poissons vénéneux. Thèse de Paris 1899. — H. Coutière, Poissons venimeux et Poissons vénéneux. Thèse de Paris 1899. — N. Parker, On the poison organs of Trachinus. Proc. Zoolog. Soc. London **1888**, 359.

[5]) H. M. Coutière, Sur la non-existence d'un Appareil à venin chez la Murène Hélène. Compt. rend. de la Soc. de Biol. **54**, 787 [1902].

Die **Wirkungen des Giftsekretes** von Muraena helena sind bisher an Tieren nicht untersucht. In einem von P. Vaillant[1]) beschriebenen Falle soll ein Artillerist nach dem Biß dieses Fisches in eine stundenlang andauernde Ohnmacht (Syncope) verfallen sein. Ob diese als lähmende Wirkung des Giftes oder als die Folge des angeblichen reichlichen Blutverlustes aufzufassen ist, läßt sich nach der Beschreibung des Falles nicht beurteilen.

B. Ordnung Acanthopteri, Stachelflosser.

Die in dieser Unterklasse der Giftfische aufgezählten Fische besitzen mit besonderen **Giftdrüsen** in Verbindung stehende **Stacheln,** welche entweder auf dem Rücken in Verbindung mit den Rückenflossen oder am Kiemendeckel oder auch am Schultergürtel sich befinden. An der Basis der Stacheln finden sich die das Giftsekret enthaltenden Behälter oder Reservoire, welche mit dem sezernierenden Epithel ausgekleidet sind.

Bottard, welcher die Giftorgane eingehend untersucht hat, unterscheidet nach morphologischen Merkmalen ihrer Giftapparate folgende Klassen von Giftfischen:

a) **Der Giftapparat ist nach außen geschlossen.** Es bedarf eines kräftigen mechanischen Eingriffes oder eines stärkeren Druckes auf die Stacheln oder auf die Giftreservoire, um die Entleerung des Giftes zu bewirken[2]).

Synanceia brachio, Giftstachelfisch,
,, verrucosa, Zauberfisch,
Plotosus lineatus,
Bagrus nigritus, Stachelwels.

b) **Der Giftapparat ist halb geschlossen:**
Thalassophryne reticulata,
,, maculosa,
(Muraena helena), vgl. oben.

c) **Der Giftapparat ist offen:**
Trachinus vipera
,, draco ⎫ Trachinidae,
,, radiatus ⎬ Queisen
,, araneus ⎭
Cottus scorpius, Seeskorpion,
,, bubalis, Seebulle,
,, gobio, Kaulkopf, Koppen,
Callionymus lyra, Leierfisch,
Uranoscopus scaber, Himmelsgucker, Sternseher,
Trigla hirundo, gemeine Seeschwalbe,
,, gunardus, grauer Knurrhahn,
Scorpaena porcus, Meereber,
,, scrofa, Meersau,
Pterois volitans, Rotfeuerfisch, Truthahnfisch,
Pelor filamentosus, Sattelkopf,
Amphocanthus lineatus (Perca fluviatilis, Flußbarsch).

Das in den Giftreservoiren von Synanceia brachio enthaltene **giftige Sekret** ist klar, beim lebenden Tiere schwach bläulich gefärbt, besitzt keinen charakteristischen Geruch und reagiert sehr schwach sauer. Nach Bottard wird das Sekret nur sehr langsam, wenn überhaupt regeneriert, falls das Reservoir einmal entleert wurde.

Die Entleerung des Giftes nach außen erfolgt je nach dem auf das Reservoir ausgeübten Drucke mehr oder weniger heftig.

Ganz allgemein scheinen Giftapparate nur bei kleinen und schwachen Fischen vorzukommen. Knochenfische sind häufiger mit diesen Schutzmitteln versehen als Knorpelfische. Unter den Knorpelfischen finden wir bei den Acanthopteri die meisten Giftfische.

---

[1]) Bottard, a. a. O., S. 153.
[2]) Morphologisches über die Giftapparate der Fische; vgl. bei E. St. Faust, Die tierischen Gifte. Braunschweig 1906, S. 140—143; daselbst Literatur.

Nicht alle mit Stacheln ausgerüsteten Fische haben Giftdrüsen. Nackthäuter besitzen solche Organe viel häufiger als die beschuppten Fische.

Die **Wirkungen der giftigen Sekrete** der obengenannten Fische bieten, soweit dieselben genauer untersucht sind, in ihren Grundzügen ähnliche Erscheinungen, die sich, wie es scheint, nur in quantitativer Hinsicht unterscheiden. Die lokalen Wirkungen bestehen in heftiger Schmerzempfindung und schnellem Anschwellen der Umgebung der Wunde. Diese Erscheinungen können sich über das ganze betroffene Glied erstrecken. Die Umgebung der Stichwunde färbt sich bald blau, nekrotisiert und wird gangränös. Häufig entwickelt sich Phlegmone, die den Verlust eines oder mehrerer Phalangen eines verwundeten Fingers bedingen können.

Die Wirkungen des Giftes nach der Resorption sind noch nicht genügend erforscht, um ein abschließendes Urteil über das Wesen derselben zu gestatten. Nach den Angaben der meisten Autoren scheinen sie beim Warmblüter in erster Linie das Zentralnervensystem zu betreffen. Es treten Krämpfe ein, die vielleicht auf eine primäre Erregung des Zentralnervensystems zurückzuführen sind, worauf später Lähmung folgt.

Meerschweinchen und Ratten starben in der Regel nach einer Stunde, manchmal aber erst nach 14—16 Stunden unter anscheinend heftigen Schmerzen, Konvulsionen und Lähmungserscheinungen[1]). Die Wunden und deren Umgebung sind heftig entzündet und werden gangränös. Gelegentlich breitet sich die Gangrän weiter aus, oder es treten Geschwüre und Phlebitis an dem betroffenen Gliede auf.

Vergiftungen bei Menschen, besonders bei Badenden, Fischern und Köchinnen sind häufig. Die meist an den Füßen und Händen gelegenen Wunden werden rasch sehr empfindlich, die ganze Extremität schmerzt heftig, Erstickungsnot und Herzbeklemmung treten ein, der Puls wird unregelmäßig, es folgen Delirien und Konvulsionen, die im Kollaps zum Tode führen oder nach stundenlanger Dauer langsam verschwinden können.

Verwundungen durch Synanceia brachio haben beim Menschen schon wiederholt den Tod herbeigeführt. Bottard[2]) berichtet über fünf letal verlaufene Fälle, welche sicherlich durch das Gift dieses Fisches verursacht waren und ohne weitere Komplikationen rasch tödlich verliefen.

Bei Fröschen sah Pohl[3]), der an diesen Tieren mit Trachinus- und Scorpänagift experimentierte, niemals Krämpfe auftreten; auch konnte dieser Autor in keinem Falle eine anfängliche Steigerung der Reflexerregbarkeit wahrnehmen. Pohl stellte fest, daß beim Frosch die **Herzwirkung** des Giftes von Trachinus das ganze Vergiftungsbild beherrscht und daß die Symptome der Vergiftung — Ausfall spontaner Bewegungen, Hypnose und schließliche Lähmung — auf **Zirkulationsstörungen** zurückzuführen sind. Die Wirkung des Trachinusgiftes auf das Herz äußert sich in der Verlangsamung der Schlagfolge bei anfänglich kräftigen Kontraktionen, die allmählich schwächer werden und schließlich ganz aufhören, wobei das Herz in Diastole still steht. Der Herzmuskel ist dann mechanisch nur lokal oder überhaupt nicht mehr erregbar. Atropin und Coffein änderten an dem Verlauf der Vergiftung nichts; der Herzstillstand ist daher nicht auf eine Wirkung des Giftes auf die nervösen Apparate des Herzens zurückzuführen. Das Trachinusgift wirkt auf den Herzmuskel direkt lähmend. Die Erregbarkeit der Skelettmuskeln und der motorischen Nerven erleidet keine Änderung.

Die **chemische Natur** dieser Gifte ist ganz unbekannt. Ihr Nachweis läßt sich nur auf pharmakologischem Wege erbringen.

Die am Frosche gewonnenen Resultate erklären die beim Warmblüter gemachten Erfahrungen in befriedigender Weise. Es sind demnach die Krämpfe nicht auf eine direkte Wirkung des Trachinusgiftes auf das Zentralnervensystem zurückzuführen; sie sind vielmehr als Folgen des Darniederliegens der Zirkulation aufzufassen, infolgedessen es zu Erstickungskrämpfen kommen kann.

---

[1]) J. Dunbar-Brunton, The poison-bearing fishes, Trachinus draco and Scorpaena scropha; the effects of the poison on man and animals and its nature. Lancet 1896, August 29. Centralbl. f. innere Medizin **51**, 1318 [1896].

[2]) Bottard, a. a. O., S. 78. Daselbst Zusammenstellung zahlreicher Vergiftungsfälle infolge von Verwundungen durch Synanceia brachio und andere Giftfische.

[3]) J. Pohl, Beitrag zur Lehre von den Fischgiften. Prager med. Wochenschr. **1893**, Nr. 4.

Das Gift von **Scorpaena porcus** wirkt nach Pohl qualitativ ganz wie das Trachinusgift, nur viel schwächer und zeigt außerdem, auch beim Frosche, eine ausgesprochen lokale Wirkung. Letztere scheint nach Briot[1]) von einer nicht mit dem Herzgift identischen Substanz abhängig zu sein.

C. Cyclostomata, Rundmäuler.

Das Gift wird von **Hautdrüsen** bereitet. Es fehlen besondere Apparate, welche das Giftsekret dem Feinde einverleiben.

Petromyzon fluviatilis Lin., Flußneunauge, Pricke, und **Petromyzon marinus Lin.**, Meerneunauge, Lamprete. Die Neunaugen sondern in gewissen Hautdrüsen ein giftiges Sekret ab, welches nach Prochorow[2]) und Cavazzani[3]) gastroenteritische Erscheinungen, mit heftigen, bisweilen blutigen, ruhrartigen Diarrhöen, verursachen kann. Die chemische Natur der wirksamen Substanz ist unbekannt. Sie scheint durch Erhitzen nicht zerstört zu werden.

II. Giftige Fische.

a) Das Gift ist nicht in besonderen Giftapparaten, sondern in einem der Körperorgane enthalten, nach deren Entfernung der Genuß des Fisches keinerlei nachteilige oder gesundheitsschädliche Folgen hat. Hierher gehören:

Barbus fluviatilis Agass. s. Cyprinus barbus L., die Barbe,
Schizothorax planifrons Heckel,
Cyprinus carpio L., der Karpfen,
„ tinca Cuv., die Schleie,
Meletta thrissa Bloch s. Clupea thrissa, die Borstenflosse,
„ venenosa Cuv. s. Clupea venenosa, die Giftsardelle,
Sparus maena L., Laxierfisch,
Abramis brama L., der gemeine Brachsen,
Balistes capriscus Gmel., der Drückerfisch,
„ vetula Cuv., die Vettel, Altweiberfisch,
Ostracion quadricornis L., der gemeine Kofferfisch, Vierhorn,
Thynnus thynnus L. s. Th. vulgaris C. V., gemeiner Tun,
Sphyraena vulgaris C. V., der gemeine Pfeilhecht,
Esox lucius L., der gemeine Hecht (vgl. unten Würmer),
Tetrodon pardalis Schlegel und andere Tetrodonarten, Kröpfer oder Vierzähner,
Orthagoriscus mola Bl. Sch., der Sonnenfisch, Meermond, Mondfisch, Schwimmender Kopf.

Bei den genannten Fischen ist das Gift hauptsächlich auf die **Geschlechtsorgane** oder deren Produkte beschränkt, doch enthalten zuweilen auch andere Organe, vornehmlich die Leber, sowie Magen und Darm, das Gift, dann aber in viel geringerer Menge.

Barbus fluviatilis Agass. s. Cyprinus barbus L., die gewöhnliche Barbe, ist der bekannte giftige Fisch, welcher die sog. **Barbencholera** verursacht[4]). Nur nach dem Genuß des **Barbenrogens** werden die Erscheinungen, welche man unter dem Namen Barbencholera zusammenfaßt, beobachtet. Die Symptome der Vergiftung bestehen in Übelkeit, Nausea, Erbrechen, Leibschmerzen und Diarrhöe und sind denjenigen der Cholera nostras ähnlich.

Hesse experimentierte mit Barbenrogen an Menschen und Tieren. Er berichtet im ganzen über 110 Versuche an Menschen, wobei in 67 Fällen keinerlei oder doch nur sehr leichte Erscheinungen auftraten.

In der Literatur finden sich keine Angaben über letal verlaufene Fälle. Die Barbe bzw. deren Rogen ist am giftigsten zur Laichzeit. Massenvergiftungen durch Barbenrogen sind in Deutschland und in Frankreich verschiedentlich beobachtet und beschrieben worden. Die chemische Natur der wirksamen Substanz ist unbekannt.

---

[1]) Briot, Compt. rend. de la Soc. de Biol. **54**, 1169—1171, 1172—1174 [1902]; **55**, 623 [1903]; Journ. de Physiol. **5**, 271—282 [1903].

[2]) Prochorow, Pharmaz. Jahresbericht **1883/84**, 1187.

[3]) Cavazzani, Virchows Jahresbericht **1893**, I, 431.

[4]) Die ältere Literatur siehe bei H. F. Autenrieth, Das Gift der Fische, S. 42—46 [1833], sowie bei Carl Gustav Hesse, Über das Gift des Barbenrogens [1835].

Ordnung Plectognathi, Haftkiefer.
Familie Gymnodontes.

Die Gattungen Tetrodon, Triodon und Diodon kommen hauptsächlich in den tropischen Meeren, aber auch in den gemäßigten Meeren und in Flüssen vor. **Tetrodon Honkenyi Bloch**, welcher am Kap der Guten Hoffnung und in Neu-Kaledonien vorkommt, ist dort unter dem Namen „Toad-fish" bekannt. Sein Genuß hat wiederholt schwere Vergiftungen verursacht.

Das Vorkommen von Fischen, welche unter allen Umständen giftige Eigenschaften besitzen, ist durch die eingehenden Untersuchungen des in Japan unter dem Namen **Fugugift** bekannten und sehr wirksamen, dort zahlreiche Todesfälle verursachenden Giftes verschiedener Tetrodon- und Diodonarten durch Ch. Rémy[1]) und D. Takahashi und Y. Inoko[2]) sicher festgestellt.

Die verschiedenen Spezies von Tetrodon enthalten alle, mit Ausnahme von T. cutaneus, qualitativ gleichwirkende Gifte.

Von den einzelnen Organen ist der **Eierstock** bei weitem am giftigsten, bei T. cutaneus ist er jedoch giftfrei. Der Hoden enthält bei manchen Spezies nur sehr geringe Mengen des Giftes. Die Leber ist weniger giftig als der Eierstock. Die übrigen Eingeweideorgane zeigen im allgemeinen eine minimale Giftigkeit und sind bei einigen Arten ganz ungiftig. In den Muskeln aller untersuchten Spezies war das Gift nicht nachzuweisen. Im Blute von Tetrodon pardalis und T. vermicularis fanden sich geringe Mengen des Giftes.

Die **chemische Untersuchung** der frischen Ovarien von T. vermicularis ergab, daß das Gift in Wasser und wässerigem Alkohol, nicht aber in abs. Alkohol, Äther, Chloroform, Petroleumäther und Amylalkohol löslich ist. Es wird weder durch Bleiessig noch durch die bekannten Alkaloidreagenzien gefällt, diffundiert sehr leicht durch tierische Membranen und wird durch kurzdauerndes Kochen seiner wässerigen Lösung nicht zerstört. Aus diesem Verhalten des Giftes ergibt sich, das daß Fugugift weder ein Ferment noch ein Toxalbumin noch eine organische Base ist. Durch längere Zeit fortgesetztes Erwärmen auf dem Wasserbade, besonders in saurer, aber auch in alkalischer Lösung, wird das Gift in seiner Wirkung abgeschwächt und kann schließlich ganz zerstört werden.

Zur **Darstellung des wirksamen Körpers** extrahierten Takahashi und Inoko die frischen Eierstöcke zuerst mit Äther, dann mit abs. Alkohol; hierauf wurde das zerkleinerte Material mit destilliertem Wasser bei Zimmertemperatur extrahiert, die wässerigen Auszüge mit Bleiessig gefällt, das Filtrat vom Bleiniederschlag durch Schwefelwasserstoff von überschüssigem Blei befreit und hierauf mit Phosphorwolframsäure, Kaliumquecksilberjodid oder Quecksilberchlorid die durch diese Reagenzien fällbaren Substanzen, hauptsächlich Cholin, entfernt. Die Filtrate von den letztgenannten Fällungen wurden im Vakuumexsiccator über Schwefelsäure zur Trockne abgedampft und der Rückstand mit abs. Alkohol mehrmals extrahiert. Der in abs. Alkohol unlösliche Teil des Rückstandes stellte eine mit anorganischen Salzen vermengte, gelblich gefärbte, amorphe Masse dar und erwies sich als stark giftig.

Y. Tahara[3]) hat die von Takahashi und Inoko begonnene chemische Untersuchung des Fugugiftes fortgesetzt und dabei einen pharmakologisch stark wirksamen, in farblosen Nadeln krystallisierenden Körper von neutraler Beschaffenheit, das **Tetrodonin,** und eine amorphe, ebenfalls stark wirksame Substanz von saurem Charakter, die **Tetrodonsäure,** gefunden.

Aus den Dialysaten von zerquetschtem Rogen des frischen Fisches hat Tahara, nach dem Reinigen mittels Bleiessig, durch Zusatz von Alkohol eine krystallinische Masse erhalten, die ein Gemenge von Tetrodonin und Tetrodonsäure darstellte. Die Trennung dieser beiden Substanzen geschah durch Behandlung der wässerigen Lösung der Krystallmasse mit Silberacetat, wobei das schwerlösliche tetrodonsaure Silber ausfiel. Aus dem Filtrat von letzterem wurde das Tetrodonin durch Fällung mittels Alkohol gewonnen.

Das Tetrodonin ist geruch- und geschmacklos, reagiert neutral, löst sich leicht in Wasser, schwer in konz. Alkohol. Es ist unlöslich in Äther, Benzol und Schwefelkohlenstoff.

---

[1]) Ch. Rémy, Compt. rend. de la Soc. de Biol. (7 sér.) **4**, 263 [1883].
[2]) D. Takahashi u. Y. Inoko, Archiv f. experim. Pathol. u. Pharmakol. **26**, 401, 453 [1890]; Mitteilungen der mediz. Fakultät Tokio **1**, 375 [1892], daselbst sehr gute farbige Abbildungen dieser Fische und Kasuistik der Vergiftungen beim Menschen.
[3]) Y. Tahara, Über die giftigen Bestandteile des Tetrodon. Zeitschr. d. mediz. Gesellschaft in Tokio **8**, Heft 14. Ref. bei Maly, Jahresber. d. Tierchemie **24**, 450 [1894].

Die wässerige Lösung wird nicht durch Platinchlorid, Goldchlorid, Phosphorwolframsäure, Sublimat und Pikrinsäure gefällt.

Die Wirkungen des Fugugiftes bestehen in einer bald eintretenden und sich bis zur vollkommenen Funktionsunfähigkeit steigernden Lähmung gewisser Gebiete des Zentralnervensystems, wobei zuerst das Respirationszentrum und dann das vasomotorische Zentrum betroffen wird. Gleichzeitig entwickelt sich eine curarinartige Lähmung der peripheren motorischen Nervenendigungen, welche beim Frosche eine vollständige werden kann. Das Herz wird von dem Gifte nicht direkt beeinflußt und schlägt noch nach bereits eingetretenem Atemstillstande. Infolge der Lähmung des Gefäßnervenzentrums sinkt der Blutdruck. Der Puls erfährt eine allmähliche Verlangsamung. Krämpfe treten im ganzen Verlaufe der Vergiftung nicht ein, was wahrscheinlich auf die bestehende Lähmung der motorischen Endapparate zurückzuführen ist.

Die Sektionsbefunde ließen keinerlei charakteristischen Veränderungen an den Organen erkennen.

Die bei Vergiftungen von Menschen mit Fugugift beobachteten Symptome stimmen im wesentlichen mit den Ergebnissen der Tierversuche von Takahashi und Inoko überein. Gastro-enteritische Erscheinungen sind beobachtet worden, fehlen aber meistens. Die lebensgefährliche, rasch tödlich verlaufende Vergiftung, die sich durch Cyanose, kleinen Puls, Dyspnoe, Schwindel, Ohnmacht, Sinken der Körpertemperatur kennzeichnet, läßt die Wirkung des Giftes auf das Zentralnervensystem deutlich erkennen.

In den männlichen Geschlechtsprodukten einiger hierauf untersuchter Fische finden sich gewisse **Protamine**, welche in dem Sperma an Nucleinsäure gebunden sind und sich leicht rein darstellen lassen.

A. Kossel und seine Schüler haben die obengenannten Körper, mit Ausnahme des Protamins von Miescher, zuerst genauer untersucht und auf ihre pharmakologischen Wirkungen geprüft. Sie fanden, daß das Clupein bei intravenöser Injektion in Mengen von 0,15 bis 0,18 g, das Sturin in Mengen von 0,20—0,25 g an etwa 10 kg schweren Hunden bedeutende und rasch eintretende Erniedrigung des Blutdruckes und gleichzeitig Zunahme der Atmungsfrequenz mit Vertiefung der einzelnen Respirationen bewirkten[1]). Größere Gaben als die genannten führen unter allmählicher Abnahme der Frequenz und der Tiefe der Atmung zum Respirationsstillstand und zum Tode.

Die Endprodukte der hydrolytischen Spaltung der Protamine, die von Kossel „Hexonbasen" genannten Körper Arginin, Histidin und Lysin, zeigten keine Wirkung auf Blutdruck und Respiration.

Die oben geschilderten Wirkungen des Clupeins und des Sturins sind also dem ganzen Protaminmolekül eigen. Sie betreffen anscheinend das Zentralnervensystem.

Das Sturin besitzt nach H. Kossel[2]) bactericide Wirkung.

b) Das Gift ist im ganzen Organismus verbreitet.

Ordnung Physostomi, Familie Muraenidae.

Neuere Untersuchungen[3]) haben gezeigt, daß in dem Blute aller darauf untersuchter Muräniden ein Stoff vorhanden ist, welcher bei subcutaner, intravenöser und intraperitonealer Injektion den Tod der Versuchstiere herbeiführen kann; aber auch nach stomachaler Einverleibung ist das Aalblut, falls es in genügend großer Menge in den Magen gelangt, für den Menschen giftig, wie ein von F. Pennavaria[4]) beschriebener Fall beweist. Ein Mann, welcher das frische Blut von 0,64 kg Aal mit Wein vermischt trank, erkrankte schwer. Die Symptome bestanden in heftigem Brechdurchfall, Atmungsbeschwerden und cyanotischer Verfärbung des Gesichtes.

Das Serum des Muränidenblutes unterscheidet sich schon durch einen nach 10—30 Sekunden wahrnehmbaren brennenden und scharfen Geschmack von dem Serum anderer Fische.

---

[1]) W. H. Thompson, Die physiologische Wirkung der Protamine und ihrer Spaltungsprodukte. Zeitschr. f. physiol. Chemie **29**, 1 [1900].

[2]) H. Kossel, Zeitschr. f. Hyg. u. Infektionskrankh. **27**, 36 [1898].

[3]) A. Mosso, Die giftige Wirkung des Serums der Muräniden. Archiv f. experim. Pathol. u. Pharmakol. **25**, 111 [1888]. — Springfeld, Wirkung des Blutserums des Aales. Inaug.-Diss. Greifswald 1889.

[4]) F. Pennavaria, Il Farmacisto ital. **12**, 328 [1888]; zit. nach R. Kobert, Über Giftfische und Fischgifte. S. 19. Vortrag! [1905.]

Der im Serum vorhandene giftige Körper, welchem U. Mosso den Namen „**Ichthyotoxin**" beigelegt hat, muß vorläufig zur Gruppe der sog. „Toxalbumine" gezählt werden. Erhitzen des Serums vernichtet dessen Wirksamkeit; gleichzeitig geht der brennende Geschmack verloren. Seine Wirksamkeit wird durch organische Säuren, schneller und vollständiger durch Mineralsäuren, aber auch durch Einwirkung von Alkalien aufgehoben. Pepsinsalzsäure (künstliche Verdauung) vernichtet nach U. Mosso[1]) ebenfalls seine Wirksamkeit. Der wirksame Bestandteil ist in Alkohol unlöslich und dialysiert nicht. Er verträgt das Eintrocknen bei niederer Temperatur. Intraperitoneal oder subcutan injiziert tötet das Serum die Versuchstiere rasch. Das Serum von Conger myrus und Conger vulgaris ist weniger wirksam als dasjenige von Anguilla und Muraena.

Über die chemische Natur des Ichthyotoxins ist nichts Näheres bekannt.

Die **Wirkungen des Serums** von Anguilla, Conger und Muraena hat Mosso an Hunden, Kaninchen, Meerschweinchen, Tauben und Fröschen studiert. Diese Wirkungen können auch zum Nachweis von Aalserum und dessen Gift dienen.

Eine genauere Analyse der Wirkungen des Muränidenserums auf Warmblüter ergibt folgendes.

Die Respiration wird zunächst beschleunigt, später herabgesetzt. Diese Wirkung beruht anscheinend auf einer primären Erregung und darauffolgenden Lähmung des Respirationszentrums. Künstliche Atmung vermag, wenn nicht allzu große Gaben injiziert wurden, das Leben zu erhalten.

Die Zirkulation wird durch kleinere, nicht tödliche Gaben in weit geringerem Maße als die Respiration beeinflußt. Bei Hunden erfolgt zuerst eine Verstärkung der Herzschläge und eine Abnahme ihrer Frequenz. Später wird der Puls stark beschleunigt. Diese Erscheinungen beruhen wahrscheinlich auf anfänglichen Erregung mit darauffolgender Lähmung des Vaguszentrums.

Größere Gaben wirken direkt lähmend auf das Herz. Der Blutdruck sinkt dann sehr rasch. Über das Verhalten der Gefäße lassen sich aus den bis jetzt vorliegenden Versuchen keine sicheren Schlüsse ziehen. Das Ichthyotoxin hebt die Gerinnbarkeit des Blutes auf.

Die Wirkungen des Muränidenserums auf das Nervensystem äußern sich in Lähmungserscheinungen der verschiedenen Gebiete, bei deren Zustandekommen jedoch auch eine direkte Wirkung des Giftes auf die Muskeln berücksichtigt werden muß. Die Wirkungen auf das Nervensystem sind direkte und unabhängig von der Zirkulation. Beim Frosche kann z. B. die Erregbarkeit des Nervus ischiadicus total erloschen sein zu einer Zeit, da das Herz noch kräftig schlägt.

Die schon oben (S. 472) angeführten Neunaugen, Petromyzon fluviatilis und Petromyzon marinus, besitzen nach den Angaben einiger Autoren wie die Muräniden in ihrem Blute ein dem Ichthyotoxin ähnlich wirkendes Gift, welches im Serum gelöst enthalten ist. Cavazzani[2]) experimentierte an Fröschen, Kaninchen und Hunden und sah bei diesen Tieren nach Injektion von Petromyzonserum Somnolenz und Apathie, sowie die charakteristischen Wirkungen des Muränidenserums auf die Respiration eintreten.

Das Serum von Thynnus thynnus L. s. Th. vulgaris C. et V., des gemeinen Tuns und anderer Tunarten, bewirkt nach Maracci[3]) bei seiner intravenösen oder intraperitonealen Injektion an Hunden ähnliche Vergiftungserscheinungen wie das Aal- und Petromyzonserum.

Wirbellose Tiere, Avertebrata.

Muscheltiere, Lamellibranchiata.

Ordnung Asiphoniata.

Es kann heute nicht mehr daran gezweifelt werden, daß ganz frische, lebende Muscheln, bei welchen postmortale Zersetzungen oder Veränderungen als Ursache der Giftigkeit sicher ausgeschlossen waren, unter bestimmten, noch nicht näher bekannten Bedingungen und Verhältnissen giftige Eigenschaften annehmen können, und zwar schon in dem Wasser, in welchem sie leben.

---

[1]) U. Mosso, Ricerche sulla natura del veleno che si trova nel sangue dell' anguilla. Rendiconti della R. Accad. dei Lincei **5**, 804—810 [1889].

[2]) E. Cavazzani, Arch. ital. de biol. **18**, 182—186 [1893].

[3]) Maracci, Sur le pouvoir toxique du sang du Thon. Arch. ital. de biol. **16**, 1 [1891].

Massenvergiftungen durch Muscheln sind wiederholt beobachtet worden.

Das größte Interesse bietet eine Reihe von Muschelvergiftungen, denen im Oktober 1885 mehrere Werftarbeiter auf der Kaiserlichen Werft in Wilhelmshaven zum Opfer fielen[1]). Im ganzen wurden 19 Fälle beobachtet, von denen vier letal verliefen.

Die Symptome waren in allen Fällen die gleichen und bestanden in früher oder später auftretendem Gefühl des Zusammenschnürens im Halse, Stechen und Brennen zunächst in den Händen, später auch in den Füßen, Benommensein und einem eigenartigen Gefühl in den Extremitäten. Pulsfrequenz 80—90°, Körpertemperatur normal. Das Sprechen war sehr erschwert. Gefühl der Schwere und Steifheit in den Beinen, Fehlgreifen beim Versuch Gegenstände zu fassen, Übelkeit und Erbrechen waren weitere Symptome der Vergiftungen. Die Patienten litten an Angstanfällen (Dyspnoe?) und klagten über Kältegefühl bei gleichzeitigem reichlichen Schweiß. Der Tod erfolgte bei vollem Bewußtsein innerhalb 45 Minuten bis 5 Stunden nach dem Genuß der Muscheln.

Die oben geschilderte Symptomatologie ist charakteristisch für die **paralytische Form** der Vergiftungen durch Muscheln[2]), welche sich durch akute periphere Lähmungserscheinungen kennzeichnet und manche Ähnlichkeit mit der Curarevergiftung aufweist.

Die **Ursachen des Giftigwerdens** der Muscheln[3]) sind noch nicht mit Sicherheit festgestellt.

Den Beweis dafür, daß die Stagnation des die Muscheln umgebenden Wassers die Ursache der Giftigkeit sein kann, erbrachte in Übereinstimmung mit den früheren Angaben von Crumpe und Permewan[4]) Schmidtmann[5]), indem er giftige Muscheln aus dem Hafen in offenes Seewasser brachte und umgekehrt frische, ungiftige Muscheln in den Binnenhafen überführte, wobei er nach längerem Aufenthalte der Tiere am neuen Standorte im ersteren Falle die Giftigkeit verschwinden, im letzteren Falle eintreten sah. Zum gleichen Resultate gelangte neuerdings auch Thesen[6]) in Christiania, welcher auch nachwies, daß die Bodenbeschaffenheit an dem Standorte der Muscheln für das Giftigwerden derselben ohne Bedeutung ist.

Wir müssen jetzt annehmen, daß in dem die Muscheln umgebenden stagnierenden Wasser eine bestimmte, nicht zu jeder Zeit vorhandene Verunreinigung sich findet, welche entweder durch a) Hervorrufen einer Krankheit bei den Muscheln die Bildung des Giftes im Organismus derselben verursacht, oder daß b) die in dem Wasser vorhandene Verunreinigung selbst das Gift ist, und daß letzteres von den Muscheln aufgenommen und aufgespeichert wird.

Die Fähigkeit der Muscheln, aus dem Wasser nicht allein das atropin-curarinartig wirkende, für die Wirkung an Menschen und Tieren verantwortliche, spezifische Gift, sondern auch andere stark wirksame Substanzen (Curare, Strychnin) aus dem Wasser aufzunehmen und aufzuspeichern, hat Thesen durch Aquariumversuche dargetan. Hierbei blieben die Muscheln scheinbar ganz gesund.

Über die **chemische Natur des Giftes** ist wenig bekannt. Salkowski[7]) fand, daß dasselbe mittels Alkohol aus den Muscheln extrahiert werden kann und durch Erhitzen auf 110° seine Wirksamkeit nicht verliert, während Einwirkung von Natriumcarbonat in der Wärme das Gift zerstört. Brieger[8]) isolierte aus giftigen Muscheln einen von ihm „**Mytilotoxin**" genannten Körper von der Formel $C_6H_{15}NO_2$, welcher nach diesem Autor das spezifische, curarinähnlich wirkende Gift der Miesmuschel sein soll, ein in Würfeln krystallisierendes Golddoppelsalz vom Schmelzp. 182° bildete und bei der Destillation mit Kalilauge Trimethylamin abspaltete. Ob in dem „Mytilotoxin" in der Tat der wirksame Körper der giftigen Muscheln vorliegt, muß vorläufig noch dahingestellt bleiben. Thesen[9]) konnte bei der Verarbeitung eines großen Materials, in Portionen von je 5 kg giftiger Muscheln, in keinem Falle

---

[1]) Deutsche med. Wochenschr. 11. Nov. u. 2. Dez. 1885.
[2]) J. Thesen, Über die paralytische Form der Vergiftung durch Muscheln. Archiv f. experim. Pathol. u. Pharmakol. **47**, 311 [1902].
[3]) Husemann, Handb. d. Toxikol. **1862**, 277.
[4]) Crumpe u. Permewan, Lancet **2**, 568 [1888].
[5]) Schmidtmann, Zeitschr. f. Medizinalbeamte **1887**, Nr. 1 u. 2.; Virchows Archiv **112**, 550 [1888].
[6]) Thesen, Archiv f. experim. Pathol. u. Pharmakol. **47**, 311—359 [1902].
[7]) Salkowski, Virchows Archiv **102**, 578—593 [1885].
[8]) Brieger, Deutsche med. Wochenschr. **11**, 907, Nr. 53 [1885]; Die Ptomäne **3**, 65—81 [1886]; Virchows Archiv **115**, 483 [1889].
[9]) Thesen, Archiv f. experim. Pathol. u. Pharmakol. **47**, 359 [1902].

das „Mytilotoxin" aus diesen isolieren. Mäuse gingen an den Wirkungen des von Thesen nach dem Verfahren von Brieger aus Giftmuscheln dargestellten Giftes an Herzlähmung zugrunde; die von den Autoren beschriebene curarin-atropinartige, lähmende Wirkung des Muschelgiftes auf die Respiration sah Thesen bei seinen Tierversuchen mit dem gereinigten Gifte nicht eintreten.

Bei den Vergiftungen mit Austern (Ostrea edulis) ist es nach dem vorliegenden literarischen Material schwer zu entscheiden, inwiefern die Erscheinungen bei derartigen Fällen auf die Anwesenheit eines spezifischen, dem Muschelgift ähnlichen, vielleicht mit diesem identischen oder aber auf Fäulnisgifte zurückzuführen sind.

Gliederfüßer, Arthropoda.
1. Klasse. Spinnentiere, Arachnoidea.

Die Giftigkeit mancher Arachnoideen ist durch zahlreiche Untersuchungen und Mitteilung vieler glaubwürdiger Beobachtungen heute mit Sicherheit festgestellt. Die Giftapparate sind ebenfalls genauer untersucht, und nur über die chemische Natur der betreffenden Gifte sind unsere Kenntnisse noch sehr mangelhaft. Am besten bekannt und in bezug auf die uns hier interessierenden Verhältnisse am genauesten untersucht ist die, eine Ordnung der Arachnoideen bildende

a) Ordnung Scorpionina.
Arthrogastra, Gliederspinnen.

Der **Giftapparat** der Skorpione liegt in dem letzten Segmente des sehr beweglichen Abdomens und besteht aus einer das Gift sezernierenden, paarigen, birnförmigen, in eine harte Hülle eingeschlossenen **Giftdrüse** und dem **Stachel.** Die Ausführungsgänge der Drüse liegen in dem Stachel und münden unterhalb der Stachelspitze mit zwei kleinen Öffnungen. Die Drüse ist von einer Schicht quergestreifter Muskeln umgeben, durch deren willkürlich erfolgende Kontraktion das Giftsekret nach außen entleert werden kann (Joyeux-Laffuie)[1]).

Die **chemische Natur** der in dem Giftsekret der Skorpione vorkommenden wirksamen Stoffe ist unbekannt.

Die **Wirkungen des Sekretes** sind in ihren Grundzügen bekannt. Die Lokalität der Stichwunde, die Menge des einverleibten Giftes, die Jahreszeit[2]) und andere Umstände können bei der Wirkungsintensität eine Rolle spielen.

Der Stich des Scorpio europaeus scheint beim Menschen nur lokale Erscheinungen zur Folge zu haben, während der bedeutend größere, eine Länge bis zu $8^{1}/_{2}$ cm erreichende Scorpio occitanus durch seinen Stich äußerst heftige Schmerzen, phlegmonöse Schwellung der ganzen betroffenen Extremität und außerdem entferntere Wirkungen: Erbrechen, Ohnmacht, Muskelzittern und Krämpfe hervorrufen kann[3]).

Tödlich verlaufene **Vergiftungen von Menschen** durch Skorpionenstiche sind in der Literatur in ziemlicher Anzahl beschrieben, doch handelt es sich in diesen Fällen um die großen, in tropischen Ländern einheimischen Skorpionenarten (Guyon)[4]). Cavaroz[5]) gibt an, daß in der Gegend von Durango in Mexiko jährlich etwa 200 Menschen infolge von Skorpionenstich zugrunde gehen. Dalange[6]) berichtet über zwei tödliche Vergiftungen von Kindern in Tunis.

[1]) Joyeux-Laffuie, Sur l'appareil venimeux et le venin du Scorpion. Archiv de Zoologie exp. **1**, 733 [1884]; Compt. rend. de l'Acad. des Sc. **95**, 866 [1882].
[2]) G. Sanarelli, Über Blutkörperchenveränderungen bei Skorpionenstich. Centralbl. f. klin. Medizin **10**, 153 [1889].
[3]) Jousset de Bellesme, Essai sur le venin du scorpion. Annales des Sc. natur. Zoolog. [5] **19**, 15 [1874].
[4]) Guyon, Du danger pour l'homme de la piqûre du grand scorpion du nord de l'Afrique (Androctonus funestus). Compt. rend. de l'Acad. des Sc. **59**, 533 [1864]. Sur un phénomène produit par la piqûre du scorpion. Compt. rend. de l'Acad. des Sc. **64**, 1000 [1867]; vgl. auch **60**, 16 [1865].
[5]) M. Cavaroz, Du scorpion de Durango et del Cerro de los remedios. Recueil de Memoires de Médecine militaire [3] **13**, 327 [1865].
[6]) Dalange, Des piqures par les scorpions d'Afrique. Mémoires de Médicine militaire **1866**, No. 6. — Guyon, Compt. rend. de l'Acad. des Sc. 1864.

Die Symptome der schweren, durch die großen tropischen Skorpione verursachten Vergiftungen bestehen in heftigen Lokalerscheinungen und nach der Resorption des Giftes in Trismus, schmerzhafter Steifheit des Halses, welche sich bald auch auf die Muskeln des Thorax fortpflanzt und schließlich in allgemeinen, tetanischen Krämpfen, unter welchen, anscheinend durch Respirationsstillstand, der Tod erfolgt.

Aus dem 19. Jahrhundert liegen Untersuchungen vor von Bert[1]), Valentin[2]), Joyeux-Laffuie, denen zufolge das Gift seine Wirkungen, nach Art des Strychnins, auf das Nervensystem entfaltet, während Jousset de Bellesme und Sanarelli in demselben ein Blutgift erblicken wollen.

Die roten Blutkörperchen werden angeblich durch das Gift in der Weise beeinflußt, daß sie zunächst ihre Form und Konsistenz ändern, klebrig werden und infolge der Bildung einer formlosen, viscösen Masse die Gefäße verstopfen (Agglutination und Embolie?).

Sanarelli konnte bei Säugetieren keine derartige Veränderung der Erythrocyten beobachten; an den gekernten roten Blutkörperchen von Amphibien, Fischen und Vögeln trat die **hämolytische Wirkung** deutlich hervor.

Über die für verschiedene Tiere tödlichen Mengen des Skorpiongiftes stellten P. Bert, Calmette[3]), Phisalix und Varigny[4]), Joyeux-Laffuie Versuche an.

Calmette fand, daß 0,05 mg Trockenrückstand des Giftsekretes von Scorpio (Buthus) afer weiße Mäuse, 0,5 mg Kaninchen töteten.

Phisalix und Varigny sammelten die auf elektrische Reizung in Tropfenform am Stachel austretende viscöse Flüssigkeit auf einem Uhrglas, ließen das so gewonnene Sekret im Vakuumexsiccator eintrocknen und bestimmten den Trockenrückstand, von welchem 0,1 mg ein Meerschweinchen tötete.

Die oben geschilderten Erscheinungen treten nur nach subcutaner oder intravenöser Einverleibung des Giftes ein. Bei der Einverleibung per os scheinen keinerlei Wirkungen zu erfolgen.

Die Skorpione besitzen angeblich eine hochgradige, aber nicht absolute Immunität gegen ihr eigenes Gift (Bourne)[5]).

b) Ordnung Araneina.

Der **Giftapparat** der echten Spinnen besteht aus der oberhalb des starken, kräftig entwickelten Basalgliedes der Chelizeren (klauenförmige Mandibeln, Kieferfühler) oder in demselben liegenden, länglichen und von Muskeln umgebenen **Giftdrüse** und deren Ausführungsgang, welcher sowohl das Basalglied als auch das klauenförmige, zum Verwunden dienende, aber viel kleinere Endglied durchsetzt und in einer länglichen Spalte an der Spitze desselben mündet.

Das Sekret der Giftdrüse, das **Spinnengift,** ist eine klare, ölige Flüssigkeit, reagiert sauer und schmeckt stark bitter. Wie bei den Schlangen wird der Giftvorrat durch wiederholte, rasch aufeinanderfolgende Bisse bald erschöpft. Die Einverleibung des giftigen Sekretes erfolgt beim Beißen in die durch die Chelizeren gemachte Wunde.

Die chemischen Eigenschaften und die Natur der wirksamen Bestandteile des Spinnengiftes sind unbekannt. Das wirksame Prinzip soll weder ein Alkaloid, noch ein Glykosid, noch eine Säure sein. Es dialysiert nicht und wird beim Eintrocknen unwirksam. Das Sekret der Giftdrüsen und die wirksamen wässerigen Extrakte aus den in Betracht kommenden Körperteilen der Spinnen lassen die Gegenwart von Eiweiß oder eiweißartigen Stoffen durch die bekannten Farben- und Fällungsreaktionen erkennen. Man nimmt daher an, daß es sich hier um die Wirkungen eines „Toxalbumins" oder eines giftigen Enzyms handle (Kobert)[6]).

---

[1]) P. Bert, Venin du scorpion. Compt. rend. de la Soc. de Biol. **1865**; Gazette médicale de Paris **1865**, 770; Compt. rend. de la Soc. de Biol. **1885**, 574.

[2]) G. Valentin, Einige Erfahrungen über die Giftwirkungen des nordafrikanischen Skorpions. Zeitschr. f. Biol. **12**, 170 [1876].

[3]) Calmette, Contributions a l'étude des venins etc. Ann. de l'Inst. Pasteur **9**, 232 [1895].

[4]) C. Phisalix u. H. de Varigny, Recherches exp. sur le venin du scorpion. Bulletin du Museum d'Histoire Natur **2**, 67—73 [1896].

[5]) A. G. Bourne, Scorpion virus. Nature **36**, 53 [1887]. The reputed suicide of Scorpions. Proc. Roy. Soc. **42**, 17—22 [1887].

[6]) R. Kobert, Beiträge zur Kenntnis der Giftspinnen. Stuttgart 1901.

Die wichtigsten und bekanntesten Giftspinnen sind:
Nemesia caementaria Latr., die Minier- oder Tapezierspinne.
Theraphosa avicularia Linn., s. Avicularia vestiaria de Geer., die Vogelspinne.
Theraphosa Blondii Latr., die Buschspinne.
Theraphosa Javanensis Walck.

Die vier genannten Spinnen gehören zur Gruppe der sogenannten „Mygalidae", Riesen- oder Würgspinnen und finden sich nur in tropischen Ländern. Cremer[1]) berichtet über tödlich verlaufene Bisse bei vier Mitgliedern einer Familie.
Chiracanthium nutrix Walck.
Theridium tredecim guttatum F. s. Lathrodectes tredecim guttatus, die Malmignatte, deren Biß bei 12% der gebissenen Rinder den Tod (Szczesnowicz) verursacht.
Theridium lugubre Koch s. Lathrodectes lugubris, L. Erebus[2]), die Karakurte. Das Gift ist nicht allein in der Giftdrüse vorhanden; es findet sich auch in den verschiedenen Körperteilen der Spinne und konnte auch in den Eiern nachgewiesen werden. Es diffundiert nicht und wirkt nur bei subcutaner oder intravenöser Einverleibung.
Lycosa Tarantula L. s. Tarantula Apuliae Rossi., die süditalienische Tarantel. Ihr Biß ist wenig gefährlich und verursacht nur lokale Erscheinungen an der Bißstelle, niemals aber Allgemeinerscheinungen, die auf resorptive Wirkungen zurückgeführt werden könnten.
Lycosa singoriensis Laxmann s. Trochosa singoriensis, die russische Tarantel. Bei subcutaner und intravenöser Injektion der durch Extraktion dieser Spinnen mit physiologischer Kochsalzlösung oder Alkohol gewonnenen Auszüge ließen sich an Katzen keinerlei Erscheinungen wahrnehmen (Kobert).
Epeira diadema Walck., die gewöhnliche Kreuzspinne.

Die Giftigkeit der Kreuzspinne ist vielfach bezweifelt worden, neuerdings aber von Kobert, welcher mit wässerigen Auszügen dieser Spinne an Tieren experimentierte, bestätigt worden. Die Wirkungen des Giftes sind denjenigen des Karakurtengiftes ähnlich; letzteres wirkt jedoch stärker als das Kreuzspinnengift. Dieses findet sich auch in den Eiern der Spinne.

Pharmakologische Wirkungen der Spinnengifte: Die nach dem Bisse giftiger Spinnen beobachteten Erscheinungen sind bedingt durch lokale und resorptive Wirkungen.

Die lokalen Wirkungen bestehen in mehr oder weniger heftiger Schmerzempfindung, Rötung und Schwellung der Bißstelle und deren Umgebung, erstrecken sich aber auch in manchen Fällen auf das ganze betroffene Glied.

Die resorptiven Wirkungen des Spinnengiftes, welche nur nach subcutaner und intravenöser Injektion, nicht aber nach der Einverleibung per os zustande kommen, betreffen das Zentralnervensystem, die Kreislauforgane und das Blut. Nach den an verschiedenen Tierarten mit dem Gifte der Karakurte in großer Zahl ausgeführten Versuchen scheint das Gift dieser Spinne, welches in Ermangelung mit den Giften anderer Spinnenarten ausgeführter Untersuchungen vorläufig als Prototyp für die Wirkungen der Spinnengifte im allgemeinen gelten muß, mancherlei Ähnlichkeiten mit den Wirkungen des Ricins und Abrins zu zeigen (Kobert).

Die **Wirkungen des Karakurtengiftes** auf das Blut (Hund) äußern sich in der Auflösung der roten Blutkörperchen und dem Austritt des Hämoglobins aus den letzteren (Hämolyse). Diese Wirkung tritt noch bei einer Verdünnung des Giftes von 1 : 127 000 ein.

In wässerigen Auszügen von Kreuzspinnen findet sich nach Sachs eine „**Arachnolysin**" genannte Substanz, welche ebenfalls die Erythrocyten bestimmter Tierarten (Mensch, Kaninchen, Ochse, Maus, Gans) zu lösen vermag[3]), während die roten Blutkörperchen anderer Tiere (Pferd, Hund, Hammel, Meerschweinchen) nicht angegriffen werden.

Außerdem steigert dasselbe, wenigstens außerhalb des Organismus im Reagensglasversuche, die Gerinnbarkeit des Blutes (Pferd). Diese letztere Wirkung, welche noch bei einer Konzentration von 1 : 60 000 eintritt, kommt vielleicht auch im Organismus des lebenden Tieres zustande und ist dann für die bei manchen Tierversuchen, aber nicht regelmäßig beobachtete intravaskuläre Gerinnung des Blutes verantwortlich. Diese würde ungezwungen das Zustandekommen der ebenfalls nicht regelmäßig beobachteten Konvulsionen erklären.

---

[1]) Cremer, Schmidts Jahrbücher **225**, 239; siehe auch **146**, 238.
[2]) Thorell, Remarks on Synonyms of European Spiders, London 1870/73, p. 509.
[3]) Sachs, Zur Kenntnis des Kreuzspinnengiftes. Beiträge z. chem. Physiol. u. Pathol. **2**, 125 [1902].

Die Konvulsionen wären dann als Erstickungskrämpfe zu deuten, bedingt durch das Darniederliegen der Zirkulation. Diese Annahme findet eine Stütze in der von Kobert gemachten Erfahrung, daß künstliche Respiration den letalen Ausgang nicht hinauszuschieben oder zu verhindern vermag. Der Grad der gerinnungsbefördernden Wirkung im Organismus ist vielleicht abhängig von der Menge des einverleibten oder resorbierten Giftes (vgl. unter Schlangengift Pseudechis porphyriacus, S. 463).

Auf das isolierte **Froschherz** wirkt das Karakurtengift lähmend, und diese Wirkung tritt noch bei einer Verdünnung des Giftes von 1 : 100 000 ein. Die Ursachen der Herzlähmung sind entweder in der Lähmung der motorischen Ganglien dieses Organes oder in einer direkten Wirkung auf den Herzmuskel, vielleicht in beiden der genannten Wirkungen zu suchen. Die Folgen der letzteren äußern sich in dem Sinken des Blutdruckes. Seitens des Gefäßsystems scheinen besonders die kleinsten Arterien und die Capillaren von der Wirkung des Giftes in der Weise betroffen zu werden, daß die Wandungen derselben Veränderungen erleiden und infolgedessen das Blut bzw. Serum durchlassen. Daher treten punktförmige und circumscripte Blutungen und Ödeme auf. Am häufigsten und am besten sind diese Ödeme in dem lockeren Lungengewebe zu erkennen; man findet deshalb bei der Sektion die Lunge häufig mit lufthaltiger, schaumiger und manchmal blutiger Flüssigkeit infiltriert. Auch im Magen und im Darme treten derartige Erscheinungen auf, wo sie in der Regel an der Schwellung und Rötung der Schleimhaut zu erkennen sind; manchmal kommt es auch hier zum Blutaustritt. Thrombosierung der Gefäße kann dabei wohl auch eine Rolle spielen, doch würde die Verstopfung der Gefäße allein kaum die Blutextravasate usw. erklären können.

Die Wirkungen des Karakurtengiftes auf das **Zentralnervensystem** äußern sich in Lähmungserscheinungen, über deren Ursachen vorläufig ein sicheres Urteil nicht gefällt werden kann. Vielleicht handelt es sich um eine direkte lähmende Wirkung, doch ist zu berücksichtigen, daß die oben geschilderten Kreislaufstörungen ähnliche Erscheinungen seitens des Zentralnervensystems bewirken könnten. Insbesondere findet in dieser Annahme das Auftreten von Krämpfen eine befriedigende Erklärung, nachdem doch eine erregende Wirkung des Giftes auf das Zentralnervensystem nicht festgestellt wurde.

Die **tödlichen Mengen des Giftes** sind bei der Injektion in das Blut äußerst kleine. Katzen starben schon nach intravenöser Einverleibung von 0,20—0,35 mg organischer Trockenrückstände wässeriger Spinnenauszüge pro Kilogramm Körpergewicht; Hunde scheinen weniger empfindlich zu sein. Der Igel ist auch diesem Gifte gegenüber resistenter als andere Tiere. Frösche werden erst durch die 50 fache Menge der für Warmblüter pro Kilogramm letalen Menge getötet.

Durch wiederholte Einverleibung nichttödlicher Mengen kann **Gewöhnung an das Spinnengift** eintreten.

Über die am Menschen nach dem Bisse giftiger Spinnen, insbesondere der Lathrodectesarten, beobachteten Symptome hat Kobert in seiner Monographie Berichte aus Asien, Australien und Europa zusammengestellt. Die an zahlreichen Orten am Menschen gemachten Beobachtungen stimmen im wesentlichen mit den Versuchen an Tieren überein. Die Symptome dieser Vergiftung beim Menschen bestehen in heftigen Schmerzen, zu welchen sich auch Rötung und Schwellung (Lymphangitis und Lymphadenitis) gesellen kann. Die Schmerzen sind nicht auf die Bißstelle und das betroffene Glied beschränkt. Erbrechen, Angstgefühl, Dyspnoe und Beklemmung, Ohnmachtsanfälle, Parästhesien, Paresen und zuweilen auch Krämpfe sind die am häufigsten beobachteten Erscheinungen. Die völlige Rekonvaleszenz erfolgt in manchen Fällen nur langsam, wobei große Mattigkeit und Abgeschlagenheit noch lange Zeit bestehen können.

c) Acarina, Milben.

Die Mundteile sind mit gewissen Vorrichtungen ausgestattet, mit welchen die Tiere beißen, stechen oder saugen können.

Über das Gift der Milben und dessen Natur ist nichts bekannt. Die immerhin nicht geringfügigen und lange dauernden Erscheinungen nach ihrem Bisse machen die Anwesenheit eines reizenden Stoffes, welcher beim Biß oder Stich in die Wunde gelangt, sehr wahrscheinlich.

2. Klasse. Myriapoda, Tausendfüßer.

a) Ordnung Chilopoda.

Die der Ordnung der Chilopoden angehörigen Myriapoden sind mit einem **Giftapparate** ausgestattet, dessen sie sich zum Erlangen ihrer Beute bedienen. Die Beute wird durch **Biß** getötet.

Der **Giftapparat**[1]) der Scolopendra besteht aus einer zylindrischen, sich nach vorn verschmälernden **Giftdrüse** und deren Ausführungsgang, welcher an der Spitze des Kieferfußes in einer kleinen Öffnung mündet.

Die **chemische Natur des Sekretes** der Giftdrüse und der wirksamen Bestandteile dieses Sekretes ist **unbekannt**.

Beim Menschen verursacht der Biß einheimischer Scolopendren nur lokale Erscheinungen. Allgemeine Erscheinungen treten nie auf (Dubosq). Eine in Indien einheimische Art, welche eine Länge von 2 Fuß erreichen soll, tötet aber angeblich durch ihren Biß auch Menschen[2]). Mäuse und Murmeltiere werden durch den Biß von Scolopendren gelähmt und gehen an den Wirkungen des Giftes zugrunde (Jourdain)[3]).

b) Ordnung Chilognatha s. Diplopoda.

Eine Anzahl der Ordnung der Chilognathen angehöriger Myriapoden besitzen in dem Sekrete gewisser Hautdrüsen Schutzmittel gegen Feinde. Diese Sekrete enthalten flüchtige, zum Teil unangenehm riechende, manchmal auch ätzende Stoffe und werden durch Poren, sog. Foramina repugnatoria[4]), welche auf beiden Seiten des Rückens liegen, nach außen entleert.

Über die **chemische Natur** derartiger von Myriapoden ausgeschiedener, flüchtiger Stoffe liegen in der Literatur mehrere Angaben vor, nach welchen es sich bei Fontaria gracilis[5]) und Fontaria virginica[6]) um einen in Benzaldehyd und Blausäure spaltbaren Körper, bei Julus terrestris[7]) um Chinon und bei Polyzonium rosalbum[8]) um einen nach Campher riechenden Stoff handeln soll. Spirostrephon lactarima sezerniert ein milchiges, sehr übelriechendes Sekret.

Gewisse in den Tropen einheimische Geophilusarten bereiten in bestimmten, an der Bauchfläche gelegenen Drüsen ein zu einer viscösen Masse erstarrendes Sekret, welches prachtvoll phosphoresziert. Die Tiere scheinen daher bei ihren Bewegungen einen Lichtstreifen nach sich zu ziehen[8]).

3. Klasse. Hexapoda, Insekten.

a) Ordnung Hymenoptera, Hautflügler.

Unterordnung Aculeata, Stechimmen. Familie Apidae, Bienen.

Aculeaten nennt man diejenigen Hymenopteren, welche mit einem Stachel (Aculeus) versehen sind und mittels dieses Stachels **Stichwunden** verursachen können. Gleichzeitig mit dem Stich erfolgt auch eine Entleerung **giftiger Flüssigkeit** in die Wunde.

Über die anatomischen Verhältnisse des Stachelapparates, auf welche hier nicht eingegangen werden kann, finden sich ausführliche Angaben bei Sollmann, Zeitschr. f. wissensch. Zoologie **1863**, 528 und bei Kraepelin, Zeitschr. f. wissensch. Zoologie **1873**, 289.

Über die **chemischen Eigenschaften des Bienengiftes** liegen Untersuchungen von Brandt und Ratzeburg[9]), von Paul Bert[10]), dessen Angaben sich auf das Gift der Holzbiene (Xylocopa violacea) beziehen und von Carlet[11]) vor.

---

[1]) O. Dubosq, La glande venimeuse de la Scolopendre. Thèse de Paris 1894; Compt. rend. de l'Acad. des Sc. **119**, 355 [1895]; Archiv de Zool. exp. [3] **4**, 575. Les glandes ventrales et la glande venimeuse de Chaetochelynx vesuviana. Vgl. Zool. Centralbl. **3**, 280. Recherches sur les Chilopodes. Archiv de Zool. exp. **6**, 535 [1899].

[2]) O. v. Linstow, Die Gifttiere, Berlin 1894, S. 111.

[3]) S. Jourdain, Le venin des Scolopendres. Compt. rend. de l'Acad. des Sc. **131**, 1007 [1900].

[4]) M. Weber, Über eine Cyanwasserstoff bereitende Drüse. Archiv f. mikr. Anat. **21**, 468 bis 475 [1882].

[5]) C. Guldensteeden-Egeling, Über die Bildung von Cyanwasserstoffsäure bei einem Myriapoden. Archiv f. d. ges. Physiol. **28**, 576 [1882].

[6]) E. D. Cope, A Myriapod, which produces Prussic Acid. Amer. Naturalist **17**, 337 [1883].
— E. Haase, Eine Blausäure produzierende Myriapodenart, Paradesmus gracilis. Sitzungsber. d. Gesellschaft naturforsch. Freunde **1889**, 97.

[7]) C. Phisalix, Un venin volatil, secretion cutanée du Julus terrestris. Compt. rend. de l'Acad. des Sc. **131**, 955 [1900]. — Béhal u. Phisalix, La quinone, principe actif du venin du Julus terrestris. Compt. rend. de l'Acad. des Sc. **131**, 1004 [1900].

[8]) O. F. Cook, Camphor secreted by an animal (Polyzonium). Science, N. S. **12**, 516 [1900].

[9]) Brandt u. Ratzeburg, Mediz. Zoologie **2**, 198 [1883].

[10]) Paul Bert, Gazette médicale de Paris **1865**, 771.

[11]) Carlet, Compt. rend. de l'Acad. des Sc. **98**, 1550 [1884].

Den eingehenden und sorgfältigst ausgeführten Untersuchungen von Josef Langer[1]) verdanken wir in erster Linie unsere Kenntnisse über die chemische Natur und die pharmakologischen Wirkungen des Giftes unserer Honigbiene. Langer sammelte das Gift der Bienen (im ganzen von etwa 25 000 Stück) in der Weise, daß er das dem Bienenstachel entquellende Gifttröpfchen in Wasser brachte oder aber, was eine bessere Ausnutzung des Materials gestattete, die dem Bienenkörper frisch entnommenen, mit einer Pinzette herausgerissenen Stachel samt Giftblasen in Alkohol von 96% brachte, in welchem sich der wirksame Bestandteil des Sekretes der Giftdrüse nicht löst. Seine Löslichkeit in Wasser erleidet durch die Alkoholbehandlung keine Veränderung, und die charakteristischen Eigenschaften bleiben vollkommen erhalten.

Der in Alkohol unlösliche Rückstand wurde bei 40° getrocknet, zu einem feinen Pulver verrieben und dann mit Wasser ausgezogen. Der filtrierte wässerige Auszug stellte eine klare, gelblichbraune Flüssigkeit dar, welche die für das ganze Giftsekret charakteristischen Wirkungen zeigte. Die Wirksamkeit solcher wässerigen Lösungen des Bienengiftes wird durch zweistündiges Erhitzen auf 100° nicht vermindert.

Das frisch entleerte Gifttröpfchen, dessen Gewicht zwischen 0,2—0,3 mg schwankt, ist wasserklar, reagiert deutlich sauer, schmeckt bitter und besitzt einen eigenartigen, aromatischen Geruch; sein spez. Gew. ist 1,1313. Beim Eintrocknen bei Zimmertemperatur hinterläßt das native Bienengift etwa 30% Trockenrückstand.

Die saure Reaktion des nativen Giftes ist wahrscheinlich durch Ameisensäure bedingt, welche aber für die Wirkungen des Giftsekretes nicht in Betracht kommt. (Vgl. Langer, a. a. O. S. 387.) Letzteres gilt auch für den flüchtigen Körper, welcher den fein aromatischen Geruch des Giftsekretes bedingt und beim Öffnen einer gut bevölkerten Bienenwohnung wahrgenommen wird.

Zur **Darstellung des giftigen Bestandteiles** des Sekretes sammelte Langer 12 000 Stachel samt Giftblasen in Alkohol von 96%; vom Alkohol wurde abfiltriert, die Stachel bei 40° getrocknet und zu einem Pulver zerrieben, letzteres sodann mit Wasser extrahiert. Der klare, bräunlich gefärbte filtrierte wässerige Auszug wurde durch Eintropfenlassen in Alkohol von 96% gefällt, der Niederschlag gesammelt, mit abs. Alkohol und Äther gewaschen. Nach dem Verdunsten des Äthers hinterblieb eine grauweiße Substanz in Lamellen, welche noch Biuretreaktion zeigte. Zur weiteren Reinigung dieses Produktes wurde dasselbe in möglichst wenig reinem oder schwach essigsäurehaltigem Wasser gelöst und durch Zusatz von einigen Tropfen konz. Ammoniaks die wirksame Substanz nach mehrmaligem Lösen und Fällen in **eiweißfreiem** Zustande erhalten. Die charakteristischen Wirkungen des ganzen Sekretes waren dieser aschefreien Substanz eigen. Die schwach essigsaure Lösung dieses Körpers zeigte keine der bekannten Eiweißreaktionen. Mit einer Reihe von Alkaloidreagenzien dagegen gab dieselbe Fällungen. Man ist daher wohl berechtigt, die wirksame Substanz des Bienengiftes als eine organische Base anzusprechen. Die nähere chemische Charakterisierung der Base steht infolge der Schwierigkeiten der Beschaffung des zu diesem Zwecke erforderlichen Materials noch aus.

Das Bienengift wird zerstört oder seine Wirksamkeit vermindert durch gewisse oxydierende Agenzien, insbesondere durch Kaliumpermanganat, aber auch durch Chlor und Brom und ferner durch die Einwirkung von Pepsin, Pankreatin und Labferment[2]).

Die pharmakologischen Wirkungen des Bienengiftes charakterisieren sich als heftig schmerz- und entzündungserregend. Außerdem verursacht es an der Injektionsstelle und deren Umgebung lokale Gewebsnekrose. In der Umgebung des nekrotischen Herdes entwickeln sich Hyperämie und Ödem. Am Kaninchenauge bewirkten 0,04 mg des nativen Giftes, auf die Conjunctiva appliziert, Hyperämie, Chemosis und darauf eiterige oder kruppöse Conjunctivitis. Auf die unversehrte Haut appliziert, ist das native Bienengift sowie auch eine 2 proz. Giftlösung ohne jede Wirkung. Die Schleimhäute der Nase und des Auges reagieren dagegen in spezifischer Weise.

Bei der intravenösen Applikation von 6 ccm einer 1,5 proz. Giftlösung (auf natives Gift berechnet) an einem 4,5 kg schweren Hunde erfolgten bald klonische Zuckungen, die sich sehr rasch zu wiederholten Anfällen von allgemeinen klonischen Zuckungen mit Trismus, Nystagmus und Emprosthotonus steigerten. Das Tier ging unter Respirationsstillstand zugrunde.

---

[1]) Josef Langer, Archiv f. experim. Pathol. u. Pharmakol. **38**, 381 [1897].
[2]) Josef Langer, Abschwächung und Zerstörung des Bienengiftes. Archives internat. de Pharmacodynamie et de Therapie **6**, 181—194 [1899].

Bei der Wirkung am Hunde verdient die blutkörperchenlösende Eigenschaft des Bienengiftes im Organismus hervorgehoben zu werden. Im mikroskopischen Blutpräparate fanden sich nur wenig erhaltene Erythrocyten; das lackfarbene Blut enthielt sehr viel gelöstes Hämoglobin und zeigte, spektroskopisch untersucht, die Anwesenheit von Methämoglobin. Die Sektionsbefunde an dem betreffenden Versuchstiere ließen in allen Organen, mit Ausnahme der Milz, starke Hyperämie und Hämorrhagien erkennen.

Pharmakologisch ist das Bienengift vorläufig in die Gruppe der diffusiblen, Nekrose erzeugenden, nicht flüchtigen Reizstoffe einzureihen, deren Hauptrepräsentant das Cantharidin ist.

Von hohem wissenschaftlichen Interesse und von praktischer Bedeutung ist die den Imkern schon lange bekannte und von Langer[1]) genauer studierte Möglichkeit der **Gewöhnung an das Bienengift.**

Der von den Bienen bereitete **Honig** besitzt zuweilen giftige Eigenschaften, welche zu gefährlicher Erkrankung, manchmal sogar zu Todesfällen Veranlassung geben können. Das Vorkommen giftigen Honigs kann keinem Zweifel unterliegen.

W. J. Hamilton[2]) hat die Erzählung Xenophons von der Giftwirkung des Honigs zu Trapezunt durch Untersuchungen an Ort und Stelle bestätigt. Barton[3]) teilte 1790 viele Fälle von Vergiftungen durch Honig in Pennsylvanien und Florida mit. In Brasilien ist die Vespa Lecheguana wegen ihres giftigen Honigs berüchtigt. In Altdorf in der Schweiz starben (1817) zwei Hirten durch den Genuß des Honigs von Bombus terrestris.

Nach Auben[4]) sind in Neu-Seeland, hauptsächlich unter den Maoris, Vergiftungsfälle durch wilden Honig nicht selten. Bei schweren Fällen tritt der Tod schon nach 24 Stunden ein[5]).

Der Grund für die Giftigkeit liegt in dem Umstande, daß die Bienen aus den Blüten gewisser Pflanzen giftige Pflanzenstoffe aufnehmen.

Von solchen Giftpflanzen, deren Giftstoffe durch die Bienen in den Honig übergehen können, sind besonders solche aus den Familien der Apocyneac, Ericaceae[6]), Ranunculaceae zu nennen.

Familie Formicidae, Ameisen.

Die nach dem Bisse einheimischer Ameisen auftretenden lokalen Erscheinungen sind sehr unbedeutende. An der Bißstelle pflegt sich nur eine geringfügige Entzündung und höchstens Quaddelbildung zu entwickeln.

Die durch gewisse tropische Ameisen verursachten Verletzungen sind dagegen ernsterer Natur und können Allgemeinerscheinungen, Ohnmacht, Schüttelfrost und vorübergehende Lähmungen verursachen (Husemann)[7]).

Manche Arten von Ameisen (Myrmica, Ponera) haben einen dem Giftapparat der Bienen analogen **Stechapparat**, d. h. sie besitzen einen mit einer **Giftdrüse** verbundenen **Giftstachel.** Bei anderen Arten liegt die Giftdrüse in der Nähe des Afters; diese spritzen das Sekret der Giftdrüsen in die durch ihren Biß verursachte Wunde, indem sie den Hinterleib nach oben und vorn biegen.

Die morphologischen Verhältnisse des Giftapparates der Ameisen hat Forel[8]) eingehend untersucht und beschrieben.

Die chemische Natur des in dem Giftsekret der Ameisen enthaltenen wirksamen Körpers ist nicht mit Sicherheit festgestellt. Man nahm an, daß die in dem Sekrete in großer Menge vorhandene Ameisensäure das giftige Prinzip sei, wie das auch bei dem Gifte der Honigbiene früher geschah. Die schwache, lokal reizende Wirkung des Giftes unserer einheimischen Ameisen könnte allenfalls durch die lokale, ätzende Wirkung der Ameisensäure bedingt sein; für die

---

[1]) Josef Langer, Bienengift und Bienenstich. Bienenvater, Jahrg. **33**, Nr. 10, S. 190—195 [1901]. — Der Aculeatenstich. Festschrift für F. J. Pick 1898.
[2]) W. J. Hamilton, Reise in Kleinasien usw. Deutsch von Schomburgk. Leipzig 1843.
[3]) Th. u. H. Husemann, Handb. d. Toxikol., Berlin 1862, S. 274.
[4]) Auben, Brit. Med. Journ. **1** [1905]; zit. nach Kühn.
[5]) W. Kühn, Pharmaz. Ztg. **50**, 642 [1905].
[6]) Archangelsky, Über Rhododendrol, Rhododendrin und Andromedotoxin. Archiv f. experim. Pathol. u. Pharmakol. **46**, 313 [1901].
[7]) Th. u. H. Husemann, Handb. d. Toxikol., Berlin 1862, S. 275—276.
[8]) A. Forel, Der Giftapparat und die Analdrüsen der Ameisen. Zeitschr. f. wissensch. Zoologie **30**, Suppl. 28 [1878].

schwereren, durch gewisse exotische Arten verursachten Erscheinungen kann die Ameisensäure jedoch kaum verantwortlich gemacht werden. Dafür spricht auch die Angabe Stanleys, derzufolge gewisse afrikanische Völkerschaften sich des Giftes bestimmter roter Ameisen als **Pfeilgift**[1]) bedienen. Durch solche Pfeile verursachte Verwundungen sollen rasch den Tod herbeiführen. Es handelt sich wahrscheinlich um die Wirkungen einer noch unbekannten Substanz, welche vielleicht nach Art des in den Brennhaaren der ostindischen Juckbohne[2]) (Negretia pruriens) oder in der Brennessel[3]) (Urtica dioica) enthaltenen Stoffes wirkt.

b) Ordnung Lepidoptera, Schuppenflügler.

Schmetterlinge.

Die Raupen mancher Schmetterlinge sind nach neueren Untersuchungen unzweifelhaft Gifttiere.

Hierher gehören die Raupen von:
Cnethocampa processionea Lin., Eichenprozessionsspinner,
Cnethocampa pinivora Tr., Kiefernprozessionsspinner und
Cnethocampa pityocampa Fabr., Pinienprozessionsspinner.

Die durch die Prozessionsraupen hervorgerufenen Krankheitserscheinungen bestehen nach den übereinstimmenden Angaben von Réaumur[4]), Brockhausen[5]), Morren[6]), Fabre[7]) und anderen Autoren in mehr oder weniger heftiger Entzündung und Schwellung insbesondere der Schleimhäute der Conjunctiva, des Kehlkopfes und des Rachens; doch kann auch die äußere Haut durch das Eindringen der Haare in einen Zustand entzündlicher Reizung (Urticaria) versetzt werden.

Die Frage nach der Ursache der geschilderten Wirkungen der Haare dieser Raupen ist durch die Untersuchungen von Fabre entschieden. Nach diesem Autor verursachen die mit Äther sorgfältig extrahierten Haare, die bei dieser Behandlung die Widerhaken nicht verloren, nach der Applikation auf die menschliche Haut keinerlei Erscheinungen, während der nach dem Verdunsten des Äthers zurückbleibende Stoff auf der Haut Schwellung und Bläschenbildung verursachte. Die gleiche Wirkung auf die intakte Haut zeigte auch das Blut dieser Raupen und in weit höherem Grade die Rückstände von Ätherauszügen der Exkremente dieser Tiere.

Fabre dehnte seine Untersuchungen auch auf eine Reihe anderer Lepidopteren aus und fand in dem Harne aller darauf untersuchten Schmetterlinge einen Stoff, welcher auf der Haut heftige Entzündung verursachte. Demnach ist das Vorkommen eines lokal reizenden und Entzündung erregenden, nach Art des Cantharidins wirkenden Stoffes nicht auf die Prozessionsraupen allein beschränkt, sondern auch bei anderen Lepidopteren erwiesen. Derartig wirkende Stoffwechselprodukte finden sich auch bei anderen Insekten, als den darauf untersuchten Lepidopteren und Coleopteren. Fabre hat bei einigen Hymenopteren und Orthopteren ebenfalls einen blasenziehenden und sogar Geschwürbildung verursachenden Stoff nachweisen können.

Es fragt sich aber, warum von den behaarten Raupen die Prozessionsraupen allein die geschilderten Krankheitserscheinungen verursachen. Fabre findet die Erklärung für diese Frage in der Lebensweise dieser Tiere, welche sich tagsüber dicht gedrängt in ihren mit Exkrementen stark verunreinigten Nestern aufhalten. Die Exkremente haften an den Haaren der Raupen fest und werden dann mit diesen im Freien zerstäubt, so daß auch ohne direkte Berührung der Tiere der entzündungserregende Stoff auf die äußere Haut und die Schleimhäute gelangt und dort seine Wirkungen entfaltet.

Für das Vorkommen von lokal reizend wirkenden Stoffen auch bei anderen als den von Fabre untersuchten Lepidopteren sprechen ferner gewisse bei den in Seidenfabriken beschäftigten Arbeite-

---

[1]) H. M. Stanleys Briefe über Emin Paschas Befreiung. Herausgeg. von J. Scott Keltie. Deutsche Übersetzung von H. v. Wobeser. 5. Aufl., S. 48. Leipzig 1890.
[2]) Vogel, Über Ameisensäure. Sitzungsber. d. Akad. d. Wissensch. in München, mathem.-phys. Klasse **12**, 344—355 [1882].
[3]) G. Haberlandt, Zur Anatomie und Physiologie der pflanzlichen Brennhaare. Sitzungsber. d. Wiener Akad. **1**, 93, 130 [1886].
[4]) Réaumur, Des chenilles qui vivent en société. Mémoires pour servir à l'Histoire des insectes **2**, 179 [1756]. (Morren.)
[5]) M. B. Brockhausen, Beschreibung der europäischen Schmetterlinge **3**, 140 [1790].
[6]) Ch. Morren, Observations sur les moeurs de la processionaire et sur les maladies qu'occasionne cet insect malfaisant. Bull. de l'Acad. Roy. de Belge [1] **15** [2], 132—144 [1848].
[7]) H. J. Fabre, Un virus des Insectes. Ann. des Sc. nat. [8] **6**, 253—278 [1898].

rinnen gemachten Erfahrungen. An den Händen der Arbeiterinnen, welche mit dem Abspinnen der in heißem Wasser aufgeweichten Kokons beschäftigt sind, bilden sich häufig Bläschen und Pusteln, wobei es zur Eiterung kommen kann und die Hände stark schmerzen [Potton[1]), Melchiori[2])]. Vielleicht handelt es sich hier um die Wirkungen eines im Kokon vorhandenen und aus dem Organismus des Seidenspinners (Bombyx mori) oder dessen Raupe stammenden cantharidinartig wirkenden Stoffwechselproduktes.

Zu den aktiv giftigen Lepidopteren sind die **Larven der Gattung Cerura Schr. s. Harpyia Ochs.** (Gabelschwanz) zu zählen, welche sich (Juni bis August) an Weiden, Pappeln und Linden finden und bei der Berührung aus einer Querspalte des ersten Ringes unter dem Kopfe (Prothorax) eine **stark saure, ätzende Flüssigkeit** hervorspritzen. Von Meldola auf Veranlassung von Poulton[3]) ausgeführte Analysen des Sekretes (Dicranura) ergaben einen Gehalt desselben von **33—40% wasserfreier Ameisensäure**.

c) Ordnung Coleoptera, Käfer.

Zahlreiche Käferarten besitzen neben ihrer zum Schutz dienenden Chitinbedeckung noch eigenartige Vorrichtungen zur Bereitung und Absonderung von defensiv zu verwendenden Stoffwechselprodukten. Es kann sich dabei um **Sekrete bestimmter Drüsen** handeln, oder aber um Giftstoffe, die im ganzen Organismus der Käfer verbreitet sind. Im ersteren Falle sind es meistens Anal-, Speichel- oder Tegumentdrüsen, die ein spezifisches Sekret von höchst unangenehmem Geruche oder auch von ätzender Wirkung liefern. Im zweiten Falle ist **das Gift im Blute enthalten**.

Das Blut kann an bestimmten Stellen, meistens an den Gelenken, an die Oberfläche des Körpers treten und wirkt dann infolge seines Gehaltes an gewissen Stoffen als Abwehr- oder Verteidigungsmittel.

Virey[4]) beobachtete zuerst, daß der Maiwurm (Meloe majalis) beim Anfassen eine gelbe Flüssigkeit aus den Beingelenken austreten läßt, welche einen „scharfen" Stoff enthält. Dieser Autor machte auch darauf aufmerksam, daß gerade diese Käferart, ebenso wie die Cantharidin, bei denen eine ähnliche Erscheinung bekannt ist, zu medizinischen Zwecken als entzündungserregendes und blasenziehendes Mittel verwendet wird.

Leydig[5]) wies dann (1859) an bestimmten Arten von Coccinella, Timarcha und Meloe nach, daß die aus den Gelenkspalten austretende Flüssigkeit dieselben morphologischen Elemente enthält wie das Blut der genannten Käfer, und Cuénot[6]) konnte sich davon überzeugen, daß dieser wahrscheinlich reflektorische Blutaustritt, von ihm als „Saignée reflexe" bezeichnet, bei den verschiedensten Chrysomeliden, Coccinelliden und Vesicantien, sowie auch bei gewissen Orthopteren (Eugaster und Ephippiger) zu beobachten ist. Auch bei einzelnen Carabiden ist dieser Vorgang beobachtet worden[7]). Die Art und Weise, wie das Blut aus dem Körper austritt, ist noch nicht mit Sicherheit festgestellt.

Ist man auch über den Mechanismus des Blutaustrittes noch nicht im klaren, so darf man doch wohl kaum daran zweifeln, daß das auf die eine oder die andere Weise an die Körperoberfläche gelangte Blut eine Schutzwirkung gegenüber den Feinden dieser Tiere entfaltet. Die Ergebnisse und Beobachtungen der diese Tatsache begründenden Tierversuche von Cuénot und von Beauregard[8]) lassen kaum eine andere Deutung zu.

Die chemische Natur der im Blute der genannten Insekten vorkommenden scharfen, entzündungserregenden Stoffe ist, mit Ausnahme des im Blute von Lytta vesicatoria L. sich findenden Cantharidins, völlig unbekannt. Über das Cantharidin sind wir aber chemisch und pharmakologisch genau unterrichtet.

Das **Cantharidin**, $C_{10}H_{12}O_4$, Mol.-Gewicht 196, Zusammensetzung: 61,22% C, 6,12% H, 32,65% O, Schmelzp. 218°, wird aus verschiedenen, der Familie der Pflasterkäfer, Vesicantia,

---

[1]) Potton, Recherches et observations sur le mal de vers ou mal de bassine, eruption vesicopustuleuse qui attaque exclusivement les fileuses de cocons de vers à soie. Annales d'hygiène **49**, 245—255 [1853].

[2]) G. Melchiori, Die Krankheiten an den Händen der Seidenspinnerinnen. Schmidts Jahrbücher **96**, 224—226 [1857].

[3]) E. B. Poulton, The secretion of pure aqueous formic acid by Lepidopterous Larvae for the purpose of defence. Brit. Ass. Report. **1887**, 765; Trans. Entomological Soc. London 1886.

[4]) J. J. Virey, Bulletin de Pharmacie **5**, 108—109 [1813].

[5]) Leydig, Archiv f. Anat. **1859**, 36.

[6]) L. Cuénot, Bulletin de la Soc. zoolog. de France **15**, 126 [1890]; Compt. rend. de l'Acad. des Sc. **118**, 875 [1894]; **122**, 328 [1896]; Arch. de Zoolog. expér. [3] **4**, 655 [1896].

[7]) Vgl. Zoologischer Jahresbericht 1895 (C. E. Porter).

[8]) Cuénot u. Beauregard, Compt. rend. de la Soc. de Biol. [7] **6**, 509 [1884]; Journ. de l'Anat. et de Physiol. **21**, 483; **22**, 83—108, 242—284 [1886]; Les insectes vesicants, Paris 1890.

angehörenden Lytta-, Mylabris- und Meloearten gewonnen. Von diesen ist **Lytta vesicatoria**, spanische Fliege, die bekannteste Art; in getrocknetem Zustand stellt dieser Käfer das offizinelle Präparat „Cantharides" der deutschen Pharmakopoe dar, welches bis in die neueste Zeit als Diuretikum gegen Wassersucht, bei Krankheiten der Harn- und Geschlechtsorgane, gegen Gicht, bei Bronchitis und vielen anderen Krankheiten innerlich angewendet wurde [1]).

Das Cantharidin ist derjenige Bestandteil der Lytta vesicatoria und verwandter Käferarten, welcher die charakteristischen Wirkungen hervorruft. Es krystallisiert in trimetrischen Tafeln und ist in Wasser schwer löslich, leichter löslich in Alkohol, Schwefelkohlenstoff, Äther und Benzol, sehr leicht löslich in Chloroform, Essigäther und in fetten Ölen.

Das Cantharidin hat saure Eigenschaften; aus kohlensauren Alkalien macht es Kohlensäure frei unter Bildung von Alkalisalzen, welche ebenfalls sehr wirksam sind. Durch Säuren wird das Cantharidin aus wässerigen Lösungen seiner Alkalisalze abgeschieden. Nach Untersuchungen von H. Mayer [2]) ist das Cantharidin, entgegen früheren Annahmen, nicht ein Säureanhydrid, sondern ein β-Lacton einer Ketonsäure, für welches der genannte Autor die Konstitutionsformel [3])

$$\underbrace{\begin{array}{c} CH \\ H_2C \diagup \diagdown C \diagup CH_2-COOH \\ CH_2 \diagdown O \\ H_2C \diagdown \diagup C-CO \\ CH_2 \end{array}}_{C_{10}H_{12}O_4}$$

aufstellt.

Die Titration ergibt die Anwesenheit von nur einer Carboxylgruppe. Das Cantharidin wird durch kochende Soda-Permanganatlösung nicht verändert, woraus auf einen vollständig hydrierten Kern geschlossen werden kann.

Der Cantharidingehalt der verschiedenen Coleopteren variiert innerhalb ziemlich weiter Grenzen, auch bei derselben Art. Warner [4]), Bluhm [5]), Rennard [6]), Beauregard [7]) u. a. haben die Mengen des Cantharidins quantitativ bestimmt.

Der brasilianische Pflasterkäfer, Epicauta adspersa, soll 2,5% Cantharidin und Meloe majalis über 1% enthalten [8]).

---

[1]) Steidel, Über die innere Anwendung der Canthariden. Eine hist. Studie. Diss. Berlin 1891. — L. M. V. Calippe, Étude toxicologique sur l'empoisonnement par la cantharidine et par les préparations cantharidiennes. Paris 1876. — Kobert, Hist. Studien **4**, 129. — R. Forsten, Disquisitio medica Cantharidum, historiam naturalem, chemicam et medicam exhibens. Straßburg 1776. — v. Schroff, Lehrb. d Pharmakol., 4. Aufl., S. 398 [1873].

[2]) H. Meyer, Monatshefte f. Chemie **18**, 393—410 [1897]; **19**, 707—726 [1898].

[3]) Über die Konstitution des Cantharidins vgl. auch J. Piccard, Über das Cantharidin und ein Derivat desselben. Berichte d. Deutsch. chem. Gesellschaft **10**, 1504 [1877]; Über Cantharidinderivate und deren Beziehungen zur Orthoreihe. Berichte d. Deutsch. chem. Gesellschaft **12**, 577 [1879]. — F. Anderlini e Ghira, Sopra un nuovo metodo di preparazione dell acido cantarico. Gazetta chimica ital. **21**, II, 52 [1892]. — F. Anderlini, Über einige Derivate des Cantharidins. Berichte d. Deutsch. chem. Gesellschaft **23**, 485 [1890]; Sopra alcuni derivati della cantaridina. Gazetta chimica ital. **21**, I, 454 [1891]; Untersuchungen über das Cantharidin. Berichte d. Deutsch. chem. Gesellschaft **24**, 1993 [1891]; Sopra alcuni derivati della cantaridina. Atti d. R. Acc. d. Lincei **20**, 127 u. 223, II [1892]; Sopra l'azione delle diamine sulla cantaridina. Gazetta chimica ital. **23**, I, 121 [1893]. — B. Homolka, Über das Cantharidin. Berichte d. Deutsch. chem. Gesellschaft **19**, 1082 [1886]. — L. Spiegel, Über die Einwirkung des Phenylhydrazins auf Cantharidin. Berichte d. Deutsch. chem. Gesellschaft **25**, 1468 [1892] und **26**, 140 [1893].

[4]) Warner, Vierteljahrsschrift f. prakt. Pharmazie **6**, 86—89 [1897]; Amer. Journ. of Pharmacy **28**, 193 [1856].

[5]) C. Bluhm, Beiträge zur Kenntnis des Cantharidins. Vierteljahrsschrift f. prakt. Pharmazie **15**, 361—372 [1866].

[6]) E. Rennard, Das wirksame Prinzip im wässerigen Destillate der Canthariden. Inaug.-Diss. Dorpat 1871.

[7]) H. Beauregard, Recherches sur les insectes vésicants. Journ. de l'Anat. et de Physiol. **21**, 483—524; **22**, 83—108, 242—284 [1886].

[8]) Bernatzik-Vogl, Lehrb. d. Arzneimittellehre, 3. Aufl., S. 542 [1900].

Die **Wirkungen des Cantharidins** bei äußerlicher Anwendung charakterisieren sich durch äußerst heftige Entzündungen an der Applikationsstelle. Schon in Mengen von weniger als 0,1 mg in Öl gelöst auf die menschliche Haut gebracht, bewirkt es nach einigen Stunden **Blasenbildung.** Infolge seiner Nichtflüchtigkeit durchdringt das in einem die Hautschmiere lösenden Vehikel auf die Haut gebrachte Cantharidin nur langsam die Epidermis und erzeugt in der Cutis, zunächst aber nicht in den tieferen Schichten, eine exsudative Entzündung, welche zur Bildung von Blasen führt. In ähnlicher Weise wirkt das Cantharidin nach der Resorption, auch in Form seiner Alkalisalze, auf die verschiedensten drüsigen Organe, seröse Höhlen und Schleimhäute, wo es zur Ausscheidung kommt und verursacht da eine entzündliche Reizung. Die Hauptmenge des resorbierten Cantharidins wird durch die Nieren ausgeschieden, und deshalb kommt es leicht nach Anwendung von Cantharidinpflastern zu **Nierenreizung** mit Eiweißausscheidung im Harn und später zur ausgebildeten **Nephritis.**

Außer den oben beschriebenen Wirkungen des Cantharidins auf die genannten Organe wirkt dasselbe nach seiner Resorption aber auch direkt auf das **Zentralnervensystem.** Katzen und Hunde erbrechen heftig nach subcutaner Injektion von wenigen Milligramm eines Alkalisalzes des Cantharidins, die Respiration wird stark beschleunigt, dann tritt Dyspnoe und durch **Respirationsstillstand** der Tod ein, welchem heftige **Konvulsionen** vorausgehen können.

Am Kaninchen bewirkt schon 0,1 mg Cantharidin, subcutan injiziert, Nephritis und 1,0 mg pro Kilogramm Tier führt den Tod herbei.

Die tödliche Dosis für den Menschen ist nicht mit Sicherheit festgestellt. Die Autoren nehmen dieselbe allgemein zu etwa 0,03 g an. Nach den bei der Liebreichschen Tuberkulosebehandlung mit dem Kaliumsalz des Cantharidins gewonnenen Erfahrungen rufen bereits 0,2 mg häufig Albuminurie hervor.

Der **Nachweis der Canthariden oder des Cantharidins** für forensische Zwecke gelingt leicht; im ersteren Falle durch die Auffindung der glänzenden, grünlich schillernden Teilchen der Flügeldecken im Erbrochenen, sowie im Magen- und Darminhalt. Diese werden nur sehr langsam, wenn überhaupt verändert und können noch lange Zeit nach dem Tode nachgewiesen werden. Der Darm wird zweckmäßig aufgeblasen, getrocknet und dann mit der Lupe untersucht, falls die Untersuchung des Darminhaltes nicht schon die Anwesenheit der charakteristischen, kaum zu verkennenden Körperteile von Canthariden ergab.

Über den **chemischen Nachweis** des Cantharidins und die Isolierung des letzteren aus dem Inhalt des Magendarmkanals finden sich ausführliche Angaben bei Dragendorff[1]). Auch aus dem Harn kann das Cantharidin in manchen Fällen isoliert werden, wenn große Mengen einverleibt wurden.

Der Nachweis des Cantharidins auf biologischem Wege kann durch Auftragen seiner Lösung in Olivenöl auf die Haut (Kaninchenohr oder menschliche Haut) erbracht werden. Zu diesem Zwecke braucht man nur Bruchteile eines Milligramms in Olivenöl zu lösen und auf die Haut einzureiben. Es zeigen sich dann nach kurzer Zeit die lokalen, entzündlich reizenden Wirkungen des Cantharidins.

Brachinus crepitans L., der Bombardierkäfer, und andere der Gattung Brachinus angehörige Arten spritzen angreifenden Feinden einen dampfförmigen Stoff aus dem Mastdarme entgegen. Die dampfförmige Ejaculation stammt aus zwei in den Mastdarm mündenden Drüsen, die ein flüchtiges Sekret bereiten. Auf die Zunge gebracht, soll der Inhalt einer solchen Drüse schmerzhaftes Brennen verursachen und einen gelben Fleck, wie nach der Einwirkung von Salpetersäure, hinterlassen. Die Substanz erzeugt angeblich auch auf der Haut Jucken und Brennen und färbt dieselbe braunrot. Karsten[2]) gibt an, daß das in der Drüse wasserhelle Sekret an der Luft vielleicht Sauerstoff aufnimmt unter Bildung von **Stickoxyd** und von **salpetriger Säure.** Der ausgespritzte Dampf reagiert sauer und riecht nach salpetriger Säure. Schlägt sich der ausgespritzte Dampf auf kalte Gegenstände nieder, so bilden sich gelbe, ölartige Tropfen, die in einer wasserhellen Flüssigkeit schwimmen. Bei dem Zerreißen des Sekretbehälters braust der Inhalt auf und der flüssige Rückstand färbt sich rot. Dieselbe Farbe nehmen Wasser und Alkohol an, wenn man das Organ in diese Flüssigkeiten bringt. „Die alkoholische Lösung nimmt den Geruch des Salpeteräthers an."

---

[1]) Dragendorff, Ermittelung von Giften, 4. Aufl., S. 321—324 [1895].
[2]) H. Karsten, Harnorgane des Brachinus complanatus. Archiv f. Anat. u. Physiol. **1848**, 368—374 (mit Tafeln).

Von hervorragendem biologischen Interesse wäre die Nachprüfung und Bestätigung einer Angabe von Loman[1]), nach welcher **Cerapterus quatuor maculatus,** ein zur Familie der Paussiden gehöriger Käfer, eine Bombardierflüssigkeit ausspritzt, die **freies Jod** enthalten soll. Lomans Angabe über die Anwesenheit von freiem Jod in dem Sekret von Cerapterus quator maculatus stützt sich außer auf der Bläuung von Stärkepapier auf das Verhalten desselben zu Alkohol und Äther.

Auch bei **Paussus Favieri,** einem in der algerischen Provinz Oran einheimischen Paussiden, hat Escherich[2]) das Ausspritzen einer Stärkepapier bläuenden Explosions- oder Bombardierflüssigkeit beobachtet.

Gift der Larven von Diamphidia locusta.
(Pfeilgift der Kalachari.)

In seinem Reisewerk über Deutsch-Südwestafrika[3]) berichtet H. Schinz über die **Verwendung einer Käferlarve als Pfeilgift** seitens der Buschmänner. Mit dem von Schinz ihm überlassenen Materiale, bestehend aus einer Anzahl Kokons (Puppen) und mehreren isolierten eingetrockneten Larven von Diamphidia locusta, sowie einigen, zur vollen Entwicklung gelangten Käfern, stellte R. Boehm[4]) zunächst fest, daß die Kokonschalen, die die Larven einhüllenden Häutchen und auch die zur vollen Entwicklung gekommenen Käfer ungiftig sind. In der trocknen Larve behält das Gift jahrelang seine Wirksamkeit.

Zur **Darstellung von Lösungen des Giftes** macerierte Boehm die zerkleinerten Larven in destilliertem Wasser, wobei eine durch Papier leicht filtrierbare klare Flüssigkeit von hellgelber Farbe resultiert, welche das in Wasser leicht lösliche Gift in reichlicher Menge enthält.

Durch Salzlösungen ließ sich nicht mehr Gift extrahieren als durch Wasser: Die Menge des in einer einzelnen Larve enthaltenen Giftes variierte von Fall zu Fall, vielleicht infolge der Zersetzlichkeit des Giftes. Die kleinste Menge, welche bei Kaninchen den Tod herbeiführte, war 0,25 ccm, entsprechend etwa 0,0015—0,0028 g Trockenrückstand.

Die Macerationsflüssigkeit reagierte stets deutlich sauer; beim Erwärmen trübte sich die Lösung und schied beim Kochen flockige Gerinnsel ab. Alkoholzusatz bewirkt eine flockige Fällung. Die Lösung gab alle die bekannten Reaktionen auf Eiweiß; ihre Wirksamkeit wird durch Kochen aufgehoben. Der Giftstoff ist durch Ammoniumsulfat aussalzbar und dialysiert nicht. Diesem chemischen Verhalten gemäß mußte der Giftstoff der Larven von Diamphidia locusta der Gruppe der „Toxalbumine" eingereiht werden. Neuerdings ist es aber W. Heubner[5]) unter Anwendung der Metaphosphorsäure als eiweißfällendes Reagens gelungen, die wirksame Substanz in eiweißfreiem und wirksamem Zustande darzustellen.

Die **Wirkungen des Giftes** der Larven von Diamphidia locusta hat F. Starcke[6]) eingehend studiert. Nach subcutaner Einverleibung dieses Giftes zeigten Kaninchen, Hunde und Katzen niemals stürmische Vergiftungserscheinungen. Als erste Symptome der Wirkung treten Abnahme von Munterkeit, verminderte Freßlust, später Entleerung von blutig und ikterisch gefärbtem Harn ein. Bei Katzen können schon nach 1—2½ Stunden paretische Erscheinungen in den hinteren Extremitäten sich einstellen. Im Harn finden sich reichliche Mengen von Eiweiß und Hämoglobin, rotes flockiges Sediment, aber keine veränderten Erythrocyten; Leukocyten und Epithelialzylinder fehlten im Harn. Blutige Darmentleerungen kamen bei Hunden und Katzen nicht vor, bei Kaninchen wurden die Faeces bei längerer Versuchsdauer weich und breiig. Der Tod erfolgt schließlich unter fortschreitender allgemeiner Lähmung, nachdem, insbesondere bei Katzen und Hunden, sich als charakteristisches Symptom im Laufe einiger Stunden eine bis zur vollkommenen Reaktionsunfähigkeit führende

---

[1]) C. Loman, Tijdschrift d. neederl. Dierk. Vereen [2] **1,** 106—108 [1887]; Journ. Roy. Microsc. Soc. **1887,** 581.
[2]) K. Escherich, Zur Naturgeschichte von Paussus Favieri Fairm. Verhandl. d. K. K. zoolog.-botan. Gesellschaft in Wien.
[3]) H. Schinz, Deutsch-Südwest-Afrika. Forschungsreisen durch die deutschen Schutzgebiete 1884—1887. Oldenburg u. Leipzig.
[4]) R. Boehm, Archiv f. experim. Pathol. u. Pharmakol. **38,** 424 [1897].
[5]) W. Heubner, Über das Pfeilgift der Kalahari. Archiv f. experim. Pathol. u. Pharmakol. **57,** 358 [1907].
[6]) F. Starcke, Über die Wirkungen des Giftes der Larven von Diamphidia locusta. Archiv f. experim. Pathol. u. Pharmakol. **38,** 428 [1897].

Abnahme der Sensibilität entwickelt hat. Von der Injektionsstelle ausgehend wurden die anliegenden Gewebspartien in weiter Ausdehnung verändert; diese Veränderungen charakterisieren sich je nach der Dauer und Intensität der Wirkung als **diffuse, blutig-ödematöse Infiltration** oder als **eiterige Entzündung.** Auch wenn der Einstich sorgfältig nur unter die Haut geschah, pflanzten sich doch wiederholt die Veränderungen, in die Tiefe gehend, durch die Muskeln und Fascien bis in die Brust- oder Bauchhöhle fort.

Wie die Hämoglobinurie während des Lebens zu den charakteristischen Symptomen der Vergiftung mit dem Larvengifte gehört, so zeigen auch von den inneren Organen die **Nieren** regelmäßig bei der Sektion die auffallendsten pathologischen Veränderungen, welche als Folge der durch das Gift bedingten **Hämoglobinurie** aufzufassen sind. Das Larvengift verändert den Blutfarbstoff nicht; es bewirkt nur dessen Austritt aus den Blutkörperchen in das Plasma; die Hämolyse erfolgt sowohl intra vitam als auch extra corpus im Reagensglas.

Versuche, welche Starcke mit dem Larvengifte an der Conjunctiva und am Ohre von Kaninchen ausführte, ergaben, daß dasselbe in typischer Form den Symptomenkomplex der Entzündung hervorruft. Die weite Verbreitung der entzündlichen Wirkung spricht dafür, daß das Gift mit dem Lymphstrom sich auf größere Entfernungen unverändert verbreiten kann. Hiernach unterscheidet es sich wesentlich von anderen Entzündung erregenden Stoffen, deren Wirkung eine weit mehr lokalisierte oder circumscripte ist.

Die in manchen Fällen beobachteten Erscheinungen seitens des Zentralnervensystems sind nach Heubner von der Blutveränderung unabhängig; eine spezifische Wirkung des Giftes auf die Nervenzellen ist nicht ausgeschlossen.

Die Einverleibung des Giftes per os blieb bei einigen an Vögeln angestellten Versuchen ohne schädliche Folgen für diese Tiere. Bei intravenöser Applikation traten bei Hunden die Vergiftungserscheinungen nicht früher als bei subcutaner Einverleibung ein.

Vermes, Würmer.

Klasse der Plathelminthes, Plattwürmer.

Cestodes, Bandwürmer.[1])

Bei Anwesenheit von Bothriocephalus latus im Darme, viel seltener bei Anwesenheit von Taenien, kann sich eine schwere **Anämie** ganz nach Art der sog. „perniziösen Anämie" entwickeln.

Die Ursachen dieser schweren Erscheinungen haben E. St. Faust und T. W. Tallqvist[2]) auf experimentellem Wege aufgeklärt, indem sie das in Äther lösliche, stark hämolytisch wirkende „Lipoid" des Bothriocephalus latus chemisch eingehend untersuchten und als einzigen hämolytisch wirksamen Bestandteil desselben **Ölsäure** isolierten und erkannten. Die Ölsäure ist im Bothriocephalusorganismus als Cholesterinester enthalten. Dieser wird im Darm, infolge von Desintegrationsvorgängen im Parasitenorganismus frei, wird dann wahrscheinlich fermentativ gespalten und die Ölsäure resorbiert, worauf diese im Blute ihre Wirkungen auf die roten Blutkörperchen entfaltet (Hämolyse). Die geschädigten Erythrocyten verschwinden aus dem Blute und es kommt dann zu einer beträchtlichen Abnahme sowohl der Zahl der roten Blutkörperchen als auch des Hämoglobingehaltes des Blutes, sofern nicht die blutbildenden Organe eine energische regeneratorische Tätigkeit entfalten und den Ausfall an Erythrocyten kompensieren. Durch längere Zeit fortgesetzte Verfütterung von Ölsäure[3]) ließen sich bei Hunden ganz analoge Erscheinungen erzielen.

---

[1]) E. Peiper, Tierische Parasiten des Menschen. Ergebnisse d. allg. Pathol. usw. von Lubarsch u. Ostertag **3**, 22—72 [1897]. — Zur Symptomatologie der tierischen Parasiten. Deutsche med. Wochenschr. **23**, 763 [1897]. — Vgl. auch O. Seifert, Klinisch-therapeutischer Teil zu M. Braun, Die tierischen Parasiten des Menschen, 4. Aufl., S. 481—623 [1908].
[2]) E. St. Faust u. T. W. Tallqvist, Über die Ursachen der Bothriocephalusanämie. Archiv f. experim. Pathol. u. Pharmakol. **57**, 367 [1907].
[3]) E. St. Faust u. A. Schmincke, Über chronische Ölsäurevergiftung. Archiv f. experim. Pathol. u. Pharmakol., Suppl.-Band, Schmiedeberg-Festschrift 1908, S. 171. — Vgl. auch Tallqvists ausführliche Monographien: Über experimentelle Blutgift-Anämien. Berlin, Hirschwald 1900. Zur Pathogenese der perniziösen Anämie mit besonderer Berücksichtigung der Bothriocephalusanämie. Zeitschr. f. klin. Medizin **61**, 361 [1907], Literatur.

Über den **Giftgehalt der Taenien** liegen Untersuchungen von Messineo[1]) und Calamida[1]) vor. Die Würmer wurden mit Sand fein verrieben und mit physiologischer Kochsalzlösung extrahiert. Die durch Tonzellen filtrierten oder auch durch Salzfällung gereinigten Extrakte wurden den Versuchstieren nach den üblichen Methoden einverleibt.

Die genannten Autoren glauben nach ihren Versuchen die Gegenwart eines spezifischen Giftes in den Taenien annehmen zu dürfen, obwohl die beobachteten Erscheinungen, sogar nach der intravenösen Injektion, wenig charakteristisch waren. Die Extrakte sollen Wirbeltierblut **hämolysieren** und im Organismus des lebenden Tieres auf die Leukocyten positiv chemotaktisch wirken.

Picou und Ramond[2]) beobachteten, daß Auszüge von Taenien nur sehr schwer, wenn überhaupt faulen und daß dieselben eine ausgesprochene bactericide Wirkung zeigen.

Taenia echinococcus v. Sieb., der Hülsenbandwurm, Echinokokkusbandwurm, lebt im ausgewachsenen Zustande im Darme des Hundes. Geschlechtsreife Proglottiden und Eier dieses Bandwurmes gelangen durch die Hundefaeces zur Ausscheidung und entwickeln sich im Organismus verschiedener Haustiere, aber auch des Menschen zur Finne, welche schwere, unter Umständen tödlich verlaufende Erkrankungen verursachen kann.

Diese Finne, Echinokokkus, **Hülsenwurm,** ist in einer Blase, Echinokokkusblase, eingeschlossen. Diese kann die Größe eines Menschenkopfes erreichen und enthält eine größere oder kleinere Menge meistens eiweißfreier Flüssigkeit, in welcher Bernsteinsäure und Zucker vorzukommen pflegen. Echinokokkusblasen finden sich am häufigsten in der Leber, können aber auch in anderen Organen vorkommen.

Die Punktion oder spontane Ruptur einer Echinokokkenblase oder -cyste kann auch beim Menschen Vergiftungserscheinungen hervorrufen (**Intoxication hydatique**)[3]). Am häufigsten kommt es bei der Punktion oder Ruptur von Leberechinokokken[4]) zu peritonitischen Erscheinungen, und fast regelmäßig entwickelt sich eine Urticaria.

Versuche an Tieren haben ergeben [Mourson und Schlagdenhauffen[5]), Humphrey[6])], daß nach intraperitonealer, intravenöser und subcutaner Injektion von Echinokokkusflüssigkeit Kaninchen und Meerschweinchen bald starben. Nach subcutaner Injektion von filtriertem Inhalt einer Echinokokkusblase sah Debove[7]) bei zwei Individuen Urticaria auftreten.

Die **chemische Natur der wirksamen Substanz** der Echinokokkusflüssigkeit ist **unbekannt.** Brieger[8]) isolierte daraus die Platinverbindung einer Substanz, welche Mäuse schnell tötete.

Die der Ordnung **Turbellaria,** Strudelwürmer, angehörigen Planarien verbreiten einen sehr starken, wahrscheinlich von einer flüchtigen Base herrührenden Geruch. Bei der Destillation von Planarien mit Kalk wurde Dimethylamin erhalten[9]). Planarien sollen, auf die Zunge gebracht, Brennen und Schwellung der Schleimhaut verursachen. Diese Würmer besitzen nach Moseley[10]) in der Haut eigenartige Gebilde (Stäbchen, Körperchen), vergleichbar den Nesselorganen der Coelenteraten.

---

[1]) E. Messineo u. D. Calamida, Über das Gift der Taenien. Centralbl. f. Bakt. I. Abt. **30**, 346 [1901]. — D. Calamida, Weitere Untersuchungen über das Gift der Taenien. Centralbl. f. Bakt. I. Abt. **30**, 374 [1901].

[2]) R. Picou u. F. Ramond, Action bactéricide de l'extrait de Taenia inerme. Compt. rend. de la Soc. de Biol. **51**, 176—177 [1899].

[3]) C. Achard, De l'intoxication hydatique. Arch. génér. de Méd. Paris [7] **22**, 410—432, 572—591 [1887], Literatur.

[4]) C. Langenbuch, Chirurgie der Leber und der Gallenblase, 1. Teil. Der Leberechinokokkus, S. 36—198 [1894]. — A. Goellner, Die Verbreitung der Echinokokkenkrankheit in Elsaß-Lothringen. Inaug.-Diss. Straßburg 1902. — Posselt, Die geographische Verbreitung des Blasenwurmleidens. Stuttgart 1900. — A. Becker, Die Verbreitung der Echinokokkenkrankheit in Mecklenburg. Beiträge z. klin. Chirurgie **56**, 1 [1907].

[5]) Mourson u. Schlagdenhauffen, Nouvelles recherches chimiques et physiologiques sur quelques liquides organiques. Compt. rend. de l'Acad. des Sc. [2] **95**, 793 [1882].

[6]) Humphrey, An inquiry into the severe symptoms occasionally following puncture of hydatid cysts of the liver. Lancet **1**, 120 [1887].

[7]) M. Debove, De l'intoxication hydatique. Bulletins et mémoires de la Soc. méd. des hôpitaux, 9 Mars 1888.

[8]) Langenbuch, a. a. O., S. 109 u. 110.

[9]) Geddes, Sur la chlorophylle animale. Archiv de Zoolog. exp. **8**, 54—57 [1878/80].

[10]) H. N. Moseley, Urticating organs of Planarian worms. Nature **16**, 475 [1877].

Klasse der Nemathelminthes, Rundwürmer.

Nematodes, Fadenwürmer.

Ascaris lumbricoides Lin., der Spulwurm des Menschen, verursacht bei Kindern vielfach nervöse Erscheinungen, Konvulsionen, Ernährungsstörungen und Anämie. Es fragt sich aber, ob diese Symptome auf reflektorischen Wege zustande kommen oder auf ein von diesen Würmern produziertes Gift[1]) zurückzuführen sind.

In den Ascariden findet sich nach v. Linstow[2]) ein flüchtiger Körper von eigenartigem und unangenehmem pfefferartigen Geruch, welcher die Schleimhäute heftig reizt. Der genannte Autor hatte Gelegenheit, die lokalen Wirkungen des Stoffes an sich selbst kennen zu lernen, indem ihm etwas davon ins Auge kam, worauf heftige, langdauernde Conjunctivitis und Chemosis des betroffenen Auges erfolgten.

Arthus und Chanson[3]) sahen drei Personen, die von Pferden stammende Ascariden zergliedert hatten, an Conjunctivitis und Laryngitis erkranken. Diese Autoren injizierten auch Kaninchen lebenden Spulwürmern entnommene Flüssigkeit und sahen die Tiere nach subcutaner Einverleibung von 2 ccm derselben innerhalb 10 Minuten zugrunde gehen.

Trichina spiralis Owen verursacht schwere Erkrankungen, die sog. Trichinosis[4]), bei welcher man anfangs Magendrücken, Nausea, Erbrechen, später Durchfälle beobachtet, die zuweilen so heftig werden können, daß die Erscheinungen denjenigen der Cholera ähnlich sind. Es folgen dann die bekannten Erscheinungen seitens der Muskeln und später ein Stadium, welches durch das Auftreten von Ödemen und Hautausschlägen charakterisiert ist. Neben diesen Symptomen bestehen gewöhnlich auch schwere Allgemeinerscheinungen, besonders **Fieber,** welches zeitweise eine beträchtliche Höhe erreichen kann. Diese Symptome zusammen mit den Erscheinungen seitens des Zentralnervensystems (Kopfschmerzen, Benommenheit, Insomnia) und den Störungen in der Zirkulation sowie gewisse pathologisch-anatomische Befunde (fettige Degeneration der Nierenepithelien) können wohl kaum eine befriedigende Erklärung in der Invasion der Trichinen in die Muskeln finden. Sie nötigen vielmehr zur Annahme einer von den Trichinen bereiteten giftigen Substanz, über welche jedoch bis jetzt nichts Sicheres bekannt ist.

Die schweren Erscheinungen, welche durch **Ankylostoma duodenale Leuck.** hervorgerufen werden, legten auch hier den Gedanken an die Produktion eines Giftstoffes seitens dieser Parasiten nahe (Bohland)[5]); neuerdings hat L. Preti[6]) ein **hämolytisches Gift** nachgewiesen, indem er von Menschen stammende Ankylostomen mit physiologischer Kochsalzlösung in einem Mörser zerrieb. Die neutral reagierende, trübe Suspension wirkte auf Erythrocyten verschiedener Tierarten hämolysierend. Die wirksame Substanz ist löslich in Alkohol und in Äther, unlöslich in Wasser. Sie ist lichtbeständig und wird durch Trypsinverdauung aus dem „Lipoid" abgespalten und wasserlöslich.

Filaria (Dracunculus) medinensis Gm. (Guineawurm), schmarotzt im Unterhautzellgewebe des Menschen und verursacht Geschwürbildung. Das Zerreißen des Wurmes beim Herausziehen verursacht angeblich heftige **Entzündung** mit nachfolgender **Gangrän.** Inwieweit ein „Toxin" für diese Wirkung verantwortlich ist[7]), bleibt vorläufig unentschieden.

---

[1]) G. H. F. Nuttall, The poison given of by parasitic worms in man and animals. Amer. Naturalist **33**, 247 [1899].

[2]) O. v. Linstow, Über den Giftgehalt der Helminthen. Intern. Monatsschr. f. Anat. u. Physiol. **13**, 188 [1896]. Die Gifttiere, S. 128 [1894].

[3]) Arthus u. Chanson, Accidents produits par la manipulation des Ascarides. Médecine moderne, p. 38 [1896]; Centralbl. f. Bakt. **20**, 264 [1896].

[4]) Vgl. Peiper, a. a. O., S. 51—59.

[5]) K. Bohland, Über die Eiweißzersetzung bei Anchylostomiasis. Münch. med. Wochenschr. **41**, Nr. 46, 901—904 [1874].

[6]) L. Preti, Hämolytische Wirkung von Ankylostoma duodenale. Münch. med. Wochenschr. Nr. 9, 436 [1908].

[7]) v. Linstow, Über den Giftgehalt der Helminthen. Intern. Monatsschr. f. Anat. u. Physiol. **13**, 188—205 [1896].

Klasse der Annelida, Ringelwürmer.

Lumbricus terrestris L., der gemeine Regenwurm, enthält, wie auch bei anderen sonst ungiftigen Tieren nachgewiesen ist, nach den Angaben von Pauly[1]) während der Brunstzeit einen giftigen Stoff. Pauly verfütterte einigen Enten eine größere Anzahl Regenwürmer. Die Tiere wurden von Krämpfen befallen. Gänse und Hühner starben bei ähnlichen Fütterungsversuchen mit Regenwürmern nach einigen Stunden. Das Gift ist in den bei der Sexualfunktion beteiligten Ringen enthalten; von den wässerigen Auszügen dieser Körperteile töteten einige Tropfen Sperlinge; Kaninchen gingen nach der Einverleibung größerer Mengen des wässerigen Auszuges ebenfalls zugrunde. Die Natur des giftigen Stoffes ist unbekannt.

In den Mund- und Schlundteilen unseres gemeinen Blutegels, **Hirudo medicinalis L.**, findet sich eine **Hirudin** genannte Substanz, welche wegen ihrer Verwendung bei Versuchen im Laboratorium hier besprochen werden soll. Das Hirudin ist kein tierisches Gift; es kann ohne Schaden für das Tier direkt in das Blut gespritzt werden, wirkt aber dabei auf das Blut in eigenartiger Weise ein, so daß das Blut eines mit Blutegelextrakt[2]) oder Hirudin[3]) behandelten Tieres seine Gerinnbarkeit auf längere Zeit einbüßt; dabei veranlaßt die wirksame Substanz keine weiteren, direkt wahrnehmbaren Veränderungen des Blutes. Auf Crustaceenblut ist sie ohne Einfluß, ebenso auf die Gerinnung der Milch.

In dem Maße, wie die koagulationshemmende Substanz durch die Nieren ausgeschieden wird oder im Organismus Veränderungen erleidet, wird auch das Blut wieder gerinnungsfähig.

Das Hirudin scheint eine Deuteroalbumose (?) zu sein. Es löst sich in Wasser und verdünnten Lösungen von Neutralsalzen, nicht aber in Alkohol, Äther und Chloroform. Es gibt die für Eiweißstoffe charakteristischen Farbenreaktionen und wird durch nicht zu lange dauerndes Kochen bei schwach essigsaurer Reaktion nicht unwirksam, ist also kein Ferment, dialysiert nur sehr langsam und nimmt dabei an Wirksamkeit ab. Die gerinnungshemmende Wirkung des Blutegelextraktes und des Hirudins scheint noch nicht genügend aufgeklärt, um eine in allen Punkten befriedigende Erklärung des Vorganges geben zu können[4]). Bei experimentellen physiologischen und pharmakologischen Arbeiten kann das Hirudin des öfteren von Nutzen sein, so z. B. wo es sich um Untersuchungen am lebenden Tiere oder an überlebenden Organen handelt, bei denen Kanülen in Gefäße eingebunden und längere Zeit dort belassen werden sollen, bei Durchblutungsversuchen[5]) und bei Untersuchungen des (normalen) Blutes außerhalb des Organismus. Das fertige, sehr wirksame (aber teure!) Präparat „Hirudin" wird von der Firma E. Sachsse & Co.[6]) in Leipzig-Reudnitz in den Handel gebracht. Im Laboratorium stellt man sich genügend wirksame Extrakte wie folgt her:

Darstellung wirksamer Extrakte aus Blutegel.

Die abgeschnittenen Köpfe der Blutegel, auf 1 kg Körpergewicht des Versuchstieres 3 Köpfe, werden mit trocknem Sand oder Glaspulver verrieben und für je einen Kopf 1 ccm Chlornatriumlösung von 0,70% hinzugefügt. Man läßt das Gemisch unter öfterem Umschütteln 2 Stunden stehen und zentrifugiert dann. Die überstehende Flüssigkeit kann direkt verwendet werden, nimmt aber beim Aufbewahren an Wirksamkeit ab. Das gesamte Blut eines

---

[1]) M. Pauly, Der Regenwurm. Der illustrierte Tierfreund, Graz 1896, S. 42 u. 79, zit. nach Physiol. Centralbl. **10**, 682 [1896].

[2]) John B. Haycraft, Über die Einwirkung eines Sekretes des offizinellen Blutegels auf die Gerinnbarkeit des Blutes. Archiv f. experim. Pathol. u. Pharmakol. **18**, 209 [1884].

[3]) Friedrich Franz, Über den die Blutgerinnung aufhebenden Bestandteil des medizinischen Blutegels. Archiv f. experim. Pathol. u. Pharmakol. **49**, 342 [1903].

[4]) Andreas Bodong, Über Hirudin. Archiv f. experim. Pathol. u. Pharmakol. **52**, 242 [1905]. — A. Schittenhelm u. A. Bodong, Beiträge zur Frage der Blutgerinnung mit besonderer Berücksichtigung der Hirudinwirkung. Archiv f. experim. Pathol. u. Pharmakol. **54**, 217 [1906]. — E. Fuld u. K. Spiro, Der Einfluß einiger gerinnungshemmender Agenzien auf das Vogelplasma. Beiträge z. chem. Physiol. u. Pathol. **5**, 171 [1904]. — Leo Loeb, Einige neuere Arbeiten über die Blutgerinnung bei Wirbellosen und bei Wirbeltieren. Biochem. Centralbl. **6**, 893 [1907].

[5]) Johannes Bock, Untersuchungen über die Wirkung verschiedener Gifte auf das isolierte Säugetierherz. Archiv f. experim. Pathol. u. Pharmakol. **41**, 160 [1898].

[6]) D. R. P. Nr. 136103.

Kaninchens kann für längere Zeit ungerinnbar gemacht werden, wenn man dem Tier ein Extrakt von 3 Köpfen pro kg Tier in das Blut spritzt. Beim Aufbewahren in der Kälte nimmt der Extrakt weniger schnell an Wirksamkeit ab.

Echinodermata, Stachelhäuter.

1. Asteroidea, Seesterne.

Einige Berichte über Fütterungsversuche[1]) mit Seesternen an Hunden und Katzen, bei welchen die letzteren entweder schwer erkrankten oder starben, scheinen den Verdacht auf die Giftigkeit gewisser Seesterne zu rechtfertigen. Genauere Untersuchungen liegen über diese Frage nicht vor.

2. Echinoidea, Seeigel.

Gewisse Seeigel besitzen wohlausgebildete Giftapparate, deren sie sich zur Verteidigung und zum Erlangen ihrer Beute bedienen. Prouho[2]) und besonders v. Uexküll[3]) haben diese Apparate, deren Funktion und Art und Weise ihres Gebrauches genauer untersucht. An den Spitzen der Giftzangen oder „gemmiformen" (v. Uexküll) Pedicellarien, tritt das in den früher irrtümlich als Schleimdrüsen betrachteten **Giftdrüsen** bereitete **giftige Sekret** aus. Das Gift bzw. der Inhalt der Giftdrüse ist eine klare, leicht bewegliche, nicht viscöse Flüssigkeit, welche schwach sauer reagiert und nach der Entleerung aus der Drüse gerinnt.

Die **Wirkungen des Giftsekretes** scheinen das Zentralnervensystem der vergifteten Tiere zu betreffen.

3. Holothurioidea, Seewalzen, Seegurken.

Die Cuvierschen Organe gewisser polynesischer Arten, nahe verwandt oder identisch mit Holothuria argus, sollen auf der menschlichen Haut schmerzhafte Entzündung und, wenn sie in das Auge gelangen, Erblindung verursachen[4]).

Coelenterata (Zoophyta), Pflanzentiere.

Die Cölenteraten zeichnen sich durch den Besitz der nur bei den Schwämmen fehlenden Nesselkapseln aus.

Diese sind bei den Cnidarien, Nesseltieren, am vollkommensten entwickelt. Wird das Tier gereizt, oder will es sich seiner Beute bemächtigen, so wird der Nesselfaden hervorgeschnellt, wobei die neben dem Faden in der Kapsel enthaltene viscöse oder gallertige, giftige Masse auf die Oberfläche oder infolge des Eindringens der Fäden in die Tiefe, in den Organismus des Beutetieres oder des Feindes befördert und übertragen wird.

Die **lokalen Wirkungen der Sekrete** dieser Tiere auf die menschliche Haut bestehen in mehr oder weniger heftigem Jucken und Brennen der betroffenen Hautpartie; diese Erscheinungen verschwinden nach längerer oder kürzerer Zeit. Bei kleinen Tieren können allgemeine Lähmung und der Tod folgen (Bigelow)[5]), aber auch beim Menschen scheinen, besonders durch das Gift der großen Schwimmpolypen (Siphonophora), welche einen Durchmesser von 25—30 cm erreichen, schwere, vielleicht resorptive Erscheinungen nach der Berührung mit diesen Tieren eintreten zu können (Meyen)[6]). Ähnliches berichten E. Forbes[7]) über Cyanea capillata und E. Old[8]) über eine nicht näher bestimmte Quallenart.

---

[1]) C. A. Parker, Poisonous qualities of the Star-fish. The Zoologist 5, 214 [1881]; Zoolog. Jahresber. 1, 202, [1881]. — Husemann, Handb. d. Toxikol, S. 242 [1862].

[2]) H. Prouho, Du rôle de pédicillaires gemmiformes des oursins. Compt. rend. de l'Acad. des Sc. 109, 62 [1890].

[3]) J. v. Uexküll, Die Physiologie der Pedicellarien. Zeitschr. f. Biol. 37 (N. F. 19), 334—403 [1899].

[4]) W. Saville-Kent, The great Barrier Reef of Australia. London 1893, p. 293.

[5]) R. P. Bigelow, Physiology of the Caravella maxima (Physalia Caravella). John Hopkins University Circular 10, 93 [1891].

[6]) O. Schmidt u. W. Marshall, Brehms Tierleben (niedere Tiere), 3. Aufl., S. 552 u. 553 [1893].

[7]) E. Forbes, Monograph of the British naked-eyed Medusae. London 1848, p. 10—11.

[8]) E. H. Old, A report of several cases with unusual symptoms caused by contact with some unknown variety of jelly fish. (Scyphozoa.) Phillipine Journal of Science 3, Nr. 4, 329 [1907].

Die **chemische Natur des Giftes der Cölenteraten** haben Portier und Richet[1]) zuerst untersucht. Sie verrieben Filamente (Nesselfäden) von Physalien und anderen Nesseltieren mit Sand und Wasser und erhielten so giftige Lösungen, mit welchen sie an Tieren Versuche anstellten. Die wässerigen Auszüge wirkten tödlich, die Tiere wurden somnolent und der Tod erfolgte durch **Lähmung der Respiration.** An der Applikationsstelle schien das Gift keine Schmerzempfindung hervorzurufen. Die genannten Autoren nannten die wirksame Substanz „**Hypnotoxin**".

Richet[2]) ist es gelungen, aus den Tentakeln von Actinien, durch Behandlung mit Alkohol und Wasser, einen aus Alkohol krystallisierenden, aschefreien Körper, das **Thalassin,** zu gewinnen, welcher unter Zerlegung und Abspaltung von Carbylamin und Ammoniak bei 200° schmilzt. Das Thalassin enthält 10% Stickstoff, scheint aber keine Base zu sein, da es durch Phosphorwolframsäure, Jod-Jodkalium, Platinchlorid und Silbernitrat nicht gefällt wird. In wässeriger Lösung zersetzt sich das Thalassin rasch unter Entwicklung von Ammoniak. Erhitzen des Thalassins auf 100° zerstört dasselbe dagegen nicht. Intravenös injiziert, soll das Thalassin bei Hunden schon in Mengen von 0,1 mg pro kg Körpergewicht heftiges Hautjucken, Urticaria und Niesen verursachen, jedoch sind auch 10 mg pro kg Körpergewicht nicht tödlich.

Neben dem Thalassin findet sich in den Tentakeln der Actinien nach Richet eine zweite Substanz, das **Kongestin,** von welchem 2 mg pro kg Körpergewicht Hunde innerhalb 24 Stunden töten. Durch vorhergehende, wiederholte Injektionen von Thalassin konnte die Wirkung des Kongestins stark abgeschwächt werden, so daß nach einer derartigen Vorbehandlung 13 mg erst tödlich wirkten. Thalassin und Kongestin scheinen demnach im Verhältnis von „Toxin" und „Antitoxin" zueinander zu stehen.

---

[1]) P. Portier u. C. Richet, Sur les effets physiologiques du poison des filaments pêcheurs et des tentacules des Coelenterés (Hypnotoxine). Compt. rend. de l'Acad. des Sc. **134**, 247—248 [1902].

[2]) Charles Richet, Compt. rend. de la Soc. de Biol. **55**, 246—248, 707—710, 1071—1073; Malys Jahresber. d. Tierchemie **33**, 709 [1904].

Produkte der inneren Sekretion tierischer Organe.

Von

O. v. Fürth-Wien.

Suprarenin (= Adrenalin).

Mol. Gen. 183.
Zusammensetzung: 59,01% C, 7,10% H, 7,69% N.

$$C_9H_{13}NO_3$$

$$OH-\underset{OH-}{\bigcirc}\cdot CH(OH)\cdot CH_2NH(CH_3).$$

Vorkommen: Das Suprarenin findet sich in anscheinend allgemeiner Verbreitung in den Nebennieren bzw. analogen Gebilden der Wirbeltiere mit Einschluß der Selachier und mit Ausnahme der Teleostier und Ganoiden[1]). Die Marksubstanz der Nebennieren enthält große Zellen mit „chromaffinen" (sich mit Chromsäure oder chromsauren Salzen braun färbenden) Massen, welche das Suprarenin enthalten; die chromaffinen Massen treten aus den Markzellen (vielleicht durch das Endothel hindurch) in das Venenblut über[2]). Außerdem findet sich das Suprarenin anscheinend weit verbreitet in den sog. Paraganglien und Nebenorganen des Sympathicus; (beim Neugeborenen stark entwickeltes „Zuckerkandlsches Organ" in der Nähe des Ursprunges der Art. mesenterica inferior; chromaffines Gewebe beim Herzen in der Nähe der linken Coronararterie)[3]); ferner im Glomerulus caroticus[4]). Die chromaffinen Zellgruppen werden als ein im Körper zerstreutes, beim Erwachsenen an einer bestimmten Stelle, dem Nebennierenmarke, besonders reichlich angehäuftes Gewebe aufgefaßt, dessen Tätigkeit in der Produktion und inneren Sekretion von Suprarenin besteht. Die Suprareninsekretion scheint zur Erhaltung des Blutdruckes auf normaler Höhe beizutragen[5]).

Die **Suprareninsekretion** aus der Nebenniere in das Blut ist angeblich konstant, nicht intermittierend, und wird durch Atropin und Pilocarpin nicht auffallend beeinflußt. Nach Ehrmann[6]) führt das Nebennierenvenenblut des Kaninchens Suprarenin in einer Konzentration zwischen 1 : 1 Million bis 1 : 10 Millionen; nach Waterman und Smit[7]) beträgt die pro Kubikzentimeter Cavablut dem Kreislaufe des Kaninchens zugeführte Suprareninmenge 0,0000001 g; nach A. Fränkel[8]) enthält jedoch das Blutserum Suprarenin mindestens in einer Konzentration 1 : 400 000 und ist in der Gesamtblutmenge eines Menschen etwa 12$1/2$ Milligramm Suprarenin enthalten.

Die vieldiskutierte Behauptung, daß das Blut bei chronischer Nephritis mehr Suprarenin enthalte als in der Norm, und daß dieser erhöhte Suprareningehalt die Ursache

---

[1]) Swale-Vincent, Amer. Journ. of Physiol. **22**, 111 [1897]; Proc. Roy. Soc. **61**, 64 [1897].
[2]) Vulpian, Compt. rend. d. l. Soc. d. Biol. **3**, 223 [1856]. — Kohn, Archiv f. mikrosk. Anat. **62**, 263 [1903]. — Hultgren u. Andersson, Skand. Arch. f. Physiol. **9**, 73 [1899].
[3]) Kohn, l. c. — Biedl u. Wiesel, Archiv f. d. ges. Physiol. **91** [1902].
[4]) Mulon, Compt. rend. d. l. Soc. d. Biol. **56**, 113, 115.
[5]) H. Strehl u. O. Weiß, Archiv f. d. ges. Physiol. **86**, 107 [1901]. — Young u. Lehmann, Journ. of Physiol. **13** [1908].
[6]) Ehrmann, Archiv f. experim. Pathol. u. Pharmakol. **53**, 97 [1905]; **55**, 39 [1906].
[7]) Waterman u. Smit, Archiv f. d. ges. Physiol. **124**, 98 [1908].
[8]) A. Fränkel, Archiv f. experim. Pathol. u. Pharmakol. **60**, 395 [1909].

der Blutdrucksteigerung und des gespannten Pulses bei dieser Krankheit sei, scheint sich nicht zu bestätigen[1]).

Die Angaben über die Alterationen der Sekretionstätigkeit der Nebenniere und über den Verlust ihres Suprareningehaltes bei **Äther- und Chloroformnarkose**, sowie bei verschiedenen **Intoxikationen** (z. B. Phosphor, Diphtherietoxin) und **Infektionen** (Staphylokokken) bedürfen der Bestätigung[2]), ebenso Angaben über vermehrte Suprareninsekretion nach **Zuckerstich** und nach intravenöser Infusion **hypotonischer Salzlösungen**.

Bildung: Die Art der Entstehung des Adrenalins in der Nebenniere ist unbekannt.

Die Neubildung von Suprarenin bei der Autolyse, namentlich bei Zusatz von **Tyrosin** und **Tryptophan**, ist behauptet, jedoch nicht ausreichend bewiesen worden. Das gleiche gilt für die Angabe, daß in einem Nebennierenbrei, welcher mit einem Gemenge von **Brenzcatechin** und **Cholin** digeriert wird, eine Neubildung von Suprarenin stattfinde[3]).

Einer Hypothese von **Friedmann**[4]) entsprechend, kann das Adrenalin möglicherweise aus **Oxyphenylserin** unter Methylierung und Kohlensäureabspaltung entstehen.

$$(OH)C_6H_4 \cdot CH(OH) \cdot CHNH_2 \cdot COOH \rightarrow (OH)_2C_6H_3 \cdot CH(OH) \cdot CHNH(CH_3) \cdot COOH$$
$$\rightarrow (OH)_2C_6H_3 \cdot CH \cdot OH \cdot CH_2NH(CH_3).$$

Darstellung: A) Nach Takamine[5]). Der enteiweißte und unter Vermeidung von Oxydationen gewonnene Nebennierenextrakt wird im Vakuum bis zum spezifischen Gewichte von 1,05—1,15 eingeengt, sodann mit kaustischem Alkali so lange versetzt, bis die Flüssigkeit stark alkalisch reagiert; darauf wird eine dem halben Molekulargewichte des zugesetzten Alkalis entsprechende Menge Ammoniumchlorid hinzugefügt. Nach 12—14stündigem Stehen scheidet sich das Suprarenin krystallinisch ab. Durch Lösen in verdünnter Säure und Fällung durch Neutralisation wird es gereinigt. Das nach diesem Verfahren dargestellte Präparat wird von der Firma **Parke, Davis & Co.** in 0,7% Kochsalz unter Zusatz von $^1/_2$% Chloreton (d. i. Chloroformaceton) gelöst unter der Bezeichnung „Adrenalin" in den Handel gebracht.

B. Modifikationen des Takamineschen Verfahrens: a) Nach **Batelli**[6]). Die Marksubstanz von Nebennieren wird auspräpariert, mit Wasser bei niederer Temperatur extrahiert, der Extrakt auf 80° erhitzt und mit Bleiacetat gefällt, die Flüssigkeit mit Schwefelwasserstoff entbleit, eingeengt, das 6—7fache Volumen Alkohol hinzugefügt, die Fällung entfernt, das Filtrat im Vakuum eingeengt, mit Quecksilberchlorid gefällt, die mittels Schwefelwasserstoffs vom Quecksilber befreite Flüssigkeit eingeengt und das Suprarenin daraus nach **Takamines** Prinzip mit Ammoniak gefällt.

b) Nach **Fürth**[7]). Die frischen Nebennieren werden zerkleinert und mit angesäuertem Wasser unter Zusatz von etwas Zinkstaub wiederholt ausgekocht. Die filtrierte Extraktionsflüssigkeit wird im Vakuum und Kohlensäurestrome bei etwa 50° eingeengt, mit den mehrfachen Volumen Methylalkohol gefällt, sodann mit neutralem Bleiacetat versetzt, solange noch ein Niederschlag entsteht. Die abgetrennte, nötigenfalls durch Schwefelwasserstoff vom Bleiüberschusse befreite Flüssigkeit wird nunmehr im Vakuum und Kohlensäurestrome von Alkohol befreit und stark eingeengt, die Krystallisation von Suprarenin sodann durch Zusatz von konz. Ammoniak eingeleitet. Das Krystallpulver wird abgesaugt, durch Lösen in verdünnter Salzsäure und Fällen mit Ammoniak wiederholt umkrystallisiert, mit Wasser, Alkohol und Äther gewaschen und im Vakuum bei Zimmertemperatur getrocknet.

---

[1]) Schur u. Wiesel, Wiener klin. Wochenschr. **20**, 1202 [1908]. — Eichler, Berl. klin. Wochenschr. **1907**, 1472. — Schlayer, Deutsche med. Wochenschr. **1908**, 1897. — Waterman u. Boddaert, Deutsche med. Wochenschr. **1908**, 1102. — A. Fränkel, l. c.

[2]) Luksch, Wiener klin. Wochenschr. **18**, 345 [1905]; Berliner klin. Wochenschr. **1909**, 44. — Schur u. Wiesel, Wiener klin. Wochenschr. **20**, 247 [1908]. — Ehrmann, l. c. — R. H. Kahn, Archiv f. d. ges. Physiol. **128**, 519 [1909].

[3]) Halle, Beiträge z. chem. Physiol. u. Pathol. **8**, 276 [1906]. — Abelous, Soulié et Toujan, Comt. rend. d. l. Soc. d. Biol. **58**, 533, 574 [1905]; **59**, 589; **60**, 16, 174 [1906]. — Boruttau, Centralbl. f. Physiol. **21**, 474 [1907].

[4]) E. Friedmann, l. c.

[5]) Takamine, Amer. Journ. of Pharmacy **73**, 523 [1901]; Deutsches Reichspatent Klasse 30h, Nr. 131 496.

[6]) Batelli, Compt. rend. d. l. Soc. d. Biol. **54**, 608 [1902].

[7]) v. Fürth, Sitzungsber. d. Akad. d. Wiss. in Wien, Mathem.-naturwiss. Klasse **112**, Abt. III, März 1903.

c) Nach Abel[1]). Die Nebennieren werden mit Alkohol unter Zusatz von Trichloressigsäure extrahiert; der filtrierte und eingeengte Auszug mit Ammoniak gefällt; der krystallinische Niederschlag in verdünnter Oxalsäure gelöst und die Lösung mit einem Gemenge von Alkohol und Äther gefällt, die Fällung in trichloressigsäurehaltigem Wasser gelöst, die Lösung auf je 50 ccm durch Zusatz von 800 ccm absoluten Alkohols und 150 ccm Äthers von Verunreinigungen befreit und das Filtrat mit Ammoniak gefällt. Reinigung durch Lösen in Säure und Fällen mit Ammoniak.

d) Nach Abderhalden und Bergell[2]). Die zerkleinerten Nebennieren werden mit essigsäurehaltigem Alkohol unter Einleitung von Wasserstoff bei Zimmertemperatur extrahiert, das Filtrat im Vakuum eingeengt, mit Ammoniak unter Durchleitung von Wasserstoff gefällt, der Niederschlag zweimal als Oxalat gelöst und gefällt.

e) Nach Bertrand[3]). Organbrei wird mit oxalsäurehaltigem Alkohol extrahiert, der filtrierte Extrakt im Vakuum konzentriert, mit Petroläther ausgeschüttelt und mit neutralem Bleiacetat genau gefällt. Aus der im Vakuum konzentrierten Flüssigkeit wird das Suprarenin mit Ammoniak gefällt. Der Niederschlag wird durch Lösen in Schwefelsäure (10%) und Zusatz des gleichen Volumens Alkohol von Verunreinigungen befreit, das Filtrat neuerlich mit Ammoniak gefällt, der Niederschlag mit Wasser und Alkohol gewaschen und im Vakuum getrocknet.

C. Synthese. Durch Umsetzung von Chloracetobrenzcatechin mit Methylamin entsteht ein Keton, das Methylaminoacetobrenzcatechin (Adrenalon):

$$C_6H_3(OH)_2 \cdot CO \cdot CH_2Cl \rightarrow C_6H_3(OH)_2 \cdot CO \cdot CH_2 \cdot NH \cdot CH_3.$$

Durch Reduktion des Sulfats dieses Ketons mittels Aluminiumspänen in Gegenwart von Mercurisulfatlösung, entsteht das Sulfat des entsprechenden Alkohols (dl-Suprarenin). Alkalien fällen aus der Lösung die Base in Form eines amorphen Niederschlags[4]).

Bereits das Aminoketon zeigt die charakteristische Blutdruckwirkung; dieselbe wird jedoch durch Reduktion des Ketons zum Aminoalkohol sehr erheblich verstärkt.

Dem Suprarenin homologe Basen [(OH)$_2$C$_6$H$_3$ · CH(OH) · CH$_2$ · NX$_2$, wo X = H oder Alkyl] von ähnlichen chemischen und physiologischen Eigenschaften entstehen durch elektrolytische Reduktion, Einwirkung von Natriumamalgam u. dgl. aus den Ketonbasen, die aus verschiedenen Aminen mit Chloracetylbrenzcatechin erhalten werden[5]).

Durch Umsetzung der Verbindung (OH)$_2$ · C$_6$H$_3$ · CH(OH) · CH$_2$Cl oder der entsprechenden Bromverbindung mit Methylamin hat Böttcher[6]) eine Substanz von qualitativ gleichem pharmakologischen Verhalten wie das Suprarenin erhalten. Doch bezweifelt Pauly[7]), daß es sich dabei wirklich um Suprarenin handle, da er (gemeinsam mit Neukam) durch Umsetzung von 3,4 Dioxyphenylhalogenäthanol mit Methylamin kein Suprarenin erhalten hat.

D. Spaltung des synthetischen dl-Suprarenins in seine optisch-aktiven Komponenten.[8]) 1 Molekül synthetischen dl-Suprarenins wird mit etwas Methylalkohol durchfeuchtet und in einer Lösung von etwas mehr als 1 Molekül d-Weinsäure in heißem Methylalkohol gelöst. Der Alkohol wird im Vakuum bei ca. 35—40° abdestilliert und durch Impfung mit dem schön krystallisierenden, aus Nebennieren erhaltenen Bitartrat des natürlichen l-Suprarenins das saure d-weinsaure l-Suprarenin zur Krystallisation gebracht. Nach scharfem Trocknen der Krystalle im Vakuum wird das Bitartrat mit wenig Methylalkohol verrieben, wobei dasselbe ungelöst bleibt, während das saure d-weinsaure d-Suprarenin in Lösung geht. Das erstere wird alsdann abfiltriert, mit Methylalkohol gewaschen und aus Äthylalkohol (90%) oder aus Methylalkohol (95%) so lange umkrystallisiert, bis es bei 149° schmilzt.

---

[1]) J. J. Abel, Berichte der Deutsch. chem. Gesellschaft **36**, 1839 [1903].
[2]) Abderhalden u. Bergell, Berichte der Deutsch. chem. Gesellschaft **37**, 2022 [1904].
[3]) G. Bertrand, Compt. rend. de l'Acad. des Sc. **139**, 502 [1904].
[4]) Stolz, Berichte der Deutsch. chem. Gesellschaft **37**, 4149 [1904]; Deutsches Reichspatent (Farbwerke vorm. Meister, Lucius & Brüning) Klasse 129, Nr. 152 814, 155 652 u. 157 300. — E. Friedmann, Beiträge z. chem. Physiol. u. Pathol. **6**, 92 [1904]; **8**, 95 [1906].
[5]) O. Löwi u. H. H. Meyer, Archiv f. experim. Pathol. u. Pharmakol. **53**, 213 [1905]. — Dakin, Proc. Roy. Soc. [1905], Serie B, **76**, 491, 498; Proc. chem. Soc. London **21**, 154 [1905].
[6]) Böttcher, Berichte d. Deutsch. chem. Gesellschaft **42**, 253 [1909].
[7]) Pauly, Berichte d. Deutsch. chem. Gesellschaft **42**, 484 [1909].
[8]) Flächer, Zeitschr. f. physiol. Chemie **58**, 189]1908].

Aus der Mutterlauge wird das d-Suprarenin mit Ammoniak abgeschieden und mit Hilfe von l-Weinsäure in das saure l-weinsaure d-Suprarenin übergeführt.

Quantitative Bestimmung: a) Verfahren nach Fürth[1]). Eine oder mehrere Nebennieren werden unter Vermeidung von Verlusten zerkleinert und unter Zusatz von Zinkstaub mit etwa 20 ccm 1proz. Zinksulfatlösung ausgekocht; die Flüssigkeit wird durch ein Filter in einen Meßkolben gegossen und der koagulierte Rückstand noch 3 mal mit siedendem Wasser ausgezogen. Die vereinigten Filtrate wurden auf das Volumen von 100 ccm gebracht und von dieser Lösung 20 ccm abgemessen, mit 1 ccm einer alkalischen Seignettesalzlösung (180 g Natriumcarbonat und 240 g Seignettesalz im Liter enthaltend) und sodann mit 0,3 ccm einer 5 proz. Eisenchloridlösung versetzt. Die so erhaltene schön carminrote Flüssigkeit wurde mit Hilfe der Hoppe-Seylerschen colorimetrischen Doppelpipette mit einer 0,1 proz. Brenzcatechinlösung verglichen, von der je 20 ccm 1% der Seignettesalzlösung und 0,5 ccm der Eisenchloridlösung enthielten. (Die Brenzcatechinlösung könnte nunmehr zweckmäßigerweise durch eine frisch bereitete Standardlösung von krystallisiertem Suprarenin ersetzt werden.)

Unter der vorläufigen Annahme, daß die Eisenverbindung des Brenzcatechins und Suprarenins annähernd gleiche färbende Kraft besitzen (?), wurde für eine Rindsnebenniere ein Suprareningehalt von 0,018—0,026 g (= 0,10—0,17%) ermittelt.

b) Verfahren nach Battelli[2]). Die Suprareninlösung wird mit verdünnter Eisenchloridlösung versetzt und die Grenzverdünnung bestimmt, bei der die grüne Färbung eben noch wahrnehmbar ist. Vergleich mit einer Standard-Suprareninlösung.

Für eine Nebenniere verschiedener Warmblüter ergab sich, je nach der Größe, ein Suprareningehalt von 0,0003—0,029 g.

c) Verfahren nach Abelous, Soulié und Toujan[3]). Die Suprareninlösung wird mit $^n/_{10}$ Jodlösung versetzt, Stärkelösung hinzugefügt, der Jodüberschuß mit $^n/_{10}$ Natriumhyposulfitlösung beseitigt und die entstandene Rosafärbung der Flüssigkeit colorimetrisch mit einer analog behandelten Standardlösung von bekanntem Adrenalingehalte verglichen.

Physiologische Eigenschaften: a) Letale Dosis. Das l-Suprarenin wirkt im hohen Grade toxisch. Die letale Dosis (in Gramm) pro Kilo beträgt: beim Hunde intravenös 0,0002 bis 0,002, intraperitoneal 0,0005—0,0008, subcutan 0,005—0,006 g; bei der Katze intravenös 0,0005—0,0008 g; beim Kaninchen subcutan 0,004—0,010, intravenös 0,0001—0,0004 g; beim Meerschweinchen intravenös 0,0001—0,0002 g[4]).

Die charakteristischen Vergiftungssymptome nach subcutaner Injektion sind: Parese und Paralyse der Extremitäten (wobei die hinteren Extremitäten zuerst affiziert werden). Blutungen aus Maul und Nase; Hämaturie; die Atmung ist erst schnell und flach, dann langsam und tief, Lungenödem, Konvulsionen[5]).

Das d-Suprarenin ist weit weniger giftig als das l-Suprarenin. Mäuse erlangen durch Vorbehandlung mit d-Suprarenin eine erhebliche Resistenz gegen die l-Komponente, dagegen gelang es nicht durch Gewöhnung von Tieren an d-Suprarenin die Blutdruckwirkung des l-Suprarenins merklich zu beeinflussen[6]).

b) **Zirkulationsapparat.** Bereits eine minimale Suprareninmenge, intravenös gegeben, bewirkt einen mächtigen, jedoch nur kurzdauernden Anstieg des Blutdruckes infolge einer Kontraktion peripherer Gefäße und einer Verstärkung der Herzaktion.

Bald nach dem Beginne der Wirkung tritt eine hochgradige Pulsverlangsamung ein. Diese bleibt nach Vagusdurchschneidung aus und erscheint die Drucksteigerung in diesem Falle noch hochgradiger. Die Blutdrucksteigerung tritt auch nach Zerstörung des Rücken-

---

[1]) v. Fürth, Zeitschr. f. physiol. Chemie **29**, 115 [1900].
[2]) Battelli, Compt. rend. d. l. Soc. d. Biol. **54**, 571 [1902].
[3]) Abelous, Soulié et Toujan, Compt. rend. d. l. Soc. d. Biol. **58**, 301 [1906].
[4]) Battelli, Compt. rend. d. l. Soc. d. Biol. **54**, 815, 1179 [1902]. — Amberg, Archive internat. de Pharmacodynamie **11**, 57 [1902]. — Bouchard et Claude, Compt. rend. de l' Acad. des Sc. **135**, 928 [1902]. — Lesage, Compt. rend. d. l. Soc. d. Biol. **56**, 605, 632 [1904].
[5]) Swale Vincent, Proc. phys. Soc., June 12 1897. — v. Fürth, Zeitschr. f. physiol. Chemie **29**, 116 [1900].
[6]) Abderhalden u. Slavu, Zeitschr. f. physiol. Chemie **59**, 129 [1909]. — Abderhalden u. Kautzsch, Zeitschr. f. physiol. Chemie **61**, 119 [1909]. — Abderhalden, Kautzsch u. F. Müller, Zeitschr. f. physiol. Chemie **62**, 44 [1909]. — Watermann, Zeitschr. f. physiol. Chemie **63**, 4 [1909].

markes und der Medulla oblongata auf; jedoch dürfte bei derselben auch eine Reizung vasomotorischer Zentren, insbesondere des Gefäßzentrums im verlängerten Marke, beteiligt sein[1]).

Das Suprarenin bedingt eine Verstärkung der Herzaktion (fraglich ob durch direkte Muskelwirkung oder durch Vermittelung des sympathischen Nervensystems), welche auch nach Vergiftungen (Chloroform, Äther u. dgl.), sowie am isolierten Warmblüterherzen sehr deutlich in Erscheinung tritt[2]).

Noch 0,000001 g Suprarenin pro Kilo Tier bewirkt eine deutliche Blutdrucksteigerung[3]). Die relative Wirkungsstärke von l-Suprarenin zu d-Suprarenin verhält sich wie 15 : 1, und ist das natürliche Suprarenin praktisch etwa doppelt so stark wirksam wie das synthetische, racemische Präparat[4]).

Das Suprarenin bringt frische ausgeschnittene Gefäßstreifen größerer Schlachttiere noch in einer Verdünnung von 1 : 1000 Millionen zur Verkürzung. Der Angriffspunkt des Giftes scheint das periphere Nervennetz zu sein[5]).

Das schnelle Abklingen der Blutdruckwirkung des Suprarenins beruht nicht auf einer oxydativen Zerstörung desselben, sondern anscheinend auf einer Ermüdung oder Gewöhnung der Muskeln. Die Zerstörung des Suprarenins im Blute hängt mit dem Alkaligehalte desselben zusammen. Bei Organdurchblutung wird dieselbe durch die postmortale Säurebildung gehemmt. Bei konstantem intravenösen Suprareninzuflusse läßt sich der Blutdruck viele Stunden lang auf der Höhe erhalten. Die Dauer der Wirkung wird durch intravenöse Säureinjektion sowie auch durch Abkühlung verlängert[6]).

Das in der Nebennierenrinde vorkommende (jedoch auch in anderen Organen weit verbreitete) Cholin wirkt dem Suprarenin gegenüber antagonistisch[7]).

Infolge der Vasokonstriktion ist das Suprarenin befähigt, die Resorption intraperitoneal und per os eingeführter Gifte, sowie transsudative Vorgänge zu verzögern[8]) und bei direkter lokaler Applikation Schleimhäute (z. B. die Schleimhaut der Conjunctiva, des Pharynx, des Larynx, des Darmes usw.) zu anämisieren.

Durch wiederholte intravenöse Suprareninjektionen gelingt es, insbesondere bei älteren Tieren, arteriosklerotische Veränderungen hervorzurufen, welche gewisse Analogien mit den Altersveränderungen menschlicher Gefäße zeigen. Anscheinend sind Schädigungen der Muskelelemente der Media das Primäre, degenerative und Verkalkungsvorgänge in der Media und Intima das Sekundäre des Vorganges[9]).

Das Suprarenin bewirkt neben Veränderungen des Gefäßsystems auch degenerative Veränderungen und Bindegewebswucherungen im Bereiche der Leber[10]) und des Zentralnervensystems[11]).

---

[1]) Oliver u. Schäfer, Amer. Journ. of Physiol. 16; Proc. phys. Soc. 1 [1894]; 18, 231 [1895]. — Szymonowicz u. Cybulski, Anzeiger d. Krakauer Akad., 4. Febr. u. 4. März 1895; Archiv f. d. ges. Physiol. 64, 97 [1896]. — J. u. C. Meltzer, Amer. Journ. of Physiol. 9, 147 [1903].

[2]) Gottlieb, Archiv f. experim. Pathol. u. Pharmakol. 30, 99 [1896]. — Hedbom, Skand. Arch. f. Physiol. 8, 147 [1898]. — Cleghorn, Amer. Journ. of Physiol. 2, 273 [1899]. — Gatin-Gruzewska u. Maciag, Compt. rend. d. l. Soc. d. Biol. 62, 23 [1908].

[3]) Aldrich, Amer. Journ. of Physiol. 5, 457 [1901].

[4]) Cushny, Pharmac. Journ. (4) 28, 56 [1909]; Journ. of Physiol. 37, 130 [1908] 38, 259 [1909]. — Abderhalden u. F. Müller, Zeitschr. f. physiol. Chemie 58, 185 [1908].

[5]) v. Frey, Sitzungsber. d. physikal.-med. Gesellschaft in Würzburg 1905/11. — O. B. Meyer, Zeitschr. f. Biol. 48, 352 [1906]; 50, 93 [1908].

[6]) Embden u. v. Fürth, Beiträge z. chem. Physiol. u. Pathol. 4, 421 [1903]. — O. Weiß u. Harris, Archiv f. d. ges. Physiol. 103, 510 [1904]. — Kretschmer, Archiv f. experim. Pathol. u. Pharmakol. 57, 423, 438 [1908].

[7]) Lohmann, Centralbl. f. Physiol. 21, 139 [1907]; Archiv f. d. ges. Physiol. 118, 215 [1907] u. 122, 203 [1908].

[8]) A. Exner, Zeitschr. f. Heilkunde 24, 302; Archiv f. experim. Pathol. u. Pharmakol. 50, 313 [1904]. — Meltzer u. Auer, Amer. Journ. of the Med. Sc. 129, 114 [1905]; Transact. of the Assoc. of Amer. Phys. 19, 205.

[9]) Josué, Arch. de Physiol. 7, 690 [1908]. — W. Erb (jun.) Kongr. f. inn. Medizin 21, 110 [1904]; Archiv f. experim. Pathol. u. Pharmakol. 53, 173. — Külbs, Kongr. f. inn. Medizin 1905, 245. — Falk, Zeitschr. f. experim. Pathol. u. Pharmakol. 4, 360. — Ziegler, Beiträge z. pathol. Anat. 38, 229 [1905]. — Pic et Bonnamaur, Compt. rend. d. l. Soc. d. Biol. 58, 219 [1905]. — L. Braun, Sitzungsber. d. Wiener Akad. 116, Abt. III, 3 [1907]. — Kaiserling, Berl. klin. Wochenschr. 44, 29 [1907].

[10]) Citron, Zeitschr. f. experim. Pathol. 1, 649.

[11]) Shima, Neurolog. Centralbl. 4 [1908]; Arbeiten aus dem Neurol. Inst. Wien 14, 492 [1908].

c) **Muskelsystem und sympathisches Nervensystem.** Das Suprarenin ist ein Erreger protoplasmareicher Muskeln; die Hubhöhe quergestreifter Muskeln wird vergrößert und die Dauer ihrer Kontraktionen verlängert[1]).

Die Wirkung des Suprarenins entspricht der Reizung sympathischer Nerven[2]); dasselbe bewirkt dementsprechend, je nach Tierspezies und physiologischen Bedingungen, Steigerung oder Herabsetzung des Tonus muskulärer Organe, und zwar greift es anscheinend weder an der contractilen Substanz als solcher, noch an den Endverzweigungen der Nerven, sondern an der „rezeptiven Zwischensubstanz" Langleys an[3]). Es wirkt unter gewissen Bedingungen hemmend auf die Bewegungen des Darmes, des Magens, der Gallen- und der Harnblase[4]); es bewirkt stürmische Kontraktionen des Uterus[5]). Es wirkt kontraktionserregend auf die glatten Muskeln (Arrectores Pilorum) in der Haut[6]); auch auf die Pigmentzellen der Froschhaut derart, daß ein vorher dunkler Frosch nachher hell erscheint[7]); auf den Musculus dilatator pupillae, auf den Musculus retractor membranae nictitantis, sowie auf die glatten Lidmuskeln[8]) (s. u.).

Das Suprarenin steigert in sehr großer Verdünnung die Cilienbewegungen des Seeigeleies[9]).

Die Beziehungen der Suprareninwirkung zum sympathischen Nervensystem treten bei der mydriatischen Wirkung besonders deutlich zutage. Während die Pupille des normalen Kaninchens durch Suprarenin nicht erweitert wird, bewirkt subcutane Einspritzung oder lokale Einträufelung nach vorheriger Exstirpation des Ganglion cervicale supremum maximale Mydriasis[10]). Auch die nach Pankreasexstirpation[11]), sowie peritonealen Läsionen der verschiedensten Art (Magencarcinom, Peritonitis, Hernienoperationen, Ätzung des Duodenums) beobachtete Suprarenin-Mydriasis dürfte dem Wegfalle sympathischer Hemmungen zuzuschreiben sein[12]). Nach Querdurchtrennung des Rückenmarkes läßt sich bei Tieren vielfach Adrenalin-Mydriasis erzielen[13]).

Die Pupille eines enucleirten Froschbulbus wird von l-Suprarenin noch in einer Verdünnung von 1:10 Millionen erweitert[14]). d-Suprarenin ist ganz oder fast unwirksam. dl-Suprarenin wirkt seinem Gehalte an l-Suprarenin entsprechend[15]). Lymphe aus dem Ductus thoracicus soll (infolge ihres Gehaltes an Pankreasbestandteilen?) der Suprarenin-Mydriasis gegenüber antagonistisch wirken[16]).

d) **Drüsentätigkeit und Stoffwechsel.** Das Suprarenin vermag manchen Drüsen gegenüber als Sekretionsreiz zu wirken. So beobachtete Ehrmann[17]) eine vermehrte Tätigkeit der Hautdrüsen des Frosches, Langley[18]) eine verstärkte Speichel- und Tränensekretion und Biberfeld[19]) (nach 0,0015—0,0025 pro Kilo Kaninchen subcutan) eine mehrstündige Diurese. Daß unter gewissen Bedingungen auch Sekretionshemmungen beobachtet worden sind, hängt offenbar mit der durch die Vasokonstriktion bedingten Zirkulationsstörung zusammen[20]).

---

[1]) Joteyko, Journal médical de Bruxelles **8**, 417, 433, 449. — Oliver u. Schäfer, l. c.
[2]) Elliot, Amer. Journ. of Physiol. **31**; Proc. phys. Soc. **20** [1904].
[3]) Langley, Journ. of Physiol. **33**, 400 [1905].
[4]) Boruttau, Archiv f. d. ges. Physiol. **78**, 97 [1899].
[5]) Kurdinowsky, Archiv f. Anat. u. Physiol. 1904, Suppl. II, 323. — Kehrer, Archiv f. Gynäkol. **81**, [1908].
[6]) Lewandowsky, Centralbl. f. Physiol. **12**, 599 [1898]; **14**, 433 [1900].
[7]) S. Lieben, Centralbl. f. Physiol. **20**, 118 [1906].
[8]) Lewandowsky, l. c.
[9]) Douglas, Amer. Journ. of Med. Sc., Januar 1905.
[10]) Meltzer u. Auer, Centralbl. f. Physiol. **18**, 317 [1904]; Amer. Journ. of Physiol. **11**, 28 [1904].
[11]) O. Löwi, Archiv f. experim. Pathol. u. Pharmakol. **59**, 83 [1909].
[12]) Zack, Kongr. f. inn. Medizin **25**, 392 [1908]; Archiv f. d. ges. Physiol. **132**, 147 [1910].
[13]) Shima, Archiv f. d. ges. Physiol. **126**, 269 [1910].
[14]) Ehrmann, Archiv f. experim. Pathol. u. Pharmakol. **53**, 97 [1905]; **55**, 39 [1906].
[15]) Abderhalden u. Thies, Zeitschr. f. physiol. Chemie **59**, 22 [1909].
[16]) Biedl u. Offer, Wiener klin. Wochenschr. **1907**, 1530.
[17]) Ehrmann, Archiv f. experim. Pathol. u. Pharmakol. **53**, 137 [1905].
[18]) Langley, Journ. of Physiol. **27**, 237 (1901).
[19]) Biberfeld, Archiv f. d. ges. Physiol. **119**, 341 [1907].
[20]) Bottazzi, d'Errico u. Jappelli, Biochem. Zeitschr. **7**, 431 [1908]. — Benedicenti, Giornale della Accademia Medica, Torino **1905**, 553. — Bickel, Kongr. f. inn. Medizin **24**, 490 [1907].

Glykosurie. Bereits eine sehr geringe Suprareninmenge vermag, in den Kreislauf gebracht, vorübergehende Glykosurie zu erzeugen („Nebennierendiabetes")[1]). Dieselbe tritt auch nach Pankreasexstirpation auf, ist daher vom Pankreas unabhängig[2]). Beim Diabetiker vermehrt Suprarenin die bestehende Glykosurie.

Die Suprarenin-Glykosurie geht mit Hyperglykämie und ist in erster Linie auf eine vermehrte Zuckerbildung auf Kosten des Glykogens zurückzuführen. Es gelingt leicht durch Kombination von Suprareninvergiftung und Hunger, Tiere praktisch glykogenfrei zu machen[3]).

Die Suprarenin-Glykosurie hängt mit dem sympathischen[4]) Nervensystem zusammen und scheint eine gewisse Beeinflussung desselben durch andere Drüsen mit innerer Sekretion (Schilddrüse, Pankreas) möglich zu sein[5]).

Physikalische und chemische Eigenschaften: Mol.-Gewicht: 183, 59,01% C, 7,10% H, 7,65% N)[6]).

$$C_9H_{13}NO_3 = OH-\langle\rangle-CH(OH)\cdot CH_2\cdot NH(CH_3) \quad \text{(3,4 Dioxyphenyl-}$$
$$OH- \qquad\qquad\qquad\qquad\qquad\qquad\qquad\qquad \text{methylaminäthanol)}$$

Es schmilzt unter Zersetzung bei 212° (Abderhalden und Bergell[7]); auch synthetisches l-Suprarenin zersetzt sich bei 211—212° (Flächer)[8]).

Das natürlich vorkommende Suprarenin ist linksdrehend.

Spezifische Drehung. Bertrand: $[\alpha]_D = -53{,}5°$; Abderhalden und Guggenheim[9]): $[\alpha]_{20°}^D = -50{,}72°$; durch Spaltung von synthetischem dl-Suprarenin erhaltenes l-Suprarenin: $[\alpha]_{20°}^D = -50{,}40°$, d-Suprarenin: $+50{,}49°$. Flächer[8]): synthetisches l-Suprarenin und natürliches l-Suprarenin (beide aus dem Bitartrat abgeschieden) $[\alpha]_{19,8}^D = -51{,}40°$.

Eine Suprareninlösung zeigt (ähnlich wie das Brenzcatechin) ein ultraviolettes Absorptionsspektrum, das sich bei der oxydativen Zersetzung verbreitert und gegen das sichtbare Spektrum zu verschiebt[10]).

Das Suprarenin krystallisiert in farblosen mikroskopischen Prismen, Nadeln und Rhomben.

Es ist kaum löslich in Wasser (bei 20° zu 0,0268%), in der Siedehitze etwas leichter, noch schwerer in Alkohol, ganz unlöslich in Schwefelkohlenstoff, Chloroform, Petroläther, Benzol, Äther, leicht löslich in Säuren und Alkalien[11]).

Eine Suprareninlösung in verdünnter Säure wird durch Ammoniakzusatz gefällt. Von Alkaloidfällungsmitteln wird sie nicht niedergeschlagen. Dagegen ist eine ammoniakalische Blei- oder Zinklösung befähigt, Suprarenin zu fällen.

Mit Eisenchlorid entsteht in saurer Lösung eine grüne, in alkalischer eine carminrote Färbung. Bei Gegenwart von Sulfanilsäure bewirkt Eisenchlorid in sehr großer Verdünnung eine intensive rotbraune Färbung[12]).

Eine Suprareninlösung ist befähigt, ammoniakalische Silberlösung schon in der Kälte zu reduzieren. Auch viele andere Metallsalzlösungen (z. B. Goldchlorid) werden reduziert[13]).

---

[1]) F. Blum, Deutsches Archiv f. klin. Medizin **71**, 146 [1901]; Archiv f. d. ges. Physiol. **91**, 617 [1902].
[2]) Lépine u. Boulud, Bulletin d. l. Soc. méd. de Lyon **1903**, 62.
[3]) Vosburgh u. Richards, Amer. Journ. of Physiol. **9**, 35 [1903]. — Noël-Paton, Journ. of Physiol. **29**, 286 [1904]. — Drummond u. Noël-Paton, Journ. of Physiol. **31**, 92 [1904]. — Doyon u. Mitarbeiter, Compt. rend. d. l. Soc. d. Biol. **56**, 66 [1904]; **59**, 202; Journ. de Physiol. **7**, 998. — Gatlin-Gruzewska, Compt. rend. de l'Acad. des Sc. **1906**, 1165. — Agadschiananz, Biochem. Zeitschr. **2**, 148 [1907]. — Vgl. auch Literatur in Noordens Handbuch der Pathologie des Stoffwechsels **2**, 122 [1907].
[4]) Underhill u. Closson, Amer. Journ. of Physiol. **17**, 42 [1906].
[5]) Eppinger, Falta u. Rudinger, Zeitschr. f. klin. Medizin **66**, 1 [1904].
[6]) Aldrich, Amer. Journ. of Physiol. **5**, 457 [1901]. — Journ. Chem. Soc. **27**, 1074 [1905]; v. Fürth, Sitzungsber. d. Akad. d. Wiss. in Wien **112**, Abt. III, März 1903. — Pauly, Berichte d. Deutsch. chem. Gesellschaft **36**, 2944 [1903] **37**, 1388 [1904]. — E. Friedmann, l. c. — Jowett, Proc. Chem. Soc. **20**, 18 [1904]. — Abderhalden u. Bergell, l. c. — Bertrand, l. c.
[7]) Abderhalden u. Bergell, l. c.
[8]) Flächer, l. c.
[9]) Abderhalden u. Guggenheim, Zeitschr. f. physiol. Chemie **57**, 329 [1908].
[10]) Dhéré, Bulletin de la Soc. chim. de France (4. Serie) **1907**, 834.
[11]) Bertrand, l. c.
[12]) G. Bayer, Biochem. Zeitschr. **20**, 178 [1909].
[13]) v. Fürth, Zeitschr. f. physiol. Chemie **23**, 12 [1897]. — Takamine, l. c.

Die alkalische Lösung oxydiert sich leicht erst unter Rot-, dann unter Braunfärbung; auch Jod, Jodsäure[1]), Salpetersäure, Kaliumbichromat, Ferricyankalium, ebenso oxydierend wirkende Metallsalze (z. B. Mercurisalze) bewirken einen Farbenumschlag, ebenso **oxydative Fermente**. [Auszug aus Russula delica[2]), aus dem Tintenbeutel der Sepien, aus melanotischen Tumoren[3])]. Im letzteren Falle färbt sich die Lösung erst rot, dann braunrot und schließlich kommt es zur Abscheidung dunkler Flocken.

Weiteres s. u. bei „Derivate".

Derivate: Eisenverbindung des Suprarenins fällt aus methylalkoholischer, alkalischer Lösung auf Zusatz von Eisenchlorid und Aceton in carminroten Flocken aus. Violettes haltbares Pulver, schwer löslich in Wasser, unlöslich in Alkohol, Äther usw. Neutrale, wässerige Lösung erscheint blau, auf Zusatz von Natriumcarbonat prachtvoll carminrot; bei allmählichem Zusatz verdünnter Säure treten blaue Töne auf; schließlich smaragdgrüne Färbung. Ein größerer Überschuß verdünnter Salzsäure bewirkt Farbenumschlag in Weingelb. Die Verbindung zeigt das physiologische Verhalten des freien Suprarenins[4]).

Harnsaures Salz $C_9H_{13}NO_3 \cdot C_5H_4N_4O_3$.

Mol.-Gewicht: 351; 47,8% C, 4,8% H, 19,9% N.

Darstellung: Äquimolekulare Mengen von Suprarenin und Harnsäure werden mit Wasser übergossen und 24 Stunden lang bei 30—40° gehalten; es erfolgt allmählich Salzbildung, ohne daß Lösung stattfindet. Feine spitze Täfelchen. Das Salz besitzt keinen Schmelzpunkt, ist schwer löslich in kaltem, ziemlich leicht löslich in warmem Wasser[5]).

Weinsaures Salz, saures d-weinsaures l-Suprarenin (Sp. 149°) und saures l-weinsaures d-Suprarenin[6]).

Borsaures Salz (?)[7]).

Epinephrin ist ein Zersetzungsprodukt des Suprarenins, das durch Lösen in konz. Salzsäure oder starker Schwefelsäure, durch Erhitzen im Vakuum auf 117°, durch Benzoylierung und nachfolgende Verseifung u. dgl. aus Suprarenin entsteht. Dasselbe zeigt nicht die charakteristische Blutdruckwirkung des Suprarenins, gibt mit Eisenchlorid keine Farbenreaktion, ist durch Alkaloidfällungsmittel, sowie durch verdünntes Ammoniak sehr leicht fällbar, reduziert nicht ammoniakalische Silberlösung; soll angeblich bei der Kalischmelze Indol oder Skatol liefern[8]).

Abbauprodukte. Bei der Kalischmelze tritt **Protocatechusäure** und **Brenzcatechin**(?) auf[9]). Beim Kochen mit konz. Jodwasserstoffsäure bei Gegenwart von rotem Phosphor wird **Methylamin** abgespalten[10]). Oxydationsmittel liefern **Oxalsäure, Ameisensäure** und **Methylamin**. Das beim Methylieren des Suprarenins mit Dimethylsulfat bzw. Jodmethyl und Natriummethylat erhaltene Reaktionsprodukt gab bei Oxydation **Veratrumsäure** $(CH_3 \cdot O)_2C_6H_3 \cdot COOH$ und bei Alkalispaltung **Trimethylamin**[11]). Durch Oxydation von Suprarenin mit konz. Salpetersäure erhielt Abel[12]) neben Oxalsäure eine schwache Base mit coniin- bzw. piperidinartigem Geruche, von der Zusammensetzung $C_3H_4N_2O_3$ und unbekannter Konstitution (Pyrazolonkörper??).

---

[1]) S. Fränkel u. Allers, Biochem. Zeitschr. **18**, 40 [1909]. — G. Bayer, Biochem. Zeitschr. **20**, 178 [1909]. — Krauß, Biochem. Zeitschr. **12**, 131, [1909].

[2]) Abderhalden u. Guggenheim, Zeitschr. f. physiol. Chemie **57**, 329 [1908].

[3]) Neuberg, Biochem. Zeitschr. **8**, 383 [1908].

[4]) v. Fürth, Zeitschr. f. physiol. Chemie **29**, 105 [1900]; Beiträge z. chem. Physiol. u. Pathol. **1**, 244 [1901].

[5]) Pauly, Berichte d. Deutsch. chem. Gesellschaft **37**, 1388 [1904].

[6]) Flächer, Zeitschr. f. physiol. Chemie **58**, 189.

[7]) Deutsches Reichspatent Klasse 12q, Nr. 167 317 [1906].

[8]) Abel, Serie von Mitteilungen in The John Hopkins Hospital Bulletin 1897—1902; Berichte d. Deutsch. chem. Gesellschaft **36**, 1839 [1903]. — Abel u. Taveau, Journ. of biol. Chemistry **1**, 1 [1906]. — v. Fürth, Zeitschr. f. physiol. Chemie **29**, 105 [1900]. — Pauly, Berichte d. Deutsch. chem. Gesellschaft **37**, 1388 [1904].

[9]) Takamine, Amer. Journ. of Pharmacy **73**, 523 [1901]. — v. Fürth, Sitzungsber. d. Wiener Akad. **112**, III. Abt. März 1903.

[10]) v. Fürth, Sitzungsber. d. Wiener Akad. **112**, Abt. III, März 1903.

[11]) Jowett, Proc. chem. Soc. **20**, 18 [1904]. — Stolz, Berichte d. Deutsch. chem. Gesellschaft **37**, 4149 [1904].

[12]) Abel, Berichte d. Deutsch. chem. Gesellschaft **37**, 368 [1904].

Tribenzolsulfoadrenalin[1]) $C_9H_{10}NO_3(C_6H_5SO_2)_3 = C_{27}H_{25}NO_9S_3$.
Mol.-Gewicht: 603; 53,70% C, 4,18% H, 2,33% N, 15,94% S.

Darstellung: 3 g Suprarenin werden mit 5 ccm Benzolsulfochlorid übergossen, 40 ccm Natronlauge (10%) hinzugefügt, geschüttelt, gekühlt, dann noch 1 ccm Benzolsulfochlorid hinzugefügt und bis zum Verschwinden des Geruches nach Benzolsulfochlorid geschüttelt. Das Reaktionsprodukt scheidet sich beim Stehen auf Eis in fester Form ab. Wird in Eisessig gelöst, mit Eisessig unter Zusatz einer gesättigten Neutralsalzlösung gefällt, mit Wasser gewaschen, im Vakuum getrocknet.

Beginnt bei 49° zu sintern; schmilzt unscharf; optisch aktiv; unlöslich in Säuren und Alkalien.

Addiert bei Behandlung mit Nitrobenzoylchlorid noch einen Acylrest an seiner aliphatischen Hydroxylgruppe:
m-Nitrobenzoyltribenzolsulfoadrenalin $C_{34}H_{28}N_2S_3O_{12} = C_9H_9NO_3(C_6H_5 \cdot SO_2)_3(C_6H_4 \cdot NO_2 \cdot CO)$.
Mol.-Gewicht 752; 53,48% C, 3,81% H, 3,79% N.
Sintert bei 71°, schmilzt bei 80—86°.

Durch Oxydation von Tribenzolsulfoadrenalin mit Chromsäure in Eisessiglösung wird erhalten:
Tribenzolsulfoadrenalon[2]) $C_9H_8NO_3(C_6H_5 \cdot SO_2)_3 = C_{27}H_{23}NS_3O_9$.
Mol.-Gewicht 601; 53,87% C, 3,85% H, 2,34% N, 15,99% S.

Schmelzpunkt scharf bei 106—107°. Große, mehrere Millimeter lange rhombische Spieße, der Länge nach spaltbar. Optisch inaktiv. Unlöslich in Säuren und Alkalien, leicht löslich in Aceton, Chloroform, Pyridin; in Benzol, Essigäther schwer löslich in der Kälte, leicht löslich in der Wärme; mäßig löslich in heißem Alkohol, leicht löslich in heißem Eisessig, unlöslich in Äther, Petroläther und Wasser.

Identisch mit einem Produkt, das durch Einwirkung von Benzolsulfochlorid auf synthetisches Adrenalon (aus Chloracetobrenzcatechin und Methylamin) erhalten wird.

Gibt prächtig krystallisierendes **Nitrophenyl-Hydrazon** (Schmelzp. 174—175°) und bei intensiverer Oxydation mit Chromsäure und Eisessig ein „**Tribenzolsulfoperadrenalon**" (Schmelzp. 196—197°).

Dibenzoyladrenalin[3]) $C_9H_{11}NO_3(C_6H_5 \cdot CO)_2 = C_{23}H_{21}NO_5$.
Mol.-Gewicht 391; 70,42% C, 5,37% H, 3,58% N.

Darstellung: 2 g Suprarenin werden mit einer Lösung von 3 g Benzoylchlorid in 10 ccm Äther, dem 3 ccm Aceton hinzugefügt worden waren und mit 30 ccm kaltgesättigter Natriumbicarbonatlösung 10 Minuten lang geschüttelt, die Ätherschicht mit einigen Tropfen Alkohol versetzt und sukzessive mit Wasser, verdünnter Salzsäure, Sodalösung und nochmals mit Wasser geschüttelt. Dann wird die Lösung mit kalter $^n/_{10}$-Kalilauge extrahiert, wobei das Benzoylprodukt in letztere übergeht und schließlich mit Salzsäure gefällt wird.

Amorph; sintert bei 70°, schmilzt bei etwa 90°; schwer löslich in Benzol und Äther, leicht löslich in Alkohol, Aceton und Essigäther.

Methylenäther [Schmelzp. 81°, Siedep. (140 mm) 189—192°]. **Dimethyläther** [Schmelzp. 64—65°, daraus Chlorhydrat, Schmelzp. 178—179°]. **β-Methyladrenalin** (synthetisches) $(OH)_2C_6H_3 \cdot CH(OH) - CH \cdot CH_3$ (steigert Blutdruck nicht)[4].
$\qquad\qquad\qquad\qquad\qquad\qquad\qquad\qquad\quad |$
$\qquad\qquad\qquad\qquad\qquad\qquad\qquad\qquad\;\; NH \cdot CH_3$

Suprarenin reagiert mit **Phenylsenföl** in alkoholischer Lösung bei Wasserbadtemperatur[5]).

Bei Oxydation eines Gemenges von Suprarenin mit **Dimethylphenylendiaminthiosulfosäure**

$$\begin{array}{c} NH_2 \\ \diagup\!\diagdown S \cdot SO_3H \\ |\quad\;| \\ \diagdown\!\diagup \\ N(CH_3)_2 \end{array}$$

gelöst in Natronlauge bildet sich ein blauer Farbstoff, der durch vorsichtiges Ansäuern mit Essigsäure in ganz unlöslicher Form ausgefällt wird[6]).

---
[1]) v. Fürth, Sitzungsber. d. Wiener Akad. **112**, Abt. III, März 1903. — E. Friedmann, Beiträge z. chem. Physiol. u. Pathol. **8**, 95 [1906].
[2]) E. Friedmann, l. c.
[3]) Pauly, Berichte d. Deutsch. chem. Gesellschaft **37**, 1388 [1904].
[4]) Mamrich, Apothekerzeitung **24**, 60 [1909]; Chem. Centralbl. **1909**, I, 924.
[5]) Pauly, Berichte d. Deutsch. chem. Gesellschaft **36**, 2944 [1903].
[6]) Ehrlich u. Herter, Zeitschr. f. physiol. Chemie **41**, 379 [1904].

Jodothyrin (= Thyreojodin).

Bildung: Das Jodothyrin ist nicht in der Schilddrüse präformiert. Es ist vielmehr ein Spaltungsprodukt der jodhaltigen Eiweißsubstanz der Schilddrüse (Jodthyreoglobulin Oswalds). Bei Extraktion der Schilddrüse mit physiologischer Kochsalzlösung gehen alle jodhaltigen Substanzen in Lösung[1]). Vom Gesamtjod der Schilddrüse entfallen etwa 96% auf das Jodeiweiß, 2% auf wasserlösliche, anscheinend anorganische Jodide[2]). Die Abspaltung des Jodothyrins erfolgt erst nach Zerstörung des Eiweißmoleküls. Dabei geht jedoch anscheinend nicht alles Jod in das Jodothyrin über. Das Jodothyrin scheint den Melaninen nahezustehen; es besitzt wie diese keine konstante Zusammensetzung. Sein Jodgehalt schwankt je nach dem Jodreichtum des Ausgangsmaterials[3]).

Das jodhaltige Thyreoglobulin wird aus wässerigen Schilddrüsenextrakten durch Halbsättigung mit Ammonsulfat gefällt. Neben dem jodhaltigen kommt in der Schilddrüse auch ein jodfreies Thyreoglobulin vor und schwankt der Jodgehalt des Globulins bei verschiedenen Tieren zwischen 0—0,9%, bei normalen menschlichen Schilddrüsen zwischen 0,19—0,3%, bei Kolloidkröpfen zwischen 0,04—0,09%. Bei mehrwöchentlicher Einwirkung von Trypsin wird die Hauptmenge des Jods aus seiner organischen Bindung losgelöst. Bei der Pepsinverdauung werden jodhaltige Albumosen abgespalten, während ein jodreicherer Rückstand zurückbleibt. Das Auftreten des jodhaltigen Globulins ist durchaus an das Vorkommen von Kolloid in der Drüse gebunden[4]). Durch Jodfütterung steigt der Jodgehalt des Jodthyreoglobulins. Das Jod scheint in demselben hauptsächlich an das Tyrosin und das Tryptophan gebunden zu sein; doch ist die Reindarstellung jodierter Aminosäuren oder Polypeptide beim Abbau des Jodthyreoglobulins bisher mißlungen[5]).

Darstellung: a) nach Baumann: Schilddrüsen werden mit der vierfachen Menge Schwefelsäure (10%) 4—8 Stunden lang unter Rückflußkühlung gekocht, der ungelöste Rückstand 2—3 mal mit Alkohol (90%) ausgekocht, der Alkohol vertrieben, der Rückstand der alkoholischen Lösung mit der zehnfachen Menge Milchzuckers verrieben und mit Petroläther extrahiert, der ungelöste Rückstand in Natronlauge gelöst, filtriert und mit Schwefelsäure gefällt. Weitere Reinigung durch wiederholtes Lösen in Alkali und Fällen mit Säure, wobei der Jodgehalt des Präparates allmählich ansteigt[6]).

b) Modifikation nach Fürth und Schwarz: Schilddrüsen werden 10 Stunden lang mit Schwefelsäure (10%) unter Rückflußkühlung gekocht, der ungelöste, abgetrennte Rückstand 20 Stunden lang mit Alkohol (85%) ausgekocht. Die filtrierte alkoholische Lösung wird nunmehr mit dem mehrfachen Volumen Äther versetzt; die sirupöse Fällung abgetrennt. Das Filtrat wird von Alkohol und Äther befreit, der Rückstand mit verdünnter Natronlauge extrahiert, die filtrierte Lösung mit Schwefelsäure gefällt, der Niederschlag mit Wasser gewaschen, im Vakuum über Schwefelsäure bei Zimmertemperatur getrocknet, fein gepulvert, mit Hilfe von Petroläther von fettigen Beimengungen befreit und wieder getrocknet[7]).

Auch durch Verdauung von Schilddrüsen mit künstlichem Magensaft wurde eine Art Jodothyrin gewonnen[8]).

Quantitative Bestimmung: Eine Schätzung der relativen Jodothyrinmenge in der Schilddrüse ist nur auf Grund der Bestimmung der Jodmenge möglich.

a) Vorgang nach Baumann[9]): 1 g der gepulverten, getrockneten Schilddrüse wird im Silbertiegel mit 5 ccm Wasser und 2 g Ätznatron bis zur völligen Verkohlung erhitzt. Nach Entfernung der Flamme wird 1—1½ g feingepulverten Salpeters zugeführt. Aus der durch Schwefelsäure angesäuerten Lösung der Schmelze wird das Jod durch Chloroform gelöst und

---

[1]) Baumann u. Roos, Zeitschr. f. physiol. Chemie **21**, 481 [1896].
[2]) Tambach, Zeitschr. f. Biol. **36**, 549 [1898].
[3]) Blum, Zeitschr. f. physiol. Chemie **26**, 160 [1898]. — Oswald, Archiv f. experim. Pathol. u. Pharmakol. **60**, 115 [1908]. — Fürth u. Schwarz, l. c.
[4]) Oswald, Zeitschr. f. physiol. Chemie **27**, 14 [1899]; **32**, 121 [1901]; Beiträge z. chem. Physiol. u. Pathol. **2**, 544 [1902]; Archiv f. experim. Pathol. u. Pharmakol. **60**, 115 [1908]; Virchows Archiv **169**, 444 [1902].
[5]) Nürenberg, Biochem. Zeitschr. **16**, 87 [1909].
[6]) Baumann, Zeitschr. f. physiol. Chemie **21**, 319 [1895]; **21**, 481 [1896].
[7]) v. Fürth u. K. Schwarz, Archiv f. d. ges. Physiol. **124**, 142 [1908].
[8]) Roos, Zeitschr. f. physiol. Chemie **22**, 18 [1896].
[9]) Baumann, Zeitschr. f. physiol. Chemie **22**, 1 [1896].

colorimetrisch mit einer aus einer Jodkaliumlösung von bestimmtem Gehalte dargestellten Lösung von Jod in Chloroform verglichen.

Oswald[1]) empfiehlt, die Veraschung, statt im Silbertiegel im Nickeltiegel vorzunehmen, um Jodverluste infolge Bildung von Jodsilber zu vermeiden.

b) **Vorgang nach Jolin**[2]): Je 1 g Drüsenpulver wird mit 2 g Ätznatron und $1/2$ g Kalisalpeter im Eisentiegel verbrannt, die Schmelze in Wasser gelöst und das Jod in einer abgemessenen Portion nach Zusatz von Nitritlösung und 10 proz. Schwefelsäure nach Ausschütteln mit Chloroform im Gallenkampschen Colorimeter bestimmt. Vergleich mit einer Lösung von 10 mg Jod in 100 ccm Chloroform.

Jodgehalt der Schilddrüse.

Baumann[3]): In 1 g trockener Drüse des Menschen 0,00033 g, des Pferdes 0,0006 bis 0,0017 g, des Rindes 0,0009—0,0015 g, des Schweines 0—0,0003 g. Rositzky[4]): In 1 g trockener Drüse des erwachsenen Menschen (Steiermark) 0,00037 g, des Kindes 0,00028 g. Oswald[5]): In 1 g trockener Drüse des Menschen (Schweiz) 0,000916. Weiß[6]): Menschliche Schilddrüse (Schlesien) 0,004 g für 7,2 g Durchschnittsgewicht. Roos[7]): In einer ganzen Drüse beim Fuchs 0, Marder 0—0,0004 g, Iltis 0, Katze 0—0,0007 g, Hund 0—0,0054 g, Dachs 0,0002 bis 0,0011 g, Reh 0,0001—0,0013 g, Hase 0—0,0003 g, Schwein 0—0,0022 g. Suiffet[8]): In 1 g Hammeldrüse je nach der Ernährungsart 0,0007—0,0014 g. Baldoni[9]): In 1 g trockener Drüse des Hammels 0,0065 g, des Rindes 0,0074—0,0084 g, des Pferdes 0,0067 g, des Büffels 0,0061 g, des Schweines 0,0031 g. Monéry[10]): In 1 g trockener Drüse des Menschen in Lyon 0,0006 g, in Savoyen (Kropfendemie) 0,0001 g. Jolin[2]): In 1 g trockener Drüse des erwachsenen Menschen in Schweden 0,00156 g, des Kindes 0,00028 g.

Im allgemeinen sind die Schilddrüsen der reinen Fleischfresser sehr jodarm und diejenigen der Pflanzenfresser jodreicher; (die Asche der meisten Landpflanzen ist jodhaltig); die Schilddrüsen der meisten Neugeborenen sind jodfrei. Durch Verabreichung jodreicher Nahrung kann der Jodgehalt der Schilddrüse gesteigert werden. Die Schilddrüse von Hunden kann durch ausschließliche Fleischfütterung ganz jodfrei werden, ohne ihre Funktionsfähigkeit irgendwie einzubüßen. Vielleicht ist das Jod nur ein nebensächlicher Bestandteil der Schilddrüse, der gespeichert wird, etwa in ähnlicher Weise, wie die Leber z. B. Metalle speichert[11]).

Auch die Nebenschilddrüsen sind jodhaltig[12]).

Wird der Hauptanteil der Schilddrüse exstirpiert, so nimmt im Reste der Jodgehalt zu[13]).

Der Jodgehalt von Kröpfen hängt (ebenso wie derjenige normaler Schilddrüsen) von der Menge und Beschaffenheit des Kolloidgehaltes ab. Es gibt sehr jodreiche und jodarme Strumen. Der Jodgehalt des Thyreoglobulins wurde bei Strumen niedriger gefunden (0,04 bis 0,09%) als in der Norm. Je weiter fortgeschritten die Kolloidentartung ist, desto kleiner scheint der relative Gehalt an Jodthyreoglobulin im allgemeinen zu sein. Der absolute Jodgehalt der Schilddrüse kann dabei infolge der großen Menge angehäuften Kolloids ein sehr hoher sein. Übrigens lauten die vorliegenden Angaben nicht übereinstimmend[14]).

Physiologische Eigenschaften: a) **Deckung des Ausfalles der Schilddrüsenfunktion.** Baumann[15]) hielt seinerzeit das Jodothyrin für den einzigen wirksamen Bestandteil der Schilddrüse und sprach ihm die Fähigkeit zu, bei künstlicher Zufuhr die nach Ausschaltung

---

[1]) Oswald, Zeitschr. f. physiol. Chemie **23**, 265 [1897].
[2]) Jolin, Festschrift f. Olaf Hammarsten 1906, vgl. Jahresber. f. Tierchemie **36**, 518.
[3]) Baumann, Zeitschr. f. physiol. Chemie **22**, 1 [1896].
[4]) Rositzky, Wiener klin. Wochenschr. **1897**, 823.
[5]) Oswald, Zeitschr. f. physiol. Chemie **23**, 265 [1897].
[6]) Fr. Weiß, Münch. med. Wochenschr. **1897**, 6.
[7]) Roos, Zeitschr. f. physiol. Chemie **28**, 40 [1899].
[8]) Suiffet, Journ. d. Pharm. et d. Chimie (6) **12**, 50 [1900].
[9]) Baldoni, Untersuch. z. Naturlehre **18** [1900].
[10]) Monéry, Journ. de Physiol. **7**, 611 [1906].
[11]) Roos, l. c. — Miura u. Stölzner, Jahrb. f. Kinderheilk. **45**, 87 [1897]. — Jolin, l. c.
[12]) Chenu u. Morel, Compt. rend. **138**, 1004 [1904]. — Gley, Compt. rend. **125**, 312. — L. B. Mendel, Amer. Journ. of Physiol. **3**, 285 [1900].
[13]) Nagel u. Roos, Engelmanns Archiv **1902**, Suppl. 267.
[14]) Oswald, Zeitschr. f. physiol. Chemie **23**, 265 [1897]; Virchows Archiv **169**, 444 [1907]; Archiv f. experim. Pathol. **60**, 115 [1909]. — Monéry, l. c. — Jolin, l. c. — Nürnberg, Biochem. Zeitschr. **16**, 87 [1909].
[15]) Baumann, Münch. med. Wochenschr. **43**, 309 [1896]. — Baumann u. Goldmann, Münch. med. Wochenschr. **43**, 1153 [1896].

der Schilddrüse (mit Einschluß der Epithelkörperchen) auftretenden Erscheinungen (Myxödem, Tetanie) hintanzuhalten. Einigen wenigen Bestätigungen dieser Annahme[1]) stehen jedoch eine große Anzahl negativer Befunde gegenüber[2]), derart, daß heute die Meinung Baumanns, zum mindesten jedenfalls in bezug auf die mit dem Ausfalle der Epithelkörperchen im Zusammenhang stehende Tetanie, für widerlegt gelten darf. Dies geht auch schon aus der Tatsache hervor, daß neugeborene Tiere, die in ihrer Schilddrüse gar kein Jod enthalten, nach Schilddrüsenexstirpation an Tetanie erkranken.

b) **Wirkung auf den Stoffwechsel.** Aus zahlreichen Beobachtungen scheint hervorzugehen, daß die Verfütterung von Jodothyrin einen ähnlichen Effekt hat, wie die Verfütterung der ganzen frischen oder getrockneten Schilddrüse (Schilddrüsentabletten), nämlich: Abnahme des Körpergewichtes, echte Entfettung, Mehrausscheidung von Stickstoff, Kochsalz und Phosphorsäure, Steigerung des respiratorischen Gaswechsels. Ein Schilddrüsenpräparat soll in bezug auf den Stoffwechsel um so wirksamer sein, je mehr organisch gebundenes Jod dasselbe enthält; eine jodfreie Hundeschilddrüse soll unwirksam sein, jedoch wirksam werden, sobald sie durch vorherige Fütterung mit Jodkali an Jod angereichert wird. Andere jodhaltige Präparate, welche Jod in anorganischer oder organischer Bindung enthalten, äußern angeblich keine analogen Wirkungen[3]).

Jodothyrin soll, in täglichen Dosen zu etwa 1 g gegeben, **parenchymatöse Vergrößerungen der Schilddrüse** sehr vollständig beseitigen[4]).

Nach Fütterung mit Schilddrüse vertragen Mäuse die vielfache tödliche Dosis Acetonitril. Die Wirkung ist dem Jodgehalte der Drüsen proportional und bleibt bei jodfreien Drüsen aus[5]).

c) **Wirkung auf den Zirkulationsapparat.** Die Behauptung Cyons, daß das Jodothyrin eine Erregung intrakardialer Hemmungszentren bewirke und die Erregbarkeit der Vagusendigungen und Depressoren steigere, erscheint widerlegt[6]).

Während das Jodothyrin jede charakteristische unmittelbare Einwirkung auf den Zirkulationsapparat des Hundes und des Kaninchens vermissen läßt, bewirkt bei der Katze die intravenöse Jnjektion einer Jodothyrinlösung (einer Jodmenge von 0,2—0,3 mg entsprechend) einen jähen Abfall des Blutdruckes und das Auftreten großer, langsamer Aktionspulse in der Dauer einiger Minuten. (**Direkte Herzwirkung und Reizung des Vaguszentrums im verlängerten Marke.**)[7]) Dieses Verhalten des Jodothyrins läßt insofern nichts für die Schilddrüse durchaus Eigentümliches erkennen, als auch gewisse jodierte Eiweißkörper[8]), sowie jodierte Melanoidine[7]), welche mit dem Jodothyrin mancherlei Analogien aufweisen, dieselbe Wirkung zeigen.

Langdauernde künstliche Überschwemmung des Organismus mit Schilddrüsenstoffen („**Hyperthyreoidisation**") führt eine Reihe krankhafter Störungen herbei, unter denen **Tachykardie** das weitaus konstanteste ist[9]). Dieselbe scheint an den jodhaltigen Bestand-

---

[1]) Hofmeister, Deutsche med. Wochenschr. **22**, 354 [1896]. — Hildebrandt, Berl. klin. Wochenschr. **1896**, 826.

[2]) Gottlieb, Deutsche med. Wochenschr. **22**, 23 [1896]. — Notkin, Wiener klin. Wochenschr. **1896**, 980. — Wormser, Archiv f. d. ges. Physiol. **67**, 504 [1897]. — Stabel, Berl. klin. Wochenschrift **1897**, 747ff. — Pick u. Pincles, Wiener klin. Wochenschr. **1908**, 241; Protokoll d. k. k. Gesellschaft d. Ärzte, 14. Febr. 1908; Zeitschr. f. experim. Pathol. **7**, 518 [1909].

[3]) Roos, Zeitschr. f. physiol. Chemie **22**, 18 [1896]; **25**, 242 [1898]; **28**, 40 [1899]. — Treupel, Münch. med. Wochenschr. **43**, 118, 885 [1896]. — Ewald, Verhandl. d. Kongr. f. inn. Medizin **14**, 100 [1896]. — Grawitz, Münch. med. Wochenschr. **43**, 312 [1896]. — Hennig, Münch. med. Wochenschr. **43**, 312 [1896]. — Voit, Zeitschr. f. Biol. **35**, 116 [1897]. — Magnus-Levy, Zeitschr. f. klin. Medizin **33**, 269 [1897]; Deutsche med. Wochenschr. **22**, 491 [1896]. — Grawitz, Fortschritte d. Medizin **15**, 849 [1897]. — Anderson u. Bergmann, Skand. Arch. f. Physiol. **8**, 326 [1898]. — F. Kraus, Verhandl. d. Kongr. f. inn. Medizin **1906**, 38.

[4]) Baumann u. Roos, Zeitschr. f. physiol. Chemie **21**, 481 [1896]. — Roos, Münch. med. Wochenschr. **1902**, Nr. 39.

[5]) Reid-Hunt, Journ. of biol. Chemistry **1**, 33 [1907]; Centralbl. f. Physiol. **21**, 474 [1907]; Hygièn. Labarat. Bulletin **1909**, Nr. 47.

[6]) Harnack, Centralbl. f. Physiol. **1898**, 219. — Fenyvessy, Wiener klin. Wochenschr. **1900**, 125. — Isaac u. v. d. Velden, Verhandl. d. Kongr. f. inn. Medizin **1907**, 307; Med.-naturwiss. Archiv **1**, 105 [1907]. — Fürth u. Schwarz, Archiv f. d. ges. Physiol. **124**, 13 [1908].

[7]) Fürth u. Schwarz, l. c.

[8]) Isaac u. v. d. Velden, l. c.

[9]) Vgl. die Zusammenstellung der einschlägigen Literatur: Fürth, Ergebnisse d. Physiol. **8**, 524 [1909].

teil der Schilddrüse geknüpft zu sein, doch ist die Tachykardie nach reichlicher Zufuhr von Jodothyrin auf subcutanem Wege bei Tieren keineswegs konstant zu erzielen. Unter Umständen konnte der Organismus der Versuchstiere mit Jodothyrin überschwemmt werden, ohne daß eine ausgesprochene Tachykardie, eine Gewichtsabnahme oder sonst irgendein Symptom einer „Schilddrüsenvergiftung" zu bemerken gewesen wäre[1]), und es muß die Frage, ob denn das Jodeiweiß wirklich ein wesentlicher Bestandteil des inneren Sekretes der Schilddrüse sei, mit dessen Übergang in das Blut die lebenswichtige Funktion dieses Organes zusammenhängt, vorderhand für offen gelten.

Physikalische und chemische Eigenschaften: Braunes, amorphes Pulver, unlöslich in Wasser, löslich in konzentrierten Mineralsäuren, in Eisessig, verdünnten Ätzalkalien, schwer löslich in heißem neutralen Alkohol, leicht löslich in säurehaltigem Alkohol und Chloroform, schwer löslich in Äther und in Essigäther. Aus der Chloroformlösung wird die Substanz durch Äther flockig gefällt. Fällbar durch Alkaloidfällungsmittel. Das Jod im Jodothyrin ist fest gebunden. Verdünnte Schwefelsäure und Natriumnitrit spalten kein Jod ab. Durch fixe Alkalien, auch durch Natriumamalgam wird langsam Jod abgespalten, nicht aber durch siedendes Barytwasser. Auch gegen kochende Salzsäure ist das Jodothyrin resistent[2]).

Bei mehrstündigem Erhitzen unter einem Drucke von 6 Atmosphären wird Jod abgespalten, und dann erst tritt Millonsche Reaktion, sowie die Ehrlichsche Reaktion mit Dimethylaminobenzaldehyd zutage (Analogie mit Dijodtyrosin bzw. jodiertem Tryptophan)[3]).

Zusammensetzung nach Roos[4]): 57,0—61,4% C, 7,2—8,1% H, 8,9—10,4% N, 1,4% S, 1,3—4,3% J, 0,4—0,5% Cl, 0,4% Asche. Baumann[5]) hat ein Jodothyrin mit ca. 10% Jod, Oswald aus Thyreoglobulin ein solches mit $14^{1}/_{2}$% Jod erhalten[6]). Der Schwefel kann auch ganz fehlen. Das von der Firma Fr. Bayer & Co. in den Handel gebrachte „Thyrojodin" ist eine Milchzuckerverreibung, von der 1 g 0,3 mg Jod enthält.

Hypophysenextrakt.

Der Hypophyse wird vielfach eine lebenswichtige sekretorische Funktion zugeschrieben, und zwar soll die Abtragung des Vorderlappens der Totalexstirpation in ihren Folgen gleich sein, ebenso wie auch ihre Abtrennung von der Schädelbasis, während die Abtragung des Hinterlappens belanglos ist[7]).

Der hintere Teil der Hypophyse ist ein Divertikel des mittleren Hirnventrikels und enthält vorwiegend Neurogliaelemente. Der vordere Anteil besteht aus Drüsenbläschen, deren verschiedene Zellformen (acidophile, basophile, chromophobe Zellen) als verschiedene Stadien eines Sekretionsprozesses aufgefaßt werden; ob und in welcher Weise dieses Sekret (Kolloid?) in die Blutbahn befördert wird, ist unsicher.

Auffälligerweise übt die Injektion des Extraktes des Vorderlappens keinerlei bemerkenswerte Wirkung aus. Dagegen kommen dem Extrakte des Hinterlappens charakteristische physiologische Wirkungen zu, die von denjenigen der Hirnsubstanz verschieden sind.

a) **Wirkung auf den Blutdruck.** Eine durch Kontraktion der Arteriolen bedingte Blutdrucksteigerung von geringerer Intensität, jedoch von längerer Dauer als die durch Adrenalin bewirkte. Dieselbe ist durch eine thermostabile, dialysierbare, in Wasser und Salzlösungen lösliche, in Alkohol und Äther unlösliche Substanz bedingt („Pressor substance"). Daneben findet sich auch noch eine in Alkohol und Äther lösliche, den Blutdruck herabsetzende Substanz [Cholin? oder ein Cholinderivat]. Die gefäßverengende Wirkung macht sich auch überlebenden herausgeschnittenen Gefäßstücken gegenüber geltend[8]).

---

[1]) Hellin, Archiv f. experim. Pathol. u. Pharmakol. **40**, 121 [1898]. — Nikolajew, Archiv f. experim. Pathol. u. Pharmakol. **53**, 447 [1905]. — Fürth u. Schwarz, l. c.
[2]) Baumann, l. c. — Roos, Zeitschr. f. physiol. Chemie **25**, 1, 242 [1898]. — Fürth u. Schwarz, l. c. — Oswald, Archiv f. experim. Pathol. u. Pharmakol. **60**, 115 [1908].
[3]) Nürnberg, Beiträge z. chem. Physiol. u. Pathol. **10**, 125 [1907].
[4]) Roos, l. c.
[5]) Baumann, l. c.
[6]) Oswald, Zeitschr. f. physiol. Chemie **27**, 45 [1899].
[7]) Paulesco, Journ. de Physiol. **9**, 441 [1907].
[8]) Oliver u. Schäfer, Journ. of Physiol. **18**, 277 [1895]. — Howell, Journ. of experim. Medicine **3**, 2 [1898]. — Schäfer u. Vincent, Journ. of Physiol. **24**, XIX [1899]; **25**, 87 [1899]. — de Bonis u. Susanna, Centralbl. f. Physiol. **23**, 169 [1909].

b) **Wirkung auf die Herzaktion.** Hypophysenextrakt bewirkt eine Verstärkung der Systole und eine Verlangsamung der Herzschläge, die auch nach Vagusdurchschneidung oder Vaguslähmung durch Atropin, sowie am isolierten Frosch- und Säugetierherzen in Erscheinung tritt[1]).

c) **Diuretische Wirkung.** Intravenöse Injektion wässeriger Hypophysenextrakte bewirkt eine gesteigerte Diurese, die mit einer Vergrößerung der Niere und einer Erweiterung der Nierengefäße einhergeht[2]). Asher bezeichnet den Hypophysenextrakt als das wirksamste Diureticum, und zwar als das einzige, welches selbst bei sehr niedrigem Blutdrucke noch wirkt.

d) **Glykosurische Wirkung.** Subcutane Injektion von Hypophysenextrakt erzeugt bei Kaninchen (nicht aber bei Hunden) regelmäßig Glykosurie, die nach einigen Stunden einsetzt und etwa einen Tag dauert. Die in etwa 40% aller Akromegaliefälle beobachtete Glykosurie ist als Folge einer Hyperfunktion der Drüse gedeutet worden[3]).

e) **Mydriatische Wirkung.** Hypophysenextrakt erweitert die Pupille des enucleierten Froschbulbus, ohne Adrenalin zu enthalten[4]).

Secretin.

Bayliß und Starling[5]) haben die Tatsache entdeckt, daß saure Darmextrakte eine Substanz enthalten, welche, auf dem Blutwege dem Pankreas zugeführt, eine Sekretion dieser Drüse auslöst; sie haben derselben den Namen „Secretin" beigelegt.

Die **Darstellung** eines secretinhaltigen Darmextraktes erfolgt in der Weise, daß man frische zerkleinerte Darmschleimhaut einige Stunden lang bei Zimmertemperatur mit dem doppelten Volumen 0,4 proz. Salzsäure maceriert, sodann kurz aufkocht, heiß mit Soda neutralisiert und filtriert.

Bezüglich der **Lokalisation** des Sekretins gehen die Ansichten auseinander, insofern manche Autoren in Übereinstimmung mit Bayliß und Starling meinen, es finde sich nur in der Schleimhaut des oberen Teiles des Dünndarmes, also im Bereiche der vom Pylorus her zuströmenden Magensäure[6]), während andere Autoren auch im Magen, Ileum, Rectum und in Lymphdrüsen Secretin gefunden haben bzw. seine allgemeine Verbreitung betonen[7]).

Während die Entdecker des Secretins meinten, es entstehe erst durch Einwirkung der Magensäure auf ein „Prosecretin" in der Duodenalschleimhaut, scheint es jetzt zweifellos, daß das Secretin im Darme präformiert vorkommt und daraus nicht nur durch Säuren, sondern auch durch Salzlösungen, Seifenlösungen, sowie durch Alkohol extrahiert werden kann[8]).

Ob die bei Injektion von Darmextrakten gewöhnlich beobachtete **Blutdrucksenkung** und **lymphagoge Wirkung** für die Secretinwirkung wesentlich sei, ist zweifelhaft[9]). Ebenso ist es zweifelhaft, ob die nach Secretininjektion beobachtete Sekretion des Speichels, des Magen- und Darmsaftes auf einer direkten Drüsenreizung durch Secretin oder auf einer

---

[1]) Howell, l. c. — Cyon, Archiv f. d. ges. Physiol. **71**, 431 [1898]; **73**, 92, 339, 483 [1898]; **81**, 267 [1900]; **87**, 565 [1901]. — Herring, Journ. of Physiol. **31**, 429 [1904]. — Cleghorn, Amer. Journ. of Physiol. **2** [1899]. — Salvioli u. Carraro, Arch. ital. de biol. **49**, 1 [1908].

[2]) Magnus u. Schäfer, Journ. of Physiol. **27**, IX. [1901/02].

[3]) Borchhardt, Zeitschr. f. klin. Medizin **66**, 332 [1908]; Sammelreferat: Ergebnisse d. inn. Medizin u. Kinderheilkunde **3**, 288.

[4]) Borchhardt, l. c.

[5]) Bayliß u. Starling, Journ. of Physiol. **28**, 325 [1902]; **29**, 174 [1903]; Ergebnisse d. Physiol. **5**, 670 [1906].

[6]) Falloise, Bulletin de l'Acad. roy. d. Belgique **1902**, 945. — Fleig, ib. **1903**, 1025, 1106. — Hallion u. Leqneux, Compt. rend. d. l. Soc. d. Biol. **58**, 33 [1906].

[7]) Delezennes et Frouin, Compt. rend. d. l. Soc. d. Biol. **54**, 896 [1902]. — Camus, ib. **54**, 513 [1902]. — Camus et Gley, ib. **54**, 648 [1902]. — Popielski, Centralbl. f. Physiol. **16**, 505 [1902]; **19**, 801 [1906]; Archiv f. d. ges. Physiol. **121** 239 [1908].

[8]) Camus, Journ. de Physiol. **4**, 998. — Delezennes et Pozerski, Compt. rend. d. l. Soc. d. Biol. **56**, 987 [1907]; Archive internat. de Physiol. **2**, 63 [1905]. — Fleig, Journ. de Physiol. **6**, 32, 51 [1904]; Archive internat. de Physiol. **1**, 286 [1904].

[9]) L. B. Mendel and Thacher, Amer. Journ. of Physiol. **9**, 15 [1903]. — Popielski, l. c. — Fleig, l. c. — Falloise, l. c. — Bainbridge, Amer. Journ. of Physiol. **32**, 1 [1905].

sekundären Reizung nervöser Zentren durch Anämisierung oder endlich auf der Wirkung einer beigemengten Substanz beruhe[1]).

In den nach Bayliß und Starling bereiteten Secretinlösungen ist Cholin enthalten, und ist ein Teil der diesen Extrakten eigentümlichen erregenden Wirkung in bezug auf die Sekretionstätigkeit des Pankreas und der Speicheldrüsen auf die Rechnung ihres Gehaltes an Cholin (bzw. eines physiologisch noch wirksameren Umwandlungsproduktes dieser Substanz) zu setzen. Doch kann das Secretin nicht mit dem Cholin identifiziert werden, da die Wirkungen beider nicht parallel gehen, und da der sekretorische Effekt des Cholins durch Atropin völlig aufgehoben, derjenige des Secretins aber nur abgeschwächt wird[2]).

Keinesfalls ist das „Secretin" aber eine einheitliche Substanz. Dasselbe ist vielmehr als ein Gemenge mehrerer die Drüsensekretion auslösender Agenzien anzusehen.

---

[1]) Bayliß u. Starling, l. c. — Camus, l. c. — Borissow u. Walther, Verhandl. Helsingfors 1902. — Lambert u. Meyer, Compt. rend. d. l. Soc. d. Biol. **54**, 1044 [1902]. — Popielski, l. c. — Derouaux, Archive internat. de Physiol. **3**, 44 [1905].

[2]) Fürth u. Schwarz, Archiv f. d. ges. Physiol. **124**, 427 [1908].

Antigene und Antikörper.[1]

Von

W. Weichardt-Erlangen.

Antigene sind zurzeit chemisch noch nicht definierbare organische Substanzen. Durch ihr Verhalten im Tierkörper sind sie aber streng charakterisiert. Nach Einverleibung eines Antigens bildet der lebende Organismus dessen spezifischen Antikörper, d. h. eine Substanz, welche auf das betreffende Antigen in einer ganz bestimmten Weise einwirkt. Als Reagenzien auf Antigene kommen vor allem in Betracht: 1. der lebende Tierkörper; 2. Fällung geformter oder ungeformter Eiweiße, als Agglutination und Präzipitation; 3. Auflösung roter Blutkörperchen (Hämolyse, Komplementfixation); 4. Beeinflussung von Flimmerbewegung (Spermatocide Substanz); 5. Veränderung der Drehung des polarisierten Lichtes (Abderhalden) und 6. Oberflächenreaktion (Epiphaninreaktion Weichardt).

Durch die Auffindung der physiologisch sowie pathologisch wichtigen Eiweißspaltprodukte von Antigencharakter und ihrer Antikörper, sowie durch eingehende Studien mit Reaktion 5 und 6 scheint übrigens eine chemische Charakterisierung dieser so schwierig faßbaren Stoffe nicht mehr ganz aussichtslos.

Abrin.

S. Ricin — Abrin — Crotin.

Agglutinine.

Definition: Chemisch nicht definierbare Antikörper, welche Bakterien aus ihren homogenen Aufschwemmungen zusammenballen.

Vorkommen: In größeren Mengen im Serum von mit einer bestimmten Bakterienart behandelten Tieren, oder eines an einer Infektion Erkrankten.

Darstellung, Nachweis, Verhalten im Tierkörper, physikalische und chemische Eigenschaften: Oft wiederholte Injektion von Reinkulturen eines Mikroorganismus. Es entwickeln sich dann in dem Serum des injizierten Tieres Stoffe, welche die Bakterien, die zur Injektion benutzt wurden, aus homogenen Aufschwemmungen zusammenzuballen imstande sind. Bei quantitativem Arbeiten sind die entstandenen Agglutinine spezifisch für die injizierte Bakterienart, d. h. sie ballen in hohen Verdünnungen nur diese zusammen, nicht eine verwandte Bakterienart.

Nach Arrhenius und Madsen[2]) können wir uns den Mechanismus der Agglutination so erklären, daß im Inneren der Mikroorganismen Fällungen durch die Agglutinine hervorgerufen werden (s. Präzipitine). Die Mikroorganismen verändern dann ihr Verhältnis zur umgebenden Flüssigkeit und fallen aus. Die Agglutinine sind gegen Temperaturen von 55—60° widerstandsfähig. Erst bei 70° werden sie zerstört, und es entstehen **Agglutinoide** (s. Toxoide). Diese binden noch die agglutinable Substanz der Bakterien und besetzen sie, eine Agglutination tritt aber nicht mehr ein. Wegen ihrer Spezifität werden die Agglutinine zur Diagnose unbekannter Bakterien herangezogen: Man läßt ein bestimmtes Agglutininserum auf die betref-

---

[1]) Weitere Literaturnachweise s. R. Kraus und C. Levaditi, Handbuch der Technik und Methodik der Immunitätsforschung. 1909. — W. Weichardt, Jahresbericht über die Ergebnisse der Immunitätsforschung. Bd. I—V.

[2]) Arrhenius, Immunochemie. Leipzig 1907.

fende Bakterienart wirken und sieht, ob die Bakterien zusammengeballt werden oder nicht. Ferner werden die Agglutinine besonders auch zu klinischen Zwecken, zur Diagnose zweifelhafter Erkrankungen, vor allem des beginnenden Typhus benutzt: man läßt das Serum des Patienten auf eine sichere Reinkultur eines bestimmten Mikroorganismus, z. B. von Typhusbacillen, wirken und sieht, ob diese hiernach zusammenballen [Gruber-Widalsche[1])[2])[3])[4]) Reaktion]. Diese hat im letzten Jahrzehnt große Bedeutung erlangt. Um die Gruppenreaktionen, die darin bestehen, daß ein Agglutininserum auch verwandte Mikroorganismen mitagglutiniert, auszuschließen, muß man verschiedene Verdünnungen des Serums anlegen (1 : 50, 1 : 100, 1 : 1000). Das von der Firma Merck in den Handel gebrachte Typhusdiagnosticum (Ficker)[5]) besteht aus einer homogenen Aufschwemmung von Typhusbacillen, welche sehr haltbar ist. Zu ihr wird das verdünnte Krankenserum zugefügt.

Agglutinoide.

S. Agglutinine.

Aggressin.

Definition: Bail[6])[7]) versteht in Anlehnung an frühere Forschungen von Kruse[8]) unter Aggressinen Substanzen, welche die Krankheitserreger im lebenden Organismus sezernieren und ihnen als Schutz dienen, dadurch, daß sie die Verteidigungsmaßnahmen des Organismus zunichte machen, vor allen Dingen die Leukocyten schädigen. Man kann mit den Aggressinen immunisieren und Antiaggressine durch Behandlungen der Tiere erzeugen.
Nachweis, physikalische und chemische Eigenschaften: Bail[6]) gibt an, daß pathogene Bakterien Aggressine bilden, die sich dadurch charakterisieren, daß sie untertödliche Mengen von Bakterien durch ihr Hinzutreten zu tödlichen machen. Ferner hebt Aggressin nach Bail[7]) die schützenden Eigenschaften bakteriolytischer Sera auf. Wassermann und Citron[9]) dagegen machen keine Unterscheidung zwischen den Aggressinen, die im Tierkörper entstehen und denen, welche sie aus den Kulturen gewinnen können (künstliche Aggressine). Auch mit diesen kann man eine Immunisierung der Tiere erreichen.

Aktive Immunisierung.

Definition: Anregen der Zelltätigkeit zum Produzieren von Antikörpern dadurch, daß man den Tieren Antigene (s. diese) einspritzt.

Alexine.

Definition, Vorkommen: H. Buchner nannte die thermolabilen, im Blute unvorbehandelter Tiere vorkommenden Schutzstoffe Alexin, Ehrlich Komplemente, Metschnikoff Cytase.
Physikalische und chemische Eigenschaften: Durch Erwärmen auf 65° werden diese Stoffe zerstört, in Komplementoide (Ehrlich) übergeführt. Diese besitzen wohl noch eine haptophore, bindende, aber nicht mehr eine zymophore, wirksame Gruppe. Weiteres s. Komplementfixation. Durch Injektion von Komplementen und Komplementoiden erhält man Antikomplemente.

Alexocyten.

Definition: H. Buchner nannte so Zellen, die Komplemente absondern.

---

[1]) M. Gruber, Wiener klin. Wochenschr. **9**, 183, 204 [1896]; Münch. med. Wochenschr. **43**, 206 [1896]; **44**, 435 [1897]; **46**, 1329 [1899]; **48**, 1827, 1924 [1901].
[2]) Gruber u. Durham, Münch. med. Wochenschr. **43**, 285 [1896].
[3]) Grünbaum, The Lancet **74**, 806, 1747 [1896, II]; Annales de l'Inst. Pasteur **11**, 670 [1897].
[4]) Widal, Compt. rend. de la Soc. de Biol. X, 4, 760, 902 [1897].
[5]) Ficker, Berl. klin. Wochenschr. **40**, 1021 [1903].
[6]) O. Bail, Archiv f. Hyg. **52**, 272 [1905].
[7]) Bail u. Weil, Wiener klin. Wochenschr. **19**, 839 [1906].
[8]) Kruse, Zieglers Beiträge **12**, 333 [1893].
[9]) Wassermann u. Citron, Deutsche med. Wochenschr. **31**, 1101 [1905].

Allergie.

Definition: Veränderte Reaktionsfähigkeit (v. Pirquet) s. Überempfindlichkeit.

Alttuberkulin.

S. Tuberkulin.

Amboceptor.

S. Immunkörper.

Anaphylaxie.

Schutzlosigkeit. S. Eiweiß als Antigen.

Antiagglutinine.

Definition, Vorkommen, Darstellung, physikalische und chemische Eigenschaften: Behandelt man Tiere mit auf Körperzellen eingestellten Agglutininen, so treten im Serum der behandelten Tiere Antiagglutinine auf, Stoffe, welche die Körperzellenagglutination hintanhalten.

Antigen.

Definition: Alle Antikörper bildenden Substanzen werden durch dieses Wort in ihrer Eigenschaft bezeichnet (ἀντί σῶμα γίγνομαι = Antikörperbildner Deutsch).

Antihämolysine.

S. Hämolysine.

Antikenotoxin.

S. Kenotoxin.

Antikörper.

Definition, Vorkommen: Werden einem Organismus Antigene (s. diese) injiziert, so bilden sich spezifische Stoffe, die bei quantitativem Arbeiten nur auf das zur Injektion verwendete Antigen reagieren. S. Hämolysine, Cytolysine, Antitoxine usw.

Antikomplement.

S. Komplement.

Antitoxin.

Definition, Vorkommen: Injiziert man einem Organismus wasserlösliche Toxine, z. B. Diphtherietoxin oder Tetanustoxin, so bilden sich Stoffe, welche diese Toxine unwirksam machen, neutralisieren.

Arthussches Phänomen.

S. Überempfindlichkeit.

Autolysate.

Überläßt man Bakterienleiber der Selbstverdauung, so erhält man für viele Zwecke brauchbare Impfstoffe.

Autolysine.

Stoffe, welche von ein und demselben Individuum gegen eine Zellart des eigenen Körpers gebildet werden.

Bakterienhämotoxine[1-5] (Bakterienhämolysine).

Definition: Wasserlösliche Stoffwechselprodukte vieler Mikroorganismen.

Vorkommen: In den Reinkulturen der betreffenden Mikroorganismen.

Darstellung, physikalische und chemische Eigenschaften: Die Kulturen werden eine Zeitlang gezüchtet, am besten in Bouillon. Wenn das Maximum der Hämolysinbildung eingetreten ist, wird abfiltriert. Keimdichte Filter halten viel von den Hämolysinen zurück. Deshalb filtriert man am besten durch Filtrierpapier. Das Filtrat wird mit einer Mischung aus 10 T. Carbol, 20 T. Glycerin und 70 T. Aqua destill., wovon 5 auf 100 T. des Filtrates gegeben werden, aufbewahrt[4]). Auch kann man die Hämolysine durch Überschichten mit Toluol konservieren. Die roten Blutkörperchen verschiedener Spezies verhalten sich gegenüber der Wirkung ein und desselben Bakterienhämolysins nicht gleich. Viele Erythrocyten werden sehr rasch aufgelöst, andere sind resistenter. Die verschiedenen Mikroorganismen entstammenden Bakterienhämolysine sind Temperaturen gegenüber in verschiedener Weise resistent. Im allgemeinen werden sie durch chemische Einflüsse leicht zerstört. Zur Bindung der Hämolysine an die roten Blutkörperchen ist eine gewisse Latenzzeit nötig, die je nach der Art der betreffenden Hämolysine verschieden ist. Das vom Tetanusbacillus produzierte Hämolysin bindet sich übrigens auch an die Stromata der roten Blutkörperchen. Im lebenden Körper werden nach Injektion von Hämotoxinen rote Blutkörperchen massenhaft zerstört. Es lagert sich dann in der Milz und Niere reichlich Hämosiderin ab; dabei sinkt der Hämoglobingehalt und die Zahl der roten Blutkörperchen, und es tritt Hämoglobinurie ein. Die Verschiedenheit der Hämolysinproduktion auf Blutagarplatten kann zur Unterscheidung von Stämmen der betreffenden Mikroorganismen verwendet werden, z. B. von Cholera und choleraähnlichen Vibrionen [2]).

Die Bakterienantihämotoxine.[6-9])

Definition: Chemisch nicht definierbar, heben die Wirkung der Bakterienhämotoxine (s. diese) auf.

Darstellung: Wiederholte Injektionen von Bakterienhämotoxinen.

Vorkommen: Das Blutserum normaler Tiere kann unter Umständen ziemlich große Mengen Hämotoxins neutralisieren. Ein und dasselbe Serum zeigt sich oft verschieden wirksam gegen verschiedene Bakterienhämotoxine; demnach sind in jedem Serum verschiedene Antihämotoxine vorhanden. Auch in den Organen normaler Tiere finden sich Substanzen, die Hämotoxinwirkung aufheben. Werden Tiere mit einem Hämotoxin injiziert, so bemerkt man ungefähr vom 10. Tage nach der Injektion an eine beträchtliche Steigerung des Antihämotoxingehaltes ihres Blutserums. Den Höhepunkt erreicht die Antitoxinproduktion am 12.—14. Tage. Erfolgt eine erneute Injektion, so steigt er noch höher. Die Immunantihämotoxine sind für die sie erzeugenden injizierten Hämotoxine spezifisch. Den Antihämotoxingehalt mißt man an der Aufhebung der Hämotoxinwirkung auf rote Blutkörperchen: Man muß Antihämotoxin und Hämotoxin ca. $1/2$ Stunde bei $37°$ aufeinander einwirken lassen, damit die Bindung beider Substanzen vollständig vor sich gehe. Die Wertigkeit der zu erzielenden Antihämotoxine ist je nach der Natur des angewandten Hämotoxins sehr verschieden.

Verhalten im Tierkörper: Auch im Tierkörper läßt sich die neutralisierende Wirkung des Antihämotoxins beobachten und zwar dadurch, daß die schädigenden Wirkungen des Hämotoxins (s. dieses) aufgehoben werden. Die hämotoxinhemmende Wirkung der Normalsera beruht auf verschiedenen Ursachen. So z. B. zeigt sich Cholesterin für die Hemmung der Hämolyse als von Bedeutung. Ransom[8]) wies ferner nach, daß das

---

[1]) Kolle u. Meinike, Klinisches Jahrbuch 1905.
[2]) Kraus u. Prantschoff, Wiener klin. Wochenschr. **19**, 299 [1906]; Centralbl. f. Bakt. Abt. I, Orig. **41**, Nr. 3 [1906]. — Kraus u. Pribram, Wiener klin. Wochenschr. **1905**, Nr. 39; Centralbl. f. Bakt. **41**, 15, 155 [1906].
[3]) Landsteiner u. v. Eisler, Centralbl. f. Bakt. **39**, 309 [1905].
[4]) Neisser u. Wechsberg, Zeitschr. f. Hyg. **36**, 299 [1901].
[5]) Wassermann, Zeitschr. f. Hyg. **22**, 263 [1896].
[6]) Arrhenius, Immunochemie. Leipzig 1907.
[7]) Kraus u. Pribram, Centralbl. f. Bakt. Abt. I, Orig. **41**, 15, 155 [1906]. — Kraus u. Prantschoff, Centralbl. f. Bakt. Abt. I, Orig. **41**, 377, 480 [1906].
[8]) Ransom, Deutsche med. Wochenschr. **27**, 194 [1901].
[9]) Arrhenius u. Madsen, Zeitschr. f. physikal. Chemie **44**, 1 [1903].

Cholesterin die hämolytische Wirkung des Saponins hindert. Nach Noguchi[1]) ist es das Cholesterin, auf dessen Wirkung die antihämotoxische Eigenschaft der Blutsera zurückzuführen ist. Landsteiner[2]) konnte zeigen, daß die Hämolysine der Blutsera zu kolloidalen Substanzen, vor allem zu den Lipoiden Verwandtschaft haben. So z. B. bindet das Ätherextrakt roter Blutkörperchen Tetanushämotoxin, auch Vibrionenhämotoxin. Nach Landsteiner ist dies eine Adsorptionserscheinung, bei der mehrere Faktoren in Betracht kommen, sowohl der chemische Charakter der betreffenden Stoffe, als auch deren physikalische Beschaffenheit. Was den chemischen Charakter anbetrifft, so meinten Abderhalden und Le Count[3]), ob nicht vielleicht die doppelte Bindung und die Hydroxylgruppe des Cholesterins bei dessen hemmender Wirkung von Bedeutung wäre.

Ferner zeigte Landsteiner[2]), daß das Ätherextrakt des normalen Pferdeserums (Lipoide) die Hämolyse durch das Hämotoxin der Tetanusbazillen hemmt, nicht aber die Wirkung der von den Vibrionen und Staphylokokken produzierten Hämolysine. Er vermochte als Grund hiervon anzugeben, daß für Tetanushämotoxin bereits die geringe Menge von 0,0000004 Cholesterin zur Hemmung genügt. Für die Hemmung der Wirkung anderer Hämolysine sind viel größere Mengen Cholesterins nötig. Es sind also ganz außerordentlich geringe Mengen Cholesterins des normalen Serums für die Hemmung der Tetanushämotoxinwirkung schon vollkommen hinreichend. Ferner kommt auch dem Serumeiweiß, vor allem dem Globulin hemmende Wirkung zu. V. Eisler[4]) fand, daß bei fraktionierter Fällung des Globulins ein wesentlicher Unterschied zwischen Normal- und Immunserum besteht. In ersterem enthält der Euglobulinniederschlag alle hemmenden Substanzen, das Pseudoglobulin ist unwirksam, im Immunserum verteilt sich die hemmende Wirkung auf das Euglobulin und Pseudoglobulin.

Bakterienpräcipitine.

S. Präcipitine.

Bakteriolysine (bactericide Substanzen).

Definition: Chemisch nicht definierbare, bakterienzerstörende Stoffe.

Vorkommen: In größeren Mengen im Serum von mit einer bestimmten Bakterienart behandelten Tieren.

Darstellung, Nachweis, Verhalten im Tierkörper, physikalische und chemische Eigenschaften: Oft wiederholte Injektionen von Reinkulturen eines Mikroorganismus. Es entwickeln sich dann in dem Serum des injizierten Tieres Stoffe, welche die Bakterienart, die zur Injektion benutzt wurde, aufzulösen imstande sind. Bei quantitativem Arbeiten sind die entstandenen Bakteriolysine spezifisch für die injizierte Bakterienart, d. h. sie lösen in hohen Verdünnungen nur diese auf. Bei vielen Bakterien ist die Bakteriolyse durch den Zerfall der Bakterien mikroskopisch nicht zu verfolgen, wohl aber dadurch, daß bei der Einwirkung der Bakteriolysine auf die Mikroorganismen spezifische Gifte (Endotoxine nach Pfeiffer) entstehen.

Entdeckt wurde die Bakteriolyse von diesem Autor bei seinen Studien mit Cholerabacillen[5-11]: Spritzt man Serum eines mit Cholerabacillen behandelten Tieres und Cholera-

---

[1]) Noguchi, Centralbl. f. Bakt. Abt. I, Orig. **32**, 377 [1902].
[2]) Landsteiner u. V. Eisler, Centralbl. f. Bakt. **39**, 309 [1905]. — Landsteiner u. v. Jagic, Wiener klin. Wochenschrift **17**, 63 [1904]. — Landsteiner u. Reich, Centralbl. f. Bakt. **39**, 83, 712 [1905].
[3]) Abderhalden u. Le Count, Zeitschr. f. experim. Pathol. u. Therap. **2**, 199 [1905].
[4]) V. Eisler, Wiener klin. Wochenschr. **1905**, Nr. 27, 30.
[5]) R. Pfeiffer u. Wassermann, Zeitschr. f. Hyg. **14**, 46 [1893].
[6]) R. Pfeiffer u. Issaeff, Zeitschr. f. Hyg. **17**, 355 [1894]; Deutsche med. Wochenschr. **20**, 305 [1894].
[7]) R. Pfeiffer, Zeitschr. f. Hyg. **19**, 75 [1895]; **20**, 198 [1895].
[8]) R. Pfeiffer, Deutsche med. Wochenschr. **20**, 898 [1894]; **22**, 97, 119 [1896].
[9]) R. Pfeiffer u. Vagedes, Centralbl. f. Bakt. Abt. I, Orig. **19**, 385 [1896].
[10]) R. Pfeiffer u. Kolle, Centralbl. f. Bakt. Abt. I, Orig. **20**, 130 [1896]; Deutsche med. Wochenschr. **22**, 185 [1896].
[11]) R. Pfeiffer u. Marx, Deutsche med. Wochenschr. **24**, 47 [1898]; Zeitschr. f. Hyg. **27**, 272 [1898].

bacillen in die Bauchhöhle eines Meerschweinchens, so zerfallen letztere binnen kurzem in Körnchen (Pfeiffersche Reaktion)[1]. Diese Reaktion geht in der Bauchhöhle des Meerschweinchens deshalb außerordentlich gut, viel besser als im Reagenzglase vonstatten, weil die Bakteriolysine dort die Bedingungen ihres Wirkens am besten vorfinden. Außerhalb des Körpers verlieren sie sehr schnell ihre Wirksamkeit, da ihre thermolabilen Anteile, die Komplemente (Ehrlich)[2] Alexin (Buchner) leicht zerstört werden. Das im normalen Organismus, also auch in der Bauchhöhle des Meerschweinchens schon vorhandene Komplement macht den hitzebeständigen Teil des Bakteriolysins wirksam, reaktiviert es, so daß auch ältere bakteriolytische Sera im Peritonealraume des Meerschweinchens reagieren. Die Bakteriolysine werden, da sie in hohen Verdünnungen nur für die Bakterienart, durch deren Injektion sie entstanden sind, spezifisch wirken, zur Diagnose von schwer erkennbaren Mikroorganismen, besonders von Cholerabacillen, benutzt. Als Bildungsort der Bakteriolysine wurden vor allem die blutbildenden Organe erkannt.

Bordet[3] stellte zuerst die komplexe Natur der Bakteriolysine fest, indem er zeigte, daß durch Injektion eines Mikroorganismus gewonnene bactericide Sera durch Erhitzen bei 50 bis 60° die bakterientötende Kraft verlieren (Inaktivierung) und sie erst durch Zusatz normalen Serums wiedererlangen. Der hitzebeständige Teil des Bakteriolysins wird nach Ehrlich **Immunkörper** (Amboceptor, Synonyma s. b. Hämolysinen) genannt. Er wird bei der Immunisierung vermehrt, das in jedem normalen Organismus vorkommende Komplement (Alexin) dagegen nicht. Die bactericide Wirkung eines Immunserums kann auch durch den Versuch mit Zählplatten festgestellt werden; man überzeugt sich, welche Anzahl einer bestimmten genau gezählten Menge von Bakterien durch ein bactericides Serum in der Entwicklung gehindert wird.

Bakteriotropine.

S. Opsonine.

Botulinustoxin.

Definition: Wasserlösliches Stoffwechselprodukt der Botulinusbacillen.

Vorkommen: Das Botulinustoxin ist das vergiftende Agens in allen Fällen echter Botulinusinfektion, es findet sich in Reinkulturen des Botulinusbacillus und wird wie das Diphtherietoxin (s. dieses) von den Bacillen ausgeschieden.

Wie Würcker[4] am Erlanger Hygienischen Institut nachweisen konnte, scheinen neuerdings vielfach Putrificusstämme als Bac. botulinus ausgegeben zu werden, so z. B. von Král.

Darstellung: Die Bacillen werden unter anaeroben Bedingungen (s. Tetanustoxin) in Bouillon gezüchtet. Sie werden 3 Wochen lang bei 25° gehalten. Nach van Ermengem[5] eignen sich als Zusätze zu alkalisierter Schweinefleischbouillon: Glucose 1%, Pepsin 1%, NaCl 1% und Gelatine 2%. Nach maximaler Toxinbildung werden die Bouillonkulturen klar filtriert. Brieger und Kempner[6][7] versuchten auf folgende Weise Botulinustoxin darzustellen: sie versetzten die filtrierte Bouillon mit dem doppelten Volumen einer 3proz. Chlorzinklösung und stumpften zu starken Säureüberschuß durch spurweisen Zusatz von Ammoniak ab, der Niederschlag wurde gut gewaschen und ihm so viel 1proz. Ammoniumcarbonatlösung zugesetzt, daß die Flüssigkeit sehr schwach alkalisch reagierte. Es schied sich unlösliches phosphorsaures Zink aus. Das freiwerdende Gift wurde dann mit Ammoniumsulfat ausgefällt. Hierbei fielen Albumosen mit. Die Ausbeuten, welche B. und K. mit dieser Methode erzielten, waren gut. Eine weitere Reinigung des Toxins glückte nicht.

Nachweis, Verhalten der Tierkörper: Zum Nachweis des Botulinustoxins dient der biologische Versuch. Das Gift wird auch im Darmkanal resorbiert. Es entsteht bei Botulis-

---

[1] R. Pfeiffer u. Friedberger, Deutsche med. Wochenschr. **27**, 834 [1901].
[2] M. Neisser, s. Ehrlich, Gesammelte Arbeiten zur Immunitätsforschung. Berlin 1904.
[3] Bordet, Annales de l'Inst. Pasteur **13**, 273 [1899].
[4] Würcker, Diss. med. Erlangen 1910.
[5] Van Ermengem, Zeitschr. f. Hyg. **26**, 1 [1897]. — Kolle u. Wassermann, Handbuch der pathog. Mikroorganismen **2**, 637. S. dort ausführl. Literaturverzeichnis ebenso bei Th. Madsen, Handbuch der Technik und Methodik der Immunitätsforschung **1**, 145.
[6] Brieger u. Kempner, Deutsche med. Wochenschr. **23**, 521 [1897].
[7] Kempner, Zeitschr. f. Hyg. **26**, 481 [1897]

mus eine Veränderung der Absonderung der Schleimhäute des Intestinaltraktus und der Speicheldrüsen. Ferner tritt externe und interne Ophthalmoplegie, Dysphagie, Aphonie und Obstipation auf, sowie Atmungs- und Herzstörungen. Fieber, Sensibilitäts- und cerebrale Störungen fehlen. Kaninchen, Meerschweinchen, Mäuse, Katzen und Affen sind sehr empfindlich gegen das Gift, Ratten und Tauben weniger; ganz unempfindlich sind Frösche und Fische. Frühestens 12—24 Stunden nach Einverleibung des Botulinustoxins treten bei den empfänglichen Tieren die beschriebenen charakteristischen Symptome auf. Bei der Autopsie zeigen sich die Hirngefäße stark blutreich, ebenso die Bauchorgane. In den Lungen pneumonische Herde.

Die Inkubationszeit ist stets dieselbe, ganz gleichgültig, auf welchem Wege das Toxin appliziert worden ist. Bei Injektionen des Botulinustoxins in seröse Höhlen tritt eine Paralyse des Zwerchfells ein, an der die Tiere schließlich zugrunde gehen. Quantitativ bestimmt wird das Gift mittels subcutaner Injektion. Es treten nach Einverleibung genügender Dosen desselben zunächst Gewichtsverlust, später der Tod ein.

Physikalische und chemische Eigenschaften: Das Botulinustoxin ist sehr empfindlich gegen Alkohol und Äther, sowie gegen Oxydationsmittel. Beim Stehen an der Luft wird es bald zerstört; auch ist es lichtempfindlich. Gegen Reduktionsmittel ist es besser resistent. Erhitzt man es 3 Stunden lang auf 58° oder $1/2$ Stunde auf 80°, so wird es zerstört. Ebenso zerstören es Alkalien bald, z. B. vernichtet es eine nur 3proz. Sodalösung. Gegen Säuren ist es dagegen weniger empfindlich.

Botulinusantitoxin.

Definition: Chemisch nicht definierbar, hebt schon in geringer Menge die Wirkungen größerer Mengen des Botulinustoxins auf, neutralisiert es.

Vorkommen: In größerer Menge im Serum von mit Botulinustoxin behandelten Tieren.

Darstellung: Wiederholte Injektion von Botulinustoxin. Es gelang Kempner[1]) zuerst, Ziegen zu immunisieren.

Nachweis, physikalische und chemische Eigenschaften: Nach Kempner ist ein Normalserum ein solches, von dem 1 ccm die Testdosis (diejenige Menge, welche 250 g Meerschweinchen in 2 Tagen tötet) unschädlich macht. Eine andere Wertbestimmung schlug Forssmann[2]) vor. Er setzte einer bestimmten Menge des Serums so viel Botulinustoxin zu, bis die Mischung ein Meerschweinchen von 250 g in 4—5 Tagen tötete. Die Dosis des Toxins, welche durch 1 ccm Serum neutralisiert wird, bezeichnet nach F. die Wertigkeit des Serums.

Die Schlaffheit der Muskulatur bei den Versuchstieren (s. Botulinustoxin) ist ein gutes Merkmal dafür, daß das Toxin neutralisiert ist. An Kaninchen kann man leicht die Grenzwerte L_0 und L_+ bestimmen (s. Diphtherieantitoxin). Es zeigt sich auch hier, bei intravenöser Injektion, daß die Toxin-Antitoxinmischung sich erst allmählich aneinander bindet. Erst nach 24 Stunden Stehen bei Zimmertemperatur findet die vollständige Bindung von Toxin und Antitoxin statt (s. Diphtherietoxin)[3])[4]).

Bovovaccine.

Von Behring stellt durch Trocknen menschlicher Tuberkelbacillen, die noch leben, einen Impfstoff dar, der für Rinder wenig virulent ist.

Crotin.

S. Ricin — Abrin — Crotin.

---

[1]) Kempner, Zeitschr. f. Hyg. **26**, 481 [1897]. — Kempner u. Pollak, Deutsche med. Wochenschr. **23**, 505 [1897].
[2]) Forssmann, Lund 1900; Centralbl. f. Bakt. **38**, 463 [1905].
[3]) Th. Madsen, Centralbl. f. Bakt. **37**, 373, Ref. [1905]; Handbuch d. Technik u. Methodik der Immunitätsforschung **2**, 134; s. dort Literaturverzeichnis.
[4]) Marinesco, Compt. rend. de la Soc. de Biol. **3**, 989 [1896].

Diphtherietoxin.

Definition: Wasserlösliches Stoffwechselprodukt der Diphtheriebacillen.

Vorkommen: Das Diphtherietoxin findet sich als vergiftendes Agens in allen Fällen echter Diphtherieerkrankung, sowie in den Reinkulturen der Diphtheriebacillen. Es wird von den Bacillen ausgeschieden, ist daher in den sorgfältig von ihren Absonderungen getrennten Bacillenleibern nur noch in geringer Menge nachweisbar[1][2] zum Unterschied von den Bakterienleibesgiften (Endotoxinen) zahlreicher anderer Mikroorganismen (z. B. Typhus- und Cholerabakterien).

Darstellung: Nur ganz besonders geeignete Stämme sind zu verwenden, so z. B. der Park-Williams-Bacillus[3] Nr. 8. Die toxigene, d. h. die toxinliefernde Eigenschaft des Stammes muß man zu erhalten suchen. Hierzu haben Rosenau[4], Spronck[5] u. a. geeignete Verfahren angegeben.

Aronson[6] gelang es, durch Anlegen von Oberflächenkulturen sehr wirksame, zur Immunisierung geeignete Diphtheriegifte zu erzielen.

Zum Nährsubstrat wird meist Bouillon verwendet, die man aus Kalbs- und Ochsenfleisch herstellt; zumeist mit Zusatz von Pepton Witte. Park und Williams[3] haben folgende Vorschrift gegeben: Sie neutralisieren zuerst Bouillon und benutzen Lackmustinktur als Indicator; dann alkalisieren sie mit einer Lösung von 5 ccm NaOH im Liter Wasser. Die so alkalisierte Bouillon reagiert zwar mit Lackmus, nicht aber mit Phenolphthalein alkalisch. Nunmehr wird bei 115—120° im Autoklaven sterilisiert. Die Kulturen sind besonders toxisch, wenn das Wachstum üppig, die Reaktion mehr und mehr alkalisch wird, und eine dichte Haut an der Oberfläche sich bildet. In der ersten Zeit bildet der Diphtheriebazillus in den Bouillonkulturen Säure, später schlägt die Reaktion um. Alkali- und Toxinbildung stehen demnach in einem gegenseitigen Verhältnisse insofern, als eine starke Toxinbildung von mehr oder weniger starker Alkalescenz abhängig zu sein scheint. Der Zeitpunkt der größten Toxinausbeute ist außerordentlich verschieden, er liegt zwischen dem 4. und 21. Tage. Läßt man die Kultur über das Maximum der Toxinentwicklung hinaus im Thermostaten, so mindert sich die Giftmenge.

Zur Weitergewinnung des Toxins filtriert man dann die Kulturen durch Papier und hierauf durch eine bakteriendichte Porzellankerze. Man versetzt dann das Toxin mit 0,5% Phenol oder 0,2% Trikresol oder überschichtet es mit Toluol.

Die überaus zahlreichen Versuche, Diphtheriegift in größerer Menge rein, von allen Beimengungen befreit, herzustellen[1][7], haben zu positiven Resultaten nicht geführt.

Nachweis, Verhalten im Tierkörper: Zum Nachweis des Diphtherietoxins dient der biologische Versuch: Es werden Meerschweinchen von 250 g Gewicht mit bestimmten Dosen Diphtheriegift subcutan injiziert. Ist die Dosis tödlich, so zeigen sich nach den ersten 30 Stunden Vergiftungssymptome: Das Tier vermag sich nicht mehr auf den Beinen zu halten und ist sehr empfindlich gegen äußere Einflüsse. An der Injektionsstelle tritt Ödem auf, das sich über mehr oder minder große Gebiete der Bauchfläche hinzieht. Später stoßen sich nekrotische Stellen ab, es kommt dann eine blutende Granulationsfläche zum Vorschein. Anfangs steigt die Körpertemperatur auf 40—41°, später fällt sie bis zum Tode: unter Umständen auf 35—31°. Bleibt eine derartige Hypothermie aus, so überlebt das Tier die Diphtherievergiftung; es verfällt dann in einen chronischen Vergiftungszustand. Bei der Sektion von an akuter Diphtherievergiftung verendeten Meerschweinchen zeigt sich an der Injektionsstelle ein bedeutendes, bisweilen blutiges Ödem, eine Ausschwitzung im Peritoneal- und Pleuraraum, Füllung der Peritonealgefäße und rote Schwellung der Nebennieren. Nicht tödliche Dosen des Diphtherietoxins veranlassen Lähmungen, die gewöhnlich am 15. bis 30. Tage einsetzen.

---

[1] Wassermann u. Proskauer, Deutsche med. Wochenschr. **17**, 585 [1891].
[2] H. Kossel, Centralbl. f. Bakt. Abt. I, **19**, 977 [1895].
[3] Park u. Williams, Journ. of exper. Med. **1**, Nr. 1 [1896].
[4] Rosenau, Hygienic Laboratory Bull. Apr. **1905**, Nr. 21.
[5] H. Spronck, Annales de l'Inst. Pasteur **9**, 758 [1895].
[6] H. Aronson, Berl. klin. Wochenschr. **31**, 453 [1894].
[7] Brieger u. Boer, Deutsche med. Wochenschr. **22**, 783 [1896]. — Brieger u. Krause, Berl. klin. Wochenschr. **1907**, Nr. 30.

Physikalische und chemische Eigenschaften: Das Diphtheriegift wird nach längerer Aufbewahrung abgeschwächt. Dieser Prozeß folgt nach Arrhenius und Madsen[1]) nahezu dem monomolekulären Typus. Vielleicht handelt es sich um eine Hydrolyse des Giftes. In getrocknetem Zustande geht die Abschwächung viel langsamer vor sich. Das Toxin verträgt dann Temperaturen bis zu 70°, ja für kurze Zeit bis zu 100°. In gelöstem Zustande wird es dagegen schon bei 58—60° abgeschwächt (Roux und Yersin)[2]). Alkalien, Säuren, Licht- und Sauerstoffzutritt beschleunigen die Zersetzung. Die toxischen Gruppen des Diphtherietoxins sind weniger resistent als die das Antitoxin bindenden und gehen deshalb zuerst zugrunde. Es entstehen aus den Toxinen Toxoide (Ehrlich). Dieser Tatsache trägt die von Ehrlich[3])[4]) eingeführte Maßmethode Rechnung.

DL (dosis letalis), die kleinste Menge Diphtherietoxins, welche ein Meerschweinchen von 250—300 g am 4., höchstens am 5. Tage sicher tötet. Diejenige Toxindosis, welche durch Vermischen mit einer Immunitätseinheit Antitoxin soeben noch entgiftet — neutralisiert — wird, heißt L_0 (Limes Null). Die Giftdosis, welche nach Mischen mit einer Immunitätseinheit Antitoxin soeben noch hinreicht, ein Meerschweinchen von 250—300 g in einem Zeitraume von 3—4 Tagen zu töten, wird bezeichnet mit dem Ausdrucke L_+. Die Differenz zwischen L_+ und L_0 ist bei den verschiedenen Diphtheriegiften verschieden, d. h. die Giftigkeit eines Diphtherietoxins deckt sich nicht mit der Absättigbarkeit durch eine bestimmte Menge Antitoxin. Daher müssen diese drei Werte, die DL-, die L_0- und die L_+-Dosis stets genau bestimmt werden, wenn man die Eigenschaften des betreffenden Toxins, namentlich auch in bezug auf sein Verhalten dem Antitoxin gegenüber, kennen lernen will.

Bezüglich des außerordentlich vielgestaltigen Krankheitsbildes der menschlichen Diphtherie sei auf die Lehrbücher der inneren Medizin verwiesen.

Diphtherieantitoxin.

Definition: Chemisch nicht definierbar, hebt schon in geringer Menge die Wirkung größerer Mengen des Diphtherietoxins auf, neutralisiert das Toxin vollkommen.

Vorkommen: In geringen Quantitäten schon im normalen Blutserum vieler Warmblüter, in größerer Menge im Serum von mit Diphtherietoxin behandelten Tieren (v. Behring)[5])[6])[7]).

Darstellung: Oft wiederholte Injektionen von geeignetem Diphtherietoxin, dessen toxische Bestandteile vorher durch längeres Lagern oder durch Chemikalien abgeschwächt worden sind. Den injizierten Pferden werden allmonatlich, nachdem die Antikörperbildung ad maximum gesteigert ist, durch Venaepunktion der Jugularis etwa 6 kg Blut entzogen. Das von dem Blutkuchen getrennte Serum wird mit 0,5% Phenol oder 0,4% Trikresol versetzt, unter staatlicher Kontrolle abgefüllt und die Abfüllungen nach Bestätigung des angegebenen Antitoxingehaltes durch das Institut für experimentelle Therapie in Frankfurt a. M. unter genauer Bezeichnung des Gehaltes an Immunitätseinheiten den Apotheken zum Alleinvertrieb überwiesen.

Eine Reindarstellung des Diphtherieantitoxins ist, trotz hundertfältiger Bemühungen, noch niemals geglückt. Auch die Konzentrationsmethoden: Ausfrieren (Bujwid)[8]), sowie Aussalzen: Brodie[9]), Tizzoni[10]), Dieudonné[11]), Brieger[12]), Pick[13]),

---

[1]) Arrhenius u. Madsen, Le poison diphthérique. Acad. Royal des Sciences et des Lettres de Danemark **1904**.
[2]) Roux u. Yersin, Annales de l'Inst. Pasteur **2**, 629 [1888]; **3**, 273 [1889]; **4**, 385 [1890].
[3]) Ehrlich, Klinisches Jahrbuch **6**, 299 [1897].
[4]) B. Otto, Die staatliche Prüfung der Heilsera. Jena 1906.
[5]) v. Behring, Zeitschr. f. Hyg. **12**, 1 [1892].
[6]) v. Behring u. Wernicke, Zeitschr. f. Hyg. **12**, 10 [1892].
[7]) v. Behring, Die Blutserumtherapie I, II. Leipzig 1892; Geschichte der Diphtherie. Leipzig 1893.
[8]) Bujwid, Centralbl. f. Bakt. Abt. I, Orig. **22**, 287 [1897].
[9]) Brodie, Journ. of Pathol. and Bact. **4**, 460.
[10]) Tizzoni, Virchow-Festschrift **3**, 30 [1891].
[11]) Dieudonné, Arbeiten aus d. Kaiserl. Gesundheitsamte **13**, 293.
[12]) L. Brieger u. N. Krause, Berl. klin. Wochenschr. 28. Juli **17**, 946 [1907].
[13]) Pick u. Schwoner, Wiener klin. Wochenschr. **17**, 1055 [1904].

Aronson[1]), Brunner und Pinkus[2]) u. a. haben Allgemeinanwendung nicht gefunden. Man gebraucht vielmehr in Deutschland nur das unveränderte Immunserum sachgemäß behandelter Pferde. Dagegen hat besonders in Amerika neuerdings das Gibsonsche[3]) Konzentrationsverfahren Verbreitung erlangt: Antitoxisches Blutplasma wird fraktioniert nach und nach mit immer höher konzentrierten Ammonsulfatlösungen gefällt. Die Globulinfällungen der höheren Fraktionen, welche in gesättigter Chlornatriumlösung löslich sind, enthalten relativ mehr Antitoxin als die Globulinfällungen der niederen. Durch geschickte Benutzung dieses Umstandes gelingt es, aus dem 400fachen Serum eine 2000fache Globulinlösung herzustellen.

Nachweis: a) Qualitativer: Mit Hilfe des biologischen Absättigungsversuches gegen das spezifische Diphtherietoxin. b) Quantitativer: Mittels der von Ehrlich[4])[5])[6]) ausgearbeiteten Antitoxinbestimmung.

Zunächst wird L_t ermittelt, d. h. die kleinste Menge Diphtherietoxins (s. dieses), welche mit einer Immunisierungseinheit Antitoxin gemischt und unter die Haut eingespritzt, Meerschweinchen von 250 g nach 4—5 Tagen tötet.

Eine Anzahl abfallender Mengen Serums werden mit dieser Testdosis (L_t) gemischt und die Gemische injiziert. Hierbei ergibt sich diejenige Menge des Antiserums, welche soeben den Tod noch verhindert. Beträgt dieselbe $1/400$ ccm, so heißt das Serum 400fach und enthält 400 I.-E. In 1 ccm Normalserum ist 1 I.-E. enthalten. Das Frankfurter Testserum ist 10fach.

Die Immunitätseinheit ist von Ehrlich willkürlich gewählt, sie sättigte seinerzeit von einem zur Verfügung stehenden Gifte 100 Doses letales vollkommen ab. Dieses Standartserum des Frankfurter staatlichen Institutes wird in getrocknetem Zustande vor Luft und Licht geschützt aufbewahrt.

Das Diphtherieantitoxin neutralisiert das Diphtherietoxin nach dem Gesetze der multiplen Proportionen.

Physikalische und chemische Eigenschaften: Das Diphtherieheilserum des Handels behält zumeist seine antitoxischen Eigenschaften für Jahre unverändert, wenn es vor Wärme, Licht usw. geschützt aufbewahrt wird. Immerhin muß es von Zeit zu Zeit nachgeprüft werden. Findet sich hierbei, daß der Gehalt einer Fabrikationsnummer an Antitoxin etwas gesunken ist, so wird diese Nummer eingezogen.

Verhalten im Tierkörper: Das Diphtherieantitoxin wird vom Organismus reaktionslos vertragen. Prophylaktisch injiziert kreist es in den Körpersäften und fängt dort etwa auftretendes Diphtherietoxin ab, entgiftet es. Ist das Diphtherietoxin bei fortgeschrittenem Krankheitsprozesse bereits an die lebenswichtigen Zellen verankert (Dönitz)[6]), so bedarf es, je länger nach der Infektion, um so größerer Antitoxindosen, das Diphtherietoxin den Zellen wieder zu entreißen.

Im Verlaufe von etwa 14 Tagen wird das Diphtherieantitoxin mit dem artfremden Serum aus dem menschlichen Organismus wieder eliminiert. Werden in bestimmten Zeiträumen wiederholt größere Mengen des Diphtherieheilserums injiziert, so kann das mitinjizierte körperfremde Pferdeserum Erscheinungen der Anaphylaxie (Überempfindlichkeit, s. diese) herbeiführen.

Dysenterietoxin.

Definition: Wasserlösliches Stoffwechselprodukt der Shiga-Kruseschen Dysenteriebacillen. Aus den Flexnerschen Bacillen gelingt es nicht, ein wasserlösliches Dysenterietoxin herzustellen.

Vorkommen: Das Dysenterietoxin findet sich als vergiftendes Agens in allen Fällen von Infektion mit Shiga-Kruseschen Dysenteriebacillen, sowie in den Reinkulturen dieser Krankheitserreger. Es wird wie das Diphtherietoxin (s. dieses) von den betreffenden Bacillen ausgeschieden.

---

[1]) Aronson, Berl. klin. Wochenschr. **31**, 453 [1894].
[2]) Brunner u. Pinkus, Biochem. Zeitschr. **5**, 381—393 [1907].
[3]) Gibson, Journ. of biol. Chemistry **1**, 161 [1906].
[4]) Ehrlich, Klinisches Jahrbuch **6**, 299 [1897].
[5]) B. Otto, Die staatliche Prüfung der Heilsera. Jena 1906.
[6]) Dönitz, Arch. internat. de Pharmacodynamie et de Thérapie **5**, 425 [1899].

Darstellung: Man züchtet die Bacillen auf lackmusneutraler Bouillon, die mit 0,3% krystallisierten kohlensauren Natron versetzt worden ist. Das Auftreten starker Alkalescenz zeigt an, daß die Kulturflüssigkeit sehr toxisch geworden ist. Nach 2 bis 3 Wochen filtriert man die Bouillonkultur. Aus toxinreichen Flüssigkeiten läßt sich Dysenterietoxin durch Ammonsulfat aussalzen, sowie durch Ausfällen mit abs. Alkohol trocken gewinnen.

Nachweis, Verhalten im Tierkörper: Zum Nachweis des Dysenterietoxins dient der biologische Versuch: Das für Dysenterie empfänglichste Tier ist das Kaninchen. Nach 10- bis 12stündiger Inkubationszeit tritt nach intravenös injizierten tödlichen Dosen folgendes Krankheitsbild ein: Paresen, zumeist der hinteren Extremitäten, selten der vorderen, später ausgesprochene Paralysen. Dazu tritt, und zwar bei dem dritten Teile der Versuchstiere, Diarrhöe auf, zum Teil blutige. Unter Hypothermie und zunehmender Lähmung verenden die Kaninchen nach 24—48 Stunden, bisweilen jedoch erst am 3. bis 4. Tage. Vom Magen-Darmkanal aus wirkt das Gift nicht. Während Hunde, Katzen und Affen empfänglich sind, verhalten sich Tauben, Meerschweinchen und Hühner refraktär gegen das Dysenterietoxin. Die in der Leiche der Versuchskaninchen vorhandenen anatomischen Veränderungen gleichen in hohem Maße denen in menschlichen Dysenterieleichen.

Es besteht im allgemeinen eine hämorrhagisch-nekrotisierende Enteritis. Während der Dünndarm niemals, das Anfangsstück des Kolons selten betroffen ist, finden sich im Blinddarm stets nekrotische Stellen.

Die Entwicklung des Krankheitsprozesses ist folgende: Zunächst entzündliches Ödem, dann Hämorrhagie und Schwellung der Schleimhaut, dann Nekrose, besonders auf den Faltenkämmen des Darmes. Falls die Tiere am Leben bleiben, tritt Narbenbildung auf. Auch das Nervensystem zeigt Veränderungen, und zwar solche, wie bei Poliomyelitis acuta anterior und bei Polyencephalitis. Die durch das Dysenterietoxin bewirkte Enteritis wird auf die Ausscheidung des spezifischen Giftes durch die Schleimhäute bezogen. Es ist wahrscheinlich, daß die chemische Beschaffenheit des Darminhaltes im Coecum hierbei von Einfluß ist. Der Dünndarm scheint von dysenterischen Prozessen deshalb frei zu bleiben, weil seine Wand antitoxische Wirkung auf Dysenterietoxin auslöst. Die Dysenterietoxine verschwinden aus dem Blute relativ rasch, sie werden im Nervensystem und Coecum fixiert, vielleicht auch im Dünndarm entgiftet.

Physikalische und chemische Eigenschaften: Das Dysenterietoxin ist relativ resistent. Unter Toluol kann man keimfreie Giftlösungen Monate hindurch konservieren, ebenso durch Zusatz von 0,5% Carbolsäure. Erst nach $3/4$—1 Jahre tritt Verlust bis etwa um die Hälfte der Toxicität ein. Werden Dysenteriekulturen 1 Stunde lang auf 58° erwärmt, so sterben die Bacillen ab, jedoch ohne daß die Giftigkeit der Kulturen sinkt. Temperaturen von 60—70° dagegen wirken abschwächend auf das Gift ein und solche von 100° vernichten es in wenig Minuten. Licht und Fermente sind ohne wesentlichen Einfluß auf das Gift, Trypsin und Enterokinase schädigen es kaum. Auch ist das Dysenterietoxin gegen Mineralsäuren resistent, ja es entsteht durch deren Einfluß geradezu eine ungiftige Modifikation desselben. Durch Zufügen einer starken Basis wird diese jedoch wieder in das ursprüngliche Toxin zurückverwandelt.

Literatur s. unter Dysenterieantitoxin.

Dysenterieantitoxin.

Definition: Chemisch nicht definierbar, hebt die Wirkung des von den Shiga-Kruseschen Bacillen sezernierten Toxins auf.

Vorkommen: Im Serum von mit Dysenterietoxin behandelten Tieren.

Darstellung: Oft wiederholte Injektion von geeigneten Dosen Dysenterietoxin (s. dieses) bei Ziegen und Pferden. Die Intervalle zwischen den Einzelinjektionen betragen in der Regel 7 Tage. Blutentnahme zumeist 14 Tage nach der letzten Injektion. Am besten bewährt sich das Verfahren der kombinierten Immunisierung, bei dem am Tage vor der jedesmaligen Toxinapplikation dem Serum liefernden Tiere 50—100 ccm Dysenterieantitoxin injiziert werden. Man kann die ersten Toxininjektionen sehr hoch wählen. Während der Immunisierung treten lokale Infiltrationen an den Injektionsstellen ein, aber auch Allgemeinreaktionen, z. B. Fieber.

Nachweis: a) Qualitativer: Mit Hilfe des biologischen Absättigungsversuches gegen das spezifische vom Bacillus Dysenteriae Shiga-Kruse abgesonderte Dysenterietoxin. Gegen den Dysenteriebacillus Flexner schützt das Dysenterieantitoxin nicht. b) Quantitativer: Das Dysenterieantitoxin neutralisiert das Dysenterietoxin nach dem Gesetze der multiplen Proportionen.

Als Versuchstier wird das Kaninchen verwendet, das man intravenös injiziert. Die Sera der Injektionstiere werden vor der Behandlung und während derselben in 4 wöchentlichen Intervallen untersucht 1. auf ihr Neutralisationsvermögen in vitro, 2. auf ihre neutralisierende Wirkung im Organismus und 3. auf ihren kurativen Wert. Diese drei Eigenschaften steigen während der Immunisierung nicht gleichmäßig. Zur Behandlung des Menschen finden nur solche Dysenteriesera Verwendung, von denen 0,1 ccm oder weniger Kaninchen von 1000 g gegen die gleichzeitige, aber an anderer Stelle ausgeführte intravenöse Injektion der einfachen Dosis letalis des Dysenterietoxins schützt (Kraus und Dörr)[1]).

Verhalten im Tierkörper: Durch Shiga-Kruse-Bacillen hervorgerufene Dysenterieerkrankungen werden bei frühzeitiger Anwendung des Dysenterieserums erheblich gebessert; es gehen die Allgemein- und die lokalen Symptome schnell zurück.

Physikalische und chemische Eigenschaften: Das Dysenterieantitoxin ist im Vergleich zu dem dazugehörigen Toxin wenig resistent, besonders gegen erhöhte Temperatur. Durch 1 stündiges Erwärmen auf 70° kann man das Dysenterietoxin aus den ungiftigen Toxin-Antitoxingemischen durch Zerstörung des Antitoxins wieder in Freiheit setzen. Dieser Versuch beweist, daß Toxin und Antitoxin nur aneinander gekettet, das Toxin aber nicht durch das Antitoxin zerstört wird. Wegen dieser geringen Haltbarkeit des Dysenterieserums werden die Vorräte im Wiener serotherapeutischen Institute alljährlich im Frühjahr erneut.

Eiweiß als Antigen.

Definition: Nach Injektion von ungeformtem Eiweiß reagiert der Organismus mit der Bildung von Antikörpern, von denen die wichtigsten die Präcipitine sind (s. diese). Ferner bilden sich in ihrer Wirkung den Cytolysinen und den bactericiden Substanzen (s. diese) ähnliche Antikörper.

Bei der Cytolyse ungeformten Eiweißes werden nämlich, ebenso wie bei der Cytolyse geformter Eiweiße (z. B. von Bakterien und von Blutkörperchen) Gifte frei, die nach der Natur des jeweiligen durch das spezifische Cytolysin beeinflußten Eiweißes sehr verschieden sind (Weichardt)[2]). So z. B. entsteht aus dem Polleneiweiß, das durch die Cytolysine des Serums der Heufieberkranken verdaut wird, im Organismus dieser Individuen das auf die Schleimhäute dieser Kranken außerordentlich reizend wirkende Heufiebertoxin. Weichardt konnte ferner nachweisen, daß auch aus den Eiweißen der Placenta (Syncytialzellen) durch die Wirkung spezifischer Syncytiolysine Gifte frei werden, durch welche dann mit hoher Wahrscheinlichkeit der anaphylaktische Symptomenkomplex der Eklampsie ausgelöst wird. (Erste passive Übertragung von Eiweißanaphylaxie mittels Serum anaphylaktischer Tiere auf unvorbehandelte)[2]).

Nachweis, Verhalten im Tierkörper: Erkannt werden diese Cytolysine in ihren Beziehungen zu den zugehörigen Eiweißen durch die charakteristischen pathologischen Veränderungen, welche die bei der Cytolyse ungeformten Eiweißes in Freiheit gesetzten Endotoxine im Tierkörper hervorrufen. Oft kommt es zu stürmischen Erscheinungen bei einem Individuum, dem ein und dieselbe Eiweißart nach der ersten Injektion zum zweiten Male intravenös einverleibt wird, wenn sich bei diesem Individuum anaphylaktisierende (cytolytische) Antikörper gebildet haben. Tiere verenden dann unter Umständen unter Krampferscheinungen. Manchmal überwiegt ein soporöser Zustand mit verlangsamter Atmung und verminderter Körpertemperatur, aus dem sich die Tiere wieder erholen. Weichardt untersuchte das bei derartiger Eiweißcytolyse entstehende Giftspektrum. Er fand höher molekulare Eiweißspaltprodukte von Antigencharakter, die, wenig toxisch, Tieren einverleibt, Niedergang der Körpertemperatur, Atemverlangsamung und Sopor veranlassen (s. Kenotoxin). Die weniger hochmolekularen Anteile die-

---

[1]) Dörr, Das Dysenterietoxin. Jena 1907. S. dort ausführliches Literaturverzeichnis.
[2]) W. Weichardt, Münch. med. Wochenschr. **48**, 2095 [1901]; Deutsche med. Wochenschr. **28**, 624 [1902]; mit Pilz, Deutsche med. Wochenschr. **32**, 1854 [1906]; Berl. klin. therapeut. Wochenschr. **1903**, Nr. 1; Berl. klin. Wochenschr. **43**, 1184 [1906]; Sitzungsber. d. physikal.-medizin. Societät Erlangen **37**, 209 [1905]; Serologische Studien auf dem Gebiete der experimentellen Therapie. Stuttgart 1905; Über Ermüdungsstoffe. Stuttgart 1910.

ses Giftspektrums, die durch Dialyse abtrennbar sind, verursachen bei den Tieren krampfartige Erscheinungen. Im Darmkanal oft hochgradige Entzündungen enteritis anaphylactica (Schittenhelm u. Weichardt)[1]).

Unspezifische, Proteinsubstanzen verdauende Fermente wurden nach Einverleibung von Eiweiß durch die von E. Abderhalden[2]) in die biologische Wissenschaft eingeführte Polarisation von ihm und seinen Mitarbeitern nachgewiesen.

Der Nachweis spezifischer eiweißverdauender Cytolysine wird durch die Komplementfixation (s. diese) ermöglicht. So kann eine außerordentlich feine Differenzierung verwandter Eiweißarten durchgeführt werden mittels eines durch Injektion einer bestimmten Eiweißart hergestellten Serums, das nur mit der Serumart zusammengebracht, Komplemente fixiert, durch deren wiederholte Injektion es erzeugt ist. Ferner konnten Sleeswijk[3]), Uhlenhuth[4]), Friedberger[5]) u. a. zeigen, daß ein enger Zusammenhang zwischen Komplementfixation und Eiweißanaphylaxie besteht: So schwinden bei Eintritt der Anaphylaxie Komplemente aus dem Serum und Mittel, die eine Komplementbindung hindern, verhindern auch den Eintritt der Eiweißanaphylaxie.

Endotoxine.

S. Bakteriolysine.

Fixateur.

Definition: Metschnikoff[6]) nennt Fixateur den hitzebeständigen Teil bakteriolytischer Antisera. Er fixiert sich nach seiner Vorstellung an die Bakterien, die dann leichter eine Beute der Phagocyten werden. Synonyma sind Amboceptor und Immunkörper.

Fixierungsreaktion.

S. Komplementbindung.

Gruber-Widalsche Reaktion.

S. Agglutinine.

Hämagglutinine.

Definition, Vorkommen, Darstellung: Injiziert man Tiere mit Blutkörperchen einer anderen Spezies, so treten in dem Serum dieser Tiere bald Stoffe auf, die bei quantitativem Arbeiten nur die Blutkörperchenart zusammenballen, welche zur Injektion benützt worden ist. Es gibt auch Hämagglutinine, die von pflanzlichen und tierischen Organismen gebildet werden und nicht zu den Antikörpern gerechnet werden können.

Hämolysine.

Definition: Chemisch nicht definierbare, rote Blutkörperchen in spezifischer Weise auflösende Stoffe.

Vorkommen: In größeren Mengen im Serum von mit einer bestimmten Art von roten Blutkörperchen behandelten Tieren.

Darstellung, Nachweis, physikalische und chemische Eigenschaften: Oft wiederholte Injektion von mit physiologischer Kochsalzlösung gewaschenen roten Blutkörperchen. Es ent-

---

[1]) A. Schittenhelm u. W. Weichardt, Münch. med. Wochenschr. **1910**, Nr. 34.
[2]) E. Abderhalden, Med. Klin. **1909**, Nr. 41. — Abderhalden u. Pincussohn, Zeitschr. f. physiol. Chemie **61**, 199 [1909]. — Abderhalden u. Weichardt, Zeitschr. f. physiol. Chemie **62**, 120, 243 [1909]. — Weitere Arbeiten vgl. in den weiteren Bänden der genannten Zeitschrift.
[3]) Sleeswijk, Zeitschr. f. Immunitätsforschung usw. Orig. **5**, 580 [1910].
[4]) Uhlenhuth, Zeitschr. f. Immunitätsforschung usw. Orig. **4**, 761 [1910].
[5]) Friedberger, Zeitschr. f. Immunitätsforschung usw. Orig. **4**, 636 [1910].
[6]) Metschnikoff, Immunité dans les maladies infectieuses. Paris 1901.

wickeln sich dann im Serum des injizierten Tieres Stoffe, welche die rote Blutkörperchenart, die zur Injektion benützt wurde, aufzulösen imstande sind. Bei quantitativem Arbeiten sind die entstandenen Hämolysine spezifisch für die infizierte Blutkörperchenart, d. h. sie lösen in hohen Verdünnungen nur diese auf, nicht die Blutkörperchenart einer verwandten Tierspezies. Bei dieser Auflösung roter Blutkörperchen werden, wie bei der Auflösung von Mikroorganismen, Gifte frei. Es kommt nach Auflösung vieler Erythrocyten zu schweren Störungen, zu Thrombosierungen und deren Folgeerscheinungen. Die Immunhämolysine sind, wie die Bakteriolysine, komplexer Natur. Beim Studium der Immunhämolysine wurden die bei den Bakteriolysinen (s. diese) gewonnenen Erfahrungen befestigt und erweitert. Auch die Hämolysine bestehen aus dem während der Immunisierung sich vermehrenden hitzebeständigen Immunkörper und dem labilen, im normalen Organismus vorkommenden Komplement (Alexin, s. Bakteriolysine). Entdeckt wurden die Hämolysine von Belfanti und Carbone. Bordet[1]) vor allem studierte dann das genauere Verhalten dieser Stoffe und ihre Gesetzmäßigkeiten: Erhitztes, immunkörperhaltiges Immunserum wird durch Zufügen frischen komplementhaltigen Serums eines unbehandelten Tieres wieder wirksam (Reaktivierungs- oder Komplettierungsversuch) Ehrlich[2]) konnte feststellen, daß der hitzebeständige Immunkörper an die Blutkörperchen gebunden wird. Durch die Vermittlung des Immunkörpers erst kann das Komplement auf die Blutkörperchen wirken und sie auflösen. (Absorptionsexperimente). Nach der Annahme von Bordet macht der Amboceptor die Blutkörperchen erst für die Komplemente sensibel. Er nannte den Amboceptor deshalb Substance sensibilisatrice. Nach der Gruberschen Anschauung präpariert der Immunkörper die Blutkörperchen und Bakterien für die Einwirkung des Alexins. Er nennt ihn deshalb Präparator[3]). Nach der Metschnikoffschen Theorie[4]) fixiert sich der Immunkörper der Bakterien auf die Blutkörperchen, die, dadurch geschädigt, den Leukocyten leichter zum Opfer fallen. Er nennt deshalb den Immunkörper Fixateur.

Hämolysine bei Individuen einer Spezies durch Injektion von artgleichen Blutkörperchen zu erzeugen, gelingt schwer. Man nennt diese Stoffe Isolysine. Bei einem und demselben Individuum durch Injektion der eigenen Blutkörperchen Hämolysine zu erzeugen, gelang jedoch nicht (Horror autotoxicus Ehrlich). Injiziert man einem Individuum Hämolysine, so bilden sich in dem Serum desselben Antihämolysine, das sind Stoffe, welche die Blutkörperchen auflösende Wirkung der Hämolysine aufheben. Sie bestehen aus Antikomplement und Antiamboceptor.

Nicht komplexe Hämolysine werden von vielen Bakterienarten produziert (s. Hämotoxine).

Die Hämolysine sind neuerdings für das Phänomen der Komplementfixation (s. diese) wichtig geworden.

Haptophore Gruppen.

Bindende Gruppen der Immunkörper, Toxine usw.

Jennerisation.

S. Variolisation.

Immunkörper.

S. Bakteriolysine und Zytolysine. Der Immunkörper ist der thermostabile Bestandteil dieser Antikörper (Syn. Amboceptor).

---

[1]) Bordet, Annales de l'Inst. Pasteur **9**, 462 [1895]; **13**, 273 [1899]; **14**, 257 [1900]; **15**, 129, 289, 303 [1901]; **17**, 161, 822 [1903]; **18**, 332, 593 [1904]; **20**, 467 [1906]; **22**, 625 [1908].
[2]) Ehrlich, Gesammelte Arbeiten zur Immunitätsforschung. Berlin 1904.
[3]) Gruber, Münch. med. Wochenschr. **48**, 1924, 1965 [1901].
[4]) Metschnikoff, Immunité dans les maladies infectieuses. Paris 1901. — H. Sachs, Lubarsch-Ostertags Ergebnisse der pathologischen Anatomie. 7. Jahrg. S. 714. Wiesbaden 1902; Handbuch der Technik und Methodik der Immunitätsforschung. **2**, 895. Daselbst ausführliche Literaturverzeichnisse.

Immunserum.

Definition: Injiziert man ein Antigen (s. dieses), so erhält das Serum des injizierten Tieres die Fähigkeit, auf das betreffende Antigen in spezifischer Weise zu reagieren, s. Agglutinine, Bakteriolysine, bactericide Substanzen, Zytolysine usw.

Isolysine.

S. Hämolysine.

Kenotoxin.

Definition: Weichardt[1]) fand in dem Muskelpreßsaft übermüdeter Tiere dieses von leicht dialysablen Bestandteilen abtrennbare Eiweißspaltprodukt von Antigencharakter, das er später auch als hochmolekulares Eiweißspaltprodukt in vitro herstellen konnte.

Darstellung, Nachweis, physiologische Eigenschaften, physikalische und chemische Eigenschaften: 250 ccm Eiweiß werden mit 25 ccm 33 proz. Natronlauge und 225 ccm 3 proz. Wasserstoffsuperoxyds gemischt. Diese Mischung läßt man ca. 8 Tage lang bei 37° unter Lichtabschluß stehen. Wird die Mischung dann nicht gleich verarbeitet, so ist sie im Eisschranke aufzubewahren (nicht allzulange).

Zur Weiterverarbeitung zwecks Anstellung eines Mäuseinjektionsversuches bringe man 250 ccm der Flüssigkeit in eine Schale und gieße unter Umrühren so viel reine Salzsäure hinzu, daß das trüb werdende Gemenge soeben gegen Lackmus schwach sauer reagiert. Es fallen bei dieser Reaktionsveränderung indifferente Eiweiße aus, die durch Filtrieren leicht zu trennen sind. Das klare Filtrat enthält außer geringer Menge des Kenotoxins noch Salze, Aminosäuren, Peptone usf., welch letztere durch Dialysieren gegen steriles destilliertes, am besten in Kältemischung gekühltes Wasser möglichst vollständig und schnell aus der Toxinlösung entfernt werden müssen. Zu diesem Zwecke gebe man die Lösung in ganz dünner Schicht auf mit tierischer Membran überspannte Dialysatoren und dialysiere zunächst 2 Stunden lang, am besten im Eisschranke. Hierauf wird der Inhalt des Dialysators filtriert, das Filtrat in hohem Vakuum bei Temperaturen, die unterhalb 30° liegen, möglichst rasch auf das zehnfach verminderte Volumen eingeengt. Das nochmals Filtrierte wird mittels eines kleineren Dialysators wiederum gegen steriles eisgekühltes destilliertes Wasser dialysiert. Nach etwa 2 Stunden ist die Flüssigkeit nach nochmaligem Filtrieren wieder in dem Vakuum auf ein Volumen von etwa 5 ccm einzuengen. Zeigt sich nach dem Filtrieren dieser Restflüssigkeit, daß deren Salzgehalt nicht wesentlich höher mehr ist als der einer physiologischen Kochsalzlösung, so kann sofort zum Mäuseinjektionsversuch geschritten werden. Andernfalls ist eine nochmalige ganz kurze Dialyse, eventuell dann auch kurze Wiederverdunstung im Vakuum nötig.

Bei zu hohem Salzgehalt der Flüssigkeit brechen unter Umständen bei den Versuchsmäusen Krämpfe aus. Andererseits treten bei allzulange hinausgezogener Dialyse erhebliche Verluste von Kenotoxin ein; denn mit zunehmender Reinheit scheint auch Dialysierfähigkeit des Toxins einzutreten.

Aus alledem erhellt, daß zur Darstellung eines gut gereinigten, wirksamen Kenotoxins nicht eine genaue Kenntnis der zu benutzenden Apparatur und ihrer Verwendung, sondern auch eine gewisse Erfahrung gehört.

Außerordentlich wichtig ist es, daß die Darstellung des Kenotoxins eine Unterbrechung nicht erleidet. Nächtelanges Dialysieren der konzentrierten reinen Lösungen z. B. führen unbedingt nahezu zum Verschwinden des Toxins.

Zu langes Stehenlassen der Flüssigkeit ohne Dialyse vermehrt die Gefahr der Entstehung weiterer sehr wichtiger Zersetzungsprodukte, welche reine Kenotoxinwirkung besonders insofern nicht mehr zeigen, als sie durch den spezifischen Antikörper (Antikenotoxin) nicht beeinflußbar sind. Zur Prüfung der Reinheit des hergestellten Kenotoxins dient der Tierversuch.

Es bewirkt, Tieren injiziert, Temperaturerniedrigung, Atemverlangsamung und Sopor. Durch Immunisierung von größeren Tieren gelang es, einen Antikörper herzustellen, welcher die Kenotoxinwirkung aufhebt. Ein ähnlich wirkender Antikörper läßt sich durch Hydrolyse großer Mengen von Eiweiß bei Siedehitze und nachfolgender Acetonextraktion gewinnen.

---

[1]) Weichardt, Über Ermüdungsstoffe. Stuttgart 1910.

Koaguline.
S. Präcipitine.

Komplement.
S. Alexin.

Komplementfixation.
S. Hämolysine.

Definition: Das Wesen der Reaktion beruht auf der Bindung vom Komplementen (s. Hämolysine, Bakteriolysine und Alexine) mittels spezifischer Amboceptoren[1]) (s. Hämolysine und Bakteriolysine) an Eiweiß, auf welches die Amboceptoren eingestellt sind. Wenn also einem spezifischen Immunserum, das durch Injektion einer bestimmten Eiweißart bei einem Tiere entstanden ist, eine bestimmte Menge von Komplementen zugefügt wird und die für das Immunserum spezifischen Eiweiße, so holen diese mit Hilfe der zugehörigen Amboceptoren die Komplemente aus dem Serum heraus. Setzt man dann zu diesem System ein inaktiviertes Hämolysin und die dazugehörigen roten Blutkörperchen, so kann, falls die Komplemente schon vorher mittels der spezifischen Amboceptoren an die Eiweiße verankert und verbraucht worden sind, nun Hämolyse nicht eintreten.

War dagegen das Serum, welches geprüft werden sollte, noch nicht amboceptorhaltig, so sind die Komplemente vorläufig noch nicht an die Eiweiße gebunden und noch frei, so daß bei Zufügen des hämolytischen Systems Hämolyse eintritt.

Findet also Hämolyse statt, so ist das Resultat der Untersuchung negativ; denn dann befanden sich keine Amboceptoren (Immunkörper) in dem zu untersuchenden Serum und vice versa.

Vor allem wichtig geworden ist in der letzten Zeit die von Wassermann[2]) auf Grund dieser Komplementfixation durchgeführte Serodiagnose der Syphilis, wobei die syphilitische Leber eines Neugeborenen und das Serum eines Syphilisrekonvaleszenten als komplementfixierendes Antigen und Antikörper verwendet werden. Ferner sind besonders wichtig die von Neisser und Sachs[3]) mittels dieser Methode ausgeführten feineren und feinsten Eiweißdifferenzierungen, deren Feinheit, wie Friedberger zeigte, so weit geht, daß ein bestimmtes Eiweiß, z. B. Menschenblut, noch in Verdünnungen von 1 : 1 000 000 000 nachgewiesen werden kann[2])[3])[4])[5]).

Komplementoid.
S. Komplement.

Komplementophile Gruppe.
Definition: Ehrlich[6]) nimmt an dem hitzebeständigen Amboceptor eine cytophile an die Körperzellen angreifende und eine komplementophile, die Komplemente verankernde Gruppe an.

L_0, L_+.

Definition: $Limes_0$ ist nach der Ehrlichschen[7])[8]) Bezeichnung diejenige Menge Diphtheriegiftes, welche durch eine Immunisierungseinheit (I.-E.) des Heilserums gerade neutralisiert wird, so daß das Meerschweinchen gesund bleibt.

---

[1]) Bordet, Annales de l'Inst. Pasteur **14**, 257 [1900]; Zeitschr. f. Immunitätsforschung, Ref., **1**, Heft 1, 1 (Übersicht). Jahrb. über d. Ergebnisse d. Immunitätsforschung Bd. V: G. Meier, Literatur.

[2]) Wassermann, Zeitschr. f. Hyg. **50**, 309 [1905]; Zeitschr. f. Inf.-Krankh. u. Hyg. der Haustiere **1**, Heft 2/3 [1906]; Berl. klin. Wochenschr. **1907**, Nr. 1; Klin. Jahrbuch **19**, 52 [1908].

[3]) Neisser u. Sachs, Berl. klin. Wochenschr. **42**, 1388 [1905]; **43**, 67 [1906]; Deutsche med. Wochenschr. **1906**, Jahrg. 32, S. 1580.

[4]) Bruck, Berl. klin. Wochenschr. **1907**, Nr. 26, 793.

[5]) Wassermann u. Bruck, Münch. med. Wochenschr. **53**, 2396 [1906].

[6]) Ehrlich, Gesammelte Arbeiten zur Immunitätsforschung. Berlin 1904.

[7]) Ehrlich, Klin. Jahrbuch **6**, 299 [1897].

[8]) Otto, Die staatliche Prüfung der Heilsera. Jena 1906.

Limes₊ = Toddosis: Es ist so viel Giftüberschuß in der Diphtherietoxin-Antitoxinmischung vorhanden, daß trotz vorhandener Immunitätseinheit am 4. Tage der Tod des injizierten Meerschweinchens eintritt.

Latenzzeit.

Definition: Die Zeit, in der ein als Antigen wirkendes Gift an lebenswichtige Zellen gelangt, so daß Krankheitserscheinungen eintreten.

Lysine.

S. Bakteriolysine, Cytolysine, Hämolysine.

Multipartiale Impfstoffe.

Definition: Sie werden gewonnen durch Anwendung von möglichst vielen Stämmen ein und derselben Mikroorganismenart, da zwischen diesen meist biochemische Unterschiede bestehen.

Leukocidin.[1-8]

Definition: Ein vom Staphylococcus pyogenes aureus gebildetes lösliches Toxin. Dasselbe schädigt die Leukocyten. Bei Einwirkung des Giftes sterben sie ab und ihr Kern wird zerstört.

Vorkommen: In den Kulturen des Staphylococcus pyogenes aureus und bei Infektionen mit Staphylokokken.

Darstellung: Man injiziert in die Pleura von Kaninchen eine tödliche Anzahl von Staphylokokken. Nach einigen Stunden tötet man das Tier, entnimmt das Pleuraexsudat, zentrifugiert und pipettiert dann die obere leukocidinhaltige Flüssigkeit ab. Ferner kann man sich das Leukocidin aus Kulturen herstellen: Man impft Kölbchen, die defibriniertes Kaninchenblut oder ein Gemisch von Serum und Bouillon enthalten, mit Staphylococcus aureus. Nach 2 Tagen ist in der Kultur reichlich Leukocidin, das abfiltriert werden kann. Bail[1]) sowie Neisser und Wechsberg[8]) haben besondere Nährböden zur Leukocidinherstellung angegeben.

Nachweis, physikalische und chemische Eigenschaften: Deletäre Wirkung auf die Leukocyten, nach Injektion des Leukocidins in die Pleura oder auch am heizbaren Objekttische. Zunächst gehen die polynucleären Pseudoeosinophilen zugrunde, später die Lymphocyten. Neisser und Wechsberg[8]) bedienten sich der sogenannten bioskopischen Methode, um die Wirkung des Leukocidins festzustellen. Diese stützt sich auf das Verhalten lebender Zellen, Methylenblau in seine Leukoverbindung zu reduzieren. Fügt man Leukocidin zu einer bestimmten Menge Leukocyten, so vermögen diese, da sie abgetötet sind, keine reduzierenden Eigenschaften mehr gegen das vorhandene Methylenblau zu entfalten.

Das Leukocidin ist ein Antigen; nach wiederholter Einspritzung erhält man ein Antileukocidin, welches in vitro die toxische Wirkung des Leukocidins aufhebt.

Immunleukocidine enthält nach Einspritzung von weißen Blutkörperchen das Serum der Injektionstiere. Die Immunleukocidine zeigen dieselbe Wirkung wie die oben beschriebenen Leukocidine, sind aber, im Gegensatze zu diesen, als vom Tierkörper produzierte Antikörper aufzufassen. Sie sind im Gegensatz zu den von Mikroorganismen produzierten Leukocidinen komplex gebaut und bestehen, wenn sie wirksam sind, aus Immunkörper und Komplement (s. Hämolysine und Cytolysine).

---

[1]) Bail, Archiv f. Hyg. **30**, 348 [1897]; **32**, 133 [1897].
[2]) Botkin, Virchows Archiv **137**, 476 [1894].
[3]) Denys u. van de Velde, La Cellule **11**, 365 [1895].
[4]) Eisenberg, Compt. rend. de la Soc. de Biol. **62**, 491 [1907].
[5]) Flexner u. Noguchi, Univ. of Pennsylv. Med. Bull. **1902**, 194; Journ. of experim. Med. **6**, 186 [1902].
[6]) Hahn, Archiv f. Hyg. **25**, 105 [1896].
[7]) Metschnikoff, Virchows Archiv **96**, 177 [1884].
[8]) Neisser u. Wechsberg, Zeitschr. f. Hyg. **36**, 299 [1901]. — Van de Velde, La Cellule **10**, Fasc. 2, 403 [1894]; Annales de l'Inst. Pasteur **10**, 580 [1896].

Multipartiales Serum.

Definition: Entsteht durch Injektion multipartialen Impfstoffes.

Neutuberkulin.

Definition: Aufschwemmung von fein zerriebenen Tuberkelbacillen in Glycerinwasser.
Darstellung: TR (Koch). Junge Kulturen, im Vakuum getrocknet, dann im Achatmörser, sodann in Kugelmühlen zerrieben. Dann Ausschütteln mit destilliertem Wasser und Zentrifugieren. Der Bodensatz ist das TR, der Tuberkelbacillenrückstand. Die wasserlöslichen Substanzen sind das TO Kochs, BE = Neutuberkulin-Bacillenemulsion ist TR + TO.

Nephrotoxine. Neurotoxine.

Definition: Durch Injektion von Nierenparenchym und Nervensubstanz erhält man im Serum der Injektionstiere diese Organe schädigende Antikörper, bestehend aus Immunkörper und Komplement, s. Cytotoxine, Hämolysine, Spermatoxine.

Opsonine und Bakteriotropine.[1-10]

Definition: Chemisch nicht definierbare Antikörper, welche die Mikroorganismen so beeinflussen, daß sie von den Leukocyten rasch aufgenommen werden (ὀψόνω = ich bereite zu).
Vorkommen: Thermolabile bei 60° zugrunde gehende Opsonine (Wright)[4][5][6][7] finden sich schon im Serum von normalen Tieren, thermostabile Bakteriotropine nach Neufeld und Rimpau[8] im Serum künstlich immunisierter Tiere.
Darstellung, physikalische und chemische Eigenschaften: Die Bakteriotropine sind spezifisch und wirken nur auf diejenige Bakterienart, durch deren Injektion sie entstanden sind. Durch Injektion von Körperzellen erhält man für diese spezifische Bakteriotropine. So z. B. bilden sich Hämotropine neben den Hämolysinen im Serum von mit roten Blutkörperchen behandelten Tieren.

Wright[4][5][6][7] benutzt den Opsoningehalt eines Serums zu diagnostischen Untersuchungen: Er setzt zu einer Leukocytenaufschwemmung eines gesunden Individuums und zu dem zugemischten Serum, welches untersucht werden soll, eine Aufschwemmung bestimmter Bakterien, z. B. von Tuberkelbacillen, bringt dann das Gemisch in den Thermostaten und zählt die in die Leukocyten aufgenommenen Bacillen. Eine Durchschnittszahl pro Leukocyt zeigt den phagocytischen Index an. Die Verhältniszahl zu dem Index des Gesunden ist der opsonische Index. Ist derselbe im Serum des zu Untersuchenden hoch, so ist der Immunitätsgrad des Untersuchten dementsprechend.

Passive Immunisierung.

Definition: Einverleibung fertiggebildeter Antikörper, die von anderen Individuen geliefert worden sind.

Pfeiffersche Reaktion.

S. Bakteriolyse.

---

[1] Eingehende Übersichten über dieses Gebiet mit ausführlichen Literaturangaben sind von W. Rosenthal im Jahresbericht über die Ergebnisse der Immunitätsforschung, Stuttgart, I—IV, ausgearbeitet.

[2] Denys u. Leclef, La Cellule **11**, 177 [1895].

[3] E. Metschnikoff, L'Immunité dans les maladies infectieuses. Paris 1901.

[4] Wright, The Lancet **1902**, 29. März, S. 874; Klin. Journ. **1904**, Nov.; Brit. med. Journ. **1903**, 1069, Mai; **1904**, 1075, Mai.

[5] Wright, Kurze Abhandlung über Antityphusinokulationen. Jena 1904.

[6] Wright u. Douglas, Proc. Roy. Soc. **72**, 357 [1904]; **73**, 128 [1904]; **74**, 147 [1905].

[7] Wright u. Reid, Proc. Roy. Soc. **77**, 194 [1906].

[8] Neufeld u. Rimpau, Deutsche med. Wochenschr. **30**, 1458 [1904]; Zeitschr. f. Hyg. **51**, 283 [1905].

[9] Neufeld u. Töpfer, Centralbl. f. Bakt. 1. Abt. **38**, 456 [1905].

[10] Neufeld u. Hühne, Arbeiten aus d. Kaiserl. Gesundheitsamte **25**, 164.

Polyvalentes Serum.

Von verschiedenen Tierspezies gewonnen. Es ist dann die Möglichkeit gegeben, daß die verschiedenartigen Immunkörper passende Komplemente finden. Der Ausdruck wird auch von Seren gebraucht, die durch Injektion der Tiere mit möglichst vielen Stämmen ein und derselben Mikroorganismenart hergestellt worden sind (s. multipartiale Impfstoffe).

Präcipitine.

Definition: Chemisch nicht definierbare Antikörper, welche kolloidal gelöstes Eiweiß aus dem Solzustand in den Gelzustand überzuführen imstande sind.

Vorkommen: In größeren Mengen im Serum von mit einer bestimmten Eiweißart behandelten Tieren.

Darstellung, Nachweis, Verhalten im Tierkörper, physikalische und chemische Eigenschaften: Oft wiederholte Injektion einer bestimmten Eiweißart. Es entwickeln sich dann im Serum des injizierten Tieres Stoffe, welche in der Eiweißart, welche zur Injektion benutzt wurde, Niederschläge hervorbringen. Bei quantitativem Arbeiten sind die entstandenen Präcipitine spezifisch für die injizierte Eiweißart, d. h. sie bringen in hohen Verdünnungen nur in dieser, nicht in einer verwandten, Fällungen hervor. Kraus[1]) sah zuerst in dem klaren Filtrat von Typhusbouillonkulturen Niederschläge entstehen, wenn er erstere mit dem Serum eines gegen Typhus immunisierten Tieres versetzte. Tschistovitch und Bordet[2][3]) fanden dann, daß im Serum von mit Eiweiß behandelten Tieren spezifische Präcipitine auftraten, die in der injizierten Eiweißart Niederschläge erzeugten. Uhlenhuth, Wassermann und Schütze[4]) arbeiteten diese Methode aus, um mittels spezifischer Präcipitine den Nachweis von menschlichem Eiweiß (besonders von Blutflecken) zu führen. In hohen Verdünnungen bekommt man mit hochwertigen Präcipitinen nur Niederschläge bei Vorhandensein der zur Behandlung verwandten Eiweißart. Die Differenzierung vom Eiweiß sehr nahe verwandter Arten, wie das des Menschen und des Affen, gelingt ohne weiteres. Um diese Differenzierung zu ermöglichen, wandte Weichardt[5]) die Präcipitinabsorptionsmethode an: Er injizierte z. B. ein Kaninchen mit menschlichem Eiweiß. Zu dem gewonnenen Präcipitinserum setzte er zunächst Affenserum und filtrierte den entstandenen Niederschlag ab. Das Filtrat erhielt dann ein für menschliches Eiweiß mehr spezifisches Präcipitin. Mit der Präcipitinabsorptionsmethode gelang es sogar, Unterschiede zwischen den Seren verschiedener Individuen derselben Art festzustellen.

Uhlenhuth[4]) schaltete die Gruppenreaktionen durch kreuzweise Immunisierungen aus, indem er die verwandte Tierart mit dem zu präcipitierenden Eiweiß injizierte. Er erhielt einen nur für das injizierte Eiweiß spezifischen Antikörper. Zur individuellen Diagnose läßt sich allerdings diese Methode nicht verwenden.

Die Präcipitine sind thermostabil. Erst bei Erhitzen über 60° werden sie teilweise zerstört, sie gehen in Präcipitoide über, die sich zwar an das zu fällende Eiweiß ketten, aber Fällungen nicht mehr hervorrufen (s. Agglutinoide und Toxoide).

Präparator.

Gruber[6]) nannte den thermostabilen Teil der Bakteriolysine und der Hämolysine so, weil er nach seiner Ansicht Bakterien resp. rote Blutkörperchen der Wirkung der Alexine zugänglich macht. Synonyma: Immunkörper, Amboceptor (s. diese).

---

[1]) R. Kraus, Wiener klin. Wochenschr. **10**, 736 [1897].
[2]) Bordet, Annales de l'Inst. Pasteur **13**, 273 [1899]; **14**, 257 [1900].
[3]) Tschistovitch, Annales de l'Inst. Pasteur **13**, 406 [1899].
[4]) P. Uhlenhuth, Deutsche med. Wochenschr. **1900**, 734; Technik und Methodik des biolog. Eiweißdifferenzierungsverfahrens im Handbuch der Technik und Methodik der Immunitätsforschung von Kraus-Levaditi. Jena (s. dort Literatur). — Wassermann, Verhandl. des Kongr. f. inn. Medizin Wiesbaden **1900**, 501.
[5]) W. Weichardt, Annales de l'Inst. Pasteur **15**, 832 [1901]; Hygien. Rundschau **13**, Nr. 10, 491 u. Nr. 15, 756 [1903], Verhandl. des V. internat. Kongr. f. angew. Chemie Berlin 1903, Ber. **4**, 119; Vierteljahrsschr. f. ger. Medizin [3] **29**, 19 [1905].
[6]) Gruber, Münch. med. Wochenschr. **48**, 1924, 1965 [1901].

Proteolysine.

S. Cytolysine.

Pyocyanase.[1]

Es bildet sich in alten Pyocyaneuskulturen ein bakterienauflösendes Ferment.

Simultanimpfung.

Definition: Kombination von aktiver und passiver Immunisierung (s. diese).

Rauschbrandgift.[2]

Definition: Wasserlösliches Stoffwechselprodukt der Rauschbrandbacillen.

Vorkommen: Das Rauschbrandtoxin findet sich als vergiftendes Agens in allen Fällen von Infektionen mit Rauschbrandbacillen, sowie in Reinkulturen dieser Krankheitserreger. Es wird wie das Diphtherietoxin (s. dieses) von den Bacillen ausgeschieden.

Darstellung: Züchtung der Bacillen unter anaeroben Bedingungen (s. Tetanustoxin) in Bouillon. Ein besonders günstiger Nährboden ist nach Graßberger und Schattenfroh[2] folgender: a) 10 g Pepton, 15 g NaCl, 5 g Liebigsches Fleischextrakt in 1000 g Brunnenwasser gelöst, gekocht, neutralisiert, je 750 g von der Mischung in einen Liter-Erlenmeyerkolben gefüllt, an 4 aufeinanderfolgenden Tagen je $3/4$ Stunden im Dampftopf erhitzt.

b) 50 g Stärkezucker oder geeignete Dextrose werden in 50 g Wasser gelöst, in einem Erlenmeyerkolben bei 3 Atmosphären $3/4$ Stunden sterilisiert. Zu einem Erlenmeyerkolben mit 750 ccm der Flüssigkeit a werden 50 ccm der Flüssigkeit b gegeben, dann fügt man reichlich dickflüssige sterile Schlemmkreide zu. Man impft den Kolben hierauf mit einer ganzen anaerob gezüchteten Reinkultur, die sporenhaltig ist. Die anaerob zu züchtenden Kulturen sollen täglich 2—3 mal ruckweise aufgewirbelt werden. Hierbei steigt reichlich Schaum auf und Gasblasen entweichen. Nach maximaler Entwicklung des Giftes wird klar filtriert.

Nachweis, Verhalten im Tierkörper: Zum Nachweis des Rauschbrandgiftes dient der biologische Versuch. Schon einige Stunden nach Injektion der einfach tödlichen Dosis entwickelt sich beim Meerschweinchen in der Umgebung der Injektionsstelle eine schmerzhafte, teigige oder pralle Schwellung, die sich 8—10 Stunden später ausbreitet. Es treten Hämorrhagien auf. Zuerst steigt die Temperatur, dann sinkt sie unter die Norm. Die Tiere sind wenig munter und fressen nicht. 2—4 Tage nach der Injektion tritt Lungenödem ein und infolgedessen blutiger Ausfluß aus Mund und Nase, dann verenden die Tiere. Bei der Sektion findet man im Unterhautzellgewebe blutiges Ödem, in den Körperhöhlen blutig gefärbte seröse Flüssigkeit, ferner Lungenödem. Kaninchen, Kälber und Rinder sind empfänglich für das Rauschbrandgift.

Physikalische und chemische Eigenschaften: Die Wirksamkeit des Rauschbrandgiftes in Lösungen nimmt schon nach Tagen merklich ab. Es wird durch Erwärmen rasch zerstört. Dialysierbar ist es nicht. Engt man das Gift über Schwefelsäure im Exsiccator ein, so ist es unbegrenzt lange haltbar. Sehr empfindlich ist das Rauschbrandgift gegen Carbolsäure, weniger gegen Formalin; Chloroform läßt es ganz intakt. Eine ausgesprochene Inkubationszeit läßt sich auch beim Rauschbrandgift konstatieren.

Rauschbrandantitoxin.[2]

Definition: Chemisch nicht definierbar, hebt schon in geringer Menge die Wirkung größerer Mengen des Rauschbrandgiftes auf, neutralisiert dasselbe.

Vorkommen: In größerer Menge im Serum von mit Rauschbrandgift behandelten Tieren.

---

[1] Emmerich u. Löw, Zeitschr. f. Hyg. **31**, 1 [1899].
[2] Graßberger u. Schattenfroh, Über das Rauschbrandgift und ein antitoxisches Serum. Monographie. Leipzig u. Wien 1904; Handbuch der Technik und Methodik der Immunitätsforschung. **1**, 161 (s. dort Literaturverzeichnis).

Darstellung: Oft wiederholte Injektion von geeignetem Rauschbrandtoxin. Im allgemeinen reicht bei Jungrindern eine 4—5 monatliche Behandlung zur Gewinnung eines sehr wirksamen Blutserums aus.

Physikalische und chemische Eigenschaften: Das Serum ist von unbegrenzter Haltbarkeit, wenn es bei niedrigen Temperaturen und im Dunkeln aufbewahrt wird; es ist in hohem Grade hitzebeständig, so z. B. wird seine Wirksamkeit nicht verändert, wenn es 19 Stunden auf 60° [1]) erwärmt wird.

Ricin—Abrin—Crotin.

a) Ricin. [2-10])

Definition: Substanz, welche die Giftigkeit des Ricinussamens bedingt.

Vorkommen: Im Ricinussamen.

Darstellung: Die Firma Merck stellt nach der Vorschrift von Kobert[2]) das Ricin so dar: Aus dem pulverisierten Ricinussamen werden mittels Alkohol und Äther Fett, Lecithin, Cholesterin, Alkaloide u. a. entfernt. Sodann werden die Samen 24 Stunden in 10 proz. Kochsalzlösung bei 37—40° maceriert. Man filtriert und trägt in das Filtrat Ammonsulfat bis zur Sättigung ein. Der Niederschlag wird dann bei Zimmertemperatur getrocknet. Er ist recht haltbar. Das noch vorhandene Ammonsulfat und Chlornatrium kann durch Dialyse entfernt werden. Durch fraktionierte Fällungen mit Ammonsulfat und Magnesiumsulfat erhielten Mendel, Osborne und Harris[7]) sehr wirksame, weitgereinigte Ricine. Jacoby[4]) reinigte es vom anhaftenden Eiweiß durch vorsichtige Trypsinverdauung.

Nachweis, Verhalten im Tierkörper: Die Giftigkeit des Ricins ist unter Umständen eine sehr hohe, jedoch nach dem Reinigungsgrad der Präparate eine recht verschiedene. Etwa 0,1 g der käuflichen Präparate soll ein Kilo-Kaninchen bei subcutaner Injektion töten.

Auch bei intravenöser Einspritzung ist eine gewisse Latenzzeit bis zum Tode des Tieres nötig (24—48 Stunden, selbst bei großen Dosen). F. Müller[10]) hat die Symptome der Ricinvergiftung genau beschrieben: Charakteristisch ist, daß die Atmung stillsteht, während eine direkte Wirkung auf das Herz nicht nachweisbar ist. Bei der Sektion findet man die Peyerschen Plaques gerötet und geschwollen, ferner unter Umständen typische Leberveränderungen (Nekrosen). Stillmak[8]) zeigte, daß das Ricin auf die roten Blutkörperchen agglutinierend wirkt. Übrigens zeigen die roten Blutkörperchen verschiedener Spezies eine verschiedene Empfänglichkeit gegen Ricin.

Antiricin.

Definition: Chemisch nicht definierbar, hebt schon in geringer Menge die Wirkung größerer Mengen des Ricins auf, neutralisiert dasselbe.

Vorkommen: In größerer Menge im Serum von mit Ricin behandelten Tieren. Entdeckt wurde das Antiricin von Ehrlich[3]).

Darstellung: Oft wiederholte Injektion von geeigneten Mengen Ricins. Man muß bei der Immunisierung sehr vorsichtig vorgehen, um Tierverluste zu vermeiden. Im Serum der mit Ricin behandelten Tiere entsteht außer dem Antiricin, welches die giftige Wirkung des Ricins aufhebt, gleichzeitig ein die hämagglutinierende Wirkung des Ricins aufhebendes Antiagglutinin, sowie eine Substanz, die mit Ricinpräparaten eine Präcipitinreaktion (Fällungsreaktion) gibt.

---

[1]) Graßberger u. Schattenfroh, Über das Rauschbrandgift und ein antitoxisches Serum. Monographie. Leipzig u. Wien 1904; Handbuch der Technik und Methodik der Immunitätsforschung. **1**, 161 (s. dort Literaturverzeichnis).
[2]) Kobert, Lehrbuch der Intoxikationen. 3. Aufl. II. Stuttgart 1906.
[3]) Ehrlich, Deutsche med. Wochenschr. **17**, 976 [1891].
[4]) Jacoby, Beiträge z. chem. Physiol. u. Pathol. **1**, 51 [1902]; **2**, 535 [1902]; **4**, 212 [1904].
[5]) Hausmann, Beiträge z. chem. Physiol. u. Pathol. **2**, 134 [1902].
[6]) Fraenkel, Beiträge z. chem. Physiol. u. Pathol. **4**, 224 [1904].
[7]) Mendel, Osborne u. Harris, Amer. Journ. of Physiol. **1905**.
[8]) Stillmak, Arbeiten d. pharmakol. Inst. zu Dorpat **3**.
[9]) Römer, Archiv f. Ophthalmol. **52**.
[10]) Müller, Schmiedebergs Archiv **42**, 302 [1899]; Zieglers Beiträge **27**, 331 [1900].

b) Abrin.[1])

Definition: Substanz, welche die Giftigkeit des Samens von Abrus precatorius bedingt.
Vorkommen: In den Samen von Abrus precatorius.
Darstellung: Die Darstellung ist nach Koberts[2]) Vorschrift die gleiche wie beim Ricin (s. dieses).
Nachweis, Verhalten im Tierkörper: Weniger giftig als Ricin, was die Allgemeinwirkung anbetrifft, dagegen ist Abrin sehr viel giftiger als Ricin, wenn es auf die Conjunctivalschleimhaut gebracht wird. Es kommt hierbei schon bei geringen Dosen zu schweren Entzündungen, die zum Verlust des Bulbus, ja bis zum Tode des Tieres führen können. Abrin wird mit Vorteil zur Aufhellung von Hornhauttrübungen benutzt (s. Antiabrin). Die anatomischen Befunde bei Abrinvergiftung sind sehr ähnlich denen der Ricinvergiftung.

Antiabrin[1]).

Definition: Hebt die Wirkung des Abrins auf, neutralisiert dasselbe.
Vorkommen: In größerer Menge im Serum von mit Abrin behandelten Tieren. Entdeckt wurde das Antiabrin von Ehrlich.
Darstellung Verhalten im Tierkörper: Wiederholte Injektion von geeigneten Mengen Abrins. Römer[3]), der sich besonders mit der Darstellung des Antiabrins beschäftigte, fand, daß Antiabrin im Milz- und Knochenmark früher auftritt als im Serum.

Das Antiabrin wird in der Ophthalmologie benutzt, um allzu starke Abrinwirkungen abzuschwächen.

c) Crotin.[1])

Definition: Substanz, welche sich im Crotonsamen findet.
Darstellung: Nach demselben Verfahren, welches bei Ricin und Abrin angewendet wird (s. dieses) (Merck-Darmstadt).
Nachweis, Verhalten im Tierkörper: Die Crotinpräparate des Handels sind sehr viel ungiftiger als die des Ricins und Abrins. Das Crotin löst rote Blutkörperchen auf, und man kann durch seine Injektion sehr bequem ein Antihämolysin gewinnen.

Anticrotin.[1])

Definition usw.: Hebt die giftige Wirkung des Crotins auf. Es entsteht durch wiederholte Injektion von Crotin. Das so erhaltene Serum ist deshalb leicht herstellbar, weil Crotin nicht besonders giftig ist. Die ausgesprochen rote Blutkörperchen auflösende (hämolytische) Wirkung des Crotins wird durch Anticrotin aufgehoben.

Spermatoxine.

Definition usw.: Injiziert man einem Tiere Spermatozoen, so bilden sich in dem Serum desselben Stoffe, welche deren Geißelbewegungen zum Stillstand bringen [Moxter[4]), Landsteiner[5]), Metschnikoff[6])]; die Spermatoxine bestehen aus dem hitzebeständigen Immunkörper und dem Komplement. Durch Injektion von Spermatoxinen erhielt Weichardt[7]) Antispermatoxine, bestehend aus Antiamboceptor und Antikomplement (s. Cytolysine, Hämolysine usw.).

Stimuline.

Definition: Metschnikoff[8]) nannte die Leukocytentätigkeit anregenden Substanzen Stimuline.

---

[1]) Literatur s. bei Ricin.
[2]) Kobert, Lehrbuch der Intoxikationen. 3. Aufl. II. Stuttgart 1906.
[3]) Römer, Archiv f. Ophthalmol. 52.
[4]) Moxter, Deutsche med. Wochenschr. 26, 61 [1900].
[5]) Landsteiner, Centralbl. f. Bakt., Abt. I, Orig. 25, 546 [1899].
[6]) Metschnikoff, Revue génér. des Sc. 12, 7 [1901]; Annales de l'Inst. Pasteur 14, 369 [1900].
[7]) Weichardt, Annales de l'Inst. Pasteur 15, 832 [1901].
[8]) Metschnikoff, Immunité dans les maladies infectieuses. Paris 1901.

Substance sensibilisatrice.

Definition: Bordet[1]) nannte so den hitzebeständigen Teil komplexer Antikörper (Synon.: Immunkörper, Amboceptor, Präparator, s. diese). Nach der Ansicht von Bordet macht die Substance sensibilisatrice Bakterien oder rote Blutkörperchen für die Wirkung des Alexins empfänglich.

Syncytiolysin.

Definition: Weichardt[2]) erhielt durch Injektion von Syncytialzellen spezifisches syncytiolytisches Serum, das aus dem zugehörigen Syncytialzellen Endotoxine — Syncytiotoxine — frei macht.

Tauruman.

Definition: Koch und Schütze stellten mittels abgeschwächter menschlicher Tuberkelbacillen einen Impfstoff für Rinder dar. Er wird von den Höchster Farbwerken hergestellt und kommt in Ampullen zu 0,02—0,04 in 10 ccm physiologischer NaCl-Lösung in den Handel. Das Präparat wird im Frankfurter Institut kontrolliert auf Bakterienzahl und Reinheit und darauf, ob für Meerschweinchen pathogen und für Kaninchen nicht pathogen (letzteres für typ. human. charakteristisch).

Tetanolysin.

Definition: Außer dem Tetanustoxin (s. dieses) bildet der Tetanusbacillus noch ein Blutkörperchen auflösendes Gift, das Tetanolysin.

Tetanospasmin.

Definition: Außer dem Tetanustoxin und Tetanolysin bildet der Tetanusbacillus dieses krämpfeerregende Gift. Auch gegen diese Partialgifte werden Antitoxine gebildet.

Tetanustoxin.[3-8])

Definition: Wasserlösliches Stoffwechselprodukt der Tetanusbacillen.
Vorkommen: Das Tetanustoxin findet sich als vergiftendes Agens in allen Fällen des echten Wundstarrkrampfes, sowie in Reinkulturen der Tetanusbacillen. Es wird wie das Diphtherietoxin (s. dieses) von den Bacillen ausgeschieden.
Darstellung: Züchtung der Bacillen unter anaeroben Bedingungen in frischer Rindsbouillon, die neutral oder schwach alkalisch reagiert. Zusätze von 2% Traubenzucker, von Milchsäure, Gips usw. befördern das Wachstum der Bacillen und die Toxinbildung. Nach Vaillard und Vincent wird letzteres auch dadurch gesteigert, daß man das Filtrat einer 20 Tage stehenden Tetanuskultur in 1 proz. Rindsbouillon wiederum mit frischen Tetanuskulturen impft. Bei 37° wird das Maximum der Giftbildung zwischen dem 10. und 15. Tage erzielt.

Die anaerobe Züchtung der Tetanusbacillen geschieht mittels Wegpumpen oder Verdrängen der Luft durch Wasserstoff oder andere für die Tetanusbacillen unschädliche Gase. Auch Überschichten mit flüssigem Paraffin und langes Kochen der Bouillon veranlaßt anaerobes Wachstum der Tetanusbacillen, auch Entziehung des Luftsauerstoffs mittels reduzierender Mittel, z. B. durch alkalische Pyrogallussäure (Buchner). Aber selbst bei Luftzutritt kann

---

[1]) Bordet, Annales de l'Inst. Pasteur **11**, 177 [1897]; **13**, 225, 273 [1899]; **14**, 257 [1900]; **15**, 129, 289, 303 [1901].
[2]) Weichardt, Münch. med. Wochenschr. **48**, 2095 [1901]; **51**, 262 [1904]; Deutsche med. Wochenschr. **28**, 624 [1902]; **32**, 1854 [1906]; Archiv f. Gynäkol. **87**, 655 [1909].
[3]) Brieger, Kitasato u. Wassermann, Zeitschr. f. Hyg. **12**, 137, 254 [1892].
[4]) Brieger, Deutsche med. Wochenschr. **13**, 303 [1887]; Zeitschr. f. Hyg. **19**, 101 [1895].
— Brieger u. Boer, Zeitschr. f. Hyg. **21**, 259 [1896].
[5]) Buchner, Centralbl. f. Bakt. **4**, 149 [1888]; Münch. med. Wochenschr. **40**, 449 [1893].
[6]) Dönitz, Deutsche med. Wochenschr. **23**, 428 [1897].
[7]) Flexner u. Noguchi, Studies from the Rockefeller Institute **5** [1905].
[8]) Gruber, Centralbl. f. Bakt. **1**, 367 [1887].

man vom Tetanusbacillus wirksame Gifte erhalten, wenn Sauerstoff zehrende aerobe Bakterien wie z. B. Bac. subtilis oder mesentericus oder auch Organe von Tieren oder andere Bazillen der Kulturbouillon zugefügt werden. Smith[1]), Tarozzi[2]) fanden als bestes Nährmedium für anaerobe Züchtung Rinderleberbouillon mit Pferdeleberstückchen (Würker)[3]).

Wenn die Toxinentwicklung den Höhepunkt erreicht hat, so wird zentrifugiert und durch Filter aus gebranntem Kaolin, oder durch das nach der Angabe von Heim[4]) von der Firma F. u. M. Lautenschläger hergestellte Asbestfilter filtriert.

Mit Ammonsulfat kann das Toxin zusammen mit den Eiweißkörpern am besten aus der Bouillon herausgefällt werden. Zu dem Zwecke wird die Bouillon bis zur vollständigen Sättigung mit krystallisiertem Ammonsulfat versetzt. In Form von größeren Stücken sammelt sich dann das Gift mit dem Eiweiß auf der Oberfläche. Man fischt die dunkelbraunen Massen heraus, preßt sie auf Tontellern und trocknet über Schwefelsäure. Die pulverisierte Masse ist im Wasser leicht löslich.

Brieger und Cohn reinigten das Toxin durch Zusatz von basischen Bleiacetat unter Beifügung geringer Mengen von Ammoniak zur Entfernung des Eiweißes. Durch Dialyse werden Peptone und Salze entfernt. Die Reindarstellung des Giftes ist allerdings bisher noch nicht möglich gewesen.

Nachweis, Verhalten im Tierkörper: Zum Nachweis des Tetanustoxins dient der biologische Versuch: Es werden Mäuse oder Meerschweinchen mit bestimmten Dosen des Tetanustoxins subcutan injiziert. Beim natürlichen und experimentellen Tetanus treten tonische Starre der Muskeln und erhöhte Reflexerregbarkeit, dann klonische Krämpfe, Dyspnoe, Beschleunigung der Herztätigkeit und nicht konstante Temperaturerhöhungen. Auch tritt Muskelstarre in der Nachbarschaft der Injektionsstelle ein. Nach Injektion größerer Mengen Tetanustoxins schreiten die Contracturen auf die andere Hälfte des Körpers fort. Es entsteht dann der sogenannte generalisierte Tetanus. Beim Menschen werden zunächst die Kaumuskeln, bei den Eseln und Pferden die des Schweifes und der Ohren ergriffen. Eine gewisse Inkubationszeit vermißt man nie, auch nicht bei sehr großen Dosen des Giftes. Ist Tetanustoxin intravenös injiziert worden, so werden nach der Inkubationszeit alle Muskeln zu gleicher Zeit ergriffen, ebenso auch bei der intraperitonealen und subarachnoidealen Injektion. Intravenös injiziert wirkt das Tetanustoxin 8—10 mal schwächer als nach der subcutanen Injektion. Wird das Tetanustoxin in das Gehirn gebracht, so entsteht der sogenannte „cerebrale Tetanus": Excitation, epileptiforme Anfälle, Polyurie und motorische Störungen. Sehr geringe Giftmengen, in die hinteren Wurzeln des Rückenmarkes von Hunden oder Katzen gebracht, bewirken außerordentlich heftige Anfälle, die stundenlang dauern und sich wiederholen: Tetanus dolorosus. Die Tiere verenden dann an Erschöpfungserscheinungen. Nach kleinen, intravenös injizierten Toxinmengen magern die Tiere ab und gehen beinahe ohne tetanische Erscheinungen kachektisch ein: Tetanus sine tetano. Durch den gesunden Magen- und Darmkanal wandert das Gift, ohne verändert zu werden.

Die Tetanusbacillen sind nur an der Infektionsstelle zu finden, produzieren daher nur dort das Toxin. Tetanustoxin wird nach Meyer und Ransom (s. bei Tetanusantitoxin) von den motorischen Nerven aus den Lymphspalten aufgenommen und gelangt zu den motorischen Rückenmarksganglien. Diese lösen dann im Zustande der Übererregbarkeit infolge der von den sensiblen Nerven zufließenden Reize Tetanus aus. Das Gift wird in den Fasern des Rückenmarkes weitergeleitet. Die Empfänglichkeit ist übrigens eine außerordentlich verschiedene: das Pferd ist sehr empfindlich, ebenso auch der Mensch. Tauben und Hühner sind ebenfalls nicht unempfänglich; die Kaltblüter sind dagegen nur im Sommer, sowie bei künstlicher Erwärmung empfänglich.

Zur Wertbestimmung des Toxins dient das Trockengift, und zwar dessen Lösung in sterilem Wasser oder in Kochsalzlösung. Geeignete Versuchstiere sind Mäuse oder Meerschweinchen. Wertbestimmung nach v. Behring[5])[6])[7]).

---

[1]) Th. Smith, E. L. Walker u. H. R. Brown, Journ. of Med. Res. **14**, 193.
[2]) G. Tarozzi, Centralbl. f. Bakt., Abt. I, Orig. **38**, 619 [1905].
[3]) Würker, Sitzungsber. d. soc. phys. med. Erlangen 1910.
[4]) Heim, Centralbl. f. Bakt., Abt. I, Ref. **38**, 52 [1905].
[5]) Behring, Zeitschr. f. Hyg. **12**, 1 [1892].
[6]) Behring u. Knorr, Zeitschr. f. Hyg. **13**, 407 [1893].
[7]) Behring u. Ransom, Deutsche med. Wochenschr. **24**, 181 [1898].

Physikalische und chemische Eigenschaften: Das Tetanustoxin wird beim Aufbewahren abgeschwächt. Seine Lösung wird selbst im Eisschranke innerhalb eines Zeitraumes von 3 Wochen um das 3—4fache schwächer. Zur Immunisierung benutzten Behring und Knorr[1]) Jodtrichlorid zur Abschwächung. Oxydierende Mittel zerstören Tetanustoxin. Die giftigen Gruppen des Toxins sind empfindlicher als die bindenden. Es entstehen die Toxoide Ehrlichs. Die Absättigung des Tetanustoxins ist ebenso wie die des Diphtherietoxins dem Gesetz der Multipla unterworfen. Temperaturen von über 68° zerstören flüssiges Gift in kurzer Zeit. Auch Licht wirkt stark vernichtend auf dasselbe, besonders direktes Sonnenlicht.

Tetanusantitoxin.[1-9])

Definition: Chemisch nicht definierbar, hebt schon in geringer Menge die Wirkung größerer Mengen des Tetanustoxins auf, neutralisiert dasselbe vollkommen.

Vorkommen: In größerer Menge im Serum von mit Tetanustoxin behandelten Tieren.

Darstellung: Oft wiederholte Injektion von geeignetem Tetanustoxin, dessen toxische Bestandteile vorher durch längeres Lagern oder durch Chemikalien (Goldtrichlorid, v. Behring) abgeschwächt worden sind. Den injizierten Pferden werden, nachdem die Antikörperbildung ad maximum gesteigert worden ist, durch Venaepunktion der Jugularis monatlich etwa 6 kg Blut entzogen. Das Serum wird vom Blutkuchen getrennt und mit 0,5% Phenol oder 0,4% Trikresol versetzt. Es wird dann unter staatlicher Kontrolle abgefüllt und nach Bestätigung des angegebenen Antitoxingehaltes durch das Institut für experimentelle Therapie in Frankfurt a. M. in Abfüllungen unter genauer Bezeichnung des Gehaltes an Antitoxineinheiten den Apotheken überwiesen.

Die Reindarstellung des Tetanusantitoxins ist bis jetzt noch nicht geglückt. Eine Anreicherung konnten Tizzoni, Ehrlich und Brieger[3)4)] durch Aussalzen oder durch Anwendung einer kombinierten Fällung mit Chlornatrium- und Chlorkalium oder Jodkalium bewirken. Ferner geschah die Anreicherung des Antitoxins durch Paarung mit Metallsalzen ($ZnSO_4$ und $ZnCl_2$ und nachherige Zerlegung in die Komponenten der entstandenen Doppelverbindung) sowie mittels Fällung mit $HgCl_2$ oder mit neutralem Bleiacetat.

Nachweis: a) Qualitativer: Mit Hilfe des biologischen Absättigungsversuches gegen das spezifische Tetanustoxin. b) Quantitativer: Das Tetanusantitoxin neutralisiert das Tetanustoxin nach dem Gesetze der multiplen Proportionen. Die Wertbemessung des Tetanusantitoxins geschieht durch die Prüfung des Mischungswertes, indem man 1 ccm der verschiedenen Verdünnungen (1 : 100, 1 : 90, 1 : 80 usw. mit 38 ccm destillierten Wassers und 1 ccm Testgiftes mischt und nach 30 Minuten langem Stehen von jeder Verdünnung je 0,4 einer Maus subcutan einspritzt.

Wichtig ist die Prüfung seines Schutz- und Heilwertes im Tierexperimente durch getrennte Injektion von Toxin und Antitoxin, wobei die Wertbemessung genau in derselben Weise vorgenommen wird wie bei der Bestimmung des Mischungswertes. Zur Bestimmung des Tetanusantitoxinschutzwertes wird das Minimum der antitoxischen Lösung, welches das Versuchstier vor der nachträglich injizierten einfachen tödlichen Dosis schützt, gesucht. Zur Bestimmung des Heilwertes injiziert man zuerst das Toxin und dann das Antitoxin.

Physikalische und chemische Eigenschaften: Das Tetanusantitoxin ist nur in Wasser löslich, nicht in Alkohol oder Äther. Es ist empfindlich gegen Säuren und Alkalien und gegen Pepsin, ziemlich resistent dagegen gegen die Trypsinverdauung. Es dialysiert nur ganz wenig und wird im gelösten Zustande bei einer Temperatur von 68° völlig zerstört, erträgt dagegen

---

[1]) Behring u. Knorr, Zeitschr. f. Hyg. **13**, 407 [1893].
[2]) Behring, Zeitschr. f. Hyg. **12**, 45 [1892]; Deutsche med. Wochenschr. **26**, 29 [1900]; **29**, 617 [1903].
[3]) Behring u. Ransom, Deutsche med. Wochenschr. **24**, 181 [1898].
[4]) Brieger u. Ehrlich, Zeitschr. f. Hyg. **13**, 336 [1893]. — Buchner, Münch. med. Wochenschrift **40**, 449, 480 [1893]. — Dönitz, Deutsche med. Wochenschr. **23**, 428 [1897]; Handbuch d. pathogen. Mikroorganismen v. Kolle u. Wassermann. 1904.
[5]) Kitasato, Zeitschr. f. Hyg. **12**, 256 [1892].
[6]) Knorr, Habilitationsschr. Marburg 1895; Münch. med. Wochenschr. **45**, 321, 362 [1898].
[7]) Meyer u. Ransom, Archiv f. experim. Pathol. u. Pharmakol. **49**, 369 [1903].
[8]) Roux u. Vaillard, Annales de l'Inst. Pasteur **7**, 64 [1893].
[9]) Roux u. Martin, Annales de l'Inst. Pasteur **8**, 609 [1894].

in trocknem Zustande höhere Temperaturen. Im Blutserum ist es an die Globulinfraktion gebunden.

Verhalten im Tierkörper: Den besten Immunisierungseffekt erzielt man bei der subcutanen Injektion, wenn das Antitoxin 10—40 Stunden vor dem Gifte einverleibt wird. Je kürzer die Zeit zwischen der subcutanen Antitoxin- und Toxininjektion, um so geringer ist die Schutzwirkung des Antitoxins. Ebenso sinkt auch der Heilwert, je mehr das Zeitintervall zwischen Gift und Antitoxininjektion 36 Stunden überschreitet. Zwischen der 24. und 36. Stunde nach der subkutanen Antitoxininjektion besteht das Optimum des Antitoxingehaltes des Blutes, und zwar um so später, je größer die Antitoxindosis war. Das Antitoxin nach subcutaner Injektion erreicht die Blutbahn auf dem Wege der Lymphbahn (Ransom[1])). Sofort nach der Injektion von Tetanusantitoxin erfolgt die Bindung größerer Mengen des Giftes. Nach 8 Minuten ist mindestens die einfach tödliche Dosis gebunden. Es gelingt jedoch noch nach einer Stunde mit großen Antitoxinmengen das Toxin aus der dann noch lockeren Verbindung mit den lebenswichtigen Organen zu befreien und zu entgiften; diese Trennung gelingt um so schwerer, je heftiger und langdauernder die Vergiftung ist und je länger der Zeitraum ist, welcher bis zur Anwendung des Serums verstreicht (Dönitz)[2]).

Theobald Smithsches Phänomen.

Definition: Injektion von Diphtherietoxin und Diphtherieserum erzeugt bei den Injektionstieren besonders hochgradige Eiweißüberempfindlichkeit (s. diese).

Toxin.

Definition: Gewisse Bakterien, Diphtheriebacillen und Tetanusbacillen u. a., bilden Stoffwechselprodukte, die wasserlöslich und von den Bakterienleibern abfiltrierbar sind. Sie bilden, Tieren injiziert, spezifische Antitoxine, die schon in sehr geringer Menge große Mengen des dazugehörigen Toxins unschädlich machen, neutralisieren. Von den chemisch definierbaren Giften unterscheiden sich die echten Toxine unter anderen durch die Inkubationszeit (s. diese). Durch Erwärmen und längere Aufbewahrung gehen die Toxine in ungiftige Toxoide über, die jedoch noch Antitoxine bilden können, da (nach Ehrlich)[3]) ihre toxophore Gruppe erhalten geblieben ist. In den Diphtheriebouillonfiltraten finden sich Toxinmodifikationen, die Ehrlich Toxone nennt und als Ursache der bei Diphtherie auftretenden Spätlähmungen ansieht, s. Diphtherietoxin, Tetanustoxin, Endotoxin u. a.

Tuberkulin.[4])

Definition: Filtrate von Bouillonkulturen des Tuberkelbacillus werden bei 100° auf $1/10$ ihres Volumens eingedampft (Alttuberkulin). TOA = Originaltuberkulin, Originalfiltrat der Tb.-Bouillonkulturen bei niederer Temperatur auf $1/10$ Volumen eingeengt. VT = Im Vakuum bei niedriger Temperatur auf $1/10$ Volumen eingeengtes Originaltuberkulin. S. Neutuberkulin.

Tulase.

Definition: v. Behring behandelte Tuberkelbacillen mit Chloralhydrat und gewann so diesen Impfstoff.

Typhusdiagnosticum.

Definition: Ficker[5]) stellte unter Verwendung von Glycerin eine Aufschwemmung von Typhusbacillen her, die homogen bleibt und zur Gruber-Widalschen Reaktion bequem benutzt werden kann. Es gibt auch Paratyphus- und Rotzdiagnostica.

---

[1]) Ransom, Deutsche med. Wochenschr. **24**, 117 [1898]; Berl. klin. Wochenschr. **38**, 337, 373 [1901]; Zeitschr. f. physiol. Chemie **39** [1900].
[2]) Dönitz, Deutsche med. Wochenschr. **23**, 428 [1897]; Handbuch d. pathogen. Mikroorganismen v. Kolle u. Wassermann 1904.
[3]) Ehrlich, Gesammelte Arbeiten zur Immunitätsforschung. Berlin 1904; Klin. Jahrbuch **6**, 299 [1897].
[4]) R. Koch, Deutsche med. Wochenschr. **16**, 756, 1029 [1890]; **23**, 209 [1897].
[5]) Ficker, Berlin. klin. Wochenschr. **40**, 1021 [1903].

Überempfindlichkeit.

S. Eiweiß als Antigen und Arthussches Phänomen.

Variolisation, Jennerisation, Vaccination.

Im 18. Jahrhundert wurde vielfach Blatternpustelinhalt auf Gesunde verimpft, um bei ihnen einen milden Verlauf und dauernden Schutz gegen die Pocken zu veranlassen. Diese die Krankheit vielfach propagierende Methode wurde verlassen, als Jenner nachgewiesen hatte, daß durch Einimpfen von Kuhpockeninhalt eine örtlich verlaufende äußerst milde Erkrankung hervorgerufen wird, welche einen überaus wirksamen Schutz gegen Blatternerkrankung verleiht (Jennerisation, Vaccination). In der französischen Literatur wird fälschlicherweise (vacca = die Kuh) das Immunisieren mit abgeschwächten Impfstoffen mit Vaccination bezeichnet.

Zytase.

Definition: Metschnikoff[1]) nannte so auf Bakterien wirkende Substanzen, die von den Leukocyten produziert werden. Er hält sie für identisch mit den Buchnerschen Alexinen.

Zytolysine, Zytotoxine.

Definition: Chemisch nicht definierbare, zellenzerstörende Stoffe.

Vorkommen: In größeren Mengen im Serum von mit einer bestimmten Zellenart behandelten Tieren.

Darstellung, Nachweis, Verhalten im Tierkörper, physikalische und chemische Eigenschaften: Oft wiederholte Injektion einer bestimmten Zellart. Es entwickeln sich im Serum des injizierten Tieres Substanzen, welche die Zellart, die zur Injektion benutzt wurde, zu beeinflussen imstande sind. Bei quantitativem Arbeiten sind die entstandenen Zytolysine spezifisch für die injizierte Zellart, d. h. sie lösen in höheren Verdünnungen nur diese auf, nicht die gleiche Zellart einer verwandten Tierspezies. Eine absolute Spezifität für die injizierte Zellart an sich besteht allerdings nicht, ein bestimmtes Zytolysin vermag vielmehr auch auf andere Zellen des gleichen Organismus bis zu einem gewissen Grade einzuwirken. Bei vielen Zellen ist die Zytolyse durch den Zerfall der Zellen mikroskopisch nicht zu verfolgen, wohl aber dadurch, daß bei der Einwirkung der Zytolysine auf die Zellen spezifische Gifte (Endotoxine) entstehen. Die Hämolysine (s. diese) gehören zu den Zytotoxinen.

Injiziert man weiße Blutkörperchen, so bekommt man Leukotoxine, welche auf die weißen Blutkörperchen schädigend wirken. Landsteiner[2]), Metschnikoff[3])[4]) und Moxter[5]) stellten durch Injektion von Spermatozoen einer fremden Tierart bei Meerschweinchen Spermatoxine (spermatocide Substanzen, Weichardt) dar. Die Wirkung dieser Substanzen kann man im hängenden Tropfen gut verfolgen, weil durch dieselben die charakteristischen Bewegungen der Spermatozoen sofort zum Stillstande kommen. Weichardt[6]) stellte mittels Injektion von spermatoxinhaltigen Seren Antispermatoxine her und wies nach, daß diese aus Antikomplement und Antiimmunkörper bestehen. Da er nun Antispermatoxine auch bei Tieren erzielte, denen die spezifischen Spermazellen fehlten (bei weiblichen und kastrierten Individuen), so war bewiesen, daß für eine spezifische Antikörperbildung die verschiedensten Zellen des Körpers in Betracht kommen, nicht nur diejenigen, welche zu dem Prozeß Beziehungen haben. Derselbe Autor stellte ferner durch Injektion von Synzytialzellen ein spezifisches Synzytiolysin dar, welches mit Synzytialzellen (Placentarzellen) zusammengebracht, Endotoxine in Freiheit setzt, die aller Wahrscheinlichkeit nach als

---

[1]) Metschnikoff, Immunité dans les maladies infectieuses. Paris 1901.
[2]) K. Landsteiner, Centralbl. f. Bakt. Abt. I. Orig. **25**, 546 [1899].
[3]) E. Metschnikoff, Annales de l'Inst. Pasteur **13**, 737 [1899]; **14**, 369 [1900].
[4]) E. Metschnikoff, Immunität bei Infektionskrankheiten. Übersetzung v. E. Meyer. Jena 1902.
[5]) Moxter, Deutsche med. Wochenschr. **26**, 61 [1900].
[6]) W. Weichardt, Annales de l'Inst. Pasteur **15**, 832 [1901]; Münch. med. Wochenschr. **48**, 2095 [1901]; **49**, 1825 [1902]; Deutsche med. Wochenschr. **28**, 624 [1902]; **32**, 1854 [1906]; Archiv f. Gynäkol. **87**, 655 [1909]; Serologische Studien auf dem Gebiete der experimentellen Therapie. Stuttgart 1906.

Eklampsieerreger anzusehen sind. Ferner konnte er zeigen, daß bei einem mit Polleneiweiß injizierten Tiere Zytolysine für ersteres entstehen. Bei Heufieberpatienten werden wahrscheinlich durch Auflösen der Polleneiweiße in den Körpersäften ebenfalls Endotoxine frei; diese reizen die Schleimhäute und verursachen den Symptomenkomplex des Heufiebers. Das Studium der Zytolysine ist also für die menschliche Pathologie außerordentlich wichtig geworden, vor allem für das Studium der Eiweißüberempfindlichkeitsvorgänge, die am besten als parenterale Verdauungsprozesse von ungeformten Eiweißarten durch zytolytische Antikörper aufgefaßt werden[1]).

Derartige von Weichardt zuerst gegen ungeformte Eiweiße hergestellte Zytolysine nennt Heim Proteolysine.

Von Dungern[2]) stellte durch Injektion von Trachealschleimhaut des Rindes ein Antiepithelserum her, das die Flimmerbewegung der Epithelien sofort aufhebt.

Auch zum Studium der Iso- und Autotoxine (s. Hämolysine) sind die gewonnenen Zytotoxine, vor allen Dingen die Spermatoxine, herangezogen worden. So konnte z. B. Metschnikoff[3])[4])[5]) zeigen, daß Serum von mit Meerschweinchenspermatozoen behandelten Meerschweinchen erstere in vitro abtötet. Die Spermatozoen in den Hodenkanälchen dieses mit Meerschweinchenspermatozoen wiederholt behandelten Tieres blieben dagegen intakt.

---

[1]) Vgl. zu diesen Problemen auch die Arbeiten von Emil Abderhalden und seinen Mitarbeitern in der Zeitschr. f. physiol. Chemie **61** und folgende, sowie Med. Klinik **1909**, Nr. 41.
[2]) E. v. Dungern, Münch. med. Wochenschr. **46**, 1228 [1899].
[3]) E. Metschnikoff, Annales de l'Inst. Pasteur **13**, 737 [1899]; **14**, 369 [1900].
[4]) E. Metschnikoff, Immunität bei Infektionskrankheiten. Übersetzung v. E. Meyer, Jena 1902.
[5]) Metschnikoff, Immunité dans les maladies infectieuses. Paris 1901.

Fermente.

Von
Edgard Zunz-Brüssel.

Unter den Namen **Ferment, Diastase** oder **Enzym** versteht man' Stoffe pflanzlichen oder tierischen Ursprunges, welche an sich langsam verlaufende Reaktionen auf mehr oder minder spezifische Art beschleunigen. Meistens wird dazu hinzugefügt, daß die Enzyme durch mehr oder minder langes Erwärmen auf höhere Temperatur, etwa zwischen 70° und 100° je nach dem Fermente, vielleicht nur durch sterische Umwandlung, unwirksam werden[1]). Die Substanz, auf welche das Ferment wirkt, wird **Substrat** benannt. Das Substrat scheint mit dem Fermente eine Adsorptionsverbindung zu bilden, ehe die Wirkung des Enzyms beginnt[2]). Oft findet sich das Ferment im unwirksamen Zustande als **Proferment** oder **Proenzym** und wird durch gewisse Stoffe (oder Ionen) in wirksamen Zustand gebracht; diese Stoffe erhalten je nach den Fällen die Namen von **Komplement, Koferment, Kinase, Kombinat**.

Das Wesen der enzymatischen Wirkung ist keineswegs aufgeklärt. Meistens nimmt man an, daß es sich um katalytische Erscheinungen handelt. Ob das Ferment dabei verbraucht wird oder nicht, ist noch bestritten[3]). Nach Moore und Whitley[4]) müssen 3 verschiedene Stoffe an jeder enzymatischen Wirkung teilnehmen, nämlich: 1. das Substrat; 2. das Kombinat (die Elemente des Wassers bei den hydrolytischen Enzymen z. B.), welches auf direkte oder indirekte Weise mit dem Substrat verbunden wird und seine physikalische und chemische Eigenschaften ändert und 3. das Ferment oder Katalyst, welches die Reaktion zwischen Substrat und Kombinat ermöglicht. Diese Vorstellung ist indes noch hypothetisch.

Die chemische Zusammensetzung der Fermente muß bis jetzt als völlig unbekannt betrachtet werden. Über ihre Eigenschaften ist man sich auch nichts Sicheres bewußt.

Der tatsächliche Bestand vieler der zurzeit beschriebenen Fermente ist sogar zweifelhaft[5]). Viele von den enzymatischen Wirkungen rühren wahrscheinlich nur von der gleichzeitigen Wirkung mehrerer chemischer Stoffe her, welche äußerst empfindliche katalytische Komplexe bilden[6]); durch Ersatz einer dieser Verbindungen durch eine andere läßt sich vermutlich die Spezifizität des Systems in eine andere umwandeln.

Dony-Hénault zufolge rührt die katalytische Spezifizität der Enzyme vom Substrate und keineswegs vom Katalysator her. Die dynamischen Gesetze der Fermente sind auch für die Mineralkatalysatoren gültig. Die Diastasen wirken entweder auf den H-Ionen-empfindlichen Substraten (Stärke, Rohrzucker) oder auf den OH-Ionen-empfindlichen Substraten (Fett, H_2O_2, manche Zuckerarten). Zur ersten Gruppe gehören z. B. die Amylase und das Pepsin, deren Wirkung durch äußerst geringe Alkalimengen geschwächt wird, zur zweiten die Lipase, die Katalase und die Oxydasen, deren Wirkung durch sehr kleine Alkalimengen begünstigt wird. In den die Enzyme darstellenden katalytischen Komplexe ist nach Dony-Hénault der bewegliche Bestandteil entweder durch das H-Ion oder durch das OH-Ion gebildet.

[1]) H. Euler u. B. af Ugglas, Zeitschr. f. physiol. Chemie **65**, 124—140 [1910].
[2]) (Fräulein) Ch. Philoche, Journ. de chimie physique **6**, 212—293, 355—423 [1908]. — S. G. Hedin, Zeitschr. f. physiol. Chemie **60**, 364—375 [1909].
[3]) G. D. Spineanu, Arch. int. de pharmacodynamie et de thérapie **18**, 491—498 [1908].
[4]) B. Moore u. E. Whitley, Biochem. Journ. **4**, 136—167 [1909].
[5]) J. Wolff, Compt. rend. de la Soc. de Biol. **66**, 842—844 [1909].
[6]) O. Dony-Hénault, Bulletin de la Cl. des Sc. de l'Acad. roy. de Belg. **1909**, 342—387. — J. Wolff u. E. de Stoecklin, Annales de l'Inst. Pasteur **23**, 841—863 [1909].

Demnach kann man die Fermente nur nach der spezifischen Wirkung zwischen Enzym und Substrat einteilen. Diese Einteilung ist indes nur als eine ganz vorläufige anzusehen. Als Hauptgruppen kann man die folgenden unterscheiden: die Hydrolasen oder **Hydratasen**, die Koagulasen, die Carboxylasen, die Oxydasen (und Peroxydasen), die Katalase, die **Reduktasen**, die Gärungsenzyme. Es ist jedoch keineswegs festgestellt, in welcher Hauptgruppe gewisse Fermente Platz nehmen müssen. Andere sogar gehören tatsächlich zu keiner dieser Gruppen[1]).

I. Hydrolasen oder Hydratasen.

Fermente, welche gewisse Substanzen unter Wasseraufnahme in einfachere Stoffe spalten[2]). Man kann sie je nach dem Substrate in Carbohydrasen, Glykosidasen, Esterasen, Proteasen und Amidasen einteilen.

A. Carbohydrasen.

Fermente, welche Kohlehydrate unter Wasseraufnahme in einfachere Zuckerarten oder Stoffe spalten. Man unterscheidet, je nach dem Substrate, die Biasen oder Disaccharasen, die Triasen oder Trisaccharasen und die Polysaccharasen. Außerdem kann man mit den Carbohydrasen gewisse auf Kohlehydrate einwirkende Enzyme besprechen, deren Einwirkung vielleicht keine Wasseraufnahme erfordert wie das glykolytische Ferment und die Manno-Isomerase.

α) *Biasen oder Disaccharasen.*

Fermente, welche unter Wasseraufnahme Biosen in Hexosen spalten. Zurzeit kennt man 6 verschiedene Biasen, nämlich die Invertase, die Maltase, die Trehalase, die Lactase, die Melibiase, die Gentiobiase und die Cellobiase. Anhangsweise muß man die Lactobionase hinzufügen.

Invertase.

Definition: Das auch **Invertin, Sucrase, Saccharase, Citrocymase** benannte Ferment spaltet unter Wasseraufnahme 1 Mol. Rohrzucker in 1 Mol. d-Glucose und 1 Mol. l-Fructose nach der Gleichung $C_{12}H_{22}O_{11} + H_2O = C_6H_{12}O_6 + C_6H_{12}O_6$. Das Invertzucker benannte Gemisch gleicher Teile beider so entstandenen Zuckerarten dreht nach links.

Vorkommen: In fast allen Hefen, meistens neben Maltase. In den Milchzuckerhefen neben Lactase. Einige Hefen (Saccharomyces marxianus z. B.) enthalten nur Invertase, in anderen hingegen (Schizo-Saccharomyces octoporus, Saccharomyces apiculatus und den meisten Torulaceen) fehlt sie[3]). Unterhefe enthält weniger Invertase als Oberhefe[4]). — In gewissen Schimmelpilzen, nämlich in Pilzen der Gattung Fusarium während der Conidienbildung[5]), in Chlamydomucor oryzae, in Pseudodematophora[6]), in Hormodendron hordei, in Leuconostoc mesenterioides, in den Aspergillus- und Penicilliumarten[7]), auch in Aspergillus

---

[1]) W. M. Bayliss, The nature of enzyme action, London 1908. — F. Czapek, Biochemie der Pflanzen **1**, S. 63—82, Jena 1905. — H. Euler, Ergebnisse d. Physiol. **6**, 187—243 [1907]. — J. Effront, Les enzymes et leurs applications, Paris 1899. — F. Fuhrmann, Vorlesungen über Bakterienenzyme, Jena 1907. — J. R. Green, The soluble ferments and fermentation, Cambridge 1901. — C. Oppenheimer, Die Fermente und ihre Wirkungen, 3. Aufl., Leipzig 1909. — F. Samuely, C. Oppenheimers Handbuch der Biochemie des Menschen und der Tiere **1**, 503—582, Jena 1908. — H. M. Vernon, Intracellular enzymes, London 1908. — E. Weinland, C. Oppenheimers Handbuch der Biochemie des Menschen und der Tiere **3**, II. Hälfte, 299—343, Jena 1908.

[2]) Em. Bourquelot, Journ. de Pharm. et de Chim. [6] **25**, 16—26 [1907].

[3]) Emil Fischer, Zeitschr. f. physiol. Chemie **26**, 60—88 [1898]. — Emil Fischer und P. Lindner, Berichte d. Deutsch. chem. Gesellschaft **28**, 984—986, 3030—3039 [1895]; Wochenschrift f. Brauerei **12**, 959—960 [1895]. — A. Kalanthar, Zeitschr. f. physiol. Chemie **26**, 89—101 [1898]. — Alb. Klöcker, Centr. f. Bakt. II. Abt. **26**, 513 [1910].

[4]) R. J. Caldwell u. S. L. Courtaud, Proc. Roy. Soc. **79** B, 350—359 [1907].

[5]) E. Wasserzug, Ann. de l'Inst. Pasteur **1**, 525—531 [1886].

[6]) J. Behrens, Centralbl. f. Bakt. II. Abt. **3**, 641 [1897].

[7]) A. Fernbach, Ann. de l'Inst. Pasteur **4**, 1—24 [1890]. — Arthur Wayland Dox, Journ. of biol. Chemistry **6**, 461—467 [1909].

oryzae[1]), in Mucor racemosus, in Mucor mucedo, in Mucor corymbifer, in Mucor rhizopodiformis, in Hyphomyces roselleus[2]), nicht aber in Mucor alternans, in Mucor circinelloides, in Mucor Rouxii, in Polyporus, in Rhizopus nigricans[3]), in Eurotiopsis Gayoni[4]), in Dematium pullulans[5]), bei den Soorpilzen[6]). — In gewissen Bakterien[7]): Proteusgruppe, Bacillus megatherium[8]), Bacillus kiliensis, Bacillus mesentericus vulgatus, Bacillus orthobutylicus[9]), Bacillus tartricus[10]), Bacillus subtilis, Pneumoniebacillen[11]). Sauerteigbacillen, peptonisierende Milchbakterien, Prodigiosusbakterien usw. Einige Invertase erzeugende Bakterien behalten stets dieses Vermögen; Bacillus megatherium und Bacillus kiliensis enthalten Invertase in saurer, neutraler oder stark alkalischer Bouillon. Bacillus fluorescens liquefaciens und Proteus vulgaris erzeugen Invertase in saurer, neutraler und leicht alkalischer Nährbouillon, nicht aber in stark alkalischer. Bei anderen Mikrobenarten besteht nur manchmal Invertase (Choleravibrionen, Vibrio Metschnikovi). — Bei anderen fehlt stets Invertase [Essigbakterien[12]), Typhusbacillen[13]), Bac. boocopricus[14]), bulgarischer Milchsäurebacillus[15])]. — In den Reserveorganen und in den Blättern sehr vieler Phanerogamen[16]). Im Nektar der Pflanzen[17]). Im reifen Pollen verschiedener Pflanzen[18]). Im Malzextrakte. In der Zuckerrübe[19]). In den Wurzeln, Stengeln, Blättern von Weizen, Erbsen, Mais. In den Stengeln von Verbena officinalis[20]). In den Enzianwurzeln[21]). In den Viburnumblättern[22]). In den Ricinus-[23]) und Crotonsamen[24]). In allen Teilen des Weinstockes[25]), in den Kirschen, in den Johannisbeeren, sehr wenig in den Birnen, gar nicht in den Äpfeln und in den Apfelsinen. — Im Darm der Seesterne, Seeigel und Holothurien[26]). In der Leber von Sycotypus canaliculatus[27]). Im Safte des Häpatopankreas der Schnecke und der Aplysia[28]). Im Aplysienblute. In den Sipunculuseiern[29]). In den Eiern von Crustaceen[30]). — Im Verdauungssafte bei gewissen Seecrustaceen (Portunus puber, Maja squinado, Platycarcinus pagurus, Palinurus vulgaris, Carcinus moenas), nicht aber bei Homarus vulgaris[31]). Fehlt im Safte des Häpatopankreas der Cephalopoden[32]). In der Leber von Patella vulgata und Pecten oper-

---

[1]) J. Sanguinetti, Ann. de l'Inst. Pasteur **11**, 264—276 [1897].
[2]) H. Pringsheim u. Géza Zemplén, Zeitschr. f. physiol. Chemie **62**, 367—385 [1909].
[3]) U. Gayon u. E. Dubourg, Ann. de l'Inst. Pasteur **1**, 522—546 [1887]. — W. Butkewitsch, Jahrb. f. wissensch. Botanik **38**, 147—224 [1902].
[4]) J. Laborde, Ann. de l'Inst. Pasteur **11**, 1—43 [1897].
[5]) O. v. Skerst, Wochenschr. f. Brauerei **15**, 354—358 [1898].
[6]) G. Linossier u. E. Roux, Compt. rend. de l'Acad. des Sc. **110**, 355—358 [1890].
[7]) Cl. Fermi u. G. Montesano, Centralbl. f. Bakt. II. Abt. **1**, 482—487, 542—556 [1895].
[8]) Cl. Fermi, Centralbl. f. Bakt. **12**, 713—715 [1892]. — Berthold Heinze, Centralbl. f. Bakt. II. Abt. **8**, 553—554 [1902].
[9]) L. Grimbert, Ann. de l'Inst. Pasteur **7**, 353—402 [1890].
[10]) L. Grimbert u. L. Ficquet, Compt. rend. de la Soc. de Biol. **49**, 962—965 [1897].
[11]) P. F. Frankland, A. Stanley u. W. Frew, Journ. Chem. Soc. **59**, 253—270 [1891].
[12]) W. Henneberg, Centralbl. f. Bakt. II. Abt. **4**, 14—20, 67—73, 138—147 [1898].
[13]) A. Péré, Ann. de l'Inst. Pasteur **6**, 512—537 [1892].
[14]) O. Emmerling, Berichte d. Deutsch. chem. Gesellschaft **29**, 2726—2727 [1896].
[15]) G. Bertrand u. F. Duchacek, Annales de l'Inst. Pasteur **23**, 402—414 [1909]. — L. Margaillan, Compt. rend. de l'Acad. des Sc. **150**, 45—47 [1910].
[16]) Em. Bourquelot, Archiv f. Pharmazie **245**, 164—171 [1907].
[17]) G. Bonnier, Ann. sc. nat. (Bot.) [6] **8**, 194—196 [1878].
[18]) Ph. van Tieghem, Bulletin de la Soc. bot. de France **33**, 216—218 [1886].
[19]) J. Stoklasa, J. Jelinek u. E. Vitek, Beiträge z. chem. Physiol. u. Pathol. **3**, 460—509 [1903].
[20]) L. Bourdier, Journ. de Pharm. et de Chim. [6] **27**, 49—57, 101—112 [1908].
[21]) Em. Bourquelot u. H. Hérissey, Journ. de Pharm. et de Chim. [6] **16**, 513—519 [1902].
[22]) Em. Bourquelot u. Em. Danjou, Compt. rend. de la Soc. de Biol. **60**, 83—85 [1906].
[23]) A. E. Taylor, Journ. of biol. Chemistry **2**, 87—104 [1906].
[24]) F. Scuti u. A. Parrozzani, Gazzetta chimica ital. **37**, 486—488 [1907].
[25]) V. Martinand, Compt. rend. de l'Acad. des Sc. **144**, 1376—1378 [1907].
[26]) O. Cohnheim, Zeitschr. f. physiol. Chemie **33**, 11—54 [1901].
[27]) L. B. Mendel u. A. C. Bradley, Amer. Journ. of Physiol. **13**, 17—29 [1905].
[28]) H. Bierry u. J. Giaja, Compt. rend. de la Soc. de Biol. **61**, 485—486 [1906].
[29]) R. Kobert, Archiv f. d. ges. Physiol. **99**, 116—186 [1903].
[30]) J. E. Abelous u. J. Heim, Compt. rend. de la Soc. de Biol. **43**, 273—275 [1891].
[31]) J. Giaja, Compt. rend. de la Soc. de Biol. **63**, 508—509 [1907].
[32]) A. Falloise, Arch. int. de Physiol. **3**, 282—305 [1905].

cularis[1]). Findet sich im Bienenspeichel[2]), im Vordermagen der Biene, im Honig in reichlicher Menge, in den Verdauungsorganen vieler Hymenopteren, Dipteren und Lepidopteren; auch bei gewissen Hemipteren und Coleopteren[3]). Bei Insektenlarven und -Raupen[4]), z. B. bei Limnophilus flavicornis, wo die Invertasemenge während der Entwicklung stets zunimmt[5]). Im Mitteldarminhalte des Mehlwurmes[6]). In der Labialdrüse der Ameisen[7]). Im reifen und unreifen Froschei, im unbefruchteten und befruchteten Hühnerei[8]). Im Darmsafte des Menschen, auch des Neugeborenen[9]), nicht aber des Rindes[10]). Der obere Darmteil enthält mehr Invertase als der untere. Beim Hunde wird die Invertase durch die Lieberkühnschen Drüsen abgesondert[11]) und sie stammt im Darmsafte vielleicht nur von den Darmzellen[12]). In der Darmschleimhaut und im Magensafte des Schweines[13]). Fehlt in der Darmschleimhaut vom Schweinsembryo, besteht aber schon beim säugenden Schweine; fehlt hingegen noch beim 2 Monate alten Hunde. Besteht in der Darmschleimhaut des neugeborenen Huhnes[14]). Fehlt im Pankreassafte und im Speichel der Wirbeltiere[15]); scheint indes im Pankreaspreßsafte vorhanden zu sein[16]). In der Blinddarmflüssigkeit des Pferdes[17]). Spurenweise im normalen menschlichen Kote[18]). In der menschlichen Placenta[19]). Fehlt im normalen Serum des erwachsenen Hundes[20]).

Darstellung: Das beste Verfahren ist die Darstellung mittels reinen Preßsaftes nach dem von Hafner verbesserten Osborneschen Verfahren[21]).

Nachweis: Feststellung der Reaktionsprodukte der Rohrzuckerspaltung mit Hilfe des Polarimeters.

Physiologische Eigenschaften: Weinland[22]) erzielte durch subcutane Einspritzungen steigender Rohrzuckerlösungen während mehrerer Wochen bei jungen Hunden ein invertasehaltiges Serum. Abderhalden[20]) erhielt bei erwachsenen Hunden nach Rohrzucker-Milchzuckerinjektion Rohrzucker spaltendes Serum. Schütze und Bergell[23]) haben durch wiederholte subcutane Einspritzungen von je $1/5$ g alle 4—10 Tage beim Kaninchen nach 4—5 Monaten ein schwachhemmende Eigenschaften gegenüber Invertase aufweisendes Serum erhalten. Nach intraperitonealen Rohrzuckereinspritzungen tritt vielleicht beim Kaninchen Darminvertase in das Bauchfell und spaltet darin die Saccharose[24]).

[1]) H. E. Roaf, Biochem. Journ. 3, 462—472 [1908].
[2]) Erlenmeyer, Sitzungsber. d. math.-physikal. Klasse d. kgl. b. Akad. d. Wissensch. 1874, 204—207.
[3]) D. Axenfeld, Centralbl. f. Physiol. 17, 268—269 [1903].
[4]) J. Straus, Zeitschr. f. Biol. 52, 94—106 [1908].
[5]) X. Roques, Compt. rend. de l'Acad. des Sc. 149, 319—321 [1909].
[6]) W. Biedermann, Archiv f. d. ges. Physiol. 72, 105—162 [1898].
[7]) H. Piéron, Compt. rend. de la Soc. de Biol. 62, 772—773 [1907].
[8]) A. Herlitzka, Arch. ital. de biol. 48, 119—145 [1907].
[9]) K. Miura, Zeitschr. f. Biol. 32, 266—278 [1895]. — Fr. Krüger, Zeitschr. f. Biol. 37, 229—260 [1898].
[10]) Emil Fischer u. W. Niebel, Sitzungsber. d. Kgl. preuß. Akad. d. Wissensch. zu Berlin 5, 73—82 [1896].
[11]) F. Röhmann, Archiv f. d. ges. Physiol. 41, 411—462 [1887]. — A. Falloise, Arch. int. de Physiol. 2, 299—321 [1904].
[12]) H. Bierry u. A. Frouin, Compt. rend. de l'Acad. des Sc. 142, 1565—1568 [1906].
[13]) J. H. Widdicombe, Journ. of Physiol. 28, 175—180 [1903].
[14]) L. B. Mendel u. P. H. Mitchell, Amer. Journ. of Physiol. 20, 81—96 [1907].
[15]) H. T. Brown u. J. Heron, Liebigs Annalen 204, 228—251 [1880]. — J. von Mering, Zeitschr. f. physiol. Chemie 5, 185—197 [1881].
[16]) J. Stoklasa, Zeitschr. f. physiol. Chemie 62, 36—46 [1909].
[17]) A. Scheunert, Zeitschr. f. physiol. Chemie 48, 8—26 [1906].
[18]) H. Ury, Zeitschr. f. physiol. Chemie 65, 124—140 [1910].
[19]) Walther Löb u. S. Higuchi, Biochem. Zeitschr. 22, 316—336 [1909].
[20]) E. Abderhalden u. C. Brahm, Zeitschr. f. physiol. Chemie 64, 429—432 [1910].
[21]) C. O'Sullivan u. F. W. Thompson, Journ. Chem. Soc. 57, 834—931 [1890]. — J. O'Sullivan, Journ. Chem. Soc. 61, 593—605 [1892]. — W. A. Osborne, Zeitschr. f. physiol. Chemie 28, 399—425 [1899]. — K. Oshima, Zeitschr. f. physiol. Chemie 36, 42—48 [1903]. — B. Hafner, Zeitschr. f. physiol. Chemie 42, 1—34 [1904].
[22]) E. Weinland, Zeitschr. f. Biol. 47, 279—288 [1905].
[23]) Alb. Schütze u. P. Bergell, Zeitschr. f. klin. Medizin 61, 366—373 [1907].
[24]) H. Roger u. M. Garnier, Compt. rend. de la Soc. de Biol. 66, 1067—1069 [1909]; Journ. de Physiol. et de Pathol. 11, 822—835 [1909].

Physikalische und chemische Eigenschaften: Die verschiedenen Invertasen besitzen keineswegs völlig identische Eigenschaften. Die Gesetze der Invertasewirkung, d. h. der Inversionsraschheit, sind noch nicht endgültig festgestellt. Das Invertieren des Rohrzuckers durch Invertase erfolgt nach Victor Henri[1]) rascher als nach einer Monomolekularreaktion; nach O'Sullivan und Thompson sowie nach Hudson und nach Taylor hingegen folgt es dem Gesetze des Verlaufes einer Monomolekularreaktion[2]). Nach Euler und af Ugglas ist, innerhalb eines gewissen Konzentrationsgebietes wenigstens, die enzymatische Inversionsgeschwindigkeit der Konzentration der wirksamen Invertase proportional. Der Temperaturkoeffizient der enzymatischen Rohrzuckerinversion nimmt mit steigender Temperatur ab; er ist viel geringer als derjenige der Rohrzuckerinversion durch Säuren. Sobald 20% des vorhandenen Rohrzuckers gespalten sind, beginnt die Verzögerung der enzymatischen Einwirkung, welche mit der Zunahme des gebildeten Invertzuckers stets erheblicher wird. — Kaolin, Mastix, kolloides Arsensulfid scheinen keine Invertase festzuhalten; dagegen adsorbieren kathodisch wirkende Metallhydroxyde das Invertin vollkommen. Aus den Ergebnissen der Adsorptionsanalyse und der elektrischen Überführung geht hervor, daß Invertase eine Säure ist[3]) und als negatives Kolloid betrachtet werden muß[4]). — Hefeinvertase diffundiert langsam durch Pergamentpapier[5]), die Invertase von Bacillus megatherium und Bacillus kiliensis hingegen nicht. Hefeinvertase diffundiert leicht durch Schweinedarm, nicht durch Cellulose[6]). Die Invertase dringt fast völlig durch Porzellankerzen, wenn die Lösung dem Phenolphthalein gegenüber neutral reagiert, kaum hingegen, wenn sie dem Methylorange gegenüber neutral reagiert[7]). — In wässeriger Lösung ist die Hefeinvertase sehr empfindlich. Sehr verdünnte Säuren (hauptsächlich Weinsteinsäure) beschleunigen manchmal ihre Wirkung, ein sehr geringer Säureüberschuß genügt indes, um sie zu hemmen; Oxalsäure ist besonders schädlich[8]). Das Aciditätsoptimum wechselt je nach den verschiedenen Invertasen; für Aspergillusinvertase z. B. stellt eine einer $1/3000$—$1/300$ Normallösung entsprechende Konzentration von H-Ionen das Optimum dar[9]). Für die Wirkung der Invertase besteht ein Konzentrationsoptimum der H-Ionen, welches unter stets denselben Bedingungen von der Invertasemenge und von der Art des Säuerungsmittels unabhängig bleibt; dieses Optimum entspricht unter gewissen Umständen einem H-Ionenexponent von 4,4 bis 4,6[10]), welche Konzentration an H-Ionen für die Stabilität der Invertase am günstigsten ist[11]). Manche Bakterieninvertasen wirken auch bei alkalischer Reaktion. — Ammonsalze und MgO befördern manchmal[12]). Alkalien, Kalkhydrat, Fuchsin, Kongorot, Safranin[13]) und Quecksilbersalze sind schädlich, Sublimat jedoch weniger als Cyankalium[14]). Oxalsäure und Borsäure sind ohne Einfluß[15]). Elektrisch dargestelltes kolloides Silber hemmt schon in sehr großer Verdünnung ($1/1250000$) die Wirkung der Hefeinvertase[16]). Glycerin, Harnstoff[17]), Lactose, Glucose, Fructose[18]) verzögern. Konz. (48 proz.) Rohrzuckerlösung hemmt die Invertasewirkung, ohne jedoch

---

[1]) Victor Henri, Lois générales des diastases, Paris 1903. — L. Michaelis, Biochem. Centralbl. **7**, 629—641 [1908].
[2]) C. O'Sullivan u. F. W. Thompson, Journ. Chem. Soc. **57**, 834—931 [1890]. — C. S. Hudson, Journ. Amer. Chem. Soc. **30**, 1160—1166, 1564—1583 [1908]; **31**, 655—664 [1909]. — A. E. Taylor, Journ. of biol. Chemistry **5**, 405—407 [1909].
[3]) L. Michaelis, Biochem. Zeitschr. **7**, 488—492 [1907]; **16**, 80—86 [1909]. — L. Michaelis u. M. Ehrenreich, Biochem. Zeitschr. **10**, 283—299 [1908]. — H. Euler u. B. af Ugglas, Zeitschr. f. physiol. Chemie **65**, 124—140 [1910].
[4]) H. Bierry, V. Henri u. G. Schaeffer, Compt. rend. de la Soc. de Biol. **63**, 226 [1907].
[5]) N. Chodschajew, Arch. de physiol. **30**, 241—253 [1898]. — M. Kölle, Zeitschr. f. physiol. Chemie **29**, 428—436 [1900]. — B. Hafner, Zeitschr. f. physiol. Chemie **42**, 1—34 [1904].
[6]) A. J. J. Vandevelde, Biochem. Zeitschr. **1**, 408—412 [1907].
[7]) M. Holderer, Compt. rend. de l'Acad. des Sc. **149**, 1153—1156 [1909].
[8]) A. Fernbach, Ann. de l'Inst. Pasteur **4**, 1—24 [1890].
[9]) A. Kanitz, Archiv f. d. ges. Physiol. **100**, 547—549 [1903].
[10]) S. P. L. Sörensen, Compt. rend. Lab. Carlsberg **8**, livr. 1, 1—168 [1909]; Biochem. Zeitschr. **21**, 131—304 [1909].
[11]) H. Euler u. B. af Ugglas, Zeitschr. f. physiol. Chemie **65**, 124—140 [1910].
[12]) J. Tribot, Compt. rend. de l'Acad. des Sc. **147**, 706—707 [1908].
[13]) S. S. Mereshkowsky, Centralbl. f. Bakt. II. Abt. **11**, 33—45 [1905].
[14]) E. Duclaux, Ann. de l'Inst. Pasteur **11**, 793—800 [1897].
[15]) Béchamps, Compt. rend. de l'Acad. des Sc. **75**, 837—839 [1872].
[16]) G. Rebière, Compt. rend. de la Soc. de Biol. **65**, 54—55 [1908].
[17]) H. Braeuning, Zeitschr. f. physiol. Chemie **42**, 70—80 [1904].
[18]) H. E. Armstrong u. E. F. Armstrong, Proc. Roy. Soc. **79 B**, 360—365 [1907].

die Invertase zu zerstören[1]). Hordeninsulfat ist ohne Einfluß[2]). Alkohol schädigt wenig[3]). Galle hemmt, aber nur bei saurer Reaktion[4]). Sauerstoff und Kohlenoxyd beeinträchtigen die Wirkung der Invertase[5]), Schwefelwasserstoff nicht[6]). — In wässeriger Lösung wird die Hefeinvertase schon bei längerem Stehen bei 45—50° unwirksam, unter 0° erst aber bei —50°[7]). Falls die Lösung keinen Überschuß an OH-Ionen enthält, so bleibt sie bis etwa 50° recht stabil. Obgleich die zur Inaktivierung der Hefeinvertase nötige Temperatur von der Anwesenheit gelöster Elektrolyten und Nichtelektrolyten bis zu einem gewissen Grade abhängt, stellt sie jedoch eine für das Enzym charakteristische Größe dar. Die Invertase des Bacillus fluorescens liquefaciens und des Bacillus kiliensis wird durch 2 stündiges Verbleiben der Glycerinbouillonkultur bei 50° vernichtet, die Invertase des Bacillus megatherium und des Proteus vulgaris durch 1stündiges Erwärmen auf 55°. — Neutralsalze, Körper der Fettreihe, verschiedene Kohlehydrate schützen Invertase etwas gegen die schädliche Einwirkung der Wärme; das Wirkungsoptimum der Hefeinvertase bei Rohrzuckeranwesenheit liegt bei 53—56°[8]). Bei der Schädigung der Invertase durch Wärme spielt die Anwesenheit von O oder H keine Rolle. Kaliumbromid, Jodkalium und Kaliumnitrat verstärken die Wärmeschädigung. — Sonnenlicht wirkt besonders bei Sauerstoffanwesenheit auf Invertase schädlich: die Schädigung ist geringer, wenn die Invertase sich in alkalischem Medium befindet, als wenn sie in saurer Lösung der Belichtung ausgesetzt wird. Rohrzucker, Glucose, Fructose, Mannose, Galaktose, Lactose und Maltose schützen die Invertase gegen die schädigende Einwirkung des Lichtes; Mannit tut dies nur wenig, Stärke, Dextrin, Harnstoff, Glycerin, Glaubersalz, Natriumchlorid gar nicht. Von ultravioletten Strahlen befreites Sonnenlicht wirkt nur bei O-Anwesenheit auf Invertase schädlich, das Gesamtsonnenlicht hingegen noch bei Wasserstoff-, Stickstoff- oder Kohlensäureanwesenheit. Bei ultraviolettem Lichte erfolgt die Schädigung auch in O-Abwesenheit. Der Zusatz fluorescierender Stoffe (Eosin oder Dichloranthracendisulfonat) beschleunigt die Schädigung der Invertase durch von ultravioletten Strahlen befreites Sonnenlicht bei Sauerstoffanwesenheit, nicht aber die Schädigung durch Gesamtsonnenlicht oder Ultraviolettlicht[9]). Die Erhöhung der Temperatur von 10° auf 30°, steigert beträchtlich die Abnahme der Invertasewirkung durch Licht oder Eosinlichtwirkung[10]). — Weder Röntgen- noch Radiumstrahlen üben einen wesentlichen Einfluß auf Invertase aus[11]). Durch die Radiumstrahlen kann jedoch die Invertasewirkung allmählich, aber langsam, ihre Wirksamkeit einbüßen[12]). — Die Hefeinvertase wird durch Fäulnisbakterien nicht angegriffen[13]). Die Wirkung der Invertase wird weder durch die im Hefesafte selbst befindliche Endotryptase, noch durch Pepsin, Trypsin oder Amylase geschwächt[14]), wohl aber durch Erepsin[15]). — Vielleicht besitzt die Invertase auch eine aufbauende Tätigkeit[16]).

[1]) Th. Bokorny, Chem.-Ztg. **26**, 1106—1107 [1903].
[2]) L. Camus, Compt. rend. de la Soc. de Biol. **60**, 264—266 [1906].
[3]) Th. Bokorny, Milch-Ztg. **32**, 641—642 [1903].
[4]) Fr. Spallitta, Arch. di farmacol. sper. e scienze affini **4**, 200—209 [1907].
[5]) O. Nasse, Archiv f. d. ges. Physiol. **15**, 471—481 [1877].
[6]) Cl. Fermi u. L. Pernossi, Zeitschr. f. Hyg. **18**, 83—127 [1894].
[7]) A. Mayer, Enzymologie, Heidelberg 1882, S. 23. — E. Buchner, H. Buchner u. M. Hahn, Die Zymasegärung, München 1903.
[8]) Hugo Schmorell, Inaug.-Diss. München 1907, 26 S.
[9]) H. von Tappeiner u. A. Jodlbauer, Deutsch. Archiv f. klin. Medizin **80**, 427—487 [1904]. — A. Jodlbauer u. H. von Tappeiner, Münch. med. Wochenschr. **53**, 653 [1906]; Deutsch. Archiv f. klin. Medizin **87**, 373—388 [1906]. — A. Jodlbauer, Biochem. Zeitschr. **3**, 483—502 [1907].
[10]) B. Hannes u. A. Jodlbauer, Biochem. Zeitschr. **21**, 110—113 [1909].
[11]) A. Jodlbauer, Deutsch. Archiv f. klin. Medizin **80**, 488—491 [1904].
[12]) Victor Henri u. André Mayer, Compt. rend. de l'Acad. des Sc. **138**, 521—524 [1904].
[13]) E. Salkowski, Zeitschr. f. physiol. Chemie **61**, 124—138 [1909].
[14]) A. Wrobléski, B. Bednarski u. W. Wojczynski, Beiträge z. chem. Physiol. u. Pathol. **1**, 289—303 [1901].
[15]) (Fräulein) Wladikine, Thèse de Lausanne 1908, 24 S.
[16]) G. Kohl, Beihefte z. Bot. Centralbl. **23**, Heft 1, 64b bis 64o [1908].

Maltase.

Definition: Das auch **Maltoglykase, Glykase** oder **Glukase** benannte Ferment spaltet unter Wasseraufnahme Maltose in 2 Mol. d-Glucose.

Vorkommen: In sehr vielen Hefen: Schizosaccharomyces octosporus[1]), Saccharomyces anomalus, Bier- und Weinheferassen[2]), Monilia candida[3]). Nur vorübergehend bei gewissen Torulaceen[4]). Fehlt bei Saccharomyces apiculatus, Saccharomyces Ludwigii, Saccharomyces Zopfii, Saccharomyces exiguus, Saccharomyces Marxianus, in den Kefirkörnern und in allen Milchzuckerhefen[5]). — Bei gewissen Schimmelpilzen: Mucor Rouxii[6]), Mucor racemosus, Mucor alternans[7]), Eurotiopsis Gayoni[8]), Penicillium glaucum, Penicillium Camenberti[9]), Aspergillus niger[10]), Aspergillus oryzae[11]), Hormodendron hordei[12]), Alleschiera Gayoni, Aspergillus Wentii, Rhizopus tonkinensis, Mucor mucedo, Mucor javanicus, Mucor rhizopodiformis, Penicillium purpurogenum[13]). — Bei gewissen Bakterien, wie z. B. Bacillus pastorianus[14]). — Im Gerstenmalz[15]). In den Samen mit mehligem Endosperm: Mais, Reis, Hirse, Sorgho, Carex, Luzula, Sparganium[16]). In den Ricinussamen[17]). In den Mais- und Sorghoblättern. In den Preßsäften von Rüben, Erbsen, Kartoffeln[18]). — In den Mesenterialfilamenten von Tealia crassicornis und Actinia mesembryanthemum, in der Leber von Patella vulgata und von Pecten opercularis, in der Verdauungsdrüse von Cancer pagurus, im Darme von Echinus esculentus[19]). Im Magendarmsafte von Aplysia punctata[20]). In den Larven verschiedener Insekten (Euproctis chrysorrhoea, Ocneria dispar, Hyponomenta, Calliphora vomitoria[21]). Im Darminhalte von Mehlwürmern[22]). — Bei den Wirbeltieren im Speichel[23]), im Darmsafte[24]). In den Lieberkühnschen Drüsen der Dünndarmschleimhaut, und zwar am meisten im D uodenum, am wenigsten im Ileum[25]). Besteht schon im Darme des Schaf-[26]) und des Schweinsembryos[27]). Fehlt im normalen menschlichen Kote[28]). Im Pankreas[29]). In

---

[1]) Emil Fischer u. P. Lindner, Berichte d. Deutsch. chem. Gesellschaft **28**, 984—986 [1895].

[2]) C. J. Boyden, Journ. Amer. Chem. Soc. **24**, 993—995 [1902].

[3]) Emil Fischer u. P. Lindner, Berichte d. Deutsch. chem. Gesellschaft **28**, 3034—3039 [1895].

[4]) M. Hartmann, Wochenschr. f. Brauerei **20**, 113—114 [1903].

[5]) C. Amthor, Zeitschr. f. physiol. Chemie **12**, 558—564 [1888]. — M. W. Beijerinck, Centralbl. f. Bakt. **11**, 68—75 [1892]. — Emil Fischer u. H. Thierfelder, Berichte d. Deutsch. chem. Gesellschaft **27**, 2031—2037 [1894].

[6]) C. Wehmer, Centralbl. f. Bakt. II. Abt. **6**, 353—356 [1900].

[7]) E. Dubourg, Compt. rend. de l'Acad. des Sc. **128**, 440—442 [1899].

[8]) J. Laborde, Compt. rend. de la Soc. de Biol. **47**, 472—474 [1895]; Ann. de l'Inst. Pasteur **11**, 1—43 [1897].

[9]) A. Wayland Dox, Journ. of biol. Chemistry **6**, 461—467 [1909].

[10]) E. Bourquelot, Compt. rend. de l'Acad. des Sc. **97**, 1000—1003 [1883].

[11]) O. Kellner, Y. Mori u. M. Nagaoka, Zeitschr. f. physiol. Chemie **14**, 297—317 [1889]. — Osborne u. Sobel, Journ. of Physiol. **29**, 1—8 [1903].

[12]) N. Chudiakow, zit. nach Centralbl. f. Bakt. II. Abt. **4**, 389—394 [1898].

[13]) H. Pringsheim u. G. Zémplen, Zeitschr. f. physiol. Chemie **62**, 367—389 [1909].

[14]) P. F. Frankland, A. Stanley u. W. Frew, Journ. Chem. Soc. **59**, 253—270 [1891]. — L. Grimbert, Ann. de l'Inst. Pasteur **7**, 353—402 [1893]. — L. Grimbert u. L. Ficquet, Compt. rend. de la Soc. de Biol. **49**, 962—965 [1897].

[15]) E. Kröber, Zeitschr. f. d. ges. Brauwesen **18**, 325—327, 334—336 [1895]. — W. Issaew, Zeitschr. f. d. ges. Brauwesen **23**, 796—799 [1900].

[16]) M. W. Beijerinck, Centralbl. f. Bakt. II. Abt. **1**, 221—229, 265—271, 329—342 [1895].

[17]) A. E. Taylor, Journ. of biol. Chemistry **2**, 87—104 [1906].

[18]) E. von Lippmann, Chemie der Zuckerarten **2**, 1483 [Braunschweig 1904].

[19]) H. E. Roaf, Biochem. Zeitschr. **3**, 462—472 [1908].

[20]) J. Giaja, Compt. rend. de la Soc. de Biol. **61**, 486—487 [1906].

[21]) J. Straus, Zeitschr. f. Biol. **52**, 95—106 [1908].

[22]) N. Sieber u. S. Metalnikoff, Archiv f. d. ges. Physiol. **102**, 269—286 [1904].

[23]) C. Hamburger, Archiv f. d. ges. Physiol. **60**, 548—577 [1895]. — Em. Bourquelot, Journ. de Pharm. et de Chim. [6] **2**, 97—105 [1895].

[24]) H. Bierry u. A. Frouin, Compt. rend. de l'Acad. des Sc. **142**, 1565—1568 [1906].

[25]) A. Falloise, Arch. int. de Physiol. **2**, 299—321 [1905].

[26]) H. Bierry, Compt. rend. de la Soc. de Biol. **52**, 1080—1081 [1900].

[27]) L. B. Mendel u. P. H. Mitchell, Amer. Journ. of Physiol. **20**, 81—96 [1907].

[28]) H. Ury, Biochem. Zeitschr. **23**, 153—178 [1909].

[29]) J. Stoklasa, Zeitschr. f. physiol. Chemie **62**, 36—46 [1909].

der Leber, und zwar mehr beim Hammel als beim Schweine und besonders beim Hunde. In der Lymphe und im Blutserum, und zwar in absteigender Reihe bei Schwein, Hund, Pferd, Kalb, Hammel[1]). In den Lungen[2]). In den Nieren, in der Milz, in den Lymphdrüsen, in den Muskeln[3]).

Darstellung: Aus frischer, gut ausgewaschener und abgepreßter Brauereiunterhefe nach dem Verfahren von Emil Fischer und A. Croft Hill[4]).

Nachweis: Proben des untersuchten Gewebes werden mit gleichen Mengen einer unter Erhitzen hergestellten 10 proz. Maltoselösung und 0,2 ccm Toluol in ein auf 30° C reguliertes Thermostat gebracht. Unmittelbar nach Herstellung des Gemisches und nach bestimmten Zeitpunkten entnimmt man Proben und bestimmt ihr Drehungsvermögen. Man kann auch die d-Glykose mittels Bildung ihres Osazons charakterisieren oder das Barfoedsche Reagens dazu benutzen[5]).

Physiologische Eigenschaften: Die relativ geringen Veränderungen des Maltosegehaltes des menschlichen Speichels, je nach der Nahrungsart, verlaufen den Veränderungen seines Amylasengehaltes völlig parallel[6]). Nach Darreichung von Sennablättern oder von Bitterwasser enthält der menschliche Kot stets Maltase, welche vom Darmsafte stammt[7]).

Physikalische und chemische Eigenschaften: Die verschiedenen Maltasen besitzen keineswegs gleiche Eigenschaften[8]). Außer der Maltose spaltet die Maltase noch die α-Glykoside, nicht aber die α-Galaktoside und die β-Glykoside[9]). Ob die Maltasewirkung als eine Monomolekularreaktion verläuft oder nicht, ist noch keineswegs sicher aufgeklärt[10]). — Die Maltase diffundiert nicht durch Cellulosemembran, wohl aber durch Darmmembran[11]). Sie dringt durch die Chamberlandkerze[12]). — Sie wirkt am besten manchmal in alkalischen, manchmal in neutralem oder selbst schwach saurem Medium. Die Anwesenheit von Elektrolyten scheint zur Maltasewirkung erforderlich zu sein[13]). Alkohol und Chloroform schädigen Hefemaltase[14]); Chloroform ist hingegen ohne Einfluß auf Aspergillusmaltase[15]). Glykose und β-Methylglykosid verzögern die Maltasewirkung[16]). Hordeninsulfat übt keine Einwirkung auf Maltase aus[17]). — Hefemaltase weist ihre optimale Tätigkeit bei 40° auf; bei 55° wird sie zerstört[18]). Für Gerstenmaltase liegt das Optimum bei 55°. Sonnenlicht verändert Hefemaltase nicht[19]). — Hefemaltase synthetisiert Glucose und Dextrinen zu Isomaltose[20]).

---

[1]) M. Bial, Archiv f. d. ges. Physiol. **52**, 137—156 [1892]; **53**, 156—170 [1893]; **54**, 72—80 [1893]; **55**, 434—468 [1894]. — E. Gley u. E. Bourquelot, Compt. rend. de la Soc. de Biol. **47**, 247—250 [1895]. — Emil Fischer u. W. Niebel, Sitzungsber. d. Kgl. preuß. Akad. d. Wissensch. **5**, 73—82 [1896]. — C. Kusumoto, Biochem. Zeitschr. **14**, 217—233 [1908].

[2]) N. Sieber u. W. Dzierzgowski, Zeitschr. f. physiol. Chemie **62**, 263—270 [1909].

[3]) M. C. Tebb, Journ. of Physiol. **15**, 421—432 [1894].

[4]) Emil Fischer, Berichte d. Deutsch. chem. Gesellschaft **28**, 1429—1438 [1895]; Zeitschr. f. physiol. Chemie **26**, 60—87 [1898]. — A. Croft Hill, Journ. Chem. Soc. **73**, 634 bis bis 658 [1898].

[5]) H. E. Roaf, Biochem. Journ. **3**, 182—187 [1908].

[6]) C. H. Neilson u. M. H. Scheele, Journ. of biol. Chemistry **5**, 331—337 [1909].

[7]) H. Ury, Biochem. Zeitschr. **23**, 153—178 [1909].

[8]) R. Huerre, Compt. rend. de l'Acad. des Sc. **148**, 300—302, 505—507, 1121—1124 [1901].

[9]) H. E. Armstrong u. E. F. Armstrong, Proc. Roy. Soc. **79 B**, 360—365 [1907].

[10]) (Fräulein) Ch. Philoche, Journ. de chim. physiq. **6**, 212—293, 355—423 [1908]. — A. E. Taylor, Journ. of biol. Chemistry **5**, 405—407 [1909].

[11]) A. J. J. Vandevelde, Biochem. Zeitschr. **1**, 408—412 [1907].

[12]) A. Croft Hill, Centralbl. f. Physiol. **12**, 570 [1898].

[13]) H. Bierry u. J. Giaja, Compt. rend. de la Soc. de Biol. **60**, 749—750, 1131—1132 [1906].

[14]) C. J. Lintner u. E. Kröber, Berichte d. Deutsch. chem. Gesellschaft **28**, 1050—1056 [1895].

[15]) H. Hérissey, Compt. rend. de la Soc. de Biol. **48**, 915—917 [1896].

[16]) H. E. Armstrong u. E. F. Armstrong, Proc. Roy. Soc. **79 B**, 360—365 [1907]. — E. F. Armstrong, Proc. Roy. Soc. **73**, 516—526 [1904]. — (Fräulein) Ch. Philoche, Compt. rend. de l'Acad. des Sc. **138**, 779—781, 1634—1639, 1740 [1904].

[17]) L. Camus, Compt. rend. de la Soc. de Biol. **60**, 264—266 [1906].

[18]) C. J. Lintner u. E. Kröber, Berichte d. Deutsch. chem. Gesellschaft **28**, 1050—1056 [1895].

[19]) O. Emmerling, Berichte d. Deutsch. chem. Gesellschaft **34**, 3810—3811 [1901].

[20]) A. Croft Hill, Journ. Chem. Soc. **73**, 634—658 [1898]; **83**, 578—598 [1903]. — O. Emmerling, Berichte d. Deutsch. chem. Gesellschaft **34**, 600—605, 2206—2207 [1901].

Trehalase.

Definition: Das auch **Trehaloglykase** benannte Ferment spaltet unter Wasseraufnahme 1 Mol. Trehalose in 2 Mol. d-Glucose.

Vorkommen: In gewissen Hefen und in Grünmalzdiastase[1]. In verschiedenen Schimmelpilzen: Aspergillus niger, Psalliota campestris[2]), Monilia sitophila[3]), Eurotiopsis Gayoni[4]). In verschiedenen Pilzen: Boletus edulis, Russula delica[5]). Bei manchen Milchsäurebakterien[6]), beim Bacillus orthobutylicus aber nicht vorhanden[7]). — In der gekeimten Gerste. — In der Dünndarmschleimhaut von Kaninchen, Pferd, Rind, Hund[8]). Im Blutserum der Karpfen, des Flußbarsches, des Hechtes, des Aales. Fehlt hingegen im Blutserum der Schleie, des Zanders, des Frosches, der Gans, des Huhnes, des Pferdes, des Rindes, des Hundes[9]).

Darstellung: Fällen der wässerigen Extrakte mit Alkohol.

Physikalische und chemische Eigenschaften: Sehr schwache Säuren befördern die Trehalasewirkung. Die Trehalase verliert ihre Wirksamkeit bei 64°. Weder menschlicher Harn noch Hundeblutserum üben einen Einfluß auf Pilztrehalase aus[10]).

Lactase.

Definition: Das auch **Lactoglykase** benannte Ferment spaltet unter Wasseraufnahme 1 Mol. Lactose in 1 Mol. d-Glucose und 1 Mol. d-Galaktose.

Vorkommen: In den Milchzuckerhefen (Saccharomyces Kefir, Saccharomyces Tyrocola, Saccharomyces fragilis, Saccharomyces acidi lacti usw.), weder aber in Saccharomyces anomalus noch in Schizosaccharomyces octosporus, noch in den gewöhnlichen Brauerei- und Brennereihefen[11]). — Bei verschiedenen Pilzen: Penicillium camemberti[12]), Oidium lactis, Eurotiopsis Gayoni[13]), Hormodendron hordei, Aspergillus Wentii, Allescheria Gayoni[14]), Cladoporium, Mucor Rouxii[15]), verschiedenen Torulaceen. Fehlt bei Oidium albicans, Mucor racemosus, Chlamydomucor oryzae, Ustilago usw. — Bei zahlreichen Mikroorganismen: Bacillus acidi lacti, Bacterium lactis aerogenes, bulgarischer Milchsäurebacillus, Friedländerscher Pneumoniebacillus, Colibacillus usw.[16]). — Im sog. Mandelemulsin[17]). — In den Samen vieler Rosaceen[18]), von Sinapis alba, Sinapis nigra, Citrus aurantium; in den Blättern von Cochlearia

---

[1]) Emil Fischer, Berichte d. Deutsch. chem. Gesellschaft **28**, 1429—1438 [1895]; Zeitschr. f. physiol. Chemie **26**, 60—87 [1898]. — A. Kalanthar, Zeitschr. f. physiol. Chemie **26**, 88—101 [1898].

[2]) E. Bourquelot, Compt. rend. de l'Acad. des Sc. **116**, 826—828 [1893]; Compt. rend. de la Soc. de Biol. **45**, 425—430, 653—654 [1893].

[3]) F. A. Went, Jahrb. f. wissensch. Botanik **36**, 611—664 [1901].

[4]) J. Laborde, Ann. de l'Inst. Pasteur **11**, 1—43 [1897].

[5]) E. Bourquelot u. H. Hérissey, Compt. rend. de la Soc. de Biol. **57**, 409—412 [1904]; Compt. rend. de l'Acad. des Sc. **139**, 874—876 [1904].

[6]) E. Kayser, Ann. de l'Inst. Pasteur **8**, 737—784 [1894].

[7]) L. Grimbert, Ann. de l'Inst. Pasteur **7**, 353—402 [1893].

[8]) Em. Bourquelot u. E. Gley, Compt. rend. de la Soc. de Biol. **47**, 555—557 [1895]. — H. Bierry u. A. Frouin, Compt. rend. de l'Acad. des Sc. **142**, 1565—1568 [1906].

[9]) Emil Fischer u. W. Niebel, Sitzungsber. d. Kgl. preuß. Akad. d. Wissensch. **5**, 73—82 [1896].

[10]) Em. Bourquelot u. E. Gley, Compt. rend. de la Soc. de Biol. **47**, 515—516 [1895].

[11]) E. Duclaux, Ann. de l'Inst. Pasteur **1**, 573—580 [1887]. — L. Adametz, Centralbl. f. Bakt. **5**, 116—120 [1889]. — M. W. Beijerinck, Centralbl. f. Bakt. **6**, 44—48 [1889]. — E. Kayser, Ann. de l'Inst. Pasteur **5**, 395—403 [1891]. — Emil Fischer, Berichte d. Deutsch. chem. Gesellschaft **27**, 3479—3483 [1894]. — C. J. Boyden, Journ. Amer. Chem. Soc. **24**, 993—995 [1902]. — B. Heinze u. E. Cohn, Zeitschr. f. Hyg. **46**, 286—366 [1903].

[12]) Arthur Wayland Dox, Journ. of biol. Chemistry **6**, 461—467 [1909].

[13]) L. Grimbert u. L. Fiquet, Compt. rend. de la Soc. de Biol. **49**, 962—965 [1897].

[14]) H. Pringsheim u. G. Zémplen, Zeitschr. f. physiol. Chemie **62**, 367—385 [1909].

[15]) C. Wehmer, Centralbl. f. Bakt. II. Abt. **6**, 353—365 [1900].

[16]) P. Haacke, Archiv f. Hyg. **42**, 16—47 [1902]. — G. Bertrand u. F. Duchacek, Annales de l'Inst. Pasteur **23**, 402—414 [1909]. — L. Margaillon, Compt. rend. de l'Acad. des Sc. **150**, 45—47 [1910].

[17]) H. E. Armstrong, E. F. Armstrong u. E. Horton, Proc. Roy. Soc. **80** B, 321—331 [1908].

[18]) E. Bourquelot u. H. Hérissey, Compt. rend. de l'Acad. des Sc. **137**, 56—59 [1903].

armonacia und Aucuba japonica[1]). In den Pferdebohnen, Lupinenkörnern, Buchweizen, Wicke[2]). — Bei Ophiocoma nigra; in der Leber von Patella vulgata und Pecten opercularis; in der Verdauungsdrüse von Cancer pagurus; im Darme von Echinus oesculentus[3]). Im Magendarmsafte der Schnecke[4]). Im Safte des Häpatopankreas verschiedener Gasteropoden der Gattungen Helix, Limax, Lymnoea, Planorbus[5]). Bei Homarus vulgaris[6]). Bei gewissen Insektenlarven, nicht aber bei den Puppen und Imagines[7]). Beim Mehlwurme[8]). Im Dünndarme junger, nicht ausgewachsener Hunde und Kälber; schon im 4. Monate beim Foetus des Rindes, am Ende des 2. beim Schaffoetus. Im Darme des Schweinsembryos[9]). Im Darme des Säuglinges. Fehlt im Darme erwachsener Schweine und Hunde[9]). Im Kote junger Wirbeltiere[10]), der Säuglinge[11]) und der erwachsenen Menschen[12]). Fehlt im Pankreas und im Pankreassafte des neugeborenen Kindes und selbst während der Säuglingsperiode[13]), scheint aber im Pankreaspreßsafte des Schweines zu bestehen[14]). Fehlt im normalen Serum des erwachsenen Hundes[15]).

Darstellung: Um sehr reine Lactaselösungen zu erhalten, läßt man die filtrierte Macerationsflüssigkeit gegen destilliertes Wasser unter Druck in aus mit Lecithin und Cholesterin versetztem Collodium dargestellten Säckchen mehrere Tage dialysieren und trennt durch Filtration die Flüssigkeit vom entstandenen Niederschlage[16]).

Nachweis: Bestimmung der optischen Aktivität oder Herstellung des Glucosazons und Galaktosazons oder Anwendung des Barfoedschen Reagens nach Roaf[17]). Alle Verfahren lassen die Spaltung der Lactose nur dann erkennen, wenn sie mehr als 20% beträgt[18]).

Physiologische Eigenschaften: Durch Einspritzungen von Kefirlactase unter die Haut von Kaninchen oder in den Brustmuskel des Huhnes erhielt Schulze[19]) ein dieser Lactase gegenüber hemmende Eigenschaften aufweisendes Serum. Nach subcutaner Zufuhr von Lactose scheint im Plasma oder Serum des so behandelten Hundes Lactase aufzutreten[15]).

Physikalische und chemische Eigenschaften: Alle Lactasen besitzen nicht völlig gleiche Eigenschaften. Die Lactase der höheren Tiere und die Lactase der Mollusken hydrolysieren den Lactoseureid mit Bildung freier Galaktose. Nur die Lactase vom Verdauungssafte von Helix pomatia spaltet die Lactobionsäure, ihr Lacton und den Lactosazon mit Bildung von Galaktose; dabei handelt es sich jedoch vielleicht um die Wirkung eines besonderen Fermentes, die **Lactobionase**[20]). Nach Armstrong[21]) muß man die Lactasen in Galaktolactasen

---

[1]) A. Brachin, Journ. de Pharm. et de Chim. [6] **20**, 300—308 [1904].
[2]) A. Scheunert u. W. Grimmer, Zeitschr. f. physiol. Chemie **48**, 27—48 [1906].
[3]) H. E. Roaf, Biochem. Journ. **3**, 462—472 [1908].
[4]) H. Bierry u. J. Giaja, Compt. rend. de la Soc. de Biol. **60**, 1038—1039 [1906].
[5]) H. Bierry u. J. Giaja, Compt. rend. de la Soc. de Biol. **61**, 485—486 [1906].
[6]) J. Giaja, Compt. rend. de la Soc. de Biol. **63**, 508—509 [1907].
[7]) J. Straus, Zeitschr. f. Biol. **52**, 95—106 [1908].
[8]) J. Straus, cité par E. Weinland in C. Oppenheimers Handbuch der Biochemie.
[9]) W. Pautz u. J. Vogel, Zeitschr. f. Biol. **32**, 303—307 [1895]. — F. Röhmann u. J. Lappe, Berichte d. Deutsch. chem. Gesellschaft **28**, 2506—2507 [1895]. — E. Weinland, Zeitschr. f. Biol. **38**, 607—617 [1898]; **40**, 386—391 [1900]. — P. Portier, Compt. rend. de la Soc. de Biol. **50**, 387—389 [1898]. — R. Orban, Prag. med. Woch. **24**, Nr. 33 [1899]. — R. H. Achers Plimmer, Journ. of Physiol. **35**, 20—31 [1906]. — L. B. Mendel u. P. H. Mitchell, Amer. Journ. of Physiol. **20**, 81—96 [1909].
[10]) Ch. Porcher, Compt. rend. de la Soc. de Biol. **50**, 387—389 [1898]; Compt. rend. de l'Acad. des Sc. **140**, 1406—1408 [1905].
[11]) L. Langstein u. K. Steinitz, Beiträge z. chem. Physiol. u. Pathol. **7**, 575—589 [1906].
[12]) P. Sisto, Arch. di fisiol. **4**, 116—122 [1907].
[13]) R. H. Achers Plimmer, Journ. of Physiol. **34**, 93—103 [1906]. — J. Wohlgemuth, Charité-Annalen **32**, 306 [1908]. — J. Ibrahim u. L. Kaumheimer, Zeitschr. f. physiol. Chemie **62**, 287—295 [1909].
[14]) J. Stoklasa, Zeitschr. f. physiol. Chemie **62**, 36—46 [1909].
[15]) E. Abderhalden u. C. Brahm, Zeitschr. f. physiol. Chemie **64**, 429—432 [1910].
[16]) H. Bierry u. G. Schaeffer, Compt. rend. de la Soc. de Biol. **62**, 723—725 [1907].
[17]) H. E. Roaf, Biochem. Journ. **3**, 182—184 [1908].
[18]) A. Brachin, Journ. de Pharm. et de Chim. [6] **20**, 195—205 [1904]. — Ch. Porcher, Bulletin de la Soc. chim. [3] **33**, 1285—1295 [1905].
[19]) A. Schulze, Zeitschr. f. Hyg. u. Infektionskrankh. **48**, 457—462 [1904].
[20]) H. Bierry u. A. Ranc, Compt. rend. de la Soc. de Biol. **66**, 522—523 [1909]. — H. Bierry, Compt rend. de l'Acad. des Sc. **48**, 949—952 [1909].
[21]) H. E. Armstrong, E. F. Armstrong u. E. Horton, Proc. Roy. Soc. **80** B, 321—331 [1908].

(Kefirlactase z. B.) und Glucolactasen (die im sog. Mandelemulsin enthaltene Lactase z. B.) unterscheiden, je nachdem sie den Galactose- oder den Glucoseteil des Lactosemoleküls angreifen. — Die Lactase wird durch Collodium adsorbiert[1]). Man muß sie als ein negatives Kolloid betrachten[2]). Sie dialysiert nicht durch Pergamentpapier und dringt nicht durch Chamberlandfilter, wohl aber durch Collodiummembran. — Geringe Säuremengen (0,02—0,04 g pro Liter Salzsäure oder Essigsäure) begünstigen, 1,20% Essigsäure vermindert die Wirksamkeit der Pflanzenlactase, 2,40% hemmt sie völlig. Oxalsäure, Schwefelsäure, Weinsteinsäure können die Lactasewirkung aufheben[3]). Milchsäure (1,6%), Alkohol (10%) besitzen keinen schädlichen Einfluß[4]). Geringe Alkalienmengen verzögern schon beträchtlich. Galaktose und α-Methylgalaktosid verzögern[5]). Relativ hohe NaFl-Mengen beeinträchtigen die Lactasewirkung. Normales Blutserum von Kaninchen oder Huhn besitzt kein Hemmungsvermögen gegen die Lactasewirkung. Die Lactase des Magendarmsaftes der Schnecke wird schon bei 58—60° zerstört, Pflanzenlactase erst bei 75—80°. Die Lactase wird von diffusem Sonnenlicht kaum angegriffen. Bei 35° bewirkt Kefirlactase in konz. Lösungen von Glucose und Galaktose eine Rückbildung von Isolactose[6]).

Melibiase.

Definition: Das auch **Melibioglykase** benannte Ferment spaltet unter Wasseraufnahme 1 Mol. Melibiose in 1 Mol. d-Glykose und 1 Mol. d-Galaktose nach der Gleichung $C_{12}H_{22}O_{11} + H_2O = C_6H_{12}O_6 + C_6H_{12}O_6$.

Vorkommen: In Unterhefe[7]), fehlt in Oberhefe[8]). In gewissen Schimmelpilzen und Spaltpilzen: Monilia javanica, Aspergillus niger, Aspergillus Wentii[9]). Im sog. Mandelemulsin[10]).

Physikalische und chemische Eigenschaften: Im Wasser nicht sehr löslich[11]). Zerstört durch 1% Oxalsäure oder Natron, 0,9% Salzsäure, 0,5% Schwefelsäure, 0,1% Silbernitrat, 0,02% Sublimat. Geschwächt durch 1% Essigsäure oder Soda, 0,5% Oxalsäure und Natron, 0,2% Schwefelsäure und Silbernitrat, 95 proz. Alkohol. Das Optimum der Wirkung wird bei 50° erreicht, die Tötungstemperatur der Melibiase liegt bei 70°. Die Widerstandsfähigkeit der Melibiase gegen Proteasen ist geringer als jene der Invertase, aber weit größer als die der Maltase oder der Zymase.

Gentiobiase.

Definition: Ein die Gentiobiose in 2 Mol. Glykose spaltendes Ferment.
Vorkommen: Im Aspergillus niger[12]). Im sog. Mandelemulsin[13]).

---

[1]) F. Strada, Ann. de l'Inst. Pasteur **22**, 981—1004 [1908].
[2]) H. Bierry, Victor Henri u. G. Schaeffer, Compt. rend. de la Soc. de Biol. **63**, 226 [1907].
[3]) H. Bierry u. Gmo-Salazar, Compt. rend. de l'Acad. des Sc. **139**, 381—384 [1904].
[4]) Th. Bokorny, Milch-Ztg. **32**, 641—642 [1903].
[5]) H. E. Frankland u. E. F. Armstrong, Proc. Roy. Soc. **79 B**, 360—365 [1907].
[6]) Emil Fischer u. E. F. Armstrong, Berichte d. Deutsch. chem. Gesellschaft **35**, 3144 bis 3153 [1902].
[7]) A. Bau, Chem.-Ztg. **19**, 1873—1874 [1895]. — Dienert, Compt. rend. de l'Acad. des Sc. **129**, 63—64 [1899].
[8]) H. Gillot, Bull. Ass. belge Chimistes **16**, 240—247, 346—355 [1902].
[9]) H. Pringsheim u. G. Zémplen, Zeitschr. f. physiol. Chemie **62**, 367—385 [1909].
[10]) Ch. Lefebvre, Thèse doct. univ., Paris 1907; Archiv d. Pharmazie **245**, 493—502 [1907].
[11]) Emil Fischer u. P. Lindner, Berichte d. Deutsch. chem. Gesellschaft **28**, 3034—3039 [1895].
[12]) Em. Bourquelot, Compt. rend. de la Soc. de Biol. **54**, 1140—1143 [1902].
[13]) Em. Bourquelot u. H. Hérissey, Compt. rend. de la Soc. de Biol. **55**, 219—221 [1903].

Cellobiase.

Definition: Ein auch **Cellase** benanntes Enzym, welches die Cellobiase oder Cellose in 2 Mol. Glykose spaltet[1]).

Vorkommen: In gewissen Schimmelpilzen: Alleseheria Gayoni, Aspergillus Wentii, Mucor mucedo, Penicillium purpurogenum[2]), Aspergillus niger[3]). In den Kefirkörnern[4]). In den Gersten-, Mandel- und Aprikosensamen[5]). Wahrscheinlich im Darmextrakte junger mit Milch gefütterter Tiere[6]). Fehlt in der Oberhefe, im Pferdeserum, in der Glycerinmaceration aus Russula queletii.

Lactobionase.

Definition: Ein die Lactobionsäure und den Lactosazon spaltendes Ferment.

Vorkommen: Im Verdauungssafte von Helix pomatia[7]).

Physikalische und chemische Eigenschaften: Spaltet den Lactosazon in Galaktose und Glucosazon. Es ist keineswegs sicher, daß es sich um ein besonderes Ferment handelt und nicht einfach um eine besondere Eigenschaften aufweisende Lactase.

β) *Triasen oder Trisaccharasen.*

Fermente, welche unter Wasseraufnahme Triosen entweder in 1 Mol. Hexose und 1 Mol. Biose oder in 3 Hexosemoleküle spalten. Der ersten Gruppe gehören die Raffinase, die Melezitase und die Gentianase, der zweiten die Manninotriase und die Rhamninorhamnase an. Zwischen den Triasen und den Polysaccharasen nimmt die Lävulopolyase Platz. Außerdem besteht vielleicht noch eine Tetrase: die Stachyase.

Raffinase.

Definition: Ein auch **Raffinomelibiase** benanntes Ferment, welches Raffinose unter Wasseraufnahme in 1 Mol. d-Fructose und 1 Mol. Melibiose spaltet nach folgender Gleichung: $C_{18}H_{32}O_{16} + H_2O = C_6H_{12}O_6 + C_{12}H_{22}O_{11}$.

Vorkommen: Bei gewissen Hefen, besonders Oberhefen[8]). Bei verschiedenen Schimmelpilzen und Pilzen: Aspergillus niger[9]), Aspergillus Wentii, Monilia sitophila, Penicillium glaucum[10]), Penicillium camenberti[11]), Mucor mucedo, Mucor racemosus, Mucor rhizopodiformis, Mucor corymbifer, Hyphomyces roselleus[12]). In den Friedländerschen Pneumoniebacillen. In keimender Gerste. In Runkelrübenwurzeln. Im Magensafte von Astacus leptodactylis[13]). Im Darmsafte von Helix pomatia[14]). Bei gewissen Landmollusken, dagegen weder bei Seecrustaceen noch bei Seemollusken[15]). Bei Lepidopterenlarven[16]). Weder das Serum noch

---

[1]) Emil Fischer u. G. Zémplen, Liebigs Annalen **365**, 1—6 [1909].
[2]) H. Pringsheim u. G. Zémplen, Zeitschr. f. physiol. Chemie **62**, 367—385 [1909].
[3]) G. Bertrand u. M. Holderer, Compt. rend. de l'Acad. des Sc. **149**, 1385—1387 [1909].
[4]) E. Fischer u. G. Zémplén, Liebigs Annalen **372**, 254—256 [1910].
[5]) G. Bertrand u. M. Holderer, Compt. rend. de l'Acad. des Sc. **150**, 230—232 [1910]; Annales de l'Inst. Pasteur **24**, 180—188 [1910].
[6]) Ch. Porcher, Compt. rend. de la Soc. de Biol. **68**, 150—152 [1910].
[7]) H. Bierry u. A. Ranc, Compt. rend. de la Soc. de Biol. **66**, 522—523 [1909]. — H. Bierry, Compt. rend. de l'Acad. des Sc. **48**, 949—952 [1909].
[8]) Ed. von Lippmann, Chemie der Zuckerarten **2**, 1446 [Braunschweig 1904].
[9]) Em. Bourquelot, Compt. rend. de la Soc. de Biol. **48**, 205—207 [1906].
[10]) H. Gillot, Bull. Cl. Sc. Ac. Belg. **1900**, 99—127.
[11]) Arthur Wayland Dox, Journ. of biol. Chemistry **6**, 461—467 [1909].
[12]) H. Pringsheim u. G. Zémplen, Zeitschr. f. physiol. Chemie **62**, 367—385 [1909].
[13]) J. Giaja u. M. Gompel, Compt. rend. de la Soc. de Biol. **62**, 1197—1198 [1907].
[14]) H. Bierry u. J. Giaja, Compt. rend. de la Soc. de Biol. **61**, 485—486 [1906]. — G. Barthet u. H. Bierry, Compt. rend. de la Soc. de Biol. **64**, 651—653 [1908].
[15]) J. Giaja, Compt. rend. de la Soc. de Biol. **63**, 508—509 [1907].
[16]) J. Straus, Zeitschr. f. Biol. **52**, 95—106 [1908].

der Magensaft noch der Darmsaft des Hundes, noch der Dünndarmschleimhautextrakt des Hundes oder des Pferdes enthalten Raffinase[1]).

Physikalische und chemische Eigenschaften: Die Alkalien verzögern die Raffinasewirkung, welche bei 75° verschwindet.

Melezitase.

Definition: Ein die Melezitose in d-Glykose und Turanose unter Wasseraufnahme spaltendes Ferment nach der Gleichung: $C_{18}H_{32}O_{16} + H_2O = C_6H_{12}O_6 + C_{12}H_{22}O_{11}$.

Vorkommen: Im Aspergillus niger. In der Manna der Blätter und Äste von Alhagi maurorum[2]).

Gentianase.

Definition: Ein Gentianose in 1 Mol. d-Fructose und 1 Mol. Gentiobiose spaltendes Ferment.

Vorkommen: In Aspergillus niger[3]). In den oberirdischen Teilen von Gentiana lutea[4]). Im Darmsafte von Helix pomatia und Astacus fluviatilis[5]).

Physikalische und chemische Eigenschaften: Wird durch Erhitzen auf 75° unwirksam.

Manninotriase.

Definition: Ein Manninotriose in 1 Mol. Glykose und 2 Mol. Galaktose spaltendes Ferment nach folgender Gleichung: $C_{18}H_{32}O_{16} + 2H_2O = C_6H_{12}O_6 + 2(C_6H_{12}O_6)$.

Vorkommen: Bei an Stachyose gewöhnter Hefe. Im Mandelemulsin[6]).

Rhamninorhamnase.

Definition: Ein Rhamninose in 2 Mol. Rhamnose und 1 Mol. Galaktose spaltendes Ferment.

Vorkommen: Im Magendarmsafte von Helix pomatia[7]).

Lävulopolyase.

Definition: Ein Lävulose aus lävulosehaltigen Polyosen (Raffinose, Gentianose, Stachyose) spaltendes Ferment.

Vorkommen: Im Verdauungssafte der Weinbergschnecke[8]).

Physikalische und chemische Eigenschaften: Ob diese Spaltungen von einem und demselben Fermente oder von verschiedenen Fermenten (Raffinase, Gentianase, Stachyase) herrühren, ist keineswegs sicher festgestellt.

Stachyase.

Definition: Ein die Stachyose (Tetrose) in d-Fructose und Manninotriose spaltendes Ferment nach folgender Gleichung: $C_{24}H_{42}O_{21} + H_2O = C_6H_{12}O_6 + C_{18}H_{32}O_{16}$.

Vorkommen: In gewissen Hefen. Im Darmsafte von Helix pomatia und Astacus fluviatilis[8]). In den Kefirkörnern[9]).

---

[1]) W. Pautz u. J. Vogel, Zeitschr. f. Biol. **32**, 304—307 [1895]. — Emil Fischer u. Niebel, Sitzungsber. d. Kgl. Preuß. Akad. d. Wissensch. **5**, 73—82 [1896]. — E. Abderhalden, u. C. Brahm, Zeitschr. f. physiol. Chemie **64**, 429—432 [1910].

[2]) Em. Bourquelot u. H. Hérissey, Compt. rend. de l'Acad. des Sc. **125**, 116—118 [1897]; Journ. de Pharm. et de Chim. [6] **4**, 385—387 [1897]. — Em. Bourquelot, Compt. rend. de l'Acad. des Sc. **126**, 1045—1047 [1898]; **135**, 399—401 [1902].

[3]) Em. Bourquelot, Journ. de Pharm. et de Chim. [6] **7**, 369—372 [1898]; Compt. rend. de la Soc. de Biol. **54**, 1140—1143 [1903].

[4]) Em. Bourquelot, Compt. rend. de la Soc. de Biol. **50**, 200—201 [1898]; Compt. rend. de l'Acad. des Sc. **126**, 1045—1047 [1898].

[5]) G. Barthet u. H. Bierry, Compt. rend. de la Soc. de Biol. **64**, 651—653 [1908].

[6]) J. Vintilesco, Journ. de Pharm. et de Chim. [6] **30**, 167—173 [1909].

[7]) H. Bierry, Compt. rend. de la Soc. de Biol. **66**, 738—739 [1909].

[8]) G. Barthet u. H. Bierry, Compt. rend. de la Soc. de Biol. **65**, 735—737 [1908]. — H. Bierry, Compt. rend. de l'Acad. des Sc. **148**, 949—952 [1909].

[9]) C. Neuberg u. S. Lachmann, Biochem. Zeitschr. **24**, 171—177 [1910].

Physikalische und chemische Eigenschaften: Das Bestehen dieses Fermentes ist keineswegs sicher. Vielleicht rührt die Lävuloseabspaltung aus den verschiedenen lävuloschaltigen Polyasen nur von einem und demselben Ferment (Lävulopolyase) her.

γ) *Polysaccharasen.*

Fermente, welche die Polysaccharide unter Wasseraufnahme in einfachere Stoffe spalten. Dieser Gruppe gehören die Amylase, die Cellulase, die Inulase, die Seminase, die Pectinase, die Pectosinase, die Xylanase, die Gelase an.

Amylase.

Definition: Das auch **Diastase** benannte Ferment bewirkt eine hydrolytische Spaltung der Stärke und anderer ähnlicher Polysaccharide (Glykogen) in Maltose und Dextrine.

Vorkommen: Bei gewissen Hefen[1]). — Bei vielen Schimmelpilzen und anderen Pilzen: Aspergillus niger[2]), Aspergillus oryzae[3]), Aspergillus glaucus[4]), Mucor Rouxii, Mucor Cambodja, Chlamydomucor oryzae, Mucor alternans[5]), verschiedene Penicilliumarten[6]), Streptothrix alba, Streptothrix violacea, Streptothrix albidoflava, Streptothrix nigra, Trichothrechium roseum, Paecylomyces Varioti[7]), Actinomyces bovis[8]), Lactarius sanguifluus[9]); bei den holzzerstörenden Pilzen (Trametes radiciperda, Merculius lacrymans, Polyporus squammosus, Agaricus melleus)[10]). — Bei vielen Bakterien: Bacterium termo[11]), Bacillus anthracis[12]), Bacillus ruminatus, Bacillus graveolens, Bacillus petasites, Bacillus subtilis, Bacterium megatherium und die sog. Alinitbakterien[13]), Bacillus ramosus, Bacillus Fitz, Bacillus tetragenus, Bacillus Miller, Vibrio Finkler-Prior, Vibrio Cholerae[14]), Milzbrandbacillen, Clostridium butyricum, Amylobacter butylicus, Bacillus maydis, Bacillus trivialis. Bei den anaeroben Buttersäurebakterien[15]). Bei vielen milchsäurebildenden Bacillen[16]). Nur spurenweise bei den Typhusbacillen, den Kolibacillen, den Pestbacillen, den Diphtheritisbacillen, dem Bacillus dysenteriae Kruse. Scheint bei den Essigbakterien, den Eiterstaphylokokken, dem Bacillus pyocyaneus, dem Bacillus Zopfii, dem Bacillus boocopricus Emmerling zu fehlen[17]). Die Anwesenheit von Stärke in den Kulturen ist meistens für die Bildung von Amylase keineswegs unbedingt notwendig, manchmal (Bacillus prodigiosus) indes doch[18]). — Bei einer flagellatenförmigen Alge (Astasia ocellata)[19]). — In der keimenden Gerste[20]). In den keimenden Samen von Papilionaceen (Trifolium pratense, Trifolium repens, Trifolium hybridum, Ornithopus sativus usw.) und Gramineen (Phleum pratense, Lolium perenne, Poa pratensis, Alo-

---

[1]) F. Rothembach, Zeitschr. f. Spiritusindustrie **1896**, zit. nach Centralbl. f. Bakt. II. Abt. **2**, 395—401 [1896]. — M. W. Beijerinck, Centralbl. f. Bakt. **11**, 68—75 [1892]; II. Abt. **1**, 221 bis 229, 265—271, 329—342 [1895]. — E. Buchner u. R. Rapp, Berichte d. Deutsch. chem. Gesellschaft **31**, 209—217 [1898].
[2]) B. Heinze, Centralbl. f. Bakt. **12**, 180—190 [1904].
[3]) W. Atkinson, Monit. scientif. Quesneville [3] **12**, 7—33 [1882].
[4]) B. Gosio, Il Policlinico 1900, No. 10. Référé in Bot. Centralbl. **87**, 131 [1901].
[5]) V. Gayon u. E. Dubourg, Ann. de l'Inst. Pasteur **1**, 522—546 [1887]. — A. Calmette, Ann. de l'Inst. Pasteur **6**, 604—620 [1892]. — C. Eijkman, Centralbl. f. Bakt. **11**, 97—103 [1894]. — J. Sanguinetti, Ann. de l'Inst. Pasteur **11**, 264—276 [1897]. — T. Chrzaszcz, Centralbl. f. Bakt. II. Abt. **7**, 326—338 [1901]. — P. Vuillemin, Revue mycologique **24**, 1—12, 45—60 [1902].
[6]) A. Wayland Dox, Journ. of biol. Chemistry **6**, 461—467 [1909].
[7]) A. Jourde, Compt. rend. de la Soc. de Biol. **63**, 264—266 [1907].
[8]) Cl. Fermi, Centralbl. f. Bakt. **7**, 469—474 [1890].
[9]) Ernest Rouge, Centralbl. f. Bakt. II. Abt. **18**, 403—417, 587—607 [1907].
[10]) Ph. Kohnstamm, Inaug.-Diss. Erlangen 1901, 36 S.
[11]) J. Wortmann, Zeitschr. f. physiol. Chemie **6**, 289—330 [1882].
[12]) Maumus, Compt. rend. de la Soc. de Biol. **45**, 107—109 [1893].
[13]) B. Heinze, Centralbl. f. Bakt. II. Abt. **8**, 553 [1902].
[14]) Cl. Fermi, Archiv f. Hyg. **10**, 1—54 [1890]; Centralbl. f. Bakt. **12**, 713—715 [1892].
[15]) N. Chudiakow, zit. nach Centralbl. f. Bakt. II. Abt. **3**, 389—394 [1898].
[16]) E. Kayser, Ann. de l'Inst. Pasteur **8**, 737—784 [1894].
[17]) W. Henneberg, Centralbl. f. Bakt. II. Abt. **4**, 14—20, 67—73, 138—147 [1898].
[18]) Julius Katz, Jahrb. f. wissensch. Botanik **31**, 599—618 [1898].
[19]) Chawkin, zit. nach W. Czapek, Biochemie der Pflanzen **1**, 403.
[20]) Payen u. Persoz, Annales de Chim. et de Phys. **53**, 73—92 [1833].

pecurus pratensis, Agrostis stolonifera, Avena sativa, Avena elatior, Triticum pratense, Hordeum distichum, Secale cereale usw.)[1]). In den keimenden Hafer- und Reissamen[2]). Schon in den ruhenden Samen, wenn auch in viel geringerer Menge als bei der Keimung, von Wicken[3]), Ricinus[4]), Mohnsamen, Roggen, Weizen, Gerste, Avena, Phaseolus multiflorus, Mais, Erbse, Linse, Kürbis, Flachs, Hanf. In der Sojabohne[5]). Selbst noch in 50 Jahre alten Getreidekörnern[6]). In der Gerste rührt der größte Teil der Amylase aus dem Endosperm des Gerstenkornes her[7]). Bei den Maissamen enthalten die Schildchen die größte Amylasenmenge[8]). In den austreibenden Knollen der Kartoffel, in den Lupinenkörnern, im Roggenstroh, in dem Wiesenheu, in den Buchweizen, Wicken und Pferdebohnen[9]). Im Rhizom von Iris germanica, in den austreibenden Daucus- und Brassicawurzeln[10]). In der Zuckerrübe[11]). Im Rettiche[12]). In den Pollenschläuchen verschiedener Pflanzen[13]), im Kieferpollen[14]). Im Milchsafte von Ficus carica und in sehr vielen stärkehaltigen Pflanzensäften[15]). In den Chlorophyllkörnern der Blätter; die Amylase wird im Stroma der Chloroplasten gebildet[16]). In den Blättern von Ribes aureum und Populus nigra; in der Rinde vieler Bäume und nämlich verschiedener Papilionaceen (Robinia pseudacacia, Caragana arborescens, Sophora japonica); im Holze von Sophora japonica, in der Rinde von Populus nigra[17]). Im Akaziengummi[18]). Oft kommt die Amylase bei den höheren Pflanzen nur als Zymogen vor[19]). — Bei den Paramaecien[20]), bei den Myxomyceten, bei Pelomyxa, bei den Infusorien, nicht aber bei den Rhizopoden[21]). Bei den Schwämmen[22]). Bei Suberites domuncula[23]). In den Mesenterialfilamenten der Aktinien[24]). Im Darme und im Hautmuskelschlauch der Regenwürmer[25]). Im Verdauungsapparate der Echinodermen (Seesterne, Seeigel, Holothurien)[26]). Im Magendarmsafte von Aplysia punctata[27]). In der Leber von Patella, Sepia[28]), Arion, Octopus[29]), Helix pomatia[30]),

[1]) W. W. Bialosuknia, Zeitschr. f. physiol. Chemie 58, 487—499 [1909]. — J. Grüss, Jahrb. f. wissensch. Botanik 26, 379—437 [1894].
[2]) P. Klempin, Biochem. Zeitschr. 10, 204—213 [1908].
[3]) v. Gorup-Besanez, Berichte d. Deutsch. chem. Gesellschaft 7, 1478—1480 [1874]. — v. Gorup-Besanez u. H. Will, Berichte d. Deutsch. chem. Gesellschaft 9, 673—678 [1876].
[4]) A. E. Taylor, Journ. of biol. Chemistry 2, 87—104 [1906].
[5]) J. Stingl u. Th. Morawski, Monatshefte f. Chemie 7, 176—190 [1886].
[6]) Brocq-Rousseu u. Ed. Gain, Compt. rend. de l'Acad. des Sc. 148, 359—361 [1909].
[7]) J. S. Ford u. J. M. Guthrie, Wochenschr. f. Brauerei 25, 164—168, 180—184 [1908].
[8]) F. Linz, Jahrb. f. wissensch. Botanik 29, 267—319 [1896].
[9]) A. Scheunert u. W. Grimmer, Zeitschr. f. physiol. Chemie 48, 27—48 [1906].
[10]) A. Mayer, Journ. f. Landwirtsch. 48, 67—70 [1900].
[11]) M. Gonnermann, Chem.-Ztg. 19, 1806—1807 [1895].
[12]) T. Saiki, Zeitschr. f. physiol. Chemie 48, 469—472 [1906].
[13]) J. R. Green, Ann. of Bot. 5, 511—512 [1891]; Phil. Trans. Roy. Soc. 185, 385—409 [1894].
[14]) Erlenmeyer, Sitzungsber. d. math.-physik. Klasse d. Kgl. b. Akad. d. Wissensch. 1874, 204—207.
[15]) A. Hansen, Arb. des bot. Inst. in Würzburg 3, 253—288 [1888].
[16]) L. Brasse, Compt. rend. de l'Acad. des Sc. 99, 878—879 [1884]. — A. F. W. Schimper, Bot. Ztg. 43, 737—743, 753—763, 769—787 [1885]. — S. H. Vines, Ann. of Bot. 5, 409—412 [1891]. — H. T. Brown u. G. H. Morris, Journ. Chem. Soc. 63, 604—659 [1893]. — A. Meyer, Centralbl. f. Agriculturchemie 28, 118—120 [1898].
[17]) W. Butkewitsch, Biochem. Zeitschr. 10, 314—344 [1908].
[18]) Fr. Reinitzer, Zeitschr. f. physiol. Chemie 14, 434—470 [1880]; 61, 352—394 [1909].
[19]) A. Reychler, Berichte d. Deutsch. chem. Gesellschaft 22, 414—419 [1889]. — H. T. Brown u. G. H. Morris, Journ. Chem. Soc. 57, 458—528 [1890].
[20]) Amos W. Peters u. O. Burres, Journ. of biol. Chemistry 6, 65—73 [1909].
[21]) O. von Fürth, Vergleichende chemische Physiologie der niederen Tiere, S. 144—145. E. Weinland, in C. Oppenheimers Handbuch der Biochemie, S. 302.
[22]) Krukenberg, zit. nach O. von Fürth, Vergleichende chemische Physiologie der niederen Tiere, S. 155.
[23]) J. Cotte, Compt. rend. de la Soc. de Biol. 53, 95—97 [1901].
[24]) F. Mesnil, Ann. de l'Inst. Pasteur 15, 352—397 [1901].
[25]) Ernst E. Lesser u. Ernst W. Tachenberg, Zeitschr. f. Biol. 50, 446—458 [1907].
[26]) O. Cohnheim, Zeitschr. f. physiol. Chemie 33, 11—54 [1901].
[27]) J. Giaja, Compt. rend. de la Soc. de Biol. 61, 486—487 [1906].
[28]) A. B. Griffiths, Proc. Roy. Soc. Edinburgh 13, 120—122 [1884]; 15, 336 [1885]; Proc. Roy. Soc. London 44, 327—328 [1888]. — H. E. Roaf, Biochem. Journ. 3, 462—472 [1908].
[29]) L. Fredericq, Arch. de zool. expér. 7, 397—399, 578—581 [1878]; Bull. Acad. roy. Belg. [2] 46, 213—228, 761—762 [1878].
[30]) E. Yung, Mém. Acad. roy. Belg. 49, 1—116 [1888].

Sycotypus canaliculatus[1]) und verschiedener Cephalopoden und Octopoden[2]). Im Häpatopankreassekret der Cephalopoden[3]). In den Nalepadrüsen[4]) und im Magensafte[5]) der Schnecke. In den Eiern von Crustaceen[6]). Im Magen der Lepidopteren[7]). Im Verdauungsapparate der Insekten[8]). In den Larven, Puppen und Imagines gewisser Insekten[9]). Im Magensafte von Astacus fluviatilis, im Jecur von Carcinus[10]). Im Blutserum gewisser Crustaceen[11]). Bei den Asseln[12]). Im Mitteldarme und in den Blindschläuchen der Phalangiden[13]). In der Leber vom Skorpion und von den Spinnen[14]). In den Speicheldrüsen der Blatta orientalis[15]). Im Aftersekrete der Schaumcikade Aphrophora[16]). Im Darme und in den Speicheldrüsen der Bienen[17]). — Im reifen und unreifen Froschei, im befruchteten und unbefruchteten Hühnerei, besonders im Eigelb[18]). Im Speichel und in der Mundschleimhaut der Fische[19]). Im Blutserum der Fische, des Frosches, der Schildkröte, der Ringelnatter[20]). — Im menschlichen Speichel unter dem Namen von **Ptyalin**, auch beim Neugeborenen[21]); sowohl im Parotis- als im Submaxillarspeichel, wenn auch in größerer Menge im Parotisspeichel. Die Mischung beider Speichelarten zeigt denselben Wirkungsgrad als der, welcher den beiden Speichelarten, jede für sich, zukommen würde[22]). Im Speichel des Affen. Scheint im Speichel des Hundes, der Katze, des Fuchses, der Ziege, des Pferdes zu fehlen[23]). Vielleicht jedoch als Zymogen im Parotisspeichel des Pferdes vorhanden[24]). Im allgemeinen findet man mehr Amylase im Speichel der pflanzenfressenden als der tierfressenden Säugetiere[25]). Beim Hamster fast nur im Parotisspeichel[26]). Fehlt in der Submaxillardrüse des Kaninchens,

[1]) L. B. Mendel u. H. C. Bradley, Amer. Journ. of Physiol. **13**, 17—29 [1905].
[2]) Em. Bourquelot, Compt. rend. de l'Acad. des Sc. **93**, 978—980 [1881]; Arch. zool. expér. [2] **3**, 385—421 [1882].
[3]) A. Falloise, Arch. int. Physiol. **3**, 299—305 [1906].
[4]) M. Pacaut u. P. Vigier, Compt. rend. de la Soc. de Biol. **60**, 545—546 [1906].
[5]) W. Biedermann u. P. Moritz, Archiv f. d. ges. Physiol. **72**, 105—162 [1898]; **75**, 43—48 [1899].
[6]) J. E. Abelous u. F. Heim, Compt. rend. de la Soc. de Biol. **43**, 273—275 [1891].
[7]) S. Sawamura, Bull. of the Coll. of Agricult. of Tokio **4**, 337—347 [1902].
[8]) W. Biedermann u. P. Moritz, Archiv f. d. ges. Physiol. **72**, 105—162 [1898]; **75**, 43—48 [1899]. — R. Kobert, Archiv f. d. ges. Physiol. **99**, 116—186 [1903]. — N. Sieber u. Metalnikoff, Archiv f. d. ges. Physiol. **102**, 269—286 [1904]. — L. Sitowski, zit. nach Malys Jahresber. d. Tierchemie **35**, 621 [1905].
[9]) J. Straus, Zeitschr. f. Biol. **52**, 95—106 [1908].
[10]) Stamati, Compt. rend. de la Soc. de Biol. **40**, 16—17 [1888]; Bull. Soc. zool. de France **13**, 146 [1888]. — H. Jordan, Archiv f. d. ges. Physiol. **101**, 263—310 [1904]. — E. Weinland, in C. Oppenheimers Handbuch der Tierchemie, S. 302.
[11]) J. Sellier, Compt. rend. de la Soc. de Biol. **56**, 261—263 [1904].
[12]) R. Kobert, Archiv f. d. ges. Physiol. **99**, 116—186 [1903].
[13]) F. Plateau, Bull. de l'Acad. de Belg. [2] **42**, 719—754 [1876].
[14]) F. Plateau, Bull. de l'Acad. de Belg. [2] **44**, 129—181 [1877]. — Ph. Bertkau, Archiv f. mikr. Anat. **23**, 214—245 [1884]; **24**, 398—451 [1885].
[15]) S. Basch, Sitzungsber. d. Wiener Akad., math.-naturw. Kl. **33**, 234—260 [1858].
[16]) Gruner, Inaug.-Diss. Berlin 1901, zit. nach Weinland, in C. Oppenheimers Handbuch der Biochemie, S. 302.
[17]) Erlenmeyer, Sitzungsber. d. math.-physik. Klasse d. Kgl. b. Akad. d. Wissensch. **1874**, 204—207.
[18]) Joh. Müller, Münch. med. Wochenschr. **46**, 1583—1584 [1899]. — A. Herlitzka, Arch. ital. de biol. **48**, 119—145 [1907]. — H. Roger, Compt. rend. de la Soc. de Biol. **64**, 1137—1139 [1908]; Journ. de Physiol. et de Pathol. génér. **10**, 796—804 [1908].
[19]) Krukenberg, Untersuch. a. d. phys. Inst. Heidelberg **2**, 41, 389.
[20]) J. Sellier, Compt. rend. de la Soc. de Biol. **56**, 261—263 [1904]. — Emil Fischer u. W. Niebel, Sitzungsber. d. Kgl. Preuß. Akad. d. Wissensch. **5**, 73—82 [1906].
[21]) R. H. Chittenden u. A. N. Richards, Amer. Journ. of Physiol. **1**, 461—476 [1898]. — A. Schüle, Archiv f. Verdauungskrankh. **5**, 165—174 [1899]. — W. M. Berger, Inaug.-Diss. St. Petersburg 1900, zit. nach Malys Jahresber. d. Tierchemie **30**, 399 [1900].
[22]) W. Mestrezat, Compt. rend. de la Soc. de Biol. **63**, 736—738 [1907]; Bull. Soc. chim. de France [4] **3**, 711—713 [1908].
[23]) L. B. Mendel u. Frank P. Underhill, Journ. of biol. Chemistry **3**, 135—143 [1907]. — A. J. Carlson u. J. G. Ryan, Amer. Journ. of Physiol. **22**, 1—15 [1908]. — A. J. Carlson u. A. L. Crittenden, Amer. Journ. of Physiol. **26**, 169—177 [1910].
[24]) Harald Goldschmidt, Zeitschr. f. physiol. Chemie **10**, 273—293 [1886].
[25]) P. Grützner, Archiv f. d. ges. Physiol. **12**, 285—307 [1876].
[26]) A. Scheunert, Archiv f. d. ges. Physiol. **121**, 169—210 [1908].

besteht aber in der Parotisdrüse[1]). Schon vorhanden in der Parotisdrüse des Rinderembryos[2]). Fehlt im Magensafte des Menschen und des Hundes[3]). Im Pankreassafte des Menschen und der Säugetiere, vielleicht nur als Zymogen[4]). Im Darmsafte beim Menschen, aber nur wenig[5]). Beim Hunde in geringer Menge im Darme, hauptsächlich im Duodenum, am wenigsten im Ileum; die Amylase wird durch die Zellen der Lieberkühnschen Drüsen abgesondert und fehlt in den Brunnerschen Drüsen[5]). In den Drüsenzellen des Dickdarmes[6]). Im Inhalte des menschlichen Kolons[7]). Im Kote schon bei den Säuglingen und selbst im Meconium[8]). In der Galle[9]). In den Leberzellen; die Amylase erscheint nur langsam in der fötalen Leber, und selbst die Leber des Neugeborenen enthält nur wenig Amylase[10]). Bei der Geburt besteht meistens Amylase in geringer Menge in der Leber beim Hunde und bei der Katze; mit dem zunehmenden Alter wächst der Amylasengehalt der Leber rasch, ohne indes je sehr erheblich zu werden[11]). In der Pferdeschilddrüse. Im embryonalen Thymus; später verschwindet die Amylase aus dieser Drüse[12]). In den Lungen[13]). In der Placenta von Meerschweinchen, Kaninchen, Menschen und Schaf (bei letzterer Tierart nur in geringem Grade)[14]). In der interstitiellen Drüse der Hoden von Mensch, Affe, Hund, Kaninchen, Schaf[15]). In den Muskeln[16]). In den polynucleären Leukocyten[17]). Im Blutserum des Menschen und der Säugetiere[18]), sehr wenig bei der Geburt, manchmal selbst gar keins; der Amylasengehalt des Blutes steigt in den ersten Wochen nach der Geburt schnell[19]). Die geringste Amylasenmenge befindet sich im Blute von Mensch, Rind und Ziege, eine etwas größere beim Kaninchen, die höchste beim Meerschweinchen und beim Hunde. Die Blutamylase stammt teilweise aus resorbierter Pankreasamylase, zum Teile aber auch aus der Amylase der Leuko-

---

[1]) P. Grützner, Archiv f. d. ges. Physiol. **16**, 105—123 [1878]. — J. G. Ryan, Amer. Journ. of Physiol. **24**, 234—243 [1909].

[2]) Alice Stauber, Archiv f. d. ges. Physiol. **114**, 619—625 [1906].

[3]) J. Wohlgemuth, Biochem. Zeitschr. **9**, 10—43 [1908].

[4]) W. Roberts, Proc. Roy. Soc. London **32**, 145—161 [1881]. — N. Floresco, Compt. rend. de la Soc. de Biol. **48**, 77—78 [1896]. — H. M. Vernon, Journ. of Physiol. **28**, 156—174 [1902]. — P. Grützner, Archiv f. d. ges. Physiol. **91**, 195—207 [1902].

[5]) H. T. Brown u. John Heron, Liebigs Annalen **204**, 228—251 [1880]. — Lannois u. R. Lépine, Arch. de Phys. norm. et Pathol. [3] **1**, 92—111 [1893]. — F. Röhmann, Archiv f. d. ges. Physiol. **41**, 411—464 [1887]. — F. Pregl, Archiv f. d. ges. Physiol. **61**, 357—406 [1895].

[6]) Esser, Deutsch. Archiv f. klin. Medizin **93**, 535—546 [1908].

[7]) John C. Hemmeter, Archiv f. d. ges. Physiol. **81**, 151—166 [1900].

[8]) R. von Jaksch, Zeitschr. f. physiol. Chemie **12**, 116—129 [1887]. — E. Moro, Jahrb. f. Kinderheilk. **47**, 342—361 [1898]. — H. Pottevin, Compt. rend. de la Soc. de Biol. **52**, 589—591 [1900]. — H. Ury, Biochem. Zeitschr. **23**, 153—178 [1909].

[9]) G. Bonanno, Arch. di farmacol. sper. e scienze affini **7**, 466—488 [1908]. — G. Piccioli, Arch. ital. biol. **50**, 282—292 [1909].

[10]) E. Salkowski, Archiv f. d. ges. Physiol. **56**, 339—351 [1894]. — Ch. Richet, Compt. rend. de la Soc. de Biol. **46**, 525—528 [1894]. — M. Bial, Archiv f. Anat. u. Physiol., physiol. Abt. **1901**, 249—255. — F. Pick, Beiträge z. chem. Physiol. u. Pathol. **3**, 163—183 [1902]. — L. Borchardt, Archiv f. d. ges. Physiol. **100**, 259—297 [1903]. — A. Bainbridge u. A. P. Beddard, Biochem. Journ. **2**, 89—95 [1907]. — L. B. Mendel u. T. Saiki, Amer. Journ. of Physiol. **21**, 64—66 [1908]. — M. Loeper u. M. E. Binet, Compt. rend. de la Soc. de Biol. **66**, 635—637 [1909].

[11]) Pugliese u. Domenichini, Arch. ital. de biol. **47**, 1—16 [1907]. — J. Wohlgemuth, Biochem. Zeitschr. **21**, 447—459 [1909].

[12]) Alice Stauber, Archiv f. d. ges. Physiol. **114**, 619—625 [1906].

[13]) N. Sieber u. W. Dzierzgowski, Zeitschr. f. physiol. Chemie **62**, 263—270 [1909].

[14]) L. Nattan-Larrier u. J. Ficai, Journ. de Phys. et de Pathol. génér. **9**, 1018 bis 1019 [1907]. — J. Lochhead u. W. Cramer, Proc. Roy. Soc. London **80** B, 263—284 [1908].

[15]) C. Hervieux, Compt. rend. de la Soc. de Biol. **60**, 653—654 [1906].

[16]) Fr. Kisch, Beiträge z. chem. Physiol. u. Pathol. **8**, 210—237 [1906]. — F. Maignon, Compt. rend. de l'Acad. des Sc. **145**, 730—732 [1907].

[17]) L. Haberlandt, Archiv f. d. ges. Physiol. **123**, 175—204 [1910].

[18]) F. Röhmann, Berichte d. Deutsch. chem. Gesellschaft **25**, 3654—3661 [1892]. — M. Bial, Archiv f. d. ges. Physiol. **52**, 137—156 [1892]; **53**, 156—170 [1892]; **54**, 72—80 [1893]. — Carl Hamburger, Archiv f. d. ges. Physiol. **60**, 543—597 [1895].

[19]) P. Nobécourt u. Sevin, Compt. rend. de la Soc. de Biol. **53**, 1068—1069 [1901]; Rev. mens. des maladies de l'enfance **20**, 25—37 [1902].

cyten, des Darmes, der Speicheldrüsen, der Leber, der Muskel[1]). In der Lymphe[2]). Im Chylus[3]). In der Cerebrospinalflüssigkeit[4]). In den Augenflüssigkeiten[5]). In den Exsudaten[6]). **In der Ascitesflüssigkeit**[7]). In Frauen-, Kuh-, Eselin-, Stuten-, Ziegen-, Büffelmilch[8]). Im Harne[9]).

Darstellung: Das beste Verfahren ist das von S. Fraenkel und M. Hamburg[10]): Fällen des wässerigen Auszuges mit Bleiessig, Filtrieren, Saugen durch sterilen Pukallfilter, Entfernung der Kohlehydrate durch Hefegärung, Filtrieren durch Pukallfilter, Einengen im Vakuum, Trocknen über Schwefelsäure.

Nachweis: Unlösliche Stärke geht in Lösung und es entstehen an ihrer Stelle mit Jod reagierende Dextrine oder reduzierende Kohlehydrate. Das beste quantitative Verfahren ist das von J. Wohlgemuth[11]): Zusatz gleicher Mengen löslicher Stärke zu absteigenden Mengen der zu prüfenden Fermentlösung, 30—60 Minuten Verbleiben im Thermostaten bei 38—40°, Unterbrechung durch Eiswasser, Feststellung der Grenze der durch Zusatz einer dezinormalen Jodlösung erzielten Färbung. Falls die Fermentlösung Organeiweiß enthält, müssen nach Starkenstein während der Verdauung Ferment und Substrat durch fortwährendes Schütteln beständig in Berührung gehalten werden[12]).

Physiologische Eigenschaften: Die Larve von Limnophilus flavicornis weist den höchsten Amylasengehalt kurz vor der Einpuppung auf, den geringsten gegen Ende des Puppenstadiums[13]). Es besteht ein Parallelismus zwischen dem Verschwinden der Amylase und dem Erscheinen der proteolytischen Kraft des Pankreassaftes nach Enterokinase- oder Kalksalzzusatz[14]). Je rascher die Speichelabsonderung beim Menschen vor sich geht, je größer ist die amylolytische Kraft des Speichels[15]). Die Schwankungen der amylolytischen Kraft des menschlichen gemischten Speichels rühren wahrscheinlich keineswegs von Veränderungen des Amylasengehaltes her, sondern viel eher von Veränderungen in der Konzentration der im Speichel enthaltenen Neutralsalze[16]). Der durch Reizung des Halssympathicus erzielte Parotisspeichel des Kaninchens enthält mehr Amylase als der durch Pilocarpin, Reizung des Jacobsonnervens oder auf reflexe Art normalerweise erhaltene[17]). Vermindert man die Blutzufuhr zu der Parotisdrüse, so steigt der Amylasengehalt des Speichels. Die Art der Nahrung scheint den Amylasengehalt weder des menschlichen Speichels[18]) noch des Blutes, noch der Lymphe[19]), noch des

---

[1]) M. Pariset, Compt. rend. de la Soc. de Biol. **60**, 644—646 [1906]. — J. Wohlgemuth, Biochem. Zeitschr. **21**, 381—422 [1909]. — P. Castellino u. E. Paracca, Arch. ital. di Biol. **23**, 372—374 [1894]. — L. Haberlandt, Archiv f. d. ges. Physiol. **123**, 175—204 [1910].

[2]) F. Röhmann, Archiv f. d. ges. Physiol. **52**, 157—164 [1892]. — F. Röhmann u. M. Bial, Archiv f. d. ges. Physiol. **55**, 469—480 [1894]. — M. Bial, Archiv f. d. ges. Physiol. **55**, 434—468 [1894].

[3]) Th. Panzer, Zeitschr. f. physiol. Chemie **30**, 113—116 [1900].

[4]) E. Cavazzani, Centralbl. f. Physiol. **10**, 145—147 [1896]; **13**, 345—348 [1900].

[5]) R. Lépine, Berichte d. Sächs. Akad. **1870**, 322. — Leber, Handbuch der gesamten Heilkunde, II. Aufl., **2**, 2 [1903].

[6]) Hermann Eichhorst, Zeitschr. f. klin. Medizin **3**, 537—552 [1881].

[7]) R. Breusing, Virchows Archiv **107**, 186—191 [1887].

[8]) A. Béchamps, Compt. rend. de l'Acad. des Sc. **96**, 1508—1509 [1883]. — E. Moro, Jahrb. f. Kinderheilk. **47**, 342—361 [1898]. — A. Zaitschek, Archiv f. d. ges. Physiol. **104**, 539—549 [1904]. — L. M. Spolverini, Arch. de méd. des enfants **4**, 705—717 [1901]; **7**, 129—149 [1904].

[9]) A. Béchamps, Compt. rend. de l'Acad. des Sc. **60**, 445—447 [1865]. — J. Cohnheim, Virchows Archiv **28**, 241—253 [1865]. — Fr. Gehrig, Archiv f. d. ges. Physiol. **38**, 35—93 [1886]. — E. Holovtschiner, Virchows Archiv **104**, 42—53 [1886]. — M. Loeper u. J. Ficaï, Compt. rend. de la Soc. de Biol. **62**, 1018—1019 [1907]. — J. Wohlgemuth, Biochem. Zeitschr. **21**, 432—446 [1909]. — Fritz Falk u. S. Kolieb, Zeitschr. f. klin. Medizin **68**, 156—171 [1909].

[10]) S. Fraenkel u. Max Hamburg, Beiträge z. chem. Physiol. u. Pathol. **8**, 389—398 [1906].

[11]) J. Wohlgemuth, Biochem. Zeitschr. **9**, 1—9 [1908].

[12]) E. Starkenstein, Biochem. Zeitschr. **24**, 191—209 [1910].

[13]) X. Roques, Compt. rend. de l'Acad. des Sc. **149**, 319—321 [1909].

[14]) E. Pozerski, Compt. rend. de la Soc. de Biol. **60**, 1068—1070 [1906].

[15]) J. Carlson u. A. L. Crittenden, Amer. Journ. of Physiol. **26**, 169—177 [1910].

[16]) R. Brunacci, Arch. di fisiol. **6**, 153—167 [1909].

[17]) J. G. Ryan, Amer. Journ. of Physiol. **24**, 234—243 [1909].

[18]) J. Wohlgemuth, Biochem. Zeitschr. **9**, 10—43 [1908]. — C. H. Neilson u. D. H. Lewis, Journ. of biol. Chemistry **4**, 501—506 [1908]. — C. H. Neilson u. M. H. Scheele, Journ. of biol. Chemistry **5**, 331—337 [1909]. — L. B. Mendel u. F. P. Underhill, Journ. of biol. Chemistry **3**, 135—143 [1907]. — A. J. Carlson u. J. G. Ryan, Amer. Journ. of Physiol. **26**, 169—177 [1910].

[19]) A. J. Carlson u. A. B. Luckhardt, Amer. Journ. of Physiol. **23**, 148—164 [1908].

Hundedarmes[1]), noch des Kotes[2]) zu beeinflussen. Der Amylasengehalt der verschiedenen Gewebe des erwachsenen Menschen scheint keineswegs von ihrem Glykogengehalte abzuhängen[3]). Die partielle Pankreasexstirpation kann beim Hunde eine deutliche Vermehrung des Amylasengehaltes des Blutes hervorrufen[4]). Die totale Pankreasexstirpation erzeugt meistens eine erhebliche Abnahme des Amylasengehaltes des Blutserums[5]). Die Unterbindung der Pankreasgänge beim Hunde und beim Kaninchen bewirkt eine einige Tage dauernde beträchtliche Zunahme des Amylasengehaltes des Blutes und des Harnes[6]). Meistens enthält der Pankreassaft des Hundes desto weniger Amylase, je größer die abgesonderte Saftmenge ist und umgekehrt[7]). Längere Hungerperioden beeinflussen keineswegs den Amylasengehalt des Blutes; dies ist für die spezifische Anregung der Pankreastätigkeit durch HCl und Sekretin auch der Fall. Im Hungerzustande enthält beim Menschen, beim Kaninchen und beim Hunde der Harn mehr Amylase als nach der Nahrungsaufnahme[8]). Die Asphyxie bedingt keine Vermehrung des Amylasengehaltes des Blutes. Nach Phlorizin- oder Phloretineinspritzungen beim Hunde bleibt der Amylasengehalt des Blutes und der Muskel unverändert, nimmt der Amylasengehalt der Leber manchmal zu und vermehrt sich stets der Diastasegehalt der Nieren. Nach Adrenalineinspritzungen beim Hunde zeigt der Amylasengehalt der Nieren eine deutliche Zunahme, während hingegen der Diastasegehalt der Leber, des Blutes und der Muskel unverändert bleibt[9]). Nach intravenöser Pankreassafteinspritzung nimmt der Amylasegehalt des Blutserums des Hundes zu[10]). Beim Meerschweinchen nimmt der Amylasegehalt der Leber durch Einnahme von Abführmitteln, Pilocarpin oder Adrenalin stets zu, von Antipyrin stets ab, von Natriumbicarbonat und anderen Heilmitteln, je nach den Dosen, zu oder ab[11]). Beim Kaninchen bewirkt die Glycerineinnahme per os eine Ausschwemmung der Leberamylase und einen Übergang derselben in den Harn[12]). — Kupfersulfat tötet die Paramaecien in derselben Konzentration, in welcher es die Amylasewirkung hemmt[13]). — Durch subcutane Einspritzungen von Malzamylase, Takadiastase oder Pankreatin beim Kaninchen, erhält oft das Blutserum hemmende Eigenschaften gegen die Amylase, mit welcher das Tier behandelt wurde[14]). Das so erzielte Serum wird in seiner Hemmungswirkung durch halbstündiges Erhitzen auf 45—65° nicht geschädigt[15]). Antileberextraktserum und Antipankreasextraktserum besitzen einen hemmenden Einfluß auf die Wirkung der Malzamylase, Antispeichelserum aber nicht[16]). Die Produkte der Bouillonkulturen der Mikroorganismen üben keinen hemmenden Einfluß auf die Ptyalinwirkung aus[17]).

Physikalische und chemische Eigenschaften: Die verschiedenen Amylasen zeigen keineswegs völlig identische Eigenschaften. Es bestehen wahrscheinlich verschiedene ähnliche Enzyme, welche die Spaltung der Stärke in Dextrine und Maltose hervorrufen. Der sich dabei

---

[1]) J. Strasburger, Deutsch. Archiv f. klin. Medizin **67**, 238—264, 531—558 [1900].

[2]) L. Ambard u. M. E. Binet, Compt. rend. de la Soc. de Biol. **64**, 259—261 [1908].

[3]) H. Mc Lean, The bio-chem. Journ. **4**, 467—479 [1909].

[4]) J. Wohlgemuth, Biochem. Zeitschr. **21**, 380—422 [1909].

[5]) A. Clerc, Thèse de Paris 1902, 151 Seit. — J. Wohlgemuth, Biochem. Zeitschr. **21**, 380—422 [1909].

[6]) A. Clerc u. M. Loeper, Compt. rend. de la Soc. de Biol. **66**, 1871—1873 [1909]. — J. Wohlgemuth, Biochem. Zeitschr. **21**, 380—422, 432—446 [1909].

[7]) D. Hirata, Biochem. Zeitschr. **24**, 443—452 [1910].

[8]) J. Wohlgemuth, Biochem. Zeitschr. **21**, 432—446 [1909].

[9]) Paul Zegla, Biochem. Zeitschr. **16**, 111—145 [1909]. — J. Wohlgemuth u. J. Benzur, Biochem. Zeitschr. **21**, 460—475 [1909]. — E. Starkenstein, Biochem. Zeitschr. **24**, 191—209 [1910].

[10]) M. Pariset, Compt. rend. de la Soc. de Biol. **60**, 644—646 [1906].

[11]) M. Loeper u. M. E. Binet, Compt. rend. de la Soc. de Biol. **66**, 635—637 [1909].

[12]) E. Starkenstein, Biochem. Zeitschr. **24**, 191—209 [1910].

[13]) Amos W. Peters u. Opal Burres, Journ. of biol. Chemistry **6**, 65—73 [1909].

[14]) C. Gessard, Compt. rend. de la Soc. de Biol. **61**, 425—427 [1906]. — C. Gessard u. J. Wolff, Compt. rend. de l'Acad. des Sc. **146**, 414—416 [1908].

[15]) M. Ascoli u. A. Bonfanti, Zeitschr. f. physiol. Chemie **43**, 156—164 [1904]. — L. Preti, Biochem. Zeitschr. **4**, 6—10 [1907].

[16]) Albert Schütze u. Karl Braun, Zeitschr. f. klin. Medizin **64**, 509—516 [1907]; Zeitschr. f. experim. Pathol. u. Therapie **6**, 308—312 [1909].

[17]) Cl. Fermi, Arch. di farmacol. sper. e. scienze affini **8**, 481—498 [1909].

abspielende Vorgang ist zurzeit noch nicht festgestellt[1]). Die verschiedenen Stärkearten unterliegen der amylolytischen Wirkung keineswegs in der gleichen Weise; im allgemeinen ist Gersten- und Weizenstärke viel leichter spaltbar als Kartoffelstärke; rohe Stärkekörner sind viel widerstandsfähiger als verkleisterte und lösliche Stärke[2]). Vielleicht erfordert die diastatische Saccharifikation der Stärke die Teilnahme drei verschiedener Enzyme, und zwar eines verflüssigenden, der **Amylopectinase** sowie zwei zuckerbildender, der auf die gelöste Amylose einwirkenden Amylase und der auf die Verflüssigungsprodukte des Amylopectins einwirkenden **Dextrinase**[3]). Vielleicht bestehen nur zwei verschiedene Fermente: die **Amylase**, welche die Stärke in Dextrin und die **Dextrinase**, welche die Dextrine in Maltose überführt. Dialysiert man eine nach dem Fränkel-Hamburgschen Verfahren dargestellte reine Amylaselösung gegen gekochtes Brunnenwasser, so trennt man die Amylaselösung in 2 Teile: die verzuckernden Diastasen gehen vornehmlich im Wasser, die verflüssigenden Diastasen bleiben innerhalb der Dialysiermembran. Daß in allen Amylasepräparaten mindestens zwei verschiedene Enzyme, ein verflüssigendes und ein zuckerbildendes, bestehen, ist jedoch noch keineswegs völlig bewiesen und vielleicht kommen, wenigstens in gewissen Fällen, stärkelösende und verzuckernde Kraft einem einzigen Ferment, einer **Amylodextrinase**, zu[4]). — Ob die Amylasewirkung der logarithmischen Kurve der Säurespaltung mehr oder minder folgt[5]) oder ob sie der Schützschen Regel entspricht, nach welcher die Spaltungsgeschwindigkeit der Quadratwurzel der Fermentmenge proportional ist, kann man keineswegs als endgültig festgestellt betrachten[6]). Vielleicht geht die Spaltung nur bis zur Herstellung eines Gleichgewichtszustandes und erstreckt sich nicht auf die gesamte Stärke[7]). Bei der Einwirkung auf Dextrin bewirkt Amylase keine Verminderung des Brechungsvermögens[8]). Der Umfang der Zersetzung von Glykogen oder Stärke durch Amylase hängt bei gleicher Einwirkungszeit nicht nur von der Enzymmenge ab, sondern auch von der Substratmenge. Bei ihrer Wirkung wird die Amylase nicht verbraucht[9]). — Reine Amylase gibt keine Proteinreaktionen. Sie ist in Wasser und 20 proz. Alkohol löslich, in abs. Alkohol unlöslich. Sie wird nur zum kleinsten Teile durch NaCl, Ammonsulfat oder Magnesiumsulfat ausgesalzen. — Talk, Tierkohle, Kaolin, Tonerde adsorbieren die Amylase[10]). Collodium adsorbiert Speichel- und Pankreasamylase[11]). Kolloides Protein, Stärke und normales Bleiphosphat adsorbieren auch Amylase. Bei der Adsorption der Amylase durch Stärke erfolgt keine chemische Bindung zwischen Ferment und Substrat[12]). — Die Amylase ist ein amphoterer Körper mit Überwiegen des positiven Charakters[13]). Beim Schütteln wird Speichelamylase teilweise zerstört[14]). — Malzdiastase diffundiert langsam durch Pergamentpapier[15]). Bei dem Phenolphthalein gegenüber neutraler Reaktion der Lösung dringt Amylase fast völlig durch Porzellankerze, bei dem Methylorange

---

[1]) J. Moreau, Ann. Soc. roy. Sc. méd. et nat. Bruxelles **12**, fasc. 3, 117 Seit. [1903]. — L. Maquenne u. Eugène Roux, Bulletin de la Soc. chim. [3] **33**, 723—731 [1905]. Annales de Chim. et de Phys. [8] **9**, 179—220 [1906]; Compt. rend. de l'Acad. des Sc. **142**, 1059—1065 [1906]. — L. Maquenne, Rev. génér. des sc. pur. et appl. **17**, 860—865 [1906].
[2]) M. Ascoli u. A. Bonfanti, Zeitschr. f. physiol. Chemie **43**, 156—164 [1904].
[3]) L. Maquenne, Rev. génér. des sc. pur. et appl. **17**, 860—865 [1906].
[4]) H. Pottevin, Thèse de Paris **1899**, 67 Seit. — J. M. Vernon, Journ. of Physiol. **28**, 156—174 [1902]. — Th. Chrzascz, Zeitschr. f. Spiritusindustrie **31**, 52 [1908], — A. Slosse u. H. Limbosch, Arch. int. Physiol. **6**, 365—381 [1908]; Arch. di Fisiol. **7**, 100—112 [1909].
[5]) Victor Henri, Lois générales des diastases, Paris **1903**. — (Fräulein) Ch. Philoche, Compt. rend. de la Soc. de Biol. **58**, 952—953 [1905]; **59**, 260—261 [1905].
[6]) T. Maszewski, Zeitschr. f. physiol. Chemie **31**, 58—63 [1900]. — P. Bielfeld, Zeitschr. f. Biol. **41**, 360—367 [1901]. — O. Dücker, Inaug.-Diss. Bern 1906, 44 Seit. — L. G. Simon, Journ. de Phys. et de Path. génér. **9**, 261—271 [1907].
[7]) E. R. Moritz u. T. A. Glendinning, Journ. Chem. Soc. **61**, 689—695 [1892].
[8]) Fr. Obermayer u. E. P. Pick, Beiträge z. chem. Physiol. u. Pathol. **7**, 331—380 [1906].
[9]) E. Starkenstein, Biochem. Zeitschr. **24**, 191—209 [1910].
[10]) L. Michaelis u. M. Ehrenreich, Biochem. Zeitschr. **10**, 283—299 [1908].
[11]) A. Slosse u. H. Limbosch, Bull. Soc. roy. Sc. méd. et nat. Bruxelles **67**, 132—136 [1909]; Arch. int. Physiol. **8**, 417—431 [1909].
[12]) Amos W. Peters, Journ. of biol. Chemistry **5**, 367—380 [1908]. — E. Starkenstein, Biochem. Zeitschr. **24**, 191—218 [1910].
[13]) L. Michaelis, Biochem. Zeitschr. **17**, 231—232 [1909].
[14]) Marie H. Harlow u. Percy G. Stiles, Journ. of biol. Chemistry **6**, 359—362 [1909].
[15]) N. Chodschajew, Arch. de Phys. norm. et Pathol. **30**, 241—253 [1898].

gegenüber neutraler Reaktion hingegen kaum[1]). Dialysiert man in ein Collodiumsäckchen gebrachten Speichel gegen destilliertes Wasser oder NaCl-Lösung von 0,25%, so vermindert sich die Wirksamkeit der Amylase erheblich[2]). In Collodiumsäckchen gegen destilliertes Wasser dialysierter Speichel oder Pankreassaft verliert an Wirksamkeit oder wird auf salzfreie Stärke völlig unwirksam, wird aber durch Zusatz einer passenden Menge eines geeigneten Salzes wieder aktiviert[3]). Ob diese Aktivation auf der Umwandlung von Ptyalinogen in Ptyalin beruht oder nicht, ist noch unentschieden. Dialysiert man unter denselben Bedingungen Malzamylase, so verliert sie ihre Wirksamkeit nicht[4]). Durch langdauernde Dialyse in Pergamentpapier gegen destilliertes Wasser werden die Pankreasamylase, die Harnamylase, die Blutserumamylase unwirksam, die Takadiastase und die Malzamylase aber nicht; der Zusatz von Kochsalz zur dialysierten Pankreas-, Serum- oder Harnamylaselösung gibt ihnen ihre amylolytische Wirkung zurück[5]). Durch Dialyse in Blinddarmsäcken wird die Leberamylase völlig unwirksam; NaCl-Zusatz aktiviert sie wieder[6]). Die günstige Wirkung des NaCl beruht auf dem Cl-Ion[7]); jedoch wirken auch andere Salze fördernd. Auf dialysierten Speichel wirken Ca und K sehr günstig, Na und Mg viel weniger. Die günstige Wirkung des Calciums findet jedoch nur statt, wenn es als Chlorid oder Phophat vorhanden ist; als Carbonat und Sulfat ist es gleichgültig oder schädlich. Kalium und Natrium wirken begünstigend als Chloride, schädlich als Carbonate oder Bicarbonate[8]). Natriumcitrat fördert[9]). Die Amylase scheint nicht in Elektrolytenabwesenheit zu wirken; die Speichelamylase soll nur bei Gegenwart eines Phosphates ihre Wirksamkeit ausüben können[10]). Jedoch wirken die Neutralsalze, je nach der Konzentration des Salzes und dem Amylasenpräparate, sehr verschieden. Uranacetat verhindert die Wirkung der Malz- und der Speichelamylase, nicht aber der Serum- und der Eidotteramylase[11]). $NaCl$, KCl, NH_4Cl, $BaCl_2$, $CaCl_2$, $MgCl_2$, $NaBr$, NaJ, K_2SO_4, KHS_2O_4, $CaSO_4$, $MgSO_4$, $FeSO_4$[12]), Aluminiumacetat, Vanadiumsalze, Pikrinsäure, Asparagin, Glycin, Äthylendiamin, Sarkosin, Kreatin, Kreatinin, Asparaginsäure, Glutaminsäure, Hippursäure[13]), Peptone[14]), Eiereiweiß und noch mehr Eigelb, erwärmter Speichel, Magensaft, Pepsin, Lab[15]) befördern oft die Amylasewirkung. Propylamin, Methylamin, Trimethylamin, Amylamin, Acetamid, Propionamid, Succinamid, Formamid, Butyramid, Benzamid, Hydrazinsulfat, Hydroxylaminchlorhydrat, Harnstoff, Borax, Alaun, Arsensalze, Alkohol[16]), Chloroform, Äther, Thymol[17]), Paraldehyd, Salicylsäure (über 1%)[18]), verschiedene Salze der Schwermetalle[19]), Ätzsublimat stören mehr oder minder die Amylasewirkung. Toluol, Guanidin, arsenige Säure, Antipyrin sind ohne Einfluß. Glykokoll befördert die Malzamylase und läßt die Wirksamkeit der tierischen Amylasen unverändert. Leucin und Alanin befördern oder hemmen, je nach den Fällen. Der begünstigende Anteil des NaCl ist das Cl-Ion; das Br-Ion und das J-Ion befördern auch, aber in geringerem Grade. Das Fl-Ion soll die tierischen Amylasen hemmen, die Malzamylase hingegen befördern. NO_3 wirkt schwach fördernd, ebenso NO_2 und ClO_3. Das Kation hat keine große Bedeutung

---

[1]) M. Holderer, Compt. rend. de l'Acad. des Sc. **150**, 285—288 [1910].
[2]) A. Slosse u. H. Limbosch, Bull. Soc. roy. Sc. méd. et nat. Bruxelles **66**, 80—82 [1908]; Arch. int. Physiol. **8**, 417—431 [1909].
[3]) H. Bierry u. J. Giaja, Compt. rend. de l'Acad. des Sc. **143**, 300—302 [1906].
[4]) H. Bierry, J. Giaja u. Victor Henri, Compt. rend. de la Soc. de Biol. **60**, 479—481 [1906].
[5]) L. Preti, Biochem. Zeitschr. **4**, 1—5 [1907].
[6]) E. Starkenstein, Biochem. Zeitschr. **24**, 210—218 [1910].
[7]) J. Wohlgemuth, Biochem. Zeitschr. **9**, 10—43 [1908].
[8]) E. Guyénot, Compt. rend. de la Soc. de Biol. **63**, 767—770 [1907].
[9]) C. H. Neilson u. O. P. Terry, Amer. Journ. of Physiol. **14**, 105—111 [1905].
[10]) H. Roger, Compt. rend. de la Soc. de Biol. **65**, 374—375 [1908].
[11]) H. Roger, Compt. rend. de la Soc. de Biol. **65**, 388—389 [1908].
[12]) A. Gigon u. T. Rosenberg, Skand. Arch. f. Physiol. **20**, 423—431 [1908].
[13]) J. Effront, Compt. rend. de l'Acad. des Sc. **115**, 1324—1326 [1892]; **120**, 1281—1283 [1895]; Compt. rend. de la Soc. de Biol. **57**, 234—236 [1904]; Bulletin de la Soc. chim. [3] **31**, 1230 bis 1234 [1904]; Mon. scientif. Quesneville 561—565 [1904].
[14]) Ed. Pozerski, Thèse de Paris 1902, 70 Seit.
[15]) H. Roger, Arch. méd. expér. et anat. pathol. **20**, 217—233 [1908].
[16]) Watson, Journ. Chem. Soc. **35**, 539 [1879].
[17]) A. Schlesinger, Virchows Archiv **125**, 146—181, 340—363 [1891].
[18]) Müller, Journ. f. prakt. Chemie N. F. **10**, 444 [1874].
[19]) C. J. Lintner, Journ. f. prakt. Chemie N. F. **34**, 378—394 [1886]; **36**, 481—498 [1887]. — J. Kjeldahl, Zeitschr. f. d. ges. Brauwesen **3**, 186 [1880].

für die Salzwirkung; jedoch scheint Kalium etwas wirksamer zu sein als Natrium[1]). Kolloide Metalle (Au, Ag, Cu, Fe) hemmen in verhältnismäßig geringer Konzentration; NaCl-Zusatz ändert nichts an ihrem Verhalten. Alkaloide wirken manchmal fördernd, manchmal hemmend[2]). Alkalien und Na_2CO_3 hemmen, was von der Konzentration an freien OH-Ionen herrührt[3]). Speichelamylase wirkt am besten bei neutraler oder schwach saurer Reaktion; sie ist gegen Mineralsäuren und organische Säuren außerordentlich empfindlich[4]). Die Pankreasamylase ist den Säuren gegenüber weniger empfindlich als die Speichelamylase[5]); Säuren in n/1600 bis n/800 Konzentration fördern sogar, und zwar vor allem Salzsäure, dann in absteigender Reihe: Salpetersäure, Schwefelsäure, Essigsäure, Oxalsäure[6]). Die Amylase von Pferdebohnen, Wicken, Lupinen wirkt noch bei relativ hoher Salzsäurekonzentration (0,2%)[7]). Malzamylase wird durch kleine Mengen von Milchsäure, Buttersäure oder Essigsäure befördert[8]); das Optimum der Wirkung wird mit 0,001% HCl oder selbst weniger erreicht; 0,015% HCl genügen, um die Amylase bei 40° unwirksam zu machen[9]). Galle kann die Säure- oder Alkalischädigung des Fermentes wieder aufheben[10]). Ovolecithin ist ohne Einfluß auf Pankreasamylase, Gallensalze beschleunigen etwas die Wirkung der Pankreasamylase[11]). Eine in der Galle enthaltene kochbeständige, dialysierbare, in Alkohol lösliche Substanz aktiviert die Amylase beträchtlich[12]). Nach Eintauchen in Äther behalten die Getreidekörner ihre Amylase[13]). Kohlensäure begünstigt besonders bei erhöhtem Drucke und in alkalischem Medium, wirkt hingegen bei neutraler Reaktion schädlich[14]). Ozon schädigt die Amylase beträchtlich; H_2O_2 übt einen verzögernden Einfluß auf sie aus[15]). — Normales Kaninchenserum ist ohne Einfluß; auf 56° erwärmtes Serum befördert die Wirkung der Speichel- und der Pankreasamylase[16]). Der Darmsaft verstärkt die Wirkung der Amylase des Pankreassaftes, des Speichels, des Aspergillus niger; Macerationen von Hundemilz, von Lymphdrüsen des Hundemesenteriums, von Leukocyten tun es auch; diese verstärkende Wirkung beruht wahrscheinlich auf dialysierbarem Salze, auf Proteine und hauptsächlich auf Umwandlungsprodukten der letzteren[17]). — In der Lösung ihres Substrates ist die Amylase viel hitzebeständiger als in reinem Wasser. Verschiedene Elektrolyte, Proteosen, Peptone erhöhen den Vernichtungswärmegrad der Amylase; dieser schützende Einfluß ist am stärksten bei alkalischer Reaktion[18]). Der Vernichtungsgrad der Amylase wechselt auch je nach der Fermentkonzentration[18]). Die Amylase des Bacillus anthracis wirkt bei 4° noch nicht, bei 70° nicht mehr. Die

---

[1]) F. Kübel, Archiv f. d. ges. Physiol. **77**, 276—305 [1899]. — S. W. Cole, Journ. of Physiol. **30**, 202—220 [1904]. — Jane Bort Patten u. Percy G. Stiles, Amer. Journ. of Physiol. **17**, 26—31 [1906]. — J. Wohlgemuth, Biochem. Zeitschr. **9**, 10—43 [1908]. — C. H. Neilson u. P. P. Terry, Amer. Journ. of Physiol. **22**, 43—47 [1908].
[2]) O. Nasse, Archiv f. d. ges. Physiol. **11**, 138—166 [1875]. — W. Detmer, Landw. Jahresber. **10**, 731—764 [1881].
[3]) A. Fernbach u. J. Wolff, Compt. rend. de l'Acad. des Sc. **143**, 380—383 [1906]. — Clarence Quinan, Journ. of biol. Chemistry **6**, 53—63 [1909].
[4]) P. Petit, Compt. rend. de l'Acad. des Sc. **138**, 1003—1004, 1231—1233, 1716—1718 [1904].
[5]) H. M. Vernon, Journ. of Physiol. **27**, 171—199 [1901]; **28**, 137—155 [1902]. — P. Grützner u. M. Wachsmann, Archiv f. d. ges. Physiol. **91**, 195—207 [1902].
[6]) H. Bierry, Compt. rend. de l'Acad. des Sc. **146**, 417—419 [1908].
[7]) A. Scheunert u. W. Grimmer, Zeitschr. f. physiol. Chemie **48**, 27—48 [1906].
[8]) J. Kjeldahl, Zeitschr. f. d. ges. Brauwesen **3**, 186 [1880].
[9]) F. Kübel, Archiv f. d. ges. Physiol. **77**, 276—305 [1899]. — U. P. Schierbeck, Skand. Arch. f. Physiol. **3**, 344—380 [1892]. — S. W. Cole, Journ. of Physiol. **30**, 202—220 [1904].
[10]) B. K. Rachford, Amer. Journ. of Physiol. **2**, 483—495 [1899].
[11]) (Fräulein) L. Kalaboukoff u. E. F. Terroine, Compt. rend. de la Soc. de Biol. **63**, 664—666 [1907].
[12]) J. Wohlgemuth, Biochem. Zeitschr. **21**, 447—459 [1909].
[13]) Jean Apsit u. Edmond Gain, Compt. rend. de l'Acad. des Sc. **149**, 58—60 [1909].
[14]) O. Nasse, Archiv f. d. ges. Physiol. **15**, 471—481 [1877]. — W. Detmer, Zeitschr. f. physiol. Chemie **7**, 1—6 [1882]. — Müller-Thurgau, Landw. Jahresber. **14**, 785 [1885]. — W. Ebstein u. C. Schulze, Virchows Archiv **134**, 475—500 [1893].
[15]) A. J. J. Vandevelde, Beiträge z. chem. Physiol. u. Pathol. **5**, 558—570 [1904].
[16]) E. Pozerski, Compt. rend. de la Soc. de Biol. **55**, 429—431 [1903]. — M. Ascoli u. A. Bonfanti, Zeitschr. f. physiol. Chemie **43**, 356—364 [1904]. — L. Preti, Biochem. Zeitschr. **4**, 6—10 [1907]. — C. Gessard u. J. Wolff, Compt. rend. de l'Acad. des Sc. **146**, 414—416 [1908].
[17]) E. Pozerski, Compt. rend. de la Soc. de Biol. **54**, 1103—1105 [1903]. — M. Loeper u. Ch. Esmonet, Compt. rend. de la Soc. de Biol. **64**, 188—189 [1908].
[18]) E. Biernacki, Zeitschr. f. Biol. **28**, 49—71 [1891].

Amylase der Käsespirillen wirkt bereits bei 4°; ihr Optimum liegt bei 37°; bei 50° wirkt sie nur noch schwach. Bei 60° ist bereits die Amylase des Choleravibrios zerstört, während hingegen die Haferamylase erst bei 90° zerstört wird[1]). Für die Pflanzenamylasen, sowohl der ruhenden als der keimenden Samen, liegt das Optimum meistens bei 60—65°, während zur Vernichtung des Enzymes bei Gegenwart von Stärke die Siedehitze bisweilen erforderlich ist[2]). Im trocknen Zustande werden sie erst bei 130° zerstört[3]). Für die Malzamylase soll das Optimum schon bei 20° liegen[4]). Für die Speichelamylase ist das Optimum bei 50° erreicht; die Intensität der enzymatischen Wirksamkeit bleibt bis 58° nahezu unverändert, um dann abzunehmen, so daß das Ferment bei 70—74° zerstört wird[5]). Das Optimum liegt für die Pankreasamylase bei 36—40°[6]). Temperaturen von 80—110° üben eigentlich keine zerstörende Wirkung auf Amylaselösungen, sondern bringen das Enzym im inaktiven oder Zymogenzustand[7]). In alkoholischer Lösung wird die Wirkung der Pankreasamylase noch nicht bei 100° aufgehoben[8]); im trocknen Zustande verschwindet sie erst bei 120°[9]). Selbst bei Gefrierenlassen mittels tiefster Kälte (flüssige Luft) erweist sich Ptyalin als unvernichtbar[10]). — Malzamylase wird vom Sonnenlichte kaum angegriffen; die ultravioletten Strahlen sind sehr stark schädigend, die grünen Strahlen weniger[11]). Die Radiumstrahlen sind ohne Einfluß[12]). Die Radiumemanation ist imstande, die Wirkung der Amylase zu begünstigen; diese Begünstigung tritt oft erst nach einer mehr oder minder lange dauernden Hemmung ein, in anderen Fällen aber bewirkt die Radiumemanation nur eine Hemmung; diese Erscheinungen stehen vielleicht in Zusammenhang mit den Konzentrationen der Radiumemanationen und der Amylaselösung[13]). Elektrischer Gleichstrom schädigt erheblich, Wechselströme geringer Intensität können günstig einwirken, stärkere schädigen; Teslaströme scheinen ohne Wirkung zu sein[14]). — Bromelin, Trypsin und am meisten Papain erhöhen die enzymatische Kraft der Amylase der ruhenden Gerste; gekochte Papainlösung besitzt noch diese Wirkung[15]). Pepsin[16]) und Erepsin[17]) schädigen hingegen die Amylase. Eine synthetische Bildung von Stärke oder Glykogen aus ihren Spaltprodukten durch Pankreasamylase scheint möglich zu sein[18]).

Cellulase.

Definition: Ein auch **Cytase** benanntes Ferment, welches Cellulose und Hemicellulose unter Wasseraufnahme spaltet.

Vorkommen: In zahlreichen das Holz der Bäume zerstörenden Pilzen[19]) und auch bei anderen Pilzen: Penicillium glaucum[20]), Aspergillus oryzae[21]), Aspergillus Wentii[22]), Rhizopus

---

1) P. Klempin, Biochem. Zeitschr. **10**, 204—213 [1908].
2) T. Chrzascz, Zeitschr. f. Spiritusindustrie **31**, 52. [1908].
3) White, Proc. Roy. Soc. **81**B, 550 [1909].
4) Chr. Wirth u. C. J. Lintner, Zeitschr. f. d. ges. Brauwesen **31**, 421—425 [1908].
5) A. Slosse u. H. Limbosch, Arch. int. Physiol. **6**, 365—380 [1908].
6) H. M. Vernon, Journ. of Physiol. **27**, 171—199 [1901]; **28**, 137—155 [1902]. — A. Slosse u. H. Limbosch, Arch. di Fisiol. **7**, 100—112 [1909].
7) M. J. Gramenizky, Verhandl. d. Gesellschaft russ. Ärzte zu Petersburg **76**, 210 [1909].
8) F. W. Pavy, Journ. of Physiol. **22**, 391—400 [1897].
9) E. Choay, Journ. de Pharm. et de Chim. [7] **1**, 10—17 [1910].
10) H. Roeder, Biochem. Zeitschr. **23**, 496—520 [1910].
11) J. R. Green, Phil. Transact. Roy. Soc. London **188** B, 167—190 [1907].
12) A. Jodlbauer, Deutsch. Archiv f. klin. Medizin **80**, 488—491 [1904].
13) S. Loewenthal u. J. Wohlgemuth, Biochem. Zeitschr. **21**, 476—483 [1909].
14) A. Lebedew, Biochem. Zeitschr. **9**, 392—402 [1908]. — F. Kudo, Biochem. Zeitschr. **16**, 233—242 [1909].
15) J. S. Ford u. J. M. Guthrie, Wochenschr. f. Brauerei **25**, 164—168, 180—184 [1908].
16) A. Wróbleski, Berichte d. Deutsch. chem. Gesellschaft **31**, 1130—1136 [1898].
17) (Fräulein) Wladikine, Thèse de Lausanne 1908, 24 Seit.
18) A. Croft Hill, Journ. of Physiol. **28** [1902]; Proc. of the Phys. Soc., S. XXVI—XXVII.
19) F. Czapek, Berichte d. Deutsch. chem. Gesellschaft **17**, 166—170 [1899]. — H. C. Schellenberg, Flora **98**, 257—308 [1908].
20) M. Miyoshi, Jahresber. f. wissensch. Botanik **28**, 269—289 [1895].
21) F. C. Newcombe, Bot. Centralbl. **73**, 105—108 [1898]; Ann. of bot. **13**, 49—81 [1899].
22) C. Wehmer, Centralbl. f. Bakt. II. Abt. **2**, 140—150 [1896].

nigricans[1]), Botrytis cinerea[2]), Botrytis vulgaris[3]), Sclerotinia Libertiana[4]), Mucor neglectus, Mucor piriformis, Mucor racemosus, Trichoterium roseum, bei den Ustilagoarten[5]) usw. — Bei gewissen Bakterien[6]) und besonders bei den Mikroorganismen der Coecalfüssigkeit[7]). In den Pollenschläuchen gewisser Pflanzen[8]). Vielleicht in den Kotyledonen junger Pflanzen von Lupinus albus und Phoenix dactylifera sowie im Dattelendosperm[9]). Fehlt sowohl in den keimenden Gerstenkörnern[10]) als im Hafer, in den Pferdebohnen, Lupinen, Wicken[11]). — Im Lebersekrete der Weinbergschnecke. Im Verdauungsapparate vom Flußkrebse[12]). Fehlt im Verdauungskanale der Säugetiere[13]).

Physikalische und chemische Eigenschaften: Es scheinen mehrere Fermente zu bestehen, von welchen das eine auf reine Cellulose einwirkt, die anderen auf die eine oder die andere Hemicelluloseart. Die verschiedenen Cellulosen und Hemicellulosen werden wahrscheinlich in denselben Bruchstücken zerspalten als diejenige, welche bei der hydrolytischen Spaltung durch Mineralsäuren entstehen.

Inulase.

Definition: Ein auch **Inulinase** benanntes Ferment, welches Inulin in d-Fructose zerlegt.

Vorkommen: In gewissen Schimmelpilzen: Aspergillus niger, Penicillium glaucum[14]), Penicillium camemberti[15]). In den keimenden Topinambourknollen und Artischocken[16]). Im Häpatopankreassaft von Helix pomatia[17]). In den Larven von Bombyx mori und Hyponomenta[18]); fehlt bei den Puppen und Imagines von Bombyx mori. In den Maikäfern, bei den Kellerasseln, bei Epeira[19]), bei den Ascariden, bei den Kreuzspinnen, bei den Stubenfliegen[20]). In der menschlichen Placenta[21]). Fehlt in der Leber und im Verdauungsapparat der Ente und der Säugetiere[22]).

Physiologische Eigenschaften: Durch subcutane Inulaseeinspritzungen beim Kaninchen erhielt Saiki[23]) ein hemmende Eigenschaften gegenüber Inulasewirkung aufweisendes Serum.

Physikalische und chemische Eigenschaften: Greift Stärke nicht an. Ist in den Pflanzen nur als Zymogen enthalten. Wirkt am besten in einem Medium, welches 0,0001 Normalschwefelsäure entspricht. Schon 0,01 Normalschwefelsäure zerstört die Inulase und 0,0001 Normalalkali verzögert ihre Wirkung. Das Temperaturoptimum liegt bei 55°.

[1]) A. L. Kean, Bot. Gaz. **15**, 171—174 [1890]
[2]) H. Marshall Ward, Ann. of bot. **2**, 319—382 [1889]. — J. Behrens, Centralbl. f. Bakt. II. Abt. **4**, 549—551 [1899]. — M. Nordhausen, Jahresber. f. wissensch. Botanik **33**, 1—46 [1899].
[3]) J. Behrens, Centralbl. f. Bakt. II. Abt. **4**, 549—551 [1899].
[4]) A. de Bary, Bot. Ztg. **44**, 407—426 [1886].
[5]) J. Grüss, Berichte d. Deutsch. chem. Gesellschaft **20**, 214—220 [1902].
[6]) M. W. Omelianski, Compt. rend. de l'Acad. des Sc. **121**, 653—655 [1895]; **125**, 970—972, 1131—1133 [1897]; Centralbl. f. Bakt. II. Abt. **8**, 193—201, 225—231, 257—263, 289—294, 321—326, 353—361, 385—391, 605 [1902]; **12**, 33—43 [1904]; Arch. des Sc. biol. de St. Petersbourg **7**, 411—434 [1899]; **9**, 251—278 [1902]. — C. van Iterson jr., Centralbl. f. Bakt. II. Abt. **11**, 689—697 [1904].
[7]) A. Scheunert, Zeitschr. f. physiol. Chemie **48**, 8—26 [1906].
[8]) F. Czapek, Biochemie der Pflanzen, **1**, 393.
[9]) F. C. Newcombe, Bot. Centralbl. **73**, 105—108 [1898]; Ann. of bot. **13**, 49—81 [1899].
[10]) F. Reinitzer, Zeitschr. f. physiol. Chemie **23**, 175—208 [1897].
[11]) A. Scheunert u. W. Grimmer, Zeitschr. f. physiol. Chemie **48**, 27—48 [1906].
[12]) W. Biedermann u. P. Moritz, Archiv f. d. ges. Physiol. **73**, 219—287 [1898]. — Erich Müller, Archiv f. d. ges. Physiol. **83**, 619—627 [1901].
[13]) H. T. Brown, Journ. Chem. Soc. **61**, 352—364 [1892]. — A. Scheunert u. E. Lötsch, Biochem. Zeitschr. **20**, 10—21 [1909].
[14]) Em. Bourquelot, Compt. rend. de l'Acad. des Sc. **116**, 1143—1145 [1893]; Compt. rend. de la Soc. de Biol. **45**, 653—654 [1893]. — A. L. Dean, Bot. Gaz. **35**, 24—35 [1903].
[15]) A. Wayland Dox, Journ. of biol. Chemistry **6**, 461—467 [1909].
[16]) J. R. Green, Ann. of bot. **1**, 223—236 [1888].
[17]) H. Bierry, Compt. rend. de l'Acad. des Sc. **150**, 116—118 [1910].
[18]) J. Straus, Zeitschr. f. Biol. **52**, 95—106 [1908].
[19]) R. Kobert, Archiv f. d. ges. Physiol. **99**, 116—186 [1903].
[20]) Werner Fischer, Therapeut. Monatshefte **16**, 619—621 [1902].
[21]) Walther Löb u. S. Higuchi, Biochem. Zeitschr. **22**, 316—336 [1909].
[22]) A. Richaud, Compt. rend. de la Soc. de Biol. **52**, 416—417 [1900]. — H. Bierry u. P. Portier, Compt. rend. de la Soc. de Biol. **52**, 423—424 [1900].
[23]) T. Saiki, Journ. of biol. Chemistry **3**, 395—462 [1907].

Seminase.

Definition: Ein auch **Carubinase** benanntes Ferment, welches Mannogalaktan in Mannose und Galaktose spaltet[1]).

Vorkommen: In den Samen von Ceratonia Siliqua[2]). In Gerstenmalzdiastase. In der gekeimten Gerste. In den Samen von Luzerne, Indigo, Foenum graecum, Robinia pseudacacia, Ulex europaeus, Cytisus Laburnum, Sarothamnus scoparius[3]). Im Safte des Häpatopankreas der Schnecke[4]). Fehlt bei den Säugetieren[5]).

Nachweis: Darstellung der Osazone.

Physikalische und chemische Eigenschaften: Es ist noch nicht festgestellt, ob es sich um 1 oder 2 Enzyme (**Mannase, Galaktanase**) handelt. Es scheinen verschiedene Seminasen zu bestehen. Die Seminase der Hülsenfrüchte z. B. wirkt auf die Mannogalaktane der Hülsenfrüchte und der Orchideenknollen, nicht aber auf die der Palmen[6]). Alkohol fällt die Seminase. Das Optimum der Wirkung wird in schwach saurer Lösung bei 35—40° erreicht.

Pektinase.

Definition: Ein die Pektinstoffe unter Bildung reduzierenden Zuckers spaltendes Ferment.

Vorkommen: Im Malzextrakte und in der gekeimten, nicht gedörrten Gerste[7]). Im Bacillus carotovorus[8]).

Darstellung: Trocknen der Gerste zwischen 30 und 35°, Zermalmen, 12 Stunden in kaltem Chloroformwasser Ausziehen, Auspressen, Fällen des filtrierten Extraktes mit Alkohol, rasches Auswaschen des Niederschlages mit Alkohol und Äther, Trocknen im Vakuum über Schwefelsäure. — Man kann auch eine Bouillonkultur von Bacillus carotovorus mit 95 proz. Alkohol versetzen und den erhaltenen Niederschlag im bei 100° erhitzten Luftstrome trocknen.

Physikalische und chemische Eigenschaften: Spaltet weiter das durch die Pektaseeinwirkung entstandene Calciumpektat. Geringe Säuremengen schädigen schon die Pektinasewirkung. Sie wird durch Formaldehyd sehr geschädigt, weniger durch Thymol und Chloroform, am wenigsten durch eine 0,5 proz. Phenollösung. Durch Erhitzen auf 62° während 10 Minuten wird die Pektinasewirkung zerstört. Die Pektinase verhindert die gerinnende Wirkung der Pektase auf Pektinstoffe.

Pektosinase.

Definition: Ein Ferment, welches zuerst die Pektose in Pektin und dann das Pektin in Zucker verwandelt.

Vorkommen: Im Bacillus carotovorus[9]). Im Granulobacter pectinovorum[10]).

Physikalische ung chemische Eigenschaften: Die Pektosinase soll keineswegs mit der Pektase identisch sein. Nach Beijerinck und van Delden bewirkt die Pektosinase das Rösten des Flachses.

---

[1]) Em. Bourquelot u. H. Hérissey, Compt. rend. de la Soc. de Biol. **51**, 688—691, 783—785 [1899]; Compt. rend. de l'Acad. des Sc. **129**, 228—231, 614—616 [1899].

[2]) J. Effront, Compt. rend. de l'Acad. des Sc. **125**, 116—118 [1895].

[3]) Em. Bourquelot u. H. Hérissey, Journ. de Pharm. et de Chim. [6] **11**, 357—364 [1900]. Compt. rend. de l'Acad. des Sc. **130**, 42—44, 340—342 [1900]; **131**, 903—905 [1900]. — H. Hérissey, Compt. rend. de l'Acad. des Sc. **133**, 49—52 [1901].

[4]) H. Bierry u. J. Giaja, Compt. rend. de la Soc. de Biol. **60**, 945—946 [1906].

[5]) (Frau) Gatin-Grazewska u. M. Gatin, Compt. rend. de la Soc. de Biol. **58**, 847—849 [1905].

[6]) H. Hérissey, Rev. génér. de bot. **15**, 345—393, 406—418, 444—465 [1903].

[7]) Em. Bourquelot u. H. Hérissey, Compt. rend. de la Soc. de Biol. **50**, 777—779 [1898]; **51**, 361—363 [1899]; Journ. de Pharm. et de Chim. [6] **8**, 481—484 [1898].

[8]) L. R. Jones, Centralbl. f. Bakt. II. Abt. **14**, 259—272 [1905].

[9]) L. R. Jones, Centralbl. f. Bakt. II. Abt. **14**, 259—272 [1905].

[10]) M. W. Beijerinck u. A. van Delden, Arch. néerl. des sc. exact. et naturell. [2] **9**, 418—441 [1903].

Xylanase.

Definition: Ein Xylan in Pentosen spaltendes Ferment.
Vorkommen: In den Nalepadrüsen[1]), im Speichel[2]) und im Safte des Häpatopankreas[3]) der Schnecke. Bei den Gasteropoden mit pflanzlicher Nahrung[4]). In den Verdauungssäften von Crustaceen und Mollusken mit pflanzlicher Nahrung[5]). Im Darmkanale gewisser Coleopteren[6]). Im Dickdarme und im Kote aller pflanzenfressenden Säugetiere und des Menschen, wo das Ferment mikrobären Ursprunges ist, nie im Meconium des Kalbes und des Menschen[7]). Fehlt bei allen Wirbellosen und Wirbeltieren mit tierischer Nahrung[8]).
Nachweis: Durch die Xylosereaktion oder durch Feststellung der Pentosanenmenge nach Kröber und Tollens[9]).

Gelase.

Definition: Ein auch **Gelosease** benanntes Ferment, welches Agar-Agar oder Gelose in ihre Hauptbestandteile spaltet unter Bildung reduzierender Spaltprodukte.
Vorkommen: Im Bacillus gelaticus[10]).
Nachweis: Verschwinden der durch Jod bewirkten violetten Färbung der Gelose.

Manno-Isomerase.

Definition: Ein die Mannose in Glykose umwandelndes Ferment.
Vorkommen: In den keimenden Samen von Borassus flabelliformis[11]).
Physikalische und chemische Eigenschaften: Wirkt nur in neutralem Medium.

Glykolytisches Ferment.

Definition: Ein Zucker auf eine noch unbekannte Art im tierischen Organismus zerstörendes Ferment.
Vorkommen: Im Blutplasma der Säugetiere, nicht aber im Blutserum[12]). Im Blutfibrin[13]). In der Lymphe. Vielleicht in den Muskeln und in verschiedenen Organen, wo es aber vom Blute herrühren kann[14]).
Darstellung: Bis jetzt besteht noch kein sicheres Verfahren zur Isolierung.
Nachweis: Bestimmung nach dem Pflügerschen[15]) oder nach dem G. Bertrandschen[16]) Verfahren der Abnahme des Glykosegehaltes des nach der von De Meyer[17]) veränderten Bierry-Portierschen[18]) Methode enteiweißten Blutes oder des nach der Seegenschen[19]) Methode enteiweißten Organauszuges. Besser wäre die Feststellung der gebildeten Spaltprodukte.

---

[1]) M. Pacaut u. Ch. Vigier, Compt. rend. de la Soc. de Biol. **60**, 545—546 [1906].
[2]) P. Vigier u. M. Pacaut, Compt. rend. de la Soc. de Biol. **58**, 29—31 [1905].
[3]) G. Seillière, Compt. rend. de la Soc. de Biol. **58**, 409—410 [1905].
[4]) G. Seillière, Compt. rend. de la Soc. de Biol. **59**, 20—22 [1908]; **60**, 1130—1131 [1906].
[5]) H. Bierry u. J. Giaja, Compt. rend. de l'Acad. des Sc. **148**, 507—510 [1909].
[6]) G. Seillière, Compt. rend. de la Soc. de Biol. **58**, 940—941 [1905].
[7]) G. Seillière, Compt. rend. de la Soc. de Biol. **64**, 941—943 [1908]; **66**, 691—693 [1909].
[8]) (Frau und Herr) C. L. Gatin, Compt. rend. de la Soc. de Biol. **58**, 847—849 [1905]; Bull. Sc. pharmacolog. **14**, 447—453 [1907]. — H. Bierry u. J. Giaja, Compt. rend. de la Soc. de Biol. **60**, 945 [1906]. — T. Saiki, Journ. of biol. Chemistry **2**, 256—265 [1906].
[9]) Kröber u. B. Tollens, Zeitschr. f. physiol. Chemie **36**, 239—243 [1902].
[10]) Gran, Bergens Museum Aarbog 1902, Heft 1; zit. nach Franz Fuhrmann, Vorlesungen über Bakterienenzyme, Jena 1907, S. 88.
[11]) C. L. Gatin, Compt. rend. de la Soc. de Biol. **64**, 903—904 [1908].
[12]) R. Lépine, Deutsche med. Wochenschr. **28**, 57—58 [1902]; Le diabète sucré, Paris 1909. — M. Arthus, Arch. de Phys. norm. et Pathol. [5] **3**, 425—439 [1891]; [5] **4**, 337—352 [1892]. — M. Doyon u. A. Morel, Compt. rend. de la Soc. de Biol. **55**, 215—216 [1903].
[13]) N. Sieber, Zeitschr. f. physiol. Chemie **44**, 560—579 [1905]. — L. Rappoport, Zeitschr. f. klin. Medizin **57**, 208—214 [1905].
[14]) J. de Meyer, Centralbl. f. Physiol. **23**, 966—974 [1910].
[15]) Ed. Pflüger, Archiv f. d. ges. Physiol. **69**, 399—471 [1898].
[16]) G. Bertrand, Bulletin de la Soc. chim. [3] **35**, 1285—1299 [1906].
[17]) J. de Meyer, Bulletin de la Soc. roy. des Sc. méd. et nat. de Bruxelles **62**, 40—60 [1904].
[18]) H. Bierry u. P. Portier, Compt. rend. de la Soc. de Biol. **54**, 1276—1277 [1902].
[19]) E. Seegen, Centralbl. f. Physiol. **6**, 501—508, 604—607 [1893].

Physiologische Eigenschaften: Durch intraperitoneale Einspritzungen von glykolytischem Fermente oder von vorher auf 70° erwärmtem Hundepankreasextrakte beim Kaninchen, erscheinen im Serum antiglykolytische Eigenschaften, so daß dieses Serum in vitro die Glykolyse des Hundeblutes verzögert und bei intravenöser Einspritzung beim Hunde Hyperglykämie und Glykosurie hervorruft[1]). Intravenöse Wittepeptoneinspritzung beim Hunde verzögert die Wirkung des glykolytischen Fermentes des Blutes erheblich[2]). Das glykolytische Vermögen des Blutes ist bei Asphyxie, Gehirnerschütterung, Pankreasexstirpation geringer; es ist größer bei Zunahme der Blutalkalescenz, bei Reizung, Erwärmen oder Massage des Pankreas, bei Unterbindung des Hauptausführungsganges der Bauchspeicheldrüse, besonders mit gleichzeitiger Einnahme von angesäuertem Wasser[3]).

Physikalische und chemische Eigenschaften: Die Ansichten über das Bestehen eines besonderen glykolytischen Fermentes sowie über seine Wirkungsart bei der Zuckerzerstörung sind noch sehr abweichend. Selbst ob es sich dabei um einen enzymatischen Prozeß handelt, wurde bestritten[4]). Jedenfalls handelt es sich nicht um eine alkoholische Gärung, denn während der Glykolyse bilden sich weder Alkohol noch Kohlensäure, sondern ein Aldehyd, Ameisensäure, Milchsäure, Benztraubensäure, Oxalsäure und Oxysäuren oder ähnliche Körper[5]). Welche Zuckerarten überhaupt durch das glykolytische Ferment zerstört werden, ist keineswegs festgestellt[6]). — Die Leukocyten sondern ein glykolytisches Proferment aus, welches durch eine (oder mehrere) durch die Bauchspeicheldrüse ins Blut und in die Lymphe ausgeschiedene Substanz (oder Substanzen) aktiviert wird. Diese Substanzen werden erst bei 115° zerstört und sind keineswegs enzymatischer Natur[7]). Im normalen Blute bestehen keine antiglykolytischen Stoffe[8]). Bei Sauerstoffabwesenheit geht im arteriellen Blute keine Glykolyse mehr vor sich. Der Zusatz von Milchsäure, Natriumcarbonat, Natriumfluorid oder anderen Antiseptica vermindert oder hemmt das glykolytische Vermögen des Blutes[9]).

B. Glykosidasen.

Glykoside unter Wasseraufnahme spaltende Enzyme. Der Hauptvertreter dieser Fermentenklasse ist das Emulsin. Außerdem reihen sich unter den Glykosidasen die Isoamygdalase, die Populinase, die Phlorizinase, die Salicylase, die Arbutase, die Helikase, die Linamarase, die Lotase, die Gease, die Gaultherase, die Primaverase, die Rhamnase, die Isatase, die Tannase, das Erythrozym, die Elaterase, die Myrosinase und die Hadromase.

Emulsin.

Definition: Das auch **Amygdalase** oder **Synaptase** benannte Ferment zerlegt Amygdalin in 2 Mol. Glucose und in optisch aktives d-Benzaldehydcyanhydrin, welches letzteres bei der Spaltung schon zum Teil racemisiert wird, zum Teil auch in Benzaldehyd und Blausäure übergeht[10]).

---

[1]) J. De Meyer, Bulletin de la Soc. roy. des Sc. méd. et nat. de Bruxelles **66**, 73—78 [1908]; Ann. de l'Inst. Pasteur **22**, 778—818 [1908]; Arch. int. Physiol. **7**, 317—378 [1909].

[2]) Balthazard u. (Fräulein) Lambert, Compt. rend. de la Soc. de Biol. **63**, 51—53 [1907].

[3]) R. Lépine, La semaine médicale **23**, 389—392 [1903].

[4]) E. Bendix u. Ad. Bickel, Deutsche med. Wochenschr. **28**, 3—4, 166—168 [1902]. — Gertrud Woker, Antrittsvorlesung, Leipzig 1907, 48 Seit.

[5]) A. Slosse, Bulletin de la Soc. roy. des Sc. méd. et nat. de Bruxelles **67**, 110—111 [1909].

[6]) P. Portier, Compt. rend. de la Soc. de Biol. **55**, 191—192 [1903]. — E. Sehrt, Zeitschr. f. klin. Medizin **56**, 509—519 [1905]. — R. von Schroeders, Inaug.-Diss. Berlin 1904, S. 28.

[7]) O. Cohnheim, Zeitschr. f. physiol. Chemie **39**, 336—349 [1903]; **42**, 401—409 [1904]; **43**, 547 [1905]; **47**, 253—285 [1906]. — J. Arnheim u. A. Rosenbaum, Zeitschr. f. physiol. Chemie **40**, 220—233 [1903]. — J. Feinschmidt, Beiträge z. chem. Physiol. u. Pathol. **4**, 511—534 [1903]. — Rahel Hirsch, Beiträge z. chem. Physiol. u. Pathol. **4**, 535—542 [1903]. — R. Claus u. G. Embden, Beiträge z. chem. Physiol. u. Pathol. **6**, 214—231, 343—348 [1905]. — J. De Meyer, Arch. int. de Physiol. **2**, 131—137 [1905]; Ann. de la Soc. roy. des Sc. méd. et nat. de Bruxelles **15**, 155—299 [1906]. — G. W. Hall, Amer. Journ. of Physiol. **18**, 283—294 [1907]. — H. Mc Guigan, Amer. Journ. of Physiol. **21**, 352—358 [1909]. — G. C. E. Simpson, The bio-chem. Journ. **5**, 126—142 [1910].

[8]) J. De Meyer, Bulletin de la Soc. roy. des Sc. méd. et nat. de Bruxelles **62**, 22—33 [1904].

[9]) Fr. Aronsohn, Thèse de Paris 1902, 67 Seit. — R. Lépine u. Boulud, Compt. rend. de l'Acad. des Sc. **136**, 73—74 [1903].

[10]) S. J. M. Auld, Proc. Chem. Soc. **23**, 72—73 [1907]; Journ. Chem. Soc. **93**, 125, 128, [1908]. — K. Feist, Archiv d. Pharmazie **246**, 206—209, 509—516 [1908]; **247**, 226—232 [1909]. — L. Rosenthaler, Archiv d. Pharmazie **245**, 684—685 [1908]; **246**, 365—367 [1908].

Vorkommen: In gewissen Hefen, und zwar mehr in Oberhefe als in Unterhefe[1]). — Bei verschiedenen Pilzen, und zwar fast nur bei den auf Holz lebenden: Polyporus sulfureus, Polyporus applanatus, Polyporus betulinus, Polyporus lacteus, Polyporus fomentarius, Polyporus squamosus, Auricularia sambucina, Hydnum cirrhatum, Trametes gibbosa, Fistulina hepatica, Boletus parasiticus, Lentinus ursinus, Hypholoma fasciculare, Pholiota oegerita, Pholiota mutabilis, Claudopus variabilis, Collybia fusipes, Collybia radicata, Phallus impudicus, Hypoxylon coccineum, Xylaria polymorpha, Fuligo varians, Lactarius sanguifluus. Fehlt in folgenden Pilzarten: Lactarius vellereus, Russula cyanoxantha, Russula delica, Nyctalis asterophora, Amanita vaginata, Scleroderma verrucosum, Aleuria vesiculosa, Peziza aurantia, Tuber oestivum[2]). — Bei einigen Schimmelpilzen wie Penicillium glaucum, Penicillium camenberti, Aspergillus glaucus[3]). — Nur bei wenigen Bakterien: Stets bei Micrococcus pyogenes tenuis, Bacillus emulsinus, Bacillus thermophilus; manchmal bei Bacillus megaterium, Sarcina aurantiaca, den Diphteritis- und Kolibacillen[4]) — .Bei verschiedenen Flechten (Cladonia pixidata, Evernia furfuracea, Parmelia caperata, Peltigera canina, Usnea barbata)[5]).

— Bei sehr vielen Pflanzen, sowohl in den glykosidhaltigen Organen (hauptsächlich die chlorophyllreichen) als in den glykosidfreien Organen glykosidhaltiger Arten und selbst in den völlig glykosidfreien Arten: In den Samen von Rosaceen[6]), von Monotropa, von Polygala[7]), von Cerasus avium[8]). In den Körnern der meisten Hülsengewächse[9]). In den Blättern von Aucuba japonica[10]), von Thalictrum aquilegifolium[11]), von Sambucus nigra, von Sambucus racemosa[12]), von Viburnum prunifolium und von anderen Caprifoliaceen[13]), von Kirschlorbeeren. In den Stengeln von Verbena officinalis[14]). In den Enzianwurzeln[15]). Bei Ribes rubrum, Ribes nigrum, Ribes Uva crispa[16]). Bei Lathroea squamaria[17]). Bei einigen Renonculaceen[18]), Taxineen[19]), Loganiaceen[20]), Lilieen[21]). Bei den Orchideen, am reichlichsten in den Wurzeln[22]). In einigen Visciaarten[23]). In allen Gummiarten, außer dem Kino aus Pterocarpus marsupium[24]). — Im Häpatopankreas der Seesterne (Asterias glacialis) und im

---

[1]) T. A. Henry u. S. J. M. Auld, Proc. Roy. Soc. **76** B, 568—580 [1905]. — R. J. Caldwell u. S. L. Courtauld, Proc. Roy. Soc. **79** B, 350—359 [1907].

[2]) E. Bourquelot, Compt. rend. de la Soc. de Biol. **45**, 804—806 [1893]; Compt. rend. de l'Acad. des Sc. **117**, 383—386 [1893]. — Ernest Rouge, Centralbl. f. Bakt. II. Abt. **18**, 403—417, 587—607 [1907].

[3]) E. Gérard, Compt. rend. de la Soc. de Biol. **45**, 651—653 [1893]. — H. Hérissey, Compt. rend. de la Soc. de Biol. **50**, 660—662 [1898]; Thèse de Paris 1899, 83 Seit. — E. Bourquelot u. H. Hérissey, Compt. rend. de l'Acad. des Sc. **121**, 693—695 [1895]; Compt. rend. de la Soc. de Biol. **55**, 219—221 [1903]. — K. Puriewitsch, Berichte d. Deutsch. chem. Gesellschaft **16**, 368—377 [1898]. — Arthur Wayland Dox, Journ. of biol. Chemistry **6**, 461—467 [1909].

[4]) Cl. Fermi u. G. Montesano, Centralbl. f. Bakt. **15**, 722—727 [1894]. — E. Gérard, Compt. rend. de la Soc. de Biol. **48**, 44—46 [1896]; Journ. de Pharm. et de Chim. [6] **3**, 233—236 [1896]. — F. W. Twort, Proc. Roy. Soc. **79** B, 329—336 [1907].

[5]) H. Hérissey, Journ. de Pharm. et de Chim. [6] **7**, 577—580 [1898].

[6]) Em. Bourquelot u. H. Hérissey, Compt. rend. de l'Acad. des Sc. **137**, 56—59 [1903].

[7]) Em. Bourquelot, Journ. de Pharm. et de Chim. [5] **30**, 433—436 [1894].

[8]) H. Hérissey, Compt. rend. de la Soc. de Biol. **50**, 660—662 [1898].

[9]) G. Bertrand u. L. Rivkind, Compt. rend. de l'Acad. des Sc. **143**, 970—972 [1906]; Bulletin de la Soc. chim. [4] **1**, 497—501 [1906].

[10]) Em. Bourquelot u. H. Hérissey, Compt. rend. de la Soc. de Biol. **56**, 655—657 [1904]; Compt. rend. de l'Acad. des Sc. **138**, 114—116, 1114—1115 [1904].

[11]) L. van Itallie, Archiv f. Pharmazie **243**, 553—555 [1905].

[12]) L. Guignard, Compt. rend. de l'Acad. des Sc. **141**, 16—20 [1905].

[13]) Em. Bourquelot u. Em. Danjou, Compt. rend. de la Soc. de Biol. **60**, 83—85 [1906].

[14]) L. Bourdier, Journ. de Pharm. et de Chim. [6] **27**, 49—101 [1908].

[15]) Em. Bourquelot u. H. Hérissey, Journ. de Pharm. et de Chim. [6] **16**, 513—519 [1902].

[16]) L. Guignard, Compt. rend. de l'Acad. des Sc. **141**, 448—452 [1905].

[17]) Th. Bondouy, Compt. rend. de la Soc. de Biol. **58**, 936—937 [1905].

[18]) O. Remeaud, Compt. rend. de la Soc. de Biol. **61**, 400—402 [1906].

[19]) Ch. Lefebvre, Compt. rend. de la Soc. de Biol. **60**, 513—514 [1906]; Archiv d. Pharmazie **245**, 493—502 [1907].

[20]) J. Laurent, Journ. de Pharm. et de Chim. [6] **25**, 225—228 [1907].

[21]) J. Vintilesco, Journ. de Pharm. et de Chim. [6] **24**, 145—154 [1906].

[22]) L. Guignard, Compt. rend. de l'Acad. des Sc. **141**, 637—644 [1905].

[23]) A. Hébert, Bulletin de la Soc. chim. [3] **35**, 919—921 [1906].

[24]) Voley Boucher, Compt. rend. de la Soc. de Biol. **64**, 1003—1004 [1908].

Verdauungsapparate der Seeigel (Echinus acutus). Im Magendarmsafte von Aplysia punctata[1]). Im Magendarmsafte[2]) und in den Nalepadrüsen der Schnecke[3]). Im Safte des Häpatopankreas verschiedener Gasteropoden der Gattungen Helix, Limax, Lymnoea, Planorbis[4]). Im Häpatopankreas verschiedener Seemollusken (Patella vulgata, Trochus turbinatus, Buccinum undatum, Doris tuberculata, Haliotis tuberculata, Tapes decussata, Pecten maximus, Mya arenaria, Mytilus edulis). Im Verdauungssafte verschiedener Seecrustaceen[5]). Im Magensafte des Krebses[6]). Fehlt in den verschiedenen Organen der Cephalopoden. Vorhanden bei den Kreuzspinnen, bei der Tarantel, in den Eiern von Lathrodactes Erebeus, in den Fichtenspinnen- und Ameisenpuppen, in den Maikäfern, Asseln, Schildläusen, Canthariden, in den Eingeweidewürmern[7]). Fehlt bei den Fischen. In der Pferdeleber, in der Kaninchenleber und vielleicht in der Hasenleber[8]). Weder im Magensafte noch im Pankreassafte, noch im zellenfreien Darmsafte, noch im Speichel, wohl aber in den Zellen des Darmepitheliums und des aseptisch bei Hundeföten entnommenen Meconiums[9]). In den Nieren des Kaninchens. In der menschlichen Placenta[10]).

Darstellung: Bis jetzt hat man kein reines Emulsin dargestellt. Am besten extrahiert man feinzerriebene Mandeln mit Chloroformwasser, fällt die Hauptmenge der Proteine durch etwas Essigsäure, filtriert und schlägt im Filtrate das Emulsin durch Alkohol nieder[11]). Ziemlich reine Emulsinlösungen erhält man mittels mehrtägiger Dialyse gegen destilliertes Wasser unter Druck in mit Lecithin und Cholesterin versetzten Kollodiumsäckchen[12]).

Nachweis: Durch Rückgang der Drehung nach rechts; man muß stets den Rohrzucker vorher durch Invertase hydrolysieren und so zerstören[13]).

Physiologische Eigenschaften: Subcutane Emulsineinspritzungen bewirken beim Kaninchen sehr rasch die Entstehung hemmender Eigenschaften gegenüber Emulsin im Blutserum[14]). Das auf diese Weise vielleicht erzielte Antiemulsin des Kaninchenserums soll, aus d-Glucose und d-Galaktose, Maltose oder ein maltoseähnliches Disaccharid synthetisieren, was aber noch sehr zweifelhaft erscheint[15]). — Intravenös beim Hunde eingespritztes Emulsin tritt in den Pankreassaft, in die Galle und in den Harn[16]). Nach entsprechender Amygdalineinspritzung tritt beim Kaninchen vielleicht Darmemulsin in das Bauchfell und spaltet darin das Amygdalin[17]). — Die Produkte der Bouillonkulturen der Mikroorganismen üben keinen hemmenden Einfluß auf die Emulsinwirkung aus[18]).

Physikalische und chemische Eigenschaften: Das Emulsin spaltet die α-Glykoside nicht, wohl aber, außer dem Amygdalin, noch eine ganze Reihe von β-Glykosiden[19]), wie Isoamygdalin, Salicin, Arbutin, Coniferin, Populin, Helicin, Phlorizin, Oleuropein, Erytaurin, Aucubin,

---

[1]) J. Giaja, Compt. rend. de la Soc. de Biol. **61**, 486—488 [1906].
[2]) H. Bierry u. J. Giaja, Compt. rend. de la Soc. de Biol. **60**, 1038—1039 [1906].
[3]) M. Pacaut u. P. Vigier, Compt. rend. de la Soc. de Biol. **60**, 545—546 [1906].
[4]) H. Bierry u. J. Giaja, Compt. rend. de la Soc. de Biol. **61**, 485—486 [1906].
[5]) J. Giaja, Compt. rend. de la Soc. de Biol. **63**, 508—509 [1907].
[6]) J. Giaja u. M. Gompel, Compt. rend. de la Soc. de Biol. **62**, 1197—1198 [1907].
[7]) Werner Fischer, Therapeut. Monatshefte **6**, 619—621 [1902]. — R. Kobert, Archiv f. d. ges. Physiol. **99**, 116—186 [1902].
[8]) Emil Fischer u. W. Niebel, Sitzungsber. d. Kgl. Preuß. Akad. d. Wissensch. **5**, 73—82 [1896]. — E. Gérard, Compt. rend. de la Soc. de Biol. **53**, 99—100 [1901]. — M. Gonnermann, Archiv f. d. ges. Physiol. **113**, 168—197 [1906].
[9]) P. Thomas u. A. Frouin, Arch. int. Physiol. **7**, 302—312 [1909]; Compt. rend. de la Soc. de Biol. **62**, 227—228 [1907].
[10]) R. Kobert, Sitzungsber. u. Abh. d. naturforsch. Ges. zu Rostock, N. F. **1**, 1—18 [1909]. — S. Higuchi, Biochem. Zeitschr. **17**, 21—67 [1909].
[11]) H. Hérissey, zit. nach Em. Bourquelot, Archiv d. Pharmazie **245**, 172—180 [1907].
[12]) H. Bierry u. G. Schaeffer, Compt. rend. de la Soc. de Biol. **62**, 723—725 [1907].
[13]) Em. Bourquelot, Journ. de Pharm. et de Chim. [6] **23**, 369—375 [1906]; Archiv d. Pharmazie **245**, 164—171 [1907].
[14]) H. Hildebrandt, Virchows Archiv **131**, 5—39 [1893]; **184**, 325—329 [1906].
[15]) H. Beitzke u. C. Neuberg, Virchows Archiv **183**, 169—179 [1906]; Zeitschr. f. Immun. u. experim. Therap. **2**, 645—650 [1909]. — A. F. Coca, Zeitschr. f. Immun. u. experim. Therap. **2**, 1—3 [1909].
[16]) G. Stodel, Compt. rend. de la Soc. de Biol. **61**, 524—525 [1906].
[17]) H. Roger u. M. Garnier, Journ. de Physiol. et de Pathol. gén. **11**, 822—835 [1909].
[18]) Cl. Fermi, Arch. di farmacol. sper. e scienze affini **8**, 481—498 [1909].
[19]) H. E. Armstrong u. E. F. Armstrong, Proc. Roy. Soc. London **79 B**, 360—365 [1907].

Verbenalin, Sambunigrin, Prulaurasin, Jasmiflorin, Toxicatin, Bakankosin, Calmatambin usw.[1]). Zerlegt das bei der Einwirkung der Maltase auf Amygdalin entstandene Mandelnitrilglykosid[2]) in Glykose, Blausäure und Benzaldehyd. Alle durch Emulsin spaltbaren Glykoside sind linksdrehend[3]). Emulsin spaltet Raffinose in d-Galaktose und Rohrzucker[4]). Vielleicht wirkt das Emulsin nur auf Amygdalin und hängt die Spaltung der anderen Glykoside von anderen mit dem Emulsin vermischten Fermenten (Isoamygdalase, Populinase usw.)[5]) ab. Vielleicht spaltet das eigentliche Emulsin aus Amygdalin eine Hexobiose, welche erst dann durch ein anderes Ferment, die eigentliche Amygdalase, in 2 Mol. Glucose zerlegt wird[6]). Vielleicht auch enthält das Emulsin eigentlich 3 Enzyme: eine Glucolactase, eine β-Glucase und eine Amygdalase; zuerst bildet sich 1 Mol. Glucose und 1 Mol. Amygdonitrilglykosid, aus welchem dann ein zweites Glucosemolekül, Cyansäure und Benzaldehyd entstehen[7]). Die Hydrolyse durch Emulsin erfolgt nach dem Typus einer monomolekularen Reaktion. Die Spaltprodukte verlangsamen die Emulsinwirkung[8]). — Man muß Emulsin als ein negatives Kolloid betrachten[9]). Dieses Ferment wird durch Kollodium adsorbiert. Diffundiert langsam durch Pergamentpapier[10]). Diffundiert leicht unter Druck durch Kollodiummembran, nur nach langer Zeit aber unter Druck durch mit Lecithin und Cholesterin versetzte Kollodiummembran. In letzterem Falle schwängert sich erst die Membran mit dem Ferment und dann fängt das Emulsin an durch die Membran zu treten[11]). Bei dem Phenolphthalein gegenüber neutraler Reaktion der Lösung dringt Emulsin fast völlig durch Porzellankerze, bei dem Methylorange gegenüber neutraler Reaktion hingegen kaum[12]). — Bei der Einwirkung des Emulsins auf Amygdalin und Salicin bleibt das Brechungsvermögen der Flüssigkeit unverändert[13]). — Das Optimum der Emulsinwirkung erfolgt zwischen 40 und 50°, je nach dem Präparate. In Lösung wird das Emulsin meistens bei 70° oder wenig darüber zerstört; manchmal bedarf es dazu 20 Minuten Erwärmen auf 80—82°[14]). Hefeamygdalase wird schon bei 55—60° zerstört. Im getrockneten Zustande ist das Emulsin sehr hitzebeständig und wird gewöhnlich durch mehrstündiges Erhitzen auf 100° nicht vernichtet. Während 20—30 Minuten auf 56—60° erhitzte Emulsinlösung hemmt die Wirkung einer überhitzten Emulsinlösung, was wahrscheinlich vom Vorhandensein von Zymoiden in der erhitzten Emulsinlösung herrührt[15]). Emulsin wirkt nur in ganz schwach saurem oder ganz schwach alkalischem Medium[16]). Alkalien und Mineralsäuren verhindern leicht die Emulsinwirkung, welche durch Neutralisation aber wieder erscheint. Organische Säuren (Essigsäure, Ameisensäure, Blausäure), Chloroform, Äther, Thymol, Toluol, Schwermetallsalze, Neutralsalze üben keine schädigende Einwirkung aus; schwefelsaures Kupfer und kohlensaures Ammoniak verzögern jedoch. 1 proz. Formol hemmt. Acetaldehyd und Chloralhydrat hemmen nur in sehr großen Mengen[17]). Glycerin verzögert[18]). Zirkonsulfat

---

[1]) H. Hérissey u. L. Bourdier, Journ. de Pharm. et de Chim. [6] **28**, 252—255 [1908].
[2]) Emil Fischer, Berichte d. Deutsch. chem. Gesellschaft **28**, 1508—1511 [1895].
[3]) Em. Bourquelot, Journ. de Pharm. et de Chim. [6] **24**, 165—174 [1907]; [6] **25**, 16—26, 387—392 [1907]; Archiv d. Pharmazie **245**, 172—180 [1907].
[4]) C. Neuberg, Biochem. Zeitschr. **3**, 519—534 [1907].
[5]) H. Bierry u. J. Giaja, Compt. rend. de la Soc. de Biol. **62**, 1117—1118 [1907].
[6]) Em. Bourquelot, Journ. de Pharm. et de Chim. [6] **30**, 101—105 [1909]. — R. J. Caldwell u. S. L. Courtauld, Proc. Roy. Soc. **79** B, 350—359 [1907]. — H. E. Armstrong, E. F. Armstrong u. E. Horton, Proc. Roy. Soc. **80** B, 321—331 [1908].
[7]) S. J. M. Auld, Journ. Chem. Soc. **93**, 1251—1281 [1908]. — J. W. Walker u. V. K. Krible, Journ. Chem. Soc. **95**, 1437—1439 [1909].
[8]) Victor Henri, Lois générales des diastases, Paris 1903. — Victor Henri u. S. Lalou, Compt. rend. de la Soc. de Biol. **55**, 868—870 [1903]; Compt. rend. de l'Acad. des Sc. **136**, 1693—1694 [1903]. — S. J. M. Auld, Journ. Chem. Soc. **93**, 1251—1281 [1908]. — C. S. Hudson u. H. S. Paine, Journ. Amer. Chem. Soc. **31**, 1242—1249 [1909].
[9]) H. Bierry, V. Henri u. G. Schaeffer, Compt. rend. de la Soc. de Biol. **63**, 226 [1907].
[10]) N. Chodschajew, Arch. de Physiol. **30**, 241—253 [1898].
[11]) H. Bierry u. G. Schaeffer, Compt. rend. de la Soc. de Biol. **62**, 723—725 [1907].
[12]) M. Holderer, Compt. rend. de l'Acad. des Sc. **150**, 790—792 [1910].
[13]) Fr. Obermayer u. E. P. Pick, Beiträge z. chem. Physiol. u. Pathol. **7**, 331—380 [1906].
[14]) H. Bierry u. J. Giaja, Compt. rend. de la Soc. de Biol. **62**, 1117—1118 [1907].
[15]) A. R. Bearn u. W. Cramer, Biochem. Journ. **2**, 174—183 [1909].
[16]) C. S. Hudson u. H. S. Paine, Journ. Amer. Chem. Soc. **31**, 1242—1249 [1909].
[17]) Em. Bourquelot u. Em. Danjou, Compt. rend. de la Soc. de Biol. **61**, 442—444 [1906].
[18]) H. Braeuning, Zeitschr. f. physiol. Chemie **42**, 70—80 [1904].

und Thoriumsulfat zerstören schon in sehr großer Verdünnung, während hingegen Cer- und Lanthansulfat keine schädliche Wirkung ausüben[1]). Hydrochinon verzögert erheblich die Hydrolyse des Arbutins durch Emulsin, kaum aber die des Salicins, des Gentiopikrins und des Amygdalins[2]). Gallussäure und Gerbstoffe verzögern[2]). Seewasser verzögert die Wirkung des Aplysienemulsins; das Aplysienemulsin wirkt noch bei Elektrolytenabwesenheit[3]). — Speichel, Magensaft, Pankreassaft, Darmsaft vom Hunde besitzen einen hemmenden Einfluß auf die Wirksamkeit des Emulsins[4]); Blutserum auch, aber in viel geringerem Grade[5]). Pepsin zerstört Emulsin fast völlig, Trypsin weniger, Papain kaum[6]). Die Radiumstrahlen bewirken eine allmähliche Abnahme der Wirksamkeit[7]). Emulsin bildet Amygdalin aus Mandelsäurenitrilglykosid und Glykose[8]), d-Benzaldehydcyanhydrin aus Benzaldehyd und Blausäure[9]). Der die Synthese beeinflussende Anteil des Emulsins soll nicht mit dem hydrolysierenden identisch sein. Ersteres ist das **Sunemulsin,** letzteres das **Diaemulsin**[10]).

Isoamygdalase.

Definition: Ein Isoamygdalin in d-Glucose und Prulaurasin hydrolysierendes Ferment[11]).
Vorkommen: Im Mandelemulsin.
Physikalische und chemische Eigenschaften: Ob die Isoamygdalase ein spezifisches Enzym darstellt, ist keineswegs völlig sichergestellt.

Populinase.

Definition: Ein spezifisch Populin hydrolysierendes Ferment.
Vorkommen: Im Magendarmsafte der Schnecke[12]). Begleitet oft Emulsin.
Physikalische und chemische Eigenschaften: Völlig zerstört bei einer niedrigeren Temperatur als Emulsin. Das Bestehen eines spezifisch auf Populin wirkenden, vom Emulsin verschiedenen Fermentes, scheint jedoch nicht völlig sichergestellt zu sein.

Phlorizinase.

Definition: Ein Phlorizin spezifisch hydrolysierendes Ferment.
Vorkommen: Im Magendarmsafte der Schnecke[13]). Im Verdauungssafte von Homarus vulgaris, nicht aber von anderen Seecrustaceen (Portunus puber, Maja squinado, Platycarcinus pagurus)[14]). In den Pferdenieren, nicht aber in den Nieren von Hund, Kaninchen, Meerschweinchen, Rind, Hammel[15]). Begleitet oft Emulsin.
Physikalische und chemische Eigenschaften: Bei 73° völlig zerstört. Es ist keineswegs völlig sichergestellt, daß die Phlorizinase ein vom Emulsin verschiedenes Ferment darstellt.

---

[1]) A. Hébert, Bulletin de la Soc. chim. [3] **35,** 1289—1303 [1906].
[2]) (Fräulein) A. Fichtenholz, Compt. rend. de la Soc. de Biol. **66,** 830—832 [1909]; Journ. de Pharm. et de Chim. [6] **30,** 199—204 [1909].
[3]) J. Giaja, Compt. rend. de la Soc. de Biol. **61,** 486—487 [1906].
[4]) P. Thomas u. A. Frouin, Compt. rend. de la Soc. de Biol. **60,** 1039—1040 [1906]; Arch. int. de Physiol. **7,** 302—312 [1909].
[5]) P. Thomas u. G. Stodel, Compt. rend. de la Soc. de Biol. **61,** 690—692 [1906].
[6]) T. A. Henry u. S. J. M. Auld, Proc. Roy. Soc. London **76 B,** 568—580 [1905].
[7]) Victor Henri u. André Mayer, Compt. rend. de l'Acad. des Sc. **138,** 521—524 [1904].
[8]) O. Emmerling, Berichte d. Deutsch. chem. Gesellschaft **34,** 3810—3811 [1901].
[9]) L. Rosenthaler, Biochem. Zeitschr. **14,** 238—253 [1908]; Archiv d. Pharmazie **246,** 365—366 [1908].
[10]) L. Rosenthaler, Biochem. Zeitschr. **17,** 257—269 [1909]; **19,** 186—190 [1909]. — S. J. M. Auld, Journ. Chem. Soc. **95—96,** 927—930 [1909]. — K. Feist, Archiv d. Pharmazie **247,** 542—545 [1909].
[11]) H. Hérissey, Journ. de Pharm. et de Chim. [6] **26,** 198—201 [1907].
[12]) H. Bierry u. J. Giaja, Compt. rend. de la Soc. de Biol. **62,** 1117—1118 [1907]. — J. Giaja u. M. Gompel, Compt. rend. de la Soc. de Biol. **62,** 1197—1198 [1907].
[13]) H. Bierry u. J. Giaja, Compt. rend. de la Soc. de Biol. **62,** 1117—1118 [1907]. — J. Giaja u. M. Gompel, Compt. rend. de la Soc. de Biol. **62,** 1197—1198 [1907].
[14]) J. Giaja, Compt. rend. de la Soc. de Biol. **63,** 508—509 [1907].
[15]) F. Charlier, Compt. rend. de la Soc. de Biol. **53,** 494—495 [1901].

Salicylase.

Definition: Ein auch **Salikase** benanntes Ferment, welches Salicin unter Wasseraufnahme in Glykose und Saligenin spaltet, nach folgender Gleichung:

$$C_6H_{11}O_6 \cdot OC_6H_4 \cdot CH_2(OH) + H_2O = C_6H_{12}O_6 + C_6H_4{<}^{OH}_{CH_2(OH)}.$$

Vorkommen: In den Blättern und Rinden einiger Salix und Populusarten[1]). In den Kürbissen[2]). Im Magensafte des Krebses[3]). In den Zellenextrakten vieler Wirbellosen: Epeira, Trachosea, Maikäfern, Ameisenpuppen, Asseln, Arbacieneiern usw.[4]). In Leber und Nieren von Pferd, Kaninchen, Hammel, Schwein, Rind. Vielleicht auch, aber nur in geringer Menge, in der Leber des Hundes[5]). In der menschlichen Placenta[6]).

Physikalische und chemische Eigenschaften: Es ist keineswegs völlig sichergestellt, daß die Salicylase ein von Emulsin verschiedenes Ferment darstellt.

Arbutase.

Definition: Ein Arbutin unter Wasseraufnahme in Glykose und Hydrochinon spaltendes Ferment nach folgender Gleichung: $C_{12}H_{16}O_7 + H_2O = C_6H_{12}O_6 + C_6H_4(OH)_2$.

Vorkommen: Im Heidekraut und in den Heidelbeeren[7]). Bei den Kreuzspinnen, Maikäfern, Ameisenpuppen, Askariden und vielen Wirbellosen[8]). In Niere und Leber von Kaninchen, Katze, Hund. In den Lungen und der Milz der Katze[9]). In den Leberzellen von Hase, Rind und Pferd[10]). In der menschlichen Placenta[11]).

Physikalische und chemische Eigenschaften: Fluornatrium hemmt, Toluol hingegen nicht. Ob die Arbutase ein von Emulsin verschiedenes Ferment darstellt, ist noch keineswegs völlig sichergestellt.

Helikase.

Definition: Ein Helicin unter Wasseraufnahme in Glykose und Salicylaldehyd spaltendes Ferment nach folgender Gleichung: $C_{13}H_{16}O_7 + H_2O = C_6H_{12}O_6 + C_6H_4OH \cdot COH$.

Vorkommen: Bei verschiedenen Wirbellosen, nicht aber bei den Fliegen und den Hundtaenien[12]). In den Nieren und der Leber von Kaninchen und Katze; in den Nieren vom Hunde[13]). In der menschlichen Placenta[14]).

Physikalische und chemische Eigenschaften: Ob die Helikase ein spezifisch wirkendes Ferment ist oder nur Emulsin, ist noch keineswegs sicher festgestellt.

Linamarase.

Definition: Ein das Linamarin oder Phaseolunatin in Blausäure, d-Glucose und einen Ketonkörper spaltendes Ferment[15]).

Vorkommen: In Phaseolus lunatus. In den Leinsamen.

Physikalische und chemische Eigenschaften: Ob die Linamarase ein spezifisch wirkendes Ferment ist oder nur Maltase, ist noch nicht festgestellt.

[1]) W. Sigmund, Monatshefte f. Chemie **30**, 77—87 [1909].
[2]) Will u. Krauch, Landw. Versuchsstationen **23**, 77, zit. nach W. Detmer, Landw. Jahrb. **10**, 731—764 [1881].
[3]) J. Giaja u. M. Gompel, Compt. rend. de la Soc. de Biol. **62**, 1197—1198 [1909].
[4]) R. Kobert, Archiv f. d. ges. Physiol. **99**, 116—186 [1903].
[5]) Grisson, Inaug.-Diss. Rostock 1887. — E. Gérard, Compt. rend. de la Soc. de Biol. **53**, 99—100 [1901]. — K. Omi, Biochem. Zeitschr. **10**, 258—263 [1898]. — Ch. Kusumoto, Biochem. Zeitschr. **10**, 264—274 [1908].
[6]) S. Higuchi, Biochem. Zeitschr. **17**, 21—67 [1909].
[7]) W. Sigmund, Monatshefte f. Chemie **30**, 77—87 [1909].
[8]) R. Kobert, Archiv f. d. ges. Physiol. **99**, 116—186 [1903].
[9]) Grisson, Inaug.-Diss. Rostock 1887.
[10]) M. Gonnermann, Archiv f. d. ges. Physiol. **113**, 168—197 [1906].
[11]) S. Higuchi, Biochem. Zeitschr. **17**, 21—67 [1909].
[12]) R. Kobert, Archiv f. d. ges. Physiol. **99**, 116—186 [1903].
[13]) Grisson, Inaug.-Diss. Rostock 1887.
[14]) S. Higuchi, Biochem. Zeitschr. **17**, 21—67 [1909].
[15]) W. R. Dunstan, T. A. Henry u. S. J. M. Auld, Proc. Roy. Soc. London **79** B, 315—322 [1907].

Lotase.

Definition: Ein das Lotusin in d-Glucose, Lotoflavin und Blausäure unter Wasseraufnahme spaltendes Ferment[1]) nach folgender Formel: $C_{28}H_{31}O_{16}N + 2\,H_2O = 2\,C_6H_{12}O_6 + HCN + C_{15}H_{10}O_6$.
Vorkommen: In Lotus arabicus.
Physikalische und chemische Eigenschaften: Sehr leicht zerstört durch Hitze, Alkohol, Glycerin.

Gease.

Definition: Ein das Gein in Eugenol und einen rechtsdrehenden Zucker spaltendes Ferment[2]).
Vorkommen: In den Wurzeln von Geum urbanum.
Physikalische und chemische Eigenschaften: In Wasser unlöslich.

Gaultherase.

Definition: Ein auch **Betulase** benanntes Ferment, welches das Betulin oder Gaultherin unter Wasseraufnahme in d-Glucose und Salicylsäuremethylester spaltet nach der Formel: $C_{14}H_{18}O_8 + H_2O = C_6H_{12}O_6 + C_6H_4(OH)COOCH_3$.
Vorkommen: In der Rinde von Betula lenta[3]). In Polygala. In Gaultheria procumbens. In den Stengeln von Monotropa Hypopitys[4]). Im Hypokotyl von Faguskeimlingen[5]). In den Blütenknospen von Spiraea Ulmaria; in den Wurzeln von Spiraea Ulmaria, Sp. filipendula und Sp. palmata[6]).
Darstellung: Fällen mit Alkohol aus Glycerinmacerationen.
Physikalische und chemische Eigenschaften: Die Gaultherase spaltet das Spiraein, wodurch Salicylaldehyd entsteht[6]). Wirkt nicht auf Salicin, Phloridzin und Amygdalin. Kleine Säuremengen heben die Wirkung auf; ebenso einige Salze: Fe_2Cl_6, $Hg_2(NO_3)_2$ usw. Im trocknen Zustande kann man die Gaultherase auf 130° erhitzen, ohne sie zu zerstören.

Primaverase.

Definition: Ein das Primaverin und das Primulaverin auf noch unbekannte Art spaltendes Ferment.
Vorkommen: In den Wurzeln und anderen Teilen von Primula officinalis und verschiedenen anderen Primulaceen (Samolus Valerandi, Lysimachia vulgaris, Lysimachia nemorum, Lysimachia Nummularia, Anagallis arvensis, Hottonia palustris, Glaux maritima, Androsace carnea, Androsace sarmentosa, Androsace lanuginosa, Cyclamen latifolium)[7]).

Rhamnase.

Definition: Ein auch **Rhamninase** benanntes Ferment, welches Xanthorhamnin entweder in Rhamnin oder Rhamnetin und Glucose[8]) oder in Rhamnetin und Rhamninose spaltet[9]).
Vorkommen: In Rhamnus infectoria.

---

[1]) W. R. Dunstan u. T. A. Henry, Proc. Roy. Soc. London **67**, 224—226 [1900]; **68**, 374—378 [1901].
[2]) Em. Bourquelot u. H. Hérissey, Compt. rend. de l'Acad. des Sc. **140**, 870—872 [1905]; Compt. rend. de la Soc. de Biol. **58**, 524—526 [1905]; Journ. de Pharm. et de Chim. [6] **21**, 481 bis 491 [1905].
[3]) Schneegans, Journ. d. Pharm. v. Els. Lothr. **1896**, 17.
[4]) Em. Bourquelot, Compt. rend. de la Soc. de Biol. **48**, 315—317 [1896]; Compt. rend. de l'Acad. des Sc. **122**, 1002—1004 [1896].
[5]) P. Tailleur, Compt. rend. de l'Acad. des Sc. **132**, 1235—1237 [1901].
[6]) M. W. Beijerinck, Centralbl. f. Bakt. **5**, 425—429 [1899].
[7]) A. Goris u. M. Mascré, Compt. rend. de l'Acad. des Sc. **149**, 947—950 [1909].
[8]) H. M. Ward u. J. Dunlop, Ann. of bot. **1**, 1—25 [1887].
[9]) C. u. G. Tanret, Compt. rend. de l'Acad. des Sc. **129**, 725—728 [1899]; Bulletin de la Soc. chim. [3] **21**, 1065—1073 [1899].

Isatase.

Definition: Das auch **Indoxylase** oder **Indimulsin** benannte Ferment spaltet entweder Indican oder Isatan in Indoxyl und Glucose.
Vorkommen: Im Bacillus indigogenus[1]). Bei verschiedenen anderen Bakterien. Bei gewissen Schimmelpilzen[2]). Bei Indigofera tinctoria[3]), Isatis alpina und anderen indigoliefernden Pflanzen[4]).
Physikalische und chemische Eigenschaften: In Wasser unlöslich. Wirkt am besten in Gegenwart geringer H_2SO_4-Mengen[5]).

Tannase.

Definition: Ein Tannin in Glucose und Gallussäure spaltendes Ferment.
Vorkommen: Im Aspergillus niger[6]). In den Sumachblättern[7]).
Physikalische und chemische Eigenschaften: Wirkt auch auf Leimverbindungen, Gerbsäure, Phenyl- und Methylsalicylat. Wirkt in neutraler und in saurer Lösung. Das Optimum der Wirkung liegt bei 67°.

Erythrozym.

Definition: Ein Ruberythrinsäure unter Wasseraufnahme in Alizarin und Glucose spaltendes Ferment[8]) nach der Formel: $C_{26}H_{28}O_{14} + 2 H_2O = 2 C_6H_{12}O_6 + C_{14}H_8O_4$.
Vorkommen: In Rubia tinctoria.
Physikalische und chemische Eigenschaften: Wirkt nicht auf Amygdalin.

Elaterase.

Definition: Ein Elaterin $C_{20}H_{28}O_5$ aus dem Elateringlykosid der Ecballiumfrüchte spaltendes Ferment.
Vorkommen: In den Früchten von Ecballium elaterium[9]).
Physikalische und chemische Eigenschaften: Es ist keineswegs sicher, ob man die Elaterase als ein spezifisches Enzym betrachten muß, denn sie spaltet langsam Amygdalin.

Myrosinase.

Definition: Das auch **Myrosin** benannte Ferment spaltet myronsaures Kalium oder Sinigrin in Glucose, saures schwefelsaures Kalium und Allylsenföl nach der Formel:

$(C_3H_5)N : C(SC_6H_{11}O_5)OSO_3K + H_2O = C_6H_{12}O_6 + KHSO_4 + C_3H_5N = C = S$.

Vorkommen: In den Cruciferen, meistens im Samen und in der Pflanze; fehlt bei Capsella bursa Pastoris und bei Hesperis matronalis[10]). Bei gewissen Violaceen, Capparidaceen, Tropeolaceen, Limnantheen[11]). In der Wurzel und in den Blättern von Carica papya[12]).

---

[1]) E. Alvarez, Compt. rend. de l'Acad. des Sc. **105**, 286—289 [1887].
[2]) H. Molisch, Sitzungsber. d. Wiener Akad., I. Abt. **107**, 747—776 [1898]. — M. W. Beijerinck, Koninkl. Akad. van Wetenschappen to Amsterdam, März 1900, 572; Juni 1900, 74, zit. nach Malys Jahresber. d. Tierchemie **30**, 973, 974.
[3]) C. J. van Lookeren-Campagne, Landw. Versuchsstationen **43**, 401—426 [1894].
[4]) J. Hazewinkel, Chem.-Ztg. **24**, 409—411 [1900].
[5]) R. Gaunt, F. Thomas u. W. P. Bloxam, Journ. Soc. Chem. Ind. **26**, 1181 [1907].
[6]) A. Fernbach, Compt. rend. de l'Acad. des Sc. **131**, 1214—1215 [1900].
[7]) H. Pottevin, Compt. rend. de l'Acad. des Sc. **131**, 1215—1217 [1900].
[8]) Eduard Schunck, Journ. f. prakt. Chemie **63**, 222—240 [1854].
[9]) A. Berg, Bulletin de la Soc. chim. [3] **17**, 85—88 [1897].
[10]) W. J. Smith, Zeitschr. f. physiol. Chemie **12**, 419—443 [1888]. — L. Guignard, Compt. rend. de l'Acad. des Sc. **111**, 249—251, 920—923 [1890]; Journ. de bot. **4**, 385—394, 412—430, 435—455 [1890]. — W. Spatzier, Jahrb. f. wissensch. Botanik **25**, 39—77 [1893].
[11]) L. Guignard, Compt. rend. de l'Acad. des Sc. **117**, 493—496, 587—590, 751—753, 861—863 [1893].
[12]) L. Guignard, Journ. de Pharm. et de Chim. [5] **29**, 412—414 [1894].

Bei Moringa pterygosperma[1]). In verschiedenen Leguminosensamen und Umbelliferenwurzeln; in den Zwiebeln von Allium Cepa und Allium sativum[2]).
Darstellung: Durch Alkoholfällung der Auszüge.
Nachweis: Durch Entstehen des Senfölgeruches beim Zusatze von myronsaurem Kalium.
Physikalische und chemische Eigenschaften: Wirkt auch auf das Sinalbin, das Glykonasturtiin und andere Senfölglykoside, aber weder auf α- noch auf β-Methylglykosid[3]). Wahrscheinlich handelt es sich dabei um verschiedene Fermente. Gegen Alkohol und Eintrocknen ziemlich empfindlich. Borax schwächt die Wirkung[4]). 1 proz. Formol und 5 proz. Hydroxylaminchlorhydrat vernichten die Myrosinasewirkung nicht, wohl aber 5 proz. Formol. Schon bei 0° wirksam[5]). Bei 80° ist die Wirkung schnell herabgesetzt, bei 85° ist sie aufgehoben.

Hadromase.

Definition: Ein die Kohlehydratester der Zellmembranen des Holzes spaltendes Ferment[6]).
Vorkommen: In den holzbewohnenden Pilzen (Merulius lacrymans, Trametes, Polyporus, Agaricus, Armillaria, Pleurotus pulmonarius).
Physikalische und chemische Eigenschaften: Ob dieses Ferment mehr den Glykosidasen oder der Cellulase ähnelt, ist strittig.

C. Esterasen.

Fermente, welche Ester unter Wasseraufnahme spalten. Man teilt die Esterasen, je nach den Estern, auf welche sie einwirken: einfache Säureester, Glycerinester, aromatische Ester, Fettsäureglycerinester. Diese Einteilung läßt sich aber nur äußerst unvollkommen durchführen, und man kann vorläufig bloß zwischen Lipase, Monobutyrinase und Salolase oder Amylsalicylase unterscheiden. Anhangsweise muß noch das Lipolysin besprochen werden.

Lipase.

Definition: Ein auch **Pialyn** oder **Steapsin** benanntes Ferment, welches Neutralfette und andere Glycerinester unter Wasseraufnahme in ihre Bestandteile, Glycerin und Fettsäure, spaltet. Diese Spaltung erfolgt nach der allgemeinen Gleichung $C_3H_5(OC_nH_{2n-1}O)_3 + 3 H_2O = C_3H_5(OH)_3 + 3 C_nH_{2n}O_2$.

Vorkommen: In der Hefe[7]). — In Penicillium glaucum[8]), Aspergillus niger[9]), Sterigmatocystis[10]). In verschiedenen Mucorarten[11]). In verschiedenen Pilzen: Cordyceps, Cyclonium oleaginum, Empusa, Inzengaea asterosperma[12]). In den höheren Pilzen: Lactarius sanguifluus[13]), Lepiota procera, Salorrheus vellereus, Rhymovis atrotomentosa, Cantharellus cibarius, Boletus elegans, Polyporus confluens, Hydnum repandum, Clavaria flava, Lycoperdon gemmatum[14]). — In vielen Mikroorganismen, nämlich: Bacillus fluorescens liquefaciens, Bacillus fluorescens non liquefaciens, Choleravibrionen, Tuberkulosebacillen, Typhus-

---

[1]) F. Jadin, Compt. rend. de l'Acad. des Sc. **130**, 733—735 [1900].
[2]) Th. Bokorny, Chem.-Ztg. **24**, 771—772, 817, 832 [1900].
[3]) Emil Fischer, Berichte d. Deutsch. chem. Gesellschaft **27**, 3479—3483 [1894].
[4]) Dumas, Compt. rend. de l'Acad. des Sc. **75**, 295—296 [1872].
[5]) E. Schmidt, Berichte d. Deutsch. chem. Gesellschaft **10**, 187—188 [1877].
[6]) F. Czapek, Berichte d. Deutsch. bot. Gesellschaft **17**, 166—170 [1899].
[7]) M. Delbrück, Wochenschr. f. Brauerei **20**, Nr. 7 [1903].
[8]) E. Gérard, Compt. rend. de l'Acad. des Sc. **124**, 370—371 [1897]. — L. Camus, Compt. rend. de la Soc. de Biol. **49**, 192—193 [1897].
[9]) L. Camus, Compt. rend. de la Soc. de Biol. **49**, 230—231 [1897]. — Ch. Garnier, Compt. rend. de la Soc. de Biol. **55**, 1583—1584 [1903].
[10]) Ch. Garnier, Compt. rend. de la Soc. de Biol. **55**, 1490—1492 [1903].
[11]) O. Laxa, Archiv f. Hyg. **41**, 119—151 [1901].
[12]) R. H. Biffen, Ann. of bot. **13**, 363—376 [1899].
[13]) Ernest Rouge, Centralbl. f. Bakt. II. Abt. **18**, 403—417, 587—607 [1907]. — N. T. Deeano, Biochem. Zeitschr. **17**, 225—230 [1909]; Arch. des Sc. biol. de St. Pétersbourg **14**, 257—262 [1909].
[14]) J. Zellner, Monatshefte f. Chemie **27**, 295—304 [1906].

bacillen, Bacillus pyocyaneus, Streptothrix alba, Streptothrix chromogena, Bacillus prodigiosus, Bacillus indicus, Bacillus ruber, Staphylococcus pyogenes albus, Staphylococcus pyogenes aureus, Micrococcus tetragenus Bactridium lipolyticum[1]). — In sehr vielen keimenden Samen, vielleicht schon im Ruhezustande, aber nur dann als Zymogen: Ricinus[2]), Croton[3]), Colza, Mohn, Hanf, Flachs, Mais[4]), Abrus praecatorius[5]), Kürbis, Cocos[6]), Colanuß[7]), Kastanien, Muskatnuß, Hafer, schwarzer Pfeffer, Chelidonium[8]), Raps[9]), Arachis Hypogaea, Prunus amygdalus[10]). Fehlt in den Kaffee- und Kakaobohnen, in den Nüssen, in den Mandeln, bei Weizen, Roggen, Gerste, Malz, Bohnen. — Bei Suberites domuncula[11]). Im Auszuge der Mesenterialfilamente der Aktinien[12]). Im Darmextrakte der Regenwürmer[13]). In den radiären Blindsäcken der Asteriden[14]). Im Uraster[15]). Im Lebersekrete von Patella vulgata[16]), der Schnecke[17]), von Sycotypus canaliculatus[18]), der Sepia[19]). In den Eiern vieler Crustaceen[20]). Im Magensafte von Astacus fluviatilis[21]). Im Mitteldarme und in den Blindsäcken der Phalangiden[22]). Bei der Spinnenleber[23]). Im Darmrohr und in den Leberschläuchen der Myriapoden[24]). Im Magen der Lepidopteren[25]). Im Darmsekrete der Insekten[26]). In der Darmschleimhaut und im Häpatopankreas der Fische[27]).

[1]) R. Krueger, Centralbl. f. Bakt. 7, 425—430, 464—469, 473—496 [1890]. — E. von Sommaruga, Zeitschr. f. Hyg. 18, 441—456 [1894]. — M. Rubner, Archiv f. Hyg. 38, 69—92 [1900]. — R. Reinmann, Centralbl. f. Bakt. II. Abt. 6, 131—139, 161—176, 209—214 [1900]. — C. Eijkman, Centralbl. f. Bakt. I. Abt. 19, 841—848 [1901]. — Carrière, Compt. rend. de la Soc. de Biol. 53, 320—322 [1901]. — K. Schreiber, Archiv f. Hyg. 41, 328—347 [1901]. — G. Schwartz u. H. Kayser, Zeitschr. f. klin. Medizin 56, 111—119 [1905]. — H. Huss, Centralbl. f. Bakt. II. Abt. 20, 474—484 [1908].

[2]) F. R. Green, Proc. Roy. Soc. London 48, 370—392 [1890]. — W. Connstein, E. Hoyer u. N. Wartenberg, Berichte d. Deutsch. chem. Gesellschaft 35, 3988—4006 [1902]. — E. Hoyer, Berichte d. Deutsch. chem. Gesellschaft 37, 1436—1447 [1904]. — M. Nicloux, Compt. rend. de l'Acad. des Sc. 138, 1175—1176, 1288—1290, 1352—1354 [1904]; Compt. rend. de la Soc. de Biol. 56, 702—704, 839—843, 868—870 [1904]. — W. A. Bitny-Schljachto, Arch. des Sc. biol. de St. Pétersbourg 11, 366—379 [1905].

[3]) F. Scurti u. A. Parrozzani, Gazzetta chimica ital. 37, 476—483 [1907].

[4]) W. Sigmund, Monatshefte f. Chemie 11, 272—276 [1890]; 13, 562—577 [1892]; Sitzungsber. d. Wiener Akad., I. Abt. 99, 407—411 [1890]; 100, 328—335 [1891]; 101, 549 [1892]. — M. Le Clerc du Sablon, Rev. génér. de bot. 7, 145—165, 205—215, 250—269 [1895]; Compt. rend. de l'Acad. des Sc. 127, 397—416 [1898].

[5]) K. Braun u. Em. C. Behrendt, Berichte d. Deutsch. chem. Gesellschaft 36, 1142—1145, 1900—1911 [1903].

[6]) C. Lumia, Staz. sperim. agrar. ital. 31, 397—416 [1898].

[7]) H. Mastbaum, Chem. Rev. d. Fett- u. Harzindustrie 14, 5—7 [1907].

[8]) S. Fokin, Journ. d. russ. phys.-chem. Gesellschaft 35, 1197—1204 [1904]; 38, 858—878 [1906].

[9]) A. u. H. Euler, Zeitschr. f. physiol. Chemie 51, 244—258 [1907].

[10]) F. L. Dunlop u. W. Seymour, Journ. Amer. Chem. Soc. 27, 934—935 [1905].

[11]) J. Cotte, Compt. rend. de la Soc. de Biol. 53, 95—97 [1901].

[12]) F. Mesnil, Ann. de l'Inst. Pasteur 15, 352—397 [1901]. — M. Chapeaux, Bull. Cl. Sc. Ac. Roy. Belg. [3] 25, 262—266 [1893]; Arch. de zool. expér. [3] 1, 139—160 [1893]. — V. Willem, Bull. de la Soc. de méd. de Gand 1892, 295—305.

[13]) Ernst E. Lesser u. Ernst W. Tachenberg, Zeitschr. f. Biol. 50, 446—458 [1907].

[14]) A. B. Griffiths, Proc. Roy. Soc. London 44, 325—328 [1888]. — M. Chapeaux, Bull. Cl. Sc. Ac. Roy. Belg. [3] 26, 227—232 [1893]. — Stone, Amer. Naturalist 31, 1035—1041 [1897].

[15]) Léon Fredericq, Bull. Cl. Sc. Ac. Roy. Belg. [2] 46, 213—228 [1878].

[16]) A. B. Griffiths, Proc. Roy. Soc. London 42, 392—394 [1887]; 44, 325—328 [1888].

[17]) W. Biedermann u. P. Moritz, Archiv f. d. ges. Physiol. 75, 1—86 [1899].

[18]) L. B. Mendel u. H. C. Bradley, Amer. Journ. of Physiol. 13, 17—29 [1905].

[19]) A. Falloise, Arch. int. de Physiol. 3, 282—305 [1906].

[20]) J. E. Abelous u. J. Heim, Compt. rend. de la Soc. de Biol. 43, 273—275 [1891].

[21]) H. Jordan, Archiv f. d. ges. Physiol. 101, 263—310 [1904].

[22]) F. Plateau, Bull. de l'Acad. de Belg. [2] 42, 719—754 [1876].

[23]) F. Plateau, Bull. de l'Acad. de Belg. [2] 44, 129—181 [1877].

[24]) F. Plateau, Bull. de l'Acad. de Belg. [2] 42, 719—754 [1876]; Compt. rend. de l'Acad. des Sc. 83, 566—567 [1876].

[25]) S. Sawamura, Bull. Coll. of Agricult. of Tokio 4, 337—347 [1902].

[26]) W. Biedermann, Archiv f. d. ges. Physiol. 72, 105—162 [1898].

[27]) K. Knauthe, Archiv f. Physiol. u. Anat., physiol. Abt., Verh. d. phys. Ges. zu Berlin 1898, 149—153.

Im Eidotter des Hühnereies[1]), nicht im Weißen. Im Kröten-, Schlangen- und Bienengift[2]). — Bei den Säugetieren im Magensafte[3]), beim Menschen schon von der zweiten Lebenswoche an[4]) oder vielleicht schon beim Foetus vom sechsten Monate an[5]). Im Pankreassafte[6]). Im Darmsafte[7]). Fehlt im Blinddarme[8]) und im normalen menschlichen Kote[9]). In den Extrakten verschiedener Gewebe: Leber, Pankreas, Milz, Hoden, Schilddrüse, Nieren, Darm- und Magenschleimhaut, Muskeln[10]); schon in der Leber und im Darm des Embryos, wenn auch in viel geringerer Menge als beim Erwachsenen[11]). In den Lungen des Menschen, verschiedener Säugetiere und Vögel (Huhn, Taube, Gans, Ente, Truthahn)[12]). In den Lymphocyten und in den Mononukleären der Exsudate, also in den Leukocyten der lymphatischen Reihe, hingegen nicht oder nur spurenweise in den Leukocyten myeloiden Ursprungs; vorhanden in den Lymphdrüsen bei Hund, Schwein, Schaf, Kalb, Ochs, Pferd, Mensch[13]). Fehlt im Blutserum[14]), in der Milch[15]), im normalen Harne[16]) sowie wahrscheinlich in der Placenta[17]). Erscheint im Harne beim Menschen in den meisten Krankheiten und besonders bei der Albuminurie, beim Hunde nach Pankreasverletzungen und nach Verschluß der Ausführungsgänge des Pankreas[18]).

Darstellung: Es besteht noch kein Verfahren, um reine Lipase darzustellen. Durch Maceration in einem Gemische von 9 T. Glycerin und 1 T. 1 proz. Sodalösung oder mit der 2—3 fachen Glycerinmenge werden wirksame Lösungen erhalten. Das beste Verfahren ist das Loevenhartsche[19]): Versetzen des wässerigen Auszuges mit Uranacetat und Natrium-

---

[1]) J. Wohlgemuth, Zeitschr. f. physiol. Chemie **44**, 540—545 [1905]; Salkowski-Festschrift Berlin **1904**, 433—441.

[2]) C. Neuberg u. E. Rosenberg, Berl. klin. Wochenschr. **44**, 54—56 [1907]; Münch. med. Wochenschr. **54**, 1725—1727 [1907]; Biochem. Zeitschr. **4**, 281—291 [1907].

[3]) F. Volhard, Münch. med. Wochenschr. **47**, 141—146, 194—196 [1900]; Zeitschr. f. klin. Medizin **42**, 414—429; **43**, 397—419 [1901]; Verh. d. Kongr. f. innere Medizin **19**, 302—305 [1901]. — W. Stade, Beiträge z. chem. Physiol. u. Pathol. **3**, 291—321 [1903]. — A. Zinsser, Beiträge z. chem. Physiol. u. Pathol. **7**, 31—50 [1906]. — A. Fromme, Beiträge z. chem. Physiol. u. Pathol. **7**, 51—76 [1906]. — E. Laqueur, Beiträge z. chem. Physiol. u. Pathol. **8**, 281—284 [1906]. — A. Falloise, Arch. int. de Physiol. **3**, 396—407 [1906]; **4**, 87—93, 405—409 [1907]. — St. von Pesthy, Archiv f. Verdauungskrankh. **12**, 292—300 [1906]. — Fr. Heinsheimer, Deutsche med. Wochenschr. **32**, 1194—1197 [1906]. — L. v. Aldor, Wien. klin. Wochenschr. **19**, 927—929 [1906]. — E. S. London, Zeitschr. f. physiol. Chemie **50**, 125—128 [1906]. — E. S. London u. M. A. Wersilowa, Zeitschr. f. physiol. Chemie **56**, 545—550 [1908]. — S. J. Levites, Biochem. Zeitschr. **20**, 220—223 [1909].

[4]) J. P. Sedgwick, Jahrb. f. Kinderheilk. **64**, 194—202 [1906].

[5]) J. Ibrahim u. T. Kopée, Zeitschr. f. Biol. **53**, 201—217 [1909].

[6]) P. Grützner, Archiv f. d. ges. Physiol. **12**, 285—307 [1876]. — B. K. Rachford, Journ. of Physiol. **12**, 72—94 [1891]. — K. Glaessner, Zeitschr. f. physiol. Chemie **40**, 465—479 [1903]. — H. Engel, Beiträge z. chem. Physiol. u. Pathol. **7**, 77—88 [1905]. — A. Kanitz, Zeitschr. f. physiol. Chemie **46**, 482—491 [1905].

[7]) A. Frouin, Compt. rend. de la Soc. de Biol. **61**, 665 [1906]. — W. Boldireff, Zeitschr. f. physiol. Chemie **50**, 394—413 [1907]. — U. Lombroso, Arch. ital. de biol. **50**, 445—450 [1908].

[8]) A. Scheunert, Zeitschr. f. physiol. Chemie **48**, 9—26 [1906].

[9]) H. Ury, Biochem. Zeitschr. **23**, 153—178 [1909].

[10]) M. Nencki, Archiv f. experim. Pathol. u. Pharmakol. **20**, 367—388 [1886]. — E. Lüdy, Archiv f. experim. Pathol. u. Pharmakol. **25**, 347—362 [1889]. — J. H. Kastle u. A. S. Loevenhart, Chem. News **83**, 64—66, 78—80, 86—88, 102—103, 113—115, 126—127 [1901]. — C. Herter, Virchows Archiv **164**, 293—343 [1901]. — F. Ramond, Compt. rend. de la Soc. de Biol. **57**, 342—343, 462—464 [1904]. — A. Pagestecher, Biochem. Zeitschr. **18**, 285—301 [1909]. — A. Juschtschenko, Biochem. Zeitschr. **25**, 49—78 [1910].

[11]) L. B. Mendel u. C. S. Leavenworth, Amer. Journ. of Physiol. **21**, 95—98 [1908].

[12]) N. Sieber, Zeitschr. f. physiol. Chemie **55**, 177—206 [1908]. — P. Saxl, Biochem. Zeitschr. **12**, 343—360 [1908].

[13]) N. Fiessinger u. P. L. Marie, Compt. rend. de la Soc. de Biol. **67**, 107—109, 177—179 [1909]. — Salo Bergel, Münch. med. Wochenschr. **56**, 64—66 [1909].

[14]) W. Connstein, Ergebnisse d. Physiol. **3**, Abt. I, 194—232 [1904].

[15]) A. J. J. Vandevelde, Mém. de la Cl. des Sc. de l'Acad. roy. de Belg. [2] **2**, 1—85 [1907].

[16]) M. Loeper u. J. Ficaï, Compt. rend. de la Soc. de Biol. **62**, 1018—1019 [1907].

[17]) W. Löb u. S. Higuchi, Biochem. Zeitschr. **22**, 316—336 [1909]. — A. Kreidl u. H. Donath, Centralbl. f. Physiol. **24**, 2—7 [1910].

[18]) A. W. Hewlett, Journ. of med. Research **11**, 377—398 [1904].

[19]) A. S. Loevenhart, Journ. of biol. Chemistry **2**, 427—460 [1907].

phosphat, Ausziehen des erzielten Niederschlages mit Äther im Soxhletschen Extraktionsapparate, Trocknen. — Aus Ricinussamen kann man die Lipase einigermaßen nach dem Hoyerschen Verfahren isolieren[1]).

Nachweis: Am einfachsten ist die Heidenhainsche Probe: Vorher zum Kochen erwärmte Milch wird in einem Reagensglase mit dem geprüften Auszuge oder Flüssigkeit versetzt, etwas Lackmustinktur und Sodalösung bis zur schwachen Blaufärbung hinzugefügt und schließlich Toluol oder Chloroform hinzugesetzt. Nach mehrstündigem Stehen bei 40° ist, infolge der freigewordenen Fettsäuren, die Flüssigkeit rot geworden. Eine Kontrollprobe mit gekochtem, auf Lipase geprüftem Auszuge oder Flüssigkeit muß blau bleiben. — Als andere Proben kann man die Probe neutralen Butterfettes oder Wachses oder Kakaobuttermediums nach Fiessinger und Marie[2]) anstellen. — Zur Ermittelung der Grade der Lipasewirkung bereitet man eine stets homogene neutrale Fettemulsion und bestimmt die Menge der abgespaltenen Fettsäuren[3]) oder wendet man das Volhard-Stadesche Verfahren an[4]). — Man kann auch das freigewordene Glycerin nach dem Niclouxschen[5]), dem durch Stritar etwas veränderten Zeisel-Fantoschen[6]) oder dem Wohl-Neubergschen[7]) Verfahren ermitteln.

Physiologische Eigenschaften: Pankreaslipase wird nur im Dünndarme resorbiert und nicht in sehr erheblichem Grade[8]). Bei langdauernder Absonderung des Pankreassaftes durch Sekretineinspritzungen soll sein lipolytisches Vermögen abnehmen[9]). Durch Einspritzung von Ricinus- oder Abruslipase beim Kaninchen erzielt man im Serum des so vorbehandelten Tieres hemmende Eigenschaften gegenüber der Ricinus- oder der Abruslipase, nicht aber gegenüber Nußlipase oder tierischen Lipasen[10]). Wird Pankreassaft durch Zugabe von Kinase proteolytisch wirksam gemacht, so nimmt sein lipolytisches Vermögen rasch ab, außer wenn der Pankreassaft sofort auf geronnenes Eiweiß einwirken kann[11]).

Physikalische und chemische Eigenschaften: Die verschiedenen Lipasen besitzen keineswegs völlig identische Eigenschaften. Dies gilt besonders für die Wirkung der Wärme, der Säuren, der Alkalien und für die Ester, welche sie verseifen. Deshalb sind die Lipasen wahrscheinlich nicht alle identisch[12]). Im allgemeinen sind es sehr empfindliche Enzyme und dies desto mehr, je reiner sie sind. Die Lipase des Magensaftes und die des Darmsaftes wirken nur auf emulgiertes Fett, und dies desto mehr, je feiner die Emulsion ist. Die Pankreaslipase spaltet, außer den Neutralfetten, auch noch Äthylbutyrat, Triolein, Diacetin, Triacetin, Benzoeglycinester, Phenylsuccinat, Salol und die neutralen Ester zweibasischer Säuren, nicht aber die sauren Ester[13]). Sie spaltet kaum die Methyl- und Äthylester der Isobuttersäure sowie den Äthylester der Isobernsteinsäure[14]). Der Widerstand der als Substrat verwandten Ester der Spaltung gegenüber nimmt mit dem Molekulargewichte der in den Estern vertretenen

---

[1]) E. Hoyer, Zeitschr. f. physiol. Chemie **50**, 414—435 [1906].
[2]) N. Fiessinger u. P. L. Marie, Compt. rend. de la Soc. de Biol. **67**, 107—110 [1907].
[3]) A. Kanitz, Berichte d. Deutsch. chem. Gesellschaft **36**, 400—404 [1903]. — O. von Fürth u. J. Schütz, Beiträge z. chem. Physiol. u. Pathol. **9**, 28—49 [1907].
[4]) W. Stade, Beiträge z. chem. Physiol. u. Pathol. **3**, 291—321 [1903]. — A. Zinsser, Beiträge z. chem. Physiol. u. Pathol. **7**, 31—50 [1906]. — A. Fromme, Beiträge z. chem. Physiol. u. Pathol. **7**, 51—76 [1906]. — H. Engel, Beiträge z. chem. Physiol. u. Pathol. **7**, 77—83 [1906]. — F. Heinsheimer, Arb. a. d. pathol. Inst. zu Berlin **1906**, 506—522.
[5]) M. Nicloux, Compt. rend. de l'Acad. des Sc. **136**, 559—561 [1903]; Compt. rend. de la Soc. de Biol. **55**, 284—286 [1903].
[6]) S. Zeisel u. R. Fanto, Zeitschr. f. analyt. Chemie **42**, 549—578 [1903]. — M. J. Stritar, Zeitschr. f. analyt. Chemie **42**, 579—590 [1903]. — A. Herrmann, Beiträge z. chem. Physiol. u. Pathol. **5**, 422—431 [1904]. — Fr. Tangl u. St. Weiser, Archiv f. d. ges. Physiol. **115**, 152—174 [1906].
[7]) A. Wohl u. C. Neuberg, Berichte d. Deutsch. chem. Gesellschaft **32**, 1352—1354 [1899].
[8]) M. Loeper u. Ch. Esmonet, Compt. rend. de la Soc. de Biol. **64**, 310—311 [1908].
[9]) L. Morel u. Emile F. Terroine, Compt. rend. de la Soc. de Biol. **67**, 36—38 [1909].
[10]) A. Schütze, Deutsche med. Wochenschr. **30**, 308—310, 352—354 [1904]. — E. Bertarelli, Centralbl. f. Bakt. I. Abt. **40**, 231—237 [1905]. — Karl Braun, Chem.-Ztg. **29**, I, 34 [1905].
[11]) E. F. Terroine, Biochem. Zeitschr. **23**, 404—462 [1910].
[12]) A. S. Loevenhart, Journ. of biol. Chemistry **2**, 427—460 [1906]. — N. T. Deleano, Arch. des Sc. biol. de St. Petersbourg **13**, 200—213 [1907]; Biochem. Zeitschr. **17**, 225—230 [1909].
[13]) J. H. Kastle, Amer. Chem. Journ. **27**, 481—486 [1902]. — L. Morel u. Emile F. Terroine, Compt. rend. de la Soc. de Biol. **65**, 377—379 [1908].
[14]) L. Morel u. Emile F. Terroine, Compt. rend. de la Soc. de Biol. **66**, 161—163 [1909].

Säuren ab. Die Spaltung der Ester gleicher chemischer Zusammensetzung wechselt sehr, je nach ihrer Molekularkonfiguration. Die Pankreaslipase spaltet rascher und in erheblicherem Grade Triacetin als Diacetin und besonders als Diacetin[1]). Die Pflanzenlipasen verseifen die Lecithine und die aliphatischen Fettsäuren ziemlich leicht, die Phenolester aber kaum[2]). Ob die Pankreaslipase und die Magenlipase auf die Lipoiden (Lecithin, Jecorin, Protagon) einwirken, ist noch eine bestrittene Frage[3]). — Die Fettspaltung verläuft continuierlich mit der Zeit, wird aber allmählich langsamer. Bei kleinen Fettmengen ist die Spaltung der Fettmenge annähernd proportional, bei größeren wird sie relativ geringer. Zwischen Reaktionstemperatur und Wirkungsstärke ist innerhalb 20—45° eine annähernd direkte Proportionalität zu beobachten[4]). Ob das Schütz-Borrissowsche Fermentgesetz, nach welchem die in der Zeiteinheit gebildeten Verdauungsprodukte innerhalb gewisser Grenzen den Quadratwurzeln aus den relativen Fettmengen proportional sind für Lipase gilt oder nicht, ist noch keineswegs mit Sicherheit festgestellt[5]). — Die Lipase ist in Wasser völlig unlöslich. Sie ergibt Suspensionen in wässerigem Glycerin und fetthaltigem Äther. Bei wiederholter Filtration durch Papier wird die Lipase zum Teile unter Zerstörung zurückgehalten. Collodium adsorbiert die Pankreaslipase[6]). Bei Dialyse durch Darmmembran vom Schaf wird die Wirkung der Lipase stark herabgesetzt; durch NaCl-Zusatz wird sie keineswegs wiederhergestellt[7]). — Im Pankreassafte ist die Lipase wahrscheinlich im unwirksamen oder Zymogenzustand vorhanden; sie wird allmählich schon spontan in wirksames Enzym umgewandelt. Jedenfalls beschleunigt die Galle in hohem Grade diese Umwandlung, was ausschließlich oder größtenteils von den gallensauren Salzen und hauptsächlich von ihrer Cholsäurekomponente herrührt. Die Desoxycholsäure ist annähernd so wirksam wie die Cholsäure; die Oxydationsprodukte der Cholsäure sind hingegen unwirksam[8]). Gleich nach ihrem Austritte aus der Leber besitzt die Galle fast keine begünstigende Wirkung auf die Pankreaslipase; sie erreicht diese Eigenschaft erst in der Gallenblase[9]). Darmlipase wird auch durch Gallensalze aktiviert, jedoch in viel geringerem Grade als Pankreaslipase[10]). Magenlipase wird hingegen durch Gallensalze wesentlich gehemmt. Lecithin und Cholsäure sind auf Magen-, Darm- und Ricinuslipase unwirksam[11]). Auf Pankreaslipase wirkt Lecithin manchmal

---

[1]) L. Morel u. Emile F. Terroine, Compt. rend. de la Soc. de Biol. **67**, 272—274 [1909].

[2]) M. Emm. Pozzi-Escot, Compt. rend. de l'Acad. des Sc. **136**, 1146—1147 [1901].

[3]) Peter Bergell, Zeitschr. f. allg. Pathol. u. pathol. Anat. **12**, 633—634 [1901]. — H. Stassano u. Billon, Compt. rend. de la Soc. de Biol. **55**, 482—483, 924—926 [1903]. — B. Slowtzoff, Beiträge z. chem. Physiol. u. Pathol. **7**, 508—513 [1906]. — S. Schumoff-Simanowski u. N. Sieber, Zeitschr. f. physiol. Chemie **49**, 50—63 [1906]. — M. Kumagawa u. K. Suto, Biochem. Zeitschr. **8**, 211—347 [1908]. — (Fräulein) L. Kalaboukoff u. Emile F. Terroine, Compt. rend. de la Soc. de Biol. **66**, 176—178 [1909].

[4]) W. Stade, Beiträge z. chem. Physiol. u. Pathol. **3**, 291—321 [1903]. — H. Engel, Beiträge z. chem. Physiol. u. Pathol. **7**, 77—83 [1906]. — E. Benech u. L. Guyot, Compt. rend. de la Soc. de Biol. **55**, 719—722, 994—996 [1903]. — A. Kanitz, Zeitschr. f. physiol. Chemie **46**, 482—491 [1905].

[5]) Paul Theodor Müller, Sitzungsber. d. Wien. Akad., math.-naturw. Kl., III. Abt., **114**, 1—13 [1905]. — A. E. Taylor, Journ. of biol. Chemistry **2**, 87—104 [1906].

[6]) A. Slosse u. H. Limbosch, Bull. Soc. roy. Sc. méd. et nat. Bruxelles **67**, 131—136 [1909]. Arch. int. Physiol. **8**, 417—431 [1909].

[7]) E. Starkenstein, Biochem. Zeitschr. **24**, 210—218 [1910].

[8]) B. K. Rachford, Journ. of Physiol. **12**, 72—92 [1891]. — G. G. Bruno, Arch. des Sc. biol. de St. Petersbourg **7**, 114—142 [1899]. — N. Zuntz u. Ussow, Archiv f. Anat. u. Physiol., physiol. Abt., Verh. d. phys. Ges. zu Berlin **1900**, 380—382. — R. Magnus, Zeitschr. f. physiol. Chemie **48**, 376—379 [1906]. — A. S. Loevenhart u. C. G. Souder, Journ. of biol. Chemistry **2**, 415—425 [1907]. — O. von Fürth u. J. Schütz, Beiträge z. chem. Physiol. u. Pathol. **9**, 28—49 [1907]. — H. Donath, Beiträge z. chem. Physiol. u. Pathol. **10**, 390—410 [1907]. — (Fräulein) L. Kalaboukoff u. Emile F. Terroine, Compt. rend. de la Soc. de Biol. **63**, 372—374 [1907]. — L. Morel u. Emile F. Terroine, Compt. rend. de l'Acad. des Sc. **149**, 236—239 [1909]. — E. F. Terroine, Compt. rend. de la Soc. de Biol. **68**, 439—441, 518—529, 666—668 [1910].

[9]) M. Segale, Centralbl. f. ges. Physiol. u. Pathol. d. Stoffwechsels **8**, 294—297 [1907].

[10]) (Fräulein) L. Kalaboukoff u. Emile F. Terroine, Compt. rend. de la Soc. de Biol. **63**, 617—619 [1907].

[11]) A. W. Hewlett, John Hopkins Hosp. Bull. **16**, 20—21 [1906]. — E. Laqueur, Beiträge z. chem. Physiol. u. Pathol. **8**, 281—284 [1906]. — H. Donath, Beiträge z. chem. Physiol. u. Pathol. **10**, 391—410 [1907]. — (Fräulein) L. Kalaboukoff u. Emile F. Terroine, Compt. rend. de la Soc. de Biol. **63**, 617—619 [1907].

fördernd, manchmal hindernd[1]). — Die Darmsekrete erhöhen die Wirkung der Pankreaslipase[2]). Die Pankreaslipase wirkt in neutralem, schwach saurem und schwach alkalischem Medium; das Optimum ihrer Wirkung entspricht einer $^n/_{150}$ NaOH-Konzentration[3]). In geringen Dosen befördern die K, Na, Mg, Mn und Ba-Salze die Wirkung der Pankreaslipase kräftig, während die Ca-Salze es kaum tun; große Dosen dieser verschiedenen Salze verzögern[4]). Orlean und Ölgelb befördern[5]), Kaliumchlorat, Salicylsäure, Äther, Petroleumäther begünstigen die Wirkung der Colalipase[6]). Spuren von Säuren aktivieren die Lipasen; ein geringer Säureüberschuß schädigt aber schon; dies ist auch der Fall für Alkaliüberschuß. NaFl, Ozon, Permanganat, Alkohol, Chloroform, Sublimat, Arsensäure, Nitrate hemmen[7]). Geringe Chinindosen hemmen etwas[8]). Die Zwischenprodukte (Mono- und Diglyceride) der enzymatischen Spaltung der Triglyceride verhindern keineswegs die Spaltungsraschheit dieser Triglyceride; sie beeinflussen jedoch den Verlauf der Reaktion, indem sie der Hydrolyse durch Pankreaslipase einen stetig steigenden Widerstand entgegenbringen[9]). Die bei der Lipasewirkung entstandenen Fettsäuren oder ihre Natriumsalze hemmen; Glycerin beschleunigt hingegen und dies besonders, wenn das der Lipasewirkung unterzogene Fett nicht emulgiert ist[10]). Die beschleunigende Wirkung des Glycerins rührt größtenteils von seiner Viscosität, welche die Gleichartigkeit der verdauten Mischungen erleichtert und die Angriffsoberfläche der zu spaltenden Körper vergrößert[9]). Bei 0° wirkt die Lipase noch deutlich. Das Optimum der Wirkung wird für die Pankreaslipase zwischen 36 und 55° erreicht[11]), für die Lipase von Lactarius sanguifluus bei 45°[12]). Temperaturen von 65—72° zerstören meistens die Lipasen; Colalipase soll indes erst durch 2stündiges Erhitzen auf 104° zerstört werden, Pankreaslipase hingegen schon bei 54°[11]). Nach vorheriger Sensibilisierung der Pankreaslipase durch Gallensalze ist die Grenztemperatur für die Vernichtung der Enzymwirkung bedeutend herabgesetzt[13]). Im trocknen Zustande wird bei 120° die Wirkung der Pankreaslipase völlig aufgehoben[14]). Die Temperaturempfindlichkeit ist bei alkalischer Reaktion größer als bei saurer; Fettanwesenheit übt eine Schutzwirkung. Die durch Erwärmen auf 60—63° inaktivierte Pankreaslipase kann durch ein im normalen Pferdeblutserum enthaltenes thermolabiles Agens einen Teil ihrer Wirksamkeit wieder erlangen, während dies durch das auf 77—80° erwärmte Serum nicht mehr der Fall ist. Durch Erwärmen auf 70—100° inaktiviertes Pankreassteapsin hemmt die Wirkung der aktiven Pankreaslipase[15]). — Trypsin zerstört die Pankreaslipase[16]). — Die Spaltung der Glycerinester durch die Lipase ist ein reversibler Prozeß, welcher unter geeigneten Umständen auch synthetisch rückwärts verlaufen kann. Aus Methylalkohol und Buttersäure bildet die Pankreaslipase buttersaures Äthyl[17]), aus Glycerin und Isobuttersäure Glycerin-

---

[1]) S. Küttner, Zeitschr. f. physiol. Chemie **50**, 472—496 [1907]. — (Fräulein) L. Kaiaboukoff u. Emile F. Terroine, Compt. rend. de la Soc. de Biol. **63**, 372—374 [1907].

[2]) M. Loeper u. Ch. Esmonet, Compt. rend. de la Soc. de Biol. **64**, 188—189 [1908].

[3]) E. F. Terroine, Compt. rend. de la Soc. de Biol. **68**, 404—406 [1910]; Biochem. Zeitschr. **23**, 404—462 [1910].

[4]) H. Pottevin, Compt. rend. de l'Acad. des Sc. **136**, 767—769 [1903]. — Emile F. Terroine, Compt. rend. de l'Acad. des Sc. **148**, 1215—1218 [1909]; Biochem. Zeitschr. **23**, 404—462 [1910].

[5]) H. W. Houghton, Journ. Amer. Chem. Soc. **29**, 1351—1357 [1909].

[6]) H. Mastbaum, Chem. Revue über d. Fett- u. Harzindustrie. **14**, 5—7 [1907].

[7]) A. S. Loevenhart u. G. Peirce, Journ. of biol. Chemistry **2**, 399—413 [1907]. — S. Amberg u. A. S. Loevenhart, Journ. of biol. Chemistry **4**, 149—164 [1908]. — R. H. Nicholl, Journ. of biol. Chemistry **5**, 453—468 [1909].

[8]) E. Laqueur, Archiv f. experim. Pathol. u. Pharmakol. **55**, 240—262 [1906].

[9]) E. F. Terroine, Biochem. Zeitschr. **23**, 404—462 [1910].

[10]) (Fräulein) L. Kalaboukoff u. Emile F. Terroine, Compt. rend. de l'Acad. des Sc. **147**, 712—715 [1908].

[11]) A. Slosse u. H. Limbosch, Arch. int. Physiol. **8**, 432—436 [1909].

[12]) Ernest Rouge, Centralbl. f. Bakt. II. Abt. **18**, 403—417, 587—607 [1907].

[13]) E. F. Terroine, Biochem. Zeitschr. **23**, 404—462 [1910]; Compt. rend. de la Soc. de Biol. **68**, 347—349 [1910].

[14]) E. Choay, Journ. de Pharm. et de Chim. [7] **1**, 10—17 [1910].

[15]) H. Pottevin, Compt. rend. de l'Acad. des Sc. **136**, 767—769 [1903].

[16]) Emile F. Terroine, Compt. rend. de la Soc. de Biol. **65**, 329—330 [1908].

[17]) J. H. Kastle u. A. S. Loevenhart, Amer. Chem. Journ. **24**, 491—525 [1900]. — O. Mohr, Wochenschr. f. Brauerei **19**, 588—589 [1902].

butyrat[1]), aus den entsprechenden Säuren und Alkoholen Monoolein oder Triolein, je nach der Menge der Ölsäure, ferner Amyloleat und Amylstearat[2]). Galle beeinflußt diese reversible Vorgänge nicht[2]). Die Darmlipase von Schaf, Schwein, Pferd besitzt die Fähigkeit, Ölsäure mit Glycerin zu synthetisieren, die Darmlipase von Hund und Rind hingegen nicht[3]). Die Galle beschleunigt die durch die Pankreaslipase und die Darmlipase bewirkte Fettsynthese; dieser beschleunigende Einfluß kommt hauptsächlich den gallensauren Salzen und den Gallenalkalien zu[4]).

Salolase.

Definition: Ein auch **Amylsalicylase** benanntes Ferment, welches Salol in Salicylsäure und Phenol spaltet.

Vorkommen: In der Frauen-, Hündin- und Eselinmilch. Fehlt normalerweise in Kuh- und Ziegenmilch. Erscheint in Ziegenmilch nach Malzfütterung[5]). Im Pankreas von Mensch und Rind. In der Galle von Mensch, Rind, Kaninchen, Meerschweinchen. In der Schleimhaut des Magens und des Darmes, in den Nebennieren, in den Nieren, in den Lungen, im Myokard, in den Muskeln, im Gehirne, im Blutserum von Mensch, Kaninchen und Meerschweinchen[6]). In der Leber, in der Milz, im Gehirne, in den Lungen, im Fettgewebe, in den Nieren des Schweines, weder aber in den Muskeln noch im Blutserum[7]). In der Leber und in den Nieren des Kaninchens, nicht aber in dessen Muskeln. In der menschlichen Placenta[8]).

Darstellung: Aus Rindsleberpreßsaft durch Ausfällung mit Uranacetat[9]).

Physikalische und chemische Eigenschaften: Spaltet auch das Salicylsäureamylester. Durch mehrtägige Dialyse kann man die Salolase in eigentliches Enzym und Koenzym trennen, denn die dialysierte Fermentlösung wird auf Amylsalicylat völlig unwirksam (nicht aber auf Äthylbutyrat) und wird durch Hinzufügung des an sich unwirksamen dialysierten Leberpreßsaftes wieder wirksam. Das Koferment sind die Gallensalze[10]). Die Wirkung der Salolase wird durch die Alkalescenz des Mediums befördert, durch schwache Acidität hingegen abgeschwächt. Das Optimum der Wirkung wird zwischen 20° und 37° erreicht.

Monobutyrinase.

Definition: Ein Ferment, welches Monobutyrin und andere Glycerinester zerlegt, Neutralfette aber nicht.

Vorkommen: Im Blutserum fast aller Wirbeltiere[11]). In der Lymphe[12]). In der Milch[13]). In der Magenschleimhaut des Pferdes[14]), der Selachier und Teleostier[15]). In der Leber[16]).

[1]) M. Hanriot, Compt. rend. de l'Acad. des Sc. **132**, 212—215 [1901]; Compt. rend. de la Soc. de Biol. **53**, 70—72 [1901].
[2]) H. Pottevin, Compt. rend. de l'Acad. des Sc. **136**, 1152—1154 [1903]; **138**, 378—380 [1904]; Ann. de l'Inst. Pasteur **20**, 901—923 [1906]; Bulletin de la Soc. chim. [3] **35**, 693—696 [1906]. — A. E. Taylor, Univ. of California Publ., Pathol. **1**, 33 [1909].
[3]) A. Hamsik, Zeitschr. f. physiol. Chemie **59**, 1—12 [1909].
[4]) A. Hamsik, Zeitschr. f. physiol. Chemie **65**, 232—245 [1910].
[5]) L. M. Spolverini, Arch. de méd. des enfants **4**, 705—717 [1901]. — P. Nobécourt u. P. Merklen, Rev. mens. des mal. de l'enfance **5**, 138—142 [1901]; Compt. rend. de la Soc. de Biol. **53**, 148—149 [1901]. — A. J. J. Vandevelde, Mém. Cl. Sc. Acad. de Belg. [2] **2**, 1—85 [1907].
[6]) M. Nencki, Archiv f. experim. Pathol. u. Pharmakol. **20**, 367—388 [1886]. — E. Lüdy, Archiv f. experim. Pathol. u. Pharmakol. **25**, 347—362 [1889].
[7]) P. Saxl, Biochem. Zeitschr. **12**, 343—360 [1908].
[8]) S. Higuchi, Biochem. Zeitschr. **17**, 21—67 [1909].
[9]) R. Magnus, Zeitschr. f. physiol. Chemie **42**, 149—154 [1904].
[10]) R. Magnus, Zeitschr. f. physiol. Chemie **42**, 149—154 [1904]. — A. S. Loevenhart, Journ. of biol. Chemistry **2**, 391—395 [1907].
[11]) M. Hanriot, Compt. rend. de l'Acad. des Sc. **123**, 753—755 [1896]; **132**, 842—845 [1901]; Compt. rend. de la Soc. de Biol. **48**, 925—926 [1896]; **53**, 367—369 [1901]. — M. Arthus, Compt. rend. de la Soc. de Biol. **54**, 381—383 [1902]; Journ. de Physiol. et de Pathol. génér. **4**, 56—68 [1902]. — M. Doyon u. A. Morel, Compt. rend. de l'Acad. des Sc. **134**, 1002—1005, 1254—1255 [1902]; Compt. rend. de la Soc. de Biol. **54**, 498—500, 614—615 [1902]; **55**, 682—683 [1903]. — A. Morel, Bulletin de la Soc. chim. [3] **29**, 710—711 [1903].
[12]) A. Clerc, Thèse de Paris **1902**, 151 Seit.
[13]) W. Völtz, C. Oppenheimers Handbuch der Biochemie des Menschen und der Tiere **3**, 1. Hälfte, 393, Jena 1909.
[14]) E. Benech u. L. Guyot, Compt. rend. de la Soc. de Biol. **55**, 994—996 [1903].
[15]) M. van Herwerden, Zeitschr. f. physiol. Chemie **56**, 453—494 [1908].
[16]) M. Hanriot u. L. Camus, Compt. rend. de l'Acad. des Sc. **124**, 235—237 [1897].

In der Galle[1]). In den Nieren[2]). In der Pleural-, Ascites- und Hydroceleflüssigkeit[3]). Manchmal in der Amniosflüssigkeit[4]). Fehlt oder nur als Spuren in der Cerebrospinalflüssigkeit[5]). Fehlt im normalen Harne, kann aber im pathologischen Harne sich vorfinden[6]).

Nachweis: Man versetzt die untersuchte Flüssigkeit oder den vorher vorsichtig von Eiweiß befreiten Extrakt mit 10 ccm wässeriger $1/300$ proz. Monobutyrin- oder 1 proz. Monoacetinlösung in physiologischer Lösung und mit Phenolphthalein, neutralisiert genau mit $22^0/_{00}$ Natriumcarbonatlösung, läßt 20—30 Minuten im sterilen Kolben in dem Brutschrank bei 25° und titriert zurück die gebildete Buttersäure mit der Natriumcarbonatlösung; die Anzahl der hierzu nötigen Tropfen dient als Maß der Fettspaltung. Jeder Tropfen der Natriumcarbonatlösung entspricht 0,000001 Säuremolekül[7]). Saxl[8]) verwendet statt der Natriumcarbonatlösung dezinormale Natronlauge.

Physiologische Eigenschaften: Beim Hunde verhindert die intravenöse Wittepeptoneinspritzung die Wirkung der Blutmonobutyrinase keineswegs[9]). Ob bei den kachektischen Krankheitszuständen der Monobutyrinasegehalt des Blutes abnimmt oder nicht, ist keineswegs sicher festgestellt[10]). Beim Hunde bewirkt die Entfernung der Schilddrüse eine Abnahme des Blutgehaltes an Monobutyrinase[11]).

Physikalische und chemische Eigenschaften: Spaltet außer das Monobutyrin noch Ester niederer Fettsäuren, und zwar um so besser, je geringer ihr Molekulargewicht ist. Innerhalb gewisser Grenzen gilt einfache Proportionalität zwischen Wirkung und Fermentmenge. Mit zunehmender Fermentmenge nimmt aber die Wirkung allmählich ab, so daß sich das Gesetz dem Schütz-Borrissowschen nähert[12]). Die Monobutyrinase spaltet die Lipoide (Lecithin, Jecorin, Protagon) nicht. Wenig Ammonsulfat genügt, um sie aus dem Serum auszusalzen. Bei der Dialyse verschwindet die Monobutyrinase. Sie wirkt am besten in neutraler Lösung. Die Röntgenstrahlen beeinflussen die Monobutyrinasewirkung nicht[13]). Das Optimum der Wirkung wird zwischen 42 und 50° erreicht. In schwach saurer Lösung innerhalb bestimmter Aciditätsgrenzen bildet die Monobutyrinase synthetisch Monobutyrin[14]).

Lipolysin.

Definition: Ein die Fette auflösendes Ferment, ohne ihre Spaltung in Fettsäuren und Glycerin hervorzurufen.

Vorkommen: In den roten Blutkörperchen, nicht aber im Blutserum[15]).

---

[1]) G. Bonanno, Arch. di farmacol. sper. e di scienze affine **7**, 466—488 [1908].
[2]) M. Loeper u. J. Ficaï, Compt. rend. de la Soc. de Biol. **62**, 1033—1035 [1907].
[3]) Ch. Garnier, Compt. rend. de la Soc. de Biol. **55**, 1557—1558 [1903].
[4]) Ch. Garnier u. A. Fruhinsholtz, Compt. rend. de la Soc. de Biol. **55**, 785 [1903]; Arch. méd. expér. et anat. pathol. **15**, 785—795 [1903]. — J. Bondi, Centralbl. f. Gynäkolog. **27**, 633—640 [1903].
[5]) A. Clerc, Thèse de Paris **1902**, 151 Seit. — Ch. Garnier, Compt. rend. de la Soc. de Biol. **55**, 1389—1391 [1903].
[6]) A. Clerc, Thèse de Paris **1902**, 151 Seit. — Ch. Garnier, Compt. rend. de la Soc. de Biol. **55**, 1064—1066 [1903]. — M. Loeper u. J. Ficaï, Compt. rend. de la Soc. de Biol. **62**, 1018 bis 1019, 1033—1035 [1907].
[7]) M. Hanriot u. L. Camus, Compt. rend. de l'Acad. des Sc. **124**, 235—237 [1897]; Compt. rend. de la Soc. de Biol. **49**, 124—126 [1898]. — Ch. Garnier, Compt. rend. de la Soc. de Biol. **55**, 1094—1096 [1903].
[8]) P. Saxl, Biochem. Zeitschr. **12**, 343—360 [1908].
[9]) Balthazard u. (Fräulein) Lambert, Compt. rend. de la Soc. de Biol. **63**, 51—53 [1907].
[10]) Carrière, Compt. rend. de la Soc. de Biol. **51**, 989—990 [1899]. — Ch. Achard u. A. Clerc, Compt. rend. de l'Acad. des Sc. **129**, 781—783 [1899]; Arch. de méd. expér. et anat. pathol. **14**, 819—820 [1902]; Compt. rend. de la Soc. de Biol. **54**, 1144—1145 [1903]. — Ch. Garnier, Compt. rend. de la Soc. de Biol. **55**, 1423—1427 [1903]. — B. Melis-Schirru, Clin. med. ital. **45**, Nr. 6 [1908].
[11]) A. Justschenko, Biochem. Zeitschr. **25**, 49—78 [1910].
[12]) Paul Theodor Müller, Sitzungsber. d. Wiener Akad., math.-naturw. Klasse, III. Abt., **114**, 717—730 [1905].
[13]) B. Melis-Schirru, Lo Sperimentale **60**, Nr. 3 [1908].
[14]) M. Hanriot, Compt. rend. de la Soc. de Biol. **53**, 70—72 [1901].
[15]) W. Connstein u. H. Michaelis, Sitzungsber. d. Kgl. Preuß. Akad. d. Wissensch. **1896**, 34—35, 171—173; Archiv f. d. ges. Physiol. **65**, 473—491 [1895]; **69**, 76—91 [1897]. — W. Connstein, Ergebnisse d. Physiol. **3**, Abt. I, 194—232 [1904]. — R. Weigert, Archiv f. d. ges. Physiol. **82**, 86—100 [1900]. — H. J. Hamburger, Archiv f. Physiol. u. Anat., physiol. Abt. **1900**, 524—559. — H. Strauss, Deutsche med. Wochenschr. **28**, 664—667, 681—685 [1902]. — M. Doyon u.

Nachweis: Bestimmung der Ätherextraktmenge des untersuchten Fettes und Feststellung ihrer allmählichen Abnahme ohne Entstehung von Fettsäuren oder Glycerin.

Physikalische und chemische Eigenschaften: Wirkt nur bei sehr feiner Emulgierung der Fette, wie im Chylusfette und in der Ascitesflüssigkeit. Gröbere Fetttropfen, wie in der Milch z. B., werden nicht aufgelöst. Wirkt auch nicht auf Leberthranemulsion. Wirkt nur gut bei O-Anwesenheit, gar nicht in einer H-Atmosphäre oder im luftleeren Raume. In Wasser und 0,6 proz. NaCl-Lösung löslich.

D. Proteasen und Amidasen.

Als **Proteasen** versteht man Fermente, welche die Proteine unter Wasseraufnahme in einfachere Stoffe spalten, als **Amidasen** Enzyme, welche gewisse Spaltprodukte der Proteine in andere einfachere unter Wasseraufnahme umwandeln oder spalten. Wie Chodat und Staub[1]) es vorschlagen, müßte man die Proteasen in mehrere Untergruppen einteilen: 1. die eigentlichen **Proteasen**, welche die Proteine in Proteosen umwandeln, 2. die **Albumasen**, welche die Proteosen oder Albumosen in Peptone umwandeln; 3. die **Peptasen**, welche die Peptone in Polypeptide und Aminosäuren umwandeln. Dazu kämen noch die **Peptidasen**, welche die Polypeptide in einfachere Stoffe aufspalten und die **Amidasen.** Diese Trennung läßt sich aber zurzeit nicht anstellen, da Erepsin z. B. außer den Proteosen und Peptonen auch gewisse Proteine (Casein) angreift, andere aber nicht. Vielleicht handelt es sich bei manchen der jetzt bekannten Proteasen um Gemische mehrerer Fermente, welche spezifisch entweder auf die Proteine oder auf die Proteosen, die Peptone oder andere Spaltprodukte der Proteine einwirken. Wie dem auch sei, so kann man vorläufig noch keine logische Einteilung der Proteasen und Amidasen versuchen. Deshalb wird man diese Fermente hier in nachfolgender Reihe besprechen: Pepsinase (und anhangsweise die β-Proteasen), Tryptase (und anhangsweise die Enterokinase), Leukoprotease, Serumprotease, Lactoproteolase, Casease, Zooproteasen, Bakterienproteasen, Aspergillusprotease, Phytoproteasen, Papain, Bromelin, Glutenase, autolytische Fermente, Ereptase, Peptidasen, Gelatinase, Elastinase, Desamidase, Arginase, Kreatase, Kreatinase, Kreatokreatinase, Adenase, Guanase, Urease, Hippuricase, Nuclease und Phytase.

Pepsinase.

Definition: Ein auch **Pepsin** benanntes Ferment, welches die Proteine bis zur Bildung von Proteosen, Peptonen und vielleicht manchmal auch gewisser abiureten Stoffe spaltet, nicht aber bis zur Bildung von Aminosäuren.

Vorkommen: In den Takadiastasepräparaten[2]). Im Safte der Nepenthesurnen[3]). In den Blüten von Drosera rotundifolia[4]). Bei Dionaea muscipula, Darlingtonia californina[5]), Aldrovandia vesiculosa, Utricularia vulgaris[6]). Im Hanfsamen, in den Samen des Senfes, des Flachses, des Ricinus und sehr vieler Pflanzen, wo die Pepsinase sich mit einer Ereptase gleichzeitig befindet.[7]) — Im Magensafte der Wirbeltiere, auch der Fische (Selachier, Teleostier)[8]), und zwar nur in Spuren als aktives Pepsin, reich-

---

A. Morel, Journ. de Physiol. et de Pathol. génér. **4**, 656—661 [1902]; Compt. rend. de la Soc. de Biol. **54**, 243—245, 1038—1039 [1902]; **55**, 682—684, 982—985 [1903]; Compt. rend. de l'Acad. des Sc. **134**, 621—623, 1254 [1902]; **135**, 54—56 [1902].

[1]) R. Chodat u. W. Staub, Arch. d. sc. phys. et nat. d. Genève [4] **23**, 265—277 [1907].
[2]) S. H. Vines, Annals of Bot. **24**, 213—222 [1910].
[3]) E. von Gorup-Besanez u. H. Will, Berichte d. Deutsch. chem. Gesellschaft **9**, 673—678 [1876]. — S. H. Vines, Journ. of Anat. and Physiol. **11**, 124 [1876]; Ann. of Bot. **11**, 513—584 [1906]; **12**, 545—553 [1898]; **15**, 563 [1901]. — G. Clautriau, Mém. cour. Ac. roy. Belg. **59**, 1—56 [1900].
[4]) Morren, Bull. Cl. Sc. Ac. Roy. Belg. [2] **39**, 870—881 [1875]; **40**, 6—13, 525—535, 1040 bis 1096 [1875]. — Em. Labbé, Thèse pharmacie Paris 1904.
[5]) Canby, Österr. Bot. Zeitschr. **19**, 77; **25**, 287; zit. nach C. Oppenheimer, Die Fermente, Leipzig 1909.
[6]) Friedrich Cohn, Beitr. z. Biol. d. Pflanze **1**, Heft 3, 71—92 [1875].
[7]) S. H. Vines, Ann. of Bot. **22**, 103—113 [1908].
[8]) E. Yung, Compt. rend. de l'Acad. des Sc. **126**, 1885—1887 [1898]; Arch. zool. expér. [3] **7**, 121—201 [1899]. — E. Weinland, Zeitschr. f. Biol. **41**, 35—68 [1901]. — M. H. Sullivan, Amer. Journ. of Physiol. **15**, 42—45 [1905]. — M. van Herwerden, Zeitschr. f. physiol. Chemie **56**, 453—494 [1908].

lich aber als Propepsin. Besteht beim neugeborenen Kaninchen, fehlt hingegen bei neugeborenen Hunden und Katzen. Vorhanden beim Menschen vom siebenten Monate des fötalen Lebens ab, vielleicht auch schon früher ($4^1/_2$ Monat)[1]. Im Magen normaler Säuglinge, nicht aber im Magen der an Athrepsie Leidenden[2]). Die Pepsinmenge des gesunden künstlich ernährten Säuglings steigt mit zunehmendem Alter, etwa bis zum Ablauf des ersten Vierteljahrs, um von da an eine konstante Größe zu bilden. Gesunde Brustkinder scheinen weniger Pepsin zu besitzen als gesunde gleichaltrige, künstlich ernährte Kinder. Ernährungsstörungen beeinflussen die Pepsinabsonderung nur wenig[3]). Das Pepsin wird sowohl im Fundus als im Pylorusteil der Magenschleimhaut durch die Hauptzellen abgesondert, normalerweise ist aber die Absonderung im Fundus stärker als im Pylorus[4]). — Im Safte der Brunnerschen Drüsen gewisser Säugetiere[5]), nicht aber bei Pferd, Rind, Schwein, Kaninchen[6]). Vielleicht in der menschlichen Placenta[7]). Im Kaninchen, Hunde- und Menschenharn[8]). Vielleicht auch manchmal im Speichel und im Schweiße[9]). Fehlt im normalen menschlichen Kote[10]).

Darstellung: Dialysieren von Hundemagensaft bei 0°, Zentrifugieren der sich ausscheidenden lichtbrechenden Körnchen und weitere Reinigung nach dem Pekelharingschen Verfahren[11]). Man kann auch eine proteinfreie Pepsinlösung nach der Schrumpfschen Methode erhalten[12]). Zur Isolierung der Propeptase fällt Gläßner[13]) die proteinfreie Profermentlösung mit Uranacetat und Natriumphosphat, wodurch alle Propepsinase ohne Prochymase gefällt wird, was man indes bestreitet[14]).

Nachweis: Am besten nach dem Edestinverfahren[15]).

Physiologische Eigenschaften: Der Magensaft scheint desto mehr Pepsin zu enthalten, je geringer die Saftmenge ist[16]). Pepsin wird abgeschwächt durch einfache Berührung mit der Darmschleimhaut, am meisten im Duodenum, dann im Ileum, am wenigsten im Kolon[17]). In den Darm unmittelbar eingeführtes Pepsin geht in den Harn über; das Ileum zeigt sich für das Ferment bei weitem durchgängiger als das Duodenum oder der Dickdarm[18]). Sachs[19]) hat bei Gänsen deutliche Hemmungswirkung gegen Pepsin beim Serum erzeugt. Durch intravenöse Pepsineinspritzungen behandelte Kaninchen ergeben ein Serum, welches spezifische

---

[1]) O. Langendorff, Archiv f. Anat. u. Physiol., physiol. Abt. **1879**, 95—112. — Dudin, Inaug.-Diss. St. Petersburg 1904, 105 Seit.; zit. nach Malys Jahresber. d. Tierchemie **34**, 470. — Zweifel, zit. nach J. Ibrahim, Biochem. Zeitschr. **22**, 24—32 [1909].

[2]) W. Reebe-Ramsey, Jahrb. f. Kinderheilk. **68**, 191—204 [1908].

[3]) J. Rosenstern, Berl. klin. Wochenschr. **45**, 542—545 [1908].

[4]) R. Landerer, Deutsches Archiv f. klin. Medizin **93**, 563—576 [1908]. — A. Scheunert, Archiv f. d. ges. Physiol. **121**, 169—210 [1908]. — H. J. Hamburger, Arch. des sc. exact. et nat. [2] **13**, 428—442 [1908].

[5]) Ponomarew, Ruski Wratsch **1902**, Nr. 4, zit. nach Biochem. Centralbl. **1**, Nr. 753. — J. P. Pawlow u. S. W. Parastschuk, Zeitschr. f. physiol. Chemie **42**, 415—452 [1904]. — Emil Abderhalden u. P. Rona, Zeitschr. f. physiol. Chemie **47**, 359—365 [1906].

[6]) A. Scheunert u. W. Grimmer, Internat. Monatsschr. f. Anat. u. Physiol. **23**, 335—358 [1906].

[7]) Walther Löb u. S. Higuchi, Biochem. Zeitschr. **22**, 316—336 [1909].

[8]) M. Mathes, Archiv f. experim. Pathol. u. Pharmakol. **49**, 107—113 [1903]. — J. A. Grober, Deutsches Archiv f. klin. Medizin **79**, 443—449 [1904]. — J. Brodzki, Zeitschr. f. klin. Medizin **63**, 537—543 [1907]. — A. Benfey, Biochem. Zeitschr. **10**, 458—462 [1908]. — G. G. Wilenko, Berl. klin. Wochenschr. **45**, 1060—1062 [1908].

[9]) J. Bendersky, Virchows Archiv **121**, 554—597 [1893]. — Fritz Falk u. S. Kolieb, Zeitschr. f. klin. Medizin **68**, 156—171 [1908].

[10]) H. Ury, Biochem. Zeitschr. **23**, 153—178 [1909].

[11]) C. A. Pekelharing, Zeitschr. f. physiol. Chemie **22**, 233—244 [1896]; **35**, 8—30 [1902]. — J. W. A. Gewin, Zeitschr. f. physiol. Chemie **54**, 31—79 [1907].

[12]) P. Schrumpf, Beiträge z. chem. Physiol. u. Pathol. **6**, 396—397 [1905].

[13]) K. Gläßner, Beiträge z. chem. Physiol. u. Pathol. **1**, 1—23 [1901].

[14]) J. P. Pawlow u. S. W. Parastschuk, Zeitschr. f. physiol. Chemie **42**, 415—452 [1904]. — J. W. A. Gewin, Zeitschr. f. physiol. Chemie **54**, 31—79 [1907]. — C. A. Pekelharing, Arch. des Sc. biol. de St. Pétersbourg **11** Suppl., 36—44 [1904].

[15]) E. Fuld u. L. A. Levison, Biochem. Zeitschr. **6**, 473—501 [1907]. — K. Reicher, Wien. klin. Wochenschr. **20**, 1508—1510 [1907].

[16]) T. Kudo, Biochem. Zeitschr. **16**, 217—220 [1909].

[17]) M. Loeper u. Ch. Esmonet, Compt. rend. de la Soc. de Biol. **64**, 188—189 [1908].

[18]) M. Loeper u. Ch. Esmonet, Compt. rend. de la Soc. de Biol. **64**, 310—311 [1908].

[19]) H. Sachs, Fortschritte d. Medizin **20**, 425—428 [1902].

Antipepsine vielleicht enthält, obgleich es kein erhöhtes hemmendes Vermögen auf die Proteinverdauung aufweist als normales Serum[1]). Lebende Bakterien werden keineswegs durch Pepsinzusatz in ihrem Wachstum auf geeignete Medien gestört. Die Mikroorganismen hemmen die Pepsinwirkung nicht, wohl aber gewisse Produkte ihres Stoffwechsels[2]).

Physikalische und chemische Eigenschaften: Die Pepsinase greift alle genuine Proteine an sowie die Nukleoproteine, das Globin[3]), Kollagen, Glutin, Chondrogen, Chondrin, Elastin, Oxyhämoglobin, die Bindegewebemukoide[4]), weder aber Ovomukoid noch Mucin[5]), noch Keratin, noch Conchiolin, noch Spongin, noch Protamine, noch Polypeptide[6]). Es entstehen Proteosen, Peptone und vielleicht manchmal auch Ammoniak sowie gewisse abiurete Stoffe, nie aber Aminosäuren[7]). Pepsin zerstört die Präzipitine[8]) sowie die präzipitogenen Substanzen, gewisse Toxine, das Ricinoglobulin[9]), letzteres auch noch bei $0°$ [10]). Ob die Lab- und die Pepsinwirkung von einem einzigen Ferment[11]) oder von zwei verschiedenen Fermenten[12]) herrührt, ist noch nicht festgestellt[13]). Vielleicht besteht die sog. Pepsinase aus einem Riesenmolekül mit Seitenketten, wovon die eine bei saurer Reaktion Proteolyse bewirkt, während die andere dagegen bei neutraler Reaktion Labwirkung besitzt[14]). Vielleicht ist die Labwirkung nur die umgekehrte Reaktion des Pepsins[15]), oder auch besitzt anodisches Pepsin Labwirkung, kathodisches Pepsin proteolytische Wirkung[16]). Ob die Pepsinase bei der Bildung der sog. Plasteine und Koagulosen (Koaproteosen und Koapeptide) aus den koagulosogenen proteosenhaltigen Verdauungsprodukten enzymatisch einwirkt, ist eine noch strittige Frage[17]). Innerhalb bestimmter, ziemlich enger Grenzen scheint die Menge der pep-

---

[1]) J. Cantacuzène u. C. Jonescu, Compt. rend. de la Soc. de Biol. **66**, 53—54 [1909].
[2]) Cl. Fermi, Arch. di farmacol. sper. e scienze affini **8**, 481—498 [1909].
[3]) R. von Zeynek, Zeitschr. f. physiol. Chemie **30**, 126—134 [1900].
[4]) E. R. Posner u. W. J. Gies, Amer. Journ. of Physiol. **11**, 330—350 [1904].
[5]) Jean Ch. Roux u. Riva, Compt. rend. de la Soc. de Biol. **60**, 537—539 [1906].
[6]) Emil Fischer u. E. Abderhalden, Zeitschr. f. physiol. Chemie **44**, 265—275 [1905]. — E. Abderhalden u. J. Teruuchi, Zeitschr. f. physiol. Chemie **57**, 20—25 [1905]. — E. Abderhalden u. C. Brahm, Zeitschr. f. physiol. Chemie **49**, 342—347 [1908]. — M. Takemura, Zeitschr. f. physiol. Chemie **63**, 201—214 [1909].
[7]) E. Zunz, Zeitschr. f. physiol. Chemie **28**, 132—173 [1899]; Beiträge z. chem. Physiol. u. Pathol. **2**, 435—480 [1902]. — M. Pfaundler, Zeitschr. f. physiol. Chemie **30**, 90—100 [1900]. — S. Dzierzgowski u. S. Salaskin, Centralbl. f. Physiol. **15**, 249—253 [1901]. — L. Langstein, Beiträge z. chem. Physiol. u. Pathol. **1**, 507—523 [1902]. — E. Abderhalden u. O. Rostocki, Zeitschr. f. physiol. Chemie **44**, 265—275 [1905]. — Hans Fischer, Deutsches Archiv f. klin. Medizin **93**, 98—106, 456—457 [1908].
[8]) L. Michaelis u. C. Oppenheimer, Archiv f. Anat. u. Physiol., physiol. Abt., Suppl. **1902**, 336—366.
[9]) E. Henrotin, Ann. Soc. roy. Sc. méd. et nat. Bruxelles **18**, fasc. 2, 1—43 [1909].
[10]) Y. Oguro, Biochem. Zeitschr. **22**, 278—282 [1909].
[11]) J. P. Pawlow u. S. W. Parastschuk, Zeitschr. f. physiol. Chemie **42**, 415—452 [1904]. — J. W. A. Gewin, Zeitschr. f. physiol. Chemie **54**, 31—79 [1907]. — H. M. Vernon, Journ. of Physiol. **29**, 302—334 [1903]. — M. Jacoby, Biochem. Zeitschr. **1**, 53—74 [1906]. — J. Wohlgemuth u. H. Roeder, Biochem. Zeitschr. **2**, 420—427 [1906]. — W. W. Sawitsch, Zeitschr. f. physiol. Chemie **55**, 84—105 [1908]. — N. P. Tichomirow, Zeitschr. f. physiol. Chemie **55**, 107—139 [1908]. — A. Briot, Compt. rend. de la Soc. de Biol. **64**, 369—370 [1908]. — J. Sellier, Compt. rend. de la Soc. de Biol. **65**, 754—756 [1908]. — C. Gerber, Compt. rend. de la Soc. de Biol. **67**, 332—334 [1909]. — Th. J. Migay u. W. W. Sawitsch, Zeitschr. f. physiol. Chemie **63**, 405 bis 412 [1909]. — W. van Dam, Zeitschr. f. physiol. Chemie **64**, 306—336 [1910].
[12]) I. Bang, Zeitschr. f. physiol. Chemie **43**, 358—360 [1904]. — Sigval Schmidt-Nielsen, Zeitschr. f. physiol. Chemie **48**, 92—109 [1906]. — Orla Jensen, Rev. génér. du lait **6**, 272—281 [1907]. — O. Hammarsten, Zeitschr. f. physiol. Chemie **56**, 18—80 [1908]; **68**, 119—159 [1910]. — J. C. Hemmeter, Ewalds Festschrift, Berl. klin. Wochenschr. **1908**, 14.
[13]) R. O. Herzog, Zeitschr. f. physiol. Chemie **60**, 306—310 [1909]. — A. E. Taylor, Journ. of biol. Chemistry **5**, 399—403 [1909].
[14]) M. Nencki u. N. Sieber, Zeitschr. f. physiol. Chemie **32**, 291—319 [1901]. — C. A. Pekelharing, Zeitschr. f. physiol. Chemie **35**, 8—30 [1902].
[15]) W. W. Sawjalow, Zeitschr. f. physiol. Chemie **46**, 307—351 [1905].
[16]) L. Michaelis, Biochem. Zeitschr. **17**, 231—234 [1909].
[17]) W. N. Okunew, Inaug.-Diss. St. Petersburg 1895; zit. nach W. N. Boldireff, Arch. des sc. biol. de St. Pétersbourg **11**, 1—165 [1905]. — W. W. Sawjalow, Inaug.-Diss. Dorpat 1899; zit. nach Malys Jahresber. d. Tierchemie **29**, 58 [1900]; Archiv f. d. ges. Physiol. **85**, 171—225 [1901]; Centralbl. f. Physiol. **16**, 625—627 [1903]. — Maria Lawrow u. S. Salaskin, Zeitschr. f. physiol.

tischen Verdauungsprodukte in der Zeiteinheit den Quadratwurzeln aus den relativen Fermentmengen proportional zu sein, d. h. dem Schütz-Borissowschen Gesetze zu folgen[1]). Pepsin beeinflußt das Brechungsvermögen der Substratlösung nicht[2]). Die Pepsinsalzsäurewirkung verläuft wahrscheinlich mit positiver Wärmetönung[3]). Ob das Pepsin an der Reaktion teilnimmt und verbraucht wird, wie Spineanu[4]) es anzunehmen geneigt ist, muß als keineswegs bewiesen betrachtet werden. Bereits sogleich nach dem Vermischen einer konzentrierten Pepsinlösung mit Ovalbumin wird dadurch ein erheblicher Anteil dieses Proteines der Hitzegerinnung entzogen; diese Fermentwirkung folgt der Schütz-Borissowschen Regel[5]). Die verschiedenen Pepsinasen weisen keineswegs identische Eigenschaften auf; das Hundepepsin scheint am wirksamsten zu sein[6]). Die Pepsinase ist in Wasser, verdünnten Salzlösungen, verdünnten Säuren und Glycerin löslich; sie wird durch Alkohol gefällt. Durch Tierkohle[7]), Kollodium[8]), Agar-Agar[9]), Ziegelsteinpulver, Cholesterin, phosphorsauren Kalk, Magnesiumcarbonat, Talkum, Tonerde, Kaolin, adsorbiert, teilweise auch durch Wismutsubnitrat und Bariumsulfat[10]). Fibrin adsorbiert das Pepsin[11]) besonders in schwach saurer Lösung, nicht aber in verdünnter Sodalösung. Sowohl verdünnte Sodalösung als HCl können das Pepsin dem Fibrin entziehen[12]). Erhitztes Pepsin wird nicht mehr durch Fibrin adsorbiert[13]). Nach Iscovesco[14]) ist Pepsin ein positives Kolloid, nach Loeb[15]) ist es eine schwache Base und wirkt nur das Pepsinkation als Ferment, nach Michaelis und Ehrenreich[7]) hat es den Charakter einer Säure. Der elektrische Strom zerstört Pepsin und trägt es dem negativen Pol über[16]). Durch Säurezusatz bewirkt man Umkehrung der Ladung beim Pepsin[17]). In neutraler und sogar auch in stark saurer Lösung wandert das Pepsin rein anodisch[18]). Diffundiert langsam durch Pergament-

Chemie **36**, 276—291 [1902]. — R. O. Herzog, Zeitschr. f. physiol. Chemie **39**, 305—312 [1903]. — D. Kurajeff, Beiträge z. chem. Physiol. u. Pathol. **4**, 476—485 [1904]. — A. Nürnberg, Beiträge z. chem. Physiol. u. Pathol. **4**, 543—553 [1904]. — H. Bayer, Beiträge z. chem. Physiol. u. Pathol. **4**, 554—562 [1904]. — J. Grossmann, Beiträge z. chem. Physiol. u. Pathol. **6**, 191—205 [1905]. — R. Wait, Inaug.-Diss. Jurjew 1905, zit. nach D. Lawrow. — H. Euler, Zeitschr. f. physiol. Chemie **52**, 146—158 [1907]. — J. Lukomnik, Beiträge z. chem. Physiol. u. Pathol. **9**, 205—214 [1907]. — L. Rosenfeld, Beiträge z. chem. Physiol. u. Pathol. **9**, 215—231 [1907]. — D. Lawrow, Zeitschr. f. physiol. Chemie **51**, 1—32 [1907]; **53**, 1—7 [1907]; **56**, 342—362 [1908]; **60**, 520—532 [1909]. — P. A. Levene u. D. D. van Slyke, Biochem. Zeitschr. **13**, 458—474 [1908]; **16**, 203—206 [1909]. — F. Bottazzi, Arch. di Fisiol. **6**, 169—239 [1909].

[1]) E. Schütz, Zeitschr. f. physiol. Chemie **9**, 577—590 [1887]. — P. Borissow, Inaug.-Diss. St. Petersburg 1891. — J. Schütz, Zeitschr. f. physiol. Chemie **30**, 1—14 [1900]. — E. Schütz u. H. Huppert, Archiv f. d. ges. Physiol. **80**, 470—526 [1900]. — P. Grützner, Archiv f. d. ges. Physiol. **106**, 463—522 [1905]. — Percy W. Cobb, Amer. Journ. of Physiol. **13**, 448—463 [1905]. — Stojan Wojwodoff, Inaug.-Diss. Berlin 1907, 34 Seit. — E. Schütz, Wien. klin. Wochenschr. **21**, 729—730 [1908]. — H. Reichel, Wien. klin. Wochenschr. **21**, 1183—1184 [1908]. — Oskar Gross, Berl. klin. Wochenschr. **45**, 643—646 [1908]. — Kurt Meyer, Berl. klin. Wochenschr. **45**, 1485—1487 [1908].

[2]) F. Obermayer u. E. P. Pick, Beiträge z. chem. Physiol. u. Pathol. **7**, 331—380 [1906].

[3]) Paul Hari, Archiv f. d. ges. Physiol. **121**, 459—482 [1908]. — E. Grafe, Archiv f. Hyg. **62**, 216—228 [1908].

[4]) G. D. Spineanu, Arch. int. de pharmacodynamie et de thérapie **18**, 491—498 [1908].

[5]) R. O. Herzog u. M. Margolis, Zeitschr. f. physiol. Chemie **60**, 298—305 [1909].

[6]) F. Klug, Archiv f. d. ges. Physiol. **60**, 43—70 [1895]. — A. Wrobleski, Zeitschr. f. physiol. Chemie **21**, 1—18 [1895].

[7]) L. Michaelis u. M. Ehrenreich, Biochem. Zeitschr. **10**, 283—299 [1908].

[8]) F. Strada, Ann. de l'Inst. Pasteur **22**, 982—1009 [1908]. A. Slosse u. H. Limbosch, Arch. int. Physiol, **8**, 417—431 [1909].

[9]) H. J. Hamburger, Arch. néerl. sc. exact. et nat. **13**, 428—442 [1908].

[10]) L. Lichtnitz, Therapie d. Gegenwart **49**, 542—546 [1908]. — E. Zunz, Arch. di Fisiol. **7**, 137—148 [1909].

[11]) von Wittich, Archiv f. d. ges. Physiol. **5**, 435—469 [1877]. — P. Carnot u. A. Chassevant, Compt. rend. de la Soc. de Biol. **53**, 1172—1174 [1901].

[12]) M. Grober, Deutsches Archiv f. klin. Medizin **79**, 443—449 [1904]. — M. Jacoby, Biochem. Zeitschr. **2**, 247—250 [1906].

[13]) E. Seligmann, Mediz. Klinik **2**, Nr. 14 [1906].

[14]) H. Iscovesco, Compt. rend. de la Soc. de Biol. **60**, 474—476 [1906].

[15]) J. Loeb, Biochem. Zeitschr. **19**, 534—538 [1909].

[16]) H. Iscovesco, Compt. rend. de la Soc. de Biol. **67**, 197—199 [1909]; Biochem. Zeitschr. **24**, 52—78 [1910].

[17]) L. Michaelis, Biochem. Zeitschr. **17**, 231—234 [1909].

[18]) L. Michaelis, Biochem. Zeitschr. **16**, 486—488 [1909].

papier[1]). Das Pepsin dringt fast völlig durch Porzellankerze, wenn die Lösung gegenüber Phenolphthalein neutral reagiert, kaum wenn sie gegenüber Methylorange neutral reagiert. Fügt man aber Neutralsalze oder $2^0/_{00}$ HCl zu einer dem Methylorange gegenüber neutral reagierenden Lösung, so dringt das Pepsin durch die Porzellankerze[2]). Bei Dialyse durch Blinddarm vom Schaf wird die Wirkung des Pepsins stark herabgesetzt; NaCl-Zusatz stellt sie wieder her[3]). Durch langdauerndes Schütteln zerstört[4]). Bindet sich mit HCl zu einer lockeren Verbindung[5]). Die Propepsinase ist relativ hitzebeständig. Sie wird normalerweise durch Säure aktiviert, und zwar meistens in folgender absteigender Reihe: HCl, HNO_3, H_2SO_4, Phosphorsäure, Essigsäure, Milchsäure[6]). Die verschiedenen Pepsinasen werden durch verschiedene Säuren ungleich aktiviert. Saccharin kann neutrales Pepsin aktivieren; es ist jedoch viel weniger wirksam als HCl. Saccharinüberschuß stört nicht. Bei geringen Mengen können sich die Wirkungen des Saccharins und der HCl verbinden, bei großen Mengen kann Saccharin indes die Pepsinsalzsäureverdauung stören. Bei Fermentüberschuß wirkt Saccharin günstig[7]). Lecithinmembranen sind viel durchgängiger für die Propepsinase als Cholesterinmembranen[8]). Sie dringt langsam durch Chamberlandkerze. Sie wird durch Tierkohle, Kieselgur, Schwerspat, Marmor, Lykopodium adsorbiert. 1proz. NaCl-Lösung aktiviert die Propepsinase nicht. Freies Alkali und NH_3 zerstören sie schon bei geringen Konzentrationen, Soda hingegen nicht. Phenol zerstört in 1proz. Konzentration, Sublimat in 0,1 proz., Formaldehyd erst in hoher Konzentration, nicht in geringer ($1/_2$—1 proz.). Cl, Br, J, Alkohol zerstören; Äther, Aceton, Toluol, Chloroform, Benzaldehyd, H_2O_2, O bleiben ohne Einfluß. Trypsin und Papain schädigen etwas das Propepsin, Galle und Dünndarmauszug hingegen nicht. Das Pepsin wirkt bei saurer Reaktion. Am wirksamsten sind HCl, Milchsäure, Oxalsäure[9]). Äpfelsäure und Ameisensäure sind viel weniger wirksam, Essigsäure und Propionsäure noch weniger. Borsäure ist ohne Einfluß oder hemmt[10]). Die optimale Säurekonzentration hängt vom umgebenden Medium, von der Natur des Substrates und von der Herkunft des Fermentes, sowie von der Fermentmenge ab[11]). Magenpepsin wirkt gewöhnlich am besten bei Anwesenheit von 0,8 bis $1^0/_{00}$ HCl auf Fibrin, von $1^0/_{00}$ HCl auf Casein und Myosin, von 2—$5^0/_{00}$ HCl auf Eiereiweiß. Die H-Ionen begünstigen die Pepsinwirkung, sind aber dazu keineswegs unumgänglich notwendig[12]). Magenpepsin greift noch Serumalbumin, wenn auch nur sehr langsam, in Na_2HPO_4-Lösungen an, welche gegen Phenolphthalein schwach sauer reagieren, gegen Lackmus aber schon alkalisch[13]). H_2O_2 begünstigt die Pepsinwirkung[14]). Coffein und Theobromin fördern oder sind gleichgültig[15]). In geringen Dosen fördert Chinin[16]). Gewürze (Pfeffer usw.) begünstigen[17]). Menthol und Resorcin sind ohne Einfluß[18]). Die Proteosen, die Peptone, die Aminosäuren und alle Spaltprodukte der Proteine verhindern die Pepsinwirkung, haupt-

---

[1]) N. Chodschajew, Arch. de phys. norm. et pathol. 30, 241—253 [1898].
[2]) M. Holderer, Compt. rend. de l'Acad. des Sc. 150, 790—792 [1910].
[3]) E. Starkenstein, Biochem. Zeitschr. 24, 210—218 [1910].
[4]) A. O. Shaklee, Centralbl. f. Physiol. 23, 3—4 [1909]. — A. O. Shaklee u. S. J. Meltzer, Amer. Journ. of Physiol. 25, 81—112 [1909].
[5]) von Wittich, Archiv f. d. ges. Physiol. 5, 435—469 [1877].
[6]) A. Wróbleski, Zeitschr. f. physiol. Chemie 21, 1—18 [1895].
[7]) H. Roger u. M. Garnier, Arch. de méd. expér. et d'anat. pathol. 19, 497—504 [1907].
[8]) P. C. Swart, Biochem. Zeitschr. 6, 358—368 [1907].
[9]) A. Wróbleski, Zeitschr. f. physiol. Chemie 21, 1—18 [1895].
[10]) N. P. Afonski, Inaug.-Diss. St. Petersburg 1907, zit. nach Biochem. Zeitschr. 6, Nr. 2648.
[11]) H. Iscovesco, Compt. rend. de la Soc. de Biol. 61, 282—284 [1906]. — H. Roger u. Ch. Garnier, Compt. rend. de la Soc. de Biol. 61, 313—316 [1906]. — Andrea Ferranini, Compt. rend. de la Soc. de Biol. 61, 689—690 [1906]. — Albert Müller, Deutsches Archiv f. klin. Medizin 88, 522—541 [1907].
[12]) W. N. Berg u. W. J. Gies, Journ. of biol. Chemistry 2, 489—546 [1907]. — S. P. L. Sörensen, Biochem. Zeitschr. 21, 131—304 [1909]. — J. Schütz, Biochem. Zeitschr. 22, 33—44 [1909].
[13]) E. Zunz, Beiträge z. chem. Physiol. u. Pathol. 3, 435—480 [1902].
[14]) A. J. J. Vandevelde, Beiträge z. chem. Physiol. u. Pathol. 5, 558—570 [1904].
[15]) A. Wróbleski, Zeitschr. f. physiol. Chemie 21, 1—18 [1895]. — N. I. Pawlowsky, Arb. a. d. med.-chem. Laborat. d. Univ. zu Tomsk 1, Heft 1 [1902], zit. nach Biochem. Centralbl. 1, Nr. 1045.
[16]) L. Wolberg, Archiv f. d. ges. Physiol. 22, 291—310 [1880]. — E. Laqueur, Archiv f. experim. Pathol. u. Pharmakol. 55, 240—262 [1906].
[17]) Ernst Mann, Inaug.-Diss. Erlangen 1897.
[18]) N. Afonski, Inaug.-Diss. St. Petersburg 1907, zit. nach Biochem. Zeitschr. 6, Nr. 2648.

sächlich infolge HCl-Bindung[1]). Gelatine hemmt[2]). Alkalien wirken störend. Schon 0,5 bis 1 proz. Natriumcarbonat verhindert die Pepsinwirkung. Um im alkalisierten Magensafte die Fermentwirkung nach Möglichkeit wiederherzustellen, muß man $4/5$ der Alkalescenz des Saftes beseitigen, und nachdem man ihn 46 Stunden bei Zimmertemperatur im Zwischenstadium gehalten hat, das entwickelte Ferment durch Säure befestigen[3]). Neutralsalze und Metallsalze wirken verzögernd[4]). Von den Kationen wirkt Na am stärksten. Bei den Anionen ergibt sich folgende absteigende Reihe: Rhodanid, Acetat, SO_4, NO_3, J, Br, Cl [5]). Salze schwächerer Säuren üben eine größere hemmende Wirkung als Salze stärkerer Säuren aus, oder die Wirkung der Salze bei der peptischen Verdauung ist der Affinitätskonstante der Säuren, aus denen die Salze gebildet werden, umgekehrt[6]). Gold-, Platin-, Silber-, Arsen-, Wismut-, Selen-, Kupfer-, Quecksilber-, Eisenhydroxydkolloide hemmen die Pepsinwirkung[7]). Alkohol, Chloroform, Toluol, Thymol hemmen in großen Dosen, sind gleichgültig oder fördern in geringen Dosen[8]). Formaldehyd hemmt nur wenig[9]). β-Naphthol, Salicylsäure, Natriumsulfit hemmen erheblich, Borsäure und Resorcinol wenig[10]). Jodoform in antiseptischen Dosen verzögert nicht[11]). Sublimat hemmt, ohne zu zerstören[12]). Glycerin, Traubenzucker[13]), Maltose, arabischer Gummi[14]) verzögern, Lactose hingegen nicht[15]). Die Fermentreaktion geht um so langsamer vor sich, je mehr das Wasser des Mediums durch einen chemischen Körper (Glycerin, Harnstoff, Traubenzucker) ersetzt wird[16]). Phenolphthalein hemmt. Die Phenole hemmen mit Ausnahme des Phloroglucins; die hemmende Einwirkung der Monophenole ist stärker als die der Polyphenole; von isomeren Phenolen hemmen die Orthoverbindungen am stärksten; Ersatz eines H des Benzolringes durch eine Nitro- oder Butylgruppe verstärkt erheblich die hemmende Einwirkung[17]). Salicylsäure, Benzoesäure, die Gerbsäuren, Chloral, Benzaldehyd, Brechweinstein hemmen[18]). Kreosot und Teer hemmen beträchtlich[19]). Par-

---

[1]) A. Sheridan Lea, Journ. of Physiol. 11, 226—263 [1890]. — F. A. Hoffmann, Centralbl. f. klin. Medizin 12, 793—795 [1891]. — Th. Rosenheim, Centralbl. f. klin. Medizin 12, 729—733 [1891]. — E. Salkowski, Centralbl. f. d. med. Wissensch. 29, 945—948 [1891]; Virchows Archiv 127, 501—518 [1892]. — A. Gürber, Sitzungsber. d. physik.-med. Gesellschaft zu Würzburg 1895, 67—73. — Carlos Pupo, Thèse de Genève 1899, 39 Seit.-Friedr. Krüger, Zeitschr. f. Biol. 41, 378—392, 467—483 [1901]. — H. Jastrowitz, Biochem. Zeitschr. 2, 157—172 [1906]. — Charles P. Emerson, Deutsches Archiv f. klin. Medizin 72, 415—441 [1902].

[2]) J. Sailer u. C. B. Farr, Amer. Journ. of the med. Sc. 133, 113—127 [1907].

[3]) S. Nagayo, Inaug.-Diss. Würzburg 1893, 26 Seit. — N. P. Tichomirow, Zeitschr. f. physiol. Chemie 55, 107—139 [1908].

[4]) A. Schmidt, Archiv f. d. ges. Physiol. 13, 93—146 [1876]. — E. Biernacki, Zeitschr. f. Biol. 28, 49—71 [1891]. — A. Dastre, Compt. rend. de la Soc. de Biol. 45, 778—781 [1894]. — Ch. Pons, Arch. int. de pharmacodynamie et de thérapie 17, 249—278 [1907].

[5]) J. Schütz, Beiträge z. chem. Physiol. u. Pathol. 5, 406—411 [1904]. — Max Ascher, Archiv f. Verdauungskrankh. 14, 629—639 [1908].

[6]) S. J. Levites, Zeitschr. f. physiol. Chemie 48, 187—191 [1906].

[7]) L. Pincussohn, Biochem. Zeitschr. 8, 387—398 [1908].

[8]) Wilhelm Buchner, Deutsches Archiv f. klin. Medizin 29, 537—554 [1881]. — A. Bertels, Virchows Archiv 130, 497—511 [1892]. — Dubs, Virchows Archiv 134, 519—540 [1893]. — E. Laborde, Compt. rend. de la Soc. de Biol. 51, 821—823 [1899]. — Eug. Thibault, Journ. de Pharm. et de Chim. [6] 15, 5—13, 161—167 [1902]. — J. A. Grober, Archiv f. d. ges. Physiol. 104, 109—118 [1904].

[9]) C. L. Bliss u. F. G. Novy, Journ. of exper. Med. 4, 47—80 [1899].

[10]) A. Heineberg u. G. Bachmann, Journ. Amer. med. Assoc. 53, 1454—1456 [1909].

[11]) S. Birk, Inaug.-Diss. Erlangen 1904, 95 Seit. — A. J. J. Vandevelde, Biochem. Zeitschr. 3, 315—319 [1907].

[12]) S. Hata, Biochem. Zeitschr. 17, 156—187 [1909].

[13]) E. Buchner, Berichte d. Deutsch. chem. Gesellschaft 30, 1110—1113 [1897]. — E. Nierenstein u. A. Schiff, Archiv f. Verdauungskrankh. 8, 559—604 [1903].

[14]) O. Mugdan, Berl. klin. Wochenschr. 28, 788—791 [1891].

[15]) J. Sailer u. C. B. Farr, Amer. Journ. of the med. Sc. 133, 113—127 [1907].

[16]) H. Braeuning, Zeitschr. f. physiol. Chemie 48, 187—191 [1906].

[17]) L. Lardet, Thèse de pharmacie de Lyon 1907.

[18]) A. Wróbleski, Zeitschr. f. physiol. Chemie 21, 1—18 [1895]. — J. Sailer u. C. B. Farr, Amer. Journ. of the med. Sc. 133, 113—127 [1907]. — M. Ascher, Archiv f. Verdauungskrankh. 14, 629—639 [1908]. — A. Petit, Recherches sur la pepsine, Paris 1881.

[19]) S. Birk, Inaug.-Diss. Erlangen 1904, 95 Seit. — J. Sailer u. C. B. Farr, Amer. Journ. of the med. Sc. 133, 113—127 [1907]. — E. Gudeman, Journ. Amer. Chem. Soc. 27, 1436—1442 [1905].

aldehyd und Thallinsulfat fördern in kleinen Dosen, hemmen in großen. Antipyrin und Antifebrin verzögern nur wenig[1]). Veratrin, Morphin, Narcein und die meisten Alkaloide hemmen; in geringen Dosen bleiben die Chinin-, Strychnin- und Morphinsalze ohne Einfluß[2]). Hordeninsulfat verzögert die Pepsinwirkung[3]). Tabaksaft hemmt[4]). Fast alle Anilinfarben hemmen[5]). Orlean beeinflußt in der Konzentration von 1 : 100 bis 1 : 1000 die enzymatische Wirkung des Pepsins auf Fibrin nicht, verringert sie aber beim Eieralbumin und Casein. Safran verringert die Wirkung auf Fibrin, Eieralbumin und Casein, wenn er in Mengen von 1 : 100 bis 1 : 400 angewandt wird; in geringeren Mengen bleibt er ohne Einfluß. Curcuma beeinflußt die Wirkung auf Fibrin nicht in Mengen von 1 : 800 oder weniger, während es beim Casein und Eieralbumin die Enzymwirkung in jedem Falle herabsetzt. Cochenille und Bismarckbraun verringern die Wirkung auf Fibrin und Casein bei stärkerer Konzentration als 1 : 400, beim Eieralbumin dagegen nicht. Croceinscharlach verhindert die enzymatische Wirkung auf Fibrin vollkommen; beim Casein und Eieralbumin tun dies Lösungen von 1 : 100 bis 1 : 200, während kleine Mengen sie nur herabsetzen[6]). CO_2 hemmt[7]). Das Optimum der Wirkung wird so bei 50 bis 55° erreicht; die verdauende Kraft des Pepsins steht im geraden Verhältnisse zur Höhe der Temperatur[8]). In neutraler Lösung wird das Pepsin bei 55°, in saurer (2⁰/₀₀ HCl) bei 65° zerstört. Verschiedene Salze, Kolloide, Proteine, Proteosen, Peptone erhöhen den Widerstand des Pepsins gegen Erwärmen[9]). Im trocknen Zustande verträgt Pepsin noch 100°. Schon bei 37° verliert gelöstes Pepsin langsam an Wirksamkeit; wenige Minuten dauernde Einwirkung einer Temperatur von 40—42° schädigt erheblich die Pepsinwirkung[10]). Das Pepsin wirkt noch schwach bei 0°[11]) und wird selbst bei Gefrierenlassen mittels tiefster Kälte (flüssige Luft) nicht vernichtet[12]). Trypsin und Bakterienproteasen beschleunigen die Zerstörung des Pepsins durch Alkalien; diese Enzyme scheinen in neutraler Lösung die Pepsinase nicht anzugreifen[13]). Papain zerstört teilweise das Pepsin[14]). Blut, Leber-, Muskel-, Nieren-, Nebennierenextrakt besitzen einen hemmenden Einfluß auf Pepsin[15]). Im normalen menschlichen Blutserum, in der Ödemflüssigkeit, in den Exsudaten bestehen durch Alkohol fällbare, die Pepsinwirkung hemmende Stoffe. Nach Jochmann und Kantorowicz[16]) kreisen im Blute mindestens 2 Hemmungsstoffe, wovon der eine die Serumeiweißverdauung verhindert und bei 80—85° zerstört wird, während der andere die Eiereiweißverdauung hemmt und auf 100° erhitzt werden kann ohne Schädigung. Normales Kaninchen-, Pferd-, Hunde-, Ziegen-, Schafserum enthält eine oder mehrere thermolabile Stoffe, welche in ganz schwach saurem Medium Pepsin fällen[17]). Normales Kaninchenserum enthält außerdem einen oder mehrere Stoffe, welche in neutralem Medium die Wirkung des Pepsins hemmen, und auch in saurem Medium, aber nur bei erheblichen Serummengen[18]). Die hemmenden

---

[1]) L. Wolberg, Archiv f. d. ges. Physiol. **22**, 291—310 [1880].
[2]) A. Wróbleski, Zeitschr. f. physiol. Chemie **21**, 1—18 [1895]. — A. Petit, Recherches sur la pepsine, Paris 1881.
[3]) L. Camus, Compt. rend. de la Soc. de Biol. **60**, 264—266 [1907].
[4]) Ernst Mann, Inaug.-Diss. Erlangen 1897.
[5]) A. Winogradow, Ruski Wratsch 4, No. 50 [1902]; zit. nach Malys Jahresber. d. Tierchemie **23**, 391. — E. Gudeman, Journ. Amer. Chem. Soc. **27**, 1436—1442 [1905].
[6]) H. W. Houghton, Journ. Amer. Chem. Soc. **29**, 1351—1357 [1907].
[7]) N. P. Schierbeck, Skand. Archiv f. Physiol. **3**, 344—380 [1902].
[8]) H. Roeder, Biochem. Zeitschr. **24**, 496—520 [1910].
[9]) E. Biernacki, Zeitschr. f. Biol. **28**, 49—71 [1891]. — J. A. Grober, Archiv f. experim. Pathol. u. Pharmakol. **51**, 103—117 [1904].
[10]) A. O. Shaklee, Centralbl. f. Physiol. **23**, 4—5 [1909]. — H. Roeder, Biochem. Zeitschr. **23**, 496—520 [1910].
[11]) F. Klug, Archiv f. d. ges. Physiol. **92**, 281—292 [1902]. — Y. Oguro, Biochem. Zeitschr. **22**, 278—282 [1909].
[12]) Ad. Bickel, Deutsche med. Wochenschr. **32**, 1323—1327 [1906]. — H. Roeder, Biochem. Zeitschr. **23**, 496—520 [1910].
[13]) J. Papasotiriou, Archiv f. Hyg. **57**, 269—272 [1906].
[14]) V. Harlay, Thèse de pharmacie Paris 1900, 101 Seit.
[15]) Schnappauf, Inaug.-Diss. Rostock 1888. — M. Hahn, Berl. klin. Wochenschr. **34**, 499—501 [1897]. — L. Camus u. E. Gley, Compt. rend. de la Soc. de Biol. **49**, 825—826 [1897]. — Jean Perin, Compt. rend. de la Soc. de Biol. **54**, 938—940 [1902]. — M. Loeper u. Ch. Esmonet, Compt. rend. de la Soc. de Biol. **64**, 585—587, 850—852 [1908].
[16]) G. Jochmann u. A. Kantorowicz, Zeitschr. f. klin. Medizin **66**, 153—168 [1908].
[17]) G. Cantacuzène u. C. Jonescu, Compt. rend. de la Soc. de Biol. **65**, 271—272 [1908].
[18]) G. Cantacuzène u. C. Jonescu, Compt. rend. de la Soc. de Biol. **65**, 273—274 [1908].

Eigenschaften des Serums gegenüber der Pepsinwirkung sind keineswegs parallel den hemmenden Eigenschaften desselben Serums gegenüber der Trypsinwirkung[1]). Durch Dialyse werden die hemmenden Eigenschaften des Serums kaum oder gar nicht verändert[2]). In der Magen- und in der Darmwand bestehen auch gewisse Hemmungsstoffe gegenüber der Pepsinwirkung; diese Stoffe lassen sich mit schwacher Säure aus der Magenschleimhaut extrahieren; sie sind kochbeständig und durch Alkohol fällbar[3]). Die Extrakte aus Hefen, Pilzen, Bakterien, Eingeweidewürmern enthalten auch Hemmungsstoffe[4]). Das Pepsin wird durch Bestrahlung mit Röntgenstrahlen nicht beeinflußt[5]). Die Radiumemanation hingegen begünstigt die Pepsinwirkung[6]). Der galvanische Strom schädigt sehr Pepsin, der .faradische Strom und die Teslaströme bleiben ohne Einfluß[7]). Unter gewissen Umständen glaubt Robertson eine synthetische Proteinbildung aus den Spaltprodukten der Protamine und des Caseins durch Pepsinwirkung beobachtet zu haben[8]).

β-Proteasen.

Definition: In schwachsaurer Lösung eine teilweise Zerlegung der komplizierten Proteine und der Protamine bewirkende Enzyme.

Vorkommen: Im Hefepreßsafte[9]). In den Papayotinpräparaten. In der Milz[10]). Unter gewissen Umständen im Hundemagensafte neben dem Pepsin[11]).

Physikalische und chemische Eigenschaften: Das Wirkungsoptimum liegt bei anderen Aciditätsverhältnissen als das des Pepsins. Die β-Proteasen wirken besser in Phosphorsäure- als in Salzsäureanwesenheit. Ob die β-Protease des Hefepreßsaftes mit der Endotryptase identisch ist oder nicht, ist keineswegs festgestellt. Es ist auch völlig unentschieden, ob das Papain selbst die Wirkung der β-Protease ausübt oder ob eine besondere β-Protease in den Papayotinpräparaten, neben dem Papain vorhanden ist. Die β-Lienase wird später mit den autolytischen Fermenten kurz besprochen.

Tryptase.

Definition: Ein auch **Trypsin** benanntes Ferment, welches die Proteine bis zu den Aminosäuren oder den Polypeptiden spaltet.

Vorkommen: In der Hefe als Endotryptase, wahrscheinlich als Zymogen[12]). In gewissen Pilzen und Schimmelpilzen: Penicillium, Actinomyces, Fuligo septica, Fuligo

---

[1]) E. Zunz, Bull. Ac. roy. méd. Belgique [4] **19**, 729—761 [1905]. — G. von Bergmann u. Kurt Meyer, Berl. klin. Wochenschr. **45**, 1673—1677 [1908]. — G. Eisner, Zeitschr. f. Immunitätsforsch. u. experim. Therapie **1**, 650—675 [1909]. — Y. Oguro, Biochem. Zeitschr. **22**, 266—277 [1909].

[2]) H. Iscovesco, Compt. rend. de la Soc. de Biol. **60**, 694—696, 743—749 [1906]. — M. Jacoby, Biochem. Zeitschr. **1**, 53—74 [1906]; **2**, 144—147, 247—250 [1906]; **4**, 21—24, 471—483 [1907]; **8**, 40—41 [1908]; **10**, 229—235 [1908].

[3]) E. Weinland, Zeitschr. f. Biol. **44**, 45—60 [1903]. — E. Hensel, Inaug.-Diss. St. Petersburg 1903, 52 Seit. — Osw. Schwarz, Beiträge z. chem. Physiol. u. Pathol. **6**, 524—542 [1905]. — L. Blum u. E. Fuld, Zeitschr. f. klin. Medizin **58**, 505—517 [1906]. — F. de Klug, Arch. int. de Physiol. **5**, 297—317 [1907].

[4]) E. Weinland, Zeitschr. f. Biol. **43**, 86—111 [1902]; **44**, 1—60 [1902]. — N. J. Krasnogorski, Nachr. d. Milit.-med. Akad. **12** [1906]; zit. nach Biochem. Centralbl. **5**, Nr. 1178.

[5]) P. F. Richter u. H. Gerhartz, Berl. klin. Wochenschr. **45**, 646—648 [1908].

[6]) Bergell u. Bickel, Kongr. f. inn. Medizin Wiesbaden 1906, zit. nach S. Loewenthal u. J. Wohlgemuth, Biochem. Zeitschr. **21**, 476—483 [1909].

[7]) T. Kudo, Biochem. Zeitschr. **16**, 221—242 [1909].

[8]) T. Brailsford Robertson, Journ. of biol. Chemistry **3**, 95—99 [1907]; **5**, 493—523 [1909]; Univ. of Calif. Publ., Physiology **3**, No. 13, 91—94 [1908].

[9]) M. Hahn u. H. Geret, Zeitschr. f. Biol. **40**, 117—172 [1900].

[10]) S. G. Hedin, Zeitschr. f. physiol. Chemie **32**, 531—540 [1901]; Journ. of Physiol. **30**, 155—175 [1903]; Biochemical Journal **2**, 111—116 [1907]. — J. B. Leathes, Journ. of Physiol. **28**, 360—365 [1902]. — E. P. Cathcart, Journ. of Physiol. **32**, 299—304 [1905].

[11]) M. Takemura, Zeitschr. f. physiol. Chemie **63**, 201—214 [1909]. - K. Hirayama, Zeitschr. f. physiol. Chemie **65**, 290—292 [1910].

[12]) M. Hahn u. L. Geret, Zeitschr. f. Biol. **40**, 117—172 [1900]. — E. Buchner, H. Buchner u. M. Hahn, Die Zymasegärung, 1903, S. 323.

varians[1]). In verschiedenen Bakterien (siehe Bakterienproteasen). Vielleicht im Hühnerei[2]). Bei den Fischen entweder durch den Häpatopankreas[3]), den Pankreas oder die Pylorusanhänge[4] abgesondert oder bei den magenlosen Fischen in der ganzen Länge des Darmrohres[5]). Im Pankreassafte als Zymogen bei allen Wirbeltieren, auch im Fötalleben; beim menschlichen Fötus vom vierten Monate an[6]). In der Galle[7]). Im Hundedarme, meistens aber nur als Zymogen[8]) Im Dickdarminhalte[9]), im Meconium[10]), im Säuglingskote[11]). Im diarrhöischen und vielleicht auch im normalen menschlichen Kote[12]); es handelt sich indes wahrscheinlich nicht um Trypsin, sondern um Leukoprotease[13]). Beim Menschen in den Chorionzotten der ersten vier Schwangerschaftsmonate, und zwar wahrscheinlich in den Langhanszellen[14]). Vielleicht in der menschlichen Placenta[15]). Fehlt wahrscheinlich im normalen Harne, kann aber nach subcutanen Einspritzungen im Harne übergehen[16]). Fehlt in der normalen Cerebrospinalflüssigkeit, kann aber in gewissen Krankheiten darin auftreten[17]).

Darstellung: Bis jetzt besteht noch kein sicheres Verfahren zur Reindarstellung des Trypsins oder seines Zymogens. Jacoby[18]) und Mays[19]) haben verschiedene Aussalzungsmethoden beschrieben, um aus Pankreasextrakten wirksame Trypsinpräparate darzustellen; leider ergeben diese Verfahren nicht stets dieselben Verhältnisse. Schwarzschild[20]) hat eine Vorschrift zur Darstellung einer wirksamen, keine Biuretreaktion darbietenden Trypsinlösung, angegeben. Man kann das Zymogen nach dem Heidenhainschen[21]) Verfahren darstellen. Am besten bedient man sich des reinen Fistelsaftes der Pankreasdrüse, in welcher sich das Trypsin als Zymogen befindet.

Nachweis: Eine klare 5 oder 10 proz. schwach alkalisch reagierende Lösung von Seidepepton wird mit Toluol zur prüfenden Fermentlösung gefügt; die Probe wird in den Brutschrank gebracht und man beobachtet die Tyrosinausscheidung[22]). Für die Feststellung des Ganges der tryptischen Verdauung scheinen das Caseinverfahren von Groß und Fuld[23]) oder die Sörensensche Formolmethode am empfehlenswertesten zu sein[24]).

[1]) A. Poehl, Berichte d. Deutsch. chem. Gesellschaft **14**, 1355 [1881]; Inaug.-Diss. Dorpat 1882, zit. nach Biol. Centralbl. **3**, 252—255 [1883]. — E. Bourquelot u. H. Hérissey, Journ. de Pharm. et de Chim. [6] **8**, 448—453 [1896]; Compt. rend. de l'Acad. des Sc. **127**, 666—669 [1898]. — E. Macé, Compt. rend. de l'Acad. des Sc. **141**, 147—148 [1905]. — H. Schroeder, Beiträge z. chem. Physiol. u. Pathol. **9**, 153—167 [1907].
[2]) Gayon, Thèse de Paris 1875. — Mroczkowski, Biol. Centralbl. **9**, 154—156 [1889].
[3]) E. Laguesse, Compt. rend. de la Soc. de Biol. **43**, 145—146 [1891].
[4]) W. Stirling, Journ. of Anat. and Physiol. **18**, 426—435 [1884]. — E. Bondouy, Compt. rend. de la Soc. de Biol. **43**, 145—146 [1891].
[5]) N. Zuntz u. K. Knauthe, Verh. d. phys. Ges. zu Berlin in Archiv f. Anat. u. Physiol., physiol. Abt. **1898**, 149—153. — E. Yung, Arch. de zool. expér. [3] **7**, 121—201 [1899].
[6]) J. Ibrahim, Biochem. Zeitschr. **22**, 24—32 [1909].
[7]) G. G. Bruno, Arch. sc. biol. St. Pétersbourg **7**, 87—143 [1899]. — A. Tschermak, Centralbl. f. Physiol. **16**, 329—330 [1902].
[8]) E. v. Schönborn, Zeitschr. f. Biol. **53**, 386—428 [1910].
[9]) J. C. Hemmeter, Archiv f. d. ges. Physiol. **81**, 151—161 [1900]. — N. D. Străzesco, Inaug.-Diss. St. Petersburg 1904, zit. nach Malys Jahresber. d. Tierchemie **34**, 506.
[10]) H. Pottevin, Compt. rend. de la Soc. de Biol. **52**, 589—591 [1900].
[11]) Hecht, Wien. klin. Wochenschr. **21**, 1550—1552 [1908].
[12]) J. Grober, Deutsches Archiv f. klin. Medizin **83**, 309—320 [1905]. — S. Koslowsky, Inaug.-Diss. Greifswald 1909, 34 Seit. — H. Ury, Biochem. Zeitschr. **23**, 153—178 [1909]. — A. Schittenhelm, Centralbl. f. d. Physiol. u. Pathol. des Stoffw. [N. F.] **5**, 49—51 [1910].
[13]) Ruwin Kauffmann, Inaug.-Diss. Breslau 1907, 33 Seit.
[14]) E. Graefenberg, Zeitschr. f. Geb. u. Gyn. **65**, 1—35 [1909].
[15]) W. Löb u. S. Higuchi, Biochem. Zeitschr. **23**, 316—336 [1909].
[16]) J. Brodzki, Zeitschr. f. klin. Medizin **63**, 537—543 [1907]. — Arnold Benfey, Biochem. Zeitschr. **10**, 458—462 [1908]. — Bamberg, Zeitschr. f. experim. Pathol. u. Therapie **5**, 742—749 [1909].
[17]) A. R. Dochez, Journ. of experim. Med. **11**, 718—742 [1909].
[18]) M. Jacoby, Archiv f. experim. Pathol. u. Pharmakol. **46**, 28—40 [1901].
[19]) K. Mays, Zeitschr. f. physiol. Chemie **38**, 428—512 [1903].
[20]) M. Schwarzschild, Beiträge z. chem. Physiol. u. Pathol. **4**, 155—170 [1904].
[21]) R. Heidenhain, Archiv f. d. ges. Physiol. **10**, 557—632 [1875].
[22]) E. Abderhalden u. A. Schittenhelm, Zeitschr. f. physiol. Chemie **61**, 421—425 [1909].
[23]) O. Groß, Archiv f. experim. Pathol. u. Pharmakol. **58**, 157—166 [1907]. — E. Fuld, Archiv f. experim. Pathol. u. Pharmakol. **58**, 467 [1907].
[24]) S. P. L. Sörensen, Biochem. Zeitschr. **7**, 45—101 [1907]. — S. P. L. Sörensen u. Jessen-Hansen, Biochem. Zeitschr. **7**, 407—420 [1908].

Physiologische Eigenschaften: Im Pankreassafte besteht ein gewisser Parallelismus zwischen Trypsin- und N- oder Proteingehalt[1]). Je nach der Nahrungsart bedarf der durch Katheterismus beim Hunde erhaltene inaktive Pankreassaft eine mehr oder minder große Darmsaftmenge zu seiner Aktivierung: $1/500$—$1/1000$ seines Volumens bei Fleischnahrung, $1/20$ oder $1/10$ bei Brotnahrung; die eiweißverdauende Kraft bleibt aber stets dieselbe[2]). Pankreastrypsin wird leicht vom Ileum resorbiert, kaum vom Dickdarm oder vom Duodenojejunum; es geht im Harne über[3]), so daß Verfütterung von Pankreastrypsin Zunahme des Harntrypsins hervorruft[4]). Bei Fleischkost enthält der Hundeharn viel mehr Trypsinogen als bei gemischter Nahrung; während des Hungerzustandes enthält der Harn bereits aktives Trypsin[5]). Durch intraperitoneale Trypsineinspritzungen beim Meerschweinchen[6]) oder Pankreasimplantation in die Bauchhöhle[7]) erzielt man eine Zunahme der hemmenden Eigenschaften des Serums. Bei Ziegen konnten Bergell und Schütze dies nicht erreichen[8]). Durch subcutane Trypsineinspritzung konnte Bauer keine Zunahme des Serumantitrypsins bewirken[9]). Trypsinogeneinspritzungen (inaktiver Pankreassaft) erhöhen das Hemmungsvermögen des Serums nicht[10]). In gewissen Krankheiten [Pneumonie[11]), Carcinom, verschiedene Kachexiezustände[12])], schon beim Säugling[13]), sowie während der Schwangerschaft[14]) steigt das Hemmungsvermögen des Blutes; bei der Lues ist es oft vermindert[15]). Durch experimentelle Nephritis beim Kaninchen nimmt die Antitrypsinausscheidung im Harne zu. Nach Ureterunterbindung oder nach Nierenexstirpation tritt sowohl bei nephritischen als bei normalen Nieren Antitrypsinvermehrung im Serum auf[9]). Bei gewissen Krankheiten (akuter und subakuter Nephritis, Nierentuberkulose, Nierenamyloidose, akuten Infektionskrankheiten) besitzt der Harn eine antitryptische Wirksamkeit, welche wahrscheinlich von Stoffen lipoider Natur herrührt[16]). In gewissen Krankheiten (Lungenentzündung z. B.) kann die Cerebrospinalflüssigkeit ein Hemmungsvermögen gegen die Trypsinwirkung aufweisen[17]). Die intra-

---

[1]) B. P. Babkin u. N. P. Tichomirow, Zeitschr. f. physiol. Chemie **62**, 468—491 [1909].
[2]) A. Frouin, Compt. rend. de la Soc. de Biol. **63**, 473—474 [1907].
[3]) M. Loeper u. Ch. Esmonet, Compt. rend. de la Soc. de Biol. **64**, 310—311 [1908].
[4]) J. Bradzki, Zeitschr. f. klin. Medizin **63**, 537—543 [1907].
[5]) E. v. Schönborn, Zeitschr. f. Biol. **53**, 381—428 [1910].
[6]) P. Achalme, Ann. de l'Inst. Pasteur **15**, 737—752 [1901]. — G. Jochmann u. A. Kantorowicz, Münch. med. Wochenschr. **55**, 728—730 [1908]; Zeitschr. f. klin. Medizin **61**, 153—168 [1908].
[7]) G. von Bergmann u. Bamberg, Berl. klin. Wochenschr. **46**, 1396 [1908]. — G. von Bergmann, Med. Klinik **5**, 50—53 [1909].
[8]) P. Bergell u. A. Schütze, Zeitschr. f. Hyg. **50**, 305—308 [1905].
[9]) J. Bauer, Zeitschr. f. Immunitätsf. u. experim. Ther. **5**, 186—200 [1910].
[10]) W. M. Bayliss u. E. H. Starling, Journ. of Physiol. **32**, 129—136 [1905].
[11]) M. Ascoli u. C. Bezzola, Berl. klin. Wochenschr. **45**, 391—393 [1903]; Centralbl. f. Bakt. I. Abt. **33**, 783—786 [1903].
[12]) L. Brieger u. Joh. Trebing, Berl. klin. Wochenschr. **45**, 1041—1044, 1349—1351, 2260—2261 [1908]. — G. von Bergmann u. Kurt Meyer, Berl. klin. Wochenschr. **45**, 1673—1677 [1908]. — Marcus, Berl. klin. Wochenschr. **45**, 689—691 [1908]; **46**, 156—160 [1909]. — L. Ambard, Sem. méd. **28**, 532—534 [1908]. — G. Eisner, Zeitschr. f. Immunitätsforschung u. experim. Therapie **1**, 650—675 [1909]. — S. de Poggenpohl, Bull. Ac. méd. Paris [3] **61**, 699—703 [1909]. — V. Fürst, Berl. klin. Wochenschr. **46**, 58—59 [1909]. — Felix Landois, Berl. klin. Wochenschr. **46**, 440—444 [1909]. — Kurt Meyer, Berl. klin. Wochenschr. **46**, 1064—1068, 1890—1892 [1909]. — Klug, Berl. klin. Wochenschr. **46**, 2243—2244 [1909]. — J. Trebing u. G. Diesselhorst, Berl. klin. Wochenschr. **46**, 2296—2298 [1909]. — O. Schwarz, Wien. klin. Wochenschr. **22**, 1151 bis 1156 [1909]. — G. Becker, Münch. med. Wochenschr. **56**, 1363—1367 [1909]. — A. Braunstein, Deutsche med. Wochenschr. **35**, 573—575 [1909]. — Wiens, Deutsches Archiv f. klin. Medizin **96**, 62—79 [1909]. — Fritz Brenner, Deutsche med. Wochenschr. **35**, 390—394 [1909]; Med. Klinik **5**, 1047—1048 [1909]. — M. E. Roche, Arch. int. Med. **3**, 249—253 [1909]. — G. Jochmann, Deutsche med. Wochenschr. **35**, 1868—1872 [1909]. — M. Weinberg u. U. Mello, Compt. rend. de la Soc. de Biol. **67**, 441—443 [1909]. — U. Carpi, Biochim. e terap. sper. **1**, 403—417 [1909]. — E. Miesowicz u. A. Maciag, Int. Beitr. z. Pathol. u. Therap. der Ernährungsstör. **1**, 179—193 [1910].
[13]) A. von Reuß, Wien. klin. Wochenschr. **22**, 1171—1172 [1909]. — F. Lust, Münch. med. Wochenschr. **56**, 2047—2051 [1909].
[14]) Sigmund Mohr, Inaug.-Diss. Würzburg 1907, 27 Seit. — E. Gräfenberg, Münch. med. Wochenschr. **56**, 707—709 [1909]. — Georg Becker, Berl. klin. Wochenschr. **46**, 1016—1017 [1909].
[15]) A. Fuerstenberg u. Joh. Trebing, Berl. klin. Wochenschr. **46**, 1357—1359 [1909].
[16]) Julius Bauer u. Zdzislaw Reich, Mediz. Klinik **5**, 744—747 [1909].
[17]) R. Chiarolanza, Med.-naturw. Archiv **2**, H. 1 [1909]. — A. R. Dochez, Journ. of experim. Med. **11**, 718—742 [1909].

peritoneale Einspritzung größerer Trypsinmengen stört beim Hunde das tägliche N-Gleichgewicht, ohne die Gesamtbilanz der N-Ausscheidung zu verändern[1]). Lebende Bakterien werden keineswegs durch Trypsinzusatz in ihrem Wachstum auf geeignete Medien gestört. Weder die Mikroorganismen noch ihre Stoffwechselprodukte hemmen die Trypsinwirkung[2]).

Physikalische und chemische Eigenschaften: Trypsin greift die meisten Proteine, Proteosen und Peptone an[3]). Genuines Serumeiweiß und Eiereiweiß zeigen einen erheblichen Widerstand gegenüber der Trypsinwirkung[4]), welche durch Gerinnung, Säurewirkung und vor allem durch eine nur geringfügige peptische Verdauung aufgehoben wird[5]). Das Trypsin zerlegt gewisse Polypeptide, und zwar nur Polypeptide, an deren Aufbau in der Natur vorkommende optisch-aktive Aminosäuren beteiligt sind: Alanyl-Glycin, d-Alanyl-d-Alanin, d-Alanyl-l-Leucin, l-Leucyl-l-Leucin, l-Leucyl-d-Glutaminsäure, Alanyl-Leucin A, Leucyl-Isoserin A, Glycyl-l-Tyrosin, Leucyl-l-Tyrosin, Dileucyl-Cystin, Tetraglycyl-Glycin, Alanyl-Glycyl-Glycin, Alanyl-Leucyl-Glycin, Leucyl-Glycyl-Glycin, Glycyl-Leucyl-Alanin, Dialanyl-Cystin, nicht aber: d-Alanyl-l-Alanin, l-Alanyl-d-Alanin, l-Leucyl-l-Glycin, l-Leucyl-d-Leucin, d-Leucyl-l-Leucin, Glycyl-Alanin, Glycyl-Phenylalanin, Glycyl-Glycin, Alanyl-Leucin B, Leucyl-Alanin, Aminobutyl-Glycin, Aminobutyl-Aminobuttersäure A, Aminobutyl-Aminobuttersäure B, Aminoisovaleryl-Glycin, Leucyl-Prolin, Diglycyl-Glycin, Triglycyl-Glycin, Dileucyl-Glycyl-Glycin[6]). Das Trypsin spaltet weder Glykokollharnstoff, noch Leucinglykokollharnstoff, noch Tyrosinglykokollharnstoff[7]), noch die meisten Säureamide organischer Säuren, wohl aber die biuretreaktiongebende Curtiussche Base oder Triglycylglycinester, das Succinimid, das Oxalimid, den Leucinäthylester[8]). Die Hefeendotryptase bewirkt in schwachsaurer Lösung eine teilweise Zerlegung der Protamine[9]), welche jedoch vielleicht von einer von der Endotryptase verschiedenen β-Protease herrührt. Trypsin führt die gelatinöse Nucleïnsäure in eine lösliche Verbindung, ohne sie tief zu zersetzen[10]). Trypsin spaltet sowohl aus Jodthyreoglobulin als aus 3—5 Dijod-l-Tyrosin große Jodmengen als Jodwasserstoff[11]). Ob die Wirkung des Pankreassaftes auf Milch und seine plasteinogene Wirkung auf ein eigenes Ferment oder auf die Tryptase selbst beruht ist eine noch offene Frage[12]). Im allgemeinen nimmt man an, daß das Schützsche Gesetz für Trypsin nicht gültig ist; es besteht viel eher eine direkte Proportionalität zwischen Verdauung und Fermentmenge[13]). Bei konstant gehaltener Substratkonzentration verhält sich die Reaktionsgeschwindigkeit der Enzymmenge proportional[14]). Trypsin erhöht das Brechungsvermögen der Proteine und ihrer

---

[1]) O. von Fürth u. Karl Schwarz, Biochem. Zeitschr. **20**, 384—400 [1909].

[2]) Cl. Fermi, Arch. di farmacol. sper. e scienze affini **8**, 481—498 [1909].

[3]) A. Magi, Arch. di farmacol. sper. e scienze affini **7**, 101—118 [1908].

[4]) L. Michaelis u. C. Oppenheimer, Archiv f. Anat. u. Physiol., physiol. Abt., Suppl. 336—366 [1902]. — C. Delezenne u. E. Pozerski, Compt. rend. de la Soc. de Biol. **55**, 935—937 [1903]. — C. Oppenheimer u. H. Aron, Beiträge z. chem. Physiol. u. Pathol. **4**, 279—299 [1903]. — S. Rosenberg u. C. Oppenheimer, Beiträge z. chem. Physiol. u. Pathol. **5**, 412—422 [1904].

[5]) C. Oppenheimer, Beiträge z. chem. Physiol. u. Pathol. **4**, 259—261 [1904]. — E. Abderhalden u. A. Gigon, Zeitschr. f. physiol. Chemie **53**, 119—125 [1907].

[6]) Emil Fischer u. E. Abderhalden, Zeitschr. f. physiol. Chemie **46**, 52—82 [1905]; **51**, 264—268 [1907].

[7]) A. Morel, Compt. rend. de l'Acad. des Sc. **143**, 119—121 [1906].

[8]) M. Gonnermann, Archiv f. d. ges. Physiol. **89**, 493—516 [1902]; **95**, 278—296 [1903]. — O. Warburg, Berichte d. Deutsch. chem. Gesellschaft **38**, 187—188 [1905]; Zeitschr. f. physiol. Chemie **48**, 205—213 [1906].

[9]) M. Takemura, Zeitschr. f. physiol. Chemie **63**, 201—214 [1909].

[10]) T. Araki, Zeitschr. f. physiol. Chemie **38**, 84—97 [1903]. — L. Iwanoff, Zeitschr. f. physiol. Chemie **39**, 31—43 [1903].

[11]) A. Oswald, Archiv f. experim. Pathol. u. Pharmakol. **60**, 115—130 [1908]; Zeitschr. f. physiol. Chemie **62**, 432—442 [1909].

[12]) M. Jacoby, Biochem. Zeitschr. **1**, 53—74 [1906]. — J. Wohlgemuth, Biochem. Zeitschr. **2**, 350—356 [1907]. — C. Delezenne u. H. Mouton, Compt. rend. de la Soc. de Biol. **63**, 277—279 [1907]. — F. Bottazzi, Arch. di fisiol. **6**, 169—239 [1907].

[13]) W. M. Bayliss, Arch. sc. biol. St. Pétersbourg **11**, Suppl., 261—296 [1904]. — W. Löhlein, Beiträge z. chem. Physiol. u. Pathol. **7**, 120—143 [1905]. — S. G. Hedin, Journ. of Physiol. **32**, 468—475 [1905]; **34**, 370—371 [1906]. — O. Faubel, Beiträge z. chem. Physiol. u. Pathol. **10**, 35—52 [1907]. — O. Groß, Archiv f. experim. Pathol. u. Pharmakol. **58**, 157—166 [1907]; Berl. klin. Wochenschr. **45**, 643—646 [1908]. — Kurt Meyer, Berl. klin. Wochenschr. **45**, 1485—1487 [1908].

[14]) S. G. Hedin, Zeitschr. f. physiol. Chemie **64**, 82—90 [1910].

Abkömmlinge[1]). Bei der Trypsinwirkung nimmt die elektrische Leitfähigkeit der Lösungen zu, wegen der Bildung von Peptonen und Aminosäuren[2]), während die Viscosität hingegen abnimmt; die Abnahme der Viscosität läuft indes keineswegs parallel zu der Zunahme der elektrischen Leitfähigkeit[3]). Die Tryptase besteht meistens nur als Zymogen im Pankreassafte[4]). Das Trypsinogen wird durch die Enterokinase des Darmsaftes in wirksames Trypsin verwandelt[5]). Pankreastrypsinogen wird stets durch sehr geringe Calciummengen aktiviert, welche an der Tätigkeit des Fermentes selbst nicht teilzunehmen scheinen; die Aktivierung erfolgt nach einer gewissen Latenzzeit und plötzlich[6]). Manchmal wird das Trypsinogen durch Magnesium-, Strontium-, Barium- und Cadmiumsalze, durch Leberpreßsaft, durch gewisse Aminosäuren (Leucin, Glykokoll, Alanin), durch Galle aktiviert, wozu aber die Anwesenheit einer wenn auch äußerst geringen Calciummenge erforderlich zu sein scheint[7]). Trypsinogen wird weder durch Säuren noch durch Alkalien aktiviert[8]). Trypsinogen und Trypsin werden teilweise durch Collodium adsorbiert[9]) Trypsinogen wird manchmal durch Tierkohle adsorbiert[10]). Trypsin wird durch Tierkohle, Kaolin, Tonerde, Serumalbumin oder ihm anhaftende Substanzen adsorbiert[11]). Casein kann das durch Tierkohle adsorbierte Trypsin wieder ausziehen[12]). Die Hefeendotryptase wird auch durch Fibrin, Seide, Wolle, Baumwolle, Leinwand, Papier, weniger Agar-Agar und Asbest adsorbiert[13]). Nach Michaelis[14]) ist das Trypsin eine amphotere Substanz mit deutlichem Überwiegen des elektronegativen Charakters. Nach Loeb[15]) ist das Trypsin eine schwache Säure, welche nur als negatives Ion wirkt. Die Pankreastryptase diffundiert langsam durch Pergamentpapier[16]), nicht durch Viscosemembran[17]). Die Hefeendotryptase ist nicht diffusibel. Durch längeres Schütteln wird Trypsin zerstört[18]). Die Tryptase ist in Wasser, wasserhaltigem Glycerin, verdünntem Alkohol, verdünnten Salzlösungen löslich; durch starken Alkohol und Na_2SO_4 wird sie gefällt. Pankreastrypsin entfaltet seine höchste Wirksamkeit bei ganz schwach alkalischer Reaktion, die in bezug auf freie OH-Ionen $1/20$—$1/200$ normal ist[19]). Die Rolle,

---

[1]) F. Obermayer u. E. P. Pick, Beiträge z. chem. Physiol. u. Pathol. **7**, 331—380 [1906].
[2]) W. M. Bayliss, Journ. of Physiol. **36**, 221—252 [1908].
[3]) M. Jacoby, Biochem. Zeitschr. **10**, 229—231 [1908].
[4]) C. Delezenne u. A. Frouin, Compt. rend. de la Soc. de Biol. **54**, 691—693 [1902]; Compt. rend. de l'Acad. des Sc. **134**, 1526—1528 [1902]. — L. Camus u. E. Gley, Compt. rend. de la Soc. de Biol. **54**, 241—243, 649—650, 895—896 [1902]; Journ. de Physiol. et Pathol. génér. **9**, 989—998 [1907]. — W. M. Bayliss u. E. H. Starling, Journ. of Physiol. **30**, 61—83 [1903]. — L. Popielski, Centralbl. f. Physiol. **17**, 65—70 [1903]. — O. Prym, Archiv f. d. ges. Physiol. **104**, 433—452 [1904]; **107**, 599—620 [1905]. — K. Glaessner, Zeitschr. f. physiol. Chemie **40**, 465—479 [1904]. — A. Ellinger u. M. Cohn, Zeitschr. f. physiol. Chemie **45**, 28—37 [1905]. — K. Mays, Zeitschr. f. physiol. Chemie **49**, 188—201 [1906].
[5]) J. H. Hamburger u. E. Hekma, Journ. de Physiol. et de Pathol. génér. **4**, 805—819 [1902]. — A. Dastre u. H. Stassano, Arch. int. Physiol. **1**, 86—107 [1904]. — W. M. Bayliss u. E. H. Starling, Journ. of Physiol. **32**, 129—136 [1905].
[6]) C. Delezenne, Compt. rend. de la Soc. de Biol. **59**, 476—480, 523—525 [1905]; **60**, 1070 bis 1073 [1906]; **63**, 274—277 [1907]; Compt. rend. de l'Acad. des Sc. **141**, 781—784, 914—916 [1905]. — E. Zunz, Bull. Soc. Sc. méd. et nat. Bruxelles **64**, 28—55, 98—118 [1906]; Ann. Soc. Sc. méd. et nat. Bruxelles **16**, fasc. 1, 1—211 [1907]. — Barbara Ayrton, Quarterly Journ. of experim. Physiol. **2**, 201—217 [1909].
[7]) E. Zunz, Bull. Soc. Sc. méd. et nat. Bruxelles **64**, 28—55, 98—118 [1906]; Ann. Soc. Sc. méd. et nat. Bruxelles **16**, fasc. 1, 1—211 [1907]. — J. Wohlgemuth, Biochem. Zeitschr. **2**, 264—270 [1906].
[8]) Hans Euler, Archiv för Kemi, Min. och Geolog. **2**, Heft 39, 1—13 [1907].
[9]) A. Slosse u. H. Limbosch, Arch. int. Physiol. **8**, 417—443 [1909].
[10]) E. Zunz, Arch. di fisiol. **7**, 137—148 [1909].
[11]) S. G. Hedin, Journ. of Physiol. **32**, 390—394 [1905]; Biochem. Journ. **1**, 471—495 [1906]; Zeitschr. f. physiol. Chemie **50**, 497—507 [1907]. — L. Michaelis u. M. Ehrenreich, Biochem. Zeitschr. **10**, 283—299 [1908].
[12]) S. G. Hedin, Biochem. Journ. **2**, 81—88 [1906].
[13]) Ed. Buchner u. Robert Hoffmann, Biochem. Zeitschr. **4**, 215—234 [1907].
[14]) L. Michaelis, Biochem. Zeitschr. **16**, 486—488 [1909].
[15]) J. Loeb, Biochem. Zeitschr. **19**, 534—538 [1909].
[16]) N. Chodschajew, Arch. de phys. norm. et pathol. **30**, 241—253 [1898].
[17]) F. Bottazzi, Arch. di fisiol. **6**, 169—230 [1909].
[18]) A. O. Shaklee u. S. J. Meltzer, Amer. Journ. of Physiol. **25**, 81—112 [1909].
[19]) A. Dietze, Inaug.-Diss. Leipzig 1900. — A. Kanitz, Zeitschr. f. physiol. Chemie **37**, 75—80 [1902].

welche die OH-Ionen bei der tryptischen Proteinreaktion spielen, scheint ziemlich verwickelt zu sein und bedarf noch der Aufklärung[1]). Die Wirkung des Pankreastrypsins wechselt je nach den Proteinen und ist auch für ein und dasselbe Protein verschieden in verschiedenen äquivalenten Basenlösungen[2]). Die Hefeendotryptase wirkt am besten bei schwachsaurer Reaktion (0,2% HCl); ihre Wirkung wird schon bei neutraler Reaktion und noch mehr bei alkalischer Reaktion gehemmt. Das Trypsin der Fische wird durch Milz aktiviert[3]), durch Galle und Darmsaft befördert[4]). $CaCl_2$, Salpeter und die Neutralsalze im allgemeinen begünstigen die Wirkung der Hefeendotryptase. H_2O_2 und Na_2HPO_4 befördern die Wirkung der Pankreastryptase[5]). In saurem Medium begünstigt manchmal die Galle die Wirkung der Pankreastryptase, nicht aber die des Trypsinogens; im alkalischen Medium hemmt sie eher die Wirkung des Trypsins[6]). Lecithin beeinflußt kaum die Pankreastryptase[7]). Die Darmsekrete befördern die Trypsinwirkung[8]). Die Spaltprodukte der Proteine hindern alle Tryptasen, teils durch Trypsinablenkung, teils durch Verminderung der Zahl der aktivierenden OH-Ionen[9]). Die ungünstige Einwirkung des Serumalbumins beruht auf der Adsorption des Trypsins, die des Eierklars auf Trypsinablenkung[10]). Bei der Hemmung der tryptischen Verdauung von Serumalbumin oder Casein durch Eierklarzusatz nimmt Eierklar desto mehr Trypsin auf, je geringer die prozentische zugefügte Enzymmenge ist[11]). Rohrzucker, Milchzucker, Traubenzucker, Glycerin verzögern die Wirkung der Pankreastryptase nur in hohen Konzentrationen[12]), Saccharin, Atoxyl, CS_2, Stärke hemmen beträchtlich[13]). Alkohol von 5% ab und Chinin hemmen die Hefeendotryptase[14]); Chinin beschleunigt hingegen die Wirkung der Pankreastryptase[15]). Morphin, Strychnin, Digitalin, Narkotin, Veratrin verlangsamen die Wirkung des Trypsins. Antipyrin, Amidopyrin, Borax, Alkohol, Aceton, Äther sind ohne Einfluß auf Pankreastrypsin. Die die Proteine nicht fällenden Antiseptica sind gleichgültig gegenüber Hefeendotryptase. Formaldehyd hemmt bei 0,1% nicht, wohl aber bei 0,5% die Wirkung der Hefeendotryptase; für Pankreastryptase ist Formaldehyd sehr schädlich[16]). Sublimat hemmt, ohne zu zerstören[17]). Chloroform, Salicylsäure, Phenol, Toluol, NaFl hemmen nur die konzentrierten Trypsinlösungen[18]). 1% Blausäure scheint nicht die Wirkung der Hefeendotryptase zu hemmen. O hemmt nicht die Wirkung der Hefeendotryptase, Kohlensäure soll in alkalischer Reaktion fördern, in saurer hemmen[19]). Seife hemmt von 8% an, völlig bei 20%[20]). Paraldehyd, Phenolphthalein hemmen. Säuren und Alkalien hemmen bereits in sehr kleinen Mengen die Tryptasewirkung. Mineralsäuren sind sehr schädlich (schon 0,05% HCl),

---

[1]) T. Brailsford Robertson u. C. L. A. Schmidt, Journ. of biol. Chemistry 5, 31—48 [1908].

[2]) W. N. Berg u. W. J. Gies, Journ. of biol. Chemistry 2, 489—544 [1907].

[3]) M. H. Sullivan, Amer. Journ. of Physiol. 15, 42—45 [1905].

[4]) J. Sellier, Compt. rend. de la Soc. de Biol. 54, 1405—1407 [1902].

[5]) A. J. J. Vandevelde, Beiträge z. chem. Physiol. u. Pathol. 5, 558—570 [1904].

[6]) B. K. Rachford u. F. H. Southgate, Med. Record 48, 878—880 [1895]. — B. K. Rachford, Journ. of Physiol. 25, 165—190 [1900]. — H. M. Vernon, Journ. of Physiol. 25, 375—394 [1902]. — C. Delezenne, Compt. rend. de la Soc. de Biol. 54, 592—594 [1902]. — O. von Fürth u. J. Schütz, Beiträge z. chem. Physiol. u. Pathol. 9, 28—49 [1907].

[7]) S. Küttner, Zeitschr. f. physiol. Chemie 50, 472—496 [1907]. — (Fräulein) L. Kalaboukoff u. E. F. Terroine, Compt. rend. de la Soc. de Biol. 63, 664—666 [1907].

[8]) M. Loeper u. Ch. Esmonet, Compt. rend. de la Soc. de Biol. 64, 188—189 [1908].

[9]) H. M. Vernon, Journ. of Physiol. 30, 330—369 [1904]. — S. G. Hedin, Journ. of Physiol. 32, 390—394 [1905]; Zeitschr. f. physiol. Chemie 52, 411—424 [1907]. — E. Abderhalden u. A. Gigon, Zeitschr. f. physiol. Chemie 53, 251—297 [1907].

[10]) S. G. Hedin, Journ. of Physiol. 32, 390—394 [1905]; Zeitschr. f. physiol. Chemie 52, 411—424 [1907].

[11]) S. G. Hedin, Zeitschr. f. physiol. Chemie 64, 82—90 [1910].

[12]) H. Braeuning, Zeitschr. f. physiol. Chemie 42, 70—80 [1904].

[13]) Armand Cordier, Thèse de Paris 1909, 53 Seit.

[14]) T. Gromow u. O. Grigoriew, Zeitschr. f. physiol. Chemie 42, 299—329 [1904]. — J. Effront, Bulletin de la Soc. chim. [3] 33, 847—850 [1905].

[15]) L. Wolberg, Archiv f. d. ges. Physiol. 22, 291—310 [1880].

[16]) C. L. Bliss u. F. G. Novy, Journ. of exper. med. 4, 47—80 [1899].

[17]) S. Hata, Biochem. Zeitschr. 17, 156—187 [1909].

[18]) R. Kaufmann, Zeitschr. f. physiol. Chemie 39, 434—457 [1903]. — W. M. Bayliss, Arch. des sc. biol. de St. Pétersbourg 11, Suppl., 260—296 [1904].

[19]) N. P. Schierbeck, Skand. Arch. f. Physiol. 3, 344—380 [1902].

[20]) Julius Neumann, Berl. klin. Wochenschr. 45, 2066—2068 [1908].

organische Säuren weniger; 0,02% Milchsäure gestattet die Wirkung der Pankreastryptase oder fördert sie sogar. Nur die freien Säuren hemmen. Diese Hemmung tritt gegenüber den verschiedenen Proteinen in verschiedenem Grade zutage[1]). NaCl, KCl, NaBr und NaJ sind nur wenig schädlich. Die Sulfate der Alkalimetalle stören mehr als die Chloride. Natriumoxalat hemmt. Nitrate und Nitrite besitzen geringere Hemmungskraft als NaCl. Sulfate hemmen stärker als NaCl[2]). Das Temperaturoptimum der Hefeendotryptase liegt bei 40—45°[3]). Bei Anwesenheit des Substrates liegt das Temperaturoptimum für Pankreastrypsin bei 50—55°. Die verdauende Kraft des Trypsins steht im geraden Verhältnisse zur Höhe der Temperatur[4]). Die Pankreastryptase ist sehr temperaturempfindlich. Sie verliert schon bei Zimmertemperatur, rascher bei 40—42° an Wirkung. In wässeriger Lösung verliert das Trypsin bei 38° in 30 Minuten schon 33% seiner ursprünglichen Wirksamkeit. In neutraler oder ganz schwach saurer Lösung liegt die Tötungstemperatur der Pankreastryptase bei 45°, in schwach alkalischer Lösung hingegen manchmal schon bei 30°[5]). In alkoholischer Lösung wird Trypsin erst bei 80° unwirksam[6]). In amylalkoholischer Lösung wird es bei 100° noch nicht geschädigt[7]). Im trocknen Zustande verträgt das Trypsin noch höhere Temperaturen[8]). Die Anwesenheit von Proteinen, Proteosen und noch mehr von Peptonen oder Aminosäuren verleiht dem Trypsin eine größere Temperaturfestigkeit[9]). Ammonsulfat, Chlorammonium, salpetersaures Ammoniak, phosphorsaures Ammoniak, NaCl schützen auch Trypsin gegen die Wirkung der Wärme. Trypsinogen ist weniger hitzempfindlich als Trypsin; das Protrypsin wird indes bei 38—40° in leicht alkalischem Medium etwas zerstört[10]); diese Zerstörung nimmt bei Proteinenanwesenheit erheblich zu[11]). Selbst bei Gefrierenlassen mittels tiefster Kälte (flüssige Luft) erweist sich Trypsin als unvernichtbar[12]). Normales Serum hemmt die Tryptasewirkung[13]), was wahrscheinlich auf der Adsorption des Trypsins durch das Serumalbumin oder den Proteinen des Serums anhaftende Kolloide sowie auf antikinasischen Eigenschaften beruht[14]). Die Dialyse vermindert nicht auf nennenswerte Weise die hemmenden Eigenschaften des Blutserums. Es besteht kein Parallelismus zwischen den hemmenden Eigenschaften

---

[1]) A. Ascoli u. B. Neppi, Zeitschr. f. physiol. Chemie **56**, 135—149 [1908].
[2]) H. R. Weisz, Zeitschr. f. physiol. Chemie **40**, 480—491 [1904]. — T. Kudo, Biochem. Zeitschr. **15**, 473—500 [1909]. — Armand Cordier, Thèse de Paris 1909, 53 Seit.
[3]) Anna Petruschewsky, Zeitschr. f. physiol. Chemie **50**, 250—262 [1907].
[4]) H. Roeder, Biochem. Zeitschr. **24**, 496—520 [1910].
[5]) E. Biernacki, Zeitschr. f. Biol. **28**, 49—71 [1891]. — H. M. Vernon, Journ. of Physiol. **26**, 405—426 [1901]; **28**, 375—394 [1902]; **29**, 302—334 [1903]. — K. Mays, Zeitschr. f. physiol. Chemie **38**, 428—512 [1903]. — W. M. Bayliss, Arch. des sc. biol. de St. Pétersbourg **11**, Suppl., 260—296 [1904].
[6]) E. Salkowski, Virchows Archiv **70**, 158 [1877].
[7]) Cl. Fermi u. L. Pernossi, Zeitschr. f. Hyg. **18**, 83—127 [1894].
[8]) E. Salkowski, Virchows Archiv **70**, 158 [1877]. — Hüfner, Journ. f. prakt. Chemie, N. F. **5**, 372 [1872]. — E. Choay, Journ. de Pharm. et de Chim. [7] **1**, 10—17 [1910].
[9]) H. M. Vernon, Journ. of Physiol. **30**, 331—369 [1903]; **31**, 346—358 [1904].
[10]) A. Dastre u. H. Stassano, Compt. rend. de la Soc. de Biol. **55**, 319—321 [1903].
[11]) H. M. Vernon, Journ. of Physiol. **27**, 269—322 [1902]; **28**, 448—473 [1902]. — W. M. Bayliss u. E. H. Starling, Journ. of Physiol. **30**, 61—83 [1903].
[12]) H. Roeder, Biochem. Zeitschr. **24**, 496—520 [1910].
[13]) Cl. Fermi, Centralbl. f. Physiol. **8**, 657—662 [1894]. — Cl. Fermi u. L. Pernossi, Zeitschr. f. Hyg. u. Infektionskrankh. **18**, 83—127 [1894]. — A. Pugliese u. C. Coggi, Bollett. d. Scienze med. di Bologna [7] **8**, [1897]; zit. nach Malys Jahresber. d. Tierchemie **27**, 832 [1897]. — M. Hahn, Berl. klin. Wochenschr. **34**, 499—501 [1897]. — L. Camus u. E. Gley, Compt. rend. de la Soc. de Biol. **49**, 825—826 [1897]; Arch. de phys. norm. et pathol. [5] **9**, 764—776 [1897]. — Charrin u. Levaditi, Compt. rend. de la Soc. de Biol. **52**, 83—86 [1900]; Compt. rend. de l'Acad. des Sc. **130**, 262—264 [1900]. — K. Landsteiner, Centralbl. f. Bakt. I. Abt. **27**, 357—362 [1900]; **38**, 344—346 [1905]; Beiträge z. chem. Physiol. u. Pathol. **4**, 262 [1903]. — K. Landsteiner u. A. Calvo, Centralbl. f. Bakt. I. Abt. **31**, 781—786 [1902]. — K. Glaessner, Beiträge z. chem. Physiol. u. Pathol. **4**, 79—81 [1903]; Archiv f. Anat. u. Physiol., physiol. Abt. **1903**, 389—392. — J. Sellier, Compt. rend. de la Soc. de Biol. **54**, 618—630 [1905]. — M. Jacoby, Biochem. Zeitschr. **10**, 232—235 [1908].
[14]) C. Delezenne, Compt. rend. de la Soc. de Biol. **55**, 132—134, 1036—1038 [1903]. — A. Dastre u. H. Stassano, Arch. int. Physiol. **1**, 86—117 [1904]. — E. Zunz, Bull. Ac. Méd. Belg. [4] **19**, 729—761 [1905]; Mém. Ac. Méd. Belg. **20**, fasc. 5, 1—69 [1909]. — Kurt Meyer, Biochem. Zeitschr. **23**, 68—92 [1909].

eines und desselben Serums gegenüber Pepsin und gegenüber Trypsin[1]). Das Serum des Hammels weist den höchsten Hemmungsgrad auf, dann kommen in absteigender Reihe Ziegen-, Ochsen-, Menschen-, Affen-, Katzen-, Hunde-, Pferdeserum. Das Vogelserum besitzt fast kein Hemmungsvermögen. Mit dem Alter des Tieres scheint das Hemmungsvermögen des Serums zuzunehmen[2]). Ob es sich beim Hemmungsvermögen des Blutserums um echte Antikörper handelt, oder ob die Hemmung von durch Äther ausziehbaren Lipoiden oder von Lipoideiweißverbindungen oder von kolloidalen schwer diffundierbaren Stoffen herrührt, ist noch keineswegs sicher entschieden[3]). In alkohol-ätherischer Lösung werden die hemmenden Stoffe des Serums rasch zerstört. Sie gehen weder in abs. Äther, noch in abs. Äthylalkohol, noch in Methylalkohol, noch in Aceton über. H_2O_2 und Salicylaldehyd schädigen sie[4]). Leber-, Muskel-, Schilddrüsen-, Lymphdrüsen-, Milz-, Nieren-, Nebennierenextrakt üben einen hemmenden Einfluß auf Trypsin aus[5]); bei der Phosphorvergiftung verliert die Leber ihre günstige Wirkung[6]). In der Decidua befinden sich Hemmungsstoffe, deren Wirkung im vierten Monate der Schwangerschaft am stärksten ist[7]). Harn, Ascites- und Pleuraflüssigkeit können die Trypsinwirkung hemmen[8]); die normale Cerebrospinalflüssigkeit enthält keine Hemmungsstoffe. Das Hemmungsvermögen des normalen Harnes scheint nicht von denselben Stoffen als das Hemmungsvermögen des Blutserums herzurühren[9]). Zellfreie Extrakte der Eingeweidewürmer hemmen die Trypsinwirkung[10]), was hauptsächlich auf antikinasischen Eigenschaften beruht[11]). Trypsin verändert nicht auf nennenswerte Weise das Typhuspräzipitogen, zerstört aber das im Serum enthaltene Präzipitin und verhindert die Agglutinierung der Typhusbacillen[12]). Die Hefeendotryptase zerstört schnell die Zymase, besonders bei höheren Temperaturen[13]). Die Pankreastryptase vermindert die Wirksamkeit des Pepsins[14]) und der Nuclease[15]), scheint aber hingegen die Wirksamkeit des Papains nicht zu vermindern[16]). Trypsin zerstört Erepsin[17]) und wird von Erepsin zerstört[18]). Radiumstrahlen verhindern die Trypsinwirkung, Radiumemanation befördert sie oder bleibt ohne Wirkung[19]). Die Bestrahlung mit einer Silberelektrodenlampe bewirkt eine Schwächung der enzymatischen Wirkung des Pankreastrypsins; diese Abnahme wird besonders durch die ultravioletten Strahlen verursacht[20]). Der galvanische Strom schwächt

---

[1]) E. Zunz, Bull. Ac. Méd. Belg. [4] 19, 729—761 [1905]; Mém. Ac. Méd. Belg. 20, fasc. 5, 1—69 [1909]. — G. von Bergmann u. Kurt Meyer, Berl. klin. Wochenschr. 45, 1673—1677 [1908]. — G. Eisner, Zeitschr. f. Immunitätsforschung u. experim. Therapie 1, 650—675 [1909].

[2]) Wiens u. Eduard Müller, Centralbl. f. inn. Medizin 38, 945—948 [1907]. — Werner Schultz u. R. Chiarolanza, Deutsche med. Wochenschr. 34, 1300 [1908]. — Guido Finzi, Arch. di fisiol. 6, 547—550 [1909].

[3]) E. P. Pick u. E. Pribram, Handbuch d. Technik u. Methodik d. Immunitätsf. 2, 84 [1909]. — O. Schwarz, Wiener klin. Wochenschr. 22, 1151—1156 [1909]; Berl. klin. Wochenschr. 46, 2139—2140 [1909]. — A. Döblin, Zeitschr. f. Immunitätsf. u. experim. Ther. 4, 229—238 [1909]. — P. Rondoni, Berl. klin. Wochenschr. 47, 528—531 [1910].

[4]) K. Kawashima, Biochem. Zeitschr. 23, 186—192 [1909].

[5]) M. Loeper u. Ch. Esmonet, Compt. rend. de la Soc. de Biol. 64, 585—587, 850—852 [1908]. — Cl. Fermi, Arch. di farmacol. sper. e scienze affini 8, 407—414 [1909]. — R. Chiarolanza, Med.-naturw. Archiv 2 [1909].

[6]) H. Welsch, Arch. int. Physiol. 7, 235—246 [1908].

[7]) E. Graefenberg, Zeitschr. f. Geb. u. Gyn. 65, 1—35 [1909].

[8]) Weinberg u. G. Laroche, Compt. rend. de la Soc. de Biol. 67, 430—432 [1909]. — A. Döblin, Zeitschr. f. Immunitätsf. u. experim. Ther. 4, 224—228 [1909].

[9]) A. R. Dochez, Journ. of experim. Med. 11, 718—742 [1909]. — J. Bauer, Zeitschr. f. Immunitätsf. u. experim. Ther. 5, 186—200 [1910].

[10]) E. Weinland, Zeitschr. f. Biol. 43, 86—111 [1902]; 44, 1—60 [1902].

[11]) A. Dastre u. H. Stassano, Arch. int. Physiol. 1, 86—117 [1904].

[12]) G. Proca, Compt. rend. de la Soc. de Biol. 66, 794—795 [1909].

[13]) T. Gromow u. Grigorjew, Zeitschr. f. physiol. Chemie 42, 299—329 [1904]. — Anna Petruschewsky, Zeitschr. f. physiol. Chemie 50, 250—262 [1907].

[14]) A. Baginsky, Zeitschr. f. physiol. Chemie 7, 209—221 [1883]. — V. Harlay, Thèse pharmacie, Paris 1900, 101 Seit.

[15]) F. Sachs, Inaug.-Diss. Heidelberg 1905.

[16]) V. Harlay, Thèse pharmacie, Paris 1900, 101 Seit.

[17]) H. M. Vernon, Journ. of Physiol. 30, 330—369 [1904].

[18]) (Fräulein) Wladikine, Thèse de Lausanne 1908, 24 Seit.

[19]) P. Bergell u. A. Braunstein, Med. Klinik 1, 310 [1905]. — Jansen, Nordisk. Tidskrift for Terapie 190 [1908]; zit. nach Biochem. Centralbl. 8, Nr. 759.

[20]) G. Dreyer u. O. Hansen, Compt. rend. de l'Acad. des Sc. 145, 564—566 [1907].

die Trypsinwirkung, der faradische Strom und die Teslaströme bleiben ohne Wirkung[1]). Nach Taylor kann Trypsin aus den Spaltprodukten der Proteine synthetische Protamine erzeugen, was indes keineswegs als völlig bewiesen zu betrachten ist[2]).

Enterokinase.

Definition: Eine Trypsinogen in Trypsin überführende Substanz, deren Fermentnatur keineswegs mit völliger Sicherheit festgestellt ist[3]).

Vorkommen: In gewissen Pilzen: Amanita muscaria, Amanita citrina, Hypholoma fasciculare, Psalliota campestris, Boletus edulis[4]). Bei vielen Bakterien[5]). Im Schlangengifte[6]). Im Darmsafte, wo es aus den Zellen der Darmzotten und nicht aus den Lieberkühnschen Drüsen stammt; mehr im Duodenum als im Jejunum, am wenigsten im Ileum[7]). Erscheint beim menschlichen Fötus schon im vierten Monate[8]). Im Blutserum[9]). In den Leukocyten[10]), in der Milch[11]) und im Harne nach Pilocarpineinspritzung besteht wahrscheinlich keine Kinase, sondern die Leukoprotease, wodurch die Aktivierung des Pankreassaftes vorgetäuscht wird[12]).

Darstellung: Tropfenweises Versetzen der wässerigen Maceration der Dünndarmschleimhaut mit verdünnter Essigsäure, Filtrieren; das leicht alkalisierte Filtrat enthält erepsinfreie Kinase[13]).

Physiologische Eigenschaften: In einer seit 6 Monaten isolierten Darmschlinge wird keine Enterokinase mehr abgesondert[14]).

Physikalische und chemische Eigenschaften: Bei genügendem Verbleiben im Brutofen bei 38° genügt schon der Zusatz einer geringen Kinasemenge, um Pankreassaft völlig zu aktivieren[15]). Für eine gegebene Saftmenge wächst die Verdauungstätigkeit mit der Kinasemenge nur bis zu einer gewissen Grenze; weiterer Kinasenzusatz hat keinen Einfluß oder einen ungünstigen. Für eine gegebene Kinasemenge wächst die Verdauungstätigkeit nur bis zu einer gewissen Grenze mit der Pankreassaftmenge[16]). Die Kinase wird durch Kollodium[17]) und Tierkohle[18]) adsorbiert. Sie kann an roten Blutkörperchen und am Fibrin haften[19]).

[1]) T. Kudo, Biochem. Zeitschr. **16**, 217—242 [1909].
[2]) A. E. Taylor, Journ. of biol. Chemistry **3**, 87—94 [1907]; **5**, 381—387 [1909].
[3]) Schepowalnikoff, Inaug.-Diss. St. Petersburg 1899. — H. J. Hamburger u. E. Hekma, Journ. de Physiol. et de Pathol. génér. **4**, 805—819 [1902].
[4]) C. Delezenne u. H. Mouton, Compt. rend. de la Soc. de Biol. **55**, 27—29 [1903]; Compt. rend. de l'Acad. des Sc. **136**, 167—169 [1903].
[5]) C. Delezenne, Compt. rend. de l'Acad. des Sc. **135**, 252—255 [1902]; Compt. rend. de la Soc. de Biol. **55**, 998—1001 [1903]. — Maurice Breton, Compt. rend. de la Soc. de Biol. **56**, 35—37 [1904].
[6]) C. Delezenne, Compt. rend. de l'Acad. des Sc. **135**, 328—329 [1902]; Compt. rend. de la Soc. de Biol. **54**, 1076—1078 [1902]. — A. Briot, Compt. rend. de la Soc. de Biol. **56**, 1113—1114 [1904].
[7]) C. Delezenne, Compt. rend. de la Soc. de Biol. **54**, 281—283 [1902]. — A. Frouin, Compt. rend. de la Soc. de Biol. **56**, 806—807 [1904]. — E. Hekma, Journ. de Physiol. et de Pathol. génér. **6**, 25—31 [1904]; Archiv f. Anat. u. Physiol., physiol. Abt. **1904**, 343—365. — A. Falloise, Arch. int. Physiol. **2**, 299—321 [1905].
[8]) J. Ibrahim, Biochem. Zeitschr. **22**, 24—32 [1909].
[9]) C. Delezenne u. E. Pozerski, Compt. rend. de la Soc. de Biol. **55**, 693—694 [1903]. — E. Zunz, Bull. Acad. Roy. Méd. Belg. [4] **19**, 729—761 [1905].
[10]) C. Delezenne, Compt. rend. de la Soc. de Biol. **54**, 281—285, 590—592, 893—895 [1902]. — Carmelo Ciaccio, Compt. rend. de la Soc. de Biol. **60**, 676—677 [1906].
[11]) A. Hougardy, Arch. int. Physiol. **4**, 359—368 [1906].
[12]) L. Camus u. E. Gley, Compt. rend. de la Soc. de Biol. **54**, 895—896 [1902]. — W. M. Bayliss u. E. H. Starling, Journ. of Physiol. **30**, 61—83 [1903]; **32**, 129—136 [1905]. — E. Hekma, Journ. de Physiol. et de Pathol. génér. **6**, 25—31 [1904]; Archiv f. Anat. u. Physiol., physiol. Abt. **1904**, 343—365. — A. Falloise, Arch. int. Physiol. **2**, 299—321 [1905].
[13]) C. Foa, Arch. di fisiol. **4**, 81—97 [1906].
[14]) C. Foa, Arch. di fisiol. **5**, 26—33 [1907].
[15]) W. M. Bayliss u. E. H. Starling, Journ. of Physiol. **32**, 129—136 [1909].
[16]) A. Dastre u. H. Stassano, Arch. int. Physiol. **1**, 86—117 [1904]. — O. Cohnheim, Arch. sc. biol. St. Pétersbourg **11**, Suppl., 112—116 [1904].
[17]) F. Strada, Ann. de l'Inst. Pasteur **22**, 982—1009 [1908].
[18]) E. Zunz, Arch. di fisiol. **7**, 137—148 [1909].
[19]) C. Delezenne, Compt. rend. de la Soc. de Biol. **54**, 431—434 [1902].

In 90 proz. Alkohol löslich. Fällt durch Calciumphosphat, konz. Essigsäure, Alkohol[1]). Durch schwache Antiseptica nicht zerstört. Verdünnte Säuren (HCl) zerstören die Kinase. Soda bei höherer Konzentration als 2% hebt die Kinasewirkung auf, welche nach Neutralisation wiederkehrt[2]). In neutralem oder leicht saurem Medium wird die Kinase bei gewöhnlicher Temperatur nicht zerstört und kaum bei 38°. In leicht alkalischem Medium wird sie hingegen ziemlich rasch bei 38° zerstört; diese Zerstörung nimmt bei Proteinen-Anwesenheit eher zu[3]). Wird durch $1/_2$ stündiges Erwärmen auf 70° oder durch 3 Stunden Erwärmen auf 67° zerstört, schon bei 60° bedeutend abgeschwächt[4]). Blutserum hemmt die Kinasewirkung; die Hemmungsstoffe werden teilweise wenigstens durch Kollodium und Tierkohle adsorbiert, sowie durch Chloroform zerstört[5]). Die Eingeweidewürmer verhindern auch die Wirkung der Kinase[6]).

Leukoprotease.

Definition: Ein der Tryptase ähnliches Ferment, welches die Proteine in einfachere Stoffe spaltet.

Vorkommen: In den polynucleären neutrophilen Leukocyten des Menschen, des Affen, des Hundes[7]), wahrscheinlich nur im Protoplasma, nicht aber im Kerne. Weder in den Lymphocyten noch in den eosinophilen Polynucleären. Schon im Knochenmarke 4 monatlicher Föten[8]). Fehlt völlig in den Leukocyten des Meerschweinchens, des Kaninchens, der Maus, des Pferdes, der Vögel. Fehlt im menschlichen tuberkulösen Eiter[9]). Befindet sich in den polynucleären neutrophilen Leukocyten des experimentell erzeugten sterilen Eiters[10]). Vorhanden in den Colostrumkörperchen der Frau, nicht aber der Kuh[11]). Im Lochialsekret der Frau[12]). Im Mundspeichel[13]). Im Meconium und im Kote[14]), aber weder im Inhalte des oberen Dünndarmes noch des Magens noch in der Galle. Im Harne und im Sputum bei Lungenentzündung, wo es von zerstörten Leukocyten stammt[15]). Vielleicht in den Epithelioidzellen des tuberkulösen Gewebes[16]).

Darstellung: Aus polynucleärem reichen Eiter nach 24 stündiger Autolyse bei 55° oder auch ohne Autolyse, Fällen mit Alkoholäther, Abfiltrieren, Trocknen des Rückstandes in Al-

---

[1]) C. Delezenne, Compt. rend. de la Soc. de Biol. **53**, 1161—1165 [1901]; **54**, 590—592 [1902]; **55**, 132—134 [1903].

[2]) H. M. Vernon, Journ. of Physiol. **28**, 375—394 [1902].

[3]) H. M. Vernon, Journ. of Physiol. **27**, 269—322 [1902]; **28**, 448—473 [1902]. — W. M. Bayliss u. E. H. Starling, Journ. of Physiol. **30**, 61—84 [1903]. — A. Dastre u. H. Stassano, Compt. rend. de la Soc. de Biol. **55**, 588—590 [1903].

[4]) C. Delezenne, Compt. rend. de la Soc. de Biol. **54**, 431—434 [1902].

[5]) C. Delezenne, Compt. rend. de la Soc. de Biol. **55**, 132—134, 1036—1038 [1903]. — M. Ascoli u. C. Bezzola, Centralbl. f. Bakt. I. Abt. **33**, 783—786 [1903]; Berl. klin. Wochenschr. **40**, 391—393 [1903]. — A. Dastre u. H. Stassano, Arch. int. Physiol. **1**, 86—117 [1904]. — E. Zunz, Bull. Acad. méd. Belg. [4] **19**, 729—761 [1905]; Mém. Acad. méd. Belg. **20**, fasc. 5, 1—69 [1909].

[6]) A. Dastre u. H. Stassano, Arch. int. Physiol. **1**, 86—117 [1904].

[7]) R. Stern u. Eppenstein, Jahresber. d. schles. Gesellschaft f. vaterländ. Kult. **84**, 129 [1906]. — Eppenstein, Münch. med. Wochenschr. **45**, 2192—2194 [1906]. — Eugene L. Opie, Journ. of exper. med. **8**, 410—436 [1906]. — Franz Erben, Centralbl. f. inn. Medizin **28**, 81—83 [1907]. — Eduard Müller u. G. Jochmann, Münch. med. Wochenschr. **53**, 1393—1395, 2002 bis 2004 [1906]; Kongr. f. inn. Medizin **24**, 556—577 [1907]. — Eduard Müller, Deutsches Archiv f. klin. Medizin **91**, 291—313 [1907]. — N. T. Longcope u. J. L. Donhauser, Journ. of exper. med. **10**, 618—631 [1908]; Bull. of the Ayer Clinical Lab. **5**, 101—115 [1908]. — N. Fiessinger u. P. L. Marie, Compt. rend. de la Soc. de Biol. **66**, 864—866, 915—917 [1909].

[8]) Eugene L. Opie, Journ. of exper. med. **7**, 759—763 [1905]. — Eduard Müller u. Hans Kolaczek, Münch. med. Wochenschr. **54**, 354—357 [1907].

[9]) Eduard Müller u. G. Jochmann, Münch. med. Wochenschr. **53**, 1507—1510, 1552 [1906].

[10]) Richard Hertz, Münch. med. Wochenschr. **55**, 957 [1908]. — Bertha J. Barker, Journ. of exper. med. **10**, 666—672 [1908].

[11]) Eduard Müller, Deutsches Archiv f. klin. Medizin **91**, 291—313 [1907].

[12]) G. Jochmann, Archiv f. Gynäk. **89** [1909].

[13]) Eduard Müller, Deutsches Archiv f. klin. Medizin **92**, 199—216 [1908].

[14]) Ruwin Kaufmann, Inaug.-Diss. Breslau 1907. — Franz Czekkel, Berl. klin. Wochenschrift **46**, 1879—1880 [1909].

[15]) A. Bittorf, Deutsches Archiv f. klin. Medizin **91**, 212—224 [1907].

[16]) Eugene L. Opie u. Bertha J. Barker, Journ. of exper. med. **10**, 645—665 [1908].

koholäther auf Ton, Ausziehen mit 50 proz. Glycerin, Absaugen, Fällen durch Alkoholäther, Trocknen des Niederschlages[1]).

Nachweis: Mittels des Löfflerserumverfahrens[2]) oder besser des Groß-Fuldschen Caseinverfahrens[3]).

Physiologische Eigenschaften: Die hemmenden Eigenschaften des Blutserums nehmen in gewissen krankhaften Zuständen (Pneumonie, Krebs, Kachexie usw.) zu[4]), sowie während der Schwangerschaft[5]). Durch wiederholte subcutane Leukoproteaseeinspritzungen beim Kaninchen steigen die hemmenden Eigenschaften des Blutserums sowohl gegenüber der Leukoprotease als gegenüber des Trypsins[6]). Nach 3 wöchentlicher Eiereiweißfütterung beim Meerschweinchen ist eine Leukoprotease beim so behandelten Tiere vorhanden. Vielleicht spielt die Leukoprotease eine Rolle bei der normalen Verdauung und bei der Diapedese. Ein großer Leukoproteasegehalt des Blutes verzögert die Blutgerinnung. Die Leukoprotease scheint die Ursache gewisser pathologischer lokaler oder allgemeiner Prozesse, wie aseptisches Fieber, Peptonurie usw., darzustellen[7]).

Physikalische und chemische Eigenschaften: Scheint nicht mit der Pankreastryptase identisch zu sein[8]). Verdaut gut Fibrin, erstarrten Leim, erstarrtes Serum, Eiereiweiß, Casein. Verwandelt die Proteine in Peptone, Leucin, Tyrosin, Tryptophan. Wirkt weder hämolytisch noch bactericid[9]). Wirkt am besten bei alkalischer Reaktion, wirkt aber auch in saurem Medium[10]). Nur sehr konzentrierte Alkalien und Säuren hemmen. Formol, Sublimat, Pikrinsäure, Carbolsäure haben keine ungünstige Wirkung. Alkoholische Guajactinktur hemmt[11]). Das Optimum der Wirkung wird bei 55° erreicht. Bei 75—80° wird die Leukoprotease zerstört. Durch $1/2$ stündiges Erhitzen auf 70° wird ihre Wirkung abgeschwächt. Gehemmt durch Blutserum von Affe, Hund, Mensch, weniger stark von Meerschweinchen und Kaninchen, nicht durch Blutserum von Vögeln, Schildkröte, Amphibien, Fischen[12]). Die Hemmungsstoffe scheinen dieselben oder ähnliche als die die Trypsinwirkung verhindernden zu sein[13]). Die Bindung zwischen der Leukoprotease und den Hemmungsstoffen des Serums ist keineswegs leicht dissoziabel[14]). Diese Hemmungsstoffe wirken noch bei 55°[15]). Sie gehen nicht in Frauenmilch, Galle, Harn, Cerebrospinalflüssigkeit über, wohl aber in Ascites, Hydrothorax, Hydroceleflüssigkeit.

[1]) G. Jochmann u. G. Lockemann, Beiträge z. chem. Physiol. u. Pathol. **11**, 449—457 [1908]. — N. Fiessinger u. P. L. Marie, Compt. rend. de la Soc. de Biol. **66**, 864—866, 915—917 [1909].

[2]) Eduard Müller u. G. Jochmann, Münch. med. Wochenschr. **53**, 1507—1510, 1552 [1906]. — Marcus, Berl. klin. Wochenschr. **45**, 1349—1351 [1908]; **46**, 156—160 [1909].

[3]) O. Groß, Archiv f. experim. Pathol. u. Pharmakol. **58**, 157—161 [1907]. — E. Fuld, Archiv f. experim. Pathol. u. Pharmakol. **58**, 467 [1907].

[4]) L. Brieger u. Joh. Trebing, Berl. klin. Wochenschr. **45**, 1041—1044, 1349—1351, 2260—2261 [1908]. — G. von Bergmann u. Kurt Meyer, Berl. klin. Wochenschr. **45**, 1673—1677 [1908]. — L. Ambard, Sem. méd. **28**, 532—534 [1908]. — Marcus, Berl. klin. Wochenschr. **45**, 689—691 [1908]; **46**, 156—160 [1909]. — V. Fürst, Berl. klin. Wochenschr. **46**, 58—59 [1909]. — Kurt Meyer, Berl. klin. Wochenschr. **46**, 1064—1068, 1890—1892 [1908]. — J. Trebing u. G. Diesselhorst, Berl. klin. Wochenschr. **46**, 2296—2298 [1909]. — A. Braunstein, Deutsche med. Wochenschr. **35**, 573—575 [1909]. — G. Becker, Münch. med. Wochenschr. **56**, 1363 bis 1367 [1909]. — O. Schwarz, Wien. klin. Wochenschr. **22**, 1153—1156 [1909]. — G. Eisner, Zeitschr. f. Immunitätsforschung u. experim. Therapie **1**, 650—675 [1909]. — S. de Poggenpohl, Bull. Acad. méd. Paris [3] **61**, 699—703 [1909]. — E. Orsini, Biochimica e Terapia sper. **1**, 99 bis 109 [1909].

[5]) Sigmund Mohr, Inaug.-Diss. Würzburg 1907, 27 Seit. — Ernst Gräfenberg, Münch. med. Wochenschr. **56**, 707—709 [1909]. — Georg Becker, Berl. klin. Wochenschr. **46**, 1016—1017 [1909]. — G. Jochmann, Archiv f. Gynäk. **89**, 203 [1909].

[6]) G. Jochmann u. A. Kantorowicz, Münch. med. Wochenschr. **55**, 728—730 [1908]; Zeitschr. f. klin. Medizin **56**, 153—168 [1908]. — W. Schultz u. R. Chiarolanza, Deutsche med. Wochenschr. **34**, 1300 [1908].

[7]) N. Fiessinger u. P. L. Marie, Journ. de Physiol. et de Pathol. génér. **11**, 867—882 [1909].

[8]) Wiens u. Eduard Müller, Centralbl. f. inn. Medizin **28**, 945—948 [1907].

[9]) G. Jochmann, Zeitschr. f. Hyg. **61**, 71—80 [1908].

[10]) N. Fiessinger u. P. L. Marie, Journ. de Physiol. et de Pathol. génér. **11**, 613—628 [1909].

[11]) Eduard Müller u. Hans Kolaczek, Münch. med. Wochenschr. **54**, 354—357 [1907].

[12]) Wiens u. Eduard Müller, Centralbl. f. inn. Medizin **28**, 945—948 [1907].

[13]) G. Jochmann u. A. Kantorowicz, Münch. med. Wochenschr. **55**, 728—730 [1908]; Zeitschr. f. klin. Medizin **56**, 153—168 [1908].

[14]) C. Klieneberger u. Harry Scholz, Deutsches Archiv f. klin. Medizin **93**, 318—330 [1908].

[15]) Eugene L. Opie u. Bertha L. Barker, Journ. of exper. med. **9**, 207—221 [1907].

Serumprotease.

Definition: Ein der Tryptase und der Leukoprotease ähnliches Ferment, welches gewisse Proteine in einfachere Produkte spaltet.

Vorkommen: Im mit Chloroform behandelten Hundeserum[1]). Im normalen Rindserum[2]). Im Serum von Mensch, Schwein, Kaninchen, Pferd, Hammel, Gans, Huhn[3]).

Physikalische und chemische Eigenschaften: Ob es sich in allen diesen Fällen um ein und dasselbe Ferment handelt, ist keineswegs sicher. Vielleicht stammt die Serumprotease aus zerfallenen polynucleären neutrophilen Leukocyten. Jedenfalls ähnelt sie der Tryptase und der Leukoprotease. Die Protease des mit Chloroform behandelten Hundeserums greift in mehr oder minder beträchtlichem Grade Leim, Casein und geronnenes Pferdeserum an, nicht aber geronnenes Eiereiweiß; normales Hundeserum hemmt ihre Wirkung; bei längerer Einwirkung zerstört Chloroform diese Protease. Die Serumprotease des Rindes greift bei alkalischer Reaktion schwach Casein, Leim und geronnenes Serum an, weder aber Globulin noch geronnenes Ovalbumin; bei 55° wird sie in $1/2$ Stunde zerstört.

Lactoproteolase.

Definition: Ein auch Galaktase benanntes Ferment, welches die unlöslichen Proteine der Milch in lösliche überführt.

Vorkommen: In aseptischer Kuhmilch, auch in der Kolostralmilch[4]).

Physikalische und chemische Eigenschaften: Ähnelt den Bakterienproteasen. Kann alle Proteine der Milch sehr langsam verdauen, sowohl in leicht saurem als in leicht alkalischem Medium, in letzterem aber besser. Nach 30 Tagen oder länger sind 70% der Milchproteine verdaut; die auflösende Wirkung geht nicht weiter. Dabei bildet sich Ammoniak. H_2O_2 begünstigt die Wirkung der Lactoproteolase. Das Optimum wird bei 35° erreicht. Durch 10 Minuten dauerndes Erwärmen auf 76° wird die Lactoproteolase zerstört. Milch und Pferdeserum besitzen hemmende Eigenschaften gegenüber der Lactoproteolase, Rinderserum hingegen nicht[5]). Die Lactoproteolase befördert die Wirkung des Pepsins und des Trypsins auf die Verdauung der Proteine der rohen Milch.

Casease.

Definition: Ein das Paracasein und vielleicht auch das Casein spezifisch angreifendes Enzym[6]).

Vorkommen: Bei verschiedenen Hefen[7]). Bei den Schimmelpilzen: Aspergillus niger[8]), Aspergillus glaucus, Penicillium glaucum[9]). In der Oosporaform des Streptothrix microsporon[10]). Bei den höheren Pilzen: Psalliota campestris, Amanita pappa usw.[11]). Bei den Oomyceten und den Askomyceten[12]). Bei Tyrothrix tenuis und verschiedenen anderen

---

[1]) C. Delezenne u. E. Pozerski, Compt. rend. de la Soc. de Biol. **55**, 690—692 [1903]. — E. Zunz, Bull. Acad. méd. Belg. [4] **19**, 729—761 [1905].

[2]) S. G. Hedin, Journ. of Physiol. **30**, 195—201 [1903]. — Wiens u. H. Schlecht, Deutsches Archiv f. klin. Medizin **96**, 44—61 [1909].

[3]) M. Ehrenreich, Inaug.-Diss. Würzburg 1904, 22 Seit.

[4]) S. M. Babcock u. H. L. Russell, Centralbl. f. Bakt. II. Abt. **3**, 615—620 [1897]; **6**, 17—24, 45—50, 79—88 [1900]. — Ed. von Freudenreich, Centralbl. f. Bakt. II. Abt. **6**, 332—338 [1900]. — A. J. J. Vandevelde, H. de Waele u. E. Sugg, Beiträge z. chem. Physiol. u. Pathol. **5**, 571—581 [1904]. — A. J. J. Vandevelde, Rev. génér. du lait **6**, 361—370, 385—397, 414—422 [1907]; Mém. Cl. Sc. Acad. Belg. [2] **2**, 1—85 [1907]; Biochem. Zeitschr. **7**, 396—400 [1908].

[5]) A. J. J. Vandevelde, Biochem. Zeitschr. **18**, 142—150 [1909].

[6]) Duclaux, Ann. Inst. agron. 1882. Le lait, Paris 1894; zit. nach M. Javillier, Les ferments protéolytiques, Paris 1909, p. 235.

[7]) Em. Boullanger, Ann. de l'Inst. Pasteur **11**, 724—725 [1897].

[8]) Em. Bourquelot u. H. Hérissey, Bull. Soc. mycol. de France **15**, 60—67 [1899]. — G. Malfitano, Ann. de l'Inst. Pasteur **14**, 420—448 [1900].

[9]) Duclaux, Chimie biologique, Paris 1883, p. 193; zit. nach M. Javillier, Les ferments protéolytiques, Paris 1909, p. 235.

[10]) E. Bodin u. C. Lenormand, Ann. de l'Inst. Pasteur **15**, 279—288 [1901].

[11]) Em. Bourquelot u. H. Hérissey, Bull. Soc. mycol. de France **15**, 60—67 [1899].

[12]) A. Sartory, Compt. rend. de la Soc. de Biol. **64**, 789—790 [1908].

Mikroben[1]). Im Zellensafte vieler Pflanzen: Lolium perenne, Urtica dioica, Euphorbia lathyris, Papaver album usw. Fehlt bei der Luzerne[2]). Im Latex von Carica papaya und Ficus carica. In der Kalbsmagenschleimhaut, im Pankreas, in den käuflichen Labpräparaten[3]). Begleitet oft die Chymasen[4]).

Nachweis: Feststellung des durch NaCl aussalzbaren und nicht aussalzbaren Stickstoffes.

Physikalische und chemische Eigenschaften: Spaltet entweder nur das Paracasein oder vielleicht auch das Casein, nicht aber die anderen Proteine. Veranlaßt eine Vermehrung der vielleicht auch schon durch die Chymasewirkung gebildeten Molkenproteosen sowie eine Zunahme des durch NaCl nicht aussalzbaren Stickstoffes. Die Casease scheint die Abnahme der inneren Reibung der Milch zu bewirken[5]). Die Wirkung der Casease folgt dem Schütz-Borissowschen Gesetze. Die Spaltungsgeschwindigkeit ist dem Gehalte des Mediums an H-Ionen proportional[6]). NaCl beschleunigt die Wirkung der Casease. Vielleicht muß man die Casease keineswegs von der Chymase, wenigstens in den Labpräparaten, unterscheiden[7]).

Zooproteasen.

Definition: Die Proteine in einfachere Produkte spaltende, in ihrer Wirkungsart noch wenig bekannte Fermente, welche meistens den Tryptasen in mehr oder minder ausgeprägtem Grade zu ähneln scheinen, jedoch Unterschiede unter sich und gegenüber dem Pankreastrypsin aufweisen.

Vorkommen: Bei den Protozoen im Inneren der Zellen (Vakuolen), und zwar besonders bei den Amöben[8]), bei Pelomyxa[9]). Im Myxomycetenplasmodium[10]). Bei Actinosphaerium[11]), bei den Vorticellen (Paramaecium aurelia, Stylonichia, Carchesium)[12]). Bei Euplotes und Noctiluca[13]). Nach Nierenstein[14]) findet die Verdauung der Proteine bei den Protozoen nicht in den Vakuolen, die saure Reaktion aufweisen, statt. Im Parenchym der Schwämme: Suberites domuncula, Chondrosia, Geodia, Hircinia, Sylon, Reniera, Tedania usw[15]). Bei den Cölenteraten: in den Mesenterialfilamenten der Aktinien[16]), bei den Siphonophoren, Rhizostomen und Medusen[17]). Bei den parasitischen Eingeweidewürmern[18]). Im Darm-

---

[1]) Duclaux, Chimie biologique, Paris 1883, p. 193.
[2]) M. Javillier, Les ferments protéolytiques, Paris 1909, p. 237.
[3]) Sigval Schmidt-Nielsen, Beiträge z. chem. Physiol. u. Pathol. **9**, 322—332 [1907].
[4]) E. Petry, Wien. klin. Wochenschr. **19**, 143—144 [1906]; Beiträge z. chem. Physiol. u. Pathol. **8**, 339—364 [1906]. — K. Spiro, Beiträge z. chem. Physiol. u. Pathol. **8**, 365—369 [1906]. — B. Slowtzoff, Beiträge z. chem. Physiol. u. Pathol. **9**, 149—152 [1907]. — Orla Jensen, Rev. génér. du lait **6**, 272—281 [1907].
[5]) G. Wernken, Zeitschr. f. Biol. **52**, 47—71 [1908].
[6]) W. van Dam, Zeitschr. f. physiol. Chemie **61**, 147—163 [1909].
[7]) W. van Dam, Centralbl. f. Bakt., II. Abt., **26**, 189—222 [1910].
[8]) M. Greenwood, Journ. of Physiol. **7**, 253—273 [1886]; **8**, 263—287 [1887]. — M. Greenwood u. E. R. Saunders, Journ. of Physiol. **16**, 441—467 [1894]. — H. Mouton, Compt. rend. de l'Acad. des Sc. **133**, 244—246 [1901]; Compt. rend. de la Soc. de Biol. **53**, 801—802 [1901].
[9]) Hartog u. Dixon, Rep. British. Assoc. **63**, 801 [1893]; zit. nach E. Weinland in Oppenheimers Handbuch der Biochemie des Menschen und der Tiere, Jena 1909, **3**, 302—305.
[10]) Krukenberg, Unters. d. phys. Inst. Heidelberg **2**, 273—286 [1882]. — L. Celawosky jun., zit. nach E. Weinland in Oppenheimers Handbuch der Biochemie des Menschen und der Tiere, Jena 1909, **3**, 302—305.
[11]) M. Greenwood, Journ. of Physiol. **7**, 253—273 [1886]; **8**, 263—287 [1887].
[12]) F. Le Dantec, Ann. de l'Inst. Pasteur **4**, 276—290 [1890]; **5**, 163—170 [1891]. — F. Mesnil u. H. Mouton, Compt. rend. de la Soc. de Biol. **55**, 1016—1019 [1903].
[13]) E. Metschnikoff, Ann. de l'Inst. Pasteur **3**, 25—29 [1889].
[14]) Eduard Nierenstein, Zeitschr. f. allg. Physiol. **5**, 435—510 [1905].
[15]) Krukenberg, zit. nach O. von Fürth, Vergleichende chemische Physiologie der niederen Tiere, Jena 1903, S. 155. — L. Fredericq, Bull. Acad. Roy. Belg. [2] **46**, 213—228 [1878]. — G. Loisel, Journ. Anat. et Physiol. **34**, 187—237 [1897]. — J. Cotte, Compt. rend. de la Soc. de Biol. **53**, 95—97 [1901].
[16]) F. Mesnil, Ann. de l'Inst. Pasteur **15**, 352—397 [1901]. — H. Jordan, Archiv f. d. ges. Physiol. **116**, 617—624 [1907].
[17]) L. Fredericq, Bull. Acad. Roy. Belg. [2] **46**, 213—228 [1878]. — Chapeaux, Arch. zool. expér. [3] **1**, 139—160 [1893].
[18]) L. Fredericq, Bull. Acad. Roy. Belg. [2] **46**, 213—228 [1878]; Arch. zool. expér. **7**, 391—400 [1878]. — R. Kobert, Archiv f. d. ges. Physiol. **99**, 116—186 [1903].

extrakte und manchmal im Hautmuskelschlauche der Regenwürmer. Bei Nereis pelagica, Haemopis vorax[1]), Spirographis Spallanzanii, Arenicola piscatorum[2]), Hirudo[3]). In den Cöcalanhängen von Aphrodite[4]). In den Drüsen der Speiseröhrencöci von Arenicola marina[5]). In den Pylorusdrüsen von Salpa africana und der Tunicaten[6]). Bei zahlreichen Echinodermen: in den radiären Blindsäcken der Asteriden und von Asteracanthion[7]); im Cöcum von Spatangus purpureus[8]). Bei vielen Mollusken: Mya arenaria, Mytilus edulis[9]). Im Jecur von Chiton[10]). In den blindsackartigen Erweiterungen von Äolis[11]). Im Jecur und Darm von Helix, Limax, Arion, fehlt aber im frischen Lebersekrete[11]); bei Patella vulgata, Littorina littorea, Purpura lapillus, Fusus antiquus[12]). Bei Aplysia[13]). In den Speicheldrüsen von Sycotypus canaliculatus[14]). Bei den Cephalopoden im Jecur, Pankreas und Darm von Sepia officinalis, im Häpatopankreas von Octopus vulgaris und Eledone moschata, in den hinteren Speicheldrüsen von Octopus[15]). Bei vielen Arthropoden: Im Magensafte und im Leberextrakte der Crustaceen: Palinurus, Homarus, Carcinus, Eriphia, Pagurus, Pinnotheres, Squilla, Nephrops[16]), Cancer pagurus, Portunus puber[17]), Astacus fluviatilis[18]). In den Eiern der Crustaceen[19]). In der Leber vom Skorpion[20]). Bei den Asseln[21]). Im Mitteldarme und in den Blindschläuchen der Phalangiden[22]). In den Speicheldrüsen und in der Leber der Spinnen[23]). Bei Tegenaria[24]), Epeira[21]). Im Darmrohre und in den Leberschläuchen der

[1]) L. Fredericq, Bull. Acad. Roy. Belg. [2] **46**, 213—228 [1878]. — Ernst E. Lesser u. Ernst W. Tachenberg, Zeitschr. f. Biol. **50**, 446—455 [1907].

[2]) Krukenberg, zit. nach O. von Fürth, Vergleichende chemische Physiologie der niederen Tiere, Jena 1903, S. 176.

[3]) Stirling u. Brito, Journ. of Anat. and Physiol. **16**, 446—457 [1882].

[4]) Krukenberg, zit. nach O. von Fürth. — L. Fredericq, Bull. Acad. Roy. Belg. [2] **46**, 213—228 [1878].

[5]) Louis Brasil, Arch. zool. expér., Notes et Revue [4] **1**, 1—13 [1903].

[6]) Victor Henri, Compt. rend. de l'Acad. des Sc. **137**, 763—765 [1903]; Compt. rend. de la Soc. de Biol. **55**, 1316—1318 [1903].

[7]) A. B. Griffiths, Proc. Roy. Soc. London **44**, 325—388 [1888]. — M. Chapeaux, Bull. Acad. Roy. Belg. [3] **26**, 227—232 [1893]. — Stone, American Naturalist **31**, 1035—1041 [1897]. — O. Cohnheim, Zeitschr. f. physiol. Chemie **33**, 11—54 [1901].

[8]) Victor Henri, Compt. rend. de l'Acad. des Sc. **137**, 763—765 [1903]; Compt. rend. de la Soc. de Biol. **55**, 1316—1318 [1903].

[9]) L. Fredericq, Bull. Acad. Roy. Belg. [2] **46**, 213—228 [1878].

[10]) Krukenberg, Unters. d. phys. Inst. Heidelberg **2**, 273—286 [1882].

[11]) L. Fredericq, Bull. Acad. Roy. Belg. [2] **46**, 213—228 [1878]. — Barfurth, Archiv f. mikr. Anat. **25**, 321—350 [1885]. — E. Yung, Bull. Acad. Roy. Belg. **49**, 1—116 [1888]. — M. Leroy, Zeitschr. f. Biol. **27**, 398—414 [1890]. — W. Biedermann u. P. Moritz, Archiv f. d. ges. Physiol. **73**, 219—287 [1898]; **75**, 1—86 [1899]. — H. Stübel, Centralbl. f. Physiol. **22**, 525—528 [1908].

[12]) H. E. Roaf, Biochem. Journ. **1**, 390—397 [1906]; **3**, 462—472 [1908].

[13]) C. A. Mac-Munn, Phil. Trans. Roy. Soc. London **193 B**, 1—34 [1900].

[14]) L. B. Mendel u. H. C. Bradley, Amer. Journ. of Physiol. **13**, 17—29 [1905]. — H. E. Roaf, Biochem. Journ. **1**, 390—397 [1906]; **3**, 462—472 [1908].

[15]) P. Bert, Compt. rend. de l'Acad. des Sc. **65**, 300—303 [1867]. — Jousset de Bellesme, Compt. rend. de l'Acad. des Sc. **88**, 304—306, 428—429 [1879]. — E. Bourquelot, Compt. rend. de l'Acad. des Sc. **95**, 1174—1176 [1882]. — A. B. Griffiths, Proc. Roy. Soc. Edinburgh **13**, 120 bis 122 [1884]. — A. B. Griffiths u. A. Johnstone, Proc. Roy. Soc. Edinburgh **15**, 111—115 [1888]. — R. Krause, Centralbl. f. Physiol. **9**, 273—277 [1885]. — O. Cohnheim, Zeitschr. f. physiol. Chemie **35**, 396—415 [1902]. — Victor Henri, Compt. rend. de l'Acad. des Sc. **137**, 763—765 [1903]; Compt. rend. de la Soc. de Biol. **55**, 1316—1318 [1903]. — A. Falloise, Arch. int. Physiol. **3**, 282—305 [1906]. — J. Sellier, Compt. rend. de la Soc. de Biol. **63**, 705—706 [1907].

[16]) Krukenberg, Unters. d. phys. Inst. Heidelberg **2**, 273—286 [1882]. — F. Hoppe-Seyler, Archiv f. d. ges. Physiol. **14**, 395—400 [1876]. — Cattaneo, Atti d. Soc. ital. di Scienze nat. **30**, 238—272 [1887]. — Stamati, Compt. rend. de la Soc. de Biol. **16**, 16—17 [1888]; Bull. Soc. zool. France **13**, 146 [1888]. — J. Sellier, Compt. rend. de la Soc. de Biol. **63**, 703—704 [1907].

[17]) H. E. Roaf, Biochem. Journ. **1**, 390—397 [1906]; **3**, 462—472 [1908].

[18]) H. Jordan, Archiv f. d. ges. Physiol. **101**, 263—310 [1904].

[19]) J. Abelous u. J. Heim, Compt. rend. de la Soc. de Biol. **43**, 273—275 [1891].

[20]) Krukenberg, Unters. d. phys. Inst. Heidelberg **2**, 273—286 [1882].

[21]) R. Kobert, Archiv f. d. ges. Physiol. **99**, 116—186 [1903].

[22]) F. Plateau, Bull. Acad. Roy. Belg. [2] **42**, 719—754 [1876].

[23]) Ph. Bertkau, Archiv f. mikr. Anat. **23**, 214—245 [1884]; **24**, 398—451 [1885].

[24]) A. B. Griffiths u. A. Johnstone, Phys. of Invertebrata **1892**, 100—101; zit. nach E. Weinland, in Oppenheimers Handbuch der Biochemie des Menschen und der Tiere, Jena 1909, **3**, 302—305.

Myriapoden[1]). Im Kropfe der Insekten[2]). In den Speicheldrüsen von Periplaneta americana[3]). Im Saugmagen und im Darme der Fliegenlarven[4]). Im Darme der Mehlwürmer und Raupen[5]). Bei den Maikäfern und bei Musca[6]). Im Verdauungskanale der Lepidopteren[7]).

Bakterienproteasen.

Definition: Der Tryptase mehr oder minder ähnliche proteolytische Fermente mikrobären Ursprunges.

Vorkommen: In sehr vielen Bakterien, teils nur endocellulär, teils in den Kulturflüssigkeiten. Es bestehen Proteasen bei Bacillus pyocyaneus[8]), bei Bacillus anthracis[9]), bei den Choleravibrionen[10]) und anderen Vibrionen[11]), bei den Fäulnisbakterien[12]), bei den gelatineverflüssigenden Bakterien[13]), bei den Tuberkulose- und Typhusbacillen[14]), bei Sarcina rosea, bei Bacillus mesentericus vulgatus[15]), bei Bacillus fluorescens liquefaciens[16]) usw. Bei einer und derselben Bakterienart unterliegt die Menge der gebildeten Proteasen großen Schwankungen. Im allgemeinen verhindern alle Kohlehydrate mehr oder minder die Proteasenbildung. Die Anwesenheit von Proteinen sowie von Sauerstoff ist für die Entstehung der Bakterienproteasen meistens unbedingt notwendig[17]).

Physikalische und chemische Eigenschaften: Die Bakterienproteasen ähneln in ihrer Wirkung in großen Zügen der Tryptase, weisen jedoch meistens gewisse Unterschiede gegenüber letzterer auf. Außerdem bestehen auch Unterschiede in ihrer Wirkungsart zwischen den verschiedenen Bakterienproteasen[18]). Gewöhnlich spalten sie die Proteine viel besser im geronnenen als im genuinen Zustande und greifen lebendes Eiweiß kaum oder gar nicht an. Die Spaltprodukte sind dieselben wie bei der Wirkung der anderen Proteasen. Das Brechungsvermögen der Proteinlösungen wird vermindert[19]). Die Wirkung auf Fibrin und Leim ist äußerst verschieden je nach der Bakterienart. Die Protease des Kolibacillus spaltet Casein nur bis zu den Proteasen, die Protease des Proteus vulgaris hingegen viel tiefer[20]). Die Protease des Bacillus fluorescens liquefaciens spaltet Peptone nur sehr langsam[21]). Peptone und andere Spaltprodukte der Proteine hemmen[22]), Morphin, Strychnin, Antipyrin, Chinin, die Glykoside verhindern oft die Proteasenwirkung. Durch 1stündiges Erhitzen auf 70°

---

[1]) F. Plateau, Compt. rend. de l'Acad. des Sc. **83**, 566—567 [1876]; Mém. Acad. Roy. Belg. **42**, 94 Seit. [1878].
[2]) F. Plateau, Mém. Acad. Roy. Belg. **41**, 124 Seit. [1875].
[3]) F. Plateau, Bull. Acad. Roy. Belg. [2] **41**, 1206—1233 [1876]; Compt. rend. de l'Acad. des Sc. **83**, 545—546 [1876].
[4]) H. Fabre, zit. nach E. Weinland.
[5]) W. Biedermann, Archiv f. d. ges. Physiol. **72**, 105—162 [1891].
[6]) W. Biedermann, Archiv f. d. ges. Physiol. **75**, 43—48 [1899]. — J. Straus, Zeitschr. f. Biol. **52**, 95—106 [1908].
[7]) S. Sawamura, Bull. Coll. Agric. Tokio **4**, 337—347 [1902].
[8]) Paul Krause, Centralbl. f. Bakt. I. Abt. **31**, 673—678 [1902]. — E. Zak, Beiträge z. chem. Physiol. u. Pathol. **10**, 287—298 [1907].
[9]) E. Hankin u. F. F. Wesbrook, Ann. de l'Inst. Pasteur **6**, 633—650 [1892].
[10]) Heinrich Bitter, Archiv f. Hyg. **5**, 241—264 [1886].
[11]) A. Macfadyen, Journ. of Anat. and Physiol. **26**, 409—429 [1892].
[12]) Hüfner, Journ. f. prakt. Chemie N. F. **5**, 372 [1872].
[13]) T. Lauder Brunton u. A. Macfadyen, Proc. Roy. Soc. London **46**, 542—553 [1890].
[14]) L. Geret u. M. Hahn, Berichte d. Deutsch. chem. Gesellschaft **31**, 2335—2344 [1898].
[15]) E. Abderhalden u. O. Emmerling, Zeitschr. f. physiol. Chemie **51**, 394—396 [1907].
[16]) O. Emmerling u. O. Reiser, Berichte d. Deutsch. chem. Gesellschaft **35**, 700—702 [1902].
[17]) Paul Liborius, Zeitschr. f. Hyg. **1**, 115—177 [1886].
[18]) E. Cartwright Wood, Reports of the Lab. of the Roy. Coll. of Physic. Edinburgh **2**, 253—279 [1890]. — H. de Waele, E. Sugg u. A. J. J. Vandevelde, Centralbl. f. Bakt. II. Abt. **39**, 353—357 [1905].
[19]) Fr. Obermayer u. E. P. Pick, Beiträge z. chem. Physiol. u. Pathol. **7**, 331—380 [1906].
[20]) A. E. Taylor, Zeitschr. f. physiol. Chemie **36**, 487—492 [1902].
[21]) O. Emmerling u. O. Reiser, Berichte d. Deutsch. chem. Gesellschaft **35**, 700—702 [1902].
[22]) G. Malfitano u. (Fräulein) E. Lazarus, Compt. rend. de la Soc. de Biol. **63**, 761—763 [1907].

werden alle Bakterienproteasen vernichtet. Zahlreiche Bakterien enthalten die Wirkung der Bakterienproteasen hemmenden Stoffe, welche bei 65° zerstört werden[1]). Die Pyocyaneusprotease soll eine synthetische Rückverwandlung von ungerinnbaren Proteinabkömmlingen in gerinnbare Eiweißstoffe bewirken[2]).

Aspergillusprotease.

Definition: Eine dem Papain und der Malzprotease ähnliches Frment.
Vorkommen: Im Aspergillus niger[3]).
Darstellung: Fällen durch Alkohol der Macerationsflüssigkeit des Myceliums.
Physikalische und chemische Eigenschaften: Wirkt auf Gelatine, Nucleoproteine, Globuline, Albuminoide, genuines Serumalbumin, weder aber auf geronnenes Serumalbumin noch auf Ovalbumin, noch auf gekochtes Fibrin. Durch Alkohol gefällt. Wirkt am besten, wenn die Reaktion gegenüber Methylorange neutral ist und also noch leicht sauer gegenüber Phenolphthalein. Die Alkalien hemmen. Das Optimum der Wirkung wird bei 40° erreicht. Mehrstündiges Erwärmen auf 70° zerstört die Aspergillusprotease.

Phytoproteasen.

Definition: Die pflanzlichen Proteine bis zur Bildung von Leucin, Tyrosin und wahrscheinlich von Hexonbasen unter Wasseraufnahme spaltende Fermente.
Vorkommen: In den keimenden und auch in den ruhenden Samen sehr vieler Pflanzen: Wicke, Hanf, Gerste[4]), Lupinus hirsutus, Lupinus angustifolius, Lupinus luteus, Ricinus major, Ricinus communis[5]), Mohn, Runkelrübe[6]), Pinus montana[7]), Hafer[8]), Pferdebohnen, Buchweizen[9]), Croton[10]) usw.[11]). Im Malze[12]).
Physikalische und chemische Eigenschaften: Die Pflanzenproteasen nähern sich den Tryptasen am meisten, scheinen jedoch gewöhnlich aus der Verbindung einer Pepsinase mit einer Ereptase zu bestehen, welche man durch Extraktion mit 10 proz. NaCl aus der Pflanze erhält; bei sehr schwacher Ansäuerung fällt dann die Pepsinase mit den Proteinen, während die Ereptase im Filtrate bleibt[13]). Die Eigenschaften dieser Pepsinase-Ereptasegemenge wechseln sehr, je nach der Pflanze, aus welcher sie stammen und je nach dem umgebenden Medium. Im allgemeinen wirken sie am besten in schwachsaurem Medium, weniger im neutralen und noch weniger im alkalischen. Sie greifen die Pflanzenproteine merklich an, sowie Casein und Fibrin, spalten aber die anderen tierischen Proteine kaum oder gar nicht. Die Haferprotease wirkt z. B. auf Serumalbumin nur nach dem Kochen und gar nicht auf Ovalbumin. — Saccharose schwächt manchmal die Wirkung der Pflanzenproteasen. Die Malzprotease wirkt gut zwischen 40 und 70°; ihr Optimum liegt bei 60°. Die Phytoproteasen werden durch Erfrieren nicht zerstört.

---

[1]) H. de Waele, Centralbl. f. Bakt. I. Abt. 50, 40—44 [1909].
[2]) E. Zak, Beiträge z. chem. Physiol. u. Pathol. 10, 287—298 [1907].
[3]) G. Malfitano, Ann. de l'Inst. Pasteur 14, 60—81, 420—448 [1900].
[4]) von Gorup-Besanez, Berichte d. Deutsch. chem. Gesellschaft 7, 1478—1480 [1874]; 8, 1510—1514 [1875].
[5]) J. R. Green, Phil. Trans. Roy. Soc. London 178, 39—59 [1888]; Proc. Roy. Soc. London 48, 370—392 [1890]; Ann. of Bot. 7, 83—137 [1893]. — W. Butkewitsch, Zeitschr. f. physiol. Chemie 32, 1—53 [1901]; Berichte d. Deutsch. bot. Gesellschaft 18, 185—189, 358—364 [1900]. — J. Kovschoff, Berichte d. Deutsch. bot. Gesellschaft 25, 473—479 [1907].
[6]) R. Neumeister, Zeitschr. f. Biol. 30, 447—463 [1894].
[7]) Th. Bokorny, Archiv f. d. ges. Physiol. 90, 94—112 [1902].
[8]) W. Grimmer, Biochem. Zeitschr. 4, 80—97 [1907]. — Ellenberger, Skand. Arch. f. Physiol. 18, 306—311 [1907]. — H. Aron u. P. Klempin, Biochem. Zeitschr. 9, 163—184 [1908].
[9]) A. Scheunert u. W. Grimmer, Zeitschr. f. physiol. Chemie 48, 27—40 [1906].
[10]) F. Scurti u. E. Parrozzani, Gazzetta chimica ital. 37, 488—504 [1907].
[11]) W. W. Bialosuknia, Zeitschr. f. physiol. Chemie 58, 487—499 [1909].
[12]) Fr. Weis, Zeitschr. f. physiol. Chemie 31, 79—97 [1900]. — A. Fernbach u. L. Hubert, Compt. rend. de l'Acad. des Sc. 130, 1783—1785 [1900]; 131, 293—295 [1900]. — W. Windisch u. B. Schellhorn, Wochenschr. f. Brauerei 17, 334—336, 437—439, 449—452 [1900]. — P. Petit u. G. Labourasse, Compt. rend. de l'Acad. des Sc. 131, 349—351 [1900].
[13]) S. H. Vines, Ann. of bot. 18, 289—317 [1904]; 19, 146—162, 172—187 [1905]; 20, 113—122 [1906]; 22, 103—113 [1908]; 23, 1—18 [1909].

Papain.

Definition: Ein auch **Papayotin, Papayacin** oder **Caricin** benanntes Ferment, welches die Proteine auf besondere Art in einfachere Produkte spaltet.

Vorkommen: Im Latex des Carica Papaya[1]). Im Safte des Ficus carica und des Ficus macrocarpa[2]). Im Bacillus fluorescens liquefaciens[3]).

Darstellung: Fällen mit Alkohol des wässerigen Saftauszuges, Auflösen in Wasser des Niederschlages, Versetzen mit Bleiessig unter Vermeiden eines Überschusses, Abfiltrieren, Behandeln des Filtrates mit H_2S, Eindampfen im Vakuum, tropfenweiser Alkoholzusatz bis zum Anfange der Papainfällung, Abfiltrieren, Fällen mittels Alkohol des Papains im Filtrate[1]).

Physiologische Eigenschaften: Wiederholte Einspritzungen geringer Papainmengen bewirken beim Meerschweinchen deutlich Anaphylaxie[4]), nicht aber beim Kaninchen[5]), bei welchem man aber durch wiederholte Einspritzungen spezifische Antikörper erzeugt, nämlich ein Präcipitin und einen Sensibilisierungsstoff. Bis jetzt konnte man kein eigentliches Antipapain erzielen[6]). Lebende Bakterien werden durch Papain keineswegs in ihrem Wachstum auf geeignete Medien gestört[7]).

Physikalische und chemische Eigenschaften: Ob die Proteasen des Ficus carica und des Bacillus fluorescens liquefaciens mit dem eigentlichen Papain völlig identisch sind oder diesem Fermente nur ähneln, ist eine noch nicht völlig aufgeklärte Frage. Das Papain wirkt auf Fibrin lösend sowohl bei leicht alkalischer als bei ganz schwach saurer Reaktion, wenn auch etwas rascher bei alkalischer Reaktion[8]). Bewirkt in schwachsaurer Lösung eine teilweise Zerlegung der Protamine[9]); ob dies vom Papain selbst bewirkt wird oder von einer besonderen in den Papyotinpräparaten enthaltenen β-Protease, ist noch unentschieden. Spaltet Glycyl-l-Tyrosin[10]). — Bei 40° geht die Verdauung sehr schwer vor sich und ist sehr unvollständig, falls man nicht wiederholt frisches Ferment zusetzt; in letzterem Falle bilden sich aber, neben Proteosen und Peptonen, auch Aminosäuren[11]). Mischt man Hühnereiweißlösung oder Hammelserum in bestimmten Verhältnissen mit einer Papainlösung, so tritt innerhalb 4 Stunden bei Zimmertemperatur nur Verflüssigung und keine Spaltung ein. Die verflüssigende Wirkung bleibt aus, wenn die wässerige Papainlösung vor dem Vermischen mit dem Eiereiweiße auf 100° erwärmt wurde, dann tritt im Gegenteil eine teilweise Fällung des Eiereiweißes auf[12]). Um eine rasche Verdauung der Proteine durch Papain zu erzielen, werden die kurze Zeit bei Zimmertemperatur oder im Brutraume gelassenen Gemische rasch auf 80—90° erhitzt; die eigentliche Verdauung tritt erst während des Erwärmens auf. Je länger man das Proteinpapaingemisch bei Zimmertemperatur oder im Brutraume bei 40° läßt, ehe man es plötzlich auf 80—90° bringt, desto geringer ist die dann entstehende Verdauung. Fügt man Salzsäure zum Papainproteingemische beim Vermischen, so behält das Papain sein ursprüngliches Verdauungsvermögen. Wird die Salzsäure erst später dem Papainproteingemische zugesetzt, so hindert sie jede weitere Abnahme des enzymatischen Vermögens, bringt es jedoch nicht zur ursprünglichen Höhe zurück. Bei der Schnellverdauung durch hohe Temperatur entstehen keine Aminosäuren[13]). — Das Papain wirkt auch als oxyphile Chymase; Calcium beschleunigt etwas die Milchgerinnung durch

---

[1]) Ad. Wurtz u. E. Bouchut, Compt. rend. de l'Acad. des Sc. **89**, 425—429 [1879]. — Ad. Wurtz, Compt. rend. de l'Acad. des Sc. **90**, 1379—1381 [1880]; **91**, 787—791 [1880].
[2]) E. Bouchut, Compt. rend. de l'Acad. des Sc. **91**, 67—68 [1880].
[3]) O. Emmerling u. O. Reiser, Berichte d. Deutsch. chem. Gesellschaft **35**, 700—702 [1902].
[4]) E. Pozerski, Compt. rend. de la Soc. de Biol. **64**, 631—632 [1908].
[5]) E. Pozerski, Compt. rend. de la Soc. de Biol. **64**, 896—898 [1908].
[6]) M. Ehrenreich, Inaug.-Diss. Würzburg 1900.
[7]) Cl. Fermi, Arch. di farmacol. sper. e scienze affini **8**, 481—498 [1909].
[8]) O. Emmerling, Berichte d. Deutsch. chem. Gesellschaft **34**, 695—699, 1012 [1902].
[9]) M. Takemura, Zeitschr. f. physiol. Chemie **63**, 201—214 [1909].
[10]) E. Abderhalden u. Y. Teruuchi, Zeitschr. f. physiol. Chemie **49**, 21—25 [1906].
[11]) F. Kutscher u. Lohmann, Zeitschr. f. physiol. Chemie **46**, 383—386 [1905].
[12]) H. Mouton u. E. Pozerski, Compt. rend. de la Soc. de Biol. **65**, 86—87 [1908].
[13]) C. Delezenne, H. Mouton u. E. Pozerski, Compt. rend. de la Soc. de Biol. **60**, 68—70, 309—312 [1906]. — D. Jonescu, Biochem. Zeitschr. **2**, 176—187 [1906]. — F. Sachs, Zeitschr. f. physiol. Chemie **51**, 488—505 [1907]. — E. Pozerski, Ann. de l'Inst. Pasteur **23**, 205—239, 321—359 [1909].

Papain, K und Na verzögern sie hingegen[1]). Ob es sich um ein von der Papainprotease verschiedenes Ferment dabei handelt oder nicht, ist noch unsicher. — Alkohol fällt das Papain. Formaldehyd zerstört es leicht[2]). Das Optimum der Wirkung liegt bei 80°; die Verdauung ist schon erheblich zwischen 70 und 80° und hört bei 95 auf[3]). Papain wird erst bei 95° zerstört[4]). Die Papainwirkung wird nicht durch Röntgenstrahlen beeinflußt[5]). Die Bestrahlung mit einer Silberelektrodenlampe schwächt die Papainwirkung; dabei sind die Ultraviolettstrahlen am schädlichsten[6]). Papain zerstört teilweise das Pepsin, scheint aber weder durch Trypsin noch durch Pepsin zerstört zu werden[7]).

Bromelin.

Definition: Ein die Proteine in einfachere Produkte spaltendes Ferment, welches dem Papain sehr ähnelt.

Vorkommen: Im Ananassafte[8]).

Physikalische und chemische Eigenschaften: Verdaut Fibrin, Myosin, geronnenes Eieralbumin. Wirkt in schwach alkalischem, neutralem und schwach saurem Medium. Fibrin wird ebensogut in neutralem als in saurem Medium angegriffen. Geronnenes Eieralbumin wird am besten in neutralem Medium, Myosin in leicht saurem Medium verdaut. Es bilden sich Proteosen, Peptone und bei langdauernder Einwirkung Aminosäuren. Durch rasches Erwärmen auf Siedetemperatur nimmt die Verdauungsstärke erheblich zu, so daß die Proteine, in ähnlicher Weise wie durch Papain, unter denselben Umständen, fast plötzlich verdaut werden[9]). — Caldwell[10]) zufolge soll das Bromelin aus 2 Proteasen bestehen, einer pepsin- und einer trypsinähnlichen, von welchen die erstere bei 65° zerstört wird. — Die Metallsalze wirken ungünstig auf die Bromelinwirkung in folgender absteigender Reihe: Ag, Hg, Cu, Pb, Zn, Ba, Cd, Co, Na, Li, Sr, Mg, NH_4, K. — Das Optimum der Wirkung soll bei 60° liegen.

Glutenase.

Definition: Ein auch **Cerealin** benanntes Ferment, welches die Proteine der Kleie und des Glutens unter Wasseraufnahme spaltet.

Vorkommen: In der Weizenkleie[11]).

Physikalische und chemische Eigenschaften: Spaltet die Proteine der Weizenkleie unter Tyrosinbildung. Hydrolysiert auch das Casein der Kuhmilch. Wirkt am besten in saurem Medium, auch in neutralem, nicht in alkalischem. Die Mineralsäuren (HCl) und die organischen Säuren (Essigsäure, Oxalsäure) aktivieren die Glutenase.

Autolytische Fermente.

Definition: Endocelluläre Fermente, welche mehr oder minder spezifisch auf die Zellenproteine einwirken und sie in einfachere Produkte spalten[12]).

---

[1]) C. Gerber, Compt. rend. de la Soc. de Biol. **66**, 366—368 [1909].
[2]) C. L. Bliss u. F. G. Novy, Journ. of exper. med. **4**, 47—80 [1899].
[3]) E. Pozerski, Compt. rend. de la Soc. de Biol. **64**, 1105—1106 [1908].
[4]) F. Sachs, Zeitschr. f. physiol. Chemie **51**, 488—505 [1907].
[5]) P. F. Richter u. H. Gerhartz, Berl. klin. Wochenschr. **45**, 646—648 [1908].
[6]) G. Dreyer u. O. Hanssen, Compt. rend. de l'Acad. des Sc. **145**, 564—566 [1907].
[7]) V. Harlay, Thèse de pharmacie, Paris 1900, 101 Seit.
[8]) R. H. Chittenden, Journ. of Physiol. **15**, 259—310 [1894].
[9]) E. Pozerski, Ann. de l'Inst. Pasteur **23**, 205—239, 321—359 [1909].
[10]) J. S. Caldwell, Bot. Gaz. **39**, 409—419 [1905].
[11]) G. Bertrand u. W. Mutermilch, Compt. rend. de l'Acad. des Sc. **144**, 1285—1288, 1444—1446 [1907]; Ann. de l'Inst. Pasteur **21**, 833—841 [1907].
[12]) E. Salkowski, Zeitschr. f. physiol. Chemie **13**, 506—538 [1888]; Zeitschr. f. klin. Medizin **17**, Suppl., 79—100 [1891]; Die Deutsche Klinik **11**, 147—182, Berlin u. Wien 1903. — H. Schwiening, Virchows Archiv **136**, 444—481 [1894]. — C. Biondi, Virchows Archiv **144**, 375—400 [1896]. — M. Jacoby, Zeitschr. f. physiol. Chemie **30**, 149—173 [1900]. — M. Mathes, Archiv f. experim. Pathol. u. Pharmakol. **51**, 442—450 [1904].

Vorkommen: In allen Zellen der tierischen Organe und Gewebe: Leber[1]), Milz[2]), Muskel[3]), Thymus[4]), Lungen[5]), Pankreas[6]), Nieren[7]), Gehirn[8]), Darm[9]), Knochen[10]), Hoden[11]), Placenta[12]), Uterus[13]), Milchdrüsen[14]). Schon in der embryonalen Leber; der Gehalt der Leber an autolytischen Fermenten scheint beim Schweinsembryo keineswegs geringer als beim erwachsenen Schweine zu sein[15]). In den Krebszellen[16]). In den Exsudaten[17]).

Darstellung: Sättigung mit 80 proz. Ammonsulfat[18]) oder Fällung mittels Uranylacetat[19]).

Physiologische Eigenschaften: Die intracellulären autolytischen Fermente sind normalerweise während des Lebens tätig und stehen speziell der Proteinspaltung in den Zellen vor[20]). — Die Muskelautolyse wird während des Fiebers bis fast um das 3fache erhöht, während hingegen die Leberautolyse um etwa $1/3$ verringert ist[21]). — Im Hunger nimmt die Autolyse zu[22]);

---

[1]) S. G. Hedin u. S. Rowland, Zeitschr. f. physiol. Chemie **32**, 531—540 [1901]. — P. A. Levene u. L. B. Stookey, Amer. Journ. of Physiol. **12**, 1—12 [1904]. — P. Bergell u. Karl Lewin, Zeitschr. f. experim. Pathol. u. Therap. **3**, 425—431 [1906]. — Launoy, Ann. de l'Inst. Pasteur **23**, 1—28 [1909].

[2]) S. G. Hedin u. S. Rowland, Zeitschr. f. physiol. Chemie **32**, 341—349 [1901]. — J. B. Leathes, Journ. of Physiol. **28**, 360—365 [1902]. — S. G. Hedin, Journ. of Physiol. **30**, 155—175 [1903]. — O. Schumm, Beiträge z. chem. Physiol. u. Pathol. **3**, 576—579 [1903]. — P. A. Levene, Amer. Journ. of Physiol. **11**, 437—447 [1904]; **12**, 276—296 [1904]. — E. P. Cathcart, Journ. of Physiol. **32**, 299—304 [1905].

[3]) R. Vogel, Deutsches Archiv f. klin. Medizin **72**, 291—326 [1902]. — Sigval Schmidt-Nielsen, Beiträge z. chem. Physiol. u. Pathol. **4**, 182—184 [1903].

[4]) F. Kutscher, Zeitschr. f. physiol. Chemie **34**, 114—118 [1901].

[5]) M. Jacoby, Zeitschr. f. physiol. Chemie **33**, 126—127 [1901]. — Oskar Simon, Deutsches Archiv f. klin. Medizin **70**, 604—623 [1901]. — Friedr. Müller, Kongr. f. inn. Medizin zu Wiesbaden **1902**, 192—203.

[6]) P. A. Levene, Zeitschr. f. physiol. Chemie **41**, 393—403 [1904]. — P. A. Levene u. L. B. Stookey, Zeitschr. f. physiol. Chemie **41**, 404—406 [1904]. — F. Kutscher u. Lohmann, Zeitschr. f. physiol. Chemie **44**, 381—387 [1905].

[7]) S. G. Hedin u. S. Rowland, Zeitschr. f. physiol. Chemie **32**, 341—349 [1901]. — H. D. Dakin, Journ. of Physiol. **30**, 84—96 [1903].

[8]) P. A. Levene u. L. B. Stookey, Journ. of med. research **10**, 212—216 [1904].

[9]) F. Kutscher u. J. Seemann, Zeitschr. f. physiol. Chemie **34**, 528—543 [1902]; **35**, 432—458 [1902].

[10]) O. Schumm, Beiträge z. chem. Physiol. u. Pathol. **7**, 175—203 [1905]. — B. Morpurgo u. G. Satta, Giorn. d. R. Accad. di Med. di Torino **70**, 340—342 [1907]; **71**, 9—10 [1908]; Arch. ital. biol. **49**, 380—384 [1908].

[11]) P. A. Levene, Amer. Journ. of Physiol. **11**, 437—447 [1904]. — J. Mochizuki u. Y. Kotake, Zeitschr. f. physiol. Chemie **43**, 165—169 [1904].

[12]) P. Mathes, Centralbl. f. Gynäkol. **25**, 1385—1389 [1901]. — P. Bergell u. W. Liepmann, Münch. med. Wochenschr. **52**, 2211—2212 [1905]. — L. Basso, Archiv f. Gynäkol. **76**, 162—174 [1905]. — M. Savarè, Beiträge z. chem. Physiol. u. Pathol. **9**, 141—148 [1907]. — L. Natton-Larrier u. G. Ficaï, Journ. de Physiol. et de Pathol. génér. **10**, 60—66 [1908]. — P. Bergell u. Edmund Falk, Münch. med. Wochenschr. **55**, 2217—2218 [1908].

[13]) Leo Langstein u. Otto Neubauer, Münch. med. Wochenschr. **49**, 1250 [1902].

[14]) Paul Hildebrandt, Beiträge z. chem. Physiol. u. Pathol. **5**, 463—475 [1904].

[15]) Eugen Schlesinger, Beiträge z. chem. Physiol. u. Pathol. **4**, 87—114 [1903]. — L. B. Mendel u. C. S. Leavenworth, Journ. of Physiol. **21**, 69—76 [1908].

[16]) E. Petry, Beiträge z. chem. Physiol. u. Pathol. **2**, 94—101 [1902]. — Charles P. Emerson, Deutsches Archiv f. klin. Medizin **72**, 415—441 [1902]. — Heß u. Saxl, Wien. klin. Wochenschrift **21**, 1183—1184 [1908]. — Ferd. Blumenthal u. Hans Wolff, Med. Klinik **1**, 166—167 [1905]. — C. Neuberg, Berl. klin. Wochenschr. **42**, 118—119 [1905]; Centralbl. f. d. Physiol. u. Pathol. d. Stoffwechsels **7**, 542 [1906]; Arbeiten a. d. pathol. Inst. zu Berlin, Festschrift **1906**, 591—607.

[17]) F. Umber, Münch. med. Wochenschr. **49**, 1169—1171 [1902]; Zeitschr. f. klin. Medizin **48**, 364—388 [1903]. — E. Zak, Wien. klin. Wochenschr. **18**, 376—377 [1905].

[18]) M. Jacoby, Zeitschr. f. physiol. Chemie **30**, 149—173 [1900].

[19]) Rosell, Inaug.-Diss. Straßburg 1901.

[20]) Ernst Bloch, Biochem. Zeitschr. **21**, 519—522 [1909].

[21]) Ed. Aronssohn u. F. Blumenthal, Zeitschr. f. klin. Medizin **65**, 1—5 [1908].

[22]) Janet E. Lane-Claypon u. S. B. Schryver, Journ. of Physiol. **31**, 169—187 [1904]. — Ed. Aronssohn u. F. Blumenthal, Zeitschr. f. klin. Medizin **65**, 1—5 [1908].

dies ist auch der Fall bei der Phosphorvergiftung[1]), bei der akuten gelben Leberatrophie[2]), bei der Chloroformvergiftung[3]). Bei der Vergiftung durch HCl oder Blausäure nimmt die Muskelautolyse ab, die Leberautolyse bleibt unbeeinflußt[4]). Die Fütterung mit Schilddrüsen steigert anfangs die Leberautolyse, vermindert sie später[5]). — Im Krebse wird wahrscheinlich die Antolyse keineswegs beschleunigt[6]).

Physikalische und chemische Eigenschaften: Die autolytischen Fermente wirken auf die Zellproteine mehr oder minder spezifisch. Lebersaft greift die Lungenproteine nicht an, wohl aber die daraus entstandenen Proteosen[7]); es greift aber weder die Muskelproteine noch die geronnenen Leberproteine an[8]). Muskelenzym und Milzenzym greifen Bluteiweiß schwach an[9]), Leberenzym greift Gelatine etwas an[10]). Bei der Einwirkung des autolytischen Fermentes auf die Proteine derselben Zelle entstehen Ammoniak und einfache Spaltprodukte[11]), unter welchen sich auch sowohl für den Organismus giftige[12]) als bactericide Stoffe bilden[13]). Die autolytische Spaltung verläuft in den ersten Stadien viel rascher als nachher[14]). Der ganze Prozeß vollzieht sich überhaupt sehr langsam und zwar schneller bei Leberautolyse als bei Muskelautolyse[15]). Die Autolyse verläuft meistens am besten bei schwach saurer Reaktion, was vielleicht teilweise von der Beseitigung von Hemmungskörpern herrührt. HCl, H_2SO_4, Phosphorsäure, Milchsäure, Bernsteinsäure, Borsäure, Benzoesäure, Salicylsäure befördern die Leberautolyse; es besteht für jede Säure ein Optimum (Borsäure bei 1%, Salicylsäure bei halbgesättigter Lösung), über welches hinaus weiterer Säurezusatz schädlich wirkt[16]). Die von der amylolytischen (Milchsäure) und von der lipolytischen (höhere Fettsäuren) Autolyse herrührenden Säuren begünstigen die Proteinautolyse[17]). Senföl und Alkohol wirken auf die gleiche Weise wie die Säuren; das Optimum liegt für Senföl bei einer $1/8$ gesättigten wässerigen Senföllösung, für Alkohol bei 5%. Kohlensäure wirkt günstig,

---

[1]) M. Jacoby, Zeitschr. f. physiol. Chemie 30, 174—181 [1900]; in Soetbeer, Archiv f. experim. Pathol. u. Pharmakol. 50, 290—312 [1903]. — A. Kossel, Berl. klin. Wochenschr. 41, 1065 bis 1068 [1904]. — Waldvogel, Deutsches Archiv f. klin. Medizin 82, 437—458 [1905]. — A. J. Wakeman, Zeitschr. f. physiol. Chemie 44, 335—340 [1905]; Journ. of exper. med. 7, 292—304 [1905]. — J. Wohlgemuth, Biochem. Zeitschr. 1, 161—165 [1906]. — O. Porges u. E. Przibram, Archiv f. experim. Pathol. u. Pharmakol. 59, 20—29 [1908].

[2]) A. E. Taylor, Journ. of med. research 8, 424—430 [1902]; Zeitschr. f. physiol. Chemie 34, 580—584 [1902]. — C. Neuberg u. P. F. Richter, Deutsche med. Wochenschr. 30, 499—501 [1904]. — H. G. Wells, Journ. of exper. med. 9, 627—644 [1907].

[3]) H. G. Wells, Journ. of biol. Chemistry 5, 129—145 [1908].

[4]) W. Glikin u. A. Loewy, Biochem. Zeitschr. 19, 498—505 [1908].

[5]) H. G. Wells, Amer. Journ. of Physiol. 11, 351—354 [1904]. — S. B. Schryver, Journ. of Physiol. 32, 159—170 [1905]. — H. G. Wells u. R. L. Benson, Journ. of biol. Chemistry 3, 35—47 [1907].

[6]) L. Heß u. P. Saxl, Beiträge z. Carcinomforsch. 1 [1909]. — S. Yoshimoto, Biochem. Zeitschr. 22, 299—308 [1909].

[7]) M. Jacoby, Beiträge z. chem. Physiol. u. Pathol. 3, 446—450 [1903].

[8]) Ch. Richet, Compt. rend. de la Soc. de Biol. 55, 656—658 [1903].

[9]) E. P. Cathcart, Journ. of Physiol. 32, 299—304 [1905].

[10]) J. Arnheim, Zeitschr. f. physiol. Chemie 40, 234—239 [1903].

[11]) Friedr. Müller, XX. Kongr. f. inn. Medizin zu Wiesbaden 192—203 [1902]. — Ad. Magnus-Levy, Beiträge z. chem. Physiol. u. Pathol. 2, 261—296 [1902]. — P. A. Levene, Zeitschr. f. physiol. Chemie 41, 393—403 [1904]. — F. Kutscher u. J. Otori, Centralbl. f. Physiol. 18, 248—251 [1904]; Zeitschr. f. physiol. Chemie 43, 93—106 [1904].

[12]) F. Ramond, Journ. de Physiol. et de Pathol. génér. 10, 1050—1054 [1908].

[13]) H. Conradi, Beiträge z. chem. Physiol. u. Pathol. 1, 193—228 [1902].

[14]) L. Delrez, Arch. int. Physiol. 1, 159—171 [1904]. — Ch. Liagre, Arch. int. Physiol. 1, 172—175 [1904].

[15]) E. Abderhalden u. O. Prym, Zeitschr. f. physiol. Chemie 53, 320—325 [1907]. — H. G. Wells u. R. L. Benson, Journ. of biol. Chemistry 3, 35—47 [1907].

[16]) C. Biondi, Virchows Archiv 144, 373—400 [1896]. — S. G. Hedin u. S. Rowland, Zeitschr. f. physiol. Chemie 32, 531—540 [1901]. — S. G. Hedin, Journ. of Physiol. 30, 155—175 [1903]; Festschrift für Olof Hammarsten, Upsala Läkareförening. Förh. N. F. 11, Suppl. [1906]. — M. Arinkin, Zeitschr. f. physiol. Chemie 53, 192—214 [1907]. — S. Yoshimoto, Zeitschr. f. physiol. Chemie 58, 341—368 [1909].

[17]) Holmes C. Jackson, Journ. of exper. med. 11, 55—83 [1909]. — S. Yoshimoto, Zeitschr. f. physiol. Chemie 58, 341—368 [1909]. — E. Salkowski, Zeitschr. f. physiol. Chemie 13, 506—538 [1888]; Zeitschr. f. klin. Medizin 17, Suppl., 79—100 [1891]; Die Deutsche Klinik 11, 147—182, Berlin und Wien 1903.

was nur teilweise von der Beseitigung der schädlichen Wirkung der Alkalien herrührt[1]). Kohlehydrate befördern die Autolyse[2]). $CaCl_2$ fördert[3]). Kleine Mengen von neutralem Bleiacetat, Bleinitrat, Manganacetat, Kobaltchlorid, Platinchlorid begünstigen die Leberautolyse, große Mengen hemmen sie hingegen[4]). Unter bestimmten Bedingungen können die Quecksilbersalze die Autolyse beschleunigen[5]). Platinchlorid vermehrt oder vermindert die Leberautolyse je nach der zugesetzten Salzmenge. Eisenchlorid, Eisensulfat, Eisenoxalat, Manganchlorid, Mangansulfat, Manganlactat, Aluminiumchlorid, Aluminiumsulfat, Kobaltchlorid, Kobaltnitrat in kleinen Mengen befördern die Leberautolyse. NaCl, Natriumsulfat, Kupfersulfat sind in kleinen Mengen ohne Einfluß; in großen Dosen vermindern sie die Autolyse. Palladiumchlorid, Strontiumbromid, Strontiumchlorid, Bariumchlorid beeinflussen kaum die Autolyse. Cadmiumchlorid, Nickelchlorid, Nickelnitrat, Magnesiumsulfat, Zinksulfat vermindern stets die Leberautolyse. Kleine Mengen von Silbersalzen steigern die Leberautolyse; Spuren von KCN, HNO_3 oder CO beeinflussen keineswegs den Verlauf der durch die Silbersalze veranlaßten Autolysesteigerung[6]). Phosphor beschleunigt[7]). Nach vorübergehender Einwirkung der Narkotica der Fettreihe wird die Autolyse in den ersten Stadien beschleunigt, was von den fettlösenden Eigenschaften dieser Stoffe abzuhängen scheint[8]). Kolloidales Ferrihydroxyd, kolloidales Aluminiumhydroxyd, kolloidales Arsentrisulfid und kolloidales Mangandioxyd beschleunigen die Autolyse schon in Spuren; in großen Mengen hemmen sie hingegen. Erhitzen der kolloidalen Lösungen schädigt ihre Wirksamkeit deutlich[9]). Kolloidale Metalle (Ag, Au, Pt, Pd) beschleunigen energisch die Leberautolyse[10]). Die zur Zunahme der Leberautolyse nötigen Mengen der verschiedenen Hydrosolen (Ag, Pt, Au, Pd, Ir, Cu, Fe, Pb, $Fe(OH)_3$, As_2S_3, MnO_2, $Al_6O_{14}H_{10}$) weisen bedeutende Unterschiede auf; die hemmenden hohen Dosen sind auch für die einzelnen Hydrosole sehr verschieden[11]). Silbersol, stabilisiert oder nicht, beschleunigt die Leberautolyse; NaCl oder defibriniertes Blut hemmen oder heben die günstige Wirkung des nicht stabilisierten Ag-Sols auf, besitzen hingegen keinen schädlichen Einfluß auf die günstige Wirkung des stabilisierten Silbersols[12]). Die Förderung der Autolyse durch kolloidale Metalle wird durch CNH, $HgCl_2$, $Hg(CN)_2$, J, As_2O_3, CO, HCl, NH_4Cl, HNO_3, $KClO_3$, H_3PO_3, $NaNO_2$, CS_2, Oxalsäure mehr oder minder herabgesetzt oder sogar völlig aufgehoben; die durch Blausäure aufgehobene Beschleunigung der Leberautolyse durch kolloidales Silber setzt nach einiger Zeit wieder ein[13]). In großen Dosen hemmen Alkalien stets[14]), sie können aber in geringen Dosen manchmal befördern[15]). Toluol, Chloroform vermindern deutlich die Autolyse, Formaldehyd hemmt nur in hoher Konzentration[16]). Natriumcitrat hemmt schon in äußerst geringer Menge[17]). Sauerstoff kann die Autolyse verhindern[18]). Arsenige Säure[19]) und Chinin[20]) hemmen. Diphtheritistoxin, Tetanus-

---

[1]) L. Belazzi, Zeitschr. f. physiol. Chemie **57**, 389—394 [1908]. — E. Laqueur, Centralbl. f. Physiol. **22**, 707—719 [1909].
[2]) J. Arnheim, Zeitschr. f. physiol. Chemie **40**, 234—239 [1903].
[3]) L. Launoy, Compt. rend. de la Soc. de Biol. **62**, 487—488 [1907].
[4]) L. Preti, Compt. rend. de la Soc. de Biol. **65**, 224—225 [1908]; Zeitschr. f. physiol. Chemie **58**, 539—543 [1909]; **60**, 317—340 [1909].
[5]) M. Truffi, Biochem. Zeitschr. **23**, 270—274 [1909].
[6]) G. Izar, Biochem. Zeitschr. **20**, 249—265 [1909].
[7]) P. Saxl, Beiträge z. chem. Physiol. u. Pathol. **10**, 447—461 [1907].
[8]) R. Chiari, Archiv f. experim. Pathol. u. Pharmakol. **60**, 256—264 [1909].
[9]) M. Ascoli u. G. Izar, Biochem. Zeitschr. **6**, 192—209 [1907].
[10]) M. Ascoli u. G. Izar, Berl. klin. Wochenschr. **44**, 96—98 [1907].
[11]) M. Ascoli u. G. Izar, Biochem. Zeitschr. **17**, 361—394 [1909].
[12]) M. Ascoli u. G. Izar, Biochem. Zeitschr. **14**, 491—503 [1908].
[13]) M. Ascoli u. G. Izar, Biochem. Zeitschr. **7**, 142—151 [1907].
[14]) H. Schwiening, Virchows Archiv **136**, 444—481 [1894]. — Hugo Wiener, Centralbl. f. Physiol. **19**, 349—360 [1905]. — J. Baer u. Adam Loeb, Archiv f. experim. Pathol. u. Pharmakol. **53**, 1—14 [1905].
[15]) L. Preti, Zeitschr. f. physiol. Chemie **52**, 485—495 [1907].
[16]) H. G. Wells u. R. L. Benson, Journ. of biol. Chemistry **3**, 35—47 [1907]. — Holmes C. Jackson, Journ. of exper. med. **11**, 55—83 [1909]. — T. Kikkoji, Zeitschr. f. physiol. Chemie **63**, 109—135 [1909]. — E. Salkowski, Zeitschr. f. physiol. Chemie **63**, 136—142 [1909].
[17]) L. Launoy, Compt. rend. de la Soc. de Biol. **62**, 1175—1177 [1907].
[18]) E. Laqueur, Centralbl. f. Physiol. **22**, 707—719 [1909].
[19]) L. Hess u. P. Saxl, Wien. klin. Wochenschr. **21**, 1183—1184 [1908]. — E. Laqueur, Schriften d. physik.-ökonom. Gesellschaft zu Königsberg in Preußen, zit. nach C. Oppenheimer, Die Fermente, spezieller Teil, 3. Aufl., S. 246, Leipzig 1909.
[20]) E. Laqueur, Archiv f. experim. Pathol. u. Pharmakol. **55**, 240—262 [1906].

toxin, Tuberkulin hemmen zuerst die Autolyse, dann befördern sie energisch[1]). — Radiumstrahlen, Radiumemanation[2]), Röntgenstrahlen[3]) steigern die Autolyse. — Blutserum hemmt die Autolyse[4]), ohne die endocellulären Proteasen zu zerstören. Serumalbumin hemmt die Autolyse der Leber, nicht aber der Milz[5]). Serumglobulin beschleunigt die Leberautolyse, erhitztes Serumglobulin tut dies jedoch nicht mehr. — Die Eigenschaften der verschiedenen bei der Autolyse wirkenden endocellulären Proteasen sind keineswegs völlig identisch. Die Milz z. B. scheint zwei verschiedene Enzyme zu enthalten: 1. eine **Lieno-α-Protease** oder **α-Lienase**, welche bei alkalischer Reaktion vorzugsweise wirkt, von Tierkohle und Kieselgur adsorbiert wird, optisch inaktives Arginin bildet und geronnenes Serum angreift; 2. eine **Lieno-β-Protease** oder **β-Lienase**, welche nur bei saurer Reaktion wirksam ist, durch Tierkohle adsorbiert wird, gar nicht aber, oder kaum, durch Kieselgur, aktives Arginin bildet, die Protamine teilweise zerstört[6]) und geronnenes Serum nicht angreift. Wird die Milz durch 0,2 proz. Essigsäure behandelt und versetzt man den so erzielten Auszug mit Ammonsulfat, so fällt die β-Lienase, während durch Extraktion des Rückstandes mit 5 proz. NaCl die α-Lienase erhalten wird[7]).

Ereptase.

Definition: Ein auch Erepsin benanntes Ferment, welches Aminosäuren aus den Proteosen und Peptonen spaltet[8]).

Vorkommen: In der Hefe[9]). Bei gewissen niederen Pilzen: Penicillium camenberti und Penicillium chrysogenum[10]). In einigen Basidiomyceten: Amanita muscaria, Amanita citrina, Psalliota campestris, Hypholoma fasciculare[11]). In den Kolibacillen[12]). — Sehr verbreitet im Pflanzenreiche, besonders in den Hanf-, Vicia-, Phaseolus-, Erbsen-, Lupinensamen usw.[13]), selbst nach 20 jährigem Aufbewahren[14]). In den Spinat- und Kohlblättern, in den Blüten von Daucus carota, in den Blättern und unreifen Samen von Castania sativa americana, in den etiolierten Keimlingen von Phaseolus Mungo, in den Samen und den Keimlingen von Cucurbita maxima, in den Samen von Cucurbita Pepo, in den Kotyledonen von Phaseolus vulgaris, sowohl im ruhenden Samen als während der Keimung[15]). In den Malzdiastase- und Takadiastasepräparaten[16]). — Im Häpatopankreas der Cephalopoden[17]). — Im Darmsafte vom Menschen[18]) und vom Hunde[19]), vorwiegend aber in der Darmschleimhaut

---

[1]) Hess u. Saxl, Wiener klin. Wochenschr. **21**, 1183—1184 [1908].
[2]) Heile, Zeitschr. f. klin. Medizin **55**, 508—515 [1904]. — C. Neuberg, Zeitschr. f. Krebsforschung **2**, 171—176 [1904]. — J. Wohlgemuth, Berl. klin. Wochenschr. **41**, 704—705 [1904].
[3]) S. Löwenthal u. E. Edelstein, Biochem. Zeitschr. **14**, 491—503 [1908].
[4]) S. B. Schryver, Biochem. Journ. **1**, 123—166 [1906]. — W. T. Longcope, Journ. of med. research **13**, 45—59 [1908].
[5]) J. Baer u. Adam Loeb, Archiv f. experim. Pathol. u. Pharmakol. **53**, 1—14 [1905]. — J. Baer, Archiv f. experim. Pathol. u. Pharmakol. **56**, 68—91 [1906].
[6]) M. Takemura, Zeitschr. f. physiol. Chemie **63**, 201—214 [1909].
[7]) S. G. Hedin, Zeitschr. f. physiol. Chemie **32**, 531—540 [1901]; Journ. of Physiol. **30**, 155—175 [1903]; Biochem. Journ. **2**, 111—116 [1907]. — E. P. Cathcart, Journ. of Physiol. **32**, 299—304 [1905]. — J. B. Leathes, Journ. of Physiol. **28**, 360—365 [1902].
[8]) O. Cohnheim, Zeitschr. f. physiol. Chemie **33**, 451—465 [1901]; **35**, 134—140 [1902]; **36**, 13—19 [1902]; **47**, 286 [1906]; **49**, 64—71 [1906].
[9]) S. H. Vines, Ann. of Bot. **18**, 289—317 [1904].
[10]) A. Wayland Dox, Journ. of biol. Chemistry **6**, 461—467 [1909].
[11]) C. Delezenne u. H. Mouton, Compt. rend. de la Soc. de Biol. **55**, 325—327 [1903]. — S. H. Vines, Ann. of Bot. **18**, 289—317 [1904].
[12]) M. Pfaundler, Centralbl. f. Bakt. I. Abt. **31**, 113—128 [1902].
[13]) S. H. Vines, Ann. of Bot. **19**, 146—162, 172—187 [1905]; **20**, 113—122 [1906]; **22**, 103—113 [1908]; **23**, 1—18 [1909].
[14]) White, Proc. Roy. Soc. **81** B, 550 [1909].
[15]) A. L. Dean, Bot. Gaz. **39**, 32—39; **40**, 121—134 [1905].
[16]) S. H. Vines, Annals of Botan. **24**, 213—222 [1910].
[17]) A. Falloise, Arch. int. Physiol. **3**, 282—305 [1906].
[18]) H. J. Hamburger u. E. Hekma, Journ. de Physiol. et de Pathol. génér. **4**, 805—819 [1902].
[19]) S. Salaskin, Zeitschr. f. physiol. Chemie **35**, 419—425 [1902]. — Fr. Kutscher u. J. Seemann, Zeitschr. f. physiol. Chemie **35**, 432—458 [1902]. — E. Abderhalden u. Y. Teruuchi, Zeitschr. f. physiol. Chemie **49**, 1—14 [1906].

endocellulär[1]). Die Darmschleimhaut der Wiederkäuer und des Kaninchens enthält weniger Erepsin als die der Katze, des Hundes, des Igels[2]). Beim Hunde besteht am meisten Erepsin im Jejunum, etwas weniger im Duodenum, noch weniger im Ileum; das Erepsin wird durch die Zellen der Darmzotten und der Lieberkühnschen Drüsen abgesondert[3]). Das Erepsin ist schon vorhanden im Darmkanale des neugeborenen Kalbes und des lebensfähigen Säuglings gleich nach der Geburt, sowie des wenigstens 5 Monate alten menschlichen Fötus[4]). In der Magenschleimhaut von Kaninchen und Schwein; im Blinddarme von Huhn, Meerschweinchen, Wiederkäuern[5]). Vielleicht im Pankreas als Endoenzym, wahrscheinlich nicht aber im Pankreassafte[6]). Ob Erepsin in fast allen Geweben der Wirbeltiere und der Wirbellosen sich vorfindet, und zwar am meisten bei den Säugetieren, weniger bei der Taube, noch weniger beim Frosche und Aal, am wenigsten bei den Wirbellosen[9]), ist äußerst zweifelhaft. Nach Vernon[7]) sind Niere, Darmschleimhaut und Pankreas am erepsinreichsten, dann folgen Milz und Leber; sehr wenig Erepsin enthalten Herz- und Skelettmuskel, noch weniger Gehirn und Blut; der Erepsingehalt der Gewebe soll während des intrauterinen Lebens und in den ersten Tagen nach der Geburt beträchtlich zunehmen, später nicht mehr[8]).

Darstellung: 2 T. Preßsaft der gut abgeschabten Dünndarmschleimhaut werden mit 3 T. gesättigter Ammonsulfatlösung versetzt, wodurch das Erepsin fällt. Der abfiltrierte Niederschlag wird in Wasser aufgeschwemmt und dialysiert; das Erepsin sowie Proteinspuren gehen in Lösung[9]). — Man kann auch die Dünndarmschleimhaut mit physiologischer Lösung zu einem Breie zerreiben, mit Toluol versetzen, bei 34—40° trocknen. Die pulverisierte Masse wird in der Kälte mit Toluol und Aceton extrahiert und wieder bei 34—40° getrocknet[10]).

Nachweis: Verschwinden der Biuretreaktion nach Proteosen und Peptonenzusatz[11]). Man kann auch dieselben Methoden wie für die Peptidasen anwenden.

Physiologische Eigenschaften: Die Darmereptase bildet sich auch ohne Pankreassaftanwesenheit, wie nach der Unterbindung der Ausführungsgänge des Pankreas[12]) oder bei pankreaslosen Hunden[13]). — Im Inhalte einer seit 6 Monaten bestehenden Vellaschen Darmschlinge ist kein Erepsin mehr vorhanden[14]), wohl aber im Inhalte frisch isolierter Darmschlingen[15]).

Physikalische und chemische Eigenschaften: Ob man die Ereptase von den Peptasen unterscheiden muß, ist keineswegs sicher[16]). Die verschiedenen Ereptasen weisen keineswegs identische Eigenschaften auf. Die Ereptase zerlegt in einfachere Produkte, außer den Proteosen und den Peptonen, noch die Histone, die Protamine, alle aus natürlich vorkommenden Aminosäuren zusammengesetzten Di- oder Polypeptide, wie Glycyl-Glycin, Glycyl-l-Tyrosin,

---

[1]) O. Cohnheim, Zeitschr. f. physiol. Chemie **33**, 451—465 [1901]; **35**, 134—140 [1902]; **36**, 13—19 [1902]; **47**, 286 [1906]; **49**, 64—71 [1906]. — E. Weinland, Zeitschr. f. Biol. **45**, 292 bis 297 [1903].

[2]) M. Nakayama, Zeitschr. f. physiol. Chemie **41**, 348—362 [1904]. — H. M. Vernon, Journ. of Physiol. **33**, 81—100 [1905].

[3]) A. Falloise, Arch. int. Physiol. **2**, 299—321 [1905].

[4]) E. Jaeggy, Centralbl. f. Gynäkol. **31**, 1060—1062 [1907]. — Leo Langstein u. Max Soldin, Jahresber. f. Kinderheilk. **67**, 9—12 [1908]. — R. Schoenberner, Inaug.-Diss. München 1909.

[5]) P. Bergmann, Skand. Archiv. f. Physiol. **18**, 119—163 [1906].

[6]) W. M. Bayliss u. E. H. Starling, Journ. of Physiol. **30**, 61—63 [1903]. — H. M. Vernon, Journ. of Physiol. **30**, 330—369 [1904]; Zeitschr. f. physiol. Chemie **50**, 440—441 [1906]. — K. Mays, Zeitschr. f. physiol. Chemie **49**, 124—157 [1906]; **51**, 182—184 [1907].

[7]) H. M. Vernon, Journ. of Physiol. **32**, 33—50 [1904].

[8]) H. M. Vernon, Journ. of Physiol. **33**, 81—100 [1905].

[9]) O. Cohnheim, Zeitschr. f. physiol. Chemie **33**, 451—465 [1901]; **35**, 134—140 [1902]; **36**, 13—19 [1902]; **47**, 286 [1906]; **49**, 64—71 [1906].

[10]) Else Raubitschek, Zeitschr. f. experim. Pathol. u. Therap. **4**, 675—680 [1907].

[11]) H. M. Vernon, Journ. of Physiol. **30**, 330—370 [1903].

[12]) L. Weekers, Arch. int. Physiol. **2**, 49—53 [1904]. — E. Zunz u. L. Mayer, Bull. Acad. Roy. méd. Belg. [4] **19**, 509—551 [1905].

[13]) O. Cohnheim, Zeitschr. f. physiol. Chemie **47**, 286 [1906].

[14]) C. Foa, Arch. di fisiol. **5**, 26—33 [1907].

[15]) A. Falloise, Arch. int. Physiol. **1**, 261—277 [1904].

[16]) F. Bottazzi, Arch. di fisiol. **5**, 317—346 [1908]; **6**, 169—239 [1909].

Diglycyl-Glycin und die Curtiussche Biuretbase[1]). Von den genuinen Proteinen werden nur das Casein und auch schwach das Eieralbumin angegriffen[2]). Die Hippursäure und die Aminosäuren werden nicht gespalten[3]). Erepsin führt gelatinöse Nucleinsäure in eine lösliche Verbindung, ohne sie tief zu zersetzen[4]). Bei der Erepsinwirkung entsteht nur wenig freies NH_3; die Spaltprodukte sind dieselben wie bei der Tryptasewirkung oder bei der Einwirkung der Säuren. Die Ereptase bildet rasch abiurete Stoffe aus den Peptonen und den Proteosen; nur die Heteroproteose und das Antipepton widerstehen sehr lange ihrer Einwirkung. Die Reaktionsgeschwindigkeit scheint proportional der Enzymkonzentration zu erfolgen und nicht der Schütz-Borissowschen Regel zu entsprechen[5]). — Das Erepsin ist in physiologischer Salzlösung löslich, wird durch Alkohol oder Zusatz von mehr als 65% Ammonsulfat gefällt. — Das Optimum der Wirksamkeit des Darmerepsins wird bei 0,06% Natriumcarbonat erreicht; Erepsin wird indes durch Alkali nicht aktiviert[6]). Die Darmereptase wirkt gut in neutraler Lösung, wird aber durch einen geringen Säuregehalt gehemmt. Die Pflanzenereptasen widerstehen etwas mehr den Säuren als die tierischen. $CaCl_2$, Na_2SO_4, Blut, Galle beeinflussen die Wirkung der Darmereptase nicht. Chloroform und noch mehr 1 proz. NaFl hemmen nach einiger Zeit. — Das Optimum der Wirkung der Darmereptase erfolgt bei 38° und erst nach 6 Stunden. Durch 2stündiges Erwärmen bei 63° wird Erepsin zerstört. In neutraler, proteinhaltiger Lösung wird die Ereptase durch längeres Erwärmen auf 59° zerstört, in trockenem Zustande erst bei 130°[7]). Trypsin zerstört das Erepsin[8]), welches selbst die Amylase, die Invertase und das Trypsin zu zerstören scheint[9]).

Peptidasen.

Definition: Polypeptide aufspaltende Enzyme, welche auch als **Peptasen** oder **peptolytische Fermente** bezeichnet werden[10]).

Vorkommen: Im Hefepreßsafte, welcher Glycyl-Glycin, Glycyl-l-Tyrosin[11]) und d-Alanyl-d-Alanin[12]) spaltet. — In den Pilzen: der Preßsaft von Allescheria Gayoni spaltet Glycyl-dl-Alanin, l-Leucyl-d-Leucin und dl-Alanin-Glycin, nicht aber Glycyl-l-Tyrosin. Aspergillus niger spaltet Diglycyl-Glycin, Glycyl-dl-Alanin und dl-Alanyl-Glycin. Preßsäfte von Aspergillus Wentii und Rhizopus tonkinensis spalten l-Leucyl-d-Leucin. Preßsaft von Mucor mucedo spaltet l-Leucyl-d-Leucin nicht[13]). Preßsaft von Psalliota campestris spaltet dl-Alanyl-Glycin und dl-Leucyl-Glycin[14]). — Wahrscheinlich in vielen Pflanzen: Der Preßsaft der keimenden Samen des Weizens und der Lupinen spaltet Glycyl-Glycin, dl-Leucyl-Glycin, Dialanyl-Cystin[15]) sowie Glycyl-l-Tyrosin[16]). Letzteres Polypeptid wird auch von den keimenden Gerstensamen und Maiskörnern gespalten[17]). Ungekeimte Samen hingegen sind fast wirkungslos[17]). — Bei den Coelenteraten (Actinia equina), den Echinodermen (Echinaster sepositus), den Würmern (Distomum hepaticum, Ascaris canis, Lumbricus terrestris, Hirudo medicinalis), den Crustaceen (Branchipus stagnalis, Oniscus murarius, Astacus fluviatilis), den Hexapoden (Libellula, Blatta orientalis, Mistkäfer, Larve von Tenebrio molitor), bei den Spinnen (Porthesia chry-

---

[1]) E. Abderhalden u. Y. Teruuchi, Zeitschr. f. physiol. Chemie **49**, 1—14 [1906]. — E. Abderhalden, E. S. London u. Carl Voegtlin, Zeitschr. f. physiol. Chemie **53**, 334—339 [1907]. — Hans Euler, Zeitschr. f. physiol. Chemie **51**, 213—225 [1907].

[2]) M. Lambert, Compt. rend. de la Soc. de Biol. **55**, 416—420 [1903].

[3]) O. Cohnheim, Zeitschr. f. physiol. Chemie **52**, 526 [1907].

[4]) T. Araki, Zeitschr. f. physiol. Chemie **38**, 84—97 [1900].

[5]) Hans Euler, Zeitschr. f. physiol. Chemie **51**, 213—225 [1907].

[6]) Hans Euler, Arkiv f. Kemi, Min. och Geog. **2**, No. 39, 1—13 [1907].

[7]) White, Proc. Roy. Soc. **81** B, 550 [1909].

[8]) H. M. Vernon, Journ. of Physiol. **30**, 330—369 [1904].

[9]) (Fräulein) Wladikine, Thèse de Lausanne 1908, 24 Seit.

[10]) E. Abderhalden, Lehrbuch der physiol. Chemie, Berlin u. Wien 1909, S. 227 u. 265.

[11]) E. Abderhalden u. Y. Teruuchi, Zeitschr. f. physiol. Chemie **49**, 21—25 [1906].

[12]) E. Abderhalden u. A. H. Koelker, Zeitschr. f. physiol. Chemie **51**, 294—310 [1907]; **54**, 363—389 [1908]; **55**, 416—426 [1908].

[13]) E. Abderhalden u. C. Brahm, Zeitschr. f. physiol. Chemie **57**, 341—347 [1908]. — E. Abderhalden u. H. Pringsheim, Zeitschr. f. physiol. Chemie **59**, 249—255 [1909].

[14]) E. Abderhalden u. A. Rilliet, Zeitschr. f. physiol. Chemie **55**, 395—396 [1908].

[15]) E. Abderhalden u. A. Schittenhelm, Zeitschr. f. physiol. Chemie **49**, 25—30 [1906].

[16]) Hans Euler, Zeitschr. f. physiol. Chemie **51**, 213—225 [1907].

[17]) E. Abderhalden u. Dammhahn, Zeitschr. f. physiol. Chemie **57**, 332—338 [1908].

sorrhoea), bei den Gasteropoden (Gartenschnecke)[1]), bei den Lepidopteren (Picris brassicae, Eule). — Der Leberpreßsaft des Rindes spaltet Glycyl-Glycin, Leucyl-Leucin, dl-Leucyl-Glycin, Glycyl-dl-Alanin, dl-Alanyl-Glycyl-Glycin, Leucyl-Phenylalanin, dl-Leucyl-Glycyl-Glycin, nicht aber Glycinanhydrid[2]). Hundeleberpreßsaft spaltet Glycyl-Glycin und Glycyl-l-Tyrosin[3]). Rindmuskelpreßsaft spaltet schwach Glycyl-Glycin und dl-Leucyl-Glycin, sehr schwach Glycyl-dl-Alanin[3]). Hundemuskelpreßsaft spaltet Glycyl-Glycin und Glycyl-l-Tyrosin[3]). Hundenierenpreßsaft spaltet Glycyl-Glycin[3]). Niere, Leber und Muskel des Kaninchens spalten Glycyl-Glycin, dl-Leucyl-Glycin, Glycyl-dl-Alanin[4]). Linsenpreßsaft vom Schweine spaltet dl-Alanyl-Glycin, Glycyl-l-Tyrosin, Diglycyl-Glycin, nicht aber oder kaum Glycyl-dl-Alanin[5]). Gehirnpreßsaft des Kalbes spaltet dl-Alanyl-Glycin und Diglycyl-Glycin, weder aber Glycyl-l-Tyrosin noch Glycyl-dl-Alanin[5]). Pferdeserum und -plasma spalten Diglycyl-Glycin, dl-Alanyl-Glycyl-Glycin, Triglycyl-Glycin, dl-Alanyl-Glycin, sowie schwach Glycyl-Glycin und Glycyl-dl-Alanin, weder aber Glycyl-l-Tyrosin noch Glycyl-dl-Leucin[6]). Rinderblutplasma spaltet dl-Alanyl-Glycin, Diglycyl-Glycin sowie schwach Glycyl-dl-Alanin, kaum aber Glycyl-l-Tyrosin[7]). Kaninchenserum und -plasma spalten sehr rasch Glycyl-l-Tyrosin[8]). Serum und Plasma von Hund, Hammel, Kaninchen, Mensch spalten Diglycyl-Glycin, Triglycyl-Glycin, dl-Alanyl-Glycin, dl-Alanyl-Glycyl-Glycin. Serum und Plasma vom Hunde spalten Glycyl-l-Tyrosin nicht oder nur sehr langsam. Normales Hundeserum bewirkt keinen Abbau von Peptonen oder von Proteasen, normales Meerschweinchenserum spaltet Glycyl-l-Tyrosin sowie Peptone[9]). Die roten Blutkörperchen des Pferdes spalten Glycyl-l-Tyrosin, dl-Alanyl-Glycin, dl-Alanyl-Glycyl-Glycin, Glycyl-dl-Leucin[10]). Die Erythrocyten des Rindes spalten Diglycyl-Glycin, dl-Alanyl-Glycin, dl-Alanyl-Glycyl-Glycin, Glycyl-l-Tyrosin[11]). Letzteres Polypeptid wird auch von den roten Blutkörperchen des Hundes, des Hammels und des Kaninchens gespalten[10]). Die Blutplättchen des Pferdes spalten Glycyl-l-Tyrosin[10]). Die Blutplättchen des Rindes spalten Diglycyl-Glycin, langsam und nicht immer Glycyl-dl-Alanin sowie dl-Alanyl-Glycin, jedoch nie Glycyl-l-Tyrosin[11]).

Nachweis: Zusatz optisch-aktiver Polypeptide resp. racemisch asymmetrisch spaltbarer Polypeptide und Verfolgung der Änderung des Drehungsvermögens[12]). — Isolierung oder Feststellung der gebildeten Spaltprodukte der Polypeptide durch Fällen einer schwerlöslichen Aminosäure (Tyrosin) bei Anwendung von Glycyl-l-Tyrosin oder Seidenpepton[13]) oder durch Auftreten von mittels Bromwasser nachweisbarem freien Tryptophan aus Glycyltryptophan[14]).

Physiologische Eigenschaften: Nach wiederholter Einspritzung von Eiereiweiß und Pferdeserum beim Kaninchen und beim Hunde spaltet das Plasma rascher Polypeptide aus als sonst[15]). Die Krebszellen besitzen dieselben peptolytischen Eigenschaften wie die Zellen der normalen Gewebe[16]); vielleicht erfolgt jedoch die Spaltung der Polypeptide etwas rascher bei den Krebszellen[17]). Bei gewissen Krankheiten kann das Blutserum eine Glycyl-l-Tyrosin

---

[1]) E. Abderhalden u. R. Heise, Zeitschr. f. physiol. Chemie **62**, 136—138 [1909].

[2]) E. Abderhalden u. Y. Teruuchi, Zeitschr. f. physiol. Chemie **47**, 466—470 [1906]; **49**, 1—14 [1906]. — E. Abderhalden u. P. Rona, Zeitschr. f. physiol. Chemie **49**, 31—40 [1906].

[3]) E. Abderhalden u. Y. Teruuchi, Zeitschr. f. physiol. Chemie **47**, 466—470 [1906]; **49**, 1—14 [1906].

[4]) E. Abderhalden u. A. Hunter, Zeitschr. f. physiol. Chemie **48**, 537—545 [1906].

[5]) E. Abderhalden u. F. Lussana, Zeitschr. f. physiol. Chemie **55**, 390—394 [1908].

[6]) E. Abderhalden u. B. Oppler, Zeitschr. f. physiol. Chemie **53**, 294—307 [1907].

[7]) E. Abderhalden u. S. Mc'Lester, Zeitschr. f. physiol. Chemie **55**, 371—376 [1908].

[8]) E. Abderhalden u. L. Pincussohn, Zeitschr. f. physiol. Chemie **61**, 200—204 [1909].

[9]) E. Abderhalden u. L. Pincussohn, Zeitschr. f. physiol. Chemie **64**, 433—435 [1910].

[10]) E. Abderhalden u. H. Deetjen, Zeitschr. f. physiol. Chemie **51**, 334—341 [1907]; **53**, 280—293 [1907].

[11]) E. Abderhalden u. W. H. Manwaring, Zeitschr. f. physiol. Chemie **55**, 377—383 [1908].

[12]) E. Abderhalden u. A. H. Koelker, Zeitschr. f. physiol. Chemie **51**, 294—310 [1907]; **54**, 363—389 [1908].

[13]) E. Abderhalden u. A. Schittenhelm, Zeitschr. f. physiol. Chemie **59**, 230—232 [1909]; **61**, 422—425 [1909]. — E. Abderhalden u. E. Steinbeck, Zeitschr. f. physiol. Chemie **68**, 312—316 [1910].

[14]) E. Abderhalden, Zeitschr. f. physiol. Chemie **66**, 137—139 [1910].

[15]) E. Abderhalden u. L. Pincussohn, Zeitschr. f. physiol. Chemie **61**, 200—204 [1909].

[16]) E. Abderhalden u. P. Rona, Zeitschr. f. physiol. Chemie **60**, 415—417 [1909].

[17]) E. Abderhalden, A. H. Koelker u. Fl. Medigreceanu, Zeitschr. f. physiol. Chemie **62**, 145—161 [1909].

angreifende Peptidase enthalten[1]). Nach der intravenösen Einspritzung von Seidenpepton beim Kaninchen greift das Serum des so behandelten Tieres sowohl dieses Pepton als Gliadin mittels Peptidasen an, was beim normalen Serum nicht der Fall ist[2]). Kurze Zeit nach der Einführung von Pankreatin per os beim Hunde spaltet der Harn Glycyl-l-Tyrosin[1]). Parenterale (subcutane oder intravenöse) Zufuhr von Proteinen oder Peptonen bedingt beim Hunde das Auftreten von die verschiedenartigsten Proteine und speziell die aus diesen darstellbaren Peptone angreifenden Fermenten sowohl im Serum als im Plasma[3]). Dies ist auch der Fall bei Einführung per os von so viel Eiereiweiß, daß unverändertes resp. wenig abgebautes Protein in die Blutbahn gelangt[4]). Die im Plasma auftretenden Fermente sind nach relativ kurzer Zeit nicht mehr nachweisbar[5]). Nach subcutaner Zufuhr von jodiertem Eiweiße oder — Seidenpepton treten keine die Proteine und die Peptone spaltenden Enzyme im Serum oder Plasma auf; die nach subcutaner Zufuhr von Seidenpepton resp. von Eiereiweiß im Serum oder Plasma des Hundes erscheinenden Fermente spalten jodiertes Seidenpepton nicht[6]). Nach subcutaner Einspritzung von Aminosäuren beim Hunde scheinen keine Peptidasen im Serum aufzutreten[7]). Vielleicht besteht ein gewisser Zusammenhang zwischen dem Auftreten von Peptidasen im Blute und der Seroanaphylaxie[4]).

Physikalische und chemische Eigenschaften: Es ist noch keineswegs festgestellt, ob eine und dieselbe Peptidase mehrere Polypeptide angreift, oder ob für jedes Polypeptid ein spezifisches Ferment besteht. Die Peptidasen des Hefepreßsaftes und des Darmsaftes weisen keine Unterschiede im Gange der Spaltung von d-Alanyl-Glycin, d-Alanyl-Glycyl-Glycin und Glycyl-d-Alanyl-Glycin auf[8]). Die Reaktionskinetik der Peptidasen wurde von Abderhalden und Michaelis untersucht[9]). Mit steigender Substratkonzentration nimmt die Reaktionsgeschwindigkeit ab. — NaCl und $SrCl_2$ sind ohne Einfluß auf die Peptidasewirkung, $CaCl_2$ beschleunigt sie. $MgSO_4$ und $MgCl_2$ in großer Konzentration hemmen. NaFl hemmt die Spaltung des dl-Leucyl-Glycins, beschleunigt hingegen anfangs die Spaltung des Glycyl-l-Tyrosins. Cyankalium in geringer Menge (1 : 10 000 bis 1 : 500) beschleunigt, in großer Menge hemmt[10]). Die Spaltprodukte der Polypeptide und alle optisch aktiven Aminosäuren hemmen stark, Glykokoll fast nicht[11]). Die Alkalien wirken schädlich, ebenso HCl in kleiner Menge[12]). Das Optimum der Wirkung wechselt zwischen 45 und 50° für die Peptidasen des Pankreassaftes, liegt bei 55° für die Peptidasen des Hefepreßsaftes.

Gelatinase.

Definition: Ein auch **Glutinase** oder **Gelatase** benanntes Ferment, welches den Leim unter Wasseraufnahme verflüssigt und in Spaltprodukte zerlegt.

Vorkommen: In den Hefen. In den Schimmelpilzen: Aspergillus niger, Penicillium glaucum. Bei verschiedenen Bakterien: Micrococcus prodigiosus, Bacillus pyocyaneus, Staphylococcus pyogenes albus, Staphylococcus pyogenes aureus, Bacillus anthracis, Vibrio

---

[1]) E. Abderhalden u. P. Rona, Zeitschr. f. physiol. Chemie **53**, 308—314 [1907]. — Otto Neubauer u. Hans Fischer, Deutsches Archiv f. klin. Medizin **97**, 499—507 [1909].

[2]) E. Abderhalden u. W. Weichardt, Zeitschr. f. physiol. Chemie **62**, 120—128 [1909]. — E. Abderhalden u. L. Pincussohn, Zeitschr. f. physiol. Chemie **62**, 243—249 [1909].

[3]) E. Abderhalden u. L. Pincussohn, Zeitschr. f. physiol. Chemie **64**, 100—109, 433 bis 435 [1910]. — E. Abderhalden u. K. B. Immisch, Zeitschr. f. physiol. Chemie **64**, 423—425 [1910]. — E. Abderhalden u. A. Israel, Zeitschr. f. physiol. Chemie **64**, 426 [1910]. — E. Abderhalden u. J. G. Sleeswyk, Zeitschr. f. physiol. Chemie **64**, 427—428 [1910].

[4]) E. Abderhalden u. L. Pincussohn, Zeitschr. f. physiol. Chemie **64**, 100—109 [1910].

[5]) E. Abderhalden u. J. G. Sleeswyk, Zeitschr. f. physiol. Chemie **64**, 427—428 [1910].

[6]) E. Abderhalden u. L. Pincussohn, Zeitschr. f. physiol. Chemie **64**, 100—109, 433—435 [1910].

[7]) E. Abderhalden u. C. Brahm, Zeitschr. f. physiol. Chemie **64**, 430—432 [1910].

[8]) E. Abderhalden u. C. Brahm, Zeitschr. f. physiol. Chemie **57**, 342—347 [1908].

[9]) E. Abderhalden u. L. Michaelis, Zeitschr. f. physiol. Chemie **52**, 306—337 [1907].

[10]) E. Abderhalden, G. Caemmerer u. L. Pincussohn, Zeitschr. f. physiol. Chemie **59**, 293—319 [1909].

[11]) E. Abderhalden u. A. Gigon, Zeitschr. f. physiol. Chemie **53**, 251—279 [1907].

[12]) Hans Euler, Zeitschr. f. physiol. Chemie **51**, 213—225 [1907]. — E. Abderhalden u. A. H. Koelker, Zeitschr. f. physiol. Chemie **54**, 363—389 [1908]; **55**, 416—426 [1908].

cholerae, Vibrio Metschnikovi, Vibrio Finkler-Prior[1]), Bacillus fluorescens liquefaciens[2]) usw. In sehr vielen Pflanzenarten der Gattungen Artocoripeen, Euphorbiaceen, Convolvulaceen, Asclepiadeen, hingegen nicht bei den Papaveraceen, den Fumariaceen und den Compositen[3]). Im Malzextrakte[4]). In Suberites domuncula[5]). Im Pankreassafte[6]) und in der Leber[7]) der Säugetiere.

Darstellung: Zusatz von Dezi-Normalsalzsäure zum Pankreas- oder Leberextrakt, vorsichtige Neutralisierung mit Normalsodalösung, nachdem die Säure je nach der zugesetzten Menge verschieden lange eingewirkt hat, Filtrieren. Fraktionierte Fällung des Filtrates mittels zuerst $1/2$ Vol. Ammonsulfat, darauf Zusatz zum Filtrate von 1 Vol. Ammonsulfat, wodurch das Ferment gefällt wird[7]).

Physikalische und chemische Eigenschaften: Die verschiedenen Gelatinasen weisen keineswegs identische Eigenschaften auf; die einen bilden nur Gelatosen, die anderen Gelatinepeptone und sogar tiefere Spaltprodukte[8]). Sie verdauen weder Pferdeserum noch Eierklar, wohl aber manchmal etwas Fibrin und Edestin. Es ist keineswegs sicher, daß man die Gelatinase von den Proteasen unterscheiden muß. Nach Malfitano[9]), Javillier, Pollak kann man Gelatinolyse und Albuminolyse trennen, so daß sie von verschiedenen Fermenten herrühren. Nach Ascoli und Neppi[10]) hingegen gibt es einen bestimmten Säuregrad, bei welchem die Trypsinwirkung für Pferdeserum, Eierklar und Fibrin völlig verhindert ist, während noch eine gewisse Wirkung auf Gelatine und Fibrin besteht, sodaß für den Pankreassaft wenigstens keine Gelatinase bestehen soll[11]). Formol hemmt die Gelatinasewirkung nur wenig[12]). Die Gelatinase wird bei 60° teilweise, bei 70° völlig zerstört.

Elastinase.

Definition: Ein Elastin auflösendes Ferment.

Vorkommen: In Bacillus pyocyaneus, Bacillus anthracis, Bacillus anthracoides, Bacillus fluorescens liquefaciens[13]).

Physikalische und chemische Eigenschaften: Es ist keineswegs bewiesen, daß es sich um ein spezifisches Enzym handelt und nicht bloß um eine Bakterienprotease. Durch Erhitzen auf 80° wird es zerstört.

Desamidase.

Definition: Ein auch **Amidase** benanntes Ferment, welches aus Asparagin, Glykokoll und verschiedenen anderen Aminosäuren Ammoniak abspaltet.

---

[1]) H. Bitter, Archiv f. Hyg. **5**, 241—264 [1886]. — G. Malfitano, Compt. rend. de la Soc. de Biol. **55**, 841—842, 964—966 [1903]. — A. Mavrojannis, Compt. rend. de la Soc. de Biol. **55**, 1605—1606 [1903]; Zeitschr. f. Hyg. **45**, 108—114 [1904].
[2]) O. Emmerling u. O. Reiser, Berichte d. Deutsch. chem. Gesellschaft **35**, 700—702 [1902].
[3]) Cl. Fermi u. Buscaglioni, Centralbl. f. Bakt. II. Abt. **5**, 24—27, 63—66, 91—95, 125—134, 145—158 [1899]. — M. Javillier, Les ferments protéolytiques, Paris 1909, p. 239.
[4]) A. Fernbach u. L. Hubert, Compt. rend. de l'Acad. des Sc. **130**, 1783—1785 [1900]; **131**, 293—295 [1901].
[5]) J. Cotte, Compt. rend. de la Soc. de Biol. **53**, 95—97 [1901].
[6]) L. Pollak, Beiträge z. chem. Physiol. u. Pathol. **6**, 95—112 [1905].
[7]) S. Hata, Biochem. Zeitschr. **16**, 383—390 [1909].
[8]) Mavrojannis, Compt. rend. de la Soc. de Biol. **55**, 1605—1606 [1903]; Zeitschr. f. Hyg. **45**, 108—114 [1904]. — C. Tiraboschi, Ann. di Igiene sper. **15**, No. 3 [1906], zit. nach Biochem. Centralbl. **5**, Nr. 500.
[9]) G. Malfitano, Compt. rend. de la Soc. de Biol. **55**, 843—845 [1903].
[10]) A. Ascoli u. B. Neppi, Zeitschr. f. physiol. Chemie **56**, 135—149 [1908].
[11]) M. Ehrenreich, Archiv f. Verdauungskrankh. **11**, 262—265, 364—366 [1905]. — L. Pollak, Archiv f. Verdauungskrankh. **11**, 362—364 [1905]. — T. Hattori, Arch. int. de pharmacodynamie et de thérapie **18**, 255—263 [1908].
[12]) C. Tiraboschi, Il Policlinico, Sez. Prat. **15**, No. 39—40, zit. nach Biochem. Centralbl. **8**, Nr. 2429.
[13]) C. Eijkman, Centralbl. f. Bakt. I. Abt. **35**, 1—3 [1904].

Vorkommen: Stets in Oberhefe, unsicher in Unterhefe[1]). In den Buttersäurebacillen und in verschiedenen Mikroorganismen und Schimmelpilzen (Aspergillus niger)[2]). Wahrscheinlich auch bei älteren Keimpflanzen[3]).

Nachweis: Feststellung des Ammoniakgehaltes durch Abdestillieren mit Magnesia unter vermindertem Drucke unter $40°$ oder nach Schlösing, des Amidstickstoffes nach Sacchse, des Gesamtstickstoffes nach Kjeldahl, des Proteinstickstoffes nach Stutzer.

Physikalische und chemische Eigenschaften: Dieses Ferment scheint aus Betain Trimethylamin zu bilden[4]). Bei der Wirkung der Desamidase auf eine Carboxylgruppe enthaltende Aminosäuren (Glykokoll) wird H an der Aminosäure befestigt. Bei der Wirkung der Desamidase auf 2 Carboxylgruppen enthaltende Aminosäuren (Asparaginsäure) entsteht nach der H-Befestigung eine Molekulardegradation mit CO_2-Bildung[4]). Aceton und Äther verhindern die Wirkung der Desamidase.

Arginase.

Definition: Ein d-Arginin unter Wasseraufnahme in Harnstoff und d-Ornithin spaltendes Ferment nach der Gleichung:

$$NH_2 \cdot C{<}^{NH}_{NH} \cdot CH \cdot CH_2 \cdot CH_2 \cdot CH{<}^{NH_2}_{COOH} + H_2O = CO{<}^{NH_2}_{NH_2}$$
$$+ NH_2 \cdot CH \cdot CH_2 \cdot CH_2 \cdot CH{<}^{NH_2}_{COOH}$$

Vorkommen: In der Hefe[5]). Im Aspergillus niger[6]). In Leber, Nieren, Dünndarmschleimhaut und Thymus des Kalbes. In Muskeln vom Hunde und Lymphdrüsen vom Rinde. Fehlt im Blute, in den Nebennieren, in der Milz, in der Galle und im Pankreassafte des Hundes[7]).

Darstellung: Extraktion mit Wasser oder verdünnter Essigsäure; aus solchen Infusen oder aus Preßsäften wird die Arginase mit Ammonsulfat oder Alkohol und Äther gefällt.

Nachweis: Direkte Bestimmung des Harnstoffes oder in reinen Argininlösungen Feststellung der Abnahme des mit Phosphorwolframsäure fällbaren Diaminosäurenstickstoffes.

Physikalische und chemische Eigenschaften: Außer auf d-Arginin wirkt vielleicht noch auf argininhaltige Komplexe, wie Protone, nicht aber auf l-Arginin, Kreatin, Guanidin[8]). Aus d-l-Arginin spaltet l-Arginin ab und hydrolysiert das d-Arginin[9]).

Kreatase.

Definition: Ein Kreatin aufspaltendes Ferment[10]).

Vorkommen: Leber, Niere, Muskeln, Milz, Lungengewebe, Blut und Harn der Säugetiere.

Nachweis: Feststellung der zurückgebliebenen Kreatinmenge nach dem durch Gottlieb und Stangassinger veränderten Folinschen Verfahren.

Physikalische und chemische Eigenschaften: Luft und Sauerstoff verzögern erheblich die Wirkung. Alkalische Reaktion schädigt, schwach saure begünstigt. Toluol schädigt wenig, Chloroform, Cyankalium, Natriumfluorid, Harnstoff und Natriumchlorid (in großer Konzentration) hemmen.

---

[1]) J. Effront, Compt. rend. de l'Acad. des Sc. **146**, 779—790 [1908]; Monit. scientif. Quesneville 429—434 [1908].
[2]) K. Shibata, Beiträge z. chem. Physiol. u. Pathol. **5**, 384—394 [1904]. — H. Pringsheim, Biochem. Zeitschr. **12**, 15—25 [1908].
[3]) A. Kiesel, Zeitschr. f. physiol. Chemie **60**, 453—460 [1909].
[4]) J. Effront, Monit. scientif. Quesneville 145—156 [1909].
[5]) K. Shiga, Zeitschr. f. physiol. Chemie **42**, 502—507 [1904].
[6]) Jaloustre, Mém. dipl. d'étud. sup., Paris 1908, zit. nach M. Javillier, Les ferments protéolytiques, Paris 1909, p. 221.
[7]) A. Kossel u. H. D. Dakin, Zeitschr. f. physiol. Chemie **41**, 321—331 [1904]; **42**, 181—188 [1904].
[8]) O. Riesser, Zeitschr. f. physiol. Chemie **49**, 210—246 [1906].
[9]) H. D. Dakin, Journ. of biol. Chemistry **3**, 435—441 [1907].
[10]) R. Gottlieb u. R. Stangassinger, Zeitschr. f. physiol. Chemie **52**, 1—41 [1907]; **55**, 322—337 [1908]. — R. Stangassinger, Zeitschr. f. physiol. Chemie **55**, 295—321 [1908]. — C. J. C. van Hoogenhuyze u. H. Verploegh, Zeitschr. f. physiol. Chemie **57**, 161—266 [1908]; **59**, 101—111 [1909].

Kreatinase.

Definition: Ein Kreatinin aufspaltendes Ferment[1]).
Vorkommen: Leber, Niere, Muskeln, Lungengewebe, Blut und Harn der Säugetiere.
Nachweis: Feststellung der unzersetzt gebliebenen Kreatininmenge nach dem durch Gottlieb und Stangassinger verändertem Folinschen Verfahren.
Physikalische und chemische Eigenschaften: Luft und Sauerstoff verzögern die Wirkung erheblich. Alkalische Reaktion schädigt, schwach saure begünstigt. Toluol schädigt wenig. Chloroform, Cyankalium, Natriumfluorid und Natriumchlorid (in großer Konzentration) hemmen.

Kreatokreatinase.

Definition: Ein Kreatin in Kreatinin unter Wasserabspaltung verwandelndes Ferment nach folgender Gleichung[2]):

$$C\underset{N(CH_3)-CH_2-COOH}{\overset{NH_2}{\diagup NH}} = H_2O + C\underset{N(CH_3)-CH_2}{\overset{NH-----CO}{\diagup NH}}$$

Vorkommen: In der Leber, den Nieren, dem Blutserum, dem Harne der Säugetiere[3]).
Nachweis: Feststellung der gebildeten Kreatininmenge nach Mellamby[4]).
Physikalische und chemische Eigenschaften: Wirkt am besten bei schwach saurer Reaktion. Wird von Ammonsulfat, von 2 Vol. Alkohol und 1 Vol. Äther, von Uranylacetat gefällt.

Purindesamidasen.

Fermente, welche die Aminopurine in Oxypurine unter Wasseraufnahme und Ammoniakabspaltung überführen. Es ist noch nicht endgültig festgestellt, ob es sich dabei um die Wirkung von zwei spezifischen Fermenten oder nur von einem handelt. Zurzeit scheint es jedoch am wahrscheinlichsten, daß zwei verschiedene Purindesamidasen, die Guanase und die Adenase, bestehen[5]), denn sie erscheinen z. B. keineswegs zur selben Zeit beim menschlichen Foetus[6]).

Adenase.

Definition: Ein Adenin in Hypoxanthin überführendes Ferment nach folgender Gleichung:
$C_5H_5N_5O + H_2O = C_5H_4N_4O_2 + NH_3$.
Vorkommen: In gewissen Bakterien[7]). In der Leber von Sycotypus canaliculatus[8]). Im Pankreas des Schweines. In Milz von Hund, Rind, Schwein. In Rinder-, Schweine- und

---

[1]) R. Gottlieb u. R. Stangassinger, Zeitschr. f. physiol. Chemie **52**, 1—41 [1907]; **55**, 322—337 [1908]. — R. Stangassinger, Zeitschr. f. physiol. Chemie **55**, 295—321 [1908]. — C. J. C. van Hoogenhuyze u. H. Verploegh, Zeitschr. f. physiol. Chemie **57**, 161—226 [1908]; **59**, 101—111 [1909].
[2]) R. Gottlieb u. R. Stangassinger, Zeitschr. f. physiol. Chemie **52**, 1—41 [1907]; **55**, 322—337 [1908]. — R. Stangassinger, Zeitschr. f. physiol. Chemie **55**, 295—321 [1908]. — C. J. C. van Hoogenhuyze u. H. Verploegh, Zeitschr. f. physiol. Chemie **57**, 161—226 [1908]; **59**, 101—111 [1909].
[3]) E. Gérard, Compt. rend. de l'Acad. des Sc. **132**, 153—155 [1901].
[4]) E. Mellamby, Journ. of Physiol. **36**, 447—487 [1908]. — A. Rothmann, Zeitschr. f. physiol. Chemie **57**, 131—142 [1908].
[5]) W. Jones u. C. L. Partridge, Zeitschr. f. physiol. Chemie **42**, 342—348 [1904]. — R. Burian, Zeitschr. f. physiol. Chemie **43**, 497—546 [1905]. — W. Jones u. M. C. Winternitz, Zeitschr. f. physiol. Chemie **44**, 1—10 [1905]; **60**, 180—190 [1909]. — W. Jones, Zeitschr. f. physiol. Chemie **45**, 84—91 [1905]. — W. Jones u. C. R. Austrian, Zeitschr. f. physiol. Chemie **48**, 110—129 [1906]; Journ. of biol. Chemistry **3**, 227—252 [1907]. — J. R. Miller u. W. Jones, Zeitschr. f. physiol. Chemie **61**, 395—404 [1909]. — A. Schittenhelm, Zeitschr. f. physiol. Chemie **42**, 251—258 [1904]; **43**, 228—239 [1904]; **45**, 121—165 [1905]; **46**, 354—370 [1905]; **57**, 21—27 [1908]; **63**, 248—268 [1909]. — A. Schittenhelm u. E. Bendix, Zeitschr. f. physiol. Chemie **43**, 365—373 [1905]. — A. Schittenhelm u. J. Schmid, Zeitschr. f. experim. Pathol. u. Therap. **4**, 432—437 [1907].
[6]) H. G. Wells u. H. J. Corper, Journ. of biol. Chemistry **6**, 469—482 [1909].
[7]) A. Schittenhelm, Zeitschr. f. physiol. Chemie **57**, 21—27 [1908].
[8]) L. B. Mendel u. H. G. Wells, Amer. Journ. of Physiol. **24**, 170—177 [1909].

Affenleber[1]). Spurenweise in Hundeleber[2]). Beim Menschen vorhanden in den Lungen und in geringem Grade in den Nieren und im Darme, Schittenhelm[3]) zufolge, während hingegen nach Miller und Jones[4]) die Adenase in der Leber, in der Milz, im Pankreas und in den Nieren vom Menschen völlig fehlt. Beim Schweinsembryo erscheint die Adenase in der Leber, wenn der Embryo 150—170 mm Länge erreicht hat[5]). Fehlt in der Hefe[6]), in Kaninchenleber[2]) und Hundepankreas[7]), in Muskeln, Milz, Nieren, Leber von der Ratte[8]). Die Adenase fehlt noch beim dreimonatlichen menschlichen Embryo, besteht aber in der Leber des fünfmonatlichen[9]).

Guanase.

Definition: Ein Guanin in Xanthin überführendes Ferment nach folgender Gleichung: $C_5H_5N_5 + H_2O = C_5H_4N_4O_2 + NH_3$.

Vorkommen: In der Hefe[6]). In den Lupinenkeimlingen[10]). In der Leber von Sycotypus canaliculatus[11]). In den kernhaltigen roten Blutkörperchen des Truthahnes[12]). In den Muskeln, der Milz, den Nieren, der Leber von der Ratte[8]). In Hundemilz, Rindermilz, Katzenleber, Kaninchenleber, Kaninchenlunge, Affenleber[13]). Beim Menschen in der Leber, in den Nieren, in den Lungen, im Darme, in den Muskeln, vielleicht auch in der Milz[14]). Schon beim dreimonatlichen menschlichen Embryo vorhanden[15]). Scheint in der Leber des Schweinsembryos[16]) zu fehlen sowie auch in Schweinemilz, Schweineleber, Darm und Lungen der Katze, Pankreas und Leber des Hundes.

Urease.

Definition: Das auch Urase benannte Ferment zerlegt Harnstoff unter Wasseraufnahme in CO_2 und NH_3.

Vorkommen: Im japanischen Hutpilze Cortinellus edodes[17]). In sehr vielen Bakterien: Micrococcus ureae Pasteuri[18]), Bacterium coli, Proteus vulgaris, Micrococcus liquefaciens, Micrococcus Dowdeswelli, Planosarcina ureae, Urosarcina Hansenii, Urobacillus Schützenbergii, Urobacillus Duclauxii, Urobacillus Pasteurii, Urobacillus Leubei usw.[19]).

Darstellung: Fällen einer Kulturflüssigkeit des Micrococcus ureae mit Alkohol und Trocknen des Niederschlages bei 35°[20]).

Nachweis: Feststellung des zurückgebliebenen Harnstoffes nach Mörner Sjöqvist.

Physiologische Eigenschaften: Durch subcutane Ureaseeinspritzungen tritt ein von hitzeunbeständigen Stoffen herrührendes Hemmungsvermögen im Serum auf[21]). Die Urease ist für Kaninchen giftig.

Physikalische und chemische Eigenschaften: Kalkniederschläge reißen die Urease mit[22]). Ein Harnstoffgehalt der Lösung von 10% oder mehr beeinträchtigt die spaltende Wirkung

---

[1]) H. G. Wells, Journ. of biol. Chemistry 7, 170—183 [1910].
[2]) W. Jones u. C. R. Austrian, Zeitschr. f. physiol. Chemie 42, 110—129 [1906].
[3]) A. Schittenhelm, Zeitschr. f. physiol. Chemie 63, 248—268 [1909].
[4]) J. R. Miller u. W. Jones, Zeitschr. f. physiol. Chemie 61, 395—404 [1909].
[5]) L. B. Mendel u. Ph. H. Mitchell, Amer. Journ. of Physiol. 20, 97—116 [1907].
[6]) M. N. Straughn u. W. Jones, Journ. of biol. Chemistry 6, 245—255 [1909].
[7]) M. Schenck, Zeitschr. f. physiol. Chemie 43, 406—409 [1905].
[8]) A. Rohde u. W. Jones, Journ. of biol. Chemistry 7, 237—247 [1910].
[9]) H. G. Wells u. H. J. Corper, Journ. of biol. Chemistry 6, 469—482 [1909].
[10]) A. Schittenhelm, Zeitschr. f. physiol. Chemie 63, 289 [1909].
[11]) L. B. Mendel u. H. G. Wells, Amer. Journ. of Physiol. 24, 170—177 [1909].
[12]) Satta u. Lattes, Giorn. R. Accad. Med. di Torino [4] 14, 88—90 [1908].
[13]) H. G. Wells, Journ. of biol. Chemistry 7, 170—183 [1910].
[14]) A. Schittenhelm, Zeitschr. f. physiol. Chemie 63, 248—268 [1909]. — J. R. Miller u. W. Jones, Zeitschr. f. physiol. Chemie 61, 395—404 [1909].
[15]) H. G. Wells u. H. J. Corper, Journ. of biol. Chemistry 6, 469—482 [1909].
[16]) L. B. Mendel u. Ph. H. Mitchell, Amer. Journ. of Physiol. 20, 97—116 [1907].
[17]) T. Kikkoji, Zeitschr. f. physiol. Chemie 51, 201—206 [1907].
[18]) W. von Leube, Virchows Archiv 100, 540—570 [1885].
[19]) M. W. Beijerinck, Centralbl. f. Bakt. II. Abt. 7, 33—61 [1901].
[20]) A. Sheridan Lea, Journ. of Physiol. 6, 136 [1895].
[21]) L. Moll, Beiträge z. chem. Physiol. u. Pathol. 2, 334—354 [1902].
[22]) P. Miquel, Compt. rend. de l'Acad. des Sc. 111, 397—399 [1890].

der Urease. Mit zunehmender Einwirkungsdauer steigt die zersetzte Harnstoffmenge. NaFl und Proteine üben keinen Einfluß auf die Urease aus. Toluol, Chloroform, Quecksilbersalze, Kupfersulfat (1 : 10 000), Borsäure (1 : 1000), NaOH (1 : 250), Carbolsäure (1 : 100), Mineralsäuren (1 : 5000) hemmen. Die Urease ist sehr empfindlich gegen Sauerstoff. Normales Kaninchenserum hemmt die Ureasewirkung mit Hilfe eines sehr hitzebeständigen Stoffes. Bei gleichzeitiger Anwesenheit von Saccharose oder Glycerin liegt das Optimum der Wirkung bei 48—50°. Im feuchten Zustande wird die Urease durch Erwärmen auf 70—75° innerhalb 2 Stunden vernichtet, auf 80° innerhalb 1 Minute. Temperaturen unter 0° schädigen sie erst nach mehreren Tagen.

Hippuricase.

Definition: Ein auch **Histozym** benanntes Ferment, welches Hippursäure in Benzoesäure und Glykokoll unter Wasseraufnahme spaltet.

Vorkommen: In verschiedenen Schimmelpilzen: Penicillium brevicaule, Penicillium camenberti, Penicillium chrysogenum, Aspergillus niger[1]). In den Nieren, der Leber und im Blute der Säugetiere[2]).

Nachweis: Feststellung der Abnahme der Hippursäure nach dem Bunge-Schmiedebergschen Verfahren[3]).

Physikalische und chemische Eigenschaften: Ob die Synthese von Hippursäure aus Glykokoll und Benzylalkohol bei Sauerstoffanwesenheit im Nierenextrakte von Pferd oder Schwein[4]) von einer reversiblen Wirkung der Hippuricase herrührt, oder von der Wirkung eines synthetischen Enzymes, welches von der Hippuricase verschieden ist, muß man als noch unentschieden betrachten.

Nuclease.

Definition: Ein die Nucleinsäuren in Purin- und Pyrimidinbasen und Phosphorsäure zerlegendes Enzym.

Vorkommen: In der Hefe[5]). In Schimmelpilzen: Aspergillus niger, Penicillium glaucum[6]), Penicillium Camenberti[7]). Im Hutpilze Cortinellus edodes[8]). In verschiedenen Bakterien: Typhusbacillen, Kolibacillen[9]). In den Pflanzen[10]). In der Leber von Sycotypus canaliculatus[11]). In den kernhaltigen roten Blutkörperchen des Truthahnes[12]). Bei den höheren Tieren im Pankreas[13]), nicht aber im Pankreassafte[14]). Im Darme und auch im Darmsafte[15]). Nur in minimalen Spuren im normalen Kote, wo es auch völlig fehlen kann; nach Darreichung von Sennablättern oder von Bitterwasser enthält hingegen der Kot stets

---

[1]) Arthur Wayland Dox, Journ. of biol. Chemistry **6**, 461—467 [1909].
[2]) Hoffmann, Archiv f. experim. Pathol. u. Pharmakol. **7**, 233—246 [1877]. — Wilhelm Kochs, Archiv f. d. ges. Physiol. **20**, 64—80 [1879]. — O. Schmiedeberg, Archiv f. experim. Pathol. u. Pharmakol. **14**, 379—392 [1881]. — E. Bashford u. W. Kramer, Zeitschr. f. physiol. Chemie **35**, 324—326 [1902].
[3]) von Bunge u. O. Schmiedeberg, Archiv f. experim. Pathol. u. Pharmakol. **6**, 233—255 [1876].
[4]) J. E. Abelous u. H. Ribaut, Compt. rend. de la Soc. de Biol. **52**, 543—545 [1900].
[5]) M. Hahn u. L. Geret, Zeitschr. f. Biol. **40**, 117—172 [1890]. — K. Shiga, Zeitschr. f. physiol. Chemie **42**, 502—507 [1904].
[6]) L. Iwanoff, Zeitschr. f. physiol. Chemie **39**, 31—43 [1903].
[7]) A. W. Dox, Journ. of biol. Chemistry **6**, 461—467 [1909].
[8]) T. Kikkoji, Zeitschr. f. physiol. Chemie **51**, 201—206 [1907].
[9]) H. Plenge, Zeitschr. f. physiol. Chemie **39**, 190—198 [1903]. — A. Schittenhelm u. F. Schröter, Zeitschr. f. physiol. Chemie **39**, 203—207 [1903]; **41**, 284—292 [1903].
[10]) W. Zaleski, Berichte d. Deutsch. bot. Gesellschaft **24**, 285—291 [1906].
[11]) L. B. Mendel u. H. G. Wells, Amer. Journ. of Physiol. **24**, 170—177 [1909].
[12]) Satta u. Lattes, Giorn. R. Accad. Med. di Torino [4] **14**, 88—90.
[13]) F. Sachs, Zeitschr. f. physiol. Chemie **46**, 337—353 [1905].
[14]) E. Abderhalden u. A. Schittenhelm, Zeitschr. f. physiol. Chemie **47**, 452—457 [1906]. — K. Glaessner u. H. Popper, Deutsches Archiv f. klin. Medizin **94**, 46—60 [1908].
[15]) M. Nakayama, Zeitschr. f. physiol. Chemie **41**, 348—362 [1904]. — C. Foà, Arch. di fisiol. **4**, 98—100 [1906].

Nuclease, welche vom Darmsaft stammt[1]). In der Schweineleber[2]). In den Nieren. In der Milz. In der Thymusdrüse[3]). In der Leber und in den Geweben vom Affen[4]). In der Leber und in den Muskeln vom Menschen[5]). In den Lungen. In den Lymphdrüsen[6]).

Darstellung: Pankreaspreßsaft wird mit Ammonsulfat gesättigt. Das abfiltrierte, durch Alkohol- und Ätherbehandlung getrocknete Pulver enthält das Ferment[7]).

Physikalische und chemische Eigenschaften: Die verschiedenen Nucleasen besitzen keineswegs völlig identische Eigenschaften. Sie scheinen am besten in sehr leicht saurem Medium zu wirken. Ein Säureüberschuß hemmt die Wirkung, Milchsäure wirkt am schädlichsten[8]). Die Alkalien hemmen schon in geringen Dosen. Die verschiedenen metallischen Hydrosole können die Wirkung der Nuclease schon in geringen Dosen bevorzugen, mit Ausnahme des Hydrosols des $Al_6O_{14}H_{10}$ [9]). Trypsin zerstört die Pankreasnuclease.

Phytase.

Definition: Ein das Phytin oder Anhydrooxymethylendiphosphorsäure in Phosphorsäure und Inosit spaltendes Ferment.

Vorkommen: In der Reis- und Weizenkleie[10]). Scheint im Pflanzenreiche weit verbreitet zu sein. In Leber und Blut vom Kalbe, fehlt in den Nieren und in den Muskeln[11]).

Physikalische und chemische Eigenschaften: In Wasser löslich. Fällt durch Alkohol und Äther.

II. Koagulasen.

Unter diesem Namen versteht man Fermente, welche durch ihre Wirkung gelöste komplizierte Körper in unlösliche Modifikationen überführen, welche dann in gröberer oder feinerer Form ausfallen können. Die Wirkungsart dieser Enzyme ist noch wenig bekannt. In dieser Hauptgruppe kann man folgende Fermente reihen: das Labferment oder Chymase, die Pektase, die Mucinase, die Thrombase, die Amylokoagulase. Außerdem muß man mit ihnen die Thrombokinase, das Fibrinolysin und das Fibrinogenolysin besprechen, welche eigentlich zu der Koagulasengruppe nicht gehören.

Chymase.

Definition: Ein auch **Labferment** oder **Chymosin** benanntes Ferment, welches auf Grund einer noch nicht völlig aufgeklärten Veränderung das Casein zur Gerinnung bringt[12]).

Vorkommen: Im Hefepreßsaft[13]). — Im Penicillium nur bei Kultivierung auf Milch[14]). In Aspergillus niger[15]) und in Aspergillus oryzae[16]). Bei Hormodendron hordei[17]). In der Oosporaform des Streptothrix microsporon[18]). In Fuligo varians[19]). — In zahlreichen Bak-

---

[1]) H. Ury, Biochem. Zeitschr. **23**, 153—178 [1909].
[2]) A. Schittenhelm u. J. Schmid, Zeitschr. f. experim. Pathol. u. Therap. **4**, 432—437 [1907].
[3]) Fr. Kutscher, Zeitschr. f. physiol. Chemie **34**, 114—118 [1901]. — W. Jones, Zeitschr. f. physiol. Chemie **42**, 35—54 [1904].
[4]) H. G. Wells, Journ. of biol. Chemistry **7**, 171—183 [1910].
[5]) A. Schittenhelm u. J. Schmid, Zeitschr. f. experim. Pathol. u. Therap. **4**, 423—431 [1907].
[6]) Alf. Reh, Beiträge z. chem. Physiol. u. Pathol. **3**, 569—573 [1903].
[7]) F. Sachs, Inaug.-Diss. Heidelberg 1906.
[8]) A. Arinkin, Zeitschr. f. physiol. Chemie **53**, 192—214 [1907].
[9]) M. Ascoli u. G. Izar, Biochem. Zeitschr. **17**, 361—394 [1909].
[10]) V. Suzuki u. M. Takaishi, Bull. Coll. Agric. Tokyo **7**, 503—512 [1907].
[11]) E. V. McCollum u. E. B. Hart, Journ. of biol. Chemistry **4**, 497—500 [1908].
[12]) E. Fuld, Ergebnisse d. Physiol. **1**, Abt. 1, 468—504 [1902].
[13]) E. Boullanger, Ann. de l'Inst. Pasteur **11**, 724—725 [1897]. — R. Rapp, Centralbl. f. Bakt. II. Abt. **9**, 625 [1902].
[14]) Duclaux, zit. nach Javillier, Thèse de Paris 1903.
[15]) G. Malfitano, Ann. de l'Inst. Pasteur **14**, 60—81, 420—448 [1900].
[16]) K. Saito, The Bot. Mag. Tokyo **17**, No. 201, 276—277 [1903].
[17]) H. Bruhne, Zopfs Beiträge, Heft **1**, 26 [1894].
[18]) E. Bodin u. C. Lenormand, Ann. de l'Inst. Pasteur **15**, 279—288 [1901].
[19]) H. Schroeder, Beiträge z. chem. Physiol. u. Pathol. **9**, 153—167 [1907].

terien: Choleravibrionen[1]), Bacillus mesentericus vulgatus[2]), Bacillus fluorescens liquefaciens[3]), Staphylococcus quadrigeminus[4]), Proteus vulgaris[5]), Proteus mirabilis, Bacillus indicus, Bacillus pyocyaneus, Bacillus butyricus, Bacillus Amylobacter, in den **peptonisierenden Milchbakterien**[6]). — In den braunen Algen: Laminaria digitata, Laminaria saccharina, Fucus platycarpus, Fucus serratus, Fucus vesiculosus[7]). Bei den Basidiomyceten und zwar besonders in den Dedalea-, Tricholoma- und Cortinariaarten, bei Amanita phalloides, Amillaria caligata, Pleurotus ostreatus[8]). Im Malze[9]). In sehr vielen Pflanzen: Renonculaceen[10]), Thymelaceen[11]), Artischocken (Cynarase)[12]), Withania coagulans[13]), Evonymus europaeus, Evonymus japonicus[14]), Carica papaya und Ficus carica (Sykochymase)[15]), Datura, Ricinus, Lupinus, Pisum[16]), Lolium perenne; bei vielen Liliaceen, Euphorbiaceen, Cruciferen, Umbelliferen, Compositen. Fehlt bei den Polygonaceen und Oleaceen[17]). In den Samen von Carthamus tinctoria[18]). Bei Broussonetia papyrifera[19]). Im Bromelin[20]). Im Zellsafte vom Sommerlolch und vom Schneckenklee[21]). Mit zunehmendem Alter sind die Pflanzen reicher an Chymase. Diese findet sich ausschließlich im Bastteile des Pflanzenkörpers. Bei den Thymelaceen enthält jedoch der Holzteil auch Lab[22]). — Bei Suberites domuncula[23]). In den Mesenterialfilamenten der Actinien[24]). Bei den Holothurien, bei Sipunculus, Sphaerechinus, Octopus[25]). Im Verdauungssafte der Crustaceen[26]), der Cephalopoden[27]), der Anneliden[28]). Bei gewissen Dekapoden (Maia)[29]). Bei den Arthropoden (Spinnea, Epeira, Lathrodectes)[30]). Im Häpatopankreas und im Magen der Ascidien[31]). — Im Magensafte und in der Magenschleimhaut[32]) der Wirbeltiere und der Wirbellosen). Fehlt bei neugeborenen Tieren[33]), besteht aber bei Säuglingen[34]),

---

[1]) A. P. Fokker, Deutsche med. Wochenschr. **18**, 1151—1152 [1892].
[2]) Vignal, zit. nach J. R. Green, Ann. of bot. **7**, 83—137 [1893].
[3]) C. Gorini, Centralbl. f. Bakt. II. Abt. **8**, 37—140 [1902].
[4]) Adam Loeb, Centralbl. f. Bakt. I. Abt. **32**, 471—476 [1902].
[5]) S. Hata, Centralbl. f. Bakt. I. Abt. Refer. **34**, 208—209 [1904].
[6]) H. W. Conn, Centralbl. f. Bakt. **9**, 653—655 [1891]; **12**, 223—227 [1892]. — O. Kalischer, Archiv f. Hyg. **37**, 30—53 [1900].
[7]) C. Gerber, Compt. rend. de la Soc. de Biol. **66**, 552—556 [1909].
[8]) C. Gerber, Compt. rend. de la Soc. de Biol. **67**, 867—869 [1909]; **68**, 201—206 [1910].
[9]) Fr. Weis, Zeitschr. f. physiol. Chemie **31**, 79—97 [1900].
[10]) C. Gerber, Compt. rend. de la Soc. de Biol. **64**, 522—523 [1908].
[11]) C. Gerber, Compt. rend. de la Soc. de Biol. **66**, 892—894 [1909].
[12]) Peters, Inaug.-Diss. Rostock 1891. — G. E. Rosetti, Chem. Centralbl. **1899**, I, 131.
[13]) A. Sheridan Lea, Proc. Roy. Soc. London **36**, 55—58 [1883]; Chem. News **48**, 261—262 [1883].
[14]) Col u. C. Gerber, Compt. rend. de la Soc. de Biol. **67**, 869—871 [1909].
[15]) A. Baginsky, Zeitschr. f. physiol. Chemie **7**, 209—221 [1882]. — R. Chodat u. Rouge, Centralbl. f. Bakt. II. Abt. **16**, 1—9 [1906]. — C. Gerber, Compt. rend. de l'Acad. des Sc. **148**, 497—500 [1909].
[16]) F. R. Green, Proc. Roy. Soc. London **48**, 370—392 [1890].
[17]) M. Javillier, Compt. rend. de l'Acad. des Sc. **134**, 1373—1374 [1902]; Thèse de Paris 1903.
[18]) P. Giacosa, Chem. Centralbl. **2**, 1054 [1897].
[19]) C. Gerber, Compt. rend. de l'Acad. des Sc. **145**, 529—530 [1907].
[20]) R. P. Chittenden, Journ. of Physiol. **15**, 249—310 [1894].
[21]) M. Javillier, Bulletin de la Soc. chim. [3] **29**, 693—697 [1903].
[22]) C. Gerber, Compt. rend. de l'Acad. des Sc. **148**, 992—995 [1909]; Compt. rend. de la Soc. de Biol. **66**, 892—894 [1909]; **67**, 322—324 [1909].
[23]) J. Cotte, Compt. rend. de la Soc. de Biol. **53**, 95—97 [1901].
[24]) F. Mesnil, Ann. de l'Inst. Pasteur **15**, 352—397 [1901].
[25]) O. Cohnheim, Zeitschr. f. physiol. Chemie **35**, 396—415 [1902].
[26]) J. Sellier, Compt. rend. de la Soc. de Biol. **63**, 449—450 [1907].
[27]) J. Sellier, Compt. rend. de la Soc. de Biol. **63**, 705—706 [1907].
[28]) J. Sellier, Compt. rend. de la Soc. de Biol. **62**, 693—694 [1907].
[29]) C. Gerber, Compt. rend. de l'Acad. des Sc. **147**, 708—710 [1908]. — J. Sellier, Compt. rend. de la Soc. de Biol. **67**, 237—239 [1909].
[30]) R. Kobert, Archiv f. d. ges. Physiol. **99**, 116—186 [1903].
[31]) C. Gerber u. G. Daumézyn, Compt. rend. de la Soc. de Biol. **66**, 193—197 [1909].
[32]) O. Hammarsten, Zeitschr. f. physiol. Chemie **7**, 227—273 [1883]. — M. Arthus, Compt. rend. de la Soc. de Biol. **55**, 795—797 [1903].
[33]) W. Gmelin, Archiv f. d. ges. Physiol. **90**, 591—615 [1902].
[34]) Szydlowski, Prag. med. Wochenschr. **17**, 365 [1892]. — A. Kreidl u. A. Neumann, Centralbl. f. Physiol. **22**, 133—136 [1908].

auch schon vor der ersten Nahrungsaufnahme[1]). Wird wahrscheinlich durch die Hauptzellen des Magenfundus als Zymogen abgesondert[2]). Im Pankreas und im Pankreassafte des Hundes, vielleicht auch des Menschen[3]). Im Dünndarme[4]), im Kote[5]). Im Harne[6]). In den Lungen, den Muskeln, den Nieren, der Milz, dem Thymus, der Schilddrüse, dem Gehirne, den Eierstöcken, den Hoden[7]).

Darstellung: Aus der Schleimhaut des Labmagens von Saugkälbern nach dem Hammarstenschen Verfahren[8]). Durch Versetzen der proteinfreien Profermentlösung des Schweinemagens mit Uranylacetat und Natriumphosphat und Abfiltrieren vom so gefällten Propepsin erhält man nach Glaessner[9]) eine Prochymosinlösung, welche indes keineswegs von peptischer Wirkung frei zu sein scheint[10]).

Nachweis: Mittels Ekenbergs Milchpulver nach der Methode von Blum und Fuld[11]) oder mittels der nach der Koettlitzschen Vorschrift hergestellten Caseinlösung[12]).

Physiologische Eigenschaften: Bei schweren Erkrankungen des Magens (Krebs usw.) soll die Chymase darin fehlen[13]). Durch subcutane Labeinspritzungen erhöht man die labhemmende Wirkung des Blutserums; dieses Serum wirkt nur auf tierische Chymase hindernd, nicht auf pflanzliche. Durch Impfung von Tieren mit Cynarase kann man umgekehrt im Serum Anticynarase erhalten, die nur auf pflanzliches Lab, nicht auf tierisches Chymosin wirkt[14]). Korschun hat Ziegen gegen Antilab immunisiert und Antiantilab enthaltendes Immunserum erzeugt.

Physikalische und chemische Eigenschaften: Die verschiedenen Chymasen weisen keineswegs dieselben Eigenschaften auf. Die Chymasen der höheren Tiere bestehen im Organismus nicht als aktives Ferment, sondern nur als Zymogen. Die Prochymase dringt langsam durch Chamberlandkerze. Sie wird durch Tierkohle, Kieselgur, Schwerspat, Marmor adsorbiert. Die Prochymase ist relativ alkali- und hitzebeständiger als die Chymase. Sie geht aus den Geweben in 0,1—0,5 proz. Natriumcarbonat über. Die Prochymase wird in alkalischer Lösung bei 38° zerstört, NH_3 und freies Alkali zerstören sie sofort, Soda zerstört sie nicht. Die Prochymase wird rasch durch Säuren aktiviert. Die Aktivierungskraft äquimolekularer Säuremengen ergibt sich nach folgender Reihe: HCl, HNO_3, H_2SO_4, Milchsäure, Essigsäure, Phosphorsäure[15]). $1^0/_{00}$ NaCl aktiviert die Prochymase nicht. Alkohol, Aceton, Äther, Benzaldehyd, Cl, Br, J, Galle, Papayotin, Dünndarmauszug zerstören die Prochymase. Toluol, Chloroform zerstören die Prochymase nicht, Formaldehyd in geringer Konzentration (0,5—1,0 proz.) nicht, in hoher Konzentration wohl. Sublimat und Phenol zerstören schon in 0,1 proz. Konzentration. H_2O_2 und O sind ohne Einfluß auf die Prochymase. Die Chymase des Schweinemagens und wahrscheinlich auch die des menschlichen Magens unterscheiden sich von der Chymase des Kalbes und werden manchmal als Parachymosin[16]) vom eigentlichen Chymosin

---

[1]) E. Moro, Centralbl. f. Bakt. I. Abt. **37**, 985—991 [1904].

[2]) P. Grützner, Archiv f. d. ges. Physiol. **16**, 105—123 [1878]. — K. Glaessner, Beiträge z. chem. Physiol. u. Pathol. **1**, 24—33 [1902].

[3]) W. D. Halliburton u. T. G. Brodie, Journ. of Physiol. **20**, 97—106 [1896]. — J. Wohlgemuth, Biochem. Zeitschr. **2**, 350—356 [1906]. — Haia Livchitz, Thèse de Lausanne 1907, 37 Seit. — K. Glaessner u. H. Popper, Deutsches Archiv f. klin. Medizin **94**, 46—60 [1908].

[4]) A. Baginsky, Zeitschr. f. physiol. Chemie **7**, 209—221 [1883].

[5]) Th. Pfeiffer, Zeitschr. f. experim. Pathol. u. Therap. **3**, 381—389 [1906].

[6]) E. Holovtschiner, Virchows Archiv **104**, 42—53 [1886]. — J. Boas, Zeitschr. f. klin. Medizin **14**, 249—279 [1888].

[7]) Arthur Edmunds, Journ. of Physiol. **19**, 466—476 [1896]. — H. M. Vernon, Journ. of Physiol. **27**, 174—199 [1901].

[8]) O. Hammarsten, Zeitschr. f. physiol. Chemie **56**, 18—80 [1908].

[9]) K. Glaessner, Beiträge z. chem. Physiol. u. Pathol. **1**, 1—23 [1901].

[10]) J. P. Pawlow u. S. W. Parastschuk, Zeitschr. f. physiol. Chemie **42**, 415—452 [1904]. — C. A. Pekelharing, Arch. des Sc. biol. de St. Pétersbourg **11**, Suppl., 36—44 [1904]. — J. W. A. Gewin, Zeitschr. f. physiol. Chemie **54**, 32—79 [1907].

[11]) E. Blum u. E. Fuld, Biochem. Zeitschr. **4**, 62—64 [1907].

[12]) H. Koettlitz, Arch. int. Physiol. **5**, 140—147 [1907].

[13]) I. Boas, Centralbl. f. klin. Wissensch. **25**, 417—420 [1887]. — Johnson, Zeitschr. f. klin. Medizin **14**, 240—248 [1888]. — Johannesson, Zeitschr. f. klin. Medizin **17**, 304—320 [1890]. — E. Petry, Zeitschr. f. experim. Pathol. u. Therap. **2**, 572—601 [1906].

[14]) J. Morgenroth, Centralbl. f. Bakt. I. Abt. **27**, 721—724 [1900].

[15]) G. Lörcher, Archiv f. d. ges. Physiol. **69**, 141—198 [1897].

[16]) I. Bang, Deutsche med. Wochenschr. **25**, 46—47 [1899]; Archiv f. d. ges. Physiol. **79**, 425—441 [1900].

getrennt; die Labenzyme des Bacillus prodigiosus und des Bacillus fluorescens liquefaciens nähern sich sehr denen des Parachymosins. Ob aber diese Verschiedenheiten vom Enzyme selbst oder nur von der Zusammensetzung des umgebenden Mediums oder von dem Bestehen gewisser Hemmungskörper herrühren, ist äußerst zweifelhaft[1]). $CaCl_2$ soll das Parachymosin viel stärker aktivieren als das eigentliche Chymosin. Das Pankreaslab scheint von der Magenchymase verschieden zu sein. Die Pankreasprochymase wird durch Darmsaft und Kalksalze zugleich mit dem Protrypsin aktiviert; zur Labaktivierung bedarf es indes größerer $CaCl_2$-Konzentration als zur Trypsinaktivierung[2]). Die Pflanzenchymasen weisen auch Verschiedenheiten auf, so daß man sie in verschiedene Typen reihen kann[3]). — Die Chymase verändert das Casein in Paracasein. Auf welche Weise diese Umwandlung vor sich geht und ob dabei eine Spaltung des Caseins mit Bildung einer oder mehrerer Molkenalbumosen stets stattfindet, ist noch keineswegs sicher festgestellt[4]). Labzusatz scheint keine wesentliche Änderung der Viscosität der Caseinlösung zu bewirken[5]). Die Anwesenheit löslicher Calciumsalze ist nur zur Ausfällung des gebildeten Paracaseins nötig[6]). Gereinigtes Paracasein läßt sich nicht durch Lab zur Gerinnung bringen[7]). Nach Fuld[8]) scheint eine direkte Proportionalität zwischen der Reaktionszeit und der Caseinmenge zu bestehen. Nach Köttlitz gilt unter gewissen Umständen die Schützsche Regel. Für die Magenchymase ist die Reaktionszeit der Fermentmenge umgekehrt proportional, so daß das Produkt aus Gerinnungszeit und Labmenge beständig bleibt; dieses Segelske-Storchsche Proportionalitätsgesetz bestätigt sich wahrscheinlich auch für das sog. Parachymosin, nicht aber für die Sycochymase[9]). Die Gerinnungszeit der Milch durch Lab ist der H-Ionen-Konzentration proportional; die löslichen Kalksalze scheinen keinen oder beinah keinen Einfluß darauf auszuüben; die Menge des an Casein gebundenen Kalkes ist wahrscheinlich dafür maßgebend[10]). Wenn Hemmungskörper vorhanden sind, so versagt jedes Enzymzeitgesetz oft völlig[11]). — Ob die Labwirkung nur eine unter besonderen Umständen eintretende Wirkung der Proteasen darstellt[12])

[1]) C. Gerber, Compt. rend. de la Soc. de Biol. **63**, 575—576 [1907]. — J. W. A. Gewin, Zeitschr. f. physiol. Chemie **54**, 32—79 [1907]. — A. Briot, Compt. rend. de la Soc. de Biol. **62**, 1229—1230 [1907].

[2]) C. Delezenne, Compt. rend. de la Soc. de Biol. **63**, 98—101, 187—190 [1907].

[3]) C. Gerber, Compt. rend. de l'Acad. des Sc. **145**, 92—94, 530, 689—692, 831—833 [1907]; **146**, 1111—1114 [1908]; **147**, 708—710, 1320—1322 [1908]; **148**, 497—500, 992—995 [1909]; Compt. rend. de la Soc. de Biol. **62**, 1223—1227 [1907]; **63**, 575—576, 640—644, 738—740 [1907]; **64**, 141—143, 374—378, 519—523, 783—784, 982—986, 1176—1180 [1908]; **65**, 180—184 [1908]; **66**, 552—556, 716—722, 890—894, 1122—1127 [1909]; **67**, 318—324 [1909].

[4]) O. Hammarsten, Zeitschr. f. physiol. Chemie **7**, 227—273 [1883]; **22**, 103—126 [1896]. — M. Arthus u. C. Pagès, Arch. de Physiol. [5] **2**, 333—339, 540—545 [1890]. — E. Laqueur, Beiträge z. chem. Physiol. u. Pathol. **7**, 273—297 [1905]. — E. Petry, Wien. klin. Wochenschr. **19**, 143—144 [1906]; Beiträge z. chem. Physiol. u. Pathol. **8**, 339—364 [1906]. — K. Spiro, Beiträge z. chem. Physiol. u. Pathol. **8**, 365—369 [1906]. — B. Slowtzoff, Beiträge z. chem. Physiol. u. Pathol. **9**, 149—152 [1907]. — Sigval Schmidt-Nielsen, Beiträge z. chem. Physiol. u. Pathol. **9**, 322—332 [1907].

[5]) G. Wernken, Zeitschr. f. Biol. **52**, 47—71 [1908].

[6]) H. Reichel u. K. Spiro, Beiträge z. chem. Physiol. u. Pathol. **7**, 479—507, 815—826 [1906]. — E. Fuld u. J. Wohlgemuth, Biochem. Zeitschr. **8**, 376—377 [1908].

[7]) T. Kikkoji, Zeitschr. f. physiol. Chemie **61**, 139—146 [1909].

[8]) E. Fuld, Beiträge z. chem. Physiol. u. Pathol. **2**, 169—200 [1902].

[9]) G. Becker, Beiträge z. chem. Physiol. u. Pathol. **7**, 89—119 [1906]. — C. Gerber, Compt. rend. de la Soc. de Biol. **63**, 575—576 [1907]; **64**, 519—521 [1908]; Compt. rend. de l'Acad. des Sc. **147**, 1320—1322 [1908].

[10]) W. van Dam, Zeitschr. f. physiol. Chemie **58**, 295—330 [1909]; Centralbl. f. Bakt., II. Abt., **26**, 189—222 [1910].

[11]) S. G. Hedin, Zeitschr. f. physiol. Chemie **64**, 82—90 [1910].

[12]) M. Nencki u. N. Sieber, Zeitschr. f. physiol. Chemie **32**, 291—319 [1901]. — C. A. Pekelharing, Zeitschr. f. physiol. Chemie **35**, 8—30 [1902]. — H. M. Vernon, Journ. of Physiol. **29**, 302—334 [1903]. — J. P. Pawlow u. S. W. Paratschuck, Zeitschr. f. physiol. Chemie **42**, 415—452 [1904]. — M. Jacoby, Biochem. Zeitschr. **1**, 53—74 [1906]. — J. Wohlgemuth u. H. Roeder, Biochem. Zeitschr. **2**, 420—427 [1906]. — J. W. A. Gewin, Zeitschr. f. physiol. Chemie **54**, 32—79 [1907]. — W. W. Sawjalow, Zeitschr. f. physiol. Chemie **46**, 307—331 [1907]. — W. W. Sawitsch, Zeitschr. f. physiol. Chemie **55**, 84—105 [1908]; **68**, 12—25 [1910]. — N. P. Tichomirow, Zeitschr. f. physiol. Chemie **55**, 107—139 [1908]. — A. Briot, Compt. rend. de la Soc. de Biol. **64**, 369—370 [1908]. — J. Sellier, Compt. rend. de la Soc. de Biol. **65**, 754—756 [1908]. — C. Gerber, Compt. rend. de la Soc. de Biol. **67**, 332—334 [1909]. — Th. J. Migay u. W. W. Sawitsch, Zeitschr. f. physiol. Chemie **63**, 405—412 [1910]. — W. van Dam, Zeitschr. f. physiol. Chemie **64**, 316—336 [1910]. — C. Funk u. A. Niemann, Zeitschr. f. physiol. Chemie **68**, 262—272 [1910].

oder ob es eigene Chymasen ohne jede Proteasenwirkung gibt[1]), welche indes fast stets von Proteasen begleitet sind, ist eine noch strittige Frage[2]). Die meisten Pflanzenchymasen (Sykochymase, Chymase der Cruciferen, Chymase aus Atropa belladonna usw.) wirken stärker auf gekochte als auf rohe Milch; andere Phytochymasen wirken hingegen leichter auf rohe als auf gekochte Milch, noch andere (Chymase der Rubiaceen) wirken bei niederer Temperatur besser auf rohe Milch, bei höherer auf gekochte[3]). — Außer ihrer Wirkung auf Casein übt die Chymase noch eine anscheinend synthetische Wirkung auf gewisse Spaltprodukte der Proteine (Proteosen, Peptone, Polypeptide), wodurch die sog. Plasteine und Koagulosen entstehen[4]). Ob man aber diese Wirkung der Chymase selbst oder einer reversiblen Tätigkeit der sie begleitenden Protease zuschreiben muß[5]), ist noch eine offene Frage, wie überhaupt der eigentliche Vorgang der Bildung dieser Plasteine und Koagulasen aus den koagulosogenen Stoffen[6]). — Die Magenchymase scheint ein negatives Kolloid zu sein[7]). Vielleicht auch übt bloß anodisches Pepsin Labwirkung[8]). — Die Magenchymase diffundiert nicht durch Cellulose, wohl aber durch Darm- und Amniosmembran[9]). Sie wird durch Tierkohle und Talk adsorbiert; fügt man zur Kohle- oder Talkenzymverbindung das Substrat (Milch), so entzieht letzteres einen Teil des Enzyms der Kohle oder dem Talk und führt auf diese Weise dieses Fermentanteil wieder in aktive Form über[10]). — Das Labferment wird sehr leicht durch anorganische und organische Stoffe gefällt. Bei fast völliger Sättigung fällt Ammonsulfat die Magenchymase; dies ist auch der Fall für NaCl bei Sättigung unter Säurezusatz[11]). Mit HCl behandeltes und neutralisiertes Eierklar oder Serum sowie Milch verhindern die Hemmung der Labwirkung durch Kohle, weil sie Stoffe enthalten, welche selbst durch Kohle aufgenommen werden und weil sie das bereits an der Kohle haftende Lab zum Teile von der Verbindung mit der Kohle verdrängen und in aktive Form überführen. Traubenzucker verhindert in derselben Weise, aber in viel geringerem Grade, die Adsorption des Labes durch Kohle[12]). — Unter gewissen Umständen wird das Labferment durch einfaches Schütteln unwirksam; ganz geringe Säuremengen genügen, um diese Schüttelinaktivierung zu verhindern; die Säure-

---

[1]) V. Duccesschi, Arch. di fisiol. **5**, 413—424 [1909].
[2]) I. Bang, Zeitschr. f. physiol. Chemie **43**, 358—360 [1904]. — J. C. Hemmeter, Ewalds Festschrift, Berl. klin. Wochenschr. **1905**, 14. — J. van der Leck, Centralbl. f. Bakt. II. Abt. **17**, 366—371, 480—490, 647—660 [1906]. — Sigval Schmidt-Nielsen, Zeitschr. f. physiol. Chemie **48**, 92—109 [1906]. — O. Hammarsten, Zeitschr. f. physiol. Chemie **56**, 18—80 [1908]; **68**, 119—159 [1910]. — Orla Jensen, Rev. génér. du lait **6**, 272—281 [1907]. — R. O. Herzog u. M. Margolis, Zeitschr. f. physiol. Chemie **60**, 298—305 [1909]. — R. O. Herzog, Zeitschr. f. physiol. Chemie **60**, 306—310 [1909]. — A. E. Taylor, Journ. of biol. Chemistry **5**, 399—403 [1909].
[3]) R. Chodat u. E. Rouge, Centralbl. f. Bakt. II. Abt. **16**, 1—9 [1906]. — A. Briot, Compt. rend. de l'Acad. des Sc. **144**, 1164—1166 [1907]. — C. Gerber, Compt. rend. de l'Acad. des Sc. **145**, 92—94 [1907]; Compt. rend. de la Soc. de Biol. **67**, 318—320 [1909].
[4]) W. N. Okunew, Inaug.-Diss. St. Petersburg 1895; zit. nach W. N. Boldireff, Arch. des Sc. biol. St. Pétersbourg **11**, 1—165 [1905]. — W. W. Sawjalow, Inaug.-Diss. Dorpat 1899; zit. nach Malys Jahresber. d. Tierchemie **29**, 58 [1900]; Archiv f. d. ges. Physiol. **85**, 171—225 [1901]; Centralbl. f. Physiol. **16**, 625—627 [1903]. — Maria Lawrow u. S. Salaskin, Zeitschr. f. physiol. Chemie **36**, 276—291 [1902]. — A. Nürnberg, Beiträge z. chem. Physiol. u. Pathol. **4**, 543—553 [1904]. — H. Bayer, Beiträge z. chem. Physiol. u. Pathol. **4**, 554—562 [1904]. — J. Großmann, Beiträge z. chem. Physiol. u. Pathol. **6**, 191—205 [1905]. — R. Wait, Inaug.-Diss. Jurjew 1905. — C. Delezenne u. H. Mouton, Compt. rend. de la Soc. de Biol. **63**, 277—279 [1905]. — D. Lawrow, Zeitschr. f. physiol. Chemie **51**, 1—32 [1907]; **53**, 1—7 [1907]; **56**, 342—362 [1908]; **60**, 520—532 [1909]. — P. A. Levene u. D. D. van Slyke, Biochem. Zeitschr. **13**, 458—474 [1908]; **16**, 203—206 [1909]. — C. Gerber, Compt. rend. de la Soc. de Biol. **66**, 1122—1124 [1909].
[5]) R. O. Herzog, Zeitschr. f. physiol. Chemie **39**, 305—312 [1903]. — M. H. Fischer, The physiology of alimentation, New York u. London **1907**, 144—145, zit. nach F. Bottazzi.
[6]) H. Euler, Zeitschr. f. physiol. Chemie **52**, 146—158 [1907]. — F. Bottazzi, Arch. di fisiol. **6**, 169—239 [1909].
[7]) H. Bierry, V. Henri u. G. Schaeffer, Compt. rend. de la Soc. de Biol. **63**, 226 [1907].
[8]) L. Michaelis, Biochem. Zeitschr. **17**, 231—234 [1909].
[9]) A. J. J. Vandevelde, Biochem. Zeitschr. **1**, 408—412 [1907]. — M. Jacoby, Biochem. Zeitschr. **1**, 53—74 [1906].
[10]) S. G. Hedin, Zeitschr. f. physiol. Chemie **60**, 364—375 [1909].
[11]) E. Fuld u. K. Spiro, Zeitschr. f. physiol. Chemie **31**, 132—155 [1900]. — E. Fuld, Ergebnisse d. Physiol. **1**, I. Abt., 468—504 [1902].
[12]) S. G. Hedin, Zeitschr. f. physiol. Chemie **63**, 143—154 [1909].

wirkung ist der Zahl der H-Ionen keineswegs proportional[1]). — Die Magenchymase wirkt sowohl bei leicht alkalischer als bei leicht saurer Reaktion. Große Säure- oder Alkalimengen hemmen. Die Chymase wird schon durch eine geringe Anzahl von OH-Ionen zerstört[2]). Das Parachymosin ist viel empfindlicher gegen Alkalien als das Chymosin. Die Wirkung der pflanzlichen Chymasen, welche bei jeder Temperatur rohe Milch schwerer zur Gerinnung bringen als gekochte, wird durch kleine Alkalimengen verhindert, durch Säuren in starker Dosis befördert. Diejenigen Phytochymasen, welche nur bei höherer Temperatur rohe Milch schwerer als gekochte angreifen, werden durch mehr als zweibasische Säuren gehemmt, durch zweibasische Säuren in ganz kleinen Dosen gehemmt und in großen Dosen befördert, durch alle anderen Säuren begünstigt. Diejenigen Pflanzenlabe, welche rohe Milch leichter als gekochte zur Gerinnung bringen, werden durch alle Säuren befördert[3]). Für jede Säure besteht ein Maximum, bei welchem die Wirkung der Pflanzenlabe am raschesten vor sich geht[4]). — Alkohol, Chloroform und die Antiseptica sind schädlich[5]); am wenigsten hindernd erweist sich Senföl. Borax und Borsäure zeigen unter Umständen neben der verzögernden oder hemmenden Wirkung eine beschleunigende[6]). Der Einfluß der Salze auf die verschiedenen Chymasen ist sehr verschieden. Die kalkentziehenden Salze wirken schädlich. K_2HPO_4, Na_2HPO_4, K_2SO_4, Na_2SO_4, NaCl, KCl schwächen stets die tierischen Chymasen; sie beschleunigen in geringen Dosen und hemmen erst in großen Dosen die Gerinnung roher und gekochter Milch durch Pflanzenchymasen[7]). Geringe und große Mengen von $KHSO_4$ und $NaHSO_4$ beschleunigen sowohl die Wirkung der tierischen als der pflanzlichen Chymasen; mittlere Mengen dieser Salze verzögern die Wirkung auf gekochte Milch. $NaNO_3$ und NaFl wirken günstig auf tierische und auf pflanzliche Chymasen; diese beschleunigende Wirkung ist viel stärker auf rohe Milch als auf gekochte[8]). Die neutralen und sauren Alkalioxalate und Alkalinitrate beeinflussen den Verlauf der Wirkung der tierischen und pflanzlichen Chymasen auf rohe und gekochte Milch günstig[9]). NaH_2PO_4 beschleunigt in geringer Menge und hemmt in großer die Gerinnung roher Milch durch pflanzliche und tierische Chymasen, fördert dagegen stets die Gerinnung gekochter Milch[10]). Neutrale Oxalate und Citrate sowie bibasisches Citrat verzögern in geringen Dosen, hemmen in mittleren und beschleunigen in starken die Gerinnung roher oder gekochter Milch sowohl durch pflanzliche als durch tierische Chymasen[10]). Saures Oxalat und monobasisches Citrat wirken auf dieselbe Art auf die Gerinnung roher Milch durch Pflanzenchymasen. Saures Oxalat wirkt auf dieselbe Art auf die Gerinnung roher Milch durch tierische Chymase. Monobasisches Citrat beschleunigt in großen und geringen Mengen, verzögert in mittleren die Gerinnung roher Milch durch tierisches Lab. Mit gekochter Milch wirkt für jede Chymase das Citrat beschleunigend; das Oxalat hingegen beschleunigt nur in großen und kleinen Dosen und verzögert in mittleren. Chinin hemmt etwas in großen Dosen[11]). Die Kupfer-, Quecksilber-, Zink- und Cadmiumsalze in sehr kleiner Menge sowie die Silbersalze in jeder Dosis verzögern die Wirkung der Pflanzenchymasen, welche rohe Milch schwerer als gekochte bei 40° zur Gerinnung bringen; die Fluoride, Oxalate und Citrate der Alkalimetalle besitzen nur ein geringes Hemmungsvermögen[12]). Die Neutralsalze der Alkalimetalle und der Erdalkalimetalle, des Magnesiums, des Mangans, des Eisens, des Nickels und des Kobaltes beschleunigen in geringer Dosis und verzögern hingegen mehr oder minder in starker

---

[1]) Signe u. Sigval Schmidt-Nielsen, Zeitschr. f. physiol. Chemie **60**, 426—442 [1909]; **68**, 317—343 [1910]. — A. O. Shaklee u. S. J. Meltzer, Amer. Journ. of Physiol. **25**, 81—112 [1909].
[2]) Langley, Journ. of Physiol. **3**, 259 [1883]. — E. Laqueur, Biochem. Centralbl. **4**, 333 bis 347 [1905]. — Sigval Schmidt-Nielsen, Upsala Läkaref. Förh. (N. F.) **11**, Suppl., Festschrift für O. Hammarsten 1906, XV, 1—26. — A. H. Moseley u. H. G. Chapman, Proc. Linn. Soc. of New South Wales **31**, 568 [1906], zit. nach Biochem. Centralbl. **6**, Nr. 73.
[3]) C. Gerber, Compt. rend. de l'Acad. des Sc. **146**, 1111—1114 [1908].
[4]) C. Gerber, Compt. rend. de la Soc. de Biol. **64**, 982—986 [1908].
[5]) R. Benjamin, Virchows Archiv **145**, 30—48 [1896]. — E. v. Freudenreich, Centralbl. f. Bakt. II. Abt. **4**, 309—325 [1898].
[6]) C. Gerber, Compt. rend. de la Soc. de Biol. **64**, 1176—1180 [1908].
[7]) C. Gerber, Compt. rend. de la Soc. de Biol. **63**, 640—644, 738—740 [1907]; **64**, 374—378 [1908]; **65**, 182—184 [1908]. — C. Gerber u. S. Ledebt, Compt. rend. de l'Acad. des Sc. **145**, 577—580 [1907].
[8]) C. Gerber, Compt. rend. de l'Acad. des Sc. **145**, 689—692, 831—833 [1907].
[9]) C. Gerber, Compt. rend. de la Soc. de Biol. **64**, 783—784 [1908].
[10]) C. Gerber, Compt. rend. de la Soc. de Biol. **64**, 141—143 [1908].
[11]) E. Laqueur, Archiv f. experim. Pathol. u. Pharmakol. **55**, 240—262 [1906].
[12]) C. Gerber, Compt. rend. de la Soc. de Biol. **68**, 384—386, 631—638 [1910].

Dosis die Wirkung der Pflanzenchymasen[1]). Die Quecksilbersalze verzögern nur in sehr geringem Grade die Wirkung der die Gerinnung der rohen Milch leichter als die der gekochten hervorrufenden Chymasen der Basidiomyceten, der Composeen und von Broussonetia; $HgCl_2$ beschleunigt sogar deutlich die Milchgerinnung in geringen und mittleren Dosen. Die Gerinnung des Caseins bei der Anwesenheit des auf gekochte Milch allein nicht wirkenden Basidiomycetenlabes wird durch alle neutralen, keinen Kalk niederschlagenden Kalium-, Natrium-, Ammon- und Lithiumsalze in gewissen Dosen befördert; die kalkfällenden Salze hingegen hemmen stets die Gerinnung, selbst wenn die Milch vor ihrem Zusatze durch andere Salze sensibilisiert wird; die Citrate verhindern auch die Milchgerinnung, jedoch nicht mehr, wenn eine größere Menge von einem die Gerinnung fördernden Salze vorher zur Milch gefügt wurde; die Neutralsalze der Erdalkalimetalle, des Magnesiums, des Nickels, des Kobaltes und des Eisens fördern bei einer gewissen Dosis[2]). Gallensalze beschleunigen die Wirkung der Pankreaschymase[3]). Der Zusatz von Ovolecithin zum Labfermente des Magens oder des Pankreas ruft keine Veränderungen in der Wirksamkeit dieser Fermente hervor[4]). H_2O_2 begünstigt die Chymasewirkung[5]). Eierklar hemmt die Labwirkung, indem es das Ferment wahrscheinlich adsorbiert, durch Behandlung mit HCl wird das Lab aus seiner Verbindung mit dem Eierklar wieder frei[6]). Rohe Milch[7]), Casein, Lactalbumin, Lactoglobulin, Lactose, die Globuline des Blutserums[8]), die Proteosen[9]) verzögern die Labwirkung. — Das Blutserum der Crustaceen, gewisser Cephalopoden, der Fische[10]), der höheren Wirbeltiere[11]) hemmt die Labwirkung, auch nach vorheriger Dialyse[10]); diese hemmenden Eigenschaften verschwinden bei 62° und rühren vielleicht nur von den hindernden Eigenschaften der Albumine und der Globuline des Serums her[12]). Auf die Phytochymasen übt das Serum fast keine Hemmung[13]), wohl aber auf Parachymosin[14]). Die Neutralisation des Labfermentes durch die im normalen Pferde- oder Rindserum vorhandenen hemmenden Stoffe wird durch saure Reaktion der Lösung verhindert; das Ferment wird dann wieder frei[15]). Die zur Labhemmung nötige Serummenge hängt von der Fermentmenge ab, nicht von der Menge der Kalksalze[16]). Die Hemmungsstoffe des Serums lösen sich weder in abs. Äther, noch in abs. Äthylalkohol, noch in Aceton auf. Bei Behandlung mit Methylalkohol, H_2O_2 oder Salicylaldehyd wird die Antilabwirkung des Serums bedeutend geschwächt[17]). — Das Optimum der Wirkung der Magenchymase liegt bei 39—42°, des Parachymosins bei 25—30°, der Sycochymase und der meisten Pflanzenchymasen bei 80—85°[18]), der Chymasen aus Atropa belladonna, Evonymus europaeus und Evonymus japonicus bei 90°[19]), der Ricinuschymase bei 47°, der Chymase von Lolium perenne bei 46°,

---

[1]) C. Gerber, Compt. rend. de la Soc. de Biol. **68**, 386—388 [1910].
[2]) C. Gerber, Compt. rend. de la Soc. de Biol. **68**, 201—206, 382—384 [1910].
[3]) (Fräulein) L. Kalaboukoff u. E. F. Terroine, Compt. rend. de la Soc. de Biol. **63**, 664—666 [1907].
[4]) (Fräulein) L. Kalaboukoff u. E. F. Terroine, Compt. rend. de la Soc. de Biol. **63**, 738—740 [1907].
[5]) A. J. J. Vandevelde, Beiträge z. chem. Physiol. u. Pathol. **5**, 558—570 [1904].
[6]) S. G. Hedin, Zeitschr. f. physiol. Chemie **60**, 364—375 [1909].
[7]) C. Gerber, Compt. rend. de la Soc. de Biol. **62**, 1227—1229 [1907]. — Kurt Schern, Biochem. Zeitschr. **20**, 231—248 [1909].
[8]) C. Gerber u. A. Berg, Compt. rend. de la Soc. de Biol. **64**, 143—145 [1908]. — C. Gerber, Compt. rend. de la Soc. de Biol. **65**, 180—184 [1908].
[9]) E. Gley, Compt. rend. de la Soc. de Biol. **48**, 591—594 [1896]. — F. S. Locke, Journ. of exper. med. **2**, 493—499 [1897]. — E. Fuld u. K. Spiro, Zeitschr. f. physiol. Chemie **31**, 132—155 [1900].
[10]) J. Sellier, Compt. rend. de la Soc. de Biol. **60**, 316—317 [1906].
[11]) J. Morgenroth, Centralbl. f. Bakt. I. Abt. **26**, 349—359 [1899]. — L. Camus u. E. Gley, Arch. de phys. norm. et pathol. **9**, 764—766 [1899]. — A. Briot, Compt. rend. de l'Acad. des Sc. **128**, 1359—1361 [1899]. — Kurt Schern, Biochem. Zeitschr. **20**, 231—248 [1909].
[12]) C. Gerber, Compt. rend. de la Soc. de Biol. **65**, 180—182 [1908].
[13]) M. Javillier, Thèse de Paris 1903.
[14]) A. Briot, Compt. rend. de la Soc. de Biol. **62**, 1231—1232 [1907].
[15]) M. Jacoby, Biochem. Zeitschr. **8**, 40—41 [1908]. — S. G. Hedin, Zeitschr. f. physiol. Chemie **60**, 85—104 [1909].
[16]) S. Korschun, Zeitschr. f. physiol. Chemie **36**, 141—166 [1902].
[17]) K. Kawashima, Biochem. Zeitschr. **23**, 186—192 [1909].
[18]) C. Gerber, Compt. rend. de l'Acad. des Sc. **145**, 92—94 [1907].
[19]) C. Gerber, Compt. rend. de la Soc. de Biol. **67**, 318—320 [1909]. — Col u. Gerber, Compt. rend. de la Soc. de Biol. **67**, 867—869 [1909].

der Chymase von Phytolacea dioica bei 26°, der Chymase der Thymelaceen bei einer relativ niedrigen Temperatur[1]). In konzentrierter wässeriger Lösung wird die Magenchymase bei 70° zerstört; bei Anwesenheit seines Substrates ist das Labferment viel hitzebeständiger als in Wasser[2]). Als Trockenpulver widersteht Magenchymase viel besser der Hitzewirkung als im gelösten Zustande. Sie ist in schwach saurer Lösung thermostabiler als in alkalischer. In verdünnten Lösungen wird sie schon durch 1stündiges Erhitzen auf 40° unwirksam[3]). Salze erhöhen den zur Zerstörung des Enzyms nötigen Temperaturgrad. Gegen sehr niedrige Temperaturen scheint die Magenchymase unempfindlich zu sein[4]). Das Parachymosin ist hitzebeständiger als das eigentliche Magenchymosin. Bei Anwesenheit von 0,2—0,4 proz. HCl wird das Parachymosin bei 40° selbst nach mehreren Tagen nicht zerstört und wirkt sogar noch bei 75°. Das im Papayotin enthaltene Lab widersteht hohen Temperaturen und wirkt schon bei 0°[5]). Die Chymase aus Atropa belladonna wird durch $^1/_2$stündiges Erhitzen auf 100° völlig unwirksam. Die kritische Maximaltemperatur der Basidiomycetenchymasen schwankt zwischen 50 und 85°. Diejenigen Fermente, deren Maximaltemperatur relativ niedrig ist, sind sehr calciphil und ähneln in ihrem Verhältnisse dem Labe der Wirbeltiere. Diejenigen Enzyme hingegen, deren Hitzefestigkeit relativ groß ist, sind wenig calciphil und ähneln den Chymasen der höheren Pflanzen[6]). — Manche auf 56—60° während 20—30 Minuten erwärmte Chymaselösungen hemmen die Wirkung des unerhitzten Enzyms, andere jedoch nicht. Eine auf 100° erwärmte Chymaselösung besitzt keinen schädlichen Einfluß auf die Wirkung der unerhitzten Chymase und kann sie sogar erhöhen. In den Chymaselösungen bestehen Zymoide, welche das Substrat binden, ohne enzymatische Wirkung auszuüben und so das aktive Ferment vom Substrat ablenken und als Hemmungsstoffe wirken; bei höherer Temperatur werden diese Zymoide zerstört[7]). — Die Chymasewirkung wird durch Radiumstrahlen etwas geschwächt[8]), durch Röntgenstrahlen nicht beeinflußt[9]), durch konzentriertes elektrisches Licht abgeschwächt. Die ultravioletten Strahlen wirken zerstörend, die übrigen besitzen keine nennenswerte schädliche Wirkung. Eosin sensibilisiert in höherem Grade die Wirkung der sichtbaren — als die der Ultraviolettstrahlen[10]). — Lab stört die peptische und tryptische Verdauung der Milchproteine, nicht aber des Eiereiweißes[11]).

Pektase.

Definition: Ein die Gerinnung der Pektinstoffe hervorrufendes Enzym.

Vorkommen: Sehr verbreitet bei höheren und niederen Pflanzen[12]). Manche Blättersäfte (Klee, Kartoffel, Luzerne, Steckrübe) bewirken die Gerinnung einer 2proz. Pektinlösung fast augenblicklich. Bei anderen (Tomate, Weinbeeren) tritt die Wirkung erst nach 1—2 Tagen ein. Blumenkronen und junge Früchte sind weniger wirksam. Scheint bei Pinus Laricio zu fehlen. Am meisten Pektase enthalten die Blätter schnell wachsender Pflanzen. Besteht in der gekeimten Gerste[13]).

[1]) C. Gerber, Compt. rend. de la Soc. de Biol. **66**, 892—894 [1909].
[2]) W. Cramer u. A. R. Bearn, Proc. Phys. Soc., 2. Juni 1906, XXXVI—XXXVII, in Journ. of Physiol. **34** [1906].
[3]) M. Siegfeld, Milchwirtschaftl. Centralbl. **3**, Heft 10 [1907], zit. nach Biochem. Centralbl. **6**, Nr. 2516.
[4]) L. Camus u. E. Gley, Compt. rend. de l'Acad. des Sc. **125**, 256—259 [1897]. — M. Chanoz u. M. Doyon, Compt. rend. de la Soc. de Biol. **52**, 451—453 [1900].
[5]) C. Gerber, Compt. rend. de l'Acad. des Sc. **148**, 497—500 [1909].
[6]) C. Gerber, Compt. rend. de la Soc. de Biol. **67**, 616—617 [1909].
[7]) A. R. Bearn u. W. Cramer, Biochem. Journ. **2**, 174—183 [1907].
[8]) Sigval Schmidt-Nielsen, Beiträge z. chem. Physiol. u. Pathol. **5**, 398—400 [1904].
[9]) P. F. Richter u. H. Gerhartz, Berl. klin. Wochenschr. **45**, 646—648 [1908].
[10]) E. Hertel, Zeitschr. f. allgem. Physiol. **4**, 1—43 [1904]. — Sigval Schmidt-Nielsen, Beiträge z. chem. Physiol. u. Pathol. **5**, 355—376 [1904]; **8**, 481—483 [1906]. — G. Dreyer u. O. Hansen, Compt. rend. de l'Acad. des Sc. **145**, 564—566 [1907]. — Signe u. Sigval Schmidt-Nielsen, Zeitschr. f. physiol. Chemie **58**, 233—254 [1909].
[11]) N. Zuntz u. L. Sternberg, Verhandl. d. physiol. Gesellschaft zu Berlin, Archiv f. Anat. u. Physiol., physiol. Abt. **1900**, 362—363. — P. B. Hawk, Amer. Journ. of Physiol. **10**, 37—46 [1903]. — Gaucher, Compt. rend. de l'Acad. des Sc. **148**, 53—56 [1909].
[12]) G. Bertrand u. A. Mallèvre, Compt. rend. de l'Acad. des Sc. **121**, 726—728 [1896].
[13]) Em. Bourquelot u. H. Hérissey, Journ. de Pharm. et de Chim. [6] **8**, 145—150 [1898].

Darstellung: Aufstellen während 24 Stunden im Dunkeln unter Chloroformzusatz des Preßsaftes der zermalmten Blätter, Fällung des Filtrates mit 2 Vol. 90 proz. Alkohols, Aufschwemmung des entstandenen Pektaseniederschlages in etwas Wasser, Versetzen nach 12 Stunden mit einem großen Alkoholüberschusse, Trocknen im Vakuum des filtrierten Niederschlages[1]).

Physikalische und chemische Eigenschaften: Ob die Pektase zu ihrer Wirkung die Gegenwart eines löslichen Erdalkalisalzes unbedingt bedarf, ist noch zweifelhaft[2]). Bei Kalkanwesenheit besteht der Niederschlag nicht aus Pektinsäure allein, sondern auch aus unlöslichem Calciumpektat[3]), wodurch die vielleicht auch bei Abwesenheit von Kalksalzen erfolgende Reaktion sichtbar wird. Vielleicht stellt die bei Kalksalzgegenwart eintretende Pektingerinnung nur eine Nebenerscheinung dar und ist keineswegs enzymatischer Natur[4]). — Die Pektase löst sich leicht in Wasser, ohne indes hygroskopisch zu sein. — Sehr geringe Säuremengen verhindern die Pektasewirkung. Luftzufuhr und O-Gegenwart sind zur Pektasewirkung keineswegs nötig. Gasentwicklung findet nicht statt. — Das Optimum der Wirkung wird bei 30° erreicht[5]). Durch Siedehitze wird die Pektase zerstört. Bei Gegenwart von Pektinase bewirkt die Pektase keine Gerinnung der Pektinstoffe. Pektase wirkt auf die Endprodukte der Pektinasewirkung nicht.

Mucinase.

Definition: Ein Mucin zur Gerinnung bringendes Ferment.

Vorkommen: In der Darmschleimhaut[6]). Fehlt im normalen menschlichen Kote, besteht aber im Kote der zähen Schleim oder Schleimmembranen darin aufweisenden Kranken[7]). Fehlt im Blute gesunder Kaninchen und Menschen, vorhanden aber im Blute von Menschen mit mucomembranöser Enteritis und von Kaninchen, bei welchen man Ausscheidung von schleimigem oder konkretem Mucus experimentell hervorruft[8]). In den Lymphdrüsen, und zwar besonders in den Mesenteriallymphdrüsen; in den viele Makrophagen enthaltenden Exsudaten[9]).

Darstellung: Extraktion der Dünndarmschleimhaut des Kaninchens mit kochendem Wasser oder 9 proz. NaCl-Lösung, Fällung mit Essigsäure, Lösung in Kalkwasser, Fällung mit Alkohol.

Nachweis: In kleine, 5 cm hohe und $^1/_2$ cm breite Röhren gießt man eine 2 proz. Lösung von Mucin, entweder in Kalkwasser oder in mit 0,5 proz. Na_2CO_3-Lösung versetztem destillierten Wasser. Nach 18stündigem Verbleiben bei 37° ist bei Mucinaseanwesenheit ein weißer Mucusniederschlag entstanden.

Physikalische und chemische Eigenschaften: In 9 proz. NaCl-Lösung löslich. Durch Essigsäure und Alkohol gefällt. Durch 1stündiges Erhitzen auf 60° zerstört. Die Galle hemmt die Wirkung der Mucinase. Der Kotextrakt enthält auch Hemmungsstoffe[10]).

Thrombase.

Definition: Ein auch **Thrombin, Plasmase, Fibrinferment** benanntes Ferment[11]), das Fibrinogen in Fibrin überführt.

Vorkommen: Im Blutplasma als Vorstufe, welche **Prothrombase, Prothrombin**[11]), **Plasmozym**[12]) oder **Thrombogen**[13]) benannt wird. Diese Vorstufe kann auch in den serösen

---

[1]) G. Bertrand u. A. Mallèvre, Compt. rend. de l'Acad. des Sc. **121**, 726—727 [1896]
[2]) A. Goyaud, Rev. génér. de chim. pur. et appl. **6**, 6—8 [1903].
[3]) G. Bertrand u. A. Mallèvre, Compt. rend. de l'Acad. des Sc. **119**, 1012—1014 [1895].
[4]) P. Carles, Journ. de Pharm. et de Chim. [6] **2**, 463—465 [1900].
[5]) E. Frémy, Journ. f. prakt. Chemie **21**, 1—24 [1840]; Annales de Chim. et de Phys. [3] **24**, 1—58 [1848]; Liebigs Annalen **67**, 257—304 [1848].
[6]) H. Roger, Compt. rend. de la Soc. de Biol. **59**, 423—424 [1905].
[7]) A. Riva, Compt. rend. de la Soc. de Biol. **59**, 711—713 [1905].
[8]) F. Trémolières u. A. Riva, Compt. rend. de la Soc. de Biol. **60**, 690—691 [1906].
[9]) Carmelo Ciaccio, Compt. rend. de la Soc. de Biol. **60**, 675—676 [1906].
[10]) Nepper u. A. Riva, Compt. rend. de la Soc. de Biol. **60**, 361—363 [1906].
[11]) Alexander Schmidt, Zur Blutlehre, Leipzig 1892. Weitere Beiträge zur Blutlehre, Wiesbaden 1895.
[12]) E. Fuld u. K. Spiro, Beiträge z. chem. Physiol. u. Pathol. **5**, 171—190 [1904].
[13]) P. Morawitz, Beiträge z. chem. Physiol. u. Pathol. **4**, 381—420 [1903]. — P. Nolf, Arch. int. Physiol. **6**, 1—72, 306—359 [1908]; **7**, 379—410 [1909].

Flüssigkeiten (Hydrocele-, Pleural-, Amniosflüssigkeit) bestehen. Nolf zufolge sondert die Leber Thrombogen aus[1]).

Darstellung: In sauberen Gefäßen unter strenger Vermeidung jeder Berührung mit der Haut oder den Geweben mit den nötigen Kautelen[2]) aufgefangenes, sofort von den Blutkörperchen durch Zentrifugieren befreites Vogelblutplasma wird mit 20 Vol. destillierten Wassers versetzt und mit einigen Tropfen verdünnter Essigsäure angesäuert. Der so erzielte Niederschlag wird von der aufschwemmenden Flüssigkeit getrennt, zentrifugiert und in einem der ursprünglichen Plasmamenge entsprechenden Volumen destillierten Wassers aufgeschwemmt. Zu dieser Fibrinogenaufschwemmung fügt man Thrombokinase sowie $CaCl_2$ und filtriert vom entstandenen Fibrin. Das Filtrat enthält Thrombase ohne Fibrinogen[3]). — Um eine Prothrombaselösung darzustellen, fügt man Thrombase zu der in der oben beschriebenen Weise dargestellten Fibrinogenaufschwemmung und filtriert vom entstandenen Gerinnsel ab; das Filtrat enthält Prothrombase.

Nachweis: 1. Der Prothrombase: Zusatz von Thrombokinase und $CaCl_2$ zu der zu prüfenden Flüssigkeit; falls diese, außer Prothrombase, auch Fibrinogen enthält, erfolgt gerinnung. 2. Der Thrombase: Eine reine Fibrinogenlösung gerinnt auf Zusatz einer Thrombase enthaltenden Flüssigkeit. — Zur quantitativen Bestimmung der Thrombase hat neuerdings Wohlgemuth[4]) ein Verfahren angegeben.

Physiologische Eigenschaften: Beim Meerschweinchen konnten Bordet und Gengou immunisatorisch das Hemmungsvermögen des Blutes gegenüber der Thrombasewirkung etwas steigern[5]). — Nach der Einspritzung von Proteosen, Atropin, Galle oder Gallensalzen sowie noch unter anderen Umständen bilden sich in der Leber die Thrombokinasewirkung hemmenden Stoffe, welche ins Blut übergehen; ob es sich dabei um echte Antikörper handelt oder nicht, ist bis jetzt keineswegs festgestellt[6]). Nach Mellanby hingegen soll man durch Einspritzungen von Propepton keineswegs das Hemmungsvermögen des Blutes gegenüber der Thrombasewirkung erhöhen[7]). — Im Hirudin[8]), bei Ixodes ricinus[9]), in der vorderen Körperhälfte von Anchylostomum caninum[10]) bestehen Stoffe, welche die Thrombasewirkung mehr oder minder verhindern. Solche Hemmungsstoffe fehlen hingegen im Kobragifte[7]). Ob die Deetjen zufolge die Blutplättchen des Menschen und des Affen bei OH-Ionen-Anwesenheit zum Zerfall bringenden Stoffe mit der Prothrombase identisch sind oder nicht, muß man noch als völlig unentschieden betrachten[11]).

Physikalische und chemische Eigenschaften: Die Prothrombase wird vom Fibrinogen adsorbiert, so daß sie stets im Organismus mit Fibrinogen verbunden ist. Die Prothrombase wird durch Alkohol gefällt. Sie ist viel empfindlicher gegen Licht, Alkohol und Neutralsalze als die Thrombase. Durch $1/2$ stündiges Erwärmen auf 56° oder kurzdauerndes Erwärmen auf 60° wird die Prothrombase zerstört. Sie scheint aus der Leber zu stammen. Die Prothrombase wird durch Einwirkung der Thrombokinase bei Gegenwart einer geringen Menge löslicher Kalksalze in aktives Ferment verwandelt[12]). Ob dabei das Calcium als freie

---

[1]) P. Nolf, Arch. di Fisiol. **7**, 1—16 [1909].
[2]) C. Delezenne, Compt. rend. de la Soc. de Biol. **48**, 782—784 [1896]; Arch. de phys. norm. et pathol. **19**, 333—352 [1897]. — J. Bordet u. O. Gengou, Ann. de l'Inst. Pasteur **15**, 129—144 [1901]. — E. Fuld, Beiträge z. chem. Physiol. u. Pathol. **2**, 514—527 [1902].
[3]) J. Mellanby, Journ. of Physiol. **38**, 28—112 [1908]. — P. Morawitz, Biochem. Zeitschr. **18**, 30—33 [1909].
[4]) J. Wohlgemuth, Biochem. Zeitschr. **25**, 79—83 [1910].
[5]) J. Bordet u. O. Gengou, Ann. de l'Inst. Pasteur **15**, 129—144 [1901].
[6]) E. Gley u. V. Pachon, Arch. de Physiol. norm. et Pathol. [5] **7**, 711—718 [1895]; [5] **8**, 715—723 [1896]. — C. Delezenne, Arch. de Physiol. norm. et Pathol. [5] **8**, 655—668 [1896]; [5] **10**, 568—583 [1898]. — E. Gley, Vol. jubil. du Cinquant. de la Soc. de Biol. Paris 1899. S. 701—713. — P. Nolf, Arch. di Fisiol. **7**, 1—16 [1909]. — L. Camus u E. Gley, Arch. di Fisiol **7**, 406—410 [1909]. — M. Doyon, Journ. de Physiol. et de Pathol. génér. **12**, 197—201 [1910]; Compt. rend. de la Soc. de Biol. **68**, 230—231, 450—451, 670—671, 752—753, 930—931 [1910].
[7]) J. Mellanby, Journ. of Physiol. **38**, 28—112 [1908].
[8]) P. Morawitz, Deutsches Archiv f. klin. Medizin **79**, 432—445 [1904].
[9]) L. Sabbatani, Arch. ital. biol. **31**, 37—53 [1899].
[10]) Leo Loeb u. A. J. Smith, Centralbl. f. Bakt. I. Abt. **37**, 93—98 [1904].
[11]) A. Deetjen, Zeitschr. f. physiol. Chemie **63**, 1—26 [1909].
[12]) M. Arthus u. Pagès, Arch. de phys. norm. et pathol. **22**, 739—746 [1890]. — M. Arthus, Compt. rend. de la Soc. de Biol. **45**, 435—437 [1893]; Arch. de phys. norm. et pathol. **28**, 47—61 [1896]. — C. A. Pekelharing, zit. nach P. Morawitz in C. Oppenheimers Handbuch der Bio-

Ionen[1]) vorhanden sein muß und auf welche Art es an dieser Umwandlung teilnimmt, ist noch keineswegs festgestellt. Die Strontium- und die Bariumsalze können die Calciumsalze bis zu einem gewissen Grade ersetzen[2]). Loeb zufolge kann man die optimale Calciummenge in 2 Fraktionen trennen, wovon in der einen das Calcium unersetzbar ist, in der anderen aber durch Magnesium und vielleicht auch andere Kationen ersetzt werden kann[3]). — Der eigentliche Vorgang bei der Umwandlung des Fibrinogens in Fibrin durch Thrombase ist noch unaufgeklärt. Die Anwesenheit löslicher Kalksalze in größerer Menge als bei der Umwandlung der Prothrombase in Thrombase ist wahrscheinlich dazu nötig. Es scheint sich nicht um eine hydrolytische Spaltung des Fibrinogens[4]) zu handeln, denn die elektrische Leitfähigkeit erleidet bei der Blutgerinnung keine Veränderungen[5]). Nach verschiedenen Forschern soll die Blutgerinnung nicht auf einem enzymatischen Prozeß beruhen, sondern auf Kolloidausflockungen[6]). Nolf betrachtet die Thrombase als eine Protease, deren Wirksamkeit von der darin vorhandenen Thrombokinase herrührt; die Gerinnung ist eine die Fibrinolyse bereitende Berührung zwischen Thrombase (oder Thrombokinase) und Fibrinogen, und nur die Fibrinolyse stellt einen eigentlichen enzymatischen Prozeß dar. — Je nach den Fällen nähert sich die Gerinnungszeit der Schütz-Borrisowschen Regel, nach welcher die Geschwindigkeit der Fermentwirkung der Quadratwurzel aus der Fermentmenge proportional wächst, oder es besteht einfache direkte Proportionalität[7]). — Die Thrombase dialysiert langsam durch Pergamentpapier. Sie wird durch Alkohol gefällt, aber nur langsam zerstört. Das Optimum der Wirkung liegt bei ca. 40°. Die Thrombase wird bei 50° nicht zerstört, wohl aber durch $1/2$ stündiges Erhitzen auf 56° oder 5 Minuten Erhitzen auf 60°. Rettger[8]) zufolge widersteht die Thrombase im trocknen Zustande $1/2$ stündigem Erwärmen auf 135°; in wässeriger Lösung wird sie, selbst bei 100°, nur teilweise zerstört, und dies desto weniger, je geringer der Proteingehalt der Thrombaselösung ist. Berührung mit Fremdkörpern, wie Glas, beschleunigt die Umwandlung der Prothrombase in Thrombase[9]). Leim beschleunigt die Blutgerinnung in vitro und in vivo, was teilweise von seiner physikochemischen Zusammensetzung, teilweise vom Salzgehalte herrührt, teilweise vielleicht auch von seiner Wirkung auf die Blutplättchen[10]). Kälte wirkt hemmend auf die Entstehung der Thrombase aus seiner Vorstufe

---

chemie **2**, II. Hälfte, 40—69, Jena 1908. — O. Hammarsten, Zeitschr. f. physiol. Chemie **22**, 333—395 [1896]; **28**, 98—114 [1899]. — P. Morawitz, Deutsches Archiv f. klin. Medizin **79**, 215—234, 432—443 [1904]. — H. Stassano u. H. Dauman, Compt. rend. de l'Acad. des Sc. **150**, 937 bis 939 [1910].

[1]) L. Sabbatani, Arch. ital. de biol. **39**, 333—375 [1903]. — B. J. Collingwood, Proc. Phys. Soc., 27. März u. 15. Mai 1909, in Journ. of Physiol. **38**, XIX, LXX, LXXIX [1909]. — W. H. Howell, Amer. Journ. of Physiol. **26**, 453—473 [1910].

[2]) R. M. Horne, Journ. of Physiol. **19**, 356—371 [1896]. — P. Morawitz, Ergebnisse d. Physiol. **4**, 307—422 [1905].

[3]) Leo Loeb, Beiträge z. chem. Physiol. u. Pathol. **8**, 67—90, **9**, 185—204 [1907].

[4]) O. Schmiedeberg, Archiv f. experim. Pathol. u. Pharmakol. **39**, 1—84 [1897]. — W. Heubner, Archiv f. experim. Pathol. u. Pharmakol. **49**, 229—245 [1903]; Zeitschr. f. physiol. Chemie **45**, 355—356 [1905]. — W. Huiskamp, Zeitschr. f. physiol. Chemie **44**, 182—197 [1905]; **46**, 273—279 [1905]. — H. Stassano u. H. Dauman, Compt. rend. de l'Acad. des Sc. **150**, 937—939 [1910].

[5]) M. Chanoz u. M. Doyon, Journ. de Physiol. et de Pathol. génér. **2**, 388—394 [1900]; Compt. rend. de la Soc. de Biol. **52**, 396—397 [1900]. — R. P. Frank, Amer. Journ. of Physiol. **14**, 466—468 [1905]. — A. Samojloff, Biochem. Zeitschr. **11**, 210—225 [1908].

[6]) H. Iscovesco, Compt. rend. de la Soc. de Biol. **60**, 783—784, 824—826, 923—925, 978—979 [1906]. — Ulrich Friedemann u. Hans Friedenthal, Zeitschr. f. experim. Pathol. u. Therap. **3**, 73—88 [1906]. — P. Nolf, Arch. int. Physiol. **4**, 165—215 [1906]. — L. J. Rettger, Amer. Journ. of Physiol. **24**, 406—435 [1909].

[7]) E. Fuld, Beiträge z. chem. Physiol. u. Pathol. **2**, 514—527 [1902]. — J. Martin, Journ. of Physiol. **32**, 207—215 [1905]. — Leo Loeb, Beiträge z. chem. Physiol. u. Pathol. **6**, 829—850, 888—912 [1907]; **9**, 185—204 [1907].

[8]) L. J. Rettger, Amer. Journ. of Physiol. **24**, 406—435 [1909].

[9]) J. Bordet u. O. Gengou, Ann. de l'Inst. Pasteur **15**, 129—144 [1901]; **17**, 822—833 [1903]; **18**, 26—40 [1904]. — Leo Loeb, Virchows Archiv **176**, 10—47 [1904].

[10]) A. Dastre u. N. Floresco, Arch. de phys. norm. et pathol. **28**, 402—411 [1896]; Compt. rend. de la Soc. de Biol. **48**, 243—245, 358—360 [1896]. — N. Floresco, Arch. de phys. norm. et pathol. **29**, 777—782 [1897]. — L. Camus u. E. Gley, Arch. de phys. norm. et pathol. **29**, 764—776 [1897]. — E. Gley u. Richard, Compt. rend. de la Soc. de Biol. **55**, 464—466 [1903]. — G. Cesana, Arch. di fisiol. **5**, 425—428 [1908].

sowie auf die Wirkung der gebildeten Thrombase[1]). — Galle und Gallensalze hemmen die Thrombasebildung[2]), sowie vielleicht auch die Thrombasewirkung. Ein $CaCl_2$-Überschuß hemmt sowohl Bildung als Wirkung der Thrombase[3]). NaFl wirkt hemmend, indem es das Calcium fällt[4]); außerdem wird die Thrombase durch den entstandenen $CaFl_2$-Niederschlag adsorbiert. Ba_2SO_4, Ba_2CO_3, Calciumoxalat und andere Salze adsorbieren auch die Thrombase[5]). Relativ erhebliche Salzmengen hemmen die Umwandlung der Prothrombase in Thrombase[6]); die Alkalisalze hemmen am wenigsten, die zweiwertigen Kationen hemmen mehr als die einwertigen[7]). Gewisse Anionen (Oxalate, Phosphate, Sulfate, Carbonate) wirken wenigstens teilweise durch ihre kalkentziehende Wirkung hemmend; der schädliche Einfluß anderer Anionen beruht auf der Adsorption der Thrombase oder auf einer anderen Einwirkungsart[8]). — Bei der Autolyse der Gewebe entstehen hitzebeständige, leicht dialysierbare, die Gerinnung hemmende Stoffe[9]). Extrakte des hinteren Lappens der Hypophysis beschleunigen fast stets die Blutgerinnung, Extrakte des vorderen Lappens verzögern sie hingegen[10]). Im normalen Blutplasma und wahrscheinlich auch im Blutserum finden sich Stoffe, welche die Thrombasewirkung hemmen, indem sie wahrscheinlich die Thrombase allmählich adsorbieren[11]).

Thrombokinase.

Definition: Eine auch **Thrombozym, Leukothrombin** oder **Cytozym** benannte Substanz[12]), welche die Prothrombase bei Gegenwart löslicher Kalksalze in Thrombase verwandelt.

Vorkommen: In den Kulturen von Staphylococcus pyogenes aureus[13]). — In den Giften gewisser Schlangen (Notechis scutatus, Echis carinata)[14]). Es ist noch nicht endgültig festgestellt, ob die Thrombokinase ein normaler Bestandteil des kreisenden Plasmas der Wirbeltiere ist. Sie wird durch die Leukocyten und die Blutplättchen des Blutes sowie durch die Lymphocyten der Lymphe abgesondert, vielleicht auch durch die Endothelien der Blutgefäße. Findet sich in sehr vielen Geweben, besonders in den Hoden, bei allen Wirbeltieren. Scheint hingegen bei den Wirbellosen zu fehlen[15]).

[1]) L. Sabbatani, Compt. rend. de la Soc. de Biol. **54**, 716—718 [1902]; Arch. ital. biol. **39**, 333—375 [1903]. — J. Bordet u. O. Gengou, Ann. de l'Inst. Pasteur **18**, 26—40 [1904]. — Leo Loeb, Beiträge z. chem. Physiol. u. Pathol. **8**, 67—94 [1906]; Folia haematologica **4**, 313—322 [1907].
[2]) P. Morawitz u. R. Bierich, Archiv f. experim. Pathol. u. Pharmakol. **56**, 115—129 [1906]. — P. Nolf, Arch. di Fisiol. **7**, 1—16 [1909]. — M. Doyon, Journ. de Physiol. et de Pathol. génér. **12**, 197—201 [1910]; Compt. rend. de la Soc. de Biol. **68**, 450—451 [1910]; Compt. rend. de l'Acad. des Sc. **150**, 348—350, 792—793 [1910].
[3]) C. Fleig u. M. Lefébure, Journ. de Physiol. et de Pathol. génér. **4**, 615—624 [1902].
[4]) M. Arthus, Journ. de Physiol. et de Pathol. génér. **3**, 887—900 [1901]. — D. Calugareanu, Arch. int. Physiol. **2**, 12—28 [1904].
[5]) C. Fleig u. M. Lefébure, Journ. de Physiol. et de Pathol. génér. **4**, 615—624 [1902]. — J. Bordet u. O. Gengou, Ann. de l'Inst. Pasteur **18**, 26—40 [1904].
[6]) J. Bordet u. O. Gengou, Ann. de l'Inst. Pasteur **18**, 80—115 [1904].
[7]) G. Buglia, Atti della R. Accad. delle Scienze di Torino **39** [1904], zit. nach Biochem. Centralbl. **3**, Nr. 1376; Arch. di fisiol. **3**, 247—268 [1906]. — Leo Loeb, Beiträge z. chem. Physiol. u. Pathol. **6**, 260—286 [1905]; **8**, 67—94 [1906].
[8]) Eloisa Gardella, Arch. di fisiol. **2**, 609—632 [1905].
[9]) H. Conradi, Beiträge z. chem. Physiol. u. Pathol. **1**, 136—182 [1902]. — A. Pugliese, Journ. de Physiol. et de Pathol. génér. **7**, 254—260 [1905].
[10]) P. Emile-Weil u. G. Bové, Compt. rend. de la Soc. de Biol. **67**, 428—430 [1909].
[11]) P. Morawitz, Beiträge z. chem. Physiol. u. Pathol. **4**, 381—420 [1903]. — E. Fuld, Centralbl. f. Physiol. **17**, 529—533 [1903]. — D. Muraschew, Deutsches Archiv f. klin. Medizin **80**, 187—199 [1904]. — Leo Loeb, Beiträge z. chem. Physiol. u. Pathol. **5**, 191—211, 534—537 [1904]; **9**, 185—204 [1907].
[12]) P. Morawitz, Beiträge z. chem. Physiol. u. Pathol. **4**, 381—420 [1903]. — E. Fuld u. K. Spiro, Beiträge z. chem. Physiol. u. Pathol. **5**, 171—190 [1904]. — P. Nolf, Arch. int. Physiol. **6**, 1—72, 306—359 [1908]; **7**, 379—410 [1909].
[13]) Leo Loeb, Journ. of med. research **10**, 407—419 [1904]. — Hans Much, Biochem. Zeitschr. **14**, 143—155 [1909].
[14]) C. J. Martin, Journ. of Physiol. **32**, 307—315 [1905]. — J. Mellanby, Journ. of Physiol. **38**, 441—503 [1909].
[15]) P. Nolf, Arch. int. Physiol. **7**, 280—301 [1909].

Physikalische und chemische Eigenschaften: Es ist keineswegs sicher, daß die Thrombokinase als Ferment zu betrachten ist. Sie wird leicht durch die Serumproteine adsorbiert. Säuren, Alkalien und Alkohol spalten diese Komplexe, so daß die Kinase dann wieder frei wird[1]). — Die Thrombokinase wird leicht durch Alkohol zerstört. Sie verträgt stärkeres Erwärmen als die Thrombase. Sowohl im Kobragifte als im Hirudin bestehen die Thrombokinasewirkung hemmenden Stoffe, welche durch Fibrinogen adsorbiert werden[2]). Weder das Blutplasma noch die Muskeln besitzen einen hemmenden Einfluß auf die Thrombokinasewirkung.

Fibrinolysin.

Definition: Ein das Fibrin auflösendes Ferment.
Vorkommen: Im Blutserum[3]), wo es wahrscheinlich aus den Leukocyten stammt[4]).
Physiologische Eigenschaften: Die Ausschaltung der Leber verstärkt die Fibrinolyse, vielleicht durch Fortfall hemmender Stoffe[5]). Dies ist bei ungenügender Tätigkeit der Leber auch der Fall[6]).
Physikalische und chemische Eigenschaften: Wirkt nur auf das Fibrin, nicht auf die Serumproteine. Es entstehen 2 Globuline und hydrolytische Spaltprodukte des Fibrins. Nach Nolf[7]) besteht kein besonderes Fibrinolysin, sondern die Thrombase wirkt fibrinolytisch. Gewebsextrakte befördern die Fibrinolyse[8]).

Fibrinogenolysin.

Definition: Ein das Fibrinogen auflösendes Enzym[9]).
Vorkommen: Im Blutserum, wo es das Fibrinolysin begleitet[10]).

Amylokoagulase.

Definition: Ein gelöste Stärke zur Gerinnung bringendes Ferment[11]).
Vorkommen: In den Pflanzen, meistens neben der Amylase.
Physiologische Eigenschaften: Durch subcutane Malzextrakteinspritzungen beim Kaninchen erzielt man ein die Wirkung der Amylokoagulase hemmendes Serum[12]).
Physikalische und chemische Eigenschaften: Das tatsächliche Bestehen dieses Fermentes ist etwas zweifelhaft. Wirkt am besten bei neutraler Reaktion der Lösung. Durch freie Säuren und Alkalien geschädigt. In Lösungen erst beim Kochen, im Malzextrakte aber schon zwischen 60 und 63° zerstört. Im trocknen Zustande gegenüber hohen Temperaturen beständig.

---

[1]) C. A. Pekelharing, Biochem. Zeitschr. **11**, 1—12 [1908]. — J. Mellanby, Journ. of Physiol. **38**, 28—112 [1908].
[2]) P. Morawitz, Deutsches Archiv f. klin. Medizin **80**, 340—355 [1904]. — J. Mellanby, Journ. of Physiol. **38**, 28—112 [1908].
[3]) A. Dastre, Compt. rend. de la Soc. de Biol. **45**, 995—997 [1893]; Compt. rend. de l'Acad. des Sc. **118**, 959—962 [1904]; **119**, 837—840 [1904]; **120**, 589—592 [1905]; Arch. de physiol. norm. et pathol. **26**, 464—471, 919—929 [1894]; **27**, 408—414 [1895].
[4]) H. Rulot, Arch. int. Physiol. **1**, 152—158 [1904]; Mém. Cl. Sc. Acad. Roy. Belg. **63**, fasc. 7, 1—49 [1904].
[5]) P. Nolf, Arch. int. Physiol. **3**, 1—43 [1905]; **4**, 216—259 [1906]; Bull. Cl. Sc. Acad. Roy. Belg. **1905**, 81—94.
[6]) M. Jacoby, Zeitschr. f. physiol. Chemie **30**, 176—181 [1900].
[7]) P. Nolf, Arch. int. Physiol. **6**, 1—72, 306—359 [1908]; **7**, 379—410 [1909].
[8]) H. Conradi, Beiträge z. chem. Physiol. u. Pathol. **1**, 136—182 [1902].
[9]) M. Doyon, Compt. rend. de la Soc. de Biol. **58**, 30—31, 704—705 [1905]; Journ. de Physiol. et de Pathol. génér. **7**, 639—650 [1905].
[10]) P. Morawitz, Beiträge z. chem. Physiol. u. Pathol. **8**, 1—14 [1906].
[11]) A. Fernbach u. J. Wolff, Compt. rend. de l'Acad. des Sc. **139**, 1217—1219 [1904]; Ann. de l'Inst. Pasteur **18**, 165—180 [1904]; Wochenschr. f. Brauerei **20**, 594—595 [1904].
[12]) A. Fernbach u. J. Wolff, Compt. rend. de la Soc. de Biol. **61**, 427—428 [1906].

III. Carboxylasen.

Unter diesem Namen versteht man Fermente, welche CO_2 oder Methylgruppen abspalten[1]). Zu dieser Enzymgruppe gehören die Carbonase und die Viscase, sowie noch völlig unbekannte Fermente, welche Oxyphenyläthylamin aus Tyrosin bei der Pankreasautolyse[2]), Cadaverin und Putrescin aus Lysin resp. Ornithin bei der Fäulnis[3]) und beim Stoffwechsel des Cystinurikers[4]), Methan aus Essigsäure bei der Wirkung der Bakterien des Flußschlammes[5]), Xylose aus Glucuronsäure bei der Tätigkeit von Fäulnisbakterien[6]) bilden. Mit den Carboxylasen kann man vorläufig die Glyoxylase besprechen, obgleich es keineswegs bewiesen ist, daß sie zu dieser Gruppe gehört.

Carbonase.

Definition: Ein unter anaeroben Bedingungen CO_2 entwickelndes Enzym[7]).
Vorkommen: In vielen Pflanzen.
Physikalische und chemische Eigenschaften: Unter gewissen Bedingungen kann die Carbonase durch Oxydasen zerstört werden.

Viscase.

Soll in den Zellen des Bacillus viscosus bruxellensis bestehen. Bewirkt die Viscosität gewisser Biermoste mit CO_2-Entwicklung. Geringe Mengen dezinormaler Natronlauge begünstigen die viscöse Gärung. Säuren besitzen hingegen einen hemmenden Einfluß[8]).

Glyoxylase.

Definition: Ein die Glyoxylsäure zum Verschwinden bringendes Ferment[9]).
Vorkommen: In der Leber.
Physikalische und chemische Eigenschaften: Die O-Gegenwart ist zu der Glyoxylasewirkung keineswegs notwendig. Relativ beständig gegenüber den Säuren, den Alkalien und den Antiseptica. Das Optimum der Wirkung liegt bei 35—40°. Die Glyoxylasewirkung wird schon bedeutend abgeschwächt bei 18—20° oder bei 55°. Bei 80—90° ist die Fermentwirkung aufgehoben.

IV. Oxydasen.

Unter diesem Namen versteht man Fermente, welche oxydable Substanzen in Gegenwart von molekularem Sauerstoff oder in Anwesenheit anderer Sauerstoffquellen (Peroxyden) oxydieren. Nach Bach und Chodat[10]) besteht jede Oxydase aus einer Peroxydase und einer Oxygenase. Die Peroxydasen wirken nur in Gegenwart organischer oder anorganischer Peroxyde, indem sie deren Zerfall in freien Sauerstoff und Oxyd katalytisch beschleunigen. Die Oxygenasen sind vielleicht keine eigentliche Enzyme, sondern leicht oxydable Substanzen, welche den molekularen Sauerstoff unter intermediärer Peroxydbildung aufnehmen und dann, wie

---

[1]) E. Weinland, Zeitschr. f. Biol. **48**, 87—140 [1906]. — L. Pollack, Beiträge z. chem. Physiol. u. Pathol. **10**, 232—250 [1907].
[2]) R. L. Emerson, Beiträge z. chem. Physiol. u. Pathol. **1**, 501—506 [1900].
[3]) A. Ellinger, Zeitschr. f. physiol. Chemie **29**, 334—348 [1900].
[4]) A. Loewy u. C. Neuberg, Zeitschr. f. physiol. Chemie **43**, 354—388 [1904].
[5]) F. Hoppe-Seyler, Zeitschr. f. physiol. Chemie **11**, 561—568 [1887].
[6]) E. Salkowski u. C. Neuberg, Zeitschr. f. physiol. Chemie **36**, 261—267 [1902].
[7]) W. Palladin, Berichte d. Deutsch. bot. Gesellschaft **23**, 240—247 [1905]; **24**, 97 [1906]; Zeitschr. f. physiol. Chemie **47**, 407—451 [1906]. — W. Palladin u. S. Kostyschew, Zeitschr. f. physiol. Chemie **48**, 214—239 [1908].
[8]) H. van Laer, Bull. Cl. Sc. Acad. Roy. Belg. **1908**, 902—921.
[9]) E. Granström, Beiträge z. chem. Physiol. u. Pathol. **11**, 214—223 [1908].
[10]) A. Bach u. R. Chodat, Biochem. Centralbl. **1**, 416—421, 457—461 [1903]. — R. Chodat u. A. Bach, Berichte d. Deutsch. chem. Gesellschaft **36**, 600—608 [1903]. — A. Bach, Biochem. Centralbl. **9**, 1—13, 73—87 [1909].

jedes anorganische Peroxyd, durch Peroxydase aktiviert werden. Die Oxygenasen sind also gewissermaßen „Eiweißperoxyde"[1]). Nach Moore und Whitley[2]) besitzt nur die Peroxydase fermentartigen Charakter. Sie beschleunigt die Reaktion zwischen dem Substrate (Tyrosin, Phenole usw.) und der „Verbindungssubstanz", welche aus Peroxyden freiwerdender O ist. Nach Euler und Bolin[3]) stellt die Peroxydase den enzymatischen wesentlichen Bestandteil der Oxydasen dar. Daß jede Oxydase tatsächlich aus einer Peroxydase und einer oxydablen Oxygenase oder Verbindungssubstanz besteht, ist indes keineswegs für alle Oxydasen (z. B. für die Tyrosinase) mit absoluter Sicherheit bewiesen. Ob Mangan[4]) oder viel eher Eisen[5]) mit der eigentlichen Oxydasewirkung etwas zu tun hat, darf man keineswegs als endgültig festgestellt betrachten[6]). Vielleicht muß man keineswegs zwischen Oxydase- und Peroxydaseerscheinungen unterscheiden. Bei den Oxydasereaktionen spielen nach Dony-Hénault die OH-Ionen die Hauptrolle. Nach Wolff und de Stoecklin stellen wahrscheinlich die Oxydasen nur aus ziemlich einfachen chemischen Stoffen zusammengesetzte katalytische Komplexe dar. Die Oxydation verläuft nach ihnen in zwei Perioden: zuerst wird Sauerstoff auf dem Substrate durch der Engler-Herzogschen Autooxydation ähnliche Prozesse befestigt. Diese Reaktion wird durch die von der Hydrolyse der stets vorhandenen alkalisch reagierenden Salze stammenden OH-Ionen befördert. In der zweiten Phase wird die Reaktion durch die katalytische Wirkung der Oxydase beschleunigt und nach einer bestimmten Richtung orientiert. Zur zweiten Phase ist vielleicht manchmal ein Coenzym nötig, welches aus Mangan- oder Phosphorverbindungen bestehen kann, die selbst von den im Medium vorhandenen Salzen stammen können. Zurzeit ist es keineswegs sicher festgestellt, welche von den ebenerwähnten Vorstellungen die richtige ist. Deshalb ist es noch nicht möglich, eine auf sicherer Grundlage fußende Einteilung der Oxydasen zu versuchen. Man muß die Oxygenasen im allgemeinen, die Peroxydase und erst dann die verschiedenen Oxydasen besprechen. In der Oxydasengruppe reihen sich die Aldehydase, die Phenolasen, die Laccase, die Tyrosinase, die Morphinase, die Orcinase, die Luciferase, die Purpurase, die Olease, die Önoxydase, die Jodoxydase, die Uricase, die Xanthooxydase, die β-Oxybutyrase und die Spermase.

Oxygenase.

Definition: Leicht oxydable Körper, welche den molekularen Sauerstoff unter intermediärer Peroxydbildung aufnehmen. Sie wirken oxydierend nur in Gegenwart von Peroxydasen oder vielleicht von gewissen Mangan- oder Eisenverbindungen. Es ist keineswegs bewiesen, daß sie als Enzyme zu betrachten sind. Nach Moore und Whitley sind es Peroxyde und stellen sie eigentlich nur den Verbindungsstoff dar, welcher die Peroxydase mit dem Substrate verbindet[7]).

[1]) Em. Bourquelot u. L. Marchadier, Compt. rend. de la Soc. de Biol. **56**, 859—860 [1904]; Compt. rend. de l'Acad. des Sc. **138**, 1432—1434 [1904]; Journ. de Pharm. et de Chim. [6] **20**, 205—210 [1904]. — D. Spence, Biochem. Journ. **3**, 165—181 [1908].

[2]) B. Moore u. E. Whitley, Biochem. Journ. **4**, 136—167 [1909].

[3]) H. Euler u. I. Bolin, Zeitschr. f. physiol. Chemie **61**, 72—92 [1909].

[4]) G. Bertrand, Compt. rend. de l'Acad. des Sc. **124**, 1032—1035, 1355—1357 [1895]; **145**, 340—343 [1907]; Ann. d l'Inst. Pasteur **21**, 673—680 [1907]; Bulletin de la Soc. chim. [4] **1**, 1120 bis 1131 [1907].

[5]) B. Slowtzoff, Zeitschr. f. physiol. Chemie **31**, 227—234 [1900]. — J. Sarthou, Journ. de Pharm. et de Chim. [6] **11**, 482—488, 583—589 [1900]; [6] **12**, 104—108 [1900]; [6] **13**, 1464—1465 [1901]. — W. Issajew, Zeitschr. f. physiol. Chemie **42**, 132—140 [1905]. — J. Wolff u. E. de Stoecklin, Annales de l'Inst. Pasteur **23**, 841—863 [1909]. — J. Wolff, Thèse de Paris 1910.

[6]) A. Trillat, Compt. rend. de l'Acad. des Sc. **137**, 922 [1903]. — W. Issajew, Zeitschr. f. physiol. Chemie **45**, 331—350 [1905]. — H. Euler u. Ivan Bolin, Zeitschr. f. physiol. Chemie **57**, 80—98 [1908]. — O. Dony-Hénault, Bull. Cl. Sc. Acad. Roy. Belg. **1908**, 115—163. — A. Bach, Biochem. Centralbl. **9**, 1—13, 73—87 [1909]. — N. T. Deleano, Arch. des Sc. biol. de St. Pétersbourg **15**, 1—24 [1910].

[7]) R. Chodat u. A. Bach, Berichte d. Deutsch. chem. Gesellschaft **36**, 605—608 [1903]. — A. Bach u. R. Chodat, Biochem. Centralbl. **1**, 416—421, 457—461 [1903]. — J. Wolff, Compt. rend. de l'Acad. des Sc. **147**, 745—747 [1908]. — Martinaud, Compt. rend. de l'Acad. des Sc. **148**, 182—183 [1909]. — A. Bach, Biochem. Centralbl. **9**, 1—13, 73—87 [1909]. — B. Moore u. E. Whitley, Biochem. Journ. **4**, 136—167 [1909]. — O. Dony-Hénault, Bull. Cl. Sc. Acad. Roy. Belg. **1909**, 342—409.

Vorkommen: Im Hefezellsafte[1]) und zwar mehr in Oberhefe als in Unterhefe[2]). In verschiedenen Pilzpreßsäften[3]). In sehr vielen Pflanzen, wo ihre Gegenwart manchmal durch reduzierende Körper[4]) oder vielleicht auch von Reduktasen verdeckt ist[5]). In der Gerste[6]). In den Früchten von Juniperus communis[7]). In vielen pflanzlichen Milchsäften sowie im Kautschuk[8]). In zahlreichen Samen[9]). — Sehr verbreitet im tierischen Organismus: In der Hämolymphe des Krebses[10]). Im Froschembryo[11]). In der Haut von Kaninchen und Meerschweinchen[12]). Im Speichel[13]). Im Nasenschleim[13]). Im Sperma[14]). In der Galle[15]). Im Blutplasma des Pferdes[16]). In den Leukocyten[17]). In der Placenta[18]).

Darstellung: Wiederholte Fällung mit Ammonsulfat, Dialyse, Fällung mit Alkohol des vom Ammonsulfate befreiten Filtrates, Aufbewahren im Exsiccator, Ausziehen mit Wasser, Fällung mit Alkohol[19]).

Nachweis: In Verbindung mit einer Peroxydase: Bläuung einer 1 proz. Guajactinktur[20]). Granatfärbung von Guajacol[21]). Rotfärbung von Aloin oder von Anilinacetat[22]). Überführung von Phenolphthalin in Phenolphthalein[23]). Oxydation von Salicylaldehyd zu Salizylsäure[24]). Oxydation von Formaldehyd zu Ameisensäure[25]). Oxydation von arseniger Säure zu Arsensäure[26]). Synthese von Indophenol aus Paraphenylendiamin und α-Naphthol[27]) usw. Die Hauptverfahren zur Feststellung der Oxygenasenmenge sind die folgenden: Bestimmung des aus einer Jodlösung freigewordenen Jods und Titration desselben mit Thiosulfaten[28]).

---

[1]) J. Grüss, Berichte d. Deutsch. bot. Gesellschaft 21, 356—364 [1903]; Zeitschr, f. Spiritusind. 31, 317—318, 330—331 [1908].
[2]) W. Issajew, Zeitschr. f. physiol. Chemie 42, 132—140 [1905].
[3]) H. Pringsheim, Zeitschr. f. physiol. Chemie 62, 386—389 [1909]. — J. Wolff, Compt. rend. de l'Acad. des Sc. 148, 500—502 [1909].
[4]) F. W. T. Hunger, Berichte d. Deutsch. bot. Gesellschaft 19, 374—377 [1901]. — K. Asò, Bull. Coll. Agric. Tokyo 5, 207—235 [1903].
[5]) M. Emm. Pozzi-Escot, Compt. rend. de l'Acad. des Sc. 134, 479 [1903].
[6]) W. Issajew, Zeitschr. f. physiol. Chemie 45, 331—350 [1905].
[7]) Lendner, Bull. des sc. pharmacol. 7, 113 [1903].
[8]) V. Cayla, Compt. rend. de la Soc. de Biol. 65, 128—130 [1908]. — D. Spence, Biochem. Journ. 3, 165—181, 351—352 [1908].
[9]) Brocq-Rousseu u. E. Gain, Rev. génér. de bot. 21, 55—63 [1909]. — W. W. Biasolu knia, Zeitschr. f. physiol. Chemie 58, 485—499 [1909].
[10]) J. E. Abelous u. G. Biarnès, Arch. de physiol. norm. et pathol. 30, 664—667 [1898].
[11]) A. Herlitzka, Arch. ital. biol. 48, 119—145 [1907].
[12]) Ch. Schmitt, Compt. rend. de la Soc. de Biol. 56, 678—680 [1907]. — E. Meirowsky, Centralbl. f. allg. Pathol. u. pathol. Anat. 20, 301—304 [1909].
[13]) P. Carnot, Compt. rend. de la Soc. de Biol. 48, 552—555 [1896]. — B. Slowtzoff, Inaug.-Diss. St. Petersburg 1899.
[14]) A. Poehl, Compt. rend. de l'Acad. des Sc. 115, 129—132 [1892]. — P. Carnot, Compt. rend. de la Soc. de Biol. 48, 552—555 [1896].
[15]) G. Carrière, Compt. rend. de la Soc. de Biol. 51, 561—562 [1899]. — O. Schumm, Zeitschr. f. physiol. Chemie 50, 374—393 [1906].
[16]) N. Sieber, Zeitschr. f. physiol. Chemie 39, 484—512 [1903].
[17]) P. Portier, Les oxydases dans la série animale, leur rôle physiologique, Paris 1897, 116 Seit.
[18]) M. Savarè, Beiträge z. chem. Physiol. u. Pathol. 9, 141—148 [1907]. — Walter Löb u. S. Higuchi, Biochem. Zeitschr. 22, 316—336 [1909].
[19]) B. Slowtzoff, Zeitschr. f. physiol. Chemie 31, 227—234 [1900].
[20]) L. Liebermann, Archiv f. d. ges. Physiol. 104, 207—232 [1904]. — C. E. Carlson, Zeitschr. f. physiol. Chemie 48, 69—80 [1906]. — O. Schumm, Zeitschr. f. physiol. Chemie 50, 374—393 [1906]. — O. von Fürth u. E. Jerusalem, Beiträge z. chem. Physiol. u. Pathol. 10, 131—173 [1907].
[21]) E. Bourquelot, Compt. rend. de la Soc. de Biol. 46, 896—897 [1896]; 50, 381—382 [1898]. — R. Kobert, Archiv f. d. ges. Physiol. 99, 116—186 [1903].
[22]) E. Schaer, Zeitschr. f. analyt. Chemie 42, 7—10 [1903].
[23]) J. H. Kastle u. O. M. Shedd, Amer. Chem. Journ. 26, 526—539 [1902].
[24]) O. Schmiedeberg, Archiv f. experim. Pathol. u. Pharmakol. 14, 288—312 [1881].
[25]) J. Pohl, Archiv f. experim. Pathol. u. Pharmakol. 38, 65—70 [1906].
[26]) W. Spitzer, Archiv f. d. ges. Physiol. 71, 596—603 [1898].
[27]) W. Spitzer, Archiv f. d. ges. Physiol. 60, 303—339 [1895]. — F. Röhmann u. W. Spitzer Berichte d. Deutsch. chem. Gesellschaft 28, 567—572 [1895].
[28]) A. Bach, Berichte d. Deutsch. chem. Gesellschaft 37, 3785—3800 [1904].

Wägung des aus Pyrogallol entstehenden Purpurogallins[1]). Spektrophotometrische Bestimmung des aus Leukomalachitgrün entstehenden Malachitgrüns[2]). Spektrophotometrische Bestimmung des aus Tyrosin gebildeten Farbstoffes[3]). Messung der O-Absorption mittels einer graphischen Methode[4]).

Physiologische Eigenschaften: Verletzte und gefrorene Zwiebeln von Allium Cepa enthalten keine Oxygenase[5]).

Physikalische und chemische Eigenschaften: In Gegenwart von Peroxydasen erstreckt sich die oxydierende Wirkung der Oxygenasen auf eine ziemlich große Anzahl von Körpern, ist aber meistens keine tiefgehende. Die Oxydation beschränkt sich gewöhnlich auf die Wegnahme von zwei H-Atomen unter Wasserbildung und eventuellem Zusatz von 1 O-Atom. Hydrochinon wird in Chinon übergeführt, Pyrogallol in Purpurogallin, Salicylsäure in Salicylaldehyd, Jod wird aus angesäuertem KJ freigemacht[6]). Die oxydierenden Fermente von Russula delica und von Lactarius controversus wirken auf eine wässerige Thymollösung bei Luftgegenwart unter allmählicher Bildung eines weißen, unlöslichen Niederschlages; unter den Oxydationsprodukten läßt sich Dithymol nachweisen[7]). Die Oxydase aus Russula delica vereinigt 2 Eugenolmoleküle unter Austritt von 2 H-Atomen zu Dehydrodieugenol[8]) und verwandelt Vanillin in Dehydrovanillin[9]), Isoeugenol in Diisoeugenol[10]), Morphin in Dehydrodimorphin[11]). Über die Kinetik der Reaktion läßt sich zurzeit nichts Sicheres behaupten. — Mineralsäuren, Alkalien, NaFl, Quecksilberchlorid heben die Wirkung auf, Gerbstoffe und Zucker hemmen sie. Die Oxygenasen werden bei 70° zerstört; je reiner sie sind, desto empfindlicher erweisen sie sich der Hitze gegenüber. Es sollen Zymogene bestehen, welche gegen Hitze viel beständiger sind als die aktiven Oxygenasen[12]).

Peroxydase.

Definition: Das auch **Leptomin** oder **Peroxydiastase** oder **Anäroxydase** benannte Ferment spaltet H_2O_2 in Gegenwart gewisser organischer Stoffe (Hydrochinon, Pyrogallol, Guajacol, Guajactinktur usw.), welche das freigewordene O-Atom binden.

Vorkommen: Soll in der Hefe fehlen[13]). In vielen Pilzpreßsäften: Aspergillus Wentii, Aspergillus oryzae, Penicillium africanum, Penicillium brevicaule, Penicillium purpurogenum, Mucor mucedo, Mucor corymbifer, Mucor rhizopodiformis, Mucor racemosus, Mucor javanicus, Monilia sitophila, Hyphomyces roselleus, Rhizopus tonkinensis, Fusarium muschatum, Fusarium vasiinfectum[14]). In fast allen pflanzlichen Zellen[15]). In sehr vielen Samen, auch in den trockenen. Noch in bis 200 Jahre alten Körnern, nicht mehr aber in mehr als 200 Jahre alten Körnern[16]). In den meisten Samen, schon am ersten Keimungstage, bei Trifolium und Agrostis stolonifera

---

[1]) A. Bach u. R. Chodat, Berichte d. Deutsch. chem. Gesellschaft **37**, 1342—1348, 2434 bis 2440 [1904].

[2]) E. von Czylharz u. O. von Fürth, Beiträge z. chem. Physiol. u. Pathol. **10**, 358—359 [1907].

[3]) O. von Fürth u. E. Jerusalem, Beiträge z. chem. Physiol. u. Pathol. **10**, 131—173 [1907]. — A. Bach, Berichte d. Deutsch. chem. Gesellschaft **41**, 221—225 [1908].

[4]) C. Foà, Biochem. Zeitschr. **11**, 382—399 [1908].

[5]) T. Krassnosselsky, Berichte d. Deutsch. bot. Gesellschaft **24**, 139—141 [1906].

[6]) R. Chodat u. A. Bach, Berichte d. Deutsch. chem. Gesellschaft **35**, 3943—3946 [1905].

[7]) H. Cousin u. H. Hérissey, Compt. rend. de la Soc. de Biol. **63**, 471—472 [1907]; Journ. de Pharm. et de Chim. [6] **26**, 487—491 [1907].

[8]) H. Cousin u. H. Hérissey, Comp. rend. de l'Acad. des Sc. **146**, 1413—1415 [1908].

[9]) R. Lerat, Compt. rend. de la Soc. de Biol. **55**, 1325—1327 [1903]; Journ. de Pharm. et de Chim. [6] **19**, 10—14 [1904].

[10]) H. Cousin u. H. Hérissey, Compt. rend. de l'Acad. des Sc. **147**, 247—249 [1908]; Journ. de Pharm. et de Chim. [6] **28**, 49—54 [1908].

[11]) J. Bougault, Compt. rend. de l'Acad. des Sc. **134**, 1361—1363 [1902].

[12]) K. Asò, Bull. Coll. Agric. Tokyo **5**, 207—235 [1903]. — Woods, U. S. Dep. of Agricult. Bull. **18**, 17.

[13]) G. Linossier, Compt. rend. de la Soc. de Biol. **50**, 373—375 [1898].

[14]) H. Pringsheim, Zeitschr. f. physiol. Chemie **62**, 386—389 [1909].

[15]) W. Pfeffer, Berichte d. Deutsch. bot. Gesellschaft **7**, 82—89 [1889]. — M. Raciborski, Berichte d. Deutsch. bot. Gesellschaft **16**, 52—63, 119—123 [1898].

[16]) Brocq-Rousseu u. E. Gain, Compt. rend. de l'Acad. des Sc. **145**, 1297—1298 [1907]; **146**, 545—548 [1908]; Rev. génér. bot. **21**, 55—63 [1909].

erst am fünften[1]). Im Weizenklee[2]). In der Zuckerrübe[3]). In der Meerrettichwurzel[4]). In vielen Milchsäften[5]). Im Akaziengummi[6]). Fehlt im frischen Obstsafte von Citronen und Apfelsinen, vorhanden dagegen in den zermalmten Samen dieser Pflanzen[7]). Bei sehr vielen niederen Tieren, und zwar im Darminhalte und im Chloroformwasserextrakte hungernder Mehlwürmer, in den Extrakten aus Därmen und Körpern vieler überwinternden Wasserinsekten und ihrer Larven, bei niederen Crustaceen[8]). In den Extrakten verschiedener Raupen, besonders nach Belichtung derselben[9]). Im die Froscheier umhüllenden Schleim[10]). Fehlt nach Herlitzka im reifen und unreifen Froschei wie im unbefruchteten und befruchteten Hühnerei. In der ersten Entwicklungszeit bildet sich Peroxydase im Körper des Hühnerembryos; das Auftreten der Peroxydase fällt spätestens mit der Bildung des Gefäßsystemes zusammen. Beim Froschembryo erscheint die Peroxydase erst mit dem Hämoglobin. In Eiern und Sperma von Triton cristatus, und zwar mehr im Spermaextrakte als in dem Eierextrakte; die Mischung beider Extrakte gibt eine stärkere Reaktion auf Guajaclösung als die einzelnen Extrakte[9]). In fast allen Geweben der Säugetiere, und zwar oft am meisten in der Leber, dann in absteigender Reihe in Nieren, Milz, Lungen[11]), Pankreas, Lymphdrüsen, Muskeln, Gehirn, Hoden, Thymus, Nebennieren, Schilddrüse[12]). In den Leukocyten, im Knochenmarke, im Sperma[13]). In der Milch, und zwar mehr in Kuhmilch als in Frauenmilch. Das Colostrum enthält mehr Peroxydase als die Milch[14]).

Darstellung: Fraktionierte Fällung mit Alkohol[15]), Reinigung durch Dialyse[16]) oder nach dem Deleanoschen Verfahren[17]).

Nachweis: Die Guajacreaktion ist keineswegs fehlerfrei, und man soll sie nicht anwenden[18]) Nach Hans Euler und Ivan Bolin[16]) wird 1 ccm der zu prüfenden Lösung mit 1 ccm einer 0,1 proz. H^2O^2-Lösung gemischt, und nachher 2 ccm Guajaconsäurelösung hinzugesetzt. Das Vermischen geschieht im Zylinder eines Gallenkampschen Colorimeters. Als Vergleichslösung dient eine Indigocarminlösung, deren Farbe mit dem Guajacblau übereinstimmt. Unter Anwendung verschiedener Konzentrationen der peroxydaschaltigen Flüssigkeiten wird das eintretende Maximum der Absorption bestimmt, sowie die zur Erreichung der halben Farbintensität nötige Zeit. Auf diese Weise soll man die Peroxydasewirkung auf etwa 1% genau bestimmen können. — Battelli[19]) benutzt als Reagens auf tierische Peroxydase die Oxydation von Calciumformiat in Gegenwart von H_2O_2 unter CO_2-Bildung in 3 $^0/_{00}$ HCl-Lösung. Während 15 Minuten fügt man alle $1/2$ Minuten zur mit Calciumformiat versetzten bei 38° bleibenden untersuchten salzsauren Lösung 1 Tropfen 1 proz. H_2O_2, dann säuert man stark und bringt

---

[1]) W. W. Bialosuknia, Zeitschr. f. physiol. Chemie **58**, 487—499 [1908]. — N. T. Deleano, Biochem. Zeitschr. **19**, 266—269 [1909].

[2]) G. Bertrand u. W. Mutermilch, Compt. rend. de l'Acad. des Sc. **144**, 1285—1288, 1444—1446 [1907].

[3]) Adolf Ernst u. H. Berger, Berichte d. Deutsch. chem. Gesellschaft **40**, 4671—4679 [1907].

[4]) A. Bach u. R. Chodat, Berichte d. Deutsch. chem. Gesellschaft **36**, 600—605 [1903]; **37**, 3785—3800 [1904].

[5]) V. Cayla, Compt. rend. de la Soc. de Biol. **65**, 128—130 [1908].

[6]) Fr. Reinitzer, Zeitschr. f. physiol. Chemie **61**, 352—394 [1904].

[7]) B. Moore u. E. Whitley, Biochem. Journ. **4**, 136—167 [1909].

[8]) W. Biedermann, Archiv f. d. ges. Physiol. **72**, 105—162 [1898].

[9]) Wolfgang Ostwald, Biochem. Zeitschr. **6**, 409—472 [1907].

[10]) A. Herlitzka, Arch. ital. biol. **48**, 119—145 [1907].

[11]) N. Sieber u. W. Dzierzgowski, Zeitschr. f. physiol. Chemie **62**, 263—270 [1909].

[12]) F. Battelli u. (Fräulein) Lina Stern, Biochem. Zeitschr. **13**, 44—88 [1908]. — A. Justschenko, Biochem. Zeitschr. **25**, 49—78 [1910].

[13]) Moitessier, Compt. rend. de la Soc. de Biol. **57**, 373 [1904]. — E. von Czylharz u. O. von Fürth, Beiträge z. chem. Physiol. u. Pathol. **10**, 358—359 [1907].

[14]) E. Seligmann, Zeitschr. f. Hyg. **50**, 97—122 [1905]. — Orla Jensen, Rev. génér. du lait **6**, 34—40, 56—62, 85—90 [1906]. — Percy Waentig, Arbeiten d. Kais. Gesundheitsamtes **26**, 464—506 [1907]. — J. H. Kastle u. M. B. Porch, Journ. of biol. Chemistry **4**, 301—320 [1908]. — J. Sarthou, Journ. de Pharm. et de Chim. [7] **1**, 20—23, 245—247 [1910]; Compt. rend. de l'Acad. des Sc. **150**, 119—121 [1910]; Compt. rend. de la Soc. de Biol. **68**, 434—436 [1910].

[15]) A. Bach u. R. Chodat, Berichte d. Deutsch. chem. Gesellschaft **36**, 600—605 [1903]; **37**, 3785—3800 [1904].

[16]) Hans Euler u. Ivan Bolin, Zeitschr. f. physiol. Chemie **61**, 72—92 [1909].

[17]) N. T. Deleano, Biochem. Zeitschr. **19**, 266—269 [1909].

[18]) C. L. Alsberg, Schmiedebergs Festschrift **1908**, 39—53.

[19]) F. Battelli, Compt. rend. de la Soc. de Biol. **65**, 68—69 [1908].

einen CO_2-freien Luftstrom in die Flüssigkeit; die gebildete CO_2-Menge wird als Bariumcarbonat gewogen. Man kann auch statt H_2O_2 Äthylhydroperoxyd anwenden, welche durch Katalase nicht zerstört wird. Feststellung der bei der Oxydation von Pyrogallol durch H_2O_2 entstandenen Purpurogallinmenge[1]). Oxydation der Jodwasserstoffsäure durch H_2O_2 und Bestimmung des ausgeschiedenen Jods durch Thiosulfatlösung[2]). Spektrophotometrische Methode unter Anwendung der Leukobase des Malachitgrüns und des H_2O_2 als Substrat[3]).

Physiologische Eigenschaften: Der Peroxydasegehalt der Samen von Ricinus communis steigt bis am vierzehnten Tage der Keimung, um nachher unverändert zu bleiben oder kaum zuzunehmen[4]). Durch Immunisieren erzielte Gessard[5]) beim Kaninchen ein die Wirkung der eingespritzten Peroxydase aus Russula delica hemmendes Serum, nicht aber die Wirkung der Malzperoxydase. Durch subcutane Einspritzungen von Malzextrakt beim Kaninchen wird ein die Wirkung der Malzperoxyde hemmendes Serum erhalten[6]). Durch Eintauchen von Getreidekörnern in Äther wird ihr Peroxydasegehalt keineswegs verändert[7]).

Physikalische und chemische Eigenschaften: Nach G. Bertrand und Rozenband[8]) muß man die Peroxydase eher als eine Reduktase wie als eine Oxydase betrachten. Vielleicht handelt es sich überhaupt gar nicht um ein eigentliches Ferment, sondern nur um ein unbeständiges Peroxyd. Typische organische und anorganische Superoxyde ergeben nämlich ganz dieselben Reaktionen[9]). Jedenfalls besitzt die Peroxydase eine oxydierende Wirkung nur bei Anwesenheit eines Peroxyds. Nach Bach[10]) oxydieren die Peroxydasen bei H_2O_2-Gegenwart HJ, die Amine und die Phenole. Die Peroxydasen enthalten weder Mangan noch Eisen[11]). Sie werden durch Alkohol gefällt. Bei Zufügung von Alkalicarbonaten oder von Nitraten dialysiert Peroxydase durch Pergamentpapier[12]). In dem Phenolphthalein gegenüber neutraler Lösung dringt die Peroxydase fast völlig durch Porzellankerze, in dem Methylorange gegenüber neutraler Lösung hingegen kaum[13]). Kaliumcyanid in verdünnter Lösung verhindert die Wirkung nicht[14]). Die Mineralsalze sind ohne Einfluß[15]). Die Säuren besitzen einen nur geringen hemmenden Einfluß auf die Wirksamkeit der Peroxydase; diese hemmende Einwirkung scheint nicht nur vom Grade der elektrolytischen Dissoziation der Säure abzuhängen, sondern auch vom gesamten Säuremolekül[16]). Strychnin, Brucin, Chinin hemmen, andere Alkaloide hingegen stören nur wenig oder selbst gar nicht[17]). Jod, Hydroxylamin, Hydrazin,

---

[1]) A. Bach u. R. Chodat, Berichte d. Deutsch. chem. Gesellschaft 37, 1342—1349 [1904].

[2]) A. Bach u. R. Chodat, Berichte d. Deutsch. chem. Gesellschaft 37, 2434—2440, 3785 bis 3800 [1904].

[3]) E. von Czylharz u. O. von Fürth, Beiträge z. chem. Physiol. u. Pathol. 10, 358—359 [1907].

[4]) N. T. Deleano, Archive des Sc. biol. de St. Pétersbourg 15, 1—24 [1910].

[5]) C. Gessard, Compt. rend. de la Soc. de Biol. 60, 505—506 [1906].

[6]) C. Gessard, Compt. rend. de la Soc. de Biol. 61, 425—427 [1906].

[7]) J. Apert u. E. Gain, Compt. rend. de l'Acad. des Sc. 149, 58—60 [1909].

[8]) G. Bertrand u. (Fräulein) M. Rozenband, Ann. de l'Inst. Pasteur 23, 314—320 [1909].

[9]) C. Engler u. L. Wöhler, Zeitschr. f. anorgan. Chemie 29, 1—21 [1901]. — J. H. Kastle u. A. S. Loevenhart, Amer. Journ. Soc. 26, 539—556 [1902]. — A. Bach u. R. Chodat, Biochem. Centralbl. 1, 416—421, 457—461 [1903]. — J. Wolff, Compt. rend. de l'Acad. des Sc. 146, 142—144, 781—783, 1217—1220 [1908]; 147, 745—747 [1908]. — E. J. Lesser, Zeitschr. f. Biol. 49, 575—583 [1907]. — Walther Ewald, Archiv f. d. ges. Physiol. 116, 334—336 [1907]. — Martinaud, Compt. rend. de l'Acad. des Sc. 148, 182—183 [1909]. — J. Wolff u. E. de Stoecklin, Compt. rend. de l'Acad. des Sc. 146, 1415—1417 [1908]. — E. de Stoecklin, Compt. rend. de l'Acad. des Sc. 147, 1489—1491 [1908]; 148, 424—426 [1909]. — Hans Euler u. Ivan Bolin, Zeitschr. Chemie 61, 72—92 [1909].

[10]) A. Bach, Arch. des sc. phys. et nat. de Genève [4] 23, 26—35 [1907].

[11]) Rosenfeld, Inaug.-Diss. St. Petersburg 1906. — E. de Stoecklin, Thèse de Genève 1907. — A. Bach u. J. Tscherniack, Berichte d. Deutsch. chem. Gesellschaft 41, 2345—2349 [1908].

[12]) Jan Bielecki, Biochem. Zeitschr. 21, 103—107 [1909].

[13]) M. Holderer, Compt. rend. de l'Acad. des Sc. 150, 285—288 [1910]. — J. Sarthou, Compt. rend. de la Soc. de Biol. 68, 434—436 [1910]; Journ. de Pharm. et de Chim. [7] 1, 245—247 [1910].

[14]) Wolfgang Ostwald, Biochem. Zeitschr. 6, 409—472 [1907]; 10, 1—130 [1908]. — A. Bach, Berichte d. Deutsch. chem. Gesellschaft 40, 230—235 [1907]; 41, 225—227 [1908].

[15]) E. de Stoecklin, Thèse de Genève 1907.

[16]) G. Bertrand u. (Fräulein) M. Rozenband, Compt. rend. de l'Acad. des Sc. 148, 297—300 [1909]; Bull. de la Soc. chim. [4] 5, 296—302 [1909].

[17]) Rosenfeld, Inaug.-Diss. St. Petersburg 1906.

Blausäure lähmen die Peroxydasewirkung nur in sehr hohen Dosen[1]). Das Optimum der Wirkung liegt bei 38—40°. In neutralem Medium wird die Peroxydase bei 66° vernichtet, in saurem oder alkalischem bereits bei 55°. Die sichtbaren Sonnenstrahlen schädigen meistens schon nach kurzer Zeit die Peroxydasewirkung, aber nur bei O-Anwesenheit und nicht in sehr hohem Grade; die ultravioletten Strahlen schädigen in erheblicherem Grade, und zwar schon bei O-Abwesenheit. Die Wirkung der sichtbaren Strahlen wird durch Eosin und Rosebengale gesteigert, dagegen durch Methylenblau und dichloranthracendisulfonsaures Natrium gehemmt. Eosin vermindert stark die schädliche Wirkung der ultravioletten Strahlen[2]). Nach Wolfgang Ostwald[3]) wird die Peroxydase bei Belichtung schwacher Intensität vermehrt oder aktiviert; dabei wirkt violettes Licht, wie weißes, viel stärker begünstigend als gelbes. Die Peroxydase hemmt erheblich die Zymasewirkung. Anfangs sind geringe Katalasemengen der Peroxydasewirkung schädlich, größere verhältnismäßig viel weniger. Sehr große Katalasemengen können die Tätigkeit der Peroxydase beeinträchtigen, nicht aber aufheben[4]).

Aldehydase.

Definition: Ein auch **Salicylase** oder α - **Oxydase** benanntes Ferment, welches Salicylaldehyd zu Salicylsäure, Benzylalkohol und Benzoesäure oxydiert[5]).

Vorkommen: Bis jetzt nicht mit Sicherheit in den Pflanzen nachgewiesen[6]). In den Regenwürmern[7]). Bei den Säugetieren in relativ großer Menge in der Leber, in der Milz, in den Lungen, in den Nebennieren; in sehr geringer Menge im Blute, in den Nieren, im Pankreas, in den Muskeln[8]). Die Organe des Schweinsembryos enthalten keine Aldehydase[9]). Vorhanden in der Kuhmilch, fehlt in der Frauenmilch[10]). In der Cerebrospinalflüssigkeit[11]).

Darstellung: Der mechanisch zerkleinerte Leberbrei wird durch Zusatz $1/2$ Vol. gesättigter Ammonsulfatlösung enteiweißt. Im Filtrate wird das Ferment durch Versetzen mit $2/3$ Vol. gesättigter Ammonsulfatlösung gefällt. Der Niederschlag wird mit ganz schwach alkoholischem Wasser behandelt; das gelöste Enzym wird durch Uranylacetat oder Alkohol gefällt[12]).

Nachweis: Feststellung des gebildeten Salicylaldehyds als Tribromophenol[13]).

Physikalische und chemische Eigenschaften: Wirkt vielleicht, außer auf Salicylaldehyd, auch auf Formaldehyd, welches in Ameisensäure übergeführt wird[14]), was aber bestritten ist. Wirkt nicht auf Natriumthiosulfat[12]). Die enzymatische Natur der Aldehydase wird durch Dony-Hénault und van Duuren bestritten[13]). Nach Bach[15]) stellt die Aldehydase

---

[1]) A. Bach, Berichte d. Deutsch. chem. Gesellschaft **40**, 230—235, 3185—3191 [1907].

[2]) E. Hertel, Zeitschr. f. allg. Pathol. **4**, 1—43 [1904]. — Johannes Karamitsas, Inaug.-Diss. München 1907. — K. Jamada u. A. Jodlbauer, Biochem. Zeitschr. **8**, 61—83 [1908]. — A. Bach, Berichte d. Deutsch. chem. Gesellschaft **41**, 225—227 [1908]; Biochem. Centralbl. **9**, 1—13, 73—87 [1909].

[3]) Wolfgang Ostwald, Biochem. Zeitschr. **6**, 409—472 [1907]; **10**, 1—130 [1908].

[4]) R. Chodat u. J. Posmanik, Arch. des sc. phys. et nat. de Genève [4] **23**, 386—393 [1907]. — Neuhaus, Thèse de Genève 1906. — A. Bach, Berichte d. Deutsch. chem. Gesellschaft **38**, 1878—1885 [1905]; **39**, 1664—1668 [1906].

[5]) O. Schmiedeberg, Archiv f. experim. Pathol. u. Pharmakol. **14**, 288—312, 379—392 [1881].

[6]) Em. Bourquelot, Compt. rend. de la Soc. de Biol. **48**, 314—315 [1896].

[7]) Ernst E. Lesser u. Ernst W. Tachenberg, Zeitschr. f. Biol. **50**, 446—455 [1907].

[8]) A. Jaquet, Archiv f. experim. Pathol. u. Pharmakol. **29**, 386—396 [1892]. — J. E. Abelous u. G. Biarnès, Arch. de phys. norm. et pathol. **26**, 591—595 [1894]; **27**, 195—199, 239 bis 244 [1895]; **28**, 311—316 [1896]; Compt. rend. de la Soc. de Biol. **48**, 94—96, 262—264 [1896]. — E. Salkowski, Virchows Archiv **147**, 1—23 [1897].

[9]) M. Jacoby, Zeitschr. f. physiol. Chemie **33**, 128—130 [1901].

[10]) E. Moro, Jahresber. f. Kinderheilk. **56**, 391—420 [1902].

[11]) E. Cavazzani, Arch. ital. biol. **37**, 30—32 [1902].

[12]) M. Jacoby, Virchows Archiv **157**, 235—280 [1899]; Zeitschr. f. physiol. Chemie **30**, 135 bis 148 [1900].

[13]) O. Dony-Hénault u. (Fräulein) J. van Duuren, Bull. Cl. Sc. Acad. Roy. Belg. **1907**, 537—638; Arch. int. Physiol. **5**, 39—59 [1907].

[14]) J. Pohl, Archiv f. experim. Pathol. u. Pharmakol. **37**, 413—425; **38**, 65—70 [1896]. — V. Cervello u. A. Pitini, Arch. di farm. e terapeut. **13**, 1—5 [1907].

[15]) A. Bach, Biochem. Centralbl. **9**, 1—13, 73—87 [1909].

eher ein hydrolytisches als ein oxydierendes Enzym dar. Die Aldehydase dialysiert nicht durch Pergamentmembran, dringt aber durch Chamberlandkerze. Alkohol und Chloroform zerstören nur langsam und in hoher Konzentration[1]). Phosphor hemmt vielleicht in großen Dosen[2]). Säuren und Alkalien zerstören schnell. Blausäure und Hydroxylamin hemmen stark[3]). Nitrate und Nitrite wirken hemmend, Reduktionsmittel (Schwefelalkalien, H_2S usw.) auch[4]). Die Aldehydase wirkt besser im Vakuum als bei Luftzutritt und als bei O-Einleitung. Das Optimum der Wirkung liegt bei 60°, die Tötungstemperatur bei 100°.

Phenolasen.

Definition: Oxydasen, welche aromatische Amine und Phenole unter Farbstoffbildung oxydieren, aber auf Salicylaldehyd ohne Einwirkung bleiben.

Vorkommen: Sehr verbreitet im Pflanzenreiche[5]). In den Geweben der Ascidien (Botrylloides cyanescens, Ascidia fumigata)[6]). In den Muscheln (Ostrea edulis, Artemis exoleta)[7]). In den Krebsen[8]). Im Darmsafte des Mehlwurmes[9]). In der Milz und in den Lungen der Säugetiere[10]), wo sie aus den Leukocyten wahrscheinlich stammen[11]). In den Leukocyten[12]). Im Speichel beim Menschen und beim Hunde, im Nasensekret, im Eiter, in der Tränenflüssigkeit[13]). In Kuhmilch, nicht aber in Frauenmilch, im Colostrum[14]).

Physikalische und chemische Eigenschaften: Vielleicht sind die Phenolasen nur Gemische von Peroxydase und Peroxyden. Sie werden durch Alkohol und Ammonsulfat gefällt[15]). Ihre Wirkung wird durch Säuren, Alkalien, Sublimat, NaFl, Kieselfluornatrium aufgehoben[16]). Formaldehyd stört meistens nur wenig[17]). Einige Alkaloide schädigen, andere bleiben ohne Einfluß. Zerstört zwischen 70 und 90°. Am bekanntesten ist von allen Phenolasen die Laccase.

Laccase.

Definition: Eine gewisse aromatische Amine und Phenole unter Farbstoffbildung oxydierende, besondere Phenolase.

Vorkommen: In der Hefe, und zwar mehr in Oberhefe als in Unterhefe[18]). In den Pilzen Russula furcata, Russula foetens, Russula nigricans, Russula cyanoxantha, Russula fragilis, Lactarius vellereus, Lactarius volemus usw.[19]). Sehr verbreitet im Pflanzenreiche: Im Safte

---

[1]) H. Schwiening, Virchows Archiv **136**, 444—481 [1894].
[2]) V. Ducceschi u. M. Almagia, Arch. di farmacol. sper. e scienze affini **2**, 17—48 [1903].
[3]) F. Röhmann u. W. Spitzer, Berichte d. Deutsch. chem. Gesellschaft **28**, 567—579 [1895].
[4]) J. E. Abelous u. J. Aloy, Compt. rend. de la Soc. de Biol. **55**, 891—893 [1903].
[5]) E. Schaer, Zeitschr. f. Biol. **37**, 320—333 [1899]. — A. D. Rosenfeld, Inaug.-Diss. St. Petersburg 1906.
[6]) A. Giard, Compt. rend. de la Soc. de Biol. **48**, 483 [1896].
[7]) J. B. Piéri u. P. Portier, Arch. de physiol. **29**, 60—68 [1897]; Compt. rend. de l'Acad. des Sc. **123**, 1314—1316 [1896].
[8]) J. E. Abelous u. G. Biarnès, Compt. rend. de la Soc. de Biol. **49**, 173—175, 249—251 [1897].
[9]) W. Biedermann, Archiv f. d. ges. Physiol. **72**, 105—162 [1898].
[10]) J. E. Abelous u. G. Biarnès, Compt. rend. de la Soc. de Biol. **49**, 285—287, 494—496, 559—561, 576—577 [1897]; **50**, 494—496 [1898]; Arch. de Physiol. **30**, 664—671 [1898].
[11]) P. Portier, Compt. rend. de la Soc. de Biol. **50**, 452—453 [1898].
[12]) Ferd. Winkler, Folia haematologica **4**, 324—328 [1907].
[13]) P. Carnot, Compt. rend. de la Soc. de Biol. **48**, 552—555 [1896]. — R. Dupouy, Journ. de Pharm. et de Chim. [6] **8**, 551—553 [1898].
[14]) R. W. Raudnitz, Centralbl. f. Physiol. **12**, 790—793 [1898]. — E. Moro, Jahrb. f. Kinderheilk. **56**, 391—420 [1902]. — Charles Gillet, Journ. de Physiol. et de Pathol. génér. **4**, 439—454 [1902].
[15]) B. Slowtzoff, Zeitschr. f. physiol. Chemie **31**, 227—234 [1900].
[16]) K. Asò, Bull. Coll. Agric. Tokyo **5**, No. 2, 226.
[17]) J. H. Kastle, Publ. Health and Marine-Hospital Serv of the U. S. Hyg. Lab., Bull. **26**, 7—12.
[18]) W. Issajew, Zeitschr. f. physiol. Chemie **42**, 132—140 [1904].
[19]) Em. Bourquelot u. G. Bertrand, Compt. rend. de l'Acad. des Sc. **121**, 783—786 [1895]; Compt. rend. de la Soc. de Biol. **47**, 579—582 [1895]. — G. Bertrand, Compt. rend. de l'Acad. des Sc. **123**, 463—465 [1896]. — Em. Bourquelot, Compt. rend. de l'Acad. des Sc. **123**, 260—262, 315—317, 423—425 [1896]; Compt. rend. de la Soc. de Biol. **48**, 825—828 [1896]; Journ. de Pharm. et de Chim. [6] **4**, 145—151, 241—248 [1896].

des japanischen Lackbaumes (Rhus vernicifera)[1]). Im Akaziengummi[2]). In der Gerste[3]). In den Kartoffeln, in den Kohlen[4]). Fehlt in der Weizenkleie[5]). Vorhanden beim Frosche[6]).

Physiologische Eigenschaften: Durch subcutane Laccaseeinspritzungen konnte Gessard[7]) beim Kaninchen das Hemmungsvermögen des Serums erhöhen.

Physikalische und chemische Eigenschaften: Die verschiedenen Laccasen weisen keineswegs identische Eigenschaften auf. Die Laccase wirkt auf Gallus- und Gerbsäure, bläut die Guajactinktur, oxydiert viele zwei- und mehrwertige Ortho- und Paraphenole und Polyamine (Anilin, o- und p-Toluidin, o-, m- und p-Kresol, Pyrogallol, Hydrochinon, Resorcin, Eugenol, Guajacol). Nach Dony-Hénault[8]) ist die Laccase nur ein kolloidaler anorganischer Katalysator und kein eigentliches Enzym. Nach Euler und Bolin[9]) ist die Laccase aus Medicago sativa kein Enzym, sondern ein Gemisch von Calciumsalzen ein-, zwei- und dreibasischer Säuren, unter welchen Citronen-, Apfel- und Mesoxalsäure sich befinden. Ihnen zufolge scheint hingegen die Laccase aus Rhus vernicifera enzymatischer Natur zu sein. Die Wirkung der Laccase ist der Quadratwurzel ihrer Menge proportional. Die Menge des entstandenen Produktes ist Funktion der Fermentmenge, nicht aber der Menge der oxydierenden Substanz. Die Laccase aus Rhus vernicifera ist manganhaltig. Sie wird teilweise durch Tierkohle adsorbiert. Sie wirkt am besten bei ganz schwach alkalischer Reaktion. Geringe Säuremengen heben meistens die Laccasewirkung auf[10]). Dinatriumphosphat, Trinatriumcitrat, Manganacetat befördern die Laccasewirkung[11]). Die Tötungstemperatur der Laccase aus Rhus vernicifera liegt bei 100°. Normales Kaninchenserum hemmt in schwachem Grade die Laccasewirkung[7]).

Tyrosinase.

Definition: Ein Tyrosin in Kohlensäure, Ammoniak und eine noch nicht endgültig festgestellte Substanz (vielleicht Homogentinisinsäure) unter O-Aufnahme überführendes Enzym, welches außerdem gewisse dem Tyrosin mehr oder minder nahestehende Stoffe oxydiert[12]).

Vorkommen: Im Pilzreiche, häufig mit der Laccase zugleich, besonders in Russula delica, Russula nigricans, Agaricus melleus, Agaricus campestris, Lactaria[13]). Bei vielen Mikroorganismen: Bacillus pyocyaneus, Vibrio cholerae, Actinomyces chromogenes usw.[14]). In der Weizenkleie[15]). In der Zuckerrübe[16]). In den Kartoffelschalen[17]). In gewissen Gummi-

---

[1]) G. Bertrand, Compt. rend. de la Soc. de Biol. **46**, 478—488 [1894]; Compt. rend. de l'Acad. des Sc. **118**, 1215—1218 [1894]; **120**, 266—269 [1895]; **121**, 166—168 [1895]; **122**, 1132—1134 [1896]; Arch. de Physiol. **28**, 23—31 [1896].

[2]) Fr. Reinitzer, Zeitschr. f. physiol. Chemie **61**, 352—394 [1909].

[3]) W. Issajew, Zeitschr. f. physiol. Chemie **45**, 331—350 [1905].

[4]) B. Slowtzoff, Zeitschr. f. physiol. Chemie **31**, 227—234 [1900].

[5]) G. Bertrand u. W. Mutermilch, Compt. rend. de l'Acad. des Sc. **144**, 1285—1288, 1444—1446 [1907].

[6]) A. Herlitzka, Arch. ital. de biol. **48**, 119—145 [1907].

[7]) C. Gessard, Compt. rend. de la Soc. de Biol. **55**, 227—228 [1903].

[8]) O. Dony-Hénault, Bull. Cl. Sc. Acad. Roy. Belg. **1908**, 105—163; **1909**, 342—409.

[9]) Hans Euler u. Ivan Bolin, Zeitschr. f. physiol. Chemie **57**, 80—98 [1908]; **61**, 1—11, 72—92 [1909].

[10]) O. Dony-Hénault, Bull. Soc. Roy. Sc. méd. et nat. Bruxelles **65**, 172—178 [1907]. — G. Bertrand, Compt. rend. de l'Acad. des Sc. **145**, 340—343 [1907]; Bull. de la Soc. chim. [4] **1**, 1120—1131 [1907].

[11]) J. Wolff, Compt. rend. de l'Acad. des Sc. **148**, 946—949 [1909].

[12]) Em. Bourquelot u. G. Bertrand, Journ. de Pharm. et de Chim. [6] **3**, 177—182 [1896].

[13]) Em. Bourquelot u. G. Bertrand, Compt. rend. de la Soc. de Biol. **47**, 582—584 [1895]. — Em. Bourquelot, Compt. rend. de la Soc. de Biol. **48**, 811—813 [1896]. — G. Bertrand, Compt. rend. de l'Acad. des Sc. **122**, 1215—1218 [1896]; **123**, 463—465 [1896].

[14]) C. Gessard, Ann. de l'Inst. Pasteur **15**, 817—831 [1902]. — K. B. Lehmann, Münch. med. Wochenschr. **49**, 340 [1902]; Sitzungsber. d. physik.-med. Gesellschaft zu Würzburg **1902**, 25. — D. Carbone, R. Ist. Lomb. Rendic. [2] **39**, 327—354 [1906]. — K. B. Lehmann u. Sano, Archiv f. Hyg. **67**, 99—113 [1907].

[15]) G. Bertrand u. W. Mutermilch, Ann. de l'Inst. Pasteur **21**, 833—841 [1907]; Compt. rend. de l'Acad. des Sc. **144**, 1285—1288 [1907]; Bull. de la Soc. chim. [4] **1**, 837—841 [1907].

[16]) G. Bertrand, Compt. rend. de l'Acad. des Sc. **122**, 1215—1218 [1896]. — St. Epstein, Archiv f. Hyg. **36**, 140—144 [1899]. — M. Gonnermann, Archiv f. ges. Physiol. **82**, 289—302 [1900]; **123**, 635—645 [1908].

[17]) R. Chodat u. W. Staub, Arch. sc. phys. et nat. Genève [4] **23**, 265—277 [1907].

arten[1]). Bei gewissen Schwämmen: Suberites domuncula, Tethya lyncurium, Cydonium gigas[2]). Im Tintenbeutel von Sepia officinalis[3]). Im Darminhalte der Mehlwürmer und Raupen[4]). In der Hämolymphe der Seidenraupe[5]). In der Lymphe von Limnophilus flavicornis[6]). Im Blute der Flußkrebse. In Haut, Augen und Eiern der Kephalopoden, sowie in der Haut von Proteus anguineus[7]). In der Hämolymphe der Lepidopteren[8]). Bei Hydrophilus piceus[9]). In den Larven von Phyllodromia germanica[10]), von Lucilia Caesar[11]) und von vielen Insekten[12]). In der Haut dunkel pigmentierter Fische und Kröten[12]). Beim Frosche[13]). In der Haut junger Ratten, Kaninchen, Meerschweinchen, Hühner[14]). In den melanotischen Tumoren vom Pferde[15]) und vom Menschen[16]).

Darstellung: Nach dem Bertrandschen oder nach dem Chodatschen Verfahren[17]).

Nachweis: Zur Fermentlösung fügt man eine 0,05 proz. Tyrosinlösung, welche zunächst rosa, dann granatrot, mahagonirot und schließlich braun bis schwarz sich färbt. Zur Feststellung der Tyrosinasenmenge bestimmt man den aus Tyrosin gebildeten Farbstoff durch Sedimentierung oder auf spektrophotometrischem Wege[18]). Man kann auch dazu die titrimetrische Bestimmung mit Kaliumpermanganat anwenden[19]).

Physiologische Eigenschaften: In geotropisch gereizten Wurzelspitzen befinden sich schon durch einstündiges Erwärmen auf 62° zerstörbare Hemmungsstoffe, welche die Wirkung der Tyrosinase auf Homogentisinsäure verhindern, indem sie sich mit der Tyrosinase verbinden, ohne sie zu zerstören[20]). Nach wiederholter subcutaner Einspritzung von Pflanzentyrosinase beim Kaninchen erhielt Gessard[21]) ein die Wirkung pflanzlicher Tyrosinase hemmendes Serum, nicht aber die der Sepiatyrosinase. Durch subcutane Einspritzungen von Sepiatyrosinase beim Kaninchen erzeugt man im Serum schwache hemmende Eigenschaften gegenüber der Wirkung der Sepiatyrosinase, nicht aber der der Pflanzentyrosinase[22]). Injektion von Lepidopterentyrosinase ruft kein Auftreten von Hemmungskörpern im Blutserum des behandelten Tieres hervor[23]). Daß diese Hemmungserscheinungen auf der immunisatorischen Entstehung spezifisch wirkender Antityrosinasen beruht, ist überhaupt keineswegs bewiesen[24]). Die oxydierende Kraft der Lymphe von Limnophilus flavicornis erreicht ihren Höhepunkt während der erheblichen Pigmentbildung des Puppenstadiums[25]).

---

[1]) Em. Bourquelot, Journ. de Pharm. et de Chim. [6] 5, 164—167 [1897]. — P. Lemeland, Journ. de Pharm. et de Chim. [6] 19, 584—593 [1904].
[2]) J. Cotte, Compt. rend. de la Soc. de Biol. 55, 137—139 [1903].
[3]) C. Gessard, Compt. rend. de la Soc. de Biol. 54, 1304—1306 [1902]. — H. Przibram, zit. nach O. von Fürth u. Hugo Schneider, Beiträge z. chem. Physiol. u. Pathol. 1, 229—242 [1902]. — C. Neuberg, Biochem. Zeitschr. 8, 383—386 [1907].
[4]) W. Biedermann, Archiv f. d. ges. Physiol. 72, 105—162 [1898]; 75, 143—148 [1899].
[5]) V. Ducceschi, Atti della R. Acad. dei Georgofili 25, 1—18 [1903].
[6]) X. Roques, Compt. rend. de l'Acad. des Sc. 149, 418—419 [1909].
[7]) Th. Weindl, Archiv f. Entwicklungsmechanik 23, 632—642 [1907].
[8]) O. von Fürth u. Hugo Schneider, Beiträge z. chem. Physiol. u. Pathol. 1, 229—242 [1902].
[9]) Ernst E. Lesser u. Ernst W. Tachenberg, Zeitschr. f. Biol. 50, 446—455 [1907].
[10]) C. Phisalix, Compt. rend. de la Soc. de Biol. 59, 17—18 [1905].
[11]) C. Gessard, Compt. rend. de la Soc. de Biol. 57, 320—322 [1904]; Compt. rend. de l'Acad. des Sc. 139, 644—645 [1904]. — J. Dewitz, Archiv f. Anat. u. Physiol., physiol. Abt. 1902, 327 bis 340; Compt. rend. de la Soc. de Biol. 57, 44—47 [1904].
[12]) C. Gessard, Compt. rend. de la Soc. de Biol. 57, 285—286 [1904].
[13]) A. Herlitzka, Arch. ital. biol. 48, 119—145 [1907].
[14]) Florence M. Durham, Proc. Roy. Soc. 74, 310—313 [1904].
[15]) C. Gessard, Compt. rend. de l'Acad. des Sc. 136, 1086—1088 [1903].
[16]) C. Neuberg, Biochem. Zeitschr. 8, 383—386 [1908].
[17]) G. Bertrand, Compt. rend. de l'Acad. des Sc. 122, 1215—1218 [1896]. — R. Chodat u. W. Staub, Arch. sc. phys. et nat. Genève [4] 23, 265—277 [1907].
[18]) O. von Fürth u. Ernst Jerusalem, Beiträge z. chem. Physiol. u. Pathol. 10, 131—173 [1907].
[19]) A. Bach, Berichte d. Deutsch. chem. Gesellschaft 41, 216—220 [1908]. — T. Kikkoji u. C. Neuberg, Biochem. Zeitschr. 20, 523—525 [1909].
[20]) F. Czapek, Berichte d. Deutsch. bot. Gesellschaft 21, 229—242 [1902].
[21]) C. Gessard, Compt. rend. de la Soc. de Biol. 54, 551—553, 1304—1316 [1902].
[22]) C. Gessard, Compt. rend. de la Soc. de Biol. 54, 1398—1399 [1902].
[23]) O. von Fürth u. E. Jerusalem, Beiträge z. chem. Physiol. u. Pathol. 10, 131—173 [1907].
[24]) A. Bach, Biochem. Centralbl. 9, 1—13, 73—87 [1909].
[25]) X. Roques, Compt. rend. de l'Acad. des Sc. 149, 418—419 [1909].

Physikalische und chemische Eigenschaften: Außer auf Tyrosin wirkt die Tyrosinase noch auf alle l-tyrosinhaltige Polypeptide (Glycyl-l-Tyrosin, d-Alanyl-Glycyl-l-Tyrosin, l-Leucyl-Glycyl-l-Tyrosin, l-Leucyl-Triglycyl-l-Tyrosin) mit Ausnahme des Glycyldijod-l-Tyrosins[1]). Die Tyrosinase oxydiert synthetisches dl-Tyrosin, und zwar beide Komponenten gleichmäßig rasch[2]). Wirkt auf Paraoxyphenyläthylamin, Paraoxyphenylmethylamin, Paraoxyphenylamin, Paraoxyphenylpropionsäure, Paraoxyphenylessigsäure, Paraoxybenzoesäure, Phenol, Äthyltyrosin, Chloracetyltyrosin, d-, l- und dl-Adrenalin, Homogentisinsäure, weder aber auf Hydrochinon noch Pyrogallol, Phenylalanin, Phenyläthylamin, Phenylaminoessigsäure, Phenylpropionsäure, Phenylessigsäure, Alanin, Dijodtyrosin, Glykokoll, Cystin, Prolin usw.[3]). Die 3 Kresole werden oxydiert, am stärksten Parakresol, am schwächsten Orthokresol. d-Tryptophan und einige seiner Polypeptide werden durch Tyrosinase schwach oxydiert, Oxytryptophan stärker. Glycyltyrosinanhydrid und Tyrosinanhydrid werden schwach oxydiert[4]). Nach G. Bertrand ist die Oxydation durch Tyrosinase an die C_6H_5OH-Gruppe gebunden[5]). Ob die Tyrosinase eine echte Oxydase darstellt, welche zugleich Peroxydase und Oxygenase enthält, ist keineswegs sicher festgestellt. Bach[6]) glaubt, daß die oxydierende Wirkung der Tyrosinase sich auf Körper mit etwas labilem H erstreckt. Die Tyrosinase gehorcht dem Massengesetze. Das Produkt aus Fermentmenge und Reaktionszeit ist eine Konstante; die Reaktionszeiten sind den Substratkonzentrationen umgekehrt proportional, und die Menge des Reaktionsproduktes steigt mit der Fermentmenge[7]). Durch langdauerndes Schütteln wird die Tyrosinase teilweise zerstört[8]). Die Tyrosinase wirkt am besten in 0,05 proz. Sodalösung und nur in Gegenwart des Luftsauerstoffes. Eine geringe H_2O_2-Menge beschleunigt manchmal die Tyrosinasewirkung, was auf die Zerstörung hemmender Stoffe zurückzuführen ist; ein H_2O_2-Überschuß hemmt hingegen[9]). Säurezusatz schon in sehr geringer Menge (Essigsäure 0,05%) hebt die Tyrosinasewirkung auf. Borsäure sowie die dem Helianthin gegenüber neutralen Säuren und Salze sind ohne Einfluß. Die dem Phenolphthalein gegenüber neutral, dem Helianthin gegenüber alkalisch reagierenden Salze begünstigen die Tyrosinasewirkung; das Optimum der Förderung entspricht einer $n/200$-Lösung. Die dem Phenolphthalein gegenüber alkalisch reagierenden Salze begünstigen in geringer Dosis; das Optimum wird bei $n/500$-Lösungen erreicht; in höheren Konzentrationen wirken sie hingegen schädlich[10]). Alkalizusatz in äußerst geringer Menge fördert, in größerer hemmt; schon 0,2% Soda ist schädlich. Mangansulfat (1%), Ferrosulfat (0,02%) und Binatriumphosphat in geringer Dosis[11]) befördern. Ferrosulfat (0,2%), Ferrisulfat (1%), Kupfersulfat (1%), Nickelsulfat (1%) hemmen. Jod hemmt nur wenig. Hydrazin, Hydroxylamin und Blausäure hemmen erst bei starker Konzentration. KNO_3, $NaNO_3$, KCl, $BaCl_2$, $CaCl_2$, $MgSO_4$ verzögern die Wirkung der Tyrosinase, die Oxalate in noch höherem Grade. Glykokoll, Alanin, Leucin, Asparaginsäure, Glutaminsäure, l-Prolin verzögern die Wirkung der Tyrosinase auf Tyrosin[12]). Kalb-, Schaf-, Schwein-, Kuhserum verzögern die Wirkung der Tyrosinase[13]); Weizenkleietyrosinase ist thermostabil, Pilztyrosinase ist thermolabil. Weizenkleietyrosinase wird durch 5 Minuten langes Erwärmen

---

[1]) R. Chodat, Arch. sc. phys. et nat. Genève [4] **23**, 265—277 [1907]. — E. Abderhalden u. M. Guggenheim, Zeitschr. f. physiol. Chemie **54**, 331—353 [1907].

[2]) G. Bertrand u. M. Rosenblatt, Compt. rend. de l'Acad. des Sc. **146**, 304—306 [1908]; Ann. de l'Inst. Pasteur **22**, 425—429 [1908].

[3]) R. Chodat u. W. Staub, Arch. sc. phys. et nat. Genève [4] **23**, 265—277 [1907]. — G. Bertrand, Compt. rend. de l'Acad. des Sc. **145**, 1352—1355 [1907]. — C. Neuberg, Zeitschr. f. Krebsforsch. **8**, 195—205 [1910].

[4]) R. Chodat u. W. Staub, Arch. sc. phys. et nat. Genève [4] **24**, 172—191 [1907]. — C. Neuberg, Zeitschr. f. Krebsforsch. **8**, 195—205 [1910].

[5]) G. Bertrand, Ann. de l'Inst. Pasteur **22**, 381—389 [1908].

[6]) A. Bach, Berichte d. Deutsch. chem. Gesellschaft **42**, 594—601 [1909].

[7]) A. Bach, Berichte d. Deutsch. chem. Gesellschaft **41**, 221—225 [1908].

[8]) E. Abderhalden u. M. Guggenheim, Zeitschr. f. physiol. Chemie **54**, 331—353 [1907].

[9]) C. Gessard, Compt. rend. de la Soc. de Biol. **55**, 637—639 [1903]. — A. Bach, Berichte d. Deutsch. chem. Gesellschaft **39**, 2126—2129 [1906]. — O. von Fürth u. E. Jerusalem, Archiv f. d. ges. Physiol. **10**, 131—173 [1907]. — R. Chodat u. W. Staub, Arch. sc. phys. et nat. Genève [4] **24**, 172—191 [1907].

[10]) H. Agulhon, Compt. rend. de l'Acad. des Sc. **148**, 1340 [1909]; **150**, 1066—1068 [1910].

[11]) J. Wolff, Compt. rend. de l'Acad. des Sc. **150**, 477—479 [1910]; Compt. rend. de la Soc. de Biol. **68**, 366—367 [1910].

[12]) R. Chodat u. W. Staub, Arch. sc. phys. et nat. Genève [4] **24**, 172—191 [1907].

[13]) C. Gessard, Ann. de l'Inst. Pasteur **15**, 595—614 [1901].

auf 100° zerstört, nicht bei 95°. Pilztyrosinase wird bereits bei 55° geschädigt, bei 65° in kurzer Zeit zerstört[1]). Wo die Pilztyrosinase mit Laccase zusammen vorkommt, läßt sich ihre Wirkung durch kurzes Erwärmen auf 70° ohne Schädigung der Laccase ausschalten. Sonnenbestrahlung schwächt langsam die Tyrosinase oder die darin vorhandene Peroxydase[2]). Radiumbestrahlung schwächt Pilztyrosinase nicht[3]).

Morphinase.

Ein im Safte von Russula delica vorhandenes Ferment, welches Morphin im Pseudomorphin verwandelt. Das tatsächliche Bestehen dieses besonderen Enzymes ist keineswegs sicher festgestellt[4]).

Orcinase.

Ein im Safte von Russula delica vorhandenes Ferment, welches Orcin oxydiert: diese Oxydation wird durch gelöstes PO^4Na^2H begünstigt. Ob es sich dabei um ein spezifisch wirkendes Enzym wirklich handelt, ist noch ziemlich zweifelhaft[5]).

Luciferase.

Ein in den Leuchtorganen von Pholas dactylus vorhandenes Ferment, welches seine Oxydationswirkung nur bei Lichtbestrahlung ausführen soll[6]). Das tatsächliche Bestehen dieses Enzymes ist keineswegs völlig sicher.

Purpurase.

In der Purpurdrüse von Murex brandaris, Murex trunculus und Purpura lapillis soll eine die Purpurbildung bewirkende, nur bei Lichtbestrahlung wirksame Oxydase vorhanden sein[7]). Das tatsächliche Bestehen dieses Enzymes wird jedoch bestritten[8]).

Olease.

Definition: Ein die Gärung des Olivenöles durch Oxydation bewirkendes Ferment[9]).
Vorkommen: In den Oliven.
Physikalische und chemische Eigenschaften: Wirkt am besten bei einer oberhalb 35° liegenden Temperatur und bei O-Anwesenheit. Es entstehen Kohlensäure, Essigsäure, Ölsäure, Sebacinsäure und andere Fettsäuren. Wird ihre Menge zu erheblich, so hört die Gärung auf. Belichtung befördert die Wirkung der Olease.

Önoxydase.

Definition: Auf die Farbstoffe der Weine, d. h. die Önophilsäuren, wirkende Oxydase[10]).
Vorkommen: In den reifen Trauben. Im Weine bei der als „Brechen" (Casse) benannten Krankheit[11]).

---

[1]) R. Chodat u. W. Staub, Arch. sc. phys. et nat. Genève [4] **23**, 265—277 [1907]; — **24**, 172—191 [1907]. — G. Bertrand u. M. Rosenblatt, Bulletin d. Sc. pharm. **17**, 312 bis 315 [1910].
[2]) A. Bach, Berichte d. Deutsch. chem. Gesellschaft **40**, 3185—3191 [1907].
[3]) E. G. Willcock, Journ. of Physiol. **34**, 207—209 [1908].
[4]) Em. Bourquelot, Journ. de Pharm. et de Chim. (6) **30**, 101—105 [1909].
[5]) J. Wolff, Compt. rend. de l'Acad. des Sc. **149**, 467—469 [1909].
[6]) Raphaël Dubois, Compt. rend. de la Soc. de Biol. **53**, 702—703 [1901]; **54**, 82—83 [1902].
[7]) Raphaël Dubois, Compt. rend. de la Soc. de Biol. **54**, 82—83, 657—658 [1902]; **55**, 82 [1903].
[8]) A. Letellier, Arch. zool. expér. [4] **1**, 25—29 [1903].
[9]) G. Tolomei, Atti Accad. dei Lincei, Rendiconti Cl. di sc. fisiche, mat. e nat. **5**, 1a parte, 122—129 [1896].
[10]) G. Gouirand, Compt. rend. de l'Acad. des Sc. **120**, 887—888 [1905].
[11]) V. Martinand, Compt. rend. de l'Acad. des Sc. **120**, 502—504 [1895]. — J. Laborde, Compt. rend. de l'Acad. des Sc. **123**, 1074—1075 [1896]; **125**, 248—250 [1897]. — Bouffard, Compt. rend. de l'Acad. des Sc. **124**, 706—708, 1053 [1897]. — H. Lagatu, Compt. rend. de l'Acad. des Sc. **124**, 1461—1462 [1897].

Darstellung: Fällung durch Alkohol, Ausziehen mit Wasser, Fällen mittels Alkohol oder Ätheralkoholmischung, Trocknen im Vakuum[1]).
Physikalische und chemische Eigenschaften: Oxydiert alle Weinfarbstoffe. Bläuet Guajactinktur schnell. Oxydiert Orthodiphenol rascher als Paradiphenol und dieses leichter als Metadiphenol. Pyrogallol wird in Purpurogallin übergeführt. Gallussäure, Protocatechinsäure, Hexaphenol, die Amidophenole werden oxydiert. Alkohol und Ester werden langsam unter CO_2-Entwicklung oxydiert. Fällt durch Alkohol. Die Wirkung der Önoxydase wird durch Natriumsalicylat, Asaprol, Calciumphosphat nicht oder kaum verhindert. Durch 0,01 bis 0,08 g schweflige Säure pro Liter wird die Önoxydase zerstört. In neutraler wässeriger Lösung wird die Önoxydase zwischen 70 und 75° zerstört. In 10 proz. Alkohol oder im Weine wird sie schon bei 60—70° zerstört. Durch Zusatz von Weinsäure wird die Zerstörungstemperatur noch weiter herabgesetzt[1]).

Jodoxydase.

Ein HJ bei H_2O_2-Gegenwart zersetzendes Enzym[2]). Das Bestehen eines diese Wirkung spezifisch ausführenden besonderen Fermentes ist nicht völlig sicher.

Uricase.

Definition: Ein auch **Uricolase** oder **Uricooxydase** benanntes Ferment, welches Harnsäure unter Wasser- und Sauerstoffaufnahme und Kohlensäureentwicklung zu Allantoin oxydiert. Die Reaktion vollzieht sich nach der Gleichung: $C_5H_4N_4O_3 + H_2O + O = C_4H_6N_4O_3 + CO_2$ [3]).
Vorkommen: In der Leber von Scyllium catulus[4]). In großer Menge in Leber und Nieren der Säugetiere, mit Ausnahme des Menschen[5]). Im frischen Zustande können die Gewebe nach ihrem Uricasegehalt in folgende absteigende Reihe geordnet werden: Niere von Rind, Leber von Pferd, Leber von Katze, Leber von Hund, Leber von Kaninchen, Niere von Pferd, Leber von Hammel. Vorhanden in Meerschweinchenleber, in Schweineleber, in Schweineniere[6]). In der Affenleber[7]). Die Leber von Rind, die Niere von Hund, die Milz von Pferd weisen nur einen sehr geringen Uricasegehalt auf, sowie die Muskeln und vielleicht auch das Knochenmark des Rindes. Nach ihrem Uricasegehalt kann man die Gewebe des Pferdes in folgende absteigende Reihe ordnen: Leber, Niere, Lymphdrüsen, Leukocyten, Muskeln, Knochenmark, Milz, Schilddrüse[8]). Fehlt in den Lungen von Pferd, Hund und Hammel, in der Milz von Rind, Hund und Hammel, im Darme vom Rinde, im Pankreas vom Pferde, im Gehirne vom Hunde, in den Muskeln von Hund, Rind und Hammel, in den Nieren von Hammel und Kaninchen[9]), im Blute von Pferd, Rind, Hammel, Menschen[10]), in den Leukocyten vom Hunde, beim menschlichen Foetus[11]), in der Leber des Schweinsembryos[12]), in

---

[1]) P. Cazeneuve, Compt. rend. de l'Acad. des Sc. **124**, 406—408, 781—782 [1897].
[2]) J. Wolff u. E. de Stoecklin, Compt. rend. de l'Acad. des Sc. **146**, 1415—1417 [1908].
[3]) W. Wiechowski u. H. Wiener, Beiträge z. chem. Physiol. u. Pathol. **9**, 247—294 [1907]. — F. Battelli u. Lina Stern, Compt. rend. de la Soc. de Biol. **66**, 411—412, 612—614 [1909]; Biochem. Zeitschr. **19**, 219—253 [1909]. — A. Schittenhelm, Zeitschr. f. physiol. Chemie **63**, 248—268 [1909].
[4]) V. Scaffidi, Biochem. Zeitschr. **18**, 506—513 [1909].
[5]) J. R. Miller u. W. Jones, Zeitschr. f. physiol. Chemie **61**, 395—404 [1909]. — W. Wiechowski, Beiträge z. chem. Physiol. u. Pathol. **9**, 295—310 [1907]; **11**, 109—131 [1908]; Archiv f. experim. Pathol. u. Pharmakol. **60**, 185—207 [1909]. — H. G. Wells u. H. J. Corper, Journ. of biol. Chemistry **6**, 321—336 [1909].
[6]) A. Schittenhelm u. J. Schmid, Zeitschr. f. experim. Pathol. u. Therap. **4**, 432—437 [1907]. — A. Schittenhelm, Zeitschr. f. physiol. Chemie **66**, 53—69 [1910].
[7]) H. G. Wells, Journ. of biol. Chemistry **7**, 171—185 [1910].
[8]) M. Almagia, Beiträge z. chem. Physiol. u. Pathol. **7**, 459—462 [1906].
[9]) M. Ascoli, Archiv f. d. ges. Physiol. **72**, 340—351 [1898]. — H. Wiener, Archiv f. experim. Pathol. u. Pharmakol. **42**, 375—398 [1899].
[10]) Th. Brugsch u. A. Schittenhelm, Zeitschr. f. experim. Pathol. u. Therap. **4**, 447—450 [1907].
[11]) H. G. Wells u. H. J. Corper, Journ. of biol. Chemistry **6**, 321—336 [1909].
[12]) P. H. Mitchell, Journ. of biol. Chemistry **3**, 145—149 [1907]. — L. B. Mendel u. P. H. Mitchell, Amer. Journ. of Physiol. **20**, 97—116 [1907].

der Gänseleber[1]), in den Geweben der Ente und der Schildkröte, in der Leber von Sycotypus canaliculatus[2]).

Darstellung: Verschiedene Verfahren führen zur Isolierung der Uricase in mehr oder minder großer Reinheit; es sind die Methoden von Schittenhelm[3]) (Ausfällung mittels Uranylacetat in alkalischer Lösung), von Wiechowski und Wiener[4]) (Ausziehen des Organpulvers mit Sodalösung, Dialyse, Fällung mittels Kaliumacetat), von Croftan[5]) und von Battelli und Stern[6]) (Alkohol und Ätherfällung).

Nachweis: Messung der durch die Harnsäureoxydation bewirkten Steigerung der Kohlensäureentwicklung.

Physiologische Eigenschaften: Die Uricasemenge scheint in den Geweben nach dem Tode oft zuzunehmen. Subcutane Natriumsalicylateinspritzungen erhöhen beim Hunde den Uricasegehalt der Organe[7]).

Physikalische und chemische Eigenschaften: Die oxydierte Harnsäuremenge ist der Uricasemenge direkt proportional. Während den zwei ersten Stunden vollzieht sich die Oxydation der Harnsäure proportional zu der Versuchsdauer ohne Schädigung des Fermentes. Die Uricase fällt durch Alkohol und Äther. Sie wird bei der Fällung der Nucleoproteide durch Essigsäure mitgerissen. Sehr säure-[8]) und alkaliempfindlich. Toluol und Chloroform schädigen nicht, wohl aber Ammonsulfat, NaCl, KCl, Kaliumacetat (2%), Harnstoff (5%). Kleine Mengen von Silbersulfat, -acetat, -nitrat, -citrat steigern die Uricasewirkung, größere Dosen verhindern sie hingegen[9]). Kolloidales Silber verlangsamt die Wirkung der Uricase, während hingegen kolloidales $Fe(OH)_2$ und kolloidales As_2S_2 sie nicht beeinflussen[10]). Hundeserum hemmt keineswegs die Uricasewirkung. Mehrere Gewebe enthalten hemmende Substanzen, so daß sie nach vorangegangener Alkoholbehandlung die Harnsäure energischer als im frischen Zustande oxydieren. Die Uricase wirkt viel stärker im reinen Sauerstoff als in der Luftatmosphäre. Äthylhydroperoxyd ist ohne merklichen Einfluß auf die Wirkung der Uricase. Bei Ausschluß von molekularem Sauerstoff bewirkt die Uricase in Gegenwart von Äthylhydroperoxyd keine Oxydation der Harnsäure, so daß also die Uricase den aktiven Sauerstoff des Peroxydes nicht ausnutzen kann. Sie kann hingegen den molekularen Sauerstoff dem Hämoglobin entziehen. — Das Optimum der Temperatur liegt zwischen 50 und 55°, je nach den Geweben. Mit zunehmender Temperatur steigt die Uricasewirkung in gerader Linie bis zu einem Grade, wo das Ferment abgeschwächt zu werden anfängt. Die untere Temperaturgrenze, bei welcher die Uricase geschädigt wird, liegt für die Uricase der Alkoholniederschläge niedriger als für die frischer Gewebe. Papain und Trypsin zerstören die Uricase. Ob die Umwandlung des Guanins zu Harnsäure durch Milzextrakt oder Leberextrakt[11]) sowie die Bildung von Harnsäure aus Dialursäure und Harnstoff in bluthaltiger Leber[12]) von einer synthetischen Wirkung der Uricase bei Sauerstoffabwesenheit herrührt oder von einem völlig verschiedenen, im Blutserum sich befindenden, in den Organen fehlenden, die Harnsäurebildung bewirkenden Fermente, ist noch keineswegs aufgeklärt[13]). Izar zufolge soll die Wiederbildung zerstörter Harnsäure auf das Zusammenwirken eines im Blutserum vorhandenen besonderen Fermentes und eines in Leber und Milz, nicht aber in den Nieren, vorkommenden hitzebeständigen und alkohollöslichen Kofermentes beruhen[14]).

---

[1]) E. Friedmann u. H. Mandel, Schmiedebergs Festschrift 199—207 [1908].
[2]) L. B. Mendel u. H. G. Wells, Amer. Journ. of Physiol. 24, 170—176, 469—482 [1909].
[3]) A. Schittenhelm, Zeitschr. f. physiol. Chemie 45, 161—165 [1905].
[4]) W. Wiechowski u. H. Wiener, Beiträge z. chem. Physiol. u. Pathol. 9, 247—294 [1907].
[5]) A. Croftan, Archiv f. d. ges. Physiol. 121, 377—394 [1908].
[6]) F. Battelli u. Lina Stern, Compt. rend. de la Soc. de Biol. 66, 411—412, 612—614]1909]; Biochem. Zeitschr. 19, 219—253 [1909].
[7]) L. B. Stookey u. Margaret Morris, Journ. of exper. med. 9, 312—313 [1907].
[8]) A. Schittenhelm, Centralbl. f. d. ges. Physiol. u. Pathol. d. Stoffwechsels 8, 561—563 [1907]. — W. Künzel u. A. Schittenhelm, Zeitschr. f. experim. Pathol. u. Therap. 5, 389—393 [1908].
[9]) G. Izar, Biochem. Zeitschr. 20, 349—265 [1909].
[10]) M. Ascoli u. G. Izar, Biochem. Zeitschr. 10, 356—370 [1908].
[11]) W. Künzel u. A. Schittenhelm, Zeitschr. f. experim. Pathol. u. Therap. 5, 393—400 [1908]; Centralbl. f. d. ges. Physiol. u. Pathol. d. Stoffwechsels N. F., 3, 721—724 [1908].
[12]) M. Ascoli u. G. Izar, Zeitschr. f. physiol. Chemie 62, 347—353 [1909].
[13]) M. Ascoli u. G. Izar, Zeitschr. f. physiol. Chemie 58, 529—538 [1909]. — C. Bezzola, G. Izar u. L. Preti, Zeitschr. f. physiol. Chemie 62, 229—236 [1909]. — L. Preti, Zeitschr. f. physiol. Chemie 62, 354—357 [1909].
[14]) G. Izar, Zeitschr. f. physiol. Chemie 65, 78—88 [1910].

Xanthooxydase.

Definition: Ein auch **Xanthinoxydase** benanntes Ferment, welches Hypoxanthin und Xanthin zu Harnsäure oxydiert.

Vorkommen: Fehlt in der Hefe[1]). Vorhanden in gewissen Bakterien[2]), in den Geweben von Sycotypus canaliculatus[3]), in Rinderleber, Rindermilz, Rindermuskeln, Rinderdarm, Rinderlungen, Schweineleber, Kaninchenleber, Hundemilz, Hundelungen, Hundedarm, Pferdemilz, Affenleber, Menschenleber[4]). Vielleicht in geringer Menge in Hundeleber vorhanden[5]). Beim Schweinsembryo enthält die Leber keine Xanthooxydase, wohl aber beim saugenden Schweine[6]). Die Xanthooxydase erscheint in der Leber des menschlichen Foetus zwischen dem sechsten Monate und der Geburt. Beim völlig ausgetragenen Foetus fehlt die Xanthooxydase in den Muskeln, in dem Darm, in den Nieren, in der Milz und im Thymus[7]). Fehlt in Rattenleber, Rattenmilz, Rattennieren, Rattenmuskeln, Hundepankreas, Schweinemilz, Schweinepankreas, Schweinelungen, Rinderthymus, Rinderblut, Schafblut, Menschenmilz, Menschenblut, Menschenplacenta[8]).

Darstellung: Durch Macerieren von Rinderlebern mit Chloroformwasser unter Eiskühlung[9]), oder durch Fällung mittels Ammonsulfat[10]).

Nachweis: Bestimmung der aus Hypoxanthin und Xanthin entstandenen Harnsäure nach dem von Schröder abgeänderten Ludwig-Salkowskischen Verfahren[11]).

Physikalische und chemische Eigenschaften: Die Xanthooxydase greift Harnsäure nicht an, Guanin und Adenin erst nach vorausgegangener Desamidierung. Sie wirkt nicht bei Abwesenheit des Luftsauerstoffes, bedarf aber nur der Gegenwart einer geringen Sauerstoffmenge, um ihre oxydierende Wirkung auszuüben. Vielleicht besteht eigentlich die Xanthooxydase aus zwei verschiedenen Fermenten, welche spezifisch auf Hypoxanthin und auf Xanthin einwirken[12]). Salicylsäure, Dialursäure, Tartronsäure beschleunigen die Wirkung der Xanthooxydase.

β-Oxybutyrase.

Definition: Ein β-Oxybuttersäure zu Acetessigsäure oxydierendes Enzym[13]).
Vorkommen: In Hundeleber.
Physikalische und chemische Eigenschaften: In Wasser löslich. Wird durch Ammonsulfat gefällt. Der Zusatz von Blut, Blutserum oder Oxyhämoglobin vermehrt die Wirkung

---

[1]) M. N. Straughn u. W. Jones, Journ. of biol. Chemistry **6**, 245—255 [1909].
[2]) A. Schittenhelm, Zeitschr. f. physiol. Chemie **57**, 21—27 [1908].
[3]) L. B. Mendel u. H. G. Wells, Amer. Journ. of Physiol. **24**, 170—177 [1909].
[4]) H. Wiener, Archiv f. experim. Pathol. u. Pharmakol. **42**, 375—398 [1899]. — W. Jones u. C. L. Partridge, Zeitschr. f. physiol. Chemie **42**, 343—348 [1904]. — W. Jones u. C. R. Austrian, Zeitschr. f. physiol. Chemie **48**, 110—129 [1906]. — A. Schittenhelm u. J. Schmid, Zeitschr. f. physiol. Chemie **50**, 30—35 [1907]. — W. Künzel u. A. Schittenhelm, Zeitschr. f. experim. Pathol. u. Ther. **5**, 389—392 [1908]; Centralbl. f. d. ges. Physiol. u. Pathol. d. Stoffw. [N. F.] **3**, 721—724 [1908]. — J. R. Miller u. W. Jones, Zeitschr. f. physiol. Chemie **61**, 395—404 [1909]. — H. G. Wells u. H. J. Corper, Journ. of biol. Chemistry **6**, 469—482 [1909]. — H. G. Wells, Journ. of biol. Chemistry **7**, 171—183 [1910].
[5]) A. Schittenhelm, Centralbl. f. d. ges. Physiol. u. Pathol. d. Stoffw. [N. F.] **4**, 801 [1909].
[6]) L. B. Mendel u. Ph. H. Mitchell, Amer. Journ. of Physiol. **20**, 97—116 [1907].
[7]) H. G. Wells u. H. J. Corper, Journ. of biol. Chemistry **6**, 469—482 [1909].
[8]) H. Wiener, Archiv f. experim. Pathol. u. Pharmakol. **42**, 375—398 [1899]. — A. Schittenhelm, Zeitschr. f. physiol. Chemie **46**, 354—370 [1905]. — W. Jones u. C. R. Austrian, Zeitschr. f. physiol. Chemie **48**, 110—129 [1906]. — A. Schittenhelm u. J. Schmid, Zeitschr. f. physiol. Chemie **50**, 30—35 [1907]. — Th. Brugsch u. A. Schittenhelm, Zeitschr. f. experim. Pathol. u. Ther. **4**, 446—450 [1907]. — W. Künzel u. A. Schittenhelm, Centralbl. f. d. ges. Physiol. u. Pathol. d. Stoffw. [N. F.] **3**, 721—724 [1908]. — J. R. Miller u. W. Jones, Zeitschr. f. physiol. Chemie **61**, 395—404 [1909]. — H. G. Wells u. H. J. Corper, Journ. of biol. Chemistry **6**, 469 bis 482 [1909]. — A. Rohde u. W. Jones, Journ. of biol. Chemistry **7**, 237—248 [1910].
[9]) R. Burian, Zeitschr. f. physiol. Chemie **43**, 497—531 [1905].
[10]) A. Schittenhelm, Zeitschr. f. physiol. Chemie **42**, 251—258 [1904]; **43**, 228—239 [1904].
[11]) W. Spitzer, Archiv f. d. ges. Physiol. **76**, 192—203 [1899]. — H. Wiener, Archiv f. experim. Pathol. u. Pharmakol. **42**, 375—398 [1899].
[12]) A. Schittenhelm, Zeitschr. f. physiol. Chemie **63**, 248—268 [1909].
[13]) A. J. Wakeman u. H. D. Dakin, Journ. of biol. Chemistry **6**, 373—389 [1909].

des Enzymes. Ammoniumbutyrat besitzt keinen begünstigenden Einfluß, so daß wahrscheinlich die Umwandlung der Buttersäure in β-Oxybuttersäure von einem anderen Fermente herrührt. 0,2 proz. Essigsäure hemmt. 0,1—0,25 proz. Natriumcarbonat wirkt fördernd, höhere Alkalidosen hingegen hemmend.

Spermase.[1])

Ein auch **Ovulase**[2]) benanntes, äußerst hypothetisches[3]) Ferment, welches im Sperma von Echinus esculentus bestehen soll und auf eine im Ei vorhandene Substanz (Ovulose) auf solche Weise einwirken soll, daß dadurch die Befruchtung eingeleitet wird.

V. Katalase.

Definition: Ein auch **Superoxydase**[4]) und **Hämase**[5]) benanntes Enzym, welches H_2O_2 in molekularem O und Wasser zerlegt[6]).

Vorkommen: In der Hefe[7]). In gewissen Pilzen und Schimmelpilzen, nämlich Boletus scaber[8]), Allescheria Gayoni, Aspergillus Wentii, Mucor mucedo, Hyphomyces roselleus, Penicillium brevicaule, Penicillium purpurogenum, Monilia sitophila, Fusarium vasinfectum, Fusarium muschatum, Sclerotinia sclerotiorum[9]). Sehr verbreitet bei den Bakterien[10]), besonders bei den Milchsäurebakterien[11] und im Pflanzenreiche[12]). In den grünen Blättern; in den Tabaksblättern[6]). In der Rübenwurzel[13]). In einigen pflanzlichen Milchsäften[14]). Bei den Regenwürmern[15]), den Insekten und den Wirbellosen im allgemeinen[16]). Bei den Fischen. Reichlich bei Nattern und Ottern, besonders im Blute, weniger bei Fröschen[17]). Bei Triton cristatus enthalten die Spermaextrakte mehr Katalase als die Eier[18]). Im Froschei, nicht aber im unbefruchteten Hühnerei[19]). In der ersten Entwicklungszeit bildet sich im Körper des Hühnerembryos Katalase, welche in das Eigelb überwandert[19]). In viel geringerem Grade in den Geweben der Vögel als der Säugetiere[20]). Beim Schweinsembryo enthalten Leber und Nieren am meisten Katalase; dann folgen Lungen, Muskel, Gehirn in absteigender Reihe[21]). Bei den Säugetieren ist der Katalasegehalt der Organe viel geringer beim Embryo und beim Neugeborenen als beim Erwachsenen; nach der Geburt nimmt er rasch zu und erreicht in einigen Tagen die Normalwerte. Es besteht Katalase bei den Säugetieren im Fettgewebe[22]), in den

---

[1]) Raphaël Dubois, Compt. rend. de la Soc. de Biol. **52**, 197—199 [1900].
[2]) J. B. Piéri, Arch. zool. expér. [3] **7** [1899], zit. nach O. von Fürth, Vergleichende chemische Physiologie der niederen Tiere, Jena 1903, S. 607.
[3]) W. T. Gies, Amer. Journ. of Physiol. **6**, 53—76 [1901].
[4]) R. W. Raudnitz, Zeitschr. f. Biol. **42**, 91—106 [1901].
[5]) G. Senter, Zeitschr. f. physikal. Chemie **44**, 257—318 [1903]; **51**, 673—705 [1905].
[6]) O. Loew, U. S. Dep. of Agriculture, Report No. **68**, Washington 1901.
[7]) O. Loew, U. S. Dep. of Agriculture, Report No. **68**, Washington 1901. — W. Issajew, Zeitschr. f. physiol. Chemie **42**, 102—116 [1904]; **44**, 546—559 [1905]. — Neumann-Wender, Die deutsche Essigindustrie, 1904, Nr. 34 u. 35, zit. nach Biochem. Centralbl. **3**, Nr. 974. — A. Bach, Berichte d. Deutsch. chem. Gesellschaft **39**, 1669—1672 [1906].
[8]) Hans Euler, Beiträge z. chem. Physiol. u. Pathol. **7**, 1—15 [1906].
[9]) H. Pringsheim, Zeitschr. f. physiol. Chemie **62**, 386—389 [1909].
[10]) Gottstein, Virchows Archiv **133**, 295—307 [1893]. — A. Jorns, Archiv f. Hyg. **67**, 134—162 [1908]. — D. u. Marie Rywosch, Centralbl. f. Bakt. I. Abt. **44**, 295—298 [1907].
[11]) J. Sarthou, Compt. rend. de l'Acad. des Sc. **150**, 119—121 [1910].
[12]) H. van Laer, Bull. Soc. Chim. Belg. **19**, 337—361 [1905]; Centralbl. f. Bakt. II. Abt. **17**, 546—547 [1906].
[13]) U. Stanek, Zeitschr. f. Zuckerind. in Böhmen **31**, 207—217 [1907].
[14]) V. Cayla, Compt. rend. de la Soc. de Biol. **65**, 128—130 [1908].
[15]) Ernst E. Lesser u. Ernst W. Tachenberg, Zeitschr. f. Biol. **50**, 446—455 [1907].
[16]) R. Kobert, Archiv f. d. ges. Physiol. **99**, 116—186 [1903].
[17]) Ad. Jolles, Münch. med. Wochenschr. **51**, 2083—2084 [1904].
[18]) Wolfgang Ostwald, Biochem. Zeitschr. **6**, 409—472 [1907].
[19]) A. Herlitzka, Arch. ital. biol. **48**, 119—145 [1907].
[20]) F. Battelli u. (Fräulein) Lina Stern, Compt. rend. de la Soc. de Biol. **58**, 21—22 [1905]. — Elisabeth Haliff, Thèse de Genève, 1904, 58 Seit.
[21]) L. B. Mendel u. C. S. Leavenworth, Amer. Journ. of Physiol. **21**, 85—94 [1900].
[22]) H. Euler, Beiträge z. chem. Physiol. u. Pathol. **7**, 1—15 [1906]. — A. Bach, Berichte d. Deutsch. chem. Gesellschaft **38**, 1878—1885 [1906].

Lungen[1]), in der Leber, in allen Teilen des Verdauungsapparates, und zwar am meisten im Magen[2]), in der Schilddrüse[3]), vielleicht auch in den Muskeln, in der Milz, im Pankreas, in den Nieren, im Knorpel[4]). Im Blute[5]), weder aber im vom defibrinierten Blute durch Zentrifugieren erhaltenen Serum noch im völlig blutkörperchenfreien Serum[6]). Die Katalase ist fast vollständig im Stroma der roten Blutkörperchen enthalten; die Leukocyten weisen nur einen geringen Katalasegehalt auf, und sie fehlt völlig in den Blutplättchen[7]). In geringer Menge in der Milch, und zwar am meisten im Rahme[8]). Nur spurenweise oder fehlt in Lymphe, Darmsaft, Galle, Speichel, Harn[9]). In der menschlichen Placenta[10]).

Darstellung: Aus Blut nach Senter, aus Fett nach Euler oder nach den Verfahren von Battelli und Stern oder von Walther Ewald[11]).

Nachweis: Feststellung des aus H_2O_2 entwickelten O-Volumens[12]) oder Messung des vom entwickelten O ausgeübten Druckes[13]) oder Titrierung des unzersetzten Teiles des H_2O_2 entweder mit KJ und Thiosulfat oder mit Kaliumpermanganat in schwefelsaurer Lösung[14]). Bei quantitativen Messungen relativer Katalasemengen müssen stets Kontrollproben mit dem gekochten Gewebe angestellt werden[15]) und muß man chemisch reines H_2O_2 anwenden[16]).

Physiologische Eigenschaften: Nach Deleano[17]) nimmt am Anfange der Keimung von Ricinus communis der Katalasegehalt rasch zu; später verschwindet die Katalase vom Albumen, bleibt aber in unveränderter Menge im Pflänzchen. Bei der Inanition sinkt der Katalasegehalt der Magendarmschleimhaut zur Hälfte, während er in den anderen Organen unverändert bleibt[2]). Nach der Unterbindung der Harnleiter, der doppelten Nephrektomie und bei der akuten Nephritis nimmt der Katalasegehalt des Blutes ab; bei der experimen-

---

[1]) N. Sieber u. W. Dzierzgowski, Zeitschr. f. physiol. Chemie **62**, 254—270 [1909].

[2]) W. S. Dzierzgowski, Arch. des Sc. biol. St. Pétersbourg **14**, 147—158 [1909].

[3]) A. Juschtschenko, Biochem. Zeitschr. **25**, 49—78 [1910].

[4]) Leo Liebermann, Archiv f. d. ges. Physiol. **104**, 176—206 [1903]. — J. H. Kastle u. A. S. Loevenhart, Amer. Chem. Journ. **29**, 397—437, 563—588 [1903]. — Adolf Rosenbaum, Festschrift für Salkowski **1904**, 337—345. — F. Battelli u. (Fräulein) Lina Stern, Compt. rend. de l'Acad. des Sc. **138**, 923—924 [1904]; Compt. rend. de la Soc. de Biol. **57**, 374—376 [1904]; **60**, 344—346 [1906]. — A. S. Loevenhart, Amer. Journ. of Physiol. **13**, 171—185 [1905]. — E. J. Lesser, Zeitschr. f. Biol. **48**, 1—18 [1906]; **49**, 575—583 [1907]. — L. van Itallie, Compt. rend. de la Soc. de Biol. **60**, 148—150 [1906].

[5]) G. Senter, Zeitschr. f. physikal. Chemie **44**, 257—318 [1903]; **51**, 673—705 [1905]. — J. Ville u. J. Moitessier, Compt. rend. de la Soc. de Biol. **55**, 1126—1128 [1903]. — L. van Itallie, Compt. rend. de la Soc. de Biol. **60**, 148—150 [1906]; K. Akad. von Wetensch. te Amsterdam, Wis-en Natuurkund. Afdeel. **14**, II, 540—545 [1905]; Pharmaceut. Weekblad **43**, 27—32 [1906]. — Ad. Jolles u. Moritz Oppenheim, Virchows Archiv **180**, 185—225 [1905]. — D. Rywosch, Centralbl. f. Physiol. **21**, 65—67 [1907].

[6]) H. Iscovesco, Compt. rend. de la Soc. de Biol. **58**, 1054—1055 [1905]; **60**, 224—225 [1906]. — A. Juschtschenko, Biochem. Zeitschr. **25**, 49—78 [1910].

[7]) F. Battelli u. (Fräulein) Lina Stern, Arch. di fisiol. **2**, 471—508 [1905].

[8]) R. W. Raudnitz, Zeitschr. f. Biol. **42**, 91—106 [1901]. — O. Loew, Zeitschr. f. Biol. **43**, 256—257 [1903]. — Friedjung u. Hecht, Archiv f. Kinderheilk. **37**, 177—209, 346—405 [1903]. — Faitelowitz, Inaug.-Diss. Heidelberg 1904. — Emil Reiss, Zeitschr. f. klin. Medizin **56**, 1—32 [1905]. — R. van der Velden, Biochem. Zeitschr. **3**, 403—412 [1907]. — J. Sarthou, Journ. de Pharm. et de Chim. [7] **1**, 20—23 [1910]; Compt. rend. de l'Acad. des Sc. **150**, 119—121 [1910].

[9]) A. Primavera, Riforma medica **22**, 1266 [1906].

[10]) Walther Löb u. S. Higuchi, Biochem. Zeitschr. **22**, 316—336 [1909].

[11]) G. Senter, Zeitschr. f. physikal. Chemie **44**, 257—318 [1903]; **51**, 673—705 [1905]. — H. Euler, Beiträge z. chem. Physiol. u. Pathol. **7**, 1—15 [1906]. — F. Battelli u. (Fräulein) Lina Stern, Compt. rend. de la Soc. de Biol. **57**, 374—376 [1905]. — Walther Ewald, Archiv f. d. ges. Physiol. **116**, 334—336 [1907].

[12]) Leo Liebermann, Archiv f. d. ges. Physiol. **104**, 203—226 [1904]. — Walther Löb, Biochem. Zeitschr. **13**, 339—387 [1908].

[13]) Walther Löb u. Paul Mulzer, Biochem. Zeitschr. **13**, 475—495 [1908].

[14]) Ad. Jolles, Münch. med. Wochenschr. **51**, 2083—2084 [1904]; Fortschritte d. Medizin **22**, 1229—1233 [1904]; Zeitschr. f. analyt. Chemie **44**, 1—5 [1905]. — A. Jorns, Archiv f. Hyg. **67**, 134—162 [1908].

[15]) A. Bach, Berichte d. Deutsch. chem. Gesellschaft **38**, 1878—1885 [1905].

[16]) A. S. Loevenhart, Amer. Journ. of Physiol. **13**, 171—185 [1905]. — F. Battelli, Compt. rend. de la Soc. de Biol. **60**, 344—346 [1906].

[17]) N. T. Deleano, Arch. des Sc. biol. de St. Pétersbourg **15**, 1—24 [1910].

tellen Bauchfellentzündung nimmt er zu[1]). Nach Juschtschenko[2]) bewirkt die Entnahme der Schilddrüse stets eine Abnahme des Katalasengehaltes des Blutes beim Hunde, während dies beim Kaninchen hingegen nicht immer der Fall ist. Bei der subakuten Phosphorvergiftung nimmt der Katalasegehalt der Leber ab, der anderen Organe zu[3]). Nach der subcutanen, intravenösen oder intraperitonealen Einspritzung großer Mengen von Häpatokatalase wird diese rasch in den Geweben zerstört. Die akute Phosphor- oder Blausäurevergiftung vermindert den Katalasegehalt der verschiedenen Organe. In den Carcinomlebern ist der Katalasegehalt erheblich vermindert[4]). Der Katalasegehalt des Blutes nimmt manchmal bei Anämie, Nephritis, Fieber und Stoffwechselstörungen ab[5]). Bei Beleuchtung enthalten die Raupen weniger Katalase[6]). In den Eiern von Toxopneustes oder Arbacia steigt wenige Minuten nach der Befruchtung der Katalasegehalt erheblich, was vielleicht vom Vorhandensein einer Kinase oder eines Aktivators im Sperma herrührt[7]).

Physikalische und chemische Eigenschaften: Die verschiedenen Katalasen besitzen keineswegs identische Eigenschaften. Nach Loew und Jorns kann man sie in in Wasser unlösliche α-Katalasen und in in Wasser lösliche β-Katalasen einteilen[8]). Ob der freiwerdende O im Molekularzustande sich befindet, ist noch nicht völlig klargelegt[9]). Die Katalase ist ohne Einwirkung auf Äthylhydroperoxyd[10]). Sie ist nicht zur Oxydation von Fettsäuren oder Traubenzucker befähigt[11]). Reine Katalase färbt Guajaclösung weder direkt noch indirekt. Die Enzymnatur der Katalase ist überhaupt keineswegs sicher bewiesen[12]). Das Zeitgesetz ist noch nicht mit Bestimmtheit festgestellt. Die Reaktionsgeschwindigkeit wächst schneller, als der Fermentkonzentration entspricht. Nur in sehr verdünnten ($1/300$ normalen) H_2O_2-Lösungen gehorcht die Katalasereaktion dem Massenwirkungsgesetze[13]). Mit der Erreichung eines gewissen Katalasemaximums ist die Größe des Umsatzes den H_2O_2-Mengen direkt proportional, und umgekehrt mit der Erreichung eines gewissen H_2O_2-Maximums ist die Größe des Umsatzes der Fermentkonzentration direkt proportional. Die Reaktionsgeschwindigkeit wächst von 0 bis 10°[14]). Blutkatalase diffundiert nicht durch Cellulose, wohl aber durch Darmmembran[15]). Dringt kaum durch Porzellankerze, wenn die Lösung gegenüber Methylorange neutral reagiert, fast völlig, wenn sie gegenüber Phenolphthalein neutral reagiert[16]). Durch Kieselgur[17]), kolloidales Protein und normales Bleiphosphat[18]) adsorbiert. Nach Bierry, V. Henri und Schaeffer[19]) ist die Katalase ein negatives Kolloid. Iscovesco zufolge[20]) ist die Häpatokatalase ein elektropositives Kolloid; sie wandert stets nach dem negativen Pol und wird durch den elektrischen Strom zerstört. Säuren, auch Kohlensäure, wirken stark hemmend[21]), Alkalien weniger.

[1]) M. C. Winternitz, Journ. of exper. med. 11, 200—239 [1909].
[2]) A. Juschtschenko, Biochem. Zeitschr. 25, 49—78 [1910].
[3]) F. Battelli u. (Fräulein) Lina Stern, Arch. di fisiol. 2, 471—508 [1905]; Compt. rend. de la Soc. de Biol. 57, 636—637 [1905].
[4]) F. Blumenthal u. B. Brahn, Med. Klinik 5, 19 [1909].
[5]) Zoltan von Dalmady u. Arpad von Torday, Wiener klin. Wochenschr. 20, 457 bis 465 [1907].
[6]) Wolfgang Ostwald, Biochem. Zeitschr. 6, 409—472 [1907.]
[7]) E. P. Lyon, Amer. Journ. of Physiol. 25, 199—213 [1909].
[8]) O. Loew, Centralbl. f. Bakt. II. Abt. 10, 177—179 [1903]. — C. Engler u. R. O. Herzog, Zeitschr. f. physiol. Chemie 59, 327—375 [1909].
[9]) Leo Liebermann, Archiv f. d. ges. Physiol. 104, 203—226 [1904]. — P. Schäffer, Amer. Journ. of Physiol. 14, 299—312 [1905].
[10]) A. Bach u. R. Chodat, Berichte d. Deutsch. chem. Gesellschaft 36, 1756—1761 [1903].
[11]) E. J. Lesser, Zeitschr. f. Biol. 48, 1—18 [1906]; 49, 575—583 [1907].
[12]) H. Iscovesco, Compt. rend. de la Soc. de Biol. 60, 277—279, 352—354, 409—411 [1906]. — F. E. Moscoso, Compt. rend. de la Soc. de Biol. 60, 950—951 [1906].
[13]) H. van Laer, Bull. Soc. Chim. Belg. 19, 337—361 [1905]; Centralbl. f. Bakt. II. Abt. 17, 546—547 [1906]. — G. Senter, Zeitschr. f. physiol. Chemie 44, 257—318 [1903]; 51, 673—705 [1905]. — Wolfgang Ostwald, Biochem. Zeitschr. 6, 409—472 [1907]. — C. A. Lowatt Evans, Biochem. Journ. 2, 133—155 [1907].
[14]) G. Lockemann, J. Thies u. H. Wichem, Zeitschr. f. physiol. Chemie 58, 390—431 [1909].
[15]) A. J. J. Vandevelde, Biochem. Zeitschr. 1, 408—412 [1907].
[16]) M. Holderer, Compt. rend. de l'Acad. des Sc. 150, 790—792 [1910].
[17]) E. Reiss, Zeitschr. f. klin. Medizin 56, 1—32 [1905].
[18]) Amos W. Peters, Journ. of biol. Chemistry 5, 367—380 [1909].
[19]) H. Bierry, Victor Henri u. G. Schaeffer, Compt. rend. de la Soc. de Biol. 63, 226 [1907].
[20]) H. Iscovesco, Compt. rend. de la Soc. de Biol. 67, 292—293 [1909].
[21]) U. Stanek, Zeitschr. f. Zuckerind. in Böhmen 31, 207—217 [1907].

Die Empfindlichkeit gegen Säuren hängt von der H-Ionenkonzentration ab. Bei 0° liegt die optimale H-Ionen-Konzentration der Katalasewirkung dem Neutralpunkte sehr nahe, scheint aber mit zunehmender Versuchsdauer ein wenig gegen die saure Seite hin verschoben zu werden[1]). Spuren von Kaliumcyanid wirken schädlich. Cyansäure, Hydroxylamin, Phenylhydrazin, Acetonitril hemmen. Verdünnte Lösungen von Mangansulfat befördern[2]). Ferrosulfat hemmt, nicht mehr aber, wenn man vorher der Katalase eine genügende Alkohol- oder Aldehydmenge zufügt[3]). Jod, NaCl und NaFl (1 proz.) hemmen. Natriumsulfat ist fast wirkungslos[4]). K_2SO_4, andere Sulfate und Phosphate können befördern. Nach Issajew[5]) und Euler können Salze und schwache Alkalien durch direkte katalytische Wirkung die Zerstörung befördern; es besteht für sie eine optimale Konzentration; K-Ionen wirken dann günstiger als Na-Ionen. Amide und Peptone befördern[5]), Chloroform und Gerbsäure hemmen[6]). H_2O_2 verzögert[7]). H_2S, Formaldehyd (erst bei 4—5%), Toluol, Thymol wirken schwach hemmend. Die Alkaloidsalze wirken manchmal fördernd, manchmal verzögernd; in anderen Fällen bleiben sie ohne Wirkung[8]). Chinin in geringer Konzentration beschleunigt. Die Hypnotica hemmen, Antipyrin hingegen befördert[9]). Der Harn hemmt die Katalasewirkung, was größtenteils von seiner Reaktion herrührt[10]). Normales Serum besitzt nach De Waele keine hemmenden Eigenschaften gegenüber der Katalasewirkung[11]). Die Extrakte gewisser tierischer Gewebe (Milz, Leber, Lungen), verhindern in mehr oder minder ausgeprägtem Grade die Katalasewirkung; die Hemmungsstoffe werden durch 2 Alkoholvolumina fast völlig zerstört, durch Ammonsulfatsättigung gefällt und hingegen durch Essigsäure nicht gefällt[12]). Rohes Blutserum sowie wässeriger Extrakt von Muskeln, Nieren, Hirn von Meerschweinchen oder Kaninchen verhindert die Zerstörung der Katalase durch die Hemmungsstoffe der Gewebe. Ob man aber eine Antikatalase und eine Philokatalase[13]) annehmen muß, ist keineswegs sicher. Nach Battelli und Stern wird die Antikatalase vom Trypsin nicht angegriffen. Die Philokatalase zerstört die Antikatalase nicht bei 5°, wohl aber bei 18° und noch schneller bei 40°. Die Philokatalase wirkt bei neutraler, nicht aber bei saurer Reaktion. Durch Fällung mit Alkohol läßt sich aus an Antikatalase reichem Extrakte Philokatalase gewinnen. Die Katalase wirkt schon bei 0°. Das Optimum liegt meistens bei 40°, nach Lockemann, Thies und Wichem[4]) bei 10°. Je nach dem Substrate fängt die Zerstörung der Katalase bei 30, 40—50 oder 60° an, und liegt die Tötungstemperatur bei 68—70, 72—75 oder sogar erst bei 90°. Im trocknen Zustande bleibt nach mehrstündigem Erwärmen auf 50° ein Teil der Katalase bestehen[14]). Nach Hertel vermehren die Lichtstrahlen die Katalasewirkung[15]). Nach Zeller und Jodlbauer[16]) hingegen sowie nach Ostwald[17]) wird die Blutkatalase durch sichtbare wie durch ultraviolette Lichtstrahlen geschädigt; O-Anwesenheit ist nur für die Wirkung der sichtbaren Strahlen nötig. Gegenwart von OH-Ionen zeigt fördernden Einfluß, H-Ionen sind dagegen ohne Belang. Von fluorescierenden Stoffen wirkt Eosin nur dann sensibilisierend, wenn die zur Belichtung kommenden Strahlen vorher durch dickes Glas dringen müssen. Sensibilisiert wird auch die Lichtwirkung durch

---

[1]) S. P. L. Sörensen, Biochem. Zeitschr. **21**, 132—304 [1909].
[2]) C. G. Santesson, Hygiea Festband Nr. 6, 1—35 [1908].
[3]) F. Battelli, Compt. rend. de la Soc. de Biol. **60**, 916—917 [1906].
[4]) G. Lockemann, J. Thies u. H. Wichem, Zeitschr. f. physiol. Chemie **58**, 390—431 [1909].
[5]) W. Issajew, Zeitschr. f. physiol. Chemie **44**, 546—559 [1905].
[6]) J. F. Hoffmann u. P. Spiegelberg, Wochenschr. f. Brauerei **22**, 441—443 [1905].
[7]) G. Senter, Zeitschr. f. physikal. Chemie **44**, 257—318 [1903]; **51**, 673—705 [1905]. — A. J. J. Vandevelde, Beiträge z. chem. Physiol. u. Pathol. **5**, 558—570 [1904].
[8]) Orville H. Brown u. C. Hugh Neilson, Amer. Journ. of Physiol. **13**, 427—435 [1905].
[9]) C. Hugh Neilson u. Oliver P. Terry, Amer. Journ. of Physiol. **14**, 248—251 [1905].
[10]) M. C. Winternitz, Journ. of exper. med. **11**, 200—239 [1909].
[11]) H. De Waele u. A. J. J. Vandevelde, Biochem. Zeitschr. **9**, 264—274 [1908].
[12]) F. Battelli u. (Fräulein) Lina Stern, Compt. rend. de la Soc. de Biol. **58**, 335—337 [1905]; Journ. de Physiol. et Pathol. génér. **7**, 919—934 [1905].
[13]) F. Battelli u. (Fräulein) Lina Stern, Compt. rend. de la Soc. de Biol. **58**, 758—760 [1905]; Compt. rend. de l'Acad. des Sc. **140**, 1352—1354 [1905]; **141**, 139—142 [1905]; Journ. de Physiol. et Pathol. génér. **7**, 957—972 [1905].
[14]) L. van Itallie, Pharmac. Weekblad **43**, 27—32 [1906]. — H. van Laer, Bulletin de la Soc. chim de Belg. **19**, 337—361 [1905].
[15]) E. Hertel, Zeitschr. f. allgem. Physiol. **4**, 1—43 [1904].
[16]) M. Zeller u. A. Jodlbauer, Biochem. Zeitschr. **8**, 84—97 [1908].
[17]) Wolfgang Ostwald, Biochem. Zeitschr. **10**, 1—130 [1908].

Rose bengale, Methylenblau, dichloranthracendisulfonsaures Natrium, Stoffe, welche im Dunkeln keine nennenswerte schädliche Wirkung besitzen. Bei allen niederen Tieren wird Katalase durch Beleuchtung abgeschwächt oder zerstört, am schnellsten in gemischtem und violettem Lichte, am langsamsten in gelbem Lichte und in der Dunkelheit[1]). Nach Tallarico[2]) besitzt monochromatisches rotes oder grünes Licht keinen schädlichen Einfluß auf Hefekatalase, während blaues, violettes, gelbes und Gesamtlicht die Wirksamkeit der Hefekatalase allmählich schwächen. Röntgenstrahlen sind ohne Einfluß. Katalase verhindert die Oxydation von Harnsäure und Xanthin durch H_2O_2 [3]). Ob ein Antagonismus zwischen Katalase und Peroxydase besteht, ist bestritten[4]).

VI. Reduktasen.

Reduktionen hervorrufende Enzyme. Man nennt sie auch **Hydrogenasen**. Man unterscheidet folgende Reduktasen: die Oxydoreduktase, das Philothion, die Jacquemase, die Lactoreduktase, die Diacetase und die Nitrase. Das Bestehen der Reduktasen ist äußerst zweifelhaft. Es scheint sich dabei nur um Reduktionserscheinungen leicht oxydabler Stoffe zu handeln[5]).

Oxydoreduktase.

Definition: Ein sowohl Oxydations- als Reduktionserscheinungen hervorrufendes Ferment.

Vorkommen: In den Kartoffeln[6]).

Physikalische und chemische Eigenschaften: Die Oxydoreduktase wirkt nur bei gleichzeitiger Anwesenheit von Kaliumchlorat oder Kaliumnitrat auf Salicylaldehyd oxydierend ein. Die durch dieses Ferment hervorgerufenen Reduktionen beruhen auf der Wirkung vom enzymatisch entwickelten nascierenden H. Freier O beeinträchtigt die Wirkung der Oxydoreduktase. Ammoniumrhodanat (20%) und Ammoniumsulfhydrat heben sie völlig auf, Rhodanat (10%) und Nicotin (2%) verlangsamen sie. Das Optimum der Wirkung wird bei 50—55° erreicht. Bei 60° wird die Wirkung der Oxydoreduktase aufgehoben.

Philothion.

Definition: Ein S zu H_2S verwandelndes Ferment.

Vorkommen: Im Hefezellsafte[7]) und in fast allen tierischen Zellen[8]). Im Albumen der Samen von Ricinus communis, weder aber im Pflänzchen, noch in der Wurzel[9]).

Physikalische und chemische Eigenschaften: Die Enzymnatur dieses Prozesses ist keineswegs bewiesen[10]). Die Hefereduktase soll die Benzoylameisensäure in Mandelsäure überführen[11]). Die Wirkung des Philothions wird durch Trocknen oder Fällung leicht aufgehoben. Sie wird durch Halogene gehemmt. Pflanzliches und tierisches Philothion sind wahrscheinlich nicht identisch, denn ersteres wird durch Kaliumjodid zerstört, letzteres hingegen nicht[9]).

---

[1]) Wolfgang Ostwald, Biochem. Zeitschr. **6**, 409—472 [1907].
[2]) G. Tallarico, Arch. di farmacol. sper. e scienze affini **8**, 81—109 [1909].
[3]) Ph. Shäffer, Amer. Journ. of Physiol. **14**, 299—312 [1905].
[4]) A. Herlitzka, Atti della R. Accad. di Lincei Rendiconti, Cl. di sc. fisiche, mat. e nat. **15**, 2a parte, 333—341 [1906]; **16**, 2a parte, 473—479 [1907]. — R. Chodat, Berichte d. Deutsch. chem. Gesellschaft **36**, 1756 bis 1761 [1903]. — A. Bach, Berichte d. Deutsch. chem. Gesellschaft **39**, 1670—1672 [1906].
[5]) A. Heffter, Mediz.-naturw. Archiv **1**, 81—104 [1907]. — Schmiedebergs Festschrift 253—260 [1908].
[6]) J. E. Abelous u. J. Aloy, Compt. rend. de l'Acad. des Sc. **137**, 885—887 [1903]; **138**, 382—384 [1904]; Compt. rend. de la Soc. de Biol. **55**, 1535—1538 [1903]; **56**, 222—225 [1904]. — J. E. Abelous, Compt. rend. de l'Acad. des Sc. **138**, 1619—1620 [1904]; Compt. rend. de la Soc. de Biol. **56**, 997—998 [1904].
[7]) J. Grüss, Berichte der Deutsch. bot. Gesellschaft **26a**, 191—196, 618—631 [1908].
[8]) J. de Rey-Pailhade, Bull. génér. de thérapeut. **146**, 210—211 [1903]; **152**, 620—622 [1906]; **154**, 740—742 [1907]; Bulletin de la Soc. chim. [3] **31**, 708—709, 987—991 [1904]; [3] **33**, 850 bis 854 [1905]; [3] **35**, 1030—1033 [1906]; [4] **1**, 165—167, 523—524, 1051—1053 [1907]. — Emm. Pozzi-Escot, Bulletin de la Soc. chim. [3] **29**, 1232—1234 [1903].
[9]) N. T. Deleano, Archives des Sc. biol. de St. Pétersbourg **15**, 1—24 [1910].
[10]) J. E. Abelous, Bulletin de la Soc. chim. [3] **31**, 698—701 [1904].
[11]) L. Rosenthaler, Biochem. Zeitschr. **14**, 238—253 [1908].

Jacquemase.

Definition: Ein dem Philothion ziemlich ähnliches, hypothetisches Ferment.
Vorkommen: Im japanischen Koji; die Jacquemase wird durch Eurotium oryzae abgesondert[1]).
Physikalische und chemische Eigenschaften: Zeigt gegenüber Guajac, H_2O_2, Indigocarmin und einem Gemische von $FeCl_3$ und Ferrocyankalium dasselbe Verhalten wie Philothion. Unterscheidet sich vom Philothion dadurch, daß die Jacquemase nicht imstande ist, freien S in H_2S zu verwandeln.

Lactoreduktase.

Definition: Ein noch wenig bekanntes reduzierendes Ferment der Milch.
Vorkommen: In der Kuhmilch, wo das Enzym zwar teilweise an den Fettkügelchen haftet, teilweise in Lösung sich befinden soll. Vielleicht ist die Lactoreduktase mikrobären Ursprunges[2]).
Nachweis: Entfärbung einer Methylenblaulösung bei Methylaldehydzusatz (Schardingersche Lösung).
Physikalische und chemische Eigenschaften: Ob es sich um ein eigentliches Ferment handelt, ist keineswegs sicher festgestellt. Nach Smidt[3]) soll es sich um eine Aldehydkatalase handeln, welche in den Rahm übergeht[3]). Nach Rosenthaler wird die Benzoylameisensäure in l-Mandelsäure durch die Lactoreduktase übergeführt[4]). H_2O_2 hemmt die Wirkung der Lactoreduktase, ohne dieses Ferment zu zerstören[5]).

Nitrase.

Definition: Ein die Nitrate reduzierendes Ferment.
Vorkommen: In der Hefe[6]). In gewissen Bakterien[7]). In den Kartoffelknollen und -keimen[8]). Bei Solanum melongina[9]). In den Erythrinablättern[10]). Bei Elodea, Iris, Vallisneria, Potamogeton, Vicia faba und verschiedenen Gramineen[11]). In den Organen in folgend absteigender Wirksamkeitsreihe: Leber, Niere, Nebenniere, Lunge, Hoden, Darm, Ovarium, Submaxillardrüsen, Pankreas, Milz, Muskel, Gehirn[12]).
Darstellung: Ausziehen mit Chloroformwasser bei 40°, Fällen mit 5 Vol. 95proz. Alkohol, Auswaschen mit Äther.
Nachweis: Zusatz von Kaliumnitrat und Feststellung der Nitritbildung durch die Trommsdorffsche, die Grießsche Metaphenylendiamin- oder die Denigèssche Resorcinreaktion. — Feststellung der aus Asparagin und Kaliumnitrat gebildeten N-Menge.
Physikalische und chemische Eigenschaften: Die Nitrase reduziert auch Nitrobenzen zu Anilin. Sie ist in Glycerin löslich und wird durch Alkohol gefällt. Alkohole und Aldehyde beschleunigen die Reduktion. Am wirksamsten in einer H-Atmosphäre, viel weniger in Kohlensäure. Geringe Mengen von Natriumcarbonat scheinen die Wirkung zu steigern. Chloroform, Thymol, Phenol (2%), NaFl (1—2%) verhindern die Wirkung kaum, wohl aber Quecksilberchlorid zu 1:2000 [13]). Blausäure hebt die Fermentwirkung fast völlig auf. Reiner O hemmt sie[8]).

---

1) M. Emm. Pozzi-Escot, Bulletin de la Soc. chim. [3] **27**, 557—560 [1902].
2) E. Seligmann, Zeitschr. f. Hyg. **50**, 97—122 [1905]; **52**, 161—178 [1905]; **58**, 1—15 [1907]. — Erwin Brand, Münch. med. Wochenschr. **54**, 821—883 [1907]. — Orla Jensen, Centralbl. f. Bakt., II. Abt. **18**, 211—224 [1907].
3) Henry Smidt, Archiv f. Hyg. **58**, 313—326 [1906].
4) L. Rosenthaler, Biochem. Zeitschr. **14**, 238—253 [1908].
5) A. Monvoisin, Rev. génér. du lait **6**, 265—272 [1907].
6) Mattio Spica, zit. nach Irving u. Hankinson, Biochem.-Journ. **3**, 87—96 [1908].
7) Burri u. Stutzer, Ann. agron. **22**, 491—494 [1896].
8) J. E. Abelous u. J. Aloy, Compt. rend. de la Soc. de Biol. **55**, 1080—1082 [1903].
9) J. H. Kastle u. Elias Elvolve, Amer. Chem. Journ. **31**, 606—672 [1904].
10) Fr. Weehuizen, Pharmac. Weekblad **44**, 1229—1232 [1907].
11) Annie A. Irving u. Rita Hankinson, Biochem. Journ. **3**, 87—96 [1908].
12) J. E. Abelous u. E. Gérard, Compt. rend. de l'Acad. des Sc. **129**, 56—58 [1900].
13) J. E. Abelous u. E. Gérard, Compt. rend. de l'Acad. des Sc. **129**, 664—666, 1023—1025 [1900]; **130**, 420—422 [1900].

VII. Gärungsenzyme.

Man versteht unter diesem Namen verschiedene Fermente, welche bei den durch Mikroorganismen bewirkten Gärungen eine Rolle spielen und endocellulärer Natur sind. Diese Fermentgruppe muß als ganz vorläufige betrachtet werden. Verschiedene der in dieser Gruppe gereihten Enzyme können auch in andere Fermentgruppen gebracht werden. Die Acidacetase und die Zymase gehören vielleicht eigentlich zur Carboxylasengruppe, die Alkoholoxydase zur Oxydasegruppe. Wie dem auch sei, so kann man zurzeit unter Gärungsenzymen folgende Fermente besprechen: die Alkoholoxydase, die Acidoxydase, die Glucacetase, die Lactacidase, die Milchsäurebakterienzymase und die Zymase. Vielleicht bestehen noch andere ähnliche Fermente, welche z. B. an der Citronensäuregärung durch Citromycetes teilnehmen[1]). Anhangsweise wird die zu den Hydratasen eigentlich gehörende Aldehydmutase besprochen.

Alkoholoxydase.

Definition: Ein auch Acetase oder Alkoholase benanntes Ferment, welches die Oxydation des Äthylalkohols erst zu Acetaldehyd und dann weiter zu Essigsäure hervorruft. Die Endreaktion entspricht der Formel: $CH_3CH_2OH + 2\,O = CH_3COOH + H_2O$.

Vorkommen: In den Essigsäurebakterien. Im Bacterium pasteurianum[2]). In der Leber verschiedener Tiere, am meisten beim Pferde; dann kommen in absteigender Reihe Ochsen, Schaf, Meerschweinchen, Hund, Kaninchen[3]). In sehr geringer Menge in der Menschenleber[4]). In den Pferdenieren[4]).

Darstellung: Durch Acetonfällung[5]).

Physiologische Eigenschaften: In den Geweben der an Alkohol gewöhnten Tiere nimmt die Alkoholoxydasemenge nicht zu[4]).

Physikalische und chemische Eigenschaften: Vielleicht ist die Alkoholoxydase kein einheitliches Enzym. Sie oxydiert auch Methylalkohol, Propylalkohol, Isobutylalkohol, Benzylalkohol, Glykol, Saligenin, Acetaldehyd. Glycerin wird nicht oxydiert. Bei O-Abwesenheit wirkt die Alkoholoxydase nicht. Weder die O-Spannung noch die Alkoholkonzentration beeinflussen die Oxydationsintensität merklich. Die Alkoholoxydase wirkt weder in leicht saurem noch in stark alkalischem Medium. Das Optimum ihrer Wirkung wird bei schwach alkalischer Reaktion erreicht. Alkohol, Äther und Aceton schlagen die Alkoholoxydase nieder. Milzzusatz kann die Wirkung der Alkoholoxydase der Leber steigern. Zusatz von Calciumcarbonat fördert die Wirkung der Alkoholoxydase. H_2O_2 ist ohne Einfluß. Das Temperaturoptimum liegt bei schwach alkalischer Reaktion bei 55°, bei stärkerer Alkalinität bei 40°. Bei Wassergegenwart wird die Alkoholoxydase bei 90—100° rasch zerstört.

Acidoxydase.

Definition: Ein auf Oxysäuren selektiv einwirkendes Enzym, welches diese Säuren unter CO_2-Abspaltung oxydiert[6]).

Vorkommen: Im Penicillium glaucum und in gewissen Schimmelpilzen.

Physikalische und chemische Eigenschaften: Die Acidoxydase oxydiert d-Weinsäure, Milchsäure, Traubensäure, Apfelsäure, Mandelsäure, β-Oxybuttersäure, nicht aber Glykolsäure,

---

[1]) E. Buchner u. H. Wüstenfeld, Biochem. Zeitschr. **17**, 395—442 [1909]. — R. O. Herzog u. A. Polotzky, Zeitschr. f. physiol. Chemie **59**, 125—128 [1909].

[2]) E. Buchner u. Rufus Gaunt, Liebigs Annalen **349**, 140—184 [1906]. — F. Rothenbach u. L. Eberlein, Deutsche Essigindustrie **9**, 233—234 [1905]. — F. Rothenbach u. W. Hofmann, Deutsche Essigindustrie **11**, 41—42 [1907].

[3]) F. Battelli u. (Fräulein) Lina Stern, Compt. rend. de la Soc. de Biol. **67**, 419—421 [1909]; **68**, 5—6 [1910]; Biochem. Zeitschr. **21**, 487—509 [1909].

[4]) F. Battelli u. (Fräulein) Lina Stern, Biochem. Zeitschr. **28**, 145—168 [1910].

[5]) E. Buchner u. J. Meisenheimer, Berichte d. Deutsch. chem. Gesellschaft **36**, 634 bis 638 [1903]. — F. Batelli u. (Fräulein) Lina Stern, Biochem. Zeitschr. **28**, 145—168 [1910].

[6]) R. O. Herzog u. A. Meier, Zeitschr. f. physiol. Chemie **57**, 35—42 [1908]; **59**, 57—62 [1909].

Glucacetase.

Unter diesem Namen versteht man ein in den Essigsäurebacillen vorhandenes Ferment, welches Traubenzucker in 3 Mol. Essigsäure spaltet, nach folgender Gleichung: $C_6H_{12}O_6 = 3\ CH_3 \cdot COOH$. Dieses Ferment wirkt nur bei Luftabschluß[1]).

Lactacidase.

Definition: Ein die Milchsäure zerstörendes Ferment.
Vorkommen: In den Muskeln[2]).

Milchsäurebakterienzymase.

Definition: Ein auch **Lactolase** benanntes Ferment, welches die Hexosen in Milchsäure spaltet nach der Gleichung: $C_6H_{12}O_6 = C_3H_6O_3 + C_3H_6O_3$.
Vorkommen: In sehr vielen Bakterien[3]). Vielleicht in den Muskeln[4]).
Darstellung: 1. Nach Buchner und Meisenheimer[5]): Zentrifugieren von in hochprozentiger Würze bei 40—45° erzielter Kultur von Bacillus Delbrückii. Auswaschen und Ausschleudern des Bakterienrückstandes, Eintragen in 20 T. Aceton, Aufsammeln auf einem Filter, Auswaschen mit Aceton und nachher mit Äther, Trocknen im Vakuum.
2. Nach Herzog[6]): Schütteln der Milchsäurebakterienkulturen mit Kieselgur, Absaugen, Abpressen. 10 Minuten dauerndes Eintragen des Bakterienrückstandes in fein verteilter Form in eiskaltem Methylalkohol oder besser in Methylformiat, Abgießen der Flüssigkeit, Verrühren des Bakterienbreies mit Äther während einiger Minuten, Absaugen, rasches Trocknen im Brutschranke.
Nachweis: Feststellung der gebildeten Milchsäure nach dem v. Fürth-Charnassschen Verfahren[7]).
Physikalische und chemische Eigenschaften: Die entstehende Milchsäure ist stets die α-Oxypropionsäure CH_3—$CHOH$—$COOH$. Die gebildete Milchsäure ist meistens die racemische oder optisch inaktive, manchmal auch die rechtsdrehende Fleischmilchsäure oder Paramilchsäure[8]). Die Lactolase wirkt, außer auf die einfachen Hexosen (Glykose, Fructose, Galaktose, Mannose), auch auf Mannit und Rhamnose[9]). Ob die Milchsäuregärung der Hexosen mit vorübergehender Wasseraufnahme oder ohne solche vor sich geht, ist keineswegs festgestellt. Die Milchsäure scheint nicht direkt aus der Hexose zu entstehen, sondern es bilden sich wahrscheinlich Methylglyoxal und Glycerinaldehyd als Zwischenprodukt[10]), so daß der Verlauf der Spaltung nach folgendem Schema vor sich gehen würde[11]):

---

[1]) E. Buchner u. J. Meisenheimer, Berichte d. Deutsch. chem. Gesellschaft **38**, 620 bis 630 [1905].
[2]) K. Inouye u. K. Kondo, Zeitschr. f. physiol. Chemie **54**, 481—500 [1908]. — R. S. Frew, Zeitschr. f. physiol. Chemie **60**, 14—19 [1909].
[3]) Emmerling, Die Zersetzung stickstofffreier Substanzen durch Bakterien, Brunswick 1902. H. Weigmann, in Lafars Handbuch der technischen Mykologie **2**, Jena [1906].
[4]) J. Stoklasa, J. Jelinek u. T. Černy, Centralbl. f. Physiol. **16**, 712—716 [1903]. — K. Inouye u. K. Kondo, Zeitschr. f. physiol. Chemie **54**, 481—500 [1908].
[5]) E. Buchner u. J. Meisenheimer, Berichte d. Deutsch. chem. Gesellschaft **36**, 634 bis 638 [1903]; Liebigs Annalen **349**, 125—139 [1904].
[6]) R. O. Herzog, Zeitschr. f. physiol. Chemie **37**, 381—382 [1903].
[7]) O. v. Fürth u. D. Charnass, Biochem. Zeitschr. **26**, 199—220 [1910].
[8]) R. O. Herzog u. F. Hörth, Zeitschr. f. physiol. Chemie **60**, 131—154 [1909].
[9]) G. Tate, Journ. Chem. Soc. **63**, 1263—1283 [1893].
[10]) Ad. Windhaus u. Fr. Knoop, Berichte d. Deutsch. chem. Gesellschaft **38**, 1166—1170 [1905]. — E. Erlenmeyer jun., Journ. f. prakt. Chemie (N. F.) **71**, 382—384 [1905]. — E. Buchner u. J. Meisenheimer, Berichte d. Deutsch. chem. Gesellschaft **39**, 3201—3218 [1906].
[11]) A. Wohl, Biochem. Zeitschr. **5**, 45—64 [1907].

$$
\begin{array}{cccccc}
\text{CHO} & \text{CHO} & \text{CHO} & \overset{\text{Methylglyoxal}}{\text{CHO}} & \overset{\text{Milchsäure}}{\text{COOH}} \\
| & | & | & | & | \\
\text{CH(OH)} \ \ \text{H} & \text{C(OH)} & \text{CO} & \text{CO} \longrightarrow & \text{CHOH} \\
|-| & || & | & | & | \\
\text{CH(OH)} \ \ \text{OH} \longrightarrow & \text{CH} & \text{CH}_2 \longrightarrow & \text{CH}_3 & \text{CH}_3 \\
| & | & | & | & \\
\text{CH(OH)} & \text{CH(OH)} & \text{CHOH} & \text{CHO} & \text{CHO} & \text{CHO} \\
| & | & | & | & | & | \\
\text{CH(OH)} & \text{CH(OH)} & \text{CHOH} & \text{CHOH} \longrightarrow & \text{COH} \longrightarrow & \text{CO \ usw.} \\
| & | & | & | & || & | \\
\text{CH}_2\text{OH} & \text{CH}_2\text{OH} & \text{CH}_2\text{OH} & \text{CH}_2\text{OH} & \text{CH}_2 & \text{CH}_3 \\
 & & & \text{Glycerinaldehyd} & & \text{Methylglyoxal}
\end{array}
$$

Die Wirkung der Milchsäurebakterienzymase wird durch Alkalien, Säuren (Salzsäure, Milchsäure 0,5—0,8%, Formaldehyd gehemmt, kaum aber durch Chloroform und Benzol[1]). In der äußerst geringen Menge von 0,000000001 g pro Liter beschleunigt Formaldehyd hingegen die Milchsäuregärung[2]). Sehr große $BaCl_2$-Dosen (2 g pro Liter Milch) bewirken eine Beschleunigung. Bei den Dosen von 0,1 g und von 0,01 g $BaCl_2$ pro Liter Milch strebt die Milchsäuregärung zur Norm zurückzukehren. Die Dosen von 1 und 0,1 mg rufen eine geringe Abnahme hervor. 0,01 mg $BaCl_2$ beschleunigt hingegen wieder, und selbst noch 0,001 und 0,0001 mg, wenn auch dann die Kurve der Milchsäuregärung sich der Norm langsam zu zähern strebt[3]). Bei der Einwirkung der Metallsalze auf die Milchsäuregärung bestehen je nach der Dosis vier verschiedene Perioden: 1° Verzögerung oder selbst Hemmung (bei den toxischen Metallen Ag, Ko, Tl, Th, Pt) bei ungefähr 0,1 g Salz pro Liter; 2. Beschleunigung bei 0,01—0,0001 g pro Liter; 3. Verzögerung bei 0,00001—0,0000001 g pro Liter; 4. Beschleunigung bei 0,00000001—0,0000000001 g pro Liter. Bei der Dosis von 0,0000000001 g pro Liter wirken noch Pt, Ag, Tl und Ko beschleunigend, während Li und Mn gar keine oder fast keine Wirkung mehr ausüben. Thalliumnitrat scheint indes keine zweite Beschleunigungsperiode hervorzurufen, sondern verzögert noch, selbst bei der Dosis von 0,000000001 g pro Liter. Die Dosen, welche die verschiedenen Beschleunigungs- und Verzögerungsperioden erzeugen, wechseln von einem Salze zum anderen und sind, selbst für ein und dasselbe Salz, je nach der Temperatur, der Acidität usw., verschieden[4]). Das Optimum der Lactolasewirkung wird bei 30—40° erreicht. Erhitzen auf 60° wird kurze Zeit ertragen. Die Radiumemanation verzögert meistens die Gärung; manchmal jedoch ruft sie nach einer anfänglichen Verzögerung eine Beschleunigung der Milchsäuregärung hervor. Pepsin ist ohne Einfluß auf die Wirkung der Milchsäurebakterienzymase[5]).

Zymase.

Definition: Ein Zucker in Äthylalkohol und Kohlensäure spaltendes Ferment nach der Gleichung $C_6H_{12}O_6 = 2\,C_2H_6O + 2\,CO_2$.

Vorkommen: In den Saccharomyceshefen. In den Milchzuckerhefen. In Sakehefe[6]). In Eurotiopsis Gayoni[7]). In gewissen Schimmelpilzen: Aspergillus niger[8]), Mukorineen[9]). Bei vielen Bakterien: Azotobacter chroococcum, Bacterium Hartlebi, Bacillus boocopricus, Bacillus oedematis maligni, Bacillus oethaceticus, Friedländerschen Pneumoniebacillen[10]). In der Zuckerrübe[11]). In den gequollenen Samen und Keimpflänzchen der Erbsen, Gerste,

---

[1]) Ch. Richet, Compt. rend. de la Soc. de Biol. **56**, 216—221 [1904].
[2]) Ch. Richet, Arch. int. Physiol. **3**, 130—151, 203—217 [1905].
[3]) Ch. Richet, Arch. int. Physiol. **3**, 264—281 [1906].
[4]) A. Chassevant u. Ch. Richet, Compt. rend. de l'Acad. des Sc. **117**, 673—675 [1894]. — Ch. Richet, Arch. int. Physiol. **4**, 18—50 [1906]; Biochem. Zeitschr. **11**, 273—280 [1908].
[5]) E. Hirschfeld, Archiv f. d. ges. Physiol. **47**, 510—542 [1890].
[6]) T. Takahashi, Bull. Coll. Agric. Tokyo **4**, 395—397 [1902].
[7]) P. Mazé, Compt. rend. de l'Acad. des Sc. **135**, 113—116 [1902]; **138**, 1514—1517 [1904].
[8]) N. Junitzky, Berichte d. Deutsch. bot. Gesellschaft **25**, 210—212 [1907].
[9]) S. Kostytschew, Centralbl. f. Bakt., II. Abt. **13**, 490—503, 577—589 [1904].
[10]) J. Stoklasa, Berichte d. Deutsch. bot. Gesellschaft **24**, 22—32 [1906]. — A. Bau, Lafars Handbuch der technischen Mykologie **4**, 399f. — J. Stoklasa, A. Ernst u. K. Chocensky, Zeitschr. f. physiol. Chemie **51**, 156—157 [1907].
[11]) J. Stoklasa, J. Jelinek u. E. Vitek, Beiträge z. chem. Physiol. u. Pathol. **3**, 460—509 [1903]; Zeitschr. f. Zuckerind. in Böhmen **27**, 633—662 [1903]; Centralbl. f. Bakt., II. Abt. **13**, 86 bis 95 [1904].

Lupinen. In den Kartoffelknollen. In sehr vielen Samen und auch in anderen Pflanzenteilen[1]), wo sie eine Rolle im Atmungsprozesse zu spielen scheint[2]). Bis jetzt ist das Bestehen der Zymase in tierischen Organen (Pankreas, Leber, Muskel usw.)[3]) keineswegs sicher bewiesen[4]).

Darstellung: Verreiben von Hefe mit Quarzsand und Kieselgur und mehrmaliges Aussetzen in einem feuchten doppelten Preßtuch einem Drucke von 300 Atmosphären; Filtrieren des Preßsaftes durch Papier oder durch Chamberlandkerze, Trocknen bei unter 30° liegender Temperatur[5]). Bessere Ergebnisse erzielt man durch heftiges Rühren von 50 ccm Preßsaft in einem Gemisch von 400 ccm absol. Alkohols und 200 ccm Äther[6]) oder in der zehnfachen Acetonmenge[7]) und nachheriges rasches Trocknen; aus dem entstandenen weißen Pulver bereitet man Glycerinextrakte. Durch Anrühren lebender Hefezellen mit Alkohol und Äther oder Aceton und Äther erhält man die sog. Dauerhefen[8]), welche eine kräftigere Zymasewirkung besitzen als der Preßsaft. Acetondauerhefe wird **Zymin** benannt. Bis jetzt ist es nicht gelungen, die Zymase von den anderen Enzymen der Hefe zu trennen.

Nachweis: Bestimmung der Abnahme des zugesetzten Zuckers oder besser Feststellung der Menge der gebildeten Kohlensäure und Alkoholes.

Physiologische Eigenschaften: Durch Zymaseeinspritzungen erzielt man manchmal beim Kaninchen und bei der Ziege ein die Zymasewirkung etwas hemmendes Serum[9]).

Physikalische und chemische Eigenschaften: Der eigentliche Vorgang bei der Wirkung der Zymase auf Zucker ist keineswegs aufgeklärt. Nach Buchner und Meisenheimer besteht die Zymase aus zwei wirksamen Fermenten: 1. Die eigentliche Zymase, welche den Zucker bis zur Milchsäure abbaut und mit der **Milchsäurebakterienzymase** identisch ist und 2. eine **Lactacidase,** welche die Milchsäure weiter in Kohlensäure und Äthylalkohol abbaut[10]). Nach Boysen-Jensen stellt das Dioxyaceton und nicht die Milchsäure das Zwischenprodukt dar, und die Zymase enthält eine aus Zucker Dioxyaceton spaltende **Dextrase** und eine **Dioxyacetonase,** welche das Dioxyaceton weiter in Alkohol und Kohlensäure überführt[11]).

[1]) J. Stoklasa, Berichte d. Deutsch. bot. Gesellschaft **22**, 460—466 [1904]; Chem.-Ztg. **31**, 1228—1230 [1907]. — J. Stoklasa u. F. Cerny, Berichte d. Deutsch. chem. Gesellschaft **36**, 622—634 [1903]. — J. Stoklasa, A. Ernst u. K. Chocenský, Zeitschr. f. physiol. Chemie **50**, 303—360 [1907]; Zeitschr. f. d. landw. Versuchswesen in Österreich **10**, 817—871 [1907]; Berichte d. Deutsch. bot. Gesellschaft **24**, 542—546 [1906]; **25**, 38—42, 122—136 [1907].
[2]) W. Palladin, Berichte d. Deutsch. bot. Gesellschaft **23**, 240—247 [1905]; Zeitschr. f. physiol. Chemie **47**, 407—451 [1906]; Biochem. Zeitschr. **18**, 151—206 [1909]. — W. Palladin u. S. Kostytschew, Berichte d. Deutsch. bot. Gesellschaft **24**, 273—285 [1906]; **25**, 51—56 [1907]; Zeitschr. f. physiol. Chemie **48**, 214—239 [1906]. — S. Kostytschew, Biochem. Zeitschr. **15**, 217—219 [1908]; Berichte d. Deutsch. bot. Gesellschaft **25**, 188—191 [1907].
[3]) J. Stoklasa, Centralbl. f. Physiol. **16**, 652—658 [1903]; **17**, 465—477 [1904]; Archiv f. Hyg. **50**, 165—182 [1904]; Archiv f. d. ges. Physiol. **101**, 311—339 [1904]; Berichte d. Deutsch. chem. Gesellschaft **38**, 664—670 [1905]. — J. Stoklasa u. F. Cerny, Berichte d. Deutsch. chem. Gesellschaft **36**, 622—634, 4058—4069 [1903]. — E. Simacek, Centralbl. f. Physiol. **17**, 209—217 [1904]; **18**, 793—799 [1905]. — F. Ransom, Journ. of Physiol. **40**, 1—16 [1910].
[4]) A. Borrino, Centralbl. f. Physiol. **17**, 305—309 [1903]. — F. Battelli, Compt. rend. de l'Acad. des Sc. **137**, 1079—1080 [1903]. — J. Feinschmidt, Beiträge z. chem. Physiol. u. Pathol. **4**, 511—534 [1903]. — H. Landsberg, Zeitschr. f. physiol. Chemie **41**, 505—523 [1904]. — P. Mazé, Ann. de l'Inst. Pasteur **18**, 535—544 [1904]. — P. Portier, Ann. de l'Inst. Pasteur **18**, 633—643 [1904]. — P. Mazé u. A. Perrier, Ann. de l'Inst. Pasteur **18**, 378—384 [1904].
[5]) E. Buchner, Berichte d. Deutsch. chem. Gesellschaft **30**, 117—124, 1110—1113 [1897]; **31**, 568—574 [1898]; **33**, 3307—3315 [1900]. — E. Buchner u. R. Rapp, Berichte d. Deutsch. chem. Gesellschaft **30**, 2668—2678 [1897]; **31**, 209—217, 1084—1094, 1531—1533 [1898]; **32**, 121 bis 137, 2086—2094 [1899]. — A. Macfadyen, G. H. Morris u. S. Rowland, Proc. Roy. Soc. London **67**, 250—266 [1900]; Berichte d. Deutsch. chem. Gesellschaft **33**, 2764—2790 [1900].
[6]) R. Albert u. E. Buchner, Berichte d. Deutsch. chem. Gesellschaft **33**, 266—271, 971 bis 975 [1900].
[7]) J. Meisenheimer, Zeitschr. f. physiol. Chemie **37**, 518—526 [1903].
[8]) R. Albert, Berichte d. Deutsch. chem. Gesellschaft **33**, 3775—3778 [1900]. — R. Albert, E. Buchner u. R. Rapp, Berichte d. Deutsch. chem. Gesellschaft **35**, 2376—2382 [1902].
[9]) L. Jacobsohn, Münch. med. Wochenschr. **50**, 2171—2172 [1903]. — M. Hahn, Münch. med. Wochenschr. **50**, 2172—2175 [1903].
[10]) E. Buchner u. J. Meisenheimer, Berichte d. Deutsch. chem. Gesellschaft **37**, 417—428 [1904]; **38**, 620—630 [1905]; **39**, 3201—3218 [1906]. — E. Buchner, Archiv f. Anat. u. Physiol., physiol. Abt. **1906**, 548—555.
[11]) L. Iwanoff, Zeitschr. f. physiol. Chemie **50**, 281—288 [1907]. — P. Boysen-Jensen, Berichte d. Deutsch. bot. Gesellschaft **260**, 666—667 [1908].

Durch welchen Prozeß aus der Milchsäure oder ihrer Vorstufe (Dioxyaceton oder eine andere Substanz) der Alkohol entsteht, ist noch völlig unbekannt[1]). Nach Schade wird bei der Alkoholgärung die Milchsäure oder vielleicht auch schon ein Vorprodukt der Milchsäure sofort weiter zerlegt[2]). Eine ganz andere Vorstellung ist die, welche eine völlige Spaltung des Zuckers zu Kohlenoxyd und Wasserstoff und eine nachfolgende Synthese nach folgendem Schema annimmt: $C_6H_{12}O_6 = 6\,CO + 6\,H_2 = 2\,C_2H_5OH + 2\,CO_2$ [3]). Nach Kusserow[4]) wird der Zucker zu einem zweiwertigen Alkohol reduziert, welcher dann in Äthylalkohol, Kohlensäure und Wasserstoff weiter zerlegt wird. Die Zymase vergärt von den Hexosen d-Glucose, d-Mannose, d-Galaktose, d-Fruktose, von den Triosen nur Dioxyaceton. Sie wirkt auch auf die Nonosen, nicht aber auf die Pentosen[5]). — Über die Kinetik der Zymasewirkung herrscht noch keine völlige Einigkeit. Die Schütz-Borissowsche Regel gilt jedenfalls für die Zymasewirkung nicht, welche viel eher den Monomolekularreaktionen ähnelt. Die Reaktionsgeschwindigkeit nimmt mit steigender Zuckerkonzentration ab[6]). — Die Zymase scheint weder von positiven noch von negativen Adsorbenzien gut adsorbiert zu werden, so daß man sie vorläufig als elektroindifferent betrachten muß[7]). Durch Schütteln wird die Zymase teilweise zerstört[8]). In Lösung verliert die Zymase rasch ihre Wirksamkeit, was von der schädlichen Einwirkung der Endotryptase herrührt[9]). In konz. Rohrzuckerlösungen und besonders in Trockenhefe bleibt das Ferment länger wirksam[10]). Die Zymase diffundiert weder durch Cellulose noch durch Darmmembran[11]). Sie wird durch Alkohol und Aceton gefällt. Das Vorhandensein eines Phosphates in Optimalkonzentration ist vielleicht eine wesentliche Bedingung für die Zymase, wirkung[12]). Fördernd wirken die Mangansalze[13]), $ZnCl_2$ [14]), Harnstoff, Glykokoll, Chinin-Chloralhydrat, Chloroform in kleinen Dosen sowie alle die Wirkung der Endotryptase hemmenden Stoffe. Störend wirken die Fluoride, die Peptone, Formaldehyd, Hydroxylamin[15]), Alkohol, Aceton[16]), Chloroform in hohen Dosen, Phenol, Benzoesäure, Salicylsäure[17]), Salpeter, $CaCl_2$ Natriumsulfat, Ammonsulfat, Magnesiumsulfat und alle die Wirkung der Endotryptase begünstigenden Stoffe. Blausäure hemmt nur vorübergehend; Luftzufuhr stellt die Zymasewirkung wieder her. Toluol und Natriumazoimid stören wenig. Natriumarsenit ist meistens unschädlich, manchmal jedoch schädlich. Sauerstoff schädigt nicht, wohl aber Ozon in erheblichem Grade[18]). Im Pankreas befinden sich Stoffe, wovon die einen die Zymasewirkung wesentlich beschleunigen, während die anderen sie hingegen verzögern[19]). Normales Hund- und Ziegenblut oder Serum besitzt keine antizymatische Wirkung; Kaninchen- und Pferdeserum können sogar die alkoholische Gärung durch Hefepreßsaft verstärken, wahrscheinlich wegen den störenden Einfluß des Serums auf die Endotryptase[20]). Galle schädigt die Zymasewirkung[21]).

[1]) L. Iwanoff, Zeitschr. f. physiol. Chemie **50**, 281—288 [1907]. — P. Boysen-Jensen, Berichte d. Deutsch. bot. Gesellschaft **260**, 666—667 [1908].
[2]) H. Schade, Biochem. Zeitschr. **7**, 299—326 [1907].
[3]) Walther Loeb, Zeitschr. f. Elektrochemie **13**, 511—516 [1907].
[4]) R. Kusserow, Centralbl. f. Bakt., II. Abt., **26**, 181—187 [1910].
[5]) Emil Fischer, Berichte d. Deutsch. chem. Gesellschaft **23**, 2114—2141 [1890].
[6]) R. O. Herzog, Zeitschr. f. physiol. Chemie **37**, 149—160 [1902]. — M. J. H. Aberson, Rec. des Trav. chim. de Pays-Bas et de la Belg. **22**, 78—132 [1903]. — E. Buchner u. J. Meisenheimer, Berichte d. Deutsch. chem. Gesellschaft **37**, 417—428 [1904]. — Hans Euler, Zeitschr. f. physiol. Chemie **44**, 53—73 [1905].
[7]) L. Michaelis u. P. Rona, Biochem. Zeitschr. **15**, 217—219 [1908].
[8]) E. Abderhalden u. M. Guggenheim, Zeitschr. f. physiol. Chemie **54**, 331—353 [1908].
[9]) T. Gromow u. O. Grigorjew, Zeitschr. f. physiol. Chemie **42**, 299—329 [1904]. — Anna Petruschewsky, Zeitschr. f. physiol. Chemie **50**, 250—262 [1907].
[10]) H. Will, Zeitschr. f. d. ges. Brauwesen **19**, 453—456 [1896].
[11]) A. J. J. Vandevelde, Biochem. Zeitschr. **1**, 408—412 [1907].
[12]) A. Harden u. W. J. Young, Proc. Roy. Soc. London **80**B, 299—311 [1908]; **81**B, 346—347 [1909]. — W. J. Young, Proc. Roy. Soc. **81** B, 528—545 [1909]; Centralbl. f. Bakt., II. Abt., **26**, 178—184 [1910]. — W. Zaleski u. A. Reinhard, Zeitschr. f. physiol. Chemie **27**, 450—473 [1910].
[13]) E. Kayser u. H. Marchand, Compt. rend. de l'Acad. des Sc. **144**, 574—575 [1907].
[14]) C. Gimel, Compt. rend. de l'Acad. des Sc. **147**, 1324—1326 [1908].
[15]) A. Wrobleski, Centralbl. f. Physiol. **13**, 284—298 [1899].
[16]) E. Buchner u. W. Antoni, Zeitschr. f. physiol. Chemie **44**, 206—228 [1905].
[17]) Fr. Ducháček, Biochem. Zeitschr. **18**, 211—227 [1909].
[18]) E. Buchner u. Robert Hoffmann, Biochem. Zeitschr. **4**, 215—234 [1907].
[19]) E. Vahlen, Zeitschr. f. physiol. Chemie **59**, 194—222 [1909].
[20]) A. Harden, Berichte d. Deutsch. chem. Gesellschaft **36**, 715—716 [1903].
[21]) M. Hahn, Münch. med. Wochenschr. **50**, 2172—2175 [1903].

— Das Optimum der Zymasewirkung liegt bei 28—30°. Die Zymase wird bei 40—50° zerstört, bei längerer Einwirkung sogar schon bei etwas niedrigerer Temperatur. Im trockenen Zustande widersteht die Zymase der Temperatur von 85°. — Sonnenlicht hat keine erhebliche Wirkung auf Zymase; bei Zusatz von Tetrachlortetrajodfluorescein wird das Gärungsvermögen völlig aufgehoben, bei Zusatz von Eosin, Phenosafranin oder Dichloranthracendisulfonsäure um 80 bis 90% vermindert, bei Zusatz von Fluorescein oder von Methylenblau etwas geschwächt. Eosin und Dianthracendisulfonsäure in ultraviolettfreiem Bogenlichte schädigen erheblich[1]). Bei 4 Stunden nicht übersteigender Elektrolyse nimmt die Gärkraft an der Kathodenseite etwas zu, an der Anodenseite ab; bei längere Zeit dauernder Elektrolyse wird das Gärvermögen auch an der Kathode geschädigt[2]). — Der Hefepreßsaft enthält außer der Zymase noch einen weiteren für die Zuckerspaltung unentbehrlichen Körper, das im Kochsaft zuerst nachgewiesene Coenzym[3]). Preßt man Hefepreßsaft mit einem Drucke von 50 Atmosphären durch eine mit einer 10 proz. Gelatinelösung imprägnierte Chamberlandkerze (Martinscher Gelatinefilter), so bleibt die Zymase auf dem Filter, während das Coenzym ins Filtrat tritt. Man kann auch Coenzym und Zymase durch 24 stündige Dialyse des Hefepreßsaftes in Pergamentschläuchen gegen Wasser unter Eiskühlung trennen; das Ferment bleibt im Dialysator, während das Coenzym in das äußere Wasser geht und daraus durch Eindampfen im Vakuum erhalten wird[4]). Das Coenzym ist im Gegensatze zur Zymase dialysierbar und verträgt Siedetemperatur, so daß es im aufgekochten Hefepreßsafte sowie in bei Siedehitze hergestellten wässerigen Hefeauszügen (sog. „Kochsaft") noch unverändert vorhanden ist. Durch Zusatz solchen Kochsaftes zu frischem Hefepreßsafte wird die Gärwirkung des letzteren beträchtlich gesteigert; der Preßsaft wird aktiviert. Das Coenzym kann auch ausgegorenen Preßsaft regenerieren, indem es ihm wieder von neuem Gärkraft verleidet. Im ausgegorenem Preßsafte besteht Mangel an Coenzym bei Vorhandensein wirksamer Zymase. Im gärenden Hefepreßsafte verschwindet das Coenzym, wahrscheinlich infolge einer zerstörenden Einwirkung der im Preßsafte enthaltenen Lipase[5]). Das Coenzym wird durch 75 proz. Alkohol gefällt und durch kolloidales Eisenhydroxyd teilweise niedergeschlagen[6]). Das Coenzym ist wahrscheinlich ein organischer Phosphorsäureester[7]). Größere Mengen von Calciumcarbonat zerstören das Coenzym. Außer dem Coenzyme enthält nach Buchner und Haehn[8]) der abgekochte Hefepreßsaft eine Antiprotease, welche die Zymase des Preßsaftes sowie Proteine gegen die schädliche Wirkung der Endotryptase und anderer Proteasen schützt. Wahrscheinlich ist diese Antiprotease ein organischer, verseifbarer, esterähnlicher Körper. Die Wirkung der Antiprotease scheint auf einer Bindung zwischen dieser Substanz und dem Substrate herzurühren. Zusatz von Alanin, Leucin, Tyrosin schützt keineswegs die Zymase gegen die schädliche Wirkung der Endotryptase[8]).

Aldehydmutase.

Definition: Ein auch **Aldehydase** benanntes Enzym, welches verschiedene Aldehyde unter Wasseraufnahme in Säure und Alkohol spaltet[9]).

Vorkommen: In Schweine-, Rind-, Pferde-, Kaninchen-, Schafleber. Fehlt in Pferde- und Rinderlungen.

Physikalische und chemische Eigenschaften: Wirkt auf Äthylaldehyd, Propionaldehyd, n-Butylaldehyd, Isobutylaldehyd, n-Valeraldehyd, Benzaldehyd, Önanthol. Nach Battelli und Stern[10]) ist die Schmiedebergsche Salicylase eigentlich nur Aldehydmutase, welche aus Salicylaldehyd, außer der Salicylsäure, Saligenin bildet und keineswegs, wie man bis jetzt

---

[1]) H. von Tappeiner, Biochem. Zeitschr. 8, 47—60 [1908].
[2]) Fr. Resenscheck, Biochem. Zeitschr. 9, 225—263 [1908].
[3]) A. Harden u. W. J. Young, Proc. Physiol. Soc., in Journ. of Physiol. 32, S.I—II [1904]; Proc. Roy. Soc. London 77B, 405—420 [1906]; 78B, 368—375 [1906].
[4]) E. Buchner u. W. Antoni, Zeitschr. f. physiol. Chemie 46, 136—154 [1905].
[5]) E. Buchner u. F. Klatte, Biochem. Zeitschr. 8, 520—527 [1908]. — E. Buchner u. Fr. Duchaček, Biochem. Zeitschr. 15, 221—253 [1909].
[6]) Fr. Resenscheck, Biochem. Zeitschr. 15, 1—11 [1908].
[7]) E. Buchner u. Hugo Haehn, Biochem. Zeitschr. 19, 191—218 [1909].
[8]) E. Buchner u. Hugo Haehn, Biochem. Zeitschr. 26, 171—198 [1910].
[9]) F. Battelli u. (Fräulein) Lina Stern, Biochem. Zeitschr. 28, 145—168 [1910]; Compt. rend. de la Soc. de Biol. 68, 742—744 [1910]. — J. Parnas, Biochem. Zeitschr. 28, 274—294 [1910].
[10]) F. Battelli u. (Fräulein) Lina Stern, Compt. rend. de la Soc. de Biol. 69, 162—164 [1910].

gewöhnlich angenommen hat, Benzylalkohol und Benzoesäure. Nach Parnas[1]) hingegen wirkt die Aldehydmutase kaum auf Salicylaldehyd, so daß es noch nicht entschieden ist, ob man die Salicylase mit der Aldehydmutase identifizieren muß. Die Wirkung der Aldehydmutase erfolgt am besten bei neutraler Reaktion und nur bei Gegenwart von verfügbarem Alkali. Toluol verhindert die Wirkung der Aldehydmutase nicht, wohl aber Aceton. Erwärmen auf 65° beeinträchtigt keineswegs die Wirkung der Aldehydmutase. Durch Erhitzen auf 100° wird das Enzym unwirksam.

Anhang.

Zu S. 538, Z. 6: Die Substanz, auf welche das Ferment wirkt, wird auch **Zymolyst** benannt[2]).

Invertase.

Zu S. 541, Z. 7: Die Darminvertase ist schon am Anfange des 4. Monates des menschlichen Embryonallebens vorhanden, nicht aber im 2. Monate[3]).

Zu S. 541, Z. 12: Die manchmal nach Rohrzuckereinführung in den Mund im Speichel vorhandene Invertase ist stets mikrobären Ursprunges[4]).

Zu S. 541, Z. 23: Nach subcutaner Zufuhr löslicher Stärke beim Hunde tritt Invertase im Blutplasma oder Blutserum auf[5]). Nach subcutaner oder intravenöser Einspritzung von Rohrzucker oder Milchzucker erscheint im Plasma ein sowohl Rohrzucker als Milchzucker spaltendes Ferment, welches auf Raffinose hingegen unwirksam ist[6]).

Zu S. 542, Z. 6: Nach Masuda[7]) wächst die gebildete Invertzuckermenge mit der Invertasemenge, aber nicht direkt proportional.

Zu S. 542, Z. 22: In einer ungefähr 0,01 Normalacidität entsprechenden Acidität zerstören schon bei 30° verschiedene Säuren völlig gereinigte Hefeinvertase. Bei 0,05 Normalacidität tritt die Enzymvernichtung fast sofort ein. Die Hefeinvertase wird von einer 0,01 Normalalkalinität ungefähr entsprechenden Alkalinität an zerstört, bei 0,045 Normalalkalinität erfolgt die Zerstörung fast augenblicklich. Die Geschwindigkeit der Enzymvernichtung durch Säuren oder Alkalien folgt der Formel einer Monomolekularreaktion[8]).

Zu S. 542, Z. 29: Eiweiß schützt Invertase gegen den schädlichen Einfluß von Säuren und Laugen[9]).

Zu S. 542, Z. 30: Hefegummi befördert die Invertasewirkung[10]).

Zu S. 543, Z. 1: Invertase wird in 30 Sekunden durch Alkoholdämpfe bei 80—82° zerstört[11]).

Maltase.

Zu S. 544, Z. 20: Die Maltase ist vom Ende des 4. Monates an in der Dünndarmschleimhaut und im gesamten Darminhalte des menschlichen Embryos vorhanden. Bei der Geburt enthalten außerdem Blut sowie wahrscheinlich Pankreas Maltase, während sie hingegen im Speichel noch fehlt[12]).

Zu S. 545, Z. 15: Beim Kaninchen bewirkt Pilocarpin eine Zunahme des Maltasengehaltes des Blutserums[13]).

---

[1]) J. Parnas, Biochem. Zeitschr. **28**, 274—294 [1910].
[2]) A. S. Loevenhart u. G. Peirce, Journ. of biol. Chemistry **2**, 397—413 [1907].
[3]) J. Ibrahim, Zeitschr. f. physiol. Chemie **66**, 19—36 [1910].
[4]) J. L. Jona, Proc. Phys. Soc. **1910**, 21—22; Journ. of Physiol. **40** [1910]. — M. Lisbonne, Compt. rend. de la Soc. de Biol. **68**, 983—985 [1910]. — Em. Bourquelot, Compt. rend. de la Soc. de Biol. **68**, 1096—1097 [1910].
[5]) E. Abderhalden u. C. Brahm, Zeitschr. f. physiol. Chemie **64**, 429—432 [1910].
[6]) E. Abderhalden u. G. Kapfberger, Zeitschr. f. physiol. Chemie **69**, 23—49 [1910].
[7]) N. Masuda, Zeitschr. f. physiol. Chemie **66**, 143—151 [1910].
[8]) C. S. Hudson u. H. S. Paine, Journ. Amer. Chem. Soc. **32**, 774—779 [1910].
[9]) L. Rosenthaler, Biochem. Zeitschr. **26**, 9—13 [1910].
[10]) N. Masuda, Zeitschr. f. physiol. Chemie **66**, 143—151 [1910].
[11]) L. Aurousseau, Bulletin des Sc. pharm. **17**, 320—327 [1910].
[12]) J. Ibrahim, Zeitschr. f. physiol. Chemie **66**, 19—36 [1910]. — G. B. Allaria, La Pedatria **17**, 896—904 [1910].
[13]) K. Mockel u. Fr. Rost, Zeitschr. f. physiol. Chemie **67**, 433—485 [1910].

Lactase.

Zu S. 547, Z. 8: Die Lactase erscheint erst am 7.—8. Monate oder sogar noch später im Dünndarme des menschlichen Embryos. Die obere Dünndarmschleimhaut enthält mehr Lactase als die untere[1]).

Amylase.

Zu S. 552, Z. 11: Im Pollen der Beköstigungsantheren von Cassia fistula ist keine Amylase enthalten, wohl aber im Pollen der Befruchtungsantheren[2]).

Zu S. 554, S. 15: Im Pankreas, in den Nieren, in der Milz[3]).

Zu S. 555, Z. 4: Nach Wohlgemuth und Strich[4]) ist Amylase in Hunde-, Kaninchen-, Meerschweinchen-, Frauenmilch vorhanden, weder aber in Kuh- noch in Ziegenmilch. Die Milchamylase wird vorwiegend in der Brustdrüse selbst gebildet.

Zu S. 556, Z. 7: Die Unterbindung der Pankreasgänge beim Hunde bewirkt eine Zunahme des Amylasegehaltes der Milch[4]). Nach Unterbindung der Ureteren und bei Nierenimpermeabilität findet meistens eine geringe Zunahme des Amylasegehaltes des Blutes statt[5]).

Zu S. 556, Z. 13: Der Aderlaß bewirkt keine Veränderungen des Amylasegehaltes des Blutes[6]). Unter dem Einflusse der Kälte kann der Amylasegehalt des Blutes zunehmen[6]).

Zu S. 556, Z. 19: Pilocarpin bewirkt eine Zunahme des Amylasegehaltes des Blutserums beim Kaninchen[7]). Bei Strychninvergiftung beim Kaninchen nimmt meistens die Amylasemenge im Blute zu[6]). — Ob der Amylasegehalt des Blutes im Diabetes mellitus beim Menschen eine geringe Abnahme erleidet oder unverändert bleibt, ist noch nicht mit Sicherheit festgestellt[8]).

Zu S. 556, Z. 23: Die Amylase wird nur zum Teile im Harne ausgeschieden; ein großer Teil wird im Körper, wahrscheinlich im Unterhautzellgewebe unwirksam[5]).

Zu S. 556, Z. 24: Die Einführung tierischer Amylase per os, per rectum oder subcutan vermehrt keineswegs die Blutamylase, während hingegen nach intravenöser oder intraperitonealer Einverleibung tierischer Amylase der Amylasegehalt des Blutes zunimmt[5]).

Zu S. 558, Z. 34: Maltose und Dextrose verlangsamen die Amylasewirkung erheblich, Galaktose und Mannose weniger; diese Verzögerung der Amylasewirkung rührt von der Bindung der Amylase am Zucker her. Dextrin hemmt nur, insoweit es noch Zuckereigenschaften besitzt. Rohrzucker und Lävulose verhindern keineswegs die Amylasewirkung[9]).

Zu S. 559, Z. 13: Eiweiß schützt Amylase gegen die schädliche Wirkung von Säuren und Alkalien[10]). Borsäure befördert etwas die Amylasewirkung oder ist wenigstens ohne schädlichen Einfluß[11]).

Zu S. 559, Z. 15: Die günstige Wirkung der Gallensalze auf Pankreasamylase scheint von der durch diese Salze hervorgerufenen Erniedrigung der Oberflächenspannung des Substrates herzurühren[12]).

---

[1]) J. Ibrahim, Zeitschr. f. physiol. Chemie **66**, 19—36 [1910]. — J. Ibrahim u. L. Kaumheimer, Zeitschr. f. physiol. Chemie **66**, 37—52 [1910].

[2]) G. Tischler, Jahrb. f. wissenschaftl. Botanik **47**, 219—242 [1910].

[3]) G. Hirata, Biochem. Zeitschr. **27**, 385—396 [1910].

[4]) J. Wohlgemuth u. M. Strich, Sitzungsber. d. kgl. preuß. Akad. d. Wissensch. **24**, 520 bis 524 [1910].

[5]) M. Loeper u. J. Ficaï, Arch. de Méd. expér. et d'Anat. pathol. **19**, 722—733 [1907]. — K. Mockel u. Fr. Rost, Zeitschr. f. physiol. Chemie **67**, 433—485 [1910].

[6]) K. Mockel u. Fr. Rost, Zeitschr. f. physiol. Chemie **67**, 433—485 [1910].

[7]) Ch. Achard u. A. Clerc, Compt. rend. de la Soc. de Biol. **53**, 709—710 [1901]. — M. Loeper u. J. Ficaï, Archives de Méd. expér. et d'Anat. pathol. **19**, 722—733 [1907]. — K. Mockel u. Fr. Rost, Zeitschr. f. physiol. Chemie **67**, 433—485 [1910].

[8]) M. Kaufmann, Compt. rend. de la Soc. de Biol. **46**, 130—132 [1895]. — Ch. Achard u. A. Clerc, Compt. rend. de la Soc. de Biol. **53**, 708—709 [1910]. — O. J. Wynhausen, Berl. klin. Wochenschr. **47**, 1281—1283 [1910]. — K. Mockel u. Fr. Rost, Zeitschr. f. physiol. Chemie **67**, 433—485 [1910].

[9]) A. Wohl u. E. Glimm, Biochem. Zeitschr. **27**, 349—371 [1910].

[10]) L. Rosenthaler, Biochem. Zeitschr. **26**, 9—13 [1910].

[11]) H. Agulhon, Annales de l'Inst. Pasteur **24**, 494—518 [1910].

[12]) G. Buglia, Biochem. Zeitschr. **25**, 239—256 [1910].

Zu S. 559, Z. 29: Maltose schützt die Amylase gegen die schädigende Einwirkung einer hohen Temperatur; Traubenzucker, Invertzucker, Dextrin schützen weniger, Rohrzucker noch weniger; am geringsten Stärke[1]).

Cellulase.

Zu S. 561, Z. 5: Im Kirschgummi[2]).

Emulsin.

Zu S. 567, Z. 12: Dabei tritt wahrscheinlich als Zwischenprodukt d-Benzaldehydcyanhydrin auf[3]). Das Emulsin spaltet die Cyanhydrine von racemisiertem Benzaldehyd, Acetaldehyd und Zimtaldehyd, und zwar nur die rechtsdrehende Komponente, nicht aber die linksdrehende[4]).

Zu S. 567, Z. 31: Eiweiß schützt δ-Emulsin und ς-Emulsin gegen die schädliche Wirkung von Säuren oder Alkalien[5]). Borsäure übt keine schädigende Wirkung auf Emulsin aus oder befördert sogar ihre Wirkung[6]).

Zu S. 567, Z. 34: H_2O_2 zerstört Emulsin[7]).

Zu S. 568, Z. 12: Das Diaemulsin wandelt d-Benzaldehydcyanhydrin in l-Benzaldehydcyanhydrin[8]). δ-Emulsin wird durch Säure rascher inaktiviert als ς-Emulsin[7]).

Myrosinase.

Zu S. 572, Z. 9: Wird in 2 Minuten durch Alkoholdämpfe bei 80—82° zerstört[9]).

Lipase.

Zu S. 575, Z. 22: In gewissen Krankheiten nimmt das Hemmungsvermögen des Blutserums gegenüber der Lipasewirkung zu; die Erhöhung der hemmenden Eigenschaften des Serums scheint der Zunahme des Hemmungsvermögens des Blutserums gegenüber der Trypsinwirkung parallel zu verlaufen[10]).

Zu S. 576, Z. 25: Alle hämolytisch wirkenden Substanzen beschleunigen die Wirkung der Pankreaslipase; Cholesterin verhindert diese begünstigende Wirkung der Hämolysine[11]).

Zu S. 577, Z. 2: Serum, seröse Exsudate, Hodenpreßsaft, Schilddrüsenpreßsaft, Glycerinextrakte von Milz, Hoden, Ovarien, Schilddrüsen erhöhen die Wirkung der Pankreaslipase; Cholesterin hemmt diese begünstigende Wirkung, welche weder die Cerebrospinalflüssigkeit noch die Glycerinextrakte der Lymphdrüsen besitzen[10]). — Durch Filtrieren auf Papier kann man die wirksame Pankreaslipase in 2 unwirksame Fraktionen trennen, die eigentliche Lipase und das Coenzym, welche beim Zusammenbringen die ursprüngliche Wirksamkeit wieder aufweisen. Das Coenzym dialysiert, ist thermostabil, scheint in verdünntem Alkohol löslich zu sein, nicht aber in abs. Alkohol oder in Äther. Serum aktiviert in hohem Grade die durch Trennung vom Coenzym unwirksam gewordene Lipase. Vielleicht spielt das Coenzym gegenüber der eigentlichen Pankreaslipase die Rolle eines Hormones[12]).

Zu S. 577, Z. 9: Borsäure verhindert etwas die Wirkung der Ricinolipase[6]).

Pepsinase.

Zu S. 581, Z. 12: Vielleicht enthält der Harn auch Propepsin[13]).

---

[1]) A. Wohl u. E. Glimm, Biochem. Zeitschr. **27**, 349—371 [1910].
[2]) J. Grüß, Jahrb. f. wissenschaftl. Botanik **47**, 393—430 [1910].
[3]) L. Rosenthaler, Archiv d. Pharmazie **248**, 105—112 [1910].
[4]) K. Feist, Archiv d. Pharmazie **248**, 101—104 [1910].
[5]) L. Rosenthaler, Biochem. Zeitschr. **26**, 9—13 [1910].
[6]) H. Agulhon, Annales de l'Inst. Pasteur **24**, 494—518 [1910].
[7]) L. Rosenthaler, Biochem. Zeitschr. **26**, 1—6 [1910].
[8]) L. Rosenthaler, Biochem. Zeitschr. **26**, 7—8 [1910].
[9]) L. Aurousseau, Bulletin des Sc. pharm. **17**, 320—327 [1910].
[10]) O. Rosenheim u. J. A. Shaw-Mackenzie, Proc. Phys. Soc. **1910**, 12—13; Journ. of Physiol. **40** [1910].
[11]) O. Rosenheim u. J. A. Shaw-Mackenzie, Proc. Phys. Soc. **1910**, 8—11; Journ. of Physiol. **40** [1910].
[12]) O. Rosenheim, Proc. Phys. Soc. **1910**, 14—16; Journ. of Physiol. **40** [1910].
[13]) A. Ellinger u. H. Scholz, Deutsches Archiv f. klin. Medizin **99**, 221 [1910].

Zu S. 581, Z. 22: Vielleicht besteht ein Einfluß der Milz auf die Pepsinabsonderung im menschlichen Magen[1]).

Zu S. 581, Z. 26: Nach Fuld und Hirayama[2]) scheint im Harn kein Pepsin bei Magenkrebs vorhanden zu sein, während bei anderen Carcinomen man meistens Pepsin im Harn findet.

Zu S. 582, S. 10: Nach Linossier[3]) wird Eieralbumin durch Kochen für Pepsin schwerer verdaulich.

Zu S. 583, Z. 2: Wird aber die Anhäufung der Verdauungsprodukte vermieden und berücksichtigt man die Diffusion und andere Umstände, so scheint viel eher eine direkte Proportionalität zwischen Verdauung und Fermentmenge zu bestehen.

Zu S. 583, Z. 21: Von $9{,}9{-}10^3$ bis $1{,}2 \cdot 10^3$ besteht eine gewisse Zone von H-Ionenkonzentration, bei welcher das Pepsin eine doppelsinnige Wanderung zeigt, bei der also die Lösung sowohl positive wie negative Pepsinionen in vergleichbarer Menge nebeneinander enthält. Demnach entspricht der isoelektrische Punkt für Pepsin ungefähr $5{,}5 \cdot 10^3$. Bei merklich größerer Konzentration der H-Ionenkonzentration ist das Pepsin eindeutig kathodisch, bei geringerer anodisch. Bei stärkerer Überschreitung der H-Ionenkonzentration kommt wieder ein Punkt, an welchem das Pepsin doppelsinnig wandert, was von der Vernichtung der sonst bei saurer Reaktion vorherrschenden positiven Ladung des Pepsins durch Bindung zwischen den positiven Pepsinionen und dem Cl herrührt[4]).

Zu S. 584, Z. 31: Nach Michaelis und Davidsohn[4]) tritt die proteolytische Pepsinwirkung nur dann ein, wenn das Pepsin wirklich positive Ionen enthält. Das Optimum der proteolytischen Wirkung entspricht einem Maximum an positiven Pepsinionen, welches bei einer H-Ionenkonzentration von $1{,}5{-}10^2$ liegt. Bei Überschreitung dieses Optimums wird die Pepsinwirkung schwächer, weil die Menge der wirksamen Pepsinionen durch Entstehung einer Verbindung zwischen diesen Ionen und dem Cl verringert wird. Die Zerstörung des Pepsins durch Säure fängt bei derselben H-Ionenkonzentration an, so daß sie wahrscheinlich auf einer spontanen Zersetzung der Pepsinchlorverbindung beruht.

Zu S. 585, Z. 7: NaFl verzögert die Pepsinwirkung nicht[5]).

Zu S. 587, Z. 8: Unter gewissen Bedingungen können die Radiumsalze die Pepsinwirkung hemmen[6]).

Tryptase.

Zu S. 589, Z. 15: Die intraperitonealen Einspritzungen von Leberbrei oder Carcinombrei vermehren bei Kaninchen und Meerschweinchen das Hemmungsvermögen des Blutserums gegenüber der Tryptasewirkung[7]). Nach Phlorizin- oder Phloretineinspritzung[8]) sowie durch Einnahme von Schilddrüsenpräparaten[9]) steigt der hemmende Einfluß des Blutserums. Durch Zufuhr von Nephritis erzeugenden Giften nimmt das Hemmungsvermögen des Blutserums beim Kaninchen gewaltig zu[10]).

Zu S. 589, Z. 17: Die Zunahme des Hemmungsvermögens des Blutserums gegenüber Trypsin in gewissen Krankheiten steht vielleicht im Zusammenhang mit dem Zellzerfalle und dem Freiwerden intracellulärer proteolytischer oder autolytischer Fermente[7]).

---

[1]) O. Groß, Zeitschr. f. experim. Pathol. u. Ther. **8**, 169—180 [1910].
[2]) E. Fuld u. K. Hirayama, Berl. klin. Wochenschr. **47**, 1063—1064 [1910].
[3]) M. G. Linossier, Compt. rend. de la Soc. de Biol. **68**, 709—710 [1910].
[4]) L. Michaelis u. H. Davidsohn, Biochem. Zeitschr. **28**, 1—6 [1910].
[5]) A. J. J. Vandevelde u. E. Poppe, Biochem. Zeitschr. **28**, 133—137 [1910].
[6]) F. Ravenna, Biochem. e Terap. sper. **1**, 440—455 [1910].
[7]) A. Braunstein u. L. Kepinow, Biochem. Zeitschr. **27**, 170—173 [1910].
[8]) A. Braunstein, Berl. klin. Wochenschr. **47**, 478—479 [1910].
[9]) Kurt Meyer, Berl. klin. Wochenschr. **46**, 1064—1068 [1909].
[10]) G. Hirata, Biochem. Zeitschr. **27**, 397—404 [1910].

Papain.

Zu S. 593, Z. 2: Borsäure ist ohne schädlichen Einfluß auf Trypsin oder befördert sogar die Enzymwirkung etwas [1]).

Papain.

Zu S. 603, Z. 38: Ungeronnenes Hühnereiweiß schützt etwas Papain gegen die sonst bei 40° spontan eintretende Zerstörung des Enzyms [2]).

Zu S. 604, Z. 3: Borsäure [1]) und Ascarisextrakt [2]) stören die Papainwirkung nicht, Cyansäure [2]) befördert sie.

Ereptase.

Zu S. 608, Z. 7: In Lolium perenne [3]).

Zu S. 609, Z. 8: Im menschlichen Kote und im Meconium [4]).

Zu S. 609, Z. 30: Bei Krebs und anderen schweren chronischen Krankheiten nimmt der Ereptasegehalt der menschlichen Organe ab [5]).

Peptidasen.

Zu S. 611, Z. 8: d,l-Alaninamid und d,l-Leucinamid werden von den Preßsäften der Leber, der Nieren, der Milz, der Placenta und der Muskeln gespalten [6]).

Zu S. 611, Z. 11: Beim Hühnchen sind die Peptidasen zum ersten Male vom 7.—8. Tage an nachweisbar. Vor 1½ Monaten sind keine Peptidasen in den Geweben des Schweinembryos vorhanden oder höchstens nur in der Leber [7]).

Zu S. 611, Z. 20: Normales Rattenserum spaltet Glycyl-l-tyrosin und dl-Leucyl-glycin, normales Mäuseserum spaltet Glycyl-l-tyrosin [8]).

Zu S. 611, Z. 25: Glycyl-l-tryptophan wird durch Frauen-, Kaninchen-, Meerschweinchen-, Ziegen-, Kuhmilch gespalten [9]).

Zu S. 611, Z. 35: In manchen Fällen zeigen die Zellen von Krebs- oder anderen Geschwülsten andere peptolytische Eigenschaften als die normalen Zellen desselben Gewebes [10]).

Zu S. 612, Z. 22: Die auf d-Alanyl-glycin wirkende Peptidase dialysiert durch Pergamentpapier [11]).

Zu S. 612, Z. 23: $CaCl_2$ befördert etwas die Peptidasewirkung in 0,1 proz. Lösung, hemmt hingegen in 1 proz. [11]).

Zu S. 612, Z. 29: Durch 6 Minuten Erwärmen auf 75° zerstört [11]).

Desamidase.

Zu S. 614, Z. 3: In allen Organen des Schweines und des Pferdes, am meisten in der Darmschleimhaut [12]).

Nuclease.

Zu S. 618, Z. 3: In der Brustdrüse während der Milchbereitung [13]).

Chymase.

Zu S. 620, Z. 2: Nach Rakoczy [14]) besteht Chymase im Magen der ausschließlich mit Milch ernährten jungen Säugetiere, nicht mehr aber bei den erwachsenen Säugetieren.

---

[1]) H. Agulhon, Annales de l'Inst. Pasteur **24**, 494—518 [1910].
[2]) L. B. Mendel u. Alice F. Blood, Journ. of biol. Chemistry **8**, 177—213 [1910].
[3]) M. Javillier, Bulletin de la Soc. chim. [3] **29**, 693—697 [1903]; Thèse de Paris 1903.
[4]) Franz Frank u. A. Schittenhelm, Zeitschr. f. experim. Pathol. u. Ther. **8**, 237—254 [1910].
[5]) H. A. Colwell, Arch. Middlesex Hosp. **15**, 96—103 [1909].
[6]) P. Bergell u. Th. Brugsch, Zeitschr. f. physiol. Chemie **67**, 97—103 [1910].
[7]) E. Abderhalden u. E. Steinbeck, Zeitschr. f. physiol. Chemie **68**, 312—316 [1910].
[8]) E. Abderhalden u. Fl. Medigreceanu, Zeitschr. f. physiol. Chemie **66**, 265—276 [1910].
[9]) J. Wohlgemuth u. M. Strich, Sitzungsber. d. kgl. preuß. Akad. d. Wissensch. **24**, 520—524 [1910].
[10]) E. Abderhalden u. Fl. Medigreceanu, Zeitschr. f. physiol. Chemie **66**, 265—276 [1910]. — E. Abderhalden u. L. Pincussohn, Zeitschr. f. physiol. Chemie **66**, 276—283 [1910].
[11]) A. H. Koelker, Journ. of biol. Chemistry **8**, 139—175 [1910]; Zeitschr. f. physiol. Chemie **67**, 297—303 [1910].
[12]) O. v. Fürth u. M. Friedmann, Biochem. Zeitschr. **26**, 435—440 [1910].
[13]) A. Borrino, Arch. di Fisiol. **8**, 73 [1910].
[14]) A. Rakoczy, Zeitschr. f. physiol. Chemie **68**, 421—463 [1910].

Zu S. 621, Z. 5: Rakoczy[1]) zufolge besteht wahrscheinlich das Parachymosin nicht als eigentliches Ferment, sondern ist mit dem Pepsin identisch.

Zu S. 622, Z. 2: Vielleicht erleichtert die Chymase die Verdauung im Magen in dem Stadium, wo nur gebundene HCl vorhanden ist; dies würde das regelmäßige Vorkommen der Chymase in dem Magensafte erklären[2]).

Zu S. 622, Z. 25: Die Inaktivierung der Chymase durch Schütteln beruht auf Adsorptionserscheinungen[3]).

Zu S. 623, Z. 2: Die Magenchymase wirkt besser bei schwach saurer als bei neutraler Reaktion[2]).

Zu S. 623, Z. 14: Die Chymase der Vasconcellablätter wird durch 1 Minute langes Verbleiben in Alkoholdämpfen bei 80—82° völlig zerstört[4]).

Zu S. 624, Z. 4: Die Wirkung der Hg- und Ag-Salze auf tierische Chymase ist dieselbe wie auf Basidiomycetenchymase[5]). Die Cu-Salze verzögern schon bei geringen Dosen die Wirkung der Chymasen des Vasconcellatypus, beschleunigen schon bei geringen Dosen die Wirkung der Chymasen des Amanitatypus, beschleunigen in geringen Dosen und verzögern in großen Dosen die Wirkung der Chymasen des Distelplatztypus[5]). Die Aurisalze hemmen schon in sehr geringer Dosis die Wirkung der Chymasen des Vasconcellatypus, beschleunigen schon in sehr geringer Dosis die Wirkung der Chymasen des Amanitatypus, hemmen in starken Dosen die Wirkung der Chymasen des Distelplatztypus[6]). Die Platisalze hemmen die Wirkung der die Gerinnung der gekochten Milch leichter als die der rohen hervorrufenden Chymasen, beschleunigen die Wirkung der die Gerinnung der rohen Milch leichter als die der gekochten hervorrufenden Chymasen[7]). Die Platosalze und die Palladosalze hemmen alle Chymasen in steigender Konzentration, indem sie das Casein widerstandsfähiger machen[8]). Die Wirkung der Iridiumsalze liegt zwischen der der Platin- und der der Palladiumsalze[9]). Durch Osmium-, Ruthenium- und Rhodiumsalze wird die Wirkung der Chymasen des Amanitatypus und der die Gerinnung der gekochten Milch leichter als die der rohen hervorrufenden Chymasen beschleunigt, die Wirkung der anderen Chymasen hingegen der Elektrolytenkonzentration proportional gehemmt[10]). Die Ni- und Co-Salze wirken auf ähnliche Art wie die Osmium-, Ruthenium- und Rhodiumsalze[11]), die Cadmiumsalze auf ähnliche Art wie die Platinsalze, die Zinksalze auf ähnliche Art wie die Palladiumsalze[12]). Die den Chrom als basischen Oxyd enthaltenden Chromisalze beschleunigen alle Chymasen, und zwar mehr in geringer Dosis als in starker. Die neutralen Chromate verzögern in jeder Dosis, und zwar mehr in starker Dosis als in geringer, die Wirkung der Chymasen der Composeen und der tierischen Zymasen; sie verzögern in geringen sowie in mittleren Dosen und beschleunigen in hohen Dosen die Wirkung der anderen Pflanzenchymasen. Die Bichromate verzögern in jeder Dosis, und zwar desto mehr, je höher die Dosis ist, die Wirkung der Chymasen des Vasconcellatypus; die Wirkung der anderen Chymasen wird durch geringe und mittlere Dosen von Bichromaten beschleunigt, durch hohe Dosen verzögert[13]).

---

[1]) A. Rakoczy, Zeitschr. f. phisiol. Chemie **68**, 421—463 [1910].
[2]) O. Hammarsten, Zeitschr. f. physiol. Chemie **68**, 119—159 [1910].
[3]) Signe u. Sigral Schmidt-Nielsen, Zeitschr. f. physiol. Chemie **68**, 317—343 [1910].
[4]) L. Aurousseau, Bulletin des Sc. pharm. **17**, 320—327 [1910].
[5]) C. Gerber, Compt. rend. de la Soc. de Biol. **68**, 765—770 [1910].
[6]) C. Gerber, Compt. rend. de la Soc. de Biol. **68**, 935—936 [1910].
[7]) C. Gerber, Compt. rend. de la Soc. de Biol. **68**, 937—939 [1910].
[8]) C. Gerber, Compt. rend. de la Soc. de Biol. **68**, 939—940; **69**, 102—104 [1910].
[9]) C. Gerber, Compt. rend. de la Soc. de Biol. **69**, 104—106 [1910].
[10]) C. Gerber, Compt. rend. de la Soc. de Biol. **69**, 106—108 [1910].
[11]) C. Gerber, Compt. rend. de la Soc. de Biol. **69**, 211—212 [1910].
[12]) C. Gerber, Compt. rend. de la Soc. de Biol. **69**, 213—214 [1910].
[13]) C. Gerber, Compt. rend. de la Soc. de Biol. **69**, 215—216 [1910].

Zu S. 624, Z. 29: Nach Bräuler[1]) hat eigentlich jede Chymasemenge ihr eigenes Temperaturoptimum. Größere Fermentmengen ertragen viel höhere Temperatur als kleinere. Die höchste Temperatur, welche auf Magenchymase noch fördernd wirken kann, beträgt 50° C.

Zu S. 625, Z. 24: Die Radiumsalze üben nach Ravenna[2]) keine Wirkung auf Chymase aus.

Thrombase.

Zu S. 627, Z. 25: Nach Howell[3]) enthält das Plasma des Hundeblutes nach Proteosen- oder Peptoneinspritzung bei 75—80° zerstörbare Stoffe, welche die Wirkung der Thrombase auf Fibrinogen verhindern.

Zu S. 628, Z. 24: NaCl schützt bis zu einem gewissen Grade Thrombaselösungen gegen Zerstörung des Enzyms durch Siedetemperatur[3]).

Thrombokinase.

Zu S. 629: **Darstellung:** Battelli[4]) hat neuerdings ein Verfahren zur Thrombokinasedarstellung angegeben.

Cytokoagulase.

Zu S. 630: Ein auf Hemicellusose, in ähnlicher Art wie Amylokoagulose auf gelöste Stärke, wirkendes Enzym, welches in den Gummiparenchymzellen des Kirschgummis im Herbste nach Grüß[5]) vorhanden sein soll. Über die Eigenschaften dieses Enzyms ist noch nichts mit Sicherheit bekannt. Ihr tatsächliches Bestehen ist noch ziemlich zweifelhaft.

Oxydasen.

Zu S. 632, Z. 24: Oxydasen und Peroxydiastasen werden durch 2 Minuten dauernde Einwirkung von Alkoholdämpfen bei 80—82° unter $1/4$ Atmosphärendruck zerstört. In derselben Pflanze zeigen Oxygenase und Peroxydiastase eine verschiedene Widerstandsfähigkeit, so daß man sie auf diese Weise trennen kann[6]). Die Phosphate befördern die Wirkung der Oxydasen[7]).

Peroxydase.

Zu S. 636, Z. 21: Nach van der Haan[8]) enthält die Peroxydase stets Mangan.

Zu S. 636, Z. 29: Borsäure ist ohne Einfluß auf die Peroxydasewirkung[9]).

Aldehydase.

S. 638, Z. 1: Nach Battelli und Stern[10]) bewirkt die Salicylase die Umwandlung des Salicylaldehyds in Salicylsäure und Saligenin. Sie ist keine Oxydase und muß als Hydratase betrachtet werden. Vielleicht muß man die Salicylase mit der Aldehydmutase identifizieren.

Laccase.

Zu S. 639, Z. 2: Bei Monotropa uniflora[11]).

Tyrosinase.

Zu S. 639, Z. 8: Bei Monotropa uniflora[11]).

Zu S. 640, Z. 7: In den Larven von Tenebrio molitor und Cucujus claviceps[11]).

---

[1]) R. Bräuler, Archiv f. d. ges. Physiol. **133**, 519—551 [1910].
[2]) F. Ravenna, Biochem. e Terap. sper. **1**, 440—455 [1910].
[3]) W. H. Howell, Amer. Journ. of Physiol. **26**, 453—473 [1910].
[4]) F. Battelli, Compt. rend. de la Soc. de Biol. **68**, 789—791 [1910].
[5]) J. Grüß, Jahrb. f. wissensch. Botanik **47**, 393—430 [1910].
[6]) L. Aurousseau, Bulletin des Sc. pharm. **17**, 320—327 [1910].
[7]) W. Zaleski u. A. Reinhard, Biochem. Zeitschr. **27**, 449—473 [1910].
[8]) A. W. van der Haan, Berichte d. Deutsch. chem. Gesellschaft **43**, 1321—1329 [1910].
[9]) H. Agulhon, Annales de l'Inst. Pasteur **24**, 494—518 [1910].
[10]) F. Battelli u. (Fräulein) Lina Stern, Compt. rend. de la Soc. de Biol. **69**, 162—164 [1910].
[11]) R. A. Gortner, Journ. of biol. Chemistry **7**, 365—370 [1910].

Katalase.

Zu S. 646, Z. 12: Nach Winternitz und Rogers[1]) enthalten unbefruchtete Hühnereier keine Katalase. Das Keimzentrum bebrüteter und befruchteter Hühnereier gewinnt sehr bald eine katalytische Wirkung, Dotter, Eiweiß und Amnionflüssigkeit hingegen nicht. Demnach hat die Katalasewirkung sich entwickelnder Eier ihren Ursprung in dem sich entwickelnden Keimzentrum.

Zu S. 647, Z. 6: Der Katalasegehalt des fötalen Kaninchenblutes ist im allgemeinen viel geringer als der des mütterlichen Blutes[2]).

Zu S. 648, Z. 3: Die Entfernung der $^7/_8$ der Nieren oder die Leberexstirpation bleiben ohne Einfluß auf den Katalasegehalt des Blutes. Milz-, Ovarien- oder Hodenexstirpation bewirkt eine vorübergehende Abnahme des Katalasegehaltes des Blutes[3]).

Zu S. 648, Z. 32: Borsäure verhindert auch mehr oder minder die Katalasewirkung[4]).

Zu S. 649, Z. 20: Diese Wirkung wird nur bei O-Anwesenheit ausgeübt. Sehr verdünnte Ferrosalzlösungen besitzen bei O-Anwesenheit dieselbe Eigenschaft als die tierischen Extrakte. Unter dem Einflusse der Ferrosalze oder der Antikatalase der tierischen Extrakte soll die Katalase in unwirksame Oxykatalase umgewandelt werden, welche dann selbst durch die Philokatalase der tierischen Extrakte bei O-Abwesenheit in wirksame Katalase wieder verwandelt wird[5]).

Zu S. 650, Z. 4: Alkohol, Aldehyd und Formiate schützen Katalase gegen die Vernichtung durch Sonnenstrahlen, regenerieren aber keineswegs die unwirksam gewordene oder zerstörte Katalase[6]).

Reduktasen.

Zu S. 650, Z. 4: Nach Harris[7]) muß man vielleicht die Reduktasen mit den Oxygenasen identifizieren. Die Leber von Schaf und Frosch sowie die Nieren vom Rinde enthalten Harris[7]) zufolge ein reduzierendes Endoenzym. Ob diese Reduktase mit der Oxydoreduktase identisch ist oder nicht, ist noch keineswegs entschieden. Die Phosphate befördern die Reduktasenwirkung[8]).

Diacetase.

Zu S. 651: Ein auch **Diacetareduktase** benanntes Enzym, welches Acetessigsäure in linksdrehende β-Oxybuttersäure überführt. Die Diacetase ist in Hundeleber vorhanden. Blutzusatz vermehrt keineswegs ihre Wirkung[9]).

Zymase.

Zu S. 655, Z. 25: Neuerdings nehmen auch Buchner und Meisenheimer[10]) an, daß Dioxyaceton, und nicht Milchsäure, wahrscheinlich das Zwischenprodukt darstellt. Andererseits glaubt Kohl[11]), daß die Zymase als eine Lactazido-Alkoholase zu betrachten ist, welche die durch die Hefekatalase aus dem Traubenzucker gebildete Milchsäure in Alkohol und Kohlensäure spaltet.

---

[1]) M. C. Winternitz u. W. B. Rogers, Journ. of experim. Med. **12**, 12—18 [1910].

[2]) G. Lockemann u. J. Thies, Biochem. Zeitschr. **25**, 120—150 [1910].

[3]) M. C. Winternitz u. J. P. Pratt, Journ. of experim. Med. **12**, 115—127 [1910].

[4]) H. Agulhon, Annales de l'Inst. Pasteur **24**, 494—518 [1910].

[5]) F. Battelli u. (Fräulein) Lina Stern, Compt. rend. de la Soc. de Biol. **68**, 811—813 [1910].

[6]) F. Battelli u. (Fräulein) Lina Stern, Compt. rend. de la Soc. de Biol. **68**, 1040—1042 [1910].

[7]) D. F. Harris, Journ. of biol. Chemistry **5**, 143—160 [1910].

[8]) W. Zaleski u. A. Reinhard, Biochem. Zeitschr. **27**, 449—473 [1910].

[9]) A. J. Wakeman u. H. D. Dakin, Journ. of biol. Chemistry **8**, 105—108 [1910].

[10]) Ed. Buchner u. J. Meisenheimer, Berichte d. Deutsch. chem. Gesellschaft **43**, 1773 bis 1795 [1910].

[11]) F. G. Kohl, Beihefte z. botan. Centralbl. **25**, Abt. 1, 115—126 [1910].

Register.

A.

Abrin 531.
Abrotin 425.
Acanthopterie (Giftstoffe) 470.
Acarina (Giftstoffe) 480.
Acetase 652.
Aceto-acetylkodein 289.
Acetobutylalkohol 16.
Aceto-kodein 289.
Aceto-methylmorphimethin 289.
Acetophenon 80.
Acetophenonchlorid 80.
Acetoveratron 192.
Acetylcevadin-chlorhydrat 360.
Acetylkodein 282.
Acetylmorphin 267.
Acetyl-m-oxybenzoesäure-tropein 84.
Acetylstrychninolsäure 178.
Acetylthebaol 256, 298.
Acetyltropyltropein 84.
Acetylyohimbin 376.
Achillein 442.
Acidoxydase 652.
Aconin 403, 405.
Aconitin 401.
Acryl-tropein 86.
Aculeata (Giftstoffe) 481.
Adenase 615.
Adrenalin 101, 454, 495.
— Derivate 502.
Agglutinine 510.
Agglutinoide 510.
Aggressin 511.
Aktive Immunisierung 511.
Albumase 580.
Aldehydase 637, 657, 664.
Aldehydmutase 657.
Alexin 511.
Alexocyten 511.
Alkaloid aus Pseudo-Cinchona africana 378.
Alkoholase 652.
Alkoholoxydase 652.
Alkyl-dihydro-berberine 245.
Alkylhydrasteine 226.
α-Alkylhydrokotarninsalze 218.
Alkyl-tetrahydroberberine 245.
Allergie 512.
Allobrucin 186.
Allocinchonin 125.

Allokaffein 325.
Allopseudokodein 285, 288, 290
l-α-Allylpiperidin 13.
Allylpyridin 7.
Alpensalamander (Gift von) 468.
Alstonin 368.
Alttuberkulin 535.
Alypin 100.
Amboceptor 523.
Ameisen (Giftstoffe) 483.
Amidase 580, 613.
ω-Amidoäthylpiperonylcarbon-säure 241.
Amidoapocinchen 134.
3-Amidotropane 62.
Amino-acetoveratronchlor-hydrat 192.
Aminokodeinsäure 288.
o-Aminopapaverin 198.
γ-Aminopropylmethylsulfid 452.
γ-Aminopropylmethylsulfon 452.
β-Aminopyridin 35.
o-Aminotetrahydro-N-methyl-papaverin 198.
Aminotheobromin 331.
Amphibia (Gift von) 465.
Amphibien (Gift von) 465.
Amygdolase 564, 567.
Amylase 551, 557, 659.
Amylodextrinase 557.
Amylokoagulase 630.
Amylopectinase 557.
Amylsalicylase 578.
Anagyrin 389.
Anaphylaxie 512.
Anäroxydase 634.
Anästhesin 100.
Anhalamin 382.
Anhalin 380.
Anhalonidin 383.
Anhalonin 383.
Anhydroberberilsäure 242.
Anhydroekgonin 77.
Anhydroekgonindibromid 74.
Anhydro-hydrastinin-aceton 233.
Anhydro-hydrastinin-aceto-phenon 233.
Anhydro-hydrastinin-cumaron 233.

Anhydro-hydrastinin-malon-ester 233.
Anhydro-hydrastinin-phenyl-essigester 233.
Anhydro-kotarnin-aceton 211.
Anhydro-kotarnin-äthyl-acet-essigester 212.
Anhydro-kotarnin-cumaron 212.
Anhydro-kotarnin-cyanessig-äther 212.
Anhydro-kotarnin-malonester 212.
Anhydro-kotarnin-phenylessig-ester 212.
Anhydroyohimbin 375.
Anisotheobromin 331.
Annelida (Giftstoffe) 492.
Antiabrin 531.
Antiagglutinine 512.
Anticrotin 531.
Antigen 512.
Antihämolysine 522.
Antikatalase 649.
Antikenotoxin 524.
Antikomplement 538.
Antikörper 512.
Antiprotease 657.
Antiricin 530.
Antitetanussera 167.
Antitoxin 512.
Anura (Gift von) 465.
Apidae (Giftstoffe) 481.
Apoatropin 90.
Apochinen 155.
Apochinidin 157.
Apochinin 145.
Apocinchen 134.
Apocinchonin 125.
Apoharmin 424.
Apokaffein 326.
Apokodein 265, 293.
Apomorphin 252, 266, 270.
Apomorphinmethylbromid 272.
Aponarcein 223.
Apophyllensäure 229.
Arachnoidea (Giftstoffe) 477.
Arachnolysin 479.
Araneina (Giftstoffe) 478.
Arbutase 569.
Arecaidin 25.
Arecain 27.
Arecolin 26.

Arginase 614.
Aribin 416.
Aricin 162.
Aristolochin 379.
Artarin 426.
Arthrogastra (Giftstoffe) 477.
Arthropoda (Giftstoffe) 477.
Arthussches Phänomen 521.
Asiphoniata (Giftstoffe) 475.
Aspergillusprotease 602.
Aspidosamin 372.
Aspidospermatin 371.
Aspidospermin 370.
Asteroidea (Giftstoffe) 493.
Äthebenin 303.
Äthebenol 304.
Atherospermin 426.
Äthokodein 282.
Äthylapocinchen 135.
Äthylapocinchensäure 134.
β-Äthylchinuclidin 136.
N-Äthylconhydrin 12.
1-Äthyl-dihydroberberinhydrochlorid 245.
Äthylhomoapocinchen 135.
Äthylhydrokotarnin 217.
Äthylmethylamin 254.
Äthyl-2-phenyl-1, 2-dihydrocinchonin 156.
Äthyltheobromin 332.
Äthyltheophyllin 334.
Äthylthiokodide 294.
Äthylthiomethylmorphimethine 294.
Äthylthiomorphide 295.
Äthylyohimbin 377.
Atisin 412.
Atrolactinäthylräthersäure 80.
Atropamin 90.
Atropasäure 80.
Atropasäure-tropinester 90.
Atropin 78.
Atropin-bromacetamid 82.
Atropin-chloracetamid 82.
Atropin-jodacetamid 83.
Autolysate 512.
Autolysine 512.
Autolytische Fermente 604.
Avertebrata (Giftstoffe) 475.

B.
Bakterienantihämotoxine 513.
Bakterienhämotoxine (Bakterienhämolysine) 513.
Bakterienpräcipitine 528.
Bakterienproteasen 601.
Bakteriolysine (bactericide Substanzen) 514.
Bakteriotropine 527.
Bandwürmer (Giftstoffe) 489.
Barbamin 246.
Barbus fluviatilis (Giftstoff) 472.
Bebeerin 385.
Bebirin 385.
Belladonnin 91.

Bellatropin 91.
Benzonitril 5.
Benzoyl-4-aminobutylpropylketon 16.
Benzoylcevadinchlorhydrat 360.
Benzoylconicein 16.
Benzoylekgoninmethylester 93.
Benzoylpiperidin 5.
Benzoyltropein 59, 83.
Benzoyl-ψ-tropein 96.
α-Benzylhydrokotarnin 217.
Benzylidenphthalid 226.
Berberal 241.
Berberilsäure 242.
Berberin 236.
Berberinchlorhydrat 235.
Berberisalkaloide 236.
Berberrubin 447.
Berilsäure 242.
Betain 30.
Betulase 570.
Biasen 539.
Bidesmethylnitrobrucinhydrat 180.
Bienen (Giftstoffe) 481.
Bienengift 482.
Bikhaconitin 409.
Bis-Desmethylbrucinolon 183.
Bisthiokodid 268.
Botulinusantitoxin 516.
Botulinustoxin 515.
Bovovaccine 516.
Brachinus crepitans (Giftstoff) 487.
Bromacetonitril 193.
Bromdihydro-α-methylmorphimethin 282.
Bromelin 604.
Bromhydratropyltropein 84.
β-Bromhydratropyltropein 87.
Bromkaffein 323.
Bromkodein 283.
Bromkotarnin 209.
Brommethylmorphimethin 269.
Brom-β-methylmorphimethin 282.
Brommorphin 269.
Brom-norkotarnon 211.
Bromokodid 283, 295.
Bromomorphid 268.
Brompropylphthalimid 16.
Brompseudokodein 286.
Bromstrychnin 171.
Bromtarkonin 210.
Bromtheobromin 331.
Bromtheophyllin 334.
3-Bromtropan 51.
6-Bromtropanmethylammoniumbromid 52.
2-Brom-ψ-tropinmethylammoniumbromid 58.
Brucidin 186.
Brucin 178.
Brucinolon 183.
Brucinolsäure 183.

Brucinonsäure 177, 181.
Brucinoxyd 181.
Brucinsäure 180.
Brucinsulfosäuren 184.
Brucintribromid 185.
Bufo vulgaris (Gift von) 465.
Bufonin 465.
Bufotalin 465.
Bulbocapnin 250.
Butyrylkodein 282.
Buxin 385.

C.
Cacteenalkaloide 380.
Calycanthin 437.
Canadin 235.
Canadinchlorhydrat 235.
Cantharidin 485.
α-Carbocinchomeronsäure 128.
Carbohydrasen 539.
Carbonase 631.
Carboxylase 631.
Caricin 603.
Carpain 426.
Carubinase 562.
Casease 598.
Casimirin 445.
Cellase 549.
Cellobiase 549.
Cellulase 560, 660.
Cephaelin 417.
Cerapterus quatuor maculatus (Jod) 488.
Cerealin 604.
Cestodes (Giftstoffe) 489.
Cevadillin 364.
Cevadin 359.
Cevin 359, 362.
Cevinoxyd 363.
Chairamidin 161.
Chairamin 160.
Cheirinin 439.
Cheirol 451.
Cheirolin 451.
Chelerythrin 398.
Chelidonin 393.
Chenocholsaures Natrium (Wirkung) 456.
Chilognatha (Giftstoffe) 481.
Chilopoda (Giftstoffe) 480.
Chinaalkaloide 120.
Chinamin 145.
Chinarinde 120.
Chinasäure 327.
Chinäthylin 144.
Chinen 154.
Chinicin 149.
Chinidin 157.
Chinin 122, 146.
Chinindibromid 151.
Chinindijodmethylat 153.
Chininhydrat 157.
Chininjodmethylat 153.
Chininon 152.
Chininsulfonsäure 153.
Chinoisopropylin 145.

γ-Chinolinaldehyd 135.
Chinolinphenetol 135.
γ-Chinolinphenetol 135.
Chinolinphenetoldicarbonsäure 134.
γ-Chinolinphenol 135.
Chinolinsäure 128.
[γ-Chinolyl-]-[α-β'-vinyl-chinuclidyl]-carbinol 124.
Chinopropylin 145.
Chinotoxin 154.
Chinuclidin 136.
Chitenin 151.
β-Chlor-hydratropyltropein 86, 87.
Chloralhydroveratrin 362.
Chlorkaffein 319, 320, 323.
8-Chlorkaffein 324.
Chlorkodein 283.
Chlormethyl-morphimethin 279.
Chlorogensäure 327.
Chlorokodid 252.
α-Chlorokodid 283, 295.
β-Chlorokodid 283.
α-Chloromorphid 268.
β-Chloromorphid 268.
Chloroxylonin 441.
8-Chlorparaxanthin 324.
α-Chlor-β-phenyläthan 345.
α-Chlor-β-p-nitrophenyläthan 345.
β-Chlorpropionyltropein 86.
Chlorpseudokodein 286.
Chlortheobromin 320.
Chlortheophyllin 319, 334.
8-Chlortheophyllin 324.
Chlortropasäure 80.
Cholesterin 167.
Choloidinsaures Natrium (Wirkung) 456.
Cholsaures Natrium (Wirkung) 456.
Chrysanthemin 43.
Chymase 618, 662.
Chymosin 618.
Cinchamidin 142.
Cinchen 133.
Cincholoipon 128.
Cincholoiponsäure 128, 129.
Cinchomeronsäure 128.
Cinchonamin 142.
Cinchonicin 138.
Cinchonidin 138.
Cinchonigin 125.
Cinchonilin 125.
Cinchonin 122, 124.
Cinchonindibromid 127.
Cinchonindichlorid 127.
Cinchoninjod-äthylat 130.
Cinchoninon 130, 132.
Cinchoninpersulfat 126.
Cinchoninsäure 128.
Cinchotenidin 139.
Cinchotenin 127.
Cinchotin 125, 140.

Cinchotoxin 131.
Cinnamylcocaine 95.
Cinnamylekgoninmethylester 95.
Cinnamyltropein 83.
Citrocymase 539.
α-Cocain 95.
d-Cocain 94.
l-Cocain 93.
r-Cocain 94.
Cocaine 93.
Coelenterata (Giftstoffe) 493.
Coenzym 657.
Colchicin 354.
Colchicein 357.
Colchicinsäure 358.
Coleoptera (Giftstoffe) 485.
Columbamin 449.
Conchairamidin 161.
Conchairamin 161.
Conchinamin 146.
Conchinin 157.
Concusconin 163.
Conessin 379.
Conhydrin 10, 21, 22, 23.
Conhydriniumjodide 12.
α-Conicein 13.
β-Conicein 13.
γ-Conicein 14, 21.
δ-Conicein 17.
ε-Conicein 19.
Coniin 21, 22.
α-Coniin 7.
Coniumalkaloide 7.
Coniumjodide 9.
Convicin 445.
Corybulbin 248.
Corycavamin 249.
Corycavin 249, 448.
Corydalin 246, 248.
Corydalisalkaloide 246.
Corydin 250.
Corytuberin 250.
Cotinin 35.
Crotin 531.
Crotonyl-tropein 86.
Cuprein 143.
Cuprein-Chinin 145.
Cuprin 214.
Cupronin 214.
Curare 39.
Curarealkaloide 188.
Curarin 189.
Curin 188.
Cuscamidin 165.
Cuscamin 165.
Cusconidin 164.
Cusconin 162.
Cuskhygrin 45.
Cusparein 422.
Cusparidin 420.
Cusparin 419.
Cyanacetyldimethylharnstoff 320.
Cyanessigsäure 320.
Cycloheptatrien 76.

Cyclohepten 55.
Cyclostomata (Giftstoffe) 472.
Cynoctonin 411.
Cyprinus barbus (Giftstoffe) 472.
Cytase 560.
Cytisin 119.
Cytokoagulase 664.
Cytozym 629.

D.
Damascenin 414.
Daturin 81.
Dehydrocinchonin 128, 133.
Dehydrocorybulbin 249.
Dehydrocorydalin 248.
Dehydromorphin 273.
Delphinin 413.
Delphinoidin 413.
Delphisin 413.
Desamidase 613, 615, 662.
Desoxychinin 155.
Desoxycinchonin 155.
Desoxydihydrokodein 292.
Desoxykodein 283, 291.
Desoxyparaxanthin 335.
Desoxystrychnin 175.
Desoxystrychninsäure 175.
Desoxytheobromin 332.
Desoxytheophyllin 335.
Dextrase 655.
Dextrinase 557.
Diacetareduktase 665.
Diacetase 665.
Diacetylcevin 363.
Diacetylmorphin 268.
Diaemulsin 568.
2, 4 - Diamino - 6 - oxypyrimidin 320.
Diamphidia locusta (Giftstoff) 488.
Diastase 538, 551.
1, 2 - Diäthyl - 1, 2 - dihydrocinchonin 156.
Dibenzaltropinon 65.
Dibenzoyladrenalin 503.
Dibenzoylcevin 363.
Dibenzoylcevinacetat 360.
Dibromcotinin 34.
1, 5-Dibrompentan 5.
Dibrompilocarpin 337.
Dibrom-propionyltropein 86.
Dibromticonin 34.
2-3-Dibromtropan 52.
Dichinin-bromäthylenat 153.
Dichinindimethin 153.
Dichlorpilocarpin 337.
Dicinchonin 125.
Diconchinin 164.
Difuraltropinon 65.
Dihydroanhydroekgonin 67, 73.
Dihydroapoharmin 424.
Dihydroberberin 238.
Dihydrobrucinonsäure 182.
Dihydrokodeinon 308.
Dihydrokotarnin 217.

Dihydronicotin 40.
Dihydronicotyrin 38.
Dihydropapaverin 200.
Dihydrostrychnolin 175.
Dihydrothebain 298.
Dihydroxytropidin 62.
Dijodbrucin 185.
Dijodkodein 283.
Dikodeinäthylenbromid 282.
Dikodeylmethan 293.
Dimethoxylisochinolin 196.
Dimethoxy-mandelsäurenitril 192.
3, 6-Dimethoxy-4-oxyphenanthren 299.
3, 4-Dimethoxyphenyläthylamin 344.
3, 4-Dimethoxyphenylisopropylamin 343.
4, 5 - Dimethoxy - 2 - β - propylaminoäthylbenzaldehyd 195.
6, 7-Dimethoxy-2-propyl-3, 4-dihydroisochinoliniumhydroxyd 195.
3, 4 - Dimethoxy-vinyl-phenanthren 273.
Dimethylalloxan 319.
Dimethylaminoäthyläther 254.
Dimethylaminoäthyl-p-oxybenzol 344.
Dimethylaminocycloheptatrien 56.
Δ^2-Dimethylaminocyclohepten 55.
1, 3-Dimethyl-4-amino-2, 6-dioxypirimidin 320.
3, 7-Dimethyl-6-amino-2-oxy-8-chlorpurin 329.
3, 7-Dimethyl-6-amino-2-oxypurin 329.
α-Dimethylamino-β-phenyläthan 345.
α-Dimethylamino-β-p-nitrophenyläthan 345.
Dimethylapomorphin 273.
Dimethylcinchonidinjodid 139.
Dimethylcolchicinsäure 358.
1, 3-Dimethyl-4, 5-diamino-dioxypirimidin 320.
3, 7-Dimethyl-2, 8-dioxy-6-chlorpurin 329.
1, 3-Dimethyl-2, 6-dioxypurin 332.
3, 7-Dimethyl-2, 6-dioxypurin 328.
Dimethylgranatensäure 109.
1, 3 - Dimethylharnsäure 319, 324.
3, 7-Dimethylharnsäure 329.
Dimethylhomobrenzcatechin 196.
Dimethylmorphol 275.
1, 3-Dimethyl-5-oxyhydantoyl-7, 9-dimethylharnstoff 325.
Dimethylstrychnin 173.
1, 3-Dimethylxanthin 332.

3, 7-Dimethylxanthin 328.
Dimorphylmethan 270.
Dinitrocinchonamin 143.
Dinitrochinin 153.
Dinitrostrychninhydrat 171.
Dinitro-β-truxillsäure 108.
Dionin 264.
Dioscorin 428.
Dioxyacetonase 655.
Dioxyberberin 241.
Dioxymorphin 270.
3, 4-Dioxyphenanthrenchinon 275.
3, 4-Dioxyphenyläthylamin 344.
3, 4-Dioxyphenyl-isopropylamin 343.
Dioxypropyltheobromin 332.
Diphenylhydrazon des Tropantrions 65.
Diphtherieantitoxin 518.
Diphtherietoxin 517.
Diplopoda (Giftstoffe) 481.
Disaccharase 539.
Ditamin 369.
Diuretin 331.
Dysenterieantitoxin 520.
Dysenterietoxin 520.

E.

Echinococcus (Giftstoff) 490.
Echinodermata (Giftstoffe) 493.
Echinoidea (Giftstoffe) 493.
Echitamin 369.
Echitenin 370.
Edelfische (Giftstoffe der) 469.
Eidechsen (Gift von) 464.
Eiweiß als Antigen 521.
α-Ekgonin 71.
d-Ekgonin 69.
r-Ekgonin 69.
Ekgonine 68.
Elastinase 613.
Elaterase 571.
Emetin 417.
Emulsin 564, 660.
Endotoxine 513.
Enterokinase 595.
Enzym 487.
Ephedrin 352.
— Spehr 353.
Epinephrin 502.
Epiosin 264.
Erepsin 608, 662.
Ereptase 608, 662.
Ergothionin 349.
Ergotinin 347.
Ergotoxin 347.
Erythrophlein 391.
Erythrozym 571.
Eserin 387.
Esterasen 572.
Eucain A 98.
Euchinin 153.
Euporphin 272.

F.

Fadenwürmer (Giftstoffe) 491.
Feuersalamander (Gift von) 466.
Fibrinferment 626.
Fibrinogenolysin 630.
Fibrinolysin 630.
Fische (Giftstoffe der) 469.
Fixateur 522.
Formicidae (Giftstoffe) 483.
Fugugift 474.
Fumarin 428.

G.

Galaktase 598.
Galaktolactase 547.
Galipidin 421.
Galipin 420.
Gallensäuren (Wirkung) 456.
Gärungsenzyme 652.
Gaultherase 570.
Gease 570.
Geissospermin 373.
Gelase 563.
Gelatase 612.
Gelatinase 612.
Gelosease 563.
Gelsemin 392.
Gelseminin 392.
Gelsemiumalkaloide 391.
Gentiobiase 548.
Giftfische 469.
Giftspinnen 479.
Glaucin 399.
Gliederfüßer (Giftstoffe) 477.
Gliederspinnen (Giftstoffe) 477.
Glucacetase 653.
Glucase 544.
β-Glucase 567.
Glucolactase 548, 567.
Glutenase 604.
Glutinase 612.
Glykase 544.
Glykoalkaloide 441.
Glykocholsaures Natrium (Wirkung) 456.
Glykolyltropein 84.
Glykolytisches Ferment 563.
Glykosidase 564.
Glyoxylase 631.
Gnoskopin 219.
Granatanin 111.
Granaten 112.
Granatolin 111.
Granatsäure 112.
Guanase 616.
Guanidin 320.
Guvacin 27.

H.

Hadromase 572.
Haftkiefer (Giftstoffe) 473.
Hämagglutinine 522.
Hämase 646.
Hämolysine 522.

Haptophore Gruppen 523.
Harmalin 424.
Harmalol 425.
Harmin 422.
Harmol 423.
Harnsäure 323.
Hautflügler (Giftstoffe) 481.
Helikase 569.
Heloderma suspectum 464.
— horridum 464.
Hemipinsäure 242.
Herapathit 149.
Heroin 264, 268.
Hexachlor-α-truxillsäure 107.
Hexachlor-γ-truxillsäure-dimethylsäure 107.
Hexahydrometanicotin 41.
Hexahydronicotin 40.
Hexapoda (Giftstoffe) 481.
Hippuricase 617.
Hirudin 492.
Histozym 617.
Holothurioidea (Giftstoffe) 493.
Homarecolin 27.
Homatropin 83.
ψ-Homatropin 97.
Homoapocinchen 135.
α-Homochelidonin 396.
β-Homochelidonin 396.
γ-Homochelidonin 397.
Homochinin 163.
Homocinchonin 125.
Homonarcein 205.
Homopilomalsäure 337.
Homoprotocatechusäure 192.
Homoveratroyl-amino-acetoveratron 192.
Homoveratroylchlorid 192.
Homoveratroyl-homoveratrumsäure 200.
Homoveratroyl-oxy-homoveratrylamin 192.
Homoveratrumsäure 192, 200.
Homoveratrylamin 199.
Hordenin 344.
Hydrastal 230, 233.
Hydrastin 224.
Hydrastinin 231.
Hydrastininmethylmethinchlorid 232.
Hydrastininsäure 229, 230.
Hydrastsäure 229, 233.
Hydratasen 539.
Hydroberberin 235.
Hydroberberrubin 448.
Hydrobromchinin 151.
Hydrobromcinchonin 127.
Hydrochinidin 160.
Hydrochinin 160.
Hydrochlorchinin 151.
Hydrochlorcinchonin 127.
Hydrocinchonin 140.
Hydrodikotarnin 216.
Hydroekgonidin 67.
Hydroergotinin 347.
Hydrogenase 650.

Hydrohydrastinin 229, 231, 233.
Hydrojodchinin 151.
Hydrojodcinchonin 127.
Hydrokotarnin 205, 215.
Hydrolasen 539.
α-Hydropiperinsäure 32.
β-Hydropiperinsäure 32.
Hydrotropidin 49.
Hydroxykaffein 319, 320, 323.
Hygrin 45.
Hygrine 44.
Hygrinsäure 46.
Hygrinsäureäthylester 47.
Hygrinsäuremethylamid 47.
Hymenodictin 418.
Hymenoptera (Giftstoffe) 481.
Hyocholsaures Natrium (Wirkung) 456.
Hypokaffein 324.
Hypophysenextrakt 507.
Hyoscin 92.
Hyoscyamin 88.
Hypnotoxin 494.

I.

Ibogin 441.
Iminomalonylguanidin 320.
Immunkörper 523.
Immunserum 524.
Imperialin 354.
Indaconitin 409.
Indimulsin 571.
Indoxylase 571.
Insekten (Giftstoffe) 481.
Intoxication hydatique 490.
Inulase 561.
Inulinase 561.
Invertase 539, 658.
Invertin 539, 658.
Isatase 570.
l-Iso-α-allylpiperidin 14.
Isoamygdalase 567, 568.
N-Isoamylconhydrin 12.
Isoapokaffein 327.
α-Isobutylhydrokotarnin 217.
Isocalycanthin 438.
Isochinin 149.
Isocinchonin 125.
Isoconiin 23.
d-Isoconiin 7.
d-Isoconiinbitartrat 7.
Isocorybulbin 251.
Isocumarincarboxyltropein 85, 86.
Isokodein 285, 290.
Isokodeinon 287.
Isolysine 522.
Iso-2-methylconidin 19.
Isomethylpelletierin 113.
(α)-Isomorphin 269.
β-Isomorphin 269.
γ-Isomorphin 269.
Isonitroso-acetoveratron 192.
Isonitrosocinchotoxin 132.
Isonitrosotropinon 65.
Isopelletierin 113.

Isopilocarpin 339.
Isopropylhydrokotarnin 217.
Isospartein 117.
Isostrychnin 174.
Isostrychninsäure 174.
Isotropidin 76.

J.

Jaborin 341.
Jacquemase 651.
Japaconitin 406.
Jateorrhizin 449.
Javanin 164.
Jennerisation 536.
Jervin 365.
Jesaconitin 407.
Jodchinin 149.
Jodnicotyrin 38.
Jodothyrin 504.
Jodoxydase 643.
Jodpilocarpin 337.
3-Jodtropanhydrojodid 52.

K.

Käfer (Giftstoffe) 485.
Kaffeegerbsäure 327.
Kaffeesäure 327.
Kaffeidin 324.
Kaffein 316.
Kaffeincarbonsäure 324.
Kaffursäure 324, 327.
Kakostrychnin 171.
Kakothelin 180.
Karakurtengift 479.
Katalase 646, 665.
Katalyst 538.
Kenotoxin 524.
Ketoäthylapocinchen 135.
Kinase 538.
Koagulase 618.
Koaguline 528.
Kodamin 310.
Kodäthylin 267.
Kodein 252, 264, 277.
Kodeinon 290.
Kodeinviolett 293.
Koferment 538.
Kombinat 538.
Komplement 538.
Komplementfixation 525.
Komplementoid 538.
Komplementophile Gruppe 525.
Kongestin 494.
Kotarnin 205, 206.
Kotarnon 209.
Kreatase 614.
Kreatinase 615.
Kreatokreatinase 615.
Krusteneidechse (Gift von) 464.
Kryptopin 311.

L.

L_0, L_+ 525.
Labferment 618.
Laccase 638, 664.
Lactacidase 653, 655.

Lactacidoalkoholase 665.
Lactase 546.
Lactobionase 547, 549.
Lactoglykase 546.
Lactolase 653.
Lactoproteolase 598.
Lactoreduktase 651.
Lamellibranchiata (Giftstoffe) 475.
Lanthopin 311.
Lappaconitin 411.
Latenzzeit 526.
Laudanidin 202.
Laudanin 202.
Laudanosin 199.
Laurotetanin 386.
Lävulopolyase 550, 551.
Lecithin 167.
Lepidin 133.
Lepidoptera (Giftstoffe) 484.
Leptomin 634.
Leukocidin 526.
Leukoprotease 596.
Leukothrombin 629.
Lienase 587.
Linamarase 569.
Lipase 572, 660.
Lipolysin 579.
Lobelin 429.
Loiponsäure 128, 129.
Lophophorin 384.
Loxopterygin 429.
Luciferase 642.
Lupanin 114, 118.
Lupinidin 114.
Lupinin 118.
Lurche (Gift von) 465.
Lycaconitin 411.
Lycopodin 350.
Lycorin 430.
Lysine s. Bakteriolysine, Cytolysine, Hämolysine.
Lytta vesicatoria (Giftstoff) 486.

M.
Macleyin 314.
Maltase 544, 658.
Maltoglykase 544.
Manninotriase 550.
Manno-isomerase 563.
Matrin 391.
Mekonidin 311.
Mekonin 205.
Mekoninhydrokotarnin 203.
Melezitase 550.
Melibiase 548.
Melibioglykase 548.
Menispermin 431.
Merochinen 128, 129, 133.
Metanicotin 40.
Meteloidin 92.
Methebenin 303.
γ-para-Methoxychinolyl-[α-β'-vinyl-chinuclidyl]-carbinol 146.

Methoxyhydrastin 203.
o-Methoxylphthalsäure 299.
Methoxy-methylendioxy-N-methyltetrahydroisochinolin 215.
p-Methoxy-nitrostyrol 342.
4-Methoxyphenanthren-9-carbonsäure 264.
p-Methoxyphenyl-äthylamin 342.
p-Methoxyphenyläthyl-trimethyl-ammoniumjodid 346.
p-Methoxyphenyl-isopropylamin 343.
Methyladrenalin 503.
α'-Methyl-α-äthylolpiperidin 446.
N-Methyl-benzoyl-β-pyridyl-chlorbutylamin 446.
N-Methyl-bromisopapaverin 194.
Methylbrucin 180.
3-Methylchlorxanthin 320.
Methylcinchonidin 139.
Methylcinchotoxin 132, 139.
2-Methyl-conidin 19.
Methylconiin 10.
Methylcorydalin 248.
Methyldamascenin 415.
Methylendioxyisochinolin 231.
Methylendioxy-N-methyltetrahydroisochinolin 231.
3, 4-Methylendioxyphenyl-isopropylamin 343.
n-Methylgranatanin 110.
n-Methylgranatenin 110.
n-Methylgranatolin 110.
n-Methylgranatonin 109.
Methylgranatsäure 109.
3-Methylharnsäure 320.
Methylhydrastamid 225, 228.
Methylhydrastimid 228.
Methylhydrastin 226.
Methylisostrychninsäure 173.
1-Methyl-4-jod-2-β-pyridyl-pyrrol 36.
Methylmorphenol 255.
Methylmorphimethin 253.
α-Methylmorphimethin 278.
β-Methylmorphimethin 278.
γ-Methylmorphimethin 279.
ε-Methylmorphimethin 279.
ζ-Methylmorphimethin 279.
Methylmorphol 255.
Methyloxypyridon 433.
Methylparakonyltropein 84.
Methylpelletierin 113.
Methylpicolylalkin 7.
Methylpilocarpin 337.
Methylpiperidincarbonsäure 44.
Methylpseudoephedrin 353.
1-Methyl-2-β-pyridylpyrrol 38.
1-Methyl-2-β-pyridyl-pyrrolidin 33.
1-Methyl-2-β-pyridyl-Δ_3-pyrrolin 42.

1-Methyl-2-β-pyridylpyrrol-jodmethylat 35.
1-Methylpyrrolidin-2, 5-carbonessigsäure 59.
1-Methylpyrrolidin-2-carbonsäure 46.
Methylsinapinsäure 436.
α-Methylspartein 117.
Methylstrychnin 172.
Methylsulfonpropionsäure 451.
Methylsulfonsäure 451.
Methyltarkonin 213.
α-Methyl-tetrahydroberberin-hydrochlorid 245.
N-Methyl-Δ^3-tetrahydronicotinsäure 25.
N-Methyl-Δ^3-tetrahydronicotinsäure-äthylester 27.
N-Methyl-Δ^3-tetrahydronicotinsäure-methylester 26.
d-N-Methyltetrahydropapaverin 199.
Methylthebainonmethin 308.
Δ^4-Methyltropan 56.
α-Methyltropidin 56, 76.
Des-ψ-Methyltropin 56.
Methylvanillin 192.
Methylyohimboasäure 377.
Mezcalin 381.
Milben (Giftstoffe) 480.
Milchsäurebakterienzymase 653, 655.
Monobrombrucin 185.
Monobromcotinin 35.
Monobrompapaverin 194.
Monobromstrychnin 446.
Monobutyrinase 578.
3-Monomethylharnsäure 323.
7-Monomethylharnsäure 323.
Morphenol 253, 276.
Morphidinbasen 254.
Morphin 82, 252, 261.
Morphinase 642.
Morphinkohlensäureäthylester 268.
Morphinviolett 270.
Morphol 253, 274.
Morpholchinon 275.
Morphothebain 304.
Moschatin 442.
Mucinase 626.
Multipartiale Impfstoffe 526.
Multipartiales Serum 527.
Muraena helena (Giftstoffe) 469.
Muraenidae (Giftstoffe der) 469, 474.
Muscarin 81.
Muscheltiere (Giftstoffe) 475.
Mutterkornalkaloide 346.
Myoctonin 412.
Myriapoda (Giftstoffe) 480.
Myrosin 571, 660.
Myrosinase 571, 660.
Mytilotoxin 476.

N.

α-Naphthylhydrokotarnin 217.
Narcein 220.
Narkotin 203.
Natriumbutyrylessigester 16.
Nemathelminthes (Giftstoffe) 491.
Nematodes (Giftstoffe) 491.
Nephrotoxine, Neurotoxine 527.
Neuroprin 167.
Neutuberkulin 527.
Nicotein 41.
Nicotellin 41.
Nicotimin 41.
Nicotin 33.
d-Nicotin 37.
Nicotindijodmethylat 37.
Nicotinsäure 28.
Nicotinsäure-methylbetain 28.
Nirvanin 100.
Nitrase 651.
Nitril der Atrolactin-äthyläthersäure 80.
Nitroapocinchen 134.
Nitrobrucinhydrat 180.
Nitrokodein 283.
Nitrokodeinsäure 288.
o-Nitropapaveraldin 198.
o-Nitropapaverin 198.
Nitropseudokodein 287.
Nitroso-isonitrosocinchotoxin 132.
Nitrosonortropinon 67.
Nitrotheobromin 331.
Nor-aminokodeinsäure 289.
Norekgonine 72.
Norgranatanin 111.
Norkotarnon 210.
Nornarcein 223.
Nornarkotin 205.
Nor-nitrokodeinsäure 289.
Nortropanol 61.
Nortropanon 66.
Nortropin 61.
Nortropinon 66.
Novocain 100.
Nuclease 617, 662.
Nupharin 431.

O.

Octohydrometanicotin 41.
Octohydronicotin 40.
Olease 642.
Ölsäure (aus Cestoden) 489.
Önoxydase 642.
Ophidia 457.
Ophiotoxin 460.
Opiansäure 205, 231.
Opsonine und Bakteriotropine 527.
Orcinase 642.
Ornithorhynchus paradoxus (Gift) 453.
Orthoform 99.

Ovulase 646.
Oxäthylmethylamin 254.
Oximidoäthylchinuclidin 141.
Oxyacanthin 245.
Oxyäthyldimethylamin 254.
m-Oxybenzoyltropein 83.
p-Oxybenzoyltropein 83.
p-Oxybenzylcyanid 342.
Oxyberberin 241.
Oxybutyrase 645.
Oxydase 630, 664.
α-Oxydase 637.
γ-o-Oxydiäthylphenylchinolin 134.
Oxydihydro-brom-α-methylmorphimethin 282.
Oxydoreduktase 651.
Oxygenase 632.
Oxyhydrastinin 229, 230, 234.
Oxykatalase 665.
Oxykodein 290.
Oxymethylentropinon 66.
Oxynarkotin 205.
p-Oxyphenyl-äthylamin 341.
p-Oxyphenyläthyl-trimethylammoniumhydroxyd 346.
p-Oxyphenyl-dimethyl-äthylamin 344.
p-Oxyphenyl-isopropylamin 343.
3-Oxytropan-2-carbonsäuren 68.

P.

Palmatin 449.
Papain 603, 662.
Papaveraldin 195.
Papaverin 190, 193.
Papaverinsäure 195.
Papaverolin 195.
Papayacin 603.
Papayotin 603.
Parachymosin 620.
Paraxanthin 324.
Paricin 164.
Passive Immunisierung 527.
Paucin 391.
Paussus Favieri (Giftstoff) 488.
Paytin 373.
Pektase 625.
Pektinase 562.
Pektosinase 562.
Pelletierin 112.
Pellotin 384.
Pentachlor-α-truxillsäure 107.
Pepsin 580, 660.
Pepsinase 580, 660.
Peptase 580, 610.
Peptidase 580, 610, 662.
Peptolytische Fermente 610.
Pereirin 374.
Peronin 264.
Peroxydase 634, 664.
Peroxydiastase 634.
Pfeiffersche Reaktion 514.
Pfeilgift 484.

Pfeilgift der Kalachari 488.
Pflanzentiere (Giftstoffe) 493.
Phenanthren 255, 299.
Phenanthrenchinonderivate 264.
Phenanthro-N-methyltetrahydropapaverin 198.
Phenolase 638.
γ-Phenolchinolin 135.
Phenylacettropein 83.
Phenyldihydrothebain 258, 300.
Phenyldihydrothebenol 300.
Phenylglykolyltropein 83.
Phenylhydrokotarnin 217.
Philokatalase 649, 665.
Philothion 638.
Phlorizinase 568.
Phrynolysin 465.
Phthalidcarboxyltropein 85.
Physostigmin 82, 387.
Physostomi (Giftstoffe) 469, 474.
Phytase 618.
Phytoprotease 602.
Pialyn 572.
Pikroaconitin 403, 404.
Pillijanin 350.
Pilocarpidin 340.
Pilocarpin 335.
Pilocarpoesäure 337.
Pimelinsäure 60.
Pipecolinsäure 11.
α-Pipecolylmethylalkin 13.
Piperidincarbonsäure 44.
Piperidokodid 293.
Piperidylpropionsäure 18.
Piperin 30.
Piperinsäure 31.
Piperinsäurepiperidid 30.
l-Piperolidin 17.
Piperonal 32.
Piperonalacetalamin 231.
Piperonylacrolein 32.
Piperonylsäure 230.
Piperovatin 431.
Pisces (Giftstoffe der) 469.
— venenati sive toxicophori 469.
Plasmase 626.
Plasmozym 626.
Plathelminthes (Giftstoffe) 489.
Plattwürmer (Giftstoffe) 489.
Platypus 453.
Plectognathi (Giftstoffe) 473.
Polysaccharasen 551.
Polyvalentes Serum 528.
Populinase 567, 568.
Porphyrin 368.
Porphyrosin 368.
Präcipitine 528.
Präparator 528.
Prochymase 620.
Proenzym 538.
Proferment 538.
Propäsin 100.
Propepsinase 584.

Register.

Propionylkodein 282.
N-Propylconhydrin 12.
Propylhydrokotarnin 217.
d-, α-, n-Propylpiperidin 7.
α-, n-Propyltetrahydropyridin 14.
Propyltheophyllin 335.
Protease 580.
β-Protease 587.
Proteolysine 536.
Prothebenin 304.
Prothrombase 626.
Prothrombin 626.
Protocatechusäure 196.
Protocatechyltropein 85.
Protocurarin 190.
Protocuridin 190.
Protocurin 190.
Protopin 314.
Protoveratridin 367.
Protoveratrin 367.
Pseudaconitin 408.
Pseudechis porphyriacus (Gift von) 459.
Pseudoapokodein 292.
Pseudoatropin 83.
Pseudochinin 149.
Pseudochlorokodid 287.
Pseudocinchonin 125.
Pseudoconhydrin 20, 21, 23.
b-Pseudoconhydrin 20.
Pseudoconicein 20.
Pseudoephedrin 352.
Pseudohyoscyamin 90.
Pseudojaborin 341.
Pseudojervin 366.
Pseudokodein 260, 285, 290.
Pseudokodeinon 260.
Pseudomorphin 273.
Pseudonarcein 205.
Pseudoopiansäure 241.
Pseudopelletierin 109.
Pseudotheobromin 332.
Ptyalin 553.
Purindesamidasen 615.
Purpurase 642.
Pyocyanase 529.
1-β-Pyridylpyrrol 35.

Q.
Quebrachin 372.
Quebrachoalkaloide 370.

R.
Raffinase 549.
Raffinomelibiase 549.
Rauschbrandantitoxin 529.
Rauschbrandgift 529.
Reduktase 650, 665.
Retamin 432.
Rhamnase 571.
Rhamninase 571.
Rhamninorhamnase 550.
Rhöadin 400.
Rhöagenin 401.
Ricin 530.

Ricinin 432.
Ricininsäure 433.
Ringelwürmer (Giftstoffe) 492.
Rubijervin 367.
Rundmäuler (Giftstoffe) 472.
Rundwürmer (Giftstoffe) 491.

S.
Sabadin 364.
Sabadinin 364.
Saccharase 539.
Salamandra atra (Gift von) 468.
— maculosa (Gift von) 466.
Salicylase 569, 637.
Salicyltropein 83.
Salikase 569.
Salolase 578.
Samandaridin 467.
Samandarinsulfat 467.
Sanguinarin 398.
Sauria (Gift von) 464.
Schlangengifte 457, 458.
Schmetterlinge (Giftstoffe) 484.
Schnabeltier 453.
Schuppenflügler (Giftstoffe) 484.
Scopolamin 92.
Scorpionina (Giftstoffe) 477.
Secretin 508.
Seegurken (Giftstoffe) 493.
Seeigel (Giftstoffe) 493.
Seesterne (Giftstoffe) 493.
Seewalzen (Giftstoffe) 493.
Sekisamin 430.
Seminase 562.
Senecifolin 434.
Senecionin 434.
Septentrionalin 411.
Serumprotease 598.
Simultanimpfung 529.
Sinapin 435.
Sinapinsäure 436.
Solanein 444.
Solanin 442.
Spartein 114.
Spartyrin 116.
Spermase 646.
Spermatoxine 531.
Spinnengift 478.
Spinnentiere (Giftstoffe) 477.
Stachelflosser (Giftstoffe der) 470.
Stachelhäuter (Giftstoffe) 493.
Stachyase 550.
Stachydrin 47.
Staphisagroin 413.
Steapsin 572.
Stechimmen (Giftstoffe) 481.
Stimuline 531.
Stovain 100.
Strychnidin 176.
Strychnin 165.
Strychninolon 178.
Strychninolsäure 178.
Strychninonsäure 177.
Strychninoxyd 174.

Strychninsäure 172.
Strychninsulfosäuren 170.
Strychnol 172.
Strychnolin 176.
Strychnosalkaloide 165.
Stylopin 395.
Subcutin 100.
Suberon 55.
Substance sensibilisatrice 532.
Sucrase 539.
Sunemulsin 568.
Superoxydase 646.
Suprarenin 495.
— Derivate 502.
Synaptase 565.
Syncytiolysin 532.

T.
Tabakrauch 42.
Taenien (Giftstoffe) 490.
Tarkonin 213.
Tarkoninsäuren 214.
Tarnin 214.
Taurocholsaures Natrium (Wirkung) 456.
Tauruman 532.
Tausendfüßer (Giftstoffe) 480.
Tautocinchonin 125.
Taxin 351.
Terebyltropein 84.
Tetanolysin 532.
Tetanospasmin 532.
Tetanusantitoxin 534.
Tetanustoxin 532.
Tetrabrommorphin 269.
Tetrabromstrychnin 171.
Tetrachlorkaffein 324.
Tetrachlorstrychnin 175.
Tetrahydroapocinchen 134.
Tetrahydroberberin 239.
Tetrahydroberberrubin 448.
Tetrahydrobrucin 185.
Tetrahydrochinin 150.
Tetrahydrocinchonin 127.
Tetrahydrocolumbamin 450.
Tetrahydrojateorrhizin 450.
Tetrahydronicotyrin 38.
Tetrahydropalmatin 450.
Tetrahydropapaverin 195.
Tetrahydropicolin 16.
Tetramethoxybenzylisochinolin 190.
6, 7, 3′, 4′-Tetramethoxyl-2-phenyl-1-naphthol 197.
Tetramethyl-diaminobutan 90.
Tetramethylharnsäure 319, 325.
Tetramethylharnsäureglykol 325.
Tetranitro-α-truxillsäure 108.
Tetrodonin 473.
Tetrodonsäure 473.
Thebaicin 304.
Thebain 252, 296.
Thebainol 308.
Thebainon 259, 307.
α-Thebaizon 300.

Thebaol 255, 299.
Thebenidin 304.
Thebenin 301.
Thebenol 255, 302.
Theobald Smithsches Phänomen 535.
Theobromin 328.
Theobromursäure 332.
Theophyllin 319, 332.
γ-Thiocarbimidopropylmethylsulfon 451.
Thrombase 626, 664.
Thrombin 626, 664.
Thrombogen 626.
Thrombokinase 629, 664.
Thrombozym 629.
Thyreojodin 504.
Toxin 535.
Trehalase 546.
Trehaloglykase 546.
2, 4, 5-Triamino-6-oxypyrimidin 320.
Triase 549.
Tribenzolsulfoadrenalin 503.
Tribenzolsulfoadrenalon 503.
Tribromstrychnin 171.
Trichlor-α-picolylmethylalkin 18.
Trigonellin 28.
Trimethoxyphenanthrencarbonsäure 305.
Trimethoxy-vinyl-phenanthren 305.
Trimethylamin 254.
Trimethylcolchicinsäure 358.
Trimethylcolchidimethinsäure 358.
1, 3, 7-Trimethyl-2, 6-dioxypurin 316.
1, 3, 7-Trimethylharnsäure 324.
1, 3, 7-Trimethylpseudoharnsäure 319.
1, 3, 7-Trimethyluramil 319.
1, 3, 7-Trimethylxanthin 316.
Trisaccharase 549.
Triton cristatus (Gift von) 468.
Tritonengift 468.
Tritopin 315.
Tropacocain 96.

Tropan 49.
Tropan-2-carbonsäure 67.
Tropandiol 62.
Tropanol 53.
α-Tropanol 57.
Tropanon 64.
Tropanverbindungen 48.
Tropasäure 80.
l-Tropasäure-i-tropinester 88.
r-Tropasäure-i-tropinester 78.
Tropeine 83.
ψ-Tropeine 96.
Tropen 75.
Tropen-(2)-carbonsäure 77.
Tropidin 55, 75.
Tropigenin 61.
Tropiliden 76.
Tropin 53.
ψ-Tropin 57.
Tropin-d-camphersulfonat 59.
Tropinon 64.
Tropinondioxalsäure-äthylester 66.
Tropinonkalium 66.
Tropinonmonooxalsäure-äthylester 65.
Tropinonnatrium 66.
Tropinsäure 59.
Tropylamine 62.
Tropyl-ψ-tropein 97.
β-Truxillanilsäure 105.
α-Truxillin 103, 105.
β-Truxillin 103, 106.
γ-Truxillin 103, 106.
Truxilline 102.
α-Truxillsäure 103.
β-Truxillsäure 105.
γ-Truxillsäure 106.
δ-Truxillsäure 107.
Truxillsäuren 103.
Truxillylekoninmethylester 102.
Trypsin 587, 661.
Tryptase 587, 661.
Tuberkulin 535.
Tubocurarin 188.
Tulase 535.
Turbellarien (Giftstoffe) 490.
Typhusdiagnosticum 535.
Tyrosinase 639, 664.

U.

Überempfindlichkeit 521.
Urase 616.
Urease 616.
Uricase 643.
Uricolase 643.
Uricooxydase 643.
Urodela (Gift von) 466.
Uropherin 331.

V.

Vanillin 192.
Variolisation, Jennerisation, Vaccination 536.
Vellosin 374.
Veratrin 359.
Veratrol 192.
Veratrumsäure 196.
Vermes (Giftstoffe) 489.
Vernin 390.
Vicin 444.
Viscase 631.

W.

Wassermolch (Gift vom) 468.
Wirbellose Tiere (Giftstoffe) 475.
Wirbeltiere (Giftstoffe) 453 ff.
Wrightin 379.
Würmer (Giftstoffe) 489.

X.

Xanthalin 315.
Xanthinoxydase 645.
Xanthooxydase 645.
Xylanase 563.

Y.

Yohimbäthylin 377.
Yohimbenin 377.
Yohimbin 375.
Yohimboasäure 376.

Z.

Zoophyta (Giftstoffe) 493.
Zooproteasen 599.
Zymase 654, 665.
Zymolyst 658.
Zytase 536.
Zytolysine, Zytotoxine 536.

MIX
Papier aus verantwortungsvollen Quellen
Paper from responsible sources
FSC® C105338

If you have any concerns about our products,
you can contact us on
ProductSafety@springernature.com

In case Publisher is established outside the EU,
the EU authorized representative is:
**Springer Nature Customer Service Center GmbH
Europaplatz 3, 69115 Heidelberg, Germany**

Printed by Libri Plureos GmbH
in Hamburg, Germany